U0279379

金属切削刀具设计手册

第 2 版

主　编　袁哲俊
副主编　刘献礼

机 械 工 业 出 版 社

本手册系统、全面地介绍了各种金属切削刀具的结构及其设计，包括普通刀具和复杂刀具的设计。本手册共分 17 章，介绍了刀具几何参数的定义、刀具材料和与刀具相关的高速切削技术；普通刀具部分介绍了车刀、孔加工刀具、铣刀和螺纹刀具；复杂刀具部分介绍了拉刀、数控机床用工具系统、齿轮刀具和加工非渐开线齿形工件的刀具。对常用的标准刀具，扼要地介绍了刀具的结构特点和设计方法。对非标准刀具和一些参考资料中叙述较少的先进高效刀具，则较详细地介绍它们的设计原理和方法。手册除附有大量的图表、数据、标准资料和技术要求外，还对不少刀具列有详细的设计计算步骤，并附有设计示例和工作图。手册最后附有刀具夹持部分的结构和尺寸以及国家、行业的刀具标准号，供设计时参考。

本手册可作为刀具设计人员的案头工具书，也可供刀具制造和使用的工程技术人员以及机械制造专业的师生参考。

图书在版编目（CIP）数据

金属切削刀具设计手册/袁哲俊主编. —2 版. —北京：机械工业出版社，2018.10

ISBN 978-7-111-60319-1

Ⅰ. ①金… Ⅱ. ①袁… Ⅲ. ①刀具（金属切削）-设计-技术手册 Ⅳ. ①TG710.2-62

中国版本图书馆 CIP 数据核字（2018）第 129488 号

机械工业出版社（北京市百万庄大街 22 号　邮政编码 100037）

策划编辑：周国萍　责任编辑：周国萍　杨明远　雷云辉
责任校对：张晓蓉　刘志文　王　延　封面设计：马精明
责任印制：张　博

三河市宏达印刷有限公司印刷

2019 年 1 月第 2 版第 1 次印刷

184mm×260mm · 72 印张 · 2532 千字

0001—3000 册

标准书号：ISBN 978-7-111-60319-1

定价：239.00 元

凡购本书，如有缺页、倒页、脱页，由本社发行部调换

电话服务 网络服务

服务咨询热线：010-88361066　机 工 官 网：www.cmpbook.com

读者购书热线：010-68326294　机 工 官 博：weibo.com/cmp1952

010-88379203　金 书 网：www.golden-book.com

封面无防伪标均为盗版 教育服务网：www.cmpedu.com

《金属切削刀具设计手册 第2版》编委会

主　编　袁哲俊　哈尔滨工业大学教授

副主编　刘献礼　哈尔滨理工大学教授

编　委　顾祖慰　哈尔滨汽轮机厂原副总工艺师、高级工程师

　　　　赵　鸿　航天海鹰（哈尔滨）钛业有限公司总工程师、研究员

　　　　薄化川　哈尔滨工业大学教授

　　　　于继龙　哈尔滨第一工具厂总工程师、高级工程师

　　　　董英武　哈尔滨第一工具厂高级工程师

　　　　马　彪　哈尔滨汽轮机厂高级工程师

　　　　王　扬　哈尔滨工业大学教授

　　　　周　明　哈尔滨工业大学教授

　　　　陈　涛　哈尔滨理工大学教授

　　　　杨立军　哈尔滨工业大学副教授

《金属切削刀具设计手册 第2版》编者

各章编写的负责人如下：

第 2 版前言

本手册第 1 版自 2008 年出版以来，受到了全国从事刀具设计、制造和使用的工程技术人员以及机械制造专业师生的欢迎。随着我国制造业的高速发展，涌现了大量新结构高效硬质合金刀具、新型精密刀具等，此外数控机床用工具系统和专用刀具等均有较大发展。由于正确设计和选用先进高效精密刀具能大大提高机械制造的生产率，提高产品质量，降低生产成本，对整个机械制造工业影响极大。因此，迫切需要对 2008 年出版的《金属切削刀具设计手册》进行修订再版。

近年来，硬质合金和超硬刀具材料在更多不同品种刀具中获得应用，大大提高了刀具切削效率，高速切削技术已成为多种刀具的共同设计基础，因此这次手册修订新增了"高速切削刀具材料和工具系统"一章。对"刀具材料"一章，因近年技术发展迅速，做了较大修改。此外，智能制造技术在现代机械制造业中的应用日益广泛，因此数控机床用刀具和工具系统也随之迅速发展，此次修订对这一章也做了较大修改并重点增添了这方面的新资料。第 1 版手册中"车刀和刨刀"一章，因现在生产中刨刀和插刀已用得不多，内容很少，且其结构和原理与车刀类似，因此章名改为"车刀"。这次修订还增添了新发展的各种高效新结构刀具和新发展的齿轮刀具等。

本次修订仍继承了原来的、注重实用的刀具设计方法的精神，取材尽量采用经过生产实际检验过的资料，同时也适当注意国内外刀具技术的新发展。手册除附有大量的图表、数据和标准资料外，对不少刀具列有详细的设计计算步骤和技术条件，并对部分较复杂的刀具附有设计示例和工作图。手册最后附有多种刀具共用的刀具夹持部分的结构和尺寸，以及国家及行业的刀具标准号，设计时可作为参考。

参加《金属切削刀具设计手册　第 2 版》修改编写的有哈尔滨工业大学、哈尔滨理工大学、哈尔滨第一工具厂、哈尔滨汽轮机厂、哈尔滨风华工具厂等单位的多名专家、教授及科技人员。本手册由袁哲俊担任主编、刘献礼担任副主编。编写中得到很多工厂、学校和科研院所专家、教授及科技人员的帮助，他们提供了大量的资料和宝贵的意见，在此一并致谢。

由于我们水平有限，时间仓促，手册中难免有缺点和错误之处，希望广大读者批评指正。

袁哲俊

第1版前言

我国的刀具制造业已有较长的历史，改革开放以来，特别是近几年随着我国机械制造业的蓬勃发展，刀具工业已发展到相当大的规模，不仅有数量较多的专业工具厂，而且大量的机械制造厂都在使用和生产刀具。我国现在的生产总值和制造业规模，仅次于美国、日本，最近又超过了德国，已居世界第三位。我国已是世界制造大国，机床拥有量世界第一，年消耗刀具近20亿美元。提高切削技术、正确设计和选用先进高效精密刀具，能大大提高机械制造的生产率，提高产品质量，降低生产成本，对整个机械制造工业影响极大。先进高效刀具是提高机械制造业水平和提高加工效率的最积极因素之一。

但是国内专门的刀具设计书还比较少，系统全面地介绍各种刀具设计的书更缺。为解决刀具设计的急需，为从事刀具设计的工程技术人员提供一本实用的案头书，我们组织编写了本书。本书系统全面地介绍了各种金属切削刀具的结构及其设计，包括普通刀具和复杂刀具的设计。全书共分16章，介绍了刀具的共同问题：刀具几何参数的定义和刀具材料；普通刀具部分介绍了车刀、孔加工刀具、铣刀和螺纹刀具；复杂刀具部分介绍了拉刀、数控刀具、齿轮刀具和加工非渐开线齿形工件的刀具。对常用的标准刀具，扼要地介绍了刀具的结构特点和设计方法。对非标准刀具和一些参考资料中叙述较少的先进高效刀具，则较详细地介绍了它们的设计方法。本书编写取材，尽量采用经过生产实际检验过的资料，同时也适当注意国内外刀具技术的新发展。书中除附有大量的图表、数据、标准资料、部分刀具合理正确使用的经验资料和技术要求外，对不少刀具列有详细的设计计算步骤，并附有设计示例和工作图。书末附有刀具夹持部分的结构和尺寸，作为设计时参考。

参加本手册编写的有哈尔滨工业大学、哈尔滨第一工具厂、哈尔滨量具刃具厂、哈尔滨汽轮机厂、哈尔滨风华有限公司、哈尔滨理工大学、哈尔滨先锋机电有限公司、黑龙江科技学院等单位的多名同志。本书由袁哲俊、刘华明担任主编。编写中得到很多工厂、学校和科研院所同志的帮助，并提供资料和意见，在此一并致谢。本次手册编写过程中，哈尔滨量具刃具厂曹聚盛高工不幸因病去世，对此我们深表哀悼。

由于受到本书篇幅限制，还有不少刀具设计内容未能编入。由于我们水平有限，编写仓促，书中缺点错误在所难免，希望广大读者批评指正。

编　者

目　　录

第1章 刀具几何参数的定义

各种刀具几何参数的名词与术语必须有统一的定义。为此，国际标准化组织制定了有关的标准，即 ISO 3002《切削和磨削的基本参量》。它规定了刀具几何参数的通用术语、基准坐标系、刀具角度、切削中的运动参数、力、能、功率等的定义。我国也制定了国家标准 GB/T 12204—2010《金属切削基本术语》，它修改采用了 ISO 3002 的主要部分。本章按照 GB/T 12204—2010 和 ISO 3002 介绍刀具基本几何参数的定义、所定义的刀具各角度之间的关系和换算公式。

1.1 切削运动和切削用量

1.1.1 工件的加工表面

在切削过程中，工件上的加工余量不断地被刀具切除，从而在工件上形成三个不断变化着的表面。这三个表面的定义见表 1-1 和图 1-1 所示。

表 1-1 工件的加工表面（GB/T 12204—2010）

术语	定义
待加工表面	工件上有待切除的表面
已加工表面	工件上经刀具切削后产生的表面
过渡表面	工件上由切削刃正在形成的那部分表面，它在下一切削行程，刀具或工件的下一转里被切除，或者由下一切削刃切除

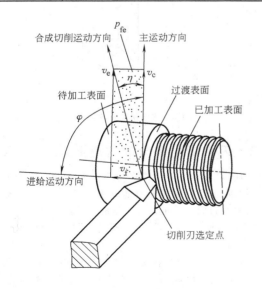

图 1-1 工件的加工表面和外圆车刀的切削运动

p_{fe}—工作平面

1.1.2 切削运动

切削运动是指切削过程中刀具相对于工件的运动。其速度和方向都是相对于工件定义的。

外圆车刀的切削运动、圆柱形铣刀的切削运动和麻花钻的切削运动如图 1-1、图 1-2、图 1-3 所示。其定义见表 1-2。表 1-2 的定义不仅适用于以上三种刀具，而且适用于所有刀具。

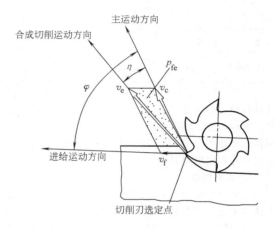

图 1-2 圆柱形铣刀的切削运动

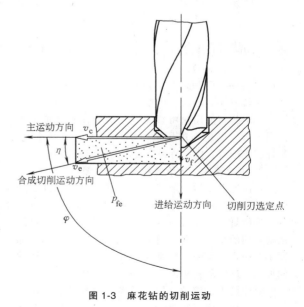

图 1-3 麻花钻的切削运动

1.1.3 切削用量

在切削加工中，需要根据不同的工件材料、刀

表 1-2　切削运动（GB/T 12204—2010）

术语	定　义	符号	计量单位	术语	定　义	符号	计量单位
主运动	由机床或人力提供的主要运动，它促使刀具和工件之间产生相对运动，从而使刀具前面接近工件	—	—	合成切削运动	由主运动和进给运动合成的运动	—	—
主运动方向	切削刃选定点相对于工件的瞬时主运动方向	—	—	合成切削运动方向	切削刃选定点相对于工件的瞬时合成切削运动的方向	—	—
切削速度	切削刃选定点相对于工件的主运动的瞬时速度	v_c①	m/s 或 m/min	合成切削速度	切削刃选定点相对于工件的合成切削运动的瞬时速度	v_e	m/s（或 m/min）
进给运动	由机床或人力提供的运动，它使刀具与工件之间产生附加的相对运动，加上主运动，即可不断地或连续地切削，并得出具有所需几何特性的已加工表面	—	—	进给运动角	同一瞬间进给运动方向和主运动方向之间的夹角，在工作平面中测量	φ	(°)
进给运动方向	切削刃选定点相对于工件的瞬时进给运动的方向	—	—	合成切削速度角	同一瞬间主运动方向与合成切削运动方向之间的夹角，在工作平面 p_{fe} 中测量	η	(°)
进给速度	切削刃选定点相对于工件的进给运动的瞬时速度	v_f	mm/s 或 mm/min				

　　① 切削速度也允许用 v 表示。

具材料和其他技术、经济要求来选定适宜的切削速度和进给速度，还要选定适宜的背吃刀量（在一些场合，可使用"切削深度"来表示"背吃刀量"）。这三者称为切削用量。

1. 切削速度

切削速度是指刀具切削刃上某一选定点相对于工件的主运动的瞬时速度。大多数切削加工的主运动采用回转运动。回转体（刀具或工件）上外圆或内孔某一选定点的切削速度 v_c 的计算公式为

$$v_c = \frac{\pi d n}{1000}$$

式中　d——工件或刀具上某一选定点的回转直径（mm）；

n——工件或刀具的转速（r/s 或 r/min）。

在转速 n 一定时，切削刃上各点的切削速度不同。考虑到切削用量将影响刀具的磨损和已加工表面质量等，确定切削用量时应取最大的切削速度，如外圆车削时，应取待加工表面的切削速度。

2. 进给速度、进给量和每齿进给量

进给速度是指切削刃上某一点相对于工件的进给运动的瞬时速度，其符号和单位见表 1-2。

进给量是工件或刀具每回转一周时两者沿进给运动方向的相对位移。符号用 f，单位为 mm/r，如图 1-4 所示。而对于刨削等主运动为往复直线运动的加工，进给量 f 的单位为 mm/双行程。

对于铣刀、铰刀、拉刀等多齿刀具，还应规定每齿进给量，即刀具每转或每行程中，每齿相对于工件在进给运动方向上的位移量。符号为 f_z，单位为 mm/z。

v_f、f 与 f_z 之间存在如下关系：

$$v_f = fn = f_z z n$$

式中　z——刀具齿数。

3. 背吃刀量

背吃刀量为工件已加工表面和待加工表面间的垂直距离，单位为 mm，如图 1-4 中的 a_p。它表示切削刃切入工件的深度。

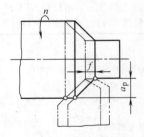

图 1-4　进给量和背吃刀量

1.2　刀具切削部分的构造要素

切削刀具是由一个或多个刀齿构成的。每个刀齿的切削刃都是由前面（也可称前刀面）与后面（也可称后刀面）形成的刀楔形成的。最简单的刀具是单齿的，如车刀。而多齿刀具皆可视为单齿刀具的演变。

车刀切削部分的构造要素如图 1-5 与图 1-6 所示，套式立铣刀切削部分的构造要素如图 1-7 所示，麻花钻切削部分的构造要素如图 1-8 所示。各个术语的定义见表 1-3。

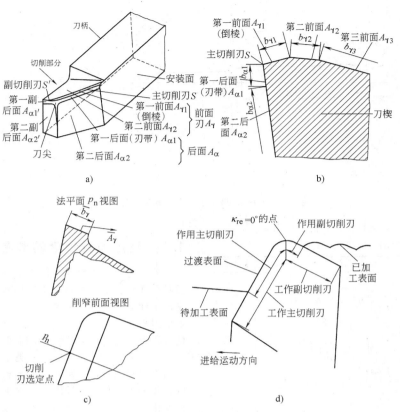

图 1-5　车刀切削部分的构造要素

a）车刀切削部分上的切削刃和表面　b）有倒棱或刃带的刀楔

c）削窄前面视图　d）与刀具和工件有关的几个术语的图示

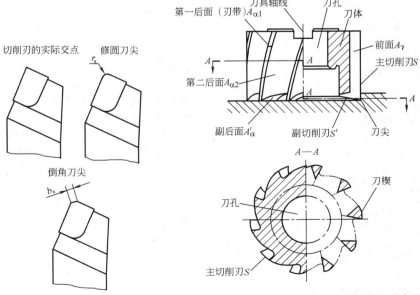

图 1-6　刀尖在基面上的视图　　**图 1-7　套式立铣刀切削部分上的切削刃和刀具表面**

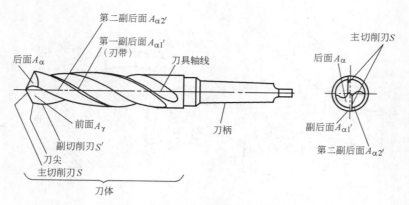

图 1-8　麻花钻切削部分上的切削刃和刀具表面

表 1-3　刀具切削部分的构造要素
（GB/T 12204—2010）

术语	定　义	符号	计量单位
切削部分	刀具各部分中起切削作用的部分,由切削刃、前面、后面等产生切屑的各要素所组成（见图 1-5a）	—	—
刀楔	切削部分夹于前面和后面之间的部分（见图 1-5b）	—	—
前面	刀具上切屑流过的表面。如果前面是由几个相交面组成的,则从切削刃开始,依次把它们称为第一前面 $A_{\gamma 1}$、第二前面 $A_{\gamma 2}$、第三前面 $A_{\gamma 3}$ 等（见图 1-5b） 图 1-5c 所示的 b_{γ} 部分是一个特制的削窄前面,用台阶使它与前面的其余部分分开,而切屑只同它相接触,所以只有这部分是前面 第一前面的宽度 $b_{\gamma 1}$ 称为倒棱宽（见图 1-5b）	A_{γ}	—
后面	与工件上切削中产生的表面相对的表面。同样也可以分为第一后面、第二后面。第一后面称为刃带,其宽度用 $b_{\alpha 1}$ 表示（见图 1-5a 和 b） 主切削刃的后面称为主后面,副切削刃的后面称为副后面	A_{α}	—
切削刃	刀具前面上拟作切削用的刃	—	—
主切削刃	起始于切削刃上主偏角为 0°的点,并至少有一段切削刃拟用在工件上切出过渡表面的那个整段切削刃（见图 1-5a、图 1-7和图 1-8）	S	—
副切削刃	切削刃上除主切削刃以外的刃,亦起始于主偏角为 0的点	S'	—
刀尖	指主切削刃与副切削刃的连接处相当少的一部分切削刃（见图1-6） 具有曲线状切削刃的刀尖称为修圆刀尖,r_{ε} 为刀尖圆弧半径 具有直线切削刃的刀尖称为倒角刀尖,其长度称为倒角刀尖长度 b_{ε}	r_{ε} b_{ε}	—

1.3　确定刀具角度的参考系

确定前面、后面和切削刃的空间位置,可以用刀具角度来表示。而要定义这些角度,需要一系列基准坐标平面,称为参考系。刀具角度就是刀面和切削刃相对参考系的角度。为了反映刀具角度在切削过程中的作用,参考系需依据切削运动建立。

刀具角度可分为两类:一类是刀具标注角度或称为静态角度,它是制造、刃磨和测量刀具所需要的,并标注在刀具设计图上。它不随刀具工作条件而变化。另一类是刀具的工作角度,它与刀具工作条件、安装情况和切削运动有关。刀具工作条件变化,角度也随之变化,它能反映刀具实际工作情况下的角度。由于有两类角度,因此定义刀具角度的参考系也分为两类,一类称静止参考系,用来定义刀具的标注角度;一类称工作参考系,用来定义刀具的工作角度。

参考系和刀具角度都是对切削刃上某一选定点而言的。这是因为同一切削刃上各个不同点的空间位置和切削运动状态往往不相同,因此各点应建立各自的参考系,表示各自的角度。

1.3.1　刀具静止参考系

刀具静止参考系中各基准坐标平面是根据下列假定条件建立的,即对车刀而言,切削刃上选定点的主运动方向垂直于刀具底面（或轴线）,称为假定主运动方向;进给运动方向垂直于刀体轴线,称为假定进给运动方向。同时,车削时切削刃上选定点在工件的中心高上,使刀具定位平面或轴线（如车刀底面、钻头轴线等）与参考系的坐标平面垂直或平行。

刀具静止参考系各基准坐标平面的定义见表 1-4和图 1-9 所示。

1.3.2　刀具工作参考系

刀具静止参考系在定义基面和切削平面（这是决定前角和后角的最主要的基准平面）时,都只考虑

主运动而不考虑进给运动,即未考虑合成切削运动的影响。在一般切削加工中,进给运动速度相对于主运动速度来说是很小的,因此主运动方向与合成切削运动方向很接近。在这种情况下,可以用刀具

表 1-4　刀具静止参考系的坐标平面

（GB/T 12204—2010）

坐标平面	定义	符号
基面	过切削刃选定点的平面,它平行或垂直于刀具在制造、刃磨及测量时适合于安装或定位的一个平面或轴线,一般说来,其方位要垂直于假定的主运动方向	p_r
假定工作平面	通过切削刃选定点并垂直于基面,它平行或垂直于刀具在制造、刃磨及测量时适合于安装或定位的一个平面或轴线,一般说来,其方位要平行于假定的进给运动方向	p_f
背平面	通过切削刃选定点并垂直于基面和假定工作平面的平面	p_p
切削平面	通过切削刃选定点与切削刃相切并垂直于基面的平面	—
主切削平面	通过主切削刃选定点与主切削刃相切并垂直于基面的平面	p_s
副切削平面	通过副切削刃选定点与副切削刃相切并垂直于基面的平面	p_s'
法平面	通过切削刃选定点并垂直于切削刃的平面	p_n
正交平面	通过切削刃选定点并同时垂直于基面和切削平面的平面	p_o

的静态角度代表其工作角度。但在某些切削情况下,刀具的进给速度较大（例如车螺纹时）,这时就必须考虑刀具进给运动的影响。同时,刀具的实际安装位置与假定的安装位置有时也不相同。例如对于车刀,假定安装位置是切削刃选定点正好在机床中心高上,此时切削速度正好垂直于车刀刀体底面。但车刀安装时,切削刃选定点不一定在机床中心高上,这也会影响刀具的角度。为此,必须建立刀具工作参考系,它考虑了合成切削运动和刀具的实际安装位置。它规定刀具进行切削加工时几何参数的参考系。此时,基面已不平行（或垂直）于刀具制造或测量时的定位、安装平面了。

刀具工作参考系的定义见表 1-5 和图 1-10 所示。

表 1-5　刀具工作参考系的坐标平面

（GB/T 12204—2010）

坐标平面	定义	符号
工作基面	通过切削刃选定点并与合成切削速度方向相垂直的平面	p_{re}
工作平面	通过切削刃选定点并同时包含主运动方向和进给运动方向的平面,因而该平面垂直于工作基面	p_{fe}
工作背平面	通过切削刃选定点并同时与工作基面和工作平面相垂直的平面	p_{pe}
工作切削平面	通过切削刃选定点与切削刃相切并垂直于工作基面的平面	p_{se}
工作法平面（同义词:法平面）	刀具工作参考系中的法平面与刀具静止参考系中的法平面相同	p_{ne} (p_n)
工作正交平面	通过切削刃选定点并同时与工作基面和工作切削平面相垂直的平面	p_{oe}

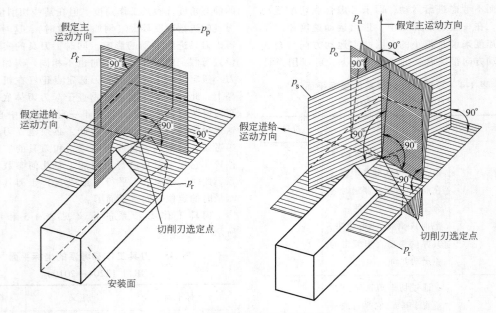

图 1-9　刀具静止参考系的坐标平面

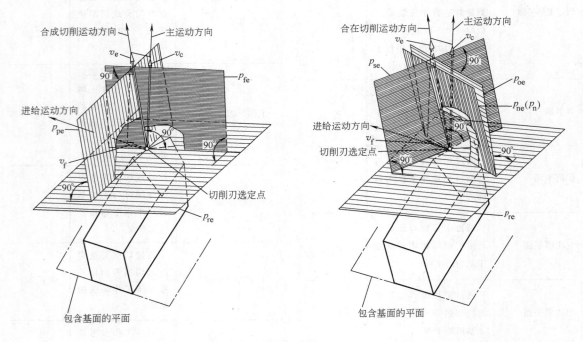

图 1-10　刀具工作参考系的坐标平面

1.4　刀具角度的定义与各角度间的关系

　　刀具用刀具角度来确定其切削刃、前面和后面的几何位置。

　　刀具的角度分为两组。第一组是当刀具作为一个单独的实体时，在静止参考系内定义的刀具角度。这些角度称为刀具角度（或刀具的标注角度）。它标注在刀具的工作图上，供制造、刃磨及测量刀具时应用。第二组是当考虑了切削运动及刀具安装位置等因素的影响时，在刀具工作参考系内定义的刀具角度。这些角度定名为刀具的工作角度。

　　由于沿切削刃各点的刀具角度与工作角度是变化的，所以各角度的定义均是指选定点的角度。

1.4.1　刀具角度（刀具的标注角度）

所定义的刀具角度均指切削刃上选定点的角度。在切削刃是曲线或者前、后面是曲面的情况下，定义刀具角度时，应该用通过切削刃选定点的切线或切平面代替之。

刀具静止参考系内标注角度的定义见表1-6。图1-11绘出了外圆车刀的主要标注角度。在制造刃磨刀具时，有时还用"几何前角"及其方位角表示刀具前面的位置，如表1-6中的 γ_g 及 δ_r。几何前角 γ_g 是指用垂直于基面与前面交线的平面剖切前面所得的前角。图1-12中，假定 ABC 是车刀过切削刃上 A 点的前面，p_r 是基面，$\overline{BC}$ 是前面与基面的交线，剖面 ADE 是过 A 点垂直于 BC 的平面，则 $\angle ADE$ 即为几何前角 γ_g，$\angle CED$ 为前面正交平面方位角 δ_r，剖面 ADE 用 p_g 表示。

同理，基后角 α_b 是指后面 A_α 和切削平面 p_s 间的夹角，在刀具后面正交平面内测量。而其正交平面与 p_f 间的夹角称为后面正交平面方位角 θ_r，在 p_r 中测量。在研究切削加工中，刀具后面与工件加工表面之间的相对运动，摩擦和磨损时，有时需求出基后角 α_b 的值。

1.4.2　刀具在静止参考系内各角度间的关系

刀具在静止参考系内各角度间的关系可按表1-7计算。

1.4.3　刀具的工作角度

刀具在静止参考系内定义的角度只按主运动方向来考虑，而不考虑合成切削运动的方向，并且假定切削刃上选定点正好在机床中心高上。在实际切削工作中，由于合成切削运动的影响和切削刃实际安装位置的影响，刀具的切削角度将发生变化。这时，刀具角度应在工作参考系内定义，称为刀具的工作角度。

刀具工作参考系中工作角度的定义与刀具静止参考系中标注角度的定义类似，其差别只在于两个基准平面的变化。即：

（1）工作基面　通过切削刃上选定点与合成切削速度方向相垂直的平面。

表 1-6　刀具静止参考系内的标注角度（GB/T 12204—2010）

角度名称		定　义	符号	角度名称		定　义	符号
（1）切削刃方位				（3）后面方位			
主偏角		主切削平面 p_s 与假定工作平面 p_f 间的夹角，在基面 p_r 中测量	κ_r	定义：后面 A_α 与切削平面 p_s 间的夹角			
刃倾角		主切削刃与基面 p_r 间的夹角，在主切削平面 p_s 中测量	λ_s	后角		后角	在正交平面 p_o 中测量	α_o
余偏角		主切削平面 p_s 与背平面 p_p 间的夹角，在基面 p_r 中测量	ψ_r		法后角	在法平面 p_n 中测量	α_n
副偏角		副切削平面 p_s' 与假定工作平面 p_f 间的夹角，在基面 p_r 中测量	κ_r'		侧后角	在假定工作平面 p_f 中测量	α_f
刀尖角		主切削平面 p_s 与副切削平面 p_s' 间的夹角，在基面中测量	ε_r		背后角	在背平面 p_p 中测量	α_p
（2）前面方位					基后角	在后面正交平面 p_b 中测量	α_b
定义：前面 A_γ 与基面 p_r 间的夹角					后面正交平面方位角	p_f 与 p_b 间的夹角，在基面 p_r 中测量	θ_r
前角	前角	在正交平面 p_o 中测量	γ_o	（4）楔的角度			
	法前角	在法平面 p_n 中测量	γ_n	定义：前面 A_γ 与后面 A_α 间的夹角			
	侧前角	在假定工作平面 p_f 中测量	γ_f	楔角	楔角	在正交平面 p_o 中测量	β_o
	背前角	在背平面 p_p 中测量	γ_p		法楔角	在法平面 p_n 中测量	β_n
	几何前角	在前面正交平面 p_g 中测量，它是前面 A_r 与基面 p_r 间的最大前角（见图1-12）	γ_g		侧楔角	在假定工作平面 p_f 中测量	β_f
	前面正交平面方位角	假定工作平面 p_f 与前面正交平面 p_g 间的夹角，在基面 p_r 中测量	δ_r		背楔角	在背平面 p_p 中测量	β_p

注：1. 表中前角、后角、楔角指主切削刃上的角度。副切削刃上的角度可仿此定义，并在角度符号右上角标以"′"以示区别，如车刀副后角为 α_o'。

　　2. 当主切削刃与副切削刃有公共前面时，副切削刃的前角 γ_o' 及刃倾角 λ_s' 是派生的。

　　3. 角度方向的正负按图1-11所示。

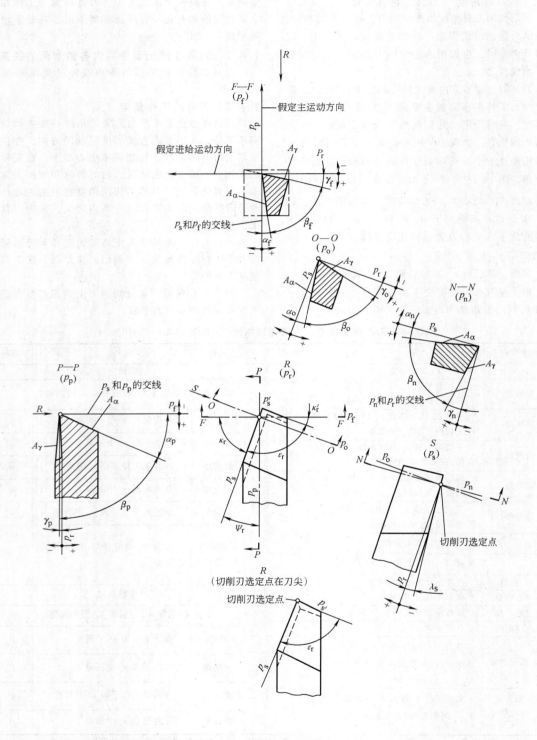

图 1-11　外圆车刀的标注角度

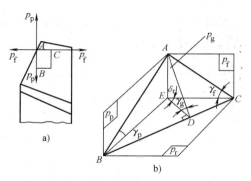

图 1-12　车刀的几何前角和正交平面方位角

a）几何前角　b）正交平面方位角

在静止参考系中，基面的定义强调了要 "……平行或垂直于刀具在制造、刃磨及测量时适合于安装或定位一个平面（如车刀的底面）或轴线"，也强调基面应 "垂直于假定的主运动方向"。比较二者的区别可以看出，工作基面不再假定它平行或垂直于刀具的制造、刃磨时的安装平面。这样，当刀具，例如车刀，安装时若切削刃选定点高于或低于工件中心高时，定义基面即可只考虑与切削速度方向垂直，而不必再考虑它是否平行或垂直于刀具的安装基面了，并且，此时基面考虑的是合成切削速度方向，它考虑了进给运动对切削速度方向的影响。

表 1-7　刀具在静止参考系内各角度间的关系

参数	κ_r　λ_s　α_o　γ_o	κ_r　λ_s　α_n　γ_n
α_o	—	$\tan\alpha_o = \tan\alpha_n \cos\lambda_s$
γ_o	—	$\tan\gamma_o = \dfrac{\tan\gamma_n}{\cos\lambda_s}$
α_n	$\tan\alpha_n = \dfrac{\tan\alpha_o}{\cos\lambda_s}$	—
γ_n	$\tan\gamma_n = \tan\gamma_o \cos\lambda_s$	—
α_p	$\cot\alpha_p = \cos\kappa_r \cot\alpha_o + \sin\kappa_r \tan\lambda_s$	$\cot\alpha_p = \cos\kappa_r \dfrac{\cot\alpha_n}{\cos\lambda_s} + \sin\kappa_r \tan\lambda_s$
α_f	$\cot\alpha_f = \sin\kappa_r \cot\alpha_o - \cos\kappa_r \tan\lambda_s$	$\cot\alpha_f = \sin\kappa_r \dfrac{\cot\alpha_n}{\cos\lambda_s} - \cos\kappa_r \tan\lambda_s$
γ_p	$\tan\gamma_p = \cos\kappa_r \tan\alpha_o + \sin\kappa_r \tan\lambda_s$	$\tan\gamma_p = \cos\kappa_r \dfrac{\tan\gamma_n}{\cos\lambda_s} + \sin\kappa_r \tan\lambda_s$
γ_f	$\tan\gamma_f = \sin\kappa_r \tan\gamma_o - \cos\kappa_r \tan\lambda_s$	$\tan\gamma_f = \sin\kappa_r \dfrac{\tan\gamma_n}{\cos\lambda_s} - \cos\kappa_r \tan\lambda_s$
θ_r	$\tan(\kappa_r + \theta_r) = -\dfrac{\cot\alpha_o}{\tan\lambda_s}$	$\tan(\kappa_r + \theta_r) = -\dfrac{\cot\alpha_n}{\sin\lambda_s}$
δ_r	$\tan(\kappa_r + \delta_r) = -\dfrac{\tan\gamma_o}{\tan\lambda_s}$	$\tan(\kappa_r + \delta_r) = -\dfrac{\tan\gamma_n}{\sin\lambda_s}$
α_b	$\cot\alpha_b = \pm\sqrt{\cot^2\alpha_o + \tan^2\lambda_s}$	$\cot\alpha_b = \pm\sqrt{\dfrac{\cot^2\alpha_n}{\cos^2\lambda_s} + \tan^2\lambda_s}$
γ_g	$\tan\gamma_g = \pm\sqrt{\tan^2\gamma_o + \tan^2\lambda_s}$	$\tan\gamma_g = \pm\sqrt{\dfrac{\tan^2\gamma_n}{\cos^2\lambda_s} + \tan^2\lambda_s}$
参数	α_p　α_f　γ_p　γ_f	θ_r　δ_r　α_b　γ_g
κ_r	$\tan\kappa_r = \dfrac{\cot\alpha_f - \tan\gamma_f}{\cot\alpha_p - \tan\gamma_f}$	$\tan\kappa_r = \dfrac{\cot\alpha_b \cos\theta_r - \tan\gamma_g \cos\delta_r}{\cot\alpha_b \sin\theta_r - \tan\gamma_g \sin\delta_r}$
λ_s	$\tan\lambda_s = \sin\kappa_r \cot\alpha_p - \cos\kappa_r \cot\alpha_f = \sin\kappa_r \tan\gamma_f - \cos\kappa_r \tan\gamma_f$	$\tan\lambda_s = -\dfrac{\cos(\kappa_r + \theta_r)}{\tan\alpha_b} = -\tan\gamma_g \cos(\kappa_r + \delta_r)$
α_o	$\cot\alpha_o = \cos\kappa_r \cot\alpha_p + \sin\kappa_r \cot\alpha_f$	$\tan\alpha_o = \dfrac{\tan\alpha_f}{\sin(\kappa_r + \theta_r)}$
γ_o	$\tan\gamma_o = \cos\kappa_r \tan\gamma_p + \sin\kappa_r \tan\gamma_f$	$\tan\gamma_o = \tan\gamma_g \sin(\kappa_r + \delta_r)$

（续）

参数	$\alpha_{\mathrm{p}}\quad\alpha_{\mathrm{f}}\quad\gamma_{\mathrm{p}}\quad\gamma_{\mathrm{f}}$	$\theta_{\mathrm{r}}\quad\delta_{\mathrm{r}}\quad\alpha_{\mathrm{b}}\quad\gamma_{\mathrm{g}}$
α_{n}	$\cot\alpha_{\mathrm{n}}=(\cos\kappa_{\mathrm{r}}\cot\alpha_{\mathrm{p}}+\sin\kappa_{\mathrm{r}}\cot\alpha_{\mathrm{n}})\cos\lambda_{\mathrm{s}}$	$\tan\alpha_{\mathrm{n}}=\dfrac{\tan\alpha_{\mathrm{f}}}{\cos\lambda_{\mathrm{s}}\sin(\kappa_{\mathrm{r}}+\theta_{\mathrm{r}})}$
γ_{n}	$\tan\gamma_{\mathrm{n}}=(\cos\kappa_{\mathrm{r}}\tan\gamma_{\mathrm{p}}+\sin\kappa_{\mathrm{r}}\tan\gamma_{\mathrm{f}})\cos\lambda_{\mathrm{s}}$	$\tan\gamma_{\mathrm{n}}=\tan\gamma_{\mathrm{g}}\cos\lambda_{\mathrm{s}}\sin(\kappa_{\mathrm{r}}+\delta_{\mathrm{r}})$
α_{p}	—	$\cot\alpha_{\mathrm{p}}=\sin\theta_{\mathrm{r}}\cot\alpha_{\mathrm{b}}$
α_{f}	—	$\cot\alpha_{\mathrm{f}}=\cos\theta_{\mathrm{r}}\cot\alpha_{\mathrm{b}}$
γ_{p}	—	$\tan\gamma_{\mathrm{p}}=\sin\delta_{\mathrm{r}}\tan\gamma_{\mathrm{g}}$
γ_{f}	—	$\tan\gamma_{\mathrm{f}}=\cos\delta_{\mathrm{r}}\tan\gamma_{\mathrm{g}}$
θ_{r}	$\tan\theta_{\mathrm{r}}=\dfrac{\tan\alpha_{\mathrm{f}}}{\tan\alpha_{\mathrm{p}}}$	—
δ_{r}	$\tan\delta_{\mathrm{r}}=\dfrac{\tan\gamma_{\mathrm{p}}}{\tan\gamma_{\mathrm{f}}}$	—
α_{b}	$\cot\alpha_{\mathrm{b}}=\pm\sqrt{\cot^{2}\alpha_{\mathrm{p}}+\cot^{2}\alpha_{\mathrm{f}}}$	
γ_{g}	$\tan\gamma_{\mathrm{g}}=\pm\sqrt{\tan^{2}\gamma_{\mathrm{p}}+\tan^{2}\gamma_{\mathrm{f}}}$	

（2）工作切削平面　通过切削刃上选定点与切削刃相切，并垂直于工作基面的平面。

由于基面和切削平面的变化使其他坐标平面，如图 1-10 所示的 p_{fe}、p_{pe}、p_{se}、p_{oe} 等也随之发生了变化，因而所定义的角度也发生了变化。图 1-13 给出了车刀的工作角度。与图 1-11 相比较可以看出，角度定义的差别只在于静止参考系改成了工作参考系，除此以外，角度的定义是一致的。

1.4.4　刀具工作角度与标注角度的关系

以车刀为例，在几种常见情况下，刀具工作角度相对于其标注角度的计算关系见表 1-8。

表 1-8　车刀工作角度的修正计算

影响因素	示　　图	工作角度的修正计算	备　注
横向进给运动		对切断刀 $\gamma_{\mathrm{oe}}=\gamma_{\mathrm{o}}+\mu$ $\alpha_{\mathrm{oe}}=\alpha_{\mathrm{o}}-\mu$ $\tan\mu=\dfrac{f}{2\pi\rho}$ 式中　f——进给量	切断刀、铲齿刀的后角应考虑此项影响

（续）

影响因素	示　　图	工作角度的修正计算	备　注
纵向进给运动	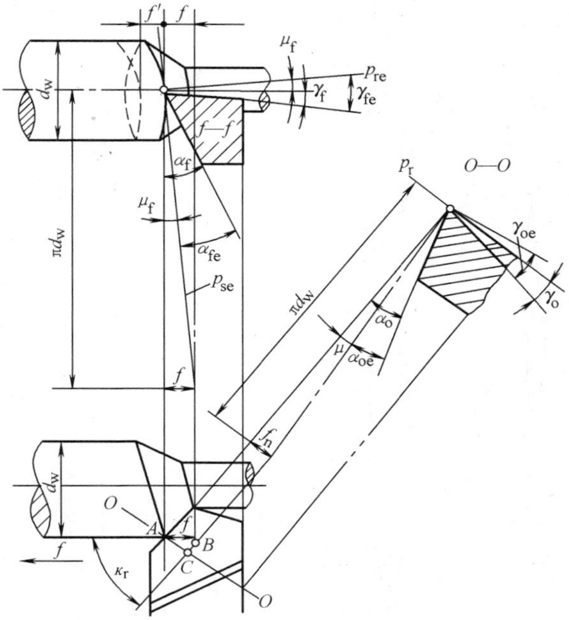	车螺纹时 $$\gamma_{oe} = \gamma_o \pm \mu$$ $$\alpha_{oe} = \alpha_o \mp \mu$$ $$\tan\mu = \tan\mu_f \sin\kappa_r$$ $$= \frac{f}{\pi d'_w}\sin\kappa_r$$ 上面符号适用于车螺纹的左侧面，下面符号适用于右侧面	螺纹车刀（特别是车大螺距的螺纹）应考虑此项影响
刀尖高于或低于工件中心线	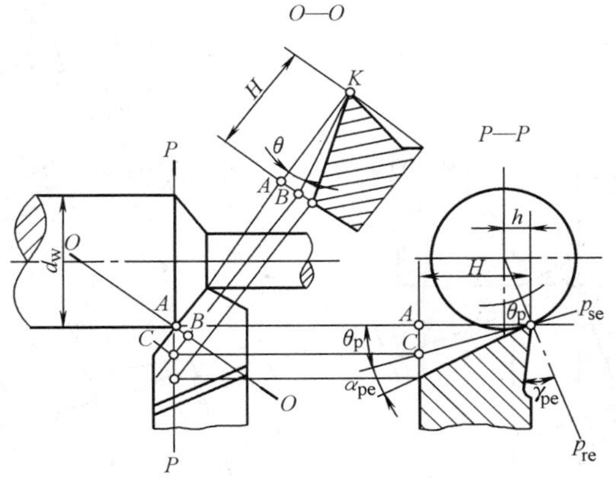	在背平面 p_p 内 $$\gamma_{pe} = \gamma_p \pm \theta_p$$ $$\alpha_{pe} = \alpha_p \mp \theta_p$$ $$\tan\theta_p = \frac{h}{\sqrt{\left(\dfrac{d_w}{2}\right)^2 - h^2}}$$ 在正交平面 p_o 内 $$\gamma_{oe} = \gamma_o \pm \theta$$ $$\alpha_{oe} = \alpha_o \mp \theta$$ $$\tan\theta = \frac{h}{\sqrt{\left(\dfrac{d_w}{2}\right)^2 - h^2}}\cos\kappa_r$$ 上面符号适用于车外圆，下面符号适用于镗内孔 当刀尖低于工件中心线时，h 取负值	用镗刀加工内孔时，常出现此种情况
刀杆中心线不垂直于进给方向	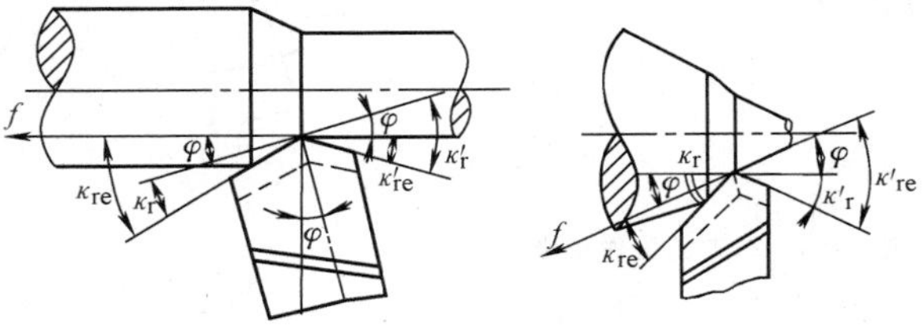	$$\kappa_{re} = \kappa_r \pm \varphi$$ $$\kappa'_{re} = \kappa'_r \mp \varphi$$	—

注：1. p_{se}、p_{re}——工作参考系中的切削平面与基面。

　　2. γ_{oe}、α_{oe}——工作前角与工作后角。

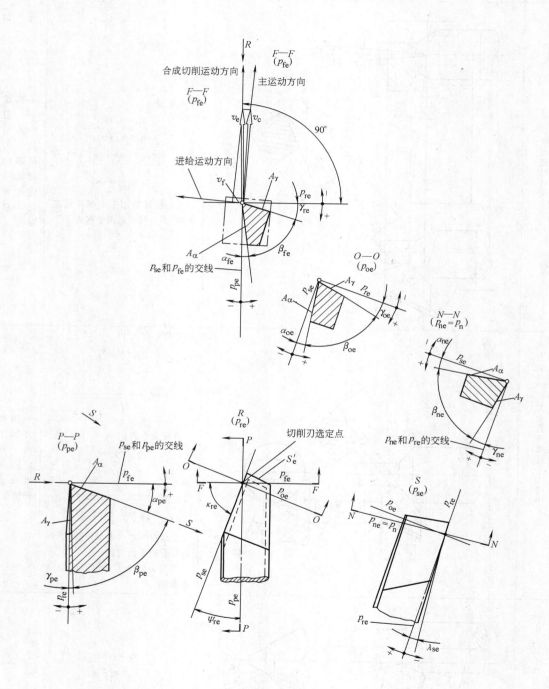

图 1-13　车刀的工作角度

1.5　刀具几何角度及刃部参数的选择原则

刀具几何角度的选择原则见表 1-9。

表 1-9　刀具几何角度的选择原则

角度名称	作　用	选　择　原　则
前角 γ_o	前角大,刃口锋利,切削层的塑性变形和摩擦阻力小,切削力和切削热降低。但前角过大将使切削刃强度降低,散热条件变坏,刀具寿命下降,甚至会造成崩刃	主要根据工件材料,其次考虑刀具材料和加工条件选择: 1)工件材料的强度、硬度低,塑性好,应取较大的前角;加工脆性材料(如铸铁)应取较小的前角;加工特硬的材料(如淬硬钢、冷硬铸铁等),应取很小的前角,甚至是负前角 2)刀具材料的抗弯强度及韧度高,可取较大的前角 3)断续切削或粗加工有硬皮的锻、铸件,应取较小的前角 4)工艺系统刚度差或机床功率不足时,应取较大的前角 5)成形刀具和齿轮刀具等为防止产生齿形误差,常取很小的前角,甚至零度前角
后角 α_o	后角的作用是减少刀具后面与工件之间的摩擦。但后角过大会降低切削刃强度,并使散热条件变差,从而降低刀具寿命	1)精加工刀具及切削厚度较小的刀具(如多刃刀具),磨损主要发生在后面上,为降低磨损,应采用较大的后角。粗加工刀具要求切削刃坚固,应采取较小的后角 2)工件强度、硬度较高时,为保证刃口强度,宜取较小的后角;工件材料软、黏时,后面摩擦严重,应取较大的后角;加工脆性材料,载荷集中在切削刃处,为提高切削刃强度,宜取较小的后角 3)定尺寸刀具,如拉刀和铰刀等,为避免重磨后刀具尺寸变化过大,应取小后角 4)工艺系统刚度差(如切细长轴),宜取较小的后角,以增大后面与工件的接触面积,减小振动
主偏角 κ_r	主偏角的大小影响径向力 F_y 和轴向力 F_x 的比例,主偏角增大时,F_y 减小,F_x 增大 　主偏角的大小还影响参与切削的切削刃长度,当背吃刀量 a_p 和进给量 f 相同时,主偏角减小,则参与切削的切削刃长度大,单位刃长上的载荷减小,可使刀具寿命提高,主偏角减小,刀尖强度大	1)在工艺系统刚度允许的条件下,应采用较小的主偏角,以提高刀具寿命。加工细长轴,则应用较大的主偏角 2)加工很硬的材料,为减轻单位切削刃上的载荷,宜取较小的主偏角 3)在切削过程中,刀具需做中间切入时,应取较大的主偏角 4)主偏角的大小还应与工件的形状相适应。如车阶梯轴可取主偏角为 $90°$
副偏角 κ_r'	副偏角的作用是减小副切削刃与工件已加工表面之间的摩擦 　一般取较小的副偏角,可减小工件表面的残留面积。但过小的副偏角会使径向切削力增大,在工艺系统刚度不足时会引起振动	1)在不引起振动的条件下,一般取较小的副偏角。精加工刀具必要时可磨出一段 $\kappa_r'=0°$ 的修光刃,以加强副切削刃对已加工表面的修光作用 2)系统刚度较差时,应取较大的副偏角 3)切断、切槽刀及孔加工刀具的副偏角只能取很小值(如 $\kappa_r'=1°\sim 2°$),以保证重磨后刀具尺寸变化量小
刃倾角 λ_s	1)刃倾角影响切屑流出方向,$-\lambda_s$ 角使切屑偏向已加工表面,$+\lambda_s$ 使切屑偏向待加工表面 　2)单刃刀具采用较大的 $-\lambda_s$ 可使远离刀尖的切削刃首先接触工件,使刀尖避免受冲击 　3)对于回转的多刃刀具,如圆柱铣刀等,螺旋角就是刃倾角,此角可使切削刃逐渐切入和切出,可使铣削过程平稳 　4)可增大实际工作前角[①],使切削轻快	1)加工硬材料或刀具承受冲击载荷时,应取较大的负刃倾角,以保护刀尖 2)精加工宜取正 λ_s,使切屑流向待加工表面,并可使刃口锋利 3)内孔加工刀具(如铰刀、丝锥等)的刃倾角方向应根据孔的性质决定。左旋槽($-\lambda_s$)可使切屑向前排出,适用于通孔;右旋槽适用于不通孔

①　实际工作前角应在包括主运动方向及切屑流出方向的平面内测量。当 $\lambda_s \neq 0°$ 时（此时称为斜角切削）,切屑在前面的流动方向与切削刃的垂直方向成 ψ_λ 角,$\psi_\lambda \approx \lambda_s$,此时,实际工作前角 γ_{oe} 可按下式近似计算:

$$\sin\gamma_{oe} = \sin^2\lambda_s + \cos^2\lambda_s \sin\gamma_n$$

当 $\lambda_s > 15°\sim 20°$ 时,随 λ_s 的增加,γ_{oe} 将比 γ_n（或 γ_o）显著增大。

第2章 刀具材料

2.1 概述

2.1.1 刀具材料应具备的性能

刀具在工作时，要承受很大的压力和冲击力。同时，由于切削时产生的金属塑性变形以及在刀具、切屑、工件相互接触表面间产生的强烈摩擦，使刀具切削刃上产生很高的温度和受到很大的应力。因此，作为刀具材料应具备以下特性：

1. 高的硬度

刀具材料必须具备高于被加工材料的硬度，一般刀具材料的常温硬度都在 62HRC 以上。

2. 高的耐磨性

耐磨性是刀具抵抗磨损的能力。它是刀具材料力学性能、组织结构和化学性能的综合反映。

考虑到材料的品质因素（不考虑摩擦区温度及化学磨损等影响），可用下式表示材料的耐磨性：

$$W_R = K_{IC}^{0.5} E^{-0.8} H^{1.43}$$

式中　H——材料硬度；

　　　K_{IC}——材料的平面应变断裂韧度（MPa·m$^{\frac{1}{2}}$）；

　　　E——材料的弹性模量（GPa）。

3. 足够的强度和韧度

为能承受很大的压力，以及冲击和振动，刀具材料应具有足够的强度和韧度。一般强度用抗弯强度表示，韧度用冲击值表示。

4. 高的耐热性

耐热性是指刀具材料在高温下保持硬度、耐磨性、强度和韧度的性能。

5. 良好的热物理性能和耐热冲击性

刀具材料抵抗热冲击的能力可用耐热冲击系数 R 表示，R 的定义式为

$$R = \frac{\lambda R_m (1-\mu)}{E\alpha}$$

式中　λ——热导率；

　　　R_m——抗拉强度；

　　　μ——泊松比；

　　　E——弹性模量；

　　　α——线膨胀系数。

6. 良好的工艺性

这里指的是锻造性能、热处理性能、高温塑性变形性能以及磨削加工性能等。

7. 经济性

经济性是刀具材料的重要指标之一。

2.1.2 常用刀具材料的种类

1. 非合金工具钢（原碳素工具钢）

按照 GB/T 13304.1—2008《钢分类　第 1 部分：按化学成分分类》及 GB/T 1299—2014《工模具钢》，非合金工具钢属于非合金钢。按照 GB/T 13304.2—2008《钢分类　第 2 部分：按主要质量等级和主要性能或使用特性的分类》，非合金工具钢属于特殊质量非合金钢。

非合金工具钢是高碳过共析、共析或亚共析钢，$w(C) = 0.65\% \sim 1.35\%$。碳是非合金工具钢的主要强化元素。非合金工具钢通常按用途可分为刃具钢、模具钢、量具钢、耐磨钢；按钢质可分为优质钢和高级优质钢。这类钢耐热性较差（200~250℃），经热处理后具有较高的硬度和耐磨性，但热硬性差、淬透性低。这类钢主要用于制造加工硬度和强度不太高的尺寸较小、小进给、低速的切削工具和手动工具，以及形状简单、精度要求较低的量具、模具等。

2. 合金工具钢

按照 GB/T 13304.1—2008《钢分类　第 1 部分：按化学成分分类》，合金工具钢属于合金钢。按照 GB/T 13304.2—2008《钢分类　第 2 部分：按主要质量等级和主要性能或使用特性的分类》，合金工具钢属于特殊质量合金钢。

合金工具钢为中、高碳合金钢，这类钢碳含量较高，并含有多种强化合金元素，如铬、钨、硅、锰、钒等。合金工具钢按用途可分为刃具钢、模具钢（冷作模具钢、热作模具钢和塑料模具钢）、量具钢，一种钢通常兼有多种用途（热作模具钢除外）。这类钢具有较高的耐热性（300~400℃），较高的硬度，一定的韧性，良好的耐磨性、热硬性，一定的耐冲击性，以及良好的淬透性、组织稳定性，较小的热处理变形等性能。这类钢主要用于制造截面较大，要求热处理变形小，对耐磨性及韧度有一定要求的低速切削刀具，以及形状特殊且较复杂的量具、刃具、耐冲击工具和冷热作模具与一些特殊用途的工具。

以上两种钢作为刀具材料的使用量都很少。

3. 高速工具钢

按照 GB/T 13304.1—2008《钢分类　第 1 部分：按化学成分分类》，高速工具钢属于合金钢。按照 GB/T 13304.2—2008《钢分类　第 2 部分：按主要质量等级和主要性能或使用特性分类》，高速工具钢

属于特殊质量合金钢。

高速工具钢是高碳合金钢，主要合金元素有钨、铬、钼、钴、钒、铝等，含有大量的碳化物。这些碳化物使高速工具钢具有高的热硬性和耐磨性。高速工具钢在较高温度（不大于 600℃）下能保持良好的切削性能，用于制造高效率切削刀具，如铣刀、铰刀、拉刀、插齿刀及钻头等，也用于铁冷模具、高温弹簧及高温轴承等，是应用较多的一种刀具材料。

4. 铸造钴基合金（斯太立特合金）

铸造钴基合金是一种 $w(C)＝1\%～3\%$ 和数量不等的钴、钨、铬、钒等成分组成的高钴基合金。常用成分为 $w(C)＝1.8\%～3.0\%$、$w(Co)＝38\%～53\%$、$w(Cr)＝24\%～33\%$、$w(W)＝10\%～22\%$。这类材料具有高的耐热性（与高速工具钢相比）和抗弯强度（与硬质合金相比），同时具有良好的抗氧化性以及高温尺寸稳定性、高的热硬性和韧性，在各种介质中具有良好的抗腐蚀性，其常温性能虽不及高速工具钢，但是高温性能较高，故有较好的切削性能。此类合金在美国应用较多。

5. 硬质合金

硬质合金是一种主要由硬化相（难熔金属的碳化物、氮化物、硼化物、硅化物等）和粘结剂相（钴、镍等）组成的粉末冶金产品。硬质合金具有硬度高、耐磨，强度和韧性较好，耐热、耐腐蚀等一系列优良性能，特别是它的高硬度和耐磨性，即使在 500℃ 的温度下也基本保持不变，在 1000℃ 时仍有很高的硬度。硬质合金广泛用作刀具材料，如车刀、铣刀、刨刀、钻头、镗刀等，用于切削铸铁、有色金属、塑料、化纤、石墨、玻璃、石材和普通钢材，也可以用来切削耐热钢、不锈钢、高锰钢、工具钢等难加工的材料。硬质合金可分为碳化钨基与碳（氮）化钛基两大类，现在新型硬质合金刀具的切削速度等于非合金工具钢的数百倍，是目前应用较多的一种刀具材料。

6. 超硬刀具材料

超硬刀具材料有陶瓷、金刚石和立方氮化硼（CBN）等，其硬度、热硬性和耐磨性都很高。金刚石是目前已知的最硬的材料，立方氮化硼是硬度仅次于金刚石的材料，可用来加工高硬度的工件。

（1）陶瓷 陶瓷刀具具有高的硬度、热硬性和耐磨性，在高速切削和干切削时，表现出优异的切削性能，是一类极具发展前途的刀具材料。刀具用陶瓷一般采用热压法，即将粉末状原料在高温高压下压制成饼状，然后切割成刀片。按化学成分，陶瓷刀具材料约可以分为氧化铝系、氮化硅系陶瓷两大类，目前发展的有复合氮化硅—氧化铝系，以及

纳米增韧陶瓷刀具材料、陶瓷涂层刀具材料。纳米改性、纳米复合及超细晶粒陶瓷刀具材料的研究与开发将是今后陶瓷刀具材料发展的主要方向。

（2）金刚石 金刚石的化学稳定性较低，切削温度超过 700～800℃ 时，其硬度就会急剧下降。另外，金刚石刀具不适合于加工钢铁材料，因为金刚石（C）和铁有很强的化学亲和力，在高温下铁原子容易与碳原子作用而使其转化为石墨结构，刀具极易损坏。

（3）立方氮化硼 立方氮化硼是由软的六方氮化硼在高温高压下加入催化剂转变而成的。它是 20 世纪 70 年代才发展起来的一种新型刀具。

立方氮化硼有很高的硬度及耐磨性，热稳定性很好，在 1400℃ 的高温下仍能保持很高的硬度和耐磨性。另外，立方氮化硼的化学惰性很大，它与铁族金属直至 1200～1300℃ 时也不易起化学作用，因此立方氮化硼刀具可用于加工淬硬钢和冷硬铸铁等。

2.1.3 不同刀具材料的基本性能分析

1. 硬度与耐磨性

硬度是刀具材料应具备的基本特性。切削金属所用刀具切削刃的硬度，一般都在 60HRC 以上。

淬火工具钢的硬度主要取决于含碳量。因此，工具钢的含碳量都比较高，$w(C)≈0.65\%～1.5\%$。工具钢热处理后的硬度可达 60～65HRC（81.2～84HRA）。

硬质合金的主要成分是难熔金属碳化物，这些碳化物的硬度很高，因此，硬质合金的硬度可达 89～94HRA。

陶瓷材料的主要成分是氧化铝，氧化铝的硬度很高，而且烧结时不需加粘结剂，因此陶瓷的硬度可高达 91～95HRA。

金刚石是人类已经发现的最硬的材料，其硬度可达 10000HV、立方氮化硼硬度仅次于金刚石，硬度可达 8000～9000HV。

各种刀具材料的物理力学性能见表 2-1。

耐磨性是刀具应具备的主要条件之一，它是决定刀具寿命的主要因素。材料的耐磨性是材料的硬度、强度、化学成分及组织结构的综合反应。

一般来说，刀具材料的硬度越高，耐磨性也越好。但情况也并不完全如此。例如各种工具钢的硬度基本相同，但耐磨性却相差很大，合金工具钢中的合金碳化物分布在马氏体基体上，比单一的马氏体组织具有更高的耐磨性。高速工具钢中含有质量分数为 10%～20% 的合金碳化物，其耐磨性比一般合金工具钢要高。常用硬质合金中含有更大量的（质量分数为 85%～95%）合金碳化物，其耐磨性比高速工具钢还要高 15～20 倍。

表 2-1　各种刀具材料的物理力学性能

材料性能	材料种类									
	非合金工具钢	合金工具钢	高速工具钢	铸造钴基合金	硬质合金	碳化钛基硬质合金	氧化铝陶瓷	氮化硅陶瓷	立方氮化硼	金刚石
密度/(g/cm³)	7.6~7.8	7.7~7.9	8.0~8.8	—	8.0~15	5~6	3.6~4.7	3.1~3.26	3.44~3.49	3.47~3.56
硬度	63~65HRC	63~66HRC	63~70HRC	60~65HRC	89~94HRA	91~93.5HRA	91~95HRA	91~93HRA	8000~9000HV	10000HV
抗弯强度/MPa	2200	2400	2500~4000	1400~2800	900~2450	800~1600	450~800	900~1300	300	210~490
抗压强度/MPa	4000	4000	2500~4000	2500~3560	3500~5900	2450~2800	3000~5000	3000~4000	800~1000	2000
冲击韧度/(kJ/m²)	—	—	100~600	—	25~60	—	5~12	—	—	—
弹性模量/GPa	210	210	200~230	—	420~630	385	350~420	320	720	900
热导率/[W/(m·K)]	41.8	41.8	16.7~25.1	—	20.93~83.74	25.1	20.93	30.98	79.54	146.5
线膨胀系数/(10⁻⁶/K)	11.72	—	9~12	—	5~7	8.2	6.3~9	3.2	2.1~2.3	0.9~1.18
耐热性/℃	200~250	300~400	600~650	700~1000	800~1000	1000~1100	>1200	1300~1400	1400~1500	700~800

性能 \ 刀具材料	碳钢及低、中合金钢	高速工具钢	铸造钴基合金	硬质合金	涂层硬质合金	氧化铝陶瓷	立方氮化硼	金刚石
背吃刀量	小到中	小到大	小到大	小到大	小到大	小到大	小到大	非常小
加工表面粗糙度	粗	粗	粗	好	好	非常好	非常好	(单晶金刚石)优
制造方法	锻造	锻造,铸造,HIP法烧结	铸造,HIP法烧结	冷压烧结	化学气相沉积法	冷压和热压烧结,HIP法烧结	高温高压烧结	高温高压烧结
加工方法	机加工及磨削	机加工及磨削	磨削	磨削		磨削	磨削及抛光	磨削及抛光

高温硬度	←──── 增　加 ────→
韧度	←──── 增　加 ────→
冲击强度	←──── 增　加 ────→
耐磨性	←──── 增　加 ────→
抗碎裂性	←──── 增　加 ────→
耐热冲击性	←──── 增　加 ────→
切削速度	←──── 增　加 ────→
刀具成本	←──── 增　加 ────→

注：在不同文献上，表中有的数据可能相差甚大。

2. 强度及韧度

现有刀具材料中，高速工具钢具有较高的强度和韧度，因此能用于重负荷条件下的加工。常用硬质合金的抗弯强度只有高速工具钢的 1/3~1/2 左右，冲击值则更低。陶瓷刀具的抗弯强度仅及高速工具钢的 1/5 左右，冲击值则低得多。

3. 耐热性

耐热性也是衡量刀具材料切削性能的主要标志。

非合金工具钢的耐热性最低，能维持切削性能的最高温度仅为 200~250℃。合金工具钢的耐热性较好，在 300~400℃ 的温度下仍能保持较好的切削性能。高速工具钢是一种高合金工具钢，在 500~600℃ 的高温下，切削性能仍比较好。铸造钴基合金在 700~850℃ 时硬度仍无显著变化。

硬质合金的耐热性更高，一般在 800~1000℃ 的高温下尚能进行切削。而陶瓷刀具在 1200℃ 的高温下仍能保持很高的硬度。至于超硬刀具材料（如立方氮化硼），在 1400℃ 时仍能保持很好的切削性能。

4. 导热性

刀具在切削时，有相当一部分热量需要由刀具传出。因此，刀具的导热性越好，从刀具传出的热量也就越多，有利于降低切削区的温度。

切削温升与两接触物体的热导率间的关系可按 Bowden 和 Tabor 公式确定：

$$T - T_0 = \frac{0.47\mu_s H^{\frac{1}{2}} L^{\frac{1}{2}} v}{\lambda_A + \lambda_B}$$

式中　T——切削温度；

T_0——周围环境温度；

μ_s——刀具与工件的摩擦因数；

H——较软材料的硬度；

L——作用在接触面上的力；

v——切削速度；

λ_A、λ_B——刀具与工件材料的热导率。

不同刀具材料上述性能的对比，可参见表 2-1。

5. 工艺性能

刀具材料的工艺性能包括刀具材料的被切削性能、磨削性能、高温塑性变形性能、热处理性能和焊接性能等。

工具钢的工艺性能较好，不仅能进行切削加工和热处理，而且磨削加工和焊接性能均较好。

硬质合金的硬度高，很难进行切削加工。又由于其脆性较大，线膨胀系数与钢相差较大，焊接和磨削时容易产生裂纹。

2.2　刀具材料的改性和涂层

刀具材料的改性，是采用化学或物理的方法，对刀具进行表面处理，目的是改善表面摩擦条件，使刀具材料的表面性能有所改变，有利于提高刀具耐磨性，降低摩擦热，减少磨损，从而提高刀具的切削性能、加工效率和寿命。

2.2.1　刀具的表面化学热处理

刀具表面化学热处理是将刀具置于化学介质中加热和保温，化学元素的原子借助高温时原子扩散的能力，渗入刀具的表层，来改变刀具表层的化学成分和结构，从而改变刀具表层性能的热处理工艺。

化学热处理包含着分解、吸收、扩散三个基本过程。

分解是指化学介质在一定温度下，由于发生化学分解反应，便生成能够渗入工件表面的"活性原子"。

吸收是指分解析出的"活性原子"被吸附在工件表面，然后溶入金属晶格中。

扩散是指表面吸附"活性原子"后，使渗入元素的浓度大大提高，这样就形成了表面和内部显著的浓度差，从而获得一定厚度的扩散层。

刀具表面的化学热处理可分为渗碳、渗氮、碳氮共渗和多元共渗。

多元共渗是在低温碳、氮共渗基础上，再渗入氧或硫，或同时渗入氧、硫、硼等元素，或渗入铝、铬、硅等金属元素。

2.2.2　刀具表面涂层

最常用的表面改性处理方法为材料的表面涂层。

通过气相沉积或其他方法，在硬质合金（或高速工具钢刀具）基体上涂覆一薄层（一般只有几微米）耐磨性高的难熔金属（或非金属）化合物，是提高刀具材料耐磨性而不降低其韧度的有效途径之一。也是解决刀具材料发展中的一对矛盾（材料硬度和耐磨性越高，强度及韧度就越低）的很好方法。

1. 涂层方法

目前，常用的刀具涂层方法有化学气相沉积法（CVD）和物理气相沉积法（PVD）两种。近年来出现一些新的涂层工艺，具有良好的应用前景。

（1）CVD 法　CVD 法属于原子沉积类，是利用金属卤化物的蒸气、氢气和其他化学成分，在 950~1050℃的高温下，进行分解、热合等气、固反应，沉积物以原子、离子、分子等原子尺度的形态在加热基体表面形成固态沉积层的一种方法，其过程包括三个阶段：物料汽化、运输到基体附近和在基体上形成覆盖层。在各种 CVD 法中，用得最多的是真空离子轰击法和磁控离子反应喷涂法。CVD 技术主要用于硬质合金车削类刀具的表面涂层，其涂层刀具适合于中型、重型切削的高速粗加工及半精加工。CVD 法与其他涂层方法比较，不仅设备简单，工艺成熟，还有以下优点：

1）沉积物种类多，能涂金属、合金、碳化物、氮化物、硼化物、氧化物、碳氮化物、氧氮化物、氢碳氮化物等。

2）有高度的渗透性和均匀性，可获得不同组织的多层涂层，涂层厚薄均匀。

3）沉积速率高，而且容易控制。

4）涂层纯度高，晶粒细而致密。

5）黏附力较强，可获得较厚的涂层。

6）工艺成本低，适合大量生产。

在 700~900℃下的中温化学气相沉积（MT-CVD）可获得致密纤维状结晶形态的 TiCN 涂层，涂层厚度可达 8~10μm，并可通过 CVD 工艺技术在表层沉积上 Al_2O_3、TiN 等抗高温氧化性能好、与被加工材料亲和力小、自润滑性能好的材料。MT-CVD 涂层刀片适合于高速、高温、大负荷、干式切削条件下使用，其寿命可比普通涂层刀片提高 1 倍左右。

CVD 法的主要缺点在于沉积温度较高，在对高速工具钢刀具进行涂层时，会使刀具退火及变形。所以沉积后的刀具还要进行淬火处理。

（2）PVD 法　PVD 法是利用蒸发或溅射等物理形式把材料从靶源移走，然后通过真空或半真空空间使这些携带能量的蒸气离子沉积到基片或零件表面以形成膜层，通过气相反应过程，使蒸发或溅射

出的金属原子发生气相反应，从而在刀具表面沉积出所要求的化合物。PVD 涂层能涂氮化钛、碳氮化钛、铝钛氮化合物，以及各种难熔金属的碳化物和氮化物。目前，常用的 PVD 方法有低压电子束蒸发（LVEE）法、阴极电子弧沉积法（CAD）、晶体管高压电子束蒸发法（THVEE）、非平衡磁控溅射法（UMS）、离子束协助沉积法（IAD）和动力学离子束混合法（DIM）。其主要差别在于，沉积材料的汽化方法以及产生等离子体的方法不同，而使得成膜速度和膜层质量存在差异。PVD 技术主要应用于整体硬质合金刀具和高速工具钢刀具的表面处理，已普遍应用于硬质合金钻头、铣刀、铰刀、丝锥、异形刀具、焊接刀具等的涂层处理。和 CVD 法比较，PVD 法有以下优点：

1）涂层温度（300~500℃）低于高速工具钢回火温度，故不会损害高速工具钢刀具的硬度和尺寸精度，涂层后不再需要热处理。

2）涂层有效厚度只有几微米（可小于 5μm），故可保证刀具原有的精度，适于涂覆高精度刀具。

3）涂层的纯度高，致密性好，涂层和基体的结合牢固，涂层性能不受基体材质影响。

4）涂层均匀，切削刃和圆弧处无增厚或倒圆现象，故复杂刀具也能获得均匀涂层。

5）不会产生脱碳相（η 相），也无 CVD 法因氯的浸蚀和氢脆变形所引起的涂层易脆裂的情况，涂层刀片强度较高。

6）工作过程干净，无污染，无公害。

目前，PVD 技术不仅提高了薄膜与刀具基体材料的结合强度，涂层成分也由单一涂层发展到了 TiC、TiCN、ZrN、CrN、MoS$_2$、TiAlN、TiAlCN、TiN-AlN、CN$_x$ 等多种多元复合涂层，且由于纳米级涂层的出现，使得 PVD 涂层刀具质量又有了新的突破，这种薄膜涂层不仅结合强度高、硬度接近 CBN、抗氧化性能好，并可有效地控制精密刀具刃口形状及精度，在进行高精度加工时，其加工精度毫不逊色于未涂层刀具。

（3）等离子体化学气相沉积法（PVCD）PVCD 利用等离子体来促进化学反应，可把温度降低至 600℃ 以下。由于涂层温度低，在硬质合金基体与涂层材料之间不会发生扩散或交换反应，因而基本上可保持刀片原有的韧性，所涂刀片在加工普通钢、合金钢和铣削时，显示出比普通 CVD 涂层法获得的刀片具有更优异的性能。目前，PCVD 法的涂覆温度已降至 180~200℃，这样低温的工艺不影响焊接部位的性能，因此这种方法还可用于涂覆焊接硬质合金刀具。

（4）离子束辅助沉积技术（IBAD）IBAD 是新发展起来的一种新兴 PVD 法。它兼有气相沉积与离子注入的优点，其基本特点是，在冷相沉积涂膜的同时，用具有一定能量的离子束轰击不断沉积的物质，使沉积原子与基体原子不断混合，截面处原子相互渗透溶为一体，大大改善膜与基体的结合强度。IBAD 可在较低温度下制备 C、B、N 化合物膜、立方氮化硼和金刚石超硬薄膜。

（5）溶胶—凝胶法（Sol-Gel Method）溶胶—凝胶法是材料制备的湿化学方法中新兴起的一种方法。溶胶—凝胶法使用无机盐或金属醇盐作为前驱物，主要的反应步骤是：前驱物溶于溶剂中形成均匀溶液，溶质与溶剂发生水解反应或醇解反应，生成物聚集成 1nm 左右的粒子并形成溶胶，凝胶粉体经烧结后可得到所需的产物。溶胶—凝胶法制品的均匀度高，尤其是多组分制品，其均匀度可达到分子或原子的尺度，制品的纯度高，烧结方法比传统方法低约 400~600℃，反应易于控制，尤其易于控制涂层的化学反应。

溶胶—凝胶法制作涂层刀具有两种途径：一是在刀具表面涂层，即将刀具在制备好的溶胶中用浸渍提拉法进行涂层，涂层的厚度与溶胶的浓度、提拉次数、提拉速度有关。另一种是对粉末材料进行涂层，然后将涂层后的粉末烧结成刀具。该方法是将制备好的溶胶与粉末材料制成的悬浮液以一定的方式进行混合，使两者成为均匀的悬浮液，进行涂层，然后烧结成刀具。溶胶—凝胶法可进行复合涂层和非氧化物陶瓷涂层，这种涂层方法用无机盐代替金属醇盐，降低制造成本，有很好的应用前景。

（6）激光强化处理 激光强化处理可分为激光熔覆表面改性、激光熔覆（覆层的合金粉多为 Ni、Co 基自熔合金或添加粗颗粒的碳化钨，或者采用激光厚层熔覆）和激光熔渗纳米改性强化刀具等三种方法。金属材料表面在激光束照射下成为熔化状态，同时迅速凝固，产生新的表面层。根据材料表面组织变化情况，可分为合金化、熔覆、重熔细化、上釉和表面复合化等。激光熔凝是用适当参数的激光辐照材料表面，使其表面快速熔融、快速冷凝，获得较为细化均质的组织和所需性质的表面改性技术。激光熔渗是一种结合激光熔覆工艺和激光合金化工艺的表面改性的方法。涂覆于基体表面的纳米合金粉在高密度的激光束作用下快速熔凝，以部分纳米硬质合金颗粒渗入基体材料当中，起到了微合金化作用，而刀具表面又可以获得纳米晶粒的覆层，因而不仅提高了强韧性及耐磨性，而且还加深了刀具刃口的硬度层深，延长了刀具寿命。激光强化处理具有以下优点：

1）表面熔化时一般不添加任何金属元素，熔凝

层与材料基体形成冶金结合。

2）在激光熔凝过程中，可以排除杂质和气体，同时急冷重结晶获得的杂质有较高的硬度、耐磨性和抗腐蚀性。

3）其熔层薄、热作用区小，对表面粗糙度和工件尺寸影响不大。有时可不再进行后续磨光而直接使用。

4）提高溶质原子在基体中的固溶度极限，晶粒及第二相质点超细化，形成亚稳相，可获得无扩散的单一晶体结构，甚至非晶态，从而使生成的新型合金获得传统方法得不到的优良性能。

5）光束可以通过光路导向，因而可以处理零件特殊位置和形状复杂的表面。

（7）电火花液中放电沉积　在电火花加工的过程中，煤油工作液受热分解生成的碳粒子和脱落的金属碳化物工具电极的成分在高温下反应生成金属碳化物，如果金属碳化物的沉积速度高于工件的蚀除速度，脱落的工件电极材料直接沉积在金属工件表面形成表面改性层。与其他传统的表面改性技术（如 PVD、CVD 等）相比，电火花液中放电沉积技术有着自己独到的特点：

1）工件在常温下进行处理，不会产生热变形。

2）因为没有必要像其他的表面改性方法那样要把工件放入炉中，对工件的大小没有限制，可以方便地实现工件不同位置处的局部表面改性处理，如刀具的切削刃、齿轮的齿尖等。

3）和其他的表面改性技术方法相比，处理速度快，可以用 $1cm^2/5min$ 的速度进行处理，并且不像其他表面改性处理技术那样需要较为复杂的前处理工艺。

2. 涂层材料

涂层材料应满足以下要求：

1）在低温及高温下都应有高的硬度。

2）有好的化学稳定性。

3）与被加工材料的摩擦因数要小。

4）与刀体的结合力要强。

5）应有渗透性并且无气孔。

涂层材料通常可分为硬涂层和软涂层两大类。硬涂层刀具追求高的硬度和耐磨性，目前应用最多的刀具硬涂层物质有 TiC、TiN、TiC（N）、Al_2O_3 和 TiAlN 等及其组合，包括了单层薄膜和复合薄膜。到目前为止，所应用的硬涂层成分已有几十种之多，常用硬涂层材料的性能见表 2-2，部分硬质合金涂层材质及用途见表 2-3。软涂层刀具追求低摩擦因数，其硬度相对较低，通常为 1000HV 左右。但与工件材料的摩擦因数低、承载极限高、高温下化学稳定性好、物性变化小、能适应 1200℃ 以上的工作温度范围和很宽的摩擦副运动速度范围，适于在高温、高速和大载荷等特殊环境条件下使用，可减小粘接，减轻摩擦，降低切削力和切削温度，减小刀具磨损。软涂层刀具物质主要有 MoS_2、WS_2、TaS_2、BN、CaF_2 等及其组合。

表 2-2　常用硬涂层材料的性能

材　料	硬度/GPa	弹性模量/GPa	热导率/[W/(m·K)] 20℃	热导率/[W/(m·K)] 1100℃	线膨胀系数/($\times10^{-6}$/K)	与钢的干摩擦因数	刀片与工件间在高温时的反应特性	高温时在空气中的抗氧化能力	最高工作温度/℃
硬质合金	14~18	500~600	83.7~125.6	—	5~6	—	反应大	很差	1000
TiC	32	500	31.8	41.4	7.6	—	轻微	欠缺	600
TiN	20~25	260	20.1	26.4	9.35	0.4~0.6	中等	欠缺	600
Ti(C，N)	26~33	352	—	—	8.1	0.2~0.4	—	—	400
TiB_2	30~33.5	420	25.9	46.1	4.8	—	中等	欠缺	—
Ti(B，N)	26	—	—	—	—	—	轻微	—	—
TiAlN	30~35	—	—	—	—	0.2~0.4	—	—	750~900
AlCrN	31~32	—	—	—	—	0.3~0.4	—	—	1000~1100
TiCrN	21	—	—	—	—	0.5	—	—	700
WC/C	10~15	—	—	—	—	0.1~0.2	—	—	300
CrC	22	—	—	—	—	—	—	—	700
CrN	17.5~18	—	—	—	—	0.3~0.5	—	—	700
SiC	30	410	—	—	—	—	—	—	—
CrN+WC/C	10~15	—	—	—	—	0.1~0.2	—	—	300
TiCN+TiN	30	—	—	—	—	0.4	—	—	400
TiAlN+WC/C	30	—	—	—	—	0.15~0.2	—	—	800
TiAlSiN 纳米	45	—	—	—	—	0.45	—	—	1100
Al_2O_3	30	530	33.9	5.86	8.5	—	不反应	好	>1000
ZrO_2	11	250	18.8	23.4	9.2	—	中等	好	—
Si_3N_4	31	170	16.7	5.44	2.53	—	轻微	欠缺	—
DLC	25	—	—	—	—	0.1~0.2	—	—	200~300
多晶金刚石	80	—	—	—	—	0.15~0.2	—	—	600

注：表内数据来自不同资料，不同厂家数据可能相差很大。

表 2-3 部分硬质合金涂层材质及用途

涂层硬质合金分类分组代号	涂层物质	η 相厚度/$\mu m \leq$	涂层总厚度/μm	对应标准牌号	适用加工条件
HC-P315	$TiC\text{-}Al_2O_3\text{-}TiN$	≤ 4	$5 \sim 12$	P05 ~ P30 M10 ~ M20	适用于钢、铸钢和铸铁以及不锈钢的高速切削精加工和半精加工
HC-P325	$TiC\text{-}Ti(C,N)\text{-}TiN$	≤ 4	$5 \sim 12$	P10 ~ P35 M15 ~ M25	适用于钢和铸钢的半精加工
HC-P335	$TiC\text{-}Al_2O_3\text{-}TiN$	≤ 7	$5 \sim 12$	P15 ~ P40 M15 ~ M30	适用于钢和铸钢的中、低切削速度下的粗加工
HC-P215	$TiC\text{-}Al_2O_3$ $TiC\text{-}TiN$	≤ 4 ≤ 4	$5 \sim 11$ $5 \sim 12$	P10 ~ P30	适用于钢、铸钢和铸铁以及不锈钢的高速切削精加工和半精加工
HC-P125	TiC TiN	≤ 4 ≤ 4	$4 \sim 9$ $6 \sim 14$	P10 ~ P35	适用于钢和铸钢的半精加工
HC-P135	TiC	≤ 7	$3 \sim 7$	P25 ~ P45 M15 ~ M30	适用于钢和铸钢的中、低切削速度下的粗加工
HC-K210	$TiC\text{-}Al_2O_3$ $TiC\text{-}TiN$	≤ 4 ≤ 4	$6 \sim 14$ $6 \sim 14$	K05 ~ K20	适用于铸铁、可锻铸铁和球墨铸铁的精加工和半精加工,也适用于它们的铣削加工
HC-K120	TiC	≤ 7	$3 \sim 7$	K05 ~ K25	适用于铸铁和其他短切屑材料粗加工
HC-P020	—	≤ 5	$1 \sim 4$	P10 ~ P30	适用于良好条件下钢材的铣削加工

金刚石涂层(如德国 CemeCon 公司开发的 CCDIA 纯晶体金刚石涂层)是近几年来研究成功的新刀具涂层技术之一。金刚石膜具有优良的力学、热学、电学和光学性能,其硬度达 100GPa。它主要用于加工石墨零件和纤维增强等非金属工件以及微型刀具涂层等。近年来以 SP2 结构为主的类金刚石涂层(也称为类石墨涂层)DLC 也开始了商业应用。DLC 硬度可达到 20 ~ 40GPa,但不存在与黑色金属起触媒效应的问题,其摩擦因数低,又有很好的抗湿性,可用于加工黑色金属。金刚石涂层或类金刚石涂层的摩擦因数只有钢的 1/12 ~ 1/6,在切削加工中有自润滑功能,实现微润滑和干切削。

最新研制的硬涂层材料有氮化碳(CN_x)、AlCrN 涂层,适于硬切削的 TiSiN 涂层,有润滑性的 CrSiN 涂层,有超强耐氧化能力的 AlCrSiN 涂层,还有其他氮化物涂层(TiN/NbN、TiN/VN、TiBN)、硼化物涂层(TiB_2、CBN)等,都具有良好的高温稳定性,适用于高速切削。

3. 氮化碳涂层

氮化碳是 20 世纪 90 年代初才出现的新型超硬材料。其硬度接近金刚石,却具有氮化钛的很多优点。氮化碳晶体具有高硬度(30 ~ 50GPa,目前已有报道形成的 CN_x 膜硬度达到 63GPa)、宽带隙、高热导率和低摩擦因数(0.10 ~ 0.15 之间)等优点,在机械和光电子及军事等领域具有巨大的应用前景。目前合成氮化碳薄膜的实验制造方法主要有激光烧蚀石墨靶、电子回旋共振—化学气相沉积(ECR-CVD)、热丝 CVD、反应磁控溅射、等离子体化学气

相沉积和离子注入等。合成的氮化碳薄膜由纳米厚度的氮化碳涂层和过渡金属氮化物层(TiN、ZrN、CrN 等)交替叠加组成多层复合膜,石墨相含量较小的氮化碳在室温至 1200℃ 无明显的热失重,具有较好的热稳定性。氮化碳涂层可以降低腐蚀速率,具有良好的抗腐蚀性。同时,氮化碳中的 C-N 共价键与金刚石中的 C-C 共价键不同,N 的电负性更强,束缚住了碳原子,使其难以与 Fe 发生亲和反应,从而使其能用于切削黑色金属。

氮化碳涂层可用于丝锥、磨制钻头、滚齿刀、插齿刀、硬质合金刀片及其他金属切削刀具。由于在刀具硬质镀层方面,氮化碳镀层的综合性能超过氧化钛和人造金刚石而且成本更低,推广使用氮化碳刀具有很大的吸引力和广阔的市场前景。由于氮化碳刀具的高硬度和刀具制造上的灵活性,它可以取代部分磨削,提高工效。它也能取代部分其他刀具(如氮化硼刀具等)和部分其他加工方法(如电火花加工),节约刀具成本,节约能耗等。在许多大型工件的加工中,由于刀具磨损往往需要中止加工更换刀具,这样就不能保证加工精度。氮化碳刀具所具有的高硬度、良好的抗磨损能力正适用于这种场合,能够一次加工成形,保证了加工精度,同时提高了生产效率。氮化碳涂层不但能提高刀具寿命,还能进行硬质面加工。

4. 涂层结构

涂层的内部结构影响着涂层刀具的应用效果,相同的涂层成分、不同的结构型式,可以导致涂层刀具使用效果的截然不同。目前,涂层技术的涂层

薄膜结构大体可分类如下：

（1）单一层涂层　涂层由某一种化合物或固溶体薄膜构成，理论上讲在薄膜的纵向生长方向上涂层成分是恒定的，这种结构的涂层可称为普通涂层，包含众所周知的 TiN、TiCN、TiAlN 等。这种涂层显微硬度、高温性能、薄膜韧性等都难以大幅度提高，目前这种涂层在市场中仍占有一定比例。

（2）复合涂层　由多种不同功能（特性）薄膜组成的结构可以称为复合涂层结构膜，其典型涂层为目前的硬涂层+软涂层，每层薄膜各具不同的特征，从而使涂层更具良好的综合性能。

（3）梯度涂层　涂层成分沿薄膜纵向生长方向逐步发生变化，这种变化可以是化合物各元素比例的变化，如 TiAl-CN 中 Ti、Al 含量的变化，也可以由一种化合物逐渐过渡到另一种化合物，如由 CrN 逐渐过渡到 CBC。可以预见，这种结构能有效降低因成分突变而造成的内部微观应力的增加，增强了涂层的强度。

（4）多层涂层　多层涂层由多种性能各异的薄膜叠加而成，每层膜化学组分基本恒定。目前在实际应用中多由两种不同薄膜组成，由于所采用的工艺存在差异，不同企业的多层涂层刀具，其各膜层的尺寸也不尽相同，通常由十几层薄膜组成，每层薄膜尺寸大约几十纳米，最具代表性的有 AlN+TiN、TiAlN+TiN 涂层等。与单层涂层相比，多层涂层可有效地改善涂层组织状况，抑制粗大晶粒组织的生长，提高了强度和硬度。

（5）纳米多层涂层　这种结构的涂层与多层涂层类似，只是各层薄膜的尺寸为纳米数量级，又可称为超显微结构。理论研究证实，在纳米调制周期内（几纳米至几十纳米），与传统的单层膜或普通多层膜相比，此类薄膜具有超高硬度、超模量效应，其硬度超过 40GPa，膜的稳定性和抗氧化性很高，1000℃时，薄膜仍可保留非常高的硬度。在 TiN 膜中加入少量的 Si 能够细化 TiN 晶粒至纳米级，提高其硬度至 40~50GPa，其典型代表为 AlN+TiN、AlN+TiN+CrN 涂层等。

（6）纳米复合结构涂层　以 $(nc\text{-}Ti_{1-x}Al_xN)(\alpha\text{-}Si_3N_4)$ 纳米复合相结构薄膜为例，在强等离子体作用下，纳米 TiAlN 晶体被镶嵌在非晶态的 Si_3N_4 体内，当 TiAlN 晶体尺寸小于 10nm 时，位错增殖难以启动，而非晶态相又可阻止晶体位错的迁移，即使在较高的应力下，位错也不能穿越非晶态晶界。这种结构薄膜的硬度可以达到 50GPa 以上，并可保持相当优异的韧性，且当温度达到 900~1100℃时，其硬度仍可保持在 30GPa 以上；此外这种薄膜同时可获得优异的表面质量。

5. 国内外常用涂层刀具的主要牌号和应用范围（表 2-4~表 2-6）

表 2-4　国内涂层刀具的主要牌号

生产厂家	涂层刀片牌号	基体刀片牌号（基体材料）	相当的 ISO 牌号	涂层材料
株洲硬质合金厂	CN15	YW1	P01~P15	TiC/Ti（CN）/TiN
	CN25	YW2	P15~P25	TiC/Ti（CN）/TiN
	CN35	YT5	P25~P35	TiC/Ti（CN）/TiN
	CN16	YG6	K10~K20	TiC/Ti（CN）/TiN
	CN26	YG8	K20~K30	TiC/Ti（CN）/TiN
	CA15	YG6	K10~K15	TiC/Al_2O_3
	CA25	YG8	K20~K30	TiC/Al_2O_3
	YB135	—	P25~P40,M15~M30	TiC
	YB115	—	M15~M20,K05~K25	TiC
	YB125	—	P10~P40,K05~K20	TiC
	YB215	—	P05~P35,M10~M25,K05~K20	TiC/Al_2O_3
	YB415	—	P05~P30,M05~M25,K05~K20	TiC/Al_2O_3/TiN
	YB435	—	P15~P40,M10~M30,K05~K25	TiC/Al_2O_3/TiN
	YB425	—	P25~P35	TiC/TiN
	YB120	—	P10~P25	TiC/Ti（CN）/TiN
	YB320	—	K10~K20	TiC/Al_2O_3
自贡硬质合金厂	ZC01	（T1）	P10~P20,K05~K20	TiC/TiN
	ZC02	（T1）	P05~P20,M10~M20,K05~K20	TiC/Al_2O_3
	ZC03	（T2）	P10~P35,K10~K25	TiC/TiN
	ZC04	—	—	HfN
	ZC05	（T1）	P05~P25,M05~M20	TiC
	ZC06	（T1）	P10~P25,K10~K20	TiN
	ZC07	（T2）	P20~P35,M10~M25	TiC
	ZC08	（T2）	P20~P35,K15~K30	TiN

注：适用范围代号详见硬质合金分类。

表 2-5　国外涂层刀具的主要牌号

ISO 牌号		山高 Seco	山特维克 Sandvik	京瓷 Kyocera	住友电工 Sumitomo	三菱 Mitsubishi	东芝 Toshiba	黛杰 Dijet	肯纳 Kennametal	维迪阿 Widia	依斯卡 Iscar
P 系	P01	TP05	GC4015	CR7015 CR610	AC1000	UE6005	T705X T715X	JC105V	KC910	—	IC805
	P10	TP15 TP100	GC4015	CR7015 CR7025	AC1000 AC2000	UE6005 UC6010	T715X	JC110V JC215V JC5030	KC9010 KC950 KC990	TK15 TN25M TPC15	IC848 IC8048
	P20	TP22 TP200 TP25M CP20 F25M	GC4025 LC25 GC4030 GC1120 GC1020	CR7025 CR7095	AC2000 AC3000	UC6010 UC6025 F620 UP20M	T7020	JC215V JC110V JC5030 JC5015	KC792M KC9025 KC810 KC850 KC710 KC935 KC9040	TN250 TPC25 TN450 TN35N	IC825 IC350 IC500M IC570
	P30	T25M CP30 TP200 F30M	GC4035 GC235 GC1025 GC4030 GC-A	PR630 PR930	AC3000 AC304 AC230 ACZ350	UC6025 UE6035 AP15TF	T725X T325 GH330 AH330	JC215V JC325V JC5030 JC5015	KC935 KC850 KC710 KC9045 CG4	TPC35 TN35M	IC656 IC524 IC354 IC450 IC520M
	P40	TP40 CP40 TP300 T60M F40M	—	PR660 PR730	AC3000 AC304	UE6035	T325	JC325V JC450V	KC250 KC720 KC725M	HK35 TN35M	IC635 IC228
M 系	M10	TP100	GC215 GC2015	CR7015 CR7025 CR610	AC1000 AC2000	UC7020	T715X	JC110V	KC732	HK150 HK150M HK15	IC8046
	M20	TP22 TP200 CP50 T25M	GC1025 GC2025 GC4035 GC1120 GC1020	CR7025 CR9025	AC2000 AC3000 AC325 AC304	UC7020 F620 UP20M	T725X GH330 AH330	JC215V JC1341 JC5015 JC5030	KC730 KC850 KC250 KC792M KC994M	HK35 TN450 TN25M TN35M	IC328 IC8025
	M30	T25M TP300 CP50	GC2035 GC235	PR630 PR930	AC3000 AC325	US735 F620 AP15TF	T325S T325 AH740	JC215V JC325V JC5015 JC5030	KC850 KC250 KC725M	TN450	IC520M
	M40	TP40 TP300	GC235	PR660 PR730			GH340	JC325V JC450V	KC250	TN35M	IC635
K 系	K01	TP05 T10M	GC4015	CR7015 PR510	AC105G	UC5005 UE6005	T5010 AH110	JC105V JC605	KC910		
	K10	TX150 T10M T15M TP100	GC3015 GC4015	CR7015 PR610 PR510	AC500G AC211 EH10Z	UC6010 F5010	T5020 T1020 GH10	JC105V JC110V JC605 JC610	KC9010 KC950 KC990 KC730	HK15M HK15	IC418
	K20	TX150 T15M T25M TP200	GC4025 GC1120 GC1020	CR7015 PR610	AC500G EH20Z	UC6010 AP15TF	T5020 GH120 AH120	JC110V JC215V JC610 JC5015	KC9120 KC9025 KC992M KC250 KC730 CG4	HK15M HK15	—
	K30	—	GC4035	—	—	AP15TF	—	JC215V JC610	KC250 KC720	HK150 HK35	IC630 IC228 IC328 IC450

表 2-6　国内外主要涂层刀具的应用范围

生产厂家	牌号	涂层材料	相当的 ISO 牌号	应用范围
株洲硬质合金厂	CN15	TiC/TiCN/TiN	P05~P20 M10~M20 K05~K20	适合于各种钢材的连续切削加工和半精加工,也可用于铸铁和有色金属材料的精加工和半精加工
	CN25	TiC/TiCN/TiN	P10~P30 M10~M20 K10~K30	适合于在各种条件下切削钢材、铸铁和有色金属材料
	CN35	TiC/TiCN/TiN	P20~P40 M20~M30 K20~K40	适合于钢材、铸铁和有色金属材料的连续或断续切削以及强力切削
	CA15	TiC/Al_2O_3	P05~P35 M05~M20 K05~K20	适合于各种铸铁、有色金属材料和非金属材料的连续精加工和半精加工,也可用于淬火钢、不锈钢和高温合金的精加工和半精加工
	CA25	TiC/Al_2O_3	P10~P40 M10~M30 K10~K30	适合于在不同条件下切削各种铸铁、有色金属材料、非金属材料以及淬火钢、不锈钢、高温合金和钛合金
	CN251	—	P10~P35	适合于在较高切削速度下半精加工钢、合金钢、不锈钢、高强度钢和轴承钢等材料
	CN351	—	P15~P35	适合于在中等切削速度下大进给量加工各种钢材
	YB215 (YB01)	TiC/Al_2O_3	P05~P30	具有很高的耐磨性,适合于钢和铸钢的精加工和半精加工
	YB125 (YB02)	TiC	P10~P35	适合于钢和铸钢的半精加工
	YB415 (YB03)	$TiC/Al_2O_3/TiN$	P05~P30 M10~M25 K05~K25	适合于钢、可锻铸铁和球墨铸铁的精加工和半精加工
	YB135 (YB11)	TiC	P25~P45 M15~M30	适合于钢、铸钢、可锻铸铁、球墨铸铁的精车、粗车和精铣、粗铣
	YB115 (YB21)	TiC	K05~K25	适合于铸铁及其他短切屑材料的粗加工
	YB120	TiC/TiN	P10~P30	适合于较大的进给量
	YB235	TiN/TiC/TiN	P30~P50 M25~M40	适合于断续切削不锈钢,碳钢的低速切削和切断
	YB425	TiC/TiN	P10~P35 M15~M25	适合于钢、不锈钢的半精加工和精加工,宜用较大的进给量
	YB435	$TiC/Al_2O_3/TiN$	P15~P40 M10~M30 K05~K25	适合于钢和铸铁等材料的中等负荷的粗加工和半精加工,在不良切削条件下,宜采用中等切削速度和进给量

（续）

生产厂家	牌　号	涂层材料	相当的 ISO 牌号	应　用　范　围
自贡硬质合金厂	ZC01	—	P10~P20 K05~K20	适合于钢、铸钢、合金钢的精加工和半精加工，也可加工铸铁等短切屑材料，宜用高切削速度、小进给量
	ZC02	—	P05~P20 M10~M20 K04~K20	耐磨性好、强度高、通用性强，适合于各种工程材料的精加工和半精加工，宜用高切削速度、小进给量
	ZC03	—	P10~P30 K10~K25	韧性好、强度高，适合于钢、铸钢、合金钢和铸铁的半精加工和浅粗加工，可用于铣削和车削，宜用中等切削速度
	ZC05	—	P05~P25 M05~M20	适合于钢、铸钢的精加工和半精加工及奥氏体不锈钢的精加工，宜用中、高切削速度和小进给量
	ZC06	—	P10~P25 K10~K20	适合于钢、铸钢、合金钢和铸铁的精加工和半精加工，宜用高切削速度、小进给量
	ZC07	—	P20~P35 M10~M25	适合于钢、铸钢和奥氏体不锈钢的钻削，宜用中等切削用量
	ZC08	—	P20~P35 K15~K30	适合于钢、铸钢、合金钢及铸铁的半精加工和浅粗加工，宜用中等切削用量
成都工具研究所	CTR61	TiC/TiN	P10~P25 M20	适合于钢、铸钢、铸铁等材料的轻载和中等载荷的连续车削，宜用较高的切削速度
	CTR62	TiC/TiN	P10~P35 M10~M20	适合于钢、铸钢、铸铁和合金钢等材料的轻载和中等载荷的车削
	CTR63	TiC/TiN	P20~P30	适合于钢、铸钢的轻载和中等载荷的连续或断续铣削和钻削加工，适合的切削速度范围较宽
	CTR71	TiC/Al_2O_3	P01~P20 K10	适合于钢、铸钢和铸铁的轻载和中等载荷的连续车削，宜用较高的切削速度
	CTR72	TiC/Al_2O_3	P01~P20 K01~K20	适合于钢、铸钢和合金钢的中载荷高速的连续车削
	CTR82	TiC/Ti(BN)/TiN	P10~P30 M10~M20	适合于钢、铸钢、铸铁的轻载和中等载荷的车削加工，允许在较宽的切削速度范围内连续切削
	CTR83	TiC/Ti(BN)/TiN	P01~P20 M01~M20 K01~K20	适合于合金钢、高强度钢、铸铁、铸钢等材料的中等载荷的车削加工，适合的切削速度范围较宽
山特维克 Sandvik 公司	GCA	TiCN/TiN	P10~P35	韧性好，适合于加工钢件、不锈钢和铸钢材料
	GC015	TiC/Al_2O_3	P05~P35 M10~M25 K05~K20	适合于各种工程材料的精加工和半精加工
	GC1025	TiC	P10~P40 K05~K20	具有很好的耐磨性和抗塑性变形能力，适合于在高速条件下对钢、铸钢、轧制钢、锻造不锈钢和铸铁的精加工和半精加工
	GC235	TiN/TiC/TiN	P30~P45 M25~M40	韧性特别好，最适合在不稳定条件下加工各类钢件和长切屑可锻铸铁，也可低速和高速加工奥氏体不锈钢

（续）

生产厂家	牌号	涂层材料	相当的 ISO 牌号	应 用 范 围
山特维克 Sandvik 公司	GC135	TiC	P25～P45 M15～M30	适合于干铣或湿铣加工,适合于粗铣和精铣各类铸铁
	GC320	TiC/Al$_2$O$_3$	K10～K25	具有很高的耐磨性和通用性,适合于铸铁、钢、铸钢、轧制钢和锻造不锈钢的精加工和半精加工,宜用高的切削速度
	GC415	TiC/Al$_2$O$_3$/TiN	P05～P30 M05～M25 K05～K20	适合于钢、铸钢等的精加工和半精加工,在不良切削条件下,宜采用中等切削速度和进给量
	GC435	TiC/Al$_2$O$_3$/TiN	P15～P45 M10～M30 K05～K25	切削刃锋利,适用于铸铁的精加工、半精加工,也是铣削铝材的理想牌号
Walter 公司	WTL14	TiCN/TiN	P15～P35 K15～K35	强度高,耐磨性和抗月牙洼磨损能力强,适合于以中速到高速切削钢、铸钢和铸铁类材料
	WTL41	TiCN/TiN	P20～P35 M15～M20	适应范围广,适合于以中速到高速用范围很宽的进给量切削钢、铸钢和长切屑的铸铁类材料
	WTL71	TiCN/TiN	P35～P40 K25～K40	刃口强度高,抗热震造好,特别适合于湿铣加工,适合于切削钢和铸造材料,切削不锈钢和合金钢可获得很高的刀具寿命
	WTL82	TiCN/TiN	K10～K20	适合于以高速、中等进给量切削灰铸铁、可锻铸铁和球墨铸铁等
黛杰 Dijet 公司	JC215V	TiC、Al$_2$O$_3$、TiN 多涂层	P10～P30 K20～K30	耐磨损、抗崩刃能力强,适用于钢的中高速切削、铸铁的中、重切削
	JC325V	TiAlN	P20～P40	抗崩刃能力优异,适用于钢的中、粗、重切削,断续切削,仿形加工
	KC910	Al$_2$O$_3$	P01～P20 K10～K30	耐磨损和耐热性好,适用于钢的中、高速切削,铸铁的高速精加工和粗加工
	KC850	TiC、Al$_2$O$_3$、TiN 多涂层	P20～P40	耐磨损和耐热性好,适用于钢的精加工、重切削、断续切削
	JC3552	TiN PVD 涂层	P20～P40	广泛应用于球头立铣刀,主要用于加工一般钢和模具钢
	JC5015	TiAlN PVD 涂层	P10～P30 K20～K30	超细硬质合金基体,通用性强,适应范围广,主要用于加工一般钢、不锈钢和铸铁的铣削加工
	JC5025	TiAlN	P10～P30	适用于一般钢和模具钢的铣削加工
	JC5030	TiAlN PVD 涂层	P01～P20	适用于一般钢和模具钢的铣削加工
	JC605	TiAlN、TiN 多涂层	K01～K10	耐磨损,抗崩刃性能优异,适用于普通铸铁和可锻铸铁的铣削加工
	JC610	TiAlN、TiN 多涂层	K10～K30	耐磨损,抗崩刃性能优异,适用于普通铸铁、可锻铸铁和一般钢的铣削加工
	JC105V	TiC、Al$_2$O$_3$、TiN 多涂层	K01～K10	耐磨损性优异,适用于普通铸铁和可锻铸铁的精加工、轻切削、中或高速切削
	JC110V	TiC、Al$_2$O$_3$、TiN 多涂层	P01～P20 K10～K30	耐磨损、抗塑性变形能力优异,适用于钢和铸铁的精加工、中等切削速度

（续）

生产厂家	牌号	涂层材料	相当的ISO牌号	应用范围
山高 Seco 公司	T25M	TiCN/TiC/TiN	P10~P40 M10~M35 K15~K35	韧性好、耐冲击、高温耐磨性好,可在恶劣加工条件下进行断续铣削。适合于从低速到高速切削硬度小于300HBW的各类钢件,也适合于切削各类铸铁及其他材料,适用范围广
	T15M	TiC/Al$_2$O$_3$/TiN	K05~K15	耐磨性好,适合于平稳条件下高速精加工普通铸铁和低合金铸铁
肯纳 Kennametal 公司	KC950	TiC/Al$_2$O$_3$/TiN	P05~P25 M10~M25 K10~K20	刃口强度高,耐磨性和抗牙注磨损能力强,适合于高速粗加工和精加工各种钢、铸铁、铁素体和马氏体不锈钢,特别适合于铣削曲轴
	KC850	TiC/TiCN/TiN	P25~P45 M25~M45	刃口具有很高的强度,抗冲击和热震性好,适合于断续铣削,粗加工各种钢件、不锈钢、合金铸铁和可锻铸铁
	KC810	TiC/TiCN/TiN	P10~P30 M15~M35	耐磨性好,适合于一般切速粗加工和精加工碳钢、合金钢和工具钢
	KC250	TiC/TiCN/TiN	K25~K35 M30~M45	适合于以低速到中速加工铸铁、钢、不锈钢和高温合金
	KC710	PVD涂层	P15~P25 M15~M25	韧性、抗冲击和热震性好,适合于以较宽速度范围、以小至中等进给量切削碳钢、合金钢、不锈钢、可锻铸铁和球墨铸铁
	KC720	PVD涂层	P25~P45 M30~M40 K25~K35	具有极高的抗机械冲击和热震性,适合于以低速或中速切削高温合金、不锈钢和低碳钢
	K1	—	K20~K30	韧性好、耐冲击、能承受重载荷的断续切削,适合于以低速粗加工不锈钢、铸铁、钢、铸造的有色金属和大多数高温合金
	K68	—	K05~K15 M10~M20	刃口耐磨损,适合于以中等切削速度和进给量切削铸铁、有色金属、非金属、不锈钢和大多数高温合金
TaeguTec 公司	TT1300	TiCN/Al$_2$O$_3$	P05~P15 K05~K15	钢和铸铁的高速车削
	TT1500	TiN/TiCN/TiC /Al$_2$O$_3$/TiN	P10~P25 K10~K20	耐磨性好,耐热性高,适合于碳钢、可锻铸铁和铸铁的中速到高速的车削
	TT2500	TiN/TiCN/Al$_2$O$_3$/TiN	P15~P35 M10~M30	抗崩刃性强,适合于碳钢的一般车削和不锈钢的高速车削
	TT5100	TiN/TiCN /Al$_2$O$_3$/TiN	P20~P40 M15~M35	具有优良的抗崩刃性,适合于不锈钢和耐热合金的普通车削
	KT450	TiN/TiCN/TiC /TiCN/TiN	P25~P45 M20~M40	韧性高,适合于粗加工和断续切削,应用于车削
	TT7200	TiCN/TiC/TiN	P20~P40	适合于钢和可锻铸铁的半粗加工、车削和切槽
	KT7300	TiN/TiCN/TiC/TiN	P20~P40	强度和韧性高,适合于钢的普通铣削
	TT6010	TiN	P10~P20 K05~K15	铣削
	TT6030	TiAlN	K05~K20	铣削铸铁时,刀具寿命更长
	TT7010	TiN	P15~P30	车削碳钢螺纹时,刀具寿命更长,主要用于螺纹车削
	TT7030	TiAlN	P15~P40	铣削碳钢时,刀具寿命更长
	TT7220	TiCN	P25~P45	用于碳钢的半粗加工和半精加工,主要用于切断、切槽
	TT8010	TiN	P30~P45 M30~M40	用于钢的大进给低速粗加工,主要用于螺纹车削
	TT8020	TiCN	P30~P45 M30~M40 K20~K40	用于钢和不锈钢的大进给低速粗加工,铣削及切断

注：TaeguTec公司牌号中 TT1300~KT7300 为 CVD 涂层；TT6010~TT8020 为 PVD 涂层。

（续）

生产厂家	牌　号	涂层材料	相当的 ISO 牌号	应 用 范 围
TaeguTec 公司	PVD涂层 TT9030	TiAlN	P10～P30 M10～M30 K05～K20	各种切削条件下性能优良，尤其适用于螺纹车削刀具
	KT8600	TiAlN	P05～P20 M05～M20 K05～K20	高速切削性能优良，适合于刀片式和整体立铣刀

2.3　工具钢

2.3.1　非合金工具钢（原碳素工具钢）

1. 刃具模具用非合金工具钢的牌号与化学成分（表 2-7）

表 2-7　刃具模具用非合金工具钢的牌号及化学成分（GB/T 1299—2014）

统一数字代号	牌号	化学成分（质量分数）（%）		
		C	Si	Mn
T00070	T7	0.65～0.74	≤0.35	≤0.40
T00080	T8	0.75～0.84	≤0.35	≤0.40
T01080	T8Mn	0.80～0.90	≤0.35	0.40～0.60
T00090	T9	0.85～0.94	≤0.35	≤0.40
T00100	T10	0.95～1.04	≤0.35	≤0.40
T00110	T11	1.05～1.14	≤0.35	≤0.40
T00120	T12	1.15～1.24	≤0.35	≤0.40
T00130	T13	1.25～1.35	≤0.35	≤0.40

注：1. 钢中残余元素含量，$w(Cu) \leq 0.25\%$，$w(Cr) \leq 0.25\%$，$w(Ni) \leq 0.25\%$；P、S 含量依据冶炼方法依次为：电弧炉冶炼的钢 $w(P) \leq 0.030\%$，$w(S) \leq 0.030\%$；电弧炉+真空脱气冶炼的钢 $w(P) \leq 0.025\%$，$w(S) \leq 0.025\%$；电弧炉+电渣重熔真空电弧重熔（VAR）冶炼的钢 $w(P) \leq 0.025\%$，$w(S) \leq 0.010\%$。
　　2. 高级优质非合金工具钢（此时牌号后面加"A"，例如 T7A）的 P、S 含量依冶炼方法依次为：电弧炉冶炼的钢 $w(P) \leq 0.030\%$，$w(S) \leq 0.020\%$；电弧炉+真空脱气冶炼的钢 $w(P) \leq 0.030\%$，$w(S) \leq 0.020\%$；电弧炉+电渣重熔真空电弧重溶（VAR）冶炼的钢 $w(P) \leq 0.025$，$w(S) \leq 0.010\%$。
　　3. 供制造铅浴淬火非合金工具钢丝的残余元素：$w(Cr) \leq 0.10\%$，$w(Ni) \leq 0.12\%$，$w(Cu) \leq 0.20\%$，$w(Cr+Ni+Cu) \leq 0.40\%$。

2. 刃具模具用非合金工具钢的退火与淬火后的硬度（表 2-8）

表 2-8　刃具模具用非合金工具钢的退火与淬火后的硬度（GB/T 1299—2014）

统一数字代号	牌号	退火交货状态的钢材硬度HBW，不大于	试样淬火硬度		
			淬火温度/℃	冷却剂	洛氏硬度HRC，不小于
T00070	T7	187	800～820	水	62
T00080	T8	187	780～800	水	62
T01080	T8Mn	187	780～800	水	62
T00090	T9	192	760～780	水	62
T00100	T10	197	760～780	水	62
T00110	T11	207	760～780	水	62
T00120	T12	207	760～780	水	62
T00130	T13	217	760～780	水	62

注：非合金工具钢退火后冷拉交货的布氏硬度不大于 241HBW。

3. 刃具模具用非合金工具钢的性能特点与用途（表 2-9）

2.3.2　合金工具钢

1. 合金工具钢的钢号与化学成分（表 2-10）

2. 合金工具钢的交货硬度与淬火硬度（表 2-11）

3. 合金工具钢的性能特点与用途（表 2-12）

表 2-9　刃具模具用非合金工具钢的性能特点与用途

钢号	性能特点和使用范围	用途举例
T7 T7A	亚共析钢，具有较好的塑性、韧性和强度，以及一定的硬度，能承受振动和冲击负荷，但切削性能差。用于制造承受冲击负荷不大，且要求具有适当硬度和耐磨性及较好韧性的工具	小尺寸风动工具、瓦工镘子、木工用锯、錾子、钳工工具、冲头、锤子、铁皮剪等；还可用于形状简单、承受载荷轻的小型冷作模具、压模、铆钉模及热固性塑料压缩模等
T8 T8A	淬透性、韧性均优于 T10 钢，耐磨性也较高，但淬火加热容易过热，变形也大，塑性和强度比较低，大、中截面模具易残存网状碳化物。适用于制作小型拉拔、拉深、挤压模具	加工木材的铣刀、埋头钻、平头锪钻、斧子、錾子、手锯条、冲头、台钳牙、锉、车刀等；还可用于冷镦模、拉深模、压印模、纸品下料模、热固性塑料压缩模等
T8Mn T8MnA	共析钢，具有较高的淬透性和硬度，但塑性和强度较低。用于制造断面较大的木工工具、手锯锯条、刻印工具、铆钉冲模、煤矿用凿等	可制作 T8、T8A 的各种工具，还可制作横纹锉、手锯条、采煤和岩石凿子等
T9 T9A	过共析钢，具有较高的硬度，但塑性和强度较低。用于制造要求较高硬度且有一定韧性的各种工具	木工工具、锯条、锉、丝锥、板牙、农机切割刀片等；还可用于冷冲模、冲孔冲头、铆钉冲模、刻印工具、凿岩工具等

（续）

钢号	性能特点和使用范围	用途举例
T10 T10A	性能较好的非合金工具钢，耐磨性也较高，淬火时过热敏感性小，经适当热处理可得到较高强度和一定韧性，适合制作要求耐磨性较高而受冲击载荷较小的模具	加工木材工具、手用横锯及细木工锯、机用细木工具、麻花钻、车刀、刨刀、铣刀、铰刀、板牙、丝锥、刮刀、锉刀刻纹工具等；还可用于冷镦模、冲模、拉丝模、铝合金用冷挤压凹模、纸品下料模、塑料成型模具等
T11 T11A	过共析钢，具有较好的综合力学性能（如硬度、耐磨性和韧性等），在加热时对晶粒长大和形成碳化物网的敏感性小。用于制造在工作时切削刃口不变热的工具	锯、丝锥、锉、扩孔铰刀、板牙、刮刀、量规、木工工具等；还可用于冷镦模、尺寸不大和断面无急剧变化的冷冲模、软材料用切边模等
T12 T12A	过共析钢，由于含碳量高，淬火后仍有较多的过剩碳化物，所以硬度和耐磨性高，但韧性低，且淬火变形大。不适于制造切削速度高和受冲击负荷的工具，用于制造不受冲击负荷、切削速度不高、切削刃口不变热的工具	车刀、铣刀、刮刀、钻头、铰刀、扩孔钻、丝锥、板牙、量规、切烟草刀、锉等；还可用于冷镦模、拉丝模、小截面的冷冲模与切边模、塑料成型模具等
T13 T13A	过共析钢，由于含碳量高，淬火后有更多的过剩碳化物，所以硬度更高，但韧性更差，又由于碳化物数量增加且分布不均匀，故力学性能较差，不适于制造切削速度较高和受冲击负荷的工具，用于制造不受冲击负荷，但要求极高硬度的金属切削工具	刮刀、锉、剃刀、切削工具、拉丝工具、钻头、刻纹工具、雕刻用工具及硬石加工工具等，也可用于不受冲击而要求极高硬度的耐磨机械零件

表 2-10　合金工具钢的钢号与化学成分（GB/T 1299—2014）　（质量分数，%）

	统一数字代号	钢号[1]	C	Si	Mn	Cr	Mo	W	V	其他[2]
量具刃具用钢	T31219	9SiCr	0.85~0.95	1.2~1.6	0.30~0.60	0.95~1.25	—	—	—	—
	T30108	8MnSi	0.75~0.85	0.30~0.60	0.80~1.10	—	—	—	—	—
	T30200	Cr06	1.30~1.45	≤0.40	≤0.40	0.50~0.70	—	—	—	—
	T31200	Cr2	0.95~1.10	≤0.40	≤0.40	1.30~1.65	—	—	—	—
	T31209	9Cr2	0.80~0.95	≤0.40	≤0.40	1.30~1.70	—	—	—	—
	T30800	W	1.05~1.25	≤0.40	≤0.40	0.10~0.30	—	0.80~1.20	—	—
新型合金工具钢[3]	—	W3Mo2Cr4VSi（301）	0.90~1.06	0.70~1.30		3.80~4.80	1.70~2.70	2.70~3.70	1.20~1.80	N<0.1,Al 0.7
	—	W2Mo5Cr4V（D101）	0.90~0.98			3.80~4.40	4.50~5.50	1.40~2.10	1.00~1.50	
	—	W4Mo3Cr4VSiN（F205）	0.85~1.05	0.7~1.2		3.5~5.0	2.5~3.5	2.0~5.0	1.2~1.8	N 0.02~0.08
	—	W3Mo2Cr4V2NbNRE	0.9	—		4.0	2.0	3.0	2.0	N0.1,Nb 0.05,R0.1
	—	W4Mo3Cr4V（D106）	0.88~0.96	0.75~1.00		3.80~4.40	2.50~3.00	3.40~4.20	1.30~1.60	N≤0.05
	—	GM	0.90		1.95		2.25	3.00	6.00	
	—	S3-3-2（ABC Ⅲ 德国）	0.95~1.03	≤0.45		3.80~4.50	2.50~2.80	2.70~3.00	2.20~2.50	—
	—	D950（瑞典）	0.95	0.30		4.00	5.00	1.70	1.20	少量N
	—	Vasco Dyne（美国）	1.00	0.85		3.75	4.00	1.60	1.95	
	—	M50（美国）	0.81	0.20		4.00	4.25	—	1.00	
	—	M52（美国）	0.88~0.90	0.30		4.00~4.10	4.45~4.50	1.10~1.15	1.85~1.95	N 0.02~0.05
	—	11M5Φ（前苏联）	1.02~1.10	—		4.00	5.20~5.80		1.45	微量稀土
	—	11P3AM3Φ2（前苏联）	1.02~1.12	—		4.00	2.50~3.00	2.50~3.30	2.20~2.26	Nb 0.05~0.20 Al 0.05~0.16

（续）

	统一数字代号	钢号[1]	C	Si	Mn	Cr	Mo	W	V	其他[2]
新型合金工具钢[3]	—	P2M5(前苏联)	0.95~1.05	—	—	4.00	4.80~5.30	1.70~2.30	0.90~1.30	Zr0.05~0.15,Al 0.05~0.08
	—	SW3S2(波兰)	1.20	2.00	—	4.00	1.00	3.00	2.00	—
	—	HSK17(日本)	0.90	1.00	—	4.30	2.80	3.50	1.50	Nb 0.20

① 钢中：$w(P) \leq 0.030\%$，$w(S) \leq 0.030\%$。

② 钢中残留元素：$w(Cr) \leq 0.25\%$，$w(Ni) \leq 0.25\%$，$w(Cu) \leq 0.25\%$。

③ 此类合金钢的 $w(W+2Mo)$ 约为通用高速工具钢的 2/3 左右（在 5%~12% 范围内），其碳含量较高，加入了 $w(Si)=1\%$，此外还加入了少量的 Al、N、Nb 等元素，在淬火之后仍能保持较高的硬度，61~64HRC，热硬性为 50~55HRC 之间，韧性较好，热硬性及耐磨性低于通用高速工具钢，晶粒度较粗。主要制造木工刀具和低速切削刀具，如部分锯条、钻头、丝锥、立铣刀、车刀、拉刀、滚刀等。目前有些分类将此部分归为高速工具钢范畴，并命名为"低合金高速工具钢"。编者认为这类材料已达不到高速工具钢要求的热硬性，不能再称为高速工具钢，属于合金工具钢范畴。

表 2-11　合金工具钢的交货硬度与淬火硬度（GB/T 1299—2014）

钢号	交货状态		试样淬火			钢号	交货状态		试样淬火		
	硬度HBW	压痕直径/mm	淬火温度/℃	冷却介质	硬度HRC≥		硬度HBW	压痕直径/mm	淬火温度/℃	冷却介质	硬度HRC≥
9SiCr	197~241*	3.9~4.3	820~860	油	62	Cr2	179~229	4.0~4.5	830~860	油	62
8MnSi	≤229	≥4.0	800~820	油	60	9Cr2	179~217	4.1~4.5	820~850	油	62
Cr06	187~241	3.9~4.4	780~810	水	64	W	187~229	4.0~4.4	800~830	水	62

注：* 根据需方要求并在合同中注明制造螺纹刃具用钢为 187~229HBW。

表 2-12　合金工具钢的性能特点与用途

钢组	钢号	性能特点	用途举例
量具刃具用钢	9SiCr	比铬钢具有更高的淬透性和淬硬性，且回火稳定性好。适宜制造形状复杂、变形小、耐磨性要求高的低速切削刃具	常用于制造形状复杂、变形小、耐磨性高的低速切削刃具，如钻头、丝锥、板牙、铰刀、齿轮铣刀、拉刀等；也可用作冷做模具，如冷冲模、打印模，还用作冷轧辊、校正辊及细长杆件等
	8MnSi	在 T8 钢基础上同时加入 Si、Mn 元素形成的低合金工具钢，具有较高的回火稳定性、较高的淬透性和耐磨性，热处理变形也较非合金工具钢小	常用作木工工具，如凿子、锯条以及小尺寸热锻模和冲头、热压锻模、螺栓、道钉冲模、拉丝模、冷冲模；还用作穿孔器与扩孔器工具及切削工具
	CrM	热处理后硬度、耐磨性高，淬透性较好，且淬火变形小	主要用做各种量规和量块，也用于工作载荷不大的刀具和各种耐磨零件
	CrW5	低淬透性工具钢，但热处理后具有高的硬度和耐磨性	用作低速切削硬金属的车刀、铣刀等，也可用作拉丝模
	Cr06	在非合金工具钢基础上添加一定量的 Cr，淬透性和耐磨性较非合金工具钢高，冷加工塑性变形和切削加工性能较好	适宜制造木工工具，也可制造简单冲孔模、冷压模等。大多冷轧成薄钢带后使用，常用于制作剃须刀片、手术刀具，也可用作刮刀、锉、刻刀等
	Cr2	在 T10 的基础上添加一定量的 Cr，淬透性提高，硬度、耐磨性也比非合金工具钢高，接触疲劳强度也高，淬火变形小	常用于低速、进给量小、加工材料硬度不高的切削刀具，如车刀、铣刀、插刀、铰刀等；还用于冷作模具、拉丝模、冷轧辊、木工工具以及量具、量规、样板、偏心轮、钻套等
	9Cr2	与 Cr2 钢性能基本相似，但韧性好于 Cr2 钢	主要用于冷轧辊、冷冲模及冲头、钢印冲孔模、木工工具等
	W	在非合金工具钢基础上添加一定量的 W，热处理后具有更高的硬度和耐磨性，且过热敏感性小，热处理变形小，回火稳定性好等特点	常用于工作温度不高、切削速度不大的刀具，如造币用的冲模、剪子、錾子、风钻、风镐、螺母及铆钉用的冷冲头，还有小型麻花钻、丝锥、板牙、锉刀、铰刀、辊式刀具等

2.3.3　高速工具钢

1. 高速工具钢的分类

按用途来分，高速工具钢钢种体系基本分为通用型高速工具钢、高性能高速工具钢（高钒、含钴、高钒含钴、超硬型）两大类；按制造方法的不同，高速工具钢可分为熔炼高速工具钢和粉末冶金高速工具钢；按照钢的化学成分（主要按其含钨量的不同）可分为钨系 [$w(W)=12\%$ 或 18%]、钼系 [$w(W)=2\%$ 或不含钨]、钨钼系 [$w(W)=6\%$ 或 8%] 和含钴高速工具钢。

现国内生产低 W、Mo 含量的合金工具钢，称为"低合金高速工具钢"，牌号有 301、D101、F205 等，其 W 含量约为通用高速工具钢的 2/3 左右，因其热硬性和切削性能已达不到高速工具钢的基本要求，不能包含在高速工具钢范畴内，本手册将这类工具钢材料归入合金工具钢部分。

钨系高速工具钢主要合金元素是钨，不含钼或含少量钼。其主要特性是过热敏感性小，脱碳敏感性小，热处理和热加工温度范围较宽，但碳化物颗粒粗大，分布均匀性差，影响钢的韧性和塑性。钨钼系高速工具钢的主要合金元素是钨和钼。其主要特性是碳化物的颗粒度和分布均优于钨系高速工具钢，脱碳敏感性和过热敏感性低于钼系高速工具钢，使用性能和工艺性能均较好。钼系高速工具钢的主要合金元素是钼，不含钨或含少量钨。其主要特性是碳化物颗粒细、分布均匀、韧性好，但脱碳敏感性和过热敏感性大、热加工和热处理范围窄。含钴高速工具钢是在通用型高速工具钢的基础上加入一定量的钴，可显著提高钢的硬度、耐磨性和韧性。各类高速工具钢的化学成分见表 2-13。各类高速工具钢的交货硬度及试样淬回火硬度见表 2-14。

表 2-13 高速工具钢的牌号与化学成分 （GB/T 9943—2008）

统一数字代号	牌号[①]	化学成分（质量分数）（%）									
		C	Mn	Si[②]	S[③]	P	Cr	V	W	Mo	Co
T63342	W3Mo3Cr4V2	0.95~1.03	≤0.40	≤0.45	≤0.030	≤0.030	3.80~4.50	2.20~2.50	2.70~3.00	2.50~2.90	—
T64340	W4Mo3Cr4VSi	0.83~0.93	0.20~0.40	0.70~1.00	≤0.030	≤0.030	3.80~4.40	1.20~1.80	3.50~4.50	2.50~3.50	—
T51841	W18Cr4V	0.73~0.83	0.10~0.40	0.20~0.40	≤0.030	≤0.030	3.80~4.50	1.00~1.20	17.20~18.70	—	—
T62841	W2Mo8Cr4V	0.77~0.87	≤0.40	≤0.70	≤0.030	≤0.030	3.50~4.50	1.00~1.40	1.40~2.00	8.00~9.00	—
T62942	W2Mo9Cr4V2	0.95~1.05	0.15~0.40	≤0.70	≤0.030	≤0.030	3.50~4.50	1.75~2.20	1.50~2.10	8.20~9.20	—
T66541	W6Mo5Cr4V2	0.80~0.90	0.15~0.40	0.20~0.45	≤0.030	≤0.030	3.80~4.40	1.75~2.20	5.50~6.75	4.50~5.50	—
T66542	CW6Mo5Cr4V2	0.86~0.94	0.15~0.40	0.20~0.45	≤0.030	≤0.030	3.80~4.50	1.75~2.10	5.90~6.70	4.70~5.20	—
T66642	W6Mo6Cr4V2	1.00~1.10	≤0.40	≤0.45	≤0.030	≤0.030	3.80~4.50	2.30~2.60	5.90~6.70	5.50~6.50	—
T69341	W9Mo3Cr4V	0.77~0.87	0.20~0.40	0.20~0.40	≤0.030	≤0.030	3.80~4.40	1.30~1.70	8.50~9.50	2.70~3.30	—
T66543	W6Mo5Cr4V3	1.15~1.25	0.15~0.40	0.20~0.45	≤0.030	≤0.030	3.80~4.50	2.70~3.20	5.90~6.70	4.70~5.20	—
T66545	CW6Mo5Cr4V3	1.25~1.32	0.15~0.40	≤0.70	≤0.030	≤0.030	3.75~4.50	2.70~3.20	5.90~6.70	4.70~5.20	—
T66544	W6Mo5Cr4V4	1.25~1.40	≤0.40	≤0.45	≤0.030	≤0.030	3.80~4.50	3.70~4.20	5.20~6.00	4.20~5.00	—
T66546	W6Mo5Cr4V2Al	1.05~1.15	0.20~0.60	0.20~0.60	≤0.030	≤0.030	3.80~4.40	1.75~2.20	5.50~6.75	4.50~5.50	Al:0.80~1.20
T71245	W12Cr4V5Co5	1.50~1.60	0.15~0.40	0.15~0.40	≤0.030	≤0.030	3.75~5.00	4.50~5.25	11.75~13.00	—	4.75~5.25
T76545	W6Mo5Cr4V2Co5	0.87~0.95	0.15~0.40	0.20~0.45	≤0.030	≤0.030	3.80~4.50	1.70~2.10	5.90~6.70	4.50~5.20	4.50~5.00
T76438	W6Mo5Cr4V3Co8	1.23~1.33	≤0.40	≤0.70	≤0.030	≤0.030	3.80~4.50	2.70~3.20	5.90~6.70	4.70~5.30	8.00~8.80
T77445	W7Mo4Cr4V2Co5	1.05~1.15	0.20~0.60	0.15~0.50	≤0.030	≤0.030	3.80~4.50	1.75~2.25	6.25~7.00	3.25~4.25	4.75~5.75
T72948	W2Mo9Cr4VCo8	1.05~1.15	0.15~0.40	0.15~0.65	≤0.030	≤0.030	3.50~4.25	0.95~1.35	1.15~1.85	9.00~10.00	7.75~8.75
T71010	W10Mo4Cr4V3Co10	1.20~1.35	≤0.40	≤0.45	≤0.030	≤0.030	3.80~4.50	3.00~3.50	9.00~10.00	3.20~3.90	9.50~10.50

注：1. 钢中残余铜含量应不大于 0.25%，残余镍含量应不大于 0.30%。

2. 在钨系高速钢中，钼含量允许至 1.0%。钨钼二者关系，当钼含量超过 0.30% 时，钨含量应减小，在钼含量超过 0.30% 的部分，每 1% 的钼代替 1.8% 的钨，在这种情况下，在牌号的后面加上 "Mo"。

① 表 1 中牌号 W18Cr4V、W12Cr4V5Co5 为钨系高速工具钢，其他牌号为钨钼系高速工具钢。

② 电渣钢的硅含量下限不限。

③ 根据需方要求，为改善钢的切削加工性能，其硫含量可规定为 0.06%~0.15%。

表 2-14　高速工具钢的交货硬度及淬回火硬度（GB/T 9943—2008）

牌　号	交货硬度①（退火态）HBW 不大于	试样热处理制度及淬回火硬度					
		预热温度/℃	淬火温度/℃		淬火介质	回火温度②/℃	硬度③ HRC 不小于
			盐浴炉	箱式炉			
W3Mo3Cr4V2	255	800~900	1180~1120	1180~1120	油或盐浴	540~560	63
W4Mo3Cr4VSi	255		1170~1190	1170~1190		540~560	63
W18Cr4V	255		1250~1270	1260~1280		550~570	63
W2Mo8Cr4V	255		1180~1120	1180~1120		550~570	63
W2Mo9Cr4V2	255		1190~1210	1200~1220		540~560	64
W6Mo5Cr4V2	255		1200~1220	1210~1230		540~560	64
CW6Mo5Cr4V2	255		1190~1210	1200~1220		540~560	64
W6Mo6Cr4V2	262		1190~1210	1190~1210		550~570	64
W9Mo3Cr4V	255		1200~1220	1220~1240		540~560	64
W6Mo5Cr4V3	262		1190~1210	1200~1220		540~560	64
CW6Mo5Cr4V3	262		1180~1200	1190~1210		540~560	64
W6Mo5Cr4V4	269		1200~1220	1200~1220		550~570	64
W6Mo5Cr4V2Al	269		1200~1220	1230~1240		550~570	65
W12Cr4V5Co5	277		1220~1240	1230~1240		540~560	65
W6Mo5Cr4V2Co5	269		1190~1210	1200~1220		540~560	64
W6Mo5Cr4V3Co8	285		1170~1190	1170~1190		550~570	65
W7Mo4Cr4V2Co5	269		1180~1200	1190~1210		540~560	66
W2Mo9Cr4VCo8	269		1170~1190	1180~1200		540~560	66
W10Mo4Cr4V3Co10	285		1220~1240	1220~1240		550~570	66

① 退火+冷拉态的硬度，允许比退火态指标增加 50HBW。
② 回火温度为 550~570℃时，回火 2 次，每次 1h；回火温度为 540~560℃时，回火 2 次，每次 2h。
③ 试样淬回火硬度供方若能保证可不检验。

GB/T 17111—2008 规定了常用高速工具钢的附加代号，$w(Co) \geqslant 4.5\%$ 或 $w(V) \geqslant 2.6\%$ 或 $w(Al) \geqslant 0.8\% \sim 1.2\%$ 的高性能高速工具钢可用附加代号 HSS-E 表示；$w(Co) < 4.5\%$ 和 $w(V) < 2.6\%$，且 [W] $\geqslant$ 11.75 的普通高速工具钢可用附加代号 HSS 表示，其中 [W] 为钨当量，[W]=W+1.8Mo，W 为钨含量的最低值，Mo 为钼含量的最低值；$6.5 \leqslant$ [W] < 11.75 的低合金高速工具钢可用附加代号 HSS-L 表示。

高速工具钢是一种含有较多钨、钼、铬和钒等合金元素的高合金工具钢，各种元素在钢中起着不同的作用。

钨是提高高速工具钢回火稳定性和耐热性的主要元素，在马氏体中，钨和碳的结合力很大，提高了马氏体在受热时的稳定性，使钢在高达 550~600℃时仍能保持高的硬度。此外，高速工具钢淬火后在 560℃回火时，钨的碳化物析出并作均匀弥散分布，钢中残留奥氏体在回火后冷却时转变为马氏体，将产生二次硬化作用，这将进一步提高钢的耐磨性。随着钢中含钨量的增加，高速工具钢的耐热性及高温硬度也增加。

钼的作用大体与钨相同，高速工具钢中的部分钨可用钼代替，但要求 $w(Mo):w(W)=1:(1.4 \sim 1.5)$，这样可不影响钢的热稳定性。

铬在高速工具钢中的主要作用是提高钢的淬透性，也可提高回火稳定性和抑制晶粒长大。各类高速工具钢的 $w(Cr)$ 大体都在 4% 左右，可以保证淬透性和淬硬性的要求。铬还能提高钢的抗氧化及抗腐蚀性能。铬还可降低刀具与切屑间的摩擦，减少刀具的磨损。

钒是提高高速工具钢硬度和耐热性的主要元素之一。钒与碳原子的结合力较大，VC 的晶粒很小，分布均匀，硬度很高（83~85HRC），使高速工具钢具有优良的耐磨性，钒能增加钢的回火稳定性，在提高热硬性及二次硬化作用方面都比钨更加强烈。

钨和钒的碳化物在高温加热时有力地起到阻止晶粒长大的作用。

硅可以在回火时促进弥散碳化物的析出，故可取代钴。含硅钢超饱和渗碳时，可在渗层形成细小且分布均匀的碳化物，提高韧性。此外，硅能细化回火时析出的二次碳化物，使回火硬度提高；硅能细化奥氏体晶粒，提高 600℃热硬性及低温淬火硬度；硅还可以改善高速工具钢的切削性能和磨削性能。

铝这种非碳化物形成元素会导致钢的临界点提高。铝使高速工具钢回火时析出的碳化物数量增加，对高速工具钢回火时碳化物的聚集与长大有抑制作用，并延缓马氏体的分解和软化，提高了钢的热硬性，有利于提高奥氏体的合金化程度和碳的过饱和度，在淬火后的回火中析出更多的碳化物，提高二次硬化效果。铝和氮形成氮化铝，稳定性高，加热时阻碍奥氏体晶粒长大，可细化晶粒，提高钢的强韧性。

2. 通用型高速工具钢

通用型高速工具钢的 $w(C)=0.7\% \sim 0.9\%$，这

种钢按其耐热性可称是中等热稳定性高速工具钢。由于这类钢具有一定的硬度（63～66HRC）和耐磨性，高的韧度和强度，良好的塑性和磨削性，因此广泛用于制造各种复杂刀具，切削硬度在 250～280HBW 以下的大部分结构钢和铸铁。

通用型高速工具钢刀具的切削速度一般不高于 50～60m/min。不适合于在高的切削速度下和对较硬材料的切削。

通用型高速工具钢现在用得最多的是 M2（W6Mo5Cr4V2）。

3. 高性能高速工具钢

高性能高速工具钢是指在通用型高速工具钢成分中再增加一些碳、钒、钴、铝或硅等合金元素，以提高耐热性和耐磨性的新钢种。

这类钢按其耐热性可称为高热硬性高速工具钢。加热到 630～650℃时仍能保持 60HRC 的硬度，因此具有更好的切削性能。此类钢的耐用度约为通用型高速工具钢的 1.5～3 倍。

高性能高速工具钢 M42（W2Mo9Cr4VCo8）切削性能和加工性均较好，用得较多，但因含钴量高而价格昂贵。国产的 501 铝高速工具钢（W6Mo5Cr4V2Al）切削性能好，价格便宜，但加工性稍差，国内有一定使用量。

4. 少无莱氏体高速工具钢（表层渗碳高速工具钢）

少无莱氏体高速工具钢的特点是原始碳含量低，按相图冷凝时不形成莱氏共晶，故经锻轧后不存在碳化物偏析及粗大碳化物。粗加工成形后，通过超饱和渗碳提高表层碳含量。渗碳时形成的碳化物分布均匀，颗粒细小，韧性良好。由于无碳化物偏析及粗大碳化物，故可以允许提高渗层碳含量。渗层碳含量达到甚至高于平衡碳量，可使表层经淬火及回火后的硬度达到 66～67HRC 以上，成为超硬高速工具钢。因少无莱氏体高速工具钢成材率高，废品率低，成本低廉，目前在低速切削刀具上已有少量应用。

5. 粉末冶金高速工具钢

粉末冶金高速工具钢是用粉末冶金方法产生的。采用细小的高速工具钢粉末（直径为 $\phi100～\phi600\mu m$ 的球形），在高温（约 1000℃）、高压（约 1000MPa）下直接压制而成。

粉末冶金高速工具钢完全避免了碳化物偏析。不论其截面尺寸多大，碳化级别均为一级。其碳化物晶粒细小，小于 2～3μm，而熔炼高速工具钢一般为 8～20μm。GB/T 17111—2008 规定了常用粉末冶金高速工具钢的附加代号，$w(Co)≥4.5\%$ 或 $w(V)≥2.6\%$ 的高性能粉末冶金高速工具钢可用附加代号 HSS-E-PM 表示；$w(Co)<4.5\%$ 和 $w(V)<2.6\%$ 的普通粉末冶金高速工具钢可用附加代号 HSS-PM 表示。表 2-15 列出了常用粉末冶金高速工具钢的力学性能。

表 2-15　常用粉末冶金高速工具钢的力学性能

牌　号	硬度 HRC	抗弯强度 /MPa	冲击韧度 /（MJ/m²）	挠度 /mm
CPM T15	68	4600	0.29	—
CPM Re×76	68～70	4300	0.29	—
ASP30	65～67	4700～5100	—	1.8～2.2
ASP60	66～68	2800～4600	—	1.1～1.5
高碳高钒钢	69～71	3000～3200	—	0.6～0.8
Ti+TiCN φ（Ti+TiCN）= 3%～10%	66～68	3300～3700	0.5～0.7	—

粉末冶金高速工具钢与熔炼高速工具钢比较，力学性能有明显提高。在相同硬度条件下，前者的强度比后者可提高 20%～30%。不同高速工具钢的强度特性还与其预加工程度有关，在轻度变形状态下（这时一般高速工具钢的碳化物分布较差），粉末冶金高速工具钢的抗弯强度和冲击韧度分别比一般高速工具钢可提高 1 倍和 1.5～2 倍；在大变形状态下（如锻件或轧制毛坯在直径方向的压下量达 20～30mm），则粉末冶金高速工具钢比熔炼高速工具钢的抗弯强度和冲击韧度分别提高 30%～40% 和 80%～90%。

粉末冶金高速工具钢的缺口冲击吸收能量和抗弯强度较熔炼高速工具钢有明显提高，冲击韧度越差的钢种，冲击韧度提高得越显著。粉末冶金高速工具钢和熔炼高速工具钢的力学性能比较见表 2-16。

粉末冶金高速工具钢有较高的高温硬度，约比熔炼高速工具钢高 0.5～1HRC，因而切削性能良好。刀具寿命比熔炼高速工具钢高 1.5～2 倍。

粉末冶金高速工具钢由于物理力学性能高度地各向同性，可减少淬火变形和热处理时的应力，降低晶粒长大倾向。

粉末冶金高速工具钢的碳化物细小、分布均匀，其韧性、可磨削性和尺寸稳定性等均很好，可生产更高合金元素含量的超硬高速工具钢。粉末冶金高速工具钢可分为三类：第一类是含钴高速工具钢，其特点是具有接近硬质合金的硬度，而且还具有良好的可锻性、可加工性、可磨性和强韧性；第二类是无钴高钨、钼、钒超硬高速工具钢；第三类是超级耐磨高速工具钢，其硬度不太高，但耐磨性极好，主要用于要求高耐磨并承受冲击负荷的工作条件。几种熔炼高速工具钢和粉末冶金高速工具钢磨削加工性的比较见表 2-16。

粉末冶金高速工具钢的成材率较高，可达 80%～90%，而熔炼高速工具钢成材率小于 60%。

国外一些公司生产的粉末冶金高速工具钢牌号及成分见表 2-17。

**表 2-16　粉末冶金高速工具钢和熔炼高速工具钢的
力学性能及磨削加工性对比**

高速工具钢牌号及制造方法	硬度 HRC	C—缺口冲击吸收能量/J	抗弯强度/MPa	磨削比
熔炼 M2（W6Mo5Cr4V2）	65	18	3880	3.9
粉末冶金 CPM M2	64	43	5430	—
熔炼 M4（W6Mo5Cr4V4）	64	14	3640	1.1
粉末冶金 CPM M4	65	32	5460	2.7
熔炼 T15（W12Cr4V5Co5）	66	5	2180	0.6
粉末冶金 CPM T15	67	19	4750	2.2

　　粉末冶金高速工具钢由于良好的组织一致性和碳化物的无偏析，弥补了普通冶炼高速工具钢的严重缺陷，使钢材质量和性能全面提高，故适于制造强力断续切削条件下容易产生崩刃的刀具和刀具锋利且要求强度高的刀具，如插齿刀、铣刀等。粉末冶金高速工具钢刀具在加工铁基高温合金、钛合金、超高强度钢等难加工材料时，表现出了良好的切削性能及综合力学性能。一般来讲，对于要求高耐磨、高韧性的刀具，如高寿命丝锥、拉刀、单齿薄刃刀具等，可选择高碳高钒粉末高速工具钢，典型牌号有 M3-PM、M4-PM、M61-PM 等；对于要求高速切削、高热硬性、高寿命的刀具，如齿轮滚刀、插齿刀、数控机床用各类铣刀，可选择高钒高钴粉末高速工具钢，典型牌号有 ASP2015、ASP2030、ASP2060 等。由于粉末高速工具钢冶炼及雾化制粉的特殊性，工艺及设备要求相对复杂，钢材制造成本较高，目前在精密复杂刀具生产中应用较多，还有待进一步推广应用。

　　部分高速工具钢的力学性能见表 2-18，部分高速工具钢的性能特点与用途见表 2-19。国内外部分高速工具钢牌号近似对照表见表 2-20。

表 2-17　国外一些粉末冶金高速工具钢牌号及成分　　　　（质量分数，%）

国别	商品牌号	AISI	C	Cr	W	Mo	V	Co	其他	硬度 HRC
美国 ASTM A597—1999	ASP 23	M3	1.28	4.20	6.40	5.00	3.10	—	—	65~67
	ASP 30	—	1.28	4.20	6.40	5.00	3.10	8.5	—	66~68
	ASP 60	—	2.30	4.00	6.50	7.00	6.50	10.50	—	67~69
	CPM Rex M2HCHA	M2	1.00	4.15	6.40	5.00	2.00	—	S 0.27	64~66
	CPM Rex M3	M3	1.30	4.00	6.25	5.00	3.00	—	S 0.27	65~67
	CPM Rex M4	M4	1.35	4.25	5.75	4.50	4.00	—	S 0.06	64~66
	CPM Rex M4HS	M4	1.35	4.25	5.75	4.50	4.00	—	S 0.22	64~66
	CPM Rex M35HCHS	M35	1.00	4.15	6.00	5.00	2.00	5.0	S 0.27	65~67
	CPM Rex M42	M42	1.10	3.75	1.50	9.50	1.15	8.0	—	66~68
	CPM Rex M45	—	1.30	4.00	6.25	5.00	3.00	8.25	S 0.03	66~68
	CPM Rex M45HS	—	1.30	4.00	6.25	5.00	3.00	8.25	S 0.22	66~68
	CPM Rex 20	M62	1.30	3.75	6.25	10.50	2.00	—	—	66~68
	CPM Rex 25	M61	1.80	4.00	12.50	6.50	5.00	—	—	67~69
	CPM Rex T15	T15	1.55	4.00	12.25	—	5.00	5.0	S 0.06	65~67
	CPM Rex T15HS	T15	1.55	4.00	12.25	—	5.00	5.0	S 0.22	65~67
	CPM Rex 76	M48	1.50	3.75	10.0	5.25	3.10	—	S 0.06	67~69
	CPM Rex 76HS	M48	1.50	3.75	10.0	5.25	3.10	9.0	S 0.22	67~69
	HAP 10	—	1.35	5.0	3.0	6.0	3.8	—	—	64~66
	HAP 40	—	1.30	4.0	6.0	5.0	3.0	8.0	—	—
	HAP 50	—	1.50	4.0	8.0	6.0	4.0	8.0	—	—
	HAP 60	—	2.00	4.0	10.0	4.0	7.0	12.0	—	—
	HAP 70	—	2.00	4.0	12.0	10.0	4.5	12.0	—	—
	KHA 33N	—	0.95	4.0	6.0	6.0	3.5	—	N 0.60	65~66
瑞典	ASP 2023		1.30	4.0	6.2	5.0	3.0	—	—	64~66
	ASP 2015	—	1.50~1.60	3.75~5.00	11.75~13.0	≤1.00	4.50~5.25	4.75~5.25	—	—
	ASP 2017	—	0.80~0.85	3.80~4.50	2.85~3.25	3.90~4.20	0.95~1.35	7.75~8.75	Nb:1.00	—
	ASP 2030	—	1.25~1.35	3.80~4.50	6.00~6.70	4.70~5.20	2.70~3.20	8.10~8.80	—	—
	ASP 2053	—	2.30~2.60	3.80~4.50	4.00~4.50	2.80~3.50	7.75~8.20	≤0.50	—	—
	ASP 2060	—	2.15~2.45	3.80~4.50	6.00~6.80	6.70~7.30	6.20~6.80	10.1~10.8	—	—
	ASP 2080	—	2.30~2.60	3.80~4.30	10.50~11.5	4.80~5.30	5.80~6.20	15.5~16.5	—	—
	ASP 90		1.55	4.0	6.0	5.0	5.0	10.0	—	—
前苏联	P18	T1	0.75	4.0	18.0	—	1.0	—	—	—
	P6M6K5		0.85	4.0	6.0	5.0	2.0	5.0	—	—
	P9M4K8		1.05	3.6	9.4	4.2	2.4	8.0	—	—
	P8Φ8K7M6		2.60	4.0	8.0	6.0	8.0	7.0	—	—

（续）

国别		商品牌号	AISI	C	Cr	W	Mo	V	Co	其他	硬度 HRC
日本	无氮	SKH9	M2	0.85	4.0	6.0	5.0	2.0	—	—	—
		SKH57	—	1.20	4.0	10.0	3.5	3.5	10.0	—	—
		SKH10	T15	1.50	4.0	12.0	—	5.0	5.0	—	—
		M35V	—	1.00	4.0	6.0	6.0	2.5	5.0	—	—
		M42-V	—	1.65	4.0	2.0	9.5	4.0	8.0	—	—
	加氮	KHA32N	—	0.60	4.0	3.3	3.2	3.0	—	N 0.5	—
		KHA33N	—	0.95	4.0	6.0	6.0	3.5	—	N 0.6	—
		KHA30N	—	0.95	4.0	6.0	6.0	3.5	5.0	N 0.6	—
		KHA5NH	—	1.70	4.0	12.0	7.0	5.0	12.0	N 0.4	—
		KHA7NH	—	1.90	4.0	6.0	6.0	7.5	8.0	N 0.5	—
日本 神户制钢所		KHA 33	M3-2	1.4	4.0	6.0	6.0	3.5	—	—	—
		KHA 77		2.0	4.0	3.5	3.0	7.0	—	—	—
		KHA 35	—	1.4	4.0	6.0	6.0	3.5	5.0	—	—
		KHA 50	T15	1.5	4.0	12.0	—	5.0	5.0	—	—
		KHA 53	M15	1.5	4.0	6.0	3.5	5.0	5.0	—	—
		KHA 30		1.3	4.0	6.0	5.0	3.0	8.0	—	—
		KHA 60		2.3	4.0	6.0	7.0	6.5	10.0	—	—
日本 日立金属		HAP 10		1.3	5.0	3.0	3.0	4.0	—	—	—
		HAP 20		1.5	4.0	2.0	7.0	4.0	5.0	—	—
		HAP 40		1.2	4.0	6.5	5.0	3.0	8.0	—	—
		HAP 50		1.5	4.0	8.0	6.0	4.5	8.0	—	—
		HAP 70		1.9	4.0	12.0	10.0	4.5	12.0	—	—
		HAP 72		1.9	4.0	10.0	8.0	5.0	10.0	—	—
日本 日立制作所		高碳高钼型	—	2.28/2.65	3.9	7.0	13.23/17.32	3.5	9.4	—	—
		高碳高铬型		3.12/3.61	2.69/12.31	1.0				—	—
		高碳高钒型		4.11	3.15	9.7	4.12	14.93	8.6	—	—

注：表中一般均要求 $w(P) \leqslant 0.030\%$，$w(S) \leqslant 0.030\%$，$w(O) \leqslant 0.015\%$，$w(Ar) \leqslant 0.05 \times 10^{-4}\%$，$w(N) \leqslant 0.08\%$（未标明者）。

表 2-18　高速工具钢的力学性能

钢　号	硬度 HRC	抗弯强度/MPa	冲击韧度/(MJ/m²)	600℃时的硬度 HRC
W18Cr4V(W18)	63~66	3000~3400	0.18~0.32	48.5
W6Mo5Cr4V2(M2)	63~66	3500~4000	0.30~0.40	47~48
W14Cr4VMnR	64~66	~4000	0.31	50.5
W9Mo3Cr4V(W9)	65~66.5	4000~4500	0.35~0.40	—
9W18Cr4V(9W18)	66~68	3000~3400	0.17~0.22	51
W6Mo5Cr4V2Co5	65~67	~3000	0.28~0.32	54
9W6Mo5Cr4V2(CM2)	67~68	3500	0.13~0.26	52.1
W12Cr4V4Mo(EV4)	66~67	~3200	~0.1	52
W6Mo5Cr4V3(M3)	65~67	~3200	~0.25	51.7
W6Mo5Cr4V2Co8(M36)	66~68	~3000	~0.3	54
W12Cr4V5Co5(T15)	66~68	~3000	~0.25	54
W6Mo5Cr4V2Al(501,M2Al)	67~69	2900~3900	0.23~0.3	55
W6Mo5Cr4V2Si(M2Si-M2-R42)	66~68	3500~4000	0.35~0.4	55
W10Mo4Cr4V3Al(5F-6)	67~69	3100~3500	0.20~0.23	54
W7Mo4Cr4V2Co5(M41)	67~69	2500~3000	0.23~0.30	54
W2Mo9Cr4Co8(M42)	67~69	2700~3800	0.23~0.30	55
W12Mo3Cr4V3Co5Si(Co5Si)	67~69	2400~3300	0.11~0.22	54
W6Mo5Cr4V5SiNbAl(B201)	66~68	3600~3900	0.26~0.27	51
W10Mo4Cr4V3Co10(HSP-15)	67~69	~2350	~0.1	55.5
W12Mo3Cr4V3N(V3N)	67~69	2000~3500	0.15~0.30	55
W12Mo3Cr4VCo3N(Co3N)	67~69	2000~3350	0.15~0.20	—
W12Mo3Cr4V3SiNbAl(SiNbAl)	66~68	2600~2900	0.26~0.27	51
W10Mo4Cr4V3Co4Nb(5F-7)	66~68	2790~3250	0.11~0.16	—
W18Cr4V4SiNbAl(B212)	67~69	2290~2540	0.11~0.22	51

注：本表资料来源不同，并非在同一条件下所做试验，有些性能指标（特别是冲击韧度）在不同资料中差别甚大，表中数字仅作参考。

表 2-19　高速工具钢的性能特点与用途

钢　号	使用性能	用途举例
W18Cr4V	钨系通用型高速工具钢,具有适当的硬度、热硬性及高温硬度以及良好的耐磨性,淬火热处理加热温度范围宽,不易过热,脱碳敏感性小,淬透性高,易于磨削加工;缺点是碳化物分布不均匀、热塑性低、韧性稍差。该钢种曾经用量最大,但 20 世纪 70 年代后使用减少	主要用于制作高速切削的车刀、钻头、铣刀、铰刀等刀具,还用作板牙、丝锥、扩孔钻、拉丝模、锯片等
9W18Cr4V	此钢碳含量提高到平衡碳的程度,因而具有较好的综合性能,其淬回火硬度和切削性能都比 W18Cr4V 钢高,耐磨性比 W18Cr4V 钢提高 2~3 倍,可磨削性好,力学性能稍低于 W18Cr4V 钢,不能承受大的冲击	可部分代替含钴高速工具钢,适用于制作各种复杂刀具,对加工中等强度材料和不锈钢、奥氏体材料、钛合金等难加工材料都取得了很好的效果
W12Cr4V4Mo（EV4）	由于含钒量高,提高了刀具的硬度和热硬性,其硬度可达 65~67HRC,故耐磨性比 W18Cr4V 钢好,但可磨削加工性很差,不宜制作复杂刀具	适于制造对合金钢及高强度钢加工用的车刀、钻头、铣刀、拉刀、模数较大的滚刀的插齿刀,以及切削耐热钢和高温合金用的刀具
W14Cr4VMnRo	热塑性好,热处理和机械加工、锻轧和可磨削等工艺性能都较好,热处理温度范围较宽,过热和脱碳的敏感性均较小,切削性能和 W18Cr4V 基本一样	适于四辊轧制或扭制钻头,也可用于制作齿轮刀具及其他承受冲击力较大的刀具。除特殊用途外,可以代替 W6Mo5Cr4V2 钢
W12Cr4V5Co5	钨系高钒含钴高速工具钢,引自美国的 T15,曾称为"王牌钢",具有较高的硬度,尤其具高耐磨性,但可磨削性能差,强度与韧性较差,不宜制作用于高速切削的复杂刀具	适于制作要求特殊耐磨的切削刀具,如精密梳刀、车刀、铣刀、刮刀、滚刀及成形刀具、齿轮刀具等;还可用于冷作模具
W6Mo5Cr4V2（M2）	W-Mo 系通用型高速工具钢,是当今各国用量最大的高速工具钢钢号(即 M2),具有较高的硬度、热硬性及高温硬度,热塑性好,强度和韧性优良;碳化物细小、分布均匀、比重小、价格便宜,缺点是钢的过热与脱碳敏感性较大,磨削加工性稍次于 W18Cr4V 钢	用于制作要求耐磨性和韧性配合良好的并承受冲击力较大的刀具和一般刀具,如插齿刀、锥齿轮刨刀、铣刀、车刀、丝锥、钻头等;还用于制作高载荷下耐磨性好的工具,如冷作模具等
CW6Mo5Cr4V2（CM2）	高碳 W-Mo 系通用型高速工具钢,由于碳含量提高,淬火后的表面硬度也提高,而且高温硬度、耐磨性和耐热性都比 W6Mo5Cr4V2 高,但强度和韧性有所降低	适于制作要求切削性能优良的刀具
W6Mo5Cr4V3 CW6Mo5Cr4V3（CM2,CM3）	高碳高钒型高速工具钢,其耐磨性优于 W6Mo5Cr4V2,但可磨削性能也变差,脱碳敏感性较大	用于制作要求特别耐磨的工具和一般刀具,如拉刀、滚刀、螺纹梳刀、车刀、刨刀、丝锥、钻头等。由于钢的磨削性差,制作复杂刀具,需用特殊砂轮加工
W2Mo9Cr4V2	低钨型钢种,相当于美国的 M7,具有较高的热硬性和韧性,耐磨性好,但脱碳敏感性较大	主要用于制作螺纹工具,如丝锥、板牙等;还用于制作钻头、铣刀及各种车削刀具、各种冷冲模具等
W6Mo5Cr4V2Co5	W-Mo 系一般含钴高速工具钢,其热硬性、耐磨性均比 W6Mo5Cr4V2 高,故切削性能好,但钢的韧性和强度较差,脱碳敏感性较大	用于制作高速切削机床的刀具和要求耐高温并有一定振动载荷的刀具
W2Mo9Cr4VCo8（M42）	W-Mo 系高碳含钴超硬型钢种,相当于美国的 M42,是一种用量最大的超硬型高速工具钢,其硬度可达 66~70HRC,具有高的热硬性和高温硬度,易磨削加工,但韧性较差	用于制作各种复杂的高精度刀具,如精密拉刀、成形铣刀、专用车刀、钻头以及各种难加工刀具,可用于对难加工材料(如钛合金、高温合金、超高强度钢等)的切削加工
W9Mo3Cr4V	我国研制的新型 W-Mo 系通用型高速工具钢,使用性能与 W18Cr4V 和 W6Mo5Cr4V2(M2)相当,但综合工艺性能优于此两种钢	可代替 W18Cr4V 和 W6Mo5Cr4V2 制作各种工具
W6Mo5CrV2Al（501）	我国研制的新型 W-Mo 系含铝无钴超硬型高速工具钢(简称 M2Al 或 501),具有高的硬度、热硬性及高温硬度,切削性能优良,耐磨性和热塑性较好,可加工性良好,比重轻,价格相当于一般通用型高速工具钢,其韧性优于含钴高速工具钢,但可磨削性能稍差,淬火加热温度范围较窄,钢的过热和脱碳敏感性较大	用于制作各种拉刀、插齿刀、齿轮滚刀、铣刀、刨刀、镗刀、车刀、钻头等切削刀具。刀具使用寿命长,切削一般材料时,其使用寿命为 W18Cr4V 的 2 倍,切削难加工材料时,接近含钴高速工具钢的使用寿命
W6Mo5Cr4V5SiNbAl	这是我国研制的新型超硬高速工具钢品种之一。它具有硬度高、韧性好、耐磨等特点。热加工性和焊接性均良好,能进行各种冷热加工,但可磨削性较差	可用于制作钻头、丝锥、铰刀、车刀、铣刀、滚刀、拉刀等刀具,切削各种难加工材料,也可用于制作化纤切断机刀片切割半消光涤纶纤维
W10Mo4Cr4V3Al	这是我国研制的无钴超硬型高速工具钢,具有较高的硬度、高温硬度和一定的韧性,又有较好的耐磨性和一定的可磨削性。退火状态可进行车、刨等机加工和改锻改轧热加工	适用于制作车刀、铣刀、滚刀等切削刀具,加工各种难加工材料,也能加工一些高精度零件
W12Mo3Cr4V3Co5Si	室温硬度和高温硬度高,耐磨性好,锻轧、切削和焊接性能均良好,但韧性及可磨削性较差,价格也较贵	这是我国研制的钨系低钴含硅的超硬型高速工具钢,可制作滚刀、拉刀、铣刀、钻头、丝锥等刀具加工各种难切削材料

表 2-20 高速工具钢牌号近似对照表

国家	中国	美国 AISI	日本 JIS	英国 BS	德国 VDEh	俄罗斯 ГОСТ	法国 NF	瑞典 ASSAB
牌号	W18Cr4V	T1	SKH2	BT1	(S18-0-1)	P18	4201	HSP11
	W6Mo5Cr4V2	M2	SKH9 (SKH51)	BM2	S6-5-2	P6M5	4301	HSP-41
	CW6Mo5Cr4V2	CM2	—	—	—	—	—	—
	W6Mo5Cr4V3	M3	SKH52	—	S6-5-3	P6M5Ф3	4361	—
	W9Cr4V5	—	—	—	—	P9Ф5	—	—
	W6Mo5Cr4V2Co8	M36	SKH56	—	—	P6M5Ф2K8	—	—
	W12Cr4V5Co5	T15	SKH10	BT15	S12-1-4-5	P10Ф5K5	4171	—
	W7Mo4Cr4V2Co5	M41	—	—	S7-4-2-5	—	—	—
	W2Mo9Cr4VCo8	M42	—	BM42	—	—	4475	—

6. 高速工具钢刀具牌号的选择

选用高速工具钢牌号时，应该全面考虑工件材料、工件形状、刀具类型、加工方法和工艺系统刚度等特点，根据这些特点，全面考虑材料的耐热性、耐磨性、韧性和可加工性等一些互相矛盾的因素。

高速工具钢牌号的一般选择原则：

1）一般钢材的切削加工可采用钨系或钨钼系通用高速工具钢。

2）含合金元素不太多的合金钢（如 20CrMnTi、38CrMoAl、30CrMnSiAl 等）的切削加工，可选择性能稍好的钨系或钨钼系高钒高速工具钢。但在特殊情况下，为保证零件精度和刀具有高的耐热性，则选用钨钼系高钒高钴高速工具钢。

3）在加工高强度合金钢、耐热不锈钢、低性能高温合金（如 4Cr14Ni14W2Mo、GH36 等）以及低速切削钛合金时，如果刀具型面比较简单，可采用钨系或钼系高钒高速工具钢。如果刀具型面比较复杂，在工艺系统刚性较好的情况下，可采用低钒含铝高速工具钢或低钒含钴高速工具钢；在工艺系统刚性较差的情况下或断续切削加工，则采用钨钼系低钒含铝高速工具钢。

4）在加工高性能高温合金、铸造高温合金、钛合金及超高强度钢时，如果工艺系统刚性较好、刀具型面简单时，可采用钨系或钨钼系高钒高钴高速工具钢；型面复杂时，可用钨钼系高碳低钒含铝高速工具钢或钨钼系高碳低钒高钴高速工具钢。如果工艺系统刚性较差时，则采用钨钼系低钒含铝高速工具钢及钨钼系低钒含钴高速工具钢。若必须采用高碳高钒高钴高速工具钢，则应当选择钨钼系钢种的同时，还需进行特种热处理工艺，例如低温淬火、贝氏体淬火或淬火后增加回火次数，以及高温补充回火等措施，以改善高速工具钢的韧性。

在冲击、悬伸等切削条件（如斜面上钻孔、悬伸铣削、靠模车削等）下加工高强度钢、超高强度钢、耐热钢及高温合金、铸造高温合金的刀具，均不宜采用钴高速工具钢，特别是断续、悬伸、包容切削刚性小的薄壁零件时更不适用，这时只能用钨钼系高钒高速工具钢、钨钼系含铌高速工具钢或钨钼系含铝高速工具钢。

在不同条件下加工不同材料时，高速工具钢的牌号可参见表 2-21。

表 2-21 高速工具钢刀具材料的选择

刀具类型 \ 工件材料	轻合金、碳钢、合金钢	耐热不锈钢、高温合金（锻件）	超高强度钢、钛合金、铸造高温合金
车刀	W18Cr4V 9W18Cr4V W6Mo5Cr4V2Al W10Mo4Cr4V3Al W12Cr4V4Mo W9Mo3Cr4V3Co10	W9Mo3Cr4V3Co10 W2Mo9Cr4VCo8 W12Mo3Cr4V3Co5Si W10Mo4Cr4V3Co4Nb W10Mo4Cr4V3Al W6Mo5Cr4V2Al	W9Mo3Cr4V3Co10 W12Mo3Cr4V3Co5Si W2Mo9Cr4VCo8 W10Mo4Cr4V3Co4Nb W10Mo4Cr4V3Al W6Mo5Cr4V2Al W18Cr4V4SiNbAl
铣刀	W18Cr4V 9W18Cr4V W6Mo5Cr4V2 W6Mo5Cr4V2Al W10Mo4Cr4V3Al W6Mo5Cr4V5SiNbAl	W10Mo4Cr4V3Al W6Mo5Cr4V2Al W12Cr4V4Mo W9Cr4V5Co3 W6Mo5Cr4V5SiNbAl	W2Mo9Cr4VCo8 W12Mo3Cr4V3Co5Si W9Mo3Cr4V3Co4Nb W10Mo4Cr4V3Co4Nb W10Mo4Cr4V3Al W6Mo5Cr4V2Al W18Cr4V4SiNbAl W6Mo5Cr4V5SiNbAl

（续）

工件材料 刀具类型	轻合金、碳钢、合金钢	耐热不锈钢、高温合金（锻件）	超高强度钢、钛合金、铸造高温合金
成形铣刀	W18Cr4V 9W18Cr4V W6Mo5Cr4V2 W6Mo5Cr4V2Al	W2Mo9Cr4VCo8 W12Mo3Cr4V3Co5Si W10Mo4Cr4V3Al W6Mo5Cr4V2Al	W2Mo9Cr4VCo8 W12Mo3Cr4V3Co5Si W10Mo4Cr4V3Co4Nb W10Mo4Cr4V3Al W6Mo5Cr4V2Al W6Mo5Cr4V5SiNbAl
钻头、铰刀	W18Cr4V 9W18Cr4V W6Mo5Cr4V2 W6Mo5Cr4V5SiNbAl W6Mo5Cr4V2Al W10Mo4Cr4V3Al M4Mo3Cr4VSi	W6Mo5Cr4V2Al W10Mo4Cr4V3Al W6Mo5Cr4V5SiNbAl W9Cr4V5Co3 W12Cr4V4Mo	W2Mo9Cr4VCo8 W9Mo3Cr4V3Co10 W12Mo3Cr4V3Co5Si W10Mo4Cr4V3Co4Nb W10Mo4Cr4V3Al W6Mo5Cr4V2Al W6Mo5Cr4V5SiNbAl
螺纹刀具	W18Cr4V 9W18Cr4V W6Mo5Cr4V2 W6Mo5Cr4V2Al	W6Mo5Cr4V2 W6Mo5Cr4V2Al W2Mo9Cr4VCo8	W6Mo5Cr4V2Al W2Mo9Cr4VCo8 W12Mo3Cr4V3Co5Si W10Mo4CT4V3Co4Nb W9Mo3Cr4V3Co10
齿轮刀具	W6Mo5Cr4V2 W18Cr4V 9W18Cr4V W12Cr4V4Mo W6Mo5Cr4V2Al W2Mo9Cr4VCo8① W9Mo3Cr4V3Co10①	W6Mo5Cr4V2 W6Mo5Cr4V2Al W12Cr4V4Mo W2Mo9Cr4VCo8	W6Mo5Cr4V2Al W2Mo9Cr4VCo8 W12Mo3Cr4V3Co5Si W10Mo4Cr4V3Co4Nb W9Mo3Cr4V3Co10
拉刀	W6Mo5Cr4V2 W18Cr4V 9W18Cr4V W6Mo5Cr4V2Al W10Mo4Cr4V3Al W12Cr4V4Mo W6Mo5Cr4V5SiNbAl	粗拉刀： W6Mo5Cr4V5SiNbAl W10Mo4Cr4V3Al W6Mo5Cr4V2Al W12Cr4V4Mo W9Cr4V5Co3 精拉刀： W2Mo9Cr4VCo8 W6Mo5Cr4V2 W10Mo4Cr4V3Co4Nb W12Mo3Cr4V3Co5Si	W2Mo9Cr4VCo8 W12Mo3Cr4V3Co5Si W10Mo4Cr4V3Co4Nb W10Mo4Cr4V3Al W6Mo5Cr4V2Al W6Mo5Cr4V5SiNbAl

① 表示特殊情况下选用。

2.4　硬质合金

硬质合金是难熔金属硬质化合物（硬质相）和金属粘结剂（粘结相）经粉末冶金方法而制成的。通常广泛采用的硬质化合物是碳化物，也有硼化物、氮化物和硅化物等。一般采用的粘结剂为钴。硬质化合物的种类和性能见表 2-22。

2.4.1　硬质合金的性能特点

1. 硬度

因硬质合金主要由硬质碳化物（WC、TiC 等）所组成，所以其硬度比高速工具钢高很多。

在硬质合金中，粘结相钴的含量越多，则合金的硬度越低。TiC 的硬度比 WC 的硬度高（见表 2-22），故 WC-TiC-Co 合金的硬度高于 WC-Co 合金。含 TiC 量越高，合金的硬度也就越高。

在 WC-Co 合金中添加 TaC 或 NbC 后可提高其硬度，加入 TaC 可提高 40~100HV，加入 NbC 可提高 70~150HV。

2. 强度

硬质合金的抗弯强度只相当于高速工具钢强度的 1/3~1/2（见表 2-23）。

表 2-22　某些硬质化合物的种类性能

材　　料		密度 /(g/cm³)	熔点 /℃	硬度 HV	弹性模量 /GPa	热导率 /[W/(m·K)]	线膨胀系数 /(10⁻⁶/℃)
碳 化 物	TiC	4.85~4.93	3180~3250	2900~3200	316~488	17.16~33.49	7.61
	ZrC	6.44~6.9	3175~3540	2600	323~489	20.52	6.93
	HfC	12.20~12.70	3885~3890	2533~3202	433	6.28	6.73

（续）

材　料	密度 /（g/cm³）	熔点 /℃	硬度 HV	弹性模量 /GPa	热导率 /[W/(m·K)]	线膨胀系数 /(10⁻⁶/℃)
VC	5.36~5.77	2810~2865	2800	260~274	4.19	6.5
NbC	7.8	3500~3800	2400	345	14.24	6.84
TaC	14.48~14.65	3740~3880	1800	291~389	22.19	6.61
Cr₃C₂	6.7	1895	1300	380	18.84	10.3
Mo₂C	9.2	2690	1500	544	6.70	6.0
WC	15.8	2870	2400	710	121.4	6.2
W₂C	17.3	2860	3000	428	29.31	5.8
B₄C	2.50~2.54	2350~2470	2400~3700	295~458	—	—
SiC	3.21~3.22	2200~2700 分解	3000~3500	345~422	—	—
Cr₇C₃	6.92	1782	1882	—	—	—
Cr₂₃C₆	6.97~6.99	1518	1663	—	—	—
Fe₃C		1650	860			
TiN	5.44	2900~3220	1800~2100	616	28.89	9.35
ZrN	7.35	2930~2980	1400~1600	—	10.89	7.9
HfN	13.94	3300~3307	1500~1700	—	11.3	6.9
VN	6.08	2050~2360	1500	—	11.3	8.1
NbN	7.3	2050	1400	493	3.77	10.1
TaN	14.1	3090	1300	587	9.63	5.0
CrN	6.1	1500	1093		11.89	2.3
Nb₂N	8.33	2420	1720	—		
BN(立方)	3.48~3.49	2720~3000 分解	7000~8000	720		
Si₃N₄	3.18~3.19	1900 分解	2670~3260	470		
AlN	3.25~3.30	2200~2300 分解	1225~1230	281~352		
Cr₂N	6.51	—	1522~1629			
Mo₂N	8.04	—	630			
WN	—	800	—			
HfB₂	11.2	3250	2900	—	24.28	5.73
ZrB₂	6.1	3040	2300	350	24.28	6.88
TiB₂	4.5	2980	3400	540	24.28	5.5
TaB₂	12.6	3000	2615	262	10.89	5.12
NbB₂	7.2	>2900	2600	650	16.75	7.9~8.3
WB	16.0	2860	2600	—	—	—
MoB₂	7.8	2100	1380	—	—	—
VB₂	5.1	2100	2800	273	—	7.3
CrB₂	5.6	1850	1800	215	22.36	11.1
W₂B₅	11.0	2370	2650~2675	790	—	—
FeB	7.15	1650	1600~1700	350	—	—
Fe₂B	7.34	1410	1290~1390	290	—	—
TiSi₂	4.4	1540	870	264	—	—
ZrSi₂	4.3	1520	1030	268	—	—
VSi₂	4.7	1750	1090	—	—	—
NbSi₂	5.3	1950	1050	—	—	—
TaSi₂	8.8	2400	1560	—	—	—
CrSi₂	4.4	1570	1150	—	6.28	—
MoSi₂	6.1	1870	1290	430	48.57	—
WSi₂	9.3	2150	1090	—	—	—
Co	—	1492	132~280HBW	200	54.43	12.5

碳化物（VC～Fe₃C）、氮化物（TiN～WN）、硼化物（HfB₂～Fe₂B）、硅化物（TiSi₂～WSi₂）

表 2-23　硬质合金与高速工具钢的物理力学性能对比

刀具材料 物理力学性能		高速 工具钢 W18Cr4V	硬质合金	
			WC-6% Co	WC-15% TiC-6% Co
密度/（g/cm³）		8.5～8.8	14.5	11.5
硬度	HRC	63（平均）	76	79
	HRA	77～80	90～91	91～92
	HV（10MPa）	960（平均）	1500	1650
	莫氏	8.5	9.4	9.5
	700℃时的高温 硬度（10MPa）	180	1060	1130
强度 /MPa	抗弯	3000～4000	1650	1250
	抗压	3000～4000	4250	4250
	抗拉	1500～2400	800	—
弹性模量/GPa		210	620	540
热物理 性能	热导率/[W/ （m·K）]	25.12	79.55	50.24
	比热容/[J/ （kg·℃）]	502.4	209.3	251.2
	线膨胀系数 /（10⁻⁶/℃） （20～800℃）	12.1	5	6
与合金钢 的粘接温 度/℃	钢材的抗拉{600 强度/MPa{1100	570 —	625 750	775 850
空气中氧 化质量 /[g/（100 cm²·h）]	600℃ 800℃	— —	0.4 44	0.1 27

硬质合金中含钴量越多，合金的强度越高。含 TiC 的合金比不含 TiC 的硬质合金的强度低，TiC 的含量越高，则合金的强度就越低。

在 WC-TiC-Co 类硬质合金中添加 TaC 可提高其抗弯强度。添加 w（TaC）4%～6% 可使强度增加 12%～18%。在硬质合金中添加 TaC 会显著增加切削刃强度，并能加强切削刃抗碎裂和抗破损的能力。

硬质合金的抗压强度比高速工具钢高 30%～50%。

3. 韧度

硬质合金的韧度比高速工具钢低得多（见表 2-1）。

含 TiC 合金的韧度比不含 TiC 合金的韧度还要低，TiC 含量增加，合金的韧度也降低。在 WC-TiC-Co 合金中，添加适量 TaC，在保证原有的耐热性和耐磨性的同时，能提高合金的韧度。

4. 热物理性能

硬质合金的导热性高于高速工具钢，热导率是高速工具钢的 2～3 倍（见表 2-1）。

由于 TiC 的热导率低于 WC（见表 2-22），故 WC-TiC-Co 合金的导热性低于 WC-Co 合金。合金中含 TiC 越多，导热性也越差。

硬质合金的线膨胀系数取决于钴的含量，钴含量增多，则线膨胀系数也增大。WC-TiC-Co 合金的线膨胀系数大于 WC-Co 合金。后者的线膨胀系数为高速工具钢的 1/3～1/2。

含 TiC 合金由于导热性差，线膨胀系数大，故其耐热冲击性能低于不含 TiC 的硬质合金。

5. 耐热性

硬质合金的耐热性比高速工具钢高很多，在 800～1000℃ 时尚可进行切削。在高温下有良好的抗塑性变形的能力。

TiC 的耐热性要高于 WC（见表 2-22），故 WC-TiC-Co 合金的硬度随温度上升而下降的幅度较 WC-Co 合金慢。含 TiC 越多，含钴量越少，则下降幅度也越小。

由于 TaC 和 NbC 的耐热性较 TiC 高，因此，在硬质合金中加入 TaC 或 NbC 可以提高合金的高温硬度。

6. 抗粘接性

硬质合金的粘接温度高于高速工具钢，抗粘接磨损能力强。

硬质合金中钴与钢的粘接温度大大低于 WC 与钢的粘接温度，因此，硬质合金中钴的含量增加时，粘接温度下降。TiC 的粘接温度高于 WC，因此，WC-TiC-Co 合金的粘接温度高于 WC-Co 合金（高一百多摄氏度）。

TaC 和 NbC 与钢的粘接温度比 TiC 的粘接温度还要高，因此添加 TaC 和 NbC 的合金有更好的抗粘接能力。

7. 化学稳定性

硬质合金的氧化温度高于高速工具钢的氧化温度。

TiC 的氧化温度大大高于 WC 的氧化温度，因此 WC-TiC-Co 合金的抗氧化能力高于 WC-Co 合金。TiC 含量越多，抗氧化的能力越强。

硬质合金中钴的含量增加时，氧化也会增加。

TaC 和 NbC 的氧化温度也高于 WC，因此合金中加入 TaC 或 NbC 会提高其抗氧化的能力。

TiC 明显扩散温度为 1047℃，因此 WC-TiC-Co 合金与钢产生显著扩散作用的温度为 900～950℃，WC-Co 合金显著扩散温度为 850～900℃。另外，TiC 要比 WC 难分解，所以 WC-TiC-Co 抗扩散磨损的能力比 WC-Co 合金要强。

因 TaC 的扩散温度比 TiC 还要高，因此合金中加入 TaC（NbC），可增强其抗扩散磨损的能力。

2.4.2 硬质合金的种类

1. 国际标准化组织（ISO）规定的硬质合金分类

ISO 513：2012规定将切削用硬质合金按用途分为P、M、K、N、S、H六类，见表2-24。

2. 我国硬质合金的分类

我国GB/T 18376.1—2008规定的切削工具用硬质合金牌号按使用领域的不同分为P、M、K、N、S、H六类，每个类别为满足不同的使用要求，以及根据切削工具用硬质合金材料的耐磨性和韧性的不同，分成若干个组，切削工具用硬质合金各组别基本成分、力学性能和使用领域见表2-25，各类硬质合金的详细用途和作业条件见表2-26。

表2-24 ISO标准的切削用硬质合金分类（ISO 513：2012）

类别号	标识颜色	加工材料	牌号		性能提高方向（切削性能：切削速度↓ 进给量↑；合金性能：耐磨性↑ 韧性↓）	类别号	标识颜色	加工材料	牌号		性能提高方向（切削性能：切削速度↓ 进给量↑；合金性能：耐磨性↑ 韧性↓）
P	蓝色	钢：除奥氏体不锈钢外的各种类别的钢及铸钢	P01 P10 P20 P30 P40 P50	P05 P15 P25 P35 P45		N	绿色	有色金属材料；铝和其他有色金属、非金属材料	N01 N10 N20 N30	N05 N15 N25	
M	黄色	不锈钢：奥氏体不锈钢和奥氏体铁素体不锈钢、铸钢	M01 M10 M20 M30 M40	M05 M15 M25 M35		S	棕色	高温合金和钛：特殊耐热的铁基、镍基、钴基和钛基材料及钛合金	S01 S10 S20 S30	S05 S15 S25	
K	红色	铸铁：灰铸铁、球墨铸铁、可锻铸铁	K01 K10 K20 K30 K40	K05 K15 K25 K35		H	灰色	硬质材料：淬硬钢、淬硬或冷硬铸铁	H01 H10 H20 H30	H05 H15 H25	

表2-25 切削工具用硬质合金各组别基本成分、力学性能和使用领域（GB/T 18376.1—2008）

类别	分组号	基本成分	力学性能 洛氏硬度 HRA，不小于	力学性能 维氏硬度 HV_3，不小于	力学性能 抗弯强度 σ_{bb}/MPa，不小于	使用领域
P	01	以TiC、WC为基，以Co（Ni+Mo、Ni+Co）作粘结剂的合金/涂层合金	92.3	1750	700	长切屑材料的加工，如钢、铸钢、长切屑可锻铸铁等的加工
	10		91.7	1680	1200	
	20		91.0	1600	1400	
	30		90.2	1500	1550	
	40		89.5	1400	1750	
M	01	以WC为基，以Co作粘结剂，添加少量TiC（TaC、NbC）的合金/涂层合金	92.3	1730	1200	通用合金，用于不锈钢、铸钢、锰钢、可锻铸铁、合金钢、合金铸铁等的加工
	10		91.0	1600	1350	
	20		90.2	1500	1500	
	30		89.9	1450	1650	
	40		88.9	1300	1800	
K	01	以WC为基，以Co作粘结剂，或添加少量TaC、NbC的合金/涂层合金	92.3	1750	1350	短切屑材料的加工，如铸铁、冷硬铸件、短切屑可锻铸铁、灰铸铁等的加工
	10		91.7	1680	1460	
	20		91.0	1600	1550	
	30		89.5	1400	1650	
	40		88.5	1250	1800	
N	01	以WC为基，以Co作粘结剂，或添加少量TaC、NbC或CrC的合金/涂层合金	92.3	1750	1450	有色金属材料、非金属材料的加工，如铝、镁、塑料、木材等的加工
	10		91.7	1680	1560	
	20		91.0	1600	1650	
	30		90.0	1450	1700	
S	01	以WC为基，以Co作粘结剂，或添加少量TaC、NbC或TiC的合金/涂层合金	92.3	1730	1500	耐热和优质合金材料的加工，如耐热钢，含镍、钴、钛的各类合金材料的加工
	10		91.5	1650	1580	
	20		91.0	1600	1650	
	30		90.5	1550	1750	

（续）

组别		基 本 成 分	力 学 性 能			使 用 领 域
类别	分组号		洛氏硬度 HRA，不小于	维氏硬度 HV_3，不小于	抗弯强度 σ_{bb}/MPa，不小于	
H	01	以 WC 为基，以 Co 作粘结剂，或添加少量 TaC、NbC 或 TiC 的合金/涂层合金	92.3	1730	1000	硬切削材料的加工，如淬硬钢、冷硬铸铁等材料的加工
	10		91.7	1680	1300	
	20		91.0	1600	1650	
	30		90.5	1520	1500	

注：1. 洛氏硬度和维氏硬度中任选一项。
  2. 以上数据为非涂层硬质合金要求，涂层产品可按对应的维氏硬度下降 30~50。

表 2-26 切削加工用硬质合金的详细用途和作业条件（GB/T 18376.1—2008）

组别	作 业 条 件		性能提高方向	
	被加工材料	适应的加工条件	切削性能	合金性能
P01	钢、铸钢	高切削速度、小切屑截面、无振动条件下精车、精镗	切削速度↑ 进给量↓	耐磨性↑ 韧性↓
P10	钢、铸钢	高切削速度、中、小切屑截面条件下的车削、仿形车削、车螺纹和铣削		
P20	钢、铸钢、长切屑可锻铸铁	中等切削速度、中等切屑截面条件下的车削，仿形车削和铣削，小切屑截面的刨削		
P30	钢、铸钢、长切屑可锻铸铁	中或低等切削速度、中等或大切屑截面条件下的车削、铣削、刨削和不利条件下[①]的加工		
P40	钢、含砂眼和气孔的铸钢件	低切削速度、大切削角、大切屑截面以及不利条件下[①]的车、刨削、切槽和自动机床上加工		
M01	不锈钢、铁素体钢、铸钢	高切削速度、小载荷、无振动条件下精车、精镗	切削速度↑ 进给量↓	耐磨性↑ 韧性↓
M10	不锈钢、铸钢、锰钢、合金钢、合金铸铁、可锻铸铁	中和高等切削速度，中、小切屑截面条件下的车削		
M20	不锈钢、铸钢、锰钢、合金钢、合金铸铁、可锻铸铁	中等切削速度、中等切屑截面条件下车削、铣削		
M30	不锈钢、铸钢、锰钢、合金钢、合金铸铁、可锻铸铁	中和高等切削速度、中等或大切屑截面条件下的车削、铣削、刨削		
M40	不锈钢、铸钢、锰钢、合金钢、合金铸铁、可锻铸铁	车削、切断、强力铣削加工		
K01	铸铁、冷硬铸铁、短切屑可锻铸铁	车削、精车、铣削、镗削、刮削	切削速度↑ 进给量↓	耐磨性↑ 韧性↓
K10	硬度高于 200HBW 的铸铁、短切屑的可锻铸铁	车削、铣削、镗削、刮削、拉削		
K20	硬度低于 220HBW 的灰铸铁、短切屑的可锻铸铁	用于中等切削速度下、轻载荷粗加工、半精加工的车削、铣削、镗削等		
K30	铸铁、短切屑的可锻铸铁	用于在不利条件下[①]可能采用大切削角的车削、铣削、刨削、切槽加工，对刀片的韧性有一定的要求		
K40	铸铁、短切屑的可锻铸铁	用于在不利条件下[①]的粗加工，采用较低的切削速度，大的进给量		
N01	有色金属材料、塑料、木材、玻璃	高切削速度下，有色金属材料铝、铜、镁和非金属材料塑料、木材等的精加工	切削速度↑ 进给量↓	耐磨性↑ 韧性↓
N10		较高切削速度下，有色金属材料铝、铜、镁和非金属材料塑料、木材等的精加工或半精加工		

（续）

组别	作业条件		性能提高方向	
	被加工材料	适应的加工条件	切削性能	合金性能
N20	有色金属材料、塑料	中等切削速度下,有色金属材料铝、铜、镁和塑料等的半精加工或粗加工	切削速度↑ 进给量↓	耐磨性↑ 韧性↓
N30		中等切削速度下,有色金属材料铝、铜、镁和塑料等的粗加工		
S01	耐热和优质合金:含镍、钴、钛的各类合金材料	中等切削速度下,耐热钢和钛合金的精加工	切削速度↑ 进给量↓	耐磨性↑ 韧性↓
S10		低切削速度下,耐热钢和钛合金的半精加工或粗加工		
S20		较低切削速度下,耐热钢和钛合金的半精加工或精加工		
S30		较低切削速度下,耐热钢和钛合金的断续切削,适于半精加工或粗加工		
H01	淬硬钢、冷硬铸铁	低切削速度下,淬硬钢、冷硬铸铁的连续轻载精加工	切削速度↑ 进给量↓	耐磨性↑ 韧性↓
H10		低切削速度下,淬硬钢、冷硬铸铁的连续轻载精加工、半精加工		
H20		较低切削速度下,淬硬钢、冷硬铸铁的连续轻载半精加工、粗加工		
H30		较低切削速度下,淬硬钢、冷硬铸铁的半精加工、粗加工		

① 不利条件是指原材料或铸造、锻造的零件表面硬度不匀,加工时的切削深度不匀,间断切削以及振动等情况。

我国常用硬质合金有三类:

1) 钨钴类 (WC-Co) 硬质合金,代号为 YG。这类硬质合金的硬质相为 WC,粘结相是 Co,此类硬质合金代号后面的数字代表 Co 的质量分数。

2) 钨钛钴类 (WC-TiC-Co) 硬质合金,代号为 YT。这类硬质合金的硬质相除 WC 外,还加上 TiC,粘结相也是 Co,此类硬质合金代号后面的数字代表 TiC 的质量分数。

3) 钨钛钽 (铌) 钴类 [WC-TiC-TaC (NbC)-Co] 硬质合金,代号为 YW。

以上三类硬质合金为 WC 基硬质合金,即主要成分是 WC。我国常用硬质合金的牌号、化学成分和主要性能见表 2-27。

另外,还有 Ti (C,N) 基与 TiC 基硬质合金 (也称为金属陶瓷),其以 Ti (C,N) 或 TiC 为主要硬质相,以镍和钼为粘结相的硬质合金 (常以代号 YN 表示)。与 WC 基合金相比,TiC 基合金的密度小,硬度较高,对钢的摩擦因数较小,切削时抗粘接磨损与抗扩散磨损的能力较强,具有更好的耐磨性,但是韧性与抗塑性变形的能力稍弱; Ti (C,N) 基合金的韧性、抗塑性变形能力高于 TiC 基合金。此外还有钢结硬质合金,代号为 YE,硬质相仍为 WC 和 TiC,但是粘结相为钢。

除此之外还有细晶粒和超细晶粒硬质合金,硬质合金的晶粒细化后,硬质相尺寸变小,粘结相更均匀地分布在硬质相周围,可以提高硬质合金的硬度和耐磨性,细晶粒合金平均晶粒尺寸为 $1 \sim 2 \mu m$,亚微细晶粒合金为 $0.5 \sim 1 \mu m$,超细晶粒合金在 $0.5 \mu m$ 以下。近年来,表面涂层硬质合金、添加稀土元素硬质合金也已经在生产中起到了巨大的作用。

在常用硬质合金中,通过添加少量 (质量分数为 0.5% ~ 3%) 的碳化物,如 TaC、NbC、Cr_3C_2、VC、TiC、HfC 等,可明显提高硬质合金的硬度和耐磨性而不降低其韧性。另外,还可改进合金的高温性能,增强抗粘接和扩散磨损的能力。表 2-28 列出了这些合金的化学成分及物理力学性能。

在常用硬质合金中,还有一类钢结硬质合金,是以钢为粘结相,以难熔、高硬度金属碳化物 (或氮化物,硼化物) 作硬质相的复合材料。它是利用粉末冶金方法使高硬、耐磨的微细硬质相颗粒均匀分布于钢基体中制得的,其中钢基体提供合金足够的强度、韧性及其他一些特殊的性能 (如耐腐蚀、耐高温等),硬质相则赋予合金较高的硬度和耐磨性。钢结硬质合金的硬质相大多为 TiC 或 WC,粘结相则视不同的使用要求,分别选用铬钼镍钢、高速工具钢、不锈钢、高锰钢、马氏体时效钢等作为钢基体。钢结硬质合金综合了钢与硬质合金的性能,既具有钢的韧性和加工性,又具有接近硬质合金的强度和耐磨性,钢结硬质合金的物理力学性能和加工性能介于工具钢与硬质合金之间,可用于制作模具、工具和耐磨机械零件,适合于用工具钢耐磨性不够、用硬质合金又韧性不足及难加工成形的场合。国产主要牌号钢结硬质合金的成分组织、性能及应用见表 2-29,国外部分牌号钢结硬质合金的成分组成及力学性能见表 2-30。

表 2-27　我国常用硬质合金的牌号、化学成分和主要性能

类别	合金牌号	WC	TiC	TaC(NbC)	Co	其他	密度/(g/cm³)	热导率/[W/(m·K)]	线膨胀系数/(10^{-6}/℃)	硬度 HRA	抗弯强度/MPa	抗压强度/MPa	弹性模量/GPa	冲击韧度/(J/cm³)	相当的 ISO 牌号
钨钴类	YG3X	96.5	—	<0.5	3	—	15.0~15.3	—	4.1	91.5	1100	5400~5630	—	—	K01
	YG3	97	—	—	3	—	15.0~15.3	87.9	—	91	1200	—	680~690	—	K01
	YG4C	96	—	—	4	—	14.9~15.2	—	—	89.5	1450	—	—	—	K15
	YG6X	93.5	—	<0.5	6	—	14.6~15.0	79.6	4.4	91	1400	4700~5100	—	—	K10
	YG6A	92	—	2.0	6	—	14.7~15.1	—	—	91.5	1400	—	—	—	K20
	YG6	94	—	—	6	—	14.6~15.0	79.6	4.5	89.5	1450	4600	630~640	2.6	K20
	YG8A	91	—	<1.0	8	—	14.5~14.9	—	—	89.5	1500	—	—	—	K30
	YG8C	92	—	—	8	—	14.5~14.9	75.4	4.8	88	1750	3900	—	3.0	K30
	YG8	92	—	—	8	—	14.5~14.9	75.4	4.5	89	1500	4470	600~610	2.5	K30
	YG8N	91	—	2.2	8	—	14.5~14.9	—	—	89.5	1500	—	—	—	K20 K30
	YG10C	90	—	—	10	—	14.3~14.6	—	—	86	2300	—	—	—	—
	YG10H	90	—	—	10	—	14.3~14.6	—	—	91.5	2200	—	—	—	—
	YG11C	89	—	—	11	—	14.0~14.4	—	—	86.5	2100	—	—	3.8	K40
	YG15	85	—	—	15	—	13.9~14.2	—	—	87	2100	—	—	4	—
	YG20C	80	—	—	20	—	13.4~13.7	—	—	82	2200	—	—	—	—
	YG20	80	—	—	20	—	13.4~13.7	—	—	85.5	2600	—	—	4.8	—
	YG25	75	—	—	25	—	12.9~13.2	—	—	84.5	2700	—	—	5.5	—
钨钛钴类	YT5	85	5	—	10	—	12.5~13.2	62.8	6.06	89.5	1400	4600	590~600	0.7	P30
	YT14	78	14	—	8	—	11.2~12.0	33.5	6.21	90.5	1200	4200	—	—	P20
	YT15	79	15	—	6	—	11.0~12.7	33.5	6.51	91	1150	3900	520~530	—	P10
	YT05	余量	10~12	10~12	6~8	—	12.5~12.9	—	—	92.5	1200	—	—	—	P01
	YT30	66	30	—	4	—	9.35~9.7	20.9	7.0	92.5	900	—	400~410	0.3	—
通用合金类	YW1	84~85	6	3~4	6	—	12.6~13.5	—	—	91.5	1200	—	—	—	M10
	YW2	82~83	6	3~4	8	—	12.4~13.5	—	—	90.5	1350	—	—	—	M20
	YW3	余量	14~16	14~16	6~8	—	12.7~13.3	—	—	92	1400	—	—	—	M10
	YW4	余量	7.2~8.4	6.2~7.2	6~7	—	12.1~12.5	—	—	92	1300	—	—	—	—
	YH1	89~91	1~2	3~4	6~7	—	14.2~14.4	—	—	93	1800	—	—	—	—
	YH2	86~88	3~4	3~4	6~7	—	13.9~14.1	—	—	93.3	1700	—	—	—	—
碳化钛基类	YN05	—	79	—	—	Ni7Mo14	5.56	—	—	93.3	950	—	—	—	—
	YN10	15	62	1	—	Ni12Mo10	6.3	—	—	92	1100	—	—	—	—
钢结类	R5	—	30~40	—	—	—	6.35~6.45	—	—	86.5	1200~1400	—	—	3	—
	R8	—	30~40	—	—	—	6.15~6.35	—	—	82.5~88	1000~1200	—	—	1.5	—
	T1	—	25~40	—	—	—	6.60~6.80	—	—	86	1300~1500	—	—	4	—
	D1	—	25~40	—	—	—	6.90~7.10	—	—	85.5~86.5	1400~1600	—	—	—	—
	GT35	—	35	—	—	—	6.40~6.60	—	—	35~42HRC 退火	1400~1600	—	—	6	—
	ST60	50	50~70	—	—	—	5.7~5.9	—	—	68~72 淬火	1400~1600	—	—	3.3	—
	YE50	50	Ni 0.3	Cr 1.1	Mo 0.3	C 0.6Fe 余量	10.3~10.6	—	—	39~46 退火	2700~2900	—	—	—	—
	YE65	—	TiC 35	Cr 2	Mo 2	C 0.6Fe 余量	6.4~6.6	—	—	69~73 淬火	1300~2300	—	—	—	—

注：表内数据来自不同数据，有的硬质合金生产厂家公布的数据大于这些数据。

表 2-28　部分国产牌号硬质合金的化学成分及物理力学性能

牌号	化学成分(质量分数)(%)					物理力学性能			相当的 ISO 牌号	生产工厂或研究单位
	WC	TiC	TaC (NbC)	Co	其余	密度 /(g/cm³)	硬度 HRA	抗弯强度 /GPa		
YT05	其余	10~12		6~8	—	12.5~12.9	92.5	1.1	P05	株洲硬质合金厂
YW3	其余	14~16		6~8	—	12.7~13.3	92	1.3	M10、M20	
YW10 (YW4)	其余	7.2~8.4	6.2~7.2	6~7	—	12.0~12.5	92	1.25	P10、M10	
YS2 (YG10HT)	88	—	2	10	Cr₃C₂0.5	14.4~14.6	91.5	2.2	K30、M30	
YS25 (YTS25)	其余	15~18		8~9	—	12.8~13.2	90.5	1.65	P20、P40	
YS30 (YTM30)	66~68	9	14	9~11	—	12.45	91	1.8	P25、P30	
YD05 (YC09)	—	—	—	—	—	14.8~15.0	93.5	1.3	K01	
YD10 (YG1101)	89.5~90.5	—	6.2~7.5		3	14.6~14.9	92	1.6	K10	
YD15 (YGRM)	90	—	4	6	Cr₃C₂0.5	14.9~15.15	91	1.9	K10、M10	
YM051 (YH1)	89~91	1~2	3~4	6~7	—	14.2~14.5	92.5	1.65	K10	
YM052 (YH2)	86~88	3~4	3~4	6~7	—	13.9~14.2	92.5	1.60	K05、K10	
YM053 (YH3)	其余	8		6		13.9~14.2	92.5	1.60	K05、K10	
YC35 (YT35)	—	—	—	—	—	12.3	90.5	1.85	P25、P35	
YC45 (YT50)	其余	3~5	有	11~13	—	12.5~12.9	90	2.1	P40、P50	
YDS15 (YGM)	—	—	—	—	—	12.8~13.1	92	1.7	K10、K20	
B60	85	9		6	—	12.5	92.5	1.4	K01	
YG8W (W4)	88			8	W4	14.7	92	2.0	K25	
YC10	—	—	—	—	—	10.3	1550HV	1650	P10	
YC20.1	—	—	—	—	—	11.7	1500HV	1750	P20	
YC25S	—	—	—	—	—	11.3~11.6	530~1700HV	1600	P25	
YC30	—	—	—	—	—	11.4	1480HV	1850	P30	
YC40	—	—	—	—	—	13.1	1400HV	2200	P40	
YC50	—	—	—	—	—	14.1~14.4	150~1300HV	1960	P45	
YD10.1	—	—	—	—	—	14.9	1750HV	1700	K05~K10	
YD10.2	—	—	—	—	—	12.9	1850HV	1700	K01~K20	
YD20	—	—	—	—	—	14.8	1500HV	1900	K20~K25	
YL10.1	—	—	—	—	—	14.9	1550HV	1900	K15~K25	
YL10.2	—	—	—	—	—	14.5	1600HV	2200	K25~K35	
YL05.1	—	—	—	—	—	14.7~15	1400HV	1450	K05~K15	
SD15	—	—	—	—	—	12.9	1680HV	1600	K15~K25	
SC25	—	—	—	—	—	11.4	1550HV	1550	P15~P40	
SC30	—	—	—	—	—	12.9	1530HV	1530	K20~K40	
YG643 643M	86.5	4	3	6	Cr₃C₂0.5	13.6~14.1	92.5	1.5	K05~K10/M10	自贡硬质合金厂
YT726	88.5	2	3	6	Cr₃C₂0.5	13.6~14.5	92	1.4	K05~K10/M20	
YG640	83.5	2	3	11	Cr₃C₂0.5	13.0~13.5	90.5	1.8	K30~K40/M40	
YG610	88.5	2	4	5	Cr₃C₂0.5	14.5~14.9	93	1.2	K01~K10	
YG600	89.5~90.5	1~2	4	4	—	14.6~15.1	93.5	1.0	K01~K05	
YT540	其余	9~11		9.5~10.5		12.6	89.5	1.9	P40	
YT535	其余	4~8	4	8.0~10.0		12.7	90.5	1.8	P25~P35	
YG546	其余	2~3		7.5~8.5		14.3	89.5	2.1	K30~K40	
YG532	—	—	—	6~8		13.8~14.2	91	1.8(180)	K10~K20/M20	
YT715	74	15	4	7		11.0~12.0	91.5	1.2	P10~P20	
YT707	78.5	10	4	7	Cr₃C₂0.5	11.8~12.5	92	1.45	P10/M10	

（续）

牌号	化学成分(质量分数)(%)					物理力学性能			相当的 ISO 牌号	生产工厂或研究单位
	WC	TiC	TaC (NbC)	Co	其余	密度 /(g/cm³)	硬度 HRA	抗弯强度 /GPa		
YT798	79	9	4	8	—	11.8~12.5	91	1.5	P20~P25/M20	自贡硬质合金厂
YT712	77	12	4	7	—	11.5~12.0	91.5	1.3	P10~P20/M10	
YT758	82.5	5	4	8	$Cr_3C_2 0.5$	13.1~13.5	92	1.6	P10~P20/M20	
YT767	82.5	6	4	7	$Cr_3C_2 0.5$	13.0~13.5	92	1.5	M10~M20	
YG813	88	1	3	8	—	14.05~14.1	91	1.6	K10~K20/M20	
ZP10	—	—	—	—	—	11.95	92	1.55	P10~P15	
ZP10-1	—	—	—	—	—	11.17	92	1.65	P10~P15	
ZP20	—	—	—	—	—	11.47	91.5	1.60	P15~P20	
ZP30	—	—	—	—	—	11.26	91	1.85	P20~P35	
ZP35	—	—	—	—	—	12.72	90.9	2.10	P30~P40	
ZK10	—	—	—	—	—	14.92	91.4	1.70	K05~K15	
ZK10-1	—	—	—	—	—	14.87	91.5	1.50	K05~K15	
ZK20	—	—	—	—	—	14.95	90.5	1.80	K10~K20	
ZK30	—	—	—	—	—	14.8	90	2.00	K20~K30	
ZK40	—	—	—	—	—	14.65	89	2.20	K30~K40	
ZM10-1	—	—	—	—	—	13.21	91.5	1.50	M10~M15	
ZM15	—	—	—	—	—	13.8	91	1.80	M10~M20	
ZM30	—	—	—	—	—	13.56	90.5	2.00	M25~M30	
YD25	80.5	6	4	9.5	—	12.5~13.1	90	1.4(140)	P25	黑龙江北方工具有限公司
YD15	76	12	4	8	—	11.3~12.1	90.5	1.25(125)	P20	
YD10	75	15	4	6	—	11.1~11.5	91.5	1.15(115)	P10	
YD05	70	20	4	6	—	10.3~10.7	92	1.00(100)	P05	
YD05F	—	—	—	—	—	10.2~10.7	93	0.90(90)	P01~P05	
YD03	64	25	5	6	—	9.6~10.0	93	0.90(90)	P01	
YTN	82.4	7	2.8	6	1.8	12.2~12.8	92.5	1.25(125)	M05~M10	
YTT	82.4	7	2.8	6	1.8	12.5~13.0	92.5	1.25(125)	M05~M10	
YW15	83	7	4	6	—	12.7~12.9	92	1.3(130)	M15	
3#	95	—	2	3	—	14.9~15.3	90	1.0(100)	K01~K10/M10	上海硬质合金厂
1#	89	—	2	9	—	14.3~14.7	91	1.6(160)	K10~K20/ K10~K20	
T40	68	25~26	4~5	8	—	9.0~9.5	92.5	0.9(90)	P01	
T20	74	17	3	6	—	10.5~11.1	92	1.1(110)	P10/M10	
M2	78	6	6	10	—	12.4~13.0	92	1.7(170)	P20/M20	
M3	76	6	6	12	—	12.2~12.8	89.5	1.9(190)	P20~P30	
材 06	92	—	2	6	$Cr_3C_2 0.47$	14.8	93	1.6(160)	K01~K10	上海材料研究所
材 08	90	—	2	8	$Cr_3C_2 0.46$	14.6	92.5	1.8(180)	K10~K20	
材 10	88	—	2	10	$Cr_3C_2 0.45$	14.4	91.8	2.0(200)	K20~K40	
材 13	85	—	2	13	$Cr_3C_2 0.43$	14.1	91	2.3(230)	—	
材 20	77	6.85	6.15	10	$Cr_3C_2 0.5$	12.6~12.7	91~92	1.5~1.7 (150~170)	—	
材 21	75	7.90	7.10	10	$Cr_3C_2 0.5$	12.3~12.4	91~92	1.5	—	
材 22	75	7.40	7.60	10	$Cr_3C_2 0.5$	12.4~12.5	91.5~92	1.5~1.6	—	
材 23	78.6	6.60	6.80	8	$Cr_3C_2 0.5$	12.7~12.8	92~92.5	1.3~1.4	—	
材 24	72	8.84	9.16	10	$Cr_3C_2 0.5$	12.25~12.30	92	1.4~1.6	—	
H6	81.5	5	5	8	$Cr_3C_2 0.5$	12.76	92.5	1.5	M20 P20~P30	钢铁研究总院
H11	87.5	1	1	10	$Cr_3C_2 0.5 W4$	14.70	91.9	1.85	K30	
H19	88	—	1.5	10	$Cr_3C_2 0.5 W4$	14.31	92	1.75	K20~K30	
H36	70	20	4	6	—	—	93	1.2	P10	
H12S2	76~82	4~6	—	10~12	W4~5	12.5	91~91.5	1.4~1.8	M20	
MH2	70	21.5		8	$Cr_3C_2 0.5$	12.1	92	1.5	P20~P25	
Y105	—	—	—	—	—	—	92.5	1.2	P05~P10	陕西硬质合金工具厂
Y130	—	—	—	—	—	—	90	1.8	P30	
Y220	—	—	—	—	—	—	92	1.6	M20	
Y310	—	—	—	—	—	—	92	1.25	K10	
Y320	—	—	—	—	—	—	90.5	1.80	K20	
Y330	—	—	—	—	—	—	90.5	2.00	K30	

表 2-29 国产主要牌号钢结硬质合金的成分组织、性能及应用

基体类别	合金牌号	硬质相 种类	硬质相 含量	成分（质量分数）(%) 钢基体 C	Cr	Mo	Ni	Fe	密度 g/cm³	硬度 HRC 退火态	硬度 HRC 使用态	力学性能 抗弯强度 GPa	冲击韧度 J/cm²	弹性模量 GPa	抗压强度 MPa	适用范围及应用示例
铬钼镍钢	GT35	TiC	35	0.8	3	3	—	余	6.4~6.6	39~46	68~71	1.3~2.3	5~8	306	—	冷作模具（冷镦、冷挤、冷拔、拉伸等）、裁、剪切、成形模），镗杆、轧辊、夹具、量具、刃具、导辊、喷嘴、粉末压制模、轴承、凸轮、阀座、无心车床进给杆和撑杆、转动密封件、动压气体轴承及耐磨机械零件等
	TML2	TiC	35	0.5~0.8	1.0~1.5	1.0~1.5	0.3~0.5	0.03~0.12①	6.45~6.55	43~45	71~72	2.1~2.5	8~10	—	—	
	TM6	TiC	25	—	4	4	1	1②	6.6~6.8	38~42	≥65	2.0~2.2	8~10	—	—	
	GJW50	WC	50	0.25	0.5	0.25	—	余	10.2~10.3	34~40	65~68	≥2.1	8~12	—	—	
	GW50	WC	50	0.6	2	2	—	余	10.2~10.4	38~42	66~69	1.8~2.1	8~12	—	—	
	TLMW50	WC	50	0.8~1.0	1.25	1.25	—	余	10.2~10.37	35~40	66~68	≥2.0	≥18	—	—	
	WC50CrMo	WC	50	0.4~0.45	0.625	0.625	—	余	≥10.3	34~41	67~70	2.2	—	—	—	
	M14	WC	45	0.3~0.5	0.5	0.5	0.5	余	10.0~10.1	28~30	65~68	2.3~2.7	15~19	—	—	
	M15	WC	30	0.3~0.5	0.5	0.5	0.5	余	9.0~9.1	26~27	63~65	2.2~2.5	20~25	—	—	
	GW30	WC	30	0.4	1	1	2	余	≥9.0	32~36	61~64	2.5~3.0	15~20	—	—	
	DT	WC	—	热模具钢					9.7~9.9	32~38	61~63	2.5~3.6	18~25	280	≥2850	较大载荷下使用的工模具，耐磨零件，热作模具（热成形模、热锻具、热轧工作辊、热锻模、热挤模、热金属粉末压制模）
	GW40R	WC	40	0.3	3	4	1	余	≥9.6	37~41	58~62	1.8~2.2	8~12	—	—	
	BR40	WCTiC	38	热模具钢					9.5~9.7	38~43	60~66	1.7~1.78	5~8	—	—	
高速工具钢	T1	TiC	35	高速工具钢					6.6~6.8	44~48	68~72	1.3~1.5	3~5	308	—	刀具、异形刃具（切削有色金属材料及其合金、铸铁、耐热合金、不锈钢等）
	D1	TiC	30	6542高速工具钢					6.9~7.1	40~48	69~73	1.4~1.6	—	—	—	
不锈钢	ST60	TiC	60	不锈钢					5.7~5.9	③	70	1.4~1.6	≥3	—	—	热挤压模，磁场中工作的零件部件，高温耐磨零件，耐腐蚀、耐磨气阀、针耐腐蚀机械零件
	R8	TiC	40	不锈钢					6.15~6.35	≤45	62~66	1.0~1.2	≥1.5	—	—	
	R5	TiC	40	高铬马氏体不锈钢					6.35~6.45	44~48	70~73	1.2~1.4	≥3	321	—	
高锰钢	GA5	WC	—	高锰钢					12.5~13.5	—	67~71	2.5~3.0	6.86~10.8	552	≥4100	采煤机截齿、凿岩钻头、抗冲击耐磨零件

① 这是稀土元素的含量，余量为Fe。
② 这是Cu的含量，余量为Fe。
③ 该牌号无热处理效应。

表 2-30　国外部分牌号钢结硬质合金的成分组成及力学性能

牌号代号①	硬质相 种类	硬质相 含量②	C	Cr	Mo	Ni	Co	Ti	Mn	Fe	密度 g/cm³	硬度HRA 退火态	硬度HRA 淬火态	抗弯强度 MPa	弹性模量 GPa	冲击韧度 J/cm²	热膨胀系数 10⁻⁶/℃(20~90℃)	抗热震性淬火 火循环	最高工作温度 ℃
A	TiC	45	0.6	3	3	—	—	—	—	余	6.59	70	86.5	2068	303	5.55	6.39	4	205
B	TiC	45	0.85	10	3	—	—	—	—	余	6.45	73	86	2137	303	4.2	6.22	1	540
C	TiC	40	0.4	5	4	0.5	—	—	—	余	6.78	69	84	2068	268	8.7	8.82	15	540
D	TiC	45	0.75	17.5	0.5	—	—	—	—	余	6.45	76	85.5	1724	303	4.38	5.54	2	430
E	TiC	55	—	—	2.5	10.5	5	0.5	—	余	6.33	80	85.5	2758	317	—	5.67	—	455
F	TiC	45	—	13	2	8	—	Al1.0	—	余	6.53	75.5	82.5	1931	289	—	7.74	—	455
G	WC	70	—	2	4.7	11	—	—	—	余	—	—	85.3	2880	—	—	—	—	—
H	WC	70	0.5	0.6	1.4	4.8	3	—	—	余	—	—	87	3450	—	—	—	—	—
I	WC	51	1.5	—	—	11	—	—	—	余	—	—	86	3780	—	—	—	—	—
J	WC	75	—	—	—	—	—	—	9.1	余	12.7	—	88.2	3700	—	—	—	—	—
K	③	65	0.9	—	—	—	—	—	9.1	余	11.7	—	86.5	3030	—	—	—	—	—
L	TiN	—	高速工具钢								7.4	—	66HRC	2700	—	—	—	—	—
M	Mo₂FeB₂	70	30%钢(Fe+Cr+Ni)								8.2	—	88~90	1900~2200	—	—	—	—	—
N	WC	85	15%不锈钢								13.1	—	1100/(kg/mm²)	1988±35	—	—	—	—	—
O	WC	85	15%钢(60%Fe+30%NiMoB+10%Co)								12.3	—	1100/(kg/mm²)	2034±51	—	—	—	—	—
P	WC	80	20%钢(65%Fe+20%Co+15%Ni)								13.13	—	1190HV10	3650±200	—	—	—	—	—

① A~I 为美国产品,其中 A 的钢基体为中合金钢,B 为高铬工具钢,C 为热作工具钢,D 为马氏体不锈钢,E 为沉淀硬化马氏体不锈钢,F 为沉淀硬化马氏体不锈钢,J~M 为日本产品,其中 J、K 为高锰钢,N、O 为英国产品,P 为德国产品。

② A~I 为体积分数,J~P 为质量分数。

③ 该牌号的硬质相组成为:45.5WC+4.5TiC+15TaC。

钢结硬质合金的基本应用范围取决于黏结相的成分及含量。在选材时应遵循以下原则：

1）用于一般冷作模具或耐磨机械零件，应选用中低合金铬钼镍钢基钢结硬质合金。大部分牌号的钢结合金都属于此类。这类合金具有优良的综合力学性能，可锻造、热处理，机加工性优良。硬质相有 WC 和 TiC 两种，因 WC 比 TiC 对铁族元素的亲和力要大，润湿角要小，高温溶解度要大，体现在产品上则为 WC 基钢结合金比 TiC 基的强度高，韧性好，锻造性更优；但因 TiC 比 WC 硬度高，故 TiC 基钢结合金的耐磨性更好，不过也使得机加工更为困难。TiC 基钢结硬质合金在严重磨损的滑动摩擦应用中，可表现出良好的性能，这是由于异常硬的、极细的、圆形碳化钛颗粒轻微地凸出暴露于表面和 TiC 的自润滑性所致。

2）用于热作模具，则应选用中高合金铬钼镍钢基钢结硬质合金。这类合金的粘结相是热模钢或类似于热模钢，具有热模钢优异的高温性能，同时强度和硬度更高。可进行锻造和热处理。也可选择不锈钢基钢结硬质合金用作热作模具，该类合金具有比前者更好的高温抗氧化性和一定的高温强度和高温硬度，可用于热挤模。

3）用于切削刀具，则应选用高速工具钢基钢结硬质合金。这类合金主要用于制作异型刀具。该类刀具若选硬质合金则因成形困难难以生产或加工困难成本很高，若选高速工具钢则寿命太低。选用钢结合金后，它比硬质合金易于加工，比高速工具钢的寿命高出数倍甚至数十倍，是一种较理想的刀具材料。为提高合金硬度，这类合金的硬质相只选 TiC（国外有选 WC 的）。与前两类钢结合金相比，其机加工性和锻造性较差，但强度、硬度更度。可进行热处理。

4）用于冲击负荷的工作场合，则可选用高锰钢基钢结硬质合金。这类合金的黏结相为高锰钢，具有高锰钢的高强度和加工硬化现象，机加工性差，难以锻造，适用于凿岩钻头等高冲击负荷工况条件。

5）用于某些特殊场合，如要求耐腐蚀、耐高温或无磁性等，则应选用奥氏体不锈钢基钢结硬质合金。这类合金的硬质相只选 TiC（因 TiC 比 WC 耐蚀性和高温性更好），一般不具有热处理效应，但若钢基为沉淀硬化马氏体不锈钢，则可进行时效处理。

2.4.3 硬质合金的选用

由上述硬质合金的性能特点可见，不同牌号的硬质合金的性能是不同的，因而其应用范围也是不同的，常用硬质合金的性能和使用范围见表 2-31。

表 2-31 常用硬质合金的性能和使用范围

牌号	使 用 性 能	使 用 范 围
YG3（K01）	属中晶粒合金，在 YG 类合金中，耐磨性仅次于 YG3X、YG6A，能使用较高的切削速度，对冲击和振动比较敏感	适于铸铁、有色金属及其合金、非金属材料（橡皮、纤维、塑料、板岩、玻璃、石墨电极等）连续切削时的精车、半精车和车螺纹等
YG3X（K01）	属细晶粒合金，是 YG 类合金中耐磨性最好的一种，但冲击韧度较差	适于铸铁、有色金属材料及其合金的精车、精镗等，也可用于合金钢、淬硬钢及钨、钼材料的精加工
YG6（K10）	属中晶粒合金，耐磨性较高，但低于 YG6X、YG3X 及 YG3，可使用较 YG8 高的切削速度	适于铸铁、有色金属材料及其合金、非金属材料连续切削时的粗车，间断切削时的半精车、精车，小断面精车，粗车螺纹，旋风车螺纹，连续断面的半精铣与精铣，孔的粗扩和精扩
YG6X（K10）	属细晶粒合金，其耐磨性较 YG6 高，而强度接近 YG6	适于冷硬铸铁、合金铸铁、耐热钢及合金钢的加工，也适于普通铸铁的精加工，并可用于制造仪器仪表工业用的小型刀具和小模数滚刀
YG8（K20）	属中晶粒合金，强度较高，抗冲击和抗振动性能较 YG6 好，耐磨性和允许的切削速度较低	适于铸铁、有色金属材料及其合金、非金属材料加工中不平整断面和间断切削时的粗车、粗刨、粗铣，一般孔和深孔的钻孔、扩孔
YG8C	属粗晶粒合金，强度较高，接近于 YG11	适于重载切削下的车刀、刨刀等
YG6A（YA6）（K10）	属细晶粒合金，耐磨性和强度与 YG6X 相似	适于硬铸铁、灰铸铁、球墨铸铁、有色金属材料及其合金、耐热合金钢的半精加工，也可用于高锰钢、淬硬钢及合金钢的半精加工和精加工
YG8N	属中晶粒合金，其抗弯强度与 YG8 相同，而硬度和 YG6 相同，高温切削时热稳定性较好	适于硬铸铁、灰铸铁、球墨铸铁、白口铁及有色金属材料的粗加工，也适于不锈钢的粗加工和半精加工
YT5（P30）	在 YT 类合金中，强度最高，抗冲击和抗振动性能最好，不易崩刃，但耐磨性较差	适于碳钢及合金钢，包括钢锻件、冲压件及铸件的表皮加工，以及不平整断面和间断切削时的粗车、粗刨、半精刨、不连续面的粗铣、钻孔等
YT14（P20）	使用强度高，抗冲击性能和抗振动性能好，但较 YT5 稍差，耐磨性和允许的切削速度较 YT5 高	适于在碳钢和合金钢加工中，不平整断面和连续切削时的粗车，间断切削时的半精车和精车，连续面的粗铣，铸孔的扩钻和粗扩
YT15（P15）	耐磨性优于 YT14，但抗冲击韧度较 YT14 差	适于碳钢与合金钢加工中，连续切削时的粗车、半精车及精车，间断切削时的小断面精车，旋风车螺纹，连续面的半精铣与精铣，孔的粗扩与精扩
YT30（P01）	耐磨性及允许的切削速度较 YT15 高，但强度及冲击韧度较差，焊接及刃磨时极易产生裂纹	适于碳钢及合金钢的精加工，如小断面精车、精镗、精扩等
YW1（M10）	热稳定性较好，能承受一定的冲击载荷，通用性较好	适于耐热钢、高锰钢、不锈钢等难加工钢材的精加工，也适于一般钢材和铸铁及有色金属材料的精加工
YW2（M20）	耐磨性稍次于 YW1 合金，但强度较高，能承受较大的冲击载荷	适于耐热钢、高锰钢、不锈钢及高级合金钢等难加工钢材的精加工、半精加工，也适于一般钢材和铸铁及有色金属材料的加工

当在常用硬质合金的基础上，加入少量 TaC、NbC、VC、Cr_3C_2 等合金，将会改善硬质合金的性能，因而其使用范围更广泛（见表 2-32）。

切削不同难加工材料时，硬质合金牌号选择可参考表 2-33 和表 2-34。

多刃复杂刀具用硬质合金牌号的选择，由于刀具形状比较复杂，考虑刀具材料的可加工性等问题，在选择上有一定的特殊性，见表 2-35。

表 2-32　新牌号硬质合金的性能和使用范围

牌号	使 用 性 能	使 用 范 围
YT05（YT2）	耐磨性高,热稳定性良好,具有足够的高温硬度和韧性	适用于碳钢、合金钢和高强度钢的高速精加工和半精加工;也适于淬硬钢及含钴较高的合金的加工
YS30（YTM30）	韧性及耐磨性较好,抗冲击和抗振性优良,抗月牙洼磨损性能好,抗热裂纹和抗塑性变形性能优良	适于低碳钢、中碳钢、合金结构钢、非合金工具钢、耐热钢以及高强度钢的铣削,适于中速大进给量铣削加工,是铣削专用牌号
YG10H	细晶粒,有较高的冲击韧度	用于难加工的金属材料,如冷硬铸铁、钛合金、耐热钢和高温合金的切削加工
YW4	具有很好的耐高温性能和抗粘接能力,通用性好,但耐磨性差	用于碳钢、合金钢和高合金钢的切削加工
YN05	有较高的耐磨性和耐高温性能,与 YT30 相比,其硬度相近,耐抗弯强度较高	用于机床-工件-刀具系统钢性特别好的细长件精加工
YN10	细晶粒,具有较高的耐热性、耐磨性	用于碳钢、合金钢、淬火钢连续切削的精加工,对细长件和表面粗糙度要求低的工件精加工时,效果更佳
YS2T	亚微晶粒合金、耐磨性、抗冲击、抗振性,具有良好的导热性	用于加工高温合金、钛合金、耐热不锈钢。适合于低速粗车和铣削、切断、钻孔、滚齿等
YC12	耐磨性高,热稳定性好	适合于加工淬硬钢、冷硬铸铁,是加工淬硬钢的理想刀具材料
YT04	晶粒极小,硬度很高,具有极高的耐磨性,热硬性	适合于加工硅钛铁、钒钛铸铁、加硼铸铁、白口铸铁、镍铬冷硬铸铁、各种淬硬钢、超高强度钢、高硬度非金属材料,但不宜断续切削
F3	细晶粒 YG 类合金	适合于不锈钢、淬硬钢、合金铸铁的加工
F4	细晶粒 YG 类合金	适用于轻纺化工业刀具,用于加工涤纶、聚四氟乙烯、聚乙烯等材料
YC35（YT35）	属细晶粒合金,强度和抗冲击性能优良,耐磨性优于 YT5	适于各类钢材,尤其是锻、铸件表皮的粗车、粗铣和粗刨
YS25（YTS25）	耐磨性及韧度均较好,有较高的抗冲击和抗热震性能	适于碳钢、铸钢、高锰钢、高强度钢及合金钢的粗车、铣削和刨削
YW3	耐磨性及热稳定性很高,抗冲击和抗振动性能中等,韧性较好	适于耐热合金钢、高强度钢、低合金超高强度钢的精加工和半精加工,在冲击小的情况下粗加工
YM10（YW4）	具有极好的耐高温性能和抗粘接能力,通用性良好	用于碳钢,除镍基以外的大多数合金钢、调质钢,特别适于耐热不锈钢的精加工
YS2（YG10H、YG10HT）	属超细晶粒合金,耐磨性较好,抗冲击和抗振性能高	用于加工钴基、镍基高温合金、钛合金,耐热不锈钢、耐热合金堆焊层,适于低速粗车和铣削加工,做切断刀和丝锥尤佳,也可用于钻孔、镗孔、滚齿等
YD15（YGRM）	属细晶粒合金,耐磨性优良,抗冲击和抗振动性能好,抗粘刀能力强	适于精车、半精车及铣削钛合金、耐热合金,加工各类铸铁,尤其是无限冷硬铸铁及高强度钢,也用于堆焊、喷焊材料的粗车、铣削
YC45（YT50）	具有高的强度和抗冲击性能	用于制造重型切削刀具,对铸钢件及各种钢锻件表皮粗车可获得良好结果
YDS15（YGM）	有良好的强度和抗冲击能力	它是铸铁铣削的专用合金,适于各种铸铁的粗铣及精铣,也可铣削高锰钢,特别是高效率铣削合金白口耐磨铸铁
YM12	有高的硬度和良好的强度	用于粗、精加工铁基、铁镍基高温合金
YM051（YH1）	属超细晶粒合金,耐磨性高,热稳定性好,韧性好,通用性强	适于铁基、铁镍基和镍基耐热合金粗、精加工,也适于高强度钢粗、精加工;淬硬钢、特殊耐热不锈钢的精加工和半精加工;高锰钢的粗、精加工;冷硬铸铁及非金属铸石的加工。陶瓷、花岗岩的加工;镍铬硼硅喷涂层、硅钢片、铝合金和高硅铝粉冶炼合金加工
YM052（YH2）	属超细晶粒合金,耐磨性高,热稳定性好,通用性强	适用于特种耐热不锈钢的粗、精加工;高强度钢的精加工;高锰钢的粗、精加工;淬硬钢的精与半精加工;冷硬铸铁粗、精加工;也适于铁基耐热合金精加工和半精加工,也可加工玻璃制品
YM053（YH3）	属超细晶粒合金,耐磨性优良,热稳定性好	适于高镍冷硬铸铁、球墨无限冷硬铸铁、白口铸铁的粗、精加工,镍基碳化钨喷焊层的精加工,也适于一般铸铁的粗、精加工

（续）

牌号	使 用 性 能	使 用 范 围
YD05 （YC09）	属超细晶粒合金,有高的硬度和耐磨性,良好的热稳定性及导热性,抗塑性变形能力强	专用于各种镍基、钴基、铁基及含碳化钨自熔性喷涂合金材料的车、铣、刨加工
YD10 （YG1101）	属超细晶粒合金,有高的韧性和耐磨性	适用于钟表、仪表等行业,作为各种小模数齿轮滚刀、铣刀、所有成形刀具以及自动机床用的各类刀具,最适于切削易切钢及非铁金属材料
YG8W （W4）	耐磨性及允许的切削速度较 YG8 高,抗冲击和抗振性能良好	适用于加工耐热合金、钛合金及耐热不锈钢,可粗车和断续车削
B60	属超细晶粒合金	石油管螺纹用梳刀
YT715	热稳定性、耐磨性好,并可允许较高的切削速度	用于高强度合金钢的精加工和半精加工,以及螺纹加工
YT707	热稳定性和耐磨性好,有较好的综合性能	适用于高强度合金钢、高速工具钢、弹簧钢的精加工和半精加工,以及螺纹加工。对高速工具钢及 45 钢的对焊件加工最为理想
YT798	有较好的热稳定性,使用强度较高,抗热振性能好、抗塑性变形能力强	适用于高强度耐热合金钢、高锰钢、模具钢、不锈钢及一般低碳合金钢的断续车削、铣削和深孔加工,是一种综合性能较好的铣削和深孔加工牌号
YT712	综合性能、热稳定性和耐磨性好,抗冲击性优良	适用于高强度合金钢、高速工具钢、高锰钢及硅钢片组合件、中硬合金钢的粗车、半精车,对马氏体、奥氏体不锈钢的加工也有较好的效果
YT758	热稳定性、抗氧化性能优于 YW2,高温硬度高,耐磨性好	适用于加工调质结构钢、铸钢、超高强度钢、高锰钢、淬硬钢、轧辊及硬度高于 60HRC 喷焊件的铣削和断续车削,也可用于硬齿面齿轮滚齿
YT767	通用性较强,硬度和强度均好,断续及连续切削均可,耐磨性高,抗塑性变形能力好	适于高锰钢、高强度钢、铸钢、不回火铸铁、合金铸铁、白口铸铁、调质合金钢的铣削与车削(包括粗加工、半精加工和精加工)
YG813	具有较高的热稳定性,高温韧性和抗粘刀性,通用性较好	适用于加工镍基、铁基高温合金,钴合金,高锰钢,不锈钢以及硬度<50HRC 的淬硬钢及钛合金、耐热合金
YG643 643M	属亚细晶粒合金,有较高的耐磨性、抗氧化性,良好的抗粘刀性,好的韧性和热稳定性	适用于高温合金、耐热合金、不锈钢及超高强度钢的精加工和半精加工,还可用于 60HRC 以上的特硬轧辊、冷硬白口铸铁、喷焊、堆焊材料等的加工
YT726	有高的耐磨性和热稳定性	适于加工耐热合金、高强度钢、淬硬钢及 62HRC 以下喷焊材料的半精加工和精加工,加工有色金属材料、合金铸铁、冷硬铸铁、喷焊、堆焊材料等
YG640 （4 号）	韧性高、抗冲击力强、抗氧化性能好	用于耐热合金钢、高强度钢的拉削、铣削、刨削及断续切削,适于大型铸件的连续或断续切削
YG610	属超细晶粒合金,具有高的耐磨性和热稳定性,较高的强度和韧性	适于冷硬铸铁、合金铸铁、渗碳层、喷焊、堆焊及 65HRC 以下的淬硬钢等连续切削
YG600 （0 号）	具有很好的热稳定性及耐磨性	在稳定条件下,以较高的切削速度和较小的进给量对合金铸铁、冷硬铸铁、加硼铸铁、高铬铸铁、玻璃钢、石英、花岗岩、光学玻璃、淬硬钢、喷焊及堆焊材料、高钴硬质合金、碳化钨基结合金、陶瓷、氧化铝砂轮、硅棒等特硬材料进行精加工
YT540	属高钴低钛粗晶粒合金,具有较高的强度和冲击韧度,抗振性及高温性能优于 YT5,耐磨性与 YT5 相当,是一个较好的重载荷强力切削牌号	适于在中等或低切削速度,中或大切削截面和不利条件下加工有严重夹砂、冒口、铸造硬点和氧化皮等大型铸、锻钢件的荒、粗车,铣、刨等加工
YT535	具有较高的热稳定性和耐磨性,能承受较大的冲击载荷,是一个重力粗加工切削用牌号	适于碳钢、合金钢的铸件、锻件、冒口、外皮的车、铣粗加工
YG546	属较粗晶粒合金,韧性高,抗冲击和抗振动性能好,是一种重型粗加工用硬质合金牌号	特别适用于奥氏体不锈钢板焊接件的加工,也可用于铸铁、有色金属和非金属材料的加工。用于不平整断面和断续切削时的粗车、粗刨、粗铣和钻孔
YG532	属细晶粒合金,具有较高的硬度和韧性,有较好的耐磨性能和抗粘接性	适于奥氏体、马氏体不锈钢,无磁钢,高温合金,合金铸铁等大型工件的粗、精加工
YD03	耐磨性和允许的切削速度较 YT30 合金高,热稳定性较高,使用强度和抗振性比 YT30 好,对冲击和振动敏感,要求按正确工艺焊接	适于碳钢与合金钢的精加工和半精加工
YD05 YD05F	韧性比 YD03 好,热稳定性好,耐磨性比 YT15 和 YW1 都高	适于高强度铬锰硅钢等难加工钢材高温调质后的精加工、半精加工
YD10	韧性比 YD05 好,热稳定性较好,耐磨性比 YT15 和 YW1 都高	适于铬、钨、铜、钒等合金钢的半精加工和精加工
YD15	使用强度较高,各项性能优于 YT14 合金	适用于碳钢、高强度合金钢的粗加工和半精加工
YD25	韧性好,能承受较大的冲击载荷,抗振性好,不易崩刃,耐磨性优于 YT5	适用于碳钢、高强度合金钢等不平整断面的粗加工与断续切削加工

（续）

牌号	使 用 性 能	使 用 范 围
YTT	热稳定较好，能承受一定的冲击载荷	适于精加工淬硬钢，半精加工不锈钢，以及车削高强度钢螺纹等
YTN	热稳定性较好，能承受一定的冲击载荷	适于精加工淬硬钢，半精加工不锈钢，以及车削高强度钢螺纹等
YW15	韧性比 YW1 略好，热稳定性较好，能承受一定的冲击载荷，是一种通用性较好的合金。既可代替 YT15，也可代替 YG6、YG8 使用	适用于耐热钢、高锰钢和不锈钢等难加工钢材及普通钢和铸铁的半精加工
Y105	耐磨性好，有较高的热稳定性，抗氧化性和抗月牙洼磨损能力强	适于对淬硬钢、高强钢的车削
Y130	耐磨性较好，冲击韧度高	适于对高锰钢的铣削
Y220	属亚细晶粒合金，耐磨性好，抗氧化磨损能力强	适于对高温合金、钛合金和高强钢的精加工和半精加工
Y310	属亚细晶粒合金，耐磨性极好，但韧性较差	适于对高温合金和钛合金的精车，也可用于淬硬钢的精车
Y320	属亚细晶粒合金，韧性较好，抗扩散磨损能力好	适于对高温合金和钛合金的精加工和半精加工
Y330	属亚细晶粒合金，韧性好，耐磨性较好，通用性好	适于对高温合金、钛合金和不锈钢的精加工和半精加工，以及轻合金的高速铣削，也可用于碳纤维复合材料的孔加工
3 号	属细晶粒 YG 类合金，耐磨性优于 YG3X，是 YG 类合金中耐磨性最高的一种	适于铸铁、有色金属材料及其合金的精加工，也用于合金钢、淬硬钢的精加工
1 号	属细晶粒 YG 类合金，有较高的耐磨性	适于耐热合金、不锈钢、铝合金、纯钨、纯铁的加工，可采用大前角
T40	为加入 TaC 的 YT 类合金，耐磨性很好，允许速度较高	适于 60HRC 淬硬钢的加工
T20	为加入 TaC 的 YT 类合金，耐磨性好，高温硬度与强度大于 YT30	适于碳钢、合金钢的精加工，可加工 60HRC 的淬硬钢
M2	耐磨性、高温硬度和强度高，抗冲击和抗热震能力强	适于碳钢、合金钢的铣削加工，以及高强度合金钢、高锰钢的加工
M3	有优良的抗冲击性能和耐磨性，高温硬度、强度也较高	适合高强度合金钢、高锰钢和硅钢片组合件的车削加工

表 2-33 切削难加工钢和合金用的硬质合金牌号

材料类别	R_m/MPa	车削和镗孔			铣 削			钻 削			铰孔	切制螺纹		
		荒加工	粗加工与半精加工	精加工	端铣	立铣、周铣	切槽、切断	$D=1\sim3$mm 扁钻	$D=3\sim7$mm 整体麻花钻	$D=7\sim30$mm 镶合金刀片钻头		螺纹车刀	丝锥	
													$D<8$ mm	$D>8$ mm
1	—	YT5	YT15	YT15	YT15 YT5	YT15 YT5	YG6X YG8 YS2	—	—	—	YT15	YT15	YS2	—
2	<1200	YG8 YT15	YT15 YG8	YT15 YG3X YG6A	YG6X YG8	YG6K YG8	YS2 YG6X YG8	—	—	—	YD15 YG6X	YT15	YS2	—
2	>1200	—	YT15 YG6X	YG6A YG3X YG6X	YG6X YG8	YG6X YG8	YS2 YG6X YG8	YG6X YS2 YS2	YG8 YS2 YS2	YG6X YS2 YG8	YD15 YG6X	YT15 YG6X	YS2	YG6X YG8 YS2 YS2
3	—	YG8 YG8C YS2	YG6X YG8 YS2 YT15	YD15 YG3X YT15	YG6X YG8	YG6X YG8	YS2 YG6X YG8	—	—	—	YD15 YG6X	YG6X	YS2	—
4	—	YG8	YG6X YS2	YD15 YG3X YT15	YG6X YG8	YG6X YG8	YS2 YG6X YG8	—	—	—	YD15 YG6X	YG6X	YS2	—
5	—	YG8	YG8 YG6X YS2	YD15 YG3X	YG6X YG8	YG6X YG8	YS2 YG6X YG8	YG6X YS2	YG8X	—	YD15 YG6X	YG6X	YS2	—
6	—	YG3	YG8 YG6X YS2	YD15 YG3X	YG6X YG8	YG6X YG8	YS2 YG6X YG8	YG6X YS2	YG8 YS2	YG6X YS2 YG8	YD15 YG6X	YG6X	YS2	YG6X
7	—	YG8	YG8 YG6X	YG3X YD15	YG6X YG8	YG6X YG8	YS2 YG6X YG8	YG6K YS2	YG8 YS2	YG6X YG6X	YD15 YG6X	YG6X	YS2	YG8 YS2
8	1400 1700	—	YT15 YG6X	YG3X YD15	YT15 YG6K	YT15 YG6X YG8	YS2 YG6X YG8	YG6X YS2	YG8 YS2	YG6X YG6X	YD15 YG6X	YT15 YG6X	YS2	YG8 YS2 YS2
8	1800~2300	—	YG6X YG3X	YG3X YD15	YG6X YG3X YT30	YG6X YG8 YW2	YS2 YG6X YG8	YG6X YS2	YG8 YS2	YG6X YG8	YD15 YG6X	YS2		YG8 YS2 YS2

表 2-34 切削难加工材料车刀用硬质合金

工件材料	对硬质合金的要求	硬质合金牌号
GH135,GH136,GH33,GH33A,GH37,GH49,N901	高的高温硬度及高的高温强度	粗车:YS2,YG8W,YG8 精车(低速):YS2,YG8W 精车(高速):YG813,YG8N,YG643
12Cr13,Cr17Ni2,Cr23Ni18,4Cr14Ni14W2Mo,GH36,GH132	较高的高温硬度及较高的高温强度	粗车:YS2,YG8W,YG8 精车(低速):YS2,YG8W 精车(高速):YT05,YG6A,YG643,YG813,YG8N
K1,K3,K5,K14,K17,K18,GH30,GH39,GH140	高的高温强度和较高的高温硬度	YS2,YG8W
TA7,TC4,TC6,TC9	良好的导热性,较高的硬度和一定的强度	粗车:YS2,YG8W,YG8 精车(低速):YS2,YG8W 精车(高速):YD15,YG6X,YG3X,YG8W
30CrMnSiNi2A,40CrNi2SiWA,40CrMnSiMoWA,40SiMnMoV	高的高温硬度和较高的强度	YT712,YW3,YT05,YW2A
18Cr2M4WA,30CrMnSiA,40CrNiMoA,12CrNi4A,18CrMnTi	较高的硬度和一定的强度	低速:YT14,YT15A 高速:YN10,YT05 型面加工:YT712
ZGMn13,40Mn18Cr3	—	YW2A,YG8,YG6X,YT712

表 2-35 多刃复杂刀具用硬质合金牌号的选择

刀具类型	工件材料	推荐牌号
铣刀	碳钢及一般合金	YT5,YT14
	难加工钢材	YS30,YS25,YW3
	钛及钛合金、高温合金	YG8,YD15,YS2
	铸铁、有色金属及其合金	YG6,YG8
	冷硬铸铁等难加工铸铁	YG6X,YD15,YH3
强力切削重型铣刀	碳钢及一般合金	YS30,YS25,YW3
钻头	碳钢及一般合金	YT5,YT14,YT15
	耐热高强度合金钢	YW3
	铸铁、有色金属材料及其合金	YG6,YG8
	高温合金、钛合金、高硬度铸铁	YG6,YG8,YD15,YD6X
铰刀	各种钢料	YT15,YT30,YG6X
	高温合金、钛合金	YG8,YD15
	铸铁、有色金属材料及其合金	YG3,YG6X,YD15
齿轮滚刀	锻钢	YS30,YS25,YS2,YT05,YT35
钟表行业用齿轮滚刀	—	YD10,YG6X
锯片刀	合金钢	YS2

各国硬质合金牌号使用分类分组对照见表 2-36。

表 2-36 各国硬质合金牌号使用分类分组对照

制造厂家和商标	ISO 分类分组代号														
	P01	P05	P10	P20	P30	P40	M10	M20	M30	M40	K01	K10	K15	K20	K30
中国株洲硬质合金厂 (钻石)	YN05 YT30 TC10	TN315 YN10	YC10 CN15 YB01 YB02 YB03 YB425 YB120	YC20.1 CN25 YB01 YB02 YB03 YB435 YB425 YB120	YC30 YS25 YS30 CN35 SC30 YB01 YB02 YB03 YB435 YB425	YC40	YW3 YW4 YB03	YW3 YM20 YB03	YS25 YD20	YM40	YD10.2 TN315	YM051 YD15 YD10.1 YD10.2 CA15 CN16 YB03 YB435 YB3015 YL10.1 YC25	YDS15 SD15 CA15 CN16 YB03 YB435 YB3015 YL10.1 YC25	YD20 CA25 CN26 YB03 YB435 YB3015 YL10.1 YL10.2 YC25	YS2 (YG10HT) YL10.2
中国自贡硬质合金厂 (长城)	YN501 YN501N	YN501	YT715 YT712	YT715 YT712	YT535 ZC03	YT535 YT540	YT712 YT707	YT758 YT726	YT767 YG813	YG640	YN501N YG600	YT726 YG813	YG813 YG532	YG813 YG532	YG640 YG546

（续）

制造厂家和商标	ISO 分类分组代号														
	P01	P05	P10	P20	P30	P40	M10	M20	M30	M40	K01	K10	K15	K20	K30
中国自贡硬质合金厂（长城）	—	—	YT707 YT758 ZC01 ZC02 ZC03 ZC04 ZC05 ZC06 YN510 YN510N ZP01	YT798 YT758 ZC01 ZC02 ZC03 ZC04 ZC05 ZC06 ZC07 ZC08 YN520N	ZC04 ZC07 ZC08 ZP30	—	YT767 YG643 ZC02 ZC04 ZC05 ZC07 ZM10	YT767 YG813 YG532 ZC02 ZC04 ZC05 ZC07		—	YG610	YG532 YG643 ZC01 ZC02 ZC03 ZC04 ZC06 YN510N	ZC01 ZC02 ZC03 ZC04 ZC06 ZC08 ZK20	ZC01 ZC02 ZC03 ZC04 ZC06 ZC08	ZC08 ZK30
中国黑龙江北方工具有限公司	—	—	YD10	YD15	—		YTT YTN	—	—	—		—	—	—	—
中国天津硬质合金工具厂（引进维迪阿）	—		TTX	TTM	TTM TTR		AT15	AT15				THM	THM	THM	THR
美国亚当斯碳化物公司（Adamas）			495	499	434		548	548				AA		A	B
美国通用电气公司卡波洛依系统部（Carboloy）	—	—	350	370	370		320	370 860				905	883	883	44A
美国肯纳金属（Kennametal）	K165	KT125 K165	KC740	KC710	KC850	KM K420	KC910	K313	K21	K420	K68 K11	K68	K68	KC250	K1
美国万耐特（Valenite）	—	—	VC165 VC7 VC5 VN5 V90	VC165 VC125 VC5 VN5 V90 V99	VC55 VC5 V99		VC2 VC27 VN5	VC2 VC27 VC55 VN5 V99				VC2 VC28 VN2 V91	VC2 VC28 VN2 V91	VC2 VC28 VC1 V91	VC1 VC101
瑞典山特维克公司可乐满（Sandvik, Coromant）	S1P F02	S10T CT515	GC415 GC425 CT515 S1P S10T GC015 GC225 CC1025	GC415 GC425 GC435 GC015 GC225 GC1025 S30T	GC415 GC425 GC435 GC015 GC225 GC1025 S30T GC135 GC235	S6 R4	GC415	GC415 GC425	H13A H20 S6	R4	H1P	H1P GC3015 H10 GC415 GC315 GC435 H13A	H1P GC3015 GC415 GC315 GC435 H13A	H20 GC3015 H10F GC415 GC315 GC435 H13A	H10F
瑞典山高工具（Seco）	—	—	S1F	S2	S4		SU41	—	—	—		H13	HX	HX	HX
日本住友电气工业（Igetalloy）	—	—	ST10E ST10P	ST20E	ST30E	WHN53	U10E	U2	A30N A30	A40	H2	H1 CG11 G10E	CG10	G2	G3
日本三菱金属（Mitsubishi）	—	NX22	STi10 STi10T	STi20	STi30 UTi20T	STi40T	UTi10	UTi20	UTi20T	UTi40T	HTi03A HTi05A	HTi10	HTi10T	HTi20 HTi20T	HTi30
日本东芝钨业（Tungaloy）	—	N302	TX10 TX10S TX10D N302 X407 T822 T802 T823 T803 T813	TX20 UX25 N308 X407 T822 T802 T823 T803 T813 T553 T370	TX30 UX30 N350 T813 T553 T370	TX40	TU10 T822 T802 T823 T803 T260	TU20 UX25 T823 T803 T813 T260	UX30 UX25 TX40	TU40 NS540	TH03	TH10 G1F T821 T801 T811 T802 T823 T803 T813 T530 T221 T370	TH10 T802 T823 T803 T813 T530 T221 T370	G2 G2F T802 T823 T803 T813 T530 T221 T370	G3 T813

（续）

制造厂家和商标	ISO 分类分组代号														
	P01	P05	P10	P20	P30	P40	M10	M20	M30	M40	K01	K10	K15	K20	K30
德国维迪阿（Widia）	TTF	TTI-05 TTI-15 TK15	TTX TK15 TN25 TN35	TTS TK15 TN25 TN35	TTS TTR TTM TK15 TN25 TN35	TTR	AT15 AT10 HK15	AT15 TK15 HK15 TN25 TN35	TTR	TTR	THM-F	HK15	THM HK15	THM HK15	THR HK15
德国瓦尔特（Walter）	—	CK23	WP1	WP1	WP3	P40 BK4	—	WK1	—	—	—	WK1 WHN33 WTN33	WK1 WTN43	WK1 WHN53 WTN43	—
德国赫尔特（Hertel）	—	CP1 CP3 CM2 CM3 P10 CF2	CP1 CP3 CM2 CM3 P20 CF2		CP3 CM2 CM3 CF2		CM2 CM3 KM1 CF3	CM3			CP1 CP3 CM2 KM1 CF3	CP1 CP3 CM2 CM3 KM1 CF3			
依斯卡（Iscar）	—	IC20N IC30N IC35T	IC520N IC530N IC70	IC40T	IC50M	IC54		IC28			IC4	IC20			

2.5　陶瓷及超硬刀具材料

2.5.1　陶瓷刀具材料

1. 陶瓷刀具材料的种类

（1）氧化铝系陶瓷刀具材料

1）氧化铝陶瓷刀具。采用纯 Al_2O_3 陶瓷或以 Al_2O_3 为主［一般 $w(Al_2O_3)= 99.9\%$ 以上］且添加少量其他元素的陶瓷材料，如 MgO、NiO、SiO_2、TiO_2 和 Cr_2O_3 等，这些添加物有利于加强 Al_2O_3 抗弯强度，但高温性能有所降低。其密度在 $3.9 \sim 4.0g/cm^3$ 之间，俗称白陶瓷，国产此类陶瓷代号为 P1。Al_2O_3 陶瓷的室温硬度与高温硬度都高于硬质合金材料。Al_2O_3 陶瓷在室温与高温时，抗压强度都很好，尤其可以克服一般高速工具钢刀具及硬质合金切削刀刃易形成的变形及塌陷缺点。此外，Al_2O_3 陶瓷的抗氧化、对黑色金属的抗粘接性及化学惰性都很好。氧化铝陶瓷刀具最适于高速切削硬而脆的黑色金属材料，如冷硬铸铁或淬硬钢；用于大件机械零部件切削及用于高精度零件的切削加工。氧化铝陶瓷刀具在短、小零件，钢件的断续切削及 Mg、Al、Ti 及 Be 等单质材料及其合金材料切削加工时，效果较差，容易使刀具出现扩散磨损或发生剥落与崩刃等缺陷。

2）氧化铝-金属系复合陶瓷刀具。为提高 Al_2O_3 陶瓷刀具韧性，材料中引入10%（质量分数）以下的 Cr、Co、Mo、W、Ti、Fe 等金属元素，由此形成 Al_2O_3 金属陶瓷，这样材料密度、抗弯强度及硬度均有提高，其密度在 $4.19g/cm^3$ 以上，但由于氧化铝-金属陶瓷刀具抗蠕变强度低、抗氧化性差，到目前为止，其推广使用情况不佳。

3）氧化铝-碳化物系复合陶瓷刀具。此类陶瓷是将一定比例的碳化物，如 Mo_2C、WC、TiC、TaC、NbC 和 Cr_3C_2 等加入 Al_2O_3 陶瓷中，采用 Mo、Ni（或 Co、W）等金属作为粘结相热压而成的陶瓷刀具材料。最常用的添加剂是 TiC，当 $w(TiC)= 30\%$ 时，陶瓷刀具的寿命获得显著提高，而热裂纹深度也较小，Al_2O_3-TiC 陶瓷（俗称黑陶瓷）的抗弯强度、耐热冲击性等均优于纯 Al_2O_3 陶瓷刀具。在 Al_2O_3-TiC 陶瓷材料中，由于金属粘结 Al_2O_3 晶粒和碳化物晶粒二者是由相互穿插的骨架组成，具有较高的连接强度，因此形成较好的切削性能。这类陶瓷刀具最适于加工淬硬钢、合金钢、锰钢、冷硬铸铁、铸钢、镍基或镍铬合金、镍基和钴基合金等，另外还可用于非金属材料，如玻璃纤维、塑料夹层及陶瓷材料的切削加工。由于氧化铝-碳化物金属陶瓷抗热震性能良好，故可适用于铣削、刨削、断续切削等，也可采用切削液进行湿式切削等。

4）氧化铝-氮化物、硼化物金属复合陶瓷刀具。此种陶瓷刀具材料基本性能和加工范围与 Al_2O_3-碳化物金属陶瓷材料相当，不过由于以氮化物、硼化物取代 TiC，如 Al_2O_3-TiN、Al_2O_3-$Ti(C，N)$、Al_2O_3-TiB_2，因此它具有更好的抗热震性能，更适用于间断切削，但是其抗弯强度与硬度都比添加 TiC 的金属陶瓷低一些，对它的研究与开发仍在继续中。

5）SiC 晶须增韧氧化铝陶瓷刀具。SiC 晶须的加入使 Al_2O_3 基陶瓷的断裂韧度提高 2 倍多，同时保留了很高的硬度，目前这种陶瓷刀具可用于淬硬钢、工具钢、冷硬铸铁和镍基合金的加工。

6）氧化铝-（W，Ti）C 梯度功能陶瓷。它是通过控制陶瓷材料的组成分布以形成合理的梯度，从而使刀具内部产生有利的残余应力分布来抵消切削中的外载应力。具有表层热导率高，有利于切削热的传出，线膨胀系数小，结构完整性好，不易破损等特点。如我国开发的 FG2 刀片属这一类。用于加工钢铁材料时，刀具寿命可比 SG4（Al_2O_3-TiC 复合陶瓷）高 1~1.5 倍，并且刀具有很好的自砺性，崩刃后仍能进行正常切削。

7）新型氧化铝复合陶瓷。Al_2O_3-ZrO_2（ZTA 陶瓷）和 Al_2O_3-TiCN 复合陶瓷是目前较为重要的两种新型材料。ZrO_2 有较高的韧性，在 ZrO_2 中加入一定量的稳定剂控制四方晶相 $ZrO_2^{(t)}$ 到单斜晶相 $ZrO_2^{(m)}$ 的相变，可提高 Al_2O_3 陶瓷的断裂韧度。TiC、TiN 颗粒可以钉扎基体中的裂纹，阻止源裂纹的生长，提高 Al_2O_3 陶瓷的硬度、热冲击性能和导热性。这两种刀具材料因优异的耐磨损能力，特别适合切削淬硬钢，且 Al_2O_3-TiCN 复合陶瓷材料有着更高的耐磨损能力。

8）Fe_3Al（FeAl）-氧化铝陶瓷基复合刀具。Fe_3Al 金属间化合物具有特殊的物理、化学和力学性能，独特的形变特征和室温脆性，被称为半陶瓷材料，是介于高温合金与陶瓷之间的一种新型高温材料。Fe_3Al 与 Al_2O_3 具有较好的适配性能，其复合材料界面不产生化学反应，没有界面相生成，具有较好的界面结合力。此刀具材料在切削铸铁和中碳钢时显示出优良的特性，且成本低、功效高，具有广阔的应用前景。

以上几种陶瓷的基本成分都是 Al_2O_3，故通称为 Al_2O_3 基陶瓷。Al_2O_3 基陶瓷与硬质合金刀具相比，具有以下特点：

① 有很高的硬度和耐磨性。陶瓷刀具的硬度达到 91~95HRA，超过硬质合金。Al_2O_3 的熔点为 2050℃，比 WC 和 TiC 的熔点低，烧结时不需要粘结剂，因此不存在硬质合金中粘结剂越多，硬度越低的情况，虽然 Al_2O_3 的硬度低于 TiC，但陶瓷刀具的硬度比 TiC 基硬质合金还高。

陶瓷刀具和一般硬质合金刀具相比，有很高的耐磨性。

② 有很高的高温性能。陶瓷刀具在 1200℃以上的高温下仍能进行切削，这时陶瓷的硬度与 200~600℃时硬质合金的硬度相当。如果加入一定的稳定剂和采用热压技术，可使陶瓷在高达 1800℃的高温下仍能保持一定的强度和耐磨性。

陶瓷在高温下的抗压强度也高，在 1100℃的抗压强度相当于钢在室温下的抗压强度。

③ 有良好的抗粘接性能。Al_2O_3 与金属的亲和力很小，它与多种金属的相互反应能力，比很多碳化物、氮化物、硼化物都低，不容易与金属产生粘接。

Al_2O_3 与钢产生粘接的温度在 1538℃以上，比制造硬质合金的各种碳化物的粘接温度都高，因此陶瓷刀具与钢的粘接温度高于多种牌号的硬质合金，这表明陶瓷刀具具有良好的抗粘接能力。

④ 化学稳定性好。一般地说，Al_2O_3 陶瓷的化学稳定性优于 TiC、WC 和 Si_3N_4。即使在熔化温度时，Al_2O_3 与钢也不相互起作用，在铁中的溶解率比 WC 要低 4~5 倍，切削钢铁材料时，Al_2O_3 陶瓷刀具的扩散磨损小。

Al_2O_3 陶瓷的抗氧化性能特别好，切削刃即使处于赤热状态，也能长时间连续使用。

（2）氮化硅系陶瓷刀具材料

1）单一 Si_3N_4 陶瓷刀具。此类陶瓷刀具主要是以 MgO 为添加剂的热压陶瓷。由于 Si_3N_4 陶瓷以共价键结合，晶粒是长柱状的，因此有较高的硬度、强度和断裂韧度，其硬度为 91~93HRA，抗弯强度为 0.7~0.85GPa，耐热性可达 1300~1400℃，具有良好的抗氧化性。同时它有较小的线膨胀系数（3×10^{-6}/℃），所以有较好的抗机械冲击性和抗热冲击性。Si_3N_4 刀具适合于铸铁、高温合金的粗精加工、高速切削和重切削，其切削寿命比硬质合金刀具高。此外，Si_3N_4 陶瓷有自润滑性能，摩擦因数较小，抗粘接能力强，不易产生积屑瘤，且切削刃可磨得锋利，能加工出良好的表面质量，特别适合于车削易形成积屑瘤的工件材料，如铸造硅铝合金等，在汽车发动机铸铁缸体等加工中应用越来越普遍。

2）复合 Si_3N_4 陶瓷刀具。单一 Si_3N_4 陶瓷的硬度并不是特别高，在加工硬度较高的工件时，如冷硬铸铁（65~80HS）、高铬铸铁（80~90HS）等，单一 Si_3N_4 陶瓷刀具的寿命是较低的，为改善其耐磨性，加入 TiCN、TiCN-TiN、TiC 作为硬质弥散相，以提高刀具材料的硬度，同时保留较高的强度和断裂韧度，称为复合 Si_3N_4 陶瓷刀具。与单一 Si_3N_4 陶瓷刀具相比，复合 Si_3N_4 陶瓷刀具的抗氧化能力、化学稳定性、抗蠕变能力和耐磨性都有了很大提高，热导率也高于 Al_2O_3 基陶瓷，且易于制造和烧结。我国生产的牌号有 FD02、SM、HDM1、N5 等。

3）赛隆（Sialon）陶瓷刀具。赛隆陶瓷以 Si_3N_4 为硬质相、Al_2O_3 为耐磨相，并添加少量助烧剂 Y_2O_3，经热压烧结而成的一种单相陶瓷材料，是氮

化铝、氧化铝和氮化硅的混合物，有很高的强度和韧性，抗弯强度达到 1050～1450MPa，Sialon 陶瓷刀具具有良好的抗热冲击性能。与 Si_3N_4 相比，Sialon 陶瓷刀具的抗氧化能力、化学稳定性、抗蠕变能力与耐磨性能更高，耐热温度较高，达 1300℃以上，具有较好的抗塑性变形能力，其冲击强度接近于涂层硬质合金刀具，并易于制造和烧结。Sialon 陶瓷材料有两种晶体结构，α-Sialon 为等轴晶，具有较高的硬度和耐磨性能；β-Sialon 为柱状晶，断裂韧度和热传导能力相对较好。α+β-Sialon 复相陶瓷刀具综合了两相优点，切削性能更优异，重载条件下其耐磨性能优于单相陶瓷刀具。Sialon 陶瓷刀具适用于高速切削、强力切削、断续切削，不仅适合于干式切削，也适合于湿式切削。可用于铸铁、镍基合金、钛基合金和硅铝合金的高速切削加工。由于它和钢的化学亲和性大，Sialon 陶瓷刀具不适合加工钢。美国生产的 Sialon 牌号 KY3000、Grem4B 和瑞典 Sandvik 公司 CC680 刀片，以及我国生产的 TP4、SC3 等均是 Sialon 陶瓷。

4) Si_3N_4 晶须增韧陶瓷刀具。晶须增韧陶瓷是在 Si_3N_4 基体中加入一定量的碳化物晶须而成，从而可提高陶瓷刀具的断裂韧度。如我国生产的 FD03、SW21 均属这一类。

氮化硅陶瓷与硬质合金和氧化铝陶瓷相比，具有以下特点：

① 氮化硅陶瓷的抗弯强度一般达 900～1000MPa，总的来讲，氮化硅陶瓷的强度要高于 Al_2O_3 陶瓷。氮化硅陶瓷不仅抗弯强度高，而且具有良好的强度可靠性。另外，氮化硅陶瓷刀具的疲劳强度高于以往的陶瓷刀具，可以获得相当稳定的使用寿命。

② 氮化硅陶瓷刀具的室温硬度值已超过了最好的硬质合金刀具的硬度，达到 91～94HRA，这就大大提高了它的切削能力和耐磨性，因此可用于加工硬度高达 65HRC 的各类淬硬钢和硬化铸铁。其优良的耐磨性，不仅延长了刀具的切削寿命，而且还减少了加工中的换刀次数，从而保证切削工件时的高精度，尤其在用数控机床进行高精度连续加工时，可减少对刀误差和因磨损引起的误差。

③ 氮化硅陶瓷有良好的断裂韧度，切削时不易产生裂纹，故在一般陶瓷不能胜任的氧化皮切削、断续切削、湿式切削和端铣等场合，氮化硅陶瓷刀具有稳定的切削性能。在对一般氧化铝陶瓷刀具不适合的可锻铸铁、耐热合金等材料的氧化皮断续切削加工时，氮化硅陶瓷刀具可发挥巨大的威力，且端铣时的抗崩刃性能特别好。

④ 氮化硅陶瓷刀具的耐热性可达 1300～1400℃

（高于硬质合金刀具及 Al_2O_3 陶瓷刀具），其切削速度在某些情况下比硬质合金刀具提高数倍，氮化硅陶瓷刀具具有高的热导率，约为 Al_2O_3 陶瓷刀具的 2.5～3 倍，而其线膨胀系数还不到 Al_2O_3 陶瓷刀具的一半，因此具有很好的耐热冲击性能。

⑤ 氮化硅陶瓷刀具切削时与金属摩擦力小，不易产生积屑瘤，可以进行高速切削；在相同条件下，加工工件的表面粗糙度值比较低。氮化硅陶瓷刀具主要原料是自然界很丰富的氮和硅，用它代替硬质合金，可节约大量 W、Co、Ta 和 Nb 等重要金属。

（3）金属陶瓷 金属陶瓷是一种由金属或合金同一种或几种陶瓷相所组成的非均质复合材料，其中后者约占 15%～85%（体积分数），同时在制备温度下，金属和陶瓷相之间的溶解度相当小。它既保持了陶瓷的高强度、高硬度、耐磨损、耐高温、抗氧化和化学稳定性等特性，又具有较好的金属韧性和可塑性，是一类非常重要的工具材料和结构材料。

1) 氧化物基金属陶瓷。Al_2O_3 基金属陶瓷材料可用作高速切削刀具。用 Cr 作金属组合的 Al_2O_3 基金属陶瓷的抗弯强度比 Al_2O_3 陶瓷高，并随组成中 Cr 含量的增加，其抗弯强度有所增加。采用 Cr-Mo 合金效果更好，可在高温条件下应用。Al_2O_3 基金属陶瓷刀具，在基体中加入少量（质量分数为 10% 以下）的金属（如 Cr、Co、Mo、W、Ti 等）可以提高基体的断裂韧度，这类陶瓷的密度都在 $4.1g/cm^3$ 以上。但由于其蠕变强度低，抗氧化性能差，耐磨性不足，因而限制了其进一步应用。Al_2O_3-金属-碳化物（氮化物）陶瓷刀具以微细 α-Al_2O_3（<0.5μm）粉与 TiC 或 ZrC、粘结金属 Ni、Co 等热压烧结，其结构是由两个相互穿插的骨架组成，一个骨架是 Al_2O_3 相，另一个骨架是由碳化物与粘结金属构成，这种陶瓷刀具有很高的抗弯强度和断裂韧度，其抗弯强度达 800MPa，硬度为 1800HV，断裂韧度达 $5.2MPa \cdot m^{1/2}$，有较好的切削性能，适于加工合金钢、锰钢、铸钢、淬火钢或镍及陶瓷等非金属材料。与此用途差不多的 Al_2O_3-金属-氮化物陶瓷刀具，其中的氮化物包括 Ti、Zr、Hf、Ta、Nb 的氮化物或其混合氮化物，主要是 TiN，氮化物的作用是作为金属组元的润滑剂。金属组元可以是 Ni、Mo、W 等。还有一种是 Al_2O_3-金属-碳氮化物陶瓷刀具，这种刀具具有优良的耐磨性、导热性，高的强度、韧性与热硬性，切削性能优良，最适合切削加工高硬度淬火钢、高强度优质钢、不锈钢以及各种合金钢和碳钢，还适合加工高硬度的各种合金铸铁，其抗弯强度为 1200～1300MPa，硬度为 1800～1900HV，断裂韧度达 $5～6MPa \cdot m^{1/2}$。

2) 碳化物基金属陶瓷。WC 基金属陶瓷是迄今

能保证材料高力学性能的最好的结构组合和原子间相互作用的经典示例。因为它们在 20℃ 时相组元的结构参数很接近，并且 Co 的高温变态是通过孪生法从面心立方晶格转变到六方晶格。这种转变是由 Co 排列缺陷的低能量引发的，在 Co 内产生强烈的位错分裂，从而保证高的屈服强度。在碳化物基金属陶瓷中，除 WC 外，TiC 基金属陶瓷的研究相当成熟，其应用也很广，其金属相有 Ni、Ni-Mo、Ni-Mo-Al、Ni-Cr、Ni-Co-Cr 等。TiC-Co、TiC-Ni、TiC-Cr 等金属陶瓷可做成切削刀具、高温轴承、量具、块规等。由于 TiC 陶瓷的熔点（3250℃）高于 WC（2630℃）、耐磨性好、密度只有 WC 的 1/3、抗氧化性远优于 WC，而且都能被 Co 润湿，可用来替代目前广泛使用的 WC-Co 基金属陶瓷，从而大大降低成本，故引起了人们的极大兴趣。以 Cr_3C_2 为主要组分，用 Ni、Ni-Cr 或 Ni-W 做粘结金属的金属陶瓷具有密度低、耐蚀性好、线膨胀系数低、高温抗氧化性好等一系列优良的性能，从而在工具方面和化学工业中得到了应用。

3）碳氮化物基金属陶瓷。Ti（C，N）基金属陶瓷是近年来发展较快的一种刀具材料，它是在 TiC 基金属陶瓷基础上发展起来的一种具有高硬度、高强度、优良的高温和耐磨性、良好的韧性以及密度小、热导率高的新型金属陶瓷刀具材料。这类刀具材料的力学性能介于 WC 基硬质合金刀具与陶瓷刀具之间。在加工范围上也刚好填补了两者之间的空白。它的主要成分是 TiC-TiN，以 Co-Ni 为粘结剂，以其他碳化物为添加剂，如 WC、Mo_2C、（Ta，Nb）C、Cr_3C_2、VC 等。Ti（C，N）基金属陶瓷的力学性能可以在一定的范围内调整，由于加入了各种碳化物添加剂，并以 Co-Ni 为粘结剂，大大改善了金属陶瓷的综合力学性能。加入一定量的高熔点 TaC、NbC，可改善合金的抗塑性变形能力，VC 可提高合金的抗剪强度，改善合金的力学性能。Mo_2C 可提高 Co-Ni 粘结剂的强度，并在碳化物、氮化物和粘结剂间起连接作用。在相同的切削条件下，Ti（C，N）基金属陶瓷刀具的耐磨性远远高于 WC 及其涂层金属陶瓷。在高速下，Ti（C，N）基金属陶瓷比 YT14、YT15 合金的耐磨性高 5～8 倍，比 YC10 合金高 0.3～1.3 倍，比涂层金属陶瓷高 0.5～3 倍。

4）硼化物基金属陶瓷。硼化物基金属陶瓷是在 20 世纪 80 年代后期开始研究的。金属硼化物具有高的热导率和高温稳定性。TiB_2 在温度超过 1100℃ 时，强度超过其他所有陶瓷材料（金刚石、立方氮化硼、碳化物、碳氮化物）。硼化物基金属陶瓷用于非常耐热和耐蚀的条件下，如在与活性热气体和熔融金属接触的领域。可用来粘结硼化物的主要金属

有 Fe、Ni、Co、Cr、Mo、B 或者它们的合金。目前在 TiB_2 基金属陶瓷中，研究较多的是 TiB_2-Fe、TiB_2-FeMo、TiB_2-Fe-Cr-Ni 等金属陶瓷。因而 TiB_2 基金属陶瓷被认为是制造新一代金属陶瓷很有发展前途的硬质相。其切削性能介于硬质合金和超硬材料 CBN 之间，用其铣削和车削钢铁材料和有色金属材料、硬度大于 52HRC 的淬硬钢和高温合金等材料时的刀具寿命可比现有的硬质合金刀具长约 5～6 倍。日本最新研制的 TiB_2+Ti（C，N）+Mo_2SiB_2 金属陶瓷，其抗弯强度高达 1300MPa，硬度高达 2300HV，比超细硬质合金的硬度还高，是新一代金属陶瓷的代表。

5）新型超微粒金属陶瓷刀具。微粒强化技术使粒度 0.16μm 的微粒耐热钛化合物均匀分散的同时，强化耐热钛化合物的紧密结合，使加工时产生的裂纹的扩展得到抑制，从而使抗崩刃（损）的可靠性得到提高。此外，由于采用了使金属陶瓷表面平滑的新开发的烧结方法（表面平滑技术）及微粒钛化合物，能使金属陶瓷刀尖长时间保持平滑，从而能获得光亮度优良的加工表面；显示出优异的切削性能和刀具长寿命的特性。超细晶粒金属陶瓷可以提高切削速度，也可用来制造小尺寸刀具。以纳米 w（TiN）为 2%～15% 改性的 TiC 或 Ti（CN）基金属陶瓷刀具与硬质合金刀具相比，该刀具的总寿命提高多倍，切削速度提高 1.5～3 倍，成本与其相当或略高，而金属切削加工费用下降 20% 以上。

金属陶瓷刀具硬度高，有很高的耐磨性和理想的抗月牙洼磨损能力，其热稳定性、导热性、耐蚀性、抗氧化性及高温硬度、高温强度等都有明显优势，适合于干式切削；但其强度低、韧性低，不宜在有强烈冲击和振动的情况下使用，金属陶瓷的发展方向是超细晶粒化和对其进行表面涂层。

（4）涂层陶瓷刀具　为避免刀具与工件产生化学反应，采用热压复合、CVD、PVD 或溶胶—凝胶等工艺手段，对韧性比较好的陶瓷刀具使用涂层技术。涂层处理后，刀具寿命会大大提高，零件的加工质量得到明显改善，从而拓宽了陶瓷刀具的使用范围。如在相同的条件下车削球墨铸铁时，其寿命比未涂层的陶瓷刀具明显提高。在突破了金属陶瓷的 PCD 涂层技术后，目前在刀片表面可涂覆一层或多层超硬材料，这种涂层方法采用多种材料的不同组合（如金属/金属组合、金属/陶瓷组合、陶瓷/陶瓷组合、固体润滑剂/金属组合等），以满足不同的功能和性能要求，提高了热硬性和耐磨性，扩大了金属陶瓷刀具的使用范围，可在更高的速度下加工钢和铸铁材料。金属陶瓷的涂层材料和硬质合金涂层材料基本相同，有 TiN、TiCN 和 Al_2O_3 等。其复合涂层刀具的韧性更好，刀具更锋利，适用于合金钢、高合金

钢、不锈钢和延性钢的高速精加工和半精加工，其加工效率和加工精度均有显著提高。

（5）其他陶瓷刀具材料

1）AlON 基陶瓷刀具材料。在 AlON 基体中添加碳化硅晶须，可使 AlON 基陶瓷基体得到加强。对于传统的高温合金精加工而言，这种刀具材料把强韧性、抗磨损性和抗热冲击性三者完美结合。与碳化硅晶须增强氧化铝基陶瓷相比，经碳化硅晶须增强的 AlON 基陶瓷已被证明可以提高其抗破损能力。

2）纳米金属陶瓷刀具。这是我国新近开发出的一种新型氧化铝基陶瓷刀具。它是在传统的 Al_2O_3-TiC 金属陶瓷中加入纳米材料 TiN 和 AlN 改性而成，从而可细化晶粒、优化材料力学性能。使用表明，这是一种高技术含量、高附加值的新型刀具，可部分取代 K20（YG8）、P10（YT15）等面广、量大的硬质合金刀具，刀具寿命可提高 1～2 倍，而生产成本则与 K20（YG8）刀具相当或稍低。

3）陶瓷与硬质合金的复合刀片。陶瓷-硬质合金刀具材料具备了陶瓷和硬质合金的综合优势，如我国开发的 FH-1、FH-2 牌号。FH 型刀片的硬度为 94～95HRA，抗弯强度为 0.8～1.0GPa，断裂韧度为 5.3～5.8MPa·m$^{1/2}$，能承受冲击载荷，其特点是通用性好，适于淬硬钢和断续切削加工。国外开发了一种由陶瓷与 CBN 组成的超硬复合材料，它兼有上述两种材料的优点，是高速加工高硬耐磨铸铁的理想材料。

4）ZrO_2 基陶瓷刀具材料。ZrO_2 基陶瓷因较高的断裂韧度和较好的耐磨性能而受到人们的注意。有研究认为，Y_2O_3 陶瓷可作为一类新型的陶瓷刀具材料使用；ZrO_2 基陶瓷适于加工各种铝合金，包括硅含量高的硅铝合金。

部分国产陶瓷刀具的牌号、成分和性能见表 2-37。国外生产的部分陶瓷刀具的牌号、主要成分和性能见表 2-38。国外陶瓷刀具的主要牌号见表 2-39。

表 2-37　部分国产陶瓷刀具的牌号、成分和性能

牌号	成分	平均晶粒尺寸/μm	制造方法	密度/(g/cm³)	硬度 HRA (HRN15)	抗弯强度/MPa	断裂韧度/MPa·m$^{1/2}$（冲击韧度/(kJ/m²)）	研制单位
P1（AM）	Al_2O_3	2～3	冷压	≥3.95	（≥96.5）	500～550	—	
M16（T8）	Al_2O_3-TiC	<1.5	热压	4.50	（≥97）	700～850	4.830	
M4	Al_2O_3-碳化物-金属	—	热压	5.00	（≥96.5～97）	800～900	6.616	
M5（T1）	Al_2O_3-碳化物-金属	<1.5	热压	4.94	（≥96.5～97）	900～1150	—	
M6	Al_2O_3-碳化物-金属	—	热压	—	（≥96.5～97）	800～950	4.947	成都工具研究所
M8-1	Al_2O_3-碳化物-金属	—	热压	5.20	（≥96.5～97）	800～1050	7.403	
P2	Al_2O_3-ZrO_2	—	热压	—	（≥96.5）	700～800	—	
T2	Al_2O_3-TiC-ZrO_2	—	热压	—	（≥90～100）	900～1000	—	
N5	Si_3N_4	—	热压	—	（≥97～98）	650～800	—	
SG3	Al_2O_3-(W、Ti)C	<1	热压	5.55	94.5～94.8	825	（15）	
SG4	Al_2O_3-(W、Ti)C	≤0.5	热压	≥6.65	94.7～95.3	800～1180	4.94（15）	
SG5	Al_2O_3-SiC	—	热压	—	94	700	（15）	
LT35	Al_2O_3-TiC-Mo-Ni	≤1	热压	≥4.75	93.5～94.5	900～1100	（8.5）	
LT55	Al_2O_3-TiC-Mo-Ni	≤1	热压	≥4.96	93.7～94.8	1000～1200	5.04（20）	
JX-1	Al_2O_3，SiC 晶须	—	热压	3.63	94～95	700～800	8.5	
JX-2	Al_2O_3，SiC 晶须颗粒	—	热压	3.73	93～94	650～750	8.0～8.5	
LP-1	Al_2O_3，TiB_2	—	热压	4.08	94～95	800～900	5.2	山东大学
LP-2	Al_2O_3-TiB_2-SiC 晶须	—	热压	3.94	94～95	700～800	7～8	
LD-1	Al_2O_3-特殊添加剂-稀土	—	热压	4.95	93～94	>750	5.8～6.6	
LD-2	Al_2O_3-特殊添加剂-稀土	—	热压	6.51	93.5～94.5	700～860	5.8～6.5	
FG-1	Al_2O_3-梯度功能	—	热压	4.46	94～95	700～800	9.0	
FG-2	Al_2O_3-梯度功能	—	热压	6.08	94.7～95.3	700～800	8.4	
FH1-1	陶瓷-硬质合金复合刀片	—	热压	—	94～95	800～1000	5.3～5.8	
FH1-2	陶瓷-硬质合金复合刀片	—	热压	—	94～95	800～1000	5.3～5.8	

（续）

牌号	成分	平均晶粒尺寸/μm	制造方法	密度/(g/cm³)	硬度 HRA (HRN15)	抗弯强度/MPa	断裂韧度/MPa·m^{1/2}（冲击韧度/(kJ/m²)）	研制单位
AT6	Al_2O_3-TiC	≤1	热压	4.75~4.78	93.5~94.5	900	(8.5)	济南冶金研究所
AG2	Al_2O_3-TiC	≤1.5	热压	4.55	93.5~95	800	—	中国矿冶学院
SM	Si_3N_4	—	热压	3.26	91~93	750~850	(4)	上海硅酸盐研究所
HS78	Si_3N_4	2~3	热压	3.14	91~92	600~800	4.7~6.609(4)	清华大学
FT80	Si_3N_4-TiC-Co	—	热压	3.41	93~94	600~800	7.21 (4.4~3.5)	
F85	Si_3N_4-TiC-其他	—	热压	3.41	93.5	700~800	6~7(5~7)	
ST4	Sialon	—	冷压	3.18	92~93	700~750		山东工业陶瓷研究所
TP4	Sialon	—	热压	—	92~93	750~800		
SC3	Sialon	—	热压	3.29	94~95	750~820		
FD05	Si_3N_4	—	热压	3.41	92.5	1000		北京清华紫光方大高技术陶瓷有限公司
FD01	Si_3N_4+TiC	—	热压	3.44	93	960		
FD04	Si_3N_4+Al_2O_3+TiC	—	热压	3.85	94	850		
FD22	Al_2O_3+Ti(NC)	—	热压	4.75	94.5	850		
FD10	Al_2O_3	—	热压	3.92	93	800		
FD12	Al_2O_3+TiC	—	热压	4.74	94	850		
YA	Al_2O_3-Ti(C.N)	—	热压	4.25	20.5	600	5.5	—
YAZ	Al_2O_3-ZrO_2	—	热压	4.07	17	400	5	
氧化锆	ZrO_2	—	热压	6.00	12	600	7.00	
LT-4	复合金属陶瓷	—	热压	4.75	94.5	650~750	5~6	重庆利特高新技术陶瓷有限公司
LT-3/LT-3A	Si_3N_4复合	—	热压	3.77	94.5	650~750	5~6	
LT-2/LT-2A	Si_3N_4复合	—	热压	3.41	93	680~750	6~7	
LT-1/LT-1A	Si_3N_4	—	热压	3.28	92.5	750~1000	6~8	
HDM1	Si_3N_4基	—	热压	—	92.5	930	—	北京海得曼无机非金属材料公司(北京天龙高技术发展公司)
HDM2	Si_3N_4基,SiC晶须	—	热压	—	93	980		
HDM3	Si_3N_4基	—	热压	—	92.5	830		
HDM4	Al_2O_3基	—	热压	—	93	800		

表 2-38　国外生产的部分陶瓷刀具的牌号、主要成分和性能

国别	制造公司	牌号	主要成分（质量分数）	制造法	晶粒平均尺寸/μm	密度/(g/cm³)	硬度 HRA	抗弯强度/MPa	抗压强度/MPa	其余性能
美国	亚当斯碳化物（Adamas Carbide）公司	Ceralox	Al_2O_3	—	—	3.89~3.91	—	350	3000	—
	AVCO公司	ACT—1	Al_2O_3	—	1~2	3.96~3.98	2200HV	650~750	—	—
	Babcock&Wilcox	G10	Al_2O_3+TiC+TiN+WC	HP	≤1	4.25	93~94	800	—	—
		G30	Al_2O_3	CP	2	3.97	91~92	700	—	—
		T4	Al_2O_3	CP		3.96	93	—	—	—
	Basic Ceramic Co.	Basie	Al_2O_3+TiC	HP	2	4.17	94.3	—	—	—
	卡麦特（Carmet）公司	CA—W	Al_2O_3	CP	3	3.97	91	700	—	—
		CA—B	Al_2O_3+TiC	HP	2	4.25	94	840	—	—

（续）

国别	制造公司	牌号	主要成分（质量分数）	制造法	晶粒平均尺寸/μm	密度/（g/cm^3）	硬度HRA	抗弯强度/MPa	抗压强度/MPa	其余性能
美国	Carborundum Co.	CCT—707	Al_2O_3	HP	3	3.92	93	600	3100	—
	多用机床（DoAll）公司	Do—80	Al_2O_3+TiC	HP	—	—	2000HK	630	—	
	Dimonite	Dimonite	Al_2O_3+Cr_2O_3	—	10	3.727	1405HV	343	1519	
	杜邦（DuPont）公司	BaxtronDBA	Al_2O_3+TiC+Cr	—	1.5～2.5	4.74	92.5～93.5	1020		
	通用电气（GE）公司	Carboloy0—30	Al_2O_3+TiO 10%	CP	2	4.114	93～94	600	3500	
		Cer Max440	含有添加剂	—	—	—	93.5～94	770		
	肯纳金属（Kennametal）公司	Kyon2000	Sialon	—	—	3.2	1800HV	765	—	K_{IC}=6.5
		Kyon3000	Sialon	—	—	—	1460HV	830	—	K_{IC}=6.5
		Quatum5000	Si_3N_4/TiC	—	—	3.4	93.5	750	—	K_{IC}=4.3
		CO6	Al_2O_3	CP	3	3.96～3.99	94	700	4500	—
		KO60	Al_2O_3	CP	3	3.97	93～94	700～770		—
		KO90	Al_2O_3+TiC	HP	1～2	4.25	94.5～95	920～950		—
	格林里弗（Greenieaf）公司	Gem9	Al_2O_3	CP	3	3.9～3.99	91	700		
		Gem1	Al_2O_3	HP	1.5	3.97	91	700		
		Gem2	Al_2O_3+TiC	HP	2	4.25	94	800		
		Gem3	Al_2O_3+TiC+金属	HP	2	4.3～4.45	93	840		
	Harrisville Tool Co.	H100	—			3.91	93.5	—		
	特列丹·弗思·斯特岭（Teledyne Firth Sterling)公司	TD—35	Al_2O_3+TiB_2	CP	1.5	4.05	94	950	—	
		Stupalox	—			3.85～3.99	91～95	700	3150	
	汤普森·拉莫·伍尔德里奇公司温特-索尼斯（TRW-Wendtsonis）分公司	TRW138	Al_2O_3	CP	2～3	3.91	93～94	700		
		TRW1322	Al_2O_3+TiC	HP	1.5～2	4.27	94～95	800		
	瓦列龙（Valenite）公司	V—32	Al_2O_3+TiC	HP	0.5	4.26	94.5～96	840		
		V—34	Al_2O_3	CP	<2	3.99	94	690		
		V—40	Al_2O_3+添加物	CP	—	—		840		
		V—44	Al_2O_3+15%合金元素	CP	—	—	93.5～94.5	770～840		
	扇牌公司维尔/伟松（VR/Wesson）分公司	VR—97	Al_2O_3	CP	1～3	3.98	93～94	735	4000	—
		VR—100	Al_2O_3+TiC	HP	0.5～1	4.30	95～95.3	875		
日本	特殊陶业	NTK—C1	Al_2O_3	CP	2～2.5	3.94	93～94	400～500	~4000	P01,K01
		NTK—HC1	Al_2O_3	HP	1～1.5	3.98	94.5	600～700		
		NTK—HC2	Al_2O_3+TiC 30%	HP	1～2	4.3	94.5	700～800	1350	P01,K01
		NTK—CX3	Al_2O_3	CP	1～2	4.0	93.5	560		
		NTK—CX2	Al_2O_3+TiN	CP	1～2	4.5	94	760	—	
	东芝坦葛洛依公司	Tungolox	Al_2O_3	—	7	3.943	1608HV	546	2810	
		LXA	Al_2O_3	CP	2～5.5	3.95	93～94	600	3500～4500	P01,K01
		LXB	Al_2O_3+TiC	—	1～2	4.2～4.3	94～95	800		
		LXBC	—		1～3	3.97～3.99	92.5～93.5	700～800	3500～4500	—
		LX21	Al_2O_3+TiC+特殊添加剂	HP	—	4.25～4.3	93～94	900	4000～5000	P01～P05,K01，E=4.2×10^5，α=8×10^{-6}，k=20.93，K_{IC}=136

（续）

国别	制造公司	牌号	主要成分（质量分数）	制造法	晶粒平均尺寸/μm	密度/（g/cm³）	硬度HRA	抗弯强度/MPa	抗压强度/MPa	其余性能
日本	住友电气公司	A10	Al_2O_3+Mo 10%	—	—	4.2~4.3	94	300~400	—	
		C20	Al_2O_3+（Mo_2CWC）20%	—	—	4.6	—	400~700	—	
		FX920		—	—	3.27	92.8	960	—	$K_{IC}=9.4$
		FX910	Si_3N_4	—	—	3.32	94.7	760	—	$K_{IC}=6.7$
		Naycon	—	—	—	3.23	92.8	1000		
		CS100	Si_3N_4	—	—	3.3	1500HV	900	—	$K_{IC}=8.0$
		C40	Al_2O_3+（Mo_2CWC）40%	—	—	5.3	—	400~700	—	
		B90	Al_2O_3+TiC	HP	0.8~1.2	4.24~4.27	94.5	900	4500	P01~P05
		W80	Al_2O_3	HP	1.2~1.6	3.96~3.99	94	800		
		NB90S	Al_2O_3+TiC	HP	0.8~1.2	4.30	95	950	4000	P01，K01
		NB90M	Al_2O_3+TiC	HP	0.8~1.2	4.40	94.5	950		
	日本钨公司	NPC—A1	Al_2O_3	CP	1~1.5	3.98~4	93~94	700	3000~4000	—
		NPC—A2	Al_2O_3+TiC30%	HP	0.8~2	4.24	94~95	850	4000	$E=4\times10^5$，$\alpha=7.8\times10^{-6}$，$k=20.9$
		NPC—H1	Al_2O_3	HP	1.5	3.98	94	800	—	$\alpha=7\times10^{-6}$，$k=20.9$
	京都陶瓷	セラチツフW	Al_2O_3	CP	1~3	3.94	92.5	500~600	4000	P01
		セラチツフB	Al_2O_3+TiC	HP	1.5~2	4.27	94.2	700~800	4500	P01
	三菱金属矿业公司	XD—3	Al_2O_3+Zr	HP	—	4.3	93.2	800	4500	P01
		フロソクス	—	—	—	2.8~4	92~93	500~600	3000	—
	住友金属工业公司	ALOX—S	—	—	2~3	3.9~3.95	92.5~93.5	550		
	火花塞（NGK）公司	NGK	Al_2O_3+Tic+WC	HP	≤2	4.15	1850~2010HV	800		
前苏联	硬质合金研究所	ЦМ332	Al_2O_3	CP	4	3.96~3.98	91~92	350~400	5000	$E=3.2\times10^5$，$\alpha=8.2\times10^{-6}$，$a_K=5$，$k=19.26$，耐热性 1200℃
		B3	Al_2O_3+TiC	HP	2~3	4.5~4.6	92~94	450~700	—	耐热性>1000℃
		BШ—75	Al_2O_3	HP	3	3.98	91~92	500	2500~3000	—
		BOK—60	Al_2O_3+TiC 40%	HP	2~3	4.2~4.3	93~94	600~700	—	耐热性>1000℃
		BOK—63	Al_2O_3+TiC 40%	HP	2~3	4.2~4.3	93~94	650~750	—	—
		OHT—20	Al_2O_3	HP	—	4.39	90~92	640		
德国	Feldmahle	SPK	Al_2O_3	—	5	3.86	1515HV	434	1890	—
		SN—56	Al_2O_3	CP	2.5~3	3.9~3.92	2400HV	500~600	4000	$E=4.1\times10^5$，$k=20.93$，$\alpha=7.3\times10^{-6}$（0~500℃）=8.2×10^{-6}（0~1000℃）=8.9×10^{-6}（0~1500℃）
		SN—60	Al_2O_3>90%+ZrO_2<10%	CP	≤3	3.97	2000HV	450	4080	$E=3.8\times10^5$，$\alpha=8.5\times10^{-6}$，$K_{IC}=175$，$k=60$
		SN—76	Al_2O_3	CP	3	3.96	2450HV	410	—	—

（续）

国别	制造公司	牌号	主要成分（质量分数）	制造法	晶粒平均尺寸/μm	密度/(g/cm³)	硬度HRA	抗弯强度/MPa	抗压强度/MPa	其余性能
德 国	Feldmahle	SN—80	$Al_2O_3>80\%$ + $ZrO_2<20\%$	CP	<2	4.16	2000HV	510	—	$E=3.8\times10^5$, $k=60$, $K_{IC}=210$
		SHT1	Al_2O_3+TiC	HP	1.5~2	4.25~4.3	3000HV	600~700	4500	$E=3.6\times10^5$, $k=37.68$, $\alpha=7\times10^{-6}$ (0~500℃) $=7.8\times10^{-6}$ (0~1000℃)
		SH1	$Al_2O_3>60\%$ + TiC<40%	HP	<2	4.3	2500HV	387	4590	$E=3.9\times10^5$, $k=90$, $K_{IC}=160$, $\alpha=7.8\times10^{-6}$
		SH20	$Al_2O_3>80\%$ + TiC<20%	HP	<2	4.28	2100HV	410	—	$K_{IC}=165$, $E=3.9\times10^5$, $\alpha=7.8\times10^{-6}$, $k=90$
	克虏伯公司维迪阿厂（Krupp Widia）	NCL	Si_3N_4	—	—	3.3	92.6	816	—	$K_{IC}=6.7$
		Widalox	Al_2O_3+TiC	HP	10	3.96	1640Knoop	400~500	3010	—
		Widalox R	Al_2O_3+TiC5%	HP	1~3	4.0	1800HV	460	3570	$E=4\times10^5$
		Widalox ZR	Al_2O_3+TiC5%+ZrO_2	HP	1~2	4.2	1500HV	710	3370	$E=3.6\times10^5$
	赫 尔 特（Hertel）公司	WidaloxG	$Al_2O_3\approx95\%$ $ZrO_2\approx5\%$		2	4.02	≈1730HV	700	5000	
		AC5	Al_2O_3+ZrO_2	CP	1.5	4.0	1700HV	500	4000	
		MC2	Al_2O_3+TiC	HP	1.0	4.25	2000HV	600	4300	
	国营硬质合金公司	HC20	Al_2O_3+金属碳化物			4.34	92~94	300~500		
		HC30	Al_2O_3+(WC+Mo_2C)30%			5.31	92~94	300~500	3000	
		C40	Al_2O_3+WC20%Mo_2C20%			5.35	92~94	350~500	3000	
		HC20M	Al_2O_3+TiC+WC			4.2~4.4	92~94	350~500	3000	
瑞 典	休德弗斯（Soderfors Bruk）公司	Realox	—			4.0	1400HV	300~400	—	
		Revolox	Al_2O_3+WC+Co	HP	7	6.861	1580HV	714	3045	
	法盖斯塔（Fagersta）公司	SR—30	Al_2O_3	CP			2100Knoop	700	—	
		Secoramic	Al_2O_3+金属碳化物			4.2	90~95	350	3500	

注：表中 E—弹性模量（MPa）；a_K—冲击韧度（kJ/m²）；α—线膨胀系数（℃⁻¹）；K_{IC}—断裂韧度（MPa/mm$^{1/2}$）；k—热导率［W/(m·K)］；HP—热压；CP—冷压。

表 2-39　国外陶瓷刀具的主要牌号

生产厂家	黛杰 Dijet	三菱 Mitsubish	东芝 Toshiba	住友电工 Summitomo	京瓷 Kyocera	山特维克 Sandvik	日本钨业 Nippon	肯纳 Kennmetal	特殊陶瓷 N.T.K.	特固克 Taegutec
刀具牌号	CA010	XD805	FX105	B90	SN60	CC620	H1	K060	SX1	AS10
	CA100	XD202	LXA	NB90S	A66N	CC650	A2	KW80	SX2	AW20
	CA200	XC510	LX11	NB90M	A65	CC670	W1	KB90	SX8	AB20
	CS100	XE520	LX21	WX120	A66N	CC680	NXA	K090	HC1	AB30
	—	XE515	LXB	W80	KS500	GC1690	NX	MC2	HC2	SC10
	—	—	TF10	A10	KA30	CC690	—	KB90X	HC4	—
	—	—	WG300	C20	KS6000	—	—	MC3	HC5	—
	—	—	FX910	C40	KS7000	—	—	KY2000	HC6	—
	—	—	FX920	NS260C	AZ5000	—	—	KY2100	CX3	—
	—	—	—	NS10	—	—	—	KY2500	CX2	—
	—	—	—	NS130	—	—	—	KY3400	WA1	—
	—	—	—	NS260	—	—	—	KY3500	WA2	—
	—	—	—	—	—	—	—	KY4000	SP2	—

2. 陶瓷刀具的使用及选用

为了充分发挥陶瓷刀具材料的特性，又能较经济地满足加工要求，使用时必须注意如下问题：

1）陶瓷刀具使用时要求机床的精度好、刚性高和振动小，刀具或刀片的夹紧必须牢固可靠，夹紧力方向应使刀片紧靠定位面，否则容易引起刀具的破损或崩刃。

2）为了充分发挥陶瓷刀具材料抗压强度高的特点，陶瓷刀具一般都采用负前角，其范围通常为 $-12°\sim-5°$，并应采用稍大一些的刀尖修圆半径和刃口钝圆半径或磨出负倒棱。但倒棱后的刀具会使切削力增加，故加工刚性差的工件时，不应磨出负倒棱。

3）为了充分发挥陶瓷刀具材料耐热性与耐磨性好的特点，在机床功率、工艺系统刚性和刀片强度允许的前提下，应尽量选用较大的背吃刀量和切削速度进行切削，以充分发挥它高温性能好的特点。由于进给量对刀具破损的影响最为敏感，所以开始切削时的进给量应取得小些，通过试切，逐步增加，以刀具不发生破损时为限。

4）陶瓷刀具工作时通常是干式切削，如用湿式切削，刀具寿命较高。但在刀具切入工件前就应浇注切削液直到切削完毕为止，切削液必须连续供给，不能时断时续，否则容易引起刀具破损或崩刃。同理，在切削过程中，还应尽量避免中途停车或变换切削用量。

5）要根据被加工材料性质及加工特点正确选择

陶瓷刀具材料的种类和牌号。陶瓷不仅用于制造车刀、镗刀和铣刀，而且也开始用于制造成形车刀、铰刀和滚刀等，陶瓷刀具主要应用于车削、镗削和端铣等精加工和半精加工工序，最适于加工淬硬钢、高锰钢、高强度钢和高硬度铸铁，切削效果比硬质合金有显著提高，加工一般硬度的钢材与铸件，效果没有上述显著。

不同种类的陶瓷刀具材料有着不同的应用范围。Al_2O_3 基陶瓷适于加工各种钢材（碳素结构钢、合金结构钢、高强度钢、高锰钢、淬硬钢等）和各种铸铁，也可加工铜合金、石墨、工程塑料和复合材料，加工钢料优于 Si_3N_4 基陶瓷刀具，但由于铝元素的化学亲合作用，它不宜用来加工铝合金和钛合金，否则容易产生化学磨损。Al_2O_3 基陶瓷制造的滚刀、铰刀和成形车刀等各类刀具不仅可用于普通车床加工，而且由于其稳定可靠的切削性能，特别适用于数控机床和自动生产线加工，尤其对高精度、高硬度以及大型工件的切削具有良好效果。Si_3N_4 基陶瓷加工范围与 Al_2O_3 基陶瓷类似，它最适于高速加工铸铁和高温合金，一般不宜用来加工产生长切屑的钢料（如正火和热轧状态）。Sialon 陶瓷最适于加工各种铸铁（灰铸铁、球墨铸铁、冷硬铸铁、高合金耐磨铸铁等）和镍基高温合金，不宜用来加工钢料。

国内外部分牌号的陶瓷刀具的推荐用途见表 2-40。

表 2-40　国内外部分牌号的陶瓷刀具的推荐用途

生产厂家	牌　号	特点和适用用途
山东大学	LT55	加工多种钢(55HRC)和铸铁,特别适于超高强度钢和高硬铸铁
	SG4	加工各种钢和铸铁,特别适于加工淬硬钢(60~65HRC)
	JX—1	适于加工高温镍基合金
	JX—2	最适于加工纯镍和高镍合金
	LP—1	适于加工各种钢和铸铁
	LP—2	同上,适于断续切削
	LD—1	同上,适于断续切削
	LD—2	同上,适于断续切削
	FG—1	同上,适于加工超高强度钢和高硬铸铁
	FG—2	同上,特别适于加工淬硬钢
	FH1—1	同上,加工淬硬钢
	FH1—2	同上,适于断续切削钢和铸铁(包括淬硬钢)
北京清华紫光方大高技术陶瓷有限公司	FD05	抗热震性特好,强度好,抗冲击性好,但不适于切削高强度钢,硬度<62HRC 铸铁的毛加工、断续切削、高速大进给切削
	FD01	耐高温性能好,强度不如 FD05,但耐磨性稍好,适于硬度<65HRC 的高合金铸铁的毛加工,合金钢、高锰钢的粗加工
	FD04	耐高温性能好,适于铸铁大进给量加工及铣削加工,加工高硬铸铁、球墨铸铁、淬硬钢或合金铸铁
	FD22	耐磨性特好,可实现淬硬钢的以车代磨或以铣代磨。精加工 65HRC 的淬硬钢或合金铸铁
	FD10	高速切削性能特好,能以 ≤1000m/min 的切削速度精车灰铸铁,硬度<65HRC 的铸铁精加工、高速精车
	FD12	切钢件时的耐磨性好,适用于硬度<65HRC 钢与铸铁的精加工

（续）

生产厂家	牌 号	特点和适用用途
重庆利特高新技术陶瓷有限公司	LT—1/LT—1A	可在 1000m/min 的切削速度下,干式或湿式高速切削灰铸铁,也可加工 50HRC 左右的合金铸铁,具有优异的抗冲击性能
	LT—2/LT—2A	可对硬度≤55HRC 的合金铸铁、高锰钢进行粗、刨削加工等,抗冲击性能好,耐磨性能优于 LT—1
	LT—3/LT—3A	可对硬度≤55HRC 的半钢轧辊、高锰铸铁、铸钢进行粗、精加工等,抗冲击性能好,耐磨性能优于 LT—2
	LT—4	可对硬度≤65HRC 的淬硬钢、轴钢进行粗、精加工,以车代磨加工轴内外环、钢基轧辊等,对高硬度的不锈钢(硬度≤50HRC)进行粗、精加工
山特维克可乐满(Sandvik Coromant)公司	CC6090	氮化硅陶瓷刀具适于高速粗、半精切削加工灰铸铁
	纯陶瓷 CC620 复合陶瓷 CC650	适于精加工轻载荷切削灰铸铁
	CC6080	Sialon 陶瓷刀具适于高效精、半精车耐热合金,如镍基合金
	CC670	晶须增韧的陶瓷刀具可用于镍基合金的粗车、精车,也可用于粗车淬硬钢和冷硬铸铁
	GC6050	复合陶瓷刀具适于高效精、半精车削淬硬钢和冷硬铸铁轧辊
	GC3205,GC3210,GC3215	车削铸铁的专用牌号分别采用不同的硬质合金基体和不同厚度的 TiCN-Al_2O_3 涂层刀具,可分别用于灰铸铁的高速加工、球墨铸铁的高速加工和各种铸铁的中低速断续切削加工
	GC2015	涂层结构为 TiN-TiN/Al_2O_3(多层)-TiCN,采用了梯度硬质合金,表面富钴,韧性好,内部有良好的热硬性,允许应用高的切削速度,底层的 TiCN 与基体的结合强度高并有良好的耐磨性,TiN/Al_2O_3 的多层结构既耐磨又能抑制裂纹的扩展,表面的 TiN 有较好的化学稳定性又易于观察刀具的磨损。用于加工奥氏体不锈钢的陶瓷涂层刀具
	Wiper 陶瓷刀具	适于硬车削、铸铁的切削加工及耐热合金的切削加工
蓝帜(LMT)集团 BOEHLERIT 公司	Casttec LC620H	刀具采用强韧基体,表面涂覆 Al_2O_3,可减小前面月牙洼磨损,主要用于断续切削,能以 400m/min 的线速度断续切削灰铸铁
肯纳刀具(Kennametal)公司	KY3500	纯氮化硅陶瓷,韧性最强,用于灰铸铁的大进给加工,包括断续切削
	KY1310	Sialon 陶瓷刀片,耐磨性极好,通常用于灰铸铁的高速连续车削加工,也可以车削硬化工件表皮
	KY2100	Sialon 陶瓷刀片,耐磨性好,而且具有良好的抗机械冲击的能力,可用于高温合金的通用加工
	KY1525	为晶须增韧的氧化铝陶瓷刀片,用于高温耐热合金的精加工或通用加工,刀片耐磨性好,刃口抗热冲击能力强,抗缺口磨损能力强
	KY4400	陶瓷刀片是在 1μm 晶粒度的 Al_2O_3 基体中混入了 TiCN 而开发成的,适合于精车和半精车硬度达 40~67HRC 的淬硬钢或铸铁
伊斯卡(Iscar)公司	IN11	刀片的主要成分为 Al_2O_3 和 ZrO_2,颜色是白色,可用于钢(切削速度为 400m/min)和铸铁(切削速度为 600m/min)的精加工
	IN22	刀片的主要成分为 Al_2O_3 和 TiCN,颜色是黑色,可用于淬硬钢、难加工材料、冷硬铸铁的车削,也可用于高速工具钢和工具钢的切削加工,加工硬度 50HRC 淬硬钢的切削速度可达 150m/min,进给量达 0.2mm/r
	IN23	刀片的主要成分为 Al_2O_3 和 TiC,颜色是黑色,应用范围与氮化硅陶瓷刀具相似,可用于灰铸铁和球墨铸铁的半精、精加工,也可用于精铣或轻断续切削加工,加工灰铸铁的刀具寿命比未涂层氮化硅陶瓷刀具的寿命长
	IS8	刀具的主要成分包括 Si_3N_4、Al_2O_3 和 Y_2O_3,特别适合于粗、半精加工铸铁,也可用于车削或铣削灰铸铁和球墨铸铁
三菱综合材料公司	UC5105	涂覆微粒 Al_2O_3 和微粒且纤维状的 TiCN 厚膜,采用高硬度的基体,用于灰铸铁和球墨铸铁的高速连续切削
	UC5115	涂覆微粒 Al_2O_3 和微粒且纤维状的 TiCN 厚膜,采用强韧的基体,用于球墨铸铁的不稳定条件加工
京瓷(Kyocera)公司	KA30	Al_2O_3 基陶瓷刀具适合于高速切削铸铁
	SN60	ZrO_2 增韧陶瓷刀具适合于精车铸铁
	A65	Al_2O_3-TiC 复合陶瓷适于半精、精加工钢、铸铁和高硬材料
	A66N	为 TiN 涂层 Al_2O_3-TiC 复合陶瓷,其韧性与耐磨性好于普通 Si_3N_4 陶瓷
	KS500	Si_3N_4 基陶瓷,适合于断续、高进给切削铸铁,也可用于湿式切削
	KS6000	Si_3N_4 基陶瓷,用于粗车和高温合金

（续）

生 产 厂 家	牌　号	特点和适用用途
黛杰（Dijet）公司	CA010	Al_2O_3 陶瓷适于铸铁、钢的连续高速精加工
	CA100	Al_2O_3-TiC 复合陶瓷适于铸铁和钢的连续车削
	CA200	SiC 晶须增韧的陶瓷刀具可用于耐热合金、铸铁的断续切削加工
	CS100	Si_3N_4 陶瓷刀具主要用于铸铁的连续或断续切削加工
株洲钻石公司	YBD052	用于铸铁的精加工，采用平滑涂层技术，对微粒氧化铝进行平滑涂层处理，可减少刀具粘接磨损

2.5.2　金刚石和立方氮化硼刀具材料

金刚石和立方氮化硼刀具具有工效高、使用寿命长和加工质量好等特点，过去主要用于精加工，近几年来通过改进生产工艺，控制原料纯度和晶粒尺寸，采用复合材料和热压工艺等，其脆性有了重大改进，韧性提高，使用可靠性大为改善，已可作为常规刀具在生产中应用，除适于一般的精加工和半精加工外，还可用于粗加工，被国际上公认为当代提高生产效率最有潜力的一种切削刀具。利用金刚石刀具加工有色金属材料及其合金等零件，其切削速度可比硬质合金高一个数量级，刀具寿命比硬质合金高几十、甚至上百倍。同时它的出现，还使传统的工艺概念发生变化。利用立方氮化硼刀具通常可直接以车、铣代替粗磨对淬硬零件加工，改变了传统的软加工—淬硬—磨削这样的典型工艺流程，进行比较复杂形状工件的加工，可以用单一工序代替多道工序，大大提高了切削效率。

金刚石和立方氮化硼的硬度比其他刀具材料高出很多。金刚石是自然界中最硬的物质，CBN 的硬度仅次于金刚石。近年来，超硬刀具材料发展迅速，还有新型的氮化碳（C_3N_4）涂层。

1. 金刚石

金刚石是碳的同素异构体，是自然界中已经发现的物质中最硬的一种材料。按其来源可分为天然金刚石和人造金刚石两类，从类型上可分为单晶和多晶（聚晶）两种。金刚石刀具材料分为五类：

1）天然金刚石（ND），大多数属于单晶金刚石，现在已有人造单晶金刚石。

2）人造聚晶金刚石（PCD），以石墨为原料，经高温高压制成。

3）人造聚晶金刚石复合片（PCD/CC），以硬质合金为基底，表面有一层金刚石（约 0.5mm），制造方法与 PCD 相同。

4）金刚石薄膜涂层刀具（CD），用 CVD 工艺，在刀具表面涂覆一层约 10~25μm 的薄膜。

5）金刚石厚膜刀具（TFD），也采用 CVD 工艺，在另一基体上涂出 0.2mm 以上的厚膜，再将厚膜切割成一定的大小，然后焊在硬质合金刀片上使用。TFD 有很好的综合性能，有良好的应用价值和发展前景。

金刚石刀具具有如下的特点：

1）极高的硬度和耐磨性。金刚石的硬度达 8000~10000HV，是已经发现的自然界里最硬的物质。金刚石具有极高的耐磨性，耐磨性为硬质合金的 60~80 倍。加工有色金属材料和非金属硬脆材料时，金刚石刀具的寿命为硬质合金刀具的 10~100 倍。

2）各向异性。单晶金刚石晶体不同晶面及晶向的硬度、耐磨性能、微观强度、研磨加工的难易程度以及与工件材料之间的摩擦因数等相差很大，因此，设计和制造单晶金刚石刀具时，必须正确选择晶体方向，对金刚石原料必须进行晶体定向。金刚石刀具的前、后面的选择是设计单晶金刚石刀具的一个重要问题。人造金刚石各向同性，其硬度低于单晶金刚石，但强度与韧性优于单晶金刚石。

3）和有色金属材料间具有很低的摩擦因数。金刚石与一些有色金属材料之间的摩擦因数比其他材料刀具都低，约为硬质合金刀具的一半。通常在 0.1~0.3 之间。如金刚石与黄铜、铝和纯铜之间的摩擦因数分别为 0.1、0.3 和 0.25。摩擦因数低，导致加工时变形小，可减小切削力。

4）切削刃非常锋利。金刚石刀具的切削刃可以磨得非常锋利，聚晶金刚石切削刃钝圆半径一般可达 0.5~1μm，单晶金刚石刀具可高达 0.1~0.5μm。因此，单晶金刚石刀具是进行超薄切削和超精密切削的唯一刀具材料。

5）具有很高的导热性能。金刚石的热导率为硬质合金的 1.5~9 倍，为铜的 2~6 倍。由于热导率及热扩散率高，切削热容易散出，故刀具切削部分温度低。

6）具有较低的线膨胀系数。金刚石的线膨胀系数为硬质合金的几分之一，约为高速工具钢的 1/10。因此金刚石刀具不会产生很大的热变形，即由切削热引起的刀具尺寸的变化很小。这对尺寸精度要求很高的精密加工刀具来说尤为重要。

在刀具上，常将聚晶金刚石薄层（厚度 0.3~0.5mm）压制在硬质合金基体上，制成复合聚晶金刚石刀片，提高了它的强韧性。金刚石与有色金属材料无亲和力，摩擦因数小，切屑易流出，同时热导率高，切削时不易产生积屑瘤，被加工表面质量好，能高效加工有色金属材料和非金属材料，不适

宜加工钢铁材料及其他铁族金属材料。

其次，单晶金刚石性质较脆，在受一定的冲击力时，容易沿晶体的解理面破裂，导致刃口崩缺。因此，天然单晶金刚石用于精密、超精密切削是合适的。而很多加工已使用聚晶金刚石，其优点是，聚晶金刚石具有和单晶金刚石同等或接近的硬度，保证金刚石刀具的耐磨性；同时，聚晶金刚石是由金刚石微粉高压烧结聚合而成，具有各向同性，强

度比单晶金刚石要高，尤其是聚晶金刚石复合片的强度已接近复合基体（硬质合金）的强度，其刀具可以承受切削时（断续切削时）所产生的机械冲击。在选用金刚石刀具材料时，应根据切削条件进行合理选择，方可发挥金刚石刀具材料的优点。

单晶金刚石、聚晶金刚石和 CVD 金刚石的性能比较见表 2-41。不同牌号金刚石刀具的物理力学性能见表2-42。国外主要 PCD 刀具的牌号见表 2-43。

表 2-41　单晶金刚石、聚晶金刚石和 CVD 金刚石的性能比较

性能	单晶金刚石	聚晶金刚石	CVD 金刚石
密度/(g/cm^3)	3.52	4.1	3.51
弹性模量/GPa	1050	800	1180
抗压强度/GPa	9.0	7.4	16.0
断裂韧度/$MPa \cdot m^{1/2}$	3.4	9.0	5.5
显微硬度/GPa	80~100	50~75	85~100
热导率/$[W/(m \cdot K)]$	1000~2000	500	750~1500
线膨胀系数/$(10^{-6}/K)$	2.5~5.0	4.0	3.7
材质结构	纯金刚石	含 Co 粘结剂	纯金刚石
耐磨性	高于 PCD 和金刚石膜	随金刚石颗粒大小而变	比 PCD 提高 2~10 倍
韧性	差	优	良
化学稳定性	高	较低	高
可加工性	差	优	差
焊接性	差	优	差
刃口质量	优	良	优
适用性	超精密加工	粗加工、精加工，不适于加工有机复合材料	精加工、半精加工、连续切削、湿切、干切，适于加工有机复合材料

表 2-42　不同牌号金刚石刀具的物理力学性能

牌号	硬度 HV	硬度 HK[①]	抗弯强度/MPa	抗压强度/MPa	弹性模量/GPa	密度/(g/cm^3)	线膨胀系数/$(10^{-6}/℃)$	热导率/$[W/(m \cdot K)]$	热稳定性/℃	说明
天然单晶金刚石	10000	8000~12000	210~490	2000	900	3.47~3.56	0.9~1.18	146.5 (0.35)	700~800	—
人造聚晶金刚石 ACъ—1、ACъ—5 ACъ—6、ACъ—P	9000~10000	—	800	400~800	850	3.5~3.8	0.9~1.20	—	700	前苏联波尔塔夫厂产品，直接由石墨制成，用触媒，尺寸 (5~6) mm×(2.5~6.5) mm
人造聚晶金刚石 ACПK、ACПB	10000	—	1000	400~800	850	3.7~4.0	0.9~1.2	—	700~900	前苏联波尔塔夫厂产品，直接由石墨制成，用触媒，尺寸 (4~4.5) mm×(4~5) mm
人造聚晶金刚石 CB、CBC、CBAБ	10000	—	—	5000	850	3.3~3.46	—	—	700	前苏联硬质合金研究所产品，用金刚石粉烧结，用触媒，尺寸 4mm×4mm
人造聚晶金刚石 CKM	10000	—	—	5000	850	—	—	—	700	前苏联产品，尺寸 (6~8) mm×(4~5) mm
人造聚晶金刚石 AMK	7000~8000	—	—	4500~5000	—	—	—	850~900	—	前苏联产品，尺寸 (3~6) mm×(1.5~4) mm
AMK—T	8200~8600	—	—	5000~5500	—	—	—	750	—	前苏联产品，尺寸 (3~6) mm×(1.5~4) mm

（续）

牌　号	硬　度		抗弯强度 /MPa	抗压强度 /MPa	弹性模量 /GPa	密度 /（g/cm³）	线膨胀系数 /（10⁻⁶ /℃）	热导率 /[W/（m・K）]	热稳定性 /℃	说　明
	HV	HK①								
人造聚晶金刚石 Дисмнт	10000	—	1000	6000	900	3.54	—	—	1000	前苏联超硬材料所产品，用金刚石粉制成，用触媒
金刚石磨粉 APK4	10000	—	—	400~800	850				700~900	前苏联产品
金刚石复合刀片 ДАП、ДИАМЕТ	10000	—	—	8000					700	前苏联天然金刚石研究所产品，层厚 0.3~1.0mm，尺寸（5~14）mm×（3~6）mm
金刚石复合刀片 AMK-25，AMK-27	7500~8400	—	—	5000					650~700	前苏联产品，尺寸（3~8）mm×（2~5）mm
人造聚晶金刚石 Megadimond	—	7800	420	3160~5120	—	3.1~3.48	—		800	美国 Megadimond 公司产品，用金刚石粉烧结
金刚石复合刀片 Compax	—	6500~8000	2800	7500	850~1150	—	(3~3.6)×10⁻⁶/°F②	100~109	700~800	美国 DI 公司产品，人造金刚石粉末，含少量 Co 和 Mo，层厚 0.5mm
金刚石复合刀片 Syndite	4900	5000	1100	7610	841	—		560	—	英国 Element Six 公司产品，金属基体中含有 Co 和 Cu
スミダィヤ DA150，DA200，DA400	1400（DA150） 10000（DA200）	—	1300 2000（DA150） 2200（DA200）	—	880（DA150） 740（DA200）				—	日本住友电气公司，金属陶瓷粘结剂
金刚石复合刀片 CD10	—	—	—	—	—				—	瑞典山特维克公司产品，层厚 0.5mm

① 努氏硬度，一般是美国采用的硬度。

② $\dfrac{t}{℃}=\dfrac{5}{9}\left(\dfrac{\theta}{°F}-32\right)$，$t$ 为摄氏温度，θ 为华氏温度。

表 2-43　国外主要 PCD 刀具的牌号

公司名称	国别	牌号	平均粒径尺寸/μm	公司名称	国别	牌号	平均粒径尺寸/μm
DI（原 GE）	美国	Compax 1600	4	东名	日本	TDC—FM	0.3
		Compax 1300	5			TDC—SM	8
		Compax 1500	25			TDC—HM	12
		Compax 1800	4μm 和 25μm 混合物			TDC—EM	50+18
Element Six	英国	Syndite CTC002	2	京瓷（Kyocera）	日本	KPD002	2
		Syndite CTB002	2			KPD010	10
		Syndite CTB010	10			KPD025	25
		Syndite CTB025	25	三菱（Mitsubishi）	日本	MD230	微粒
		Syndite CTH025	25			MD220	中粒+微粒
		Syndite CTM302	2~30			MD205	粗粒+中粒
住友电工	日本	DA 90	50	东芝（Toshiba）	日本	DX120	细粒
		DA 150	5			DX140	中粒
		DA 200	0.5			DX160	中粒
		DA 2200	0.5			DX180	粗粒
史密斯	美国	F05	5	山特维克（Sandvik）	瑞典	CD10	细粒
		AMX	9	特固克（TaeguTec）	—	KP100	细粒
		M10	10			KP300	中粒
		C30X	30			KP500	粗粒
黛杰（Dijet）	日本	JDA200	>20	Megadiamond	美国	MEGAPAX100	2
		JDA400	5~15			MEGAPAX300	8
		JDA420	1~3			MEGAPAX500	20
		JDA10	0.5~3			MEGAPAX700	45

2. 立方氮化硼

立方氮化硼是继人工合成金刚石之后出现的利用超高压高温技术获得的第二种无机超硬材料，它的出现给超硬刀具材料增加了一个新品种，开拓了一个新领域。立方氮化硼是氮化硼的同素异构体之一，结构与金刚石相似，不仅晶格常数相近，而且晶体中的结合键也基本相同。由于立方氮化硼与金刚石在晶体结构上的相似性，便决定了它与金刚石相近的硬度，又具有高于金刚石的热稳定性和对铁族元素的高化学稳定性。由于立方氮化硼具有超硬特性、高热稳定性、高化学稳定性而引起广泛关注。

立方氮化硼做刀具材料具有以下特点：

1）很高的硬度和耐磨性。CBN 微粉末的硬度为 8000~9000HV。

2）很高的热稳定性。CBN 的耐热性可达到 1300~1500℃，比金刚石的耐热性 700~800℃ 几乎高 1 倍。CBN 在 1370℃ 以上由立方晶体变为六方晶体而开始软化。

3）优良的化学稳定性。CBN 的化学惰性大，在还原性的气体介质中，对酸和碱都是稳定的。与铁系材料到 1200~1300℃ 时也不起化学作用，与碳只是在 2000℃ 时才起反应。研究表明：CBN 与各种材料的粘接和扩散作用比硬质合金小得多。CBN 具有很高的抗氧化能力，在 1000℃ 时也不会产生氧化现象。

4）良好的导热性。CBN 的导热性虽然赶不上金刚石，但却显著高于高速工具钢和硬质合金。随着切削温度的提高，CBN 刀具的热导率是逐渐增加的，这可导致刀尖处切削温度的降低，可减少刀具的扩散磨损，并有利于高速精加工时工件精度的提高。

5）较低的摩擦因数。CBN 与不同材料的摩擦因数约为 0.1~0.3，比硬质合金的摩擦因数 0.4~0.6 小得多。低的摩擦因数可导致切削时切削力的减小，切削温度的降低。

不同牌号 CBN 刀具的物理力学性能见表 2-44，国外主要 PCBN（聚晶立方氮化硼）牌号及特点见表 2-45。

表 2-44 不同牌号 CBN 刀具的物理力学性能

牌　号	硬　度		抗弯强度 /MPa	抗压强度 /MPa	弹性模量 /GPa	密度 /(g/cm³)	线膨胀系数 /(10⁻⁶/℃)	热导率 /[W/(m·K)]	热稳定性/℃
	HV	HK[2]							
立方氮化硼 CBN	8000~9000	4700	300	800~1000	720	3.44~3.49	2.1~2.3	79.54	1300~1500
密排六方氮化硼 WBN	—	2600	—	—	—	3.49	—	—	—
Злъбор-Р（Композит-01）[1]	9000~9500	—	1000	1500	720	3.31~3.39	2.5~3.0	41.86	1300
Белбор（Композит-02）[1]	9000	—	700	6500	720	3.5	—	—	1300
Исмит1,2,3（Композит-03）[1]	8500~9000	—	800~1000	1200~1500	720	3.27~3.45	—	—	1200
Композит-05[1]	7000	—	500	1000	700	3.47~3.51	—	—	1000
Гексанит-Р（Композит-10）[1]	6000	—	1200	1200	720	3.5~3.6	—	21~80	1000
ПТНБ-5МК（Композит-09）	8000	—	600	4000	720	3.4	—	—	1200
ПТНБ—ИК-1[1]	9500	—	1200	5000	750	3.6	—	—	1300
CBN 复合刀片 BZNCompact	4500	3400~3900	—	—	—	3.48	5.6	—	—

① 前苏联的牌号。

② 努氏硬度，一般是美国采用的硬度。

表 2-45 国外主要 PCBN 牌号及特点

公司	牌号	CBN 粒度 /μm	CBN 质量分数(%)	密度/(g/cm³)	抗弯强度 /MPa	显微硬度/GPa	特　点
美国 DI	BZN7000S	15	82	3.4	550	34	陶瓷系粘结剂、不导电
	BZN6000	2	90	4	747	36	金属系粘结剂、导电
	BZN8200	2	65	4.1	771	35	陶瓷系粘结剂、导电
美国梅加公司	NT5	1.5	50	—	—	2600HV	陶瓷粘结剂，复合片厚度 1.6/3.2mm，CBN 层厚度 0.7/0.9mm
	N50	2.5	60	—	—	2700HV	金属陶瓷粘结剂，复合片厚度 1.6/3.2mm，CBN 层厚度 0.7/0.9mm

（续）

公司	牌号	CBN 粒度 /μm	CBN 质量分数（%）	密度/（g/cm³）	抗弯强度/MPa	显微硬度/GPa	特　点
美国梅加公司	N90	3	90	—	—	2900HV	金属粘结剂，复合片厚度 1.6/2.5/3.2/4.8mm，CBN 层厚度 0.7~0.9mm
韩国日进公司	SB100	10	93	—	—	3700~3900HV	整体刀片，耐磨性好
	SB95	3	95	—	—	3700~3900HV	极高耐磨性
	SB90	3	90	—	—	3500~3700HV	高耐磨性和耐热性
	SB80	3	80	—	—	2700~2900HV	高耐磨性和耐热性
	SB70	2	70	—	—	2600~2800HV	耐磨性高
	SB60	2	60	—	—	2500~2700HV	耐磨性和耐冲击强度高
	SB50	2	50	—	—	2500~2700HV	良好的热稳定性和耐蚀性
日本黛杰公司	JBN300	4~5	55~65	—	1100~1200	31.0~32.0	TiN 系粘结剂，适于高硬度材料的断续、连续切削
	JBN330	3~4	45~55	—	1000~1100	29.0~30.0	TiN 系粘结剂，适于强韧铸铁、高硬度材料的连续切削
	JBN500	3~4	85~95	—	1000~1100	33.0~34.0	金属系粘结剂，适于普通铸铁的高速切削，耐热合金等难加工材料的切削
	JBN10	4~5	45~55	—	1100~1200	31.0~32.0	TiN 系粘结剂，适于高硬度材料的切削
	JBN20	2~3	45~55	—	1000~1100	33.0~34.0	Al_2O_3 系粘结剂，适于铸铁、硬钢的切削
英国 Element Six	AMB90	8	90	—	—	—	Al 粘结剂，复合片厚度 6.4mm，CBN 层厚度 6.4mm，整体刀片
	DBW85	2	85	—	—	—	Co-W-Al 粘结剂，复合片厚度 1.6/2.38/3.2/4.76mm，CBN 层厚度 0.65~0.85mm，带硬质合金基体
	DBA80	6	80	—	—	—	Ti、Al 粘结剂，复合片厚度 1.6/2.4/3.2/4.8mm，CBN 层厚度 0.65~0.85mm，带硬质合金基体
	DBC50	2	50	—	—	—	TiC 粘结剂，复合片厚度 1.6/2.4/3.2/4.8mm，CBN 层厚度 0.65~0.85mm，带硬质合金基体
	DBN45	0.5~1	45	—	—	—	TiN 粘结剂，复合片厚度 1.6/2.4/3.2/4.8mm，CBN 层厚度 0.65~0.85mm，带硬质合金基体
SECOMAX	CBN350	16（各种粒度混合）	90	—	—	—	Al 系陶瓷粘结剂，整体 PCBN 材料；韧性优于 CBN300，注重安全性；用于淬硬钢粗加工、锰钢粗-精加工、珠光体灰铸铁和白口/硬铸铁的粗-精加工
	CBN300/CBN300P	22（各种粒度混合）	90	—	—	—	Al 系陶瓷粘结剂，整体 PCBN 材料；用于淬硬钢粗加工、锰钢粗加工、珠光体灰铸铁和白口/冷硬铸铁粗-精加工。CBN300P：PVD 涂层（TiA）N+ TiN；与 CBN300 的寿命相同或更高；容易确认磨损状态
	CBN200	2	85	—	—	—	Co-W-Al 系陶瓷粘结剂，钎焊烧结（硬质合金基体）；淬硬钢后退镗孔（$a_p = 0.5~10mm$）；用于珠光体灰铸铁、白口/冷硬铸铁粗-精加工、粉末冶金钢件及铁件精加工
	CBN150	<1	45	—	—	—	TiN 系陶瓷粘结剂，钎焊烧结（硬质合金基体）；比 CBN10、CBN100 韧性稍好（耐磨性稍差），适于淬硬钢的重度断续切削，切深小于 0.5mm
	CBN10	2	50	—	—	—	TiN 系陶瓷粘结剂，钎焊烧结（硬质合金基体），适于淬硬钢的连续-中度断续切削加工，切深小于 05mm
	CBN100/CBN100P	2	50	—	—	—	TiC 系陶瓷粘结剂，整体 PCBN 材料，适于淬硬钢的连续-中度断续切削，切深小于 0.5mm。CBN100P：PVD 涂层（Ti，Al）N+TiN；寿命与 CBN100 相同或更高；容易确认磨损状态

（续）

公司	牌号	CBN 粒度/μm	CBN 质量分数（%）	密度/（g/cm³）	抗弯强度/MPa	显微硬度/GPa	特 点
国产	FD	—	—	—	1570	>4000HV	热稳定性>1000℃，适于各种淬火钢的粗精加工，各种高硬铸铁、喷涂、喷焊、钴含量大于10%硬质合金的加工
	FD-J-CF Ⅱ	—	—	—	450～530	7000～8000HV	热稳定性 1000～1200℃，适于半精、精车淬火钢、热喷涂零件、耐磨铸铁、部分高温合金的加工
	FDP-J-XF	—	—	—	450～530	7000～8000HV	热稳定性 1000～1200℃，适用于异型和多刃刀具
	DLS-F	—	—	—	333～568	5800HV	热稳定性 1057～1121℃

注：表中数据来源于不同文献，表中数据有的可能相差甚大。

3. 纳米孪晶结构极硬刀具材料

在纳米尺度，多晶极性共价材料的硬化除了 Hall-Petch 效应的贡献还有量子限域效应的附加贡献，能够导致材料随显微组织特征尺寸减小而持续硬化却不软化。研究表明：利用洋葱结构氮化硼前驱物在高压下可以合成出纳米孪晶结构立方氮化硼，显微组织的特征尺寸（平均孪晶厚度）减小到 3.8mm，维氏硬度值可达 108GPa，超过了人造金刚石单晶，断裂韧性高于商用硬质合金，抗氧化温度高于立方氮化硼单晶本身。这些优异的综合性能表明纳米孪晶结构立方氮化硼将成为一种工业界期盼已久的刀具材料。利用洋葱碳在较高温度下可以形成纳米孪晶结构立方金刚石，洋葱碳转变成了单相的纳米孪晶结构金刚石，孪晶的平均厚度小到 5mm。这种纳米孪晶金刚石具有从未有过的硬度和稳定性：维氏硬度约为天然金刚石的两倍，可达 200GPa；空气中的起始氧化温度比天然金刚石高出 200℃以上。

纳米孪晶立方氮化硼和纳米孪晶金刚石的成功合成突破了人们对材料硬化机制的传统认识，开辟了一个同时提高材料硬度、韧性和热稳定性的新途径，也向人们展现了合成高性能超硬刀具材料的新途径——获得超细纳米孪晶结构。

4. 金刚石和立方氮化硼刀具材料的应用

（1）金刚石 金刚石具有极高的硬度、耐磨性，良好的导热性，较低的线膨胀系数，是很好的刀具材料。

单晶金刚石刀具的切削刃可以磨得十分锋利，切削刃钝圆半径可达 0.1～0.5μm，前、后面表面粗糙度极小，摩擦因数很小，切削时不易产生积屑瘤，后面上的附着物也小，故能获得很好的加工表面质量。适用于对非铁金属材料（主要是黄铜、纯铜、铝及其合金、高硅铝合金、电解镍、单晶锗、纯钨、纯钼、锰、金、银）和非金属材料（主要是石墨、单晶硅、铌酸锂单晶、KDP单晶、各种工程塑料、工程陶瓷、各种金属基纤维增强和颗粒增强的复合材料）进行超精密切削加工，加工表面可以达到镜面。

人造聚晶金刚石同样有极高的硬度和耐磨性，

良好的导热性，刀具的切削刃可以磨得很锋利，切削刃的钝圆半径可达 0.5～1μm。人造聚晶金刚石常做在硬质合金片基体上成为聚晶金刚石复合片，这复合片的基体是硬质合金，故很容易钎焊到钢的刀体上。聚晶金刚石刀具可用于加工非铁金属材料和非金属材料，可以加工出较高的表面质量，表面粗糙度 $Ra = 0.1～0.2μm$，车削硬铝时，硬化层深度为硬质合金加工的 1/3。由于刀具导热性好、磨损小，刀具的切削速度和寿命为硬质合金刀具的数十倍，加工出的零件精度高，尺寸一致性好，车削有色金属材料圆柱表面或圆柱孔、圆锥孔时，其尺寸精度误差可在几微米以内，圆度和母线的直线度误差可控制在 1μm 之内。

应该指出的是，虽然金刚石刀具具有很多优点，但也只是在一定的加工范围内才能显示出优越性。金刚石与钢铁有很强的化学亲和力，在高温时二者极易发生化学反应而产生 FeC，此外金刚石原子（碳原子）会扩散溶解到铁中去。因此，金刚石不适合加工钢铁类材料。另外，金刚石刀具的耐热性较低，当切削温度超过 700～800℃时，它会产生氧化反应，并在高温时会转变成石墨，失去硬度。

细粒度的金刚石用作磨料，金刚石磨轮用于磨削硬质合金、陶瓷、花岗岩等高硬度零件，还可用于制作牙科、骨科所用医疗器械工具等。

（2）立方氮化硼 立方氮化硼在硬度上略低于金刚石，但热稳定性好，对铁族元素呈惰性，适合切削钢铁材料，故立方氮化硼作为超硬刀具材料，是和金刚石具有互为补充的材料：金刚石刀具适用于加工有色金属材料和非金属，立方氮化硼刀具适用于加工钢铁材料。立方氮化硼平时都制成聚晶复合片，基片为硬质合金，可很容易钎焊在钢的刀体上，和金刚石聚晶复合片类似。

立方氮化硼刀具主要用于加工各种钢铁材料，如非合金工具钢、合金工具钢、高速工具钢、轴承钢、模具钢等。在加工一般硬度钢铁材料时，立方氮化硼刀具与硬质合金刀具相比优势并不明显，但在加工 50HRC 以上的淬硬钢、各种冷硬铸铁和耐磨

铸铁、热喷涂（焊）零件，以及各种铁基、镍基、钴基等难加工材料时，立方氮化硼刀具就明显地显示出它的优异切削性能。立方氮化硼刀具还用于加工高温合金，镍铬冷硬铸铁、高铬铁和渗钢铁之类硬质钢铁材料，以及钛合金、纯镍、纯钨等材料。立方氮化硼刀具可切削 50HRC 以上的淬硬钢，可进行粗加工和半精加工，因此可以代替磨削工艺，显著提高加工效率。

CBN 含量高的聚晶立方氮化硼刀具，具有高的导热性和韧性，一般用作粗加工淬硬钢和珠光体铸铁；CBN 含量低的聚晶立方氮化硼刀具，具有相对低的导热性和高的抗压强度及热硬性，一般用作加工淬硬钢的半精加工和精加工。

细粒度的立方氮化硼用作磨料，立方氮化硼磨

轮用于磨削淬硬钢，也可用于磨削硬质合金、陶瓷、花岗岩等。用立方氮化硼磨轮磨削高速工具钢刀具和轴承钢时，由于磨轮中的硼在高温时能渗入工件表层，可使高速工具钢刀具和轴承钢的耐磨性提高 20% ~ 30% 以上。

（3）金刚石及立方氮化硼刀具的选择和应用效果 金刚石及立方氮化硼刀具的选择见表 2-46。车削难加工材料时刀具材料的选择见表 2-47。聚晶金刚石车刀加工零件的质量标准见表 2-48。金刚石刀具超精加工的效果举例见表 2-49。不同金刚石车刀加工硅铝合金的加工效果见表 2-50。用立方氮化硼刀具在数控机床上加工淬硬钢的效果见表 2-51。在不同机床上用立方氮化硼刀具加工淬硬钢和铸铁时达到的表面粗糙度见表 2-52。

表 2-46 金刚石及立方氮化硼刀具的选择

工件材料			车削	磨削	珩磨	研磨及抛光	拉丝	修整	其他	工件材料		车削	磨削	珩磨	研磨及抛光	拉丝	修整	其他
金属	钢铁材料	碳钢	○	—		△	△	△	—	非金属	人造材料	塑料	△	△		△		—	—
		铸铁	○	△○		△	—	—	—			陶瓷	△	△	△	△	—	—	△
		合金钢	○	○		△	—	—	—			石墨	△	△		△	—	—	—
		工具钢	○	○		△	—	—	—			玻璃	△	△		△	—	—	—
		不锈钢	○	○		△	—	—	—			砂轮、砖	△	△		△	—	—	—
		超合金	○			△	—	—	—			宝石	—	△		△	—	—	—
	有色金属材料	铜、铜合金	△			△	—	—	—			石头	—	△		△	—	—	—
		铝、铝合金	△			△	—	—	—		天然材料	混凝土	—	△		△	—	—	—
		贵金属	△			△	—	—	—			橡胶		△		△	—	—	—
		喷涂金属	△○	△		△	—	—	—			石料		△		△	—	—	—
		锌合金	△			△	—	—	—			珊瑚		△		△	—	—	—
		巴氏合金	△			△	—	—	—			贝壳		△		△	—	—	—
		钨	△			△	—	—	—			宝石		△		△	—	—	△
		钼	—				—	—	—			牙、骨头		△		△	—	—	—
	特殊材料	碳化钨	△	△		△	—	—	△			珠宝		△		△	—	—	—
		碳化钛	—	△		△	—	—	△			木材制品	△	—		—	—	—	—
		铁淦氧磁合金	—	△		△	—	—	—										
		磁合金	△	△		△	—	—	—										
		硅	△	△		△	—	—	—										
		锗	—	△		△	—	—	—										
		磷化镓	—				—	—	—										
		砷化镓	—	△○		△	—	—	—										

注：△—金刚石工具，○—立方氮化硼工具。

表 2-47 车削难加工材料时刀具材料的选择

难加工材料种类	代 表 材 料	推荐采用的刀具材料	超硬材料刀具与硬质合金刀具寿命之比	备 注
耐磨非金属材料	玻璃钢、石墨、机械用碳、碳纤维、陶瓷、尼龙、各种塑料、胶木、硅橡胶、树脂与各种研磨材料的混合材料	人造金刚石	提高几十倍至几百倍	对于某些材料也可采用立方氮化硼刀具

（续）

难加工材料种类	代 表 材 料	推荐采用的刀具材料	超硬材料刀具与硬质合金刀具寿命之比	备 注
耐磨有色金属材料	过共晶硅铝合金 [w(Si) 达 17%~23%]、巴氏合金（轴承合金）、铍青铜	1) 人造金刚石 2) 立方氮化硼	提高几十倍至一百多倍	如材料硬质点硬度较低且表面粗糙度要求较小，推荐采用立方氮化硼刀具
耐磨钢铁材料	各种铸铁[硼铸铁、钒钛铸铁、硬镍铸铁、w(合金)≥20%的合金铸铁]、各种喷涂层、某些钢基硬质合金	1) 立方氮化硼 2) 陶瓷 3) 新牌号硬质合金	提高几倍至十多倍	硬质合金只能用15m/min以下低速，超硬刀具可用100m/min或更高速度，粗车宜用陶瓷
化学活性材料	各种钛合金、镍和镍合金、钴和钴合金、各种含有容易与碳化合的成分的材料	立方氮化硼	提高 10 倍以上	—
高硬度高强度材料	硬度 60HRC 以上，强度超过 1.5GPa 以上的钢材，如淬火工模具钢	1) 立方氮化硼 2) 陶瓷	提高 60 倍以上	超硬刀具的切削速度可达 60~150m/min 或更高
中硬高强度材料	硬度不超过40HRC,强度不超过1GPa的钢材，如调质合金结构钢	1) 硬质合金 2) 立方氮化硼	提高不多	有特殊要求时，可用立方氮化硼刀具
高温高强度材料	各种不锈钢和各种高温合金	1) 硬质合金 2) 立方氮化硼	提高不多	对于小件和表面粗糙度较小的工件，可采用立方氮化硼刀具

表 2-48　聚晶金刚石车刀加工零件的质量标准

零件种类	零件名称	加工质量	
		精度等级	表面粗糙度 $Ra/\mu m$
壳体	框架、壳体、底座、盖	6~9	0.2~0.4
衬套	等于或大于 8mm 的衬套和环	6~9	0.1~0.4
气缸	气缸、活塞	7~9	0.4~0.8
转子	带有枢轴的转子、整流子、电枢	6~7	0.1~0.4

表 2-49　金刚石刀具超精加工的效果举例

加工材料	产品名称	表面粗糙度 $Ra/\mu m$
Al	磁鼓、磁盘	0.05~0.1
Al-Si	磁带录像仪圆筒	0.05
Al-Si	复印机滚筒	0.1
Al	照相机机身导轨面	0.5

表 2-50　不同金刚石车刀加工硅铝合金的加工效果

刀具材料	加工件数/个	切削总长度/m	工件圆柱度/mm	刀具磨损/mm
普通黄色金刚石聚晶体	42	78000	0~0.015	刀尖后面磨损 0.4~0.5
含硼黑色金刚石聚晶体	112	220000	0~0.015	刀尖后面磨损 0.3~0.4

表 2-51　用立方氮化硼刀具在数控机床上加工淬硬钢的效果

加工零件及材料	加工部位及技术要求	使用设备及切削用量	加 工 效 果
套筒，材料为 12CrNi3A，硬度为 56~64HRC	圆柱孔及圆锥台肩（同轴度小于 0.005mm）、端面（垂直于孔的轴线）的加工	数控车床 ТПК—125B, v=100m/min, f=0.03mm/r，镗孔时, a_p=0.08mm	原来需要磨削及研磨，现一次安装即可加工完几个表面，机动时间减至 0.5min，生产率提高 20 倍。镗刀寿命为 25 件，端面车刀寿命为 100 件
冲头，材料为 CrWMn，硬度为 56~60HRC	圆柱面、圆锥面及端面加工	数控卡盘半自动车床 1П717Ф3	精度 2 级，表面粗糙度 Ra 为 0.4μm，代替磨削。由于在同一台机床上作淬火前的粗加工及淬火后的精加工，故生产率可提高 4 倍

续表

加工零件及材料	加工部位及技术要求	使用设备及切削用量	加工效果
尾座心轴，材料为 20CrMnTi，硬度为 58~60HRC	车削 7 个直径为 45~70mm 的轴颈和车削三个端面，两道工序完成（半精加工及精加工）	数控半自动车床 1713Φ3	精度 2 级，表面粗糙度 Ra 为 0.4μm，过去采用磨削，需 130min，现采用 CBN 车刀加工，需 25min，生产率提高 4 倍
样规，材料为 40Cr，硬度为 35~42HRC	镗孔，按样板车成形表面（同时切端面），相互位置有精度要求	数控卡盘立式半自动车床 1734Φ3 半精加工：$a_p = 0.2mm$、$f = 0.08mm/r$、$v = 80m/min$ 精加工：$a_p = 0.05mm$、$f = 0.04mm/r$、$v = 80m/min$	精度 2 级，表面粗糙度 Ra 为 0.4μm，由于成形表面相互位置精度很高，原来需磨削及研磨，现采用 CBN 车刀，可在一次安装中加工几个内表面和外表面，达到很高的相互位置精度，生产率提高 7 倍
铸铁（230HBW）箱体孔中压入淬火钢 GCr15（62~64HRC）轴承环	镗箱体孔，镗轴承环孔，精铣箱体（铣削宽度为 95mm）平面	数控卧式镗床 2611Φ2 镗孔：$a_p = 0.05mm$、$f = 0.02mm/r$、$v = 100m/min$ 铣平面：$a_p = 0.1mm$、$f = 0.02mm/r$、$v = 250m/min$	铸铁表面粗糙度 Ra 为 0.4~0.8μm，钢件表面粗糙度 Ra 为 0.2~0.4μm，镗孔精度 2 级

表 2-52　在不同机床上用立方氮化硼刀具加工淬硬钢和铸铁时达到的表面粗糙度

加工用机床	工件材料	表面粗糙度 $Ra/\mu m$	加工用机床	工件材料	表面粗糙度 $Ra/\mu m$
一般精度车床	钢，50~65HRC	0.4~0.8	卧式镗床	铸铁	0.5~1.0
	铸铁	0.8~1.6			
高精度车床	钢，50~65HRC	0.2~0.32	立式铣床	钢，50~60HRC	0.4~1.0
坐标镗床	钢，50~65HRC	0.16~0.25	平面磨床（带平衡了的端铣刀）	铸铁	0.63~1.0
卧式镗床	钢，50~65HRC	0.4~0.63	龙门磨床（带平衡了的端铣刀）	铸铁	0.63~1.0

第3章　高速切削刀具材料和工具系统

高速切削是指采用高性能材料刀具和能实现高速运动的高精度、高自动化、高柔性的设备，来提高切削速度，并达到提高材料切除率、加工精度和加工质量的现代制造技术。这种集高效、优质和低耗于一身的先进制造工艺技术得到了越来越广泛的应用，见表3-1。

表 3-1　高速切削技术优势及应用

技术优势	应用领域	应用实例
切削效率高	轻金属合金、钢和铸铁	航空航天产品、工具和模具制造行业
表面质量高	精密加工、特种加工	光学零件、精密零件、螺旋压缩机
切削力小	薄壁件	航空航天工业、汽车工业、家电设备
工件温度低	热敏感工件	精密机械、镁合金加工
激振频率高	远离共振频率加工	精密机械、光学工业

高速切削（High Speed Machining，HSM）概念的起源可以追溯到20世纪20年代末，德国切削物理学家 Carl J. Salomon 博士于1931年4月发表了著名的超高速切削理论，提出了高速切削的设想。高速切削是一个相对的概念，其速度范围很难给出确切的定义，切削条件不同，高速切削速度范围也不同。1992年在CIRP（国际生产工程科学院）会议上发表了不同材料大致可行的和发展的切削速度范围，如图3-1所示。

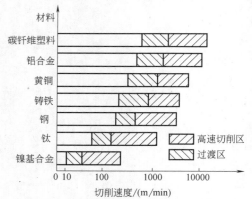

图 3-1　不同工件材料的切削速度范围

3.1　高速切削刀具材料

刀具材料的进步是切削加工技术的决定性因素

之一。高速切削加工要求刀具材料与被加工材料的化学亲合力要小，并具有优异的力学性能、热稳定性、抗冲击性和耐磨性。目前高速切削刀具常用材料及其性能见表3-2。

表 3-2　高速切削刀具常用材料及其性能

材料类型	典型材料	物理化学性能	适用工件
超硬合金	天然金刚石人工合成单晶金刚石、立方氮化硼、聚晶立方氮化硼、聚晶金刚石和金刚石涂层等	多晶结构、超高硬度、耐磨性和化学稳定性好	微机械零件、光学镜面、导航陀螺、硬盘、芯片、合金钢零件等
陶瓷	氧化铝基陶瓷、氮化硅基陶瓷、赛阿龙（复合氮化硅—氧化铝）陶瓷	化学稳定性高、与铁系金属亲和力小、抗粘接磨损性能好	钢、铸铁类零件高速加工
硬质合金	钨钴类硬质合金、TiC（N）基硬质合金等	密度小、硬度高、化学稳定性好、高耐磨性	碳钢、不锈钢、可锻铸铁类零件

3.2　高速切削的工具系统

所谓的高速切削工具系统是由刀柄、夹头、切削工具所组成的刀具体系，即高速刀具和机床的接口问题：一方面，采用适用于进行高速切削的刀柄，改变刀具和主轴孔的配合方式，提高配合精度；另一方面，提高刀具系统和机床连接的动平衡精度，减少高速下的切削振动。

高速切削工具系统的基本功能是保证刀具在机床中的正确定位，并在高速加工时传递加工所需要的运动和动力，将原来的仅靠锥面连接定位改为锥面与端面同时接触的过定位现已成为高速刀具与主轴连接的主要形式。在众多高速加工工具系统中，较为突出的是 HSK 和 KM 工具系统。

3.2.1　HSK 刀柄

HSK 刀柄是德国工具协会与亚琛工业大学所开发的一种新型的高速短锥刀柄。图3-2所示为 HSK 工具系统的工作原理示意图。HSK 刀柄由锥面（径向）和法兰端面（轴向）双面定位，实现了刀柄与主轴的刚性连接，当刀柄在机床主轴上安装时，空心短锥柄在主轴锥孔内可以起到定心作用，当空心短锥柄与主轴锥孔完全接触时，刀柄的法兰端面与主轴端面存在约 0.1mm 的间隙。在拉紧机构作用

下，拉杆向左移动使其前端的锥面将弹性夹爪径向胀开，同时弹性夹爪的外锥面作用在空心短锥柄孔的 30°锥面上，拉动刀柄向左移动，空心短锥柄产生弹性变形，并使其锥面与主轴端面靠紧，实现了刀柄与主轴锥面和主轴端面同时定位和夹紧的功能。当松开刀柄时，拉杆向右移动，弹性夹头离开刀柄内锥面，便可卸下刀柄。

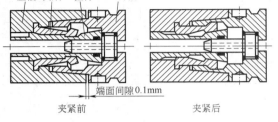

图 3-2　HSK 工具系统的工作原理示意图

与 BT 刀柄相比，HSK 刀柄结构的主要优点是：

1）有效地提高了刀柄与机床主轴的结合刚度。由于采用锥面、端面过定位的结合型式，使刀柄与主轴的有效接触面积增大，并从径向和轴向进行双面定位，从而大大提高了刀柄与主轴的结合刚度，克服了传统的 BT 刀柄在高速旋转时刚性不足的弱点。因为实心的 BT 刀柄仅仅靠锥面与主轴锥孔配合，在高速旋转时其径向膨胀量小于空心的主轴锥孔，从而导致径向刚度和轴向刚度急剧下降。

2）具有较高的重复定位精度，并且自动换刀动作快，有利于实现自动换刀的高速化。由于 HSK 刀柄采用 1∶10 的锥度，其锥部长度短（大约是 BT 刀柄相近规格的 1/3），每次换刀后刀柄锥部与主轴锥孔的接触面积一致性好，故提高刀柄的重复定位精度。又由于 HSK 刀柄采用空心结构，质量小，便于自动换刀。

3）具有良好的高速锁紧性。刀柄与主轴间由弹性扩张爪锁紧，转速越高，扩张爪的离心力越大，锁紧力越大，高速锁紧性越好。

3.2.2　KM 刀柄

KM 刀柄是美国肯纳（Kennametal）公司在 1987 年开发的，目前已实现商品化。KM 工具系统刀柄的基本形状与 HSK 相似，KM 刀柄采用了 1∶10 短锥配合，配合长度短，仅为标准 7∶24 锥柄相近规格长度的 1/3，部分解决了端面与锥面同时定位而产生的干涉问题。锥体尾端有键槽，用锥度的端面同时定位（见图 3-3）。但其夹紧机构不同，KM 刀柄是使用钢球斜面锁紧，夹紧时钢球沿锁闭杆凹槽的斜面被推出，卡在刀柄上的锁紧孔斜面上，将刀柄向主轴孔拉紧，刀柄产生弹性变形使刀柄端面与主轴端面贴紧。锁闭杆向左移动，钢球退到锁闭杆的凹槽内，脱离刀柄的锁紧孔，即可松开刀柄。由于 KM 刀柄与主轴锥孔间的配合过盈量较高，可达 HSK 刀柄结构的 2～5 倍，其连接刚度比 HSK 刀柄还要高。

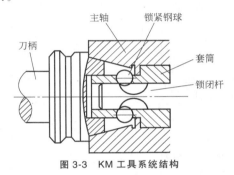

图 3-3　KM 工具系统结构

KM 工具系统的中空短锥柄、三点接触和双钢珠锁定的方式连接等结构，使其具有高刚度、高精度、快速装夹和维护简单等特点。但 KM 工具系统的主要缺点是与传统的 7∶24 锥部不兼容、短锥的自锁性使换刀困难以及刀具夹紧时需要法兰实现，这样增加了刀具的悬伸量导致连接刚度减弱。

3.2.3　BT、HSK 和 KM 刀柄的对比

表 3-3 所示为传统的 BT、HSK 和 KM 结构及紧固性能的对比。

表 3-3　BT、HSK 和 KM 结构及紧固性能对比

刀具类型	BT	HSK	KM
结合及定位部位	锥面	锥面+端面	锥面+端面
传力机构	弹性套筒	弹性套筒	钢球
典型规格	BT40	HSK-63B	KM6350
结构及公称尺寸（锥面基准直径、法兰直径）			

（续）

刀具类型	BT	HSK	KM
柄部结构	实心	空心	空心
锁紧机构	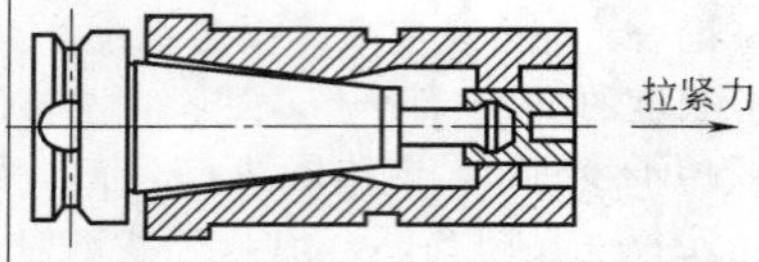	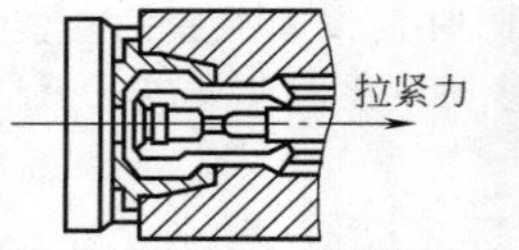	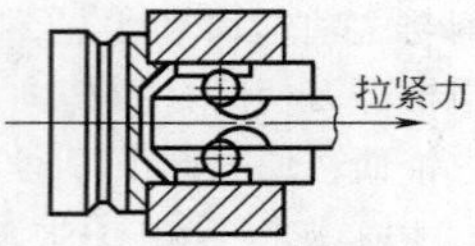
冷却型式	外部冷却	可以内冷	可以内冷
拉紧力/kN	12.1	3.5	11.2
锁紧力/kN	12.1	10.5	33.5
理论过盈量/μm	—	3~10	10~25
柄部锥度	7:24	1:10	1:10
动刚度/(N/μm)	8.3	12.5	16.7

第4章 车 刀

4.1 整体、焊接和机夹车刀

4.1.1 车刀的种类和用途

车刀是金属加工工业中应用最广泛的刀具。车刀用于卧式车床、转塔车床、立式车床、镗床、自动车床及数控加工中心上，加工工件的回转表面。车刀根据切削工件表面的不同，总体可以分外表面车刀和内表面车刀，如图4-1所示。

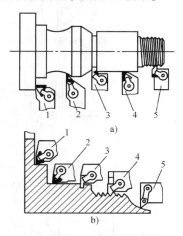

图 4-1 车刀主要类型

a）外表面车刀 b）内表面车刀

1—端面车刀 2—仿形车刀 3—车槽刀
4—外圆（内孔）车刀 5—螺纹车刀

由于车刀的用途多种多样，其结构形状及几何参数也各有不同，根据不同的分类方法，车刀又有多种不同型式，见表4-1。

表 4-1 车刀分类

序号	分类方式	车刀型式
1	机床类型	普通车刀、立车车刀、成形车刀、专用机床车刀
2	加工部位 （内表面车刀） （外表面车刀）	端面车刀、切断刀、外圆（内孔）车刀、仿形车刀、成形车刀、车槽刀、螺纹车刀
3	车刀与工件相对位置	横向车刀、纵向车刀
4	加工性质	粗（荒）车刀、粗车车刀
5	刀杆截面	矩形车刀、方形车刀、圆车刀
6	刀头构造	直头刀、弯头刀、拐头刀、偏头刀
7	进给方向	左切刀、右切刀
8	制造方法	整体车刀、焊接车刀、机夹车刀、模块车刀
9	切刃材料种类	硬质合金车刀、高速工具钢车刀、陶瓷车刀、金刚石车刀、立方氮化硼车刀

外表面车刀可分为直头和偏头两大类，每类又可细分为端面车刀和外圆车刀两小类，每小类又有不同的主偏角，具体情况见表4-2。

表 4-2 外表面车刀的种类

分类名称			简 图	分类名称			简 图
直头车刀	外圆车刀	主偏角	75°	直头75°外圆车刀	直头车刀	外圆车刀	主偏角	63°	直头63°外圆车刀
			72°30′	直头72°30′外圆车刀				57°	直头57°外圆车刀
								45°	直头45°外圆车刀

（续）

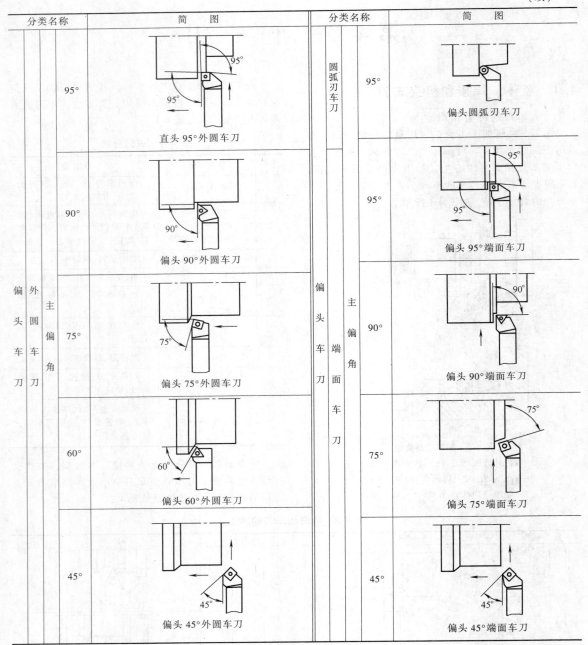

分类名称			简 图
偏头外圆车刀	外圆车刀	主偏角	95° 直头95°外圆车刀
			90° 偏头90°外圆车刀
			75° 偏头75°外圆车刀
			60° 偏头60°外圆车刀
			45° 偏头45°外圆车刀

分类名称			简 图
圆弧刃车刀			95° 偏头圆弧刃车刀
偏头车刀	主偏角 端面车刀		95° 偏头95°端面车刀
			90° 偏头90°端面车刀
			75° 偏头75°端面车刀
			45° 偏头45°端面车刀

4.1.2 车刀的结构设计

1. 车刀刀杆截面型式与选用

车刀刀杆的截面型式有圆形截面、正方形截面和矩形截面。

车刀刀杆截面尺寸的选取应根据机床中心高、刀夹型式及切削截面尺寸等几方面因素。根据机床中心高选择刀杆截面尺寸，见表4-3。应优先选用圆形截面、正方形截面及 $H:B$ 约为1.6的矩形截面。

选取整体高速工具钢车刀刀杆截面时，还应按照高速工具钢车刀条标准 GB/T 4211.1—2004/ISO 5421：1977 来确定，见表4-4～表4-7。

表4-3 按机床中心高选择车刀刀杆尺寸

（单位：mm）

中心高	150	180~200	260~300	350~400
矩形截面（$H \times B$）	20×12	25×16	32×20	40×25
方形截面（$H \times B$）	16×16	20×20	25×25	32×32

表 4-4　圆形截面车刀条

（单位：mm）

d	$L\pm2$				
h9	63	80	100	160	200
4	×	×	×	—	—
5	×	×	×	—	—
6	×	×	×	—	—
8	—	×	×	×	—
10	—	×	×	×	×
12	—	—	×	×	×
16	—	—	×	×	×
20	—	—	—	—	×

表 4-5　正方形截面车刀条

（单位：mm）

h	b	$L\pm2$				
h13	h13	63	80	100	160	200
4	4	×	—	—	—	—
5	5	×	×	—	—	—
6	6	×	×	×	—	×
8	8	×	×	×	×	×
10	10	×	×	×	×	×
12	12	×	×	×	×	×
16	16	—	—	×	×	×
20	20	—	—	—	×	×
25	25	—	—	—	—	×

注：经供需双方协议，车刀条两端可制成带斜度的，但在这种情况下，总长 L 仍应符合表中规定。

表 4-6　矩形截面车刀条

（单位：mm）

比例 $h/b\approx$	h h13	b h13	$L\pm2$		
			100	160	200
1.6	6	4	×	—	—
	8	5	×	—	—
	10	6	—	×	×
	12	8	—	×	×
	16	10	—	×	×
	20	12	—	×	×
	25	16	—	×	×
2	8	4	×	—	—
	10	5	×	—	—
	12	6	—	×	×
	16	8	—	×	×
	20	10	—	×	×
	25	12	—	×	×
2.33	14	6	140		
2.5	10	4	120		

表 4-7　不规则四边形截面车刀条（带侧后角但无纵向后角的切断刀条）（单位：mm）

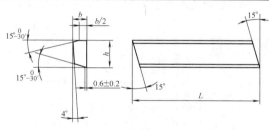

h h13	b h13	$L\pm2$				
		85	120	140	200	250
12	3	×	×	—	—	—
12	5	×	×	—	—	—
16	3	—	×	×	—	—
16	4	—	×	×	—	—
16	6	—	×	×	—	—
18	4	—	×	×	—	—
20	3	—	×	×	×	—
20	4	—	—	×	×	×
25	4	—	—	×	×	×
25	5	—	—	×	×	×

注：经供需双方协议，这种车刀条的一端可制成直角的。

设计过程中，一定要注意高速工具钢车刀条的技术条件，主要是以下五方面：

1）几何公差。侧面对支承面的垂直度公差为 12 级；侧面和支承面或圆柱表面素线的直线度公差为 0.002L（L 为车刀条长度）。

2）材料。用 W6Mo5CrV2 或等同性能的其他牌号高速工具钢制造。

3）硬度。硬度不低于 63HRC。

4）外观。表面不得有裂纹、磨削烧伤、黑皮和锈迹，以及其他影响使用性能的缺陷。

5）表面粗糙度。表面（不包括端头表面）的表面粗糙度上限值 Ra 为 1.6μm。

2. 车刀刀杆悬伸长度

刀杆悬伸出刀夹的长度 l 约等于刀杆高 H 的 1~1.5 倍为宜，如图 4-2 所示，当刀杆悬伸量过长，或在重切削条件下，才有必要进行强度和刚度验算。

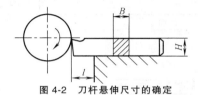

图 4-2　刀杆悬伸尺寸的确定

3. 车刀刀片的连接方式

车刀切削刃部分的强度，直接影响到车刀性能、寿命等。除少数高速工具钢车刀以外，大部分车刀的切削部分都采用硬质合金或陶瓷、金刚石、立方氮化硼等材料。刀体与刀片的连接方式大致可分为三类，

见表4-8,可根据刀具的实际工作条件进行选择。

4. 车刀前面的形状与选择

车刀前面的形状与应用范围见表4-9和表4-10。

5. 车刀几何角度的选择

车刀前角、后角、主偏角、副偏角及刃倾角的参考值见表4-11~表4-14。

表4-8 车刀刀片的连接方式

连接方式	优 点	缺 点
焊接	1)具有足够的连接强度和冲击韧度 2)刀具能具有较高的高温硬度 3)焊接的镶嵌结构简单,焊接后的刀具外观平整、结构紧凑 4)焊接后的刀具尺寸稳定	1)焊接需要一定的专用设备,焊接的工艺较为复杂 2)由于焊接的应力,易使刀片产生裂纹 3)由于加热温度和时间不准确,易产生过烧、脱焊、氧化等缺陷 4)刀杆不能复用
无机粘接	1)无氧化皮,无热变形及热应力,刀片也不承受装配压应力,无裂纹,刀具的使用寿命长 2)粘结剂的材料经济,制备简单,粘接的工艺过程简便,易于操作,不需要专用的设备和工具,成本低 3)具有足够的粘接强度和较高的耐热性能。陶瓷车刀使用这一工艺较多	1)粘结剂的脆性大,承受冲击的能力差,化学稳定性不够好,高温强度也较差 2)刀具长期存放后,尺寸有微量的变化
机械夹固	1)能保持刀片的原有性能,避免了裂纹、脱焊、碎裂等不良现象的产生,提高了刀具的使用寿命 2)能在刀具上磨出(压出)合理的几何参数,能获得较好的切削条件,并保证了断屑 3)刀片可进行更换,刀体可重复使用	1)刀片槽型选配较为复杂,装夹机构复杂,加工比较困难 2)受小孔和加工特殊表面的条件限制 3)装夹应力集中的地方,刀片容易破裂

表4-9 高速工具钢车刀的前面形状

前面形状	应用范围	前面形状	应用范围
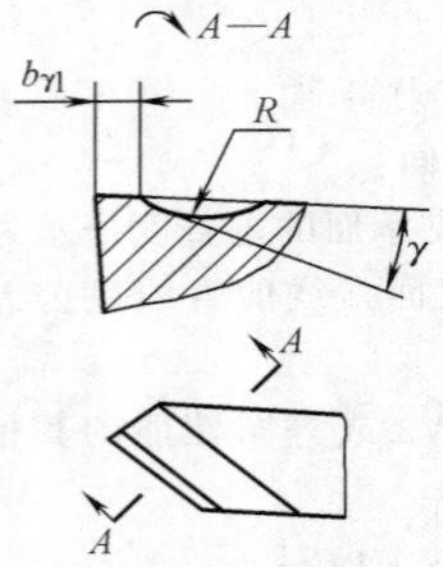 曲面带倒棱	加工钢料的各类普通车刀,尤其是需要断屑的普通车刀	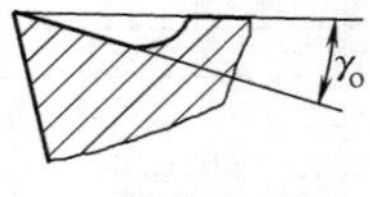 平面形	加工铸铁的各类车刀成形车刀 进给量 $f \leqslant 0.2$ mm/r 时,加工钢料的普通车刀
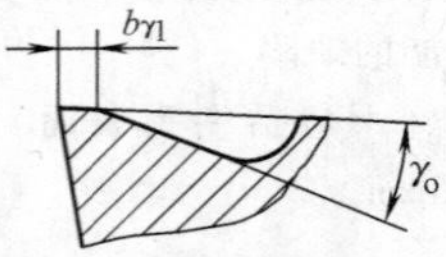 平面带倒棱	进给量 $f > 0.2$ mm/r 时,加工钢料的普通车刀	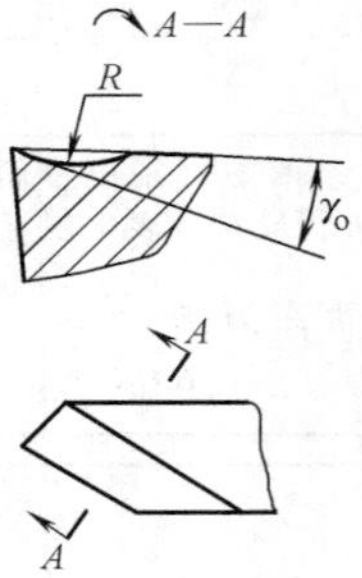 曲面形	加工铝合金及韧性材料的普通车刀

注:1. $f > 0.2$ mm/r 时,$b_{\gamma_1} = (0.8 \sim 1)f$。

2. 外圆车刀及镗孔刀 $R = (10 \sim 15)f$;切槽刀和切断刀 $R = (50 \sim 60)f$;但 $R \geqslant 3$ mm。

表4-10 硬质合金车刀的前面形状

前面形状	应用范围	前面形状	应用范围
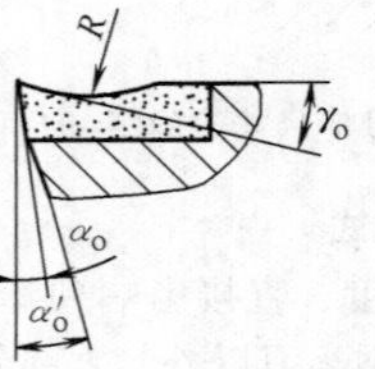 曲面形	加工铝合金及韧性材料钢件的精加工	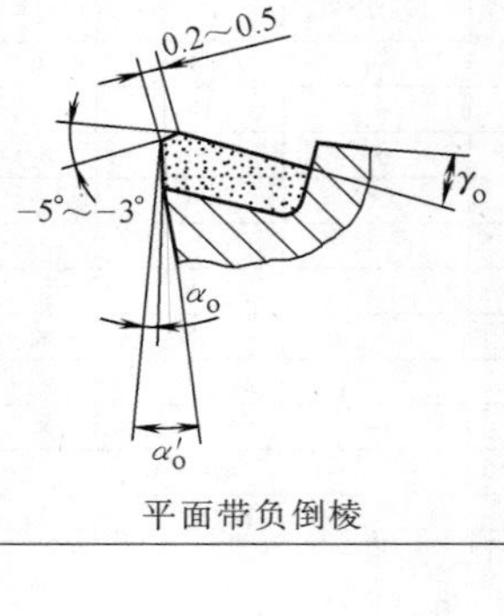 平面带负倒棱	加工灰铸铁、可锻铸铁、$R_{\mathrm{m}} \leqslant 800$ MPa 的钢及当工件刚度或抗振性不足时 $R_{\mathrm{m}} > 800$ MPa 的钢

（续）

前面形状	应用范围	前面形状	应用范围
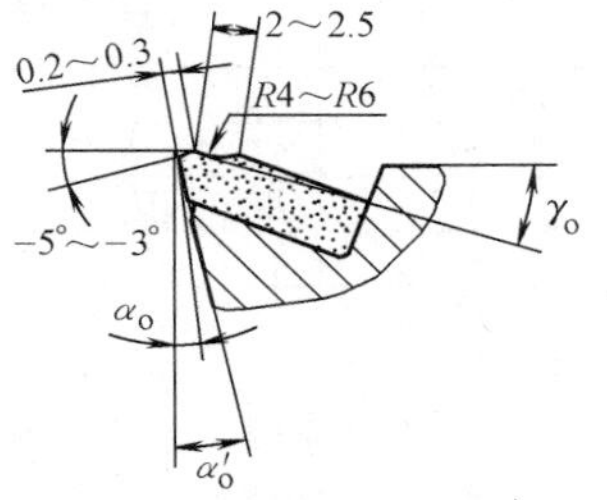 曲面带负倒棱	用于半精加工（$a_p = 1 \sim 5$mm，$f \geqslant 0.3$mm/r）$R_m \leqslant 800$MPa 的钢件	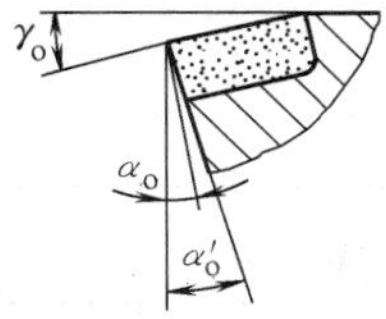 单负平面型	在工件有足够刚度和抗振性时，加工 $R_m > 800$MPa 的钢（前面不出现凹坑） 在外皮余量不均匀而造成冲击的条件下加工铸铁
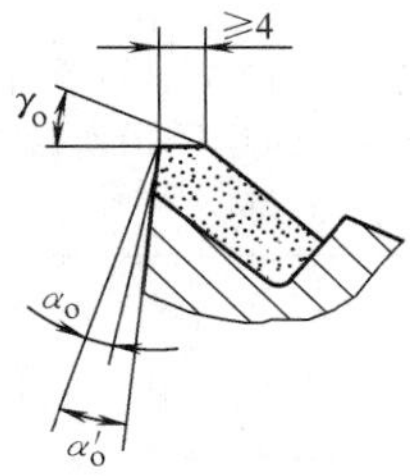 双负平面型	在工件有足够刚度和抗振性时，加工 $R_m > 800$MPa 的钢（前面会形成凹坑） 在外皮余量不均匀而造成冲击的条件加工钢件		

表 4-11　车刀的前角及后角的参考值

（1）高速工具钢车刀				（2）硬质合金车刀			
工件材料		前角 γ_o/(°)	后角 α_o/(°)	工件材料		前角 γ_o/(°)	后角 α_o/(°)
钢和铸钢	$R_m = 400 \sim 500$MPa	20~25	8~12	结构钢、合金钢及铸钢	$R_m \leqslant 800$MPa	10~15	6~8
	$R_m = 700 \sim 1000$MPa	5~10	5~8		$R_m = 800 \sim 1000$MPa	5~10	6~8
镍铬钢和铬钢，$R_m = 700 \sim 800$MPa		5~15	5~7	高强度钢及表面有夹杂的铸钢 $R_m > 1000$MPa		-10~-5	6~8
灰铸铁	160~180HBW	12	6~8	不锈钢		15~30	8~10
	220~260HBW	6	6~8	耐热钢，$R_m = 700 \sim 1000$MPa		10~12	8~10
可锻铸铁	140~160HBW	15	6~8	变形锻造高温合金		5~10	10~15
	170~190HBW	12	6~8	铸造高温合金		0~5	0~15
铜、铝、巴氏合金		25~30	8~12	钛合金		5~15	10~15
中硬青铜及黄铜		10	8	淬火钢，40HRC 以上		-10~-5	8~10
硬青铜		5	6	高锰钢		-5~5	8~12
钨		20	15	铬锰钢		-5~-2	8~10
铌		20~25	12~15	灰铸铁、青铜、脆性黄铜		5~15	6~8
铝合金		30	10~12	韧性黄铜		15~25	8~12
镁合金		25~35	10~15	纯铜		25~35	8~12
电木		0	10~12	铝合金		20~30	8~12
纤维纸板		0	14~16	纯铁		25~35	8~10
硬橡皮		-2~0	18~20	纯钨铸锭		5~15	8~12
软橡皮		40~75	15~20	纯钨铸锭及烧结钼棒		15~35	6
塑料和有机玻璃		20~25	30	—		—	—

表 4-12 主偏角参考值

工作条件	主偏角 κ_r/(°)
在系统刚度特别好的条件下,以小的背吃刀量进行精车。加工硬度很高的工件材料	10~30
在系统刚度较好($l/d<6$)的条件下,加工盘套类工件	30~45
在系统刚度差($l/d=6\sim12$)的条件下,车削及镗孔	60~75
在毛坯上不留小凸柱的切断	80
1)工件刚度差 2)有台阶表面 3)镗小孔 4)加工小直径的长工件($l/d>12$) 5)切断、切槽	90~93

表 4-13 副偏角参考值

工作条件	副偏角 κ_r'/(°)
用宽刃车刀及具有修光刃的车刀进行切削加工	0
切槽及切断	1~3
精车	5~10
粗车	10~15
粗镗	15~20
有中间切入的切削	30~45

表 4-14 刃倾角参考值

工作条件	刃倾角 λ_s/(°)
精车、精镗	0~5
$\kappa_r=90°$ 车刀的车削及镗孔、切断及切槽	0
钢料的粗车及粗镗	-5~0
铸铁的粗车及粗镗	-10
带冲击的不连续车削	-15~-10
带冲击加工淬硬钢	-45~-30

倒棱前角及倒棱宽度的参考值,见表4-15。

立式车床用硬质合金车刀几何角度推荐值见表4-16。

表 4-15 倒棱前角及倒棱宽度

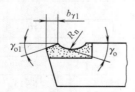

刀具材料	工件材料	倒棱前角 γ_{o1}/(°)	倒棱宽度 $b_{\gamma 1}$
高速工具钢	结构钢	0~5	$(0.8\sim1.0)f$
硬质合金	低碳钢、不锈钢	-10~-5	$\leqslant 0.5f$
	中碳钢、合金钢	-15~-10	$(0.3\sim0.8)f$
	灰铸铁	-10~-5	$\leqslant 0.5f$

注:f—1圈的进给量(mm)。

表 4-16 立式车床用硬质合金车刀的几何角度推荐值

车刀几何角度	加工钢件	加工铸件
前角 γ_o/(°)	10	10
后角 α_o/(°)	6~8	8
主偏角 κ_r/(°)	45~60	45~60
副偏角 κ_r'/(°)	10	10
刃倾角 λ_s/(°)	0	0

6. 车刀刀尖圆弧半径的选用

(1)粗切车刀刀尖圆弧半径的选用 增大刀尖圆弧半径可以提高切削刃的强度;而选用较小的刀尖圆弧半径,则可以减小切削振动。所以,粗车时,应尽可能使用较大的刀尖圆弧半径。有可能出现振动的车削中,应选用较小的刀尖圆弧半径。粗切时,刀尖圆弧半径与最大推荐进给量的关系见表4-17。

表 4-17 粗切车刀刀尖圆弧半径相对应的最大推荐进给量

刀尖圆弧半径 r_ε/mm	0.4	0.8	1.2	1.6	2.4
最大进给量 f/(mm/r)	0.25~0.35	0.4~0.7	0.5~1.0	0.7~1.3	1.0~1.8

(2)精切车刀刀尖圆弧半径的选用 工件表面粗糙度和进给量的大小直接影响精切车刀刀尖圆弧半径,其相互关系如式(4-1):

$$Rz=\frac{f^2}{8r_\varepsilon}\times1000 \qquad (4-1)$$

式中　Rz——表面粗糙度轮廓最大高度(μm)(见图4-3);

　　　r_ε——刀尖圆弧半径(mm);

　　　f——进给量(mm/r)。

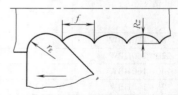

图 4-3 表面粗糙度轮廓最大高度与刀尖圆弧半径

一般情况下,Ra 表示表面粗糙度,Ra 与 Rz 不存在数学关系,为选用刀尖圆弧半径方便,由表4-18给出 Ra、Rz、进给量 f 与刀尖圆弧半径的对应关系。

表 4-18 Ra、Rz、进给量 f 与刀尖圆弧半径的对应关系

表面粗糙度		刀尖圆弧半径/mm				
Ra/μm	Rz/μm	0.4	0.8	1.2	1.6	2.4
		进给量 f/(mm/r)				
0.8	1.6	0.07	0.10	0.12	0.14	0.17
1.6	3.2	0.11	0.15	0.19	0.22	0.26
3.2	6.3	0.17	0.24	0.29	0.34	0.42
6.3	12.5	0.22	0.30	0.37	0.43	0.53
12.5	25	0.27	0.38	0.47	0.54	0.65
25	50	—	—	—	1.08	1.32

对于圆形刀片的车刀，刀尖圆弧半径即为刀片半径，刀片直径与进给量 f 对 Rz 的影响关系如图4-4、表4-19所示。进给量小时，工件加工表面粗糙度就相应小一些。

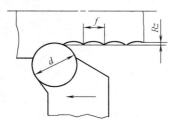

图 4-4　圆形刀片车刀进给量
与表面粗糙度的关系

**表 4-19　Ra、Rz、进给量 f 与刀片直径的
对应关系**

表面粗糙度		刀片直径/mm					
		10	12	16	20	25	32
$Ra/\mu m$	$Rz/\mu m$	进给量 $f/(mm/r)$					
0.8	1.6	0.25	0.28	0.32	0.36	0.40	0.45
1.6	3.2	0.40	0.44	0.51	0.57	0.63	0.71
3.2	6.3	0.63	0.69	0.80	0.89	1.00	1.13
6.3	12.5	0.80	0.88	1.01	1.13	1.26	1.43
12.5	25	1.00	1.10	1.26	1.42	1.41	1.79
25	50	2.00	2.20	2.54	2.94	3.33	3.59

7. 车刀刀尖的形状设计

刀尖是切削刃上工作条件最恶劣、构造最薄弱的部位，强度和散热条件都很差。刀尖形状设计得是否合理，对刀具的使用、工件质量是非常重要的一环。若采用减小主、副偏角的办法增强刀尖强度，常会使径向切削力增大而引起振动。若在主、副刃之间的过渡部分设计成倒角刀尖，即具有直线切削刃的刀尖（见图4-5a），既可使过渡刃偏角 $\kappa_{r\varepsilon}$ 加大，增强了刀尖，又不会使径向切削力增加许多。一般，倒角过渡刃偏角取 $\kappa_{r\varepsilon}=\frac{1}{2}\kappa_r$，$b_r=\left(\frac{1}{5}-\frac{1}{4}\right)a_p$。刀尖也可制成修圆刀尖（见图4-5b），即设计成有曲线状切削刃的刀尖。对硬质合金车刀，r_ε 取 0.5~1.5mm，对车断刀一般取 $\kappa_{r\varepsilon}=45°$，$b_r$ 取槽宽的1/5的刀尖形式如图4-5c所示。

设计精切车刀时，刀尖可以设计成有一段 $\kappa_{r\varepsilon}=0°$，宽度 $b_r=(1.2~1.5)f$ 与进给方向平行的修光刃（见图4-5d），以切除残留面积。具有修光刃的车刀，如果切削刃平直，参数选择合理，使用正确，工艺系统刚度足够时，能在较大进给量的条件下，获得较低的表面粗糙度值。

8. 断屑槽型的设计

断屑问题在车削加工中是一个很重要的问题。断屑槽的作用就在于，使切屑在切削过程中，以螺旋状、发条状弯曲折断排出。

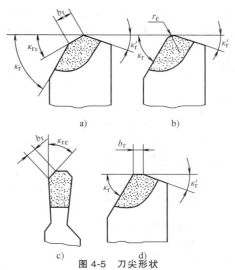

图 4-5　刀尖形状
a）具有直线切削刃的刀尖　b）刀尖可制成修圆刀尖
c）$\kappa_{r\varepsilon}=45°$，$b_r$ 取槽宽的1/5　d）$\kappa_{r\varepsilon}=0°$，宽度
$b_r=(1.2~1.5)f$ 与进给方向平行的修光刃

（1）断屑槽型分类与选用　断屑槽型分为三种：直线圆弧型、直线型和全圆弧型，如图4-6所示。

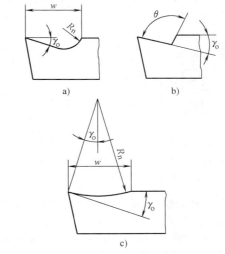

图 4-6　断屑槽型
a）直线圆弧型　b）直线型　c）全圆弧型

切削碳钢、合金钢和工具钢时，最好采用直线圆弧型和直线型断屑槽，其前角 γ_o 一般在 5°~15° 范围内，而切削纯铜、不锈钢等高塑性材料时，则应使用前角在25°~30°之间的全圆弧型断屑槽。由图4-7可见，在相同的前角的情况下，全圆弧型的切削刃强度是最好的。在设计断屑槽型时应考虑到这一点。

（2）断屑槽型的参数设计

1）槽底半径 R_n（槽底角）。在背吃刀量 $a_p=2~6mm$ 时，对直线圆弧型断屑槽，可取 $R_n=(0.4~$

0.7）w；对全圆弧型断屑槽，则槽宽 w、槽底圆弧半径 R_n 和前角 γ_o 之间存在以下关系（见图 4-6）：

$$\sin\gamma_o = \frac{w}{2R_n} \qquad (4-2)$$

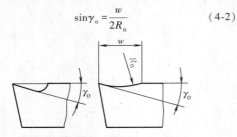

图 4-7　相同前角时，直线圆弧型与全圆弧型断屑槽的对比

所以，可以根据上述公式先确定 w 和 R_n，再经过断屑试验，来优化设计 w 和 R_n。

2）槽宽 w。在生产中，槽宽 w 的设计，一般在考虑进给量、工件材料等因素后，用经验公式算出 w 值。常规条件下，切削中碳钢时，取 $w = 10f$；切削合金钢时，取 $w = 7f$；切削韧度大的塑性材料，w 可取小些。一般，断屑槽的宽度 w 小，则切屑卷曲半径小，切屑容易折断。

3）槽形斜角 ψ_λ。槽形斜角是指断屑槽相对于主切削刃的倾斜角。倾斜方式有 3 种，如图 4-8 所示。

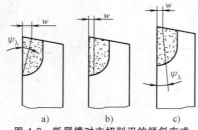

图 4-8　断屑槽对主切削刃的倾斜方式
a）外斜式　b）平行式　c）内斜式

外斜式断屑槽在靠近工件外圆处，车削速度最高而槽最窄，切屑最先卷曲，卷曲半径小、变形大，有利于断屑。在采用中等背吃刀量时，断屑效果较好。斜角 ψ_λ 可根据工件材料情况进行设计：

中碳钢：$\psi_\lambda = 8° \sim 10°$；
合金钢：$\psi_\lambda = 10° \sim 15°$；
不锈钢：$\psi_\lambda = 6° \sim 8°$。

平行式断屑槽 $\psi_\lambda = 0°$，切屑主要是碰到工件加工表面折断。比较适合大背吃刀量切削中碳钢和低碳钢。

内斜式断屑槽前窄后宽，适用于背吃刀量变化较大的场合。一般取斜角 $\psi_\lambda = 8° \sim 10°$。

9. 车刀切削用量推荐值

车刀切削用量应按被加工材料的力学性能、加工余量、刀片材料、机床型号及切削过程中系统刚性等情况进行综合选择。针对我国机械加工实际情况的外表面车削常用切削用量推荐值见表 4-20。

表 4-20　外表面车削常用切削用量推荐值

工件材料	硬度 HBW	切削用量	
		$a_p = 1 \sim 5mm$ $f = 0.1 \sim 0.6mm/r$	$a_p = 5 \sim 30mm$ $f = 0.6 \sim 1.8mm/r$
		切削速度 $v_c/(m/min)$	
15	$200 \sim 250$	$40 \sim 80$	$20 \sim 50$
50	$225 \sim 275$	$40 \sim 70$	$20 \sim 50$
15Mn	207	$40 \sim 80$	$20 \sim 60$
50Mn	269	$40 \sim 70$	$20 \sim 50$
35Mn2	207	$40 \sim 80$	$20 \sim 60$
ZG40Mn2	$179 \sim 269$	$40 \sim 70$	$20 \sim 50$
20Cr	229	$40 \sim 80$	$20 \sim 50$
30Cr	241	$40 \sim 70$	$20 \sim 50$
10Cr	207	$40 \sim 70$	$20 \sim 50$
18CrMnTi	207	$30 \sim 70$	$20 \sim 40$
38CrMoAl	229	$40 \sim 70$	$20 \sim 50$
20CrMo	$197 \sim 241$	$40 \sim 80$	$20 \sim 60$
50Mn18Cr4	210	$40 \sim 80$	$20 \sim 60$
35CrMo	$209 \sim 269$	$40 \sim 70$	$20 \sim 50$
50CrMnMo	$\leqslant 269$	$30 \sim 70$	$20 \sim 50$
50CrNiMo	$\leqslant 269$	$30 \sim 60$	$20 \sim 40$
65Cr2NiMo	$56 \sim 65(HS)$	$40 \sim 60$	$20 \sim 40$
75Cr3NiMo	$60 \sim 75(HS)$	$40 \sim 60$	$20 \sim 40$
35SiMn	$217 \sim 255$	$40 \sim 70$	$20 \sim 50$
ZG35SiMn	$107 \sim 241$	$40 \sim 80$	$20 \sim 60$
20CrMnTi	217	$30 \sim 50$	$20 \sim 40$
35CrMoV	$212 \sim 248$	$40 \sim 70$	$20 \sim 50$
ZG0Cr13Ni5Mo	$\geqslant 240$	$40 \sim 70$	$20 \sim 40$
1Cr18Ni9Ti	$\leqslant 190$	$40 \sim 70$	$20 \sim 50$
12Cr13	$156 \sim 241$	$40 \sim 70$	$20 \sim 50$
60CrMnMo	$260 \sim 302$	$30 \sim 50$	$20 \sim 40$
34CrNi3Mo	$187 \sim 192$	$30 \sim 60$	$20 \sim 50$
ZG230 $\sim$ 450	$450MPa(R_m)$	$30 \sim 60$	$20 \sim 50$
ZG270 $\sim$ 500	$500MPa(R_m)$	$30 \sim 60$	$20 \sim 50$
ZG225 $\sim$ 440	$440MPa(R_m)$	$30 \sim 60$	$20 \sim 50$
20Cr13	$228 \sim 235$	$40 \sim 70$	$20 \sim 50$
60Si2Mn	$1275MPa(R_m)$	$40 \sim 80$	$20 \sim 60$
ZG40Mn2	$269 \sim 302$ （调质）	$30 \sim 60$	$20 \sim 40$
50Mn	217	$40 \sim 80$	$20 \sim 60$
15MnMoV	$156 \sim 228$	$40 \sim 80$	$20 \sim 60$
冷硬铸铁	>45HRC	$a_p = 3 \sim 6mm$ $f = 0.15 \sim 0.3mm/r$ $v_c = 5 \sim 20m/min$	
铜及铜合金	—	$70 \sim 120$	$60 \sim 90$
铝及铝合金	—	$90 \sim 130$	$70 \sim 110$
铸造铝合金	—	$90 \sim 150$	$70 \sim 130$
高温合金 GH135		50	—
高温合金 GH49		$30 \sim 35$	—
高温合金 K14		$30 \sim 40$	—
钛合金	—	$a_p = (1 \sim 3)mm$ $f = (0.1 \sim 0.3)mm/r$ $v_c = (26 \sim 65)m/min$	

用硬质合金及高速工具钢外圆车刀粗车时，可参考表4-21选择进给量；用硬质合金外圆车刀半精车时，可参考表4-22选择进给量；粗车难加工材料时，可参考表4-23选择进给量。

4.1.3　焊接式硬质合金车刀

1. 焊接式车刀类型

焊接式车刀的主要类型见表4-24。

表 4-21　硬质合金及高速工具钢外圆车刀粗车的进给量

（1）结构钢、铸铁及铜合金类

加工材料	车刀刀杆尺寸 B/mm×H/mm	工件直径 /mm	背吃刀量 a_p/mm				
			≤3	>3~5	>5~8	>8~12	>12
			进给量 f/（mm/r）				
碳素结构钢和合金结构钢	20×30	20	0.3~0.4	—	—	—	—
		40	0.4~0.5	0.3~0.4	—	—	—
	25×25	60	0.6~0.7	0.5~0.7	0.4~0.6	—	—
		100	0.8~1.0	0.7~0.9	0.5~0.7	0.4~0.7	—
		600	1.2~1.4	1.0~1.2	0.8~1.0	0.6~0.9	0.4~0.6
	25×40	60	0.6~0.9	0.5~0.8	0.4~0.7	—	—
		100	0.8~1.2	0.7~1.1	0.6~0.9	0.5~0.8	—
		1000	1.2~1.5	1.1~1.5	0.9~1.2	0.8~1.0	0.7~0.8
	30×45 40×60	500	1.1~1.4	1.1~1.4	1.0~1.2	0.8~1.2	0.7~1.1
		2500	1.3~2.0	1.3~1.8	1.2~1.6	1.1~1.5	1.0~1.5
铸铁及铜合金	20×30 25×25	40	0.4~0.5	—	—	—	—
		60	0.6~0.9	0.5~0.8	0.4~0.7	—	—
		100	0.9~1.3	0.8~1.2	0.7~1.0	0.5~0.8	—
		600	1.2~1.8	1.2~1.6	1.0~1.3	0.9~1.1	0.7~0.9
	25×40	60	0.6~0.8	0.5~0.8	0.4~0.7	—	—
		100	1.0~1.4	0.9~1.2	0.8~1.0	0.6~0.9	—
		1000	1.5~2.0	1.2~1.8	1.0~1.4	1.0~1.2	0.8~1.0
	30×45 40×60	500	1.4~1.8	1.2~1.6	1.0~1.4	1.0~1.3	0.9~1.2
		2500	1.6~2.4	1.6~2.0	1.4~1.8	1.3~1.7	1.2~1.7

（2）高温合金、钛合金类

加 工 材 料	车刀刀杆尺寸 B/mm×H/mm	工件直径 /mm	背吃刀量 a_p/mm			
			≤2	>2~5	>5~10	>10
			进给量 f/（mm/r）			
铁镍基及镍基高温合金（变形合金及铸造合金），R_m = 900~1300MPa 的奥氏体耐热、耐酸镍铬钢、镍铬锰钢及复杂合金钢（Ⅳ类）以及上述Ⅱ类合金钢	25×32	100	0.3~0.4	0.2~0.3	—	—
		200	0.4~0.5	0.3~0.4	—	—
		500	0.5~0.6	0.4~0.5	—	—
	40×40 40×50	100	0.4~0.5	0.3~0.4	—	—
		200	0.5~0.6	0.4~0.5	0.3~0.4	—
		500	0.6~0.7	0.5~0.6	0.4~0.5	—
	40×60	>7500	0.6~0.8	0.5~0.6	0.4~0.5	—
钛合金（Ⅵ类）	25×32	100	0.5~0.6	0.4~0.5	0.4~0.5	—
		200	0.6~0.7	0.5~0.6	0.5~0.6	—
		500	0.7~0.8	0.6~0.7		0.5~0.6
	40×40 40×50	100	0.6~0.8	0.5~0.6	0.4~0.5	—
		200	0.8~1.0	0.6~0.8	0.5~0.7	0.5~0.6
		500	1.0~1.2	0.8~1.0	0.6~0.8	0.6~0.8
	40×60	>500	—	1.0~1.2	0.8~1.0	0.6~0.8

注：1. 加工断续表面及有冲击的加工时，表内的进给量应乘以系数 $k=0.75~0.85$。

2. 加工耐热钢及其合金时，不采用大于 1.0mm/r 的进给量。

3. 加工淬硬钢时，表内进给量应乘系数 k。当材料硬度为 44~56HRC 时，$k=0.8$；当硬度为 57~62HRC 时，$k=0.5$。

表 4-22 硬质合金外圆车刀半精车的进给量

工件材料	表面粗糙度 $Ra/\mu m$	车削速度范围 /(m/min)	刀尖圆弧半径 r_ε/mm		
			0.5	1.0	2.0
			进给量 f/(mm/r)		
铸铁、青铜、铝合金	6.3	不限	0.25~0.40	0.40~0.50	0.50~0.60
	3.2		0.15~0.25	0.25~0.40	0.40~0.60
	1.6		0.10~0.15	0.15~0.20	0.20~0.85
碳钢及合金钢	6.3	<50	0.30~0.50	0.45~0.60	0.55~0.70
		>50	0.40~0.55	0.55~0.65	0.65~0.70
	3.2	<50	0.18~0.25	0.25~0.30	0.30~0.40
		>50	0.25~0.30	0.30~0.35	0.35~0.50
	1.6	<50	0.10	0.11~0.15	0.15~0.22
		50~100	0.11~0.16	0.16~0.25	0.25~0.35
		>100	0.16~0.20	0.20~0.25	0.25~0.35

加工耐热合金及钛合金时,进给量的修正系数($v>50$m/min)	
工 件 材 料	修正系数
TC5,TC6,TC2,TC4,TC8,TA6,BT14 Cr20Ni77Ti2Al,Cr20Ni77TiA1B,Cr14Ni70WMoTiAl(GH37)	1.0
12Cr13,20Cr13,30Cr13,40Cr13,45Cr14Ni14W2Mo,Cr20Ni78Ti,2Cr23Ni18,12Cr21Ni5Ti	0.9
14Cr12Ni2WMoV,30CrNi2MoVA,25Cr2MoVA, 4Cr12Ni8Mn8MoVNb,Cr9Ni62Mo10W5Co5Al5, 14Cr18Ni11Si4AlTi,1Cr15Ni35W3TiAl	0.8
1Cr11Ni20Ti3B,Cr12Ni22Ti3MoB	0.7
Cr19Ni9Ti,1Cr18Ni9Ti	0.6
14Cr17Ni2,3Cr14NiVBA,18Cr3MoWV	0.5

注:1. $r_\varepsilon=0.5$mm 用于 12mm×20mm 以下刀杆,$r_\varepsilon=1$mm 用于 30mm×30mm 以下刀杆,$r_\varepsilon=2$mm 用于 30mm×45mm 及以上刀杆。

　　2. 带修光刃的大进给切削法在进给量为 1.0~1.5mm/r 时,可获得 $Ra3.2~1.6\mu m$ 的表面粗糙度;宽刃精车刀的进给量还可更大些。

表 4-23 粗车难加工材料的进给量

加工材料	车刀刀杆尺寸 B/mm×H/mm	工件直径 /mm	背吃刀量 a_p/mm			
			≤2	>2~5	>5~10	>10
			进给量 f/(mm/r)			
$R_m<900$MPa 的珠光体及马氏体组织的耐热铬钢、镍铬钢及铬钼钢(Ⅰ类),马氏体、马氏铁素体组织的耐蚀不锈铬钢及复杂合金钢(Ⅱ类),奥氏体、奥氏体+铁素体及奥氏体+马氏体组织的耐蚀、耐酸、热稳定性镍铬钢(Ⅲ类)	25×32	100	0.5~0.6	0.4~0.5	0.3~0.4	—
		200	0.55~0.65	0.5~0.6	0.4~0.5	—
		500	0.65~0.75	0.6~0.8	0.5~0.7	0.5~0.6
	40×40 40×50	100	0.6~0.8	0.5~0.6	0.4~0.5	0.5~0.6
		200	1.0~1.2	0.8~1.0	0.6~0.8	0.5~0.6
		500	1.2~1.5	1.0~1.2	0.8~1.0	0.6~0.8
	40×60	>500	—	1.5~2.0	1.5~1.8	1.2~1.5

表 4-24 焊接式车刀类型

类型	图 例	类型	图 例
15°外圆车刀 (左或右)	 45°	60°外圆车刀 (左或右)	 60°

（续）

类型	图　　例	类型	图　　例
90°外圆车刀 （左或右）	90°	切圆弧及宽槽车刀	R
端面车刀 （左或右）	5°	切断车刀	
端面车刀 （左或右）	75°　15°　10°　20°	15°倒角车刀	15°
切槽车刀 （左或右）		45°倒角车刀	45°　45°

（1）代号表示规则　根据 GB/T 17985.1—2000 的规定，硬质合金车刀代号命名是按照规定顺序排列的一组字母和数字组成，共有 6 个符号，分别表示其各项特征。

1）第一个符号用两位数字表示车刀头部的型式（见表 4-25）。

2）第二个符号用一字母表示车刀的切削方向。

3）第三个符号用两位数字表示车刀的刀杆宽度，如果高度不足两位数字时，则在该数字前面加"0"。

4）第四个符号用两位数字表示车刀的刀杆宽度，如果宽度不足两位数字时，则在该数前面加"0"。

5）第五位符号用"—"表示该车刀的长度符合 GB/T 2075—2007 或 GB/T 17985.3—2000 的规定。

6）第六位符号用一字母和两位数字表示车刀所焊刀片按 GB/T 2075—2007 中规定的硬切削材料的用途小组代号。

（2）代号的规定

1）车刀型式和符号按表 4-25。

2）车刀切削方向的符号为

① R 为右切削车刀。

② L 为左切削车刀。

3）刀杆截面尺寸的符号，以 mm 计，按下列示例：

——0808，用于每边为 8mm 的正方形截面；

——2516，用于高为 25mm 和宽为 16mm 的矩形截面；

——25，用于直径为 25mm 的圆形截面。

4）车刀代号示例：

正方形截面 25mm×25mm，用途小组为 P20 的硬度合金刀片，06 型右切削车刀的代号为

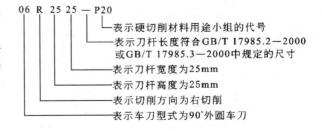

06 R 25 25 — P20
- 表示硬切削材料用途小组的代号
- 表示刀杆长度符合GB/T 17985.2—2000 或GB/T 17985.3—2000中规定的尺寸
- 表示刀杆宽度为25mm
- 表示刀杆高度为25mm
- 表示切削方向为右切削
- 表示车刀型式为90°外圆车刀

表 4-25 车刀型式和符号

头部代号	车 刀 型 式	名称	头部代号	车 刀 型 式	名称
01	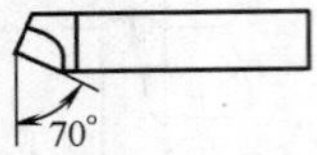	70°外圆车刀	10	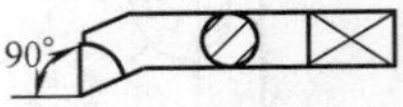	90°内孔车刀
02	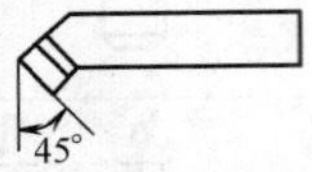	45°端面车刀	11	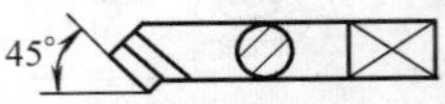	45°内孔车刀
03	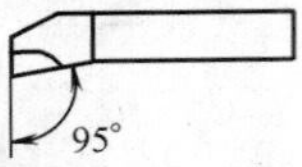	95°外圆车刀	12		内螺纹车刀
04		切槽车刀	13	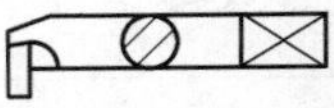	内切槽车刀
05		90°端面车刀	14	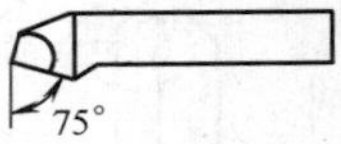	75°外圆车刀
06	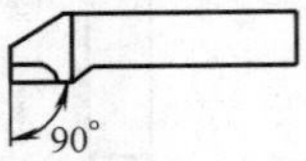	90°外圆车刀	15	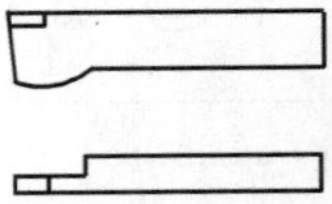	B型切断车刀
07	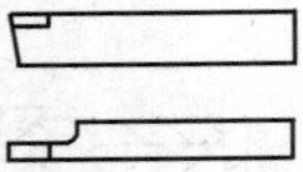	A型切断车刀	16	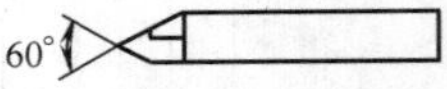	外螺纹车刀
08	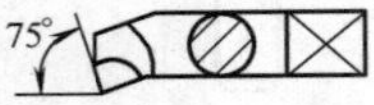	75°内孔车刀	17	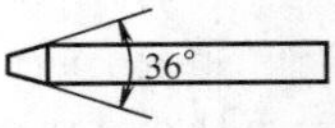	带轮车刀
09		95°内孔车刀			

2. 硬质合金刀片型号规格

表 4-26 所示为常用硬质合金刀片型号与用途举例。标准硬质合金焊接车刀刀片尺寸见表 4-27,标准硬质合金焊接刀片尺寸见表 4-28。

表 4-26 常用硬质合金刀片型号与用途举例　　　　　　　　　（单位：mm）

型号	刀 片 简 图	主要尺寸	用 途 举 例
A1	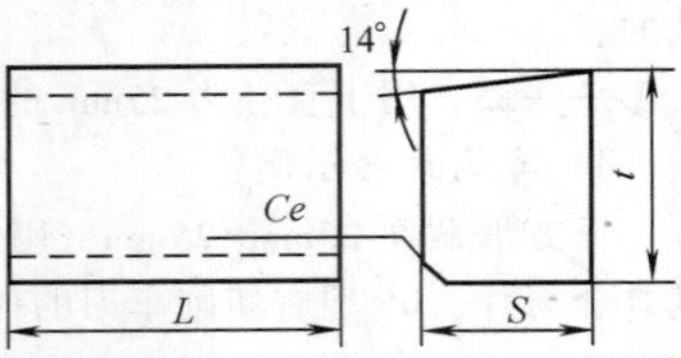	$L = 6 \sim 70$	$\kappa_r < 90°$ 的外圆车刀和内孔车刀、宽刃光刀
A2	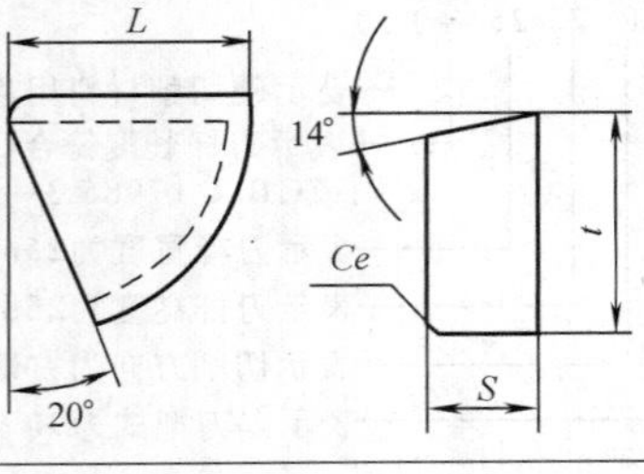	$L = 8 \sim 25$	端面车刀、不通孔车刀

（续）

型号	刀 片 简 图	主要尺寸	用 途 举 例
A3	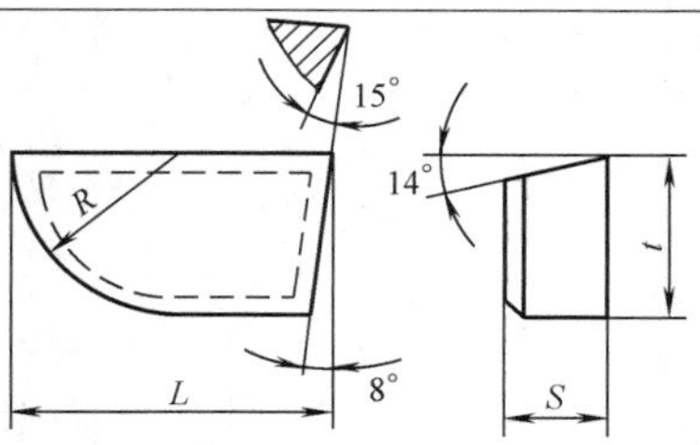	$L = 10 \sim 40$	90°外圆车刀、端面车刀
A4	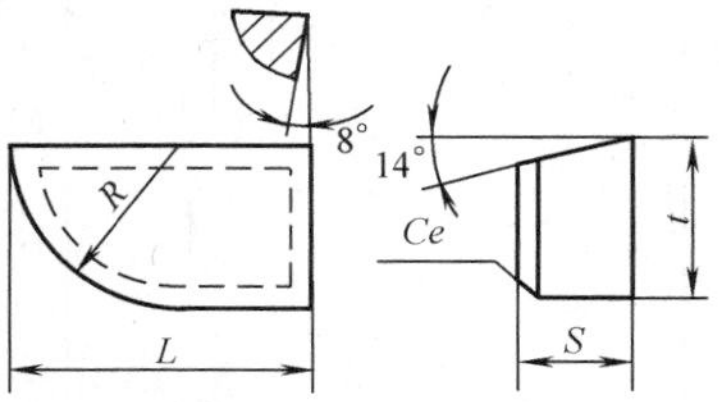	$L = 6 \sim 50$	端面车刀、直头外圆车刀、内孔车刀
C1	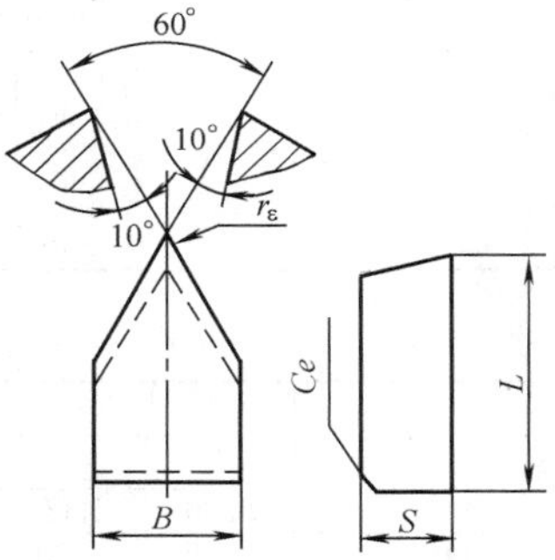	$B = 4 \sim 12$	螺纹车刀
C3	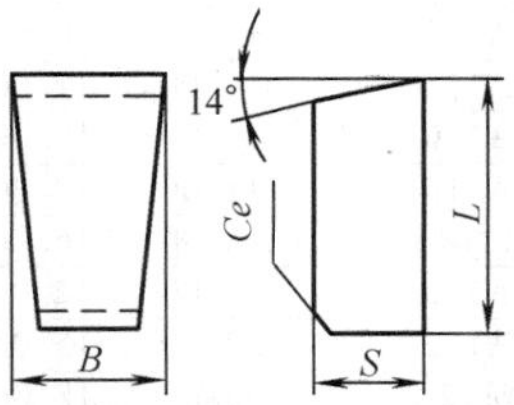	$B = 3.5 \sim 16.5$	切断刀、切槽刀

表 4-27 标准硬质合金焊接车刀刀片尺寸（YS/T 253—1994）　　（单位：mm）

型式	图　　形	型号	公称尺寸				型式	图　　形	型号	公称尺寸			
			l	t	s	r				l	t	s	r
A	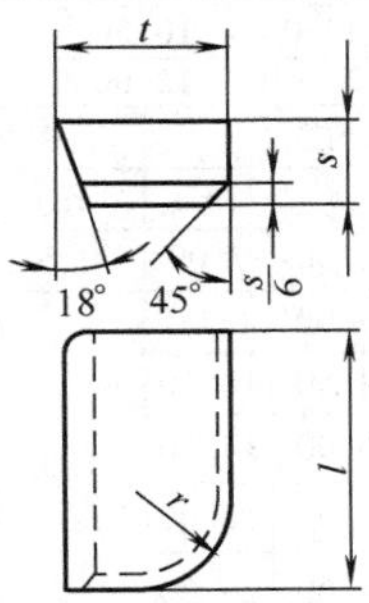	A5	5	3	2	2	B	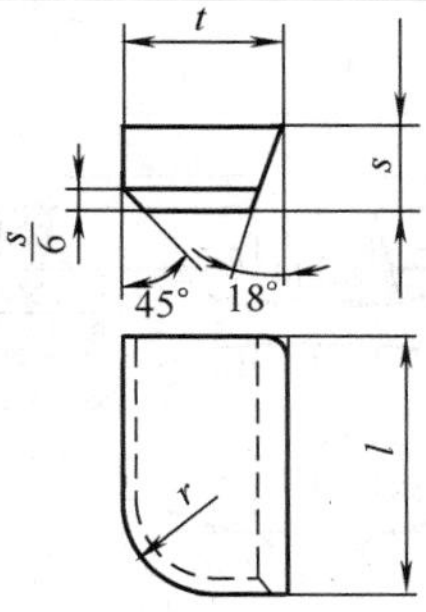	B5	5	3	2	2
		A6	6	4	2.5	2.5			B6	6	4	2.5	2.5
		A8	8	5	3	3			B8	8	5	3	3
		A10	10	6	4	4			B10	10	6	4	4
		A12	12	8	5	5			B12	12	8	5	5
		A16	16	10	6	6			B16	16	10	6	6
		A20	20	12	7	7			B20	20	12	7	7
		A25	25	14	8	8			B25	25	14	8	8
		A32	32	18	10	10			B32	32	18	10	10
		A40	40	22	12	12			B40	40	22	12	12
		A50	50	25	14	14			B50	50	25	14	14

（续）

型式	图　形	型号	公称尺寸 l	t	s	r	型式	图　形	型号	公称尺寸 l	t	s	r
C		C5	5	3	2	—	E		E4	4	10	2.5	—
		C6	6	4	2.5	—			E5	5	12	3	—
		C8	8	5	3	—			E6	6	14	3.5	—
		C10	10	6	4	—			E8	8	16	4	—
		C12	12	8	5	—			E10	10	18	5	—
		C16	16	10	6	—			E12	12	20	6	—
		C20	20	12	7	—			E16	16	22	7	—
		C25	25	14	8	—			E20	20	25	8	—
		C32	32	18	10	—			E25	25	28	9	—
		C40	40	22	12	—			E32	32	32	10	—
		C50	50	25	14	—							
D		D3	3.5	8	3	—							
		D4	4.5	10	4	—							
		D5	5.5	12	5	—							
		D6	6.5	14	6	—							
		D8	8.5	16	8	—							
		D10	10.5	18	10	—							
		D12	12.5	20	12	—							

表 4-28　硬质合金焊接刀片尺寸（YS/T 79—2006）　　　（单位：mm）

型式	图　形	型号	公称尺寸 L	T	S	参考尺寸 e
A1		A106	6.00	5.00	2.50	—
		A108	8.00	7.00	3.00	
		A110	10.00	6.00	3.50	
		A112	12.00	10.00	4.00	
		A114	14.00	12.00	4.50	
		A116	16.00	10.00	5.50	
		A118	18.00	12.00	7.00	
		A118A	18.00	16.00	6.00	
		A120	20.00	12.00	7.00	0.8
		A122	22.00	15.00	8.50	
		A122A	22.00	18.00	7.00	
		A125	25.00	15.00	8.50	
		A125A	25.00	20.00	10.00	
		A130	30.00	16.00	10.00	
		A136	36.00	20.00	10.00	
		A140	40.00	18.00	10.50	
		A150	50.00	20.00	10.50	1.2
		A160	60.00	22.00	10.50	
		A170	70.00	25.00	12.00	

型式	图　形	型号		基本尺寸 L	T	S	r	参考尺寸 r_ε	e
A2		A208	—	8.00	7.00	2.50	7.00	0.5	—
		A210	—	10.00	8.00	3.00	8.00		
		A212	A212Z	12.00	10.00	4.50	10.00		0.8
		A216	A216Z	16.00	14.00	6.00	14.00	1.0	
		A220	A220Z	20.00	18.00	7.00	18.00		
		A225	A225Z	25.00	20.00	8.00	20.00		

（续）

型式	图形	型号		公称尺寸				参考尺寸	
				L	T	S	r	r_ε	e
A3		A310	—	10.00	6.00	3.00	6.00	1.0	—
		A312	A312Z	12.00	7.00	4.00	7.00		0.8
		A315	A315Z	15.00	9.00	6.00	9.00		
		A320	A320Z	20.00	11.00	7.00	11.00		
		A325	A325Z	25.00	14.00	8.00	14.00		
		A330	A330Z	30.00	16.00	9.50	16.00		
		A340	A340Z	40.00	18.00	10.50	18.00		1.2
A4		A406	—	6.00	5.00	2.50	5.00	0.5	—
		A408	—	8.00	6.00	3.00	6.00		
		A410	A410Z	10.00	6.00	3.50	6.00	1.0	0.8
		A412	A412Z	12.00	8.00	4.50	8.00		
		A416	A416Z	16.00	10.00	5.50	10.00		
		A420	A420Z	20.00	12.00	7.00	12.00		
		A425	A425Z	25.00	15.00	8.50	16.00		
		A430	A430Z	30.00	16.00	8.00	16.00		
		A430A	A430AZ	30.00	16.00	9.50	16.00		
		A440	A440Z	40.00	18.00	8.00	18.00		
		A440A	A440AZ	40.00	18.00	10.50	18.00		1.2
		A450	A450Z	50.00	20.00	8.00	20.00	1.5	0.8
		A450A	A450AZ	50.00	20.00	12.00	20.00		1.2

型式	图形	型号		基本尺寸						
				L	T	S	b	r	α	α_1
A5		A515	A515Z	15.00	10.00	4.50	5.00	10.00	45°	40°
		A518	A518Z	18.00	12.00	5.50	4.00	12.00	45°	50°

型式	图形	型号		基本尺寸			
				L	T	S	r
A6		A612	A612Z	12.00	8.00	3.00	8.00
		A615	A615Z	15.00	10.00	4.00	10.00
		A618	A618Z	18.00	12.00	4.50	12.00

型式	图形	型号		基本尺寸			参考尺寸	
				L	T	S	r_ε	e
B1		B108	—	8.00	6.00	3.00	1.5	—
		B112	B112Z	12.00	8.00	4.00		1.0
		B116	B116Z	16.00	10.00	5.00		
		B120	B120Z	20.00	14.00	5.00		
		B120A	B120AZ	20.00	16.00	7.00		
		B125	B125Z	25.00	14.00	5.00		1.5
		B125A	B125AZ	25.00	18.00	8.00		
		B130	B130Z	30.00	20.00	8.00		

型式	图形	型号	基本尺寸				参考尺寸
			L	T	S	r	e
B2		B208	8.00	8.00	3.00	4.00	—
		B210	10.00	10.00	3.50	5.00	
		B212	12.00	12.00	4.50	6.00	
		B214	14.00	16.00	5.00	8.00	
		B216	16.00	20.00	6.00	10.00	0.8
		B220	20.00	25.00	7.00	12.50	
		B225	25.00	30.00	8.00	15.00	
		B228	28.00	35.00	9.00	17.50	
		B265	65.00	80.00	15.00	40.00	—
		B265A	65.00	90.00	15.00	45.00	

（续）

型式	图　形	型号		基本尺寸					参考尺寸
				L	T	S	r	r_1	e
B3	右　　　　左	B312	B312Z	12.00	8.00	4.00	8.00	3.00	0.8
		B315	B315Z	15.00	10.00	5.00	10.00	5.00	
		B318	B318Z	18.00	12.00	6.00	12.00	6.00	
		B322	B322Z	22.00	16.00	7.00	16.00	10.00	

型式	图　形		型号	基本尺寸				参考尺寸	
				L	T	S	b	r_ε	e
C1		左图	C110	10.00	4.00	3.00	—	0.5	0.8
			C116	16.00	6.00	4.00			
			C120	20.00	8.00	5.00			
			C122	22.00	10.00	6.00			
			C125	25.00	12.00	7.00			
		右图	C110A	10.00	6.50	2.50	1.60	0.5	—
			C116A	16.00	8.00	3.00	2.50		
			C120A	20.00	10.00	4.00	3.50		

型式	图　形	型号	基本尺寸				参考尺寸
			L	T	S	b	e
C2		C215	15.00	7.00	4.00	1.80	0.8
		C218	18.00	10.00	5.00	3.10	
		C223	23.00	14.00	5.00	4.90	
		C228	28.00	18.00	6.00	7.70	
		C236	36.00	28.00	7.00	13.10	

型式	图　形	型号	基本尺寸			参考尺寸
			L	T	S	e
C3		C303	3.50	12.00	3.00	—
		C304	4.50	14.00	4.00	
		C305	5.50	17.00	5.00	
		C306	6.50	17.00	6.00	0.8
		C308	8.50	20.00	7.00	
		C310	10.50	22.00	8.00	
		C312	12.50	22.00	10.00	
		C316	16.50	25.00	11.00	1.2

型式	图　形	型号	基本尺寸				参考尺寸
			L	T	S	b	e
C4		C420	20.00	12.00	5.00	3.00	
		C425	25.00	16.00	5.00	4.00	
		C430	30.00	20.00	6.00	5.50	0.8
		C435	35.00	25.00	6.00	7.50	
		C442	42.00	35.00	8.00	12.50	
		C450	50.00	42.00	8.00	15.00	

型式	图　形	型号	基本尺寸			
			L	T	S	r
C5		C539	39.00	4.00	4.00	2.00
		C545	45.00	6.00	4.00	3.00

（续）

型式	图　　形	型号		基本尺寸				参考尺寸	
				L	T	S	r	r_ε	e
D1		D110	—	10.00	8.00	2.50	8.00	0.5	—
		D112	—	12.00	10.00	3.00	10.00		
		D115	D115Z	15.00	12.00	3.50	12.50	1.0	0.8
		D120	D120Z	20.00	16.00	4.00	16.00		
		D125	D125Z	25.00	20.00	5.00	20.00		
		D130	D130Z	30.00	20.00	6.00	20.00		

型式	图　　形	型号	基本尺寸			参考尺寸
			L	T	S	e
D2		D206	6.00	7.00	3.00	—
		D208	8.00	4.00	3.00	
		D210	10.00	5.00	3.00	
		D210A	10.00	10.00	3.00	
		D212	12.00	6.00	3.00	
		D212A	12.00	12.00	3.50	0.8
		D214	14.00	7.00	3.50	
		D214A	14.00	12.00	3.50	
		D216	16.00	7.00	3.50	
		D216A	16.00	12.00	3.50	
		D218	18.00	5.00	3.00	—
		D218A	18.00	7.00	3.50	
		D218B	18.00	12.00	3.50	0.8
		D220	20.00	10.00	4.00	
		D222	22.00	6.00	3.00	
		D222A	22.00	14.00	4.00	
		D224	24.00	14.00	4.00	
		D226	26.00	10.00	5.00	
		D226A	26.00	14.00	5.00	
		D228	28.00	10.00	4.00	
		D228A	28.00	14.00	4.00	
		D230	30.00	14.00	5.00	0.8
		D232	32.00	12.00	5.00	
		D232A	32.00	14.00	4.00	
		D236	36.00	14.00	4.00	
		D238	38.00	12.00	5.00	
		D240	40.00	14.00	5.00	
		D246	46.00	14.00	5.00	

型式	图　　形	型号	基本尺寸			参考尺寸
			L	T	S	r_ε
E1		E105	5.00	5.00	1.50	
		E106	6.00	6.00	1.50	
		E107	7.00	6.00	1.50	1.0
		E108	8.00	7.00	1.80	
		E109	9.00	8.00	2.00	
		E110	10.00	9.00	2.00	

（续）

型式	图 形	型号	基本尺寸			参考尺寸
			L	T	S	r_0
E2		E210	10.80	9.00	2.00	1.0
		E211	11.80	10.00	2.50	
		E213	13.00	11.00	2.50	
		E214	14.00	12.00	2.50	
		E215	15.00	13.00	2.50	
		E216	16.00	14.00	3.00	
		E217	17.00	15.00	3.00	1.5
		E218	18.00	16.00	3.00	
		E219	19.00	17.00	3.00	
		E220	20.00	18.00	3.50	
		E221	21.00	18.00	3.50	1.5
		E222	22.00	18.00	3.50	
		E223	23.00	18.00	4.00	
		E224	24.00	18.00	4.00	
		E225	25.00	22.00	4.50	
		E226	26.00	22.00	4.50	
		E227	27.50	22.00	4.50	
		E228	28.50	22.00	4.50	
		E229	29.50	24.00	5.00	
		E230	30.50	24.00	5.00	
		E231	31.50	24.00	5.00	
		E233	33.50	26.00	5.00	2.0
		E236	36.50	26.00	5.00	
		E239	39.50	26.00	5.00	
		E242	42.00	28.00	6.00	
		E244	44.00	28.00	6.00	
		E247	47.00	28.00	6.00	
		E250	50.00	30.00	6.00	
		E252	52.00	30.00	6.00	

型式	图 形	型号	基本尺寸					参考尺寸
			L	T	S	r	b	e
E3		E312	12.00	6.00	1.50	20	1.50	—
		E315	15.00	3.50	2.00	20		
		E315A	15.00	7.00	2.00	20		
		E320	20.00	4.50	2.50	25	2.50	
		E320A	20.00	6.00	3.50	25		0.5
		E320B	20.00	9.00	2.50	25		—
		E325	25.00	8.00	3.00	30		0.5
		E325A	25.00	15.00	3.00	30		0.5
		E330	30.00	10.00	4.00	30		0.5
		E330A	30.00	21.00	4.00	30	3.50	0.5
		E335	35.00	10.00	5.00	30		0.8
		E340	40.00	12.00	5.00	30		0.8
		E345	45.00	12.00	6.00	30		0.8

（续）

型式	图形	型号	基本尺寸						参考尺寸
			L	T	S	r	a	b	e
E4		E415	15.00	4.00	2.00	15.00	2.50	1.50	—
		E418	18.00	5.00	2.50	20.00	3.50		
		E420	20.00	6.00	3.00	25.00	5.00		
		E425	25.00	8.00	3.50	25.00	6.00	2.00	0.5
		E430	30.00	10.00	4.00	30.00	8.00		

型式	图形	型号	基本尺寸					参考尺寸
			L	T	S	r	b	e
E5		E515	15.00	2.50	1.30	20.00	1.50	—
		E518	18.00	3.00	1.50	25.00		
		E522	22.00	3.50	2.00	25.00		
		E525	25.00	4.00	2.50	30.00	2.00	0.5
		E530	30.00	5.00	3.00	30.00		
		E540	40.00	6.00	3.50	30.00		

3. 切削刃部几何参数的设计

（1）刀片厚度　刀片应具有与设计要求的切削条件相匹配的强度，以承受相应的切削力。刀片厚度的选用，通常是根据背吃刀量、进给量来确定的，见表 4-29。

表 4-29　根据背吃刀量及进给量选用刀片厚度

背吃刀量 a_p/mm	3.2			4.8			6.4		7.9			9.5			12.7	
进给量 f/(mm/r)	0.2~0.3	0.38	0.51	0.2~0.25	0.3~0.51	0.63	0.25~0.38	0.38~0.63	0.25~0.3	0.38~0.63	0.76	0.25~0.3	0.38~0.63	0.76	0.3~0.51	0.63~0.76
刀片厚度 c/mm	3.2	4.8	4.8	3.2	4.8	6.4	4.8	6.4	4.8	6.4	6.4~7.9	4.8	6.4	7.9	6.4	7.9

（2）刀片有效切削刃长度　如图 4-9、图 4-10 所示，刀具的主偏角和最大背吃刀量（切削深度），决定了刀片有效切削刃长度 l_f。一般来说，粗车时，$l_f = \left(\dfrac{1}{2} \sim \dfrac{2}{3}\right)L$；精车时，$l_f = \left(\dfrac{1}{4} \sim \dfrac{1}{3}\right)L$。当刀具主偏角及最大背吃刀量已知时，最小有效切削刃长度可参考表 4-30 选取。

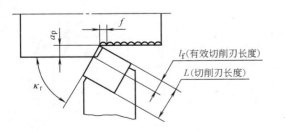

图 4-9　有效切削刃长度的确定

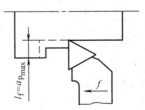

**图 4-10　最小有效切削刃长度
与切削深度的关系**

（3）断屑槽　设计焊接式硬质合金车刀时，应按三种情况考虑选用不同的断屑槽参数。

1）当背吃刀量小于 1mm 的断屑槽参数见表 4-31。

2）中等背吃刀量的断屑槽参数见表 4-32。

表 4-30 最小有效切削刃长度 （单位：mm）

主偏角 $\kappa_r/(°)$	背吃刀量 a_p/mm										
	1	2	3	4	5	6	7	8	9	10	15
90	1	2	3	4	5	6	7	8	9	10	15
75	1.1	2.1	3.1	4.1	5.2	6.2	7.3	8.3	9.3	11	16
60	1.2	2.3	3.5	4.7	5.8	7	8.2	9.3	11	12	18
45	1.4	2.9	4.3	5.7	7.1	8.5	10	12	13	15	22
30	2	4	6	8	10	12	14	16	18	20	30
15	4	8	12	16	20	24	27	31	35	39	58

注：粗线以下数值尽量不采用。

表 4-31 背吃刀量小于 1mm 的断屑槽参数 （单位：mm）

型式	槽 形	车削条件	尺 寸		
			w	h	R_n
平行式		$f = 0.1\text{mm/r}$ $a_p = 1.0\text{mm}$ 以下	$3f$	f	$f/2$
外斜式		$f = 0.1\text{mm/r}$ $a_p = 1.0\text{mm}$ 以下	$10f$	$2f$	$f/2$

表 4-32 中等背吃刀量的断屑槽参数

（单位：mm）

型式	槽 形	背吃刀量 a_p	进给量 f	槽宽 w
平行式		1~3	0.2~0.5	3~3.2
		2~5	0.3~0.5	3.2~3.5
		3~6	0.3~0.6	4~4.5
外斜式		1~3	0.2~0.5	3.2~3.5
		2~5	0.3~0.5	3.5~4
		3~6	0.3~0.6	4.5~5

3）强力车削钢件时（刀具工作条件 $a_p > 10\text{mm}$，$f = 0.6 \sim 1.2\text{mm/r}$），应增大断屑槽底圆弧半径。其断屑槽（见图 4-11）参数可按下列原则设计：

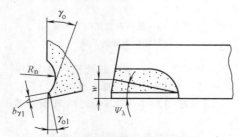

图 4-11 大背吃刀量断屑槽参数

$$w = 10f \qquad (4\text{-}3)$$
$$R_n = (12 \sim 15)f \qquad (4\text{-}4)$$

（4）刀杆槽

1）刀杆槽的型式及适用范围。焊接式硬质合金车刀的刀杆槽的型式大致可以分为 4 种，即通槽、半通槽、封闭槽及加强半通槽，如图 4-12 所示。

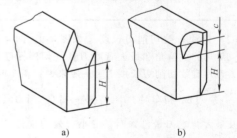

a)   b)

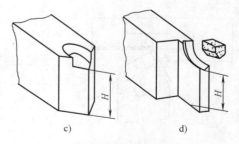

c)   d)

图 4-12 刀杆槽型式

a）通槽 b）半通槽 c）封闭槽 d）加强半通槽

通槽用于 A1 等矩形刀片；半通槽用于 A2、A3、A4 等带圆弧的刀片；封闭槽焊接面积大，强度高，但焊接应力大，适合 C1、C3 等底面积较小的刀片；而加强半通槽则比较适合焊接式切断刀。

2）刀杆槽的设计要点。为保证焊接质量，刀杆槽设计必须保证以下几方面要求：

① 刀体厚度。刀杆上支承刀片部分的厚度（刀体厚度）H 与刀片厚度 c 的比值 H/c 应大于 3，否则焊后拉应力较大，易产生裂纹。

② 刀片与刀杆槽间隙。刀片与刀杆槽的间隙不宜过大或过小，一般以 0.05~0.15mm 为宜。对圆弧结合面则应尽量吻合，局部最大间隙应小于 0.3mm，否则将会影响焊接强度。

③ 刀杆槽的表面粗糙度值。刀槽的表面粗糙度值以 $Ra6.3\mu m$ 为宜。为保证焊接质量，可对刀槽内部提出相应的喷砂处理或用汽油、酒精刷洗等技术要求，以保持刀杆槽焊面光洁。

④ 刀片长度。一般情况下，刀片放在刀杆槽中后宜伸出 0.2~0.3mm，以便于车刀的刃磨。有时也可把刀杆槽设计得比刀片长 0.2~0.3mm，焊后再将刀体多余部分磨去，使刀具外观整洁。

4. 硬质合金车刀的焊接与无机粘接的技术要求

（1）焊接所用钎料与熔剂的选用　硬质合金刀片的焊接多采用硬钎料（熔点高于 450℃ 的钎料称为硬钎料，即难熔钎料）钎焊工艺。焊接时，将钎料加热到熔化状态，一般比焊料熔点高 30~50℃，在熔剂的保护下，利用钎料在工件焊接表面的渗透扩散作用，以及钎料与焊接件之间的相互熔解作用，使硬质合金刀片牢牢地焊接在刀槽中。

1）钎料的选用。焊接硬质合金车刀所用的几种常用钎料见表 4-33。

表 4-33　几种常用钎料的推荐表

钎料名称	熔点/℃	应 用 范 围
黄铜(铜锌合金) 锰黄铜	900 920	承受中等载荷的一般刀具,刀具刃部工作温度不超过 600℃
纯铜(电解铜) 铜镍钎料	1080 1220	能承受较大载荷的刀具,刀刃工作温度不超过 700℃
铜铁镍钎料	1200	工作时能承受大载荷,刃部工作温度不超过 900℃ 的刀具
105 号钎料	909	焊缝强度高,并有很好的高温塑性,有利于焊后的热处理;对合金的浸润性好,工作温度在 500℃ 左右
银铜合金 106 号钎料 107 号钎料	670~820	抗拉强度高,韧性好。适用于焊接低钴、高钛硬质合金精车刀,允许工作温度不超过 400℃

2）熔剂的选用。正确选择和使用熔剂对保证钎焊质量是很关键的。熔剂在钎焊过程中的作用在于，能清除工件待焊表面氧化物，改善浸润性，并能保护焊层不受氧化。硬质合金刀具钎焊时，常用脱水硼砂 $Na_2B_4O_2$ 和 w（脱水硼砂）25% + w（硼酸）75% 两种熔剂，其钎焊温度均为 800~1000℃。硼砂的脱水方法是将硼砂熔化后，冷却粉碎过筛即可。钎焊 TG 类硬质合金刀具通常用脱水硼砂效果较好。钎焊 YT 类硬质合金刀具时，选用 w（脱水硼砂）50% + w（硼酸）35% + w（脱水氟化钾）15% 配方，可以得到满意效果。也可以加入一些氟化钾改善熔剂对合金的浸润性，提高熔解碳化钛的能力。

钎焊高钛合金类硬质合金（YT30、YN05）刀片时，为减小焊接应力，常采用 0.1~0.5mm 厚的低碳钢或铁镍合金作为补偿垫片，置于刀片与刀杆体之间。

（2）焊接车刀的工艺技术要求　钎焊加热方法较多，有气焰焊、高频焊、电阻焊等，其中电阻焊的加热方法较好。焊接车刀设计的其他一般技术要求有：

1）须刃磨的硬质合金刀片的工作部分不允许有裂纹，焊缝上的漏焊，在处于主切削刃下面的焊缝上，一处漏焊长度不应超过 2mm，其他部分一处漏焊长度不应超过 3mm。漏焊总长度不应超过整个焊缝长度的 20%。

2）车刀刀杆的材料一般都采用 45、T7、T8 等材料，热处理后硬度应在 30~45HRC。

3）刀杆硬度，一般不做硬度检查，如因刀杆硬度过低，刚度不足而影响使用时，则需另行热处理。

（3）车刀刀片无机粘接的技术要点

1）车刀刀槽。由于无机粘结剂靠固化时发生体积膨胀，在槽壁和刀片之间产生很大的挤压力而固定刀片的，所以，车刀刀槽必须采用封闭或半封闭槽形式。

2）刀片与刀槽间隙。无论采用何种刀片槽型结构粘接，车刀刀槽与刀片之间的间隙，以 0.15mm 为好，最多不要超过 0.25mm。

3）刀片及刀槽表面要求。刀槽表面的表面粗糙度应控制在 $Ra6.3\mu m$ 以下，有时为了提高粘接强度，刀片侧面也可以烧结或线切割出一些齿纹沟槽。

5. 焊接式车刀的设计

焊接式车刀设计的几何外形及其技术要求可以参照 GB/T 17985.1—2000 进行。其中外表面车刀可以参照 GB/T 17985.2—2000，见表 4-34~表 4-48。

硬质合金车刀技术要求基本原则如下：

1）车刀表面不得有锈迹、毛刺，锐角应倒钝，车刀刀杆应经表面处理。

表 4-34 70°外圆车刀　　　　　　　　　　　　　　（单位：mm）

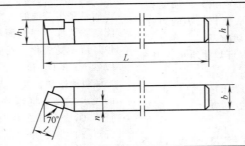

车刀代号		主　要　尺　寸								参考尺寸	
		L		h		b		h_1			
右切车刀	左切车刀	公称尺寸	极限偏差	公称尺寸	极限偏差	公称尺寸	极限偏差	公称尺寸	极限偏差	l	n
01R1010	01L1010	90	+3.5 0	10	0 -0.70	10	0 -0.70	10	0 -0.70	8	4
01R1212	01L1212	100		12		12		12		10	5
01R1616	01L1616	110		16		16		16		12	6
01R2020	01L2020	125	+4 0	20	0 -0.84	20	0 -0.84	20	0 -0.84	16	8
01R2525	01L2525	140		25		25		25		20	10
01R3232	01L3232	170		32		32		32		25	12
01R4040	01L4040	200	+4.6 0	40	0 -1	40	0 -1	40	0 -1	32	16
01R5050	01L5050	240		50		50		50		40	20

表 4-35 45°端面车刀　　　　　　　　　　　　　　（单位：mm）

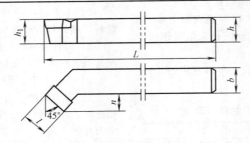

车刀代号		主　要　尺　寸								参考尺寸	
		L		h		b		h_1			
右切车刀	左切车刀	公称尺寸	极限偏差	公称尺寸	极限偏差	公称尺寸	极限偏差	公称尺寸	极限偏差	l	n
02R1010	02L1010	90	+3.5 0	10	0 -0.70	10	0 -0.70	10	0 -0.70	8	6
02R1212	02L1212	100		12		12		12		10	7
02R1616	02L1616	110		16		16		16		12	8
02R2020	02L2020	125	+4 0	20	0 -0.84	20	0 -0.84	20	0 -0.84	16	10
02R2525	02L2525	140		25		25		25		20	12
02R3232	02L3232	170		32		32		32		25	14
02R4040	02L4040	200	+4.6 0	40	0 -1	40	0 -1	40	0 -1	32	18
02R5050	02L5050	240		50		50		50		40	22

表 4-36　95°外圆车刀　　　　　　　　　　（单位：mm）

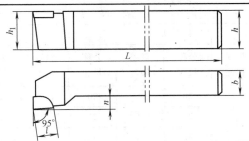

车刀代号		主　要　尺　寸								参考尺寸	
		L		h		b		h_1			
右切车刀	左切车刀	公称尺寸	极限偏差	公称尺寸	极限偏差	公称尺寸	极限偏差	公称尺寸	极限偏差	l	n
03R1610	03L1610	110	+3.5 / 0	16	0 / -0.70	10	0 / -0.70	16	0 / -0.70	8	5
03R2012	03L2012	125	+4 / 0	20	0 / -0.84	12	0 / -0.84	20	0 / -0.84	10	6
03R2516	03L2516	140		25		16		25		12	8
03R3220	03L3220	170		32	0 / -1	20	0 / -1	32	0 / -1	16	10
03R4025	03L4025	200	+4.6 / 0	40		25		40		20	12
03R5032	03L5032	240		50		32		50		25	14

表 4-37　切槽车刀　　　　　　　　　　（单位：mm）

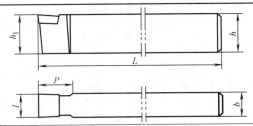

车刀代号	主　要　尺　寸								参考尺寸	
	L		h		b		h_1			
	公称尺寸	极限偏差	公称尺寸	极限偏差	公称尺寸	极限偏差	公称尺寸	极限偏差	l	P
04R2012	125	+4 / 0	20	0 / -0.84	12	0 / -0.84	20	0 / -0.84	12	20
04R2516	140		25		16		25		16	25
04R3220	170		32	0 / -1	20	0 / -1	32	0 / -1	20	32
04R4025	200	+4.6 / 0	40		25		40		25	40
04R5032	240		50		32		50		32	50

表 4-38　90°端面车刀　　　　　　　　　　（单位：mm）

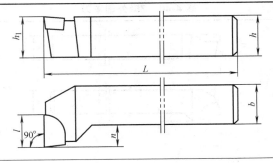

（续）

车刀代号		主要尺寸								参考尺寸	
		L		h		b		h_1			
右切车刀	左切车刀	公称尺寸	极限偏差	公称尺寸	极限偏差	公称尺寸	极限偏差	公称尺寸	极限偏差	l	n
05R2020	05L2020	125	+4 0	20	0 -0.84	20	0 -0.84	20	0 -0.84	16	10
05R2525	05L2525	140		25		25		25		20	12
05R3232	05L3232	170		32		32		32		25	16
05R4040	05L4040	200	+4.6 0	40	0 -1	40	0 -1	40	0 -1	32	20
05R5050	05L5050	240		50		50		50		40	25

表 4-39　90°外圆车刀　　　　　　　　　　　（单位：mm）

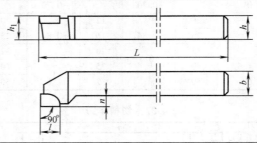

车刀代号		主要尺寸								参考尺寸	
		L		h		b		h_1			
右切车刀	左切车刀	公称尺寸	极限偏差	公称尺寸	极限偏差	公称尺寸	极限偏差	公称尺寸	极限偏差	l	n
06R1010	06L1010	90	+3.5 0	10	0 -0.70	10	0 -0.70	10	0 -0.70	8	4
06R1212	06L1212	100		12		12		12		10	5
06R1616	06L1616	110		16		16		16		12	6
06R2020	06L2020	125	+4 0	20	0 -0.84	20	0 -0.84	20	0 -0.84	16	8
06R2525	06L2525	140		25		25		25		20	10
06R3232	06L3232	170		32		32		32		25	12
06R4040	06L4040	200	+4.6 0	40	0 -1	40	0 -1	40	0 -1	32	14
06R5050	06L5050	240		50		50		50		40	18

表 4-40　75°外圆车刀　　　　　　　　　　　（单位：mm）

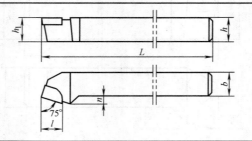

（续）

车刀代号		主 要 尺 寸								参考尺寸	
		L		h		b		h₁			
右切车刀	左切车刀	公称尺寸	极限偏差	公称尺寸	极限偏差	公称尺寸	极限偏差	公称尺寸	极限偏差	l	n
14R1010	14L1010	90	+3.5 0	10	0 -0.70	10	0 -0.70	10	0 -0.70	8	4
14R1212	14L1212	100		12		12		12		10	
14R1616	14L1616	110		16		16		16		12	5
14R2020	14L2020	125	+4 0	20		20		20		16	
14R2525	14L2525	140		25	-0.84	25	-0.84	25	-0.84	20	6
14R3232	14L3232	170		32	0 -1	32	0 -1	32	0 -1	25	7
14R4040	14L4040	200	+4.6 0	40		40		40		32	9
14R5050	14L5050	240		50		50		50		40	10

表 4-41　外螺纹车刀　　　　　　（单位：mm）

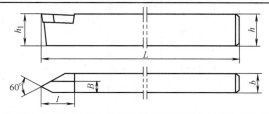

车刀代号	主 要 尺 寸								参考尺寸	
	L		h		b		h₁			
	公称尺寸	极限偏差	公称尺寸	极限偏差	公称尺寸	极限偏差	公称尺寸	极限偏差	l	B
16R1208	100	+3.5 0	12	0 -0.70	8	0 -0.70	12	0 -0.70	10	4
16R1610	110		16		10		16		16	6
16R2012	125		20		12		20			8
16R2516	140	+4 0	25	-0.84	16	0 -0.84	25	-0.84	20	
16R3220	170		32	0 -1	20		32	0 -1	22	10

表 4-42　带轮车刀　　　　　　（单位：mm）

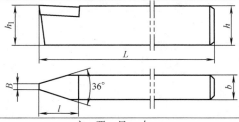

车刀代号	主 要 尺 寸								参考尺寸	
	L		h		b		h₁			
	公称尺寸	极限偏差	公称尺寸	极限偏差	公称尺寸	极限偏差	公称尺寸	极限偏差	l	B
17R1212	100	+3.5 0	12	0 -0.70	12	0 -0.70	12	0 -0.70	20	3
17R1610	110		16		10		16			
17R2012	125		20		12		20			
17R2516	140	+4 0	25	-0.84	16	0 -0.84	25	-0.84	25	4
17R3220	170		32	0 -1	20		32	0 -1	30	5.5

表 4-43　75°内孔车刀　　　　　　　　　　　　　　　（单位：mm）

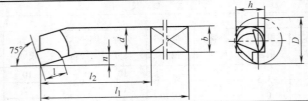

车刀代号	主要尺寸								参考尺寸			
	l_1		h		b		l_2		l	n	d	D_{min}
	公称尺寸	极限偏差	公称尺寸	极限偏差	公称尺寸	极限偏差	公称尺寸	极限偏差				
08R0808	125	+4 0	8	0 -0.58	8	0 -0.58	40	+2.5 0	5	3	8	14
08R1010	150		10		10		50		6	4	10	18
08R1212	180		12	0 -0.70	12	0 -0.70	63	+3 0	8	5	12	21
08R1616	210	+4.6 0	16		16		80		10	6	16	27
08R2020	250	+5.2 0	20	0 -0.84	20	0 -0.84	100	+3.5 0	12	8	20	34
08R2525	300		25		25		125		16	10	25	43
08R3232	355	+5.7 0	32	0 -1	32	0 -1	160	+4 0	20	12	32	52

表 4-44　95°内孔车刀　　　　　　　　　　　　　　　（单位：mm）

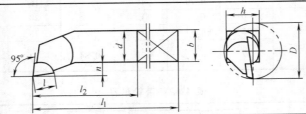

车刀代号	主要尺寸								参考尺寸			
	l_1		h		b		l_2		l	n	d	D_{min}
	公称尺寸	极限偏差	公称尺寸	极限偏差	公称尺寸	极限偏差	公称尺寸	极限偏差				
09R0808	125	+4 0	8	0 -0.58	8	0 -0.58	40	+2.5 0	5	3	8	14
09R1010	150		10		10		50	+3 0	6	4	10	16
09R1212	180		12	0 -0.70	12	0 -0.70	63		8	5	12	21
09R1616	210	+4.6 0	16		16		80		10	6	16	27
09R2020	250	+5.2 0	20	0 -0.84	20	0 -0.84	100	+3.5 0	12	8	20	34
09R2525	300		25		25		125		16	10	25	43
09R3232	355	+5.7 0	32	0 -1	32	0 -1	160	+4 0	20	12	32	52

表 4-45 90°内孔车刀 （单位：mm）

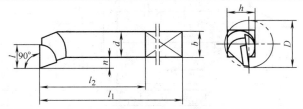

车刀代号	主要尺寸								参考尺寸			
	l_1		h		b		l_2		l	n	d	D_{min}
	公称尺寸	极限偏差	公称尺寸	极限偏差	公称尺寸	极限偏差	公称尺寸	极限偏差				
10R0808	125	+4 0	8	0 -0.58	8	0 -0.58	40	+2.5 0	5	3	8	14
10R1010	150		10		10		50		6	4	10	16
10R1212	180		12	0 -0.70	12	0 -0.70	63	+3 0	8	5	12	21
10R1616	210	+4.6 0	16		16		80		10	6	16	27
10R2020	250	+5.2 0	20	0 -0.84	20	0 -0.84	100	+3.5 0	12	8	20	34
10R2525	300		25		25		125	+4 0	16	10	25	43
10R3232	355	+5.7 0	32	0 -1	32	0 -1	160		20	12	32	52

表 4-46 45°内孔车刀 （单位：mm）

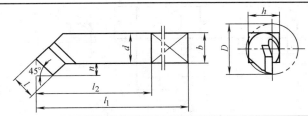

车刀代号	主要尺寸								参考尺寸			
	l_1		h		b		l_2		l	n	d	D_{min}
	公称尺寸	极限偏差	公称尺寸	极限偏差	公称尺寸	极限偏差	公称尺寸	极限偏差				
11R0808	125	+4 0	8	0 -0.58	8	0 -0.58	40	+2.5 0	5	3	8	14
11R1010	150		10		10		50		6	4	10	18
11R1212	180		12	0 -0.70	12	0 -0.70	63	+3 0	8	5	12	21
11R1616	210	+4.6 0	16		16		80		10	6	16	27
11R2020	250	+5.2 0	20	0 -0.84	20	0 -0.84	100	+3.5 0	12	8	20	34
11R2525	300		25		25		125	+4 0	16	10	25	43
11R3232	355	+5.7 0	32	0 -1	32	0 -1	160		20	12	32	52

表 4-47 　内螺纹车刀 　　　　　　　　　　　　（单位：mm）

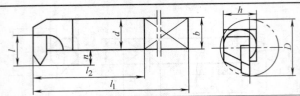

车刀代号	主　要　尺　寸								参考尺寸			
	l_1		h		b		l_2		l	n	d	D_{min}
	公称尺寸	极限偏差	公称尺寸	极限偏差	公称尺寸	极限偏差	公称尺寸	极限偏差				
12R0808	125	+4 0	8	0 -0.58	8	0 -0.58	40	+2.5 0	5	4	8	15
12R1010	150		10		10		50		6	5	10	19
12R1212	180		12	0 -0.70	12	0 -0.70	63	+3 0	8	6	12	22
12R1616	210	+4.6 0	16		16		80		10	8	16	29
12R2020	250	+5.2 0	20	0 -0.84	20	0 -0.84	100	+3.5 0	12	10	20	36
12R2525	300		25		25		125		16	12	25	45
12R3232	355	+5.7 0	32	0 -1	32	0 -1	160	+4 0	20	14	32	54

表 4-48 　内切槽车刀 　　　　　　　　　　　　（单位：mm）

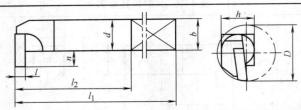

车刀代号	主　要　尺　寸								参考尺寸			
	l_1		h		b		l_2		l	n	d	D_{min}
	公称尺寸	极限偏差	公称尺寸	极限偏差	公称尺寸	极限偏差	公称尺寸	极限偏差				
13R0808	125	+4 0	8	0 -0.58	8	0 -0.58	40	+2.5 0	3.5	6	8	17
13R1010	150		10		10		50			8	10	22
13R1212	180		12	0 -0.70	12	0 -0.70	63	+3 0	4.5	10	12	26
13R1616	210	+4.6 0	16		16		80		5.5	12	16	33
13R2020	250	+5.2 0	20	0 -0.84	20	0 -0.84	100	+3.5 0	6.5	16	20	42
13R2525	300		25		25		125		8.5	20	25	53
13R3232	355	+5.7 0	32	0 -1	32	0 -1	160	+4 0	10.5	25	32	65

2）焊接刀片时，刀片主、副切削刃应按车刀规格大小不同伸出刀杆 0.3~0.6mm（车刀规格小的取小值，规格大的取大值）。

3）刀具各部位的表面粗糙度最大允许值：安装面与基准侧面 $Ra6.3\mu m$。前面、主后面、副后面 $Ra3.2\mu m$。

4）车刀刀杆用 45 钢或其他同等性能的材料制造。

5）车刀刀片与车刀刀杆的焊接应牢固，不得有铜瘤、烧伤、缝隙等影响使用性能的缺陷。

4.1.4　机夹式硬质合金车刀

机夹式硬质合金车刀是采用普通硬质合金刀片，用机械夹固方法夹持在刀杆上使用的车刀。车刀磨损后，将硬质合金刀片卸下，经过刃磨，又重新装上继续使用。

1. 机夹式硬质合金车刀夹紧机构的设计要求

1）必须保证夹紧的可靠性。夹紧机构要使刀片在切削过程中经得起冲击和振动，不致松动或移位。夹紧力分布均匀，夹紧力方向应尽可能与切削力方向一致。

2）要使刀尖位置能保持足够精度。刀片重磨后，尺寸逐渐缩小，为恢复刀尖位置，车刀结构设有调整机构。

3）机构力求紧凑。最好不外露，以免妨碍切屑流动和卷曲，并不致影响操作者观察切削情况。

4）装卸调整刀片应简便、迅速，以缩短辅助时间。

5）夹紧机构不应削弱刀杆刚度，以保证工作安全可靠，并延长刀具使用寿命。

6）压紧刀片所用压板端部可以镶上硬质合金，起断屑器作用。

2. 机夹式硬质合金车刀刀槽

机夹式硬质合金车刀的刀杆槽形状，同样有敞开式、半封闭式和封闭式三种。可以根据刀片的形状和尺寸、车刀的类型及使用要求设计。

3. 机夹式硬质合金车刀的典型结构

机夹式硬质合金车刀的夹紧机构很多，较为常见的有楔块螺钉压紧、压板压紧等机构。其结构如图 4-13~图 4-15 所示。

4.1.5　切断刀

1. 切断刀的工作特点

切断刀主要用在卧式车床、转塔车床和自动机床上切断杆料。切削过程中，切削区排屑困难、冷却不足，刀头厚度小而伸出臂长，刚性差，当切削接近中心时，实际工作后角变为负值，切削力较开始切断时显著增大，会产生振动和挤压现象。

2. 切断刀的设计要点

1）为了避免过分削弱切断刀的刀头强度，并

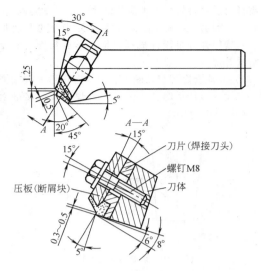

图 4-13　上压式机夹车刀

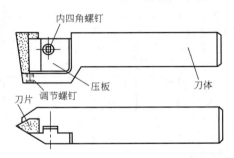

图 4-14　侧压式机夹车刀

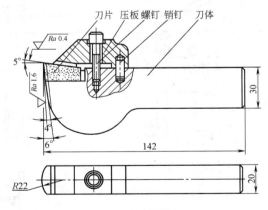

图 4-15　机夹圆弧车刀

且，由于刀头宽度的限制，一般取切断刀副偏角 $\kappa_r' = 1°30' \sim 2°$（高速工具钢）、$\kappa_r' = 1°30' \sim 3°$（硬质合金）。

2）为减小切削振动，切断刀沿刀尖到支承面方向逐渐做薄，形成负后角 α_o'。高速工具钢 $\alpha_o' = 1°30' \sim 2°$，硬质合金切断刀 $\alpha_o' = 2°30' \sim 3°30'$。

3）当不希望在工件心部残留下一段未切去的圆

柱细杆时，可将切削刃主偏角设计为 $\kappa_r = 75° \sim 80°$。

4）为增加支承强度，应将刀头部分的厚度加大，其增厚部分可设计成圆弧面，形成与支承面相平行的外形。

5）硬质合金焊接切断刀，则应考虑刀片焊接强度。在设计刀杆槽时，应注意增大焊接表面接触面积，如图 4-16 所示。

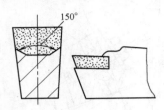

图 4-16 切断刀槽增加焊接表面的措施

3. 切断刀的结构类型

切断刀可以有直切式或偏切式两种工作方式，如图 4-17 所示。

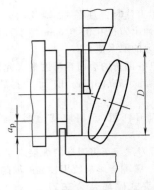

图 4-17 直切式与偏切式切断刀工作示意图

切断刀也可分为焊接式、机夹式、模块式等多种结构型式，如图 4-18 所示。

切断刀也有不同的工作要求，如切槽，切左、右端面，倒圆角等，同时，工件材料也各有不同。机夹式切断刀刀片型式与材料均有不同要求。我国目前硬质合金刀片在这方面还很不全面，图 4-19 为 Sandvik 公司切断（槽）刀硬质合金刀片分类示意图。

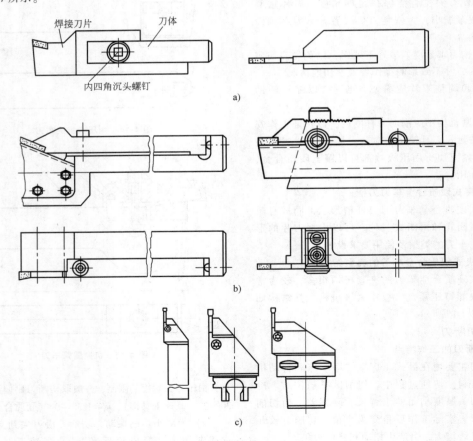

图 4-18 硬质合金切断刀

a）焊接式 b）机夹式 c）模块式

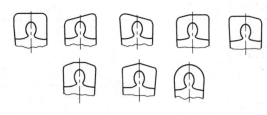

图 4-19 Sandvik 切断（槽）刀硬质合金刀片分类

4. 硬质合金切断车刀设计推荐尺寸参数

根据硬质合金车刀国家标准（GB/T 17985.2—2000），A 型与 B 型切断车刀的设计推荐尺寸见表 4-49和表 4-50。

5. 机夹切断车刀的型式尺寸与技术条件

GB/T 10953—2006 规定了机夹切断车刀的型式、尺寸、技术要求和标志包装的基本要求。具体型式与尺寸见表 4-51、表 4-52。

表 4-49 A 型切断车刀 （单位：mm）

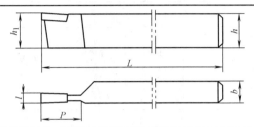

车刀代号		主 要 尺 寸								参 考 尺 寸	
		L		h		b		h_1			
右切车刀	左切车刀	公称尺寸	极限偏差	公称尺寸	极限偏差	公称尺寸	极限偏差	公称尺寸	极限偏差	l	P
07R1208	07L1208	100	+3.5 0	12	0 -0.70	8	0 -0.70	12	0 -0.70	3	12
07R1610	07L1610	110		16		10		16		4	14
07R2012	07L2012	125	+4 0	20	0 -0.84	12	0 -0.84	20	0 -0.84	5	16
07R2516	07L2516	140		25		16		25		6	20
07R3220	07L3220	170		32	0 -1	20	0 -1	32	0 -1	8	25
07R4025	07L4025	200	+4.6 0	40		25		40		10	32
07R5032	07L5032	240		50		32		50		12	40

表 4-50 B 型切断车刀 （单位：mm）

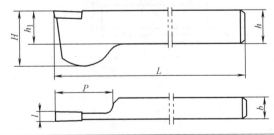

车刀代号		主 要 尺 寸								参 考 尺 寸		
		L		h		b		h_1				
右切车刀	左切车刀	公称尺寸	极限偏差	公称尺寸	极限偏差	公称尺寸	极限偏差	公称尺寸	极限偏差	l	P	H
15R1208	15L1208	100	+3.5 0	12	0 -0.70	8	0 -0.70	12	0 -0.70	3	12	20
15R1610	15L1610	110		16		10		16		4	14	26
15R2012	15L2012	125	+4 0	20	0 -0.84	12	0 -0.84	20	0 -0.84	5	16	30
15R2516	15L2516	140		25		16		25		6	20	40
15R3220	15L3220	170		32	0 -1	20	0 -1	32	0 -1	8	25	47
15R4025	15L4025	200	+4.6 0	40		25		40		10	32	45

表 4-51 A型机夹切断车刀的型式尺寸　　　　　　　　　（单位：mm）

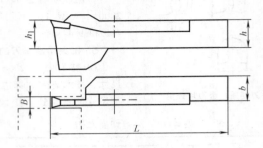

车刀代号		h_1	h h13	b h13	L		B	最大加工直径 D_{max}
右切刀	左切刀				公称尺寸	极限偏差		
QA2022R—03	QA2022L—03	20	20	22	125	0 −2.5	3.2	40
QA2022R—04	QA2022L—04						4.2	
QA2525R—04	QA2525L—04	25	25	25	150			60
QA2525R—05	QA2525L—05						5.3	
QA3232R—05	QA3232L—05	32	32	32	170	0 −2.9	5.3	80
QA3232R—06	QA3232L—06						6.5	

表 4-52 B型机夹切断车刀的型式尺寸　　　　　　　　　（单位：mm）

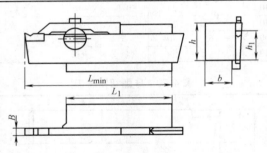

车刀代号		h_1	h h13	b	L_{min}	B	L_1	最大加工直径 D_{max}
右切刀	左切刀							
QB2020R—04	QB2020L—04	20	25	20	125	4.2	100	100
QB2020R—05	QB2020L—05					5.3		
QB2525R—05	QB2525L—05	25	32	25	150		125	125
QB2525R—06	QB2525L—06					6.5		
QB3232R—06	QB3232L—06	32	40	32	170		140	150
QB3232R—08	QB3232L—08					8.5		
QB4040R—08	QB4040L—08	40	50	40	200		160	175
QB4040R—10	QB4040L—10					10.5		
QB5050R—10	QB5050L—10	50	63	50	250		200	200
QB5050R—12	QB5050L—12					12.5		

机夹切断刀的标注示例：

刀尖高度为 25mm，刀杆宽度为 25mm，刀片宽度为 4mm 的 A 型右切机夹切断车刀为

机夹切断车刀　QA2525R—04　GB/T 10953—2006。

4.1.6　几种典型车刀的制图

1．车刀制图的一般原则

绘制车刀图样时，应掌握的一般原则有以下几点：

1）应将车刀工作位置作为主视图，在该视图中即能表示清楚主切削刃和副切削刃及刀尖形状、相对假定工作平面的位置角度和必要的尺寸参数。

2）根据需要辅以各种剖面和向视图。以便表示出各基准坐标平面内的刀具角度或尺寸参数。

3）各图形的角度和尺寸应按比例绘制。过小的角度允许适当夸大绘制。

4）为使图面简洁清晰，各剖面及其符号在生产图样上可省略不标。

2．几种典型车刀的角度标注

图 4-20 ~ 图 4-23 分别介绍了 90°外圆车刀、45°端面车刀、切断刀及车孔刀的刀具角度的标注。

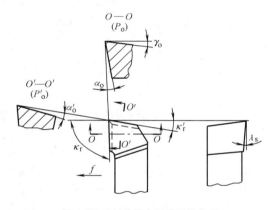

图 4-20　90°外圆车刀的刀具角度

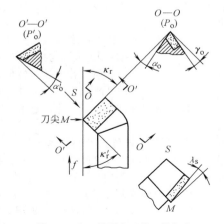

图 4-21　45°端面车刀的刀具角度

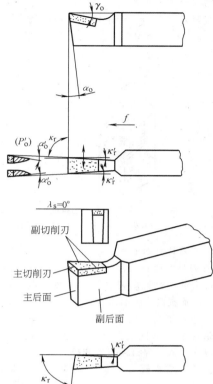

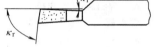

图 4-22　切断刀的刀具角度

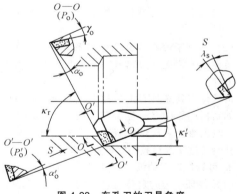

图 4-23　车孔刀的刀具角度

4.2　可转位车刀

4.2.1　可转位车刀的设计特点

1．可转位车刀

可转位车刀是把具有合理几何形状与若干条切削刃的成品可转位刀片，用机械夹固的方法，装配在刀体（刀杆）上的车刀。图 4-24 表示典型的可转位车刀的组成。刀垫 2（有些车刀受各种条件限制，不使用刀垫）、刀片 3 套装在刀杆 1 的夹固元件 4 上，由夹固元件 4 将刀片 3 紧固在支承面上。一条

切削刃磨损至不能再用时，可迅速转位换成新的切削刃，直至刀片上的若干条切削刃均已用完，刀片从刀杆上取下，更换新刀片，车刀继续工作。

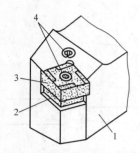

图 4-24   可转位车刀的组成

1—刀杆   2—刀垫   3—刀片   4—夹固元件

可转位刀具有如下优点：

（1）刀具寿命长   由于刀片避免了由焊接和刃磨时高温引起的缺陷，刀具几何参数固定，切削性能稳定，因而提高了刀具寿命。

（2）生产率高   由于不需要操作人员磨刀，同时，一条切削刃磨钝后，可迅速更换新的切削刃，因此可以大大减少停机换刀等非机动时间。

（3）刀具成本低   刀杆反复使用，使用寿命长，减少库存量，简化了刀具管理，降低了刀具成本。

（4）有利于推广新技术、新工艺   由于可转位刀片是用机械夹固型式组合在刀杆上的，刀片更换方便，有利于推广使用各种涂层、陶瓷等新型刀具材料。

（5）有利于刀具的标准化和系列化   目前，机夹可转位车刀绝大部分已有标准的可转位刀片和相应的刀杆。

可转位刀具除具有上述这些优点外，也存在不足。如结构比焊接刀具复杂些，精度要求较高，制造时比较困难，一次性投资较大。但这些问题必定随着社会的进步与科技的发展而逐渐得到解决。

2. 可转位车刀的设计特点

（1）保证一定的定位精度   可转位刀具在刀杆上定位，多数靠刀片的周边，有时也用刀片上的孔来定位。前者的定位精度较高，也能实现一定的重复精度。夹紧时，施力方向指向定位面。刀片转位或更换新刀片后，刀尖位置的变化，最好在工件精度允许的范围内。

（2）夹紧刀片要可靠   夹紧后，保证刀片、刀垫和刀杆的接触面贴合紧密。在切削力的冲击、振动和切削热的作用下不松动。但夹紧力不宜过大，应力要均匀，以免压碎刀片。需松开刀片时，车刀上的其他元件不脱落、失散。

结构设计时，注意如下两点：

1）保证装配后，切削刃离开刀杆的定位面一定距离。以防止刀片夹紧时，切削刃受力造成崩刃。一般采用"凸出式""空刀式"两种方式，如图 4-25 所示。

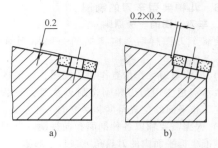

图 4-25   刀片夹紧时防崩刃措施

a）凸出式   b）空刀式

2）刀杆上的刀片槽的两个定位面间的角度尺寸，要比刀片的实际角度小 1°（见图 4-26a），以保证刀片、刀垫、刀杆在刀尖附近的接触面贴合紧密。在有孔刀片装夹时，这种措施尤为必要。

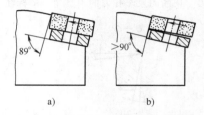

图 4-26   刀杆槽角度尺寸

a）正确   b）错误

（3）刀杆转位方便   结构设计应保证在刀片需更换或转位时，能尽快地缩短操作时间。在切削热的作用下，也应保证刀片能顺利松开或转位。

（4）刀片的前面应尽可能无障碍   保证切屑能顺利排走，并有利于操作人员观察切削加工情况。这一点在内表面加工与使用多刀机床加工时，更应引起重视。

（5）夹紧元件应有足够的硬度和强度   满足这一条件，可避免刀具在使用中的变形与损坏。

（6）结构简单，制造方便   在保证可转位刀具高精度、高可靠性、高效率的前提下，尽量简化车刀结构。积极采用"标准化、系列化、通用化"的原则。

4.2.2   硬质合金可转位刀片与刀垫

可转位刀片是可转位刀具的关键部分。正确地选择可转位刀片是合理设计可转位刀具的重要内容。

1. 硬质合金可转位刀片的主要品种

现已颁布实施的硬质合金可转位刀片的国家标准有：GB/T 2076—2007《切削刀具用可转位刀片型号表

示规则》；GB/T 2077—1987《硬质合金可转位刀片圆角半径》；GB/T 2078—2007《带圆角圆孔固定的硬质合金可转位刀片尺寸》；GB/T 2079—2015《带圆角无固定孔的硬质合金可转位刀片 尺寸》；GB/T 2080—2007《带圆角沉孔固定的硬质合金可转位刀片尺寸》；GB/T 2081—1987《硬质合金可转位铣刀片》。

2. 硬质合金可转位刀片的型号表示规则

GB/T 2076—2007 规定了我国可转位刀片的形状、尺寸、精度、结构特点等内容。

可转位刀片的型号表示规则用九个代号表征刀片的尺寸及其他特性，见表 4-53。代号①～⑦是必需的，代号⑧和⑨在需要时添加。

示例：一般表示规则

	①	②	③	④	⑤	⑥	⑦	⑧	⑨
米制	T	P	G	N	16	03	08	E	N
寸制	T	P	G	N	3	2	2	E	N

表 4-53 刀片的标记表示意义

编号 1 刀片形状				
刀片形状类别	代　号	形　状　说　明	刀尖角 ε_r	示　意　图
Ⅰ　等边等角	H	正六边形	120°	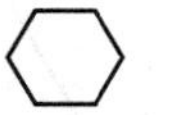
	O	正八边形	135°	
	P	正五边形	108°	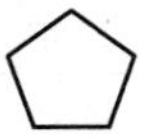
	S	正方形	90°	
	T	正三角形	60°	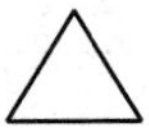
Ⅱ　等边不等角	C	菱形	80°[①]	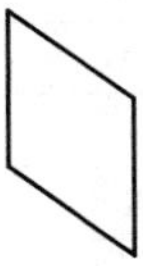
	D		55°[①]	
	E		75°[①]	
	M		86°[①]	
	V		35°[①]	
	W	等边不等角的六边形	80°[①]	
Ⅲ　等角不等边	L	矩形	90°	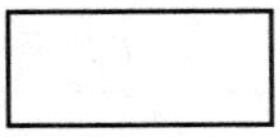
Ⅳ　不等边不等角	A	平行四边形	85°[①]	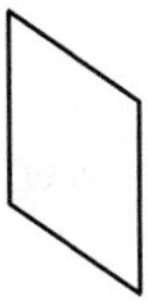
	B		82°[①]	
	K		55°[①]	
	F	不等边不等角六边形	82°[①]	

（续）

编号1　刀片形状

刀片形状类别	代　号	形　状　说　明	刀尖角 ε_r	示　意　图
V　圆形	R	圆形	—	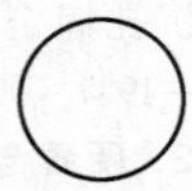

编号2　刀片法后角

示　意　图	代　号	法　后　角
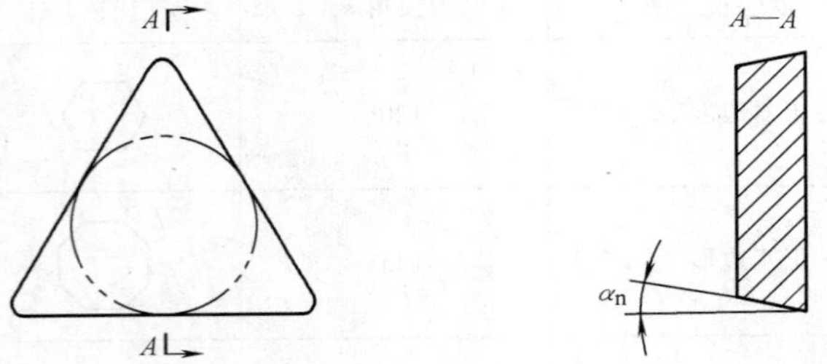	A	3°
	B	5°
	C	7°
	D	15°
	E	20°
	F	25°
	G	30°
	N	0°
	P	11°
	O	其他需专门说明的法后角

编号3　刀片主要尺寸允许偏差等级

允许偏差等级代号	允许偏差/mm			允许偏差/in		
	d	m	s	d	m	s
A[2]	±0.025	±0.005	±0.025	±0.001	±0.0002	±0.001
F[2]	±0.013	±0.005	±0.025	±0.0005	±0.0002	±0.001
C[2]	±0.025	±0.013	±0.025	±0.001	±0.0005	±0.001
H	±0.013	±0.013	±0.025	±0.0005	±0.0005	±0.001
E	±0.025	±0.025	±0.025	±0.001	±0.001	±0.001
G	±0.025	±0.025	±0.13	±0.001	±0.001	±0.005
J[2]	±0.05~±0.15[3]	±0.005	±0.025	±0.002~±0.006[3]	±0.0002	±0.001
K[2]	±0.05~±0.15[3]	±0.013	±0.025	±0.002~±0.006[3]	±0.0005	±0.001
L[2]	±0.05~±0.15[3]	±0.025	±0.025	±0.002~±0.006[3]	±0.001	±0.001
M	±0.05~±0.15[3]	±0.08~±0.2[3]	±0.13	±0.002~±0.006[3]	±0.003~±0.008[3]	±0.005
N	±0.05~±0.15[3]	±0.08~±0.2[3]	±0.025	±0.002~±0.006[3]	±0.003~±0.008[3]	±0.001
U	±0.08~±0.25[3]	±0.13~±0.38[3]	±0.13	±0.003~±0.01[3]	±0.005~±0.015[3]	±0.005

编号4　刀片边长

刀片形状类别	数　字　代　号
I-II　等边形刀片	1)采用米制单位时,用舍去小数部分的刀片切削刃长度值表示。如果舍去小数部分后,只剩下一位数字,则必须在数字前加"0" 　如:切削刃长度15.5mm,表示代号为15 　　切削刃长度9.525mm,表示代号为09 2)采用寸制单位时,用刀片内切圆的数值作为表示代号。数值取按1/8in为单位测量得到的分数的分子 　a)当取用数字是整数时,用一位数字表示 　如:内切圆直径1/2in,表示代号为4(1/2=4/8) 　b)当取用数字不是整数时,用两位数字表示 　如:内切圆直径5/16in,表示代号为2.5(5/16=2.5/8) GB/T 2076—2007附录A给出了等边形刀片常用标准内切圆尺寸的代号

（续）

<table>
<tr><td colspan="2" align="center">编号 4　刀片边长</td></tr>
<tr><td align="center">刀片形状类别</td><td align="center">数　字　代　号</td></tr>
<tr>
<td align="center">Ⅲ-Ⅳ　不等边形刀片</td>
<td>通常用主切削刃或较长的边的尺寸值作为表示代号。刀片其他尺寸可以用符号 X 在④表示，并需附示意图或加以说明
1）采用米制单位时，用舍去小数部分后的长度值表示
如：主要长度尺寸 19.5mm，表示代号为 19
2）采用寸制单位时，用按 1/4in 为单位测量得到的分数的分子表示
如：主要长度尺寸 3/4in，表示代号为 3</td>
</tr>
<tr>
<td align="center">Ⅴ　圆形刀片</td>
<td>1）采用米制单位时，用舍去小数部分后的数值表示
如：刀片尺寸 15.875mm，表示代号为 15
2）对米制圆形尺寸，结合代号⑦中的特殊代号，上述规则同样适用
3）采用寸制单位时，表示方法与等边形刀片相同（见Ⅰ-Ⅱ类）</td>
</tr>
</table>

<table>
<tr><td align="center">编号 5　刀片厚度</td></tr>
<tr><td align="center">数字代号表示规则</td></tr>
</table>

1）采用米制单位时，用舍去小数值部分的刀片厚度值表示。若舍去小数部分后，只剩下一位数字，则必须在数字前加"0"
如：刀片厚度 3.18mm，表示代号为 03
当刀片厚度整数值相同，而小数值部分不同，则将小数部分大的刀片代号用"T"代替 0，以示区别
如：刀片厚度 3.97mm，表示代号为 T3
2）采用寸制单位时，用按 1/16in 为单位测量得到的分数的分子表示
a）当数值是一个整数时，用一位数值表示
如：主要长度尺寸 1/8in，表示代号为 2（1/8 = 2/16）
b）当数值不是一个整数时，用两位数值表示
如：主要长度尺寸 3/32in，表示代号为 1.5（3/32 = 1.5/16）
GB/T 2076—2007 附录 B 给出了标准刀片厚度的表示代号

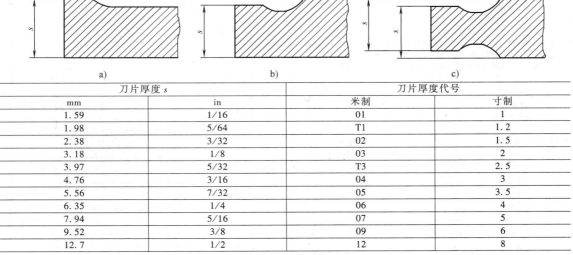

a)	b)	c)

刀片厚度 s		刀片厚度代号	
mm	in	米制	寸制
1.59	1/16	01	1
1.98	5/64	T1	1.2
2.38	3/32	02	1.5
3.18	1/8	03	2
3.97	5/32	T3	2.5
4.76	3/16	04	3
5.56	7/32	05	3.5
6.35	1/4	06	4
7.94	5/16	07	5
9.52	3/8	09	6
12.7	1/2	12	8

<table>
<tr><td align="center">编号 6　刀尖形状</td></tr>
<tr><td align="center">数字或字母代号</td></tr>
</table>

1）若刀尖角为圆角，则其代号表示为
a）采用米制单位时，用按 0.1mm 为单位测量得到的圆弧半径值表示，如果数值小于 10，则在数字前加"0"
如：刀尖圆弧半径 0.8mm，表示代号为 08
如果刀尖角不是圆角时，则表示代号为 00
b）采用寸制单位时，则用下列代号表示：

　　　　0——尖角（不是圆形）
　　　　1——圆弧半径 1/64in
　　　　2——圆弧半径 1/32in
　　　　3——圆弧半径 3/64in
　　　　4——圆弧半径 1/16in
　　　　6——圆弧半径 3/32in
　　　　8——圆弧半径 1/8in
　　　　X——其他尺寸圆弧半径

（续）

编号 6	刀尖形状
	数字或字母代号

2）若刀片具有修光刃（见示意图），则用下列代号表示：

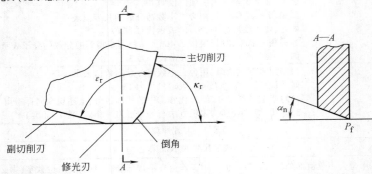

a）修光刃是副切削刃的一部分

b）具有修光刃的刀片，根据其类型可能有或没有削边，没有对其做出规定。标准刀片有无削边体现在尺寸标准上，非标准刀片有无削边则由供应商的产品样本给出

代号	κ_r	代号	α_n'
A	45°	A	3°
D	60°	B	5°
E	75°	C	7°
F	85°	D	15°
P	90°	E	20°
Z	其他角度	F	25°
—		G	30°
—		N	0°
—		P	11°
—		Z	其他角度

3）圆形刀片的表示规则，应视使用单位制式的情况区别表示：

a）采用寸制单位时，用"00"表示

b）采用米制单位时，用"M0"表示

编号 7	刀片切削刃截面形状（可选代号）	
代号	刀片切削刃截面形状	示 意 图
F	尖锐刀刃	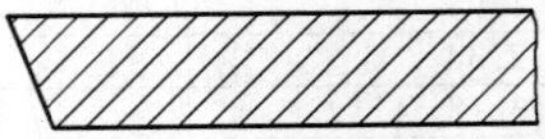
E	倒圆刀刃	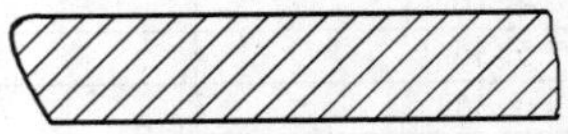
T	倒棱刀刃	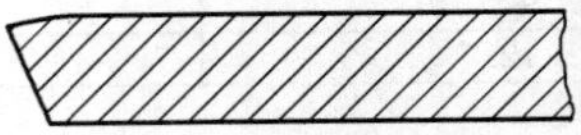
S	既倒棱又倒圆刀刃	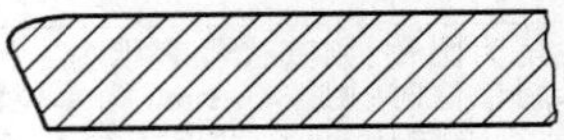
Q	双倒棱刀刃	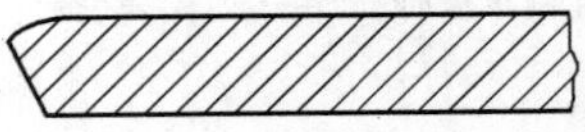
P	既双倒棱又倒圆刀刃	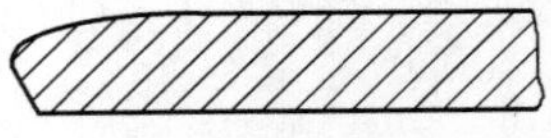

（续）

编号 8　刀片切削方向(可选代号)

代号	切削方向	刀片的应用	示 意 图
R	右边	适用于非等边、非对称角、非对称刀尖、有或没有非对称断屑槽刀片，只能用该进给方向	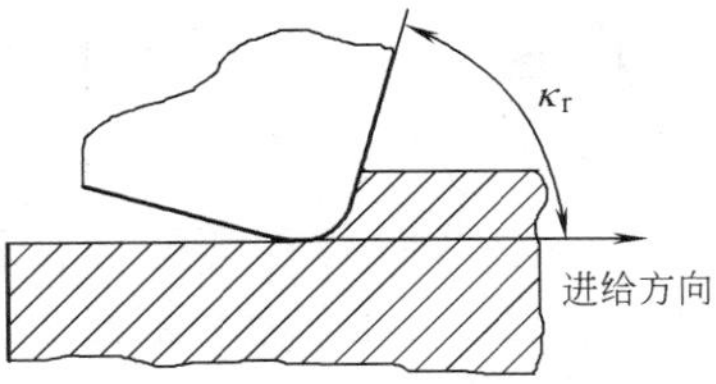 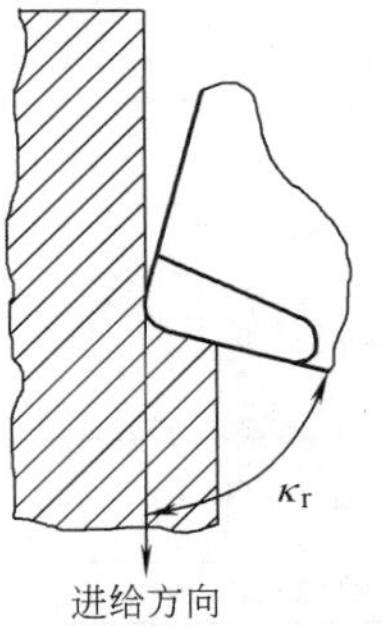
L	左边	适用于非等边、非对称角、非对称刀尖、有或没有非对称断屑槽刀片，只能用该进给方向	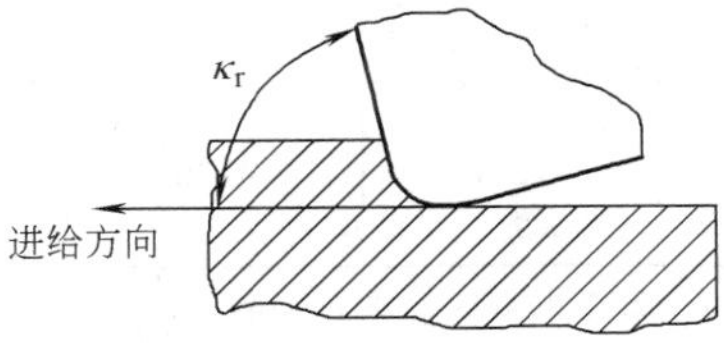 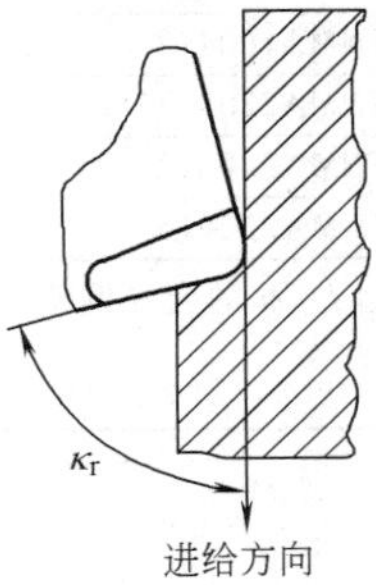
N	双向	适用于有对称刀尖、对称角、对称边和对称断屑槽的刀片，可能采用两个进给方向	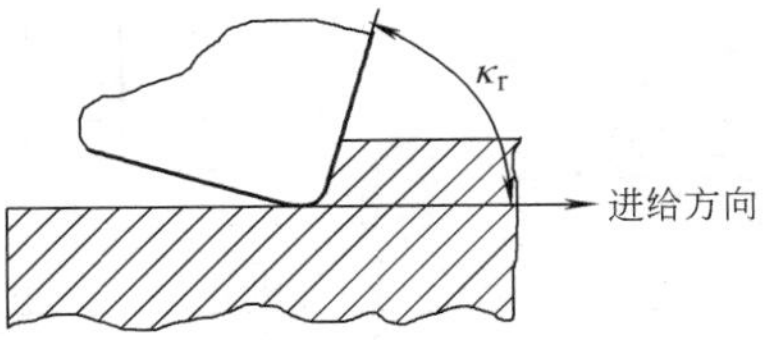 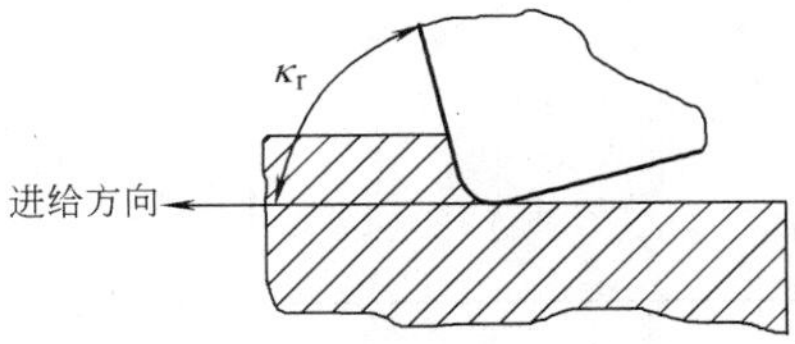

① 所示角度是指较小的角度。

② 通常用于具有修光刃的可转位刀片。

③ 允许偏差取决于刀片尺寸的大小，每种刀片的尺寸允许偏差应按其相应的尺寸标准表示。

3. 带圆角圆孔固定的硬质合金可转位刀片

　　GB/T 2078—2007《带圆角圆孔固定的硬质合金可转位刀片尺寸》包含了 5 种刀片类型，见表 4-54。

　　为保证装夹刀片的可换性，带圆角圆孔固定刀片的内切圆直径 d 与固定孔 d_1 的关系应符合表 4-55 的规定。

　　带圆角圆孔固定的硬质合金可转位刀片尺寸见表4-56～表4-68。

表 4-54　带有圆角、圆形固定孔可转位刀片类型

序号	刀片	类 型 名 称	序号	刀片	类 型 名 称
1	TN	带有 0°法后角的正三角形刀片	4	DN	带有 0°法后角、55°刀尖角的菱形刀片
2	SN	带有 0°法后角的正方形刀片	5	WN	带有 0°法后角、80°刀尖角的六边形刀片
3	CN	带有 0°法后角、80°刀尖角的菱形刀片			

表 4-55　固定孔 d_1 与内切圆直径 d 的关系　　　　（单位：mm）

直　径	尺　寸					
d	6.35	9.525	12.7	15.875	19.05	25.4
d_1 ±0.08	2.26	3.81	5.16	6.35	7.94	9.12

表 4-56　不带断屑槽正三角形刀片　　　　　（单位：mm）

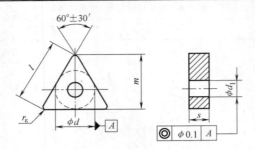

刀　　片	l ≈	d[①]	s[①]	m[①]	r_ε ±0.1	d_1 ±0.08
TNMA160404				13.891	0.4	
TNMA160408	16.5	9.525	4.76	13.494	0.8	3.81
TNMA160412				13.097	1.2	
TNMA220408				18.256	0.8	
TNMA220412	22	12.7	4.76	17.859	1.2	5.16
TNMA220416				17.463	1.6	

①　d、s、m 的允许偏差符合 GB/T 2076—2007 的规定，见表 4-69。

表 4-57　单面带断屑槽正三角形刀片　　　　　（单位：mm）

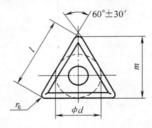

刀　　片	l ≈	d[①]	s[①]	m[①]	r_ε ±0.1	d_1 ±0.08
TNMM160404				13.891	0.4	
TNMM160408	16.5	9.525	4.76	13.494	0.8	3.81
TNMM160412				13.097	1.2	
TNMM220408				18.256	0.8	
TNMM220412	22	12.7	4.76	17.859	1.2	5.16
TNMM220416				17.463	1.6	
TNMM270612	27.5	15.875	6.35	22.622	1.2	6.35
TNMM270616				22.225	1.6	

①　d、s、m 的允许偏差符合 GB/T 2076—2007 的规定，见表 4-69。

表 4-58　双面带断屑槽正三角形刀片　　　　　（单位：mm）

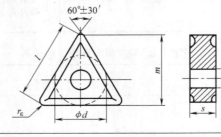

（续）

刀　片	l ≈	d①	s①	m①	r_ε ±0.1	d_1 ±0.08
TNMG160404				13.891	0.4	
TNMG160408	16.5	9.525	4.76	13.494	0.8	3.81
TNMG160412				13.097	1.2	
TNMG220408				18.256	0.8	
TNMG220412	22	12.7	4.76	17.859	1.2	5.16
TNMG220416				17.463	1.6	

① d、s、m 的允许偏差符合 GB/T 2076—2007 的规定，见表 4-69。

表 4-59　不带断屑槽正方形刀片　　　　　　　　（单位：mm）

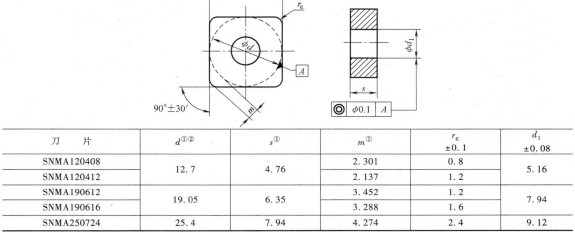

刀　片	d①②	s①	m①	r_ε ±0.1	d_1 ±0.08
SNMA120408	12.7	4.76	2.301	0.8	5.16
SNMA120412			2.137	1.2	
SNMA190612	19.05	6.35	3.452	1.2	7.94
SNMA190616			3.288	1.6	
SNMA250724	25.4	7.94	4.274	2.4	9.12

① d、s、m 的允许偏差符合 GB/T 2076—2007 的规定，见表 4-69。

② $d = l$。

表 4-60　单面带断屑槽正方形刀片　　　　　　（单位：mm）

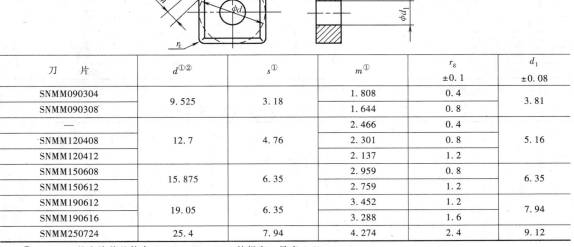

刀　片	d①②	s①	m①	r_ε ±0.1	d_1 ±0.08
SNMM090304	9.525	3.18	1.808	0.4	3.81
SNMM090308			1.644	0.8	
—			2.466	0.4	
SNMM120408	12.7	4.76	2.301	0.8	5.16
SNMM120412			2.137	1.2	
SNMM150608	15.875	6.35	2.959	0.8	6.35
SNMM150612			2.759	1.2	
SNMM190612	19.05	6.35	3.452	1.2	7.94
SNMM190616			3.288	1.6	
SNMM250724	25.4	7.94	4.274	2.4	9.12

① d、s、m 的允许偏差符合 GB/T 2076—2007 的规定，见表 4-69。

② $d = l$。

表 4-61 双面带断屑槽正方形刀片 （单位：mm）

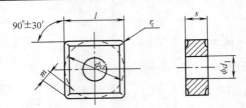

刀　片	$d^{①②}$	$s^{①}$	$m^{①}$	r_ε ±0.1	d_1 ±0.08
SNMG090304	9.525	3.18	1.808	0.4	3.81
SNMG090308			1.644	0.8	
SNMG120404	12.7	4.76	2.466	0.4	5.16
SNMG120408			2.301	0.8	
SNMG120412			2.137	1.2	
SNMG150608	15.875	6.35	2.959	0.8	6.35
SNMG150612			2.759	1.2	
SNMG190612	19.05	6.35	3.452	1.2	7.94
SNMG190616			3.288	1.6	
SNMG250724	25.4	7.94	4.274	2.4	9.12

① d、s、m 的允许偏差符合 GB/T 2076—2007 的规定，见表 4-69。

② $d = l$。

表 4-62 不带断屑槽带 80°刀尖角的菱形刀片 （单位：mm）

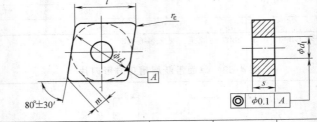

刀　片	l ≈	$d^{①}$	$s^{①}$	$m_1^{①}$	$m_2^{②}$	r_ε ±0.1	d_1 ±0.08
—	12.9	12.7	4.76	3.308	1.818	0.4	5.16
CNMA120408				3.088	1.697	0.8	
CNMA120412				2.867	1.576	1.2	
CNMA190612	19.3	19.05	6.35	4.632	2.545	1.2	7.94
CNMA190616				4.411	2.424	1.6	

① d、s、m_1、m_2 的允许偏差符合 GB/T 2076—2007 的规定，见表 4-69。

表 4-63 单面带断屑槽带 80°刀尖角的菱形刀片 （单位：mm）

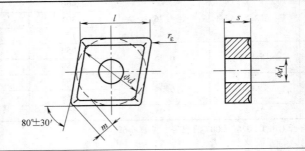

（续）

刀　片	l $\approx$	$d^{①}$	$s^{①}$	$m_1^{①}$	$m_2^{①}$	r_ε ±0.1	d_1 ±0.08
—				3.308	1.818	0.4	
CNMM120408	12.9	12.7	4.76	3.088	1.697	0.8	5.16
CNMM120412				2.867	1.576	1.2	
CNMM160608	16.1	15.875	6.35	3.97	2.182	0.8	6.35
CNMM160612				3.749	2.061	1.2	
—				4.852	2.667	0.8	
CNMM190612	19.3	19.05	6.35	4.632	2.545	1.2	7.94
CNMM190616				4.411	2.424	1.6	

① d、s、m_1、m_2 的允许偏差符合 GB/T 2076—2007 的规定，见表 4-69。

表 4-64　双面带断屑槽带 80°刀尖角的菱形刀片　　（单位：mm）

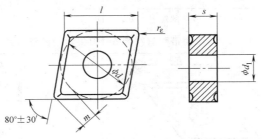

刀　片	l $\approx$	$d^{①}$	$s^{①}$	$m_1^{①}$	$m_2^{①}$	r_ε ±0.1	d_1 ±0.08
CNMG120404				3.308	1.818	0.4	
CNMG120408	12.9	12.7	4.76	3.088	1.697	0.8	5.16
CNMG120412				2.867	1.576	1.2	
CNMG160608	16.1	15.875	6.35	3.97	2.182	0.8	6.35
CNMG160612				3.749	2.061	1.2	
CNMG190608				4.852	2.667	0.8	
CNMG190612	19.3	19.05	6.35	4.632	2.545	1.2	7.94
CNMG190616				4.411	2.424	1.6	

① d、s、m_1、m_2 的允许偏差符合 GB/T 2076—2007 的规定，见表 4-69。

表 4-65　不带断屑槽带 55°刀尖角的菱形刀片　　（单位：mm）

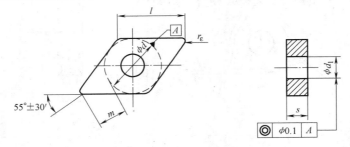

刀　片	l $\approx$	$d^{①}$	$s^{①}$	$m^{①}$	r_ε ±0.1	d_1 ±0.08
DNMA150604				6.939	0.4	
DNMA150608	15.5	12.7	6.35	6.477	0.8	5.16
DNMA150612				6.014	1.2	
DNMA150616				5.552	1.6	

① d、s、m 的允许偏差符合 GB/T 2076—2007 的规定，见表 4-69。

表 4-66 单面带断屑槽带 55°刀尖角的菱形刀片 （单位：mm）

刀 片	l ≈	d[1]	s[1]	m[1]	r_ε ±0.1	d_1 ±0.08
DNMM150608				6.477	0.8	
DNMM150612	15.5	12.7	6.35	6.014	1.2	5.16
DNMM150616				5.552	1.6	

① d、s、m 的允许偏差符合 GB/T 2076—2007 的规定，见表 4-69。

表 4-67 双面带断屑槽带 55°刀尖角的菱形刀片 （单位：mm）

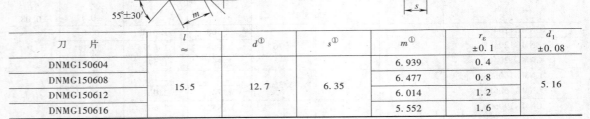

刀 片	l ≈	d[1]	s[1]	m[1]	r_ε ±0.1	d_1 ±0.08
DNMG150604				6.939	0.4	
DNMG150608	15.5	12.7	6.35	6.477	0.8	5.16
DNMG150612				6.014	1.2	
DNMG150616				5.552	1.6	

① d、s、m 的允许偏差符合 GB/T 2076—2007 的规定，见表 4-69。

表 4-68 带 80°刀尖角的六边形刀片 （单位：mm）

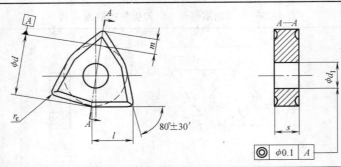

刀 片	l ≈	d[1]	s[1]	m[1]	r_ε ±0.1	d_1 ±0.08
WNMG060404	6.5	9.525	4.76	2.426	0.4	3.81
WNMG060408				2.205	0.8	
WNMG080404				3.308	0.4	
WNMG080408	8.7	12.7	4.76	3.087	0.8	5.16
WNMG080412				2.867	1.2	

① d、s、m 的允许偏差符合 GB/T 2076—2007 的规定，见表 4-69。

表 4-69　带圆角圆孔固定的硬质合金可转位刀片尺寸 d、m、m_1、m_2 和 s 尺寸的允许偏差

（单位：mm）

刀 片		M 级尺寸允许偏差		
型　号	d	d	m、m_1、m_2	s
TNM.16..	9.525	±0.05	±0.08	±0.13
SNM.09..				
WNM.06..				
TNM.22..	12.7	±0.08	±0.13	
SNM.12..				
CNM.12..				
WNM.08..	12.7	±0.08	±0.13	±0.13
DNM.15..			±0.15	
TNM.27..	15.875	±0.1	±0.15	
SNM.15..				
CNM.16..				
SNM.19..	19.05	±0.1	±0.15	
CNM.19..				
SNM.25..	25.4	±0.13	±0.18	

带圆角圆孔固定的可转位刀片尺寸范围见表 4-70。

表 4-70　带圆角圆孔固定的可转位刀片的尺寸范围　　　　（单位：mm）

d	不带断屑槽（A）						单面带断屑槽（M）						双面带断屑槽（G）						
	型　号	刀尖圆弧半径 r_ε					型　号	刀尖圆弧半径 r_ε					型　号	刀尖圆弧半径 r_ε					
		$d/2$	0.4	0.8	1.2	1.6	2.4		0.4	0.8	1.2	1.6	2.4		$d/2$	0.4	0.8	1.2	1.6	2.4
6.35	TNMA1103	—	—	—	○	○	○	TNMM1103	—	—	○	○	○	TNMG1103		—	—	○	○	○
9.525	TNMA1603	—	—	—	○	○	TNMM1603	—	—	—	○	○	TNMG1603		—	—	—	○	○
	TNMA1604	—	+	+	+	—	○	TNMM1604	—	—	+	+	—	○	TNMG1604		+	+	+	—	○
12.7	TNMA2204	—	+	+	+	○	TNMM2204	—	+	+	+	○	TNMG2204		—	+	+	+	○
15.875	TNMA2706	○	○	○	—	TNMM2706	○	○	○	+	—	TNMG2706		○	○	○	—	—
19.05	TNMA3309	○	○	—	—	TNMM3309	○	○	—	—	TNMG3309		○	○	—	—	—
9.525	SNMA0903	—	—	—	○	○	SNMM0903	+	+	○	○	○	SNMG0903		+	+	○	○	○
12.7	SNMA1203	—	—	—	○	○	SNMM1203	—	—	—	○	○	SNMG1203		—	—	—	○	○
	SNMA1204	—	+	+	—	○	SNMM1204	—	+	+	—	○	SNMG1204		+	+	+	—	○
15.875	SNMA1504	○	○	○	—	SNMM1504	○	○	○	—	SNMG1504		○	○	○	—	—
	SNMA1506	○	○	○	—	SNMM1506	○	○	○	—	SNMG1506		○	○	○	—	—
19.05	SNMA1906	○	○	+	+	—	SNMM1906	○	○	+	+	—	SNMG1906		○	○	+	+	—
25.4	SNMA2507	○	○	○	—	+	SNMM2507	○	○	○	—	+	SNMG2507		○	○	○	—	+
	SNMA2509	○	○	○	—	SNMM2509	○	○	○	—	SNMG2509		○	○	○	—	—
12.7	CNMA1204	—	+	+	○	CNMM1204	—	+	+	○	CNMG1204		+	+	+	○
15.875	CNMA1606	○	○	○	—	CNMM1606	○	○	○	—	CNMG1606		○	○	○	—	—
19.05	CNMA1906	○	○	+	+	—	CNMM1906	○	○	+	+	—	CNMG1906		○	○	+	+	—
25.4	CNMA2509	○	○	○	—	CNMM2509	○	○	○	—	CNMG2509		○	○	○	—	—
12.7	DNMA1504	—	—	—	○	DNMM1504	—	—	—	○	DNMG1504		—	—	—	○
	DNMA1506	—	+	+	+	○	DNMM1506	—	+	+	+	○	DNMG1506		+	+	+	○
15.875	DNMA1906	○	—	—	—	DNMM1906	○	—	—	—	DNMG1906		○	—	—	—
9.525		—												WNMG0604		+	+	—	○
12.7														WNMG0804		+	+	+	○

注：$\boxed{+}$ 为本标准的首选推荐（见表 4-56~表 4-68）；$\boxed{}$ 为第二推荐；$\boxed{○}$ 为不推荐。

4. 带圆角沉孔固定的硬质合金可转位刀片

GB/T 2080—2007《带圆角沉孔固定的硬质合金可转位刀片尺寸》规定了 12 种刀片的标准类型，见表 4-71。

为保证刀片的可换性，使用锥头为 40°和 60°的沉头螺钉，刀片上的固定孔采用沉孔，其固定孔的相关尺寸见表 4-72。刀片刀尖圆弧半径 r_ε 的精度规定见表 4-73。

带圆角沉孔固定的硬质合金可转位刀片标准几何参数及精度规定，见表 4-74~表 4-92。

表 4-71　带圆角沉孔固定的硬质合金可转位刀片类型

序号	刀片	分 类 名 称	序号	刀片	分 类 名 称
1	TC	带有 7°法后角的正三角形刀片	7	DC	带有 7°法后角、55°刀尖角的菱形刀片
2	TP	带有 11°法后角的正三角形刀片	8	VB	带有 5°法后角、35°刀尖角的菱形刀片
3	SC	带有 7°法后角的正方形刀片	9	VC	带有 7°法后角、35°刀尖角的菱形刀片
4	SP	带有 11°法后角的正方形刀片	10	RC	带有 7°法后角的圆形刀片
5	CC	带有 7°法后角、80°刀尖角的菱形刀片	11	RP	带有 11°法后角的圆形刀片
6	CP	带有 11°法后角、80°刀尖角的菱形刀片	12	WC	带有 7°法后角、80°刀尖角的六边形刀片

表 4-72　刀片固定孔相关尺寸　　　　　　　　　　　　（单位：mm）

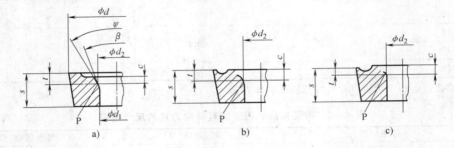

a)　　　　　　　　　　b)　　　　　　　　　　c)

d	刀片形状	T、S、C、D、V、W	4.76	5.56	6.35	7.94	9.525	12.7	15.875	19.05	25.4	—
		R	—	—	6	8	10/12	—	16	20	25	32
d_1	JS13		2.15	2.5	2.8	3.4	4.4	5.5	5.5	6.5	8.6	8.6
d_2	JS13		2.7	3.3	3.75	4.5	6	7.5	7.5	9	12	12

表 4-73　刀片刀尖圆弧半径 r_ε 取值规定

r_ε 代号	02	04	08	12	16	20	24	32
r_ε 的精确值/mm	0.2032[①]	0.397	0.794	1.191	1.588	1.984	2.381	3.175

① 精确到小数点后第四位数。

表 4-74　不带断屑槽带 7°法后角的正三角形刀片　　　　　　（单位：mm）

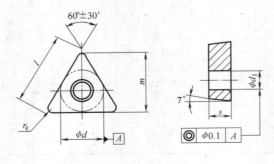

（续）

刀　　片	l $\approx$	d[①]	s[①]	m[①]	r_ε ±0.1	d_1 JS13
TCMW090204		6.35	2.38	7.943	0.4	2.5
TCMW110202	11			9.322	0.2	2.8
TCMW110204				9.128	0.4	
TCMW130304	13.6	7.94	3.18	11.51	0.4	3.4
TCMW130308				11.113	0.8	
TCMW16T304				13.891	0.4	
TCMW16T308	16.5	9.525	3.97	13.494	0.8	4.4
TCMW16T312				13.097	1.2	
TCMW220404				18.653	0.4	
TCMW220408	22	12.7	4.76	18.256	0.8	5.5
TCMW220412				17.859	1.2	
TCMW220416				17.463	1.6	

① d、s、m 的允许偏差符合 GB/T 2076—2007 的规定，见表 4-93。

表 4-75　带断屑槽带 7°法后角的正三角形刀片　　　　　（单位：mm）

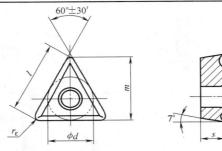

刀　　片	l $\approx$	d[①]	s[①]	m[①]	r_ε ±0.1	d_1 JS13
TCMT090204	9.6	5.56		7.943	0.4	2.5
TCMT110202	11	6.35	2.38	9.322	0.2	2.8
TCMT110204				9.128	0.4	
TCMT130304	13.6	7.94	3.18	11.51	0.4	3.4
TCMT130308				11.113	0.8	
TCMT16T304				13.891	0.4	
TCMT16T308	16.5	9.525	3.97	13.494	0.8	4.4
TCMT16T312				13.097	1.2	
TCMT220404				18.653	0.4	
TCMT220408	22	12.7	4.76	18.256	0.8	5.5
TCMT220412				17.859	1.2	
TCMT220416				17.463	1.6	

① d、s、m 的允许偏差符合 GB/T 2076—2007 的规定，见表 4-93。

表 4-76　不带断屑槽带有 11°法后角的正三角形刀片　　　　　（单位：mm）

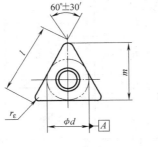
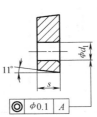

（续）

刀 片	l ≈	d①	s①	m①	r_ε ±0.1	d_1 JS13
TPMW090202	9.6	5.56	2.38	8.131	0.2	2.5
TPMW090204				7.943	0.4	
TPMW110202	11	6.35		9.322	0.2	2.8
TPMW110204				9.128	0.4	
TPMW130304	13.6	7.94	3.18	11.51	0.4	3.4
TPMW130308				11.113	0.8	
TPMW16T304	16.5	9.525	3.97	13.891	0.4	4.4
TPMW16T308				13.494	0.8	

① d、s、m 的允许偏差符合 GB/T 2076—2007 的规定，见表 4-93。

表 4-77 带断屑槽带有 11°法后角的正三角形刀片　　　　　（单位：mm）

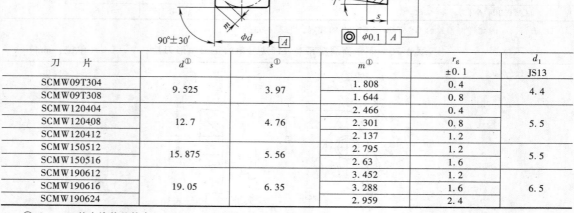

刀 片	l ≈	d①	s①	m①	r_ε ±0.1	d_1 JS13
TPMT090202	9.6	5.56	2.38	8.131	0.2	2.5
TPMT090204				7.943	0.4	
TPMT110202	11	6.35		9.322	0.2	2.8
TPMT110204				9.128	0.4	
TPMT130304	13.6	7.94	3.18	11.51	0.4	3.4
TPMT130308				11.113	0.8	
TPMT16T304	16.5	9.525	3.97	13.891	0.4	4.4
TPMT16T308				13.494	0.8	

① d、s、m 的允许偏差符合 GB/T 2076—2007 的规定，见表 4-93。

表 4-78 不带断屑槽带有 7°法后角的正方形刀片　　　　　（单位：mm）

刀 片	d①	s①	m①	r_ε ±0.1	d_1 JS13
SCMW09T304	9.525	3.97	1.808	0.4	4.4
SCMW09T308			1.644	0.8	
SCMW120404	12.7	4.76	2.466	0.4	5.5
SCMW120408			2.301	0.8	
SCMW120412			2.137	1.2	
SCMW150512	15.875	5.56	2.795	1.2	5.5
SCMW150516			2.63	1.6	
SCMW190612	19.05	6.35	3.452	1.2	6.5
SCMW190616			3.288	1.6	
SCMW190624			2.959	2.4	

① d、s、m 的允许偏差符合 GB/T 2076—2007 的规定，见表 4-93。

表 4-79　带断屑槽带有 7°法后角的正方形刀片　　　　　　　　（单位：mm）

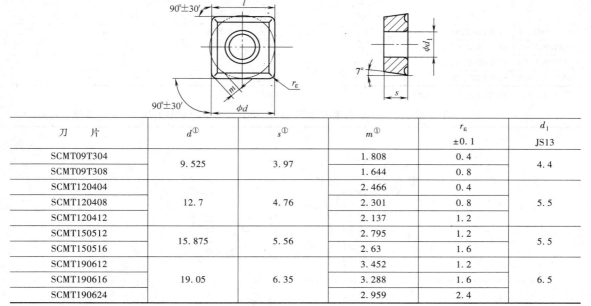

刀　　　片	$d^{①}$	$s^{①}$	$m^{①}$	r_ε ±0.1	d_1 JS13
SCMT09T304	9.525	3.97	1.808	0.4	4.4
SCMT09T308			1.644	0.8	
SCMT120404	12.7	4.76	2.466	0.4	5.5
SCMT120408			2.301	0.8	
SCMT120412			2.137	1.2	
SCMT150512	15.875	5.56	2.795	1.2	5.5
SCMT150516			2.63	1.6	
SCMT190612	19.05	6.35	3.452	1.2	6.5
SCMT190616			3.288	1.6	
SCMT190624			2.959	2.4	

① d、s、m 的允许偏差符合 GB/T 2076—2007 的规定，见表 4-93。

表 4-80　不带断屑槽带有 11°法后角的正方形刀片　　　　　　　（单位：mm）

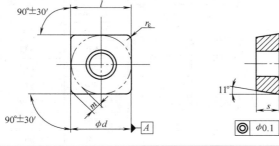

刀　　　片		$d^{①}$	$s^{①}$	$m^{①}$	r_ε ±0.1	d_1 JS13
SPMW090304	SPMT090304	9.525	3.97	1.808	0.4	4.4
SPMW090308	SPMT090308			1.644	0.8	
SPMW09T304	SPMT09T304	9.525	3.97	1.808	0.4	4.4
SPMW09T308	SPMT09T308			1.644	0.8	

① d、s、m 的允许偏差符合 GB/T 2076—2007 的规定，见表 4-93。

表 4-81　带断屑槽带有 11°法后角的正方形刀片　　　　　　　（单位：mm）

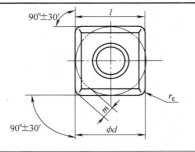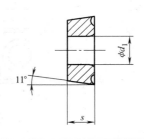

（续）

刀 片		d[1]	s[1]	m[1]	r_ε ±0.1	d_1 JS13
SPMW090304	SPMT090304	9.525	3.97	1.808	0.4	4.4
SPMW090308	SPMT090308			1.644	0.8	
SPMW09T304	SPMT09T304	9.525	3.97	1.808	0.4	4.4
SPMW09T308	SPMT09T308			1.644	0.8	

① d、s、m 的允许偏差符合 GB/T 2076—2007 的规定，见表4-93。

表 4-82　不带断屑槽带有7°法后角、80°刀尖角的菱形刀片　　　（单位：mm）

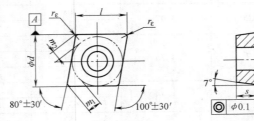

刀 片	l ≈	d[1]	s[1]	m_1[1]	m_2[1]	r_ε ±0.1	d_1 JS13
CCMW060202	6.4	6.35	2.38	1.652	0.908	0.2	2.8
CCMW060204				1.544	0.848	0.4	
CCMW080304	8.1	7.94	3.18	1.986	1.091	0.4	3.4
CCMW080308				1.765	0.97	0.8	
CCMW09T304	9.7	9.525	3.97	2.426	1.333	0.4	4.4
CCMW09T308				2.206	1.212	0.8	
CCMW120404	12.9	12.7	4.76	3.308	1.818	0.4	5.5
CCMW120408				3.088	1.697	0.8	
CCMW120412				2.867	1.576	1.2	
CCMW160512	16.1	15.875	5.56	3.749	2.061	1.2	5.5
CCMW160516				3.529	1.939	1.6	
CCMW190612	19.3	19.05	6.35	4.632	2.545	1.2	6.5
CCMW190616				4.411	2.424	1.6	
CCMW190624				3.97	2.182	2.4	

① d_1、s、m_1、m_2 的允许偏差符合 GB/T 2076—2007 的规定，见表4-93。

表 4-83　带断屑槽带有7°法后角、80°刀尖角的菱形刀片　　　（单位：mm）

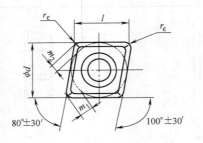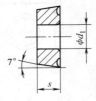

（续）

刀　　片	l ≈	$d^{①}$	$s^{①}$	$m_1^{①}$	$m_2^{①}$	r_ε ±0.1	d_1 JS13
CCMT060202	6.4	6.35	2.38	1.652	0.908	0.2	2.8
CCMT060204				1.544	0.848	0.4	
CCMT080304	8.1	7.94	3.18	1.986	1.091	0.4	3.4
CCMT080308				1.765	0.97	0.8	
CCMT09T304	9.7	9.525	3.97	2.426	1.333	0.4	4.4
CCMT09T308				2.206	1.212	0.8	
CCMT120404	12.9	12.7	4.76	3.308	1.818	0.4	5.5
CCMT120408				3.088	1.697	0.8	
CCMT120412				2.867	1.576	1.2	
CCMT160512	16.1	15.875	5.56	3.749	2.061	1.2	5.5
CCMT160516				3.529	1.939	1.6	
CCMT190612	19.3	19.05	6.35	4.632	2.545	1.2	6.5
CCMT190616				4.411	2.424	1.6	
CCMT190624				3.97	2.182	2.4	

① d_1、s、m_1、m_2 的允许偏差符合 GB/T 2076—2007 的规定，见表 4-93。

表 4-84　不带断屑槽带有 11°法后角、80°刀尖角的菱形刀片　　（单位：mm）

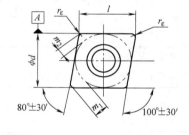 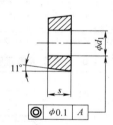

刀　　片	l ≈	$d^{①}$	$s^{①}$	$m_1^{①}$	$m_2^{①}$	r_ε ±0.1	d_1 JS13
CPMW04T102	4.8	4.76	1.98	1.21	0.665	0.2	2.15
CPMW04T104				1.102	0.606	0.4	
CPMW050202	5.6	5.56	2.38	1.432	0.787	0.2	2.5
CPMW050204				1.324	0.728	0.4	
CPMW060202	6.4	6.35	2.38	1.652	0.908	0.2	2.8
CPMW060204				1.544	0.848	0.4	
CPMW080304	8.1	7.94	3.18	1.986	1.091	0.4	3.4
CPMW080308				1.765	0.97	0.8	
CPMW090304	9.7	9.525	3.18	2.426	1.333	0.4	4.4
CPMW090308				2.206	1.212	0.8	
CPMW09T304	9.7	9.525	3.97	2.426	1.333	0.4	4.4
CPMW09T308				2.206	1.212	0.8	

① d、s、m_1、m_2 的允许偏差符合 GB/T 2076—2007 的规定，见表 4-93。

表 4-85 带断屑槽带有 11°法后角、80°刀尖角的菱形刀片 （单位：mm）

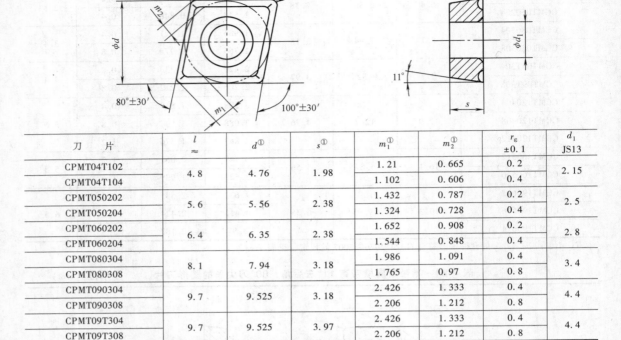

刀 片	l ≈	d[1]	s[1]	m_1[1]	m_2[1]	r_ε ±0.1	d_1 JS13
CPMT04T102	4.8	4.76	1.98	1.21	0.665	0.2	2.15
CPMT04T104				1.102	0.606	0.4	
CPMT050202	5.6	5.56	2.38	1.432	0.787	0.2	2.5
CPMT050204				1.324	0.728	0.4	
CPMT060202	6.4	6.35	2.38	1.652	0.908	0.2	2.8
CPMT060204				1.544	0.848	0.4	
CPMT080304	8.1	7.94	3.18	1.986	1.091	0.4	3.4
CPMT080308				1.765	0.97	0.8	
CPMT090304	9.7	9.525	3.18	2.426	1.333	0.4	4.4
CPMT090308				2.206	1.212	0.8	
CPMT09T304	9.7	9.525	3.97	2.426	1.333	0.4	4.4
CPMT09T308				2.206	1.212	0.8	

① d、s、m_1、m_2 的允许偏差符合 GB/T 2076—2007 的规定，见表 4-93。

表 4-86 带断屑槽带有 7°法后角、55°刀尖角的菱形刀片 （单位：mm）

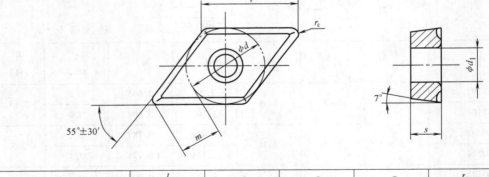

刀 片	l ≈	d[1]	s[1]	m[1]	r_ε ±0.1	d_1 JS13
DCMT070202	7.75	6.35	2.38	3.464	0.2	2.8
DCMT070204				3.238	0.4	
DCMT11T304	11.6	9.525	3.97	5.089	0.4	4.4
DCMT11T308				4.626	0.8	
DCMT11T312				4.164	1.2	
DCMT150404	15.5	12.7	4.76	6.939	0.4	5.5
DCMT150408				6.477	0.8	
DCMT150412				6.014	1.2	
DCMT150416				5.552	1.6	

① d、s、m 的允许偏差符合 GB/T 2076—2007 的规定，见表 4-93。

表 4-87　不带断屑槽带有 7°法后角、55°刀尖角的菱形刀片　　　（单位：mm）

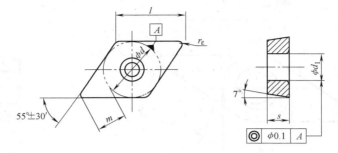

刀　　片	l ≈	d[①]	s[①]	m[①]	r_ε ±0.1	d_1 JS13
DCMW070202	7.75	6.35	2.38	3.464	0.2	2.8
DCMW070204				3.238	0.4	
DCMW11T304	11.6	9.525	3.97	5.089	0.4	4.4
DCMW11T308				4.626	0.8	
DCMW11T312				4.164	1.2	
DCMW150404	15.5	12.7	4.76	6.939	0.4	5.5
DCMW150408				6.477	0.8	
DCMW150412				6.014	1.2	
DCMW150416				5.552	1.6	

① d、s、m 的允许偏差符合 GB/T 2076—2007 的规定，见表 4-93。

表 4-88　带断屑槽带有 35°刀尖角的菱形刀片　　　　　（单位：mm）

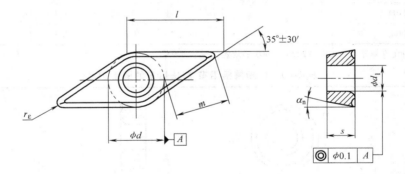

刀　　片	l ≈	d[①]	s[①]	m[①]	r_ε ±0.1	d_1 JS13	α_n ±1°
VBMT110302	11.1	6.35	3.18	6.911	0.2	2.8	
VBMT110304				6.46	0.4		
VBMT160404	16.6	9.525	4.76	10.152	0.4	4.4	5°
VBMT160408				9.229	0.8		
VBMT160412				8.306	1.2		
VCGT110304	11.1	6.35	3.18	6.46	0.4	2.8	
VCMT110304							
VCGT160404	16.6	9.525	4.76	10.152	0.4	4.4	7°
VCGT160408				9.229	0.8		
VCMT160404				10.152	0.4		
VCMT160408				9.229	0.8		

① d、s、m 的允许偏差符合 GB/T 2076—2007 的规定，见表 4-93。

表 4-89　不带断屑槽带有 35°刀尖角的菱形刀片　　　　　　（单位：mm）

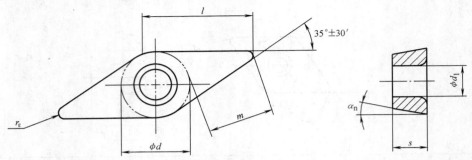

刀　　片	l $\approx$	d[①]	s[①]	m[①]	r_ε ± 0.1	d_1 JS13	α_n $\pm 1°$
VBMW110302	11.1	6.35	3.18	6.911	0.2	2.8	
VBMW110304				6.46	0.4		
VBMW160404				10.152	0.4		5°
VBMW160408	16.6	9.525	4.76	9.229	0.8	4.4	
VBMW160412				8.306	1.2		
VCGW110304	11.1	6.35	3.18	6.46	0.4	2.8	
VCMW110304							
VCGW160404				10.152	0.4		7°
VCGW160408	16.6	9.525	4.76	9.229	0.8	4.4	
VCMW160404				10.152	0.4		
VCMW160408				9.229	0.8		

① d、s、m 的允许偏差符合 GB/T 2076—2007 的规定，见表 4-93。

表 4-90　带断屑槽带有 7°法后角的圆形刀片　　　　　　（单位：mm）

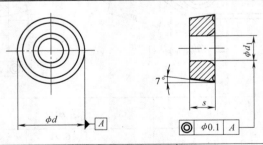

刀　　片	d[①]	s[①]	d_1 JS13
RCMT0602M0	6	2.38	2.8
RCMT0803M0	8	3.18	3.4
RCMT10T3M0	10	3.97	4.4
RCMT1204M0	12	4.76	4.4
RCMT1605M0	16	5.56	5.5
RCMT2006M0	20	6.35	6.5
RCMT2507M0	25	7.94	8.6
RCMT3209M0	32	9.52	8.6

① d、s 的允许偏差符合 GB/T 2076—2007 的规定，见表 4-93。

表 4-91 带断屑槽带有 11°法后角的圆形刀片 （单位：mm）

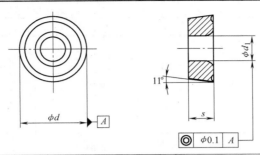

刀 片	d[①]	s[①]	d_1 JS13
RPMT0803M0	8	3.18	3.4
RPMT10T3M0	10	3.97	4.4

① d、s 的允许偏差符合 GB/T 2076—2007 的规定，见表 4-93。

表 4-92 带断屑槽带有 7°法后角、80°刀尖角的六边形刀片 （单位：mm）

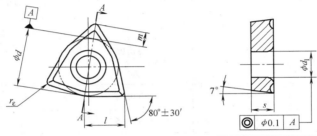

刀 片	l ≈	d[①]	s[①]	m[①]	r_ε ±0.1	d_1 JS13
WCMTL3T102	3.26	4.76	1.98	1.21	0.2	2.15
WCMTL3T104				1.102	0.4	
WCMT030202	3.8	5.56	2.38	1.432	0.2	2.5
WCMT030204				1.324	0.4	
WCMT040202	4.34	6.35	2.38	1.651	0.2	2.8
WCMT040204				1.544	0.4	
WCMT050304	5.43	7.94	3.18	1.986	0.4	3.4
WCMT050308				1.765	0.8	
WCMT06T304	6.52	9.525	3.97	2.426	0.4	4.4
WCMT06T308				2.205	0.8	
WCMT080408	8.69	12.7	4.76	3.087	0.8	5.5
WCMT080412				2.876	1.2	

① d、s、m 的允许偏差符合 GB/T 2076—2007 的规定，见表 4-93。

带圆角沉孔固定的硬质合金可转位刀片 d、m、m_1、m_2 和 s 的尺寸允许偏差见表 4-93。

表 4-93 带圆角沉孔固定的硬质合金可转位刀片 d、m、m_1、m_2 和 s 的尺寸允许偏差

（单位：mm）

刀 片		M 级尺寸允许偏差			
型 号	d	d	m、m_1 和 m_2	s	
CPM...T1..				±0.05[①]	
CPM.04..	4.76	±0.05	±0.08		
WCM.L3..				±0.13	

（续）

刀 片		M 级尺寸允许偏差		
型 号	d	d	m、m_1 和 m_2	s
TPM...02.. CPM...02..			±0.08	±0.05[①]
RPM...02..			—	
TPM.09.. TCM.09.. CPM.05.. WCM.03..	5.56	±0.05	±0.08	
RCM.06.. RPM.06..	6	±0.05	—	
TPM.11.. TCM.11.. CPM.06.. CCM.06.. WCM.04..	6.35	±0.05	±0.08	±0.13
DCM.07..			±0.11	
VBM.11.. VCM.11..			±0.16[②]	
TPM.13.. TCM.13.. CPM.08.. CCM.08.. WCM.05..	7.94	±0.05	±0.08	
RPM.07.. VCM.13..	7.94	±0.05	— ±0.16[②]	
RPM.08.. RCM.08..	8	±0.05		
TPM.16.. TCM.16.. SPM.09.. SCM.09.. CPM.09.. CCM.09.. WCM.06..	9.525	±0.05	±0.08	
DCM.11..			±0.11	
RPM.09..			—	
VBM.16.. VCM.16..			±0.16[②]	
RPM.10.. RCM.10..	10	±0.05	—	
RPM.12..M0 RCM.12..	12	±0.08	—	±0.13
TCM.22.. SPM.12.. SCM.12.. CPM.12.. CCM.12.. WCM.08..	12.7	±0.08	±0.13	
DCM.15..			±0.15	
RPM.12..00			—	
SCM.15.. CCM.16..	15.875		±0.15	
RCM.16..	16	±0.1	—	
SCM.19.. CCM.19..	19.05		±0.15	
RCM.20..	20		—	
RCM.25..	25	±0.13		
RCM.32..	32			

① 未包含在 GB/T 2076—2007 中。
② 包含在 ISO 1832：1991 的修改单中，已被 GB/T 2076—2007 所采纳。

带圆角沉孔固定的硬质合金可转位刀片尺寸范　　　寸范围见表 4-94～表 4-98。
围、六边形刀片尺寸范围、35°刀尖角菱形刀片尺

表 4-94　带圆角沉孔固定的硬质合金可转位刀片尺寸范围（不带断屑槽）（单位：mm）

d	型　号	不带断屑槽（W）					
			刀尖圆弧半径 r_ε				
		$\dfrac{d}{2}$	0.2	0.4	0.8	1.2	1.6
5.56	TPMW 0902		+	+	—	○	○
6.35	TPMW 1102		+	+	—	○	○
	TPMW 1103		—	—	—	○	○
7.94	TPMW 1303	—	—	+	+	○	○
9.525	TPMW 16T3		—	+	+	—	—
12.7	TPMW 2204		—	—	—	—	—
9.525	SPMW 0903		—	—	—	—	○
	SPMW 09T3	—	—	+	+	—	○
12.7	SPMW 1204		—	—	—	—	—
4.76	CPMW 04T1		+	+	○	○	○
5.56	CPMW 0502		+	+	○	○	○
6.35	CPMW 0602		+	+	—	○	○
7.94	CPMW 0803	—	—	+	+	○	○
9.525	CPMW 0903		—	+	+	○	○
	CPMW 09T3		—	+	+	○	○
12.7	TPMW 1204		—	—	—	—	—
7.94	RPMW 070300	—					
9.525	RPMW 09T300	—					
12.7	RPMW 120400	—					
6	RPMW 0602M0	—					
8	RPMW 0803M0	—					
10	RPMW 10T3M0	—					
12	RPMW 1204M0	—					

注：+ 为本标准的首选推荐；□ 为第二推荐；○ 为不推荐。

表 4-95　带圆角沉孔固定的硬质合金可转位刀片尺寸范围（带断屑槽）（单位：mm）

d	型　号	带断屑槽（T）					
			刀尖圆弧半径 r_ε				
		$\dfrac{d}{2}$	0.2	0.4	0.8	1.2	1.6
5.56	TPMT 0902		+	+	—	○	○
6.35	TPMT 1102		+	+	—	○	○
	TPMT 1103		—	—	—	○	○
7.94	TPMT 1303	—	—	+	+	—	○
9.525	TPMT 16T3		—	+	+	—	—
12.7	TPMT 2204		—	—	—	—	—
9.525	SPMT 0903		—	—	—	—	○
	SPMT 09T3	—	—	+	+	—	○
12.7	SPMT 1204		—	—	—	—	—
4.76	CPMT 04T1		+	+	○	○	○
5.56	CPMT 0502		+	+	○	○	○
6.35	CPMT 0602		+	+	—	○	○
7.94	CPMT 0803	—	—	+	+	—	○
9.525	CPMT 0903		—	+	+	—	○
	CPMT 09T3		—	+	+	—	○
12.7	TPMT 1204		—	—	—	—	—

（续）

d	型号	d/2	0.2	0.4	0.8	1.2	1.6
		带断屑槽（T）					
			刀尖圆弧半径 r_ε				
7.94	RPMT 070300	—					
9.525	RPMT 09T300	—					
12.7	RPMT 120400	—					
6	RPMT 0602M0	—					
8	RPMT 0803M0	+					
10	RPMT 10T3M0	+					
12	RPMT 1204M0	+					

注：⊞ 为本标准的首选推荐；▢ 为第二推荐；○ 为不推荐。

表 4-96　带圆角沉孔固定的硬质合金可转位刀片尺寸范围　　（单位：mm）

d	型号 (A)	d/2	0.2	0.4	0.8	1.2	1.6	2.4	型号 (M)	d/2	0.2	0.4	0.8	1.2	1.6	2.4
	不带断屑槽（A）								单面带断屑槽（M）							
5.56	TCMW 0902	—	—	+	—	○	○	○	TCMT 0902	—	—	+	—	○	○	○
6.35	TCMW 1102		+	+	▢	○	○	○	TCMT 1102		+	+	▢	○	○	○
6.35	TCMW 1103		○	+	+	▢	○	○	TCMT 1103		○	+	+	▢	○	○
7.94	TCMW 1303		—	+	+	○	○	○	TCMT 1303		—	+	+	○	○	○
9.525	TCMW 16T3		—	+	+	+	—	○	TCMT 16T3		—	+	+	+	—	○
12.7	TCMW 2204		○	+	+	+	+	○	TCMT 2204		○	+	+	+	+	○
9.525	SCMW 09T3		—	+	+	○	○	○	SCMT 09T3		—	+	+	○	○	○
12.7	SCMW 1204		○	+	+	+	—	○	SCMT 1204		○	+	+	+	—	○
15.875	SCMW 1505		○	○	+	+	—		SCMT 1505		○	○	—	+	+	—
19.05	SCMW 1906		○	○	+	+	+		SCMT 1906		○	○	—	+	+	+
25.4	SCMW 2507		○	○	○	—			SCMT 2507		○	○	○	—		
6.35	CCMW 0602		+	+	○				CCMT 0602		+	+	○			
7.94	CCMW 0803		—	+	+	○	○	○	CCMT 0803		—	+	+	○	○	○
9.525	CCMW 09T3		—	+	+	○	○	○	CCMT 09T3		—	+	+	○	○	○
12.7	CCMW 1204		○	+	+	+	—	○	CCMT 1204		○	+	+	+	—	○
15.875	CCMW 1605		○	○	+	+	—		CCMT 1605		○	○	—	+	+	—
19.05	CCMW 1906		○	○	+	+	+		CCMT 1906		○	○	—	+	+	+
6.35	DCMW 0702		+	+	○				DCMT 0702		+	+	○			
7.94	DCMW 0903		—	+	+	○	○	○	DCMT 0903		—	+	+	○	○	○
9.525	DCMW 11T3		—	+	+	+	○	○	DCMT 11T3		—	+	+	+	○	○
12.7	DCMW 1504		○	+	+	+	○		DCMT 1504		○	+	+	+	○	
15.875	DCMW 1905		○	○					DCMT 1905		○	○				
6	RCMW0602M0	—							RCMW0602M0	+						
8	RCMW0803M0	—							RCMT0803M0	+						
10	RCMW10T3M0	—							RCMT10T3M0	+						
12	RCMW1204M0	—							RCMT1204M0	+						
16	RCMW1605M0	—							RCMT1605M0	+						
20	RCMW2006M0	—							RCMT2006M0	+						
25	RCMW2507M0	—							RCMT2507M0	+						
32	RCMW3209M0	—							RCMT3209M0	+						

注：⊞ 为本标准的首选推荐（见表 4-73~表 4-81）；▢ 为第二推荐；○ 为不推荐。

表 4-97　六边形刀片尺寸范围　　　　　　　　　　　　　　（单位：mm）

d	型　号	单面带断屑槽（M）			
		刀尖圆弧半径 r_ε			
		0.2	0.4	0.8	1.2
4.76	WCMT L3T1	+	+	—	—
5.56	WCMT 0302	+	+	—	—
6.35	WCMT 0402	+	+	—	—
7.94	WCMT 0503	—	+	+	—
9.525	WCMT 06T3	—	+	+	—
12.7	WCMT 0804	—	—	+	+

表 4-98　35°刀尖角菱形刀片尺寸范围　　　　　　　　　　　（单位：mm）

d	型　号	G 级公差				M 级公差			
		刀尖圆弧半径 r_ε				刀尖圆弧半径 r_ε			
		0.2	0.4	0.8	1.2	0.2	0.4	0.8	1.2
6.35	VBMW 1103、VBMT 1103	—	—	—	—	+	+	—	○
9.525	VBMW 1604、VBMT 1604	—	—	—	—	—	+	+	+
6.35	VCGW 1103、VCGT 1103 VCMW 1103、VCMT 1103	—	+	—	○	—	+	—	○
7.94	VCGW 13T3、VCGT 13T3 VCMW 13T3、VCMT 13T3	—	—	—	○	—	—	—	○
9.525	VCGW 1604、VCGT 1604 VCMW 1604、VCMT 1604	—	+	+	—	—	+	+	—

注：☐+☐为本标准的首选推荐；☐☐为第二推荐；☐○☐为不推荐。

5. 带圆角无固定孔的硬质合金可转位刀片

带圆角无固定孔可转位刀片（GB/T 2079—2015）的几何参数与精度见表 4-99 ~ 表 4-104。

表 4-99　正三角形刀片的几何参数定义

1	正三角形、0°法后角、不带断屑槽刀片（TNUN、TNGN）	
2	正三角形、11°法后角、不带断屑槽刀片（TPUN、TPGN）	
3	正三角形、11°法后角、带断屑槽刀片（TPMR）	

表 4-100 正三角形刀片尺寸 （单位：mm）

刀片型号					$l \approx$	d①	S①	m①	$r_\varepsilon \pm 0.1$
TNUN 110304	TNGN 110304	TPUN 110304	TPGN 110304	TPMR 110304	11.0	6.350		9.128	0.4
TNUN 110308	—	TPUN 110308	—	TPMR 110308				8.731	0.8
—	—	TPUN 160304	—	TPMR 160304			3.18	13.891	0.4
—	—	TPUN 160308	TPGN 160308	TPMR 160308				13.494	0.8
—	—	TPUN 160312	TPGN 160312	TPMR 1603212	16.5	9.525		13.097	1.2
TNUN 160408	TNGN 160408	—						13.494	0.8
TNUN 160412	TNGN 160412							13.097	1.2
—	—	TPUN 220408	—	—			4.76	18.256	0.8
TNUN 220412	TPUN 220412	TPUN 220412	TPGN 220412	—	22.0	12.700		17.859	1.2
TNUN 220416	—	TPUN 220416	—	—				17.463	1.6

① 偏差按 ISO 1832，见表 4-103。

表 4-101 正方形刀片的几何参数定义

1	正方形、0°法后角、不带断屑槽刀片（SNUN、SNGN）	
2	正方形、11°法后角、不带断屑槽刀片（SPUN、SPGN）	
3	正方形、11°法后角、带断屑槽刀片（SPMR）	

表 4-102 正方形刀片尺寸 （单位：mm）

刀片型号					d①·②	S①	m①	$r_\varepsilon \pm 0.1$
SNUN 090304	—	SPUN 090304	—	SPMR 090304	9.525		1.808	0.4
SNUN 090308	SNGN 090308	SPUN 090308	—	SPMR 090308			1.644	0.8
—	—	SPUN 120304	—	SPMR 120304		3.18	2.466	0.4
—	—	SPUN 120308	SPGN 120308	SPMR 120308	12.700		2.301	0.8
—	—	SPUN 120312	SPGN 120312	SPMR 120312			2.137	1.2
SNUN 120408	SNGN 120408	—	—	—			2.301	0.8
SNUN 120412	SNGN 120412	—	—	—			2.137	1.2
SNUN 150412	—	—	—	—	15.875	4.76	2.795	1.2
SNUN 150416	—	—	—	—			2.630	1.6
SNUN 190412	—	—	—	—	19.050		3.452	1.2
SNUN 190416	—	SPUN 190416	—	—			3.288	1.6

① 偏差按 ISO 1832，见表 4-103。

② 按 $d = l$。

表 4-103　带圆角无固定孔的硬质合金可转位刀片 d、m 和 S[①] 尺寸的允许偏差

（单位：mm）

刀片型号	d	U 级公差		G 级公差		M 级公差	
		d	m	d	m	d	m
TN．．11．．	6.350	±0.080	±0.130	±0.025	±0.025	±0.050	±0.080
TP．．11．．							
TN．．16．．	9.525	±0.080	±0.130	±0.025	±0.025	±0.050	±0.080
TP．．16．．							
SN．．09．．							
SP．．09．．							
TN．．22．．	12.700	±0.130	±0.200	±0.025	±0.025	±0.080	±0.130
TP．．22．．							
SN．．12．．							
SP．．12．．							
SN．．15．．	15.875	±0.180	±0.270	±0.025	±0.025	—	—
SN．．19．．	19.050	±0.180	±0.270	±0.025	±0.025	—	—
SP．．19．．							

注：本表引自 ISO 1832。

[①] S 的偏差为±0.13。

表 4-104　带圆角无固定孔的可转位刀片的尺寸范围　　（单位：mm）

d	法后角	U 级偏差 无断屑槽（N）					G 级偏差						单面带断屑槽（R）					M 级偏差				
		名称	刀尖圆弧半径 r_ε				名称	刀尖圆弧半径 r_ε				名称	刀尖圆弧半径 r_ε				名称	刀尖圆弧半径 r_ε			
			0.4	0.8	1.2	1.6		0.4	0.8	1.2	1.6		0.4	0.8	1.2	1.6		0.4	0.8	1.2	1.6
6.35	0°	TNUN1103	+	+			TNGN1103	+	—												
9.525		TNUN1603	—	—	—		TNGN1603	—	—	—											
		TNUN1604	—	+	+	—	TNGN1604	—	+	+											
12.7		TNUN2204		—	+	+	TNGN2204		—	+											
6.35	11°	TPNU1103	+	+			TPGN1103	+	—			TPGR1103	—	—			TPMR1103	+	+		
9.525		TPNU1603	+	+	+		TPGN1603		+	+		TPGR1603	—	+	+		TPMR1603	+	+	+	
12.7		TPNU2204		+	+	+	TPGN2204		+	—		TPGR2204		+	—		TPMR2204				
9.525	0°	SNUN0903					SNGN0903														
12.7		SNUN1203					SNGN1203														
		SNUN1204	+	+	+		SNGN1204		+	+											
15.875		SNUN1504		—	+	+	SNGN1504		—	+	+										
19.05		SNUN1904		—	+	+	SNGN1904		—	+	+										
9.525	11°	SPNU0903	+	+			SPGN0903	—		+		SPGR0903	—	—			SPMR0903	+	+		
12.7		SPNU1203	+	+	+		SPGN1203		+	+		SPGR1203		+	+		SPMR1203	+	+	+	
15.875		SPNU1504		—	+	+	SOGN1504		—	+	+	SPGR1504					SPMR1504				
19.05		SPNU1904		—	+	+	SPGN1904		—	+	+	SPGR1904					SPMR1904				

注：　+ 为本标准的首选推荐（见表 4-100、表 4-102）。

□ 为非阴影部分，第二推荐。

▨ 为阴影部分，不推荐。

GB/T 5343.2—2007《可转位车刀及刀夹 第 2 部分：可转位车刀型式尺寸和技术条件》规定了刀垫型号表示规则、刀垫的型号及尺寸，供参考。

（1）刀垫型号的表示规则 刀垫型号一般由三个字母和数字代号组成。左切车刀刀垫需增加第四个代号：L。

例

```
            T  16  A  L
表示刀垫形状的代号 ┘   │   │  │
表示配套刀片边长的代号 ────┘   │  │
表示刀垫内孔型式的代号 ───────┘  │
表示左切车刀刀垫的代号 ──────────┘
```

1）表示刀垫形状的字母代号：三角形 T、正方形 S、凸三边形 W、偏 8°三边形 F、35°菱形 V、55°菱形 D、80°菱形 C、圆形 R、五边形 P。

2）表示配套刀片边长的数字组代号。配套可转位刀片的边长代号，舍去小数位。例如：边长为 9.525mm，则代号为 09；边长为 16.5mm，则代号为 16。

3）表示刀垫内孔型式的字母代号：双面锥沉孔 A、单面平沉孔 B、单面锥沉孔 C。

（2）刀垫的型号及尺寸 刀垫的型号及尺寸，按 GB/T 5343.2—2007《可转位车刀及刀夹 第 2 部分：可转位车刀型式尺寸和技术条件》中的有关规定选取。

4.2.3 可转位刀片的选择

可转位刀片是可转位刀具的最关键部分。可转位刀具性能的发挥，很大成分由可转位刀片来实现。正确选择可转位刀片，是合理设计可转位车刀的重要内容。

可转位刀片的选择主要包括如下内容：刀片材料牌号、刀片固定型式、刀片形状及规格、刀片的断屑槽型、刀片精度。

1. 刀片材料牌号的选择

刀片材料在本手册第 2 章中已作详细介绍，这里仅对选择原则作一补充。

到目前为止，可转位刀片用量最大的有三大类：

1）钨基硬质合金（含涂层合金）。

2）钛基硬质合金（陶瓷合金）。

3）陶瓷（包括 Al_2O_3 系列、Si_3N_4 系列）。这三大类材料与切削相关的物理特性，如图 4-27 所示。

----- 钨基硬质合金
——— 钛基硬质合金
——— 陶瓷

图 4-27 三大类刀具材料的物理特性

一般情况下，这三大类材料的选择原则为：常规材料的切削采用钨基硬质合金；小余量精加工采用钛基硬质合金；高硬度、难加工材料采用陶瓷。具体选择方法，查阅本手册第 2 章。

2. 可转位刀片固定型式的选择

可转位刀片的固定型式，GB/T 2076—2007 规定为 14 种，见表 4-105。在 14 个代码中，无孔刀片为 N、R、F 三个代码；圆孔刀片为 A、M、G 三个代码；其余八个代码为沉孔刀片。X 代码为制造厂备用代码。

刀片固定型式的选择即刀具装夹结构的选择。可转位刀片的夹紧方式，GB/T 5343.1—2007 规定为 C、M、P、S 四种，见表 4-106。

目前，可转位车刀的典型结构、特点及适用范围，见表 4-107。

表 4-105 可转位刀片的固定型式（GB/T 2076—2007）

代号	固定方式	断屑槽	示 意 图
N	无固定孔	无断屑槽	
R	无固定孔	单面有断屑槽	
F	无固定孔	双面有断屑槽	
A	有圆形固定孔	无断屑槽	
M	有圆形固定孔	单面有断屑槽	

（续）

代号	固定方式	断屑槽	示　意　图
G	有圆形固定孔	双面有断屑槽	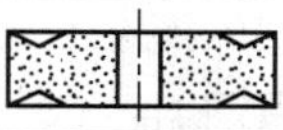
W	单面有 40°~60°固定沉孔	无断屑槽	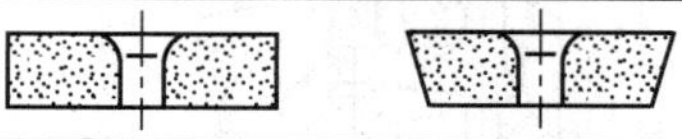
T	单面有 40°~60°固定沉孔	单面有断屑槽	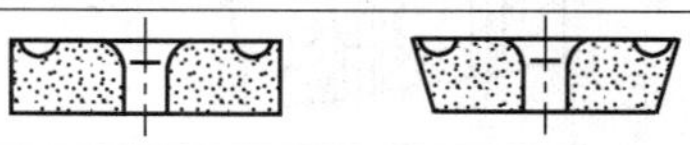
Q	双面有 40°~60°固定沉孔	无断屑槽	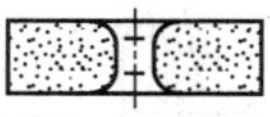
U	双面有 40°~60°固定沉孔	双面有断屑槽	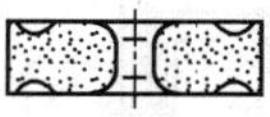
B	单面有 70°~90°固定沉孔	无断屑槽	
H	单面有 70°~90°固定沉孔	单面有断屑槽	
C	双面有 70°~90°固定沉孔	无断屑槽	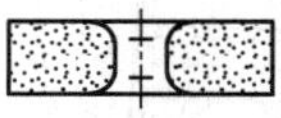
J	双面有 70°~90°固定沉孔	双面有断屑槽	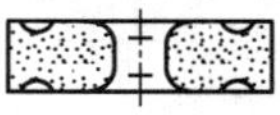
X	其他尺寸和详情,需图形,附加说明		—

表 4-106　车刀刀片夹紧方式 （GB/T 5343.1—2007）

代　号	车刀刀片夹紧方式	代　号	车刀刀片夹紧方式
C	顶面夹紧(无孔刀片)	P	孔夹紧(有孔刀片)
M	顶面和孔夹紧(有孔刀片)	S	螺钉通孔夹紧(有孔刀片)

表 4-107　机夹可转位车刀典型结构、特点及适用范围

结构名称	结构简图	特点及适用范围	结构名称	结构简图	特点及适用范围
上压式	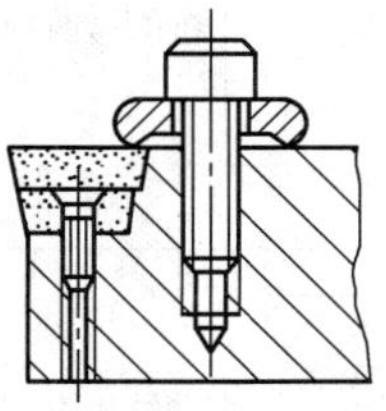	用桥式压板上压,夹紧可靠,拆装方便,但压板有阻碍排屑现象,并可能被切屑擦坏。夹紧时需用手推刀片定位。压板可作断屑块用。通常用于无孔刀片的夹紧	上压式	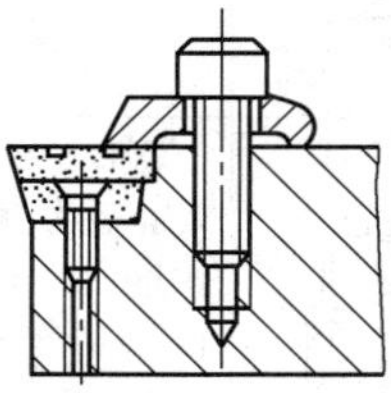	用桥式压板上压,刀片带有压紧槽,压紧点固定,改善了夹紧力方向,刀片定位与夹紧都更为可靠。需根据不同的压紧槽型设计压板。常用于数控车刀和自动线上的车刀
	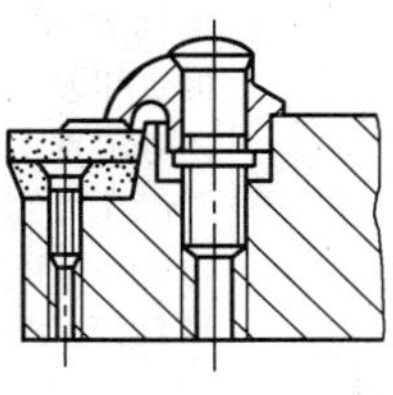	用钩形压板上压,压板的头部设计尺寸小,外观优美,容屑空间较大。适用于无孔刀片的夹紧		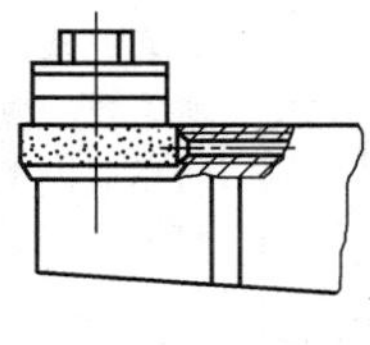	刀片为长条形,可调节伸出量,重磨多次。压板也可调节位置作断屑块用。常用于外圆车刀

（续）

结构名称	结构简图	特点及适用范围	结构名称	结构简图	特点及适用范围
杠杆式	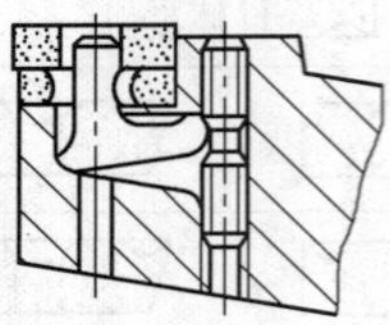	夹紧螺钉为腰鼓形,上下两端都有内六角孔,当刀杆反装时装卸也方便,是可转位车刀中应用最广泛的结构型式	楔钩式		是楔压和上压的组合式,使用更为可靠,但制造精度要高,否则将不能同时起压紧作用。适用于断续车削的车刀
杠杆式	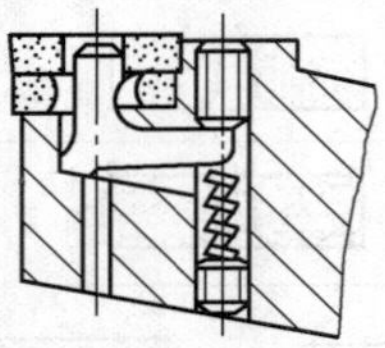	夹紧螺钉为一平端紧定螺钉,下端增加了调节螺钉与弹簧,杠杆与夹紧螺钉的接触面加大,增加了夹紧的可靠性	侧推式		依靠锥头螺钉的锥面,推动楔块靠向刀片起夹紧作用。该结构使用方便,但刀尖处易出现缝隙。常用于普通车刀
杠销式	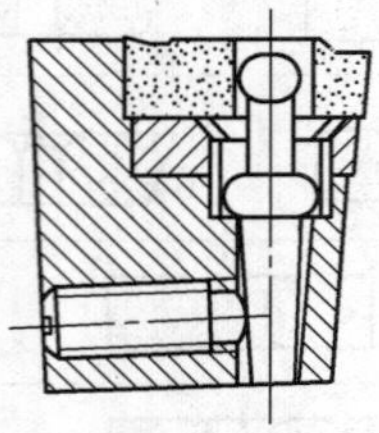	杠杆是直的,制造较简单,但夹紧力较小,适用小切削用量的车刀,一般应用得不太多	拉垫式		用螺钉的斜面使带圆柱销的刀垫移动夹紧刀片。结构简单,刀片的尺寸公差较大,但刀杆头部削弱较多,刚度较小,刀尖易出现缝隙
偏心式	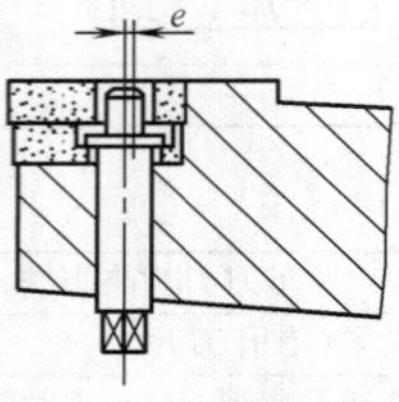	光杆偏心,零件数少,制造简单,刀片装卸方便。刀片夹紧力受偏心量的影响,刀片尺寸误差对夹紧的影响较大。适于轻、中型连续车削的车刀	压孔式	e=0.1～0.2 P_n P_a α=1.5°～3° P_a P_n	螺钉穿过沉孔刀片孔夹紧刀片,结构简单,零件少,定位精度高,容屑空间大,但刀片转位麻烦,对螺钉质量要求较高 螺钉孔轴线有倾斜和偏移两种型式
偏心式	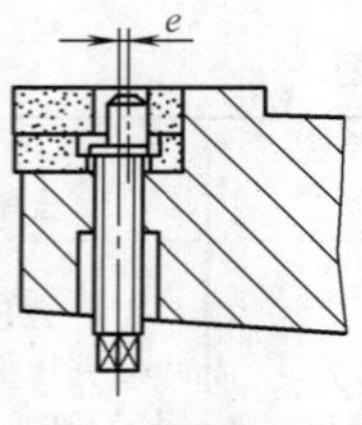 e	螺纹杆偏心,自锁性能更好,且夹紧时有一个向下的分力使刀片贴紧刀垫			
螺销上压式		是偏心加上压式复合夹紧结构,螺销的圆锥体与刀杆的锥孔有偏心,螺销旋入时,上端小圆柱压向刀片,压板又从上面压紧刀片。常用于数控车床用车刀	勾销式		勾销依靠压紧螺钉的旋入向下移动夹紧刀片,结构简单,受力情况较好,夹紧可靠,但装卸刀片费时 有圆锥头勾销(适用于沉孔刀片)和圆柱头勾销(适用于圆柱孔刀片)两种型式
楔销式		利用楔块的上下来夹紧刀片。楔块上下移动可用双头螺钉或压紧螺钉来实现,要求楔块的尺寸较严。适用于卧式车床用车刀			

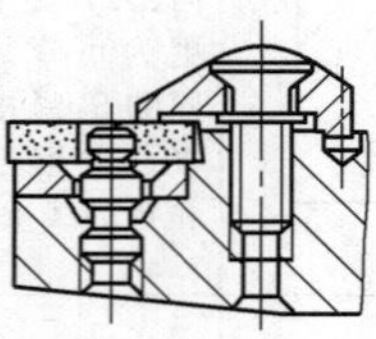

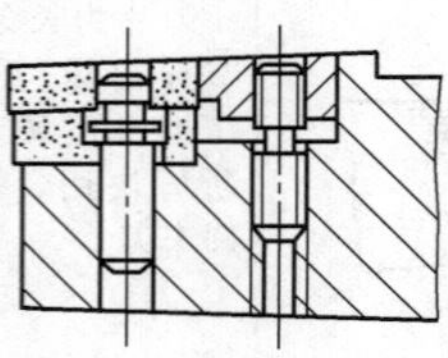

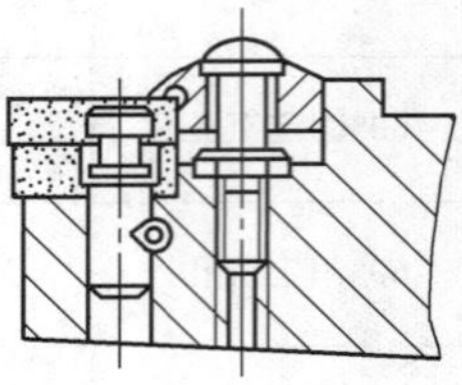

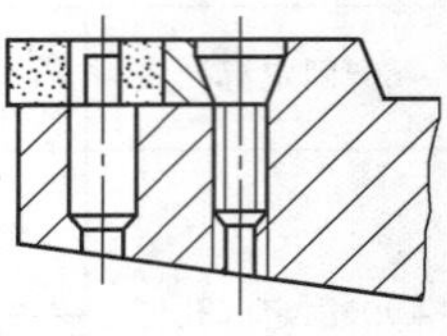

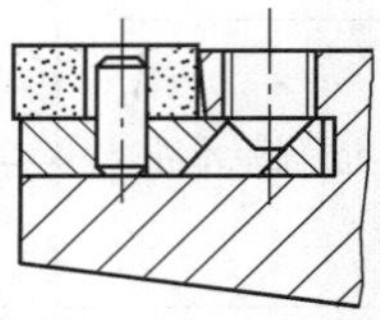

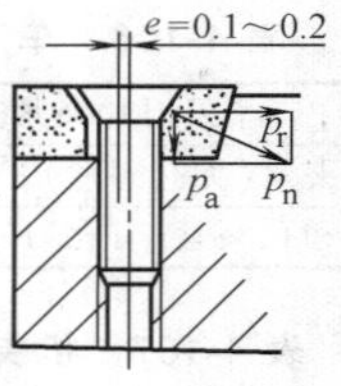

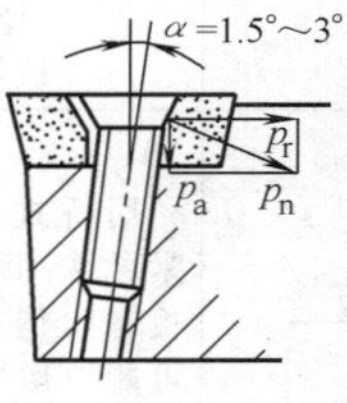

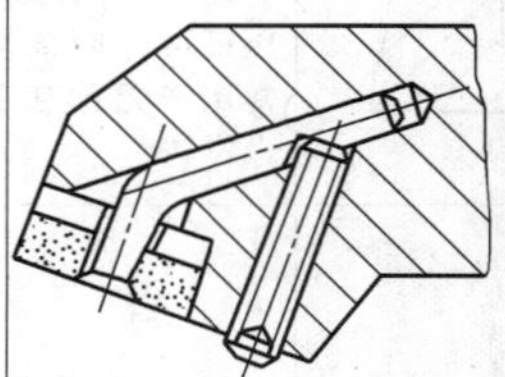

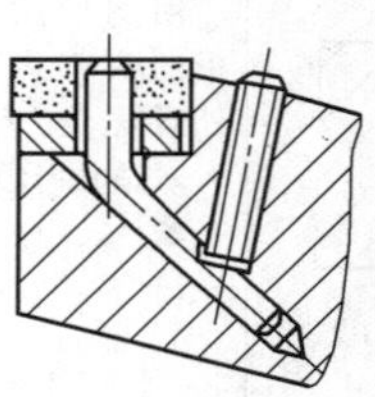

刀具装夹结构和刀片与刀片固定型式的适用性选择，见表 4-108。

表 4-108　几种典型装夹结构适用性选择

加工阶段及其选项	杠杆式	楔销式	楔钩式	压孔式	上压式
外表面粗加工	5	3	4	2	2
外表面精加工	4	4	4	5	4
内表面粗加工	5	3	3	2	3
内表面精加工	4	4	3	5	5
切屑流动	5	5	4	5	3
换位时间	5	5	3	2	4
结构简单	2	3	3	5	4
刀片变化灵活	5	4	3	4	3
刀片类型	有孔刀片			沉孔刀片	无孔刀片

注：表中数值 2~5 为适用性档次，第 5 档表示最适用，由第 5 档至第 1 档（表中无此档），其适用性依次递减。

3. 可转位刀片形状及规格的选择

（1）刀片形状　在 GB/T 2076—2007《切削刀具用可转位刀片型号表示规则》中，规定了 17 种刀片形状（见表 4-53）。刀片形状的选择，主要依据工艺用途与刀具寿命来决定。

边数多的刀片，刀尖角大、耐冲击，同时可利用的切削刃多，因此刀具寿命高。但是，边数多的刀片，切削刃较短，工艺适应性差。同时，刀尖角越大，在车削中对工件的径向力越大，容易引起振动。刀片形状对刀尖强度与振动的影响如图 4-28 所示。

可转位刀片几何形状

刀尖强　　　　　　　　　刀尖弱

易引起振动　　　　　　不易引起振动

图 4-28　刀片形状对刀尖强度、切削振动的影响示意图

单从刀片形状考虑，在机床刚度、功率允许的情况下，大余量、粗加工、工件刚度较高时，应尽量采用刀尖角较大的刀片；反之，采用刀尖角较小的刀片。

刀片形状的选择，往往主要取决于被加工零件的廓形。例如：车削 90° 台阶外圆，必须用刀尖角小于 90° 的刀片；车削小尺寸细长杆时，为了躲开尾顶尖的干涉，需采用刀尖角小于 60° 的刀片等。在常用的几种刀片中，三角形刀片可用于 90° 台阶外圆车削、端面车削、内孔车削和 60° 螺纹车削等。俗称偏 8° 三角形（F 型）和凸三角形（W 型）刀片，刀尖角增大为 82° 和 80°，不仅提高了刀具寿命，而且减小了已加工表面的表面粗糙度值，应用较广泛。正四边形刀片，适用于主偏角为 45°、60°、75° 的各种外圆、端面及内孔车刀。菱形刀片和圆形刀片，适用于仿形车床和数控车床用的车刀，常用来加工曲面，有时用圆形刀片加工成形面或精加工。常用刀片形状的选择，可参考表 4-109。

（2）刀片法后角　可转位刀片的法后角，GB/T 2076—2007 规定为 10 种。代号为 A、B、C、D、E、F、G、N、P、O。法后角分别为 3°、5°、7°、15°、20°、25°、30°、0°、11°；其他需专门说明的法后角。目前，用得最多的是 7°C 型、0°N 型和 11°P 型法后角刀片。

可转位车刀的后角是由刀片与刀杆槽的后角组合而派生的。车刀的后角要根据加工的具体情况来选定，选定方法在本手册第 1 章 1.5 节中已作详细介绍。刀片法后角的选择，要尽量与车刀的后角一致。这样，可以对可转位车刀的设计与制造带来很多方便。如果受某种因素的制约，所选定的刀片法后角与车刀法后角不一致，那么就需要在设计刀杆槽的前角时，把刀片法后角值计算进去，以求得与预选的车刀后角相同。车刀的几何角度计算，在 4.2.4 节中作详细介绍。刀片法后角与安装前角的对应关系，见表 4-110。内孔车刀刀片法后角的选择，见表 4-111。

（3）刀片切削刃长度　刀片切削刃的长度与内切圆直径成正比，它决定刀片的大小。刀片切削刃的长度，主要取决于作用主切削刃（S_a）的大小。粗车时，可取切削刃长 $L \geq 1.5 S_a$；精车时，取 $L \geq 3 S_a$。

作用主切削刃 S_a 的计算方法如下式：

$$S_a = \frac{a_p}{\sin\kappa_r \cos\lambda_s} \tag{4-5}$$

式中　a_p——背吃刀量；
　　　κ_r——主偏角；
　　　λ_s——刃倾角。

（4）刀片厚度　刀片厚度的选择主要考虑刀片的强度。在满足强度的条件下，尽量取小值。一般根据背车刀量和进给量来选择刀片厚度，见表 4-112。选择刀片厚度时，要与切削刃长度相互照应。一般情况下，如果切削刃长度已选定，那么，厚度的选择，按 GB/T 2076—2007 基本定型。

（5）刀尖圆弧半径

表 4-109 刀片形状分类及选择

序号	刀片形状	车削情况图	特点及应用
1	不等边不等角三角形、正三角形、等边不等角六边形	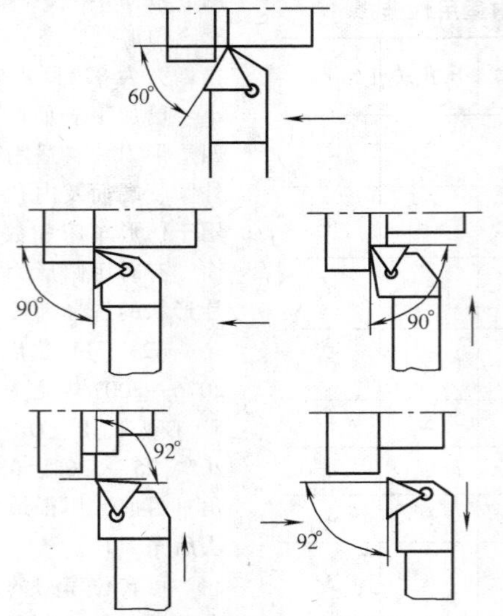	生产中90°偏刀应用较多,可选用正三角形、等边不等角六边形及不等边不等角六边形刀片。刀尖角较小,背向力小,应用广泛。$\kappa_r = 92°$ 的车刀,背向力极小,可用于车细长轴工件
2	正方形	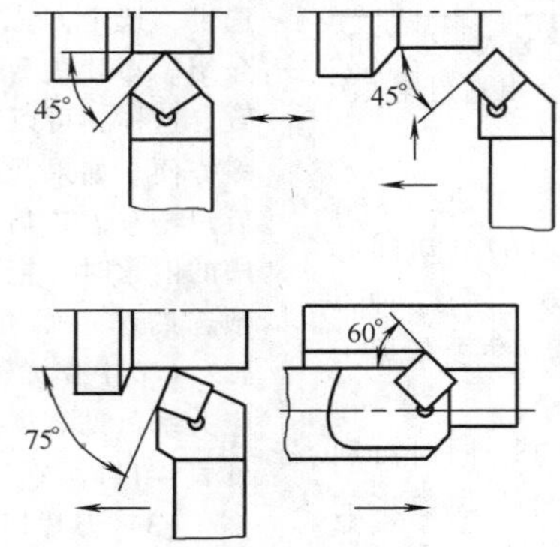	$\varepsilon_r = 90°$,其刀尖角适中,通用性较好,可装配成主偏角 $\kappa_r = 30°$、45°、60° 及 75°。选用 $\kappa_r = 45°$ 车刀可车外圆,又能车端面,生产中应用广泛
3	菱形	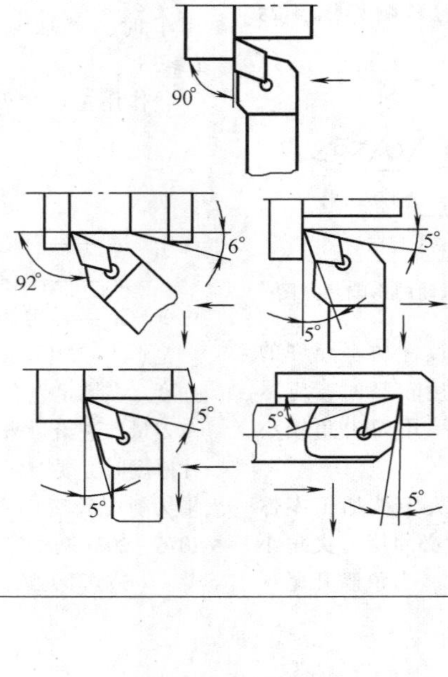	80°菱形陶瓷刀片刀尖角较小,刀尖强度比 $\varepsilon_r = 55°$ 的提高很多,适于在自动化生产中用于各种仿形车削

（续）

序号	刀片形状	车 削 情 况 图	特点及应用
4	圆形	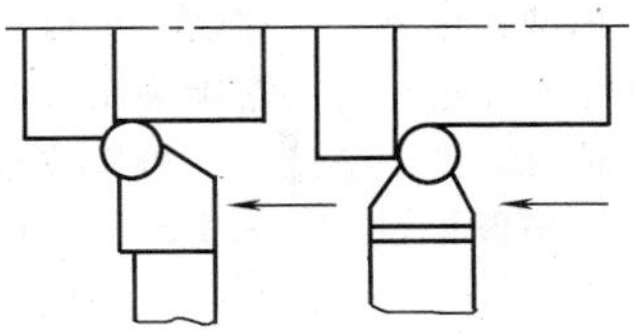	圆形刀片强度好,寿命长,但切削时背向力较大,大多数用于机床—工件—刀具系统刚性特别好的情况下,如重型轧辊车床上车制冷硬铸铁轧辊及其他大型工件
5	特殊形状	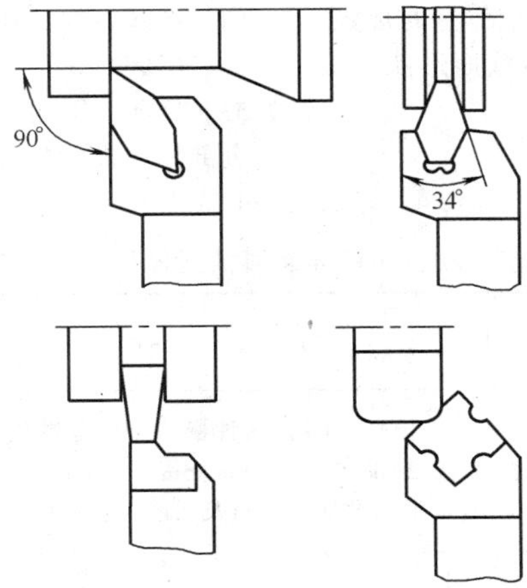	可根据被加工工件的形状设计特殊形状的陶瓷刀片

表 4-110　外圆车刀刀片法后角与安装前角的对应关系

刀杆安装前角 γ_{og}		刀片法后角		适用加工性质
一般规律	常用	代号	数值	
<0°	-8°~-6°	N	0°	粗加工、半精加工
0°	0°	C	7°	半精加工、精加工、成形刀片
>0°	0°~7°	P	11°	半精加工、精加工、成形刀片

表 4-111　内孔车刀刀片法后角的选择

法后角 α_n	适 用 范 围
0°	刃口强度较高,常用于圆柄直径 25mm 以上、方柄尺寸 20mm 以上的车刀,粗、半精加工 32mm 以上的孔
7°、11°	常用于精加工 32mm 以上的孔和部分接近 32mm 的孔加工
20°、25°	常用于精加工小孔和轻合金加工

表 4-112　根据背吃刀量和进给量选用刀片厚度 s

背吃刀量 a_p/mm	3.2			4.8			6.4		7.9			9.5		12.7	
进给量 f/(mm/r)	0.2~0.3	0.38	0.51	0.2~0.25	0.3~0.51	0.63	0.25~0.38	0.38~0.63	0.25~0.3	0.38~0.63	0.76	0.25~0.3	0.38~0.63	0.76	0.3~0.51	0.63~0.76
刀片厚度 s/mm	3.18	4.76	4.76	3.18	4.76	6.35	4.76	6.35	4.76	6.35	6.35~7.93	4.76	6.35	7.93	6.35	7.93

1）粗车时刀尖圆弧半径的选择。粗车时尽量选择较大的刀尖圆弧半径,以提高切削刃的强度。但不宜取得过大,以免切削时引起振动。同时,圆弧过大,对切削时的断屑不利。在选择刀尖圆弧半径时,一般要大于进给量值,见表 4-17。

2）精车时刀尖圆弧半径的选择。精车时,刀尖圆弧半径的大小,主要取决于工件的表面粗糙度与设定进给量的大小。其关系见式（4-1）。

刀尖圆弧半径、表面粗糙度与进给量的对应关系见表 4-18、图 4-3、图 4-4 和表 4-19。

（6）切削刃截面形状　切削刃的截面形状，对切削刃的强度和寿命有明显的影响。GB/T 2076—2007规定为F、E、T、S四种型式（见表4-53）。车削用的可转位刀片，基本是倒圆切削刃E型，也称钝化刃，由生产厂在专用钝化设备上进行大批量处理。其倒圆半径r_n一般在0.03～0.08mm内。涂层刀片其倒圆半径$r_n \leqslant 0.05$mm。精车时取较小值，粗车时取较大值。

由于车削用的可转位刀片，已在生产厂统一钝化完毕，而且国家标准只规定形状，未作量的规定。因此，设计可转位车刀时，对切削刃截面形状一般不作选择。

4. 可转位刀片断屑槽型的选择

一般情况下，车削加工是单刃连续切削加工，如果不采取断屑措施，切屑不会自然折断。这样，不仅影响切削质量与生产率，有时还会伤人。因此，断屑问题对车削加工十分重要。随着工业的发展，难加工材料与数控机床的不断采用，断屑问题显得更加突出。

可转位车刀的断屑，是靠可转位刀片的断屑槽来实现的。可转位刀片的断屑槽，是在生产刀片时直接压制成形。目前，国内外对刀片断屑槽型的研究十分重视，十分活跃，不断研制出适应各种情况的、各式各样的断屑槽型。

GB/T 2076—2007规定13种断屑槽型，见表4-53。目前，国内在生产中应用的，还有一部分是冶金部标准推荐的槽型，在这里一并列表介绍，见表4-113。

表4-113　国家标准、部标准断屑槽型代号、型式与适用范围

代号 （隶属标准）	型　式	特　征	适用范围
A （GB、YB）		前后等宽，开口不通槽，这种槽型断屑范围比较窄。槽宽有2mm、3mm、4mm、5mm、6mm、8mm、10mm 7种，可根据被加工材料及切削用量选用	主要用于切削用量变化不大的外圆、端面车削，其左刀片也用于内孔镗刀
B （GB）		该槽型是圆弧变截面全封闭式槽型，断屑范围广	适于硬材料及各种材质的半精加工、精加工，以及耐热钢的半精加工
C （GB） （YB为F）		前后等宽、等深、开口半通槽，切削刃上带有6°正刃倾角	断屑范围较大，单位切削力小，排屑效果好
D （GB）		沿切削刃有一排半圆球形小凹坑	主要用于可转位钻头用刀片，切屑成宝塔形，效果较好
G （GB、YB）	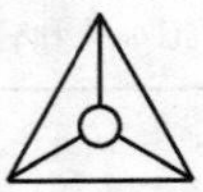	这种断屑槽型无反屑面，前面呈内孔下凹的盆形，前角较小	主要用于车削铸铁等脆性材料
H （GB、YB）	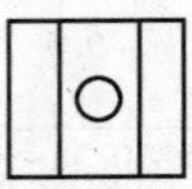	槽型的特点同A型相似，但槽沿切削刃一边全开通	主要适用于$\kappa_r = 45°$、75°的车刀，可进行较大用量的切削
J （GB） （YB为L）	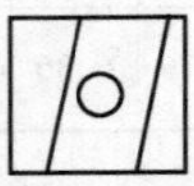	该槽型与H型相似，但槽宽不等，为前宽后窄的外斜式	断屑范围较大，适用于粗车
K （GB） （YB为J）		该槽型是前窄后宽、开口半通槽。其目的是当背吃刀量小时，在刀片的靠刀尖处切削，槽窄些；当背吃刀量较大时，槽也相应地宽些，切削变形较复杂，容易折断，断屑范围较宽	在断屑比较困难的端面车削时，其断屑效果好

（续）

代号 （隶属标准）	型　式	特　征	适用范围
P （GB）	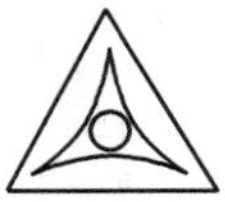	是从国外引进的一种新槽型,带弧形全封闭式,断屑效果好,切削力不大,排屑方向理想,切屑不飞溅	断屑范围较宽,每个变截面槽型相似,背吃刀量和进给量变化时,也能断屑
V （GB、YB）	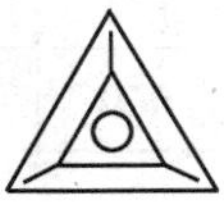	前后等宽的封闭式通槽。是最常用的一种槽型,断屑范围较大,当背吃刀量及进给量较小时,也能很好断屑	可用于外圆、端面、内孔精车、半精车及镗削。刀尖强度比开口槽的刀片要高一些,适用于粗车
T （GB）	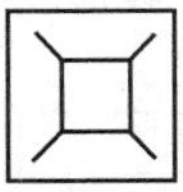	该槽型是沿切削刃各边有等宽的开口通槽,切削面较小,卷屑面较大	主要适于制作内孔车刀和内孔镗刀的孔加工刀具
W （GB、YB）		属三级断屑的封闭式通槽。断屑范围大,背吃刀量和进给量很小时也能断屑。但由于这种槽型的前角较小,切削力比较大、切屑也容易飞溅	适于切削用量变化范围大和机床、工件刚性好的仿形车床、自动车床的加工
Y （GB） （YB 为 D）		槽型是前宽后窄、斜式半通槽。这种槽型应用宽些,而切削较轻快、排屑流畅,多是管形螺旋屑或锥形螺旋屑	主要用于粗车,断屑较好
U （YB）		槽型是前宽后窄的圆弧形,并自然形成正刃倾角。属于变截面槽型,断屑范围较宽,切削力也较小	主要用于粗车,断屑较好
M （YB）		两级断屑槽、断屑范围比单级槽要宽些	多用于背吃刀量变化较大的仿形车削
N （YB）	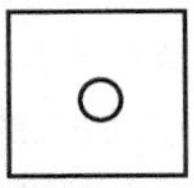	刀片无容屑槽,属平面型,双面均可使用	适于刃磨各种角度的刀具
Q （YB）	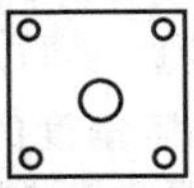	在刀尖处有一圆形小凹坑,起断屑作用	适用于外圆精车和半精车,在背吃刀量和进给量较小的情况下,能获得稳定断屑
E （YB）		槽型是封闭式通槽,由于切削刃上是圆弧形,自然形成正刃倾角	断屑范围较大,单位切削力小,适于半精和精加工
3C （YB）		刀片刀尖角是 82°,而 C 型槽为前后等宽、等深的开口半通槽。目前生产的槽宽有 2mm、3mm、4mm、5mm、6mm 等	主要适于精车、半精车及冲击负荷不大的粗车
Z （YB）	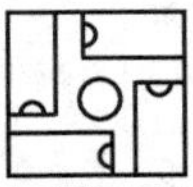	该槽型与 A 型槽很相似,但比 A 型槽前角小些,卷屑角大些,两角由直线相接构成,也比 A 型槽深和宽些	主要适用于韧性较大材料的粗加工,部分的半精加工
3H （YB）		3H 槽型与 3M 槽型相类似,属两级断屑槽型,但 3M 型带有 8°副偏角,以此与 3H 型区别	多用于背吃刀量变化较大的仿形车削

5. 可转位刀片精度的选择

GB/T 2076—2007 对可转位刀片的精度，规定为 12 个等级，见表 4-53。表中的尺寸代号 s 表示刀片的厚度；代号 d、m 的表示意义，如图 4-29 所示。

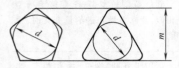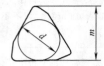

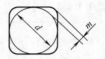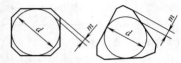

图 4-29　可转位刀片的检查尺寸代号
d—刀片的内切圆基本直径
m—刀尖位置尺寸（检查尺寸）

（1）尺寸 m、d 的允许偏差范围　取决于刀片尺寸的大小与形状，每种刀片的尺寸偏差，按其相应的尺寸标准进行表示：

1）刀尖角大于或等于 60°的形状为 H、O、P、S、T、C、E、M、W、F 的刀片，其 m、d 允许偏差见表 4-114。

表 4-114　刀尖角大于或等于 60°的形状为 H、O、P、S、T、C、E、M、W、F 的刀片，其 m、d 允许偏差

（单位：mm）

内切圆公称尺寸	m 值允许偏差		d 值允许偏差	
	N、M 级	U 级	M、J、K、L、N 级	U 级
4.76 5.56(6.0) 6.35 7.94(8.0) 9.525(10.0)	±0.08	±0.13	±0.05	±0.08
12.70(12.0)	±0.13	±0.20	±0.08	±0.13
15.875(16) 19.05(20.0)	±0.15	±0.27	±0.10	±0.18
25.40(25.0)	±0.18	±0.38	±0.13	±0.25
31.75(32.0)	±0.20	±0.38	±0.15	±0.25
刀片形状	P S T C、E、M W F O H			

2）刀尖角为 55°的菱形刀片的 m、d 允许偏差见表 4-115。

3）刀尖角为 35°的菱形刀片的 m、d 允许偏差见表 4-116。

（2）刀片精度选择　在国家标准规定的 12 种标准公差等级中，目前，我国已生产 A、C、G、K、M、U 六种产品。无孔可转位刀片选用 U 级、G 级；

表 4-115　刀尖角为 55°的菱形刀片的 m、d 允许偏差

（单位：mm）

内切圆公称尺寸	m 值允许偏差		d 值允许偏差	
	U 级	M、N 级	U 级	M、N 级
5.56 6.35 7.94 9.525	±0.16	±0.11	±0.08	±0.05
12.70	±0.25	±0.15	±0.13	±0.08
15.875 19.05	±0.35	±0.18	±0.18	±0.10

表 4-116　刀尖角为 35°的菱形刀片的 m、d 允许偏差

（单位：mm）

内切圆公称尺寸	m 值允许偏差		d 值允许偏差	
	U 级	M、N 级	U 级	M、N 级
6.35 9.525	±0.22	±0.15	±0.08	±0.05
12.70	±0.38	±0.20	±0.13	±0.08
15.875 19.05	±0.55	±0.27	±0.18	±0.10

圆孔可转位刀片选用 U 级、M 级；沉孔可转位刀片选用 M 级。车削加工常选用 G、M、U 级可转位刀片。一般选用原则为：

1）精密加工时，一律选用 G 级刀片。非黑色金属材料的精加工、半精加工也宜选用 G 级刀片。淬硬钢的精加工也选用 G 级刀片。

2）精加工、半精加工、粗加工、重切削加工时，除上述两种特例外，都选用 M 级刀片。

3）粗加工及重切削加工，也可以选用 U 级刀片。

4）在自动生产线及数控机床上使用的可转位刀片的等级，要高于一般切削加工的等级。

5）在有对刀仪对刀或有机载自动对刀装置的条件下，对刀片精度等级的选择可以略为放宽。

4.2.4　可转位车刀几何角度的选择与计算

1. 可转位车刀的主要几何参数

可转位车刀的主要几何参数见表 4-117。具体数值的选择方法见表 4-11～表 4-14。

表 4-117　可转位车刀主要几何参数

名称	符号	作　用
主偏角	κ_r	1）零件外形需要 2）影响径向与轴向切削力分配 3）涉及刀具寿命
前角	γ_o	1）前角大 1°，切削力减少 1%～1.5% 2）影响刀具寿命 3）影响刀尖强度
刃倾角	λ_s	1）影响刀尖强度。刃倾角越小，刀尖强度越高 2）影响切屑流向
后角	α_o	1）减少后刀面与工件表面间的摩擦 2）调整切削刃的锐利与强度

2. 可转位车刀的几何角度计算

可转位车刀的几何角度，是由刀片的几何角度和刀杆槽的几何角度组合而成的。车刀、刀片、刀杆槽几何角度之间的关系如图 4-30 所示。

可转位车刀合理的几何角度选定后，要根据车刀所要求的几何角度和选定可转位刀片的几何角度，计算刀杆槽的几何角度。

在可转位车刀的几何角度中的 κ_r、λ_s、γ_o（或

α_o），称为独立角度，在计算中，可以直接实现与预选值相等。而其他角度 κ'_r、α_o（或 γ_o）、α'_o 是派生角度，需要对其进行校验。如果校验后与预选值（合理值）相差太大，则需要修改相关的独立角度或重新选择可转位刀片的几何角度，使计算后的派生角度与预选值相近。可转位车刀刀杆槽各角度的计算公式见表 4-118。

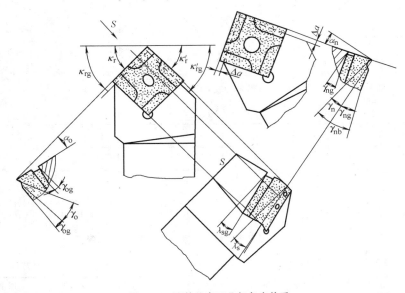

图 4-30　可转位车刀几何角度关系

表 4-118　可转位车刀刀杆槽设计计算公式

序号	设计计算参数	设计选取已知参数				
		标准刀片　　$\gamma_{nb} > 0°$　　$\alpha_{nb} \geqslant 0°$　　$\lambda_{sb} = 0°$				
		车刀独立角度				
		κ_r　λ_s　γ_o			κ_r　λ_s　α_o	
1	刀杆槽主偏角 κ_{rg}	$\kappa_{rg} = \kappa_r$				
2	刀杆槽刃倾角 λ_{sg}	$\lambda_{sg} = \lambda_s$				
3	刀杆槽前角 γ_{og}	$\tan\gamma_{og} = \dfrac{\tan\gamma_o \cos\lambda_s - \tan\gamma_{nb}}{(1 + \tan\gamma_o \tan\gamma_{nb} \cos\lambda_s)\cos\lambda_{sg}}$			$\tan\gamma_{og} = \dfrac{\tan\alpha_{nb} - \tan\alpha_o/\cos\lambda_s}{(1 + \tan\alpha_{nb}\tan\alpha_o/\cos\lambda_s)\cos\lambda_{sg}}$	
4	检验车刀前角 γ_o	—			$\tan\gamma_o = \dfrac{\tan\gamma_{nb} + \tan\gamma_{og}\cos\lambda_s}{(1 - \tan\gamma_{nb}\tan\gamma_{og}\cos\lambda_s)\cos\lambda_s}$	
	检验车刀后角 α_o	$\tan\alpha_o = \dfrac{(\tan\alpha_{nb} - \tan\gamma_{og}\cos\lambda_{sg})\cos\lambda_s}{1 + \tan\alpha_{nb}\tan\gamma_{og}\cos\lambda_{sg}}$			—	
5	刀杆槽刀尖角 ε_{rg}	$\cot\varepsilon_{rg} = [\cot\varepsilon_{rb}\sqrt{1 + (\tan\gamma_{og}\cos\lambda_{sg})^2} - \tan\gamma_{og}\sin\lambda_{sg}]\cos\lambda_{sg}$				
6	刀杆槽副偏角 κ'_{rg}	$\kappa'_{rg} = 180° - \kappa_{rg} - \varepsilon_{rg}$				
7	检验车刀副偏角 κ'_r	对于环形断屑槽：$\varepsilon_r = \varepsilon_{rg}$ 时　　　　$\kappa'_r = \kappa'_{rg}$ 对于敞开式断屑槽：$\varepsilon_r \neq \varepsilon_{rg}$ 时　　$\kappa'_r = 180° - \kappa_r - \varepsilon_r$ 其中：　　$\cot\varepsilon_r = [\cot\varepsilon_{rb}\sqrt{1 + (\tan\gamma_o\cos\lambda_s)^2} - \tan\gamma_o\sin\lambda_s]\cos\lambda_s$				
8	检验车刀副后角 α'_o ($\alpha'_o > 2° \sim 3°$)	$\tan\alpha'_o = \tan(\alpha'_{nb} - \gamma'_{ng})\cos\lambda'_{sg}$ [1]			$\tan\gamma'_{og} = -\tan\gamma_{og}\cos\varepsilon_{rg} + \tan\lambda_{sg}\sin\varepsilon_{rg}$ $\tan\lambda'_{sg} = \tan\gamma_{og}\sin\varepsilon_{rg} + \tan\lambda_{sg}\cos\varepsilon_{rg}$ $\tan\lambda'_{ng} = \tan\gamma'_{og}\cos\lambda'_{sg}$	

[1] 对刀片副切削刃与对应的刀杆槽边平行，且 $\lambda_{sb} = 0°$ 的环形断屑槽的刀片是准确的，否则只是近似计算。

4.2.5　可转位车刀的型号表示规则

1. 可转位外圆、端面及仿形车刀的型号表示规则

GB/T 5343.1—2007 中规定，车刀的型号由按顺序排列的一组字母和数字组成，共有 10 位符号，分别表示各项特征。任何一个车刀的型号，必须使用前 9 位符号，第 10 位符号在必要时才使用。在 10 位符号之后，制造厂可以最多再加 3 个字母（或）3 位数字表达刀杆的参数特征，但应用破折号与标准符号隔开，并不得使用第 10 位规定的字母，如图 4-31 所示。

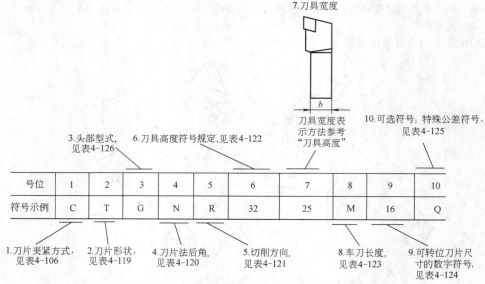

图 4-31　可转位外圆、端面、仿形车刀型号表示图例

（图注）
3. 头部型式，见表 4-126
6. 刀具高度符号规定，见表 4-122
7. 刀具宽度
刀具宽度表示方法参考"刀具高度"
10. 可选符号：特殊公差符号，见表 4-125

号位	1	2	3	4	5	6	7	8	9	10
符号示例	C	T	G	N	R	32	25	M	16	Q

1. 刀片夹紧方式，见表 4-106
2. 刀片形状，见表 4-119
4. 刀片法后角，见表 4-120
5. 切削方向，见表 4-121
8. 车刀长度，见表 4-123
9. 可转位刀片尺寸的数字符号，见表 4-124

2. 可转位内孔车刀的型号表示规则

可转位内孔车刀的型号表示，国家尚未制订标准。目前，国内外的公司和厂商以 ISO 6261：2011《装可转位刀片的镗刀杆（圆柱形）代号》的规定，来表示圆形柄可转位内孔车刀的型号，如图 4-32 所示。

表 4-119　刀片形状和形式

字母符号	刀片形状	刀片形式
H	六边形	
O	八边形	
P	五边形	等边和等角
S	四边形	
T	三角形	
C	菱形 80°	
D	菱形 55°	
E	菱形 75°	
M	菱形 86°	等边但不等角
V	菱形 35°	
W	六边形 80°	
L	矩形	不等边但等角
A	85°刀尖角平行四边形	
B	82°刀尖角平行四边形	不等边和不等角
K	55°刀尖角平行四边形	
R	圆形刀片	圆形

注：刀尖角均指较小的角度。

表 4-120　刀片法后角

字母符号	刀片法后角	字母符号	刀片法后角
A	3°	F	25°
B	5°	G	30°
C	7°	N	0°
D	15°	P	11°
E	20°		

注：对于不等边刀片，符号用于表示较长边的法后角。

表 4-121　切削方向

字母符号	切削方向
R	右切削
L	左切削
N	左右均可

表 4-122　刀具高度

刀尖高 h_1 等于刀杆高度 h 的矩形柄车刀

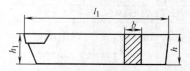

用刀杆高度 h 表示，毫米为单位，如果高度的数值不足两位时，在该数前加"0"

例：$h = 32\text{mm}$，符号为 32；$h = 8\text{mm}$，符号为 08

刀尖高度 h_1 不等于刀杆高度 h 的刀夹

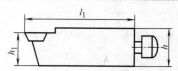

用刀尖高度 h_1 表示，毫米为单位，如果高度的数值不足两位时，在该数前加"0"

例：$h_1 = 12\text{mm}$，符号为 12；$h_1 = 8\text{mm}$，符号为 08

表 4-123 车刀长度（单位：mm）

字母符号	长度（表 4-122 中的 l_1）	字母符号	长度（表 4-122 中的 l_1）
A	32	N	160
B	40	P	170
C	50	Q	180
D	60	R	200
E	70	S	250
F	80	T	300
G	90	U	350
H	100	V	400
J	110	W	450
K	125	X	特殊长度，待定
L	140	Y	500
M	150		

注：1. 对于符合 GB/T 5343.2—2007 的标准车刀，一种刀具对应的长度尺寸只规定一个，因此，该位符号用一个破折号"——"表示。
2. 对于符合 GB/T 14661—2007 的标准刀夹，如果表中没有对应的 l_1 符号（例如：$l_1 = 44mm$），则该位符号用破折号"——"来表示。

表 4-124 可转位刀片尺寸的数字符号

刀片型式	数字符号
等边并等角（H、O、P、S、T）和等边但不等角（C、D、E、M、V、W）	符号用刀片的边长表示，忽略小数 例如：长度：16.5mm 符号为：16
不等边但等角（L） 不等边不等角（A、B、K）	符号用主切削刃长度或较长的切削刃表示，忽略小数 例如：主切削刃的长度：19.5mm 符号为：19
圆形（R）	符号用直径表示，忽略小数 例如：直径：15.874mm 符号为：15

注：如果米制尺寸的保留只有一位数字时，则符号前面应加 0。
例如：边长为：9.525mm，则符号为：09。

表 4-125 对于 f_1、f_2 和 l_1 带有 ±0.08mm 公差的不同测量基准刀具的符号

（单位：mm）

符号	测量基准面	简 图	符号	测量基准面	简 图
Q	基准外侧面和基准后端面	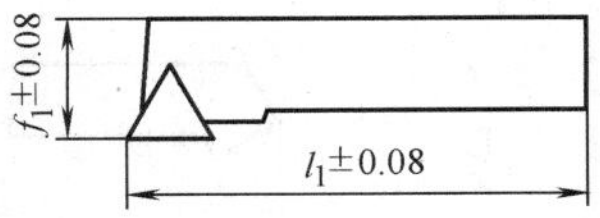	B	基准内外侧面和基准后端面	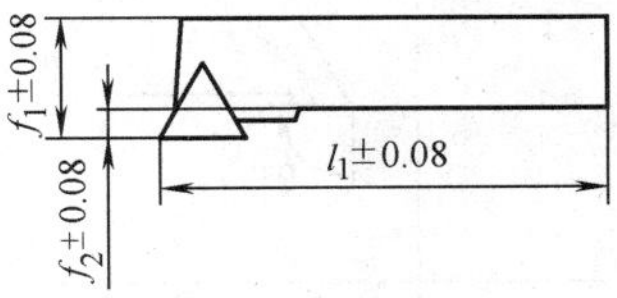
F	基准内侧面和基准后端面	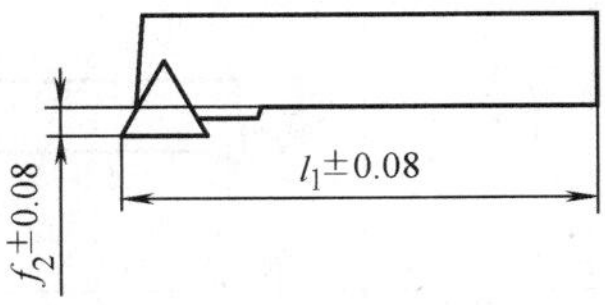			

表 4-126 可转位车刀头部型式

符 号	型 式		符 号	型 式	
A	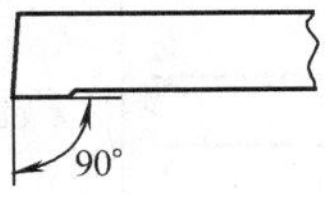	90°直头侧切	C	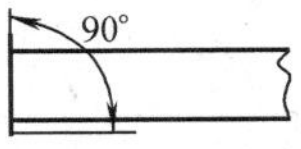	90°直头端切
B	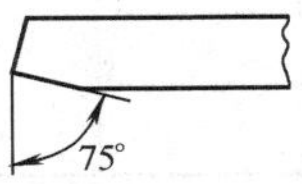	75°直头侧切	D[①]	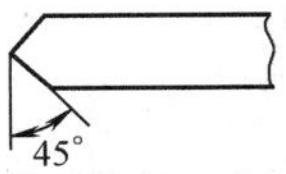	45°直头侧切

（续）

符 号	型 式		符 号	型 式	
E	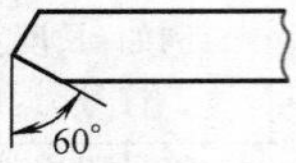	60°直头侧切	N	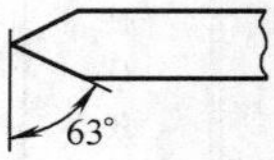	63°直头侧切
F	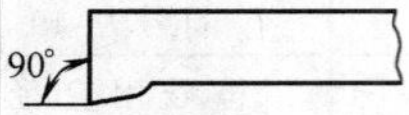	90°偏头端切	P	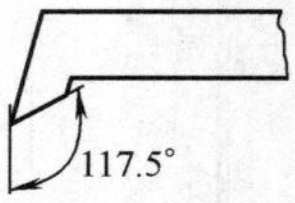	117.5°偏头侧切
G	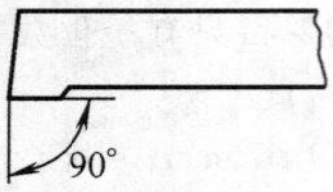	90°偏头侧切	R	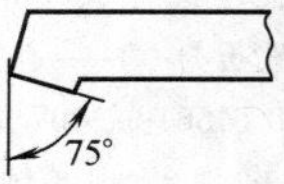	75°偏头侧切
H	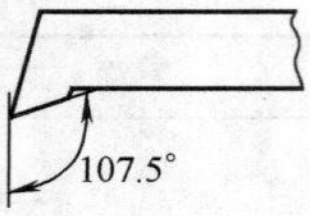	107.5°偏头侧切	S①	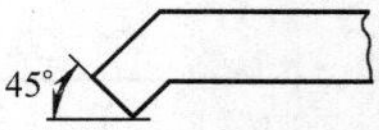	45°偏头端切
J	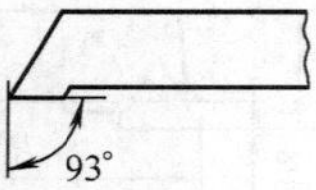	93°偏头侧切	T	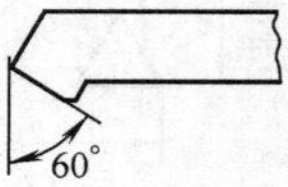	60°偏头侧切
K	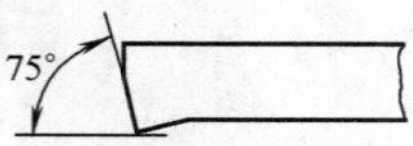	75°偏头端切	U		93°偏头端切
L	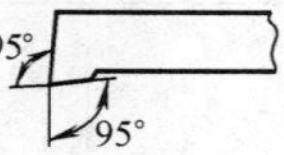	95°偏头侧切和端切	V	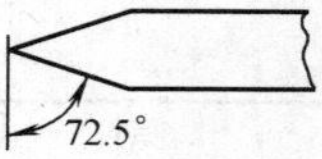	72.5°直头侧切
M	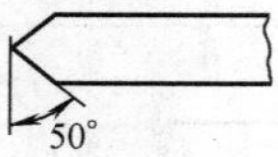	50°直头侧切	W	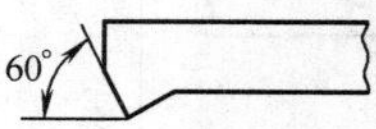	60°偏头端切
			Y	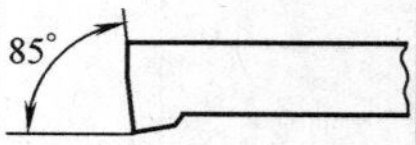	85°偏头端切

① D 型和 S 型车刀和刀夹也可以安装圆形（R 型）刀片。

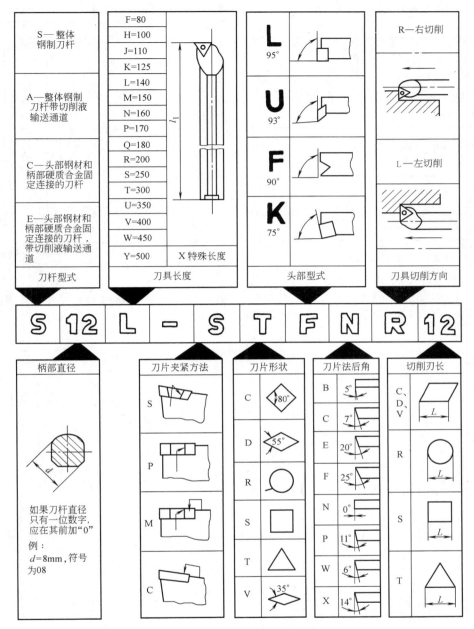

图 4-32　可转位内孔车刀（圆形柄）型号表示图例

4.2.6　可转位车刀的型式与尺寸

1. 带可转位刀片的单刃车刀和仿形车刀的型式与尺寸

GB/T 5343.2—2007 对带可转位刀片的单刃车刀和仿形车刀的柄部型式和尺寸，优先采用刀杆的型式尺寸进行了规定。

（1）柄部型式和尺寸　可转位车刀的柄部型式和尺寸，见图 4-33、表 4-127～表 4-129。

（2）有关尺寸 l_1、f 和 h_1 的几项规定

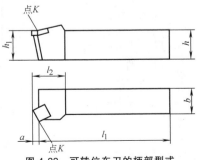

图 4-33　可转位车刀的柄部型式

表 4-127 可转位车刀的柄部尺寸

(单位：mm)

h	h13	8	10	12	16	20	25	32	40	50
b	$b=h$	8	10	12	16	20	25	32	40	50
h13	$b=0.8h$	—	8	10	12	16	20	25	32	40
l_1	长刀杆	60	70	80	100	125	150	170	200	250
k16	短刀杆	40	50	60	70	80	100	125	150	—
h_1 js14					$h_1=h$					

表 4-128 允许最大刀头长度 l_{2max}

(单位：mm)

刀片内切圆直径	l_{2max} ①	刀片内切圆直径	l_{2max} ①
6.35	25	15.875	40
9.525	32	19.05	45
12.70	36	25.40	50

① 表中 l_{2max} 不适用于安装形状为 D 和 V 的菱形刀片（GB/T 5343.1—2007）的可转位车刀。

1）基准点 K 的确定，如图 4-34 所示。

① 当 $\kappa_r \le 90°$ 时（见图 4-34a、b），基准点 K 是主切削平面 p_s，平行于假定工作平面 p_f 且相切于刀

表 4-129 可转位车刀刀头尺寸 （单位：mm）

b	f				
	系列 1①	系列 2 +0.5 0	系列 3 +0.5 0	系列 4 +0.5 0	系列 5 +0.5 0
8	4	7	8.5	9	10
10	5	9	10.5	11	12
12	6	11	12.5	13	16
16	8	13	16.5	17	20
20	10	17	20.5	22	25
25	12.5	22	25.5	27	32
32	16	27	33	35	40
40	20	35	41	43	50
50	25	43	51	53	60
刀头型式	D,N,V	B,T	A	R	F,G,H,J,K,L,S

① 对称刀杆（形状 D 和 V）的公差±0.25mm（不包括刀杆宽度 b）。非对称刀杆（形状 N）的公差 $^{+0.5}_{0}$ mm。

尖圆弧的平面和交点包含前面 A_r 的三个平面的交点（图 4-34a、b）。

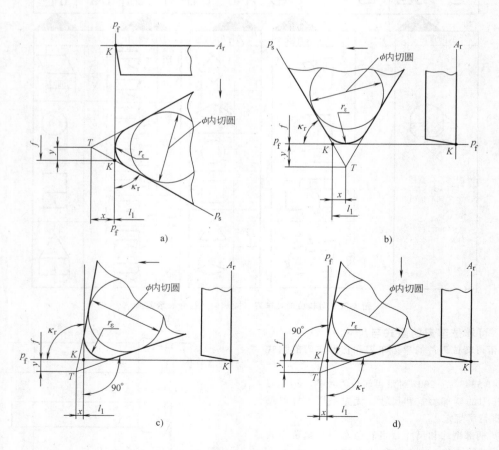

图 4-34 基准点 K 的确定

a)、b) $\kappa_r \le 90°$ c)、d) $\kappa_r > 90°$

② 当 $\kappa_r>90°$ 时（图 4-34c），基准点 K 是平行于假定工作平面 p_f 且相切于刀尖圆弧（γ_ε）的平面，垂直于假定工作面 p_f 且相切于刀尖圆弧的平面和包含前面 A_γ 的三个平面的交点（见图 4-34c、d）。

2）基准刀片刀尖圆弧半径应符合表 4-130 的规定。否则，要利用 x、y 值（见图 4-34）对 l_1、f 尺寸进行修正。x、y 值是从规定点 K 至理论刀尖 T 在两个相互垂直方向的距离。

3）非标车刀的尺寸 l_1、f、h_1 应根据刀尖角 ε_r、基准刀片刀尖圆弧半径（见表 4-130）的计算值和主偏角 κ_r 进行测量、计算，数值圆整到 0.1mm。

表 4-130　基准刀片刀尖圆弧半径

（单位：mm）

基准刀片内切圆直径		6.35	7.94	9.525	12.7	15.875	19.05	25.4
基准刀片刀尖圆弧半径 γ_ε	公称值	0.4		0.8		1.2		2.4
	计算值	0.397		0.794		1.191		2.381

4）表 4-129 系列 1 尺寸中对称型可转位车刀（D、E、M、V 型）的 f 值，是由两切削刃延伸线的交点（理论刀尖）T 确定的。

（3）优先采用的推荐刀杆　GB/T 5343.2—2007 给出了优先采用的推荐刀杆，见表 4-131。

2. 可转位内孔车刀的型式与尺寸

（1）通用尺寸系列　可转位内孔车刀的通用尺寸系列，见表 4-132。

（2）尺寸 l_1 和 f 的规则　可转位内孔车刀的尺寸 l_1 和 f 的规则，参照带可转位刀片的单刃车刀和仿形车刀的有关规定。基准点 K 的确定，如图 4-34b、c 所示。

（3）推荐优先采用的型式和尺寸　推荐优先采用的可转位内孔车刀共 15 种。其中刀杆的截面形状分为 3 种：圆形截面刀杆；正方形截面刀杆；矩形截面刀杆。圆形截面刀杆内孔车刀的型式尺寸（5 种），见表 4-133；正方形截面刀杆内孔车刀的型式尺寸（5 种），见表 4-134；矩形截面刀杆内孔车刀的型式尺寸（5 种），见表 4-135。

表 4-131　优先采用的推荐刀杆

（单位：mm）

代号	$h\times b$	0808	1010	1212	1616	2020	2525	3225	3232	4032	4032	4040	5050
	l_1 k16	60	70	80	100	125	150	170	170	150	200	200	250
	h_1 js14	8	10	12	16	20	25	32	32	40	40	40	50
A (80°, 90° $^{+2°}_{0}$)	$f\ ^{+0.5}_{0}$ 系列 3	8.5	10.5	—	—	—	—	—	—	—	—	—	—
	l（代号）	06	06	—	—	—	—	—	—	—	—	—	—
	l_{2max}	25	25	—	—	—	—	—	—	—	—	—	—
A (90° $^{+2°}_{0}$)	$f\ ^{+0.5}_{0}$ 系列 3	—	—	12.5	16.5	20.5	25.5	25.5	23	—	—	41	—
	l（代号）	—	—	11	11	16	16	22	—	—	—	22	—
	l_{2max}	—	—	25	25	32	32	32	36	—	—	36	—
B (100°, 75°±1°)	$f\ ^{+0.5}_{0}$ 系列 2	7	9	11	—	—	—	—	—	—	—	—	—
	l（代号）	06	06	06	—	—	—	—	—	—	—	—	—
	l_{2max}	25	25	25	—	—	—	—	—	—	—	—	—
	a [1]	1.6	1.6	1.6	—	—	—	—	—	—	—	—	—
B (90°, 75°±1°)	$f\ ^{+0.5}_{0}$ 系列 2	—	—	13	17	22	22	27	—	—	—	35	43
	l（代号）	—	—	09	12	12	12	19	—	—	—	19	25
	l_{2max}	—	—	32	36	36	36	45	—	—	—	45	50
	a [1]	—	—	2.2	3.1	3.1	3.1	4.6	—	—	—	4.6	5.9

（续）

代号		h×b	0808	1010	1212	1616	2020	2525	3225	3232	4032	4032	4040	5050
代号		l_1 k16	60	70	80	100	125	150	170	170	150	200	200	250
		h_1 js14	8	10	12	16	20	25	32	32	40	40	40	50
D②		$f\pm0.25$ 系列1	—	—	6	8	10	12.5	12.5	16				
		l（代号）	—	—	09	09	12	12	12	19				
		l_{2max}	—	—	32	32	36	36	36	45				
		$f\pm0.25$ 系列1	4	5	6	8	10	12.5	12.5	16			20	
		d（代号）	06	06/08	06/08	06/08/10	06/08/10/12	06/08/10/12/16	12/16	20			25	
F		$f^{+0.5}_{0}$ 系列5	10	12	—	—	—	—	—	—	—	—	—	—
		l（代号）	06	06	—	—	—	—	—	—	—	—	—	—
		l_{2max}	25	25	—	—	—	—	—	—	—	—	—	—
		$f^{+0.5}_{0}$ 系列5	—	—	16	20	25	32	32	40	—	—	50	—
		l（代号）	—	—	11	11/16	16	16/22	16/22	22	—	—	22/27	—
		l_{2max}	—	—	25	25/32	32	32/36	32/36	36	—	—	36/40	—
G		$f^{+0.5}_{0}$ 系列5	10	12	—	—	—	—	—	—	—	—	—	—
		l（代号）	05	06	—	—	—	—	—	—	—	—	—	—
		l_{2max}	25	25	—	—	—	—	—	—	—	—	—	—
		$f^{+0.5}_{0}$ 系列5	—	—	16	20	25	32	32	40	—	—	50	60
		l（代号）	—	—	11	11/16	16	16/22	16/22	22	—	—	22/27	27
		l_{2max}	—	—	25	25/32	32	32/36	32/36	36	—	—	36/40	40

（续）

代号	图示	$h \times b$	0808	1010	1212	1616	2020	2525	3225	3232	4032	4032	4040	5050
代号	(l, l_2, l_1, h_1, h, b)	l_1 k16	60	70	80	100	125	150	170	170	150	200	200	250
		h_1 js14	8	10	12	16	20	25	32	32	40	40	40	50
H	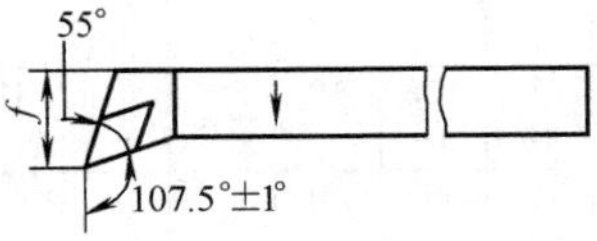 55° 107.5°±1°	$f^{+0.5}_{0}$ 系列5	—	12	16	20	25	32	32	—	—	—	—	—
		l（代号）	—	07	07/11	11	11/15	15	15	—	—	—	—	—
		l_{2max}	—	25	25/32	32	32/40	40	40	—	—	—	—	—
	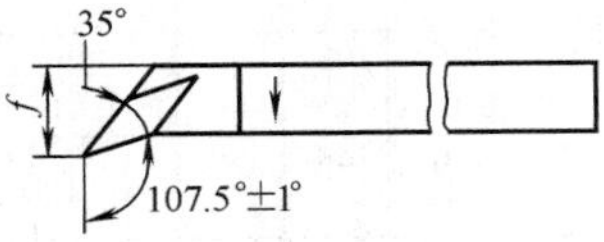 35° 107.5°±1°	$f^{+0.5}_{0}$ 系列5	—	—	16	20	25	32	32	—	—	—	—	—
		l（代号）	—	—	11/13	11/13	13/16	16	16	—	—	—	—	—
		l_{2max}	—	—	25/32	25/32	32/40	40	40	—	—	—	—	—
J	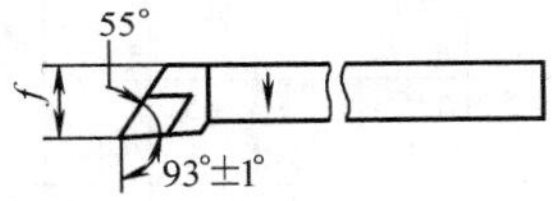 55° 93°±1°	$f^{+0.5}_{0}$ 系列5	10	12	16	20	25	32	32	—	—	40	—	—
		l（代号）	07	07	11	11	15	15	15	—	—	15	—	—
		l_{2max}	25	25	32	32	40	40	40	—	—	40	—	—
	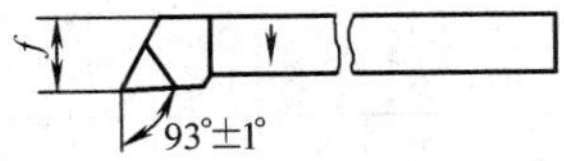 93°±1°	$f^{+0.5}_{0}$ 系列5	—	—	—	—	25	32	32	—	—	40	—	—
		l（代号）	—	—	—	—	16	16/22	16/22	—	—	22/27	—	—
		l_{2max}	—	—	—	—	32	32/36	32/36	—	—	36/40	—	—
	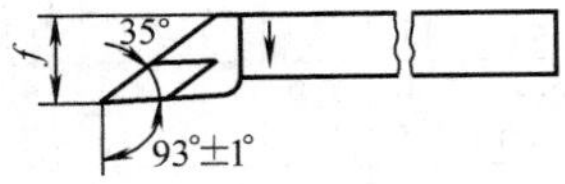 35° 93°±1°	$f^{+0.5}_{0}$ 系列5	—	—	16	20	25	32	32	—	—	—	—	—
		l（代号）	—	—	11/13	11/13	13/16	16	16	—	—	—	—	—
		l_{2max}	—	—	25/32	25/32	32/40	40	40	—	—	—	—	—
K	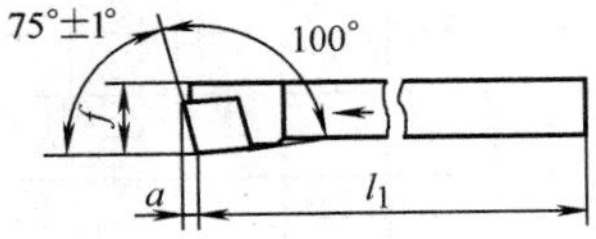 75°±1° 100°	$f^{+0.5}_{0}$ 系列5	10	12	—	—	—	—	—	—	—	—	—	—
		l（代号）	06	06	—	—	—	—	—	—	—	—	—	—
		l_{2max}	25	25	—	—	—	—	—	—	—	—	—	—
		a[①]	1.6	1.6	—	—	—	—	—	—	—	—	—	—
	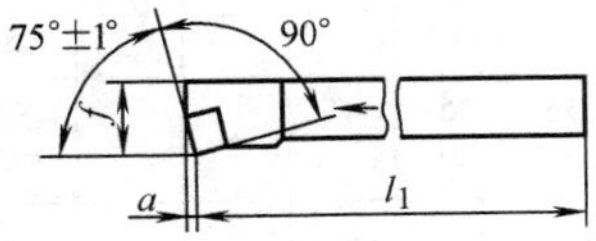 75°±1° 90°	$f^{+0.5}_{0}$ 系列5	—	—	16	20	25	32	32	40	—	—	50	—
		l（代号）	—	—	09	09/12	12	12/19	12/19	19	—	—	19/25	—
		l_{2max}	—	—	32	32/36	36	36/45	36/45	45	—	—	45/50	—
		a[①]	—	—	2.2	2.2/3.1	3.1	3.1/4.6	3.1/4.6	4.6	—	—	4.6/5.9	—

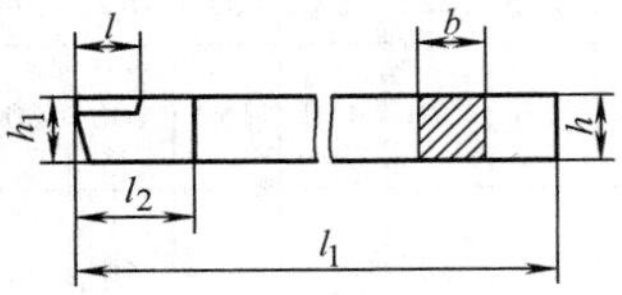

（续）

代号	参数	0808	1010	1212	1616	2020	2525	3225	3232	4032	4032	4040	5050
代号	$h \times b$	0808	1010	1212	1616	2020	2525	3225	3232	4032	4032	4040	5050
	l_1 k16	60	70	80	100	125	150	170	170	150	200	200	250
	h_1 js14	8	10	12	16	20	25	32	32	40	40	40	50
L	$f_{\ 0}^{+0.5}$ 系列5	10	12	16	20	25	32	32	40	—	—	50	—
	l （代号）	06	06	09	09/19	12	12/19	12/19	19	—	—	19	—
	l_{2max}	25	25	32	32/36	36	36/45	36/45	40	—	—	45	—
	$f_{\ 0}^{+0.5}$ 系列5	10	12	16	20	25	32	32	40				
	l （代号）	04	04	04	06	06/08	06/08	06/08	08				
	l_{2max}	25	25	25	36	36/45	36/45	36/45	45				
N	$f_{\ 0}^{+0.5}$ 系列1	4	5	6	8	10	12.5	12.5	—	16			
	l （代号）	07	07	11	11	11/15	15	15	—	15			
	l_{2max}	25	25	32	32	32/36	45	45	—	45			
	$f_{\ 0}^{+0.5}$ 系列1	—	—	—	—	—	12.5	12.5	—	16			
	l （代号）	—	—	—	—	—	16/22	16/22	—	16/22			
	l_{2max}	—	—	—	—	—	32/36	32/36	—	32/36			
R	$f_{\ 0}^{+0.5}$ 系列4	—	—	13	17	22	27	27	35	—	—	43	53
	l （代号）	—	—	09	09/12	12	12/19	12/19	19	—	—	19/25	25
	l_{2max}	—	—	32	32/36	36	36/45	36/45	45	—	—	45/50	50
	a[①]	—	—	2.2	2.2/3.1	3.1	3.1/4.6	3.1/4.6	4.6	—	—	4.6/5.9	5.9
	$f_{\ 0}^{+0.5}$ 系列5	10	12	—	—	—	—	—	—	—	—	—	—
	l （代号）	06	06	—	—	—	—	—	—	—	—	—	—
	l_{2max}	25	25	—	—	—	—	—	—	—	—	—	—
	a[①]	4.2	4.2	—	—	—	—	—	—	—	—	—	—
S[②]	$f_{\ 0}^{+0.5}$ 系列5	—	—	16	20	25	32	32	40	—	—	50	50
	l （代号）	—	—	09	09/12	12	12/19	12/19	19	—	—	19/25	25
	l_{2max}	—	—	32	32/36	36	36/45	36/45	45	—	—	45/50	50
	a[①]	—	—	6.1	6.1/8.3	8.3	8.3/12.5	8.3/12.5	12.5	—	—	12.5/16	16

（续）

	h×b	0808	1010	1212	1616	2020	2525	3225	3232	4032	4032	4040	5050
代号	l_1 k16	60	70	80	100	125	150	170	170	150	200	200	250
	h_1 js14	8	10	12	16	20	25	32	32	40	40	40	50
S②	$f^{+0.5}_{0}$ 系列5	10	12	16	20	25	32	32	40	—	—	50	—
	l （代号）	06	06/08	06/08	06/08/10	06/08/10/12	06/08/10/12/16	12/16	20			25	
	l_{2max}	25	25	32	32	36	40	40	45	—	—	50	—
T	$f^{+0.5}_{0}$ 系列2	—	—	11	13	17	22	22	27	—	—	35	—
	l （代号）	—	—	11	11	16	16	16	22	—	—	27	—
	l_{2max}	—	—	25	25	32	32	32	36	—	—	40	—
	a①	—	—	5	5	7.2	7.2	7.2	10	—	—	12.2	—
V	$f\pm0.25$ 系列1	—	—	6	8	10	12.5	12.5	—	—	—	—	—
	l （代号）	—	—	11/13	11/13	13/16	16	16	—	—	—	—	—
	l_{2max}	—	—	25/32	25/32	32/40	40	40	—	—	—	—	—

① 尺寸 a 是按前角 $\gamma_0 = 0°$，切削刃倾角 $\lambda_s = 0$ 及刀片刀尖圆弧半径 γ_ε 按 4-130 的相应基准刀片刀尖圆弧半径 γ_ε 的计算值计算出来的。

② 带圆刀片的刀具，没有给出主偏角。

③ 对于 D 型和 V 型的刀杆，f 的第 1 系列尺寸公差是 ±0.25mm，与 D 定义不同，此时表 4-129 中的 f 值是由两切削刃延伸线交点（理论刀尖）T 确定的。

表 4-132　可转位内孔车刀通用尺寸系列　　　　　（单位：mm）

柄部直径 d　g7	08	10	12	16	20	25	32	40	50	60
柄部长度 l_1　k16	80	100	125	150	180	200	250	300	350	400
	100	125	150	200	250	300	350	400	450	500
尺寸 $f^{0}_{-0.25}$	6	7	9	11	13	17	22	27	35	43
孔的最小直径, D_{min}	11	13	16	20	25	32	40	50	63	80

注：在柄部上有一个或多个平面，可由制造厂任意提供。

表 4-133　圆形截面刀杆内孔车刀的型式尺寸
（单位：mm）

d g7	08	10	12	16	20	25	32	40	50	60
l_1 N16	80	100	125	150	180	200	250	300	350	400
$f_{-0.25}^{0}$	6	7	9	11	13	17	22	27	35	43
D_{min}	11	13	16	20	25	32	40	50	63	80

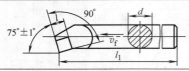

刀片形状代号	切削刃长 l 代号									
C	06	06	06	09	09	12	12	12/16	16	19

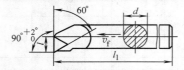

刀片形状代号	切削刃长 l 代号									
T	—	11	11	11	11/16	16	16	16/22	22	22/27

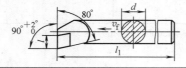

刀片形状代号	切削刃长 l 代号									
S	—	—	—	09	09	09/12	12	12/15	15/19	15/19

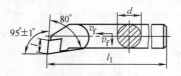

刀片形状代号	切削刃长 l 代号									
C	06	06	06	09	09	12	12	12/16	16/19	16/19

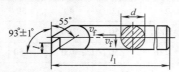

刀片形状代号	切削刃长 l 代号									
D	—	—	07	07	11/15	11/15	15	15	15/19	15/19

表 4-134　正方形截面刀杆内孔车刀的型式尺寸
（单位：mm）

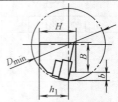

$H\times B$ h13	12×12	16×16	20×20	25×25	32×32	40×40	50×50
L H16	100	150	180	200	250	300	350
h_1 Js14	8	11	14	17	22	27	34
b	3	4	5	6	8	10	12
D_{min}	25	32	40	50	63	80	100

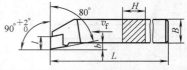

刀片形状代号	切削刃长 l 代号						
C	06	09	09	12	12	16	16/19

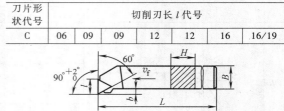

刀片形状代号	切削刃长 l 代号						
T	11	11	11/16	16	16	16/22	22

刀片形状代号	切削刃长 l 代号						
S	—	09	09	09/12	12	12/15	15/19

刀片形状代号	切削刃长 l 代号						
C	06	09	09	12	12	16	16/19

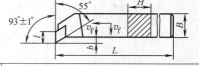

刀片形状代号	切削刃长 l 代号						
D	07	07	11/15	11/15	15	15	15/19

表 4-135 矩形截面刀杆内孔车刀的型式尺寸

（单位：mm）

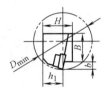

$H \times B$ h13	25×20	32×25	40×32	50×40
L H16	200	250	300	350
h_1 js14	20	25	32	40
b	6	8	10	12
D_{min}	50	63	80	100

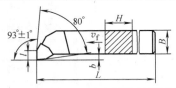

刀片形状代号	切削刃长 l 代号			
W	08/10	10/13	10/13	10/13

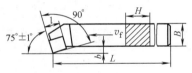

刀片形状代号	切削刃长 l 代号			
S	09/12	12/15	15/19	15/19

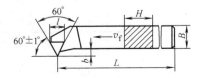

刀片形状代号	切削刃长 l 代号			
T	11/16	11/16	16/22	16/22

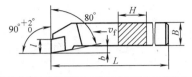

刀片形状代号	切削刃长 l 代号			
C	09/12	12/16	16/19	16/19

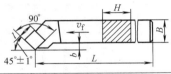

刀片形状代号	切削刃长 l 代号			
S	09/12	12/15	15/19	15/19

4.2.7 主要夹紧元件的尺寸与计算

1. 杠杆的型号与尺寸

利用杠杆将刀片夹紧固定在刀杆上的杠杆式可转位车刀，其结构如图 4-35 所示。

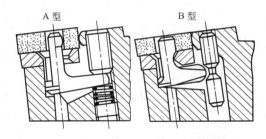

图 4-35 杠杆式可转位车刀夹紧结构示意图

（1）杠杆型号的表示规则 杠杆式可转位车刀的杠杆型号由 4 个代表一定含义的字母和数字代号组成。

例

$$G \quad A \quad 03 \quad 15$$

表示杠杆的代号 ————————————
表示杠杆型式（A 型或 B 型的代号）————————
表示杠杆可安装的刀片内孔直径代号 ——————
表示杠杆总长度 L 的代号 ————————

（2）杠杆的型式尺寸 杠杆的型式尺寸见表 4-136。

2. 压板的型号与尺寸

利用压板将刀片夹紧固定在刀杆上的压板式可转位车刀，其结构如图 4-36 所示。

（1）压板型号的表示规则 压板式可转位车刀的压板型号由 3 个代表一定含义的字母和数字代号组成。

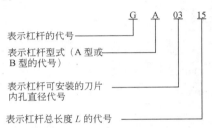

图 4-36 压板式可转位车刀夹紧结构示意图

例

$$Y \quad 12 \quad 22$$

表示压板的代号 ——————
表示压板宽度 B 的代号 ——
表示压板长度 L 的代号 ——

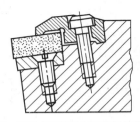

（2）压板的型式尺寸 压板的型式尺寸见表 4-137。

表 4-136 杠杆的尺寸　　　　　　　　　（单位：mm）

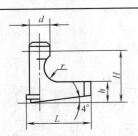 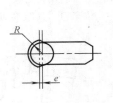 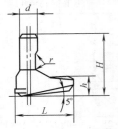 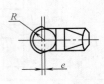

A 型　　　　　　　　　　　　　　　　　B 型

杠杆型式	杠杆型号	刀片孔径 d_1	d	r	R	h	H	L	e	备 注（供特殊情况的刀片使用）
A 型	GA0315	3.81	3.3	2	2.25	4.5	12	15	0.25	—
	GA0518	5.16	4.5	2	3	5.5	13.5	18	0.33	—
	GA0521						15	21		D15
	GA0621	6.35	5.5	3	3.5	6.5	17	21	0.44	
	GA0624						17	24		D19
	GA0724	7.93	7.0	3	4.3	7.5	20	24	0.47	
	GA0727						21	27		S22、R22、F27
	GA0729	9.12	8.0	3	5	8.5	22	29	0.56	
B 型	GB0312	3.81	3.2	0.2	2.4	4	13	12	0.3	—
	GB0514	5.16	4.4		2.9	4.8	16	14	0.35	—
	GB0617	6.35	5	0.25	3.4	5.7		17	0.4	—
	GB0616						18	16.5		—
	GB0719	7.93	6		3.9	6.2	19	19.8	0.5	—

表 4-137 压板的尺寸　　　　　　　　　（单位：mm）

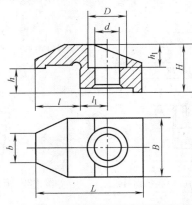

压板型号	刀片内切圆直径 d	B	L	H	$h±0.2$	h_1	压板型号	刀片内切圆直径 d	$l_{-0.3}^{0}$	$l_{1-0.3}^{0}$	b	D	d
Y1017	12.70	10	17	8.5	4.25	4	Y1017	12.70	7	5	5.5	7.5	4.5
Y1222	15.875	12	22	10		5	Y1222	15.875	9	6	7	9	5.5
Y1427	19.05	14	27	11	5.8	6	Y1427	19.05	11	7	8.3	10.5	6.5
Y1430	22.225		30	12			Y1430	22.225	12				
Y1632	25.40	16	32	13	7.5	8	Y1632	25.40		8	9.5	13	8.5

3. 楔钩的型号与尺寸

利用楔钩将刀片夹紧固定在刀杆上的楔钩式可转位车刀，其结构如图 4-37 所示。

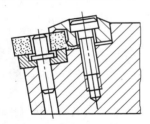

图 4-37 楔钩式可转位车刀夹紧结构示意图

（1）楔钩型号的表示规则 楔钩式可转位车刀的楔钩型号由 3 个代表一定含义的字母和数字代号组成。

例

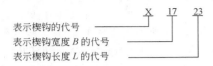

表示楔钩的代号 ————— X 17 23
表示楔钩宽度 B 的代号 —————
表示楔钩长度 L 的代号 —————

（2）楔钩的型式尺寸 楔钩的型式尺寸见表 4-138。

4. 偏心式可转位车刀夹紧元件的尺寸与计算

利用偏心销将刀片夹紧固定在刀杆上的偏心式可转位车刀，其结构如图 4-38 所示。

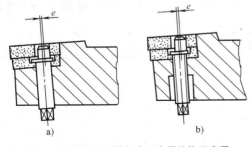

a) b)

图 4-38 偏心式可转位车刀夹紧结构示意图
a) 偏心圆柱销夹紧结构 b) 偏心螺钉销夹紧结构

图 4-38a 为偏心圆柱销夹紧结构，它以较大的圆柱作为转轴，圆柱上端的偏心圆柱销，其偏心量为 e。当转动圆柱时，偏心销就可以夹紧或松开刀片。图 4-38b 为偏心螺钉销夹紧结构，其夹紧原理与偏心圆柱销夹紧结构相同。但偏心螺钉销利用了螺纹自锁功能，增加了防松能力。偏心式夹紧结构简单，使用方便。其主要缺点是：当要求利用刀槽的两个侧面来定位夹紧刀片时，则要求偏心销的转角公差极小，这在一般的机械加工中是很难实现的。即便制造时转角公差达到了要求，但由于影响转角误差的刀片内切圆直径、刀片孔的公差、销子直径的公差以及刀杆孔的公差等多种因素，将随着夹紧元件的

表 4-138 楔钩的尺寸（单位：mm）

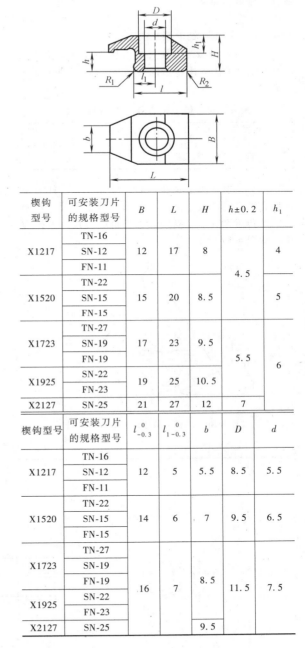

楔钩型号	可安装刀片的规格型号	B	L	H	$h\pm0.2$	h_1
X1217	TN-16	12	17	8		4
	SN-12				4.5	
	FN-11					
X1520	TN-22	15	20	8.5		5
	SN-15					
	FN-15					
X1723	TN-27	17	23	9.5		
	SN-19				5.5	6
	FN-19					
X1925	SN-22	19	25	10.5		
	FN-23					
X2127	SN-25	21	27	12	7	

楔钩型号	可安装刀片的规格型号	$l_{-0.3}^{0}$	$l_{1-0.3}^{0}$	b	D	d
X1217	TN-16	12	5	5.5	8.5	5.5
	SN-12					
	FN-11					
X1520	TN-22	14	6	7	9.5	6.51
	SN-15					
	FN-15					
X1723	TN-27	16	7	8.5	11.5	7.5
	SN-19					
	FN-19					
X1925	SN-22					
	FN-23					
X2127	SN-25			9.5		

磨损与零件的更换，不可避免地要发生尺寸变化。任何一种因素的变化，都会或多或少地影响两侧夹紧力的均衡。因此，偏心式夹紧结构，一般情况是单侧定位夹紧。设计时，建议只考虑单侧定位夹紧结构。

（1）偏心量 e 如图 4-38 所示，偏心销的上下两个圆柱轴线偏移量的大小称为偏心量，用符号 "e" 表示。偏心量 e 取值过大时，夹紧行程大，但夹紧的自锁性差，切削时刀片容易松动；偏心量取

值过小时，对夹紧元件及刀片的制造精度则随之提高，否则就不能夹紧。一般取

$$e \le 0.15 d_c \qquad (4-6)$$

式中 d_c——偏心销上端圆柱直径。

当选定刀片型号，确定了刀片孔直径 d_1 之后，推荐按表4-139直接选用偏心销直径 d_c 和偏心量 e 的数值。

表4-139 偏心销直径和偏心量数值

刀片孔直径 d_1	3.81	4.76	5.16	6.35	7.93
偏心销直径 d_c	3.71	4.66	5.06	6.25	7.83
偏心量 e_{max}	0.5	0.65	0.75	0.9	1.15

（2）刀杆上偏心销孔轴心位置计算 刀杆上偏心销孔轴心的位置，可以通过选定的偏心量 e 及偏心销的转角 β 算出。以安装正三角形刀片的刀杆为例，如图4-39所示。

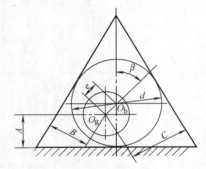

图4-39 刀杆上偏心销孔轴心位置

图4-39中，d 表示刀片内切圆直径；O_b 表示刀片孔轴心；O_g 表示刀杆上偏心销轴心孔的轴心。则决定 O_g 点位置的 A、B、C 的尺寸可按下式计算：

$$A = \frac{d}{2} - e\cos\beta \qquad (4-7)$$

$$B = \frac{d}{2} - e\sin(\beta - 30°) \qquad (4-8)$$

$$C = \frac{d}{2} + e\cos(60° - \beta) \qquad (4-9)$$

同理，可推导出安装其他形状刀片时刀杆上偏心销轴心孔的轴心位置，这里不再赘述。以上各式中的 β 值建议取40°为宜。

由于偏心式结构在刀片夹紧时，偏心销的转角 β 随诸因素的变化而变化，因此，刀片与刀杆槽在前面的方向上也随之变化，相对位置不确定。所以，设计偏心式可转位车刀，要考虑刀片装入刀杆槽夹紧时，刀片的外露周边（主、副后面）要比刀杆的周边凸出一些，即刀片悬伸 Δ_a 距离（见图4-30）。Δ_a 的悬伸量与偏心量 e 有直接关系，建议取

$$\Delta_a \approx e \qquad (4-10)$$

（3）偏心销的尺寸

1）圆柱偏心销尺寸，见表4-140。

2）外四方圆柱偏心销尺寸，见表4-141。

3）螺纹偏心销尺寸，见表4-142。

4.2.8 硬质合金可转位车刀技术条件

GB/T 5343.2—2007对可转位车刀的技术条件规定如下。

表4-140 圆柱偏心销尺寸 （单位：mm）

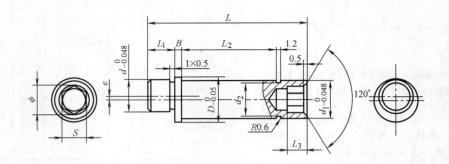

d	e	D	d_1	d_2	L	L_1	L_2	B	L_3	ϕ	S
4	0.6	5.5	5	4	24	4.5	16	1.2	4	3.5	3
5	0.75	6.5	6	5	28	4.5	16	1.2	4	3.5	3
6	0.9	7.5	7	6	32	5	19	1.6	5	4.6	4
7	1.05	8.5	8	7	$\frac{34}{42}$	6	$\frac{18.5}{28.5}$	1.6	5	4.6	4

表 4-141　外四方圆柱偏心销尺寸　　　　　　　　　　（单位：mm）

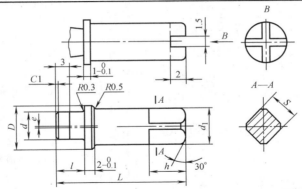

d		偏心量	d_1		D	L	l	h	S	
公称尺寸	极限偏差	e	公称尺寸	极限偏差					公称尺寸	极限偏差
4		0.6			7	15	4	—	—	—
5	−0.025 −0.065	0.7	6	−0.011 −0.044		18				
						20				
					8	22	5	6	4.9	
						27				0 −0.16
						32				
6	−0.035 −0.085	0.8	8	−0.015 −0.055	10	27	6	8	6	
						32				
						38				
7		1.05				48	7.5			

表 4-142　螺纹偏心销尺寸　　　　　　　　　　（单位：mm）

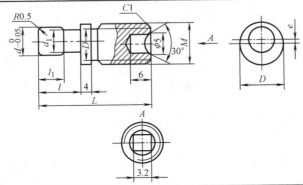

d	e	L	d_1	l	l_1	D　d5	D	M
4	0.6	20～25	3.6	8.5	5	6	7	M6×1
5	0.75	20～25	4.6	9.5	6	8	7	M8×1
6	0.90	25～30	5.5	11	7	8	7	M8×1
7	1.05	25～30	6.5	12.5	8	10	9	M8×1

1. 硬质合金可转位车刀的技术要求

1）硬质合金可转位车刀所装用的刀片应符合 GB/T 2078—2007、GB/T 2079—2015、GB/T 2080—2007 的规定。

2）硬质合金可转位车刀各零件的表面不得有锈迹、裂纹和毛刺，各钢制零件的表面应经表面处理。

3）硬质合金可转位车刀各部位的表面粗糙度，最大允许值按表 4-143 规定。

4）硬质合金可转位车刀刀体的抗拉强度不低于 1200MPa。

5）硬质合金可转位车刀刀体的热处理硬度为 40～50HRC，与刀片直接接触的定位面硬度不低于 45HRC，夹紧元件的硬度不低于 40HRC。

表 4-143 最大允许表面粗糙度

（单位：μm）

安装面与基准侧面	$Ra3.2$
刀片槽底面	$Ra3.2$
其余表面	$Ra6.3$

6）硬质合金可转位车刀刀片夹紧应牢固，装卸与转位要方便，刀片与刀垫、刀垫与刀片槽底面之间不得有缝隙。

7）如果刀片下有刀垫，刀垫硬度不低于 55HRC。

2. 标志与包装

1）硬质合金可转位车刀应标志：制造厂或销售商的商标、可转位车刀代号。

2）车刀的包装盒上应标志：制造厂或销售商、地址和商标，可转位车刀标记，刀片型号，件数及制造年月。

3）车刀包装前应经防锈处理。包装必须牢固，并能防止运输过程中的损伤。

4.2.9 硬质合金可转位车刀设计示例

（1）已知条件　加工对象：被加工工件为一短轴。直径 $D=60$mm，长度 $L=400$mm。工件材料为 45 钢（正火），$R_m=610$MPa 锻件。

加工要求：粗车外圆，表面粗糙度为 $Ra6.4$μm，单边总余量为 5mm。

切削用量：$v_c=2$m/s，$f=0.4$mm/r，$a_p=3$mm。

使用机床：CA6140 车床，电动机功率为 7.5kW。

设计一把硬质合金可转位外圆车刀。

（2）设计计算步骤

1）刀片材料的选择。参照本手册第 2 章选取刀片材料为 YT15。

2）车刀合理几何参数的选择。参照表 4-11~表 4-14，选取如下切削角度：

$\gamma_o=10°$，$\alpha_o=6°$，$\kappa_r=75°$，$\kappa_r'=15°$，$\lambda_s=-5°$。

3）刀片固定型式的选择。参照表 4-107、表 4-108，选择杠杆式装夹结构。根据表 4-106，刀片的夹紧方式为 P 型。因此，参照表 4-105，刀片的固定型式选取 M 型。

4）可转位刀片形状及规格的选择：

刀片形状选择，参照本章 4.2.3 所述及表 4-53、表4-109，选用正方形刀片，代号为 S。

刀片法后角参照表 4-110，选取刀片法后角为 0°，代号为 N。

刀片的切削刃长度　根据式（4-5），计算作用主切削刃 S_a：

$$S_a=\frac{a_p}{\sin\kappa_r\cos\lambda_s}=\frac{3}{\sin75°\cos\ (-5)°}mm$$

$$=\frac{3}{0.966\times0.966}mm=3.119mm$$

粗车时取切削刃长 $L\geqslant1.5S_a$，所以

$$L\geqslant1.5\times3.119mm=4.679mm$$

刀片厚度参照表 4-112，选取刀片厚度 $s=4.76$mm。

刀尖圆弧半径参照表 4-18，选取刀尖圆弧半径 $r_\varepsilon=0.8$mm。

5）刀片精度的选择。因选用的刀片为正方形刀片，所以参照表 4-114，选取刀片精度为 M 级。

6）可转位刀片断屑槽型的选择。参照表 4-113，选择 A 型断屑槽。

7）可转位刀片型号的确定。经过前 6 项的选择，参照表 4-53、表 4-73，确定可转位刀片的型号为：SNMM120412-A。

8）可转位车刀刀杆槽的几何角度计算。已知参数：刀片法后角 $\alpha_{nb}=0°$，刀片刃倾角 $\lambda_{sb}=0°$。车刀的独立角度：$\kappa_r=75°$，$\lambda_s=-5°$，$\alpha_o=6°$。

参照表 4-118 刀杆槽的各几何角度计算如下：

刀杆槽主偏角 κ_{rg}：

$$\kappa_{rg}=\kappa_r=75°$$

刀杆槽刃倾角 λ_{sg}：

$$\lambda_{sg}=\lambda_s=-5°$$

刀杆槽前角 γ_{og}：

$$\tan\gamma_{og}=\frac{\tan\alpha_{nb}-\tan\alpha_o/\cos\lambda_s}{(1+\tan\alpha_{nb}\tan\alpha_o/\cos\lambda_s)\cos\lambda_{sg}}$$

$$=\frac{\tan0°-\tan6°/\cos(-5°)}{[1+\tan0°\tan6°/\cos(-5°)]\cos(-5°)}$$

$$=\frac{-0.105/0.996}{0.996}=-0.1058$$

则 $\gamma_{og}=-0.642°$　取 $\gamma_{og}=-6°$

检验车刀后角 α_o：

$$\tan\alpha_o=\frac{(\tan\alpha_{nb}-\tan\gamma_{og}\cos\lambda_{sg})\cos\lambda_s}{1+\tan\alpha_{nb}\tan\gamma_{og}\cos\lambda_{sg}}$$

$$=\frac{[\tan0°-\tan(-6°)\cos(-5°)]\cos(-5°)}{1+\tan(0°)\tan(-6°)\cos(-5°)}$$

$$=0.104$$

则 $\alpha_o=5.955°$ 与预选值 6° 相近，合理。

刀杆槽刀尖角 ε_{rg}：

$$\cos\varepsilon_{rg}=[\cot\varepsilon_{rb}\sqrt{1+(\tan\gamma_{og}\cos\lambda_{sg})^2}-\tan\gamma_{og}\sin\lambda_{sg}]\cos\lambda_{sg}$$

$$=\{\cot90°\sqrt{1+[\tan(-6°)\cos(-5°)]^2}-\tan(-6°)\sin(-5°)\}\cos(-5°)$$

$$=0.105\times(-0.087)\times0.996=0.009$$

则

$$\varepsilon_{rg}=89.48°$$

刀杆槽副偏角 κ_{rg}'：

$$\kappa_{rg}'=180°-\kappa_{rg}-\varepsilon_{rg}$$

$$= 180° - 75° - 89.48°$$
$$= 15.52°$$

检验车刀副偏角 κ'_r：

由于所选用的可转位刀片是环形断屑槽，所以

$$\varepsilon_r = \varepsilon_{rg} = 89.48°,\quad \kappa'_r = \kappa'_{rg} = 15.52°$$

检验车刀副后角 α'_o：

$$\tan\gamma'_{og} = -\tan\gamma_{og}\cos\varepsilon_{rg} + \tan\lambda_{sg}\sin\varepsilon_{rg}$$
$$= -\tan(-6°)\cos89.48° + \tan(-5°)\sin89.48°$$
$$= -0.0865$$

则 $\gamma'_{og} = -4.944°$

$$\tan\lambda'_{sg} = \tan\gamma_{og}\sin\varepsilon_{rg} + \tan\lambda_{sg}\cos\varepsilon_{rg}$$
$$= \tan(-6°)\sin89.48° + \tan(-5°)\cos89.48°$$
$$= -0.1059$$

则 $\lambda'_{sg} = -6.045°$

$$\tan\gamma'_{ng} = \tan\gamma'_{og}\cos\lambda'_{sg}$$
$$= \tan(-4.944°)\cos(-6.045°)$$
$$= -0.086$$

则 $\gamma'_{ng} = -4.915°$

$$\tan\alpha'_o = \tan(\alpha'_{nb} - \gamma'_{ng})\cos\lambda'_{sg}$$
$$= \tan[0° - (-4.915°)]\cos(-5°)$$
$$= 0.0857$$

则 $\alpha'_o = 4.898°$

车刀副后角 $\alpha'_o = 4.898° > 2° \sim 3°$ 合理。

9）选择硬质合金刀垫。参照 GB/T 5343.2—2007，选取硬质合金刀垫的型号为 S12A。

10）确定可转位车刀头部型式。根据加工要求，参照表 4-126，选取"75°偏头侧切"型式，代号为 R。

11）确定可转位车刀刀杆尺寸。根据机床型号及中心高，参照表 4-3 及图 4-31，选取刀杆矩形截面尺寸为：$h \times b = 20\text{mm} \times 25\text{mm}$。车刀长度为 140mm，代号为 L。

12）可转位车刀型号的确定。经过前面的设计与选择，参照图 4-31，确定可转位车刀的型号为：PSRNR2520L12。

13）可转位车刀技术要求与标志包装，参照本章介绍选择内容进行设计。

14）画硬质合金可转位外圆车刀装配图，如图 4-40 所示。

15）画硬质合金可转位外圆车刀零件图，如图 4-41 ~ 图 4-44 所示。

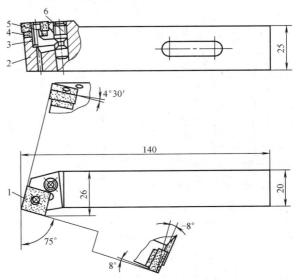

图 4-40　杠杆式 75°偏头外圆车刀

1—刀片　2—刀体　3—弹簧套　4—刀垫
5—杠杆　6—螺钉

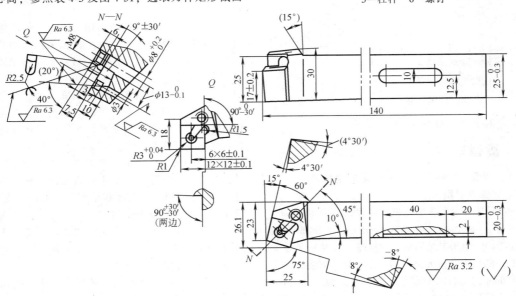

图 4-41　刀体

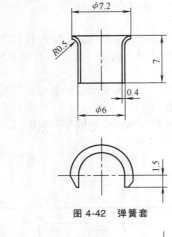

图 4-42 弹簧套

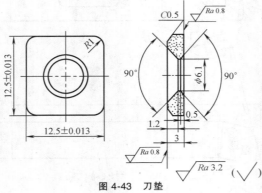

图 4-43 刀垫

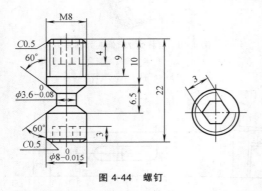

图 4-44 螺钉

16) 编写设计说明书。本例省略。

4.3 重型车刀

4.3.1 重型车削的定义与刀具结构特点

1. 重型车削定义

一般认为，重型车削是指切削速度 $v_c \geqslant 38\mathrm{m/min}$、背吃刀量 $a_p \geqslant 10\mathrm{mm}$、进给量 $f \geqslant 0.8\mathrm{mm/r}$ 的车削加工。在我国，由于工艺所限，重型车削（特别是荒皮粗加工）的加工余量大而不均匀，有时切削余量差竟达 60~70mm，表面状态复杂多变，有大裂纹、硬皮、夹砂及补焊等，在生产现场重型车刀的一般背吃刀量

$a_p = 25\mathrm{mm}$、进给量 $f = 1.0\mathrm{mm/r}$、切速 $v_c = (40~60)\mathrm{m/min}$ 以上。从这个意义上讲，应用超重型车削来加以定义，由于切削用量与普通车刀的切削用量相差甚多，工作条件、刀具夹固方式也有很大的不同。因此，重型车刀的设计也有其自身的特点。

2. 刀具结构与特点

重型车刀的结构以机夹式、可转位式和模块式硬质合金刀具为主，其结构和特点见表 4-144 所示。

表 4-144 重型车刀的结构和特点

结构	特点
机夹式	1）用机械夹固方式夹紧刀片，刀片避免了高温焊接所引起的强度下降及产生裂纹等缺陷。提高了刀具寿命和生产率 2）刀杆可以多次使用，降低成本，提高经济效益 3）刀片压板可以镶上硬质合金材料而作为断屑器，通过调整压板到切削刃之间的距离来扩大断屑范围
可转位式	1）刀片不需要刃磨，没有焊接和刃磨引起的缺陷，可以提高刀具寿命 2）刀片转位后，新切削刃不改变刃刃与工件的相对位置，保证了加工尺寸，缩短辅助工时 3）车刀几何参数由刀片及其槽型保证，切削性能稳定，适于现代化生产的需要
模块式	模块式车刀除具有上述两种结构的特点以外，还具备以下特点： 1）一体多用。重型模块式车刀只需安装一刀体，通过更换车刀刀块来实现各种不同的车削功能。模块式车刀可制成 90°、75°、70°、63°、45° 等正、反向多种主偏角及车圆弧刀、切断（槽）刀、滚压头等不同功能的刀块。根据工序的需要，更换不同刀块 2）节约辅助时间，易于实现自动化。模块式车刀应用于重型车削，一次装夹刀体，只需更换刀块。大大减少装卸刀具时间，降低劳动强度。同时，也容易实现刀块装卸自动化，刀块管理自动化，为实现重型车削加工柔性化也是很有意义的

4.3.2 刀片的夹紧方式选择与设计要点

重型车削加工时，刀刃工作部分通常可达到 40~50mm。设计刀片夹紧结构时，必须注意以下几点：

（1）刀片强度 由于切削力太大，刀片强度必须超过相应切削力。刀片厚度是很关键的因素。重型车刀的刀片夹紧有许多是采用刀片立装型式，以提高刀片强度。

（2）断屑 重型车削的切屑宽而厚，断屑不好会直接损伤刀刃及刀杆，引起切削振动，缠绕刀头难以清理，上压式刀片夹紧方式往往采用镶硬质合金可调压板，起到断屑、压板双重作用。

（3）经济合理 重型车刀刀片参与工作长度较长，刀刃损坏随时可能发生在刀刃的任何地方，而且，太大的整体刀片很难保证其定位面的平直精度，增加了刀片破损发生的可能性。所以，重型车刀往往采用多刀片阶梯排列夹紧方式，不仅提高了刀片的利用率，同时对断屑也是非常有利的。工艺性与经济性都比较好。

几种典型的重型车刀刀片的夹紧方式与推荐的使用机床型号见表 4-145。

表 4-145　几种典型的重型车刀刀片夹紧方式

结　构	工作原理	使用条件
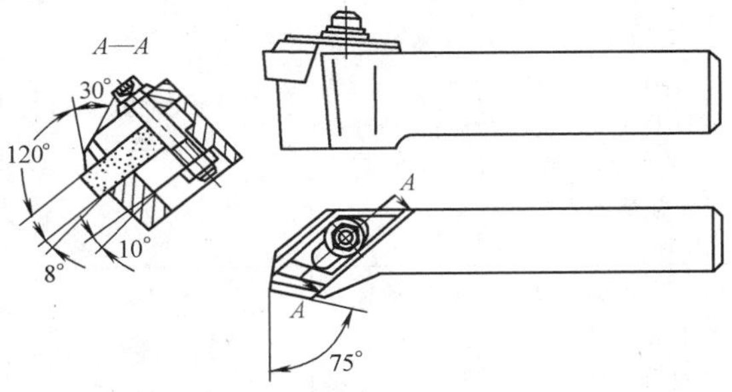 上压式机夹车刀结构	采用螺钉和压板从上面夹紧刀片,用调整螺钉调整刀片及压板位置的方法得到所需槽宽。压板镶装硬质合金以免损坏压板	适用于 C650、C660 机床粗、精加工铸钢件 大背吃刀量及进给量时,应适当调整压板位置,留出足够排屑空间
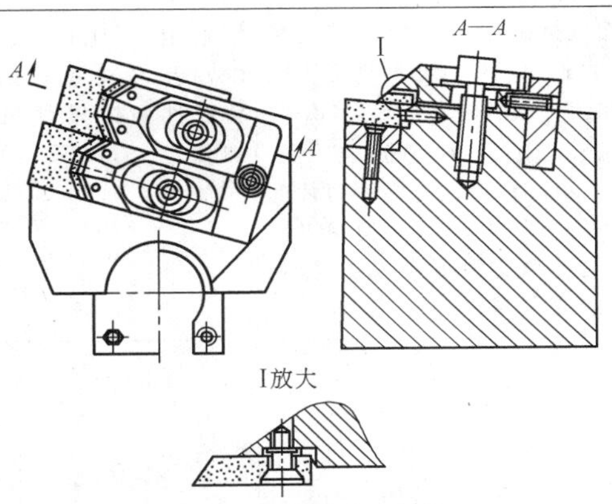 上压式可转位车刀结构	采用螺钉、侧压板、上压板夹紧刀片。刀片采用 $\gamma_n = 0°$、$\alpha_n = 0°$ 正方形平刀片阶梯排列。侧压板上压紧螺钉端面采用球面自定位配合,上压板用舌形硬质合金刀片与板体浮动连接,保证压板与刀片贴合紧密,通过移动压板调整槽宽	适用于 C670、C682 机床加工 60CrMrMo 等韧性材料 刀片重磨后,可移动上压板,并在后挡板与压板间加薄垫调节距离
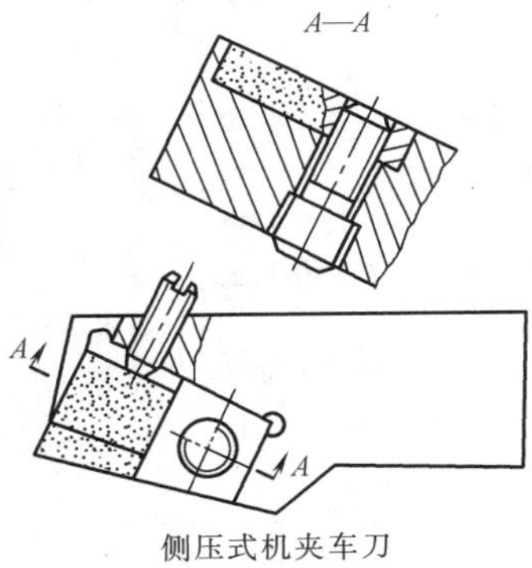 侧压式机夹车刀	靠刀片自身的斜面,由楔块和螺钉从刀片侧面夹紧。一般重磨前面,重磨后可以调整刀片位置。刀片与刀体悬伸量不得超出 1mm	适用于 C650、C660 机床加工铸钢件及铸铁件
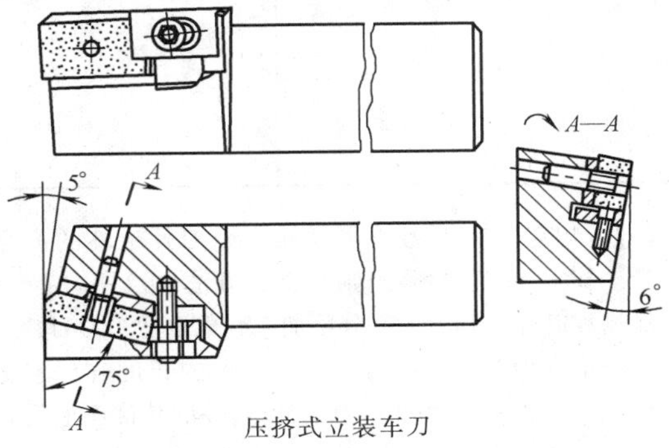 压挤式立装车刀	采用压块压紧矩形立装刀片的侧面,销轴挤压刀片中间孔夹紧刀片	适用于 C650、C660、C670、2m 立车等机床上,加工铸钢、锻钢件

（续）

结　构	工作原理	使用条件
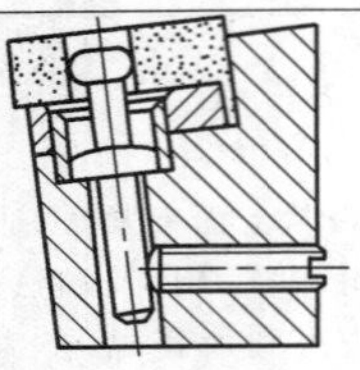 杠杆式车刀	以杠杆鼓形台阶外圆与弹簧套内孔壁的接触点作为支点，杠杆下端的加力螺钉压向杠杆，使杠杆倾斜将刀片夹紧在定位侧面上	适用于 C650、C660 机床加工一般钢件
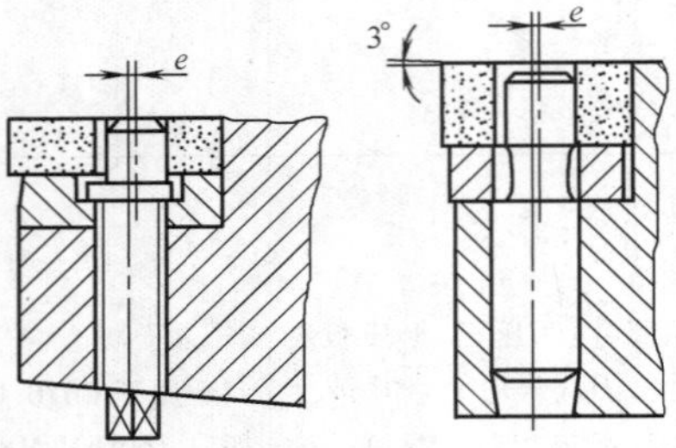 可转位偏心销式车刀	采用偏心销上端圆柱轴线和下端圆柱（螺纹）轴线之间存在的偏心距 e 来夹紧刀片，当下端圆柱（螺纹）旋转一个角度，就可以夹紧（松开）刀片。偏心量 e 由钢和硬质合金间摩擦因数决定，一般取 $e \approx 0.15d_1$（d_1 为偏心销上端圆柱直径） 　设计时，要注意夹紧刀片的方向。当右切时，从俯视方向看，夹紧刀片旋转方向为顺时针	适用于 C650、C660、C670 及 2m 立式车床进行铸钢件和锻钢件粗、精加工
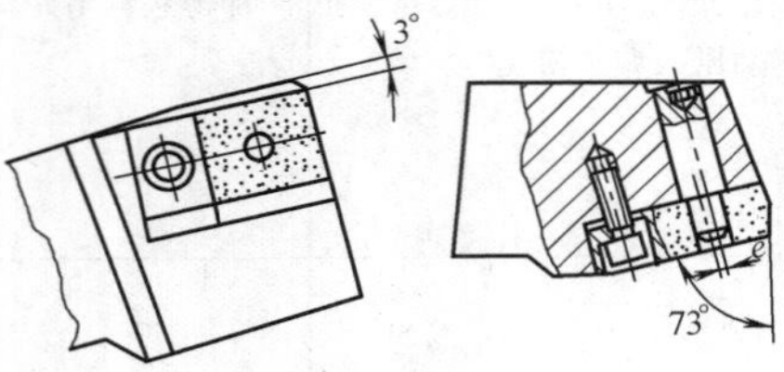 偏心销式立装车刀	工作原理与偏心销式平装刀片车刀相同	适用于 C650、C660、C670 车床粗、精加工铸钢件、锻钢件
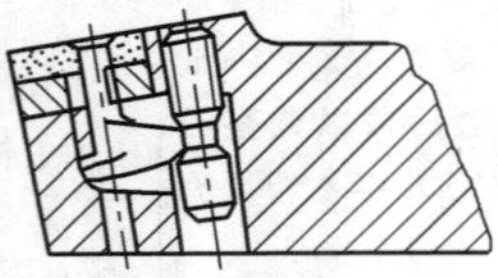 钩销式平装刀片夹紧结构 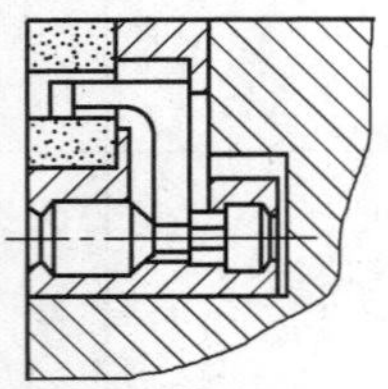 钩销式立装刀片结构	采用螺钉旋进时带动杠杆顺时针转动而将刀片夹紧在定位侧面上 　该结构也可采用排列式立装刀片的方式	适用于 C650、C660 机床

4.3.3　重型车刀刀片

根据重型机床加工的特点与要求，重型车刀刀片的尺寸规定为：正方形刀片的最小边长为 19mm；三角形刀片的最小边长为 19mm；五边形刀片的最小边长为 13mm；菱形刀片的最小边长为 16mm。

YS/T 553—2009《重型刀具用硬质合金刀片毛坯》，规定了重型刀具用硬质合金刀片毛坯的产品分类、技术要求、检验规则与试验方法以及标志、包装、运输和储存。其中大部分可加工制成重型车刀刀片。可作为重型车刀设计参考。刀片毛坯的长度（L）、宽度（B）、厚度（s）和圆弧半径（r）等的允许偏差见表 4-146、刀片毛坯的平面度公差见表 4-147。

表 4-146　重型刀具用刀片毛坯主要几何参数允许偏差规定（YS/T 553—2009）

（单位：mm）

公称尺寸	≤12	>12~25	>25~40	>40
允许偏差 较高级	+0.8 +0.4	+1.0 +0.4	+1.1 +0.4	+1.2 +0.5
普通级	+0.8 +0.4	+1.2 +0.4	+1.3 +0.4	+1.4 +0.5

表 4-147　重型刀具用刀片毛坯平面度公差规定（YS/T 553—2009）

（单位：mm）

公称尺寸	≤18	>18~30	>30
公差 较高级	0.12	0.15	0.20
普通级	0.15	0.20	0.25

4.3.4　模块式重型车刀系统

模块式重型车刀系统是提高机床加工能力和切削经济效益的理想工具系统，它具有很强的适应能力，从一般车床到最现代化的 CNC 车床都可适用，刀具更换时间只有一般车床刀具的 1/20~1/10。重复定位精度高，有很好的加工尺寸稳定性。同时，它也非常便于刀具的集约化、标准化管理，模块式重型车刀的运用越来越广，很有发展前途。

模块式重型车刀结构有多种。常用典型的模块式重型车刀结构、适用范围见表 4-148。

模块式重型车刀刀体与刀块的拉紧结构类型见表 4-149。

表 4-148　几种典型模块式重型车刀结构

结　构	工　作　原　理	使　用　条　件
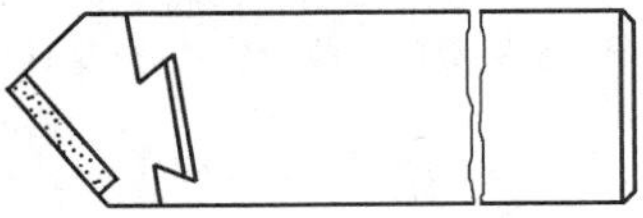 燕尾模块式车刀结构	刀块上焊有硬质合金刀片。靠刀体上带斜度的燕尾槽和刀块上带斜度的燕尾连接夹紧,安装比较可靠 切削力过大时卸刀困难	适用于 C670、C682 重型车床,可适用于荒皮粗加工,粗加工及半精加工铸钢件、锻钢件
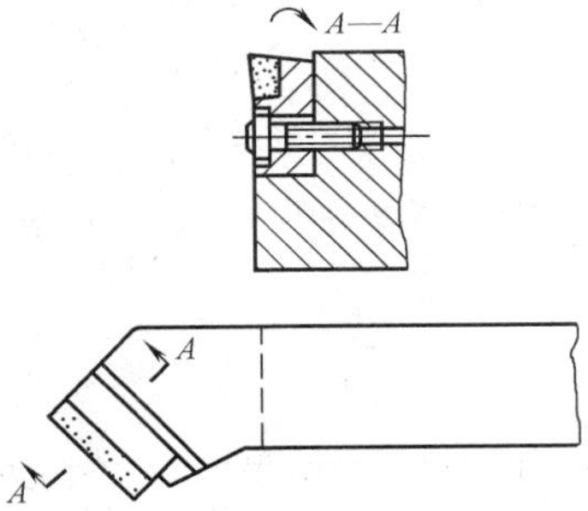 螺钉紧固模块式车刀结构	车刀结构由刀体、刀块、螺钉组成,刀块上焊有硬质合金刀片。采用紧固螺钉把刀块连接在刀体上 设计时应注意,背吃刀量方向尽量避开刀块螺钉孔上方切削刀,以减少刀片因圆孔应力集中引起的破损	同燕尾模块式车刀
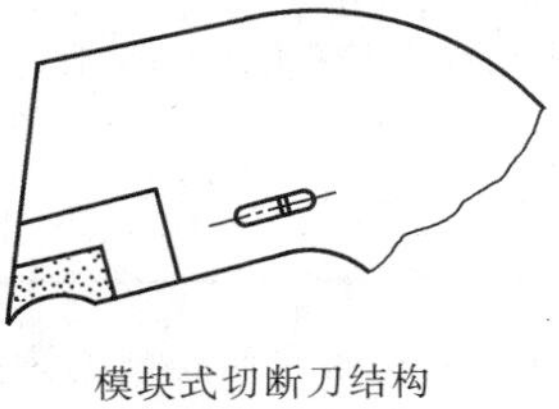 模块式切断刀结构	切断刀由刀体与带销刀块组成,刀块上焊有硬质合金刀片。刀块靠刀体平面与刀块上圆销配合固定。切断刀体的圆销孔侧开有长孔,用于刀块的拆卸	适用于 C670、C682 重型车床,切断冷、热轧辊钢及合金结构钢工件。最大切断直径可达 2600mm 以上
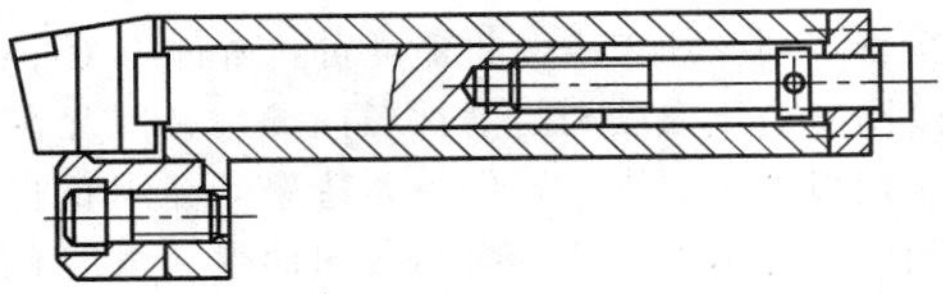 刚性夹固模块式重型车刀系统	车刀结构由刀体、刀块、螺钉、拉杆、刀托、螺杆、套筒、后端盖组成,转动后端盖的螺杆,使拉杆前后移动,以此来夹紧或松开刀块。这种结构夹固可靠,刚度好,定位精度高	适用于在 C650~C680 重型车床上进行铸钢件、锻钢件的粗加工、半精加工及精加工

（续）

结　　　构	工 作 原 理	使 用 条 件
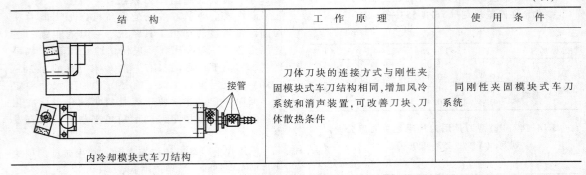内冷却模块式车刀结构	刀体刀块的连接方式与刚性夹固模块式车刀结构相同,增加风冷系统和消声装置,可改善刀块、刀体散热条件	同刚性夹固模块式车刀系统

表 4-149　模块式重型车刀系统拉紧结构

结 构 类 型	工 作 原 理
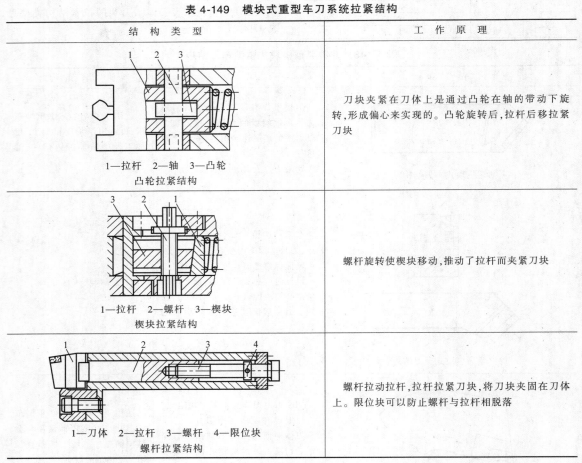1—拉杆　2—轴　3—凸轮 凸轮拉紧结构	刀块夹紧在刀体上是通过凸轮在轴的带动下旋转,形成偏心来实现的。凸轮旋转后,拉杆后移拉紧刀块
1—拉杆　2—螺杆　3—楔块 楔块拉紧结构	螺杆旋转使楔块移动,推动了拉杆而夹紧刀块
1—刀体　2—拉杆　3—螺杆　4—限位块 螺杆拉紧结构	螺杆拉动拉杆,拉杆拉紧刀块,将刀块夹固在刀体上。限位块可以防止螺杆与拉杆相脱落

4.4　超硬材料车刀

超硬材料车刀包括金刚石车刀和立方氮化硼车刀。

金刚石车刀可分为三大类:天然单晶金刚石车刀、人造聚晶金刚石车刀、复合聚晶金刚石车刀。天然单晶金刚石车刀由于刃口能磨制的很锋利(目前生产中使用的单晶金刚石刀具刃口半径 ρ 值为 $0.1\sim0.6\mu m$,特殊精心研磨的刀具的 ρ 值最小可达

数纳米),而成为超精密镜面切削的理想刀具,主要用于有色金属及其合金(铝、铜)、巴氏合金、非电解镍、塑料、单晶锗、单晶硅、铌酸锂等材料的超精密切削,加工表面粗糙度可达 $Ra \leqslant 0.01\mu m$。单晶金刚石由于强度和耐磨性各向异性,因此在设计与制造刀具时要进行定向。人造聚晶金刚石和复合聚晶金刚石车刀材料本身为各向同性,强度和抗冲击能力比单晶金刚石车刀高,可用于加工高硬度耐磨难加工有色金属及非金属材料,如高硅铝合

金、强化塑料、耐火材料、陶瓷、硬质合金、玻璃、耐磨硬橡胶等。用聚晶金刚石车刀精车硅铝合金，刀具寿命比硬质合金刀具高 50～100 倍以上。但在常规的切削条件下，金刚石刀具不适宜加工铁族金属材料。

立方氮化硼车刀有聚晶烧结体和复合刀片两种，主要用于各种淬火钢（50～68HRC）、耐磨铸铁、镍基和钴基合金、喷涂材料、钛合金等高硬度及难加工材料的半精加工及精加工，在机床设备较好的条件下，可以实现以车代磨。立方氮化硼车刀在加工淬火钢时，加工精度可达IT6～IT7级，表面粗糙度

可达 Ra（1.6～0.4）μm。但立方氮化硼车刀一般不适合加工塑性大的黑色金属和镍基合金，也不适合加工铝合金及铜合金，因容易产生严重的积屑瘤，使加工表面质量下降。此外，立方氮化硼车刀也不宜于低速切削，通常采用负前角高速切削，以发挥刀具材料热硬性高的优势。

4.4.1 结构型式、特点及适用范围

1. 刀头的固定方法

聚晶金刚石和立方氮化硼车刀刀片与刀杆的连接方式见表 4-150。天然单晶金刚石车刀金刚石刀头的固定方式见表 4-151。

表 4-150　聚晶金刚石和立方氮化硼车刀刀片与刀杆的连接方式

夹固方式		结　构　图	特点与应用
机械夹固车刀		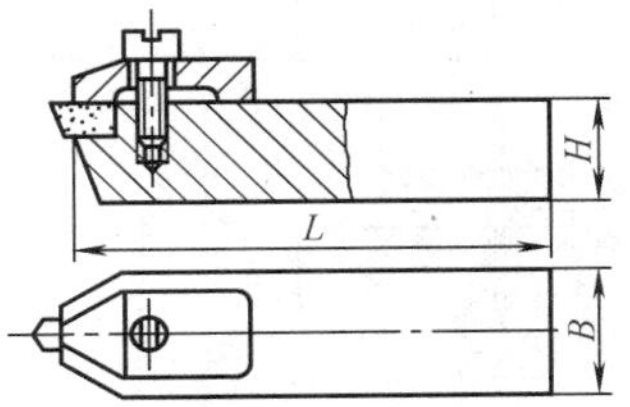	这种车刀由标准刀体和可做成各种几何角度的可换刀片所组成，具有快换和便于重磨的优点。一般应用于中小型车床上 所用刀杆的尺寸系列见表 4-152
整体焊接车刀			一般应用在某些专用刀具或机夹有困难的镗小孔的刀具上，刀片可以焊接或粘接在刀杆上。结构紧凑，制作方便，可以制成小尺寸刀具 所用刀杆尺寸见表 4-153
焊接结构车刀	机夹焊接车刀	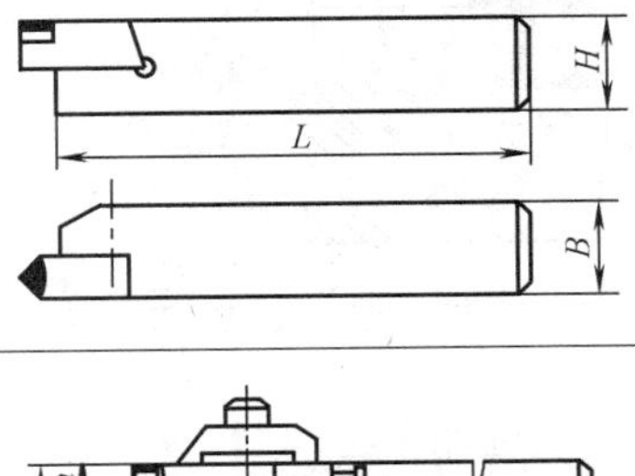	刀片焊接在刀头上，可使用标准刀杆，便于刃磨 所用刀杆尺寸见表 4-154
		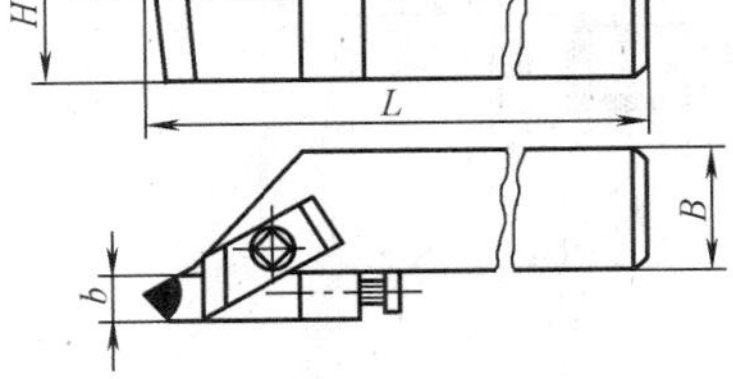	刀头位置调整方便，适用于自动机床和数控机床 所用刀杆尺寸见表 4-155

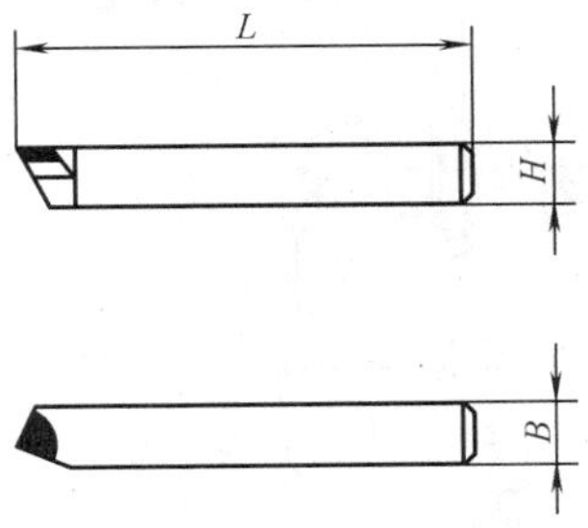

（续）

夹固方式	结 构 图	特点与应用
可转位车刀	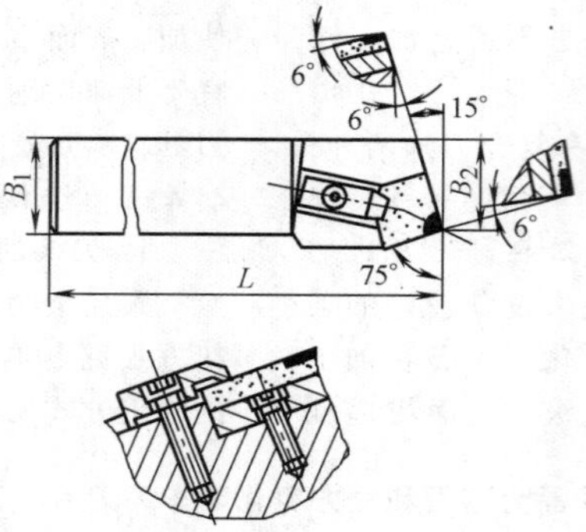	结构紧凑,夹紧可靠,不需要重磨和焊接,节省辅助时间,提高刀具寿命

表 4-151 天然单晶金刚石车刀金刚石刀头的固定方式

夹固方式	结 构 图	特点与应用
机械固定法	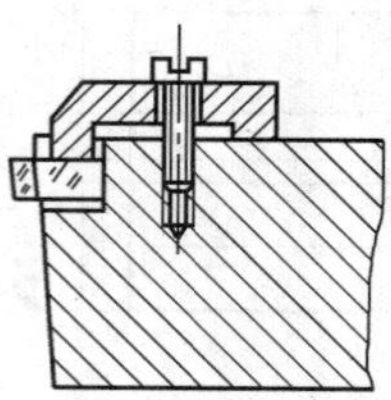	这种方法简便易行,更换刀头方便,适用于颗粒较大的金刚石。使用时应注意压板的压力不宜过大,以免损坏金刚石刀头
粉末冶金固定法	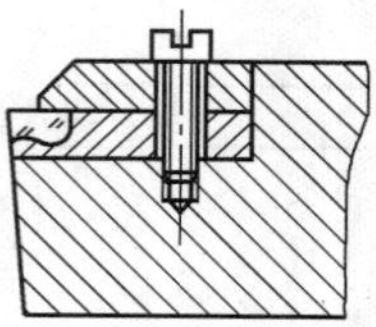	这种方法利用粉末冶金的方法将金刚石固定在刀垫中。该方法的优点是可使用较小颗粒的金刚石制作刀具,且金刚石刀头的非切削部分可不研磨
粘接固定法	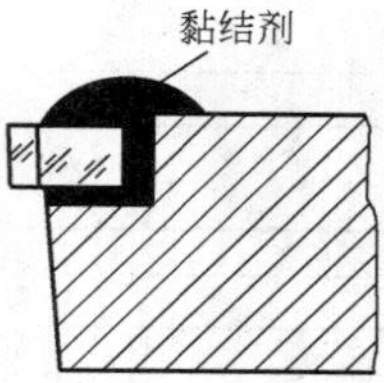	使用无机粘结剂或其他粘结剂将金刚石刀头粘接在刀杆上。其特点是结构简单,不受压紧力的影响
机械—粘接法	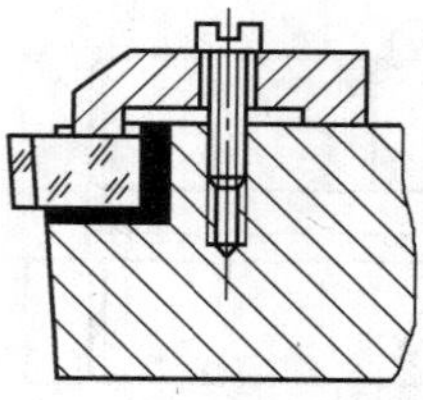	该方法可防止粘结剂在切削过程中由于意外原因失去作用,而使刀头松动

（续）

夹固方式	结　构　图	特点与应用
焊接固定法		使用钎焊方法将金刚石直接焊接在刀杆上,是目前使用较多的方法。该方法固定可靠,且可使用小颗粒金刚石制作刀具

表 4-152　机械夹固车刀刀杆尺寸　　　　　（单位：mm）

H	B	L	备　注
16	20	110	刀头上下各垫一层 0.1mm 厚退火的纯铜板,防止紧固时刀头开裂
20	25	125	
25	25	140	
32	32	170	

表 4-153　整体焊接结构车刀规格　　　　　（单位：mm）

车　刀　代　号			主刀刃长	备　注	车　刀　代　号			主刀刃长	备　注
刃口材质	主偏角	刀杆尺寸 $H×B×L$			刃口材质	主偏角	刀杆尺寸 $H×B×L$		
FJ FD	0°	8×8×60 10×10×70 12×12×80	4~6 6~8	—	FJ FD	60°	8×8×60 10×10×70 12×12×80	4~6 6~8	刀槽深度根据加工情况选定
FJ FD	45°,75°,90°	8×8×60 10×10×70 12×12×80	4~6 6~8	刀槽深度根据加工情况选定	FJ FD	左 75°,左 90°	8×8×60 10×10×70 12×12×80	4~6 6~8	

注：1. 刀头代号,采用在切削刃材质符号后加注主偏角值的方法,如果是左偏刀,则应在二者之间注明"左"字。如"FDW 左 75"表示切削刃材料为 FDW、主偏角为 75°的左偏刀。

　　2. 焊接结构车刀主要用于小型车床和某些专用刀具上,其标注方法是在机夹外圆车刀刀头的代号后加上刀体尺寸如 FJ 左 90°,10×10×70,表示刀杆尺寸为 10mm×10mm×70mm 的复合人造金刚石 90°左偏刀。

表 4-154　机夹焊接车刀规格（一）
　　　　　　　　　（单位：mm）

刀　头　代　号			刀杆尺寸 $H×B×L$
刃口材质	主偏角	主切削刃长度	
FLD FJR	0°	≤5 5~8 8~12	16×20×110 20×25×125 25×25×125 32×32×150
FLD FJR	45°,75°,90°	≤5 5~8 8~12	16×20×110 20×25×125 25×25×125 32×32×150
FLD FJR	60°	≤5 5~8 8~12	16×20×110 20×25×125 25×25×125 32×32×150

注：1. FLD 为复合立方氮化硼,FJR 为复合人造金刚石。

　　2. 此表引自成都工具研究所的产品样本。

表 4-155　机夹焊接车刀规格（二）
　　　　　　　　　（单位：mm）

刃口材质	主偏角	刀头尺寸		主切削刃长度	刀杆尺寸 $H×B×L$
		h	b		
FLD FJR	0°	8 8 9 10	6 8 8 10	≤5 5~8 8~12	20×27×115 20×27×115 25×30×120 25×32×125
FLD FJR	45°,75°,90°	8 8 9 10	6 8 8 10	≤5 5~8 8~12	20×27×115 20×27×115 25×30×120 25×32×125
FLD FJR	60°	8 8 9 10	6 8 8 10	≤5 5~8 8~12	20×27×115 20×27×115 25×30×120 25×32×125

2. 切削刃部的几何形状

　　金刚石刀具刀尖部分的几何形状有直线刃形、圆弧刃形和多边折线刃形。各刃形的特点与应用见表 4-156。

表 4-156 切削刃部的几何形状

刃 形	图 形	备 注
直线刃	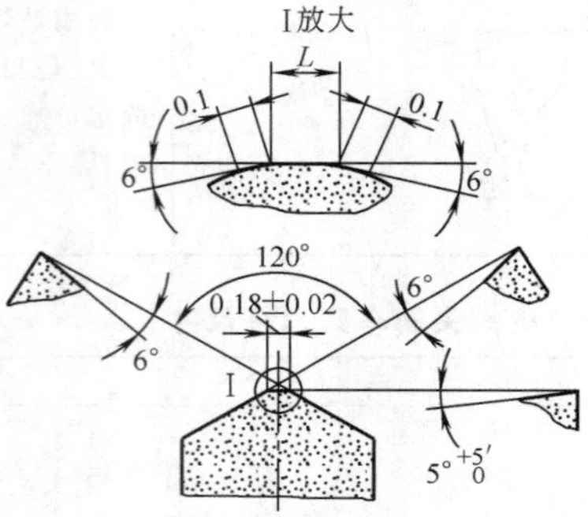	主切削刃为直线形。直线刃带 L 的作用是修光,L 的数值大小与进给量有关,一般取 $L = 0.1 \sim 0.2$mm。为增加刃尖的强度,一般在刃带两边增加两个 0.1mm 的过渡刃。加工平面及外圆柱表面时,表面粗糙度小于圆弧刃刀具,但不适宜加工曲面
圆弧刃	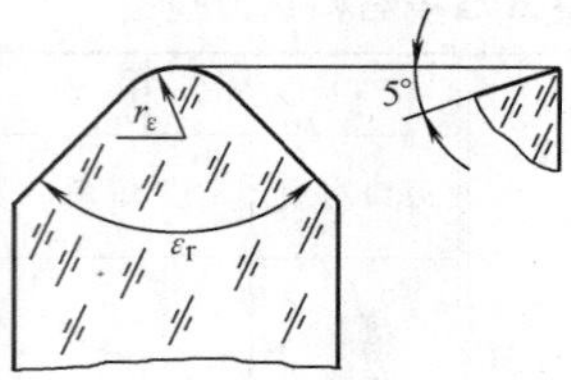	对刀较直线刃容易,使用方便,当圆弧廓形要求精度高时,刃磨困难。在进行球面或曲面加工时,必须采用此种刃形。一般圆弧半径 $r_\varepsilon = 0.5 \sim 3$mm,圆弧包角 $\varepsilon_r = 90° \sim 100°$
多边折线刃	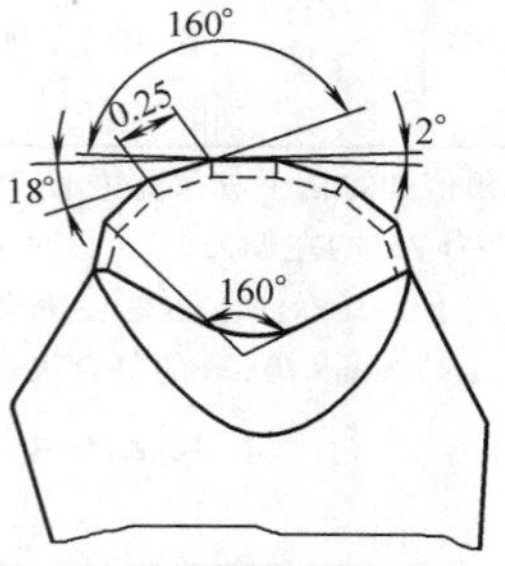	该种型式刀尖的主偏角和副偏角均较小,可以获得较低的加工表面粗糙度,整个切削刃可以转换使用,但由于切削力大,只有在切削系统刚度良好时才能采用

4.4.2 复合刀片

复合刀片分为两大类:复合人造金刚石刀片和复合立方氮化硼刀片。其中 FJR、FJ(成都工具研究所产品代号)、JF(郑州磨料磨具磨削研究所产品代号)表示人造金刚石与硬质合金的复合烧结体,

FLD、FD(成都工具研究所产品代号)、LF(郑州磨料磨具磨削研究所产品代号)表示立方氮化硼与硬质合金的复合烧结体。复合刀片的规格见表4-157~表4-159。

表 4-157 复合刀片的规格

分 类	刀头代号		刀头的主刀刃长度 /mm	备 注
	刃口材质	主偏角/(°)		
机夹式和焊接式车刀复合刀片	FJ FD	0 45 60 75 90	<4 4~6 6~8 8~10	刀槽深度根据加工情况选定

（续）

分　类	刀片代号		主刀刃长度或 刀片直径/mm	备　注
	刃口材质	ISO 代号		
可转位结构式车 刀复合刀片	FJ	TNG	4～6	可转位结构式车刀的复合 刀片的基体有钢与硬质合金 之分，二者均可使用标准刀 杆，一般只有一个刃 刀片的结构示意图见表 4-159
	FD	TNGA	6～8	
	FJ	SNG	4～6	
	FD	SNGA	6～8	
	FJ	RNG	$\phi6$ $\phi8$ $\phi10$	
	FD	RNGA		

注：此表引自成都工具研究所的产品样本。

表 4-158　JF 或 LF 型切削刀具用复合刀片

代　号	形　状	尺寸/mm				简　图
		θ 或 W	D 或 e	H	t	
R133 R132 R103 R102	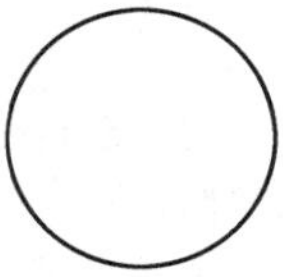	—	13.0 13.0 10.0 10.0	3.3 2.0 3.0 2.0	0.8 0.8 0.8 0.8	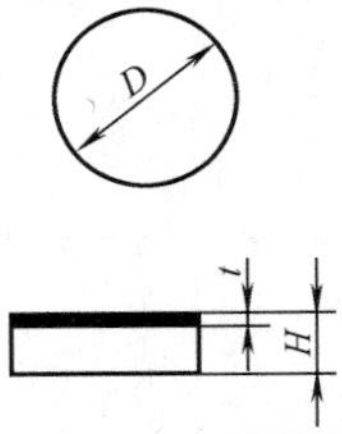
RL133 RL132 RL103 RL102		—	13.0 13.0 10.0 10.0	3.3 2.0 3.0 2.0	0.8 0.8 0.8 0.8	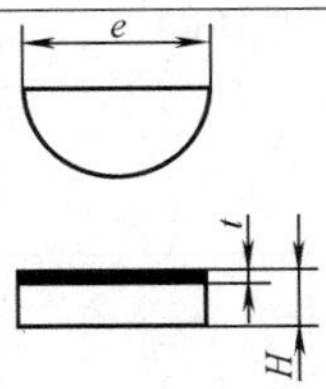
RT63—45 RT62—45 RT43—45 RT42—45	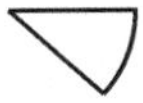	45°	6.0 6.0 4.6 4.6	3.3 2.0 3.0 2.0	0.8 0.8 0.8 0.8	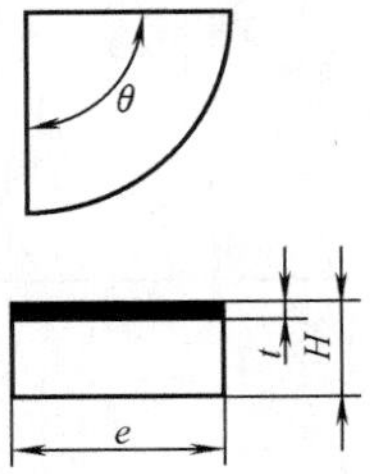
RT63—60 RT62—60 RT43—60 RT42—60	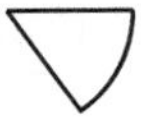	60°	6.0 6.0 4.6 4.6	3.3 2.0 3.0 2.0	0.8 0.8 0.8 0.8	
RT63—90 RT62—90 RT43—90 RT42—90	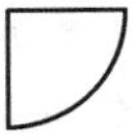	90°	6.0 6.0 4.6 4.6	3.3 2.0 3.0 2.0	0.8 0.8 0.8 0.8	
T63—45 T62—45 T43—45 T42—45	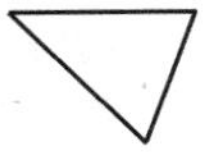	45°	6.0 6.0 4.5 4.5	3.3 2.0 3.0 2.0	0.8 0.8 0.8 0.8	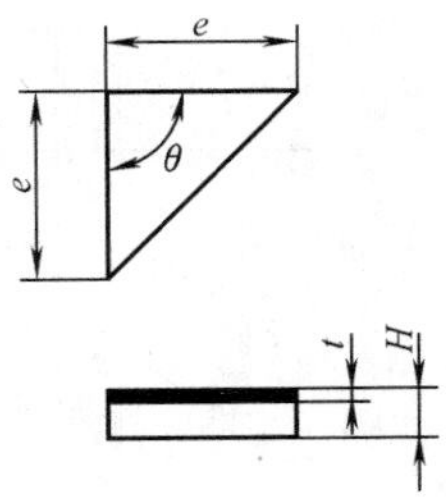
T63—60 T62—60 T43—60 T42—60	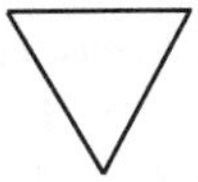	60°	6.0 6.0 4.5 4.5	3.3 2.0 3.0 2.0	0.8 0.8 0.8 0.8	
T63—90 T62—90 T43—90 T42—90	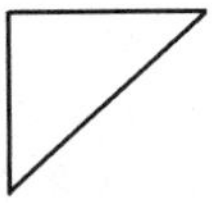	90°	6.0 6.0 4.5 4.5	3.3 2.0 3.0 2.0	0.8 0.8 0.8 0.8	

（续）

代　号	形　状	尺寸/mm				简　图
		θ 或 W	D 或 e	H	t	
L723		2	7	3.3	0.8	
L833		3	8	3.3	0.8	
L943		4	9	3.3	0.8	
L1053		5	10	3.3	0.8	

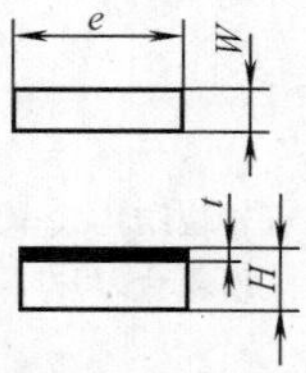

注：此表引自郑州磨料磨具磨削研究所产品样本。

表 4-159　转位结构车刀复合刀片

ISO 代号	刀片结构示意图
SNG	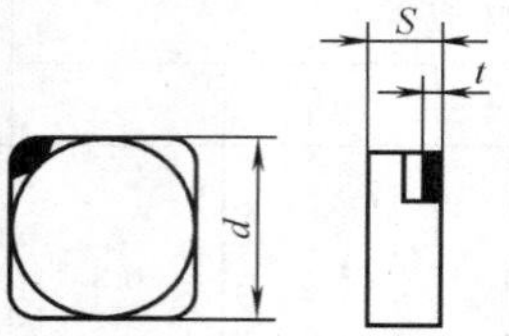
SNGA	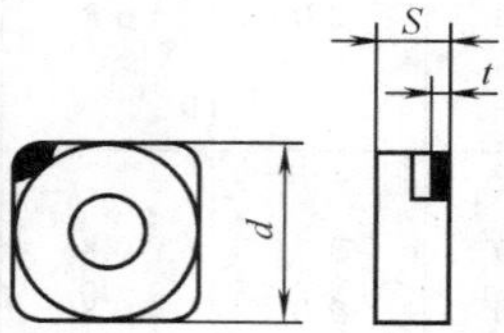
TNG	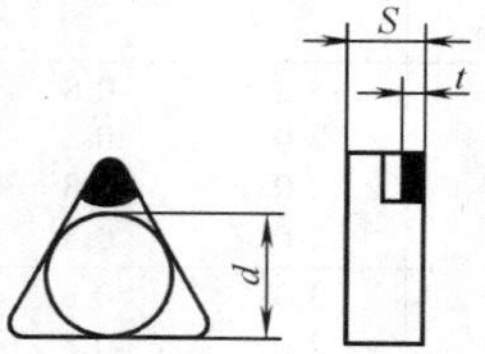
TNGA	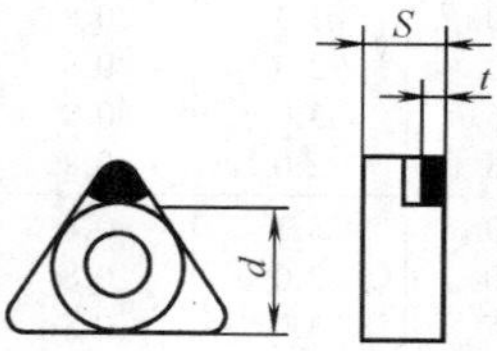
RNG	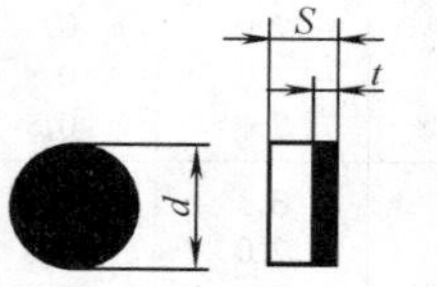

注：此表引自成都工具研究所产品样本。

4.4.3　金刚石车刀与立方氮化硼车刀的几何角度与切削用量

1. 天然单晶金刚石车刀的几何角度与切削用量

（1）几何角度　金刚石车刀的主要几何角度有前角和后角。由于金刚石单晶脆性大，在保证获得较低加工表面粗糙度参数值的前提下，应采用较大的刀具楔角，以增加刀刃的强度，因此刀具的前角和后角都取值较小。

单晶金刚石车刀的后角一般取 $\alpha_o = 5° \sim 8°$，加工球面和非球曲面的圆弧车刀的后角常取 $\alpha_o = 10°$。

单晶金刚石车刀的前角根据加工材料选择，表 4-160 是前角的推荐值。

表 4-160　天然单晶金刚石车刀前角推荐值

工　件　材　料	前角 γ_o/(°)
塑料	$2.5 \sim 5$
铝合金、黄铜、纯铜、青铜、玻璃钢	$-5 \sim 0$
陶瓷、玻璃	$-20 \sim -15$
硫化锌、硒酸锌	-15
锗、硅、铌酸锂单晶	-25
磷酸二氢钾晶体	-45

单晶金刚石车刀的主偏角一般为 $\kappa_r = 30° \sim 90°$，往常采用的是 45°。

（2）切削用量　天然单晶金刚石车刀具有较高的硬度和耐磨性以及良好的导热性，因此允许采用较高的切削速度。在加工铜、铝及其合金时，切削速度可高达 $1000 \sim 2000 \text{m/min}$。切削速度的选择受所使用的超精密机床的动特性的限制，即应选择振动最小的切削速度。

单晶金刚石车刀的进给量一般较小，通常粗加工，$f = 0.01 \sim 0.02 \text{mm/r}$；精加工，$f = 0.002 \sim 0.01 \text{mm/r}$。对直线刃车刀，进给量与修光刃带长度有关。加工刚性高的零件，刃带可取大些，进给量可加大；反之，取小值。

单晶金刚石车刀的背吃刀量也很小，粗切时，$a_p = 0.01 \sim 0.02 \text{mm}$；精切时，$a_p = 0.002 \sim 0.003 \text{mm}$。

2. 聚晶金刚石车刀的几何角度与切削用量

聚晶金刚石车刀的几何角度和切削用量可按表 4-161～表 4-164 的推荐值选取。

3. 立方氮化硼车刀的几何角度与切削用量

立方氮化硼（CBN）车刀的几何角度可参考表 4-165、表 4-166 选取，切削用量可参考表 4-166、表 4-167 选取。

表 4-161　聚晶金刚石车刀的几何角度与切削用量

加工零件及材料	工序	切削速度 v_c /(m/min)	进给量 f /(mm/r)	背吃刀量 a_p /mm	刀尖圆弧半径/mm	刃倾角 λ_s /(°)	前角 γ_o /(°)	后角 α_o /(°)	相 对 性 能
硅铝合金活塞 $w(Si)=13\%\sim16\%$	车	890	0.15	0.35	0.76	5	10	—	103000 个/刃，是硬质合金的 171 倍
硅铝合金活塞 $w(Si)=16\%\sim18\%$	镗	1098	0.125	0.38	0.25	10	5	—	100000 个/刃，是硬质合金的 258 倍
硅铝合金气缸 $w(Si)=20\%$	车镗	430	0.03	0.5	0.3	0	10	25	是硬质合金的 50 倍
发电机滑环（纯铜）	车	457	0.15	0.25	1.0	15	—	6～7	10000 个/刃，是硬质合金的 330 倍
发电机集流环（纯铜）	车	418	0.05	0.46	0.76	15	30	—	100000 个/刃，是单晶金刚石的 5 倍
青铜合金轴承	镗	275	0.05	0.025	0.51	0	0	10	是单晶金刚石的 60 倍
巴氏合金轴承套	镗	394	0.06	0.4～0.8	0.78	5	0	10	61000 个/刃，是硬质合金的 130 倍
预烧结 WC 圆柱 $w(Co)=6\%$	车镗	90	0.02	0.2～2.5	1.0	0	5	5	与单晶金刚石寿命相同，但不崩刃
烧结 WC 圆柱 $w(Co)=13\%$	车	30	0.15～0.25	0.1～0.5	1.0～3.0	0	−5	5	与单晶金刚石寿命相同，但不崩刃
酚醛塑料滑轮	车端面	270	0.03～0.1	0.2～0.6	—	0	0	8～10	是硬质合金的 20 倍，是单晶金刚石的 100 倍
充填玻璃纤维的塑料锥齿轮	车端面镗	120（受设备限制）	0.035	0.12	0.1	6～7	14	12	6000 个/刃，是 WC 硬质合金的 1000 倍
填碳树脂	车	457	0.38	2.5	0.5	0	6	6	是硬质合金的 225 倍

表 4-162　金刚石复合片车刀的切削用量和几何参数

加工类型	工件材料	切削速度 /(m/min)	背吃刀量 /mm	进给量 /(mm/r)	前角 γ_o /(°)	后角 α_o /(°)	刀尖圆弧半径 r_ε /mm
车削	铝合金	300～1000	≤10	0.05～0.5	0～10	5～10	0.40～1.20
	铜合金	300～1000	≤10	0.05～0.5	0～25	5～20	0.40～1.20
	青铜	300～1000	≤10	0.05～0.5	0～10	5～20	0.40～1.20
	硬质合金	50～150	≤2	0.10～0.2	−10～0	5～10	用圆形刀片
	陶瓷	100～600	≤2	≤0.2	−10～0	5～10	0.40～1.20
	玻璃纤维强化塑料	100～600	≤5	0.05～0.5	0～10	5～20	0.80～1.00
	硅填充塑料	400～800	≤2	0.10～0.5			0.80～1.00

表 4-163　用金刚石刀具加工陶瓷时的切削用量

被加工材料	硬度 HV	推荐切削用量 切削速度/(m/min)	背吃刀量/mm	进给量/(mm/r)	备 注
氧化铝陶瓷	≤2300	30～80	≤2.0	≤0.12	粗切最好用圆形刀片，湿式切削
氮化硅陶瓷	1000～1600	10～50	≤0.5	≤0.05	用圆形刀片，某些被加工材料有干式切削效果较好的情况
	800～1000	50～80	≤2.0	≤0.20	用圆形刀片，湿式切削
氧化锆陶瓷	1000～1200	50～100	≤1.0	≤0.20	湿式切削
		200～400	0.2～0.3	≤0.05mm/z	铣削，湿式切削
氧化铝耐火砖	—	200～400	≤1.0	≤0.12mm/z	铣削，湿式切削
硬质合金	—	10～30	0.5	0.2	湿式切削

表 4-164　聚晶金刚石车刀的切削用量

材　料	硬度 HBW	状　态	背吃刀量 a_p/mm	切削速度 v_c/(m/min)	进给量 f/(mm/r)
锻轧铝合金	30~150	各种状态	0.13~0.40 0.40~1.25 1.25~3.2	365~550 245~365 150~245	0.075~0.15 0.15~0.30 0.30~0.50
砂型或永久型铸造铝合金	40~100	铸后状态	0.13~0.40 0.40~1.25 1.25~3.2	915 760 460	0.075~0.15 0.15~0.30 0.3~0.5
	70~125	固溶处理并时效	0.13~0.40 0.40~1.25 1.25~3.2	855 670 395	0.075~0.15 0.15~0.30 0.30~0.50
镁合金	40~90	各种状态	0.13~0.40 0.40~1.25 1.25~3.2	305~610 150~305 90~150	0.075~0.15 0.15~0.30 0.30~0.50
锻轧铜合金	10~70HRB	退　火	0.13~0.40 0.40~1.25 1.25~3.2	460~915 245~460 120~245	0.075~0.15 0.15~0.30 0.30~0.50
	60~100HRB	冷　拉	0.13~0.40 0.40~1.25 1.25~3.2	520~975 305~520 185~305	0.075~0.15 0.15~0.30 0.30~0.50
炭及石墨	40~100HS	模制或挤制	0.13~0.40	915	0.075~0.15
玻璃及陶瓷	各种硬度	—	0.13~0.40 0.40~1.25 1.25~3.2	750~1220 460~760 245~460	0.075~0.15 0.15~0.30 0.30~0.50
云　母	各种硬度	—	0.13~0.40 0.40~1.25 1.25~3.2	245~460 150~245 90~150	0.075~0.15 0.15~0.30 0.30~0.50
塑料: 热塑性塑料 热固性塑料	50~125HRM	—	0.13~0.40 0.40~1.25 1.25~3.2	305~760 150~305 90~150	0.075~0.15 0.15~0.30 0.30~0.50
硬橡胶	60HS	—	0.13~0.40 0.40~1.25 1.25~3.2	610~760 460~610 305~460	0.075~0.15 0.15~0.30 0.30~0.50
碳纤维复合材料	—	—	0.13~0.40 0.40~1.25 1.25~3.2	200 170 135	0.075~0.15 0.15~0.30 0.30~0.50
玻璃纤维复合材料	—	—	0.13~0.40 0.40~1.25 1.25~3.2	200 170 135	0.075~0.15 0.15~0.30 0.30~0.50
硼纤维复合材料	—	—	0.13~0.40 0.40~1.25 1.25~3.2	170 135 120	0.075~0.15 0.15~0.30 0.30~0.50
金、银	各种硬度		0.13~0.40 0.40~1.25 1.25~3.2	1525~2135 760~1525 305~610	0.075~0.15 0.15~0.30 0.30~0.50
铂	各种硬度		0.13~0.40 0.40~1.25 1.25~3.2	915~1065 610~915 305~610	0.075~0.15 0.15~0.30 0.30~0.50

表 4-165　加工淬硬钢和高强度铸铁时立方氮化硼车刀几何角度

加工材料	车刀	刀具几何参数					
		κ_r/(°)	κ_r'/(°)	γ_o/(°)	$\alpha_o=\alpha_o'$/(°)	λ_s/(°)	r_ε/mm
淬硬钢 50~67HRC	直头外圆车刀	30~60	5~15	-15~-5	10~20	-10~0	0.1~1.0
高强度铸铁	弯头车刀	90~100	0~5	-10~-5	10~20	-10~0	0.1~1.0
	通孔镗刀	45~60	10~30	-5~0	10~20	-10~0	0.1~0.6
	不通孔镗刀	90~100	0~10	-5~0	10~20	-10~0	0.1~0.6
	螺纹车刀	60	60	-2~0	3~5	0	—

注: 为了减小加工表面粗糙度, 可以用 0.3~0.5mm 的平行刃 (平行于加工表面) 代替刀尖圆弧半径。

表 4-166　立方氮化硼车刀的加工实例

工件名称	工件材料	机床	刀具角度/(°)	切削用量	加工效果
钢套 φ180mm	高速工具钢	CW6163	$\gamma_o=0$　$\alpha_o=10$ $\lambda_s=0$　$\kappa_r=45$	$v_c=27.7\sim47\text{m/min}$ $f=0.07\text{mm/r}$ $a_p=(0.1\sim0.15)\text{mm}$	可连续进给 10 次
导套	20 钢渗碳淬火 58HRC	C620	$\gamma_o=0$　$\alpha_o=10$ $\lambda_s=0$　$\kappa_r=45$	$n=600\text{r/min}$ $f=0.08\text{mm/r}$ $a_p=0.1\text{mm}$	
拉刀 φ62mm 内孔	高速工具钢 62~65HRC	C630	镗刀	$n=470\text{r/min}$ $f=0.15\text{mm/r}$ $a_p=0.10\text{mm}$	Ra 小于 0.8μm
φ50mm	25Cr2MoVA 氮化处理	C620	$\gamma_o=0$　$\alpha_o=10$ $\lambda_s=-5$　$\kappa_r=45$	$n=180\text{r/min}$ $f=0.8\text{mm/r}$ $a_p=0.2\text{mm}$	
轴承外环	轴承钢 62~64HRC 45 钢淬火	CA6140	$\gamma_o=0$　$\alpha_o=8$ $\kappa_r=75$	$v_c=81.6\sim83.1\text{m/min}$ $f=0.08\text{mm/r}$ $a_p=0.15\text{mm}$	
汽车刹车盘端面 φ300mm	高磷铸铁	C6140	—	$n=650\text{r/min}$ $f=0.04\text{mm/r}$ $a_p=0.05\sim0.1\text{mm}$	—
缸套	高铬高碳耐磨铸铁 60HRC	CW6163	$\gamma_o=0\sim5$ $\alpha_o=8\sim10$ $\kappa_r=35$	$v_c=80\sim106.7\text{m/min}$ $f=0.10\sim0.20\text{mm/r}$ $a_p=0.10\sim0.20\text{mm}$	—
套 φ20.4mm	Al3Si5CuP	C616	$\gamma_o=3\sim5$ $\alpha_o=8$ $\kappa_r=5\sim8$	$n=723\text{r/min}$ $f=0.1\text{mm/r}$ $a_p=0.1\sim0.2\text{mm}$	—
φ45mm×400mm 棒料	TC-4(AlVTi) 280~310HBW	C620	$\alpha_o=8\sim10$ $\lambda_s=-10$ $\kappa_r=45$	$n=765\text{r/min}$ $f=0.08\text{mm/r}$ $a_p=0.2\text{mm}$	$Ra0.4\sim Ra0.8\text{μm}$
φ32mm×100mm	表面喷焊 PHN14 60~62HRC	C620		$v_c=100\text{m/min}$ $f=0.2\sim0.3\text{mm/r}$ $a_p=0.3\sim0.5\text{mm}$	加工 5 件,后面磨损 0.1~0.15mm
凡尔体	表面喷焊材料 PHNi-3	—	75°标准外圆车刀	$v_c=40\sim60\text{m/min}$ $f=0.2\text{mm/r}$ $a_p=0.15\sim0.2\text{mm}$	加工 3 件,后面磨损 0.1~0.15mm
氧压机活塞杆 φ60mm	45 钢镍包铝粉 热喷涂材料 350HBW	—		$n=300\sim400\text{r/min}$ $f=0.2\sim0.3\text{mm/r}$ $a_p=0.1\sim0.2\text{mm}$	$Ra1.6\text{μm}$ 在 780mm 长处锥度和线轮廓度 ≤0.02mm
轧辊 φ270mm	表面喷镀冷硬铸铁 50HRC	—	$\gamma_o=0$　$d_o=10$ $\lambda_s=0$ $\kappa_r=45$	$n=20\text{r/min}$ $f=0.225\text{mm/r}$ $a_p=0.3$	$Ra<0.8\text{μm}$
柱塞 φ80mm	Ni 基 102 喷涂材料 58~60HRC	—	$\gamma_o=0$　$\kappa_r=35$ $\alpha_o=8\sim10$	$v_c=76.0\text{m/min}$ $f=0.2\text{mm/r}$ $a_p=(1.1\sim0.3)\text{mm}$	切削 880mm 后面磨 损 0.25mm,$Ra1.6\text{μm}$

表 4-167　立方氮化硼车刀切削用量推荐值

组别	加 工 材 料		切削速度 /(m/min)	背吃刀量 /mm	进给量 /(mm/r)	备　　注
A 组	结构钢、合金钢、轴承钢、非合金工具钢 45~68HRC		60~140	≈0.5	≈0.2	$w(\text{CBN})=40\%\sim60\%$
	合金工具钢 45~68HRC		50~100	≈0.5	≈0.2	
	冷硬铸铁轧辊、可锻铸 铁、铸锻钢等	50~75HS	70~150	≈2.0	≈1.0	}圆形刀片较好
		75~85HS	40~70	≈2.0	≈0.5	
B 组	高速工具钢 45~68HRC		40~100	≈0.5	≈0.2	
	耐热合金	镍基	≈140	≈2.5	≈0.15	$w(\text{CBN})=65\%\sim95\%$
		钴基	≈140	≈2.5	≈0.15	
		铁基	≈170	≈2.5	≈0.15	
		其他	≈90	≈2.5	≈0.15	
	硬质合金		≈30	≈1.0	≈0.25	
	铁系烧结合金		≈150	≈2.5	≈0.25	

4.4.4 单晶金刚石车刀设计示例

1. 设计要求

设计一把自动机床上使用的天然单晶金刚石车刀。工件的表面粗糙度 $Ra0.03\mu m$，在工作中有一定冲击载荷。加工材料为 H62 黄铜。

2. 设计步骤

（1）单晶金刚石原石的选择　车刀用金刚石的质量必须经过严格检查，要求为晶形完整、无斑点、裂纹、包裹体等缺陷的工业一级金刚石。

（2）晶体定向　在设计与研磨加工前需对金刚石原石进行定向，确定出各晶面的空间位置及研磨的难易分布方向。

（3）刀具几何角度设计　由于切削过程中有冲击载荷，为了增强刀尖及刃口部位的强度，取前角 $\gamma_o = -5°$、后角 $\alpha_o = 5°$、主偏角 $\kappa_r = 40°$。采用直线修光刃，刃带宽度为 0.1mm。

（4）确定主切削刃位置　主切削刃位置与解理面错开一定角度，切削力不平行解理面。如图 4-45 所示，主切削刃在（100）面，刀具前面上切屑的流向应沿摩擦因数最小的方向。

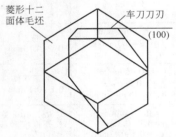

图 4-45　主切削刃的位置

（5）研磨步骤及每道研磨工序的研磨方向　研磨步骤及其研磨方向见表 4-168。

（6）绘制车刀工作图　车刀工作图如图 4-46 所示。

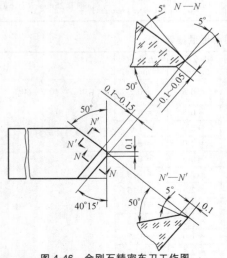

图 4-46　金刚石精密车刀工作图

表 4-168　研磨步骤及每道研磨工序的研磨方向

工序	研磨部位	研磨方向
1	开坯,研磨出金刚石上平面	菱形面短对角线方向
2	开坯,研磨出金刚石下平面	菱形面短对角线方向
3	开坯,研磨出金刚石一侧面	选取好磨方向
4	开坯,研磨出金刚石另一侧面	选取好磨方向
5	5°主后面	$5<\alpha<90°$
6	−5°前面	$5<\beta<90°$
7	过渡刃	选取好磨方向
8	50°大后面	选取好磨方向
9	5°副后面	选取好磨方向
10	50°大副后面	选取好磨方向

4.5　插刀

4.5.1　插刀的种类、用途和结构特点

1. 插刀的种类和用途

插刀主要用于加工内孔单键和多键槽、内多边形和其他型面，适用于单件、小批量生产。

插刀按其结构型式可分为整体式插刀和组合式插刀。整体式插刀的刀头与刀杆为一体；组合式插刀的刀头和刀杆则分为两个部分，即刀头夹固在刀杆上。

按加工性质的不同，插刀可分为粗插刀和精插刀两种。

按用途的不同，插刀可分为尖刀、切刀、成形刀。尖刀主要用于粗插。切刀用于插削直角形沟槽及各种多边形孔。成形刀是根据加工表面的轮廓形状刃磨的，有角度成形刀、圆弧形成形刀及齿形成形刀等。

常见的插刀种类如图 4-47 所示。

2. 插刀的结构特点

插削和刨削从加工性质上来说是基本相同的。插削加工可以看作是立式刨削加工，所不同的是，插销的主运动是在垂直于水平面内进行的，因此插刀的几何形状基本与刨刀相同（见图 4-48）。

与刨刀相比较，插刀具有以下特点：

1）为了避免刀杆与工件相碰，插刀的刀刃应突出于刀杆。

2）插削时，刀具所承受的切削阻力主要作用在

刀杆的轴线方向，为了增强刀杆的刚度，在制造、刃磨和装夹刀具时应尽量缩短刀具的长度，并尽可能地增大刀杆的横截面积。

3）插刀的前角和后角应比刨刀略小些，以免插刀在插削时啃入工件加工表面，影响加工表面质量。

为了避免回程中插刀后面与工件已加工表面发生剧烈摩擦而损伤工件已加工表面，影响刀具寿命，插削时可采用如图 4-49 所示的活动式插刀刀杆。

4.5.2　插刀的切削角度与插削用量

插刀切削角度和插削用量见表 4-169。

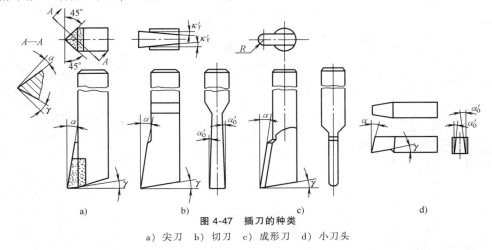

图 4-47　插刀的种类

a）尖刀　b）切刀　c）成形刀　d）小刀头

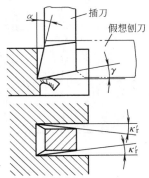

图 4-48　插刀的几何形状

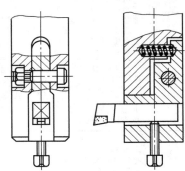

图 4-49　活动式插刀刀杆

表 4-169　插刀切削角度和插削用量

简　图	材料	切削角度及参数							插削用量	
		γ_o	α_o	α_{o1}	α_o'	κ_r'	$b_{\alpha1}$/mm	b_α'/mm	v/(m/min)	f/(mm/行程)
	钢或黄铜	6°~10°	3°~5°	-1°~0°	1°~2°	1.5°~2°	1~1.5	0.5~1	20~30	0.15~0.3
	铸铁	12°~15°	4°~6°	0°	2°~3°	1.5°~2°	0.5~1	0.3~0.5	30~40	0.3~0.5
	铝	25°~30°	6°~7°	0°	2°~3°	2°~2.5°	0.2~0.3	0.2~0.3	50~60	0.2~0.3

4.6　成形车刀

4.6.1　成形车刀的种类和用途

成形车刀是用在卧式车床、转塔车床、半自动和自动车床上加工内外回转体成形表面的专用刀具，其刃形是根据工件廓形来设计的。与普通车刀相比，成形车刀具有加工精度稳定、生产率高、使用寿命长、刃磨简便等特点。成形车刀的设计与制造都比普通车刀复杂，成本也高，主要用于大批量生产。

成形车刀常见的分类、特点与用途见表4-170。

表4-170　成形车刀的分类、特点与用途

成形车刀分类		特点与用途	成形车刀分类		特点与用途
依据	种类		依据	种类	
结构和形状的不同	平体成形车刀(见图4-50)	除了切削刃具有一定形状要求外，结构上和普通车刀相同，螺纹车刀和铲齿刀即属此种刀具。它只能用来加工外成形表面，并且沿前面的可重磨次数少，刀具刚性较差	进给方式的不同	切向进给成形车刀(见图4-51c)	此类成形车刀沿工件的圆周切线方向进给，切削刃是逐渐切入和切离工件的，故切削力较小，切削过程平稳。但切削行程长，生产率较低。主要用于加工廓形深度不大、细长、刚度较差的工件。切向进给的成形车刀大多制成棱体的，该类成形车刀在加工锥体时，无双曲线误差，加工精度较高
	棱体成形车刀(见图4-51)	外形是棱柱体，只能用来加工外成形表面。可重磨次数比平体成形车刀多，刀具的刚度比平体成形车刀高。与圆体成形车刀相比，在加工锥体时的误差较小，加工精度高，设计、刃磨及检验比较简便，但制造较圆形成形车刀复杂。由于固定可靠，刀刃强度高，故可采用的切削用量大，生产率高。常用于大背吃刀量、加工大直径的场合		轴向进给成形车刀(见图4-51b)	此类成形车刀工作时沿工件轴线方向进给。与径向成形车刀相比，在加工单面阶梯形工件时，每段切削刃都只切除较大的切削截面，因而切削力较小，适用于加工刚度差的工件，但不能用来加工外形凹凸和双面阶梯形的工件
	圆体成形车刀(见图4-52)	外形是回转体，重磨次数较棱体成形车刀多，可加工内外成形表面，但加工锥面体的精度不如棱体成形车刀高。制造比棱体成形车刀方便，生产中应用较多。圆体成形车刀的后面通常制作成环形(见图4-52a)，但也可制作成螺旋形(见图4-52b)，后者在加工轴套工件端面时，可减轻刀具后面与加工表面的摩擦。螺旋形后面的圆体成形车刀不能加工双面阶梯形工件，制造也较困难	刀具与工件轴线相对位置的不同	正装成形车刀(见图4-50、图4-51、图4-52)	安装这种成形车刀时，其夹固基面(棱体成形车刀)或轴线(圆体成形车刀)与工件轴线平行，一般加工中，成形车刀多采用正装方式。但因在与进给方向平行的刃段上的主剖面内后角为零度。刀具与工件间的摩擦严重，需采取措施加以改善
进给方式的不同	径向进给成形车刀(见图4-50、图4-51a、图4-52)	此类刀具工作时，是沿工件的半径方向进给的，整个切削刃同时切入，切削行程短，生产率高。但由于切削刃较宽，径向切削力较大，容易引起振动，影响加工表面质量，故不适于加工细长形、刚度差的工件		斜装成形车刀(见图4-53)	在安装这类成形车刀时，其夹固基面(棱体成形车刀)或轴线(圆体成形车刀)与工件轴线成一夹角 τ($\tau = 15° \sim 20°$)，从而使与进给方向平行的刃段也能获得一定的合适的主后角，可以改善切削状况。这种刀具的设计和使用均较正装成形车刀复杂，且不能用来加工双面阶梯形工件

图4-50　平体成形车刀

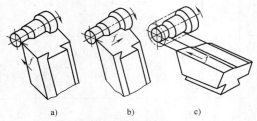

图4-51　棱体成形车刀

a) 径向进刀　b) 轴向进刀　c) 切向进刀

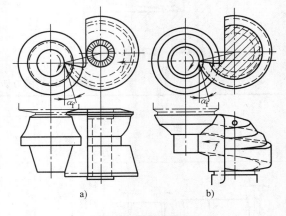

a)　　　　　　　b)

图4-52　圆体成形车刀

a) 环形后刀面　b) 螺旋形后刀面

目前，国内工厂生产中多采用正装径向进给的棱体和圆体成形车刀。以下着重介绍上述两种刀具的设计。

4.6.2　成形车刀的前角与后角

成形车刀的前角和后角规定在进给平面内测

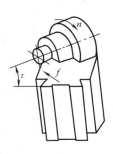

图 4-53　斜装（置）成形车刀

量，并以切削刃上最外一点的前角和后角作为刀具的名义前角和后角。因为成形车刀的刃形复杂，不可能在刀刃上各点处的主剖面内磨出前角和后角，只能预先将成形车刀磨制成一定角度，然后依靠刀具相对工件的安装位置，形成所需的前角和后角（见图 4-54）。棱体成形车刀制成后，其楔角为 $90° - (\gamma_f + \alpha_f)$。安装时，使刀具倾斜 α_f 角，即形成所需的前角和后角。圆体成形车刀在制造时，使车刀轴心到前面的垂直距离为 $h_c = R_1 \sin(\gamma_f + \alpha_f)$，安装时，使刀尖位于工件中心高度位置，并使刀具轴线比工件轴线高 $H = R_1 \sin\alpha_f$，从而形成所需的前角和后角。

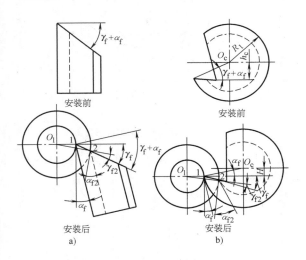

图 4-54　成形车刀前角和后角的形成

a）棱体成形车刀　b）圆体成形车刀

　　由图 4-54 不难看出，当 $\gamma_f > 0°$ 时，切削刃上只有最外一点在工件的轴心高度上，其他各点都低于工件轴心，因而这些点的前角和后角与名义前角和后角是不相同的。离切削刃最外点越远，其前角越小，后角越大。圆体成形车刀角度变化比棱体的大。

　　成形车刀的前角可根据工件材料的性质来选取，后角根据刀具的类型来选取，见表 4-171。

表 4-171　成形车刀的前角和后角

被加工材料	材料的力学性能		前角 γ_f	成形车刀类型	后角 α_f
钢	R_m/GPa	<0.5	20°	圆体型	10° ~ 15°
		0.5 ~ 0.6	15°		
		0.6 ~ 0.8	10°		
		>0.8	5°		
铸铁	HBW	160 ~ 180	10°	棱体型	12° ~ 17°
		180 ~ 220	5°		
		>220	0°		
青铜	—		0°		
黄铜	H62	—	0° ~ 5°	平体型	25° ~ 30°
	H68		10° ~ 15°		
	H80 ~ H90		15° ~ 20°		
铝、纯铜		—	25° ~ 30°		
铅黄铜 HPb59-1 铝黄铜 HAl59-3-2			0 ~ 5°		

注：1. 本表仅适用于高速工具钢成形车刀。如为硬质合金成形车刀，加工钢料时，可取表中数值减 5°。

2. 如工件为正方形、六角形棒料时，γ_f 值应减小 2° ~ 5°。

　　成形车刀切削刃上各点在主剖面内的后角 α_{oY} 随该点主偏角 κ_{rY} 的不同而变化。当刃倾角 $\lambda_s = 0°$ 时，切削刃上任意一点 Y 在主剖面的后角可由下式求得：

$$\tan\alpha_{oY} = \tan\alpha_{fY}\sin\kappa_{rY}$$

　　由上式可知，当 $\kappa_{rY} = 0°$ 时，$\alpha_{oY} = 0°$，从而使后面与加工面之间产生严重摩擦。在设计时，常采取下述几种措施加以改善：

　　1）在 $\kappa_r = 0°$ 的切削刃处磨出凹槽（见图 4-55 a），只留很窄的棱面。

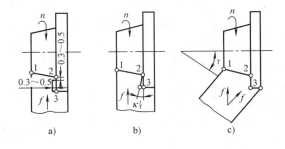

图 4-55　改善切削状况（$\alpha_{oY} = 0°$）的措施

a）在 $\kappa_r = 0°$ 的切削刃处磨出凹槽　b）将 $\kappa_r = 0°$ 的切削刃磨出副偏角 $\kappa'_r \approx 2°$　c）采用斜装结构的成形车刀

　　2）将 $\kappa_r = 0°$ 的切削刃磨出副偏角 $\kappa'_r \approx 2°$（见图 4-55b）。

　　3）采用斜装结构的成形车刀（见图 4-55c）。

　　4）将圆体成形车刀各段刀刃的后面制成螺旋后

面（见图 4-52b）。

4.6.3 成形车刀廓形设计和检验样板

在制造成形车刀时，其廓形是在垂直于主后面的法向剖面（棱体成形车刀）或轴向剖面（圆体成形车刀）上测量的。由于成形车刀在工作时必须具有合理的前角和后角，使得其廓形与工件轴向剖面内的廓形并不一致。因此在设计成形车刀时，必须根据工件的廓形对刀具廓形进行修正计算。由于对正装径向进给的成形车刀，其轴向尺寸和工件的轴向尺寸相同，无须修正。这时刀具设计的主要内容是根据工件径向剖面的廓形深度来求出刀具的廓形深度。

成形车刀廓形修正计算方法有图解法、查表法和计算法。图解法虽然清楚直观，但精度低，一般不采用。查表法因具有简便、迅速的特点，在过去工厂中应用较多。但随着计算机应用的普及，已逐渐被计算法所取代。

1. 棱体成形车刀廓形设计

计算图如图 4-56 所示。图中已知：γ_f 为成形车刀最外点处前角；α_f 为成形车刀最外点处后角；r_1

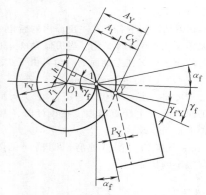

图 4-56　棱体成形车刀廓形计算

为工件最小计算半径；r_Y 为工件任意点 Y 处的计算半径。

切削刃组成点中任意一点 Y 的廓形深度 P_Y 的计算步骤如下：

1) $h = r_1 \sin\gamma_f$

2) $A_1 = r_1 \cos\gamma_f$

3) $\gamma_{fY} = \arcsin\left(\dfrac{h}{r_Y}\right)$

4) $A_Y = r_Y \cos\gamma_{fY}$

5) $C_Y = A_Y - A_1$

6) $P_Y = C_Y \cos(\gamma_f + \alpha_f)$

2. 圆体成形车刀廓形设计

图 4-57 和图 4-58 分别为加工外圆和内孔的圆体成形车刀廓形计算图。图中已知：γ_f 为成形车刀最

大外径处前角；α_f 为成形车刀最大外径处后角；R_1 为成形车刀最大半径；r_1 为工件最小计算半径（外圆加工）或工件最大计算半径（内孔加工）；r_Y 为工件任意点 Y 处的计算半径。

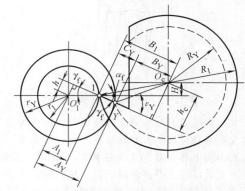

图 4-57　外圆成形车刀的廓形计算

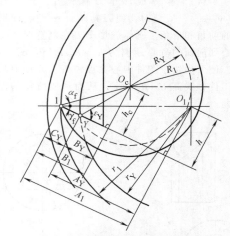

图 4-58　内圆成形车刀的廓形计算

切削刃组成点中任意一点 Y 的半径 R_Y 的计算步骤如下：

1) $h = r_1 \sin\gamma_f$

2) $A_1 = r_1 \cos\gamma_f$

3) $\gamma_{fY} = \arcsin\left(\dfrac{h}{r_Y}\right)$

4) $A_Y = r_Y \cos\gamma_{fY}$

5) $C_Y = \begin{cases} A_Y - A_1 & \text{（外圆加工）} \\ A_1 - A_Y & \text{（内孔加工）} \end{cases}$

6) $h_c = R_1 \sin(\gamma_f + \alpha_f)$

7) $B_1 = R_1 \cos(\gamma_f + \alpha_f)$

8) $B_Y = B_1 - C_Y$

9) $\varepsilon_Y = \arctan\left(\dfrac{h_c}{B_Y}\right)$

10) $R_Y = \dfrac{h_c}{\sin\varepsilon_Y}$

3. 成形车刀的附加切削刃

大多数成形车刀用在半自动、自动车床上加工棒料。为了减轻下一工序中切断刀的载荷、并对工件端面进行倒角或修光，成形车刀配置了附加切削刃。附加切削刃位于成形切削刃的两侧，其中一侧用于切断的预加工，另一侧用于倒角或修光（见图4-59）。表4-172给出了附加切削刃各刃段的功用及取值范围。

表 4-172　附加切削刃各刃段的功用及取值范围

刃段	功用	取值范围/mm
l_a	避免切削刃转角处过尖而设的附加切削刃	2~3
l_b	工件端面需精加工或倒角时的附加切削刃	1~3（若需倒角，则比倒角宽度大1~1.5）
l_c	保证后续切断工序顺利进行而设的预切槽切削刃	3~8（等于切断刀的宽度）
l_d	保证切削刃超出工件毛坯表面而设的附加切削刃	0.5~2

注：表中刃段符号见图4-59。

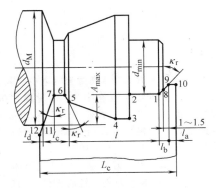

图 4-59　成形车刀的附加切削刃

附加切削刃的偏角 κ_r 一般为 15°~45°。当工件有倒角时，κ_r 值应等于倒角角度值。

如果工件轴向尺寸有严格公差要求或工件端面与工件轴线有垂直度要求时，工件廓形宽度及端面需一次直接切出，则可取图4-60所示的附加切削刃型式。图中 l'_a、l'_c、l'_d 的数值视具体情况而定（其中 $l'_a > 3mm$）。

4. 成形车刀的廓形检验样板

成形车刀的廓形，一般用样板来检验。当成形车刀的批量很小或者成形车刀的制造公差要求较严时，就不必（或无法）用样板来检验，而改用万能量具检验。

成形车刀样板均成对设计，其中一块是工作样板，用于检验成形车刀的廓形，另一块是校验样板，用于检验工作样板的磨损程度。样板的廓形与成形

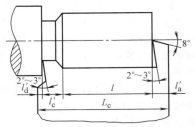

图 4-60　可直接切出端面的成形车刀附加刀刃

车刀的廓形（包括附加切削刃）完全相同，尺寸标注与成形车刀一致，如图4-61所示。样板的公差可按表4-173和表4-174选取。

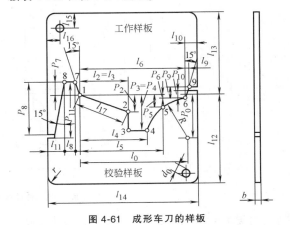

图 4-61　成形车刀的样板

表 4-173　成形车刀样板的角度公差

倾斜刀刃的长度/mm	1~6	>6~10	<10~18	<18~30	<30~50	>50
廓形表面角度公差	10′	6′	4′	3′	2′	1′20″
非廓形表面角度公差	6°	5°	4°	3°	2°	1°20′

注：表中所列公差值，其偏差为对称分布。

表 4-174　成形车刀样板的尺寸公差

（单位：mm）

公差类别		工件廓形尺寸公差			
		≤0.30	>0.30~0.50	>0.50~0.80	>0.80
工作样板制造公差		0.025	0.040	0.060	0.100
工作样板磨损公差		0.020	0.030	0.040	0.050
校验样板公差		0.012	0.020	0.030	0.050
校验样板与工作样板的密合缝隙	新制造	0.025	0.040	0.060	0.100
	磨损后	0.045	0.060	0.085	0.125

注：表中所列公差值，其偏差为对称分布。

样板的工作表面要求有较小的表面粗糙度值，一般为 $Ra0.1\mu m$，其余表面为 $Ra0.8\mu m$。样板的材料可选用低碳钢（如20、20Cr）制造，渗碳淬火后硬度达 56~62HRC，也可用非合金工具钢 T8A、

T10A 来制造。样板的厚度为 1.5~2mm。

为了测量时手持样板方便，图 4-61 中的 l_{12} 和 l_{13} 尺寸一般不小于 30mm。样板角上钻有工艺小孔，以便穿挂和热处理。廓形表面转角处钻有小圆孔，以保证廓形密合。

4.6.4 成形车刀的结构尺寸与夹固结构

1. 棱体成形车刀的结构尺寸

棱体成形车刀的主要结构尺寸有：刀体总宽度 L_c、刀体高度 H、刀体厚度 B 及燕尾尺寸 M 等（见图 4-62）。

（1）刀体总宽度 L_c 刀体总宽度按工件成形表

面及附加切削刃的宽度而定（见图 4-59）：

$$L_c = l + l_a + l_b + l_c + l_d$$

式中 l——工件廓形宽度；

l_a、l_b、l_c、l_d——附加切削刃的宽度，具体取值范围见表 4-172。

在确定刀体总宽度时，应考虑机床功率及工艺系统刚度的限制，以免因切削刃过宽，而引起径向力过大，从而产生振动，影响加工质量。在一般情况下，应限制刀体总宽度（切削刃总宽度）L_c 与工件最小直径 d_{min} 的比值，使 L_c/d_{min} 不超过以下数值即可：粗加工时为 2~3；半精加工时为 1.8~2.5；精

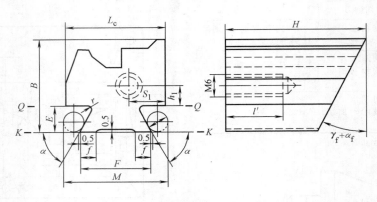

图 4-62 棱体成形车刀的结构尺寸

加工时为 1.5~2（d_{min} 较小时取小值，较大时取大值）。若 L_c/d_{min} 的比值超出许可值或 $L_c>80mm$（为经验许可值），可采取下列措施：

1）将工件廓形部分分段切削，设计两把或数把成形车刀。

2）改用切向进给成形车刀。

3）如已确定用径向进给，可采用辅助支承——滚轮托架，以增加工艺系统刚度（见图 4-63）。

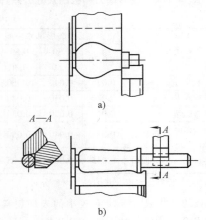

图 4-63 刀体宽度过大的成形车刀加工方法
a) 用两把刀同时加工　b) 利用托架加工

（2）刀体高度 H 刀体高度与机床中心高有关，应在机床刀夹空间允许的条件下，尽量取大些，以增加刀具的重磨次数。一般推荐为 75~100mm。为节约高速工具钢材料，常采用对焊结构，高速工具钢部分长度不小于 40mm（或 $H/2$）。

（3）刀体厚度 B 刀体厚度应保证刀体有足够的强度，同时易于装入刀夹，排屑方便，切削顺利。最小厚度应满足 $B-E-A_{max} \geq (0.25~0.5)l$，如图 4-62 与图 4-59 所示。推荐系列尺寸见表 4-175。

（4）燕尾尺寸 M 燕尾尺寸不仅应与切削刃总宽度相适应，而且燕尾尺寸将影响刀夹的结构尺寸。燕尾尺寸可按表 4-175 推荐的系列值选取。

此外，为调整棱体成形车刀的高度，增加成形车刀工作时的刚度，在其底部设有螺孔以旋入螺钉，螺孔一般为 M6（见图 4-62）。

2. 圆体成形车刀的结构尺寸

圆体成形车刀的主要结构尺寸有：刀体总宽度 L_c、外径 d_0、内孔直径 d 及夹固部分尺寸等（见图 4-64）。其中刀体总宽度 L_c 的求法与棱体成形车刀相同。

（1）刀体外径 d_0 和内孔直径 d 外径 d_0 的取值受到机床中心高及刀夹空间的限制，一般采用工件最大廓形深度的 6~8 倍，或按下式计算后，取与其相近的标准值：

表 4-175　棱体成形车刀结构尺寸（参见图 4-62）

（单位：mm）

结构尺寸						检验燕尾尺寸		
$l=L_c$	F	B	H	E	f	滚柱直径 d'	M 公称尺寸	M 极限偏差
15~20	15	20	55~100（可视机床刀夹而定）	$7.2^{+0.36}_{0}$	5	5±0.005	22.89	0
22~30	20	25					27.89	-0.1
32~40	25			$9.2^{+0.36}_{0}$	8	8±0.005	37.62	0
45~50	30	45					42.62	-0.12
55~60	40						52.62	0
65~70	50	60		$12.2^{+0.43}_{0}$	12		62.62	-0.14
75~80	60						72.62	

注：1. 若采用的滚柱直径不是表中所列尺寸时，M 值可按下式计算：$M=F+d'\left(1+\tan\dfrac{\alpha}{2}\right)$。

2. 燕尾 $\alpha=60°$，其偏差为 ±10′。

3. 圆角 r 最大为 0.5mm。

4. 燕尾 Q—Q 与 K—K 平面不能同时为工作表面。

5. S_1 与 h_1 尺寸视具体情况而定。l' 视机床刀夹而定，应保证满足最大调整范围。

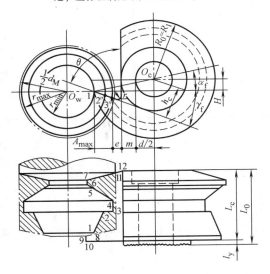

图 4-64　圆体成形车刀的结构尺寸

$$d_0=2R_0\geq 2(A_{max}+e+m)+d$$

式中　R_0——刀具廓形的最大半径；

A_{max}——工件最大廓形深度，$A_{max}=\dfrac{1}{2}(d_M-d_{min})$；

e——为保证有足够的容屑空间所需的距离，一般取为 3~12mm，加工脆性材料时取小值，反之取大值；

m——刀体壁厚，由刀体强度而定，一般取为 5~8mm；

d——内孔直径，为保证刀体和心轴有足够的强度和刚度，一般取 $d=(0.25~0.45)d_0$，计算后取相近的标准值

10mm、（12mm）、16mm、（19mm）、20mm、22mm、27mm 等（不带括号者为优选系列）。

（2）夹固部分尺寸　圆体成形车刀的夹固方式如图 4-65 所示。沉头孔是为容纳心轴螺栓头部而设。当刀体尺寸较大或切削用量较大时，其成形车刀的端面常做出一段宽为 3~5mm 的凸台，凸台上可视具体情况铣齿纹（见图 4-65a）或滚花（见图 4-65b）。端面齿纹除了可防止车刀转动外，还可用于粗调刀尖高度。为简化制造，可专门做出可换的端面齿齿环（见图4-65c）。

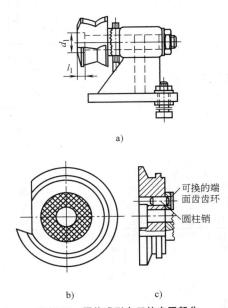

图 4-65　圆体成形车刀的夹固部分
a）端面带齿纹　b）端面滚花　c）有可换端面齿齿环

圆体成形车刀传递转矩的方式有两种：一种是靠圆柱销，即图 4-65c 中的定位销，除了固定端面齿环外，还起传递转矩的作用；二是靠键（见图 4-66），这种方法可承受较大的切削力。一般圆柱销式常用在单轴自动车床上，而键槽式常用于多轴自动机床上。

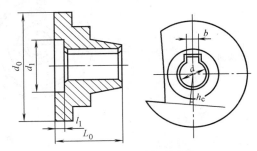

图 4-66　带键槽圆体成形车刀

圆体成形车刀的典型结构尺寸见表 4-176~表 4-179。

表 4-176 端面带齿纹的圆体成形车刀结构尺寸 （单位：mm）

结构图

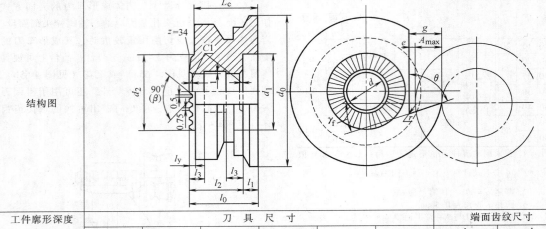

工件廓形深度	刀 具 尺 寸						端面齿纹尺寸	
A_{max}	d_0	d	d_1	g_{max}	e	r	d_2	l_y
<4	30	10	16	7	3	1	—	—
4~6	40	13	20	10	3	1	20	3
6~8	50	16	25	12	4	1	26	3
8~10	60	16	25	14	4	2	32	3
10~12	70	22	34	17	5	2	35	4
12~15	80	22	34	20	5	2	40	4
15~18	90	22	34	23	5	2	45	5
18~21	100	27	40	26	5	2	50	5

注：1. 表中外径 d_0 允许用于 A_{max} 更小的情况。

2. 沉头孔深度 $l_1 = \left(\dfrac{1}{4} \sim \dfrac{1}{2} \right) l_0$。

3. g_{max} 是按 A_{max} 上限给出的，由 $g = A_{max} + e$ 计算得出的 g 值圆整为 0.5 的倍数。内孔成形车刀的 e 值可小于表中的值。

4. 当孔深 $l_2 > 15$mm 时，需加空刀槽，$l_3 = \dfrac{1}{4} l_2$。

5. 当 $\gamma_f < 15°$ 时，θ 取 80°；$\gamma_f > 15°$ 时，θ 取 70°。

6. 端面齿齿形角 β 可为 60° 或 90°，齿顶宽度为 0.75mm，齿底宽度为 0.5mm，齿数 $z = 10 \sim 50$。如考虑通用，可取 $z = 34$，$\beta = 90°$。

7. 各种车床均有应用，多用于卧式车床。

表 4-177 带销钉孔的圆体成形车刀的结构尺寸（一） （单位：mm）

结构图

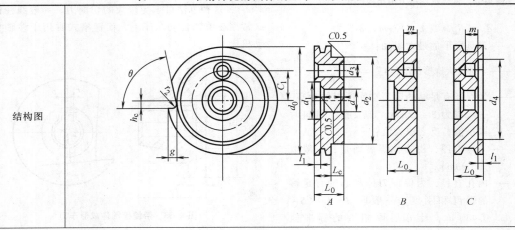

（续）

机床型号	刀具结构型式	刀具尺寸									销孔尺寸			适用的 A_{max}	允许加工宽度
		L_0	d_0	d	d_1	d_2	l_1	g	L_e	d_4	d_3	m	C_1		
	A	~6	45	10	15	—	2~5	9	6	—	4.1	—	9	~6	—
	B	>6							—						
C1312 C1318	A	≤10	52	12	20	32	2~5	11	10	30	6.2	—	11	8	60
	B	12~22				—			—			8			
	C	>22				—			—						
C1318	A	≤10	60	16	24	32	2~5	10	10	35	5.2	—	12.5	7	50
	B	12~22				—			—			8			
	C	>22				—			—						
C1325 C1336	A	≤10	68	16	24	32	2~5	14	10	38	8.2	—	14	11	80
	B	12~22				—			—			8			
	C	>22				—			—						

注：1. h_e 为刀具中心到前面的距离，由 $h_e = R_1 \sin(r_f + \alpha_f)$ 计算而得。

2. 当 $\gamma_f < 15°$ 时，θ 取 80°；$\gamma_f > 15°$ 时，θ 取 70°。

3. 多用于单轴自动车床，多轴自动车床也有应用。

表 4-178　带销钉孔的圆体成形车刀的结构尺寸（二）　　　（单位：mm）

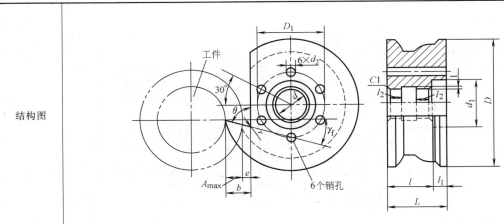

工件廓形深度 A_{max}	D	d H8	d_1	b	e	r	D_1	d_2
≤6	50	13	20	9	3	1	28	5
>6~8	60	16	25	11	3	2	34	5
>8~11	75	22	34	15	4	2	42	5
>11~14	90	22	34	18	4	2	45	6
>14~18	105	27	40	23	5	2	52	8
>18~25	125	27	40	30	5	3	55	8

注：1. 沉头孔深度 $l_1 = \left(\dfrac{1}{4} \sim \dfrac{1}{2} \right) L$。

2. 当孔深 $l > 15$mm 时，需加空刀槽，$l_2 = \dfrac{1}{4} l$。

3. 当 $\gamma_f < 15°$ 时，θ 取 80°；$\gamma_f > 15°$ 时，θ 取 70°。

表 4-179　带键槽的圆体成形车刀结构尺寸

（单位：mm）

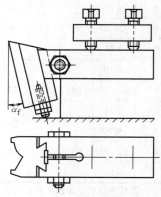

机床型号	d_0	d	L_0	d_1	l_1	g	b	t_1'	允许加工宽度
C2132 · 6 C2150 · 6	~76	22	22	32	4	14	6	24.1	120 (140)

注：1. 键承受切削力矩较大，L_0 可大些，常按18、
20、25、30、35、40、45等系列选用。

2. $\gamma_f < 15°$ 时，θ 取 80°；$\gamma_f > 15°$ 时，θ 取 70°。

3. 多用于多轴自动车床，卧式车床和转塔车床上
也可应用。

3. 成形车刀的刀夹与夹固结构

（1）棱体成形车刀的夹固法　棱体成形车刀是
以燕尾的底面或与其平行的面作为定位基准装夹在
刀夹的燕尾槽内。图4-67是一种刀夹结构。安装时

须保证刀具倾斜所需的后角 α_f，并使刀尖位于与工
件轴心等高的位置上，通过夹紧螺栓将刀具装夹在
正确的工作位置。刀具下部有一调节螺钉，可用来
调整刀尖位置的高低，并可增加工作时的稳定性。
此刀夹的优点是装拆迅速，缺点是刀夹体刚度较小，
且不能保证刀具准确的轴向位置。

图 4-67　棱体成形车刀的夹固

为了增加刀夹体的刚度，在自动车床上广泛采
用图4-68所示的装夹结构。刀夹体2与刀垫1被两个

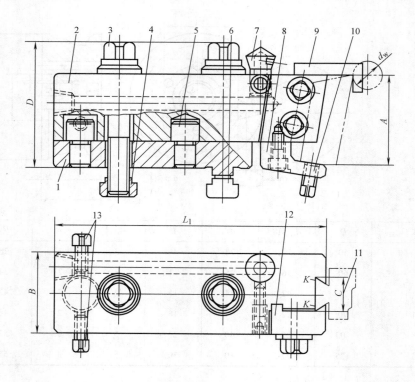

图 4-68　自动机床上用的棱体成形车刀刀夹结构

1—刀垫　2—刀夹体　3—固定螺栓　4、6—T形键　5—定位销　7—喷嘴（接切削液管）　8—托架
9—对刀样板　10、13—调节螺钉　11—成形车刀　12—活动燕尾斜块

带 T 形键的螺栓 3 固定在机床拖板上。棱体成形车刀 11 被活动燕尾斜块 12 和螺钉压紧在刀夹体燕尾槽内，托架 8 紧固在刀夹体上以支承棱体成形车刀，增加夹持刚度。通过对刀样板 9 与托架上的调节螺钉 10 来调整装刀高度；拧动刀夹体两侧的调节螺钉 13，使刀夹体连同棱体成形车刀绕定位销 5 转动，以调整刀具安装基准 $K—K$ 与工件轴线的平行度。该刀夹调整迅速、可靠、结构刚度高，但制造较复杂。典型结构尺寸见表 4-180。

表 4-180　燕尾斜块夹固典型结构尺寸

（单位：mm）

机床型号		C2420.6 C2432.4			C2132.6D C2150.6D C2150.4D C2216.6				C2163.6 C2220.6			
主要尺寸	A	55			60				70			
	C	20	30	40	20	30	40	60	20	30	40	60
	B	46	56	66	46	56	66	80	46	56	66	80
	D	70			80				90			
	L_1	152			58				186			
	d_w	32			50				63			

　　（2）圆体成形车刀的夹固法　图 4-69 为单支承式圆体车刀的刀夹结构。齿环 3 上的销子 2 插入刀具的销孔中，齿环的齿纹与扇形齿板 4 上的齿纹相啮合。刀尖高度的粗调节用端面齿上的齿纹相错位来完成。精调节利用刀夹孔内的螺杆 8，通过扇形齿

板 4、齿环 3 并带动圆体成形车刀一起转动来完成。销子 7 用于控制扇形齿板的转动范围。为了避免上紧夹固螺栓时发生转动，故在夹固螺栓 1 的表面上开一条细长槽，用螺钉 5 锁死。刀夹通过榫槽及螺栓与机床刀架连接。此刀夹的优点是夹固可靠，缺点是工件与刀具间相对位置调整比较费事，且刀具轴线与工件轴线的平行度难以控制。

　　图 4-70 的刀夹结构与图 4-69 相仿。其特点是可以通过刀夹两侧的调节螺钉 6 调整圆体成形车刀的轴线与工件轴线间的平行度。

　　图 4-71 为双支承式圆体成形车刀刀夹结构，适用于宽度较大的成形车刀。刀尖高度的调整方法与单支承式刀夹相仿。

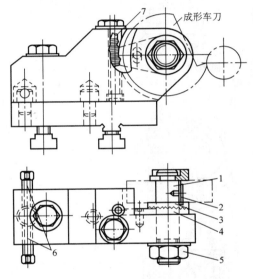

图 4-70　单支承式圆体成形车刀刀夹结构（二）
1—心轴　2—定位键　3—齿环　4—扇形齿板
5—螺母　6—调节螺钉　7—螺杆

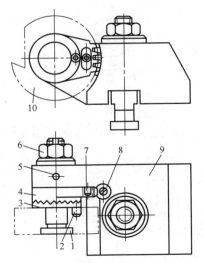

图 4-69　单支承式圆体成形车刀刀夹结构（一）
1—夹固螺栓　2、7—销子　3—齿环
4—扇形齿板　5—螺钉　6—螺母
8—螺杆　9—刀夹　10—成形车刀

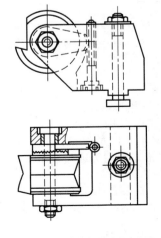

图 4-71　双支承式圆体成形车刀刀夹结构

图 4-72 和图 4-73 为在卧式车床上使用的刀夹结构。在图 4-73 所示的刀夹上，刀具与工件轴线间的相对位置可利用偏心衬套 6 来调节，衬套 6 也同时有改变刀尖位置高低的作用。

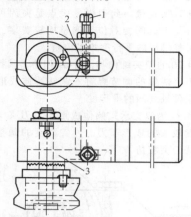

图 4-72　卧式车床上用的刀夹结构（一）
1—螺钉　2—圆销　3—调整板

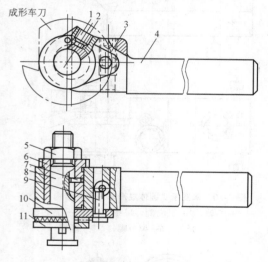

图 4-73　卧式车床上用的刀夹结构（二）
1—螺钉　2—垫块　3—螺钉　4—刀体　5—螺母
6—偏心衬套　7、9—销子　8—心轴
10—扇形齿板　11—齿环

图 4-74 为回轮式转塔车床上用圆体成形车刀刀夹结构。加工内孔用的圆体成形车刀的装夹方法与回轮式转塔车床所用方法大致相同（见图 4-75）。

4.6.5　成形车刀的刃磨与技术要求

1. 成形车刀的刃磨

成形车刀都只需刃磨前面，刃磨时要保证砂轮与成形车刀相对位置的正确，以获得设计时的前角和后角。

圆体成形车刀的刃磨，一般是在工具磨床上进

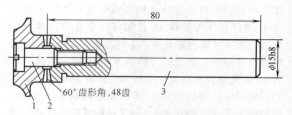

图 4-74　回轮式转塔车床上用圆体成形车刀刀夹结构
1—成形车刀　2—螺钉　3—刀体

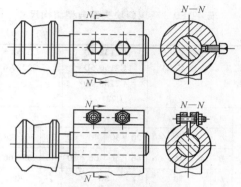

图 4-75　内孔成形车刀夹固法

行的。图 4-76 是有检验圆的圆体成形车刀的刃磨装置。

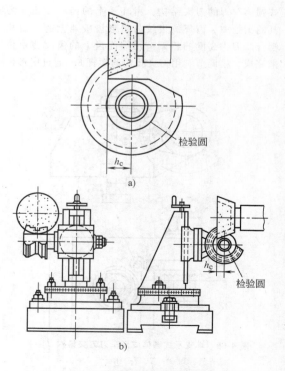

图 4-76　有检验圆的圆体成形车刀的刃磨
a）刃磨原理图　b）车刀刃磨装置图

对无检验圆的圆体成形车刀，刃磨需使用专用夹具，以便刃磨时控制前面与刀具轴线间垂直距离 h_c（见图4-77）。图 4-78 为据此原理设计的刃磨专用夹具。被刃磨的圆体成形车刀的外径为 30～80mm，内孔直径为 10mm、12mm 和 16mm。夹具体上部装有凸缘套筒 10 和定位板 7，心轴 9 上开有一条窄长槽，销钉的一端插入其中，以防止心轴与套筒间的相对转动。待刃磨的成形车刀可安装在夹具的相应配合部分上，根据车刀的尺寸可使用折叠板 2 或 3 来安装和紧固带有三个不同配合孔的车刀。在刃磨过程中，可用游标卡尺、千分尺或其他量具来检验刃磨尺寸 h_c。

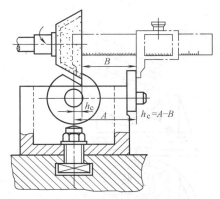

图 4-77　无检验圆的圆体成形车刀刃磨原理图

$h_c = A - B$

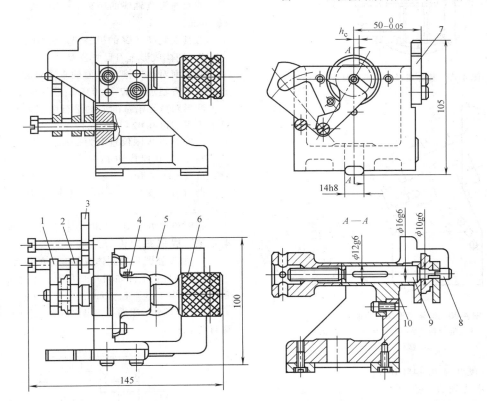

图 4-78　圆体成形车刀刃磨专用夹具

1、2、3—折叠板　4—销钉　5—夹具体　6—螺母　7—定位板　8—快换套筒　9—心轴　10—凸缘套筒

图 4-79 是棱体成形车刀双向万能刃磨装置。刃磨时，应将刀具后面与砂轮表面的垂线调成 ($\alpha_f + \gamma_f$) 的角度。图 4-80 是一种用在平口钳上刃磨棱体成形车刀的专用夹具，使用时可直接夹在平口钳上。定位板 1 用于棱体成形车刀在型面方向上的定位。棱体成形车刀的 ($\gamma_f + \alpha_f$) 角度是通过定位销 6 给予确定的。右侧定位销紧固在夹具体上，左侧有数个定位销孔，活动定位销可分别放入各孔中。两销中心连线与夹具体燕尾基面之间的夹角制成棱体成形

车刀常用的几种 ($\gamma_f + \alpha_f$) 角度。加工时，根据图样要求的 ($\gamma_f + \alpha_f$) 角度，调整活动定位销在相应的孔中，然后置于平口钳上，夹具即得到正确安装。

2. 成形车刀的技术要求

（1）刀具材料、热处理和硬度

1）成形车刀通常用高速工具钢制造。圆体成形车刀除直径较大的以外，一般均用高速工具钢整体制造。棱体成形车刀可以做成焊接式的，即切削部分用高速工具钢（有时用硬质合金），刀体用 45 钢

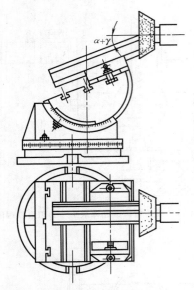

图 4-79 棱体成形车刀刃磨装置（一）

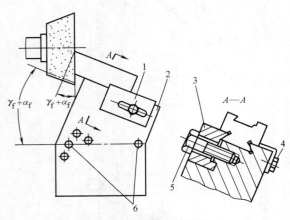

图 4-80 棱体成形车刀刃磨装置（二）
1—定位板 2—夹具体 3—夹紧块
4、5—螺钉 6—定位销

或 40Cr（硬度为 40~45HRC）。

2）热处理方法为淬火加回火，硬度为 63~66HRC，同时还要进行氧氮化或盐浴氰化等表面热处理。

3）成形车刀切削部分不应有脱碳及软化点。

（2）表面粗糙度

1）前、后面：$Ra0.2\mu m$。

2）基准表面：$Ra0.8\mu m$。

3）其余表面：$Ra1.6 \sim Ra3.2\mu m$。

（3）成形车刀的尺寸公差

1）廓形公差可参考表 4-181 选取。

2）圆体成形车刀尺寸公差：

外径 d_0 按 h11~h13 选取；

内孔 d 按 H6~H8 选取；

表 4-181 成形车刀的廓形公差

（单位：mm）

工件直径或 宽度公差	刀具廓形 深度公差	刀具廓形 宽度公差
≤0.12	0.020	0.040
>0.12~0.20	0.030	0.060
>0.20~0.30	0.040	0.080
>0.30~0.50	0.060	0.100
>0.50	0.080	0.200

注：表中所列公差值，其极限偏差为对称分布。

前面对轴线平行度误差在 100mm 长度上不得超过 0.15mm；

图中未注明的角度极限偏差为 ±1°；

前面与刀具轴线的距离 h_c 的极限偏差为 ±0.1~±0.3mm；

刀具安装高度 H 的极限偏差为 -0.3~-0.1mm。

3）棱体成形车刀尺寸公差：

两侧面对燕尾槽基准面的垂直度误差在 100mm 长度上不得超过 0.02~0.03mm；

廓形对燕尾槽基准面的平行度误差在 100mm 长度上不得超过 0.02~0.03mm；

高度 H 的极限偏差取为 ±2mm；

宽度 L_0 和厚度 B 的极限偏差，如图中未注明时，可按 h11 选取；

楔角 β_f（$90° - \gamma_f - \alpha_f$）的制造极限偏差取为 ±10′~±30′；

廓形角度极限偏差如图中未注明时，取为 ±1′；

4.6.6 成形车刀设计示例

1. 加工外圆用的圆体成形车刀的设计

已知条件：工件如图 4-81 所示，工件材料为易削钢 Y15，圆棒料，直径 32mm，大批量生产，用成形车刀加工出全部外圆表面并切出预切槽，用 C1336 单轴转塔自动车床。

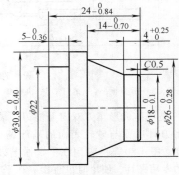

图 4-81 工件图

试设计加工该工件用的圆体成形车刀。

设计步骤如下：

1）选择刀具材料。选用普通高速工具钢 W18Cr4V 制造。

2）选择前角 γ_f 及后角 α_f。由表 4-171 查得：$\gamma_f = 15°$，$\alpha_f = 10°$。

3）画出刀具廓形（包括附加刃）计算图（见图 4-82）。取 $\kappa_r = 20°$，$l_a = 3mm$，$l_b = 1.5mm$，$l_c = 6mm$，$l_d = 0.5mm$。标出工件廓形各组成点 1～12。以 0—0 线（通过 9—10 段切削刃）为基准（以便对刀），计算出 1～12 点各处的计算半径 r_{jx}（为避免尺寸偏差值对计算准确性的影响，故常采用计算尺

寸——计算半径、计算长度和计算角度来计算）。其计算式为

计算半径：　　$r_{jx} = 公称半径 \pm \dfrac{半径公差}{2}$

计算长度：　　$l_{jx} = 公称长度 \pm \dfrac{长度公差}{2}$

计算角度：　　$\theta_{jx} = 公称角度 \pm \dfrac{角度公差}{2}$

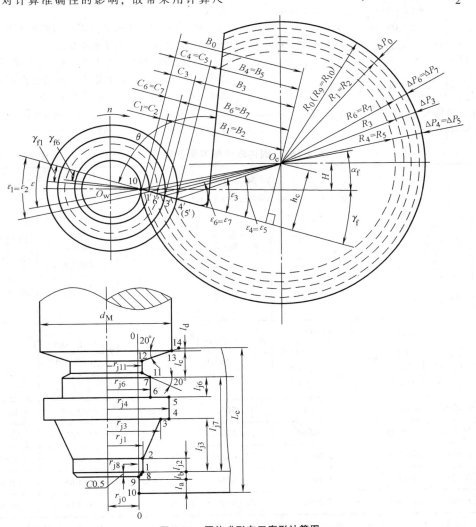

图 4-82　圆体成形车刀廓形计算图

本题计算半径为：

$$r_{j1} = r_{j2} = \frac{18 - \dfrac{0.1}{2}}{2} mm = 8.975mm$$

$$r_{j3} = \left(13 - \frac{0.28}{4}\right) mm = 12.930mm$$

$$r_{j4} = r_{j5} = \left(15.4 - \frac{0.40}{4}\right) mm = 15.300mm$$

$$r_{j6} = r_{j7} = 11.00mm$$

$$r_{j8} = r_{j1} - 0.5mm = 8.475mm$$

$$r_{j11} = r_{j12} = r_{j6} - \frac{0.5}{\tan 20°} mm = 9.626mm$$

再以 1 点为基准点，求出计算长度：

$$l_{j2} = \left[(4 - 0.5) + \frac{0.25}{2}\right] mm = 3.63mm$$

$$l_{j3} = l_{j4} = \left[(14-0.5) - \frac{0.70}{2}\right] \text{mm} = 13.15\text{mm}$$

$$l_{j6} = \left(5 - \frac{0.36}{2}\right) \text{mm} = 4.82\text{mm}$$

$$l_{j7} = l = \left[(24-0.5) - \frac{0.84}{2}\right] \text{mm} = 23.08\text{mm}$$

4）计算切削刃总宽度 L_c，并检验 L_c/d_{min} 之值：

$$L_c = l + l_a + l_b + l_c + l_d$$
$$= (23.08 + 3 + 1.5 + 6 + 0.5) \text{mm}$$
$$= 34.08\text{mm}$$

取 $L_c = 34$mm，$d_{min} = 2r_{j8} = 2 \times 8.475$mm $= 16.95$mm，则

$$\frac{L_c}{d_{min}} = \frac{34}{16.95} \approx 2.0 < 2.5，满足要求。$$

5）确定结构尺寸。应使 $d_0 = 2R_0 > 2(A_{max} + e + m) + d$（见图 4-64）。

由表 4-178 查得，C1336 单轴转塔自动车床所用圆体成形车刀：$d_0 = 68$mm、$d = 16$mm，又已知毛坯半径为 16mm，则 $A_{max} = 16 - r_{j8} = (16 - 8.475)$mm ≈ 7.5mm，代入上式可得：

$$(e+m) \leqslant R_0 - A_{max} - \frac{d}{2} = (34 - 7.5 - 8) \text{mm}$$
$$= 18.5\text{mm}$$

可选取 $e = 10$mm、$m = 8$mm，并选用带销孔的结构型式。

6）用计算法求圆体成形车刀廓形上各点所在圆的半径 R_x（计算过程见表 4-182）。

标注廓形径向尺寸时，应选公差要求最严的 1—2 段廓形作为尺寸标注基准，其他各点用廓形深度 ΔR 表示其径向尺寸，ΔR 见表 4-182。

7）确定各点廓形深度 ΔR 的公差，根据表 4-181，其值列于表 4-182。

表 4-182　圆体成形车刀廓形计算　　　　　　　　（单位：mm）

$$h_C = R_0 \sin(\gamma_f + \alpha_f) = 34\sin(15° + 10°) = 14.36902$$
$$B_0 = R_0 \cos(\gamma_f + \alpha_f) = 34\cos(15° + 10°) = 30.81446$$

廓形组成点	r_{jx}	$\gamma_{fx} = \arcsin\left(\frac{r_{j0}}{r_{jx}}\sin\gamma_f\right)$	$C_x = r_{jx}\cos\gamma_{fx} - r_{j0}\cos\gamma_f$	$B_x = B_0 - C_x$	$\varepsilon_x = \arctan\left(\frac{h_c}{B_x}\right)$	$R_x = \frac{h_c}{\sin\varepsilon_x}$（取值精度 0.001）	$\Delta R = (R_1 - R_x) \pm \delta$（取值精度 0.01）
9,10（作为 0 点）	7.475	—	—	—	—	—	$\Delta R_0 = 32.607 - 34$ $= -1.39 \pm 0.1$
1,2	8.975	$\gamma_{f1} = \arcsin\left(\frac{7.475}{8.975}\sin15°\right)$ $= 12.44852°$	$C_1 = 8.975 \times$ $\cos12.44852°$ $-7.475\cos15°$ $= 1.54370$	$B_1 = 30.81446$ -1.54370 $= 29.27076$	$\varepsilon_1 = \arctan\left(\frac{14.36902}{29.27076}\right)$ $= 26.14643°$	$R_1 = \frac{14.36902}{\sin26.14643°}$ $= 32.607$	0
3	12.930	8.60529°	5.56414	25.25032	29.64260°	29.052	3.56 ± 0.02
4,5	15.300	7.26445°	7.95689	22.85757	32.15482°	27.000	5.61 ± 0.03
6,7	11.000	10.12983°	3.60823	27.20623	27.84086°	30.768	1.84 ± 0.1
8	8.475	13.19582°	1.03092	29.78354	25.75491°	33.069	-0.46 ± 0.1
11,12	9.626	11.59451°	2.20928	28.60518	26.67140°	32.011	0.60 ± 0.1

注：1. 表中只以 1 点（同 2 点）为例，说明圆体成形车刀半径 R_1 的详细计算过程，其他各点计算过程从略，只给出各步骤的计算结果。ΔR 则以 9、10 点为例计算。

　　2. ΔR 的公差是根据表 4-181 决定的。

8）检验最小后角。7—11 段切削刃与进给方向的夹角最小，因而这段切削刃上主后角最小，其值为

$$\alpha_o = \arctan[\tan(\varepsilon_{11} - \gamma_{f11})\sin20°]$$
$$= \arctan[\tan(26.67° - 11.59°)\sin20°]$$
$$= 5.27°$$

一般要求最小后角不小于 $2° \sim 3°$，校验合格。

9）车刀廓形宽度 l_k 即为相应工件廓形的计算长度 l_{jx}，其数值和公差如下（公差是按表 4-181 确定的，表中未列出者可酌情取 ± 0.2mm）：

$$l_2 = l_{j2} = (3.63 \pm 0.04) \text{mm}$$
$$l_3 = l_4 = l_{j3} = l_{j4} = (13.15 \pm 0.10) \text{mm}$$

$l_5 = l_6 = l_{j5} = l_{j6} = (4.82 \pm 0.05)\,\text{mm}$

$l_7 = l_{j7} = (23.08 \pm 0.1)\,\text{mm}$

$l_8 = l_{j8} = (0.5 \pm 0.2)\,\text{mm}$

10）画出刀具工作图及样板工作图，如图4-83 与图4-84所示。图 4-84 样板公差是按表 4-173 和表 4-174 确定的。

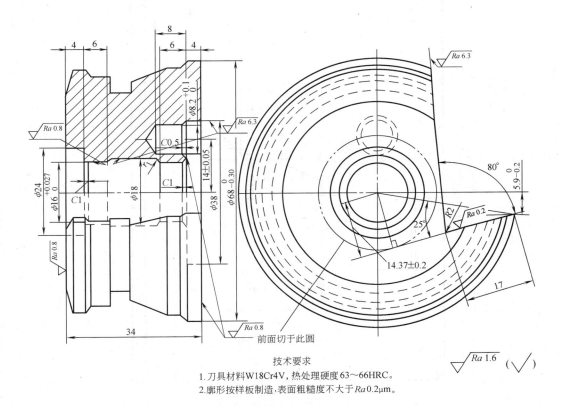

图 4-83 外圆圆体成形车刀

技术要求

1.刀具材料W18Cr4V，热处理硬度63～66HRC。

2.廓形按样板制造，表面粗糙度不大于 $Ra\,0.2\mu\text{m}$。

2. 棱体成形车刀的设计

已知条件：同加工外圆用圆体成形车刀。

设计步骤如下：

1）选择刀具材料。选用普通高速工具钢 W18Cr4V 整体制造。

2）选择前角 γ_f 及后角 α_f。由表 4-171 查得：$\gamma_\text{f} = 15°$、$\alpha_\text{f} = 12°$。

3）画出刀具廓形计算图（见图 4-85），标出工件廓形上各组成点 1～12，确定 0—0 线为基准，计算出 1～12 点处的计算半径 r_{jx}，再以 1 点为基准计算出计算长度 l_{jx}（同圆体成形车刀）。

4）确定刀具的结构尺寸。参考表 4-175 确定如下：

$$L_\text{c} = 34\,\text{mm},\ H = 75\,\text{mm},\ F = 25\,\text{mm}$$

$$B = 25\,\text{mm},\ E = 9.2\,\text{mm}$$

$$d' = 8\,\text{mm},\ f = 8\,\text{mm},\ M = 37.62_{-0.12}^{0}\,\text{mm}$$

5）用计算法求出 $N—N$ 剖面内刀具廓形上各点

至 9、10 点（零点）所在后面的垂直距离 P_x，计算见表 4-183。之后选 1—2 段廓形为基准线（其理由同圆体成形车刀），计算出刀具廓形上各点到该基准线的垂直距离 ΔP_x，即为所求的刀具的廓形深度（计算过程见表4-183）。

6）根据表 4-181，可确定各点 ΔP_x 的公差，其值见表 4-183。

7）校验最小后角（与圆体成形车刀相同）。

8）确定车刀廓形宽度 l_x（与圆体成形车刀设计相同）。

9）确定刀具的夹固方式：采用燕尾斜块夹固式。

10）画出样板工作图（略）及刀具工作图（见图4-86）。

3. 加工内孔用的圆体成形车刀的设计

已知条件：工件廓形和尺寸如图 4-87 所示。工件材料为 $R_\text{m} = 539\text{MPa}$ 的钢料。

试设计加工该工件用的圆体成形车刀。

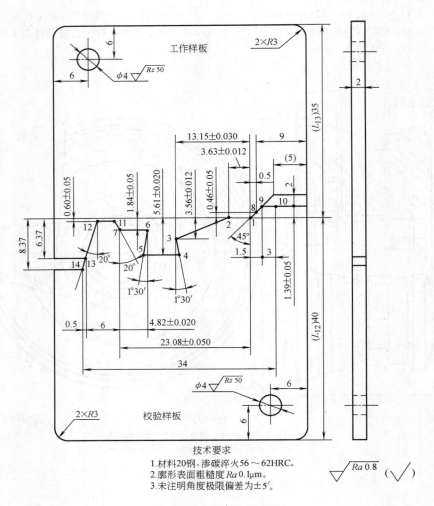

图 4-84 圆体成形车刀样板

表 4-183 棱体成形车刀廓形计算 （单位：mm）

$$h = r_{j0}\sin\gamma_f = 7.475\sin15° = 1.93467$$
$$A_0 = r_{j0}\cos\gamma_f = 7.475\cos15° = 7.22030$$

廓形组成点	r_{jx}	$\gamma_{fx} = \arcsin\left(\dfrac{h}{r_{jx}}\right)$	$A_x = r_{jx}\cos\gamma_{fx}$	$C_x = A_x - A_0$	$P_x = C_x\cos(\gamma_f+\alpha_f)$（取值精度 0.001）	$\Delta P = (P_x-P_1)\pm\delta$（取值精度 0.01）
9,10（作为 0 点）	7.475	—				$\Delta P_0 = -P_1$ $= 1.38\pm0.1$
1,2	8.975	$\gamma_{f1} = \arcsin$ $\left(\dfrac{1.93467}{8.975}\right)$ $= 12.44851°$	$A_1 = 8.975\times$ $\cos12.44851°$ $= 8.76400$	$C_1 = 8.76400-$ 7.22030 $= 1.54370$	$P_1 = 1.54370\times$ $\cos(15°+12°)$ $= 1.375$	0
3	12.930	8.60528°	12.78444	5.56414	4.958	$\Delta P_3 = 4.958-1.375$ $= 3.58\pm0.02$
4,5	15.300	7.26444°	15.17719	7.95689	7.090	5.72 ± 0.03
6,7	11.000	10.12982°	10.82853	3.60823	3.215	1.84 ± 0.1
8	8.475	13.19581°	8.25122	1.03092	0.919	-0.46 ± 0.1
11,12	9.626	11.59449°	9.42958	2.20928	1.968	0.59 ± 0.1

注：1. 表中只以 1 点（同 2 点）为例，说明棱体成形车刀 P_1 的详细计算过程，其他各点的计算过程从略，只给出各步骤的计算结果。ΔP 则以 3 点为例计算。
2. ΔP 的公差是根据表 4-181 决定的。

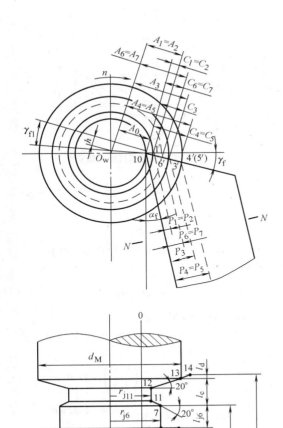

图 4-85　棱体成形车刀廓形计算图

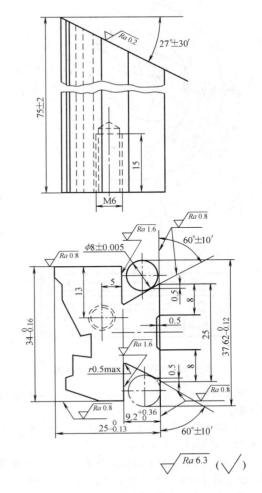

图 4-86　棱体成形车刀

技术要求

1. 材料 W18Cr4V，热处理硬度62～66HRC。

2. 廓形表面按样板制造，表面粗糙度 $Ra0.2\mu m$。

设计步骤如下：

1）选择刀具材料。刀具选用普通高速工具钢 W18Cr4V 制造。

2）选择前角 γ_f 及后角 α_f。由表 4-171 查得：$\gamma_f=15°$，$\alpha_f=10°$。

3）画出刀具廓形计算图，如图 4-88 所示。

4）确定刀具结构尺寸。工件廓形最大深度 $A_{max}=7mm$，查表 4-176 得，可取刀具外径 $d_0=50mm$。但刀具最大允许外径应能通过工件已有孔，且其值一般不得超过所加工孔的最小孔径的 0.8 倍，即

$$d_0 \leq 0.8d_{min}=0.8\times55mm=44mm$$

故刀具的外径 d_0 取为 45mm。

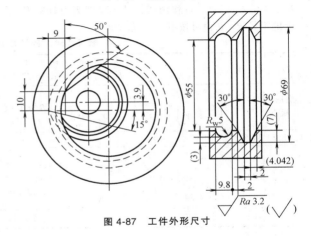

图 4-87　工件外形尺寸

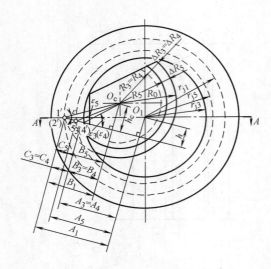

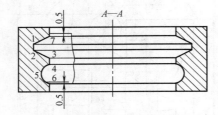

图 4-88 内孔成形车刀廓形计算图

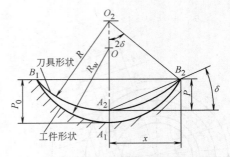

图 4-89 用近似圆弧代替曲线法

$$\tan\delta = \frac{P}{x}$$

$$R = \frac{x}{\sin 2\delta}$$

本题刀具廓形圆弧部分半径计算步骤如下：

由图 4-87 中可知

$$x = \frac{9.8}{2}mm = 4.9mm$$

刀具圆弧部分廓形深度：

$$P = R_5 - R_3 = (19.719 - 16.169)mm = 3.55mm$$

故

$$\delta = \arctan\left(\frac{P}{x}\right) = \arctan\left(\frac{3.55}{4.9}\right) = 35.923°$$

$$R = \frac{x}{\sin 2\delta} = \frac{4.9}{\sin(2 \times 35.923°)}mm = 5.15mm$$

刀具圆弧的廓形用一切线（图 4-90 中 A—A 剖面）与工作部分相接，接点处直线与车刀端平面内夹角可取为

$$\kappa_r = 90° - 2\delta = 90° - 71°51' = 18°9'$$

7）刀具切削刃宽度 L_c。根据图 4-87 工件上尺寸 L_c 可取为

$$L_c = (9.8 + 2 + 4.042 + 2 + 4.042 + 2 \times 0.5)mm \approx 23mm$$

式中，2×0.5 为车刀左右两端超越量。

刀具上半部的 50°切口斜平面是为使刀具能顺利进入工件已有的孔中。

8）绘制刀具工作图（见图 4-90）。

其余结构尺寸按表 4-176 中 $d_0 = 40mm$ 一栏中数据选取。

5）用计算法求成形车刀廓形上各点所在圆的半径 R_x（计算过程见表 4-184）。

6）计算刀具廓形上圆弧部分半径 R。在工件圆弧精度要求不高时，与工件圆弧部分相应的刀具曲线可以用圆弧代替（见图 4-89）。

图 4-89 中 $\widehat{B_1A_1B_2}$ 表示已知工件廓形上的圆弧，半径为 R_w，中心在 O，廓形深度为 P_0。通过计算可求出刀具上的廓形深度 P，由此确定了 A_2 点。通过 B_1、A_2、B_2 三点，可作圆弧，其半径即为刀具廓形上的半径 R。R 值可按下列公式求出

表 4-184 内孔成形车刀廓形计算 （单位：mm）

$$h_c = R_0\sin(\gamma_f + \alpha_f) = 22.5\sin(15° + 10°) = 9.50891$$
$$B_1 = R_0\cos(\gamma_f + \alpha_f) = 22.5\cos(15° + 10°) = 20.39193$$

廓形组成点	r_{jx}	$\gamma_{fx} = \arcsin\left(\frac{r_{j1}}{r_{jx}}\sin\gamma_f\right)$	$C_x = r_{j1}\cos\gamma_f - \gamma_{jx}\cos\gamma_{fx}$	$B_x = B_1 - C_x$	$\varepsilon_x = \arctan\frac{h_c}{B_x}$	$R_x = \frac{h_c}{\sin\varepsilon_x}$	$\Delta R = (R_1 - R_x) \pm \delta$
1,2	34.5	—	—	—	—	—	0
3,4 6,7	27.5	$\gamma_{f3} = \arcsin\left(\frac{34.5}{27.5}\sin15°\right) = 18.94742°$	$C_3 = 34.5\cos15° - 27.5 \times \cos18.94742° = 7.31447$	$B_3 = 20.39193 - 7.31447 = 13.07746$	$\varepsilon_c = \arctan\left(\frac{9.50891}{13.07746}\right) = 36.02173°$	$R_3 = \frac{9.50891}{\sin36.02173°} = 16.16909$	$\Delta R_3 = 22.5 - 16.169 = 6.33 \pm 0.03$
5	31.5	16.46732°	3.11652	17.27541	28.82972°	19.71951	$\Delta R_5 = 2.78 \pm 0.02$

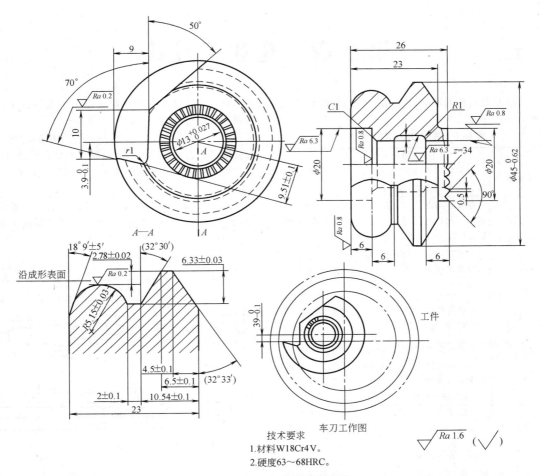

技术要求
1.材料W18Cr4V。
2.硬度63～68HRC。

图 4-90 加工内孔用的圆体成形车刀

第5章 孔加工刀具

孔加工刀具按其用途和结构特点划分的种类见表 5-1。

表 5-1 孔加工刀具的种类

类别	主要用途及特点
麻花钻	在实体零件上钻孔或对已有的孔进行扩钻。沟为螺旋状，可多次刃磨
深孔钻	在实体零件上钻削孔深与孔径之比大于 5 的孔。在其结构设计上重点考虑冷却、排屑和导向
扩孔钻	对已有的孔进行定尺寸扩削，或精加工孔的过渡工序用。刃多，其刚度和精度优于麻花钻
锪钻	对已有孔的端部加工成一定型面（锥孔、球面、埋头凹孔等）用的工具
中心钻	在旋转实体零件两端加工中心孔用
套料钻	在实体零件上钻环状孔用，可减少切削阻力或节约材料。多用于板状工件上钻较大孔，或特种材料钻孔
铰刀	对已钻、扩过的孔进行最后精加工用的铰削工具，可获得较高精度和较低的表面粗糙度
镗刀	对已有的孔进行扩大用的镗削工具。同一把刀所加工的孔径可变。加工精度及表面质量较高
特殊用途孔加工刀具	为实现某种特殊需求而设计的孔加工刀具
拉刀	详见第 7 章

每类孔加工刀具按其服务对象及结构特点又分为若干种。

5.1 麻花钻

5.1.1 麻花钻的典型结构

1. 高速工具钢麻花钻的结构

标准锥柄高速工具钢麻花钻由三部分组成（见图5-1a）：

（1）工作部分 又分为切削部分与导向部分。切削部分担负着主要切削工作；导向部分的作用是当切削部分切入工件孔后起导向作用，也是切削部分的备磨部分。为了提高钻头的刚性与强度，其工作部分的钻心直径 d_c 向柄部方向递增，每100mm 长度上钻心直径的递增量为1.4~2mm（见图 5-1d）。

（2）柄部 钻头的夹持部分，并用来传递转矩。

柄部分直柄与锥柄两种，前者用于小直径钻头，后者用于大直径钻头。

（3）颈部 颈部位于工作部分与柄部之间，可为磨柄部时退砂轮之用，也是钻头打标记的地方。

为了制造方便，直柄麻花钻一般不制有颈部（见图 5-1b）。

麻花钻的切削部分由两个前面、后面、副后面（临近主切削刃的棱带）、主切削刃、副切削刃及一个横刃组成（见图 5-1c）。

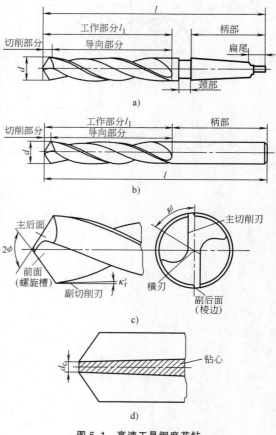

图 5-1 高速工具钢麻花钻

a）标准锥柄高速工具钢麻花钻结构组成
b）直柄麻花钻结构组成
c）麻花钻切削部分组成 d）钻心直径

2. 麻花钻切削部分的几何参数

（1）基面 p_r 与切削平面 p_s

1）基面：主切削刃上任意点的基面，即通过该

点，垂直于该点切削速度方向的平面。主切削刃上各点因其切削速度方向不同，基面位置也不同（见图 5-2a）。不难看出，基面总是包含钻头轴线的平面。

2）切削平面：主切削刃上任意点的切削平面，是包含该点切削速度方向，而又切于该点加工表面的平面。同样，由于主切削刃上各点的切削速度方向不同，切削平面位置也不同。

图 5-2b 所示是钻头切削部分最外缘 A 点的基面与切削平面。

（2）螺旋角 β　钻头外圆柱面与螺旋槽交线的切线与钻头轴线的夹角为螺旋角 β（见图 5-3b）。图 5-3a 为钻头螺旋槽的展开图，由图可知：

$$\tan\beta = \frac{2\pi R}{P} \tag{5-1}$$

式中　R——钻头半径（mm）；

　　　P——螺旋槽的导程（mm）。

由于螺旋槽上各点的导程 P 相等，因而在麻花钻的主切削刃上沿半径方向各点的螺旋角 β 就不相同。

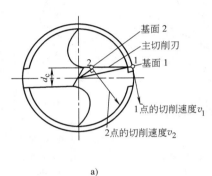

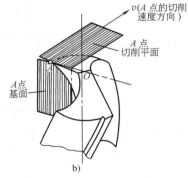

图 5-2　麻花钻的基面与切削平面

a）基面　b）切削平面

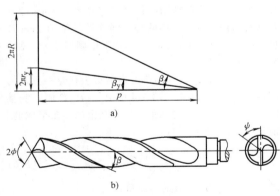

图 5-3　麻花钻的螺旋角

a）钻头螺旋槽的展开图　b）螺旋角 β

由图 5-3a 可知，切削刃上任一点 y 的螺旋角 β_y：

$$\tan\beta_y = \frac{2\pi r_y}{P} = \frac{r_y}{R}\tan\beta \tag{5-2}$$

式中　r_y——主切削刃上任意点的半径（mm）。

由式 5-2 可知，钻头外径处的螺旋角最大，越靠近钻头中心，其螺旋角越小。螺旋角实际上就是钻头进给前角 γ_f。因此，螺旋角越大，钻头的进给前角越大，钻头越锋利。但是螺旋角过大，会削弱钻头强度，散热条件也差。标准麻花钻的螺旋角一般在 18°~30° 范围内，大直径钻头取大值（见表 5-2）。

（3）刃倾角 λ_s 与端面刃倾角 λ_t　由于麻花钻的主切削刃不通过钻头轴线，从而形成刃倾角 λ_s。它是在切削平面内主切削刃与基面之间的夹角，因为主切削刃上各点基面与切削平面位置不同，因此刃倾角也是变化的。图 5-4 的 P_s 向视图中表示出主切削刃上最外缘处的刃倾角。

麻花钻主切削刃上任意点的端面刃倾角 λ_{ty}，是该点的基面与主切削刃在端面投影中的夹角（见图 5-4）。由于主切削刃上各点的基面不同，因此各点的端面刃倾角也不相等，外缘处最小，越接近钻心

表 5-2　麻花钻的螺旋角

钻头直径 d/mm	0.25~0.35	0.4~0.45	0.5~0.7	0.75~0.95	1.0~1.9	2.0~2.9	3.0~3.4	3.5~4.4	4.5~6.4	6.5~8.4	8.5~9.9	10~80
螺旋角 β/(°)	18	19	20	21	22	23	24	25	26	27	28	30

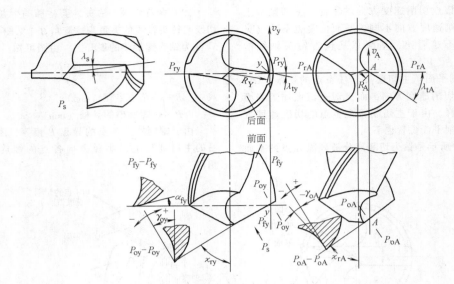

图 5-4 麻花钻的刃倾角、主偏角和前角

越大。主切削刃上任意一点 y 的端面刃倾角可按下式计算：

$$\sin\lambda_{ty} = \frac{d_c}{2r_y} \qquad (5\text{-}3)$$

式中　d_c——钻心直径（mm）；

　　　r_y——主切削刃上任意点的半径（mm）。

麻花钻主切削刃上任意一点 y 的刃倾角与端面刃倾角的关系为

$$\sin\lambda_{sy} = \sin\lambda_{ty}\sin\phi = \frac{d_c}{2r_y}\sin\phi \qquad (5\text{-}4)$$

式中　ϕ——标准麻花钻顶角的一半。

（4）顶角 2ϕ 与主偏角 κ_r　钻头的顶角 2ϕ 是两个主切削刃在与其平行的平面上投影的夹角（见图 5-3b）。标准麻花钻取顶角 $2\phi = 118°$，顶角与基面无关。不同被加工材料的顶角可按表 5-3 选择。

表 5-3　根据被加工材料选择顶角 2ϕ

[单位：（°）]

被加工材料	顶角 2ϕ
普通钢、铸铁、硬青铜	116~120
不锈钢、高强度钢、耐热合金	125~150
黄铜、软青铜	130
铝合金、巴氏合金	140
纯铜	125
锌合金、镁合金	90~100
硬橡胶、硬塑料、胶木	90 或更小

钻头的主偏角 κ_r 是主切削刃在基面上的投影与进给方向的夹角（见图 5-4）。由于主切削刃上各点基面位置不同，因此主切削刃上各点的主偏角也是变化的。

主切削刃上任意一点 y 的主偏角 κ_{ry} 可按下式计算：

$$\tan\kappa_{ry} = \tan\phi\cos\lambda_{ty} \qquad (5\text{-}5)$$

由式 5-5 可见，越接近钻心主偏角越小。

（5）副偏角 κ_r'　为了减小导向部分与孔壁的摩擦，除了规定直径大于 0.75mm 的麻花钻在导向部分上制有两条窄的棱边，还规定直径大于 1mm 的麻花钻有向柄部方向减小的直径倒锥量（每 100mm 长度上减小 0.03~0.12mm），从而形成副偏角 κ_r'（见图 5-1c）。

（6）前角 γ_o　麻花钻主切削刃上任意一点 y 的前角 γ_{oy} 是在主剖面（图 5-4 中 $P_{oy}-P_{oy}$ 剖面）测量的前面与基面之间的夹角，前角是由螺旋角形成的。前角 γ_{oy} 可用下式计算：

$$\tan\gamma_{oy} = \frac{\tan\beta_y}{\sin\kappa_{ry}} + \tan\lambda_{ty}\cos\kappa_{ry} \qquad (5\text{-}6)$$

式中　β_y——任意点的螺旋角；

　　　κ_{ry}——任意点的主偏角；

　　　λ_{ty}——任意点的端面刃倾角。

从式 5-6 明显看出，麻花钻主切削刃各点前角变化很大，从外缘到钻心，前角由 30° 减到 -30°，如图 5-5 所示。

（7）后角 α_f　麻花钻主切削刃上任意一点 y 的后角 α_{fy} 是在以钻头轴线为轴心线的圆柱面的切平面上测量的，如图 5-6 所示。这是由于主切削刃在进行切削时做圆周运动，进给后角比较能够反映钻头后面与加工表面之间的摩擦关系，同时测量也方便。

刃磨后角时，应沿主切削刃将后角从外缘到中

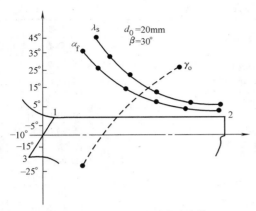

图 5-5　主切削刃上各点角度变化

1—2—主切削刃位置　1—3—横刃位置

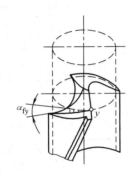

图 5-6　麻花钻的后角

心逐渐增大（见图 5-5），这是因为钻削时，除了回转运动外，还有直线进给运动，切削刃上任意点的运动轨迹是螺旋线，展开后如图 5-7 所示为一条倾斜 μ 角的斜线。此时切削刃上该点的工作后角 α_e 要减去一个 μ 角，即

$$\alpha_e = \alpha_{fy} - \mu$$

式中　α_{fy}——主切削刃上任一点 y 的后角；

　　　μ——切削平面所改变的角度，$\mu = \arctan(f/\pi d_y)$，d_y 为钻头上任一点 y 处的直径（mm）；

　　　f——进给量（mm/r）。

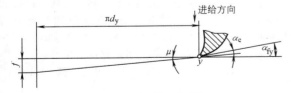

图 5-7　钻头的工作后角

μ 角随 d_y 的减小而增大，故越靠近钻心，工作后角 α_e 越小。这样就要求在刃磨后角时，越靠近钻心处后角刃磨得越大，以弥补 μ 角的影响。这样刃磨与前角变化相适应，使主切削刃上各点的楔角保

持一定数值，不致相差太大。中心处的后角加大后，可改善横刃处的切削条件。

标准麻花钻外缘处的后角 α_f 可按表 5-4 选取。

表 5-4　标准麻花钻的后角 α_f

钻头直径 d/mm	~1	>1~15	>15~30	>30~80
钻头后角 α_f（外缘处）/(°)	20~30	11~14	9~12	8~12

注：麻花钻的副后角为零度。

（8）横刃角度　横刃是两个主后面的相交线（见图 5-8）。b_ψ 为横刃长度；在端面投影上，横刃与主切削刃之间的夹角为横刃斜角 ψ，标准麻花钻的横刃斜角 $\psi = 50° \sim 55°$。当后角磨得偏大时，横刃斜角减小，横刃长度增大。因此，在刃磨麻花钻时，可以观察 ψ 角的大小来判断后角是否磨得合适。

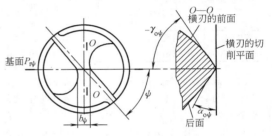

图 5-8　麻花钻的横刃角度

横刃是通过钻头中心的，并且它在钻头端面上的投影为一条直线，因此横刃上各点的基面是相同的。从横刃上任一点的主剖面 O—O 可以看出，横刃前角 $\gamma_{o\psi}$ 为负值（标准麻花钻的 $\gamma_{o\psi} = -(54° \sim 60°)$，横刃后角 $\alpha_{o\psi} \approx 90° - |\gamma_{o\psi}|$（标准麻花钻的 $\alpha_{o\psi} = 30° \sim 36°$）。由于横刃具有很大的负前角，钻削时横刃处发生严重的挤压而造成很大的轴向力。通常横刃的轴向力约占全部轴向力的 1/2 以上。ψ 角越小，轴向力越大。由于横刃处切削条件很差，对加工工件孔的尺寸精度有较大影响。

3. 麻花钻的结构尺寸

（1）麻花钻外径系列及其倒锥度　麻花钻的外圆直径 d 是指导向部分上外圆与切削部交界处的直径。为了减少钻头工作部分外圆与孔壁的摩擦，工作部分直径由头向尾逐渐减小，即做成倒锥状，其倒锥度一般取每 100mm 长度上为 0.03~0.10mm（对直柄钻）或 0.03~0.12mm（对锥柄钻）。对于加工弹性变形较大或黏性材料，倒锥度值可以取得较大一些。

标准麻花钻的外圆直径 d 系列在 GB/T 1438.1—2008~GB/T 1438.4—2008 中已详列。现参考该标准及有关的相应标准归纳列表于表 5-5 中，供选用参考。d 的公差按 GB/T 1801—2009 的 h8。

表 5-5 标准麻花钻外圆直径 d 系列 （单位：mm）

标准	名称	外径 d 系列			标准	名称	外径 d 系列		
		范围	尾数	规格数			范围	尾数	规格数
GB/T 6135.1—2008	粗直柄小麻花钻	0.10~0.35	每 0.01	26	GB/T 1438.2—2008	锥柄长麻花钻	>14.00~32.00	每隔 0.25	72
							>32.00~50.00	每隔 0.50	36
GB/T 6135.2—2008	直柄短麻花钻	0.50~14.00	0,0.02,0.50,0.80	55	GB/T 1438.3—2008	锥柄加长麻花钻	6.00~14.00	0,0.20,0.50,0.80	33
		>14.00~32.00	每 0.25	72			>14.00~30.00	每隔 0.25（含 15.40,17.40,19.40 三个规格）	67
		>32.00~40.00	每隔 0.5	16					
GB/T 6135.3—2008	直柄长麻花钻	1.00~14.00	每隔 0.10	131	GB/T 1438.1—2008	粗锥柄麻花钻	3.00~13.80	0,0.20,0.50,0.80	44
		>14.00~31.50	每隔 0.25	70			14.00~31.75	每隔 0.25	72
GB/T 6135.4—2008	直柄超长麻花钻	2.00~14.00	每隔 0.5	25			32.00~50.50	每隔 0.50	38
GB/T 1438.1—2008	锥柄麻花钻	3.00~14.00	0,0.20,0.50,0.80	45			51~100	每隔 1.00	50
		>14.00~32.00	每隔 0.25	72	GB/T 1438.4—2008	锥柄超长麻花钻	6.00~10.00	每隔 0.50	9
		>32.00~51.00	每隔 0.50	38			11.00~25.00	每隔 1.00	15
		>51.00~100.00	每隔 1.00	49			28.00~50.00	0,2,5,8	10
GB/T 1438.2—2008	锥柄长麻花钻	5.00~14.00	0,0.20,0.50,0.80	37					

（2）麻花钻的全长 l 和沟长（工作部分长度）l_1

GB/T 1438.1~4—2008 规定了锥柄麻花钻的直径及全长 l 与沟长 l_1（直径 d 及 l 与 l_1 见图 5-1）的尺寸。GB/T 6135.1~4—2008 规定了直柄麻花钻的直径及 l 与 l_1 的尺寸。

读者可查阅上述标准获得上述尺寸。

（3）麻花钻工作部分的结构尺寸　图 5-9 所示为麻花钻工作部分的结构参数。

麻花钻的心厚 d_c、刃宽 B、刃带宽 f 均为靠近钻尖处尺寸，B 及 f 垂直于麻花钻的螺旋槽方向测量。

d_c 值由钻尖向尾部方向做成正锥形，每 100mm 增加 1.4~2.0mm，以增加工作部分刚度。

设计时，这些参数可以按如下经验公式计算出。

$$d_c = 0.22d^{0.87}$$
$$q = 0.93d$$
$$B = 0.682d\cos\beta$$
$$f = 0.174d^{0.675}$$
$$q_1 = q \quad （当 d<15mm 时）$$
$$q_1 = q-(0.5~1.5) \quad （当 d>15mm 时）$$

式中　d——钻头外径基本尺寸。

4. 麻花钻的技术条件与表面粗糙度

麻花钻的技术条件如下：

1）麻花钻直径公差按 GB/T 6135.1—2008 ~ 6135.4—2008 和 GB/T 1438.1—2008 ~ 1438.4—2008 的规定。

2）麻花钻工作部分直径倒锥度：每 100mm 长度上为 0.02~0.08mm，但麻花钻工作部分直径总倒锥量不应超过 0.25mm。

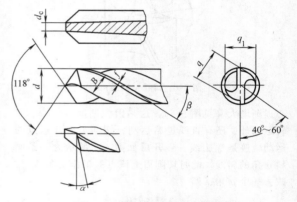

图 5-9　麻花钻工作部分的结构参数

注：钻头直径 $d<1$mm 的麻花钻工作部分可不制倒锥，允许有不大于 0.003mm 的正锥，但应在直径公差范围内。

3）精密级直柄麻花钻的柄部直径公差为 h11（工作部分直径有倒锥量的精密级直柄麻花钻，其柄部直径公差为 f11），其夹持部分的圆柱度公差为 0.02mm。粗直柄小麻花钻的柄部直径公差为 h8。

4）锥柄麻花钻的锥柄为带扁尾的莫氏锥柄，莫氏锥柄按 GB/T 1443—2016 中的规定，圆锥公差为 AT7。

5）麻花钻总长及沟槽长度公差按 GB/T 1804—2000 最粗级的规定。特殊情况下，根据供需双方协议，麻花钻总长和沟槽长度的极限尺寸允许是上、下相邻麻花钻长度的公称尺寸。粗直柄小麻花钻总长及沟槽长度公差按 GB/T 6135.1—2008 的规定。

6）工作部分对柄部轴线的径向圆跳动最大不应超过按下式计算的值。

$$\delta_r = 0.03 + 0.01(l/d) \quad d \geqslant 2mm$$

7）钻心对工作部分轴线的对称度、切削刃对工作部分轴线的斜向圆跳动、沟槽分度误差最大不应超过表 5-6 计算公式计算的值。

表 5-6 切削刃对工作部分轴线的斜向圆跳动、沟槽分度误差、钻心对工作部分轴线的对称度公式

麻花钻 项目	普通级麻花钻		精密级麻花钻	
钻心对工作部分轴线的对称度	$\delta_k = 0.1$	$d \leqslant 1mm$	$\delta_k = 0.08$	$d \leqslant 1mm$
	$\delta_k = 0.1d^{0.489}$	$d > 1mm$	$\delta_k = 0.08d^{0.537}$	$d > 1mm$
切削刃对工作部分轴线的斜向圆跳动	$\delta_h = 0.1$	$d \leqslant 2.5mm$	$\delta_h = 0.025$	$d \leqslant 2.5mm$
	$\delta_h = 0.075d^{0.317}$	$d > 2.5mm$	$\delta_h = 0.013d^{0.699}$	$d > 2.5mm$
沟槽分度误差	$\delta_d = 0.1$	$d \leqslant 1mm$	$\delta_d = 0.027$	$d \leqslant 1mm$
	$\delta_d = 0.1d^{0.690}$	$d > 1mm$	$\delta_d = 0.027d^{0.974}$	$d > 1mm$

8）麻花钻的几何角度按下列规定。

螺旋角：由制造厂自定，也可按供需双方的协议制造。

顶角：通常麻花钻顶角角度为 118°。极限偏差为 ±3°，适用于不同顶角角度的麻花钻。

9）麻花钻的表面粗糙度见表 5-7。

表 5-7 麻花钻表面粗糙度（GB/T 17984—2010）
（单位：μm）

项目 级别	切削刃后面 Rz	刃带 Rz	沟槽 Rz	柄部表面 Ra
普通级麻花钻	6.3	6.3	12.5	0.8
精密级 $d \leqslant 15mm$	3.2	3.2	3.2	0.8
麻花钻 $d > 15mm$	6.3	6.3	6.3	

5. 麻花钻特点

麻花钻优点：

1）钻头上有螺旋槽并形成不必刃磨的前面。

2）钻头上的棱边导向作用好，轴线不易歪斜。

3）切削时，双刃对称，受力平衡，不易产生振动。

麻花钻的几何形状虽比扁钻合理，但尚存在着以下缺点：

1）标准麻花钻主切削刃上各点处的前角数值内外相差太大。钻头外缘处主切削刃的前角约为 +30°；而接近钻心处，前角约为 -30°，近钻心处前角过小，造成切屑变形大，切削阻力大；而近外缘处前角过大，在加工硬材料时，切削刃强度常显不足。

2）横刃长，横刃的前角是很大的负值，达 -54°~-60°，从而会产生很大的轴向力。

3）与其他类型的切削刀具相比，标准麻花钻的主切削刃很长，不利于分屑与断屑。

4）刃带处副切削刃的副后角为零值，造成副后面与孔壁间的摩擦加大，切削温度上升，钻头外缘

转角处磨损较大，已加工表面粗糙度恶化。

以上缺陷常使麻花钻磨损快，严重影响着钻孔效率与已加工表面质量的提高。

5.1.2 标准麻花钻的刃磨方法

标准麻花钻的后面一般磨成平面、锥面或螺旋渐开面的一部分，或其他曲面。

1. 锥面刃磨法

采用锥面刃磨法刃磨钻头时，钻头装夹位置的几何参数如图 5-10 所示。所形成的钻头后面是理想圆锥体的一部分，所形成的后角、横刃斜角及后面与外圆柱表面的交线（简称"后面曲线"）由如下四个因素决定。

1）锥顶半角 δ（及相应的理想锥体轴线与钻头轴线在它们平行平面上两投影线的夹角 β，$\beta = \varphi - \delta$，φ 是钻头顶角的一半）。

2）理想锥体轴线与钻头轴线在它们平行平面上两投影线的交点到锥顶的距离 l（简称"锥顶距"），以及相应的距离 $z_D = \dfrac{\sin\delta}{\sin\varphi}l$。

3）在钻头端视图中，理想锥体的轴线与钻头轴线的错位量 e。

4）在钻头的端视图中，钻头的主切削刃对于理想锥体轴线的夹角 θ。

一般 $\delta = 14°$，标准钻头的 $2\varphi = 118°$，所以 $\beta = 45°$，可用调整 l、e 及 θ 办法来控制刃磨出的钻头后角、横刃角及"后面曲线"形状。

当 $\theta = 0°$ 时，刃磨出钻头的横刃角 ψ_0 可用如下公式算出：

$$\tan\psi_0 = \frac{\sin 2\beta \left[\sqrt{l^2 - \cos^2\beta\tan^4\delta - (l - \sec^2\delta\cos\beta)(e^2 - l^2\tan^2\delta)} - l\cos\beta\tan^2\delta\right]}{2e(\cos^2\delta - \cos^2\beta)}$$

$$\frac{l\sin\beta\tan^2\delta}{e}$$

（5-7）

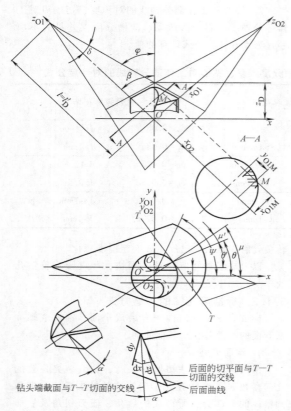

图 5-10　锥面刃磨法刃磨钻头时装夹的理论位置示意图

$\mu = \arcsin\dfrac{K}{2r} - \theta$；

K——钻头心厚；

r——切削刃上被研究点所在的半径；

θ——钻头在其端视图中切削刃的转角。

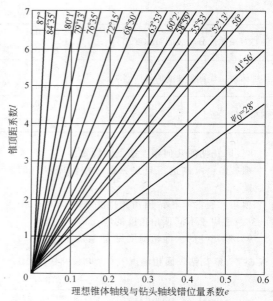

图 5-11　当 $\theta = 0°$ 时，钻头的装夹位置
与所形成的横刃角 ψ_0 的关系

当 $\delta = 14°$、$\varphi = 59°$、$\beta = 45°$ 时，利用上式算出不同 l 及 e 组合后的 ψ_0 角如图 5-11 所示。

当 $\theta \neq 0°$ 时，则刃磨出的钻头上的横刃角 ψ 为

$$\psi = \psi_0 \pm \theta \tag{5-8}$$

切削刃逆时针旋转时为 $(-)$，顺时针旋转时为 $(+)$。

刃磨出的钻头的后角（圆周侧后角）α_f 可用下式算出：

$$\tan\alpha_f = \frac{1}{2rA} \times \left[B\sin\mu - \frac{B\sin\mu(B\cos\mu+E) - 2A(C\sin2\mu - F\sin2\mu + G\cos\mu - P\sin\mu)}{\sqrt{(B\cos\mu+E)^2 - 4A(C\cos^2\mu + F\sin^2\mu + H - G\sin\mu - P\cos\mu)}} \right] \tag{5-9}$$

式中　$A = l - \cos^2\beta\sec^2\delta$；

$B = r\sin^2\beta\sec^2\delta$；

$C = r^2(l - \sin^2\beta\sec^2\delta)$；

$E = 2l\cos\beta\tan^2\delta$；

$H = e^2 - l^2\tan^2\delta$；

$F = r^2$；

$G = 2re$；

$P = 2lr\sin\beta\tan^2\delta$；

图 5-12a ~ e 是根据式 (5-9) 算出的钻头在不同的装夹位置下刃磨出的钻头后角值。据此图可以很方便地选用钻头装夹参数（即刃磨终结时的钻头位置）。

根据图 5-11 及图 5-12 分析可见，当采用锥磨法刃磨钻头时，钻头在刃磨终结时装夹在下述位置可以同时达到 50° ~ 55° 的横刃角 ψ，11° ~ 14° 的外圆圆周后角 α_f 及合理的 "后面曲线"，且成批刃磨的钻头，后角工艺稳定性较高，这个装夹位置的参数是 $\delta = 14°$、$\beta = 45°$、$e \approx 0.2D$、$l \approx 4D$ 与 l 相对应的 $z_D \approx 1.128D$（$D =$ 被刃磨钻头的外径），$\theta = -(10° ~ 15°)$。

当装夹位置的几何参数变化时，所刃磨出的钻头的后角、横刃角及 "后面曲线" 按表 5-8 所列规律变化。

2. 平面刃磨法

采用平面刃磨法时，即把钻头后面磨成平面的一部分。这种磨法刃磨动作简单，常用于小钻头刃磨，以及群钻靠近横刃处的修磨。近年来流行的 "十字钻头" 刃磨，也就是将钻头后面磨成双平面，而第二个平面既为了消除翘尾，又可以修磨横刃处的负前角区，使修正后的两段横刃与原主切削刃形成 "十" 字分布。

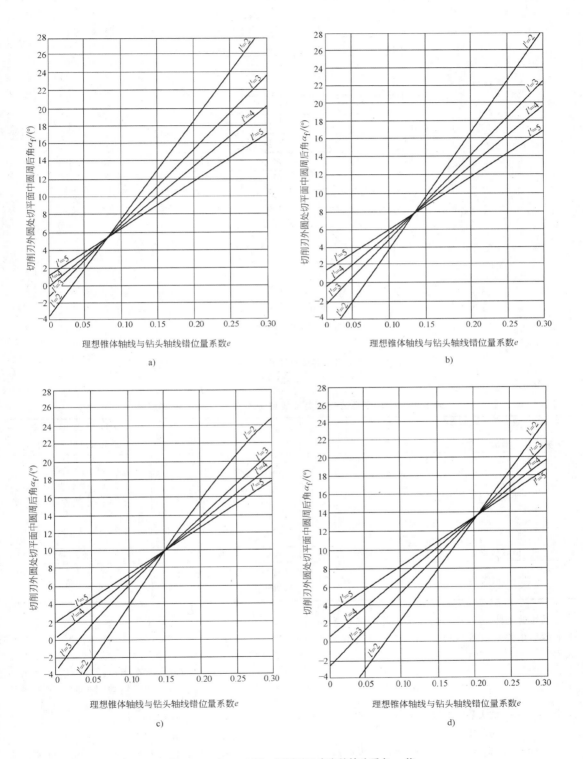

图 5-12　当 θ、l' 及 e 不同时刃磨出的钻头后角 α_f 值

a) $\theta = 0°$　b) $\theta = -5°$　c) $\theta = -10°$　d) $\theta = -15°$

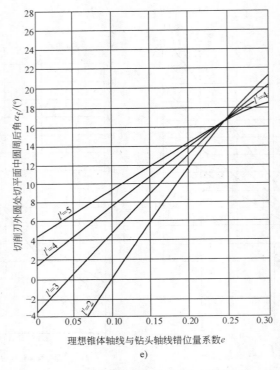

图 5-12 当 θ、l' 及 e 不同时刃磨出的钻头后角 α_f 值（续）

e）$\theta = -21°23'$

表 5-8 锥面刃磨钻头装夹位置参数对刃磨结果的影响规律

装夹位置几何参数 刃磨时钻头参数	e 增加时	l 增加时	钻刃在端视图中 逆时针旋转 θ 角时
后角 α_f	增加	当 $e' > \dfrac{1}{2}\sin(\mu'-\theta)$ 时减小 当 $e' = \dfrac{1}{2}\sin(\mu'-\theta)$ 时不变 当 $e' < \dfrac{1}{2}\sin(\mu'-\theta)$ 时增加	在 e' 不变的条件下 当 $l'>$ 某一数值时，α 增加； 当 $l'=$ 某一数值时，α 接近不变； 当 $l'<$ 某一数值时，α 减小
横刃角 ψ	减小	增加	减小
"后面曲线"	可以防止"翘尾"现象	易产生"翘尾"现象（反之，可以防止）	可以防止"翘尾"现象

采用普通平面刃磨法时，钻头的装夹位置与所形成的后角关系如图 5-13 所示。这时计算后角的公式为

$$\tan\alpha_{f_A} = \frac{\cos(\psi-\mu)}{\tan\theta} \qquad (5\text{-}10)$$

式中　α_{f_A}——钻头静态在切削刃 A 点处圆周切面内的后角；

　　　ψ——钻头横刃斜角（未修磨横刃前）；

　　　μ——钻头端视图中，切削刃上被研究点和钻心的连线与主切削刃的夹角；$\mu = $

$\arcsin\dfrac{K}{2r_A}$

　　　K——钻头心厚；

　　　r_A——被研究点所在半径；

　　　θ——安装角，即砂轮磨削平面与钻头轴线的夹角；$\tan\theta = \tan\varphi\sin\psi$；

　　　φ——钻头切削刃主偏角。

3. 螺旋面刃磨法

用螺旋面刃磨法磨出的钻头后面是螺旋面（实际上一般为渐开螺旋面）的一部分，其原理如图 5-14 所示。

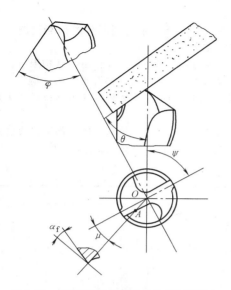

图 5-13　平面刃磨法砂轮与钻头安装示意图

图 5-14　螺旋面刃磨法示意图

这时，其刃磨出的钻头后角 α_f 可近似地用下式计算：

$$\tan\alpha_f = \frac{k}{\pi r_A} \qquad (5\text{-}11)$$

式中　k——钻头在半转范围内，砂轮在钻头轴向的前进分量；

　　　r_A——切削刃上被研究点所在的圆的半径。

这种方法刃磨出的钻头横刃是砂轮锥面边缘两个运动轨迹曲面的包络面的交线，其计算相当复杂（因砂轮在完成螺旋运动刃磨主切削刃的同时，还有一个用砂轮边缘修磨横刃的径向偏心运动），在此不作介绍。

这种方法刃磨钻头的优点是机械化程度高，且刃磨出的钻头较锋利，但切削刃的后角变化较大，特别是大规格钻头由于横刃与主刃交界处后角过大而往往引起崩刃，而且钻头尖尾部塌尾现象较严重，削弱了钻尖强度。因此，有的工厂有

时把 k 值设计成非线性的，这样既减少了刃口上不同直径处后角的差值，又可防止过渡"塌尾"现象。

4. 圆柱面刃磨法

这种刃磨方法其原理如图 5-15 所示，即把钻头后面刃磨成圆柱表面的一部分。

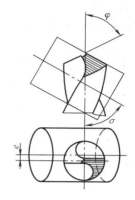

图 5-15　圆柱面刃磨法示意图

这种磨法的后角与横刃角由假想圆柱半径及其与钻头的偏心量 e（在端视图看）和其轴线与钻头之轴线夹角 σ，以及钻头主刃转角 θ 所决定（θ 角可参阅图 5-10）。

5. 麻花钻刃磨注意事项

在钻头的刃磨过程中注意事项如下：

1）刃磨钻头一般采用粒度为 46~80 目的砂轮，硬度为中软级的氧化铝砂轮为宜，要求砂轮运转必须平稳，对跳动量大的砂轮必须进行修整，为能顺利修磨钻头横刃要将砂轮的外角修磨成较小的圆角半径，圆角半径太大，在修磨横刃时将会损伤主切削刃。

2）钻头冷却时钻头在刃磨时施加的压力不宜过大，一般采用风冷，必要时还要蘸水冷却，防止过热退火而降低钻头切削部分的硬度。

3）标准麻花钻的横刃较长，一般为 0.18D（D 指钻头直径），且横刃处的前角存在较大的负值，因此，在钻孔时横刃处的切削为挤压状态，轴向抗力大，同时，横刃长则其定心作用和切削稳定性不好，所以对直径在 $\phi5mm$ 以上的钻头必须磨短横刃，并适当增大近横刃处的前角，以改善钻头的切削性能。横刃的修磨是必要以完成的，横刃修磨的目的是将横刃修短一些，但也不能将横刃修得过短，过短的横刃无法起到减小进给抗力的作用，在修短横刃的过程中，尽可能将横刃两侧的负前角修磨一下。适当地将该处的前角增大，可以减小切削过程中的切削阻力，使得整个钻孔过程轻快。

4）如果钻头是手动进给，可以在刃磨过程中适

当减小顶角。因为手电钻的进给压力不足,适当减小顶角可以增大切削刃对切削面的正压力。

5) 如果加工孔的孔径和表面粗糙度要求不是非常严格,也可以适当地将两个刃口刃磨成不完全对称。虽然这样在钻孔过程中孔径会在原来的基础上增大,但是可以明显减少钻头刃口和孔壁的摩擦,减小切削力。刃磨钻头是没有严格定式的,这都需要在实际的操作过程中逐渐累积加工经验,不断反复试验、逐步比较、观察,就一定可以将钻头刃磨好。

5.1.3 标准麻花钻切削部分的刃磨改进

1. 各种修磨方式

通用的标准刃磨的麻花钻由于结构限制,存在一些缺点,多年来国内外都在研究改进措施,尤以我国系统完善的群钻系列堪称集刃磨改进钻头切削性能之大成。

对标准钻头,通过特殊修磨顶部可以改进其某一方面的切削性能。修磨型式见表5-9。

表5-9 麻花钻修磨改进型式参考表

型式名称	简 图 及 说 明
带分屑槽钻头	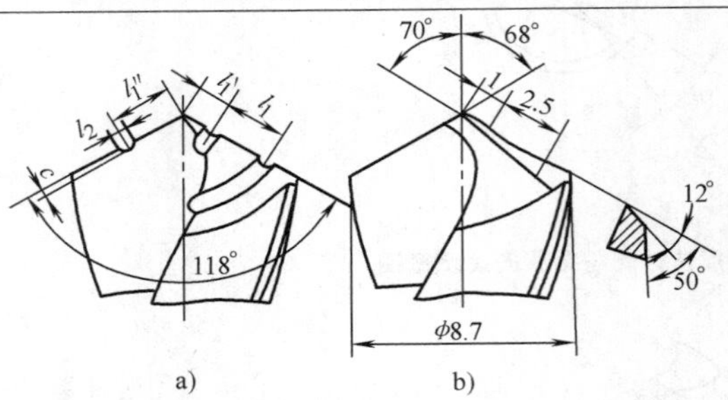 分屑槽钻头和不对称顶角分屑钻头 a) 分屑槽钻头　b) 不对称顶角分屑钻头

(单位:mm)

钻头直径 d	总分屑槽数 z	l_2	c	l_1'	l_1	l_1''
12~18	2	0.85~1.3	0.6~0.9	2.3	4.6	—
>18~35	3	>1.3~2.1	>0.9~1.5	3.6	7.2	7.2
>35~50	4 或 5	>2.1~3	>1.5~2	5	10	10①

注:1. c 应大于每转进给量的一半,横刃可修薄
　　2. 此钻适于钻中软硬度钢
　　3. 分屑槽也有做在前面的,这需要在钻沟加工工序中完成
① 当 z=4、z=5 时适当缩小

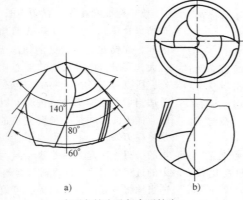

多顶角钻头

说明:1)复合型钻头实际是靠外圆处大半个切削刃磨成凸曲线切削刃,并采用类似螺旋面刃磨法磨出两半个切削刃,从而形成 S 形横刃(实际是专用机床一次定位磨出)

2)两种钻头都是为了延长切削刃长度减轻单位切削刃负荷,减少前后角沿切削刃变化的梯度

3)适于中、软硬度的铝或高韧度钢,并要求孔壁质量高的条件下的钻削

多顶角钻头及复合型钻头
a) 多顶角钻头　b) 复合型钻头

（续）

型式名称	简 图 及 说 明
无横刃钻头及横刃进行各种修磨的钻头	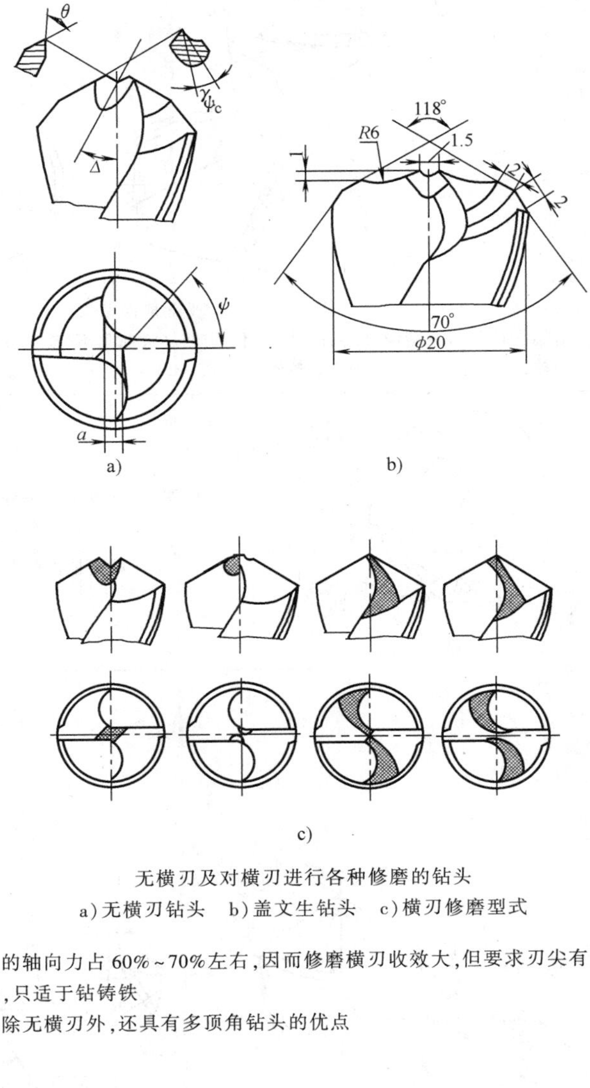 无横刃及对横刃进行各种修磨的钻头 a) 无横刃钻头　b) 盖文生钻头　c) 横刃修磨型式 说明：1）横刃上产生的轴向力占 60%～70% 左右，因而修磨横刃收效大，但要求刃尖有足够的强度 　　　2）无横刃钻头，只适于钻铸铁 　　　3）盖文生钻头除无横刃外，还具有多顶角钻头的优点
十 字 形 刃 磨 钻头	 十字形刃磨钻头

说明：这种钻头既有横刃又避免了横刃处负前角切削的弱点，于是既减轻轴向力又不降低钻尖强度，因而适用面较广

（续）

型式名称	简 图 及 说 明
平面型前面钻头	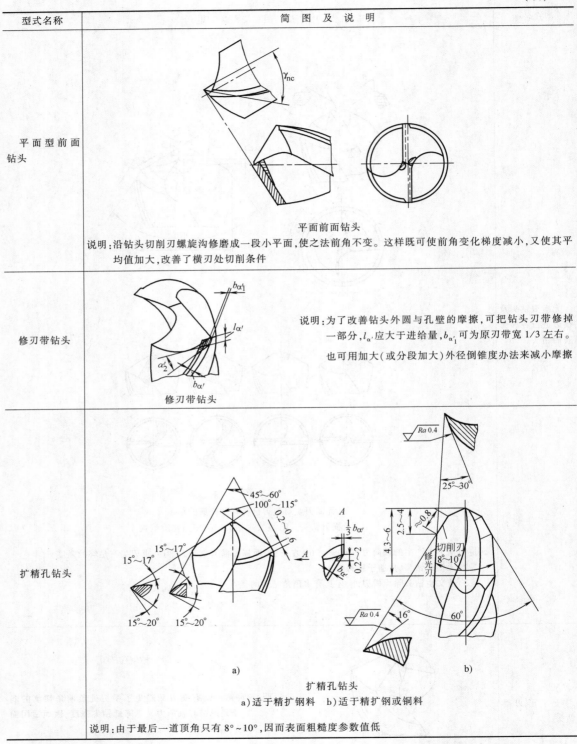 平面前面钻头 说明:沿钻头切削刃螺旋沟修磨成一段小平面,使之法前角不变。这样既可使前角变化梯度减小,又使其平均值加大,改善了横刃处切削条件
修刃带钻头	修刃带钻头 说明:为了改善钻头外圆与孔壁的摩擦,可把钻头刃带修掉一部分,$l_{\alpha'}$ 应大于进给量,$b_{\alpha'_1}$ 可为原刃带宽 1/3 左右。 也可用加大（或分段加大）外径倒锥度办法来减小摩擦
扩精孔钻头	扩精孔钻头 a）适于精扩钢料　b）适于精扩钢或铜料 说明:由于最后一道顶角只有 8°~10°,因而表面粗糙度参数值低

2. 群钻系列

群钻诞生于 1953 年,由倪志福同志首创。多年来由于群钻课题不断研究完善并吸收群众创造,已发展成系列型谱,适于加工不同材料。最初由于其刃磨形状复杂,多用手工修磨。近几年我国湖南大学及北京航空航天大学等单位已研制成功多坐标数

控群钻刃磨机床，从而为群钻的大规模推广运用和工业化生产开辟了道路。

（1）基本型群钻的切削部分几何参数（见表5-10）　关于群钻理论详见有关参考文献。

由于基本型群钻集中了前述各项修磨的一些优点，并制造性地形成三尖、七刃及月牙槽等独特结构，因而在钻削碳素结构钢及普通合金结构钢，甚至某些中硬钢时，由于可降低轴向力及转矩，减轻刀刃上单位负荷，减少切削热及刀具磨损，便于排屑，定心性好，故而可提高生产率，又可提高钻孔精度。

（2）钻铸铁用群钻切削部分几何参数（见表5-11）　由于铸铁具有硬度低、强度低、脆性大、热导率低、组织较松散等特点，因此钻铸铁的群钻特点是采取大进给量钻进，采用低钻尖高度定心，采用双顶角以便散热，适当加大后角（加大3°左右），

以减小后面与孔底摩擦，从而提高寿命或生产率。

（3）钻铸铁精孔的群钻切削部分几何参数（见表5-12）　钻铸铁精孔用群钻特点是：

1）横刃附近磨成钻中钻以定心。

2）副刃修窄。

3）外圆处修出小顶角（15°～20°）。

4）选择小进给量低速钻削。

（4）钻不锈钢用的群钻切削部分几何参数（见表5-13）　由于不锈钢的塑性、韧性及其他综合力学性能较高，因而切削耗能高，特别是切奥氏体不锈钢易产生已加工表面硬化层。因此，设计群钻时主要解决断屑、排屑、散热和避开已加工表面冷硬层等问题。表5-13中所示的结构可以分屑、断屑，便于排屑，而且因顶角加大并适当加大进给量，增加切削厚度，使刀尖避开冷硬层，以低速切削则可保持刀具寿命。

表 5-10　基本型群钻切削部分的几何参数

切削部分几何形状	钻头直径 d	尖高 h	圆弧半径 R	外刃长 l	槽距 l_1	槽宽 l_2	横刃长 b_ψ	槽深 c	槽数 Z	外刃顶角 2φ	内刃顶角 $2\phi_\tau$	横刃斜角 ψ	内刃前角 $\gamma_{\tau c}$	内刃斜角 τ	外刃后角 α_{fc} (α_c)	圆弧后角 α_{Rc}
				mm					条				（°）			
	>15~20	0.7	1.5	5.5	1.4	2.7	0.7									
	>20~25	0.9	2	7	1.8	3.4	0.9									
	>25~30	1.1	2.5	8.5	2.2	4.2	1.1	1	1					25	12(8)	15
	>30~35	1.3	3	10	2.5	5	1.3									
	>35~40	1.5	3.5	11.5	2.9	5.8	1.5									
	5~7	0.24	0.75	1.3	—	—	0.24			125	135	65	−15			
	>7~10	0.34	1	1.9	—	—	0.34							20	15(11)	18
	>10~15	0.5	1.5	2.7	—	—	0.5									
	>40~45	1.7	4	13	2.2	3.25	1.7									
	>45~50	1.9	4.5	14.5	2.5	3.6	1.9	1.5	2					30	10(6)	12
	>50~60	2.2	5	17	2.9	4.25	2.2									
	备注	参数值按直径范围的中间值来定，允许偏差为±							近似比例	$R \approx 0.1d$; $\quad 0.2d(d \leqslant 15)$; $l \quad 0.3d(d>15)$; $h \approx 0.04d$; $b_\psi \approx 0.04d$						

表 5-11 钻铸铁用群钻切削部分的几何参数

切削部分形状	钻头直径 d	尖高 h	圆弧半径 R	横刃长 b_ψ	总外刃长 l	分外刃长 l_1,l_2	外刃顶角 2ϕ	第二顶角 $2\phi_1$	内刃顶角 $2\phi_\tau$	横刃斜角 ψ	内刃前角 $\gamma_{\tau c}$	内刃斜角 τ	外刃后角 α_{fc} (α_c)	圆弧后角 α_{Rc}
		mm					(°)							
	5~7	0.2	0.75	0.2	1.9							20	18 (14)	20
	>7~10	0.3	1.25	0.3	2.6									
	>10~15	0.4	1.75	0.4	4									
	>15~20	0.5	2.25	0.5	5.5									
	>20~25	0.6	2.75	0.6	7									
	>25~30	0.75	3.5	0.75	8.5	$l_1=l_2$	120	70	135	65	-10	25	15 (10)	18
	>30~35	0.9	4	0.9	10									
	>35~40	1.05	4.5	1.05	11.5									
	>40~45	1.15	5	1.15	13									
	>45~50	1.3	6	1.3	14.5							30	13 (8)	15
	>50~60	1.45	7	1.45	17									
备注	参数按直径范围的中间值来定,允许偏差为±						几何参数近似比例				$h\approx0.03d$ $R\approx0.12d$ $b_\psi\approx0.3d$ $l\approx0.3d$				

表 5-12 钻铸铁精孔群钻切削部分几何参数

切削部分形状	钻头直径 d	尖高 h	圆弧半径 R	横刃长 b_ψ	总外刃长 l	分外刃长 l_1	内刃长 l_2	顶角 2ϕ	修光刃顶角 $2\phi_1$	横刃斜角 ψ	内刃前角 $\gamma_{\tau c}$	内刃斜角 τ	外刃后角 α_{fc} (α_c)	修光刃法后角 α_{nc}	圆弧后角 α_{Rc}
		mm						(°)							
	5~7	1.2	0.6	0.12	1.5	1.2	0.9					20	12 (7)	8	15
	7~10	1.6	0.8	0.16	2.0	1.6	1.2								
	10~15	2.4	1.2	0.24	3.0	2.4	1.8	110	20	80	-10				
	15~20	3.6	1.8	0.36	4.5	3.6	2.7								
	20~25	4.4	2.2	0.44	6.0	4.4	3.3					25	10 (5)	6	12
	25~30	5.6	2.8	0.56	7.0	5.6	4.0								
	30~35	6.5	3.7	0.65	8.0	6.5	4.8					30	8 (3°30′)	4	10
	35~40	7.5	3.8	0.75	9.5	7.5	5.7								
备注	参数值按直径范围的中间值来定,允许偏差为±							几何参数近似比例			$h\approx0.2d$;$l\approx0.25d$; $R\approx0.1d$;$l_1\approx0.2d$; $b_\psi\approx0.02d$;$l_2\approx0.15d$				

表 5-13　钻不锈钢用群钻切削部分几何参数

切削部分形状	钻头直径 d	尖高 h	圆弧半径 R	外刃长 l	横刃长 b_ψ	槽距 l_1	槽宽 l_2	槽深 c	槽数 Z	外刃顶角 2ϕ	内刃顶角 $2\phi_\tau$	横刃斜角 ψ	内刃前角 γ_τ	内刃斜角 τ	外刃后角 α_{fe} (α_c)	圆弧后角 α_{Rc}
				mm					条				(°)			
	5~7	0.4	1.25	1.8	0.25	—	—	—	—						20	12 (8)	16
	>7~10	0.55	1.75	2.6	0.35												
	>10~15	0.75	2.5	3.8	0.5					135~150	135	65	-15				
	>15~20	1	3.5	5.3	0.7	1.7	2										
	>20~25	1.1	4.5	6.8	0.9	1.9	3								25	10 (6)	14
	>25~30	1.4	5.5	8.3	1.1	2.4	3.5	$f/4$	1								
	>30~35	1.6	6.5	9.8	1.3	2.9	4										
	>35~40	1.85	7.5	11	1.5	3.3	4.5										

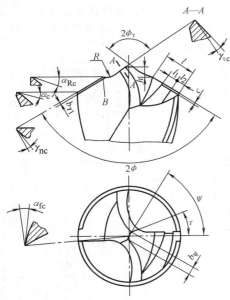

备注：
1) 参数值按直径范围的中间值来定，允许偏差为±
2) 直径 5~15mm，外刃不开分屑槽
3) 钻头直径小，顶角取小值；钻头直径大，顶角取大值

几何参数近似比例：
$R \approx 0.2d$；
$l \approx 0.3d$；
$b_\psi \approx 0.04d$；
$h \approx 0.05d\,(2\phi=150°)$；
$\approx 0.07d\,(2\phi=135°)$；
$l_2 \approx (1/2 \sim 1/3)l$

（5）钻硬钢、高锰钢及钛合金等难加工材料的群钻　钻硬钢（如 65Mn 等）、高锰钢及钛合金等难加工材料分别推荐用图 5-16，图 5-17 和图 5-18 的群钻结构。

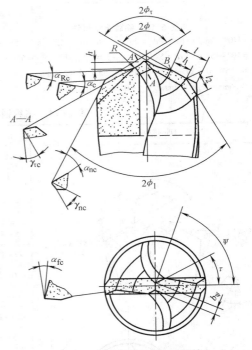

图 5-16　钻硬钢材群钻
$2\phi=118°$　$2\phi_\tau=130°$　$\psi=75$　$\tau=30°$　$\alpha_{Rc}=15°\sim20°$
$\alpha_{fe}=15°\sim20°$　（$\alpha_c=10°\sim15°$）　$\gamma_{\tau c}=-25°$
$\gamma_{nc}=0°\sim-5°$　$b_{\gamma1}=0.03d$　$h=0.1d$
$l=0.3d$　$l_1=l_2=l/3$　$R=0.4d$
$b_\psi=0.08d$　$c=0.2$mm
（$d<15$mm 时不开外刃分屑槽）

图 5-17　钻高锰钢硬质合金群钻
$2\phi=120°$　$2\phi_\tau=130°$　$2\phi_1=70°$　$\psi=75°$　$\tau=30°$
$\alpha_{nc}=12°$　$\alpha_{Rc}=15°$　$\alpha_{fe}=20°$（或 $\alpha_c=15°$）
$\gamma_{\tau c}=-25°$　$\gamma_{nc}=-15°$　$h=0.08d$　$l=0.3d$
$l_1=l_2$　$R=0.4d$　$b_\psi=0.08d$

硬钢材的特点是硬度高、强度大，所需切削力也大。故在刀口前面适当倒棱，以减小前角加固切

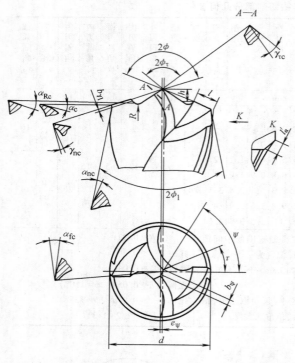

A—A

图 5-18 钻钛合金群钻

$2\phi = 140°$ $2\phi_\tau = 110°$ $2\phi_1 = 20°$ $\psi = 65°$ $\tau = 25°$ $\alpha_{nc} = 5° \sim 8°$
$\alpha_{fc} = 10° \sim 15°$（或 $\alpha_c = 5° \sim 10°$） $\alpha_{Rc} = 12° \sim 18°$ $\gamma_{nc} = 5° \sim 8°$
$\gamma_{\tau c} = -15°$ $d = 20mm$ $l = 4mm$ $R = 2mm$ $h = 2.4mm$
$b_\psi = 0.6mm$ $e_\psi = 0.3mm$ $b_{\gamma 1} = 0.5mm$ $l'_c = 3mm$

削刃。

图 5-17 钻头适于钻削高强度钢、硬钢材及逆磁铸钢（如 30Mn18Cr4）等，需低速充分冷却，以防膨胀后缩孔咬死钻头。

图 5-18 钻头适于钻钛合金。故意磨出偏心使钻孔扩张，减少摩擦，修磨刃带，加大后角，增加锋利度。适当减小主刃前角，保持刃口强度，并鐾光前后面，以减小粘刀现象。

（6）钻纯铜群钻切削部分的几何参数（见表 5-14）由于纯铜强度、硬度低，散热快，因而切削负荷问题不是主要矛盾。这时主要矛盾是尽量获得高质量孔，并在钻削时钻头不因孔缩快而咬死。

为此，横刃定心性要好，加大横刃斜角，使 $\psi = 90°$，并修磨。后角不宜太大，以 $11° \sim 12°$ 为宜。大钻头可以采取断屑、分屑措施。

适当加大进给量。

（7）钻无氧铜断屑群钻切削部分几何参数（见表 5-15）由于无氧铜含铜的纯度高于纯铜，因而其塑性变形大。因此，此时钻头的断屑、排屑是主要矛盾。为此，除使钻头尖磨得尖些，刃口稍钝些，后角及顶角不宜太大外，还必须按表 5-15 的要求修磨出刃倾角，使切屑产生附加变形便于断屑。

可采取低进给高转速切削。尽可能加切削液，以减轻切削刃热负荷，并改善所加工出的孔的质量。

（8）钻黄铜用群钻切削部分几何参数（见表 5-16）钻黄铜时，主要考虑如何防止外圆处刀尖啃

表 5-14 钻纯铜群钻切削部分的几何参数

切削部分形状	钻头直径 d	尖高 h	圆弧半径 R	横刃长 b_ψ	外刃长 l	槽距 l_1	槽宽 l_2	槽数 Z	外刃顶角 2ϕ	内刃顶角 $2\phi_\tau$	横刃斜角 ψ	内刃前角 $\gamma_{\tau c}$	内刃斜角 τ	外刃后角 α_{fc}（α_c）	圆弧后角 α_{Rc}
		mm						条			(°)				
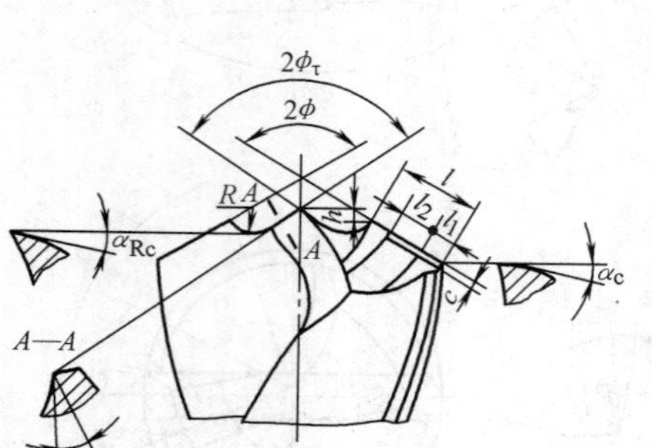	5 ~ 7	0.35	1.25	0.15	1.3	—								30	15 (10)	12
	>7 ~ 10	0.5	1.75	0.2	1.9	—										
	>10 ~ 15	0.8	2.25	0.3	2.6	—										
	>15 ~ 20	1.1	3	0.4	3.8	—			120	115	90	-25				
	>20 ~ 25	1.4	4	0.48	4.9	—										
	>25 ~ 30	1.7	4	0.55	8.5	2.2	4.2							35	12 (7)	10
	>30 ~ 35	2	4.5	0.65	10	2.5	5	1								
	>35 ~ 40	2.3	5	0.75	11.5	2.9	5.8									
	备注	参数按直径范围的中间值来定，允许偏差为±						几何参数近似比例	$h \approx 0.06d$；$R \approx 0.2d$（$d \leqslant 25$）0.15d（$d > 25$）；$b_\psi \approx 0.02d$；$l \approx 0.2d$（$d \leqslant 25$）0.3d（$d > 25$）						

表 5-15　钻无氧铜断屑群钻切削部分几何参数

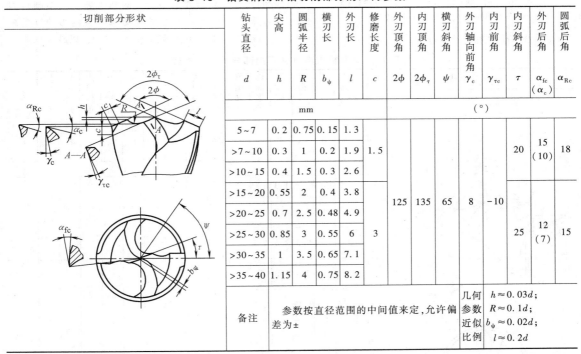

切削部分形状	钻头直径 d	尖高 h	圆弧半径 R	刃倾修磨半径 R_λ	横刃长 b_ψ	外刃长 l	外刃顶角 2ϕ	内刃顶角 $2\phi_\tau$	横刃斜角 ψ	内刃前角 $\gamma_{\tau c}$	内刃斜角 τ	外刃后角 α_{fc} (α_c)	圆弧后角 α_{Rc}	外刃刃倾角 λ_s	外刃前角 γ_{nc}
	mm						(°)								
	>7~10	0.68	0.75	0.5	0.2	2.0									
	>10~15	1.0	1.25	0.5	0.3	3.0					25	12 (8)	15	16~22	18~25
	>15~20	1.4	1.75	0.75	0.4	4.3									
	>20~25	1.8	2.25	1.0	0.48	5.5	120	110	90	−20					
	>25~30	2.2	2.75	1.0	0.55	6.5									
	>30~35	2.6	3.25	1.25	0.65	8.0					30	10 (6)	12	12~16	15~18
	>35~40		3.75	1.5	0.75	9.0									
备注	1)参数按直径范围的中间值来定,允许偏差为± 2)R_λ 的半径要和圆弧半径 R 相交										几何参数近似比例	$h\approx0.08d$; $R\approx0.1d$; $b_\psi\approx0.02d$; $l\approx0.25d$; $R_\lambda\approx0.04d$			

表 5-16　钻黄铜用群钻切削部分的几何参数

切削部分形状	钻头直径 d	尖高 h	圆弧半径 R	横刃长 b_ψ	外刃长 l	修磨长度 c	外刃顶角 2ϕ	内刃顶角 $2\phi_\tau$	横刃斜角 ψ	外刃轴向前角 γ_c	内刃前角 $\gamma_{\tau c}$	内刃斜角 τ	外刃后角 α_{fc} (α_c)	圆弧后角 α_{Rc}
	mm						(°)							
	5~7	0.2	0.75	0.15	1.3									
	>7~10	0.3	1	0.2	1.9	1.5						20	15 (10)	18
	>10~15	0.4	1.5	0.3	2.6									
	>15~20	0.55	2	0.4	3.8		125	135	65	8	−10			
	>20~25	0.7	2.5	0.48	4.9									
	>25~30	0.85	3	0.55	6	3						25	12 (7)	15
	>30~35	1	3.5	0.65	7.1									
	>35~40	1.15	4	0.75	8.2									
备注	参数按直径范围的中间值来定,允许偏差为±										几何参数近似比例	$h\approx0.03d$; $R\approx0.1d$; $b_\psi\approx0.02d$; $l\approx0.2d$		

入孔壁产生"扎刀"现象。为此,在基本型群钻的基础上钻尖外缘处刀尖的前面需修磨,使该处前角由30°左右减至6°~10°,必要时可为负值。外缘处刃带可以修窄。

(9)钻铝合金用群钻的特点及切削部分几何参数　这里主要是指钻铝硅合金 ZL102 等,推荐采用图5-19所示的结构参数。

铝合金加工的特点:

1)强度、硬度低,切屑变形大,因而易产生积屑瘤。

2)孔收缩量大,易夹刀。

3)要重点考虑排屑。

据此,推荐在基本型群钻基础上采取如下措施:

1)钻沟抛光并将前面及刃带处鐾光。

2)内刃顶角减小,外刃顶角加大。

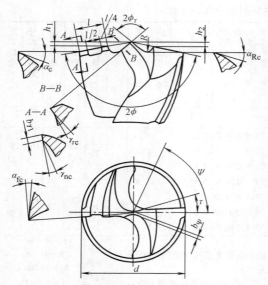

图 5-19　钻铝合金群钻

$2\phi = 140° \sim 170°$　$2\phi_\tau = 90° \sim 110°$　$\psi = 65°$　$\tau = 20°$

$\alpha_{fc} = 18$ （或 $\alpha_c = 13°$）　$\alpha_{Rc} = 15°$　$\gamma_{nc} = 8° \sim 10°$

$\gamma_{\tau c} = -20°$　$b_\psi = 0.02d$　$h_1 = 0.03d$　$h_2 = 0.05d$

$R = 0.06d$　$b_{\gamma 1} = 0.06d$　$l = 0.3d$

3）前后角都不宜过大。

4）充分用浓乳化液或煤油冷却。

5）高速大进给切削。

当要求孔壁光洁时，可使外缘处顶角（在很小长度范围内）减小，采取高速中进给切削。

（10）钻高硅氧玻璃钢用的群钻几何参数　高硅氧玻璃钢是一种玻璃纤维增强层压热固性塑料，弹性系数小，弹性变形大，传热慢，耐热性差，且含 SO_2 较多，因而相当于硬质点使切削刃磨损快。刀具材料宜选用硬质合金 YG8 或 YG6 或高速工具钢按图 5-20 修磨，原则是尽量改善刃口散热条件及减少摩擦。宜低速大进给切削。

（11）钻有机玻璃（聚甲基丙烯酸甲酯）群钻的几何参数推荐用表 5-17　材料的特点是导热不良，耐热性差，切削温度不宜超过 60℃。由于弹性变形大，热导率低，热膨胀大，故易产生机械摩擦破坏孔表面质量。因此，修磨的方针是加大前角缩小横刃，以减小切削力及发热，并修磨刃带、加大倒锥和后角等措施以减少摩擦。

（12）在橡胶制品上钻孔用群钻的几何参数　橡胶的特点是弹性变形极大，耐热性差，但钻削抗刀小。因此修磨的特点是外圆刃修尖，内刃的顶角减小，横刃尽量修短，后角加大到 30°，以减少摩擦。

表 5-17　钻有机玻璃群钻切削部分的结构参数

切削部分形状	钻头直径	尖高	圆弧半径	横刃长	外刃长	修圆半径	修磨长度	外刃顶角	内刃顶角	副刃半锥角	横刃斜角	外刃轴向前角	内刃前角	内刃斜角	外刃后角	圆弧刃后角	副后角
	d	h	R	b_ψ	l	r	c	2ϕ	$2\phi_\tau$	ϕ'	ψ	γ_c	$\gamma_{\tau c}$	τ	α_{fc} (α_c)	α_{Rc}	α'_c
	mm							(°)									
	$5 \sim 7$	0.2	0.75	0.15	1.3	0.75											
	$>7 \sim 10$	0.3	1	0.2	1.9	1	2								20	27 (22)	20	27
	$>10 \sim 15$	0.4	1.5	0.3	2.6	1.5											
	$>15 \sim 20$	0.55	2	0.4	3.8	2	3	110	135	15′	65	40	-5					
	$>20 \sim 25$	0.7	2.5	0.48	4.9	2.5												
	$>25 \sim 30$	0.85	3	0.55	6	3									25	25 (20)	18	25
	$>30 \sim 35$	1	3.5	0.65	7.1	3.5	4											
	$>35 \sim 40$	1.15	4	0.75	8.2	4												
	备注	参数按直径范围的中间值来定，允许偏差为±									几何参数近似比例	$h \approx 0.03d$; $R \approx 0.1d$; $b_\psi \approx 0.02d$; $l \approx 0.2d$; $r \approx 0.1d$					

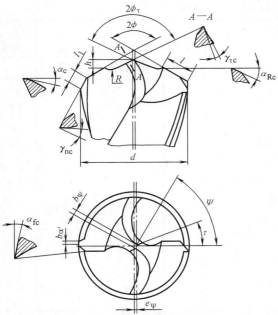

图 5-20　钻高硅氧玻璃钢用群钻

$2\phi = 120° \sim 150°$　$2\phi_\tau = 135°$　$\psi = 65°$　$\tau = 25°$　$\alpha_{fc} = 15°$
（或 $\alpha_c = 10°$）　$\alpha_{Rc} = 18°$　$\gamma_{\tau c} = -15°$　$\gamma_{nc} = 22°$
$h = 0.05d$　$R = 0.2d$　$b_\psi = 0.04d$　$l = 0.3d$　$l_1 = l/2$
$b_\alpha' = 0.1mm$　$e_\psi = 0.1 \sim 0.15mm$

推荐的几何参数如图 5-21 所示。

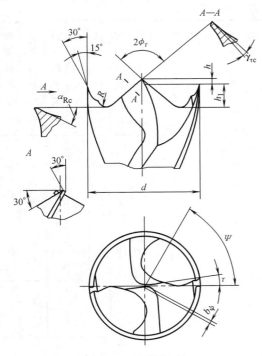

图 5-21　钻橡胶群钻

$2\phi_\tau = 95°$　$\alpha_{Rc} = 25°$　$\gamma_{\tau c} = -6°$　$\psi = 60°$　$\tau = 8°$　$d = 23mm$
$b_\psi = 0.2mm$　$h = 1mm$　$R = 2mm$　$h_1 = 6mm$

宜采取高速（$30 \sim 40m/min$）小进给（$0.05 \sim 0.12mm/min$）切削。

（13）钻薄板用群钻的几何参数　薄板的特点是承载能力差，受力后易变形。因此，此时钻尖修成三尖形、中心定位后，两外刃尖将孔划透，避免整个刃切削使轴向力加大而引起变形。因此，内刃顶角宜小（$90° \sim 110°$），外刃要锋利，横刃尽量修短，圆弧深度应大于板厚；后角不宜太大，以免"啃刀"，一般以 $12° \sim 15°$ 为宜。

当钻头直径较大时，圆弧刃可以采取双圆弧连接。钻薄板用群钻的几何参数见表 5-18。

（14）在毛坯孔上扩孔用群钻的几何参数　由于毛坯孔的表面不规则，很容易产生径向力使钻削不平稳。为此，需将钻心及内刃修低些，使外刃两尖点处于被钻孔所留余量范围内，以便开始切削时两刃即接触工件，这时定心性好，切削处于平稳状态。

先手动进给，待两尖刃切入后再机动进给，以免初始切削不稳而打刀。

毛坯孔扩孔群钻切削部分的几何参数见表 5-19。

5.1.4　标准麻花钻的沟形及其改进

麻花钻的沟形对其切削性能、容屑、排屑、钻头刚度以及其切削稳定性都有很大影响。

1. 标准麻花钻的沟形及关键工装设计

标准麻花钻头一般都做成直线切削刃。标准麻花钻的前面实际上是一条倾斜（1/2 顶角）的直线在心厚这个锥体上按螺旋运动而生成的一个螺旋渐开线面。

加工这个螺旋面有如下几种工艺方法：

1）铣削方法（用成形铣刀）。

2）纵向滚锻后再扭制成螺旋的方法。

3）四辊螺旋滚压法及四板搓制方法。

4）成形砂轮磨削法。

5）热挤压钻头工艺方法。

每种工艺方法所用的钻沟成形工具虽不同，但都是为了保证在即定的顶锥上得到直线切削刃和使钻沟有足够的容屑、排屑空间，并保证既定的刃宽、心厚及螺旋角等几何参数。

（1）钻头沟铣刀的截形设计　钻头沟铣刀截形的设计方法有如下几种：

1）理论分析并借助于计算机计算法，详见本书第 6 章。

2）作图计算法求截形（目前很少用）。

3）经验公式近似计算法。这里加以介绍。

通常按理论计算或作图法求出的钻沟铣刀截形可以用两段圆弧代替，如图 5-22 所示。

表 5-18 钻薄板用群钻切削部分的几何参数

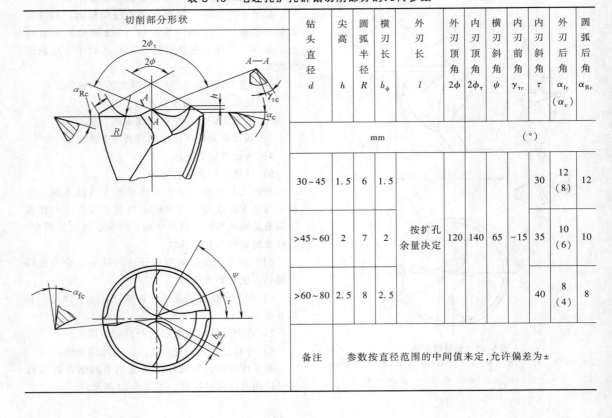

切削部分形状		钻头直径 d	横刃长 b_{ψ}	尖高 h	圆弧半径 R	圆弧深度 h_j	内刃顶角 $2\phi_{\tau}$	刃尖角 ε	内刃前角 $\gamma_{\tau c}$	圆弧后角 α_{Rc}
		mm					(°)			
		5~7	0.15	0.5	用单圆弧连接	$\delta+$ $(0.5~1)$	90~110	40	-10	15
		>7~10	0.2							
		>10~15	0.3							
		>15~20	0.4	1	用双圆弧连接					12
		>20~25	0.48							
		>25~30	0.55							
		>30~35	0.65	1.5						
		>35~40	0.75							
备注		1)δ是指料厚 2)横刃斜角 $\psi=65°$;内刃斜角 $\tau=20°~25°$ 3)参数按直径范围的中间值来定,允许偏差为±					几何参数近似比例	$h\approx0.5~1mm$; $h_1\approx\delta+(0.5~1)$; $b_{\psi}\approx0.02d$		

表 5-19 毛坯孔扩孔群钻切削部分的几何参数

切削部分形状		钻头直径 d	尖高 h	圆弧半径 R	横刃长 b_{ψ}	外刃长 l	外刃顶角 2ϕ	内刃顶角 $2\phi_{\tau}$	横刃斜角 ψ	内刃前角 $\gamma_{\tau c}$	内刃斜角 τ	外刃后角 α_{fc} (α_c)	圆弧后角 α_{Rc}
		mm					(°)						
		30~45	1.5	6	1.5	按扩孔余量决定	120	140	65	-15	30	12 (8)	12
		>45~60	2	7	2						35	10 (6)	10
		>60~80	2.5	8	2.5						40	8 (4)	8
备注		参数按直径范围的中间值来定,允许偏差为±											

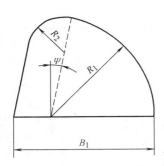

图 5-22　标准钻头沟铣刀截形

这时，由 R_1 形成的切削刃是铣钻头主切削刃一侧的螺旋表面，$\psi = 10°$ 的斜线是铣钻沟的另一侧面的螺旋面，两者之间的 R_2 是连接两者的过渡圆弧，同时是铣刀顶刃，用以铣削横刃附近的沟底螺旋面。

各参数的经验近似计算公式为

$$R_1 = C_1 C_2 C_3 D \qquad (5-12)$$

式中　D——钻头直径（mm）。

C_1——由于钻头顶角 2φ 及螺旋角 β 不同的影响系数：

$$C_1 = \frac{0.26 \times 2\varphi \sqrt[3]{2\varphi}}{\beta} \qquad (5-13)$$

C_2——钻头心厚 K 的影响系数；

φ——钻头顶角的一半（°）；

$$C_2 = \left(\frac{0.14D}{K}\right)^{0.044} \qquad (5-14)$$

C_3——钻沟铣刀直径 D_o 影响系数：

$$C_3 = \left(\frac{13\sqrt{D}}{D_o}\right)\frac{0.9}{\beta} \qquad (5-15)$$

式中　β——钻沟螺旋角（°）；

D_o——钻沟铣刀外径（mm）。

$$R_2 \approx 0.015\beta^{0.75} D \qquad (5-16)$$

钻沟铣刀宽度 B_1 可按下式计算：

$$B_1 \approx R_1 + R_2 \qquad (5-17)$$

铣同样直径的钻头由于其参数 2φ、β、K 及刃宽等不同，以及工艺条件不同（如钻沟铣刀直径 D_o 及铣削安装位置不同），所设计计算出的沟铣刀截形要有所不同。

为了方便起见，铣标准通用钻头用钻沟铣刀检查用的样板和其校对样板截形参数也可按表 5-20 查出。这套数据基本上是按通用钻头的参数按上式算出，并加以圆整。可供参考。

按上述方法设计的铣刀，其截形简单易修磨成尖齿，且铣出的钻头容屑空间较大，易排屑。但在钻中硬钢时，卷屑情况有时不理想，易产生直片状或大弯卷切屑，在用导套钻削时，易卡住。

也有的工厂把铣刀截形设计成三圆弧的，如图 5-23 所示。按这种截形设计的铣刀铣出的钻头虽容屑空间稍小，但由于辅助面采用圆弧代替直线，而且过渡圆弧普遍减小，因而钻头钻孔时卷屑情况良好。

（2）扭制钻头工艺用扇形板的孔型及截形设计

$\phi 17mm$ 以上钻头多用扭制方法制造，即先在滚锻机上用扇形板把加热的毛坯轧成直槽，而后再在扭槽机上扭出螺旋槽。每加工一定组距的钻头都由八块扇形板组成四道孔型，如图 5-24 所示。

滚锻机（轧槽机）四轧辊中心距为 265mm 安装扇形板处的轧辊直径为 184mm（轧 $\phi 15 \sim \phi 30mm$ 钻头用）。

表 5-20　加工钻头螺旋沟用的铣刀截形尺寸（样板及校对样板尺寸）　（单位：mm）

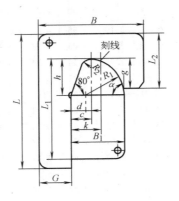

（续）

钻头公称直径	L	B	L_1	B_1	R_1	R_2	d	c	k	α	h	g	L_2	G
>3~3.3				3.53	2.16	0.68	1.37	1.95	2.18		2.07	2.1		
>3.3~3.5				3.72	2.33	0.73	1.39	2.02	2.27		2.23	2.3		
>3.5~3.8				3.93	2.50	0.79	1.43	2.10	2.37		2.39	2.4		
>3.8~4.0				4.12	2.67	0.84	1.45	2.15	2.46		2.56	2.6		
>4.0~4.3				4.15	2.47	1.05	1.68	2.30	2.55		2.39	2.4		
>4.3~4.5	32	15	25	4.34	2.62	1.11	1.72	2.48	2.65	90°	2.54	2.6	10	5
>4.5~4.8				4.53	2.77	1.17	1.76	2.45	2.74		2.69	2.7		
>4.8~5.0				4.72	2.92	1.24	1.80	2.53	2.84		2.83	2.9		
>5.0~5.3				5.41	3.07	1.30	2.34	3.11	2.93		2.98	3.0		
>5.3~5.5				5.60	3.22	1.36	2.38	3.18	3.52		3.12	3.2		
>5.5~6.0				5.87	3.43	1.45	2.44	3.30	3.66		3.32	3.3		
>6.0~6.5				6.32	3.80	2.08	2.52	4.02	4.02		3.78	3.8		
>6.5~7.0				6.70	4.10	2.25	2.60	4.22	4.22		4.08	4.1		
>7.0~7.5				7.08	4.40	2.42	2.68	4.42	4.42		4.32	4.4		
>7.5~8.0	42	25	32	7.97	4.71	2.58	3.26	5.12	5.12	90°	4.68	4.7	15	10
>8.0~8.5				8.63	5.33	2.75	3.30	4.23	4.23		5.23	5.25		
>8.5~9.0				9.03	5.66	2.91	3.37	4.42	4.42		5.55	5.65		
>9.0~9.5				9.43	5.98	3.08	3.45	4.62	4.62		5.87	5.90		
>9.5~10.0				9.83	6.30	3.25	3.53	4.82	4.82		6.19	6.20		
>10.0~10.5				7.84	6.15	1.33	1.69	3.07	5.38		5.95	5.8		
>10.5~11.0				8.18	6.45	1.40	1.73	3.18	5.00		6.24	6.1		
>11.0~11.5				8.51	6.75	1.46	1.76	3.27	5.80		6.53	6.4		
>11.5~12.0				8.86	7.05	1.53	1.81	3.39	6.03		6.82	6.7		
>12.0~12.5				9.19	7.35	1.59	1.84	3.49	6.25		7.11	7.0		
>12.5~13.0	52	30	40	9.52	7.65	1.66	1.87	3.59	6.45	90°	7.40	7.3	20	12
>13.0~13.5				9.86	7.95	1.72	1.91	3.69	6.67		7.69	7.6		
>13.5~14.0				10.21	8.25	1.79	1.96	3.81	6.90		7.98	7.8		
>14.0~14.5				10.54	8.55	1.85	1.99	3.91	7.12		8.27	8.1		
>14.5~15.0				10.87	8.85	1.92	2.02	4.01	7.33		8.56	8.4		
>15.0~15.5				11.93	8.44	1.83	3.49	4.02	5.28		8.43	6.4		
>15.5~16.0				12.29	8.72	1.89	3.57	4.12	5.42		8.70	6.6		
>16.0~16.5				12.65	9.00	1.95	3.65	4.22	5.56		8.98	6.8		
>16.5~17.0	72	40	55	13.00	9.27	2.01	3.73	4.32	5.70	90°	9.26	7.0	25	15
>17.0~17.5				13.40	9.55	2.07	3.85	4.45	5.87		9.53	7.2		
>17.5~18.0				13.73	9.83	2.13	3.90	4.52	5.98		9.81	7.4		
>18.0~18.5				14.08	10.10	2.19	3.98	4.62	6.12		10.08	7.6		
>18.5~19.0				14.43	10.38	2.25	4.05	4.71	6.25		10.36	7.8		
>19.0~19.5				14.48	10.66	2.31	4.14	4.81	6.40		10.64	8.0		
>19.5~20.0				15.16	10.94	2.37	4.22	4.91	6.54		10.91	8.2		
>20.0~20.5				15.51	11.21	2.43	4.30	5.01	6.68		11.91	8.4		
>20.5~21.0				15.87	11.49	2.49	4.38	5.11	6.82		11.47	8.6		
>21.0~21.5	85	55	60	16.24	11.77	2.55	4.47	5.21	6.96	90°	11.74	8.8	35	20
>21.5~22.0				16.59	12.04	2.61	4.55	5.31	7.10		12.02	9.0		
>22.0~22.5				16.95	12.32	2.67	4.63	5.41	7.24		12.30	9.2		
>22.5~23.0				17.31	12.60	2.73	4.71	5.51	7.38		12.57	9.4		
>23.0~23.5				17.66	12.87	2.79	4.79	5.60	7.52		12.85	9.6		
>23.5~24.0				18.81	13.95	2.85	4.86	5.70	7.66		13.13	9.8		

钻头公称直径	L	B	L_1	B_1	R_1	R_2	d	c	k	α	h	g	L_2	G
>24.0~25.0				18.66	14.08	3.40	4.58	6.32	10.68		13.95	9.8		
>25.0~26.0				19.19	14.56	3.54	4.63	6.54	11.08		14.52	10.2		
>26~27				20.12	15.24	3.68	4.88	6.76	11.48		15.08	10.6		
>27~28				20.84	15.81	3.82	5.03	6.98	11.88		15.65	11.0		
>28~29				21.41	15.53	4.27	5.88	7.33	12.48		15.44	11.4		
>29~30				22.12	16.08	4.42	6.04	7.54	12.88		15.98	11.8		
>30~31	90	65	65	22.83	16.63	4.57	6.20	7.76	13.28	90°	16.52	12.2	40	25
>31~32				23.55	17.17	4.73	6.38	7.99	13.69		17.06	12.6		
>32~33				24.27	17.72	4.88	6.55	8.21	14.09		17.61	13.0		
>33~34				24.98	18.26	5.02	6.72	8.43	14.49		18.15	13.4		
>34~35				25.70	18.80	5.17	6.90	8.66	14.90		18.69	13.8		
>35~36				26.42	19.35	5.32	7.07	8.88	15.30		19.23	14.2		
>36~37				28.13	19.89	5.48	8.24	10.10	15.70		19.77	14.6		
>37~38				28.85	20.44	5.62	8.41	10.32	16.10		20.31	15.0		
>38~39				27.83	18.83	7.01	9.00	11.16	17.70		18.62	15.4		
>39~40				29.32	20.34	8.43	8.98	12.44	19.60		19.83	16.6		
>40~41				30.21	20.85	8.71	9.36	12.91	20.25		20.33	17.0		
>41~42				30.91	21.37	8.92	9.54	13.17	20.70		20.83	17.4		
>42~43	110	75	85	31.61	21.89	9.14	9.72	13.44	21.14	90°	21.33	17.8	45	30
>43~44				32.30	22.40	9.35	9.90	13.71	21.59		21.83	18.2		
>44~45				32.98	22.90	9.56	10.08	13.97	22.04		22.33	18.5		
>45~46				32.39	22.29	9.10	10.10	13.40	21.70		21.88	19.1		
>46~47				33.18	22.78	9.30	10.40	13.77	22.25		22.35	19.5		
>47~48				33.88	23.27	9.50	10.61	14.05	22.70		22.84	20.0		
>48~49				34.48	23.76	9.70	10.72	14.26	23.10	90°	23.32	20.40		
>49~50				35.18	24.25	9.90	10.93	14.52	23.55		23.80	20.8		
>50~51				35.88	24.74	10.10	11.14	14.80	24.00		24.28	21.2		
>51~52				36.57	25.23	10.30	11.34	15.07	24.45	—	24.76	21.6		
>52.5~53.5				37.88	25.25	10.92	—	15.05	18.82	72°	24.74	22.1		
>53.5~54.5	130	85	100	38.5	25.70	11.12	—	15.30	19.14		25.21	22.5	50	30
>54.5~55.5				39.23	26.18	11.33	—	15.55	19.47		25.61	23.0		
>55.5~56.5				39.90	26.66	11.54	—	15.79	19.78		26.14	23.4		
>56.5~57.5				40.58	27.13	11.74	—	16.04	20.10		26.61	23.8		
>57.5~58.5				41.26	27.61	11.95	—	16.28	20.41		27.07	24.2		
>58.5~60.5				42.61	28.56	12.36	—	16.77	21.04		28.01	25.0		
>61.5~62.5				43.47	28.59	12.90	—	17.37	21.63		28.08	25.9		
>64.5~65.5				45.48	29.98	13.52	—	18.12	22.59		29.44	27.1		
>67.5~68.5	135	95	105	47.48	31.36	14.14	—	18.86	23.54	72°	30.80	28.4	55	35
>69.5~70.5				48.81	32.28	14.56	—	19.35	24.17		31.71	29.2		
>71.5~72.5				49.96	31.82	14.11	—	19.17	24.73		31.55	30.3		
>74.5~75.5				51.96	33.15	14.70	—	19.89	25.69		32.87	31.6		
>77.5~78.5	140	105	110	53.96	34.48	15.29	—	20.60	26.63	70°	34.18	32.8	60	35
>79.5~80.5				55.91	35.36	15.68	—	21.08	27.26		35.06	33.7		

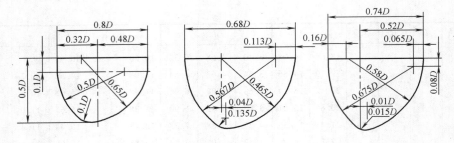

图 5-23 三圆弧式钻头沟铣刀截形

D—钻头公称直径

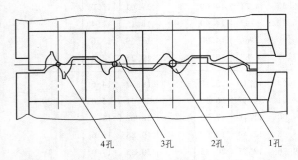

图 5-24 扭制钻头轧槽基本孔型

轧槽前面有四个导向套与四个孔型相对。其作用有二：一是定位，使钻头送进的距离正确保证柄部长度；二是定向，在轧完第一道槽型之后必须使毛坯向右转55°之后进入第二槽，第二槽轧完之后再反转55°到原始方位进入第三槽，第三槽轧完之后再向右转53°进入第四槽。这一反复转角其定位是由导向套上的定位槽与夹毛坯用的钳子上的定位销来完成的。

这种工艺用的扇形板是形成钻头沟形的关键工具。

从钻头毛坯直径 D'（一般较成品直径大1.2mm）轧到规定钻头端截面尺寸，端截面总的压缩比约为 3.28~3.65 左右。分配在四道轧槽的孔型上，每道孔型所分担的压缩比大致为

第一道孔型 $K_1 = 1.72$

第二道孔型 $K_2 = 1.28$

第三道孔型 $K_3 = 1.42~1.44$

第四道孔型 $K_4 = 1.06~1.08$

其中，第三、四道孔型即钻头端截面形状，第四道仅起修整刃带和整形作用。根据每道孔型所分担的压缩系数，并考虑到在轧制过程中金属变形的流动方向，用作图法可以设计出每道孔槽的基本孔型，并进而设计出扇形板上的相应截形。

一副四对轧槽用的扇形板除截形及方向不同之外，其外形及结构基本相同，其中以第四槽的扇形板为例，说明扇形板的典型结构设计，如图 5-25

所示。

每套扇形板的中心角 ω 是根据被轧钻头的沟长及轧槽机的中心距来确定的。一般取 76°~145°，不宜再大，否则将造成送料困难。

在 ω 角范围内分成四个部分：

1）δ 角范围是一个半圆槽，其槽径较轧前毛坯大0.5~0.8mm，起导正毛坯作用。

2）Δ 角范围是导入部分并形成钻头槽尾截形。这段凸起是由钳工修出。

3）α 角范围内的截形是形成钻头端截面形状。其展开长度等于钻头沟长。因钻头有心厚增量，因此扇形板上形成心厚部分的相应截形在车形后要进行铲削，铲量为心厚增量的一半。而形成刃背部分的截形不进行铲削。

4）φ 角范围是车形部分，其截形分布在圆柱体上。这部分是钻头毛坯过长时起保险作用的。

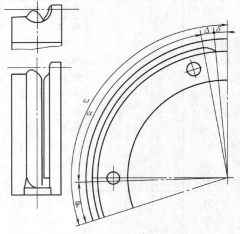

图 5-25 扇形板典型结构图

扇形板上的两个孔是在制造扇形板时作为基准面用的。

扭螺旋槽工序是在扭槽机上进行的。两个扭轮夹在钻坯直槽沟部，在机床带动下做螺旋运动，在700℃状态下扭成螺旋槽。扭轮各段截形尺寸与第四

槽扇形板的尺寸相同。

（3）四辊斜轧钻头工艺用扇形板设计　钻坯经过高频加热，通过由四块扇形板组成的孔型后一次轧成麻花钻头，多用于中小规格钻头的大批量生产。其原理图如图5-26所示，孔形图如图5-27所示。

轧沟、背用扇形板分别如图5-28和图5-29所示。

扇形板的截形尺寸分别由被轧钻头的沟形及刃背形状决定。对于轧通用钻头，一般可按沟背各占 $\frac{\pi D}{4}\cos\beta$ 计算（D 为被轧钻头直径，β 为钻沟螺旋角）。对于小规格钻头的刃宽 b 也可按钻头直径 D 决定：

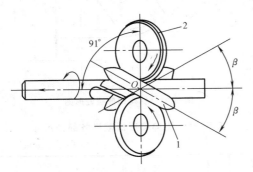

图 5-26　斜辊轧原理图

1—钻沟扇形板　2—刃背扇形板

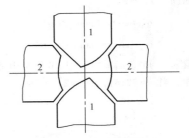

图 5-27　孔形示意图

1—钻沟扇形板　2—刃背扇形板

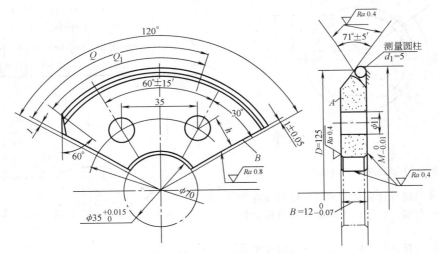

图 5-28　轧钻头沟用扇形板

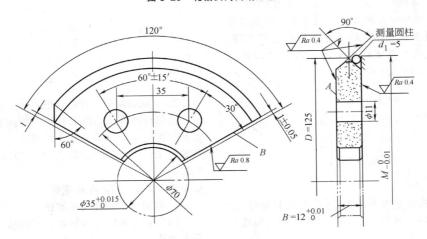

图 5-29　轧钻背用扇形板

$$D = 1 \sim 5 \text{mm}, \ 取 \ b = (0.6 \sim 0.62)D$$

$$D = 5.1 \sim 10 \text{mm}, \ 取 \ b = (0.58 \sim 0.6)D$$

刃宽 b 确定之后，可考虑刃背扇形板轧出预定钻头刃背的位置及相应的背板顶角 α_1 及相应的沟板顶角 α_2（见图5-30），以使扇形板的顶角 α_1、α_2 在钻头端截面投影的投影角 α_1'、α_2' 形成封闭的无间隙孔型，如图5-27所示。

$$\alpha_1' = \arctan(\tan\alpha_1 / \cos\beta)$$

$$\alpha_2' = \arctan(\tan\alpha_2 / \cos\beta)$$

可取 $\alpha_2 = 90°$、$\alpha_1 = 71°$，两半角对中面对称分布。这样，当 $\omega = 32°$ 时，$2\alpha_1' + 2\alpha_2' = 360°$。

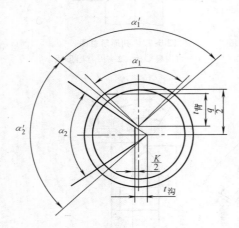

图5-30 扇形板顶角分布图

扇形板的外径在设计轧机时选定。要保证在压入钻坯时不产生打滑，并保证扇形板弧长可轧出钻头的最大沟长。

钻沟扇形板及背扇形板的截形应分别相应于钻沟及刃背的法向截形，但由于本工艺方法的特点，钻沟与刃背相邻部分有较大的热塑变形，因此扇形板的截形必须作一些相应的修正。根据生产实践，钻沟用扇形板截形按图5-31及表5-21尺寸设计为宜，或按式（5-18）计算。

$$\left.\begin{array}{l} R = 1.4d \\ h = 0.5K \\ L = 0.5d + 0.1 \\ D' = D_{沟} + 2t_{沟} \end{array}\right\} \quad (5\text{-}18)$$

式中 $K = 1/2$ 钻头心厚。

刃背扇形板截形按图5-32及表5-22尺寸设计，也可按式（5-19）计算。θ 及 θ_1 按被轧钻头沟长及心厚增量计算。

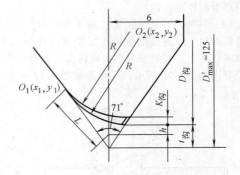

图5-31 钻沟扇形板截形图

表5-21 钻沟扇形板截形各部分尺寸

（单位：mm）

钻头直径 d	5.0	5.5	6.0	6.5	7.0	7.5	8.0	8.5	9.0	9.5	10
t	0.63	0.72	0.78	0.87	0.93	1.02	1.08	1.17	1.23	1.32	1.38
h	0.44	0.48	0.52	0.55	0.58	0.62	0.65	0.70	0.72	0.77	0.80
L	2.60	2.85	3.10	3.35	3.60	3.85	4.10	4.35	4.60	4.85	5.10
R	7.0	8.0	8.4	9.5	9.8	10.6	11.5	11.9	12.6	13.5	14.0

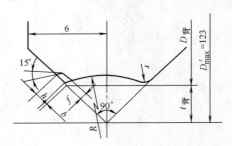

图5-32 刃背扇形板截形图

$$\left.\begin{array}{l} R = 1.5d \\ r = 0.15d \\ b = 0.026d \\ D' = D_{背} + 2t_{背} \end{array}\right\} \quad (5\text{-}19)$$

2. 麻花钻沟形设计的改进

通用标准麻花钻沟形设计虽能满足大多数钻孔情况，但有时针对某些特殊需要也可对其沟形进行特殊设计，以求取得某些特殊效果。归纳成表5-23。

5.1.5 其他类型的麻花钻

1. 攻螺纹前钻孔用麻花钻

（1）普通麻花钻 螺纹孔是机械加工中常用而量大的孔。攻螺纹前钻底孔通常就用普通麻花钻。

表 5-22　刃背扇形板截形各部分尺寸　（单位：mm）

钻头直径 d	5	5.5	6	6.5	7	7.5	8	8.5	9	9.5	10
t	1.5	1.7	1.9	2.1	2.3	2.5	2.7	2.9	3.1	3.3	3.4
R	7.5	8.3	9.0	9.8	10.5	11.2	12.0	12.8	13.5	14.3	15.0
r	0.75	0.83	0.90	0.98	1.05	1.12	1.20	1.28	1.35	1.43	1.50
f	0.35	0.38	0.40	0.42	0.44	0.48	0.52	0.54	0.58	0.62	0.64
h	0.70	0.74	0.76	0.78	0.80	0.84	0.90	0.94	0.98	1.06	1.10
b	0.13	0.14	0.16	0.17	0.18	0.19	0.21	0.22	0.23	0.25	0.26

表 5-23　麻花钻特殊沟形设计参考资料

沟形改进参考图	说　　明
在非切削刃沟面加断屑台 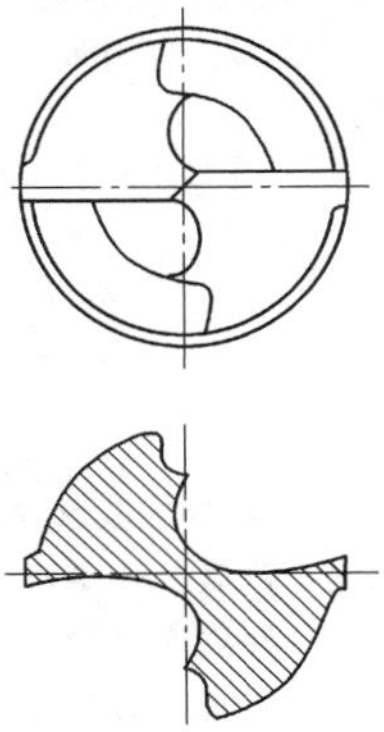	由于非切削刃沟面靠近轴心而且曲率增大，故切屑易打卷并在遇台时折断 但钻软钢小进给量钻削时，断屑不够可靠
凸前面断屑钻头 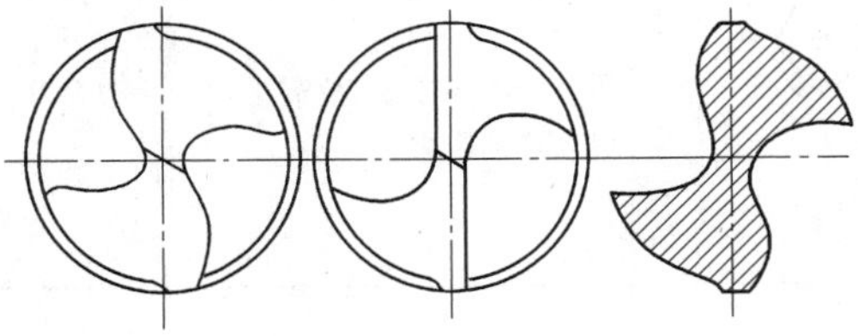 a) 未磨卷屑槽时（端视）　　b) 在前面上已磨卷屑槽时（端视）　　c) 横断面	这种钻头端截面切削刃一侧为凸出形曲线，当正常刃磨后主刃在端视图中也为凸出刃，再局部修磨靠近刃口部前面沟形，使刃口成直线。切屑沿前面流动过程中，由于改变方向而断屑 适于大进给粗钻孔 刃口与卷屑槽同时修磨
径向刃钻头 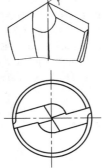	在端视图中，主刃通过钻头轴心，因而前角普遍加大，降低切削力及容屑空间。心厚加大后需修磨横刃，以控制轴向力过大 适用于钻强度、硬度都较低的轻金属或非金属

（续）

沟形改进参考图	说　　明
折线刃钻头 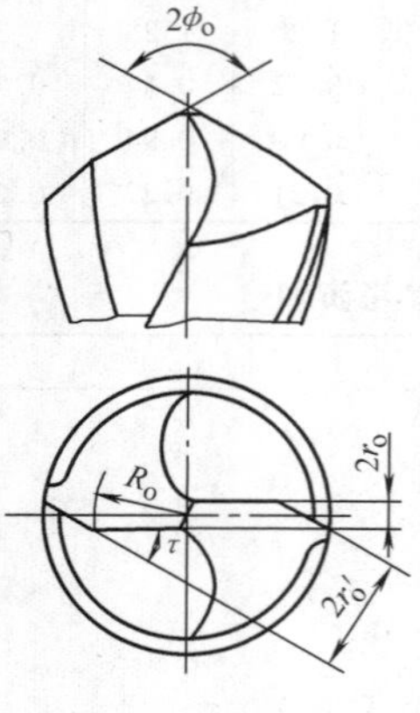 $R_o = 0.8R, \tau = 20°$, 顶角 $= 120°$	主切削刃由两段组成。靠近钻心段相当于小直径普通钻头（或径向刃钻头），外缘段相当于大直径而且主刃大错位量钻头。这样外缘段刃口的刃倾角实际加大，前角较同规格减小，既增大钻头刚度，又使沿切削刃负荷趋向均匀，并可起分屑作用 　适用于钻奥氏体不锈钢或工作条件较恶劣的情况下钻中大规格孔 　这种钻头宜制成短沟型，前端 1/3 沟为薄等心厚，而后 2/3 沟为加大心厚增量的，以增加钻头刚度
蜗杆型钻头 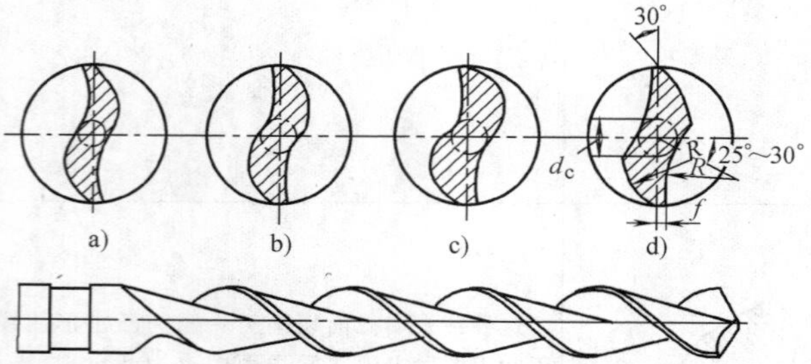 a) Alu-Spezial 型　　b) Titex Plus UFL 型 c) V70 型（德国）　　d) 简化型	刃沟为抛物线截形或简化为圆弧曲线，容屑空间大，便于排屑。心厚较大，无增量。沟全抛光。顶角 130°，螺旋角为 35°~40°，甚至 60°。钻心厚 $d_c = 0.22d \pm 0.2mm$，刃带宽度 $f = 0.1d \pm 0.2mm$，圆弧半径 $R = 0.5d$（d 为钻头直径，其直径范围可为 3.2~38mm） 　这种钻头适于钻削铝合金，或者孔深与直径之比大于 20 的孔 　由于心厚较大，故需采用十字刃磨法，以减少横刃处切削阻力
带冷却孔钻头 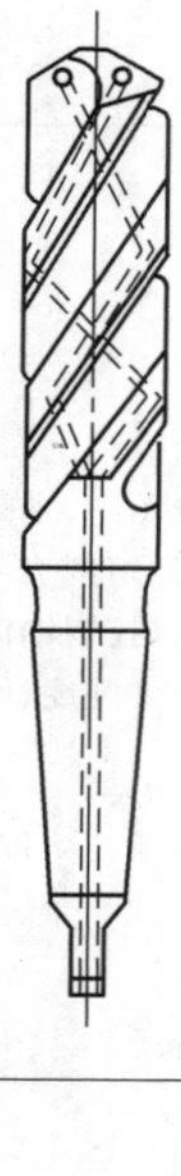 	在麻花钻两刃瓣上沿螺旋做出两通孔与尾部直孔相通，钻孔时切削液经尾部通孔直接注入切削区域，可增强冷却及排屑效果，提高刀具寿命 　这种螺旋状冷却孔，通常采用扭制钻头工艺方法制造，在轧前毛坯上钻出三个相交的直孔，之后采用定向轧槽最后扭制成螺旋状

（续）

沟形改进参考图	说　　明
大心厚强力钻头 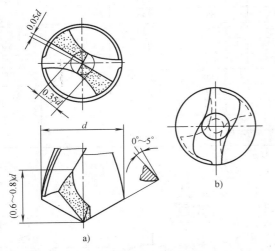 a) 加厚钻心钻头　b) 加厚钻心钻深孔钻头（V63 型,德国）	心厚加大,使钻头的刚度提高,钻削稳定。但必须采取十字形刃磨以减短横刃并改善钻心切削条件。图 a 所示的钻头,可用于钻合金钢不规则零件上的孔 　图 b 所示为德国 V63 型大心厚深孔麻花钻头,螺旋角 $\beta = 40°$,顶角 $130°$,横刃十字刃磨,适于在钢件上钻深孔

　钻头的直径一般按下式计算

$$d = D - P$$

式中　d——所选麻花钻直径;

　　　D——螺纹孔公称直径;

　　　P——螺距。

　为了方便选用,GB/T 20330—2006 分别列出了粗牙螺纹和细牙螺纹攻螺纹前钻底孔用麻花钻的选用准则。读者可根据螺孔的直径和螺距,很方便地查出所用麻花钻的直径。

　（2）阶梯麻花钻　为了节省工时,使钻螺纹底孔与倒边棱同时进行,生产中还常使用阶梯麻花钻。

　阶梯麻花钻有直柄型和锥柄型,如图 5-33 所示。GB/T 6138.1—2007 和 GB/T 6138.2—2007 分别列出了直柄与莫氏锥柄粗牙和细牙螺纹攻螺纹前钻孔用阶梯麻花钻的型式和尺寸。读者可方便地查出所用钻头的尺寸。

　2. 1∶50 锥孔锥柄麻花钻

　1∶50 锥孔锥柄麻花钻主要用于 1∶50 销子锥孔的钻孔与铰孔一次成形。其锥刃的工作条件较差。JB/T 10003—2013 中规定了 $\phi 12 \sim \phi 30$mm 锥孔锥柄麻花钻的型式、尺寸和技术条件,其型式如图 5-34 所示,其尺寸见表 5-24。

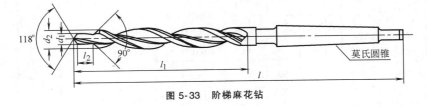

图 5-33　阶梯麻花钻

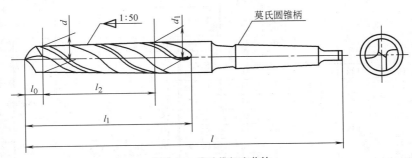

图 5-34　锥孔锥柄麻花钻

表 5-24　1∶50 锥孔锥柄麻花钻尺寸　　　　　（单位：mm）

公称尺寸 d	极限偏差	d_1	l	l_1	l_2	l_0	莫氏圆锥柄号
12	0	15.1	290	190	155	12	2
		16.9	380	280	245		
16	−0.043	20.2	355	255	210	16	
		22.2	455	355	310		
20	0	24.3	385	265	215	20	3
		26.3	485	365	315		
25	−0.052	29.4	430	280	220	25	
		31.4	530	380	320		
30	0	34.5	445	295	225	30	4
	−0.062	36.5	545	395	325		

注：莫氏圆锥柄的尺寸和公差按 GB/T 1443—2016 的规定。

3. 镶片式硬质合金麻花钻

为提高切削速度，可采用硬质合金麻花钻。

$\phi5$mm 以上的硬质合金麻花钻一般做成镶片式结构。硬质合金刀片焊接在钢制的麻花钻体上。硬质合金刀片推荐采用 K20~K30 硬质合金。

$\phi5\sim\phi20$mm 的直柄镶片式硬质合金麻花钻的型式如图 5-35 所示。其系列尺寸列于表 5-25 中。

GB/T 10946—1989 中规定了适用于钻削灰铸铁的 $\phi10\sim\phi30$mm 的硬质合金锥柄麻花钻的型式和基本尺寸。GB/T 10947—2006 中规定了硬质合金锥柄麻花钻通用技术条件。读者可在该标准中获得相关数

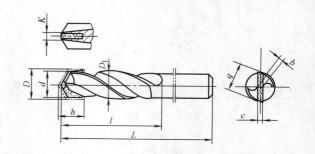

图 5-35　镶片式硬质合金直柄钻头

表 5-25　硬质合金直柄麻花钻尺寸　　　　　（单位：mm）

外　径		总长 L		沟长 l		刀片尺寸				钻体直径	钻体心厚	修后横刃	刃背尺寸
公称尺寸 d	极限偏差 Δd	短型	基本型	短型	基本型	型号	D	h	c	D_1	K	b	q
5~5.30	0	70	86	36	52	E106	6	6	1.5		0.36d	0.4	d−0.6
5.40~5.50	−0.018	75	93	40	57							0.6	
5.60~6.00													
6.10~6.50		80	101	42	63	E107	7	6	1.5	d−0.08	0.32d		d−0.8
6.60~6.70												0.65	
6.80~7.50		85	109	45	69	E108	8	7	1.8				
7.60~8.50	0	95	117	52	75	E109	9	8	2		0.30d	0.72	d−1.0
8.60~9.50	−0.022	100	125	55	81	E110	10	9	2			0.80	
9.60~10.00		105	133	60	87	E210	10.8	9	2		0.28d		
10.10~10.60													
10.70~10.90						E211	11.8	10	2.5				
11.00		110	142	65	94						0.27d		d−1.3
11.10~11.80												1.00	
11.90~12.00						E213	13	11	2.5				
12.10~13.00		120	151	70	101	E214	14	12	2.5	d−0.11			
13.10~13.20	0					E215	15	13	2.5				
13.30~14.00	−0.027	122	160	70	108								
14.25~15.00		130	169	75	114	E216	16	14	3		0.25d		
15.25~16.00			178		120	E217	17	15	3			1.20	d−1.6
16.25~17.00			184		125	E218	18	6	3				d−1.7
17.25~18.00		138	191	80	130	E219	19	17	3				d−1.8
18.25~19.00	0		198		135	E220	20	18	3.5	d−0.12			
19.25~20.00	−0.033		205		140	E221	21	18	3.5			1.40	d−2.0

据和规定。

4. 整体硬质合金印制电路板麻花钻

随着电子工业的发展，对印制电路板用的钻头（简称 PCB 钻）的要求日益增多。

这种钻头尺寸较小，整体用硬质合金制造，推荐采用 K10 类硬质合金，且宜采用超细微粒的硬质合金粉制造。

小尺寸的硬质合金钻头，考虑到其本身的强度，其螺旋角和后角要比钻同类材料的高速工具钢麻花钻稍小为宜。心厚可适当选大些。心厚应有增量。

A 型麻花钻的结构型式如图 5-36 所示。适用于 $\phi0.1 \sim \phi3.175$mm（1/8in）的麻花钻。B 型麻花钻的结构型式如图 5-37 所示，适用于 $\phi3.2 \sim \phi6.4$mm 的麻花钻。

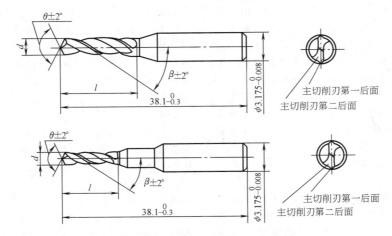

图 5-36 A 型整体硬质合金印制电路板麻花钻

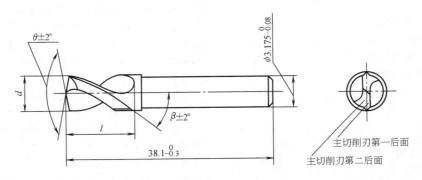

图 5-37 B 型整体硬质合金印制电路板麻花钻

对于 $\phi4$mm 以上的此种麻花钻规定的试验切削速度为 200 ~ 400m/min，进给量为 0.015 ~ 0.025mm/r。

5.2 深孔钻

深孔加工是一种难度较大的技术，到目前为止，仍处于不断改进、提高的阶段，这是因为深孔加工有其特殊性：

1）孔的深度与直径之比较大（一般≥10），钻杆细长，刚性差，工作时容易产生偏斜和振动，因此孔的精度及表面质量难于控制。

2）切屑多而排屑通道长，若断屑不好，排屑不畅，则可能由于切屑堵塞而导致钻头损坏，孔的加工质量也

无法保证。

3）钻头是在近似封闭的状况下工作，而且时间较长，热量大又不易散出，钻头极易磨损。

此外，由于孔深与直径之比较大（甚至可达 100 及 100 以上），钻削时无法观察到钻头的工作状况，这也造成深孔加工的困难。

根据上述特点，对深孔钻应提出一些要求：

1）断屑要好，排屑要通畅。同时还要有平滑的排屑通道，借助一定压力的切削液的作用促使切屑强制排出。

2）良好的导向，防止钻头偏斜。为了防止钻头工作时产生偏斜和振动，除了钻头本身需要有良好的导向装置外，还采取工件回转，钻头只做直线进

给运动的工艺方法，来减少钻孔时钻头的偏斜。

3）充分的冷却。切削液在深孔加工时同时起着冷却、润滑、排屑、减振与消声等作用，因此深孔钻必须具有良好的切削液通道。深孔加工用的切削液必须具有较好的流动性，其黏度不宜过大，以利加快流速和冲刷切屑，切削液的流速不宜小于切削速度的 5~8 倍，一般为 480~720m/min。

对于加工直径不大且孔深与孔径比在 5~20 范围内的普通深孔，可采用普通加长高速工具钢麻花钻加工，采用带有冷却孔的麻花钻则更好。生产中还使用大螺旋角加长的麻花钻，该钻头可在铸铁件上加工孔深与孔径比不超过 30~40 的深孔，也可在钢件上加工较深的孔。

但是，如按照上述对深孔钻的要求，加长麻花钻及螺旋钻都不是理想的深孔钻。下面介绍几种目前已被广泛采用的新型深孔钻。

5.2.1 单刃外排屑深孔钻

1. 工作原理

单刃外排屑深孔钻因最初用于加工枪管，故又名枪钻，主要用来加工直径为 3~20mm 的小孔，孔深与直径之比可超过 100。加工出的孔精度为 IT8~IT10，加工表面粗糙度 $Ra3.2~Ra0.8\mu m$，孔的直线性也比较好。

枪钻的工作原理如图 5-38 所示。切削液以高压（约 3.4~9.8MPa）从钻杆和切削部分的进油孔送入切削区以冷却、润滑钻头，并把切屑经钻杆与切削部分的 V 形槽冲刷出来。

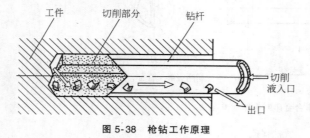

图 5-38　枪钻工作原理

2. 结构特点

1）由切削部分和钻杆两部分组成，二者一般是焊接起来的。钻杆通常是用无缝钢管轧出 V 形排屑沟槽。在保证钻杆足够强度和刚度的条件下，钻杆内径尽可能取大些，以利切削部分的冷却润滑及排屑通畅。为避免钻杆与孔壁或钻套摩擦，钻杆外径应略小于钻头外径 0.5~1mm。切削部分可用高速工具钢或硬质合金。

2）切削部分只单面有切削刃，分为 ab 与 ac 两段，钻尖 a 相对轴线偏移一定距离，作用在 ab 段的径向力略大于作用在 ac 段的径向力（见图 5-39b），使钻头在钻削过程中能始终紧贴向支承面较大的一面，以保证加工孔的直线性。此外，主切削刃呈折线还可达到分屑的效果。

3）钻头背部圆弧支承面，在切削过程中起导向定位作用。为了减少摩擦，在一定范围内磨低 0.2mm 左右，如图 5-39a 中 k，磨低部分也呈圆弧形。在副切削刃后面磨出 20°~25°后角（α_p），并留有 $0.2_0^{+0.1}$mm 的棱边 f。

4）V 形槽中心交点基本上位于钻头轴线上，一般也可略低 0.03~0.05mm，切削时会形成柱形芯，有利于钻头的导向及切削稳定性（见图 5-39c 中 h）；若过低，则形成的柱形芯过粗，不易折断，可能导致钻头整断；若 V 形槽中心交点高于钻头轴线，则中心一点的切削刃将挤压加工表面，增大切削力，有可能造成崩刃或钻杆弯曲。枪钻钻尖的刃磨型式可按表 5-26 选取。

3. 单刃外排屑深孔钻应用领域

此钻可用于高效率的深孔加工、难加工材料深孔、精密浅孔。本成果填补了国内空白，产品性能达到了国际水平，可替代进口，是一种高效率的先进刀具。可用于很多行业中，如压力表钢弹簧钢的加工、液压件加工、汽车发动机机体深孔、柴油机曲轴通油孔及三偶件、工业零件的精密浅孔、深孔、模具上定位孔、柴油机零件上的深孔加工及仪表行

表 5-26　枪钻钻尖刃磨型式

型式	简　图	特点及用途	型式	简　图	特点及用途
a	65°~70°　60°~65°　D/4	斜刃基本型，适于加工一般结构钢深孔	b	65°~70°　60°　0.2D　0.15D　0.8	阶梯型，适用于 $D \geq$ 10mm 的钻头

（续）

型式	简　图	特点及用途	型式	简　图	特点及用途
c	$65°\sim70°$　$\frac{3D}{8}$　$86°\sim92°$　$45°$	层叠型,适于层叠板材料的深孔加工	e	"C"刀片宽度的1/4　$45°$　$-2°\sim4°$　$0.4\sim0.8$	改进Ⅱ型,改善切入时定心,避免切出时因弹性变形而产生崩刃,并可碎屑和提高孔壁质量
d	$60°\sim65°$　$D/3$　$60°$　$10°$	改进型,改善中心处切削条件,定心性更好,适于钻中硬钢	f	"C"刀片宽度1/4　$30°\sim45°$　$-2°\sim4°$	折线刃型,保持 d、e 型优点又可降低孔壁表面粗糙度,适于钻高强度钢
			g	$45°$　$60°$　$D/4$　$60°$	双冷却孔型深孔钻,适于钻韧性高的材料,$\phi6.5\sim\phi48mm$ 孔

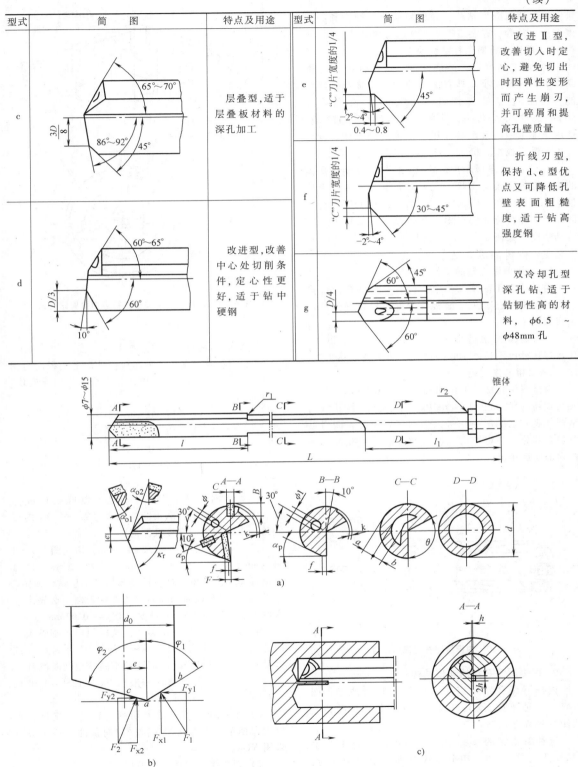

图 5-39　枪钻工作时的受力情况及定心原理

a) 枪孔钻工作图　b) 枪孔钻切削力分解　c) 枪孔钻削时形成的柱形芯

业的小直径深孔加工等。该钻克服了多个工艺制造难题，包括高刚度钻杆、异型粉末合金钻头和高强度焊接工艺等，在制造工艺上有创新和突破。

4. 单刃外排屑深孔钻优缺点

1）加工精度高，经济性好。切削性能稳定性高，中心线偏离小。具有优异的钻孔质量及排屑性能，加工过程可靠性高。最大刀具长度可达5000mm。特定条件下，孔的加工精度可达 IT7 级，适用于加工中心及配备高压冷却系统的车床。枪钻可用于卧式或立式机床，刀具或工件旋转的场合。

2）单刃外排屑深孔钻的投入使用为支架千斤顶的生产提供了设备保障，大大提高了内注液压千斤顶的生产效率和制作成本，产生了良好的经济效益，同时，在提高劳动生产率、降低成本、减轻工人的劳动强度和保证安全生产方面起到了重要作用。

5.2.2 内排屑深孔钻

1. 内排屑深孔钻的工作原理

内排屑深孔钻在工作中，切屑是从钻杆内部排出而不与工件已加工表面接触，可获得较好的已加工表面质量。

内排屑深孔钻适合于加工直径在 20mm 以上、孔深与孔径比不超过 100 的深孔，加工精度达 IT7 ~ IT9，表面粗糙度不超过 $Ra3.2\mu m$。

内排屑深孔钻的工作原理如图 5-40 所示。切削液在较高的压力（约 2 ~ 6MPa）下，由工件孔壁与钻杆外表面之间的空隙进入切削区以冷却、润滑钻头切削部分，并将切屑经钻头前端的排屑孔冲入钻杆内部向后排出。

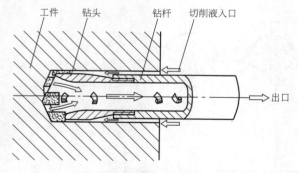

图 5-40 内排屑深孔钻工作原理

2. 内排屑深孔钻的典型结构

内排屑深孔钻中以错齿的结构较为典型。图5-41 是一种硬质合金可转位式错齿内排屑深孔钻的简图（BTA 深孔钻）。

这种深孔钻的头部中空的刀体锥顶开了两个"排屑孔"，把主切削刃分三段分别置于两个方向，交错排列，切削区互相搭接。这样改进后，使断屑效果更好。

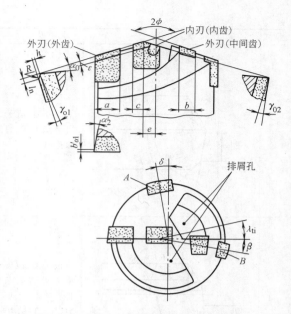

图 5-41 硬质合金可转位式错齿内排屑深孔钻
A，B—导向条

这种深孔钻的设计要点如下：

1）刀齿与导向块的分布应使外齿上的径向力稍大于中间齿上的切削力，以使径向合力压向导向块。通常采取

$$a = 0.19D$$
$$b = 0.14D$$
$$c = 0.07D$$
$$e = 0.1D$$

式中 D——深孔钻直径（mm）。

外齿切削刃口不能高于轴心，以低 0.1mm 为宜。内齿的内刃不便磨出断屑槽，可做一个 λ_T 内刃倾角，以增加尖部强度及断屑。

2）断屑槽长度 $l_n = 1.2 ~ 1.5mm$，槽底圆弧 $R = 1 \pm 0.1mm$，高度 $h = 0.4 ~ 0.5mm$，$\varepsilon = 2°$，具体数值可根据具体加工对象的材料性能和切削用量试切而定。

3）外刃圆柱面和导向块的外圆表面不必做出较大倒锥度，以每 100mm 长度上 0.04 ~ 0.07mm 为宜。

4）由于是采用几块刀片，这样便可根据钻头径向各点不同的切削速度，采用不同的刀片材料（或牌号），并可分别磨出所需要的不同参数的断屑台。

5）采取较大顶角（一般取 $2\kappa_r = 125° ~ 140°$），以利断屑。

6）采用导向条以增大切削过程的稳定性，其位置根据钻头受力状态安排。导向条的材料一般可采用 YG8。

7）刀头尾部用螺纹与刀杆连接。

3. 内排屑深孔钻优缺点

优点：分屑效率好，排屑顺畅，加工效率高，

加工精度较高。

缺点：

1) 锋角较小，钻尖较高，外齿到导向块之间的滞后量较大，入钻和出钻的时间较长，容易造成入钻过程中的断齿和崩刃现象，钻头寿命较短，钻孔质量较差。

2) 因锋角较小，各刀齿在钻头锥面上沿半径依次排列时，刀齿间的轴向高度差相对较大。故在入钻、出钻阶段，中心齿要单独承受较大的轴向力和径向力，使切削振动较大，定心效果差，易产生崩刃。

3) 中间齿、外齿的刀尖角较小，尖角突出，强度降低，一旦尖角出现磨损，齿间的搭接量就遭到破坏，容易造成崩齿及扭钻事故。

4) 内刃偏角较小，钻削时孔底反锥高度较低，定心作用减弱，容易引发切削振动。

5) 在钻削过程中，钻头上作用的径向合力应始终指向两导向块之间，以保证钻头处于稳定切削状态。但由于钻头直径及刀片尺寸限制，有时所设计的钻头，其压向导向块的径向合力较小，而当刀片磨损或遇上材料硬质点时，径向合力瞬时会指向相反方向，这样就会失去钻削平衡而产生振动，从而引起钻孔偏斜及螺旋沟问题，影响了钻孔质量。

5.2.3　喷吸钻

喷吸钻是 20 世纪 60 年代初期开始应用的一种新型深孔钻。因为它利用切削液体的喷射效应排出切屑，故切削液的压力可较低，一般仅为 1~2MPa。工作时不需要专门的密封装置，可在车床上、钻床或镗床上应用。喷吸钻是一种内排屑的深孔钻，常做成硬质合金错齿结构。它由喷吸钻头（见图 5-42）和内、外钻管组成。喷吸钻头的结构型式、几何参数、定心导向、分屑、排屑等情况，基本上和错齿内排屑深孔钻相类似，用以加工表面粗糙度 $Ra\ 3.2~0.8\mu m$、公差等级 IT7~IT10、孔径 $\phi16~\phi65mm$ 的深孔，效率较高。孔深与孔径之比一般为 16~50。

1. 工作原理

喷吸钻主要由钻头、内钻管、外钻管三部分组成（见图 5-42）。

如图 5-42 所示，切削液以一定压力（一般只需 1~2MPa）经内、外钻管之间输入，其中 2/3 的切削液通过钻头上的几个小孔压向切削区，对钻头切削部分及导向部分进行冷却与润滑，然后带着切屑从内管排出，另外 1/3 切削液则通过内钻管上的喷嘴（月牙形小槽）向后喷入内钻管，由于流速增大形成喷射效应而形成一个低压区，低压区一直延伸到钻头的排屑通道。这样，切屑便随着切削液被吸入内钻管，从而迅速排出。

钻头由数块硬质合金刀片交错地安装构成，使全部切削刃布满整个孔径，并起到分屑作用。

由于是采用几块刀片，这样便可根据钻头径向各点不同的切削速度，采用不同的刀片材料，并可分别磨出所需要的不同参数的断屑台。采取较大顶角（一般选取 $2\alpha=125°~140°$），以利断屑。采用支承板以增大切削过程的稳定性，其位置根据钻头受力状态安排。

2. 结构特点

1) 喷吸钻的特殊之处在于有内、外钻管，外钻管上的反压缝隙的大小直接影响到喷吸效果。如果过大，则大量的切削液从钻头外流出，通过小钻管喷嘴的流量就相对减小，形成的低压不显著，喷吸效果差；如果过小，则切削区得不到充分冷却与润滑，同时由于切削液压力不足而影响排屑。

2) 内、外钻管之间的环形面积要大于钻头上几个小孔的面积之和，而钻头小孔的面积之和又要大于反压缝隙的环形面积，使切削液向切削区的流动过程中，经过的通道面积逐步缩小，流速加快，呈雾状喷出，有利于钻头的冷却。

3) 喷吸钻与一般内排屑深孔钻在外形上十分相似，其主要区别是在于有内钻管。内钻管的作用主要是利用钻管末端的月牙形喷嘴在内钻管内形成一个低压区，产生喷吸效应，从而促进切屑顺利排出。喷嘴的位置与参数应通过试验确定。由于内钻管内径不大，因此对断屑有比较高的要求。为促使断屑排出，在刀片上必须磨有断屑台。

图 5-43 所示为喷吸钻的标准结构。

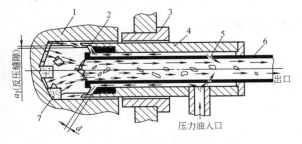

图 5-42　喷吸钻的工作原理

1—工件　2—小孔　3—钻套　4—外钻管　5—喷嘴
6—内钻管　7—钻头

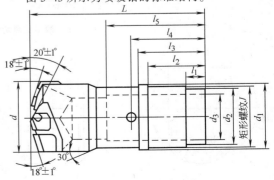

图 5-43　喷吸钻标准结构

3. 选取方法

（1）钻头选取 喷吸钻实体钻头可以一次钻削完成加工，钻孔的精度、表面粗糙度及直线度满足要求，不必选用扩孔钻头多次钻削，提高了加工效率。在选用钻头刀片时，应该考虑周边的刀片应具有较高耐磨性，中心的刀片要求坚韧，并且都带有断屑槽的硬质合金可转位刀片，这样的刀片易于断屑，从而保证切屑顺利从内钻管排出，保证了加工质量。

（2）钻管选取 喷吸钻的内外管长度根据实际要加工的孔深选取，钻管要有足够的强度，并经过严格的热处理，有一定的韧性，这样的钻管一方面可以保证钻削顺利进行，另一方面可以起到减振的作用，保证孔的加工质量。

（3）连接器选取 连接器是连接喷吸钻钻管、切削液管和切屑回收管的装置。连接器分旋转连接器和非旋转连接器，对于卧式车床改装的喷吸钻，如果用旋转连接器则必然要再加一个动力头，这样虽然提高了孔的直线度，但增加了改装成本，最好选用非旋转连接器，工件旋转钻削也可以获得较好的直线度。

4. 喷吸钻标准

我国喷吸钻标准 JB/T 10561—2006 推荐的直径为 $\phi18.4 \sim \phi65mm$。其尺寸如图 5-43 和表 5-27 所示。喷吸钻钻杆连接部分尺寸如图 5-44、图 5-45、表 5-27 和表 5-28 所示。

切削规范参考表 5-29 的规定。

切削液的流量与压力参考图 5-46 选取。

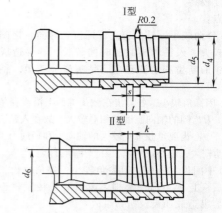

图 5-44 喷吸钻螺纹连接的两种型式

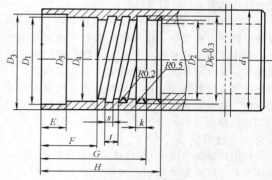

图 5-45 喷吸钻连接杆

中心齿 E10 型外形如图 5-47 所示，尺寸见表 5-30。
中间齿 E20 型外形如图 5-48 所示，尺寸见表 5-31。

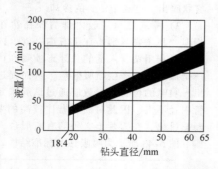

图 5-46 喷吸钻用切削液的流量与压力的选取

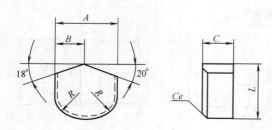

图 5-47 中心齿 E10 型

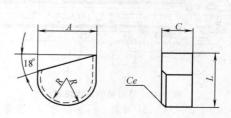

图 5-48 中间齿 E20 型

表 5-27　喷吸钻尺寸

（单位：mm）

d 公称尺寸 >	d 公称尺寸 ~	d_1 公称尺寸	d_1 极限偏差	d_2 公称尺寸	d_2 极限偏差	d_3 公称尺寸	d_3 极限偏差	d_4 公称尺寸	d_4 极限偏差	d_5 公称尺寸	d_5 极限偏差	L	l_1	l_2	l_3	l_4	l_5	矩形螺纹 J	d_6	s	t	k
18.4	20.0	16	0 / -0.013	14	0 / -0.027	12	+0.07 / 0	15.5	0 / -0.07	14.5	-0.150 / -0.33	52.2	6	18.5	21.5	23	28	J15.5×10/4 头	14.2	1.45	2.5	—
20.0	21.8	18	0 / -0.013	16	0 / -0.027	14	+0.07 / 0	17.5	0 / -0.07	16.5	-0.150 / -0.33	52.7	6	18.5	21.5	23.5	30.5	J17.5×12/4 头	16.2	1.70	3	—
21.8	24.1	19.5	0 / -0.013	17.5	0 / -0.027	15	+0.07 / 0	19	0 / -0.07	18	-0.150 / -0.33	52.7	6	18.5	21.5	23.5	30.5	J19×12/4 头	17.7	1.70	3	—
24.1	26.4	21	0 / -0.013	19	0 / -0.027	16	+0.07 / 0	20.5	0 / -0.07	19.5	-0.150 / -0.33	53.7	6	18.5	21.5	23.5	30.5	J20.5×12/4 头	19.2	1.70	3	—
26.4	28.7	23.5	0 / -0.013	21	0 / -0.027	18	+0.07 / 0	23	0 / -0.07	21.5	-0.150 / -0.33	56.7	6	21.5	24.5	26.5	33.5	J23×16/4 头	21.2	2.20	4	4
28.7	30.0	25.5	0 / -0.016	23	0 / -0.033	20	+0.084 / 0	25	0 / -0.084	23.5	-0.16 / -0.37	59.2	6	21.5	24.5	26.5	33.5	J25×16/4 头	23.2	2.20	4	4
30.0	31.0	28	0 / -0.016	25.5	0 / -0.033	22	+0.084 / 0	27.5	0 / -0.084	26	-0.16 / -0.37	59.2	6	21.5	24.5	26.5	33.5	J27.5×16/4 头	25.7	2.20	4	4
31.0	33.3	30	0 / -0.016	27	0 / -0.033	24	+0.084 / 0	29.4	0 / -0.084	27.5	-0.16 / -0.37	66.4	7	26.5	30.5	33	40.5	J29.4×20/4 头	27.2	2.70	5	4
33.3	36.2	33	0 / -0.016	30	0 / -0.033	26	+0.084 / 0	32.4	0 / -0.084	30.5	-0.16 / -0.37	69.4	7	26.5	30.5	33	40.5	J32.4×20/4 头	30.2	2.70	5	4
36.2	39.6	36	0 / -0.016	33	0 / -0.033	29	+0.084 / 0	35.4	0 / -0.084	33.5	-0.16 / -0.37	69.4	7	26.5	30.5	33	40.5	J35.4×20/4 头	33.2	2.70	5	4
39.6	43.0	39	0 / -0.016	36	0 / -0.033	32	+0.084 / 0	38.4	0 / -0.1	36.5	-0.16 / -0.37	71.3	7	26.5	30.5	33	40.5	J38.4×20/4 头	36.2	2.70	5	4
43.0	47.0	43	0 / -0.019	39.5	0 / -0.039	35	+0.1 / 0	42.4	0 / -0.1	40	-0.17 / -0.42	75.3	7	30.5	34.5	37	44.5	J42.4×24/4 头	39.7	3.20	6	5
47.0	50.0	47	0 / -0.019	43.5	0 / -0.039	39	+0.1 / 0	46.4	0 / -0.1	44	-0.18 / -0.43	78.3	7	30.5	34.5	37	44.5	J46.4×24/4 头	43.7	3.20	6	5
50.0	51.7	47	0 / -0.019	43.5	0 / -0.039	39	+0.1 / 0	46.4	0 / -0.1	44	-0.18 / -0.43	78.3	7	30.5	34.5	37	44.5	J46.4×24/4 头	43.7	3.20	6	5
51.7	56.2	51	0 / -0.019	47.5	0 / -0.039	43	+0.1 / 0	50.4	0 / -0.12	48	-0.18 / -0.43	80.3	7	30.5	34.5	37	44.5	J50.4×24/4 头	47.7	3.20	6	5
56.2	65.0	51	0 / -0.019	47.5	0 / -0.039	43	+0.1 / 0	50.4	0 / -0.12	48	-0.18 / -0.43	80.3	7	30.5	34.5	37	44.5	J50.4×24/4 头	47.7	3.20	6	5

表 5-28　喷吸钻连接部分尺寸

（单位：mm）

喷吸钻直径 d >	~	d_1 公称尺寸	D_1 公称尺寸	D_1 极限偏差	D_2 公称尺寸	D_2 极限偏差	D_3 公称尺寸	D_3 极限偏差	D_4 公称尺寸	D_4 极限偏差	D_5 公称尺寸	D_5 极限偏差	D_6 公称尺寸	E 公称尺寸	F 公称尺寸	G 公称尺寸	H 公称尺寸	矩形螺纹 J 公称尺寸	s 公称尺寸	t 公称尺寸	k 公称尺寸
18.4	20.0	18	16	+0.018 / 0	14	+0.018 / 0	16.5	+0.18 / 0	15.5	+0.33 / +0.15	14.5	+0.11 / 0	16	6	13	23.5	27.5	J15.5×10/4 头	1.45	2.5	—
20.0	21.8	19.5	18		16		18.4		17.5		16.5		18	8.5	15.5	26	30	J17.5×12/4 头	1.70	3	—
21.8	24.1	21.5	19.5		17.5		20.2	+0.21 / 0	19		18		19.5	8.5	15.5	26	30	J19×12/4 头	1.70	3	—
24.1	26.4	23.5	21		19		21.7		20.5		19.5		21	8.5	15.5	26	30	J20.5×12/4 头	1.70	3	—
26.4	28.7	26	23.5	+0.021 / 0	21	+0.021 / 0	24.5		23	+0.37 / +0.16	21.5	+0.13 / 0	23.5	8.5	16	29	33	J23×16/4 头	2.20	4	4
28.7	31.0	28	25.5		23		26.5		25		23.5		25.5	8.5	16	29	33	J25×16/4 头	2.20	4	4
31.0	33.3	30.5	28		25.5		29		27.5		26		28	8.5	16	29	33	J27.5×16/4 头	2.20	4	4
33.3	36.2	33	30		27		31		29.4		27.5		30	9.5	19	35	40	J29.4×20/4 头	2.70	5	4
36.2	39.6	35.5	33		30		34	+0.25 / 0	32.4	+0.42 / +0.17	30.5		33	9.5	19	35	40	J32.4×20/4 头	2.70	5	4
39.6	43.0	39	36	+0.025 / 0	33	+0.025 / 0	37		35.4	+0.43 / +0.18	33.5	+0.16 / 0	36	9.5	19	35	40	J35.4×20/4 头	2.70	5	4
43.0	47.0	42.5	39		36		40		38.4		36.5		39	9.5	19	35	40	J38.4×20/4 头	2.70	5	4
47.0	51.7	46.5	43		39.5		44.5	+0.30 / 0	42.4		40		43	9.5	20	39	44	J42.4×24/4 头	3.20	6	5
51.7	56.2	51	47		43.5		48.5		46.4	+0.49 / +0.19	44		47	9.5	20	39	44	J46.4×24/4 头	3.20	6	5
56.2	65.0	55.5	51		47.5		52.5		50.4		48		51	9.5	20	39	44	J50.4×24/4 头	3.20	6	5

表 5-29　切削规范

喷吸钻直径 d/mm	切削速度 /(m/mim)	进给量 /(mm/r)	钻孔深度 /mm	钻孔个 数/个
>18.4~65.0	60~100	0.1~0.25	10d	2

表 5-30　中心齿 E10 型尺寸

（单位：mm）

型号	公称尺寸						适用装配内排屑深 孔钻头的直径范围
	A	B	C	L	R	e	
E1005	5.5	1.5	3.5	6	2	0.5	20~24
E1006	6.5	2.5	4	6.5	2.5	0.5	>24~28.5
E1008	8	4	4.5	7	3	0.5	>28.5~33.5
E1009	9	4	5	8	3	0.8	>33.5~43
E1011	11	5	6	9.5	4	0.8	>43~51.5
E1013	13	6	6	11	5	0.8	>51.5~65

表 5-31　中间齿 E20 型尺寸

（单位：mm）

型号	公称尺寸					适用装配内排屑深 孔钻头的直径范围
	A	C	L	R	e	
E2004	4	3.5	7	2	0.5	20~24
E2005	5	4	8	2.5	0.5	>24~28.5
E2006	6	4.5	8	3	0.5	>28.5~33.5
E2007	7	5	9	3	0.8	>33.5~43
E2008	8.5	6	10	3	0.8	>43~51.5
E2011	11	6	12	5	0.8	>51.5~65

外齿 E30 型外形如图 5-49 所示，尺寸见表 5-32。

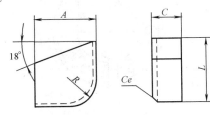

图 5-49　外齿 E30 型

表 5-32　外齿 E30 型尺寸

（单位：mm）

型号	公称尺寸					适用装配内排屑深 孔钻头的直径范围
	A	C	L	R	e	
E3005	5.5	3.5	8	2	0.5	20~24
E3006	6	4	8	2.5	0.5	>24~28.5
E3007	7	4.5	9	3	0.5	>28.5~33.5
E3008	8.5	5	10	3	0.8	>33.5~43
E3010	10	6	11	4	0.8	>43~51.5
E3012	12	6	13	5	0.8	>51.5~65

导向块 E40 型外形如图 5-50 所示，尺寸见表 5-33。

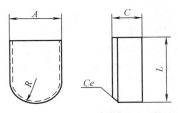

图 5-50　导向块 E40 型

表 5-33　导向块 E40 型尺寸

（单位：mm）

型号	公称尺寸					适用装配内排屑深 孔钻头的直径范围
	A	C	L	R	e	
E4005	5	3.5	9	2.5	0.5	20~28.5
E4006	6	4	10	3	0.5	>28.5~33.5
E4008	8	5	12	4	0.8	>33.5~51.5
E4010	10	6	15	5	0.8	>51.5~65

5. DF 喷吸钻系统

1）DF 喷吸钻系统如图 5-51 所示。其切削部分与 BTA 喷吸钻无异。区别在于喷吸系统，由原 BTA 装置的一个进油口改为两个独立的进油口，一个起喷吸作用，形成低压区；另一个以高压切削液直通入切削部，推挤切屑排出。这种喷吸方式增加了排屑量，使刀具性能可得到充分发挥。

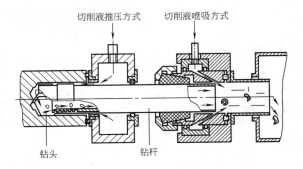

图 5-51　DF 系统

2）DF 喷吸钻系统特点：

DF 喷吸钻系统可稳定、高效地进行深孔加工，扩大了内排屑深孔钻的应用范围。采用 DF 系统时，只是在零件端面位置上放置一个由推压方式提供切削液的油压密封装置，后面放一个产生喷射效应的装置。由于发挥推、吸双重排屑作用，使得切削液流速加快，流量增加，相应地切屑排出量增大，因而在深孔加工中效果较好。它特别适于加工小直径深孔。除此之外还有效率高、精度高、刀具寿命长、

生产效率高等特点。

5.2.4　深孔环孔钻（套料钻）

1. 基本结构

钻削直径大于 60mm 的孔，采用环孔钻可以将材料中心部分的料芯留下再予以利用，并减少了金属切削量，可提高生产率。在重型机械制造中，环孔钻应用较多。图5-52 为环孔钻的工作示意图。

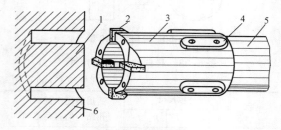

图 5-52　环孔钻钻孔

1—料芯　2—刀片　3—钻体
4—导向块　5—钻杆　6—工件

环孔钻的刀齿分布在圆管形的钻体上，分单齿与多齿两种。当被钻孔较深时，断屑与排屑仍然是要解决的首要问题。钻孔时，由于钻杆与加工工件表面间隙较小，排屑困难，往往需要借助高压切削液，通过钻杆内部（称内排屑）或外部（称外排屑）将切屑排出。此外，制造钻体与钻杆的钢管要有足够的强度、刚度，并适当布置导向块，以保证钻出孔的精度和直线性。

图 5-53 为一个内排屑单齿环孔钻的典型结构。它有一个切削刀齿和两个支承导向块。刀齿和导向块一般多用硬质合金材料制造。钻头工作时，切削液由环孔钻外壁与孔内壁注入，由刀体内侧与芯料外圆间带动切屑一同流出。因而后者空间要设计得大于前者。

由于排屑空间窄小，切削刃应能分屑。

一般根据工件材料和刃口宽度来决定分屑方式。常用轴向阶梯形刃进行分屑。为了便于排屑，切屑宽度为排屑间隙的 1/3～1/2。

钻体尾部用螺纹与钻杆连接。

刀片焊在小刀体上再用螺钉紧固在大刀体上。

图 5-54 是一个有代表性的多齿环孔钻的结构。刀齿常为偶数，并有与其等数量的导向块。刀齿及导向块均用硬质合金制造，刀体及小刀座可用 40Cr 及 9SiCr 制造。钻杆用 GCr15 轴承钢或无缝钢管制造。

单刀头的几何形状如图 5-55 所示。

2. 单齿和多齿套料钻

（1）单齿套料钻　单齿套料钻刀头与刀体依靠凹凸槽定位，用螺钉紧固在刀体上，刀体上布置有 3 个导向块，以确保定位正确和加工的稳定，导向块采用燕尾式结构，用螺钉紧固，硬质合金块焊接在基座上，有时导向块上装有橡皮垫，起到减小振动、稳定加工的作用；分屑采用刃磨成阶梯状多齿套料钻，与单齿套料钻相比，具有合理选用刀片材料、径向力小、刀片焊接应力小、节省刀片材料等优点；

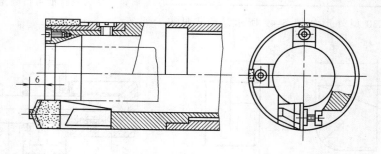

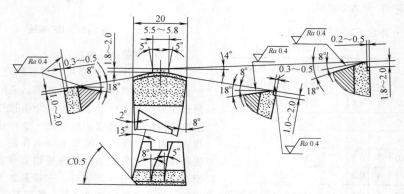

图 5-53　单齿内排屑环孔钻

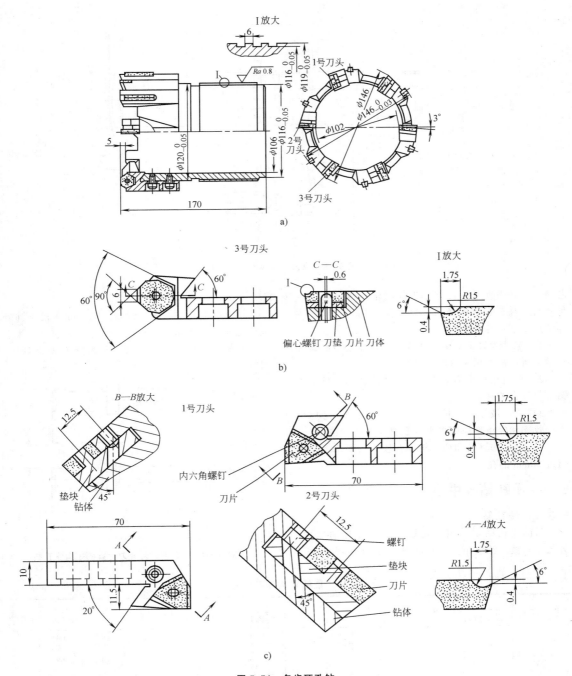

图 5-54　多齿环孔钻

a）φ146mm 可转位深孔套料刀　b）3 号刀头　c）1 号及 2 号刀头

能适应当前无高精度深孔机床而又要套料的要求；且能承受由于机床、钻杆等刚性不足和间隙所带来的振动。因此，在进行较大直径的套料加工时，常采用多齿的刀齿来实现。这种套料钻切削负荷较重，刃磨较困难，但结构简单，制造方便。

（2）多齿套料钻　多齿套料钻按刀片在刀体上的固定方式可分为焊接式、可转位机夹式以及机夹焊接刀块式三种结构型式。

3. 套料钻优缺点及应用

套料钻的主要用途在于在实心材料上钻出直径很大的深孔。其优点是工效比实体钻高，所需功率仅为实体钻的一半左右，同时又能获得一根可用的

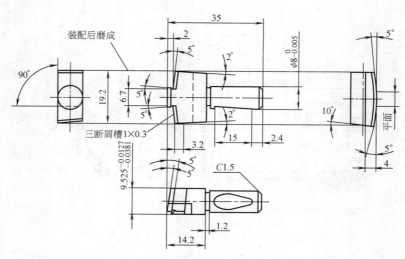

图 5-55　单刀头的典型几何形状

芯棒，并获得直线度良好、表面光洁的深孔，是一种省料、高效、省能源、优质的深孔加工刀具。主要适用于下列几种情况：

1）工件为贵重金属材料或对芯料需进行测试和化学分析，需保留完整的芯部余料。

2）在机床功率不足或在重型非回转体工件上需钻直径较大的孔。

3）工件被加工孔长径比在 1～75 之间，考虑到生产效率和经济性原则可采取套料加工的方法。

4）对孔的直径和位置精度有较高的要求，孔径超过 50mm 的孔。

5.3　浅孔钻与中心钻

5.3.1　浅孔钻

目前浅孔钻多采用机夹硬质合金刀片的结构，近几年来被广泛应用于数控机床、加工中心及转塔车床上。

浅孔钻有直沟与螺旋沟型。二者除沟槽不同外，其他结构基本相同。

直柄直沟浅孔钻的结构如图 5-56 所示，其相应尺寸见表 5-34。

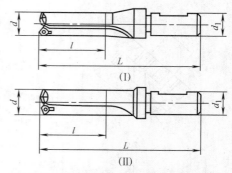

图 5-56　机夹硬质合金刀片直柄直沟浅孔钻

表 5-34　直柄直沟浅孔钻参考尺寸　　　　　　　　　　（单位：mm）

| d | | d_1 | L | l | 型式 | d | | d_1 | L | l | 型式 |
公称尺寸	极限偏差					公称尺寸	极限偏差				
21	±0.260	25	117	42	I	33	±0.195	32	144	64	II
22						34					
23			121	46		35			148	68	
24						36			160	72	
25			125	50		37			164	74	
26						38					
27			129	54		39			166	78	
28						40			170	80	
29			133	58		41			182	84	
30						42					
31	±0.195	32	140	62	II	43		40	191	86	
32			144	64		44					

（续）

d		d_1	L	l	型式	d		d_1	L	l	型式
公称尺寸	极限偏差					公称尺寸	极限偏差				
45	±0.195	40	195	90	II	51	±0.230	40	205	100	II
46			195	90		52			205	100	
47			199	94		53			209	104	
48			199	94		54			211	108	
49			201	98		55			125	110	
50			205	100		56			125	110	

机夹硬质合金刀片直柄浅孔钻的柄部尺寸如图 5-57 及表 5-35 所示，其相应连接套的尺寸如图 5-58 及表 5-36 所示。

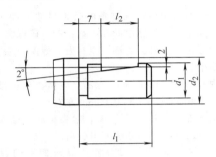

图 5-57　直柄浅孔钻柄部尺寸

表 5-35　直柄浅孔钻柄部尺寸

（单位：mm）

浅孔钻直径 d	d_1		d_2	l_1	l_2
	公称尺寸	极限偏差 h6			
21~30	25	0 -0.013	32	45	33
31~41	32		40	45	33
42~48	40	0 -0.016	50	55	43
49~56	40		60	55	43

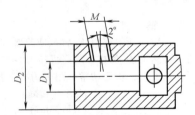

图 5-58　直柄浅孔钻柄部连接套

表 5-36　直柄浅孔钻柄部连接套尺寸

（单位：mm）

浅孔钻直径 d	D_1		参考尺寸	
	公称尺寸	极限偏差 H7	D_2	M
21~30	25	+0.021 0	50	M12×1
31~41	32	+0.025 0	70	M14×1
42~56	40		80	M16×1

机夹硬质合金刀片浅孔钻的切削部分一般安装两个刀片，一个为中心刃刀片，其刃口与钻轴心在一个平面内；另一个为外刃刀片，其切削刃略高于轴心。两个刀片的顶点应位于同一垂直于轴线的平面内，但内刃刀片的顶点应与轴线投影错开一个距离 $e \approx 1/6D$（D 为钻头直径）。

大规格也有交错安装 3~4 个刀片的。

5.3.2　中心钻

中心钻一般用于加工旋转体零件的工艺基准孔，或者钻削前的定心孔。作为工艺基准的锥孔一般为 60°，也有 90° 或 120° 的。

根据 GB/T 145—2001《中心孔》，GB/T 6078—2016 也设计了 A 型、B 型和 R 型，其形状及尺寸分别如图 5-59、图 5-60、图 5-61 及表 5-37、表 5-38、表 5-39 所示。

表 5-37　A 型中心钻尺寸

（单位：mm）

d	d_1	l		l_1	
k12	h9	公称尺寸	极限偏差	公称尺寸	极限偏差
(0.50)	3.15	31.5	±2	0.8	+0.2 0
(0.63)				0.9	+0.3 0
(0.80)				1.1	+0.4 0
1.00				1.3	+0.6 0
(1.25)				1.6	+0.8 0
1.60	4.0	35.5		2.0	
2.00	5.0	40.0		2.5	+1.0 0
2.50	6.3	45.0		3.1	
3.15	8.0	50.0		3.9	+1.2 0
4.00	10.0	56.0	±3	5.0	
(5.00)	12.5	63.0		6.3	
6.30	16.00	71.0		8.0	+1.4 0
(8.00)	20.00	80.0		10.1	
10.00	25.00	100.0		12.8	

注：括号内的尺寸尽量不采用。

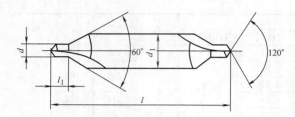

图 5-59　A 型中心钻

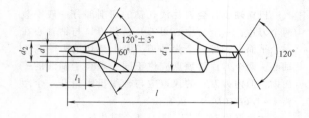

图 5-60　B 型带护锥中心钻

表 5-38　B 型带护锥中心钻尺寸

（单位：mm）

d	d_1	d_2	l		l_1	
k12	h9	k12	公称尺寸	极限偏差	公称尺寸	极限偏差
1.00	4.0	2.12	35.5		1.3	+0.60
(1.25)	5.0	2.65	40.0	±2	1.6	
1.60	6.3	3.35	45.0		2.0	+0.80
2.00	8.0	4.25	50.0		2.5	
2.50	10.0	5.30	56.0		3.1	+1.00
3.15	11.2	6.70	60.0		3.9	
4.00	14.0	8.50	67.0		5.0	
(5.00)	18.0	10.60	75.0	±3	6.3	+1.20
6.30	20.0	13.20	80.0		8.0	
(8.00)	25.0	17.00	100.0		10.1	+1.40
10.00	31.5	21.20	125.0		12.8	

注：括号内的尺寸尽量不采用。

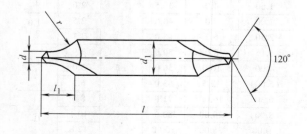

图 5-61　R 型中心钻

表 5-39　R 型中心钻尺寸

（单位：mm）

d	d_1	l		l_1	r	
k12	h9	公称尺寸	极限偏差	公称尺寸	max	min
1.00	3.15	31.5		3.0	3.15	2.5
(1.25)				3.35	4.0	3.15
1.60	4.00	35.5		4.25	5.0	4.0
2.00	5.00	40.0	±2	5.3	6.3	5.0
2.50	6.30	45.0		6.7	8.0	6.3
3.15	8.00	50.0		8.5	10.0	8.0
4.00	10.00	56.0		10.6	12.5	10.0
(5.00)	12.50	63.0		13.2	16.0	12.5
6.30	16.00	71.0	±3	17.0	20.0	16.0
(8.00)	20.00	80.0		21.2	25.0	20.0
10.00	25.00	100.0		26.5	31.5	25.0

注：括号内的尺寸尽量不采用。

带锥面的中心钻其锥角的公称尺寸为最大极限尺寸，这是为了使钻出的孔大端接触，确保定心。

中心钻一般做成直槽，也有做成螺旋角在 15° 以内的斜槽。

中心钻在工作部分直径 d 上应做出倒锥度，其值为每 100mm 上 0.05～0.08mm 左右。

钻尖部分开刃方式与普通钻头相同，锥面（或 R 面）齿用轴向铲削办法开出后角。

钻孔部分的切削刃及外径 d 对柄部的径向圆跳动不超过 0.06mm（d≤3.15mm）或 0.08mm（d＞3.15mm）；而锪孔部分切削刃对柄部轴线的斜向圆跳动不得超过 0.04mm（对 d≤3.15mm）或 0.05mm（对 d＞3.15mm）。

中心钻一般用高速工具钢制造，热处理后硬度不低于 63HRC。

中心钻的切削用量一般选择为：进给量，当 d＜2mm 时，为手动；当 d＞2mm 时，为 0.03～0.08mm/r；切削速度为 8～10m/min。

5.4　扩孔钻

5.4.1　扩孔钻的种类

扩孔钻一般用于孔的半精加工或终加工。扩孔后一般精度可达 H10～H11，最高可达 H8～H10。

从不同角度看，扩孔钻常可划分为如下各种：

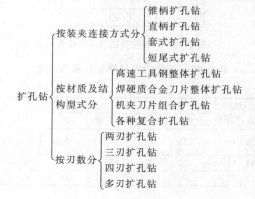

上述分类是互相交叉的。

目前除少数整体扩孔钻已有国家标准外，大部分尚属于有针对性的非标准设计或厂标设计。

钻头、扩孔钻和铰刀的区别；钻头和扩孔钻是一样的东西，但发挥的作用不同。

钻头和扩孔钻都是利用切削刃进行钻削；钻头钻底孔，扩孔钻把钻头钻的底孔加以扩大。铰刀则是利用侧刃进行切削，把钻头钻出来的尺寸精度不高、孔壁表面质量不高的孔，经过铰刀进行铰削，使孔的精度、表面质量达到要求。

钻头：由钻尖、切削刃和排屑槽（螺旋或直槽）构成，主要用于没有预铸孔的工件孔加工，加工出的孔一般圆柱度和表面质量较差。

扩孔钻：由切削刃和排屑槽构成（焊接刀片扩孔钻），主要用于把有预铸孔或底孔进行扩大和提高精度和表面质量，但此时的孔仍然不可以作为销孔。

铰刀：由切削刃和排屑槽构成（一般为整体硬质合金），主要用于提高底孔的精度和表面质量。

5.4.2　标准扩孔钻

1. 锥柄扩孔钻（GB/T 4256—2004）

锥柄扩孔钻如图 5-62 所示，其尺寸见表 5-40。

表 5-40　锥柄扩孔钻尺寸　　　　　　　　　　　（单位：mm）

d	l_1	l	莫氏锥柄号	d	l_1	l	莫氏锥柄号
7.80	75	156	1	24.00	160	281	3
8.00				24.70			
8.80	81	162		25.00	165	286	
9.00				25.70			
9.80	87	168		26.00			
10.00				27.70	170	291	
10.75	94	175		28.00			
11.00				29.70	175	296	
11.75				30.00			
12.00	101	182		31.60	185	306	
12.75				32.00	185	334	4
13.00				33.60	190	339	
13.75	108	189		34.00			
14.00				34.60			
14.75	114	212	2	35.00	195	344	
15.00				35.60			
15.75	120	218		36.00			
16.00				37.60	200	349	
16.75	125	223		38.00			
17.00				39.60			
17.75	130	228		40.00			
18.00				41.60	205	354	
18.70	135	233		42.00			
19.00				43.60			
19.70	140	238		44.00	210	359	
20.00				44.60			
20.70	145	243		45.00			
21.00				45.60	215	364	
21.70	150	248		46.00			
22.00				47.60			
22.70	155	253		48.00	220	369	
23.00				49.60			
23.70	160	281	3	50.00			

注：1. 直径 d "推荐值" 系常备的扩孔钻规格，用户有特殊需要时也可供应 "分级范围" 内任一直径的扩孔钻。

2. 莫氏锥柄的尺寸和公差按 GB/T 1443—2016 规定。

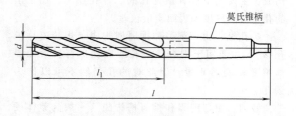

图 5-62　锥柄扩孔钻

2. 直柄扩孔钻（GB/T 4256—2004）

直柄扩孔钻如图 5-63 所示，其尺寸见表 5-41。

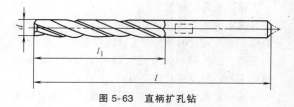

图 5-63　直柄扩孔钻

3. 套式扩孔钻

套式扩孔钻是孔加工类刀具，可以用于铰前扩孔，也可以用于提高孔的加工质量。其加工精度可达 IT10~IT11，套式扩孔钻的结构型式如图 5-64 所示。

表 5-41　直柄扩孔钻尺寸　　　　　　　　（单位：mm）

d	l_1	l	d	l_1	l
3.00	33	61	10.75		
3.30	36	65	11.00	94	142
3.50	39	70	11.75		
3.80	43	75	12.00		
4.00			12.75	101	151
4.30	47	80	13.00		
4.50			13.75	108	160
4.80	52	86	14.00		
5.00			14.75	114	169
5.80	57	93	15.00		
6.00			15.75	120	178
6.80	69	109	16.00		
7.00			16.75	125	184
7.80	75	117	17.00		
8.00			17.75	130	191
8.80	81	125	18.00		
9.00			18.70	135	198
9.80	87	133	19.00		
10.00			19.70	140	205

注：1. 直径 d "推荐值" 系常备的扩孔钻规格，用户有特殊需要时也可供应 "分级范围" 内任一直径的扩孔钻。

2. 直径 $d \le 6$mm 的扩孔钻可制成反顶尖。

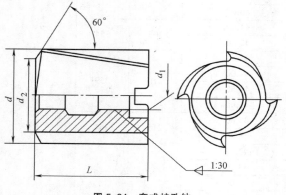

图 5-64　套式扩孔钻

4. 标准扩孔钻主要技术要求

根据直径不同，切削刃对公共轴线的斜向圆跳动不得大于 0.04~0.06mm，工作部分的圆柱面对公共轴线的径向圆跳动不得大于 0.03~0.05mm。

工作部分直径倒锥度每 100mm 长度上为 0.04~0.10mm。

φ12mm 以上的直柄及全部锥柄扩孔钻用焊接法制造，套式扩孔钻用高速工具钢制造。工作部分热处理硬度为 63~66HRC；柄部及扁尾硬度：整体钻头为 40~55HRC，焊接钻头为 30~45HRC。

5. 扩孔钻直径的设计

扩孔钻直径的确定与其用途有关。如果是铰前扩孔，则要考虑铰削余量。如果是最终扩成品孔，则要考虑扩张量和磨损留量。

扩张量一般可取工件孔公差的 30%~40%，磨损留量可取工件孔公差的 25%。

扩成品孔时的公差分布如图 5-65 所示。扩铰前孔时，扩孔钻外径公差带等要相应下移。因此对每个具体加工对象扩孔钻的直径应具体计算。

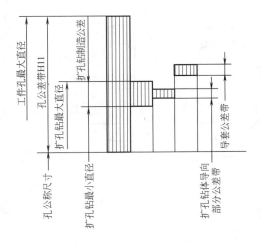

图 5-65　扩孔钻公差带分布

6. 整体扩孔钻的槽形设计

槽形设计的要求是既要保证有足够的容屑、排屑空间，还要使成品刃口为直线。扩孔钻沟槽铣刀的截形可按图 5-66 所示，其截形尺寸可按表 5-42 参考设计。

表 5-42　扩孔钻槽铣刀型面尺寸　　（单位：mm）

扩孔钻直径 D	槽铣刀型面尺寸			
	r	m	R	ε
5 ~ 5.5	0.8	1.2	3.2	
6 ~ 7.0	1	1.5	4	
7.5 ~ 10	1.2	1.8	4.8	
10.5 ~ 11.5	1.4	2.1	5.6	
12 ~ 13	1.6	2.4	6.4	30°
13.5 ~ 15	1.8	2.7	7.2	
16 ~ 17	2	3	8	
18 ~ 19	2.2	3.3	8.8	
20 ~ 21	2.4	3.6	9.6	
22 ~ 24	2.8	4.2	11.2	
25 ~ 26	3.2	4.8	12.8	
27 ~ 29	3.6	5.4	14.4	—
30 ~ 32	4	6	16	
34 ~ 35	4.4	6.6	17.6	
36 ~ 40	4.8	7.2	19.2	

5.4.3　焊硬质合金刀片扩孔钻

焊硬质合金刀片的扩孔钻的沟形与高速工具钢整体扩孔钻相近似。只是其切削部分焊硬质合金刀片。因而在设计时还要考虑由于硬质合金刀片硬而脆的特点及加工对象的不同而选择合适的切削角度

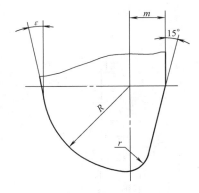

图 5-66　扩孔钻沟槽铣刀截形图

（γ、α、φ、λ、ω），并要对刀槽的位置进行计算。刀体一般用 9SiCr 制造，刀槽附近硬度为 53 ~ 58HRC，柄部为 35 ~ 45HRC。一般，扩孔钻排屑沟的螺旋角为 15° ~ 20°，或 0°。为了刃磨方便，刀片槽与轴线倾斜角 ω' 较沟的螺旋角 ω 小 3° ~ 5°。

1. 刀片槽位置尺寸的计算

刀片槽位置尺寸如图 5-67 所示。当各参数 γ、φ、λ、ω 及 b 选定之后，可用下列公式计算刀体上刀片槽位置的尺寸 ω'、E 及 H。

为了保证刀片前面能磨得与具有 ω 螺旋角的螺旋沟衔接良好，刀槽底面与扩孔钻轴线的夹角 ω' 应略小于 ω 角 3° ~ 5°。焊好刀片后再把前面磨得与沟一致。

因此

$$\left.\begin{array}{l} \omega' = \omega - (3° ~ 5°) \\ E = R_0 \sin\gamma_1 + L\tan\omega' \\ H = R_0 - b + 0.5\delta \end{array}\right\} \qquad (5\text{-}20)$$

式中　ω——刀体刃沟螺旋角；

　　　R_0——扩孔钻外径；

　　　L——切削刃在轴向投影长度；

　　　b——刀片宽度；

　　　δ——扩孔钻在半径方向磨削余量；

　　　γ_1——$\sin\gamma_1 = \tan\gamma\cos\varphi - \tan\lambda\sin\varphi$；其中 γ 为前角，φ 为主偏角，λ 为刃倾角。

按 ω'、E 及 H 位置铣制刀体上的螺旋沟内的刀片槽，并焊刀片和刃磨，即可保证所设计的各切削角度。

2. 焊硬质合金刀片套式扩孔钻

这种扩孔钻的例子如图 5-68 所示，其尺寸见表 5-43。

3. 各种复合扩孔钻

（1）加工淬火钢用硬质合金复合扩孔钻　结构如图 5-69 所示。为了稳定切削和保证精度，常采用前后引导部导向。

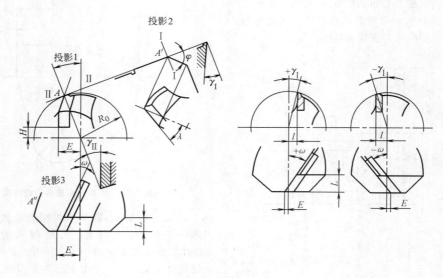

图 5-67 刀片槽位置尺寸

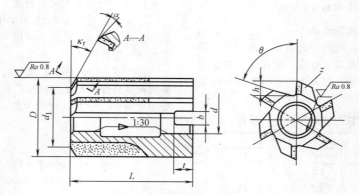

图 5-68 镶片式套装扩孔钻

表 5-43 镶硬质合金刀片套装扩孔钻结构尺寸 （单位：mm）

公称尺寸									参考尺寸				
D			L		d								
公称尺寸	极限偏差		公称尺寸	极限偏差	公称尺寸	极限偏差	b	t	d_1	h	θ	z	刀片号
	1号扩孔钻	2号扩孔钻											
30	-0.25 -0.29	+0.08 +0.04	40	0 -1.6	13	+0.019 0	4	6	14	4.5	90°	4	E522
32~34	-0.29 -0.34	+0.08 +0.04	40	0 -1.6	13	+0.019 0	4	6	14	4.5	90°	4	E522
35~40	-0.29 -0.34	+0.10 +0.05	45	0 -1.6	16	+0.019 0	5	7	18	5.5	75°	6	E525
42~48	-0.29 -0.34	+0.10 +0.05	50	0 -1.6	19	+0.023 0	6	8.5	24	6.0	75°	6	E530
50	-0.29 -0.34	+1.0 +0.05	55	0 -1.9	22	+0.023 0	7	9.5	29	6.5	75°	6	E530

（续）

公称尺寸							参考尺寸					
	D		L		d							
公称尺寸	极限偏差		公称尺寸	极限偏差	公称尺寸	极限偏差	b	t	d_1	h	θ	z	刀片号
	1 号扩孔钻	2 号扩孔钻											
52~55	-0.35 -0.41	+0.12 +0.06	55	0 -1.9	27	+0.023 0	7	9.5	29	6.5	65°	8	E530
58~70	-0.35 -0.41	+0.12 +0.06	60	0 -1.9	27	+0.023 0	8	10.5	34	6.5	65°	8	E530
72~80	-0.35 -0.41	+0.12 +0.06	65	0 -1.9	32	+0.027 0	10	12	42	7.5	65°	8	E540

扩钻淬火钢时，考虑到刀尖强度，采用过渡刃办法，并在过渡刃及圆周刃上都做出负倒棱。

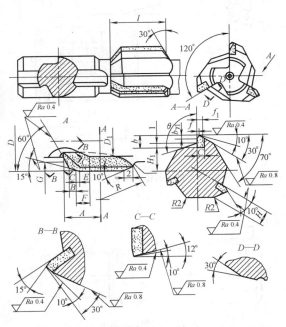

图 5-69　加工淬火钢用硬质合金扩孔钻

其各结构参数可参考表 5-44 设计。

这种扩孔钻高速扩孔后，孔径由于弹性变形可能要产生 0.005~0.02mm 收缩量。

（2）小直径右旋四刃扩孔钻　这种扩孔钻如图5-70 所示，常用于加工 φ10mm 以下轻合金孔的半精加工或终加工，一次扩孔精度可达 H8~H9 级，表面粗糙度可达 $Ra1.6~0.8\mu m$。

（3）双径复合扩孔钻　双径复合扩孔钻的结构如图 5-71 所示。适合于钢件扩孔用。

（4）多阶孔复合扩孔钻　多阶孔复合扩孔钻的结构如图 5-72 所示。适合于加工轻合金上多阶孔。

表 5-44　带前后导向的硬质合金扩孔钻结构尺寸

（单位：mm）

公称尺寸 D	A	B	G	E	F	$b\gamma_1$	H	f
>6~10	7		1	0.5~0.8	2	1.2	3	0.2
>10~18	6	0.5	1.3		3	1.5	4	0.5
>18~25	5.7		2.5		3.5		6	

公称尺寸 D	f_1	θ	D_1	硬质合金刀片				
				刀片号	l	C	b	R
>6~10	0.8	90°	$D_{实际} - 0.04$	E501	15	1.5	2.5	20
>10~18	1.2	105°	$D_{实际} - 0.05$	E401	18		2	4	15
>18~25	1.5			E403		2.5	5	20

注：1. 硬度：刀片前后导向部分为 53~58HRC；柄部为 32~48HRC。
2. 工作部分，导向部分与柄部轴线的跳动小于 0.02mm。
3. 图中尺寸 $H_1 = D/2 - b + 0.3$mm。

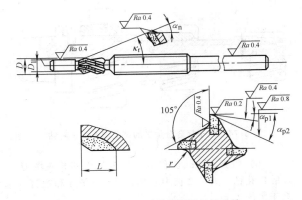

图 5-70　小直径镶片右旋四刃扩孔钻

（5）组合式扩孔钻　对于大尺寸多阶孔扩削，可以使用组合式扩孔钻。例如，适于钢件加工的装

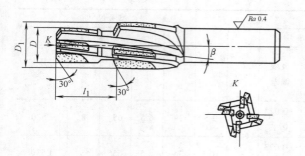

图 5-71 用于钢件加工的双径复合扩孔钻

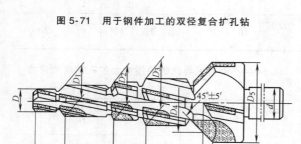

图 5-72 用于轻合金加工的多阶孔复合扩孔钻

配组合式扩孔钻如图 5-73 所示，适于轻合金加工的装配组合式扩孔钻如图 5-74 所示。

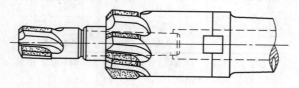

图 5-73 用于钢件加工的装配镶片组合式扩孔钻

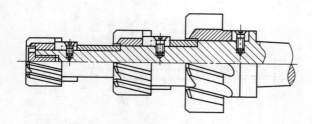

图 5-74 用于轻合金加工的装配组合式扩孔钻

（6）机夹刀片式扩孔钻 图 5-75 是带机夹圆刀片的扩孔钻。刀片 2 被中心螺钉 3、销子 4 和螺钉 5 夹于主体 1 上。

图 5-76 是带纵向错齿机夹刀片的扩孔钻。

图 5-77 是机夹式硬质合金深孔扩孔钻的一个例子。

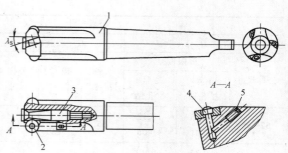

图 5-75 带机夹不重磨硬质合金圆刀片的扩孔钻
1—主体 2—刀片 3—中心螺钉 4—销子 5—螺钉

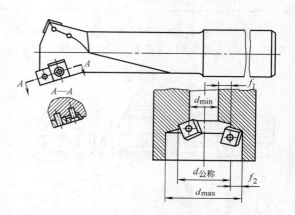

图 5-76 带纵向错齿机夹刀片扩孔钻

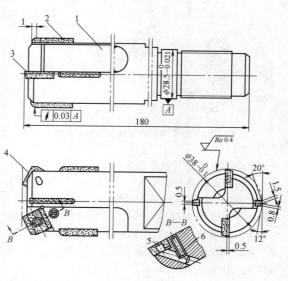

图 5-77 双刃机夹式硬质合金扩孔钻
1—刀体 2—导向块 3—左刀片
4—右刀片 5—斜销 6—螺钉（M6×10）

5.5 锪钻

5.5.1 锪钻的种类

$$
锪钻
\begin{cases}
标准锪钻 \begin{cases} 锥面锪钻 \\ 平底锪钻 \end{cases} \\
专用锪钻 \\
复合锪钻 \\
特型端孔 \\
四方与六方端孔用的锪钻
\end{cases}
$$

锪钻是对孔的端头进行锥面、平面、柱面、球面及其他型面扩钻的一种工具。端孔型式繁多,如顶尖孔的锥面,埋头螺钉的沉孔,平面凹、凸台,特型端孔等,因而锪钻形式也多种多样,有标准锪钻、专用锪钻、复合锪钻、特型端孔如圆弧端孔、四方与六方端孔用的锪钻等。

锪钻切削刃的工作长度大,有的几乎整个工作刃埋入工件工作。有的端孔在精度和表面粗糙度上也要求很高。因而要求锪钻有足够的强度和刚度,有较高的精度及合理的几何角度。

锪钻常用高速工具钢与硬质合金制造。

5.5.2 标准锪钻

对于常见的端孔,国家也制定了一系列标准锪钻。目前标准锪钻还多是高速工具钢锪钻。

主要的标准锪钻有:

GB/T 1143—2004   60°、90°、120°莫氏锥柄锥面锪钻

GB/T 4258—2004   60°、90°、120°直柄锥面锪钻

GB/T 4259—2004   锥面锪钻　技术条件

GB/T 4260—2004   带整体导柱的直柄平底锪钻

GB/T 4261—2004   带可换导柱的莫氏锥柄平底锪钻

GB/T 4262—2004   平底锪钻　技术条件

GB/T 4263—2004   带整体导柱的直柄90°锥面锪钻

GB/T 4264—2004   带可换导柱的莫氏锥柄90°锥面锪钻

GB/T 4265—2004   带导柱90°锥面锪钻　技术条件

GB/T 4266—2004   锪钻用可换导柱

JB/T 6358—2006   带可换导柱可转位平底锪钻

这些标准一般只提出了外廓尺寸,其他如锪钻的结构参数,几何角度等并未订出标准。

下面列出几项标准,供读者参考。其他的可按标准号查阅。

GB/T 1143—2004 规定了 60°、90°、120°莫氏锥柄锥面锪钻的尺寸。本标准只规定米制尺寸,对切削直径 $\phi16\sim\phi80$mm 的锪钻,以后也只推荐米制尺寸。这些尺寸只适用于高速工具钢刀具,但生产上允许柄部用适合的材料代替,如碳钢。除另有说明外,锪钻制成右切削。直柄锥面锪钻在 GB/T 4258—2004 中给出。

GB/T 4258—2004 规定了 60°、90°、120°直柄锥面锪钻的尺寸。本标准只规定米制定尺寸,对切削直径 8~25mm 的锪钻,以后也只推荐米制尺寸。这些尺寸只适用于高速工具钢刀具,但生产上允许柄部可用适合的材料代替,如碳钢。

GB/T 4266—2004 规定了用于莫氏锥柄平底锪钻和 90°锥面锪钻的可换导柱的尺寸和技术要求。这种导柱同样能用于其他类型的刀具。

GB/T 4265—2004 规定了带导柱的 90°锥面锪钻的位置公差、材料和硬度、外观和表面粗糙度、标志和包装的基本要求。本标准适用于按 GB/T 4263—2004、GB/T 4264—2004 生产的带导柱 90° 锥面锪钻。

GB/T 4264—2004 规定了带可换导柱的莫氏锥柄 90°锥面锪钻的尺寸和公差。

GB/T 4262—2004 规定了带导柱的平底锪钻的位置公差、材料和硬度、外观和表面粗糙度、标志和包装的基本要求。本标准适用于按 GB/T 4260—2004、GB/T 4261—2004 生产的平底锪钻。

1. 60°、90°、120°莫氏锥柄锥面锪钻

结构图如图 5-78 所示,尺寸见表 5-45。

表 5-45　莫氏锥柄锥面锪钻尺寸
（GB/T 1143—2004）

（单位：mm）

公称尺寸 d_1	小端直径 $d_2$①	总长 l_1		钻体长 l_2		莫氏锥柄号
		$\alpha=60°$	$\alpha=90°$ 或 $120°$	$\alpha=60°$	$\alpha=90°$ 或 $120°$	
16	3.2	97	93	24	20	1
20	4	120	116	28	24	2
25	7	125	121	33	29	2
31.5	9	132	124	40	32	2
40	12.5	160	150	45	35	3
50	16	165	153	50	38	3
63	20	200	185	58	43	4
80	25	215	196	73	54	4

① 前端部结构不作规定。

2. 带整体导柱的直柄平底锪钻

结构如图 5-79 所示,尺寸见表 5-46。该图只说明此标准的图解,不作为设计详图。

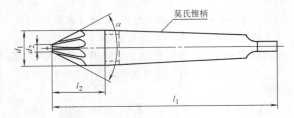

图 5-78 莫氏锥柄锥面锪钻

$\alpha = 60°$、$90°$ 或 $120°$（极限偏差 ${}^{0}_{-1}°$）

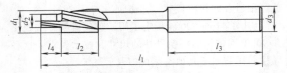

图 5-79 带整体导柱的直柄平底锪钻（$d_1 > 5$mm）

表 5-46 带整体导柱的直柄平底锪钻尺寸

（GB/T 4260—2004） （单位：mm）

切削直径 d_1 z9	导柱直径 d_2 e8	柄部直径 d_3 h9	总长 l_1	刃长 l_2	柄长 l_3 ≈	导柱长 l_4
$2 \leq d_1 \leq 3.15$	按引导孔直径配套要求规定（最小直径为：$d_2 = 1/3d_1$）	$= d_1$	45	7	—	≈ d_2
$3.15 < d_1 \leq 5$			56	10		
$5 < d_1 \leq 8$			71	14	31.5	
$8 < d_1 \leq 10$			80	18	35.5	
$10 < d_1 \leq 12.5$		10				
$12.5 < d_1 \leq 20$		12.5	100	22	40	

3. 带可换导柱的莫氏锥柄平底锪钻

结构图如图 5-80 所示，尺寸见表 5-47。

表 5-47 带可换导柱的莫氏锥柄平底锪钻尺寸（GB/T 4261—2004）

（单位：mm）

切削直径 d_1 z9		导柱直径 d_2 e8		d_3 H8	d_4	l_1	l_2	l_3	l_4	莫氏圆锥号
大于	至	大于	至							
12.5	16	5	14	4	M3	132	22	30	16	
16	20	6.3	18	5	M4	140	25	38	19	2
20	25	8	22.4	6	M5	150	30	46	23	
25	31.5	10	28	8	M6	180	35	54	27	
31.5	40	12.5	35.5	10	M8	190	40	64	32	3
40	50	16	45	12	M8	236	50	76	42	
50	63	20	56	16	M10	250	63	88	53	4

注：导柱的尺寸按 GB/T 4266—2004 的规定。

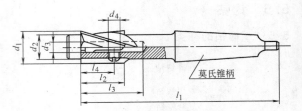

图 5-80 带可换导柱的莫氏锥柄平底锪钻

5.5.3 镶硬质合金刀片的专用锪钻

1. 加工中心孔锥面用的锪钻

镶硬质合金刀片的专用锪钻一般用于锪削热处理后中心孔的锥面，以降低其表面粗糙度和提高锥孔精度。图 5-81 是一种常见的加工中心孔用的硬质合金锪钻。对于较小的中心孔，也可以做成三齿结构。对于 $\phi 1 \sim \phi 2$mm 的小孔，也可以在刀体上焊一个整体硬质合金锥头，直接磨出切削刃。近年来还应用了机夹硬质合金刀片的锪钻。

2. 型面锪钻

这种锪钻切削刃全部参加切削。切削负荷大，一般采用双刃结构。切削刃从端面看，应通过轴心。图 5-82 为加工复合锥面的型面锪钻。图 5-83 为加工球面端孔的锪钻。使用时，应先粗锪成形，再用图 5-83 精加工。球面锪钻的中心部位工作情况与麻花钻相似。

5.5.4 复合专用锪钻

在铝合金壳体加工中，复合专用锪钻用得较广泛。这是因为复合锪钻一次可以连续加工多个台肩尺寸和径向尺寸。铝合金加工中，刀具磨损较小，故这种刀具尽管制造较麻烦，但使用效率和寿命都很高。

铝合金复合专用锪钻能否顺利进行切削，常取决于能否顺利地排屑，必须要正确设计必要的排屑齿槽。

复合专用锪钻、常用高速工具钢制造。近年来，已大量采用了镶硬质合金刀片的结构。

图 5-84 与图 5-85 提供了两例复合锪钻的结构，供参考。

5.5.5 四方孔及六方孔锪钻

方孔锪钻的使用方法是，将其安装在立式钻床上的特制浮动的钻夹中。工作时在进给的同时，钻刃的径向位置由方孔靠模导向。

工件上预制的圆孔应比方孔内切圆小 0.2～0.8mm。

所加工的方孔可以是不通孔也可以是通孔。

四方孔锪钻的结构如图 5-86 所示。好像三个齿的直齿铣刀。整个工作部分截面为正三棱体，在 l 长

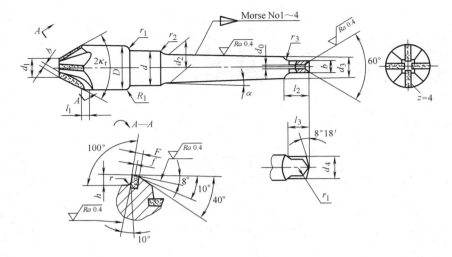

图 5-81　中心孔锥面锪钻

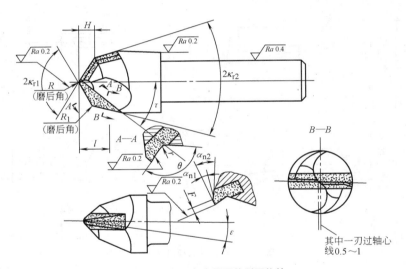

图 5-82　加工复合锥面的型面锪钻

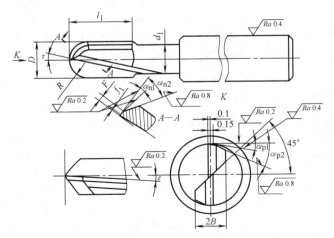

图 5-83　球面精切锪钻

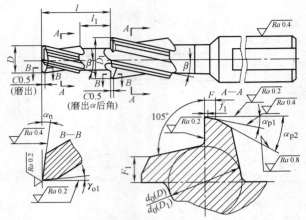

图 5-84 组合埋头锪钻（一）

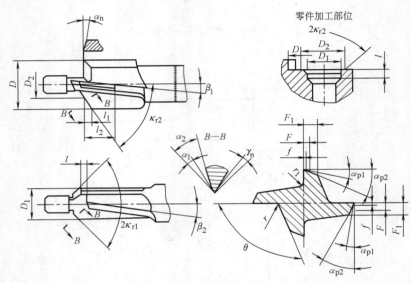

图 5-85 组合埋头锪钻（二）

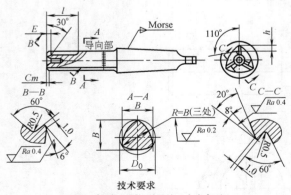

技术要求

1. 刀刃的三个尖必须与引导的三个尖齐平。
2. 工作部分倒锥度在全长上为0.03mm。
3. 三棱面对柄部的跳动公差为0.02mm。

图 5-86 四方孔锪钻

度上开有刃沟，在 E 范围内开有端齿。端齿及周齿的法前角 $\gamma_n \approx 0° \sim 5°$。工作时，导向部在方孔靠模孔中游动。

靠模方孔尺寸及锪钻截面尺寸的计算方法如下：

设被加工件方孔边长尺寸为 $B^{+\Delta B} \times B^{+\Delta B}$，则可取靠模孔公称尺寸为 $\left(B + \dfrac{2}{3}\Delta B\right) \times \left(B + \dfrac{2}{3}\Delta B\right)$。

四方孔锪钻的三棱型截面公称尺寸一般可按下列公式计算：

以三个三棱形顶点为圆心的三个偏心圆弧半径 $R = B$，三棱形外接圆直径为

$$D_0 = 2R_0 = 1.1547B \tag{5-21}$$

式中 B——被加工件方孔的边长。

靠模孔和锪钻型面的制造公差可根据工件方孔的精度及锪钻在靠模孔中自由转动的条件来决定。计算图如图5-87所示。

三棱形缩小后的外接圆直径为

$$D'_0 = 1.1547B - 0.57735f \tag{5-23}$$

三棱形高度为

$$H = B - 0.2887f \tag{5-24}$$

常用四方孔尺寸及锪钻主要参数见表 5-48。

表 5-48　常用四方孔尺寸及锪钻主要数据

（单位：mm）

方孔尺寸 $B \times B$	D_0	l
8×8	9.20	15
9×9	10.392	15
11×11	12.70	18
12.2×12.2	14.088	18
14×14	16.16	25
14.5×14.5	16.756	25
15×15	17.32	25
16×16	18.34	28
17×17	19.10	28
19×19	21.936	30
20×20	23.192	30
22×22	25.40	35
24×24	27.712	35

六方孔锪钻的结构如图 5-89 所示。其工作部分截面为正五边形。l_1 以内铣沟，l_1 以右部分为靠模导向用。

六方孔锪钻用的靠模孔尺寸及锪钻型面计算原则与四方孔锪钻相同。计算图如图 5-90 所示。

锪钻截面五边形的边长 B 按下式计算：

$$B = \frac{\sin120° \times L/2}{\sin24°} = 1.0646L = 0.6146S \tag{5-25}$$

式中　L——工件六方孔边长（mm）；
　　　S——工件六角形孔两平行平面距离（mm）。

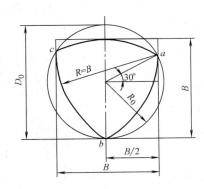

图 5-87　四方孔锪钻型面计算用图

以上是按三棱形顶点作为理想点来计算的，事实上，为了增加刀齿寿命和制造时便于测量，要在三个棱上做出圆柱棱带 f，一般取 $f = 0.1$mm 左右（见图 5-88）。留有棱带时则计算公式如下：

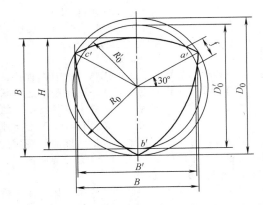

图 5-88　留棱带的方孔锪钻型面计算用图

三棱形偏心圆弧半径仍为

$$R = B \tag{5-22}$$

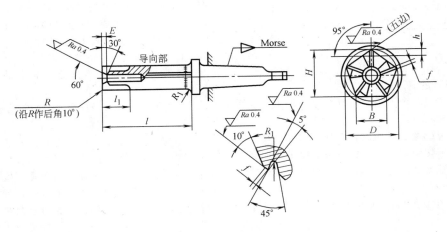

图 5-89　六方孔锪钻

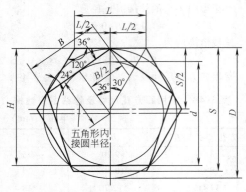

图 5-90 六方孔锪钻的计算用图

锪钻的内切圆直径 d 为

$$d = B\cot 36° = 1.3764B = 0.8459S \qquad (5-26)$$

锪钻的外接圆直径为

$$D = B\csc 36° = 1.7013B = 1.046S \qquad (5-27)$$

锪钻的五边形高为

$$H = \frac{D+d}{2} \qquad (5-28)$$

常用的六方孔尺寸及锪钻的截面主要参数见表 5-49。

表 5-49 常用六方孔尺寸及锪钻主要参数

（单位：mm）

S	B	D	d	H	L
11	6.758	11.484	9.295	10.389	50
14	8.601	14.616	11.830	13.218	50
17	10.444	17.758	14.365	16.061	55
19	11.673	19.836	16.055	17.945	55
22	13.516	22.1968	18.65	20.809	60
27	16.588	28.198	22.815	25.506	65
32	19.660	33.408	27.04	30.224	70
36	22.118	37.564	30.42	33.992	70
41	25.190	42.804	34.645	38.724	75
46	28.262	48.024	38.87	43.447	80

5.6 铰刀

5.6.1 铰刀的种类

具有一个或多个刀齿、用以切除已加工孔表面薄层金属的旋转刀具。

具有直刃或螺旋刃的旋转精加工刀具，用于扩孔或修孔，因切削量少，其加工精度要求通常高于钻头。可以手动操作或安装在钻床上工作。

用途：

经过铰刀加工后的孔可以获得精确的尺寸和形状。

铰刀用于铰削工件上已钻削（或扩孔）加工后

的孔，主要是为了提高孔的加工精度，降低其表面粗糙度，是用于孔的精加工和半精加工的刀具，加工余量一般很小。

用来加工圆柱形孔的铰刀比较常用。用来加工锥形孔的铰刀是锥形铰刀，比较少用。按使用情况来看有手用铰刀和机用铰刀，机用铰刀又可分为直柄铰刀和锥柄铰刀。

铰刀是用于孔的精加工或半精加工的工具，按不同的分类方式，铰刀可分为如下各种。

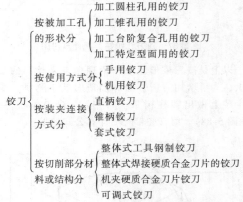

各种分类又是互相交叉的。每种铰刀都有各自特点，但又都有其共同点。因此，设计铰刀之前既要掌握铰削过程的共同规律，又要了解各类铰刀的不同特点，以便针对具体加工条件设计。无论何种铰刀都要有切削部、校准部（包括倒锥部）、颈部、柄部（包括方尾或扁尾）。复合铰刀还有导向部。

5.6.2 铰刀设计与选用

图 5-91 为铰刀的典型结构，它由刀体、颈部和刀柄所组成。刀体又可分为切削部分和校准部分。切削部分为由主偏角 κ_r 所形成的锥体，起主要的切削作用。在此锥体的前端，有一引导锥，便于将铰刀引入孔中。校准部分是由能起导向、校准和挤光作用的圆柱部分以及为减少摩擦并防止铰刀将孔径扩大的倒锥部分组成（在铰削韧性材料时，实践证明，可在校准部分全长上制成倒锥）。

1. 铰刀的直径及倒锥度设计

铰刀校正部分直径是铰刀的主要参数和公称尺寸。

铰刀的直径公差设计要考虑如下因素：

1) 被加工孔的直径和公差带。

2) 在铰削过程中被加工孔的扩张量，或收缩量，即被加工出的孔的实际尺寸与铰刀实际尺寸的差值。一般情况下是被加工出的孔的实际尺寸大于铰刀实际尺寸呈微量扩张；但有时在加工塑性大的材料和韧性大的合金钢或高铬钢、耐热合金时也可能呈相反结果——孔缩。扩张量（或收缩量）的确切数值应由试验确定。

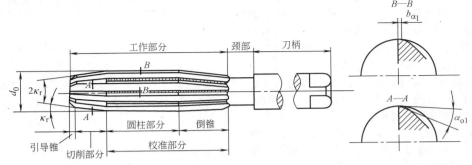

图 5-91 铰刀结构

3) 铰刀要有足够的刃磨次数，即外径要有足够的留磨量。

以上三者的关系如图 5-92a、b 所示。

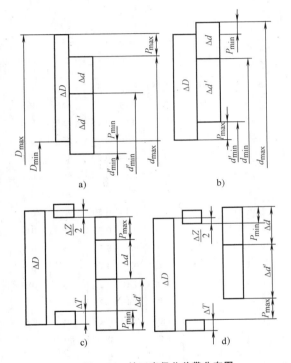

图 5-92 铰刀直径公差带分布图

a) 当铰后孔扩张时　b) 当铰后孔收缩时
c) 当铰孔后孔径扩张时　d) 当铰孔后孔径收缩时

D_{max}——被加工孔允许最大直径　D_{min}——被加工孔允许最小直径　ΔD——被加工孔的公差，$\Delta D = D_{max} - D_{min}$　P_{max}——铰孔时可能产生的最大扩张量（或最大收缩量）　d_{max}——铰刀被允许制造成最大直径　d_{min}——铰刀被允许制造成最小直径　Δd——铰刀的制造公差，$\Delta d = d_{max} - d_{min}$　P_{min}——铰孔时可能产生的最小扩张量（或最小收缩量）　d'_{min}——铰刀经使用并修磨后允许的最小直径（小于此直径时即应报废）　$\Delta d'$——铰刀允许的最小留磨量（即当铰刀被制成 d_{min} 时的留磨量）$\Delta d' = d_{min} - d'_{min}$

图 5-92a、b 中 P_{max}、P_{min} 及 ΔD 由加工要求可知。

D_{max} 及 D_{min} 由试验可得。但大多数情况下 P_{max} 及 P_{min} 为扩张量。一般取 $0.003 \sim 0.03mm$ 之间，或取 $P_{max} \approx \left(\dfrac{1}{6} \sim \dfrac{1}{3} \right) \Delta D$。若为收缩量，其值也约在 $0.005 \sim 0.02mm$ 之间。

Δd 一般根据铰刀制造工艺精度而定，可取 $\Delta d = \left(\dfrac{1}{2.5} \sim \dfrac{1}{3} \right) \Delta D$。

GB/T 4246—2004《铰刀特殊公差》等同采用了 ISO 522：1975 制定了手用及机用铰刀的"铰刀特殊公差"。因此标准铰刀的直径及其制造公差都是按此标准制定，其中 $P_{max} \approx 0.15\Delta D$，$\Delta d \approx 0.35\Delta D$。

在铰刀工艺条件允许的情况下，应尽可能压缩 Δd 而加大 d_{min}，以加大留磨量，延长铰刀寿命。

铰刀铰出的孔的直径可以用通用量具量，也可以用塞规检测其合格与否。假若工艺规定用塞规判断孔径合格与否，这时，为了避免工人与检验员的矛盾，在设计铰刀直径的公差带位置时，还要多考虑一个因素，即检查孔径用的通、止端公差带位置。通常情况下，检测中等精度的通端塞规的制造公差下限与孔的公差带下限相同，而其上限位于孔公差带内；止端塞规的公差带则以孔的公差带上限为基线对称分布于上下方，即有一半 $\left(\dfrac{1}{2}\Delta Z \right)$ 在孔公差带内。这样，计算和设计铰刀制造公差带（以及磨损留量）的起始线位置就发生了变化。这时，其相互关系可参考图 5-92c（当铰孔后孔径扩张时）或图 5-92d（当铰孔后孔径收缩时）进行计算铰刀制造公差带位置以及允许的最小修磨直径 d'。图 5-92c、d 中 ΔT 为通端塞规公差带，$\dfrac{1}{2}\Delta Z$ 为在孔的公差带内的止端塞规的下偏差，其他符号的含义与图 5-92a、b 相同。

从以上图示不难自行列出计算公式，在此省略。

标准中给出的一些计算系数只能是适合于通常加工情况下的参考值，对于某一具体加工情况，若要取得最佳效果，通过实践摸索出 P_{max} 及 P_{min} 值是必要的。但机床若在失去精度的条件下严禁用于铰削。若用，一定要附加导向及浮动装置。

按上述方法计算出来的铰刀直径及其公差带是铰刀校正部分最大处直径及其公差带。对于手铰刀要按此直径保持一段圆柱刃（便于导向）。此后的校正部分应做成倒锥形，以减少切削刃与正铰削表面的摩擦不致刮伤表面。倒锥度的数值可根据工件材料的不同按下列数值选取：

1）加工青铜、黄铜、铸铁、铝合金及其他轻合金时，每 30mm 长上取 0.009~0.015mm。

2）加工软钢和中硬钢时，每 30mm 上取 0.015~0.022mm。

3）加工合金钢和不锈钢时，每 30mm 上取 0.022~0.03mm。

4）加工耐热钢和高铬不锈钢时，每 30mm 上取 0.03~0.07mm。

单刃镗铰刀的倒锥度在刀片全长上取 0.01~0.025mm。

对手用铰刀铰削中硬度以下的材料，取值尚可小些，如取 0.005~0.008mm。

2. 齿数及槽形设计

铰刀的齿数根据其直径大小、加工精度和齿槽容屑空间大小而决定。一般取偶数，便于测量其直径。

对于直径为 3~50mm 的整体通用的手用和机用铰刀，其齿数可按下式求出：

$$z = 1.5\sqrt{d} + (2 \sim 4) \tag{5-29}$$

式中　z——齿数（取整数）；

　　　d——铰刀直径（mm）。

对于装配式结构的机用铰刀，其齿数按下式求出：

$$z = 1.5\sqrt{d} \tag{5-30}$$

除用上述近似公式计算外，铰刀齿数 z 也可按表 5-50 选取。直齿铰刀的槽形截面也可按表 5-50 选取。加工一般精度孔的铰刀齿数可选少些，加工精度高的孔时，齿数可选多些。

铰刀的槽形一般用角度铣刀铣出，其刃背及前面在端视图上均为直线，对于直径大于 20mm 的铰刀，其刃背也有做成凹弧面的。

铰刀齿距在圆周方向上可以做成等分的，也可以做成两组不等分的。后者的目的在于，避免在铰孔时在孔壁上周期性产生印痕。等分或不等分齿距的铰刀端面如图 5-93 所示。

表 5-50　铰刀槽形尺寸和齿数

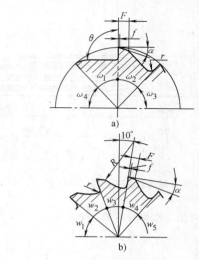

铰刀公称直径 D/mm	齿数 z	F/mm	f/mm	θ/(°)	r/mm
3~3.5	6	0.25	0.08~0.15	85	0.3
4~4.5	6	0.3	0.08~0.15	85	0.3
5~5.5	6	0.4	0.08~0.15	85	0.3
6~6.5	6	0.5	0.10~0.20	85	0.3
7~8	6	0.5	0.10~0.20	85	0.3
8.5	6	0.6	0.10~0.20	85	0.5
9	6	0.6	0.10~0.20	90	0.5
9.5~10	6	0.7	0.10~0.20	90	0.5
10.5~11.5	8	0.7	0.10~0.25	75	0.5
12~12.5	8	0.7	0.10~0.25	75	0.5
13~13.5	8	0.8	0.10~0.25	75	0.5
14	8	0.8	0.10~0.25	80	0.5
14.5~16	8	0.9	0.10~0.25	80	0.5
17~19	8	1.0	0.10~0.25	80	0.5
20	10	1.0	0.15~0.30	80	0.5
21~23	10	1.0	0.15~0.30	—	1.0
24~26	10	1.1	0.15~0.30	—	1.0
27~28	10	1.2	0.15~0.30	—	1.0
30	10	1.3	0.15~0.30	—	1.0
32~34	12	1.3	0.20~0.40	—	1.0
35~37	12	1.4	0.20~0.40	—	1.0
38~40	12	1.5	0.20~0.40	—	1.0
42~44	12	1.6	0.20~0.40	—	1.0
45	12	1.7	0.20~0.40	—	1.0
46~47	14	1.6	0.25~0.50	—	1.0
48	14	1.7	0.25~0.50	—	1.0
50	14	1.8	0.25~0.50	—	1.0

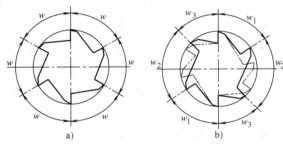

图 5-93 铰刀圆周齿距分布

a) 等距分布 b) 不等距对称分布

采用不等分齿距结构时，每对应齿间角度分配可参考表5-51数值选取。

在铣不等分铰刀槽形时，为了使刃背宽保持一致，常采用成形铣刀，其截面廓形如图5-94所示。这样，在铣齿槽操作时即使不等分角度，被夹两齿形中间的齿背宽度也不受影响。

表 5-51 不等分布齿的铰刀的圆周齿距 w

齿数	w_1	w_2	w_3	w_4
4	87°55′	92°05′	—	—
6	58°02′	59°53′	62°05′	—
8	42°	44°	46°	48°
10	33°	34°30′	36°	37°30′
12	27°30′	28°30′	29°30′	30°30′
14	23°30′	24°15′	25°	25°45′
16	20°30′	21°	21°30′	22°15′
18	17°20′	18°	18°40′	19°20′

齿数	w_5	w_6	w_7	w_8	w_9
4	—	—	—	—	—
6	—	—	—	—	—
8	—	—	—	—	—
10	39°	—	—	—	—
12	31°30′	32°30′	—	—	—
14	26°30′	27°	28°	—	—
16	22°45′	23°15′	24°	24°45′	—
18	20°	20°40′	21°20′	22°	22°40′

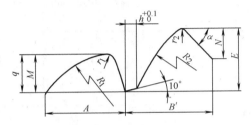

图 5-94 铣不等分铰刀槽形用的成形铣刀截面图

铰刀校正部分外径及其倒锥外圆表面上均需留有刃带，这是为了便于测量铰刀直径并使之在铰削过程中保持稳定。校正部分外圆刃带表面粗糙度参数值应低于被加工孔表面粗糙度 1~2 级。

3. 铰刀切削部分的设计

铰刀前边的切削锥部起主要切削作用，刃口无刃带，要锋利。

（1）主偏角 κ_r 切削锥部主偏角 κ_r，对于手铰刀，一般在 1°~2°，为了导向在端部起始处有45°倒棱。对于机用铰刀，主偏角 κ_r 的选择与被铰削材料有关，当铰削铸铁时，取 5°；当加工钢件时，取15°；当加工高合金钢、硬钢和淬火钢时（往往用硬质合金铰刀），取 25°~30°。同样，为了便于导入孔中，在前端做出45°导入角，其长度为 1.5~3mm。

切削锥部最小直径应小于预扩钻后的孔径。

（2）前角 γ 铰刀的前角选取与被铰削孔的材料有关：

铸铁：$\gamma = 0°$；

硬钢：$\gamma = 0°~3°$；

软钢、铜、铝合金：$\gamma = 6°~8°$；

中硬钢：$\gamma = 3°~5°$；

合金钢、不锈钢：$\gamma = 8°~10°$；

耐热钢、高铬不锈钢：$\gamma = 10°~15°$；

淬火钢：$\gamma = -15°~-5°$。

（3）后角 α 铰刀圆柱刃后角 α_p，对于直径10mm以下的铰刀，取 10°~12°；对直径 10mm 以上的铰刀，可取6°~8°。

对于直径较大的铰刀，可采取折线刃背，双重后角。

切削锥上主切削刃的法向后角 α_n 可按表 5-52 参考选取。

表 5-52 主切削刃上法向后角 α_n 选择

刀具材料 \ 被加工材料	淬火钢、中硬钢、铸铁	轻合金、软钢	合金钢、不锈钢	耐热钢
高速工具钢	7°30′~8°30′	8°~10°	7°30′~8°30′	6°30′~7°30′
硬质合金	6°30′~7°30′	6°~8°	5°30′~6°30′	5°30′~6°30′

（4）螺旋角 β 一般情况下，通用铰刀都做成直齿的。对于铰削非连续表面的孔或为了进一步降低被铰孔的表面粗糙度，铰刀也可以做成螺旋齿的，但刀齿的螺旋方向要与铰削时刀具旋转方向相反，以防止铰削时被自动咬入孔中。对于通孔铰刀，加螺旋角后可以使切屑从待加工表面排出，防止切屑划伤已加工表面。

螺旋角的大小按被加工材料不同来选取：

灰铸铁、硬钢：$\beta = 7° \sim 8°$；

可锻铸铁和普通钢：$\beta = 12° \sim 20°$；

铝合金、轻合金：$\beta = 35° \sim 45°$。

4. 铰刀颈部及柄部设计

手用铰刀柄部带方尾。

中小规格机用铰刀可以设计成圆柱柄，也可以设计成莫氏锥柄。为了避免机床主轴偏摆对铰削精度的影响，通常把铰刀装夹在可浮动的夹头中。

5. 铰刀材料选择

手用铰刀因其切削速底较低，故选择非合金工具钢或合金工具钢即可，热处理硬度为 62~65HRC。机用铰刀刃部则选高速工具钢，热处理硬度为 64~

66HRC。加工淬火钢或为提高寿命可选用硬质合金。

5.6.3 加工圆柱孔用的整体手用铰刀

1. 标准手用铰刀

GB/T 1131.1—2004 中规定了标准手用铰刀的型式（见图 5-95）和尺寸（见表 5-53、表 5-54）。图中角度仅供参考。表中 d 值是正常生产规格，根据

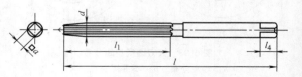

图 5-95　手用铰刀

表 5-53　手用铰刀米制系列的推荐直径和各相应尺寸（GB/T 1131.1—2004）　　（单位：mm）

d	l_1	l	a	l_4	d	l_1	l	a	l_4
(1.5)	20	41	1.12		22	107	215	18.00	22
1.6	21	44	1.25		(23)				
1.8	23	47	1.40		(24)				
2.0	25	50	1.60	4	25	115	231	20.00	24
2.2	27	54	1.80		(26)				
2.5	29	58	2.00		(27)				
2.8	31	62	2.24		28	124	247	22.40	26
3.0				5	(30)				
3.5	35	71	2.80		32	133	265	25.00	28
4.0	38	76	3.15		(34)				
4.5	41	81	3.55	6	(35)	142	284	28.00	31
5.0	44	87	4.00		36				
5.5	47	93	4.50	7	(38)				
6.0					40	152	305	31.5	34
7.0	54	107	5.60	8	(42)				
8.0	58	115	6.30	9	(44)				
9.0	62	124	7.10	10	45	163	326	35.50	38
10.0	66	133	8.00	11	(46)				
11.0	71	142	9.00	12	(48)				
12.0	76	152	10.00	13	50	174	347	40.00	42
(13.0)					(52)				
14.0	81	163	11.20	14	(55)				
(15.0)					56	184	367	45.00	46
16.0	87	175	12.50	16	(58)				
(17.0)					(60)				
18.0	93	188	14.00	18	(62)				
(19.0)					63	194	387	50.00	51
20.0	100	201	16.00	20	67				
(21.0)					71	203	406	56.00	56

注：括号内的尺寸尽量不采用。

表 5-54　手用铰刀寸制系列的推荐直径和各相应尺寸（GB/T 1131.1—2004）（单位：in）

d	l_1	l	a	l_4	d	l_1	l	a	l_4
$\frac{1}{16}$	$\frac{13}{16}$	$1\frac{3}{4}$	0.049	$\frac{5}{32}$	$\frac{3}{4}$ $(\frac{13}{16})$	$3\frac{15}{16}$	$7\frac{15}{16}$	0.630	$\frac{25}{32}$
$\frac{3}{32}$	$1\frac{1}{8}$	$2\frac{1}{4}$	0.079		$\frac{7}{8}$	$4\frac{3}{16}$	$8\frac{1}{2}$	0.709	$\frac{7}{8}$
$\frac{1}{8}$	$1\frac{5}{16}$	$2\frac{5}{8}$	0.098	$\frac{3}{16}$	1	$4\frac{1}{2}$	$9\frac{1}{16}$	0.787	$\frac{15}{16}$
$\frac{5}{32}$	$1\frac{1}{2}$	3	0.124	$\frac{1}{4}$	$(1\frac{1}{16})$ $1\frac{1}{8}$	$4\frac{7}{8}$	$9\frac{3}{4}$	0.882	$1\frac{1}{32}$
$\frac{3}{16}$	$1\frac{3}{4}$	$3\frac{7}{16}$	0.157	$\frac{9}{32}$	$1\frac{1}{4}$ $(1\frac{5}{16})$	$5\frac{1}{4}$	$10\frac{7}{16}$	0.984	$1\frac{3}{32}$
$\frac{7}{32}$	$1\frac{7}{8}$	$3\frac{11}{16}$	0.177		$1\frac{3}{8}$ $(1\frac{7}{16})$	$5\frac{5}{8}$	$11\frac{3}{16}$	1.102	$1\frac{7}{32}$
$\frac{1}{4}$	2	$3\frac{15}{16}$	0.197	$\frac{5}{16}$	$1\frac{1}{2}$ $(1\frac{5}{8})$	6	12	1.240	$1\frac{11}{32}$
$\frac{9}{32}$	$2\frac{1}{8}$	$4\frac{3}{16}$	0.220		$1\frac{3}{4}$	$6\frac{7}{16}$	$12\frac{13}{16}$	1.398	$1\frac{1}{2}$
$\frac{5}{16}$	$2\frac{1}{4}$	$4\frac{1}{2}$	0.248	$\frac{11}{32}$	$(1\frac{7}{8})$ 2	$6\frac{7}{8}$	$13\frac{11}{16}$	1.575	$1\frac{21}{32}$
$\frac{11}{32}$	$2\frac{7}{16}$	$4\frac{7}{8}$	0.280	$\frac{13}{32}$	$2\frac{1}{4}$	$7\frac{1}{4}$	$14\frac{7}{16}$	1.772	$1\frac{13}{16}$
$\frac{3}{8}$ $(\frac{13}{32})$	$2\frac{5}{8}$	$5\frac{1}{4}$	0.315	$\frac{7}{16}$	$2\frac{1}{2}$	$7\frac{5}{8}$	$15\frac{1}{4}$	1.968	2
$\frac{7}{16}$	$2\frac{13}{16}$	$5\frac{5}{8}$	0.354	$\frac{15}{32}$	3	$8\frac{3}{8}$	$16\frac{11}{16}$	2.480	$2\frac{7}{16}$
$(\frac{15}{32})$ $\frac{1}{2}$	3	6	0.394	$\frac{1}{2}$					
$\frac{9}{16}$	$3\frac{3}{16}$	$6\frac{7}{16}$	0.441	$\frac{9}{16}$					
$\frac{5}{8}$	$3\frac{7}{16}$	$6\frac{7}{8}$	0.492	$\frac{5}{8}$					
$\frac{11}{16}$	$3\frac{11}{16}$	$7\frac{7}{16}$	0.551	$\frac{23}{32}$					

注：括号内的尺寸尽量不采用。

特殊需要，可在分级范围内提供任意直径的铰刀，或用户购回标准直径铰刀后自行研磨成所需直径的铰刀。

2. 棱形铰刀

棱形铰刀型式如图 5-96 及图 5-97 所示。由于工作时前角为负，铰刀在切削过程中，实际上是起刮削或挤削作用。因而其铰削留量不宜过大，一般在 0.03~0.05mm，对于稍大直径（如 $\phi4 \sim \phi12$mm）可达 0.2mm 左右。这种铰刀多用于 $\phi1.5$mm 以下的孔，孔径很少超过 12mm。常用棱数为 3、4、5 棱。常用整体高速工具钢制造，也可用硬质合金制造（见图 5-98）。大规格的棱形铰刀常作为机用铰刀。手用棱形铰刀，κ_r 角要小；机用棱形铰刀，κ_r 角可大。

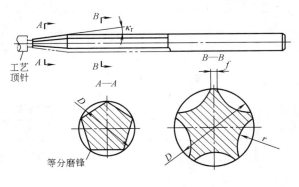

图 5-97　棱形铰刀（二）

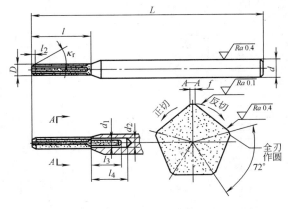

图 5-98　棱形铰刀（三）

5.6.4　加工圆柱孔用的整体机用铰刀

机用铰刀的共同特点是 κ_r 角大，工作部分（包

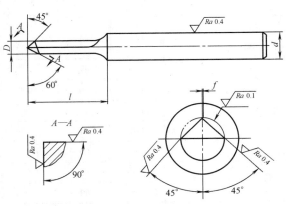

图 5-96　棱形铰刀（一）

括切削部分和校正部分）短，而颈部长，柄部要与机床装夹条件相适应。

直径 12mm 以上的铰刀常做成焊接结构，刃部用高速工具钢制造，柄部用 45 钢制造，对焊而成。

镶硬质合金刀片的整体机用铰刀其刀杆常采用 9SiCr 或 GCr15 钢制造。

1. 直柄机用铰刀

GB/T 1132—2004 中规定了直柄机用铰刀型式（见图 5-99）和尺寸（见表 5-55）。图中角度供参考。

2. 莫氏锥柄机用铰刀

GB/T 1132—2004 中也规定了莫氏锥柄机用铰刀的型式（见图 5-100）和尺寸（见表 5-56）。图中角度仅供参考。

3. 莫氏锥柄长刃机用铰刀

GB/T 4243—2004 中规定了莫氏锥柄长刃机用铰刀的型式（见图 5-101）和尺寸（见表 5-57）。寸制的莫氏锥柄长刃机用铰刀尺寸见表 5-58。

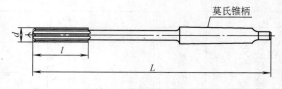

图 5-100　莫氏锥柄机用铰刀

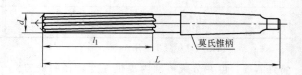

图 5-101　莫氏锥柄长刃机用铰刀

长刃机用铰刀主要用于深孔与孔径比较大的情况下，图中角度值仅供参考。

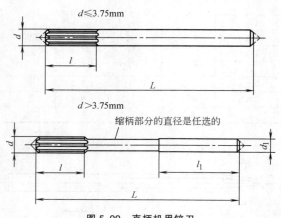

图 5-99　直柄机用铰刀

表 5-55　直柄机用铰刀优先采用的尺寸　　　　　　　　（单位：mm）

d	d_1	L	l	l_1	d	d_1	L	l	l_1
1.4	1.4	40	8		6	5.6	93	26	36
(1.5)	1.5				7	7.1	109	31	40
1.6	1.6	43	9		8	8.0	117	33	42
1.8	1.8	46	10		9	9.0	125	36	44
2.0	2.0	49	11		10		133	38	
2.2	2.2	53	12	—	11	10.0	142	41	46
2.5	2.5	57	14		12		151	44	
2.8	2.8	61	15		(13)				
3.0	3.0				14		160	47	
3.2	3.2	65	16		(15)	12.5	162	50	50
3.5	3.5	70	18		16		170	52	
4.0	4.04	75	19	32	(17)		175	54	
4.5	4.5	80	21	33	18	14.0	182	56	52
5.0	5.0	86	23	34	(19)		189	58	
5.5	5.6	93	26	36	20	16.0	195	60	58

注：括号内的尺寸尽量不采用。

表 5-56　莫氏锥柄机用铰刀尺寸（GB/T 1132—2004）　　　（单位：mm）

d	L	l	莫氏锥柄号	d	L	l	莫氏锥柄号
5.5	138	26	1	(24)	268	68	3
6	138	26	1	25	268	68	3
7	150	31	1	(26)	273	70	3
8	156	33	1	28	277	71	3
9	162	36	1	(30)	281	73	3
10	168	38	1	32	317	77	4
11	175	41	1	(34)	321	78	4
12	182	44	1	(35)	321	78	4
(13)	182	44	1	36	325	79	4
14	189	47	1	(38)	329	81	4
15	204	50	2	40	329	81	4
16	210	52	2	(42)	333	82	4
(17)	214	54	2	(44)	336	83	4
18	219	56	2	(45)	336	83	4
(19)	223	58	2	(46)	340	84	4
20	228	60	2	(48)	344	86	4
22	237	64	2	50	344	86	4

注：括号内的尺寸尽量不采用。

表 5-57　莫氏锥柄长刃机用铰刀尺寸（GB/T 4243—2004）　　　（单位：mm）

d	l_1	L	莫氏锥柄号	d	l_1	L	莫氏锥柄号
7	54	134	1	(30)	124	251	3
8	58	138	1	32	133	293	3
9	62	142	1	(34)	142	302	4
10	66	146	1	(35)	142	302	4
11	71	151	1	36	142	302	4
12	76	156	1	(38)	152	312	4
(13)	76	156	1	40	152	312	4
14	81	161	2	(42)	152	312	4
(15)	81	181	2	(44)	163	323	4
16	87	187	2	45	163	323	4
(17)	87	187	2	(46)	163	323	4
18	93	193	2	(48)	174	334	4
(19)	93	193	2	50	174	334	4
20	100	200	2	(52)	174	371	5
(21)	100	200	2	(55)	174	371	5
22	107	207	2	56	184	381	5
(23)	107	207	2	(58)	184	381	5
(24)	115	242	2	(60)	194	391	5
25	115	242	3	(62)	194	391	5
(26)	115	242	3	63	194	391	5
(27)	124	251	3	67	203	400	5
28	124	251	3	71	203	400	5

注：括号内的尺寸尽量不采用。莫氏锥柄按 GB/T 1443—2016 的规定。

表 5-58 寸制莫氏锥柄长刃机用铰刀尺寸

（单位：in）

d	l_1	L	莫氏锥柄号
$\frac{1}{4}$	2	$5\frac{1}{8}$	
$\frac{9}{32}$	$2\frac{1}{8}$	$5\frac{1}{4}$	
$\frac{5}{16}$	$2\frac{1}{4}$	$5\frac{3}{8}$	
$\frac{11}{32}$	$2\frac{7}{16}$	$5\frac{9}{16}$	
$\frac{3}{8}$	$2\frac{5}{8}$	$5\frac{3}{4}$	1
$(\frac{13}{32})$			
$\frac{7}{16}$	$2\frac{13}{16}$	$5\frac{15}{16}$	
$(\frac{15}{32})$	3	$6\frac{1}{8}$	
$\frac{1}{2}$			
$\frac{9}{16}$	$3\frac{3}{16}$	$7\frac{1}{8}$	
$\frac{5}{8}$	$3\frac{7}{16}$	$7\frac{3}{8}$	
$\frac{11}{16}$	$3\frac{11}{16}$	$7\frac{5}{8}$	
$\frac{3}{4}$	$3\frac{15}{16}$	$7\frac{7}{8}$	2
$(\frac{13}{16})$			
$\frac{7}{8}$	$4\frac{3}{16}$	$8\frac{1}{8}$	
1	$4\frac{1}{2}$	$9\frac{1}{2}$	
$(1\frac{1}{15})$	$4\frac{7}{8}$	$9\frac{7}{8}$	
$1\frac{1}{8}$			3
$1\frac{1}{4}$	$5\frac{1}{4}$	$10\frac{1}{4}$	
$(1\frac{5}{16})$		$11\frac{9}{16}$	
$1\frac{3}{8}$	$5\frac{5}{8}$	$11\frac{15}{16}$	
$(1\frac{7}{16})$			
$1\frac{1}{2}$	6	$12\frac{5}{16}$	4
$(1\frac{5}{8})$			
$1\frac{3}{4}$	$6\frac{7}{16}$	$12\frac{3}{4}$	
$(1\frac{7}{8})$			
2	$6\frac{7}{8}$	$13\frac{3}{16}$	
$2\frac{1}{4}$	$7\frac{1}{4}$	15	
$2\frac{1}{2}$	$7\frac{5}{8}$	$15\frac{3}{8}$	5
3	$8\frac{3}{8}$	$16\frac{1}{8}$	

注：括号内的尺寸尽量不采用。莫氏锥柄按 GB/T 1443—2016 的规定。

4. 带刃倾角直柄机用及锥柄机用铰刀

GB/T 1134—2008 规定了带刃倾角直柄机用铰刀和带刃倾角莫氏锥柄机用铰刀的型式（见图 5-102）及尺寸（见表 5-59、表 5-60），图中角度供参考。

用刃倾角可使切屑从通孔的待加工表面排出，故可降低已加工表面粗糙度值。

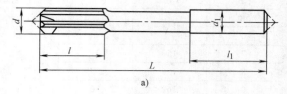

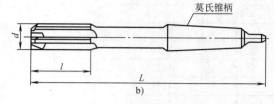

图 5-102 带刃倾角机用铰刀

a）直柄 b）锥柄

表 5-59 带刃倾角直柄机用铰刀尺寸

（GB/T 1134—2008）

（单位：mm）

d	d_1	L	l	l_1
5.5	5.6	93	26	36
6				
7	7.1	109	31	40
8	8.0	117	33	42
9	9.0	125	36	44
10		133	38	
11	10.0	142	41	46
12		151	44	
(13)				
14		160	47	
(15)	12.5	162	50	50
16		170	52	
(17)		175	54	
18	14.0	182	56	52
(19)		189	58	
20	16.0	195	60	58

注：括号内的尺寸尽量不采用。

5. 套式机用铰刀

套式机用铰刀工作部分分为切削锥和校正，主要用于校正切孔后精度，被加工孔精度分为 H7、H8、H9 三级，套式机用铰刀型式如图 5-103 所示，图中角度仅供参考。A 型为直齿，B 型为螺旋齿。1∶30 锥度孔与专用心轴连接。套式铰刀通常用高速工具钢制造。

表 5-60　带刃倾角莫氏锥柄机用铰刀尺寸
（GB/T 1134—2008）

（单位：mm）

d	L	l	莫氏锥柄号
8	156	33	
9	162	36	
10	168	38	
11	175	41	1
12	182	44	
(13)			
(14)	189	47	
(15)	204	50	
16	210	52	
(17)	214	54	
18	219	56	
(19)	223	58	2
20	228	60	
21	232	62	
22	237	64	
(23)	241	66	
(24)	264		
25	268	68	
(26)	273	70	3
(27)	277	71	
28			
(30)	281	73	
32	317	77	4

注：1. 括号内的尺寸尽量不采用。莫氏锥柄的尺寸应按 GB/T 1443—2016 的规定。
2. 直径 d "推荐值" 系常备的铰刀规格，用户有特殊需要时，也可供应 "分级范围" 内任一直径的铰刀。

6. 套式铰刀用心轴

套式铰刀用心轴型式如图 5-104 所示。转矩由心轴传至带端面键槽和凸端键的过渡套上，并继而传给安装在 1:30 锥度心轴上的套式铰刀。

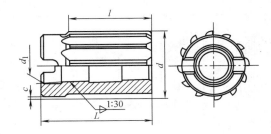

图 5-103　套式机用铰刀

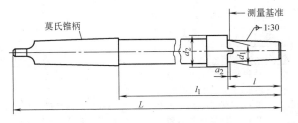

图 5-104　套式铰刀用心轴

套式铰刀端面键槽和心轴端键的互换性尺寸按图 5-105 和表 5-61。

锥度要素的检查方法是用 1:30 锥度量规及 1:30 锥度环规，如图 5-106 和图 5-107 所示。

套式铰刀（或扩孔钻）锥孔直径 d_1 的公差由锥孔基面的位置允许变量 a_1 确定。a_1 值表示具有相当公称尺寸的锥度塞规，其基线可进入被检铰刀孔的深度，其数值按表 5-62。

心轴大端直径 d_1 的公差。此公差由心轴基面的位置允许变量 a_2 确定。a_2 值表示具有相当公称尺寸的锥度环规前端面和被检心轴定位面之间的允许距离。其数值按表 5-62。

铰刀锥孔基面和配套心轴定位面之间的间隙 a（见图 5-108）由铰刀锥孔直径和心轴大端直径 d_1 的公差值推导出。直径 d_1 的公差则由表 5-62 中给出的 a_1 和 a_2 值确定。

套式铰刀的 1:30 锥度孔与心轴配合后其锥度大端不允许有间隙。锥度表面着色检查。

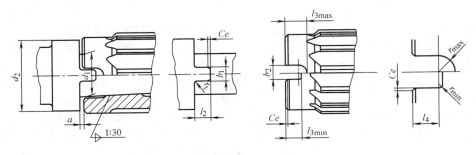

图 5-105　套式铰刀端面键槽和心轴端键互换性尺寸

表 5-61 套式铰刀端键互换性尺寸　　　　　　　　（单位：mm）

d_1	心轴				铰刀							
	b_1 h12	l_2 h12	r_1 最大	y[3] 最大	b_2[1] H13	l_3 最小	l_3 最大	r 最小	r 最大	l_4	z[4] 最大	e[2]
10 13	4	4.6	0.3	0.075	4.3	5.4	7.0	0.6	2.15	4.8	0.075	0.3
16	5	5.6	0.4		5.4	6.2	8.3	0.6	2.70	5.6		0.4 +0.1 0
19	6	6.7	0.5		6.4	7.8	10.2	0.8	3.20	7.0		
22	7	7.7			7.4	8.6	11.3	1.0	3.70	7.6		0.5
27	8	8.8	0.6	0.100	8.4	9.3	12.5	1.0	4.20	8.3	0.100	
32	10	9.8			10.4	10.5	14.5	1.2	5.20	9.3		0.6 +0.2 0
40	12	11.0	0.8		12.4	11.2	16.2	1.2	6.20	10.0		
50	14	12.0			14.4	13.1	18.7	1.6	7.20	11.5		0.8

① 键槽宽度 b_2 在长度 l_4 上必须平行。
② 倒角可以用同值的圆弧半径和公差代替。
③ y＝端键的轴向平面和直径 d_2 的轴线之间的最大允许偏差。
④ z＝键槽轴向平面和直径 d_1 的轴线之间的最大允许偏差。

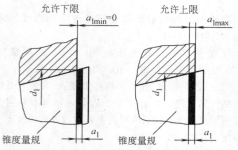

图 5-106　套式铰刀 1∶30 锥孔检查示意图

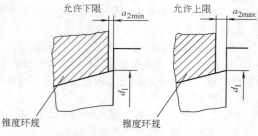

图 5-107　套式铰刀 1∶30 锥度要素检查示意图

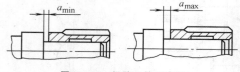

图 5-108　间隙 a 的示意图

套式铰刀用心轴及其过渡套一般可用 45 钢制造，其心轴上扁尾处 1∶30 锥面和与过渡套配合的圆柱面以及过渡套整体都需经热处理至 35～45HRC。

心轴上 1∶30 锥面及与过渡套配合的圆柱面相对于莫氏锥度尾柄表面的径向圆跳动不得大于 0.015mm。

表 5-62　套式铰刀与心轴锥体配合公差允许值
（GB/T 1134—2008）

d_1/		铰刀 a_1/				心轴 a_2/			
		最小		最大		最小		最大	
mm	in	mm	in	mm	in	mm	in	mm	in
10	0.3937	0	0	0.5	0.0197	0.8	0.0315	1.2	0.0472
13	0.5118			0.6	0.0236	0.9	0.0354	1.4	0.0551
16	0.6299								
19	0.7480								
22	0.8661			0.7	0.0276	1.1	0.0433	1.7	0.0669
27	1.0630								
32	1.2598								
40	1.5748			0.9	0.0354	1.4	0.0551	2.2	0.0866
50	1.9685								

7. 硬质合金直柄机用铰刀

GB/T 4251—2008 标准规定了硬质合金直柄、莫氏锥柄机用铰刀的型式（见图 5-109）和尺寸（见表 5-63）、位置公差、材料和硬度、外观和表面粗糙度、标志和包装的基本要求。

8. 硬质合金莫氏锥柄机用铰刀

国家标准 GB/T 4251—2008 中规定了硬质合金锥柄机用铰刀的型式（见图 5-110）和尺寸（见表 5-64）。图中角度仅供参考。

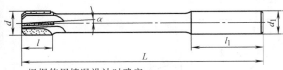

α 根据使用情况设计时确定。

图 5-109　硬质合金直柄机用铰刀

表 5-63　硬质合金直柄机用铰刀尺寸

（GB/T 4251—2008）

（单位：mm）

d	d_1	L	l	l_1
6	5.6	93		36
7	7.1	109		40
8	8	117	17	42
9	9	125		44
10		133		
11	10	142		46
12		151		
(13)			20	
14		160		
(15)	12.5	162		50
16		170		
(17)	14	175		52
18		182	25	
(19)	16	189		58
20		195		

注：1. 括号内的尺寸尽量不采用。
　　2. 直径 d "推荐值" 系常备的铰刀规格，用户有特殊需要时，也可供应 "分级范围" 内任一直径的铰刀。

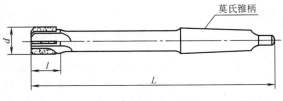

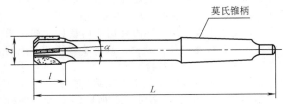

α 根据使用情况设计时确定。

图 5-110　硬质合金莫氏锥柄机用铰刀

表 5-64　硬质合金莫氏锥柄机用铰刀尺寸

（GB/T 4251—2008）

（单位：mm）

d	L	l	莫氏锥柄号
8	156		
9	162	17	
10	168		1
11	175		
12	182		
(13)		20	
14	189		
(15)	204		
16	210		
(17)	214	25	
18	219		2
(19)	223		
20	228		
21	232		
22	237		
23	241	28	
24	268		
25			
(26)	273		3
28	277		
(30)	281		
32	317		
(34)	321	34	
(35)			4
36	325		
(38)	329		
40			

注：1. 括号内尺寸尽量不采用。
　　2. 直径 d "推荐值" 系常备的铰刀规格，用户有特殊需要时也可供应 "分级范围" 内任一直径的铰刀。

9. 镗铰刀

镗铰刀代表性结构如图 5-111 所示。它是将镗、铰合一的一种刀具。对粗加工后的孔不经扩和粗铰而一次加工出，因而效率较高。加工精度可达 H6 ~ H8 级，表面粗糙度 $Ra1.6 \sim 0.8 \mu m$。适于加工轻合金。

其结构特点是一个切削刀齿，两个支承块，或数个支承导向块。单刃镗刀起主切削作用，支承块即起导向作用，又起刮铰及挤压已加工表面的作用。导向块所在直径较被加工孔径小 0.01 ~ 0.03mm，由单刃切削的不平衡力将支承块压向孔壁。

由于加工孔直径的不同，单刃镗铰刀可以做成对焊式（ϕ10mm 以下，见图 5-111c）、钎焊硬质合金刀片式（ϕ10 ~ ϕ20mm）、夹固式（ϕ18 ~ ϕ80mm）或组合结构式（ϕ70 ~ ϕ150mm）。

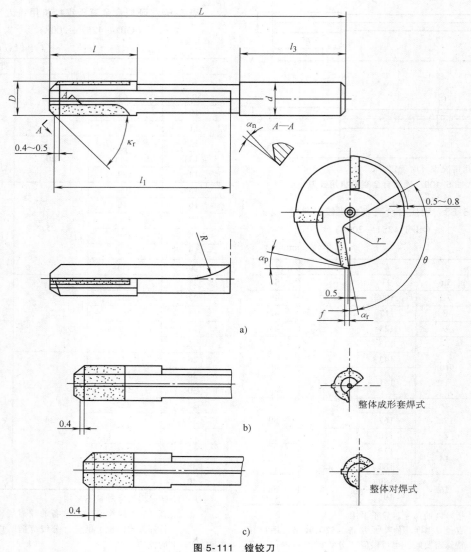

图 5-111 镗铰刀

a）整体结构　b）整体成形套焊式　c）整体对焊式

10. 焊硬质合金刀片的拉铰刀

其结构如图 5-112 所示。其特点是拉铰过程平稳、孔质量好。

5.6.5 加工圆锥孔用的铰刀

锥孔铰削的最大特点是同时参加切削的切削刃较长，因而往往切削转矩较大，有时不得不分序铰削。刀齿上与预制孔直径相同点的载荷最重，磨损较快。

1. 1∶50 锥度销子铰刀

1∶50 锥度销子铰刀用于两零件间 1∶50 锥销定位孔的铰削加工。

GB/T 20774—2006 中规定了手用 1∶50 锥度销子铰刀的型式（见图 5-113）和尺寸（见表 5-65）。本标准适用于直径为 0.6~50mm 的手用 1∶50 锥度销子铰刀。

手用锥度铰刀可以用 9SiCr 合金工具钢制造，工作部分硬度为 62~65HRC，也可以用高速工具钢制造，工作部分硬度为 63~66HRC。ϕ12mm 以上机用铰刀刃部用高速工具钢制造，柄部用 45 钢制造，对焊成整体。方尾或扁尾硬度，对 9SiCr 钢制的为 40~55HRC，对 45 钢制的为 35~45HRC。

锥度销子铰刀的大端直径用通用量具（杠杆千分尺或千分级比较仪）检测，而小端直径 d 在距端面 C 处用专用环规进行检测。

为了保证锥度在全长上的连续，要求 1∶50 锥度销子铰刀在整个切削锥体表面必须沿刃口保持 >0.005mm 的圆锥刃带。每次开刃或修磨后刀面之前必须先在外圆磨床上把 1∶50 锥体外圆修磨妥当。

表 5-65　手用 1∶50 锥度销子铰刀尺寸　　（单位：mm）

d h8	Y	d₁ 短刃型	d₁ 普通型	d₂	l 短刃型	l 普通型	d₃ h11	l 短刃型	l 普通型
0.6		0.70	0.90	0.5	10	20		35	38
0.8		0.94	1.18	0.7	12	24			42
1.0		1.22	1.46	0.9	16	28		40	46
1.2	5	1.50	1.74	1.1	20	32	3.15	45	50
1.5		1.90	2.14	1.4	25	37		50	57
2.0		2.54	2.86	1.9	32	48		60	68
2.5		3.12	3.36	2.4	36			65	
3.0		3.70	4.06	2.9	40	58	4.0		80
4.0		4.90	5.26	3.9	50	68	5.0	75	93
5.0		6.10	6.36	4.9	60	73	6.3	85	100
6.0	5	7.30	8.00	5.9	70	105	8.0	95	135
8.0		9.80	10.80	7.9	95	145	10.0	125	180
10.0		12.30	13.40	9.9	120	175	12.5	155	215
12.0		14.60	16.00	11.8	140	210	14.0	180	255
16.0	10	19.00	20.40	15.8	160	230	18.0	200	280
20.0		23.40	24.80	19.8	180	250	22.4	225	310
25.0		28.50	30.70	24.7	190	300	28.0	245	370
30.0	15	33.50	36.10	29.7		320	31.5	250	400
40.0		44.00	46.50	39.7	215	340	40.0	285	430
50.0		54.10	56.90	49.7	220	360	50.0	300	460

注：1. 除另有说明外，这种铰刀都制成右切削的。

2. 容屑槽可以制成直槽或左螺旋槽，由制造厂自行决定。

3. 直径 d≤6mm 的铰刀可制成反顶尖。

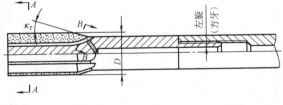

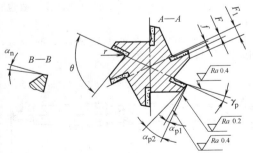

图 5-112　拉铰刀结构

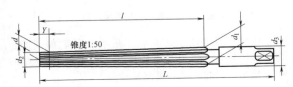

图 5-113　手用 1∶50 锥度销子铰刀型式

锥柄机用 1∶50 锥度销子铰刀的刃齿往往做成螺旋形的，其螺旋方向与铰刀切削时旋转方向相反。

手用 1∶50 锥度销子铰刀的位置公差（GB/T 4248—2004）见表 5-66。

表 5-66　手用 1∶50 锥度销子铰刀位置公差（GB/T 4248—2004）

（单位：mm）

项　目		公　差		
		d≤3	d>3~20	d>20~50
工作部分对公共轴线的径向圆跳动		0.03	0.02	0.03
在 100mm 长度上铰刀直径差的公差	l≤100	0.05		
	l>100~200	0.04		
	l>200	0.03		

2. 莫氏圆锥和米制圆锥铰刀

这种铰刀用于加工工具或机床主轴的莫氏圆锥孔。

GB/T 1139—2017 中规定了直柄莫氏圆锥和米制圆锥铰刀的型式（见图 5-114）和尺寸（见表 5-67）；锥柄莫氏圆锥和米制圆锥铰刀的型式（见图 5-115）和尺寸（见表 5-68）。

表 5-67　直柄莫氏圆锥和米制圆锥铰刀尺寸 （GB/T 1139—2017）　　（单位：mm）

圆锥		方　头						
代号	锥度	d	L	l	l_1	d_1(h9)	a	l_2
米制　4	1 : 20 = 0.05	4.000	48	30	22	4.0	3.15	6
6		6.000	63	40	30	5.0	4.00	7
莫氏　0	1 : 19.212 = 0.05205	9.045	93	61	48	8.0	6.30	9
1	1 : 20.047 = 0.04988	12.065	102	66	50	10.0	8.00	11
2	1 : 20.020 = 0.04995	17.780	121	79	61	14.0	11.20	14
3	1 : 19.922 = 0.05020	23.825	146	96	76	20.0	16.00	20
4	1 : 19.254 = 0.05194	31.267	179	119	97	25.0	20.00	24
5	1 : 19.002 = 0.05263	44.399	222	150	124	31.5	25.00	28
6	1 : 19.180 = 0.05214	63.348	300	208	176	45.0	35.50	38

注：直径 $d \leqslant 6$mm 的铰刀可制成反顶尖。

表 5-68　锥柄莫氏圆锥和米制圆锥铰刀尺寸 （GB/T 1139—2017）　　（单位：mm）

圆　锥		d	L	l	l_1	莫氏锥柄号
代号	锥度					
米制　4	1 : 20 = 0.05	4.000	106	30	22	1
6		6.000	116	40	30	
莫氏　0	1 : 19.212 = 0.05205	9.045	137	61	48	
1	1 : 20.047 = 0.04988	12.065	142	66	50	
2	1 : 20.020 = 0.04995	17.780	173	79	61	2
3	1 : 19.922 = 0.05020	23.825	212	96	76	3
4	1 : 19.254 = 0.05194	31.267	263	119	97	4
5	1 : 19.002 = 0.05263	44.399	331	150	124	5
6	1 : 19.180 = 0.05214	63.348	389	208	176	

注：1. 直径 $d \leqslant 6$mm 的铰刀可制成反顶尖。
　　2. 莫氏锥柄的尺寸和偏差按 GB/T 1443—2016 的规定。

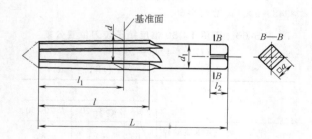

图 5-114　直柄莫氏圆锥和米制圆锥铰刀

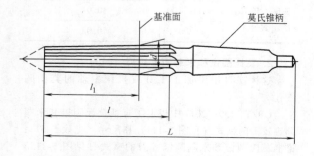

图 5-115　锥柄机用莫氏圆锥和米制圆锥铰刀

莫氏和米制圆锥铰刀由于铰削量大，一般设计成粗、精两支分两次完成铰削。大号圆锥铰刀也可以设计成粗、中、精铰刀，分三次完成铰孔工作。

3. 莫氏锥柄机用桥梁铰刀

这种铰刀用于加工桥梁构件上的铆钉孔，故也称铆钉孔铰刀。

GB/T 4247—2004 中规定了这种铰刀的型式（见图5-116）和尺寸（见表 5-69）。

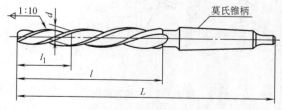

图 6-116　锥柄机用桥梁铰刀

这种铰刀常用于桥梁施工现场或预制件现场，使用条件较差。特别是当构件孔互相错位时，这种铰刀就要承担起扩削和铰削两种加工。

这种铰刀右向旋转切削时，齿的螺旋槽设计成

表 5-69　锥柄机用桥梁铰刀尺寸（GB/T 4247—2004）

直径范围 d/				长度/						莫氏锥柄号
mm		in		mm			in			
大于	至	大于	至	L	l	l_1	L	l	l_1	
6.0	6.7	0.2362	0.2638	151	75	30	$5\frac{15}{16}$	$2\frac{15}{16}$	$1\frac{3}{16}$	1
6.7	7.5	0.2638	0.2953	156	80	32	$6\frac{5}{32}$	$3\frac{5}{32}$	$2\frac{1}{4}$	
7.5	8.5	0.2953	0.3346	161	85	34	$6\frac{11}{32}$	$3\frac{11}{32}$	$1\frac{11}{32}$	
8.5	9.5	0.3346	0.3740	166	90	36	$6\frac{17}{32}$	$3\frac{17}{32}$	$1\frac{13}{32}$	
9.5	10.6	0.3740	0.4173	171	95	38	$6\frac{3}{4}$	$3\frac{3}{4}$	$1\frac{1}{2}$	
10.6	11.8	0.4173	0.4646	176	100	40	$6\frac{15}{16}$	$3\frac{15}{16}$	$1\frac{9}{16}$	
11.8	13.2	0.4646	0.5197	199	105	42	$7\frac{27}{32}$	$4\frac{1}{8}$	$1\frac{21}{32}$	2
13.2	14.0	0.5197	0.5512	209	115	46	$8\frac{1}{4}$	$4\frac{17}{32}$	$1\frac{13}{16}$	
14.0	15.0	0.5512	0.5906	219	125	50	$8\frac{5}{8}$	$4\frac{29}{32}$	$1\frac{31}{32}$	
15.0	16.0	0.5906	0.6299	229	135	54	$9\frac{1}{32}$	$5\frac{5}{16}$	$2\frac{1}{8}$	
16.0	17.0	0.6299	0.6693	251	135	54	$9\frac{7}{8}$	$5\frac{5}{16}$	$2\frac{1}{8}$	3
17.0	19.0	0.6693	0.7480	261	145	58	$10\frac{9}{32}$	$5\frac{23}{32}$	$2\frac{9}{32}$	
19.0	21.2	0.7480	0.8346	271	155	62	$10\frac{21}{32}$	$6\frac{3}{32}$	$2\frac{7}{16}$	
21.2	23.6	0.8346	0.9291	281	165	66	$11\frac{1}{16}$	$6\frac{1}{2}$	$2\frac{19}{32}$	
23.6	26.5	0.9291	1.0433	296	180	72	$11\frac{21}{32}$	$7\frac{3}{32}$	$2\frac{27}{32}$	
26.5	30.0	1.0433	1.1811	311	195	78	$12\frac{1}{4}$	$7\frac{11}{16}$	$3\frac{1}{16}$	
30.0	31.5	1.1811	1.2402	326	210	84	$12\frac{27}{32}$	$8\frac{9}{32}$	$3\frac{5}{16}$	
31.5	33.5	1.2402	1.3189	354	210	84	$13\frac{15}{16}$	$8\frac{9}{32}$	$3\frac{5}{16}$	4
33.5	37.5	1.3189	1.4764	364	220	88	$14\frac{5}{16}$	$8\frac{21}{32}$	$3\frac{15}{32}$	
37.5	42.5	1.4764	1.6732	374	230	92	$14\frac{23}{32}$	$9\frac{1}{16}$	$3\frac{5}{8}$	
42.5	47.5	1.6732	1.8701	384	240	96	$15\frac{3}{32}$	$9\frac{7}{16}$	$3\frac{25}{32}$	
47.5	50.8	1.8701	2.0000	394	250	100	$15\frac{1}{2}$	$9\frac{27}{32}$	$3\frac{15}{16}$	

注：除特别说明外，这些铰刀为右切削。

左向，以使轴向切削力压向柄部。一般螺旋角选 25°，法前角选 10°，圆周后角选 10°，齿数选 4。刃部用高速工具钢，柄部用 45 钢制造。

5.6.6　复合铰刀

为了保证同轴异径两孔或多孔的同轴度，或孔与其他旋转型面（锥、台、弧⋯⋯）的同轴度，通常采用复合结构的铰刀，或者采用铰与扩、钻组合，一次成形。这种铰刀的生产率远高于单孔多次铰削的铰刀。

鉴于这种铰刀都是针对某一特定加工对象而设计的，很难统一标准。这里介绍几种典型结构供设计时参考。

1. 前导向双径复合铰刀

这种复合铰刀如图 5-117 所示，小径、大径及大径端面一次成形。用高速工具钢制造。

2. 扩铰组合刀

扩铰组合刀的结构如图 5-118 所示，用于钻孔后一次扩、铰通孔。$D-D_1=(0.3\sim0.4)\text{mm}$ 为扩孔后铰孔余量。为了使扩孔时断屑，取 $2\kappa_{r1}$ 角为 120°，并在锥刃与圆柱交接处沿轴向长度为 $0.8\sim1.0\text{mm}$ 的前面

上修磨成 $\gamma_{o1}=0°$。

5.6.7　可调铰刀

可调铰刀的共同特点是可调铰刀的直径，因而一把铰刀可当几把使用，修磨后可调复原尺寸。这样既能节约刀具材料，又可保持铰刀精度。

可调铰刀：是指铰刀的刃径可数次微小调整扩大再次使用的铰刀，从而大大地降低了铰刀的损耗，降低了加工成本。

可调式铰刀通常有以下几种类型：

1）模块化可调铰刀环铰刀（刀环可更换）。

2）模块化可调刀头铰刀（刀头可更换）。

3）集成整体可调式铰刀（刀头不可更换）。

铰刀材质可以是 HSS、硬质合金（带涂层）、金属陶瓷、CBN、PCD 可选。

1. 硬质合金可调节浮动铰刀

JB/T 7426—2006 规定了硬质合金可调节浮动铰刀的型式（见图 5-119）、尺寸（见表 5-70）、技术要求、标志和包装的基本要求。本标准适用于直径 20~230mm、加工公差等级 IT6~IT7 级精度圆柱孔的浮动铰刀。

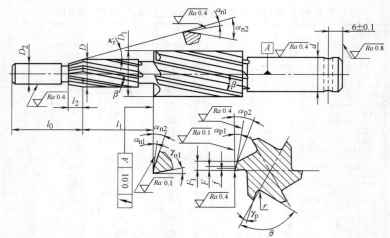

图 5-117　复合式右旋高速工具钢铰刀

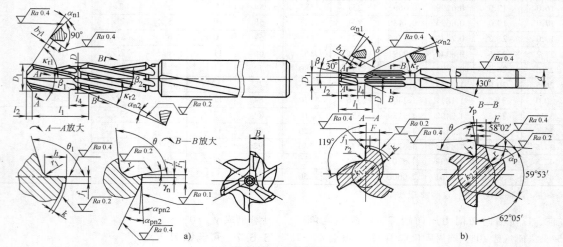

图 5-118　扩铰组合刀

a) 结构一　b) 结构二

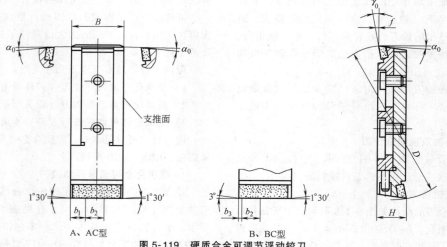

A、AC型　　　　B、BC型

图 5-119　硬质合金可调节浮动铰刀

注：图中角度值仅供参考。

表 5-70 硬质合金可调节浮动铰刀尺寸 （单位：mm）

铰刀代号	调节范围	D 公称尺寸	D 极限偏差	B 公称尺寸	B 极限偏差	H 公称尺寸	H 极限偏差	b₁	b₂	b₃	硬质合金刀片尺寸（长×宽×厚）	γ₀ A、B 型	γ₀ AC、BC 型	α₀	f
20~22-20×8	20~22	20	0 / −0.52	20		8	−0.005 / −0.020	7			18×2.5×2.0	0°	15°	0°~4°	0.10~0.15
22~24-20×8	22~24	22													
24~27-20×8	24~27	24													
27~30-20×8	27~30	27											12°		
30~33-20×8	30~33	30									18×3.0×2.0				
33~36-20×8	33~36	33													
36~40-25×12	36~40	36	0 / −0.62	25	−0.007 / −0.028	12	−0.006 / −0.024	9.5	6	1.5	23×5.0×3.0		15°		
40~45-25×12	40~45	40													
45~50-25×12	45~50	45											12°		
50~55-25×12	50~55	50													
55~60-25×12	55~60	55	0 / −0.74												
（60~65-25×12）	60~65	60											10°		
（65~70-25×12）	65~70	65													
（70~80-25×12）	70~80	70													
（50~55-30×16）	50~55	50	0 / −0.62	30		16		11	8	1.8	28×8.0×4.0		15°		
（55~60-30×16）	55~60	55													
60~65-30×16	60~65	60	0 / −0.74										12°		
65~70-30×16	65~70	65													
70~80-30×16	70~80	70													
80~90-30×16	80~90	80													
90~100-30×16	90~100	90	0 / −0.87												
100~110-30×16	100~110	100													
110~120-30×16	110~120	110													
120~135-30×16	120~135	120											6°		
135~150-30×16	135~150	135	0 / −1.00												
（80~90-35×20）	80~90	80	0 / −0.74	35	−0.009 / −0.034	20	−0.007 / −0.028	13	9	2	33×10×5.0		12°		
（90~100-35×20）	90~100	90	0 / −0.87										10°		
（100~110-35×20）	100~110	100													
（110~120-35×20）	110~120	110													
（120~135-35×20）	120~135	120													
（135~150-35×20）	135~150	135	0 / −1.00												
150~170-35×20	150~170	150											6°		
170~190-35×20	170~190	170													
（190~210-35×20）	190~210	190	0 / −1.15												
（210~230-35×20）	210~230	210													
（150~170-40×25）	150~170	150	0 / −1.00	40		25		15	10		38×14×5.0				
（170~190-40×25）	170~190	170													
190~210-40×25	190~210	190	0 / −1.15												
210~230-40×25	210~230	210											4°		

结构型式分为整体式、焊接式和机夹式。

浮动铰刀的型式有 A 型、B 型、AC 型、BC 型四种：

A 型——用于加工通孔铸铁件。

B 型——用于加工不通孔铸铁件。

AC 型——用于加工通孔钢件。

BC 型——用于加工不通孔钢件。

浮动铰刀铰削时由于可浮动，因而可以不受机床—刀具—被加工孔的同轴度误差的影响。但它却无法校准孔的歪斜和位置偏差。

浮动铰刀的位置公差可按表 5-71 选取。

表 5-71　浮动铰刀的位置公差

（单位：mm）

铰刀直径 D	20~60	>60~230
刀体宽度 (B) 两平面的平行度	0.010	0.012
刀体厚度 (H) 两平面的平行度		
刀体厚度 (H) 两平面对支推面的垂直度	0.010	
两切削刃和校准刃交点至支推面的距离差	0.25	
两校准刃对支推面的垂直度	0.004	

这种铰刀切削速度一般为 5~8m/min，铰削钢材进给量为 0.6~1.2mm/r，铰削铸铁为 0.8~1.5mm/r。铰削余量为 0.05~0.10mm 之间。

刀体可用 45 钢或 40Cr 钢制造，热处理至 35~45HRC。

2. 可调节手用铰刀

JB/T 3869—1999 中规定了可调节手用铰刀的型式（见图 5-120）和尺寸（见表 5-72），以及带导向套型可调节手用铰刀的形式（见图 5-121）和尺寸（见表 5-73）。

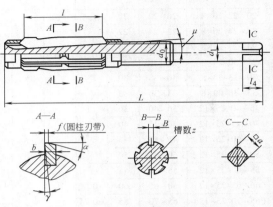

图 5-120　可调节手用铰刀

表 5-72　可调节手用铰刀尺寸（JB/T 3869—1999）　　　（单位：mm）

铰刀调节范围	L 公称尺寸	L 极限偏差	B(H9) 公称尺寸	B(H9) 极限偏差	b(h9) 公称尺寸	b(h9) 极限偏差	d_1	d_0	a	l_4	参考值 l	μ	γ	α	f	z
≥6.5~7.0	85		1.0		1.0		4	M5×0.5	3.15	6	35			14°	0.05~0.15	
>7.0~7.75	90	0 -2.2										1°30′				5
>7.75~8.5	100		1.15		1.15		5	M6×0.75	4							
>8.5~9.25	105									7	38			12°	0.1~0.2	
>9.25~10	115		1.3		1.3		5.6	M7×0.75	4.5							
>10~10.75	125															
>10.75~11.75	130			+0.025 0		0 -0.025	6.3	M8×1	5							
>11.75~12.75	135		1.6		1.6		7.1	M9×1	5.6	8	44	2°			0.1~0.25	
>12.75~13.75	145	0 -2.5									48					
>13.75~15.25	150						8	M10×1	6.3	9	52					
>15.25~17	165		1.8		1.8		9	M11×1	7.1	10	55					
>17~19	170		2.0		2.0		10	M12×1.25	8	11	60					
>19~21	180						11.2	M14×1.5		12						
>21~23	195		2.5		2.5		14	M16×1.5	11.2	14	65		-1°~-4°	10°	0.1~0.3	6
>23~26	215	0 -2.9						M18×1.5			72					
>26~29.5	240		3.0		3.0		18	M20×1.5	14		80	2°30′				
>29.5~33.5	270		3.5		3.5		20	M22×1.5	16	20	85				0.15~0.4	
>33.5~38	310	0 -3.2						M24×2			95					
>38~44	350	0	4.0		4.0		25	M30×2	20	24	105	3°				
>44~54	400	-3.6	4.5		4.5		31.5	M30×2	25	28	120	3°30′				
>54~68	460	0 -4.0	4.5	+0.03 0	4.5	0 -0.03	40	M45×2	31.5	34	120			8°		
>68~84	510	0 -4.4	5.0		5.0		50	M55×2	40	42	135	5°			0.2~0.4	
>84~100	570		6.0		6.0		63	M70×2	50	51	140					6 或 8

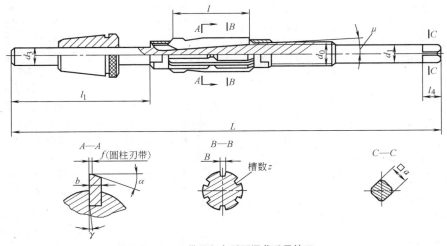

图 5-121　带导向套型可调节手用铰刀

表 5-73　带导向套型可调节手用铰刀尺寸（JB/T 3869—1999）　　　　（单位：mm）

铰刀调节范围	L 公称尺寸	L 极限偏差	B(H9) 公称尺寸	B(H9) 极限偏差	b(h9) 公称尺寸	b(h9) 极限偏差	d_1	d_0	$d_3\left(\dfrac{\text{H9}}{\text{e9}}\right)$	a	l_4	参考值 l	参考值 μ	参考值 γ	参考值 α	参考值 f	参考值 l_1	参考值 z
≥15.25~17	245	0 −2.9	1.8	+0.025 0	1.8	0 −0.025	9	M11×1	9	7.1	10	55	2°			0.1~ 0.25	80	
>17~19	260	0 −3.2	2.0		2.0		10	M12×1.25	10	8	11	60					90	
>19~21	300						11.2	M14×1.5	11.2	9	12						95	
>21~23	340	0 −3.6	2.5		2.5		14	M16×1.5	14	11.2	14	65		−1°~ −4°	10°	0.1~ 0.3	105	
>23~26	370							M18×1.5				72					115	
>26~29.5	400		3.0		3.0		18	M20×1.5	18	14	18	80	2°30′				125	6
>29.5~33.5	420	0 −4	3.5	+0.03 0	3.5	0 −0.03	20	M22×1.5	20	16	20	85				0.15~ 0.4	130	
>33.5~38	440							M24×2				95						
>38~44	490		4.0		4.0		25	M30×2	25	20	24	105	3°				140	
>44~54	540	0 −4.4					31.5	M36×2	31.5	25	28	120	3°30′					
>54~68	550		4.5		4.5		40	M45×2	40	31.5	34		5°		8°	0.2~ 0.4		

这种铰刀的刀体上刀片槽底面在轴向与铰刀轴线倾斜一个 μ 角。旋动左右两螺母可带动刀片以底槽为基面左右滑动，从而达到调节外圆直径的目的。因此，各刀片长度的一致性和各刀槽对铰刀轴线的位置度在制造时要严格由工艺保证。刀片与刀槽取滑动配合。

铰刀的外圆直径和倒锥度可在组合后一起磨出。

可调节手用铰刀校准部分在调节范围内任一位置上直径的差不得大于以下规定：

$D \leqslant 15.25\text{mm}$：0.03mm；

$15.25\text{mm} < D \leqslant 26\text{mm}$：0.04mm；

$26\text{mm} < D \leqslant 100\text{mm}$：0.05mm。

带导向套型铰刀在调节范围内其切削部分和导向柱对公共轴线的径向圆跳动不得大于如下规定：

铰刀直径 D	切削部分	导向柱
<50mm	0.05mm	0.03mm
≥50mm	0.06mm	0.04mm

铰刀在调节范围内其校准部分直径均应有倒锥度。

铰刀的表面粗糙度：刀片前面 $Rz3.2\mu\text{m}$，刀片后面 $Rz6.3\mu\text{m}$，圆柱刃带表面 $Ra0.63\mu\text{m}$，导向柱外圆表面 $Ra1.25\mu\text{m}$。

铰刀的材料及硬度：

1）刀片用 9SiCr，硬度 62~65HRC；刀片用 W18Cr4V，硬度为 63~66HRC。

2）刀体用 45 钢（或 40Cr）制造，方头硬度为 35~45HRC。

3）螺母用 45 钢（或 40Cr）制造，其硬度为 40HRC。

4）导向套用 45 钢（或 40Cr）制造，其硬度为 40HRC。

非磨削表面均应进行表面处理。

3. 可胀式铰刀

可胀式铰刀如图 5-122 所示。这种铰刀适用于修理业。其工作部分开纵向槽，当铰刀磨损或者需要调节尺寸时，旋紧螺钉压向钢球及刀齿内锥面，于是外径可胀开。一般，直径可调节量如下：

铰刀直径/mm	调节量/mm
6~20	0.15
>10~20	0.25
>20~30	0.40
>30~50	0.50

铰刀直径由 6~50mm，其长度由 100~370mm。结构与手用铰刀相同。

可用 9SiCr 或非合金工具钢制造。

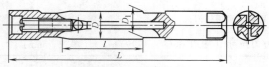

图 5-122　可胀式铰刀

4. 机用套式可调节铰刀

图 5-123 是一种机用套式可调节铰刀的结构。刀体 1 的槽侧面上开出平行于斜底面的齿纹，刀片 2 的背面也有齿纹。可使用偏心螺钉 3 把刀片压在刀体上，组装后刃磨。刀片轴向移动则可调节径向尺寸。用螺母 4 紧。其缺点是齿纹加工较困难。

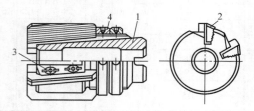

图 5-123　带镶刀齿的机用套式铰刀
1—刀体　2—刀片　3—偏心螺钉　4—螺母

图 5-124 是镶硬质合金刀片的组合套式铰刀结构。

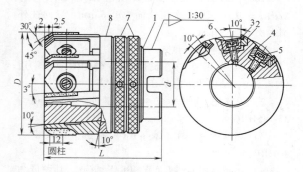

图 5-124　镶硬质合金刀片的组合套式铰刀
1—主体　2—刀齿　3—硬质合金刀片　4—楔块　5—螺钉
6—弹簧　7—螺母　8—垫圈

这种结构的铰刀可做成如下直径和齿数：

铰刀直径/mm	齿数 z
46~85	6
>85~100	8

铰刀的全长为 60~95mm，而孔径为 $\phi13~\phi40$mm。

硬质合金刀片 3 焊在刀齿 2 上。用螺钉 5 和楔块 4 将刀齿 2 夹紧在主体 1 上成一整体。

调节尺寸时，先松开圆螺母 7 及垫圈 8，再松开螺钉 5，沿轴向移动刀齿 2，由于刀齿 2 与主体 1 上槽底的斜面作用而达到径向调整铰刀尺寸的目的。

这种结构要求刀槽及各零件的制造精度极高才可保证调节精度。

铰刀组装后整体刃磨。

5.6.8　电镀金刚石铰刀

JB/T 9991—2013 规定了电镀金刚石铰刀的型式和尺寸、技术要求等基本要求。本标准适用于精度等级为 1~4 级，铸铁精密通孔加工用电镀金刚石铰刀。电镀金刚石铰刀已成为液压设备和缝纫机零件铰孔的工具。它具有精度高、效率高、耐用等优点。

电镀金刚石铰刀利用电镀方法，把金刚石颗粒均匀地镀压在刀体上。其切削部分的微刃非常多，每个微刃的切削力很小，切削稳定、铰刀精度高、表面粗糙度低、刀具寿命高。特别是均匀布满金刚石微刃的校准部分，具有良好的导向而又不会与孔壁发生摩擦。

制造工艺 $\left\{\begin{array}{l}\text{外镀工艺:}\\\text{内镀工艺:}\end{array}\right.$ 在合金钢上直接利用复合工艺，使颗粒包裹在刀杆表面。根据刀具外形制作与刀具表面形状的内孔一致的胎具。

外镀工艺的优点是工艺简单，但表面金刚石颗粒排列的等高性差，所以加工精度和表面质量较低，降低刀具寿命。内镀工艺正是针对外镀工艺的不足提出来的。

采用内镀工艺制造金刚石铰刀是一种全新的工艺方法，和外镀工艺比较，它可以使金刚石铰刀的加工精度、表面质量、刀具寿命进一步提高。通常合理结构设计、恰当选材、合理设计工艺过程、采用合理的电镀工艺方法，完全可以解决内镀工艺中遇到的胎具加工难、镀层实现难、脱模难等各项关键问题，使内镀工艺在一般生产条件下低成本、高质量地实现。

金刚石铰刀多用于优质铸铁液压阀体孔、汽车发动机箱体上的缸孔、活塞销孔及其他表面质量及尺寸精度要求较高的孔的超精加工。

JB/T 9991—2013 提供了电镀金刚石铰刀的型式（见图 5-125）和尺寸（见表 5-74）。图表中 JG 表示固定式；JK 表示可调式；A 型为直槽；B 型为螺旋槽。

表 5-74　电镀金刚石铰刀尺寸（JB/T 9991—2013）　　　（单位：mm）

直径 d	被加工孔长	l_1 JG—A(B)	l_1 JK—A	l_1 JK—B	l_2 JG—A(B)	l_2 JK—A	l_2 JK—B	l_3 JG—A(B)	l_3 JK—A	l_3 JK—B	L JG—A(B)	L JK—A	L JK—B	D(h8) JG—A(B)	D JK—A	D JK—B	z JJGK—A	z JJGK—B
≥6~8	<50	15	—		40			50			130		—	12	—		1	1
	<70		—		55			70			170		—					
>8~10	<50	15	15		40			50			135		175	15	15			
	<70		—		55			70			170		—		—			
>10~12	<50	15	15		40			50			135		175	15	15			
	<100		15		70			100			220		260		15			
	<150		—		90			150			290		—		—			
>12~14	<50	20			50			50			155		195	18			4	
	<100				80			100			235		270					
	<150				100			150			305		345					
>14~18	<50	25			50			50			165		200	18				2
	<100				90			100			255		295					
	<150				120			150			335		375					
>18~22	<50	30	40		50			50			180	190	230	26				
	<100				90			100			270	280	320					
	<150				120			150			350	360	400					
	<200				140			200			420	430	470					
>22~26	<50	50			50			50			180		220	30			6	3
	<100				90			100			270		310					
	<150				120			150			350		390					
	<200				140			200			420		460					
	<250				160			250			490		530					
>26~30	<50				50			50			180		220					
	<100				90			100			270		310					
	<150				120			150			350		390					
	<200				140			200			420		460					
>30~35	<50				50			50			180		220					
	<100				90			100			270		310					
	<150				120			150			350		390					
	<200				140			200			420		460					
	<250				160			250			490		530					
>35~40	<50				50			60			190		230					
	<100				90			110			280		320					
	<150				120			160			360		400					
	<200				140			210			430		470					
>40~45	<50				60			60			200		240					
	<100				100			110			290		330					
	<150				140			160			380		420					
	<200				150			210			440		480					
	<250				170			260			510		550					
>45~50	<50	60			70			70			230		270				8	
	<100				100			120			310		350					
	<150				140			170			400		440					
	<200				150			220			460		500					
	<250				170			270			530		570					

注：1. JK—A、JK—B 可调量为 0.1mm，即从 −0.03mm 调至 0.07mm。

　　2. 极限偏差 h8 按 GB/T 1801—2009 规定。

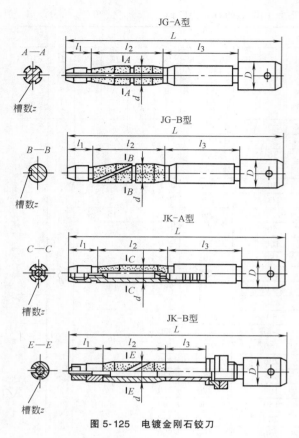

JG-A型

JG-B型

JK-A型

JK-B型

图 5-125　电镀金刚石铰刀

电镀金刚石铰刀精度分四个等级：1 级为粗铰刀，2 级为半精铰刀，3 级为精铰刀，4 级为超精铰刀。

对导向柱精度的要求：前后导向外圆的圆度为 0.005mm，圆柱度为 100：0.005mm，前导向外圆表面粗糙度为 Ra0.63μm，后导向外圆表面粗糙度 Ra0.16μm。刃柄与前后导向部分的同轴度为 0.015mm。

金刚石铰刀是作为精加工刀具，因此其铰前预制孔必须有较好的精度，而且留有铰削余量要足够准确，一般按如下范围选取。

加工类型	铰削余量/mm
粗铰刀加工	0.01 ~ 0.03
半精铰刀加工	0.007 ~ 0.015
精铰刀加工	0.0025 ~ 0.005
超精铰刀加工	<0.0025

铰削用量：切削速度 10 ~ 12m/min，进给量 0.10~0.30mm/r。切削液：w（煤油）= 90%+w（硫化切削油）= 10%，过滤精度 10μm。

如加工材料为 HT300 的铸件，铰前孔的表面粗糙度为 Rz2.5μm，圆柱度为 100：（0.005 ~ 0.01），并去口边毛刺，孔清洗干净。

在如上条件下，金刚石铰刀铰出孔的精度可达

到表5-75 所示的精度。

表 5-75　金刚石铰刀应达到的加工精度

（单位：mm）

铰刀名称	精度等级	已加工件应达到的精度		
		表面粗糙度 $Ra/\mu m$	圆度	圆柱度（100mm长度上）
粗铰刀	1	0.63	0.003 ~ 0.004	0.003 ~ 0.004
半精铰刀	2	0.63	0.002 ~ 0.003	0.002 ~ 0.003
精铰刀	3	0.32	0.001 ~ 0.002	0.001 ~ 0.002
超精铰刀	4	0.16	0.001 以下	0.001

电镀金刚石铰刀的材料及热处理要求如下：

磨料——人造金刚石粉 JR_2。

刀体——JG—A 型（或 B 型）为 40Cr 钢，热处理硬度 38~42HRC。

刀套——JK—A 型为 40Cr，热处理硬度 35~40HRC；JK—B 型为 HT300。

5.6.9　使用铰刀时出现的问题原因以及解决措施

1. 标准铰刀存在的问题

1）切削与导向部都由同一个刀齿承担。加工出的孔圆度误差较大，直线度也较差。若多齿铰刀的齿数为 z，因预钻孔常和铰刀不同心，切削时铰刀轴心必然偏离主轴轴心，铰出的孔常为边数 $S = nz \pm 1$（n 为正整数）的多棱柱形。并发现其边数 $S = z+1$ 的最多。

2）齿数多（$z = 4 ~ 16$），刀齿强度低，容屑空间小。

3）受工件孔径限制，铰刀刚度较低，加工中易产生让刀、振动等现象，影响铰孔质量，并使切削速度很难提高。通常采用高速工具钢铰刀，铰削速度都不超过 15 ~ 20m/min。

4）采用注入式供给切削液，在卧式铰孔、尤其是铰深孔时，切削液很难引入切削区。致使刀具寿命降低，加工质量也不易保证（D_0 为预钻孔直径，D 为铰刀直径，e 为偏心圆直径）。

5）铰刀直径尺寸不能调整，使用寿命较短。针对上述问题，近几年来国内外工具厂商推出了许多铰刀新结构。铰刀的改进有如下方法：改变刀具材料，选用合理的刃形和几何参数。

2. 铰刀结构的改进

（1）硬质合金无刃铰刀　硬质合金无刃铰刀是一种多棱柱形挤压刀具，它除可达到光整孔的表面、减小孔的表面粗糙度外，一定程度上还能起到校正孔形和强化表面的作用。其特点是前角-60°，圆柱形带宽度为 0.25~0.5mm。其为挤压切削，铰削余量不能太大，直径上余量应控制在 0.06~0.1mm，铰后孔径一般要收缩 0.003~0.005mm。铰后应反转退出，以

免划伤孔壁表面。尺寸精度通常可达 IT7 级，铰前预制孔的表面若小于 $Ra3.2\mu m$，铰后可获得 $Ra0.8 \sim Ra0.4\mu m$ 的表面粗糙度。这种铰刀制造简单，操作方便，在车床、铣床与镗床上均可使用，适于加工灰铸铁、球墨铸铁等零件，铰孔时用煤油冷却。

（2）可调整式硬质合金铰刀　将带内六角的锥形调整螺钉旋入刀体内时，铰刀的直径尺寸即可在一定范围内调整。设计这种铰刀时应考虑刀具要有足够的弹性和扩胀量，但又不能使刀具刚性太差。

（3）硬质合金弹性导向铰刀　硬质合金弹性导向铰刀在圆周上配置有导向条，通常弹性垫片装在刀体的槽内，导向条的两端用法兰盘固紧。弹性垫片的宽度须比刀槽的宽度小 $0.4 \sim 0.6mm$。导向条与切削刀片在圆周上相间排列。直径为 $25 \sim 65mm$ 的铰刀，可将导向条安装在与切削刀片的同一个刃瓣上。直径更大的铰刀则可将导向条设置在独立的刃瓣上。为了提高导向条的耐磨性及强度，导向条可用 YG8 或 Y15 硬质合金制造。弹性垫片可用聚氨醇泡沫塑料制作。

这种铰刀的切削刀片只起切削作用，而硬质合金的弹性导向条则起导向、支承、挤压、缓冲和减振作用，能切出较高精度的孔（孔的尺寸偏差与几何公差可比标准硬质合金铰刀减少 $1/3 \sim 1/2$），而弹性垫片又可防止刀片和导向条的崩刃和损坏。

（4）硬质合金单刃铰刀　该刀具的最大特点是利用单刃（齿）切削，两个导向块支承与导向。刀具切削部分分为两段：前端刃长 $0.5 \sim 2mm$。主偏角为 $15° \sim 45°$ 的切削刃切去大部分余量；倒角刀尖（刀尖倒角偏角 $\kappa_m = 3°$，长度为 $0.5 \sim 1mm$）及圆柱校准部分进行精铰；两个导向块起导向、支承和挤压作用。导向块相对刀齿的位置角为 45° 和 180° 或 84° 和 180°。导向块的尖端相对于切削刃尖端沿轴向应滞后 $0.5 \sim 1.5mm$ 距离，以使导向块能以已加工孔表面进行导向。这种铰刀能获得很高的尺寸精度和孔形圈直度，尺寸精度可达 IT8 ~ IT7。铰孔的孔圆度为 $0.003 \sim 0.008mm$。

5.7　镗刀

镗刀是对预制孔扩削到预定尺寸的一种工具。

按结构镗刀可分为整体式、机夹刀片式、组合式、短尾模块式及可调结构式等。按刀片材料可分为高速工具钢、硬质合金或金刚石等超硬材料的。

5.7.1　镗刀分类

$$
镗刀
\begin{cases}
单刃镗刀
\begin{cases}
整体式镗刀\\
焊接式镗刀\\
机夹式镗刀\\
可转位式镗刀
\end{cases}\\
双刃镗刀
\begin{cases}
固定式双刃镗刀\\
浮动式双刃镗刀
\end{cases}
\end{cases}
$$

镗刀是镗削刀具的一种，一般是圆柄的，也有较大工件使用方刀杆，最常用的场合就是镗刀内孔加工、扩孔、仿形等。有一个或两个切削部分、专门用于对已有的孔进行粗加工、半精加工或精加工的刀具。镗刀可为了适应各种孔径和孔深的需要并减少镗刀的品种规格，人们将镗杆和刀头设计成系列化的基本件——模块。使用时可根据工件的要求选用适当的模块，拼合成各种镗刀，从而简化了刀具的设计和制造。在镗床、车床或铣床上使用。

镗刀有多种类型：

1）按其切削刃数量可分为单刃镗刀、双刃镗刀和多刃镗刀。

2）按其加工表面可分为通孔镗刀、不通孔镗刀、阶梯孔镗刀和端面镗刀。

3）按其结构可分为整体式、装配式和可调式。

单刃镗刀结构简单，可以校正原有孔轴线偏斜和小的位置偏差，适应性较广，可用来进行粗加工、半精加工或精加工。但是所镗孔径尺寸的大小要靠人工调整刀头的悬伸长度来保证，较为麻烦，加之仅有一个主切削刃参加切削，故生产率较低，多用于单件小批量生产。双刃镗刀有两个对称的切削刃，切削时径向力可以相互抵消，工件孔径尺寸和精度由镗刀径向尺寸保证。

5.7.2　整体结构的镗刀

标准的镶硬质合金刀片的内表面车刀及标准机夹可转位刀片的内表面车刀可参阅本书第 4 章进行设计。

这里仅介绍一些非标准而有代表性的结构供设计参考。

1. 微型斜楔夹紧精镗刀

这种镗刀结构如图 5-126 所示，刀杆头部有 8° 斜面方孔，刀片直接打入，自锁夹紧。但只适用于轻切削条件下镗削。

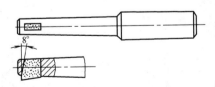

图 5-126　微型斜楔夹紧精镗刀

2. 开放式自锁夹紧镗刀

开放式自锁夹紧镗刀的结构如图 5-127 所示。刀片及刀体槽都带有 1°30′ 锥度，且刀体槽锥度略小 $10' \sim 15'$，以实现自动楔紧刀片。

3. 双刃镗刀

这种镗刀结构如图 5-128 所示。两切削刃轴向差 $l \approx 0.5 \sim 1.0mm$，大于进给量。反刃粗加工用，正

刃精加工用，并加工到最后要求的直径。刀具轴线与工件轴线偏离一小段距离，从而使两刃分担不同切削量。此结构适于加工直径小于 20mm，L/D 小于 3 的浅孔。

4. 多刃阶梯组合镗刀

这种镗刀示例之一如图 5-129 所示。特别适于大量生产中加工同轴多台阶直径的孔，如铝合金壳体上孔的加工。

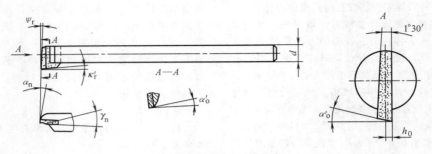

图 5-127 开放式自锁夹紧镗刀

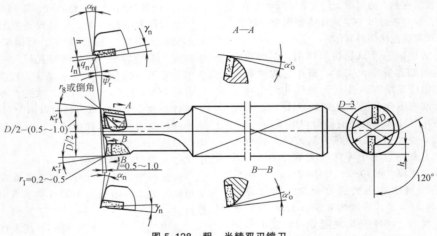

图 5-128 粗、半精双刃镗刀

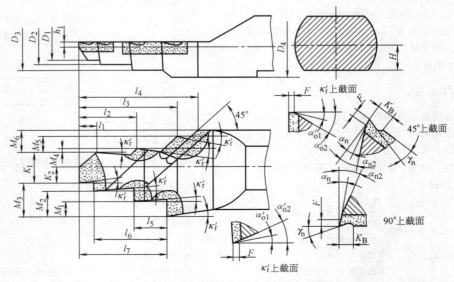

图 5-129 有色金属加工用多刃阶梯组合镗刀

5.7.3　组合式镗刀

1. 单刃组合镗刀

把刀片焊（或夹）在小刀杆上，再把小刀杆机夹在大镗刀杆上，可以扩大同一把镗刀的扩削范围。镗刀杆上的调整方式可以用图 5-130 所示各种方式，镗刀上的小刀头可以按图 5-131 及图 5-132 单独制造。

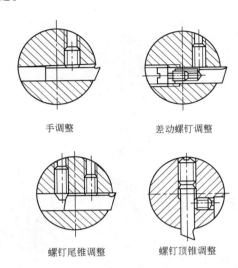

手调整　　　　　差动螺钉调整

螺钉尾锥调整　　螺钉顶锥调整

图 5-130　单刃组合镗刀的调整方式

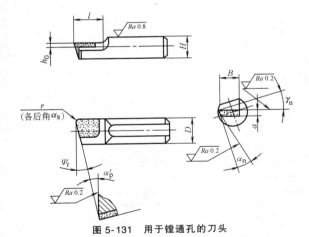

图 5-131　用于镗通孔的刀头

2. 双面刃组合镗刀

双面刃组合镗刀可以有图 5-133 所示各种结构型式。多用于 $\phi40$mm 以上孔的镗削。

图 5-133a 为整体刀片式。d 是定位槽，多用整体高速工具钢制造。

图 5-133b 为用螺钉锥面调节式。调好直径后用小螺钉把两小刀杆分别紧固在镗杆上。

图 5-133c 为用齿纹调节式。刀片外径磨损后卸下，窜过一至几个齿纹后再整体磨外圆和开刃。刃

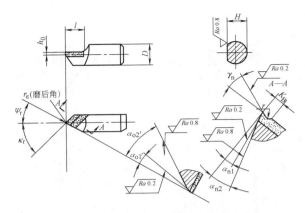

图 5-132　用于镗不通孔的镗刀头

上 l_1 段起主切削作用，l_2 段起修光作用，l_3 段定直径，之后为倒锥段，减少摩擦。

图 5-133d 为双排四刃齿纹调节式。前排用于粗加工，后排精加工定直径。修磨调整同上。

图 5-133e 为可在一定范围内调节直径的双刃组合镗刀。螺钉 5 调节刀头 3 的位置。螺钉 4 把刀头紧固在大刀片体上，大刀片体用销子 1 的斜面夹紧在镗刀杆上。垫块 2 起快速装卸作用，件号 6、7 和 8 防止垫块 2 在自由状态时脱落。

图 5-133f 为夹固可转位刀片式结构。用于 $\phi50\sim\phi150$mm 孔的镗削。刀片静态刃磨前后角需考虑工作时角度的变化。

双面刃镗刀镗孔时的几何角度如图 5-133g 所示。

双刃组合镗刀的大刀片体在镗杆上的夹固定位方式可选用图 5-134 中的一种。

3. 多刃组合镗刀

这种组合镗刀的例子如图 5-135 所示。适于在大批量生产中加工有色金属或铸铁件上的同轴多阶梯孔零件。各刀片的刀尖位置在专用调刀仪上预先调好，用小压板分别夹牢。

5.7.4　带可微调机构的镗刀

1. 单刀头简单微调镗刀

其结构如图 5-136 所示。转动刻度盘，由于螺纹的作用，则小刀头可伸缩（但不可转动），从而达到调径目的。而整个刻度盘连同小刀头一起被夹紧在镗杆上。

2. 单刀机夹硬质合金刀片微调镗刀

图 5-137 的结构用于加工 $\phi40\sim\phi130$mm 的孔。小刀架 1 沿燕尾槽可在主体上径向移动。小刀架上夹有刀片 2。刀片为三角形。主体上有带刻线盘的微动螺钉。用螺钉移动滑块，使之起刀架移动的定位挡铁的作用。旋转微动螺钉，使其通过滑块而作用于销子的同时实现在径向移动小刀架，从而达到精

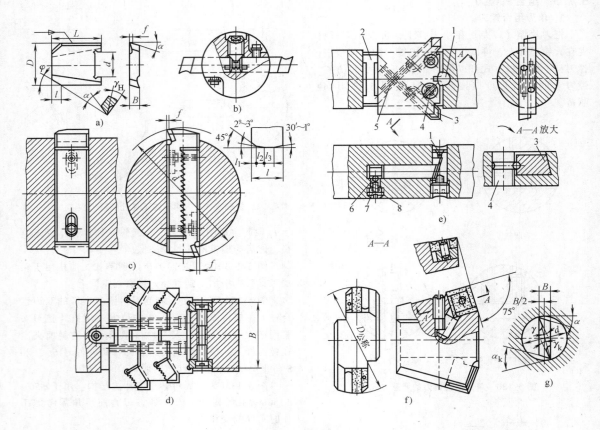

图 5-133 双面刃组合镗刀

a）整体刀片式 b）螺钉锥面调节式 c）齿纹调节式 d）双排四刃齿纹调节式

e）双刃组合镗刀 f）夹固可转位刀片式结构 g）几何角度

1—销子 2—垫块 3—刀头 4、5—螺钉 6、7、8—防止2在自由状态时脱落

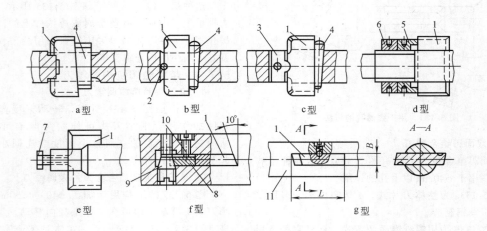

图 5-134 双刃组合镗刀的大刀片体在镗杆上的夹固定位方式

1—大刀片（体） 2—定位销 3—定位块 4—斜楔 5—夹紧螺母 6—紧固螺母

7—夹紧螺钉 8—垫块 9—带锥面螺钉 10—紧定螺钉 11—镗杆

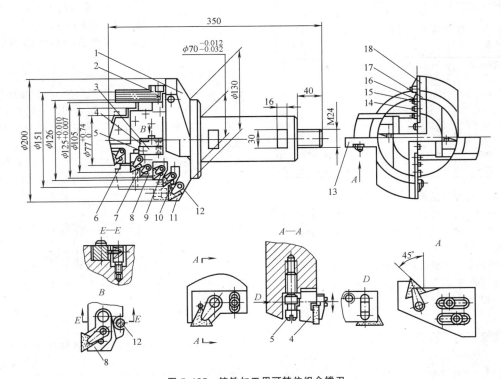

图 5-135　铸铁加工用可转位组合镗刀

1—刀体　2、5、12—螺钉　3—刀座　4—光刀　6~11、14~18—内孔平面刀　13—倒角刀

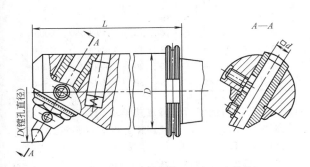

图 5-136　带微调机构的镗刀（ВНИИ 结构）

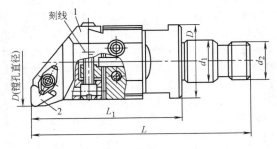

**图 5-137　单刀机夹带可换多边硬质
合金刀片的镗刀**（φ40~φ130mm）

1—小刀架　2—刀片

确地调整加工尺寸的目的。调整精度为 ±（0.01 ~ 0.02）mm，用对刀仪检测。这种结构的镗刀可用于粗、中、精镗削，但不允许有冲击载荷。

镗削 φ130 ~ φ150mm 孔用的这种结构镗刀如图 5-138 所示。其不同点在于，又增加了一层燕尾滑道，故可使调整范围扩大。每道燕尾滑道的主体上都开有纵向槽，调好尺寸后拧动内六角螺钉，可把刀架牢牢夹紧。

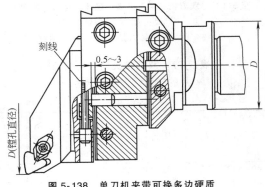

**图 5-138　单刀机夹带可换多边硬质
合金刀片的镗刀**（φ130~φ150mm）

这两种结构的尾部均用圆柱螺纹与主镗杆连接在一起。

这种结构镗刀的公称尺寸见表 5-76。

表 5-76 单刀机夹刀片微调镗刀的公称尺寸

（单位：mm）

被镗孔直径 D_0	D	d_1	d_2	L	L_1
40~50	32	18	M16	95	65
48~60	40	25	M24	115	75
58~75	50	30	M27	135	90
72~100	63	40	M36	165	100
97~130	63	40	M36	190	120
130~190	80	50	M48	175	120
190~250	80	50	M48	213	170

3. 双刀机夹硬质合金刀片可微调镗刀

这种结构的镗刀如图 5-139 所示。主体前部有 30°燕尾槽。在燕尾槽对称放置两个可径向移动的刀架，在螺钉 2 作用下通过嵌在刀架上的销子使小刀架在槽内径向移动至所需位置，用螺钉 5 夹紧。这种结构镗刀的主要尺寸见表 5-77。

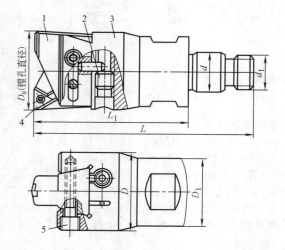

图 5-139 双刀机夹带可换多边硬质合金刀片的镗刀

1—可移动刀架　2—调整螺钉
3—镗刀体　4—镗刀刀尖　5—夹紧螺钉

表 5-77 双刀机夹硬质合金刀片的微调镗刀主要尺寸

（单位：mm）

镗孔直径 D_0	D	D_1	d（公差按 g5）	d_1（公差按 6d）	L	L_1
40~50	37	32	18	M16	95	65
48~60	45	40	25	M24	117	75
58~75	54	50	30	M27	135	90
72~100	68	63	40	M36	165	100
97~130	90	63	40	M36	185	125
128~160	110	80	50	M48	205	130

刀片可用三角形、菱形或四边方形。刀体可用碳素结构钢，热处理至 35~45HRC。

双刀微调镗刀还可以改变切削图形调整两刀负荷。

单刀或双刀微调镗刀尾部与镗杆的连接方式如图 5-140 所示。定位精度主要靠尾柄的圆柱部分来保证，螺纹只起连接和传动转矩作用。当转速 $n = 50r/min$ 时，这种结构的镗刀可承受 10kW 功率的切削负荷。

镗刀尾部与镗杆的主要连接尺寸见表 5-78。

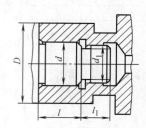

图 5-140 尾部连接方式

表 5-78 镗刀尾部连接尺寸

（单位：mm）

D（公差按 h8）	d	d_1（公差按 h11）	l	l_1	设计负荷 P/kW	设计负荷 $/N·m$	破坏负荷 $/N·m$
32	18	M16×2	16	14	8	1500	2660
40	25	M24×3	24	16	10	1900	9000
50	30	M27×3	27	18	15	2900	12800
63	40	M36×4	40	26	20	4000	30300
80	50	M48×5	42	28	30	5800	71900

上述结构俄罗斯已形成其模块化系列产品。其尾部可以直接与机床刀杆连接，也可以经过渡连接套与任何厂家机床的主轴连接。

4. 单刃微米级微调镗刀

图 5-141 所示为意大利巴考尔式精密微米级微调镗刀结构图。这种镗刀微调原理如下：刀片 6 用特殊螺钉 5 通过偏心孔夹紧在刀杆 4 上，刀杆 4 截面是带削平的圆柱面，其上有斜槽与滑块 7 的凸缘相啮合，滑块 7 的外圆表面有细牙螺纹与带内螺纹的套 1 相旋合。于是，当旋转套 1 时，则滑块相对于主体 3 沿轴向移动，于是带动刀杆 4 沿自身轴向伸缩。其伸缩量在镗刀直径方向的值由套 1 外表面刻度和件 2 上的游标读出。直径示值分辨率可达 0.001~0.002mm。

这种微调镗刀的主要尺寸见表 5-79。

5. ABS 短柄微调镗刀系列

国内哈尔滨量具刃具厂等厂家、德国考麦特等

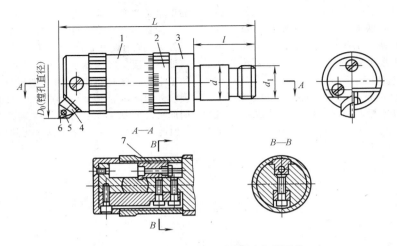

图 5-141　意大利巴考尔式精密微米级微调镗刀
1—套　2—游标卡尺　3—主体　4—刀杆　5—特殊螺钉　6—刀片　7—滑块

表 5-79　单刃微米级微调镗刀主要尺寸（ВНИИ）
（单位：mm）

镗孔直径 D_0	L	l	d（公差按 g5）	d_1（公差按 d6）
30~39	100~109	40	18	M16
38~49	115~126			
48~62	135~149	42	25	M24
60~77	160~177	45	30	M27
75~98	205~228	55	40	M36
95~124	245~287			

厂家都生产 ABS 短柄微调镗刀系列产品。虽各家规格系列略有差异但分组接近，而两端的 ABS 短尾尺寸系列是相同的。典型的 ABS 短柄微调镗刀如图5-142 所示。

以德国考麦特厂产品为例（见图 5-142），1 为

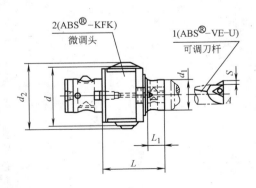

**图 5-142　德国考麦特公司 M020 型带
ABS 短柄的微调镗刀**

镗刀杆系列，可镗孔最小直径为 8~28mm（不同规格），但经过微调镗头 2，把两端 ABS 孔调偏心后，可以使镗孔直径扩大到 φ8~φ40mm。直径最小调整量是每刻度为 0.02mm。考麦特厂 M020 型微调头分四个组距，主要尺寸见表 5-80。另配有不同规格的镗刀杆。

在微调镗头体内主体与输出孔体间有燕尾及滑槽、滑块连接，可互相在上下两调整螺钉作用下径向移动，可调节刀尖的位置。调后用在主体端面上的内六角螺钉将其固定为一体进行镗孔。每个微调头可以配一定组距的相同 ABS 短尾柄的镗刀。

而刀片在镗刀杆上也可作适量微调，故可获得各种尺寸。

表 5-80　考麦特厂 M020 型微调镗刀尺寸
（单位：mm）

产　品	编号	ABS d	ABS d_1	d_2	调整量 S	L	L_1
ABS 50/25 KFK 0—F	M0200000	50	25	56	3	55	11.5
ABS 50/32 KFK 1—F	M0200201	50	32	70	4	62	17.0
ABS 63/32 KFK 1—F	M0200211	63	32	70	4	62	17.0
ABS 63/40 KFK 2—F	M0200401	63	40	98	6	67	17.0

5.7.5　镗刀的刀柄

TSG 工具系统是属于数控工具系统中的一种，是专门为加工中心和铣镗类数控机床配套的工具系统，也可用于普通的铣镗机床。它的特点是将锥柄

和接杆连接在一起，不同品种规格的工作部分都必须带有与机床相连的柄部。其优点是结构简单、整体刚性强，使用方便、工作可靠、更换迅速等。缺点是柄部的品种和数量较多。人为选配起来繁多复杂，降低了生产率。

镗刀类刀柄自己带有刀头，可用于粗、精镗。有的刀柄需要接杆或标准刀具，才能组装成一把完整的刀具；KH、ZB、MT、MTW 为四类接杆，接杆的作用是改变刀具长度。

工具柄部一般采用 7：24 圆锥柄。常用的工具柄部型式有 JT、BT 和 ST 三种，它们可直接与机床主轴相连接。JT 表示采用国际标准 ISO 7388 制造的加工中心机床用锥柄柄部（带机械手夹持槽）；BT 表示采用日本标准 MAS 403 制造的加工中心用锥柄柄部（带机械手夹持槽）；ST 表示按 GB/T 3837—2001 制造的数控机床用锥柄（无机械手夹持槽）。

第6章 铣 刀

铣刀一般是多刃刀具，由于同时参加切削的齿数多、切削刃长，并能采用较高的切削速度，故生产率高。应用不同铣刀可以加工平面、沟槽、台阶等，也可以加工齿轮、螺纹、花键轴的齿形及各种成形表面。

6.1 铣刀的种类和用途

铣刀的类型按刀齿结构可分为尖齿铣刀和铲齿铣刀。按刀齿和铣刀的轴线的相对位置可分为圆柱形铣刀、角度铣刀、面铣刀、成形铣刀等。按刀齿形状可分为直齿铣刀、螺旋齿铣刀、角形齿铣刀、曲线齿铣刀。按刀具结构可分为整体铣刀、组合铣刀、成组或成套铣刀、镶齿铣刀、机夹焊接铣刀、可转位铣刀等。但通常还是以切削刀齿背加工形式来分。

6.1.1 尖齿铣刀

尖齿铣刀可分为下列种类：

（1）面铣刀 有整体面铣刀、镶齿面铣刀、机夹可转位面铣刀等，用于粗、半精、精加工各种平面、台阶面等。

（2）立铣刀 用于铣削台阶面、侧面、沟槽凹槽、工件上各种形状的孔及内外曲线表面等。

（3）键槽铣刀 用于铣削键槽等。

（4）槽铣刀和锯片铣刀 用于铣削各种槽、侧面、台阶面及锯断等。

（5）专用槽铣刀 用于铣削各种特殊槽形，有T形槽铣刀、半月键槽铣刀、燕尾槽铣刀等。

（6）角度铣刀 用于铣削刀具的直槽、螺旋槽等。

（7）模具铣刀 用于铣削各种模具的凸、凹成形面等。

（8）成组铣刀 将数把铣刀组合成一组铣刀，用于铣削复杂的成形面、大型零件不同部位的表面和宽平面等。

6.1.2 铲齿铣刀

一些要求重磨前面后仍保持原有截形的铣刀，它们的后面用铲齿形式，包括圆盘槽铣刀、凸半圆铣刀、凹半圆铣刀、双角度铣刀、成形铣刀等。

6.2 铣削参数和铣刀几何角度的选择

6.2.1 铣刀几何角度的选择

1. 前角与后角的选择

制造铣刀时，须知法前角 γ_n 和法后角 α_n，其与前角 γ_o、后角 α_o 的换算关系为

$$\tan\gamma_o = \tan\gamma_n / \cos\beta \qquad (6\text{-}1)$$
$$\tan\alpha_o = \tan\alpha_n / \cos\beta \qquad (6\text{-}2)$$

式中 β——铣刀的螺旋角。

铣刀各角度如图 6-1 所示。前角、后角的选择见表6-1和表6-2。

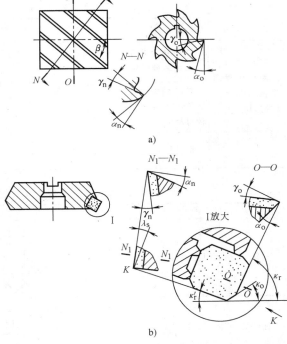

图 6-1 铣刀切削部分的几何参数

a）圆柱铣刀 b）面铣刀

2. 主偏角 κ_r 与副偏角 κ_r' 的选择

面铣刀、两面刃铣刀、立铣刀的主偏角 κ_r、过渡刃偏角 κ_{r0} 及副偏角 κ_r' 可在表 6-3 及表 6-4 中查出。

3. 刃倾角 λ_s（螺旋角 β）的选择

带有螺旋刃的铣刀，其切削刃螺旋角 β 即为该铣刀的刃倾角。各类铣刀的刃倾角 λ_s（螺旋角 β）可由表 6-5 查出。

6.2.2 铣刀的减振设计

采用传统的等齿距铣刀进行铣削时，由于每个刀齿进给量相同，各刀齿铣削力波形完全相同，容易引起加工系统产生谐振，使加工出来的零件表面质量不好，刀具寿命也不高。

表6-1 高速工具钢铣刀前角 γ_o 的数值

铣刀种类	工件材料		前角 $\gamma_o/(°)$
	工件材料种类	力学性能	
圆柱平面铣刀、面铣刀、槽铣刀、两面刃铣刀、三面刃铣刀、立铣刀和锯片铣刀	10、15、20、25、30、35钢、20铬钢、20镍铬钢	$\sigma_b < 600MPa$	20
	40、45、50钢、40铬钢、40镍铬钢	$\sigma_b \geqslant 600 \sim 1000MPa$	15
	镍铬锰钢和高强度合金钢	$\sigma_b > 1000MPa$	10
	铸铁	$\leqslant 150HBW$	15
	铸铁	$> 150HBW$	10
键槽铣刀、T形槽铣刀、燕尾槽铣刀和半圆槽铣刀	铣削槽宽小于3mm的各种材料	—	5
	铣削槽宽大于或等于3mm的各种材料	—	10
成形铣刀和角度铣刀	钢材和铸铁		10

表6-2 高速工具钢铣刀后角 α_o 的数值

铣刀种类		后角 $\alpha_o/(°)$
圆柱形平面铣刀端铣刀	细齿铣刀	16
	粗齿或镶齿铣刀	12
面铣刀两面刃铣刀三面刃铣刀	直齿细齿铣刀	20
	直齿粗齿或镶齿铣刀	16
	斜齿细齿铣刀	16
	斜齿粗齿或斜齿镶齿铣刀	12
立铣刀角度铣刀	铣刀直径 $d_0 < 10mm$	25
	铣刀直径 $d_0 = 10 \sim 20mm$	20
	铣刀直径 $d_0 > 20mm$	16
尖齿盘状槽铣刀		20
锯片铣刀		20
T形槽铣刀	铣刀直径 $d_0 < 25mm$	25
	铣刀直径 $d_0 \geqslant 25mm$	20
装配式角度铣刀		16
尖齿成形铣刀	粗齿	12
	细齿	16
键槽铣刀	铣刀直径 $d_0 < 16mm$	20
	铣刀直径 $d_0 \geqslant 16mm$	16

注：1. 各种铣刀后角偏差为±2°。

2. 上述各种铣刀副后角 α_o' 均为8°。

3. 各种铣刀端面切削刃后角，通常取径向后角的 1/4～1/2，约3°～5°。

表6-3 铣刀主偏角 κ_r、过渡刃长 l_0 和过渡刃偏角 κ_{r0}

铣刀种类	简图	$\kappa_r/(°)$	$\kappa_{r0}/(°)$	l_0/mm
面铣刀、两面刃盘铣刀、立铣刀	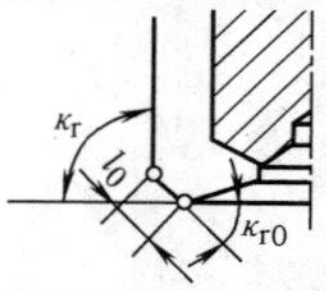	90	45	$0.5 \sim 1.5$
面铣刀、两面刃盘铣刀 面铣刀，$a_p < 6mm$；盘铣刀，$a_p < 6mm$	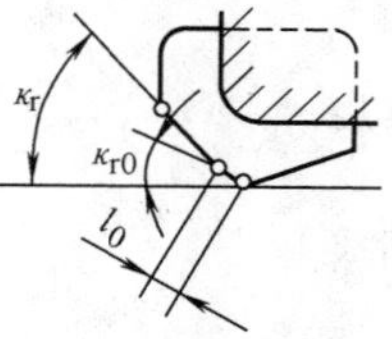	$30 \sim 45$	$15 \sim 20$	$1 \sim 1.5$ $h = a_p + c$ $c = 0.5 \sim 1$
面铣刀、两面刃铣刀 $a_p < 6mm$	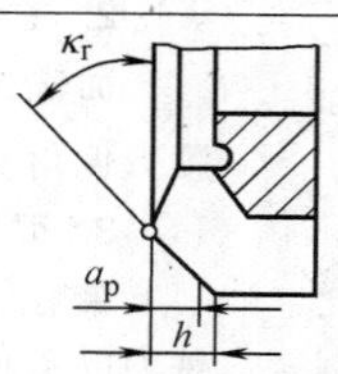	60	—	$h = a_p + c$ $c = 0.5 \sim 1$
直齿和错齿三面刃铣刀	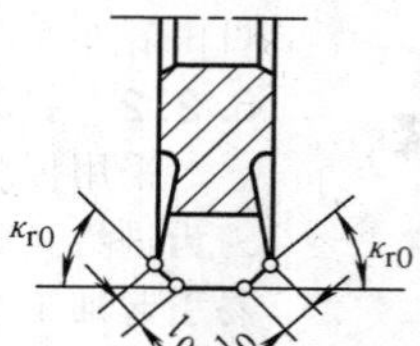	90	45	$0.5 \sim 1.5$

（续）

铣刀种类	简　图	$\kappa_r/(°)$	$\kappa_{r0}/(°)$	l_0/mm
面铣刀		20	—	—

表 6-4　铣刀副偏角 κ_r' 参考数值

铣　刀　种　类	副偏角 $\kappa_r'/(°)$
粗加工镶齿面铣刀	$1 \sim 2$
粗加工镶齿面铣刀	带 $l_0 = (4 \sim 6) a_f$ 且 $\kappa_r' = 0°$ 的修光刃，其余 $\kappa_r' = 2°$
无端齿整体面铣刀	$8 \sim 10$
有端齿整体面铣刀	$1 \sim 2$
无端齿立铣刀	$8 \sim 10$
有端齿立铣刀	$1 \sim 2$
粗加工三面刃铣刀	$1 \sim 2$
精加工三面刃铣刀	$0.5 \sim 2$

注：a_f 为进给量。

表 6-5　铣刀的刃倾角 λ_s（螺旋角 β）

[单位：（°）]

铣刀类型	螺旋刃圆柱铣刀		立铣刀	三面刃与二面刃圆盘铣刀
	粗齿	细齿		
螺旋角	$45 \sim 60$	$25 \sim 30$	$30 \sim 45$	$10 \sim 20$

当改变刀具一些结构参数时，如采用不等齿距分布刀齿，各刀齿铣削力波形不再一致，就不易激起加工系统的谐振。

设计减振铣刀时，可以预先确定某些结构参数，如：

1) 工艺条件（切削速度、每转进给量、背吃刀量、铣刀与工件的相对位置、铣削方式等）。

2) 结构特点（刀体结构、刀片夹固方式、刀片材料、铣刀齿数等）。

3) 切削部分几何参数（前角、后角、主偏角等）。

设计减振铣刀的核心问题是合理分配齿间夹角，其实质是通过改变各刀齿的铣削力波形及其相互间的时间延迟，最终达到使铣削力幅值谱在相应频率上的数值分配关系满足预期的要求。

1. 不等螺旋角铣刀的设计

不等螺旋角铣刀上相邻两条切削刃横截面齿距是不相等的。各切削刃各点的容屑空间也不相同。因此，设计不等螺旋角铣刀时，应考虑最小容屑槽处要有足够的容屑空间，螺旋角不宜相差过大，一

般相差 $2° \sim 5°$。为设计和制造方便，铣刀轴线方向刃长的中间剖面各切削刃齿距可以设计成相等的。

2. 不等齿距铣刀的优化设计

（1）铣削力的计算　图 6-2 是作用在螺旋齿圆柱铣刀和面铣刀上的铣削力。由图可知，每个刀齿上都受到如下的力：

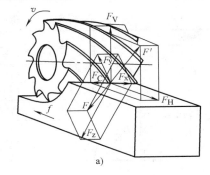

a)

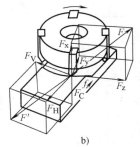

b)

图 6-2　铣削力

a) 圆柱铣刀　b) 面铣刀

1) 切向铣削分力 F_z。作用在铣刀外圆切线方向上，是消耗功率的主要铣削力。

2) 径向铣削分力 F_y。作用在铣刀的半径方向的铣削分力。

3) 轴向铣削分力 F_x。作用在铣刀轴线方向的铣削分力，直齿铣刀没有这个分力。

工件所受的是切削反力，也可以沿铣床工作台的三个进给方向分解为三个铣削分力：

1) 进给抗力 F_H。它与纵向进给方向平行。

2) 垂直铣削分力 F_V。在端面上与进给抗力 F_H 垂直的分力。

3) 轴向铣削分力 F_C。轴线上的铣削分力。F_C

与 F_x 相同。

这些铣削分力有如下关系式：

$$F_r = \sqrt{F_z^2 + F_y^2 + F_x^2} = \sqrt{F_H^2 + F_V^2 + F_C^2} \quad (6-3)$$

式中 F_r——铣削合力。

上述这些分力，在不同的铣削方式中有表6-6所示的经验比值。各种铣刀铣削力公式见表6-7和表6-8。

表6-6 各铣削分力的经验比值

铣削条件	比值	对称端铣	不对称铣削	
			逆铣	顺铣
端铣：$a_e = (0.4 \sim 0.8)d_0$，$a_f = 0.1 \sim 0.2$mm 时	F_H/F_z	$0.3 \sim 0.4$	$0.60 \sim 0.90$	$0.15 \sim 0.30$
	F_V/F_z	$0.85 \sim 0.95$	$0.45 \sim 0.70$	$0.90 \sim 1.00$
	F_C/F_z	$0.50 \sim 0.55$	$0.50 \sim 0.55$	$0.50 \sim 0.55$
立铣、圆柱铣、盘铣和成形铣：$a_e = 0.05d_0$，$a_f = 0.1 \sim 0.2$mm 时	F_H/F_z	—	$1.00 \sim 1.20$	$0.80 \sim 0.90$
	F_V/F_z		$0.20 \sim 0.30$	$0.75 \sim 0.80$
	F_C/F_z		$0.35 \sim 0.40$	$0.35 \sim 0.40$

注：a_e—铣削宽度（侧吃刀量）；a_f—进给量（进给吃刀量）；d_0—铣刀直径。

表6-7 硬质合金铣刀铣削力的计算公式 （单位：N）

铣刀类型	工件材料	铣削力的计算公式
面铣刀	碳钢	$F_z = 9.81 \times 825 a_p^{1.0} a_f^{0.75} a_e^{1.1} z d_0^{-1.3} n^{-0.2} \times 60^{-0.2}$
	灰铸铁	$F_z = 9.81 \times 54.5 a_p^{0.9} a_f^{0.74} a_e^{0.9} z d_0^{-1.0}$
	可锻铸铁	$F_z = 9.81 \times 491 a_p^{1.0} a_f^{0.75} a_e^{1.1} z d_0^{-1.3} n^{-0.2} \times 60^{-0.2}$
圆柱铣刀	碳钢	$F_z = 9.81 \times 101 a_e^{0.88} a_f^{0.75} a_p^{0.9} z d_0^{-0.87}$
	灰铸铁	$F_z = 9.81 \times 58 a_e^{1.0} a_f^{0.8} a_p^{1.0} z d_0^{-0.9}$
立铣刀	碳钢	$F_z = 9.81 \times 12.5 a_e^{0.85} a_f^{0.75} a_p^{1.0} z d_0^{-0.73} \times n^{0.13} 60^{0.13}$

表6-8 高速工具钢铣刀铣削力的计算公式 （单位：N）

铣刀类型	工件材料	铣削力的计算公式
立铣刀、圆柱铣刀	碳钢、青铜、铝合金、可锻铸铁等	$F_z = 9.81 C_{Fz} a_e^{0.85} a_f^{0.72} d_0^{-0.86} a_p z$
面铣刀		$F_z = 9.81 C_{Fz} a_p^{0.95} a_f^{0.80} d_0^{-1.1} a_e^{1.1} z$
盘铣刀、锯片铣刀等		$F_z = 9.81 C_{Fz} a_e^{0.86} a_f^{0.72} d_0^{-0.86} a_p z$
角铣刀		$F_z = 9.81 C_{Fz} a_e^{0.86} a_f^{0.72} d_0^{-0.86} a_p z$
半圆铣刀		$F_z = 9.81 C_{Fz} a_e^{0.86} a_f^{0.72} d_0^{-0.86} a_p z$
立铣刀、圆柱铣刀	灰铸铁	$F_z = 9.81 C_{Fz} a_e^{0.83} a_f^{0.65} d_0^{-0.83} a_p z$
面铣刀		$F_z = 9.81 C_{Fz} a_e^{1.14} a_f^{0.72} d_0^{-1.14} a_p^{0.9} z$
盘铣刀、锯片铣刀等		$F_z = 9.81 C_{Fz} a_e^{0.83} a_f^{0.65} d_0^{-0.83} a_p z$

铣刀类型	加工不同工件材料时的铣削力系数 C_{Fz}				
	碳钢	可锻铸铁	灰铸铁	青铜	镁合金
立铣刀、圆柱铣刀	68.2	30	30	22.6	17
面铣刀	82.4	50	50	37.5	18
盘铣刀、锯片铣刀	68.5	30	30	22.5	17
角铣刀	38.9	—	—	—	—
半圆铣刀	47.0	—	—	—	—
修正系数	加工钢时：$k_{Fz} = \left(\dfrac{\sigma_b}{0.736}\right)^{0.3}$[①]；加工铸铁时：$k_{Fz} = \left(\dfrac{HBW}{190}\right)^{0.55}$				

注：1. 铝合金的 F_z 可取为钢的 1/4。
　2. 铣刀磨损超过磨钝标准时，F_z 将增大，当加工软钢时，可增大 75% ~ 90%；加工中硬、硬钢和铸铁时，可增大 30% ~ 40%。

① σ_b 的单位应为 GPa。

（2）不等齿距铣刀的优化设计目标函数　切削力是使加工系统产生振动的主要原因。欲使刀具相对工件产生的相对振动振幅最小，只有优化选择合理的齿间角调整激振力的频谱 $A_e(\omega)$ 达到在所有频率下尽可能最小，即 $A_e(\omega)$ 的谱图尽量平坦。在设计通用型不等齿距铣刀时，获得尽量平坦的铣削力幅值谱是评价设计方案的指标，因此目标函数是设计变量的函数。

在比较不同设计方案时，要考虑两个问题：其一，在目标函数中采用哪一个铣削力分量；其二，应用何种处理方式使铣削力幅值尽量平坦。

在铣削加工中，不能精确确定切削力的方向。但在所规定的直角坐标系内各方向均有分力。机床沿轴向方向刚度较大。在设计通用型不等齿距铣刀时，可以只考虑机床刚度较弱的两个方向的铣削分力。

设 $F_j(t)$ 表示不等齿距铣刀任意方向上的分力，即 $j=x$、y、z。由于铣削力是周期函数，其周期等于不等齿距铣刀的旋转周期 T_n，角频率为 ω（$\omega=2\pi/T_n$），可以将铣削力展成如下的傅里叶级数：

$$F_j(t) = a_0 + \sum_{n=1}^{\infty} \left[a_n\cos(n\omega t) + b_n\sin(n\omega t) \right]$$
$$(6\text{-}4)$$

式中
$$a_0 = \frac{1}{T_n}\int_0^{T_n} F_j(t)\,\mathrm{d}t$$
$$a_n = \frac{2}{T_n}\int_0^{T_n} F_j(t)\cos(n\omega t)\,\mathrm{d}t$$
$$b_n = \frac{2}{T_n}\int_0^{T_n} F_j(t)\sin(n\omega t)\,\mathrm{d}t$$

$n=1$，2，3，$\cdots$

其幅值谱的第 n 次谐波的幅值为

$$c_n = \sqrt{a_n^2+b_n^2} \qquad (6\text{-}5)$$

可以以铣削力各谐波的能量和最小作为优选齿间角的指标，即目标函数为

$$\min\left(\sum_{n=1}^{N} c_n^2\right)$$

目标函数中 N 为所取的谐波总数，其余的高次谐波幅值都可以小到忽略不计。

在铣削加工中，要同时考虑 F_z 和 F_y 两个方向的铣削分力。但上述公式是单目标函数，不容易选取一组齿间角同时满足两个方向铣削力幅值谱都达到平坦。可以利用加权的办法将多目标函数的优化问题转化为单目标函数的优化问题，并采取控制幅值谱最大幅值的措施，达到铣削力幅值谱尽量平坦的要求。为了建立目标函数，设 A 为某个方向铣削分力幅值谱中，从基频开始到 N 次谐波的一组幅值谱的集合，即 $A=\{c_1, c_2, c_3, \cdots, c_N\}$。与 F_z 和

F_y 两方向铣削分力所对应的 A 分别记为 A_z 和 A_y。如果有 m 组齿间角排列规律各异的方案可供选择时，用 k 表示其中任意一组，此时相应的 A_z 与 A_y 变成 A_{zk} 与 A_{yk}。令 W_1 及 W_2 为两个加权因子，则目标函数最终表示为

$$\min(W_1\max A_{zk} + W_2\max A_{yk})$$

其中 $\max A_{zk}$ 与 $\max A_{yk}$ 为 A_{zk} 与 A_{yk} 相应幅值谱集合中最大者。两个加权因子的关系可取为

$$W_1+W_2=1 \qquad (6\text{-}6)$$

可根据机床的动刚度在不同方向上的差异来确定两者的数值。如果 y 方向的动刚度较 z 方向弱时，取 $W_2>W_1$。

（3）约束条件与算法　约束条件是对设计变量取值时的限制条件。根据铣刀使用和制造等具体情况，其约束条件为

$$\theta_{\min} \leqslant X_i \leqslant \theta_{\max}(i=1,2,3,\cdots,z) \qquad (6\text{-}7)$$
$$\sum_{i=1}^{z} X_i = 2\pi$$

式中　$\theta_{\min}$、$\theta_{\max}$——齿间角下限与上限。

$\theta_{\min}$ 主要根据刀具的结构要求确定，最小齿距处要有足够的容屑空间。对机夹结构的刀具，还要考虑最小齿距处刀体的强度，刀片夹紧是否可靠等。$\theta_{\max}$ 主要考虑铣刀的动平衡与刀片磨损的均匀程度等条件确定。一般最小齿距不小于最大齿距的 2/3。

由于目标函数计算过程复杂，考虑到设计变量较少，宜选用约束最优化问题的直解法，如约束方向随机搜索法等。

表 6-9 为不等齿距可转位面铣刀典型范例。

6.2.3　铣削用量要素及切削层参数

1. 铣削用量要素

（1）铣削速度 v_c

$$v_c = \pi d_0 n/1000 \qquad (6\text{-}8)$$

式中　v_c——铣削速度（m/min）；
　　　d_0——铣刀外径（mm）；
　　　n——铣刀转速（r/min）。

（2）进给量　每齿进给量 f_z：铣刀每转过一个刀齿时，铣刀与工件之间在进给方向上的相对位移量（mm/z）。

每转进给量 f：铣刀每转一转，铣刀与工件之间在进给方向上的相对位移量（mm/r）。

每分钟进给量（进给速度）v_f：单位时间内，铣刀与工件之间在进给方向上的相对位移量（mm/min）。

三者之间的关系为

$$v_f = fn = a_f zn \qquad (6\text{-}9)$$

式中　z——铣刀齿数。

表6-9 不等齿距可转位面铣刀典型范例

铣刀直径/mm	齿数/个	齿间角（按顺序排列）
100	5	80°、68°、76°、64°、72°
125	6	66°、56°、64°、54°、62°、58°
160	8	45°、40°、48°、41.5°、48.5°、42°、50°、45°
		50°、40°、48°、38°、46°、44°、52°、42°
200	10	36°、32°、37°、33°、38°、34°、39°、35°、40°、36°
		44°、32°、36°、32°、34°、42°、32°、36°、32°、40°
250	10	39°、34°、38°、32°、36°、34.5°、35°、36°、39.5°、35°
	12	30°、26.5°、30.5°、27.5°、31°、28°、32°、29°、32.5°、29.5°、33.5°、30°
315	12	27°、29°、31.5°、28°、33.5°、31°、27.5°、28.5°、29.5°、30.5°、37.5°、32.5°
	16	22.5°、19.5°、24°、21°、25.5°、25°、20.5°、24.5°、20°、23.5°、19.5°、24°、21°、25.5°、22.5°、21.5°
400	20	18°、15.5°、19.5°、16°、20°、16.5°、19.5°、17°、20°、16.5°、19.5°、16°、19°、16.5°、19.5°、16°、20°、16.5°、20.5°、18°

（3）背吃刀量 a_p 是指平行于铣刀轴线方向测量的切削层尺寸，如图6-3所示。

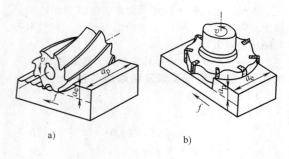

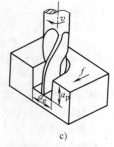

图6-3 铣削运动

a）圆柱铣刀铣削 b）面铣刀铣削 c）立铣刀铣削

（4）铣削宽度 a_e 是指垂直于铣刀轴线方向测量的切削层尺寸，如图6-3所示。

2. 铣削切削层参数

铣削切削层参数有：切削宽度 a_w、切削厚度 a_c、切削层总面积 A_{Dtot}，如图6-4、图6-5所示。

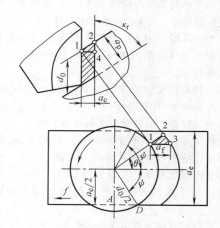

图6-4 端铣的切削层

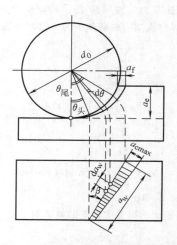

图6-5 螺旋齿圆柱铣刀铣削的切削层

（1）切削宽度 a_w 是指铣刀主切削刃参加工作的长度。

（2）切削厚度 a_e 是指铣刀相邻齿主切削刃运动轨迹（即切削表面）间的垂直距离。

（3）切削层总面积 A_{Dtot} 铣刀每齿的切削层总面积

$$A_{Dtot} = a_w a_e \qquad (6-10)$$

铣削时，切削层总面积 A_{Dtot} 等于同时工作各刀齿切削层面积的和。对于面铣刀，其切削层总面积为

$$A_{Dtot} = a_p a_f \sum_{i=1}^{z} cos\theta_i \qquad (6-11)$$

式中 θ_i ——瞬时包罗角。

对于带螺旋角 β 的圆柱铣刀，a_e 和 a_w 都是变量，其

切削层总面积为

$$A_{\mathrm{Dtot}} = \frac{a_{\mathrm{f}} d_0}{2\sin\beta} \sum_{i=1}^{z} \left[\cos\theta_{i\text{头}} + \cos\theta_{i\text{尾}} \right] \qquad (6\text{-}12)$$

由于切削面积是变化的，为计算方便，可采用平均切削面积 A_{Dav} 来计算：

$$A_{\mathrm{Dav}} = \frac{a_{\mathrm{e}} a_{\mathrm{p}} a_{\mathrm{f}} z}{\pi d_0} \qquad (6\text{-}13)$$

6.2.4 顺铣、逆铣及铣削的特点

1. 顺铣与逆铣

铣刀的旋转方向和工件的进给方向相同时，称为顺铣，相反时称为逆铣。如图 6-6a 所示，逆铣时切削厚度从零逐渐增大。铣刀刃口有一钝圆半径 r_β，当 r_β 大于瞬时切削厚度时，实际切削前角为负值，刀齿在加工表面上挤压、滑行，切不下切屑，使这段表面产生严重冷硬层。下一个刀齿切入时又在冷硬层表面挤压、滑行，使刀齿容易磨损，同时使工件表面粗糙。顺铣时，如图 6-6b 所示，刀齿的切削厚度从最大开始，避免了产生挤压滑行现象。同时 F_{V} 始终压向工作台，避免了工件上下的振动，因而能提高铣刀寿命和加工表面质量。

2. 铣削的特点

1）铣削的过程是一个断续切削过程，刀齿受到的机械冲击和温度变化都很大。机械冲击使切削力有波动，容易引起振动，因而对铣床和刀杆的刚度及切削刃强度的要求都比较高，而刀齿的温度变化会使切削刃产生热疲劳裂纹，有时会出现剥落或崩碎的现象。

2）由于刀齿是间断切削，刀齿工作时间短，在空气中冷却时间长，故散热条件较好，有利于提高铣刀寿命。

3）铣削时，有多个刀齿同时参加工作，有效切削刃长度和切削厚度 a_{c} 随时都在变化，使切削力也不断地变化；另外，由于铣刀在制造安装等方面存在的误差，很难保证铣刀各刀齿在同一圆周或端面上，因此铣削总是处于振动和不平稳的工作状态。

4）铣削过程中，切削厚度 a_{c} 是变化的，盘铣刀在逆铣时，挤压、摩擦严重，易在加工表面造成硬化层，加快铣刀磨损。顺铣时能获得较好的表面加工质量，但顺铣只能在待加工表面没有硬皮及机床进给机构有消除间隙装置的条件时才能应用。

5）端铣时，切削厚度 a_{c} 也在不断变化，如图 6-7 所示。对称逆铣时（见图 6-7a），刀齿在切入和切出处切削厚度相同，但小于铣削宽度中心线处的切削厚度，因此切削厚度是由小到大，再由大到小，前阶段相当于逆铣，后阶段相当于顺铣。不对称逆铣时，则切入处的切削厚度小于切出处的厚度（见图 6-7b），逆铣部分所占比例较顺铣部分大；不对称顺铣时，则情况相反（见图 6-7c），顺铣部分所占的比例较逆铣部分大。采用不对称铣削时，铣刀寿命及进给量均可提高。

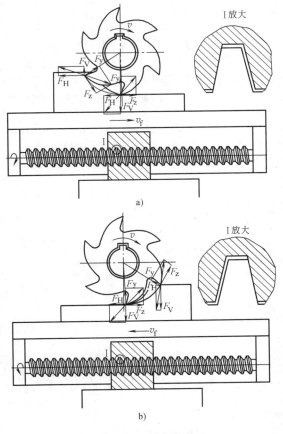

图 6-6 顺铣与逆铣
a) 逆铣 b) 顺铣

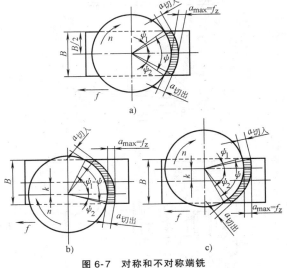

图 6-7 对称和不对称端铣
a) 对称逆铣 b) 不对称逆铣 c) 不对称顺铣

6.3 铣刀的连接结构和常用标准

根据铣刀结构的不同,其连接安装方式也不相同,常用结构可参见表6-10。

为便于铣刀的装夹和互换,国家规定了一些刀柄和连接安装尺寸,可查阅本手册附录。

表 6-10　铣刀的连接结构

安装方式简图	适用范围及定位夹紧方式
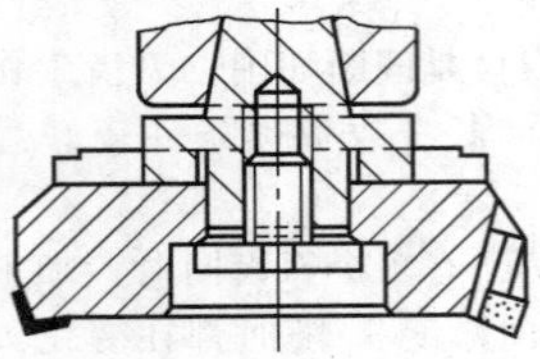	1)适用于 φ50~φ160mm 的面铣刀 2)用装在铣床主轴锥孔中带端键的铣刀杆连接 3)面铣刀以内孔和端面在铣刀杆上定位,用螺钉将铣刀紧固在铣刀杆上 4)由端面键传递铣削力矩
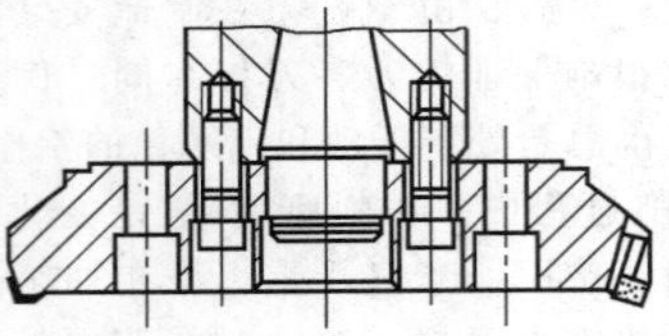	1)适用于 φ160~φ500mm 的面铣刀,安装在主轴为 50 号 7:24 圆锥的铣床上 2)用装在主轴锥孔中的定位轴定心 3)面铣刀以内孔和端面在定位轴和主轴端面上定位 4)用四个螺钉将面铣刀紧固在铣床主轴的端面上 5)由端面键传递铣削力矩
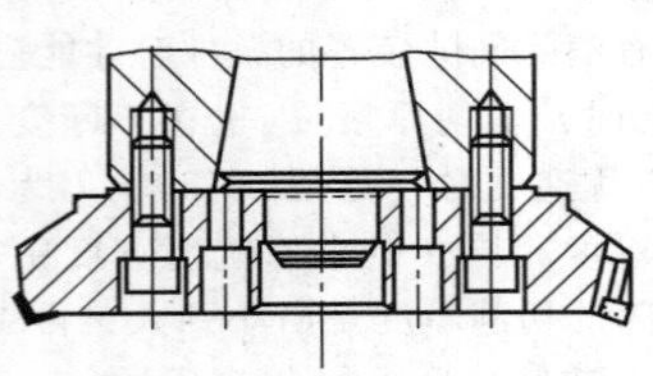	1)适用于 φ315~φ500mm 的面铣刀,安装在主轴为 60 号 7:24 圆锥的铣床上 2)用装在主轴孔中的定位轴定心 3)面铣刀以内孔和端面在定位轴和主轴端面上定位 4)用四个螺钉将面铣刀紧固在铣床主轴的端面上 5)由端面键传递铣削力矩
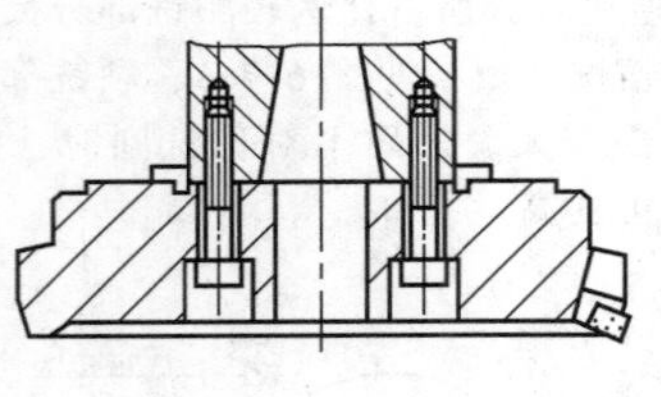	1)适用于 φ160~φ500mm 的面铣刀 2)面铣刀的后端面做有和主轴外圆相配的沉孔或另装的安装定位环 3)面铣刀装在铣床主轴上,以铣刀上的沉孔直接与主轴的外圆和端面相配和定位 4)用四个螺钉将铣刀紧固在铣床主轴的端面上 5)由端面键传递铣削力矩 6)由于铣刀制造困难,安装也不方便,这种安装方式现在已经很少使用
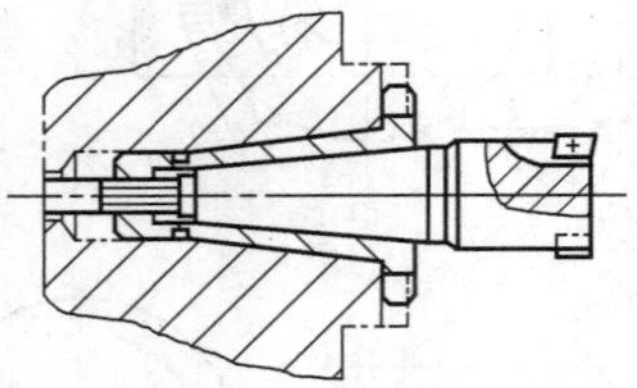	1)适用于莫氏锥柄的各种立铣刀 2)在铣床主轴上,装 7:24 圆锥/莫氏圆锥中间套 3)铣刀的莫氏锥柄插入中间套中,以莫氏锥孔定位 4)用拉杆从锥柄尾部拉紧 5)用莫氏锥柄传递铣削力矩
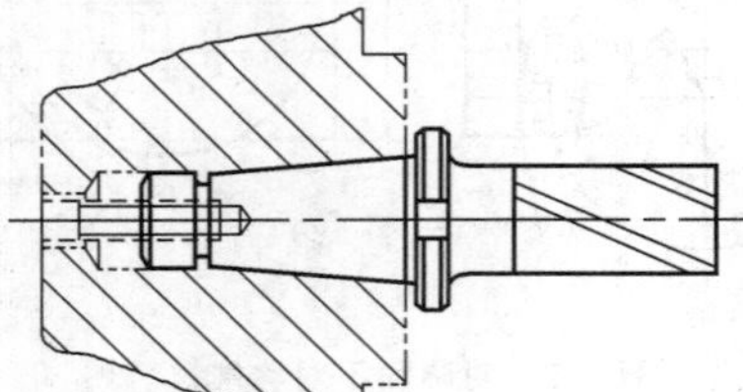	1)适用于 7:24 锥柄的立铣刀,例如大直径的螺旋齿立铣刀等 2)7:24 锥柄的螺旋齿立铣刀直接装入铣床主轴的 7:24 锥孔中 3)用螺杆从锥柄尾部拉紧 4)由铣床主轴的端面键和圆锥上的摩擦力传递铣削力矩

（续）

安装方式简图	适用范围及定位夹紧方式
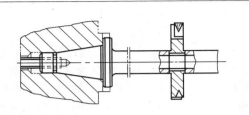	1）适用于三面刃铣刀、两面刃铣刀和沟槽铣刀 2）铣刀以内孔和端台在铣刀杆上定位 3）由铣刀杆末端的螺母紧固 4）由铣刀杆上的纵键传递铣削力矩
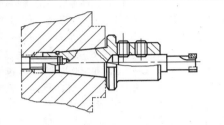	1）适用于削平型直柄的各种立铣刀 2）铣刀的柄部外径在夹头孔内定心 3）用螺钉从柄部削平处紧固在夹头孔内，并传递铣削力矩

　　铣刀连接结构中的常用标准如下。铣刀和铣刀杆的互换尺寸（GB/T 6132—2006）包括附表 5-1 平键传动的铣刀和铣刀杆上刀座的互换尺寸，附表 5-2 端键传动的铣刀和铣刀杆上刀座的互换尺寸；附表 6-1 普通直柄的型式和尺寸（GB/T 6131.1—2006）；附表 6-2 铣刀削平直柄的型式和尺寸（GB/T 6131.2—2006）；附表 6-3 铣刀 2°削平直柄的型式和尺寸（GB/T 6131.3—1996）；附表 6-4 直柄铣刀螺纹柄的型式和尺寸（GB/T 6131.4—2006）。因为这些刀具连接结构也用于其他多种刀具，因此这些常用标准尺寸放在本刀具手册的附录中。

6.4　成形铣刀

6.4.1　成形铣刀的种类和用途

　　成形铣刀是用来加工成形表面的专用刀具。它和成形车刀一样，其刀具廓形需根据工件廓形来设计。采用成形铣刀可在通用的铣床上加工复杂形状的表面，并可获得较高的精度和表面质量，生产率也较高。成形铣刀常用来加工成形直槽、螺旋槽、齿轮等。标准成形铣刀有凸半圆铣刀和凹半圆铣刀，它们分别用于加工廓形为半圆的沟槽和凸起面。

　　根据成形齿背的加工方法，成形铣刀可分为尖齿成形铣刀（见图 6-8a）和铲齿成形铣刀（见图 6-8b）两种。

　　尖齿成形铣刀的齿背是利用专门的靠模来铣削和刃磨的，它具有较高的寿命和较好的加工质量，但它比铲齿铣刀制造复杂，刃磨也比较困难，适合于在大批量生产中使用。

　　铲齿成形铣刀的齿背是用成形车刀按一定曲线铲车制出的，重磨时只磨前面（平面），刃磨方便。

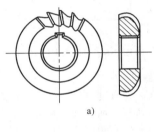

a)

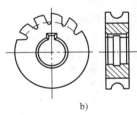

b)

图 6-8　成形铣刀
a）尖齿成形铣刀　b）铲齿成形铣刀

目前成形铣刀主要采用铲齿结构。

6.4.2　铲齿成形铣刀

1. 铲齿的目的和要求

　　为了使成形铣刀刃磨方便，常使其前角 $\gamma_f = 0°$，并重磨前面。为了保证每次重磨后的刀齿刃形保持不变，要求铣刀在任意轴截面内的刃形都应相同（见图 6-9）；同时，刀齿在每次重磨前面以后，都应有适当的后角。因此，在轴截面中形状相同的刀刃还应沿铣刀半径方向均匀地趋近铣刀轴线。为达到此目的，铣刀的后面应是以铣刀切削刃为母线，该母线是绕铣刀轴线回转，同时均匀地向铣刀轴线移动而形成的曲面。这种表面可以通过铲齿的方法

来得到。

铲刀是平体成形铣刀，一般取前角为零。使用时将铲刀前面（水平平面）安装在毛坯（铣刀）中心高平面中。铲刀切削刃形状与铣刀廓形相同，但凹凸相反（见图6-9）。铲齿时，铣刀毛坯回转，铲刀向铣刀轴线做直线运动，切去毛坯上的金属，形成铣刀齿的后面。这种铲刀运动方向垂直于铣刀轴线的铲齿方法，称为径向铲齿。

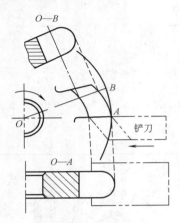

图 6-9　铲齿成形铣刀

2. 齿背曲线

径向铲齿时，通过铣刀切削刃上任意点作端截面，端截面与齿背表面的交线称为齿背曲线。齿背曲线与圆弧之间的夹角即为后角 α_f。很显然，齿背曲线的形状影响刀齿后角 α_f 的大小，而对刀齿后面廓形没有影响。能满足这种要求的曲线，理论上只有对数螺旋线，但因这种曲线制造困难，因此，生产上广泛采用阿基米德螺旋线作为成形铣刀的齿背曲线（见图6-10）。

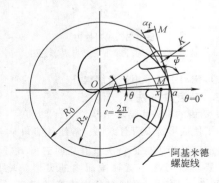

图 6-10　阿基米德螺旋线

由图6-10可知，当 $\theta=0°$ 时，$\rho=R_0$（R_0 为铣刀半径）；而当 $\theta>0°$ 时，$\rho<R_0$。因此，齿背曲线的一般方程式为

$$\rho=R_0-C\theta \qquad (6-14)$$

式中　C——常数。

齿背曲线上任意一点 M 的切线与该点矢量半径之间的夹角 ψ 为

$$\tan\psi=\frac{\rho}{\mathrm{d}\rho/\mathrm{d}\theta}=\frac{R_0-C\theta}{-C}=\theta-\frac{R_0}{C} \qquad (6-15)$$

3. 铲齿加工过程

图6-11所示为成形铣刀的径向铲齿过程。铲刀的纵向前角为0°，其前面准确地安装在铲床的中心平面内。铣刀以铲床主轴轴线为旋转轴做等速转动。当铣刀的前面转到铲床的中心高平面时，铲刀就在凸轮控制下向铣刀轴线等速推进。当铣刀转过 δ_0 角时，凸轮转过 φ_0 角，铲刀铲出一个刀齿的齿背（包括齿顶1—2及齿侧面1—2—6—5），而当铣刀继续转过 δ_1 角时，凸轮转过 φ_1 角，此时铲刀迅速退回到原来位置。这样，铣刀转过一个齿间角 ε，凸轮转过一整转，而铲刀则完成一个往复行程。随后重复上述过程，则可进行下一个刀齿的铲削。铣刀重磨时，要保证前面的轴向平面，以保证切削刃形状保持不变。

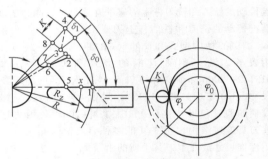

图 6-11　成形铣刀的径向铲齿

假定铲刀在铲完一个刀齿的齿背后继续铲下去，则铣刀每转过一个齿间角 $\varepsilon\left(\varepsilon=\dfrac{2\pi}{z}\right)$，铲刀前进的距离称为铲削量 K。与此相对应，凸轮旋转一周的升高量（半径差）也等于铲削量 K。一般在凸轮上都标有该凸轮的 K 值。

4. 成形铣刀的后角及铲削量

设齿背曲线在 M 点处的后角为 α_{fM}（见图6-10），则 α_{fM} 可表示为

$$\tan\alpha_{fM}=\frac{1}{\dfrac{2\pi R_0}{Kz}-\theta} \qquad (6-16)$$

对新铣刀，$\theta=0°$，故新刀齿顶处的后角 α_{fa} 为

$$\tan\alpha_{fa}=\frac{Kz}{2\pi R_0}$$

或

$$K=\frac{\pi d_0}{z}\tan\alpha_{fa}$$

半径为 R_x 的点的端面后角 α_{fx} 则可表示为

$$\tan\alpha_{fx} = \frac{Kz}{2\pi R_x} = \frac{R_0}{R_x}\tan\alpha_{fa} \qquad (6\text{-}17)$$

5. 成形铣刀的法向后角

设计铲齿成形铣刀时，除了规定切削刃上最大半径处的端面后角 α_{fx} 外，还应保证切削刃每一点都具有足够的法向后角 α_{nx}（见图 6-12）。

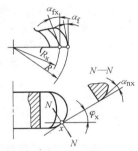

图 6-12 铲齿成形铣刀的法向后角

法向后角 α_{nx} 与端面后角 α_{fx} 的关系可表达为

$$\tan\alpha_{nx} \approx \tan\alpha_{fx}\sin\varphi_x \qquad (6\text{-}18)$$

式中　φ_x——切削刃上任意点 x 处的切线与铣刀端面的夹角。

为了保证铣刀的工作条件，应保证切削刃上最小法向后角不小于 $2°\sim3°$。如不能满足时，可采用以下方法进行改善：

（1）增大齿顶后角 α_f　但 α_f 不能超过 $15°\sim17°$，否则刀齿强度将过分削弱。对于 $\varphi_x = 0°$ 的切削刃，采用此法不起作用。

（2）修改铣刀刃形　如图 6-13 所示，为避免凸、凹半圆铣刀 $\varphi_x = 0°$ 的切削刃后角为零，将两侧的切削刃由 $\varphi_x = 10°$ 处改成一段与圆弧相切的斜线，形成 $\varphi_x = 10°$ 的直线刃，这样可得到 $\alpha_{nx} \approx 2°$ 的后角。

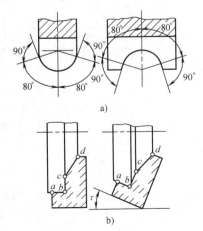

图 6-13 改善铣刀后角

a）修改铣刀刃形　b）改变工件安装位置

（3）改变工件安装位置　将图 6-13b 左边的平装位置改为右边的斜装位置后，可使铣刀切削刃 bc 段的 φ_x 由 $0°$ 变为大于 $0°$（$\varphi_x = \tau$），使该段切削刃得到一定的后角。

（4）斜向铲齿　这种方法是使铲刀运动方向与铣刀端面成一个 τ 角，如图 6-14 所示。

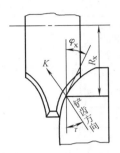

图 6-14 斜向铲齿

斜向铲齿时，铣刀刀刃上任意点的端面后角 α_{fx} 和法向后角 α_{nx} 可由以下两式求得：

$$\tan\alpha_{fx} = \frac{K_\tau z}{2\pi R_x}(\cos\tau + \sin\tau\cot\varphi_x) \qquad (6\text{-}19)$$

式中　K_τ——沿 τ 方向的铲削量。

$$\tan\alpha_{nx} = \frac{K_\tau z}{2\pi R_x}\sin(\varphi_x + \tau) \qquad (6\text{-}20)$$

6.4.3 铲齿成形铣刀结构参数的确定

（1）铣刀齿形高度 h 和宽度 B（见图 6-15）　成形铣刀齿形高度可取为

$$h = h_w + (1\sim2)\,\text{mm} \qquad (6\text{-}21)$$

式中　h_w——工件的廓形高度。

铣刀宽度 B 可取为略大于工件廓形的宽度 B_w。

（2）容屑槽底形式　铲齿成形铣刀容屑槽底有两种形式，一种是如图 6-15 所示的平底形式；另一种是中间凸起的加强形式，见表 6-11。若铣刀齿廓高度 h 较小且刀齿强度足够，则可采用平底形式；

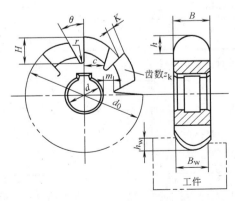

图 6-15 铲齿成形铣刀的结构

表 6-11　加强容屑槽的形状及画法

加强容屑槽底形式

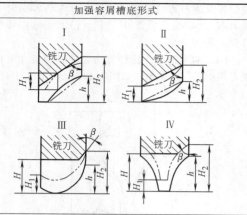

槽底的画法

过切削刃曲线的两极限点作直线,如图中的双点画线所示;再距切削刃为 $H_1 = K + r$ 作切削刃的平移曲线,也用双点画线画出;进一步作与切削刃两端直连线平行并与平移曲线相切(Ⅰ型)或相交(Ⅱ型)的直线,即为槽底。H_2 及 β 可由图求得。显然,$H_2 \geqslant h + K + r$

作距齿顶为 $H = h + r$ 且平行于铣刀轴的直线;再距切削刃为 $H_1 = K + r$ 作切削刃的平移曲线,如图中的双点画线所示;进一步过平移曲线与端面的交点(对Ⅲ型,为齿形高度较大的那个端面的交点),作逼近但低于平移曲线的倾斜直线,与距齿顶为 H 的水平直线相交,即得铣刀槽底。其中倾斜直线的倾斜角 β 由图求得。由于 $H > h$,因此磨前面时,可在一次调整机床的情况下磨出。

若使容屑槽底距铣刀齿顶的距离大于 H_1 而小于 $h + r$ 也可,但这时铣刀前面不能在一次调整机床的情况下进行重磨,对Ⅲ型,需调整机床两次;对Ⅳ型,需调整机床三次

否则,应采用加强形式。加强式槽底的形状可根据工件廓形确定。若工件廓形为单面倾斜,可选用Ⅰ、Ⅱ或Ⅲ型;工件廓形对称时,用Ⅳ型。

(3)铣刀孔径 d 的确定　根据铣削宽度和工作条件便可确定铣刀的孔径 d。表 6-12 是根据生产经验推荐的数值。

表 6-12　成形铣刀的孔径

（单位：mm）

铣削宽度	铣刀孔径	
	一般切削	重切削
<6	13	13
>6~12	16	22
>12~25	22	27
>25~40	27	32
>40~60	32	40
>60~100	40	50

(4)铣刀外径 d_0 的确定　在保证铣刀孔径足够大和铣刀刀体强度足够的条件下,应选取较小的铣

刀外径。铣刀的外径应符合下式（见图 6-15）

$$d_0 = d + 2m + 2H \tag{6-22}$$

式中　d——铣刀孔径;

　　　m——铣刀刀体壁厚,一般取 $m = (0.3 \sim 0.5)d$;

　　　H——容屑槽高度。

由于 H 的计算又需依据外径 d_0,因此,在设计铣刀时,可首先用下式估算外径,待确定了其他有关参数后,再按上式校验铣刀强度。

$$d_0 = (2 \sim 2.2)d + 2.2h + (2 \sim 6)\,\text{mm} \tag{6-23}$$

对加强形式的容屑槽,铣刀外径可取得略小,即

$$d_0 = (1.6 \sim 2)d + 2h + (2 \sim 6)\,\text{mm} \tag{6-24}$$

按以上两式计算的并经圆整后的铣刀直径的推荐值见表 6-13。

表 6-13　成形铣刀外径推荐值

（单位：mm）

孔径 d	铣刀齿形高度 h													
	5	6	8	10	12	15	18	20	22	25	28	30	32	35
13	45	55	70	—	—	—								
	—	—	45	50	55	70								
16	50	55	70	90										
	45	45	50	55	60	65	70	90						
22	65	65	70	90	110									
	55	55	60	65	70	75	80	90	100	115				
27	70	75	80	90	110	135								
	65	65	70	85	90	95	100	115	125	135				
32	85	90	95	100	110	135	160							
	75	75	80	85	90	95	100	105	110	115	125	135	145	160
40	105	110	110	115	120	135	160							
	90	95	100	105	110	115	120	125	130	135	140	145	150	160

注：表中上栏为平底形容屑槽的铣刀外径,下栏为加强式容屑槽的铣刀外径。

(5)铣刀齿数 z 的确定　在保证刀齿强度和足够的重磨次数的条件下,应尽量增大铣刀齿数,以增加铣削的平稳性。齿数 z 与铣刀外径之间的关系如下：

$$z = \frac{\pi d_0}{t} \tag{6-25}$$

式中　t——铣刀的圆周齿距,粗加工时,可取 $t = (1.8 \sim 2.4)H$;精加工时,可取 $t = (1.3 \sim 1.8)H$。

由于 H 的确定需根据齿数,所以在设计铣刀时,可根据生产经验按铣刀外径的大小预选铣刀齿数,

在设计计算出铣刀的其他结构参数后，再校验所选齿数是否合理。根据生产经验推荐的铲齿成形铣刀的齿数见表 6-14，此表适用于平底式容屑槽的不铲磨铣刀。对于加强式容屑槽，齿数可适当增加；对铲磨铣刀，齿数可适当减少。

表 6-14　铲齿成形铣刀齿数

（单位：个）

铣刀外径 d_0/mm	40	40~45	50~55	60~75	80~105	110~120	130~140	150~230
铣刀齿数 z_k	18	16	14	12	11	10	9	8

为了测量方便，一般宜将齿数取为偶数。但在铣刀齿数较少的情况下，齿数也可取奇数。

（6）铣刀的后角及铲削量的计算　铲齿成形铣刀通常给出进给后角 α_f，一般可取 $\alpha_f = 10° \sim 15°$。

初步选定 α_f 以后，还需按式（6-18）验算某些点的法向后角。若法向后角不能满足要求，可依 6.4.2 节中介绍的方法增大后角。

确定后角后，可按式（6-17）确定铲削量：

$$K = \frac{\pi d_0}{z} \tan\alpha_f$$

对于精度要求较高的成形铣刀，其齿背除铲齿外，尚需进行铲磨。铲磨的铣刀其齿背必须做成双重铲齿的形式，即在铲齿时，齿背的 $\overarc{AB}$ 段用铲削量为 K 的凸轮进行铲削（见图 6-16a），而 $\overarc{BC}$ 段则用较大的铲削量 K_1 进行铲削。

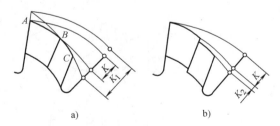

图 6-16　齿背的双重铲磨

a）Ⅰ型　b）Ⅱ型

双重铲齿的铣刀，齿背也可做成图 6-16b 所示的形式，通常将前者称为 Ⅰ 型，后者称为 Ⅱ 型。

当采用 Ⅰ 型铲齿形式时，K_1 可按下式计算：

$$K_1 = (1.3 \sim 1.5)K$$

计算出 K 与 K_1 后，可按表 6-15 所列的铲床凸轮的升距（即铲削量）选取相近的数值。

当采用 Ⅱ 型铲齿形式时，可按表 6-15 Ⅱ 型选取 K_2。

（7）容屑槽尺寸（见图 6-15）

1）容屑槽底半径 r。r 可按下式计算：

$$r = \frac{\pi[d_0 - 2(h+K)]}{2Az} \qquad (6-26)$$

式中　A——与铲床凸轮回程角有关的系数（见图 6-17），当凸轮回程角 $\delta_r = 60°$ 时，可取 $A = 6$；当 $\delta_r = 90°$ 时，取 $A = 4$。一般，铲磨齿背或齿廓高度 h 较大的成形铣刀时，取 $\delta_r = 90°$ 时；不铲磨齿背或 h 较小时，取 $\delta_r = 60°$。

表 6-15　铲床常用凸轮的升距

（单位：mm）

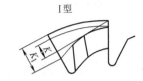 

Ⅰ型　Ⅱ型

Ⅰ 型							
K	2	2.5	3	3.5	4	4.5	5	5.5
K_1	3	4	4.5	5.5	6	7	7.5	8.5
K	6	6.5	7	8	9	10	11	12
K_1	9	10	10.5	12	13.5	15	16.5	18

Ⅱ 型													
K	2	2.5	3	3.5	4	4.5	5.5	6	6.5	7	8	9	10	12
K_2	0.6~0.7				0.7~0.8			0.8~0.9						

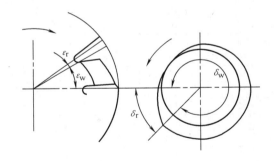

图 6-17　铲床凸轮的行程角与回程角

δ_w—凸轮行程角　δ_r—凸轮回程角　ε_w—铣刀刀齿在凸轮行程角期间转过的角度　ε_r—铣刀刀齿在凸轮回程角期间转过的角度

计算出的 r 应圆整为 0.5mm 的整数倍。

2）容屑槽 θ。θ 角应按加工容屑槽所用的角度铣刀的系列选取，一般为 22°、25°、30° 等。当铣刀齿数较少时，可选较大的 θ 值。少数情况下，可取 θ 为 45°，如梳形螺纹铣刀。

3）容屑槽深度 H。选取的 H 应能保证铲齿时铣刀或砂轮不致碰到容屑槽底。

对平底式容屑槽且不需铲磨的成形铣刀：

$$H = h + K + r \qquad (6\text{-}27)$$

对于需铲磨的成形铣刀：

I 型齿背：

$$H = h + \frac{K + K_1}{2} + r \qquad (6\text{-}28)$$

II 型齿背：

$$H = h + K + K_2 + r \qquad (6\text{-}29)$$

对于加强式容屑槽，槽底的画法及容屑槽深度可按表 6-11 决定。

（8）分屑槽 当铣刀宽度 $B < 20\text{mm}$ 时，切削刃上不需做分屑槽；当 $B > 20\text{mm}$ 时，可按表 6-16 推荐的尺寸和数目在切削刃上做出分屑槽。分屑槽也需铲削。由于相邻刀齿的分屑槽需交错排列，因此，应取铣刀齿数为偶数，铲削时，隔一齿铲削一次，铲削量为 $2K$，见表 6-16。

表 6-16　成形铣刀分屑槽尺寸和数目

（单位：mm）

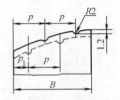 

铣刀宽度 B	分屑槽距 p	至端面距离 p_1	分屑槽数/个
20	8	4	2
22	9	4	2
24	10	4	2
25	10	5	2
28	11	6	2
30	12	6	2
32	13	6	2
34	14	6	2
35	14	7	2
36	14	8	2
38	15	8	2
40	16	8	2
45	18	9	2
50	20	10	2
55	22	11	2
60	24	12	2
65	19	8	3
70	20	10	3
75	21	12	3
80	24	12	3
85	19	9	4
90	20	10	4
95	21	11	4
100	22	12	4
105	24	12	4
110	24	12	4

（9）校验铣刀刀齿和刀体强度　初步确定成形铣刀的各参数后，需校验刀体、刀齿强度是否符合要求。若校验结果为刀体、刀齿强度不合格，应重新设计，直到满意为止。

1）校验刀齿强度。对于平底式容屑槽铣刀，可按下式计算齿根宽度 c（见图 6-15）：

$$c = \left[\frac{d_0}{2} - \frac{K(A-1)}{A} - h \right] \sin \frac{\dfrac{360°}{z}(A-1)}{A} \qquad (6\text{-}30)$$

式中　A——系数，当铲床凸轮空程角（见图 6-17）$\delta_r = 60°$ 时，$A = 6$；当 $\delta_r = 90°$ 时，$A = 4$。

一般要求 $\dfrac{c}{H} \geqslant 0.8$。

对加强式槽底的成形铣刀，一般不需进行此项校验。

2）校验刀体强度。为保证刀体强度，要求 $m \geqslant (0.3 \sim 0.5)d$（见图 6-15）。$m$ 可按下式计算：

$$m = \frac{d_0 - 2H - d}{2}$$

刀齿齿根强度和刀体强度的校验也可采用作图法进行，即按选定的铣刀结构参数直接画出铣刀的端面投影图，由图直接观察并测量铣刀齿根宽度 c 和刀体厚度 m 是否足够。

（10）铲磨齿形时的干涉校验　此项校验一般采用作图法，可按下面步骤进行（见图 6-18）：

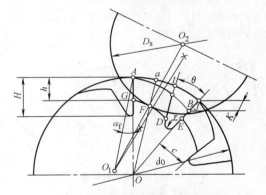

图 6-18　成形铣刀铲磨干涉的校验

1）按所设计的成形铣刀参数 d_0、z、H、θ 和 r 做出成形铣刀刀齿的端面投影图，可得 A、I、J 三点。从第一齿的顶点 A 沿径向取齿廓高度 h 得 G 点，从第二齿的顶点 J 沿径向取铲削量 K 得 B 点，取齿廓高度 h 得 E 点。从 A 点作直线 AO_1，AO_1 与前面 AO 夹角为 α_f，再作 AB 两点连线的中垂线与直线 AO_1 交于 O_1 点，以 O_1 为圆心、O_1A 为半径作圆弧连 A 点和 B 点，即得近似的齿顶铲背曲线；以 O_1G 为半径画圆弧 GD，即为近似的齿底铲背曲线。

2）选砂轮直径 $D_s \geqslant 2h + (25+5)\text{mm}$，其中 25mm

为砂轮法兰盘直径，h 为铣刀齿廓高度。一般，$60\text{mm} \leqslant D_s \leqslant 120\text{mm}$。

3）在 $\overset{\frown}{AJ}$ 上取一点 a，使 $\overset{\frown}{Aa} \approx \frac{1}{2}\overset{\frown}{AI}$，连 aO，交 $\overset{\frown}{GD}$ 于 F 点，连接 FO_1，并延长之，自 F 点在此延长线上截取 $FO_2 = \frac{1}{2}D_s$ 得 O_2，以 O_2 为圆心、$D_s/2$ 为半径作圆，即得砂轮的外圆周，并切 $\overset{\frown}{GD}$ 于 F 点。此时砂轮外圆周如在下一个刀齿 E 点的上方，则砂轮在

铲磨时不会碰到下一个刀齿，如果在 E 点的下方，则铲磨时会碰到下一个刀齿，即发生干涉。

若发生干涉，需改变铣刀的一些参数，如减少齿数 z 与铲削量 K，或增大 θ 等，重新设计，直到不发生干涉为止。

（11）铲齿成形铣刀结构尺寸系列　铲齿成形铣刀的结构尺寸除按前述方法计算外，也可参照生产中使用的尺寸系列确定。表 6-17 是根据生产经验确定的平底式容屑槽成形铣刀结构尺寸系列；表 6-18 是加强式容屑槽成形铣刀结构尺寸系列。

表 6-17　平底式容屑槽成形铣刀结构尺寸　　　　　（单位：mm）

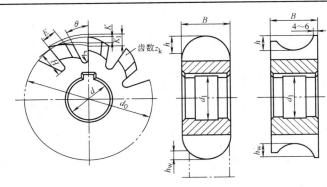

工件最大廓形高度 h_w		d_0	d		d_1		h		H	齿数 z_k／个	K	K_1	E	θ	r
			宽度 B		宽度 B										
大于	到		到 40	大于 40	到 40	大于 40	大于	到							
—	3	60	22	27	23	28	—	4	8	14	2	3	7	30°	0.75
3	5	70	27	27	28	28	4	6	11	12	3	4	9	30°	1.0
5	7	80	27	32	28	34	6	8	14	10	4	5	12	25°	1.5
7	9	90	32	32	34	34	8	10	17	10	4.5	6	15	25°	1.5
9	11	100	32	32	34	34	10	12	20	10	5	7	16	25°	2
11	13	110	32	32	34	34	12	14	23	10	6	9	16	25°	2
13	15	120	32	40	34	42	14	16	27	10	6.5	9	17	25°	2.5
15	17	130	40	40	42	42	16	18	29	10	7	9	18	25°	2.5
17	19	140	40	40	42	42	18	20	32	10	7.5	11	19	25°	3
19	21	150	40	50	42	52	20	22	34	10	8	12	20	25°	3
21	23	160	40	50	42	52	22	24	37	10	8.5	13	22	25°	3

注：对于直径 $d_0 > 100\text{mm}$ 者，建议用镶齿铣刀。

表 6-18　加强式容屑槽成形铣刀结构尺寸　　　　　（单位：mm）

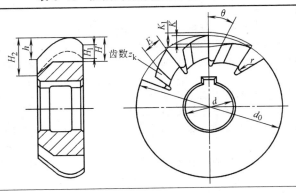

（续）

h	d_0	d	z_k/个	K	K_1	E	H_2	H_1	H	r
<4	50	16	14	2.5	3	5.5	—	—	8	1.25
4~5	55	22	14	3	3.5	6	—	—	9.5	1.25
5~6	60	22	12	3.5	4	7.5	11	6	7.5	1.25
6~7	65	22	12	4	5	8.5	12.5	7	8.5	1.25
7~8	70	27	12	4	5	9	13.5	8	9.5	1.5
8~9	75	27	12	4.5	5.5	9.5	15	9	10.5	1.5
9~10	80	27	12	5	6	10	16.5	9	11.5	1.5
10~11	85	27	12	5	6	11	17.5	9	12.5	1.5
11~12	90	32	12	5.5	6.5	11.5	19.5	10	14	1.75
12~13.5	95	32	12	5.5	6.5	12	21	10	15.5	1.75
13.5~15	100	32	12	6	7	13	23	11	17	1.75
15~17	105	32	12	6.5	7.5	13.5	25.5	11	19	1.75
17~19	110	32	10	6.5	7.5	17	27.5	12	21	2
19~21	115	32	10	7	8.5	17.5	30	13	23	2
21~23	120	32	10	7.5	9	18.5	33	14	25.5	2.5
23~26	130	32	10	8	10	20	36.5	15	28.5	2.5
26~29	140	40	10	9	11	21.5	41	16	32	3
29~32	150	40	10	9.5	12	23	44.5	17	35	3
32~35	160	40	10	10	12.5	25	48	18	38	3
35~38	170	40	10	11	13	26	52	19	41	3

注：1. 对于直径 d_0>100mm 者，建议用镶齿铣刀。

2. 表中尺寸对Ⅰ、Ⅱ、Ⅲ、Ⅳ型（见表 6-11）容屑槽底形式皆适用。

6.4.4 加工直槽的成形铣刀廓形设计

（1）前角 $\gamma_f = 0°$ 时铣刀的廓形设计 采用前角 $\gamma_f = 0°$ 的盘形成形铣刀加工直槽时，若铣刀轴线垂直于进给方向，则刀齿在任意轴向剖面内的廓形皆与工件廓形（直槽槽形）相同。铣刀切削刃的形状与加工该铣刀的铲刀刃形相同。这种铣刀的廓形设计很简单，它的制造和检验也比较方便，容易保证精度。精加工用的成形铣刀均将前角设计成零度。

但是，零度前角的铣刀，切削条件并不合理。为了改善成形铣刀的切削条件，有时把粗加工铣刀做成前角 $\gamma_f > 0°$。

（2）前角 $\gamma_f > 0°$ 时铣刀廓形的设计 铣刀有了前角之后，刀齿在轴向剖面中的廓形便不再与工件廓形（槽形）相同，需要在设计时求出。

成形铣刀廓形设计原理主要是根据工件廓形组成点到基准点的高度，求出铣刀廓形相应点到基准点的高度，而铣刀廓形各点到基准点的宽度则等于工件廓形的相应宽度。

图 6-19 所示为 $\gamma_f > 0°$ 的铲齿成形铣刀加工花键轴齿形的情况，图中 1—2—3—4—5 为工件的端面廓形。若以 4（2）点作为廓形的基准点，则点 5（1）的廓形高度为 h_n。

铣刀刀齿的任意轴向廓形都是相同的，取通过点 5′（1′）的一个轴向廓形 1″—2″—3″—4″—5″。5″

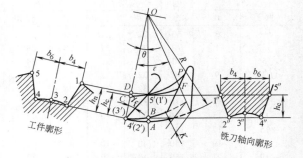

图 6-19　$\gamma_f > 0°$ 的铲齿成形铣刀廓形计算

的廓形高度为 h_c，h_c 与 h_n 有如下关系：

$$h_c = h_n - \frac{Kz}{2\pi}\theta \qquad (6\text{-}31)$$

式中　K——铲削量（mm）；

　　　z——铣刀齿数；

　　　θ——5′点到 $O4'$ 的转角（rad）。

θ 可由下式确定：

$$\sin(\theta + \gamma_f) = \frac{R\sin\gamma_f}{R - h_n}$$

式中　γ_f——铣刀前角；

　　　R——铣刀半径。

同理，可求得铣刀刀齿轴向廓形上其他点的坐标。

当 K、z、γ_f、h_n 都确定时，若铣刀重磨，则半径 R 改变，影响 θ 角数值，从而影响 h_c，即使用重磨后的铣刀加工时，有加工误差存在。也就是说，上述计算只对新刀是精确的，铣刀一旦重磨，便失去原有精度。

6.4.5　加工螺旋槽的成形铣刀廓形设计

加工螺旋槽的铣刀广泛用于铣削各种刀具的螺旋容屑槽、蜗杆及螺纹等。铣削要在螺旋进给运动下进行，螺旋进给运动的轴线和参数与被加工螺旋面的轴线和参数相同，铣刀轴线可处于不同位置。在实际生产中，铣刀轴线经常在平行于工件轴线的平面内，它与工件轴线的交角称为安装角。安装角 Σ 一般可表示为

$$\Sigma = 90° - \beta - (1° \sim 4°) \qquad (6\text{-}32)$$

工作台的转角为 $90° - \Sigma$。工作时，铣刀旋转，工件做螺旋进给，当移动一个导程时，旋转一周（见图 6-20）。

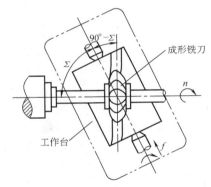

图 6-20　铣削螺旋槽时铣刀与工件的安装及运动

廓形设计的任务是，确定加工螺旋槽的铣刀的形状和尺寸。廓形设计时的已知条件应该有：工件的外径 d_w、螺旋角 β、螺旋槽的端面廓形、铣刀直径 d_0 等。设计时应首先选定铣刀轴线与工件轴线的轴交角（即安装角）Σ。

铣刀廓形设计的方法有图解法和计算法两种。随着计算机技术的不断发展，图解法逐渐被淘汰。因此，本手册中只介绍计算法。

1. 圆柱螺旋槽铣刀廓形设计计算法

用计算法来求解成形铣刀的齿形时，首先应根据工件端面廓形和螺旋参数求出工件螺旋面方程，然后由螺旋面上的法线与刀具轴线相交的条件求出所有接触点，这些接触点的连线即接触线。将接触线绕刀具轴线回转即可得到刀具的回转面。最后，用通过铣刀轴线的平面与该回转面相交，截形即为铣刀的齿形。具体步骤如下：

（1）坐标系的建立　在工件上建立坐标系（O，x，y，z），其 z 轴与工件轴线重合（见图 6-21），在刀具上建立坐标系（O_0，x_0，y_0，z_0），其 z_0 轴与刀具轴线重合，x_0 轴与工件坐标系的 x 轴重合，且方向一致。

上述两个坐标系在空间的位置是固定的，不随工件和刀具转动。

设铣刀轴线与工件轴线两直线间距离为 A，安装角为 Σ，则由图 6-21 可知，两个坐标系之间的关系为

$$\begin{cases} x_0 = x - A \\ y_0 = y\cos\Sigma \pm z\sin\Sigma \\ z_0 = \mp y\sin\Sigma + z\cos\Sigma \end{cases} \qquad (6\text{-}33)$$

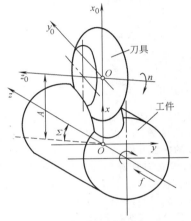

图 6-21　刀具与工件的坐标系

其中 ± 号和 ∓ 号的规定为：上面的符号用于右旋螺旋面，下面的用于左旋螺旋面（本节其他公式规定与此相同）。

（2）工件螺旋面方程的建立　若在工件坐标系（O，x，y，z）（见图 6-22）中，螺旋槽的端面廓形为

$$\begin{cases} x_t = x_t(u) \\ y_t = y_t(u) \end{cases} \qquad (6\text{-}34)$$

式中　u——参数。

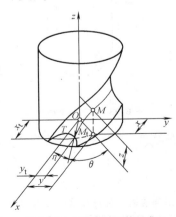

图 6-22　工件螺旋面的形成

则螺旋面在工件坐标系 (O, x, y, z) 中的方程为

$$\begin{cases} x = x_t\cos\theta - y_t\sin\theta \\ y = x_t\sin\theta + y_t\cos\theta \\ z = \pm p\theta \end{cases} \quad (6\text{-}35)$$

式中 θ——角度参数；

p——螺旋参数，$p = \dfrac{p_z}{2\pi}$；p_z 为螺旋槽导程。

（3）建立接触方程 根据求解成形铣刀廓形的原理，可建立如下的刀具回转面与工件螺旋面的接触方程：

$$Ez \pm FA\cot\Sigma + G(A - x + p\cot\Sigma) = 0 \quad (6\text{-}36)$$

式中 $E = \pm p\dfrac{\partial y}{\partial u} - x\dfrac{\partial z}{\partial u}$；

$F = \mp p\dfrac{\partial x}{\partial u} - y\dfrac{\partial z}{\partial u}$；

$G = x\dfrac{\partial x}{\partial u} + y\dfrac{\partial y}{\partial u}$。

由于上式中的 A、Σ 和 p 都是常数，其他各值则是 u 和 θ 的函数，所以，式（6-36）即是以参数 u 和 θ 表示的接触方程。

（4）建立刀具廓形方程 从接触方程式（6-36）可知，若选定一个 u 值（即在工件端面廓形上选定一个点），即可解出一个对应的 θ 值。这表示该点转过 θ 角后即成为接触点。将 (u, θ) 值代入式（6-34）、式（6-35）和式（6-33）后，即可求出该点在刀具坐标系 (O_0, x_0, y_0, z_0) 中的坐标。

因此，根据工件螺旋面端面廓形的参数范围，选定一系列的 u 值，用上述方法便可求得一系列的接触点坐标。由此，即可得出刀具回转面的轴向截形（见图6-23）。

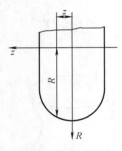

图 6-23 铣刀轴向截形

由图6-23可见，刀具的廓形方程可表示为

$$\begin{cases} z_0 = z \\ R = \sqrt{x_0^2 + y_0^2} \end{cases} \quad (6\text{-}37)$$

2. 异形回转面刀具螺旋槽的成形原理

异形回转面刀具是指外形轮廓母线比较复杂的一类回转面刀具（见图6-24）。它是近年来才发展起来的一种新型微型刀具，是各种精密加工的必备工具，广泛应用于模具加工、医疗和工艺美术等行业。

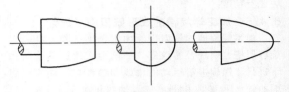

图 6-24 异形回转面刀具轮廓

（1）异形回转面刀具刃口曲线的通用表达式 异形回转面刀具的刃口曲线主要有两种：平面曲线和等螺旋角曲线。等螺旋角刃口曲线具有排屑顺畅、刀具的切削性能平稳等优点，因此，被广泛采用。

设刀具刃口曲线上的任意点为 M（见图6-25），则 M 可表示为

$$\begin{cases} x = x \\ y = r\cos\psi \\ z = r\sin\psi \end{cases} \quad (6\text{-}38)$$

式中 x——M 点处 x 向坐标；

r——M 点处回转半径；

ψ——M 点处半径线相对于 Oxy 坐标平面的偏转角，对于等螺旋角曲线，$\psi = \psi_0$，为恒定值。

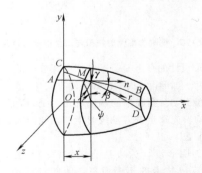

图 6-25 异形回转面上的等螺旋角曲线

经推导可得

$$\psi = \psi_0 + \int \frac{\tan\beta}{r}\sqrt{1 + \left(\frac{\mathrm{d}r}{\mathrm{d}x}\right)^2}\,\mathrm{d}x \quad (6\text{-}39)$$

r 的表达式可根据刀体形状推得。

把上式代入方程组式（6-38），则可得等螺旋角切削刃曲线的一般表达式。

（2）槽形的成形原理 异形回转面刀具的制造相当复杂，一般用五轴联动的机床加工。其制造的难点在于，如何建立五个运动参数之间的函数关系。

为了保证异形回转面刀具具有良好的切削性能，首先应保证其具有合适的前角、后角及容屑槽等。磨削异形回转面刀具的砂轮通常采用单锥面角度砂轮（见图 6-26）。磨削过程的实质是一个包络过程，砂轮的大圆端面包络出工件刀具上的前面，而砂轮的锥面包络出刀具上的后面。

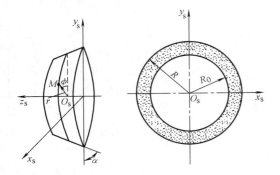

图 6-26　磨削异形回转面刀具所用的砂轮

工件（异形回转面刀具）和刀具（砂轮）的位置关系如图 6-27 所示，其中 M 是刃口曲线上的任意点。

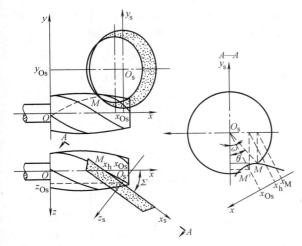

图 6-27　砂轮与工件的坐标系统

砂轮的大圆端面垂直于 Oxz 平面且过刃口曲线在 M 点的切线 r。两坐标系的夹角，即安装角 Σ 应满足下面的函数关系：

$$\cos(90°-\Sigma)=\frac{\dfrac{\mathrm{d}r}{\mathrm{d}x}\sin\psi+r\cos\psi\dfrac{\mathrm{d}\psi}{\mathrm{d}x}}{\sqrt{1+\left(\dfrac{\mathrm{d}r}{\mathrm{d}x}\sin\psi+r\cos\psi\dfrac{\mathrm{d}\psi}{\mathrm{d}x}\right)^2}} \quad (6\text{-}40)$$

设 M 点的坐标用 (x_M,y_M,z_M) 表示，通过复杂的几何分析及数字推导，可以得出以下非线性方程组：

$$\begin{cases} \dfrac{z_{Os}}{\sin\Sigma}=\sqrt{R^2-(y_{Os}-(1-\chi)r_{M'})^2} \\[2mm] \tan\Sigma=\dfrac{z_{Os}+r_M\sin\alpha_M}{x_{Os}-x_M} \\[2mm] \dfrac{x_{Os}-x_M}{\cos\Sigma}=\sqrt{R^2-(y_{Os}-r_M\cos\alpha_M)^2} \\[2mm] \sin\Sigma=\dfrac{\dfrac{\mathrm{d}r}{\mathrm{d}x}\sin\alpha_M+r\cos\alpha_M\dfrac{\mathrm{d}\psi}{\mathrm{d}x}}{\sqrt{1+\left(\dfrac{\mathrm{d}r}{\mathrm{d}x}\sin\alpha_M+r\cos\alpha_M\dfrac{\mathrm{d}\psi}{\mathrm{d}x}\right)^2}} \end{cases} \quad (6\text{-}41)$$

式中　r_M——M 点工件半径；

　　　$r_{M'}$——M' 点工件半径；

　　　R——砂轮大圆半径；

　　　χ——M' 点截面处的槽深系数，当 $r_{M'}\leqslant0$ 时，取 $\chi=0$。

在上面方程组中，x_M 为自变量，x_{Os}、y_{Os}、z_{Os} 及 Σ 为因变量，其中 x_{Os}、y_{Os}、z_{Os} 为砂轮坐标系中坐标原点在固定坐标系下的坐标。

由上面方程组即可求出用单锥面砂轮磨削异形回转面刀具时的砂轮相对于异形回转面刀具的位置关系。经过坐标变换后，可求得机床坐标系下的加工位置，由此针对具体的数控磨削设备编制数控加工代码，即可磨削出具有一定前角和足够容屑槽面积的等螺旋角异形回转面刀具。

3. 设计示例

已知条件：工件端面廓形参数（见图 6-28）为 $r_1=15\text{mm}$、$r_2=30\text{mm}$，工件外圆螺旋角 $\beta=30°$，右旋。铣刀最大直径 $d_{0\max}=120\text{mm}$，刀具轴线与工件轴线的最短距离 $a=75\text{mm}$，轴交角 $\Sigma=90°-\beta=60°$。

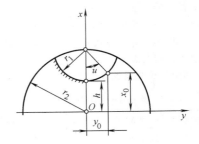

图 6-28　工件的端面廓形

计算步骤：

1）建立如图 6-28 所示的坐标系，则有

$$\begin{cases} x_0=r_2-r_1\cos u \\ y_0=r_1\sin u \end{cases}$$

其中，u 为参数。因工件端面廓形关于 x 轴对称，故可仅计算一半廓形：

$$u_{\min}=0°$$

$$u_{max} = \arccos\left(\frac{r_1}{2r_2}\right) = 75.5225°$$

2）建立工件的右旋螺旋面方程。螺旋槽导程为 $P_z = 2\pi r_2 \cot\beta$，螺旋参数 $p = P_z/2\pi = r_2 \cot\beta$。因此有

$$\begin{cases} x = r_2\cos\theta - r_1\sin(u-\theta) \\ y = r_2\sin\theta + r_1\sin(u-\theta) \\ z = r_2\theta\cot\beta \end{cases}$$

3）求偏导数

$$\begin{cases} \dfrac{\partial x}{\partial u} = r_1\sin(u-\theta) \\[2mm] \dfrac{\partial y}{\partial u} = r_1\cos(u-\theta) \\[2mm] \dfrac{\partial z}{\partial u} = 0 \end{cases}$$

4）求 E、F、G 值：

$$\begin{cases} E = r_1r_2\cot\beta\cos(u-\theta) \\ F = -r_1r_2\cot\beta\sin(u-\theta) \\ G = r_1r_2\sin u \end{cases}$$

5）求接触方程。根据以上计算，可求得接触方程为

$$r_2\theta\cot^2\beta\cos(u-\theta) - a\sin(u-\theta) +$$
$$\sin u[a + r_1\cos(u-\theta) + r_2(1-\cos\theta)] = 0$$

根据不同的 u 值（$u_{min} \to u_{max}$）可求出各相应的 θ 角，从而可求出各组的 (u, θ) 值。

6）刀具廓形（成形铣刀轴向廓形）的计算。将各组 (u, θ) 代入工件螺旋面方程即可得到螺旋面上相应各点的坐标 (x, y, z)，再将它们代入式（6-33），则可得各点的坐标 (x, y, z)。

最后，将 x_0、y_0、z_0 代入式（6-37），便可得出刀具廓形上相应的点坐标 z_0 和 R。

7）列出计算结果见表 6-19。

表 6-19　计算结果

序号	$u/(°)$	$\theta/(°)$	z/mm	R/mm
1	0	0	0	60
2	10	-0.9041043	-2.4573526	59.734777
3	20	-1.7784486	-4.819802	58.951017
4	30	-2.5940284	-6.998099	57.683564
5	40	-3.3231156	-8.9136999	55.987688
6	50	-3.9390471	-10.502717	53.935410
7	60	-4.4135157	-11.718451	51.611600
8	70	-4.7014671	-12.532448	49.113127
9	74	-4.7377196	-12.742678	48.091717
10	76	-4.727202	-12.823058	47.582354

以上算法可以编制成计算机程序上机运行。

6.5　高速工具钢铣刀

6.5.1　高速工具钢尖齿铣刀结构参数的设计

铣刀的结构参数包括直径 d_0、内孔直径 d、齿数 z、螺旋角 β 和齿槽的形状，如图 6-29 所示。

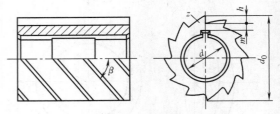

图 6-29　铣刀的结构参数

（1）铣刀的直径 d_0 和内孔直径 d　铣刀直径大时，可采用大直径的刀杆，因而刀杆的强度高，同时由于刀体大，刀齿传热散热情况好，可提高刀具寿命。但直径太大时，浪费刀具材料，并在同样切削条件下切削力增加，铣刀的切入长度也增加，所以铣刀直径应根据切削用量选取，其值可由表 6-20 和表 6-21 查得。根据铣刀直径，可按 $d_0 = 2.25d$ 计算出刀杆直径 d。为了保证铣刀体壁厚有足够的强度，所选的 d_0 及 d 还必须满足以下条件：

$$d_0 \geqslant d + 2m + 2h \tag{6-42}$$

式中　m——铣刀刀体壁厚，通常取 m 不小于 $0.3d$，m 小时会引起键槽处在热处理或工作时裂开；

　　　h——铣刀刀齿的深度。

表 6-20　圆柱平面铣刀的直径

（单位：mm）

铣削宽度 a_e	背吃刀量 a_p		
	2	5	10
50	60	75	90
100	75	90	90
150	95	100	130

表 6-21　铣刀直径 d_0 和刀杆直径 d

（单位：mm）

整体铣刀的直径 d_0	40	50	60	75	90~100	130	150
镶齿条铣刀的直径 d_0	—	60	75	90	110	130	150
刀杆直径 d	16	22	27	32	40	50	60

（2）铣刀的齿数 z　铣刀按齿数多少可分为粗齿和细齿两种。粗齿铣刀的刀齿强度好，容屑空间大，

重磨次数多，但平稳性差，故多用于粗加工。在切削塑性材料时，为了有足够容屑空间，也常采用粗齿。细齿铣刀刀齿较多，多用于半精加工和粗加工。为了使工作平稳，同时工作的齿数不得少于两齿。在实际生产时，铣刀刀齿通常按下式计算：

$$z = K\sqrt{d_0} \qquad (6\text{-}43)$$

式中　K——根据铣刀种类和切削条件确定的系数，其值可按表 6-22 选取。

表 6-22　系数 K 值

铣刀种类	螺旋角 $\beta/(°)$	K	铣刀种类	螺旋角 $\beta/(°)$	K
粗齿圆柱平面铣刀	30	1.05	细齿面铣刀	—	2
细齿圆柱平面铣刀	15~20	2	粗齿面铣刀	—	1.2
镶齿粗齿圆柱平面铣刀	20	0.9	细齿面铣刀	—	2
	45	0.8	角度铣刀	—	2.8~2.5
	55~60	0.5	成形铣刀	—	1.5~1.2

注：对于角度铣刀和成形铣刀，大直径时 K 取小值；其余铣刀则是小直径时 K 取大值。

（3）螺旋角 β　铣刀的螺旋角 β 大时，可提高加工表面质量，减少振动，增大实际工作前角和切屑卷曲半径，从而排屑方便。但螺旋角 β 过大时，则引起轴向力增大。各种铣刀的螺旋角 β 可以从表 6-23 中查出。

表 6-23　标准铣刀螺旋角 β 值

铣刀种类	$\beta/(°)$	铣刀种类	$\beta/(°)$
粗齿圆柱平面铣刀	30	两面刃铣刀	15
细齿圆柱平面铣刀	20	三面刃铣刀，铣刀宽小于 15mm	12~15
对偶圆柱平面铣刀	55		
立铣刀	30		
粗齿立铣刀 $d_0 = 14~22mm$	45	三面刃铣刀，铣刀宽大于 15mm	8~10
细齿立铣刀 $d_0 = 25~50mm$	50	对偶三面刃铣刀	15
		整体面铣刀	10
键槽铣刀	15	镶齿面铣刀	10

注：d_0 是铣刀的直径。

（4）刀齿的几何形状　刀齿的形状应满足以下要求：应有足够的强度；有足够的容屑空间；保证排屑顺利；有足够的重磨次数。能满足上述要求的齿形有三种，如图 6-30 所示。细齿铣刀采用直线背齿形（见图 6-30a），粗齿铣刀采用折线背（见图 6-30b）和曲线背（见图 6-30c）齿形。

直线背齿形各几何参数按下列公式和数值计算：

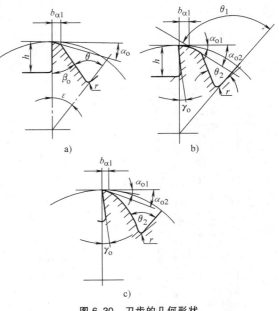

图 6-30　刀齿的几何形状

a）直线背齿形　b）折线背齿形　c）曲线背齿形

$$\theta = \beta_0 + \gamma_0 + \varepsilon \qquad (6\text{-}44)$$
$$\beta_0 = 45° ~ 50° \qquad (6\text{-}45)$$

式中　γ_0——铣刀的前角；

ε——$\varepsilon = \dfrac{360°}{z}$；

z——铣刀的齿数。

对螺旋齿铣刀，当量齿数 z_v 应按下式计算：

$$z_v = z/\cos^3\beta \qquad (6\text{-}46)$$

式中　β——铣刀的螺旋角。

$$b_{\alpha 1} = 1 ~ 2mm \qquad (6\text{-}47)$$
$$r = 0.5 ~ 2mm \qquad (6\text{-}48)$$
$$h = (0.4 ~ 0.65)\pi d_0/z$$

式中　d_0——铣刀的直径。

折线齿背和曲线齿背应按下面数值选取：

θ_1 角等于直线背的 θ 角，而 θ_2 角取 $60° ~ 65°$，齿底圆弧半径 $r = 1 ~ 4mm$；$h = (0.3 ~ 0.5)\pi d_0/z$，它们的第二后角 α_{o2} 应比后角 α_{o1} 大 $8° ~ 12°$。

6.5.2　圆柱铣刀

1. 圆柱形铣刀

圆柱形铣刀主要用于各种平面的粗、半精和精加工。其结构型式和几何参数如图 6-31 和表 6-24 所示。

2. 圆柱形玉米铣刀

它与圆柱形铣刀的区别就是刀齿交错排列，分屑性能好，减小每齿切削力，容屑空间大，排屑顺利。每齿切削厚度增大，使刀齿避开表面的硬化层。刀齿交错有利于切削液的浸透。适用于重切削，效率较高。其结构型式和几何参数如图 6-32 和表 6-25 所示。

表 6-24　圆柱形铣刀参数　　　　　　　　（单位：mm）

D		L		d		齿　　数		参　　考						
公称尺寸	极限偏差 js16	公称尺寸	极限偏差 js16	公称尺寸	极限偏差 H7	粗齿	细齿	h	d_1	l	b 公称尺寸	b 极限偏差	t 公称尺寸	t 极限偏差
50	±0.80	50	±0.80	22	+0.021 0		8	6.5	24	13	6.08	+0.16 0	24.1	+0.52 0
		63	±0.95							16				
		80	±0.95							20				
63	±0.95	50	±0.80	27	+0.021 0	6	10	6.5	29	13	6.08	+0.16 0	29.4	+0.52 0
		63	±0.95							16				
		80	±0.95							20				
		100	±1.10							24				
80	±0.95	63	±0.95	32	+0.025 0	8	12	10	34	16	8.1	+0.2 0	34.8	+0.62 0
		80	±0.95							20				
		100	±1.10							24				
		120	±1.25							30				
100	±1.10	80	±0.95	40	+0.025 0	10	14	10	42	20	10.1	+0.2 0	43.5	+0.62 0
		100	±1.10							24				
		125	±1.25							30				
		160	±1.25							35				

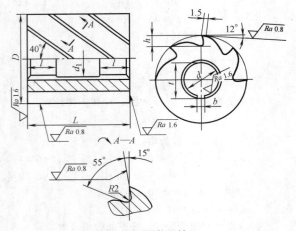

图 6-31　圆柱形铣刀

表 6-25　圆柱形玉米铣刀参数

（单位：mm）

D	S	h_1	R_0	K	α	h
63	9	2.5	5	5	12°	8
80	12	3	7	6	14°	10
100	15	4	10	7	15°	12

注：其他几何参数可参考图 6-31 和表 6-24。

3. 圆柱形有端齿玉米铣刀

它除有玉米铣刀的特点外，还有加工较深台阶平面的大切削量粗加工的特点。其结构型式和几何参数如图 6-33 和表 6-26 所示。

4. 圆柱铣刀的技术要求

1）铣刀表面不应有裂纹，切削刃应锋利，不应有崩刃、钝口以及磨削退火等影响使用性能的缺陷。

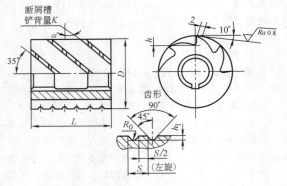

图 6-32　圆柱形玉米铣刀

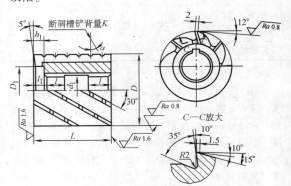

图 6-33　圆柱形有端齿玉米铣刀

表 6-26　圆柱形有端齿玉米铣刀参数

（单位：mm）

D	D_1	l_1	h_1	α	K
63	36	8	7	12°	5
80	48	10	8	10°	6
100	58	12	9	8°	7

注：其他参数可参考图 6-31、图 6-32 和表 6-24、表 6-25。

2）表面粗糙度参数值不得大于下列规定：

前面和后面：$Rz6.3\mu m$。

内孔表面：$Ra1.25\mu m$。

两支承端面：$Ra1.25\mu m$。

3）铣刀用 W18Cr4V 或同等性能以上的高速工具钢制造，其硬度为 63~66HRC。

4）几何公差按表 6-27。

表 6-27　圆柱铣刀的几何公差

（单位：mm）

项　　目		公　差	
		D≤80	D>80
两支承端面对内孔轴线的轴向圆跳动		0.02	
圆周刃对内孔轴线的径向圆跳动	一转	0.05	0.06
	相邻齿	0.025	0.03
外径圆柱度（锥度）		0.03	

5. 圆柱形铣刀圆跳动的检测方法

（1）检测器具　分度值为 0.01mm 的指示表及表座、锥度心轴、跳动测量仪。

（2）检测方法　检测示意图如图 6-34 所示。

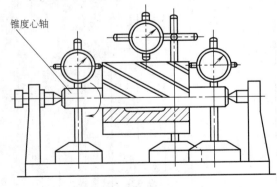

图 6-34　圆柱形铣刀圆跳动检测示意图

1）圆周刃对内孔轴线的径向圆跳动。将铣刀装在锥度心轴上，置于跳动测量仪两顶尖之间。指示表测头垂直触靠在圆周刃上，旋转心轴一周，取指示表读数的最大值和最小值之差为一转圆跳动值，取指示表相邻齿读数差绝对值的最大值为相邻齿的圆跳动值。

2）两支承端面对内孔轴线的轴向圆跳动。铣刀

的装夹同 1）。指示表测头垂直触靠在靠近铣刀齿根槽的端面上，旋转心轴一周，取指示表读数的最大值和最小值之差为轴向圆跳动。

6.5.3　立铣刀

立铣刀适用于各种沟槽表面、平面、台阶表面等的粗、精加工。根据柄部结构，可分为直柄立铣刀、削平型直柄立铣刀、莫氏锥柄立铣刀和 7：24 锥柄立铣刀等。

1. 标准立铣刀

（1）标准立铣刀结构型式和尺寸　GB/T 6117.1~6117.3—2010 规定了这类立铣刀的结构型式和几何参数，如图 6-35~图 6-37 和表 6-28~表 6-30 所示。

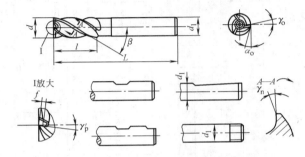

图 6-35　直柄立铣刀和削平型直柄立铣刀

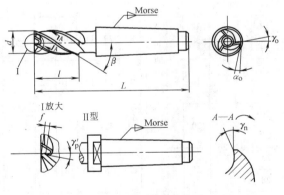

图 6-36　莫氏锥柄立铣刀

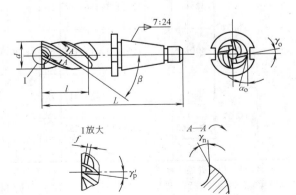

图 6-37　7：24 锥柄立铣刀

表 6-28　直柄立铣刀几何参数（GB/T 6117.1—2010）

（单位：mm）

d₁③ 极限偏差：直柄为 h8，削平型直柄为 h6。

推荐直径 d 公称尺寸 js14	极限偏差 js14	d₁③ 公称尺寸Ⅰ组	d₁③ 公称尺寸Ⅱ组	L②(js18) 标准型Ⅰ组	标准型Ⅱ组	长型Ⅰ组	长型Ⅱ组	l(js18) 标准型 公称尺寸	标准型 极限偏差 js18	长型 公称尺寸	长型 极限偏差 js18	β	γn	γ'p	γo	αo	f/mm	粗齿	中齿	细齿
2	±0.125	4①	6	39	51	42	54	7	±1.10	10	±1.10	30°~45°	15°	6°	10°	18°	—	—	—	—
2.5				40	52	44	56	8		12	±1.30									
3																				
3.5	±0.15			42	54	47	59	10	±1.30	15										
4				43	55	51	63	11		19	±1.65									
5		5①	6	47	55	58	63	13		24						16°				
6		6		57	57	68	68										0.4			
7	±0.18	8	10	60	57	74	68	16	±1.65	30	±1.95									
8				63	66	82	80	19		38							0.6			
9		10	—	69	69	88	88													
10				72	69	95	88													
11	±0.215	12	—	79	72	102	95	22		45					14°	0.8	3	4	5
12				83	79	110	102													
14																				
16		16		92	83	123	110	26	±1.95	53	±2.30									
18																				
20	±0.26	20		104	92	141	123	32		63						1			6
22																				
25		25		121	104	166	141	38		75	±2.70								
28																				
32	±0.31	32		133	121	186	166	45	±2.30	90						1.2			
36																				
40		40		155	133	217	186	53		106					12°	4	6	8
45																				
50	±0.37	50		177	155	252	217	63		125	±3.15								
56																				
63		50	63	192	177	282	252	75	±2.70	150						1.5	6	8	10
71		63		202	202	292	292	90		180									

① 只适用于普通直柄。

② 总长尺寸的Ⅰ组和Ⅱ组分别与柄部直径的Ⅰ组和Ⅱ组相对应。

③ 柄部尺寸和公差分别按 GB/T 6131.1、GB/T 6131.2、GB/T 6131.3 和 GB/T 6131.4 的规定。

表 6-29　莫氏锥柄立铣刀几何参数（GB/T 6117.2—2010）

公称尺寸	极限偏差 js14	L标准型 I	L标准型 II	L长型 I	L长型 II	l标准型 公称尺寸	l标准型 js18	l长型 公称尺寸	l长型 js18	莫氏锥柄号	β	γn	γ'p	γo	αo	f/mm	粗齿	中齿	细齿
6	±0.18	83		94		13	±1.30	24	±1.65	1					16°	0.4			—
7		86		100		16		30											
8		89		108		19		38	±1.95							0.6			
9		89		108		19		38											
10		92		115		22	±1.65	45									3	4	5
11	±0.215	92		115		22		45											
12		96		123		26		53	±2.30										
14		111	—	138	—	26		53		2					14°	0.8			
16		117		148		32		63											6
18		117		148		32		63											
20	±0.26	123		160		38	±1.95	75								1			
22		140		177		38		75			30°~45°	15°	6°	10°					
25		147		192		45		90	±2.70	3									
28		147		192		45		90											
32		155		208		53		106		3									
32		178	201	231	254	53		106		4									
36		155	—	208	—	53		106		3									
36		178	201	231	254	53		106		4									
40	±0.31	188	211	250	273	63	±2.30	125		4					12°	1.2	4	6	8
40		221	249	283	311	63		125		5									
45		188	211	250	273	63		125		4									
45		221	249	283	311	63		125		5									
50		200	223	275	298	75		150	±3.15	4									
50		233	261	308	336	75		150		5									
56	±0.37	200	223	275	298	75		150		4						1.5	6	8	10
56		233	261	308	336	75		150		5									
63		248	276	338	366	90	±2.70	180		5									

表 6-30　7∶24 锥柄立铣刀（GB/T 6117.3—2010）

公称尺寸	极限偏差 js14	L标准型 公称尺寸	L标准型 js18	L长型 公称尺寸	L长型 js18	l标准型 公称尺寸	l标准型 js18	l长型 公称尺寸	l长型 js18	7∶24锥柄号	β	γn	γ'p	γo	αo	f/mm	粗齿	中齿	细齿
25	±0.26	150	±3.15	195	±3.60	45	±1.95	90		30							3	4	6
28		150		195		45		90		30									
32		158		211		53		106	±2.70	30						1			
32		188	±3.60	241	±4.05	53		106		40									
32		208		261		53		106		45									
36	±0.31	158	±3.15	211	±3.60	53	±2.30	106		30	30°~45°	15°	6°	10°	12°		4	6	8
36		188		241		53		106		40									
36		208		261		53		106		45									
40		198	±3.60	260	±4.05	63		125	±3.15	40						1.2			
40		218		280		63		125		45									
40		240		302		63		125		50									
45		198		260		63		125		40									

（续）

推荐直径 d		L				l				7:24锥柄号	参考								
mm																			
公称尺寸	极限偏差 js14	标准型 公称尺寸	标准型 极限偏差 js18	长型 公称尺寸	长型 极限偏差 js18	标准型 公称尺寸	标准型 极限偏差 js18	长型 公称尺寸	长型 极限偏差 js18		β	γ_n	γ_p'	γ_o	α_o	f/mm	粗齿	中齿	细齿
45	±0.31	218	±3.60	280	±4.05	63		125		45	30°~ 45°	15°	6°	10°	12°	1.2	4	6	8
		240		302						50									
50		210	±3.60	285	±4.05				±2.30	40									
		230		305				150		45									
		252	±4.05	327	±4.45	75				50									
56		210	±3.60	285	±4.05				±3.15	40									
		230		305						45									
		252	±4.05	327						50									
63	±0.37	245	±3.60	385	±4.45					45						1.5	6	8	10
		267	±4.05	357		90	±2.70	100		50									
71		245	±3.60	385						45									
		267	±4.05	357						50									
80		283		389		105		212	±3.60	50							8	10	12

（2）标准立铣刀的技术要求

1）铣刀表面不应有裂纹，切削刃应锋利，不应有崩刃、钝口、磨退火以及显著白刃等影响使用性能的缺陷。焊接柄部的立铣刀在焊缝处不应有砂眼和未焊透现象。

2）立铣刀的表面粗糙度按以下规定：

前面和后面：$Rz6.3\mu m$。

普通直柄或螺纹柄柄部外圆：$Ra1.25\mu m$。

削平型直柄、2°斜削平直柄和锥柄柄部外圆：$Ra0.63\mu m$。

3）立铣刀用 W6Mo5Cr4V2 或同等性能以上高速工具钢制造。

4）硬度：

立铣刀工作部分：

外径 $d \leqslant 6mm$，62~65HRC。

外径 $d > 6mm$，63~66HRC。

立铣刀柄部：普通直柄、螺纹柄和锥柄，不低于 30HRC。

削平直柄和2°斜削平直柄，不低于 50HRC。

5）几何公差按表6-31。

2. 分屑立铣刀

分屑立铣刀（见图6-38）的齿背部分的结构型式和特点与圆柱玉米铣刀的结构型式和特点是一样的。它适用于各种沟槽表面、平面、台阶表面等的粗加工，切削效率较高。柄部结构型式参考标准立铣刀的柄部结构型式。技术要求可参考标准立铣刀的技术要求。

3. 波形刃立铣刀

在螺旋刃立铣刀的基础上，将其前面或后面再

表 6-31　标准立铣刀的几何公差

（单位：mm）

外径	圆周刃对柄部轴线径向圆跳动				端刃对柄部轴线的轴向圆跳动	工作部分直径锥度	
	一转		相邻齿				
	标准型	长型	标准型	长型		标准型	长型
1.9~6	0.025	0.032	0.013	0.016	0.05	0.02	0.03
>6~18	0.032	0.04	0.016	0.02			
>18~28	0.04	0.05	0.02	0.025	0.06		
>28~95	0.05	0.063	0.025	0.032			

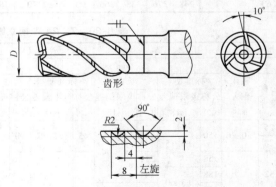

图 6-38　分屑立铣刀

加工成波浪形螺旋面，使每个波形刃各点半径不等，几何参数（如前角、刃倾角等）也不相等，而且沿波形刃发生一定规律的变化，这样可以减轻铣削力周期性变化，使铣削过程比较平稳，切屑呈鳞状，排屑顺利。波形切削刃交错轮流铣削，每个切削刃的实际切削厚度增大，刀齿可避开表面硬化层切削

工件，减少了推挤造成的塑性变形，同时波形刃也有利于切削液的渗透，这样刀具寿命较高，波形刃铣刀适于粗加工。

波形刃铣刀分前面波形刃和后面波形刃两种，一般前面波形刃铣刀较后面波形刃铣刀浅一些。前面波形刃铣刀结构型式如图 6-39 所示。波形刃铣刀柄部结构型式和技术要求可参见标准立铣刀。

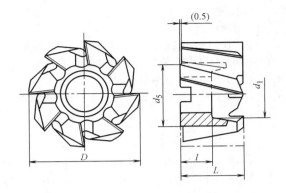

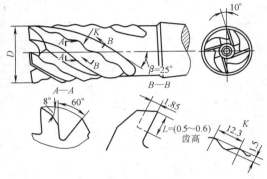

图 6-39　前面波形刃铣刀

波形刃铣刀的有关设计尺寸也可参阅 GB/T 14328—2008。

4. 套式立铣刀

（1）套式立铣刀结构型式与尺寸（GB/T 1114—2016）　套式立铣刀的结构型式、尺寸和参数分别见表 6-32、图 6-40。

表 6-32　套式立铣刀参数表（GB/T 1114—2016）

（单位：mm）

D		d		L		l		d_1	d_5[①]
公称尺寸	极限偏差 js16	公称尺寸	极限偏差 H7	公称尺寸	极限偏差 k16	公称尺寸	极限偏差	min	min
40	±0.80	16	+0.018 0	32		18		23	33
50		22		36	+1.6 0	20		30	41
63	±0.95	27	+0.021 0	40		22	+1 0	38	49
80				45					
100	±1.10	32		50		25		45	59
125	±1.25	40	+0.025 0	56	+1.9 0	28		56	71
160		50		63		31		67	91

注：1. 套式立铣刀可以制造成右螺旋齿或左螺旋齿。

　　2. 端面键槽尺寸和偏差按 GB/T 6132—2006 的规定。

① 背面上 0.5mm 不作硬性的规定。

（2）套式立铣刀的位置公差

1）套式立铣刀的位置公差见表 6-33。

图 6-40　套式立铣刀

表 6-33　套式立铣刀位置公差

（单位：mm）

项　　目		公　差		
		外径 D		
		40～50	63～100	125～160
圆周刃对内孔轴线的径向圆跳动	一转	0.05	0.07	0.09
	相邻齿	0.025	0.035	0.045
端刃对内孔轴线的轴向圆跳动	一转	0.03	0.04	0.06
	相邻齿	0.015	0.02	0.03

注：圆跳动检测方法见附录 A（标准的附录）。

2）工作部分直径公差为 0.05mm。

（3）材料和硬度　套式立铣刀用 W6Mo5Cr4V2 或同等性能的高速工具钢制造，其硬度为 63～66HRC。

（4）外观和表面粗糙度

1）套式立铣刀切削刃应锋利，表面不得有裂纹、崩刃、钝口以及磨削烧伤等影响使用性能的缺陷。

2）套式立铣刀表面粗糙度的上限值遵守表 6-34 的规定。

表 6-34　套式立铣刀表面粗糙度的上限值

（单位：μm）

部　　位	表面粗糙度上限值
前面和后面	$Rz6.3$
内孔表面	$Ra1.6$
两支承端面	$Ra1.6$

套式立铣刀检测方法参考圆柱形铣刀检测方法。

5. 键槽铣刀

（1）直柄键槽铣刀结构型式与尺寸（GB/T 1112—2012）　直柄键槽铣刀的结构型式如图 6-41~图6-44 所示，主要尺寸见表 6-35。

直柄键槽铣刀按其刃长不同分为标准系列和短系列。

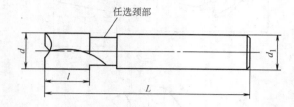

图 6-41　普通直柄键槽铣刀

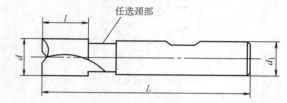

图 6-42　削平直柄键槽铣刀

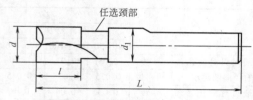

图 6-43　2°斜削平直柄键槽铣刀

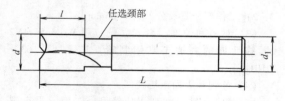

图 6-44　螺纹柄键槽铣刀

直柄键槽铣刀柄部尺寸和偏差分别按 GB/T 6131.1—2006、GB/T 6131.2—2006、GB/T 6132.3—1996、6131.4—2006 的规定。

（2）莫氏锥柄键槽铣刀型式与尺寸（GB/T 1112—2012）　莫氏锥柄键槽铣刀按其柄部型式不同分为Ⅰ型和Ⅱ型两种型式，分别如图 6-45 和图 6-46 所示；主要尺寸见表 6-36。

莫氏锥柄键槽铣刀按其刃长不同分为标准系列和短系列。

表 6-35　直柄键槽铣刀主要尺寸（GB/T 1112—2012）　（单位：mm）

公称尺寸 d	极限偏差 e8	极限偏差 d8	d_1	l 短系列 公称尺寸	l 标准系列 公称尺寸	L 短系列 公称尺寸	L 标准系列 公称尺寸
2	-0.014 -0.028	-0.020 -0.034	3* ｜ 4	4	7	36	39
3			3* ｜ 4	5	8	37	40
4	-0.020 -0.038	-0.030 -0.048	4	7	11	39	43
5			5	8	13	42	47
6			6	8	13	52	57
7	-0.025 -0.047	-0.040 -0.062	8	10	16	54	60
8			8	11	19	55	63
10			10	13	22	63	72
12	-0.032 -0.059	-0.050 -0.077	12	16	26	73	83
14			12 ｜ 14*	16	26	73	83
16			16	19	32	79	92
18			16 ｜ 18*	19	32	79	92
20	-0.040 -0.073	-0.065 -0.098	20 ｜ 22	38	88	101	101

注：1. 带 * 号的尺寸不推荐采用；如采用，应与相同规格的键槽铣刀相区别。

　　2. 当 $d \leqslant 14$mm 时，根据用户要求 e8 级的普通直柄键槽铣刀柄部直径偏差允许按圆周刃部直径的偏差制造，并需在标记和标志上予以注明。

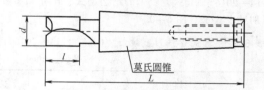

图 6-45　莫氏锥柄键槽铣刀Ⅰ型

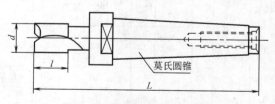

图 6-46　莫氏锥柄键槽铣刀Ⅱ型

莫氏锥柄键槽铣刀的柄部尺寸和偏差，Ⅰ型按 GB/T 1443—2016、Ⅱ型按 GB 4133—1984 的规定。

（3）键槽铣刀的位置公差　键槽铣刀的位置公差见表 6-37。

（4）材料和硬度

1）键槽铣刀工作部分采用 W6Mo5Cr4V2 或同等性能的其他牌号的高速工具钢制造。

2）硬度

键槽铣刀工作部分：$d \leqslant 6$mm，不低于 62HRC。

　　　　　　　　　　$d > 6$mm，不低于 63HRC。

表 6-36 莫氏锥柄键槽铣刀尺寸　　　　　　　（单位：mm）

d 公称尺寸	极限偏差 e8	极限偏差 d8	l 短系列 公称尺寸	l 标准系列 公称尺寸	L 短系列 I	L 短系列 II	L 标准系列 I	L 标准系列 II	莫氏圆锥号
10	-0.025 -0.047	-0.040 -0.062	13	22	83		92		1
12			16	26	86		96		
	-0.032 -0.059	-0.050 -0.077			101		111		2
14					86		96		1
					101		111		
16			19	32	104		117		2
18									
20			22	38	107		123		
					124		140		3
22	-0.040 -0.073	-0.065 -0.098			107		123		2
					124		140		
24									
25			26	45	128		147		3
28									
32			32	53	134		155		
					157	180	178	201	4
36	-0.050 -0.089	-0.080 -0.119			134	—	155	—	3
					157	180	178	201	4
40			38	63	163	186	188	211	4
					196	224	221	249	5
45	-0.050 -0.089	-0.080 -0.119	38	63	163	186	188	211	4
					196	224	221	249	5
50	-0.050 -0.089	-0.080 -0.119	45	75	170	193	200	223	4
					203	231	233	261	5
56	-0.060 -0.106	-0.100 -0.146			170	193	200	223	4
					203	231	233	261	
63			53	90	211	239	248	276	5

表 6-37　键槽铣刀的位置公差

（单位：mm）

键槽铣刀直径 d	≤18	>18~50	>50~63
圆周刃对柄部轴线的径向圆跳动	0.02		0.03
端刃对柄部轴线的轴向圆跳动	0.03	0.04	0.05
工作部分任意两截面的直径差	0.01	0.015	

注：圆跳动的检测方法按 GB/T 6118—2010 附录 A（参考件）的规定。

键槽铣刀柄部（普通直柄、螺纹柄和锥柄）：不低于 30HRC。

削平柄、2°斜削平柄：不低于 50HRC。

（5）外观和表面粗糙度

1）键槽铣刀的切削刃应锋利，不应有崩刃、裂纹、钝口、磨削烧伤以及显著白刃等影响使用性能的缺陷。焊接柄部的铣刀在焊缝处不应有砂眼和未焊透现象。

2）键槽铣刀的表面粗糙度的上限值按下列规定：

刀齿前面和后面：$Rz6.3\mu m$。

普通直柄或螺纹柄柄部外圆：$Ra1.25\mu m$。

削平直柄、2° 斜削平直柄或锥柄柄部外
圆：$Ra0.63\mu m$。

6.5.4 盘铣刀

根据用途，盘铣刀可分为尖齿槽铣刀（又称单
面刃铣刀）、双面刃和三面刃铣刀。三面刃铣刀又可
分为直齿三面刃铣刀和错齿三面刃铣刀。

1. 尖齿槽铣刀

尖齿槽铣刀切削刃在外圆圆周上，适于加工 H9
级轴槽和一些普通槽的铣刀。型式和尺寸及刀具的
几何角度等可参考图 6-47、表 6-38。

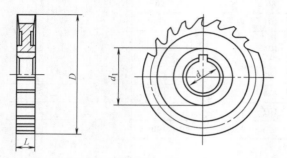

图 6-47　尖齿槽、单面刃铣刀

2. 双面刃铣刀

根据需要在某一侧面和圆周上有切削刃的盘铣
刀称为双面刃铣刀。如图 6-48 所示，双面刃铣刀的
型式和尺寸一般可参照尖齿槽铣刀选定。圆周刃可
选直齿，也可选螺旋齿，但螺旋角不能太大，一般
选 10° ~ 15°。其端齿可参照有端齿圆柱形玉米铣刀
设计。

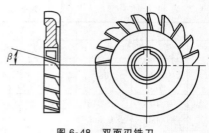

图 6-48　双面刃铣刀

3. 直齿三面刃铣刀

直齿三面刃铣刀是在两侧面和外圆圆周上均有切
削刃的盘铣刀，齿向为直齿，用于加工槽和侧面。型
式如图 6-49 所示，尺寸可参见表 6-38 尖齿槽铣刀相应
尺寸，其端齿可参考有端齿圆柱形玉米铣刀设计。整
体直齿三面刃铣刀一般直径较小，大于 125mm 的很
少选用。较大直径的盘铣刀可选择镶齿结构。

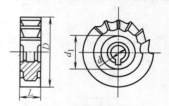

图 6-49　直齿三面刃铣刀

4. 错齿三面刃铣刀

相邻齿向左、右各斜一 β 角的盘铣刀为错齿三
面刃铣刀。GB/T 6119—2012 规定了其结构型式及尺
寸，如图 6-50 和表 6-39 所示。其切削性能优于直齿
三面刃铣刀。

表 6-38　尖齿槽铣刀（GB/T 1119—2012）　　　　　　　（单位：mm）

D js16	d H7	d_1 最小	L K8														
			4	5	6	8	10	12	14	16	18	20	22	25	28	32	36	40
50	16	27	×	×	×	×	×											
63	22	34	×	×	×	×	×	×	×									
80	27	41		×	×	×	×	×	×									
100	32	47			×	×	×	×	×	×	×	×	×	×				
125					×	×	×	×	×	×	×	×	×	×				
160	40	55								×	×	×	×	×	×	×	×	
200							×	×	×	×	×	×	×	×	×	×	×	×

注：1. ×表示有此规格。
　　2. 根据被加工零件公差的不同，厚度 L 公差可供需双方协议确定，并在产品上标注。

5. 直齿和错齿三面刃铣刀的技术要求（GB/T
6119—2012）

1）直齿和错齿三面刃铣刀用 W6Mo5Cr4V2 或同
等性能的高速工具钢制造，其硬度为 63~66HRC。

2）直齿和错齿三面刃铣刀表面不应有裂纹，切

削刃应锋利，不应有崩刃、钝口以及磨退火等影响
使用性能的缺陷。

3）表面粗糙度数值不应大于下列规定：

前面和后面：$Rz6.3\mu m$。

内孔表面：$Ra1.25\mu m$。

表 6-39　直齿和错齿三面刃铣刀

d 公称尺寸	d 极限偏差	L 公称尺寸	L 极限偏差	D 公称尺寸	D 极限偏差	d_1/mm	γ_o	α_o	κ_r'
			mm						
50	±0.80	4	+0.075 0	16	+0.018 0	27			
		5							
		6							
		8	+0.090 0						
		10							
63	±0.95	4	+0.075 0	22	+0.021 0	34			
		5							
		6							
		8	+0.090 0						
		10							
		12	+0.110 0						
		14							
		16							
80		5	+0.075 0	27		41			
		6							
		8	+0.090 0						
		10							
		12	+0.110 0						
		14							
		16							
		18							
		20	+0.033 0				15°	12°	0~30'
100	±1.10	6	+0.075 0	32	+0.025 0	47			
		8	+0.090 0						
		10							
		12	+0.110 0						
		14							
		16							
		18							
		20	+0.130 0						
		22							
		25							
125		8	+0.090 0	32	+0.025 0	47			
		10							
		12	+0.110 0						
		14							
		16							
		18							
		20	+0.130 0						
		22							
		25							

端刃后面和两支承面：$Ra1.25\mu m$。

4）几何公差按表 6-40。

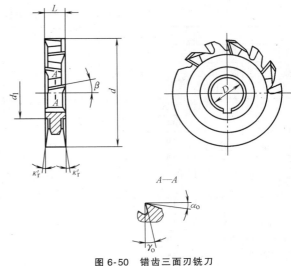

图 6-50　错齿三面刃铣刀

表 6-40　直齿和错齿三面刃铣刀的几何公差

（单位：mm）

项　目		公　差		
		$d \leqslant 80$	$80 < d \leqslant 125$	$d > 125$
圆周刃对内孔轴线的径向圆跳动	一转	0.05	0.06	0.07
端刃对内孔轴线的轴向圆跳动	相邻齿	0.025	0.03	0.035
外径锥度		0.03		

6. 镶齿三面刃铣刀

　　镶齿三面刃铣刀与整体三面刃铣刀相比，具有节省高速工具钢、刀片可更换、刀体可长期使用等优点。

　　（1）型式、尺寸和几何参数　JB/T 7953—2010 规定了镶齿三面刃铣刀的型式、尺寸和几何参数，如图 6-51 和表 6-41 所示。

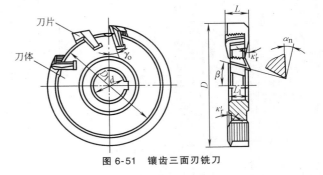

图 6-51　镶齿三面刃铣刀

　　（2）镶齿三面刃铣刀刀片　镶齿三面刃铣刀刀片与镶齿套式面铣刀刀片通用，JB/T 7955—1999 规定了其型式和尺寸，如图 6-52 和表 6-42 所示。

表 6-41　镶齿三面刃铣刀 （JB/T 7953—2010）

D 公称尺寸	D 极限偏差 js16	L 公称尺寸	L 极限偏差 H12	d 公称尺寸	d 极限偏差 H7	D_1 (mm)	L_1 (mm)	β	γ_o	α_n	κ_r'	齿数
80	±0.95	12	+0.18 / 0	22	+0.021 / 0	71	8.5	8°	15°	10°	0°~30′	10
		14	+0.18 / 0				11	8°				
		16	+0.18 / 0				13	8°				
		18	+0.18 / 0				14.5	8°				
		20	+0.21 / 0				15	15°				
100	±1.10	12	+0.18 / 0	27	+0.021 / 0	91	8.5	8°				12
		14	+0.18 / 0				11	8°				
		16	+0.18 / 0				13	8°				
		18	+0.18 / 0				14.5	8°				
		20	+0.21 / 0			86	15	15°				10
		22	+0.21 / 0				17	15°				
		25	+0.21 / 0				19.5	15°				
125	±1.25	12	+0.18 / 0	32		114	9	8°				14
		14	+0.18 / 0				11	8°				
		16	+0.18 / 0				13	8°				
		18	+0.18 / 0				14.5	8°				
		20	+0.21 / 0			111	15	15°				12
		22	+0.21 / 0				17	15°				
		25	+0.21 / 0				19.5	15°				
160		14	+0.18 / 0	40		146	11	8°				18
		16	+0.18 / 0				13	8°				
	±1.25	20	+0.21 / 0				15	8°				
		25	+0.21 / 0			144	19.5	15°				16
		28	+0.21 / 0				22.5	15°				
200		14	+0.18 / 0	50	+0.025 / 0	186	10	8°				22
		18	+0.18 / 0				13	8°				
		22	+0.21 / 0				15.5	15°				20
		28	+0.21 / 0				22.5	15°				
		32	+0.25 / 0			184	24	15°				18
250	±1.45	16	+0.18 / 0	50			11	8°				24
		20	+0.21 / 0			236	14	15°				22
		25	+0.21 / 0				19.5	15°				
		28	+0.21 / 0				22.5	15°				
		32	+0.25 / 0				24	15°				
315	±1.60	20	+0.21 / 0	50		301	14	15°				26
		25	+0.21 / 0				19	15°				
		32	+0.25 / 0				24	15°				
		36	+0.25 / 0			297	27	15°				24
		40	+0.25 / 0				28.5	15°				

表 6-42　镶齿三面刃铣刀刀片（JB/T 7955—2010）　　　　　（单位：mm）

刀齿代号		刀齿尺寸								刀齿用途		
右刀齿	左刀齿	H_1		B_1		g		g_c		三面刃铣刀		套式面铣刀外径
		公称尺寸	极限偏差	公称尺寸	极限偏差	公称尺寸	极限偏差	公称尺寸	极限偏差	外径	宽度	
1-10-1	1-10-2	16.8		10		5.26		4.94		80,100	12	
1-13-1	1-13-2			13							14	
1-15-1	1-15-2			15							16,18	
1-18.5-1	1-18.5-2			18.5		5.23		4.91			20,22	
1-22.5-1	1-22.5-2			22.5						100	25	
2-11-1	2-11-2	23.8		11		6.87		6.55		125	12	
2-13-1	2-13-2			13						125,160,200	14	
2-15-1	2-15-2			15		6.84		6.52		125,160	16,18	
3-15-1	3-15-2		±0.2		±0.3	8.27	0 −0.1	7.95	0 −0.07	160,200,250	16,18	80
3-18.5-1	3-18.5-2			18.5						125,160,200,250,315	20,22	100
3-22.5-1	3-22.5-2	28.3		22.5		8.22		7.92		160,200,250,315	25	125
3-26.5-1	3-26.5-2			26.5 28.5							28,32	
3-28.5-1	3-28.5-2			28.5						250,315	32,36	
4-25.5-1	4-25.5-2	33.8		25.5		10.72		10.40		—	—	160,200
4-32.5-1	4-32.5-2			32.5						315	40	250

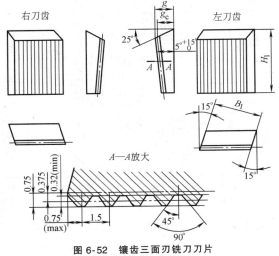

图 6-52　镶齿三面刃铣刀刀片

（3）镶齿三面刃铣刀技术要求

1）铣刀表面不应有裂纹，切削刃应锋利，不应有崩刃、钝口以及磨退火等影响使用性能的缺陷。

2）表面粗糙度参数值不得高于下列规定：

前面和后面：$Rz6.3\mu m$。

内孔表面、刀齿两侧隙面和两支承端面：$Ra1.25\mu m$。

3）位置公差按表 6-43。

4）铣刀刀齿用 W18Cr4V 或同等性能以上高速工具钢制造，其硬度为 63～66HRC，铣刀刀体用40Cr 制造，其硬度不低于 30HRC。

6.5.5　锯片铣刀

1. 中小规格的锯片铣刀

中小规格锯片铣刀分粗齿、中齿及细齿三种类型如图 6-53 所示。

（1）中小规格锯片铣刀的形式尺寸和几何角度

GB/T 6120—2012 规定了粗齿锯片铣刀、中齿锯片铣刀、细齿锯片铣刀的形式尺寸和几何角度。具体规格尺寸可参考该标准。

（2）中小规格锯片铣刀技术要求

表 6-43　镶齿三面刃铣刀的位置公差

（单位：mm）

项　目		公　差		
		$D \leqslant 100$	$160 \geqslant D > 100$	$315 \geqslant D > 160$
圆周刃对内孔轴线的径向圆跳动	一转	0.08	0.10	0.12
	相邻齿	0.04	0.05	0.06
端刃对内孔轴线的轴向圆跳动	一转	0.04	0.05	0.06
	相邻齿	0.025	0.035	0.035

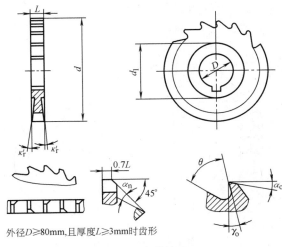

外径$D \geqslant 80mm$，且厚度$L \geqslant 3mm$时齿形

图 6-53　锯片铣刀

1）铣刀表面不应有裂纹，切削刃应锋利，不应有崩刃、钝口以及磨退火等影响使用性能的缺陷。

2）铣刀表面粗糙度，其数值不得大于下列规定：

前面和后面：$Rz6.3\mu m$。

细齿锯片前面：$Rz10\mu m$。

内孔表面：$Ra1.25\mu m$。

两侧隙面和两支承端面：$Ra1.25\mu m$。

3）锯片铣刀用 W6Mo5Cr4V2 或同等性能的高速工具钢制造，其硬度：$L\le 1mm$ 时，$62\sim65HRC$；$L>1mm$ 时，$63\sim66HRC$。

2. 大规格锯片铣刀

为了节省高速工具钢并方便制造，大规格锯片铣刀一般设计成镶片结构，刀片用铆钉铆接在圆盘上，也叫镶片圆锯。镶片圆锯的结构、规格、几何角度可参考 GB/T 6130—2001。

6.5.6 角度铣刀

角度铣刀主要用于各种角度沟槽表面的加工。角度在 $18°\sim90°$ 之间，如立铣刀等的容屑槽的加工。角度铣刀包括单角铣刀、对称双角铣刀和不对称双角铣刀三种。

1. 角度铣刀的型式和尺寸

GB/T 6128.1~6128.2—2007 制定了单角铣刀、对称双角铣刀和不对称双角铣刀的型式和尺寸，如图 6-54~图 6-56 及表 6-44~表 6-46 所示。

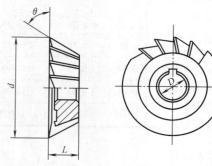

图 6-54 单角铣刀

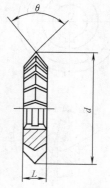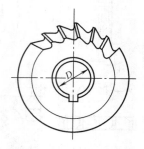

图 6-55 对称双角铣刀

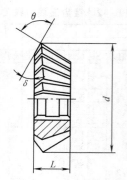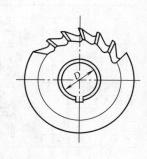

图 6-56 不对称双角铣刀

表 6-44 单角铣刀（GB/T 6128.1—2007）

（单位：mm）

d js16	θ ±20'	L js16	D H7
40	45°、50°、55°、60°	8	13
	65°、70°、75°、80°、85°、90°	10	
50	45°、50°、55°、60°、65°、70°、75°、80°、85°、90°	13	16
63	18°	6	22
	22°	7	
	25°	8	
	30°、40°	9	
	45°、50°、55°、60°、65°、70°、75°、80°、85°、90°	16	
		20	
80	18°	10	27
	22°	12	
	25°	13	
	30°、40°	15	
	45°、50°、55°、60°、65°、70°、75°、80°、85°、90°	22	
		24	
100	18°	12	32
	22°	14	
	25°	16	
	30°、40°	18	

注：单角铣刀的顶刃允许有圆弧，圆弧半径尺寸由制造商自行规定。

表 6-45 对称双角铣刀（GB/T 6128.2—2007）

（单位：mm）

d js16	θ ±30'	L js16	D H7
50	45°	8	16
	60°	10	
	90°	14	
63	18°	5	22
	22°	6	
	25°	7	
	30°、40°	8	
	45°、50°	10	
	60°	14	
	90°	20	
80	18°	8	27
	22°	10	
	25°	11	
	30°	12	
	40°、45°	12	
	60°	18	
	90°	22	
100	18°	10	32
	22°	12	
	25°	13	
	30°、40°	14	
	45°	18	
	60°	25	
	90°	32	

表 6-46　不对称双角铣刀（GB/T 6128.1—2007）

（单位：mm）

d js16	θ ±20′	δ ±30′	L js16	D H7
40	55°	15°	6	13
	60°			
	65°			
	70°		8	
	75°			
	80°		10	
	85°			
	90°	20°		
	100°	25°	13	
50	55°	15°	8	16
	60°			
	65°			
	70°		10	
	75°			
	80°		13	
	85°			
	90°	20°	16	
	100°	25°		
63	55°	15°	10	22
	60°			
	65°			
	70°		13	
	75°			
	80°		16	
	85°			
	90°	20°		
	100°	25°		
80	50°	15°	13	27
	55°			
	60°		16	
	65°			
	70°		20	
	75°			
	80°			
	85°		24	
	90°	20°		
100	50°	15°	20	32
	55°			
	60°		24	
	65°			
	70°		30	
	75°			
	80°			

2. 角度铣刀的技术要求

根据 GB/T 6129—2007，角度铣刀的技术要求如下：

（1）材料和硬度

1）角度铣刀用 W6Mo5Cr4V2 或同等性能的其他高速工具钢制造。

2）角度铣刀的硬度为 63～66HRC。

（2）外观和表面粗糙度

1）角度铣刀表面不应有裂纹，切削刃应锋利，不应有崩刃、钝口以及磨削烧伤等影响使用性能的缺陷。

2）角度铣刀表面粗糙度的上限值：

前面、后面：$Rz6.3\mu m$。

内孔表面：$Ra1.6\mu m$。

两支承面：$Ra1.6\mu m$。

（3）角度铣刀的位置公差　见表 6-47。

表 6-47　角度铣刀的位置公差

（单位：mm）

项　目		公　差	
		$d\leqslant80$	$d>80$
顶刃对内孔轴线的径向圆跳动	一转	0.050	0.060
	相邻	0.025	0.030
锥刃对内孔轴线的斜向圆跳动	一转	0.050	0.060
	相邻	0.025	0.030
单角铣刀端刃对内孔轴线的轴向圆跳动	一转	0.060	
	相邻	0.030	

注：角度铣刀圆跳动的检验方法见 GB/T 6129—2007 附录 A。

6.5.7　半圆键槽铣刀

1. 半圆键槽铣刀的型式和尺寸

半圆键槽铣刀的型式如图 6-57～图 6-60 所示，尺寸可见表 6-48。柄部尺寸和公差按 GB/T 6131.1—2006、GB/T 6131.2—2006、GB/T 6131.3—1996 和 6131.4—2006 的规定。

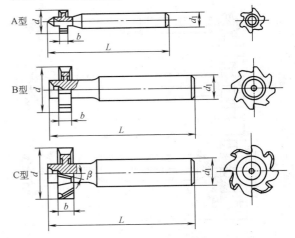

图 6-57　普通直柄半圆键槽铣刀

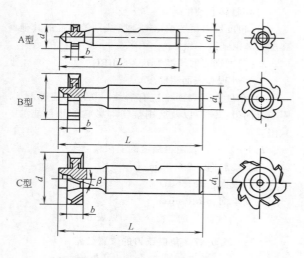

图 6-58 削平直柄半圆键槽铣刀

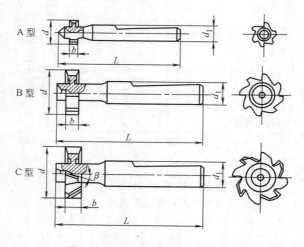

图 6-59 2°斜削平直柄半圆键槽铣刀

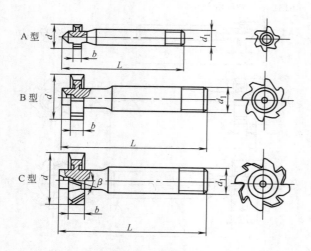

图 6-60 螺纹柄半圆键槽铣刀

表 6-48 半圆键槽铣刀尺寸（GB/T 1127—2007）

（单位：mm）

d h11	b e8	L js18	d_1	铣刀型式	β
4.5	1.0		6	A	
7.5	1.5	50			
	2.0				
10.5	2.5				
13.5	3.0				—
16.5	4.0	55	10	B	
	5.0				
19.5	4.0				
	5.0				
22.5	6.0	60			
25.5			12		
28.5	8.0	65		C	12°
32.5	10.0				

2. 位置公差

半圆键槽铣刀的位置公差见表 6-49。

表 6-49 铣刀位置公差 （单位：mm）

项 目	公 差
圆周刃对柄部轴线的径向圆跳动	0.05
两侧刃（面）对柄部轴线的轴向圆跳动	0.02

注：半圆键槽铣刀圆跳动的检测方法按 GB/T 6125—2007。

3. 材料和硬度

（1）材料 半圆键槽铣刀工作部分用 W6Mo5Cr4V2 或同等性能的高速工具钢制造。

（2）硬度

1）工作部分硬度：外径 d≤7.5mm 时，硬度为 62~65HRC；外径 d>7.5mm 时，硬度为 63~66HRC。

2）柄部硬度：普通直柄和螺纹柄，不低于 30HRC；削平直柄和 2°斜削平直柄，不低于 50HRC。

4. 外观和表面粗糙度

1）半圆键槽铣刀切削刃应锋利，表面不得有裂纹、崩刃、钝口以及磨削烧伤等影响使用性能的缺陷。焊接铣刀在焊缝处不得有砂眼和未焊透现象。

2）半圆键槽铣刀表面粗糙度的上限值按下列规定：

刀齿的前面和后面：$Rz6.3\mu m$。

两侧面：$Rz6.3\mu m$。

柄部：$Ra1.25\mu m$。

6.5.8 T形槽铣刀

1. T形槽铣刀的型式和尺寸

根据柄部型式，T形槽铣刀可设计成直柄，削平型直柄（见图 6-61）和莫氏锥柄（见图 6-62）等型式。这三种型式的 T形槽铣刀结构尺寸见表 6-50~表 6-52。

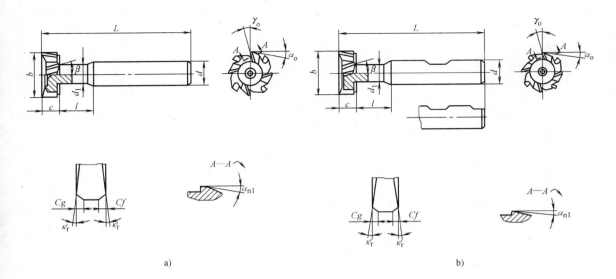

图 6-61　直柄和削平型柄 T 形槽铣刀

a）直柄 T 形槽铣刀　b）削平型柄 T 形槽铣刀

表 6-50　直柄 T 形槽铣刀（GB/T 6124—2007）

A/ mm	b		c		L		d		d_1 max	l^{+1}_0 min	f max	g min	参 考 值					
	mm																	
	公称尺寸	极限偏差 h12	公称尺寸	极限偏差 h12	公称尺寸	极限偏差 js18	公称尺寸	极限偏差 h8	mm				β	γ_o	α_o	α_{n1}	κ'_r	齿数
5	11	0 −0.180	4.5	0 −0.120	53.5	±2.40	10	0 −0.022	4	10	0.6	1	10°	10°	14°	8°	1°30′	4
6	12.5		6		57				5	11								
8	16		8	0 −0.150	62				7	14								
10	18				70		12		8	17								
12	21	0 −0.210	9		74				10	20								
14	25		11		82			0 −0.027	12	23		1.6						6
(16)	(29)		(12.5)	0 −0.180	(85)		16		(13)	(24.5)								
18	32		14		90	±2.70			15	28								
(20)	(36)	0 −0.250	(15.5)		(101)				(17)	(29.5)								
22	40		18		108		25	0 −0.033	19	34	1							8
(24)	(45)		(20)	0 −0.210	(112)				(21)	(36)		2.5						
28	50		22		124		32	0 −0.039	25	42								
(32)	(57)	0 −0.30	(24)		(131)	±3.15			(28)	(47)								10
36	60		28		139				30	51								

表 6-51　削平型直柄 T 形槽铣刀 （GB/T 6124—2007）

A/ mm	b 公称尺寸	b 极限偏差 h12	c 公称尺寸	c 极限偏差 h12	L 公称尺寸	L 极限偏差 js18	d 公称尺寸	d 极限偏差 h8	d_1 max	l_0^{+1} min	f max	g min	β	γ_o	α_o	α_{n1}	κ_r'	齿数
5	11		3.5		53.5		10		4	10	0.6	1						4
6	12.5	0 / −0.180	6	0 / −0.120	57		10	0 / −0.009	5	11								
8	16		8		62	±2.40			7	14								
10	18		8	0 / −0.150	70		12		8	17								
12	21		9		74				10	20								
14	25	0 / −0.210	11		82			0 / −0.011	12	23			10°	10°	14°	8°	1°30′	6
(16)	(29)		(12.5)		(85)		16		(13)	(24.5)		1.6						
18	32		14	0 / −0.180	90				15	28								
(20)	(36)		(15.5)		(101)	±2.70			(17)	(29.5)								
22	40	0 / −0.250	18		108		25	0 / −0.013	19	34								8
(24)	(45)		(20)		(112)				(21)	(36)	1							
28	50		22		124				25	42		2.5						
(32)	(57)	0 / −0.30	(24)	0 / −0.210	(131)	±3.15	32	0 / −0.016	(28)	(47)								10
36	60		28		139				30	51								

表 6-52　莫氏锥柄 T 形槽铣刀 （GB/T 6124—2007）

A/ mm	b 公称尺寸	b 极限偏差 h12	c 公称尺寸	c 极限偏差 h12	L 公称尺寸	L 极限偏差 js18	d_1 max	l_0^{+1} min	f max	g max	莫氏锥柄号	β	γ_o	α_o	α_{n1}	κ_r'	齿数
10	18	0 / −0.180	8	0 / −0.150	82		8	17	0.6	1	1						
12	20		9		98		10	20									
14	25	0 / −0.210	11		103	±2.70	12	23		2	2						6
(16)	(29)		(12.5)		(105)		(13)	(24.5)	1.6								
18	32		14	0 / −0.180	111		15	28									
(20)	(36)		(15.5)		(130)		(17)	(29.5)				10°	10°	14°	8°	1°30′	
22	40	0 / −0.250	18		138		19	34	1	3	3						8
(24)	(45)		(20)		(140)	±3.15	(21)	(36)		2.5							
28	50		22	0 / −0.210	173		25	42									
(32)	(57)		(24)		(180)		(28)	(47)			4						10
36	60	0 / −0.300	28		188		30	51									
42	72		35	0 / −0.250	229	±3.60	36	58	1.6	4							
48	85	0 / −0.250	40		240		42	64	2	6	5						12
54	95	0 / −0.350	44		251	±4.05	44	71									

注：1. T 形槽的公称尺寸按 GB/T 158—1996，括号内的尺寸为非标准尺寸，尽量不采用。

2. 柄部尺寸和极限偏差按 GB/T 6131.1—2006。

3. 莫氏锥柄尺寸和极限偏差按 GB/T 1443—2016。

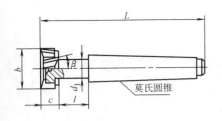

图 6-62　莫氏锥柄 T 形槽铣刀

2. T 形槽铣刀的技术要求

1）T 形槽铣刀的缺陷、表面粗糙度、铣刀材料和硬度等技术要求参见标准立铣刀技术要求。

2）T 形槽铣刀的位置公差见表 6-53。

表 6-53　T 形槽铣刀位置公差

（单位：mm）

项　　目		公　差
圆周刃对柄部轴线的径向圆跳动	一转	0.05
	相邻齿	0.03
端刃对柄部轴线的轴向圆跳动	一转	0.05
	相邻齿	0.03

6.5.9　凸凹半圆铣刀

1. 凹半圆铣刀的型式和尺寸

凹半圆铣刀的型式和尺寸按图 6-63 和表 6-54 的规定，键槽的尺寸按 GB/T 6132—2006 的规定。

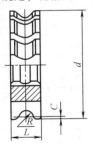
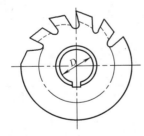

图 6-63　凹半圆铣刀

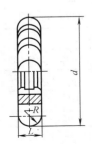
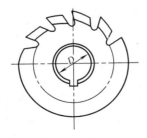

图 6-64　凸半圆铣刀

2. 凸半圆铣刀的型式和尺寸

凸半圆铣刀的型式和尺寸按图 6-64 和表 6-55 的规定，键槽的尺寸按 GB/T 6132—2006 的规定。

表 6-54　凹半圆铣刀尺寸（GB/T 1124.1—2007）

（单位：mm）

R N11	d js16	D H7	L js16	C
1	50	16	6	0.20
1.25			6	
1.6			8	0.25
2			9	
2.5	63	22	10	0.3
3			12	
4			16	0.4
5			20	0.5
6	80	27	24	0.6
8			32	0.8
10	100	32	36	1.0
12			40	1.2
16	125		50	1.6
20			60	2.0

表 6-55　凸半圆铣刀尺寸（GB/T 1124.1—2007）

（单位：mm）

R k11	d js16	D H7	L +0.30 / 0
1	50	16	2
1.25			2.5
1.6			3.2
2			4
2.5	63	22	5
3			6
4			8
5			10
6	80	27	12
8			16
10	100	32	20
12			24
16	125		32
20			40

3. 凸凹半圆铣刀技术条件

（1）位置公差 凹半圆铣刀的位置公差按表 6-56 规定，凸半圆铣刀的位置公差按表 6-57 规定。

表 6-56 凹半圆铣刀的位置公差

（单位：mm）

项　　目		公　　差		
		$R = 1 \sim 5$	$R = 6 \sim 12$	$R = 16 \sim 20$
齿形对内孔轴线的径向圆跳动	一转	0.060	0.080	0.100
	相邻	0.035	0.045	0.055
铣刀齿形上任意两相同直径的点各自到同侧端面的距离差		0.20		0.30
两端面平行度		0.020		

表 6-57 凸半圆铣刀的位置公差

（单位：mm）

项　　目		公　　差			
		$R = 1 \sim 2$	$R = 2.5 \sim 5$	$R = 6 \sim 12$	$R = 16 \sim 20$
齿形对内孔轴线的径向圆跳动	一转		0.060	0.080	0.100
	相邻	0.045	0.035	0.045	0.055
铣刀齿形上任意两相同直径的点各自到同侧端面的距离差		0.200			
两端面平行度		0.020			

注：圆跳动检测方法按 GB/T 1124.2—2007 附录 A（参考件）。

（2）材料和硬度 凸凹半圆铣刀用 W6Mo5Cr4V2 或同等性能的其他高速工具钢制造，其硬度为 63~66HRC。

（3）外观和表面粗糙度

1）凸凹半圆铣刀表面不应有裂纹，切削刃应锋利，不应有崩刃、钝口以及磨退火等影响使用性能的缺陷。

2）表面粗糙度数值不大于下列规定：

前面：Rz 6.3μm。

内孔表面：Ra 1.25μm。

两支承端面：Ra 1.25μm。

齿背面：Ra 2.5μm。

6.5.10 圆角铣刀

1. 圆角铣刀的型式和尺寸

圆角铣刀的型式如图 6-65 所示，尺寸见表 6-58。键槽的尺寸按 GB/T 6132—2006 的规定。

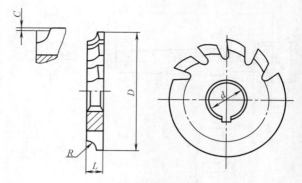

图 6-65 圆角铣刀

表 6-58 圆角铣刀尺寸（GB/T 6122.1—2002）

（单位：mm）

R N11	D js16	d H7	L js16	C
1	50	16	4	0.2
1.25				
1.6			5	0.25
2				
2.5	63	22		0.3
3.15（3）			6	
4				0.4
5			10	0.5
6.3（6）	80	27	12	0.6
8			16	0.8
10	100		18	1.0
12.5（12）		32	20	1.2
16	125		24	1.6
20			28	2.0

注：括号内的值为替代方案。

2. 圆角铣刀技术条件

（1）位置公差 圆角铣刀的位置公差见表 6-59。

表 6-59 圆角铣刀位置公差

（单位：mm）

项　　目		公　　差		
		$R \leqslant 5$	$5 < R \leqslant 12$	$12 < R \leqslant 20$
齿形对内孔轴线的径向和斜向圆跳动	一转	0.060	0.080	0.100
	相邻齿	0.035	0.045	0.055
两端面平行度		0.02		

注：圆跳动的检测方法按 GB/T 6122.1—2002 附录 A（提示的附录）的规定。

（2）材料和硬度

1）圆角铣刀用 W6Mo5Cr4V2 或其他同等性能的高速工具钢制造。

2）圆角铣刀工作部分的硬度为 63~66HRC。

（3）外观和表面粗糙度

1）圆角铣刀表面不应有裂纹，切削刃应锋利，不应有崩刃、钝口以及磨削烧伤等影响使用性能的缺陷。

2）圆角铣刀表面粗糙度的上限值见表 6-60。

表 6-60　圆角铣刀表面粗糙度上限值

（单位：μm）

部　　位	表面粗糙度上限值
前面	$Rz6.3$
内孔表面	$Ra1.6$
两支承端面	
齿背面	$Ra3.2$

6.5.11　模具铣刀

模具铣刀主要用于加工模具等零件的型腔。

1. 模具铣刀的型式和尺寸

GB/T 20773—2006 制定了各种型式的模具铣刀标准，如图 6-66~图 6-74 所示。各类型式模具铣刀规格、几何参数及具体尺寸可参照各相应标准。

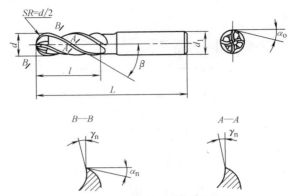

图 6-66　直柄圆柱形球头模具铣刀

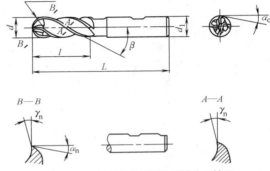

图 6-67　削平型直柄圆柱形球头立铣刀

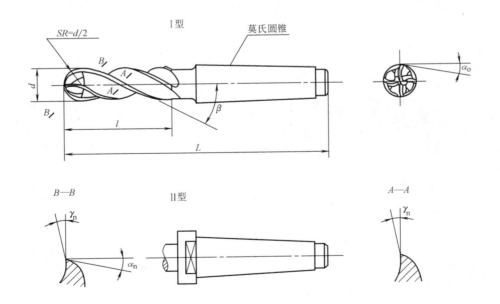

图 6-68　莫氏锥柄圆柱形球头立铣刀

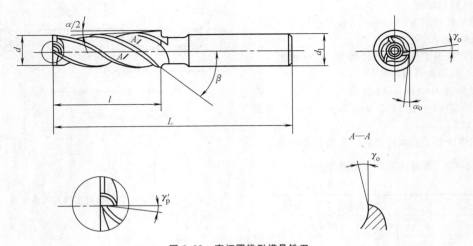

图 6-69　直柄圆锥形模具铣刀

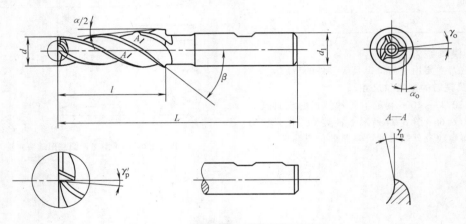

图 6-70　削平型直柄圆锥形模具铣刀

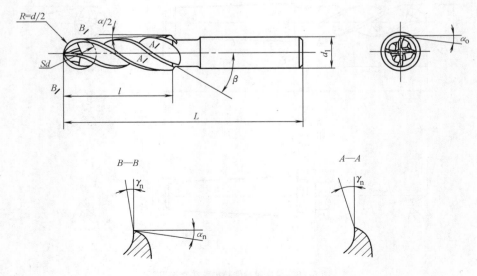

图 6-71　直柄圆锥形球头模具铣刀

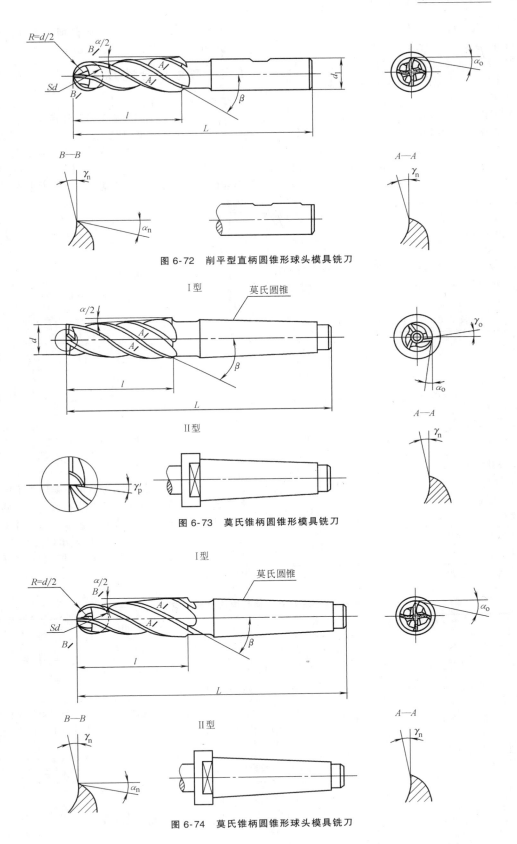

图 6-72 削平型直柄圆锥形球头模具铣刀

图 6-73 莫氏锥柄圆锥形模具铣刀

图 6-74 莫氏锥柄圆锥形球头模具铣刀

2. 模具铣刀技术条件

1）铣刀表面不应有裂纹，切削刃应锋利，不应有崩刃、钝口以及退火等影响使用性能的缺陷。焊接铣刀在焊缝处不应有砂眼和未焊透现象。

2）铣刀表面粗糙度按下列规定：

① 刀齿前面和后面：$Rz6.3\mu m$。

② 普通直柄柄部外圆：$Ra1.25\mu m$。

③ 削平型和锥柄柄部外圆：$Ra0.65\mu m$。

3）圆锥形铣刀的沟槽应制成等螺旋角沟槽。

4）圆周刃与球头刃应圆滑连接。

5）几何公差见表 6-61。

6）铣刀工作部分用 W6Mo5Cr4V2 或其他同等性能的高速工具钢制造。

7）硬度

① $d \leqslant 6mm$ 的圆柱球头立铣刀的工作部分硬度为 62~65HRC，其余铣刀的工作部分硬度为 63~66HRC。

表 6-61　几何公差　（单位：mm）

项　　　目	公　　差			
	短形、标准型		长　型	
	$d \leqslant 16$	$d > 16$	$d \leqslant 16$	$d > 16$
圆周刃对柄部轴线的径向圆跳动	0.032	0.04	0.04	0.05
球头刃对柄部轴线的球面斜向圆跳动	0.04		0.05	
圆周刃对柄部轴线的斜向圆跳动	0.032	0.04	0.04	0.05
端刃对柄部轴线的轴向圆跳动	0.03		0.04	
圆柱形球头立铣刀外径倒锥度	0.02		0.03	

注：铣刀圆跳动的检测方法按 GB/T 6118—2010。

② 铣刀柄部为：普通直柄和锥柄，硬度 ≥30HRC；削平直柄，硬度 ≥50HRC。

6.6　硬质合金铣刀

6.6.1　可转位铣刀刀片

1. 可转位铣刀刀片表示规则和标准

GB/T 2076—2007 规定了可转位刀片型号表示规则。标准规定用 10 个号位的字母和数字代号，按一定顺序排列组成刀片型号。可转位铣刀刀片常用前 9 个号位的字母和数字代号表示。各号位代号的含义见表 6-62。

例

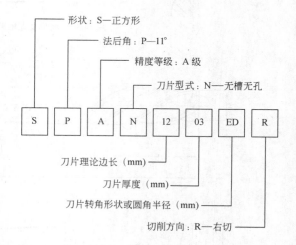

在第 7 号位，若刀片为圆角，则用两个阿拉伯数字表示圆角半径大小。若刀片有修光刃，则用两个字母表示转角形状。第 1 个字母表示刀片安装在刀体上的 κ_r 大小。第 2 个字母表示修光刃法后角。对于主偏角 κ_r：E—75°。对于修光刃法后角：D—15°。

表 6-62　铣刀刀片型号中各位代号含义

号位	代号的含义	各种铣刀刀片所用的代号
1	用字母表示刀片形状	T—正三角形；S—正方形；L—矩形；R—圆形
2	用字母表示刀片法后角	N—0°；C—7°；P—11°；D—15°；E—20°
3	用字母表示刀片精度	A 级（最高）；C 级（常用）；K 级（最低）
4	用字母表示刀片有无断屑槽和中心固定孔	N—无槽无孔；A—有圆形固定孔无断屑槽；W—单面有 40°~60° 固定沉孔无断屑槽；Q—双面有 40°~60° 固定沉孔无槽；B—单面有 70°~90° 固定沉孔无槽
5	用数字表示刀片边长	09—边长为 9.525；12—边长为 12.70；15—边长为 15.875；19—边长为 19.05（正方形刀片） 正三角形刀片有 11、17、22、28 四个规格
6	用数字表示刀片厚度	03—厚度为 3.18；04—厚度为 4.76；06—厚度为 6.35

（续）

号位	代号的含义	各种铣刀刀片所用的代号
7	用两个字母分别表示主偏角和修光刃法后角大小	（1）A—45°；D—60°；E—75°；F—85°；P—90°；Z—特殊角度
		（2）B—5°；C—7°；P—11°；D—15°；E—20°；F—25°；G—30°；N—0°；Z—特殊角度
8	用字母表示刀片的切削刃截面形状	F—尖锐刀刃；E—倒圆刀刃；T—倒棱刀刃；S—既倒棱又倒圆刀刃
9	用字母表示刀片切削方向	R—右切；L—左切；N—左、右均可切削

　　GB/T 2081—1987 规定了带修光刃、无固定孔的硬质合金可转位刀片的型式尺寸。表 6-63 列出了该标准中部分常用铣刀刀片的型号及主要尺寸。表 6-64 给出了各尺寸精度要求。

　　除 GB/T 2081—1987 规定的刀片外，目前出现了许多采用非标准硬质合金刀片的铣刀。重型铣刀因其切削的特殊性，常采用非标准型式刀片，见表 6-65。

　　在一些特殊场合，还应用了陶瓷刀片、立方氮化硼刀片，聚晶金刚石刀片，见表 6-66~表 6-68。

表 6-63　可转位铣刀刀片的型式和尺寸（GB/T 2081—1987）　　（单位：mm）

型　号	d=L	S	b's≈	m	εr 度数	εr 允许偏差	φ 度数	φ 允许偏差
SNAN1204ENN	12.70			0.80		±8′		0°~+15′
SNCN1204ENN								
SNKN1204ENN			1.4			±30′		0°~+30′
SNAN1504ENN	15.87	4.76		1.50	90°	±8′	75°	0°~+15′
SNCN1504ENN								
SNKN1504ENN						±30′		0°~+30′
SNAN1904ENN	19.05		2.0	1.30		±8′		0°~+15′
SNCN1904ENN								
SNKN1904ENN						±30′		0°~+30′

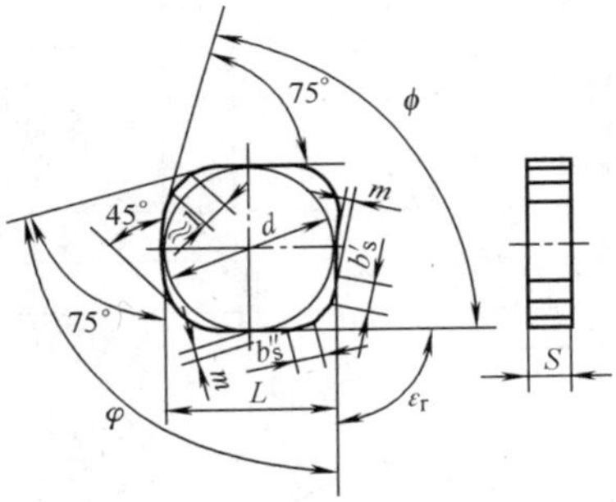

型　号	d=L	S	b's≈	m	εr 度数	εr 允许偏差	φ 度数	φ 允许偏差
SPAN1203EDR	12.70	3.175		0.90		±8′		0°~+15′
SPAN1203EDL								
SPCN1203EDR								
SPCN1203EDL								
SPKN1203EDR						±30′		0°~+30′
SPKN1203EDL								
SPAN1504EDR				1.4	90°		75°	
SPAN1504EDL						±8′		0°~+15′
SPCN1504EDR	15.875	4.76		1.25				
SPCN1504EDL								
SPKN1504EDR						±30′		0°~+30′
SPKN1504EDL								

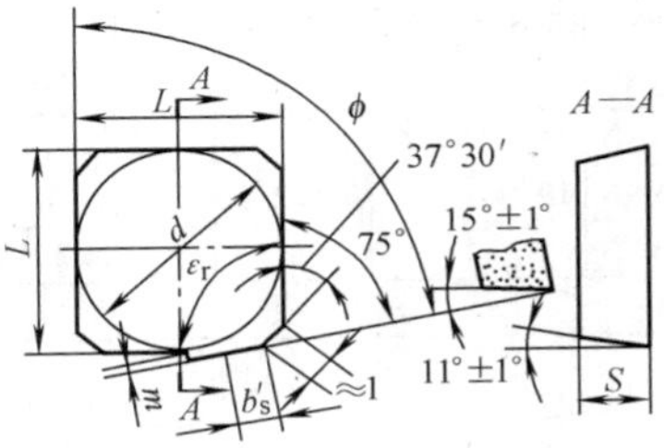

（续）

（1）

图形

型　号	d=L	S	b's≈	m	εr 度数	εr 允许偏差	φ 度数	φ 允许偏差
SNAN1204ANN	12.70		2.0	1.6		±8′		±8′
SNCN1204ANN								
SNKN1204ANN						±30′		±15′
SNAN1504ANN	15.875	4.76	2.5	2.0	90°	±8′	45°	±8′
SNCN1504ANN								
SNKN1504ANN						±30′		±15′
SNAN1904ANN	19.05		3.0	2.50		±8′		±8′
SNCN1904ANN								
SNKN1904ANN						±30′		±15′

（2）

型　号	L≈	d	S	b's	m	εr 度数	εr 允许偏差	φ 度数	φ 允许偏差
TPAN1603PDR									
TPAN1603PDL							±8′		0°~+15′
TPCN1603PDR									
TPCN1603PDL	16.5	9.525	3.175	1.3	2.45	60°		30°	
TPKN1603PDR							±30′		0°~+30′
TPKN1603PDL									
TPAN2204PDR									
TPAN2204PDL							±8′		0°~+15′
TPCN2204PDR									
TPCN2204PDL	22.0	12.70	4.76	1.4	3.55	60°			
TPKN2204PDR							±30′		0°~+30′
TPKN2204PDL									

图形

型　号	d=L	S	b's≈	m	εr 度数	εr 允许偏差	φ 度数	φ 允许偏差
SECN1203EER	12.70	3.175	2.5	0.80	90°	±8′	75°	0°~+15′
SECN1203EEL								

（2）

图形

（3）

图形

型　号	L	d ±0.025	S ±0.025	m ±0.025
LPEX1403EDR	14.70	12.70	3.175	0.97
LPEX1403EDL				
LPEX1804EDR	18.3	15.875	4.76	1.32
LPEX1804EDL				

型　号	a	αn±1°	α'n±1°	φ 度数	φ 允许偏差
LPEX1403EDR	8	11°	15°	75°	0°~+30′
LPEX1403EDL					
LPEX1804EDR	10				
LPEX1804EDL					

（续）

(4)
图　形

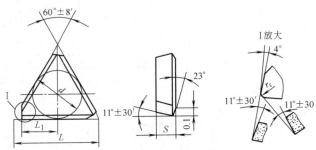

型　号	$L\approx$	d	S	L_1 公称尺寸	L_1 允许偏差	r_ε ±0.1
FPCN110305R	11.0	6.35	3.175	4.76	±0.013	0.5
FPCN110305L						0.5
FPCN110310R						1.0
FPCN110310L						1.0
FPCN160305R	16.5	9.525	3.175	7.00		0.5
FPCN160305L						0.5
FPCN160310R						1.0
FPCN160310L						1.0
FPCN160315R						1.5
FPCN160315L						1.5
FPCN160320R						2.0
FPCN160320L						2.0
FPCN220405R	22.0	12.70	4.76	9.20		0.5
FPCN220405L						0.5
FPCN220410R						1.0

型　号	$L\approx$	d	S	L_1 公称尺寸	L_1 允许偏差	r_ε ±0.1
FPCN220410L	22.0	12.70	4.76	9.20	±0.013	1.0
FPCN220415R						1.5
FPCN220415L						1.5
FPCN220420R						2.0
FPCN220420L						2.0
FPCN220425R						2.5
FPCN220425L						2.5
FPCN270605R	27.5	15.875	6.35	11.30		0.5
FPCN270605L						0.5
FPCN270610R						1.0
FPCN270610L						1.0
FPCN270620R						2.0
FPCN270620L						2.0
FPCN270630R						3.0
FPCN270630L						3.0

表 6-64　可转位铣刀刀片精度要求　　　　（单位：mm）

d	d 的允许偏差		m 的允许偏差			S 的允许偏差
	偏差等级		偏差等级			偏差等级
	A、C、E	K	A	C、K	E	A、C、E、K
6.35	±0.025	±0.05	±0.005	±0.013	±0.025	±0.025
9.525		±0.05				
12.70		±0.08				
15.875		±0.10				
19.05						

表 6-65　部分重型铣刀刀片型式和尺寸（参考）　　　　（单位：mm）

刀片简图	刀片代号	公称尺寸		
		L_1	L_2	S
	CDE332R—01	12.7	9.525	3.81
	CDE322R—04			
	CDE322R—05			
	CDE313R—01	9.525	11.112	4.76
	CDE334R—04	19.05	9.525	6.35
	CDE334R—01			

(续)

刀 片 简 图

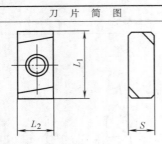

刀片代号	公 称 尺 寸		
	L_1	L_2	S
LSE323R—02	15. 8755	9. 525	4. 762
LSE434R—01	19. 05		6. 35
LSE346R01—M	24		
LSE446N1	25. 4	14. 287	9. 525
LSE446R—01	28. 575		
LSE446R01—M			9. 552

刀 片 简 图

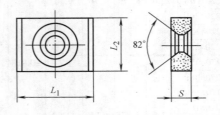

刀片代号	公 称 尺 寸		
	L_1	L_2	S
LNE322K05PH12			3. 81
LNE323—02	15. 875	9. 525	
LNE323K05PH12			4. 762
LNE336R01—H1	19. 05	14. 287	9. 525
LNE434—02			6. 35
LNE446—01M		16. 02	
LNE446—R01M	28. 575		9. 525
LNE446R01		14. 287	

刀 片 简 图

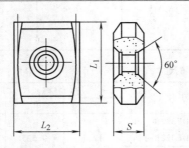

刀片代号	公 称 尺 寸		
	L_1	L_2	S
YCE434—01	19. 05	14. 287	6. 35
YCE323—01	15. 875	9. 525	4. 762

刀 片 简 图

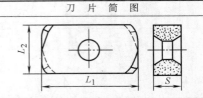

刀片代号	公 称 尺 寸		
	L_1	L_2	S
P2403	29	16	
P2406	26	15. 7	8
P2453	29	16	

刀 片 简 图

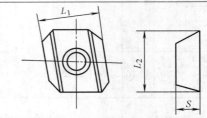

刀片代号	公 称 尺 寸	
	D	S
RPMX (P2200—1)	$\phi 12$	4. 76

刀 片 简 图

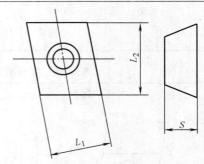

刀片代号	公 称 尺 寸		
	L_1	L_2	S
SPE—33R01	11. 112	11. 112	4. 762
SPE—33R02			
SPE—55R02	14. 287	14. 287	6. 35

刀 片 简 图

刀片代号	公 称 尺 寸		
	L_1	L_2	S
SPE—55R03	12. 7	14. 287	6. 35

（续）

刀 片 简 图

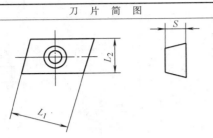

刀片代号	公 称 尺 寸		
	L_1	L_2	S
GXE212L01	7.239	6.35	3.81

刀 片 简 图

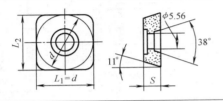

刀片代号	公 称 尺 寸		
	L_1	L_2	S
SPMX120407			
SPMX120408	12.7	12.7	4.76
（P2808）			

刀 片 简 图

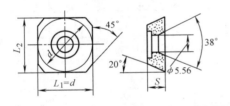

刀片代号	公 称 尺 寸		
	L_1	L_2	S
SEMX1504AE	15.8	15.8	4.76
（P2894）			

刀 片 简 图

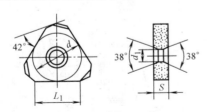

刀片代号	公 称 尺 寸			
	L_1	d	d_1	S
TPKX1504ZZ	20.785	15		
TPKX1804ZZ	31.177	18	5.52	4.5
（P2352、P2372）				

刀 片 简 图

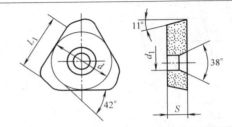

刀片代号	公 称 尺 寸		
	R	d	S
P26315	R=10	D=6.75	2.78
	R=12	D=8.5	3.18
	R=16	D=10.5	3.97
	R=20		
	R=25	D=12.7	4.76
	R=31		

刀 片 简 图

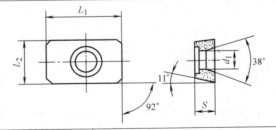

刀片代号	公 称 尺 寸			
	L_1	d	d_1	S
TEKX1804ZZ	31.177	18	5.52	4.5
（P2553—3）				

刀 片 简 图

刀片代号	公 称 尺 寸			
	L_1	L_2	d_1	S
APMX120404	15.88	12.7	5.52	4.76
APMX120408	20.00			

刀 片 简 图

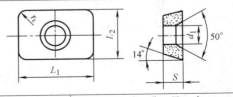

刀片代号	公 称 尺 寸			
	L_1	L_2	d_1	S
P27003	15	9.525	4.5	3.18

（续）

刀片简图

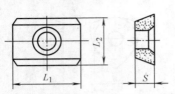

刀片代号	公称尺寸		
	L_1	L_2	S
P27201.3	15	9.525	3.18
P27201.4	20	12.7	4.70

刀片简图

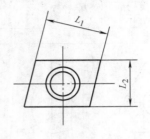
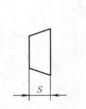

刀片代号	公称尺寸		
	L_1	L_2	S
CDE212L01	11.112	7.937	3.81
CDE212L02	9.525		
CDE322L14	13.97	9.525	

刀片简图

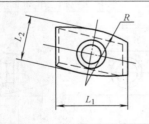

刀片代号	公称尺寸		
	L_1	L_2	R
BDE223R02/20	13.462	7.937	10
BDE323R06/25	12.7	9.525	12.5
BDE323R07/32			16
BDE323R08/40			20.0
BDE323R09/50	14.22		25

刀片简图

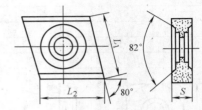

刀片代号	公称尺寸		
	L_1	L_2	S
CNE323	12.7	9.525	4.762
CNE44		12.7	6.35
CNE454	16.28	14.28	

刀片简图

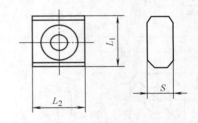

刀片代号	公称尺寸		
	L_1	L_2	S
SNE33—01	9.525	9.525	4.76
SNC44	12.7	12.7	6.35
SNC55	15.875	15.875	7.937

表 6-66 陶瓷刀片的型式和尺寸　　　　（单位：mm）

刀片图形

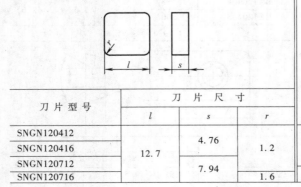

刀片型号	刀片尺寸		
	l	s	r
SNGN120412	12.7	4.76	1.2
SNGN120416			
SNGN120712		7.94	1.6
SNGN120716			

刀片图形

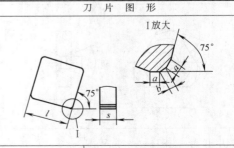

刀片型号	刀片尺寸			
	l	s	a	b
SNKN1204ENN	12.7	4.76	1.5	0.9

（续）

刀片图形	刀片型号	刀片尺寸			
		l	s	a	b
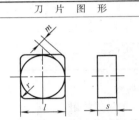	SNEX1204ENN	12.7	4.76	10	—

表 6-67　立方氮化硼可转位刀片的型号和尺寸　　　　（单位：mm）

刀片图形		刀片图形				

刀片型号	刀片尺寸	
	s	d
RNMN090300	3.18	9.525
RNMN120300		12.7

刀片型号	刀片尺寸			
	l	s	r	m
SNMN090316	9.525	3.18	1.6	1.310
SNMN120316	12.7			1.972
SNMN120416		4.76		
SNMN190412	19.05		1.2	3.452

表 6-68　聚晶金刚石 PCD 铣刀刀片型号和尺寸　　　　（单位：mm）

刀片图形		刀片图形	

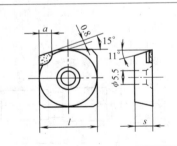

刀片型号	l	s	a
SPGA1204EPR	12.7	4.76	3.7

刀片图形

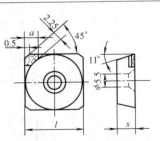

刀片型号	l	s	a
SPGA1204PPR	12.7	4.76	3.7

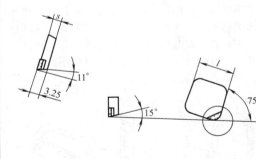

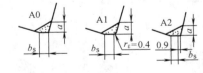

刀片型号	l	s	b_s	a
SPCN1203EDRA0	12.7	3.18	2.6	3.5
SPCN1203EDRA1			2.3	
SPCN1203EDRA2			1.9	

（续）

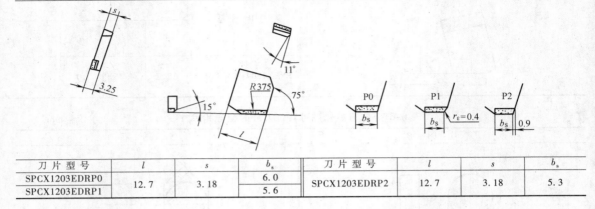

刀片图形							
刀片型号	l	s	b_s	刀片型号	l	s	b_s
SPCX1203EDRP0	12.7	3.18	6.0	SPCX1203EDRP2	12.7	3.18	5.3
SPCX1203EDRP1			5.6				

2. 刀片的选择

根据所设计的铣刀的用途，要选择合适的刀片。当设计加工余量较大的粗加工铣刀时，应选择强度较高的立装刀片或较厚的平装刀片。设计加工中小余量的铣刀时，从经济角度考虑，应选择尺寸小一些的刀片。在刃长相同的情况下，三角形刀片的重量比四边形刀片轻一半以上，其经济性较好，常用于直角铣刀。带后角的刀片适用于正前角和正刃倾角铣刀；不带后角的刀片适用于负前角铣刀。不带后角的刀片一般可正反两面使用，刀片利用率高。使用带孔的刀片，具有装夹方便、刀具结构简单、刀具上容屑空间大等特点。

随着高强度的新牌号硬质合金的出现，刀片制造工艺不断改进，世界上一些刀具厂商开发出多种带有断屑槽形（三维断屑槽）的铣刀刀片，而且已成为一种趋势，如图6-75所示。这类刀片工作时产生的切削力方向更加合理，切削力也较小。设计时可重点考虑选用这些刀片。

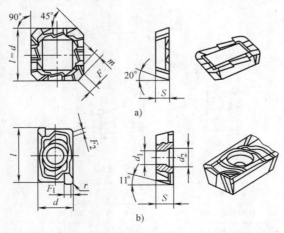

图6-75 带断屑槽的铣刀刀片
a）波形刃铣刀刀片 b）螺旋刃铣刀刀片

6.6.2 硬质合金立铣刀

1. 硬质合金立铣刀结构和几何参数选择

（1）硬质合金立铣刀结构 硬质合金立铣刀可分为整体式结构、镶焊式结构和机夹可转位结构。

镶焊式立铣刀刀具精度高，整体刚性好。但在焊接或刃磨不当时，易产生裂纹甚至使之报废。

机夹可转位硬质合金立铣刀则没有镶焊式立铣刀的缺点，刀体可重复使用，成本较低。该刀具的直径一般在12~125mm范围内。由于其直径较小，夹紧元件所占空间的位置受到较大限制，因此夹紧机构一般都采用占空间较小的形式，如刀片带沉孔、利用沉头螺钉直接将刀片压紧在刀体上的压孔式；刀片无孔、利用蘑菇头螺钉或压板、楔块等将其直接压在刀体上的上压式，如图6-76~图6-79所示。其刀片槽的设计可参考面铣刀设计。

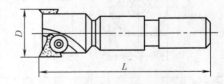

图6-76 蘑菇头上压式可转位立铣刀

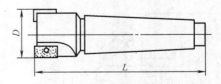

图6-77 压孔式可转位立铣刀

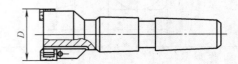

图6-78 螺钉楔块上压式可转位立铣刀

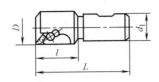

图 6-79　压板上压式可转位立铣刀

（2）硬质合金立铣刀几何参数选择　根据被加工材料及工艺系统情况，硬质合金立铣刀几何参数的选择可参照表 6-69 及表 6-70。

2. 镶焊式硬质合金立铣刀

镶焊式硬质合金立铣刀分直刃和螺旋齿两种形式。

（1）直刃硬质合金立铣刀　根据直径大小，镶焊式直刃硬质合金立铣刀有直柄和锥柄两种结构。这两种结构型式和尺寸如图 6-80、图 6-81 及表 6-71、表 6-72 所示。

表 6-69　硬质合金立铣刀几何参数参考值

加工材料	γ_o	α_o	α_o'	β	κ_r	κ_r'	备注
碳钢和合金钢 $\sigma_b < 750MPa$ 铸铁 < 200HBW 青铜 < 140HBW	+5°	17°	6°	22° ~ 40°	—	3° ~ 4°	1）当工艺系统刚性差时，γ_o 可适当增加 2）端齿前角取 -3° ~ 8°，铣削软钢时用大值，铣削硬钢时用小值
碳钢和合金钢 $\sigma_b = 750 ~ 1100MPa$ 铸铁 > 200HBW 青铜 > 140HBW	0°	17°	6°	22° ~ 40°	90°	3° ~ 4°	
碳铜和合金钢 $\sigma_b > 1100MPa$	-5°	15°	6°	22° ~ 40°		3° ~ 4°	
耐热钢、钛合金	10° ~ 15°	15°	—	—		—	

表 6-70　常用立铣刀几何参数参考值

铣刀类型	几何参数	备注
楔块式立铣刀	$\lambda_s = 5°,\ \gamma_o = 0°$	—
压板上压式立铣刀	1）$\lambda_s = -5°,\ \gamma_o = -10°$	系统刚度好时
	2）$\lambda_s = 5°,\ \gamma_o = 5°$	加工钢料
蘑菇头上压式立铣刀	1）$\gamma_f = 0°,\ \gamma_p = 0°$	—
	2）$\gamma_f = -9°30' ~ +2°$ $\gamma_p = -7°$（小规格） $\gamma_p = 7°$（大规格）	γ_f 按铣刀直径变化选取
平装刀片压孔式立铣刀	$\gamma_f = 5° ~ 7°,\ \gamma_p = 15° ~ 18°$	—
平装刀片压孔式钻刀	$\lambda_s = 2° ~ 3°,\ \gamma_o = -8° ~ -4°$	$\alpha = 8° ~ 15°$
R 立铣刀	1）$\lambda_s = -7°,\ \gamma_o = -5°$	—
	2）$\lambda_f = 0° ~ -5°,\ \gamma_p = 0°$	—
	3）$\gamma_f = +5° ~ +10°,\ \gamma_p = 0°$	有断屑槽的刀片
球头立铣刀	1）$\lambda_s = 8° ~ 13°$	—
	2）$\gamma_o = +10°$	有断屑槽的刀片
45° 立铣刀	1）$\lambda_s = 0°,\ \gamma_o = 12°$ $\lambda_s = 0°,\ \gamma_o = -4°$	小规格 大规格
	2）$\gamma_f = 4°,\ \gamma_p = 7°$	有断屑槽的刀片
	3）$\gamma_f = -3°,\ \gamma_p = 0°$	用于面铣刀
焊接式螺旋刃立铣刀	$\beta = +25°,\ \gamma_o = 5° ~ 10°$	—
立装式可转位螺旋立铣刀	$\lambda_s = 5°,\ \gamma_o = 2°$ $\gamma_o = -4°$	大规格 小规格
模块式螺旋立铣刀 1）平装刀片模块式 2）立装刀片模块式	1）$\gamma_f = 0°,\ \gamma_p = 12°$（周齿） $\gamma_p = 6°$（端齿）	—
	2）$\gamma_f = 0°,\ \gamma_p = 6°$（端齿） $\gamma_p = 15°$（周齿）	
	3）$\gamma_f = 10°,\ \gamma_p = 6°$（端齿） $\gamma_p = 15°$（周齿）	
	4）$\gamma_f = -6° ~ 12°,\ \gamma_p = 8°$ $\beta = 20°$	有断屑槽的刀片
T 形槽立铣刀	$\gamma_f = 2° ~ 10°,\ \gamma_p = 5°$	有断屑槽刀片的大前角

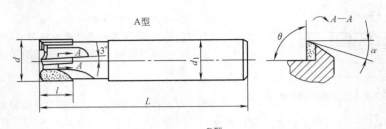

A 型

B 型

图 6-80 直柄硬质合金斜齿立铣刀

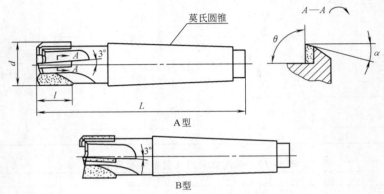

A 型

B 型

图 6-81 锥柄硬质合金斜齿立铣刀

表 6-71 直柄硬质合金斜齿立铣刀 （单位：mm）

d		L		$d_1$①		参 考 值				
公称尺寸	极限偏差 js14	公称尺寸	极限偏差 js16	公称尺寸	极限偏差 h8	硬质合金刀片型号②	l min	α	θ	齿数
10	±0.180	75		10	0 −0.022	E515	13.5	12°	95°	3
11		80	±0.95	12	0 −0.027					
12										
14	±0.215	85				E315				
16		90		16						
18										
20	±0.260		±1.10	20	0 −0.033	E320	18.0			4
22		100		25						
25										
28										

① 柄部尺寸和极限偏差按 GB/T 6131.3—1996 选用。
② 硬质合金刀片型号按 YS/T 79—2006 选用。

表 6-72 锥柄硬质合金斜齿立铣刀 （单位：mm）

d		L		莫氏圆锥号①	参 考 值				
公称尺寸	极限偏差 js14	公称尺寸	极限偏差 js16		硬质合金刀片型号②	l min	α	θ	齿数
14	±0.215	105	±1.10	2	E315	13.5	12°	95°	3
16									
18		110							
20	±0.260	130	±1.25	3	E320	18.0		90°	4
22									

（续）

d		L		莫氏圆锥号①	参 考 值				
公称尺寸	极限偏差js14	公称尺寸	极限偏差js16		硬质合金刀片型号②	l min	α	θ	齿数
25		130		3	E320	18.0		90°	4
28	±0.260	155							
30									
32		160	±1.25	4	E325	23.0	12°		
36									
40								70°	6
45	±0.310	170			E330	28.0			
		195	±1.45	5					
50		170	±1.25	4					
		195	±1.45	5					

① 莫氏圆锥的尺寸和极限偏差按 GB/T 1443—2016 的规定。
② 硬质合金刀片型号按 YS/T 79—2006 选用。

（2）硬质合金螺旋齿立铣刀　使用硬质合金螺旋齿立铣刀可以提高工件表面质量。这种刀具分焊接式和机夹式两种。机夹式硬质合金螺旋齿立铣刀的刀片是将螺旋型刀片镶焊在加工出齿纹的刀条上制成机夹式刀片。机夹式硬质合金螺旋刃立铣刀采用齿纹定位，特殊形螺钉楔块上压夹紧。刀具达到磨钝标准而需要重磨时，可将刀片卸下，然后按槽上的标号，依次跳槽安装（末号槽上的刀片装入 1 号槽时，要升高一个齿纹），这样，所有刀片具有相等的重磨余量，重磨后便可获得原来的工作直径。一般刀片可重磨 10～15 次。这两种铣刀可以加工表面硬度为 35～40HRC 的零件。精铣时可达到 Ra1.6～3.2μm。其结构型式和尺寸见图 6-82～图 6-84 及表 6-73～表 6-75。柄部尺寸和极限偏差分别按 GB/T 6131.1—2006 和 GB/T 6131.2—2006 的规定。

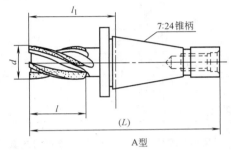

A 型

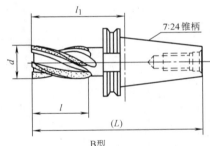

B 型

图 6-84　硬质合金螺旋齿 7：24 锥柄立铣刀

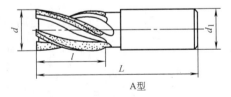

A 型

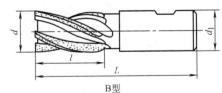

B 型

图 6-82　普通直柄和削平直柄的硬质合金螺旋齿立铣刀

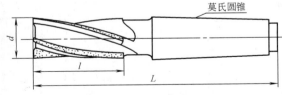

图 6-83　硬质合金螺旋齿莫氏锥柄立铣刀

表 6-73　普通直柄和削平直柄硬质合金螺旋齿立铣刀主要尺寸

（GB/T 16456.1—2008）　（单位：mm）

d k12	l		d_1	L +2 0
	公称尺寸	极限偏差		
12	20	+2 0	12	75
	25			80
16	25		16	88
	32			95
20	32		20	97
	40			105
25	40		25	111
	50			121
32	40	+3 0	32	120
	50			130
40	50		40	140
	63			153

表 6-74 硬质合金螺旋齿莫氏锥柄立铣刀主要尺寸
（GB/T 16456.3—2008）

（单位：mm）

$\begin{array}{c}d\\k12\end{array}$	$\begin{array}{c}l\\+2\\0\end{array}$	$\begin{array}{c}L\\+2\\0\end{array}$	莫氏圆锥号
16	25	110	2
	32	117	
20	32	117	
	40	125	
		142	
25	40	142	3
	50	152	
32	40	165	
	50	175	
40	50	181	4
	63	194	
50	63	194	
	80	238	
63	63	221	5
	100	258	

表 6-75 硬质合金螺旋齿 7：24 锥柄立铣刀主要尺寸
（GB/T 16456.2—2008）

（单位：mm）

$\begin{array}{c}d\\k12\end{array}$	$\begin{array}{c}l\\+3\\0\end{array}$	A 型 40号圆锥 $\begin{array}{c}l_1\\+3\\0\end{array}$	A 型 40号圆锥 L	A 型 50号圆锥 $\begin{array}{c}l_1\\+3\\0\end{array}$	A 型 50号圆锥 L	B 型 40号圆锥 $\begin{array}{c}l_1\\+3\\0\end{array}$	B 型 40号圆锥 L	B 型 50号圆锥 $\begin{array}{c}l_1\\+3\\0\end{array}$	B 型 50号圆锥 L
32	40	84	177.4	—	—	91	159.4	—	—
	50	94	187.4	—	—	101	169.4	—	—
40	50	94	187.4	103	229.8	101	169.4	107	208.75
	63	107	200.4	116	242.8	114	182.4	120	221.75
50	50	94	187.4	103	229.8	101	169.4	107	208.75
	80	124	217.4	133	259.8	131	199.4	137	238.75
63	63	—	—	116	242.8	—	—	120	221.75
	100	—	—	153	179.8	—	—	157	258.75

A 型立铣刀的柄部尺寸和极限偏差按 GB/T 3837—2001 的规定，B 型立铣刀的柄部尺寸和极限偏差按 GB/T 10944.1—2013 的规定。

硬质合金螺旋齿立铣刀除一般常用的镶焊式结构外，还有一种为机夹重磨式的螺旋立铣刀（合金螺旋刀片焊接在刀块上），其型式和尺寸见表6-76。

（3）焊接式硬质合金玉米铣刀　焊接式玉米铣刀可起到分屑作用，对于降低切削力和减少振动有很好的作用，见表6-77。

（4）镶焊式硬质合金立铣刀技术要求

1）铣刀刀片应焊接牢固，不得有裂纹、钝口和崩刃。铣刀表面不得有磕伤、锈迹等影响使用性能的缺陷。

2）铣刀刀片材料按 GB/T 2075—2007 选用，加工钢时，用 P20～P30；加工铸铁时，用 K20～K30 硬质合金。

3）铣刀刀体用 40Cr 或同等性能以上的合金钢制造，其柄部距尾端 2/3 长度上硬度不得低于 25HRC。

表 6-76 机夹重磨硬质合金螺旋齿立铣刀

（单位：mm）

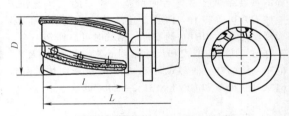

D	l	L	锥柄号	齿数
63	57	276	7：24 50	4
63	114	296		
90	114	300		6
90	171	356		
90	228	414		

表 6-77 焊接式硬质合金玉米铣刀

（单位：mm）

刀　具	$\begin{array}{c}D_C\\js16\end{array}$	d_1	X_1	X_2	L_C	齿数	c	螺旋导程
柄部 DIN 228A 型	20	MK2	60	124.0	40	2	0.5	163
	25	MK3	70	151.0				204
	28	MK3		156.0	50			230
	32	MK4	75	177.5				262
	40	MK4	95	197.5	63		0.8	327

（续）

刀　具	D_C js16	d_1	X_1	X_2	L_C	齿数	c	螺旋导程
柄部 DIN 1835B 型 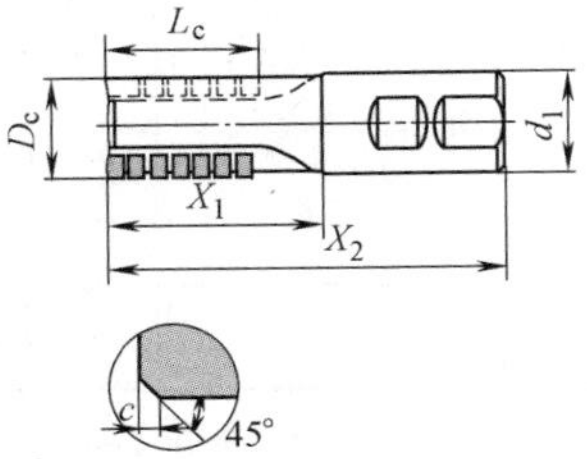	16	16	46	95.0	32	1	0.5	131
	18	20	49	100.0	36			147
	20		54	105.0	40			163
	25	25	68	125.0	50	2		204
	28							230
	32	32	69	130.0				262
	40		84	145.0	63			327
圆柱孔横向锁紧 DIN 138 型 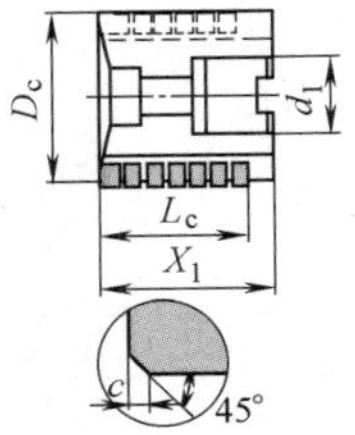	50	22	50		40	3	0.8	409
	63	27	63	—	50			515
	80	32				4	1.0	654
	100	40	80		63			818

4）铣刀主要表面的表面粗糙度参数值不大于下列规定的参数值：

刀片前面及后面：$Rz3.2\mu m$。

锥柄外圆表面：$Ra0.8\mu m$。

表 6-78　镶焊式硬质合金立铣刀的位置公差

（单位：mm）

项　　目		公　差		
		$d \leqslant 18$	$18 < d \leqslant 28$	$d > 28$
圆周刃对柄部轴线的径向圆跳动	一转	0.032	0.040	0.050
	相邻齿	—	0.020	0.025
端刃对柄部轴线的轴向圆跳动	一转	0.030	0.040	
	相邻齿	—	0.020	
切削刃外径锥度		0.02		

5）铣刀位置公差按表 6-78 的规定。

3. 可转位立铣刀

（1）短刃可转位立铣刀　GB/T 5340.1～5340.2—2006 规定了短刃可转位立铣刀的型式和尺寸，这种立铣刀沿轴向的切削刃只有一个刀片，因此，其切削刃长度较短，一般不超过 22mm。表 6-79 为 GB/T 5340.1～5340.2—2006 规定的短刃可转位立铣刀的型式和尺寸。

（2）立装刀片可转位立铣刀　为了增大刀片承载截面，在平装可转位立铣刀之后，又出现了立装刀片的结构。其型式及尺寸见表 6-80。

（3）压孔式平装刀片可转位立铣刀　压孔式平装刀片可转位立铣刀的型式和尺寸见表 6-81。

表 6-79　短刃可转位立铣刀的型式和尺寸（GB/T 5340.1～5340.2—2006）　（单位：mm）

型　　式	尺　　寸			
	D js14	d_1 h6	L	l_{max}
削平型直柄	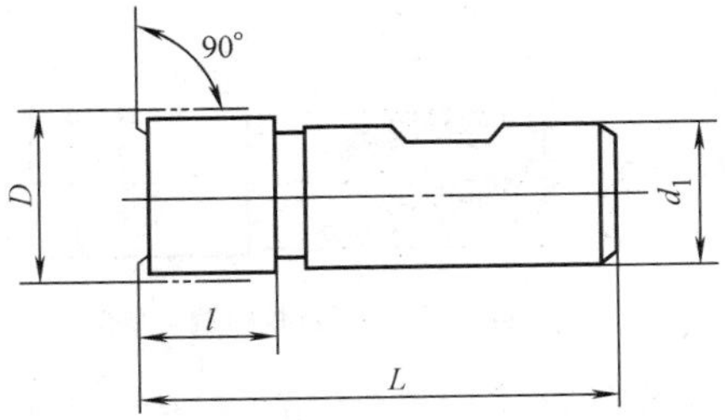 12	12	70	20
	14			
	16	16	75	25
	18			
	20	20	82	30
	25	25	96	38
	32	32	100	38
	40	32	110	48
	50			

（续）

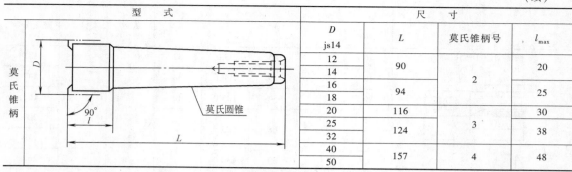

型　式	尺　寸			
	D js14	L	莫氏锥柄号	l_{max}
莫氏锥柄	12	90	2	20
	14			
	16	94		25
	18			
	20	116		30
	25	124	3	38
	32			
	40	157	4	48
	50			

表 6-80　立装刀片可转位立铣刀　　　　　　　　　　（单位：mm）

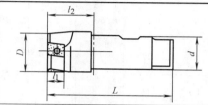

D	l_1	l_2	L	d	刀片型号	D	l_1	l_2	L	d	刀片型号
16		34	90		CDE322R01 倒角 C0.5 或 CDE322R04 圆角 $R=3$	20		34	90	25	CDE334R01 倒角 C0.5 或 CDE334R04 圆角 $R=5$
20	10			25		25	18	39	95		
25						32		35		32	
32		39	95			40		40	100		
40											

表 6-81　压孔式平装刀片可转位立铣刀型式和尺寸　　　　（单位：mm）

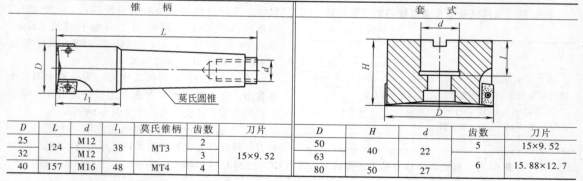

锥　柄						套　式				
D	L	d	l_1	莫氏锥柄	齿数	刀片	D	H	d	齿数	刀片
25	124	M12	38	MT3	2	15×9.52	50	40	22	5	15×9.52
32	124	M12			3		63			6	15.88×12.7
40	157	M16	48	MT4	4		80	50	27		

（4）可转位螺旋立铣刀　如图 6-85 所示，这种铣刀的切削刃较长，是由沿螺旋线方向排列的多片硬质合金可转位刀片相互交错搭接而成。GB/T 14298—2008 规定了削平型直柄、莫氏锥柄和 7：24 锥柄三种可转位螺旋立铣刀，见表 6-82。该种铣刀的结构有平装刀片压孔式、蘑菇头螺钉夹紧及立装刀片压孔式三种。该铣刀又分左旋（$\beta=30°$）和右旋（$\beta=25°$）两种形式。切削刃具有零度工作前角和负的刃倾角。适于在普通机床和数控机床粗铣平面、阶梯面、内侧面及沟槽。

（5）模块式可转位螺旋立铣刀　为了提高螺旋立铣刀刀体的使用寿命，扩大铣刀的使用范围，可

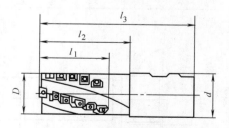

图 6-85　可转位螺旋立铣刀

设计模块式可转位螺旋立铣刀。表 6-83 和表 6-84 分别列出了立装刀片和平装刀片压孔式结构的模块式可转位螺旋立铣刀的型式和尺寸。

表 6-82　可转位螺旋立铣刀的型式和尺寸　　　　　　　　（单位：mm）

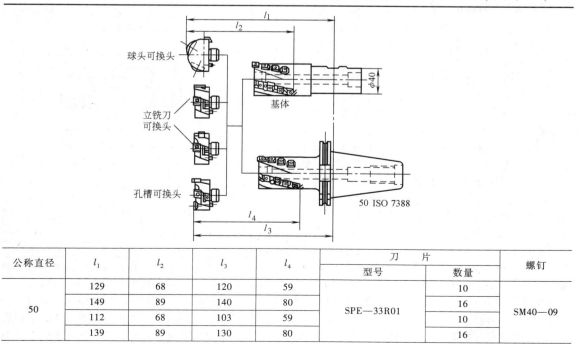

d js16	l min	l_1 min	L max	直柄的直径尺寸 d_1
32	32	50	120	32
40	40	60	150	40
50	50	75	180	50

图　示

d js16	l min	l_1 min	L max	锥柄的锥度号
32	32	50	165	4
40	40	60	210	5
50	50	75	230	5

d js16	l min	l_1 min	L max	锥柄的锥度号
(32)	32	63	175	40
(40)	40	80	190	40
50	50		250	50
63		100	280	50
80	63		310	
80		100	390	60
100	80	125	330	50
100	80	125	410	60

　　模块式可转位螺旋立铣刀的头部设计成一个模块，通过更换模块，不仅可以使较易损坏的立铣刀头部得以经济地修复，同时还可以扩大立铣刀的使用范围。表 6-83 中的模块有以下四种型式：

1）球头立铣刀。
2）端刃过铣刀中心，可以轴向进给的立铣刀。
3）前端有两个有效端齿的立铣刀。
4）前端有四个有效端齿的立铣刀。

表 6-83　立装刀片模块式可转位螺旋立铣刀　　　　　　　　（单位：mm）

公称直径	l_1	l_2	l_3	l_4	刀　片		螺钉
					型号	数量	
50	129	68	120	59	SPE—33R01	10	SM40—09
	149	89	140	80		16	
	112	68	103	59		10	
	139	89	130	80		16	

（续）

公称直径	l_1	l_2	l_3	l_4	刀片 型号	数量	螺钉
50	—	—	—	—	SPE—33R01	2	SM40—09
					BDE434R01	4	SM50—16
					SPE—33R01	2	SM40—09
					CDE313R01		
					CDE333R01		
					SPE—33R01	4	
					CDE313R01	2	
					SPE—33R01	4	
					CDE313R01	2	
					CDE322L05		

表6-84 平装刀片模块式可转位螺旋立铣刀
（单位：mm）

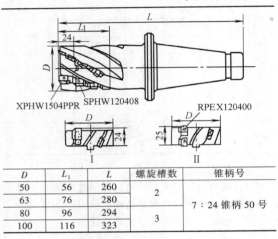

XPHW1504PPR SPHW120408　　RPEX120400

D	L_1	L	螺旋槽数	锥柄号
50	56	260	2	7：24 锥柄 50 号
63	76	280		
80	96	294	3	
100	116	323		

（6）钻削立铣刀　钻削立铣刀不仅可以水平方向进给铣削槽和台阶面，还可以直接垂直向下进给，钻浅孔和铣削封闭槽。钻削立铣刀之所以有直接向下钻削的特性，是由于在设计上有一个齿的切削刃在径向稍超过中心线 $0.2 \sim 0.5$ mm，同时刀片低于刀体中心 $0.2 \sim 0.4$ mm，以保证钻削相对轻快。

钻削立铣刀的几何角度一般选择 $\gamma_p = +2° \sim +3°$、$\gamma_f = -7° \sim -4°$、$\kappa_r = 90°$。柄部可根据需要设计成单刃型或双刃型。它的结构型式和尺寸见表6-85。

（7）沉孔立铣刀　沉孔立铣刀主要用于钻削平底沉孔。沉孔立铣刀的两个刀片，一个排在靠近轴线处，刀片的切削刃稍稍超越轴线；另一个刀片排在周边处，并且两个刀片的端刃必须在同一平面内。刀片转角处应有小倒角。为避免钻削的孔底中心留下小尖点，选用的铣刀直径应比加工的孔径稍小，以便铣削时，铣刀可以稍做水平进给，铣去小尖点。

沉孔立铣刀的角度：背吃刀量前角（背前角）$\gamma_p = +5°$，进给前角（侧前角）$\gamma_f = -5°$。采用有断屑槽的刀片，可相应加大前角。结构型式和尺寸见表6-86。

（8）可转位键槽铣刀　这种铣刀的端面刃过铣

表6-85 钻削立铣刀结构型式和尺寸
（单位：mm）

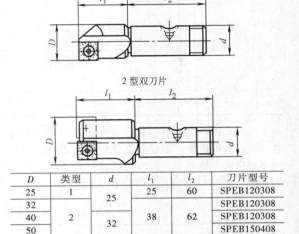

1 型单刀片

2 型双刀片

D	类型	d	l_1	l_2	刀片型号
25	1	25	25	60	SPEB120308
32					SPEB120308
40	2	32	38	62	SPEB120308
50					SPEB150408

表6-86 沉孔立铣刀结构型式和尺寸
（单位：mm）

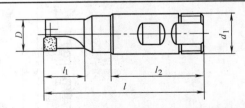

D	d_1	l	l_1	l_2	刃沟数 z	有效齿数 z_e	最大背吃刀量 铣	最大背吃刀量 钻	刀片 型号
18	20	110	26	75	2	1	5	10	SPGX0602AP
20		120	39	80					SPGX0602AP
26	25	130		90			8	15	SPGX0903AP

刀中心，可以在水平和垂直两个方向进给。表6-87给出了采用立装刀片压孔式结构可转位键槽铣刀。

（9）45°可转位立铣刀（倒角铣刀）　45°可转位立铣刀的主偏角为45°。主要用于加工平面、台阶面、斜面及45°倒角。其结构型式及尺寸见表6-88

和表 6-89。

表 6-87　立装式可转位键槽铣刀
（单位：mm）

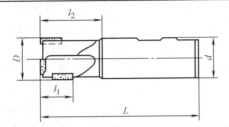

D	l_1	l_2	L	d	圆周齿刀片	圆周齿刀片	端刃刀片
19							GXE212L01
25	19	39	95	25	CDE322R05	CDE322R04	CDE212L01
32							CDE212L14
38		40	100	32			CDE212L02

表 6-88　立装式 45°可转位立铣刀
（单位：mm）

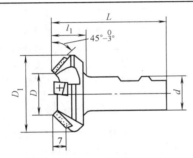

D	D_1	l_1	L	d	刀片型号
25	46			25	LSE323R02
40	61	30	90		LSE323R02
50	71			32	LSE323R02

表 6-89　平装式 45°可转位立铣刀
（单位：mm）

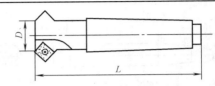

D	L	齿数	莫氏圆锥号	刀片型号
20		2		TPCN1603APR
25	139			TPCN1603APR
28				TPCN1603APR
32		3	4	TPCN1603APR
36	147			TPCN2204APR
40				TPCN2204APR
45	157			TPCN2204APR
50		4		TPCN2204APR
20		2		
25	124		3	
32		3		SDHX090308
40	157	4	4	
50				

（10）可转位球头立铣刀　可转位球头立铣刀主要用于模具等的凹腔和各种曲面的铣削。表 6-90 提供几种不同型式的可转位球头立铣刀，设计时可作参考。这种铣刀结构基本上有两类：压孔式平装刀片和压孔式立装刀片。

（11）硬质合金可转位立铣刀的技术要求

1）铣刀刀片不得有裂纹、崩刃，其余零件不得有裂纹、刻痕和锈迹等影响使用性能的缺陷。

2）铣刀刀体表面粗糙度不高于：

带柄铣刀柄部外圆：$Ra0.63\mu m$。

套式铣刀内孔和端面：$Ra1.25\mu m$。

表 6-90　可转位球头立铣刀
（单位：mm）

（1）BMT—2 型机夹球头立铣刀

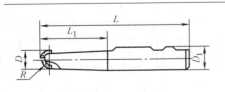

D	R	L	L_1	D_1
12	6	140	60	25
16	8			
20	10	170	70	32
25	12.5	200	100	
30	15			

（2）BMT—8 型机夹球头立铣刀

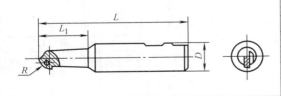

R	L	L_1	D
6	80	32	16
8	90	40	20
10	110	50	25
12.5	135	75	32
15	160	100	

（续）

（3）BMT—4型机夹球头立铣刀

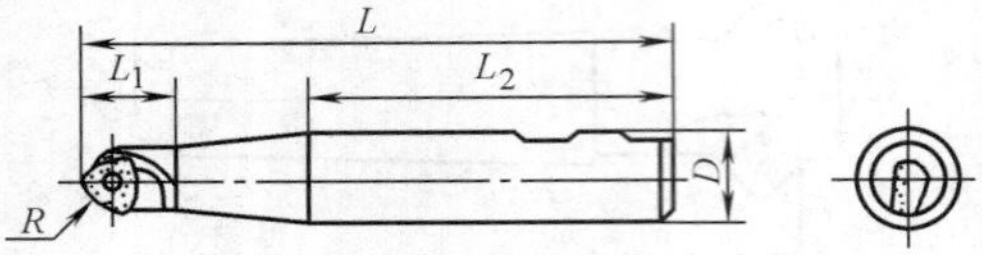

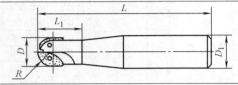

R	L	L₁	L₂	D
6	88	20	48	16
8	95	25	50	20
10	116	35	56	25
12.5	135	45	60	32
15	150	90		

（4）BMT—5型机夹球头立铣刀

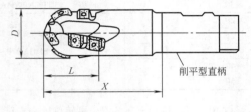

D	R	L	L₁	D₁
20	10	120	35	25
30	15	15	40	32
40	20	170	50	40
50	25	200	60	50

（5）削平直柄和莫氏锥柄球头立铣刀

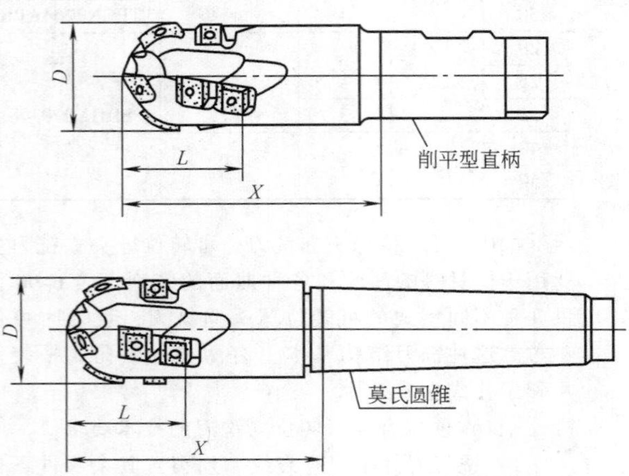

D	L	X	刀 片 型 号	
			圆周齿	球头端齿
20	20	50	BDE223R02/02	
	40			
25	23	70	BDE323R06/25	
	65	80		CDE332R05
32	27	90	BDE323R07/32	
	80	95		
40	40	90	BDE323R08/40	
	85	100		
50	40		BDE323R09/50	
	100	135		

（图中标注：削平型直柄，莫氏圆锥）

3）铣刀刀体用合金钢制造，其头部硬度不低于45HRC，柄部硬度为35~50HRC，铣刀上其余零件的硬度为：定位元件不低于50HRC，夹紧元件不低于40HRC。

4）铣刀刀片夹紧应可靠，保证切削过程中刀片不松动和不发生位移。

5）铣刀各零件应能互换。

6）铣刀刀片定位面和铣刀柄部的几何公差见表6-91。

4. 整体硬质合金直柄立铣刀

（1）立铣刀的型式与尺寸　如图6-86和表6-92所示，柄部尺寸和极限偏差按GB/T 6131.1—2006的规定。

表6-91　硬质合金可转位立铣刀的几何公差

（单位：mm）

项 目	公 差
圆周刃的径向圆跳动	0.03
端刃的轴向圆跳动	0.03
柄部的径向圆跳动	0.01

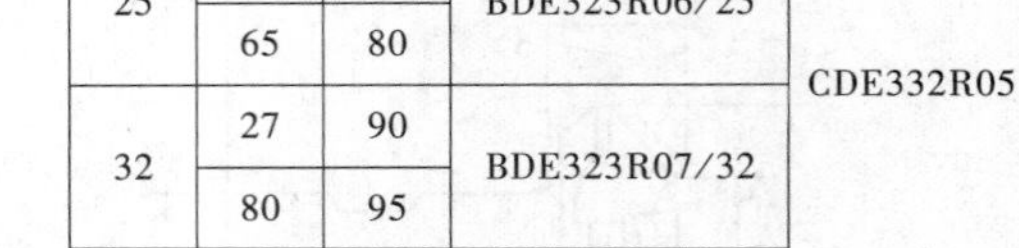

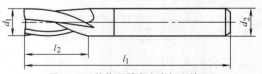

图6-86　整体硬质合金直柄立铣刀

表6-92　整体硬质合金直柄立铣刀主要尺寸（GB/T 16770.1—2008）　（单位：mm）

直径 d₁ h10	柄部直径 d₂	总长 l₁ 公称尺寸	总长 l₁ 极限偏差	刃长 l₂ 公称尺寸	刃长 l₂ 极限偏差	直径 d₁ h10	柄部直径 d₂	总长 l₁ 公称尺寸	总长 l₁ 极限偏差	刃长 l₂ 公称尺寸	刃长 l₂ 极限偏差
1.0	3	38	+2 0	3	+1 0	1.5	3	38	+2 0	4	+1 0
	4	43					4	43			

（续）

直径 d_1	柄部直径	总长 l_1		刃长 l_2		直径 d_1	柄部直径	总长 l_1		刃长 l_2	
h10	d_2	公称尺寸	极限偏差	公称尺寸	极限偏差	h10	d_2	公称尺寸	极限偏差	公称尺寸	极限偏差
2.0	3	38	+2 0	7	+1 0	6.0	6	57		13	
	4	43				7.0	8	63		16	
2.5	3	38		8	+1 0	8.0			+2 0	19	+1.5 0
	4	43				9.0	10	72			
3.0	3	38				10.0				22	
	6	57				12.0	12	76			
3.5	4	43	+2 0	10		14.0	14	83		26	
	6	57				16.0	16	89			+2 0
4.0	4	43		11	+1.5 0	18.0	18	92	+3 0	32	
	6	57				20.0	20	101		38	
5.0	5	47		13							
	6	57									

注：1. 2齿立铣刀中心刃切削（键槽铣刀），3齿或多齿立铣刀可以中心刃切削。

2. 表内尺寸可按 GB/T 6131.2—2006 做成削平直柄立铣刀。

（2）常见整体硬质合金铣刀规格　见表 6-93～表 6-99。

表 6-93　标准刃立铣刀　　　　　　　　　　　　（单位：mm）

刀　具	D_c	d_1	X_2	L_c	齿数	螺旋角
2 齿到中心可垂直铣削的 2 齿铣刀 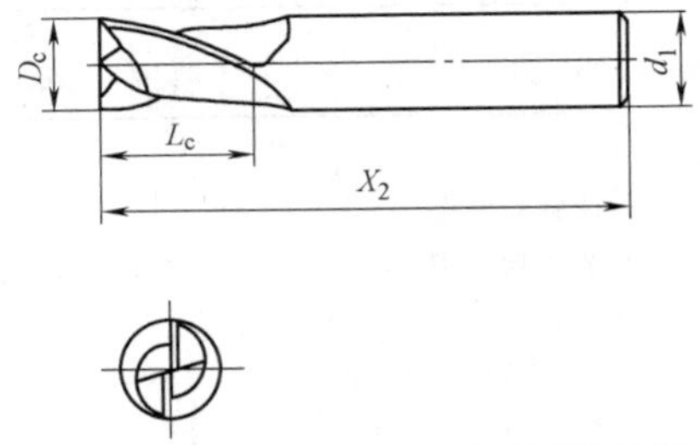	4	4	50	8	2	
	5	5		10		
	6	6	57			
	8	8	63	16		
	10	10	72	19		
	12	12	83	22		
	16	16	92	26		
	20	20	104	32		
单齿过中心可垂直铣削的 3 齿铣刀 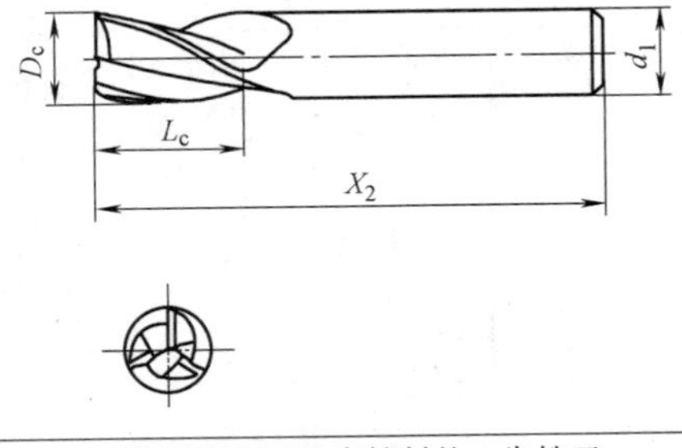	4	4	50	8	3	30°
	5	5		10		
	6	6	57	10		
	8	8	63	16		
	10	10	72	19		
	12	12	83	22		
	16	16	92	26		
	20	20	104	32		
2 齿到中心可垂直铣削的 4 齿铣刀 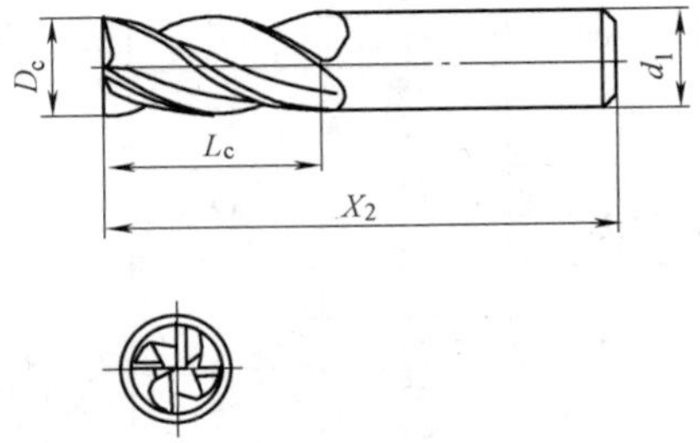	4	4	50	11	4	
	5	5		13		
	6	6	57	13		
	8	8	63	19		
	10	10	72	22		
	12	12	83	26		
	16	16	92	32		
	20	20	104	38		

表 6-94　加长刃立铣刀　　　　　　　　　　（单位：mm）

刀　　具	D_c	d_1	X_2	L_c	齿数	螺旋角
2齿到中心可垂直铣削的2齿铣刀 	3	3	75	20	2	30°
	4	4		25		
	5	5		30		
	6	6				
	8	8	100	40		
	10	10				
	12	12		45		
	16	16	150			
	20	20		65		
2齿到中心可垂直铣削的4齿铣刀	3	3	75	20	4	
	4	4		25		
	5	5		30		
	6	6				
	8	8	100	40		
	10	10				
	12	12		45		
	16	16	150			
	20	20		65		

表 6-95　加工硬度 48~63HRC 材料的铣刀　　　　　　　　　　（单位：mm）

- 整体硬质合金
- 4~8 个切削刃
- 无中心切削刃
- 50°螺旋角
- 前角 $\gamma_o = -5° \sim -8°$
- 材料一般选 K10

特征：
槽铣：$a_p \leqslant 0.1 D_C$
方肩铣：$a_e \leqslant 0.1 D_C$

DIN6535 HA 刀柄

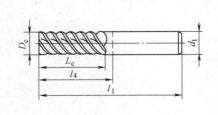

D_c h10	L_c	l_1	l_4	d_1 h5	齿数
3	8	57	21	6	4
4	11				
5	13				
6	26	70	34		
8	19	63	27	8	6
8	36	80	44		
10	22	72	32	10	
10	46	100	60		
12	26	83	38	12	
12	55	110	65		
16	32	92	44	16	
16	66	130	82		
20	38	104	54	20	8
20	80	145	95		
25	45	121	65	25	
25	90	153	97		

表 6-96　标准刃球头铣刀　　　　　　　　　　（单位：mm）

刀　具	D_c	d_1	X_2	L_c	齿数	螺旋角
2 齿到中心可垂直铣削的 2 齿铣刀 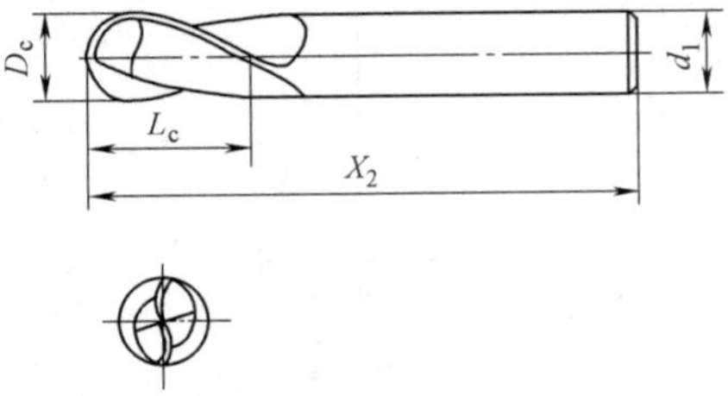	4	4	50	8	2	30°
	5	5		10		
	6	6	57			
	8	8	63	16		
	10	10	72	19		
	12	12	83	22		
	16	16	92	26		
	20	20	104	32		
2 齿到中心可垂直铣削的 4 齿铣刀 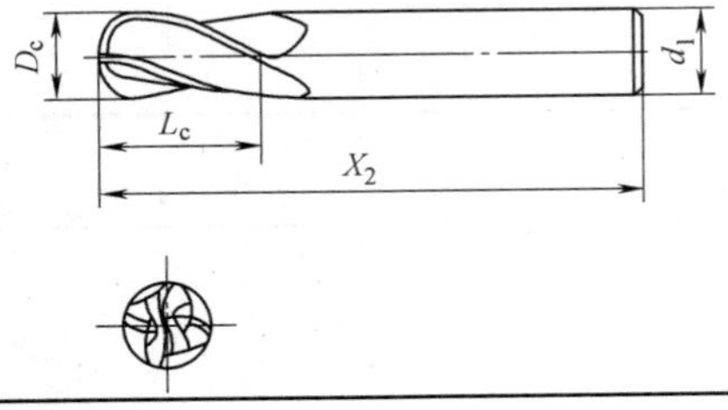	4	4	50	11	4	
	5	5		13		
	6	6	57			
	8	8	63	19		
	10	10	72	22		
	12	12	83	26		
	16	16	92	32		
	20	20	104	38		

表 6-97　加长球头铣刀　　　　　　　　　　（单位：mm）

刀　具	D_c	d_1	X_2	L_c	齿数	螺旋角
2 齿到中心可垂直铣削的 2 齿铣刀 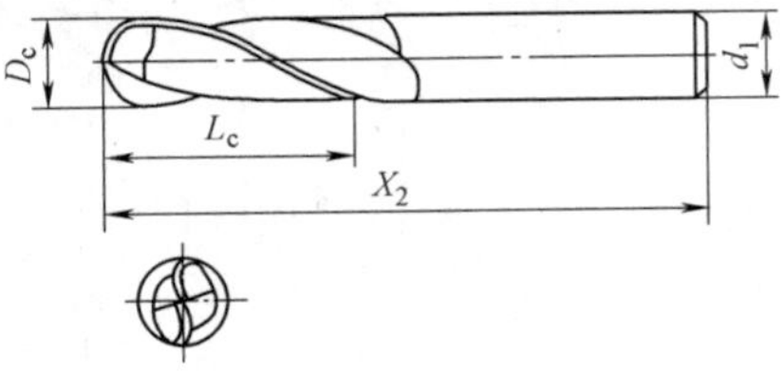	3	3	75	25	2	30°
	4	4				
	5	5		30		
	6	6				
	8	8	100	40		
	10	10				
	12	12°	150	45		
2 齿到中心可垂直铣削的 4 齿铣刀 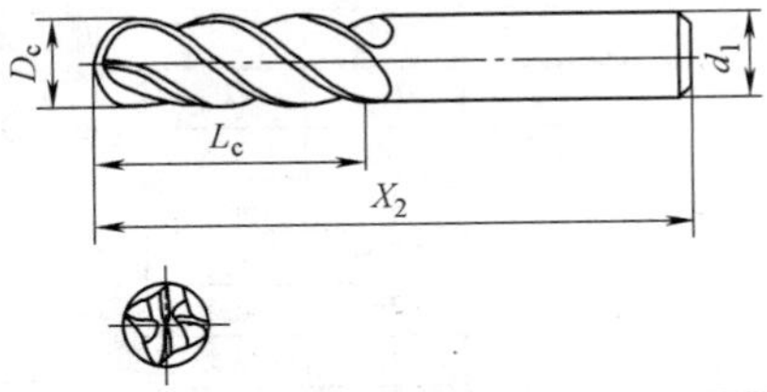	3	3	75	20	4	
	4	4		25		
	5	5		30		
	6	6				
	8	8	100	40		
	10	10				
	12	12	150	45		

表 6-98　锥度球头铣刀　　　　　　　　　　（单位：mm）

刀　具	D_c	d_1	X_2	L_c	齿数	螺旋角
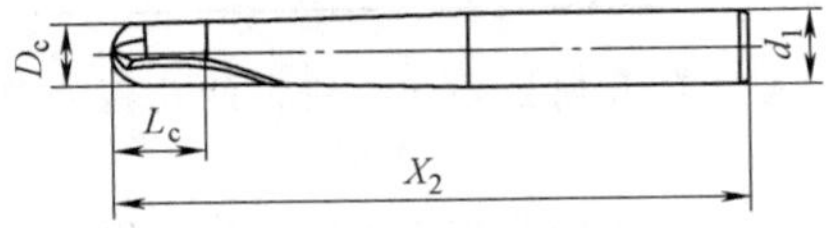	3	6	75	4	2	0°
			100			
	4		75	5		
			100			
	5	8	75	6		
			100			
	6		75	8		
		10	100			
	8	12	150	12		
			100			
	10		150	15		

（续）

刀　具	D_c	d_1	X_2	L_c	齿数	螺旋角
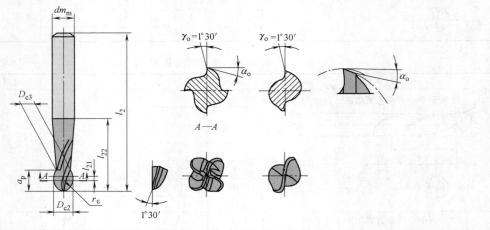	3	6	75	4	4	30°
			100			
	4		75	5		
			100			
	5		75	6		
		8	100			
	6		75	8		
		10	100			
	8			12		
			150			
	10	12	100	15		
			150			

表 6-99　火柴头状结构球头铣刀　　　　　　（单位：mm）

型　号	尺　寸									齿数
	D_{c2}	r_ε	l_2	a_p	dm_m	α_o	l_{21}	l_{22}	D_{c3}	z
21662.55.04030	4	2	80	5	6	13°~15°	1.5	30	3.3	2
21662.55.05030	5	2.5		7			2	43	4.1	
21662.55.06030	6	3						30	4.7	
21662.55.08030	8	4	100	9	8			36	6.5	
21662.55.10030	10	5		11	10	11°~13°	3	43	8.2	
21662.55.12030	12	6		13	12			52	9.8	
21662.55.16030	16	8	150	15	16			61	13.4	
21664.55.05030	5	2.5	80	7	6	13°~15°	2	43	4.1	4
21664.55.06030	6	3						30	4.7	
21664.55.08030	8	4	100	9	8			36	6.5	
21664.55.10030	10	5		11	10	11°~13°	3	43	8.2	
21664.55.12030	12	6		13	12			52	9.8	
21664.55.16030	16	8	150	15	16			61	13.4	

（3）模块式整体硬质合金刀具系统　为了保证铣刀更换后有高的重复精度，可以设计成模块式刀具系统，图 6-87 为德国瓦尔特公司的 ScrewFit 模块刀具系统，世界上其他刀具公司也有类似系统。

（4）立铣刀的几何公差　立铣刀的几何公差见表 6-100。

（5）材料　按 GB/T 2075—2007 分类分组的规定，选用代号为 P20~30、K20~30 或 M20~30 的硬质合金。

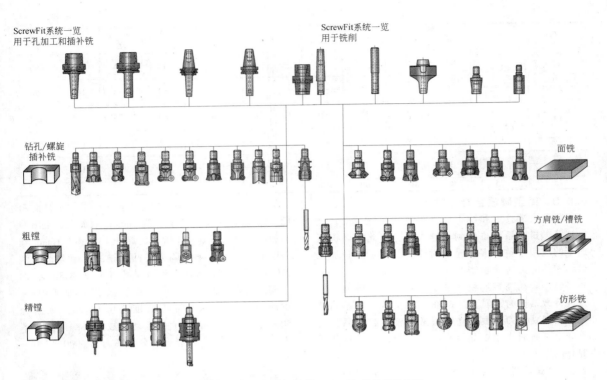

图 6-87　德国瓦尔特公司的 ScrewFit 模块刀具系统

表 6-100　几何公差　（单位：mm）

圆周刃对柄部轴线的径向圆跳动		端刃对柄部轴线的轴向圆跳动	工作部分圆柱度
d_1	一转	相邻		
~6	0.012	0.006	0.020	0.010
>6	0.020	0.010		

注：圆跳动的检测方法按 GB/T 6118—2010 附录 A（参考件）的规定。

（6）外观和表面粗糙度　铣刀切削刃应锋利，不应有崩刃、裂纹、磨削黑斑和显著白刃等影响使用性能的缺陷。

铣刀表面粗糙度的上限值按下列规定：

刀齿的前面和后面：$Rz3.2\mu m$。

柄部外圆：$Ra0.4\mu m$。

5. 硬质合金波形刃立铣刀

硬质合金波形刃立铣刀的型式和尺寸见表 6-101 和表 6-102。其技术要求参见镶焊式硬质合金立铣刀技术要求。

表 6-101　硬质合金前面波形刃立铣刀的型式和尺寸　（单位：mm）

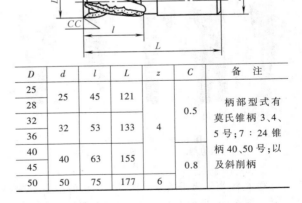

D	d	l	L	z	C	备注
25	25	45	121	4	0.5	柄部型式有莫氏锥柄 3、4、5 号；7：24 锥柄 40、50 号；以及斜削柄
28						
32	32	53	133			
36						
40	40	63	155		0.8	
45						
50	50	75	177	6		

表 6-102　硬质合金后面波形刃立铣刀的型式和尺寸　（单位：mm）

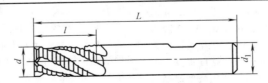

（续）

d	d_1	标准系列		长系列		d	d_1	标准系列		长系列	
		l	L	l	L			l	L	l	L
8	10	19	69	38	88	28	25	45	121	90	166
9						30					
10	12	22	72	45	95	32	32	53	133	106	186
11			79		102	36					
12	12	26	83	53	110	40	40	63	155	125	217
14						45					
16	16	32	92	63	123	50	50	75	177	150	252
18						56					
20	20	38	104	75	141	63	63	90	202	180	292
22						71					
25	25	45	121	90	166	—	—	—	—	—	—

6.6.3 微型硬质合金立铣刀

随着尖端技术和航天航空工业的快速发展，微机械及微机电系统也得到迅速发展，因此精微机械加工的应用日益增多。近来国外新发展了多种加工微细零件的高转速精密机床和能加工微小自由曲面的多坐标联动高转速精密加工中心，能用微型立铣刀进行微结构的铣削。图6-88所示为现用的不同结构的微型立铣刀。微型立铣刀常用整体超细晶粒硬质合金（有时也用单晶金刚石）直接磨成。这些微型立铣刀中：

1）双刃型铣刀，因磨制困难使用不是很多。

2）三角型截面铣刀，现在用得较多但因是负前角切削，使用效果不佳。

3）半圆截形的单刃型铣刀，磨制方便使用效果最好。

4）尖端型铣刀，用于加工V形槽。

5）单刃球端型铣刀，用于加工曲面型零件。

三角形截面和半圆截形的铣刀，一般为易于制造不磨端刃后角而采用端部内凹，以消除端面摩擦。

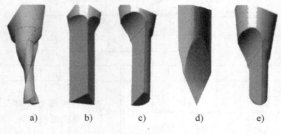

图6-88 微型立铣刀
a）双刃型 b）三角型 c）单刃型
d）尖端型 e）单刃球端型

图6-89所示为用微型立铣刀加工出的微小工件实例。图6-89a所示为加工成平行的窄深槽，齿距为35μm，槽深为100μm，材料为黄铜，侧面倾斜1.5°，工件的齿距误差为80mm，深度误差为9.4μm。图6-89b所示为V形槽，齿距为100μm，V形角为50°，材料为无氧铜。从图中可看到，用微型立铣刀经精微机械加工可以加工出表面光洁、精度很高、尖角很尖锐的微V形槽和很窄的深槽。使用微型球端刃

立铣刀，在多轴联动加工中心条件下，可加工自由曲面。图6-89c所示为在直径为1mm的表面上加工出的人面浮雕像。图6-89d所示为在1.16mm×1.16mm硅表面上，加工出4×4阵列的凸面镜，凸面镜直径为236μm，高度为16μm，镜面曲率半径为448μm，加工表面光洁。加工这些曲面用的五轴联动加工中心，主轴用空气轴承，回转精度为0.05μm，转速为50000~100000r/min。直线运动的数控系统的分辨率为1nm。工作台上回转台的分辨率为0.00001°。

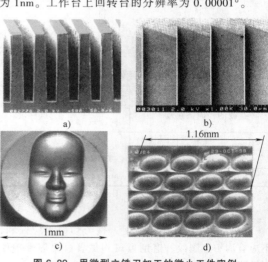

图6-89 用微型立铣刀加工的微小工件实例
a）窄深槽，材料黄铜 b）V形槽，材料含P的镍
c）微型人面浮雕 d）微型凸面镜4×4阵列

随着微机械及微机电系统的扩大应用，微型立铣刀的应用也将日渐增多。

6.6.4 硬质合金T形槽铣刀

加工较大的T形槽（T形槽公称尺寸≥12mm）时，可选用硬质合金T形槽铣刀。硬质合金T形槽铣刀有焊接式和可转位两种结构。

1. 焊接硬质合金T形槽铣刀

焊接式硬质合金T形槽铣刀有直柄和莫氏锥柄两种结构，如图6-90、图6-91及表6-103、表6-104所示。技术要求可参考镶焊式硬质合金立铣刀技术要求。

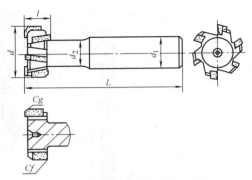

图 6-90　直柄硬质合金 T 形槽铣刀

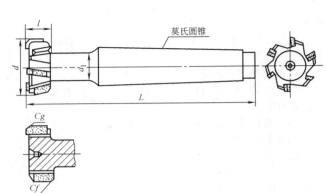

图 6-91　锥柄硬质合金 T 形槽铣刀

表 6-103　直柄硬质合金 T 形槽铣刀

（GB/T 10948—2006）　　（单位：mm）

T 形槽公称尺寸	d h12	l h12	L js16	d_1 h8	d_2 max	f max	g max	硬质合金刀片型号参考
12	21	9	74	12	10	0.6	1.0	A106
14	25	11	82	16	12	0.6	1.6	D208
18	32	14	90	16	15		1.6	D212
22	40	18	108	25	19	1.0	2.5	D214
28	50	22	124	25	25	1.0	2.5	D218A
36	60	28	139	32	30			D220

注：1. T 形槽公称尺寸：按 GB/T 158—1996 的规定。

　　2. 柄部尺寸和极限偏差按 GB/T 6131.1—2006、GB/T 6131.2—2006、GB/T 6131.3—1996、GB/T 6131.4—2006 的规定。

　　3. 硬质合金刀片型号按 YS/T 79—2006 选用。

表 6-104　锥柄硬质合金 T 形槽铣刀

（GB/T 10948—2006）　　（单位：mm）

T 形槽公称尺寸	d h12	l h12	L js16	d_1 max	f max	g max	莫氏圆锥号	硬质合金刀片型号参考
12	21	9	100	10	0.6	1	2	A106
14	25	11	105	12	0.6	1.6	2	D208
18	32	14	110	15		1.6	2	D212
22	40	18	140	19	1.0	2.5	3	D214
28	50	22	175	25	1.0	2.5	4	D218A
36	60	28	190	30			4	D220
42	72	35	230	36	1.6	4	5	D228A
48	85	40	240	42			5	D236
54	95	44	250	44	2.0	6	5	D236

注：1. T 形槽的公称尺寸按 GB/T 158—1996 的规定。

　　2. 莫氏锥柄尺寸和极限偏差按 GB/T 1443—1996 的规定。

　　3. 硬质合金刀片型号按 YS/T 79—2006 选用。

2. 可转位 T 形槽铣刀

可转位 T 形槽铣刀主要用于加工 GB/T 158—1996 规定的 T 形槽。有平装刀片和立装刀片压孔式两种结构，见表 6-105 和表 6-106，刀片槽可参考可转位面铣刀刀片槽设计，技术要求可参考可转位立铣刀技术要求。

表 6-105　立装式可转位 T 形槽铣刀

（单位：mm）

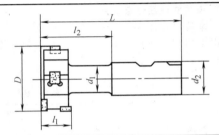

D	l_1	l_2	L	d_1	d_2	刀片型号
30	12	45	105	15	32	SNE33-01
40	16	55	115	19	32	SNE33-01
50	20	65	126	23	32	SNE33-01
60	25	71	131	31	32	SNE33-01
70	32	85	155	36	40	SNE33-01
80	36	95	165	39	40	SNE33-01

表 6-106　平装式可转位 T 形槽铣刀

（单位：mm）

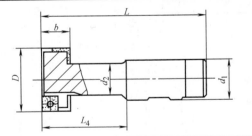

D	d_1	d_2	b	L	L_4	z	刀片
21	12	11	9	74	28	2	P28415
25	16	12	11	82	34	4	P28415
32	16	15	14	90	42	4	P28415
40	25	19	17	108	52	4	P28495
50	32	25	21	124	64	4	P28495

6.6.5 硬质合金锯片铣刀

根据尺寸大小，硬质合金锯片铣刀有整体和镶焊式两种结构。

1. 整体硬质合金锯片铣刀

直径在 125mm 以内的小直径硬质合金锯片铣刀可制成整体结构。

（1）整体硬质合金锯片铣刀型式和尺寸　如图 6-92 和表 6-107 所示。

（2）硬质合金锯片铣刀技术要求

1）铣刀不得有裂纹、分层剥落、崩刃、污垢等影响使用性能的缺陷。

2）铣刀表面粗糙度的最大允许值见表 6-108。

3）铣刀的几何公差见表 6-109。

4）铣刀切削刃后面上允许留有不大于 0.05mm 的刃带。

5）铣刀用 GB/T 2075—2007 中规定的 K10 硬质合金制造。

2. 镶焊式硬质合金锯片铣刀

镶焊式硬质合金锯片铣刀也叫硬质合金圆锯。主要用于切割刨花板、胶合板、塑料及有色金属、轻金属等。

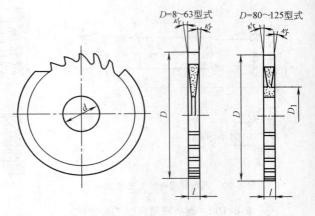

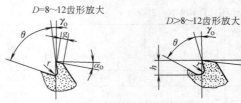

图 6-92　整体硬质合金锯片铣刀

表 6-107　整体硬质合金锯片铣刀尺寸　　　　　　　　（单位：mm）

D 公称尺寸	D 极限偏差 (js13)	l 公称尺寸	l 极限偏差 (js10)	d 公称尺寸	d 极限偏差 (H7)	参考值 γ_o	α_o	D_1	h	$r\leqslant$	g	θ	κ_r'	齿数
8	±0.110	0.20	±0.020	3	+0.012 / 0	0°~5°	11°~13°	—	—	0.5	0.4	85°	0°20′	8
		0.25											0°40′	
		0.30												
		0.40												
		0.45												
		0.50											0°55′	
		0.55												
		0.60												
		0.65												
		0.70												
		0.75												
		0.80												
10		0.20											0°20′	
		0.25												
		0.30												
		0.40											0°40′	
		0.45			5										
		0.50												
		0.55												
		0.60											0°55′	
		0.65												
		0.70												
		0.75												
		0.80												
12	±0.135	0.20											80°	0°20′	10
		0.25												
		0.30												
		0.40											0°40′	
		0.45												

（续）

D 公称尺寸	极限偏差 (js13)	l 公称尺寸	极限偏差 (js10)	d 公称尺寸	极限偏差 (H7)	γ_0	α_0	D_1	h	$r\leqslant$	g	θ	κ'_r	齿数
12	±0.135	0.50								0.5	0.4	80°	0°40′	10
		0.55												
		0.60												
		0.65												
		0.70											0°55′	
		0.75												
		0.80												
		0.90												
		1.00												
16		0.20											60°	
		0.25												0°20′
		0.30												
		0.40												0°40′
		0.45												
		0.50												
		0.55												
		0.60												
		0.65												
		0.70												
		0.75												0°50′
		0.80												
		0.90												
		1.00													12
		1.10												
		1.20												
20	±0.165	0.20	±0.020	5	+0.012 / 0	0°~5°	11°~13°	—	1.5	0.3	—	55°	0°15′	20
		0.25												
		0.30												
		0.40												0°25′
		0.45												
		0.50												0°35′
		0.55												
		0.60												
		0.65												
		0.70												
		0.75												
		0.80												
		0.90												0°50′
		1.00												
		1.10												
		1.20												
		1.30												
		1.40												1°05′
		1.50												
25		0.30											50°	0°15′
		0.40												
		0.45												
		0.50												0°25′
		0.55												
		0.60												0°35′
		0.65												
		0.70												0°50′

（续）

D		l		d		参 考 值								
公称尺寸	极限偏差（js13）	公称尺寸	极限偏差（js10）	公称尺寸	极限偏差（H7）	γ_o	α_o	D_1	h	$r \leqslant$	g	θ	κ'_r	齿数
25	±0.165	0.75		5	+0.012 0				1.5	0.3		50°	0°50′	20
		0.80												
		0.90												
		1.00												
		1.10												
		1.20												
		1.30							2.2				1°05′	
		1.40												
		1.50												
		1.60												
		1.80												
32		0.30		8						0.4			0°15′	24
		0.40												
		0.45												
		0.50											0°25′	
		0.55												
		0.60												
		0.65												
		0.70											0°35′	
		0.75												
		0.80												
		0.90												
		1.00	±0.020		+0.015 0	0°~5°	11°~13°	—	2.0		—		0°50′	
		1.10												
		1.20												
		1.30												
		1.40												
		1.50												
		1.60											1°05′	
		1.80												
		2.00										55°		
40	±0.195	0.30		10									0°15′	
		0.40												
		0.45												
		0.50											0°25′	
		0.55												
		0.60											0°35′	
		0.80											0°50′	
		1.00												
		1.20												
		1.60											1°05′	
		2.00								0.5				
		2.50												
50		0.30		13	+0.018 0				2.5				0°15′	32
		0.40												
		0.50											0°25′	
		0.60											0°35′	
		0.80											0°50′	
		1.00												
		1.20												
		1.60											1°50′	

（续）

D		l		d		参　考　值								
公称尺寸	极限偏差（js13）	公称尺寸	极限偏差（js10）	公称尺寸	极限偏差（H7）	γ_o	α_o	D_1	h	$r\leqslant$	g	θ	κ_r'	齿数
50	±0.195	2.00	±0.020	13					2.5			55°	1°50′	32
		2.50												
		3.00												
		4.00	±0.024											
63	±0.230	0.30	±0.020	16	+0.018 0			—	0.5			50°	0°15′	36
		0.40											0°25′	
		0.50											0°35′	
		0.60											0°50′	
		0.80												
		1.00												
		1.20												
		1.60												
		2.00							3.0				1°05′	
		2.50												
		3.00												
		4.00	±0.024											
80		0.60	±0.020			0°~5°	11°~13°				—		0°30′	
		0.80											0°50′	
		1.00												
		1.20												
		1.60												
		2.00											1°05′	
		2.50												
		3.00												
		4.00	±0.024										1°30′	
		5.00												
100	±0.270	0.80	±0.020	22	+0.021 0			34	3.5	0.3		45°	0°50′	48
		1.00												
		1.20												
		1.60												
		2.00												
		2.50											1°05′	
		3.00												
		4.00	±0.024										1°30′	
		5.00												
125	±0.315	1.00	±0.020						4				0°50′	56
		1.20												
		1.60												
		2.00												
		2.50											1°50′	
		3.00												
		4.00	±0.024										1°30′	
		5.00												

表 6-108　硬质合金锯片铣刀的表面粗糙度

（单位：μm）

检查表面	表面粗糙度参数	表面粗糙度最大允许值
刀齿前刀面及后刀面	Rz	3.2
刀齿三侧面	Ra	0.63
内孔		1.25

表 6-109　硬质合金锯片铣刀的几何公差

（单位：mm）

项　目		D	
		~50	>50
切削刃对内孔轴线的径向圆跳动	一转	0.03	0.045
	相邻齿	0.02	
端面对内孔轴线的轴向圆跳动（靠外圆处测量）		0.02	0.03

（1）镶焊式硬质合金锯片铣刀型式和几何参数

硬质合金圆锯的前角 γ_o 一般选15°~20°，后角 α_o 一般选10°~12°，副偏角 κ_r' 选 1°30′~2°，副后角 α_o' 一般选3°~5°。为消除刀盘的内应力，可按图6-93 所示在刀盘圆周上均匀开 3~4 个缺口。根据被加工材料不同，齿形以不同形式排列，见表6-110、表 6-111，硬质合金圆锯的尺寸规格见表 6-112。

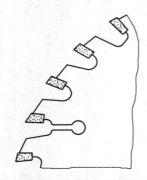

图 6-93　镶焊式硬质合金锯片铣刀的缺口

表 6-110　齿形及齿形代号

齿形				
齿形代号	P	T	PP	TP
齿形				
齿形代号	X_zX_y	X_zPX_y	$PX_zX_yX_zX_y$	

（2）镶焊式硬质合金锯片铣刀技术要求

1）铣刀刀片应焊接牢固，不得有裂纹、钝口

和崩刃。铣刀表面不得有刻伤、锈迹等影响使用性能的缺陷。

表 6-111　推荐使用的齿形排列

适　用　范　围			齿形代号
木材	纵切	软木	X_zX_y
		硬木	PP、TP
	横截		X_zX_y
木材纵横兼用，刨花板、胶合板			$PX_zX_yX_zX_y$、X_zPX_y
硬板塑料			X_zX_y
铝、铜等轻金属、有色金属			TP、PP

表 6-112　镶焊式硬质合金锯片铣刀尺寸

（单位：mm）

外径 D	锯齿厚度 B	锯盘厚度 L	内孔径 d	齿　数					
100	2.5	1.6	20	32	24	20	16	10	8
125				40	32	24	20	12	10
160				48	40	32	24	16	12
200	2.5	1.6	64	48	40	32	20	16	
	3.2	2.2							
250	2.5	1.0	80	64	48	40	28	20	
	3.2	2.2							
	3.6	2.6							
315	2.5	1.6	30 或 60	96	72	64	48	32	24
	3.2	2.2							
	3.6	2.6							
400	2.8	2.6	128	96	80	64	40	32	
	3.6	2.6							
	4.0	2.8							
	4.5	3.2							
500	3.0	2.6	30 或 85	无	128	96	80	48	40
	4.0	2.8							
	4.5	3.2							
	5.0	3.6							
630	4.5	3.2	40	—	128	96	64	48	
	5.0	3.6							

2）铣刀表面粗糙度按以下规定：

刀片前面、后面：$Rz3.2\mu m$。

锯盘内孔和两端面：$Ra1.25\mu m$。

3）铣刀几何公差见表 6-113。

4）刀片采用 YG8 或 YG6 等硬质合金制造。刀盘用 8MnSi 或同等性能以上的钢材制造。其硬度不低于 35HRC。

6.6.6　硬质合金槽铣刀

1. 硬质合金错齿三面刃铣刀

（1）错齿三面刃铣刀的型式和尺寸　错齿三面刃铣刀的型式与尺寸如图 6-94 和表 6-114 所示。

表 6-113　镶焊式硬质合金锯片铣刀的几何公差

（单位：mm）

外径 D	同一类型刀齿圆周刃对内孔轴线的径向圆跳动		侧隙刃对内孔轴线的轴向圆跳动	
	一转	相邻	$B=2.5\sim3.2$	$B=3.6\sim5.0$
100~160	0.10	0.05	0.08	0.06
200~250	0.12	0.06	0.10	0.08
315~400	0.16	0.08	0.12	0.10
500~630	0.20	0.10	0.16	0.12

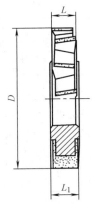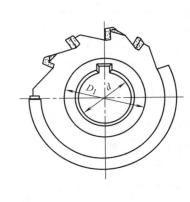

图 6-94　硬质合金错齿三面刃铣刀

（2）技术要求

1）铣刀刀片上不得有裂纹，切削刃不得有崩刃，铣刀表面不得有刻痕、锈迹等影响使用性能的缺陷。

2）铣刀焊缝处不应有砂眼和未焊透现象。

3）铣刀表面粗糙度的上限值：

前面和后面：$Rz3.2\mu m$。

内孔表面：$Ra1.25\mu m$。

刀齿两侧隙面和两支承端面：$Ra1.25\mu m$。

4）几何公差见表 6-115。

表 6-114　硬质合金错齿三面刃铣刀尺寸（GB/T 9062—2006）（单位：mm）

D js16	L k11	d H7	参考 D₁	参考 L₁	硬质合金刀片型号
63	8	22	34	9	A108
	10			11	D210A
	12			13	
	14			15	D214
	16			17	
80	8	27	41	9	A108
	10			11	D210A
	12			13	A112
	14			15	
	16			17	D214A
	18			20	D218B
	20			22	
100	8	32	47	10	A108
	10			12	D210A
	12			14	A112
	14			16	
	16			18	D214A
	18			20	
	20			22	D220
	22			24	
	25			27	D224

D js16	L k11	d H7	参考 D₁	参考 L₁	硬质合金刀片型号
125	8	32	47	10	A108
	10			12	D210A
	12			14	A112
	14			16	
	16			18	D214A
	18			20	
	20			22	D220
	22			24	
	25			27	D224
	28			30	D226
160	10	40	55	12	D210A
	12			14	A112
	14			16	
	16			18	D214A
	18			20	
	20			22	D220
	22			24	
	25			27	D222A
	28			30	D226
	32			34	D230
200	12			14	A112

（续）

D js16	L k11	d H7	参考 D$_1$	参考 L$_1$	硬质合金刀片型号	D js16	L k11	d H7	参考 D$_1$	参考 L$_1$	硬质合金刀片型号
200	14	40	55	16	A112	250	14	50	68	16	A112
	16			18	D214A		16			18	D214A
	18			20			18			20	
	20			22	D220		20			22	D220
	22			24			22			24	
	25			27	D222A		25			27	D222A
	28			30	D226		28			30	D226
	32			34	D230		32			34	D230

注：1. 键槽的尺寸与极限偏差按 GB/T 6132—2006。
   2. 切削刃的形状和角度根据被加工材料和切削条件可适当改变。
   3. 硬质合金刀片型号按 YS/T 79—2006。

表 6-115 几何公差

（单位：mm）

项 目		公 差		
		$D \leq 80$	$D>80 \sim 125$	$D>125$
圆周刃对内孔轴线的径向圆跳动	一转	0.040	0.050	0.063
	相邻	0.020	0.025	0.032
端刃对内孔轴线的轴向圆跳动	一转	0.032	0.040	0.050
	相邻	0.016	0.020	0.025
外径锥度		0.03		

5）材料和硬度。

① 铣刀刀片按 GB/T 2075—2007 选用。

② 铣刀刀体用 40Cr 或同等性能的合金工具钢制造，其硬度不低于 30HRC。

2. 硬质合金可转位槽铣刀

硬质合金可转位槽铣刀包括沟槽铣刀、孔槽铣刀和可转位三面刃铣刀。

（1）可转位沟槽铣刀　主要用于铣削较窄的沟槽，一般槽宽为 4～14mm。可转位沟槽铣刀适用于普通铣床、数控镗铣床、加工中心等。

由于铣槽宽度的限制，可转位沟槽铣刀刀体的工作厚度较薄。它配用有孔正方形刀片，左右交错，切向排列在刀片槽中并用螺钉紧固。可转位沟槽铣刀的几何角度一般采用 $\gamma_p = -2° \sim 2°$、$\gamma_f = -12° \sim -9°$，铣刀切向有 2° 的侧后角，径向有 2°～3° 的侧隙角。

可转位沟槽铣刀经常组合使用，因此铣刀上有两个键槽，以使组合时刀齿能互相错开，并减少铣削冲击与振动。可转位沟槽铣刀的型式和公称尺寸见表6-116和表 6-117。

表 6-116　可转位沟槽铣刀的型式和公称尺寸

（单位：mm）

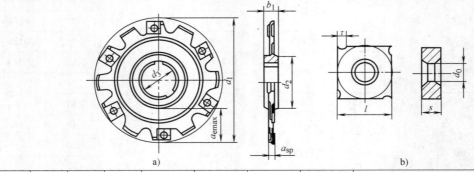

d_1	d_2	d_3 H7	b_1	a_{sp}	a_{emax}	刀齿总数 z	有效齿数 z_e	刀片 l	刀片 s	刀片 d_0	刀片 τ
100	45	27	12	4	25	12	6	11.0	2.3	4.4	2.3 或 3.2
				5					2.7		
				6		10	5	12.7	3.2	5.0	
				7		9	3				
				8							
				10		10	5			5.4	

（续）

d_1	d_2	d_3 H7	b_1	a_{sp}	a_{emax}	刀齿总数 z	有效齿数 z_e	l	s	d_0	τ
125	58	40	12	4	30	14	7	11.0	2.3	4.4	
				5					2.7		
				6		12	6	12.7	3.2	5.0	
				8			4				
				10			6		5.4		
				12			4				
160	68	40	12	4	44	18	9	11.0	2.3	4.4	
				5					2.7		
				6		16	8		3.2		2.3 或 3.2
				8		15	5				
				10		16	8		5.4		
				12		15	5				
			14	14				12.7		5.0	
200	72	50	12	6	62	18	9		3.2		
				8			6				
				10			9		5.4		
				12			6				
			14	14							
250	72	50	12	6	86	24	12		3.2		
				8			8				
				10			12		5.4		
				12			8				
			14	14							

表 6-117　可转位沟槽铣刀　　　　　　　（单位：mm）

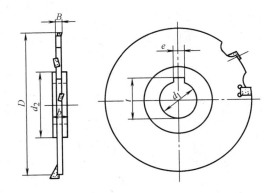

D	B	d_1	d_2	e	t	b	刀片编号
100	7	27	48	7	29.8		
	8						
	10					18	LNE332K05PH12
	12						
125	7	40	58	10	43.5		
	8						
	10						
	12						

（续）

D	B	d_1	d_2	e	t	b	刀片编号
160	7 8 10 12	40	68	10	43.5	18	
200	7 8 10 12		80	12	53.6		LNE332K05PH12
250	8 10 12	60	92	14	64.2	22	
315	8 10 12					30	

（2）孔槽铣刀　适用于外圆或内孔里环形槽的加工。根据直径大小可分为直柄式（也可设计锥柄）和套式结构。其结构型式和公称尺寸参考图6-95和表6-118、表6-119。

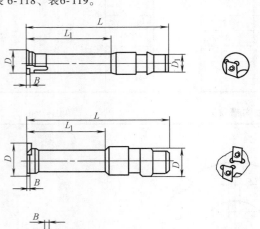

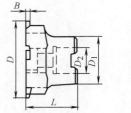

图6-95　孔槽铣刀

表6-118　孔槽铣刀公称尺寸

（单位：mm）

D	L	D_1	D_2	L_1	刀片数 z	最大槽宽 B
25.4	130	19.05	—	80	1	1.40～3.10
35.1		25.4		73	2	
63.5	40	40	19.05	—	5	3.6～5.5

表6-119　可转位孔槽铣刀刀片

（单位：mm）

刀 片 形 状	L	B	B_1
	13.46	1.09	1.4
		1.30	1.6
		1.57	2.2
		1.85	
		2.16	3.1
		2.64	
	18.03	3.15	3.6
		3.50	3.9
		4.0	4.5
		4.14	
		5.0	5.5
		5.15	

（3）硬质合金可转位三面刃铣刀

1）硬质合金可转位三面刃铣刀结构。硬质合金可转位三面刃铣刀刀片夹紧方式有楔块压紧式、压孔式等结构。刀片分平装刀片和立装刀片。三面刃铣刀刀片一般为左、右交错排列。当使用有后角的刀片时，几何角度一般选择为 $\gamma_p = 3° \sim 5°$、$\gamma_f = 0° \sim 5°$；当采用无后角刀片时，$\gamma_p = -2° \sim 7°$、$\gamma_f = -6°$，副偏角（侧隙角）为 $\kappa_r' = 40' \sim 1°$。

根据使用情况不同，三面刃铣刀设计成带有轴向键槽或端面键槽两种结构。当设计带有轴向键槽三面刃铣刀时，可以设计两个键槽，以备组合使用时将刀齿错开。这样切削时较平稳。设计时可参考可转位面铣刀的设计。

2）平装刀片可转位三面刃铣刀。GB/T 5341.1—2006规定了平装刀片可转位面铣刀的型式和尺寸，如图6-96和表6-120所示。

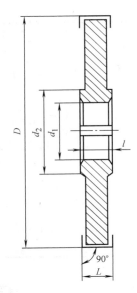

图 6-96 平装刀片可转位三面刃铣刀

表 6-120 平装刀片可转位三面刃铣刀

（单位：mm）

D(js16)	L	d_1(H7)	d_2 min	l_0^{+2}
80	10	27	41	10
100	10	32	47	10
	12			12
	14			14
125	12	40	55	12
	16			16
	18			18
160	16			16
	18			18
	20			20
200	20	50	69	20
	22			22
	25			25
250	20			20
	25			25
	28			28
	32			32

3）立装刀片可转位三面刃铣刀。立装刀片可转位三面刃铣刀的结构型式和尺寸如图 6-97 和表 6-121 所示。

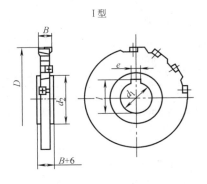

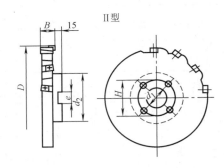

图 6-97 立装刀片可转位三面刃铣刀

（4）可转位槽铣刀的技术要求

1）可转位槽铣刀的缺陷、表面粗糙度、铣刀材料及硬度、刀片装夹和零件的互换等技术要求参见硬质合金可转位立铣刀的技术要求。

2）铣刀内孔和端面表面粗糙度不得高于 $Ra1.25\mu m$。

3）铣刀刀片定位面和铣刀端面的公差按表 6-122。

（5）可转位可调宽度三面刃铣刀结构及调整示例 可转位可调宽度三面刃铣刀结构为模块式，根据加工需要，宽度可作调整。除刀体外，主要部件由五个零件组成。刀具结构和调整方法如图 6-98 所示。

表 6-121 立装刀片可转位三面刃铣刀尺寸 （单位：mm）

D	B	刀片编号	刀片数	d_1	d_2	e	l	H	类型
160	14,16	CNE323	10	40	68	10	43.5	—	I
	18,20,22	CNE44							
	24,26,28,30	CNE454							
200	14,16	CNE323	12	50	80	12	53.6	—	I
	18,20,22	CNE44							
	24,26,28,30	CNE454							

（续）

D	B	刀片编号	刀片数	d_1	d_2	e	l	H	类型
250	14,16 18,20,22 24,26,28,30	CNE323 CNE44 CNE454	16	60	92	14	64.2	—	I
315	14,16 18,20,22 24,26,28,30	CNE323 CNE44 CNE454	20	60	130	25.7	—	101.6	II
400	14,16 18,20,22 24,26,28,30	CNE323 CNE44 CNE454	22	60	221	25.7	—	101.6+177.8	II
500	14,16 18,20,22 24,26,28,30	CNE323 CNE44 CNE454	24	60	221	25.7	—	101.6+177.8	II

表 6-122 可转位槽铣刀刀片定位面和
铣刀端面的几何公差

（单位：mm）

项 目		公 差		
		$D \leqslant 100$	$D > 100 \sim 160$	$D > 160$
圆周刃的径向圆跳动	相邻齿	0.03	0.04	0.05
	一转	0.05	0.06	0.08
端刃的轴向圆跳动		0.03	0.04	0.05
支承端面的轴向圆跳动		0.02		

刀宽的调整如下：

1）先松开锁紧螺钉 3，然后慢慢拧紧锁紧螺钉，压缩弹簧垫圈 5 使刀片座 1 和锁紧楔 2 之间产生预紧力。

2）转动偏心螺栓 4，调整右手刀片座 1 的位置，使刀片切削刃移动至刀宽一半（三面刃铣刀）处。

3）用上述方法调整左手刀片座，使刀片切削刃移动至刀盘的另一侧刀宽一半处。

4）注意检查偏心螺栓 4 的转动量是否足够，必要时可增加锁紧楔用锁紧螺钉 3 来提高弹簧垫圈 5 的预紧力。

5）拧紧锁紧螺钉 3。

6）检查刀盘宽度及轴向圆跳动。

7）偏心螺栓 4 和弹簧垫圈 5 用特种油脂润滑。

6.6.7 硬质合金旋转锉

硬质合金旋转锉，也叫硬质合金模具铣刀，是钳工机械化不可缺少的工具，其用途极为广泛，尤其在航空、船舶、汽车、机械、化工等工业部门使用效果更为显著。它可以用来加工铸铁、铸钢、碳钢、合金钢、不锈钢、硬度低于 65HRC 的淬硬钢、铜、铝等。它可以用于精加工各种金属模腔，清理铸、

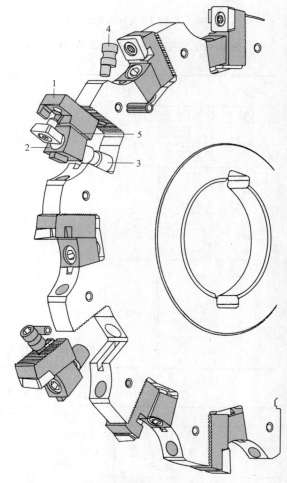

图 6-98 可转位模块式三面刃铣刀及调整方法
1—刀片座　2—刀座锁紧楔　3—锁紧楔用锁紧螺钉
4—偏心螺栓　5—弹簧垫圈

锻、焊件的飞边、焊缝和毛刺；加工各种机械零件的倒角、倒圆和沟槽；精加工机械零件的内表面等。

1. 硬质合金旋转锉代号使用规则

根据 GB/T 9217.1—2005 规定，硬质合金旋转锉的代号由按规定的一组字母和符号组成，共 6 个符号，分别表示旋转锉的各项特征：

号位 1：用于表示旋转锉型式及符号（见表6-123）。

表 6-123　硬质合金旋转锉的型式及符号

型　式	字母符号	型　式	字母符号
圆柱形旋转锉	A	火矩形旋转锉	H
圆柱形球头旋转锉	C	60°圆锥形旋转锉	J
圆球形旋转锉	D	90°圆锥形旋转锉	K
椭圆形旋转锉	E	锥形圆头旋转锉	L
弧形圆头旋转锉	F	锥形尖头旋转锉	M
弧形尖头旋转锉	G	倒锥形旋转锉	N

号位 2：用于表示切削部分直径的符号。数字符号是以毫米计的切削部分数字值，一位数字前必须加 0。例：切削部分直径为 6mm，符号为 06。切削部分直径与柄部直径的关系见表 6-124，切削部分直径和柄部直径的极限偏差见表 6-125。

表 6-124　切削部分直径和柄部直径的关系

（单位：mm）

柄部直径	切削部分直径							
	2	3	4	6	8	10	12	16
3	√	√	√	√	—	—	—	—
6	—	√	√	√	√	√	√	√

表 6-125　切削部分直径及柄部直径极限偏差

（单位：mm）

切削部分直径	2	3	4	6	8	10	12	16	柄部直径
极限偏差	±0.1		±0.2				±0.3		h9

号位 3：用于表示切削部分长度的符号。数字符号是以毫米计（不计小数）的切削部分长度的数值，一位数字之前须加 0。例如：切削部分长度为 2.7mm，符号为 02。

号位 4：用于表示刀齿类型的符号（见表6-126）。

号位 5：用于表示柄部直径的符号（见表6-127）。

表 6-126　刀齿类型符号

刀齿类型	粗齿	标准齿（中齿）	细齿
字母符号	C	M	F

注：刀齿形状有普通型和分屑型两种。分屑型旋转锉在号位 1 后面应加字母 "X"。

表 6-127　柄部直径和长度的数字符号

（单位：mm）

数字符号	柄部直径	柄部长度
03	3	30
06	6	40

注：整体硬质合金旋转锉柄部长度不受此表限制。

号位 6：用于表示柄部长度的符号。数字符号是以毫米计的柄部长度数值。

旋转锉代号示例：

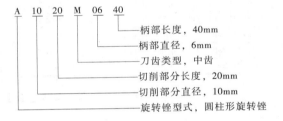

A 10 20 M 06 40
—柄部长度，40mm
—柄部直径，6mm
—刀齿类型，中齿
—切削部分长度，20mm
—切削部分直径，10mm
—旋转锉型式，圆柱形旋转锉

2. 硬质合金旋转锉规格尺寸

硬质合金旋转锉规格尺寸见表 6-128～表 6-138。

表 6-128　圆柱型硬质合金旋转锉（GB/T 9217.2—2005）　（单位：mm）

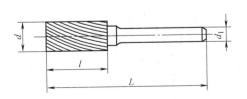

（续）

旋转锉代号			d		l	d_1		L
粗齿（C）	中齿（M）	细齿（F）	公称尺寸	极限偏差		公称尺寸	极限偏差	
A0210C03	A0210M03	A0210F03	2	±0.1 （±0.2）	10	3	0 −0.025	40
A0313C03	A0313M03	A0313F03	3					45
A0413C0640	A0413M0640	A0413F0640	4	±0.2 （±0.5）	13			53
A0616C0640	A0616M0640	A0616F0640	6		16			56
A0820C0640	A0820M0640	A0820F0640	8		20	6	0 −0.03	60
A1020C0640	A1020M0640	A1020F0640	10					60
A1225C0640	A1225M0640	A1225F0640	12	±0.3 （±0.7）	25			
A1625C0640	A1625M0640	A1625F0640	16					65

注：根据订货可以生产带端齿的（号位 1 用 AE 表示）。

表 6-129　圆柱型球头硬质合金旋转锉（GB/T 9217.3—2005）　　　（单位：mm）

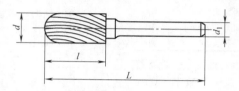

旋转锉代号			d		l	d_1		L
粗齿（C）	中齿（M）	细齿（F）	公称尺寸	极限偏差		公称尺寸	极限偏差	
C0210C03	C0210M03	C0210F03	2	±0.1 （±0.2）	10	3	0 −0.025	40
C0313C03	C0313M03	C0313F03	3					45
C0413C0640	C0413M0640	C0413F0640	4	±0.2 （±0.5）	13			53
C0616C0640	C0616M0640	C0616F0640	6		16			56
C0820C0640	C0820M0640	C0820F0640	8		20	6	0 −0.03	60
C1020C0640	C1020M0640	C1020F0640	10					60
C1225C0640	C1225M0640	C1225F0640	12	±0.3 （±0.7）	25			
C1625C0640	C1625M0640	C1625F0640	16					65

表 6-130　圆球型硬质合金旋转锉（GB/T 9217.4—2005）　　　（单位：mm）

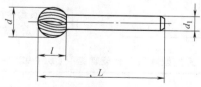

旋转锉代号			d		l	d_1		L
粗齿（C）	中齿（M）	细齿（F）	公称尺寸	极限偏差		公称尺寸	极限偏差	
D0203C03	D0203M03	D0203F03	2	±0.1 （±0.2）	1.8	3	0 −0.025	35
D0303C03	D0303M03	D0303F03	3		2.7			
D0403C0640	D0403M0640	D0403F0640	4	±0.2 （±0.5）	3.6			44
D0605C0640	D0605M0640	D0605F0640	6		5.4			45
D0807C0640	D0807M0640	D0807F0640	8		7.2	6	0 −0.03	47
D1009C0640	D1009M0640	D1009F0640	10		9			49
D1210C0640	D1210M0640	D1210F0640	12	±0.3 （±0.7）	10.8			51
D1614C0640	D1614M0640	D1614F0640	16		10.8			54

表 6-131　椭圆形硬质合金旋转锉（GB/T 9217.5—2005）　　　（单位：mm）

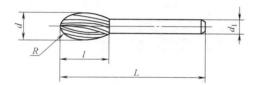

旋转锉代号			d		l	d_1		L
粗齿（C）	中齿（M）	细齿（F）	公称尺寸	极限偏差		公称尺寸	极限偏差	
E0307C03	E0307M03	E0307F03	3	±0.2 （±0.5）	7	3	0 -0.025	40
E0610C0640	E0610M0640	E0610F0640	6		10	6	0 -0.03	50
E0813C0640	E0813M0640	E0813F0640	8		13			53
E1016C0640	E1016M0640	E1016F0640	10		16			56
E1220C0640	E1220M0640	E1220F0640	12	±0.3 （±0.7）	20			60
E1625C0640	E1625M0640	E1625F0640	16		25			65

表 6-132　弧型圆头硬质合金旋转锉（GB/T 9217.6—2005）　　　（单位：mm）

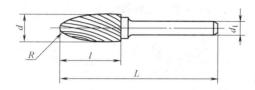

旋转锉代号			d		l	d_1		L
粗齿（C）	中齿（M）	细齿（F）	公称尺寸	极限偏差		公称尺寸	极限偏差	
F0313C03	F0313M03	F0313F03	3	±0.2 （±0.5）	13[①]	3	0 -0.025	45
F0618C0640	F0618M0640	F0618F0640	6	±0.2	18[①]	6	0 -0.03	58
F1020C0640	F1020M0640	F1020F0640	10	（±0.5）	20			60
F1225C0640	F1225M0640	F1225F0640	12	±0.3 （±0.7）	25			65

① 这一切削长度可包括一段圆柱部分。

表 6-133　弧型尖头硬质合金旋转锉（GB/T 9217.7—2005）　　　（单位：mm）

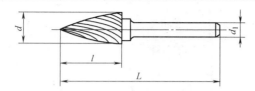

旋转锉代号			d		l	d_1		L
粗齿（C）	中齿（M）	细齿（F）	公称尺寸	极限偏差		公称尺寸	极限偏差	
G0313C03	G0313M03	G0313F03	3	±0.2 （±0.5）	13[①]	3	0 -0.025	45
G0618C0640	C0618M0640	G0618F0640	6		18[①]	6	0 -0.03	58
G1020C0640	G1020M0640	G1020F0640	10	±0.3 （±0.7）	20			60
G1225C0640	G1225M0640	G1225F0640	12		25			65

① 这一切削长度可包括一段圆柱部分。

表 6-134 火矩型硬质合金旋转锉 (GB/T 9217.8—2005) （单位：mm）

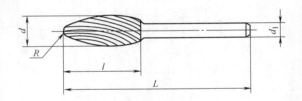

旋转锉代号			d		l	d_1		L	R
粗齿（C）	中齿（M）	细齿（F）	公称尺寸	极限偏差		公称尺寸	极限偏差		$\approx$
H0307C03	H0307M03	H0307F03	3	±0.2 (±0.5)	7	3	0 -0.025	40	0.8[1]
H0618C0640	H0618M0640	H0618F0640	6	±0.2 (±0.5)	18	6	0 -0.03	59	1.0[1]
H0820C0640	H0820M0640	H0820F0640	8	±0.2 (±0.5)	20	6	0 -0.03	60	1.5
H1025C0640	H1025M0640	H1025F0640	10	±0.2 (±0.5)	25	6	0 -0.03	65	2.0
H1232C0640	H1232M0640	H1232F0640	12	±0.3 (±0.7)	32	6	0 -0.03	72	2.5
H1636C0640	H1636M0640	H1636F0640	16	±0.3 (±0.7)	36	6	0 -0.03	76	2.5

注：这种旋转锉可制成平头或尖头。

表 6-135 锥型圆头硬质合金旋转锉 (GB/T 9217.10—2005) （单位：mm）

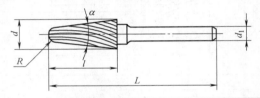

旋转锉代号			d		l	d_1		L	R	α
粗齿（C）	中齿（M）	细齿（F）	公称尺寸	极限偏差		公称尺寸	极限偏差		$\approx$	
L0616C0640	L0616M0640	L0616F0640	6	±0.2 (±0.5)	16	6	0 -0.03	56	1.2	14°
L0822C0640	L0822M0640	L0822F0640	8	±0.2 (±0.5)	22	6	0 -0.03	62	1.4	14°
L1025C0640	L1025M0640	L1025F0640	10	±0.2 (±0.5)	25	6	0 -0.03	65	2.2	14°
L1228C0640	L1228M0640	L1228F0640	12	±0.3 (±0.7)	28	6	0 -0.03	68	3.0	14°
L1633C0640	L1633M0640	L1633F0640	16	±0.3 (±0.7)	33	6	0 -0.03	73	4.5	14°

表 6-136 锥型尖头硬质合金旋转锉 (GB/T 9217.11—2005) （单位：mm）

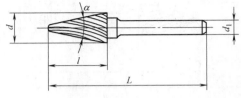

旋转锉代号			d		l	d_1		L	α
粗齿（C）	中齿（M）	细齿（F）	公称尺寸	极限偏差		公称尺寸	极限偏差		$\approx$
M0311C03	M0311M03	M0311F03	3	±0.2 (±0.5)	11	3	0 -0.025	45	14°
M0618C0640	M0618M0640	M0618F0640	6	±0.2 (±0.5)	18	6	0 -0.03	58	14°
M1020C0640	M1020M0640	M1020F0640	10	±0.2 (±0.5)	20	6	0 -0.03	60	25°
M1225C0640	M1225M0640	M1225F0640	12	±0.3 (±0.7)	25	6	0 -0.03	65	25°
M1625C0640	M1625M0640	M1625F0640	16	±0.3 (±0.7)	25	6	0 -0.03	65	30°

表 6-137　60°、90°圆锥型硬质合金旋转锉（GB/T 9217.9—2005）　　（单位：mm）

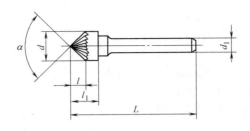

旋转锉代号			d		l	d_1		L	l_1	α
粗齿（C）	中齿（M）	细齿（F）	公称尺寸	极限偏差		公称尺寸	极限偏差			
J0302C03	J0302M03	J0302F03	3	±0.2 (±0.5)	2.6	3	0 −0.025	35	—	60°
J0605C0640	J0605M0640	J0605F0640	6		5.2	6	0 −0.03	50	9	
J1008C0640	J1008M0640	J1008F0640	10		8.7			53	13	
J1210C0640	J1210M0640	J1210F0640	12	±0.3 (±0.7)	10.4			55	15	
J1613C0640	J1613M0640	J1613F0640	16		13.8			56	16	
K0301C03	K0301M03	K0301F03	3	±0.2 (±0.5)	1.5	3	0 −0.025	35	—	90°
K0603C0640	K0603M0640	K0603F0640	6		3	6	0 −0.03	50	7	
K1005C0640	K1005M0640	K1005F0640	10		5				10	
K1206C0640	K1206M0640	K1206F0640	12	±0.3 (±0.7)	6			51	11	
K1608C0640	K1608M0640	K1608F0640	16		8			55	15	

表 6-138　倒锥型硬质合金旋转锉（GB/T 9217.12—2005）　　（单位：mm）

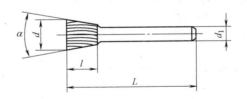

旋转锉代号			d		l	d_1		L	α
粗齿（C）	中齿（M）	细齿（F）	公称尺寸	极限偏差		公称尺寸	极限偏差		
M0307C03	N0307M03	N0307F03	3	±0.2 (±0.5)	7	3	0 −0.025	40	10°
N0607C0640	N0607M0640	N0607F0640	6					47	
* N1213C0640 20°	* N1213M0640 20°	* N1213F0640 20°	12	±0.3 (±0.7)	13	6	0 −0.03	53	20°
N1616C0640	N1616M0640	M1616F0640	16		16			56	
* N1213C0640 30°	* N1213M0640 30°	* N1213F0640 30°	12		13			53	30°
N1613C0640	N1613M0640	N1613F0640	16						

注：1. 根据订货可以生产带端齿的（1 号位用 NE 表示）。
　　2. 带"*"规格加注角度符号。

3. 硬质合金旋转锉的技术要求

1）硬质合金旋转锉的切削刃应锋利，表面不应有裂纹、刻痕、崩刃等影响使用性能的缺陷，柄部不应有锈迹，焊接处不应有未焊透现象。

2）旋转锉表面粗糙度的上限值按下列规定：

前面和后面：$Rz6.3\mu m$。

柄部外圆：$Ra0.8\mu m$。

3）位置公差：

圆周刃对柄部轴线的径向（斜向）圆跳动：0.1mm。

端面刃对柄部轴线的轴向圆跳动：0.1mm。

4）旋转锉切削部分用 K10～K30 或 M10～M30 硬质合金（按 GB/T 2075—2007）材料制造，具体牌号可由制造厂选定。

5）旋转锉柄部硬度不低于 30HRC。

6）推荐角度：旋转锉应制成等前角和等螺旋角；前角 $\gamma = -3° \sim 10°$；螺旋角 $\beta = 5° \sim 20°$，一般为右螺旋右切削，60°和90°圆锥型旋转锉（J 和 K 型）也可制成直槽的。

6.6.8 面铣刀

1. 面铣刀的种类

根据刀齿的安装方式，面铣刀有以下几种型式：

（1）整体焊接式面铣刀 整体焊接面铣刀是将刀齿直接镶焊在铣刀体上。这种结构由于刃磨困难、浪费刀体材料及难于保证刀片焊接质量等原因，目前已很少应用。

（2）焊接—夹固式面铣刀 这种结构是将刀片焊接在小刀头上，再将小刀头用机械夹固的方法安装在刀体上。这种面铣刀按刃磨方法又可分为两种：一种是将小刀头装于刀体内，然后将整个铣刀在专用磨床上或工具磨床上刃磨（体内刃磨）；另一种是事先将小刀头在专用磨刀夹具上刃磨之后装在刀体上。用对刀装置调整各刀齿尺寸，使之一致（体外刃磨），这种结构调整比较麻烦。

（3）机夹可转位面铣刀 这种铣刀将经过仔细刃磨的硬质合金可转位刀片直接用机械夹固的方法安装在刀体上。机夹可转位面铣刀消除了因焊接而产生的内应力和裂纹。不用刃磨，能快速更换刀片，并保证各刀齿之间尺寸一致。已广泛用于各类机床。

（4）镶齿套式面铣刀 一般由刀体和高速工具钢刀片两部分组成。高速工具钢刀片底面为90°直齿，夹紧是利用刀片底面的斜齿面和刀体刀槽紧定，刀片刀齿可多次修磨使用，并可随时更换。此类铣刀常用于各类铣床的中低速切削。

2. 硬质合金可转位面铣刀

（1）硬质合金可转位面铣刀的品种 常用硬质合金可转位面铣刀品种见表 6-139。

（2）硬质合金可转位面铣刀参数的选择

1）直径的选择。面铣刀直径 d 应按铣削工件表面的宽度（即铣削宽度 a_e）来确定：

$$d = (1.1 \sim 1.6)a_e \tag{6-49}$$

表 6-139 常用硬质合金可转位面铣刀品种

划分方法	品种	简 要 说 明
按主偏角分 GB/T 5342.1～5342.3—2006	90°	直角面铣刀，主要用于加工带直角台阶的平面
	75°	一般平面铣削加工
	60°	
	45°	因其可适当减小侧向力，从而避免铣刀切出时损伤被加工表面的边缘，主要用于加工铸铁等脆性材料
按齿数分 $\phi200mm$ 以上	粗齿	主要用于粗加工或半精加工及实体表面加工
	中齿	实体表面加工
	细齿	主要用于半精和精加工及箱体零件加工
	密齿	实体表面加工
按前角分（γ_p、γ_f 组合）	双正前角	$\gamma_p > 0°$，$\gamma_f > 0°$，适用于软钢、合金钢、有色金属加工
	双负前角	$\gamma_p < 0°$，$\gamma_f < 0°$，适用于锎钢、铸铁等的加工
	正负前角	$\gamma_p > 0°$，$\gamma_f < 0°$，适用于钢、合金钢、铸铁加工
按刀齿分布分	等齿距铣刀	各刀齿在圆周上均匀分布
	不等齿距铣刀	各刀齿在圆周上非均匀分布，利用相邻各齿切入切出的周期不同来减缓等齿距铣削力周期激振所引起的工艺系统振动，起到消振作用。但因影响工艺系统的响应特征的因素十分复杂，故不等齿距的分布具有一定的条件性
	阶梯面铣刀	将刀齿分成不同直径的几组，每组刀齿高出端面距离不等，形成分层切削
按加工要求分	粗铣刀	一般加工，表面粗糙度值能达到 $Ra5\mu m$
	精铣刀	加工件表面粗糙度值能达到 $Ra1\mu m$ 以下
	粗精复合铣刀	在粗铣刀上设有精铣齿，一般表面粗糙度值能达到 $Ra1.6\mu m$
按刀片材料分	硬质合金铣刀	常规铣削加工
	陶瓷铣刀	粗铣铸铁、精铣淬硬钢、铸铁，以铣代磨
	立方氮化硼铣刀	灰铸铁、难加工材料及淬硬材料的精铣
	金刚石铣刀	硅铝合金的精铣
按切削用量分	普通型铣刀	一般背吃刀量 $a_p < 10mm$
	重型铣刀	一般背吃刀量 $a_p \geq 10mm$

为了减少铣刀的规格，面铣刀直径应采用公比为 1.25 的标准系列，即 $d = 50mm$，$63mm$，$80mm$，$100mm$，$125mm$，$160mm$，$200mm$，$250mm$，$315mm$，$400mm$，$500mm$，$630mm$。根据铣削宽度 a_e 确定的直径还应按上述标准数值选取。

2）刀齿密度的选择。刀齿密度是指每英寸直径所含的齿数。刀齿的密度和工件的硬度、铣削宽度、切屑的长度、机床功率以及铣削效率有关。面铣刀刀齿密度分为粗齿、中齿和密齿。表 6-140 推荐数值可供参考。

表 6-140 面铣刀刀齿密度

刀具类型	刀齿密度/（齿/in）		
	粗齿	中齿	密齿
一般面铣刀	1.2～1.5	1.6～2	2.2～3.7
刀片立装面铣刀	1～1.5	2～3	4～5

选择刀齿密度时可参考表 6-141。

3）几何角度的选择。面铣刀的几何角度是指将刀齿安装到铣刀体上以后所具有的工作角度。表 6-142 列出了硬质合金面铣刀几何角度参考值。

断续切削是铣刀刀齿的工作特点之一。每个刀齿在切入工件时都要发生冲击。改善刀齿切入时的受力状况，提高其抗冲击能力是选择前角 γ_o 及刃倾角 λ_s 所要考虑的重要问题。

表 6-141 各种刀齿密度面铣刀适用范围

刀齿密度类型	适 用 范 围
粗齿	粗、精铣长切屑的工件；过多刀齿同时切削易产生振动时；机床功率有限时
中齿	铣削铸铁和其他短切屑材料或精铣钢件；机床功能足够高效铣削时
密齿	铣削灰铸铁薄壁壳体；每齿进给量很小而要求每分钟进给量大；精铣钢件时

表 6-142 硬质合金面铣刀几何角度选择参考值

被加工材料		γ_o	λ_s	κ_r	$\kappa_{r\varepsilon}$	κ_r'	α_o、α_o'、$\alpha_{o\varepsilon}$
钢	$\sigma_b < 0.785GPa$	5°	−6°～−10°	60°～75°	$\dfrac{\kappa_r}{2}$	0°	12°～15°
	$\sigma_b = 0.785～1.177GPa$	−10°					
	$\sigma_b > 1.177GPa$	−20°					
铸铁		5°	5°	45°～60°	$\dfrac{\kappa_r}{2}$	0°～5°	10°～12°

① 刃倾角的选择。在通常情况下，刃倾角 λ_s 应取负值，以增加刀尖强度，提高刀齿的抗冲击能力，一般可取 $\lambda_s = -15° \sim -10°$。但是减小 λ_s 后，会使排屑困难，并使副切削刃有较大的负前角。

② 前角的选取。硬质合金面铣刀的前角 γ_o 应小一些，甚至取较大的负值，以增加刀齿的楔角，增加切削刃的强度。γ_f 为负值时，便于切屑在前面卷曲、折断和排出。前角 γ_o 和刃倾角 λ_s 的选取要按如下原则结合考虑：

第一类：$\gamma_o > 0°$，$\lambda_s < 0°$（$\gamma_f > 0°$，γ_p 一般小于 0°）。这种组合，由于有正的工作前角，切削轻快。负的刃倾角 λ_s 可以增加切削刃的强度和抗冲击性能，比较适合大背吃刀量或毛坯质量不高的切削。

第二类：$\gamma_o > 0°$，$\lambda_s > 0°$（γ_f 一般大于 0°，$\gamma_p > 0°$）。切削刃锋利，切削性能好，排屑顺畅。但切削刃比较脆弱，刀尖处易受冲击。适合对韧性钢材及铝合金进行半精铣、精铣。

第三类：$\gamma_o < 0°$，$\lambda_s > 0°$（$\gamma_f < 0°$，γ_p 一般大于 0°）。这种组合有较高的切削刃强度，前面能较好地导出切屑。如果用较小的主偏角 κ_r 来增强刀尖，则可以用来铣削某些韧性较强的钢材。

第四类：$\gamma_o < 0°$，$\lambda_s < 0°$（γ_f 一般小于 0°，$\gamma_p < 0°$）。这种组合切削刃最强固，但不锋利，切屑在前面推挤严重，切削力大。适用于轻切铸铁或钢材，一般用来加工高强度钢、淬火钢。

③ 主偏角及过渡刃偏角的选择。如果主偏角 κ_r 小，则切屑厚度小，主切削刃工作的长度长，散热好。但 κ_r 太小时，轴向分力太大，易产生振动。不适于大背吃刀量。一般选 $\kappa_r = 45° \sim 90°$。为了增加刀尖强度，在刀尖处做成过渡刃偏角 $\kappa_{r\varepsilon} = \kappa_r / 2$、$l_1 = 1 \sim 2mm$ 的过渡刃，如图 6-99 所示。

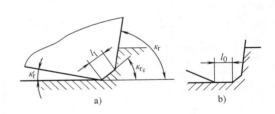

图 6-99 κ_r、$\kappa_{r\varepsilon}$、κ_r' 角度
a）过渡刃 b）修光刃

④ 副偏角、修光刃及刮光刀片。选取较小的副偏角 κ_r' 可以降低加工表面粗糙度，一般选 $\kappa_r' = 2° \sim 3°$。也可以使副切削刃有一段 $\kappa_r' = 0°$、长度 $l_0 = 1 \sim 2mm$ 的修光刃，如图 6-99b 所示。具有修光刃的可转位铣刀刀片已广泛应用。为了消除由于各刀片的修光刃轴向尺寸不一致而造成对铣削表面粗糙度的影响，可将其中一个刀片修光刃略高于其他刀齿（约 0.02mm），并使其修光刃长度略大于每转进给量，这种刀片称为刮光刀片。

⑤ 后角。后角的选取见表 6-142。

表 6-143 给出了我国一些工具厂家生产的面铣刀的角度及用途。

表 6-143　可转位面铣刀的品种及用途

代号	直径/mm	前角	主偏角	背吃刀量	结构型式	简要说明
6X2A	50~160	$\gamma_f = 5° \sim 15°$ $\gamma_p = 5° \sim 9°$	90°	12	刀片立装、压孔式	用于加工薄壁类工件,加工钛合金、不锈钢及其高温合金、铝、铜和其他有色金属
6X2D	50~200	$\gamma_f = 5° \sim 15°$ $\gamma_p = 5° \sim 9°$	90°	18		
6C2K	160~315	$\gamma_f = -15° \sim -20°$ $\gamma_p = 5° \sim 9°$	60°	13		适用于钢及铸铁类工件的铣削
5D2U	160~315	$\gamma_f = 15° \sim 20°$ $\gamma_p = 6° \sim 10°$	45°	12		适用于钢及铸铁类工件的铣削,每种铣刀可以安装两种刀片。用正前角刀片时,可加工耐热钢等
6C2L	200~400	$\gamma_f = 15° \sim 25°$ $\gamma_p = 6° \sim 11°$	60°	20		
6L6B	80~160	$\gamma_f = -10° \sim -15°$ $\gamma_p = -6° \sim -10°$	88°	10		可用于加工台阶平面,钢和铸铁类工件的粗铣
6L2K	100~315	$\gamma_f = -10° \sim -15°$ $\gamma_p = -6° \sim -10°$	88°	18		
5J2V	160~315	$\gamma_f = -10° \sim -15°$ $\gamma_p = -6° \sim -10°$	90°	18		适用于加工台阶平面,钢和铸铁类工件的粗铣。每种铣刀可以安装两种刀片,形成两种几何角度:双负和正负前角
6J2L	200~400	$\gamma_f = -10° \sim -15°$ $\gamma_p = -6° \sim -10°$	90°	25		
6CKK	160~400	$\gamma_f = -20° \sim -25°$ $\gamma_p = 8° \sim 12°$	60°	13		粗精复合铣刀,圆周装粗切刀片,端面装精切刀片。可同时用,也可分开用
6JKB	160~315	$\gamma_f = -10° \sim -25°$ $\gamma_p = 7° \sim 10°$	90°	10		粗精复合铣刀,圆周装粗切刀片,端面装精切刀片,可同时用,也可分开用。铣刀可以装两种前角的刀片,形成双负或正负前角,加工钢及铸铁
6JKK	160~400	$\gamma_f = -10° \sim -15°$ $\gamma_p = 7° \sim 10°$	90°	16		
Ⅱ 型 324~328	200~500	双负	75°	15	平装刀片,螺钉楔块后压	适用于在大功率机床上加工余量大的工件或强度高、硬度高的工件,刀片可用八刃
ZM60	200~400	$\gamma_f = -13°$ $\gamma_p = 8°$	60°	12~18	螺钉楔块前压,平装刀片	适用于钢和铸铁粗加工,大余量加工,并备有刮光刀片用于精加工
LMX75	200~400	$\gamma_f = -6°$ $\gamma_p = -6°$	60° 75° 90°	15~30	压孔式,立装刀片	适用于中碳钢、铸钢、铸铁、合金钢的粗加工。可同时组装成阶梯铣刀 $a_p = 30mm$
ZM 型	250~500	$\gamma_f = -8°$ $\gamma_p = -6°$	75° 87°	12~35	压孔式,刀片立装在小刀杆上,用螺钉夹紧小刀杆于刀体上	适用于大型铸件、锻件、焊接件的平面粗铣和半精铣。换用小刀杆后,也可用于精铣。装配不同尺寸的小刀杆,可进行阶梯铣削,$a_p = 30 \sim 35mm$
		$\gamma_f = -14°$ $\gamma_p = 4°$	60°			
		$\gamma_f = -8°$ $\gamma_p = 9°$	0°	0.2~0.5		
ZBM 型	200~400	$\gamma_f = -8°$ $\gamma_p = 7°$	75° 60°	12	用螺钉楔块前压,平装刀片	适用于钢板焊接件、铸件、锻件的粗加工
ZMX 型	200~315	正、负 $\gamma_f = -6°$ $\gamma_p = -16°$	75°	20	用螺钉楔块后压,平装刀片	正负前角型适用于加工毛坯表面经过初步清理后的大型工件,双负型适用于毛坯表面质量较差的条件。大余量切削时用阶梯铣

（续）

代号	直径/mm	前角	主偏角	背吃刀量	结构型式	简 要 说 明
MGZ 型	100 ~ 250	正、负	60°	11 ~ 13	压孔式夹紧,立装刀片	适用于大进给、大背吃刀量的强力铣削,可用于铸、锻钢和铸铁、钛合金、不锈钢、部分有色金属粗铣和粗精复合铣
		双正	90°	12 ~ 18		
		双负	90°	13 ~ 17		
CM 型	200 ~ 500	$\gamma_f = -8°$ $\gamma_p = 7°$	60°	12	用螺钉楔块前压,平装刀片	用于大余量毛坯件的加工。刀片带有分屑槽
		$\gamma_f = -8°$ $\gamma_p = 8°$	75°	30	用压板上压,平装刀片	适用于特大余量工件的粗加工。利用刀垫形成阶梯铣削
F2045	200 ~ 400	$\gamma_f' = -18°$ $\gamma_p = 10°$	60°	20	压孔式夹紧,平装刀片	适用于铣钢件
		$\gamma_f = -10°$ $\gamma_p = 8°$				适用于铣铸铁
Secodex —S261	200 ~ 315	$\gamma_f = -16°$ $\gamma_p = 8°$	60°	20	蘑菇头螺钉夹紧,平装刀片	粗铣加工各类钢件

（3）可转位面铣刀的结构尺寸　国家标准 GB/T 5342.1—2006 规定了可转位面铣刀的结构尺寸:

1）卸刀机构的孔。

直径 $D \geq 250\text{mm}$ 的铣刀,用于卸刀的螺纹孔,由制造商决定制备,孔的数量和位置也由制造商选择,但螺纹孔的最小尺寸须按下列规定:

① 直径 $D = 250\text{mm}$ 或 315mm 的铣刀,螺纹孔为 M12mm×27mm。

② 直径 $D = 400\text{mm}$ 或 500mm 的铣刀,螺纹孔为 M16mm×34mm。

注: 必须考虑国家安全规程。

2）A 型面铣刀,端键传动,内六角沉头螺钉紧固。

尺寸如图 6-100 和表 6-144 所示。

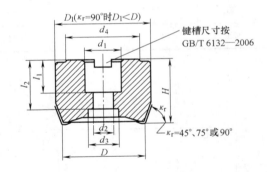

图 6-100　A 型面铣刀

表 6-144　A 型面铣刀　　　　　　（单位: mm）

D js16	d_1 H7	d_2	d_3	d_4 最小	H ±0.37	l_1	l_2 最大	紧固螺钉
50	22	11	18	41	40	20	33	M10
63								
80	27	13.5	20	49	50	22	37	M12
100	32	17.5	27	59		25	33	M16

3）B 型面铣刀,端键传动,铣刀夹持螺钉紧固。

尺寸如图 6-101 和表 6-145 所示。

4）C 型面铣刀,安装在带有 7∶24 锥柄的定心刀

杆上。

① $D = 160$mm，40 号定心刀杆。尺寸如图 6-102 所示。

注：这种铣刀也可制成端键传动。

② $D = 200$mm 和 250mm，50 号定心刀杆。尺寸如图 6-103 所示。

③ $D = 315$mm，400mm 和 500mm，50 号和 60 号定心刀杆。尺寸如图 6-104 所示。

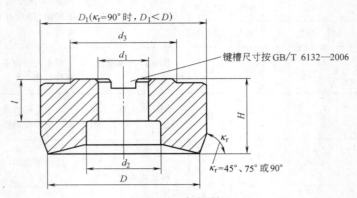

图 6-101　B 型面铣刀

表 6-145　B 型面铣刀　　　　　　　　　　　　　　　　　　（单位：mm）

D js16	d_1 H7	d_2	d_3 最小	H ± 0.37	l 最小	l 最大	紧固螺钉
80	27	38	49	50	22	30	M12
100	32	45	59		25	32	M16
125	40	56	71	63	28	35	M20

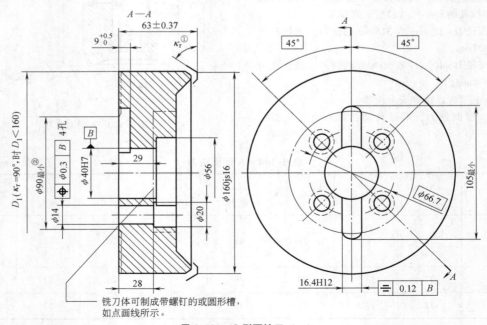

铣刀体可制成带螺钉的或圆形槽，如点画线所示。

图 6-102　C 型面铣刀（一）

① $\kappa_r = 45°$，75° 或 90°。

② 在刀体背面上直径 90mm（最小）处的空刀是任选的。

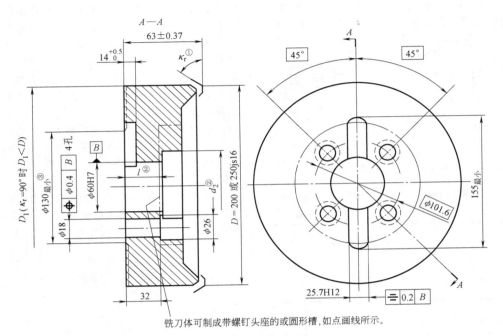

铣刀体可制成带螺钉头座的或圆形槽,如点画线所示。

图 6-103　C 型面铣刀 (二)

① $\kappa_r = 45°$, $75°$或 $90°$。

② 由制造商自定。

③ 在刀体背面上直径 130mm (最小) 处的空刀是任选的。

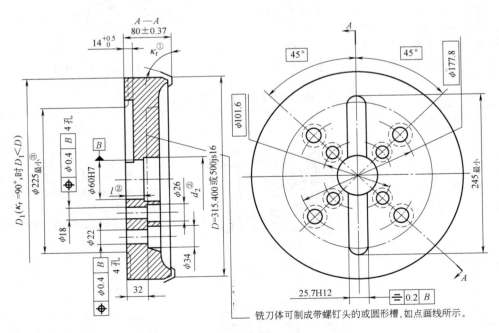

铣刀体可制成带螺钉头座的或圆形槽,如点画线所示。

图 6-104　C 型面铣刀 (三)

① $\kappa_r = 45°$, $75°$或 $90°$。

② 由制造商自定。

③ 在刀体背面上直径 225mm (最小) 处的空刀是任选的。

5) 莫氏锥柄面铣刀。尺寸如图 6-105 和表 6-146 所示,莫氏锥柄按 GB/T 1443—2016 规定。

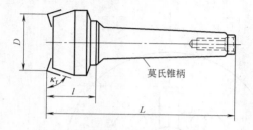

图 6-105 莫氏锥柄面铣刀

表 6-146 莫氏锥柄面铣刀

（单位：mm）

D js14	L h16	莫氏锥柄号	l(参考)
63	157	4	48
80			

(4) 面铣刀的结构

1) 铣刀体的结构。铣刀体的结构与铣刀直径大小有关。直径 80mm 以下的铣刀,多采用不带刀片座的整体形式,柄部为锥柄或直柄。直径大于 100mm 的面铣刀一般都带有刀片座,可以简化刀体的制造,提高刀片定位精度。有的则采用模块结构,即将刀片座设计成一个小刀头形式,通过更换不同形式的小刀头来实现改变铣刀参数和刀片形状,以适应不同的需要,从而达到一体多用,这种铣刀的每一个刀槽上都有一个带锥形沉孔的螺孔,该螺孔

内安装一个头部带偏心的螺钉。该螺钉还穿过在刀座上相应的孔,调节该螺钉,可以使刀座在铣刀轴向精确定位,如图 6-106 所示。刀体、刀片座、模块刀头的材料一般选用优质合金结构钢,如 40Cr、25Cr2MoV 等制造,经过调质或淬火后表面渗氮,既保证了刀体有足够的强度,又使刀体具有耐磨、抗磕碰等特点。

2) 刀片轴向及径向位置的调整结构见表6-147。

3) 刀片夹紧结构型式及特点见表 6-148。

4) 刀片槽的设计。设计刀片槽时应注意以下几点:

① 对于法向后角为零度的刀片,为保证刀片夹紧时刀片侧面能紧靠刀片槽侧面,刀片槽侧面与底面夹角要略小于 90°,一般为 89°。

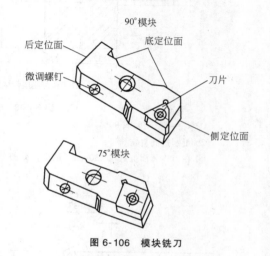

图 6-106 模块铣刀

表 6-147 铣刀刀片的轴向及径向位置调整结构

调整方法	简 图	说 明
利用位置可调的轴向支承块调整		刀垫做成组合形式,其后半部为轴向支承块,改变轴向支承块的位置,就可调整刀片的轴向位置。目前直径 150 ~ 500mm 的面铣刀大多采用这种结构
利用螺钉调整		在铣刀背部有一个承受轴向力的止推环,利用止推环上的螺钉移动刀垫,可调整刀片的轴向及径向位置

（续）

调整方法	简图	说明
利用偏心凸轮调整	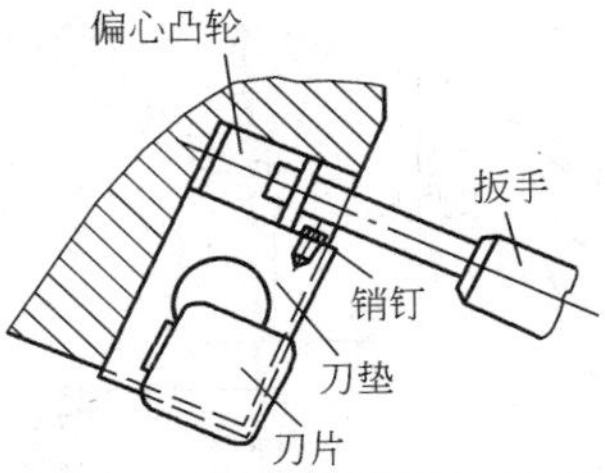	在刀片或刀垫的上方设有一个偏心凸轮，旋转偏心凸轮，可以调整刀片轴向位置。这种结构在不松开楔块的条件下，轴向调节量为几微米至数十微米。图中的销钉是为了防止偏心凸轮滑出槽外而设置的
利用弹性刀垫调整	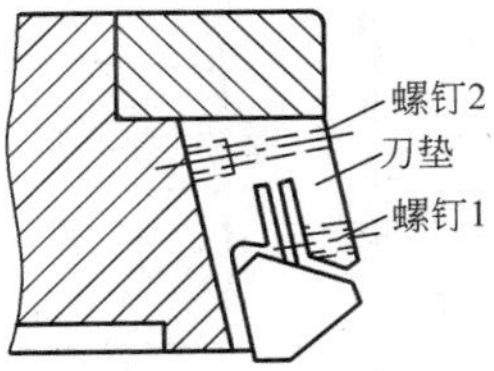	这种结构可用来调整端面铣刀的修光刃片的位置。螺钉 1 用来调节刀片的轴向位置；螺钉 2 可使刀垫偏转，以调整修光刃的偏角，使其平行于工件的已加工表面
利用双螺钉和调整块调整	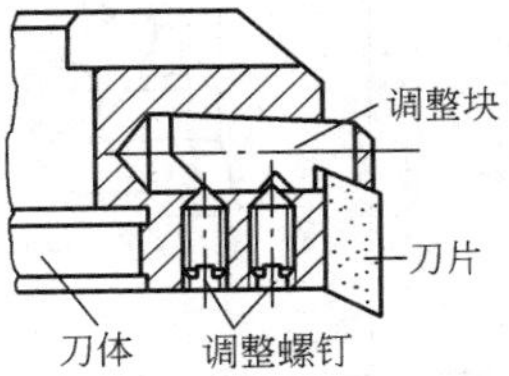	这种结构是旋动两个螺钉使调整块移动，完成调整刀片轴向位置的。这种结构可用于面铣刀和三面刃铣刀

表 6-148　刀片夹紧结构型式及其特点

刀片安装方向	结构名称	刀片夹紧型式	结构简图	特　点
刀片平装	楔块式	 螺钉楔块夹紧	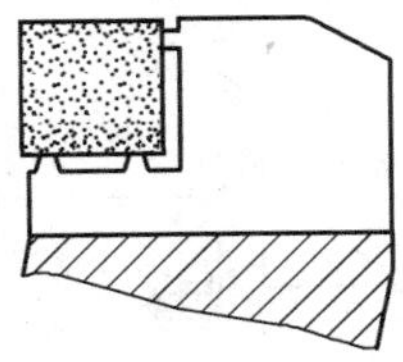	1）结构简单，工艺性好 2）刀片转位方便 3）刀片便宜且可重磨 4）刀片一部分被楔块覆盖，故其利用率低，容屑空间小 5）轴向无限位，不适宜重切削
		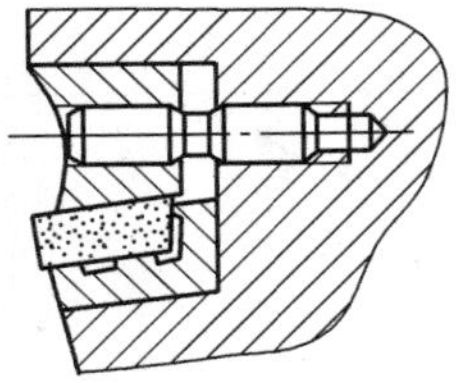	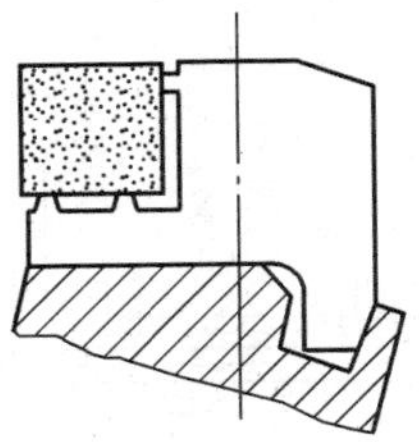	1）、2）、3）、4）同上 5）轴向有限位环节
			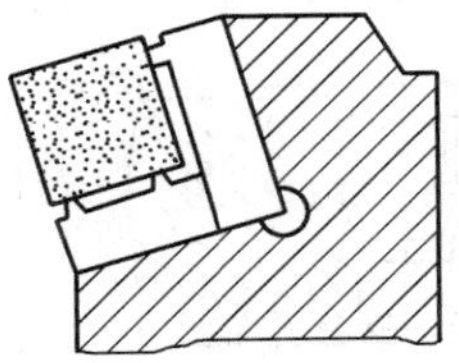	1）刀座轴向定位部分与刀座分离，工艺性好，但零件数增多 2）、3）、4）同上

（续）

刀片安装方向	结构名称	刀片夹紧型式	结构简图	特　点
刀片平装	楔块式	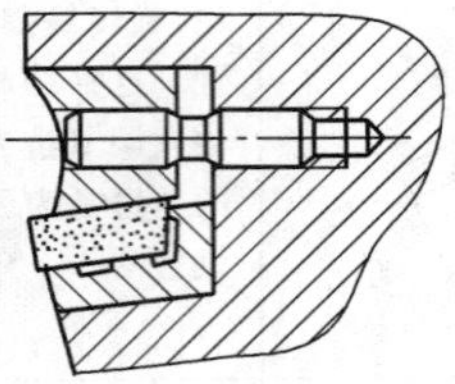 螺钉楔块夹紧	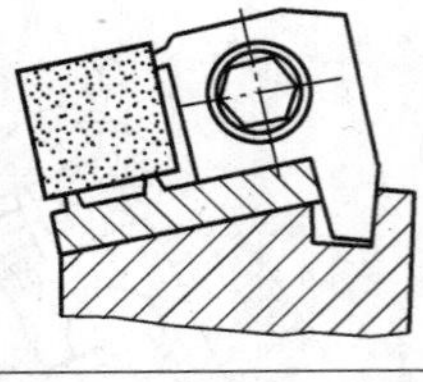	1）刀座径向定位部分与刀座分离，工艺性好，但零件数增多 2）、3）、4）同上
			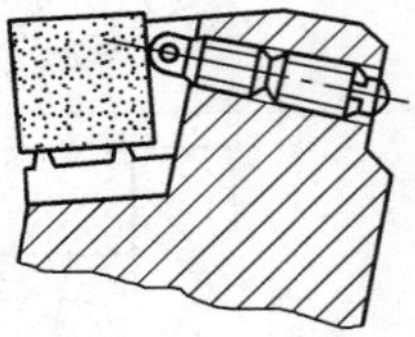	1）轴向可调。刀片重磨次数增多 2）、3）、4）同上
	上压式	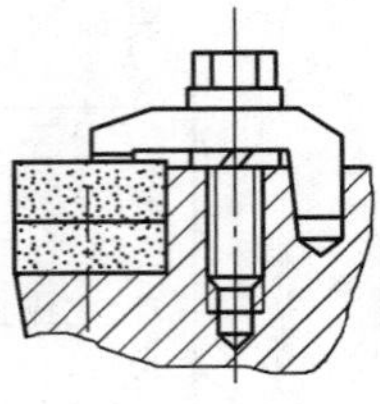 压块夹紧式	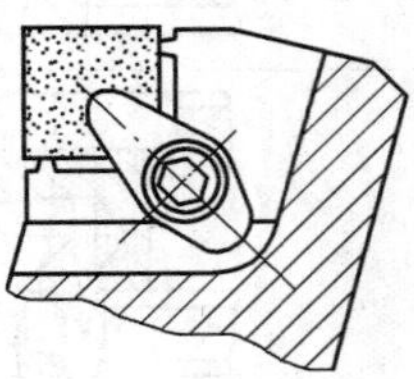	1）转位、更换刀片方便 2）容屑空间较大 3）夹紧力有限，不适宜重切削
		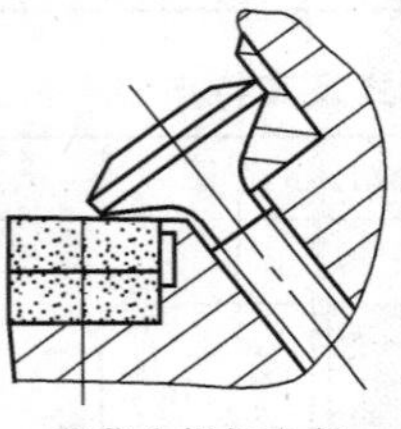 蘑菇头螺钉夹紧	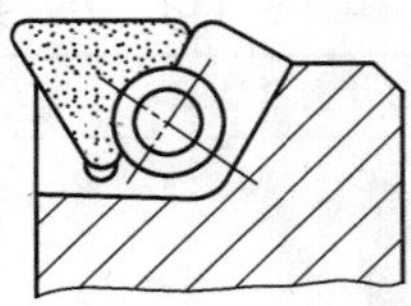	1）蘑菇头螺钉夹紧，转位、更换刀片方便 2）夹紧元件占用空间较小，容屑空间较大，并可适当增加齿数 3）夹紧力有限
	拉楔式	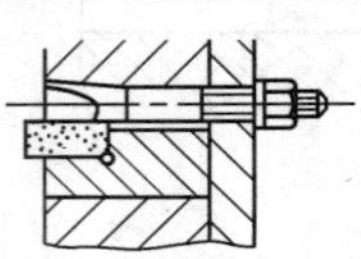 拉杆楔块夹紧	—	结构紧凑，可适当增加齿数，常作密齿铣刀结构
		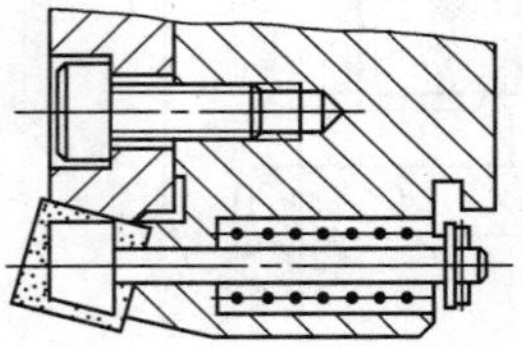 弹簧楔块夹紧	—	1）结构紧凑，常作密齿铣刀 2）转位和更换刀片十分方便
	偏心夹紧式	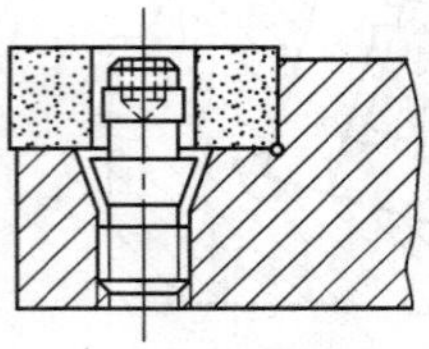	—	1）楔块可起刀垫作用，保护刀体，但制造精度要求高 2）可避免刀片厚度的变化对径向圆跳动的影响

（续）

刀片安装方向	结构名称	刀片夹紧型式	结构简图	特　点
刀片平装	楔块后压式	螺钉楔块夹紧	—	1）弹簧拉杆夹紧元件从侧面压紧刀片。前面完全外露,便于排屑、散热等 2）夹紧十分方便 3）较适合重型铣削 4）刀片形状特殊
	侧压式		—	1）前面完全外露,有利于排屑和散热 2）结构简单,便于模块化 3）转位或更换刀片时需将螺钉全部旋出,不太方便 4）沉孔刀片较贵
	压孔式			1）、2）同上 3）转位或更换刀片方便 4）制造工艺较复杂 5）较适合无后角刀片
刀片立装	勾销夹紧式		—	1）转位或更换刀片方便 2）夹紧部分制造工艺较复杂
	螺钉上压式		—	1）螺钉端面压紧,夹紧元件头部凸出于刀片之外 2）结构简单,但转位或更换刀片时需将螺钉全部旋出 3）切屑有时会损坏螺钉头
	压孔式	切向立装	—	1）刀片受载截面较大 2）刀片有较宽的磨损面 3）可有较大容屑槽
		轴向立装	—	1）常作精铣刀片夹紧方式 2）相对被加工平面的切削刃较长

（续）

刀片安装方向	结构名称	刀片夹紧型式	结构简图	特 点
小刀杆主装式	压孔式	小刀杆立装	—	1）刀片受载荷面积大 2）刀片有较大的磨损面 3）小刀杆伸出刀体，排屑、散热性能好 4）小刀杆可根据不同情况更换 5）小刀杆可保护刀体

② 应用带沉孔刀片时，刀片槽螺纹孔轴线要向刀片槽两侧面综合方向倾斜 $1°30′ \sim 2°$，如图 6-107 所示。

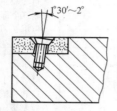

图 6-107 带沉孔刀片夹紧结构

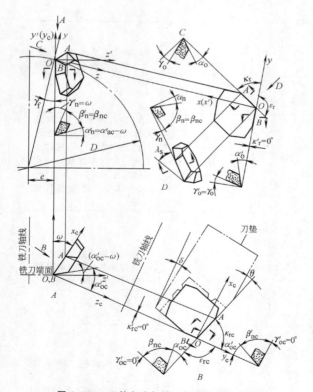

图 6-108 刀片角度与铣刀角度之间的关系

③ 刀片槽螺纹孔轴线如果不设计成倾斜的，也可以设计成向刀片槽两侧面偏离 $0.1 \sim 0.2$mm。

（5）可转位面铣刀角度计算 铣刀的角度是刀片装在刀体上综合形成的。图 6-108 为刀片在刀体上安装情况及刀片角度与铣刀角度的关系。图中 e 为刀片在端面偏离铣刀轴线的距离，称为刀槽偏距。可转位铣刀角度的计算，见表 6-149 和表 6-150。

（6）面铣刀的技术要求

1）除铣刀的几何公差外，其余技术要求参见硬质合金可转位立铣刀技术要求。

2）铣刀刀片定位面、铣刀柄部（或端面）的几何公差见表 6-151。

表 6-149 已知刀片刀尖角 ε_{ro} 时，可转位铣刀角度的计算公式

原始数据或计算值名称		符号	计 算 公 式
原始数据 / 设计参数	铣刀进给前角（侧前角）	γ_f	设计选定
	铣刀背吃刀量前角（背前角）	γ_p	
	铣刀直径	D	
	刀片主刃与刀垫侧面夹角	θ	
刀片参数	刀片型号		
	刀片主后角	α_{oc}	
	刀片副后角	α'_{oc}	
	刀片刀尖角	ε_{re}	
刀槽参数	刀槽偏距	e	$e = \dfrac{D}{2}\sin\gamma_f$
	刀槽斜角	ω	$\tan\omega = \tan\gamma_p\cos\gamma_f$
	刀槽倾角	δ	$\delta = \varepsilon_{re} - 90° - \theta$
铣刀几何角度	铣刀主偏角	κ_r	$\cot\kappa_r = \tan\omega\sin\gamma_f - \cot\varepsilon_{ro}\dfrac{\cos\gamma_f}{\cos\omega}$
	铣刀主前角	γ_o	$\tan\gamma_o = \tan\gamma_p\cos\kappa_r + \tan\gamma_f\sin\kappa_r$
	铣刀刃倾角	λ_s	$\tan\lambda_s = \tan\gamma_p\sin\kappa_r - \tan\gamma_f\cos\kappa_r$
	铣刀法前角	γ_n	$\tan\gamma_n = \tan\gamma_o\cos\lambda_s$
	铣刀主后角	α_o	$\tan\alpha_o = \tan(\alpha_{oc} - \gamma_n)\cos\lambda_s$
	铣刀副后角	α'_o	$\tan\alpha'_o = \tan(\alpha'_{oc} - \omega)\cos\gamma_f$

注：1. 刀槽参数 e、ω 或 δ 计算后，若得到的是负值，则其方向与图 6-108 所示的相反。

2. 刀槽偏距 e 是指刀尖一点的偏距。铣刀刀体上的刀片定位面的偏距应根据具体的刀垫尺寸另行折算。

表 6-150　已知铣刀主偏角 κ_r 时，可转位面铣刀角度计算公式

原始数据或计算值		符号	计 算 公 式
原始数据	铣刀侧前角	γ_f	设计选定
	铣刀背前角	γ_p	
	铣刀主偏角	κ_r	
	铣刀主后角	α_o	
	铣刀副后角	α'_o	
	铣刀直径	D	
	刀片主刃与刀垫侧面夹角	θ	
计算参数	刀槽偏距	e	$e = \dfrac{D}{2}\sin\gamma_f$
	刀槽斜角	ω	$\tan\omega = \tan\gamma_p\cos\gamma_f$
	铣刀主前角	γ_o	$\tan\gamma_o = \tan\gamma_p\cos\kappa_r + \tan\gamma_f\sin\kappa_r$
	铣削刃倾角	λ_s	$\tan\lambda_s = \tan\gamma_p\sin\kappa_r - \tan\gamma_f\cos\kappa_r$
	刀槽倾角	δ	$\delta = \varepsilon_{rc} - 90° - \theta$
	刀片刀尖角	ε_{rc}	$\sin\varepsilon_{rc} = \dfrac{\sin\kappa_r\cos\lambda_s}{\cos\omega}$
	铣刀法前角	γ_n	$\tan\gamma_n = \tan\gamma_o\cos\lambda_s$
	铣刀法后角	α_n	$\tan\alpha_n = \tan\alpha_o/\cos\lambda_s$
	刀片主后角	α_{oc}	$\alpha_{oc} = \alpha_n + \gamma_n$
	铣刀副刃法后角	α'_n	$\tan\alpha'_n = \tan\alpha_o/\cos\gamma_f$
	刀片副后角	α'_{oc}	$\alpha'_{oc} = \omega + \alpha_n$

注：1. 若原始给定的设计参数为 γ_o 及 λ_s 时，则 γ_p 与 γ_f 可按下列公式计算：

$$\tan\gamma_p = \tan\gamma_o\cos\kappa_r + \tan\lambda_s\sin\kappa_r$$
$$\tan\gamma_f = \tan\gamma_o\sin\kappa_r - \tan\lambda_s\cos\kappa_r$$

2. 在设计直角面铣刀时，主偏角 κ_r 应略大于 90°，其值可按下列公式计算：

$$\tan\kappa_r \approx \frac{B}{D}\tan^2\lambda_s, \quad \kappa_r = 90° + \Delta\kappa_r$$

式中　D——铣刀直径；
　　　B——工件直角台阶的高度。

3. 刀片刀尖角 ε_{rc} 的取值范围为：当 $\kappa_r < 90°$ 时，$90° < \varepsilon_{rc} < 180°$；当 $\kappa_r > 90°$ 时，$\varepsilon_{rc} < 90°$。

4. 刀槽参数 e、ω 或 δ 计算后，若得到的是负值，则其方向与图 6-108 所示的相反。

5. 刀槽偏距 e 是指刀尖一点偏距，铣刀刀体上的刀槽定位面的偏距应根据具体的刀垫尺寸另行折算。

表 6-151　面铣刀的几何公差

（单位：mm）

项　　目		公　　差		
		$D = 63 \sim$ 160	$D = 200 \sim$ 315	$D = 400 \sim$ 500
主切削刃的法向（或径向）圆跳动	相邻齿	0.04	0.05	0.06
	一转	0.07	0.08	0.09
端刃的轴向圆跳动		0.02	0.03	0.04
支承端面的轴向圆跳动		0.015	0.02	0.025
柄部的径向圆跳动		0.01	—	—

注：1. 检查圆跳动时，锥柄铣刀以公共轴线为基准；套式面铣刀以内孔和端面定位。

2. 检查切削刃圆跳动应采用同一刀片在同一切削刃上进行。

（7）面铣刀轴向圆跳动调整示例

1）立装刀片密齿铣刀轴向圆跳动调整示例。立装刀片密齿铣刀主要用于对铸铁等材料的重型切削，刀具典型结构调整步骤示图如图 6-109 所示。

调整步骤：

① 将刀片装进清洁过的刀座，将锁紧螺钉 2 用 3N·m 的扭矩上紧。注意此时还不要将锁紧楔 3 装上。必要时松开锁紧楔用锁紧螺钉 4 上方的锁紧楔 3，将刀片再次插入、上紧。

② 检查轴向圆跳动，将尺寸最大的刀片用锁紧楔 3 调整约 0.05mm，然后将所有其他刀片调至相同高度，再检查轴向圆跳动。

③ 不可再次上紧刀片锁紧螺钉 2。

2）平装刀片密齿铣刀轴向圆跳动调整示例。平装刀片密齿铣刀常用于对铸铁等脆性材料的粗、精加工，其刀具典型结构调整步骤及示图如图 6-110 所示。

轴向圆跳动调整步骤：

① 松开螺钉 3，使刀片锁紧楔 2 松开，将刀片装入刀片座 1。

② 轻微锁紧刀片锁紧楔 2。

③ 拧紧柱头螺钉 4，使弹簧垫圈 5 被压平。

④ 调整偏心螺栓 6，使刀片切削刃的高度达到规定值（允许低于该值约 5μm 范围内）。

⑤ 拧紧锁紧螺钉 3，使刀片锁紧楔 2 夹紧刀片。

⑥ 用 8N·m 的锁紧力矩拧紧柱头螺钉 4。

⑦ 检查轴向圆跳动。

必须注意：

① 粗精加工刀片合装在同一刀体时，精加工刀片必须突出粗加工刀片 0.03～0.04mm。

② 重新调整刀片座时，必须将刀片压回原来位置。

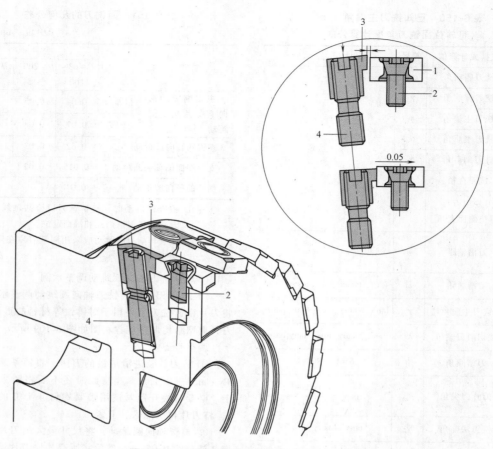

图 6-109 立装刀片密齿端面圆铣刀调整步骤示图
1—SNHQ 1205ZZN 可转位刀片 2—刀片锁紧螺钉 3—锁紧楔 4—锁紧楔用锁紧螺钉

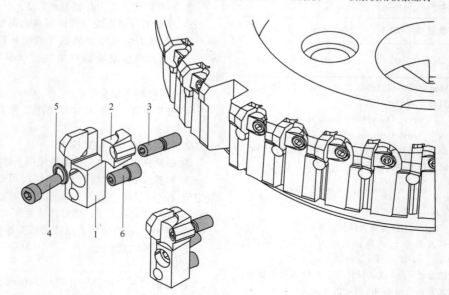

弹簧垫圈 5 凸出的一面必须对准螺钉的头部。偏心螺栓 6 用特种油脂润滑。

图 6-110 平装刀片密齿端面铣刀轴向圆跳动调整
1—刀片座 2—刀片锁紧楔 3—锁紧楔用锁紧螺钉 4—柱头螺钉 5—弹簧垫圈 6—偏心螺栓

3. 超硬材料可转位面铣刀

（1）陶瓷可转位面铣刀　陶瓷材料具有硬度高、耐磨性好、化学性能稳定和摩擦因数低等优点。陶瓷刀片材料有氧化铝陶瓷、混合陶瓷（Al_2O_3+TiC）和氮化硅陶瓷。选择刀片材料主要依据被加工材料和加工条件，可参考表 6-152。

表 6-152　陶瓷刀片材料的选用

工件材料	粗铣	半精铣	精铣
灰铸铁	氮化硅陶瓷	氮化硅陶瓷	混合陶瓷
球墨铸铁	氮化硅陶瓷	氮化硅陶瓷	混合陶瓷
可锻铸铁	混合陶瓷	混合陶瓷	混合陶瓷
冷硬铸铁		混合陶瓷	混合陶瓷
表面淬火钢		混合陶瓷	混合陶瓷
可热处理的钢		氧化铝陶瓷	混合陶瓷

陶瓷可转位面铣刀可采用双负前角，也可采用切深前角为正值，进给前角为负值。作为粗铣最好选用双负前角。主偏角 κ_r 常用 45°或 75°，刀片多用四方形。双负前角铣刀采用负角刀片（刀片后角为 0°），刀片转角为圆角（$\gamma_\varepsilon = 1.2 \sim 1.6mm$），也可以有修光刃的倒角。正负前角的铣刀也采用负角刀片，但刀片转角处的修光刃倒角须有 8°~10°的后角，以保证铣刀端刃有一定的后角。

由于陶瓷刀片较脆，为了提高切削刃的强度，可将其切削刃磨出负倒棱。常用负倒棱尺寸有 0.15mm×15°、0.2mm×20°、0.15mm×30°、0.2mm×30°等。

（2）立方氮化硼可转位面铣刀　立方氮化硼可转位面铣刀都采用双负前角结构，一般为 -7°~-5°。刀片的后角为 0°。刀片的切削刃必须磨负倒棱或小圆角。负倒棱的尺寸为 0.2mm×20°，切削刃的小圆角半径为 0.05~0.13mm。刀片的压紧方式采用楔块式或压板式。主偏角 $\kappa_r = 45°$。

使用 CBN 可转位面铣刀应注意以下问题：

1）主要用于铣削 45HRC 以上的钢及铸铁和 30HRC 以下的珠光体灰铸铁材料。

2）使用 CBN 面铣刀铣削时，机床必须刚性好，转速高，并有足够的功率。

3）铣刀悬伸应尽量短，工件夹紧可靠。

4）不使用切削液。

（3）聚晶金刚石可转位面铣刀　聚晶金刚石（PCD）面铣刀主要用于加工有色金属及其合金和非金属材料。特别适合于加工高硅铝合金，不适于加工钢、铸铁等黑色金属。

使用聚晶金刚石面铣刀，具有加工尺寸稳定、生产率高、铣削表面粗糙度值低等特点。PCD 面铣刀多采用双正前角。加工铝合金，采用背吃刀量前角 γ_p 为正值，径向前角 γ_f 为负值效果更佳。因为 PCD 面铣刀以高速铣削（切削速度高于 700m/min），采用正负前角加强了切削刃强度，不像双正前角那样易崩刃，又很少产生积屑瘤，可获得很好的加工质量和很高的生产率。

使用 PCD 面铣刀时，由于是高速铣削，生产厂家必须注意刀片夹紧的安全问题。典型的 PCD 面铣刀常采用燕尾形刀垫结构（见图 6-111）。PCD 刀片的背面有孔，和刀垫刀片槽中圆柱销配合并连成一体。刀垫在厚度方向呈燕尾形，使用楔块从后面将刀垫及刀片牢固压紧。

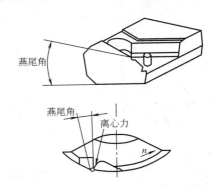

图 6-111　PCD 面铣刀燕尾形刀垫结构

PCD 面铣刀切削刃的轴向和径向圆跳动不能超过 0.002~0.005mm，刀片的修光刃必须与铣削平面平行，为此，PCD 面铣刀的刀片在轴向和径向都要能微调，刀片修光刃对铣削平面的平行度也可以调整。

为解决高速铣削容易引起振动的问题，PCD 面铣刀刀片在圆周上的分布采用不等齿距分布，然而，这又容易造成铣刀本身的不平衡。所以必须解决 PCD 铣刀的不平衡问题。对于整体铣刀可根据在动平衡机上试验的结果，在刀体上钻平衡孔。对组合铣刀，可使刀片分布在直径方向上（相对 180°）呈相对称的不等齿距排列。PCD 面铣刀的排屑槽要抛光，以减少切屑对刀具的摩擦磨损，保证排屑顺畅。PCD 面铣刀一般采用铝合金等轻金属制造。

（4）加工轻金属铣刀的结构及轴向圆跳动调整示例

1）带固定刀座的轻金属铣刀。带固定刀座的轻金属铣刀结构及轴向圆跳动调整示例如图 6-112 所示。

轴向圆跳动调整步骤：

① 用 5N·m 的锁紧力矩锁紧刀片 2，注意此时圆锥螺钉 3 还未被装上刀体。

② 装入圆锥螺钉 3，调整圆锥螺钉，使刀片 2 轴向移动 0.05~0.08mm。

③ 将其余刀片依次调整到设定高度并检查轴向圆跳动。

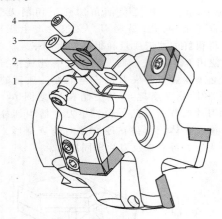

不可再次拧紧刀片锁紧螺钉1。

圆锥螺钉用特种油脂润滑。

图 6-112　带固定刀座的轻金属铣刀

1—刀片锁紧螺钉　2—PCD 刀片　3—圆锥螺钉

4—平衡微调螺钉

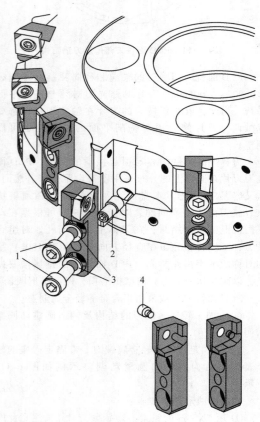

弹簧垫圈3突出的一面必须正对螺钉的头部。

偏心螺栓2和调整螺钉4用特种油脂润滑。

图 6-113　刀座式结构轻金属铣刀

1—柱头螺钉　2—偏心螺栓　3—弹簧垫圈　4—调整螺钉

2）刀座式结构轻金属铣刀。刀座式结构轻金属铣刀结构及调整示例如图 6-113 所示。

1D 刀座轴向圆跳动的调整步骤：

① 松开柱头螺钉 1。

② 旋转偏心螺栓 2，使刀座降低到最低位置。

③ 预紧刀座锁紧螺钉 1，使螺钉下的弹簧垫圈 3 被压平。

④ 旋转偏心螺栓 2，调整各切削刃至设定高度，使其保持在约 $4\mu m$ 范围内。刀座的调整范围是名义尺寸（$-0.8 \sim +0.2mm$）。

⑤ 用 $14N \cdot m$ 的力矩拧紧柱头螺钉 1。

⑥ 检查各刀座的轴向圆跳动。

2D 刀座副切削刃轴向圆跳动的调整步骤：

① 调整螺钉 4 不允许突出刀座的背面。

② 按 1D 刀座的安装方法安装各刀座。

③ 将刀片装入刀座，并用 $5N \cdot m$ 的锁紧力矩，将其锁紧。刀座切削端外侧的切削刃必须高于里侧切削刃。

④ 转动调整螺钉 4，边调整边测量，将刀座调至设定位置。扳手可穿过刀盘，从刀座背部进行调整。

⑤ 按 1D 刀座的调整步骤，调整各刀座的轴向圆跳动。注意，精加工刀片 SPHX1204 PDR-A88 的修光刃必须突出 SPHW1204 PDR-A88 型精加工刀片 0.04mm。

6.6.9　插铣刀

1. 插铣的特点及应用

插铣法（Plunge Milling）又称为 Z 轴铣削法，是实现高金属去除率切削最有效的加工方法之一。对于难加工材料的曲面加工、切槽加工以及刀具悬伸长度较大的加工，插铣法的加工效率远远高于常规的端面铣削法。在需要快速切除大量金属材料时，采用插铣法可使加工时间缩短一半以上。其工作方式类似于钻削，刀具沿主轴方向做进给运动，利用底部的切削刃进行钻、铣组合切削。插铣法的原理如图 6-114 所示。

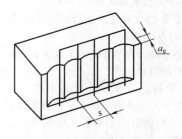

图 6-114　插铣法原理图

插铣涡轮叶片时，可从工件顶部向下一直铣削到工件根部，通过 X-Y 平面的简单平移，即可加工

出极其复杂的表面几何形状。实施插铣加工时，铣刀切削刃由各刀片廓形搭接而成，插铣深度可达250mm而不会发生振颤或扭曲变形，刀具相对于工件的切削运动方向既可向下也可向上，但一般以向下切削更为常见。插铣斜面时，插铣刀沿 Z 轴和 X 轴方向做复合运动。在某些加工场合，也可使用球形铣刀、面铣刀或其他铣刀进行铣槽、铣型面、铣斜面、铣凹腔等各种加工。

专用插铣刀主要用于粗加工或半精加工，它可切入工件凹部或沿着工件边缘切削，也可铣削复杂的几何形状，包括清根加工。为控制切削温度，所有的带柄插铣刀都采用内冷却方式。插铣刀的刀体和刀片设计使其可以以最佳角度切入工件，通常插铣刀的切削刃角度为87°或90°（见图 6-115），进给量为 0.08～0.25mm/z。每把插铣刀上装夹的刀片数量取决于铣刀直径，例如，一把 $\phi20$mm 的铣刀安装2 个刀片，而一把 $\phi125$mm 的铣刀可安装 8 个刀片。为确定某种工件的加工是否适合采用插铣方式，主要应考虑加工任务的要求以及所使用加工机床的特点。如果加工任务要求很高的金属切除率，则采用插铣法，可大幅度缩短加工时间。

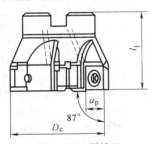

图 6-115 插铣刀

另一种适合采用插铣法的场合是当加工任务要求刀具轴向长度较大时（如铣削大凹腔或深槽），由于采用插铣法可有效减小径向切削力，因此与侧铣法相比具有更高的加工稳定性。此外，当工件上需要切削的部位采用常规铣削方法难以到达时，也可考虑采用插铣法，由于插铣刀可以向上切除金属，因此可铣削出复杂的几何形状。例如，在一台 40 级机床上可实现插铣深槽的加工，而此类机床不适合采用长刃螺旋铣刀进行加工，这是因为螺旋铣削产生的径向切削力较大，易使螺旋铣刀发生振颤。由于插铣加工时径向切削力较低，因此非常适合应用于主轴轴承已磨损的老式机床。插铣法主要用于粗加工或半精加工，因机床轴系磨损引起的少量轴向偏差不会对加工质量产生较大影响。

与常规加工方法相比，插铣法加工效率高，加工时间短，且可应用于各种加工环境，既适用于单件小批量的一次性原型零件加工，也适合大批量零件制造，因此是一种极具发展前途的加工技术。

插铣法是复杂曲面金属切削实现高切除率最有效的方法之一，被广泛应用在具有垂直侧壁的零件切削上。插铣法的加工效率远高于常规的铣削方法，可以快速切除大量金属材料。此外，插铣法还具有以下优点：

1）侧向力小，减小了零件变形。

2）加工中作用于铣床的径向切削力较低，使主轴刚度不高的机床仍可使用而不影响工件的加工质量。

3）刀具悬伸长度可较大，适合对工件深槽的表面进行铣削加工并延长刀具寿命，也适用于对高温合金等难切削材料进行切槽加工。

另外，插铣的一个特殊用处就是对涡轮的叶片进行加工，该加工方式通常在四轴或者五轴数控铣床上进行。插铣涡轮叶片时，可以从工件叶顶向下一直切削到工件的叶根处，通过 X-Y 平面的平移，就可加工极其复杂的表面形状。

2. 插铣刀的选择

插铣法非常适合模具型腔的粗加工，并被推荐用于航空零部件的高效加工。其中一个特殊用途就是在三轴或四轴铣床上插铣加工涡轮叶片，这种加工通常用在专用机床上进行插铣涡轮叶片。可从工件顶部向下一直铣削到工件根部，通过 X-Y 平面的简单平移，即可加工出极其复杂的表面几何形状。实施插铣加工时，铣刀切削刃由各刀片廓形搭接而成，插铣深度可达插铣刀长径比为5 时而不会发生振颤或扭曲变形，刀具相对于工件的切削运动方向既可向下也可向上，但一般以向下切削更为常见。

（1）插铣刀的选择 插铣法主要应用在数控机床上，是数控加工中的一种新方法，所以插铣刀的选择必须依据数控加工刀具选择的原则和方法。同时由于插铣的特殊性，必须选择适合插铣的刀具类型、结构、切削参数。数控机床高速、高效和自动化程度高的特点，一般应包括通用刀具、通用连接刀柄及少量专用刀柄。常用刀具分类如下：

1）根据刀具结构可分为：

① 整体式。

② 镶嵌型式，采用焊接或机夹式连接，机夹式又可分为不转位和可转位两种。

③ 特殊型式，如复合式刀具、减振式刀具等。

2）根据制造刀具所用的材料主要分为高速工具钢刀具、硬质合金刀具等。

（2）插铣切削用量的选择原则 合理选择切削用量的原则是：粗加工时，一般以提高生产率为主，但也应考虑经济性和加工成本；半精加工和精加工

时，应在保证加工质量的前提下，兼顾切削效率、经济性和加工成本。具体数值应根据机床说明书、切削用量手册，并结合经验而定。具体要考虑以下几个因素：

1) 切削深度 a_p。在机床、工件和刀具刚度允许的情况下，a_p 就等于加工余量，这是提高生产率的一个有效措施。为了保证零件的加工精度和表面质量，一般应留一定的余量进行精加工。数控机床的精加工余量可略小于普通机床。

2) 切削宽度 L。一般 L 与刀具直径 d 成正比，与切削深度成反比。经济型数控机床的加工过程中，一般 L 的取值范围为：$L=(0.6~0.9)d$。

3) 切削速度 v_c。提高切削速度 v_c 也是提高生产率的一个措施，但 v_c 与刀具寿命的关系比较密切。随着 v_c 的增大，刀具寿命急剧下降，故 v_c 的选择主要取决于刀具寿命。另外，切削速度与加工材料也有很大关系，例如用立铣刀铣削合金刚 30CrNi2MoVA 时，v_c 可采用 8m/min 左右；而用同样的立铣刀铣削铝合金时，v_c 可选 200m/min 以上。主轴转速 n 一般根据切削速度 v_c 来选定。数控机床的控制面板上一般备有主轴转速修调（倍率）开关，可在加工过程中对主轴转速进行整倍数调整。

4) 进给速度 v_f。进给速度 v_f 应根据零件的加工精度和表面粗糙度值要求以及刀具和工件材料来选择。v_f 的增加也可以提高生产效率。加工表面粗糙度值要求低时，v_f 可选择得大些。在加工过程中，v_f 也可通过机床控制面板上的修调开关进行人工调整，但是最大进给速度要受到设备刚度和进给系统性能等的限制。

随着数控机床在生产实际中的广泛应用，量化生产线的形成，数控编程已经成为数控加工中的关键问题之一。在数控程序的编制过程中，要在人机交互状态下即时选择刀具和确定切削用量。因此，编程人员必须熟悉刀具的选择方法和切削用量的确定原则，从而保证零件的加工质量和加工效率，充分发挥数控机床的优点，提高企业的经济效益和生产水平。

(3) 插铣加工刀具的结构特点　插铣由于其加工时的运动方式决定了刀具结构，数控插铣刀一般情况下由刀片、刀具座、刀柄、拉钉四部分组成，刀片必须安装在与之配套的刀具座上，所以插铣刀的刀具角度是由两者决定的，在实际应用当中刀片、刀具座、刀柄、拉钉型号规格必须统一。插铣加工刀具一般做轴向进给和螺旋插补运动，刀片的主切削刃一般比较长（10~15mm），副切削刃依不同厂家牌号的不同（5~15mm），插铣刀的切削刃角度为 87° 或 90°。下面是某型号插铣刀刀片类型和主要技术参数，见表 6-153。

6.6.10　高速切削时铣刀的动平衡

高速切削加工要求整个刀具系统十分可靠，这其中不仅要求刀体材料本身可靠，还要求组成刀具系统和零件如刀片、刀柄、刀夹、刀垫和紧固螺钉等可靠。除零件结构可靠外，还要求夹紧可靠，以提高刀具整体结构可靠性，这就要求高速切削刀具的结构设计采用"轻量化"的原则。就是在使用性能不变甚至提高的条件下降低结构重量，即在不影响机构的功能、安全性和稳定性的基础上的轻量化，它不仅是要减轻运动部分的重量，还要简化结构。

表 6-153　刀片结构图及主要参数表

刀片牌号	刀片简图	刀片前角 $\alpha/(°)$	刀片后角 $\beta/(°)$	刀尖半径 r/mm	主切削刃长 L/mm	副切削刃长 W/mm	刀片厚度 S/mm	主切削刃与副切削刃夹角 $N/(°)$
T1	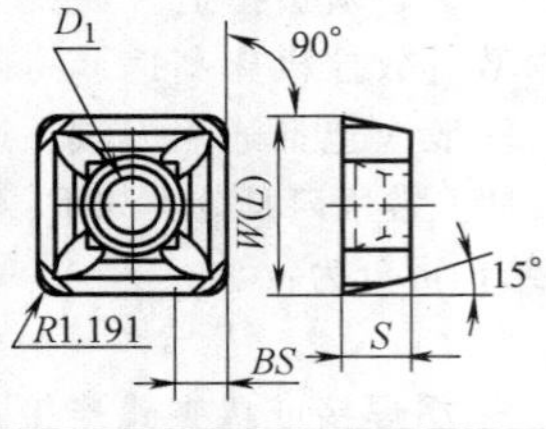	15	15	1.191	12.7	12.7	4.763	90
T2	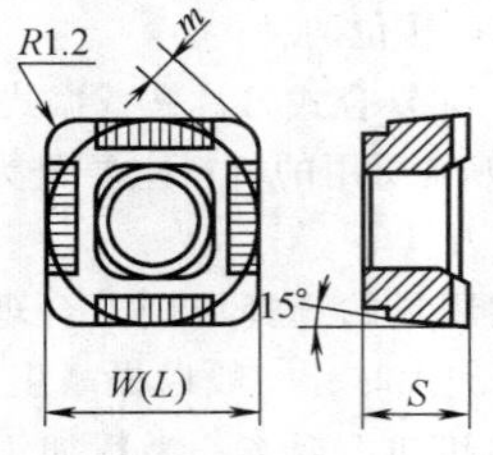	15	15	1.2	12.7	12.7	6.35	90

（续）

刀片牌号	刀片简图	刀片前角 α/(°)	刀片后角 β/(°)	刀尖半径 r/mm	主切削刃长 L/mm	副切削刃长 W/mm	刀片厚度 S/mm	主切削刃与副切削刃夹角 N/(°)
T3	φ4.4 R0.8 12.7 12.3 6.35	15	7	0.8	12.7	6.35	6.35	90

1. 刀体材料与结构

高速切削时，高速回转刀具会产生较大的离心力，刀体的失效是由离心力造成的高速切削刀具结构失效的主要形式之一。因此，对刀体材料与结构进行优化设计，如简化刀体结构，减少刀体连接元件数等，是提高可转位刀具高速切削整体性能与切削可靠性安全性的重要途径。在刀体材料的选择方面，为减小离心力，应选用密度小、强度高的材料，以尽可能地减轻刀体重量，同时刀体材料的选择也应兼顾该材料应用的速度范围和对象，如高强度铝合金刀体的金刚石面铣刀和碳纤维增强塑料刀杆。高速回转刀具必须进行运动平衡，以满足平衡品质的要求。图 6-116 为用不同刀体材料制造的 DIN 8030 系列铣刀的极限切削速度比较。图 6-117 为旋转速度对刀具变形的影响。

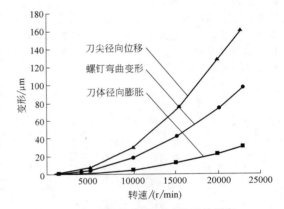

图 6-117 旋转速度对刀具变形的影响

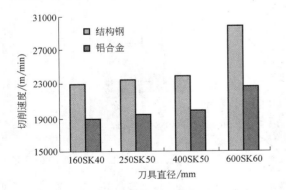

图 6-116 不同刀体材料制造的 DIN8030 铣刀的极限切削速度比较

高速切削刀具的结构型式多种多样，造成可靠性更为复杂，刀具零件的功能结构和夹紧结构涉及诸多环节，在高速切削中，不允许刀体和刀片夹紧结构破坏以及刀片破裂或甩掉，所以刀体和夹紧结构必须有高的强度与断裂韧度和刚性，以保证安全可靠。

在刀具结构设计方面，首先应注意避免和减小应力集中，刀体上的槽如刀座槽、容屑槽、键槽等均会引起应力集中，降低刀体的强度。因此，刀体结构应尽量避免贯通式刀槽和槽底带尖角，同时尽量减少刀体连接元件的数量。旋转刀具刀体的结构应对称于回转轴，使重心通过刀具的轴线，如高速铣刀大多采用 HSK 刀柄与机床主轴连接甚至做成整体结构，较大程度地提高了刀具系统的刚度和重复定位精度，有利于刀具破裂的极限转速提高。此外，机夹式高速铣刀的直径趋小、长度增加、刀齿数也趋少（两齿），这种结构便于调整刀齿的跳动，有利于提高刀具的强度、刚度和加工质量。

要提高整个刀具系统的可靠性，就应尽量减少中间环节，即减少刀片装夹的零件数。刀垫一般采用高强度和高硬度的材料制造，能够承受足够的压应力。

高速切削刀具（刀体、刀片、夹紧元件）所用的材料还要保证旋转刀具在 2 倍最高使用转速时不破裂。

2. 可转位刀片的装夹

高速切削加工用回转刀具按刀片固定方式可分为整体结构、带有固定刀片座结构和可调刀片座结构三种。高速铣削刀具系统常在 6000 ~ 10000r/min 以上的旋转速度下工作，在这样高速回转速度下工作的机夹可转位铣刀刀具系统受到很大的离心力作用。除刀体失效外，刀具夹紧单元的失效与切削单

元的失效（如可转位刀片的破裂）是由离心力造成的高速切削刀具的另外两种主要失效形式。对于高速刀具可转位刀片的装夹，首先要保证刀体与刀片之间的选择连接配合要封闭，刀片夹紧机构要有足够的夹紧力。通常不允许采用摩擦力夹紧，可转位刀片应有中心螺钉孔或有可卡住的空刀窝用螺钉夹紧，以保证刀具精确定位和高速旋转时可靠。例如，一种可转位的刀片，刀片底面有一个圆的空刀窝，可与刀体上的凸起相配合，对作用在夹紧螺钉上的离心力起卸载的作用，或用特殊设计的刀具结构以防止刀片甩飞。此外，刀座、刀片的夹紧力方向最好与离心力方向一致。刀片中心孔相对螺钉孔的偏心量、刀片中心孔和螺钉的形状等，决定了螺钉在静止状态下夹紧刀片时所受的预应力大小，必须控制螺钉的预应力，过大预应力甚至能使螺钉产生变形过载而提前受损。刀片的夹紧力应施加规定的扭矩，并使用合格的螺钉。螺钉应定期检查和更换。

对于高速旋转的刀具，不同的刀具结构，对夹持刀片螺钉的作用载荷也不同。当铣刀高速旋转时，离心力使刀片要向外移从而造成螺钉弯曲。不同的装夹方式螺钉的极限转速不一样（见图6-118）。分

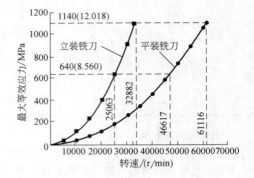

图6-118 不同装夹方式下的螺钉极限转速

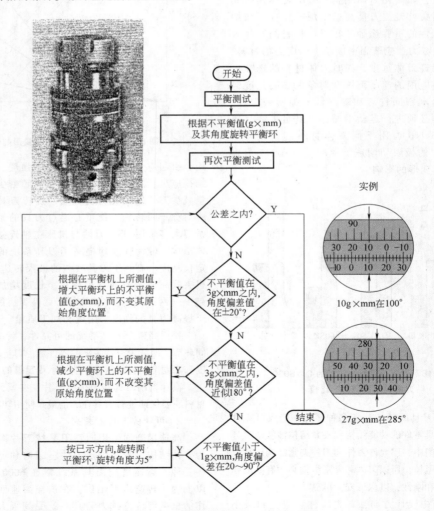

图6-119 带动平衡调整环刀柄调整方法

析结果表明：从安全性看，对可转位面铣刀刀具，旋转离心力对刀片夹紧、螺钉的破坏和刀体的变形有最主要的影响，立装铣刀优于平装铣刀。

刀片可靠性和夹紧可靠度起着重要作用。硬质合金可转位刀具整体的结构可靠度随切削时间而变化，随着切削时间的增大，刀片的可靠度、夹紧可靠度和刀具整体可靠度均下降，其中夹紧可靠度下降较慢。

在高速铣削时，为使加工能够平稳安全进行，刀具在转速超过 6000r/min 时，必须进行动平衡。具体方法可参阅本手册第 3 章高速切削相关章节。

3. 刀具动平衡调整

采用调整平衡方法来修正不平衡因素，是保障高速切削刀具动平衡性的必要手段。不平衡的消除有加重、去重和调整三类方法，可转位刀具由于更换刀片和配件后会产生新的微量不平衡，整体刀具在装入刀柄后也会在整体上形成某种微量不平衡，一般使用平衡调整环、平衡调整螺钉、平衡调整块等调整法来去除不平衡量以达到平衡目的。对于在高速切削条件下使用的刀具，盘类刀具由于轴向尺寸相对较小，一般可以只进行单平面静平衡；而杆类刀具的悬伸较长，其质量轴线与旋转轴线之间可能存在的夹角就不能被忽略，因此必须进行双平面动平衡。

在需要对刀具进行平衡时，可在动平衡机上根据测出的不平衡量采用刀柄去重或调节配重等方法实现平衡。由于刀具品种不同，具体采用的平衡方法也不相同。对于一些高速加工刀具和刀柄夹头，

如结构上允许，可以在刀体（刀盘）上设置动平衡调整环，图 6-119 为在普通刀柄上安装动平衡调整环的调整方法。

伊斯卡公司的 ITD 铝合金高速面铣刀，通过平衡微调块的位置和方向移动来调整铣刀的动平衡，也可采用螺钉调节不平衡量（见图 6-120）。瓦尔特公司的面铣刀和玛帕公司的 WWS 面铣刀在刀盘上均设有平衡微调螺钉或设置多个平衡孔，可通过螺钉来调整铣刀的动平衡值，以便使刀具系统达到最佳的动平衡效果（见图 6-121）。

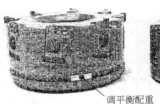

调平衡配重

图 6-120　铝合金高速面铣刀

图 6-121　通过螺钉调整动平衡高速铣刀

第7章 拉　刀

7.1　概述

7.1.1　拉刀的种类

拉刀种类很多。一般分为内拉刀和外拉刀两大类。

内拉刀用于加工各种廓形的内孔表面，如图 7-1 所示。其名称一般都由被加工孔的形状来确定，如圆拉刀、四方拉刀、矩形拉刀、花键拉刀等。

内拉刀还可用于加工螺旋齿内花键、内齿轮及内螺纹。

内拉刀可加工的孔径为 $\phi3 \sim \phi300\text{mm}$，孔深可达 2m 以上。一般情况下，常用于加工孔径为 $\phi6 \sim \phi125\text{mm}$，孔深不大于 5 倍孔径的孔。

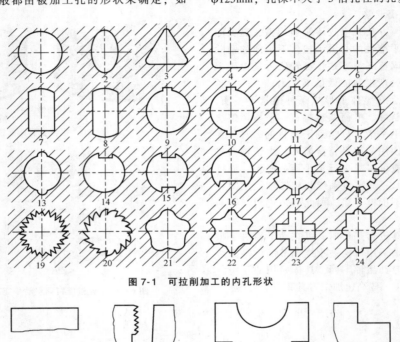

图 7-1　可拉削加工的内孔形状

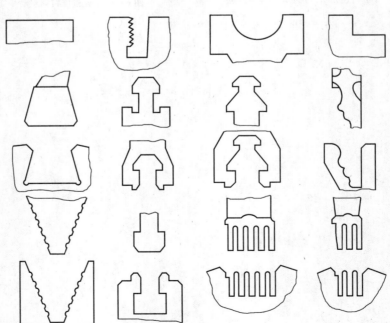

图 7-2　可拉削加工的外表面

外拉刀可加工的表面如图 7-2 所示。它特别适用于汽车、拖拉机等大批量生产中的某些零件表面和燃气轮机中复杂的榫槽和榫头的加工，加工面积可达 $100 \sim 200 \mathrm{cm}^2$。

拉刀按结构可分为整体式和组合式（装配式）两大类。中小规格的内拉刀大都做成整体式。大规格内拉刀和大部分外拉刀多做成组合式，即刀齿或刀块由高速工具钢或硬质合金制造，刀体则由结构钢制造。

根据拉刀刀齿的材料，又分为高速工具钢拉刀和硬质合金拉刀。

根据拉削运动形式，又分为直线运动拉刀和回转拉刀。

根据拉刀工作时受力状况，又分为拉刀和推刀，如图 7-3 所示。

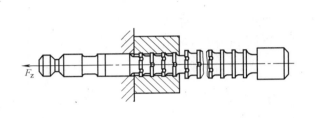

图 7-3 拉刀和推刀
a）拉刀 b）推刀

7.1.2 拉刀的结构要素

1. 内拉刀结构要素

内拉刀的组成部分如图 7-4 和表 7-1 所示。

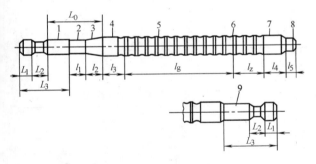

图 7-4 内拉刀的组成部分

2. 外拉刀结构要素

在卧式拉床上使用的整体式外拉刀，其结构要素与内拉刀基本相同，但没有前导部和后导部。

在立式拉床上使用的外拉刀大都采用组合式结构，通常由刀盒和刀块组成，如图 7-5 所示。图 7-104、图 7-105 所示为组合式外拉刀。

在卧式拉床上也可使用刀盒式拉刀。

3. 刀齿结构要素

拉刀刀齿结构要素如图 7-6a 和表 7-2 所示，拉刀刀齿的结构参数如图 7-6b 和表 7-3 所示。

7.1.3 拉削的特点及拉削方式

1. 拉削特点

（1）运动简单　拉削只需要一个主运动，而进给运动是依靠拉刀刀齿的齿升量来完成的。齿升量

表 7-1 内拉刀的组成部分

代号	名称	功　　用
1	柄部	夹持拉刀、传递动力，其形式和尺寸见 GB/T 3832—2008（见表 7-33～表 7-36）
2	颈部	柄部与过渡锥之间的连接部分，其直径与柄部相同或略小。拉刀的标记一般都标在此处
3	过渡锥	引导拉刀前导部进入工件预制孔的锥形部分
4	前导部	引导拉刀切削齿正确进入切削加工，也是检验工件预制孔是否合格的量规
5	切削部	又分为： （1）粗切齿　齿升量较大，切除大部分拉削余量 （2）过渡齿　齿升量逐渐减小 （3）精切齿　齿升量很小，是进行精加工的刀齿
6	校准部	此部的几个刀齿尺寸完全相同，它们实际上不进行切削，仅起校准作用，也是后备的精切齿
7	后导部	在拉刀最后刀齿离开工件前导向，避免工件及拉刀损坏
8	后托柄	支承拉刀不使下垂，多用于较大、较长拉刀（后托柄也叫尾部）
9	后柄	在自动拉床上退回拉刀的夹持部分，其结构、尺寸见 GB/T 3832—2008（见表 7-43～表 7-44）

注：表中代号与图 7-4 相对应。

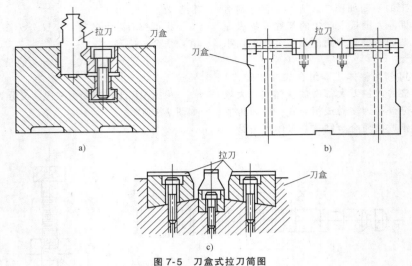

图 7-5　刀盒式拉刀简图

a) 单列刀块　b) 双列刀块　c) 多列刀块

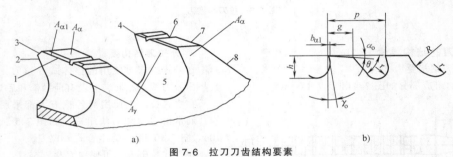

图 7-6　拉刀刀齿结构要素

a) 拉刀刀齿结构要素　b) 拉刀刀齿的结构参数

表 7-2　拉刀刀齿结构要素

代号	名称	功　用
A_γ	前面	
A_α	后面	
A'_α	副后面	刀齿上和已加工表面相对的表面、分屑槽两侧面
$A_{\alpha 1}$	刃带	也称第一后面,是主切削刃与后面之间的后角为零的窄面,它有稳定拉削过程,防止拉刀摆尾或扎刀的作用
1	主切削刃	是前、后面的交线
2	副切削刃	是前面和副后面的交线,分屑槽中也有两条副切削刃
3	过渡刃	可以是直线或圆弧,它有助于减缓刃尖的磨损
4	刀尖	主、副切削刃相交点
5	容屑槽	其形状必须有利于切屑的顺利卷曲,并能宽敞地容纳切屑
6	分屑槽	它对拉刀很重要
7	棱	刀齿后面与齿背的交线
8	齿背	容屑槽中靠近后面的部分

注:表中代号与图 7-6a 相对应。

表 7-3　拉刀刀齿的结构参数

符号	名　称	含　义
p	齿距	相邻刀齿的轴向距离
h	容屑槽深	从切削刃到容屑槽底的距离
g	齿厚	从切削刃到棱的轴向距离
$b_{\alpha 1}$	刃带宽	沿拉刀轴向测量的刃带尺寸
r	槽底圆弧半径	连接前面和槽底的圆弧半径
θ	齿背角	齿背与切削平面的夹角
R	齿背圆弧半径	是曲线齿背的参数,此时无齿背角 θ

注:表中代号与图 7-6b 相对应。

a_f 是刀齿高于相邻前一刀齿的高度(见图 7-7)。因此,拉床结构比较简单,加工操作容易。

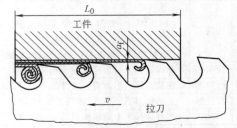

图 7-7　拉削原理

（2）生产率高　拉刀齿数很多，又是几个刀齿同时参加切削，切削刃工作的总长度很大，一次拉削行程中可以完成粗、半精和精加工工序，因此生产率很高。

（3）加工精度和表面质量高　拉削加工的精度和表面粗糙度见表 7-4。

（4）加工成本低　拉刀虽然价格高，但寿命很长，一把拉刀加工的工件数很多（修磨一次可拉削数百到数千件）。加工生产率又高，所以拉削加工成本较低。

孔加工生产率和成本的对比列于表 7-5。

表 7-4　拉削加工精度和表面粗糙度

加工表面	一般拉刀		特殊拉刀		
	精　度	$Ra/\mu m$	拉刀特点	精　度	$Ra/\mu m$
圆孔	IT7 ~ IT9	0.63 ~ 5.0	带挤光环或螺旋齿	IT6 ~ IT7	0.16 ~ 0.63
键槽侧面	IT9 ~ IT10	2.5 ~ 10	刀齿带侧刃	IT8 ~ IT9	0.63 ~ 2.5
内花键齿面		1.25 ~ 5	修整拉刀		0.32 ~ 1.25
齿轮齿面	7-8-8	1.25 ~ 5	修整拉刀 同心拉刀	6-7-7-5-6-6	0.32 ~ 1.25
平面	IT10 ~ IT11	1.25 ~ 5	斜齿拉刀	IT8 ~ IT10	0.63 ~ 2.5

表 7-5　孔加工生产率和成本的对比

加工方法	拉削孔	一次扩孔	精扩孔	一次铰孔	粗铰孔	精铰孔	粗镗孔	精镗孔	磨　孔
生产率	1	0.59	0.47	0.24	0.34	0.24	0.24	0.29	0.18
成本	1	1.28	1.33	2.75	2.84	2.07	1.65	1.40	3.00

2. 拉削方式及其特点

拉削方式就是拉刀把加工余量切除的顺序和方式。拉削方式对拉削生产效率、拉削表面质量、拉刀制造成本和寿命都有很大影响，是设计拉刀首先必须考虑的重要问题。

拉削方式有分层式、分块式。它们的切削图形见表 7-6。

（1）分层式拉削　分层式拉削的特点是将加工余量一层一层地顺次切下，因此拉刀每个刀齿都有齿升量。根据形成工件所要求表面的方法，又分为：

1）成形式（同廓式）。拉刀每个切削齿的廓形都与工件所要求的廓形相似，只有最后一个切削齿切出所要求的工件廓形表面。当拉削圆孔、平面和形状简单的成形表面时，采用成形式拉刀有容易制造、加工表面质量好的优点，缺点是切削刃长度大，只能采用很小的齿升量，致使单位切削力较大，且为了切屑能顺序卷曲，必须磨出小分屑槽。而分屑槽留下的金属却使后边的刀齿切下带有凸筋的切屑，增加了卷屑的困难。这种拉削方式也不适于加工带有黑皮的铸、锻件。

2）渐成式。刀齿廓形与被加工廓形不相似，而是做成简单的圆形或直线形，再去掉多余部分。工件的廓形由各刀齿的副切削刃逐渐切出。这种拉削方式的拉刀容易制造，缺点是工件表面质量稍差。

（2）分块式拉削　分块式拉削的特点是将拉削余量分成若干层，而每层又分成若块，每个刀齿只切下一层金属中的几块。分块式拉削又分为：

1）成组式（轮切式）。这种拉刀是用一组刀齿切除一层金属，每组刀齿尺寸相同，组和组之间有齿升量。每组可有 2 ~ 5 个刀齿，表 7-6 中所示均为两齿一组的切削图形，第一齿切去一层金属中的几块金属 1，第二齿切去另外几块 2，……，每个刀齿的切削总宽度大约为总宽度的 $1/z_e$（z_e 为每组中的刀齿数），刀齿的去掉部分磨成圆弧形宽槽，每组刀齿中的最后一齿不必开槽，但其直径（尺寸）应减小 0.02 ~ 0.04mm，以避免切下整圈切屑。

成组式拉削的优点是：

① 采用圆弧形宽分屑槽（见图 7-12c），可保证副切削刃的较大后角，刀尖角也较大，刀具寿命高。

② 切屑上没有凸筋，卷屑紧密。

③ 由于刀齿切削宽度减小，故可选用大的齿升量，减小单位切削力，从而可减小拉刀长度。

成组式拉削的主要缺点是拉刀制造比较复杂。

成组式拉削适用于大规格的花键和圆孔拉削，特别适用于拉削有硬皮的铸、锻件和不锈钢工件。

2）综合式。这种拉削方式是综合了分层式和分块式两种拉削方式的优点，弥补它们的缺点而成的，主要用于圆孔拉削。其特点是，粗切齿采用分块拉削，但不分组，每齿都有齿升量，圆弧形分屑槽前后交错，每齿实际上只切去一圈金属的一半，既保持了分块式拉削切屑窄而厚的优点，也避免了成组式拉刀制造复杂的缺点；而精切齿则采用分层式拉削，可以保证较高的加工表面质量。

表7-6　拉削方式及其特点

(1)拉削方式

被加工表面形状	拉　削　方　式			
	分　层　拉　削　法		分　块　拉　削　法	
	成　形　式	渐　成　式	成　组　式	综　合　式
平面	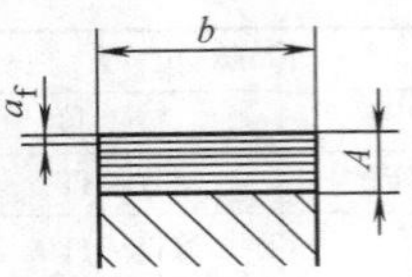	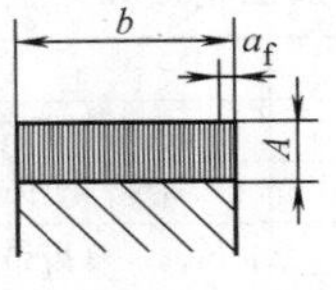	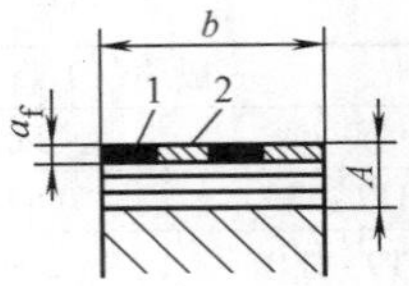	—
圆孔	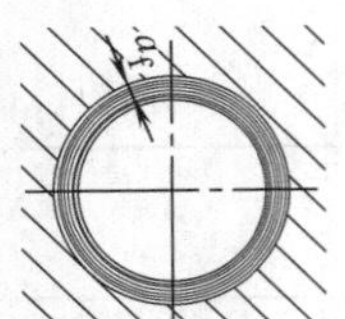	—	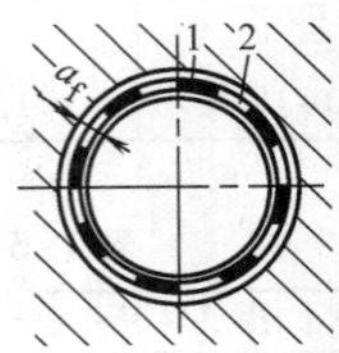	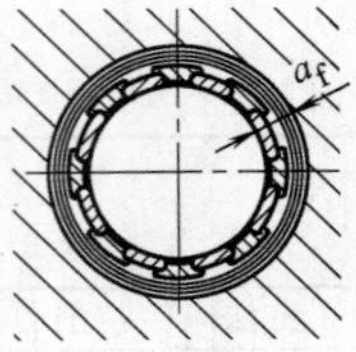
成形表面	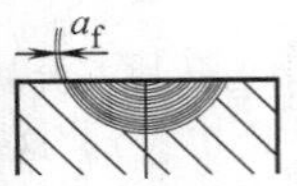	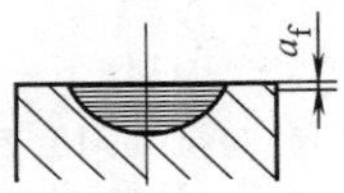	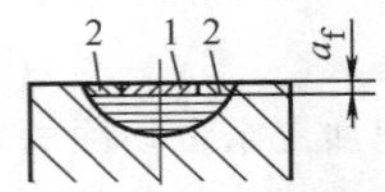	—
花键孔	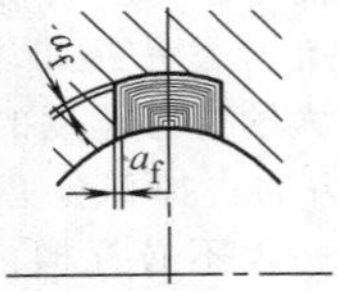	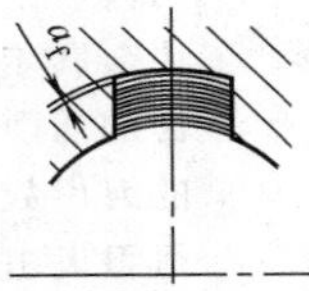	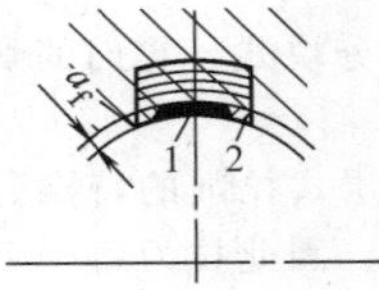	—
方孔	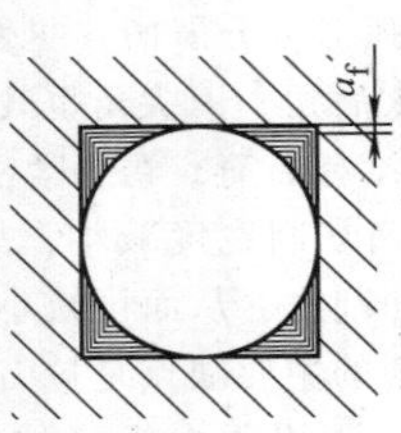	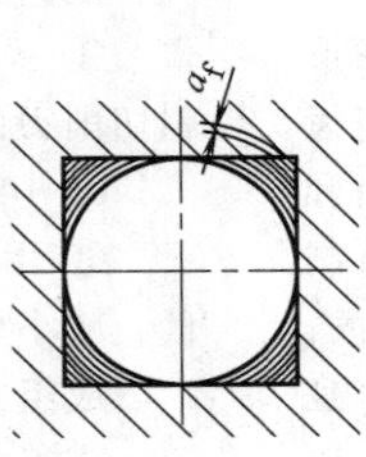	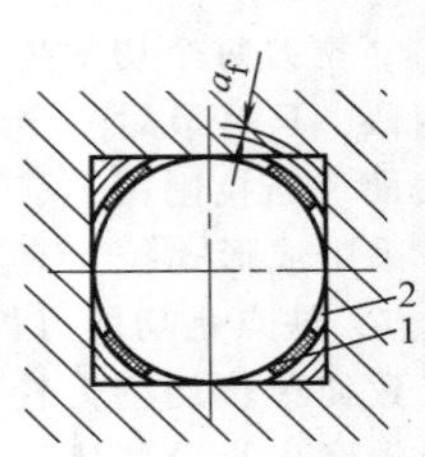	—

(2)拉削方式的特点

项　目	特　　点			
齿升量	小	小	大	较大
拉削表面质量	高	稍低	—	高
制　造	方孔拉刀难制造	容易	较复杂	容易
分屑形式	角度形	角度形	圆弧形	圆弧形
适用拉刀类型	圆孔、简单成形拉刀	键槽、方孔拉刀	圆孔、花键拉刀	圆孔拉刀

注：图中1、2为拉削顺序号。

7.2 拉刀参数确定

7.2.1 拉削余量及齿升量（图 7-8、表 7-7~表 7-15）

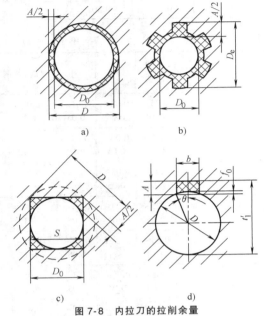

图 7-8 内拉刀的拉削余量

a）圆孔 b）内花键 c）方孔 d）键槽

表 7-7 拉削余量计算公式

拉刀种类	余量计算公式	符号注释
圆孔拉刀（图7-8a）	预铰孔或镗孔时 $A=0.005D+0.05\sqrt{L}$ (1) 预扩孔时 $A=0.005D+0.075\sqrt{L}$ (2) 预钻孔时 $A=0.005D+0.1\sqrt{L}$ (3)	A——拉削余量（mm） D——孔的名义直径，多边形孔外接圆直径、花键大径（mm） L——拉削长度（mm） D_0——预制孔最小直径（mm）
花键拉刀（图7-8b）	$A=D-D_0$ (4)	S_{min}——多边形孔对边距离（mm） b——键宽（mm） t_1'——键槽深度尺寸（mm）
多边拉刀（图7-8c）	$A=D-D_0$，而 $D_0=S_{min}$ (5)	f_0——弓形高（mm） d_{0max}——工件毛坯最大尺寸（mm）
键槽拉刀（图7-8d）	$A=t_1'-D+f_0$ (6) 而 $f_0=0.5(D-\sqrt{D^2-b^2})$	d_{max}——工件最大尺寸（mm） Δd——工件尺寸公差（mm）
外拉刀	$A=d_{0max}-d_{max}+(0.65\sim0.75)\Delta d$	

表 7-8 圆孔拉削余量 （单位：mm）

预加工孔 D		L_0 10	14	18	24	30	40	50	64	80	100	120	统一余量
8~10	铰 扩	0.2 0.3	0.2 0.3	0.25 0.35	0.25 0.35	0.3 0.4	— —	— —	— —	— —	— —	— —	0.25 0.35
10~14	铰 扩	0.25 0.35	0.25 0.35	0.3 0.4	0.3 0.4	0.3 0.4	0.35 0.45	— —	— —	— —	— —	— —	0.3 0.4
14~18	铰 扩	0.25 0.35	0.3 0.4	0.3 0.4	0.35 0.45	0.35 0.45	0.35 0.45	0.4 0.5	— —	— —	— —	— —	0.35 0.45
18~24	铰 扩	0.3 0.4	0.3 0.4	0.3 0.4	0.4 0.5	0.4 0.5	0.4 0.5	0.5 0.6	0.5 0.6	— —	— —	— —	0.4 0.5
24~30	铰 扩 钻	0.3 0.4 0.5	0.3 0.4 0.5	0.4 0.5 0.6	0.4 0.5 0.6	0.5 0.6 0.8	0.5 0.6 0.8	0.6 0.6 0.8	0.6 0.7 0.9	0.6 0.7 0.9	— — —	— — —	0.5 0.6 0.8
30~40	铰 扩 钻	0.4 0.5 0.6	0.4 0.5 0.6	0.5 0.6 0.7	0.5 0.6 0.7	0.6 0.7 0.8	0.6 0.7 0.9	0.6 0.7 0.9	0.6 0.7 1.0	0.6 0.8 1.0	— 0.8 1.0	— — —	0.6 0.7 0.9
40~50	铰 扩 钻	0.4 0.5 0.6	0.5 0.6 0.7	0.5 0.6 0.7	0.5 0.7 0.8	0.6 0.8 0.9	0.6 0.8 1.0	0.6 0.8 1.0	0.6 0.8 1.0	0.7 0.9 1.1	0.7 0.9 1.1	0.6 0.8 1.0	
50~64	镗 扩	— —	0.5 0.7	0.5 0.7	0.6 0.8	0.6 0.8	0.7 0.9	0.7 0.9	0.7 0.9	0.8 1.1	0.8 1.1	0.7 0.9	
64~80	镗 扩	— —	0.6 0.8	0.6 0.8	0.6 0.8	0.7 0.9	0.8 1.0	0.8 1.0	0.8 1.0	0.9 1.2	0.9 1.2	0.8 1.0	
80~100	镗 扩	— —	— —	0.8 1.0	0.8 1.0	0.9 1.1	0.9 1.1	0.9 1.1	1.0 1.3	1.0 1.3	0.9 1.1		
100~120	镗 扩	— —	— —	0.9 1.1	0.9 1.1	1.0 1.2	1.0 1.2	1.0 1.2	1.1 1.4	1.1 1.4	1.0 1.2		

注：预加工孔的加工方法有钻孔、扩孔、铰孔和镗孔。

表 7-9 方孔、矩形孔和长方槽的拉削余量 （单位：mm）

孔和槽的尺寸	3~6	6~10	10~18	18~30	30~50	50~80	80~120
孔高、孔宽、槽宽余量	0.4	0.6	0.8	1.0	1.2	1.5	1.8
预加工偏差(+)	0.12	0.15	0.18	0.21	0.25	0.30	0.35

表 7-10 分层式拉刀粗切齿齿升量 （单位：mm）

拉刀类型	碳钢和低合金工具钢、高合金工具钢 σ_b/MPa					不锈钢	灰铸铁	可锻铸铁	铸钢	铝	青铜、黄铜
	<500	500~700	>700	<800	>800						
圆孔拉刀	0.015~0.02	0.015~0.03	0.015~0.025	0.015~0.03	0.015~0.025	0.01~0.03	0.03~0.08	0.05~0.10	0.02~0.05	0.01~0.05	0.05~0.12
矩形花键拉刀	0.03~0.06	0.03~0.07	0.03~0.06	0.03~0.06	0.025~0.05	0.02~0.04	0.04~0.08	0.05~0.10	0.03~0.05	0.02~0.10	0.05~0.12
渐开线花键拉刀	0.02~0.05	0.02~0.06	0.02~0.05	0.02~0.05	0.02~0.04	—	0.04~0.08	0.05~0.08	0.03~0.05	—	—
槽拉刀和键槽拉刀	0.03~0.12	0.03~0.15	0.03~0.12	0.03~0.12	0.03~0.10	0.02~0.04	0.04~0.10	0.05~0.15	0.03~0.05	0.03~0.08	0.06~0.15
矩形拉刀和平拉刀	0.03~0.12	0.05~0.15	0.03~0.12	0.03~0.12	0.03~0.10	—	0.05~0.15	0.05~0.10	—	0.03~0.08	0.06~0.15
成形拉刀	0.02~0.05	0.03~0.06	0.02~0.05	0.02~0.05	0.02~0.04	0.01~0.03	0.03~0.08	0.05~0.10	0.02~0.04	0.01~0.05	0.05~0.12
方拉刀和六边拉刀	0.015~0.08	0.02~0.15	0.015~0.12	0.015~0.10	0.015~0.08	—	0.03~0.15	0.05~0.15	0.03~0.10	0.02~0.10	0.05~0.15

注：1. 属于以下情况时，齿升量应取小值：

1）加工表面粗糙度要求小。

2）被加工材料的加工性较差。

3）用于高速拉削的拉刀。

4）加工刚性差的零件（薄壁和软金属）。

5）对于小截面，低强度的拉刀。

2. 应尽量避免采用大于 0.15mm 的齿升量。

3. 小于 0.01mm 的齿升量只适用于精度要求高，刀齿研磨得非常锋利的拉刀，其 a_f 不得小于 0.005mm。

表 7-11 分块式拉刀粗切齿齿升量 （单位：mm）

圆 孔 拉 刀					
拉刀直径	<10	10~25	>25~50	>50~100	>100
齿升量 a_f	0.03~0.08	0.05~0.12	0.07~0.16	0.1~0.2	0.15~0.25

花键拉刀的花键齿及倒角齿				
刀齿直径	花 键 键 数			
	z=6	z=8	z=10	z=16
	a_{fmax}			
13~18	0.16	—	—	—
16~25	0.16	—	0.16	—
22~30	0.2	—	0.2	—
26~38	0.25	0.2	0.2	0.13
34~45	0.3	0.2	0.2	0.16
40~55	0.3	0.3	0.25	0.20
49~65	0.3	0.3	0.25	0.20
57~72	—	0.3	0.3	—
65~80	—	—	0.3	—
73~90	—	—	0.3	—

表 7-12 分块式拉刀过渡齿和精切齿加工余量、齿数和齿升量

粗切齿	过渡齿		精 切 齿									
				$Ra12.5\sim6.3\mu m$					$Ra3.2\sim1.6\mu m$			
				圆拉刀		花键拉刀			圆拉刀		花键拉刀	
齿升量 a_f/mm	齿升量 a_f/mm	齿数或齿组数	精切部分余量/mm	齿组数	其余刀齿数	齿组数	其余刀齿数	精切部分余量/mm	齿组数	其余刀齿数	齿组数	其余刀齿数
≤0.05			—	—	—	—	—	0.04~0.06	1	1~2	1	1~2
>0.05~0.1	$(0.4\sim0.6)a_f$	1~2	0.06~0.08	1	0~2	1	0~2	0.07~0.14	1~2	3	1~2	2~3
>0.1~0.2			0.12~0.16	2	0~3	2	0~2	0.14~0.20	2	3~5	2~3	2~3
>0.2~0.3			0.12~0.16	2	0~3	2~3	0~2	0.20~0.32	2~3	3~5	2~3	2~3

注：1. 孔的表面粗糙度数值要求越小，精切齿的齿组数和齿数应越多。

2. 精切齿齿升量逐齿（组）递减，最后一两个精切齿齿升量不大于 0.02mm（$Ra6.3\sim12.5\mu m$），或不大于 0.01mm（$Ra1.6\sim3.2\mu m$）。

3. 复合花键拉刀圆形刀齿的加工余量按此表选择，精切齿数和齿组数与圆拉刀相同。

表 7-13 拉削高温合金和钛合金时的齿升量 （单位：mm）

拉 削 材 料		粗 拉	精 拉
变形高温合金	GH34	0.05~0.15	0.02~0.03
	GH37、GH132 GH135、GH140	0.04~0.08	0.02~0.03
铸造高温合金	K1、K2、K5、K6	0.04~0.06	0.02~0.03
钛合金	TB2	0.06~0.15	0.02~0.05

表 7-14 原苏联学者推荐的高速拉削齿升量 （单位：mm）

零件材料	粗 拉	精 拉
1X12H2BMФ（即 1Cr12Ni2WMoV）	0.04~0.06	0.01~0.03
XH77TЮP（CrNi77TiAl）	0.04~0.10	0.01~0.02
ЖC-6K（K3 镍基合金）	0.03~0.04	0.02~0.03
BЖ36-Л1（铁基合金）	0.03~0.04	0.02~0.03
BT3-1（TC5 钛合金）	0.04~0.10	0.01~0.03

表 7-15 斯贝发动机零件的高速拉削齿升量 （单位：mm）

零件名称	零件材料	拉刀类型		拉削方式	齿升量 a_f
涡轮盘	N901 高温合金	粗拉	开槽齿形侧面	渐成式分段成形式成形式	0.076 0.030(总余量大) 0.025
		精拉	侧面齿形	成形式分段成形式	0.013 0.034(总余量小)
压气机盘	S/SAV 不锈钢	粗拉	开槽齿形	渐成式分段成形式	0.051 0.065
		精拉	开槽底齿形(单面)	成形式分段成形式	0.025 0.05~0.065
	T/SZ 钛合金	粗拉	开槽齿形(双面)	渐成式分段成形式	0.065 0.051
		精拉	开槽底齿形(单面)	成形式分段成形式	0.025 0.05
涡轮叶片	N105 镍基合金	粗拉	榫头外面和底面	分段成形式	0.076
		精拉	枞树形榫齿	分段成形式	0.038

7.2.2 容屑槽及分屑槽

1. 容屑槽形式（表 7-16）

表 7-16 拉刀容屑槽形状及应用

名 称	简 图	特 点	用 途
曲线齿背形		齿背为圆弧、槽底为小圆弧、前面为直线，三者圆滑连接，有较大容屑空间，冷却润滑好	用于槽深、齿距较小时或拉削韧性材料
直线齿背形		前面及齿背皆为直线，它们与槽底圆弧圆滑连接 齿背角 $\theta=50°\sim55°$	因形状简单，易制造，而受到一些工厂欢迎

（续）

名　称	简　图	特　点	用　途
加长齿形		与前者的区别为槽底有一段直线，可减少同时工作齿数，并便于刃磨后面	拉削长度大时，一般用于齿距 p >16mm
双前角形		双前角可使切屑折断，不会阻塞在容屑槽内	加工切屑厚度大于 0.1mm，一般用于高速拉削
双圆弧形		双圆弧形前面可使切屑折断	加工切屑厚度大于 0.1mm，一般用于高速拉削
断屑台形		前面的凸台可卷、断屑，效果良好	用于拉削高温合金，也可用于高速拉削

2. 容屑系数 K 和容屑槽深度 h

容屑系数 K 应满足以下条件：

$$\frac{A_c}{A_J} \geqslant K, \quad K \text{ 永远大于 } 1$$

式中　A_c——容屑槽的有效面积，$A_c = \dfrac{\pi h^2}{4}$；

A_J——切屑的面积，$A_J = a_f L$。

若已知 K 值，则容屑槽深度为

$$h \geqslant 1.13\sqrt{a_f K L} \qquad (7\text{-}1)$$

式中　L——拉削长度。

分层式拉刀的容屑系数 K 见表 7-17，分块式拉刀的容屑系数见表 7-18，拉削高温合金及钛合金的容屑系数见表 7-19，高速拉削时的容屑系数见表 7-20。

表 7-17　分层式拉刀的最小容屑系数 K

a_f/mm	被加工材料				
	钢 σ_b/MPa			铸铁、青铜、铅黄铜	铜、黄铜、铝、巴氏合金
	<400	400~700	>700		
<0.03	3.0	2.5	3.0	2.5	2.5
0.03~0.07	4.0	3.0	3.5	2.5	3.0
>0.07	4.5	3.5	4.0	2.0	3.5

表 7-18　分块式拉刀的最小容屑系数 K

a_f/mm	齿距/mm		
	4.5~9	10~15	16~25
≤0.05	3.5	3.0	2.8
0.05~0.10	3.0	2.8	2.5
>0.10	2.5	2.2	2.0

表 7-19　拉削高温合金及钛合金时的最小容屑系数 K

a_f/mm	被加工材料				
	GH34	GH36	GH37	GH43	钛合金
0.01~0.03	2.2	2.3	2.5	2.5	4.0
0.04~0.05	2.6	2.8	3.0	2.8	4.0
0.06~0.08	2.8	3.0	3.5	3.3	4.2
0.09~0.10	3.0	3.2	3.8	3.5	4.2
>0.10	3.2	3.5	—	—	4.5

表 7-20　高速拉削时的最小容屑系数 K

工件材料种类	粗　拉	精　拉
塑性材料	4~7	8
脆性材料	4	6
浇注的低熔点合金	≥10	≥10

3. 齿距 p 和同时工作齿数 z_e

拉削一般材料时的齿距为

$$p = (1.25\sim1.5)\sqrt{L} \qquad (7\text{-}2)$$

式中　L——拉削长度（mm）。

短工件和脆性材料选小值，长工件或韧性材料选大值。

拉削高温合金时的齿距为

$$p = (1.9\sim2.0)\sqrt{L} \qquad (7\text{-}3)$$

拉削一般材料时，根据拉刀种类不同，也可用以下公式计算：

$$p = M\sqrt{L} \qquad (7\text{-}4)$$

式中的 M 值列于表 7-21。

表 7-21 计算拉刀齿距的 M 值

拉刀种类	推刀	分层式圆拉刀	综合式圆拉刀、花键拉刀
a_f/mm	0.01~0.02	0.01~0.03	0.03~0.07
M 值	0.9~1.15	1.1~1.5	1.3~1.6
拉刀种类	键槽拉刀、平面拉刀		分块式拉刀
a_f/mm	0.03~0.12		>0.08
M 值	1.3~1.8		1.5~1.8

同时工作齿数 $z_e = L/p$。对于直齿拉刀，z_e 不是固定值，而是有 z_{emax} 和 $z_{emin} = z_{emax} - 1$，图 7-9 所示为 $z_{emax} = 3$ 齿，$z_{emin} = 2$ 齿的情况。计算拉削力时要用 $z_e = z_{emax}$。当 $z_e = z_{emax} = 2$ 时，拉削力变化量达到 50%~100%，会造成很大振动，拉削表面质量下降；z_e 太大也会使冷却润滑不充分，拉刀磨损快。因此，在设计拉刀时最好取 $z_e = 4~7$，至少要保证同时工作齿数 z_e 在 3~8 范围内。为此，拉削短薄工件时，必须将两个以上工件叠在一起加工，以保证 z_e 在 3 齿以上。

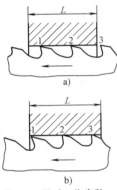

图 7-9 同时工作齿数 z_e
a) $z_e = 2$　b) $z_e = 3$

此外，相应于每一固定的 L 和 z_e 值，可以有几个 p 值，即

$$p_{min} = L/z_{emax} \qquad (7-5)$$
$$p_{max} = L/(z_{emax} - 1) \qquad (7-6)$$

图 7-10 所示为拉削长度 L 相同，$z_e = 3$ 的两种拉刀齿距。

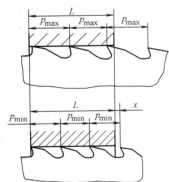

图 7-10 L 和 z_e 不变时齿距 p 的变化

齿距和同时工作齿数是互相联系的，必须综合考虑拉削平稳性、拉削力、拉刀长度、容屑空间和拉刀强度等，才能确定合理的 p 值和 z_e 值。

当零件有空刀槽时，最大同时工作齿数可按下式计算（见图 7-11）：

$$z_e = \frac{L - l_0}{p} + 1 \qquad (7-7)$$

式中　L ——零件拉削长度（mm）；
　　　l_0 ——空刀槽长度（mm）；
　　　p ——齿距。

用公式（7-2）计算的齿距和相应的同时工作齿数见表 7-22。

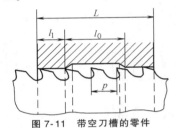

图 7-11 带空刀槽的零件

表 7-22 L、p、z_e 数值表

L/mm	p/mm	z_e
9~10	4	
10~11	4.5	
11~13	5	
13~15	5.5	3
15~17	6	
17~21	7	
21~26	7	
26~28	7.5	
28~31	8	4
31~36	9	
36~42	9	
42~47	10	5
47~52	11	
52~57	10	
57~63	11	
63~69	12	6
69~75	13	
75~81	12	
81~88	13	7
88~95	14	
95~102	15	
102~110	16	7
124~126	18	
110~117	15	
117~124	16	
126~132	18	8
132~144	18	
150~160	20	
144~150	18	9
160~177	20	

4. 容屑槽尺寸

容屑槽尺寸按下列公式计算（见图 7-6b）：

$$h = (0.45 \sim 0.38)p$$
$$g = (0.35 \sim 0.30)p$$
$$R = (0.65 \sim 0.70)p$$
$$r = 0.5h$$

$$(7\text{-}8)$$

生产中遵循，尽量减少容屑槽规格尺寸，又能满足生产需要的原则，多采用表 7-23 所列的容屑槽尺寸（直线和曲线齿背）。

当不考虑减少容屑槽规格时，可采用表 7-24 推荐的容屑槽尺寸。

表 7-23　生产中常用的容屑槽尺寸　　（单位：mm）

齿距 p	深槽 h	深槽 g	深槽 r	深槽 R	基本槽 h	基本槽 g	基本槽 r	基本槽 R	浅槽 h	浅槽 g	浅槽 r	浅槽 R	齿距 p	深槽 h	深槽 g	深槽 r	深槽 R	基本槽 h	基本槽 g	基本槽 r	基本槽 R	浅槽 h	浅槽 g	浅槽 r	浅槽 R
4	—	—	—	—	—	—	—	—	1.5	1.5	0.8	2.5	16	7	5	3.5	12	6	5	3	12	5	5	2.5	12
4.5	—	—	—	—	2	1.5	1	2.5	1.5	1.5	0.8	2.5	17	7	5	3.5	12	6	5	3	12	5	5	2.5	12
5	—	—	—	—	2	1.5	1	3.5	1.5	1.5	0.8	3.5	18	8	6	4	12	7	6	3.5	12	6	6	3	12
5.5	—	—	—	—	2	2	1	3.5	1.5	2	0.8	3.5	19	8	6	4	12	7	6	3.5	12	6	6	3	12
6	2.5	2	1.3	4	2	2	1	4	1.5	2	0.8	3.5	20	9	6	4.5	14	7	6	3.5	14	6	6	3	14
7	3	2.5	1.5	5	2.5	2.5	1.3	4	2	2.5	1	4	21	9	6	4.5	14	7	6	3.5	14	6	6	3	14
8	3	3	1.5	5	2.5	3	1.3	5	2	3	1	5	22	9	6	4.5	16	7	6	3.5	16	6	6	3	16
9	4	3	2	5	3.5	3	1.8	5	2.5	3	1.3	5	24	10	7	5	16	8	7	4	16	6	7	3	16
10	4.5	3	2.3	5	4	3	2	5	3	3	1.5	5	25	10	8	5	16	8	8	4	16	6	8	3	16
11	4.5	3	2.3	5	4	4	2	5	3	4	1.5	5	26	12	8	6	18	8	8	4	18	8	8	4	18
12	5	4	2.5	5	4	4	2	5	3	4	1.5	5	28	12	10	6	18	10	10	4	18	8	9	4	18
13	5	4	2.5	5	4	4	2	5	3.5	4	1.8	5	30	14	10	7	18	10	10	5	18	9	10	4	18
14	6	4	3	10	4	4	2.5	10	4	4	2	10	32	14	10	7	22	10	10	5	22	9	10	4.5	22
15	6	4	3	10	4	4	2.5	10	4	5	2	10													

表 7-24　曲线和直线齿背容屑槽计算尺寸　　（单位：mm）

p	p	g	R	深槽	基本槽	浅槽	最浅槽
4	4	1.5	2.8	1.4×0.8	1.2×0.7	1×0.6	0.8×0.5
	4.5	1.8		1.6×0.8	1.4×0.7	1.2×0.6	1×0.5
5	5	1.7	3.5	2×1.1	1.8×1	1.6×0.9	1.2×0.7
	5.5	2.0		2.2×1.1	2×1	1.8×0.9	1.4×0.7
6	6	2.0	4.2	2.2×1.2	2×1.1	1.8×1	1.4×0.8
	6.5	2.3		2.5×1.2	2.2×1.1	2×1	1.6×0.8
7	6.5	2.0	4.8	2.5×1.4	2.2×1.2	2×1.1	1.8×1
	7 / 7.5	2.3 / 2.8		2.8×1.4	2.5×1.2	2.2×1.1	2×1
8	7.5		5.5	3×1.6	2.5×1.4	2.2×1.2	2×1.1
	8 / 8.5	2.6 / 3.1		3.2×1.6	2.8×1.4	2.5×1.2	2.2×1.1
9	8 / 8.5	2.2 / 2.7	6	3.2×1.8	2.8×1.6	2.5×1.4	2.2×1.2
	9 / 9.5	2.9 / 3.4		3.6×1.8	3.2×1.6	2.8×1.6	2.5×1.2
10	9 / 9.5	2.5 / 3.0	7	3.6×2	3.2×1.8	2.8×1.6	2.5×1.6
	10 / 11	3.2 / 4.2		4×2	3.6×1.8	3.2×1.6	2.8×1.6
11	10 / 11	2.8 / 3.5	7.5	4×2.2	3.6×2	3.2×1.8	2.8×1.6
	12	4.5		4.5×2.2	4×2	3.6×1.8	3.2×1.6
12	11 / 12	2.9 / 3.6	8	4.5×2.5	4×2.2	3.6×2	3.2×1.8
	13	4.6		5×2.5	4.5×2.2	4×2	3.6×1.8
13	11 / 12	2.1 / 3.1	9	4.5×2.5	4×2.2	3.6×2	3.2×1.8
	13 / 14	3.8 / 4.8		5×2.5	4.5×2.2	4×2	3.6×1.8
14	12 / 13	2.4 / 3.4	9.5	5×2.8	4.5×2.5	4×2.2	3.6×2
	14 / 15	4.0 / 5.0		5.6×2.8	5×2.5	4.5×2.2	4×2
15	13 / 14	2.6 / 3.6	10	5.6×3	5×2.8	4.5×2.5	4×2.2
	15 / 16	4.2 / 5.2		6.2×3	5.6×2.8	5×2.5	4.5×2.2
16	14 / 15	2.6 / 3.6	11	5.6×3	5×2.8	4.5×2.5	4×2.2
	16 / 17	4.2 / 5.2		6.2×3	5.6×2.8	5×2.5	4.5×2.2
18	16 / 17	2.9 / 3.9	—	6.2×3.5	5.6×3	5×2.7	—
	18 / 20	4.5 / 6.5		7×3.5	6.2×3	5.6×2.7	—
20	18 / 19	3.6 / 4.6	—	7×4	6.2×3.5	5.6×3	—
	20 / 22	5.0 / 7.0		8×4	7×3.5	6.2×3	—
22	20	4.1	—	8×4.5	7×4	6.2×3.5	—
	22 / 24	5.5 / 7.5		9×4.5	8×4	7×3.5	—

（续）

p	g	R	深 槽	基本槽	浅 槽	最浅槽	p	g	R	深 槽	基本槽	浅 槽	最浅槽
25	24	5.6	—	9×5	8×4.5	7×4	28	30	7.8	—	11×5.5	10×5	9×4.5
	25	6.0	—					32	9.8				
	26	7.0		10×5	9×4.5	8×4	32	30	4.8	—	11×6	10×5.5	9×5
	28	9.0						32	6.8				
28	26	4.4	—	10×5	9×5	8×4.5		34	8.2	—	12×6	11×5.5	10×5
	28	6.4						36	10.2				

注：1. 表中各种槽的尺寸为 $h×r$ 数值。

2. 表中槽深规格较多，使用时可以视情况加以精简。

3. 表中齿厚尺寸 g 与计算值有一定差别。

5. 拉刀的分屑槽

（1）分屑槽种类 分屑槽使宽的切屑分成小段，使切屑变形容易，便于卷曲和容纳在容屑槽中，减少切削力，改善已加工表面质量。因此，拉刀刀齿必须开分屑槽。

分屑槽的种类如图 7-12 所示，它们的切削性能见表 7-25。

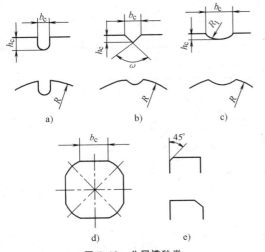

图 7-12 分屑槽种类

a) U 形 b) 角度形（V 形） c) 圆弧形
d) 平形 e) 倒角

表 7-25 分屑槽底后角 $\alpha_f=5°$ 时，分屑槽后角 α_o' 和刀尖角 ε_r 的数值

分屑槽种类	α_o'	ε_r	切削性能
U 形 $\omega=0°$	0°	90°	最差
V 形 $\omega=60°$	2°30′	120°	较好
$\omega=90°$	3°21′	135°	好
圆弧形	大于 4°48′	大于 154°	最好
平形	≈4°48′	大于 154°	好
倒角	3°30′	135°	好

表 7-25 中角度计算公式如下：

$$\tan\alpha_o' = \tan\alpha_f\sin\frac{\omega}{2}$$

对于圆弧形分屑槽：

$$\frac{\omega}{2}=90°-\beta$$

而

$$\sin\beta = b_c/2R_1$$

刀尖角

$$\varepsilon_r = 180°-(\beta+\varepsilon)$$

$$\sin\varepsilon = b_c/2R$$

式中 α_f ——分屑槽槽底后角；

α_o' ——分屑槽后角；

ω ——分屑槽角度；

ε_r ——分屑槽刀尖角；

b_c ——分屑槽宽度（mm）；

R_1 ——分屑槽圆弧半径（mm）；

R ——拉刀半径（mm）。

（2）拉刀分屑槽的数量和尺寸 键槽拉刀、花键拉刀、平面拉刀的分屑槽槽数按下式计算：

$$n_k = \frac{b_0}{3\sim8} \tag{7-9}$$

对于分层式圆拉刀：

$$n_k = \pi D/(3\sim7) \tag{7-10}$$

对于综合式、分块式（每组刀齿数 $z_c=2$）圆拉刀：

$$n_k = \pi D/2(3\sim7) \tag{7-11}$$

式中 n_k ——分屑槽槽数；

b_0 ——刀齿切削刃宽度（mm）。

键槽、花键、平面拉刀分屑槽尺寸见表 7-26。

圆拉刀分屑槽尺寸见表 7-27。

7.2.3 拉刀几何参数（表 7-28～表 7-31）

7.2.4 拉刀校准齿、过渡齿和精切齿

拉刀校准齿起校准和修光作用，但由于粗切齿切过表面常留有划痕、鳞刺或其他缺陷，其深度接近于齿升量 a_f，是校准齿无法去除的，故必须设计若干过渡齿和精切齿。过渡齿的齿升量应逐齿递减，当递减到 0.5 a_f 以下时，即为精切齿。粗切齿齿升量越大、要求拉削表面粗糙度越小、加工精度高时，过渡齿和精切齿齿数就应当越多。

在精切齿后面，根据工件精度要求，应有 3～7

个校准齿，工件壁厚变化大时，应设计5~10个校准齿。校准齿没有齿升量，其横截面的形状和尺寸都和最后一个精切齿相同，当精切齿重磨后尺寸变小时，校准齿将逐步参加切削，是精切齿的后备刀齿。校准齿不开分屑槽。

校准齿各参数的确定见表7-32。

表 7-26　键槽、花键、平面拉刀分屑槽尺寸　　　　　　　　（单位：mm）

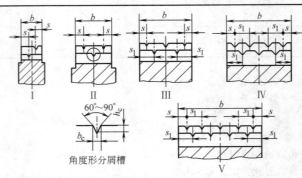

键宽 b	3	4	5	6	8	10	12	14	16	18	20	22	25	28	32	36	40
s			1.5	2	2.6	2.5	3	2.3	2.7	3	2.5	2.8	3.2	3.5	3.2	3.6	4
s_1						5	6	4.7	5.3		5	5.5	6.2	7	6.4	7.2	8
类型	45°交错倒角		I			II		III			IV				V		
b_c			0.6~0.8			0.7~1.0					0.7~1.1				0.8~1.2		
h_c			0.3			0.4					0.4				0.5		

表 7-27　圆拉刀分屑槽尺寸

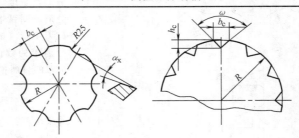

直径 D/mm	8~13	13~20	20~30	30~40	40~50	50~60	60~70	70~80	80~90	90~100
圆弧式 n_k	4	6	8	10	12	14	16	18	20	22
角度式 s_1/mm	3.1~5.1	3.4~5.9	3.9~5.8	4.7~6.2	5.2~6.5	5.6~6.7	5.8~6.8	6.1~6.9	6.2~7.0	6.4~7.1
角度式 n_k	8	12	16	20	24	28	32	36	40	44
角度式 b_c/mm	0.5~0.7			0.6~0.8				0.7~1.0		

注：1. 弧形槽计算的 s_1 只作参考，在设计时要根据所给定的直径 D 计算后确定（s_1 为分屑槽间距，参看表7-26图）。

2. 综合式圆拉刀的圆弧式分屑槽槽宽：
$$b_c = \pi D/2n_k - (0.1 \sim 0.5) \text{mm}$$

3. 成组式圆拉刀（$z_c = 2$）的圆弧式分屑槽槽宽：
$$b_c = \pi D/2n_k + (0 \sim 0.4) \text{mm}$$

表 7-28　拉刀切削齿前角

被加工材料	前角 γ_o
10、15、20、25、30、35、15Cr、20Cr、30Cr、25Ni、30Ni、20CrNi、30CrNi、CrMn、18CrMnTi、1Cr13、20Cr13、奥氏体耐热钢	18°
40、45、50、40Cr、45Cr、40Ni、40CrNi、50CrNi、硬度 190~240HBW 的钢、可锻铸铁、铝、巴氏合金	15°
非合金工具钢、合金工具钢、高速工具钢、铸钢、硬度 150HBW 的铸铁、黄铜	10°
硬度>150HBW 的铸铁、青铜、铅、黄铜	5°

注：直径较小和齿距较短的拉刀，获得 $\gamma_o = 15°$ 有困难，故直径小于 20mm 的拉刀允许采用 $\gamma_o = 8° \sim 10°$，直径在 20~25mm 的拉刀，允许采用 $\gamma_o = 10° \sim 12°$。

表 7-29　拉刀粗切齿后角

拉刀的形式和用途	后角 α_o
拉削 IT7~IT8 级精度孔用的圆拉刀、花键拉刀、六边拉刀以及其他类型的拉刀	2°~3°30′
拉削 IT9 级精度和更低精度孔的上述拉刀	3°~4°
单面有齿的槽拉刀、平面拉刀和外拉刀	4°~7°

表 7-30　拉刀后角 α_o 和刃带宽 $b_{\alpha1}$

拉刀类型		粗 切 齿		精 切 齿		校 准 齿	
		α_{o1}	$b_{\alpha1}$/mm	α_o	$b_{\alpha1}$/mm	α_{oz}	$b_{\alpha1}$/mm
圆拉刀		$2°30'^{+1°}_{0}$	≤0.1	$2°^{+30'}_{0}$	0.1~0.2	$1°^{+30'}_{0}$	0.2~0.3
花键拉刀		$2°30'^{+1°}_{0}$	0.05~0.15	$2°^{+30'}_{0}$	0.1~0.2	$1°^{+30'}_{0}$	0.2~0.3
键槽拉刀		$3°^{+1°30'}_{0}$	0.1~0.2	$2°^{+1°30'}_{0}$	0.2~0.3	$1°^{+1°}_{0}$	0.4
外表面拉刀	不可调式	$4°^{+1°}_{0}$		$2°30'^{+30'}_{0}$		$1°30'^{+1°}_{0}$	—
	可调式	$5°^{+1°}_{0}$		$3°^{+1°}_{0}$		$1°30'^{+1°}_{0}$	—

注：拉削不锈钢、高温合金、钛合金等材料时，不留刃带，若留刃带，刃带宽必须小于 0.05mm。

表 7-31　加工高温合金、钛合金的拉刀角度

拉刀类型	高温合金			钛合金		
	γ_o	α_o	α_o(校准齿)	γ_o	α_o	α_o(校准齿)
内孔拉刀	15°	3°~5°	2°~3°	3°~5°	5°~7°	2°~3°
外表面拉刀	15°	10°~12°	5°~7°	3°~5°	10°~12°	8°~10°

注：粗切齿 α_o 取大值，精切齿 α_o 取小值。

表 7-32　拉刀校准齿参数的确定

参　数	公式或推荐值	备　注	参　数	公式或推荐值	备　注
校准齿直径 d_z	$d_z = D_{max} \pm \Delta$	D_{max}——工件孔径的最大允许值　　Δ——拉削前后孔径改变量，孔扩大时，取 - 号；孔缩小时，取 + 号	校准齿齿数 z_z	$z_z = 4~5$	方拉刀、键槽拉刀、槽拉刀、平面拉刀、外拉刀
孔扩张量 Δ	$\Delta = 0.005~0.01$mm（短拉刀）　$\Delta = 0.01~0.015$mm（长拉刀）			$z_z = 2~3$	成套拉刀中的粗拉刀
			校准齿齿距 p_z	$p_z = (0.6~0.8)p$	p_z 不能小于 4mm
孔收缩量 Δ	$\Delta = 0.01~0.02$mm（韧性材料）　$\Delta = 0.02~0.03$mm（薄壁件）		校准齿长度 l_z	$l_z = p_z z_z$	—
校准齿直径公差	取 1/4 孔径公差	不允许正锥度　最后一个精切齿公差同此	校准齿前角 γ_{oz}	一般 $\gamma_{oz} = \gamma_o$　精密拉刀：$\gamma_{oz} = 5°$　　$\gamma_{oz} = 0°$	制造简单　切钢　切铸铁
校准齿齿数 z_z	$\left.\begin{array}{l}z_z = 5~7\\z_z = 4~5\end{array}\right\}$（圆拉刀、花键拉刀）	孔的精度为 IT7~IT8 级时　孔的精度为 IT9~IT10 级时	校准齿后角 α_{oz}　校准齿刃带 $b_{\alpha1}$	见表 7-30	—

7.2.5　拉刀无刀齿的光滑部分

1. 柄部

拉刀柄部已有国家标准（GB/T 3832—2008），矩形柄和圆柱形前柄的型式和尺寸见表 7-33~表 7-36。

2. 颈部和过渡锥

拉刀颈部直径可与柄部相同，也可稍小（0.5~1mm）。

表 7-33 拉刀矩形柄部型式（Ⅰ型平刀体）和尺寸（GB/T 3832—2008）

（单位：mm）

表 7-34 拉刀矩形柄部型式（Ⅱ型加宽平刀体）和尺寸（GB/T 3832—2008）

（单位：mm）

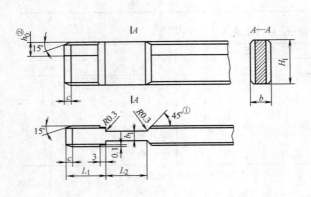

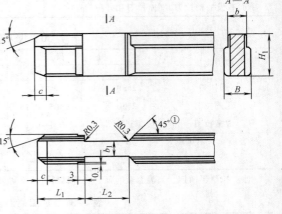

b h12	b_1 h12	H_1 h16	L_1	L_2	c
4	2.5	7.0			2
5	3.2	8.0	16	16	
		10.5			3
6	4.0	12.5			
		14.0			
8	5.0	16.0	20	20	
		18.0			
10	7.0	21.5			
12	8.0	27.5			
14	10.0	29.5			
16	11.5	34.5	25	25	
18	13.0	39.5			
20	15.0	44.5			4
22	17.0		28	28	
25	19.0	49.5			
28	21.0	54.5			
32	24.0	59.5			
36	28.0		32	32	
40	32.0				
45	36.0	60.0			

① 允许制成 90°。

② 在 h_0 高度内 b 的公差可按 c12，尺寸 h_0 由制造厂自定。

b h12	B h12	b_1 h12	H_1 h16	L_1	L_2	c
3	4	2.5	5.5			2
4	6	4	6.5	16	16	
5			8.0			3
			9.5			
6	10	6	12.5			
			14.5	20	20	
8	12	8	15.5			4
			17.5			
10	15	10	21.5			

① 允许制成 90°。

图 7-13 所示为拉刀颈部长度 l_0 的计算图，由图可知

$$l_0 = H + H_1 + h_1 + l_c + (l'_3 - l_1 - l_2) \qquad (7-12)$$

式中　l_0 —— 颈部长度（包括过渡锥长度）（mm）；

H —— 拉床床壁厚度对 L6110、L6120、L6140 三种拉床，分别为 60mm、80mm、100mm；

H_1 —— 花盘厚度，对 L6110、L6120、L6140 三种拉床，分别为 30mm、40mm、50mm；

h_1 —— 衬套厚度，对 L6110、L6120、L6140 三种拉床，分别为 8mm、10mm、12mm；

l_c —— 卡头与机床床壁间隙，对 L6110、L6120、L6140 三种拉床，分别为 5mm、10mm、15mm；

$(l'_3 - l_1 - l_2)$ —— 对 L6110、L6120、L6140 三种拉床，分别为 20mm、30mm、40mm。

表 7-35　拉刀圆柱形前柄型式（Ⅰ型，用于柄部直径 4mm≤D_1≤18mm 的拉刀）和尺寸（GB/T 3832—2008）　（单位：mm）

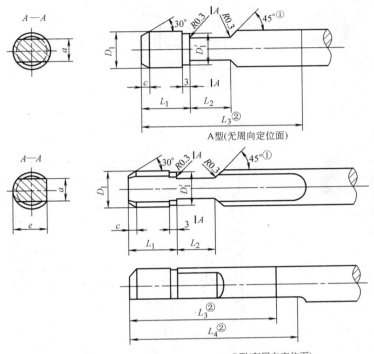

A型(无周向定位面)

B型(有周向定位面)

D_1 f8	a h12	D'_1	L_1	L_2	$L_3$②	$L_4$②	c	e e8
4.0	2.3	3.8	16	16	70	80	2	3.25
4.5	2.6	4.3	16	16	70	80	2	3.65
5.0	3.0	4.8	16	16	70	80	2	4.10
5.5	3.3	5.3	16	16	70	80	2	4.50
6.0	3.6	5.8	16	16	70	80	2	5.00
7.0	4.2	6.8	16	16	70	80	2	5.80
8.0	4.8	7.8	16	16	70	80	2	6.70
9.0	5.4	8.8	16	16	70	80	2	7.60
10.0	6.0	9.8	20	16	80	90	2.5	8.30
11.0	6.6	10.8	20	16	80	90	2.5	9.10
12.0	7.2	11.8	20	16	80	90	2.5	10.00
14.0	8.5	13.7	20	16	80	90	3	11.75
16.0	10.0	15.7	20	16	80	90	3	13.50
18.0	11.5	17.7	20	16	80	90	3	15.25

① 允许制成 90°。

② L_3、L_4 为参考尺寸，在 L_3 长度范围内保证 D_1（f8）尺寸。

表 7-36　拉刀圆柱形前柄型式（Ⅱ型，用于柄部直径 8mm≤D_1≤100mm 的拉刀）

和尺寸（GB/T 3832—2008）　　　　　　　　　　（单位：mm）

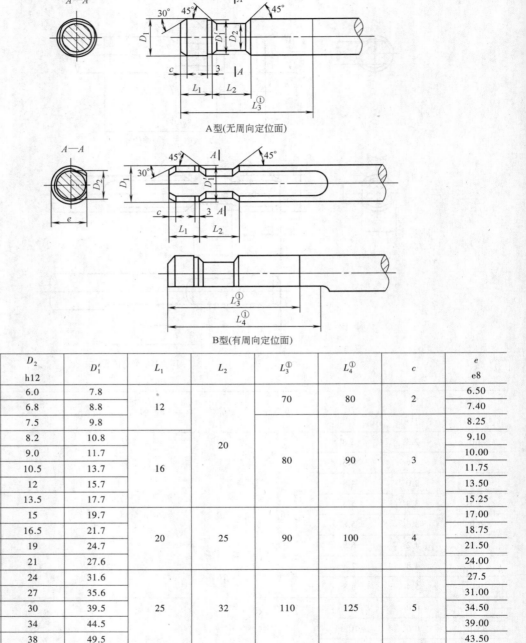

A型(无周向定位面)

B型(有周向定位面)

D_1 f 8	D_2 h12	D_1'	L_1	L_2	L_3[①]	L_4[①]	c	e e8
8	6.0	7.8	12	20	70	80	2	6.50
9	6.8	8.8						7.40
10	7.5	9.8						8.25
11	8.2	10.8	16		80	90	3	9.10
12	9.0	11.7						10.00
14	10.5	13.7						11.75
16	12	15.7						13.50
18	13.5	17.7						15.25
20	15	19.7	20	25	90	100	4	17.00
22	16.5	21.7						18.75
25	19	24.7						21.50
28	21	27.6						24.00
32	24	31.6	25	32	110	125	5	27.5
36	27	35.6						31.00
40	30	39.5						34.50
45	34	44.5						39.00
50	38	49.5						43.50
56	42	55.4	32	40	130	140	6	48.50
63	48	62.4						55.00
70	53	69.4						61.00
80	60	79.2	40	50	160	170	8	69.50
90	68	89.2						78.50
100	75	99.2						87.00

① L_3、L_4 为参考尺寸，在 L_3 长度范围内保证 D_1(f8) 尺寸。

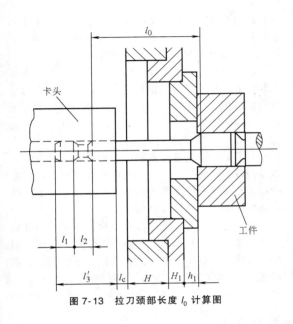

卡头

工件

图 7-13 拉刀颈部长度 l_0 计算图

对 L6110、L6120 和 L6140 拉床的 l_0，可分别取为 110mm、160mm 和 200mm。

拉削时，由于直径 30mm 以下拉刀的卡头尺寸小于拉床床壁孔径，此时允许拉刀卡头进入床壁孔内 10~30mm，此时公式中 $l_c = -(10 \sim 30)$ mm。

对 L6110、L6120、L6140 三种拉床过渡锥长度按拉刀直径可分别取为 10mm、15mm、20mm。

3. 前导部

前导部起导向和支承定心作用，故应和预制孔形状相同，尺寸及允许偏差见表 7-37 及表 7-38。

拉削深孔时，前导部长度 l_3 可取为 $(1.5 \sim 2) D$。

4. 后导部、尾部和后柄

（1）后导部　后导部是在拉刀最后刀齿离工件之前，保持拉刀与工件的相对位置，使拉刀不致因自重而倾斜。后导部截面形状可做成与拉削后孔的形状相同，也可以做成简单形状，如方孔拉刀、多边形拉刀，一般尽量做成圆柱形后导部，键槽拉刀、

表 7-37　拉刀前导部形状和尺寸

拉刀种类	简　图	说　明
预制孔为圆孔的拉刀		1）$D_3 = D_0$ 允许偏差取 e8 2）$l_3 = L$
多边形拉刀，第二根		1）D_3 等于前一根拉刀校准齿直径，允许偏差见表 7-38 2）S_3 等于前一根拉刀的最小边距，允许偏差见表 7-38 3）$l_3 = L$
矩形花键拉刀，第二根		1）D_3 等于前根拉刀的校准齿直径 d_z 2）d_3 等于已加工内花键的最小小径减 0.5mm 3）b_1 等于前根拉刀键宽减 0.02mm、允许偏差按 f7 4）$l_3 = L$
渐开线花键拉刀，第二根		1）M_1 等于前一根拉刀 M 的计算尺寸，允许偏差取 e8 2）D_3 等于前一根拉刀的校正齿直径 d_z，允许偏差见表 7-38 3）d_3 以内花键小径为上限尺寸，下限不限制 4）$l_3 = L$

表 7-38 成套拉刀第二根的前导部
允许偏差 （单位：mm）

拉刀种类	D_3、S_3 等					
	6~10	10~18	18~30	30~50	50~80	80~120
	允许偏差					
圆拉刀、花键拉刀、多边形拉刀	-0.07 -0.10	-0.09 -0.125	-0.10 -0.145	-0.12 -0.17	-0.15 -0.21	-0.18 -0.24
键槽拉刀、平面拉刀	-0.05 -0.08	-0.06 -0.095	-0.07 -0.115	-0.08 -0.13	-0.10 -0.16	-0.12 -0.19

平面拉刀的后导部做成矩形的。花键拉刀后导部一般都做成花键形。后导部形状和尺寸见表7-39。后导部长度也可由表7-40选取（拉削精密孔）。

（2）尾部（后托柄） 对长而重的拉刀，为防止其自重下弯而影响拉削质量或损坏刀齿，应利用拉床护送托架支承拉刀，在拉刀后导部后面增加尾部，也称后托柄。其长度 $l_5 = (0.5 \sim 0.7)D_5$，尾部直径 D_5 取决于护送托架衬套的孔径。

为了提高拉刀寿命和拉削表面质量，可在拉刀后导部后面设置挤光环。挤光环的直径要通过试验确定。安装挤光环尾部的形状及尺寸见表7-41，挤光环的尾部结构如图7-14所示。

（3）后柄 为了使拉刀在每次行程后返回开始位置，可在拉刀的最后设置圆柱形后柄。后柄可与拉刀做成一个整体，也可做成装配式。后柄已有国家标准（GB/T 3832—2008），其型式和尺寸见表7-42~表7-44。

表 7-39 拉刀后导部形状和尺寸

拉刀种类	简 图	说 明
圆孔、方孔及多边形孔拉刀，渐开线花键拉刀	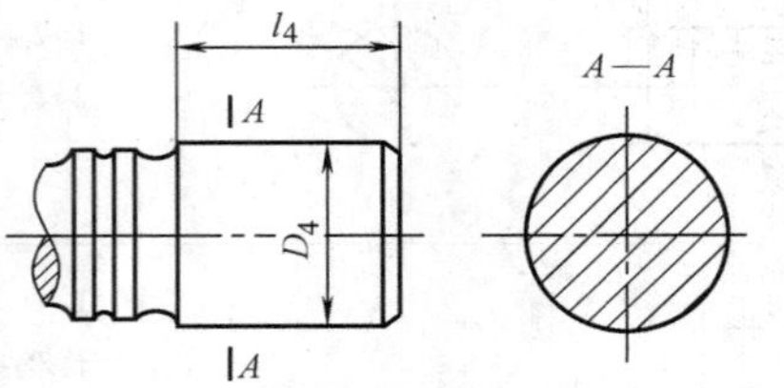	1）D_4 等于工件孔的最小直径（圆孔拉刀）或渐开线花键小径的最小尺寸，或 S 值的最小尺寸（多边形拉刀），允许偏差按 f7 2）$l_4 = (0.5 \sim 0.7)L$（L 为工件长度）
矩形花键拉刀	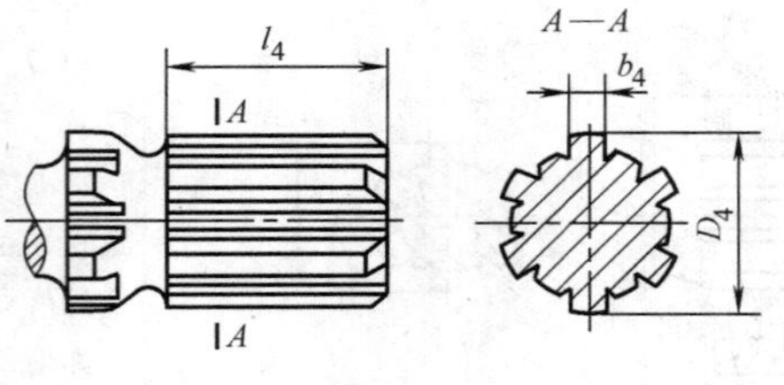	1）D_4 等于拉刀花键齿最大外径减 0.05mm，允许偏差取为 ±0.2mm 2）b_4 等于切削齿键宽，或减去 0.02mm 3）$l_4 = (0.5 \sim 0.7)L$

注：当拉削有空刀槽的孔时，$l_4 = l + c + (5 \sim 10)$mm。
式中 l——空刀槽宽度（mm）；
c——前端拉削长度（mm）。

表 7-40 工件长度和后导部长度 （单位：mm）

工件长度 L	20	25	30	35	40	45	50	60	70	80	90	100	110	120	130	150 以上
后导部长度	20	24	28	32	35	38	40	45	50	55	60	65	70	75	80	85

表 7-41 圆拉刀挤光环尾部尺寸

（单位：mm）

拉刀直径	D_5(f 9)	l_5	l_6	d_0
>20~22	>12	24	9.5	M10×1
>22~26	15			M12×1
>26~34	18			M16×1.5
>34~36	20			M18×1.5
>36~38	22			M20×1.5
>38~42	24			M20×1.5
>42~48	28			M24×1.5
>48~52	32			M30×2
>52~55	34	30	11.5	M30×2
>55~58	38			M36×2
>58~62	40			M36×2
>62~65	44			M42×2
>65~70	50			
>70~75	55			M48×2
>75~80	58			
>80~85	60			

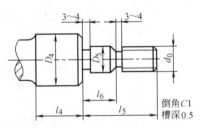

倒角C1
槽深0.5

图 7-14 圆拉刀安装挤光环的尾部

表 7-42 拉刀整体式圆柱形后柄（Ⅰ型）型式和尺寸（GB/T 3832—2008）

（单位：mm）

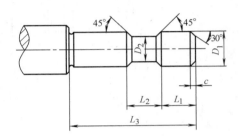

D_1 f 8	D_2 h12	L_1	L_2	L_3	c
12	9	16	16	60	3
16	12				
20	15	20	20	80	4
25	20				
32	26	25	25	100	5
40	34				
50	42	28	32	120	6
63	53				
80	68	32	40	140	8
100	86				

表 7-43 拉刀装配式圆柱形后柄（Ⅱ型）型式及主要尺寸（GB/T 3832—2008）

（单位：mm）

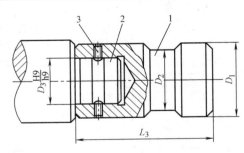

件号	名　称	件数	主　要　尺　寸			
			D_1	D_2	D_3	L_3
1	接柄	1	63	53	40	120
2	拉刀连接部	1	80	68	50	140
3	紧定螺钉	2	100	86	70	

表 7-44 拉刀装配式圆柱形后柄（Ⅱ型）接柄、拉刀联接部尺寸（GB/T 3832—2008）

（单位：mm）

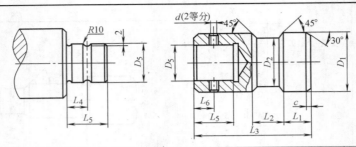

D_1 f8	D_2 h12	D_5 轴 h9 孔 H9	L_1	L_2	L_3	L_4	L_5	c	d
63	53	40	28	32	120	20	40	6	M6
80	68	50	32	40	140	25	50	8	M8
100	86	70							M8

7.2.6 拉刀总长度和成套拉刀的设计

1. 拉刀的最大总长度

拉刀的总长度 L 为

$$L = L_1 + L_2 + l + l_3 + l_g + l_z + l_4 \qquad (7-13)$$

式中 l_g ——拉刀切削部总长度（mm）。

其他长度见图 7-13、表 7-32、表 7-37 和表 7-39。

拉刀有尾部时：

$$L = L_1 + L_2 + l + l_3 + l_g + l_z + l_4 + l_5 \qquad (7-13a)$$

式中 l_5 ——尾部长度（mm）。

拉刀带后柄时：

$$L = L_1 + L_2 + l + l_3 + l_g + l_z + l_4 + L_3 \qquad (7-13b)$$

式中 L_3 ——拉刀后柄长度（mm）。

限制拉刀长度的因素有：

1）拉床的最大行程。

2）生产拉刀的设备和技术条件。

3）因热处理变形等造成的加工困难。

建议拉刀最大总长度不要超过表 7-45～表 7-47 所列数值。当生产和使用条件允许时，可适当加长。

表 7-45 圆拉刀的最大总长度

（单位：mm）

拉刀直径 D	6～10	10～18	18～30	30～40	40～50	50～60	>60
最大总长度 L	28D	30D	28D	26D	25D	24D	1500
	精密圆孔拉刀一般不超过 20D						

表 7-46 花键拉刀的最大总长度

（单位：mm）

拉刀直径 D	10～20	20～30	30～40	40～50	50～60	60～80	>80
大径 D 的倍数	34D	33D	32D	31D	1600	1700	1800
小径 d 的倍数	41d	41d	40d	38d			

表 7-47 键槽拉刀的最大总长度

（单位：mm）

键宽 b	3	4	5	6	8	10	12	14	16
最大总长度 L	500	580	660	850	1000	1180	1220	1260	1320
键宽 b	18	20	22	25	28	32	36	40	45
最大总长度 L	1380	1450	1500	1550	1600	1650	1700		

当设计的拉刀过长时，应改变拉削图形，尽量增大齿升量，减少齿距等，重新设计计算，以减短拉刀长度，在采用各种办法都不能满足要求时，应该设计成两根以上的成套拉刀。

2. 成套拉刀的设计要求

1）每根拉刀长度尽量相同，以便各根拉刀均匀负担切削量，也便于生产。

2）后一根拉刀的第一个切削齿尺寸应等于前一根拉刀的校准齿尺寸。每根粗拉刀的校准齿齿数可取 2～3 个。

3）对于槽拉刀、矩形花键拉刀、方拉刀或矩形拉刀，如果一套拉刀根数不多（2～3 根），当制造精度高时，各根拉刀的切削齿宽度都可做成与槽宽相等；当制造精度不高时，后一根拉刀齿宽可比前一根减小 0.01～0.02mm。若在齿侧面上形成的阶梯不超过槽宽公差，则不需要进行两侧面的修整；否则最后一根拉刀的切削齿宽度应与工件槽宽相同（见

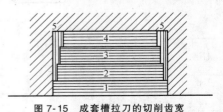

图 7-15 成套槽拉刀的切削齿宽

图 7-15），或拉刀两侧面也做出刀齿，以切去槽侧的阶梯，这样可保证槽宽的高精度和高表面质量。

4）后一根拉刀的前导部截形应与前一根拉刀校准齿截形相同，见表 7-37。

7.2.7 拉削力及其验算

1. 直齿拉刀的拉削力

直齿拉刀最大拉削力经验公式为

$$F_{\max} = F' \Sigma b_D z_e K_\gamma K_\alpha K_\delta K_w \qquad (7\text{-}14)$$

式中　　F' ——刀齿单位切削刃长度上的拉削力

（N/mm），可由表 7-48 选取；

Σb_D ——每个刀齿切削刃总长度（mm）；

z_e ——最大同时工作齿数；

K_γ、K_α、K_δ、K_w ——前角、后角、刀齿锋利程度、切削液对拉削力影响的修正系数，见表 7-49，一般也可略去不计。

圆拉刀拉削力应乘以修正系数 $K_o = 1.06$。这是因为圆弧刃的切屑变形更复杂导致拉削力增大。

常用拉刀的拉削力计算公式见表 7-50。

表 7-48　拉刀单位长度切削刃上的拉削力 F'　　（N/mm）

齿升量 a_f/mm	工件材料及硬度								
	碳 钢			合 金 钢			灰 铸 铁		可锻铸铁
	≤197HBW	>197~229 HBW	>229HBW	≤197HBW	>197~229 HBW	>229HBW	≤180HBW	>180HBW	
0.01	65	71	85	76	85	91	55	75	63
0.015	80	88	105	101	110	124	68	82	68
0.02	95	105	125	126	136	158	93	103	84
0.025	109	121	144	142	152	168	104	116	94
0.03	123	136	161	157	169	186	121	134	109
0.04	143	158	187	184	198	218	121	134	109
0.05	163	181	216	207	222	245	140	155	125
0.06	177	195	232	238	255	282	151	166	134
0.07	196	217	258	260	282	312	167	184	153
0.075	202	226	269	270	292	325	173	192	156
0.08	213	235	280	280	302	335	180	200	164
0.09	231	255	304	304	328	362	195	216	179
0.10	247	273	325	328	354	390	207	236	192
0.11	266	294	350	351	381	420	243	268	220
0.12	285	315	375	378	420	465	250	279	230
0.125	294	326	387	390	420	465	250	279	230
0.13	304	336	398	403	434	480	258	285	234
0.14	324	357	425	423	457	505	273	303	250
0.15	342	379	450	445	480	530	290	321	261
0.16	360	398	472	471	510	560	305	336	276
0.18	395	436	520	525	565	625	324	370	302
0.20	427	473	562	576	620	685	360	402	326

表 7-49　拉削力修正系数

系数符号	K_γ				K_α		K_δ		K_w			
参数	5°	10°	15°	20°	<1°	2°~3°	锋利	磨钝	硫化油	乳化液	植物油	干切削
钢	1.13	1.0	0.93	0.85	1.2	1.0	1.0	1.15	1.0	1.13	0.9	1.34
铸铁	1.1	1.0	0.95		1.12	1.0	1.0	1.15		0.9		1.0

注：1. 后面磨钝宽度按：圆拉刀为 0.15mm，花键和键槽拉刀为 0.3mm。

　　2. 乳化液质量分数为 10%。

表 7-50　常用拉刀的拉削力计算方式　　（单位：N）

序号	拉刀种类	拉削力计算公式	备 注	序号	拉刀种类	拉削力计算公式	备 注
1	分层式圆拉刀	$F_{\max} = 3.33 F' D z_e$	1.06π = 3.33	3	分块式圆拉刀	$F_{\max} = 3.33 F' \dfrac{D}{z_o} z_e$	—
2	综合式圆拉刀	$F_{\max} = 3.33 F' \dfrac{D}{2} z_e$	按 2 倍 a_f 查 F'	4	键槽拉刀	$F_{\max} = F' b z_e$	—
				5	花键拉刀	$F_{\max} = F' n b z_e$	—

注：D ——工件拉削后的直径（mm）；

　　z_o ——轮切式拉刀每组刀齿中的齿数；

　　n ——花键键数；

　　b ——键宽，或每键切削刃长度（mm）。

2. 斜齿拉刀的拉削力

斜齿单面平拉刀的拉削力应考虑刀齿侧向分力引起的摩擦力和切屑变形较复杂而增大的切削力，即

$$F = (F_z + F_{fx})K_\lambda$$

其中

$$F_z = F'b_D z_e K_\lambda \cos\lambda_s \qquad (7\text{-}15)$$

$$F_{fx} = F_x \mu = F_z \mu \tan\lambda_s$$

故

$$F = F'b_D z_e (1 + \mu\tan\lambda_s)K_\lambda \cos\lambda_s \qquad (7\text{-}15a)$$

式中 F'——单位切削刃长度上的拉削（N/mm），由表 7-48 选取；

b_D——每个刀齿的刀削刃长度（mm）；

z_e——同时工作齿数；

μ——拉刀刀体侧面与拉床夹具导轨之间的摩擦因数，当加切削液拉削时，$\mu = 0.12 \sim 0.15$，当不加切削液时，$\mu = 0.20 \sim 0.25$；

λ_s——刀齿刃倾角，一般 $\lambda_s = 8° \sim 15°$；

K_λ——斜齿拉削时，因切屑变形较复杂而引起的拉削力增大系数，拉削钢和铸铁的 K_λ 见表 7-52。

对于刀齿位于几个平面上的拉刀，必须考虑各平面上刀齿的方向，各种斜齿拉刀的简图及拉削力计算公式列于表 7-51。

表 7-51　斜齿拉刀拉削力计算公式　　（单位：N）

拉刀类型	拉刀简图	拉削力计算公式	拉刀类型	拉刀简图	拉削力计算公式
单面拉刀		$F = F'b_D z_e (1+\mu\tan\lambda_s)$ $K_\lambda \cos\lambda_s$ $z_e = \dfrac{L_0}{p}$	直角拉刀（刀齿在相互垂直的两平面上）		$F = F'b_{DI}(1+\mu\tan\lambda_{sI}) \times z_{eI}K_{\lambda I}\cos\lambda_{sI} + F'b_{DII}(1+\mu\tan\lambda_{sII})z_{eII} \times K_{\lambda II}\cos\lambda_{sII}$ $z_{eI} = z_{eII} = \dfrac{L_0}{p}$
双面拉刀（刀齿斜向相反）即两面刀齿一面为左旋，一面为右旋		$F = 2F'b_D z_e (1+\mu\tan\lambda_s)K_\lambda \cos\lambda_s$ $z_e = \dfrac{L_0}{p}$	三面拉刀		$F = F'b_I z_{eI} + 2F' \times b_{DII} z_{eII}(1+\mu\tan\lambda_s)K_\lambda \cos\lambda_s$ $z_{eI} = \dfrac{L_0}{p}+1$（略去小数） $z_{eII} = \dfrac{L_0}{p}$
双面拉刀（刀齿斜向相同）两面刀齿皆为左旋或皆为右旋		$F = 2F'b_D z_e K_\lambda \cos\lambda_s$ $z_e = \dfrac{L_0}{p}$			

注：表中符号含义见式（7-15）注。

表 7-52　斜齿拉刀拉削力修正系数 K_λ

λ_s	0°	15°	30°	45°
K_λ	1	1.04	1.08	1.11

3. 螺旋齿圆拉刀的拉削力

螺旋齿圆拉刀拉削力公式如下：

$$F = 3.33F'D\frac{L}{p}K_\lambda \qquad (7\text{-}16)$$

式中 K_λ——拉削力因螺旋齿而增大的系数，由表 7-54 查得，而 $\lambda_s = \arctan\dfrac{z_p}{\pi D}$（$z_p$ 为刀齿螺旋导程（mm））。

用螺旋齿圆拉刀拉削时，除轴向拉削力 F_z 外，还有切向分力 F_x，它形成的转矩 T 作用在拉刀和工件夹具上，该转矩的最大值为

$$T = F_x\frac{D}{2} = \frac{1}{2}F_z D\tan\lambda_s \qquad (7\text{-}17)$$

由式（7-17）可见，转矩 T 随 λ_s 角的增大而增加，当 T 超过一定值，会使拉刀转动，因此 λ_s 角应选择适当，一般以不超过15°为宜，若 $\lambda_s > 15°$，应采取措施防止拉刀转动。

4. 拉刀强度验算

拉刀在拉削过程中主要受拉伸或压缩（推刀）。但由于制造、热处理及拉削工艺上的种种原因，拉刀还受一定的弯曲和扭转，但在计算拉刀强度时，无法考虑拉刀经受的各种变形，只能按最大拉削力 F_{max} 考虑主要的抗拉强度，其他变形则通过增大安全系数予以考虑，故拉刀强度验算公式为

$$\sigma = \frac{F_{max}}{A_{min}} \leqslant [\sigma] \qquad (7\text{-}18)$$

式中 σ——拉刀所受的拉伸应力（Pa）；

$[\sigma]$——拉刀材料的许用应力（Pa）；

F_{max}——最大拉削力（N）；

A_{min}——拉刀体上的最小截面积（mm^2）。

虽然淬硬高速工具钢光滑试件的抗拉强度可达1600~2000MPa，但实践证明，$[\sigma]$只能采用表7-53所列的较小数值。

表 7-53　不同材料拉刀的许用应力

（单位：MPa）

拉刀种类	$[\sigma]$	
	高速工具钢	合金工具钢
具有环形刀齿的拉刀，如圆、方、花键等拉刀	350~400	250~300
具有不对称载荷的拉刀，如键槽、平面、角度等拉刀	200~250	150
长度正常的推刀（纯压缩）	500~600	400~500

注：小规格拉刀选大值，大规格拉刀选小值。$\phi 6$~$\phi 8$mm 小直径高速工具钢拉刀因淬透性好，$[\sigma]$可提高到550MPa。

拉刀强度不够时的改进措施：

1）减小齿升量。

2）增大齿距，减少同时工作齿数。

3）减小容屑槽深度。

4）改用分块拉削图形。

5. 拉床拉力验算

拉削力不应超过机床的最大许用牵引力，即

$$F \leqslant Q_{max} = Q\eta \qquad (7-19)$$

式中　F——拉削力（N）；

Q_{max}——拉床的最大许用牵引力（N）；

Q——拉床的名义牵引力（N），由机床说明书中查得；

η——机床效率，新拉床 $\eta = 0.9$，旧拉床 $\eta = 0.7$~0.8。

7.3　圆拉刀和圆推刀

圆拉刀可加工孔的精度和表面粗糙度为：一般：H7~H9，$Ra0.8\mu m$ 以下；精密：H6，$Ra0.2\mu m$。

7.3.1　普通圆拉刀

1. 圆拉刀的拉削方式（拉削图形）

在各种类型的拉刀中，圆拉刀所采用的拉削方式最多，有分层式、分块式和综合式。

（1）分层式圆拉刀　这种拉刀每个刀齿都切下一圈金属，每齿切削宽度大，齿升量小，拉削后的表面粗糙度小，容屑槽较浅，刚度较好；但拉刀齿数较多，拉刀较长。适用于小余量精拉刀。

（2）分块式圆拉刀　其主要特点是，一组（2齿或2齿以上）切去一圈金属，每个刀齿切削宽度减小，齿升量增大较多，使拉刀长度减小，还可以在铸锻件毛坯孔中直接拉孔。但由于制造较复杂，

一般情况下应用不多。

分块式圆拉刀的刀齿分粗切齿、过渡齿、精切齿和校准齿。粗切齿每组可有 2~5 齿，过渡齿和精切齿的余量和齿数、齿升量可由表 7-12 选取。

（3）综合式圆拉刀　它是综合了上述两种拉刀的优点而形成的，其精切齿采用分层拉削图形，可保证较高的加工精度和表面质量，其粗切齿采用分块拉削，但不分齿组，而是每齿切去一圈金属中的一半，其余留给下一齿，每齿都有齿升量，故实际切削厚度为 $2a_f$（第一齿为 a_f）。由于单位切削力减小，故齿升量 a_f 可适当增大（见表7-54），拉刀长度可减小。此外，圆弧形分屑槽具有较大侧后角，刀尖角也大，这些都使拉刀寿命延长。这种拉刀也较易制造，所以在生产中应用较多。

2. 普通圆拉刀的特点

1）切削面积大。这是因为刀齿切削刃长度很大。例如 $\phi 30$mm、$z_e = 6$ 时，则 $\Sigma b_D = 565$mm，若 $a_f = 0.02$mm，切削面积为 11.3mm^2。

2）单位切削力大。由于 a_f 很小所致，切削中等强度碳钢时，单位切削力可达 7000MPa。

3）拉削后，孔径会发生收缩或扩张，设计时应予以考虑。扩张量 δ 取决于拉刀与预制孔的制造质量、工件与拉刀的尺寸、工件材料、切削液成分、预制孔与拉刀的同轴度等，可以通过实验确定，对于长度在 800mm 以下的拉刀，扩张量大致可取为 0.003~0.01mm，对于更长的拉刀，扩张量可达 0.01~0.015mm。而在拉削薄壁的韧性零件时则容易出现收缩。拉削薄壁钢件时，大体上可按下列经验公式选取收缩量 δ：

低碳钢　　　　　　$\delta = 0.30D - 1.4T$

中碳合金工具钢　　$\delta = 0.6D - 2.8T$

式中　δ——收缩量（μm）；

D——孔径（mm）；

T——孔壁厚（mm）。

圆拉刀按直径确定齿升量见表 7-54。

表 7-54　圆拉刀的齿升量　（单位：mm）

直径 D		10~14	14~18	18~24	24~30	30~40
a_f	分层式	0.01~0.013	0.01~0.015	0.015~0.02	0.015~0.02	0.015~0.025
	综合式	0.01~0.015	0.01~0.02	0.015~0.025	0.015~0.03	0.015~0.03

直径 D		40~50	50~64	64~80	80~100
a_f	分层式	0.015~0.025	0.02~0.03	0.02~0.03	0.02~0.03
	综合式	0.02~0.035	0.02~0.035	0.025~0.04	0.025~0.04

考虑到孔的变形以及拉刀刃磨毛刺等影响，建议圆拉刀校准齿外径尺寸及极限偏差可按表 7-55 选取。

3. 普通圆拉刀设计示例

为便于对比参考，给出同一工件的三种圆拉刀设计举例，并列于表 7-56，拉刀结构如图 7-16~图 7-18 所示。三种圆拉刀分别为分层式圆拉刀、综合式圆拉刀和成组式圆拉刀。它们的刀齿直径尺寸见表 7-57。

表 7-55　圆拉刀校准齿外径尺寸和极限偏差　　　　　　　　　　　（单位：mm）

精度等级	D	6~10	10~18	18~30	30~50	50~80	80~120
H7	工件孔径极限偏差	+0.015 0	+0.018 0	+0.021 0	+0.025 0	+0.030 0	+0.035 0
	拉刀尺寸及极限偏差	$+0.018_{-0.005}^{0}$	$+0.022_{-0.005}^{0}$	$+0.025_{-0.005}^{0}$	$+0.029_{-0.005}^{0}$	$+0.035_{-0.007}^{0}$	$+0.040_{-0.007}^{0}$
H8	工件孔径极限偏差	+0.022 0	+0.027 0	+0.033 0	+0.039 0	+0.046 0	+0.054 0
	拉刀尺寸及极限偏差	$+0.022_{-0.005}^{0}$	$+0.029_{-0.005}^{0}$	$+0.034_{-0.005}^{0}$	$+0.040_{-0.007}^{0}$	$+0.047_{-0.009}^{0}$	$+0.055_{-0.009}^{0}$
H9	工件孔径极限偏差	+0.036 0	+0.043 0	+0.052 0	+0.062 0	+0.074 0	+0.087 0
	拉刀尺寸及极限偏差	$+0.036_{-0.007}^{0}$	$+0.043_{-0.009}^{0}$	$+0.052_{-0.009}^{0}$	$+0.062_{-0.011}^{0}$	$+0.074_{-0.011}^{0}$	$+0.087_{-0.011}^{0}$

表 7-56　三种圆拉刀设计举例

已知条件：1）拉孔直径 $D = \phi 26_{0}^{+0.021}$ mm，精度 H7

2）拉削长度 $L_0 = 65$ mm

3）工件材料 18CrMnTi，230~270HBW

4）拉刀材料 W6Mo5Cr4V2，$[\sigma] = 350$ MPa

5）机床型号 L6110

6）柄部尺寸：$D_1 = \phi 25$ mm，$D_2 = \phi 19$ mm

$L_1 = 20$ mm，$L_2 = 25$ mm

$L_3 = 90$ mm，$C = 4$ mm

序号	拉削方式 设计项目	分层式	综合式	成组式	序号	拉削方式 设计项目	分层式	综合式	成组式
1	A_0（表 7-8）	0.8mm	0.8mm	0.8mm	16	$z_e = \dfrac{L_0}{p} + 1$	7	6	5
2	校准齿外径 D_z	$D_z = \phi(26+0.025)$ mm $= \phi 26.025_{-0.005}^{0}$ mm			17	$F'z_e\pi$	3690N	3720N 2820N	2600N
3	a_f	0.02mm （表 7-54）	0.03mm （表 7-54）	0.07mm （表 7-11）	18	F_{max}	3690×26N = 95940N	3720×13N = 48360N	2600×26N = 67600N
4	M（表 7-21）	1.25	1.45	1.6	19	$\sigma = \dfrac{F_{max}}{A_{min}}$（表 7-53）	95940÷ 254.5MPa =377MPa >$[\sigma]$	48360÷ 232.4MPa =208.1MPa <$[\sigma]$	67600÷ 232.4MPa =290.9MPa <$[\sigma]$
5	K	3.0mm （表 7-17）	3.0mm （表 7-18）	2.8mm （表 7-18）	20	Q_{max}	$9.8×10^4 × 0.85$ N = 83300N		
6	齿距 $p = M\sqrt{L_0}$	10.0mm	11.7mm	12.9mm	21	几何参数（表 7-28，表 7-29）	$\gamma_o = 15°$ $\alpha_p = 2°30'+1°$ $b_{\alpha1} < 0.1$ mm	$\alpha_g = 2°+30'$ $b_{\alpha1g} = 0.1$ ~ 0.2mm	$\alpha_z = 1°+30'$ $b_{\alpha1z} = 0.2$ ~ 0.3mm
7	p 圆整后	10mm	12mm	13mm					
8	精切齿与校准齿齿距 $p_z \approx 0.7p$	8mm	8mm	9mm	22	容屑槽尺寸/mm，见表 7-24	$p=10$, $h=3.6$ $g=3.2$, $R=7.0$ $r=1.8$ $p_z=8$ $h_z=3.2$ $g_z=2.6$ $R_z=5.5$ $r_z=1.6$	$p=12$, $h=4$ $g=3.6$, $R=8$ $r=2.0$ p_z、h_z、g_z、 R_z、r_z 同 分层式	$p=13$, $h=4$ $g=3.8$, $R=9$ $r=2.0$ $p_z=9$, $h_z=3.6$ $g_z=2.9$, $R_z=6$ $r_z=1.8$
9	h（式（7-1））	3.2mm	3.87mm	4.03mm					
10	h 取值	3.6mm	4.0mm	4.0mm					
11	D_0	$D_0 = \phi(26-0.8)$ mm $= \phi 25.2$ mm							
12	$d = (D_0-2h)$	$\phi 18.0$ mm	$\phi 17.2$ mm	$\phi 17.2$ mm					
13	D_2	$\phi 19.0$ mm	$\phi 19.0$ mm	$\phi 19.0$ mm					
14	A_{min}	254.5mm²	232.4mm²	232.4mm²					
15	$A_{min} × 350$	89075mm²	81340mm²	81340mm²					

（续）

序号	拉削方式 设计项目	分层式	综合式	成组式	序号	拉削方式 设计项目	分层式	综合式	成组式
23	分屑槽尺寸/mm，见表 7-27	角度形 $n_k = 16$ $b_c = 0.5 \sim 0.8$	弧形 $n_k = 8$ $b_c = 4.9\,^{0}_{-0.4}$ 角度形 $n_k = 16$ $b_c = 0.5 \sim 0.8$	弧形 $n_k = 8$ $b_c = 5.0\,^{+0.4}_{0}$ 角度形 $n_k = 16$ $b_c = 0.5 \sim 0.8$	28	刀齿直径	确定的刀齿直径见表 7-57		
					29	l l_g l_z	$10 \times 20 = 200\text{mm}$ $8 \times 3 = 24\text{mm}$ $8 \times 6 = 48\text{mm}$	$12 \times 14 = 168\text{mm}$ $8 \times 3 = 24\text{mm}$ $8 \times 6 = 48\text{mm}$	$13 \times 13 = 169\text{mm}$ $9 \times 4 = 36\text{mm}$ $9 \times 6 = 54\text{mm}$
24	前柄	$L_1 = 20\text{mm}$	$L_2 = 25\text{mm}$	$L_3' = 90\text{mm}$	30	$L = L_1 + L_2 + l_0 + l_3 + l + l_g + l_z + l_9$			
25	颈部	$l_0 = 110\text{mm}$				分层式	$L = (20 + 25 + 110 + 65 + 200 + 24 + 48 + 48)\text{mm} = 540\text{mm}$		
26	前导部	$D_3 = \phi 25.2\,^{-0.02}_{-0.053}(\text{f}8)\text{mm}$　$l_3 = 65\text{mm}$				综合式	$L = (20 + 25 + 110 + 65 + 168 + 24 + 48 + 48)\text{mm} = 508\text{mm}$，取 510mm		
	后导部	$D_4 = \phi 26.01\,^{-0.02}_{-0.041}(\text{f}7)\text{mm}$				分块式	$L = (20 + 25 + 110 + 65 + 169 + 36 + 54 + 48)\text{mm} = 527\text{mm}$，取 530mm		
27	l_4（表 7-40）	48mm	48mm	48mm					

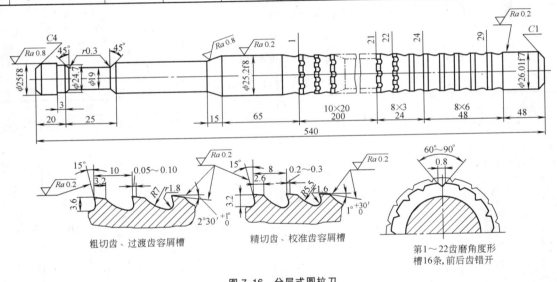

图 7-16　分层式圆拉刀

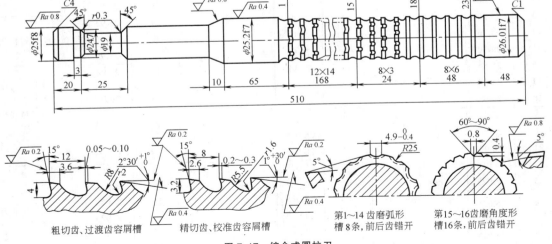

图 7-17　综合式圆拉刀

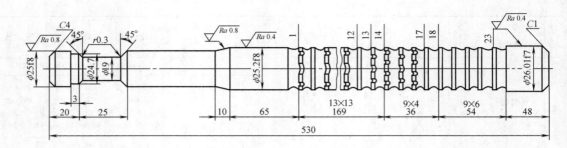

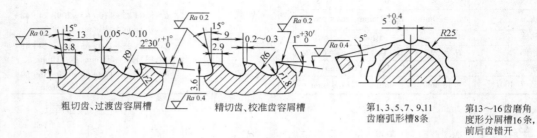

粗切齿、过渡齿容屑槽　　　　精切齿、校准齿容屑槽

第1、3、5、7、9、11
齿磨弧形槽8条

第13～16齿磨角
度形分层槽16条，
前后齿错开

图 7-18　成组式圆拉刀

表 7-57　三种圆拉刀直径尺寸　　　　　　　（单位：mm）

分 层 式				综 合 式				成 组 式			
齿 号	直 径	极限偏差	齿 类	齿 号	直 径	极限偏差	齿 类	齿 号	直 径	极限偏差	齿 类
1	25.24										
2	25.28										
3	25.32			1	25.26			1	25.27		
4	25.36			2	25.32			2	25.25		
5	25.40			3	25.38			3	25.41		
6	25.44			4	25.44			4	25.39		
7	25.48			5	25.50		粗切齿	5	25.55	±0.01	粗切齿组
8	25.52			6	25.56			6	25.53		
9	25.56	±0.005	粗切齿	7	25.62	±0.005		7	25.69		
10	25.60			8	25.68			8	25.67		
11	25.64			9	25.74			9	25.83		
12	25.68			10	25.80			10	25.81		
13	25.72			11	25.86			11	25.93		
14	25.76			12	25.91			12	25.91	±0.005	过渡齿
15	25.80			13	25.95		过渡齿	13	25.95		
16	25.84			14	25.98			14	25.98		
17	25.88							15	26.00		
18	25.92										精切齿
19	25.95		过渡齿	15	26.00			16	26.015		
20	25.98			16	26.015		精切齿				
21	26.00			17	28.025			17	26.025	0	
22	26.015	0	精切齿	18	26.025			18	26.025	−0.005	
23	26.025	−0.005		19	26.025	0		19	26.025		
24	26.025			20	26.025	−0.005		20	26.025		校准齿
⋮	⋮		校准齿	21	26.025		校准齿	21	26.025		
29	26.025			22	26.025			22	26.025		
				23	26.025			23	26.025		

7.3.2　圆推刀

圆推刀用于校正和修光圆孔在热处理后（<45HRC）的变形或加工小余量的孔。

1. 圆推刀的结构与参数

圆推刀的结构如图 7-19 所示。它和拉刀相比较，没有柄部和颈部。JB/T 6357—2006 给出了 $\phi10 \sim \phi90$、校正公差带为 H7、H8、H9 的圆推刀的型式尺寸。

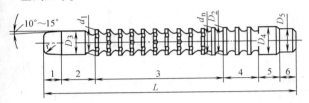

图 7-19　圆推刀的结构
1—导入锥部　2—前导部　3—切削部
4—校准部　5—后导部　6—尾部

（1）导入锥部　为便于推刀进入孔中，在前导部前边做有 5°~15° 半锥角的导入锥部，其长度为：

推刀直径：6~10mm、10~40mm、>40mm；

锥部长度：3~5mm、6~10mm、12~15mm。

导入锥部前端倒圆半径 r 为 1~3mm。

（2）前导部　尺寸 D_3 和 l_3 与拉刀相同。

（3）切削部　尺寸及参数确定见下面 2。

（4）校准部　尺寸及参数确定见下面 2。

（5）后导部　尺寸 D_4 和 l_4 与拉刀相同。

（6）尾部　尾部直径 $D_5 = D_4 - 1.8$，尾部长度 l_5 要保证在拉刀全部刀齿离开工件时，压机的推杆端面距工件端面还有 10~25mm 的距离。即

$$l_5 = L - l_4 + (10 \sim 25)\,\text{mm} \tag{7-20}$$

2. 切削部和校准部的设计

圆推刀的几何参数，容屑槽、分屑槽均与拉刀相同。圆推刀的加工余量很小，一般由孔的变形量确定。圆推刀的齿升量一般为 0.01mm，可做成每齿有齿升量，也可做成每两齿为一组具有齿升量，后一种圆推刀加工的表面粗糙度较小。

由于齿升量小，故推刀的齿距较小。齿距按表 7-21 的 M 值代入式（7-4）计算。也可做成等于拉刀校准齿的齿距。

JB/T 6357—2006《圆推刀》推荐了加工孔径为 10~90mm，孔公差带为 H7、H8、H9，推削长度从 10~30mm 到 80~120mm 的圆推刀共 129 种规格尺寸。这些圆推刀都有 10 个刀齿，其中 5 个为切削齿，其余的是精切齿和校准齿。所用的推削余量在 0.09~0.10mm 之间。在 129 个圆推刀中，长度最大的为 340mm，用于推削直径为 90mm，长度为 80~120mm 的孔；长度最小的为 130mm，用于加工直径为 10mm、长度为 10~30mm 的孔。

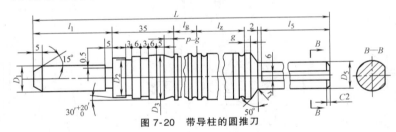

图 7-20　带导柱的圆推刀

3. 带导柱的圆推刀结构

为了保证圆推刀与工件端面垂直，避免人为的对刀误差，可采用带导柱的圆推刀，如图 7-20 所示。它的特点是在推刀前端有导向圆柱，其直径为 D_1、长度为 l_1。工件要放在专用导向附件上，如图 7-21 所示，导柱与导向附件的导套采用 H6/h6 配合，尺寸按表 7-58 选取。

带导柱圆推刀的前导部与拉刀不同，而是做成 $l_3 = 35$mm，其中圆柱部分仅长 5mm，前端为半锥角 $30'^{+20'}_{0}$ 的导锥，并开有两道圆槽（见图 7-20）。

由于这种推刀自身导向性能良好，所以不需要后导部。

4. 精密圆拉刀和圆推刀的特点和设计举例

（1）精密圆拉刀和圆推刀的特点

1）加工余量、齿升量、齿数和长度都适当减小。

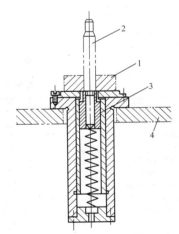

图 7-21　导向附件示意图
1—工件　2—推刀　3—导套　4—机床工作台

表 7-58　带导柱圆推刀的结构尺寸

（单位：mm）

推刀直径	20~26	26~32	32~40	40~50
尺寸 D_1, D_5	15	20	25	30
导柱长度 l_1	85		105	
尾部长度 l_5	50		70	

推刀直径	50~60	60~70	70~80	>80
尺寸 D_1, D_5	40	50	60	70
导柱长度 l_1	135		175	
尾部长度 l_5	100		140	

2）容屑空间、拉刀强度和刚度合理增大。

3）拉刀制造精度高。

4）前面、后面和后导部表面应达到 $Ra0.2\mu m$，刃带表面应达到 $Ra0.1\mu m$。

5）应提高预制孔精度。

6）最好采用不等齿距。

（2）精密扁圆孔推刀设计示例　精密扁圆孔推刀用于加工精密轴承保持架的椭圆孔，要求精度高，表面粗糙度要在 $Ra0.4\mu m$ 以下。

推刀采用成形拉削方式，切削齿齿形的三个参数（R、H、B）均逐步增大，刀齿前、后面表面粗糙度均要求 $Ra0.1\mu m$。该拉刀结构如图 7-22 所示，刀齿尺寸 R、H 和 B 及公差见表 7-59。

推刀的技术要求：

1）两端 $\phi1mm$ 中心孔，$Ra0.2\mu m$。

2）对于 1~12 齿，R 对轴线的对称度公差为 0.01mm；对于 13~23 齿，R 对轴线的对称度公差为 0.005mm。

3）刀齿允许有宽度为 0.05mm 的刃带。

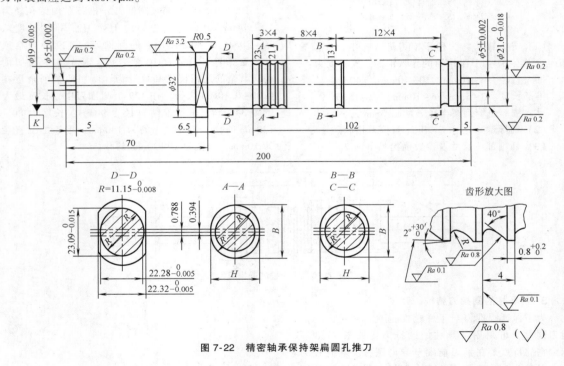

图 7-22　精密轴承保持架扁圆孔推刀

表 7-59　精密扁圆孔推刀刀齿尺寸　　　　　　　　　　　　（单位：mm）

齿号	R	H	B	齿号	R	H	B
1	10.69±0.01	21.38±0.015	22.20±0.015	13	11.08±0.003	22.16±0.005	22.95±0.05
2	10.73±0.01	21.46±0.015	22.28±0.015	14	11.10±0.003	22.20±0.005	22.99±0.05
3	10.77±0.01	21.54±0.015	22.35±0.015	15	11.115±0.003	22.23±0.005	23.02±0.05
4	10.81±0.01	21.62±0.015	22.42±0.015	16	11.125±0.003	22.25±0.005	23.04±0.05
5	10.85±0.01	21.70±0.015	22.49±0.015	17	11.135±0.003	22.27±0.005	23.06±0.05
6	10.88±0.005	21.76±0.01	22.55±0.01	18	11.145±0.003	22.29±0.005	23.08±0.05
7	10.91±0.005	21.82±0.01	22.61±0.01	19	11.155±0.003	22.31±0.005	23.10±0.05
8	10.94±0.005	21.88±0.01	22.67±0.01	20	$11.161_{-0.003}^{0}$	$22.322_{-0.005}^{0}$	$23.11_{-0.005}^{0}$
9	10.97±0.005	21.94±0.01	22.73±0.01	21	$11.161_{-0.003}^{0}$	$22.322_{-0.005}^{0}$	$23.11_{-0.005}^{0}$
10	11.00±0.005	22.00±0.01	22.79±0.01	22	$11.161_{-0.003}^{0}$	$22.322_{-0.005}^{0}$	$23.11_{-0.005}^{0}$
11	11.03±0.005	22.06±0.01	22.85±0.01	23	$11.161_{-0.003}^{0}$	$22.322_{-0.005}^{0}$	$23.11_{-0.005}^{0}$
12	11.055±0.005	22.11±0.01	22.90±0.01				

4）各刀齿的圆弧切削刃和直线切削刃必须在同一端平面上。

5）两端 $\phi(5\pm0.002)$ mm 圆柱为工艺圆柱。

6）1~19 齿开 16 条 60°~90°角形分屑槽，槽宽 0.8mm、深 0.4mm，前后齿交错排列。

7）刀具材料 W6Mo5Cr4V2。

8）热处理硬度 62~66HRC，要经过稳定处理。

7.3.3 挤光圆拉刀和圆推刀

挤光圆拉刀和圆推刀用于圆柱孔的最后精加工。孔经挤光加工后，不仅表面粗糙度小，而且形成冷硬层，提高零件的耐磨性。

挤光圆拉刀主要用于加工软钢、巴氏合金、铜、铝、镁及其合金、回火后的钢件，以及壁厚大、余量小的脆性金属件。

挤光圆推刀还能加工不通孔（见图 7-23b）。

挤光圆拉刀一般在拉削或铰削后使用，当预制孔表面粗糙度达到 $Ra0.8\sim0.4\mu m$ 时，挤光后可达到：低碳钢 $Ra0.4\mu m$，高碳钢 $Ra0.2\mu m$。

挤光圆推刀的结构如图 7-23 所示，它与圆推刀结构类似。

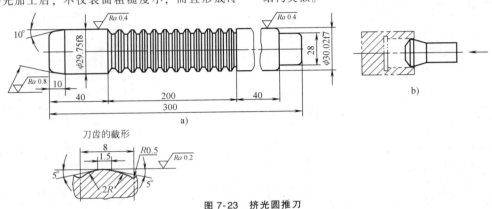

图 7-23 挤光圆推刀

a）挤光圆推刀 b）不通孔挤光圆推刀

1. 挤光圆拉刀设计特点

（1）加工余量 $A=0.06\sim0.15$mm。小值适用于直径较小、预制孔表面光洁的钢件；大值适用于有色金属及其合金件、直径较大或预制孔表面粗糙时。

（2）刀齿直径 刀齿直径大于工件孔径，即

$$D_{gmax}=D_{max}+\Delta \qquad (7-21)$$

式中 Δ——收缩量，可参考表 7-60 选取。

表 7-60 挤光圆拉刀拉削收缩量

（单位：mm）

孔径	加工材料	黄 铜（压入套筒）	青 铜（压入套筒）
10~20		0.03~0.035	0.035~0.045
20~30		0.035~0.04	0.045~0.06
30~45		0.04~0.06	0.06~0.075
45~60		0.075~0.08	

孔径	加工材料	钢 未淬火	钢 淬 火
10~20		0.025~0.04	0.005~0.01
20~30		0.04~0.05	0.005~0.015
30~45		0.05~0.06	0.01~0.02
45~60		0.075~0.08	

注：厚壁零件取小值，薄壁零件取大值。

（3）齿升量 $a_f=0.005\sim0.01$mm，余量小、直径小时，取小值；反之，取大值。一般按每两齿一组增大直径。

（4）齿数 刀齿分布如图 7-24 所示，图中：

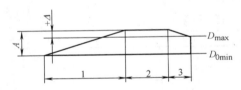

图 7-24 挤光圆拉（推）刀刀齿分布图

1 为挤光齿，每齿或每组刀齿有齿升量，类似拉刀切削齿，$z_1=\dfrac{nA}{2a_f}+(1\sim3)$ 个（式中 n 为每组刀齿齿数）。

2 为轧光齿，其作用类似拉刀校准齿，其直径都等于 D_{gmax}，$z_2=3\sim4$ 个。

3 为结尾齿，直径由前向后递减，最后一齿直径为 D_{max}，$z_3=2\sim3$ 个。

挤光拉刀总齿数为

$$z=z_1+z_2+z_3$$

（5）刀齿齿距和齿形 齿距可按下式计算：

$$p=(1.0\sim1.2)\sqrt{L} \qquad (7-22)$$

建议挤光圆拉刀齿距和同时工作齿数按表 7-61 选取，z_e 不要过多。

表 7-61 挤光圆拉刀 p 和 z_e 的值

L/mm	11~16	16~24	24~35	35~48
p/mm	4	5	6	7
z_e	3~4	4~5	5~6	6~7
L/mm	48~64	64~80		80~100
p/mm	8	9		10
z_e	7~8	8~9		9~10

齿形有（见图7-25）：直线齿形、直线圆弧齿形、圆弧齿形三种，它们的特点和参数见表7-62。

表 7-62 挤光圆拉刀齿形

齿形	特征	特点	挤光效果	齿形参数
直线形	图7-25a	简单、易制造	不理想	列于表7-63
直线圆弧	图7-25b	制造较难	较好	$g=(0.8~1)\sqrt{p}$, $r=0.6~0.7$mm, $h=(0.15~0.25)p$,
圆弧形	图7-25c	制造不太难	最好	$R=(0.35~0.45)p$, $s=(0.25~0.35)p$, $\phi=4°~5°$

挤光齿的硬度必须保证63~65HRC，挤光加工时应使用合适的切削液。

挤光齿表面粗糙度一般应为工件要求表面粗糙度的四分之一，所以要经研磨、抛光。

表 7-63 直线齿形挤光齿尺寸 （图7-25）

（单位：mm）

p	4	5	6	7	8	9	10	11
g	1	1.2	1.5	1.8	2.0	2.0	2.2	2.2
h	1.1	1.2	1.4	1.6	1.8	2.0	2.2	2.4
r	0.6	0.8	1.0	1.0	1.3	1.6	1.8	2.0

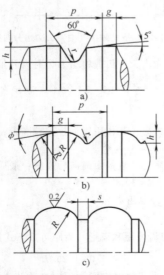

图 7-25 挤光齿的齿形

a) 直线形 b) 直线圆弧 c) 圆弧形

2. 挤光环

在拉刀尾部装一个或几个挤光环，即相当于单齿或多齿挤光圆拉刀，对保证加工精度，减小加工表面粗糙度及延长拉刀寿命都有很好效果。挤光环一般用硬质合金制造。挤光环内孔与拉刀尾部应有浮动间隙，一般由间隙配合 H7/f9 来保证，如图7-26所示。挤光环结构如图7-27所示，安装挤光环的拉刀尾部如图7-14所示，其尺寸列于表7-41。

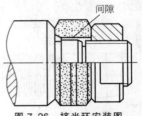

图 7-26 挤光环安装图

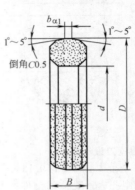

图 7-27 圆拉刀挤光环

3. 挤光拉刀的拉削速度

挤光拉刀的拉削速度应大于切削拉刀的拉削速度，可参考表7-64选取。

表 7-64 挤光拉刀的拉削速度

（单位：m/min）

拉刀类型	钢			铝、黄铜、青铜	巴氏合金
	143~206HBW	207~320HBW	>321HBW		
圆拉刀	12~15	10~15	8~10	20~25	15~20
花键拉刀	8~10	8~10	5~8		

7.3.4 螺旋齿圆拉刀

1. 螺旋齿圆拉刀的特点

1）可加工孔的精度为 H6，加工表面粗糙度可达 $Ra0.2\mu m$，可使用较高的拉削速度，拉刀寿命长。

2）螺旋角一般为 $\beta=72°~77°$，即 $\lambda_s=13°~18°$，如 $\lambda_s>18°$，工件应夹固，以避免转动。刀齿旋向一般采用右旋。

3）螺旋齿圆拉刀的几何参数如图7-28所示。

4）这种拉刀属于斜角切削，具有斜角切削时实

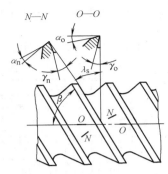

图 7-28 螺旋齿圆拉刀几何参数

际前角 $\gamma_{实}$ 增大、切削刃钝圆半径变小以及切削平稳等优点。此外，没有环形齿拉刀刀齿切入、切出引起的冲击，加工质量高，并可以拉削短薄工件。

2. 螺旋齿圆拉刀的设计

（1）切削部分长度 l、拉削余量 A 和齿升量 a_f

$$l = A/2\tan\phi \qquad (7\text{-}23)$$

式中　A ——拉削余量（mm）；

　　　ϕ ——切削锥半锥角（′）。

螺旋齿圆拉刀用于精密孔加工，故余量和齿升量都小于一般拉刀（见表 7-65）。

表 7-65　螺旋齿圆拉刀拉削余量 A、齿升量 a_f 和切削锥半锥角 ϕ

拉刀直径 /mm	拉削余量 A/mm	齿升量 a_f/mm	切削锥半锥角 ϕ/(′)
4~50	0.08~0.40	0.002~0.02	3~6

注：表中小值用于小直径拉刀。

按式（7-23）计算的切削部分长度 l 见表 7-66。

表 7-66　螺旋齿圆拉刀的切削部分长度 l

ϕ	$2\tan\phi$		D/mm	4~5	5~6	6~8	8~10	10~14	14~18	18~24	24~30	30~40	40~50
			A/mm	0.08	0.10	0.12	0.14	0.18	0.22	0.26	0.30	0.35	0.40
3′	0.0017	l/mm		47	59	71	82	106	124	153	176	206	235
3′30″	0.0020			40	50	60	70	90	110	130	150	175	200
4′	0.0023			35	43	52	61	78	96	113	130	152	174
4′30″	0.0026			30	38	46	54	69	85	100	115	135	154
5′	0.0029			28	35	41	48	62	76	90	104	121	140
6′	0.0035			23	29	34	40	51	63	74	86	100	115

（2）刃倾角 λ_s、切削齿头数 z 和齿距 p　根据螺旋线公式可求得 λ_s

$$\tan\lambda_s = \frac{zp}{\pi D}$$

式中　z ——螺旋齿的齿数（头数），一般取 $z = 2\sim3$；

　　　p ——齿距（mm）；

　　　D ——拉刀直径（mm）。

一般方法是：先预选 $\lambda_s = 15°$，求出齿距 p，将 p 圆整为整数或带 0.5 的小数，再用圆整后的 p 值计算 λ_s 的实际值。各种直径下的 λ_s 值见表 7-67，供设计时参考。

（3）其他参数的确定

1）刀具结构及尺寸。加工孔径为 $\phi4 \sim \phi30$mm 时，可制成推刀；加工孔径为 $\phi14 \sim \phi50$mm 时，可制成拉刀。

齿数 z：$\phi4 \sim \phi16$mm 时，$z = 2$；$\phi17 \sim \phi50$mm 时，$z = 3$。

校准部长度 $l_z = (5\sim6)p$

其他结构及参数均与直齿圆拉刀（推刀）相同。

2）容屑槽尺寸及几何参数

槽深 $h = (0.1\sim0.15)D$

齿厚 $g = (0.25\sim0.3)p$

圆弧 $r = (0.5\sim0.6)h$

刃带宽 $b_{\alpha1} = 0.10\sim0.35$mm

后角 α_o 与普通拉刀相同，按表 7-30 选取。

前角 γ_o 按表 7-28 或表 7-31 选取。

螺旋齿圆拉刀的结构尺寸计算值见表 7-67，供设计时参考。

3. 螺旋齿浅孔圆拉刀

对于厚度小、端面形状复杂，无法将几件叠在一起拉削的工件，可以采用螺旋齿浅孔圆拉刀（推刀）加工。

螺旋齿浅孔圆拉刀最好采用三头螺旋齿。

螺旋齿浅孔圆拉刀可用于加工小于 3 倍孔径长的孔。当孔的精度和表面粗糙度要求高时，可在校准齿后面增加几个挤光齿。加工薄板时，拉刀切削部很短，一直采用推刀。

螺旋齿浅孔圆拉刀可选择较大齿距，以获得较多的重磨次数。对于加工薄板类工件的螺旋齿浅孔圆推刀，由于齿距很小，为了制造方便，允许将前角减小至 $\gamma_o = 5°$。

4. 螺旋齿圆拉刀设计示例

已知条件：拉孔直径 $D = \phi26^{+0.021}_{0}$mm，拉削长度 $L = 65$mm，工件材料 18CrMnTi，230~270HBW，拉床 L6110。

根据表 7-66，得拉削余量 $A = (0.30 + 0.021)$mm $= 0.321$mm。

选择 $\phi = 4′$，得切削部长度 $l = A/\tan\phi = \dfrac{0.321}{0.0023}$mm $= 140$mm。根据表 7-67，得 $p = 7$mm、$z_p = 21$mm、$\lambda_s = 14°25′$、$l_z = 36$mm、$g = 1.8$mm、$h = 2.8$mm、$r = 1.4$mm、$b_{\alpha1} = 0.18\sim0.30$mm。计算得 $a_f \approx 0.008$mm。

根据圆拉刀设计举例（见表 7-56），得柄部、前导部、后导部尺寸。为了制造方便，取校准部齿距等参数与切削部相同，校准齿直径与表 7-56 相同，即 $D_z = 26.021$mm。螺旋齿圆拉刀的结构如图 7-29 所示。

表 7-67　螺旋齿圆拉刀结构尺寸　　　　　　　　（单位：mm）

D	z_p	p	λ_s	l	l_z	g	h	r	$b_{\alpha 1}$
4	4	2	17°39′	40	12	0.6	0.6	0.3	0.10~0.20
5 6	5	2.5	17°39′ 14°5′	46	15	0.7	0.8	0.4	0.10~0.20
7	6	3.0	15°16′	52	18	0.8	1.0	0.5	0.10~0.20
8	7	3.5	15°34′	58	20	0.9	1.2	0.6	0.10~0.20
9	8	4.0	15°48′	64	22	1.0	1.4	0.7	0.10~0.20
10 11	9	4.5	15°59′ 14°36′	72	24	1.2	1.4	0.7	0.14~0.25
12 13	10	5	14°51′ 13°36′	80	26	1.4	1.6	0.8	0.14~0.25
14 15 16	12	6	15°6′ 14°17′ 13°29′	90	30	1.4	1.8	0.9	0.14~0.25
18	15	5	14°51′	100	30	1.4	2.2	1.2	0.14~0.25

D	z_p	p	λ_s	l	l_z	g	h	r	$b_{\alpha 1}$
20 22	18	6	15°59′ 14°36′	110	32	1.6	2.5	1.2	0.18~0.30
24 25 26	21	7	15°34′ 14°58′ 14°25′	120	36	1.8	2.8	1.4	0.18~0.30
28 30	24	8	15°16′ 14°17′	130	40	2.0	3.2	1.6	0.18~0.30
32 34	27	9	15°20′ 14°17′	140	45	2.2	3.6	1.8	0.18~0.30
35 36 38	30	10	15°16′ 14°51′ 14°6′	150	50	2.5	4.0	2.0	0.18~0.30
40 42	33	11	14°43′ 14°21′	165	55	2.8	4.5	2.3	0.22~0.35
45	36	12	14°17′	180	60	3.0	4.5	2.3	0.22~0.35
48	39	13	14°30′	195	65	3.2	5.0	2.5	0.22~0.35
50	42	14	14°58′	210	70	3.5	5.0	2.5	0.22~0.35

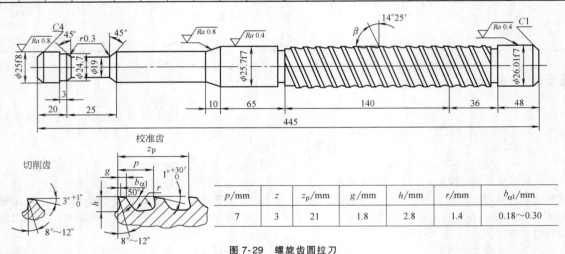

p/mm	z	z_p/mm	g/mm	h/mm	r/mm	$b_{\alpha 1}$/mm
7	3	21	1.8	2.8	1.4	0.18~0.30

图 7-29　螺旋齿圆拉刀

7.3.5　深孔圆拉刀

孔深与孔径之比大于 4~10（小直径用小值）的孔即为深孔，目前可拉削深孔的深径比已达到 200~300。深孔拉削存在的问题为：

1）每齿切除的金属量大，应保证容屑或排屑。

2）拉刀载荷大，必须采用特殊结构。

3）刀齿冷却条件差，必须采用强制冷却。

针对上述问题，深孔圆拉刀一般以 2 根以上的短拉刀组成一套，每根拉刀齿数较少，以保证拉刀强度；拉刀齿距加大以便容屑或排屑；切削液要连续强制供给。在结构上分为两大类，即螺旋齿深孔圆拉刀和环形齿深孔圆拉刀。

1. 螺旋齿深孔圆拉刀

螺旋齿深孔圆拉刀多用于直径小于 28mm 的深孔，一般由 3~6 根短拉刀组成一套。图 7-30 所示为 $\phi 22$mm 的螺旋齿深孔圆拉刀，它由四根短拉刀组成。其结构组成如下：

（1）柄部 1　采用梯形螺纹与刀杆连接。

（2）前导部 2　直径为 D，长度较短，$l_3 \approx D$。

（3）切削部 3　由 2 条（或 3 条）螺旋刀齿组成。切削刃分布在圆锥表面上，其直径逐渐增大，直径差一般为 0.07~0.20mm，最后一根拉刀取小值，其余拉刀取大值，切削刃上开有前后交错的角形分屑槽，刀齿的螺旋角为 40°~45°，刀齿的导程约等于 3 倍直径。

（4）校准部 4　校准齿切削刃分布在圆柱表面上，不开分屑槽，并留有 0.18~0.30mm 的刃带。

可见，螺旋齿深孔圆拉刀没有后导部，因而切

屑可由拉刀尾部连续排出，为了便于排屑，容屑槽制成从前端到尾部逐渐加深的形式，前端槽深取 $h = 0.16D$，后端槽深取 $h = 0.22 \sim 0.3D$。拉削时，切削液由前端打入，使切削刃不断地冷却，切削液压力应保持在 $0.8 \sim 1.5$MPa 范围内，流量为 $8 \sim 15$L/min。

其他设计计算可参照普通圆拉刀。

2. 环形齿深孔圆拉刀

环形齿深孔圆拉刀用于 $\phi28$mm 以上的深孔加工，孔径小于 70mm 时，制成整体式；孔径大于 70mm 时，制成装配式，即在刀体上安装圆环形刀齿，刀齿与刀齿之间用套筒隔开并形成容屑槽。环形齿深孔圆拉刀的切屑全部容纳在槽中（见图 7-31），因此其容屑槽宽度要加大。切削时，切削液由拉刀中心的孔打入，由刀齿齿背上的小孔流向切削区（见图 7-32），切削液压力应保持在 $1.2 \sim 1.5$MPa 范围内。

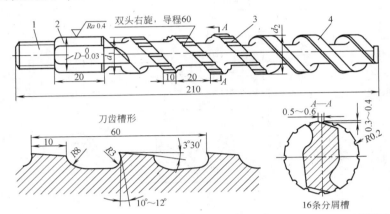

图 7-30 螺旋齿深孔圆拉刀
1—柄部 2—前导部 3—切削部 4—校准部

拉刀号	I	II	III	IV
$D_{-0.03}^{0}$	21.20	21.45	21.65	21.85
$d_{1-0.02}^{0}$	21.30	21.50	21.70	21.90
$d_{2-0.02}^{0}$	21.50	21.70	21.90	22.00

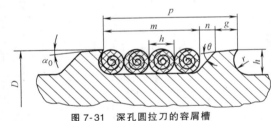

图 7-31 深孔圆拉刀的容屑槽

3. 环形齿深孔圆拉刀设计计算

（1）深孔拉削余量 可按下式计算：

$$A = (0.02 \sim 0.03)D^{0.6}L^{0.2} \qquad (7\text{-}24)$$

式中 D——孔径的基本尺寸（mm）；

L——拉削长度（mm）。

式中系数按预制孔精度选取，精度高时取小值。深孔拉削余量也可以参考表 7-68 选取。

表 7-68 深孔拉削余量

（单位：mm）

孔径的公称尺寸	≤20	20~150	120~150
A	0.4	0.4~1.5	1.5

（2）齿升量 a_f 按下式计算：

$$a_f = (0.015 \sim 0.020)\frac{D^{0.6}}{L^{0.3}} \qquad (7\text{-}25a)$$

成组式深孔圆拉刀及深孔花键拉刀

$$a_f = (0.025 \sim 0.030)\frac{D^{0.6}}{L^{0.3}} \qquad (7\text{-}25b)$$

一般深孔拉刀齿升量 $a_f = 0.015 \sim 0.07$mm。

（3）容屑槽尺寸

1）槽底直径 d_r。按下式选定拉刀容屑槽底直径 d_r

$$d_r = \frac{D}{\eta} \quad \text{或} \quad \eta = \frac{D}{d_r} \qquad (7\text{-}26)$$

式中 η——刀体系数。一般 $\eta = 1.4 \sim 1.6$，小直径拉刀取小值。

2）齿距 p（见图 7-31）

$$p = m + n + g \qquad (7\text{-}27)$$

而

$$m = \frac{4Ka_f L\eta^2}{D(\eta^2 - 1)} \qquad (7\text{-}28)$$

$$n = h/\tan\theta = \frac{D - d_r}{2}\tan\theta \qquad (7\text{-}29)$$

$$g = \eta\sqrt[3]{D} \qquad (7\text{-}30)$$

式中 m——容屑槽有效长度（mm）；

g——刀齿厚度（mm）；

K——容屑系数，由表 7-69 查得；

a_f——齿升量（mm）；由式（7-25）求得；

L——拉削长度；

n——齿背宽度（mm）；

η——刀体系数，见式（7-26）；

D——孔径的公称尺寸（mm）；

θ——齿背角，见图7-6b及表7-16。

3）切削齿齿数 z　深孔圆拉刀工作条件差，应根据拉刀允许强度计算出允许的切削齿齿数 z。

$$z \leqslant \frac{d_r^2[\sigma]}{4DF'} \qquad (7\text{-}31)$$

式中　D——工件孔径的公称尺寸（mm）；

　　　$[\sigma]$——拉刀材料的许用应力，见表7-53；

　　　F'——切削刃单位长度上的拉削力，由表7-48查得。

4. 环形齿深孔圆拉刀设计举例（表7-70）

表7-69　深孔圆拉刀容屑系数 K

a_f/mm	0.005	0.010	0.015	0.020	0.025	0.030	0.035
K	8	6.5	6	5.5	5.5	5.5	6

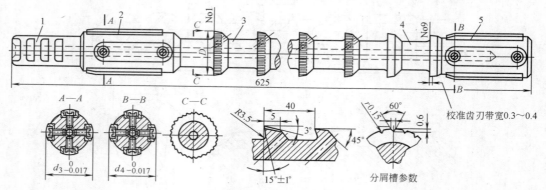

图7-32　环形齿深孔圆拉刀

1—柄部　2—前导部　3—切削部　4—校准部　5—后导部

表7-70　深孔圆拉刀设计举例

已知条件:1)拉孔直径 $D = 40^{+0.05}_{0}$ mm

　　　　2)拉削长度 $L = 2000$mm

　　　　3)工件材料40Cr, $\sigma_b = 550 \sim 700$MPa, 硬度为 160~190HBW

　　　　4)拉刀材料 W6Mo5Cr4V2

序号	项　目	公式或代号	举　例
1	拉削余量	$A = (0.02 \sim 0.03)D^{0.6}L^{0.2}$	$A = 0.025 \times 40^{0.6} \times 2000^{0.2}$mm $= 1.03$mm 取 $A = 1$mm
2	齿升量	$a_f = 0.015\dfrac{D^{0.6}}{L^{0.3}}$	$a_f = 0.015\dfrac{40^{0.6}}{2000^{0.3}}$mm ≈ 0.015mm
3	容屑系数	K	按表7-69查得 $K = 6$
4	刀体系数	$\eta = 1.4 \sim 1.6$	取 $\eta = 1.6$
5	刀体直径 （容屑槽底直径）	$d_r = \dfrac{D}{\eta}$	$d = \dfrac{40}{1.6}$mm $= 25$mm 考虑到切削液孔，取 $d = 26$mm
6	刀齿厚度	$g = \eta\sqrt[3]{D}$	$g = 1.6\sqrt[3]{40}$mm $= 5.5$mm
7	齿背宽度	$n = \dfrac{D - d_r}{2\tan\theta}$	$n = \dfrac{40 - 26}{2\tan55°}$mm $= 5$mm
8	宽屑槽长度	$m = \dfrac{4Ka_fL\eta^2}{D(\eta^2 - 1)}$	$m = \dfrac{4 \times 6 \times 0.015 \times 2000 \times 2.56}{40 \times (2.56 - 1)}$mm $= 29.5$mm
9	齿距	$p = m + n + g$	$p = (29.5 + 5 + 5.5)$mm $= 40$mm
10	切削齿齿数	$z \leqslant \dfrac{d_r^2[\sigma]}{4DF'}$	查表7-48, $F' = 80$N/mm $z \leqslant \dfrac{26^2 \times 350}{4 \times 40 \times 80} = 18.48$ 取 $z = 13$
11	校准齿齿数	z_z	取 $z_z = 2$, 最后一根拉刀 $z_z = 3$

（续）

序号	项　目	公式或代号	举　例	
12	前导部尺寸	d_3 $l_3 = (1 \sim 1.5)D$	D_3 见表 7-71 及图 7-32 $l_3 = 1.5 \times 40\text{mm} = 60\text{mm}$	为防止拉刀卡在孔中,前、后导部均采用夹布胶木条,由螺钉紧固(见图 7-32)
13	后导部	$d_4 = D_z - 0.03$ $l_4 = (1.5 \sim 2)D$	D_4 见表 7-71 及图 7-32 $l_4 = 1.5D = 60\text{mm}$	
14	一套共 3 根拉刀,其尺寸及几何参数见图 7-32,刀齿直径尺寸见表 7-71 及图 7-32			

表 7-71　$\phi40\text{mm}$ 深孔圆拉刀刀齿直径

刀齿号	拉刀序号			后角 α_0
	I	II	III	
	直径 D/mm			
1	39.00	39.36	39.72	
2	39.03	39.36	39.75	
3	39.06	39.42	39.78	
4	39.09	39.45	39.81	
5	39.12	39.48	39.84	
6	39.15	39.51	39.87	
7	39.18	39.54	39.90	$2°30' \sim 3°$
8	39.21	39.57	39.93	
9	39.24	39.60	39.96	
10	39.27	39.63	39.99	
11	39.30	39.66	40.02	
12	39.33	39.69	40.05	
13	39.36	39.72	40.05	
14	39.36	39.72	40.05	$1°30'$
15	39.36	39.72	40.05	
前导部直径 d_3/mm				
	38.97	39.33	39.69	
后导部直径 d_4/mm				
	39.33	39.69	40.02	

7.4　键槽拉刀

7.4.1　键槽的种类与加工

键槽标准 GB/T 1095—2003 中的平键、半圆键、楔键和薄形平键的轮毂键槽均可用键槽拉刀加工。这四种键槽的主要截形尺寸见表 7-72。由表可见:

1) 半圆键和平键(JS9)的键槽尺寸和极限偏差都相同,键槽拉刀可通用。

2) 楔键比平键(D10)键槽浅 0.5~1.3mm,用标准键槽拉刀一次拉成楔键键槽时,要加大导套的槽深。多次拉成时($b \geqslant 14\text{mm}$),要重新计算垫片厚度。

3) 薄形平键比平键键槽浅得较多(0.9~3.5mm),一次拉成时导套的槽深应视导套尺寸 a 而定(见表7-83)。如不允许,应做专用拉刀。多次拉成时,应选用适当的垫片厚度。

7.4.2　键槽拉刀的结构型式和特点

1. 键槽拉刀的结构型式和公称尺寸

(1) 圆刀体键槽拉刀　刀体做成圆柱形与孔配

合(见图 7-33a)。精度较高,制造困难,通用性差,用得较少。

表 7-72　四种键槽主要尺寸的比较

（单位：mm）

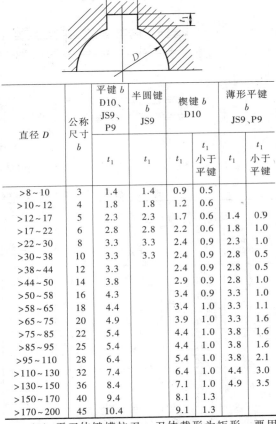

直径 D	公称尺寸 b	平键 b D10、JS9、P9	半圆键 b JS9	楔键 b D10		薄形平键 b JS9、P9	
		t_1	t_1	t_1	t_1 小于平键	t_1	t_1 小于平键
>8~10	3	1.4	1.4	0.9	0.5		
>10~12	4	1.8	1.8	1.2	0.6		
>12~17	5	2.3	2.3	1.7	0.6	1.4	0.9
>17~22	6	2.8	2.8	2.2	0.6	1.8	1.0
>22~30	8	3.3	3.3	2.4	0.9	2.3	1.0
>30~38	10	3.3	3.3	2.4	0.9	2.8	0.5
>38~44	12	3.3		2.4	0.9	2.8	0.5
>44~50	14	3.8		2.9	0.9	2.8	1.0
>50~58	16	4.3		3.4	0.9	3.3	1.0
>58~65	18	4.4		3.4	1.0	3.3	1.1
>65~75	20	4.9		3.9	1.0	3.3	1.6
>75~85	22	5.4		4.4	1.0	3.8	1.6
>85~95	25	5.4		4.4	1.0	3.8	1.6
>95~110	28	6.4		5.4	1.0	3.8	2.1
>110~130	32	7.4		6.4	1.0	4.4	3.0
>130~150	36	8.4		7.1	1.0	4.9	3.5
>150~170	40	9.4		8.1	1.3		
>170~200	45	10.4		9.1	1.3		

(2) 平刀体键槽拉刀　刀体截形为矩形,要用导套定位和导向(见图 7-33b),精度稍差;但通用性好,同一根拉刀可以加工不同孔径、键宽相同的键槽,还可以加工锥孔中的键槽,如图 7-33c 所示。平刀体键槽拉刀已有标准,其结构型式分为加宽平刀体(国标)、平刀体(国标)、带倒角齿(国标)和带侧面齿(机械行业标准)四种。

1) 加宽平刀体键槽拉刀(GB/T 14329—2008)(见图 7-34)。它用于键槽宽度 $b = 3 \sim 10\text{mm}$,其刀体宽度 $B > b$,使拉刀刚度增大。加宽平刀体键槽拉刀的结构尺寸见表 7-73。

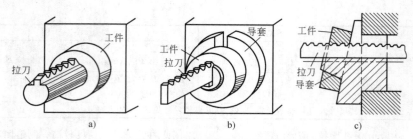

图 7-33　键槽拉刀的型式和使用情况

a）圆形刀体　b）矩形刀体　c）圆锥孔键槽拉削

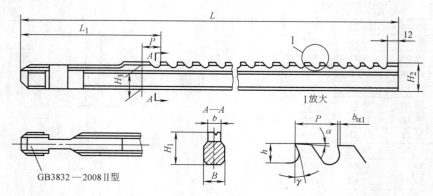

图 7-34　加宽平刀体键槽拉刀结构型式

表 7-73　加宽平刀体键槽拉刀结构尺寸 （图 7-34）　（单位：mm）

（1）拉刀主要结构尺寸

工件规格与拉削参数			拉刀尺寸						
键槽宽度公称尺寸	拉削长度 L_0	拉削余量 A	b 键槽宽公差带			B	H_1	H_2	$L^{①}$
			P9	JS9	D10				
3	10~18	1.79	2.991	3.009	3.055	4	6.5	8.29	475
	>18~30								565
4	10~18	2.33	3.984	4.011	4.074	6	7.0	9.33	485
	>18~30								580
	>30~50								760
5	10~18	2.97	4.984	5.011	5.074	8	8.5	11.47	585
	>18~30								710
	>30~50								845
6	18~30	3.47	5.984	6.011	6.074	10	13.0	16.47	720
	>30~50								850
	>50~80								1055
8	18~30	4.25	7.978	8.011	8.090	12	16.0	20.25	805
	>30~50								960
	>50~80								1265
10	30~50	4.36	9.978	10.011	10.090	15	22.0	26.36	900
	>50~80								1180
	>80~120								1345

（2）拉刀结构参考尺寸

工件参数		拉刀尺寸									齿升量
键槽宽度公称尺寸	拉削长度 L_0	L_1	H_3	P	h	γ		α		$b_{\alpha1}$	a_f
						拉削钢	拉削铸铁	切削齿	校准齿	切削齿	校准齿	
3	10~18	229	6.46	4.5	2.0	10°~20°	5°~10°	3°	1°30′	0.05~0.15	第一校准齿 0.2，其后各齿递增 0.2	0.04
	>18~30	241		6.0	2.2							
4	10~18	230	6.95	4.5	2.0							0.05
	>18~30	244		6.0	2.5							
	>30~50	262		9.0	3.2							

（续）

<table>
<tr><td colspan="15" align="center">（2）拉刀结构参考尺寸</td></tr>
<tr><td colspan="2" align="center">工件参数</td><td colspan="13" align="center">拉刀尺寸</td></tr>
<tr><td rowspan="2">键槽宽度
公称尺寸</td><td rowspan="2">拉削长度
L_0</td><td rowspan="2">L_1</td><td rowspan="2">H_3</td><td rowspan="2">P</td><td rowspan="2">h</td><td colspan="2" align="center">γ</td><td colspan="2" align="center">α</td><td colspan="2" align="center">$b_{\alpha 1}$</td><td rowspan="2">齿升量
a_f</td></tr>
<tr><td>拉削钢</td><td>拉削铸铁</td><td>切削齿</td><td>校准齿</td><td>切削齿</td><td>校准齿</td></tr>
<tr><td rowspan="3">5</td><td>10～18</td><td>231</td><td rowspan="3">8.44</td><td>6.0</td><td>2.2</td><td rowspan="9">10°～20°</td><td rowspan="9">5°～10°</td><td rowspan="9">3°</td><td rowspan="9">1°30′</td><td rowspan="9">0.05～
0.15</td><td rowspan="9">第一校
准齿0.2，
其后各齿
递增0.2</td><td rowspan="3">0.06</td></tr>
<tr><td>>18～30</td><td>242</td><td>8.0</td><td>2.8</td></tr>
<tr><td>>30～50</td><td>263</td><td>10.0</td><td>3.6</td></tr>
<tr><td rowspan="3">6</td><td>18～30</td><td>252</td><td rowspan="3">12.93</td><td>8.0</td><td>3.2</td><td rowspan="3">0.07</td></tr>
<tr><td>>30～50</td><td>268</td><td>10.0</td><td>4.0</td></tr>
<tr><td>>50～80</td><td>302</td><td>13.0</td><td>5.0</td></tr>
<tr><td rowspan="3">8</td><td>18～30</td><td>249</td><td rowspan="3">15.93</td><td>8.0</td><td>3.5</td><td rowspan="3"></td></tr>
<tr><td>>30～50</td><td>268</td><td>10.0</td><td>4.0</td></tr>
<tr><td>>50～80</td><td>301</td><td>14.0</td><td>5.5</td></tr>
<tr><td rowspan="3">10</td><td>30～50</td><td>268</td><td rowspan="3">21.93</td><td>10.0</td><td>4.0</td><td colspan="6"></td><td rowspan="3">0.08</td></tr>
<tr><td>>50～80</td><td>300</td><td>14.0</td><td>5.5</td></tr>
<tr><td>>80～120</td><td>341</td><td>16.0</td><td>6.0</td></tr>
</table>

① L 数值为参考值。

2）平刀体键槽拉刀（GB/T 14329—2008）如图 7-35 所示。它用于键宽 $b = 12 \sim 45\text{mm}$，其刀体与刀齿等宽。结构尺寸见表 7-74。

3）带倒角齿键槽拉刀（GB/T 14329—2008）是在宽刀体键槽拉刀后面增加一些倒角齿，因此拉刀长度大于宽体键槽拉刀，它可在 $b = 3 \sim 10\text{mm}$ 的键槽上同时拉出倒角。其结构如图 7-36 所示，结构尺寸见表 7-75。

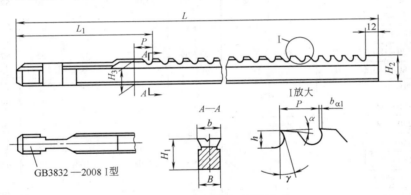

GB3832—2008 I型

图 7-35　平刀体键槽拉刀结构型式

表 7-74　平刀体键槽拉刀结构尺寸（图 7-36）　　　　　（单位：mm）

<table>
<tr><td colspan="11" align="center">（1）拉刀主要结构尺寸</td></tr>
<tr><td colspan="5" align="center">工件规格与拉削参数</td><td colspan="6" align="center">拉刀尺寸</td></tr>
<tr><td rowspan="3">键槽宽度
公称尺寸</td><td rowspan="3">拉削长度
L_0</td><td rowspan="3">拉削
余量 A</td><td rowspan="3">垫片
厚度 S</td><td rowspan="3">拉削
次数</td><td colspan="3" align="center">b</td><td rowspan="3">H_1</td><td rowspan="3">H_2</td><td rowspan="3">L①</td></tr>
<tr><td colspan="3" align="center">键槽宽公差带</td></tr>
<tr><td>P9</td><td>JS9</td><td>D10</td></tr>
<tr><td rowspan="3">12</td><td>30～50</td><td rowspan="3">4.48</td><td rowspan="3">—</td><td rowspan="3">1</td><td rowspan="3">11.973</td><td rowspan="3">12.012</td><td rowspan="3">12.108</td><td rowspan="3">28</td><td rowspan="3">32.48</td><td>930</td></tr>
<tr><td>>50～80</td><td>1220</td></tr>
<tr><td>>80～120</td><td>1385</td></tr>
<tr><td rowspan="3">14</td><td>50～80</td><td rowspan="3">5.15</td><td rowspan="3">2.55</td><td rowspan="3">2</td><td rowspan="3">13.973</td><td rowspan="3">14.012</td><td rowspan="3">14.108</td><td rowspan="3">30</td><td rowspan="3">32.60</td><td>880</td></tr>
<tr><td>>80～120</td><td>1000</td></tr>
<tr><td>>120～180</td><td>1220</td></tr>
</table>

（续）

(1)拉刀主要结构尺寸

工件规格与拉削参数					拉刀尺寸					
键槽宽度公称尺寸	拉削长度 L_0	拉削余量 A	垫片厚度 S	拉削次数	b 键槽宽公差带			H_1	H_2	$L^①$
					P9	JS9	D10			
16	50~80	5.81	2.89	2	15.973	16.012	16.108	35	37.92	940
	>80~120									1065
	>120~180									1300
18	50~80	6.03	3.01		17.973	18.012	18.108	40	43.02	950
	>80~120									1080
	>120~180									1320
20	50~80	6.68	3.32		19.969	20.017	20.137	45	48.36	1030
	>80~120									1185
	>120~180									1450
22	80~120	7.25	2.40		21.969	22.017	22.137		47.45	975
	>120~180									1190
	>180~260									1495
25	80~120	7.48	2.48	3	24.969	25.017	25.137	50	52.52	990
	>120~180									1210
	>180~260									1520
28	80~120	8.71	2.89		27.969	28.017	28.137	55	57.93	1070
	>120~180									1310
	>180~260									1650
32	120~180	9.98	2.48	4	31.962	32.019	32.168		62.54	1215
	>180~260									1530
	>260~360		1.99						62.02	1625
36	120~180	11.24	2.24	5	35.962	36.019	36.168	60	62.28	1035
	>180~260									1295
	>260~360									1695
40	120~180	12.42	2.06	6	39.962	40.019	40.168		62.12	1015
	>180~260									1270
	>260~360									1660

(2)拉刀结构参考尺寸

工件参数		拉刀尺寸										
键槽宽度公称尺寸	拉削长度 L_0	L_1	H_3	P	h	γ		α		b_{a1}		齿升量 a_f
						拉削钢	拉削铸铁	切削齿	校准齿	切削齿	校准齿	
12	30~50	278	27.92	10	4.0	10°~20°	5°~10°	3°	1°30′	0.05~0.15	第一校准齿 0.2，其后各齿递增 0.2	0.08
	>50~80	312		14	5.5							
	>80~120	349		16	6.0							
14	50~80	308	29.92	14	5.5							
	>80~120	348		16	6.0							
	>120~180	408		20	8.0							

（续）

(2)拉刀结构参考尺寸												
工件参数		拉刀尺寸										
键槽宽度公称尺寸	拉削长度 L_0	L_1	H_3	P	h	γ		α		$b_{\alpha1}$		齿升量 a_f
						拉削钢	拉削铸铁	切削齿	校准齿	切削齿	校准齿	
16	50~80	312	34.92	14	5.5	10°~20°	5°~10°	3°	1°30′	0.05~0.15	第一校准齿0.2，其后各齿递增0.2	0.08
	>80~120	349		16	6.0							
	>120~180	408		20	8.0							
18	50~80	308	39.92	14	5.5							
	>80~120	348		16	6.0							
	>120~180	408		20	8.0							
20	50~80	318	44.92	14	5.5							
	>80~120	357		16	6.0							
	>120~180	418		20	8.0							
22	80~120	355	44.92	16	7.0							
	>120~180	418		20	8.0							
	>180~260	494		26	10.0							
25	80~120	354	49.92	16	7.0							
	>120~180	418		20	8.0							
	>180~260	494		26	10.0							
28	80~120	354	54.92	16	7.0							
	>120~180	418		20	8.0							
	>180~260	494		26	10.0							
32	120~180	423	59.92	20	8.0							
	>180~260	504		26	10.0							
	>260~360	605	59.90	36	12.0							
36	120~180	423		20	9.0							0.10
	>180~260	503		26	10.0							
	>260~360	603	59.90	36	12.0							
40	120~180	423		20	9.0							
	>180~260	504		26	10.0							
	>260~360	604		36	12.0							

① L 数值为参考值。

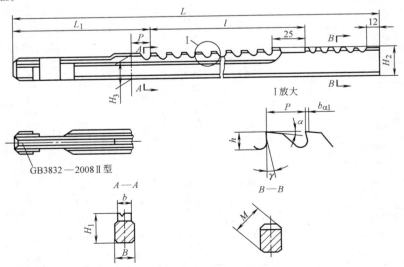

图 7-36　带倒角齿键槽拉刀结构型式

表 7-75　带倒角齿键槽拉刀结构尺寸 （图 7-36）　　　　（单位：mm）

（1）拉刀主要结构尺寸

工件规格与拉削参数			拉刀主要结构尺寸						
键槽宽度公称尺寸	拉削长度 L_0	拉削余量 A	b 键槽宽公差带			B	H_1	H_2	L [①]
			P9	JS9	D10				
3	10~18	1.79	2.991	3.009	3.055	4	6.5	8.29	515
	>18~30								610
4	10~18	2.33	3.984	4.011	4.074	6	7.0	9.33	525
	>18~30								620
	>30~50								810
5	10~18	2.97	4.984	5.011	5.074	8	8.5	11.47	625
	>18~30								760
	>30~50								900
6	18~30	3.47	5.984	6.011	6.074	10	13.0	16.47	765
	>30~50								905
	>50~80								1115
8	18~30	4.25	7.978	8.011	8.090	12	16.0	20.25	855
	>30~50								1015
	>50~80								1330
10	30~50	4.36	9.978	10.011	10.090	15	22.0	26.36	955
	>50~80								1245
	>80~120								1415

（2）拉刀结构参考尺寸

工件参数				拉刀尺寸					
键槽宽度公称尺寸	拉削长度 L_0	倒角值 C	倒角齿测值 M	L_1	L_2	P	h	H_3	齿升量 a_f
3	10~18	0.2	7.18	230	254.5	4.5	2.0	6.46	0.04
	>18~30			243	331.0	6.0	2.2		
4	10~18	0.3	8.65	232	263.5	4.5	2.0	6.95	0.05
	>18~30			241	343.0	6.0	2.5		
	>30~50			260	502.0	9.0	3.2		
5	10~18		10.77	228	361.0	6.0	2.2	8.44	0.06
	>18~30			243	473.0	8.0	2.8		
	>30~50			263	585.0	10.0	3.6		
6	18~30	0.5	15.10	248	473.0	8.0	3.2	12.93	0.07
	>30~50			268	585.0	10.0	4.0		
	>50~80			298	753.0	13.0	5.0		
8	18~30		18.66	250	561.0	8.0	3.5	15.93	
	>30~50			268	695.0	10.0	4.0		
	>50~80	0.6		299	963.0	14.0	5.5		
10	30~50		24.69	268	635.0	10.0	4.0	21.93	0.08
	>50~80			298	879.0	14.0	5.5		
	>80~120			338	1001.0	16.0	6.0		

① L 数值为参考值。

4）带侧面齿键槽拉刀。JB/T 9993—2011 推荐了两种形式：A 型和 B 型。A 型拉刀是在加宽平刀体或平刀体键槽拉刀校准齿后面增加一些侧面齿，用于加工宽度为 6~25mm 的键槽，其结构型式如图 7-37 所示，结构尺寸见表 7-76。B 型拉刀分为粗拉刀和精拉刀。B1 型为粗拉刀，不带侧面齿（见图 7-38a）；B2 型为精拉刀，只有侧面齿（见图 7-38b）。B 型拉刀用于加工键槽的宽度为 14~40mm，其结构尺寸见表 7-77 和表 7-78。

2. 键槽拉刀特点

1）拉削余量大，齿数多，槽深大时要分两次以上拉成。

2）拉削表面粗糙度较大（Ra（2.5~1.25）μm 或更大），当要求表面粗糙度小时，应采用侧面带修光刃的键槽拉刀。

3）导套长度不够时，会造成拉刀工作时向上弯曲，甚至折断。

4）刀齿应保证足够宽的刃带，这对防止拉刀工作时向上弯曲、防止拉刀折断也至关重要。

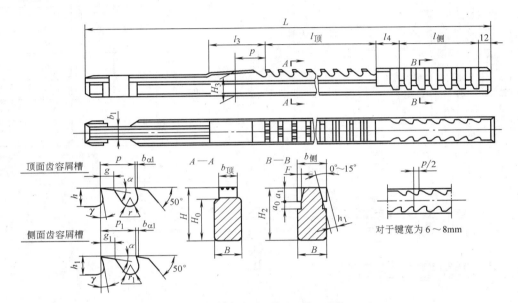

图 7-37　带侧面齿键槽拉刀的 A 型拉刀

表 7-76　带侧面齿键槽拉刀的 A 型拉刀　　　　　　　　　　（单位：mm）

工件规格与拉削参数					拉刀主要结构尺寸						
键槽宽度公称尺寸	拉削长度	拉削余量	垫片厚度	拉削次数	校准齿宽度公称尺寸				拉刀全长 L	前导部高度 H_3	刀体宽度 B	顶齿面校准齿高度	侧面齿顶面高度 H_2
					$b_{顶}$	$b_{侧}$ 配合形式							
						P9	JS9	D10					
6	18~30	3.47			5.6	5.984	6.011	6.074	(815)	12.93	10	16.47	16.42
	30~50								(955)	14.93		18.47	18.42
	50~80								(1180)				
8	18~30	4.25			7.6	7.978	8.011	8.090	(900)	15.93	12	20.25	20.20
	30~50								(1070)	17.93		22.25	22.20
	50~80			1					(1390)				
10	30~50	4.36	—		9.6	9.978	10.011	10.090	(1010)	21.92	15	26.36	26.31
	50~80								(1305)				
	80~120								(1515)				
12	30~50	4.48			11.6	11.973	12.012	12.108	(1040)	27.92	12.108	32.48	32.43
	50~80								(1345)				
	80~120								(1560)				
14	50~80	5.15	2.55	2	13.6	13.973	14.012	14.108	(1010)	29.92	14.108	32.60	32.55
	80~120								(1175)				
	120~180								(1420)				

（续）

工件规格与拉削参数					拉刀主要结构尺寸						
键槽宽度公称尺寸	拉削长度	拉削余量	垫片厚度	拉削次数	校准齿宽度公称尺寸				拉刀全长 L	前导部高度 H_3	刀体宽度 B	顶齿面校准齿高度	侧面齿顶面高度 H_2
					$b_顶$	$b_侧$ 配合形式							
						P9	JS9	D10					
16	50~80	5.81	2.89	2	15.6	15.973	16.012	16.108	（1065）	34.92	16.108	37.92	37.87
	80~120								（1240）				
	120~180								（1500）				
18	50~80	6.03	3.01		17.6	17.973	18.012	18.108	（1080）	39.92	18.108	43.02	42.97
	80~120								（1255）				
	120~180								（1520）				
20	50~80	6.68	3.32		19.6	19.969	20.017	20.137	（1125）	44.92	20.137	48.36	48.31
	80~120								（1310）				
	120~180								（1585）				
22	80~120	7.25	2.40	3	21.6	21.969	22.017	22.137	（1150）	44.92	22.137	47.45	47.40
	120~180								（1385）				
	180~260								（1710）				
25	80~120	7.48	2.48		24.6	24.969	25.017	25.137	（1165）	49.92	25.137	52.52	52.47
	120~180								（1405）				
	180~260								（1735）				

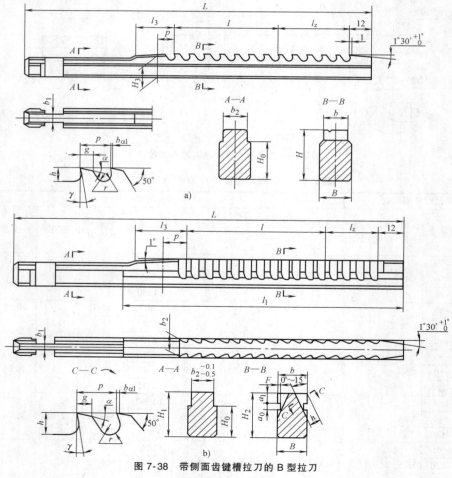

图 7-38　带侧面齿键槽拉刀的 B 型拉刀

a）粗拉刀　b）精拉刀

表 7-77　带侧面齿键槽拉刀的 B 型粗拉刀　　　　（单位：mm）

工件规格与拉削参数					拉刀主要结构尺寸				
键槽宽度公称尺寸	拉削长度	拉削余量	垫片厚度	拉削次数	刀齿宽度公称尺寸 b	拉刀全长 L	前导部高度 H_3	刀体宽度 B	校准齿高度
14	50~80	5.15	2.55		13.3	（870）	29.92	14.108	32.60
	80~120					（985）			
	120~180					（1200）			
16	50~80	5.81	2.89		15.3	（925）	34.92	16.108	37.92
	80~120					（1050）			
	120~180					（1285）			
18	50~80	6.03	3.01	2	17.3	（940）	39.92	18.108	43.02
	80~120					（1065）			
	120~180					（1300）			
20	50~80	6.68	3.32		19	（1015）	44.92	20.137	48.36
	80~120					（1155）			
	120~180					（1410）			
22	80~120	7.25	2.40		21	（960）	44.92	22.137	47.45
	120~180					（1170）			
	180~260					（1475）			
25	80~120	7.48	2.48	3	24	（980）	49.92	25.137	52.52
	120~180					（1190）			
	180~260					（1500）			
28	80~120	8.71	2.89		27	（1055）	54.92	28.137	57.93
	120~180					（1290）			
	180~260					（1625）			
32	120~180	9.98	2.48	4	30.9	（1195）	59.92	32.168	62.54
	180~260					（1505）			
	260~360		1.99			（1590）			62.02
36	120~180	11.24	2.24	5	34.9	（1015）	59.90	36.168	62.28
	180~260					（1270）			
	260~360					（1650）			
40	120~180	12.42	2.06	6	38.9	（995）	59.90	40.168	62.12
	180~260					（1245）			
	260~360					（1595）			

表 7-78　带侧面齿键槽拉刀的 B 型精拉刀　　　　（单位：mm）

工件规格		拉刀主要结构尺寸						
键槽宽度公称尺寸	拉削长度	校准齿宽度公称尺寸			拉刀全长 L	前导宽度 b_2	刀体宽度 B	侧面齿顶面高度 H_2
		P9	JS9	D10				
14	50~80	13.973	14.012	14.108	（515）	13.28	14.108	35.10
	80~180				（730）			
16	50~80	15.973	16.012	16.108	（515）	15.28	16.108	40.76
	80~180				（730）			
18	50~80	17.973	18.012	18.108	（515）	17.28	18.108	45.97
	80~180				（730）			
20	50~80	19.969	20.017	20.137	（540）	18.98	20.137	51.62
	80~180				（765）			
22	80~180	21.969	22.017	22.137	（705）	20.97	22.137	52.19
	180~260				（890）			
25	80~180	24.969	25.017	25.137	（690）	23.97	25.137	57.42
	180~260				（870）			
28	80~180	27.969	28.017	28.137	（690）	26.97	28.137	63.65
	180~260				（870）			
32	120~260	31.962	32.019	32.168	（860）	30.87	32.168	69.90
	260~360				（1040）			

（续）

工件规格		拉刀主要结构尺寸						
键槽宽度公称尺寸	拉削长度	校准齿宽度公称尺寸			拉刀全长 L	前导宽度 b_2	刀体宽度 B	侧面齿顶面高度 H_2
		P9	JS9	D10				
36	120~260	35.962	36.019	36.168	（860）	34.87	36.168	71.16
36	260~360				（1040）			
40	120~260	39.962	40.019	40.168	（860）	38.87	40.168	72.34
40	260~360				（1040）			

7.4.3 键槽拉刀的设计

1. 键槽拉刀拉削余量的计算

由表 7-7 可知，键槽拉刀的拉削余量为

$$A = t_1' - D + f_0$$

常用键槽的 f_0 值的计算值见表 7-79。

由于 $t_1' - D = t_1 + \Delta t_1$ （见表 7-80）。

所以
$$A = t_1 + \Delta t_1 + f_0 \tag{7-32}$$

由表 7-79 可知，键宽 b 相同时，f_0 随直径 D 的增大而减小。标准键槽拉刀是按最小直径计算拉削余量（见表 7-80）并确定拉刀长度和垫片厚度的。当工件直径改变而键槽宽不变时，应相应改变导套的槽深和垫片厚度。计算的拉削余量见表 7-81。

表 7-79 常用键槽的尺寸 f_0 （单位：mm）

D	b																	
	3	4	5	6	8	10	12	14	16	18	20	22	25	28	32	36	40	45
8	0.29																	
9	0.26																	
10	0.23	0.42																
11	0.21	0.38																
12	0.19	0.34	0.55															
13	0.17	0.31	0.50															
14	0.16	0.29	0.46															
15		0.27	0.43															
16		0.25	0.40															
17		0.23	0.38	0.55														
18		0.22	0.36	0.52														
19		0.21	0.34	0.49														
20			0.32	0.46														
21			0.30	0.44														
22			0.29	0.42	0.75													
24			0.27	0.38	0.69													
25			0.26	0.37	0.66													
26			0.25	0.35	0.63													
28				0.32	0.58													
30				0.30	0.54	0.86												
32				0.28	0.51	0.80												
34				0.27	0.48	0.75												
35				0.26	0.46	0.73												
36				0.25	0.45	0.71												
38						0.67	0.97											
40						0.63	0.92											
42						0.60	0.88											
44						0.57	0.83	1.15										
46						0.55	0.80	1.10										
48						0.53	0.76	1.05										

（续）

D	b																	
	3	4	5	6	8	10	12	14	16	18	20	22	25	28	32	36	40	45
50							0.73	1.00	1.32									
52							0.70	0.96	1.26									
54							0.67	0.92	1.21									
56								0.89	1.17									
58								0.86	1.13	1.43								
60								0.83	1.09	1.38								
62									1.05	1.34								
64									1.02	1.29	1.60							
66									0.98	1.25	1.55							
68									0.95	1.21	1.50							
70									0.93	1.18	1.46							
72										1.14	1.42							
75										1.10	1.36	1.65						
78										1.05	1.30	1.58						
80											1.27	1.54						
82											1.24	1.50						
85											1.19	1.45	1.88					
88											1.15	1.40	1.81					
90												1.37	1.77	2.23				
92												1.33	1.73	2.18				
95												1.29	1.67	2.11				
98													1.62	2.04				
100													1.59	2.00	2.63			
105													1.51	1.91	2.50			
110													1.44	1.82	2.38			
115													1.38	1.73	2.27			
120													1.32	1.65	2.17	2.76		
125														1.58	2.08	2.65		
130														1.52	2.00	2.54		
135														1.46	1.92	2.44		
140															1.85	2.35	2.92	
145															1.79	2.27	2.81	
150															1.73	2.19	2.72	
155															1.67	2.72	2.63	
160															1.62	2.05	2.54	3.23
165																1.99	2.46	3.13
170																1.93	2.38	3.03
175																1.87	2.31	2.94
180																1.82	2.25	2.86
185																1.77	2.19	2.78
190																	2.13	2.70
195																	2.07	2.63
200																	2.02	2.56
210																	1.92	2.44
220																	1.83	2.33

表 7-80 键槽拉削余量

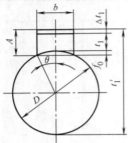

直径 D	键宽 b	t_1 尺寸	t_1 极限偏差 Δt_1	弦高 f_0	余量 A
>8~10	3	1.4		0.29	1.79
>10~12	4	1.8	+0.1	0.42	2.32
>12~17	5	2.3	0	0.55	2.95
>17~22	6	2.8		0.55	3.45
>22~30	8	3.3		0.75	4.25
>30~38	10	3.3	+0.2	0.86	4.36
>38~44	12	3.3	0	0.98	4.48
>44~50	14	3.8		1.15	5.15
>50~58	16	4.3		1.31	5.81
>58~65	18	4.4		1.43	6.03
>65~75	20	4.9		1.58	6.68
>75~85	22	5.4	+0.2	1.65	7.25
>85~95	25	5.4	0	1.88	8.48
>95~110	28	6.4		2.11	8.71
>110~130	32	7.4		2.38	9.98
>130~150	36	8.4		2.54	11.24
>150~170	40	9.4	+0.3	2.72	12.42
>170~200	45	10.4		3.03	13.73

表 7-81 多次拉削的余量 A、A_1 和垫片厚度 a

b	n	A	A_1	a	$\dfrac{A}{n}$	A_1-a	$A_1-\dfrac{A}{n}$
3		1.79	0.96	0.83	0.90	0.13	0.06
4		2.32	1.22	1.10	1.16	0.12	0.06
5		2.95	1.55	1.40	1.48	0.15	0.07
6		3.46	1.81	1.65	1.73	0.16	0.08
8		4.25	2.20	2.05	2.13	0.15	0.07
10	2	4.36	2.26	2.10	2.18	0.16	0.08
12		4.48	2.33	2.15	2.24	0.18	0.09
14		5.15	2.65	2.50	2.58	0.15	0.07
16		5.81	3.01	2.80	2.91	0.21	0.10
18		6.03	3.13	2.90	3.02	0.23	0.11
20		6.68	3.43	3.25	3.34	0.18	0.09
22	2	7.25	3.73	3.52	3.63	0.21	0.10
	3		2.55	2.35	2.42	0.20	0.13
25	2	7.48	3.83	3.65	3.74	0.18	0.09
	3		2.58	2.45	2.49	0.13	0.09
	4		1.99	1.83	1.87	0.16	0.12
28	2	8.71	4.46	4.25	4.36	0.21	0.10
	3		3.01	2.85	2.90	0.16	0.11
	4		2.29	2.14	2.18	0.15	0.11
32	2	9.98	5.08	4.90	4.99	0.18	0.09
	3		3.48	3.25	3.33	0.23	0.15
	4		2.63	2.45	2.50	0.18	0.13
	5		2.14	1.96	2.00	0.18	0.14
36	4	11.24	2.93	2.77	2.81	0.16	0.12
	5		2.36	2.22	2.25	0.14	0.11
	6		1.99	1.85	1.87	0.14	0.12
40	4	12.42	3.24	3.06	3.11	0.18	0.13
	5		2.62	2.45	2.48	0.17	0.14
	6		2.22	2.04	2.07	0.18	0.15
45	4	13.73	3.53	3.40	3.43	0.13	0.10
	5		2.85	2.72	2.75	0.13	0.11
	6		2.43	2.36	2.29	0.17	0.14

注：n 为拉削次数，A 为总余量，A_1 为第一次余量。

2. 多次拉削时余量分配和垫片计算

深度大的键槽，由于齿升量和拉刀长度的限制，有时要采用 2~6 次拉削才能达到槽深。如果各次平均分配余量，在拉刀重磨以后，前几次拉削的深度将小于垫片厚度，使下一次拉刀无法放入。为此，建议按表 7-81 分配余量和设计垫片。

3. 键槽拉刀的横截面及主要参数的确定

（1）键槽拉刀的横截面 如图 7-39 所示。

（2）齿升量选择 按工件材料和键槽宽选择。加工钢料时可按表 7-82 选择，加工其他材料时，可参考表 7-10 及表 7-82 选择。

表 7-82 键槽拉刀齿升量

（单位：mm）

宽刀体键宽 b	3	4	5	6~8	10
a_f	0.03~0.04	0.04~0.05	0.04~0.06	0.05~0.07	0.06~0.08
平刀体键宽 b	5~6	8~10	10~28	32~36	40~45
a_f	0.04~0.06	0.05~0.07	0.06~0.08	0.08~0.10	0.08~0.12

（3）前导部高度 H_3 计算 如图 7-34~图 7-36 所示，H_3 应满足下式：

$$H_{3max} > H_3 > H_{3min} \tag{7-33}$$

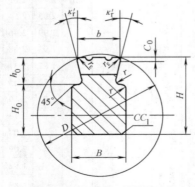

图 7-39 键槽拉刀横截面形状

由于拉刀第一齿高度 H_1 与前导部高度 H_3 近似相等，

故
$$\left.\begin{aligned} H_{3min} &= F_{max}/B[\sigma]+h\ (\text{宽刀体拉刀})\\ H_{3min} &= F_{max}/b[\sigma]+h\ (\text{平刀体拉刀}) \end{aligned}\right\} \quad (7\text{-}34)$$

$$h_0 = h+(0.5\sim1.0)\,\text{mm}$$

式中　F_{max}——最大拉削力（N）；

　　　$[\sigma]$——拉刀材料的许用拉应力（MPa）；

　　　h——容屑槽深，按式（7-1）计算，如拉刀强度允许，h 可取较大值，以增加重磨次数。

H_{3max} 的计算如图 7-40 所示，由图可知
$$H_{3max} = y_1+y_2$$

式中　$y_1 = 0.5\sqrt{D^2-b^2}$

$$y_2 = \sqrt{(0.5D-a_{min})^2-(0.5B)^2}$$

取 $a_{min}\geqslant0.15D$，以保证导套的必要强度（见图 7-40）

故　　　$y_2 = \sqrt{(0.35D)^2-(0.5B)^2}$

因此
$$H_{3max} = 0.5\sqrt{D^2-b^2}+\sqrt{(0.35D)^2-(0.5B)^2}$$
$$(7\text{-}35)$$

标准键槽拉刀的 H_3 值见表 7-73～表 7-75。

（4）拉刀刀体高度　按下式计算：
$$H_0 = H_3-h_0 \quad (7\text{-}36a)$$

（5）拉刀第一齿高度　$H_1 = H_3+\alpha_f$　(7-36b)

（6）拉刀最后一齿高度 H_2 按下式计算：

一次拉成时：　　$H_2 = H_3+A$　(7-37)

多次拉成时：　　$H_2 = H_3+A_1$　(7-38)

式中　A_1——第一次拉削余量，由表 7-81 查得。

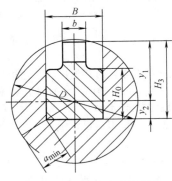

图 7-40　第一齿高度计算图

4. 键槽拉刀其他参数的确定

（1）校准部　校准部参数按表 7-32 确定。

键槽拉刀有倒角齿时，为了避免磨倒角齿时砂轮与校准齿接触，最后一个校准齿和第一个倒角齿之间的距离要加大到 20～25mm。

校准齿刃带宽 $b_{\alpha1}$ 从 0.2mm 开始，逐齿增

大 0.1mm。

锥槽拉刀一般没有后导部，而是将最后一个刀齿齿背加长到 12～15mm，其齿背后角为 $1°30'$（见图 7-34～图7-36）。

（2）键槽拉刀倒角齿计算　为了去掉拉削毛刺，可在键槽拉刀校准齿后面增加倒角齿。倒角齿的计算参阅图 7-41。各倒角齿测量值 M 相同，但高度 H_j 逐齿增大一个齿升量。

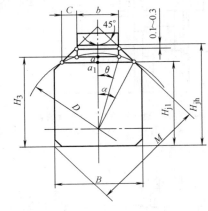

图 7-41　倒角齿计算图

1）第一个倒角齿高度 H_{j1} 按下式计算：
$$H_{j1} = H_3-\frac{D}{2}(\cos\theta-\cos\alpha) \quad (7\text{-}39)$$

而
$$\sin\theta = \frac{b}{D}$$

$$\sin\alpha = \frac{b/2+C}{D/2} = \frac{b+2C}{D}$$

式中　C——倒角尺寸（mm）。

2）最后一个倒角齿高度 H_{jn} 按下式计算：
$$H_{jn} = H_{j1}+C+(0.1\sim0.3)\,\text{mm} \quad (7\text{-}40)$$

3）倒角齿测量尺寸 M 按下式计算：
$$M = \left(H_{j1}+\frac{b+B}{2}+C\right)\sin45° \quad (7\text{-}41)$$

4）倒角齿齿升量和齿数的确定。若图样上未规定倒角尺寸 C，建议取 $C=0.15\sim0.30$mm，因倒角齿切削刃工作很短，故齿升量可大于粗切齿，一般按 4～6 个倒角齿设计，再加 1～2 个校准齿。倒角齿齿距与键槽校准齿齿距相同。

（3）键槽拉刀的前导部长度　若每次拉削后拆卸拉刀，前导部长度 l_3（见图 7-42）可取为 $l_3=L$（L 为工件拉削长度）。若每次行程后不拆卸拉刀，则前导部长度应取为 $l_3+l_3'=2L$。若采用图 7-43 所示的安装方法，l_3' 可减小。即将柄部从下边去掉 h_c，装工件时，拉刀下降 h_c，工件即可自由装入导套。$h_c>$

$H_i - H_3$（H_i 是在装工件时，工件后端的刀齿高度）。一般可取 $h_c = 0.5 \sim 1.5mm$，小拉刀取小值。去掉部分到第一齿的距离 $y = 20mm$、$x = 10mm$，所以 $l_3' = 30mm$ 或 $l_3 = L + 30mm$。这仅适用于长工件。

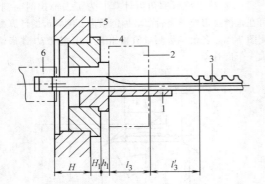

图 7-42　键槽拉刀前导部长度的确定
1—导套　2—工件　3—拉刀
4—衬套　5—机床隔板　6—卡头

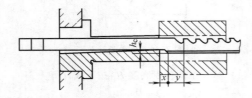

图 7-43　柄部削边的键槽拉刀

5. 键槽拉刀的导套

（1）键槽拉刀导套的型式（见图 7-44）

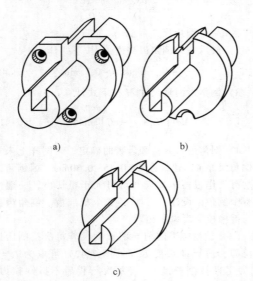

图 7-44　导套的型式
a) A 型（三个螺孔）　b) B 型（半个螺孔）
c) C 型（无螺孔）

1）A 型　用三个螺钉紧固，用于重而大的工件（见图 7-44a）。

2）B 型　有一个装螺钉的半圆孔，能防止导套转动，且有一定的紧固作用，应用较多（见图 7-44b）。

3）C 型　用于较小工件，应用最多（见图 7-44c）。

（2）键槽拉刀导套的长度　键槽拉刀导套长度不够时，拉刀会产生崩齿、弯曲，甚至折断现象，工件也会出现喇叭口。其原因如图 7-45 所示。拉削合力 F 以力臂 OC 对键槽拉刀形成力矩，使拉刀逆时针回转，各切削齿切削厚度增大，造成上述缺陷。根本的解决方法是增加导套长度 L_D，将支承端面移到拉削合力线 O' 以外，由于力臂 $OC \leqslant 0$，拉刀不再受到力矩的作用。

导套长度应为

$$L_D = (2 \sim 1.4)L \tag{7-42}$$

式中　L_D——导套上安装工件部分的长度（mm）；

L——工件拉削长度（mm）。

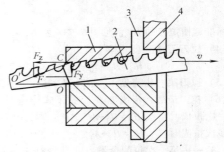

图 7-45　键槽拉刀所受力矩
1—工件　2—拉刀　3—导套　4—拉床花盘

式（7-42）中的系数，短工件取大值，长工件取小值。

（3）键槽拉刀导套的其他尺寸　键槽拉刀导套的主要尺寸见表 7-83。槽的尺寸如图 7-40 所示。

6. 键槽拉刀设计示例

（1）一般键槽拉刀的设计示例（表 7-84）　键槽拉刀总长

$$L = L_1 + L_2 + l_0 + l_3 + l + l_g + l_z + l_4$$
$$= (20 + 20 + 110 + 40 + 560 + 16 + 40 + 12)\ mm$$
$$= 818mm$$

取 $L = 820mm$。

键槽拉刀刀齿高度尺寸 H 见表 7-85，其图省略。读者可参考"键槽拉刀结构型式"。

（2）带倒角齿键槽拉刀设计示例　按表 7-84 条件增加倒角齿，选倒角尺寸 $C = 0.2mm$，根据图 7-41 计算倒角齿参数。

表 7-83 键槽拉刀导套主要尺寸 （单位：mm）

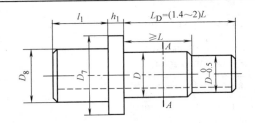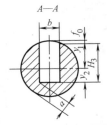

D	~22	22~30	30~40	40~50	50~60	60~70	70~90	90~120	120~150
D_8	22	30	40	50	60	70	85	115	150
l_1	20	24	28	30	32	36	40	45	50
D_7	34	44	56	68	80	90	110	142	178
h_1	5	6	8	8	10	10	12	12	14

表 7-84 一般键槽拉刀的设计示例

已知条件：工件孔径 $D = \phi32^{+0.025}_{0}$ mm

工件长度 $L_0 = 38$ mm

键槽宽度 $b = (10 \pm 0.018)$ mm

键槽深度 $t_1 = 3.3^{+0.2}_{0}$ mm

工件材料 45Cr220HBS

机床型号 L6110

序号	设 计 项 目	计 算 或 查 表
1	A(表 7-80)	$A = 4.36$ mm
2	a_f(表 7-83)	$a_f = 0.08$ mm
3	$p = M\sqrt{L}$(表 7-21)	$p = 1.55\sqrt{38}$ mm $= 9.56$ mm，取 10mm
4	$p_z = 0.8p$	$p_z = 0.8 \times 10$ mm $= 8$ mm
5	K(表 7-17)	$K = 4$
6	h(式(7-1))	$h = 1.13\sqrt{K\alpha_f L} = 1.13\sqrt{4 \times 0.08 \times 38} = 3.94$ mm，取 4.0mm
7	柄部尺寸 按机标 国标 l_1 为 L_1 l_2 为 L_2	$H_1 = 21.5^{0}_{-1.3}$ mm $H_0 = 17$ mm $B = 15^{0}_{-0.18}$ mm $b_1 = 10^{0}_{-0.15}$ mm $b = 10^{0}_{-0.5}$ mm $l_1 = 20$ mm $l_2 = 20$ mm $c = 4$ mm $c_1 = 0.8$ mm
8	刀体尺寸 按机标	$H_3 = (21.93 \pm 0.042)$ mm $H_1 = 22$ mm（第一齿高） $H_2 = 22$ mm $+ A = (22 + 4.36)$ mm $= 26.36$ mm $B = 15^{0}_{-0.018}$ mm $b = 10.011^{0}_{-0.012}$ mm
9		刀齿齿号和 H 尺寸见表 7-88
10	A_{min}	$Ab_1 = b_1 \times H_1 = 10^{0}_{-0.15} \times 21.5^{0}_{-1.3} = 9.85 \times 20.2$ mm^2 $= 198.97$ mm^2 $A_B = B \times H_0 = 15 \times 17$ mm^2 $= 255$ mm^2 $A_{min} = 198.97$ mm^2
11	$z_e = \dfrac{L_0}{p} + 1$	$z_e = \dfrac{38}{10} + 1 = 3.8 + 1$，$z_e$ 取 4

（续）

序号	设计项目	计算或查表
12	F_{max}（表7-50）	$F'z_e b = 302 \times 4 \times 10 = 12080$
13	$\sigma = \dfrac{F_{max}}{A_{min}}$（表7-53）	$12080/198.97 \text{MPa} = 60.7 \text{MPa}$ $[\sigma] = 60.7 \text{MPa} < 200 \text{MPa}$
14	Q_{max}	$9.8 \times 10^4 \times 0.7 \text{N} = 68600 \text{N} > F_{max}$
15	几何参数按机标	$v_0 = 15, \alpha_1 = 3°, \alpha_2 = 1°30'$ $b\alpha_1 = 0.05 \sim 0.15 \text{mm}$ $b\alpha_2$ 第一个校准齿为 0.2mm，其后每齿递增 0.1mm
16	容屑槽尺寸（表7-24）	$p = 10 \text{mm}, h = 4 \text{mm}, g = 3.2 \text{mm}, r = 2 \text{mm}$ $p_z = 8 \text{mm}, h_z = 3.2 \text{mm}, g_z = 2.6 \text{mm}, r_z = 1.8 \text{mm}$
17	分屑槽（表7-26）	$s = 2.5 \text{mm}, s_1 = 5 \text{mm}, b_c = 0.7 \sim 1 \text{mm}, h_c = 0.4 \text{mm}$
18	颈部长	$l_0 = 110 \text{mm}$
19	前导部	$l_3 = 40 \text{mm}$
20	刀齿长度	粗切齿 $l = 56 \times 10 \text{mm} = 560 \text{mm}$ 精切齿 $l_g = 2 \times 8 \text{mm} = 16 \text{mm}$ 校准齿 $l_z = 5 \times 8 \text{mm} = 40 \text{mm}$
21	加长齿背	$l_4 = 12 \text{mm}$

1）倒角齿第一齿高度 H_{j1}。按式（7-39）计算。

$$H_{j1} = H_3 - \frac{D}{2}(\cos\theta - \cos\alpha)$$

$$\sin\theta = \frac{b}{D} = \frac{10}{32} = 0.3125,$$

$$\theta = 18°31', \cos 18°13' = 0.94992$$

$$\sin\alpha = \frac{b+2C}{D} = \frac{10+2\times0.2}{32} = \frac{10.4}{32} = 0.325$$

$$\alpha = 18°58' \quad \cos 18°58' = 0.94571$$

$$H_{j1} = \left[21.86 - \frac{32}{2}(0.94992 - 0.94571)\right] \text{mm}$$

$$= 21.92 \text{mm}$$

2）最后一个倒角齿高度 H_{jn}。按式（7-40）计算。

$$H_{jn} = H_{j1} + C + (0.1 \sim 0.3) \text{mm}$$

$$= (21.86 + 0.2 + 0.2) \text{mm} = 22.26 \text{mm}$$

取为 22.3mm。

3）倒角齿齿数 z_j 及倒角齿部分的长度。倒角齿高度差为

$$H_{jn} - H_{j1} = (22.30 - 21.86) \text{mm} = 0.44 \text{mm}$$

取齿数为5，则齿升量 $a_f = 0.11 \text{mm}$。校准齿1个，其高度也为 22.30mm。

$$l_j = pz_j = 8 \times 6 \text{mm} = 48 \text{mm}$$

$$l_4 = 12 \text{mm}$$

4）倒角齿测量尺寸 M。按式（7-41）计算。

$$M = \left(H_{j1} + \frac{b+B}{2} + C\right)\sin 45°$$

$$= \left(21.86 + \frac{10+15}{2} + 0.2\right) \times 0.707 \text{mm}$$

$$= 24.43 \text{mm}$$

5）拉刀长度。拉刀校准齿到倒角齿的距离取为 25mm，带倒角齿键槽拉刀总长为

$$L = L_1 + L_2 + l_0 + L_3 + L + l_g + l_z + 25 + l_j + l_4$$

$$= (20 + 20 + 110 + 40 + 560 + 16 + 40 + 25 + 48 + 12) \text{mm}$$

$$= 891 \text{mm}$$

取 $L = 890 \text{mm}$。

6）带倒角齿键槽拉刀结构及刀齿尺寸。拉刀工作图如图7-46所示，刀齿高度尺寸见表7-85。

（3）侧面带修光齿的键槽拉刀设计要点 几次拉成的键槽，两侧面表面粗糙度较高，当键槽要求高时（$Ra2.5 \mu m \sim 6.3 \mu m$），需要用两侧面带修光齿的拉刀加工。修光齿的加工余量为

$$b < 20 \text{mm}, \quad A = 0.2 \sim 0.4 \text{mm}$$

$$b > 20 \text{mm}, \quad A = 0.4 \sim 0.6 \text{mm}$$

修光齿齿升量应小些，一般 $a_f = 0.02 \sim 0.05 \text{mm}$。JB/T 9993—2011推荐的带侧面齿键槽拉刀。

带侧面齿键槽拉刀其他参数的确定与普通键槽拉刀相同，不再赘述。

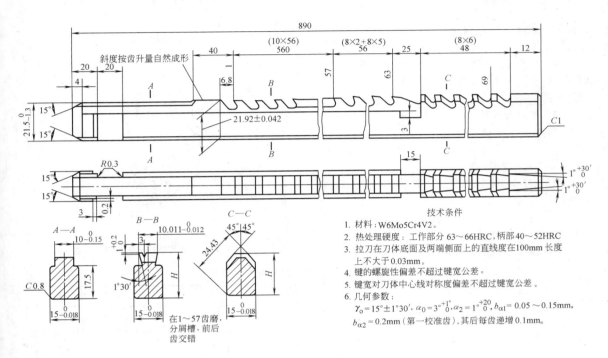

技术条件

1. 材料：W6Mo5Cr4V2。
2. 热处理硬度：工作部分 63～66HRC，柄部 40～52HRC。
3. 拉刀在刀体底面及两端侧面上的直线度在100mm长度上不大于0.03mm。
4. 键的螺旋性偏差不超过键宽公差。
5. 键宽对刀体中心线对称度偏差不超过键宽公差。
6. 几何参数：
   $\gamma_o=15°\pm1°30'$，$\alpha_0=3°{}^{+1°}_{0}$，$\alpha_2=1°{}^{+20'}_{0}$，$b_{\alpha1}=0.05\sim0.15$mm，
   $b_{\alpha2}=0.2$mm（第一校准齿），其后每齿递增0.1mm。

图 7-46　带倒角齿键槽拉刀

表 7-85　两种键槽拉刀刀齿尺寸　　　　　　　　　（单位：mm）

齿 号	H 尺 寸	极限偏差	齿 号	H 尺 寸	极限偏差	齿 号	H 尺 寸	极限偏差	齿 号	H 尺 寸	极限偏差
1	22.00		17	23.28		33	24.56		49	25.84	
2	22.08		18	23.36		34	24.64		50	25.92	±0.015
3	22.16		19	23.44		35	24.72		51	26.00	
4	22.24		20	23.52		36	24.80		52	26.08	
5	22.32		21	23.60		37	24.88		53	26.16	
6	22.40		22	23.68		38	24.96		54	26.22	
7	22.48		23	23.76		39	25.04		55	26.28	
8	22.56	±0.015	24	23.84	±0.015	40	25.12	±0.015	56	26.32	
9	22.64		25	23.92		41	25.20		57	26.34	
10	22.72		26	24.00		42	25.28		58	26.36	
11	22.80		27	24.08		43	25.36		59	26.36	0 −0.015
12	22.88		28	24.16		44	25.44		60	26.36	
13	22.96		29	24.24		45	25.52		61	26.36	
14	23.04		30	24.32		46	25.60		62	26.36	
15	23.12		31	24.40		47	25.68		63	26.36	
16	23.20		32	24.48		48	25.76				
倒角齿尺寸											
64	21.86	±0.015	65	21.97	±0.015	66	22.08	±0.015	67	22.19	±0.015
68	22.30		69	22.30							

7.5 矩形花键拉刀

7.5.1 普通矩形花键拉刀

1. 刀齿的配置、齿形及参数计算

（1）矩形花键拉刀刀齿的配置形式　根据工件的不同要求，矩形花键拉刀可有不同的刀齿配置形式，见表7-86。

（2）花键齿刀齿形状　见表7-87。

（3）花键齿底径 d_1　d_1 按下式计算：

$$d_1 = d - 0.5mm$$

式中　d——内花键小径（mm）。

对于花键齿与圆孔齿交互排列的小径定心矩形花键拉刀：

$$d_1 = D - 0.2mm$$

式中　D——前一个圆孔齿外径（mm）。

（4）矩形花键拉刀倒角齿计算　矩形花键拉刀

倒角齿直径和测量值的计算见表7-88和图7-47。

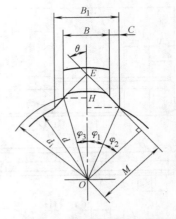

图7-47　矩形花键拉刀倒角齿计算图

表7-86　矩形花键拉刀刀齿配置形式

序号	加工部位	简图	刀齿配置及顺序	特点	应用
1	花键齿		只有花键齿	拉刀结构最简单，但不易保证大、小径同轴度	预制孔精度较高时采用
2a	圆孔及花键		1）花键齿 2）圆孔齿	圆刀齿不必开分屑槽，且可用较大齿升量。但工件短时，花键齿离开工件后，最初几个圆刀齿切下很少余量或切不下余量，致使工件下移，不能保证大、小径同轴度	拉削长度大于30mm，同时工作齿数不少于5的工件
2b			1）圆孔齿 2）花键齿	可消除序号2a的缺点，但圆刀齿齿数稍增加，是一种常用的结构	工件长度为10~27mm，可将长度为3~8mm的工件叠在一起拉削，则拉削长度可达60mm
3	花键及倒角		1）倒角齿 2）花键齿	倒角齿切去花键的部分余量，故花键齿数可减少。也是一种常用结构	预制孔精度应达到H9
4a	圆孔、花键、倒角		1）倒角齿 2）圆孔齿 3）花键齿	加工工艺性好，因磨削花键齿或倒角齿时，碰伤圆孔齿的危险性很小。但工件长度不够时，倒角与花键可能错位。此时会造成生产事故	只适用于拉削长度大于圆孔齿部分长度的工件
4b			1）倒角齿 2）花键齿 3）圆孔齿	与序号2a有相同的特点。此外，磨削花键齿时，易与倒角齿和圆孔齿干涉，但成套花键拉刀无此缺点	拉削长度大于30mm，同时工作齿数不少于5，以及成套拉刀

（续）

序号	加工部位	简　图	刀齿配置及顺序	特　点	应　用
4c	圆孔、花键、倒角	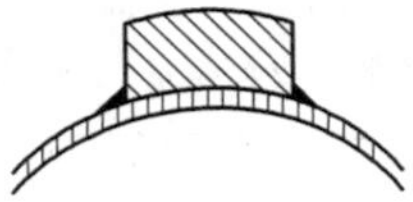	1）圆孔齿 2）花键齿 3）倒角齿	工艺上的缺点同序号 4b，且无序号 2a 的优点	很少采用
4d		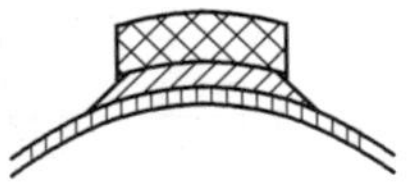	1）圆孔齿 2）倒角齿 3）花键齿	较易加工，拉刀较短，对预制孔要求也不严	应用较普遍
4e			1）倒角齿 2）花键齿、圆孔齿交互排列	圆孔、花键同时拉削，保证小径与键槽有很高的位置精度，但加工困难	是国际上通用的小径定心矩形花键拉刀的结构型式
5a	两根一套的拉刀	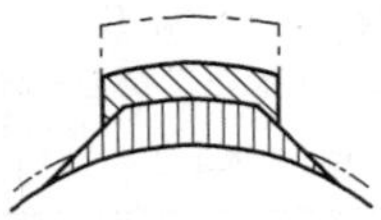	1）倒角齿 2）花键齿	特点同序号 3，但对预制孔精度无要求	成套拉刀中的第一根
5b	两根一套的拉刀	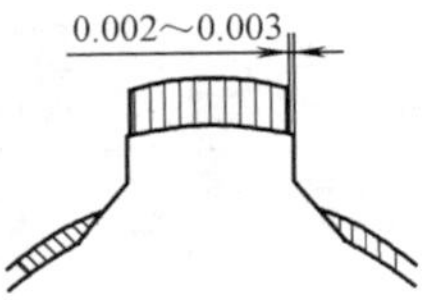 0.002～0.003	1）花键齿 2）圆孔齿	花键大、小径一次拉成，可保证同轴度，但由于前导部键宽小于第一根拉刀，造成键侧有微小台阶	键宽公差 > 0.06mm 时的第二根拉刀
5c		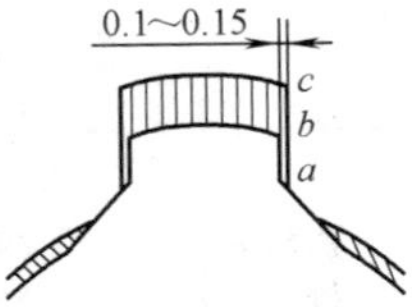 0.1～0.15	1）花键齿 2）圆孔齿	ab 部可取较大齿升量（a_f = 0.15～0.4mm）。此种结构拉刀可获得较好精度及较低的键侧表面粗糙度	键宽公差 < 0.06mm 时的第二根拉刀

注：刀齿排列顺序为 1 ⊞，2 ▨，3 ▩。

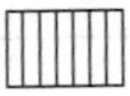

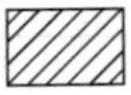

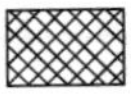

表 7-87　矩形花键拉刀刀齿形状

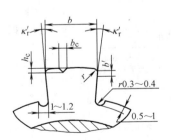

（续）

参数	符号	数 值 确 定	说　明
键宽	b	$b = B_{max} \pm \delta$ 成套拉刀刀齿配备及顺序可参考表 7-86 的 5a、5b、5c	B_{max}——工件键槽最大极限尺寸(mm) δ——键宽的扩张量或收缩量，由试验确定。一般可取 $\delta = 0$
键宽公差	Δb	$\Delta b = (1/4 \sim 1/3) \Delta B$ 一般 $\Delta b = 0.006 \sim 0.015$mm	ΔB——工件键槽公差(mm)
副偏角	κ_r'	$\kappa_r' = 1° \sim 1°30'$ $\kappa_r' = 2° \sim 2°30'$	一般材料 韧性很大的材料
棱面	b'	$b' = 0.6 \sim 1$mm	棱面处 $\kappa_r' = 0°$
过渡刃	r 或 C	$r = 0.25 \sim 0.4$mm 或 $C = (0.2 \sim 0.3)$　mm×45°	
分屑槽	h_c b_c s	$h_c = 0.5 \sim 1$mm $b_c = 0.5 \sim 1$mm s 见表 7-26	—
空刀槽	—	见表图	

注：分块式矩形花键拉刀的花键齿，一般为两齿一组。齿组的第一个刀齿两侧磨成弧形倒角，总宽度为键宽的一半，第二个刀齿不磨倒角，直径比第一个刀齿小 0.04mm。其他参数与分层式矩形花键拉刀相同。

表 7-88　矩形花键拉刀倒角齿计算（见图 7-47）

序号	名　称	符号	计 算 公 式	说　明
1	倒角齿最大宽度	B_1	$B_1 = B + 2C$	B——键宽的基本尺寸(mm) C——倒角尺寸(mm)
2	中间值	φ_1	$\sin\varphi_1 = B_1/2d$	d——内花键小径(mm)
3	中间值	φ_2	$\varphi_2 = 90° - \theta - \varphi_1$	θ——倒角角度(°)
4	倒角齿测量值	M	$M = d\cos\varphi_2$	
5	中间值	φ_3	$\tan\varphi_3 = \dfrac{B}{2HO}$ 而 $HO = \dfrac{2M - B\cos\theta}{2\sin\theta}$	—
6	最后一个倒角齿直径	d_i	$d_i = \dfrac{B}{\sin\varphi_3} + 2a_f$ $d_i = \dfrac{B}{\sin\varphi_3} + (0.3 \sim 0.6)$	倒角齿在花键齿之前时采用 倒角齿在花键齿之后时采用

为了加工和测量倒角齿测量值 M 方便起见，建议对不同的键数取不同的 θ 值，见表 7-89，此时倒角齿测量值的加工如图 7-48 所示。

表 7-89　花键拉刀倒角齿 θ 角

键数 n	4	6	8	10	12	16
θ	45°	30°	45°	36°	30°	45°

2. 矩形花键拉刀设计示例

例 1　设计小径定心，具有倒角齿、花键齿和圆孔齿三种齿形，圆孔齿与花键齿交互排列的矩形花键拉刀。

JB/T 5613—2006《小径定心矩形花键拉刀》给出了 35 种留磨拉刀和 35 种不留磨拉刀的结构尺寸和参考尺寸，它们对应 GB/T 1144—2001《矩形花键尺寸、公差和检验》中的 35 种矩形花键公称尺寸。留磨拉刀用于加工精密传动用的小径公差带为 H6、H5 内花键，拉削后小径还要经过磨削加工，磨削留量在 0.19mm（d = 11H5 时）到 0.287mm（d = 112H6 时）之间。不留磨拉刀用于最终加工一般传动用公差带为 H7 的内花键。

已知条件：

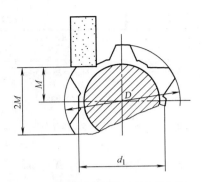

图 7-48 矩形花键拉刀倒角齿加工

1）内花键尺寸：大径 $D = \phi58H10$（$\phi58^{+0.12}_{0}$mm），小径 $d = \phi52H7$（$\phi52^{+0.03}_{0}$mm），键槽宽 $B = 10H11$（$10^{+0.09}_{0}$mm），倒角 $C = 0.5$mm，键数 $n = 8$。

2）拉削长度 $L = 50 \sim 80$mm。

3）工件材料：18CrMnTi，156～207HBW。

4）预制孔直径 $d_0 = \phi51.50^{+0.12}_{0}$mm。

5）拉床型号 L6120。

刀齿配置按表 7-86 中 4e。

设计计算见表 7-90。刀齿直径排列见表 7-91。

表 7-90　小径定心矩形花键拉刀设计计算

序号	项　目	公式或代号	计算结果
1	拉刀材料		W6Mo5Cr4V2
2	内花键大径最大尺寸	D_{max}	$D_{max} = (58+0.12)$mm $= 58.12$mm
3	内花键小径最大尺寸	d_{max}	$d_{max} = (52+0.03)$mm $= 52.03$mm
4	花键拉削余量	$A_1 = D_{max} - d_0$	$A_1 = (58.12-51.50)$mm $= 6.62$mm
5	圆孔拉削余量	$A_2 = d_{max} - d_0$	$A_2 = (52.03-51.50)$mm $= 0.53$mm
6	内花键最大键槽宽	B_{max}	$B_{max} = (10+0.09)$mm $= 10.09$mm
7	齿升量	a_f	按表 7-10，取 $a_f = 0.07$mm
8	齿距	$p = (1.25 \sim 1.5)\sqrt{L_0}$	$p = 1.4\sqrt{80}$mm $= 12.6$mm，取 $p = 13$mm
9	同时工作齿数	$z_{emax} = \dfrac{L_0}{p}+1$	$z_{emax} = \dfrac{80}{13}+1 = 7$
10	拉削力	$F_{max} = F'Bnz_{emax}$	$F_{max} = 282 \times 10.09 \times 8 \times 7$N $= 159341$N（按表 7-48 查得，$F' = 282$N/mm）
11	容屑系数	K	按表 7-17 查得，$K = 3$
12	容屑槽深度	$h \geqslant 1.13\sqrt{Ka_1L}$	$h \geqslant 1.13\sqrt{3 \times 0.07 \times 80}$mm $= 4.63$mm 取 $h = 5$mm
13	最小断面面积	A_{min}	第一个容屑槽槽底直径（约 41.5mm）与柄部卡爪槽直径相比较，若取柄部直径 $\phi50$mm，则卡爪槽直径为 $\phi38$mm，此处面积最小 $A_{min} = \dfrac{\pi}{4} \times 38^2$mm^2 $= 1133.54$mm^2
14	强度（σ）校验计算	$\sigma = \dfrac{F_{max}}{A_{min}} \leqslant [\sigma]$	$\sigma = \dfrac{159341}{1133.54}$MPa $= 140.6$MPa 按表 7-53 查得，$[\sigma] = 350 \sim 400$MPa $\sigma < [\sigma]$，合格
		倒角齿部分的计算	
15	倒角齿测量值 M	$B_1 = B+2C$ $\sin\varphi_1 = B_1/d$ $\varphi_2 = 45° - \varphi_1$ $M = \dfrac{d\cos\varphi_2}{2}$	$B_1 = (10+2 \times 0.5)$mm $= 11$mm $\sin\varphi_1 = \dfrac{11}{52} = 0.211538$ $\varphi_2 = 45° - 12.21° = 32.78°$ $M = \dfrac{52\cos32.78°}{2}$mm $= 21.86$mm
16	第一个倒角齿直径	d_1	$d_1 = (51.50-0.06+2 \times 0.07)$mm $= 51.58$mm

（续）

序号	项　　目	公式或代号	计　算　结　果
倒角齿部分的计算			
17	倒角齿最大直径	$HO = \dfrac{2M - B\cos45°}{2\sin45°}$ $\tan\varphi_3 = \dfrac{B}{2\,HO}$ $d_i = \dfrac{B}{\sin\varphi_3}$	$HO = \dfrac{2×21.86 - 10\cos45°}{2\sin45°}$mm $= 25.915$mm $\tan\varphi_3 = \dfrac{10}{2×25.915} = 0.192938$ $d_i = \dfrac{10}{\sin10.92°}$mm $= 52.786$mm 取 $d_i = 52.84$mm
18	倒角齿齿数	z_1	倒角齿拉削余量 $A_3 = (52.84 - 51.5)$mm $\qquad\qquad\qquad = 1.34$mm $z_1 = \dfrac{1.34}{2×0.07} = 9.5$ 取 $z_1 = 10$
19	倒角齿部分长度	$l_1 = z_1 p$	$l_1 = 10×13$mm $= 130$mm
花键齿部分的计算			
20	第一个花键齿直径	d_2	$d_2 = (52.84 + 2×0.07)$mm $= 52.98$mm
21	花键校准齿直径	d_n	$d_n = D_{max} = 58.12$mm
22	花键切削齿齿数	$z_2 = \dfrac{A_1}{2a_f} + (3\sim5)$	$z_2 = \dfrac{6.62}{2×0.07} + 3 = 47 + 3 = 50$ 　　因采用倒角齿后接着设计有花键齿,所以应去掉倒角齿齿数,故花键切削齿齿数为40个
23	花键校准齿齿数	z_3	取 $z_3 = 5$
24	花键齿部分长度	l_2	$l_2 = (40+5)×13$mm $= 585$mm
25	花键齿齿形尺寸		键宽　$B = 10.09^{\ 0}_{-0.015}$mm 侧隙角 $\kappa_r^1 = 1°30'^{+1°}_0$ 小棱面 $b' = (0.6±0.2)$mm
26	分屑槽尺寸		$b_k = 0.5$mm $h_k = 0.6$mm $s = 3.5$mm
27	花键底径	d'	$d' = (51.50 - 0.5)$mm $= 51$mm
28	容屑槽尺寸		按表 7-24,取 $p = 13$mm $\qquad\qquad g = 3.8$mm $\qquad\qquad h = 5$mm $\qquad\qquad r = 2.5$mm 按表 7-28,取 $\gamma = 18°^{+2°}_{-1°}$
29	前角、后角		按表 7-29、表 7-30,取切削齿后角 $\alpha = 2°30'^{+1°}_0$ 校准齿后角 $\alpha_1 = 30'^{+30'}_0$ 切削齿刃带 $b_{\alpha1} = 0.05\sim0.15$mm 校准齿刃带 $b_{\alpha1} = 0.2\sim0.30$mm
圆孔齿部分的计算			
30	圆孔齿齿升量	a_{f1}	按表 7-10,取 $a_{f1} = 0.03$mm
31	第一个圆孔齿直径	d_3	$d_3 = 51.56$mm
32	圆孔校准齿直径	d_4	$d_4 = 52.03$mm
33	圆孔切削齿齿数	$z_4 = \dfrac{A_2}{2a_{f1}} + (3\sim5)$	$z_4 = \dfrac{0.53}{2×0.03} + 5 = 14$
34	圆孔校准齿齿数	z_5	取 $z_5 = 4$

（续）

序号	项　　目	公式或代号	计算结果
		圆孔齿部分的计算	
35	圆孔齿齿距	p_1	$p_1 = 11\text{mm}$
36	圆孔齿总计长度	l_3	$l_3 = (14+4) \times 11\text{mm} = 198\text{mm}$
37	圆孔齿容屑槽尺寸		按表 7-24 选取，$p_1 = 11\text{mm}$ $g_1 = 3.5\text{mm}$ $h_1 = 4\text{mm}$ $r_1 = 2\text{mm}$
38	前角、后角、刃带		与花键齿相同
		其他部分的计算	
39	柄部尺寸： 　　前柄 　　后柄		按 GB/T 3832—2008（本书表 7-36）查得 柄头直径　$\phi 50_{-0.064}^{-0.025}\text{mm}$，长 25mm 卡爪槽直径　$\phi 38\text{mm}$，长 32mm 后柄总长　120mm（按 GB/T 3832—2008）（表 7-42） 柄头直径　$\phi 50_{-0.064}^{-0.025}\text{mm}$，长 28mm 卡爪槽直径　$\phi 42_{-0.25}^{0}\text{mm}$，长 32mm
40	颈部及过渡锥尺寸		颈部直径　$\phi 50\text{mm}$，长度取 180mm，过渡锥长取 20mm
41	前导部尺寸		直径　$\phi 51.50_{-0.06}^{-0.03}\text{mm}$，长度取 80mm
42	后导部尺寸		直径取　$\phi 52_{-0.06}^{-0.03}\text{mm}$，长度取 30mm
43	刀齿排列	1）倒角齿 10 个 2）花键切削齿 26 个 3）花键、圆孔交替切削齿各 14 个 4）花键、圆孔交替校准齿 4 个	1）$l_{g1} = 10 \times 13 = 130\text{mm}$ 2）$l_{g2} = 26 \times 13 = 338\text{mm}$ 3）$l_{g3} = 14 \times (13+11) = 336\text{mm}$ 4）$l_{g4} = 4 \times (13+11) = 109\text{mm}$
44	拉刀总长	L	$L = (25+32+180+130+338+336+109+80+30+120)\text{mm} = 1380\text{mm}$
45	排齿升表		见表 7-91
46	绘制工作图		见图 7-49

表 7-91　小径定心矩形花键拉刀刀齿直径尺寸 D　　　　（单位：mm）

齿号	D 尺寸	D 极限偏差	齿号	D 尺寸	D 极限偏差	齿号	D 尺寸	D 极限偏差	齿号	D 尺寸	D 极限偏差	齿号	D 尺寸	D 极限偏差
1	51.58		16	53.68		31	55.78		46	51.74		60	52.01	
2	51.72		17	53.82		32	55.92		47	57.32		61	58.10	
3	51.86		18	53.96		33	56.06		48	51.80		62	52.02	
4	52.00		19	54.10		34	56.20	±0.015	49	57.46		63	58.12	
5	52.14		20	54.24		35	56.34		50	51.86		64	52.03	
6	52.28		21	54.38		36	56.48		51	57.60		65	58.12	圆孔齿 $0_{-0.009}$ 花键齿 $0_{-0.018}$
7	52.42		22	54.52		37	56.62		52	51.92		66	52.03	
8	52.56	±0.015	23	54.66	±0.015	38	51.50		53	57.74	±0.01	67	58.12	
9	52.70		24	54.80		39	56.76		54	51.95		68	52.03	
10	52.84		25	54.94		40	51.56		55	57.88		69	58.12	
11	52.98		26	55.08		41	56.90	±0.01	56	51.97		70	52.03	
12	53.12		27	55.22		42	51.62		57	57.98		71	58.12	
13	53.26		28	55.36		43	57.04		58	51.99		72	52.03	
14	53.40		29	55.50		44	51.68		59	58.06		73	58.12	
15	53.54		30	55.64		45	57.18							

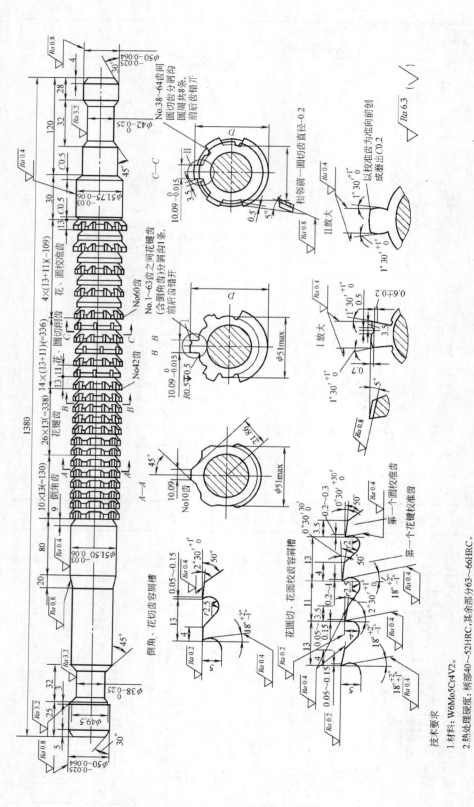

图7-49　小径定心矩形花键拉刀

技术要求

1.材料:W6Mo5Cr4V2。

2.热处理硬度:柄部40~52HRC,其余部分63~66HRC。

3.校准齿及与其相邻的两个切削齿对拉刀基准轴线的径向圆跳动的公差为0.02mm。

4.键齿等分累积误差的公差0.02mm。

5.键齿对中心平面的对称度公差0.015mm。

6.键齿两侧刃螺旋度公差0.015mm。

7.标志:商标,图号,规格,年月。

例 2　设计国标（GB/T 1144—2001）中以大径定心并带倒角齿的矩形花键拉刀。

已知条件：

1）内花键尺寸：大径 $D = 45H7$（$45^{+0.027}_{0}$ mm），小径 $d = 40H12$（$40^{+0.34}_{0}$ mm），键槽宽 $B = 12E10$（$12^{+0.105}_{+0.045}$ mm），倒角 $C = 0.5$ mm，键数 $n = 6$。

2）拉削长度 $L = 30 \sim 50$ mm。

3）工件材料 45 钢。

4）拉床型号 L6120。

按表 7-86 序号 3 设计拉削花键和倒角的矩形花键拉刀，刀齿排列为倒角齿、花键齿。要求预制孔精度为 H9（$40^{+0.062}_{0}$ mm）。

设计计算见表 7-92，刀齿直径尺寸及拉刀工作图如图 7-50 所示。

表 7-92　大径定心矩形花键拉刀设计计算

序号	项目	公式或代号	计算结果
1	拉刀材料		W6Mo5Cr4V2
2	内花键大径最大尺寸	D_{max}	$D_{max} = (45 + 0.027)$ mm $= 45.027$ mm
3	花键拉削余量	$A = D_{max} - d_0$	$A = (45.027 - 40)$ mm $= 5.027$ mm
4	内花键最大键槽宽	B_{max}	$B_{max} = (12 + 0.105)$ mm $= 12.105$ mm
5	齿升量	a_f	按表 7-10，取 $\alpha_f = 0.06$ mm
6	齿距	$p = (1.25 \sim 1.5)\sqrt{L_0}$	$p = 1.4\sqrt{50}$ mm $= 9.9$ mm，取 $p = 10$ mm
7	同时工作齿数	$z_{emax} = \dfrac{L_0}{p} + 1$	$z_{emax} = \dfrac{50}{10} + 1 = 6$
8	拉削力	$F_{max} = F'Bnz_{emax}$	$F_{max} = 191.1 \times 12.105 \times 6 \times 6$ N $= 83278$ N（按表 7-48 查得，$F' = 191.1$ N/mm）
9	容屑系数	K	按表 7-17 查得，$K = 2.7$
10	容屑槽深度	$h = 1.13\sqrt{K\alpha_f L_0}$	$h \geqslant 1.13\sqrt{2.7 \times 0.06 \times 50}$ mm $= 3.2$ mm 取 $h = 4$ mm
11	最小断面面积	A_{min}	比较拉刀最薄弱部分，第一个容屑槽槽底直径（$d_0 - 2h = (40 - 2 \times 4)$ mm² $= 32$ mm²）和柄部卡槽处直径（若取柄部直径为 36 mm，则卡槽处直径为 29 mm），可知柄部卡槽处断面面积最小。 $A_{min} = \dfrac{\pi}{4} \times 29^2$ mm² $= 660.5$ mm²
12	强度校验计算 σ	$\sigma = \dfrac{F_{max}}{A_{min}} \leqslant [\sigma]$	$\sigma = \dfrac{83278}{660.5}$ MPa $= 126$ MPa 按表 7-53，查得 $[\sigma] = 350 \sim 400$ MPa $\sigma < [\sigma]$，合格
倒角齿部分的计算			
13	倒角齿测量值 M 的计算	$B_1 = B + 2c$ $\sin\varphi_1 = B_1/d$ $\varphi_2 = 45° - \varphi_1$ $M = d/2\cos\varphi_2$	$B_1 = (12 + 2 \times 0.5)$ mm $= 13$ mm $\sin\varphi_1 = 13/40 = 0.325$ $\varphi_2 = 45° - 18.96° = 26.034°$ $M = \dfrac{40}{2}\cos26.034°$ mm $= 17.97$ mm
14	第一个倒角齿直径	d_1	$d_1 = (40 + 2 \times 0.06 - 0.05)$ mm $= 40.07$ mm
15	倒角齿最大直径的计算与选取	$HO = \dfrac{2M - B\cos45°}{2\sin45°}$ $\tan\varphi_3 = B/2HO$ $d_i = B/\sin\varphi_3$	$HO = \dfrac{2 \times 17.97 - 12\cos45°}{2\sin45°}$ mm $= 19.41$ mm $\tan\varphi_3 = \dfrac{12}{2 \times 19.41} = 0.30912$ $d_i = \dfrac{12}{\sin17.177°}$ mm $= 40.63$ mm 取 $d_i = 40.67$ mm

（续）

序号	项目	公式或代号	计算结果
		倒角齿部分的计算	
16	倒角齿齿数	z_1	$z_1 = \dfrac{40.67-40}{2\times0.06} = 5.6$ 取 $z_1 = 6$
17	倒角齿部分长度	$l_1 = zp$	$l_1 = 6\times10\text{mm} = 60\text{mm}$
		花键齿部分的计算	
18	第一个花键齿直径	d_2	$d_2 = (40.67+2\times0.06)\text{mm} = 40.79\text{mm}$
19	花键校准齿直径	d_n	$d_n = D_{max} = 45.027\text{mm}$
20	花键切削齿齿数	$z_2 = \dfrac{A}{2a_f}+(3\sim5)$	$z_2 = \dfrac{5.027}{2\times0.06}+4 = 46$
21	花键校准齿齿数、齿距	z_3、p_1	去掉6个倒角齿，故花键切削齿齿数为40个 取 $z_3 = 5$，取 $p_1 = 8\text{mm}$
22	花键齿部分长度	l_2	花键切削齿 $l'_2 = 40\times10\text{mm} = 400\text{mm}$ 花键校准齿 $l''_2 = 5\times8\text{mm} = 40\text{mm}$
23	花键齿齿形尺寸		键宽 $B = 12.105_{-0.015}^{0}\text{mm}$ 侧隙角 $\kappa'_r = 1°30'_{0}^{+1°}$ 小棱面 $b' = (0.6\pm0.2)\text{mm}$
24	分屑槽尺寸		$b_k = 0.8\text{mm}$ $h_k = 0.5\text{mm}$ $s = 3\text{mm}$，$s_1 = 6\text{mm}$
25	花键底径	d'	$d' = d_0 - 0.5\text{mm} = (40-0.5)\text{mm} = 39.5\text{mm}$
26	容屑槽尺寸		按表7-24，取 $p = 10\text{mm}$，$p_1 = 8\text{mm}$ $g = 3.2\text{mm}$，$g_1 = 2.5\text{mm}$ $h = 4\text{mm}$，$h_1 = 3.5\text{mm}$ $r = 2\text{mm}$，$r_1 = 1.7\text{mm}$
27	前、后角、刃带		按表7-28，取 $\gamma = 15°_{-1°}^{+2°}$ 按表7-30，取切削齿后角 $\alpha_1 = 2°30'_{0}^{+1°30'}$ 校准齿后角 $\alpha_1 = 0°30'_{0}^{+1°}$ 切削齿刃带 $b_{\alpha1} = 0.05\sim0.15\text{mm}$ 校准齿刃带 $b_{\alpha1} = 0.2\sim0.3\text{mm}$
		其他部分计算	
28	柄部尺寸		按 GB/T 3832—2008（表7-36）查取 柄头直径 $\phi36_{-0.064}^{-0.025}\text{mm}$，长度 25mm 卡爪槽直径 $\phi29_{-0.21}^{0}\text{mm}$，长度 32mm
29	颈部及过渡锥		颈部直径 $\phi36\text{mm}$，长度 180mm 过渡锥长度取 20mm
30	前导部		直径 $\phi40_{-0.05}^{-0.025}\text{mm}$ 长度 50mm
31	后导部		直径 $\phi44.98_{-0.2}^{0}\text{mm}$ 长度 20mm 键宽 $12.105_{-0.059}^{-0.032}\text{mm}$
32	拉刀总长	L	$L = (25+32+180+50+60+400+40+20)\text{mm} = 807\text{mm}$， 取 810mm
33	排齿升表		见图7-50
34	绘制工作图		见图7-50

（单位：mm）

齿号 No	1	2	3	4	5	6	7	8	9	10	11	12	13	14	15	16	17
尺寸	40.07	40.19	40.31	40.43	40.55	40.67	40.79	40.91	41.03	41.15	41.27	41.39	41.51	41.63	41.75	41.87	41.99
D 极限偏差	±0.02																

齿号 No	18	19	20	21	22	23	24	25	26	27	28	29	30	31	32	33	34
尺寸	42.11	42.23	42.35	42.47	42.59	42.71	42.83	42.95	43.07	43.19	43.31	43.43	43.55	43.67	43.79	43.91	44.03
D 极限偏差	±0.02																

齿号 No	35	36	37	38	39	40	41	42	43	44	45	46	47	48	49	50	51
尺寸	44.15	44.27	44.39	44.51	44.63	44.75	44.84	44.90	44.95	44.98	45.01	45.027	45.027	45.027	45.027	45.027	45.027
D 极限偏差	±0.02							$\begin{matrix}0\\-0.015\end{matrix}$			$\begin{matrix}0\\-0.01\end{matrix}$						

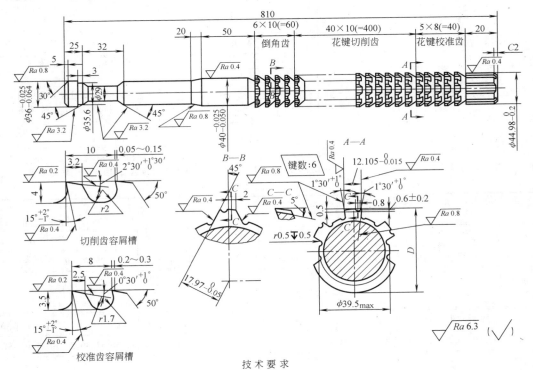

技术要求

1. 材料W6Mo5Cr4V2。
2. 热处理硬度：工作部分 63~66HRC，柄部40~52HRC。
3. 拉刀校准齿及与其相邻的两个切削齿对拉刀基准轴线的径向圆跳动不大于其外圆直径公差值。拉刀其余部分外圆径向圆跳动公差为0.04mm 且跳动应在同一方向。
4. 键齿等分累积误差的公差为0.02mm。
5. 键齿对中心平面的对称度公差为0.015mm。
6. 键齿两侧螺旋度公差为0.015mm。
7. 后导部键宽尺寸为 $12.105^{-0.032}_{-0.059}$ mm。
8. No.1~No.46齿磨分屑槽，下对齐前齿2条，后齿1条，前后齿错开。
9. 标志：商标、图号、规格、年月。

图 7-50 大径定心矩形花键拉刀

7.5.2 螺旋花键拉刀

螺旋花键拉刀用于加工螺旋内花键。

1. 螺旋花键拉刀设计特点

螺旋花键拉刀在设计计算时与普通矩形花键拉刀不同的项目列于表 7-93。

2. 螺旋花键拉刀举例

螺旋花键拉刀的结构尺寸及直径如图 7-51 所示。

表 7-93　螺旋花键拉刀设计特点

序号	名称	符号	计算公式	说明
1	名义中径	D_f	$D_f = \dfrac{D+d}{2}$	D——花键大径 d——花键小径
2	名义中径上的螺旋角	β	$\tan\beta = \dfrac{\pi D_f}{P}$	P——花键螺旋导程
3	容屑槽方向		环形槽 螺旋槽	$\beta \leqslant 15°$时 $\beta > 15° \sim 20°$时
4	法向齿距(环形槽齿距)	p_n	$p_n = (1.2 \sim 1.5)\sqrt{L'}$ 而 $L' = L/\cos\beta$	L'——内花键螺旋线展开长度 L——工作拉削长度
5	花键导程中的容屑槽数	K	$K = \dfrac{\pi D_f}{p_n \sin\beta}$	
6	轴向齿距	p	$p = p_n/\cos\beta$	
7	容屑槽螺旋导程	P_K	$P_K = \pi D_f \tan\beta$	
8	副偏角	κ_r'	$\kappa_r' = 3° \sim 4°$	且应减小 $\kappa_r' = 0°$ 的棱面宽度
9	轴向拉削力	F_z	$F_z = F_{max}\dfrac{\cos\tau}{\cos(\beta-\tau)}$	F_{max}——普通花键拉刀的拉削力
10	切向拉削力	F_x	$F_x = F_{max}\dfrac{\sin\tau}{\cos(\beta-\tau)}$ 而 $\tan\tau = \tan^2\beta$	τ——拉削合力与拉力轴线的夹角
11	拉削时的运动		1)拉刀作直线运动,工件在切向拉削作用下自由回转,用于一般精度、小螺旋角 2)工件不动,拉刀除直线运动外,还有强迫的回转运动,用于螺距精度要求较高,螺旋角较大时	

注: 其他设计计算与普通矩形花键拉刀相同。

(单位:mm)

齿号 No		1	2	3	4	5	6	7	8	9	10	11	12	13	14	15	16	17
D	尺寸	28.40	28.50	28.60	28.70	28.80	28.90	29.00	29.10	29.20	29.30	29.40	29.50	29.60	29.70	29.80	29.90	30.00
	极限偏差									±0.015								

齿号 No		18	19	20	21	22	23	24	25	26	27	28	29	30	31	32	33	34
D	尺寸	30.10	30.20	30.30	30.40	30.50	30.60	30.70	30.80	30.90	31.00	31.10	31.20	31.30	31.40	31.50	31.60	31.70
	极限偏差									±0.015								

齿号 No		35	36	37	38	39	40	41	42	43	44	45	46	47	48	49	50	51
D	尺寸	31.80	31.90	32.00	32.10	32.20	32.30	32.40	32.50	32.60	32.70	32.80	32.90	33.00	33.10	33.20	33.30	33.40
	极限偏差									±0.015								

齿号 No		52	53	54	55	56	57	58	59	60	61	62	63	64	65	66	67	
D	尺寸	33.50	33.60	33.70	33.80	33.90	34.00	34.10	34.20	34.28	34.32	34.34	34.34	34.34	34.34	34.34	34.34	
	极限偏差	±0.015								$\begin{array}{c}0\\-0.015\end{array}$								

图 7-51　螺旋花键拉刀

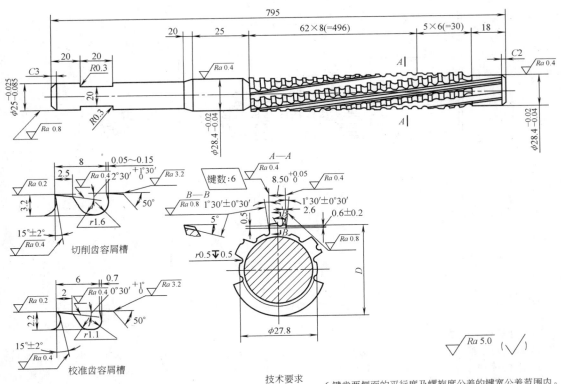

图 7-51 螺旋花键拉刀（续）

7.5.3 矩形花键推刀

矩形花键推刀一般用于内花键的校准加工，如

校正热处理后（硬度小于 45HRC）的变形。常见的矩形花键推刀结构如图 7-52 和图 7-53 所示。

技术要求

1. 材料W6Mo5Cr4V2。
2. 热处理硬度：工作部分 63～66HRC,柄部40～ 52HRC。
3. 拉刀各外圆表面径向圆跳动公差为0.04mm。
4. 键齿等分积累误差的公差为0.03mm。
5. 键齿两侧面在有效高度内, 对拉刀轴线的对称度公差为0.015mm。
6. 键齿两侧面的平行度及螺旋度公差的键宽公差范围内。
7. 后导部键宽尺寸小于或等于校准齿键宽实际尺寸。
8. No.1～No.62齿磨分屑槽, 前后错开。
9. 拉刀为左旋, 名义中径的螺旋角为15°43′, 导程为350mm。
10. 标志。

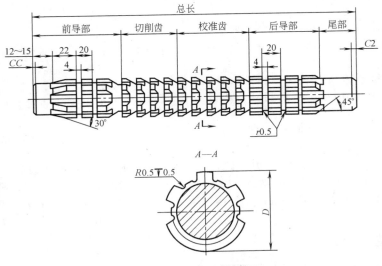

图 7-52 普通矩形花键推刀

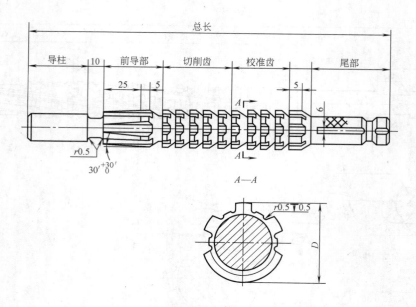

图 7-53 带导柱矩形花键推刀

矩形花键推刀的结构特点如下：

1）长度短，推刀总长 $L < (12～15)D$。

2）无柄部和颈部，可在前导部前面带有导柱，利用导向附件（见图 7-21）加工。

3）后导部和尾部的总长度为 $(1.5～3)L$。尾部为圆柱形，可以滚花。对较重的推刀可在尾部加工出环形槽（见图 7-53），利用机床上的浮动夹头提放推刀。

4）推刀无导柱时，在前导部做有定位柱（见图 7-52），其直径与内花键小径相同，长度为 12～15mm。

5）前导部花键外径和键侧有 1°左右斜角，此部分长度为 10～25mm。

当用花键推刀直接在圆孔中加工内花键时，需要设计几根一套推刀，第一根推刀的前导部与圆推刀相同。

6）校准用花键推刀加工余量一般为 0.04～0.08mm，齿升量为 0.01mm，齿距用式（7-4）计算。

7）若内花键在大径和键槽宽度上都有加工余量或工件在热处理后变形较大，推刀开头的二三个刀齿的直径应适当减小，使载荷分布到几个刀齿上。

8）当前、后导部长度大于 30mm 时，应每隔 15～20mm 开出 3～4mm 宽的槽，槽底直径略小于花键小径，如图 7-52 所示。

7.6 渐开线花键拉刀

渐开线花键拉刀是加工圆柱形渐开线内花键的专用刀具。

根据 GB/T 3478.1～2—2008，渐开线花键的标准齿形角 α_D 有 30°、37.5° 和 45° 三种，模数 m 为 0.5～10mm（$\alpha_D = 30°$、37.5°）和 0.25～2.5mm（$\alpha_D = 45°$），理论工作齿高为 $h = m$，变位系数为零。

在汽车、拖拉机行业中，还会遇到 $\alpha_D < 30°$，$h \neq m$ 或变位系数不等于零的非标准渐开线花键。

渐开线花键拉刀均应根据给定的内花键参数进行设计。

如果非标准渐开线花键的变位系数未给出时，可以根据实测的外花键大径计算出变位系数 x：

$$x = \frac{D_s - m(z+1)}{2m}$$

式中 D_s——外花键大径的实测值（mm）；

m——模数（mm）；

z——花键齿数。

而此时内花键的分度圆弧齿槽宽为：

$$E = \frac{\pi m}{2} + 2xm\tan\alpha_D$$

7.6.1 渐开线花键拉刀设计要点

1. 刀齿的配置形式及余量分配

1）只拉渐开线齿形的拉刀（见图 7-54a）。

2）倒角—渐开线组合拉刀（见图 7-54b）。

3）圆孔—渐开线组合拉刀（见图 7-54c）。

4）倒角—圆孔—渐开线组合拉刀（见图 7-54d）。

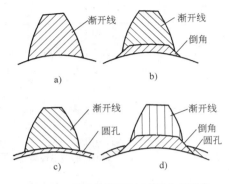

图 7-54　渐开线花键拉刀去除余量形式
a）只拉渐开线齿形的拉刀
b）倒角—渐开线组合拉刀
c）圆孔—渐开线组合拉刀
d）倒角—圆孔—渐开线组合拉刀

　　各种渐开线花键拉刀的刀齿配置顺序可参阅表 7-86。

　　对于 $m \leqslant 1mm$ 及 $m \geqslant 4mm$ 的渐开线内花键，由于拉刀长度的限制，有时需要设计两根或三根一套的拉刀，此时各根拉刀的拉削余量分配对拉刀长度及拉削质量有很大影响。

　　图 7-55 所示为两种余量分配的例子，其中第三根拉刀是最后拉出全齿形的精拉刀，其余的皆为粗拉刀。粗拉刀刀齿大都做成较简单的梯形截面以便于制造。图 7-55a 所示切削余量分配方式为第一根拉刀拉削圆孔及梯形槽，槽深约为齿高的一半；第二根拉刀也是梯形齿，它基本上切出全齿高，但在大径上留有少许余量；第三根拉刀最后切出内花键的大径及完整齿形。图 7-55b 所示切削余量分配方式为：第一根拉刀切去圆孔余量的一部分并切出梯形槽；第二根拉刀不仅加深、扩宽梯形槽，而且切出倒角，第三根拉刀也做成组合式，即在拉出渐开线全齿形后，还有几个拉削小径的圆孔齿。前一方案拉刀结构稍简单，较易制造，后一方案可保证较高的大、小径同轴度。

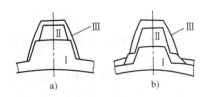

图 7-55　成套拉刀的拉削余量分配
a）方案一　b）方案二

　　两根一套的拉刀，一般是将三根一套中的第二根拉刀的拉削余量分配给粗拉刀和精拉刀。

　　渐开线花键拉刀也可以设计成大、小径同时拉削的形式，即花键齿和内孔齿交互排列的形式。其优缺点与矩形花键拉刀小径定心结构相似，近年来在汽车行业应用较多。

　　渐开线花键拉刀也有设计成分块拉削方式的，采用圆弧形分屑槽。

　　2. 齿升量的确定

　　渐开线花键拉刀的齿升量可按表 7-10 选取，也可根据不同模数，按表 7-94 选取。

表 7-94　渐开线花键拉刀齿升量

（单位：mm）

模数 m	0.8	1~1.25	1.5~3.5	4~5	6~8
齿升量 a_f	0.03~0.04	0.035~0.05	0.04~0.065	0.07~0.1	0.07~0.15

　　分块式拉刀齿升量可按表 7-11 选取。

　　当模数 $m < 1.5mm$ 时，各刀齿的齿升量可取得一样；当 $m > 1.5mm$ 时，由于不同直径刀齿的切削刃宽度相差很大，为使拉床负荷均匀和缩短拉刀长度，可采用由前向后分段增大齿升量的方法，也可以只将最后 $1/4 \sim 1/3$ 的切削齿齿升量增大。

　　当采用几根一套的成套拉刀时，最后一根精拉刀的齿升量可以增大到 $0.04 \sim 0.15mm$。

　　3. 齿形尺寸的确定

　　渐开线内花键及其拉刀的尺寸参数如图 7-56 所示。图中的拉刀齿形实际上是渐开线花键拉刀校准齿和最后一个精切齿的齿形，由图可知拉刀齿形尺寸，它们的计算公式见表 7-95。

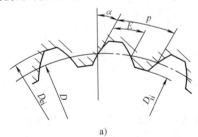

a）

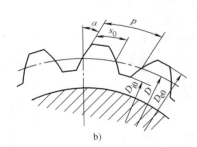

b）

图 7-56　渐开线花键拉刀的尺寸参数
a）渐开线内花键　b）渐开线花键拉刀

表 7-95　渐开线花键拉刀齿形尺寸计算

序号	内容	符号	计算公式	说明
1	校准齿直径	D_z	$D_z = D_{e0} = D_{eimax} \pm \Delta$	D_{eimax}——渐开线内花键的最大极限尺寸 Δ——孔直径变形量参阅圆拉刀内容
2	第 1 个花键切削齿直径	d_1	只拉花键时，$d_1 = D_{0min}$ 圆孔—花键组合拉刀： $d_1 = d_z + 2a_f$ $= D_{iimax} + \Delta + 2a_f$	D_{0min}——预制孔的最小直径 d_z——圆孔校准齿直径 D_{iimax}——内花键小径最大尺寸 a_f——花键齿齿升量
3	花键齿小径的最大极限尺寸	D_{i0}	$D_{i0} = D_{iimin}$	D_{iimin}——内花键小径的最小极限尺寸
4	花键齿小径的最小极限尺寸		不限制	
5	花键齿的周节	p	$p = \pi m$	与内花键相同
6	花键齿分度圆弧齿厚	s_0	$s_0 = E_{max} \pm \Delta_w$	E_{max}——内花键分圆弧齿槽宽的最大极限尺寸 Δ_w——齿槽宽变形量，扩张量可取槽宽公差的 $1/3 \sim 1/2$
7	渐开线齿形的代用圆弧半径及圆心坐标	R	$R = \dfrac{x'_{50} - x'_{30}}{2 \sin\beta \sin(\varphi - \varepsilon)}$ $x_a = R\cos(\beta + \varphi - \varepsilon) + x'_{50}$ $y_a = -R\sin(\beta + \varphi - \varepsilon) + y'_{50}$	
8	减少花键齿齿侧面与工件已加工表面摩擦的方法	齿根减薄（图 7-57） ac ce be	$ac = 0.6 \sim 0.8mm$ ce 为直线 $be = 0.15 \sim 0.3mm$	be——最后一齿的磨薄量
		拉刀后顶尖抬高（此法较好）	每 1000mm 长度上抬高量 0.3mm 以上	详见本节"4. 渐开线花键拉刀后顶尖抬高量计算"
			总抬高量为 0.02 $\sim 0.05mm$	齿形畸变不大，不需修正，适用于花键精度要求不高时

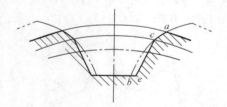

图 7-57　花键齿齿根减薄示意图

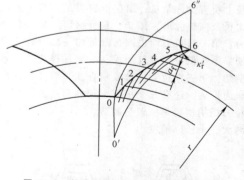

图 7-58　渐开线花键拉刀后顶尖抬高原理

4. 渐开线花键拉刀后顶尖抬高量计算

（1）后顶尖抬高的目的　获得侧刃副偏角 κ'_r 和微小的副后角 α'_0。

（2）原理　如图 7-58 所示，被加工内花键齿形为 $\overset{\frown}{06}$，而拉刀的齿形为 $\overset{\frown}{06''}$（抬高后顶尖磨齿形时）或 $\overset{\frown}{0'6}$（使用拉刀时，拉刀轴线恢复水平位置）。各刀齿的刀尖 1、2、3……均在渐开线齿形 $\overset{\frown}{06}$ 上，因此拉刀齿形 $\overset{\frown}{0'6}$ 与花键齿形 $\overset{\frown}{06}$ 不同。保证各刀齿刀尖准确处在渐开线花键齿形上的条件是，拉刀齿距要一致，否则将增大齿形误差。

拉刀齿形 $\overset{\frown}{0'6}$ 与工件渐开线齿形 $\overset{\frown}{06}$ 之间的夹角就是侧刃的偏角 κ'_r，给定 κ'_r（一般 $\kappa'_r = 1° \sim 2°$），即可求出拉刀的每齿抬高量和后顶尖抬高量。

为了简化计算，将分度圆处的齿形看作直线，齿形角为 α_D，拉刀齿形的分度圆齿形角为 $\alpha_D - \kappa'_r$（见图 7-59）。分度圆上的刀齿半径为 r，相邻下一齿的半径为 $r + a_f$，每齿抬高量 h_z 为

$$h_z = \frac{\Delta}{\sin\kappa} \qquad (7\text{-}43)$$

而 $\Delta = \overline{OA} - \overline{OB} = r\sin(\alpha_D - \kappa_r') - (r + a_f)\sin\gamma$

其中

$$\gamma \approx \arcsin\left(\frac{r\sin\alpha_D}{r + a_f}\right) - \kappa_r'$$

且

$$\kappa = \alpha_D - \kappa_r' + \varepsilon$$

$$\varepsilon = \frac{90°}{z}$$

式中　r——内花键分度圆半径（mm）；

$\qquad a_f$——拉刀齿升量（mm）；

$\qquad z$——花键齿数；

$\qquad \gamma$、κ——中间值。

后顶尖抬高量

$$h = \frac{L_0}{p} h_z \qquad (7\text{-}44)$$

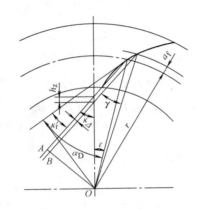

图 7-59　拉刀每齿抬高量计算

（3）计算举例　已知渐开线花键拉刀参数。

例 1　$m = 2.5\text{mm}$，$\alpha_D = 30°$，$z = 16$，$a_f = 0.06\text{mm}$，$p = 12\text{mm}$，$L_0 = 1030\text{mm}$。

计算结果：

$\kappa_r' = 1°$时，$h_z = 0.0021\text{mm}$，$h = 0.18\text{mm}$

$\kappa_r' = 2°$时，$h_z = 0.00433\text{mm}$，$h = 0.37\text{mm}$

例 2　$m = 5\text{mm}$，$\alpha_D = 30°$，$z = 12$，$a_f = 0.09\text{mm}$，$p = 12\text{mm}$，$L_0 = 1337\text{mm}$。

计算结果：

$\kappa_r' = 1°$时，$h_z = 0.003\text{mm}$，$h = 0.33\text{mm}$

$\kappa_r' = 2°$时，$h_z = 0.0062\text{mm}$，$h = 0.69\text{mm}$

5. 渐开线花键拉刀齿形代用圆弧

渐开线花键拉刀的齿形 $\overset{\frown}{ab}$（见图 7-57）理论上应该是渐开线，它应该用成形砂轮磨出。但由于砂轮修整方法所限，一般都只能用圆弧近似地代替渐开线，这种用圆弧近似代替理论曲线齿形的方法是刀具设计中常用的。由于渐开线花键对渐开线齿形没有特殊要求，所以采用近似代用圆弧完全可以满足要求。

（1）求渐开线上的各点坐标（见图 7-60）

$$\left. \begin{array}{l} x_y = r_y\sin\eta_y \\ y_y = r_y\cos\eta_y \end{array} \right\} \qquad (7\text{-}45)$$

其中

$$\eta_y = \eta_b + \text{inv}\alpha_y$$

而

$$\eta_b = \frac{\pi}{z} - \frac{s_0}{2r} - \text{inv}\alpha_D$$

$$\cos\alpha_y = \frac{r_b}{r_y}$$

式中　r_y——所取点的半径（mm），从略大于小径到略小于大径，顺次取 5 点即五个拉刀刀齿直径。

$\qquad z$——花键齿数；

$\qquad s_0$——拉刀分度圆弧齿厚（mm）；

$\qquad r$——分度圆半径（mm）；

$\qquad \alpha_D$——分度圆压力角（标准齿形角）（°）；

$\qquad r_b$——基圆半径（mm）。

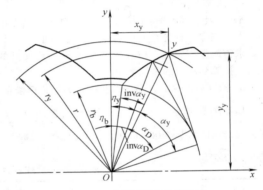

图 7-60　求渐开线上各点坐标

（2）齿形代用圆弧（三点共圆法）　以所取 5 点中最下面的一点 1 为坐标原点，在坐标系 x'、y' 中（见图7-61），渐开线其余各点的坐标应为

$$\left. \begin{array}{l} x_y' = x_y - x_1 \\ y_y' = y_y - y_1 \end{array} \right\} \qquad (7\text{-}46)$$

通过 1、3、5 三个点求代用圆弧（相当于图 7-61 中的 1'、3'、5'），2、4（相当于图 7-61 中的 2'、4'）两点用于验检齿形误差。

圆弧的半径 R 和圆心的坐标 x_a、y_a 为

$$\left\{ \begin{array}{l} R = \dfrac{x_5' - x_3'}{2\sin\beta\sin(\varphi - \varepsilon)} \\ x_a = R\cos(\beta + \varphi - \varepsilon) + x_5' \\ y_a = -R\sin(\beta + \varphi - \varepsilon) + y_5' \end{array} \right. \qquad (7\text{-}47)$$

式中

$$\tan\varphi = \frac{y_3'}{x_3'}$$

$$\tan\varepsilon = \frac{y_5'}{x_5'}$$

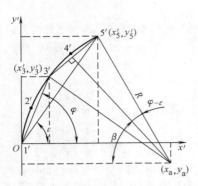

图 7-61　用三点共圆法求代用圆弧

$$\tan\beta = \frac{x_5' - x_3'}{y_5' - y_3'}$$

（3）齿形误差计算　计算 2、4 点到圆心的距离与圆弧半径的差值 ΔR 即为齿形误差。

$$\Delta R = \sqrt{(x_y' - x_a)^2 + (y_y' - y_a)^2} - R \qquad (7\text{-}48)$$

ΔR 一般不得大于 ± 0.02mm，否则要改变三点中的一点或三点的位置，重新求圆弧半径及圆心。

求得的代用圆弧，应根据机床修整砂轮夹具的要求，换算到相应的坐标系中。

6. 抬高后顶尖后，渐开线花键拉刀的齿形修正

如图 7-58 所示，为了得到齿形 $\widehat{06}$，抬高拉刀后顶尖应磨成的齿形为 $\widehat{06''}$（$\widehat{0'6}$），因此应把砂廓形修成 $\widehat{06''}$（$\widehat{0'6}$）。

渐开线花键拉刀在抬高后顶尖后的齿形修正计算详见 7.10 节。

7.6.2　渐开线花键拉刀齿形的量棒测量法

量棒法用于渐开线花键拉刀的齿厚和齿形误差综合测量，生产中常用两组直径不同的量棒，分别在齿高的 1/3 和 2/3 处测量。设计拉刀时，必须给出量棒直径 D_R 和测量值 M_R。

1. 量棒直径 D_R 的计算（图 7-62）

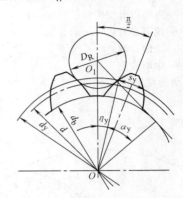

图 7-62　量棒直径计算

量棒直径 D_R 的计算公式见表 7-96。

根据计算的 D_R 值，应从表 7-96 中选取标准直径的量棒。

2. 测量值 M_R 的计算（图 7-63）

表 7-96　量棒直径 D_R 的计算与标准 D_R 值

			(1) 量棒直径 D_R 的计算

序号	内容	符号	计算公式
1	选定计算直径	d_y	齿高的 1/3 处和 2/3 处
2	计算直径上的压力角	α_y	$\cos\alpha_y = \dfrac{d_b}{d_y}$
3	拉刀在计算直径上的弧齿厚	s_y	$s_y = d_y\left(\dfrac{s_0}{d} + \mathrm{inv}\,\alpha_D - \mathrm{inv}\,d_y\right)$
4	在 d_y 上弧齿槽的圆心半角	η_y	$\eta_y = 57.29578\left(\dfrac{\pi}{z} - \dfrac{s_y}{d_y}\right)$
5	量棒直径	D_R	$D_R = \dfrac{d_y\sin\eta_y}{\cos(\alpha_y + \eta_y)}$
6	在分度圆上接触的量棒直径	—	$D_R = \dfrac{d\sin\eta_D}{\cos(\alpha_D + \eta_D)}$ $\eta_D = 57.29578\left(\dfrac{p - s_0}{d}\right)$

（续）

			（2）标准量棒直径 D_R		
0.118	2.311	5.000	6.585（扁）	9.500	17.546
0.142	2.500	5.000（扁）	6.620（扁）	9.500（扁）	18.007
0.170	2.530	5.050	6.640	9.625	18.134
0.201	2.550	5.176	6.700	10.000	18.700
0.232	2.595	5.176（扁）	6.826	10.350	19.702（R）
0.260	2.886	5.193	6.876	10.353	20.000
0.291	3.000	5.200	6.900	10.353（扁）	20.007
0.343	3.070	5.240	6.900（扁）	10.950	20.197
0.402	3.100	5.258	6.932	10.950（扁）	20.706（R）
0.433	3.106	5.300（扁）	6.948	11.000（扁）	21.400
0.461	3.177	5.400	6.960（扁）	11.182	21.636（R）
0.511	3.211	5.460	7.000	11.200	22.220
0.572	3.287	5.463（扁）	7.140	11.305	22.400
0.724	3.310	5.493（扁）	7.223	12.423	22.540
0.796	3.468	5.495	7.223（扁）	12.423（扁）	24.005
0.866	3.490	5.495（扁）	7.500	12.423（R）	25.000
1.008	3.580	5.500	7.600	12.640	25.376（R）
1.047	3.666	5.544	7.829	13.000	26.231
1.157	3.724（R）	6.000	8.000	13.133	28.002
1.302	4.000	6.000（扁）	8.210（R）	13.370	29.090
1.441	4.091	6.027	8.280	13.655	30.000（扁）
1.553	4.113	6.027（扁）	8.282	14.000	32.000
1.591	4.141	6.212	8.282（扁）	14.663	33.906
1.732	4.211	6.212（扁）	8.500	15.093	36.848（R）
1.833	4.211（扁）	6.300	8.767	15.770（R）	37.180
1.960	4.400	6.350	8.767（扁）	16.000	—
2.000	4.400（扁）	6.400	8.950	16.000（扁）	—
2.020	4.620	6.465	8.980	16.004	—
2.071	4.773	6.500	9.092	16.010	—
2.217	4.773（扁）	6.585	9.318	16.560	—

注：1. d_b 为基圆直径，p 为周节，s_0 为分度圆弧齿厚。

2. 括号中注以"扁"字的，是把量棒一部分圆柱面削平，以避免测量时与拉刀齿底干涉。

3. 括号中注以"R"的，是把部分圆柱面做成内凹形，便可避免干涉。

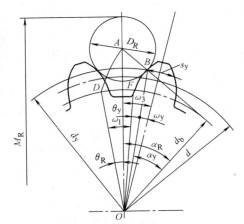

图 7-63　测量值 M_R 的计算

$$M_R = \frac{d_b}{\cos\alpha_R} + D_R（花键为偶数齿时）\qquad（7\text{-}49）$$

$$M_R = \frac{d_b}{\cos\alpha_R}\cos\frac{90}{z} + D_R（花键为奇数齿时）$$

$$（7\text{-}50）$$

式中　α_R——量棒中心圆压力角，由下式求得

$$\theta_R = \mathrm{inv}\alpha_R = \omega_y + \theta_y + \omega_1 - \omega_3$$

其中

$$\omega_y = \frac{s_y}{d_y} = \frac{s_0}{d} + \mathrm{inv}\alpha_D - \mathrm{inv}\alpha_y$$

$$\theta_y = \mathrm{inv}\alpha_y$$

$$\omega_1 = \frac{D_R}{d_b}$$

$$\omega_3 = \frac{\pi}{z}$$

所以 $\quad inv\alpha_R = \dfrac{s_0}{d} + inv\alpha_D + \dfrac{D_R}{d_b} - \dfrac{\pi}{z}$

式中 s_0——分度圆弧齿厚；

$\quad\quad d$——分度圆直径；

$\quad\quad \alpha_D$——分度圆压力角（标准齿形角）；

d_b——基圆直径。

7.6.3 梯形齿粗拉刀的设计

为便于制造，渐开线花键粗拉刀一般多设计成梯形齿，梯形齿粗拉刀的计算步骤见表 7-97，其原理如图 7-64 所示。

表 7-97 渐开线花键梯形齿粗拉刀设计计算步骤

序号	内容	符号	计算公式	说明
1	精拉刀大径弧齿厚	s_{e0}	$s_{e0} = D_{e0}\left(\dfrac{s_0}{d} + inv\alpha_D - inv\alpha_e\right)$ $\alpha_e = \arccos\left(\dfrac{d_b}{D_{e0}}\right)$	D_{e0}——渐开线花键拉刀的大径
2	精拉刀小径弦齿厚	s_{i0}	$s_{i0} = D_{i0}\left(\dfrac{s_0}{d} + inv\alpha_D - inv\alpha_i\right)$ $\alpha_i = \arccos\left(\dfrac{d_b}{D_{i0}}\right)$	D_{i0}——渐开线花键拉刀的小径
3	精拉刀大径弦齿厚	B_e	$B_e = D_{e0}\sin\varepsilon_e$ $\varepsilon_e = 57.29578\dfrac{s_{e0}}{D_{e0}}$	ε_e——拉刀大径处的齿形圆心半角
4	精拉刀小径弦齿厚	B_i	$B_i = D_{i0}\sin\varepsilon_i$ $\varepsilon_i = 57.29578\dfrac{s_{i0}}{D_{i0}}$	ε_i——拉刀小径处的齿形圆心半角
5	粗拉刀大径弦齿厚	B_e'	$B_e' = B_e - 2\Delta$	Δ——精拉余量
6	粗拉刀小径弦齿厚	B_i'	$B_i' = B_i - 2\Delta$	$\Delta = 0.3 \sim 0.5mm$
7	梯形齿最大高度	H	$H = \dfrac{D_{e0}\cos\varepsilon_e' - D_{i0}\cos\varepsilon_i'}{2}$ $\varepsilon_e' = \arcsin\left(\dfrac{B_e'}{D_{e0}}\right)$ $\varepsilon_i' = \arcsin\left(\dfrac{B_i'}{D_{i0}}\right)$	—
8	梯形齿齿形半角	β	$\beta = \arctan\left(\dfrac{B_i' - B_e'}{2H}\right)$	—
9	梯形齿齿槽半角	φ	$\varphi = \dfrac{180°}{z} + \beta$	—
			量棒直径及测量值的计算	
10	确定量棒与梯形齿接触点的半径	r_y	r_y 可为任意半径	—
11	接触点处的齿形压力角	α_y	$\sin\alpha_y = \dfrac{D_{i0}}{2r_y}\sin(\varepsilon_i' + \beta)$	—
12	接触点处的齿槽圆心半角	η_y	$\eta_y = \dfrac{180°}{z} - \varepsilon_y'$ $\varepsilon_y' = \alpha_y - \beta$	—
13	量棒直径	D_R	$D_R = \dfrac{D_y\sin\eta_y}{\cos\varphi}$	按表 7-96 选标准量棒直径

（续）

序号	内容	符号	计算公式	说明
			量棒直径及测量值的计算	
14	测量值	M_R	$M_R = D_n + D_R\left(1 + \dfrac{1}{\sin\varphi}\right)$	花键为偶数齿
			$M_p = D_n\cos\dfrac{90°}{z} + D_R \times \left(\dfrac{\cos\dfrac{90°}{z}}{1 + \dfrac{1}{\sin\varphi}}\right)$	花键为奇数齿
			$D_n = d_y \sin\alpha/\sin\varphi$	
			当 $r_y = r$ 时，D_R 及 M_R 的计算	
15	量棒直径	D_R	$D_R = \dfrac{2r\sin\eta}{\cos\varphi}$ $\eta = \varphi - \alpha_D$ 而 $\sin\alpha_D = \dfrac{D_{i0}}{2r}\sin(\varepsilon_i + \beta)$	—
16	测量值	M_R	$M_R = \dfrac{2r\sin\alpha_D + D_R}{\sin\varphi} + D_R$	花键为偶数齿
			$M_R = \dfrac{2r\sin\alpha_D + D_R}{\sin\varphi}\cos\dfrac{90°}{z} + D_R$	花键为奇数齿

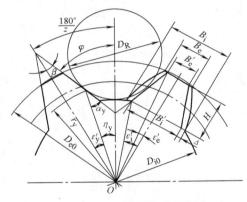

图 7-64　梯形齿粗拉刀齿形设计

7.6.4　直线齿形（45°压力角）渐开线花键拉刀设计

　　直线齿形的 45°压力角渐开线内花键的参数如图 7-65 所示，花键拉刀的参数如图 7-66 所示。由图可见，内花键参数中增加一个齿槽角 β，其他参数与渐开线齿形的花键相同。

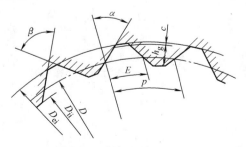

图 7-65　直线齿形的 45°压力角内花键的参数

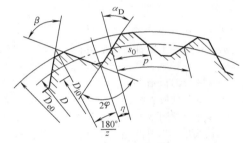

图 7-66　直线齿形的 45°压力
角渐开线花键拉刀的参数

$$\beta = \varphi - \frac{180°}{z} = \varphi - \frac{360°E}{\pi D} \qquad (7\text{-}51)$$

拉刀齿槽半角 φ 为

$$\varphi = \beta/2 + \frac{180°}{z} = \alpha_D + \frac{90°}{z} \qquad (7\text{-}52)$$

或　　　　　　$\varphi = \alpha_D + \eta$　　　　　　　　　$(7\text{-}53)$

式中　α_D——拉刀压力角（$\alpha_D = 45°$）。

　　　　η——拉刀分度圆齿槽圆心半角：

$$\eta = 57.29578\frac{p - s_0}{D}$$

　　（1）减少拉刀齿侧面与已加工表面摩擦的方法与渐开线花键拉刀相同

　　1）在拉刀的齿形磨好后，将拉刀后顶尖水平偏移，将齿根减薄，在齿顶处保留 0.6~0.8mm 宽的正确齿形，齿根减薄量为 0.15~0.30mm。

　　2）在磨削齿形时将拉刀后顶尖抬高，使齿侧刃得到微小的后角和副偏角。每齿抬高量 h_z 为

$$h_z = 0.0015 \sim 0.002\text{mm}$$

拉刀全长上的抬高量 H 为

$$H = h_z \frac{L_0}{p} \qquad (7\text{-}54)$$

式中 L_0——拉刀总长（mm）；

      p——拉刀切削齿齿距（mm）。

    抬高后顶尖磨出的拉刀减摩效果较好，但必须进行齿形修正，目的是使用齿槽半角小于 φ 的拉刀，加工出 φ 角合格的内花键，同时获得微小的副后角和副偏角。

    直线齿形渐开线花键拉刀的齿形修正原理及计算详见 7.10 节。

    （2）拉削力的计算齿宽   直线齿形渐开线花键拉刀应以第一个花键齿齿宽 s_1 作为计算切削力时的计算齿宽，即

$$s_1 = \frac{\pi d_1}{180°} \left(\frac{180°}{z} - \eta_1 \right) \qquad (7\text{-}55)$$

而 $$\eta_1 = \varphi - \alpha_1$$

$$\sin\alpha_1 = \frac{D\sin\alpha_D}{d_1}$$

式中 d_1——第一个花键齿直径；

      η_1——第一个花键齿齿槽圆心半径；

      α_1——直径 d_1 上的齿形压力角；

      φ——拉刀齿槽半角；

      D——分度圆直径；

      α_D——分度圆压力角，$\alpha_D = 45°$。

    （3）直线齿形渐开线花键拉刀的测量值

    1）量棒直径 D_R（见图 7-67）。量棒与齿形接触点半径为 $r_y = d_y/2$ 时：

$$D_R = \frac{d_y \sin\eta_y}{\cos\varphi} \qquad (7\text{-}56a)$$

而 $$\eta_y = \varphi - \alpha_y$$

$$\sin\alpha_y = \frac{D\sin\alpha_D}{d_y}$$

    量棒与齿形在分圆上接触时：

$$D_R = \frac{D\sin\eta}{\cos\varphi} \qquad (7\text{-}56b)$$

$$\eta = 57.29578\frac{p - s_{0max}}{D}$$

式中 p——分度圆齿距（mm）；

    s_{0max}——拉刀分度圆弧齿厚的最大极限尺寸（mm）。

    2）测量值 M_R（见图 7-67）。当花键齿数为偶数时：

$$M_R = \frac{d\sin\alpha_D + D_R}{\sin\varphi} + D_R \qquad (7\text{-}57)$$

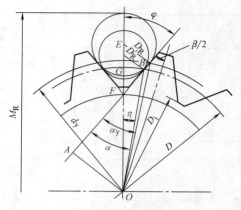

图 7-67   量棒直径和测量值的计算

当花键齿数为奇数时：

$$M_R = \frac{d\sin\alpha_D + D_R}{\sin\varphi}\cos\frac{90°}{z} + D_R \qquad (7\text{-}58)$$

    为了减少副切削刃与已加工表面的摩擦，可以采用角度修正（详见 7.10.2），拉刀齿形角修正为 φ_y 时，测量值按下式计算（见图 7-68）：

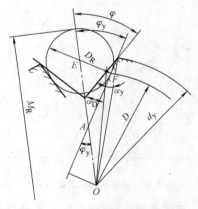

图 7-68   齿形修正后的测量值

对偶数齿：

$$M_R = \frac{d_y \sin\alpha_y + D_R}{\sin\varphi_y} + D_R \qquad (7\text{-}59)$$

对奇数齿：

$$M_R = \frac{d_y \sin d_y + D_R}{\sin\varphi_y}\cos\frac{90°}{z} + D_R \qquad (7\text{-}60)$$

式中 d_y——被测齿直径（mm）；

      α_y——直径 d_y 上的压力角，计算如下：

$$\sin\alpha_y = \frac{d\sin\alpha'_D}{d_y} \qquad (7\text{-}61)$$

$$\alpha'_D = \varphi_y - \eta \qquad (7\text{-}62)$$

$$\eta = 57.29578\frac{p - s_0}{d}$$

7.6.5　渐开线花键拉刀设计示例

1. 设计渐开线花键拉刀

已知条件：模数 $m = 2.5$mm，齿数 $z = 16$，标准齿形角 $\alpha_D = 30°$，分度圆直径 $d = 40$mm，内花键大径 $D_{ei} = 43.75^{+0.25}_{0}$mm，内花键小径 $D_{ii} = 37.86^{+0.25}_{0}$mm，

内花键分圆弧齿槽宽 $E = 3.927^{+0.071}_{+0.027}$mm，拉前孔径 $D_0 = 37.86^{+0.05}_{0}$mm，拉削长度 $L = 60$mm，工件材料 45 钢；机床 L6120，最大拉力 200000N，最大行程 1600mm。

计算及结果见表 7-98，工作图如图 7-69 所示。

表 7-98　渐开线花键拉刀计算及结果

序号	内容	计算公式或图表	计算实例
1	拉削余量 A	$A = D_{eimax} - D_{iimin}$	$A = (44 - 37.86)$mm $= 6.14$mm
2	齿升量 a_f	按表 7-10	取 $a_f = 0.06$mm
3	齿距 p	切削齿 $p = 1.5\sqrt{L}$ 校准齿 $p_z = 0.7p$	$p = 1.5\sqrt{60}$mm $= 11.65$mm 取 $p = 12$mm $p_z = 0.7 \times 12$mm $= 8.4$mm 取 $p_z = 9$mm
4	容屑槽尺寸	1）容屑系数按表 7-17 2）容屑槽深 h $h \geqslant 1.13\sqrt{Ka_f L}$ 按表 7-24 选 h、g、r	$K = 3$ $h \geqslant 1.13\sqrt{3 \times 0.06 \times 60}$mm $= 3.71$mm 取 $h = 4$mm $g = 3.6$mm $r = 2$mm
5	校准齿容屑槽尺寸	同序号 4	取 $h_z = 3.2$mm $g_z = 3.2$mm $r_z = 1.6$mm
6	前角 γ_o 后角 α_o 刃带 $b_{\alpha 1}$	按表 7-28 按表 7-30 按表 7-30	$\gamma_o = \gamma_{oz} = 15°$ $\alpha_o = 2°30'^{+1°}_{0}$ $\alpha_{oz} = 1° + 30'$ $b_{\alpha 1} = 0.05 \sim 0.15$mm $b_{\alpha 1z} = 0.3$mm
7	柄部尺寸	按 GB/T 3832—2008（表 7-36）	柄头直径 $\phi 36^{-0.025}_{-0.064}$mm 卡爪槽直径 $\phi 27^{0}_{-0.021}$mm $L_1 = 25$mm $L_2 = 32$mm $L_3 = 110$mm
8	颈部尺寸	图 7-13	$l_0 = 150$mm
9	前导部尺寸		$D_3 = 37.86^{-0.050}_{-0.085}$mm $l_3 = 60$mm
10	后导部尺寸		$D_4 = 37.86^{-0.050}_{-0.085}$mm $l_4 = 50$mm
11	基圆直径 D_b	$D_b = D\cos\alpha_D$	$D_b = 40\cos 30°$mm $= 34.641$mm
12	拉刀分度圆弧齿厚 s_0	$s_0 = E_{max} - \dfrac{1}{3}\Delta E$	$s_0 = \left(3.998 - \dfrac{1}{3} \times 0.044\right)$mm $= 3.983$mm
13	拉刀花键齿第一齿齿顶宽 s_1	$s_1 = D_1\left(\dfrac{s_0}{D} + \text{inv}\alpha_D - \text{inv}\alpha_1\right)$ $\cos\alpha_1 = \dfrac{D_b}{D_1}$	$D_1 = 37.86$mm $\cos\alpha_1 = \dfrac{34.641}{37.86} = 0.91498$mm $\alpha_1 = 23.79759°$ $\text{inv}\alpha_1 = 0.025656$ $s_1 = 37.86\left(\dfrac{3.983}{40} + 0.053751 - 0.025656\right)$mm $= 4.834$mm

（续）

序号	内容	计算公式或图表	计算实例
14	拉削力 $F_{\max}$	$F_{\max} = F'bnz_e$ F' 按表 7-48	$F' = 195\text{N/mm}$ $b = s_1 = 4.834\text{mm}$ $n = z = 16$ $z_e = 6$ $F_{\max} = 195 \times 4.834 \times 16 \times 6\text{N} = 90493\text{N}$ $F_{\max}\text{N} < 196200\text{N}$ 拉床可用
15	拉力强度校验	$\sigma = \dfrac{F_{\max}}{A_{\min}} \leqslant [\sigma]$ 根据表 7-53，高速工具钢花键拉刀取 $[\sigma] = 350 \sim 400\text{MPa}$	第一齿容屑沟底直径为 $37.86\text{mm} - 2h = 29.86\text{mm}$ 柄部卡爪槽直径为 29mm 故危险截面在柄部 $A_{\min} = 0.785 \times 29^2\text{mm}^2 = 660.2\text{mm}^2$ $\sigma = \dfrac{90493}{660.2}\text{MPa} = 137\text{MPa}$ $\sigma < [\sigma]$，合格
16	量棒直径 D_R	第一组接触点在齿高 2/3 处，$d_1 = 41.8\text{mm}$ 第二组接触点在齿高 1/3 处，$d_2 = 39.8\text{mm}$ $D_R = \dfrac{d_y \sin\eta_y}{\cos(\alpha_y + \eta_y)}$ $\cos\alpha_y = \dfrac{D_b}{d_y}$ $s_y = d_y\left(\dfrac{s_0}{D} + \text{inv}\alpha_D - \text{inv}\alpha_y\right)$ $\eta_y = 57.29578\left(\dfrac{\pi}{z} - \dfrac{s_y}{d_y}\right)$ 按表 7-96 取标准量棒直径	$\cos\alpha_1 = \dfrac{34.641}{41.8} = 0.828732$ $\alpha_1 = 34.031291°$ $\cos\alpha_2 = \dfrac{34.641}{39.8} = 0.8703769$ $\alpha_2 = 29.497535°$ $\text{inv}\alpha_1 = 0.08134534$ $\text{inv}\alpha_2 = 0.0508869$ $\text{inv}\alpha_D = \text{inv}30° = 0.0537515$ $s_1 = 41.8\left(\dfrac{3.983}{40} + 0.0537515 - 0.0813453\right)\text{mm}$ $= 3.009\text{mm}$ $s_2 = 39.8\left(\dfrac{3.983}{40} + 0.0537515 - 0.0508869\right)\text{mm}$ $= 4.077\text{mm}$ $\eta_1 = 57.29578\left(\dfrac{\pi}{16} - \dfrac{3.009}{41.8}\right) = 7.125526°$ $\eta_2 = 57.29578\left(\dfrac{\pi}{16} - \dfrac{4.077}{39.8}\right) = 5.380782°$ $D_{R1} = \dfrac{41.8 \times \sin 7.125526°}{\cos(34.031291° + 7.125526°)}\text{mm}$ $= 6.887\text{mm}$ $D_{R2} = \dfrac{39.8 \times \sin 5.380782°}{\cos(29.497535° + 5.380782°)}\text{mm}$ $= 4.549\text{mm}$ 取 $D_{R1} = 6.900\text{mm}$ $D_{R2} = 4.620\text{mm}$

（续）

序号	内容	计算公式或图表	计算实例
17	量棒测量值 M_R	$M_R = \dfrac{D_b}{\cos\alpha_R} + D_R$ $\mathrm{inv}\alpha_R = \dfrac{s_0}{D} + \mathrm{inv}\alpha_D + \dfrac{D_R}{D_b} - \dfrac{\pi}{z}$	$\mathrm{inv}\alpha_{R1} = \dfrac{3.983}{40} + \mathrm{inv}30° + \dfrac{6.9}{34.641} - \dfrac{\pi}{16}$ $= 0.15616289$ $\alpha_{R1} = 41.1853925°$ $\mathrm{inv}\alpha_{R2} = \dfrac{3.983}{40} + \mathrm{inv}30° + \dfrac{4.62}{34.641} - \dfrac{\pi}{16}$ $= 0.09034493$ $\alpha_{R2} = 35.1166613°$ $M_{R1} = \left(\dfrac{34.641}{\cos 41.1853925°} + 6.9\right)\,\mathrm{mm}$ $= 52.929\,\mathrm{mm}$ $M_{R2} = \left(\dfrac{34.641}{\cos 35.1166613°} + 4.62\right)\,\mathrm{mm}$ $= 46.969\,\mathrm{mm}$
18	切削齿直径排列	第一齿 $d_1 = D_{omin}$ 最后一齿 $d_n = D_{eimax}$	$d_1 = 37.86\,\mathrm{mm}$ $d_n = 44\,\mathrm{mm}$ 切削齿共 55 齿 各刀齿直径如图 7-69 所示
19	拉刀总长	$L = L_1 + L_2 + l_0 + l_3 + l + l_z + l_4$	$L_1 = 25\,\mathrm{mm}$ $L_2 = 32\,\mathrm{mm}$ $l_0 = 150\,\mathrm{mm}$ $l_3 = 60\,\mathrm{mm}$ $l = 12 \times 55\,\mathrm{mm} = 660\,\mathrm{mm}$ $l_z = 9 \times 5\,\mathrm{mm} = 45\,\mathrm{mm}$ $l_4 = 50\,\mathrm{mm}$ $L = (25 + 32 + 150 + 60 + 660 + 45 + 50)\,\mathrm{mm}$ $= 1022\,\mathrm{mm}$ 取 $L = 1030\,\mathrm{mm}$

拉刀花键齿形代用圆弧 R 及圆心坐标 x_a、y_a

1）取 r_y 值 5 点，刀齿号为：4、15、26、37、48，用式（7-45）计算 x_y、y_y，计算结果如下

序号	刀齿号	r_y/mm	$\alpha_y/(°)$	$\eta_y/(°)$	x_y	y_y
1	4	19.11	24.9931	4.2097	1.403	19.058
2	15	19.77	28.8245	5.1997	1.792	19.689
3	26	20.43	32.0271	6.3066	2.244	20.306
4	37	21.09	34.7882	7.5096	2.756	20.909
5	48	21.75	37.2175	8.7936	3.325	21.494

2）坐标转换。以点 1′ 为坐标原点，用式（7-45）计算 2′~5′ 点的新坐标 x'_y、y'_y。

序号	1	2	3	4	5
x'_y	0	0.389	0.841	1.353	1.922
y'_y	0	0.631	1.248	1.851	2.436

3）取 1、3、5 三点，求三点共圆的圆弧半径 R 和圆心坐标 x_a、y_a（式 7-47）。

$$R = \frac{x'_5 - x'_3}{2\sin\beta\sin(\varphi - \varepsilon)} = 10.716\,\mathrm{mm}$$

其中

$$\tan\varphi = \frac{y'_3}{x'_3}, \quad \varphi = 56.025°$$

（续）

序号	内容	计算公式或图表	计算实例

$$\tan\varepsilon = \frac{y_5'}{x_5'}, \varepsilon = 51.727°$$

$$\tan\beta = \frac{x_5' - x_3'}{y_5' - y_3'}, \beta = 42.300°$$

而

$$x_a = R\cos(\beta+\varphi-\varepsilon) + x_5' = 9.285\text{mm}$$

$$y_a = -R\sin(\beta+\varphi-\varepsilon) + y_5' = -5.350\text{mm}$$

4）齿形误差计算。用式(7-48)

$$\Delta R = \sqrt{(x_y' - x_a)^2 + (y_y' - y_a)^2} - R$$

计算点2、点4的误差，得

点2：$\Delta R = -0.172\text{mm}$

点4：$\Delta R = -0.003\text{mm}$

结论：点2误差过大，超过-0.02mm，故这个代用圆弧不合格，应重新选点计算。

20 | 分析：点2位置在圆弧内侧，说明圆弧曲率大于渐开线。如将点1再靠近基圆，则齿根部分的齿形曲率将增大，圆弧将更接近渐开线，据此将点1改为2号刀齿 $r_1 = 18.99\text{mm}$，$\alpha_y = 24.2048°$，$\eta_y = 4.0444°$。

则

$$x_1 = 1.339\text{mm} \quad y_1 = 18.943\text{mm}$$

坐标转换后：

$$x_2' = 0.453, x_3' = 0.905, x_4' = 1.427, x_5' = 1.986$$

$$y_2' = 0.746, y_3' = 1.363, y_4' = 1.966, y_5' = 2.551$$

取新的1、3、5三点求代用圆弧，得

$$R = 10.666\text{mm}$$

$$x_a = 9.312\text{mm}$$

$$y_a = -5.201\text{mm}$$

此时的齿形误差为：

$$\Delta R_2 = 0.004\text{mm}$$

$$\Delta R_4 = -0.003\text{mm}$$

完全满足要求，计算结束。

齿号 No	1	2	3	4	5	6	7	8	9	10	11	12	13	14	15
尺寸	37.86	37.98	38.10	38.22	38.34	38.46	38.58	38.70	38.82	38.94	39.06	39.18	39.30	39.42	39.54
D 极限偏差	±0.012														

齿号 No	16	17	18	19	20	21	22	23	24	25	26	27	28	29	30
尺寸	39.66	39.78	39.90	40.02	40.14	40.26	40.38	40.50	40.62	40.74	40.86	40.98	41.10	41.22	41.34
D 极限偏差	±0.012														

齿号 No	31	32	33	34	35	36	37	38	39	40	41	42	43	44	45
尺寸	41.46	41.58	41.70	41.82	41.94	42.06	42.18	42.30	42.42	42.54	42.66	42.78	42.90	43.02	43.14
D 极限偏差	±0.012														

齿号 No	46	47	48	49	50	51	52	53	54	55	56	57	58	59	60
尺寸	43.26	43.38	43.50	43.62	43.74	43.84	43.92	43.96	43.98	44.00	44.00	44.00	44.00	44.00	44.00
D 极限偏差	±0.012							$\begin{array}{c}0\\-0.011\end{array}$							

图 7-69　渐开线花键拉刀工作图

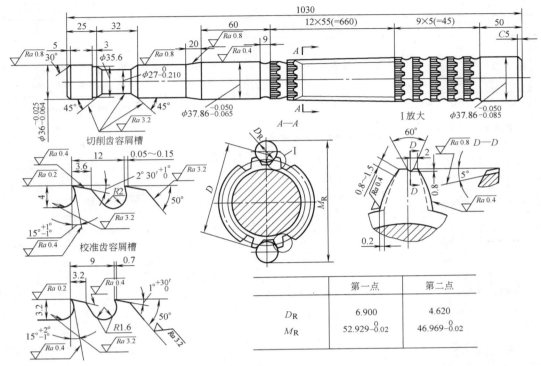

	第一点	第二点
D_R	6.900	4.620
M_R	$52.929_{-0.02}^{0}$	$46.969_{-0.02}^{0}$

技术要求

1. 材料：W6Mo5Cr4V2。

2. 热处理：切削部62～66HRC；柄部40～52HRC。

3. 拉刀各外圆表面径向圆跳动公差0.05mm。

4. 键齿不等分累积误差0.025mm。

5. 键齿齿面沿拉刀轴线不允许有正锥度，其倒锥度允许在 M_R 值公差范围内。

6. 键齿两侧面对拉刀轴线的对称度为0.015mm。

7. 键齿两侧面轴向螺旋度为0.015mm。

图 7-69　渐开线花键拉刀工作图（续）

2. 设计粗、精加工成套渐开线花键拉刀

已知条件：模数 $m = 5$mm，齿数 $z = 12$，标准齿形角 $\alpha_D = 30°$，分度圆直径 $d = 60$mm，内花键大径 D_{ei} 不小于 67mm，内花键小径 $D_{ii} = 55_{+0}^{+0.2}$mm，内花键分圆弧齿槽宽 $E = 7.854_{+0.045}^{+0.100}$mm，拉前孔径 $D_0 = 55_{+0}^{+0.05}$mm，拉削长度 $L = 70$mm，工件材料 45 钢，219～229HBW，机床 L6120。

计算及结果见表 7-99，梯形齿粗拉刀工作图如图7-70所示，精拉刀工作图如图 7-71 所示。粗拉刀刀齿直径尺寸见表 7-100，精拉刀刀齿直径尺寸见表 7-101。

3. 直线齿形的 45°压力角渐开线花键拉刀设计实例

已知条件：模数 $m = 1$mm，标准齿形角 $\alpha_D = 45°$，内花键大径 $D_{ei} = 37.20_{0}^{+0.25}$mm，内花键小径 $D_{ii} = 35.21_{0}^{+0.16}$mm，分度圆直径 $d = 36$mm，齿数 $z = 36$，分度圆齿距 $p = 3.142$mm，分度圆弧齿槽宽 $E = 1.571_{+0.036}^{+0.090}$mm，拉削长度 $L = 38$mm，拉前孔径 $D_0 = 35.21_{0}^{+0.05}$mm，工件材料 40Cr，拉床型号 L6120。

计算及结果见表 7-102，拉刀工作图如图 7-72 所示。

表 7-99　粗、精加工成套渐开线花键拉刀设计计算及结果

序号	内容	计算公式或图表	计算示例
1	刀具材料	W6Mo5Cr4V2	
2	拉削余量 A	$A = D_{eimax} - D_{0min}$ 粗拉刀 A 减小 1mm	$A = 67.03 - 55$mm $= 12.03$mm $A_粗 = A - 1$mm $= 11.03$mm
3	齿升量 a_f	查表 7-94	粗拉刀 $a_f = 0.07 \sim 0.08$mm（分段增大） 精拉刀 $a_f = 0.09$mm

（续）

序号	内容	计算公式或图表	计算示例
4	几何参数	查表 7-28 及表 7-30	$\gamma_o = 15° \pm 2°$ 切削齿：$\alpha_o = 2°30' \pm 30'$，$b_{\alpha 1} = 0.05mm$ 校准齿：$\alpha_o = 1°30' \pm 15'$，$b_{\alpha 1} = 0.2 \sim 0.3mm$
5	齿距 p	表 7-21，$p = (1.3 \sim 1.6)\sqrt{L}$ 粗拉刀及精拉刀齿距相同	$p = (1.3 \sim 1.6)\sqrt{70}mm = 10.9 \sim 13.4mm$ 取 $p = 12mm$ $z_e = 6$ $p_z = 9$
6	容屑槽尺寸/mm	1）容屑系数按表 7-17 2）容屑槽深 h $h \geqslant 1.13\sqrt{Ka_f L_0}$ 按表 7-23 取 h、g、r	$K = 3.5$ $h \geqslant 1.13\sqrt{3.5 \times 0.075 \times 70}mm = 4.84mm$ 切削齿：$h = 5mm$，$g = 4mm$，$r = 2.5mm$ 校准齿：$h = 4mm$，$g = 3mm$，$r = 2mm$
7	柄部尺寸	按表 7-36（GB/T 3832—2008）	$D_1 = 50^{-0.025}_{-0.064}mm$ $D_2 = 38^{0}_{-0.25}mm$ $L_1 = 25mm$ $L_2 = 32mm$ $C = 5mm \times 30°$
8	颈部尺寸 l_0	按图 7-13	$l_0 = 160mm$
9	拉刀分度圆弧齿厚 s_0	$s_0 = E_{max} - \dfrac{1}{3}\Delta E$	$s_0 = (7.954 - 0.018)mm = 7.936mm$
10	拉刀粗切齿第一齿齿顶宽 s_1 基圆直径 d_b	$s_1 = D_1\left(\dfrac{s_0}{d} + inv\alpha_D - inv\alpha_1\right) - 2\Delta$ $\cos\alpha_1 = \dfrac{d_b}{D_1}$ $d_b = d\cos30°$	$D_1 = 55.14mm$ $d_b = 60\cos30°mm = 51.961524mm$ $\cos\alpha_1 = \dfrac{51.962}{55.14} = 0.9423562$ $\alpha_1 = 19.548899°$ $s_1 = \left[55.14\left(\dfrac{7.936}{60} + 0.0537514 - 0.0138866\right) - 0.6\right]mm = 8.891mm$
11	最大拉削力 F_{max}	$F_{max} = F'bnz_e$ F' 按表 7-48	$F' = 217N/mm$ $b = s_1 = 8.9mm$ $F_{max} = 217 \times 8.9 \times 12 \times 6N = 139000N$
12	拉床拉力校验	$F_{max} \leqslant 0.8Q$	$Q = 200000N$ $0.8Q = 160000N$ $F_{max} < 0.8Q$（合格）
13	拉刀强度校验	$a = \dfrac{F_{max}}{A_{min}} \leqslant [\sigma]$ $A_{min} = 0.785 \times d_x^2$ 根据表 7-53 高速工具钢花键拉刀取 $[\sigma] = (350 \sim 400)MPa$	第一齿容屑槽底直径为 $55.14mm \sim 2h = 45.14mm$ 柄部 $D_2 = 37.75mm$ 危险截面在柄部 $\sigma = \dfrac{139000}{0.785 \times 37.75^2}MPa = 124MPa$ $\sigma < [\sigma]$（合格）

（续）

序号	内容	计算公式或图表	计算示例
14	拉刀校准齿直径 精拉刀 D_z 粗拉刀 D_z'	$D_z = D_{ei}$ $D_z' = D_z - 1mm$ 式中 1mm 为直径上的精拉余量	$D_z = 67.03mm$ $D_z' = 66.03mm$
15	精拉刀切削部分齿数 及长度	$z_q = \dfrac{A}{2a_f} + (2\sim5)$ $L_q = pz$	精拉刀 $z_q = \dfrac{12.03}{2\times0.09} + (2\sim5) = 68\sim71$ 取 $z_q = 70$，$l_q = 12\times70mm = 840mm$
16	粗拉刀切削部分齿数 及长度	同序号 15	粗拉刀 $z_q' = \dfrac{11.03}{2\times0.075} + (2\sim5) = 75\sim78$ 取 $z_q = 75$，$l_g' = 12\times75mm = 900mm$
17	精拉刀校准部齿数及 长度 粗拉刀校准部齿数及 长度	按表 7-32，$z_z = 5\sim7$ 按表 7-32，$z_z = 2\sim3$	取 $z_z = 5$ $l_z = 9\times5mm = 45mm$ 取 $z_z = 2$ $l_z = 9\times2mm = 18mm$
18	确定各刀齿直径 D	详见直径尺寸表	粗拉刀见表 7-100 精拉刀见表 7-101
19	前导部尺寸 D_3 l_3	精拉刀前导部形状、尺寸与梯形 齿粗拉刀校准齿相同 公差按表 7-38 梯形齿粗拉刀按表 7-37，$D_3 = D_0$ （e8）	精拉刀 $D_3 = 66.03_{-0.21}^{-0.15}mm$ 粗拉刀 $D_3 = 55_{-0.106}^{-0.060}mm$ $l_3 = 70mm$（工件拉削长度）
20	后导部尺寸 D_4 l_4	$D_4 = D_i$ 公差按 f7 按表 7-40	$D_4 = 55_{-0.06}^{-0.03}mm$ $l_4 = 45mm$
21	后柄尺寸	按表 7-42 粗、精拉刀的后柄尺寸一致	$D_1 = 50_{-0.064}^{-0.025}mm$ $D_2 = 42_{-0.25}^{0}mm$ $L_1 = 28mm$，$L_2 = 32mm$，$L_3 = 120mm$
22	拉刀总长度	$L = L_1 + L_2 + l_0 + l_3 + l_g + l_z + l_4 + l_3$	精拉刀： $L = (25+32+160+70+840+45+45+120)mm$ $\quad = 1337mm$ 取 $L = 1340mm$ 粗拉刀： $L = (25+32+160+70+900+18+45+120)mm$ $\quad = 1370mm$

（续）

序号	内容	计算公式或图表	计算示例
23	精拉刀第一组量棒 接触圆压力角 α_y 接触圆处拉刀弧齿厚 s_y 接触圆处齿槽的圆心半角 η_y 量棒直径 D_R	第一组量棒接触圆直径 d_y（约 1/3 键高处） 取 $d_y = 59.50\text{mm}$ $\alpha_y = \arccos \dfrac{d_b}{d_y}$ $d_b = D\cos d_D$ 按表 7-96 $s_y = d_y\left(\dfrac{s_0}{d} + \text{inv}\alpha_D - \text{inv}\alpha_y\right)$ $\eta_y = 57.29578\left(\dfrac{\pi}{z} - \dfrac{s_y}{\alpha_y}\right)$ $D_R = \dfrac{d_y \sin\eta_y}{\cos(\alpha_y + \eta_y)}$ 查表 7-96	$\alpha_y = \arccos\dfrac{51.961524}{59.50} = \arccos 0.8733029$ $\quad = 29.155241°$ $d_b = 60\text{mm} \times \cos 30° = 51.961524\text{mm}$ $s_y = 59.5\left(\dfrac{7.936}{60} + \text{inv}30° - \text{inv}29.155241°\right)\text{mm}$ $\quad = [59.5 \times (0.1322666 + 0.0537514 -$ $\qquad 0.0490014)]\text{mm}$ $\quad = 8.15249\text{mm}$ $\eta_y = 57.29578\left(\dfrac{\pi}{12} - \dfrac{8.15249}{59.5}\right)$ $\quad = [57.29578 \times (0.2617993 - 0.1370166)]°$ $\quad = 7.1495272°$ $D_R = \dfrac{59.5 \sin 7.1495272°}{\cos(29.155241 + 7.1495272)°}\text{mm}$ $\quad = \dfrac{59.5 \times 0.1244592}{0.805879}\text{mm} = 9.1891243\text{mm}$ 取 $D_R = 9.318\text{mm}$
24	第一组测量值量棒中心压力角 α_R 测量值 M_R	$\text{inv}\alpha_R = \dfrac{s_0}{\alpha} + \text{inv}\alpha_D + \dfrac{D_R}{d_b} + \dfrac{\pi}{z}$ $M_R = \dfrac{d_b}{\cos\alpha_R} + D_R$	$\text{inv}\alpha_R = \dfrac{7.936}{60} + \text{inv}30° + \dfrac{9.318}{51.961524} - \dfrac{3.14519}{12}$ $\quad = 0.1322666 + 0.0537514 + 0.1793249 -$ $\qquad 0.2617993$ $\quad = 0.1035435$ $\alpha_R = 36.56552°$ $M_R = \left(\dfrac{51.961524}{\cos 36.56552°} + 9.318\right)\text{mm}$ $\quad = (64.695055 + 9.318)\text{mm}$ $\quad = 74.013_{-0.03}^{\,0}\text{mm}$
25	精拉刀第二组量棒直径 接触圆压力角 α_y 接触圆处拉刀弧齿厚 s_y 接触圆处拉刀齿槽圆心半角 η_y 量棒直径 D_R	第二组量棒接触圆直径在 2/3 键高处 取 $d_y = 64\text{mm}$ $\alpha_y = \arccos \dfrac{d_b}{d_y}$ $s_y = d_y\left(\dfrac{s_0}{d} + \text{inv}\alpha_D - \text{inv}\alpha_y\right)$ $\eta_y = 57.29578\left(\dfrac{\pi}{z} - \dfrac{s_y}{d_y}\right)$ $D_R = \dfrac{d_y \sin\eta_y}{\cos(\alpha_y + \eta_y)}$ 按表 7-96	$\alpha_y = \arccos\dfrac{51.961524}{64} = 35.718132°$ $s_y = 64\left(\dfrac{7.936}{60} + \text{inv}30° - \text{inv}35.718132°\right)\text{mm}$ $\quad = [64 \times (0.1322666 + 0.0537514 -$ $\qquad 0.0956538)]\text{mm}$ $\quad = 5.7833041\text{mm}$ $\eta_y = \left[57.29578\left(\dfrac{\pi}{12} - \dfrac{5.7833041}{64}\right)\right]°$ $\quad = 9.822517°$ $D_R = \dfrac{64 \sin 9.822517}{\cos(35.718132 + 9.822517)}\text{mm}$ $\quad = 15.5884\text{mm}$ 取 $D_R = 16\text{mm}$

（续）

序号	内容	计算公式或图表	计算示例
26	第二组测量值 量棒中心压力角 α_R 测量值 M_R	$\mathrm{inv}\alpha_R = \dfrac{s_0}{d} + \mathrm{inv}\alpha_D + \dfrac{D_R}{d_b} - \dfrac{\pi}{z}$ $M_R = \dfrac{d_b}{\cos\alpha_R} + D_R$	$\mathrm{inv}\alpha_R = 0.1322666 + 0.0537514 + \dfrac{16}{51.961524} - \dfrac{\pi}{12}$ $\qquad = 0.2321387$ $\alpha_R = 45.97111°$ $M_R = \left(\dfrac{51.961524}{\cos 45.97111°} + 16\right)\mathrm{mm} = 90.763^{~0}_{-0.03}\,\mathrm{mm}$
27	拉刀齿形小径 D_{i0}	$D_{i0} = D_{ii\min}$	$D_{i0} = 55$（最大） 最小极限尺寸不限制
28	校验量棒直径 第一组 第二组	$M_R - 2D_R \geqslant D_{0i}$	$(74.013 - 2 \times 9.318)\,\mathrm{mm} = 55.377\,\mathrm{mm}$ $(90.763 - 2 \times 16)\,\mathrm{mm} = 58.763\,\mathrm{mm}$ 两组量棒均不与拉刀小径接触,合格

		梯形齿粗拉刀齿形部分计算	
29	拉刀花键齿 大径弧齿厚 s_{e0}	$\alpha_e = \arccos\left(\dfrac{d_b}{D_{e0}}\right)$ $s_{e0} = D_{e0}\left(\dfrac{s_0}{d} + \mathrm{inv}\alpha_D - \mathrm{inv}\alpha_e\right)$	$\alpha_e = \arccos\dfrac{51.961524}{67} = 39.145517°$ $s_{e0} = 67\left(\dfrac{7.936}{60} + \mathrm{inv}30° - \mathrm{inv}39.145517°\right)\mathrm{mm}$ $\qquad = [67 \times (0.1322666 + 0.0537514 - 0.1307797)]\,\mathrm{mm}$ $\qquad = 3.701\,\mathrm{mm}$
30	拉刀花键齿小径弧齿厚 s_{i0}	$\alpha_i = \arccos\left(\dfrac{d_b}{D_{i0}}\right)$ $s_{i0} = D_{i0}\left(\dfrac{s_0}{d} + \mathrm{inv}\alpha_D - \mathrm{inv}\alpha_i\right)$	$\alpha_i = \arccos\dfrac{51.961524}{55} = 19.133928°$ $s_{i0} = \left[55\left(\dfrac{7.936}{60} + \mathrm{inv}30° - \mathrm{inv}19.133928°\right)\right]\mathrm{mm}$ $\qquad = [55 \times (0.1322666 + 0.0537514 - 0.0129943)]\,\mathrm{mm}$ $\qquad = 9.516\,\mathrm{mm}$
31	精拉刀大径弦齿厚 B_e 大径齿形同心半角 ε_e	$B_e = D_{e0}\sin\varepsilon_e$ $\varepsilon_e = 57.29578\dfrac{s_{e0}}{D_{e0}}$	$\varepsilon_e = \left(57.29578\dfrac{3.701}{67}\right)° = 3.1649505°$ $B_e = (67\sin 3.1649505°)\,\mathrm{mm} = 3.699\,\mathrm{mm}$
32	精拉刀小径弦齿厚 B_i 小径齿形圆心半角 ε_i	$B_i = D_{i0}\sin\varepsilon_i$ $\varepsilon_i = 57.29578\dfrac{s_{i0}}{D_{i0}}$	$\varepsilon_i = \left(57.29578\dfrac{9.516}{55}\right)° = 9.9132117°$ $B_i = (55\sin 9.9132117°)\,\mathrm{mm} = 9.4685938\,\mathrm{mm}$ $\qquad \approx 9.469\,\mathrm{mm}$
33	梯形齿粗拉刀 弦齿厚 B'_e B'_i	大径处 $B'_e = B_e - 2\Delta$ 小径处 $B'_i = B_i - 2\Delta$ Δ 取 $0.3 \sim 0.5\,\mathrm{mm}$	$B'_e = (3.699 - 2 \times 0.5)\,\mathrm{mm} = 2.699\,\mathrm{mm}$ $B'_i = (9.469 - 2 \times 0.5)\,\mathrm{mm} = 8.469\,\mathrm{mm}$

（续）

序号	内容	计算公式或图表	计算示例
34	梯形齿最大高度 H 梯形齿大径圆心半角 ε_e' 梯形齿小径圆心半角 ε_i'	$H = \dfrac{D_{e0}\cos\varepsilon_e' - D_{i0}\cos\varepsilon_i'}{2}$ $\varepsilon_e' = \arcsin\left(\dfrac{B_e'}{D_{e0}}\right)$ $\varepsilon_i' = \arcsin\left(\dfrac{B_i'}{D_{i0}}\right)$	$\varepsilon_e' = \arcsin\dfrac{2.699}{67} = 2.3087039°$ $\varepsilon_i' = \arcsin\dfrac{8.469}{55} = 8.8577498°$ $H = \dfrac{67\cos2.3087039° - 55\cos8.8577498°}{2}\,\text{mm}$ $= \dfrac{66.9456 - 54.344}{2}\text{mm} = 6.300\text{mm}$
35	梯形齿齿形半角 β	$\beta = \arctan\left(\dfrac{B_i' - B_e'}{2H}\right)$	$\beta = \arctan\dfrac{8.469 - 2.699}{2\times6.300} = 24.604773°$
36	梯形齿齿槽半角 φ	$\varphi = \dfrac{180°}{z} + \beta$	$\varphi = \dfrac{180°}{12} + 24.6048° = 39.6048°$ 取 $\varphi = 39°36'$
37	量棒直径 D_R	选量棒接触圆直径在 1/2 键高处 d_y $\sin\alpha_y = \dfrac{D_{i0}}{d_y}\sin(\varepsilon_i' + \beta)$ 接触点处的齿形圆心半角 ε_y' $\varepsilon_y' = \alpha_y - \beta$ 接触点处齿槽圆心半角 η_y $\eta_y = \dfrac{180°}{z} - \varepsilon_y'$ 量棒直径 D_R $D_R = \dfrac{d_y\sin\eta_y}{\cos\varphi}$ 查表 7-96	$d_y = 61\text{mm}$ $\sin\alpha_y = \dfrac{55}{61}\sin(8.8577498° + 24.604773°)$ $= 0.9016393\times0.5513914 = 0.4971561$ $\alpha_y = 29.812032°$ $\varepsilon_y' = 29.812032° - 24.604773° = 5.207259°$ $\eta_y = \dfrac{180}{12} - 5.207259° = 9.792741°$ $D_R = \dfrac{61\sin9.792741°}{\cos39.6048°}\text{mm}$ $= \dfrac{61\times0.1700846}{0.770462}\text{mm} = 13.466\text{mm}$ 取 $D_R = 13.370\text{mm}$
38	测量值 D_n M_R	$D_n = \dfrac{d_y\sin\alpha_y}{\sin\varphi}$ $M_R = D_n + D_R\left(1 + \dfrac{1}{\sin\varphi}\right)$	$D_n = \dfrac{61\sin29.812032°}{\sin39.6048°}\text{mm} = 47.571878\text{mm}$ $M_R = \left[47.571878 + 13.370\left(1 + \dfrac{1}{\sin39.6048°}\right)\right]\text{mm}$ $= (47.571878 + 34.342926)\text{mm}$ $= 81.9215\text{mm}$ $= 81.922_{-0.05}^{0}\text{mm}$
39		$M_R - 2D_R \geqslant D_{i0}$	$(81.922 - 2\times13.370)\text{mm} = 55.182\text{mm}$ 大于 55mm 合格
40	精拉刀齿形代用圆弧计算	参阅表 7-98 的 20	

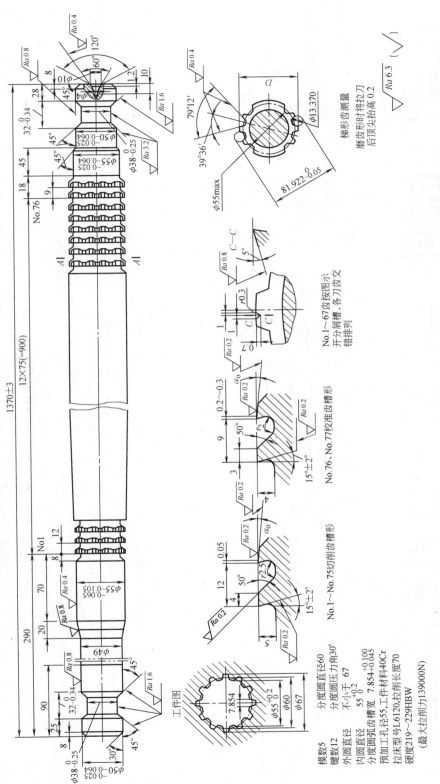

工件图

模数5
键数12
外圆直径 67
内圆直径 55 $^{+0.2}_{0}$
分度圆弧齿槽宽 7.854$^{+0.100}_{+0.045}$
预加工孔径55，工件材料40Cr
拉床型号L6120,拉削长度70
硬度219～229HBW

分度圆直径60
分度圆压力角30°
不小于 67
7.854$^{+0.100}_{0}$

（最大拉削力139000N）

No.76、No.77校准齿槽形

No.1～No.75刃削齿槽形

No.1～67齿按图示
开分屑槽，各刀齿交
错排列

梯形齿测量
磨齿形时将梯形拉刀
后顶尖抬高 0.2

技术要求

1. 刀具材料：W6Mo5Cr4V2，柄部40Cr。
2. 硬度：刀部及导向部63～66HRC，柄部40～45HRC。
3. 外圆直径在全长上的径向圆跳动≤0.04mm。
4. 切削齿外圆直径上相邻两齿直径公差≤0.025mm。
5. 梯形齿圆周齿距不等分累积误差≤0.035mm。
6. 梯形齿圆周相邻齿齿距误差≤0.02mm。
7. 齿形在轴向不得有倒锥度。
8. 键齿两侧面轴向螺旋度误差≤0.02mm。
9. 键齿对刀体中心不对称度≤0.02mm。
10. 其余按拉刀技术条件。
11. 标志：颈部打印m5, α30°，z12.1。

图 7-70 渐开线花键梯形齿粗拉刀（第一根）

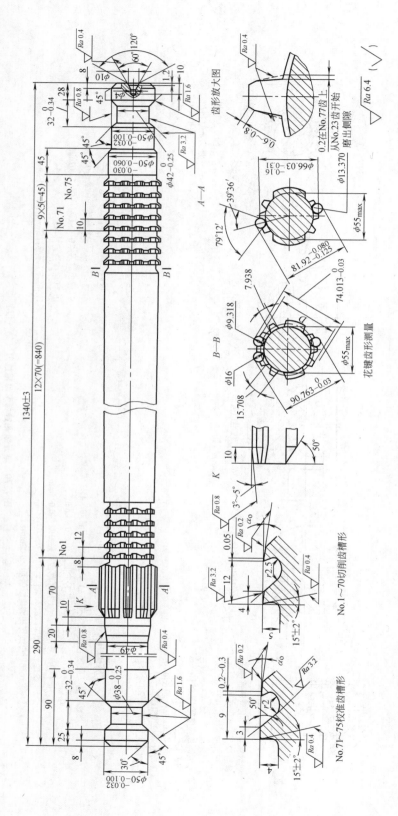

齿形放大图

A—A

B—B

花键齿形测量

K

No.1～70切削齿槽形

No.71～75校准齿槽形

技术要求

1. 刀具材料：W6Mo5Cr4V2，柄部40Cr。
2. 硬度：刀部及导向部63～66HRC，柄部40～45HRC。
3. 外圆直径在全长上的径向圆跳动≤0.04mm。
4. 切削齿外圆直径上相邻两齿直径公差≤0.025mm。
5. 花键齿圆周齿距不等分累积误差≤0.035mm。
6. 花键齿圆周相邻齿距误差≤0.01mm。
7. 齿形在轴向不得有正锥度。
8. 键齿两侧面轴向同螺旋度误差≤0.015mm。
9. 键齿对刀体中心不对称度误差≤0.015mm。
10. 其余按拉刀技术条件。
11. 标志：颈部打印$m5.\alpha 30°.z_112.$Ⅱ。

图 7-71 渐开线花键精拉刀（第二根）

表 7-100 渐开线花键梯形齿粗拉刀刀齿直径尺寸 　　　　　　（单位：mm）

序号	直径 d	极限偏差	后角 α	序号	直径 d	极限偏差	后角 α
1	55.14			40	60.78		
2	55.28			41	60.93		
3	55.42			42	61.08		
4	55.56			43	61.23		
5	55.70			44	61.38		
6	55.84			45	61.53		
7	55.98			46	61.68		
8	56.12			47	61.84		
9	56.26			48	62.00		
10	56.40			49	62.16		
11	56.54			50	62.32		
12	56.68			51	62.48		
13	56.82			52	62.64		
14	56.96			53	62.80		
15	57.10			54	62.96		
16	57.24			55	63.12		
17	57.38			56	63.28		
18	57.52			57	63.44	±0.025	2°30′±30′
19	57.66			58	63.60		
20	57.80	±0.025	2°30′±30′	59	63.76		
21	57.94			60	63.92		
22	58.08			61	64.08		
23	58.23			62	64.24		
24	58.38			63	64.40		
25	58.53			64	64.56		
26	58.68			65	64.72		
27	58.88			66	64.88		
28	58.98			67	65.04		
29	59.13			68	65.20		
30	59.28			69	65.36		
31	59.43			70	65.52		
32	59.58			71	65.68		
33	59.73			72	65.82		
34	59.88			73	65.94		
35	60.03			74	66.00		
36	60.18			75	66.03	0 −0.01	1°30′±15′
37	60.33			76	66.03		
38	60.48			77	66.03		
39	60.63						

表 7-101 渐开线花键精拉刀刀齿直径尺寸 （单位：mm）

序号	直径 d	极限偏差	后角 α	序号	直径 d	极限偏差	后角 α
1	55.18			39	63.02		
2	55.36			40	62.20		
3	55.54			41	62.38		
4	55.72			42	62.56		
5	55.90			43	62.74		
6	56.08			44	62.92		
7	56.26			45	63.10		
8	56.44			46	63.28		
9	56.62			47	63.46		
10	56.80			48	63.64		
11	56.98			49	63.82		
12	57.16			50	64.00		
13	57.34			51	64.18		
14	57.52			52	64.36		
15	57.70			53	64.54	±0.025	2°30′±30′
16	57.88			54	64.72		
17	58.06			55	64.90		
18	58.24			56	65.08		
19	58.42	±0.025	2°30′±30′	57	65.26		
20	58.60			58	65.44		
21	58.78			59	65.62		
22	58.96			60	65.80		
23	59.14			61	65.98		
24	59.32			62	66.16		
25	59.50			63	66.34		
26	59.68			64	66.50		
27	59.86			65	66.64		
28	60.04			66	66.76		
29	60.22			67	66.86		
30	60.40			68	66.94		
31	60.58			69	67.00		
32	60.76			70	67.03		
33	60.94			71	67.03		
34	61.12			72	67.03	0 −0.01	1°30′±15′
35	61.30			73	67.03		
36	61.48			74	67.03		
37	61.66			75	67.03		
38	61.84						

表 7-102　直线齿形的 45°压力角渐开线花键拉刀计算及结果

序号	内容	计算公式或图表	计算实例
1	拉削余量 A	$A = D_{eimax} - D_{iimin}$	$A = (37.45 - 35.21)\text{mm} = 2.24\text{mm}$
2	齿升量 a_f	按表 7-10	取 $a_f = 0.04\text{mm}$
3	拉刀齿距 p	切削齿 $p = 1.5\sqrt{L}$ 校准齿 $p_z = 0.7p$	$p = 1.5\sqrt{38}\text{mm} = 9.247\text{mm}$ 取 $p = 10\text{mm}$ $p_z = 7\text{mm}$
4	容屑槽系数及尺寸	容屑系数按表 7-17 选取 容屑槽深 h $h \geqslant 1.13\sqrt{Ka_f L}$ 按表 7-24 取 h、g、r	$K = 3$ $h \geqslant 1.13\sqrt{3 \times 0.04 \times 38}\text{mm} = 2.41\text{mm}$ 取 $h = 3.5\text{mm}$ $g = 3\text{mm}$ $r = 1.8\text{mm}$
5	校准齿容屑槽尺寸		$h_z = 3.0\text{mm}$ $g_z = 3\text{mm}$ $r_z = 1.8\text{mm}$
6	几何参数	γ_o 按表 7-28 取 α_o 及 $b_{\alpha 1}$ 按表 7-30 选取	$\gamma_o = \gamma_{oz} = 15°$ $\alpha_o = 2°30'^{+1°}_{0}$ $\alpha_{oz} = 30'^{+1°}_{0}$ $b_{\alpha 1} = 0.05 \sim 0.15\text{mm}$ $b_{\alpha 1z} = 0.3\text{mm}$
7	柄部尺寸	按 GB/T 3832—2008（见表 7-34）	柄头直径 $\phi 32^{-0.025}_{-0.064}\text{mm}$ 爪卡槽直径 $\phi 24^{0}_{-0.21}\text{mm}$ $L_1 = 25\text{mm}$ $L_2 = 32\text{mm}$ $L_3 = 110\text{mm}$
8	颈部尺寸	l_0	$l_0 = 150\text{mm}$
9	前导部尺寸	$l_3 = L$	$l_3 = 38\text{mm}$ $d_3 = 35.21^{-0.050}_{-0.085}\text{mm}$
10	后导部尺寸	$l_4 > 5p_z$	$l_4 = 40\text{mm}$ $d_4 = 35.21^{-0.050}_{-0.085}\text{mm}$
11	基圆直径 D_b	$D_b = D\cos\alpha_D$	$D_b = 36\cos 45°\text{mm} = 25.4558\text{mm}$
12	拉刀同时工作齿数 z_e	$z_e = \dfrac{L}{p} + 1$	$z_e = \dfrac{38}{10} + 1 = 4.8$ 取 $z_e = 4$
13	第一个切削齿直径 d_1	$d_1 = D_{omin} + 2a_f$	$d_1 = (35.21 + 0.04 \times 2)\text{mm} = 35.29\text{mm}$
14	拉刀齿槽半角 φ	$\varphi = \alpha_D + \dfrac{90°}{z}$	$\varphi = 45° + 2.5° = 47.5°$
15	第一齿直径上的压力角 α_1	$\sin\alpha_1 = \dfrac{D\sin\alpha_D}{d_1}$	$\sin\alpha_1 = \dfrac{36 \times \sin 45°}{35.29} = 0.721333072$ $\alpha_1 = 46.1646513°$
16	第一齿齿槽中心角之半 η_1	$\eta_1 = \varphi - \alpha_1$	$\eta_1 = (47.5 - 46.164565)° = 1.33535°$
17	第一齿切削刃长度 s_1	$s_1 = \dfrac{\pi d_1}{180°}\left(\dfrac{180°}{z} - \eta_1\right)$	$s_1 = \dfrac{\pi \times 35.29}{180}\left(\dfrac{180}{36} - 1.33535\right)\text{mm} = 2.257\text{mm}$

（续）

序号	内容	计算公式或图表	计算实例
18	拉削力 F_{max}	$F_{max} = F'bnz_e$ $b = s_1$ $n = z$ F' 由表 7-48 查得	$F' = 214\text{N/mm}$ $F_{max} = 214 \times 2.257 \times 36 \times 4\text{N} = 69552\text{N}$ F_{max} 小于拉床拉力，可用
19	校验拉刀强度	$\sigma \leq [\sigma]$ $\sigma = \dfrac{F_{max}}{A_{min}}$ 按表 7-53 $[\sigma] = (350 \sim 400)\text{MPa}$	最小截面积为 1）第一齿容屑槽底直径为 $d_1 - 2h = (35.29 - 7)\text{mm} = 28.29\text{mm}$ 2）柄部卡爪槽直径为 $\phi24\text{mm}$ $A_{min} = 452\text{mm}^2$ $\sigma = \dfrac{68552}{452}\text{MPa} = 154\text{MPa}$ $\sigma < [\sigma]$
20	拉刀分度圆弧齿厚 s_0	$s_0 = E_{max} - \dfrac{\Delta}{3}$	$s_0 = (1.571 + 0.090 - 0.018)\text{mm}$ $= 1.643\text{mm}$
21	拉刀分度圆齿槽中心半角 η	$\eta = 57.29578\left(\dfrac{p - s_0}{D}\right)$	$\eta = \left(57.29578 \dfrac{3.142 - 1.643}{36}\right)^{\circ} = 2.3857326^{\circ}$
22	量棒直径 D_R	$D_R = \dfrac{D\sin\eta}{\cos\varphi}$ 按表 7-96 取标准量棒直径	$D_R = \dfrac{36\sin2.3857326^{\circ}}{\cos47.5^{\circ}}\text{mm} = 2.218\text{mm}$ 取 $D_R = 2.217\text{mm}$
23	每齿抬高量 h_z	$h_z = 0.0015 \sim 0.0020\text{mm}$	取 $h_z = 0.0020\text{mm}$
24	修正齿槽半角 φ_y	按式（7-91） $\cot\varphi_y = \cot\varphi + \dfrac{h_z}{\alpha_f}\dfrac{\sin\varphi - \sin\alpha_D}{\sin(\varphi - \alpha_D)\sin\varphi}$	$\cot\varphi_y = \cot47.5^{\circ} + \dfrac{0.002}{0.04} \times$ $\dfrac{\sin47.5^{\circ} - \sin45^{\circ}}{\sin(47.5^{\circ} - 45^{\circ})\sin47.5^{\circ}}$ $= 0.963238737$ $\varphi_y = 46.0727^{\circ}$ 取 $\varphi_y = 46^{\circ} \pm 10'$
25	测量值 M_R 在第 20 齿测量	齿形修正后的测量值 M_R 为 $M_R = \dfrac{d_y\sin\alpha_y + D_R}{\sin\varphi_y} + D_R$ $d_{20} = d_1 + (20 - 1)2a_f$ $\alpha'_D = \varphi_y - \eta$ $\sin\alpha_y = \dfrac{D\sin\alpha'_D}{d_y}$	$d_{20} = (35.29 + 19 \times 0.08)\text{mm} = 36.81\text{mm}$ $\alpha'_D = 46^{\circ} - 2.3857326^{\circ} = 43.6142674^{\circ}$ $\sin\alpha_y = \dfrac{36\sin43.6142674^{\circ}}{36.81} = 0.674621$ $\alpha_y = 42.42471628^{\circ}$ $M_R = \dfrac{36.81\sin42.4247^{\circ} + 2.217}{\sin46^{\circ}} + 2.217\text{mm}$ $= 39.821\text{mm}$
26	切削齿直径	第一齿 $d_1 = D_{0min}$ 最后一齿 $d_n = D_{eimax}$ 依次排列	$d_1 = 35.29\text{mm}$ $d_n = 37.45\text{mm}$ 具体尺寸见图 7-72
27	拉刀总长	$L = L_1 + L_2 + l_0 + l_3 + l + l_z + l_4$	$L_1 = 25\text{mm}$ $L_2 = 32\text{mm}$ $l_0 = 150\text{mm}$ $l_3 = 38\text{mm}$ $l = 10 \times 31\text{mm} = 310\text{mm}$ $l_z = 7 \times 5\text{mm} = 35\text{mm}$ $l_4 = 40\text{mm}$ $L = (25 + 32 + 150 + 38 + 310 + 35 + 40)\text{mm}$ $= 630\text{mm}$
28	拉刀工作图		见图 7-72

齿号 No	1	2	3	4	5	6	7	8	9	10	11	12	13	14	15	16	17	18
尺寸	35.29	35.37	35.45	35.53	35.61	35.69	35.77	35.85	35.93	36.01	36.09	36.17	36.25	36.33	36.41	36.49	36.57	36.65
D 极限偏差	±0.015																	

齿号 No	19	20	21	22	23	24	25	26	27	28	29	30	31	32	33	34	35	36
尺寸	36.73	36.81	36.89	36.97	37.05	37.13	37.21	37.29	37.35	37.39	37.42	37.44	37.45	37.45	37.45	37.45	37.45	37.45
D 极限偏差	±0.015												$\begin{matrix}0\\-0.016\end{matrix}$					

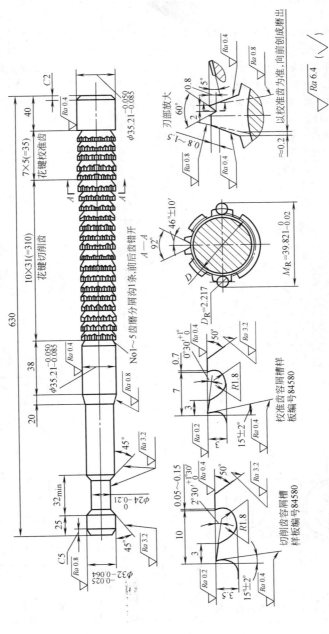

技术要求

1. 材料：W6Mo5Cr4V2。
2. 热处理：切削部 62~66HRC，柄部 40~52HRC。
3. 拉刀各外圆表面径向圆跳动公差 0.05mm。
4. 键齿不等分累积误差 0.025mm。
5. 键齿齿面沿拉力轴线不允许有正锥度，其倒锥度允许在 M_R 值公差范围内。
6. 键齿两侧面对拉力轴线的对称度 0.015mm。
7. 键齿两侧面轴向圆跳动螺旋度 0.015mm。

图 7-72 直线齿形的 45°压力角渐开线键花拉刀

7.7 成形孔拉刀

成形孔包括四方孔、六方孔、矩形孔等除圆孔和花键孔以外的各种形状的孔。加工成形孔的拉刀一般多采用渐成式拉削方式。

7.7.1 四方孔拉刀和六方孔拉刀

1. 拉刀截形尺寸

（1）预制孔　常采用钻孔。预制孔径 D_0 为

$$D_0 = S_{min} \qquad (7\text{-}63)$$

当孔壁上不允许残留钻削痕迹时：

$$D_0 = S_{min} - (0.3 \sim 0.5)\,mm$$

式中　S_{min}——孔的对边距离的最小极限尺寸（mm）。

（2）刀齿结构型式　如图7-73所示，各刀齿直径逐齿增大，第一齿直径为

$$d_1 = D_0$$

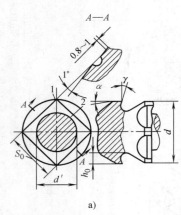

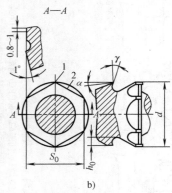

图7-73　四方及六方孔拉刀刀齿截形
a）四方孔拉刀　b）六方孔拉刀
1—主切削刃　2—副切削刃

最后一个切削齿及校准齿的直径为

$$d_z = D_{max} + \Delta \qquad (7\text{-}64)$$

式中　D_{max}——拉削后孔的对角线最大尺寸（mm）；

Δ——扩张或收缩量（mm）。

（3）副切削刃长度　拉刀截形的直线部分是刀齿的副切削刃，它们的对边距离 S_0 对于各刀齿都是相同的，可取为

$$S_0 = S_{max} \pm \Delta_S \qquad (7\text{-}65)$$

式中　S_{max}——四方或六方孔对边距离的最大极限尺寸；

Δ_S——尺寸 S 的扩张量或收缩量，一般材料取扩张量为 S 公差的 $1/4 \sim 1/8$，必要时由试验确定。

（4）主切削刃长度　S_0 固定而 d 逐齿增大的结果，使主切削刃的长度逐步减小，其长度可按下式计算（见图7-74）：

$$\sum b_i = \pi d_i \left(1 - \frac{n\beta_i}{180°}\right) \qquad (7\text{-}66)$$

对四方拉刀：

$$\sum b_i = \pi d_i \left(1 - \frac{\beta_i}{45°}\right) \qquad (7\text{-}67)$$

对六方拉刀：

$$\sum b_i = \pi d_i \left(1 - \frac{\beta_i}{30°}\right) \qquad (7\text{-}68)$$

式中　n——多边形的边数；

d_i——刀齿的直径。

$$\beta_i = \arccos\left(\frac{S_0}{d_i}\right)$$

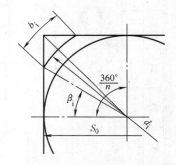

图7-74　四方、六方孔拉刀切削刃长度

（5）每个刀齿的切削面积 A_c　按下式计算：

$$A_c = (\sum b_i + a_f) a_f \qquad (7\text{-}69)$$

（6）刃带　为减少拉刀对边平面部分与孔壁的摩擦，应在直线刃上做出后角 $\alpha_0' = 1°$，并沿直线刃留有刃带 $b_{\alpha1} = 0.8 \sim 1mm$。

（7）倒锥　对边距离 S_0 在拉刀全长上只允许有倒锥，倒锥量不超过 S_0 的公差值。

（8）纵向沟　对那些直线刃容屑槽深度为零的刀齿，应在平面上磨出纵向沟，深度不大于 0.5mm（见图7-75），这些刀齿一般是在拉刀后部。

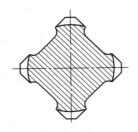

图 7-75　某些刀齿上的纵向槽

（9）分屑槽　主切削刃宽度大于 4mm 时，都要磨出分屑槽，其尺寸、数量按表 7-27 选取。主切削刀宽度小于 4mm 时，应交错倒角。

2. 齿升量

（1）分段拉刀　由于此类拉刀的切削刃宽度 Σb_i 和切削面积 A_c 都是逐齿减小的，故切削力也逐齿减小。切削面积 $A_c = \text{const}$ 和切削力 $F = \text{const}$ 的拉刀均难以制造，生产上采用的是分段增大齿升量的方法（称为分段拉刀）。图 7-76 所示为拉刀切削力变化曲线。

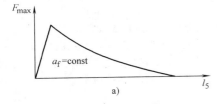

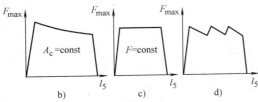

图 7-76　拉削力变化曲线

a）齿升量 a_f 不变　b）切削面积 A_c 不变
c）切削面积与单位切削力乘积不变　d）分段拉刀

分段拉刀齿升量分段数量为

四方孔拉刀：$S \leqslant 15\text{mm}$ 时，分三段；$S > 15\text{mm}$ 时，分四段。

六方孔拉刀：$S \leqslant 20\text{mm}$ 时，分二段；$S > 20\text{mm}$ 时，分三段。

（2）分段拉刀的余量分配　以四段拉刀余量分配为例，如图 7-77 所示。

1）余量分配原则：每段金属量基本相同；每段的第一齿拉削力基本相同。

2）各段刀齿中第一齿直径 d_{mi} 为

$$d_{mi} = d_i + 2a_{fi} \qquad (7-70)$$

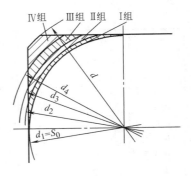

图 7-77　分段拉刀的余量分配

式中　i——组号；

$d_i = \eta_i S$，故

$$d_{mi} = \eta_i S + 2a_{fi}$$

η_i——直径增大系数，由表 7-103 查得。

表 7-103　直径增大系数 η_i

组号 i	四方拉刀		六方拉刀	
	3 段	4 段	2 段	3 段
I	1	1	1	1
II	1.06	1.045	1.039	1.023
III	1.15	1.105		1.058
IV	—	1.190	—	—

（3）各段齿升量　第一段刀齿为圆刀齿或接近于圆刀齿，故可按圆拉刀选取齿升量，或选四方孔拉刀和六方孔拉刀的较小齿升量（见表 7-10）。其余各段齿升量按下式计算：

$$a_{fi} = \zeta_i a_{fI}$$

式中　ζ_i——齿升量增大系数，由表 7-104 选取；

a_{fI}——第一段的齿升量。

为方便使用，特列出齿升量推荐值（见表 7-105、表 7-106），供设计使用。

3. 拉刀齿数、长度及前导部

除最末一段外，四方、六方孔拉刀各段的切削齿齿数 z_i 按下式计算：

表 7-104　齿升量增大系数 ζ_i

组号 i	四方孔拉刀				六方孔拉刀			
	3 段		4 段		2 段		3 段	
	钢	铸铁	钢	铸铁	钢	铸铁	钢	铸铁
I	1	1	1	1	1	1	1	1
II	1.8	1.98	1.5	1.6	2.3	2.65	1.8	1.98
III	3	3.58	2.3	2.65	—	—	2.95	3.55
IV	—	—	3.8	4.75	—	—		

表 7-105　四方孔拉刀齿升量

（单位：mm）

S	a_{fI}	a_{fII}	a_{fIII}	a_{fIV}
9	0.015	0.025	0.04	—
12	0.015	0.03	0.04	—
14	0.020	0.03	0.05	—
17	0.020	0.035	0.05	0.08
19	0.020	0.035	0.06	0.09
22	0.025	0.04	0.06	0.10
24	0.025	0.04	0.06	0.10
27	0.03	0.05	0.08	0.12
30 及 32	0.03	0.06	0.09	0.15

表 7-106　六方孔拉刀齿升量

（单位：mm）

S	a_{fI}	a_{fII}	a_{fIII}
14	0.020	0.04	—
17	0.020	0.045	—
22	0.025	0.045	0.075
27	0.030	0.045	0.09
32	0.030	0.06	0.10
36	0.035	0.065	0.115
41	0.035	0.07	0.12
46	0.045	0.075	0.125
50	0.05	0.10	0.15

$$z_i = \frac{(d_{m(i+1)} - 2a_{f(i+1)}) - (d_{mi} - 2a_{fi})}{2a_{fi}} \quad (7\text{-}71)$$

式中　d_{mi}、a_{fi}——计算齿段的第一齿直径及齿升量（mm）；

　　　$d_{m(i+1)}$、$a_{f(i+1)}$——下一齿段第一齿直径及齿升量（mm）。

　　第一齿段第一齿如为圆刀齿，则该段应加一个齿。最末段切削齿齿数 z_z 按下式计算：

$$z_z = \frac{d_z - (d_{mz} - 2a_{fz})}{2a_{fz}} + (2 \sim 4) \quad (7\text{-}72)$$

式中　d_z——拉刀校准齿直径，按式（7-64）计算（mm）；

　　　d_{mz} 及 a_{fz}——最末齿段第一齿的直径及齿升量（mm）。

　　成套四方、六方孔拉刀前导部，除第一根拉刀外，其余各根拉刀前导部应为四方形或六角形截面（见图7-78），其对边距离 S_3 及尺寸 D_3 为

$$S_3 = S_{min}$$
$$D_3 = d_{min}$$

式中　S_{min}、d_{min}——前一根拉刀校准齿的最小极限尺寸（mm）。

　　S_3 的公差按工件公差 ΔS 的 1/3 确定。

4. 四方孔拉刀设计示例（六方孔拉刀略）

　　设计步骤及计算结果见表 7-107，拉刀工作图及直径尺寸如图 7-79 及图 7-80 所示。

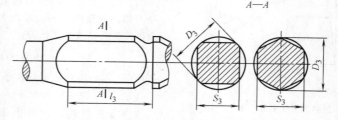

图 7-78　成套四方孔、六方孔拉刀前导部

表 7-107　四方孔拉刀设计步骤及计算示例

已知条件：1）被拉削孔尺寸：

　　　　对边　$S = 24^{+0.14}_{0}$ mm

　　　　对角　$D = 32.5^{+0.34}_{0}$ mm

2）拉削长度　$L = 40$ mm

3）预加工孔径　$d_0 = 24$（钻孔）mm

4）工件材料　40Cr

5）机床：卧床拉床 L610

6）生产条件下最大可能加工的拉刀长度 800mm

序号	计算项目	符号	计算公式或选取方法	计算实例
1	拉刀材料		选用 W6Mo5Cr4V2	

（续）

序号	计算项目	符号	计算公式或选取方法	计算实例
2	几何参数	γ_o α_o $b_{\alpha 1}$	查表 7-28 查表 7-29 查表 7-30	$\gamma_o = 15°$ $\alpha_o = 3°$，校准齿 $\alpha_o = 1°30'$ $b_{\alpha 1} = 0.2mm$，$b_{\alpha 1} = 0.6mm$（校准齿）
3	选定切削齿分段数	i	$S > 15mm$，i 取 4	$i = 4$
4	齿升量	a_f	第一段齿升量 $a_{fⅠ}$ 查表 7-10 第二段齿升量 $a_{fⅡ} = 1.5a_{fⅠ}$ 第三段齿升量 $a_{fⅢ} = 2.3a_{fⅠ}$ 第四段齿升量 $a_{fⅣ} = 3.8a_{fⅠ}$	$a_{fⅠ} = 0.025mm$ $a_{fⅡ} = 1.5 \times 0.025mm = 0.0375mm$，取 $0.04mm$ $a_{fⅢ} = 2.3 \times 0.025mm = 0.575mm$，取 $0.06mm$ $a_{fⅣ} = 3.8 \times 0.025mm = 0.095mm$，取 $0.10mm$
5	齿距及同时工作齿数	p z_e	查表 7-22	$p = 9mm$ $z_e = 5$
6	校验容屑系数	K	根据 $p = 9$，按表 7-24 初选 h，求 A_c $K = \dfrac{A_c}{a_{fi} L}$ 查表 7-17 $a_{fⅠ} = 0.025mm$ 时，$K_{min} = 3$ $a_{fⅡ} = 0.04mm$ 时，$K_{min} = 4$ $a_{fⅢ} = 0.06mm$ 时，$K_{min} = 4$ $a_{fⅣ} = 0.10mm$ 时，$K_{min} = 4.5$ 第四段改用曲线齿背 按表 7-24，$R = 7mm$ 按表 7-18，$K_{min} = 2.8$	$h = 3.6mm$，$A_c = \dfrac{\pi h^2}{4} 10.18$ $K_Ⅰ = \dfrac{10.18}{0.025 \times 40} = 10.18 > 3$ $K_Ⅱ = \dfrac{10.18}{0.04 \times 40} = 6.36 > 4$ $K_Ⅲ = \dfrac{10.18}{0.06 \times 40} = 4.24 > 4$ $K_Ⅳ = \dfrac{10.18}{0.1 \times 40} = 2.55 < 4.5$ 改用 $p_Ⅳ = 10mm$，$h = 4mm$，$A_c = 12.57mm$ $K_Ⅳ = \dfrac{12.57}{0.1 \times 40} = 3.14 > 2.8$ 合格
7	容屑槽尺寸	h g r R	查表 7-24	第 Ⅰ、Ⅱ、Ⅲ 段刀齿 $p = 9mm$，$h = 3.6mm$，$g = 2.9mm$，$r = 1.8mm$ 第 Ⅳ 段刀齿 $p = 10mm$，$h = 4mm$，$g = 3.2mm$，$R = 7mm$
8	柄部尺寸	d_1 d_2 L_3	按 GB/T 3832—2008 （表 7-36）	$d_1 = 22^{-0.020}_{-0.053}mm$，$L_1 = 20mm$ $d_2 = 16.5^{\ 0}_{-0.18}mm$，$L_2 = 25mm$ $L_3 = 90mm$

(续)

序号	计算项目	符号	计算公式或选取方法	计算实例
9	拉刀强度校验	d'	第一齿槽处直径 $d'=d_0-2h$ 最小截面在柄部 $A_{min}=\left(\dfrac{d_2}{2}\right)^2\pi$	$d'=(24-7.2)\text{mm}=16.8\text{mm}$ $A_{min}=213.8\text{mm}^2$
		F_{max}	$F_{max}=F'\Sigma b_D z_e K_\gamma K_\alpha K_\delta K_\omega$ 查表 7-48 $F'=152$	$F_{max}=152\times\pi\times24\times5\times0.93\times1.15\text{N}$ $=61285\text{N}$
		σ	$\sigma=\dfrac{F_{max}}{A_{min}}$ $[\sigma]=350\text{MPa}$	$\sigma=\dfrac{61285}{213.8}\text{MPa}=286.6\text{MPa}$ $\sigma<[\sigma]$
10	校验机床拉力	$[F]$	$[F]=0.9[F_{max}]$	$[F]=0.9\times10^5\text{N}=9\times10^4\text{N}$ $[F]>F_{max}$ 允许
11	拉刀第一齿直径	D_1	$D_1=d_0$	$D_1=24\text{mm}$
12	拉刀校准齿和最后切削齿直径	d_z	$d_z=D_{max}+\Delta$ Δ 按表 7-32 取	$\Delta=0.01\text{mm}$ $D_h=(32.84+0.01)\text{mm}=32.85\text{mm}$
13	对边间距离	S_0	$S_0=S_{max}-\Delta_S$ Δ_S 为 S 公差的 1/4~1/8	$S_0=(24.14-0.02)\text{mm}=24.12\text{mm}$
14	拉刀各齿段的第一齿直径	$d_{mⅠ}$ $d_{mⅡ}$ $d_{mⅢ}$ $d_{mⅣ}$	$d_{mi}=\eta_i S+2a_{fi}$ $\eta_Ⅰ=1$ $\eta_Ⅱ=1.045$ $\eta_Ⅲ=1.105$ $\eta_Ⅳ=1.190$ 计算所得各直径在排刀齿直径表时可能要有所修改	$d_{mⅠ}=(1\times24+2\times0.025)\text{mm}=24.05\text{mm}$ $d_{mⅡ}=(1.045\times24+2\times0.04)\text{mm}$ $=25.16\text{mm}$ $d_{mⅢ}=(1.105\times24+2\times0.06)\text{mm}$ $=26.64\text{mm}$ $d_{mⅣ}=(1.19\times24+2\times0.1)\text{mm}=28.76\text{mm}$ 见图 7-79 第 24 齿以及图 7-80 第 2、19 齿
15	拉刀各齿段的切削齿齿数		第 Ⅰ，Ⅱ，Ⅲ 段齿数 $z_i=\dfrac{(d_{mi+1}-2a_{fi+1})-(d_{mi}-2a_{fi})}{2a_{fi}}$ 第 Ⅳ 齿段的切削齿数 $z_Ⅳ=\dfrac{d_z-(d_{mⅣ}-2a_{fⅣ})}{2a_{fⅣ}}+(2\sim4)$	$z_Ⅰ=\dfrac{(25.16-2\times0.04)-(24.05-2\times0.025)}{2\times0.025}$ $=21.6$ 因第一齿为圆孔齿，故 $z_Ⅰ$ 要增加一齿 $z_Ⅰ=22.6$，即 23 齿 $z_Ⅱ=\dfrac{(26.64-2\times0.06)-(25.16-2\times0.04)}{2\times0.04}$ $=18$ $z_Ⅲ=\dfrac{(28.76-2\times0.1)-(26.64-2\times0.06)}{2\times0.06}$ $=17$ $z_Ⅳ=\dfrac{32.85-(28.76-2\times0.1)}{2\times0.1}+2$ $=23.4$，取 23
16	拉刀切削齿总齿数	z	$z=z_Ⅰ+z_Ⅱ+z_Ⅲ+z_Ⅳ$	$z=23+18+17+23=81$
17	切削部长度	l	$l=(z-z_Ⅳ)\times p+z_Ⅳ\times10$	$l=(58\times9+23\times10)\text{mm}=752\text{mm}$

（续）

序号	计算项目	符号	计算公式或选取方法	计算实例
18	校准部分齿距 齿数 长度	p_z z_z l_z	$p_z = 0.7p$，为制造方便，取 $p_z = p$ 查表 7-32	$p_z = 10\text{mm}$ $z_z = 4$ $l_z = 10 \times 4\text{mm} = 40\text{mm}$
19	前导部 直径 长度	d_3 l_3		$d_3 = 24_{-0.07}^{-0.04}\text{mm}$ $l_3 = 40\text{mm}$
20	后导部 直径 长度	d_4 l_4	$d_4 = S$ l_4 查表 7-40	$d_4 = 24_{-0.07}^{-0.04}\text{mm}$ $l_4 = 35\text{mm}$
21	颈部长度 过渡锥长度 柄部前端到第一齿的长度/mm	l_0 l L_y	$L_y = L_1 + L_2 + l_0 + l_3$	$l_0 = 110\text{mm}$ $l = 20\text{mm}$ $L_y = (20+25+110+40)\text{mm} = 195\text{mm}$
22	拉刀总长度	L	$L = L_y + l + l_z + l_4$	$L = (195+752+40+35)\text{mm} = 1010\text{mm}$
23	成套拉刀把数	j	$j = \dfrac{l_5 + l_z}{L_{max} - L_y}$	既已超过极限长度 800mm，应改为成套拉刀 2 把（已知条件 6） $j = \dfrac{752+40}{800-195} = 1.31$ 取 $j = 2$
24	每把拉刀的齿数	z_j	$z_j = \dfrac{z_g + z_z + 3(j-1)}{j}$	$z_j = \dfrac{81+4+3(2-1)}{2} = 44$ 取第一把拉刀为 43 齿，第二把拉刀为 45 齿。可在第一把拉刀上安排第 I、II 两齿段的全部刀齿
25	切削齿和校准齿长度 第一把拉刀 第二把拉刀	l_I l_{II}	$l_I = z_{jI} p_I$ $l_{II} = (z_{III} + 1)p + z_{IV} p_{IV}$	$l_I = 43 \times 9\text{mm} = 387\text{mm}$ $l_{II} = (18 \times 9 + 27 \times 10)\text{mm} = 432\text{mm}$
26	刀齿切削刃宽度及分屑槽数目	b_j n_k	第 1 把拉刀 1~3 齿为圆形齿，查表 7-27 I 拉刀 No 4~10 $b_{10} = \dfrac{\pi}{4} d_{m10} \left(1 - \dfrac{\arccos\dfrac{S}{d_{m10}}}{45°}\right)$ I 拉刀 No11~41 II 拉刀 No1~14	第 1 把拉刀第 1~3 齿，$n_k = 16$ $b_{10} = \dfrac{\pi}{4} 24.45 \left(1 - \dfrac{\arccos\dfrac{24.12}{24.45}}{45°}\right)\text{mm} = 15.18\text{mm}$ 取 $n_k = 4$ $b_{41} = \dfrac{\pi}{4} 26.5 \left(1 - \dfrac{\arccos\dfrac{24.12}{26.5}}{45°}\right)\text{mm} = 9.5\text{mm}$ 取 $n_k = 2$ $b_{14} = \dfrac{\pi}{4} 28.06 \left(1 - \dfrac{\arccos\dfrac{24.12}{28.06}}{45°}\right)\text{mm} = 6.99\text{mm}$ 取 $n_k = 1$
27	第 II 拉刀前导部对边间距离及直径	S_{II} S_{4II} d_{4II}	$S_{II} = S_{Imin}$ $S_{4II} = S_{Imin}$ $d_{4II} = d_{bImin}$	$S_{II} = 24.09_{-0.03}^{-0}\text{mm}$ $S_{4II} = 24.09_{-0.145}^{-0.10}\text{mm}$ $d_{4II} = 26.50_{-0.145}^{-0.01}\text{mm}$
28	拉刀总长度 第 I 拉刀 第 II 拉刀	L_I L_{II}	$L_I = l + l_I + l_7$ $L_{II} = l + l_{II} + l_7$	$L_I = (195+387+35)\text{mm} = 617\text{mm}$ $L_{II} = (195+432+35)\text{mm} = 662\text{mm}$
29	中心孔尺寸		略	

齿号 No	1	2	3	4	5	6	7	8	9	10	11	12	13	14	15	16	17	18	19	20	21	22
D 公称尺寸	24.00	24.05	24.10	24.15	24.20	24.25	24.30	24.35	24.40	24.45	24.50	24.55	24.60	24.65	24.70	24.75	24.80	24.85	24.90	24.95	25.00	25.05
极限偏差											±0.010											
后角 αₒ											3°											

齿号 No	23	24	25	26	27	28	29	30	31	32	33	34	35	36	37	38	39	40	41	42	43
D 公称尺寸	25.10	25.18	25.26	25.34	25.42	25.50	25.58	25.66	25.74	25.82	25.90	25.98	26.06	26.14	26.22	26.30	26.38	26.46	26.50	26.50	26.50
极限偏差	±0.010								±0.015											$^{0}_{-0.011}$	
后角 αₒ	±0.010								3°												1°30'

$Ra\ 3.2$　$Ra\ 3.2$

45°　$\phi 24_{-0.04}$　$\phi 2.5$　3　9　9　$Ra\ 0.4$

B　B　387　617

$\phi 24^{-0.04}_{-0.07}$　$Ra\ 1.6$　9　6　A　A　40　20　195

$\phi 22$　$Ra\ 6.3$　$\phi 21.5$　$\phi 17^{\ 0}_{-0.28}$　75　28　15　6

$\phi 22^{-0.025}_{-0.085}$　15°　$Ra\ 3.2$

A—A
No.1~3齿开分屑槽
16个，前后齿交错排列

分屑槽数目：No.4~10齿开 4个
No.11~41齿开 2个

B—B
$24.12_{-0.03}$　45°　0.5　0.8　d
$Ra\ 0.2$　$Ra\ 0.8$　$Ra\ 0.1$　1°　0.8　α
2.9　$r=18$　50°　9　15°　3.6　$Ra\ 0.4$

尺寸24.12应向尾部减小，其值不超过公差

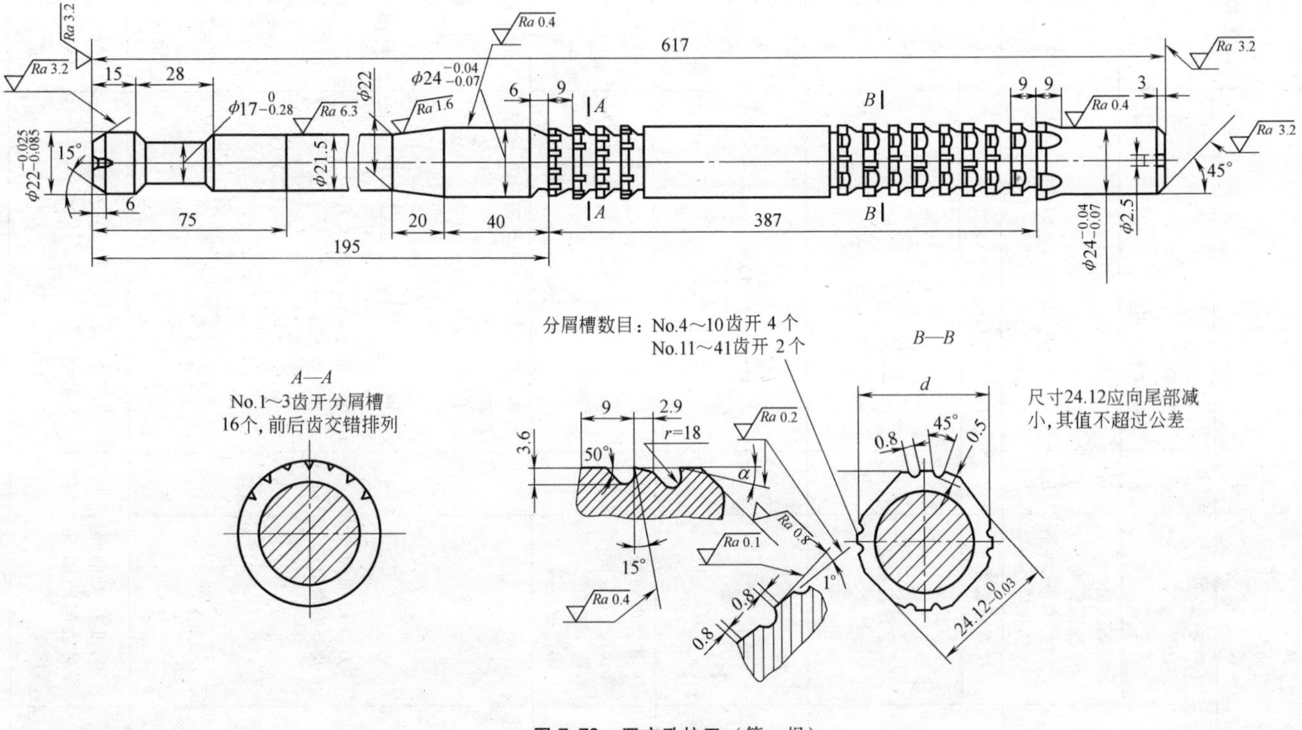

图7-79　四方孔拉刀（第一根）

齿号 No	1	2	3	4	5	6	7	8	9	10	11	12	13	14	15	16	17	18	19	20	21	22	23
D 公称尺寸	26.50	26.62	26.74	26.86	26.98	27.10	27.22	27.34	27.46	27.58	27.70	27.82	27.94	28.06	28.18	28.30	28.42	28.54	28.70	28.90	29.10	29.30	29.50
极限偏差	±0.020																		±0.025				
后角 α_o	3°																						

齿号 No	24	25	26	27	28	29	30	31	32	33	34	35	36	37	38	39	40	41	42	43	44	45
D 公称尺寸	29.70	29.90	30.10	30.30	30.50	30.70	30.90	31.10	31.30	31.50	31.70	31.90	32.10	32.30	32.50	32.66	32.78	32.85	32.85	32.85	32.85	32.85
极限偏差	±0.025																		$^{0}_{-0.011}$			
后角 α_o	3°																				1°	

Ra 3.2　Ra 3.2　Ra 0.2

中心孔　$\phi25$　$\phi24_{-0.04}$　45°　3　9　9

Ra 0.1　Ra 0.2　0.8　1°　$b_{\alpha1}$　15°　3.2　$r=1$　10　$r=2$　4　Ra 0.4

No.15～39齿及校准齿齿形

No.19～39齿容屑槽尺寸
$b_{\alpha1}=0.3$, $\alpha=3°$
No.40～45
$b_{\alpha1}=0.6$, $\alpha=1°$

432

No.1～14齿各开1个分屑槽，前后交错

No.1～14齿齿形

0.5　45°　0.8　Ra 0.1　0.8　1°

662　B　6　9　40　20　A

Ra 0.8　$\phi22$

$B-B$　p　Ra 0.4　$24.09_{-0.03}$

$A-A$　$24.09^{-0.100}_{-0.145}$　$26.50^{-0.100}_{-0.045}$　Ra 0.4

No.14齿以前刀齿容屑槽尺寸
$b_{\alpha1}\leqslant0.2$
$\alpha=3°$

195　$\phi21.5$　Ra 1.6　Ra 0.8

2.9　a_o　15°　9　$b_{\alpha1}$　$r=1$　1.8　3.6　Ra 0.4　Ra 0.2

$\phi17_{-0.28}$　Ra 3.2　28　15　15°　$\phi22^{-0.025}_{-0.085}$　75±1　9

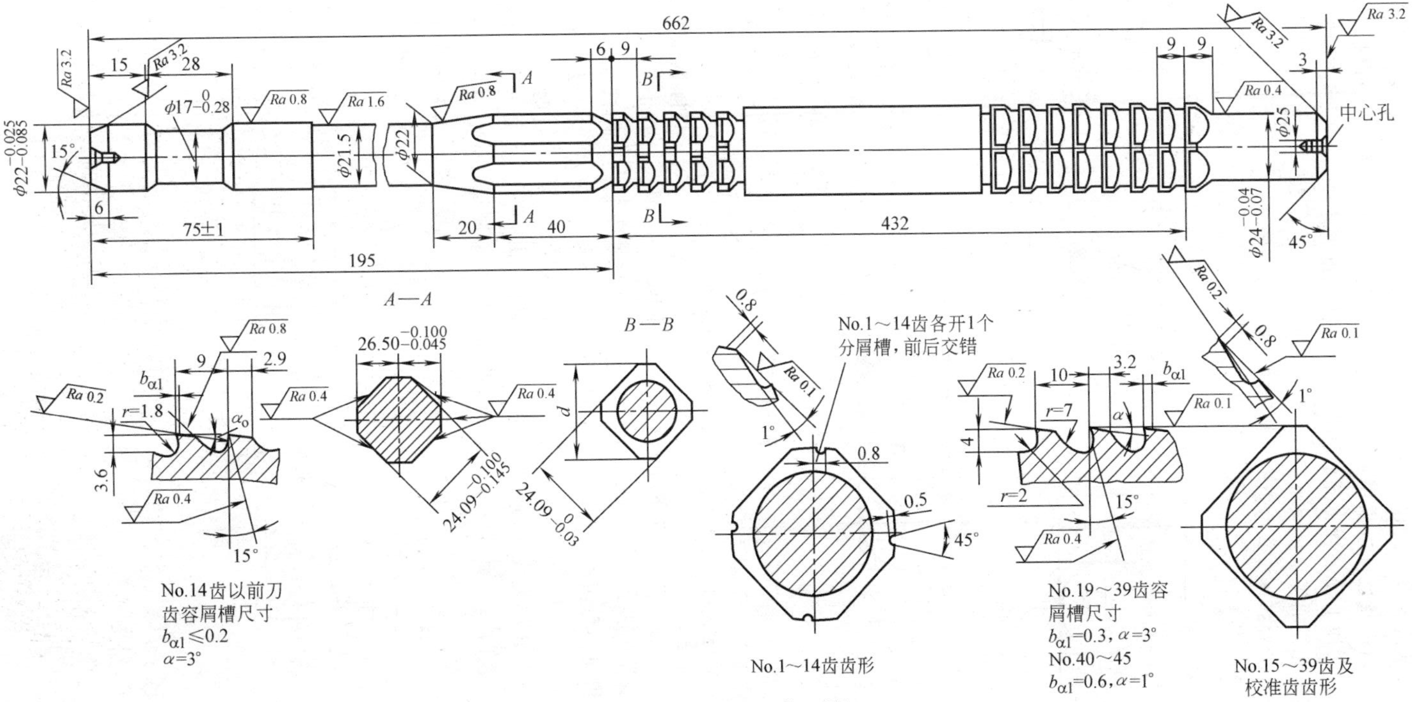

图7-80 四方孔拉刀（第二根）

7.7.2 矩形孔拉刀

（1）预制孔 矩形孔的预制孔一般常采用钻孔，孔的边长比 $B/S \leqslant 2$ 时，钻一个孔；边长比 $B/S > 2$ 时，钻两个以上的孔。

矩形孔也可以采用模锻冲孔、插孔及仿形铣孔等方法加工预制孔，此时预制孔形状更接近要求的矩形孔，加工余量减小。

（2）拉削方式 矩形孔常用的拉削方式如图 7-81 所示。

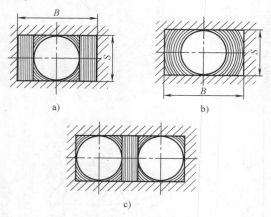

图 7-81 矩形孔的拉削方式

a）矩形孔边长比 $B/S \leqslant 2$ 时 b）精度高于 IT9 或孔内表面粗糙度参数值要求小时 c）$B/S > 2$ 时

对于 $B/S \leqslant 1.5$ 的矩形孔，可采用图 7-81b 所示的拉削方式。这种拉削方式的拉刀结构与四方拉刀相同，主切削刃为圆弧刃，对边距离 S 不变（见图 7-82），并有凹槽和副偏角 $\kappa'_r = 1° \sim 2°$。在对边距离为 B 的直线副切削刃上磨出后角 $\alpha'_o = 1°$ 并留有刃带，圆弧刃矩形拉刀具有拉刀长度小，易于制造的优点。

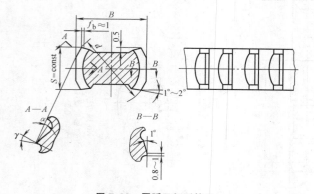

图 7-82 圆弧刃矩形拉刀

对于矩形孔边长比 $B/S \leqslant 2$ 时，采用图 7-81a 所示的拉削方式，即钻孔后先拉成方孔，再拉成矩形孔，所用的矩形拉刀一般仅在两窄边上有直线刃刀

齿，如图 7-83a 所示。当精度高于 IT9 级或孔内表面粗糙度参数值要求小时，可在拉刀最后的宽边上做出刀齿，或另做单独的校准拉刀，如图 7-83b 所示。矩形拉刀刀齿一般为直齿。当切削宽度大于 10 ~ 12mm 时，最好做成斜齿，斜角 $\omega \leqslant 75° \sim 80°$，对边刀齿方向应相反，以减小侧向拉削力（见表 7-51）。

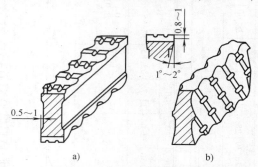

图 7-83 直线刃矩形拉刀及其截面

a）窄边拉刀 b）宽边校准拉刀

直线刃矩形拉刀光滑边应做出纵向凹槽，深度为 0.5 ~ 1mm，副后刀面应有副偏角 $\kappa'_r = 1° \sim 2°$，并留有 0.8 ~ 1mm 的刃带，切削刃尖角处应有 45°过渡刃，其他结构与键槽拉刀相同。

当 $B/S > 2$ 时，预制孔数为两个以上，它们先分别拉成方孔，然后用单面齿或双面齿的平拉刀切除其余金属（见图 7-81c）。预制孔数为奇数时（如 3 孔），通常先将两端孔拉成方孔，再加工中间的孔。

大尺寸矩形拉刀甚至方拉刀制造和使用不方便，此时应采用图 7-84 所示的单面齿平面拉刀分别加工各边。建议平面拉刀尽量采用人字齿结构，为了减轻刀体两侧面的摩擦，斜齿平面拉刀可在两侧面做出无齿升量、无分屑槽的刀齿。斜齿平面拉刀主、副切削刃斜角皆取为 $\omega = 90° - \gamma_o$。

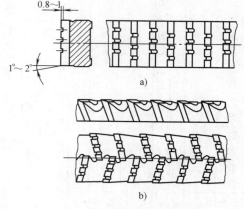

图 7-84 平面拉刀刀齿

a）直齿结构 b）人字齿结构

为了减轻平面拉刀的质量，可在孔中加导向垫块，如图 7-85 所示。

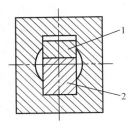

图 7-85 利用垫块拉削
1—平拉刀 2—导向垫块

（3）分块拉削的平面拉刀 图 7-86 所示为分块拉削平面拉刀的两种分块方法。图 7-86a 为每齿组中有五个刀齿，第一齿组左面第一齿切去 $B/5$ 的金属，后面 4 个刀齿逐渐向两侧切宽到拉削宽度。第二齿组从两侧开始切削，而由最窄的第五齿结束第二层金属的切削。

图 7-86b 所示分块方法为，第一组刀齿在工件加工余量上切出若干条梯形槽，第二组直线刀齿则切除剩余的凸起部分，因此一个齿组中的两个刀齿分别排在前后两组相同结构的刀齿之中，制造较容易，但分块拉削的原理未变。

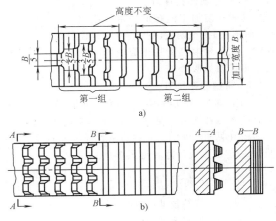

图 7-86 分块拉削平面拉刀
a）方法一 b）方法二

分块拉削平面拉刀在粗切齿之后还应做有若干精切齿，可参考表 7-12 中圆拉刀参数选取精切齿齿升量。粗切齿每齿组齿升量可取为 0.25~0.4mm。

7.7.3 复合孔拉刀

复合孔包括截形由直线和圆弧组成的孔，以及仅由直线组成的复杂孔形。图 7-87 所示为常见的复合孔及它们的拉削方式。

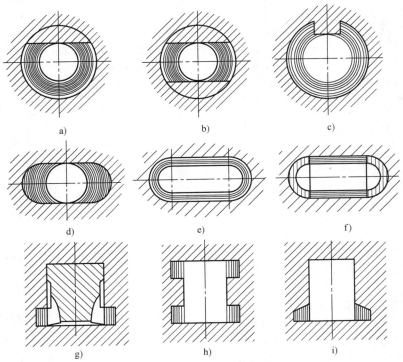

图 7-87 复合孔及其拉削方式
a）一段圆弧、一段直线 b）两段圆弧、两段直线 c）带键圆孔 d）预制孔
为圆孔的扁圆拉刀的拉削方式 e）成形式 f）主切削刃是直线刃
g）带槽矩形孔 1 h）带槽矩形孔 2 i）槽为不等腰梯形

1. 带平面圆孔拉刀

这种拉刀加工的孔形是由一段圆弧、一段直线（见图7-87a）或两段圆弧、两段直线组成（见图7-87b）。工件预制孔为切于直线的小圆孔。拉刀结构与矩形拉刀类似。

2. 带键圆孔拉刀

加工图7-87c所示孔形。拉刀前面的一些刀齿带有削平的直线刃（见图7-88a），其余的刀齿则带有凹槽（见图7-88b）。直线刃从直径等于 D_n 的刀齿开始。D_n 由下式计算（见图7-89）：

$$D_n = d_b - 2\left[d_b - \left(t'_{1max} - \frac{1}{4}\Delta t'_1\right)\right] \qquad (7-73)$$

式中　d_b——圆孔校准齿直径；

　　　$\Delta t'_1$——键高尺寸公差。

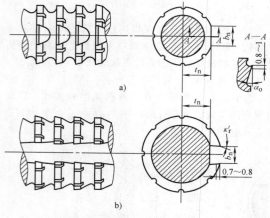

a)

b)

图 7-88　带键圆孔拉刀主要结构
a) 带有削平的直线刃　b) 带凹槽的刀齿

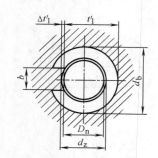

图 7-89　键孔尺寸

刀齿直线刃最大长度 b_n 为

$$b_n = b_{min} + \Delta_b \qquad (7-74)$$

式中　b_{min}——键的最小极限尺寸（mm）；

　　　Δ_b——键宽修正量，用以补偿因拉刀不直或槽向扭曲造成的键宽减小值。一般可取：$\Delta_b = 0.01 \sim 0.015mm$。

拉刀轴线到直线刃的距离 t_n 为（见图7-88）

$$t_n = t'_{1max} - \frac{1}{4}\Delta t'_1 - 0.5d_b \qquad (7-75)$$

t_n 值对有直线刃的刀齿都一样，最初 $4 \sim 5$ 个带槽刀齿的 t_n 值也一样。其余的带槽刀齿采取抬高后顶尖的方法加工槽底，使 t_n 值逐渐减小，尾部达到 $0.1 \sim 0.2mm$。

最后一个带直线刃的刀齿直径 d_z 为

$$d_z = 2\sqrt{t_n^2 + \left(\frac{b_n}{2}\right)^2} = \sqrt{4t_n^2 + b_n^2} \qquad (7-76)$$

实际上，可取最接近计算 d_z 值的较小直径刀齿为最后一个带直线刃的刀齿，以后的刀齿都带槽。

对 b_n 值取正公差，对 t_n 取负公差。

直线刃与方拉刀一样，也磨出小后角 $\alpha'_o = 1°$，并留刃带宽 $0.8 \sim 1mm$（见图7-88A—A剖面）。

从凹槽深度约1.5mm的刀齿开始，槽壁应做成凹入形，副偏角为 $\kappa'_r = 1°$，并在切削刃处留有 $0.7 \sim 0.8mm$ 直边。凹槽尖角应有 $r = 0.2 \sim 0.3mm$ 的圆弧形或倒角形过渡刃。

由于这种拉刀切削余量大，故最好采用分块式拉削方式。

3. 扁圆拉刀

所谓扁圆，是指孔的两直线边与两圆弧光滑相接，即圆弧半径等于孔高的一半。

预制孔为圆孔的扁圆拉刀的拉削方式如图7-87d所示。拉刀切削刃为以预制孔圆心为圆心的同心圆弧，因此，两端的每个切削刃由三段组成，如图7-90所示，即

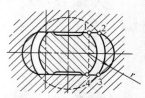

图 7-90　扁圆拉刀的切削刃

1）以预制孔圆心为圆心的圆弧段$\overarc{23}$为主切削刃。

2）两段半径为 r 的圆弧段$\overarc{12}$和$\overarc{34}$均为副切削刃。

在最后一个切削齿和全部校准齿上，主切削刃$\overarc{23}$段完全消失。为了减少副后面的摩擦，消除金属粘接，必须在$\overarc{12}$和$\overarc{34}$段上做出 $\alpha'_o = 1°$ 的后角，这使拉刀制造非常复杂。另一减少摩擦的方法是将拉刀尾部抬高，用成形砂轮通磨各刀齿圆弧面$\overarc{12}$段和$\overarc{34}$段，形成一定的后角。但这会造成拉刀廓形畸变，必须对砂轮廓形进行修正，修正计算方法可参阅

7.10 节。

当预制孔为仿形铣削孔或模锻冲孔时，扁圆拉刀可以采用两种拉削方式。图 7-87e 所示为成形式，即拉刀每齿切削刃皆为孔形的等距线，切削刃上各点都切下切屑。这种拉刀长度较短，可以达到较高精度和较小的加工表面粗糙度参数值，但制造、刃磨较困难。图 7-22 所示推刀即为此种拉削方式。

图 7-87f 所示为拉削方式的另一方案：首先用直线刃加工孔的两个平面，然后用渐成法加工圆弧，这部分刀齿与图 7-87d 所示的圆弧部分刀齿很相像，但主切削刃是直线刃，而不是圆弧刃。

4. 带槽矩形孔拉刀

图 7-87g 和 h 所示的孔，拉刀设计与制造并无多大困难。首先加工出矩形孔，然后切槽，切槽拉刀刀体为棱柱形，刀齿类似键槽拉刀刀齿，如图 7-87g 所示。当孔的尺寸较大时，拉刀可做成组合结构或在孔中加导向垫块。

当孔中的槽为等腰或不等腰梯形时（见图 7-87i），拉削方式虽然与矩形槽相同，但切槽齿的斜边要做出副偏角和副后角，因此斜边要进行修正，修正计算方法详见 7.10 节。切槽齿的直边也应做出类似四方刀的纵向槽（见图 7-75）。

7.8　装配式内拉刀

对于结构尺寸大的拉刀和有特殊要求的拉刀，为解决高速工具钢消耗多，制造困难，成本高和便于修磨等问题，常采用装配式结构。装配式结构还较易解决拉削方式、拉削余量分配、合理几何参数等与拉刀结构的矛盾，可以满足某些拉刀的特殊要求。

装配式结构既用于内拉刀，也适用于外拉刀，

本节主要介绍装配式内拉刀。装配式外拉刀结构详见 7.9 节。

装配式内拉刀的结构主要有刀套式结构、刀环式结构和刀条式结构等。

以下几种装配式内拉刀是成功应用的实例。

7.8.1　装配式矩形花键拉刀

重型机械、石油化工、军工等行业中常采用 $\phi100mm$ 左右甚至 $\phi125 \sim 230mm$ 的大规格花键，对这些内花键采用插削或键槽拉刀逐键拉削的加工方法，生产率低，加工精度远远不能满足要求。

整体结构的大规格花键拉刀消耗大量的贵重刀具材料，拉刀的金相组织差，切削性能不易提高，制造厂要具备大型冷、热加工设备，使用厂要有大型刃磨设备。采用装配式拉刀，能在很大程度上克服上述缺点。

1. 刀条式矩形花键拉刀

图 7-91 所示为国产刀条式矩形花键拉刀。拉刀刀体 1 上加工有与花键键数相同数目的轴向长定位槽，刀条 6 直接装入刀体定位槽中，用螺钉 5 通过压块 4 紧固。刀条的轴向位置靠压环 3 和挡环 8 保证，并用圆螺母 2 和 9 锁紧。

这种矩形花键拉刀仅刀条是用高速工具钢制成，其余部分用碳素结构钢或合金结构钢制造，节约较多的贵重材料。刀条相当于无柄的键槽拉刀，加工方便，也可保证较好的金相组织。

2. 刀环式矩形花键拉刀

图 7-92 所示为刀环式矩形花键拉刀，其特点为每一圈刀齿为一个刀环 5，套装在刀杆 1 上，由平键 6 定位，刀环与刀杆采用 H7/h6 配合，键与键槽的配合也为 H7/h6，保证了主要配合面只有很小间隙。

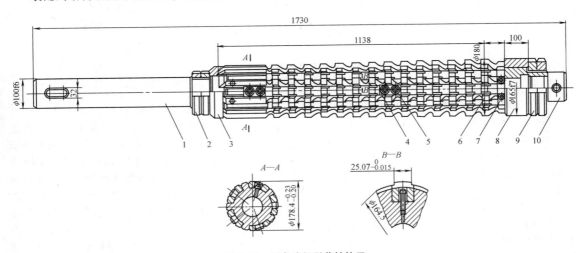

图 7-91　刀条式矩形花键拉刀

1—刀体　2、9—圆螺母　3—压环　4—压块　5—螺钉　6—刀条　7—螺钉　8—挡环　10—后柄

齿号 No		1	2	3	4	5	6	7	8	9	10	11	12	13	14	15	16	17
D	尺寸	80.00	80.40	80.80	81.20	81.60	82.00	82.40	82.80	83.20	83.60	84.00	84.40	84.80	85.20	85.60	86.00	86.40
	极限偏差	±0.03																
f		0.10																
α_o		$2°30'^{+1°30'}_{0}$																

齿号 No		18	19	20	21	22	23	24	25	26	27	28	29	30	31	32	33	34
D	尺寸	86.80	87.20	87.60	88.00	88.40	88.80	89.20	89.40	89.60	89.80	89.90	89.96	90.00	90.03	90.03	90.03	90.03
	极限偏差	±0.03								±0.02						±0.005		
f		0.10								0.15						0.70		
α_o		$2°30'^{+1°30'}_{0}$														$30'^{+1°}_{0}$		

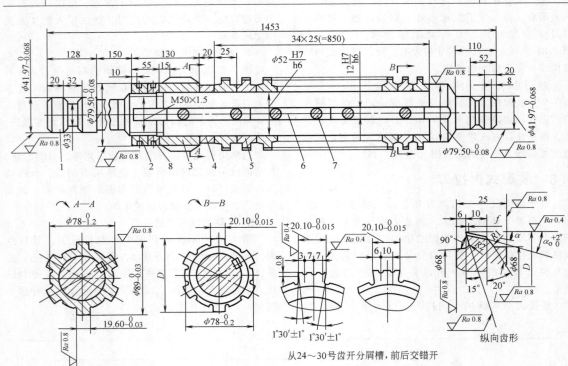

从24~30号齿开分屑槽，前后交错开

图 7-92　刀环式矩形花键拉刀

1—刀杆　2、8—螺母　3—前导套　4—隔套　5—刀环　6—平键　7—螺钉

刀环式矩形花键拉刀仅刀环材料为高速工具钢，其余部分用 40Cr、T10A 等材料，刀杆表面经高频淬火，硬度达 42HRC。个别刀环磨钝或损坏后，可以更换或改制，使拉刀寿命延长。此种结构特别适用于无大型加工、刃磨及热处理设备的情况下采用。

3. 机夹硬质合金矩形花键拉刀

经渗氮处理或渗碳处理的合金钢齿轮，其内花键硬度多在 50HRC 以上，个别部位甚至可达 60HRC 左右，无法采用高速工具钢花键推刀对内花键进行热处理后校正，因此需要用硬质合金矩形花键拉刀。

图 7-93 所示为机夹式硬质合金矩形花键拉刀。

拉刀刀齿有两种结构。倒角刀齿 14、16 采用在 9CrSi 小刀体上焊接硬质合金刀片的结构。切削花键的刀齿 13、15 为整体硬质合金刀片，校准齿 4~9 也是整体硬质合金刀片。这些整体硬质合金刀片用销 12 与垫 3 连接。刀齿都装在刀体 1 的槽中，轴向由销子 2 定位，用压块 10 及螺钉 11 夹固。刀齿和刀体槽之间有精确的配合，保证刀齿的等分精度。校准刀齿的槽底有 0.03mm 的斜度，以保证该段外径的倒锥度。引正销 17 起装入工件时的导向作用。刀体的中空结构可减轻拉刀质量。

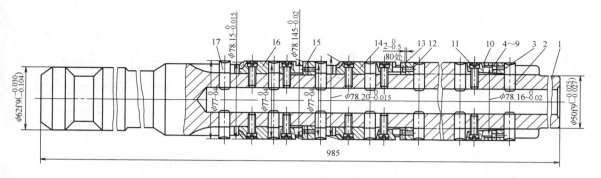

图 7-93　机夹式硬质合金矩形花键拉刀

1—刀体　2—销子　3—垫　4~9、13、15—刀片　10—压块　11—螺钉　12—销　14、16—倒角刀齿　17—引正销

7.8.2　几种装配式拉刀实例

1. 轴承保持架拉刀

（1）轴承保持架结构特点及加工要求　航空发动机用的高速精密轴承保持架结构为悬梁式，如图7-94所示。保持架内孔有21个外宽内窄的键槽，键槽之间的悬梁厚度仅为2mm左右，键槽大径至保持架外圆之间的壁厚仅有1.4mm左右，刚度低，要求键槽两侧面表面粗糙度为 $Ra1.25\mu m$。

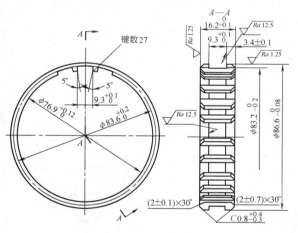

图 7-94　轴承保持架

保持架材料为CrNiMoA，调质处理，硬度为250HBW，既硬又韧，加工性较差。用普通结构的拉刀拉削时，在键槽两侧面上产生明显的纵向条痕，表面粗糙度达不到 $Ra1.25\mu m$ 的要求。同时工件易变形，很难保证尺寸精度。

（2）装配式轴承保持架拉刀特点　装配式轴承保持架拉刀结构如图7-95所示。它主要是在拉刀主体1后面装有精切刀套2，精切刀套由螺母4承受拉削力，键5固定在拉刀主体上，使精切刀套基本定位。

这种拉刀主要有以下两个特点：

1）拉刀主体粗加工、精切刀套精加工，拉刀主体刀齿键宽较小，给精切刀套留下0.04mm的键宽精切余量。精切刀套上共有12个刀齿，其中精切齿4个，其余为校准齿，而在拉刀主体上只有粗切齿和过渡齿。

精切齿齿升量为1mm，由于每侧键槽表面仅有0.02mm的精加工余量，每个精切齿的切削面积很小，从而保证了工件尺寸精度和表面粗糙度。

2）精切刀套周向浮动，为了保证精切刀套刀齿两侧切削面积相同，必须保证拉刀主体与精切刀套之间花键齿中心面位置一致，该拉刀对键和键槽给了较大公差，精切刀套前端有引导部，引导部键侧有3°斜面，而精切刀套后面的螺母4并不拧紧，使精切刀套在引导部斜面的作用下可以自动对准花键齿中心面，键槽尺寸的较大公差也使拉刀制造方便，成本降低。精切刀套的结构尺寸如图7-96所示。装配时一定要保证刀套能够浮动。

2. 套环式七键定子拉刀

（1）普通拉刀加工时存在的问题　七键定子拉刀用于加工摆线泵定子套。定子套（见图7-97）要求精度较高，如：R11.1mm圆弧的一致性为0.008mm；R11.1mm圆弧在圆周上的等分公差为0.07mm；R11.1mm圆弧的尺寸公差为0.02mm等。

使用普通渐成式拉刀加工摆线泵定子套时存在的问题如下：

1）拉刀长度太大，易弯曲和扭曲，不易保证等分、径向圆跳动和圆弧尺寸的一致性。

2）为缩短拉刀而采用较大齿升量时，不能保证表面粗糙度要求。

3）大的齿升量使表面残留应力增大，加工后，定子孔易变形。

（2）套环式七键定子拉刀的特点

1）采用粗精两把拉刀加工，粗拉刀为渐成式，精拉刀为成形式，精拉余量为单边0.1mm。

2）精拉刀齿数少，拉刀短，易保证拉刀精度。

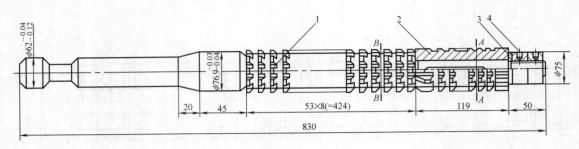

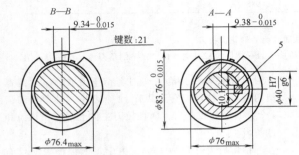

技 术 要 求

1. 拉刀组合后各外圆径向圆跳动公差 0.04mm。
2. 校准齿及校正套的径向圆跳动公差 0.015mm。
3. 紧固螺母卡紧后要使精切刀套有一定的松动性,不得卡紧。
4. 键 5 的配合有一定的侧向间隙使在拉削过程中,精切刀套
   2 在前导向键进入工件时可有微小转动,以保证和拉刀主体
   1 的键中心一致,确保拉削准确,如需要卡紧,可另增一垫圈。
   键的等分积累误差为 0.03mm。
5. 标志:商标、图号、规格、年月。

图 7-95 装配式轴承保持架拉刀

1—拉刀主体 2—精切刀套 3—垫圈 4—螺母 5—键

齿 号		1	2	3	4	5	6	7	8	9	10	11	12
D	公称尺寸	79.00	81.00	83.00	83.76	83.76	83.76	83.76	83.76	83.76	83.76	83.76	83.76
	极限偏差		$^{0}_{-0.10}$						$^{0}_{-0.015}$				

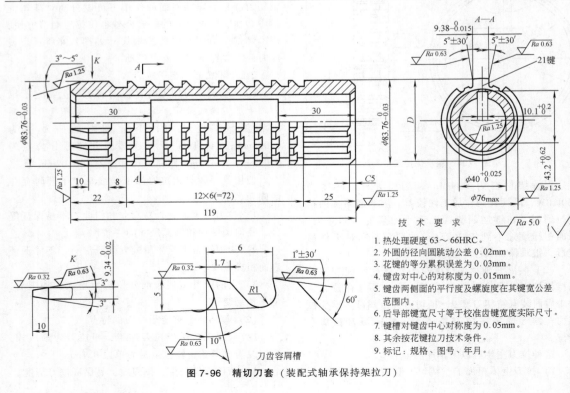

技 术 要 求

1. 热处理硬度 63～66HRC。
2. 外圆的径向圆跳动公差 0.02mm。
3. 花键的等分积累误差为 0.03mm。
4. 键齿对中心的对称度为 0.015mm。
5. 键齿两侧面的平行度及螺旋度在其键宽公差
   范围内。
6. 后导部键宽尺寸等于校准齿键宽度实际尺寸。
7. 键槽对键齿中心对称度为 0.05mm。
8. 其余按花键拉刀技术条件。
9. 标记:规格、图号、年月。

图 7-96 精切刀套（装配式轴承保持架拉刀）

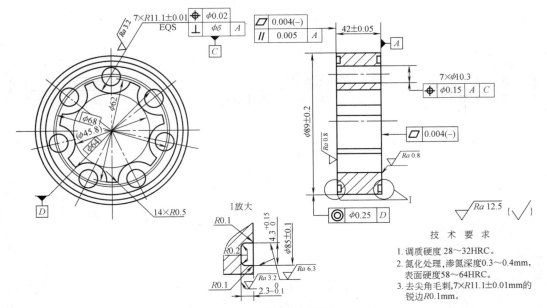

图 7-97 摆线泵的定子套

齿号 No		1	2	3	4	5	6	7	8	9	10	11	12	13	14
M	公称	44.90	44.93	44.96	44.99	45.02	45.05	45.08	45.09	45.10	45.10	45.10	45.10	45.10	45.10
H	尺寸	22.70	22.73	22.76	22.79	22.82	22.85	22.88	22.89	22.90	22.90	22.90	22.90	22.90	22.90
极限偏差		± 0.01								$\begin{matrix}0\\-0.01\end{matrix}$					
α_o		$3° \pm 30'$								$1°30' \pm 30'$					

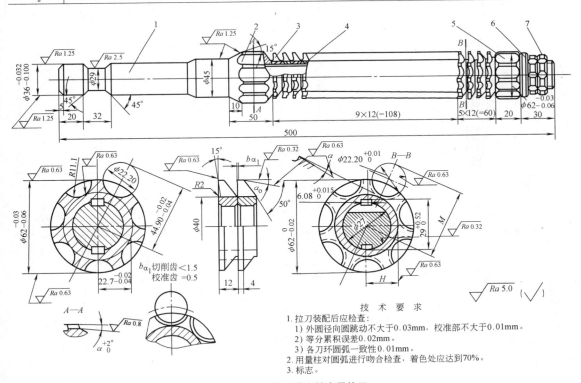

技 术 要 求

1. 拉刀装配后应检查:
  1) 外圆径向圆跳动不大于 0.03mm, 校准部不大于 0.01mm。
  2) 等分累积误差 0.02mm。
  3) 各刀环圆弧一致性 0.01mm。
2. 用量柱对圆弧进行吻合检查, 着色应达到 70%。
3. 标志。

图 7-98 套环式七键定子拉刀

1—刀柄 2—前导部 3—刀环 4—键 5—后导部 6—垫圈 7—螺母

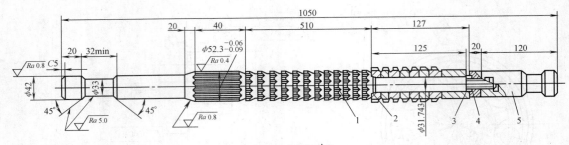

图 7-99 内齿轮精拉刀

（ $m = 2.75\text{mm}$ ， $\alpha = 22.5°$ ， $z = 18$ ）

1—拉刀主体 2—刀环 3—后导套 4—螺母 5—后托柄

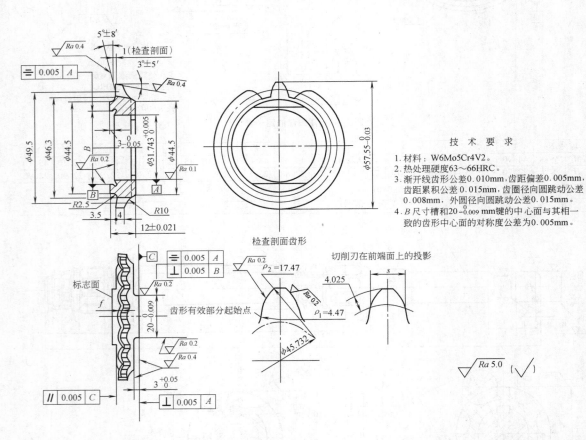

技 术 要 求

1. 材料：W6Mo5Cr4V2。
2. 热处理硬度63～66HRC。
3. 渐开线齿形公差0.010mm，齿距偏差0.005mm，齿距累积公差0.015mm，齿圈径向圆跳动公差0.008mm，外圆径向圆跳动公差0.015mm。
4. B 尺寸槽和 $20_{-0.009}^{\ 0}$ mm键的中心面与其相一致的齿形中心面的对称度公差为0.005mm。

检查剖面齿形

切削刃在前端面上的投影

图 7-100 刀环

刀环号	B		s	公法线长度		跨齿数	f	数量
	公称尺寸	极限偏差	（弧长）	公称尺寸	极限偏差			
1	32	$+0.011$ 0	5.17	29.697				
2			5.20	29.725				
3			5.23	29.753				
4			5.26	29.780				
5	20	$+0.009$ 0	5.29	29.808	±0.01	4	0.3	各1
6			5.31	29.827				
7			5.33	29.845				
8			5.35	29.864				
9			5.37	29.882				
10			5.38	29.891			0.7	3

齿号 No	1	2	3	4	5	6	7	8	9	10	11	12	13	14	15	16	17	18	19	20	21	22
公称尺寸	46.10	46.16	46.22	46.28	46.34	46.36	46.38	46.40	46.40	46.40	46.40	46.52	46.64	46.76	46.88	47.00	47.12	47.24	47.36	47.48	47.60	47.72
极限偏差 D			±0.01						$^{0}_{-0.01}$								±0.02					

齿号 No	23	24	25	26	27	28	29	30	31	32	33	34	35	36	37	38	39	40	41	42	43	44
公称尺寸	47.84	47.96	48.08	48.20	48.32	48.44	48.56	48.68	48.80	48.92	49.04	49.16	49.28	49.40	49.52	49.64	49.76	49.88	50.00	50.12	50.24	50.36
极限偏差 D												±0.02										

齿号 No	45	46	47	48	49	50	51	52	53	54	55	56	57	58	59	60	61	62	63	64	65	66
公称尺寸	50.48	50.60	50.72	50.84	50.96	51.08	51.20	51.32	51.44	51.56	51.68	51.80	51.92	52.04	52.16	52.26	52.30	52.30	52.30	52.30	52.30	52.30
极限偏差 D					±0.02															$^{0}_{-0.015}$		

$\sqrt{Ra\,5.0}$ ($\sqrt{}$)

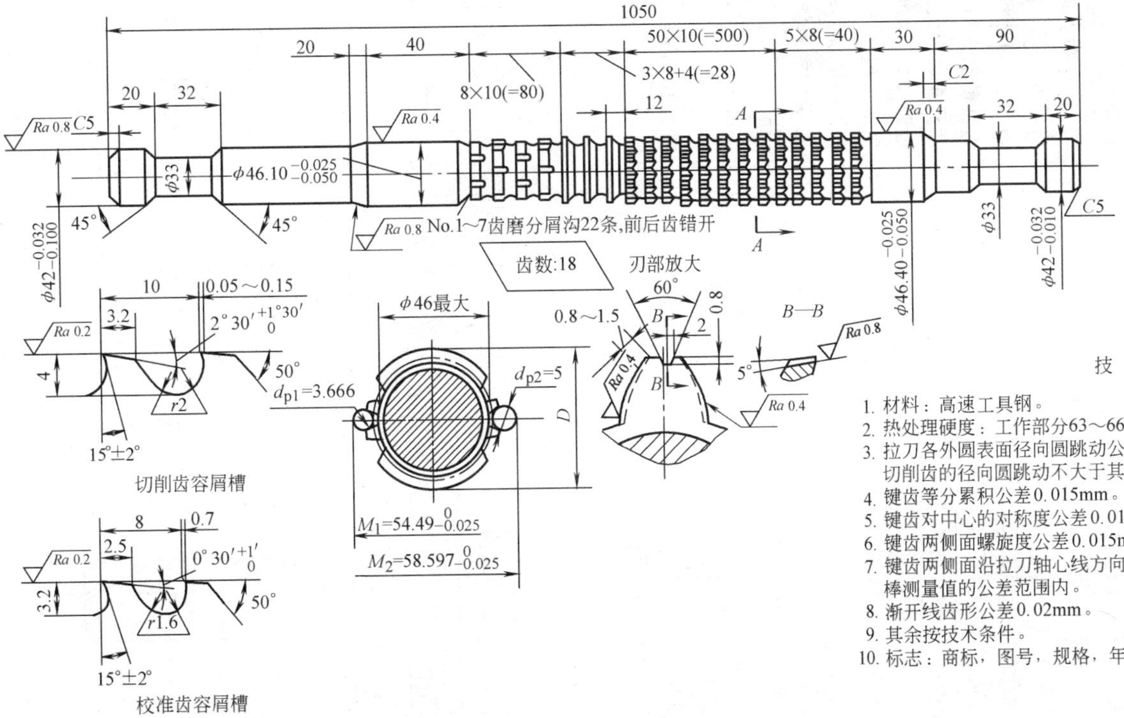

技 术 要 求

1. 材料：高速工具钢。
2. 热处理硬度：工作部分63～66HRC，柄部40～52HRC。
3. 拉刀各外圆表面径向圆跳动公差0.04mm，校准齿及与其相邻的两个切削齿的径向圆跳动不大于其外圆直径公差值，且跳动应在同一方向。
4. 键齿等分累积和公差0.015mm。
5. 键齿对中心的对称度公差0.015mm。
6. 键齿两侧面螺旋度公差0.015mm。
7. 键齿两侧面沿拉刀轴心线允许有正锥度，其反锥度允许存在量棒测量值的公差0.02mm。
8. 渐开线齿形公差0.02mm。
9. 其余按技术条件。
10. 标志：商标、图号、规格、年月。

图 7-101 内齿轮粗拉刀

($m=2.75\text{mm}$, $\alpha=22.5°$, $z=18$)

齿数：18
刀部放大
刀齿 No.1～7齿磨分屑沟22条，前后齿错开
切削齿容屑槽
校准齿容屑槽

1050
50×10(=500) 3×8+4(=28) 8×10(=80) 5×8(=40)
90 32 30 12 40 20 32 20 20 10 8

$\phi46.10^{-0.025}_{-0.050}$ $\phi42^{-0.032}$ $\phi33$ $\phi46.40^{-0.025}_{-0.050}$ $\phi41^{-0.010}_{-0.032}$ $\phi42^{-0.032}_{-0.100}$ $\phi46$最大 $\phi33$

C5 C2 C5 45° 45°

$M_1=54.49^{0}_{-0.025}$ $M_2=58.597^{0}_{-0.025}$ $d_{p1}=3.666$ $d_{p2}=5$

0.05～0.15 $2°30'^{+1°30'}_{0}$ r2 50° 15°±2° 3.2 Ra0.2
0.7 $0°30'^{+1'}_{0}$ r1.6 50° 15°±2° 2.5 Ra0.2

8° 2 60° 5°

$Ra\,0.4$ $Ra\,0.8$ $Ra\,0.8$ $Ra\,5.0$

A A B—B B B

0.8～1.5

3）精拉刀采用套环式装配结构，可在每个刀齿（套环）的圆弧刃上加工出后角。

4）齿升量小（$a_f = 0.015\text{mm}$），可保证高的尺寸精度和几何精度，获得较小的表面粗糙度参数值，如 $R11.1\text{mm}$ 圆弧的内切圆不一致性在 0.01mm 以内；圆弧面的径向圆跳动小于 0.01mm，拉削后工件表面粗糙度达 $Ra0.4 \sim 0.8\mu\text{m}$。

拉刀的工作图如图7-98所示。

3. 内齿轮拉刀

用内齿轮拉刀加工内齿轮，质量稳定、工艺简单、成本低廉。虽然拉刀价格较高，但由于拉削加工效率高，工时短，拉刀寿命高，会使内齿轮的加工成本大幅降低，因此近年来应用日益广泛。我国生产的内齿轮拉刀直径已达 250mm 以上，国外甚至达到 500mm 左右。

下面介绍的是加工高精度内齿轮—内啮合齿轮泵的拉刀，齿轮精度为6级，齿面表面粗糙度 $Ra1.25\mu\text{m}$，$m = 2.75\text{mm}$，$\alpha = 22.5°$，$z = 18$，正变位。

拉刀由两把一套组成，精拉刀采用装配式结构，即在拉刀主体1（见图7-99）上有部分粗切齿，其后装配有12个刀环（见图7-100），其中精切刀环10个，校准刀环2个，每个刀环为一个刀齿，刀环之间、刀环与拉刀主体之间皆用端面键定位，保证各个轮齿两侧刃相对其基准中心平面的对称度。粗拉刀（见图7-101）仍为整体结构。

拉刀粗切采用渐成拉削方式，因此，粗拉刀和精拉刀的粗切部分结构均同于普通渐开线花键拉刀。

拉刀精切刀环采取成形拉削方式，但外圆刃不切削，各刀环的分度圆弧齿厚逐步增大，每齿渐开线切削刃的切削厚度很小，保证了加工精度和表面粗糙度，刀环的结构、尺寸如图7-100所示。实际上，每个刀环很像一把插齿刀，它与插齿刀的区别在于：

1）拉刀各刀环分圆齿厚虽不同，但变位量相等，因此，拉刀各刀环的切削刃并非插齿刀不同端截面的齿形，它们的渐开线形状完全相同。

2）拉刀各刀环外径相等，齿顶虽有后角，但并不参加切削。

3）拉刀侧刃后角与顶刃后角之间无严格的关系，可任意选取。

4）拉刀刀环齿背为圆弧形，以便于容屑。

刀环的制造精度为：

渐开线齿形公差：0.01mm；

齿距公差：0.005mm；

周节累积公差：0.015mm；

齿圈径向圆跳动公差：0.01mm。

4. 装配式螺旋圆拉刀

装配式螺旋圆拉刀与整体式相比较，制造成本较低，重磨较容易，特别是大直径拉刀，优点较为明显。

图7-102所示为装配式螺旋圆拉刀结构及主要尺寸。

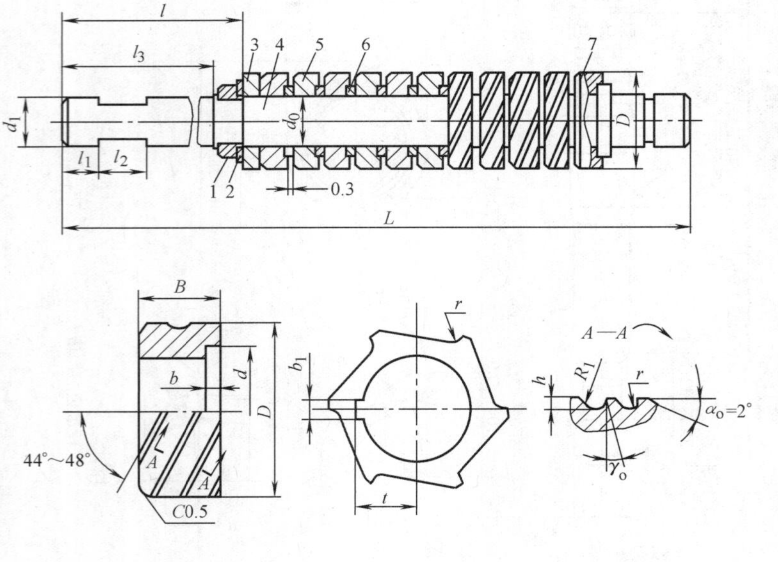

D	d_1	d_0	l_1	l_2	l_3
20	10	12	15	18	65
22	12	14	15	22	70
24	14	16	15	22	70
30	18	20	15	22	75
37	20	22	15	22	75
52	30	36	20	32	90

l	L	b	b_1	t
175	412	1.2	3	11.1
175	425	1.4	3	13.1
175	435	1.6	3	15.1
175	432	2.1	4	19.6
175	465	2.4	6	22.6
175	560	3.5	8	33.1

r	Z	R_1	B
1	6	4	15.7
1	6	4	17.3
1	6	4	18.5
1	8	4	21
1.5	8	5	21
1.75	10	7	23.7

图 7-102 装配式螺旋圆拉刀

1—螺母 2—垫圈 3—前导向套 4—心轴 5—刀环 6—衬套 7—后导向套

在拉刀心轴 4 上安装有若干刀环 5，刀环上有螺旋容屑槽，相邻齿的齿升量 $a_f = 0.05 \sim 0.01mm$，即粗切刀环齿升量为 0.05mm，精切刀环齿升量为 0.01mm，过渡刀环齿升量递减，最后三个校准刀环无齿升量。前、后导向套起前导部和后导部的作用。

因刀环孔径尺寸相同，拉刀重磨后尺寸变小，刀环可串换、补充个别刀环，使拉刀有很高的寿命。

5. 叶片槽拉刀

制冷机用回转式压缩机定子孔中的叶片槽宽度约为 4mm，槽深却达 20mm 左右，精度和表面粗糙度要求都较高，属于大批量生产的精密深槽。叶片在槽中高速往复运动时，要求配合间隙为 0.01mm 左右。工艺上多采用分组配磨叶片的方法保证配合要求，即根据拉刀宽度的总改变量分为若干组，针对每组的拉刀齿宽，定出叶片厚度公差，可以保证拉刀的高寿命和高的配合精度。

一般采用装配式叶片槽拉刀一次拉成叶片槽，在长约 2500mm 的刀杆中装配 10 ~ 12 块拉刀刀块，其中粗拉刀 8 ~ 10 块，为高速工具钢制成，切出槽深。最后 2 块为精拉刀块，槽宽的精拉余量为 0.2mm 左右，精拉刀块一般由硬质合金制成，逐齿增宽，既可保证槽宽，又可保证较低的表面粗糙度。拉刀用在立式拉床上，由夹具导向，因此没有前导部和后导部，这与外拉刀相似。一套拉刀块可以加工数十万件定子，保证了高效率和低成本。

7.9　外拉刀

7.9.1　概述

加工零件外表面的拉刀称为外拉刀。

外拉刀属于专用刀具，每把外拉刀一般仅能加工特定的零件外表面。因此，外拉刀的结构型式主要取决于被拉削表面的形状和尺寸。对于某些外表面，外拉刀的结构也取决于拉床的种类。

外拉刀可分为整体式和组合式两种。

整体式外拉刀由整块工具钢制成（见图 7-103），多在拉刀尺寸不大时采用，一般用于加工简单表面和拉削余量小的表面，并且多在卧式拉床上使用。

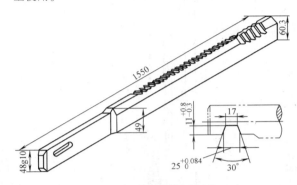

图 7-103　卧式拉床用整体外拉刀

大部分外拉刀是做成组合式（装配式）的。组合式外拉刀由刀体和刀块组成，此时的拉刀刀体称为刀盒。刀盒的结构主要取决于拉床形式，在立式拉床和卧式侧拉床上，刀盒要用键和螺钉固定在机床溜板上，工件装夹在工作台的夹具中。在卧式拉床上，刀盒或整体拉刀在夹具中运动，并以柄部与拉床卡头连接。

当外拉刀与工件都是刚性固定在机床上，由夹具保证拉刀与工件的相对运动和相互位置时，这种外拉刀没有前导部和后导部，只有切削部和校准部。

外拉刀切削部和校准部的基本参数（齿升量、齿距、齿数、刀齿形状和尺寸及几何参数等）确定方法都与内拉刀相同。

成形外拉刀有时要做成铲齿的，这种铲齿是直线铲齿，此时，齿距要考虑砂轮直径。

图 7-104 所示为卧式拉床用组合式外拉刀，分别表示了该拉刀的组合状态和分解状态。

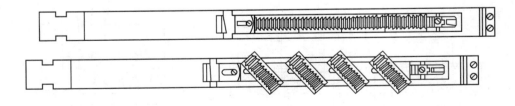

图 7-104　卧式拉床用组合式外拉刀

图 7-105 所示为用于立式拉床的组合式外拉刀，它的优点是可以将复杂的被加工表面分解成若干简单表面，分别用不同的刀块加工。这些刀块的排列要合理，各刀块应能单独调整尺寸和位置。

7.9.2　刀齿设计

1. 齿升量

外拉刀可选用较大的齿升量，因为与内拉刀相比较，外拉刀的优点为

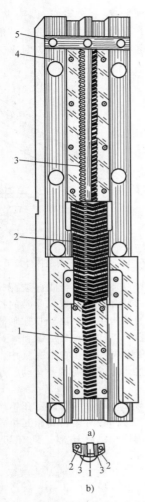

图 7-105 立式拉床用组合式外拉刀

a) 拉刀

1、2—平面刀块 3—切槽刀块

4—刀盒 5—支承块

b) 工件

1、2—平面 3—沟槽

1) 可选用较大的截面尺寸，强度高。

2) 排屑条件较好。

3) 便于浇注切削液。

较短的刀块结构使外拉刀便于根据刀块功能选用不同的齿升量。表 7-108 给出了实际生产推荐的外拉刀齿升量。

总齿升量按下式计算（见图 7-106a 和 b）：

$$\Sigma a_f = A_{max} - (0.25 \sim 0.35)\Delta d + c = d_{0max} - d_{max} + (0.65 \sim 0.75) \times \Delta d + c$$

式中　Σa_f——外拉刀总齿升量（mm）；

A_{max}——最大拉削余量，$A_{max} = d_{0max} - d_{min}$；

Δd——工件公差（mm）；

d_{0max}——毛坯的最大极限尺寸（mm）；

d_{max}——工件的最大极限尺寸（mm）；

c——间隙，其大小应通过试验确定，一般取 $c = 0.1 \sim 0.3$mm。

表 7-108　外拉刀的齿升量 a_f

（单位：mm）

拉刀类型	拉削方式	工件材料		
		碳钢、低合金钢	高合金钢	铸铁
平 面拉 刀、角度 刀、槽拉刀	分层拉削	0.04~0.12	0.04~0.10	0.06~0.2
	分块拉削	0.15~0.80	0.15~0.50	0.5~1.0
圆柱拉刀及成形拉刀	分层拉削	0.04~0.10	0.04~0.08	0.06~0.15
	分块拉削	0.08~0.40	0.08~0.30	0.1~0.5

当成形表面加工余量不均匀时，应按余量最大的表面计算总齿升量，即按距离拉刀最远的表面（见图 7-106c 中的 ab 段）和最近的表面（见图 7-106c 中的 e 点）之间的距离计算加工余量。则总齿升量为

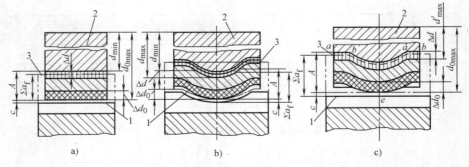

图 7-106　外拉刀的总齿升量

a) 形式 1　b) 形式 2　c) 形式 3

1—拉刀第一齿　2—工件　3—拉刀校准齿

$$\Sigma a_f = d_{0\max} - d'_{\max} + (0.65 \sim 0.75)\Delta d + c$$

$$(7\text{-}77)$$

由于外拉刀最初的一些刀齿在间隙 c 和毛坯公差带 Δd_0 中工作，它们对某些工件可能切削，而对另一些工件可能不切削，因此，最初几个刀齿的齿升量可增大 20% ~ 25%。

2. 铲齿外拉刀的齿距

成形拉削方式的外拉刀往往采用铲齿结构，这种结构为直线铲齿，拉刀通过导磁垫安装于平面磨床磁力吸盘上，使后面处于水平位置，用成形砂轮逐齿铲磨，砂轮移动距离小于拉刀齿距。拉刀铲齿齿距的计算原理如图 7-107 所示。计算公式为

$$p = \left(\frac{g}{\cos\alpha_o} + H\cot\theta + EA\right)\cos\alpha_o + R_s\sin\alpha_o +$$

$$\sqrt{R_s^2 - \left[R_s - \left(\frac{g}{\cos\alpha_o} + H\cot\theta + EA\right)\tan\alpha_o\right]^2 \cos^2\alpha_o} + CD$$

$$(7\text{-}78)$$

式中　p——拉刀齿距（mm）；

　　　g——拉刀齿背厚度（mm）；

　　　α_o——拉刀后角（°）；

　　　H——拉刀廓形高度（mm）；

　　　θ——拉刀齿背角（°）；

　　　EA——砂轮越程量，一般取为 0.5 ~ 1mm；

　　　CD——砂轮与相邻刀齿的间隙，一般取为 1 ~ 2mm；

　　　R_s——铲齿砂轮廓形槽底半径（mm）。

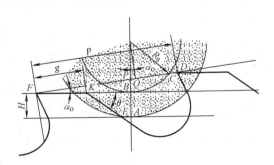

图 7-107　铲齿外拉刀齿距的计算图

3. 刀齿结构

（1）缓冲齿　粗加工外拉刀所加工的毛坯大都带有黑皮，易使拉刀切入时崩刃和刀齿折断，因此粗加工拉刀第一齿应做成加强形，称为缓冲齿（见图 7-108），齿距为 $p_1 = (1.5 \sim 2)p$。缓冲齿有时可镶硬质合金刀片。

（2）第一齿　由于外拉刀无前导部，所以第一齿容屑槽可做成敞开式（见图 7-108），第一齿切削刃可在拉刀最前端，也可以距前端面 $r/2$（r 为槽底圆弧半径）。

（3）不完整刀齿　当拉刀分为若干刀块时，刀块的分割面应通过容屑槽槽底（见图 7-109a），而不应通过刀齿（见图 7-109b）。

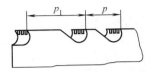

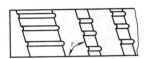

图 7-108　粗拉刀的缓冲齿

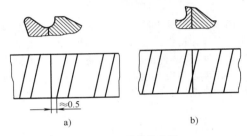

图 7-109　刀块的分割

a）正确　b）不正确

拉刀尾部或最后的刀块上的不完整刀齿必须去掉（见图 7-110）。

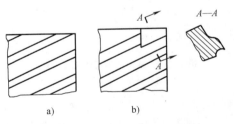

图 7-110　拉刀的不完整刀齿

a）不正确　b）正确

（4）斜齿　直线刃拉刀可用斜齿，曲线刃拉刀只有当加工表面曲率较小，廓形又无突然转折时，才可用斜齿。

单向斜齿的斜角 $\tau = 45° \sim 75°$（见图 7-108），小值用于大刚度的大平面拉刀。τ 角大小应尽可能满足均衡切削的条件，立式拉床用外拉刀可取较小 τ 角。

刀齿的斜向应保证侧向拉削分力 F_x 作用在工件的较强固部分。当工件各方向强度相同时，应使侧向力朝向刀盒刚度较高的方向，而不要朝向夹固元件。

对于宽度较大的拉刀，最好采用刀齿斜向不同的两个刀块（见图 7-84b），或将一把拉刀的刀齿做

成人字齿。

当工件有斜的端面时，刀齿不应平行于该端面。

在装配式拉刀上，要使斜齿的排屑方向不妨碍相邻刀块的工作。

（5）镶齿结构 齿距大于 25mm 时，可采用镶齿结构，以节约贵重的高速工具钢。图 7-111 所示为最简单的镶齿结构，刀齿背面做有横向细齿纹，楔块从侧面打入，楔块带有 $1°30'\sim2°$ 的斜度。

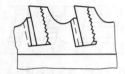

图 7-111 细齿纹楔块镶齿结构

图 7-112 所示为梯形槽中用平楔块夹固刀齿的结构。刀体为铸铁，刀齿尺寸相同，齿升量是靠刀槽底面高度差 Δh 保证的，刃磨简单，刀齿可掉头使用。当刀齿经多次刃磨后尺寸变小时，可在刀齿下面加垫片，使拉刀寿命延长。

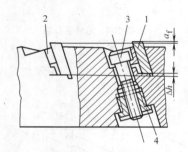

图 7-112 梯形槽平楔块镶齿结构
1—刀齿 2—楔块 3—螺钉 4—螺母

图 7-113 所示为可精确调整高度的镶齿结构。硬质合金刀齿 1 由压块 2 和螺钉夹固在刀片座 3 上，通过楔块 5 和螺钉 6 调整刀片座高度。

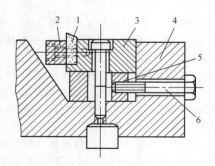

图 7-113 可调高度的镶齿结构
1—刀齿 2—压块 3—刀片座
4—刀体 5—楔块 6—螺钉

此外，还有镶小刀头的结构，小刀头一般都焊有硬质合金，也有可转位结构。

（6）校准齿 外拉刀照例有 3~5 个校准齿。它们或与切削齿做在一个刀块上，或做成单独的校准刀块。校准齿齿距、容屑槽尺寸及前角一般均与切削齿相同，后角取 $1°30'\sim2°$。

7.9.3 刀块的截面尺寸及长度

1. 截面尺寸

外拉刀刀块的横截面形状通常为矩形（见图 7-114 a~d）或梯形（见图 7-114e），个别情况下也有较复杂的形状。

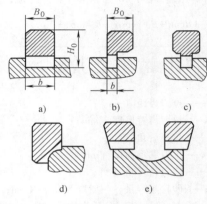

图 7-114 外拉刀的横截面
a）~d）矩形 e）梯形

（1）截面宽度 B_0 B_0 应等于或大于被拉削表面宽度 b。

$B_0=b$ 仅在拉刀强度足够或宽度受相邻刀块的限制时使用，其他情况下都应使 $B_0>b$（见图 7-114b~d），B_0 应不小于 12~15mm。

（2）截面高度 H_0 这是刀块最后刀齿的高度，H_0 不小于 20~25mm，并应为齿高的 2~5 倍。

2. 拉刀长度

（1）立式拉床用拉刀长度（见图 7-115）

$$\Sigma l \le L_c-(w_1-w+20mm) \tag{7-79}$$

式中 Σl——从第一个刀齿到最后一个刀齿的距离（mm）；

L_c——拉床溜板最大行程（mm）；

w_1——溜板处于上限位置时，拉刀第一齿到工作台面的距离（mm）；

w——工作台面到被拉削工件最下端的距离（mm）；

20——超前量，即拉削开始前，拉刀第一齿与工件上端面的距离（mm）。因此，$w_1 \ge L+w+20mm$，其中 L 为拉削表面长度（mm）。

拉刀刀盒总长度不能大于溜板的长度，刀盒上缘也不能超出溜板上缘。因此

$$L_0 \leqslant H_c - w_1 + w_2 \qquad (7\text{-}80)$$

式中　L_0——拉刀刀盒长度（mm）；

　　　H_c——溜板上缘到工作台面的最大距离（mm）；

　　　w_2——拉刀第一个刀齿到刀盒下缘的距离。

（2）卧式拉床用外拉刀长度　可以参照内拉刀确定。

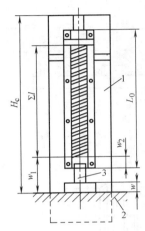

图 7-115　外拉刀的长度
1—溜板　2—工作台　3—工件

7.9.4　刀块的固定方法、支承及调整

1. 刀块的固定方法

（1）用螺钉固定刀块的结构　这种固定刀块的方法可使刀盒结构紧凑。螺钉可以装在刀块的上面、下面和侧面。

1）螺钉装在刀块上面。

① 装在刀块两端（见图 7-116a）。用于大而短的刀块。

② 装在刀齿中间（见图 7-116b）。齿距足够大时采用，或不允许从下面配置螺钉时采用。若螺钉头占据两个以上齿距时，将使后面的刀齿磨损过快。

③ 单侧压紧刀块（见图 7-116c）。只用于轻负荷的刀块。

2）螺钉装在刀块下面（见图 7-116d）　结构最简单，被广泛采用。

3）从两个方向上用螺钉紧固（见图 7-116e、f、g）　凡有两个支承面的刀块，不论是单面刃还是双面刃，都可采用。

4）螺钉规格　直径在 5mm（刀块宽度为 10～12mm 时）到 10mm（刀块宽度大于 20mm 时）。螺孔深度应比螺钉要求深度加深两个螺距以上。当螺纹孔底接近容屑槽时，可采用平底螺纹孔（见图 7-116h）。

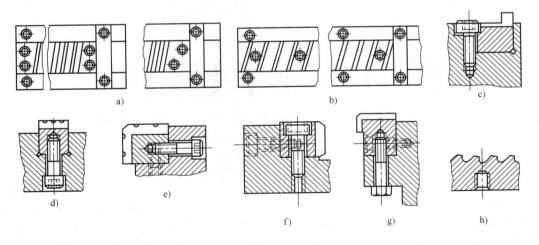

图 7-116　用螺钉紧固刀块的结构
a）装在刀块两端　b）装在刀齿中间　c）单侧压紧刀块　d）螺钉装在刀块下面　e）、f）、g）从两个方向上用螺钉紧固　h）平底螺纹孔

5）螺钉配置　$B_0 < 40 \sim 50$mm 时，用一排螺钉；$B_0 > 45$mm 时，用两排螺钉（见图 7-117）。螺钉孔到端面的距离 $l_B = 15 \sim 20$mm，螺钉之间的距离为 $90 \sim 150$mm，螺孔的位置尺寸一律从刀块的后端面算起。

（2）用楔块固定刀块的结构　当拉刀的结构尺寸不允许使用固定螺钉时（如刀块较薄），或要求在拉床上直接调整刀块尺寸时，可采用楔块紧固结构（见图 7-118），其中 b 型为刀块高度尺寸可调结构。

（3）圆柱形刀块的紧固　加工发动机连杆和连

杆盖半圆面的圆柱刀块是常用的刀块。它的紧固主要通过圆柱形轴颈，这些轴颈支承在刀盒中带有半圆柱表面的支柱上，用螺钉紧固。轴颈上的螺钉孔皆从两面开有沉头孔，刀块可以翻转 180° 安装，如图 7-119a 所示。

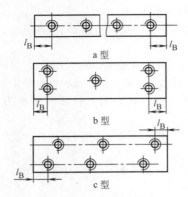

图 7-117　螺钉孔的配置

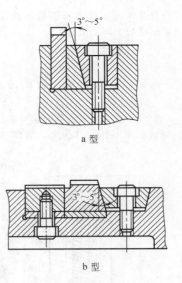

图 7-118　用楔块紧固刀块

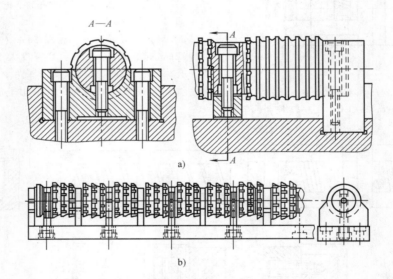

图 7-119　圆柱形刀块的紧固
a) 紧固方式一　b) 紧固方式二

图 7-119b 所示为更强固的紧固结构，用于汽缸体轴承座及轴承盖半圆表面粗加工等工作条件沉重的条件下。紧固元件为铸铁底座上有多个梳齿状的支柱，支柱间距为几个齿距。刀块上也做有相应的圆柱形轴颈，以支承在支柱的半圆柱表面上。螺钉在两个支柱之间从下面紧固住刀块。紧固元件用螺钉装在刀盒中。当刀块磨钝后，换上新的紧固元件。新的刀块可预先安装在新的紧固元件上，实现快速换刀。

2. 刀块的支承

为了承受纵向拉削力，在最后一组刀块后面要安装支承，也可以在刀块之间加中间支承。

（1）长支承块　也称横向通键（见图 7-120a），它用两个螺钉在两端固定，这是最常用的后端支承。截面尺寸可取为：宽 15~25mm，高 12~25mm。

（2）短支承块（见图 7-120b）　这是仅仅镶入一侧的半通键，当不能使用长支承块或刀盒仅能单侧定位时使用，也用于中间支承。截面尺寸与支承块相同。

（3）纵向支承块（见图 7-120c、d）　当结构上镶入支承块有困难时（如刀体侧面高度过大，或无侧面），可采用纵向支承块，它不镶入侧壁，而是用螺钉和销（或键）固定在刀盒的槽中。长度为 50~

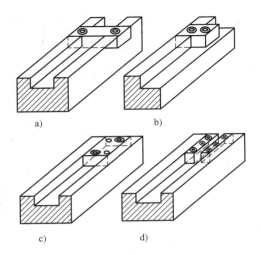

图 7-120　纵向拉削力支承块

a) 横向通键　b) 短支承块　c)、d) 纵向支承块

100mm, 销的直径取为 10 ~ 12mm, 数量根据强度要求确定。

（4）销式支承　宽度较小的刀块可采用销式支承, 可以做成带平面的圆柱销（见图 7-121a）, 也可做成方头圆柱销, 用螺钉紧固（见图 7-121b）。

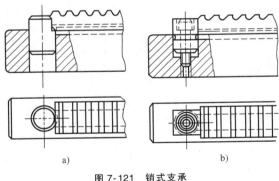

图 7-121　销式支承

a) 带平面的圆柱销　b) 方头圆柱销

3. 刀块的调整

由于组合式外拉刀都是用若干简单廓形的刀块加工复杂廓形工件的, 所以在下述情况下, 需要调整刀块:

1) 工件廓形公差很小, 难于依靠刀块的制造公差来保证精度的, 必须在拉刀装配时调整刀块。

2) 各刀块磨损不均匀, 刃磨后刀齿高度变化不一致, 需要在使用拉刀的过程中调整刀块。

最常用的调整方法是采用调整楔铁。

当刀块上有两个相交的切削刃时（如加工直角）, 楔铁应装在较重要的切削刃一边, 或承受较大磨损的一边。不希望在两个方向上调整刀块, 以免

结构复杂。

楔铁应贯通刀块全长, 大端最好在最后一齿处, 也可以在第一齿处。楔铁的斜面应与刀盒相配, 斜角 $\beta = 1°30' ~ 2°$（见图 7-122）。楔铁小端的厚度一般为 5 ~ 8mm, 最小不得小于 2mm。宽度应与刀块支承面宽度相等。

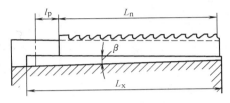

图 7-122　调整楔铁的位置

当楔铁小端能自由伸出时, 楔铁长度 L_x 应满足下式（见图 7-122）:

$$L_x \geqslant L_n + l_p + (5 ~ 10)\,\text{mm} \qquad (7\text{-}81)$$

式中　L_n——被调整刀块的长度（mm）;

　　　l_p——楔铁的最大调整行程（mm）。

l_p 的大小与工件尺寸公差 Δ 有关, 也与允许刃磨的刀齿高度总减少量 δH 有关, 可按下式确定:

$$l_p = (\Delta + \delta H)\cot\beta \qquad (7\text{-}82)$$

当楔铁小端不允许自由伸出时, 则

$$L_x \geqslant L_n + (5 ~ 10)\,\text{mm} \qquad (7\text{-}83)$$

楔铁的调整螺钉装在大端, 螺钉可以装在楔铁的下面（见图 7-123a）, 也可以装在楔铁中（见图 7-123b）, 也可以装在楔铁侧面（见图 7-123c）。装在楔铁下面时, 刀盒要开出凹槽以容纳螺钉头; 装在楔铁中时, 使用较方便; 装在侧面的结构中, 其滚花凸缘可以直接用手调整。

7.9.5　组合式外拉刀的典型刀块

组合式外拉刀是由若干刀块组合而成的。一个复杂廓形的被拉削工件, 其廓形分解成若干最简单的基本线段后, 只要按简单的基本线段设计刀块, 并按廓形的要求安装在刀盒中, 就完成了组合式外拉刀的设计。因此, 设计组合式外拉刀的主要任务是设计各种刀块。

根据最简单基本线段的形状, 外拉刀可以分成平面刀块、角度刀块、切槽刀块、成形刀块等典型刀块。下面分别介绍它们的特点, 供设计者参考。

1. 平面刀块

图 7-124 所示为平面刀块的实例。这种刀块用于加工外表面的平面部分, 当工件表面经过预加工时, 可采用图示的成形式刀块进行表面的精加工。成形式平面刀块也可以用于加工带铸造或锻造黑皮的低强度金属零件。对于材料强度高而又带黑皮的工件, 应采用渐成式或分块式刀块。

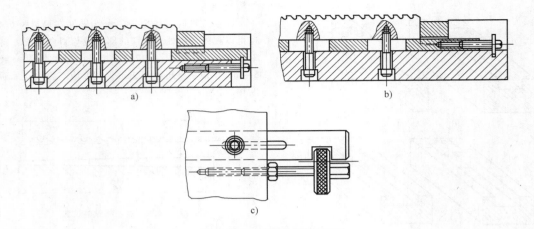

图 7-123 移动楔铁的螺钉配置

a）螺钉装在楔铁的下面　b）螺钉装在楔铁中　c）螺钉装在锲铁侧面

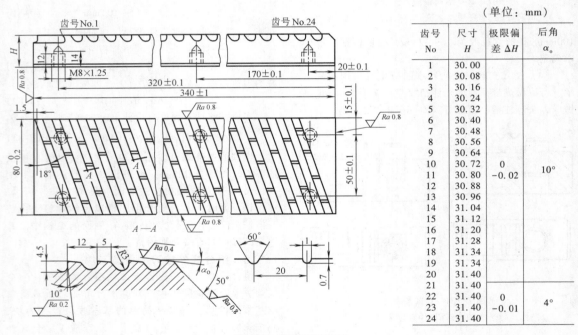

（单位：mm）

齿号 No	尺寸 H	极限偏差 ΔH	后角 α_o
1	30.00		
2	30.08		
3	30.16		
4	30.24		
5	30.32		
6	30.40		
7	30.48		
8	30.56		
9	30.64		
10	30.72	0	$10°$
11	30.80	-0.02	
12	30.88		
13	30.96		
14	31.04		
15	31.12		
16	31.20		
17	31.28		
18	31.34		
19	31.34		
20	31.40		
21	31.40		
22	31.40	0	$4°$
23	31.40	-0.01	
24	31.40		

图 7-124 平面刀块实例

为了使拉削平稳，平面刀块刀齿的刃倾角不应为零，一般可按下式确定：

$$\sin\lambda_s = \frac{p_n K_F}{B} \tag{7-84}$$

式中　p_n——拉刀刀齿的法向齿距（mm）；

B——拉削表面宽度（mm）；

K_F——拉削力平稳系数。

为了保证拉削力平稳，应使拉削表面宽度为拉刀刀齿横向（垂直于拉刀运动方向）齿距的整数倍，因此 K_F 应为整数（1、2、3 等）。

刀齿的法向后角为

$$\tan\alpha_n = \frac{\tan\alpha_o}{\cos\lambda_s} \tag{7-85}$$

2. 切槽刀块

工件的沟槽形状、尺寸及拉削前工件表面状况的不同，造成切槽刀块的多样性。宽度不大的槽可用切槽刀块（见图 7-125）切出，它的基本要素与键槽拉刀工作部分完全相同，根据槽深不同，可采用一个或数个切槽刀块。

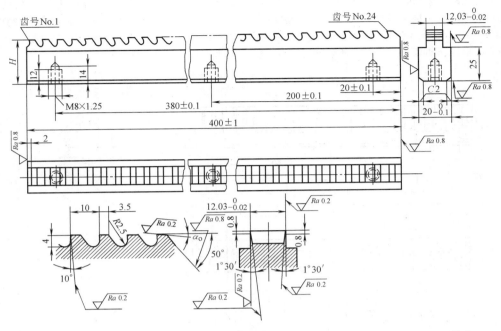

（单位：mm）

齿号 No	尺寸 H	极限偏差 ΔH	后角 α_o	齿号 No	尺寸 H	极限偏差 ΔH	后角 α_o
1	30.00			21	31.60		
2	30.08			22	31.68		
3	30.16			23	31.76		
4	30.24			24	31.84		
5	30.32			25	31.92		
6	30.40			26	32.00		
7	30.48			27	32.08		
8	30.56			28	32.16	$\begin{matrix}0\\-0.02\end{matrix}$	$10°$
9	30.64			29	32.24		
10	30.72	$\begin{matrix}0\\-0.02\end{matrix}$	$10°$	30	32.32		
11	30.80			31	32.40		
12	30.88			32	32.48		
13	30.96			33	32.56		
14	31.04			34	32.62		
15	31.12			35	32.66		
16	31.20			36	32.68		
17	31.28			37	32.68		
18	31.36			38	32.68	$\begin{matrix}0\\-0.01\end{matrix}$	$4°$
19	31.44			39	32.68		
20	31.52			40	32.68		

图 7-125　切槽刀块实例

　　大宽度沟槽往往在铸、锻之后经过预加工，拉削时，工件带有相应尺寸的拉前预制槽。此时，槽的拉削可用单面刀块分别拉每一个面，一般第一把刀块加工槽底，第二、三把刀块分别切削槽的两个侧面，这些刀块在结构上与平面刀块很相似。

3. 角度刀块

　　工件上带角度的外平面可用角度刀块进行拉削加工。

　　角度刀块的实例如图 7-126 所示。刀齿切削刃的角度（与基面之间的）取决于被拉削表面的角度。

设计角度刀块时，要确定的主要参数是切削刃在刀块上的位置。由于切削刃是倾斜的，所以一般要利用 V 形块确定其尺寸，将各个切削齿的尺寸 H 都从 V 形块的支承底面算起。设计时，还要确定 V 形块的外形尺寸和安放拉刀的槽深。槽深是借助于已知直径的钢球或量棒进行测量的，如图 7-126 中 *B—B* 剖视的双点画线所示。因此，V 形块是设计和制造角度刀块的必要附件。

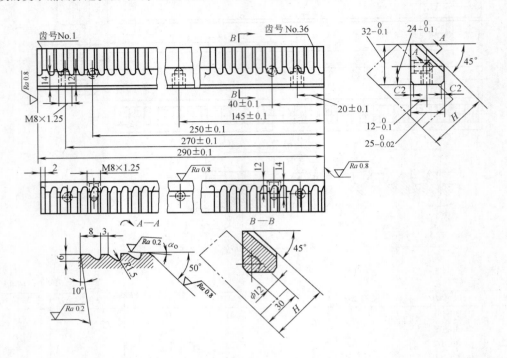

（单位：mm）

齿号 No	尺寸 H	极限偏差 ΔH	后角 α。	齿号 No	尺寸 H	极限偏差 ΔH	后角 α。
1	45.00			19	46.08		
2	45.06			20	46.14		
3	45.12			21	46.20		
4	45.18			22	46.26		
5	45.24			23	46.32		
6	45.30			24	46.38		
7	45.36			25	46.44		
8	45.42			26	46.50	0 −0.02	10°
9	45.48	0 −0.02	10°	27	46.56		
10	45.54			28	46.62		
11	45.60			29	46.68		
12	45.66			30	46.74		
13	45.72			31	46.80		
14	45.78			32	46.86		
15	45.84			33	46.90		
16	45.90			34	40.92		
17	45.96			35	40.92	0 −0.01	4°
18	46.02			36	46.92		

图 7-126　角度刀块实例

4. 成形刀块

在成形表面中，以圆弧表面最常见。工件的内凹圆弧面可用圆拉刀块加工，外凸圆弧面或其他成形表面的拉削，可以采用成形式刀块或渐成式刀块。

圆拉刀块的设计与圆拉刀相同。

图 7-127 所示为拉削凸圆弧廓形的成形式成形刀块的实例。被加工的表面廓形为半径 $R = 32$mm 的凸圆弧，刀块切削齿的刃形虽然都是圆弧，但它们的半径均相差一个齿升量，逐步减小。成形式圆弧刀块的加工较复杂，因为不仅要加工出不同半径的各个刀齿切削刃形，还要在这些切削刃上加工出后角，因此，成形式圆弧刀块仅能用于加工半径较大的圆弧。对于廓形半径不大的圆弧表面，要用渐成式成形刀块加工。

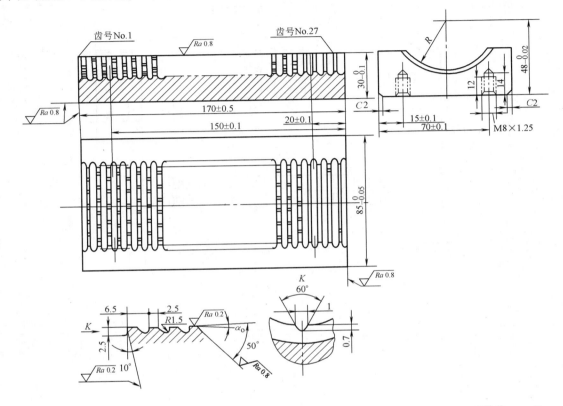

（单位：mm）

齿号 No	尺寸 R	极限偏差 ΔR	后角 α_o	齿号 No	尺寸 R	极限偏差 ΔR	后角 α_o
1	33.20			15	32.36		
2	33.14			16	32.30		
3	33.08			17	32.24		
4	33.02			18	32.18		
5	32.96			19	32.12	$\begin{matrix}0\\-0.02\end{matrix}$	4°
6	32.90			20	32.06		
7	32.84	$\begin{matrix}0\\-0.02\end{matrix}$	4°	21	32.04		
8	32.78			22	32.02		
9	32.72			23	32.00		
10	32.66			24	32.00		
11	32.60			25	32.00	$\begin{matrix}0\\-0.01\end{matrix}$	2°
12	32.54			26	32.00		
13	32.48			27	32.00		
14	32.42						

图 7-127 成形式成形刀块实例

图 7-128 所示为渐成式圆弧成形刀块，该刀块加工表面廓形的半径为 $R = 8.25$mm。渐成式成形刀块的成形切削刃采用通磨法加工，刀齿的主切削刃都是直线，成形切削刃没有齿升量，是副切削刃，

为了减少与已加工表面的摩擦，通常采用"阶梯渐成式拉削"，工件成形表面是由许多微小阶梯组成的，阶梯的理论高度远远小于通常对拉削加工所要求的表面粗糙度数值（Rz）。为此，通磨成形切削刃时，需将刀块尾部抬高，并对刀块（砂轮）廓形进行修正。图 7-128 所示刀块的廓形为 $R = 7.98$mm，

小于工件要求的 R 值。

成形切削刃廓形修正计算见 7.10 节。

对于非圆弧廓形的成形表面，采用成形式拉削在切屑形成和拉刀制造上都存在困难，但由于加工精度高，表面粗糙度参数值小，因此在成形表面的精加工中仍有应用。

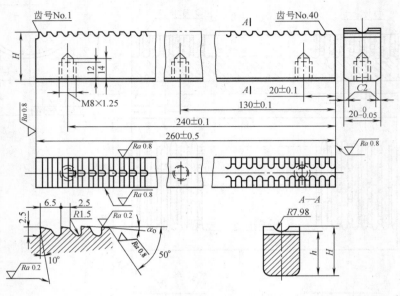

（单位：mm）

齿号 No	尺寸 H	极限偏差 ΔH	后角 α_o	齿号 No	尺寸 H	极限偏差 ΔH	后角 α_o
1	30.00			21	31.40		
2	30.07			22	31.47		
3	30.14			23	31.54		
4	30.21			24	31.61		
5	30.28			25	31.68		
6	30.35			26	31.75		
7	30.42			27	31.82		
8	30.49			28	31.89		
9	30.56			29	31.96	0 −0.02	4°
10	30.63			30	32.03		
11	30.70	0 −0.02	4°	31	32.10		
12	30.77			32	32.17		
13	30.84			33	32.24		
14	30.91			34	32.31		
15	30.98			35	32.38		
16	31.05			36	32.45		
17	31.12			37	32.50		
18	31.19			38	32.50		
19	31.26			39	32.50	0 −0.01	2°
20	31.33			40	32.50		

图 7-128 渐成式圆弧成形刀块

7.9.6 几种外拉刀的拉削工作量分配

1. 矩形槽拉刀工作量分配

深度较小的矩形槽可用一把拉刀加工（见图

7-129a）。较深的矩形槽需要用一套三把拉刀加工，其中最后一把精拉刀的切削刃可以水平安置（见图 7-129b），也可以垂直安置（见图 7-129c）。

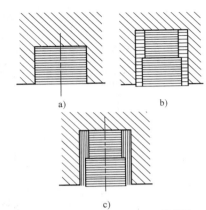

图 7-129　矩形槽拉刀工作量分配
a) 一把　b) 三把, 水平安置　c) 三把, 垂直安置

2. 燕尾拉刀的工作量分配

用于燃气轮机压气机叶片与叶轮结合部的燕尾廓形, 常采用拉削加工。

当燕尾槽深 H 小于 10mm, 表面粗糙度不小于 $Ra6.3\mu m$ 时, 可用一把渐成式或阶梯渐成式拉刀加工 (见图 7-130a)。

槽深 $H>10mm$ 及要求精度高、表面粗糙度参数值小时, 要用成套拉刀加工。先用一把或数把拉刀加工出矩形槽, 然后同时切除左、右两侧金属 2, 最后用一把成形式拉刀切成, 周边的成形余量约 0.3mm (见图 7-130b)。

图 7-130c 所示燕尾槽的金属 1 需用一把专门拉刀切除, 其余工作量分配与图 7-130b 相同。

金属 2 的切除方式如下:

当 $l>H$ 时, 用水平配置的切削刃分层切削;

当 $l<H$ 时, 用垂直配置的切削刃分层切削。

金属 1 用角度切削刃分层切削。

叶片的燕尾榫加工顺序为 (见图 7-130d), 先拉削两侧倒角, 再加工底面, 然后加工燕尾的两侧斜面, 最后用校准拉刀同时去除底面及两侧斜面上的精拉余量 (小于 0.2mm)。

3. 枞树拉刀的工作量分配

在燃气发动机的叶片与涡轮盘连接结构中, 广泛采用枞树榫结, 涡轮盘上的榫槽及叶片榫根都采用拉削加工。图 7-131a 所示为枞树榫槽各拉刀 (或一把拉刀各齿组) 之间的工作量分配示意图, 1~6 用六把拉刀。图 7-131b 所示为叶片榫根的拉削工作量分配, 1~3 用三把拉刀。枞树榫结的公称尺寸如图 7-132 所示。

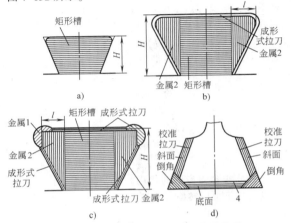

图 7-130　燕尾槽、榫的拉削工作量分配
a) 用渐成式或阶梯渐成式拉刀加工　b) 成套拉刀加工　c) 专门拉刀加工　d) 叶片的燕尾榫加工顺序

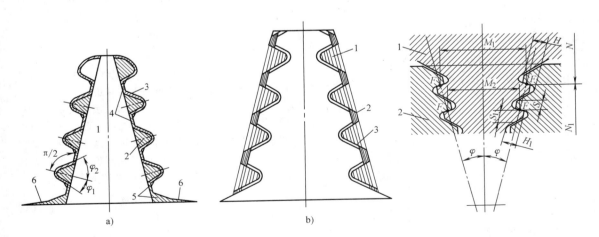

图 7-131　枞树廓形的拉削工作量分配
a) 榫槽　b) 榫根

图 7-132　枞树榫结
1—叶片　2—涡轮盘
S_1、H_1、N_1—叶片参数

7.10　拉刀刀齿的廓形（齿形）修正

1. 渐开线花键拉刀的齿形修正

采用抬高拉刀后顶尖磨削拉刀渐开线齿形的方法可使拉刀副切削刃获得一定的偏角 κ'_r 和后角 α'_o，改善拉刀的工作条件，但磨出的拉刀齿形 $\widehat{0'6}$ 与要求的渐开线齿形 $\widehat{06}$ 不同（见图 7-58）。修正后的拉刀齿形 $\widehat{0'6}$ 计算如下：

（1）求出渐开线齿形上的各坐标点　详见 7.6.3 节。

（2）求出修正后的齿形坐标　如图 7-58 所示，令拉刀修正后的齿形 $\widehat{0'6}$ 与渐开线花键齿形 $\widehat{06}$ 在点 6 处重合，则拉刀齿形 $\widehat{0'6}$ 上各点均低于渐开线齿形，其降低量 h_y 为

$$h_y = h_z(z_j - z_y) \tag{7-86}$$

式中　h_z——每齿抬高量，按式（7-43）求得；

　　　　z_j——所取坐标点中最靠近花键大径的一点所对应的刀齿序号；

　　　　z_y——其余各坐标点所对应的刀齿序号。

拉刀齿形的坐标为

$$\left.\begin{array}{l} x_{y0} = x_y \\ y_{y0} = y_y - h_y \end{array}\right\} \tag{7-87}$$

（3）求拉刀齿形的代用圆弧　先以点 $1'$ 为坐标原点，进行坐标转换（见图7-61）：

$$\left.\begin{array}{l} x'_{y0} = x_{y0} - x_{10} \\ y'_{y0} = y_{y0} - y_{10} \end{array}\right\} \tag{7-88}$$

以 $1'$、$3'$、$5'$ 三点求代用圆弧及圆心坐标

$$\left.\begin{array}{l} R_0 = \dfrac{x'_{50} - x'_{30}}{2\sin\beta\sin(\varphi-\varepsilon)} \\ x_{a0} = R\cos(\beta+\varphi-\varepsilon) + x'_{50} \\ y_{a0} = -R\sin(\beta+\varphi-\varepsilon) + y'_{50} \end{array}\right\} \tag{7-89}$$

式中，φ、ε、β 的值按下列公式计算：

$$\tan\varphi = \frac{y'_{30}}{x'_{30}}$$

$$\tan\varepsilon = \frac{y'_{50}}{x'_{50}}$$

$$\tan\beta = \frac{x'_{50} - x'_{30}}{y'_{50} - y'_{30}}$$

（4）齿形误差计算　计算 $2'$、$4'$ 点到圆心的距离与圆弧半径的差值 ΔR，即为齿形误差。可利用式（7-48）计算，此处不再重复。

2. 直线齿形渐开线花键拉刀的齿形修正（角度修正）

图 7-133 为齿形角度修正原理，原始花键齿形角为 φ，拉刀修正后的齿形角为 φ_y，h_z 为每齿抬高量，拉刀的副偏角 $\kappa'_r = \varphi - \varphi_y$。角度修正的一般公式为

$$\cot\varphi_y = \cot\varphi + \frac{\sin\varphi - \sin\alpha_y}{\sin(\varphi - \alpha_y)\sin\varphi} \cdot \frac{h_z}{a_f} \tag{7-90}$$

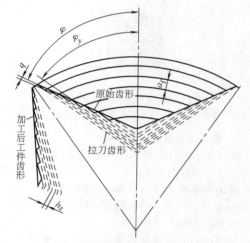

图 7-133　直线齿形的修正原理

分析式（7-90）可知，φ_y 将随 α_y 的变化而变化，但由于 α_y 是随 d_y 而改变的，所以 φ_y 将随 d_y 而变化，这在生产上是难以实现的。为了方便制造，一般取 φ_y 为定值：

$$\cot\varphi_y = \cot\varphi + \frac{\sin\varphi - \sin\alpha_D}{\sin(\varphi - \alpha_D)\sin\varphi} \frac{h_z}{a_f} \tag{7-91}$$

由图 7-133 可见，用修正齿形的拉刀加工出的内花键齿形并不是直线，而是呈微细的锯齿状。这一理论上的表面粗糙度数值 q 可用下式计算：

$$q = \frac{a_f\sin(\varphi - \varphi_y)}{\cos(\varphi_y - \eta)} \tag{7-92}$$

当 $\varphi - \varphi_y = 1° \sim 1°30'$ 时，q 值约为 $1 \sim 2\mu m$。

3. 外拉刀的直线角度齿形的修正

为了减少拉刀副后面与已加工表面的摩擦，广泛采用图 7-134 所示的渐成式拉削，此时拉刀刀齿廓形角 ε_g 小于工件廓形角 ε，因此这也是一种角度修正方法。制造拉刀时将拉刀尾部抬高，用砂轮通磨刀齿侧面（副后面），抬高量 K 按下式求出

$$K = \frac{H(\tan\varepsilon - \tan\varepsilon_g)}{\tan\varepsilon_g} \tag{7-93}$$

式中　H——工件廓形深度（mm）；

$$\varepsilon_g = \varepsilon - \tau$$

　　　　τ——减摩角，一般可取 $\tau = 1° \sim 3°$。

很显然，拉刀每齿抬高量 ΔK 为

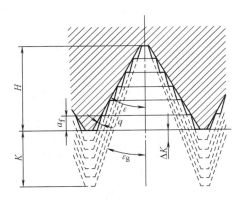

图 7-134 拉刀角度廓形的修正

$$\Delta K = \frac{K}{z-1} \tag{7-94}$$

式中 z——拉刀切削齿齿数。

也可以先给定每齿抬高量 ΔK（$\Delta K = 0.003 \sim 0.004mm$），按式（7-94）求出拉刀抬刀量 K 值，再求出拉刀廓形角 ε_g

$$\tan\varepsilon_g = \frac{H}{H+K}\tan\varepsilon \tag{7-95}$$

拉刀刀齿的侧刃后角 α'_f 为

$$\tan\alpha'_f = \frac{K}{L_n} \tag{7-96}$$

式中 L_n——拉刀第一齿到最后一个切削齿的距离（mm）。

对廓形角 ε 较小的拉刀，制造时要以拉刀侧面为基准安装在平面磨床磁力平台上，并以中间导磁体抬高拉刀尾部（见图 7-135）。此时，抬高量 K 的计算由式（7-93）变为

$$K = H(\tan\varepsilon - \tan\varepsilon_g) \tag{7-97}$$

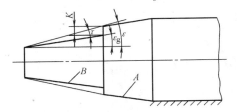

图 7-135 小角度廓形的修正
A—第一个切削齿廓形 B—最后一个切削齿廓形

侧刃后角 α'_p 为

$$\tan\alpha'_p = \frac{H(\tan\varepsilon - \tan\varepsilon_g)}{L_n} \tag{7-98}$$

拉削表面理论粗糙度数值 q 为（见图 7-136a）：

$$q = r_\varepsilon\left\{1-\sin\left[\arcsin\frac{r_\varepsilon - a_f(\tan\varepsilon - \tan\varepsilon_g)\cos\varepsilon_g}{r_\varepsilon} + \tau\right]\right\} \tag{7-99}$$

式中 r_ε——刀尖圆弧半径（mm）。
当 $r_\varepsilon = 0$ 时（见图 7-136b）

$$q = a_f(\tan\varepsilon - \tan\varepsilon_g)\cos\varepsilon \tag{7-100}$$

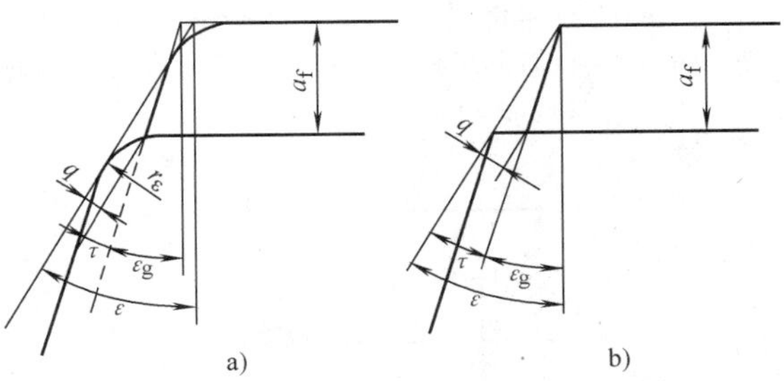

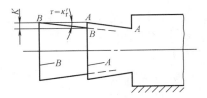

图 7-136 角度槽理论粗糙度
a）$r_\varepsilon \neq 0$ b）$r_\varepsilon = 0$

4. 矩形槽拉刀的齿形修正

矩形槽拉刀的制造应以拉刀侧面为基准安装于平面磨床磁力平台上，并借助中间导磁体抬高拉刀尾部，使 AA 线与 BB 线重合，用锥形砂轮通磨，如图 7-137 所示。各参数计算如下：

拉刀尾部抬高量 K：

$$K = H\tan\kappa'_r \tag{7-101}$$

式中 H——槽深（mm）；
κ'_r——副偏角，$\kappa'_r = 1° \sim 5°$。

图 7-137 矩形槽拉刀齿形修正
A—第一个切削齿齿形 B—最后一个切削齿齿形

侧刃后角 α'_p：

$$\tan\alpha'_p = \frac{H\tan\kappa'_r}{L_n} \tag{7-102}$$

式中 L_n——拉刀第一齿到最后一个切削齿的距离（mm）。

表面理论粗糙度值 q：

$$q = r_\varepsilon\left[1-\sin\left(\arcsin\frac{r_\varepsilon - a_f\sin\kappa'_r}{r_\varepsilon} + \kappa'_r\right)\right] \tag{7-103}$$

式中 r_ε——刀尖圆弧半径（mm）；
a_f——齿升量（mm）。
当刀尖为倒角 C，且 $C > a_f$ 时：

$$q = \frac{a_f}{\cot\kappa_r + \cot\kappa'_r} \tag{7-104}$$

式中 κ_r——倒角过渡刃的偏角，一般 $\kappa_r = 45°$。

5. 燕尾拉刀的廓形修正

（1）切削刃水平配置 拉刀尾部抬高量 K，按

以拉刀侧面为基准的加工方法计算（见图 7-138）。

$$K = H(\tan\varepsilon_g - \tan\varepsilon) \qquad (7\text{-}105)$$

式中　H——燕尾高度（mm）；

　　　ε——燕尾角（°）；

　　　ε_g——拉刀燕尾角度（副切削刃偏角），$\varepsilon_g = \varepsilon + \tau$，$\tau = 1° \sim 3°$。

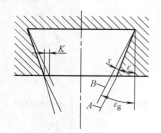

图 7-138　燕尾拉刀的廓形修正
A—第一个切削齿廓形　B—最后一个切削齿廓形

侧刃后角 α'_p：

$$\tan\alpha'_p = \frac{H(\tan\varepsilon_g - \tan\varepsilon)}{L_n} \qquad (7\text{-}106)$$

式中　L_n——拉刀第一齿至最后一齿的距离。

表面理论粗糙度 q：

$$q = r_\varepsilon\left\{1 - \sin\left[\tau + \arcsin\left(\frac{r_\varepsilon\cos\varepsilon - a_f\sin\tau}{r_\varepsilon\cos\varepsilon}\right)\right]\right\} \qquad (7\text{-}107)$$

（2）切削刃垂直配置　拉刀侧面及顶面都有副切削刃，它们的减摩角为 τ、τ_1，抬高量为 K、K_1，如图 7-139 所示。

$$K = n\tan\psi - (m+n)\tan(\psi - \tau) + r_\varepsilon\left(\tan\frac{\varepsilon_g}{2} - \tan\frac{\varepsilon}{2}\right) \qquad (7\text{-}108)$$

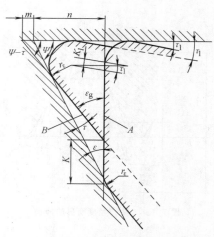

图 7-139　垂直刃燕尾拉刀廓形修正
A—第一个切削齿位置　B—最后一个切削齿位置

$$K_1 = \left[n - r_\varepsilon\left(\cot\frac{\psi}{2} - 1\right)\right]\tan\tau_1 \qquad (7\text{-}109)$$

式中　n——燕尾部分的宽度，由零件图给出；

　　　$\psi = 90° - \varepsilon$；

　　　ε——燕尾角度；

　　　ε_g——拉刀燕尾角度，$\varepsilon_g = \varepsilon + \tau$，$\tau$、$\tau_1$ 均可取 $1° \sim 3°$；

　　　m——辅助量，$m = r_\varepsilon\left(\cot\dfrac{\psi - \tau}{2} - \cot\dfrac{\psi}{2}\right)$。

6. 枞树拉刀的廓形修正

（1）榫槽拉刀的廓形修正（对照图 7-140）　枞树廓形是由若干相同的单元所组成，每个单元都是倒圆的不等腰梯形，它们可用渐成式、阶梯渐成式和成形式拉削方式加工。当采用阶梯渐成式拉刀时，

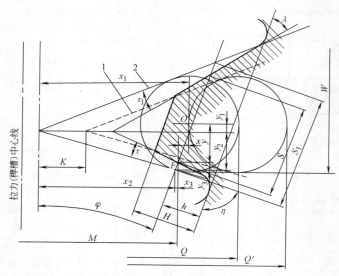

图 7-140　枞树榫槽的单元
1—第一切削齿位置　2—最后切削齿位置

拉刀的廓形按以下方法进行修正。

拉刀尾部抬高量 K：

$$K = \frac{H \tan\tau}{\sin\eta\left[\cos(\eta-\varphi) - \tan\tau\sin(\eta-\varphi)\right]} \quad (7\text{-}110)$$

式中 τ——减摩角，取 $\tau = 2° \sim 3°$。

另一侧副切削刃的减摩角 τ_1 为

$$\tan\tau_1 = \frac{K\cos(\lambda+\varphi)\sin\lambda}{H + K\sin(\lambda+\varphi)\sin\lambda} \quad (7\text{-}111)$$

最后一个切削齿齿槽宽 S_1 为

$$S_1 = S + h\left[\cot\lambda - \cot(\lambda+\tau_1) + \cot\eta - \cot(\eta+\tau)\right] \quad (7\text{-}112)$$

式中 S——枞树榫槽的单元齿厚（mm）；

h——单元齿根高，由零件图给出。

上述式（7-110）、式（7-111）、式（7-112）中的角度参数 η、λ、φ 以及尺寸参数 S、M、H 和 h 均在被加工零件图样中给出。

1）测量值 Q。拉刀最后一个切削齿测量值 Q 为

$$\left.\begin{aligned} Q_1 &= M_1 + 2(x + r_R) \\ Q_2 &= M_2 + 2(x + r_R) \\ &\vdots \end{aligned}\right\} \quad (7\text{-}113)$$

式中 M_1、$M_2 \cdots$——各单元定位点 F 之间的尺寸（见图 7-132）（mm）；

r_R——量棒半径（mm）；

x——量棒轴线到定位点 F 的横坐标（mm），按下面公式计算：

$$\left.\begin{aligned} x &= x_1 - x_2 - x_3 \\ x_1 &= \frac{r_R \cos\left(\dfrac{\eta+\tau-\lambda-\tau_1-2\varphi}{2}\right)}{\cos\left(\dfrac{\lambda+\tau_1+\eta+\tau}{2}\right)} \\ x_2 &= \frac{S_1\sin(\lambda+\tau_1)\sin(\eta+\tau-\varphi)}{\sin(\lambda+\tau_1+\eta+\tau)} \\ x_3 &= h\sin\varphi\left[\cot\eta - \cot(\eta+\tau)\right] \end{aligned}\right\} \quad (7\text{-}114)$$

拉刀第一切削齿的测量值 Q' 为

$$\left.\begin{aligned} Q'_1 &= Q_1 + 2K \\ Q'_2 &= Q_2 + 2K \end{aligned}\right\} \quad (7\text{-}115)$$

2）单元至拉刀基准面的测量值 W。给出定位点 F 到拉刀基准面的距离 N，即可写出相应的测量值 W 为

$$W = N - y + r_R \quad (7\text{-}116)$$

式中 y——量棒轴线至定位点 F 的纵坐标。由下面公式计算：

$$\left.\begin{aligned} y &= y_1 + y_2 - y_3 \\ y_1 &= \frac{r_R \sin\left(\dfrac{\eta+\tau-\lambda-\tau_1-2\varphi}{2}\right)}{\cos\left(\dfrac{\lambda+\tau_1+\eta+\tau}{2}\right)} \\ y_2 &= \frac{S_1\sin(\lambda+\tau_1)\cos(\eta+\tau-\varphi)}{\sin(\lambda+\tau_1+\eta+\tau)} \\ y_3 &= h\cos\eta\left[\cot\eta - \cot(\eta+\tau)\right] \end{aligned}\right\} \quad (7\text{-}117)$$

3）拉刀副切削刃后角 α'_φ。即在与拉刀中心线或 φ 角的平面中后角：

$$\tan\alpha'_\varphi = \frac{H\left[\cot\eta - \cot(\eta+\tau)\right]}{L_n} \quad (7\text{-}118)$$

$$\tan\alpha'_{\varphi 1} = \frac{H\left[\cot\lambda - \cot(\lambda+\tau_1)\right]}{L_n} \quad (7\text{-}119)$$

（2）叶片榫根拉刀的廓形修正（见图 7-141） 测量值 Q_y

1）最后一个切削齿的测量值：

$$\left.\begin{aligned} Q_{y1} &= M_1 - 2(x + r_R) \\ Q_{y2} &= M_2 - 2(x + r_R) \\ &\vdots \end{aligned}\right\} \quad (7\text{-}120)$$

2）第一切削齿的测量值：

$$\left.\begin{aligned} Q'_{y1} &= Q_{y1} - 2K \\ Q'_{y2} &= Q_{y2} - 2K \\ &\vdots \end{aligned}\right\} \quad (7\text{-}121)$$

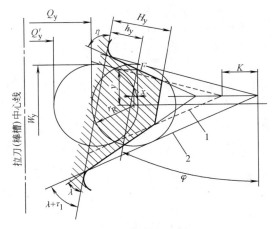

图 7-141 叶片榫根单元
1—第一切削齿位置 2—最后切削齿位置

榫根拉刀的其他修正计算与榫槽拉刀相同。

7. 圆弧拉刀的廓形修正

（1）工件廓形误差的计算（见图 7-142） 令拉刀廓形与工件廓形相同。制造拉刀时，将拉刀尾部抬高后通磨圆弧表面，拉刀在工作时放平，后一个刀齿的圆弧刃均低于前一个刀齿，如图 7-142 中的

虚线所示。1、2、3、4 等细实线代表齿升量为 a_f 的各刀齿主切削刃，拉削余量为 A，每齿抬高量为 ΔK，全部切削齿的总抬高量为 $K(K=\Delta K(z-1))$。

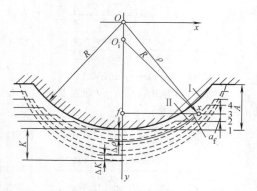

图 7-142 阶梯渐成式圆弧拉刀切出的廓形

拉刀在切削过程中，圆弧刃的圆心逐渐下移，每齿位移量为 ΔK，总位移量等于总抬高量 K。工件的实际廓形由一系列圆弧和齿升量为 a_f 的直线组成的阶梯形曲折线，它在第 x 齿处的曲率半径 ρ 并不等于工件廓形的半径 R，误差为

$$\Delta\rho = \rho - R \qquad (7\text{-}122)$$

而

$$\rho = \sqrt{R^2 + 2R\Delta K(z_x-1) - (2a_f+\Delta K)\Delta K(z_x-1)^2}$$
$$(7\text{-}123)$$

式中　z_x——所求点的刀齿序号。

廓形的最大误差 $\Delta\rho_{max}$ 为

$$\Delta\rho_{max} = \sqrt{R^2 + 2R\Delta K(z_m-1) - (2a_f+\Delta K)\Delta K(z_m-1)^2} - R$$
$$(7\text{-}124)$$

式中　z_m——最接近具有最大廓形误差的刀齿序号 z_{max} 的整数。

而

$$z_{max} = \frac{R}{2a_f+\Delta K} + 1 \qquad (7\text{-}125)$$

当拉刀切削齿齿数 z 小于 z_{max} 时，

$$\Delta\rho_{max} = \sqrt{R^2 - 2R\Delta K(z-1) - (2a_f+\Delta K)\Delta K(z-1)^2} - R$$
$$(7\text{-}126)$$

$$\Delta\rho_{max} = \sqrt{R^2 + 2\left[R_g(\Delta K+a_f) - (R-\Delta K)a_f\right]z_{max} - (2a_f+\Delta K)\Delta K^2 z_{max}^2 + 2a_f(R-R_g)} - R \qquad (7\text{-}130)$$

其中

$$z_{max} = \frac{(R_g+a_f)\Delta K - (R-R_g)a_f}{(2a_f+\Delta K)\Delta K} \qquad (7\text{-}131)$$

8. 成形式成形拉刀的廓形修正

图 7-144 所示为成形式拉刀廓形修正原理。Oy 为拉刀运动方向，OE 为后面，后角为 α_o，OA 为前面，前角为 γ_o，Ⅰ 为垂直于 Oy 的平面中工件廓形，Ⅱ 为后面法平面中的拉刀廓形，拉刀廓形高度 h_0 的

若用拉刀总齿升量 Σa_f 代替 $a_f(z-1)$，用拉刀总抬高量 K 代替 $\Delta K(z-1)$，则式（7-125）可写为

$$\Delta\rho_{max} = \sqrt{R^2 + 2RK - 2K\Sigma a_f - K^2} - R \qquad (7\text{-}127)$$

考虑到拉刀制造时的误差，取

$$\Delta\rho_{max} \leqslant 0.8\Delta R \qquad (7\text{-}128)$$

式中　ΔR——廓形半径公差（mm）。

用同样方法也可计算凹入廓形的误差。

对于非圆弧廓形，应把廓形分解成若干段，每段用一圆弧代替，用上述方法分段计算廓形误差。

计算表明，凸表面的实际廓形变宽，曲率半径增大，凹表面实际廓形变窄、曲率半径减小。因此，对于凸表面应以廓形半径的最小极限尺寸作为拉刀廓形半径，以减小误差；反之，对于凹表面应取工件廓形半径的最大极限尺寸。

（2）圆弧拉刀的廓形修正　如果廓形误差超过允许值，并且每齿抬高量 ΔK 不能减小时，就必须修正拉刀廓形。方法是取一新的圆弧，令其通过工件廓形端点 A、B 及对应于拉刀廓形抬高量 K 的点 D（见图 7-143），圆弧半径 R_g 为

$$R_g = \frac{2A(R+K) + K^2}{2(A+K)} \qquad (7\text{-}129)$$

式中　R——工件廓形半径（mm）；

　　　A——加工余量（mm）；

　　　K——拉刀抬高量（mm）。

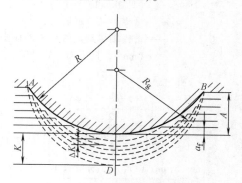

图 7-143 圆弧拉刀廓形修正

此时，实际廓形的最大误差为

计算公式为

$$h_0 = \frac{h\cos(\alpha_o+\gamma_o)}{\cos\gamma_o} \qquad (7\text{-}132)$$

式中　h——工件廓形高度。

将工件廓形高度 O_1B_1、O_1C_1、O_1D_1……作为 h 值代入式（6-132），即可求出作为拉刀法面廓形高度 h_0

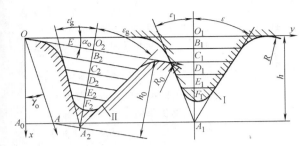

图 7-144 成形式成形拉刀廓形修正
Ⅰ—工件廓形 Ⅱ—拉刀法向廓形

的 O_2B_2、O_2C_2、O_2D_2……。廓形各点的宽度仍保持不变，这样即可求出拉刀廓形上各点，然后通过这些点求出代用圆弧半径。有时需要用几段不同半径的圆弧代替应用的拉刀廓形。

对于直线廓形，可以进行角度修正，即：

$$\tan\varepsilon_g = \frac{\cos\gamma_o}{\cos(\alpha_o+\gamma_o)}\tan\varepsilon$$

式中 ε_g——拉刀廓形角；

ε——工件廓形角。

7.11 拉刀的技术要求

有关拉刀技术要求的国家标准和行业标准有 JB/T 7962—2010《圆拉刀技术条件》、GB/T 14329—2008《键槽拉刀》、JB/T 9992—2011《矩形花键拉刀 技术条件》、GB/T 5102—2004《渐开线花键拉刀 技术条件》，以及 JB/T 6357—2006《圆推刀》标准中对圆推刀的技术要求、JB/T 9993—2011《带侧面齿键槽拉刀》对该种拉刀的技术要求等。为了方便读者，本书根据上述诸多标准整理成本节内容如下。

1. 拉刀外观及表面粗糙度

（1）拉刀外观

1）拉刀表面不得有裂纹、碰伤、锈迹等影响使用性能的缺陷。

2）拉刀切削刃应锋利，不得有毛刺、崩刃及磨削烧伤。

3）拉刀容屑槽的连接应圆滑，不允许有台阶。

（2）拉刀主要表面粗糙度的最大允许值 见表 7-109。

表 7-109 拉刀主要表面的表面粗糙最大允许值 （单位：μm）

拉刀表面		圆拉刀	圆推刀	渐开线花键拉刀	矩形花键拉刀		键槽拉刀
刀齿刃带表面		Ra0.32	Rz1.6	Rz1.6	Rz1.6		Rz1.6
刀齿前面和后面	精切齿、校准齿	Ra0.32	Rz3.2	Rz3.2	Rz1.6	后面 Rz3.2	Rz3.2
	粗切齿	Ra0.63			Rz3.2		
前导部、后导部外圆表面		Ra0.63	Ra0.63	Ra0.63	Ra0.63		—
中心孔工作锥面		Ra1.25	—	Rz3.2	Rz3.2		—
柄部外圆表面		Ra1.25	Ra1.25	Ra1.25	Ra1.25		—
容屑槽底磨光		Ra2.5	—	—	—		—
后导部端面		—	Ra1.25	—	—		—
键齿两侧面		—	—	Rz3.2	Rz3.2		Rz3.2
键齿侧隙面		—	—	Rz6.3	—		—
刀体侧面和底面		—	—	—	—		Ra0.63

2. 拉刀刀齿尺寸极限偏差

拉刀刀齿尺寸包括刀齿直径、刀齿齿高、齿宽，分别列于表 7-110~表 7-119。

表 7-110 拉刀粗切齿外圆直径的极限偏差
（单位：mm）

齿升量 a_f	粗切齿直径极限偏差	相邻两齿直径公差（直径齿升量）
<0.03	±0.010	0.010
>0.03~0.05	±0.015	0.015
>0.05~0.06	±0.020	0.020
>0.06	±0.025	0.025

精切齿（与校准齿尺寸相同的精切齿除外）外圆直径的极限偏差为 $^{0}_{-0.01}$ mm。

表 7-111 圆拉刀校准齿和与其尺寸相同的精切齿外圆直径的极限偏差
（单位：mm）

外径公差	<0.018	>0.018~0.027	>0.027~0.036	>0.036~0.046	>0.046
校准齿和精切齿	$^{0}_{-0.005}$	$^{0}_{-0.007}$	$^{0}_{-0.009}$	$^{0}_{-0.012}$	$^{0}_{-0.015}$

注：校准齿与其尺寸相同的精切齿一致性为 0.005mm，并不允许有正锥度。

表 7-112　矩形花键拉刀校准齿和精切齿外圆直径的极限偏差　(单位：mm)

内花键大径公称尺寸	花键校准齿及与其尺寸相同的精切齿外圆直径的极限偏差	其余精切齿外圆直径的极限偏差
14 ~ 30	0 -0.015	
32 ~ 82	0 -0.018	0 -0.015
88 ~ 125	0 -0.020	

校准齿及与其尺寸相同的精切齿外圆直径尺寸的一致性不大于 0.005mm。校准齿部分不允许有正锥度。

表 7-113　小径定心花键拉刀圆精切齿和校准齿外圆直径的极限偏差
(单位：mm)

内花键小径尺寸公差	圆校准齿及与其尺寸相同的精切齿直径的极限偏差	其余精切齿外圆直径的极限偏差
≤0.025	0 -0.007	0 -0.010
>0.025 ~ 0.030	0 -0.009	—
>0.03	0 -0.012	0 -0.015

表 7-114　渐开线花键拉刀精切齿和校准齿外圆直径的极限偏差
(单位：mm)

拉刀分圆直径	外圆直径极限偏差
≤30	0 -0.013
>30 ~ 50	0 -0.016
>50 ~ 80	0 -0.019
>80	0 -0.021

校准齿及与其尺寸相同的精切齿外圆直径尺寸的一致性为 0.007mm，且不允许有正锥度。

表 7-115　键槽拉刀、平拉刀切削齿齿高的极限偏差　(单位：mm)

齿升量 a_f	齿高 H 偏差	相邻齿高公差(齿升量)
<0.05	±0.02	0.02
>0.05 ~ 0.08	±0.025	0.025
>0.08	±0.035	0.035

校准齿及与其尺寸相同的精切齿齿高极限偏差为 ±0.015mm，且尺寸一致性为 0.007mm。

带侧面齿键槽拉刀顶面齿刀齿宽度尺寸极限偏差为 $_{-0.03}^{0}$mm。

带侧面齿键槽拉刀侧面齿的顶面高度 H_2 尺寸极

表 7-116　带侧面齿键槽拉刀顶面齿齿高极限偏差　(单位：mm)

齿升量	粗切齿		精切齿、校准齿	
	齿高极限偏差	相邻齿齿升量差	齿高极限偏差	齿高尺寸一致性
≤0.08	±0.02	0.02	0 -0.02	0.007
>0.08	±0.03	0.03		

表 7-117　键槽拉刀刀齿宽度尺寸极限偏差
(单位：mm)

键槽宽度公称尺寸	键槽宽公差带		
	P9	JS9	D10
	极限偏差		
3 ~ 10	0 -0.012		0 -0.015
12 ~ 18			0 -0.018
20 ~ 28		0 -0.015	0 -0.021
32 ~ 40	0 -0.018		0 -0.025

表 7-118　带侧面齿键槽拉刀侧面精切齿及校准齿刀齿宽度尺寸极限偏差
(单位：mm)

键槽宽度公称尺寸	刀齿宽度尺寸极限偏差		
	P9	JS9	D10
6 ~ 10	0 -0.012	0 -0.012	0 -0.015
>10 ~ 18	0 -0.015	0 -0.015	0 -0.018
>18 ~ 30	0 -0.015	0 -0.015	0 -0.021
>30 ~ 40	0 -0.018	0 -0.018	0 -0.025

注：侧面粗切齿刀齿宽度尺寸极限偏差为 ±0.015mm。

表 7-119　矩形花键拉刀键齿宽度尺寸的极限偏差
(单位：mm)

内花键槽宽公差带代号	内花键槽宽基本尺寸		
	3 ~ 6	7 ~ 10	12 ~ 18
	极限偏差		
H9	0 -0.010	0 -0.012	0 -0.015
H11	0 -0.015	0 -0.020	0 -0.020

限偏差按 f7。A 型拉刀侧面齿顶面高度 H_2 尺寸与顶面齿校准齿高度实测值相同（见图 7-37）。

3. 拉刀刀齿的圆跳动

拉刀校准齿及其相邻两精切齿的径向圆跳动公差不得超过表 7-110～表 7-114 中所规定的外圆直径极限偏差值。

拉刀后导部的径向圆跳动公差同校准齿。

拉刀柄部与卡爪接触的锥面对拉刀基准轴线的斜向圆跳动公差为 0.1mm。

拉刀其余部分的径向圆跳动公差见表 7-120。

表 7-120　拉刀外径在全长上的圆跳动公差

（单位：mm）

拉刀长度与直径比值	<15	>15～25	>25
圆跳动公差（同一方向）	0.03	0.04	0.06

拉刀各部分的径向圆跳动应在同一个方向。

4. 齿形及周节累积公差

渐开线花键拉刀要求齿形公差和周节累积公差，矩形花键拉刀要求键齿等分累积误差的公差，分别见表 7-121～表 7-124。

标准齿形角 $\alpha_D = 45°$、模数小于 1mm 时，齿形半角的极限偏差为 ±10′。

5. 渐开线花键拉刀的量棒测量值 M_R 的极限偏差

（表 7-125、表 7-126）

表 7-121　渐开线花键拉刀齿形公差

（标准齿形角 $\alpha_D = 30°$、$\alpha_D = 37.5°$ 时）

（单位：mm）

模　数	齿　形　公　差			
	内花键齿槽公差带			
	4H	5H	6H	7H
1～1.25	—	0.012	0.015	0.020
1.5～2	—	0.015	0.020	0.025
2.5～3.5	0.010	0.015	0.020	0.030
4～5	0.012	0.020	0.025	0.035

表 7-122　渐开线花键拉刀的齿形公差

（标准齿形角 $\alpha_D = 45°$，模数 ≥1mm 时）

（单位：mm）

模　数	齿　形　公　差	
	6H	7H
1～1.25	0.015	0.020
1.5～2.5	0.020	0.030

表 7-123　渐开线花键拉刀键齿周节累积误差的公差（单位：mm）

分度圆直径	键齿数	齿距累积公差			
		内花键齿槽公差带			
		4H	5H	6H	7H
10～18	≤24	—	0.015	0.020	0.025
	>24	—	—	0.022	0.030
>18～30	≤24	0.012	0.018	0.022	0.030
	>24	—	0.021	0.025	0.035
>30～50	≤24	0.015	0.021	0.025	0.035
	>24	—	0.025	0.030	0.040
>50～80	≤24	0.018	0.025	0.030	0.040
	>24	0.021	0.030	0.035	0.045
>80	≤24	0.021	0.030	0.035	0.045
	>24	0.025	0.035	0.040	0.050

表 7-124　矩形花键拉刀花键齿等分累积误差的公差（单位：mm）

内花键槽宽公差带代号	内花键槽宽公称尺寸			
	3	3.5～6	7～10	12～18
	公　差			
H9、H11	0.01	0.012	0.015	0.018

表 7-125　渐开线花键拉刀测量值 M_R 的公差

（标准齿形角 $\alpha_D = 30°$、$\alpha_D = 37.5°$ 时）

（单位：mm）

模　数	测量值 M_R 的公差			
	内花键齿槽公差带			
	4H	5H	6H	7H
1～1.25	—	0 −0.020	0 −0.030	0 −0.035
1.5～2	—	0 −0.025	0 −0.035	0 −0.040
2.5～3.5	0 −0.015	0 −0.030	0 −0.040	0 −0.045
4～5	0 −0.020	0 −0.035	0 −0.045	0 −0.050

表 7-126　渐开线花键拉刀测量值 M_R 的公差

（标准齿形角 $\alpha_D = 45°$ 时）

（单位：mm）

模　数	测量值 M_R 的公差	
	内花键齿槽公差带	
	6H	7H
0.5～1	0 −0.025	0 −0.030
1.25～2.5	0 −0.030	0 −0.040

6. 方拉刀和矩形拉刀的尺寸公差（表 7-127）

表 7-127 方拉刀和矩形拉刀的尺寸公差

零件精度	公差类别	边 距/mm		
		≤12	>12~25	>25
IT9	边距公差/μm	0 -12	0 -15	0 -18
	夹角公差/(′)	3	2.5	2
IT11	边距公差/μm	0 -28	0 -33	0 -52
	夹角公差/(′)	8	5	4
IT12	边距公差/μm	0 -43	0 -52	0 -62
	夹角公差/(′)	12	10	7

注：1. 平行度、螺旋度及侧边对刀体中心的对称度公差在边距公差范围内。
2. 边距尺寸允许向校准齿方向减小，但不得超过 0.02mm。

7. 其他公差项目

（1）切削角度的极限偏差

1）前角。各种拉刀前角的极限偏差为 $^{+2°}_{+1°}$。

2）后角。拉刀后角的极限偏差见表 7-128。

表 7-128 拉刀后角的极限偏差

	圆拉刀、圆推刀、花键拉刀	键槽拉刀
切削齿	+1° 0	+1°30′ 0
校准齿	+0°30′ 0	+1° 0

3）侧隙角。矩形花键拉刀侧隙角的极限偏差为 $^{+1°}_{0}$。

（2）拉刀前导部、后导部的其他公差项目

1）拉刀前导部和后导部外圆直径极限偏差见表 7-129。

表 7-129 拉刀前、后导部外圆直径极限偏差

型 式	外圆直径极限偏差
圆柱形前导部、后导部	f7
花键形前导部	e8
花键形后导部	0 -0.2mm

2）圆推刀后导部端面对圆推刀基准轴线的垂直度公差为 0.02mm，并且端面只许中间内凹。

（3）矩形花键拉刀的其余公差项目

1）矩形花键拉刀花键齿两侧面对其基准平面的对称度公差见表 7-130。

表 7-130 矩形花键拉刀花键齿两侧面对其基准平面的对称度公差

（单位：mm）

内花键槽宽公差带代号	内花键槽宽公称尺寸			
	3	3.5~6	7~10	12~18
	公 差			
H9,H11	0.008	0.010	0.012	0.015

2）在拉刀横截面内，花键齿两侧面的平行度公差不得超过表 7-119 规定的公差值。

3）拉刀花键齿侧面沿纵向对拉刀基准轴线的平行度不得超过表 7-119 规定的公差值。

4）拉刀倒角齿两角度面对花键齿中心平面对称度公差为 0.05mm。

（4）渐开线花键拉刀的其余公差项目 拉刀花键齿侧面沿纵向对拉刀基准轴线的平行度公差在刀齿部分每 500mm 长度上为

内花键齿槽公差带为 4H、5H 时：0.015mm；
内花键齿槽公差带为 6H、7H 时：0.020mm。

（5）键槽拉刀的其余公差项目

1）键齿宽度公差取工件键槽宽度公差的 1/3，但不大于 0.02mm，符号取 (-)。

2）刀体宽度尺寸极限偏差。带倒角齿键槽拉刀和加宽平刀体键槽拉刀刀体宽度尺寸公差带按 h7。平刀体键槽拉刀刀体宽度尺寸极限偏差与刀齿宽度尺寸公差相同。

3）拉刀前导部至后导部的底面及侧面直线度，在每 300mm 长度上其数值见表 7-131。

表 7-131 键槽拉刀前导至后导的底面及侧面直线度（每 300mm 长度上）

（单位：mm）

键槽宽度公称尺寸	3~5	6~10	12~16	>16
直线度公差	0.30	0.15	0.10	0.06

4）拉刀刀齿侧面对刀体同一侧面的平行度公差等于其刀齿宽度公差值。

5）刀齿中心面对刀体中心面的对称度等于其刀齿宽度公差值。

6）拉刀柄部卡槽处各部几何公差按图 7-145。

7）带侧面齿 A 型拉刀，一次拉削的前导部宽度尺寸与顶面切削齿刀齿宽度尺寸相同，两次及两次以上拉削的前导部宽度尺寸与侧面校准齿刀齿宽度相同，它们的极限偏差为：

公差带代号为 P9 和 JS9 时，$^{-0.020}_{-0.041}$mm；

公差带代号为 D10 时，$^{-0.025}_{-0.050}$mm。

8）带侧面齿 B 型精拉刀的前导部宽度尺寸与 B 型粗拉刀刀齿宽度尺寸相同，其极限偏差为

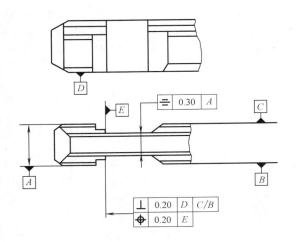

图 7-145　键槽拉刀柄部卡槽的几何公差

公差带代号为 P9、JS9 时，为 $_{-0.041}^{-0.020}$mm；

公差带代号为 D10 时，为 $_{-0.050}^{-0.025}$mm。

9）拉刀侧面齿主切削刃对刀体同侧面平行度公差等于校准齿宽度 $b_{侧}$ 公差值。

10）拉刀顶面齿中心面、侧面校准齿对称面对刀体中心面的对称度等于其刀齿宽度公差值。两次或两次以上拉削的拉刀前导部宽度与侧面齿宽度对刀体中心面的对称度应保持一致。

（6）拉刀总长度公差　拉刀总长度小于或等于 1000mm，取 ±3mm；拉刀总长度大于 1000mm，取 ±5mm。多刀拉床用的拉刀长度公差按机床要求。圆推刀全长尺寸的极限偏差按 JS17。

8. 拉刀材料及热处理硬度

拉刀材料一般为 W6Mo5Cr4V2 或同等性能的普通高速工具钢，也可用高性能高速工具钢。

普通高速工具钢拉刀的热处理硬度在以下范围内：

刀齿和后导部：63~66HRC；

前导部：60~66HRC；

柄部：40~52HRC；

键槽拉刀柄部：45~58HRC。

高性能高速工具钢拉刀切削部分的热处理硬度应大于 64HRC。

拉刀允许进行表面处理，以提高使用寿命。

9. 性能试验

GB/T 14329—2008 规定的键槽拉刀性能试验及常用的圆推刀性能试验，分别介绍如下。

（1）一般规定　每批键槽拉刀和圆推刀应进行切削性能试验。

（2）试验条件

1）试验应在符合精度标准的机床上进行。

2）试验材料。键槽拉刀：45 钢或 40Cr，硬度为 170~200HB，也可用灰铸铁 HT200。拉其余材料的拉刀允许用用户的工件材料作试验。圆推刀：45 钢，硬度为 25~40HRC。

3）对试件的技术要求。试件端面对内孔轴线的轴向圆跳动公差为 0.05mm。

（3）切削规范

1）键槽拉刀切削试验可采用的切削速度为 2~4m/min，每支拉刀拉削三个试件。圆推刀切削试验按表 7-132 选用。

表 7-132　圆推刀性能试验用切削规范

公称直径 /mm	推削速度 /(m/min)	推削余量 /mm	推削长度 /mm	推削孔数 /个
10~15	3	0.04~0.05	30	3
16~21			50	
22~26			80	
27~50			120	2
51~90		0.04~0.06		

2）冷却润滑液必须充足。圆推刀采用乳化油水溶液。

3）经试验后键槽拉刀或圆推刀，刀齿不得有崩刃和显著的磨钝现象，并应保持其原有的切削性能。

4）试件已加工表面粗糙度的最大允许值：

推孔表面：$Ra2.5\mu m$；

键槽侧面：$Ra5\mu m$；

键槽顶面：$Ra10\mu m$。

5）试件尺寸。键槽宽度尺寸或圆孔直径尺寸应合格。

10. 标志和包装

（1）标志

1）拉刀上应清晰标志有：制造厂商标、产品规格及公差带、拉削长度、前角、拉刀材料（普通高速工具钢可不标）、制造年月。

2）拉刀包装盒上应标志：制造厂名称、地址和商标、产品名称、产品规格、拉削长度、前角、拉刀材料、标准号、件数、制造年月。

（2）包装　拉刀在包装前应经防锈处理，包装必须牢靠，并能防止在运输过程中产生损伤。封存有效期为一年。

7.12　拉刀的合理使用

7.12.1　拉刀使用前的准备工作

1. 拉削附具的准备

拉削附具主要是拉刀夹头。对键槽拉刀，还应该准备导套（参阅本书 7.4.5 内容）、垫片等。

拉刀夹头应保证：

1）快速装卸拉刀。

2）可靠地夹持拉刀。

3）与拉刀柄部有足够的配合精度。

4）有足够的强度。

（1）滑块式手动圆柱柄拉刀夹头（见图 7-146）
当拉刀柄部装入夹头的配孔中时，将手柄 6 向右
推，带动外套 2 向右滑动，其内表面的凹槽斜面压
下卡爪 3，夹紧拉刀。卸下拉刀时，向左推手柄 6，
外套 2 随同向左移动，卡爪在弹簧 7 作用下进入凹
槽、松开拉刀。

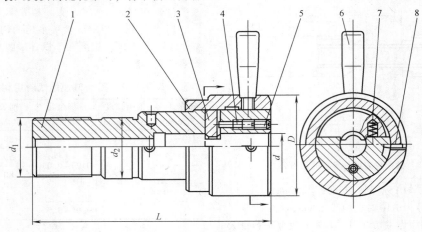

图 7-146 滑块式手动圆柱柄拉刀夹头

1—夹头体 2—外套 3—卡爪 4—销钉 5—螺钉 6—手柄 7—弹簧 8—螺钉

（2）滑块式自动圆柱柄拉刀夹头 如图 7-147
所示，这种拉刀夹头与手动式拉刀夹头结构类似，
所不同的是，它依靠拉床的行程挡铁推动外套 5 向
左滑动以松开拉刀，即挡铁抵住外套 5 的端面使外
套停止运动，而夹头其余部件继续向右运动，这时
弹簧 3 被压缩，卡爪 4 在另一组弹簧（图中未画出）
作用下进入套中的凹槽，此时可以装卸拉刀。拉削
时，卡头向左运动，外套 5 在弹簧 3 作用下右移，
将卡爪压入拉刀柄部的环槽，将拉刀夹紧。

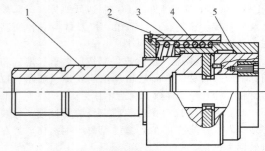

图 7-147 滑块式自动圆柱柄拉刀夹头

1—夹头体 2—护套 3—弹簧 4—卡爪 5—外套

（3）可调中心夹头 这是一种中间夹头，它一
端与拉床主轴相连接，另一端有内螺纹，以便与拉
刀夹头相接。使用中间夹头可避免因频繁更换拉刀
夹头对拉刀主轴精度的损害。可调中心夹头（见图
7-148）的轴线位置可以调整，通用性更强。

（4）键槽拉刀夹头 图 7-149 所示为键槽拉刀

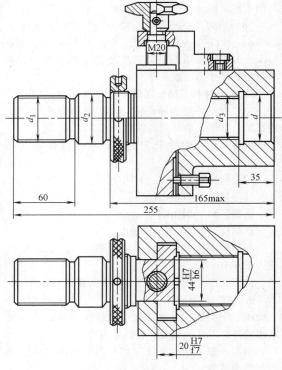

图 7-148 可调中心夹头

等平体拉刀的夹头。拉刀由夹头前端的槽中插入，
卡爪 2 在弹簧 4 和柱销 3 的推压下，始终紧靠拉刀

柄部，当卡爪进入拉刀柄部夹槽时，即可开始拉削。取下拉刀时，先将拉刀稍向里推，再向上提起即可。

（5）浮动支承装置 浮动支承装置也叫球面支座，如图7-150所示。它用于下列情况：

1）当工件基准端面与拉削孔轴线的垂直度不易保证时。

2）工件基准端面质量不高时。

3）拉床精度不高时。

球面垫和球面座的配合面应淬硬到40~45HRC，并经仔细研磨，以求运动灵活。

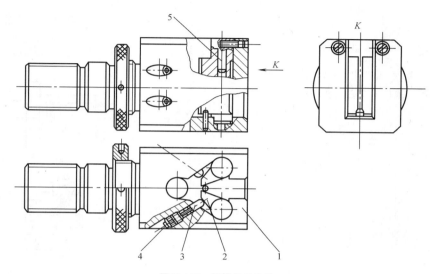

图 7-149 键槽拉刀夹头
1—夹头体 2—卡爪 3—柱销 4—弹簧 5—小轴

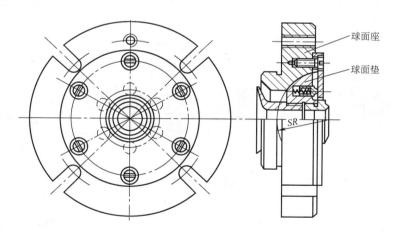

图 7-150 浮动支承装置

（6）强制导向推孔装置（见图7-151） 推孔时先将推刀的导向柱穿过工件内孔直接插入导向套5的孔中，导向套5只能在衬套1中滑动。由于推刀导向柱与导向套内孔的配合精度高（H6/h5 或 H7/h6），导向套外径与衬套1内孔的配合精度也高（H6/h5 或 H7/h6），衬套轴线与基座6上、下端的垂直度、可换垫2两端面的平行度等均不低于3级精度，所以保证了工件内孔与端面的垂直度，可大大减轻操作的工作量。

（7）螺旋拉削装置 拉削内螺纹、螺旋内花键和螺旋内齿轮等工件时，拉刀和工件之间有螺旋运动，即除了拉刀的直线拉削运动外，拉刀和工件之间还应有相对回转运动。

1）自由回转螺旋拉削装置。对于螺旋角小于15°，螺旋线精度要求不高的工件，可采用自由回转装置，即在拉刀夹头中放置止推轴承。螺旋拉刀在圆周切削分力作用下自行回转（见图7-152a），也可在工件夹具中放置止推轴承，使工件自行回转（见

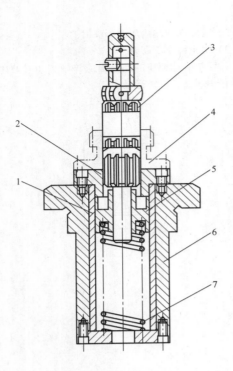

图 7-151 强制导向推孔装置
1—衬套 2—可换垫 3—推刀 4—工件
5—导向套 6—基座 7—弹簧

图 7-152b)。

2）强制回转螺旋拉削装置。强制回转可采用螺旋导套结构（见图 7-153），也可采用螺旋导杆结构（见图7-154）和齿条齿轮结构（见图 7-155）。

2. 对被拉削工件的工艺要求

（1）工件预制孔

1）工件预制孔和拉刀前导部的公称尺寸相同，并有适当的间隙配合。若预制孔太小，拉刀前导部将无法进入；若预制孔过大，则圆周上的拉削余量

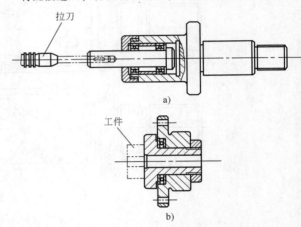

图 7-152 自由回转螺旋拉削装置
a）拉刀回转 b）工件回转

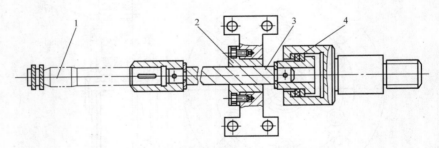

图 7-153 螺旋导套式强制回转拉削装置
1—拉刀 2—导套 3—导杆 4—止推轴承

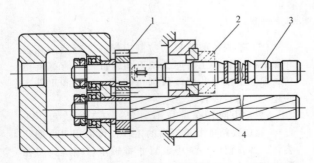

图 7-154 螺旋导杆式强制回转拉削装置
1—齿轮 2—工件 3—拉刀 4—导杆

将不均匀，当拉削内花键时，造成大、小径不同心（见图 7-156）。工件孔精度较高时，预制孔按 H8 加工，表面粗糙度 $Ra \leqslant 5\mu m$；对于一般精度的孔，可按 H10 加工。

2）预制孔与基准端面应有良好的垂直度。一般应保证在 0.05mm 以内，预制孔和基准端面应在一次装夹中加工完成。

3）预制孔轴线应有足够的直线度，使拉刀前导部能够顺利穿过，拉削余量在内孔全长上保持均匀。

4）预制孔两端均应倒角，以避免孔口毛刺影响工件定位和穿刀。

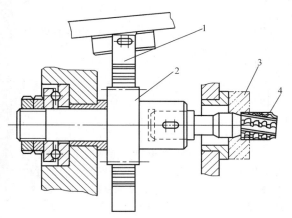

图 7-155 齿条齿轮式强制回转拉削装置
1—齿条 2—齿轮 3—工件 4—拉刀

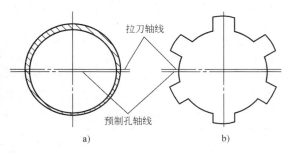

图 7-156 预制孔过大引起的缺陷
a) 圆周上拉削余量不均匀 b) 内花键大、小径不同心

（2）工件基准端面 工件基准端面就是拉削时支承定位的端面。

1）工件基准端面面积应尽可能大，不应中凸，无毛刺和磕碰痕迹。

2）工件基准端面的表面粗糙度 $Ra \leqslant 5\mu m$。

3）当采用未加工或粗加工端面作为基准端时，应使用浮动支承装置（见图 7-150）。

（3）工件形状和多件拉削

1）拉削时，工件形状应尽可能简单，壁厚均匀；对于形状复杂、有薄壁的工件，应先拉内孔，然后再加工外形。

2）拉削多件相叠的薄片工件时（见图 7-157），要求各工件都应两端面平行，并用夹具牢固地夹在一起（拉键槽例外），以防止个别工件落至刀齿之间，损坏拉刀。

3. 拉刀使用前的检验和试拉

（1）拉刀检验

1）校核拉刀尺寸规格。如圆拉刀的直径和精度，键槽拉刀的键宽及公差带，花键拉刀的键数、键宽及其公差带，大径、小径及其公差带，渐开线

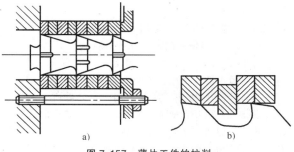

图 7-157 薄片工件的拉削
a) 正常 b) 不正常

花键拉刀的模数、键数、压力角及精度等级等。

2）校核拉刀长度。同一规格的拉刀，通常均做有几把适合不同拉削长度范围的，如 10～18mm，18～30mm，30～50mm，50～80mm，80～120mm……。使用时，工件拉削表面长度应符合拉刀上标明的拉削长度范围。若超出该范围，应慎重使用。因为过大的工件拉削表面长度会造成切屑挤塞及同时工作齿数增多，导致拉削力过大，易造成拉刀损坏或拉床超负荷停车等事故。而过小的工件拉削表面长度使拉刀同时工作齿数减少，拉削过程不平稳，表面质量下降。拉刀同时工作齿数一般不应少于 3 个。

拉刀的长度不准超过拉床最大行程长度。

（2）拉刀强度及拉床拉力验算 小直径的拉刀，当使用条件改变时，必须按式（7-18）验算拉刀强度。

大直径拉刀强度较大，通常不用验算强度。

拉刀的最大拉力必须小于拉床实际拉力。一般情况下，拉床实际拉力小于其额定拉力，即应以额定拉力乘以拉床状态系数。对于新拉床，状态系数为 0.9～1；对于状态良好的旧拉床，状态系数为 0.8；对于不良状态的旧拉床，状态系数为 0.5～0.7。

（3）拉刀容屑槽验算 当拉刀使用条件改变时，必须按式（7-1）验算容屑槽 h，所取容屑系数 K 值不得小于表 7-17～表 7-20 给出的相应数值。

（4）拉刀外观和精度检查

1）检查拉刀刀齿有无碰伤、裂纹、崩刃等缺陷，刀齿有损伤的拉刀不能使用。

2）检查拉刀校准部的尺寸，必须符合工件要求。

（5）试拉 通过了上述各项检验的拉刀还应进行最后一道检验，即在精度合格的拉床试拉工件（试件）。试拉时要用低速，要密切观察拉削全过程，如发现异常现象，应在拉削结束后分析解决，不允许中途停车和重新开动拉床，因为这时产生的冲击力过大，极易损坏拉刀。

拉削几个试件后，试件的尺寸精度和表面粗糙度

应合格，拉刀应保持原有的切削性能，不得有崩刃和明显的磨损。

7.12.2 拉刀的正确使用

1. 拉刀正确使用的操作规程

1) 拉刀装夹时位置必须正确，夹持牢固可靠，不允许用敲击的方法向拉刀夹头里装拉刀。

2) 必须仔细去除工件基准端面上的毛刺、污物和磕碰凸痕，用切削液冲洗拉床法兰盘支承面，保证上面没有切屑碎末和其他污物。

3) 每拉削一次以后，必须彻底清除拉刀全部容屑槽内的切屑，勿使遗漏。

4) 应经常抽检工件表面质量；并且每隔若干工件，要用手摸一下切削刃是否粘有积屑瘤，用油石沿刀齿后面向前将积屑瘤轻轻去除。

5) 切削时切削液一定要充足。

6) 拉削速度要适宜。

7) "滞刀"的处理。"滞刀"是在拉削中途突然停车，拉刀卡在工件中不能进退，此时拉床也会发出沉重的声音。如果确认滞刀是由于拉床拉力不足所致，可设法增大拉床拉力将拉刀拉出。如果确认不是这个原因，则将拉力连同工件一起取下，再设法将拉刀保全取出。

2. 拉刀的维护保管

1) 严禁将拉刀放在拉床床面或其他硬物上，并避免与任何硬物碰撞。

2) 不用的拉刀应清洗干净，垂直吊挂，各支拉刀之间应以木板隔开或保持足够的距离。

3) 运送拉刀时，应分别装在木盒中，或互相用木板隔开。

4) 较长时间不用的拉刀，应清洗后涂以防锈油，垂直吊挂存放，或用专用木盒存放。

3. 对拉刀磨钝的判断

及时发现拉刀磨钝现象并及时刃磨，是保证拉刀寿命的重要一环。继续使用已磨钝的拉刀，不仅会恶化拉削表面质量，造成拉床工作异常；更严重的是会使刀齿受到难以修复的损伤，严重降低拉刀寿命。判断拉刀是否磨钝，可从以下六方面来判断。

1) 拉削时，有"吱吱"的叫声或"嘎嘎"的振动声。而锋利拉刀拉削时，是轻轻的"沙沙"声。

2) 拉床压力表指示压力持续增大，表明拉刀已经磨钝。而偶然出现的短时间压力高峰，通常是由于材料局部性质改变所致。

3) 出现边缘很不平整的断裂和破碎的短切屑，切屑与前面的接触面颜色灰暗并有明显的纵向条纹。而当拉刀锋利时，切屑卷曲良好，厚度均匀，边缘平整，切屑与前面的接触面光滑发亮。

4) 拉刀刀齿有了一些明显的缺陷，如前面粘附

了较大的积屑瘤，切削刃出现刻痕以及较宽的磨损带（$VB \geqslant 0.3\text{mm}$）等。

5) 拉削表面粗糙度恶化，工件拉出端出现严重的毛刺或拉崩现象。

6) 工件尺寸超差。

上述任何一个迹象的出现，均表明拉刀已磨钝，有时尽管拉刀的磨损量 VB 值不大，也必须对拉刀刃磨。

4. 建立拉刀重磨规范

在大批量生产中必须建立拉刀的重磨规范。重磨规范的制订原则是，在加工尽可能多的工件的前提下，保证拉刀寿命最长，从而获得好的经济效益。

建立拉刀重磨规范的方法通常是：一支拉刀由投入使用到开始出现磨钝迹象，就将这支拉刀重磨，并记下它的拉削米数，这是一次寿命值。这样经过两三次使用后，取其平均拉削米数为一次寿命指标，以后每拉削到规定的米数就去重磨，不必再花精力监视拉刀的磨损。

5. 切削液的选用

正确选用切削液，对降低拉削力，改善拉削表面质量，提高拉刀寿命等都有一定好处。拉削切削液的选择见表 7-133。

表 7-133 拉削时切削液的选择

工件材料	碳钢、合金钢	不锈钢	高温合金	铸铁	铜及其合金	铝及其合金
切削液类型	乳化液或极压乳化液	极压乳化液	极压乳化油	干切削	乳化液	干切削
	硫化油	硫化油	复合油	普通乳化液	矿物油	ω(乳化液轻质矿物油)=
	复合油	复合油		煤油		(5~10)%

表 7-134 给出了三种切削液的使用效果，可供选用切削液时参考。

表 7-134 切削液使用效果比较

项目 切削液	拉削表面粗糙度	拉削力	刀具磨损	拉后工件孔径	切屑卷曲	使用中发臭污染机床	锈蚀有色金属新加工表面
乳化液	更好	大	大	偏小	一般紧密	易	无
矿物油	正常	小	小	偏大	紧密	不易	无
硫化油	正常	小	小	偏大	紧密	不易	有

6. 拉削速度的合理选择

在拉削的切削用量中，只有拉削速度可以由操作者选择，它不仅直接影响生产率，而且对拉刀寿命和工件表面质量也有相当的影响。当前在生产中选择拉削速度主要从以下几方面考虑。

1）从拉削表面粗糙度的要求考虑。一般可选用 $v=3\sim7m/min$。当要求小的表面粗糙度数值时，应选用 $v<3m/min$，如选用 $v=1\sim2m/min$，可获得满意效果。

2）从材料方面考虑。当工件材料硬度过高（280～320HBW）或过低（143～170HBW）时，应选较低的拉削速度；对于中等硬度的材料，拉削速度可以较高。加工有色金属及其合金时，可以采用较高的拉削速度，一般可到 $10\sim11m/min$；拉削不锈钢、耐热钢等特殊钢时，拉削速度应减小到 $1\sim2m/min$。

3）从工件形状、尺寸方面考虑。工件孔径不大、壁薄而形状复杂时，应选用较低的拉削速度。

4）对于不同的拉刀，齿升量越大，拉削速度应越小。较长的拉刀在有支承时，可提高拉削速度，平面拉削时的速度可高于内孔拉削。

7.12.3 拉刀的刃磨

1. 刃磨拉刀用的机床

拉刀的刃磨一般都在专用的拉刀磨床上进行。表 7-135 列出了国产拉刀磨床的主要技术规格。其中 M6110D、M6125 等拉刀磨床不但可以刃磨除螺旋拉刀外的各种拉刀前面，也可以磨圆拉刀、花键拉刀、平面拉刀和键槽拉刀的齿背和后面。机床工作台上装备有顶尖，用于刃磨圆拉刀等带中心孔的拉刀，还装备有专用夹具，用于刃磨平面拉刀和键槽拉刀。

在万能工具磨床上利用附件也可以刃磨较短的拉刀。

表 7-135　国产拉刀磨床主要技术规格

项　　目	机　床　型　号				
	M6110	M6110D	M6112	M6125	M6025E
最大工件直径×长度/mm×mm	100×1500	100×1700	120×1700	250×2000	250×650
磨削尺寸:直径/mm	100	100	120	50～250	250
长度/mm	1500	1400	1700	1600	400
宽度/mm	160	160	160	300	—
中心高/mm	150	150	150	225	125
工作台尺寸(长×宽)/mm×mm	2400×300	2500×200	2350×200	2900×300	中心距 650
工件转速/(r/min)	60、180、310	63、120、180	50～230 无级	40、75、115	285
磨头回转角:水平	±20°	±20°	+30°,−90°	±20°	360°
垂直	90°	90°	任意	90°	±15°
磨头转速/(r/min)	2800/6000	2800/6100	2800/6100	4500	2800/5600
主电动机功率/kW	0.55	0.55	0.55	0.75	0.45/0.6
质量/t	2.5	3	2.3	5	1
外形尺寸:长×宽×高/mm×mm×mm	4470×1310×1485	3500×1100×1200	3200×1328×1217	5800×2240×1750	1350×1300×1250

拉刀磨床的最新发展现状：

（1）自动化　采用多轴联动的 CNC 控制技术，使拉刀刃磨自动化。这对诸如小径定心矩形花键拉刀等复杂拉刀更有突出意义。

（2）冷却化　改变过去的干磨削为封闭式湿磨削。

（3）高速化　主轴转速由每分钟数千转提高到 25000r/min，有的甚至达到 40000r/min。

（4）通用化　欧洲一些公司的拉刀磨床上带有分屑沟专用磨头，并可通过编程磨削和刃磨螺旋拉刀等，有的可以铲磨后角。

（5）大型化　为适应重型汽车的发展，拉刀尺寸规格日益加大。国外的拉刀磨床可加工拉刀直径达 500mm，长度达 3000mm。

（6）精密化　直线移动分辨率达 0.1μm，角度回转分辨率达 0.36″（0.0001°）。

2. 刃磨拉刀用的砂轮

（1）砂轮形状　砂轮形状取决于拉刀种类。

1）刃磨圆形拉刀前面时，常用碟形（D）、平形（P）或碗形（BW）。

2）刃磨平形拉刀时，前面常用碟形（D），后面常用碗形（BW）。

（2）砂轮磨料　以单晶刚玉（SA）最好，也可以用白刚玉（WA）或铬刚玉（PA）。

（3）磨料粒度　磨料粒度为 60 号～80 号的砂轮，磨削表面粗糙度一般可达 $Ra1.25\sim0.20\mu m$，粒度为 100 号～200 号的砂轮，磨削表面粗糙度一般可达 $Ra0.32\sim0.10\mu m$。

（4）砂轮硬度　一般用中软 1（K）、中软 2（L），磨削面积大时可用软 3（J）。

（5）结合剂　一般用陶瓷（V），精磨或光磨时可用树脂（B）。

（6）砂轮组织　一般用5号。

（7）砂轮尺寸　参照有关手册选用。

当拉刀材料为高性能高速工具钢时，可采用树脂结合剂的CBN砂轮刃磨。

当拉刀刀齿为硬质合金时，要采用树脂结合剂人造金刚石砂轮刃磨。

3. 拉刀刃磨前的检查

（1）检查机床状况　主轴径向圆跳动和轴向圆跳动；砂轮头架及工作台移动的灵活性和准确度；中心支架状况，各处润滑状况等。

（2）检查待磨拉刀的状况　主要有：

1）拉刀磨损情况。刀齿有无过量磨损或崩刃，刀齿直径有无异常，校准齿尺寸是否合格等，以便对刃磨量心中有数。

2）拉刀弯曲情况。通过检查拉刀外径的径向圆跳动来检查拉刀的弯曲。径向圆跳动超过允许值，将无法保证刃磨质量，所以必须进行校直后才能刃磨。校直的方法主要有以下两种：

① 火焰校直法。用乙炔火焰加热拉刀的凸面，如图7-158所示，使该处温度达到300℃左右，然后用压缩空气迅速冷却加热部位，可达到校直效果。

图7-158　拉刀的火焰校直

火焰校直法的缺点是容易形成软点。

② 敲击校直法。用錾子依次反复敲击拉刀凹面的各刃沟，其顺序如图7-159所示。每次敲击使被敲击点的小块面积金属经受压缩而向周围伸展，逐步达到校直的目的。敲打时不要用力过大。

优点：简单、易行，见效快。

缺点：拉刀的抗弯强度和冲击韧度都有所降低。

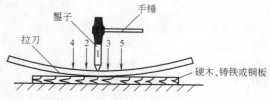

图7-159　拉刀的敲击校直

4. 典型拉刀的刃磨工艺

当拉刀出现7.12.2节3）所述的任何一种迹象时，即应进行刃磨；也可以按7.12.2节4）确定的拉刀重磨规范进行强制刃磨。

拉刀刃磨表面为：

1）圆拉刀、花键拉刀等一般都刃磨前面。

2）外拉刀和键槽拉刀（可用垫片、楔铁等调整刀齿高度）可以同时刃磨前面和后面，并将容屑槽适当磨深。

（1）圆形拉刀前面的刃磨

1）锥面磨法。它以砂轮的锥面与刀齿前面相切，为此，砂轮锥面上各点的曲率半径必须小于刀齿前面相应点的曲率半径（见图7-160）。因此对砂轮直径必须限制，一般按下式计算：

$$d_s \leq \frac{0.85d\sin(\beta-\gamma_o)}{\sin\gamma_o} \quad (7\text{-}133)$$

式中　d_s——砂轮直径（mm）；

d——拉刀第一个刀齿直径（mm）；

β——砂轮轴线和拉刀轴线的夹角（°）；

γ_o——拉刀前角（°）。

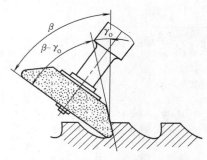

图7-160　锥面磨法

可利用图7-161所示的砂轮直径计算图选择砂轮直径。

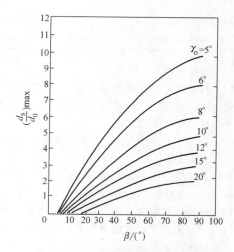

图7-161　锥面磨法砂轮直径选择图

砂轮直径一般不得小于40mm。如果按式（7-133）或图7-161确定的砂轮直径小于40mm，刃磨时将会有干涉，此时拉刀前角会有所减小。

采用锥面磨法刃磨拉刀时要注意以下几点：

① 应按照刀齿前面形状修整砂轮。

② 砂轮轴线与拉刀轴线应在同一垂直平面中，此时前面上的磨痕为同心圆（见图 7-162a）。

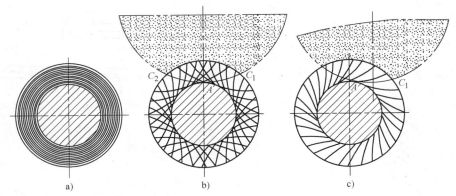

图 7-162　拉刀前面上的磨痕

a）砂轮轴线与拉刀轴线在同一垂直平面中　b）圆周磨法时拉刀前面磨痕　c）砂轮轴线和拉刀轴线不在同一平面内

③ 拉刀径向圆跳动应在技术条件规定的范围内，刃磨时要使用中心架支承。

④ 每磨完一个刀齿后，必须将砂轮稍微向上提起，使砂轮完整的锥面靠磨一下拉刀前面，以保证拉刀前面和切削刃的完整性。

锥面磨法的优点：调整方便，容易保证前角，拉刀寿命高（比圆周磨法提高 0.6～1.5 倍），拉削质量较好。

锥面磨法的缺点：刃磨较小直径拉刀时，刃磨效率较低，前面表面粗糙度参数值较大，刃口也不

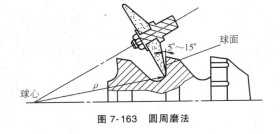

图 7-163　圆周磨法

易磨锋利。这些主要是由于砂轮直径小，磨具转速低所造成的。

2）圆周磨法。用这种方法刃磨时，砂轮锥面的母线不与拉刀前面重合，而是成 5°～15° 夹角，如图 7-163 所示。

圆周磨法是用砂轮的最大圆周处进行刃磨的，拉刀前面磨痕如图 7-162b 所示。在拉刀轴向剖面中，前面不是直线而是椭圆，所以这种刃磨法又叫做椭圆刃磨法。它使用的砂轮直径可比锥面磨法大一些，可用下式确定：

$$d_{s} = \frac{K d_0 \sin(\beta - \gamma_{o})}{\sin \gamma_{o}} \qquad (7\text{-}134)$$

式中　d_0——拉刀直径（mm）；

　　　　β——砂轮主轴与拉刀轴线的夹角；

　　　　γ_{o}——拉刀前角；

　　　　K——计算系数，由表 7-136 查得。

表 7-136　计算系数 K 值

β ＼ γ_{o}	5°	6°	7°	8°	9°	10°	12°	15°	18°
35°	1.023	1.028	1.035	1.041	1.049	1.057	1.075	1.110	1.153
40°	1.019	1.023	1.028	1.034	1.039	1.045	1.060	1.086	1.119
45°	1.016	1.019	1.024	1.028	1.033	1.038	1.049	1.070	1.094
50°	1.013	1.016	1.020	1.023	1.027	1.031	1.041	1.057	1.077
55°	1.011	1.014	1.017	1.020	1.023	1.026	1.034	1.048	1.062
60°	1.009	1.011	1.014	1.016	1.019	1.022	1.029	1.040	1.054
65°	1.008	1.009	1.011	1.014	1.016	1.018	1.024	1.034	1.045

为了简化计算，也可以利用图 7-164 确定圆周磨法的砂轮直径。

如果砂轮轴线和拉刀轴线不在同一平面内，前面的磨痕将如图 7-162c 所示，此时拉刀前角将减

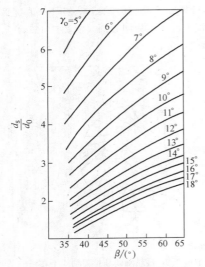

图 7-164 圆周磨法砂轮直径选择图

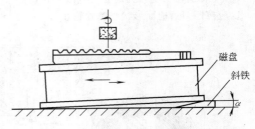

图 7-165 键槽拉刀刀齿高度的刃磨

小，表面粗糙度参数值也增大。这些现象随两轴线偏离距离的增大而更加明显。

圆周磨法的缺点为：

① 前面为曲线，前角值变化，测量较难。此外，前角大小与砂轮半径有关，由于在刃磨中砂轮半径不断减小，故难以获得准确一致的拉刀前角。

② 砂轮上参加磨削的磨粒数量较少，磨粒与前面接触长度大，因此磨粒负荷较大，容易磨钝和脱落，影响刃磨质量。

③ 前面上的交叉磨痕截断切削刃，使刃口成微观锯齿形，影响拉削表面质量。

（2）圆形拉刀后面的刃磨 圆形拉刀后面的刃磨一般要在外圆磨床上进行，按磨圆锥面的方法一次磨出全部切削齿的外圆直径，然后重新调整工作台斜度，逐齿磨出后角并留刃带。如有损坏而不能工作的刀齿，应将该刀齿磨小，使其不再参加切削，该刀齿的齿升量应均匀分配到以后的3~4个刀齿上。一般不需要刃磨全部校准齿，因为除最前面一两个校准齿先磨损以外，其余校准齿磨损很小。拉刀经若干次修磨后，应将参加切削的校准齿开出分屑槽，避免在拉削中产生难以消除的环状切屑。

（3）键槽拉刀及平面拉刀的刃磨 首先在平面磨床上按图样规定的齿升量，将拉刀柄部抬高，一次磨出全部切削齿的齿高，如图 7-165 所示；也可以在拉刀磨床上磨出。图中安装磁盘的斜角 α 为

$$\tan\alpha = \frac{a_f}{p} \qquad (7-135)$$

式中 a_f——齿升量（mm）；

p——齿距（mm）。

然后，在拉刀磨床上逐齿磨出后角，并留适当

的刃带。键槽拉刀由于刚度较低，拉削时容易扎刀，所以一定要保证较宽的刃带。

（4）刃磨时烧伤的预防 磨削烧伤严重影响拉刀性能和寿命，应特别予以重视。

1）严格控制磨削用量。最好将进给量控制在 0.005~0.008mm 范围内，并且在进给后必须往返刃磨3~4次以上。

2）严格控制磨削余量。最好不要等拉刀完全磨钝了再进行刃磨，而是当拉刀稍有磨损（0.05mm 左右）即进行刃磨，这样可有效地防止采用大进给量磨削，又延长了拉刀寿命。

3）保持砂轮的锋利状态。每磨完一个刀齿，修整一次砂轮。

4）对于硬度高、磨削性差的拉刀（如高钒高速工具钢拉刀），可采用间隔一定距离的跳齿磨法，使磨过的刀齿有较长时间去冷却。

5. 拉刀刃磨后的检验

（1）拉刀外观检验 切削刃是否锋利，切削刃是否有烧伤痕迹，是否残留有未磨掉的磨损部分，前面磨痕是否正确，前、后面的表面粗糙度 Ra 值应小于 $0.4\mu m$。

（2）拉刀容屑槽检验 前面和容屑槽槽底应圆滑连接，不允许有凸台，用样板检验。

（3）拉刀前角 用万能角度尺或多刃量角器检验，前角公差一般按 $^{+2°}_{-1°}$。

（4）拉刀后角 可用游标万能角度尺或百分表测量。用百分表测量时后角的计算公式为（见图 7-166）

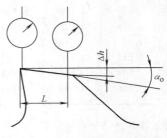

图 7-166 用百分表测量拉刀后角

$$\tan\alpha_o = \frac{\Delta h}{L} \qquad (7\text{-}136)$$

式中 α_o——拉刀后角;

Δh——百分表读数差（mm）;

L——测量距离（mm）。

（5）拉刀齿升量检验 圆拉刀、花键拉刀等用千分尺或杠杆卡规检验齿升量,键槽拉刀等用千分尺检验。要求齿升量变动量符合表 7-137、表 7-138 的规定。

表 7-137 圆拉刀、花键拉刀切削齿齿升量允许偏差

（单位: mm）

直径齿升量	~0.06	>0.06~0.10	>0.10~0.14	>0.14
外圆直径尺寸极限偏差	±0.007~±0.010	±0.010~±0.015	±0.015~±0.020	±0.020~±0.025
相邻齿直径齿升量差	0.007~0.010	0.010~0.015	0.015~0.020	0.020~0.025

注: 精切齿直径偏差一般不超过 0.005~0.008mm。

表 7-138 键槽拉刀切削齿齿升量允许偏差

（单位: mm）

齿升量	~0.05	>0.05~0.08	>0.08
齿高极限偏差	±0.02	±0.025	±0.035
相邻齿齿升量差	0.02	0.025	0.035

注: 精切齿齿高偏差一般不超过 0.015mm。

7.12.4 拉削缺陷及消除方法

1. 拉削表面粗糙度达不到要求

（1）拉削表面产生鳞刺

1）现象。在工件拉出端的拉削表面上有鳞片状毛刺,严重影响表面粗糙度,有时增大到 $Ra25\mu m$。

2）解决途径

① 采用低于 1.7m/min 或高于 30m/min 的拉削速度。

② 采用较小的齿升量。

③ 适当增大前角。

④ 改变材料热处理状态。对低碳钢应提高其硬度,中碳钢应降低其硬度等。

⑤ 使用极压切削液,尤其以含氯的极压添加剂效果最好。

（2）拉削表面有深浅不一、宽窄不匀的犁沟状划痕,最深可达 $100\mu m$

1）原因。拉刀切削刃上有积屑瘤,因积屑瘤的形状和高度不断在改变,所以划痕呈现不规则状。

2）解决途径

① 在拉削速度、齿升量、前角、材料热处理和切削液等方面采取与抑制鳞刺的相同措施。

② 加强对拉刀质量的检验,保证拉刀前、后面有较小的表面粗糙度参数值。分屑槽应有后角。

（3）贯通整个拉削表面的条状划痕

1）原因。校准齿切削刃有崩刃,或后导部表面有磕、碰痕迹,造成局部突起。

2）解决途径。在拉刀制造、运输、保管和使用过程中都要轻拿轻放,防止和周围的硬物发生碰撞。如果发现拉刀有崩刃和磕、碰痕迹,可用油石仔细修整。

（4）环状波纹 通常环状波纹为两组,同组的环状波纹间距为一个齿距,异组之间的距离随拉削长度而改变。环状波纹对表面粗糙度约有几个微米的影响,而对表面波纹度有 $10~20\mu m$ 的影响。

1）原因。刀齿周期性地切入、切出,引起拉削力和拉削速度周期性变化,造成工件表面周期性弹性变形所致。

2）解决途径。

① 增加同时工作齿数,使一个刀齿切出、切入引起的力和速度的变化所占比例减小。同时工作齿数与表面粗糙度的关系如图 7-167 所示。

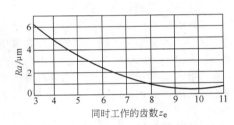

图 7-167 同时工作齿数与表面粗糙度的关系

② 减小齿升量。

③ 增大拉刀前角。

④ 适当增大后角和刃带宽度。

⑤ 采用不等齿距。

⑥ 使用刚性大的拉床。

（5）表面"啃刀"痕迹 拉削圆孔时,局部表面有时出现"啃刀"痕迹。它可能在一侧,也可能在整个圆周上。"啃刀"对表面粗糙度有较大影响。

1）原因。拉刀弯曲度（径向圆跳动）超差、刀齿各侧锋利程度不同,或各侧刃带宽度不一致。

2）解决途径。检查拉刀弯曲度、刀齿锋利程度和刃带宽度的一致性,对拉刀进行校直或修磨。

（6）其他原因造成的拉削表面粗糙度增大 如果拉削表面消除了鳞刺、积屑瘤、划痕、环状波纹及啃刀等以后,加工表面粗糙度仍然较大时,应对所用的拉床、夹具、拉刀和操作情况等具体条件进行分析。例如:

1）拉圆孔时，如果拉刀过渡齿和精切齿齿数过少，也会造成表面粗糙度增大。

2）拉圆孔时，最后一个精切齿因为不开分屑沟，当齿升量为 0.01mm 时，出现环形切屑，齿升量为 0.0085mm 时，切屑成半环状。当出现环状和半环状切屑时，卷屑排屑不畅，使加工表面粗糙度增大。但当齿升量为 0.003mm 时，出现不能正常切削的挤压状态，表面粗糙度也增大。所以应严格控制圆拉刀最后一个精切齿的齿升量，使其在 0.004～0.008mm 之间。

3）采用渐成式拉刀加工键槽及其他孔、槽时，由于切成槽侧面的副切削刃没有偏角和后角，摩擦严重，使表面粗糙度增大。

通过保持刀齿锋利、减小齿升量和保证分屑槽宽度等措施可使表面粗糙度有所减小，但对韧性大的材料，这些措施的效果不大，应采用阶梯渐成式拉刀。对要求高的工件，应采用成形式拉刀最后精拉。

4）用以润滑为主的切削液代替以冷却为主的乳化液，并采取较低的拉削速度，对减小表面粗糙度有效果。

2. 拉削精度达不到要求

（1）工件内孔尺寸超差

1）孔扩现象。新拉刀或新刃磨的拉刀常发生孔扩现象。这是由于刃磨前面时产生的毛刺在拉削时倒向后面，增大了拉刀实际直径。毛刺对直径的影响一般为 0.01～0.02mm，有时也可达到 0.03～0.04mm。

解决途径为提高前面刃磨质量，在刃磨后面前先予磨前面，将前面的精磨余量减少到最小；刃磨前面时给进要轻缓；刃磨之后进行适当研磨；新拉刀或新刃磨的拉刀先拉削一次铸铁制件，可消除大部分毛刺。

2）孔缩现象。圆拉刀消除毛刺以后，在拉削韧性材料时（如 45、40Cr、18CrMnTi 钢等），有孔缩现象；拉削薄壁工件时，也有孔缩现象。孔缩量随情况不同而有较大差异，最大可达到 0.02～0.04mm。

① 原因。径向拉削力使工件内孔产生弹性涨大变形，拉刀通过后，工件弹性恢复。

② 解决途径。

a. 通过试验找出孔缩量数值，适当修改拉刀校准齿尺寸。

b. 保持切削刃锋利、增大前角、减小齿升量、提高拉削速度和采用润滑性能好的切削液均能减少径向切削力，有利于减小孔缩量。

c. 对薄壁零件尽可能先拉孔，后加工外表面，尽量减小拉削时工件的薄壁状况。

（2）工件孔形畸变

1）圆孔呈椭圆形，正多边形孔呈不等边多边形

① 原因。拉刀下垂或偏斜（见图 7-168a），工件基准面与预制孔不垂直（见图 7-168b），或在工件基准面和夹具定位面之间有异物（见图 7-168c），都造成拉刀轴线和工件基准面不垂直，使孔形畸变。

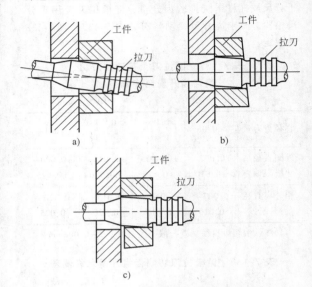

图 7-168 拉刀或工件歪斜导致孔形畸变
a）拉刀下垂 b）基准面不垂直 c）有异物

② 解决途径。保证拉刀的正确工作位置，保证工件基准面与预制孔的垂直度，保持工件及夹具端面的清洁、平整。

2）拉削工件外表面时，廓形畸变。

① 原因。带黑皮的毛坯夹固不牢，拉削过程中移动，夹紧力过大时又造成工件变形。

② 解决途径。提高工件刚度，采用渐成式拉刀，粗、精拉削在不同工位进行。

3）端面或轴截面孔形畸变。薄壁工件壁厚不一致时，在端面中孔形畸变（见图 7-169a），或在轴截面中孔型畸变（见图 7-169b、c、d）。

解决途径为减小齿升量和同时工作齿数，采用螺旋拉刀，在工艺上先拉孔，后加工成薄壁，利用夹具加强薄壁部分等。

4）薄板工件内孔成锥形孔。

① 原因。拉削时工件挠曲，弹性恢复后，进一侧孔径变大，出刀一侧孔径变小。

② 解决途径。保持拉刀锋利，加大前角，减小刃带宽度。

（3）孔位置偏移 孔位置偏移情况如图 7-170 所示。孔型位置偏移的原因和解决途径如下：

1）预制孔和拉刀前导部间隙过大。拉键槽时，

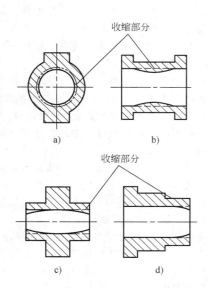

图 7-169　薄壁工件拉削后的孔形畸变

a）孔形畸变　b）喇叭口　c）腰鼓形　d）锥形

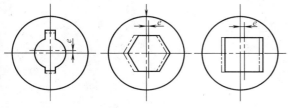

图 7-170　孔位置偏移

预制孔和导套的间隙过大。解决途径是严格控制制造精度，保证要求的配合间隙。

2）拉刀柄部和机床卡头配合不良，安装不当，使拉刀倾斜。解决途径是，保证卡头和柄部的良好配合，使用滑动支架支承拉刀尾部。

3）圆拉刀直径两边锋利程度不同，拉刀向径向力较小的一侧偏移。解决途径是刃磨前面时要仔细操作。对弯曲的拉刀要校直后再刃磨。

4）拉削花键孔时不拉圆孔，由于小径和拉刀前导部间隙大而使花键位置偏移。最好使用内孔—花键复合拉刀一次拉出大、小径。对小径定心花键，应采用同心式拉刀。此外，应避免拉刀弯曲。

5）工件材料硬度不均匀，拉刀偏向硬度较低的一侧。因此，在热处理工艺上应保证工件硬度均匀一致。

6）拉削时，切削液仅浇注拉刀的一侧，该侧切削力小，拉刀会向切削力小的一侧偏移。因此，要保证切削液充足地浇注到各方向上。

7）拉刀本身精度不高，拉刀型面偏离理论中心，此时应更换新的合格拉刀。

3. 拉刀寿命低

通常拉刀重磨一次可以拉削数百到数千个工件，整个拉刀可重磨数次到数十次。带硬质合金挤光环的圆拉刀，寿命可以延长数倍到数十倍。

拉刀寿命低时，可比正常情况差数十倍。拉刀严重磨损时，可即行报废。

拉刀寿命低的主要原因有：

（1）拉刀材料不合适　硬度为 63～66HRC 的普通高速工具钢拉刀，只能加工硬度低于 250HBW 的工件。工件硬度高于 250HBW 时，最好采用硬度高于 67HRC 的高性能高速工具钢制造拉刀，或对拉刀进行氮化钛涂层或渗氮处理。

（2）齿升量不当　拉削一般材料时，齿升量过大，或齿升量不均匀，都会缩短拉刀寿命，因为切削负荷大的刀齿很快磨损，导致下一个刀齿也很快磨损。但拉削不锈钢时，因其有 0.013～0.03mm 的冷硬层，采用齿升量为 0.05～0.06mm 时，拉刀磨损反而减小。拉削钛合金时，将齿升量由 0.05mm 增加到 0.1mm，使切削刃避开冷硬层，效果良好。拉刀多次重磨后，齿升量会不均匀，必要时，需重磨拉刀后面，以校正各刀齿齿升量。

刀齿刃带过宽也会降低拉刀寿命。

（3）刀齿硬度不够　拉刀刀齿硬度达不到规定的硬度下限 63HRC 时，拉刀寿命会明显降低。要求必须有良好的热处理设备、正确的工艺和严格的管理。在拉削时发现拉刀硬度不够时，将难以补救。

（4）刃磨退火　刃磨拉刀时，砂轮在刀齿前面上连续靠磨，接触面又大，温度升高较快，刀刃容易过热退火，造成拉刀寿命下降。正确的刃磨应该轻上刀、小进给，尽量减少磨去量。

（5）工件材料有硬质点　普通铸铁、合金铸铁等脆性材料中容易有硬质点，对拉刀寿命影响很大，此时，最好用高性能高速工具钢制造拉刀。

（6）拉削速度过高　拉削速度过高会使拉刀寿命迅速降低。对于内表面拉削，由于系统刚度较差，还会使刀齿受到更大的冲击，导致各种不正常损坏，如崩齿、剥落等，拉刀寿命明显降低。

（7）切削液选择或浇注方式不当　切削液对保证拉刀寿命至关重要，并且对加工表面粗糙度和加工精度都有影响，必须予以充分注意。

（8）振动　拉削时如有振动，将导致拉刀急剧磨损或损坏，因此，应采取措施减少振动。

4. 拉刀刀齿崩刃或断裂

1）拉刀容屑空间不足，切屑堵塞，而导致崩刃或断裂。除设计时注意外，使用拉刀时切勿使工件长度超过允许值，每次拉削后必须仔细清除切屑。

2）容屑槽槽形不正确，前面直线部分过长，槽

不圆滑，有凸台，切屑不能顺利卷曲。

3）拉刀前角过大。

4）个别刀齿齿升量过大。

5）切削刃尖角未倒圆或倒角。

6）后导部长度不够。

7）花键拉刀底径过大，底径参加切削时，可造成拉刀断裂。

8）成组花键拉刀的后几把拉刀前导部尺寸不当，不能顺利导入工件的花键槽，如强行拉削，易造成拉刀断裂。

9）刀齿热处理硬度过高，有裂纹或回火不足时，容易崩刃。

10）拉刀校直时敲击过重，在使用或运输过程中断裂。

11）刃磨拉刀时刃口因热应力产生磨削裂纹，拉削时崩刃。

12）拉刀弯曲过大，拉削时易断裂。

13）拉刀安装不正确，工件定位不良，使拉刀受较大弯矩，有时造成折断。

14）后托架与拉刀卡头不等高，使拉刀经受过大弯矩而折断。

15）预制孔尺寸偏小，拉刀前导部不能顺利进入工件预制孔，强行拉削时，易造成拉刀柄部断裂。

16）拉刀材料中心部有碳化物堆积，或有中心裂纹，在拉刀制造和使用过程中，会造成沿轴线方向的断裂。

17）工件材料硬度过高或有硬质点，拉削时拉刀容易崩刃或折断。

18）拉刀在制造、运输、保管和使用过程中被碰伤切削刃，拉削时造成崩刃。

严重的崩刃和断裂一旦发生，是难以补救的。所以，为了避免拉刀崩刃和断裂，应对拉刀从设计和材料检验开始，在制造、运输、保管一直到使用的各个环节都要予以充分注意。

第8章 螺纹刀具

8.1 螺纹刀具的分类、特点和用途

螺纹刀具的分类、特点和用途见表 8-1。

表 8-1 螺纹刀具的分类、特点和用途

序号	类别	品 种	特点和用途
1	螺纹车刀	单刃螺纹车刀	车各种内外螺纹
		多刃螺纹梳刀	车外螺纹及大直径内螺纹
		圆盘状螺纹车刀	车外螺纹及大直径内螺纹
		多齿螺纹展成车刀	展成法切削大直径外螺纹
2	丝锥	普通螺纹手用丝锥	手动攻切内螺纹
		普通螺纹机用丝锥	机动攻切内螺纹
		螺母机用丝锥（长柄、短柄、弯柄）	专用于螺母攻螺纹
		挤压丝锥	轻合金、软钢的无屑挤压攻螺纹
		跳牙丝锥	改变切削图形,减少总转矩
		修正齿形丝锥	减少齿侧摩擦,适于切钛合金等
		梯形螺纹丝锥	切梯形内螺纹
		拉削丝锥	拉削梯形内螺纹
		螺尖丝锥	攻切内螺纹(前排屑)
		内容屑槽丝锥	攻切内螺纹(内腔排屑)
		管螺纹丝锥	攻切管子内螺纹
3	板牙	圆板牙	外廓圆形,切普通外螺纹
		管螺纹圆板牙	外廓圆形,切管子外螺纹
		六方板牙	外廓六方形,切普通外螺纹
		端齿板牙	端面开齿槽,切普通外螺纹
4	螺纹铣刀	外螺纹铣刀	铣外螺纹
		内螺纹铣刀	铣内螺纹
		锥度螺纹铣刀	铣锥度螺纹
5	滚丝轮	滚丝轮	在滚丝机上滚制普通外螺纹
6	搓丝板	搓丝板	在搓丝机上搓制普通外螺纹
7	螺纹旋风铣头	外螺纹旋风铣头	铣大规格外螺纹
		内螺纹旋风铣头	铣大规格内螺纹
		锥度螺纹旋风铣头	铣大规格锥螺纹
8	螺纹切丝头	圆梳刀螺纹切丝头（旋转式、非旋转式）	带圆梳刀,切削外螺纹及大直径内螺纹
		平梳刀螺纹切丝头（旋转式、非旋转式）	带径向平梳刀,切削外螺纹
		切向平梳刀螺纹切丝头	带切向平梳刀,切削外螺纹

8.2 螺纹车刀

8.2.1 机夹刀片螺纹车刀

1. 国标机夹螺纹车刀

国家标准 GB/T 10954—2006 分别规定了机械夹固式硬质合金外螺纹车刀的型式（见图 8-1a）和尺寸（见表 8-2），以及内螺纹车刀的型式（见图 8-1b 和 c）和尺寸（见表 8-3）及（见表 8-4）。这种车刀所用刀片型式见图 8-2,尺寸见表 8-5。

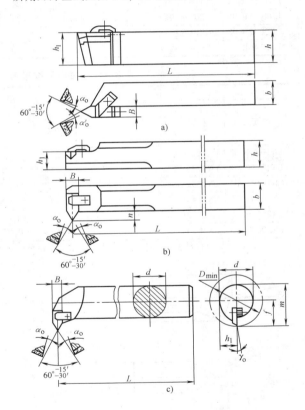

图 8-1 国标机夹硬质合金刀片螺纹车刀

a）机夹外螺纹车刀 b）机夹内螺纹车刀（矩形截面刀杆）
c）机夹内螺纹车刀（圆形截面刀杆）

国标机夹螺纹车刀的刀杆用 40Cr 或同等性能的其他牌号钢材制造，热处理后硬度不低于 40HRC。刀片用 P20~P30 硬质合金制造。刀片前后面表面粗糙度为 $Ra0.4\mu m$；刀杆上刀槽定位面表面粗糙度为 $Ra1.6\mu m$，刀杆四周为 $Ra1.6\mu m$。

切削速度一般为 40~60m/min。

表 8-2　机械夹固式外螺纹车刀公称尺寸　（单位：mm）

车刀代号		h_1		h		b		L		B	参考数值	
右切刀	左切刀	公称尺寸	极限偏差	公称尺寸	极限偏差	公称尺寸	极限偏差	公称尺寸	极限偏差		γ_o	α_o
LW1616R-03	LW1616L-03	16	±0.26	16	0 −0.33	16	0 −0.33	110	0 −2.5	3	4°～6°	3°～5°
LW2016R-04	LW2016L-04	20		20		16		125		4		
LW2520R-06	LW2520L-06	25		25		20		150		6		
LW3225R-08	LW3225L-08	32		32		25		170		8		
LW4032R-10	LW4032L-10	40	±0.31	40	0 −0.39	32	0 −0.39	200	0 −2.9	10		
LW5040R-12	LW5040L-12	50		50		40		250		12		

表 8-3　机夹内螺纹车刀公称尺寸　（矩形截面刀杆）　（单位：mm）

车刀代号		h_1		h		b		L		B	参考数值				
右切刀	左切刀	公称尺寸	极限偏差	公称尺寸	极限偏差	公称尺寸	极限偏差	公称尺寸	极限偏差		最小加工直径	n	γ_o	α_o	α'_o
LN1212R-03	LN1212L-03	12	±0.26	16	0 −0.33	16	0 −0.33	150	0 −2.5	3	30	4	0°～1°	4°	3°
LN1620R-04	LN1620L-04	16		20		20		180		4	42	5			
LN2025R-06	LN2025L-06	20		25		25		200		6	56	6			
LN2532R-08	LN2532L-08	25	±0.31	32	0 −0.39	32	0 −0.39	250	0 −2.9	8	68	8		5°	4°
LN3240R-10	LN3240L-10	32		40		40		300		10	85	10		6°	5°

表 8-4　机夹内螺纹车刀公称尺寸　（圆形截面刀杆）　（单位：mm）

车刀代号		h_1		d		L		B	参考数值					
右切刀	左切刀	公称尺寸	极限偏差	公称尺寸	极限偏差	公称尺寸	极限偏差		f	m	最小加工直径 $D_{\min}$	γ_o	α_o	α'_o
LN1020R-03	LN1020L-03	10	±0.26	20	0 −0.052	180	0 −2.5	3	13	23	25	0°～1°	6°	5°
LN1225R-03	LN1225L-03	12.5		25		200		3	17	29.5	32			
LN1632R-04	LN1632L-04	16		32		250		4	22	38	40			
LN2040R-08	LN2040L-08	20		40	0 −0.062	300		6	27	47	50		7°	6°
LN2550R-08	LN2550L-08	25	±0.31	50		350	0 −2.9	8	35	60	63			
LN3060R-10	LN3060L-10	30		60	0 −0.074	400		10	43	73	80		8°	7°

注：在圆形刀杆的上下两面可削出两个小平面及内侧工艺小平面。

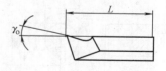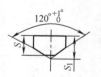

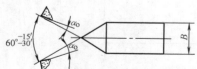

图 8-2　国标规定的螺纹车刀刀片

2. 机夹可转位刀片螺纹车刀

国内外一些先进的工具厂家生产带可转位刀片的螺纹车刀。这种车刀的刀片上有三个刀尖，当一个刀尖磨损后，可把刀片的第二个刀尖转换至工作位置继续使用，刀片材料得到充分利用。

这种车刀目前国内尚无统一的国家标准。现以国内某厂生产的可转位螺纹车刀为例，车外螺纹用的机夹带可转位刀片的螺纹车刀见图 8-3a 及 b，车内螺纹用的机夹带可转位刀片的螺纹车刀见图 8-4a 及 b。刀片的形状见图 8-5。刀片用硬质合金制造，集中刃磨。

这种车刀在订货时一般可用七个号位表示，其刀片可用五个号位表示，每个号位的含义可参阅以下各例。

表 8-5　螺纹车刀刀片尺寸表
（单位：mm）

刀片代号	B ±0.25	S ±0.25	L ±0.30	S_1 ±0.25	参考值	
					α_o	γ_o
L03	3	3	14	4.23	4°	0°～1°
L04	4	4	17	4.29		
L06	6	5	20	6.40	5°	
L08	8	6	24	8.52		
L10	10	8	28	10.58		
L12	12	10	32	13	6°	

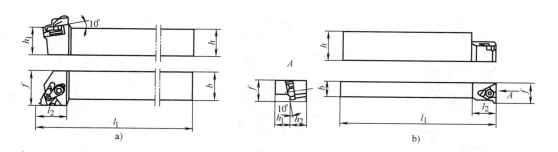

图 8-3　机夹带可转位刀片的外螺纹车刀

a）CE 型，上压板式　b）B 型、BC 型，梳形刃式

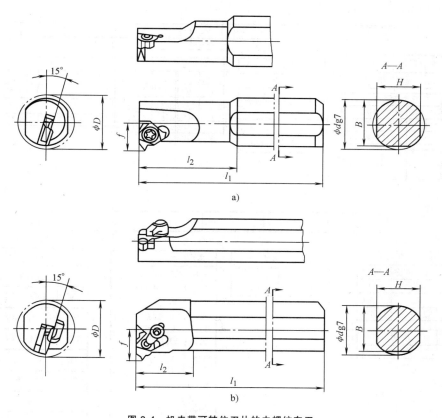

图 8-4　机夹带可转位刀片的内螺纹车刀

a）SN 型，螺钉夹紧式　b）CN 型、上压板式

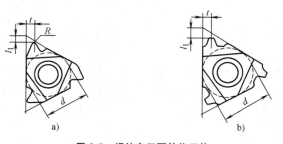

图 8-5　螺纹车刀可转位刀片

a）三角形螺纹　b）梯形螺纹

（1）刀体（CE、SN、CN 型）

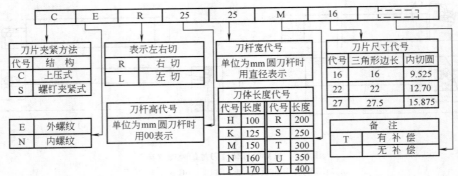

| C | E | R | 25 | 25 | M | 16 | |

刀片夹紧方法	
代号	结　构
C	上压式
S	螺钉夹紧式

E	外螺纹
N	内螺纹

表示左右切	
R	右切
L	左切

刀杆高代号
单位为mm圆刀杆时用00表示

刀杆宽代号
单位为mm圆刀杆时用直径表示

刀体长度代号			
代号	长度	代号	长度
H	100	R	200
K	125	S	250
M	150	T	300
N	160	U	350
P	170	V	400

刀片尺寸代号		
代号	三角形边长	内切圆
16	16	9.525
22	22	12.70
27	27.5	15.875

备　注	
T	有补偿
	无补偿

（2）车床用螺纹梳刀（B、BC 型）

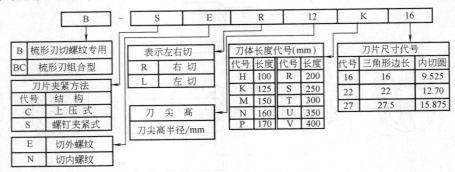

| B | – | S | E | R | 12 | K | 16 |

B	梳形刃切螺纹专用
BC	梳形刃组合型

刀片夹紧方法	
代号	结　构
C	上压式
S	螺钉夹紧式

E	切外螺纹
N	切内螺纹

表示左右切	
R	右切
L	左切

刀　尖　高
刀尖高半径/mm

刀体长度代号(mm)			
代号	长度	代号	长度
H	100	R	200
K	125	S	250
M	150	T	300
N	160	U	350
P	170	V	400

刀片尺寸代号		
代号	三角形边长	内切圆
16	16	9.525
22	22	12.70
27	27.5	15.875

（3）刀片

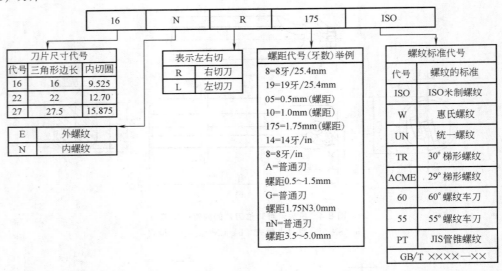

| 16 | N | R | 175 | ISO |

刀片尺寸代号		
代号	三角形边长	内切圆
16	16	9.525
22	22	12.70
27	27.5	15.875

E	外螺纹
N	内螺纹

表示左右切	
R	右切刀
L	左切刀

螺距代号(牙数)举例
8=8牙/25.4mm
19=19牙/25.4mm
05=0.5mm（螺距）
10=1.0mm（螺距）
175=1.75mm（螺距）
14=14牙/in
8=8牙/in
A=普通刃
螺距0.5～1.5mm
G=普通刃
螺距1.75N3.0mm
nN=普通刃
螺距3.5～5.0mm

螺纹标准代号	
代号	螺纹的标准
ISO	ISO米制螺纹
W	惠氏螺纹
UN	统一螺纹
TR	30°梯形螺纹
ACME	29°梯形螺纹
60	60°螺纹车刀
55	55°螺纹车刀
PT	JIS管锥螺纹
GB/T ××××—××	

3. 机夹棱柱体螺纹车刀

切向安装的棱柱体螺纹车刀结构见图 8-6。

在切削特别光洁的螺纹时可采用弹性刀杆，其结构见图 8-7。弹力可用弹簧 1 和螺钉 2 来调节，垫片 3 用于防止刀杆前部横向弯曲。

制造刀片时需根据前面截形计算出垂直于后面的平面上的截形。计算方法可参阅本书成形车刀部分内容及表 8-6。

8.2.2　螺纹梳刀

同时有几个齿参加切削的螺纹车刀称为螺纹梳刀。其结构可以是直条状的，也可以是圆盘状的。其形式可以是整体制造的，也可以是机夹刀片的。

无论何种结构，就其切削齿的图形分布可以有两种类型：

1）带标准螺距的。

2）一侧为标准螺距，另一侧为减小螺距的。

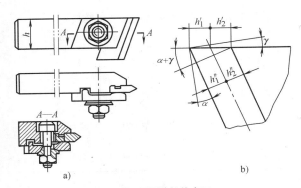

图 8-6　平面棱柱体车刀

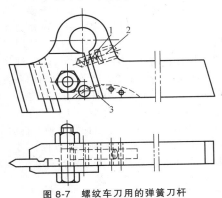

图 8-7　螺纹车刀用的弹簧刀杆

1—弹簧　2—螺钉　3—垫片

表 8-6　螺纹车刀截形允许最小顶宽

（单位：mm）

螺　距	截形顶部允许最小宽度 b
0.5～0.75	0.05
0.8～1.50	0.10
1.5～3.0	0.15
>3.0	0.20

带标准螺距的梳刀又可分为切削部分齿顶带 30°前锥部的和不带前锥部的。前者可用于一次走刀切至螺纹全深，后者用于光整螺纹或多次走刀切至全深。螺纹梳刀后角一般取 12°～18°。

变螺距的梳刀适用于一次走刀切至螺纹全深，这种梳刀的修螺距原理见图 8-8。

φ 角根据被加工材料而定，一般取 $\varphi = 6° \sim 7°30'$ 左右。这时，减小后的螺距 P_p 为

$$P_\mathrm{p} = \frac{P}{1 + \tan\varphi\tan\beta} \qquad (8\text{-}1)$$

式中　P——原螺距（mm）；

　　　β——牙型半角（°）。

这种梳刀由于只用刀齿的一侧切削，另一侧只起光整螺纹的作用，其优点是切削厚度大，总切削力小，车刀受力方向一致，多齿参加切削，最后光整齿两面的是完整牙型，其表面粗糙度值

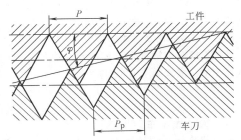

图 8-8　已改变螺距的多线螺纹车刀的螺纹牙型

小。但刀具制造较复杂。

8.2.3　圆体螺纹车刀

圆体螺纹车刀可以做成单片状（见图 8-9a），也可以做成梳形刃式（见图 8-9b），它们用端齿夹固在刀杆上。

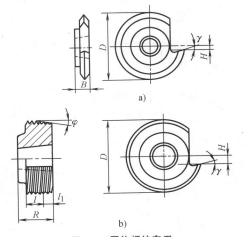

图 8-9　圆体螺纹车刀

a) 单片状　b) 梳形刃式

当被切工件的螺纹升角小于 30′时（当切大直径细牙螺纹）圆体螺纹车刀可做成环形齿；当被切螺纹的升角大于 30′时，刀齿也必须做成螺纹状，它的螺纹升角与工件的螺纹升角在数值上相同，但是，方向相反（当切外螺纹时），或相同（当切内螺纹时）。

圆体螺纹车刀外径的选择方法如下。

环形齿的螺纹车刀外径一般取 40～50mm，宽度选 6～12mm。

螺纹齿的螺纹车刀外径 d 可按下列公式计算，以保证刀具与工件螺纹升角的一致性。

车单线螺纹时：

$$d = \frac{P}{\pi\tan(\beta \pm 30')} + 2\Delta h \qquad (8\text{-}2)$$

车多线螺纹时：

$$d = \frac{nP}{\pi\tan(\beta \pm 30')} + 2\Delta h \qquad (8\text{-}3)$$

式中　P——被切螺纹的螺距（mm）；

β——被切螺纹中径处螺纹升角（°）；

Δh——被切螺纹的牙底高度（mm）；

n——多线螺纹线数。

圆体螺纹车刀的截形计算原理与成形车刀的截形计算相似，可参阅本书车刀章。

截形计算之前要考虑，由于受刀具寿命的制约，车刀截形允许的最小顶宽 b 不得小于表 8-6 所列数值。

8.2.4 特型螺纹车刀举例

（1）机夹梯形螺纹车刀（见图 8-10）主要尺寸见表 8-7。

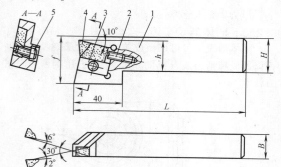

图 8-10 机夹梯形螺纹车刀（右）
1—刀杆 2—调节螺钉 3—楔块 4—刀片 5—螺钉

表 8-7 机夹梯形螺纹车刀主要尺寸

（单位：mm）

车刀代号	$H×B×L$	h	f
CX30F20-A117	25×20×125	20	35
CX30F25-A119	30×25×140	20	40
CX30F30-A125	35×25×160	30	47

结构特点是简单可靠，刀头体积大，刀槽不开通，刀片立装，侧面也刃磨，刀具强度高，适于强力切削，刀片可调，刀头利用充分。更换刀片可切各种螺纹。

（2）强力挑蜗杆车刀（见图 8-11）结构特点是，刀杆可旋转一个 λ 角，改善两刃切削条件。刀杆装有双弹簧圈，保证了刀杆强度、刚度和足够的弹性。允许进给量大而振动小。刀头分粗车用（见图 8-11b）及精车用（见图 8-11c）两种。精加工时，刀杆可以不旋转 λ 角而水平放置，以保证刀形角与被切螺纹截形角一致，但刀的两侧刃后角应磨得不同。

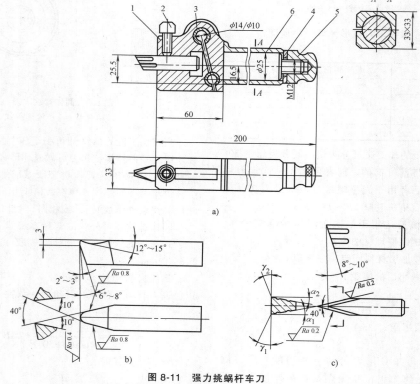

图 8-11 强力挑蜗杆车刀
a）车刀结构 b）粗加工刀头 c）精加工刀头
1—刀杆 2—螺钉 3—弹簧 4—垫圈 5—螺母 6—弹性方刀体

8.3　丝锥

8.3.1　丝锥结构设计中的共性问题

一般机用和手用丝锥的典型结构见图 8-12。

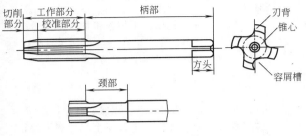

图 8-12　丝锥的结构

1. 切削锥部

切削锥部担负切削出螺纹牙型的主要工作量。合理地分配每个刀齿的切削负荷及负荷方式有利于提高丝锥的寿命、导向平稳性和螺纹表面质量。

（1）切削锥型式与切削图形　目前，常用的切削锥型式及切削图形有三种：

1）切削锥表面与大径成切削锥角 κ_r，见图 8-13。切削厚度 a_c 用下式计算：

$$a_c = \frac{P}{N} \sin \kappa_r \qquad (8\text{-}4)$$

式中　P——螺距（mm）；

N——容屑槽数；

κ_r——切削锥角（°）。

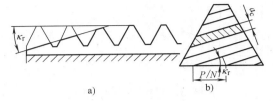

图 8-13　切削锥型式和切削图形（一）
a）切削锥型式　b）切削图形

2）切削锥齿形大径、中径与丝锥校准部分大径成同一锥角 κ_r，见图 8-14，齿侧刃切削厚度按下式计算：

$$a_c' = \frac{P}{N} \tan \kappa_r \sin \frac{\alpha}{2} \qquad (8\text{-}5)$$

式中　α——牙型角（°）。

3）切削锥齿形中径与校准部分大径成锥角 κ_r'，而切削锥顶面与大径成锥角 κ_r，见图 8-15。切削厚度仍可分别借用式（8-4）及式（8-5）计算。

第一种切削图形工艺性好，但切出的螺纹质量一般，常用于手用丝锥、机用丝锥及螺母丝锥。第二、三种切出螺纹表面质量好，常用于板牙精铰丝锥等高质量螺纹切削用丝锥。

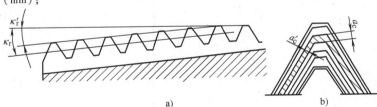

图 8-14　切削锥型式和切削图形（二）
a）切削锥型式　b）切削图形

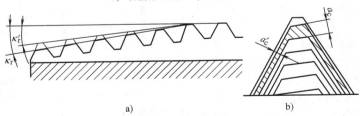

图 8-15　切削锥型式和切削图形（三）
a）切削锥型式　b）切削图形

适宜的 a_c 值：加工钢时为 0.02～0.05mm，加工铸铁时为 0.04～0.07mm，极限值为 0.02mm < a_c <0.15mm。

根据 a_c、N 及 P 可以算出 κ_r 值。

丝锥切削锥小头端部直径 d_3 应小于螺纹孔底孔直径，一般可用下式计算（见图 8-16）：

$$d_3 = d_0 - 1.4P \qquad (8\text{-}6)$$

式中　d_0——丝锥公称大径（mm）。

切削锥长度用下式计算：

$$l_5 = \frac{0.7P}{\tan \kappa_r} \qquad (8\text{-}7)$$

工具厂按 GB/T 3464.1—2007 生产的机用和手

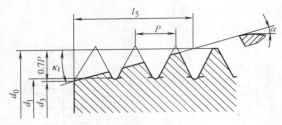

图 8-16 切削锥角和端部直径

用丝锥精锥 $l_5 = 2P$，中锥 $l_5 = 4P$，初锥（等径设计）$l_5 = 8P$，第一粗锥（不等径设计）$l_5 = 6P$。单支供应按中锥生产。两支一组供应按中锥、精锥生产。GB/T 3464.2—2003 细长柄机用丝锥 $l_5 = (3 \sim 5)P$，GB/T 967—2008 螺母丝锥和 GB/T 28257—2012 长柄螺母丝锥 $l_5 = (18 \sim 20)P$。

（2）各切削角度

1）前角 γ_p。标准丝锥 γ_p 一般按 8°～10°生产，也可根据被加工材料按表 8-8 选取 γ_p。

表 8-8　根据被加工材料选丝锥前角 γ_p

材　　料	前角 γ_p	材　　料	前角 γ_p
低碳钢	10°～13°	铸铁	2°～4°
高碳钢	5°～7°	铝	16°～20°
工具钢	5°～7°	铝合金	12°～14°
不锈钢	10°～13°	铜	16°
铬钢	10°～13°	黄铜	3°～5°
锰钢	10°～13°	青铜	1°～3°
铸钢	10°～13°	合成树脂	3°～5°

2）后角 α_p。标准丝锥后角 α_p 取 4°～6°。也可以按表 8-9 选取。丝锥的切削锥顶部被铲磨成阿基米德螺线铲背量 K 按下式计算：

$$K = \frac{\pi d_3}{N} \tan\alpha_p \qquad (8\text{-}8)$$

式中　d_3——切削锥端部直径（mm）；

　　　N——丝锥槽数；

　　　α_p——径向后角（°）。

表 8-9　丝锥后角

材料性质	α_p	
	手用和机用丝锥	螺母丝锥、等径丝锥
硬	4°～6°	
中硬	6°～8°	3°～4°
软	8°～12°	

3）刃倾角 λ_s。标准丝锥出厂时一般 $\lambda_s = 0°$。为了改善排屑条件，攻通孔时往往磨出 5°～15°的刃倾角，刃磨长度为超过切削锥长 $(1 \sim 2)P$。但小端刃

背宽度不得小于原宽度的 0.6 倍，此部前角取 12°～15°。

2. 校准部分

校准部分起校正螺纹齿形及导向作用，并可做重磨储备。

（1）长度　标准机用和手用丝锥的校准部分长度可按经验公式算出，即

$$校准部分长度 = 4.8 d^{0.4} P^{0.2}$$

式中　d——螺纹大径；

　　　P——螺距。

校准部分应尽量设计短些，以减轻摩擦。

（2）螺纹齿形铲背量　工具厂生产的磨齿丝锥齿形在一个圆周齿距上的铲背量见表 8-10。

表 8-10　齿形铲背量

（单位：mm）

丝锥公称直径	≤11	12～18
铲背量	0.01～0.03[①]	0.02～0.04
丝锥公称直径	20～27	30～39	42～52
铲背量	0.03～0.05	0.04～0.06	0.05～0.07

① 也可不铲背。

（3）倒锥　为了减少摩擦和转矩，并减少扩张量，丝锥螺纹部分全长上（整个齿形）做成倒锥状。

对于铲磨螺纹的丝锥，倒锥度为 $(0.05 \sim 0.12)/100$；

对于不铲磨螺纹的丝锥，倒锥度为 $(0.12 \sim 0.20)/100$；

对于加工轻合金用的丝锥，倒锥度为 $(0.20 \sim 0.30)/100$。

靠近柄部处各直径尺寸相应小于切削锥后第一个完整齿处各直径尺寸。

3. 丝锥沟槽形设计

（1）容屑槽数量 N　我国标准丝锥的槽数见表 8-11 所列。前苏联学者尤·波·福鲁明经过研究推荐的丝锥槽数见表 8-12。直径小于 6mm 的丝锥可以制成两槽或三槽，直径大于 52mm 的丝锥可以做成 8～12 个槽。螺尖丝锥、空心丝锥也可以做成一个或两个槽。

表 8-11　标准丝锥的槽数

丝锥类别	$N = 3$	$N = 4$	$N = 6$
	丝锥直径 d/mm		
手用丝锥	1～11	12～27	—
机用丝锥	1～11	12～52	42～52（细牙）
螺母丝锥	2～16	12～52	42～52（细牙）
长柄螺母丝锥	3～16	12～39	42～52（细牙）
弯柄螺母丝锥	5～16	12～24	—

表 8-12　福鲁明推荐的丝锥槽数

丝锥类别	丝锥直径 d/mm				
	3～6	8～16	18～24	27～39	42～52
	丝锥槽数 N				
手用丝锥	2～3	3～4	4	4～6	4～6
机用丝锥	2～3	3～4	4	4～6	4～6
螺母丝锥	3	3～4	3～4	4	4～6
校准丝锥	3	3～4	4～6	6～8	4～8

（2）槽形及其相关尺寸　丝锥容屑槽形状设计受槽数 N、锥心直径 d_4、刃宽度 m、前角 γ_p 和刃背角 η 等相关尺寸所制约。容屑槽形必须有足够的容屑空间，排屑顺利，保证锥心有足够的强度，退刀时不刮伤已加工表面，同时简化沟铣刀规格。

1）标准 M5～M52 丝锥的沟槽形状及尺寸见图 8-17、图 8-18、表 8-13 和表 8-14。相应丝锥沟槽铣刀见图 8-19，其尺寸见表 8-15。

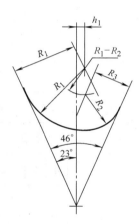

图 8-17　标准丝锥的槽形

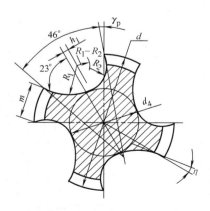

图 8-18　标准丝锥槽形和各部分的关系

表 8-13　标准丝锥槽形尺寸

（单位：mm）

序号	R_1	R_2	h_1	用于丝锥直径（参考）
1	1.8	1.0	0.3	M5
2	2.2	1.2	0.34	M6
3	2.7	1.5	0.33	M7
4	3	1.7	0.35	M8
5	3.4	1.9	0.42	M9、M12
6	3.9	2.2	0.48	M10
7	4.4	2.5	0.54	M11、M14
8	4.9	2.75	0.6	M16
9	5.45	3.05	0.67	M18
10	5.95	3.3	0.73	M20
11	6.55	3.7	0.81	M22
12	7.35	4.1	0.9	M24、M42～M45（细牙）
13	8.15	4.55	1	M27、M48（细牙）
14	8.9	5	1.09	M30、M52（细牙）
15	9.7	5.4	1.18	M33
16	10.4	5.85	1.28	M36
17	11.9	6.7	1.45	M39
18	13	7.3	1.6	M42
19	13.9	7.8	1.7	M45
20	14.8	8.35	1.8	M48
21	15.7	8.85	1.9	M52

注：$R_2 = 0.56R_1$；$h_1 = 0.122R_1$。

表 8-14　各部分的关系

容屑槽数	钢、铸铁		铝	
N	d_4	m	d_4	m
3	0.4d	0.3d	0.4d	0.3d
4	0.5d	0.3d	0.45d	0.22d
6	0.64d	0.2d	—	—
8	0.75d	0.15d	—	—

2）汽车行业用的 M4～M24 三槽丝锥槽形见图 8-20 和表 8-16，M4～M30 四槽丝锥槽形见图 8-21，尺寸见表 8-17。

3）$d \leqslant 6$mm 丝锥沟槽形做成如图 8-22 所示形状，由一段圆弧两段直线构成。其中 $d_4 = 0.45d$，$R = (0.1 \sim 0.15)d$，$m = 0.4d$，d 为螺纹公称直径（mm）。

4）$d = (2 \sim 6)$mm 两槽的槽形见图 8-23。锥心直径 $d_4 = 0.5d$，$\lambda_s = \psi + (2° \sim 4°)$，$l'_5 = l_5 + 2.5P$，其具体尺寸见表 8-18。

5）由一段圆弧构成的丝锥槽形见图 8-24。这种结构多用于刃瓣数较多而切削量较小的精铰丝锥。圆弧半径 R 按下式近似地计算：

$$R \approx \frac{d}{N} \qquad (8-9)$$

式中　d——丝锥大径（mm）；

　　　N——容屑槽数。

表 8-15 丝锥沟槽铣刀尺寸

（单位：mm）

序号	D 公称尺寸	D 极限偏差	d 公称尺寸	d 极限偏差	B 公称尺寸	B 极限偏差	z	T 公称尺寸	T 极限偏差	D_1	K	r	b 公称尺寸	b 极限偏差	t 公称尺寸	t 极限偏差	d_1	e	R_1	R_2	h_1	用于丝锥直径
1	65	0 / −1.2	22	+0.023 / 0	4.5	±0.1	14	7.5	+0.6 / 0	—	3	1.5	6.08	+0.16 / 0	24.1	+0.52 / 0	—	—	1.8	1.0	0.3	M5
2					5.5			8.5											2.2	1.2	0.34	M6
3					6			10											2.7	1.5	0.33	M7
4	75				7			11			4.5								3	1.7	0.35	M8
5			27		8			11.5											3.4	1.9	0.42	M9、M12
6					8			12.5											3.9	2.2	0.48	M10
7					10			13.5											4.4	2.5	0.54	M11、M14
8					11			14.5											4.9	2.75	0.6	M16
9	85				12		12	15.5							29.4				5.45	3.05	0.67	M18
10					13.5			12											5.95	3.3	0.73	M20
11			32	+0.027 / 0	15						5	2	8.10	+0.2 / 0					6.55	3.7	0.81	M22
12					16.5			13		50									7.35	4.1	0.9	M24、M42~45（细牙）
13					18					47									8.15	4.55	1	M27、M48（细牙）
14					19.5			14											8.9	5	10.9	M30、M52（细牙）
15					21					45	5.5				34.8	+0.62 / 0	34	8	9.7	5.4	11.8	M33
16					22.5			15		48									10.4	5.85	1.28	M36
17	95	0 / −1.4			26					45									11.9	6.7	1.45	M39
18					28			16											13	7.3	1.6	M42
19	100				30					48								9	13.9	7.8	1.7	M45
20								18											14.8	8.35	1.8	M48
21	110				32					52	6								15.7	8.85	1.9	M52

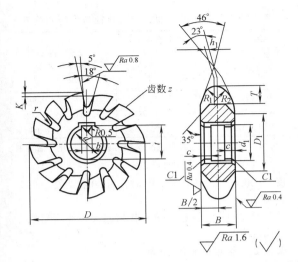

技术要求

1. 材料：高速工具钢。

2. 硬度：63~66HRC。

3. 铣刀外径对轴线的径向圆跳动不大于 0.05mm。

4. 铣刀两支承端面对轴线的轴向圆跳动不大于 0.03mm。

5. 铣刀刃形按样板制造，其间隙不大于 0.1mm。

6. 图示铣刀为右刃铣刀，如需制成左刃时应在铣齿工序将刃铣成与图示方向相反。

图 8-19　丝锥沟槽铣刀

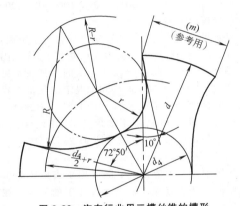

图 8-20　汽车行业用三槽丝锥的槽形

表 8-16　汽车行业用的三槽丝锥槽形尺寸

（单位：mm）

槽型号	R	r	d_4	m	用于丝锥直径（参考）
1	2.04	0.96	1.6	1.5	M4
2	2.55	1.2	2	1.9	M5
3	3.06	1.44	2.4	2.3	M6
4	4.08	1.92	3.2	3.1	M8
5	5.25	2	4	3.9	M10
6	5.78	2.2	4.4	4.4	M11
7	6.3	2.4	4.8	4.3	M12
8	7.35	2.8	5.6	5.6	M14
9	8.41	3.2	6.4	6.4	M16
10	9.45	3.6	7.2	7.2	M18
11	10.5	4	8	8	M20
12	11.55	4.4	8.8	8.8	M22
13	12.6	4.8	9.6	9.6	M24

注：$d = 4~8$，$R = 0.51d$，$r = 0.24d$；$d = 10~24$，$R = 0.525d$，$r = 0.2d$。

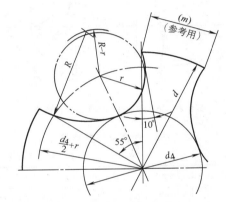

图 8-21　汽车行业用四槽丝锥的槽形

表 8-17　汽车行业用的四槽丝锥槽形尺寸

（单位：mm）

槽型号	R	r	d_4	m	用于丝锥直径（参考）
1	1.45	0.72	2	1.2	M4
2	1.82	0.9	2.5	1.5	M5
3	2.18	1.08	3	1.8	M6
4	2.9	1.44	4	2.3	M8
5	3.63	1.8	5	2.9	M10
6	3.99	1.98	5.5	3.3	M11
7	4.36	2.16	6	3.8	M12
8	5.08	2.52	7	4.4	M14
9	5.81	2.88	8	5.0	M16
10	6.14	2.79	9	5.6	M18
11	6.82	3.1	10	6	M20
12	7.51	3.41	11	6.6	M22
13	8.18	3.72	12	7.2	M24
14	9.2	4.18	13.5	8	M27
15	10.25	4.65	15	9	M30

注：$d = 4~16$，$R = 0.363d$，$r = 0.18d$；$d = 18~30$，$R = 0.34d$，$r = 0.155d$。

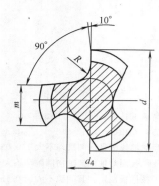

图 8-22　$d \leqslant 6$mm 三槽丝锥槽形

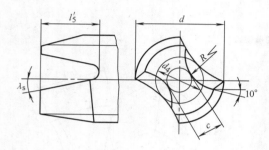

图 8-23　$d = (2 \sim 6)$mm 两槽丝锥槽形

表 8-18　两槽丝锥槽形尺寸

（单位：mm）

d	2	2.3	2.6	3	3.5	4	4.5	5	5.5	6
c	0.6	0.7	0.8	1.0	1.2	1.5	1.65	1.8	2.0	2.2
R	1.3	1.4	1.6	2.0	2.3	2.5	2.7	3	3.4	3.8

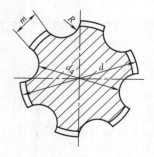

图 8-24　圆弧槽形

刃背宽度 $m = 0.3d$（对四槽丝锥），或 $m = 0.22d$（对六槽丝锥）。

对于成组丝锥的 m 值及 d_4 可参考表 8-19。按锥号不同适当调整其系数。

螺母丝锥的槽形选号应较同直径机用丝锥大一些，以增加容屑空间，同时锥心直径 d_4 应做出正锥

表 8-19　丝锥刃背宽度、锥心直径与大径的关系

槽数 N	刃背宽度 m				锥心直径 d_4
	精锥	第一粗锥（三支一组）	初锥（二支一组）	第二粗锥（三支一组）	
3	$0.39d$	$0.35d$	$0.38d$	$0.38d$	$0.4d$
4	$0.27d$	$0.25d$	$0.26d$	$0.26d$	$0.5d$
6	$0.18d$	—	$0.175d$	—	$0.64d$

注：表列数据是未开刃的丝锥刃背宽度，开刃后要减小（$0.2 \sim 0.4$）mm。

度。锥度：当螺纹长为 $30P$ 时，为 $30'$，为 $20P$ 时为 $1°30'$。

槽向一般为直槽。根据排屑需要，亦可制成左旋或右旋。

8.3.2　丝锥的螺纹公差

国家标准 GB/T 968—2007 中规定了加工普通螺纹（GB/T 192 ~ 193—2003，GB/T 196 ~ 197—2003）用的丝锥螺纹公差。

丝锥螺纹的公差由被加工螺纹的公差带所确定，见图 8-25。丝锥螺纹中径公差 Td_2 是按 t（5 级内螺纹中径公差 TD_2）的百分比计算出的。其关系见图 8-26 和表 8-20。GB/T 968—2007 规定的丝锥中径螺纹公差共分四种，见表 8-21。其中 H1、H2、H3 适用于磨牙丝锥。H4 适用于滚牙丝锥。H1、H2、H3 三种丝锥的螺纹公差等效采用 ISO 2857：1990 中的 1、2、3 级丝锥螺纹公差带。

丝锥中径公差带分组是既考虑了当前丝锥工艺制造精度，又适应各级精度螺纹加工的要求。在具体选用时，不仅要考虑被攻螺纹的螺纹精度，还要考虑攻螺纹过程中可能产生的最大扩张量，即丝锥的中径上极限偏差加上最大扩张量也不致超过被加工螺纹中径的上极限偏差。设计丝锥中径下限位置时要尽可能使其有足够的磨损储备量，以延长其使用寿命。

丝锥小径 d_1 的尺寸应小于被加工螺母的最小小径，而且丝锥牙底圆弧与牙型的切点亦不应超过螺母的最小小径。d_1 的下限不限。

丝锥大径 d 的下限尺寸应大于被加工螺母螺纹的大径的下限尺寸。d 的上限尺寸理论上不限定，但实际上太大时，要考虑牙齿顶宽过窄易磨损。

8.3.3　机用和手用丝锥

国家标准 GB/T 3464.2—2003、GB/T 3464.1—2007、GB/T 3464.3—2007 中规定了加工普通螺纹（GB/T 192 ~ 193—2003，GB/T 196 ~ 197—2003）用的机用和手用丝锥的型式和公称尺寸。

1. 型式和公称尺寸

（1）粗柄机用和手用丝锥的型式按图 8-27，尺寸按表 8-22 ~ 表 8-25 的规定。

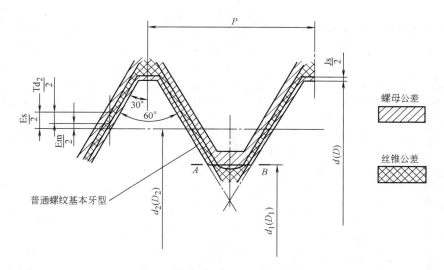

图 8-25　丝锥螺纹公差与被加工螺纹公差示意图

$d(D)$—大径（公称直径）　$d_1(D_1)$—小径　Es—中径上极限偏差　Js—大径极限偏差

$d_2(D_2)$—中径　Td$_2$—中径公差　Em—中径下极限偏差

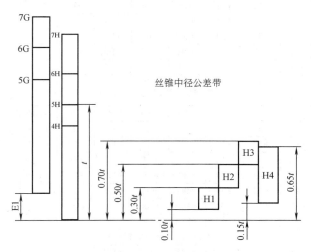

图 8-26　加工普通螺纹用标准丝锥中径与被加工螺纹中径关系

E1—内螺纹 G 公差带基本偏差

表 8-20　加工普通螺纹用标准丝锥中径计算公式

丝锥公差带代号 \ 项目	丝锥中径下极限偏差 Em	丝锥中径公差 Td$_2$	丝锥中径上极限偏差 Es
H1	0.10t		0.30t
H2	0.30t	0.20t	0.50t
H3	0.50t		0.70t
H4①	0.15t	0.50t	0.65t

① 公称直径（1~3）mm 的 H4 丝锥，下极限偏差 Em 为 0.10t，上极限偏差 Es 为 0.50t。

表 8-21　丝锥螺纹尺寸　　　　　　　　　　（单位：mm）

公称直径 d/mm	螺距 P/mm	大径 d 下极限偏差 Js	大径 d 上极限偏差	中径 d_2 H1 下极限偏差 Em	H1 上极限偏差 Es	H2 下极限偏差 Em	H2 上极限偏差 Es	H3 下极限偏差 Em	H3 上极限偏差 Es	H4 下极限偏差 Em	H4 上极限偏差 Es	小径 d_1 下上极限偏差	测量牙数（个）	螺距极限偏差 H1 H2 H3	螺距极限偏差 H4	牙型半角极限偏差 H1 H2 H3	牙型半角极限偏差 H4
>1.0~1.4	0.20	+20	自行规定	+5	+15	—	—			+5	+25	自行规定	12	±8	±20		±70'
	0.25	+22		+6	+17	+17	+28	—		+6	+28						±60'
	0.30	+24		+6	+18	+18	+30	+30	+42	+6	+30						±60'
>1.4~2.8	0.20	+21		+6	+17	—	—	—		+5	+25					±40'	±70'
	0.25	+24		+6	+18	+18	+30	—		+6	+28					±40'	±70'
	0.35	+27		+7	+20	+20	+34	+34	+47	+7	+34					±40'	±60'
	0.40	+28		+7	+21	+21	+36	+36	+50	+7	+36					±40'	±60'
	0.45	+30		+8	+23	+23	+38	+38	+53	+8	+38					±30'	±60'
>2.8~5.6	0.35	+28		+7	+21	+21	+36	+36	+50	+11	+46		9	±8	±25	±40'	
	0.50	+32		+8	+24	+24	+40	+40	+56	+12	+52					±30'	±50'
	0.60	+36		+9	+27	+27	+45	+45	+63	+14	+59					±30'	±50'
	0.70	+38		+10	+29	+29	+48	+48	+67	+14	+62					±30'	±50'
	0.75	+38		+10	+29	+29	+48	+48	+67	+14	+62					±30'	±50'
	0.80	+40		+10	+30	+30	+50	+50	+70	+15	+65					±30'	±50'
>5.6~11.2	0.75	+42		+11	+32	+32	+53	+53	+74	+16	+69		9	±8	±25	±25'	±50'
	1.00	+47		+12	+35	+35	+59	+59	+83	+18	+77					±25'	±50'
	1.25	+50		+13	+38	+38	+63	+63	+88	+19	+81					±25'	±45'
	1.50	+56		+14	+42	+42	+70	+70	+98	+21	+91		7		±35	±25'	±45'
>11.2~22.4	1.00	+50		+13	+38	+38	+63	+63	+88	+19	+81		9	±8	±25	±25'	±50'
	1.25	+56		+14	+42	+42	+70	+70	+98	+21	+91					±25'	±50'
	1.50	+60		+15	+45	+45	+75	+75	+105	+23	+98		7	±9	±35	±25'	±45'
	1.75	+64		+16	+48	+48	+80	+80	+112	+24	+104					±25'	±45'
	2.00	+68		+17	+51	+51	+85	+85	+119	+26	+111			±10	±50	±20'	±40'
	2.50	+72		+18	+54	+54	+90	+90	+126	+27	+117					±20'	±40'
>22.4~45	1.00	+53		+13	+40	+40	+66	+66	+92	+20	+86		9	±8	±25	±25'	±50'
	1.50	+64		+16	+48	+48	+80	+80	+112	+24	+104		7	±8	±35	±25'	±45'
	2.00	+72		+18	+54	+54	+90	+90	+126	+27	+117			±10	±50	±20'	±40'
	3.00	+85		+21	+64	+64	+106	+106	+148	+32	+138			±12			±35'
	3.50	+90		+22	+67	+67	+112	+112	+157	—	—			±13		±15'	
	4.00	+94		+24	+71	+71	+118	+118	+165	—	—			±14		±15'	
	4.50	+100		+25	+75	+75	+125	+125	+175	—	—			±15		±15'	
>45~90	1.50	+68		+17	+51	+51	+85	+85	+119	—	—		7	±8	—	±25'	—
	2.00	+76		+19	+57	+57	+95	+95	+133	—	—			±10	—	±20'	—
	3.00	+90		+22	+67	+67	+112	+112	+157	—	—			±12	—	±20'	—
	4.00	+100		+25	+75	+75	+125	+125	+175	—	—			±14	—	±15'	—
	5.00	+106		+27	+80	+80	+133	+133	+186	—	—			±16	—	±15'	—
	5.50	+112		+28	+84	+84	+140	+140	+196	—	—			±17	—	±15'	—
	6.00	+120		+30	+90	+90	+150	+150	+210	—	—			±18	—	±15'	—
>90~100	2.0	+80		+20	+60	+60	+100	+100	+140	—	—		7	±10	—	±20'	—
	3.0	+94		+24	+71	+71	+118	+118	+165	—	—			±12	—	±20'	—
	4.0	+106		+27	+80	+80	+133	+133	+166	—	—			±14	—	±15'	—
	6.0	+126		+32	+95	+95	+158	+158	+221	—	—			±18	—	±15'	—

注：M3×0.35H4 丝锥中径下极限偏差 Em 为+7μm，上极限偏差 Es 为+36μm；
　　M3×0.5H4 丝锥中径下极限偏差 Em 为+8μm，上极限偏差 Es 为+40μm。

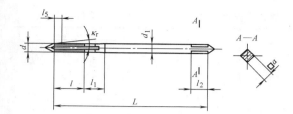

图 8-27　粗柄机用和手用丝锥型式

表 8-22　粗牙普通螺纹用丝锥公称尺寸

（单位：mm）

代号	公称直径 d	螺距 P	d₁	l	L	l₁	方头 a	方头 l₂
M1	1.0							
M1.1	1.1	0.25		5.5	38.5	4.5		
M1.2	1.2							
M1.4	1.4	0.30	2.5	7.0	40.0		2	4
M1.6	1.6	0.35				5.0		
M1.8	1.8			8.0	41.0			
M2	2.0	0.40				5.0		
M2.2	2.2	0.45	2.8	9.5	44.5	6.0	2.24	5
M2.5	2.5							

（上表中 d₁ 及方头尺寸列对应公称直径 d 栏）

表 8-23　细牙普通螺纹用丝锥尺寸

（单位：mm）

代号	公称直径 d	螺距 P	d₁	l	L	l₁	方头 a	方头 l₂
M1×0.2	1.0							
M1.1×0.2	1.1			5.5	38.5	4.5		
M1.2×0.2	1.2	0.2						
M1.4×0.2	1.4		2.5	7.0	40.0		2	4
M1.6×0.2	1.6					5.0		
M1.8×0.2	1.8			8.0	41.0			
M2×0.25	2.2	0.25				5.5		
M2.2×0.25	2.2		2.8	9.5	44.5	6.0	2.24	5
M2.5×0.35	2.5	0.35						

直径（1~3）mm 机用和手用丝锥的总长尺寸 L，根据使用需要，也可采用较短的尺寸，见表 8-24 和表 8-25。d₁ 及方头尺寸同表 8-22 和表 8-23。

（2）粗柄带颈机用和手用丝锥　型式按图 8-28，尺寸按表 8-26 和表 8-27 的规定。

表 8-26 和表 8-27 中 $d_2\min$、l₁ 为空刀槽尺寸。允许无空刀槽，无空刀槽时螺纹部分长度尺寸应为 $l+l_1/2$。丝锥直径小于或等于 8mm 可制成外顶尖。

表 8-24　短柄粗牙普通螺纹用丝锥尺寸

（单位：mm）

代号	公称直径 d	螺距 P	L
M1	1.0	0.25	28
M1.1	1.1		
M1.2	1.2		
M1.4	1.4	0.30	
M1.6	1.6	0.35	32
M1.8	1.8		
M2	2.0	0.40	
M2.2	2.2	0.45	36
M2.5	2.5		

表 8-25　短柄细牙普通螺纹用丝锥尺寸

（单位：mm）

代号	公称直径 d	螺距 P	L
M1×0.2	1.0		28
M1.1×0.2	1.1		
M1.2×0.2	1.2	0.2	
M1.4×0.2	1.4		
M1.6×0.2	1.6		32
M1.8×0.2	1.8	0.20	
M2×0.25	2.0	0.25	
M2.2×0.25	2.2		36
M2.5×0.35	2.5	0.35	

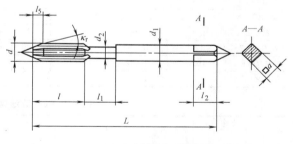

图 8-28　粗柄带颈机用和手用丝锥

（3）细柄机用和手用丝锥　型式按图 8-29，公称尺寸按表 8-28 和表 8-29 的规定。表中大于 M52 的规格为非标准规格，仅供参考。

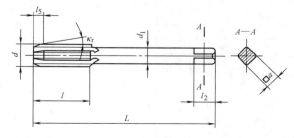

图 8-29　细柄机用和手用丝锥

表 8-26　粗柄带颈粗牙普通螺纹用丝锥公称尺寸　　　　　　　（单位：mm）

代号	公称直径 d	螺距 P	d_1	l	L	$d_2\min$	l_1	方头 a	方头 l_2
M3	3.0	0.50	3.15	11.0	40	2.12	7.0	2.50	5
M3.5	3.5	(0.60)	3.55			2.50		2.80	
M4	4.0	0.70	4.00	13.0	45	2.80	8.0	3.15	6
M4.5	4.5	(0.75)	4.50			3.15		3.55	
M5	5.0	0.80	5.00	16.0	50	3.55	9.0	4.00	7
M6	6.0	1.00	6.30	19.0	55	4.50	11.0	5.00	8
M7	7.0		7.10			5.30		5.60	
M8	8.0	1.25	8.00	22.0	65	6.00	13.0	6.30	9
M9	9.0		9.00			7.10	14.0	7.10	10
M10	10.0	1.50	10.00	24.0	70	7.50	15.0	8.0	11

表 8-27　粗柄带颈细牙普通螺纹用丝锥公称尺寸　　　　　　（单位：mm）

代号	公称直径 d	螺距 P	d_1	l	L	$d_2\min$	l_1	方头 a	方头 l_2
M3×0.35	3.0	0.35	3.15	11.0	40	2.12	7.0	2.50	5
M3.5×0.35	3.5		3.55			2.50		2.80	
M4×0.5	4.0	0.50	4.00	13.0	45	2.80	8.0	3.15	6
M4.5×0.5	4.5		4.50			3.15		3.55	
M5×0.5	5.0		5.00	16.0	50	3.55	9.0	4.00	7
M5.5×0.5	5.5		5.60	17.0		4.00		4.50	
M6×0.5	6.0		6.30		50	4.50	11.0	5.00	8
M6×0.75		0.75		19.0					
M7×0.75	7.0		7.10			5.30		5.60	
M8×0.5	8.0	0.50	8.00		60	6.00	13.0	6.30	9
M8×0.75		0.75							
M8×1		1.00		22.0					
M9×0.75	9.0	0.75	9.00	19.0		7.10	14.0	7.10	10
M9×1		1.00		22.0					
M10×0.75	10.0	0.75	10.00	20.0	65	7.50	15.0	8.00	11
M10×1		1.00		24.0					
M10×1.25		1.25							

表 8-28　粗牙普通螺纹用丝锥公称尺寸　　　　　　（单位：mm）

代号	公称直径 d	螺距 P	d_1	l	L	方头 a	方头 l_2	代号	公称直径 d	螺距 P	d_1	l	L	方头 a	方头 l_2
M3	3.0	0.50	2.24	11.0	48	1.80	4	M22	22.0	2.50	16.00	38.0	118	12.50	16
M3.5	3.5	(0.60)	2.50		50	2.00		M24	24.0	3.00	18.00	45.0	130	14.00	18
M4	4.0	0.70	3.15	13.0	53	2.50	5	M27	27.0		20.00		135	16.00	20
M4.5	4.5	(0.75)	3.55			2.80		M30	30.0	3.50		48.0	138		
M5	5.0	0.80	4.00	16.0	58	3.15	6	M33	33.0		22.40	51.0	151	18.00	22
M6	6.0	1.00	4.50	19.0	66	3.55		M36	36.0	4.00	25.00	57.0	162	20.00	24
M7	(7.0)		5.60			4.50	7	M39	39.0		28.00	60.0	170	22.40	26
M8	8.0	1.25	6.30	22.0	72	5.00	8	M42	42.0	4.50					
M9	(9.0)		7.10			5.60		M45	45.0		31.50	67.0	187	25.00	28
M10	10.0	1.50	8.00	24.0	80	6.30	9	M48	48.0	5.00					
M11	(11.0)			25.0	85			M52	52.0		35.50	70.0	200	28.00	31
M12	12.0	1.75	9.00	29.0	89	7.10	10	M56	56.0	5.50					
M14	14.0	2.00	11.20	30.0	95	9.00	12	M60	60.0		40.00	76.0	221	31.50	34
M16	16.0		12.50	32.0	102	10.00	13	M64	64.0	6.00		79.0	224		
M18	18.0	2.50	14.00	37.0	112	11.20	14	M68	68.0		45.00		234	35.50	38
M20	20.0														

表 8-29　细牙普通螺纹用丝锥公称尺寸　　　　　　　　（单位：mm）

代号	公称直径 d	螺距 P	d_1	l	L	方头 a	方头 l_2
M3×0.35	3.0	0.35	2.24	11.0	48	1.80	4
M3.5×0.35	3.5		2.50		50	2.00	
M4×0.5	4.0	0.50	3.15	13.0	53	2.50	5
M4.5×0.5	4.5		3.55			2.80	
M5×0.5	5.0		4.00	16.0	58	3.15	6
M5.5×0.5	(5.5)			17.0	62		
M6×0.75	6.0	0.75	4.50			3.55	
M7×0.75	(7.0)		5.60	19.0	66	4.50	7
M8×0.75	8.0	0.75	6.30			5.00	
M8×1		1.00		22.0	72		8
M9×0.75	(9.0)	0.75	7.10	19.0	66	5.60	
M9×1		1.00		22.0	72		
M10×0.75	10.0	0.75		20.0	73		
M10×1		1.00	8.00	24.0	80	6.30	9
M10×1.25		1.25					
M11×0.75	(11.0)	0.75		22.0	80		
M11×1		1.00					
M12×1	12.0	1.00	9.00			7.10	10
M12×1.25		1.25		29.0	89		
M12×1.5		1.50					
M14×1	14.0	1.00		22.0	87		
M14×1.25		1.25	11.20	30.0	95	9.00	12
M14×1.5		1.50		30.0	95		
M15×1.5	(15.0)	1.50					
M16×1	16.0	1.00	12.50	22.0	92	10.00	13
M16×1.5		1.50		32.0	102		
M17×1.5	(17.0)	1.50					
M18×1	18.0	1.00		22.0	97		
M18×1.5		1.50		37.0	112		
M18×2		2.00	14.00	37.0	112	11.20	14
M20×1	20.0	1.00		22.0	102		
M20×1.5		1.50		37.0	112		
M20×2		2.00		37.0	112		
M22×1	22.0	1.00	16.0	24.0	109	12.5	16
M22×1.5		1.50		38.0	118		
M22×2		2.00		38.0	118		
M24×1	24.0	1.00		24.0	114		
M24×1.5		1.50	18.0	45.0	130	14.0	18
M24×2		2.00					
M25×1.5	25.0	1.50					
M25×2		2.00					
M26×1.5	26.0	1.50		35.0	120		
M27×1	27.0	1.00	20.0	25.0		16.0	20
M27×1.5		1.50		37.0	127		
M27×2	27.0	2.00		37.0	127		
M28×1		1.00		25.0	120		
M28×1.5	(28.0)	1.50	20.0	37.0	127	16.0	20
M28×2		2.00					
M30×1	30.0	1.00		25.0	120		
M30×1.5		1.50		37.0	127		
M30×2		2.00					
M30×3	30.0	3.00	20.0	48.0	138	16.0	20
M32×1.5	(32.0)	1.50		37.0	137		
M32×2	(32.0)	2.00	22.4			18.0	22
M33×1.5	33.0	1.50					
M33×2		2.00					
M33×3		3.00		51.0	151		
M35×1.5	(35.0)	1.50					
M36×1.5	36.0	1.50	25.0	39.0	144	20.0	24
M36×2		2.00					
M36×3		3.00		57.0	162		
M38×1.5	38.0	1.50					
M39×1.5	39.0	1.50		39.0	149		
M39×2		2.00					
M39×3		3.00		60.0	170		
M40×1.5	(40.0)	1.50	28.0	39.0	149	22.4	26
M40×2		2.00					
M40×3		3.00		60.0	170		
M42×1.5	42.0	1.50		39.0	149		
M42×2		2.00					
M42×3		3.00		60.0	170		
M42×4		(4.00)					
M45×1.5	45.0	1.50		45.0	165		
M45×2		2.00					
M45×3		3.00		67.0	187		
M45×4		(4.00)					
M48×1.5	48.0	1.50	31.5	45.0	165	25.0	28
M48×2		2.00					
M48×3		3.00		67.0	187		
M48×4		(4.00)					
M50×1.5	(50.0)	1.50		45.0	165		
M50×2		2.00					
M50×3		3.00		67.0	187		
M52×1.5	52.0	1.50	35.5	45.0	175	28.0	31
M52×2		2.00					
M52×3		3.00		70.0	200		
M52×4		4.00					
M55×1.5	(55.0)	1.50		45.0	175		

（续）

代号	公称直径 d	螺距 P	d_1	l	L	方头 a	方头 l_2
M55×2	(55.0)	2.00	35.5	45.0	175	28.0	31
M55×3		3.00		70.0	200		
M55×4		4.00					
M56×1.5	56.0	1.50		45.0	175		
M56×2		2.00					
M56×3	56.0	3.00	35.5	70.0	200	28.0	31
M56×4		4.00					
M58×1.5	58.0	1.50			193		
M58×2		2.00			193		
M58×3		(3.00)			209		
M58×4		(4.00)			209		
M60×1.5	60.0	1.50	40.0	76.0	193	31.5	34
M60×2		2.00			193		
M60×3		3.00			209		
M60×4		4.00			209		
M62×1.5	62.0	1.50			193		
M62×2		2.00			193		
M62×3		(3.00)			209		
M62×4		(4.00)			209		
M64×1.5	64.0	1.50	40.0	79.0	193	31.5	34
M64×2		2.00			193		
M64×3		3.00			209		
M64×4		4.00			209		
M65×1.5	65.0	1.50			193		
M65×2		2.00			193		
M65×3		(3.00)			209		
M65×4		(4.00)			209		
M68×1.5	68.0	1.50	45.0	79.0	203	35.5	38
M68×2		2.00			203		
M68×3		3.00			219		
M68×4		4.00			219		
M70×1.5	70.0	1.50			203		
M70×2		2.00			203		
M70×3		(3.00)			219		
M70×4		(4.00)			219		
M70×6		(6.00)			234		
M72×1.5	72.0	1.50			203		

代号	公称直径 d	螺距 P	d_1	l	L	方头 a	方头 l_2
M72×2	72.0	2.00	45.0	79.0	203	35.5	38
M72×3		3.00			219		
M72×4		4.00			219		
M72×6		6.00			234		
M75×1.5	75.0	1.50			203		
M75×2		2.00			203		
M75×3	(3.00)				219		
M75×4	(4.00)				219		
M75×6	(6.00)				234		
M76×1.5	76.0	1.50	50.0	83.0	242	40.0	42
M76×2		2.00			242		
M76×3		3.00			242		
M76×4		4.00			242		
M76×6		6.00			258		
M78×2	78.0	2.00			242		
M80×1.5	80.0	1.50			226		
M80×2		2.00			226		
M80×3		3.00			242		
M80×4		4.00			242		
M80×6		6.00			258		
M82×2	82.0	2.00	50.0	86.0	226	40.0	42
M85×2	85.0	2.00			226		
M85×3		3.00			242		
M85×4		4.00			242		
M85×6		6.00			261		
M90×2	90.0	2.00			226		
M90×3		3.00			242		
M90×4		4.00			242		
M90×6		6.00			261		
M95×2	95.0	2.00	56.0	89.0	244	45.0	46
M95×3		3.00			260		
M95×4		4.00			260		
M95×6		6.00			279		
M100×2	100.0	2.00			244		
M100×3		3.00			260		
M100×4		4.00			260		
M100×6		6.00			279		

注：1. 括号内尺寸尽可能不用。
2. M14×1.25 仅用于火花塞。
3. M35×1.5 仅用于滚动轴承锁紧螺母。
4. 表 8-27 中 $d_2$min，l_1 为空刀槽尺寸。允许无空刀槽，无空刀槽时螺纹部分长度尺寸应为 $l+l_1/2$。
5. M18、M20、M22 的 L、l 尺寸也可按下列值制造：
M18×1.5
M18×2
M20×1.5
M20×2 } $L=108$，$l=33$；　M22×1.5
M22×2 } $L=115$，$l=35$。

2. 单支和成组丝锥

单支和成组丝锥的适用范围、主偏角、切削锥长度和标记示例见表 8-30。

表 8-30　主偏角 κ_r 及切削锥长度 l_5、标记示例

分类	适用范围	名称	主偏角 κ_r	切削锥长度 l_5	标记示例
单支和成组（等径）丝锥	$P \leqslant$ 2.5mm	初锥	4°30′	8 牙	1）粗牙普通螺纹、直径 10mm、螺距 1.5mm、H1 公差带、单支中锥机用丝锥： 机用丝锥　中锥 M10-H1　GB/T 3464.1—2007
		中锥	8°30′	4 牙	
		底锥	17°	2 牙	
成组（不等径）丝锥	$P >$ 2.5mm	第一粗锥	6°	6 牙	2）粗牙普通螺纹、直径 12mm、螺距 1.75mm、H2 公差带、2 支一组等径机用丝锥： 机用丝锥　2-M12-H2 GB/T 3464.1—2007
		第二粗锥	8°30′	4 牙	
		精锥	17°	2 牙	

注：1. 螺距小于或等于 2.5mm 丝锥，优先按单支生产供应。按使用需要，也可按成组不等径丝锥制造供应。

　　2. 成组丝锥每组支数，按使用需要，由制造厂自行规定。

　　3. 成组不等径丝锥，在第一、第二粗锥柄部应分别切制 1 条、2 条圆环或以顺序号标志以资识别。

8.3.4　长柄机用丝锥和长柄螺母丝锥

1. 长柄机用丝锥

国家标准 GB/T 3464.2—2003 中规定了加工普通螺纹用的长柄机用丝锥。其型式和公称尺寸等效采用国际标准 ISO 2283：2000。型式见图 8-30，尺寸见表 8-31 和表 8-32。

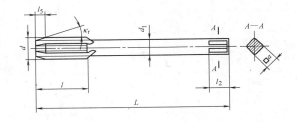

图 8-30　加工普通螺纹用长柄机用丝锥

丝锥直径小于或等于 8mm 可制成外顶尖。

标准所列规格，切削锥长度 l_5 按中锥 3~5 牙制造。

2. 长柄螺母丝锥

1）GB/T 28257—2012 中规定了加工普通螺纹螺母用的长柄螺母丝锥的型式（见图 8-31）和公称尺寸（见表 8-33 和表 8-34）。螺母丝锥的特点是切削锥部较长。

2）丝锥直径小于或等于 8mm，可制成外顶尖。

3）标准所列规格，切削部分长度 l_5 为推荐尺寸。

表 8-31　粗牙普通螺纹长柄机用丝锥尺寸　　　　　　　（单位：mm）

代号	公称直径 d	螺距 P	d_1	l	L	方头 a	方头 l_2
M3	3.0	0.50	2.24	11	66	1.80	4
M3.5	3.5	(0.60)	2.50		68	2.00	
M4	4.0	0.70	3.15	13	73	2.50	5
M4.5	4.5	(0.75)	3.55			2.80	
M5	5.0	0.80	4.00	16	79	3.15	6
M6	6.0	1.00	4.50	19	89	3.55	7
M7	(7.0)		5.60			4.50	
M8	8.0	1.25	6.30	22	97	5.00	8
M9	(9.0)		7.10			5.60	
M10	10.0	1.50	8.0	24	108	6.30	9
M11	(11.0)			25	115		
M12	12.0	1.75	9.0	29	119	7.10	10
M14	14.0	2.00	11.20	30	127	9.00	12
M16	16.0		12.50	32	137	10.00	13
M18	18.0	2.50	14.00	37	149	11.20	14
M20	20.0		16.00	38	158	12.50	16
M22	22.0						
M24	24.0	3.00	18.00	45	172	14.00	18

表 8-32　细牙普通螺纹长柄机用丝锥尺寸　　　　　　（单位：mm）

代　号	公称直径 d	螺距 P	d_1	l	L	方　头	
						a	l_2
M3×0.35	3.0	0.35	2.24	11	66	1.80	4
M3.5×0.35	3.5		2.50		68	2.00	
M4×0.5	4.0	0.50	3.15	13	73	2.50	5
M4.5×0.5	4.5		3.55			2.80	
M5×0.5	5.0		4.00	16	79	3.15	6
M5.5×0.5	(5.5)			17	84		
M6×0.75	6.0	0.75	4.50		89	3.55	7
M7×0.75	(7.0)		5.60	19		4.50	
M8×1	8.0		6.30			5.00	8
M9×1	(9.0)	1.00	7.10		97	5.60	
M10×1	10.0		8.00	20	108	6.30	9
M10×1.25		1.25					
M12×1.25	12.0	1.25	9.00	24	119	7.10	10
M12×1.5		1.50		29			
M14×1.25	14.0	1.25	11.20	25	127	9.00	12
M14×1.5				30			
M15×1.5	(15.0)						
M16×1.5	16.0	1.50	12.50	32	137	10.00	13
M17×1.5	(17.0)						
M18×1.5	18.0		14.00	29	149	11.20	14
M18×2		2.00		37			
M20×1.5	20.0	1.50		29			
M20×2		2.00		37			
M22×1.5	22.0	1.50	16.00	33	158	12.50	16
M22×2		2.00		38			
M24×1.5	24.0	1.50	18.00	35	172	14.00	18
M24×2		2.00					

注：1. 括号内尺寸尽量不采用。
　　2. M14×1.25 仅用于火花塞。

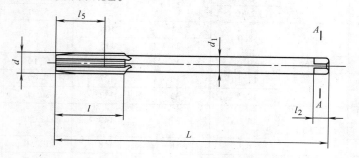

图 8-31　长柄螺母丝锥

表 8-33　粗牙普通螺纹用长柄螺母丝锥尺寸　　　　　　　（单位：mm）

代号	公称直径 d	螺距 P	L		l		l_5		d_1	方头	
			Ⅰ型	Ⅱ型	Ⅰ型	Ⅱ型	Ⅰ型	Ⅱ型		a	l_2
M3	3.0	0.50	80	120	10	15	6	10	2.24	1.80	4
M3.5	3.5	(0.60)			12	18	7	12	2.50	2.00	
M4	4.0	0.70	100	140	14	21	8	14	3.15	2.50	5
M4.5	4.5	(0.75)		160	15	22	9	15	3.55	2.80	
M5	5.0	0.80	115	180	16	24	10	16	4.00	3.15	6
M6	6.0	1.00			20	30	12	20	4.50	3.55	
M7	(7.0)								5.60	4.50	7
M8	8.0	1.25	130	200	25	38	15	25	6.30	5.00	8
M9	(9.0)								7.10	5.60	
M10	10.0	1.50	150	220	30	45	18	28	8.00	6.30	9
M11	(11.0)										
M12	12.0	1.75	170	250	35	53	21	35	9.00	7.10	10
M14	14.0	2.00	190		40	60	24	40	11.20	9.00	12
M16	16.0		200	280					12.50	10.00	13
M18	18.0	2.50			50	75	30	50	14.00	11.20	14
M20	20.0		220	320							
M22	22.0								16.00	12.50	16
M24	24.0	3.00	250	340	60	90	36	60	18.00	14.00	18
M27	27.0								20.00	16.00	20
M30	30.0	3.50	280		70	105	42	70			
M33	33.0								22.40	18.00	22

注：1. Ⅰ型为短刃型丝锥，Ⅱ型为长刃型丝锥。

　　2. 表中切削锥长度 l_5 为推荐尺寸。

表 8-34　细牙普通螺纹用长柄螺母丝锥尺寸　　　　　　　（单位：mm）

代号	公称直径 d	螺距 P	L		l		l_5		d_1	方头	
			Ⅰ型	Ⅱ型	Ⅰ型	Ⅱ型	Ⅰ型	Ⅱ型		a	l_2
M3×0.35	3.0	0.35	75	115	7	10.5	4	7	2.24	1.80	4
M3.5×0.35	3.5								2.50	2.00	
M4×0.5	4.0	0.50	95	130	10	15.0	6	10	3.15	2.50	5
M4.5×0.5	4.5			150					3.55	2.80	
M5×0.5	5.0		105	170					4.00	3.15	6
M5.5×0.5	(5.5)										
M6×0.75	6.0	0.75	110		15	22.0	9	15	4.50	3.55	7
M7×0.75	(7.0)								5.60	4.50	
M8×1	8.0	1.00	120	190	20	30.0	12	20	6.30	5.00	8
M8×0.75		0.75			15	22.0	9	15			
M9×1	(9.0)	1.00			20	30.0	12	20	7.10	5.60	
M9×0.75		0.75			15	22.0	9	15			
M10×1.25	10.0	1.25	140	210	25	38.0	15	25	8.00	6.30	9
M10×1		1.00			20	30.0	12	20			
M10×0.75		0.75			15	22.0	9	15			

（续）

代 号	公称直径 d	螺距 P	L I型	L II型	l I型	l II型	l_5 I型	l_5 II型	d_1	方头 a	方头 l_2
M11×1	(11.0)	1.00	140	210	20	30.0	12	20	8.00	6.30	9
M11×0.75		0.75			15	22.0	9	15			
M12×1.5	12.0	1.50	160	240	30	45.0	18	30	9.00	7.10	10
M12×1.25		1.25			25	38.0	15	25			
M12×1		1.00			20	30.0	12	20			
M14×1.5	14.0	1.50	180	240	30	45.0	18	30	11.20	9.00	12
M14×1.25		1.25			25	38.0	15	25			
M14×1		1.00			20	30.0	12	20			
M15×1.5	(15.0)	1.50			30	45.0	18	30	12.50	10.00	13
M16×1.5	16.0										
M16×1		1.00			20	30.0	12	20			
M17×1.5	(17.0)	1.50	190	260	30	45.0	18	30	14.00	11.20	14
M18×2	18.0	2.00			40	60.0	24	40			
M18×1.5		1.50			30	45.0	18	30			
M18×1		1.00			20	30.0	12	20			
M20×2	20.0	2.00	210	300	40	60.0	24	40			
M20×1.5		1.50			30	45.0	18	30			
M20×1		1.00			20	30.0	12	20			
M22×2	22.0	2.00	210	300	40	60.0	24	40	16.00	12.50	16
M22×1.5		1.50			30	45.0	18	30			
M22×1		1.00			20	30.0	12	20			
M24×2	24.0	2.00			40	60.0	24	40	18.00	14.00	18
M24×1.5		1.50			30	45.0	18	30			
M24×1		1.00			20	30.0	12	20			
M25×2	25.0	2.00			40	60.0	24	40			
M25×1.5		1.50	230	310	30	45.0	18	30			
M26×1.5	26.0										
M27×2	27.0	2.00			40	60.0	24	40	20.00	16.00	20
M27×1.5		1.50			30	45.0	18	30			
M27×1		1.00			20	30.0	12	20			
M28×2	(28.0)	2.00			40	60.0	24	40			
M28×1.5		1.50			30	45.0	18	30			
M28×1		1.00			20	30.0	12	20			
M30×3	30.0	3.00			60	90.0	36	60			
M30×2		2.00			40	60.0	24	40			
M30×1.5		1.50	270	320	30	45.0	18	30			
M30×1		1.00			20	30.0	12	20			
M32×2	(32.0)	2.00			40	60.0	24	40	22.40	18.00	22
M32×1.5		1.50			30	45.0	18	30			

（续）

代号	公称直径 d	螺距 P	L		l		l_5		d_1	方头	
			Ⅰ型	Ⅱ型	Ⅰ型	Ⅱ型	Ⅰ型	Ⅱ型		a	l_2
M33×3	33.0	3.00	270	320	60	90.0	36	60	22.40	18.00	22
M33×2		2.00			40	60.0	24	40			
M33×1.5		1.50			30	45.0	18	30			
M35×1.5	(35.0)								25.00	20.00	24
M36×3	36.0	3.00			60	90.0	36	60			
M36×2		2.00			40	60.0	24	40			
M36×1.5		1.50			30	45.0	18	30			
M38×1.5	38.0								28.00	22.40	26
M39×3	39.0	3.00			60	90.0	36	60			
M39×2		2.00			40	60.0	24	40			
M39×1.5		1.50			30	45.0	18	30			
M40×3	(40.0)	3.00			60	90.0	36	60			
M40×2		2.00			40	60.0	24	40			
M40×1.5		1.50			30	45.0	18	30			
M42×4	42.0	(4.00)	280	340	80	120.0	48	80	31.50	25.00	28
M42×3		3.00			60	90.0	36	60			
M42×2		2.00			40	60.0	24	40			
M42×1.5		1.50			30	45.0	18	30			
M45×4	45.0	(4.00)			80	120.0	48	80			
M45×3		3.00			60	90.0	36	60			
M45×2		2.00			40	60.0	24	40			
M45×1.5		1.50			30	45.0	18	30			
M48×4	48.0	(4.00)			80	120.0	48	80			
M48×3		3.00			60	90.0	36	60			
M48×2		2.00			40	60.0	24	40			
M48×1.5		1.50			30	45.0	18	30			
M50×3	(50.0)	3.00			60	90.0	36	60			
M50×2		2.00			40	60.0	24	40			
M50×1.5		1.50			30	45.0	18	30			
M52×4	52.0	(4.00)			80	120.0	48	80	35.50	28.00	31
M52×3		3.00			60	90.0	36	60			
M52×2		2.00			40	60.0	24	40			
M52×1.5		1.50			30	45.0	18	30			

注：1. Ⅰ型为短刃型丝锥，Ⅱ型为长刃型丝锥。

　　2. 表中切削锥长度 l_5 为推荐尺寸。

4）标记示例：

粗牙普通螺纹、直径 6mm、螺距 1mm、H2 公差带、Ⅰ型长柄螺母丝锥：

长柄螺母丝锥　M6-H2-Ⅰ型　GB/T 28257—2012

标记中细牙螺纹的规格，应以直径×螺距表示。如 M6×0.75。其余标注方法与粗牙丝锥相同。

8.3.5　短柄和弯柄螺母丝锥

1. 短柄螺母丝锥

1）国家标准 GB/T 967—2008 中规定了加工普通螺纹螺母用的短柄螺母丝锥的型式（见图 8-32）和尺寸（见表 8-35 和表 8-36）。

2）丝锥直径小于或等于 8mm，可制成外顶尖。

3）标准所列切削锥长度 l_5 为推荐尺寸。

4）标记示例：

粗牙普通螺纹、直径 6mm、螺距 1mm、H2 公差带的短柄螺母丝锥：

短柄螺母丝锥　M6-H2　GB/T 967—2008

标记中细牙螺纹的规格，应以直径×螺距表示。如 M6×0.75 其余标注方法与粗牙丝锥相同。

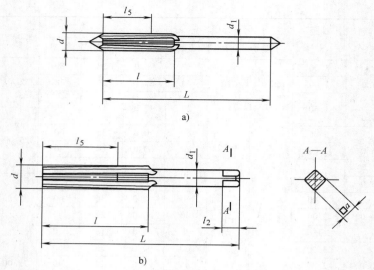

图 8-32　短柄螺母丝锥

a）直径 $d \leqslant 5$mm 的短柄螺母丝锥　　b）直径 $d > 5$mm 的短柄螺母丝锥

表 8-35　粗牙普通螺纹用短柄螺母丝锥尺寸　　　　（单位：mm）

代　号	公称直径 d	螺距 P	L	l	l_5	d_1	方　头	
							a	l_2
M2	2.0	0.40		12	8	1.40		
M2.2	2.2	0.45	36	14	10	1.60		
M2.5	2.5					1.80		
M3	3.0	0.50	40	15	12	2.24	—	—
M3.5	3.5	(0.60)	45	18	14	2.50		
M4	4.0	0.70	50	21	16	3.15		
M5	5.0	0.80	55	24	19	4.00		
M6	6.0	1.00	60	30	24	4.50	3.55	6
M8	8.0	1.25	65	36	31	6.30	5.00	8
M10	10.0	1.50	70	40	34	8.00	6.30	9
M12	12.0	1.75	80	47	40	9.00	7.10	10
M14	14.0	2.00	90	54	46	11.20	9.00	12
M16	16.0			58	50	12.50	10.00	13
M18	18.0					14.00	11.20	14
M20	20.0	2.50	110	62	52	16.00	12.50	16
M22	22.0					18.00	14.00	18
M24	24.0	3.00	130	72	60			
M27	27.0					22.40	18.00	22
M30	30.0	3.50	150	84	70	25.00	20.00	24
M33	33.0							
M36	36.0	4.00	175	96	80	28.00	22.40	26
M39	39.0					31.50	25.00	28
M42	42.0	4.50	195	108	90			
M45	45.0					35.50	28.00	31
M48	48.0	5.00	220	120	100			
M52	52.0					40.00	31.50	34

注：括号内尺寸尽量不采用。大于 M30 的规格为非标准规格，尺寸仅供参考。

表 8-36　细牙普通螺纹用短柄螺母丝锥尺寸　　　　　　　　（单位：mm）

代　号	公称直径 d	螺距 P	L	l	l_5	d_1	方　头	
							a	l_2
M3×0.35	3.0	0.35	40	11	8	2.24	—	—
M3.5×0.35	3.5		45			2.50		
M4×0.5	4.0	0.50	50	15	11	3.15		
M5×0.5	5.0		55			4.00		
M6×0.75	6.0	0.75		22	17	4.50	3.55	6
M8×1	8.0	1.00	60	30	25	6.30	5.00	8
M8×0.75		0.75	55	22	17			
M10×1.25	10.0	1.25	65	36	30	8.00	6.30	9
M10×1	10.0	1.00	60	30	25	8.00	6.30	9
M10×0.75		(0.75)	55	22	17			
M12×1.5	12.0	1.50	80	45	37	9.00	7.10	10
M12×1.25		1.25	70	36	30			
M12×1		1.00	65	30	25			
M14×1.5	14.0	1.50	80	45	37	11.2	9.00	12
M14×1		1.00	70	30	25			
M16×1.5	16.0	1.50	85	45	37	12.5	10.0	13
M16×1		1.00	70	30	25			
M18×2	18.0	2.00	100	54	44	14.0	11.2	14
M18×1.5		1.50	90	45	37			
M18×1		1.00	80	30	25			
M20×2	20.0	2.00	100	54	44	16.0	12.5	16
M20×1.5		1.50	90	45	37			
M20×1		1.00	80	30	25			
M22×2	22.0	2.00	100	54	44	18.0	14.0	18
M22×1.5		1.50	90	45	37			
M22×1	22.0	1.00	80	30	25			
M24×2	24.0	2.00	110	54	44	18.0	14.0	18
M24×1.5		1.50	100	45	37			
M24×1		1.00	90	30	25			
M27×2	27.0	2.00	110	54	44	22.4	18.0	22
M27×1.5		1.50	100	45	37			
M27×1		1.00	90	30	25			
M30×2	30.0	2.00	120	54	44	25.0	20.0	24
M30×1.5		1.50	110	45	37			
M30×1		1.00	100	30	25			
M33×2	33.0	2.00	120	55	44			
M33×1.5		1.50	110	45	37			
M36×3	36.0	3.00	160	80	68	28.0	22.4	26
M36×2		2.00	135	55	46			
M36×1.5		1.50	125	45	37			
M39×3	39.0	3.00	160	80	68	31.5	25.0	28
M39×2		2.00	135	55	46			
M39×1.5		1.50	125	45	37			
M42×3	42.0	3.00	170	80	68			
M42×2		2.00	145	55	46			
M42×1.5	42.0	1.50	135	45	37	31.5	25.0	28
M45×3	45.0	3.00	170	80	68			
M45×2		2.00	145	55	46			
M45×1.5		1.50	135	45	37	35.5	28.5	31
M48×3	48.0	3.00	180	80	68			
M48×2		2.00	155	55	46			
M48×1.5		1.50	145	45	37			
M52×3	52.0	3.00	180	80	68	40.0	31.5	34
M52×2		2.00	155	55	46			
M52×1.5		1.50	145	45	37			

注：表中切削锥长度 L 为推荐尺寸。

2. 弯柄螺母丝锥

弯柄螺母丝锥的型式见图 8-33～图 8-35。其中

M12～M16 可以做成三沟的，也可以制成四沟的，除槽形尺寸略有不同外，其他尺寸完全相同。

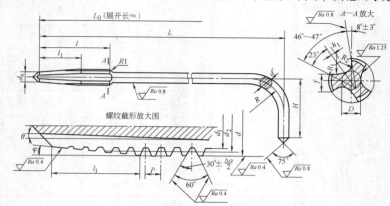

图 8-33　螺纹公称直径（5～6）mm 弯柄螺母丝锥

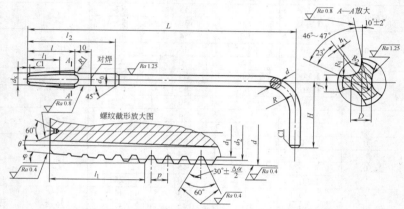

图 8-34　螺纹公称直径（8～16）mm 弯柄螺母丝锥

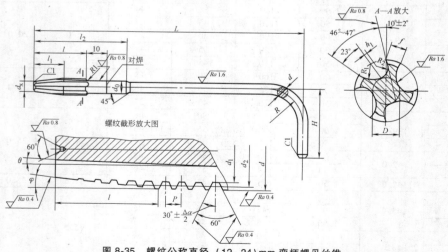

图 8-35　螺纹公称直径（12～24）mm 弯柄螺母丝锥

丝锥螺纹部分设计与长柄螺母丝锥相同，只是其柄部较长些，而且尾部弯成 90°。柄部 d_0 设计成等于被加工螺纹孔的小径最小尺寸，其偏差为负。这样既可以使被加工完的螺母自由通过，又可以起到

自动定心和导向作用。L 和 H 尺寸应根据所使用机床的结构而定，目前国内尚无统一标准。表 8-37～表 8-39 尺寸为推荐尺寸，可参考选用。

表 8-37 粗、细牙普通螺纹弯柄螺母丝锥 （M5~M6）尺寸 （单位：mm）

类别	螺纹公称直径 d	螺距 P	L	展开长 L0 ≈	H	R	l I型	l II型	l1 公称尺寸 I型	l1 公称尺寸 II型	l1 极限偏差	dx 公称尺寸	dx 极限偏差	d' 公称尺寸	d' 极限偏差	槽形 D 公称尺寸	D 极限偏差	f 公称尺寸	f 极限偏差	R1	R2	h1
粗牙	5	0.8	135	176	55	32	24	14.5	16	8	+0.8/0	4.15	0/-0.16	3.6	-0.04/-0.12	2.1	0/-0.4	2.3	0/-0.4	1.8	1.0	0.3
粗牙	6	1	135	176	55	32	30	18	20	10	+1/0	4.95	0/-0.16	4.4	-0.04/-0.12	2.55	0/-0.4	2.6	0/-0.4	2.2	1.2	0.34
细牙	5	0.5	135	176	55	32	15	9	10	5	+0.5/0	4.45	0/-0.16	3.9	-0.04/-0.12	2.1	0/-0.4	2.3	0/-0.4	1.8	1.0	0.3
细牙	6	0.75	135	176	55	32	22	13.5	15	7.5	+0.75/0	5.15	0/-0.16	4.5	-0.04/-0.12	2.55	0/-0.4	2.6	0/-0.4	2.2	1.2	0.34

表 8-38 粗、细牙普通螺纹弯柄螺母丝锥 （M8~M16）尺寸 （单位：mm）

类别	螺纹公称直径 d	螺距 P	L	展开长 L0 ≈	H	R	l I型	l II型	l1 公称尺寸 I型	l1 公称尺寸 II型	l1 极限偏差	l2	dx 公称尺寸	dx 极限偏差	d0 公称尺寸	d0 极限偏差	d' 公称尺寸	d' 极限偏差	槽形 D 公称尺寸	D 极限偏差	f 公称尺寸	f 极限偏差	R1	R2	h1
粗牙	8	1.25	165	226.5	80	43	36	22.5	25	12.5	+1.25/0	100	6.6	0/-0.2	6.3	-0.05/-0.15	5.5	-0.04/-0.12	3.2	0/-0.4	3.3	0/-0.4	3	1.7	0.35
粗牙	10	1.5	165	226.5	80	43	40	27	28	15	+1.5/0	100	8.4	0/-0.2	8	-0.15	7.3	-0.05/-0.15	4	0/-0.4	4.1	0/-0.4	3.9	2.2	0.48
粗牙	12	1.75	165	226.5	80	43	45	32	32	18	+1.75/0	100	10.1	0/-0.2	9.7	-0.05/-0.15	9	-0.05/-0.15	4.8	0/-0.4	5.1	0/-0.4	4.4	2.5	0.54
粗牙	14	2	250	339.2	115	60	50	36	36	20	+2/0	160	11.8	0/-0.24	11.5	-0.00/-0.06	10.5	-0.06/-0.18	5.6	0/-0.4	5.7	0/-0.4	5.45	3.05	0.67
粗牙	16	2	250	339.2	115	60	50	36	36	20	+2/0	160	13.8	0/-0.18	13.5	0/-0.18	12.5	0/-0.18	6.4	0/-0.5	6.8	0/-0.5	5.95	3.3	0.73
细牙	8	1	165	226.5	80	43	30	18	20	10	+1/0	100	6.95	0/-0.2	6.6	-0.05/-0.15	5.8	-0.04/-0.12	3.2	0/-0.4	3.3	0/-0.4	3	1.7	0.35
细牙	8	0.75	165	226.5	80	43	22	13.5	15	7.5	+0.75/0	100	7.15	0/-0.2	6.8	-0.05/-0.15	6	-0.04/-0.12	3.2	0/-0.4	3.3	0/-0.4	3	1.7	0.35
细牙	10	1.25	165	226.5	80	43	36	22.5	25	12.5	+1.25/0	100	8.6	0/-0.2	8.3	-0.05/-0.15	7.5	-0.05/-0.15	4	0/-0.4	4.1	0/-0.4	3.9	2.2	0.48
细牙	10	1	165	226.5	80	43	30	18	20	10	+1/0	100	8.95	0/-0.2	8.6	-0.05/-0.15	7.8	-0.05/-0.15	4	0/-0.4	4.1	0/-0.4	3.9	2.2	0.48
细牙	10	0.75	165	226.5	80	43	22	13.5	15	7.5	+0.75/0	100	9.15	0/-0.2	8.8	-0.05/-0.15	8.1	-0.05/-0.15	4	0/-0.4	4.1	0/-0.4	3.9	2.2	0.48
细牙	12	1.5	250	339.2	115	60	40	27	28	15	+1.5/0	160	10.4	0/-0.24	10	-0.06/-0.18	9.2	-0.05/-0.15	4.8	0/-0.4	5.1	0/-0.4	4.4	2.5	0.54
细牙	12	1.25	250	339.2	115	60	36	23	25	13	+1.25/0	160	10.6	0/-0.24	10.3	-0.06/-0.18	9.5	-0.05/-0.15	4.8	0/-0.4	5.1	0/-0.4	4.4	2.5	0.54
细牙	12	1	250	339.2	115	60	30	18	20	10	+1/0	160	10.95	0/-0.24	10.6	-0.06/-0.18	9.5	-0.05/-0.15	4.8	0/-0.4	5.1	0/-0.4	4.4	2.5	0.54
细牙	14	1.5	250	339.2	115	60	40	27	28	15	+1.5/0	160	12.4	0/-0.24	12	-0.06/-0.18	11.5	-0.06/-0.18	5.6	0/-0.4	5.7	0/-0.4	5.45	3.05	0.67
细牙	14	1	250	339.2	115	60	30	18	20	10	+1/0	160	12.95	0/-0.24	12.6	-0.06/-0.18	11.5	-0.06/-0.18	5.6	0/-0.4	5.7	0/-0.4	5.45	3.05	0.67
细牙	16	1.5	250	339.2	115	60	40	27	28	15	+1.5/0	160	14.4	0/-0.24	14	-0.06/-0.18	13	-0.06/-0.18	6.4	0/-0.5	6.8	0/-0.5	5.95	3.3	0.73
细牙	16	1	250	339.2	115	60	30	18	20	10	+1/0	160	14.95	0/-0.24	14.6	-0.06/-0.18	13.5	-0.06/-0.18	6.4	0/-0.5	6.8	0/-0.5	5.95	3.3	0.73

表 8-39　粗、细牙普通螺纹弯柄螺母丝锥（M12~M24）尺寸　　　（单位：mm）

牙型	螺纹公称直径 d	螺距 P	L	展开长 $L_0 \approx$	H	R	l I型	l II型	l_1 I型	l_1 II型	l_1 极限偏差	l_2	d_x 公称尺寸	d_x 极限偏差	d_0 公称尺寸	d_0 极限偏差	d' 公称尺寸	d' 极限偏差	D 公称尺寸	D 极限偏差	f 公称尺寸	f 极限偏差	R_1	R_2	h_1
粗牙	12	1.75					45	32	32	18	+1.75 / 0		10.1		9.7	-0.05 / -0.15	9	-0.05 / -0.15	6	0 / -0.4	3.5		3.4	1.9	0.42
	14	2	250	339.2	115	60	50	36	36	20	+2 / 0	160	11.8	0 / -0.24	11.5	-0.06 / -0.18	10.5	-0.06 / -0.18	7	0 / -0.5	3.7	0 / -0.4	4.4	2.5	0.54
	16	2					50	36	36	20			13.8		13.5		12.5		8	0 / -0.5	4.4		4.9	2.75	0.6
	18	2.5					60	45	45	25	+2.5 / 0		15.2		14.9	-0.06 / -0.18	14	-0.06 / -0.18	9	0 / -0.5	4.8		5.45	3.05	0.67
	20	2.5					60	45	45	25			17.2	0 / -0.24	16.8		16		10	0 / -0.5	5.4	0 / -0.4	5.95	3.3	0.73
	22	2.5	340	449.2	150	95	60	45	45	25		220	19.2		18.8	-0.07 / -0.21	18	-0.07 / -0.21	11	0 / -0.6	5.9		6.55	3.7	0.81
	24	3					72	54	54	30	+3 / 0		20.7	0 / -0.28	20.3		19		12	0 / -0.6	6.3	0 / -0.5	7.35	4.1	0.9
细牙	12	1.5					40	27	28	15	+1.5 / 0		10.4		10		9.2		6	0 / -0.4	3.5	0 / -0.4	3.4	1.9	0.42
		1.25	250	339.2	115	60	36	23	25	13	+1.25 / 0	160	10.6	0 / -0.24	10.3	-0.06 / -0.18	9.5	-0.05 / -0.15							
		1					30	18	20	10	+1 / 0		10.95		10.6										
	14	1.5	250	339.2	115	60	40	27	28	15	+1.5 / 0	160	12.4	0 / -0.24	12	-0.06 / -0.18	11.5	-0.06 / -0.18	7	0 / -0.5	3.7	0 / -0.4	4.4	2.5	0.54
		1					30	18	20	10	+1 / 0		12.95		12.6										
	16	1.5	250	339.2	115	60	40	27	28	15	+1.5 / 0	160	14.4	0 / -0.24	14	-0.06 / -0.18	13	-0.06 / -0.18	8	0 / -0.5	4.4	0 / -0.4	4.9	2.75	0.6
		1					30	18	20	10	+1 / 0		14.95		14.6		13.5								
	18	2					50	36	36	20	+2 / 0		15.8		15.5	-0.06 / -0.18	14.5	-0.06 / -0.18	9	0 / -0.5	4.8	0 / -0.4	5.45	3.05	0.67
		1.5	340	449.2	150	95	40	27	28	15	+1.5 / 0	220	16.4	0 / -0.24	16		15								
		1					30	18	20	10	+1 / 0		16.95		16.6		15.5								
	20	2					50	36	36	20	+2 / 0		17.8	0 / -0.24	17.4	-0.06 / -0.18	16.5		10	0 / -0.5	5.4	0 / -0.4	5.95	3.3	0.73
		1.5	340	449.2	150	95	40	27	28	15	+1.5 / 0	220	18.4		17.9		17	-0.06 / -0.18							
		1					30	18	20	10	+1 / 0		18.95	0 / -0.28	18.5	-0.07 / -0.21	17.5								
	22	2					50	36	36	20	+2 / 0		19.8		19.4		18.5		11	0 / -0.6	5.9	0 / -0.4	6.55	3.7	0.81
		1.5	340	449.2	150	95	40	27	28	15	+1.5 / 0	220	20.4	0 / -0.28	19.9	-0.07 / -0.21	19	-0.07 / -0.21							
		1					30	18	20	10	+1 / 0		20.95		20.5		19.5								
	24	2					50	36	36	20	+2 / 0		21.8		21.4	-0.07 / -0.21	20	-0.07 / -0.21	12	0 / -0.6	6.3	0 / -0.5	7.35	4.1	0.9
		1.5	340	449.2	150	95	40	27	28	15	+1.5 / 0	220	22.4	0 / -0.28	21.9		20.5								

刃部用高速工具钢制造，热处理至 62~65HRC，M12 以上应焊接，柄部用 45 钢，30~45HRC。

柄部允许局部退火弯曲成 90°角。

切削部分后角 $\alpha = 6°$。其他几何角度：Ⅰ型：$\varphi \approx 1°30'$，$\theta = 0°30'$；Ⅱ型：$\varphi \approx 3°$，$\theta = 1°30'$。

8.3.6 螺旋槽丝锥

螺旋槽丝锥通常用于在韧性金属上对盲孔或断续表面孔的攻螺纹，切屑易于排出，切削平稳。得到国内外广泛采用。

1. 螺旋槽丝锥的型式和尺寸

国家标准 GB/T 3506—2008 制订了加工普通螺纹的机用螺旋槽丝锥的型式（见图 8-36）及公称尺寸（见表 8-40、表 8-41）。丝锥螺纹精度按 H1、H2、H3 三种公差带制造。

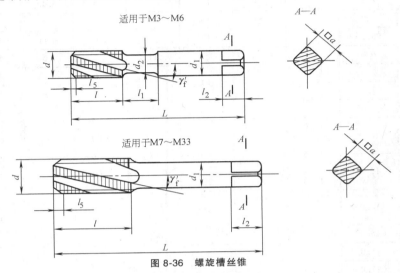

图 8-36 螺旋槽丝锥

表 8-40 粗牙普通螺纹螺旋槽丝锥尺寸 （单位：mm）

代 号	公称直径 d	螺距 P	L	l	l_1	d_1	d_2 min	a	l_2
M3	3.0	0.50	48	11	7	3.15	2.12	2.50	5
M3.5	3.5	(0.60)	50			3.55	2.50	2.80	
M4	4.0	0.70	53	13	8	4.00	2.80	3.15	6
M4.5	4.5	(0.75)				4.50	3.15	3.55	
M5	5.0	0.80	58	16	9	5.00	3.55	4.00	7
M6	6.0	1.00	66		11	6.30	4.50	5.00	8
M7	(7.0)	1.00	66	19		5.60		4.50	7
M8	8.0	1.25	72	22		6.30		5.00	8
M9	(9.0)					7.10		5.60	
M10	10.0	1.50	80	24		8.00		6.30	9
M11	(11.0)		85	25					
M12	12.0	1.75	89	29		9.00		7.10	10
M14	14.0	2.00	95	30		11.20	—	9.00	12
M16	16.0		102	32		12.50		10.00	13
M18	18.0	2.50	112	37		14.00		11.20	14
M20	20.0								
M22	22.0		118	38		16.00		12.50	16
M24	24.0	3.00	130	45		18.00		14.00	18
M27	27.0		135			20.00		16.00	20

注：带括号的尺寸尽量不采用。

表 8-41　细牙普通螺纹螺旋槽丝锥尺寸　　　　　　　　（单位：mm）

代　号	公称直径 d	螺距 P	L	l	l_1	d_1	d_2 min	a	l_2
M3×0.35	3.0	0.35	48	11	7	3.15	2.12	2.50	5
M3.5×0.35	3.5		50			3.55	2.50	2.80	
M4×0.5	4.0	0.50	53	13	8	4.00	2.80	3.15	6
M4.5×0.5	4.5					4.5	3.15	3.55	
M5×0.5	5.0		58	16	9	5.0	3.55	4.00	7
M5.5×0.5	(5.5)		62	17		5.6	4.00	4.50	
M6×0.75	6.0	0.75	66	19	11	6.3	4.50	5.00	8
M7×0.75	(7.0)					5.6		4.50	7
M8×1	8.0	1.00	69		—	6.3	—	5.00	8
M9×1	(9.0)					7.1		5.60	
M10×1	10.0	1.00	76	20	—	8.00	—	6.30	9
M10×1.25		1.25							
M12×1.25	12.0	1.25	84	24		9.00		7.10	10
M12×1.5		1.50	89	29					
M14×1.25	14.0	1.25	90	25		11.20		9.00	12
M14×1.5		1.50	95	30					
M15×1.5	(15.0)	1.50							
M16×1.5	16.0	1.50	102	32		12.50		10.00	13
M17×1.5	(17.0)	1.50							
M18×1.5	18.0	1.50	104(108)	29(33)		14.00		11.20	14
M18×2		2.00	112(108)	37(33)					
M20×1.5	20.0	1.50	104(108)	29(33)					
M20×2		2.00	112(108)	37(33)					
M22×1.5	22.0	1.50	113(115)	33(35)		16.00		12.50	16
M22×2		2.00	118(115)	38(35)					
M24×1.5	24.0	1.50	120	35	—	18.00	—	14.00	18
M24×2		2.00							
M25×1.5	(25.0)	1.50							
M25×2		2.00							
M27×1.5	27.0	1.50	127	37		20.00		16.00	20
M27×2		2.00							
M28×1.5	(28.0)	1.50							
M28×2		2.00							
M30×1.5	30.0	1.50							
M30×2		2.00							
M30×3		(3.00)	138	48					
M32×1.5	(32.0)	1.50	137	37		22.40		18.00	22
M32×2		2.00							
M33×1.5	33.0	1.50							
M33×2		2.00							
M33×3		3.00	151	51					

注：带括号的尺寸尽量不采用。

2. 技术要求

（1）公差　总长度 L 的公差为 h16，螺纹部分长度 l 的公差按表 8-42。

表 8-42　螺纹部分长度 l 的公差

（单位：mm）

丝锥公称直径 d	极限偏差
3~6	0 -2.5
>6~12	0 -3.2
>12~33	0 -5.0

柄部直径公差按 h9。

方头尺寸 a 的公差为 h12。

公称直径 d 小于或等于 6mm 的丝锥可制成反顶尖。丝锥按单锥生产时切削部分长度 l_5 推荐为 2.5~3.5 个螺距。

丝锥螺纹部分的制造公差按 GB/T 968—2007 的规定。

在顶尖间检查丝锥工作部分和柄部的径向圆跳动，不得超过表 8-43 的规定。

表 8-43　螺旋槽丝锥允许径向圆跳动

（单位：mm）

公称直径 d	公　差		
	切削部分	校准部分	柄部
~10	0.018	0.018	0.03
>10~18	0.022		
>18~30	0.026	0.022	0.04
>30	0.030		

（2）表面粗糙度最大允许值

前刀面　　$Rz6.3\mu m$

后刀面　　$Rz3.2\mu m$

螺纹表面　$Rz3.2\mu m$

柄部表面　$Ra1.25\mu m$

（3）热处理与表面处理　丝锥工作部分硬度按表 8-44 的规定。

表 8-44　丝锥工作部分硬度

公称直径 d/mm	硬度（不低于）
3	61HRC
>3~6	62HRC
>6	63HRC

柄部和方头硬度不低于 30HRC。

用于加工不锈钢的丝锥应进行表面强化处理。

丝锥的其余技术条件按 GB/T 969—2007 的规定。

3. 螺旋槽丝锥结构要素

螺旋槽丝锥的螺旋槽螺旋角 β_t 按表 8-45 选取。

GB/T 3506—2008 关于螺旋槽丝锥的结构要素和切削角度（在背平面内测量）推荐值按图 8-37 和表 8-46 及表 8-47 的规定。

表 8-45　螺旋槽丝锥的螺旋槽螺旋角 β_t

螺旋方向	螺旋槽角名称	符号	β_t 选取范围	β_t 选定值公差	加工对象
右螺旋	小螺旋槽角	R15	10~20	±2	碳钢、合金钢等
	中螺旋槽角	R35	20~40		
	大螺旋槽角	R45	>40		不锈钢、轻合金等
左螺旋	按订货生产				

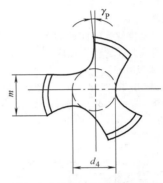

图 8-37　螺旋槽丝锥的结构要素

表 8-46　螺旋槽丝锥的结构要素

（单位：mm）

公称直径 d	槽数 N	d_4 公称尺寸	d_4 极限偏差	m 公称尺寸	m 极限偏差
3.0		1.2	±0.14	1.2	0 -0.25
3.5		1.4		1.4	
4.0		1.6		1.6	
4.5		1.8		1.8	
5.0		2.0	±0.14	2.0	
6	3	2.4		2.4	0 -0.25
8		3.2		3.0	
10		4.0	±0.18	3.8	0 -0.30
12		4.8		4.3	
14		5.6		5.0	
16		6.4		5.8	
18		8.1	±0.22	4.7	0 -0.3
20		9.0		5.2	
22		9.9		5.7	
24	4	10.8		6.2	
27		12.2	±0.27	7.0	0 -0.36
30		13.5		7.8	
33		14.9		8.6	

表 8-47　螺旋槽丝锥推荐切削角度

被加工材料	前角 γ_p	切削部分后角 α_p
碳钢、合金结构钢	2°~6°	3°~5°
不锈钢、轻合金	4°~8°	

公称直径（d）小于和等于 10mm 的丝锥，其锥心直径（d_4）沿锥长制成正锥度，数值在 100mm 长度上为（1~1.5）mm。

丝锥工作部分全长上螺纹牙型的铲磨量推荐按表 8-48 选取。

表 8-48 螺纹牙型铲磨量

（单位：mm）

公称直径 d	3~8	10~16	18~24	27~33
铲磨量	0.01~0.02	0.02~0.03	0.03~0.04	0.04~0.06

8.3.7 螺尖丝锥

螺尖丝锥是把普通丝锥的切削部分的刃口磨成负刃倾角（或局部反螺旋角），使切屑向孔的前方排出，减少堵塞和划伤已加工螺纹孔表面，故仅适用于通孔攻螺纹。

也可以把无槽丝锥的前锥部磨成负刃倾角刃口，并铲稍后使用。这样的丝锥强度高。

1. 型式和尺寸

国家标准 GB/T 28254—2012 规定了这种丝锥的型式（见图 8-38~图 8-40）及公称尺寸（见表 8-49~表 8-54）。

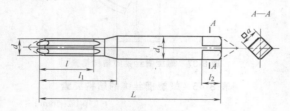

图 8-38 粗柄螺尖丝锥型式

丝锥公称直径小于或等于 8mm 可制成反顶尖。

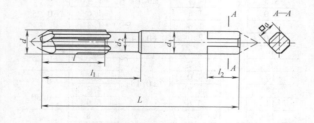

图 8-39 粗柄带颈螺尖丝锥

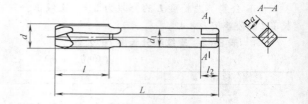

图 8-40 细柄螺尖丝锥

表 8-49 粗牙普通螺纹粗柄螺尖丝锥尺寸

（单位：mm）

代号	公称直径 d	螺距 P	d_1	l	L	l_1	方头 a	方头 l_2
M1	1							
M1.1	1.1	0.25	2.5	5.5	38.5	10	2	4
M1.2	1.2							
M1.4	1.4	0.3		7	40	12		
M1.6	1.6	0.35	2.5	8	41	13	2	4
M1.8	1.8							
M2	2	0.4				13.5		
M2.2	2.2	0.45	2.8	9.5	44.5	15.5	2.24	5
M2.5	2.5							

表 8-50 细牙普通螺纹粗柄螺尖丝锥尺寸

（单位：mm）

代号	公称直径 d	螺距 P	d_1	l	L	l_1	方头 a	方头 l_2
M1×0.2	1							
M1.1×0.2	1.1			5.5	38.5	10		
M1.2×0.2	1.2	0.2	2.5				2	4
M1.4×0.2	1.4			7	40	12		
M1.6×0.2	1.6					13		
M1.8×0.2	1.8			8	41			
M2×0.25	2	0.25				13.5		
M2.2×0.25	2.2		2.8	9.5	44.5	15.5	2.24	5
M2.5×0.35	2.5	0.35						

表 8-51 粗牙普通螺纹粗柄带颈螺尖丝锥尺寸

（单位：mm）

代号	公称直径 d	螺距 P	d_1	l	L	d_2 min	l_1	方头 a	方头 l_2
M3	3	0.5	3.15	11	48	2.12	18	2.5	5
M3.5	3.5	0.6	3.55		50	2.5	20	2.8	
M4	4	0.7	4	13	53	2.8	21	3.15	6
M4.5	4.5	0.75	4.5			3.15		3.55	
M5	5	0.8	5	16	58	3.55	25	4	7
M6	6	1	6.3	19	66	4.5	30	5	8
M7	7		7.1			5.3		5.6	
M8	8	1.25	8	22	72	6	35	6.3	9
M9	9		9			7.1	36	7.1	10
M10	10	1.5	10	24	80	7.5	39	8	11

注：允许无空刀槽，无空刀槽时螺纹部分长度尺寸应为 $l+(l_1-l)/2$。

表 8-52　细牙普通螺纹粗柄带颈螺尖丝锥尺寸　　（单位：mm）

代号	公称直径 d	螺距 P	d_1	l	L	d_2 min	l_1	方头 a	l_2
M3×0.35	3	0.35	3.15	11	48	2.12	18	2.5	5
M3.5×0.35	3.5	0.35	3.55	13	50	2.5	20	2.8	5
M4×0.5	4	0.5	4	13	53	2.8	21	3.15	6
M4.5×0.5	4.5	0.5	4.5	13	53	3.15	21	3.55	6
M5×0.5	5	0.5	5	16	58	3.55	25	4	7
M5.5×0.5	5.5	0.5	5.6	17	62	4	26	4.5	7
M6×0.5	6	0.5	6.3	19	66	4.5	30	5	8
M6×0.75	6	0.75	6.3	19	66	4.5	30	5	8
M7×0.75	7	0.75	7.1	19	66	5.3	30	5.6	8
M8×0.5	8	0.5	8	19	66	6	32	6.3	9
M8×0.75	8	0.75	8	19	66	6	32	6.3	9
M8×1	8	1	8	22	72	6	35	6.3	9
M9×0.75	9	0.75	9	19	66	7.1	33	7.1	10
M9×1	9	1	9	22	72	7.1	36	7.1	10
M10×0.75	10	0.75	10	20	73	7.5	35	8	11
M10×1	10	1	10	24	80	7.5	39	8	11
M10×1.25	10	1.25	10	24	80	7.5	39	8	11

注：允许无空刀槽，无空刀槽时螺纹部分长度尺寸应为 $l+(l_1-l)/2$。

表 8-53　粗牙普通螺纹细柄螺尖丝锥尺寸　　（单位：mm）

代号	公称直径 d	螺距 P	d_1	l	L	方头 a	l_2
M3	3	0.5	2.24	11	48	1.8	4
M3.5	3.5	0.6	2.5	13	50	2	4
M4	4	0.7	3.15	13	53	2.5	5
M4.5	4.5	0.75	3.55	13	53	2.8	5
M5	5	0.8	4	16	58	3.15	6
M6	6	1	4.5	19	66	3.55	6
M7	7	1	5.6	19	66	4.5	7
M8	8	1.25	6.3	22	72	5	8
M9	9	1.25	7.1	22	72	5.6	8
M10	10	1.5	8	24	80	6.3	9
M11	11	1.5	8	25	85	6.3	9
M12	12	1.75	9	29	89	7.1	10
M14	14	2	11.2	30	95	9	12
M16	16	2	12.5	32	102	10	13
M18	18	2.5	14	37	112	11.2	14
M20	20	2.5	14	38	118	12.5	16
M22	22	2.5	16	38	130	14	18
M24	24	3	18	45	135	16	20
M27	27	3	18	45	138	16	20
M30	30	3.5	20	48	138	18	22
M33	33	3.5	22.4	51	151	18	22
M36	36	4	25	57	162	20	24
M39	39	4	28	60	170	22.4	26
M42	42	4.5	28	60	170	25	28
M45	45	4.5	31.5	67	187	25	28
M48	48	5	31.5	67	187	28	31
M52	52	5	33.5	70	200	28	31
M56	56	5.5	33.5	70	200	31.5	34
M60	60	5.5	40	76	221	31.5	34
M64	64	6	40	79	224	35.5	38
M68	68	6	45	79	234	35.5	38

表 8-54 细牙普通螺纹细柄螺尖丝锥尺寸 （单位：mm）

代号	公称直径 d	螺距 P	d_1	l	L	方头	
						a	l_2
M3×0.35	3	0.35	2.24	11	48	1.8	4
M3.5×0.35	3.5		2.5		50	2	
M4×0.5	4	0.5	3.15	13	53	2.5	5
M4.5×0.5	4.5		3.55			2.8	
M5×0.5	5		4	16	58	3.15	6
M5.5×0.5	5.5			17	62		
M6×0.75	6	0.75	4.5	19	66	3.55	7
M7×0.75	7		5.6			4.5	
M8×0.75	8	0.75	6.3			5	
M8×1		1		22	72		8
M9×0.75	9	0.75	7.1	19	66	5.6	
M9×1		1		22	72		
M10×0.75	10	0.75	8	20	73	6.3	9
M10×1		1		24	80		
M10×1.25		1.25					
M11×0.75	11	0.75	8	22	80		
M11×1		1					
M12×1	12	1	9			7.1	10
M12×1.25		1.25		29	89		
M12×1.5		1.5					
M14×1	14	1	11.2	22	87	9	12
M14×1.25		1.25		30	95		
M14×1.5		1.5					
M15×1.5	15						
M16×1	16	1	12.5	22	92	10	13
M16×1.5		1.5		32	102		
M17×1.5	17						
M18×1	18	1	14	22	97	11.2	14
M18×1.5		1.5		37	112		
M18×2		2					
M20×1	20	1		22	102		
M20×1.5		1.5		37	112		
M20×2		2					
M22×1	22	1	16	24	109	12.5	16
M22×1.5		1.5		38	118		
M22×2		2					
M24×1	24	1	18	24	114	14	18
M24×1.5		1.5		45	130		
M24×2		2					
M25×1.5	25	1.5					

（续）

代号	公称直径 d	螺距 P	d_1	l	L	方头	
						a	l_2
M25×2	25	2	18	45	130	14	18
M26×1.5	26	1.5		35	120		
M27×1	27	1		25		16	20
M27×1.5		1.5		37	127		
M27×2		2					
M28×1	28	1		25	120		
M28×1.5		1.5	20	37	127		
M28×2		2					
M30×1	30	1		25	120		
M30×1.5		1.5		37	127		
M30×2		2					
M30×3		3		48	138		
M32×1.5	32	1.5		37	137	18	22
M32×2		2					
M33×1.5	33	1.5	22.4				
M33×2		2					
M33×3		3		51	151		
M35×1.5	35	1.5		39	144	20	24
M36×1.5	36		25				
M36×2		2					
M36×3		3		57	162		
M38×1.5	38	1.5		39	149		
M39×1.5	39		28				
M39×2		2					
M39×3		3		60	170		
M40×1.5	40	1.5		39	149	22.4	26
M40×2		2					
M40×3		3		60	170		
M42×1.5	42	1.5	28	39	149		
M42×2		2					
M42×3		3		60	170		
M42×4		4					
M45×1.5	45	1.5		45	165	25	28
M45×2		2					
M45×3		3		67	187		
M45×4		4	31.5				
M48×1.5	48	1.5		45	165		
M48×2		2					
M48×3		3		67	187		
M48×4		4					

（续）

代号	公称直径 d	螺距 P	d_1	l	L	方头	
						a	l_2
M50×1.5		1.5					
M50×2	50	2	31.5	45	165	25	28
M50×3		3		67	187		
M52×1.5		1.5					
M52×2	52	2		45	175		
M52×3		3		70	200		
M52×4		4					
M55×1.5		1.5					
M55×2	55	2		45	175		
M55×3		3	35.5			28	31
M55×4		4		70	200		
M56×1.5		1.5					
M56×2	56	2		45	175		
M56×3		3		70	200		
M56×4		4					
M58×1.5		1.5			193		
M58×2	58	2					
M58×3		3					
M58×4		4			209		
M60×1.5		1.5			193		
M60×2	60	2		76			
M60×3		3					
M60×4		4			209		
M62×1.5		1.5			193		
M62×2	62	2	40			31.5	34
M62×3		3					
M62×4		4			209		
M64×1.5		1.5			193		
M64×2	64	2					
M64×3		3					
M64×4		4			209		
M65×1.5		1.5			193		
M65×2	65	2		79			
M65×3		3					
M65×4		4			209		
M68×1.5		1.5			203		
M68×2	68	2	45			35.5	38
M68×3		3					
M68×4		4			219		

（续）

代号	公称直径 d	螺距 P	d_1	l	L	方头	
						a	l_2
M70×1.5	70	1.5	45	79	203	35.5	38
M70×2		2					
M70×3		3			219		
M70×4		4					
M70×6		6			234		
M72×1.5	72	1.5			203		
M72×2		2					
M72×3		3			219		
M72×4		4					
M72×6		6			234		
M75×1.5	75	1.5			203		
M75×2		2					
M75×3		3			219		
M75×4		4					
M75×6		6			234		
M76×1.5	76	1.5	50	83	226	40	42
M76×2		2					
M76×3		3			242		
M76×4		4					
M76×6		6			258		
M78×2	78	2			226		
M80×1.5	80	1.5			226		
M80×2		2					
M80×3		3			242		
M80×4		4					
M80×6		6			258		
M82×2	82	2			226		
M85×2	85	2		86	226		
M85×3		3			242		
M85×4		4					
M85×6		6			261		
M90×2	90	2			226		
M90×3		3			242		
M90×4		4					
M90×6		6			261		
M95×2	95	2	56	89	244	45	46
M95×3		3			260		
M95×4		4					
M95×6		6			279		
M100×2	100	2			244		
M100×3		3			260		
M100×4		4					
M100×6		6			279		

2. 结构参数和切削角度

集中生产的螺尖丝锥，其切削部分斜刃长度、刃倾角、切削锥长度及校准部分型式、参数、槽数推荐按表8-55和图8-41选取。

螺尖丝锥前、后角在切削锥长中点（$l_5/2$）处的径向平面内测量，其推荐值见表8-56。

表 8-55 结构参数

参数名称	主偏角 κ_r	切削锥长度 l_5	刃倾角 λ	斜刃长度 l_4
推荐值	8°30′	4P	10°~25°	6P 即 l_5+2P

参数名称	校准部分心径 D		校准部分沟槽圆弧 R	
推荐值	当 z = 3 D = 0.6d 当 z = 4 D = 0.72d		当 z = 3 R = (0.27~0.3)d 当 z = 4 R = (0.18~0.23)d	

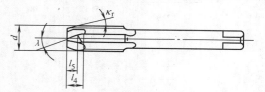

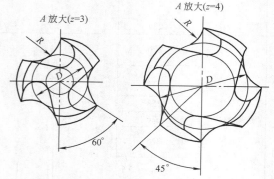

A 放大(z=3)

A 放大(z=4)

图 8-41 GB/T 28254—2012 推荐的螺尖丝锥

z = 3，用于丝锥公称直径至 16mm；

z = 4，用于丝锥公称直径大于 12mm。

螺尖丝锥因校准部分结构不同，又分为直槽螺尖丝锥、无槽螺尖丝锥和带油槽螺尖丝锥三种。工具厂一般集中生产直槽螺尖丝锥（简称螺尖丝锥）。

λ 角在 $l_5/2$ 处测量，其值按被加工材料性质而定，韧性越大的材料取较大值，集中生产的丝锥可取中间值。

3. 技术要求

1）丝锥螺纹公差按 GB/T 968—2007 的规定。

2）丝锥表面粗糙度的最大允许值按表 8-57 的规定。

3）丝锥的前面和斜槽的连接应单向圆滑。

4）丝锥螺纹部分应制成倒锥。公称直径大于或等于 3mm 的丝锥，螺纹牙型（中径和小径）应进行铲磨。中径在校准部分起点测量。

5）丝锥螺纹部分长度的极限偏差按表 8-58 的规定。

6）丝锥其余各部尺寸极限偏差按以下规定：总

长度 L，h16；柄部直径 d_1，h9；方头尺寸 a，h12。

7）丝锥工作部分和柄部对公共轴线的径向圆跳动按表 8-59 的规定。

8）丝锥公称直径小于或等于 3mm，总长度 L 根据需要可按 GB/T 3464 的规定。

9）丝锥工作部分用高速工具钢制造，焊接柄部用 45 钢或同等以上性能的钢材制造。

10）丝锥工作部分硬度不低于表 8-60 的规定。丝锥方头硬度不低于 30HRC。

表 8-56 螺尖丝锥切削角度推荐值

被加工材料	前角 γ_P	后角 α_P
碳钢及合金结构钢	12°~18°	4°~6°
不锈钢及轻合金	20°~25°	

注：1. 集中生产的丝锥前角可取 15°~18°。
　　2. 加工不锈钢及轻合金的丝锥，表面应氧化处理。

表 8-57 表面粗糙度

检查表面	表面粗糙度参数	表面粗糙度/µm
螺纹表面		3.2
前面	Rz	6.3
后面		3.2
柄部表面	Ra	1.25

表 8-58 螺纹部分长度极限偏差

（单位：mm）

公称直径 d	螺纹长度 l 极限偏差	公称直径 d	螺纹长度 l 极限偏差
≤5.5	0 −2.5	>12~39	0 −5.0
>5.5~12	0 −3.2	>39	0 −6.3

表 8-59 丝锥径向圆跳动

（单位：mm）

公称直径	切削部分	校准部分	柄部
≤18	0.03	0.02	0.02
>18~30	0.04	0.03	0.03
>30	0.05		

表 8-60 工作部分硬度

公称直径 d/mm	硬度（不低于）
1~3	739HV
>3~8	62HRC
>8	63HRC

8.3.8　内容屑丝锥

在较深孔中攻螺纹，切屑不能马上排出，需要一个暂存空间，内容屑丝锥则可起此作用，而且配以强制冷却，效果较好。

国家标准 GB/T 28255—2012 中规定了加工普通内螺纹的内容屑丝锥的型式和公称尺寸。

1. 型式和尺寸

型式分整体（见图 8-42）和套式（见图 8-43）两种，其公称尺寸分别见表 8-61 和表 8-62。

螺纹公差分布原则与 GB/T 968—2007 规定相同（见图 8-25），但各直径极限偏差的具体数值以及螺距和半角极限偏差具体值见表 8-63。

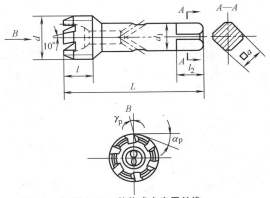

图 8-42　整体式内容屑丝锥

表 8-61　整体式内容屑丝锥尺寸　　　　　　　　（单位：mm）

代号	公称直径 d	螺距 P	L	l	d_1	方头尺寸 a	方头尺寸 l_2	代号	公称直径 d	螺距 P	L	l	d_1	方头尺寸 a	方头尺寸 l_2
M10×1.00	10	1.00	100	16	8.0	6.3	9	M20×1.50	20	1.50	125	25	16.0	12.5	16
M10		1.50		20				M20×2.00		2.00		28			
M12×1.00	12	1.00	100	18	9.0	7.1	10	M20		2.50	140	32			
M12×1.50		1.50		22				M22×1.50	22	1.50	125	25	18.0	14.0	18
M12		1.75	110	22				M22×2.00		2.00		28			
M14×1.00	14	1.00	100	18	11.2	9.0	12	M22		2.50	140	32			
M14×1.50		1.50		22				M24×1.50	24	1.50	125	25	18.0	14.0	18
M14		2.00	110	25				M24×2.00		2.00		28			
M16×1.00	16	1.00	100	18	12.5	10.0	10	M24		3.00	160	32			
M16×1.50		1.50		22				M27×1.50	27	1.50	150	25	20.0	16.0	20
M16		2.00		28				M27×2.00		2.00		32			
M18×1.50	18	1.50	110	25	14.0	11.2	14	M27		3.00	160	36			
M18×2.00		2.00		28				M30×1.50	30	1.50	150	28	20.0	16.0	20
M18		2.50	125	32				M30×2.00		2.00		32			
M30×3.00	30	3.00	160	36	20.0	16.0	20	M60	60	5.50	250	56	40.0	31.5	34
M30		3.50	180	40				M64×2.00	64	2.00	220	36			
M33×1.50	33	1.50	160	28	22.4	18.0	22	M64×3.00		3.00		40			
M33×2.00		2.00	170	32				M64×4.00		4.00	250	56			
M33×3.00		3.00		36				M64		6.00	280	56			
M33		3.50	180	40				M68×2.00	68	2.00	220	36	45.0	35.5	38
M36×1.50	36	1.50	170	28	25.0	20.0	24	M68×3.00		3.00	230	45			
M36×2.00		2.00	180	32				M68×4.00		4.00	250	56			
M36×3.00		3.00	190	36				M68		6.00	280	63			
M36		4.00	200	45				M70×2.00	70	2.00	230	36	45.0	35.5	38
M39×1.50	39	1.50	170	28	28.0	22.4	26	M70×3.00		3.00	250	45			
M39×2.00		2.00	180	32				M70×4.00		4.00	280	56			
M39×3.00		3.00	190	36				M70×6.00		6.00	300	63			
M39		4.00	200	45				M72×2.00	72	2.00	230	36			
M42×1.50	42	1.50	180	32				M72×3.00		3.00	250	45			
M42×2.00		2.00	190	36				M72×4.00		4.00	280	56			
M42×3.00		3.00	200	40				M72×6.00		6.00	300	63			
M42		4.50	220	50				M76×2.00	76	2.00	230	36			
M45×2.00	45	2.00	190	36	31.5	25.0	28	M76×3.00		3.00	250	45			
M45×3.00		3.00	200	40				M76×4.00		4.00	280	56			
M45		4.50	220	50				M76×6.00		6.00	300	63			
M48×2.00	48	2.00	200	36				M80×2.00	80	2.00	250	36	50.0	40.0	42
M48×3.00		3.00	220	40				M80×3.00		3.00		45			
M48		5.00	250	56				M80×4.00		4.00	280	56			
M52×2.00	52	2.00	200	36	35.5	28.0	31	M80×6.00		6.00	300	63			
M52×3.00		3.00	220	40				M90×2.00	90	2.00	250	36			
M52		5.00	250	56				M90×3.00		3.00		45			
M56×2.00	56	2.00	200	36				M90×4.00		4.00	280	56			
M56×3.00		3.00	220	40				M90×6.00		6.00	300	63			
M56×4.00		4.00		45				M100×2.00	100	2.00	250	36	56.0	45.0	46
M56		5.50	250	56				M100×3.00		3.00		45			
M60×2.00	60	2.00	200	36	40.0	31.5	34	M100×4.00		4.00	280	56			
M60×3.00		3.00	220	40				M100×6.00		6.00	300	63			
M60×4.00		4.00	230	45											

注：整体内容屑丝锥切削锥齿数 z 推荐为：M10～M16，$z=3$；M18～M39，$z=4$；M42～M80，$z=6$；M90～M100，$z=8$。

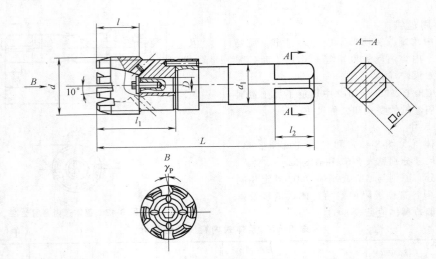

图 8-43 套式内容屑丝锥

表 8-62 套式内容屑丝锥尺寸 （单位：mm）

代号	公称直径 d	螺距 P	L		l	l_1	D	d_1	方头尺寸	
			I	II					a	l_2
M56×1.5	56	1.5	225	145	28	50	19	35.5	28	31
M56×2		2			32					
M56×3		3	238	158	36	63				
M56×4		4			40					
M56		5.5	255	175	56	80				
M60×1.5	60	1.5	225	145	28	50	22	40	31.5	34
M60×2		2			32					
M60×3		3	238	158	36	63				
M60×4		4			40					
M60		5.5	255	175	56	80				
M64×1.5	64	1.5	272	162	28	50				
M64×2		2			32					
M64×3		3	285	175	36	63				
M64×4		4	292	182	45	70				
M64		6	302	192	56	80				
M68×1.5	68	1.5	278	168	32	56	22	45	35.5	38
M68×2		2								
M68×3		3	285	175	36	63				
M68×4		4	292	82	45	70				
M68		6	302	192	56	80				
M72×1.5	72	1.5	278	168	32	56				
M72×2		2								
M72×3		3	285	175	36	63				
M72×4		4	292	182	45	70				
M72×6		6	302	192	56	80				
M76×1.5	76	1.5	296	186	32	56	27	50	40	42
M76×2		2	303	193	36	63				
M76×3		3								
M76×4		4	320	210	56	80				
M76×6		6	330	220	63	90				
M80×1.5	80	1.5	296	186	32	56				
M80×2		2	303	193	36	63				
M80×3		3								
M80×4		4	320	210	56	80				
M80×6		6	330	220	63	90				
M85×2	85	2	342	212	36	70	32			
M85×3		3	352	222	40	80				

（续）

代号	公称直径 d	螺距 P	L		l	l_1	D	d_1	方头尺寸	
			I	II					a	l_2
M85×4	85	4	352	222	50	80				
M85×6		6	362	232	63	90				
M90×2	90	2	342	212	36	70	32	50	40	42
M90×3		3	352	222	40	80				
M90×4		4			50					
M90×6		6	362	232	63	90				
M95×2	95	2	342	212	36	70				
M95×3		3	352	222	40	80				
M95×4		4			50					
M95×6		6	362	232	63	90				
M100×2	100	2	379	249	36	70	40	56	45	46
M100×3		3	389	259	40	80				
M100×4		4	399	269	56	90				
M100×6		6	409	279	63	100				
M105×2	105	2	379	249	36	70				
M105×3		3	389	259	40	80				
M105×4		4	399	269	56	90				
M105×6		6	409	279	63	100				
M110×2	110	2	379	249	36	70				
M110×3		3	389	259	40	80				
M110×4		4	399	269	56	90				
M110×6		6	409	279	63	100				
M115×2	115	2	379	249	36	70				
M115×3		3	389	259	40	80				
M115×4		4	399	269	56	90				
M115×6		6	409	279	63	100				
M120×2	120	2	379	249	36	70				
M120×3		3	389	259	40	80				
M120×4		4	399	269	56	90				
M120×6		6	409	279	63	100				
M125×2	125	2	422	272	36	70	50			
M125×3		3	432	282	40	80				
M125×4		4	442	292	56	90				
M125×6		6	452	302	63	100				
M130×2	130	2	422	272	36	70				
M130×3		3	432	282	40	80				
M130×4		4	442	292	56	90				
M130×6		6	452	302	63	100				
M140×2	140	2	422	272	36	70				
M140×3		3	432	282	40	80				
M140×4		4	442	292	56	90				
M140×6		6	452	302	63	100				
M150×2	150	2	422	272	36	70				
M150×3		3	432	282	40	80				
M150×4		4	442	292	56	90				
M150×6		6	452	302	63	100				
M160×3	160	3	432	282	40	80				
M160×4		4	442	292	56	90				
M160×6		6	452	302	63	100				

（续）

代号	公称直径 d	螺距 P	L I	L II	l	l_1	D	d_1	方头尺寸 a	l_2
M170×3		3	424	324	40	80				
M170×4	170	4	434	334	56	90				
M170×6		6	444	344	63	100				
M180×3		3	424	324	40	80				
M180×4	180	4	434	334	56	90				
M180×6		6	444	344	63	100				
M190×3		3	424	324	40	80				
M190×4	190	4	434	334	56	90				
M190×6		6	444	344	63	100				
M200×3		3	424	324	40	80				
M200×4	200	4	434	334	56	90				
M200×6		6	444	344	63	100				
M210×3		3	424	324	40	80				
M210×4	210	4	434	334	56	90	60	63	50	51
M210×6		6	444	344	63	100				
M220×3		3	424	324	40	80				
M220×4	220	4	434	334	56	90				
M220×6		6	444	344	63	100				
M230×3		3	424	324	40	80				
M230×4	230	4	434	334	56	90				
M230×6		6	444	344	63	100				
M240×3		3	424	324	40	80				
M240×4	240	4	434	334	56	90				
M240×6		6	444	344	63	100				
M250×3		3	424	324	40	80				
M250×4	250	4	434	334	56	90				
M250×6		6	444	344	63	100				

注：套式内容屑丝锥切削锥齿数 z 推荐为：M56～M80（$z=6$）；M85～M110（$z=8$）；M115～M140（$z=10$）；M150～M200（$z=12$）；M210～M250（$z=14$）。

表 8-63 内容屑丝锥螺纹公差

（单位：μm）

公称直径 d/mm	螺距 P/mm	大径 d 下极限偏差 Js	大径 d 上极限偏差	中径 d_2 H1 下极限偏差 Em	中径 d_2 H1 上极限偏差 Es	中径 d_2 H2 下极限偏差 Em	中径 d_2 H2 上极限偏差 Es	中径 d_2 H3 下极限偏差 Em	中径 d_2 H3 上极限偏差 Es	小径 d_1 上下极限偏差	螺距极限偏差 测量牙数（个）	螺距极限偏差 H1、H2、H3	牙型半角极限偏差 H1、H2、H3
>10～11.2	0.75	+42		+11	+32	+32	+53	+53	+74				±30′
	1.00	+47		+12	+35	+35	+59	+59	+83		9	±8	
	1.25	+50		+13	+38	+38	+63	+63	+88				±25′
	1.50	+56		+14	+42	+42	+70	+70	+98		7		
>11.2～22.4	1.00	+50		+13	+38	+38	+63	+63	+88		9		±25′
	1.25	+56		+14	+42	+42	+70	+70	+98				
	1.50	+60		+15	+45	+45	+75	+75	+105			±8	±25′
	1.75	+64		+16	+48	+48	+80	+80	+112		7	±9	
	2.00	+68		+17	+51	+51	+85	+85	+119			±10	±20′
	2.50	+72		+18	+54	+54	+90	+90	+126				
>22.4～45	1.00	+53		+13	+40	+40	+66	+66	+92		9		
	1.50	+64	自行规定	+16	+48	+48	+80	+80	+112	自行规定		±8	±25′
	2.00	+72		+18	+54	+54	+90	+90	+126			±10	±20′
	3.00	+85		+21	+64	+64	+106	+106	+148			±12	±20′
	3.50	+90		+22	+67	+67	+112	+112	+157			±13	
	4.00	+94		+24	+71	+71	+118	+118	+165			±14	±15′
	4.50	+100		+25	+75	+75	+125	+125	+175			±15	
>45～90	1.50	+68		+17	+51	+51	+85	+85	+119			±8	±25′
	2.00	+76		+19	+57	+57	+95	+95	+133			±10	±20′
	3.00	+90		+22	+67	+67	+112	+112	+157			±12	±20′
	4.00	+100		+25	+75	+75	+125	+125	+175			±14	
	5.00	+106		+27	+80	+80	+133	+133	+188		7	±16	±15′
	5.50	+112		+28	+84	+84	+140	+140	+196			±17	
	6.00	+120		+30	+90	+90	+150	+150	+210			±18	
>90～180	2.00	+80		+20	+60	+60	+100	+100	+140			±10	±20′
	3.00	+94		+24	+71	+71	+118	+118	+165			±12	
	4.00	+100		+27	+80	+80	+133	+133	+166			±14	±15′
	6.00	+126		+32	+95	+95	+158	+158	+221			±18	
>180～250	2.00	+90		+22	+67	+67	+112	+112	+157			±10	±20′
	3.00	+106		+27	+80	+80	+133	+133	+190			±12	
	4.00	+120		+30	+90	+90	+150	+150	+210			±14	±15′
	6.00	+134		+34	+101	+101	+168	+168	+235			±18	

2. 内容屑槽丝锥技术要求

（1）内容屑丝锥螺纹公差（表 8-63）

（2）其他尺寸公差及几何公差

1）丝锥柄部直径 d_1 公差为 h9。

2）丝锥工作部分和柄部的径向圆跳动，按表 8-64 的规定。

表 8-64　丝锥工作部分和柄部的径向圆跳动

（单位：mm）

丝锥公差带代号	公称直径 d	切削部分	校准部分	柄　部
H1~H3	~18	0.03	0.02	0.02
	>18~30	0.04	0.03	0.03
	>30~80	0.05		
	>80~180	0.06	0.04	0.04
	>180	0.07		

3）内容屑丝锥方头 a 的公差为 h12，方头对柄部轴线的对称度应不超过其尺寸公差的二分之一。

4）丝锥总长度 L 的公差为 h16，螺纹部分长度 l 的极限偏差按表 8-65 的规定。

表 8-65　长度极限偏差

（单位：mm）

公称直径 d	螺纹部分长度 l 的极限偏差
>5.5~12	0 -3.2
>12~39	0 -5.0
>39	0 -6.3

5）套式内容屑丝锥刀柄与丝锥头内孔的装配尺寸 D 的公差为 $\dfrac{\text{H7}}{\text{g6}}$。

6）套式内容屑丝锥丝锥头长度 l_1 公差为 h16。

（3）材料及表面质量

1）内容屑丝锥的螺纹部分用 W6Mo5Cr4V2 或同等性能的其他牌号高速工具钢制造，也可以采用高性能高速工具钢制造。整体式内容屑丝锥焊接柄部和套式内容屑丝锥刀柄用 40Cr 钢或同等性能的其他牌号钢材制造。

2）丝锥工作部分的硬度：用高性能高速工具钢

≥64HRC，用普通高速工具钢≥63HRC。

3）内容屑丝锥柄部硬度应不低于 40HRC。

4）丝锥表面不得有裂纹、崩刃、锈迹以及磨削烧伤等影响使用性能的缺陷。

5）丝锥表面粗糙度的最大允许值按表 8-66 规定。

表 8-66　丝锥表面粗糙度

（单位：μm）

丝锥公差带代号	螺纹表面	前面	柄部
H1~H3	$Rz3.2$	$Rz3.2$	$Ra0.8$

（4）其他要求

1）丝锥切削角度，在径向平面内测量，推荐如下：

① 前角 γ_p

加工铸铁	$\gamma_p = 6° \pm 2°$
加工铸钢及合金钢	$\gamma_p = 11° \pm 2°$
加工低碳钢	$\gamma_p = 16° \pm 2°$
加工有色金属	$\gamma_p = 22° \pm 2°$

② 后角 $\alpha_p = 6° \pm 2°$

2）丝锥切削锥长度 l_5 为推荐尺寸，见表 8-67。

表 8-67　切削锥长度

（单位：mm）

螺距 P	锥别	切削锥长度 l_5	
		单支	成组
≤6	一锥	—	3P
	二锥	3P	2.5P
>6	一锥	—	3P
	二锥	—	2.5P
	精锥	3.5P	2P

3）丝锥导向部分螺纹应有倒锥度。

8.3.9　挤压丝锥

国家标准 GB/T 28253—2012 规定了挤压丝锥（高性能级和普通级）的型式尺寸、螺纹公差、技术要求等的基本要求。本标准适用于在有色金属及低强度黑色金属零件上加工公称直径 1~27mm 的普通螺纹（GB/T 192—2003、GB/T 193—2003、GB/T 196—2003、GB/T 197—2003）的挤压丝锥。

1. 结构型式和尺寸

无槽挤压丝锥的结构型式见图 8-44，尺寸见表 8-68。

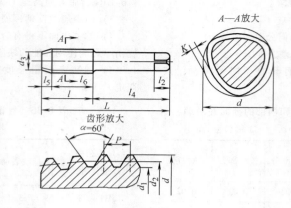

图 8-44 无槽挤压丝锥的结构

L—长度 l—螺纹长度 l_2—方头长度 l_4—柄部长度 l_5—挤压锥长度 l_6—校准部分长度

d—大径 K—铲磨量 d_1—小径 d_2—中径 d_3—挤压锥部前端直径 P—螺距

$α$—齿形角

表 8-68 M1.4～M12 的挤压丝锥尺寸 （单位：mm）

螺纹		L	l_5		l	d_3 max	K	$κ_r$ (供参考)	6H 级精度				
									d		d_2		d_1
D	P		不通孔	通孔					公称尺寸	极限偏差	公称尺寸	极限偏差	max
1.4	0.3	28	0.9	2.4	12		0.15		1.452		1.242	0 −0.014	1.070
1.6	0.35	32	1.1	2.8					1.657		1.412	0 −0.015	1.215
2	0.4		1.2	3.2	16		0.2	30° 45° 60°	2.063	0 −0.02	1.783		1.560
2.2	0.45	36	1.4	3.6					2.268		1.953	0 −0.016	1.705
2.5									2.568		2.253		2.000
3	0.5	40	1.5	4.0	20	最大应小于底孔孔径	0.25		3.072		2.722		2.450
4							0.3		4.078	0 −0.025	3.728	0 −0.020	3.450
	0.7	45	2.1	5.6	28		0.35		4.091		3.601	0 −0.017	3.230
5	0.5		1.5	4.0	16		0.3		5.078		4.728	0 −0.020	4.450
	0.8	50	2.4	6.4	18				5.100		4.540	0 −0.018	4.120
6	0.5		1.5	4.0			0.4	$φ_1 = 4° \sim 10°$ (外圆锥角)	6.085		5.735	0 −0.023	5.450
	1	55	3	8					6.117		5.417		4.910
7					20				7.117	0 −0.03	6.417	0 −0.020	5.900
8	0.5	60	1.5	4.0			0.5		8.085		7.735	0 −0.023	7.460
	1		3	8			0.55		8.117		7.417	0 −0.020	6.900
	1.25	65	3.8	10	25		0.6	$φ_2 = 2°$ (中径锥角)	8.137		7.262	0 −0.022	6.625
10	1		3	8	22				10.124		9.424	0 −0.028	8.900
							0.7		10.158	0 −0.035	9.108		8.350
12	1.5	70	4.5	12	25		0.9	10°30′	12.158		11.108	0 −0.025	10.350

2. 无槽挤压丝锥结构设计

（1）端截面形状　其端截面视图是个棱形，可以是三棱形、四棱形、六棱形或八棱形。其外径及底径都呈棱形，见图 8-45。棱数随螺距的增加而增加。M6 以上丝锥用四、六、八棱。

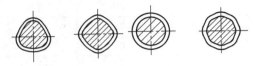

图 8-45　挤压丝锥端截面截形

试验证明，铲磨量 $K = (0.04 \sim 0.06)d$（d 为丝锥大径，mm）时，加工的螺纹质量最好。丝锥寿命最高。

此外，还有如图 8-46 所示形状的挤压丝锥（日本 OSG 厂家）。底圆呈圆形，外圆修磨出几个高点，螺旋排列。

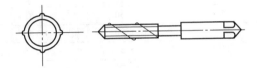

图 8-46　OSG 挤压丝锥

有的在其螺纹部分纵向开一道小沟，以修刮表面或纳污之用。

棱形截面是在螺纹磨床上用特殊凸轮铲磨而成。

（2）丝锥大径 d　棱形无槽挤压丝锥的大径 d 是其外径高点的外接圆。d 用下式计算：

$$d = D + VB_d + e_D - \Delta d \qquad (8\text{-}10)$$

式中　d——丝锥大径（mm）；

D——螺孔公称大径（mm）；

VB_d——大径磨损留量（mm）（$\approx 0.4TD_2$，TD_2 为内螺纹中径公差，按 8 级选用）；

e_D——螺孔大径的弹性收缩量（mm）（$\approx 0.4TD_2$）；

Δd——挤压丝锥的大径极限偏差，按同规格切削式丝锥大径极限偏差的 1/3 选取，即 $\Delta d = 1/3Js$；

Js——切削式丝锥大径极限偏差（mm）（见表 8-21）。

（3）丝锥中径　推荐用如下经验公式计算：

$$d_2 = [D_2 + (Es - Em) + e_{D2}] - \Delta d_2 \qquad (8\text{-}11)$$

式中　d_2——挤压丝锥中径（mm）；

D_2——工件螺孔中径（mm）；

$Es - Em$——切削式丝锥的制造公差（mm）（按表 8-21 选取）；

e_{D2}——螺孔中径弹性收缩（mm）（约

$0.4TD_2$）；

Δd_2——丝锥中径制造公差（mm）（一般取 Es - Em 值的 2/3）。

（4）丝锥小径　可按如下公式计算：

$$d_{1max} = d'_1 + Js \qquad (8\text{-}12)$$

式中　d_{1max}——无槽挤压丝锥的最大小径（mm）；

d'_1——切削式丝锥的小径最大值（mm）（按 GB/T 968—2007）；

Js——切削式丝锥大径公差（mm）（按表 8-21）。

（5）螺距及齿形尺寸　螺距齿形角、齿形半角的极限偏差可取同规格切削式丝锥的相同值（见表 8-21）。

螺距极限偏差的测量长度为 7 个齿。对于 $P \leqslant 1.5$mm 的丝锥，测量长度为其螺纹长度的 50%。

（6）挤压锥部　挤压锥部长度与被加工材料性质及孔的通或不通有关，对于通孔，可取 4~8 个螺距；对于不通孔，可取 2.5~4 个螺距。锥部形状以圆弧形挤压锥部的挤压效果较好。

挤压锥小端直径应较螺纹底孔小 0.1~0.2mm。

（7）校准部　校准部长度一般为 8~10P。可在校准部 3~4 个全齿形的后部沿中径和外径做成倒锥 $(0.03 \sim 0.05)/100$。

可以把挤压丝锥的挤压锥部及校准部前几个齿设计成非全齿形，校正部后几个齿设计成全齿形，并开一沟槽，其挤压及刮削效果更好。

挤压丝锥的螺纹部分长度及柄部长度可参考切削式丝锥的参数设计。

（8）挤压螺纹预制孔尺寸　普通螺纹预制孔尺寸按式 $d_0 = d - 0.45P$ 计算，式中 d_0 为螺纹预制孔尺寸，d 为大径，P 为螺距。其值见表 8-69。

8.3.10　梯形螺纹丝锥

1. 型式和尺寸

GB/T 28256—2012 中规定了加工普通梯形螺纹（按 GB/T 5796.1~4—2005）用的梯形丝锥的型式（见图 8-47）和尺寸（见表 8-70）。型式分 Ⅰ 型（短型）和 Ⅱ 型（长型）两种，以适应不同材料的加工需要。l_2 的尺寸只是推荐数值。如被加工规格较大，需要较长的 l_2，也可分两支（或数支）成组设计。

表 8-70 中的大径 d 是单支成品丝锥的大径尺寸。切较大规格或较硬材料的梯形螺纹用丝锥，由于切削截面积较大，一支丝锥往往承受不了切削负荷。这时可采用一组数支丝锥分担切削负荷。每支丝锥所分担的切削负荷（以面积计）大致分配见表 8-71。

表 8-69 普通螺纹挤压预制孔尺寸 （单位：mm）

公称直径	螺距	预制孔直径	公称直径	螺距	预制孔直径
1	0.20	0.9		1.00	9.55
	0.25	0.88	10.0	1.25	9.45
1.1	0.20	1.0		1.50	9.35
	0.25	0.98		0.75	10.65
1.2	0.20	1.1	11.0	1.00	10.55
	0.25	1.08		1.50	10.35
1.4	0.20	1.3		1.00	11.55
	0.30	1.25		1.25	11.45
1.6	0.20	1.5	12.0	1.50	11.35
	0.35	1.45		1.75	11.2
1.8	0.20	1.7		1.00	13.55
	0.35	1.65		1.25	13.45
2.0	0.25	1.9	14.0	1.50	13.35
	0.4	1.82		2.00	13.1
2.2	0.25	2.1	15.0	1.50	14.35
	0.45	2.0		1.00	15.55
2.5	0.35	2.35	16.0	1.50	15.35
	0.45	2.3		2.00	15.1
3.0	0.35	2.85	17.0	1.50	16.35
	0.5	2.8		1.00	17.55
3.5	0.35	3.35	18.0	1.50	17.35
	0.6	3.25		2.00	17.1
4.0	0.5	3.8		2.50	16.9
	0.7	3.7		1.00	19.55
4.5	0.5	4.3	20.0	1.50	19.3
	0.75	4.15		2.00	19.1
5.0	0.5	4.8		2.50	18.9
	0.8	4.65		1.00	21.55
5.5	0.5	5.3	22.0	1.50	21.35
6.0	0.5	5.8		2.00	21.1
	0.75	5.65		2.50	20.9
	1.00	5.55		1.00	23.55
7.0	0.75	6.65	24.0	1.50	23.35
	1.00	6.55		2.00	23.1
8.0	0.5	7.8		3.00	22.65
	0.75	7.65	25.0	1.50	24.35
	1.00	7.55		2.00	24.1
	1.25	7.45	26.0	1.50	25.35
9.0	0.75	8.65		1.00	26.55
	1.00	8.55	27.0	1.50	26.35
	1.25	8.45		2.00	26.1
10.0	0.75	9.65		3.00	25.65

表 8-70　梯形螺纹丝锥尺寸　（单位：mm）

代号	大径 d	螺距 P	I 型（短型） l	I 型 l1	I 型 l2 推荐	II 型（长型） l	II 型 l1	II 型 l2 推荐	l3	d12	d11	方头 a	方头 l5
Tr8×1.5	8.3	1.5	60	24	15	80	30	20	8	6.5	6.3	5.0	8
Tr10×2	10.5	2.0	80	40	28	110	56	40	10	8.0	7.1	5.6	
Tr12×3	12.5	3.0	115	63	45	160	85	65	12	9.0	8.0	6.3	9
Tr14×3	14.5									11.0	10.0	8.0	11
Tr16×4	16.5	4.0	170	100	75	220	125	100	16	12.0	11.2	9.0	12
Tr18×4	18.5									14.0	12.5	10.0	13
Tr20×4	20.5									16.0	14.0	11.2	14
Tr22×5	22.5	5.0	250	155	125	290	170	140	20	17	16.0	12.5	16
Tr24×5	24.5									19.0	18.0	14.0	18
Tr26×5	26.5									21.0	20.0	16.0	20
Tr28×5	28.5									23.0	22.4	18.0	22
Tr30×6	31.0	6.0	300	170	135	350	216	180	24	24.0			
Tr32×6	33.0									26.0	25.0	20.0	24
Tr34×6	35.0									28.0			
Tr36×6	37.0									30.0	28.0	22.4	26
Tr38×7	39.0	7.0	360	220	175	420	250	210	28	31.0			
Tr40×7	41.0									33.0	31.0	25.0	28
Tr42×7	43.0									35.0			
Tr44×7	45.0									37.0	35.5	28.0	31
Tr46×8	47.0	8.0	400	240	190	490	290	240	32	38.0			
Tr48×8	49.0									40.0	40.0	31.5	34
Tr50×8	51.0									42.0			
Tr52×8	53.0									44.0			

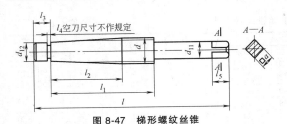

图 8-47　梯形螺纹丝锥

表 8-71　成组梯形丝锥负荷分配

每组丝锥数	丝锥号及其所分担切削负荷 K_i（%） 1	2	3	4	5
2	60	40	—	—	—
3	50	30	20	—	—
4	40	28	20	12	—
5	30	27	21	15	7

同组丝锥中，每支丝锥的大径尺寸是根据其所承担的切削负荷来计算的。

由图 8-48 可知，工件螺纹沟的轴向一个牙槽截面 F 可用下式求出：

$$F = \frac{P}{2}(h_1 + h_2) + \tan\alpha(h_2^2 - h_1^2) \qquad (8\text{-}13)$$

式中　P——工件螺纹螺距；

$\quad\ h_1$——工件螺纹齿顶高（大径减中径之半）；

$\quad\ h_2$——工件螺纹齿根高（中径减小径之半）。

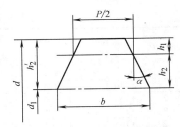

图 8-48　梯形丝锥螺纹被切材料截面

假如成组丝锥为等中径设计，每支丝锥的负荷主要依靠增大外（大）径来承担，这时第一支粗锥应分担的切削截面积 F_1 为

$$F_1 = \frac{K_1 F}{100}$$

式中　K_1 由表 8-11 查出。

第一支丝锥的外（大）径 $(d)_1$ 为

$$(d)_1 = d_1 + 2h_2' \qquad (8\text{-}14)$$

式中　$h_2' = \dfrac{b}{2\tan\alpha} - \sqrt{\dfrac{b^2}{4\tan^2\alpha} - \dfrac{F_1}{\tan\alpha}}$；

$\qquad b = \dfrac{P}{2} + 2h_2\tan\alpha$。

第二支丝锥的大径 $(d)_2$ 为

$$(d)_2 = d_1 + 2h_2''$$

式中 $h_2'' = \dfrac{b}{2\tan\alpha} - \sqrt{\dfrac{b^2}{4\tan^2\alpha} - \dfrac{F_2}{\tan\alpha}}$;

$$F_2 = \dfrac{(K_1 + K_2)F}{100}。$$

同理，第三支丝锥的大径 $(d)_3$ 为

$$(d)_3 = d_1 + 2h_2'''$$

式中 $h_2''' = \dfrac{b}{2\tan\alpha} - \sqrt{\dfrac{b^2}{4\tan^2\alpha} - \dfrac{F_3}{\tan\alpha}}$;

$$F_3 = \dfrac{(K_1 + K_2 + K_3)F}{100}。$$

以此类推。

等径设计的成组丝锥只适用于切削精度要求不高的梯形螺纹。

若欲提高切削螺纹的精度和降低螺纹表面粗糙度，则应按变中径成组丝锥设计。这时，由于一组中每支丝锥的中径随着号数增加而增加，末锥的中径、大径均为被切螺纹的中径、大径。由于每支锥的中径是变化的，所以其 b 值也变化，b 值按下式求出：

$$b = \dfrac{P}{2} + 2h_2\tan\alpha - 0.1P(m-1)\tan\alpha \qquad (8\text{-}15)$$

式中 m——丝锥号数。

其他计算与等径丝锥相同。

梯形丝锥必须有引导部分。对于单支丝锥或成组丝锥的第一号丝锥其引导部分设计成圆柱形，其外径等于被切螺纹的内径。对于成组丝锥的其余号丝锥，则设计成螺纹部分，其长度为 1.5～2 个螺距，其截形与前一丝锥相同，只是大径小 0.05～0.1mm。引导部分的锐边应倒钝。

2. 梯形螺纹丝锥技术要求

（1）梯形螺纹丝锥的螺纹公差 GB/T 28256—2012 中规定了梯形螺纹丝锥的螺纹公差，见图 8-49 及表 8-72 及表 8-73。丝锥螺纹公差带分 H7、H8、H9 三种。中径应在校准部分起点处检查。

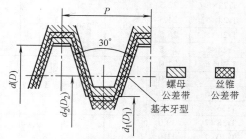

图 8-49 梯形螺纹丝锥螺纹公差带

对于多线梯形螺纹丝锥中径公差允许按表 8-73 系数适当增大。

上述丝锥中径公差 Td_2、下极限偏差 Em、上极限偏差 Es 数值，按 t（8 级内螺丝中径公差 TD_2）的百分比计算得出，见表 8-74。

表 8-72 梯形螺纹丝锥螺纹公差 （单位：μm）

公称直径 d/mm	螺距 P/mm	大径 d 下极限偏差	大径 d 上极限偏差	中径 d_2 公差带 H7 下极限偏差	H7 上极限偏差	H8 下极限偏差	H8 上极限偏差	H9 下极限偏差	H9 上极限偏差	小径 d_1 下上极限偏差	螺距极限偏差 测量牙数	H7、H8	H9	牙型半角极限偏差 H7、H8	H9
>5.6~11.2	1.5	+140		+84	+112	+112	+140	+98	+150						
	2	+158		+95	+126	+126	+158	+110	+180			±15	±20	±20′	±25′
	3	+178		+107	+142	+142	+178	+124	+202					±15′	±20′
>11.2~22.4	2	+168		+101	+134	+134	+168	+117	+191					±20′	±25′
	3	+188		+113	+150	+150	+188	+131	+214						
	4	+225	自行规定	+135	+180	+180	+225	+158	+257	自行规定	7			±15′	±20′
	5	+238		+143	+190	+190	+238	+166	+270						
	8	+300		+180	+240	+240	+300	+210	+342			±20	±25	±10′	±15′
>22.4~45	3	+213		+128	+170	+170	+213	+149	+242						
	5	+250		+150	+200	+200	+250	+175	+285			±15	±20	±15′	±20′
	6	+280		+168	+224	+224	+280	+196	+319						
	7	+300		+180	+240	+240	+300	+210	+342						
	8	+315		+189	+252	+252	+315	+221	+359						
	10	+335		+201	+268	+268	+335	+235	+382			±20	±25	±10′	±15′
	12	+355		+213	+284	+284	+355	+249	+405						
>45~52	3	+225		+135	+180	+180	+225	+158	+257						
	4	+250		+150	+200	+200	+250	+175	+285			±15	±20	±15′	±15′
	8	+335		+201	+268	+268	+335	+235	+382						
	9	+355		+213	+284	+284	+355	+249	+405			±20	±25	±10′	±15′
	10														
	12	+400		+240	+320	+320	+400	+280	+456						

注：1. 丝锥小径 d_1 应小于被加工螺母的最小小径，而丝锥牙底圆弧也不应超过螺母的最小小径。

2. 丝锥大径 d、中径 d_2、小径 d_1 的公称尺寸分别和梯形内螺纹公称尺寸 D、D_2、D_1 相同。

表 8-73　多线螺纹中径公差允许增大系数

螺纹线数	2	3	4	5 以上
补差系数	1.12	1.25	1.4	1.6

表 8-74　梯形螺纹丝锥螺纹中径公差、极限偏差计算系数

丝锥公差带	丝锥中径下极限偏差 Em	丝锥中径公差 Td_2	丝锥中径上极限偏差 Es
H7	0.30t		0.40t
H8	0.40t	0.10t	0.50t
H9	0.35t	0.22t	0.57t

本标准规定的丝锥中径公差带相对于内螺纹中径公差带关系，见图 8-50。

各公差带丝锥相适应的加工范围见表 8-75。

（2）其他尺寸公差及几何公差

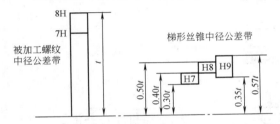

图 8-50　梯形螺纹丝锥螺纹中径公差带
位置与被加工螺纹中径公差带位置关系

表 8-75　丝锥级别与被加工螺纹中径
的级别关系

丝锥公差带	相适应的内螺纹中径公差带
H7	7H
H8	7H、8H
H9	8H

1）丝锥前导及柄部直径公差不应低于表 8-76 的规定。

表 8-76　丝锥前导部及柄部公差

丝锥公差带	前导部直径 d_{12}	柄部直径 d_{11}
H7、H8、H9	h8	h9

2）高性能梯形螺纹丝锥方头尺寸 a 的公差按 GB/T 4267—2004 的规定。普通梯形螺纹丝锥方头尺寸 a 的公差为 h12，方头对柄部轴线的对称度不应超

过其尺寸公差的二分之一。

3）丝锥各部分长度尺寸公差为 h18。

4）丝锥各部外径（刀齿部分为大径）对公共轴线的径向圆跳动，应低于表 8-77 的规定。

表 8-77　各部外径对公共轴线的径向圆跳动
（单位：mm）

丝锥公差带	公称直径	切削部分	校准部分	前导部	柄部
H7、H8、H9	≤24	0.03	0.02	0.015	0.02
	>24	0.01	0.03	0.02	

（3）材料及表面质量

1）丝锥的螺纹部分用 W6Mo5Cr4V2 或同等性能的其他牌号高速工具钢制造。焊接柄部用 45 钢或同等性能的其他钢材制造。高性能梯形螺纹丝锥的螺纹部分用 W2Mo9Cr4VCo8 或同等性能的其他牌号。

2）丝锥热处理硬度：

螺纹部分及前导部　　63~66HRC

柄部及方头　　　　　40~52HRC

3）丝锥允许进行表面强化处理。

4）丝锥表面粗糙度（按 GB/T 1031—2009《表面粗糙度参数及其数值》）应不大于表 8-78 的规定。

（4）其他要求

1）丝锥螺纹牙形应进行铲磨，校准部分大径应有倒锥度。

2）丝锥不完整齿应修除。

3）丝锥的前面和容屑槽的连接应圆滑。

8.3.11　拉削丝锥

用数支丝锥分担完成切削负荷来加工大截面螺纹时，不仅使用不方便，而且精度也不高。拉削丝锥用一支（或两支）即可完成大截面螺纹的切削任务，效率高，而且精度也较高。

表 8-78　梯形丝锥表面粗糙度
（单位：μm）

项　　目		丝锥公差带		
		H7	H8	H9
螺纹表面(包括顶面)	Rz	3.20	3.20	6.30
刀齿前面	Rz	3.20	3.20	6.30
刀齿后面	Rz	3.20	3.20	6.30
前导部表面	Ra	0.63	0.63	1.25
柄部表面	Ra	1.25	1.25	1.25

1. 拉削丝锥的一般结构

一般的拉削丝锥结构见图 8-51。丝锥预先套入被

切螺纹底孔中，丝锥在被拉及旋转过程中一次完成切螺纹任务。

从丝锥端面到相当于被加工螺纹小径处的长度 l_1 按下式计算

$$l_1 = l_w + X \qquad (8-16)$$

式中　l_w——被加工螺纹的长度（mm）；

　　　X——由机床夹头尺寸而定的尺寸（mm）。

丝锥切削锥部分的长度 l 按下式计算

$$l = \frac{Ph}{za_z} \qquad (8-17)$$

式中　P——被切螺纹螺距（mm）；

　　　h——被切螺纹截面高度（mm）；

　　　z——丝锥瓣数；

　　　a_z——每齿切削厚度（mm）。

校正部分长度 l_2 一般可取 $(4 \sim 6)P$。

尾部直径等于后导部直径，即被切螺纹的最小内径。槽形角大致为 $80° \sim 90°$，刃瓣宽为 $(0.25 \sim 0.35)d$（d 为被切螺纹大径）。拉削丝锥的心厚约为 $0.5d$。沟槽的螺旋角为被切螺纹升角的 2 倍，且反向。

螺纹齿形一般不铲磨，因而外圆留有棱带 f，其宽度为 $(0.5 \sim 0.8)$ mm，后角 15°，后刀面在 f_1 为 $3 \sim 5$ mm 的刃背上，之后的刃背角为 $\alpha_1 = 30° \sim 60°$。

2. 高精度梯形螺纹拉削丝锥型式和尺寸

GB/T 28691—2012 规定了这种丝锥的型式（见图 8-52）和尺寸（见表 8-79）。图中 l 及 L 需根据加工情况计算而定。

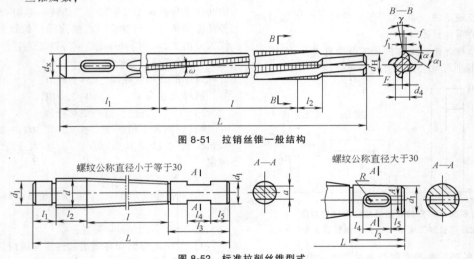

图 8-51　拉销丝锥一般结构

图 8-52　标准拉削丝锥型式

3. 高精度拉削丝锥的技术要求

（1）高精度梯形螺纹拉削丝锥的螺纹公差　GB/T 28691—2012 中规定了高精度梯形螺纹拉削丝锥的螺纹公差，见图 8-53 和表 8-80。

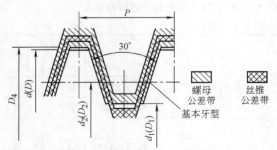

图 8-53　梯形螺纹拉削丝锥螺纹公差示意图

这个标准适用于加工梯形螺纹（按 JB/T 2886—2008《机床梯形丝杠、螺母　技术条件》中 7、8、9 级非配作螺母）用的高精度梯形螺纹拉削丝锥螺

纹公差。

高精度梯形螺纹拉削丝锥螺纹公差分两级：1 级和 2 级。

表 8-80 中丝锥中径公差 Td_2，下极限偏差 Em、上极限偏差 Es 的数值是按 t（JB/T 2886—2008）非配作螺母 8 级中径公差 TD_2）的百分比计算得出。公差计算系数见表 8-81。

对非等径设计的粗锥中径可参照普通梯形丝锥设计方法，根据负荷分配自行计算。

标准规定的丝锥中径公差带相对于内螺纹中径公差带关系，见图 8-54：

中径应在校准部分起点处检查。

各级丝锥相适应的加工范围如表 8-82。

由于影响攻螺纹尺寸的因素很多，如拉削材料的性质、机床和工装的精度、拉削速度、切削液种类，等等，因此，表 8-80 所列数值只作选择和设计丝锥时参考。

表 8-79　拉削丝锥尺寸　　　　　　（单位：mm）

代号	螺距 P	大径 d	d_1 公称尺寸	d_1 公差（h8）	l_1	l_3 min	l_4	l_5	a	A 公称尺寸	A 公差（H12）
Tr8×1.5	1.5	8.3	6.5	0 −0.022	25	42	12	12	5.0	—	—
Tr10×2	2	10.5	8.0	0 −0.022	25	42	12	12	6.3	—	—
Tr12×2	2	12.5	10.0	0 −0.022	25	42	12	12	7.1	—	—
Tr16×2	2	16.5	14.0	0 −0.027	25	42	12	12	11.2	—	—
Tr18×2	2	18.5	16.0	0 −0.027	25	42	12	12	12.5	—	—
Tr20×2	2	20.5	18.0	0 −0.027	25	42	12	12	14.0	—	—
Tr12×3	3	12.5	9.0	0 −0.022	25	42	12	12	7.1	—	—
Tr14×3	3	14.5	11.0	0 −0.027	25	42	18	15	9.0	—	—
Tr24×3	3	24.5	21.0	0 −0.033	25	42	18	15	16.0	—	—
Tr26×3	3	26.5	23.0	0 −0.033	25	42	18	15	18.0	—	—
Tr28×3	3	28.5	25.0	0 −0.033	25	42	18	15	20.0	—	—
Tr30×3	3	30.5	27.0	0 −0.033	25	42	18	15	—	8	+0.15 0
Tr32×3	3	32.5	29.0	0 −0.033	25	42	18	15	—	8	+0.15 0
Tr36×3	3	36.5	33.0	0 −0.033	25	42	18	15	—	8	+0.15 0
Tr40×3	3	40.5	37.0	0 −0.039	25	42	18	15	—	8	+0.15 0
Tr44×3	3	44.5	41.0	0 −0.039	25	42	18	15	—	8	+0.15 0
Tr50×3	3	50.5	47.0	0 −0.039	25	42	18	15	—	8	+0.15 0
Tr55×3	3	55.5	52.0	0 −0.046	25	42	18	15	—	8	+0.15 0
Tr60×3	3	60.5	57.0	0 −0.046	25	42	18	15	—	8	+0.15 0
Tr16×4	4	16.5	12.0	0 −0.027	30	56	20	15	10.0	—	—
Tr18×4	4	18.5	14.0	0 −0.027	30	56	20	15	11.2	—	—
Tr20×4	4	20.5	16.0	0 −0.027	30	56	20	15	12.5	—	—
Tr22×5	5	22.5	17.0	0 −0.033	30	56	20	15	12.5	—	—
Tr24×5	5	24.5	19.0	0 −0.033	30	56	20	15	14.0	—	—
Tr26×5	5	26.5	21.0	0 −0.033	30	56	20	15	16.0	—	—
Tr28×5	5	28.5	23.0	0 −0.033	30	56	20	15	18.0	—	—
Tr30×6	6	31.0	24.0	0 −0.033	30	56	20	15	20.0	—	—
Tr32×6	6	33.0	26.0	0 −0.033	30	56	20	15	—	8	+0.15 0
Tr34×6	6	35.0	28.0	0 −0.033	30	56	20	15	—	8	+0.15 0
Tr36×6	6	37.0	30.0	0 −0.033	30	56	20	15	—	8	+0.15 0
Tr40×6	6	41.0	34.0	0 −0.039	30	56	20	15	—	8	+0.15 0
Tr38×7	7	39.0	31.0	0 −0.039	30	56	20	15	—	8	+0.15 0
Tr40×7	7	41.0	33.0	0 −0.039	30	56	20	15	—	8	+0.15 0
Tr42×7	7	43.0	35.0	0 −0.039	30	56	20	15	—	8	+0.15 0
Tr44×7	7	45.0	37.0	0 −0.039	30	56	20	15	—	8	+0.15 0
Tr46×8	8	47.0	38.0	0 −0.039	32	56	20	15	—	8	+0.15 0
Tr48×8	8	49.0	40.0	0 −0.039	32	56	20	15	—	8	+0.15 0
Tr50×8	8	51.0	42.0	0 −0.039	32	56	26	17	—	10	+0.15 0
Tr52×8	8	53.0	44.0	0 −0.039	32	56	26	17	—	10	+0.15 0
Tr40×10	10	41.0	30.0	0 −0.039	32	63	26	15	—	8	+0.15 0

（续）

代号	螺距P	大径d	d_1 公称尺寸	d_1 公差(h8)	l_1	l_3 min	l_4	l_5	a	A 公称尺寸	A 公差(H12)
Tr65×10	10	66.0	55.0	0	32	63	26	17	—	12	+0.18 0
Tr70×10		71.0	60.0	−0.046							
Tr75×10		76.0	65.0								
Tr80×10		81.0	70.0	−0.046							
Tr44×12	12	45.0	32.0	0			20	15		8	+0.15 0
Tr50×12		51.0	38.0	−0.039						10	
Tr85×12		86.0	73.0	0			26	17		12	+0.18 0
Tr90×12		91.0	78.0	−0.046							

注：1. 不等径成组丝锥，第一粗锥、第二粗锥、第……粗锥的柄部应分别切制1条、2条……圆环标志，以示区别。

2. 丝锥按直沟或螺旋沟生产，由制造厂决定。

3. 拉削长度分为如下4种：（18~30）mm；（30~50）mm；（50~80）mm；（80~120）mm。

4. 标记示例：

1）Tr24×5 右旋，拉削长度（30~50）mm，单支，1级梯形螺纹拉削丝锥：

梯形螺纹拉削丝锥 Tr24×5-1　30-50 GB/T 28691—2012

2）Tr90×12 右旋，拉削长度（80~120）mm，二支组，2级梯形螺纹拉削丝锥：

梯形螺纹拉削丝锥　二支组 Tr90×12-2　80-120 GB/T 28691—2012

3）Tr30×12（$P=6$mm）左旋，拉削长度（50~80）mm，二支组，2级梯形螺纹拉削丝锥：

梯形螺纹拉削丝锥　二支组 Tr30×12（P6）L-2　50-80 GB/T 28691—2012

表 8-80　高精度梯形螺纹拉削丝锥螺纹公差尺寸　　　（单位：μm）

公称直径 d/mm	螺距 P/mm	大径 d 下极限偏差	大径 d 上极限偏差	中径 d_2 1级 下极限偏差	中径 d_2 1级 上极限偏差	中径 d_2 2级 下极限偏差	中径 d_2 2级 上极限偏差	小径 d_1 下上极限偏差	螺距极限偏差 测牙量数	牙型半角极限偏差 1、2级	牙型半角极限偏差 1、2级
5.6~11.2	1.5	+70	自行规定	+25	+47	+34	+56	自行规定	7	±10	±10′
	2	+79									
	3	+89									
>11.2~22.4	2	+84									
	3	+94									
	4	+113									
	5	+119									
	8	+150		+30	+55	+40	+65				±8′
>22.4~45.0	3	+106		+25	+47	+34	+56			±10	±10′
	5	+125									
	6	+140		+30	+55	+40	+65				±8′
	7	+150									
	8	+158									
	10	+168									
	12	+178		+36	+66	+48	+78				
>45.0~90.0	3	+113		+25	+47	+34	+56			±12	±10′
	4	+126									
	8	+168		+30	+55	+40	+65				±8′
	9	+178									
	10										
	12	+200		+36	+66	+48	+78				

注：1. 各级丝锥小径 d_1 均应小于被加工螺母的最小小径，而且丝锥牙底圆弧也不应超过螺母的最小小径。

2. 丝锥大径 d、中径 d_2、小径 d_1 的公称尺寸分别和梯形内螺纹公称尺寸 D_4、D_2、D_1 相同。

表 8-81　GB/T 28691—2012 规定的梯形螺纹
拉削丝锥中径公差计算系数

丝锥螺纹级别	丝锥中径下极限偏差 Em	丝锥中径公差 Td₂	丝锥中径上极限偏差 Es
1 级	$0.30t$	$0.25t$	$0.55t$
2 级	$0.40t$		$0.65t$

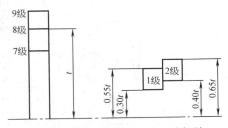

图 8-54　梯形螺纹拉削丝锥螺纹级别
与被加工螺纹精度的关系

表 8-82　梯形螺纹拉削丝锥螺纹级别
与被加工螺纹精度的关系

丝锥螺纹级别	相适应的内螺纹中径精度
1 级	7 级
2 级	8 级和 9 级

（2）其他尺寸公差及几何公差

1）丝锥各部分长度尺寸公差为 h18。

2）丝锥各部外径（刀齿部分为大径）对公共轴线的径向圆跳动，不应低于表 8-83 的规定。

表 8-83　允许各部直径径向圆跳动
（单位：mm）

丝锥螺纹级别	切削部分	校准部分	前导、后导及柄部
1、2 级	0.02	0.015	0.015

（3）材料及表面质量

1）丝锥应采用 W18Cr4V 或同等以上性能的其他牌号高速工具钢制造。

2）丝锥热处理硬度：刀齿和后导部，63 ~ 65HRC；前导部，60 ~ 66HRC；柄部，40 ~ 52HRC。允许丝锥进行表面处理。

3）丝锥表面不得有裂纹、刻痕、锈蚀以及磨削烧伤等影响使用性能的缺陷。

4）丝锥表面粗糙度（按 GB/T 1031—2009《表面粗糙度参数及其数值》）应不大于表 8-84 的规定。

表 8-84　拉削丝锥表面粗糙度
（单位：μm）

项　目	丝锥螺纹级别	
	1 级	2 级
螺纹表面（包括顶面），Rz	3.20	3.20
刀齿前面，Rz	3.20	3.20
刀齿后面，Rz	3.20	3.20
前导、后导及柄部表面，Ra	0.63	0.63

（4）其他要求

1）丝锥的前面和容屑槽的连接应圆滑。

2）丝锥螺纹部分牙形应进行铲磨（包括牙顶），校准部分大径应有倒锥度。

3）丝锥不完全齿应修除。

8.3.12　55°圆柱管螺纹丝锥

1. 型式和尺寸

GB/T 20333—2006 等同采用 ISO 2284：1987 制定了加工 GB/T 7307—2001 55°非密封管螺纹及 GB/T 7306—2000 55°密封管螺纹的丝锥型式（见图 8-55）和公称尺寸（见表 8-85）。

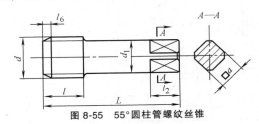

图 8-55　55°圆柱管螺纹丝锥

标准中分为 G 系列和 G-D 系列（用于加工非螺纹密封的管螺纹）和 Rp 系列（用于加工用螺纹密封的圆柱管螺纹）。三种系列的主要区别在于中径公差带位置（见 GB/T 20334—2006）的不同。

如果需要，表 8-85 中未列的下列尺寸，可按下式计算。

1）螺纹部分长度

$$l = 切削锥长度 + 校准部分长度 = 5P + 3.08d^{0.55}$$
（8-18）

式中　P——螺距（mm）；

　　　d——丝锥螺纹大径（mm）。

2）柄部长度 = 丝锥伸出夹头的自由长度 + 夹持长度 + 方尾长度 = $6.3d^{0.45} + 10d_1^{0.25} + l_2$　（8-19）

式中　d_1——丝锥螺纹小径。

圆柱管螺纹丝锥推荐切削锥长度及标记示例见表 8-86。

2. 技术要求

（1）55°圆柱管螺纹丝锥螺纹公差　GB/T 20334—2006 中规定了 55°圆柱管螺纹丝锥的螺纹公差。

1）公差制订的依据。

①丝锥螺纹中径公差。丝锥螺纹中径公差 Td₂、下极限偏差 Em 和上极限偏差 Es 是按 t（各级螺母螺纹中径公差 TD₂）的百分比计算得出的，其计算系数见表 8-87。

标准中规定的丝锥螺纹中径公差带位置相对于螺母螺纹中径公差带位置关系见图 8-56。

②丝锥螺纹大径公差。标准规定的各级丝锥大径的上极限偏差由制造厂根据齿顶允许宽度自行确

表 8-85　圆柱管螺纹丝锥公称尺寸 （单位：mm）

代　号			公称直径 d	每 25.4mm 内的牙数	螺距 P	d_1	l	L	a	l_2
G1/16	G1/16D	Rp1/16	7.723	28	0.907	5.6	14	52	4.5	7
G1/8	G1/8D	Rp1/8	9.728			8.0	15	59	6.3	9
G1/4	G1/4D	Rp1/4	13.157	19	1.337	10.0	19	67	8.0	11
G3/8	G3/8D	Rp3/8	16.662			12.5	21	75	10.0	13
G1/2	G1/2D	Rp1/2	20.955	14	1.814	16.0	26	87	12.5	16
(G5/8)	(G5/8D)	—	22.911			18.0		91	14.0	18
G3/4	G3/4D	Rp3/4	26.441			20.0	28	96	16.0	20
(G7/8)	(G7/8D)	—	30.201			22.4	29	102	18.0	22
G1	G1D	Rp1	33.249	11	2.309	25.0	33	109	20.0	24
(G1⅛)	(G1⅛D)	—	37.897			28.0	34	116	22.4	26
G1¼	G1¼D	Rp1¼	41.910			31.5	36	119	25.0	28
G1½	G1½D	Rp1½	47.803			35.5	37	125	28.0	31
(G1¾)	(G1¾D)	—	53.746				35	132		
G2	G2D	Rp2	59.614			40.0	41	140	31.5	34
(G2¼)	(G2¼D)	—	65.710				42	142		
G2½	G2½D	Rp2½	75.184			45.0	45	153	35.5	38
(G2¾)	(G2¾D)	—	81.534			50.0	46	163	40.0	42
G3	G3D	Rp3	87.884				48	154		
G3½	G3½D	Rp3½	100.330			63.0	50	173	50.0	51
G4	G4D	Rp4	113.030			71.0	53	185	56.0	56

注：1. 括号内的尺寸尽量不采用。

　　2. 集中生产的丝锥，公称切削角度在径向平面内测量，推荐如下：前角 γ_p 为 8°~10°；后角 α_p 为 4°~6°。

表 8-86　圆柱管螺纹丝锥推荐切削
锥长度及标记示例

分类	名称	切削锥长度 l_5	标　记　示　例
单支和成组（等径）丝锥	初锥	7~10牙	1）管螺纹，代号 G1/4，单支丝锥： 55°圆柱管螺纹丝锥 G1/4 GB/T 20333—2006
	中锥	3~5牙	2）管螺纹、左旋、代号 G1/4，单支丝锥： 55°圆柱管螺纹丝锥 G1/4-LH GB/T 20333—2006
	底锥	1~3牙	3）管螺纹、代号 G1/4D，单支丝锥： 55°锥柱管螺纹丝锥 G1/4D GB/T 20333—2006
成组（不等径）丝锥	第一粗锥	7~10牙	4）管螺纹、代号 Rp1/4，单支丝锥： 55°圆柱管螺纹丝锥 Rp1/4 GB/T 20333—2006
	第二粗锥	3~5牙	5）管螺纹，代号 G1/2，2支一组不等径丝锥， 55°圆柱管螺纹丝锥 2-G1/2 GB/T 20333—2006
	精锥	1~3牙	

注：1. 螺距小于或等于 1.814mm 丝锥，优先采用单支。单支按中锥生产供应。

　　2. 成组丝锥每组支数，按用户需要由制造厂自行规定。

　　3. 成组不等径丝锥，在第一、第二组粗锥柄部应分别切制 1 条、2 条圆环或以顺序号标志，以资识别。

表 8-87　丝锥中径公差计算公式

丝锥系列	丝锥螺纹中径下极限偏差 Em	丝锥螺纹中径公差 Td$_2$	丝锥螺纹中径上极限偏差 Es
G 系列	+0.2t	0.2t	+0.4t
G-D 系列	+0.2t	0.2t	+0.4t
Rp 系列	−0.3t	0.1t	−0.2t

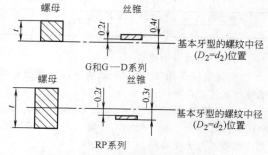

图 8-56　55°圆柱管螺纹丝锥与被加工
螺母螺纹公差带位置关系

定，下极限偏差 Js 按下式计算。

G 和 G—D 系列　　　　Js = +0.3t　　　（8-20）

Rp 系列　　　　　　　Js = −0.3t　　　（8-21）

螺纹牙型半角和螺距公差是参照 GB/T 968—2007 制定的。

2）G 系列及 G—D 系列丝锥螺纹牙型及公差（见图8-57及表8-88和表8-89）。

3）Rp 系列丝锥螺纹牙型及螺纹公差（见图8-58及表8-90）。

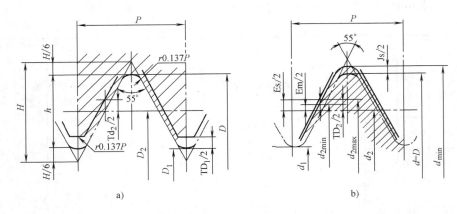

图 8-57　55°圆柱管螺纹丝锥 G 系列及 G—D 系列丝锥螺纹牙型及公差

a）螺母的螺纹牙型　　b）丝锥的螺纹牙型

d（D）—大径　Js—大径下极限偏差　d_1（D_1）—小径　Em—中径下极限偏差

d_2（D_2）—中径　Es—中径上极限偏差　Td_2（TD_2）—中径公差

H—原始三角形高度　TD_1—小径公差　P—螺距

表 8-88　55°圆柱管螺纹丝锥螺纹公差（G 系列）（GB/T 20334—2006）（单位：μm）

代号	每25.4mm内的牙数	P/mm	d 公称尺寸/mm	d 下极限偏差 Js	d 上极限偏差	d2 公称尺寸/mm	d2 下极限偏差 Em	d2 上极限偏差 Es	d1 公称尺寸/mm	d1 下极限偏差	d1 上极限偏差	测量牙数	极限偏差	牙型半角极限偏差
G1/16	28	0.907	7.723	+32	自行规定	7.142	+21	+43	6.561	0	自行规定	9	±8	±30′
G1/8			9.728			9.147			8.566					
G1/4	19	1.337	13.157	+37		12.301	+25	+50	11.455					±25′
G3/8			16.662			15.806			14.950					
G1/2	14	1.814	20.955	+43		19.793	+28	+57	18.631				±9	±20′
G5/8			22.911			21.749			20.587					
G3/4			26.441			25.279			24.117					
G7/8			30.201			29.039			27.877					
G1	11	2.309	33.249	+54		31.770	+36	+72	30.291			7	±10	
G1⅛			37.897			36.418			34.939					
G1¼			41.910			40.431			38.952					
G1½			47.803			46.324			44.845					
G1¾			53.746			52.267			50.788					
G2			59.614			58.135			56.656					
G2¼			65.710			64.231			62.752					
G2½			75.184			73.705			72.226					
G2¾			81.534			80.055			78.576					
G3			87.884			86.405			84.926					
G3½			100.330	+65		98.851	+43	+87	97.372					
G4			113.030			111.551			110.072					
G4½			125.730			124.251			122.772					
G5			138.430			136.951			135.472					
G5½			151.130			149.651			148.172					
G6			163.830			162.351			160.872					

表 8-89　55°圆柱管螺纹丝锥螺纹公差（G—D 系列）（GB/T 20334—2006）

（单位：μm）

代号	每25.4mm内的牙数	P/mm	d 公称尺寸/mm	d 下极限偏差 Js	d 上极限偏差	d_2 公称尺寸/mm	d_2 下极限偏差 Em	d_2 上极限偏差 Es	d_1 公称尺寸/mm	d_1 下极限偏差	d_1 上极限偏差	螺距极限偏差 测量牙数	螺距极限偏差 极限偏差	牙型半角极限偏差
G1/16D	28	0.907	7.723	+32	自行规定	7.142	+28	+57	6.561	0	自行规定	9	±8	±30′
G1/8D			9.728			9.147			8.566					
G1/4D	19	1.337	13.157	+37		12.301	+33	+67	11.445					±25′
G3/8D			16.662			15.806			14.950					
G1/2D	14	1.814	20.955	+43		19.793	+37	+74	18.631				±9	
G5/8D			22.911			21.749			20.587					
G3/4D			26.441			25.279			24.117					
G7/8D			30.201			29.039			27.877					
G1D	11	2.309	33.249	+54		31.770	+47	+94	30.291			7	±10	±20′
G1⅛D			37.879			36.418			34.939					
G1¼D			41.910			40.431			38.952					
G1½D			47.803			46.324			44.845					
G1¾D			53.746			52.267			50.788					
G2D			59.614			58.135			56.656					
G2¼D			65.710			64.231			62.752					
G2½D			75.184			73.705			72.226					
G2¾D			81.534			80.055			78.576					
G3D			87.884			86.405			84.926					
G3½D			100.330	+45		98.851	+54	+108	97.372					
G4D			113.030			111.551			110.072					
G4½D			125.730			124.251			122.772					
G5D			138.430			136.951			135.472					
G5½D			151.130			149.651			148.172					
G6D			163.830			162.351			160.872					

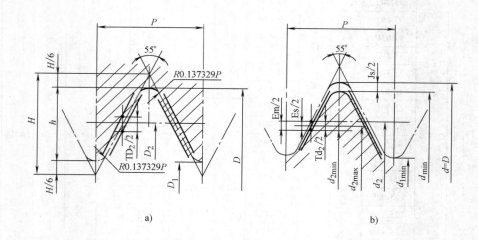

图 8-58　55°圆柱管螺纹 Rp 系列丝锥螺纹牙型及公差

a）螺母的螺纹牙型　b）丝锥的螺纹牙型

表 8-90　55°圆柱管螺纹丝锥螺纹公差（Rp 系列）（GB/T 20334—2006）（单位：μm）

代号	每25.4mm内的牙数	P/mm	d 公称尺寸/mm	d 下极限偏差 Js	d 上极限偏差	d₂ 公称尺寸/mm	d₂ 下极限偏差 Em	d₂ 上极限偏差 Es	d₁ 公称尺寸/mm	d₁ 下极限偏差 Em	d₁ 上极限偏差 Es	螺距极限偏差 测量牙数	螺距极限偏差 极限偏差	牙型半角极限偏差
Rp1/16	28	0.907	7.723	-43	自行规定	7.142	-43	-23	6.561	-43	自行规定	9	±8	±30′
Rp1/8			9.728			9.147			8.566					
Rp1/4	19	1.337	13.157	-63		12.301	-63	-40	11.445	-63				±25′
Rp3/8			16.662			15.806			14.950					
Rp1/2	14	1.814	20.955	-86		19.793	-86	-58	18.631	-86			±9	
Rp3/4			26.441			25.279			24.117					
Rp1	11	2.309	33.249	-109		31.770	-109	-74	30.291	-109		7	±10	±20′
Rp1¼			41.910			40.431			38.952					
Rp1½			47.803			46.324			44.845					
Rp2			59.614			58.135			56.656					
Rp2½			75.184			73.705			72.226					
Rp3			87.884			86.405			84.926					
Rp3 1/2			100.330	-130		98.851	-130	-86	97.372	-130				
Rp4			113.030			111.551			110.072					
Rp5			138.430			136.951			135.472					
Rp6			163.830			162.351			160.872					

（2）其他技术要求

1）其他尺寸公差及几何公差。

① 丝锥各部尺寸公差按以下规定：

总长度 l　h16

螺纹部分长度 l　$^{+2}_{-1}$

柄部直径 d_1　h9

方尾尺寸 a　h12（包括形状公差和位置公差）

② 丝锥各部位置公差按表 8-91 的规定。

表 8-91　允许各部圆跳动

（单位：mm）

基面直径 d	切削部分对公共轴线的斜向圆跳动	校准部分对公共轴线的径向圆跳动	柄部对公共轴线的径向圆跳动
≤20.955	0.03	0.02	0.02
>20.955	0.04	0.03	0.03

2）材料及表面质量。

① 丝锥工作部分用 W6Mo5Cr4V2 或同等以上性能的高速工具钢制造，焊接柄部用 60 钢或同等以上性能的钢材制造。

② 丝锥工作部分硬度为 63～66HRC。丝锥方尾硬度不低于 30HRC。

③ 丝锥表面不得有裂纹、崩刃、锈迹以及磨削烧伤等影响使用性能的缺陷。

④ 丝锥各表面粗糙度的最大允许值按表 8-92 的规定。

3）其他要求。丝锥螺纹牙型（中径和小径）应进行铲磨。丝锥螺纹大径应有倒锥度。

表 8-92　丝锥允许表面粗糙度

（单位：μm）

检查表面	表面粗糙度参数	丝锥系列 G—D	丝锥系列 G	丝锥系列 Rp
		表面粗糙度数值		
螺纹表面	Rz	6.3	3.2	3.2
前刀面	Rz	6.3	6.3	6.3
后刀面	Rz	6.3	6.3	6.3
柄部表面	Ra	1.6	0.8	0.8

8.3.13　55°和 60°圆锥管螺纹丝锥

1. 55°圆锥管螺纹丝锥

（1）型式和尺寸　55°圆锥管螺纹丝锥用于加工用螺纹密封的管螺纹。与圆柱管螺纹丝锥的区别在于其螺纹中径是在一锥体表面上，因而旋紧后可自动消除间隙，达到密封的目的。

GB/T 20333—2006 中规定了 55°圆锥管螺纹丝锥的型式和公称尺寸。中径锥度为 1:16，整个牙型也按此锥度分布。型式见图 8-59，公称尺寸见表 8-93。

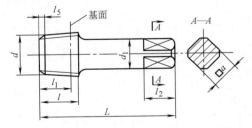

图 8-59　55°圆锥管螺纹丝锥型式

表8-93　55°圆锥管螺纹丝锥公称尺寸

（单位：mm）

代号	每25.4mm内的牙数	螺距 P	d_1	l	L	l_{1max}	l_5	a	l_2
Rc1/16	28	0.907	5.6	14	52	10.1	2.7	4.5	7
Rc1/8			8.0	15	59			6.3	9
Rc1/4	19	1.337	10.0	19	67	15.0	4.0	8.0	11
Rc3/8			12.5	21	75	15.4		10.0	13
Rc1/2	14	1.814	16.0	26	87	20.5	5.5	12.5	15
Rc3/4			20.0	28	96	21.8		16.0	20
Rc1	11	2.309	25.0	33	109	26.0	7	20.0	24
Rc1 1/4			31.5	36	119	28.3		25.0	28
Rc1 1/2			35.5	37	125			28.0	31
Rc2			40.0	41	140	32.7		31.5	34
Rc2 1/2			45.0	45	153	37.1		35.5	38
Rc3			50.0	48	164	40.2		40.0	42
Rc3 1/2			63.0	50	173	41.9		50.0	51
Rc4			71.0	53	185	46.2		56.0	56

注：1. l_5 为参考尺寸。
2. Rc1/4～Rc1 1/4圆锥管螺纹丝锥总长 L 及基准距离 l_1 尺寸，根据使用需要也可按表8-94生产。
3. 标记示例
1）管螺纹、代号 Rc 1/2 的丝锥：
55°圆锥管螺纹丝锥 Rc 1/2 GB/T 20333—2006
2）管螺纹、代号 Rc1/2、左旋丝锥：
55°圆锥管螺纹丝锥 Rc 1/2LH GB/T 20333—2006

表8-94　总长 L 及基准距离 l_1 允许尺寸

（单位：mm）

代号	L	l_1	代号	L	l_1
Rc1/4	59	12	Rc3/4	75	18
Rc3/8	67	13	Rc1	75	21
Rc1/2	67	17	Rc1 1/4	87	24

丝锥结构参数可参考本节14进行设计。

（2）牙型及其尺寸极限偏差　55°圆锥管螺纹丝锥的螺纹牙型及尺寸极限偏差按图8-60和表8-95。

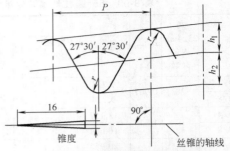

图8-60　55°圆锥管螺纹丝锥螺纹牙型

（3）技术要求
1）各部尺寸公差及几何公差。
① 丝锥的各部尺寸公差按以下规定：
总长度 L　　　　　　h16
丝锥螺纹部分长度 l　$^{+2}_{-1}$
丝锥柄部直径 d_1　　h9
方尾尺寸 a　　　　　h12（包括形状公差和位置公差）
② 丝锥的各部位置公差按表8-96的规定。
2）材料及表面质量。
① 丝锥工作部分用 W6Mo5Cr4V2 或同等以上性能的高速工具钢制造，焊接柄部用 60 钢或同等以上性能的钢材制造。
② 丝锥工作部分硬度为 63～66HRC，方尾硬度不低于 30HRC。
③ 丝锥表面不得有裂纹、崩刃、锈迹以及磨削烧伤等影响使用性能的缺陷。
④ 丝锥表面粗糙度的最大允许值按表8-97的规定。
3）其他要求。丝锥螺纹牙型（中径和小径）应进行铲磨。

表8-95　55°圆锥管螺纹螺纹牙型尺寸及极限偏差　（单位：mm）

代号	25.4mm牙数	螺距 P	基面上直径			r	h_1		h_2		螺距极限偏差		锥度极限偏差（在16mm长度上）	牙型半角极限偏差
			d	d_2	d_1		公称尺寸	极限偏差	公称尺寸	极限偏差	测量牙数	极限偏差		
Rc1/6	28	0.970	7.723	7.142	6.561	0.125	0.291		0.291		9	±0.008	±0.05	±25′
Rc1/8			9.728	9.147	8.566									
Rc1/4	19	1.337	13.157	12.301	11.445	0.184	0.428		0.428					
Rc3/8			16.662	15.806	14.950									
Rc1/2	14	1.814	20.955	19.793	18.631	0.249	0.581		0.581			±0.009		
Rc3/4			26.441	25.279	24.117			+0.025 −0.015		+0.015 −0.025				
Rc1	11	2.309	33.249	31.770	30.291	0.317	0.740		0.740		7		±0.04	±20′
Rc1 1/4			41.910	40.431	38.952									
Rc1 1/2			47.803	46.324	44.854									
Rc2			59.614	58.135	56.656							±0.010		
Rc2 1/2			75.184	73.705	72.226									
Rc3			87.884	86.405	84.926									
Rc3 1/2			100.330	98.851	97.372									
Rc4			133.030	111.551	110.072									

表 8-96　55°圆锥管螺纹丝锥圆跳动

（单位：mm）

基面直径	切削部分对公共轴线的斜向圆跳动	校准部分对公共轴线的径向圆跳动	柄部对公共轴线的径向圆跳动
≤20.955	0.03	0.02	0.02
>20.955	0.04	0.03	0.03

表 8-97　55°圆锥管螺纹丝锥表面粗糙度

（单位：μm）

检查表面	表面粗糙度参数	表面粗糙度数值
螺纹表面	Rz	3.2
前面	Rz	6.3
后面	Rz	6.3
柄部表面	Ra	0.8

2. 60°圆锥管螺纹丝锥

（1）型式和尺寸

1）专业标准 JB/T 8364.2—2010；型式见图 8-61，尺寸见表 8-98。

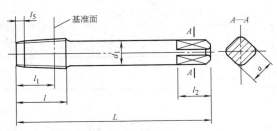

图 8-61　丝锥的型式和尺寸

表 8-98　丝锥的尺寸

（单位：mm）

代号 NPT	每 25.4mm 内的牙数	螺距 P	l_1	l	L	d_1	a	l_2	(l_5)
1/16	27	0.941	11	17	54	8.0	6.3	9	2.8
1/8				19					
1/4	18	1.411	16	27	62	11.2	9	12	4.3
3/8					65	14	11.2	14	
1/2	14	1.814	21	35	79	18	14	18	5.5
3/4					83	22.4	18	22	
1	11.5	2.209	26	44	95	28	22.4	26	6.7
1 1/4			27		102	35.5	28	31	
1 1/2					108	40	31.5	34	
2			28		114	50	40	42	

2）丝锥的螺纹牙型和尺寸按图 8-62 和表 8-99 的规定。

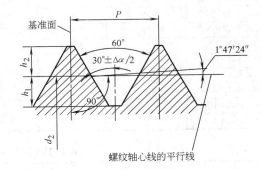

图 8-62　丝锥的螺纹牙型

注：丝锥的螺纹牙顶和牙底允许呈圆弧状，但圆弧的位置不得超过螺纹牙型的规定

表 8-99　丝锥的螺纹尺寸

代号 NPT	每 25.4mm 内的牙数	螺距 P /mm	h_1 公称尺寸 mm	h_1 极限偏差 mm	h_{2min} /mm	基准面中径 d_2 /mm	螺距极限偏差（25.4mm 上）/mm 切制	螺距极限偏差（25.4mm 上）/mm 磨制	牙型半角极限偏差 $\Delta\alpha/2$ 切制	牙型半角极限偏差 $\Delta\alpha/2$ 磨制	锥度极限偏差 切制	锥度极限偏差 磨制
1/16	27	0.941	0.377	0 / −0.059	0.317	7.142	±0.076	±0.0127	45′	30′	+26′49″ / −8′56″	±8′56″
1/8						9.489						
1/4	18	1.411	0.547	0 / −0.079	0.486	12.487						
3/8						15.926						
1/2	14	1.814	0.726	0 / −0.081	0.645	19.772						
3/4						25.117						
1	11.5	2.209	0.884	0 / −0.088	0.796	31.461					+17′53″ / −8′56″	
1 1/4						40.218						
1 1/2						46.287						
2						58.325						

（2）标记示例

60°圆锥管螺纹，代号 NPT 1/4 的丝锥：

60°圆锥管螺纹丝锥 NPT 1/4 JB/T 8364.2—2010

60°圆锥管螺纹，代号 NPT 1/4，左旋螺纹的丝锥：

60°圆锥管螺纹丝锥 NPT 1/4—L JB/T 8364.2—2010

8.3.14　统一螺纹丝锥和螺母丝锥

1. 统一螺纹丝锥

（1）型式和尺寸　引用标准 JB/T 8824.1—2012 适用于加工螺纹代号为 No.0～No.12、¼～4 统一螺纹丝锥。

1）粗柄丝锥型式按图 8-63 所示，尺寸在表 8-100、表 8-101 中给出。

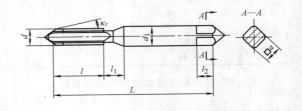

图 8-63　粗柄丝锥型式

表 8-100　粗柄丝锥公称尺寸（一）　　　　　　（单位：mm）

螺纹代号	每 25.4mm 内的牙数	公称直径 d	螺距 P	d_1	l	L	l_1	方头	
								a	l_2
No.1-64 UNC	64	1.854	0.397		9.53	42.86	5.5		
No.2-56 UNC	56	2.814	0.454		11.11	44.45	6.0		
No.3-48 UNC	48	2.515	0.529	3.58	12.70	46.04		2.79	4.76
No.4-40 UNC	40	2.854	0.635		14.29	47.63	7.0		
No.5-40 UNC		3.175			15.88	49.21			
No.6-32 UNC	32	3.505	0.794		17.46	50.80			
No.8-32 UNC		4.166		4.27	19.05	53.98	8.0	3.33	6.35
No.10-24 UNC	24	4.826	1.058	4.93	22.23	60.33	9.0	3.86	
No.12-24 UNC		5.486		5.59	23.81			4.19	7.14

表 8-101　粗柄丝锥公称尺寸（二）　　　　　　（单位：mm）

螺纹代号	每 25.4mm 内的牙数	公称直径 d	螺距 P	d_1	l	L	l_1	方头	
								a	l_2
No.0-80 UNF	80	1.524	0.318		7.94	41.28	5.0		
No.1-72 UNF	72	1.854	0.353		9.53	42.86	5.5		
No.2-64 UNF	64	2.184	0.397		11.11	44.45	6.0		
No.3-56 UNF	56	2.515	0.454	3.58	12.70	46.04		2.79	4.76
No.4-48 UNF	48	2.845	0.529		14.29	47.63			
No.5-44 UNF	44	3.175	0.577		15.88	49.21	7.0		
No.6-40 UNF	40	3.505	0.635		17.46	50.80			
No.8-36 UNF	36	4.166	0.706	4.27	19.05	53.98	8.0	3.33	6.35
No.10-32 UNF	32	4.826	0.794	4.93	22.23			3.86	
No.12-28 UNF	28	5.486	0.907	5.59	23.81	60.33	9.0	4.19	7.14

2）粗柄带颈丝锥型式按图 8-64 所示，尺寸在表 8-102、表 8-103 中给出。

3）细柄丝锥型式按图 8-65 所示，尺寸在表 8-104、表 8-105 中给出。

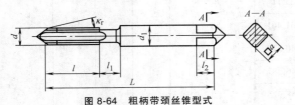

图 8-64　粗柄带颈丝锥型式

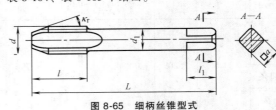

图 8-65　细柄丝锥型式

表 8-102　粗柄带颈丝锥尺寸（一）　　　　　　　　　　（单位：mm）

螺纹代号	每 25.4mm 内的牙数	公称直径 d	螺距 P	d_1	l	L	l_1	方头	
								a	l_2
1/4-20 UNC	20	6.350	1.270	6.48	25.40	63.50	11.0	4.85	7.94
5/16-18 UNC	18	7.938	1.411	8.08	29.63	69.06	13.0	6.05	9.53
3/8-16 UNC	16	9.525	1.588	9.68	31.75	74.61	15.0	7.26	11.11

表 8-103　粗柄带颈丝锥尺寸（二）　　　　　　　　　　（单位：mm）

螺纹代号	每 25.4mm 内的牙数	公称直径 d	螺距 P	d_1	l	L	l_1	方头	
								a	l_2
1/4-28 UNF	28	6.350	0.907	6.48	25.40	63.50	11.0	4.85	7.94
5/16-24 UNF	24	7.938	1.058	8.08	29.63	69.06	13.0	6.05	9.53
3/8-24 UNF		9.525		9.68	31.71	74.61	15.0	7.26	11.11

表 8-104　细柄丝锥尺寸（一）　　　　　　　　　　（单位：mm）

螺纹代号	每 25.4mm 内的牙数	公称直径 d	螺距 P	d_1	l	L	方头	
							a	l_1
7/16-14 UNC	14	11.112	1.814	8.20	30.51	76.99	6.15	10.32
1/2-13 UNC	13	12.700	1.954	9.32	42.07	79.38	6.99	11.11
9/16-12 UNC	12	14.288	2.117	10.90		91.28	8.18	12.70
5/8-11 UNC	11	15.875	2.309	12.19	46.04	96.84	9.14	14.29
3/4-10 UNC	10	19.050	2.540	14.99	50.80	107.95	11.23	17.46
7/8-9 UNC	9	22.225	2.822	17.70	56.36	119.06	13.28	19.05
1-8 UNC	8	25.400	3.175	20.32	63.50	130.18	15.24	20.64
1⅛-7 UNC	7	28.575	3.629	22.76	65.09	138.11	17.07	22.23
1¼-7 UNC		31.750		25.93		146.05	19.46	25.40
1⅜-6 UNC	6	34.925	4.233	28.14	76.20	153.99	21.11	26.99
1½-6 UNC		38.100		31.31		161.93	23.50	28.58
1¾-5 UNC	5	44.450	5.080	36.32	77.79	177.80	27.23	31.75
2-4½ UNC	4.5	50.800	5.644	41.76	80.96	180.98	31.32	34.93

表 8-105　细柄丝锥尺寸（二）　　　　　　　　　　（单位：mm）

螺纹代号	每 25.4mm 内的牙数	公称直径 d	螺距 P	d_1	l	L	方头	
							a	l_1
7/16-20 UNF	20	11.112	1.270	8.20	30.51	76.99	6.15	10.32
1/2-20 UNF		12.700		9.32	42.07	79.38	6.99	11.11
9/16-18 UNF	18	14.288	1.411	10.90		91.28	8.18	12.70
5/8-18 UNF		15.875		12.19	46.04	96.84	9.14	14.29
3/4-16 UNF	16	19.050	1.588	14.99	50.80	107.95	11.23	17.46
7/8-14 UNF	14	22.225	1.814	17.70	56.36	119.06	13.28	19.05
1-12 UNF	12	25.400	2.117	20.32	63.50	130.18	15.24	20.64
1⅛-12 UNF		28.575		22.76	65.09	138.11	17.07	22.23
1¼-12 UNF		31.750		25.93		146.05	19.46	25.40
1⅜-12 UNF		34.925		28.14	76.20	153.99	21.11	26.99
1½-12 UNF		38.100		31.31		161.93	23.50	28.58

4）单支和成组丝锥适用范围、主偏角、切削锥长度推荐在表 8-106 中给出。

5）丝锥公称切削角度，在径向平面内测量，推荐如下：

① 前角 γ_p 为 8°～10°；

② 后角 α_p 为 4°～6°。

（2）标记示例　右旋粗牙统一螺纹，螺纹代号为 No.5-40 UNC，每 25.4mm 上为 40 牙，2 级公差带，单支初锥（底锥）磨制丝锥：

统一螺纹磨制丝锥　初（底）5-40 UNC—2　JB/T 8824.1—2012

右旋细牙统一螺纹，螺纹代号为 5/16-24 UNF，每 25.4mm 上为 24 牙，两支（初锥和底锥）一组等径切制丝锥：

表 8-106 单支和成组丝锥适用范围、主偏角、切削锥长度推荐表

分类	适用范围 /mm	名 称	主偏角 κ_r	切削锥长度 l_5
单支和成组（等径）丝锥	$P \leqslant 2.54$	初锥	4°	8P
		中锥	8°	4P
		底锥	16°	2P
成组（不等径）丝锥	$P > 2.54$	第一粗锥	5°30′	6P
		第二粗锥	8°	4P
		精锥	16°	2P

统一螺纹切制丝锥 初（底）5/16-24 UNF JB/T 8824.1—2012

右旋粗牙统一螺纹，螺纹代号为 3/4-10 UNC，每 25.4mm 上为 10 牙，3 级公差带，三支一组不等径磨制丝锥：

统一螺纹磨制丝锥（不等径） 3—3/4—10 UNC—3 JB/T 8824.1—2012

左旋粗牙统一螺纹，螺纹代号为 No.1-64 UNC，每 25.4mm 上为 64 牙，单支中锥切制丝锥：

统一螺纹切制丝锥 No.1-64 UNC L JB/T 8824.1—2012

（3）螺纹公差 引用标准 JB/T 8824.2—2012，牙型和尺寸的极限偏差如下。

1）丝锥螺纹牙型按图 8-66 所示。

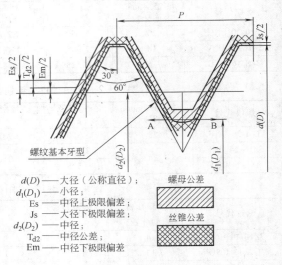

$d(D)$——大径（公称直径）；
$d_1(D_1)$——小径；
Es——中径上极限偏差；
Js——大径下极限偏差；
$d_2(D_2)$——中径（D_2）；
T_{d2}——中径公差；
Em——中径下极限偏差。

图 8-66 丝锥螺纹牙型

2）丝锥螺纹尺寸极限偏差。

磨制丝锥尺寸的极限偏差在表 8-107 中给出（小径极限偏差自行规定）。

表 8-107 丝锥螺纹尺寸极限偏差

螺纹代号	每25.4mm内的牙数	螺距 P /mm	大径 d/mm			中径 d_2/mm							每25.4mm内的螺距极限偏差 /mm	牙型半角极限偏差 $\Delta \frac{a}{2}$
			公称尺寸 (+)	下极限偏差 (+)	上极限偏差 (+)	公称尺寸 (+)	1级(+)		2级(+)		3级(+)			
							下极限偏差	上极限偏差	下极限偏差	上极限偏差	下极限偏差	上极限偏差		
No. 1-64 UNC	64	0.397	1.854	0.0152	0.0508	1.5977	0.007	0.017	0.012	0.026				
No. 2-56 UNC	56	0.454	2.184	0.0178	0.0584	1.8898		0.019	0.013	0.028				
No. 3-48 UNC	48	0.529	2.515	0.0229	0.0686	2.1717		0.020	0.014	0.030				
No. 4-40 UNC	40	0.635	2.845	0.0330	0.0813	2.4333	0.008	0.022	0.015	0.033				
No. 5-40 UNC			3.175			2.7635		0.023		0.034				
No. 6-32 UNC	32	0.794	3.505	0.0533	0.1041	2.9896	0.009	0.025	0.017	0.037			—	—
No. 8-32 UNC			4.166			3.6500	0.010	0.026	0.018	0.039				
No. 10-24 UNC	24	1.058	4.826	0.0686	0.1372	4.1377	0.011	0.029	0.020	0.044				
No. 12-24 UNC			5.486			4.7981		0.030	0.021	0.045				±30′
1/4-20 UNC	20	1.270	6.350	0.0838	0.1651	5.5245	0.012	0.033	0.023	0.049	0.043	0.073		
5/16-18 UNC	18	1.411	7.938	0.0914	0.1575	7.0206	0.013	0.036	0.024	0.053	0.046	0.080	±0.0127	
3/8-16 UNC	16	1.588	9.525	0.1016	0.2057	8.4938	0.014	0.038	0.026	0.058	0.050	0.086		
7/16-14 UNC	14	1.814	11.112	0.1194	0.2362	9.9339	0.016	0.042	0.028	0.062	0.054	0.093		
1/2-13 UNC	13	1.954	12.700	0.1270	0.2540	11.4300		0.044	0.030	0.066	0.057	0.098		
9/16-12 UNC	12	2.117	14.288	0.1372	0.2743	12.9134	0.017	0.046	0.032	0.069	0.060	0.103		
5/8-11 UNC	11	2.309	15.875	0.1499	0.2997	14.3764	0.018	0.048	0.033	0.073	0.063	0.108		
3/4-10 UNC	10	2.540	19.050	0.1676	0.3302	17.3990	0.019	0.052	0.036	0.078	0.067	0.116		
7/8-9 UNC	9	2.822	22.225	0.1829	0.3658	20.3911	0.021	0.056	0.038	0.083	0.072	0.124		
1-8 UNC	8	3.175	25.400	0.2057	0.4115	23.3375	0.022	0.059	0.041	0.089	0.077	0.133		
1⅛-7 UNC	7	3.629	28.575	0.2362	0.4724	26.2179	0.024	0.064	0.044	0.096	0.083	0.143		±25′
1¼-7 UNC			31.575			29.3929		0.065	0.045	0.098	0.084	0.146		
1⅜-6 UNC	6	4.233	34.925	0.2769	0.5512	32.1742	0.026	0.070	0.048	0.105	0.091	0.157		
1½-6 UNC			38.100			35.3492	0.027	0.071	0.049	0.107	0.093	0.159		

（4）技术条件

1）尺寸。

① 切制和磨制丝锥：在校准部分起点检查中径（切制丝锥的校准部分起点距前端不足 4 牙时，中径在距前端 4 牙处检查）。螺母丝锥在切削部分中点向校准部分移动 1~2 牙处检查。

② 丝锥和螺母丝锥柄部直径 d_1 及方头的极限偏差在表8-108和表8-109中给出。

表 8-108　丝锥柄部直径 d_1 的极限偏差

（单位：mm）

类型	代　号	柄部直径 d_1
磨制	No. 0 ~ No. 12 1/4 ~ 5/8	0 −0.038
	3/4 ~ 1½	0 −0.051
切制	No. 0 ~ No. 12	0 −0.100
	1/4 ~ 1	0 −0.127
	1⅛ ~ 2	0 −0.178

表 8-109　丝锥柄部方头的极限偏差

（单位：mm）

代　号	方　头	方头长度
No. 0 ~ No. 12 1/4 ~ 5½	0 −0.10	±0.79
9/16 ~ 1	0 −0.15	
1⅛ ~ 2	0 −0.20	±1.58

③ 磨制丝锥方头对柄部轴线的对称度在表8-110中给出。

表 8-110　磨制丝锥方头对柄部轴线的对称度

（单位：mm）

代号	No. 0 ~ No. 12、1/4 ~ 1/2	9/16 ~ 2
对称度公差	0.076	0.100

④ 丝锥和螺母丝锥总长 L 的公差、螺纹部分长度 l 的极限偏差在表8-111和表8-112中给出。

表 8-111　丝锥总长 L 的极限偏差

（单位：mm）

代　号	No. 0 ~ No. 12	1/4 ~ 1	1⅛ ~ 2
L	±0.79		±1.58

表 8-112　丝锥螺纹部分长度 l 的极限偏差

（单位：mm）

代　号	No. 0 ~ No. 12	1/4 ~ 1/2	9/16 ~ 1½	1¾ ~ 2
l	±1.19	±1.58	±2.38	±3.18

⑤ 在顶尖间检查丝锥和螺母丝锥切削部分、校准部分、柄部的圆跳动的上限值在表8-113中给出。

⑥ 丝锥和螺母丝锥螺纹部分应有倒锥度。

⑦ 公称直径大于 7.938mm 的磨制丝锥螺纹牙型应进行铲磨。用户允许时，螺母丝锥的螺纹牙型可不铲磨。

表 8-113　丝锥各部分圆跳动上限值

（单位：mm）

项　目	代　号	磨制丝锥	切制丝锥
校准部分径 向圆跳动	No. 0 ~ No. 12、1/4 ~ 5/16	0.025	0.127
	3/8 ~ 2	0.040	0.200
切削部分斜 向圆跳动	No. 0 ~ No. 12、1/4 ~ 1/2	0.050	0.100
	9/16 ~ 2	0.076	0.150
柄部径向 圆跳动	No. 0 ~ No. 12、1/4 ~ 5/16	0.025	
	3/8 ~ 2	0.040	0.200

注：切制螺母丝锥的柄部径向圆跳动不作规定。

2）材料及硬度。

① 磨制丝锥的螺纹部分应用 W6Mo5Cr4V2 或其他同等性能的高速工具钢（代号 HSS）制造，也可以采用高性能高速工具钢（代号 HSS-E）制造。切制丝锥的螺纹部分应采用 9SiCr、T12A 或同等性能的其他牌号合金工具钢、非合金工具钢制造，也可采用高速工具钢制造。焊接柄部采用 45 钢或同等性能的其他钢材制造。

② 丝锥和螺母丝锥螺纹部分硬度允许的最小值在表 8-114 中给出。

表 8-114　丝锥螺纹部分硬度允许的最小值

代　号	合金工具钢、非合金 工具钢	高速工 具钢	高性能高速 工具钢
No. 0 ~ No. 4	664HV	750HV	65HRC
No. 5 ~ No. 12	60HRC	62HRC	
1/4 ~ 1½	61HRC	63HRC	
1¾ ~ 2			—

③ 丝锥和螺母丝锥柄部离柄端两倍方头长度上的硬度应不低于 30HRC。

3）外观和表面粗糙度。

① 丝锥和螺母丝锥表面不得有裂纹、崩牙、锈迹以及磨削烧伤等影响使用性能的缺陷。

② 丝锥和螺母丝锥前面与容屑槽的连接应圆滑。

③ 丝锥和螺母丝锥表面粗糙度的上限值在表 8-115 中给出。

表 8-115　丝锥表面粗糙度的上限值

（单位：μm）

项　目	名　称	
	磨制丝锥	切制丝锥
螺纹表面	Rz3.2	Rz12.5
后面		Rz6.3
前面	Rz6.3	
柄部	Ra1.6	Ra3.2

注：公称直径<31.750mm 的接柄切制螺母丝锥柄部表面粗糙度不作规定。

4）标志和包装。

① 丝锥上应标志：

a. 制造厂或销售商商标；

b. 螺纹代号；

c. 丝锥公差带代号（切制丝锥允许不标）；

d. 不等径成组丝锥的粗锥记号（第一粗锥1条圆环，第二粗锥2条圆环或顺序号Ⅰ、Ⅱ）；

e. 材料代号（用高速工具钢制造的标"HSS"；用高性能高速工具钢制造的标"HSS-E"；用非合金工具钢或合金工具钢制造的丝锥可不标志）。

注：公称直径<6.350mm的丝锥允许只标公差带代号和螺纹代号。

② 包装盒上应标志：

a. 制造厂或销售商的名称、商标和地址；

b. 丝锥标记；

c. 材料牌号或代号；

d. 件数；

e. 制造年月。

③ 包装 丝锥在包装前应经防锈处理，包装必须牢靠，并防止运输过程中的损伤。

2. 统一螺纹螺母丝锥

（1）型式和尺寸 引用标准 JB/T 8824.4—2012，适用于加工螺纹代号为 No.4～No.12、1/4～4 的统一螺纹螺母丝锥。

1）公称直径 $d<6.350$mm 的螺母丝锥型式按图 8-67 所示，尺寸在表 8-116、表 8-117 中给出。

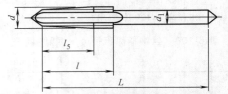

图 8-67　公称直径 $d<6.350$mm 的螺母丝锥型式

2）公称直径 $d\geqslant6.350\sim25.4$mm 圆柄（无方头）的螺母丝锥的型式按图 8-68 所示，尺寸在表 8-118、表 8-119 中给出。

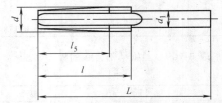

图 8-68　公称直径 $d\geqslant6.350\sim25.4$mm 圆柄螺母丝锥型式

3）公称直径 $d\geqslant6.350$mm 柄部带方头的螺母丝锥的型式按图 8-69 所示，尺寸在表 8-120、表 8-121 中给出。

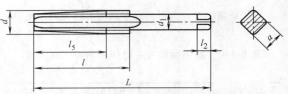

图 8-69　公称直径 $d\geqslant6.350$mm 柄部带方头螺母丝锥型式

表 8-116　公称直径 $d<6.350$mm 螺母丝锥尺寸（一）　　（单位：mm）

螺纹代号	每25.4mm内的牙数	公称直径 d	螺距 P	L	l	l_5	d_1
No. 4-40 UNC	40	2.845	0.635	40	17	13	2.00
No. 5-40 UNC		3.175					2.24
No. 6-32 UNC	32	3.505	0.794	45	22	18	2.50
No. 8-32 UNC		4.166		50			3.15
No. 10-24 UNC	24	4.826	1.058	55	28	23	3.55
No. 12-24 UNC		5.486		58			4.00

注：表中切削锥长度 l_5 为推荐尺寸。

表 8-117　公称直径 $d<6.350$mm 螺母丝锥尺寸（二）　　（单位：mm）

螺纹代号	每25.4mm内的牙数	公称直径 d	螺距 P	L	l	l_5	d_1
No. 6-40 UNF	40	3.505	0.635	40	17	13	2.50
No. 8-36 UNF	36	4.166	0.706	45	20	16	3.15
No. 10-32 UNF	32	4.826	0.794	48	22	18	3.55
No. 12-28 UNF	28	5.486	0.907	50	25	20	4.00

注：表中切削锥长度 l_5 为推荐尺寸。

表 8-118　公称直径 $d \geqslant 6.350 \sim 25.4$mm 圆柄螺母丝锥尺寸（一）　（单位：mm）

螺纹代号	每25.4mm内的牙数	公称直径 d	螺距 P	L	l	l_5	d_1
1/4-20 UNC	20	6.350	1.270	60	32	26	4.50
5/16-18 UNC	18	7.938	1.411	70	38	32	5.60
3/8-16 UNC	16	9.525	1.588	75	42	35	7.10
7/16-14 UNC	14	11.112	1.814	85	48	40	8.00
1/2-13UNC	13	12.700	1.954		52	44	9.00
9/16-12 UNC	12	14.288	2.117	95	58	49	11.20
5/8-11 UNC	11	15.875	2.309	105	62	52	12.50
3/4-10 UNC	10	19.050	2.540	120	68	57	14.00
7/8-9 UNC	9	22.225	2.822		72	60	18.00
1-8 UNC	8	25.400	3.175	135	80	67	20.00

注：表中切削锥长度 l_5 为推荐尺寸。

表 8-119　公称直径 $d \geqslant 6.350 \sim 25.4$mm 圆柄螺母丝锥尺寸（二）　（单位：mm）

螺纹代号	每25.4mm内的牙数	公称直径 d	螺距 P	L	l	l_5	d_1
1/4-28 UNF	28	6.350	0.907	58	27	22	4.50
5/16-24 UNF	24	7.938	1.058	65	31	26	6.30
3/8-24 UNF		9.525		70			7.10
7/16-20 UNF	20	11.112	1.270	85	38	33	8.00
1/2-20 UNF		12.700					9.00
9/16-18 UNF	18	14.288	1.411	95	42	36	11.20
5/8-18 UNF		15.875					12.50
3/4-16 UNF	16	19.050	1.588	105	47	40	14.00
7/8-14 UNF	14	22.225	1.814	115	54	46	18.00
1-12 UNF	12	25.400	2.117	130	64	55	20.00

注：表中切削锥长度 l_5 为推荐尺寸。

表 8-120　公称直径 $d \geqslant 6.350$mm 柄部带方头螺母丝锥尺寸（一）　（单位：mm）

螺纹代号	每25.4mm内的牙数	公称直径 d	螺距 P	L	l	l_5	d_1	方头	
								a	l_2
1/4-20 UNC	20	6.350	1.270	60	32	26	4.5	3.55	6
5/16-18 UNC	18	7.938	1.411	70	38	32	5.6	4.50	7
3/8-16 UNC	16	9.525	1.588	75	42	35	7.1	5.60	8
7/16-14 UNC	14	11.112	1.814	85	48	40	8.0	6.30	9
1/2-13 UNC	13	12.700	1.954		52	44	9.0	7.10	10
9/16-12 UNC	12	14.288	2.116	95	58	49	11.2	9.00	12
5/8-11 UNC	11	15.875	2.309	105	62	52	12.5	10.00	13
3/4-10 UNC	10	19.050	2.540	120	68	57	14.0	11.20	14
7/8-9 UNC	9	22.225	2.822		72	60	18.0	14.00	18
1-8 UNC	8	25.400	3.175	135	80	67	20.0	16.00	20
1⅛-7 UNC	7	28.575	3.629	150	90	72	22.4	18.00	22
1¼-7 UNC		31.750					25.0	20.00	24
1⅜-6 UNC	6	34.925	4.233	170	95	75	28.0	22.40	26
1½-6 UNC		38.100					31.5	25.00	28
1¾-5 UNC	5	44.450	5.080	190	105	80	35.5	28.00	31
2-4½ UNC	4.5	50.800	5.644	200	115	85	40.0	31.50	34

注：表中切削锥长度 l_5 为推荐尺寸。

表 8-121　公称直径 $d \geqslant 6.350$mm 柄部带方头螺母丝锥尺寸（二）　（单位：mm）

螺纹代号	每 25.4mm 内的牙数	公称直径 d	螺距 P	L	l	l_5	d_1	方头	
								a	l_2
1/4-28 UNF	28	6.350	0.907	58	27	23	4.5	3.55	6
5/16-24 UNF	24	7.938	1.058	65	31	26	6.3	4.50	7
3/8-24 UNF		9.525		70			7.1	5.60	8
7/16-20 UNF	20	11.112	1.270	85	38	33	8.0	6.30	9
1/2-20 UNF		12.700					9.0	7.10	10
9/16-18 UNF	18	14.288	1.411	95	42	36	11.2	9.00	12
5/8-18 UNF		15.875					12.5	10.00	13
3/4-16 UNF	16	19.050	1.588	105	47	40	14.0	11.20	14
7/8-14 UNF	14	22.225	1.814	115	54	46	18.0	14.00	18
1-12 UNF	12	25.400	2.117	130	64	55	20.0	16.00	20
1⅛-12 UNF		28.575					22.4	18.00	22
1¼-12 UNF		31.750					25.0	20.00	24
1⅜-12 UNF		34.925		140			28.0	22.40	26
1½-12 UNF		38.100					31.5	25.00	28

注：表中切削锥长度 l_5 为推荐尺寸。

4）公称直径 $d \leqslant 7.938$mm 的螺母丝锥可制成外顶尖。

5）丝锥公称切削角度，在径向平面内测量，推荐如下：

a. 前角 κ_p 为 8°～10°；

b. 后角 α_p 为 4°～6°。

（2）标记示例　右旋粗牙统一螺纹，螺纹代号为 3/8-16 UNC，每 25.4mm 上为 16 牙，2 级公差带磨制丝锥：

统一螺纹螺母丝锥　3/8-16 UNC-2　JB/T 8824.4—2012

右旋细牙统一螺纹，螺纹代号为 5/16-24 UNF，每 25.4mm 上为 24 牙，切制丝锥：

统一螺纹螺母丝锥　5/16-24 UNF　JB/T 8824.4—2012

左旋粗牙统一螺纹，螺纹代号为 1/2-13 UNC，每 25.4mm 上为 13 牙，3 级公差带磨制丝锥：

统一螺纹螺母丝锥　1/2-13 UNC L-3　JB/T 8824.4—2012

注：公称直径 $d \geqslant 6.350$～25.4mm 的螺母丝锥，柄部有方头和无方头（圆柄）两种结构。在需要明确指定柄部结构的场合，无方头的螺母丝锥名称前应加"圆柄"两字。

（3）螺纹公差　参见统一螺纹丝锥螺纹公差。

（4）技术条件　参见统一螺纹丝锥技术条件。

8.3.15　丝锥切削图形的改进及丝锥的正确使用

1. 丝锥

1）图 8-70 是重新攻螺纹的导向方法。一般机器与容器上的内螺纹插口，镀锌后螺纹须重新攻螺纹。图 a 是插口凸出长度大时，双层导筒 1 的内层对丝锥 3 导向，外层对插口 2 导向。图 b 是插口凸出长度小时，将丝锥下端约 12mm 的长度磨小，使其起导向作用。

2）图 8-71 是阶台形丝锥。对于大直径丝锥 2，

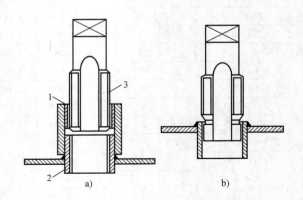

图 8-70　重新攻螺纹导向方法

a）插口凸出长度大时　b）插口凸出长度小时

1—双层导筒　2—插口　3—丝锥

例如 M20，如果机床功率不够或用手工攻螺纹太费力时，可将前半部的螺纹高度磨去一半，并注意在端头和过滤部分 1，磨出一定的斜度，可以大大减轻攻螺纹力。

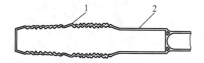

图 8-71　阶台形丝锥
1—过渡部分　2—大直径丝锥

3）图 8-72 是自制精密丝锥。例如 φ85mm 的青铜管子，螺纹已粗制完毕，但这样大的精密丝锥是买不到的。图示自制精密丝锥，是将长约 200mm 的 φ60mm 冷轧棒一端铣五个槽，焊上厚 9mm 的工具钢片，对钢片车出标准管螺纹后，用锉稍微锉出一点后角，再加热到樱红色后，对钢片淬火，在后端钻一个 φ12mm 的孔作拨动用。

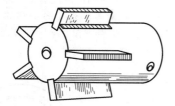

图 8-72　自制精密丝锥

4）图 8-73 是自制丝锥柄。车一个有莫氏锥的丝锥柄 3，前端锯掉一半，在剩下的部分与锯掉的一半 2 上，都作出个 V 形槽 4，用两个螺钉将丝锥夹住。

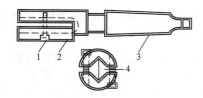

图 8-73　自制丝锥柄
1—螺钉　2—压板　3—丝锥柄　4—V 形槽

2. 手工攻螺纹

1）图 8-74 是手工攻螺纹方法。用一个螺母 2 可起导向作用，但螺母会将丝锥 1 锁住，在螺母下垫个钢或皮垫圈 3，可以避免锁固现象。

2）图 8-75 是折刀式丝锥扳手。拧紧丝锥用的扳片 2 不用时可藏到手柄 1 内，用时才转出来。

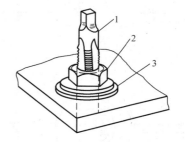

图 8-74　手工攻螺纹
1—丝锥　2—螺母　3—垫圈

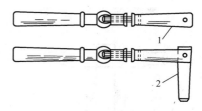

图 8-75　折刀式丝锥扳手
1—手柄　2—扳片

3）图 8-76 是不通孔攻螺纹的止动套筒。在丝锥 1 上用螺钉 2 固定一个套筒 3，用其限制攻螺纹深度。

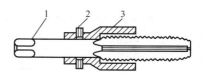

图 8-76　不通孔攻螺纹止动套筒
1—丝锥　2—螺钉　3—套筒

4）图 8-77 是利用钻床的手工攻螺纹方法。钻孔后，将丝锥夹到钻卡头上，将带手柄 3 的卡箍 1 用螺钉 2 拧入钻卡头的孔内，将传动带松掉，用手扳动手柄 3 进行攻丝。这对防止小丝锥折断很有用。

5）图 8-78 是细丝锥导套。细丝锥 1 的导套 2 调好高度后，用螺钉固定在支座 3 上，这样可防止细丝锥折断，并可以确定一定的攻螺纹深度。

6）图 8-79 是精密螺母的攻螺纹装置。装置夹在钳口 3 内，定位销 1 下部直径与螺母钻孔直径相同，上部与丝锥直径相同。当其通过衬套 6 和螺母 2 的孔后，用有翼螺钉 5 将螺母 2 固定，换上丝锥 4 对螺母 2 攻螺纹。

7）图 8-80 是用灯指示攻螺纹深度的方法。当对攻螺纹深度有要求时，在一个筒里装小灯泡 4 和

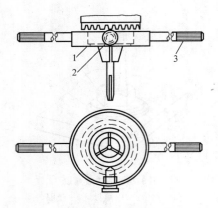

图 8-77　钻床手工攻螺纹
1—卡箍　2—螺钉　3—手柄

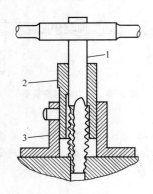

图 8-78　细丝锥导套
1—细丝锥　2—导套　3—支座

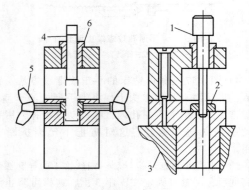

图 8-79　精密螺母攻螺纹装置
1—定位销　2—螺母　3—钳口　4—丝锥
5—有翼螺钉　6—衬套

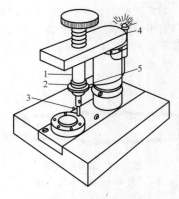

图 8-80　用灯指示攻螺纹深度
1—主轴　2—环套　3—丝锥
4—小灯泡　5—导线接头

8）图 8-81 是使一个螺杆能够通过距离远的两个螺纹孔的攻螺纹方法。环件 1 上下两个螺纹孔要求能够通过一个螺杆。可先对一端的孔攻螺纹后，通过该螺纹孔拧入一根长螺杆 4，在螺杆 4 另一端拧上一个螺母 3，其前后方向的厚度磨得与环件 1 厚度相同，使该螺母 3 正对着环件 1 另一端的孔。将螺母 3 和环件 1 一起夹在台虎钳 2 上，拧掉螺杆 4，使丝锥 5 通过螺母 3 对环件 1 攻螺纹。

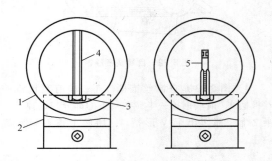

图 8-81　使用一个螺杆给距离远的两个孔攻螺纹
1—环件　2—台虎钳　3—螺母　4—螺杆　5—丝锥

9）图 8-82 是在圆料和平板上攻丝的对准装置。在角铁上焊一个筒 1，内有滑配合的导套 2，在圆料上攻螺纹时，用其对丝锥 3 导向，如果角铁两边等长，也可以在平板上对丝锥导向。

10）图 8-83 是清除攻螺纹孔内泥土的方法。将一般螺栓铣三个槽像丝锥那样，可用其清除孔内泥土等杂物。

3. 机动攻螺纹

1）图 8-84 是在转塔车床上对螺母攻螺纹用的工具。在棒料 3 上开槽，使其配合六角螺母的两个面，将棒一端车细装在转塔 4 上，在槽内装满螺母，将一个长丝锥 2 装在卡盘上的卡头 1 内，以慢速一

一个干电池，或利用小手电筒固定在立柱上。将一个极的导线接头 5 固定在立柱的一定高度上。当装丝锥 3 的主轴 1 下降到一定高度时，固定在轴上的环套 2 接触导线接头 5，使灯泡发亮。

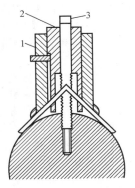

图 8-82　攻丝对准装置

1—筒　2—导套　3—丝锥

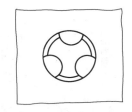

图 8-83　清洗螺孔工具

次对所有螺母攻螺纹。

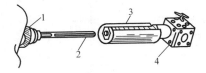

图 8-84　转塔车床上对螺母攻螺纹工具

1—卡头　2—长丝锥　3—棒料　4—转塔

2) 图 8-85 是丝锥的十字形卡头。对一个螺母攻螺纹完毕后，螺母上窜到丝锥杆 1 上，等到杆上串满螺母后，拧松一个曲柄 3，将丝锥杆 1 取下退出所有螺母后，再拧上去。四个曲柄 3 中有三个调好后拧紧螺母 2，就不再松开，丝锥在其间还可以滑动，丝锥杆 1 是靠第四个有记号的曲柄拧紧的。丝锥杆 1 上端方头也要有记号，只以其中一个方面与第四个曲柄接触。曲柄的弯曲方向是逆着攻螺纹转动方向的，以免碰伤操作者。

3) 图 8-86 是对丝锥垂直加力的装置。钻杆 2 直径大而中孔的下部以滑配合装在筒 5 内，中空部分装压缩弹簧 4，用卡圈 3 不使钻杆 2 滑出筒 5。将丝锥放在工件孔上，当钻卡头 1 下行时，装卡丝锥的开口夹头 7 上端有个手把 6，手把 6 以滑配合插入筒 5 的槽 8 内，在弹簧压力下以慢速攻螺纹。

4) 图 8-87 是在钻床上对大孔攻螺纹用的工具。用丝锥 4 攻 M20 的内螺纹时，钻床轴 1 有变形现象，

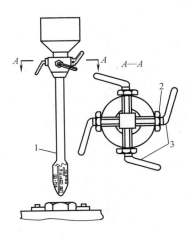

图 8-85　丝锥的十字形卡头

1—丝锥杆　2—螺母　3—曲柄

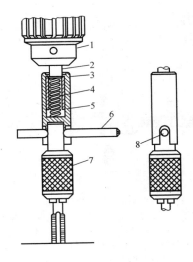

图 8-86　对丝锥垂直加力装置

1—钻卡头　2—钻杆　3—卡圈　4—压缩弹簧
5—筒　6—手把　7—开口夹头　8—槽

用图示有凸缘的锥柄 2 解决了问题。凸缘上有三个 $\phi 8.5\text{mm}$ 的孔，用 M8 的螺栓将丝锥夹头 3 吊起，锥柄 2 的凸缘与夹头 3 的凸缘之间有 0.12mm 的缝隙，这样夹头 3 在竖向和侧向都有一定的自由度，丝锥有自行对准的余地，大大改善了钻床轴 1 的受力状态。

5) 图 8-88 是一种改进的车床攻螺纹装置。工件 1 卡在车床卡盘上，将一般手扳攻螺纹夹头加以改进，前端照常用螺钉固定丝锥 2，后端有螺纹杆 3，其节距与丝锥 2 用。螺纹杆 3 拧入有内螺纹的锥柄 5 中，锥柄 5 安装在尾座 4 的锥孔轴中。这样当车床慢速转动时，丝锥 2 会自动向工件 1 内送进，

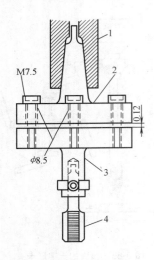

图 8-87 钻床上对大孔攻螺纹工具
1—钻床轴 2—锥柄 3—夹头 4—丝锥

车床反转时会自动退出，还可以单独进行手工攻螺纹。

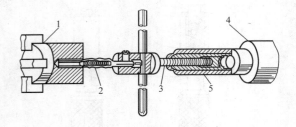

图 8-88 车床攻螺纹装置
1—工件 2—丝锥 3—螺纹杆 4—尾座 5—锥柄

6）图 8-89 是避免丝锥折断用的夹具。当材料质量不均匀，孔型或转速有变化时，常会使丝锥折断，可用图示装在六角头 1 上的夹具解决问题，丝

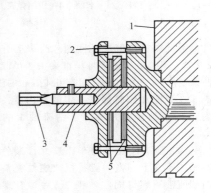

图 8-89 夹具
1—六角头 2—螺钉 3—丝锥
4—凸缘轴 5—摩擦盘

锥 3 固定在凸缘轴 4 上，其凸缘夹在两片非金属摩擦盘 5 之间。当丝锥遇到阻力时，凸缘轴 4 可在摩擦盘 5 之间打滑，避免丝锥折断。摩擦力大小可用螺钉 2 调节。

7）图 8-90 是在钻床上对薄螺母攻螺纹的自动出件装置。薄螺母一般是用钣金冲裁下料后，再用攻螺纹夹具攻螺纹的。图示是对已有孔和槽的半成品最后攻螺纹用的装置。将半成品 5 放到右边两个导板间，同时推动滑板 4 向左移动，滑板 4 有凸棱卡在螺母槽内，防止其在攻螺纹时转动。丝锥（图未示）进行攻螺纹前，左边的杆 3 被压下先插入滑板 4 孔内，攻螺纹完毕，丝锥上行后，杆 3 在弹簧 2 作用下退出滑板 4 的孔，滑板被在弹簧作用下的杠杆 1 拨动，将工件打出装置。

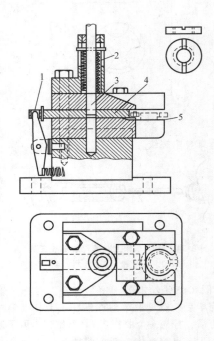

图 8-90 自动出件装置
1—杠杆 2—弹簧 3—杆
4—滑板 5—半成品

8）图 8-91 是自制摩擦驱动攻螺纹机，可用三个支架 4 装在工作台 8 上。有两个带轮 7，右边皮带 2 是反转连到天轴上的。工件装到开缝夹头 5 内，由拉杆 1 将工件夹紧。当丝锥 6 向左推进时，左边逆时针旋转的带轮与轴上摩擦轮 3 接触，进行攻螺纹，当达到一定深度后，丝锥 6 回拉，使右边顺时针旋转的带轮与轴上摩擦轮 3 接触，将丝锥退出工件。

9）图 8-92 是攻螺纹注油枪。在六角车床上除装有钻孔用钻头 3 和丝锥 4 外，还可以装一个调好

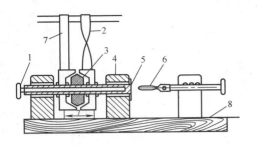

图 8-91　摩擦驱动攻螺纹机

1—拉杆　2—皮带　3—摩擦轮
4—支架　5—开缝夹头　6—丝锥
7—带轮　8—工作台

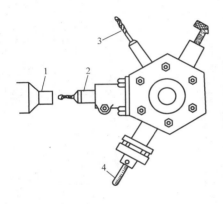

图 8-92　攻螺纹注油枪

1—铜件　2—注油枪
3—钻头　4—丝锥

位置的注油枪 2。对铜件 1 钻孔后，以一定程序，轮流由丝锥 4 攻螺纹和用注油枪 2 注油。

8.4　板牙

8.4.1　圆板牙

1. 型式和公称尺寸

国家标准 GB/T 970.1—2008 中规定了加工普通螺纹 6g 公差带用的圆板牙的型式（见图 8-93）和公称尺寸（见表 8-122 及表 8-123）按 6g 公差带制造的圆板牙，在大多数情况下也可满足加工 6h 公差带螺纹的需要。当然，只要改变一下公差带位置，根据需要也可按 6e、6f 及 6h 设计和生产圆板牙。

这个标准修改采用了 ISO 2568：1988，并根据国内需要做了若干补充。

圆板牙可以机用也可以手用。

2. 圆板牙结构要素设计

（1）外圆直径 D 及宽度 E　一般情况下可按前述标准选取外圆直径 D 和宽度 E。特殊情况下需要设计时，设计 D 需考虑螺纹大径、刃宽 f、切削孔直径，以及其孔壁到外圆表面距离 a'（mm）值。a' 值可按下式确定

$$a' \approx 0.8\sqrt{D}$$

式中　D——板牙外径（mm）。

一般板牙厚度 $E > 0.2D$，且

$$12P \geqslant E \geqslant 8P$$

式中　P——螺纹螺距。

对于极细牙板牙，为了减小螺纹接触牙数，可挖出空刀槽。

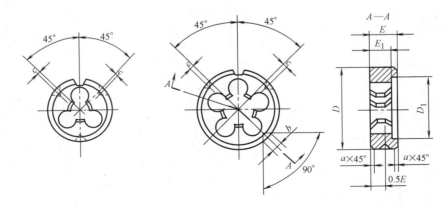

$D=16$ 和 20　　　　　　　$D \geqslant 25$

图 8-93　圆板牙

表 8-122　粗牙普通螺纹用圆板牙　（单位：mm）

代号	公称直径 d	螺距 P	D	D_1	E	E_1	c	b	a
M1	1	0.25	16	11	5	2	0.5	3	0.2
M1.1	1.1								
M1.2	1.2								
M1.4	1.4	0.3							
M1.6	1.6	0.35				2.5			
M1.8	1.8								
M2	2	0.4							
M2.2	2.2	0.45				3			
M2.5	2.5								
M3	3	0.5	20					4	0.5
M3.5	3.5	0.6							
M4	4	0.7							
M4.5	4.5	0.75			7		0.6		
M5	5	0.8							
M6	6	1							
M7	7								
M8	8	1.25	25		9		0.8	5	
M9	9								
M10	10	1.5	30		11		1.0		
M11	11								
M12	12	1.75	38		14		1.2		1
M14	14	2							
M16	16								
M18	18		45	—	18[①]	—			
M20	20	2.5							
M22	22		55		22		1.5		
M24	24	3							
M27	27							8	
M30	30	3.5	65		25		1.8		
M33	33								
M36	36	4							2
M39	39		75		30				
M42	42	4.5							
M45	45								
M48	48	5	90				2		
M52	52								
M56	56	5.5	105		36				
M60	60								
M64	64	6	120				2.5	10	
M68	68								

① 根据用户需要，M16 圆板牙的厚度 E 尺寸可按 14mm 制造。

表 8-123　细牙普通螺纹用圆板牙　　　　　（单位：mm）

代号	公称直径 d	螺距 P	D	D_1	E	E_1	c	b	a
M1×0.2	1	0.2	16	11	5	2	0.5	3	0.2
M1.1×0.2	1.1								
M1.2×0.2	1.2								
M1.4×0.2	1.4								
M1.6×0.2	1.6								
M1.8×0.2	1.8								
M2×0.25	2	0.25							
M2.2×0.25	2.2								
M2.5×0.35	2.5	0.35		15		2.5			
M3×0.35	3					3			
M3.5×0.35	3.5								
M4×0.5	4	0.5	20	—		—		4	
M4.5×0.5	4.5								
M5×0.5	5								
M5.5×0.5	5.5								
M6×0.75	6	0.75			7		0.6	5	0.5
M7×0.75	7								
M8×0.75	8		25		9		0.8		
M8×1		1							
M9×0.75	9	0.75							
M9×1		1							
M10×0.75	10	0.75	30	24	11	8	1		1
M10×1		1		—		—			
M10×1.25		1.25							
M11×0.75	11	0.75		24		8			
M11×1		1		—		—			
M12×1	12	1	38		10		1.2	6	
M12×1.25		1.25							
M12×1.5		1.5							
M14×1	14	1							
M14×1.25		1.25							
M14×1.5		1.5							
M15×1.5	15	1.5							
M16×1	16	1	45	36		10			
M16×1.5		1.5		—		—			
M17×1.5	17	1.5							
M18×1	18	1		36	14	10			
M18×1.5		1.5		—		—			
M18×2		2							
M20×1	20	1		36		10			
M20×1.5		1.5		—		—			
M20×2		2							
M22×1	22	1	55	45	16	12	1.5	8	
M22×1.5		1.5		—		—			
M22×2		2							
M24×1	24	1		45		12			
M24×1.5		1.5		—		—			
M24×2		2							
M25×1.5	25	1.5							
M25×2		2							
M27×1	27	1	65	54	18	12	1.8		
M27×1.5		1.5		—		—			
M27×2		2							

（续）

代号	公称直径 d	螺距 P	D	D_1	E	E_1	c	b	a
M28×1		1		54		12			
M28×1.5	28	1.5							
M28×2		2		—	18	—			
M30×1		1		54		12			1
M30×1.5	30	1.5							
M30×2		2							
M30×3		3	65		25		1.8	8	
M32×1.5	32	1.5							
M32×2		2							
M33×1.5		1.5		—	18				
M33×2	33	2							
M33×3		3			25				
M35×1.5	35	1.5							
M36×1.5	36	1.5			18				
M36×2	36	2	65	—	18	—			
M36×3		3			25				
M39×1.5		1.5		63	20	16			
M39×2	39	2							
M39×3		3			30				
M40×1.5		1.5		63	20	16			
M40×2	40	2	75				1.8		
M40×3		3		—	30	—			
M42×1.5		1.5		63	20	16			
M42×2		2							
M42×3	42	3							
M42×4		4			30				
M45×1.5		1.5		75	22	18			
M45×2	46	2							
M45×3		3		—	36	—			
M45×4		4						8	2
M48×1.5		1.5		75	22	18			
M48×2	48	2							
M48×3		3	90	—	36	—			
M48×4		4					2		
M50×1.5		1.5		75	22	18			
M50×2	50	2							
M50×3		3		—	36	—			
M52×1.5		1.5		75	22	18			
M52×2	52	2							
M52×3		3		—	36	—			
M52×4		4							
M55×1.5		1.5		90	22	18			
M55×2	55	2							
M55×3		3		—	36	—			
M55×4		4	105				2.5	10	
M56×1.5		1.5		90	22	18			
M56×2	56	2							
M56×3		3		—	36	—			
M56×4		4							

注：根据需要，表中部分规格圆板牙的厚度 E 可按 GB/T 970.1—2008 附录 A 生产。

（2）刃瓣数 z 及刃宽 f 板牙刃瓣数 z 可按下式计算后取相近整数

$$z = \frac{0.8d_1}{P} \qquad (8\text{-}22)$$

式中 d_1——螺纹内径（mm）；

P——螺纹螺距。

刃瓣宽度 f（mm）可按下式计算

$$f = \frac{0.4\pi d_1}{z} \approx 1.26\frac{d_1}{z} \qquad (8\text{-}23)$$

（3）切削部分参数

1）切削锥角 κ_r。一般取 25°，对 $d>6$mm 板牙，也可制成 20°。

2）锥孔与端面相交的最大直径 D_1。对 $d = 1 \sim 4$mm，$D_1 = d + 0.1$mm；$d > 4 \sim 18$mm，$D_1 = d + 0.3$mm；$d > 18 \sim 68$mm，$D_1 = d + 0.4$mm。

3）前角 γ。由于结构限制，板牙前角沿切削刃是变化的，在螺纹的小径处较大，在螺纹大径处则较小。根据被加工材料硬度可在 10°～25° 间选取，特殊情况下前角也可达 25°～35°。太大时，在小径处需进行修磨。

4）后角 α。在背平面（垂直于轴线的平面内测量）一般取 6°～8°，因而在此平面内的铲削量 K（mm）（见图 8-94）为

$$K \approx 0.4\frac{D}{z} \qquad (8\text{-}24)$$

在轴向的铲削量 K_0（mm）为

$$K_0 = K\cot\kappa_r \qquad (8\text{-}25)$$

（4）容屑孔的尺寸和位置 圆板牙容屑孔径 d_0 及其中心所处的位置圆直径 D_0（见图 8-95）需满足已选定的前角 γ_p，刃瓣宽 f，刃瓣数 z 及容屑孔壁到外圆表面的距离 a'（见图 8-94）。

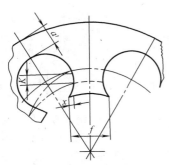

图 8-94 板牙开刃时去掉的一层

此外，还要考虑如下三点：

1）热处理后刃口留磨量 x（见图 8-94），其值对 $d \le 12$mm，$x = 0.03d$；对 $d > 12$mm，$x = 0.02d_0$。式中 d 为螺纹大径。

2）容屑孔应该和螺纹小径圆相交，两交弧间最大距离（称追越量）f_0（mm），应使 $f_0 < 0.2d_0$。

3）在整个螺纹高度上前角应该在所设定的范围内（见图 8-95）。

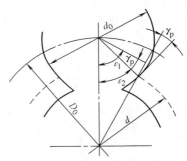

图 8-95 前角和切削点位置的关系

容屑孔直径 d_0（mm）及其圆心位置直径 D_0（mm）可按下式计算

$$d_0 = \frac{(D-2a'-2l)\sin(\psi_3+\gamma)}{1+\sin(\psi_3+\gamma)} \qquad (8\text{-}26)$$

$$D_0 = D - 2a' - d \qquad (8\text{-}27)$$

$$l = \frac{d_1\sin\gamma}{2\sin(\psi_3+\gamma)} \qquad (8\text{-}28)$$

$$\tan\psi_3 = \frac{\sin\dfrac{180°}{z}}{\cos\dfrac{180°}{z}+0.8} \qquad (8\text{-}29)$$

式中 d_1——螺纹小径（mm）；

γ——前角；

z——刃瓣数。

追越量 f_0（mm）是否在规定的 $0.2d_0$ 以内，用下式校验

$$f_0 = \frac{d_1 - (D_0 - d_0)}{2} \qquad (8\text{-}30)$$

螺纹大径处的前角用以下三式校验

$$\sin\varepsilon_1 = \frac{D_0^2 + d^2 - d_0^2}{2dD_0} \qquad (8\text{-}31)$$

$$\sin\varepsilon_2 = \frac{D_0^2 + d_0^2 - d^2}{2d_0D_0} \qquad (8\text{-}32)$$

$$\varepsilon_1 - \varepsilon_2 > \gamma_{\min}$$

而 $r_{\min}$ 等于名义前角 γ 减 2°。

用式（8-26）和式（8-27）算出的 d_0 和 D_0 经过验算之后不一定完全满足已选取条件。这时要调整参数反复试算，最后选定一组较合适的参数。

这个过程也可用放大做图法来进行，此方法要直观得多。

这组数据（γ，f_0，d_0 及 D_0 等）设计得如何，不仅直接影响板牙的切削性能，也是板牙容屑孔钻具设计的依据。

（5）偏心量及切口槽横肋厚度 圆板牙经过使用一段时间后中径磨损增大，这时用砂轮从切口槽横肋厚度 Δh 处切开，用板牙架上的螺钉调整板牙中径尺寸。Δh 一般取 $0.7 \sim 2\text{mm}$。偏心量 c（见图 8-93）可取在 $0.5 \sim 2.5\text{mm}$ 范围内，也有的厂取 $c = 0$。

M1～4.5mm 圆板牙结构见图 8-96，供参考。

3. 板牙用组合丝锥

M2～52mm 圆板牙的螺纹是用专门设计的板牙丝锥加工出来的，其形状见图 8-97。

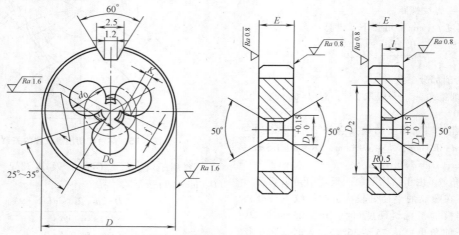

图 8-96 螺纹公称直径 1～4.5mm 圆板牙结构 （$z = 3$）

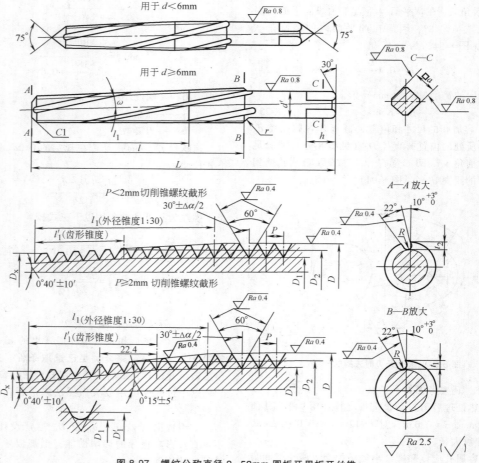

图 8-97 螺纹公称直径 2～52mm 圆板牙用板牙丝锥

设计板牙用组合丝锥要注意如下各点：

1) 切削锥部较长，不仅每个齿的外圆分布在 1:30（或 1:25）的锥体上，而且螺纹中、小径也分布在另一稍小的锥体上，这样，攻螺纹时不仅齿顶参加切削，而且侧刃也参加切削，可获得较光洁的螺纹表面。

切削部分长度 l_1 尺寸可按下式计算

$$l_1 = E + \frac{(D - d_1') \times P}{2f_z \cdot z} \quad (8\text{-}33)$$

式中 D——板牙丝锥大径（mm）；

d_1'——圆板牙攻螺纹前孔径（mm），
$$d_1' = d - 1.2269P - 0.82；$$

P——螺距（mm）；

E——板牙厚度（mm）；

z——组合丝锥刃瓣数；

f_z——每齿进给量，f_z 按螺距 $P = (0.2 \sim 5)$ mm 取 $(0.0017 \sim 0.009)$ mm。

齿形锥度长度 l_1' 按一般经验取 $l_1' = (0.6 \sim 0.8)l_1$（mm）。

2) 组合丝锥前端直径 D_x

$$d = (1 \sim 1.8)\,\text{mm}, \quad D_x = d_1' - \frac{E}{25}$$

$$d = (2 \sim 52)\,\text{mm}, \quad D_x = d_1' - \frac{E}{30}.$$

3) 刃瓣数 z 较普通丝锥多。板牙组合丝锥刃瓣数不得与板牙刃瓣数相同或成倍数。因为工艺上一般是在钻完容屑孔后才攻板牙螺纹。

新制组合丝锥的刃沟宽度不得大于板牙两刃瓣间空隙宽度的 0.75 倍。

组合丝锥沟较窄，沟形角一般为 15°～22°左右。

4) 组合丝锥的沟是螺旋形的，右旋丝锥为左旋沟，左旋丝锥为右旋沟，且与螺纹相垂直。

5) 组合丝锥后角一般取 2°～3°。

6) 组合丝锥的形位误差也严于一般丝锥。

7) 圆板牙螺纹制造得正确与否是以其切出的工件螺纹是否符合规定精度而衡量的。例如，标准圆板牙应切出符合普通螺纹标准的 6g 级工件螺纹。

标准板牙及板牙丝锥等切制 6g 螺纹时公差分布简图见图 8-98。

一组板牙丝锥的校准部分螺纹截形及其公差数据见表 8-124～表 8-126，与表 8-124 相对应的板牙丝锥见图 8-99。应该说明，这只是推荐的参考尺寸，而非必须遵守。因为板牙经组合丝锥攻完螺纹后，还

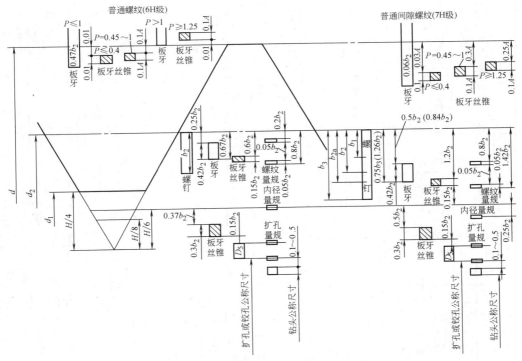

图 8-98 圆板牙及板牙精铰丝锥公差分布图

注：1. 本板牙丝锥的中径位置适用于一般加工条件及一般热处理的板牙制造。攻螺纹和热处理有较大扩大量时，可采用此图示位置稍下的板牙丝锥，攻螺纹扩大量小而热处理又有收缩时，可采用此图的位置稍上的板牙丝锥，其外径、内径的位置可以不变。

2. 板牙的螺纹尺寸以板牙铰出的螺纹零件符合精度为验收依据，用螺纹量规控制也可。

表 8-124 M1~1.8 圆板牙用丝锥尺寸

（单位：mm）

螺纹公称直径 d	螺距 P	l_2	l_1	D_x 公称尺寸	D_x 下极限偏差	D 公称尺寸	D 下极限偏差	D_2 公称尺寸	D_2 下极限偏差	D_1 公称尺寸	D_1 下极限偏差	D_1' 最大	牙型半角误差 /(')	K	R	D_0
1	0.25	13	10	0.581	-0.03	0.990	-0.010	0.808	-0.008	0.674	-0.015	0.71	±55	0.037	0.10	0.45
1	0.20	11	8.5	0.648	-0.03	0.990	-0.010	0.843	-0.007	0.738	-0.014	0.77	±55	0.04	0.10	0.45
1.2	0.25	13	10	0.781	-0.03	1.190	-0.010	1.008	-0.008	0.874	-0.015	0.91	±55	0.048	0.12	0.54
1.2	0.20	11	8.5	0.848	-0.03	1.190	-0.010	1.043	-0.007	0.938	-0.014	0.97	±55	0.052	0.12	0.54
1.4	0.30	15	12	0.916	-0.03	1.390	-0.010	1.172	-0.008	1.011	-0.017	1.05	±50	0.056	0.12	0.63
1.4	0.20	11	8.5	1.048	-0.04	1.390	-0.010	1.243	-0.007	1.138	-0.014	1.17	±50	0.063	0.14	0.63
1.6	0.35	18	13.5	1.052	-0.04	1.590	-0.010	1.338	-0.009	1.149	-0.018	1.20	±50	0.063	0.18	0.72
1.6	0.20	11	8.5	1.248	-0.04	1.590	-0.010	1.443	-0.007	1.338	-0.014	1.37	±50	0.074	0.18	0.72
1.8	0.35	18	13.5	1.252	-0.04	1.790	-0.010	1.538	-0.009	1.349	-0.018	1.40	±50	0.074	0.20	0.81
1.8	0.20	11	8.5	1.448	-0.04	1.790	-0.010	1.643	-0.007	1.538	-0.014	1.57	±55	0.084	0.20	0.81

表 8-125 粗牙普通螺纹圆板牙用板牙丝锥尺寸

（单位：mm）

螺纹公称直径 d	螺距 P	L	l	l_1	l_1'	D_x 公称尺寸	D_x 下极限偏差	d' 公称尺寸	d' 下极限偏差	a 公称尺寸	a 下极限偏差	h	r	D 公称尺寸	D 下极限偏差	D_2 公称尺寸	D_2 下极限偏差	D_1 公称尺寸	D_1 下极限偏差	D_1' 最大	牙型半角误差 /(')	K	K_1	Z	T	ω	R	t_1	t_2
2	0.4	35	23	19	12	1.36	-0.040	1.0	-0.020	1.1	-0.06	4	0.2	1.990	-0.010	1.702	-0.010	1.485	-0.019	1.54	±45	0.04	—	4	72.1	4°16'	0.2	0.45	0.35
2.2	0.45	38	25	21	13	1.49	-0.040	1.6	-0.020	1.2	-0.06	4	0.25	2.189	-0.011	1.868	-0.010	1.623	-0.020	1.68	±40	0.05	—	4	77.2	4°22'	0.25	0.5	0.40
2.5	0.45	38	25	21	13	1.79	-0.040	1.9	-0.020	1.5	-0.06	4	0.25	2.489	-0.011	2.168	-0.010	1.923	-0.020	1.98	±40	0.06	—	4	97.8	4°	0.25	0.6	0.50
3	0.5	45	28	23	14	2.22	-0.040	2.2	-0.020	1.6	-0.06	5	0.3	2.988	-0.012	2.632	-0.011	2.361	-0.021	2.43	±35	0.07	—	4	138	3°26'	0.3	0.75	0.65
(3.5)	0.6	50	32	27	17	2.58	-0.040	2.5	-0.020	2.1	-0.06	5	0.3	3.487	-0.013	3.063	-0.012	2.735	-0.023	2.81	±30	0.08	—	4	156	3°33'	0.3	0.85	0.70
4	0.7	56	37	32	19	2.94	-0.040	2.9	-0.020	2.4	-0.06	6	0.3	3.964	-0.014	3.457	-0.013	3.086	-0.025	3.20	±25	0.09	—	4	174	3°38'	0.3	1.05	0.90
4.5	0.75	58	39	34	20	3.38	-0.040	3.5	-0.020	2.7	-0.06	6	0.3	4.485	-0.015	3.959	-0.014	3.547	-0.027	3.63	±25	0.10	—	4	208	3°27'	0.3	1.1	0.95
5①	0.8	65	44	37	22	3.78	-0.048	3.7	-0.025	3.0	-0.06	6	0.3	4.967	-0.016	4.387	-0.014	3.959	-0.027	4.08	±17	0.12/0.10	0.012	4/5	243	3°17'	0.4/0.3	1.2/1.2	1.05
6	1	75	52	44	26	4.53	-0.048	4.5	-0.025	3.4	-0.08	8	0.5	5.956	-0.018	5.242	-0.015	4.706	-0.030	4.85	±14	0.12	~	5	278	3°26'	0.35	1.5	1.3
(7)	1	75	52	44	26	5.53	-0.048	4.5	-0.025	3.4	-0.08	8	0.5	6.956	-0.018	6.242	-0.015	5.706	-0.030	5.85	±14	0.13	0.024	5	392	2°53'	0.35	1.5	1.3
8	1.25	90	65	55	33	6.17	-0.058	5.9	-0.025	4.9	-0.08	8	0.5	8.003	-0.020	7.074	-0.017	6.395	-0.034	6.56	±13	0.14		5	402	3°11'	0.5	1.85	1.55
(9)	1.25	90	65	55	33	7.17	-0.058	5.9	-0.025	4.9	-0.08	8	0.5	9.003	-0.020	8.074	-0.017	7.305	-0.034	7.56	±13	0.15		5	523	2°48'	0.5	1.85	1.55
10	1.5	108	79	67	40	7.82	-0.058	7.2	-0.030	5.5	-0.08	8	0.5	10.002	-0.024	8.898	-0.019	8.079	-0.037	8.28	±12	0.18	0.02	5	530	3°03'	0.6	2.25	1.95
(11)	1.5	108	79	67	40	8.82	-0.058	8.5	-0.030	7	-0.08	8	0.5	11.002	-0.024	9.898	-0.019	9.079	-0.037	9.28	±12	0.20	~	5	654	2°44'	0.6	2.25	1.95
12	1.75	136	104	88	53	9.45	-0.058	9.4	-0.030	7	-0.08	8	0.5	12.003	-0.026	10.720	-0.020	9.763	-0.040	10.00	±11	0.22		6	658	2°57'	0.6	3.2	2.80
14	2	142	104	88	53	11.13	-0.070	10.5	-0.035	8	-0.10	10	0.5	14.000	-0.029	12.546	-0.021	11.449	-0.043	11.70	±10	0.21		6	788	2°53'	0.7	2.8	2.2
16	2	142	104	88	53	13.13	-0.070	12.5	-0.035	10	-0.10	10	0.5	16.000	-0.029	14.546	-0.021	13.449	-0.043	13.70	±10	0.25		6	1057	2°29'	0.7	2.8	2.2
18	2.5	172	129	109	66	14.43	-0.070	12.5	-0.035	10	-0.10	10	0.5	18.002	-0.033	16.210	-0.024	14.828	-0.048	15.12	±9	0.27	0.03	6	1050	2°48'	1.0	3.5	2.8

（续）

（单位：mm）

螺纹公称直径 d	螺距 P	L	l	l₁	l'₁	D_x 公称尺寸	D_x 下极限偏差	d' 公称尺寸	d' 下极限偏差	a 公称尺寸	a 下极限偏差	h 公称尺寸	r	D 公称尺寸	D 下极限偏差	D_2 公称尺寸	D_2 下极限偏差	D_1 公称尺寸	D_1 下极限偏差	D_1' 最大	牙型半角误差/(')	K	K_1	Z	T	ω	R	t_1	t_2
20	2.5	172	129	109	66	16.43	-0.070	15	-0.035	12	-0.12	15	1.0	20.002	-0.033	18.210	-0.024	16.828	-0.048	17.12	±9	0.27		7	1323	2°29'	1.0	3.5	2.8
22	2.5	175	129	109	66	18.42	-0.084	18	-0.035	14.5	-0.12	17	1.0	22.002	-0.033	20.210	-0.024	18.828	-0.048	19.12	±9	0.30		7	1628	2°15'	1.0	3.5	2.8
24	3	208	154	130	78	19.73	-0.084	18	-0.035	14.5	-0.12	17	1.0	24.000	-0.037	21.858	-0.026	20.197	-0.052	20.55	±9	0.32		7	1588	2°29'	1.2	4	3.15
27	3	208	154	130	78	22.73	-0.084	23	-0.045	18	-0.12	21	1.0	27.000	-0.037	24.858	-0.026	23.197	-0.052	23.55	±9	0.37		7	2041	2°12'	1.2	4	3.38
30	3.5	235	178	150	90	25.05	-0.084	23	-0.045	18	-0.12	21	1.0	30.000	-0.040	27.519	-0.028	25.574	-0.056	25.96	±9	0.40	0.02	7	2155	2°18'	1.2	5.5	4.5
33	3.5	258	178	150	90	28.05	-0.084	26	-0.045	22	-0.12	23	1.0	33.000	-0.040	30.519	-0.028	28.574	-0.056	28.96	±9	0.39	~	8	2649	2°05'	1.2	5	4
36	4	258	196	172	103	30.41	-0.10	29	-0.045	24	-0.12	25	1.0	35.998	-0.042	33.178	-0.030	30.950	-0.060	31.38	±9	0.43	0.03	8	2750	2°11'	1.6	5	4.1
39	4	268	200	172	103	33.33	-0.10	32	-0.050	26	-0.12	27	1.0	38.998	-0.042	36.178	-0.030	33.950	-0.060	34.38	±9	0.47		8	3267	2°0'	1.6	5	4.1
42	4.5	290	220	194	116	35.7	-0.10	34	-0.050	29	-0.12	29	1.0	41.997	-0.045	38.842	-0.032	36.329	-0.064	36.81	±9	0.44		9	3332	2°06'	1.6	7	6
45	4.5	305	224	194	116	38.6	-0.10	37	-0.050	29	-0.12	32	1.5	44.997	-0.045	41.842	-0.032	39.329	-0.064	39.81	±9	0.54		8	3882	1°57'	1.6	6	4.9
48	5	325	245	212	127	40.99	-0.10	38	-0.050	32	-0.12	32	1.5	47.992	-0.050	44.499	-0.034	41.762	-0.068	42.23	±9	0.51		9	3938	2°02'	1.6	6	4.9
52	5	330	245	212	127	44.99	-0.10	42	-0.050	32	-0.14	35	1.5	51.992	-0.050	48.499	-0.034	45.702	-0.068	46.23	±9	0.56		9	4677	1°52'	1.6	6	4.9

注：K_1 为 0.02～0.03。

① 圆板牙出屑孔为 3 孔时，丝锥刃沟 Z 取 4；圆板牙出屑孔为 4 孔时，丝锥刃沟 Z 取 5。

表 8-126　细牙普通螺纹圆板牙用板牙丝锥尺寸

螺纹公称直径 d	螺距 P	L	l	l₁	l'₁	D_x 公称尺寸	D_x 下极限偏差	d' 公称尺寸	d' 下极限偏差	a 公称尺寸	a 下极限偏差	h 公称尺寸	h 下极限偏差	r	D 公称尺寸	D 下极限偏差	D_2 公称尺寸	D_2 下极限偏差	D_1 公称尺寸	D_1 下极限偏差	D_1' 最大	牙型半角误差/(')	K	K_1	Z	T	ω	R	t_1	t_2
2	0.25	28	15	13	8	1.56	-0.040	1.6	-0.020	1.2	-0.020	4	-0.06	0.2	1.990	-0.010	1.808	-0.010	1.674	-0.015	1.710	±55	0.046	—	4	129	2°32'	0.2	0.45	0.39
2.2	0.25	28	15	13	8	1.74	-0.040	1.6	-0.020	1.2	-0.020	4	-0.06	0.25	2.190	-0.010	2.008	-0.008	1.874	-0.015	1.910	±55	0.052		4	159	2°11'	0.25	0.50	0.43
2.5	0.35	35	20	17	10	1.92	-0.040	1.9	-0.020	1.5	-0.020	4	-0.06	0.25	2.490	-0.010	2.238	-0.009	2.049	-0.018	2.10	±50	0.056		4	140	2°7'	0.25	0.60	0.51
3	0.35	35	20	17	10	2.42	-0.040	2.5	-0.020	2.1	-0.020	5	-0.06	0.3	2.990	-0.010	2.720	-0.009	2.549	-0.018	2.60	±50	0.07		4	216	2°17'	0.3	0.75	0.66
3.5	0.35	38	21	18	11	2.89	-0.040	2.9	-0.020	2.4	-0.020	5	-0.06	0.3	3.490	-0.010	3.213	-0.010	3.047	-0.020	3.10	±50	0.08		4	298	1°57'	0.3	0.85	0.71
4	0.5	48	24	24	14	3.19	-0.048	2.9	-0.020	2.4	-0.020	6	-0.06	0.3	3.988	-0.012	3.605	-0.012	3.357	-0.024	3.42	±35	0.09		4	188	2°30'	0.3	1.05	0.94
(4.5)	0.5	48	24	24	14	3.69	-0.048	3.7	-0.025	3.0	-0.025	6	-0.06	0.3	4.488	-0.012	4.105	-0.012	3.857	-0.024	3.92	±35	0.10		4	336	2°12'	0.3	1.1	0.98
5①	0.5	48	24	24	14	3.69	-0.048	3.7	-0.025	3.0	-0.025	6	-0.06	0.3	4.988	-0.012	4.605	-0.012	4.357	-0.024	4.42	±35	0.12/0.10		4/5	423	1°57'	0.4/0.30	1.2	1.09
5.5	0.5	50	31	27	16	4.19	-0.048	4.5	-0.025	3.4	-0.025	6	-0.08	0.3	5.488	-0.012	5.127	-0.012	4.857	-0.024	4.92	±35	0.11		5	519	1°47'	0.35	1.5	1.41
6	0.75	62	41	35	21	4.70	-0.048	4.5	-0.025	3.4	-0.025	8	-0.08	0.5	5.985	-0.015	5.429	-0.014	5.045	-0.029	5.13	±25	0.11		5	393	2°6'	0.35	1.5	1.33
(7)	0.75	62	41	35	21	5.84	-0.048	5.9	-0.025	4.9	-0.025	8	-0.08	0.5	6.985	-0.015	6.429	-0.014	6.045	-0.029	6.13	±25	0.13		5	552	2°0'	0.35	1.5	1.33
8	0.75	64	41	35	21	6.83	-0.058	5.9	-0.025	4.9	-0.025	8	-0.08	0.5	7.985	-0.015	7.429	-0.014	7.045	-0.029	7.13	±25	0.15		5	735	1°49'	0.50	1.85	1.69
(9)	0.75	64	41	35	21	7.83	-0.058	7.2	-0.030	5.5	-0.030	8	-0.08	0.5	8.985	-0.015	8.429	-0.014	8.045	-0.029	8.13	±25	0.18		5	950	1°36'	0.50	1.85	1.69
10	0.75	66	42	36	22	8.80	-0.058	7.2	-0.030	5.5	-0.030	10	-0.08	0.5	9.985	-0.015	9.422	-0.016	9.041	-0.032	9.13	±25	0.20		5	1180	1°26'	0.60	2.25	2.08
(11)	0.75	68	42	36	22	9.79	-0.058	8.5	-0.030	7.0	-0.030	10	-0.10	0.5	10.985	-0.015	10.422	-0.016	10.041	-0.032	10.13	±25	0.22		5	1440	1°18'	0.60	2.25	2.08

（续）

螺纹公称直径 d	螺距 P	L	l	l_1	l'_1	D_x 公称尺寸	D_x 下极限偏差	d' 公称尺寸	d' 下极限偏差	a 公称尺寸	a 下极限偏差	h	r	D 公称尺寸	D 下极限偏差	D_2 公称尺寸	D_2 下极限偏差	D_1 公称尺寸	D_1 下极限偏差	D'_1 最大	牙型半角误差 /(')	K	K_1	Z	T	ω	R	t_1	t_2
8	1	78	52	44	26	6.52	-0.058	5.9	-0.025	4.9	-0.08	8	0.5	7.982	-0.018	7.260	-0.015	6.736	-0.030	6.85	±14	0.15	0.012 ~ 0.024	5	525	2°30′	0.50	1.85	1.64
(9)	1	78	52	44	26	7.52	-0.058	7.2	-0.030	5.5	-0.08	8	0.5	8.982	-0.018	8.260	-0.015	7.736	-0.030	7.85	±14	0.17		5	676	2°12′	0.50	1.85	1.64
10	1	78	53	45	27	8.49	-0.058	7.2	-0.030	5.5	-0.08	8	0.5	9.982	-0.018	9.252	-0.017	8.732	-0.033	8.85	±14	0.19		5	840	1°57′	0.60	2.25	2.03
(11)	1	80	53	45	27	9.49	-0.058	8.5	-0.030	7.0	-0.10	10	0.5	10.982	-0.018	10.252	-0.017	9.732	-0.033	9.85	±14	0.21		5	1050	1°46′	0.60	2.25	2.03
12	1	85	54	46	28	10.45	-0.070	9.4	-0.030	7.0	-0.10	10	0.5	11.982	-0.018	11.252	-0.017	10.732	-0.033	10.85	±14	0.24		5	1270	1°37′	0.60	3.2	2.97
14	1	85	54	46	28	12.45	-0.070	10.5	-0.035	8.0	-0.10	10	0.5	13.982	-0.018	13.252	-0.017	12.732	-0.033	12.85	±14	0.23		6	1740	1°22′	0.70	2.80	2.57
16	1	88	54	46	28	14.45	-0.070	12.5	-0.035	10.0	-0.10	11	1	15.982	-0.018	15.252	-0.017	14.732	-0.033	14.85	±14	0.27		6	2300	1°12′	0.70	2.80	2.57
18	1	90	55	47	29	16.43	-0.070	16	-0.035	12	-0.12	13	1	17.982	-0.018	17.239	-0.017	16.727	-0.033	16.85	±14	0.31		6	2940	1°3′	1.0	3.50	3.28
20	1	90	55	47	29	18.42	-0.070	16	-0.035	12	-0.12	15	1	19.982	-0.018	19.239	-0.019	18.727	-0.038	18.85	±14	0.30		7	3680	0°57′	1.0	3.50	3.28
22	1	95	56	48	29	20.42	-0.084	20	-0.045	16	-0.12	19	1	21.982	-0.018	21.239	-0.019	20.727	-0.038	20.85	±14	0.33		7	4450	0°51′	1.0	3.5	3.28
24	1	95	56	48	29	22.39	-0.084	20	-0.045	16	-0.12	19	1	23.982	-0.018	23.239	-0.019	22.727	-0.038	22.85	±14	0.36		7	5350	0°47′	1.2	4	3.76
27	1	100	56	48	30	25.39	-0.084	23	-0.045	18	-0.12	19	1	26.982	-0.018	26.239	-0.019	25.727	-0.038	25.85	±14	0.40		7	6800	0°42′	1.2	4	3.76
30	1	105	56	49	30	28.34	-0.084	26	-0.045	20	-0.14	23	1	29.982	-0.018	29.225	-0.019	28.721	-0.042	28.85	±14	0.45		7	7360	0°39′	1.2	5.5	5.24
10	1.25	95	67	57	34	8.13	-0.058	7.2	-0.030	5.5	-0.08	8	0.5	10.030	-0.020	9.088	-0.017	8.425	-0.034	8.56	±13	0.19	0.017 ~ 0.024	5	665	2°27′	0.6	2.25	2
12	1.25	95	67	57	34	10.14	-0.070	10.5	-0.030	7.0	-0.10	10	0.5	12.030	-0.020	11.088	-0.017	10.425	-0.034	10.56	±13	0.23		5	990	2°1′	0.6	3.2	2.92
14	1.25	95	67	57	34	12.14	-0.070	12.5	-0.035	8.0	-0.10	10	0.5	14.030	-0.020	13.088	-0.017	12.425	-0.034	12.56	±13	0.23		6	1359	1°45′	0.7	2.8	2.52
12	1.5	115	80	68	41	9.76	-0.058	9.4	-0.030	7.0	-0.10	10	0.5	12.034	-0.024	10.915	-0.019	10.114	-0.037	10.27	±12	0.22		5	790	2°29′	0.6	3.2	2.86
14	1.5	115	80	68	41	11.16	-0.070	10.5	-0.035	8.0	-0.10	13	0.5	14.034	-0.024	12.915	-0.019	12.114	-0.037	12.27	±12	0.22		6	1100	2°6′	0.7	2.8	2.46
16	1.5	118	80	68	41	13.76	-0.070	12.5	-0.035	10	-0.10	15	1	16.034	-0.024	14.915	-0.019	14.114	-0.037	14.27	±12	0.26		6	1480	1°49′	0.7	2.8	2.46
18	1.5	120	81	69	42	15.75	-0.070	16	-0.035	12	-0.12	19	1	18.034	-0.024	16.902	-0.021	16.110	-0.041	16.27	±12	0.30		6	1900	1°36′	1.0	3.5	3.15
20	1.5	120	81	69	42	17.75	-0.070	16	-0.035	12	-0.12	19	1	20.034	-0.024	18.900	-0.021	18.110	-0.041	18.27	±12	0.29		7	2380	1°26′	1.0	3.5	3.15
22	1.5	125	81	69	42	19.73	-0.084	18	-0.035	14.5	-0.12	21	1	22.034	-0.024	20.900	-0.021	20.110	-0.041	20.27	±12	0.32		7	2900	1°18′	1.0	3.5	3.15
24	1.5	125	81	69	42	21.77	-0.084	20	-0.045	16	-0.12	23	1	24.034	-0.024	22.900	-0.021	22.110	-0.041	22.27	±12	0.35		7	3400	1°11′	1.2	4	3.65
27	1.5	125	81	69	42	24.77	-0.084	23	-0.045	18	-0.12	25	1	27.034	-0.024	25.902	-0.021	25.110	-0.041	25.27	±12	0.40		7	4450	1°2′	1.2	4	3.65
30	1.5	128	81	69	42	27.72	-0.084	26	-0.045	20	-0.14	27	1	30.034	-0.024	28.888	-0.024	28.104	-0.045	28.27	±12	0.44		7	5500	0°57′	1.2	5.5	5.14
33	1.5	130	82	70	43	30.70	-0.100	29	-0.050	22	-0.14	29	1	33.034	-0.024	31.888	-0.024	31.104	-0.045	31.27	±12	0.43		8	6700	0°51′	1.6	5	4.64
36	1.5	132	82	70	48	33.70	-0.100	32	-0.050	24	-0.14	29	1	36.034	-0.024	34.888	-0.024	34.104	-0.045	34.27	±12	0.42		9	8000	0°47′	1.6	6.5	5.9
39	1.5	138	82	70	48	36.67	-0.100	34	-0.050	26	-0.14	32	1	39.034	-0.024	37.888	-0.024	37.104	-0.045	37.27	±12	0.45		9	9500	0°43′	1.6	6.5	5.9
42	1.5	140	82	70	48	39.67	-0.100	37	-0.050	29	-0.14	32	1	42.034	-0.024	40.888	-0.024	40.104	-0.045	40.27	±12	0.49		9	11000	0°40′	1.6	5.5	5.14
45	1.5	145	85	72	43	42.64	-0.100	38	-0.05	29	-0.14	38	1.5	45.034	-0.024	43.888	-0.024	43.104	-0.045	43.27	±12	0.59		8	12700	0°37′	1.6	7	6.65

（续）

螺纹公称直径 d	螺距 P	L	l	l_1	l'_1	D_x 公称尺寸	D_x 下极限偏差	d' 公称尺寸	d' 下极限偏差	a 公称尺寸	a 下极限偏差	h	r	D 公称尺寸	D 下极限偏差	D_2 公称尺寸	D_2 下极限偏差	D_1 公称尺寸	D_1 下极限偏差	D'_1 最大	牙型半角误差/(')	K	K_1	Z	T	ω	R	t_1	t_2
48	1.5	148	85	72	43	45.64	-0.100	42	-0.05	32	-0.17	35	1.5	48.034	-0.024	46.888	-0.023	46.104	-0.045	46.27	±12	0.56	$0.017\sim0.024$	9	14600	0°35'	1.6	6	5.65
52	1.5	148	85	73	44	49.64	-0.100	42	-0.05	32	-0.17	35	1.5	52.034	-0.024	50.888	-0.023	50.104	-0.045	50.27	±12	0.60	$0.017\sim0.024$	9	17100	0°32'	1.6	6	5.65
18	2	145	105	88	53	15.12	-0.070	15	-0.035	12	-0.12	15	1	18.039	-0.029	16.562	-0.023	15.489	-0.047	15.69	±10	0.28		6	1350	2°12'	1	3.5	3.09
20	2	145	105	88	53	17.12	-0.070	16	-0.035	13	-0.12	15	1	20.039	-0.029	18.562	-0.023	17.489	-0.047	17.69	±10	0.28		7	1690	1°57'	1	3.5	3.09
22	2	148	105	88	53	19.10	-0.084	18	-0.035	14.5	-0.12	17	1	22.039	-0.029	20.562	-0.023	19.489	-0.047	19.69	±10	0.31		7	2100	1°46'	1	3.5	3.09
24	2	155	108	89	54	21.07	-0.084	20	-0.035	16	-0.12	19	1	24.039	-0.029	22.562	-0.023	21.489	-0.047	21.69	±10	0.34		7	2530	1°37'	1.2	4	3.56
27	2	155	108	89	54	24.07	-0.084	23	-0.045	18	-0.12	21	1	27.039	-0.029	25.562	-0.023	24.489	-0.047	24.69	±10	0.38		7	3200	1°25'	1.2	4	3.56
30	2	160	108	89	54	27.02	-0.084	26	-0.045	20	-0.14	23	1	30.039	-0.029	28.548	-0.026	27.483	-0.051	27.69	±10	0.43		7	4000	1°17'	1.2	5	5.1
33	2	162	108	89	54	30.01	-0.100	29	-0.045	22	-0.14	25	1	33.039	-0.029	31.548	-0.026	30.483	-0.051	30.69	±10	0.42	$0.02\sim0.03$	8	4930	1°9'	1.2	6.5	4.58
36	2	165	108	89	54	33.01	-0.100	32	-0.050	24	-0.14	27	1	36.039	-0.029	34.549	-0.026	33.483	-0.051	33.69	±10	0.42		9	5900	1°3'	1.2	6.5	5.9
39	2	165	110	91	55	36.04	-0.100	34	-0.050	26	-0.14	29	1	39.039	-0.029	37.549	-0.026	36.483	-0.051	36.69	±10	0.46		9	6950	0°52'	1.2	5.5	5.9
42	2	170	110	91	55	39.04	-0.100	37	-0.050	29	-0.14	32	1.5	42.039	-0.029	40.549	-0.026	39.483	-0.051	39.69	±10	0.50		9	8208	0°54'	1.6	7	5.08
45	2	170	110	91	55	42.01	-0.100	38	-0.050	29	-0.14	32	1.5	45.039	-0.029	43.549	-0.026	42.483	-0.051	42.69	±10	0.58		9	9400	0°56'	1.6	6	6.58
48	2	175	110	91	55	45.01	-0.100	42	-0.050	32	-0.17	35	1.5	48.039	-0.029	46.549	-0.026	45.483	-0.051	45.69	±10	0.56		8	10700	0°47'	1.6	6	5.58
52	2	175	110	91	55	49.01	-0.100	42	-0.050	32	-0.17	35	1.5	52.039	-0.029	50.549	-0.026	49.483	-0.051	49.69	±10	0.60		9	12700	0°43'	1.6	6	5.58
36	3	208	155	129	77	31.76	-0.100	29	-0.045	22	-0.14	25	1.5	36.047	-0.037	33.886	-0.029	32.249	-0.057	32.54	±9	0.45		8	3800	1°36'	1.6	5	4.4
39	3	212	155	129	77	34.73	-0.100	34	-0.050	26	-0.14	29	1.5	39.047	-0.037	36.886	-0.029	35.249	-0.057	35.54	±9	0.49		8	4500	1°29'	1.6	5	4.4
42	3	215	155	129	77	37.73	-0.100	37	-0.050	29	-0.14	32	1.5	42.047	-0.027	39.886	-0.029	38.249	-0.057	38.54	±9	0.47		8	5280	1°22'	1.6	5.5	4.9
45	3	222	157	131	79	40.70	-0.100	38	-0.050	29	-0.14	32	1.5	45.047	-0.037	42.886	-0.029	41.249	-0.057	41.54	±9	0.57		9	6250	1°15'	1.6	7	6.37
48	3	225	157	131	79	43.70	-0.100	42	-0.050	32	-0.17	35	1.5	48.047	-0.037	45.886	-0.029	44.249	-0.057	44.54	±9	0.54		8	6840	1°11'	1.6	6	5.38
52	3	225	157	131	79	47.70	-0.100	42	-0.050	32	-0.17	35	1.5	52.047	-0.037	49.886	-0.029	48.249	-0.057	48.54	±9	0.58		9	3250	1°6'	1.6	6	5.38

① 圆板牙出屑孔为 3 孔时，丝锥刃沟 Z 取 4；圆板牙出屑孔为 4 孔时，丝锥刃沟 Z 取 5。

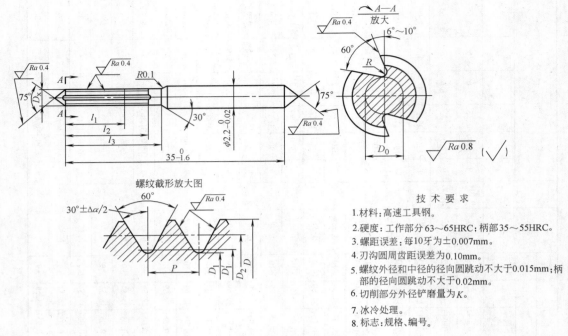

螺纹截形放大图

技 术 要 求

1. 材料：高速工具钢。

2. 硬度：工作部分63～65HRC；柄部35～55HRC。

3. 螺距误差：每10牙为±0.007mm。

4. 刃沟圆周齿距误差为0.10mm。

5. 螺纹外径和中径的径向圆跳动不大于0.015mm；柄部的径向圆跳动不大于0.02mm。

6. 切削部分外径铲磨量为K。

7. 冰冷处理。

8. 标志：规格、编号。

图 8-99　M1～1.8 圆板牙用丝锥

要经过热处理等加工工序，最后以板牙铰出的工件螺纹是否达到预计公差范围（用螺纹量规检验）为标准。中间影响环节和因素很多，所以每个工具制造厂要根据本厂所选材料及工艺特点经过充分试验后确定。

板牙组合丝锥的中径公差系统设计要考虑如下一些因素：

1）以制件螺纹中径公称尺寸为基线标明制件螺纹中径公差带位置。

2）板牙螺纹中径的制造公差，一般可取制件螺纹公差的42%左右。

3）板牙螺纹中径制造公差带的位置：其上限尺寸设置是以制件螺纹中径公差上限尺寸为基线再下移一段距离，此段距离为板牙切制件螺纹时，在未开口前的中径磨损留量，一般取制件螺纹公差的25%；其下限尺寸一般要考虑板牙切制件螺纹时由于不同轴而可能使工件螺纹中径的缩小量，以及板牙在热处理过程中的中径扩张量或缩小量（一般情况下为扩张），因此，板牙螺纹中径下限尺寸要较制件螺纹上限尺寸上移一段距离，一般为制件螺纹公差的33%左右（当板牙在热处理过程中中径呈现收缩情况时，此值可稍大）。

4）板牙丝锥的中径制造公差位置的设置，考虑到丝锥在铰板牙螺纹时不可避免地要产生中径扩张量，所以以板牙螺纹中径下限尺寸为基线，采取对称分布，以螺纹磨床可能达到的经济精度为限，或

一般取板牙丝锥中径公差为制件螺纹公差的15%。

5）板牙组合丝锥攻出的板牙螺纹中径要用专用螺纹量规来检查其合格与否。螺纹量规的通端上限尺寸等于组合丝锥的中径下限尺寸，其公差可取制件螺纹公差的5%左右，止端螺纹量规的下限尺寸应等于板牙螺纹中径公差的上限尺寸，上端螺纹的中径公差也取制件螺纹公差的5%。

6）最后板牙切出的制件螺纹是否合格要用通用的标准的螺纹量规（相应精度的）来检验。

7）板牙丝锥的小径不参加切削，因此不能大于板牙预钻孔内径。其尺寸可按下式计算：

$$D_1 = d - 1.2269P - 0.37b_2 \qquad (8-34)$$

式中　d——制件螺纹外径（mm）；

　　　P——螺距（mm）；

　　　b_2——制件螺纹公差（mm）。

小径圆弧接点处直径不得大于 D'（见图8-100）。

$$D_1' = d - 1.155P \qquad (8-35)$$

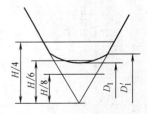

图 8-100　小径圆弧接点处

8）板牙丝锥大径参加切削，形成板牙大径及齿槽。对于小螺距螺纹，为防止牙顶过于尖不耐磨损，因而其公差带位置较大螺距螺纹的公差带位置偏下些。板牙丝锥大径尺寸 D（mm）及其下极限偏差为

$P \leqslant 0.4$mm，大径 $D = d - 0.01$，下极限偏差为 -0.01mm

$P = 0.45 \sim 1$mm，大径 $D = d - 0.1A$，下极限偏差为 $-0.1A$

$P \geqslant 1.25$mm，大径 $D = d + 0.01 + 0.1A$，下极限偏差为 $-0.1A$

式中　d——螺纹公称大径（mm）；

　　　A——螺纹大径公差（mm）。

4. 圆板牙的技术条件

GB/T 970.2—2008 对圆板牙的技术要求进行了规定。

（1）圆板牙的公差

1）圆板牙外径 D 的公差按 f10，厚度 E 的公差按 js12。

2）圆板牙的位置公差按表 8-127 的规定。

表 8-127　位置公差

（单位：mm）

公称直径 d	外圆对轴线的径向圆跳动	端面对轴线的轴向圆跳动	切削刃对外圆的斜向圆跳动
≤6	0.12	0.15	—
>6~22	0.15	0.18	0.12
>22		0.20	0.15

注：测量外圆及端面对轴线的圆跳动时，应在锥度螺纹芯轴上进行。

（2）材料及表面质量

1）圆板牙用 9SiCr 合金工具钢或 W6Mo5Cr4V2 高速工具钢以及与上述牌号具有同等以上性能的材料制造。

2）用 9SiCr 制造的圆板牙螺纹部分的硬度不低于 60HRC。用 W6Mo5Cr4V2 制造的圆板牙螺纹部分的硬度，在公称直径 $d \leqslant 3$mm 时，不低于 61HRC，在公称直径 $d > 3$mm 时，不低于 62HRC。

3）圆板牙表面不得有裂纹、碰伤、锈迹等影响使用性能的缺陷。

4）圆板牙切削刃应锋利，不得有毛刺、崩刃和磨削烧伤。

5）圆板牙表面粗糙度应不大于表 8-128 的规定。

表 8-128　圆板牙表面粗糙度

项目	公称直径 d/mm	表面粗糙度/μm
外圆、端面	1~68	$Ra1.6$
螺纹表面	1~68	$Rz12.5$
切削刃表面	1~68	$Rz6.3$
切削刃后面	≤6	$Rz12.5$
	>6	$Rz6.3$

（3）性能试验　成批生产的圆板牙出厂前应进行切削性能抽样试验。

1）机床。符合精度要求的车床。

2）刀具。样本大小为 5 件。

3）试坯。材料为 45 钢，硬度范围为 170 ~ 200HBW，螺距等于或大于 2.5mm 时，试坯应预先切出深度约 2/3 牙高的螺纹形状。

4）切削规范。按表 8-129 的规定。

表 8-129　切削规范

（单位：mm）

公称直径 d	切削速度/（m/min）	切削螺纹总长度
1~6	1.8 ~ 2.2	80
>6~10	2.5 ~ 2.8	120
>10~18	3.0 ~ 3.4	
>18~30	3.5 ~ 3.8	160
>30	4.0	

5）切削液。采用 L-AN32 全损耗系统用油（按 GB/T 443—1989）或乳化油水溶液，其流量应不小于 5L/min。

6）刀具装夹。圆板牙装夹在浮动板牙夹头里，并使圆板牙的端面紧贴在板牙夹头的端面上。

试验后的每件圆板牙按下列两条评定，不允许出现不合格，否则此批为不合格批。

1）刀具。圆板牙不应有崩刃和显著磨损现象，并保持原有的使用性能。

2）工件。圆板牙切出的外螺纹应符合圆板牙所标记的螺纹精度。螺距小于或等于 2mm 时，螺纹表面粗糙度 $Rz \leqslant 25 \mu m$；螺距大于 2mm 时，$Rz \leqslant 50 \mu m$。

8.4.2　G 系列圆柱管螺纹圆板牙

1. 型式和尺寸

GB/T 20324—2006 规定了 G 系列圆柱管螺纹圆板牙的型式（见图 8-101）、公称尺寸（见表 8-130）和技术要求。

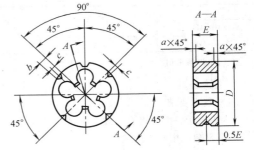

标记示例

1）G 系列圆柱管螺纹、代号 G1/4、A 级精度的圆板牙：圆柱管螺纹圆板牙，G1/4A GB/T 20324

2）G 系列圆柱管螺纹、代号 G1/4、B 级精度的圆板牙：圆柱管螺纹圆板牙，G1/4B GB/T 20324

图 8-101　G 系列圆柱管螺纹圆板牙

该标准修改采用了 ISO 4231: 1987《G 系列圆柱管螺纹的手用和机用圆板牙》(英文版) 而制订。

表 8-130　G 系列圆柱管螺纹圆板牙尺寸

（单位：mm）

代号	基本直径	近似螺距	D f10	E js12	c	b	a
1/16	7.723	0.907	25	7	0.8	5	0.5
1/8	9.728		30	8	1		
1/4	13.157	1.337	38	10	1.2	6	
3/8	16.662		45(38)				
1/2	20.955	1.814	45	14			1
5/8	22.911		55(45)	16(14)	1.5		
3/4	26.441		55				
7/8	30.201			16		8	
1	33.249		65	18	1.8		
1¼	41.910		75	20			
1½	47.803	2.309	90		2		2
1¾	53.746			22			
2	59.614		105		2.5	10	
2¼	65.710		120				

注：括号内尺寸尽量不采用，如果采用，应作标识。

适用于加工非螺纹密封的管螺纹 G 系列 A 级和 B 级精度的圆板牙。

圆板牙的切削部分按图 8-102 和表 8-131 规定。

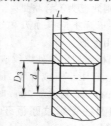

图 8-102　圆板牙的切削部分

表 8-131　G 系列圆柱管螺纹圆板牙切削部分尺寸

（单位：mm）

代　　号	D_3	l
G1/16～G1/2	$d+0.4$	(2.0～2.5)P
G5/8～G2¼	$d+0.6$	

注：D_3 为参考值。

2. 技术条件

（1）技术要求

1）圆板牙表面不得有裂纹、崩刃、锈迹以及磨削烧伤等影响使用性能的缺陷。

2）圆板牙表面粗糙度的最大允许值按以下规定：

外圆、端面　　　　　　　$Ra1.6\mu m$
螺纹表面　　　　　　　　$Rz12.5\mu m$
切削刃前面、后面　　　　$Rz6.3\mu m$

3）圆板牙外径 D 的尺寸公差按 f10，厚度 E 按 Js12。

4）圆板牙的位置公差按表 8-132 规定：

表 8-132　圆板牙的位置公差

（单位：mm）

代号	外圆对螺纹轴线的径向圆跳动	端面对螺纹轴线的轴向圆跳动	切削刃对外圆的斜向圆跳动
G1/16～G1/2	0.15	0.18	0.12
G5/8～G4		0.20	0.15

5）圆板牙用 9SiCr 或同等以上性能的合金工具钢制造，其切削部分硬度为 60～63HRC。根据用户需要也可以用高速工具钢制造，其切削部分硬度为 63～66HRC。

（2）性能试验　成批生产的圆板牙，每批应进行切削性能抽样试验，试验样本数 n、合格判定数 A_e、不合格判定数 R_e 按表 8-133 的规定 [⊖]。

表 8-133　抽样标准

（单位：件）

批量范围	一般情况下采用									质量稳定时采用		
	AQL 值											
	1.0			1.5			2.5			n	A_e	R_e
	n	A_e	R_e	n	A_e	R_e	n	A_e	R_e			
2～50	13	0	1	8	0	1	5	0	1	2	0	1
51～500										3		
501～35000										5		
>35000										8		

1）试验机床应采用符合精度标准的机床。

2）试件材料为 45 钢，其硬度为 170～200HBW。

3）切削规范按表 8-134 的规定。

4）冷却液为浓度 1:20 的乳化油水溶液，流量不少于 5L/min。

表 8-134　G 系列圆锥管螺纹圆板牙的切削规范

（单位：mm）

代　　号	切削速度/(m/min)	切削螺纹总长度
G1/16～G1/2	2.5～3.5	120
G5/8～G2¼	3.5～4.5	160

经试验后的圆板牙不得有崩刃或显著的磨钝现象，并应保持其原有的性能。试件的螺纹精度应符合用螺纹密封的管螺纹标准，螺纹表面粗糙度的最大允许值为 $Rz25\mu m$。

⊖　GB/T 20328—2006 未对抽样进行规定。

G 系列圆柱管螺纹圆板牙用板牙组合丝锥设计原理与普通螺纹圆板牙用组合丝锥的相同,只是具体数据要按原 G 系列圆柱管螺纹标准的尺寸和公差计算。

8.4.3　R 系列和 60°圆锥管螺纹圆板牙

1. R 系列圆锥管螺纹圆板牙

(1) 型式和公称尺寸　GB/T 20328—2006 中规定了 R 系列圆锥管螺纹圆板牙的型式 (见图 8-103) 和尺寸 (见表 8-135),以及其技术要求。适于加工 GB/T 7306.2—2000 规定的用螺纹密封的管螺纹用。本标准修改采用了 ISO 4230:1987 相应标准制订。

(2) 技术条件

1) 技术要求:

① 圆板牙表面不得有裂纹、崩刃、锈迹以及磨削烧伤等影响使用性能的缺陷。

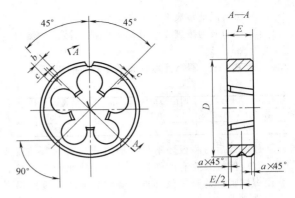

标记示例

R 系列圆锥管螺纹、代号 R1/4 的圆板牙:

R 系列圆锥管螺纹圆板牙 R1/4 GB/T 20328

图 8-103　R 系列圆锥管螺纹圆板牙

表 8-135　R 系列圆锥管螺纹圆板牙尺寸　　　　　　(单位:mm)

代号	公称直径	近似螺距	D f10	E js12	c	b	a	最少完整螺纹牙数	最小完整牙的长度	基面距
1/16	7.723	0.907	25	11	1	5		6⅛	5.6	4
1/8	9.728		30				1			
1/4	13.157	1.337	38	14	1.2	6		6¼	8.4	6
3/8	16.662			18				6½	8.8	6.4
1/2	20.955		45					6¼	11.4	8.2
3/4	26.441	1.814	55	22	1.5			7	12.7	9.5
1	33.249		65	25		8	2	6¼	14.5	10.4
1¼	41.910	2.309	75	30	1.8			7¼	16.8	12.7
1½	47.803		90		2					
2	59.614		105	36	2.5	10		9⅛	21.1	15.9

注:最少完整螺纹牙数,最小完整牙的长度,基面距均为螺纹尺寸。仅供板牙设计时参考。

② 圆板牙表面粗糙度的最大允许值按以下规定:

外圆、端面　　　　　$Ra1.6\mu m$;
切削刃前面、后面　　$Rz6.3\mu m$;
螺纹表面　　　　　　$Rz12.5\mu m$。

③ 圆板牙外径 D 的尺寸公差按 f10,厚度 E 按 Js12。

④ 圆板牙的位置公差按表 8-136 规定。

表 8-136　圆锥管螺纹圆板牙位置公差

(单位:mm)

代号	外圆对螺纹轴线的径向圆跳动	端面对螺纹轴线的轴向圆跳动	切削刃对外圆的斜面向圆跳动
R1/16~R1/2	0.15	0.18	0.12
R5/8~R2		0.20	0.15

⑤ 圆板牙用 9SiCr 或同等以上性能的合金工具钢制造,其切削部分硬度为 60~63HRC。根据用户需要,也可以用高速工具钢制造,其切削部分硬度

为 63~66HRC。

2) 性能试验。成批生产的圆板牙,每批应进行切削性能抽样试验,试验样本数 n、合格判定数 A_c、不合格判定数 R_e 按表 8-137 的规定[一]。

表 8-137　抽样标准

(单位:件)

批量范围	一般情况下采用									质量稳定时采用		
	AQL 值									n	A_c	R_e
	1.0			1.5			2.5					
	n	A_c	R_e	n	A_c	R_e	n	A_c	R_e			
2~50	13	0	1	8	0	1	5	0	1	2		0
51~500										3		
501~35000										5		
>35000										8		

① 试验机床应采用符合精度标准的机床。

② 试件材料为 45 钢,其硬度为 170~200HBW。

─　GB/T 20328—2006 中对抽样未作规定。

③ 切削规范按表 8-138 的规定。

④ 冷却液为浓度 1∶20 的乳化油水溶液，流量不少于 5L/min。

表 8-138　圆锥管螺纹圆板牙的切削规范

（单位：mm）

代　　号	切削速度/(m/min)	切削螺纹总长度
R1/16~R1/2	1.3~1.7	120
R5/8~R2	1.7~2.0	160

经试验后的圆板牙不得有崩刃或显著的磨钝现象，并应保持其原有的性能。试件的螺纹精度应符合用螺纹密封的管螺纹标准，螺纹表面粗糙度的最大允许值为 $Rz25\mu m$。

2. 60°圆锥管螺纹圆板牙

（1）型式和公称尺寸　引用标准 JB/T 8364.1—

2010 适用于螺纹尺寸代号为 1/16~2 的 60°圆锥管螺纹（NPT）的圆板牙。型式和尺寸见图 8-104 和表 8-139。

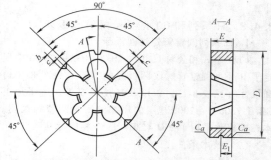

注：圆板牙的排屑孔数由制造厂自行规定。

图 8-104　圆板牙的型式和尺寸

表 8-139　圆板牙的尺寸

（单位：mm）

代号 NPT	每 25.4mm 内的牙数	螺距 P	D	E	E_1	c	b	a	最少完整牙长度	基准面距离 L	基准面中径 d_2
1/16	27	0.941	30	11	5.5	1.0	5		4.75	4.064	7.895
1/8								1.0	4.821	4.102	10.242
1/4	18	1.411	38	16	7.0	1.2	6		7.384	5.786	13.616
3/8			45	18	9.0				7.536	6.096	17.055
1/2	14	1.814	55	22	11.0	1.5			9.928	8.128	21.223
3/4									10.233	8.611	26.568
1			65	26	12.5	1.8	8	2.0	12.925	10.160	35.228
1¼	11.5	2.209	75	28	15				13.535	10.668	41.985
1½			90		18	2.0			13.959	10.668	48.054
2			105	30		2.5	10		14.797	11.074	60.092

注：最少完整牙长度、基准面距离 L、基准面中径 d_2 仅对工件要求，设计圆板牙时应以此为依据。

（2）标记示例

60°圆锥管螺纹，代号 NPT1/4 的圆板牙：

60° 圆 锥 管 螺 纹 圆 板 牙 1/4NPT　　JB/T 8364.1—2010

60°圆锥管螺纹，代号 NPT1/4，左旋螺纹的圆板牙：

60° 圆锥管螺纹圆板牙 1/4NPT—LH　　JB/T 8364.1—2010

（3）技术条件

1）技术要求：

① 圆板牙表面不得有裂纹、崩刃、锈迹以及磨削烧伤等影响使用性能的缺陷。

② 圆板牙表面粗糙度的上限值按以下规定：

外圆、端面　　　$Ra1.6\mu m$；

螺纹表面　　　　$Rz12.5\mu m$；

切削刃前面、后面　$Rz6.3\mu m$。

③ 圆板牙外径 D 的尺寸公差按 f10，厚度 E 按 Js12。

④ 圆板牙的各部位置公差按表 8-140 的规定。

表 8-140　圆板牙的各部位置公差

（单位：mm）

代号 NPT	外圆对螺纹轴线的径向圆跳动	端面对螺纹轴线的轴向圆跳动	切削刃对外圆的斜向圆跳动
1/6~3/4	0.15	0.18	0.12
1~2		0.20	0.15

⑤ 圆板牙用 9SiCr 合金工具钢或 W6Mo5Cr4V2 高速工具钢以及与上述牌号具有同等以上性能的材料制造。

⑥ 用 9SiCr 制造的圆板牙螺纹部分的硬度不低于 60HRC。用 W6Mo5Cr4V2 制造的圆板牙螺纹部分的硬度不低于 62HRC。

2）性能试验。成批生产的圆板牙，每批应进行切削性能抽样试验。

① 试验条件：

A. 机床：符合精度要求的车床。

B. 刀具：样本大小为 5 件。

C. 试坯：材料为 45 钢，硬度为 170~200HBC。

试件应预先加工成 1∶16 锥形的试件。

D. 切削规范按表 8-141 的规定。

E. 切削液：用 1∶20 乳化液水溶液或用 L-AN 全损耗系统用油（按 GB/T 443—1989 的规定），其流量不少于 5L/min。

表 8-141　切削规范

代号 NPT	切削速度/（m/min）	切削螺纹件数
1/16 ~ 1/2	1.3 ~ 1.7	5
3/4 ~ 2	1.7 ~ 2.0	

② 试验结果的评定　试验后的圆板牙不应有崩刃和显著的磨损现象，并应保持其原有的使用性能。被切试件的螺纹精度应符合 60° 圆锥管螺纹（NPT）的要求，螺纹表面粗糙度的最大允许值为 $Rz25\mu m$。如 1 件不合格则判此批圆板牙为不合格。

3）标志和包装

① 标志：

A. 圆板牙上应标志：

a. 制造厂商标；

b. 螺纹代号；

c. 材料代号（用高速工具钢制造的圆板牙标志 HSS；用 9SiCr 等合金工具钢制造的圆板牙可不标志）。

B. 包装盒上应标志：

a. 制造厂名称、商标和地址；

b. 圆板牙标记示例规定的项目；

c. 材料牌号或代号；

d. 件数；

e. 制造年月。

② 包装　圆板牙在包装前应经防锈处理，包装必须牢固并能防止运输过程中的损伤。

8.4.4　圆板牙架型式和互换尺寸

1. 型式和互换尺寸

标准 GB/T 970.1—2008 规定了圆板牙架的型式（见图 8-105）和尺寸（见表 8-142），适用于手用的圆板牙架。

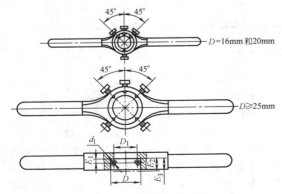

图 8-105　圆板牙架的型式

表 8-142　圆板牙架的尺寸

（单位：mm）

D	E_2	E_3	E_4 $\begin{smallmatrix}0\\-0.2\end{smallmatrix}$	D_3	d_1
16	5	4.8	2.4	11	M3
20				15	M4
	7	6.5	3.4		
25	9	8.5	4.4	20	M5
30	11	10	5.3	25	
38	10	9	4.8	32	M6
	14	13	6.8		
45				38	
	18	17	8.8		
55	16	15	7.8	48	
	22	20	10.7		
65	18	17	8.8	58	M8
	25	23	12.2		
75	20	18	9.7	68	
	30	28	14.7		
90	22	20	10.7	82	
	36	34	17.7		
105	22	20	10.7	95	
	36	34	17.7		M10
120	22	20	10.7	107	
	36	34	17.7		

注：制造厂根据使用需要，可按 GB/T 970.1—2008 附录 A（补充件）生产圆板牙架。

2. 标记示例

内孔直径 $D = 38mm$，用于圆板牙厚度 $E_2 = 10mm$ 的圆板牙架：

圆板牙架　38×10　GB/T 970.1—2008。

8.4.5　六方板牙

1. 型式和基本尺寸

GB/T 20325—2006 规定六方板牙的型式（见图 8-106）和公称尺寸（见表 8-143）。

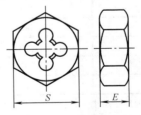

标记示例：

1）普通螺纹、M6，6g 公差带的六方板牙

六方板牙 M6 6g GB/T 20325

2）管螺纹、代号 G1/4、B 级精度的六方板牙

六方板牙 G1/4、B GB/T 20325

图 8-106　六方板牙

该标准修改采用了 ISO 7226：1988《六方板牙》（英文版）而制订。适用于加工普通螺纹、55° 非螺纹密封的管螺纹、55° 用螺纹密封的管螺纹以及其他螺纹的六方板牙。

表8-143 米制和寸制螺纹六方板牙的公称尺寸 （单位：mm）

(1) 普通螺纹和其他螺纹用六方板牙

米制 大于	米制 至	寸制 大于	寸制 至	S (h13)	0.35 0.70	0.73 0.81	0.90 1.00	1.25	1.50	1.75	2.00	2.50	3.00	3.50	4.00 4.50	5.00 5.50
					48 40	36 32	28 24	22 18	16	14	13 12	11 10	9 8	7	6	5 4.5
					25.4mm 牙数											
					E (Js13)											
2.65	4.00	0.1043	0.1575	18	5*	7										
4.00	6.35	0.1575	0.2500	18		7	7	7		—						
6.35	9.00	0.2500	0.3543	21		9	9	9		—						
9.00	11.20	0.3543	0.4409	27			11	11	11	11						
11.20	15.00	0.4409	0.5906	36				10*	10*	14	14					
15.00	21.20	0.5906	0.8346	41				14*	14*	14*	18	18				
21.20	26.50	0.8346	1.0433	50				16*	16*	16*	22	22				
26.50	37.50	1.0433	1.4764	60				—	18*	18*	18*	18*	25	25	25	
37.50	42.50	1.4764	1.6732	70					—	20*	20*	20*	30	—	30	
42.50	53.00	1.6732	2.0866	85						22*	22*	22*	36	36	36	36
53.00	63.00	2.0866	2.4808	100						22*	22*	22*	36		36	36

(2) R 系列管螺纹用六方板牙

尺寸代号	公称直径 d	螺距 P	S (h13)	E (Js13)
1/16	7.723	0.907	21	10
1/8	9.728	0.907	27	10
1/4	13.157	1.337	36	14
3/8	16.662	1.337	41	15
1/2	20.955	1.814	50	19
3/4	26.441	1.814	60	20
1	33.249	1.814	60	24
11/4	41.910	2.309	85	26
11/2	47.803	2.309	85	26
2	59.614	2.309	100	31

注：1. E 为推荐尺寸。

2. 带 * 的尺寸适用于每行的螺纹较小直径。螺纹直径变化时制造厂可对此尺寸进行调整。

各种螺纹的六方板牙的切削部分及螺纹部分尺寸按各自相应标准规定。

2. 技术条件

（1）技术要求

1）六方板牙表面不得有裂纹、崩刃、锈迹以及磨削烧伤等影响使用性能的缺陷。

2）六方板牙表面粗糙度最大允许值按以下规定：

端面及六方面 $Ra3.2\mu m$；

螺纹表面 $Rz12.5\mu m$；

切削刃前面、后面 $Rz6.3\mu m$。

3）六方板牙的位置公差，按表8-144。

4）六方板牙用 9SiCr 或同等以上性能的合金工具钢制造，其切削部分硬度为 60~63HRC。根据用户需要，也可以用高速工具钢制造，其切削部分硬度为 63~66HRC。

表 8-144 六方板牙的位置公差

（单位：mm）

螺纹公称直径 d	端面对螺纹轴线的轴向圆跳动	切削刃对螺纹轴线的斜向圆跳动
≤21.20	0.18	0.15
>21.20	0.20	0.18

（2）性能试验

1）试验条件。各种螺纹的六方板牙试验条件应按相应的圆板牙标准规定。

2）试验结果的评定。经试验后的六方板牙不得有崩刃或显著的磨钝现象，并应保持其原有的性能。试件的螺纹精度应符合有关标准的规定。螺纹表面粗糙度 $Rz25\mu m$。

8.5 螺纹铣刀

螺纹铣削用刀具大致可分为三种：

1）圆盘形螺纹铣刀。

2）圆柱梳形螺纹铣刀。

3）旋风铣削用刀具。

本节仅介绍前两种铣刀的设计。

8.5.1 圆盘形螺纹铣刀

1. 结构

这种铣刀多用于加工梯形或锯齿形螺纹，多采用尖齿结构，其结构见图 8-107 和图 8-108。

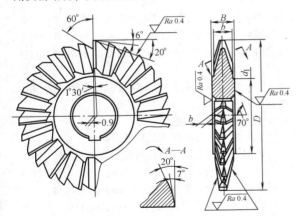

图 8-107 对称盘形螺纹铣刀结构

铣刀的结构尺寸可参考表 8-145 选取。

选择铣刀外径 D 要考虑机床结构限制。

选择铣刀孔径一般按如下经验公式计算后选用相近的标准孔径。

$$d = \frac{D}{2.3 \sim 3.2} \qquad (8-36)$$

式中　d——螺纹铣刀的孔径（mm）；

　　　D——螺纹铣刀的外径（mm）。

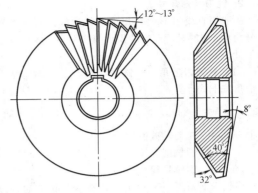

图 8-108 不对称盘形螺纹铣刀结构

表 8-145 加工梯形螺纹盘状铣刀的主要尺寸

（单位：mm）

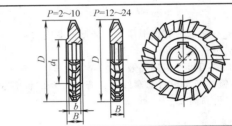

螺距 P	D	b	B	d	d_1	切削深度
2		3	5			1.25
3						1.75
4		4	6			2.25
5	80	5	8	22	40	3.0
6						3.5
8		8	10			4.5
10		10	12			5.5
12						6.5
16			14			9.0
20	100	—	16	27		11
24			18			13

铣刀的厚度 b 按被加工螺纹的螺距选取，在 $P \geqslant 2mm$ 时，一般取 $b = (0.7 \sim 7.5)P$。

铣刀齿数按如下经验公式计算选取

$$z = K\sqrt{D} \qquad (8-37)$$

式中系数 K，对于精切铣刀 $K = 3 \sim 2$，对于粗切铣刀 $K = 2 \sim 1.6$。

为了改善切削条件，常将侧刃做成错刃的，并保留一个完整刃形的刀齿，以备检查之用。

刀齿的几何角度，一般取 $\gamma_p = 5° \sim 10°$，$\alpha_p = 8° \sim 14°$，侧刃法截面后角 α_n 最低不得小于 $4° \sim 5°$。

对于 $D = (50 \sim 150)mm$ 的铣刀，其后刀面的宽度可在 $1 \sim 1.5mm$ 内选取。刃口允许留有不大于 $0.05mm$ 的刃带。

2. 铣刀齿形尺寸

一般用直线刃形代替理论上的曲线刃形，因螺纹升角小于 12° 时所产生的齿形畸变很小，故可以忽略不计。

（1）铣刀齿形角 当铣刀前角等于 0° 时，铣刀齿形角按下式计算

$$\tan\alpha_0/2 = \tan\alpha/2\cos\gamma_z \qquad (8\text{-}38)$$

式中 α_0——铣刀轴截面齿形角（°）；

α——被铣削螺纹齿形角（°）；

γ_z——螺纹导程角（°）。

当铣刀前角不等于 0° 时，需按成形铣刀通常方法进行修正计算（参阅本书铣刀一章有关内容）。

（2）相当于铣工件螺纹中径处的铣刀厚度 B_{20}

B_{20} 可按下式计算

$$B_{20} = B_2\cos\gamma_z$$

式中 B_2——工件螺纹中径上的牙型槽宽度（mm）；

γ_z——螺纹导程角（°）。

（3）铣刀齿形齿顶高及齿根高

1）铣削三角形普通螺纹时，若前角为 0°，则铣刀截形之齿顶高 h_{10} 为

$$\left.\begin{array}{l} h_{10min} = 0.288P \\ h_{10max} = 0.288P+\delta, \ (\delta = 0.032\sqrt[3]{P}) \end{array}\right\} \qquad (8\text{-}39)$$

式中 P——工件螺纹螺距（mm）。

齿全高 h 上限尺寸不限，可由铣刀结构确定；下限尺寸应大于被切螺纹齿形最大齿全高。

当前角大于 0° 时，齿顶高需进行修正计算（见本节 2.3.2）。

2）当铣削梯形螺纹时，理论上讲，铣刀截形的齿顶高 $h_{10} = 0.25P+Z$，而齿根高 $h_{20} = 0.25P$，齿全高 h 为

$$h = 0.5P+Z$$

实际上 h 可稍大些，按下式计算。

$$h_{max} = 0.5P+Z+0.18\sqrt{P} \qquad (8\text{-}40)$$

式中 P——工件螺纹螺距（mm）；

Z——工件螺纹齿底间隙，可按如下数值选取。

螺距 P/mm	Z/mm
2~4	0.25
5~12	0.5
16~40	1.0

通过螺纹轴线的截面上测得理论齿顶宽度 a（见图 8-109），一般

$$a = 0.366P$$

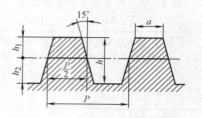

图 8-109 梯形螺纹截形尺寸

$$a_{min} = 0.366P-0.096\sqrt{P}$$

据此可设计铣刀上相应处的宽度。

由于梯形螺纹齿型角为 30°，铣刀每次重磨后外圆要比侧面去掉的磨量大 4 倍，因此这种铣刀的齿高要选得大一些，可按下式计算（见图 8-110）

$$h_1' = h_{max}+0.2P$$

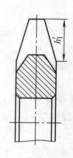

图 8-110 盘状螺纹铣刀尺寸

当被加工螺纹的导程较大而使导程角大于 12° 时，或者铣精度较高的螺纹时，铣刀刃形不能用直线代替，精切铣刀刃形的求法请参阅成形铣刀有关章节。

盘形铣刀刀齿截形各参数的公差常取工件相应参数公差的 1/3。

8.5.2 梳形螺纹铣刀

梳形螺纹铣刀多用于铣削普通螺纹。

梳形螺纹铣刀按其结构可分为：

（1）锥柄梳形螺纹铣刀 与机床的连接方式为莫氏锥柄，多用于铣削 $\phi10\sim\phi40$mm 内外螺纹。

（2）带孔梳形螺纹铣刀 与机床的连接方式为内孔及键，多用于铣削 $\phi32\sim\phi100$mm 的内外螺纹。其中又分为带沉孔的（一端或两端）和不带沉孔的两种。

1. 梳形螺纹铣刀的结构设计

（1）铣刀直径 D 的选择 选择螺纹铣刀直径要考虑如下三点：

1）D 大则齿可选多些，生产率高。

2）D 小则铣出的螺纹牙型精度高。

3）应尽量符合 GB/T 321—2005 推荐的 R20 优选系列。

对于铣刀国标 GB/T 196—2003 及 GB/T 14791—2013 规定的普通螺纹，按上述原则选定一个直径后，还要根据被加工螺纹大径 d、螺距 P 和螺纹线数来按图 8-111 或图 8-112 来校验一下，是否在最大允许值之内。

图中所给出的铣刀允许最大直径是根据铣刀齿顶不致把螺纹槽底扩得过宽或不致使铣刀齿顶不致变得太尖而计算出来的。

设计内螺纹铣刀时，可先按工件直径的 2/3 估算铣刀直径，之后再按图 8-111 进行验算。

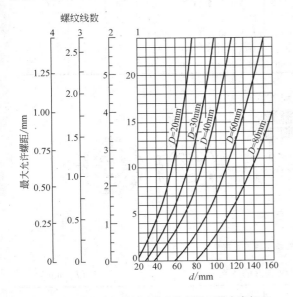

图 8-111　铣削内螺纹时确定允许的铣刀最大直径 D

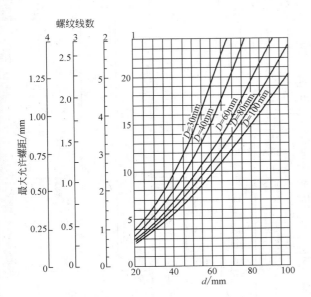

图 8-112　铣削外螺纹时确定允许的铣刀最大直径 D

加工外螺纹时，其允许的 D_{max} 可以很大，这时可按经济实用原则确定 D，不必过大。

特殊牙型的螺纹铣刀 D_{max} 可参考有关文献进行计算。

（2）铣刀的孔径和莫氏锥柄选取　常用的锥柄螺纹铣刀的外径系列和相应的莫氏锥柄号见表 8-146。

表 8-146　锥柄螺纹铣刀外径系列及莫氏锥柄号

铣刀外径 D /mm	6、8、10、12	12、16、20	20、25、32	32、36、40、50	40、50、63
莫氏锥柄号	1	2	3	4	5

常用的带孔梳形螺纹铣刀的外径系列及其相应的孔径见表 8-147。

表 8-147　带孔梳形螺纹铣刀外径系列及内孔直径

（单位：mm）

铣刀外径 D	32	36、40	50	55	63	80	100、125
孔径 d	13	16	22	27	32	40	50

（3）铣刀切削部分长度选取　梳形螺纹铣刀切削部分长度 l_0 一般可按下式计算

$$l_0 = l + (2 \sim 3)P \qquad (8\text{-}41)$$

式中　l——被铣切的螺纹长度（mm）；

　　　P——螺距（mm）。

加工普通螺纹的带柄和带孔梳形螺纹铣刀工作部分长度尺寸，分别见图 8-113、表 8-148 和图 8-114、表 8-149，可在设计时参考选用。

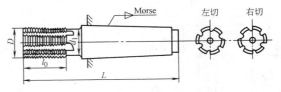

图 8-113　带柄梳形螺纹铣刀外形

2. 螺纹铣刀切削部分

（1）铣刀齿数 z　一般可先按下式进行估算

$$z = (1.6 \sim 1.8)\sqrt{D} \qquad (8\text{-}42)$$

式中　D——螺纹铣刀直径（mm）。

为了保证切削平稳，同时参加切削的齿数 z_e，不应少于 2，因此，用式（8-42）算出的齿数 z 还要用下式验算

$$z_e = \frac{\psi_k z}{360°} \geqslant 2 \qquad (8\text{-}43)$$

$$\cos\psi_k = 1 - \frac{r^2 - r_1^2}{2R(R + r_1)} \qquad (8\text{-}44)$$

表 8-148　带柄梳形螺纹铣刀的主要尺寸　　　　（单位：mm）

D	L	l_0公称	0.5	0.6	0.7	0.75	0.8	1.0	1.25	1.5	1.75	2.0	2.5	3	d	莫氏锥度
10	90	10	10	10.2	9.8	9.75	9.6	10	10	9					10	1
	96	16	16	16.2	16.1	15.75	16	16	16.25	16.5						
12	92	12	12	12	11.9	12	12	12	12.5	12	—				12	
	100	20	20	19.8	20.3	20.25	20	20	20	19.5						
16	96	16	16	16.2	16.1	15.75	16	16	16.25	16.5	15.75	16			16	2
	105	25	25	25.2	25.2	24.75	24.8	25	25.5	24.5	24					
20	100	20	—			20.25	20	20	20	19.5	19.25	20	30	21		
	112	32				32.25	32	32	32.5	31.5	31.5	32	32.5	30		
25	125	25	—					25	25	25.5	24.5	24	25	24	20	3
	140	40						40	40	40.5	40.25	40	40	39		
32	132	32						32	32.5	31.5	31.5	32	32.5	30	22	
	150	50						50	50	49.5	49	50	50	48		

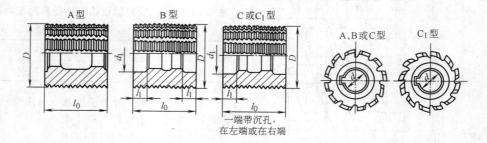

A型　　B型　　C或C$_1$型　　　　A、B或C型　　C$_1$型

一端带沉孔，
在左端或在右端

图 8-114　带孔梳形螺纹铣刀外形

表 8-149　带孔梳形螺纹铣刀的主要尺寸　　　　（单位：mm）

D	l_0公称	1.0	1.25	1.5	1.75	2.0	2.5	3.0	3.5	4.0	4.5	5.0	5.5	6.0	d	d_1	l_1
32	16			15											13	16	4
	20			19.5	—		—										
	25			24													
36	20			19.5	19.25	20									16	22	5
	25			25	24	24											
40	32		31.25	31.5		32	30	30							16	22	
	32		32.5	31.5		32	32.5										
	40		40	45.5	40.25	40		39									
50	32			31.5		32	30		31.5	32					22	30	6
	40			40.5	40.25	40		39	38.5	40							
	50			49.5	49	50		48	49	48							
63	40	—	—	40.5	40.25	40		39	38.5	40	40.5	40			32	42	10
	50			49.5	49	50		48	49	48	49.5	50					
	63			63		62	62.5	63		60	63	60					
80	50			49.5	49	50		48	49	48	49.5	50			40	52	
	63			63		62	62.5	63		60	63	60					
	80			79.5	78.75	80		78	77	80	76.5	80					
100	63					62	62.5	63		60	63	60	60.5	60	50	—	—
	80	—	—			80		78	77	80	76.5	80	77	78			
	100					100		99	98	100	99	100	99	96			

式中　R——铣刀外圆半径（mm）;

　　　r_1——被铣切螺纹的小径的半径（mm）;

　　　r——被铣切螺纹的大径的半径（mm）。

（2）铣刀的齿深、铲背量和后角　铣刀的齿深 H（mm）（见图8-115）按下式计算

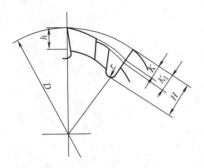

图 8-115　铲齿铣刀的齿背形状

$$H = h + K + r + (1 \sim 3) \tag{8-45}$$

式中　h——刀具螺纹齿形高（mm）;

　　　r——槽底圆弧半径，可取 0.5～3mm，随直径而定;

　　　K——铲背量（mm）:

$$K = \frac{\pi D}{z} \tan\alpha_p \tag{8-46}$$

式中　D——铣刀直径（mm）;

　　　α_p——铣刀顶刃后角（°）。

选择 α_p 既要考虑材料性能，又要考虑侧刃后角不致太小（不能小于 2°～3°），α_p 选取后按下式验算（见图8-116）。

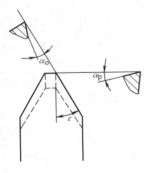

图 8-116　径向铲背

$$\tan\alpha_o = \tan\alpha_p \sin\varepsilon \tag{8-47}$$

α_p 一般取 10°～12°左右（切削碳素结构钢）。

当铲削锯齿形螺纹铣刀时，由于其一侧齿形角很小，这时，应采用斜向铲齿法以改善侧刃后角及其切削条件。如图8-117所示。铣刀刃形也是在一次调整中铲出，但铲刀运动方向是斜向。

这时，铣刀齿顶刃及两侧刃后角分别按下式

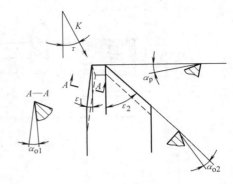

图 8-117　斜向铲背

计算

$$\tan\alpha_p = \frac{Kz}{\pi D} \cos\tau \tag{8-48}$$

$$\tan\alpha_{o1} = \tan\alpha_p \sin(\varepsilon + \tau) \tag{8-49}$$

$$\tan\alpha_{o2} = \tan\alpha_p \sin(\varepsilon - \tau) \tag{8-50}$$

适当选择 α、K 及 τ 使三刃都得到适当的后角。

（3）前角　可根据被加工材料按表8-150选取。

表 8-150　螺纹铣刀的前角

γ_p	被加工材料
0°	硬钢 $R_m > 800MPa$、硬黄铜、青铜和 >220HBW 的铸铁
3°	中硬钢 $R_m > 850MPa$、耐蚀钢、$R_m = (1000 \sim 1400)$MPa 钛合金
5°	$R_m = (700 \sim 1000)$MPa 的钛合金
10°	软钢和轻合金

（4）容屑槽的旋向　梳形螺纹铣刀的容屑槽可以是直槽，也可以为了切削平稳而做成螺旋槽，其螺旋角一般不大于7°。

顺、逆铣削内或外螺纹时，螺纹的旋向与铣刀的切削方向可按表8-151原则选择。

表 8-151　左切或右切铣刀的确定

铣切削刃口方向		左切	右切
适用对象	顺铣	右旋内螺纹 左旋外螺纹	右旋外螺纹 左旋内螺纹
	逆铣	右旋外螺纹 左旋内螺纹	右旋内螺纹 左旋外螺纹

对于对称齿形的螺纹铣刀容屑槽的旋向与刃口切向无关，可以分别考虑。但对于齿形不对称的铣刀在确定容屑槽旋向时，要注意齿形角较小一侧刃口的切削条件不要太坏。

（5）普通螺纹梳形铣刀的结构参考尺寸　带柄及带孔梳形螺纹铣刀结构参考尺寸分别见图8-118和图8-119及表8-152和表8-153。

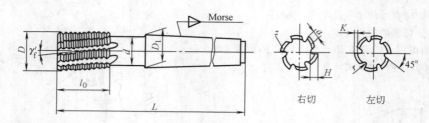

图 8-118 带柄梳形螺纹铣刀结构

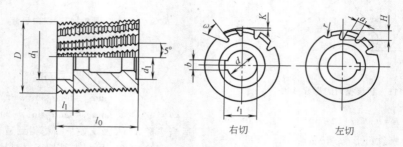

图 8-119 带孔梳形螺纹铣刀结构

表 8-152 带柄铣刀的结构尺寸 （单位：mm）

| D | | 螺距 P | L | d | z | r | H | 铲背量 | | a_{min} | 莫氏锥度 | | 螺旋槽导程 |
公称	极限偏差							K	K_1		D_1	No.	
10	±0.45	0.5~1.5	90/96	10		0.8	2.5	1.0	—	—	—	1	358
12		0.5~1.5	92/100	12		0.8	2.5	1.0	—	—			430
16		0.5~2.0	96/105	15	6	1.0	3.0	1.25	—	—			574
18	±0.65	1.5~3.0	105/110	16		1.0	4.0	1.5	—	—	17.980	2	646
20		0.75~3.0	100/112	16		1.5	5.0	1.5	2.5	3.5			718
25		1.0~3.0	125/140	20		1.5	5.0	1.5	2.5	3.5			895
32	±0.8	1.0	132/140	26	8	2.0	6.5	2.0	3.0	4.0	24.051	3	1150
		1.5~2.0	150										
		1.25	132										
		1.75; 2.5~3.0	150										
36		1.0~2.0	140/150	28	10	2.0	5.0	2.0	3.0	4.0			1290
40		1.0~2.0	140/155	30	10	2.0	5.5	2.5	3.5	4.5		4	1435

注：直径（10~18）mm 的磨齿型铣刀做成一次铲背 K；直径大的铣刀做成双重铲背（K、K_1）。

表 8-153　带孔铣刀的结构尺寸　　　　　　　　　（单位：mm）

D		螺距 P	d H7	t_1	b	ω	z	H	r	铲背量		a_{min}	螺旋槽导程
公称	极限偏差									K	K_1		
32	±0.8	0.4~1.5	13	14.6	3.06	45	8	5.0	2.0	2.0	2.5	4.0	1148
36		0.4~3.0	16	17.7	4.08		10	5.5		2.0	2.5	4.0	1292
40	±0.8	0.4~3.0	16	17.7	4.08			5.5		2.0	3.0	4.0	1435
50		0.4~4.0	22	24.1	6.08		12	7.0	2.0	2.5	3.5	4.0	1794
55		0.4~2.0	27	24.1	6.08	30		7.5		2.5	3.5	5.0	1974
63	±0.95	0.4~5.0	32	34.8	8.10		14	7.5		2.5	3.5	5.0	2261
80		1.5~5.0	40	43.5	10.10		16	8.0	2.5	3.0	4.0	6.0	2871
100	±1.1	1.0~6.0	50	53.5	12.12		18	8.5		3.0	4.0	6.0	3589

注：大直径铣刀做成双重铲背（K、K_1）。

3. 前刀面齿形

（1）$\gamma_p = 0°$ 时梳形螺纹铣刀的齿形

1）齿形角 α_o。当 $\gamma_p = 0$ 时，齿形角 α_o 可不用修正，令其等于工件螺纹齿形角。

2）齿顶高 h_{10}。铣刀的齿顶高相当于螺纹的槽底深。

当加工外螺纹时，螺纹铣刀的齿顶高为

$$\left.\begin{aligned} h_{10min} &= 0.288P \\ h_{10max} &= 0.288P+\delta \end{aligned}\right\} \quad (8\text{-}51)$$

式中　P——被加工螺纹螺距（mm）；

δ——铣刀齿高制造公差，$\delta = 0.032\sqrt[3]{P}$。

当加工内螺纹时，螺纹铣刀的齿顶高为

$$\left.\begin{aligned} h_{10min} &= 0.325P+\delta_1+\delta_2 \\ h_{10max} &= h_{10min}+\delta \end{aligned}\right\} \quad (8\text{-}52)$$

式中　δ_1——保证间隙（mm），$\delta_1 = 0.01P$；

δ_2——磨损留量（mm），一般取 $\delta_2 = 0.02P$。

3）齿根高 h_{20}。梳形螺纹铣刀的齿根不参加工作，为了使加工内螺纹的铣刀也便于改为加工外螺纹用，因此

$$h_{20min} = 0.325P \quad (8\text{-}53)$$

h_{20max} 不予规定。

（2）$\gamma_p > 0°$ 时梳形螺纹铣刀前刀面的齿形　由图 8-120 可见，当 $\gamma_p > 0°$ 时，为了旋转起来仍能形成铣刀轴向平面（$\gamma_p = 0°$）时的齿形各要素，因此，$\gamma_p > 0°$ 时铣刀前面上的齿形必须进行修正计算。

1）齿形角 α_γ 用下式计算

$$\tan\frac{\alpha_\gamma}{2} = \tan\frac{\alpha}{2} \frac{(h_{10}+h_{20})\sin\gamma_p}{[R-(h_{10}+h_{20})]\sin(\beta_2-\gamma_p)}$$
$$(8\text{-}54)$$

2）前刀面上齿顶高 $h_{10\gamma}$ 用下式计算

$$h_{10\gamma} = \frac{(R-h_{10})\sin(\beta_1-\gamma_p)}{\sin\gamma_p} \quad (8\text{-}55)$$

3）前面上齿根高 $h_{20\gamma}$ 用下式计算

$$h_{20\gamma} = \frac{[R-(h_{10}+h_{20})]\sin(\beta_2-\beta_1)}{\sin\beta_1} \quad (8\text{-}56)$$

式中　R——铣刀半径（mm）；

γ_p——铣刀顶刃前角（°）；

α——铣刀轴向平面齿形角，即螺纹牙型角（°）；

α_γ——铣刀前面上齿形角（°）；

h_{10}——铣刀轴向齿形的齿顶高（mm）；

h_{20}——铣刀轴向齿形的齿根高（mm）；

$h_{10\gamma}$——铣刀前面上齿形的齿顶高（mm）；

$h_{20\gamma}$——铣刀前面上齿形的齿根高（mm）。

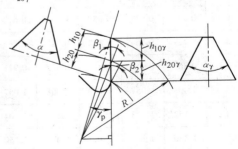

图 8-120　铣刀的前刀面齿形

β_1 及 β_2 分别用下式求出

$$\sin\beta_1 = \frac{R\sin\gamma_p}{R-h_{10}} \quad (8\text{-}57)$$

$$\sin\beta_2 = \frac{R\sin\gamma_p}{R-(h_{10}+h_{20})} \qquad (8\text{-}58)$$

加工普通螺纹用的梳形铣刀其前面上齿形要素也可按表 8-154~表 8-156 查出。

为了便于制造，对于 $P<1\text{mm}$ 铣刀常制成跳齿的，即双螺距铣刀，刀齿仍为环形。用这种铣刀铣螺纹时，工件要转两转多一点。

4. 螺纹铣刀主要技术要求

（1）铣刀的精度 目前尚无统一的国家标准。通常梳形螺纹铣刀可以制成两种精度：1 级和 2 级。

1 级精度的铣刀应磨齿，用于加工 5H~6H 精度的内螺纹和 6h、6g 精度的外螺纹。

2 级精度的铣刀加工 7H 精度的内螺纹和 8h 精度的外螺纹。

（2）基本要素公差 齿形高公差见表 8-154 和表 8-155，螺距及齿形角允许偏差见表 8-156。

外径和中径允许锥度不得超过 0.03mm（对于切削部分长度在 50mm 以下者）或 0.05mm（对于切削部分长度在 50mm 以上者）。锥柄螺纹铣刀只允许正锥。

外径允许径向圆跳动：1 级 0.05mm，2 级 0.08mm。

齿廓径向跳动允许值：1 级为 0.03mm，2 级为 0.04mm。

（3）材料 一般用普通高速工具钢制造，热处理后硬度为 63~66HRC。

表 8-154 外螺纹铣刀的齿形尺寸 （单位：mm）

P	$\gamma_p=0°$			$\gamma_p=3°$			$\gamma_p=5°$			$\gamma_p=10°$		
	h_{10}		h_{20}	$h_{10\gamma}$		$h_{20\gamma}$	$h_{10\gamma}$		$h_{20\gamma}$	$h_{10\gamma}$		$h_{20\gamma}$
	min	max	(min)	min	max	(min)	min	max	(min)	min	max	(min)
0.4	0.115	0.138	0.130	0.115	0.138	0.131	0.115	0.138	0.132	0.117	0.140	0.132
0.45	0.129	0.153	0.146	0.129	0.153	0.147	0.120	0.153	0.148	0.131	0.155	0.149
0.5	0.144	0.169	0.162	0.144	0.169	0.162	0.144	0.169	0.163	0.146	0.171	0.165
0.6	0.173	0.200	0.195	0.173	0.200	0.195	0.173	0.200	0.195	0.176	0.203	0.198
0.7	0.202	0.230	0.227	0.202	0.230	0.227	0.202	0.230	0.228	0.205	0.233	0.231
0.75	0.216	0.245	0.243	0.216	0.245	0.243	0.216	0.245	0.244	0.219	0.248	0.246
0.8	0.231	0.261	0.260	0.231	0.261	0.260	0.231	0.261	0.261	0.234	0.264	0.264
1.0	0.288	0.320	0.325	0.288	0.320	0.325	0.289	0.321	0.326	0.293	0.325	0.331
1.25	0.360	0.395	0.406	0.360	0.395	0.406	0.361	0.396	0.408	0.366	0.401	0.412
1.5	0.433	0.470	0.487	0.433	0.470	0.487	0.435	0.472	0.488	0.440	0.477	0.495
1.75	0.504	0.543	0.568	0.504	0.543	0.570	0.506	0.545	0.570	0.512	0.551	0.576
2.0	0.577	0.617	0.650	0.577	0.617	0.651	0.579	0.619	0.652	0.586	0.626	0.661
2.5	0.721	0.764	0.812	0.722	0.765	0.814	0.724	0.767	0.816	0.733	0.776	0.828
3.0	0.864	0.910	0.974	0.865	0.911	0.976	0.868	0.914	0.979	0.878	0.924	0.991
3.5	1.008	1.057	1.132	1.008	1.057	1.135	1.011	1.060	1.137	1.024	1.073	1.151
4.0	1.152	1.203	1.299	1.153	1.204	1.299	1.156	1.207	1.300	1.170	1.221	1.322
4.5	1.296	1.349	1.462	1.297	1.350	1.465	1.299	1.352	1.467	1.317	1.370	1.488
5.0	1.440	1.495	1.675	1.442	1.497	1.627	1.444	1.498	1.630	1.463	1.518	1.653
5.5	1.584	1.640	1.787	1.586	1.642	1.790	1.588	1.644	1.792	1.609	1.665	1.818
6.0	1.728	1.786	1.950	1.730	1.788	1.953	1.732	1.790	1.955	1.756	1.814	1.983

表 8-155　内螺纹铣刀的齿形尺寸　　　　　　　　　　（单位：mm）

P	$\gamma_p = 0°$ h_{10} min	h_{10} max	h_{20} (min)	$\gamma_p = 3°$ $h_{10\gamma}$ min	$h_{10\gamma}$ max	$h_{20\gamma}$ (min)	$\gamma_p = 5°$ $h_{10\gamma}$ min	$h_{10\gamma}$ max	$h_{20\gamma}$ (min)	$\gamma_p = 10°$ $h_{10\gamma}$ min	$h_{10\gamma}$ max	$h_{20\gamma}$ (min)
0.4	0.142	0.165	0.115	0.142	0.165	0.115	0.142	0.165	0.116	0.144	0.167	0.116
0.45	0.149	0.173	0.129	0.149	0.173	0.130	0.149	0.173	0.132	0.151	0.175	0.132
0.5	0.177	0.203	0.144	0.177	0.203	0.144	0.177	0.203	0.145	0.180	0.205	0.146
0.6	0.213	0.240	0.173	0.213	0.240	0.173	0.213	0.240	0.174	0.216	0.243	0.176
0.7	0.249	0.277	0.202	0.249	0.277	0.202	0.249	0.277	0.203	0.253	0.281	0.206
0.75	0.267	0.296	0.216	0.267	0.296	0.216	0.268	0.297	0.217	0.272	0.301	0.219
0.8	0.284	0.314	0.231	0.284	0.315	0.231	0.285	0.315	0.232	0.288	0.318	0.234
1.0	0.355	0.387	0.288	0.355	0.387	0.288	0.356	0.388	0.289	0.360	0.393	0.293
1.25	0.443	0.478	0.360	0.444	0.478	0.360	0.445	0.480	0.361	0.450	0.484	0.366
1.5	0.532	0.569	0.433	0.533	0.569	0.433	0.534	0.571	0.435	0.540	0.577	0.440
1.75	0.621	0.660	0.504	0.622	0.659	0.504	0.623	0.662	0.506	0.631	0.669	0.512
2.0	0.710	0.750	0.577	0.710	0.750	0.578	0.712	0.752	0.580	0.722	0.762	0.586
2.5	0.887	0.931	0.721	0.890	0.933	0.722	0.892	0.935	0.725	0.896	0.936	0.733
3.0	1.065	1.111	0.864	1.066	1.112	0.865	1.069	1.115	0.867	1.082	1.129	0.878
3.5	1.242	1.291	1.008	1.243	1.292	1.010	1.246	1.295	1.013	1.261	1.310	1.024
4.0	1.420	1.471	1.152	1.423	1.473	1.155	1.425	1.476	1.159	1.444	1.495	1.170
4.5	1.597	1.650	1.296	1.600	1.653	1.299	1.601	1.654	1.300	1.623	1.676	1.317
5.0	1.775	1.822	1.440	1.777	1.832	1.445	1.780	1.835	1.449	1.804	1.859	1.465
5.5	1.952	2.009	1.584	1.953	2.009	1.587	1.958	2.014	1.589	1.984	2.040	1.609
6.0	2.130	2.188	1.728	2.132	2.190	1.731	2.135	2.193	1.733	2.165	2.223	1.756

表 8-156　带前角梳形螺纹铣刀的齿形角及铣刀的允许偏差

P	R	在下列 γ_p 时的 α_γ 角 3°	α_γ 角 5°	α_γ 角 10°	齿形半角允许偏差/(′) 1级	2级	螺距允许偏差/μm P(1级)	10P(1级)	20P(1级)	P(2级)	10P(2级)	20P(2级)
0.4	0.048	59°58′	59°53′	59°12′	±40	±50	±8	±16	±24	±12	±24	±36
0.45	0.054											
0.5	0.06		59°52′	59°10′	±45	±55	±10	±20	±30	±15	±30	±50
0.6	0.072				±40	±50						
0.7	0.084	59°57′	59°50′		±35	±45				±30		
0.75	0.09											
0.8	0.096	59°56′	59°49′		±30	±40		±30			±40	
1.0	0.120											
1.25	0.150	59°55′	59°47′		±25	±35						±60
1.5	0.180										±45	
1.75	0.210				±20	±30				—		
2.0	0.240										±50	
2.5	0.300	59°54′	59°46′						±50			±70
3.0	0.360										±55	
3.5	0.420											
4.0	0.480											
4.5	0.540	59°53′	59°45′		±15	±25		±40	±60		±60	±80
5.0	0.600											
5.5	0.660					±20						
6.0	0.720											

注：螺距允许偏差栏中「精度等级」分 1 级、2 级。

8.6 滚丝轮和搓丝板

8.6.1 滚丝轮

1. 滚丝轮的型式和尺寸

国家标准 GB/T 971—2008 规定了普通圆柱滚丝轮的型式和尺寸，其型式见图 8-121，其内孔和键槽尺寸见表 8-157，其他尺寸见表 8-158~表 8-161。

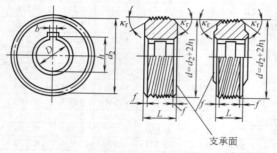

图 8-121　滚丝轮的外形及结构

表 8-157　滚丝轮的内孔和键槽尺寸

（单位：mm）

型式	内孔 D	键槽	
		b	h
45 型	$45^{+0.025}_{0}$	$12^{+0.36}_{+0.12}$	$47.9^{+0.62}_{0}$
54 型	$54^{+0.030}_{0}$		$57.5^{+0.74}_{0}$
75 型	$75^{+0.090}_{0}$	$20^{+0.42}_{+0.14}$	$79.3^{+0.74}_{0}$

表 8-158　45 型粗牙普通螺纹用滚丝轮

（单位：mm）

被加工螺纹公称直径 d		螺距 P	滚丝轮螺纹线数 n	中径 d_2	宽度 L	倒角	
第一系列	第二系列					κ_r	f
3		0.5	54	144.450			0.8
	3.5	(0.6)	46	143.060			
4		0.7	40	141.800	30		1.0
	4.5	(0.75)	35	140.455			
5		0.8	32	143.360			1.2
6		1.0	27	144.450	30;40	25°	1.5
8		1.25	20	143.760			2.0
10		1.5	16	144.416			2.5
12		1.75	13	141.219	40;50		
	14	2.0	11	139.711			3.0
16			10	147.010	40;60		
	18	2.5	9	147.384			4.0
20			8	147.008			
	22		7	142.632			

注：见表 8-161 的表注。

滚丝轮分带凸台与不带凸台的两种，选择时根据工艺需要而定。

表 8-159　45 型细牙普通螺纹用滚丝轮

（单位：mm）

被加工螺纹公称直径 d		螺距 P	滚丝轮螺纹线数 n	中径 d_2	宽度 L	倒角	
第一系列	第二系列					κ_r	f
8		1.0	20	147.000	30;40		1.5
10			16	149.600	40;50		
12			13	147.550			
	14		11	146.850	50;70		
16			9	138.150			
10		1.25	16	147.008	40;50		2.0
12			13	145.444			
	14		11	145.068	50;70		
12		1.5	13	143.338	40;50		2.5
	14		11	143.286	50;70		
16			10	150.260		25°	
	18		8	136.208			
20			7	133.182			
	22			147.182			
24			6	138.156			
	27		5	130.130	50;70		
30				145.130			
	33		4	128.104			
36				140.104			
	39		3	114.078			
	18	2.0	9	150.309			3.0
20			8	149.608			
	22		7	144.907			
24			6	136.206			
	27		5	128.505	40;60		
30				143.505			
	33		4	126.804			
36				138.804			
	39		3	113.103			

注：见表 8-161 的表注。

2. 滚丝轮主要参数的设计

（1）滚丝轮的螺纹中径和线数　滚丝轮的螺纹中径 d_{20} 是个关键尺寸，其设计的基本原则是，应使滚丝轮中径 d_{20} 处的螺纹升角 ψ_0 等于工件螺纹中径 d_2 处的螺纹升角 ψ，且滚丝轮的螺纹旋向与工件螺纹的旋向相反。

考虑到滚丝轮的强度、寿命及安装因素，必须使滚丝轮直径较工件直径大许多倍。为了保证两者中径处螺纹导程角相等，滚丝轮只能做成多线螺纹，且线数为整数。两者螺纹展开图见图 8-122。

表 8-160　54 型普通螺纹用滚丝轮

（单位：mm）

（1）54 型粗牙普通螺纹用滚丝轮

第一系列	第二系列	螺距 P	滚丝轮螺纹线数 n	中径 d_2	宽度 L	κ_r	f
3		0.5	54	144.450			0.8
	3.5	0.6	46	143.060			1.0
4		0.7	40	141.800	30		
	4.5	0.75	35	140.455			1.2
5		0.8	32	143.360		25°	
6		1.0	27	144.450	30；40		1.5
8		1.25	20	143.760			2.0
10		1.5	16	144.416	40；50		2.5
12		1.75	13	141.219			
	14	2.0	12	152.412	50；70		3.0
16			10	147.010			
	18		9	147.384			
20		2.5	8	147.008	60；80		4.0
	22		7	142.632			
24		3.0		154.357	70；90	25°	4.5
	27		6	150.306			
30		3.5	5	138.635			
	33			153.635			5.5
36		4.0	4	133.608	80；100		6.0
	39			145.608			

（2）54 型细牙普通螺纹用滚丝轮

第一系列	第二系列	螺距 P	滚丝轮螺纹线数 n	中径 d_2	宽度 L	κ_r	f
8			20	147.000	30；40		
10			16	149.600	40；50		
12		1.0	13	147.550			1.5
	14		11	146.850	50；70		
16			10	153.500			
10			16	147.008	40；50		
12		1.25	13	145.444			2.0
	14		11	145.068	50；70		
12			13	143.338	40；50		
	14		11	143.286	50；70		
16			10	150.260			
	18		8	136.208			
20				152.208	60；80		
	22	1.5	7	147.182			
24			6	138.156	70；90		2.5
	27		5	130.130			
30				145.130			
	33			128.104			
36			4	140.104	80；100	25°	
	39			152.104			
42			3	123.078			
	45			132.078			
	18		9	150.309			
20			8	149.608	60；80		
	22		7	144.907			
24			6	136.206	70；90		
	27	2.0	5	128.505			3.0
30				143.505			
	33			120.804			
36			4	138.804			
	39			150.804			
42			3	122.103	80；100		
	45			131.103			
36			4	136.204			
	39	3.0		148.204			4.5
42			3	120.153			
	45			129.153			

注：见表 8-161 的表注。

表 8-161　75 型普通螺纹用滚丝轮

（单位：mm）

（1）75 型粗牙普通螺纹用滚丝轮

第一系列	第二系列	螺距 P	滚丝轮螺纹线数 n	中径 d_2	宽度 L	κ_r	f
6		1.0	33	176.550	45		1.5
8		1.25	23	165.324			2.0
10		1.5	19	171.494	60；70	25°	2.5
12		1.75	16	173.808			
	14	2.0	14	177.814			3.0
16			12	176.412			
	18		11	180.136			
20		2.5	10	183.760			4.0
	22		9	183.384			
24		3.0	8	176.408	70；80	25°	
	27		7	175.357			4.5
30		3.5		194.089			
	33		6	184.362			5.5
36		4.0		167.010			6.0
	39		5	182.010	70；80	25°	6.0
42		4.5		195.375			6.5

（2）75 型细牙普通螺纹用滚丝轮

第一系列	第二系列	螺距 P	滚丝轮螺纹线数 n	中径 d_2	宽度 L	κ_r	f
8			23	169.050	45		
10			18	168.300			
12		1.0	15	170.250	50；60		1.5
	14		13	173.550			
16			11	168.850			
10			19	174.572			
12		1.25	16	179.008			2.0
	14		13	171.444	45；50		
12			16	176.461			
	14		14	182.364			
16			12	180.312			
	18		10	170.260			
20			9	171.234	60；70		
	22			189.234			
24		1.5	8	184.208			2.5
	27		7	182.182			
30			6	174.156			
	33			192.156			
36			5	175.130	70；80	25°	
	39			190.130			
42			4	164.104			
	45			176.104			
	18		11	183.711			
20			10	187.010	50；60		
	22		9	186.309			
24			8	181.608			
	27	2.0	7	179.907			
30			6	172.206			3.0
	33			190.206			
36			5	173.505	60；70		
	39			188.505			
42			4	162.804	70；80		
	45			174.804			
36			5	170.255			
	39	3.0		185.255			
42				200.255	90；100		4.5
	45		4	172.204			

注：1. 表中的 κ_r、f 为推荐尺寸。
2. 使用厂因特殊需要，不能采用规定的滚丝轮宽度时，可按下列宽度系列另行选取：30、40、45、50、55、60、65、70、75、80、85、90、95、100、105。
3. 按使用厂需要制造具有备磨量的滚丝轮。

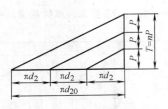

图 8-122 螺旋线展开图

因为 $\psi = \psi_0$，

$$\frac{P}{\pi d_2} = \frac{nP}{\pi d_{20}}$$

即

$$d_{20} = nd_2 \qquad (8-59)$$

一般根据机床允许安装的滚丝轮最大直径预选定一个滚丝轮直径，再计算 n，取整数，最后按式（8-59）精确计算出滚丝轮中径 d_{20}。

若采用磨制螺纹方法做滚丝轮，则 n 必须与螺纹磨床等分盘一致。

中径极限偏差取 ±0.25mm，对螺纹升角影响误差不超过 ±1′。但同一对滚丝轮的实际中径互差不得超过 0.1mm。

（2）牙型和牙型尺寸 滚丝轮的牙型分 A 型和 B 型两种，见图 8-123 及表 8-162。

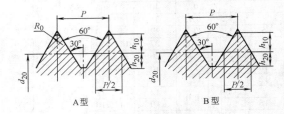

图 8-123 滚丝轮螺纹牙型尺寸

表 8-162 滚丝轮螺纹牙型尺寸和极限偏差 （单位：mm）

螺距 P	h_{10}			h_{20}				螺距极限偏差（25.4mm 长度上）			牙型半角极限偏差	
	A、B 型			A 型			B 型					
	公称尺寸	上极限偏差	下极限偏差	公称尺寸	上极限偏差	下极限偏差	min	1 级	2 级	3 级	1 级	2、3 级
0.50	0.144			0.162		-0.012	0.162				±35′	±50′
0.60	0.173			0.195		-0.013	0.195					±45′
0.70	0.202	+0.025		0.227	+0.010	-0.014	0.227	±0.015	±0.020	±0.030	±30′	±40′
0.75	0.217			0.244		-0.015	0.244					
0.80	0.231			0.260		-0.018	0.260					
1.00	0.289		0	0.325		-0.015	0.325				±25′	±35′
1.25	0.361	+0.030		0.406	+0.015	-0.017	0.406	±0.020	±0.030	±0.040		
1.50	0.433			0.487		-0.020	0.487				±20′	±30′
1.75	0.505	+0.035		0.568		-0.025	0.568	±0.025	±0.035	±0.045		
2.00	0.577			0.650		-0.025	0.650				±15′	±25′
2.50	0.722	+0.045		0.812	+0.020	-0.030	0.812					
3.00	0.866			0.974		-0.035	0.974	±0.030	±0.040	±0.050		
3.50	1.015	+0.050		1.137	+0.025	-0.035	1.137				±10′	±20′
4.00	1.155			1.299			1.299					

注：1. A 型牙顶圆弧半径 R 的最大值为 0.144P，其变化范围由 h_{10} 的实际尺寸而定。

2. 螺距 $P = (1.5 \sim 4.0)$mm 的 A 型滚丝轮牙顶高 h_{10} 按本标准制造，也能满足高强度螺纹牙底最小圆弧半径为 0.125P 的要求。

A 型为圆顶牙型，牙顶高与牙底高尺寸都控制，称全牙型。这样，用这种牙型的滚丝轮滚压工件螺纹时，当工件螺纹中径调整合格后，大径就不会超差。螺纹牙底呈圆弧形，抗动载荷能力高。

B 型为平顶牙型，只控制牙顶高尺寸，而牙高上限不控制，一般称非全牙型。此型多用于磨制法制造的滚丝轮。精度高，但磨制效率低。

普通螺纹滚丝轮齿形上的牙顶高和牙底高按如下公式计算

1）牙顶高

对 A、B 型 $\quad h_{10} = 0.289P \qquad (8-60)$

2）牙底高

对 A 型 $\quad h_{20} = 0.325P \qquad (8-61)$

对 B 型 $\quad \left. \begin{array}{l} h_{20min} = 0.325P \\ h_{20max} \text{可不作规定} \end{array} \right\} \qquad (8-62)$

式中 $\quad P$——螺距（mm）。

滚丝轮的牙型尺寸和极限偏差可按表 8-162 规定选用。

（3）滚丝轮螺纹的大径 d_0 和小径 d_{10} $\quad d_0$ 和 d_{10} 分别按下式计算

$$d_0 = d_{20} + 2h_{10} \qquad (8-63)$$

$$d_{10} = d_{20} - 2h_{20} \qquad (8-64)$$

式中 $\quad d_{20}$——滚丝轮中径（mm）；

$\quad h_{10}$——滚丝轮牙顶高（mm）；

$\quad h_{20}$——滚丝轮牙底高（mm）。

（4）倒角（主偏角）κ_r 和倒角宽度 f 不做倒

角，在滚压工件螺纹时会损坏滚丝轮边缘螺纹。因此，必须在两边做出倒角，而且同一对滚丝轮的倒角应一致，以平衡受力情况，保证滚压螺纹质量。

倒角的大小在螺纹收尾标准中有规定，即 l' 不大于 $2P$，角度可以是 $25°$ 或 $45°$。

因此，滚丝轮的倒角 κ_r 也可以有两种：

$$
\left.
\begin{array}{l}
当 \kappa_r = 25° 时，f = 1.5P \\
当 \kappa_r = 45° 时，f = 0.7P
\end{array}
\right\} \tag{8-65}
$$

但 GB/T 971—2008 中仅规定了一种 $\kappa_r = 25°$，$f = 1.5P$，以适应大多数情况。

（5）滚丝轮宽度 L　滚丝轮的宽度 L（mm），其最大值应受到滚丝机安装尺寸限制，其最小值应大于被滚压螺纹的长度 l_w。因此，可按下式计算

$$
L \geqslant l_w + 2f + (2 \sim 3)P \tag{8-66}
$$

式中　l_w——工件螺纹的最大长度（mm）；

P——螺距（mm）；

f——倒角宽度（mm）。

若 l_w 太短，可将滚丝轮宽度加大一倍，以便两面使用，若加大一倍仍小于 30mm，则仍按 30mm 选取。国家标准规定的 L（mm）有 30、40、50、60、70、80、90 和 100 多种。

3. 滚丝轮的主要技术要求

（1）螺距偏差和牙型半角极限偏差　GB/T 971—2008 规定。滚丝轮分三种精度等级：1 级、2 级和 3 级。每级精度所加工的外螺纹的相应精度等级为

1 级精度滚丝轮加工 4 级、5 级外螺纹；

2 级精度滚丝轮加工 5 级、6 级外螺纹；

3 级精度滚丝轮加工 6 级、7 级外螺纹。

螺距极限偏差 $\pm \Delta P$ 和螺纹牙型半角极限偏差 $\pm \Delta \dfrac{\alpha}{2}$ 推荐按表 8-134 规定值选取。$\pm \Delta P$ 及 $\Delta \dfrac{\alpha}{2}$ 超差都会影响被加工螺纹的中径尺寸，并降低螺纹的连接强度。

（2）滚丝轮的表面粗糙度　螺纹牙型表面粗糙度 1 级精度的不大于 $Rz3.2\mu m$，2、3 级精度的不大于 $Rz6.3\mu m$；

内孔和两支承端面不大于 $Ra0.8\mu m$。

（3）几何公差　滚丝轮几何公差见表 8-163。

（4）外观　滚丝轮表面不得有裂纹、刻痕、锈迹以及磨削烧伤等影响使用性能的缺陷。

8.6.2　搓丝板

（1）GB/T 972—2008 规定了搓丝板的型式和尺寸　普通螺纹用的平搓丝板（动板及静板）结构见图 8-124。

表 8-163　滚丝轮的几何公差

（单位：mm）

项　目		公　差		
		1 级	2 级	3 级
一副滚丝轮大径差及中径差		0.10		0.15
一副滚丝轮宽度差		0.20		0.30
支承端面对轴心线的圆跳动		0.04		
外圆对轴心线的圆跳动	45、54 型	0.03	0.05	0.08
	75 型	0.05	0.07	0.10
中径和大径锥度	宽度至 50			
	45、54 型	0.03	0.05	0.07
	75 型	0.04	0.05	0.07
	>50~80			
	45、54 型	0.04	0.05	0.08
	75 型	0.05	0.06	0.09
	>80~100			
	45、54 型	0.05	0.05	0.10
	75 型	0.06	0.06	0.11

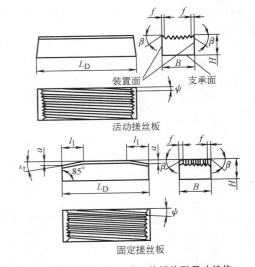

图 8-124　平搓丝板动、静板外形尺寸结构

1）静板压入部分长度，加工一般 6g 级精度螺纹的静板压入部分长度 $l_1 = (1.1 \sim 1.6)\pi d_2$，加工较高精度（如 5g 级）和较硬材料上的螺纹时，可取 $l_1 = (2 \sim 4)\pi d_2$。

压入部分形状可以做成如图 8-125 所示三种型式之一。推荐选图 8-125 中的图 a 和图 c 的型式。

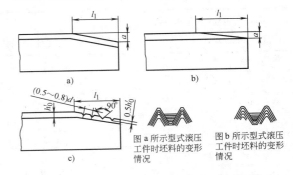

图 a 所示型式滚压工件时坯料的变形情况

图 b 所示型式滚压工件时坯料的变形情况

图 8-125　搓丝板压入部分结构型式及工件变形情况

压入部分其他参数的选取见图8-126，一般取$\kappa_r = 1° \sim 2°30'$，a值选取：当P为$0.2 \sim 0.5$mm时，$a = 0.64P$；当$P > 0.5$mm时，$a = 0.7P$。

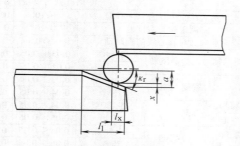

图8-126 搓丝板压入部分确定

2）校准部分对螺纹精度及稳定性起决定作用，一般取$l_2 = (2.5 \sim 6) \pi d$。

3）退出部分长度取$0.5 \pi d_2$，或等于压入部分长度。以备调头使用。

4）静板全长l_J约为$(8 \sim 5) \pi d_2$（加工M2.5～M24螺纹）。

5）动静板宽度B按下式计算

$$B = 2l_w + (2 - 3)P \tag{8-67}$$

式中　l_w——工件螺纹长度（mm）；

　　　P——螺距（mm）。

6）动板长度可较静板长度长15～25mm。

7）搓丝板厚度H可在20～50mm范围内选取或按下式计算：加工M3～M8螺纹，取$H = (7 \sim 4) d$；加工M10～M24螺纹，取$H = (3 \sim 2) d$。

搓丝板的全长两侧边沿上倒角：$\beta = 20° \sim 30°$，倒角长度$f = \dfrac{h_0 + 0.2}{\tan \beta}$。搓短尾螺纹时，为了防止边牙损坏，取$\beta = 45°$。

国家标准GB/T 972—2008规定了搓丝板的外形尺寸，搓丝板的结构尺寸可按表8-164及表8-165参考选用。

表8-164 粗牙普通螺纹用搓丝板结构尺寸 （单位：mm）

螺纹公称直径 d	螺距 P	L_D	L_J	B	H	l_1	a	ψ	κ_r	f	β
1											
1.1	0.25	50	45	15、20	20	6.1	0.16	5°44′		0.11	
1.2								5°5′			
1.4	0.30	60	55	20、25		7.3	0.19	4°35′			
1.6	0.35							4°43′		0.5	
1.8	0.35					8.8	0.23	4°49′			
2	0.40	70	65	20、25、30、40	25	9.9	0.26	4°11′		0.6	
2.2	0.45					11	0.29	4°19′			
2.5	0.45							4°25′		0.7	
3	0.50	55	78	20、25、30、40、50		12.2	0.32	3°48′		0.8	
4	0.7			30、40、50		18.7	0.49	3°29′		1	
5	0.8	125	110	40、50、60		21.4	0.56	3°40′		1.2	
6	1					26.7	0.7	3°18′	1°30′	1.5	25°
8	1.25	170	150	50、60、70	30	33.6	0.88	3°27′		2	
10	1.5					40.1	1.05	3°12′			
12	1.75	220	200	60、70、80	40	47	1.23	3°4′		2.5	
14	2	250	230	60、70、80	45	53.5	1.4	2°58′		3	
16	2	250	230	60、70、80	45	53.5	1.4	2°54′		3	
18								2°30′			
20	2.5	310	285	70、80	50	66.8	1.75	2°45′		4	
22								2°30′			
24	3	400	375	80、100		80.2	2.10	2°15′		4.5	
								2°30′			

注：尺寸l_1、κ_r、f及β为推荐尺寸。

表8-165 细牙普通螺纹用搓丝板结构尺寸 （单位：mm）

螺纹公称直径 d	螺距 P	L_D	L_J	B	H	l_1	a	ψ	κ_r	f 不焊	β
1								4°23′			
1.1		50	45	15、20	20			3°55′			
1.2	0.2					7.4	0.13	3°32′		0.3	
1.4		60	55	20、25				2°58′			
1.6								2°33′	1°		45°
1.8								2°14′			
2		70	65		25			2°33′			
2.2	0.25			25、30、40		9.2	0.16	2°17′		0.4	
2.5								2°52′			
3	0.35	85	78			13.2	0.23	2°21′		0.5	

（续）

螺纹公称直径 d	螺距 P	L_D	L_J	B	H	l_1	a	ψ	$κ_r$	f 不焊	β
3.5	0.35	85	78	30、40	25	14.3	0.25	1°59'		0.5	45°
4	0.5	125	110	40、50		20.1	0.35	2°31' / 1°58'			
5											
6	0.75			40、50、60		30.4	0.53	2°31'		1.2	
8	1	170	150	50、60、70	30	40.1	0.7	2°30' / 1°58'		1.5	
10											
12	1.25	220	200		40	50.4	0.88	2°3' / 2°30'	1°	2	
14	1.5	250	230	60、70、80	45	60.2	1.05	2°7' / 1°50'		2.5	25°
16								1°37'			
18		310	285	70、80	50			1°27'			
20								1°18'			
22											
24	2	400	375	80、100		80.2	1.4	1°37'		3	

注：尺寸 l_1、$κ_r$、f 及 β 为推荐尺寸。

（2）螺纹部分设计

1）齿形高度 h　设搓丝板螺纹齿顶高为 h_{10}，齿根高为 h_{20}，则其计算式为

$$h_{10} = \frac{H}{2} - \frac{H}{6} = 0.289P \qquad (8\text{-}68)$$

$$h_{20} = \frac{3}{8}H = 0.325P \qquad (8\text{-}69)$$

式中　H——螺纹原始三角形高度（mm），

　　　$H = P\cos30°$；

　　　P——螺距（mm）。

考虑到工件螺纹在滚压后的回弹量、螺纹配合间隙及搓丝板的寿命等因素，搓丝板的螺纹齿顶高 h_{10} 再增加一个 0.02P 值。

按式（8-68）及式（8-69）计算出的搓丝板螺纹的 h_{10} 及 h_{20} 见表 8-166。

2）螺纹升角 ψ　搓丝板的螺纹升角与工件螺纹中径处升角一致，方向相反。但计算时不是采用其中径的名义尺寸，而是按国标 GB/T 197—2003 规定的公差带位置取其平均值（见图 8-127）。

表 8-166　搓丝板螺纹牙型尺寸（根据 GB/T 972—2008）　　（单位：mm）

螺距 P	h_{10} A、B 型 公称尺寸	h_{10} A、B 型 上极限偏差	h_{10} A、B 型 下极限偏差	h_{20} A 型 公称尺寸	h_{20} A 型 上极限偏差	h_{20} A 型 下极限偏差	h_{20} B 型 最小尺寸	螺距极限偏差 2 级 10mm 长度上	螺距极限偏差 2 级 25mm 长度上	螺距极限偏差 3 级 10mm 长度上	螺距极限偏差 3 级 25mm 长度上	牙型半角极限偏差
0.20	0.058	+0.020		0.065		-0.004	0.065	±0.010	±0.014			±70'
0.25	0.072			0.081		-0.005	0.081					
0.30	0.087			0.097		-0.006	0.097					±65'
0.35	0.101			0.114		-0.008	0.114					±60'
0.40	0.145			0.130		-0.009	0.130		±0.020		±0.030	±55'
0.45	0.130	+0.025		0.146	+0.010	-0.011	0.146					±50'
0.50	0.144			0.162		-0.012	0.162					
0.60	0.173		0	0.195		-0.013	0.195					±45'
0.70	0.202			0.227		-0.014	0.227					±40'
0.75	0.216			0.244		-0.015	0.244					
0.80	0.231			0.260		-0.018	0.250					±35'
1.00	0.289			0.325		-0.015	0.325	—	±0.030	—	±0.040	
1.25	0.361	+0.030		0.406	+0.015	-0.017	0.406					±30'
1.50	0.433			0.487		-0.020	0.487					
1.75	0.505	+0.035		0.568		-0.025	0.568					
2.00	0.577			0.650		-0.025	0.650		±0.035		±0.045	±25'
2.50	0.722	+0.045		0.812	+0.020	-0.030	0.812		±0.040		±0.050	
3.00	0.866			0.974		-0.035	0.974					±20'

注：1. A 型齿顶圆弧半径 R 的最大值为 0.144P，其变化范围由 h_{10} 的实际尺寸而定。

2. 螺距 P =（1.5～3）mm 的 A 型搓丝板齿顶高 h_{10} 按本标准制造，也能满足高强度螺纹牙底最小圆弧半径为 0.125P 的要求。

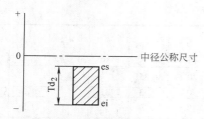

图 8-127 螺纹中径公差分布图

螺纹升角 ψ（°）的计算公式如下

$$\psi = \arctan \frac{P}{\pi\left(d_2 - \dfrac{\mathrm{Td}_2}{2} - \mathrm{es}\right)} \qquad (8\text{-}70)$$

式中 P——螺距（mm）；

d_2——螺纹中径的名义尺寸（mm）；

Td_2——螺纹中径的公差（mm），一般按 GB/T 197—2003 中 6 级选取；

es——g 类配合的螺纹中径基本偏差值（mm）。

3）法向齿距及齿形角 搓丝板上的螺纹如果是用滚丝柱滚压而成，则滚丝柱的螺距和牙型角按标准螺距和牙型角制造即可。

如搓丝板上的螺纹是铣、刨或磨出的，则在工作图上需注出法向螺距和牙型角。

法向螺距 $P_n = P\cos\psi \qquad (8\text{-}71)$

法向牙型角

$$\alpha_n/2 = \arctan\left[\tan(\alpha/2)\cos\psi\right] \qquad (8\text{-}72)$$

式中 P——轴向标准螺距（mm）；

$\alpha/2$——轴向标准牙型半角（°）；

ψ——螺纹升角（°）。

（3）搓丝板的技术要求

1）搓丝板的公差。

① 尺寸 L、B 的极限偏差按 h14。一副搓丝板中的固定搓丝板和活动搓丝板宽度之差不应超过 0.1mm。

② 垂直于搓丝板支承面的平面与牙顶平面的交线，对支承面的平行度公差，宽度方向按表 8-167，长度方向按表 8-168。

表 8-167 宽度方向支承面的平行度公差

（单位：mm）

被加工螺纹公称直径 d	搓丝板宽度 B	平行度公差		
		1 级	2 级	3 级
~2.8	~30	0.015	0.025	0.040
	>30	0.020	0.030	0.050
2.8~5.6	~30	0.020	0.030	0.050
	>30~50	0.025	0.040	0.060
	>50	0.030		
5.6~11.2	~50	0.030	0.040	0.060
	>50	0.035		
11.2~22.4	~50	0.035	0.050	0.070
	>50~80	0.040		
	>80	0.050		
>22.4	~80	0.040	0.060	0.080
	>80	0.050	0.080	0.100

表 8-168 长度方向支承面的平行度公差

（单位：mm）

搓丝板长度 L	平行度公差		
	1 级	2 级	3 级
~80	0.03	0.04	0.05
>80~120	0.04	0.06	0.07
>120~180	0.05		0.08
>180~250	0.06	0.08	0.09
>250~315	0.07		0.10
>315~400	0.08	0.10	0.11

注：1. 检验搓丝板牙顶对支承面的平行度时，宽度方向两侧，第一完整牙允许不计。

2. 检验活动搓丝板牙顶对支承面的平行度时，搓丝板长度方向两端等于固定搓丝板压入部分长度（l）的范围不计。

③ 搓丝板支承面对装置面的垂直度公差 厚度 $H \leqslant 30\mathrm{mm}$ 为 0.02mm，厚度 $H>30\mathrm{mm}$ 为 0.03mm。

④ 搓丝板螺纹升角极限偏差：1 级、2 级为 $\pm 2'$；3 级为 $\pm 3'$。一副搓丝板螺纹升角之差：1、2 级为 $3'$、3 级为 $4'$。

2）搓丝板的材料及表面质量。

① 搓丝板采用 9SiCr 和 Cr12MoV 合金工具钢制造。Cr12MoV 的碳化物的均匀度不大于 3 级。

② 搓丝板表面不得有裂纹、刻痕、锈迹以及磨削烧伤等影响使用性能的缺陷。

③ 搓丝板的表面粗糙度不大于：

螺纹牙型表面 $Rz6.3\mu m$；

支承面、装置面 $Ra0.8\mu m$。

④ 搓丝板工作部分硬度为 59~62HRC；工作表面不应有脱碳和降低硬度的地方。

8.7 螺纹切头

螺纹切头由于具有可自动张合、快速退刀及可调整被加工螺纹中径等特点而被广泛用于外螺纹及较大直径内螺纹的加工，适用于大批量生产。

螺纹切头可分为如下种类：

螺纹切头及滚压头分类
{ 按用途分 { 旋转式螺纹切头 / 非旋转式螺纹切头 / 自动机床上用的螺纹切头
按结构特点分 { 圆梳刀螺纹切头 / 径向平梳刀螺纹切头 / 切向平梳刀螺纹切头 / 梳形轮螺纹滚压头 }

8.7.1 圆梳刀螺纹切头的典型结构及设计

1. 旋转式圆梳刀螺纹切头结构工作原理

圆梳刀螺纹切头可以加工 6h 公差的普通螺纹，甚至可加工 4h 公差的螺纹。螺纹表面粗糙度达 $Ra3.2 \sim Ra12.5\mu m$。

旋转式螺纹切头用在钻、镗床等由主轴带动工具（切头）旋转的机床上，其结构见图 8-128。

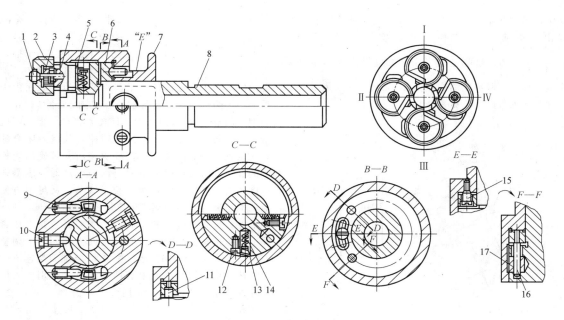

图 8-128　旋转式圆梳刀螺纹切头

1、9、10、12—螺钉　2—圆梳刀　3—双联齿轮　4—卡爪　5、11—销子　6—调整盘　7—压紧环
8—梳刀架　13—平头钉　14—弹簧　15—阶梯螺钉　16—拨销　17—拨块

　　螺纹切头上安置四把圆梳刀 2，它们在轴向依次
错开 1/4 螺距。圆梳刀 2、双联齿轮 3、卡爪 4（其
上镶有销子 5）用螺钉 1 连成一个组合件，组合件的
放大图见图8-129及图8-130。

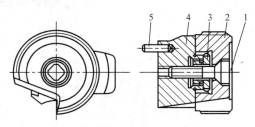

图 8-129　圆梳刀与卡爪装配图

1—螺钉　2—圆梳刀　3—双联齿轮　4—卡爪　5—销子

　　卡爪 4 是一个带凸缘的工字形滑块（见图8-128~
图8-130），其工字型面可沿梳刀架 8 前端的 T 形槽
径向滑动。

　　梳刀的后角是由调整刀尖与工件中心错位而获
得；其螺纹升角 ψ 是由于装在倾斜的卡爪 4 的座面
上而形成，其值与被切螺纹的升角相等（或相近），
而方向与被切螺纹的方向相反。

　　卡爪 4 上的偏心圆弧 R 与压紧环 7 上的圆弧相
接触，见图8-131。压紧环相对于卡爪 4 转动，卡爪
则被迫收拢。

　　专用螺钉 1（见图8-130）的螺纹方向与被切螺
纹的相反，以防止松动。

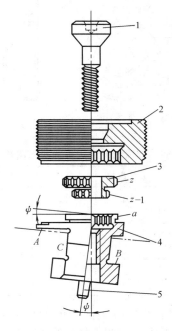

图 8-130　圆梳刀与卡爪单件展开图

1—螺钉　2—圆梳刀　3—双联齿轮
4—卡爪　5—销子

　　双联齿轮 3（见图8-130）实际上是具有 60° 齿
沟角的双联三角齿花键，其大端齿数为 z，小端齿数
为 $z-1$。这样，在每次重磨前面前，将大端齿从梳刀

孔中拔出，并后退一个齿，并将小端齿从卡爪孔中拔出，并前进一个齿，于是实际前进量为 $\left(\dfrac{1}{z-1}-\dfrac{1}{z}\right)\pi D$，修磨量相当小。故可提高梳刀重磨次数。标准双联齿轮结构见图8-132，其两端齿数与实际回转周数的关系见表8-169。

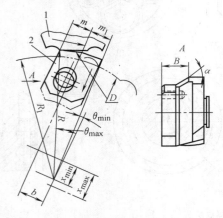

图 8-131　卡爪与压紧环的接触位置
1—压紧环　2—卡爪

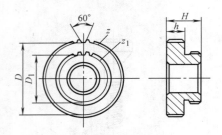

图 8-132　双联齿轮

表 8-169　双联齿轮的齿数和实际回转周数

切头型号	大端齿数	小端齿数	实际回转周数
10、100 20、200	20	19	$\dfrac{1}{380}$
30、300	23	22	$\dfrac{1}{506}$
40、400 50、500	27	26	$\dfrac{1}{702}$

压在卡爪4后端上的销子5（见图8-128）在弹簧14经平头钉13作用下使卡爪4始终向外张开，但其张开幅度则受压紧环7的限制。四个弹簧的弹力应强而均匀，以确保在切螺纹终了时使四把梳刀同时立即从工件螺纹中脱开。螺钉12用于限制平头钉13的位置。

压紧环7的前端内表面有四段斜面 D，与卡爪的圆弧面相切（见图8-131），以调整并控制梳刀径

向位置。压紧环后端有一个凹槽，其间插入一个拨叉或卡箍，以拨动压紧环前后移动。

两个限位螺钉10拧在压紧环上，并且一个插入梳刀架中间的短槽中，另一个则插入其长槽中。前者的作用在于，仅能使卡爪与夹紧环的接触由卡爪上的大圆弧面 R（见图8-131）在轴向经具有 α 角的锥面而滑到 R_1 圆弧面上，使梳刀张开，但又不脱落，反方向拨动压紧环，又可使梳刀收拢到闭合的工作位置。当梳刀磨损而需要更换时，可旋出短槽中的螺钉，而用长槽中的螺钉限位。这时，压紧环被推向后方后即不致从梳刀架上脱落，又可很方便地从梳刀架的十字T形槽中取出梳刀组件。

件6是调整盘，用阶梯螺钉15将其连接在压紧环上，防止其轴向窜动，但又允许少许回转。调整盘前端面上压入拨销16，通过拨块17与梳刀架连成一体。在调整盘的后端面上有两个凸爪，分别插入压紧环的两个弧形槽中，并用两个调整螺钉9顶紧。当松其一，紧其另一个螺钉9时，则可使压紧环与梳刀架产生相对转动，从而改变压紧环内曲面与卡爪弧面的接触位置，于是可以达到调整梳刀在径向的位置，以调整被切螺纹的中径。压紧调整盘前端面的销子11是为使调整盘与梳刀架间有一定间隙，防止两表面研合而使压紧环移动困难。

400-70型圆梳刀旋转式螺纹切头的结构与前述结构不同处在于，它不是在外部用拨叉或卡箍来控制压紧环的限程及梳刀张合，而是用内部顶开机构（见图8-133）完成此动作。

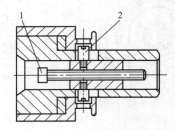

图 8-133　400-70 型切头的内部顶开机构
1—顶杆　2—螺钉销

由于螺纹切头在外力作用下可以自动张合，所以可以往复使用而无须主轴停车。

2. 非旋转式圆梳刀的螺纹切头结构工作原理

这种切头多用于转塔车床上或车床的尾座（或刀架）上，切头在工作时不旋转，只完成轴向进给运动。非旋转式螺纹切头的典型结构见图8-134。

这种切头的梳刀、卡爪、双联齿轮等许多零件与旋转式切头的是通用的。压紧环、调整盘、梳刀架等一些零件的局部结构虽有差别，但其功能也类似。

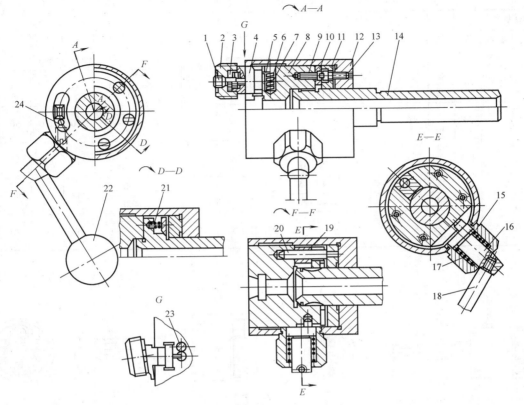

图 8-134　非旋转式圆梳刀螺纹切头

1、9、13、23、24—螺钉　2—圆梳刀　3—双联齿轮　4—卡爪　5—销子　6—平头钉　7、17、21—弹簧
8—梳刀架　10—垫环　11—调整环　12—压紧环　14—尾柄　15—连接套　16—偏心拨销
18—手柄　19—拨块　20—拨销　22—手柄球

尾柄 14 安装在车床尾座套筒中或转塔车床回转塔孔中。尾柄凸缘与梳刀架 8 之间仅有一窄环带配合，使之相对于柄部有点浮动作用，以消除安装误差对切螺纹的影响。尾柄前端有两个凸键，插入梳刀架后部的槽中以传动转矩。梳刀架可沿尾柄的轴向少许移动。尾柄的两个凸键中各装一个弹簧 21，并用垫环 10、螺钉 9 将其压装在梳刀架的后部槽中。此机构目的在于补偿螺距进给误差。

偏心拨销 16 用连接套 15 装在压紧环 12 的侧面孔中，偏心销一端插入梳刀架的槽中，另一端装有手柄 18 及手柄球 22。偏心拨销用来控制压紧环与梳刀架的相对位置。

当切头切削到预设长度时，机床上的限程机构迫使尾柄带动压紧环停止前进，但因梳刀仍在切削螺纹，与工件螺纹旋合，于是带动梳刀架继续向前移动，使弹簧 21 被压缩，于是卡爪与压紧环的接触面也逐渐由 R 面（见图 8-131）滑过具有 α 角的锥面，进而接触面快速移到 R_1 面，梳刀立即张开。与此同时，偏心拨销也被拨转，偏离了工作位置。

当反向拨动手柄时，由于偏心销的作用，压紧环与连接套向左移动，将卡爪及梳刀组件重新合拢到工作位置。

3. 圆梳刀螺纹切头的结构设计

设计时要尽量考虑结构的通用化、系列化，以尽量少的规格满足加工设计范围内各种普通螺纹的要求。并且要考虑所用机床的情况。

在表 8-170 中，列出了切削 M4～60 普通螺纹的五种规格的切头。通过适当选择梳刀和卡爪规格可满足所需切削螺纹的要求。当表中切头不能满足需要时再补充设计卡爪或梳刀。

4. 切头和梳刀的结构尺寸和配套选用

工具专业标准规定了 10-50 型的非旋转式切头和100-400型的旋转式切头，而汽车行业标准则将其扩大到了 500 型。螺纹切头的外形见图 8-135 和图 8-136，其加工范围、外形尺寸及调整量见表8-170。

圆梳刀见图 8-137，其固定尺寸见表 8-171。标准圆梳刀的尺寸和标记见表 8-172。

表 8-170　旋转式和非旋转式圆梳刀螺纹切头的加工范围及外形尺寸　（单位：mm）

被切螺纹		D	d	l_1	调整量		非旋转式螺纹切头					旋转式螺纹切头				
直径	螺距（max）				+	-	型号	L（max）	l（min）	l_2	H（max）	型号	L（max）	l（min）	d_1	a
4~10	1.5	68	20	18	0.5	0.7	10~20	190	80	72	195	—	175	80	35	9
			25				10~25					100~25				
6~14	2	75	25	20	0.6	0.8	20~25	210	100	72	220	—	210	100	50	13
			30				20~30					200~30				
9~24	3	105	30	22	0.7	0.9	30~30	260	120	85	260	300~30	225	100	55	15
			38				30~38					—				
12~42	3	125	45	31	0.8	1.0	40~45	315	120	100	315	400~45	241	110	90	20
			70				40~70					400~70				
24~60	4	155	45	32	0.9	1.2	50~45	315	150	100	315	500~45	258	110	105	20
			70				50~70					500~70				

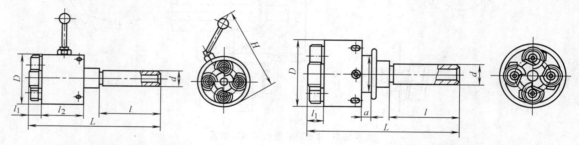

图 8-135　非旋转式切头外形　　　　　　图 8-136　旋转式切头外形

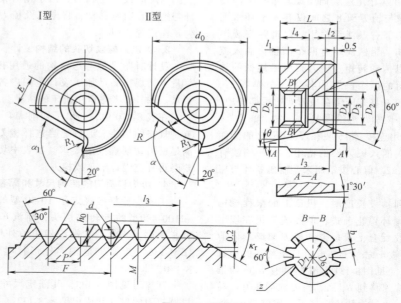

图 8-137　圆梳刀

表 8-171　圆梳刀的固定尺寸　　　　　（单位：mm）

切头型号	D_2	D_3	D_4	D_5	D_6	D_7	l_2	l_4	R	α	E	α_1	b	Z	θ
10 100	18.5	10	7.5	14	13	12	1.5	7	10.5	110°	—	—	0.59	20	12°
20 200	18.5	10	7.5	14	13	12	1.5	7	10.5	110°	—	—	0.59	20	12°
30 300	25	10	7.5	16	15	14	3.5	7	13.5	110°	—	—	0.79	23	12°
40 400	25	12	8.2	22	21	20	4	8	17	110°	15.5	100°	0.97	27	10°
50 500	25	13	9.2	24.5	23.8	22	5	8	—	—	18	100°	1.0	27	10°

表 8-172　标准圆梳刀的尺寸和标记　　　　（单位：mm）

螺距 P	圆梳刀标记	d_0	L	螺距 P	圆梳刀标记	d_0	L
用于 10、100 型切头				用于 30、300 型切头			
0.5	1-0.5	30.35		0.75	3-0.75	42.90	
0.5	1-0.5A	28.58		1	3-1	42.26	
0.7	1-0.7	31.91		1	3-1A	38.26	
0.75	1-0.75	25.90		1.25	3-1.25	41.03	
0.75	1-0.75A	26.90	12.5	1.5	3-1.5	41.89	14.5
0.8	1-0.8	31.96		1.5	3-1.5A	34.89	
1	1-1	24.21		1.75	3-1.75	39.37	
1	1-1A	31.21		2	3-2	37.53	
1.25	1-1.25	29.54		2.5	3-2.5	34.25	
1.5	1-1.5	27.84		3	3-3	35.58	16
用于 20、200 型切头				用于 40、400 型切头			
0.5	2-0.5	28.58		1	4-1	51.46	
0.75	2-0.75	25.90		1.25	4-1.25	52.54	
0.75	2-0.75A	26.90		1.5	4-1.5	43.99	
1	2-1	24.21		1.5	4-1.5A	50.89	16
1	2-1A	31.21	14.5	1.75	4-1.75	49.27	
1.25	2-1.25	31.54		2	4-2	38.53	
1.5	2-1.5	29.84		2	4-2A	47.53	
1.75	2-1.75	29.17		2.5	4-2.5	44.25	18
2	2-2	27.48		3	4-3	39.78	

5. 圆梳刀的设计

圆梳刀已标准化，标准圆梳刀的固定尺寸应作为补充设计的依据。外径 d_0 计算需要考虑原切头规格尺寸、被切螺纹底径及梳刀在切头上的张合位置。梳刀其他各项设计如下。

（1）牙型尺寸　加工普通螺纹用的标准圆梳刀的牙型尺寸和公差见图 8-138 及表 8-173。

梳刀的齿顶高对应于工件螺纹牙底高，梳刀的齿根高对应于工件螺纹的牙顶高。即

$$h_{10max} = \frac{H}{3}\qquad(8\text{-}73)$$

其公差为负，按不同螺距取（0.025~0.09）mm。

梳刀齿顶高的磨损极限定在 $H/4$ 处，以避免螺纹旋合时牙型发生干涉。

$$h_{10min} = \frac{H}{4}\qquad(8\text{-}74)$$

梳刀齿根高 h_{20min} 取

$$h_{20min} = 3/8H\qquad(8\text{-}75)$$

h_{20min} 标注在梳刀齿侧直线与齿底圆弧交接处，以下的牙型不限。

供检验用的尺寸 $m_{min} = \dfrac{H}{6}$，$n_{max} = \dfrac{H}{8}$。

表 8-173 所列数据对于加工外螺纹用圆梳刀、径向平梳刀、切向平梳刀是通用的。

在圆梳刀图样上实际标注牙型高 h_0 和外径 d_0。

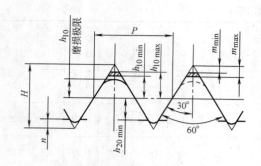

图 8-138 梳刀牙型尺寸和公差

$$h_0 = h_{10max} + h_{20min} = \frac{17}{24}H = 0.615P \qquad (8-76)$$

梳刀中径为

$$d_{20} = d_0 - 2h_{10max} \qquad (8-77)$$

式中 d_0——梳刀外径（mm）；

P——螺距（mm）。

在图样上不标注中径，而标注三针测量尺寸 M 值。

$$M = d_{20} + K \qquad (8-78)$$

式中 K——三针测量的常数。

表 8-173 梳刀牙型尺寸和公差

（单位：mm）

螺距 P	供 计 算 用					供 检 验 用			
	H	h_{10}			h_{20}	m		n	牙型角及牙型半角极限偏差
		（max）	（min）	磨损极限	（min）	（max）	（min）	（max）	
0.5	0.433	0.145	0.120	0.108	0.162	0.095	0.070	0.054	
0.6	0.520	0.175	0.150	0.130	0.195	0.110	0.085	0.065	
0.7	0.606	0.205	0.180	0.152	0.227	0.125	0.100	0.076	±45′
0.75	0.650	0.215	0.185	0.162	0.243	0.140	0.110	0.081	
0.8	0.693	0.230	0.200	0.173	0.260	0.145	0.115	0.086	
1.0	0.866	0.290	0.260	0.217	0.325	0.175	0.145	0.108	
1.25	1.083	0.360	0.320	0.270	0.406	0.220	0.180	0.135	±25′
1.5	1.299	0.435	0.390	0.325	0.487	0.260	0.215	0.162	
1.75	1.516	0.505	0.455	0.379	0.569	0.300	0.250	0.188	
2.0	1.732	0.580	0.520	0.433	0.650	0.350	0.290	0.216	
2.5	2.165	0.725	0.650	0.541	0.812	0.435	0.360	0.270	±20′
3.0	2.598	0.870	0.780	0.650	0.974	0.520	0.430	0.325	

（2）梳刀的排列顺序 由图 8-128 端面看，梳刀依次按 Ⅰ、Ⅱ、Ⅲ、Ⅳ 逆时针方向排列。当切右螺纹时，依次递增 1/4 螺距，当切左螺纹时，依次递减 1/4 螺距，以构成螺旋排列。

M 值应在距端面 F 处（见图 8-137）测量，也即在切削锥后第一个齿槽中测量，如从端面算起一般为第三齿（当 $\kappa_r = 30°$ 时），当 $\kappa_r = 45°$ 时，为满足此条件，则第Ⅳ号梳刀的第一个完整齿对切削锥移过 0.1P（见图 8-139，P 为螺距）。

（3）倒锥 由于梳刀及卡爪工作时单向受力，因此，切出的螺纹呈正锥形。为了消除此点，并减少梳刀齿与工件螺纹表面间摩擦，梳刀中径在全长上做出（0.02~0.03）mm 的倒锥。

（4）切削锥 切削锥长度和锥角是根据工件螺纹尾部允许的不完整扣长度并考虑每个刀齿所负担的切削厚度而定的。

标准推荐的切削锥角 κ_r 有 15°、20°、30°、45° 四种，一般常用 $\kappa_r = 20°$。切削锥的端面起点在梳刀牙型高度 h_0 以下 0.2mm 处（见图 8-140）。图 8-141

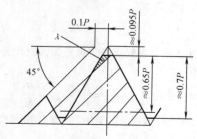

图 8-139 $\kappa_r = 45°$ 梳刀切削锥位置图

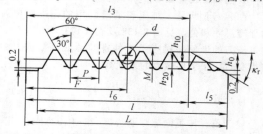

图 8-140 梳刀的工作部分

和表8-174是各种 κ_r 情况下不同螺距时所切出的不完整扣长度。

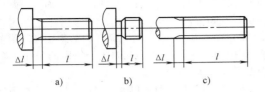

图 8-141　不完整螺纹长度

a）结构 1　b）结构 2　c）结构 3

表 8-174　不完整螺纹长度和切削锥角

（单位：mm）

螺距 P	切削锥角 κ_r			
	15°	20°	30°	45°
	不完整螺纹长度 Δl			
0.5	3.1	2.5	2.0	1.6
0.6	3.3	2.7	2.1	1.6
0.7	3.6	2.9	2.2	1.7
0.75	3.7	3.0	2.3	1.7
0.8	3.8	3.1	2.3	1.8
1	4.4	3.5	2.6	1.9
1.25	5.0	4.0	2.9	2.1
1.5	5.7	4.4	3.2	2.3
1.75	6.3	4.9	3.5	2.4
2	7.0	5.4	3.8	2.6
2.5	8.3	6.4	4.4	3.0
3	9.6	7.3	5.0	3.3
3.5	10.9	8.3	5.6	3.7
4	12.2	9.2	6.2	4.0

设梳刀每齿负担的切削厚度为 a_c（mm），则

$$a_c = \frac{l_5}{z}\sin\kappa_r \tag{8-79}$$

式中　l_5——切削锥长度（mm）；

　　　z——切削锥上参加切削的总刀齿数；

　　　κ_r——切削锥角（°）。

由图 8-140 可知，切削锥长度 l_5 为

$$l_5 = \frac{za_c}{\sin\kappa_r} \tag{8-80}$$

在梳刀制造图上一般不直接标注 l_5，而是控制 l_3（见图 8-140）及 κ_r 的办法来控制 l_5。要求 l_3 尺寸在一套中差值不大于 0.03mm，套与套间互差不大于 0.2mm。

为了获得较低的表面粗糙度，当采用单线螺纹磨削圆梳刀环形扣时，可使梳刀前两齿牙型适当降低些，其降低值见表 8-175 及图 8-142。

（5）长度 L　标准圆梳刀的长度 L 见表 8-172。

圆梳刀的校准部分起校准螺纹牙型和兼起引导作用，其长度不小于 4~5 个螺距。工作部分长度 l 与螺距有关：$P = 0.5\text{mm}$，$l = 14P$；$P \leqslant 1\text{mm}$，$l =$ 10P；$P > 1\text{mm}$，$l = (8 \sim 10)P$。κ_r 小于 20° 时，l 可适当加长些。

表 8-175　切削锥牙型降低值

螺距 P/mm	切削锥角 κ_r	梳刀顺序号							
		右 I		II		III		IV	
		左 IV		III		II		I	
		1	2	1	2	1	2	1	2
0.75~1	20°	0.09	—	0.09	0.03	0.09	0.06	0.09	0.09
	30°	0.03	—	0.06	—	0.09	—	0.09	—
	45°	—	—	0.03	—	0.06	—	0.09	—
1.25~1.5	20°	0.12	—	0.12	0.03	0.12	0.06	0.12	0.09
	30°	0.06	—	0.09	—	0.12	—	0.12	0.03
	45°	—	—	0.03	—	0.06	—	0.09	—
1.75~4	20°	0.15	0.03	0.15	0.06	0.15	0.09	0.15	0.12
	30°	0.06	—	0.09	—	0.12	—	0.12	0.03
	45°	—	—	0.03	—	0.06	—	0.09	—

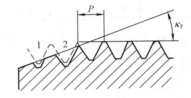

图 8-142　切削锥牙型降低

（6）圆梳刀的几何角度　图样标注的几何角度是供制造用的。而圆梳刀实际工作时起切削作用的几何参数见图 8-143。工件轴线即切头的轴线。圆梳刀是装在卡爪上以后刃磨和使用的。因此，卡爪既是使用基准，又是刃磨和测量基准。

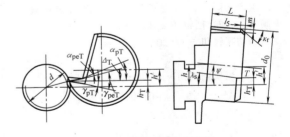

图 8-143　圆梳刀的几何参数

由图 8-143 可见，在梳刀宽度上各点的实际工作几何参数是变化的，它们与 L、d_0、h、ψ、λ_s、h_T、κ_r 等有关。但由于 ψ 角很小，所以只给定过切削锥起点 T 处垂直于卡爪中心线的端截面作为计算标准几何参数的基准。

梳刀前角 γ_p 按工件材料参考表 8-176 选取。

刃倾角 λ_s 按表 8-177 选取。加工锥形螺纹时，为了保证精度，λ_s 取零度。

工作过程中，T 点的工作后角 α_{peT} 按表 8-178 选取。

表 8-176 梳刀前角选用表

材料	前角 γ_p	材料	前角 γ_p
碳素结构钢	25°	灰铸铁	10°
合金钢	25°	紫铜	25°
工具钢	15°	铸造黄铜	5°
可锻铸铁	20°	铝	25°
青铜	20°		

表 8-177 刃倾角选用表

螺纹长度	λ_s	
	$\kappa_r = 20°$、$30°$	$\kappa_r = 45°$
$l > L$	$3° \sim 7°$	$1°30'$
$l < L$	$1°30'$	

注：L—梳刀长度；l—工件螺纹长度。

表 8-178 工作后角 α_{peT}

λ_s	$\kappa_r = 20°$	$\kappa_r = 30°$	$\kappa_r = 45°$
$1°30'$	$0°30' \sim 1°$	$0°30' \sim 1°$	
$7°$	$1°30' \sim 2°30'$	$1°30' \sim 2°30'$	$0°30' \sim 1°$

由图 8-143 取 T 点进行角度计算的近似公式如下：

$$\sin\alpha_{pT} = \frac{2(h - L\tan\psi)}{d + d_0 - 2m} \quad (8-81)$$

$$\sin\Delta_T = \sin\alpha_{pT} - \sin\alpha_{peT}\frac{d_0}{d_0 + d} \quad (8-82)$$

切削锥起始点 T 相对于工件轴线位置 h_T

$$h_T = 0.5d\sin\Delta_T \quad (8-83)$$

切削刃上各点的工作前、后角按下式验算：

工作前角 $\quad \gamma_{pe} = \gamma_p + \Delta \quad (8-84)$

工作后角 $\quad \alpha_{pe} = \alpha_p - \Delta \quad (8-85)$

生产实际中，h_T 是按工件螺纹大径的对数值、刃倾角 λ_s 和切削锥角 κ_r 确定的。

当切削锥角 κ_r 为 20°、30°，$\lambda_s \leq 3°$ 时

$$h_T = 0.4\lg d$$

当切削锥角 κ_r 为 45°，$\lambda_s \leq 3°$ 时

$$h_T = 0.3\lg d$$

当 $\lambda_s > 3°$ 时

$$h_T = -0.1\lg d$$

$\left. \right\} \quad (8-86)$

决定 h_T 的经验公式 (8-83) 是实用的，但也可以根据具体情况修正。

（7）圆梳刀主要技术要求

1）在一套中，外径 d_0 的极限偏差为 $^{0}_{-0.015}$mm，中径测量尺寸 M 值的极限偏差为 $^{0}_{-0.02}$mm。套与套之间误差为 0.2mm。

2）以 D_7 孔（见图 8-137）和支承端面定位，在有台阶心轴上检查；梳刀外径 d_0 和中径的径向圆跳动不大于 0.03mm。

3）在梳刀全长上中径倒锥量为 0.02～0.03mm。

4）一套中，切削锥角极限偏差±10′，套与套间极限偏差±1°。l_3 在一套内差值不大于 0.03mm，套与套间不大于 0.2mm。切削锥表面粗糙度 $Ra0.4 \sim 0.8\mu m$。

5）在梳刀全长上，任意两牙间的螺距极限偏差为±0.01mm。在一套中，互差 1/4 螺距的尺寸 F 的误差不大于 0.02mm。

6）牙型角及牙型半角极限偏差，以及牙型高度的规定见表 8-145。

7）靠近梳刀支承端面一端小于 2/3 牙型的不完整齿应磨去。

8）梯形花键齿槽孔用专用量规检查。

9）梳刀用高速工具钢制造，碳化物偏析不大于 3 级。

10）热处理后硬度为 63～65HRC。并应氮化处理。

11）打印顺序号（Ⅰ、Ⅱ、Ⅲ、Ⅳ）、套号（A、B、C、D）和工具号，以便成套分组保管。

6. 普通螺纹切头用途的扩展

加工普通螺纹的切头，只要设计并配做相应的特制梳刀，并选择或设计合适的卡爪，也可以用来加工其他制度的螺纹。

加工 55°牙型的寸制螺纹时，除梳刀牙型尺寸重新设计外，其他相同。

加工寸制锥螺纹（60°牙型角）时，梳刀牙型见图8-144，尺寸和极限偏差按表 8-179。所给定的大径、中径、小径是基面上尺寸（见图 8-145）。

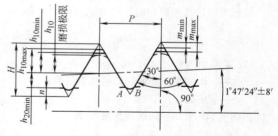

图 8-144 寸制锥螺纹梳刀牙型

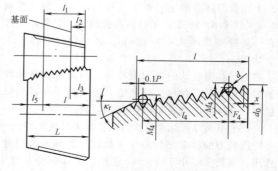

图 8-145 锥螺纹梳刀的计算

表 8-179　寸制锥螺纹梳刀牙型尺寸和极限偏差　　　　　（单位：mm）

每 25.4mm 内牙数	螺距 P	供 计 算 用					供 检 验 用			牙型角及牙型半角极限偏差
		H	h_{10}			h_{20}	m		n	
			max	min	磨损极限	min	max	min	max	
27	0.941	0.815	0.376	0.341	0.331	0.331	0.031	0.066	0.076	±30′
25.4	1	0.866	0.400	0.365	0.353	0.353	0.033	0.068	0.080	±30′
18	1.411	1.222	0.564	0.524	0.499	0.499	0.047	0.087	0.112	±25′
14	1.814	1.571	0.725	0.675	0.640	0.640	0.060	0.110	0.145	±20′
11½	2.209	1.913	0.883	0.833	0.798	0.798	0.073	0.123	0.158	±20′

加工米制密封螺纹 GB/T 1415—2008 的梳刀设计与寸制锥螺纹的梳刀设计类似。

切削锥螺纹时，梳刀的设计可用改变每个刀号的 F 值办法以改变切削图形，使侧刃切削厚度加大，降低单位切削力，易于切削。F 值是每个梳刀后端面到第三个完整齿槽中线的距离。

对于 55°牙型角的寸制管螺纹及寸制锥管螺纹，以及 P≤3mm 的梯形螺纹和其他特殊牙型的螺纹，只要设计针对性的梳刀及卡爪都可使用切头加工。

7. 圆梳刀内螺纹切头

圆梳刀内螺纹切头用于加工 M90 以上的大内螺纹。

（1）结构及工作原理　圆梳刀内螺纹切头的典型结构之一见图 8-146。

切头装于浮动卡头上，然后装于钻床主轴中。浮动卡头的作用是使切头轴线与工件轴线自动同轴。梳刀的开合由主轴轴向移动的限程机构控制。图 8-146 为工作状态。当攻螺纹即将完成时，机床上的限程机构与装在离合器 18 后部环形槽中的卡箍端面相碰，阻止卡箍，从而也阻止离合器 18 的轴向移动。这时，导向杆 1 在梳刀与工件螺纹的引导下继续沿轴向移动，使滑动键 25 脱离调整环 15 的键槽。于是，由于调整环 15 与法兰 13、心轴 12 及凸轮 7 是分别被螺钉连在一起的，故它们在心轴 12 及扭力调整器 19 的左旋扭力弹簧 16 作用下，按逆时针方向回转了 25°，使梳刀合拢进入非工作状态。这时可手动退刀，使切头退出工件。当退到卡箍与限位装置上的张开环端面相碰时，阻止离合器 18 的轴向移动，销子 27 与离合器 18 的斜面相碰。于是，件 27、15、13、12、7 一起顺时针方向回转，转至滑动键 25 与调整环 15 的键槽相遇并进入其内为止，从而使梳刀张开并进入工作位置。

（2）设计要点

1）凸轮的设计。圆梳刀内螺纹切头的凸轮与卡爪尺寸的关系见图 8-146。

设计凸轮的要点是确定其外形尺寸 r_c 或 a 值。

其设计原则是，梳刀张开时外圆半径 r_0（即工件螺纹的公称半径 R）和梳刀合拢时的外圆半径 r_0' 之差值应大于工件螺纹的牙型高 h，即

$$r_0 - r_0' = h + \Delta$$

式中　Δ——梳刀合拢时与工件小径的安全间隙，通常取 $\Delta \approx 1mm$。

凸轮由梳刀合拢位置（图 8-147 中粗实线位置）到张开位置（图 8-113 中双点划线位置）顺时针转 25°角。

经过几何关系推导和经简化、近似后得

$$r_c = \frac{h + \Delta + 0.9480}{0.2512} \tag{8-87}$$

r_c 确定后用下式求 a 值

$$a \approx 0.7071 r_c + 1.2374 \tag{8-88}$$

计算出的 r_c 还要校验结构上是否允许，如有问题尚需重新复算确定。

2）卡爪的设计。卡爪设计要点是，当切头处于工作状态时，几何关系应满足下式

$$\frac{D}{2} = \frac{d_0}{2} + x_A + h_A$$

式中　d_0——梳刀大径；

　　　　D——工件螺纹大径；

　　　　h_A——切头处在工作位置时，卡爪上 A 点到梳刀轴线沿 x 轴方向的距离；

　　　　x_A——刀尖在工作与非工作状态时沿 x 轴方向的移动距离。

可用放大作图法来校验之。

3）梳刀的设计。除考虑由于切削位置不同而引起的相应变化外，梳刀的设计与切外螺纹用圆梳刀设计方法基本相同。

圆梳刀内螺纹切头的梳刀牙型可参考图 8-148，牙型尺寸及公差按表 8-180 选取。本表所载既适用于圆梳刀也适用于平梳刀（切内螺纹用的）。

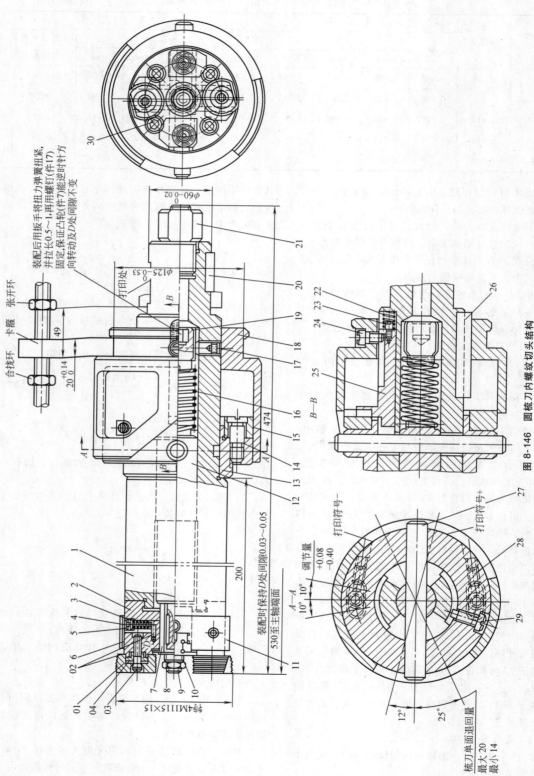

装配后用扳手将扭力弹簧扭紧，并拉长0.5～1,再用螺钉(件17)固定,保证凸轮(件7)能逆时针方向转动及D处间隙不变

打印处

合拢环　卡箍　张开环

$\phi125^{0}_{-0.53}$

$\phi60^{0}_{-0.02}$

$\phi125^{0}_{-0.53}$

21

20

19

18

17

16

15

14

13

12

11

49

$20.0^{+0.14}_{0}$

装配时保持D处间隙0.03～0.05

530至主轴端面

装配时保持主轴端面

200

474

4MIII5×15

1
2
3
4
5
6
7
8
9
10

01
02
03
04

B—B

26
25
24
23
22
21
20
19
18
17

A—A

调节量 $^{+0.08}_{-0.40}$

10° 10°

12°

25°

27

28

29

打印符号—

打印符号+

梳刀单面退回量
最大20
最小14

图 8-146　圆梳刀内螺纹切头结构

01—圆梳刀 02—卡爪 03—螺钉 04—齿轮 1—导向杆 2—梳刀座 3—销钉 4—弹簧 5—弹簧 6—防尘罩 7—凸轮 8、20、26—键 9—螺母 10—特种垫圈 11、14、17、23、24、28、29—螺钉 12—心轴 13—法兰 15—调整环 16—扭力弹簧 18—离合器 19—扭力调整器 21—螺套 22—销钉 25—滑动键 27—销子 30—螺栓

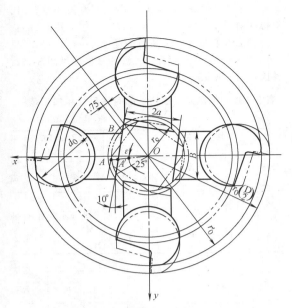

图 8-147　凸轮卡爪尺寸关系图

注：图中实线位置为梳刀合拢（切头非工作）位置，双点
画线位置为梳刀张开（切头工作）位置。

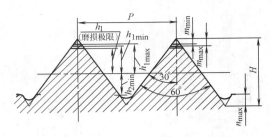

图 8-148　内螺纹切头用圆梳刀和平梳刀牙型

8.7.2　径向平梳刀螺纹切头的结构及设计

径向平梳刀螺纹切头由于尺寸较小、重量较轻，故广泛用于自动车床或转塔车床。

这类切头也分切外螺纹用和切内螺纹用，及旋转式和不旋转式。

结构可以有许多种，都具有合拢机构、张开机构、限位机构、尺寸调整机构等。

1. 径向平梳刀不旋转式外螺纹切头

这种切头的结构见图 8-149。

切螺纹时，切头不旋转而仅完成直线往复运动。工作原理如下。

表 8-180　内螺纹切头用圆梳刀和平梳刀牙型尺寸　　（单位：mm）

螺距 P	供 计 算 用					供 检 验 用			牙型半角极限偏差
	H	h_1			h_2	m		n	
		max	min	磨损极限	min	min	max	max	
1	0.866	0.380	0.350	0.325	0.217	0.053	0.083	0.217	±40′
1.25	1.083	0.470	0.430	0.406	0.270	0.071	0.111	0.270	±35′
1.5	1.299	0.570	0.525	0.487	0.325	0.080	0.125	0.325	±35′
1.75	1.516	0.660	0.610	0.569	0.379	0.097	0.147	0.379	±30′
2	1.732	0.760	0.700	0.650	0.433	0.106	0.166	0.433	±30′
2.5	2.165	0.950	0.875	0.812	0.541	0.132	0.207	0.541	±25′
3	2.598	1.140	1.050	0.974	0.650	0.159	0.249	0.650	±25′
4	3.464	1.520	1.400	1.300	0.866	0.212	0.332	0.866	±20′

平梳刀 12 安装在特殊夹头 6 中。平梳刀的后端靠在圆环 1 的内表面上，圆环 1 的内表面是平行于切头轴线的直线按阿基米德运动而生成的表面（也有的设计将此曲线用近似的偏心圆弧所代替）。在切头做直线运动切螺纹时，平梳刀夹头和环的相对位置不变。切到将近预定长度时，尾部遇阻而停止前进，而平梳刀夹头和圆环继续前进，直到销子 3 从圆环 1 上的特殊槽中退出，同时圆环在弹簧 5 的作用下绕轴旋转时为止。圆环 2 和圆环 1 则一起转动，圆环 2 紧固在圆环 1 上，而且其上有特殊的阿基米德曲线的凸部插在平梳刀 12 的槽中。这个凸部的螺旋线方向与圆环 1 支承表面的相同。在这个凸部作用下平梳刀离开被切螺纹而自行张开。反向开动机床，使切头退出工件。为了合上切头必须用手柄 11 往相反方向回转圆环 1。当圆环回转到使销子 3 重新插入圆环上相应的孔中的时候，则平梳刀夹头和圆环 1 一起在弹簧 7 的作用下回到原始位置。

被防松螺母 9 紧固的螺钉 10 用于调整被切螺纹的尺寸。当转动螺钉 10 时，圆环 4 及通过销子 3 和其相联的圆环 1 相对于板牙夹头转动。从而改变了支承平梳刀的曲面与平梳刀夹头的相对位置，于是平梳刀做径向移动，达到调整被切螺纹尺寸的目的。

2. 径向平梳刀旋转式外螺纹切头

径向平梳刀旋转式外螺纹切头结构见图 8-150。与不旋转式螺纹切头的不同点在于有个螺旋凹槽的特殊尾套 3 套在圆环 4 的外边，代替手柄，装在圆环 4 上的特殊销子 2 插在螺旋凹槽中。这个尾套只能在轴向移动，于是切头张开。切完螺纹后，销子迫使尾部运动，其方向和切螺纹时切头运动方向相反。当切头回转到原始位置时，尾套被挡铁支承住并压在销子 2 上，使圆环 4 旋转并其停在原始位置，切头重新合上。

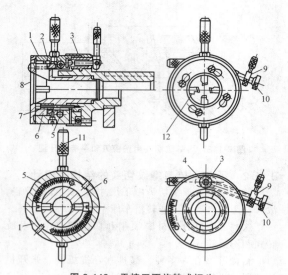

图 8-149 平梳刀不旋转式切头

1、2、4—圆环 3—销子 5、7—弹簧 6—夹头 8—盖板
9—螺母 10—螺钉 11—手柄 12—平梳刀

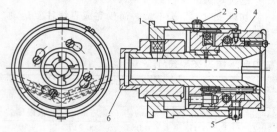

图 8-150 平梳刀旋转式切头

1—引导罩 2—销子 3—尾套 4—圆环
5—滚子 6—机床主轴

3. 径向平梳刀螺纹切头设计

由于这种切头主要用于自动车床及转塔车床，所以切削螺纹规格不大，结构设计要紧凑，重量要轻，合拢、切螺纹及张开等动作要与机床限位装置配合实现自动化。

平梳刀螺纹切头的加工范围及切头有关尺寸见图8-151及表8-181。

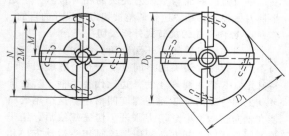

图 8-151 切头的有关尺寸

表 8-181 中的有关尺寸 M 为圆弧键中点到切头轴线的距离，N 为工作位置时，对称两梳刀尾部的

距离，取小于外径（3~4）mm；D_0 为张开位置时，对称两梳刀尾部的最大距离，取大于切头外径2mm。

（1）切普通螺纹平梳刀的设计

1）固定尺寸。切普通螺纹的平梳刀见图8-152，其固定尺寸见表8-182。

表 8-181 平梳刀螺纹切头的有关尺寸和加工范围

（单位：mm）

切头有关尺寸								加工螺纹的公称直径	
D 公称尺寸	D_0	D_1	M	N	切头总长	切头柄长	梳刀伸长	普通螺纹	60°锥螺纹
20	64	62	22.5	59	113	60	7.5	M3~M12 细牙	ZM6 1/16~1/4
25	83	81	28.9	77	147	83	8	M12~M24 细牙	3/8~1/2

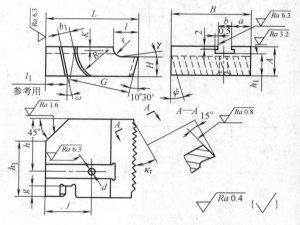

图 8-152 切普通螺纹的平梳刀

表 8-182 平梳刀的固定尺寸

切头	A	B	a	b	b_1	j	d	g	h
D20	7.915	20	4.8	3.176	3.18	14.5	2.8	3.8	13.8
D25	10.28	27	7	4.755	4.78	16	3.2	5.5	17

切头	h_1	h_2	K	l	l_1	R	r	ω
D20	5.6	14	1	6.5	5	13	4	10°30′
D25	7.6	21	0	7.5	6	20	4	11°

当加工台肩较大工件时（见图8-153）可采用凸出式平梳刀（见图8-153和图8-154），其尺寸见表8-183。

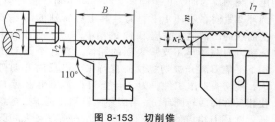

图 8-153 切削锥

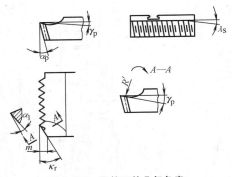

图 8-154　平梳刀的几何角度

表 8-183　凸出式平梳刀尺寸

（单位：mm）

切头	B	l_2
D20	20	5.5
D25	27	10

2）螺纹升角。

$$\tan\psi = \frac{P}{\pi d_2}$$

式中　P——螺距；

　　　　d_2——工件螺纹中径。

3）前角及后角。后角 α_p 取 10°30′。实际上是在螺纹磨床上用特制夹具磨出（刀尖与轴线错开 h）。

标准平梳刀前角 γ_p 为 7°，可根据被加工材料按表 8-184 所介绍数值改磨。

表 8-184　平梳刀的前角和刃倾角

工件材料	圆柱形螺纹		锥螺纹	
	γ_p	λ_s	γ_p	λ_s
钢、黄铜、可锻铸铁	7°	—	5°	—
铸铁、青铜	0°	—	0°	—
不锈钢	12°	3°~5°	7°	—
夹布胶木、胶木	−7°	—	−7°	—
轻合金	10°	—	7°	—
纯铜	12°	3°~5°	7°	—

4）切削锥。平梳刀的切削锥角 κ_r（见图 8-153 和图 8-154）按工件螺纹允许的不完整扣长度而定。切削锥起始点到牙型高顶点的距离可近似地取 0.7P（P 为螺距）。标准梳刀 κ_r 做成 30°。

5）牙型。平梳刀的牙型和螺距在其后面的法截面中测量，当切普通螺纹时与圆梳刀的相同（见图 8-138 及表 8-173）。

6）梳刀排列顺序及牙型测量位置尺寸。同一套四把梳刀按号（Ⅰ、Ⅱ、Ⅲ、Ⅳ）依次递减（当切右螺纹时）1/4 螺距排列，形成阶梯螺旋状。统一规定在距端面第三个齿槽中为牙型位置。

7）倒锥。为了克服由于间隙而可能产生的梳刀倾斜而切出螺纹呈正锥现象，同时，也为了减少切削摩擦，梳刀在纵向做成（0.03~0.06）：10 的倒锥。

8）梳刀工作切点位置的确定。由图 8-155 可知。O 点是曲线上梳刀高度 A 的中点。B 点是工作时的切点。为了保证结构尺寸 M，梳刀在制造时必须保证尺寸 G（切点到梳刀后面的垂直距离），因为 G 可测。经过公式推导，近似地得

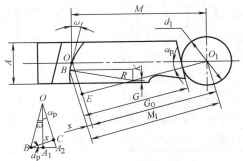

图 8-155　尺寸 G 的计算

$$M_1 = M\cos\alpha_p + \left(\frac{A}{2} - K - R\sin\omega\right)(\tan\alpha_p + \tan\omega)\cos\alpha_p$$

$$(8\text{-}89)$$

$$G = M_1 - \frac{d_2 - 2h_{10max}}{2}$$

式中　α_p——后角（°）；

　　　　d_2——被切螺纹中径（mm）；

　　　　h_{10max}——梳刀最大牙顶高（见表 8-173）。

A、K、R、ω 由表 8-182 查得，M 可以算得。代入式（8-89）后算得 M_1 值如下：

切头规格	M_1 值/mm
D20	22.34
D25	28.91

因为梳刀有倒锥，所以规定尺寸 G 在梳刀切削锥后第一个完整齿上测量。

9）刀尖高度。梳刀两两相对称于切头轴线安装，其刀尖须高于工件螺纹轴线（见图 8-156）。梳刀后面上 D 点与螺纹小径 d_1 圆相切。这是为了避免梳刀扎入工件，并为了使工件能容易地按螺距导入切头。

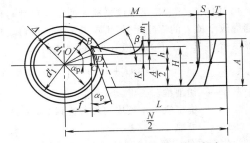

图 8-156　梳刀的刀尖高度和梳刀长度

工件螺纹轴心 O 点与梳刀刀尖 B 点的连线与梳刀底平面方向所形成的 β 角，由实践得出数据见表 8-185。梳刀牙型对螺纹小径产生挤压作用，挤压量 Δ 见表 8-185。必要时应磨出刃倾角，以减轻切削锥部的挤压作用。

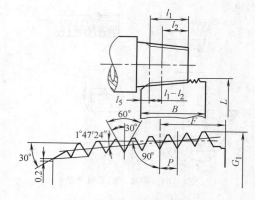

图 8-157　锥螺纹梳刀计算

表 8-185　梳刀参量

（单位：mm）

螺纹直径	Δ	β	m_1	h	α_p
由 3~6	0.0125	16°30′	0.23	0.64	
>6~9	0.0175	16°	0.35	1.04	
>9~12	0.0200	15°30′	0.45	1.41	10°30′
>12~14	0.0200	15°	0.50	1.69	
>14~19	0.0200	14°30′	0.56	2.07	
>19~25	0.0250	14°	0.66	2.67	

从图 8-156 可知

$$d_1' = d_1 + 2\Delta$$

$$\cos(\beta - \alpha_p) = \frac{d_1}{d_1'}$$

$$h = \frac{d_1'}{2}\sin\beta$$

$$K = \frac{d_1}{2}\sin\alpha_p$$

$$m_1 = h - K$$

于是刀尖高度为

$$H = \frac{A}{2} + h \qquad (8\text{-}90)$$

10）梳刀长度。同样，由图 8-156 可知梳刀长度 L 为

$$L = \frac{N}{2} - \frac{d_1'}{2}\cos\beta \qquad (8\text{-}91)$$

$$\frac{N}{2} = M + S + T$$

式中　β——由表 8-185 查出（°）；

　　　　S、T——结构尺寸（mm）。

（2）切锥螺纹梳刀的设计

1）固定尺寸。切锥螺纹平梳刀的固定尺寸与切普通螺纹平梳刀的固定尺寸相同（见图 8-154）。梳刀宽度 B 不应小于下列数值（见图 8-157）：

$$B > l_5 + l_1 + \Delta l \qquad (8\text{-}92)$$

式中　l_5——切削锥部长度（mm）；

　　　　l_1——锥螺纹工作长度（按标准取）（mm）；

　　　　Δl——可取 2~3 倍螺距（mm）。

为生产方便，宽度 B 仍按表 8-183 选取。

2）螺纹升角。锥螺纹大、小端螺纹升角不等，梳刀的螺纹升角 ψ 按锥螺纹基面上的螺纹升角计算：

$$\tan\psi = \frac{P}{\pi d_2} \qquad (8\text{-}93)$$

式中　P——螺距（mm）；

　　　　d_2——锥螺纹基面上的中径（mm）。

3）前角和后角。标准平梳刀的前角为 7°，也可以根据被加工材料的不同改磨成其他角度，可参考表 8-176 选取。切削锥后角取 15°。为防止锥螺纹的锥度发生变化，一般都不磨出刃倾角 λ_s。在必须改善切削条件时，磨出的 λ_s 也不能超过 1°30′，而且只磨到切削锥后第一个完整齿。

4）切削锥。切削锥角 κ_r 取 30°。切削锥起始点至梳刀牙顶的距离 m 为梳刀牙型高度加 0.2mm，近似地取 $0.8P$。

5）梳刀的牙型。切锥螺纹用的平梳刀的牙型与圆梳刀的相同，请参看图 8-138 及表 8-185。

6）梳刀的排列顺序。与切普通螺纹的梳刀一样，统一规定尺寸 F 是从梳刀后端面到第三个完整齿槽中线的距离。锥螺纹皆为右旋，尺寸 F 顺序递减 1/4 螺距。

7）梳刀工作切点位置的确定。计算方法与切普通螺纹平梳刀相似，但必须按被加工锥螺纹基面上的小径 d_1 来计算梳刀上的工作切点 B（见图 8-156）至小径 d_1 相切的梳刀牙型顶点的距离 G，再换算到梳刀后端最后一个完整齿上的尺寸 G_1（见图 8-157）。

$$G = M_1 - \frac{d_2 - 2h_{10\max}}{2} \qquad (8\text{-}94)$$

式中　M_1——见式（8-88）；

　　　　$h_{10\max}$——见表 8-179；

　　　　d_2——基面上的中径，按标准。

于是，G_1（mm）可按下式计算：

$$G_1 = G + \frac{B-[\,l_5+(l_1-l_2)\,]}{32} \qquad (8\text{-}95)$$

8）刀尖高度。根据基面上的外径，根据表 8-157 选取有关尺寸后，按切普通螺纹的梳刀计算方法可计算刀尖高度。

9）梳刀长度 L。按被加工锥螺纹基面上的小径 d_1' 计算 f 尺寸（见图 8-156）。梳刀长度是在端面测量（见图 8-157），所以

$$L = \frac{N}{2} - \frac{d_1'}{2}\cos\beta + \frac{B-[\,l_5+l_1-l_2\,]}{32} \qquad (8\text{-}96)$$

（3）平梳刀主要技术要求　合格的平梳刀螺纹切头可以加工 6h 级精度普通螺纹，表面粗糙度可达 $Ra(3.2\sim12.5)\,\mu m$。平梳刀的主要技术要求如下：

1）平梳刀用高速工具钢制造，碳化物偏析不超过 3 级。热处理后硬度 62~65HRC，并应氮化处理。

2）一套梳刀中尺寸 G 的极限偏差为 ±0.02mm，套与套间极限偏差为 ±0.15mm。普通螺纹梳刀的 G 尺寸在切削锥后第一个完整齿上测量，锥螺纹梳刀的 G_1 尺寸在后端面起的第一个完整齿上测量。

3）一套梳刀中尺寸 H 的极限偏差为 ±0.02mm，套与套间的极限偏差为 ±0.05mm。

4）梳刀的牙型和牙型半角极限偏差应分别符合表 8-173 或表 8-179 的规定。

5）在 25mm 长度上任意两牙螺距的极限偏差为 ±0.01mm。

6）在一套梳刀中，任意两梳刀间牙型错开 1/4 的螺距的相邻或累积误差不得大于 0.01mm。尺寸 F 按梳刀顺序号 Ⅰ、Ⅱ、Ⅲ、Ⅳ，切右旋螺纹梳刀依次递减 1/4 个螺距，切左旋螺纹的梳刀依次递增 1/4 个螺距。

7）切普通螺纹的平梳刀牙型在每 10mm 长度上应有 0.03~0.06mm 倒锥量。

8）切削锥角 κ_r 的上极限偏差为 +2°，一套中切削锥的径向跳动不大于 0.05mm。

9）靠近梳刀后端的凡小于 2/3 牙型的不完整牙皆应磨去。

10）梳刀上在空刀处或不会被重磨去的表面上打印：螺纹公称尺寸、套号、梳刀的顺序号。

4. 平梳刀内螺纹切头

带径向平梳刀的内螺纹切头实质上是个中径可调整的丝锥，适合加工 M36~M100 的内螺纹。也分为旋转式和非旋转式两种，但基本结构相同，不同处在于控制梳刀合拢与张开的方式，前者用限位环和卡箍控制，后者用手柄。

（1）结构及工作原理　径向平梳刀内螺纹切头的典型结构见图 8-158。这是目前国内汽车行业使用

的一种结构。

梳刀 00 安置在梳刀头中。梳刀头由 01~09 零件组成。切头由零件 1~29 组成。

使用径向平梳刀不旋转式螺纹切头攻螺纹前，向工件方向扳动手柄 28，通过偏心拨销 24 使外套筒 5 向前移动。内套筒 3 台肩端面受外套筒 5 前端顶紧，也向前移动。固定在内套筒 3 键槽中的扁键 4 和以键槽与扁键固连的滑块 6 也被推向前。于是，拧在滑块上的螺钉 13 压缩弹簧 10。尾部凸肩嵌在滑块 6、T 形槽中的心杆 06 和与心杆以销子 05 固连的套筒 07 也被推向前。梳刀尾端的斜面靠在心杆 06 前端的锥面上，而梳刀尾部的斜形凹槽与套筒 07 前端的斜形键相配，心杆、套筒向前移动即，使梳沿梳刀体 03 的矩形槽向外移动，到达工作位置。上述运动直到嵌在内套筒 3 凹槽中的挡块 19 的外缘全部移出调节螺母 7 的内孔，挡块 19 前端的 20° 外锥面与在弹簧片 18 的作用下靠紧在外套筒 5 相应的 20° 内锥面上时才停止。此时，在已被压缩的弹簧 10 的作用下，挡块 19 的后端面紧靠在调节螺母 7 的前端面上。这样，可以使梳刀在每次恢复工作位置时位置都相同，从而使被加工螺纹的尺寸得以稳定。这时即可进行切螺纹。

当攻螺纹将要结束时，定位环 04 的前端面抵在工件的端面上，切头在工件螺纹的引导下继续前进，定位环 04 经连接板 08 和螺钉 12 使外套筒 5 向后移动。这时外套筒 5 的 20° 内锥面压迫挡块 19 的 20° 外锥面，使其克服弹簧 18 的弹力，把挡块 19 的外缘压到与调节螺母 7 的内孔径相等时，在弹簧 10 的弹力作用下，使内套筒 3、滑块 6、心杆 06、套筒 07 向后快速移动。这时，平梳刀在套筒 07 前端的嵌在梳刀尾部凹槽中的斜形键作用下，沿梳刀体 03 的矩形槽径向迅速合拢，直至内套筒 3 的后端面抵在垫圈 9 的前端面为止。

当使用旋转式的平梳刀内螺纹切头时，梳刀的张开及合拢的动作不是用手柄和定位环，而是用卡在外套筒 5 后面环形槽中的卡箍和限位环来实现，其结构与旋转式圆梳刀螺纹切头相似。

（2）规格及系列　我国汽车行业平梳刀内螺纹切头及梳刀规格系列请参阅图 8-159 及表 8-186。我国工具行业试制的平梳刀内螺纹切头、平梳刀规格系列见表 8-187。供设计或选用时参考。

每个切头都由四把平梳刀组成一套，按顺序依次装于梳刀体槽中。梳刀体尾部的斜形凹槽则装在套筒的斜形键中。一套四把梳刀的牙型对其基准面按梳刀顺序 Ⅰ、Ⅱ、Ⅲ、Ⅳ 依次递减 1/4 螺距（当切右旋螺纹时），或依次递增 1/4 螺距（当切左旋螺纹时）。

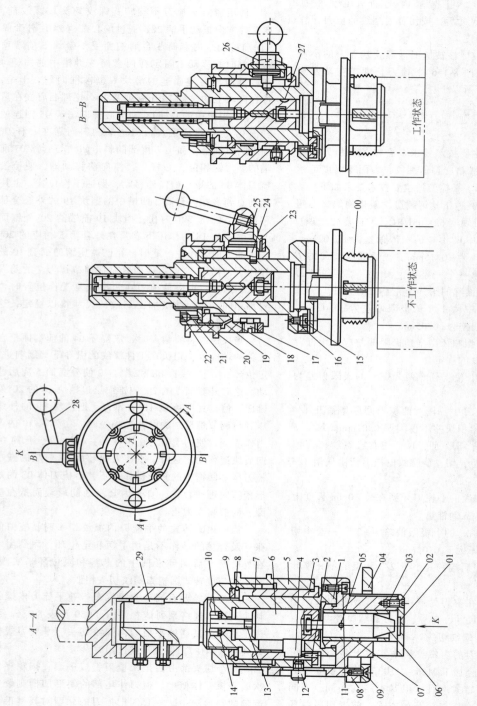

图 8-158 平梳刀内螺纹切头结构

1—本体 2、11、12、13、15、17、22—螺钉 3—内套筒 4—扁键 5—外套筒 6—滑块 7—调节螺母 8、25—弹簧圈 9、14—垫圈 10、21—弹簧 16、27、29—键 18—弹簧片 19—挡块 20—钢球 23—螺母 24—偏心拨销 26—盖 28—手柄 00—平梳刀 01—盖 02、09—螺钉 03—梳刀体 04—定位环 05—销子 06—心杆 07—套筒 08—连接板

不工作状态   工作状态

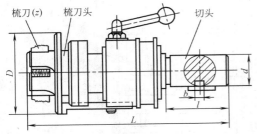

图 8-159　平梳刀内螺纹切头、梳刀规格

表 8-186　汽车行业平梳刀内螺纹切头、
梳刀规格系列（单位：mm）

切头号	D	d	L	加工螺纹范围	梳刀头号	梳刀号
BD25-45	96	30	≈269	M39~M56		BD25-62　BD22-21
					序号1	M39×1.5
						M42×1.5
						M45×1.5
					序号2	M48×1.5
						M52×1.5
						M56×1.5
BD25-46	112	38	≈269	M60~M95	序号3	M60×1.5
						M64×1.5
						M68×1.5
					序号4	M72×1.5
						M76×1.5
						M80×1.5
					序号5	M85×1.5
						M90×1.5
						M95×1.5

表 8-187　工具行业平梳刀内螺纹切头、
梳刀规格系列（单位：mm）

切头型号	加工范围	切头外廓尺寸						梳刀尺寸	
		D	D_1	L	d	l	b	Z	B	B_1
J-01	M36~M39	76	31	245	40	70	8	4	24.6	6.21
J-02	M42~M48	76	37	245	40	75	8	4	24.6	6.21
J-03	M52~M60	88	46	290	45	80	10	4	30.15	7.78
J-04	M64~M76	110	56	300	45	90	10	4	34.92	9.38
J-05	M80~M95	120	72	345	60	110	14	6	34.92	9.38

（3）梳刀槽的分布及梳刀设计　平梳刀内螺纹切头由于已有系列化设计，这里只补充一点。一般平梳刀内螺纹切头，其梳刀体 03 上安装梳刀的矩形槽在圆周上都是等距分布的。这时，梳刀工作时两侧刃同时参加切削，故对单位切削力增加，排屑不好，加工螺纹表面不光滑。

为了改善切削条件，可以把安装梳刀的矩形槽在圆周上做成不等距分布，即相邻差角 $\beta = 4°$，（即

把 360° 分为 88°→92°→88°→92°）。这样，梳刀工作时为单刃切削，其非切削侧刃与螺纹面的法向间隙 Δ_n 可用下式算出：

$$\Delta_n = \frac{P\beta}{360°}\cos\frac{\alpha}{2} \qquad (8-97)$$

式中　P——螺距（mm）；
　　　α——牙型角（°）。

平梳刀的系列尺寸可参考图 8-160 及表 8-188。

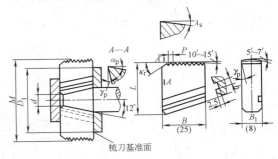

图 8-160　梳刀结构

表 8-188　梳刀系列尺寸

梳刀标记	L	h	M	d	所用的切头号	所用的梳刀头号
M39×1.5	17.4	26	39.325	5.22	BD25-45	序号1
M42×1.5	18.9		42.325			
M45×1.5	20.4		45.325			
M48×1.5	21.9		48.325			序号2
M52×1.5	23.9		52.325			
M56×1.5	25.9		56.325			
M60×1.5	25.4	31	60.325	10.22	BD25-46	序号3
M64×1.5	27.4		64.325			
M68×1.5	29.4		68.325			
M72×1.5	31.4		72.325			序号4
M76×1.5	33.4		76.325			
M80×1.5	35.4		80.325			
M85×1.5	37.9		85.325			序号5
M90×1.5	40.4		90.325			
M95×1.5	42.9		95.325			

当加工的螺纹直径与表中数据不同而又选用表中与其接近的螺纹直径的梳刀头型号时，梳刀的长度 L 应增加（或减少）两者螺纹直径差值之半。

8.7.3　切向平梳刀螺纹切头

切向平梳刀螺纹切头外形尺寸较大，重量较重，但操作及刃磨装备较简单，因此，广泛用于五金及建筑行业切制管螺纹和锥管螺纹，精度 8h。

1. 切头的结构和工作原理

切头由图 8-161 所示零件组成。

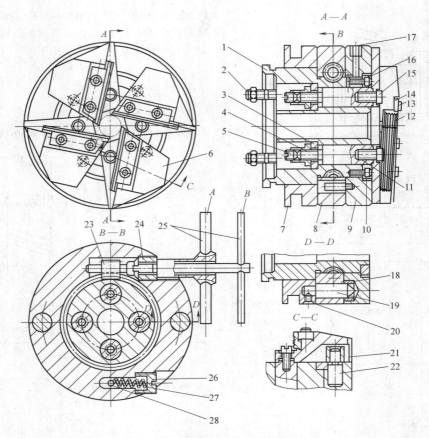

图 8-161 切向平梳刀螺纹切头的结构
1—本体 2—双头螺柱 3—垫圈 4—螺母 5、10、13、15、20—螺钉 6—梳刀架 7—拨环 8—调整环
9—开合环 11—短轴 12—梳刀 14—压板 16—限位环 17—滑脂嘴 18、21—衬套 19—插销
22—拨销 23—蜗杆 24—压紧套 25—特种扳手 26—弹簧座 27—弹簧 28—轴销

在拨环 7 上装有两个前端呈圆锥形的插销 19。在开合环 9 上压入两个口端呈锥形的衬套 18。插销 19 穿过调整环 8，两者滑动配合。拨环 7 可在本体 1 上左右滑动，使插销 19 能拨出或插入衬套 18。当拨环 7 向右移动时，插销 19 插入衬套 18 的孔中，同时迫使开合环 9 少许转动。压入开合环 9 上的四个拨销 22，经衬套 21 拨动梳刀架 6 的长槽，使梳刀架以短轴 11 为中心转动少许，于是四把梳刀 12 的切削刃互相靠拢到一定的位置，使切头处于工作状态。可进行攻螺纹。

当攻螺纹到预期长度时，把拨环 7 向左移动。于是，插销 19 的圆柱部分从衬套 18 的孔中退出，这时，开合环 9 在安装在调整环侧面的弹簧座孔中的弹簧 27 的作用下被轴销 28 带动而转动，梳刀则迅速张开。

由于本体 1 后端凸缘而限制了拨环 7 的移动，因而插销 19 的锥端不能完全从衬套 18 的口端锥孔中退出，以便于再次插入，使四把梳刀的切削刃再次互相靠拢到一定位置，切头又恢复工作状态。

梳刀 12 装到梳刀架 6 上，用压板 14、螺钉 13 紧固。在调整环 8 上装有蜗杆 23 与本体上的蜗轮啮合，用于精确调整梳刀的工作位置。蜗轮用压紧套 24 压紧。

用特制的双联扳手 25 进行调整。扳手 A 用于旋动压紧套 24，扳手 B 用于旋动蜗杆 23，使调整环 8 绕本体 1 转动少许，改变插销 19 的位置，达到调整梳刀闭合位置，以达到调整被加工螺纹中径的目的。

2. 切头与梳刀设计

（1）切头设计 切向平梳刀螺纹切头虽外径大、重量重、精度低，但是，在这种切头加工范围内，相同螺距的螺纹，不管其直径大小皆可以通用一套梳刀，从而使品种规格大为减少。切头上只有一套将梳刀倾斜 3° 的梳刀架，不同螺距的螺纹都用它，简化了管理。刃磨设备也简单。

切向平梳刀螺纹切头的外廓尺寸和加工螺纹的公称直径见表 8-189。

表 8-189　切向平梳刀螺纹切头的外廓尺寸

切头型号	被加工螺纹的公称尺寸			切头尺寸/mm		
	普通螺纹	管螺纹	锥管螺纹	直径	长度	配合孔
QT-2	M10~M39	1/4~1¼	1/4~1¼	250	215	177

（2）梳刀设计

1）固定尺寸。与 QT-2 型切头相配的未经刃磨的标准梳刀见图 8-162，其固定尺寸见表 8-190。

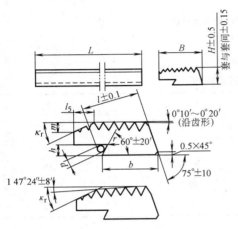

图 8-162　切向平梳刀

表 8-190　梳刀的固定尺寸

								梳刀齿形		
H	B	L	b	h	r	l	d	普通螺纹螺距/mm	管螺纹每英寸牙数	锥管螺纹每英寸牙数
10	25	100	17	3	0.3	17.7	2.5	1~4	19、14、11	19、14、11

2）螺纹升角。梳刀的牙型和齿纹制成平行于安装基面（见图 8-162）。梳刀本身不做出螺纹升角，而是安装在梳刀架上以后形成的。不同螺纹可通用一个梳刀架。

3）切削锥部。标准梳刀切削锥部锥角 κ_r 做成 20°，也可以根据需要改磨。

标准梳刀切削锥部起始点至梳刀齿顶的距离 m（见图 8-162）值可以取 0.5~1mm，使梳刀的切削锥兼起修整坯径的作用。切削锥长度 $l_5 = mc\tan\kappa_r$。

4）梳刀的牙型。切普通螺纹的切向平梳刀，其齿形与圆梳刀、平梳刀相同（见图 8-138 及表 8-173）。切 55°牙型角管螺纹的切向平梳刀，其牙型见图 8-163 及表 8-191。切 55°牙型角锥管螺纹的切向平梳刀，其牙型见图 8-164 及表 8-191。相同规格的锥管螺纹在"基面"上的大径、中径、小径与圆柱管螺纹的相同，牙型和螺距也相同，唯一不同处是其牙型是沿 1°47′24″（即 1∶16）排列的，为保证 1″以上锥管螺纹的长度，梳刀宽度加大到 30mm。

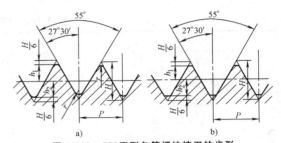

图 8-163　55°牙型角管螺纹梳刀的齿形

a）圆顶、圆根　b）平顶、平根

切向平梳刀的斜置角 3°或小于 3°时，前角 $\gamma_p \leqslant$ 20°时，一般都不需要修正牙型高度、牙型角和螺距。

5）梳刀的排列顺序及第三齿槽中线端面距。一套四把梳刀以顺时针方向（端视）按顺序依次安装在切头上，它们的牙型依次错开 1/4 螺距，切右螺纹时，尺寸 F（见图 8-137）按顺序递减 1/4P，切左旋螺纹时，则按顺序依次递增 1/4P。

6）倒锥度。切普通螺纹时，牙型相对于安装基面逐渐降低，形成标准规定的倒锥 10′~20′。锥形管螺纹梳刀可不制倒锥度，而是做出 1∶16 正锥。

7）前角。标准平梳刀前角为 20°，也可按被加工材料性质改磨，推荐值见表 8-192。

8）材料及热处理。切向平梳刀用高速工具钢制造，热处理硬度为 62~65HRC。

表 8-191　55°牙型角管螺纹、锥管螺纹梳刀的牙型尺寸

螺纹标记	每英寸牙数	螺距 P	h_1		h_2		r	牙型角和牙型半角极限偏差	25mm 长度上的螺距极限偏差
			尺寸	极限偏差	尺寸	极限偏差			
1/8	28	0.907	0.2905	+0.025 −0.015	0.2905	0 −0.05	0.125	±30′	±0.02
1/4~3/8	19	1.3307	0.4280		0.4280		0.184	±25′	
1/2~3/4	14	1.814	0.5810		0.5810		0.249	±20′	
1~1¼	11	2.309	0.7395		0.7395		0.317		

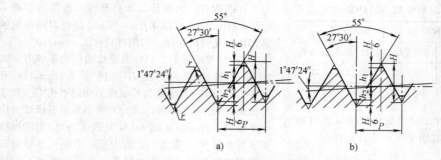

图 8-164 55°牙型角锥管螺纹梳刀的牙型

a）圆顶、圆根 b）平顶、平根

表 8-192 切向平梳刀的前角

被加工材料	γ_p	被加工材料	γ_p
铸黄铜	$-5° \sim 0°$	压延铝	$18° \sim 33°$
压延黄铜	$22°$	碳钢	$22°$
灰铸铁	$15°$	合金钢	$18°$
可锻铸铁	$18°$	青铜	$0° \sim 10°$
铸铝	$10°$	紫铜	$30°$

第9章 数控机床用工具系统

9.1 概述

9.1.1 工具系统的组成及分类

1）数控机床（本章中主要指加工中心、车削中心、数控镗床、铣床、数控车床等数控切削机床）所使用的工具系统，简称为数控工具系统。

数控工具系统按使用的范围可分为镗铣类数控工具系统和车削类数控工具系统；按系统的结构特点可分为整体式工具系统和模块式工具系统。其中，模块式工具系统又可根据其模块连接结构的不同分为各种不同模块式工具系统。

由于各种工具系统应用的目的基本相同，因此，各种工具系统的组成部分也大同小异。在本章所安排的内容中，关于数控工具系统的组成部分将集中在一种工具系统中详细介绍，而其他的数控工具系统将主要侧重介绍该种工具系统的特点。

2）数控机床与工具系统连接部分的结构简称为机床与工具系统的接口。加工中心和数控镗铣床与工具系统最主要的接口是 7：24 锥度接口。由于历史的原因，各国在最初设计 7：24 圆锥柄时，在锥柄尾部的拉钉和锥柄前端凸缘结构（包括机械手夹持槽、键槽和方向识别槽）的选择上各不相同，并且形成了各自的标准。虽然现在已经有了相应的国际标准，但是，某些国家标准的应用仍然相当普遍，如日本标准（MAS 403—1982 和 JIS B 6339（1998））、德国标准（DIN 69871：1995）、美国标准（ASME B5.50—1995）等。

车削中心和数控车床与工具系统的接口应用最普遍的是德国标准（DIN 69880：1986—2000 系列标准）。进入 20 世纪 80 年代，国际上出现了几种很有影响的接口，如：瑞典山特维克（Sandvik）公司的 BTS 工具系统的接口、美国肯纳（Kennametal）公司的 KM 工具系统的接口等。

现在，莫氏锥度及米制锥度基本不作为数控机床与工具系统的接口，但这两种锥度在工具系统的内部还有一定程度的应用。

9.1.2 工具系统的设计要求

数控机床工具系统设计除具备普通工具的特性外，还有以下基本要求：

1）刚度要求。数控机床常采用高速强力切削，要求工具系统具有高刚性。

2）精度要求。较高的换刀精度和定位精度。

3）耐用度要求。

4）断屑、卷屑和排屑要求。自动加工中刀具的断屑、排屑性能好。

5）装卸调整要求。工具系统要求装卸调整简捷、方便。

6）标准化、系列化和通用化的要求。

9.2 机床与工具系统的接口及其标准

9.2.1 7：24 及其他锥度接口

（1）国际标准锥柄柄部及其拉钉尺寸系列　详见表9-1～表 9-3。

表 9-1　国际标准锥柄柄部尺寸系列（摘自 ISO 7388-1：2007）　　（单位：mm）

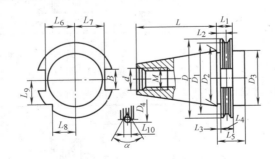

柄部	D	D_1	D_2	D_3	D_4	d	L	L_1	L_2	L_3
40	63.55	56.25	44.45	44.7	72.35	17	68.4	19.1	11.1	3.18
45	82.55	75.25	57.15	57.4	91.35	21	82.7	19.1	11.1	3.18
50	97.5	91.25	69.85	70.1	107.25	25	101.75	19.1	11.1	3.18

（续）

柄部	L_4	L_5	L_6	L_7	L_8	L_9	L_{10}	α	B	M
40	15.9	35	25	22.8	18.5	18.5	7	60°	16.1	M16
45	15.9	35	31.3	29.1	24	24	7	60°	19.3	M20
50	15.9	35	37.7	35.5	30	30	7	60°	25.7	M24

注：此系列等效于德国标准 DIN 69871/A 型。

表 9-2　国际标准拉钉尺寸系列 1（根据 ISO 7388-3：2007）　　　（单位：mm）

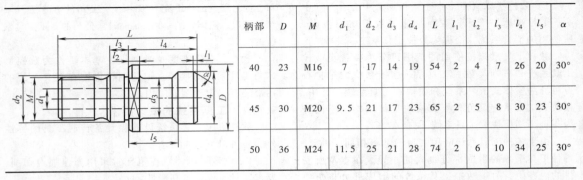

柄部	D	M	d_1	d_2	d_3	d_4	L	l_1	l_2	l_3	l_4	l_5	α
40	23	M16	7	17	14	19	54	2	4	7	26	20	30°
45	30	M20	9.5	21	17	23	65	2	5	8	30	23	30°
50	36	M24	11.5	25	21	28	74	2	6	10	34	25	30°

表 9-3　国际标准拉钉尺寸系列 2（根据 ISO 7388-3：2007）　　　（单位：mm）

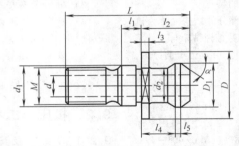

柄部	M	D	D_1	d	d_1 (h6)	d_2	L	l_1	l_2	l_3	l_4	l_5	α
40	M16	22.5	18.95	7.35	17	12.95	44.5	7	16.4	3.25	11.15	1.75	30°
45	M20	30	24.05	9.25	21	16.3	56	8	20.95	4.25	14.85	2.25	30°
50	M24	37	29.1	11.56	21	19.6	66.5	10	25.55	5.25	17.95	2.75	30°

（2）美国标准锥柄柄部及其拉钉尺寸系列　详见表9-4、表 9-5。

（3）日本标准锥柄柄部及其拉钉尺寸系列　详见表9-6、表 9-7。

表 9-4　美国标准锥柄柄部尺寸系列（根据 ASME B5.50：1995）　　　（单位：mm）

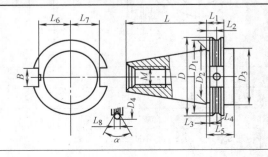

（续）

柄部	D	D_1	D_2	D_3	D_4	L	L_1	L_2	L_3	L_4	L_5	L_6	L_7	L_8	B	M	α
40	63.55	56.25	44.45	44.7	72.35	68.4	19.1	11.1	3.18	15.92	35	26	22.8	7	16.1	M16	60°
45	82.55	72.25	57.16	57.4	91.4	82.7	19.1	11.1	3.18	15.92	35	32.5	29.1	7	19.3	M20	60°
50	98.45	91.25	69.85	70.1	107.3	101.75	19.1	11.1	3.18	15.92	35	40.4	35.5	7	25.7	M24	60°

表 9-5　美国标准拉钉尺寸系列（根据 ASME B5.50：1995）　（单位：mm）

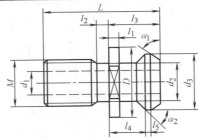

柄部	M	D	d_1	d_2	d_3	L	l_1	l_2	l_3	l_4	l_5	α_1	α_2
40	M16	22.5	7.35	12.95	18.95	38	3	5.5	16.25	11	1.5	60°	45°
45	M20	30	9.25	16.3	24.05	48	4	6	20.8	14.7	2	60°	45°
50	M24	36.5	11.55	19.6	29.1	59	5	6.5	25.4	17.8	2.5	60°	45°

表 9-6　日本标准锥柄柄部尺寸系列（根据日本标准 MAS 403—1982 和 JIS B6339—1998）

（单位：mm）

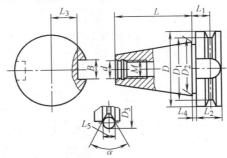

柄部	D	D_1	D_2	D_3	d	L	L_1	L_2	L_3	L_4	L_5	M	B	α
40	63	53	44.45	75.679	17	65.4	16.6	25	22.6	1.6	10	M16	16.1	60°
45	85	73	57.15	100.215	21	82.8	21.2	30	29.1	3	12	M20	19.3	60°
50	100	85	69.85	119.019	25	101.8	23.2	35	35.4	3	15	M24	25.7	60°

表 9-7　日本标准拉钉尺寸系列（根据日本标准 MAS 403—1982）　（单位：mm）

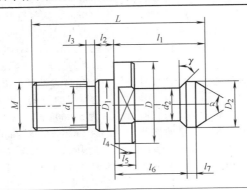

（续）

柄部	M (6g)	D	D_1 (h7)	D_2	d_1	d_2	L	l_1	l_2	l_3	l_4	l_5	l_6	l_7	α	γ
40	M16	23	17	15	13	10	60	35	5	4	4	6	28	3	60°	30°
																45°
45	M20	31	21	19	16.5	14	70	40	6	5	6	8	31	4	60°	30°
																45°
50	M24	38	25	23	20	17	85	45	8	5	8	10	35	5	60°	30°
																45°

（4）中国标准锥柄柄部及拉钉尺寸系列

1）自动换刀7∶24圆锥工具柄　第1部分：A、AD、AF、U、UD和UF型柄的尺寸和标记（GB/T 10944.1—2013）和自动换刀7∶24圆锥工具柄　第2部分：J、JD和JF型柄的尺寸和标记（GB/T 10944.2—2013）。这两个标准分别使用翻译法等同采用了国际标准ISO 7388-1：2007《自动换刀7/24圆锥工具柄　第1部分：A、AD、AF、U、UD和UF型柄的型式和尺寸》和ISO 7388-2：2007《自动换刀7/24圆锥工具柄　第2部分：J、JD和JF型柄的

尺寸和标记》（英文版），详见表9-1。

2）自动换刀7∶24圆锥工具柄　第3部分：AC、AD、AF、UC、UD、UF、JD和JF型拉钉（GB/T 10944.3—2013）。本标准参照采用国际标准ISO 7388-3：2007《自动换刀机床用7/24圆锥工具柄　第3部分：AC、AD、AF、UC、UD、UF、JD和JF型拉钉》（英文版），详见表9-2、表9-3。

3）非自动换刀机床用7∶24圆锥工具柄部尺寸系列，详见表9-8。

表9-8　中国标准非自动换刀机床用7∶24圆锥工具柄部尺寸系列（GB/T 3837—2001）

（单位：mm）

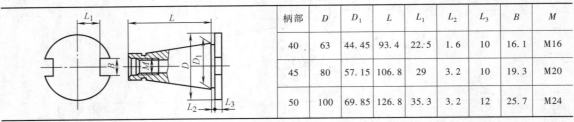

柄部	D	D_1	L	L_1	L_2	L_3	B	M
40	63	44.45	93.4	22.5	1.6	10	16.1	M16
45	80	57.15	106.8	29	3.2	10	19.3	M20
50	100	69.85	126.8	35.3	3.2	12	25.7	M24

9.2.2　Capto 刀柄

Capto 刀柄为三棱锥体，而不是常见的圆锥形，锥度为1∶20。

由于三棱锥体的表面积比较大，所以刀具的表面压力低、不易变形、精度保持性比较好。另外，由于该结构不需要传动键就可以实现正、反两个方向的转矩传递，所以消除了由于键和键槽引起的动平衡问题，弯和扭的承载能力也更好。

多边形锥柄可以确保自动径向定心，并从接口的周边施压，能将连接的重复性控制在2μm以内。多边形锥柄无须利用键和键槽，就能将转矩从机床主轴传递给刀具。CAT刀柄或BT刀柄在连接凸缘处都采用键连接来传递转矩，而Capto刀柄由于采用了多边形锥柄，不会在主轴锥套内转动，因此，主轴的全部可传递转矩都作用于Capto刀柄的整个锥面上。

Capto 刀柄只有一种型式，它有6种尺寸规格，即C3、C4、C5、C6、C8（凸缘直径分别为32mm、40mm、50mm、63mm、80mm）和C8x（凸缘直径为100mm的C8刀柄）；1种新的C10规格（凸缘直径为100mm，其多边形大于C8）。

Capto 刀柄具有快速换刀功能，因此最初应用于车床上。Capto刀柄的换刀速度比采用偏心轴夹紧方式的常规刀具快5~10倍。

Capto 刀柄没有传动键，承受高转速的能力优于其他类型的刀柄。各种规格刀柄的最高使用转速：C3为55000r/min；C4为39000r/min；C5为28000r/min；C6为20000r/min；C8为14000r/min。

国际标准ISO 26623-1：2008规定了Capto刀具的尺寸，见图9-1。图9-2是三棱锥外形曲线计算公式。表9-9是Capto锥柄尺寸。

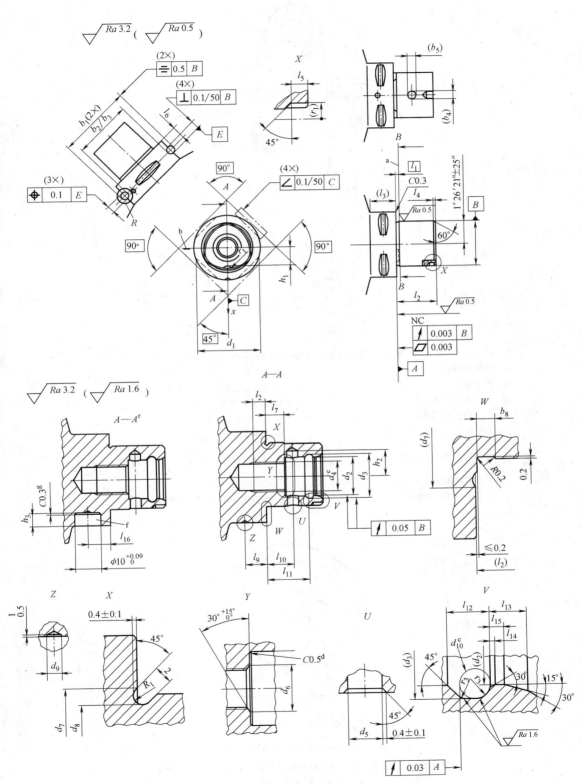

图 9-1 Capto 锥柄（ISO 26623-1：2008）

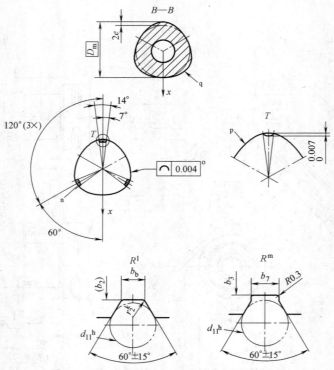

图 9-1 Capto 锥柄 （ISO 26623-1：2008）（续）

a—轮廓基准线　　　　　　　　　　　　b—单刃右手刀具切削刃位置
c—测量球　　　　　　　　　　　　　　d—内孔孔边倒角 C0.4 或 R0.5
e—外形曲线收敛直径　　　　　　　　　f—数据芯片孔，可选
g—芯片孔孔边倒角 C0.3 或 R0.3　　　　h—V 形槽测量棒
k—V 形槽底 r_2 或 f_1，可选　　　　　　l—R 局部放大，方案 1

m—R 局部放大，方案 2　　　　　　　　n—轮廓实际曲线 = $\begin{array}{l}+0.0\\+0.007\end{array}$（分段区域）

o—理论多边形曲线　　　　　　　　　　p—实际多边形曲线
q—根据图 9-2 的多边形曲线　　　　　　r—数据芯片孔 A—A 剖视图，可选

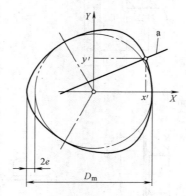

$$x' = (D_m/2)\cos\gamma - 2e\cos(2\gamma) + e\cos(4\gamma)$$

$$y' = (D_m/2)\sin\gamma + 2e\sin(2\gamma) + e\sin(4\gamma)$$

图 9-2 Capto 锥柄外形曲线计算图及公式 （ISO 26623-1：2008）
a—多边形曲线的法线

表 9-9　Capto 锥柄尺寸（ISO 26623-1：2008）　　　　　　（单位：mm）

公称尺寸		32	40	50	63	80	80X
b_1	±0.1	39	46	59.3	70.7	86	110
b_2		28.3	35.3	44.4	55.8	71.1	88.7
b_3	±0.1	27.9	34.9	44	55.4	70.7	88.3
b_4		4.2	5.2	6.5	8.5	9.6	9.6
b_5		4.5	5.5	7	9	10.1	10.1
b_6		2.5	2.5	3.5	3.5	3.5	5
b_7		2.6	2.6	4.1	4.1	4.1	6.1
b_8		1.5	1.5	2	2	2	2
d_1	±0.1	32	40	50	63	80	100
d_2	$^{+0.1}_{-0.05}$	15	18	21	28	32	32
d_3	±0.05	16.5	20	24	32	38	38
d_4		M12×1.5	M14×1.5	M16×1.5	M20×2	M20×2	M20×2
d_5	±0.1	3.6	4.6	6.1	8.1	9.1	9.1
d_6	±0.2	12.3	14.3	16.5	20.5	20.5	20.5
d_7		25.2	31.6	39.1	48.5	60.8	87
d_8	±0.1	21.6	28	35.5	44.9	57.2	57.2
d_9	±0.3	4	4	4	4	4	4
d_{10}		1.5	2	3	4	6	6
d_{11}		5	5	7	7	7	10
D_m		22	28	35	44	55	55
e		0.7	0.9	1.12	1.4	2	2
f_1		0.3×45°	0.3×45°	0.5×45°	0.5×45°	0.5×45°	0.5×45°
h_1	±0.1	9	11	14	18	—	—
h_1	±0.2	—	—	—	—	22.2	22.2
h_2		—	11	14	17.5	22	22
h_3	$^{+0.2}_{0}$	5.4	5.2	5.1	5	4.9	4.9
l_1		2.5	2.5	3	3	3	3
l_2	±0.1	19	24	30	38	48	48
l_3	min	15	20	20	22	30	32
l_4		1	1.5	1.5	1.5	1.5	1.5
l_5		$3.2^{+0.3}_{0}$	$4^{+0.4}_{0}$	$5.3^{+0.5}_{0}$	$6.2^{+0.5}_{0}$	$8^{+0.5}_{0}$	$8^{+0.5}_{0}$
l_6	±0.15	6	8	10	12	12	16
l_7	±0.15	6	9	10	11	20	20
l_8	min	6	6	7	9	0	0
l_9		9	12	12	12	12	12

（续）

公称尺寸		32	40	50	63	80	80X
l_{10}	±0.2	8	11.5	14	15.5	25	25
l_{11}	±0.1	13.5	17.5	22	26	34	34
l_{12}	±0.15	2.8	3.4	4.6	5.8	8.5	8.5
l_{13}		3.6	3.5	4	6.5	6.5	6.5
l_{14}		0.3	0.4	0.5	0.6	0.6	0.6
l_{15}		2	1.4	1.5	1.6	1.6	1.6
l_{16}		9	12	12	12	12	12
r_1	$^{+2}_{0}$	3	3	4	5	6	6
r_2		0.3	0.3	0.5	0.5	0.5	0.5
r_3	$^{0}_{-0.1}$	0.75	1	1.5	1.5	3	3

9.2.3　带有法兰接触面的空心圆锥接口

1. 第1部分：柄部——尺寸

本部分规定了适用于机床（例如：车床、钻床、铣床和磨床）的带有法兰接触面的空心圆锥柄（HSK）的尺寸。

本部分包括两种柄部型式：A 型为法兰上带有一能自动换刀的环形槽，该工具也可以手动换刀；C 型为法兰上无环形槽，只能用于手动换刀。两种型式的手动夹紧都是通过锥柄上的一个孔来进行的。

力矩的传递是通过锥柄尾端的键以及摩擦来完成的。

（1）型式和尺寸　A 型带有法兰接触面的空心圆柱锥柄的尺寸见图 9-3、表 9-10 和表 9-11 的规定；C 型见图 9-4、表 9-10 和表 9-11 的规定；平衡孔、平衡削平面的尺寸以及平衡区域的信息见表 9-13 和表 9-14。

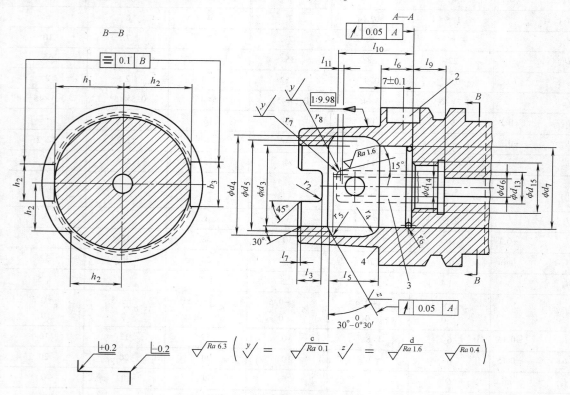

图 9-3　A 型带有法兰接触面的空心圆柱锥柄

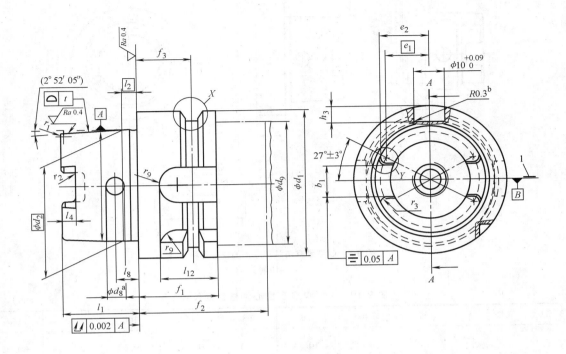

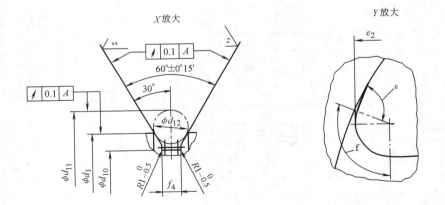

图 9-3　A 型带有法兰接触面的空心圆柱锥柄（续）

1—切削刃[g]　2—数据载体孔[h]　3—润滑管[i]　4—沟槽　a—外圆最小倒角 $C0.5$　b—或 $C0.3$　c—抛光
d—精车　e—90°＝空刀　f—r_3 的范围　g—右旋单切削刃的位置　h—任选　i—润滑管应封闭，
自对中且用较小移动力，允许有 $\pm1°$ 的角度偏移　j—不允许凸

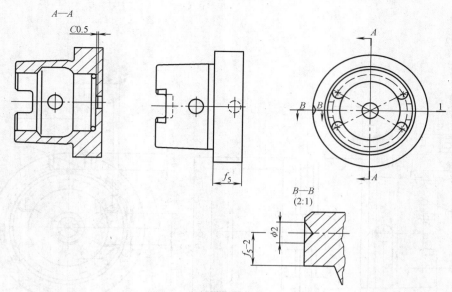

图 9-4 C 型带有法兰接触面的空心圆柱锥柄

1—切削刃

表 9-10 A 型和 C 型空心圆柱锥柄尺寸系列 （单位：mm）

规格		32	40	50	63	80	100	125	160
b_1	+0.04 -0.04	7.05	8.05	10.54	12.54	16.04	20.02	25.02	30.02
b_2	H10	7	9	12	16	18	20	25	32
b_3	H10	9	11	14	18	20	22	28	36
d_1	H10	32	40	50	63	80	100	125	160
d_2		24.007	30.007	38.009	48.010	60.012	75.013	95.016	120.016
d_3	H10	17	21	26	34	42	53	67	85
d_4	H11	20.5	25.5	32	40	50	63	80	100
d_5		19	23	29	37	46	58	73	92
d_6	max	4.2	5	6.8	8.4	10.2	12	14	16
d_7	0 -0.1	17.4	21.8	26.6	34.5	42.5	53.8	—	—
d_8		4	4.6	6	7.5	8.5	12	—	—
d_9	max	26	34	42	53	68	88	111	144
d_{10}	0 -0.1	26.5	34.8	43	55	70	92	117	152
d_{11}	0 -0.1	37	45	59.3	72.3	88.8	109.75	134.75	169.75
d_{12}		4	4	7	7	7	7	7	7
d_{13}	f 8	6	8	10	12	14	16	18	20
d_{14}		3.5	5	6.4	8	10	12	14	16
d_{15}		M10×1	M12×1	M16×1	M18×1	M20×1.5	M24×1.5	M30×1.5	M35×1.5
e_1		8.82	11	13.88	17.99	21.94	27.37	35.37	44.32
e_2	0 -0.05	10.2	12.88	16.26	20.87	25.82	32.25	41.25	52.2

（续）

规格		32	40	50	63	80	100	125	160
f_1	$^{0}_{-0.1}$	20	20	26	26	26	29	29	31
f_2	min	35	35	42	42	42	45	45	47
f_3	±0.1	16	16	18	18	18	20	20	22
f_4	$^{+0.15}_{0}$	2	2	3.75	3.75	3.75	3.75	3.75	3.75
f_5		10	10	12.5	12.5	16	16	—	—
h_1	$^{0}_{-0.2}$	13	17	21	26.5	34	44	55.5	72
h_2	$^{0}_{-0.3}$	9.5	12	15.5	20	25	31.5	39.5	50
h_3	$^{+0.2}_{0}$	5.4	5.2	5.1	5.0	4.9	4.9	4.8	4.8
l_1	$^{0}_{-0.2}$	16	20	25	32	40	50	63	80
l_2		3.2	4	5	6.3	8	10	12.5	16
l_3	$^{+0.2}_{0}$	5	6	7.5	10	12	15	19	23
l_4	$^{+0.2}_{0}$	3	3.5	4.5	6	8	10	12	16
l_5	js10	8.92	11.42	14.13	18.13	22.85	28.56	36.27	45.98
l_6	$^{0}_{-0.1}$	8	8	10	10	12.5	12.5	16	16
l_7	$^{+0.3}_{0}$	0.8	0.8	1	1	1.5	1.5	2	2
l_8	±0.1	5	6	7.5	9	12	15	—	—
l_9	$^{0}_{-0.3}$	6	8	10	12	14	16	18	20
l_{10}		20	21.5	23	24.5	26	28	30	32
l_{11}		2.5	2.5	3	3	3	3	3.5	3.5
l_{12}		12	12	19	21	22	24	24	24
r_1		0.6	0.8	1	1.2	1.6	2	2.5	3.2
r_2	$^{0}_{-0.2}$	1	1	1.5	1.5	2	2	2.5	2.5
r_3	±0.05	1.38	1.88	2.38	2.88	3.88	4.88	5.88	7.88
r_4		4	5	6	8	10	12	16	20
r_5		0.4	0.4	0.5	0.6	0.8	1	1.2	1.6
r_6		0.5	1	1.5	1.5	2	2	—	—
r_7		1	1	1	1.5	1.5	1.5	1.5	1.5
r_8		2	2	2	3	3	3	3	3
r_9		3.5	4.5	6	8	9	10	5	5
t		0.002	0.002	0.0025	0.003	0.004	0.004	0.005	0.005
沟槽		0.2×0.1	0.4×0.2	0.6×0.2	0.6×0.2	1×0.2	1×0.2	1.6×0.3	1.6×0.3
O 形圈		16×1	18.77× 1.78	21.89× 2.62	29.82× 2.62	36.09× 3.53	47.6× 3.53	—	—

（2）锥柄根部沟槽 表 9-11 规定了锥柄根部的细节部分。

表 9-11 锥柄根部尺寸

（单位：mm）

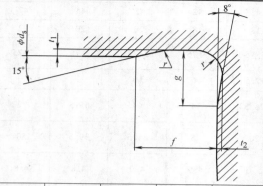

r	t_1 $^{+0.1}_{0}$	f	$g \approx$	t_2 $^{+0.05}_{0}$
0.2	0.1	1	0.9	0.1
0.4	0.2	2	1.1	0.1
0.6	0.2	2	1.4	0.1
1	0.2	2.5	1.8	0.1
1.6	0.3	4	3.1	0.2

（3）夹紧力 不同规格的锥柄和锥孔，尺寸在规定的公差范围内配合时，将产生法兰端面的夹紧力重新分配。表 9-12 给出了确保作用于法兰端面上不小于 75% 总夹紧力的夹紧力值。法兰接触端面对空心锥柄接口的刚性和力矩传递能力起着决定性的作用。

表 9-12 A 型和 C 型空心锥柄夹紧力

规格/mm	32	40	50	63	80	100	125	160
夹紧力/kN	5	6.8	11	18	28	45	70	115

（4）平衡 如果空心锥柄在装入刀具和附具前需要平衡时，可以按照图 9-5 和表 9-13 削一平面，或者按照图 9-6 和表 9-14 钻孔来达到。

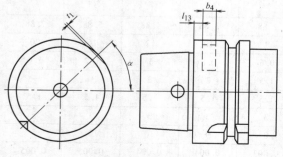

图 9-5 空心锥柄平衡削平区

如果在装配站装配后需要平衡，则应在图 9-7 所示的平衡区域内通过去除重量来实现平衡。

表 9-13 空心锥柄平衡削平区位置

（单位：mm）

规格	32	40	50	63	80	100	125	160
b_4	6	6	6	6	6	8	8	8
l_{13}	4	4	4	4	4	4	4	4
t_1	1.2	1.3	1.6	1.7	2.6	2.8	3.8	5.6
α	45°	45°	45°	45°	45°	45°	45°	45°

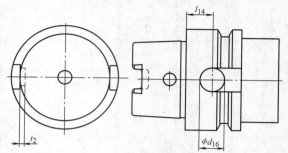

图 9-6 空心锥柄钻孔平衡区

表 9-14 空心锥柄钻孔平衡区位置

（单位：mm）

规格	32	40	50	63	80	100	125	160
d_{16}	6.8	8	11	14	16	16	18	20
l_{14}	—	—	—	—	—	—	15	19
t_2	2.8	2.5	2.7	2.7	3	5.2	8.8	10.5

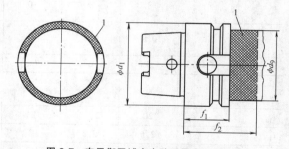

图 9-7 在平衡区域内去除重量来实现平衡
1—平衡区域

2. 第 2 部分：安装孔——尺寸

本部分规定了安装孔的尺寸，它与按 GB/T 19449.1—2004 生产的带有法兰接触面的空心圆锥柄相适应。

本部分包括两种安装孔型式：A 型用于自动换刀；C 型用于手动换刀，是通过锥柄上的一个孔来保证的。

力矩的传递是通过锥柄尾端的键以及摩擦来完成的。

对于自动换刀用带有法兰接触面的空心锥柄的安装孔，其尺寸见图 9-8 和表 9-15 的规定；对于手动换刀用带有法兰接触面的空心锥柄的安装孔，其附加尺寸见图 9-9 和表 9-16 的规定。

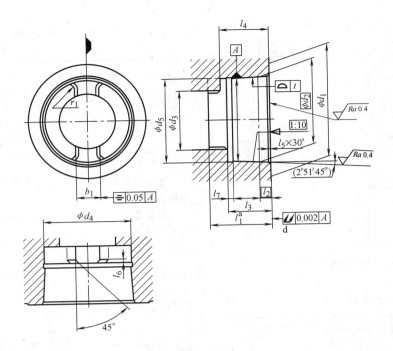

图 9-8　A 型空心锥柄安装孔

表 9-15　A 型空心锥柄安装孔尺寸系列　　　　　　　　（单位：mm）

规　格		32	40	50	63	80	100	125	160
b_1	±0.05	6.8	7.8	10.3	12.3	15.8	19.78	24.78	29.78
d_1	min	32	40	50	63	80	100	125	160
d_2		23.998	29.998	37.998	47.998	59.997	74.997	94.996	119.995
d_3		17	21	26	34	42	53	67	85
d_4	+0.1 / 0	23.28	29.06	36.85	46.53	58.1	72.6	92.05	116.1
d_5	+0.2 / 0	23.8	29.6	37.5	47.2	58.8	73.4	93	118
l_1	+0.2 / 0	16.5	20.5	25.5	33	41	51	64	81
l_2		3.2	4	5	6.3	8	10	12.5	16
l_3	+0.2 / 0	11.4	14.4	17.9	22.4	28.4	35.4	44.4	57.4
l_4	+0.2 / 0	13.4	16.9	20.9	26.4	32.4	40.4	51.4	64.4
l_5		0.8	0.8	1	1	1.5	1.5	2	2
l_6	+0.1 / 0	1	1	1.5	1.5	2	2	2.5	2.5
l_7	±0.1	2	2	2	2.5	3	3	4	4
r_1	0 / -0.05	1.5	2	2.5	3	4	5	6	8
t		0.0015	0.0015	0.002	0.002	0.0025	0.003	0.0035	0.0035

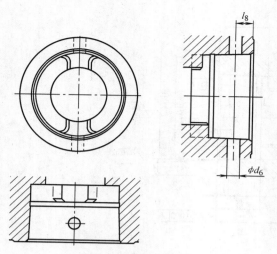

图 9-9 C 型空心锥柄安装孔

表 9-16 C 型的附加尺寸[①]

（单位：mm）

规格	32	40	50	63	80	100
$l_8 \pm 0.1$	5	6	7.5	9	12	15
d_6			孔的大小由制造厂确定			

[①] 所有其他尺寸见 A 型

本标准等效采用国际标准 ISO 296：1991《机床刀柄自锁圆锥》。

本标准规定的圆锥的型式和尺寸详见图 9-10 ~ 图 9-14 和表 9-17、表 9-18。

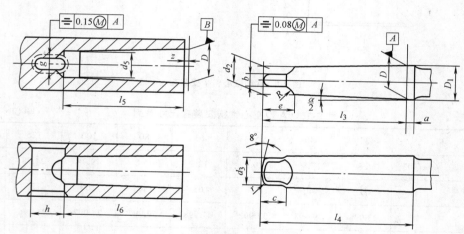

图 9-10 带扁尾的内圆锥和外圆锥

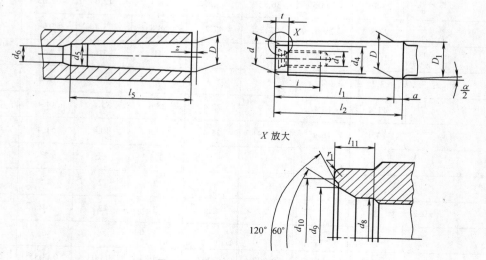

图 9-11 带螺纹孔的内圆锥和外圆锥

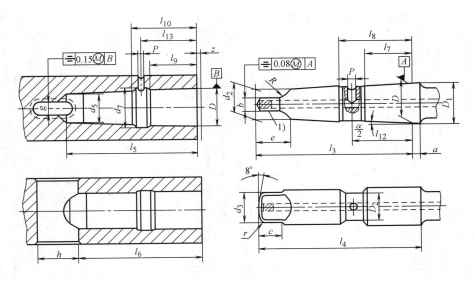

图 9-12　带扁尾、带切削液输入孔的内圆锥和外圆锥

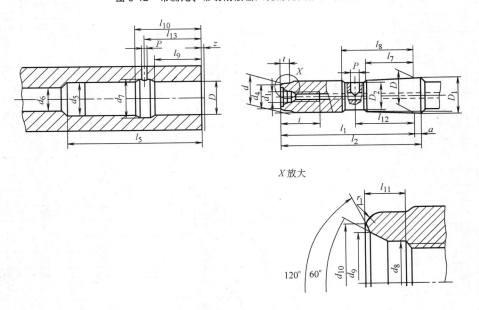

X 放大

图 9-13　带螺纹孔、带切削液输入孔的内圆锥和外圆锥

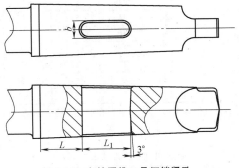

图 9-14　自锁圆锥工具柄锁紧孔

表 9-17 机床和工具柄用自夹圆锥尺寸系列 (GB/T 1443—2016) （单位：mm）

外圆锥：D ～ t 各行；内圆锥：d_5 ～ z 各行。

名称	米制圆锥		莫氏圆锥							米制圆锥				
	4	6	0	1	2	3	4	5	6	80	100	120	160	200
锥度	1:20=0.05	1:20=0.05	1:19.212 =0.05205	1:20.047 =0.04988	1:20.020 =0.04995	1:19.922 =0.05020	1:19.254 =0.05194	1:19.002 =0.05263	1:19.180 =0.05214	1:20=0.05				
D	4	6	9.045	12.065	17.780	23.825	31.267	44.399	63.348	80	100	120	160	200
a	2	3	3	3.5	5	5	6.5	6.5	8	8	10	12	16	20
$D_1 \approx$	4.1	6.2	9.2	12.2	18	24.1	31.6	44.7	63.8	80.4	100.5	120.6	160.8	201
D_2	—	—	—	15	21	28	40	56						
$d \approx$	2.9	4.4	6.4	9.4	14.6	19.8	25.9	37.6	53.9	70.2	88.4	106.6	143	179.4
d_1	—	—	—	M6	M10	M12	M16	M20	M24	M30	M36	M36	M48	M48
$d_2 \approx$	—	—	6.1	9	14	19.1	25.2	36.5	52.4	69	87	105	141	177
$d_3 \leq$	—	—	6	8.7	13.5	18.5	24.5	35.7	51	67	85	102	138	174
$d_4 \leq$	2.5	6	8	9①	14①	19	25	35.7	51	67	85	102	138	174
d_8	—	—	—	6.4	10.5	13	17	21	26	—	—	—	—	—
d_9	—	—	—	8	12.5	15	20	26	31	—	—	—	—	—
d_{10}	—	—	—	8.5	13.2	17	22	30	36	—	—	—	—	—
$l_1 \leq$	23	32	50	53.5	64	81	102.5	129.5	182	196	232	268	340	412
$l_2 \leq$	25	35	53	57	69	86	109	136	190	204	242	280	356	432
$l_3\ {}^{\,0}_{-1}$	—	—	56.5	62	75	94	117.5	149.5	210	220	260	300	380	460
$l_4 \leq$	—	—	59.5	65.5	80	99	124	156	218	228	270	312	396	480
$l_7\ {}^{\,0}_{-1}$	—	—	—	—	20	29	39	51	81	—	—	—	—	—
$l_8\ {}^{\,0}_{-1}$	—	—	—	—	34	43	55	69	99	—	—	—	—	—
l_{11}	—	—	—	4	5	5.5	8.2	10	11.5	—	—	—	—	—
l_{12}	—	—	—	—	27	36	47	60	90	—	—	—	—	—
P	—	—	—	—	4.2	5	6.8	8.5	10.2	—	—	—	—	—
b h13	—	—	3.9	5.2	6.3	7.9	11.9	15.9	19	26	32	38	50	62
c	—	—	6.5	8.5	10	13	16	19	27	24	28	32	40	48
$e \leq$	—	—	10.5	13.5	16	20	24	29	40	48	58	68	88	108
$i \leq$	—	—	—	16	24	24	32	40	47	59	70	70	92	92
$R \leq$	—	—	4	5	6	7	8	12	18	24	30	36	48	60
r	—	—	1	1.2	1.6	2	2.5	3	4	5	5	6	8	10
r_1	0.2				0.2①	0.6	1	2.5	4	5	5	6	8	10
$t \leq$	2	3	4	5①		7	9	10	16	24	30	36	48	60
d_5 H11	3	4.6	6.7	9.7	14.9	20.2	26.5	38.2	54.8	71.5	90	108.5	145.5	182.5
$d_6 \geq$	—	—	—	11.5	14	18	23	27		33	39	39	52	52
d_7	—	—	—	—	19.5	24.5	32	44	63	—	—	—	—	—
$l_5 \geq$	25	34	52	56	67	84	107	135	188	202	240	276	350	424
l_6	21	29	49	52	62	78	98	125	177	186	220	254	321	388
l_9	—	—	—	—	22	31	41	53	83	—	—	—	—	—
l_{10}	—	—	—	—	32	41	53	67	97	—	—	—	—	—
l_{13}	—	—	—	—	27	36	47	60	90	—	—	—	—	—
g A13	2.2	3.2	3.9	5.2	6.3	7.9	11.9	15.9	19	26	32	38	50	62
h	8	12	15	19	22	27	32	38	47	52	60	70	90	110
P	—	—	—	—	4.2	5	6.8	8.5	10.2	—	—	—	—	—
z	0.5	0.5	1	1	1	1	1	1	1	1.5	1.5	1.5	2	2

注：1. 给出的 D_1、d 或 d_2 为近似值，供参考（其实际值，在确定了锥度和公称尺寸 D 时，分别取决于 a 和 l_1 或 l_3 的实际值）。

2. c 值可以增加，但不超过 e 值。

3. 根据需要，图 9-10、图 9-11 中的外圆锥可做成不连续表面。

① 1号和2号含内螺纹的外圆锥小端可不做小圆柱（$d_4 \times t$），d 处倒角。

表 9-18　自锁圆锥工具柄锁紧孔尺寸

（单位：mm）

圆锥号		L	L_1	$b^{+0.3}$
莫氏	3	25	30	6.6
	4	25	35	8.2
	5	35	40	12.2
	6	45	40	16.2
	*6	25	40	16.2
米制	80	55	45	19.2
	100	65	52	26.3
	120	75	60	32.3
	140	85	68	38.3
	160	95	76	43

注：*6 号尺寸为 VR10 摇臂钻用。

9.2.4　其他锥度接口

（1）机床和工具柄用自夹圆锥 GB/T 1443—2016 规定了 4、6、80、100、120、160、200 号米制圆锥和 0、1、2、3、4、5、6 号莫氏圆锥的尺寸和公差。

（2）莫氏圆锥的强制传动型式及尺寸（GB 4133—1984）　本标准适于强制传动的莫氏内圆锥、莫氏外圆锥。

本标准等效采用 ISO 5413：1993《机床—莫氏锥度强制传动型式及尺寸》，详见图 9-15 及表 9-19。

（3）钻夹头圆锥（GB/T 6090—2003）　本标准适用于钻夹头及其配套的主机主轴端和过渡轴用短圆锥。

1）莫氏短圆锥的型式和尺寸详见图 9-16 和表 9-20。

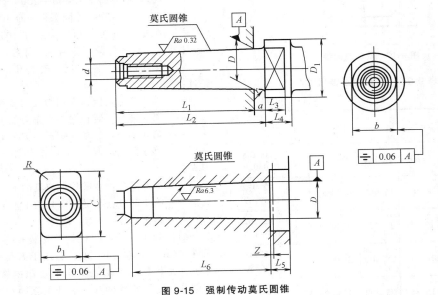

图 9-15　强制传动莫氏圆锥

表 9-19　强制传动莫氏圆锥尺寸（GB 4133—1984）

（单位：mm）

莫氏圆锥号	D	外 圆 锥									内 圆 锥					
		D_1	L_4 (min)	b (d11)	L_3	a	L_1 (max)	L_2 (max)	d	r	C (min)	b_1 (H11)	L_6	L_5 (min)	R	$Z^{①}$
3	23.825	36	18	24	12	5	81	86	M12	1.6	40	24	12	84	6	1
4	31.267	43	23	32	15	6.5	102.5	109	M16	1.6	50	32	15	107	8	1.5
5	44.399	60	28	45	18	6.5	129.5	136	M20	2.0	65	45	18	135	10	1.5
6	63.348	85	39	65	25	8	182	190	M24	3.0	90	65	25	188	12	2

① 锥面名义尺寸 D 的位置的轴向最大允许偏差，只许向外。

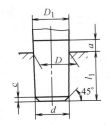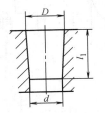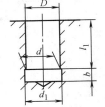

图 9-16　莫氏短圆锥

表 9-20　莫氏短圆锥尺寸 　　　　　　　　　（单位：mm）

圆锥规格	D	D_1[1]	d[1]	d_1	l_1	a(max)	b	c	锥角 α	锥度 C
B10	10.094	10.3	9.4	9.8	14.5	3.5	3.5	1	2°51′26.7″	1:20.47 = 0.04988
B12	12.065	12.2	11.1	11.5	18.5					
B16	15.733	16.0	14.5	15.0	24.0	5.0	4.0	1.5	2°51′41.0″	1:20.20 = 0.04995
B18	17.780	18.0	16.2	16.8	32.0					
B22	21.793	22.0	19.8	20.5	40.5	5.0	4.5	2.0	2°52′31.5″	1:19.9221 = 0.05020
B24	23.825	24.1	21.3	22.0	50.5					

① D_1 和 d 为给定的供参考的计算值。

2）贾氏短圆锥的型式和尺寸详见图 9-17 和表 9-21。

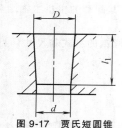

图 9-17　贾氏短圆锥

表 9-21　贾氏短圆锥尺寸

（单位：mm）

圆锥规格	D	$d \approx$	l_1	锥角 α	锥度 C
0	6.350	5.802	11.112	2°49′24.7″	1:20.288 = 0.04929
1	9.754	8.469	16.669	4°24′53.1″	1:12.972 = 0.07709
2	14.199	12.386	22.225	4°40′11.6″	1:12.262 = 0.08155
33	15.850	14.237	25.400	3°38′13.4″	1:15.748 = 0.06350
6	17.170	15.852	25.400	2°58′24.8″	1:19.264 = 0.05191
3	20.599	18.951	30.956	3°3′1.0″	1:18.779 = 0.05325

9.2.5　车削类数控机床与工具系统的接口及其标准

1. 用于数控车床的德国标准 DIN 69880 工具系统的接口

详见表 9-22。

2. 中国标准 GB/T 19448—2004《圆柱柄刀夹》

GB/T 19448—2004 等同采用 ISO 10889-1：2004《圆柱柄刀夹》（英文版）。GB/T 19448—2004 在《圆柱柄刀夹》的标题下分为八个部分：

——第 1 部分：圆柱柄、安装孔——供货技术条件；

——第 2 部分：制造专用刀夹的 A 型半成品；

——第 3 部分：装径向矩形车刀的 B 型刀夹；

——第 4 部分：装轴向矩形车刀的 C 型刀夹；

——第 5 部分：装一个以上矩形车刀的 D 型刀夹；

——第 6 部分：装圆柱柄刀具的 E 型刀夹；

——第 7 部分：装锥柄刀具的 F 型刀夹；

——第 8 部分：Z 型，附件。

（1）第 1 部分：圆柱柄、安装孔——供货技术条件　GB/T 19448.1—2004 适用于刀具不转动的机床上，尤其是车削加工机床上使用的圆柱柄刀夹。本部分规定了圆柱柄和安装孔的互换尺寸以及与识别片有关的尺寸。

1）圆柱柄　圆柱柄的尺寸见图 9-18 和表 9-23。

2）安装孔　安装孔的尺寸见图 9-19 和表 9-24。

表 9-22　德国标准 DIN 69880 工具系统接口尺寸系列 　　　　　　　　　（单位：mm）

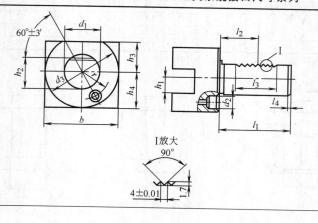

（续）

h_1	b	d_1 (h6)	d_2 (H8)	d_3	h_2 ±0.05	h_3 (min)	h_4	r ±0.02	l_1 (max)	l_2 -0.25 -0.35	l_3 (max)	l_4 (max)
12	50	20	10	48	18	18	25	18	40	22	32	2
16	70	30	14	68	27	28	35	25	55	30	48	2
20	85	40	14	83	36	32.5	42.5	32	63	30	48	3
25	100	50	16	98	45	35	50	37	78	36	56	3
32	125	60	16	123	55	42.5	62.5	48	94	44	56	4
40	160	80	20	158	72	55	80	65	124	60	80	4

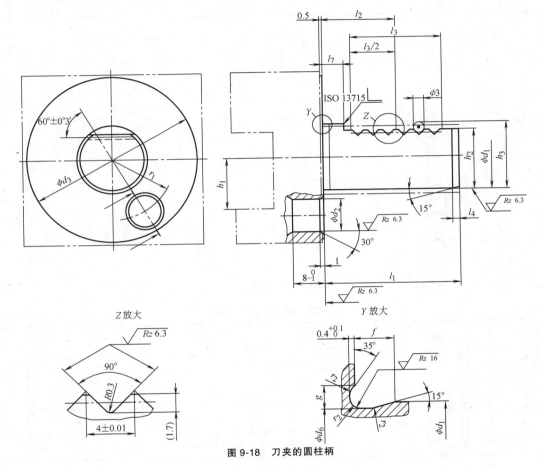

图 9-18　刀夹的圆柱柄

表 9-23　圆柱柄尺寸系列　　　　　　（单位：mm）

d_1 h6	l_1 ±0.3	d_2 公称尺寸	d_2 公差	d_3	d_6 0 -0.1	f	g	h_1 最大	h_2 ±0.1	h_3 ±0.1	l_2 ±0.05
16	32	8		40	15.4	2	1.7	12	15	16.92	12.7
20	40	10	H6	50	19.1	2.4	2	16	18	19.92	21.7
25	48	10		58	24.1	2.4	2	16	23.5	25.42	21.7
30	55	14		68	29.1	2.4	2	20	27	28.92	29.7
40	63	14		83	38.7	3.7	2.8	25	36	37.92	29.7
50	78	16	H8	98	48.7	3.7	2.8	32	45	46.92	35.7
60	94	16		123	58.7	4.3	3.7	32	55	56.92	43.7
80	124	20		158	78.7	4.3	3.7	40	72	73.92	49.7

（续）

d_1 h6	l_3 最小	l_4 $+1\atop 0$	l_7	r_1 ±0.02	r_2	O形圈
16	16	2	3.5	14.5	0.6	15×1.5
20	24	2	7	18	0.8	18.77×1.78
25	24	2	7	21	0.8	23.52×1.78
30	40	2	7	25	0.8	28.3×1.78
40	40	3	7	32	1.2	37.77×2.62
50	48	3	8	37	1.2	47.29×2.62
60	56	4	10	48	1.6	56.74×3.53
80	80	4	10	65	1.6	75.79×3.53

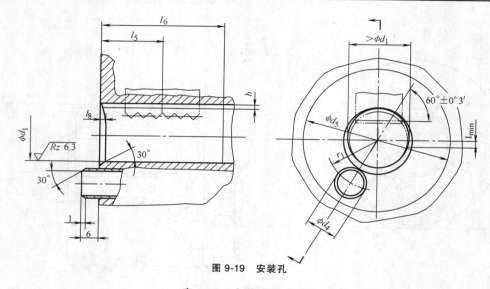

图 9-19 安装孔

表 9-24 安装孔尺寸系列

（单位：mm）

d_1 H6	d_4		d_5 最小	l_5 ±0.05	l_6	l_8	r_1 ±0.02
	公称尺寸	公差					
16	8		42	13	32	2.1	14.5
20	10	f6	52	22	40	2.5	18
25	10		60	22	48	2.5	21
30	13.95		70	30	55	2.5	25
40	13.95		85	30	63	4	32
50	15.9	±0.02	100	36	78	4	37
60	15.9		125	44	94	6	48
80	19.9		160	50	124	6	65

3）带识别片的刀夹 与识别片有关的尺寸见图 9-20 和表 9-25、表 9-26。

表 9-25 识别片的配合尺寸

（单位：mm）

b 最大	$C0.3$ 或 $R0.3$[①]
d	$10^{+0.09}_{0}$
t	$4.6^{+0.2}_{0}$

① 制造商决定。

（2）第 2 部分：制造专用刀夹的 A 型半成品 本部分规定了柄部按照 GB/T 19448.1—2004 要

表 9-26 识别片的配合位置尺寸

（单位：mm）

d_1	20	25	30	40	50	60	80
r_3 ±0.1	18	21	25	32	37	48	65

求制造专用刀夹的 A 型半成品的尺寸，详见图 9-21、图 9-22 和表 9-27。

（3）第 3 部分：装径向矩形车刀的 B 型刀夹 本部分规定了柄部按 GB/T 19448.1—2004 要求装径向矩形车刀的 B1~B8 型圆柱柄刀夹的尺寸系列，详见图 9-23~图 9-30 和表 9-28。

（4）第 4 部分：装轴向矩形车刀的 C 型刀夹

本部分规定了柄部按 GB/T 19448.1—2004 要求装轴向矩形车刀的 C1～C4 型圆柱柄刀夹的尺寸，详见图 9-31～图 9-34 和表 9-29。

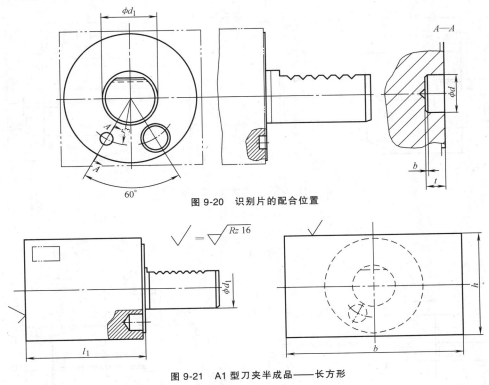

图 9-20　识别片的配合位置

图 9-21　A1 型刀夹半成品——长方形

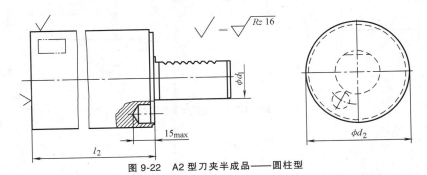

图 9-22　A2 型刀夹半成品——圆柱型

表 9-27　制造专用刀夹的 A 型半成品的尺寸系列　　　　（单位：mm）

d_1	l_1	l_2	d_2	b	h
16	44	60	40	78	44
20	65	70	50	100	60
25	75	80	58	100	60
		200			
30	85	100	58	130	76
		240			
40	100	120	83	151	96
		320			
50	125	135	98	160	120
		400			
60	160	150	123	165	125
		480			
80	200	500	158	220	160

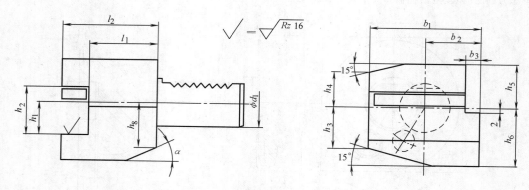

图 9-23　B1 型，短型横向右刀夹

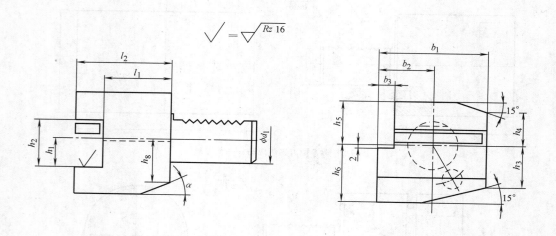

图 9-24　B2 型，短型横向左刀夹

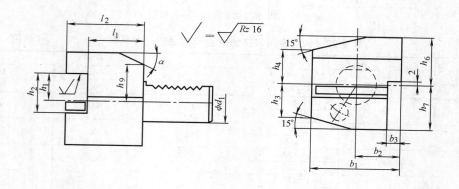

图 9-25　B3 型，短型横向反切右刀夹

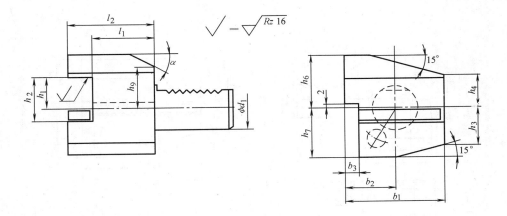

图 9-26　B4 型，短型横向反切左刀夹

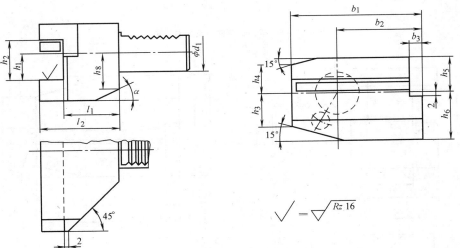

图 9-27　B5 型，长型横向右刀夹

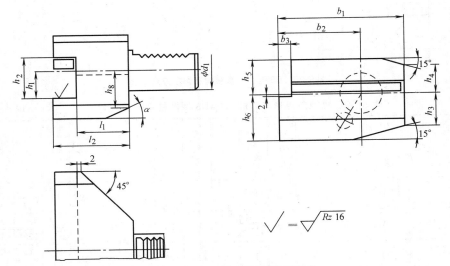

图 9-28　B6 型，长型横向左刀夹

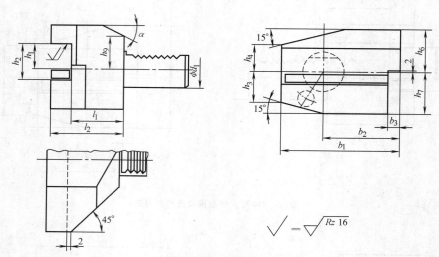

$$\sqrt{} = \sqrt{Rz\ 16}$$

图 9-29　B7 型，长型横向反切右刀夹

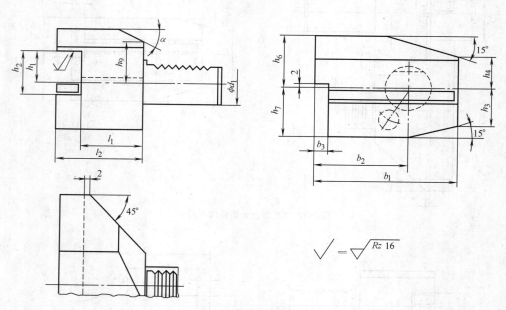

$$\sqrt{} = \sqrt{Rz\ 16}$$

图 9-30　B8 型，长型横向反切左刀夹

表 9-28　装径向矩形车刀的 B1~B8 型圆柱柄刀夹尺寸　　　　（单位：mm）

d_1	b_1 B 型		b_2 B 型		b_3	h_1 0 -0.1	h_2 最大	h_3	h_4	h_5	h_6	h_7	h_8	h_9	l_1 $+0.5$ 0	l_2	α
	1至4	5至8	1至4	5至8													
16	42	58	23	39	5	12	17	15	15	16	22	20	19	19	13	24	30
															23	34	
20	55	75	30	50	7	16	22	19	19	25	30	25	23	23	16	30	30
															26	40	
25	55	75	30	50	7	16	22	22.5	22.5	25	30	25	25	25	16	30	30
															26	40	

（续）

d_1	b_1 B 型		b_2 B 型		b_3	h_1 0 −0.1	h_2 最大	h_3	h_4	h_5	h_6	h_7	h_8	h_9	l_1 +0.5 0	l_2	α
	1 至 4	5 至 8	1 至 4	5 至 8													
30	70	100	35	65	10	20	29	26	22	28	38	35	30	28	22 / 42	40 / 60	25
40	85	118	42.5	75.5	12.5	25	34	35	30	32.5	48	42.5	—	—	22	44	—
50	100	130	50	80	16	32	41	42	35	35	60	50	—	—	30	50	—
60	125	145	62.5	82.5	16	32	41	46	42.5	42.5	62.5	62.5	—	—	30	60	—
80	160	190	80	110	20	40	53	60	55	55	80	80	—	—	40	75	—

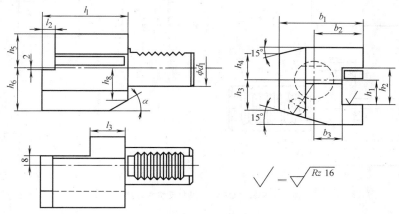

图 9-31　C1 型，纵向右刀夹

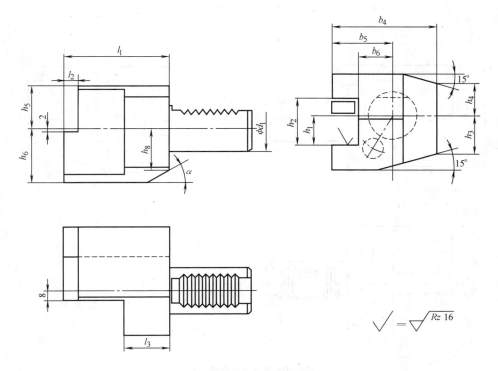

图 9-32　C2 型，纵向左刀夹

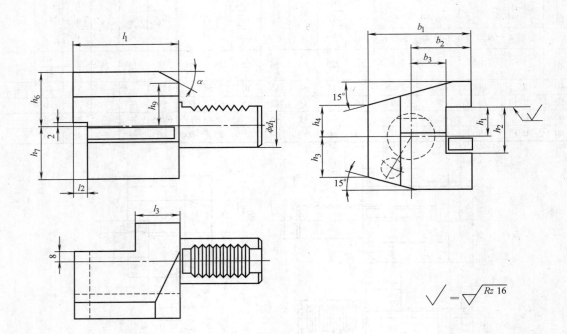

图 9-33　C3 型，纵向反切右刀夹

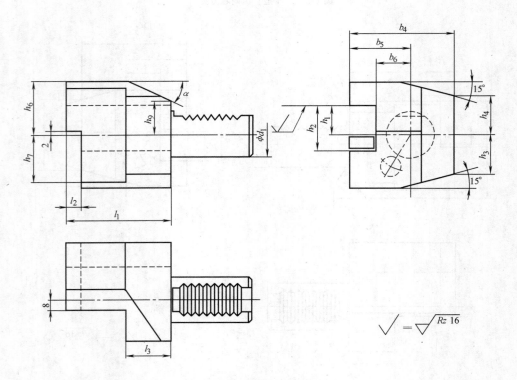

图 9-34　C4 型，纵向反切左刀夹

表 9-29　装轴向矩形车刀的 C1～C4 型圆柱柄刀夹尺寸　　　　　（单位：mm）

d_1	b_1	b_2	b_3 +0.30 0	b_4	b_5	b_6 +0.30 0	h_1 0 -0.1	h_2 最大	h_3	h_4	h_5	h_6	h_7	h_8	h_9	l_1	l_2	l_3	α
	C1 和 C3 型			C2 和 C4 型															
16	43	24	13	43	24	13	12	17	15	15	20	22	20	19	19	44	5	20	30
20	52	27	13	—	—	—	16	22	19	19	25	30	25	23	23	55	7	30	30
	65	40	26	65	40	26										50	—		
25	58	33	19	58	33	29	16	22	22.5	22.5	25	30	25	25	25	55	7	20	30
30	70	35	17	76	41	23	20	29	26	22	28	38	35	30	28	70	10	30	25
40	85	42.5	21	90	47.5	25.5	25	34	35	30	32.5	48	42.5	—	—	85	12.5	30	—
50	100	50	26	105	55	30.5	32	41	42	35	35	60	50	—	—	100	16	40	—
60	125	62.5	33	125	62.5	33	32	41	46	42.5	42.5	62.5	62.5	—	—	125	16	40	—
80	160	80	42	160	78	42	40	53	60	55	55	80	80	—	—	160	20	40	—

（5）第 5 部分：装一个以上矩形车刀的 D 型刀夹　本部分规定了柄部按 GB/T 19448.1—2004 要求装一个以上矩形车刀的 D1 和 D2 型刀夹的尺寸，详见图 9-35、图 9-36 和表 9-30。

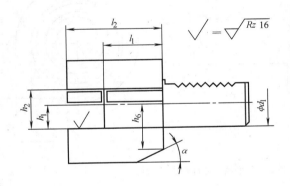
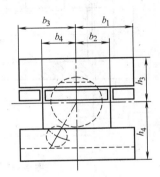

图 9-35　D1 型刀夹

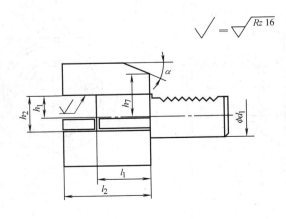
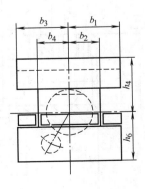

图 9-36　D2 型刀夹

表 9-30　装一个以上矩形车刀的 D1 和 D2 型刀夹尺寸　　（单位：mm）

d_1	h_1 0 -0.1	b_1	b_2 +0.3 0	b_3	b_4 +0.3 0	h_2 最大	h_3	h_4	h_5	h_6	h_7	l_1 +0.5 0	l_2	α
25	16	33	19	33	19	22	25	30	25	25	25	34	48	30
30	20	35	17	41	23	29	28	38	35	30	28	42	60	25
40	25	42.5	21	47.5	25.5	34	32.5	48	42.5	—	—	50	72	—
50	32	50	26	55	30.5	41	35	60	50	—	—	60	85	—
60	32	57.5	33	57.5	33	41	42.5	62.5	62.5	—	—	85	110	—
80	40	76	42	76	42	53	55	80	80	—	—	105	140	—

（6）第 6 部分：装圆柱柄刀具的 E 型刀夹　本部分规定了柄部按 GB/T 19448.1—2004 要求装圆柱柄刀具的 E1～E4 型刀夹的尺寸，详见图 9-37～图 9-40 和表 9-31～表 9-34。

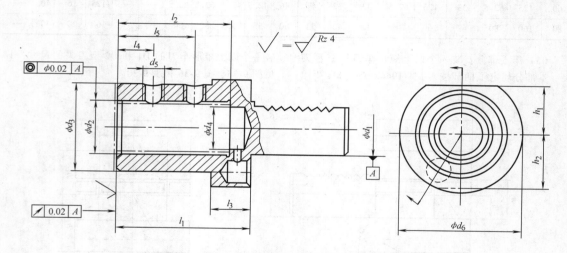

图 9-37　带内冷却供给装置的钻削刀具用 E1 型刀夹

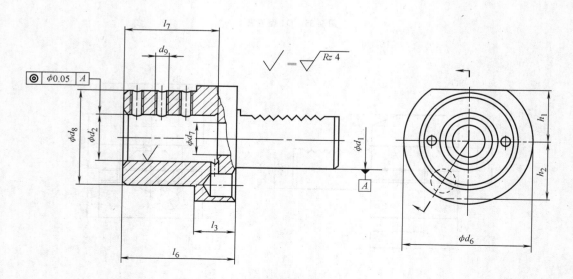

图 9-38　带圆柱柄车削刀具用 E2 型刀夹

表 9-31　E1 型刀夹尺寸系列　　　　　　　　（单位：mm）

d_1	d_2 H6	d_3	$d_4$①	d_5	d_6	h_1	h_2	l_1 0 -0.2	l_2	l_3	l_4	l_5
20	20	40	12	M10×1	50	—	23	67	54	18	15	35
	25	45	17	M12×1				71	59		17	40
25	20	40	12	M10×1	58	25	25	67	54	18	15	35
	25	45	17	M12×1				71	59		17	40
30	20	40	12	M10×1	68	28	30	67	54	22	15	35
	25	45	17	M12×1				71	59		17	40
	32	52	24					75	63		17	44
40	20	40	12	M10×1	83	32.5	—	67	54	22	15	35
	25	45	17	M12×1				75	59		17	40
	32	52	24					75	63		17	44
	40	65	32	M16×1				90	73		22	50
50	20	40	12	M10×1	98	35	—	67	54	30	15	35
	25	45	17	M12×1				80	59		17	40
	32	52	24					80	63		17	44
	40	65	32	M16×1				90	73		22	50
	50	75	42					100	83		24	60
60	20	40	12	M10×1	123	42.5	—	80	54	30	15	35
	25	45	17	M12×1				80	59		17	40
	32	52	24					80	63		17	44
	40	65	32	M16×1				90	73		22	50
	50	75	42					100	83		24	60
80	20	40	12	M10×1	158	55	—	80	54	30	15	35
	25	45	17	M12×1				80	59		17	40
	32	52	24					80	63		17	44
	40	65	32	M16×1				90	73		22	50
	50	75	42					100	83		24	60

① d_4 应符合导向钻尺寸要求。

表 9-32　E2 型刀夹尺寸系列　　　　　　　　（单位：mm）

d_1	d_2 H7	d_6	d_7 最小	d_8	$d_9$①	h_1	h_2	l_3	l_6	l_7
16	6	40	6.7	32	M6	18	18	13	44	34
	8									
	10									
	12			40	M8					
	16									

（续）

d_1	d_2 H7	d_6	d_7 最小	d_8	$d_9$①	h_1	h_2	l_3	l_6	l_7
20	8	50	9	40	M6	—	23	18	50	41
	10									
	12				M8					
	16									
	20									
	25			50					60	51
25	8	58	10.5	40	M6	25	25	18	50	41
	10									
	12				M8					
	16									
	20			58						
	25								60	51
30	8	68	16.5	55	M6	28	30	22	60	51
	10									
	12									
	16				M8					
	20									
	25									
	32			68					75	61
40	12	83	20.5	55	M8	32.5	—	22	75	61
	16									
	20				M10					
	25									
	32			83						
	40								90	76
50	16	98	25.5	68	M10	35	—	30	90	76
	20									
	25				M12					
	32									
	40			98						
	50								100	86
60	16	123	40.5	68	M10	42.5	—	30	90	76
	20									
	25				M12					
	32									
	40			98					100	86
	50									
80	20	158	40.5	68	M12	55	—	30	100	86
	25									
	32									
	40			98						
	50									

① 尺寸 d_1=20mm 时至少要 2 个紧固螺钉，其他尺寸至少要 3 个紧固螺钉。

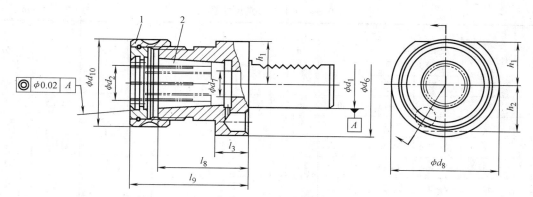

图 9-39　夹簧按 ISO 10897：1996 装圆柱柄刀具的 E3 型刀夹

1—按 ISO 10897 的 D 型螺母　2—按 ISO 10897 的 C 型螺母

表 9-33　E3 型刀夹尺寸系列　　　　　（单位：mm）

d_1	夹簧和螺母的公称尺寸	d_2 按 ISO 10897 的夹簧夹紧范围 A 型	B 型	d_6	d_7 最小	d_{10} 最大	h_1	h_2	l_3	l_8	l_9 最大
16	12	1～12	—	40	6.7	35	18	18	13	36	45.5
20	16	2～16	5～16	50	9	43	—	23	18	42	57
	20	2～20	6～20			50				46	62
25	16	2～16	5～16	58	10.5	43	25	25	18	42	57
	20	2～20	6～20			50				46	62
30	16	2～16	5～16	68	16.5	43	28	30	22	42	57
	25	2～25	6～25			60				59	75
40	25	2～25	6～25	83	20.5	60	32.5	—	22	59	75
	32	4～32	10～32			72				73	90
50	25	2～25	6～25	98	25.5	60	35	—	30	59	75
	32	4～32	10～32			72				73	90
60	25	2～25	6～25	123	40.5	60	42.5	—	30	59	75
	32	4～32	10～32			72				73	90
	40	6～29.5	30～40			85				82	100
80	40	6～29.5	30～40	158	40.5	82	55	—	40	82	100

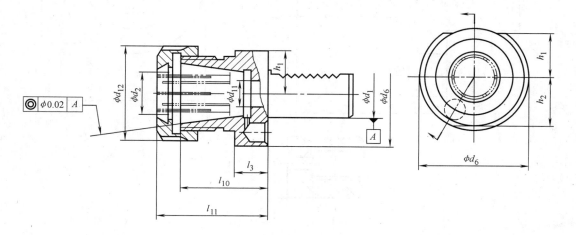

图 9-40　夹簧按 ISO 15488：2003 装圆柱柄刀具的 E4 型刀夹

表 9-34　E4 型刀夹尺寸系列　　　　　　　　　　　　（单位：mm）

d_1	夹簧和螺母的公称尺寸	d_2 按 ISO 15488 的夹簧夹紧范围 A 型	B 型	d_6	d_{11} 最小	d_{12} 最大	h_1	h_2	l_3	l_{10}	l_{11} 最大
16	20	1~13	1~13	40	6.7	35	18	18	13	32.5	44
20	25	1~16	2~16	50	9	42	—	23	18	38	50
	32	2~20	3~20			50				49.5	62
25	25	1~16	2~16	58	10.5	42	25	25	18	45	57
	32	2~20	3~20			50				49.5	62
30	25	1~16	2~16	68	16.5	42	28	30	22	45	57
	40	3~26	4~26			63				56	70
40	32	2~20	3~20	83	20.5	50	32.5	—	22	49.5	62
	40	3~26	4~26			63				61	75
50	40	3~26	4~26	98	25.5	63	35		30	61	75
60	40	3~26	4~26	123	28.5	63	42.5		30	61	75
80	40	3~26	4~26	158	28.5	63	55		40	61	75

（7）第 7 部分：装锥柄刀具的 F 型刀夹　本部分规定了柄部按 GB/T 19448.1—2004 要求装锥柄刀具的 F 型刀夹的尺寸，详见图 9-41 和表 9-35。

（8）第 8 部分：Z 型，附件　本部分规定了圆柱柄刀夹按 GB/T 19448.2—2004 到 GB/T 19448.7—2004 要求装 Z 型附件的尺寸，详见图 9-42~图 9-44 和表 9-36~表 9-38。

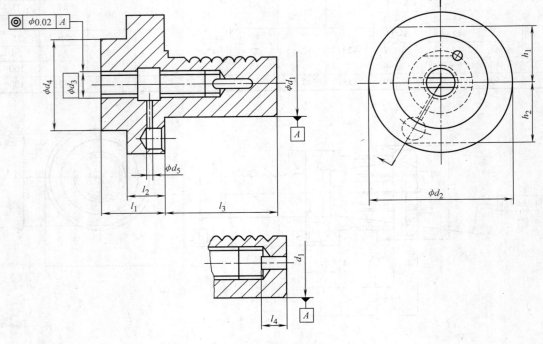

图 9-41　装扁尾锥柄的 F 型刀夹

表 9-35　装扁尾锥柄的 F 型刀夹尺寸系列　　　　（单位：mm）

d_1	莫氏内圆锥 BIK 型 No.	d_2	d_3	d_4	d_5	h_1	h_2	l_1	l_2	l_3	l_4
20	1	50	12.065	—	—	—	23	23	—	40	7①
25	1	58	12.065	—	—	25	25	23	—	48	—
	2		17.780	—	5			27			—
30	1	68	12.068	—	—	28	30	27	—	55	—
	2		17.780	—	5						14①
40	2	83	17.780	55	5	32.5	—	36	22	63	14①
	3		23.825	58	6						
	4		31.267	68	7			80			
50	2	98	17.780	55	5	35	—	36	30	78	—
	3		23.825	58	6						
	4		31.267	68	7			80			18①
60	3	123	23.825	58	6	42.5	—	36	30	94	—
	4		31.267	68	7			50			
	5		44.399	98	7			63			32①
80	4	158	31.267	68	7	55	—	50	40	104	—
	5		44.399	98	7						—

① 这些凹模尺寸表明，带扁尾的锥柄已到达圆柱柄的端部。设计位置由制造商决定。

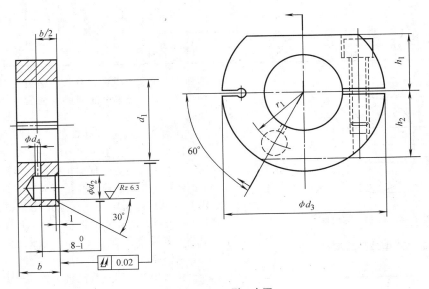

图 9-42　Z1 型，卡环

表 9-36　Z1 型卡环尺寸系列　　　　（单位：mm）

d_1 H7	b	d_2 H8	d_3	d_4 最小	h_1	h_2	r_1 ±0.02	d_1 H7	b	d_2 H8	d_3	d_4 最小	h_1	h_2	r_1 ±0.02
20	16	10	50	3	23	23	18	50	30	16	98	7	35	—	37
25	16	10	58	3	25	25	21	60	30	16	123	7	42.5	—	48
30	22	14	68	5	28	30	25	80	40	20	158	7	55	—	65
40	22	14	83	6	32.5	—	32	—	—	—	—	—	—	—	—

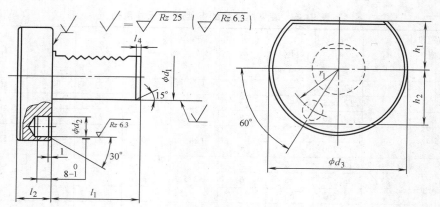

图 9-43 Z2 型，安装孔堵塞

表 9-37 Z2 型安装孔堵塞尺寸系列

（单位：mm）

d_1 h8	d_2 +0.1 0	d_3	h_1	h_2	l_1 0 -1	l_2	l_4 +1 0	r_1 ±0.1
16	8.3	40	18	18	32	13	2	14.5
20	10.3	50	23	23	40		2	18
25	10.3	58	25	25	48	16	2	21
30	14.3	68	28	30	55		2	25
40	14.3	83	32.5	—	63		3	32
50	16.3	98	35	—	78	20	3	37
60	16.3	123	42.5	—	94		4	48
80	20.3	158	55	—	124		4	65

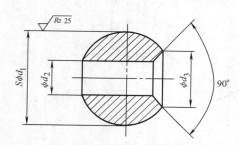

图 9-44 Z3 型，球型喷嘴

表 9-38 Z3 型球型喷嘴尺寸系列

（单位：mm）

d_1 0 -0.1	d_2	d_3
8	3.5	5.5
10	5	7
12	5	8
14	6	9

9.3 模块式工具系统接口及公称尺寸系列

9.3.1 概述

随着数控机床的普及使用，工具的需要量迅速增加。为了便于生产和管理，缩短生产周期，减少用户工具的储备量，工具系统的发展明显地趋向模块化。

1979 年，瑞典 Sandvik 公司开发出第一种镗铣类模块式工具系统，这种称为 Varilock 的工具系统采用了双圆柱面定心、轴向用螺栓拉紧的模块连接结构。随后，其他公司也开始研究和开发不同的模块式工具系统。迄今为止，应用比较普遍的有德国 Walter 公司的 Novex 工具系统，德国 Komet 公司的 ABS 工具系统，德国 Krupp、Widia 公司的 Widaflex 工具系统等。

我国在引进国外数控机床的同时，也引进了一定数量的模块式工具系统的产品。在引进的各种工具系统的产品中，ABS 工具系统和 Novex 工具系统数量最多，"七五"期间，我国机床工具行业已经把 ABS 工具系统和 Novex 工具系统列为专项研制开发。现在，这两种镗铣类模块式工具系统已经基本上实现了国产化，可以满足目前国内用户对这些工具系统的配套和补充。同时，工具行业对镗铣类模块式工具系统还制定了若干行业标准，使得模块式工具系统的开发工作能够在规范、有序的条件下进行。

9.3.2　模块式工具系统接口型号和结构简介

1. 模块式工具系统接口型号的含义

镗铣类模块式工具系统接口的型号名称用汉语拼音词组的字头命名，统称为 TMG。为了区别各种不同的接口结构，需要在 TMG 之后加上两位数字，以表明其结构特点。这两位数字的含义规定如下：

1）十位数字表示模块连接接口的定心方式，详见表 9-39。

表 9-39　TMG 模块式工具系统接口的定心方式代号

十位数字代号	模块连接的定心方式	十位数字代号	模块连接的定心方式
1	短圆锥定心	4	端齿啮合定心
2	单圆柱面定心	5	双圆柱面定心
3	双键定心		

2）个位数字表示模块连接接口的锁紧方式，详见表 9-40。

表 9-40　TMG 模块式工具系统接口的锁紧方式代号

个位数字代号	模块连接的锁紧方式
0	中心螺钉拉紧
1	径向销钉锁紧
2	径向楔块锁紧
3	径向双头螺栓锁紧
4	径向单侧螺钉锁紧
5	径向两螺钉垂直方向锁紧
6	螺纹连接锁紧

2. 模块式工具系统接口结构

模块式工具系统接口结构详见表 9-41。

表 9-41　模块式工具系统接口的结构简图

工具系统名称	模块连接简图	定心及锁紧方式	国外同类产品
TMG10	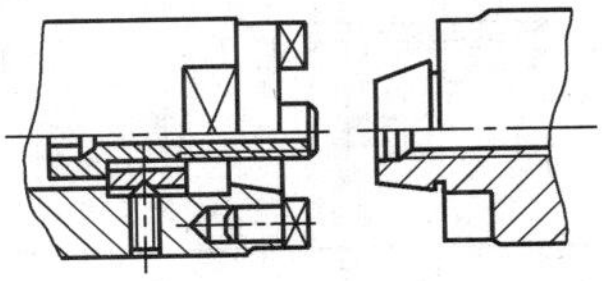	短圆锥定心 中心螺钉拉紧	NOVEX
TMG13	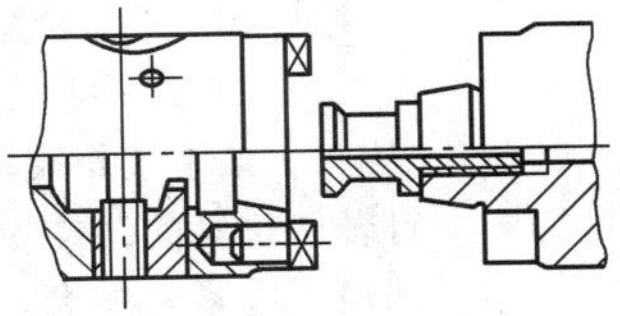	短圆锥定心 径向双头螺栓锁紧	NOVEX-Radial
TMG14	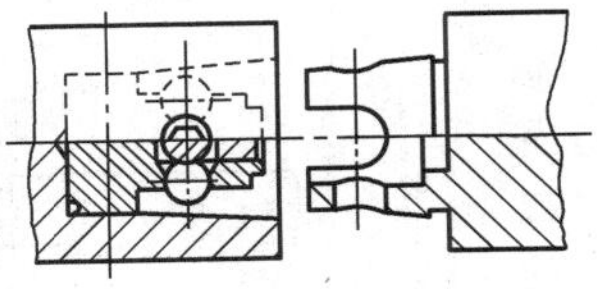	短圆锥定心 径向单侧螺钉锁紧	Widaflex
TMG21	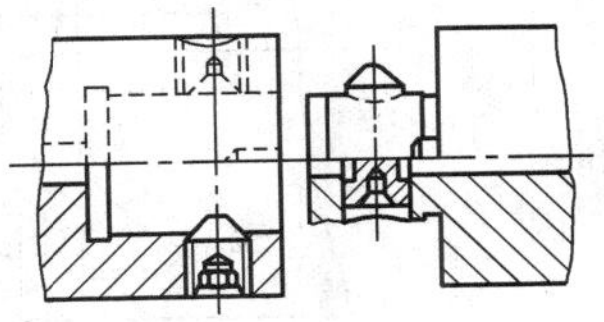	单圆柱面定心 径向销钉锁紧	ABS
TMG22	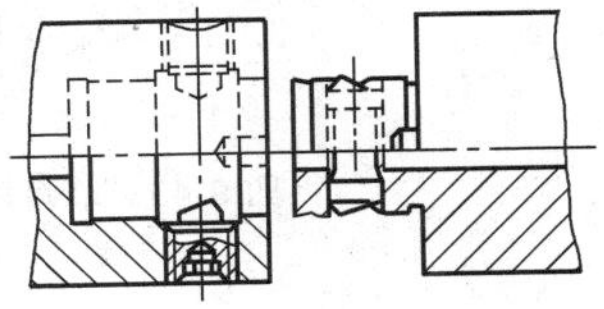	单圆柱面定心 径向楔块锁紧	MC

（续）

工具系统名称	模块连接简图	定心及锁紧方式	国外同类产品
TMG26		单圆柱面定心 螺纹连接锁紧	CO Rotaflex
TMG50		双圆柱面定心 中心螺钉拉紧	Varilock
TMG53		双圆柱面定心 径向双头螺栓锁紧	Varilock

9.3.3 TMG21 和 TMG10 模块式接口的特点

1. TMG21 模块式工具系统接口的特点

这种模块式工具系统的模块连接结构见图9-45。由图可知该结构具有以下特点：

1）模块之间为径向锁紧，使得工具组装时拆卸非常方便。可以直接更换刀具或工作模块，避免卸下整套工具，在重型镗铣床上用较大的刀具加工时，其优越性十分明显。

2）夹紧力大。由于紧固螺钉与滑销不在同一轴线上，模块连接的轴向力是靠滑销两端的锥面与固定螺钉、紧固螺钉相应的锥面相互作用而产生的，因此，模块的连接力大约为紧固螺钉径向锁紧力的两倍。

3）刚性好。在使用主轴法兰时，刚性能得到进一步加强。

4）模块的连接精度取决于圆柱配合的间隙和结合端面的轴向圆跳动。这两项的制造公差极小，因此制造难度较大。

5）由于在配合圆柱的前端设计了直径略小的鼓形导入部分，所以配合间隙虽小，但组装时插入还比较方便。

这种工具系统模块连接部分（即接口）的结构尺寸随模块外径尺寸 d 的不同而不同，其对应关系见表9-42和表9-43。

2. TMG10 模块式工具系统接口的特点

这种模块式工具系统接口的连接结构见图9-46。由图可知该结构具有以下特点：

1）该系统是模块之间靠短圆锥定心，用中心螺钉轴向拉紧的结构。要求拉紧后除锥面相互接触外，端面还应紧密贴合。因此，这种模块连接具有定心精度高、连接刚度高的优点。

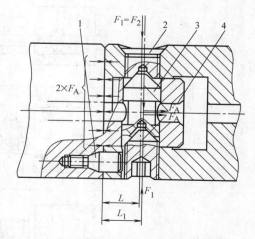

图 9-45 单圆柱面定心、径向销钉锁紧结构
1—定位销 2—固定螺钉
3—锥端滑销 4—紧固螺钉

表 9-42　凹端接口尺寸系列　　　　　　　　　　（单位：mm）

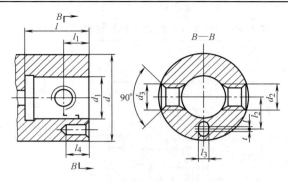

d(g8)	d_1		d_2(5H)	d_3	l	l_1 (± 0.05)	l_2 (js11)	l_3 (H12)	l_4 (min)	t(max) (参考)
	公称尺寸	极限偏差								
25	13		M6×0.75	8.3	24	8.3	9.5	3.3	4	0.15
32	16	+0.005 +0.002	M8×1	10.4	27	10.3	12.0	5	7	0.20
40	20		M10×1.25	13.4	31	11.3	15.0	6	8	0.25
50	28	+0.006 +0.003	M12×1.5	16.5	36	13.3	19.5	7	9	0.25
63	34		M16×2	20.5	43	17.40	24.3	10	12	0.25
80	46	+0.007 +0.003	M20×2.5	26	48	20.40	31.0	12	12	0.25
100	56	+0.008 +0.003	M24×3	31	60	24.40	39.0	16	18	0.25
125	70	+0.009 +0.004	M30×3.5	40	76	30.5	48.5	20	25	0.30

表 9-43　凸端接口尺寸系列　　　　　　　　　　（单位：mm）

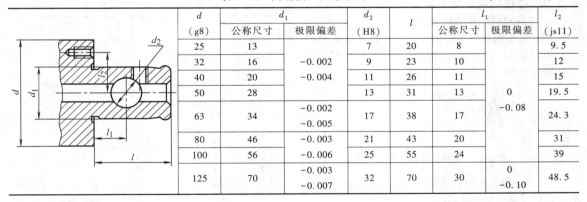

d (g8)	d_1		d_2 (H8)	l	l_1		l_2 (js11)
	公称尺寸	极限偏差			公称尺寸	极限偏差	
25	13		7	20	8		9.5
32	16	-0.002 -0.004	9	23	10		12
40	20		11	26	11		15
50	28		13	31	13	0 -0.08	19.5
63	34	-0.002 -0.005	17	38	17		24.3
80	46	-0.003	21	43	20		31
100	56	-0.006	25	55	24		39
125	70	-0.003 -0.007	32	70	30	0 -0.10	48.5

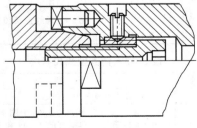

图 9-46　圆锥定心轴向螺栓拉紧结构

2) 模块的拆卸、组装不太方便。要更换工作模块必须把所有的连接模块全部拆卸下来。但是，这些不方便的操作是在刀具的调整过程中出现的，因此，只影响调整工作量，不会影响到机床的运行。

3) 适用于中、小型数控镗铣床及加工中心。这是因为机床在工作中，刀具与装刀具的刀柄是作为一个整体使用的，主要的技术要求是工具系统的连接精度高，刚度高，而且刀具的总重量不会太重，组装和预调工作在刀具预调室可以比较容易地完成。

4）这种模块连接结构在生产过程中，即使超差也可以修复，废品率较低，此外，由于其结构比较简单，生产成本比 TMG21 工具系统要低一些。

这种接口的结构尺寸系列详见表 9-44。

表 9-44　TMG10 模块式工具系统接口尺寸系列　　　　　　（单位：mm）

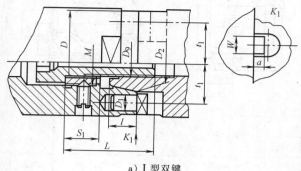

a）Ⅰ型双键

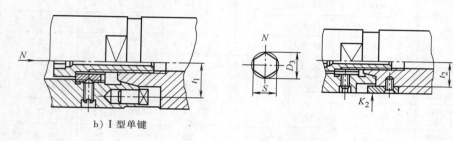

b）Ⅰ型单键

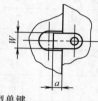

c）Ⅱ型单键

9.3.4　镗铣类模块式工具系统

1. 工具模块型号的编制方法

（1）主柄模块型号　由代表一定含义的字母和数字组合而成，共有 7 个号位并在特定位置用圆点和短线分隔开，见图 9-47。

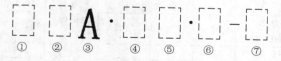

图 9-47　主柄模块型号组成

1）第一号位用阿拉伯数字表示模块连接的定心方式。代号规定见表 9-45。

2）第二号位用阿拉伯数字表示模块连接的锁紧方式。代号规定见表 9-46。

3）第三号位用字母 A 表示此模块为主柄。

4）第四号位用两个字母表示柄部型式。字母代号规定见表 9-47。

5）第五号位用两位数字表示柄部的锥度代号。

6）第六号位表示模块相连接处的外径 D。

7）第七号位表示从圆锥大端直径到前端面的距离 L_1。

表 9-45　定心方式代号

数字代号	模块连接的定心方式	数字代号	模块连接的定心方式
1	7∶24 短圆锥定心	4	端齿啮合定心
2	单圆柱面定心	5	双圆柱面定心
3	双键定心		

表 9-46　锁紧方式代号

数字代号	模块连接的锁紧方式	数字代号	模块连接的锁紧方式
0	中心螺栓拉紧	4	径向单侧螺栓锁紧
1	径向锁钉锁紧	5	径向两螺钉垂直方向锁紧
2	径向棒销锁紧	6	螺纹连接锁紧
3	径向双头螺栓锁紧		

表 9-47　柄部型式代号

字母代号	柄部型式
JT	按 GB/T 10944—2013 的规定
BT	柄部型式尺寸按 JB/GQ 5066 中图 4 表 3 规定的 7∶24 圆锥工具柄部的 40、45 和 50 号圆锥柄

主柄型号示例如下:

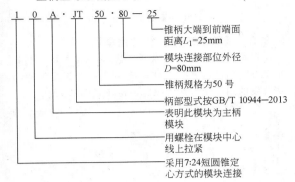

（2）中间模块型号　由六个号位组成，见图 9-48。在特定位置用圆点、斜线和短线分隔开。各号位分别表示的内容如下:

图 9-48　中间模块型号组成

1）第一号位表示的内容同主柄模块第一号位。

2）第二号位表示的内容同主柄模块第二号位。

3）第三号位用字母 B 表示此模块为中间模块。

4）第四号位表示短锥端的模块外径。

5）第五号位表示锥孔端的模块外径。

6）第六号位表示此中间块的接长长度 L_2。

中间模块型号示例如下:

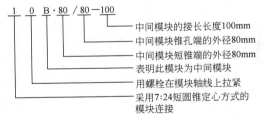

（3）工作模块型号　由七个号位组成，见图 9-49。在特定位置用圆点和短线分隔开。各号位分别表示的内容如下:

图 9-49　工作模块型号组成

1）第一号位表示的内容同主柄模块第一号位。

2）第二号位表示的内容同主柄模块第二号位。

3）第三号位用字母 C 表示此模块是工作模块。用来装夹不同的刀具。

4）第四号位表示短锥端的模块外径。

5）第五号位表示此工作模块的用途，见表 9-48。

6）第六号位表示此工作模块的规格。其表示的内容见表 9-48。

7）第七号位表示工作模块的有效长度 L_3。

工作模块型号示例如下:

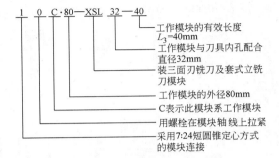

表 9-48　工作模块用途代号及规格参数

序号	名　　称	用途代号	规格号的含义
1	弹簧夹头模块	Q	最小夹持直径
2	无扁尾莫氏圆锥孔模块	MW	莫氏锥孔号
3	有扁尾莫氏圆锥孔模块	M	莫氏锥孔号
4	装钻夹头短锥模块	Z	莫氏短锥号
		ZJ	贾氏短锥号
5	攻丝夹头模块	G	最小攻丝规格
6	装三面刃铣刀、套式立铣刀模块	XSL	刀具内孔直径
7	装面铣刀模块		
	装 A 类面铣刀模块	XMA	
	装 B 类面铣刀模块	XMB	刀具内孔直径
	装 C 类面铣刀模块	XMC	
8	双刃镗刀模块	TS	最小镗孔直径
9	倾斜微调镗刀模块	TQW	最小镗孔直径
10	直角粗镗刀模块	TZC	最小镗孔直径
11	倾斜粗镗刀模块	TQC	最小镗孔直径
12	浮动铰刀模块	JF	浮动铰刀块宽度
13	装扩孔钻、铰刀模块	KJ	1:30 锥度大端直径
14	可调镗刀架模块	TK	装刀孔直径
15	削平圆柱柄铣刀模块	XP	装刀孔直径

2. 拼装的刀柄型号编写方法

拼装后的刀柄型号由三部分组成。三部分之间用短线分隔开。

1）第一部分表示模块连接的特点——定位方式、锁紧方式，以及主柄形式和主柄规格。

2）第二部分表明用途代号及规格。

3）第三部分表示总的工作长度 L（$L = L_1 + L_2 + L_3$）以及各模块连接处的外径（如刀柄拼装环节多于一个，则各处外径用斜线隔开，并用圆括号括起）。

如刀柄由下述模块拼装而成，拼装后的刀柄型号示例：

① 主柄模块——10AJT50·80—30；

② 中间模块——10B·80/80—100；

③ 工作模块——10C·80—XSL32—40。

则拼装以后的刀柄型号为：

10JT50—XSL32—170（80/80）

如只用主柄直接与工作模块相连型号应为：

10JT50—XSL32—70（80）

9.3.5 模块式工具系统实用举例

模块式工具系统可以开发出各种效率高、重复精度好、功能强大的工具系统。图9-50为瓦尔特公司开发的用于铣、钻、镗的 ScrewFit 工具系统。

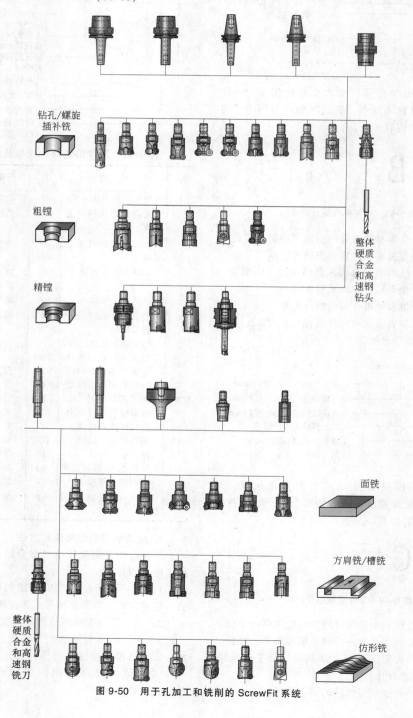

图 9-50 用于孔加工和铣削的 ScrewFit 系统

9.4　TSG 工具系统

TSG 工具系统是整体式镗铣类数控工具系统的简称，其中"TSG"是"镗铣类数控工具系统"汉语拼音首写字母的缩写。本节所介绍的 TSG 工具系统等同于机械部标准（JB/GQ 5010—1983[⊖]）所规定的 TSG82 工具系统。

TSG 工具系统主要用于数控镗铣床、加工中心及柔性制造系统等。该系统包含多种接长杆，连接刀柄，镗、铣刀柄，莫氏锥孔刀柄，钻夹头刀柄，攻螺纹夹头刀柄、钻孔、铰孔、扩孔等类刀柄和接杆，也有少量刀具（如镗刀头），用以完成平面、斜面、沟槽、铣削、钻孔、铰孔、镗孔、攻螺纹等加工工序。TSG 工具系统具有结构简单、使用方便、装卸灵活，调换迅速的特点，是各种镗铣类数控设备不可缺少的工具。

9.4.1　TSG 工具系统中各种工具的型号和系统图

1. TSG 工具系统中各种工具的型号

TSG 工具系统中各种工具型号由汉语拼音字母和数字组成。整个工具型号分前、后两段，在两段之间用"—"号相联。其组成、表示方法和书写格式见表 9-49。该系统中，各种工具柄部的型式和尺寸的代号以及工具的用途和规格代号的含义分别见表 9-50~表 9-52；一些零部件的代号见表 9-53。

表 9-49　TSG82 工具系统工具型号的组成和表示法

型号的组成	前　段		后　段	
表示方法	字母表示	数字表示	字母表示	数字表示
符号意义	柄部的型式	柄部的尺寸	工具用途、种类或结构型式	工具的规格
举　例	JT	50	KH	40-82
书写格式	JT50—KH40—82			

由表 9-49~表 9-53 可知 TSG 工具系统各种工具型号的意义。例如：

JT50—KH40—80

- 7：24，40 号锥孔快换夹头刀柄，其锥柄大端至螺母端尺寸为 80mm
- 加工中心用 7：24，50 号锥柄刀杆

[⊖]　关于机床工具行业企业标准 JB/GQ 5010—1983 的说明，该标准目前已经停止使用，但由于目前没有替代的新标准，国内工具的生产厂家和用户实际上仍然在使用此标准——编者注。

表 9-50　TSG82 工具系统工具柄部的型式和尺寸代号

柄部的型式		柄部的尺寸	
代号	代号的意义	代号的意义	举例
JT	加工中心机床用锥柄柄部，带机械手夹持槽[①]	ISO 锥度号[②]	50
ST	一般数控机床用锥柄柄部，无机械手夹持槽[①]	ISO 锥度号[②]	40
MTW	无扁锥尾莫氏锥柄	莫氏锥度号	3
MT	有扁尾莫氏锥柄	莫氏锥度号	1
ZB	直柄接杆	直径尺寸	32
KH	7：24 锥度的锥柄接杆	锥柄的锥度号	45

①　JT 和 ST 柄部尺寸系列见 GB/T 10944.1—2013。
②　ISO 锥度见表 9-17。

表 9-51　ISO 锥度

锥度号	锥　　　度
30、40、45、50	7：24

表 9-52　TSG82 工具系统的代号和意义

代号	代 号 的 意 义
J	装接长杆用刀柄
Q	弹簧夹头
KH	7：24 锥度快换夹头
Z（J）	用于装钻夹头（贾氏锥度加注 J）
MW	装无扁尾莫氏锥柄刀具
M	装带扁尾莫氏锥柄刀具
G	攻螺纹夹头
C	切内槽工具
KJ	用于装扩、铰刀
BS	倍速夹头
H	倒锪端面刀
T	镗孔刀具
TZ	直角镗刀
TQW	倾斜式微调镗刀
TQC	倾斜式粗镗刀
TZC	直角型粗镗刀
TF	浮动镗刀
TK	可调镗刀
X	用于装铣削刀具
XS	装三面刃铣刀用
XN	装面铣刀用
XDZ	装直角面铣刀用
XD	装面铣刀用
规格	用数字表示工具的规格，其含义随工具不同而异。有些工具该数字为轮廓尺寸 D-L，有些工具该数字表示应用范围。还有表示其他参数值的，如锥度号等

表 9-53　TSG82 工具系统零部件代号

代　号	零部件名称
QH	夹簧
LQ	螺母与外夹簧组件
GT	攻螺纹夹套
TQW	倾斜微调镗刀组件

2. TSG 工具系统图

图 9-51 为 TSG 工具系统图。该图表明了 TSG 工具系统中的各种工具的组合形式，供选用时参考。图中，凡属于本系统的工具或刀具都标有相应的型号。有的还加注符号"×"，×为该工具尺寸系列表的表号中最后一项数。例如，型号为 ZB-Z 的工具，其尺寸系列表的表号为表 9-56，则×应为 24。图中不属于本系统的标准刀具，不加注型号。

9.4.2　接长杆刀柄及其接长杆

JT（ST）-J 接长杆刀柄可与 ZB-Z 直柄钻夹头接长杆等七种接长杆组合，在接长杆上再装配相应的通用工具（如莫氏短锥柄钻夹头）和标准刀具（如麻花钻、铰刀、铣刀等），就能组成各种不同用途的刀具，以适应加工工艺对刀具的需求。接长杆刀柄与接长杆组合的各种组合形式和主要用途分别见图 9-52 和表 9-54。

表 9-54　接长杆刀柄和弹簧夹头刀柄与接长杆各种组合形式的用途

组合形式		主要用途
刀柄代号和名称	接杆代号和名称	
JT（ST）-J 接长杆刀柄或 JT（ST）-Q 弹簧夹头刀柄	ZB-Z 直柄装钻夹头接长杆	配莫氏短锥柄或贾氏锥柄的钻夹头
	ZB-M 带扁尾莫氏锥孔接长杆	装夹带扁尾莫氏锥柄的接杆或刀具
	ZB-XM 套式面铣刀接长杆	装夹套式面铣刀
	ZB-MW 无扁尾莫氏锥孔接长杆	装夹粗齿短柄立铣刀
	ZB-XS 三面刃铣刀接长杆	装夹三面刃铣刀
	ZB-KJ 扩孔钻、铰刀接长杆	装夹扩孔钻、铰刀
	ZB-TZ 小直角镗刀接长杆	装夹镗刀块

表 9-54 中各种组装形式的刀具都通过接长杆上的调整螺母调整刀具的长度尺寸。

各种长杆刀柄和接长杆的尺寸系列见表 9-55～表 9-62。

表 9-55　JT（ST）—J 接长杆刀柄尺寸系列
（根据 JB/GQ 5010—1983）

（单位：mm）

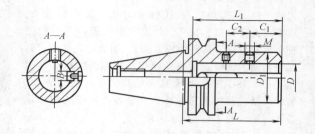

型　号	D（H6）	L	D_1	L_1	C_1	C_2	M	B（h8）
JT40—J16—75	16	75	36	70	25	15		—
—J20—80	20	80	40	75	25	15	M8	
—J26—85	26	85	46	85	30	20		8
—J32—95	32	95	52	90	35	25	M10	10
—J40—125	40	125	60	110	45	30		12
JT45—J16—80	16	80	36	75	25	15		—
—J20—85	20	85	40	80	25	15	M8	
—J26—90	26	90	46	85	30	20		8
—J32—100	32	100	52	95	35	22	M10	10
—J40—120	40	120	60	115	45	35		12
JT50—J16—90	16	90	36	85	25	15		—
—J20—95	20	95	40	90	25	15	M8	
—J26—100	26	100	46	95	30	20		8
—J32—110	32	110	52	105	35	25	M10	10
—J40—125	40	125	60	120	45	30		12

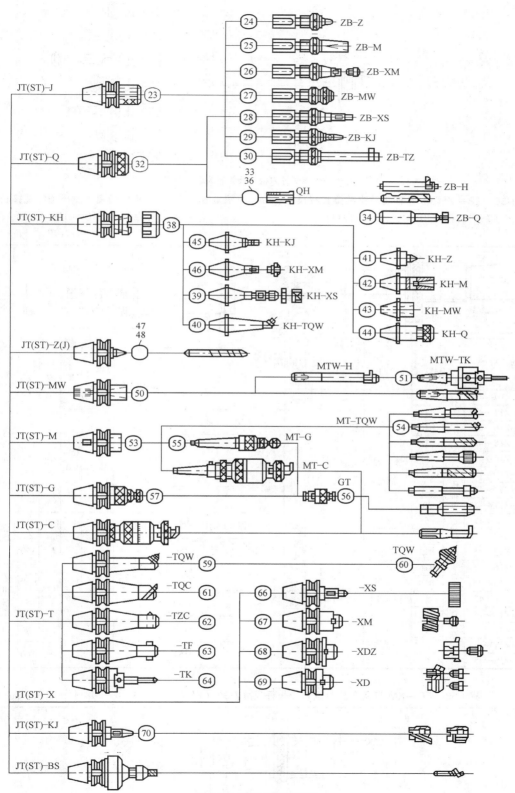

图 9-51　TSG 工具系统图

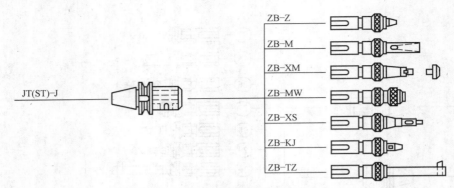

图 9-52 接长杆刀柄与接长杆的组合形式

表 9-56 ZB—Z（J）直柄装钻夹头接长杆尺寸系列（根据 JB/GQ 5010—1983）

（单位：mm）

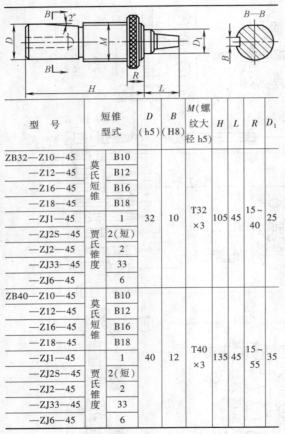

型 号	短锥型式	D (h5)	B (H8)	M(螺纹大径h5)	H	L	R	D₁
ZB32—Z10—45		B10						
—Z12—45	莫氏短锥	B12						
—Z16—45		B16						
—Z18—45		B18						
—ZJ1—45		1	32	10	T32×3	105	45	15~40	25
—ZJ2S—45	贾氏锥度	2(短)						
—ZJ2—45		2						
—ZJ33—45		33						
—ZJ6—45		6						
ZB40—Z10—45		B10						
—Z12—45	莫氏短锥	B12						
—Z16—45		B16						
—Z18—45		B18						
—ZJ1—45		1	40	12	T40×3	135	45	15~55	35
—ZJ2S—45	贾氏锥度	2(短)						
—ZJ2—45		2						
—ZJ33—45		33						
—ZJ6—45		6						

表 9-57 ZB—M 直柄带扁尾莫氏圆锥孔接长杆尺寸系列（根据 JB/GQ 5010—1983）

（单位：mm）

型 号	D (h5)	B (H8)	M(螺纹大径h5)	R	H	L	D₁	莫氏锥孔号
ZB32—M1—75						75	25	1
—150	32	10	T32×3	15~40	105	150		
—M2—85						85	28	2
—150						150		
ZB40—M1—75						75	25	1
—150						150		
—M2—85	40	12	T40×3	15~55	135	85	28	2
—150						150		
—M3—105						105	25	3
—160						160		

表 9-58 ZB—XM 直柄套装面铣刀接长杆尺寸系列（根据 JB/GQ 5010—1983）（单位：mm）

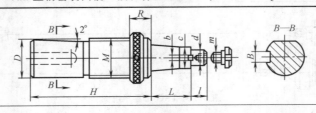

（续）

型　号	D(h5)	B(H8)	M(螺纹大径 h5)	R	H	d	L	l	c	b	m	面铣刀直径
ZB32—XM16—30	32	10	T32×3	15~40	105	16	30	14	28	8	M8	40
—XM16—90							90					
ZB40—XM22—45	40	12	T40×3	15~55	135	22	45	16	36	10	M10	50
—XM22—105							105					
—XM27—60						27	60	18	36	12	M12	63
—XM27—135							135					80

表 9-59　ZB—MW 直柄无扁尾莫氏圆锥孔接长杆尺寸系列（根据 JB/GQ 5010—1983）

（单位：mm）

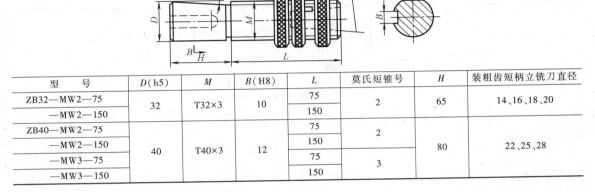

型　号	D(h5)	M	B(H8)	L	莫氏短锥号	H	装粗齿短柄立铣刀直径
ZB32—MW2—75	32	T32×3	10	75	2	65	14、16、18、20
—MW2—150				150			
ZB40—MW2—75	40	T40×3	12	75	2	80	22、25、28
—MW2—150				150			
—MW3—75				75	3		
—MW3—150				150			

表 9-60　ZB—XS 直柄三面刃铣刀接长杆尺寸系列（根据 JB/GQ 5010—1983）

（单位：mm）

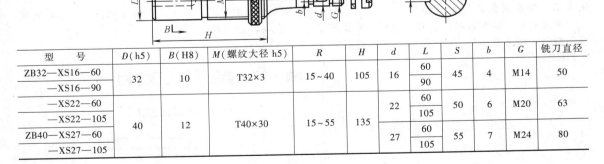

型　号	D(h5)	B(H8)	M(螺纹大径 h5)	R	H	d	L	S	b	G	铣刀直径
ZB32—XS16—60	32	10	T32×3	15~40	105	16	60	45	4	M14	50
—XS16—90							90				
—XS22—60	40	12	T40×30	15~55	135	22	60	50	6	M20	63
—XS22—105							105				
ZB40—XS27—60						27	60	55	7	M24	80
—XS27—105							105				

表 9-61　ZB—KJ 直柄扩孔钻、铰刀接长杆尺寸系列（根据 JB/GQ 5010—1983）

（单位：mm）

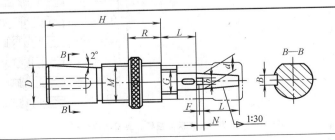

（续）

型　号	D(h5)	B(H8)	M(螺纹大径 h5)	R	H	d	L	G	b	N	F	所用刀具直径
ZB32—KJ13—60	32	10	T32×3	15～40	105	13	60	M16	4	4.6	2	扩孔钻:25～35
—KJ13—95							95					铰　刀:25～30
—KJ16—75						16	75	M18	5	5.6		扩孔钻:36～45
—KJ16—110							110					铰　刀:32～35
ZB40—KJ19—90	40	12	T40×3	15～55	135	19	90	M22	6	6.7	2.5	扩孔钻:46～52
—KJ19—130							130					铰　刀:36～42
—KJ22—90						22	90	M27	7	7.7		扩孔钻:55～62
—KJ22—130							130					铰　刀:45～50

表 9-62　ZB—TZ 直柄小直角镗刀接长杆尺寸系列（根据 JB/GQ 5010—1983）

（单位：mm）

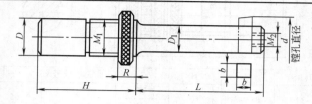

型　号	D(h5)	d(镗孔直径)	M_1(螺纹大径 h5)	H	L	R	D_1	$b×b$	M_2
ZB16—TZ13—60	16	13～25	T16×2	65	60	8～20	12	6×6	M6
—TZ13—85					85				
—TZ13—110					110				
ZB20—TZ18—60	20	18～30	T20×2	70	60	10～25	16	6×6	M6
—TZ18—90					90				
—TZ18—120					120				
ZB26—TZ24—90	26	24～40	T26×2	80	90	10～25	22	8×8	M8
—TZ24—140					140				
—TZ24—180					180				

9.4.3　弹簧夹头刀柄及其接杆

弹簧夹头刀柄与各种接长杆、接杆、夹簧等工具的组合形式见图 9-53。这种刀柄与各种接长杆和夹簧组成的工具，其用途见表 9-63，其尺寸系列见表 9-64～表 9-68。

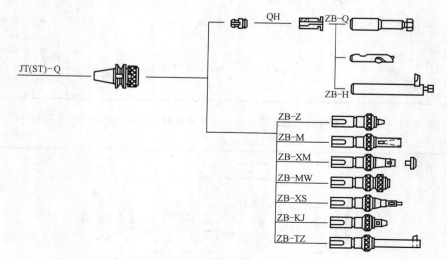

图 9-53　弹簧夹头刀柄与接杆、夹簧的组合形式

表 9-63　弹簧夹头刀柄与接杆和夹簧各种
组合形式的用途

组合形式		主要用途	夹持直径 /mm
刀柄	配装件		
JT(ST)—Q 弹簧夹头刀柄	QH 夹簧	装夹直柄刀具或 ZB—Q 夹头	6、8、10、12、20、25、32
	ZB—Q 直柄小弹簧夹头+LQ 外夹簧组件	装夹直柄刀具或 QH 内夹簧	6、8、10
	QH 夹簧+ZB—Q 直柄小弹簧夹头+LQ 外夹簧组件	装夹直柄刀具或 QH 内夹簧	6、8、10
	QH 夹簧+ZB—Q 直柄小弹簧夹头+LQ 外夹簧组件+QH 内夹簧	装夹直柄刀具	3、4、5
	ZB—H 直柄倒锪端面镗刀[①]	倒锪端面	
	QH 夹簧+ZB—H 倒锪端面镗刀		

① ZB-H 直柄倒锪端面镗刀杆在 TSG82 工具系统中不列尺寸系列表,可借用 ZB-TZ 直柄小直角镗刀接长杆。

表 9-64　JT（ST）—Q 弹簧夹头刀柄尺寸系列
（根据 JB/GQ 5010—1983）
（单位：mm）

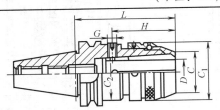

型　号	D	L	C	C₁	C₂	H	G	配用夹簧
JT40—Q16—65	16	65	27	55	37	—	—[①]	QH16
—Q16—100		100						
—Q32—85	32	85	50	75	57	54	M12	QH32
—Q32—100		105						
JT45—Q16—70	16	70	27	55	37	—	—[①]	QH16
—Q16—100		100						
—Q32—80	32	80	50	75	57	54	M12	QH32
—Q32—120		120						
JT45—Q40—95	40	95	70	94	75	68	M16	QH40
—Q40—120		120						
JT50—Q16—80	16	80	27	55	37	—	—[①]	QH16
—Q16—120		120						
—Q32—85	32	85	50	75	57	54	M12	QH32
—Q32—135		135						
—Q40—100	40	100	70	94	94	68	M16	QH40
—Q40—135		135			83			

① 装夹 φ16mm 以下直柄刀具时,刀柄上没有紧定螺钉 G。

表 9-65　QH 夹簧尺寸系列
（根据 JB/GQ 5010—1983）
（单位：mm）

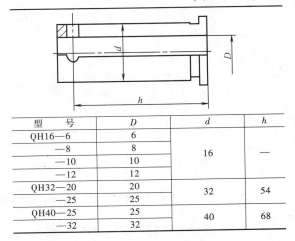

型　号	D	d	h
QH16—6	6	16	—
—8	8		
—10	10		
—12	12		
QH32—20	20	32	54
—25	25		
QH40—25	25	40	68
—32	32		

表 9-66　ZB—Q 直柄小弹簧夹头尺寸系列
（根据 JB/GQ 5010—1983）
（单位：mm）

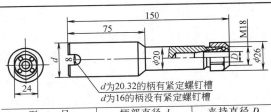

d 为20.32的柄有紧定螺钉槽
d 为16的柄没有紧定螺钉槽

型　号	柄部直径 d	夹持直径 D
ZB—Q16	16	6、8、10、3、4、5
ZB—Q20	20	
ZB—Q32	32	

表 9-67　LQ 螺母与外夹簧尺寸系列
（根据 JB/GQ 5010—1983）
（单位：mm）

型　号	夹持直径 D
LQ6	6
LQ8	8
LQ10	10

表 9-68　QH 内夹簧尺寸系列
（根据 JB/GQ 5010—1983）
（单位：mm）

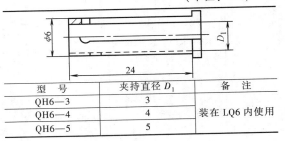

型　号	夹持直径 D₁	备　注
QH6—3	3	装在 LQ6 内使用
QH6—4	4	
QH6—5	5	

9.4.4 锥柄快换夹头刀柄及其接杆

7∶24 锥柄快换夹头刀柄及其接杆的组合形式如

图9-54所示，其用途及尺寸系列见表 9-69～表 9-78。

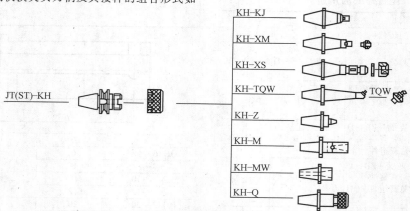

图 9-54 7∶24 锥柄快换夹头刀柄与各种接杆的组合形式

表 9-69 7∶24 锥柄快换夹头刀柄及其接杆各种组合形式的用途

组合形式		主要用途
刀柄	接杆	
JT(ST)—KH7∶24 锥柄快换夹头刀柄	KH—XS7∶24 圆锥快换三面刃铣刀接杆	装夹三面刃铣刀，铣刀直径 50～80mm
	KH—TQW 快换倾斜微调镗刀接杆	装夹倾斜式镗刀块
	KH—Z(J)7∶24 圆锥快换钻夹头接杆	配莫氏短锥或贾氏锥柄的钻夹头
	KH—M 带扁尾莫氏圆锥孔快换接套	装夹带扁尾莫氏锥柄的刀具或接杆
	KH—MW 无扁尾莫氏圆锥孔快换接套	装夹无扁尾莫氏锥柄的刀具或接杆
	KH—Q7∶24 圆锥快换弹簧夹头接杆	装夹直柄刀具或 QH 夹簧
	KH—KJ7∶24 圆锥快换扩孔钻、铰刀接杆	装夹扩孔钻、铰刀
	KH—XM7∶24 圆锥快换面铣刀接杆	装夹面铣刀，铣刀直径 40～80mm

表 9-70 JT—(ST)—KH 7∶24 锥柄快换夹头刀柄尺寸系列（JB/GQ 5010—1983）

（单位：mm）

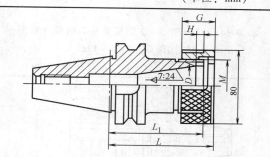

型 号	D	L	H	G	M	L_1
JT40—KH40—80	44. 45					
JT45—KH40—80	(ISO 40 号7∶24 锥度)	80	11	30	M60×2	70
JT50—KH40—80						

表 9-71 KH—XS 7∶24 圆锥快换三面刃铣刀接杆尺寸系列（JB/GQ 5010—1983）

（单位：mm）

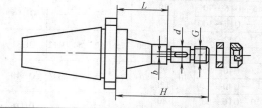

型 号	B、C、D、D_2、E、F、J、K	d	L	H	b	G	铣刀直径
KH40—XS16—55	分别与表 9-73 中各对应尺寸相同	16	55	100	4	M14	50
—XS16—85			85	130			
—XS22—55		22	55	105	6	M20	63
—XS22—100			100	150			
—XS27—55		27	55	110	7	M24	80
—XS27—100			100	155			

表 9-72　KH—TQW 7∶24 圆锥快换倾斜微调镗刀接杆尺寸系列

（JB/GQ 5010—1983）　　　　　　　　（单位：mm）

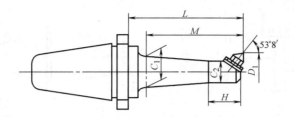

型　号	B、C、D、D₂、E、F、J、K	D_1 min ~ max	L	H	C_2	C_1	M	镗刀头型号[1]	备注
KH40—TQW22—115	分别与表 9-73 中的对应 尺寸相同	22~29	115	25	19	22	105	TQW1	镗刀头 采用焊 接刀片
—TQW29—130		29~41	130	28	24	27.5	120	TQW2	
—TQW29—160			160			28.5	150		
—TQW40—130		40~50	130	40	33	36	120	TQW3-1	
—TQW40—190			190			38	180		
—TQW48—130		48~65	130	50	41	44	120	TQW3-2	
—TQW48—190			190			46	180		

[1] 镗刀头型号及尺寸参见表 9-55TQW 倾斜微调镗刀头尺寸系列。

表 9-73　KH—Z（J）7∶24 圆锥快换钻夹头接杆尺寸系列

（JB/GQ 5010—1983）　　　　　　　　（单位：mm）

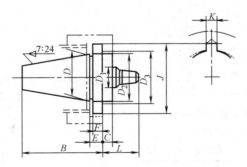

型　号	短锥型式		D	L	K	B	C	E	F	J	D_1	D_2	D_3
KH40—Z10—35	莫氏 短锥	B10	44.45 (ISO 40 号 7∶24 锥度)	35	12.7	76.5	7	11.1	9.5	63.5	30	48	49.5
—Z12—40		B12		40									
—Z16—45		B16		45									
—Z18—50		B18		50									
—ZJ1—30	贾氏 锥度	1		30									
—ZJ2S—35		2（短）		35									
—ZJ2—35		2											
—ZJ33—40		33		40									
—ZJ6—40		6											

表 9-74　KH—M 带扁尾莫氏圆锥孔快换接套
尺寸系列（JB/GQ 5010—1983）

（单位：mm）

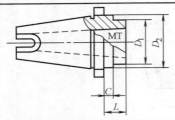

型　号	B、C、D、D2、E、F、J、K	L(mm)	D1(mm)	莫氏锥孔号
KH40—M1—25	分别与表9-73中各对应尺寸相同	25	25	1
—M2—25		25	30	2
—M3—40		40	38	3
—M4—65		65	48	4

表 9-75　KH—MW 无扁尾莫氏圆锥孔快换接套
尺寸系列（JB/GQ 5010—1983）

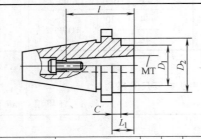

型　号	B、C、D、D2、E、F、J、K	L1 (mm)	l (mm)	D1 (mm)	莫氏锥孔号
KH40—MW1—10	分别与表9-73中各对应尺寸相同	10	61	26	1
—MW2—30		30	72	32	2
—MW3—45		45	89	40	3
—MW4—75		75	112	48	4

表 9-76　KH—Q7:24 圆锥快换弹簧夹头接杆
尺寸系列（JB/GQ 5010—1983）

（单位：mm）

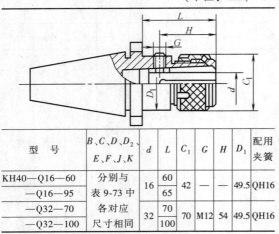

型　号	B、C、D、D2、E、F、J、K	d	L	C1	G	H	D1	配用夹簧
KH40—Q16—60	分别与表9-73中各对应尺寸相同	16	60	42			49.5	QH16
—Q16—95			65					
—Q32—70		32	70	70	M12	54	49.5	QH16
—Q32—100			100					

表 9-77　KH—KJ7:24 圆锥快换扩孔钻、铰刀接杆
尺寸系列（JB/GQ 5010—1983）

（单位：mm）

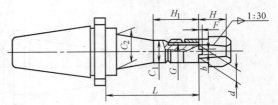

型　号	B、C、D、D2、E、F、J、K	d	L	H	H1	G
KH40—KJ13—70	分别与表9-73中的对应尺寸相同	13	70	45	—	M16
—KJ13—130			130		80	
—KJ16—80		16	80	50	—	M18
—KJ16—165			165		110	
—KJ19—100		19	100	56	—	M22
—KJ19—180			180		130	
—KJ22—110		22	110	63	—	M27
—KJ22—205			205		150	

型　号	b	C1	C2	扩孔钻直径	铰刀直径
KH40—KJ13—70	4	24	24	25~35	25~30
—KJ13—130			32		
—KJ16—80	5	31	31	36~45	32~35
—KJ16—165			35		
—KJ19—100	6	35	35	46~52	36~42
—KJ19—180			45		
—KJ22—110	7	40	40	55~62	45~50
—KJ22—205			49.5		

表 9-78　KH—XM7:24 圆锥快换面铣刀接杆尺寸系列
（JB/GQ 5010—1983）

（单位：mm）

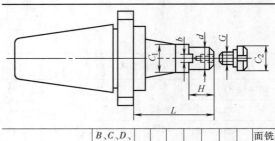

型　号	B、C、D、D2、E、F、J、K	d	L	H	C1	C2	G	b	面铣刀直径
KH40—XM16—65	分别与表9-73中各对应尺寸相同	16	65	14	34	20	M8	8	40
—XM16—125			125						
—XM22—65		22	65	16	42	28	M10	10	50
—XM22—125			125						
—XM27—55		27	55	18	49.5	33	M12	12	63、80
—XM27—115			115						

9.4.5　钻夹头刀柄

钻夹头刀柄可与莫氏短锥或贾氏锥柄的钻夹头配装。主要用于装夹各种直柄刀具。其组合形式见图 9-55，尺寸系列见表 9-79 和表 9-80。

图 9-55　钻夹头刀柄与钻夹头、钻头的组合形式

表 9-79　JT（ST）—Z 钻夹头刀柄尺寸系列（JB/GQ 5010—1983）　　（单位：mm）

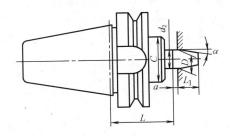

型　　号	莫氏短锥号	D	L	L_1	a	d_2	C	2α
JT40—Z10—45	B10	10.094	45	$14.5_{-1.2}^{0}$		10.3		
—Z10—90			90		3.5			2°51′26″
—Z12—45	B12	12.065	45	$18.5_{-1.4}^{0}$		12.2		
—Z12—90			90					
—Z16—45	B16	15.733	45	$24_{-1.4}^{0}$		16		2°51′41″
—Z16—90			90		5			
—Z18—45	B18	17.780	45	$32_{-1.6}^{0}$		18		
—Z18—90			90					
JT45—Z10—45	B10	10.094	45	$14.5_{-1.2}^{0}$		10.3		2°51′26″
—Z10—90			90		3.5			
—Z12—45	B12	12.065	45	$18.5_{-1.4}^{0}$		12.2	30	
—Z12—90			90					
—Z16—45	B16	15.733	45	$24_{-1.4}^{0}$		16		
—Z16—90			90		5			2°51′41″
—Z18—45	B18	17.780	45	$32_{-1.6}^{0}$		18		
—Z18—90			90					
JT50—Z10—45	B10	10.094	45	$14.5_{-1.2}^{0}$		10.3		2°51′26″
—Z10—105			105		3.5			
—Z12—45	B12	12.065	45	$18.5_{-1.4}^{0}$		12.2		
—Z12—105			105					
—Z16—45	B16	15.733	45	$24_{-1.4}^{0}$		16		2°51′41″
—Z16—105			105		5			
—Z18—45	B18	17.780	45	$32_{-1.6}^{0}$		18		
—Z18—105			105					

表 9-80　JT（ST）—ZJ 贾氏锥度钻夹头刀柄尺寸系列（JB/GQ 5010—1983）

（单位：mm）

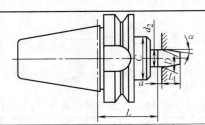

型　号	贾氏锥度号	D	L	a	L_1	C	$d_2 \approx$	锥度
JT40—ZJ1—45	1	9.754	45	3	15	30	10	0.07709
—ZJ1—90			90					
—ZJ2S—45	2（短）	13.940	45		18		14.2	0.08155
—ZJ2S—90			90					
—ZJ2—45	2	14.199	45		20		14.5	0.08155
—ZJ2—90			90					
—ZJ33—45	33	15.850	45	4	24		16.1	0.06350
—ZJ33—90			90					
—ZJ6—45	6	17.170	45		24		17.4	0.05191
—ZJ6—90			90					
—ZJ3—45	3	20.599	45	5	28	35	20.9	0.05352
—ZJ3—90			90					
JT45—ZJ1—45	1	9.754	45	3	15	30	10	0.07709
—ZJ1—90			90					
—ZJ2S—45	2（短）	13.940	45		18		14.2	0.08155
—ZJ2S—90			90					
—ZJ2—45	2	14.199	45		20		14.5	0.08155
—ZJ2—90			90					
—ZJ33—45	33	15.850	45	4	24		16.1	0.06350
—ZJ33—90			90					
—ZJ6—45	6	17.170	45		24		17.4	0.05191
—ZJ6—90			90					
—ZJ3—45	3	20.599	45	5	28	35	20.9	0.05352
—ZJ3—90			90					
JT50—ZJ1—45	1	9.754	45	3	15	30	10	0.07709
—ZJ1—105			105					
—ZJ2S—45	2（短）	13.940	45		18		14.2	0.08155
—ZJ2S—105			105					
—ZJ2—45	2	14.199	45		20		14.5	0.08155
—ZJ2—105			105					
—ZJ33—45	33	15.850	45	4	24		16.1	0.06350
—ZJ33—105			105					
—ZJ6—45	6	17.170	45		24		17.4	0.05191
—ZJ6—105			105					
—ZJ3—45	3	20.599	45	5	28	35	20.9	0.05352
—ZJ3—105			105					

9.4.6　无扁尾和有扁尾莫氏锥孔刀柄及其接杆

1. 无扁尾莫氏锥孔刀柄及其接杆

组合形式见图 9-56，组合形式的用途和刀柄尺寸系列见表 9-81~表 9-83。

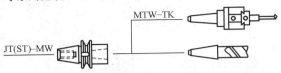

图 9-56　无扁尾莫氏锥孔刀柄、
接杆和刀具的组合形式

**表 9-81　JT（ST）—MW 无扁尾莫氏锥孔刀柄与
接杆和刀具各种组合形式的用途**

组合形式		主要用途
刀柄	配装件	
JT(ST)—MW 无扁尾莫氏 锥孔刀柄	MTW—TK 莫氏圆锥柄可调镗刀	装夹镗刀，镗削范围 φ（5~165）mm
	MTW—H 莫氏锥柄倒锪端面镗刀[①]	倒锪端面
	带无扁尾莫氏锥柄的刀具（如立铣刀）	铣槽、键槽等

① MTW—H 莫氏锥柄倒锪端面镗刀，在 TSG82 工具系统中尚无尺寸系列。需要时，可自行配制。

**表 9-82　JT（ST）—MW 无扁尾莫氏圆锥孔刀柄
尺寸系列（JB/GQ 5010—1983）**

（单位：mm）

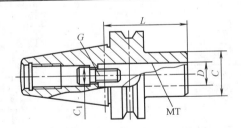

型　　号	莫氏圆锥号	D	L	C	C₁	G
JT40—MW1—45	1	12.065	45	25	10	M6×1
—MW2—60	2	17.780	60	32	13.5	M10×1.5
JT45—MW1—45	1	12.065	45	25	10	M6×1
—MW2—45	2	17.780		32	16	M10×1.5
—MW3—60	3	23.825	60	40	18	M12×1.75
JT50—MW1—45	1	12.065	45	25	10	M6×1
—MW2—45	2	17.780		32	16	M10×1.5
—MW3—60	3	23.825	60	40	18	M12×1.75
—MW4—75	4	31.267	75	50	20.5	M16×2
—MW5—100	5	44.399	100	60	20.5	M16×2

**表 9-83　MTW—TK 莫氏圆锥柄可调镗刀杆
尺寸系列（JB/GQ 5010—1983）**

（单位：mm）

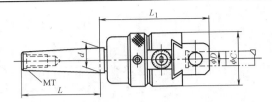

型　　号	莫氏圆锥号	L	d	L₁	D	C	镗削范围
MT3W-TK16-150	3	81	23.825				
MT4W-TK16-150	4	102.5	31.267	150	16	90	φ5~165
MT5W-TK16-150	5	129.5	44.399				

2. 有扁尾莫氏锥孔刀柄及其接杆

组合形式见图 9-57，组合形式的用途及刀柄尺寸系列见表 9-84~表 9-87。

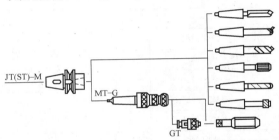

图 9-57　有扁尾莫氏锥孔刀柄、接杆和刀具的组合形式

**表 9-84　有扁尾莫氏锥孔刀柄与其接杆、
刃具的各种组合形式的用途**

组合形式		主要用途
刀柄	配装件	
JT(ST)—MW 无扁尾莫氏 圆锥孔刀柄	MT—TQW 莫氏圆锥柄倾斜微调镗刀杆	装夹 TQW 镗刀头，镗孔
	MT—G 莫氏圆锥柄攻螺纹夹头	装夹丝锥，攻螺孔
	MT—G 莫氏圆锥柄攻螺纹夹头+GT 攻螺纹夹套	装夹丝锥，攻螺孔
	有扁尾莫氏圆锥柄镗刀	镗孔
	有扁尾莫氏圆锥柄钻头	钻孔
	有扁尾莫氏圆锥柄铰刀	铰孔
	有扁尾莫氏圆锥柄扩孔钻	扩孔
	有扁尾莫氏圆锥柄沉头扩钻	钻沉孔

表 9-85　JT（ST）—M 带扁尾莫氏圆锥孔刀柄尺寸系列（JB/GQ 5010—1983）

（单位：mm）

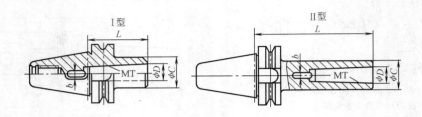

型　号	莫氏圆锥号	D	L	C	b	型式
JT40—M1—45	1	12.065	45	25	5.2	I
—M1—120			120			II
—M2—60	2	17.780	60	32	6.3	I
—M2—120			120			II
—M3—75	3	23.825	75	40	7.9	I
—M3—135			135			II
—M4—95	4	31.267	95	50	11.9	I
—M4—165			165			II
JT45—M1—45	1	12.065	45	25	5.2	I
—M1—120			120			II
—M2—45	2	17.780	45	32	6.3	I
—M2—135			135			II
—M3—75	3	23.825	75	40	7.9	I
—M3—150			150			II
—M4—90	4	31.267	90	50	11.9	I
—M4—180			180			II
—M5—120	5	44.399	120	70	15.9	I
JT50—M1—45	1	12.065	45	25	5.2	I
—M1—120			120			II
—M1—180			180			
—M2—45	2	17.780	45	32	6.3	I
—M2—135			135			II
—M2—180			180			
—M3—75	3	23.825	75	40	7.9	I
—M3—150			150			II
—M3—180			180			
—M4—75	4	31.267	75	50	11.9	I
—M4—180			180			II
—M5—110	5	44.399	110	70	15.9	I

9.4.7 攻螺纹夹头刀柄

攻螺纹夹头刀柄可与 GT3、GT12 攻螺纹夹套配装，用于装夹丝锥。图 9-58 是攻螺纹夹头刀柄与攻螺纹夹套、丝锥的组合形式。夹头、夹套的尺寸系列见表 9-88。

表 9-86　MT—G 莫氏圆锥柄攻螺纹夹头尺寸系列（JB/GQ 5010—1983）（单位：mm）

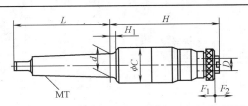

型　号	使用范围	莫氏锥度号	d	H	D	L	H_1	C	浮动量 F_1	浮动量 F_2	配用攻螺纹夹套
第 一 系 列											
MT3—G3—100	M3~12	3	23.825	100	19	94	5	45	5	15	GT3-3-12
—G12—130	M12~24			130	30			63	10	20	GT12-12-24
MT4—G3—115	M3~12	4	31.267	115	19	117.5	6.5	45	5	15	GT3-3-12
—G12—130	M12~24			130	30			63	10	20	GT12-12-24
MT5—G3—135	M3~12	5	44.399	135	19	149.5	6.5	45	5	15	GT3-3-12
—G12—145	M12~24			145	30			63	10	20	GT12-12-24
—G24—175	M24~42			175	52			92	10	20	GT24-24-42
第 二 系 列											
MT3—G3—100	M3~12	3	23.825	100	19	94	5	38	5	15	GT3-3-12
—G4—110	M4~16			110	25			48	8	20	GT4-4-16
—G12—130	M12~24			130	30			56	10	20	GT12-12-24
MT4—G3—115	M3~12	4	31.267	115	19	117.5	6.5	38	5	15	GT3-3-12
—G4—115	M4~16			115	25			48	8	20	GT4-4-16
—G12—130	M12~24			130	30			56	10	20	GT12-12-24
MT5—G3—135	M3~12	5	44.399	135	19	149.5	6.5	38	5	15	GT3-3-12
—G4—135	M4~16			135	25			48	8	20	GT4-4-16
—G12—145	M12~24			145	30			56	10	20	GT12-12-24
—G18—175	M18~36			175	45			78	10	25	GT18-18-36

图 9-58　攻螺纹夹头刀柄、攻螺纹夹套和丝锥的组合形式

表 9-87 GT 攻螺纹夹套尺寸系列

（JB/GQ 5010—1983）

（单位：mm）

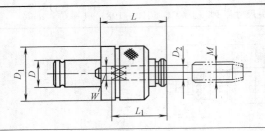

第　　一　　系　　列							
型　号	M	D_2	L	D_1	D	L_1	W
GT3—3	3	3.15				26.5	2.5
—4	4	4.0				27.5	3.15
—5	5	5.0				28.5	4.0
—6	6	6.3	40	38	19	32	5.0
—8	8	8.10				33	6.0
—10	10	10.0				35	8.0
—12	12	9.0				34	7.1
GT12—12	12	9.0				36	7.1
—14	14	11.2				41	9.0
—16	16	12.5				42	10.0
—18	18	14.0	58	58	30	47	11.2
—20	20	14.0				47	11.2
—22	22	16.0				49	12.5
—24	24	18.0				51	14.0
GT24—24	24	18.0				55	14.0
—27	27	20.0	80	75	52	58	16.0
—30	30	20.0				62	16.0
—33	33	22.4				65.5	18.0
—36	36	25.0	80	75	52	68	20.0
—39	39	28.0				72	22.4
—42	42	28.0				75	22.4

第　　二　　系　　列							
型　号	M	D_2	L	D_1	D	L_1	W
GT4—4	4	4.0				26.5	3.15
—5	5	5.0				27.5	4.0
—6	6	6.3				30	5.0
—8	8	8.0	48	48	25	32	6.3
—10	10	10.0				33	8.0
—12	12	9.0				34	7.1
—14	14	11.2				41	9.0
—16	16	12.5				42	10.0
GT18—18	18	14.0				47	11.2
—20	20	14.0				47	11.2
—22	22	16.0				49	12.5
—24	24	18.0	65	78	45	51	14
—27	27	20.0				54	16
—30	30	20.0				54	16
—33	33	22.4				56	18
—36	36	25				58	20

表 9-88 JT（ST）—G 攻螺纹夹头尺寸系列

（JB/GQ 5010—1983）

（单位：mm）

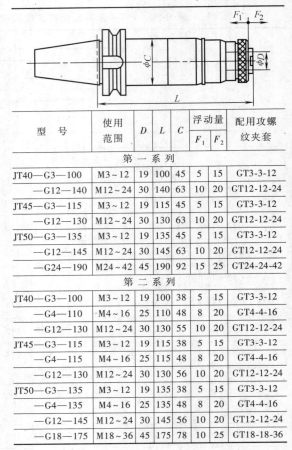

型　　号	使用范围	D	L	C	浮动量		配用攻螺纹夹套
					F_1	F_2	
第　　一　　系　　列							
JT40—G3—100	M3~12	19	100	45	5	15	GT3-3-12
—G12—140	M12~24	30	140	63	10	20	GT12-12-24
JT45—G3—115	M3~12	19	115	45	5	15	GT3-3-12
—G12—130	M12~24	30	130	63	10	20	GT12-12-24
JT50—G3—135	M3~12	19	135	45	5	15	GT3-3-12
—G12—145	M12~24	30	145	63	10	20	GT12-12-24
—G24—190	M24~42	45	190	92	15	25	GT24-24-42
第　　二　　系　　列							
JT40—G3—100	M3~12	19	100	38	5	15	GT3-3-12
—G4—110	M4~16	25	110	48	5	20	GT4-4-16
—G12—130	M12~24	30	130	55	10	20	GT12-12-24
JT45—G3—115	M3~12	19	115	38	5	15	GT3-3-12
—G4—115	M4~16	25	115	48	5	20	GT4-4-16
—G12—130	M12~24	30	130	56	10	20	GT12-12-24
JT50—G3—135	M3~12	19	135	38	5	15	GT3-3-12
—G4—135	M4~16	25	135	48	5	20	GT4-4-16
—G12—145	M12~24	30	145	56	10	20	GT12-12-24
—G18—175	M18~36	45	175	78	10	25	GT18-18-36

9.4.8 铣刀类刀柄

组合形式见图 9-59。刀柄用途及其系列尺寸见表 9-89~表 9-93，削平型刀柄的结构尺寸及备件见附录。

表 9-89 铣刀类刀柄的用途

刀柄种类	用途	铣刀直径范围
JT（ST）—XS 三面刃铣刀刀柄	装夹三面刃铣刀	φ50~200
JT（ST）—XM 套式面铣刀刀柄	装夹套式面铣刀	φ40~160
JT（ST）—XDZ 直角端铣刀刀柄	装夹端铣刀	φ50~100
JT（ST）—XD 端铣刀刀柄	装夹端铣刀	φ80~200
JT（ST）—KJ 套式扩孔钻和铰刀刀柄	装夹套式扩孔钻和铰刀	扩孔钻 φ25~90、铰刀 φ25~70

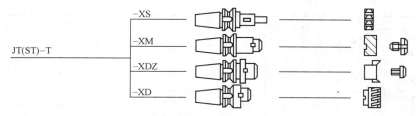

图 9-59　铣刀类刀柄与铣刀的组合形式

表 9-90　JT（ST）—XS 三面刃铣刀刀柄[①]尺寸系列（JB/GQ 5010—1983）（单位：mm）

型　　号	D	L	H	H_1	C	W	G	铣刀直径
JT40—XS16—75	16	75	121	23	26	4	M14	$\phi50$
—XS16—105		105	151					
—XS22—75	22	75	126	29	34	6	M20	$\phi63$
—XS22—120		120	171					
—XS27—75	27	75	130	32	40	7	M24	$\phi80$
—XS27—120		120	175					
—XS32—90	32	90	150	41	46	8	M30	$\phi100$、$\phi125$
JT45—XS16—90	16	90	136	23	26	4	M14	$\phi50$
—XS16—120		120	166					
—XS22—90	22	90	141	29	34	6	M20	$\phi63$
—XS22—135		135	186					
—XS27—90	27	90	145	32	40	7	M24	$\phi80$
—XS27—135		135	190					
—XS32—90	32	90	150	41	46	8	M30	$\phi100$、$\phi125$
—XS32—135		135	195					
JT50—XS16—90	16	90	136	23	26	4	M14	$\phi50$
—XS16—120		120	166					
—XS22—90	22	90	144	29	34	6	M20	$\phi63$
—XS22—135		135	186					
—XS27—90	27	90	145	32	40	7	M24	$\phi80$
—XS27—135		135	190					
—XS32—90	32	90	150	41	46	8	M30	$\phi100$、$\phi125$
—XS32—135		135	195					
—XS40—90	40	90	156	46	55	10	M36	$\phi160$、$\phi200$
—XS40—135		135	201					

① 每个刀柄配备一组垫圈和一个扳手，垫圈的厚度 $H_2 = 3mm$、$5mm$、$7mm$、$8mm$、$10mm$、$12mm$。

表 9-91　JT（ST）—XM 套式面铣刀刀柄尺寸系列（JB/GQ 5010—1983）（单位：mm）

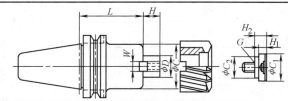

型　　号	D	L	H	C	W	C_1	C_2	H_1	H_2	G	面铣刀直径
JT40—XM16—60	16	60	14	34	8	20	15	8	10	M8	$\phi40$
—XM16—120		120									
—XM22—60	22	60	16	42	10	28	20	9	11	M10	$\phi50$
—XM22—120		120									

（续）

型　号	D	L	H	C	W	C_1	C_2	H_1	H_2	G	面铣刀直径
—XM27—45	27	45	18	50	12	33	24	10	12	M12	$\phi63$、$\phi80$
—XM27—105		105									
—XM32—45	32	45	20	60	14	40	28	12	16	M16	$\phi100$
—XM32—75		75									
JT45—XM16—60	16	60	14	34	8	20	15	8	10	M8	$\phi40$
—XM16—120		120									
—XM22—60	22	60	16	42	10	28	20	9	11	M10	$\phi50$
—XM22—120		120									
—XM27—45	27	45	18	50	12	33	24	10	12	M12	$\phi63$、$\phi80$
—XM27—105		105									
—XM32—45	32	45	20	60	14	40	28	12	16	M16	$\phi100$
—XM32—75		75									
JT50—XM16—75	16	75	14	34	8	20	15	8	10	M8	$\phi40$
—XM16—120		120									
—XM22—75	22	75	16	42	10	28	20	9	11	M10	$\phi50$
—XM22—120		120									
—XM27—60	27	60	18	50	12	33	24	10	12	M12	$\phi63$、$\phi80$
—XM27—105		105									
—XM32—45	32	45	20	60	14	40	28	12	16	M16	$\phi100$
—XM32—75		75									
—XM40—45	40	45	23	70	16	50	36	16	20	M20	$\phi125$
—XM40—75		75									
—XM50—60	50	60	26	90	18	62	46	16	20	M24	$\phi160$

表 9-92　JT（ST）—XDZ 直角面铣刀刀柄尺寸系列（JB/GQ 5010—1983）（单位：mm）

型　号	D	L	L_1	L_2	H	H_1	C	C_1	C_2	W	G	铣刀直径
JT40—XDZ22—45	22	45	—	30	18	6/9	45	—	15	10	M10	$\phi50/\phi63$
—XDZ22—90		90										
—XDZ27—60	27	60	50	35	20	12	70	50	19	12	M12	$\phi80$
—XDZ27—90		90	80									
—XDZ32—60	32	60	50	35	22	15	85	60	25	14	M16	$\phi100$
—XDZ32—75		75	65									
JT45—XDZ22—45	22	45	—	30	18	6/9	45	—	15	10	M10	$\phi50/\phi63$
—XDZ22—120		120										
—XDZ27—60	27	60	—	35	20	12	70	—	19	12	M12	$\phi80$
—XDZ27—120		120										
—XDZ32—60	32	60	—	35	22	15	85	—	25	14	M16	$\phi100$
—XDZ32—105		105										
JT50—XDZ22—60	22	60	—	30	18	6/9	45	—	15	10	M10	$\phi50/\phi63$
—XDZ22—105		105										
—XDZ22—150		150										
—XDZ27—45	27	45	—	35	20	12	70	—	19	12	M12	$\phi80$
—XDZ27—90		90										
—XDZ27—150		150										
—XDZ32—45	32	45	—	35	22	15	85	—	25	14	M16	$\phi100$
—XDZ32—75		75										
—XDZ32—105		105										

表 9-93　JT（ST）—XD 面铣刀刀柄尺寸系列（JB/GQ 5010—1983）　（单位：mm）

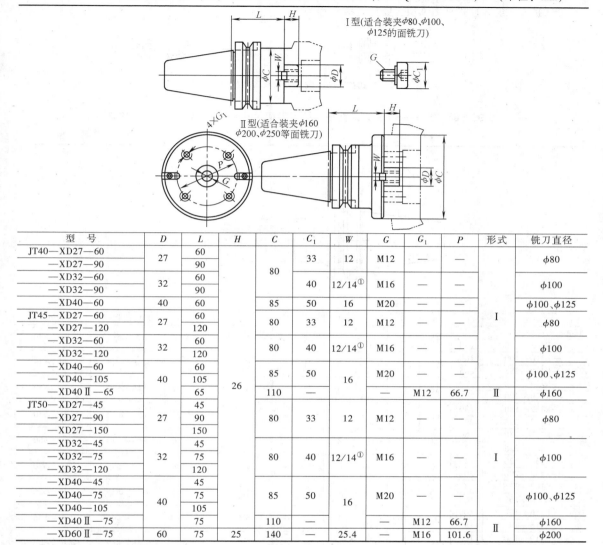

I 型(适合装夹ϕ80、ϕ100、ϕ125 的面铣刀)

II 型(适合装夹ϕ160、ϕ200、ϕ250 等面铣刀)

型　号	D	L	H	C	C_1	W	G	G_1	P	形式	铣刀直径
JT40—XD27—60	27	60		80	33	12	M12	—	—	I	ϕ80
—XD27—90		90									
—XD32—60	32	60			40	12/14[①]	M16	—	—		ϕ100
—XD32—90		90									
—XD40—60	40	60		85	50	16	M20	—	—		ϕ100、ϕ125
JT45—XD27—60	27	60	26	80	33	12	M12	—	—		ϕ80
—XD27—120		120									
—XD32—60	32	60			40	12/14[①]	M16	—	—		ϕ100
—XD32—120		120									
—XD40—60	40	60		85	50	16	M20	—	—		ϕ100、ϕ125
—XD40—105		105									
—XD40 II —65		65		110	—		—	M12	66.7	II	ϕ160
JT50—XD27—45	27	45		80	33	12	M12	—	—	I	ϕ80
—XD27—90		90									
—XD27—150		150									
—XD32—45	32	45		80	40	12/14[①]	M16	—	—		ϕ100
—XD32—75		75									
—XD32—120		120									
—XD40—45	40	45		85	50	16	M20	—	—		ϕ100、ϕ125
—XD40—75		75									
—XD40—105		105									
—XD40 II —75		75		110	—		—	M12	66.7	II	ϕ160
—XD60 II —75	60	75	25	140	—	25.4	—	M16	101.6		ϕ200

① 直径 $D=32\text{mm}$ 的面铣刀刀柄上的键，Sandvik 的键宽 $W=14\text{mm}$，我国的键宽 $W=12\text{mm}$。

9.4.9　刀具锥柄转换过渡套

为了使用方便，可以设计不同锥度的转换过渡套。一般由大尺寸向小尺寸过渡。表 9-94 及图 9-60 是 7:24 锥柄转换过渡套尺寸。

表 9-94　7:24 锥柄转换过渡套

型号、规格	No. A	No. B	D	d	L_1	L_2
JT50-JT40	JT50	JT40	68.85	44.45	150	48
JT60-JT50	JT60	JT50	107.95	69.85	242	80
BT50-BT40	BT50	BT40		44.45	150	48
ST50-ST40	ST50	ST40	69.85		162	60
JT50-ST50	JT50	ST50		69.85	232	130
ST60-ST50	ST60	ST50	107.95		257	50
JT60-ST50	JT60	ST50			247	85

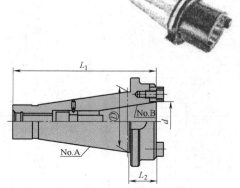

图 9-60　7:24 锥柄转换过渡套

9.4.10 套式扩孔钻和铰刀刀柄

套式扩孔钻组合形式见图 9-61，铰刀刀柄尺寸系列见表 9-95。

图 9-61 套式扩孔钻、铰刀刀柄与刀具的组合形式

表 9-95 JT（ST）—KJ 套式扩孔钻和铰刀刀柄尺寸系列（JB/GQ 5010—1983）

（单位：mm）

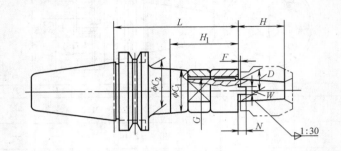

型 号	L	H	D	H_1	W	C_1	C_2	N	F	G	扩孔钻直径	铰刀直径
JT40—KJ13—90	90	45	13	—	4	24	24	4.6	2	M16	$\phi25\sim\phi35$	$\phi25\sim\phi30$
—KJ13—150	150			80			28					
—KJ16—100	100	50	16	—	5	31	31	5.6		M18	$\phi36\sim\phi45$	$\phi32\sim\phi35$
—KJ16—185	185			110			36					
—KJ19—120	120	56	19	—	6	35	35	6.7		M22	$\phi46\sim\phi52$	$\phi36\sim\phi42$
—KJ19—200	200			130			40					
—KJ22—130	130	63	22	—	7	40	40	7.7	2.5	M27	$\phi55\sim\phi62$	$\phi45\sim\phi50$
—KJ22—225	225			150			46					
—KJ27—150	150	71	27	—	8	50	50	8.8		M30	$\phi65\sim\phi75$	$\phi52\sim\phi60$
—KJ27—225	225			150			56					
—KJ32—120	120	80	32	—	10	54	54	9.8	3	M36	$\phi80\sim\phi90$	$\phi62\sim\phi70$
—KJ32—200	200			130			60					
JT45—KJ13—90	90	45	13	—	4	24	24	4.6	2	M16	$\phi25\sim\phi35$	$\phi25\sim\phi30$
—KJ13—165	165			95			28					
—KJ16—100	100	50	16	—	5	31	31	5.6		M18	$\phi36\sim\phi45$	$\phi32\sim\phi35$
—KJ16—185	185			110			36					
—KJ19—120	120	56	19	—	6	35	35	6.7		M22	$\phi46\sim\phi52$	$\phi36\sim\phi42$
—KJ19—200	200			130			40					
—KJ22—130	130	63	22	—	7	40	40	7.7	2.5	M27	$\phi55\sim\phi62$	$\phi45\sim\phi50$
—KJ22—225	225			150			46					
—KJ27—150	150	71	27	—	8	50	50	8.8		M30	$\phi65\sim\phi75$	$\phi52\sim\phi60$
—KJ27—225	225			150			56					
—KJ32—120	120	80	32	—	10	54	54	9.8	3	M36	$\phi80\sim\phi90$	$\phi62\sim\phi70$
—KJ32—200	200			130			60					
JT50—KJ13—100	100	40	13	—	4	24	24	4.6	2	M16	$\phi25\sim\phi35$	$\phi25\sim\phi30$
—KJ13—185	185			110			28					
—KJ16—100	100	47	16	—	5	31	31	5.6		M18	$\phi36\sim\phi45$	$\phi32\sim\phi35$
—KJ16—185	185			110			36					
—KJ19—120	120	50	19	—	6	35	35	6.7		M22	$\phi46\sim\phi52$	$\phi36\sim\phi42$
—KJ19—200	200			130			40					
—KJ22—130	130	55	22	—	7	40	40	7.7	2.5	M27	$\phi55\sim\phi62$	$\phi45\sim\phi50$
—KJ22—225	225			150			46					
—KJ27—150	150	60	27	—	8	50	50	8.8		M30	$\phi65\sim\phi75$	$\phi52\sim\phi60$
—KJ27—225	225			150			56					
—KJ32—120	120	65	32	—	10	54	54	9.8	3	M36	$\phi80\sim\phi90$	$\phi62\sim\phi70$
—KJ32—200	200			130			60					

9.4.11　减振刀杆

在有些加工条件下，刀杆比较长，这样在加工过程中容易产生振动。为提高加工质量和保证加工尺寸精度，可以通过多种不同的方法来减少振动。山特维克可乐满公司的减振镗刀可以很好地解决镗削中的振动问题，如图 9-62 所示内有一个预先调校好的减振系统。该系统由一个通过多个橡胶弹簧元件支承的重金属介质组成。加油可增加减振效果。减振机构可用于镗刀、铣刀等。

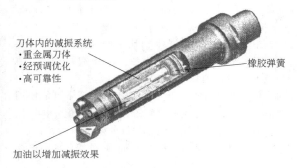

减振系统由一个通过多个橡胶弹簧支撑的重金属介质组成

刀体内的减振系统
·重金属刀体
·经预调优化
·高可靠性

橡胶弹簧

加油以增加减振效果

图 9-62　减振系统结构

9.5　工具系统的动平衡

一般切削最常用的刀柄为 7：24 锥度刀柄，而高速切削用得比较多的是 HSK 刀柄。标准的 7：24 锥度刀柄有许多优点：

1）可实现快速装卸刀具。

2）刀柄的锥体在拉杆轴向拉力作用下，紧紧地与主轴的内锥面接触，实心的锥体直接在主轴锥孔内支承刀具，可以减少刀具的悬伸量。

3）只有一个尺寸（即锥角）需加工到很高的精度，所以成本较低而且可靠。

但当主轴转速超过 10000r/min 时，由于离心力的作用，主轴系统的端部将出现较大变形，刀柄与主轴锥孔间将出现明显的间隙，其径向圆跳动由 $0.2\mu m$ 左右增加到 $2.8\mu m$ 左右，严重影响了刀具的切削特性，因此 7：24 锥度刀柄一般不能用于高速切削。

9.5.1　刀具的动平衡

在高速切削条件下，刀具系统的不平衡将会产生较大的惯性离心力，从而使机床主轴—刀具系统产生振动，给切削加工过程的稳定性与安全性带来不利影响，不仅会加剧主轴轴承及刀具的磨损，同时会影响工件的加工质量，如造成各刀齿的负载不均衡，工件局部过切，工件形状发生变形，表面出现振纹等。

用于高速切削的铣刀必须经过动平衡测试，并应达到 ISO 1940/1 规定的 $G16$ 平衡质量等级以上要求，即铣刀在最大使用转速 n_{max} 时的单位质量允许不平衡量不超过 $1.5279×10^5/n_{max}$（mm·g/kg）。为些，在机夹铣刀的结构上要设置调节动平衡的位置。

造成刀具系统不平衡的因素包括刀具系统的设计、制造、装配和工件状态等。可转位刀具还会由于换刀片和配件后产生新的微量不平衡，整体刀具在装入刀柄后也会在整体上形成某种微量不平衡，一般常使用平衡调整环、平衡调整螺钉、平衡调整块等调整法来去除不平衡量以达到平衡目的。对于在高速切削条件下使用的刀具，盘类刀具由于轴向尺寸相对较小，一般只进行静平衡；而杆类刀具的悬伸较长，其质量轴线与旋转轴线之间可能存在的夹角，动平衡就不能被忽略。

高速切削加工系统（包括刀体、刀具和其夹紧机构、主轴等）的不平衡是由多种原因引起的：

1）刀具不平衡。

① 在刀具材料结晶、热加工冷加工过程中出现金相缺陷（夹砂、裂纹、气孔等），从而使刀具质量不均匀引起不平衡，并降低结构强度。

② 刀具制造时尺寸精度超差，如刀柄圆度、同心度的超差是产生不平衡的主要原因。

③ 非对称刀具设计如不等深键槽、螺纹等也是不平衡的潜在根源。

④ 使刀具产生质量偏移的非对称零件也会引起不平衡。

⑤ 使用非对称刀具、刀杆或连接件都将产生不平衡。

⑥ 刀具系统装配时多个零件组合的累积误差产生的径向偏移和不平衡。

2）主轴不平衡。

① 制造过程中产生的不平衡。

② 回转精度差产生的不平衡。

③ 不均匀磨损引起的不平衡。

3）主轴—刀具界面上径向的装夹误差引起的不平衡。

4）拉杆—盘形弹簧组件偏移引起的不平衡。

5）主轴—刀具界面上杂物颗粒的污染以及切削液影响引起的不平衡。

6）偶合不平衡。当回转刀具系统主惯性与其重心的轴线交叉，即位于刀具系统对边位置上的两个相同质量不在同一径向平面上时，出现偶合不平衡，此时，刀具系统虽然达到了静平衡，但在高速旋转时，作用在刀具系统两端的力偶将引起动态不平衡造成振动。位于不同横截面的几个转动质量，无论是静态或动态都是平衡的，但旋转运动仍将产生不

平衡力偶，相应地，这将在系统主轴轴承上产生反作用力，偶合不平衡迫使主轴—刀具系统产生谐振。因此，在同一径向平面上以不平衡去校正不平衡的修正方法是系统平衡的关键。

7) 刀具在主轴上重复安装精度也影响刀具的旋转不平衡效果。

9.5.2 工具系统的不平衡量和离心力

目前旋转刀具系统无专门的平衡标准，借用了用于刚性旋转体平衡的 ISO 1940《刚性转子的动平衡质量要求》标准规定。

ISO 1940 标准有两部分：第一部分规定了转子单位质量允许的残余不平衡量与最大工作转速及平衡品质等级之间的关系，通过查表可求得；第二部分是转子几种典型的支承方式，推荐了将总的不平衡量分配到两个平面上的建议。但在 ISO 1940-1 标准推荐的各种不同用途的转子应采用的平衡质量等级 G 中，不包含高速旋转的刀柄-刀具组件，一般可按刀柄制造厂商的规定执行，在刀柄的使用手册中一般已给出在哪个面上修正，以及允许的残余不平衡量等规定。

一个转子的不平衡量（或称残留不平衡量）用 U 表示（单位为 g·mm），U 值可在平衡机上测得；某一转子允许的不平衡量（或称允许残留不平衡量）用 U_{per} 表示。从实际平衡效果考虑，通常转子的质量 $m(kg)$ 越大，其允许残留不平衡量也越大。为对转子的平衡质量进行相对比较，可用单位质量残留不平衡量 e 表示，即 $e = U/m$ （g·mm/kg），相应地即有 $e_{per} = U_{per}/m$。e_{per} 为转子单位质量允许的残留不平衡量，又称许用不平衡度，单位为 g·mm/kg。U 和 e 是转子本身对于给定回转轴所具有的静态（或称准动态）特性，可定量表示转子的不平衡程度。从准动态的角度看，一个用 U、e 和 m 值表示其静态特性的转子完全等效于一个质量为 $m(kg)$ 且其质心与回转中心的偏心距为 $e(\mu m)$ 的不平衡转子，而 U 值则为转子质量 $m(kg)$ 与偏心距 $e(\mu m)$ 的乘积。因此，也可将 e 称为残留偏心量，这是 e 的一个很有用的物理含义。

用于高速切削的回转刀具，转速大于 6000r/min 必须在刀具动平衡机上经过动平衡测试。刀具的平衡品质用 $G(mm/s)$ 表示。ISO 1940-1 规定了回转体动平衡后达到的平衡品质等级要求，对于高速铣刀经动平衡后应能达到 ISO 1940-1 规定的 G16 级 ~ G6.3 级的平衡品质等级，目前某些精加工高速刀具平衡品质已达到了 G2.5 级 ~ G1.0 级，甚至达到了 G0.4 级，平衡性比 G16 级好得多。

刀具的不平衡量可通过在专用刀具动平衡机或通用动平衡机上进行测量得到。专用于刀具平衡的动平衡机主要是对加工中心上使用的刀具进行平衡，通用型动平衡机安装上专用的刀柄工装后也可对刀具进行动平衡测量。不同锥度和不同直径规格的刀柄应选配不同的刀柄工装。目前动平衡机大都配有数字显示，可通过人机对话操作在启动前设置刀具两校正面间的距离、校正面与支承点间的距离和校正面的半径，一次启动后就测量出刀具的不平衡量和相位。

一个转子平衡质量的优劣是一个动态概念，它与使用的转速有关。如 ISO 1940-1 标准给出的平衡质量等级图上一组离散的标有 G 值的 45°斜线表示不同的平衡质量等级（见图 9-63），其数值为 e_{per}（g·mm/kg）与角速度（rad/s）的乘积（单位为 mm/s），用于表示一个转子平衡质量的优劣。例如，某个转子的平衡质量等级 $G = 6.3$，表示该转子的 e_{per} 值与最大使用角速度的乘积应小于或等于 6.3。使用时，可根据要求的平衡质量等级 G 及转子可能使用的最大转速，从图上查出转子允许的 e_{per} 值，再乘以转子质量，即可求出该转子允许的残留不平衡量。

假设刀具在离旋转中心 $r(mm)$ 处等效的不平衡

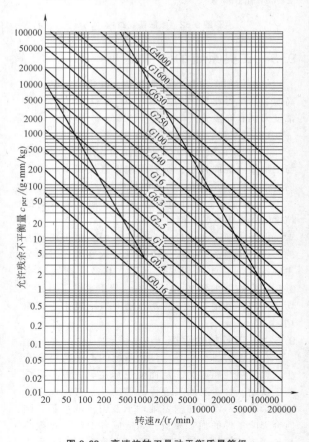

图 9-63 高速旋转刀具动平衡质量等级

注：表中白色区域为基于实际经验的通常应用区域

质量 $m(g)$，刀具不平衡质量与其偏心的乘积定义 (mr) 为刀具不平衡量（g·mm），当刀具旋转速度为 $n(r/min)$ 时，便产生惯性离心力 F。所产生的惯性离心力使刀具寿命减少，使主轴承不仅受到方向不断变化的径向力的作用而加速磨损，还会引起机床振动，降低加工精度甚至可能造成事故。速度进一步提高时，惯性离心力会以二次方的倍数增加。

系统振动的振幅在其他条件不变的情况下，偏心质量 m 越大，偏心距离 r 越大，即刀具不平衡越严重，系统的振动也越剧烈。

根据牛顿第二定律，由于不平衡量的存在，在旋转过程中将产生与速度平方成正比的离心力 F。对于旋转体的平衡，国际上采用的标准是 ISO 1940-1，用 G 参数对不同刚性旋转体的平衡质量进行分级，G 的数字量分级从 $G0.4 \sim G4000$。G 后面的数字越小，平衡等级越高。根据该标准中 e_{per}、G、ω 或 n 的关系，可求出允许的残留不平衡量为

$$U_{per} = 9549Gm/n_{max}$$

式中　U_{per}——允许的残留不平衡量（g·mm）；

　　　G——平衡质量等级；

　　　m——旋转部件的质量（kg）；

　　　n_{max}——旋转部件最高使用转速（r/min）。

对于一个质量为 m、最高使用转速为 n_{max} 的旋转体，要满足 G 的平衡质量等级，其残留的不平衡量不得大于允许的不平衡量 U_{per}。不平衡量 U 可在动平衡机上测得，经平衡后，其最终测得的残留不平衡应小于 U_{per}。

在高速旋转时，刀具的不平衡会对主轴系统产生一个附加的径向载荷，其大小与转速呈二次方关系，因而刀具的安全性必须经过动平衡测试，并应达到 ISO 1940-1 规定的 G16 平衡质量等级，即铣刀在最大转速 n_{max} 时的单位质量允许不平衡度 e_{per} 不超过 $1.5279 \times 10^5/n_{max}$，其中 n_{max} 为最大使用转速。目前，某些精加工高速铣刀不平衡品质已达到 G2.5 级（$e_{per} = 0.23873 \times 10^5/n_{max}$），平衡性比 G16 级好得多，有些刀具动平衡精度甚至可以达到 G1.0 级。

在采用 G 平衡等级来确定旋转体的允许不平衡量时，机床常用的等级有三个：G6.3 为一般精度级，主要用于一般切削机床和机械旋转体的平衡；G2.5 为高精度级，主要用于有特殊平衡要求的机床和机械旋转体；G1.0 为超精度级，主要用于磨床和精密机械旋转体。实际在高速切削机床上，一些高速电主轴的平衡指标已达到 G0.4 级。

举例：已知刀具系统的质量 $m = 1000g$，确定的平衡质量等级为 G6.3，最大使用转速 $n = 18000r/min$。则可求在此条件下允许的残留不平衡量为

$$U_{per} = \frac{9549m}{n} = \frac{9549 \times 6.3 \times 1}{18000} g \cdot mm \approx 3.34 g \cdot mm$$

以上结果也可从 ISO 1940-1 标准给出的平衡质量等级中查得刀具系统单位质量允许的残余不平衡量 e_{per}，再乘以刀具系统的质量而求得。

由不平衡量引起的离心力可用下式计算：

$$F = U\left(\frac{n}{9549}\right)^2$$

式中　U——残留不平衡量（g·mm）；

　　　F——离心力（N）；

　　　n——主轴转速（r/min）。

9.5.3　工具系统的动平衡方法

旋转刀具系统的动平衡原理与一般旋转体的动平衡原理相似。首先，刀具系统结构的设计应尽可能对称，并尽量减小刀具系统的质量。如目前应用较广的中空短锥刀柄（HSK）就比传统的标准 7：24 实心长刀柄的动平衡性能好得多。其次，在需要对刀具进行平衡时，可根据测出的不平衡量采用刀柄去重或调节配重等方法实现平衡。

（1）平衡设计　刀具具有平衡式设计，通过改变设计和仔细选择刀夹和刀具可以修正一些不平衡因素。这就意味着，对称设计可在一定程度上避免不平衡。然而对于带移动零件的可调刀杆和不对称的刀杆，则需要采用刀具平衡调节系统。当组装式刀具用于高速加工时，应仔细考虑锥柄刀杆的设计因素、平衡可调节因素以及刀具精度和对称性的选择。

设计高速切削的可转位刀具时，安全的刀片固定是重中之重。不断提高的铣床高主轴速度和工作台进给（特别是在进行铝切削时）会带来高离心力，以及由此产生的在刀片固定元件上的大负荷。在开发令人满意的解决方案和更快地找出用于高速切削的可转位刀具的工作模型时，分析负荷分布的有限元法特别有价值，并且利用它可以设计出最佳的切削液通道和出口结构，从而以最佳的方法帮助排屑。

刀片固定由特别开发的刀片—刀体接口实现，刀片槽底面和刀片背面的齿绞状接触面设计不仅最大限度地提高了高速铣削加工中的安全性，同时也保证了加工精确性。刀片与刀片座的侧壁是不接触的，来自各个方向的切削力和高转速下受到的离心力都由该接口承受。开放式定位使切屑能流畅地排出。齿形接口的精度确保了切削刃在刀具中处于正确的位置，防止了刀片出现任何的细微移动，并使由刀片误差引起的刀具的径向圆跳动最小。刀片受力均匀，使加工更流畅、更安全，延长了刀具寿命，大大增强了切削品质并提高了加工能力。

在高速加工中，影响不平衡程度的因素还有刀夹。在高速加工中，应优先使用平衡设计刀夹或可调平衡刀夹。平衡设计刀夹是从设计上对刀夹平衡度予以保证，但不能补偿在装配过程中由其他零件

引起的不平衡。此时，只有假设由其他零件引起的不平衡是可忽略的，但在实际生产中往往不可行。因此，应在使用这种刀夹时要测量不平衡量，并尽可能保证其在标准允许的范围内。

（2）高精度制造 锥柄刀杆的锥度尺寸公差对高速加工刀具的性能有很大影响。锥度的精度等级通常可参照 ISO 1947。锥度公差是用于检验影响刀杆平衡和跳动的主轴锥孔与刀杆锥度的公差。机床主轴锥度公差等级一般为 AT3，但 AT2 更好。

除了锥度公差外，在刀具装配中还需考虑其他因素。每一项公差都会累加在一起引起刀具的偏心。这些因素包括刀具的圆跳动、刀夹系统的长度和其他零件（如夹头、卡环等）的对称性。

在制造阶段对刀具和刀柄分别进行平衡，具体方法是：用动平衡机检测出不平衡量的大小和位置，然后在相反的位置切去相应量。这一工作由刀具和刀柄生产厂家完成。

（3）平衡调整 采用可调平衡刀柄。即使经过了动平衡的刀具、夹头、刀柄，当装配起来组成刀具系统时，由于有多个中间装配环节的影响，往往会出现总体不平衡，这就需要对刀具系统进行总体平衡。常用的可调平衡刀柄是在标准刀柄上增加可调的部位。一种是在刀柄的外端面上有一系列垂直于轴线的螺纹孔，用固定螺钉进行调节，根据需要的平衡量用手动方法旋入或退出螺钉，即改变刀柄的径向重心位置；另一种是采用带有平衡调节环的刀柄，根据测得的刀柄不平衡点的位置从平衡调节表中查出平衡环的调整角度，按调整角度旋转带有刻度的调节环，并锁紧螺钉。

9.5.4 工具系统的合理平衡质量等级

根据德国提出的高速旋转刀具系统平衡要求的指导性规范（FMKRichtlinie），平衡质量等级的确定有三个要点：

1）对刀具平衡质量等级的要求是由上限值和下限值界定的一个范围，大于上限值时刀具的不平衡量将对加工带来负面影响，而小于下限值则表明不平衡量要求过严，这在技术和经济上既不合理且无必要。

2）以主轴轴承动态载荷的大小作为刀具平衡质量的评价尺度，并规定以 $G16$ 作为统一的上限值。由于切削加工条件以及影响加工效果因素的多样性，以加工效果的好坏作为刀具平衡的评价尺度并不能普遍适用，而因刀具不平衡引起的主轴轴承动态载荷的大小则是与不平衡量直接相关的参数，因此提出以主轴轴承动态载荷的大小作为制定统一平衡要求的依据。

根据 VDI 56（DIN/ISO 10816）机械振动评定标准的规定，可将使主轴轴承产生最大振动速度（1~2.8mm/s）的不平衡量作为刀具系统允许不平衡量的上限值。当以 1mm/s 或 2.8mm/s 的振动速度作为评价尺度时，不同质量的 HSK63 刀柄在一定转速范围内所允许的平衡质量等级 G 的上限值表明，G 的上限值与刀具的质量、转速和选定的机床主轴振动速度有关，且分散在一个较大范围内。选取振动速度 1.2mm/s、2mm/s，转速范围 10000~40000r/min，质量 0.5~10kg 的不同规格 HSK 刀柄，计算出 27 个 G 的上限值，其中最大 G 值达 201，最小 G 值仅为 9。

综合考虑高速旋转刀具的安全要求和使用的方便性，一个折中的刀具系统平衡等级要求，即选取 $G16$ 作为统一的上限值，这样除无法满足一个 $G9$ 值外，可满足计算所得全部 G 值覆盖的加工条件范围（即转速为 10000~40000r/min，刀具系统质量为 0.5~12kg，振动速度为 2mm/s）。

3）确定刀具系统合理不平衡量的下限值为刀具系统安装在机床主轴上时存在的偏心量，根据现有机床制造水平，该值通常为 2~5μm（根据每台机床的具体情况而略有不同）。以安装偏心量作为下限值，表明将刀具系统的允许残留偏心量 e_{per}（μm）平衡到小于 2μm 并无意义。当转速在 40000r/min 以下时，上限值 $G16$ 所对应的允许残留偏心量 e_{per}（μm）（或单位质量允许残留不平衡量，g·mm/kg）均大于刀具系统的换刀重复定位精度值（仅当转速等于 40000r/min 时，$e_{per} = 4$μm）。因此，规定上限值为 $G16$，下限值为 2~5μm（或 gmm/kg）既可防止不平衡量过大对机床主轴的不利影响，又具有技术、经济合理性。此外，$G16$ 的规定还满足了高速旋转刀具安全标准中规定的刀具平衡等级应优于 $G40$ 的要求。

该指导性规范还要求刀具的内冷却孔必须对称分布，否则应灌满切削液封死洞口后再进行动平衡；并提出必要时可将刀具和机床主轴作为一个系统进行平衡，即首先分别对主轴和刀具（或工具系统）进行平衡，然后将刀具装入主轴后再对系统整体进行平衡。

刀具合理的平衡质量等级可按以下方式确定：

① 对于金属切除量较大的粗加工（如飞机整体铝合金构件、大型模具的模腔、铝合金壳体等的加工），刀具平衡质量等级达 $G16$ 即已足够，但当这种粗加工消耗功率较大时，在 15000~24000r/min 转速范围内则可采用 $G6.3$ 级~$G8.0$ 级，以减小不平衡力对主轴轴承的附加载荷。

② 对于精加工，则要求刀具系统的平衡质量等级至少应达 $G6.3$，也不排除采用更高的平衡质量等

级（其至可比 FKM 规范的下限值更小），这就需要对装入主轴后的工具系统与主轴作为一个整体进行在线平衡。如德国 Schunk 公司推出的带液压胀紧夹头的 HSK63 整体结构刀柄的出厂平衡质量等级为 G6.3 级，其残留不平衡量为 4g·mm，推荐转速为 15000r/min。该公司生产的可精细调节平衡的液压胀紧夹头的使用转速可达 50000r/min。

9.6　整体工具系统的制造与验收技术条件

本节内容摘自行业标准 JB/GQ 5013—1986《镗铣类数控机床用工具制造与验收技术条件》。它适用于 JB/GQ 5010—1983《TSG82 工具系统 型式与尺寸》中的各种整体式刀柄。全部技术条件分为三个部分，即工具柄部、接柄（包括直柄和莫氏锥柄）和工作部分（见图 9-64），分别规定如下。

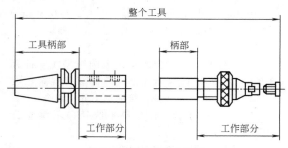

图 9-64　刀柄的三个部分

9.6.1　工具系统的柄部和接柄

1. 工具柄部

1）工具柄部的型式与尺寸应符合有关标准（包括国家标准及工业先进国家标准）的规定。

2）7:24 圆锥柄的锥度按 GB/T 11334—2005《圆锥公差》AT4 级制造。按 JB/GQ 0554—1983《金属切削机床及附件锥体的涂色检验方法》进行检验，涂色厚度不大于 $2\mu m$，接触率不低于 85%。

3）表面粗糙度，7:24 圆锥表面粗糙度不大于 $Ra0.2\mu m$，机械手抓拿表面及尾部拉钉定位孔表面粗糙度不大于 $Ra0.8\mu m$。

4）热处理硬度 53~58HRC。

5）外观与标记应符合以下要求：

① 7:24 圆锥表面不得有碰伤、划痕与锈斑等缺陷。

② 圆角衔接光滑对称，倒角均匀、无毛刺。

③ 非工作表面镀暗铬或发蓝处理。

④ 厂标及工具型号应标记清晰、整齐、美观。

2. 接柄

（1）圆柱接柄应符合以下要求

1）圆柱接柄直径尺寸按公差带 h5 制造。

2）键槽对称度公差按 GB/T 1184—1996《形状和位置公差未注公差的规定》10 级精度。

3）表面粗糙度不大于 $Ra0.4\mu m$。

4）为便于组装，圆柱接柄应有导入锥或导入圆柱。

5）热处理硬度 50~55HRC。

6）外观与标记按工具柄的有关规定。

（2）莫氏圆锥接柄应符合以下要求

1）莫氏圆锥柄尺寸与公差应符合 GB/T 1443—2016《工具柄自锁圆锥的尺寸和公差》的规定。

2）莫氏锥柄按 JB/GQ 0554—1983 的规定进行检验。接触率不低于 80%。

3）表面粗糙度不大于 $Ra0.4\mu m$。

4）热处理硬度 48~53HRC。

5）外观与标记按工具柄的有关规定。

9.6.2　工作部分

1. 装直柄接杆刀柄及配用的直柄接杆

（1）装直柄接杆刀柄应符合以下要求

1）内孔尺寸按公差带 H6 制造。

2）内孔相对于工具柄部轴线的位置精度用检验棒（其直径允许选配）按图 9-65 和表 9-96 进行检验。检验时，用两个紧定螺钉锁紧检验棒。

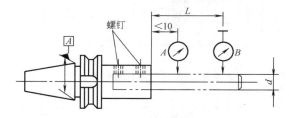

图 9-65　内孔位置精度检验

表 9-96　内孔位置精度公差

（单位：mm）

测量位置	L	d	跳动公差
A	<10	16	0.019
		20、25	0.022
		32、40	0.027
B	150	16	0.025
		20、25	0.028
	200	32、40	0.032

3）内孔表面粗糙度不大于 $Ra0.8\mu m$。

4）热处理硬度 50~55HRC。非工作表面镀暗铬或发蓝处理。

5）内孔键槽相对于内孔轴线对称度公差按 GB/T 1184—1996 的 10 级精度进行检验。

6）前部端面对轴线的全跳动公差为 0.01mm。

（2）配用的直柄接杆应符合以下要求

1）莫氏锥孔及钻夹头短圆锥应分别符合 GB/T

1443—2016 和 GB/T 6090—2003 的规定。

2）装扩孔刀、铰刀接杆工作部分的技术要求按本节 1.（1）的规定。

3）各种锥度工作表面（包括内锥、外锥）均按 JB/GQ 0554—1983 进行检验。接触率不低于 80%。

4）圆柱工作表面尺寸按公差带 h6 制造。

5）圆柱表面上的键（或键槽）相对于接柄轴线的对称度允差参照 GB/T 6132—2006《铣刀和铣刀刀杆的互换尺寸》执行。

6）装带孔刀具接杆的刀具定位端面对于轴线的跳动公差 0.01mm。

7）外锥工作表面对接柄轴线全跳动公差为 0.01mm。

8）圆柱工作表面对接柄轴线全跳动公差为 0.01mm。

9）内锥表面对接柄轴线径向跳动用检验棒检验，见图 9-66 和表 9-97。

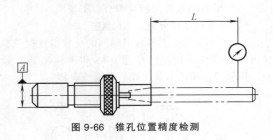

图 9-66 锥孔位置精度检测

表 9-97 内锥表面位置精度公差

（单位：mm）

接杆名称	莫氏锥度号	L	相对基准 A 径向圆跳动公差
带扁尾莫氏圆锥孔接长杆	1	100	0.015
	2		
	3	150	0.02
无扁尾莫氏圆锥孔接长杆	2	100	0.01
	3	150	0.015

10）工作表面粗糙度不大于 $Ra0.8\mu m$。

11）热处理硬度 50～55HRC。非工作表面镀暗铬或发蓝处理。

12）梯形螺纹按 GB/T 5796.4—2005《梯形螺纹公差》2 级精度制造。螺纹大径按公差带 h5 制造。

2. 弹簧夹头刀柄

1）弹簧夹头工作内孔（$\phi16mm$、$\phi32mm$、$\phi40mm$）按 H7 制造。

2）内孔表面粗糙度不大于 $Ra0.4\mu m$。

3）弹簧夹头工作内孔硬度 53～58HRC。

4）弹簧夹头装配后用标准检验棒（$\phi16mm$、$\phi32mm$、$\phi40mm$）检查其相对于锥柄轴线的径向圆跳动。其公差值按表 9-98 的规定。

表 9-98 弹簧夹头径向圆跳动公差

（单位：mm）

检验棒直径	在靠近夹头端面处径向圆跳动公差		距夹头端面的距离/径向圆跳动公差值
	精密级	普通级	
16			100/≤0.015（精密级），≤0.025（普通级）
32 40	≤0.010	≤0.020	200/≤0.020（精密级），≤0.030（普通级）

5）非工作表面镀暗铬或发蓝处理。

6）配用变径夹簧套时，变径夹簧套外径（$\phi16mm$、$\phi32mm$、$\phi40mm$）按公差带 h6 制造。内径按 H8 制造。外径对内孔同轴度公差 0.005mm（在弹性切口剖开前检查）。外径的表面粗糙度不大于 $Ra0.40\mu m$；内径的表面粗糙度不大于 $Ra0.80\mu m$。热处理硬度 48～53HRC。非工作表面发蓝处理。

3. 装钻夹头刀柄

1）与钻夹头相配合的莫氏短圆锥尺寸应符合 GB/T 6090—2003 的规定。锥度用标准套规涂色检查，涂色厚度不大于 $2\mu m$，接触率不低于 80%。

2）短锥相对于工作柄部轴线径向圆跳动公差 0.01mm。

3）热处理硬度 50～55HRC。

4）短锥部分的表面粗糙度不大于 $Ra0.40\mu m$。

5）非工作表面镀暗铬或发蓝处理。

4. 莫氏锥孔刀柄

1）莫氏锥孔尺寸与公差应符合 GB/T 1443—2016 的规定。锥度用标准莫氏锥度塞规涂色检验，涂色厚度 $3\mu m$，接触率不低于 80%。

2）锥孔相对于工具柄部轴线的径向圆跳动用标准检验棒检验，公差值按表 9-99 的规定。

表 9-99 锥孔径向圆跳动公差

（单位：mm）

刀柄名称	莫氏锥孔号	测量点距锥孔端面距离	相对于工具柄部轴线径向圆跳动公差
带扁尾莫氏锥孔刀柄	1	100	0.015
	2		
	3	150	0.02
	4		
	5	300	0.025
无扁尾莫氏锥孔刀柄	1	100	0.01
	2		
	3	150	0.015
	4		
	5	200	0.02

3) 莫氏锥孔表面粗糙度不大于 $Ra0.40\mu m$。

4) 热处理硬度 50~55HRC。

5) 非工作表面镀暗铬或发蓝。

5. 攻螺纹夹头

1) 攻螺纹夹套与主体、丝锥与攻螺纹夹套应连接可靠，工作中不得脱落。

2) 各外观表面不应有锈斑、划痕等缺陷。表面粗糙度不大于 $Ra1.25\mu m$。

3) 非工作表面及滚花表面镀暗铬或发蓝处理。

4) 装配后对每只攻螺纹夹套应进行转矩预调。预调数值应符合表 9-100 的规定。

表 9-100　转矩预调值

规格	预调转矩 /($N \cdot m$)	规格	预调转矩 /($N \cdot m$)
M3	0.5	M18~M20	63.0
M4	1.2	M22	70.0
M5	2.0	M24	125.0
M6	4.0	M27~M30	140.0
M8	8.0	M33	220.0
M10	16.0	M36	350.0
M12	22.0	M39	400.0
M14	36.0	M42	550.0
M16	40.0		

6. 各类镗刀刀柄

（1）倾斜型微调镗刀

1) 型式与尺寸应符合 JB/GQ 5010—1983 标准的规定。

2) 螺杆刀头的外螺纹按 GB/T 197—2003《普通螺纹公差》公差带 4h 制造；分度螺母内螺纹按公差带 5H 制造。微调镗刀螺杆后部的外径与镗杆斜孔内径按 H9/d9 配合。

3) 微调镗刀刀杆前部 53°8′斜孔的两个键槽对于孔轴线的对称度按 GB/T 1184—1996 标准的 9 级精度。

4) 微调镗刀调整要准确可靠，允许误差 ±0.01mm/10 格。

5) 微调镗刀刀杆前部圆柱表面的表面粗糙度不大于 $Ra0.80\mu m$。

6) 微调镗刀刀杆前部热处理硬度 48~53HRC。

7) 螺杆刀头及分度螺母均需热处理 42~47HRC（焊接硬质合金刀片螺杆刀头局部允许硬度稍低，但不低于 25HRC）。

8) 微调螺母上刻线及数字应清晰、完整、美观。

9) 微调螺母外露表面及镗杆非磨表面镀暗铬或发蓝处理。

10) 微调镗刀需进行尺寸稳定性试验。在镗孔长度 200mm 范围内直径公差为 0.002mm。

（2）倾斜型和直角型粗镗刀

1) 型式与尺寸应符合 JB/GQ 5010—1983 标准的规定。

2) 粗镗杆前部方孔的两个定位基面互相垂直，垂直度公差按 GB/T 1184—1996 标准的 7 级精度，其中一个基面必须与轴线平行。

3) 方孔公差带按 D11。

4) 粗镗杆前部热处理硬度 48~53HRC。

5) 表面粗糙度不大于 $Ra0.80\mu m$。

6) 其余部位镀暗铬或发蓝处理。

（3）浮动铰刀

1) 型式与尺寸按 JB/GQ 5010—1983 标准的规定。

2) 浮动铰刀杆与铰刀块之间按 H7/g6 配合。

3) 浮动铰刀杆矩形孔对铰刀杆轴线的对称度公差 0.02~0.04mm。

4) 浮动铰刀杆矩形孔对铰刀杆轴线垂直度公差 0.01~0.03mm。

5) 浮动铰刀杆矩形孔两基面垂直度公差按 GB/T 1184—1996 标准的 6 级精度。

6) 浮动铰刀杆矩形孔表面粗糙度不大于 $Ra0.80\mu m$。

7) 浮动铰刀杆前部热处理硬度 48~53HRC。其表面粗糙度不大于 $Ra0.80\mu m$。

8) 其余外露表面镀暗铬或发蓝处理。

（4）可调镗头

1) 直径微调刻度盘的反向空程不得超过1/3转。

2) 滑块导轨与工具柄部轴线垂直度公差为 100∶0.05。

3) 其中一个小镗刀孔轴线对于工具柄部轴线同轴度可调至小于 0.05mm。

4) 滑块外露表面硬度不低于 48~53HRC。主体外露表面硬度不低于 250HBW。

5) 外露表面镀暗铬或发蓝处理。

（5）镗刀、铰刀的通用要求

1) 上述各镗刀、铰刀的刀尖相对于主轴端键的方位要求按主机要求决定。

2) 切削刃不得有崩刃、裂纹、剥落等缺陷，装可转位刀片的微调镗刀、刀片与支承平面间不得有缝隙。

7. 各类铣刀刀柄

1) 型式与尺寸按 JB/GQ 5010—1983 标准的规定。

2) 与铣刀配合的外径其尺寸精度按 h6 公差带制造。相对于工具柄部轴线的圆跳动公差为 0.01mm。

3）铣刀轴向定位表面相对于刀杆轴线圆跳动公差 0.01mm。

4）键的对称度按 GB/T 1184—1996 标准的 11 级精度。

5）装刀部分硬度 53~58HRC。

6）工作表面粗糙度不大于 $Ra0.40\mu m$。

7）非工作表面镀暗铬或发蓝处理。

8. 扩、铰刀刀柄

1）型式与尺寸应符合 JB/GQ 5010—1983 标准的规定。

2）1∶30 锥度按 GB/T 11334—2005《产品几何量技术规范（GPS）圆锥公差》AT4 精度制造，并按 JB/GQ 0554—1983 进行检验，接触率不低于 80%。

3）1∶30 锥度相对于工具柄部轴线径向圆跳动公差 0.01mm。

4）平键相对于轴线对称度按 GB/T 1184—1996 标准的 9 级精度。

5）1∶30 锥度热处理硬度 53~58HRC。

6）表面粗糙度不大于 $Ra0.40\mu m$。

7）非工作表面镀暗铬或发蓝处理。

第 10 章　成形齿轮刀具

10.1　成形齿轮刀具的种类和应用

10.1.1　基本工作原理

成形齿轮刀具是用于加工直齿和斜齿圆柱齿轮的。齿轮齿形有渐开线和非渐开线（如摆线、圆弧齿形等），本章只讲加工渐开线齿形的成形刀具。

加工直齿圆柱齿轮时，刀具的截形（在无前角时）和齿轮齿槽的截形相同，这时刀具是用仿形法加工齿轮。在切齿过程中，刀具齿形与被切齿轮齿槽形状的各相应点完全重合，例如用盘形齿轮铣刀或指形齿轮铣刀加工直齿齿轮，就是用仿形原理。

加工斜齿齿轮或人字齿轮时，刀具的截形和齿轮齿槽的截形并不完全相同。齿轮齿槽的截形是由刀具齿形（切削刃）连续运动轨迹包络而成，刀具与被切齿轮在切齿过程中无瞬心，这时刀具是用无瞬心包络法加工齿轮的。用盘形和指形铣刀加工斜齿轮或人字齿轮，用的是无瞬心包络法。

在一般情况下，用无瞬心包络法加工斜齿轮，刀具齿形虽和齿轮齿槽的截形不同，但差别并不很大。并且这类成形齿轮刀具生产中有时既用于加工直齿齿轮，同时又用于加工斜齿齿轮，故习惯上常将用仿形法和用无瞬心包络法加工圆柱齿轮的刀具统称"成形齿轮刀具"，这名称虽不严格，但为尊重多数人的习惯，本手册也采用了成形齿轮刀具这名称。

10.1.2　成形齿轮刀具的主要种类

（1）盘形齿轮铣刀　盘形齿轮铣刀可用于加工直齿、斜齿和带空刀槽的人字齿轮。

标准盘形齿轮铣刀（见图 10-1）一般是成套供应的。虽然它加工效率低、加工精度不高，且刀具寿命也不高（刀具热处理后不磨齿形，齿面有脱碳层），但是可用普通铣床加工齿轮，所以在修配和单件生产中有时还使用。

模数较大的齿轮（$m = 20 \sim 40\mathrm{mm}$）在没有滚刀时可以用盘形齿轮铣刀加工，这时盘形齿轮铣刀做成镶齿结构。

生产中为提高加工效率、加工精度和刀具寿命，通常将齿轮粗切和精切分开进行。图 10-2 所示是一种粗加工用齿轮铣刀。该铣刀采用顶刃前角 $8° \sim 10°$，并采用错齿结构（刀齿侧向倾斜 $10°$，前后切削刃错开），侧切削刃开分屑槽以减小切削力，改善切削情况。粗加工盘形铣刀为便于制造可以制成梯形齿形（见图 10-3a）。在模数较大时，还可制成阶梯齿形（见图 10-3b）进行第一次粗切，再用梯形齿形进行第二次粗切，以提高加工效率。最近硬

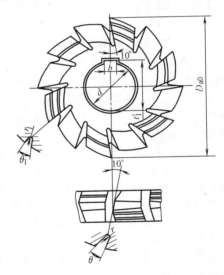

图 10-2　粗加工用错齿盘形铣刀

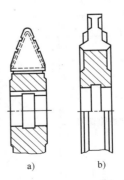

图 10-3　粗加工用梯形和阶梯齿形盘铣刀
a) 梯形齿形　b) 阶梯齿形

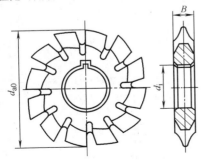

图 10-1　标准盘形齿轮铣刀

质合金盘形齿轮铣刀的应用，使切齿效率大大提高。

（2）指形齿轮铣刀 指形齿轮铣刀主要用于加工大模数（$m = 10 \sim 100$mm）的直齿、斜齿齿轮和无空刀槽的人字齿轮、多曲人字齿轮。

过去指形齿轮铣刀都做成直齿，齿形经过铲齿制成，如图 10-4a 所示。这种指形铣刀切削时振动大，刀具寿命低，加工效率低。现在已有不少工厂改用螺旋齿结构的指形铣刀，如图 10-4b 所示，可明显提高加工精度和加工效率。但这种螺旋齿指形铣刀制造较复杂。

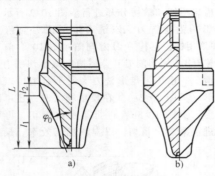

图 10-4 指形齿轮铣刀
a）直齿铲齿结构 b）螺旋齿尖齿结构

（3）齿轮拉刀 齿轮拉刀刀具寿命长，加工齿轮效率高，加工的齿轮精度和齿面质量高。但齿轮拉刀制造复杂、成本高，故仅在大量生产中制造内齿轮和扇形齿轮时使用。

（4）成形插齿刀盘 成形插齿刀盘（见图 10-5）是在专用机床上用仿形原理加工直齿、斜齿圆柱齿轮，也可加工花键轴。它同时切削齿轮的全部牙齿，故生产率很高。但由于刀具结构复杂，要求精度高，成本高，且刀具专用，故只能用于大量生产。

成形插齿刀盘由三部分组成（图 10-5）：

1）刀体。在刀体 1 内开有半径方向的槽，以容纳切刀齿 3。

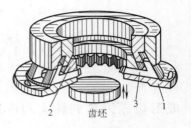

图 10-5 成形插齿刀盘
1—刀体 2—压板 3—切刀齿

2）压板。用一圈螺钉将压板 2 固定在刀体上，其下平面就是切刀齿的支承基面。

3）切刀齿。刀体每个径向槽中都有一把切刀齿 3，切刀齿有前角，以利于切削。

加工时刀盘固定在机床上不动，齿轮毛坯件做上下往复运动，在返回空行程时，切刀齿有后退让刀运动。第二次切削行程时，切刀齿有径向进给，直到切出齿槽全深。

（5）成形磨轮 用成形磨轮加工精密齿轮时，加工效率高于展成法磨削，但由于成形磨削要求精确修整磨轮齿形，修整困难，限制了这种方法的应用。

用成形磨轮磨削有一突出优点，就是齿轮槽的齿形部分和齿底部分可以一次磨出，这两部分圆滑过渡无应力集中现象，齿轮可承受较大载荷。用展成法磨削齿轮，齿形部分和齿根部分不连续，有应力集中，影响轮齿强度。

成形磨轮齿形的计算方法和盘形齿轮铣刀相同，可加工直齿和斜齿圆柱齿轮。近年来已出现一些新的齿形修正方法，如修正笔运动不和砂轮齿形母线重合的齿形逼近法等，特别是精密数控修正。修整方法的应用，使成形齿轮磨削有了新的生机。

10.2 盘形齿轮铣刀

10.2.1 盘形齿轮铣刀的主要类型

盘形齿轮铣刀的主要类型见表 10-1。

表 10-1 盘形齿轮铣刀的主要类型

序号	名称	简 图	特点和用途
1	小模数齿轮铣刀		1）适用于模数 $m = 0.3 \sim 0.8$mm 2）前角 $\gamma = 0°$

（续）

序号	名称	简　图	特点和用途
2	Ⅰ型齿轮铣刀	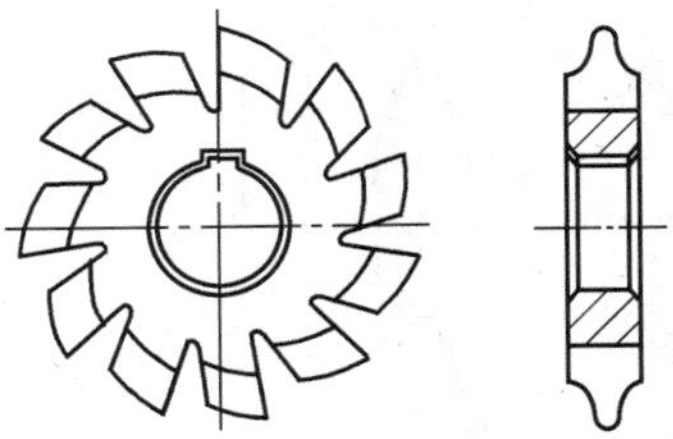	1）适用于模数 $m = 1 \sim 6.5\text{mm}$ 2）槽底为直线 3）前角 $\gamma = 0°$
3	Ⅱ型齿轮铣刀	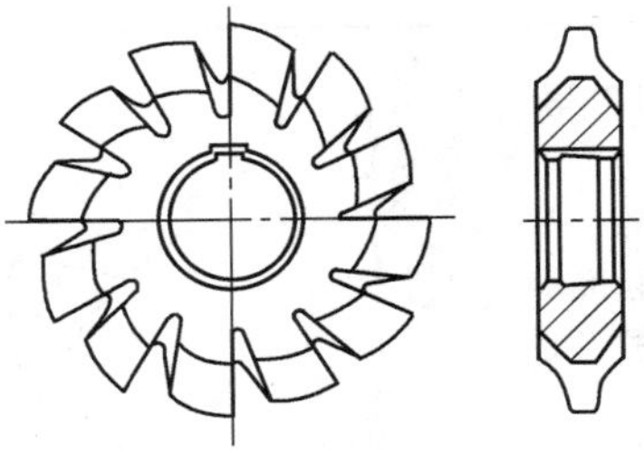	1）适用于模数 $m = 7 \sim 16\text{mm}$ 2）槽底为折线 3）前角 $\gamma = 0°$
4	镶齿齿轮铣刀	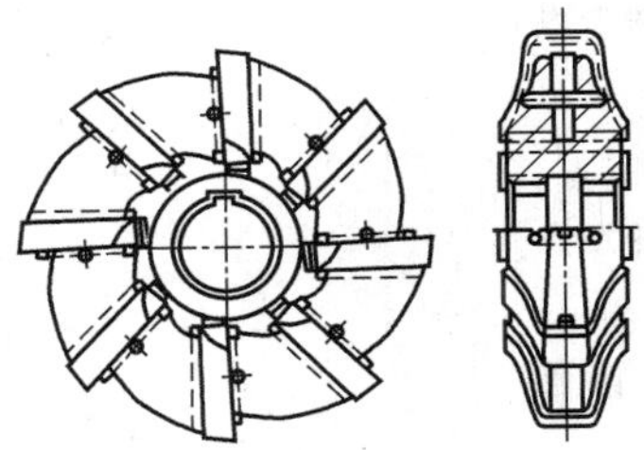	1）适用于模数 $m = 22 \sim 45\text{mm}$ 2）前角 $\gamma = 0°$ 3）刀齿用高速钢,刀体用结构钢
5	粗加工用齿轮铣刀	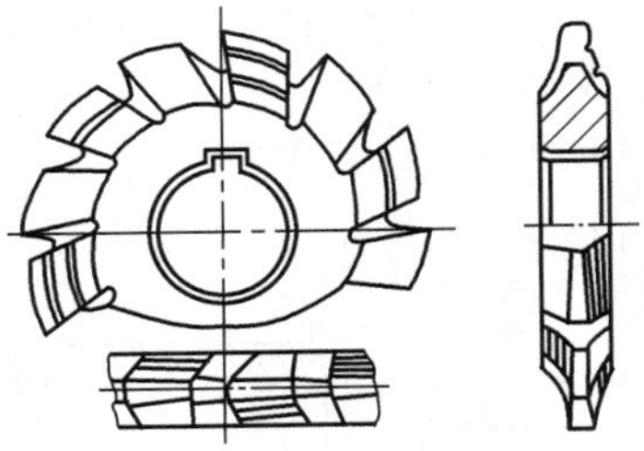	1）适用于大模数齿轮的粗加工 2）前角 $\gamma = 8° \sim 10°$;刀齿倾斜角 $\lambda = 10°$ 3）侧切削刃上开分屑槽
6	硬质合金 齿轮精铣刀	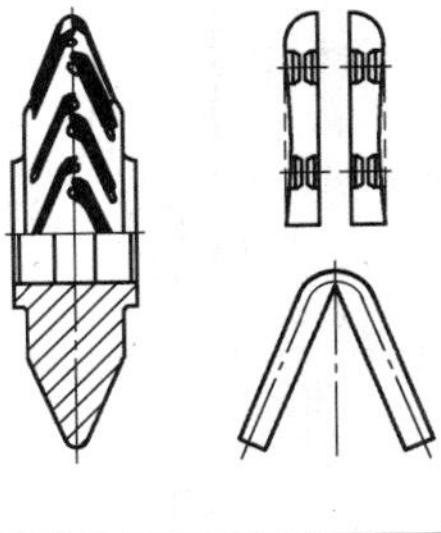	1）适用于模数 $m = 8 \sim 14\text{mm}$ 2）刀片无后角,倾斜装夹得负前角和后角 3）刀片可翻转使用一次

（续）

序号	名称	简 图	特点和用途
7	硬质合金 齿轮粗铣刀	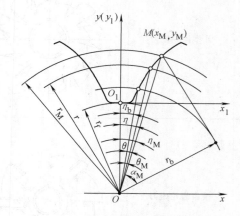 $m=6\sim10$ $m=12$ 14 $m=16\sim18$ $m=20\sim36$	1）适用于模数 $m=6\sim36$mm 2）刀片无后角，双向倾斜装夹得负前角和后角 3）使用可转位硬质合金刀片

10.2.2 标准齿轮铣刀的齿形确定和铣刀刀号

1. 齿轮铣刀的渐开线齿形计算

齿轮铣刀是用于加工圆柱形渐开线齿轮的，故铣刀的齿形应符合渐开线齿轮的齿槽形状。标准齿轮铣刀（盘形和指形）是按直齿渐开线齿轮槽形设计的。齿形计算方法如下。

在计算刀具齿形时，已知被加工齿轮的参数有：模数 m；齿数 z；分圆压力角 α_0；变位系数 x；顶圆半径 r_a 和根圆半径 r_f；齿厚减薄量 Δs（或分圆齿槽宽 $\overline{W}$）。

常用直角坐标法。取齿轮中心 O 为坐标原点，齿槽对称轴为 y 轴（见图10-6），取渐开线上任意点 M，其半径为 r_M。设半径线 $\overline{OM}$ 与 y 轴的夹角为 η_M（任意半径处的齿槽中心半角），则任意点 M 的坐标为

$$\left.\begin{array}{l} x_M = r_M \sin\eta_M \\ y_M = r_M \cos\eta_M \end{array}\right\} \qquad (10\text{-}1)$$

$$\begin{aligned} \eta_M &= \eta + \theta_M - \theta \\ &= \eta + \text{inv}\alpha_M - \text{inv}\alpha_0 \end{aligned} \qquad (10\text{-}2)$$

$$\eta = \frac{\overline{W}}{2r} = \frac{\pi - 4x\tan\alpha_0}{2z} + \frac{\Delta s}{mz} \qquad (10\text{-}3)$$

$$\cos\alpha_M = \frac{r_b}{r_M} \qquad (10\text{-}4)$$

$$r_b = \frac{mz}{2}\cos\alpha_0 \qquad (10\text{-}5)$$

将不同的 r_M 值代入上式，就可计算出齿形上各点的坐标。计算齿形坐标的点数可以在 6~20 点，根据齿轮的模数和精度要求而定。

计算时采用的最小 r_M 值应略小于齿轮的有效工作部分起始点的向径（当 $r_b > r_f$ 时，取 r_b；当 $r_b < r_f$ 时，取 r_f）；r_M 最大值应大于齿轮顶圆半径，具体数值根据模数大小而定。

以上求出的是齿轮齿槽渐开线部分的坐标，也

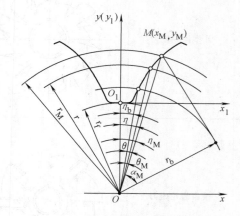

图10-6 齿轮铣刀齿形计算法

就是铣刀加工齿轮齿槽渐开线部分所应有的齿形坐标。由于齿轮铣刀要根据样板来制造和检验齿形，故应画出样板齿形。画样板的齿形时，应将坐标原点移到 O_1 点，如图10-7所示。这时样板的坐标为

$$\left.\begin{array}{l} x_1 = x_M \\ y_1 = y_M - r_f \end{array}\right\} \qquad (10\text{-}6)$$

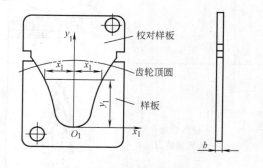

图10-7 齿轮铣刀的齿形样板

综上所述，齿轮铣刀计算齿形步骤见表10-2。

表 10-2 齿轮铣刀齿形计算步骤

序号	计算项目	符号	计算公式及图表
1	基圆半径	r_b	$r_b = \dfrac{mz}{2}\cos\alpha_0$
2	根圆半径	r_f	$r_f = \left(\dfrac{z}{2} - 1.25\right)m$
3	分度圆半径	r	$r = \dfrac{1}{2}mz$
4	顶圆半径	r_a	$r_a = \left(\dfrac{z}{2} + 1\right)m$
5	分度圆齿槽中心半角	η	$\eta = \dfrac{\pi - 4x\tan\alpha_0}{2z} + \dfrac{\Delta s}{mz}$
6	渐开角	θ	$\theta = \text{inv}\alpha$，查渐开线函数表
7	基圆齿槽中心半角	η_b	$\eta_b = \eta - \text{inv}\alpha_0$
8	任意圆半径	r_M	最小值取 $r_b(r_b > r_f)$ 或 $r_f(r_b < r_f)$；最大值取 $r_a + (2\sim10)$ mm；为计算齿顶宽度，必须在 r_a 处取一点，共取 $6\sim20$ 个点
9	任意点压力角	α_M	$\alpha_M = \arccos\dfrac{r_b}{r_M}$
10	任意点处渐开角	θ_M	$\theta_M = \text{inv}\alpha_M$，查渐开线函数表
11	任意半径齿槽中心半角	η_M	$\eta_M = \eta_b + \text{inv}\alpha_M$
12	M 点横坐标	x_M	$x_M = r_M\sin\eta_M$
13	M 点纵坐标	y_M	$y_M = r_M\cos\eta_M$
14	样板横坐标	x_1	$x_1 = x_M$
15	样板纵坐标	y_1	$y_1 = y_M - r_f$

2. 标准齿轮铣刀的刀号

模数相同而齿数不同的齿轮，其齿形虽都是渐开线，但是形状是不同的。齿数越少，基圆半径越小，渐开线齿形的曲率半径也越小；当齿数较多时，渐开线齿形的曲率半径就较大。因此，同模数而齿数不同的齿轮，要求用不同的齿轮铣刀来加工，这就要求齿轮铣刀的规格繁多，增加刀具费用。由于齿轮铣刀加工的齿轮精度一般不高，故生产中把齿数相近的齿轮用同一把齿轮铣刀加工，使刀具规格大大减少。

标准齿轮铣刀都成套供应。当模数 $m \leqslant 8$mm 时，由 8 把铣刀组成一套；当模数 $m \geqslant 9$mm 时，由 15 把铣刀组成一套。每套铣刀可加工模数相同、齿数 $z = 12 \sim \infty$ 的齿轮。每套铣刀中各刀号所能加工的齿数范围，按 GB/T 28247—2012 的规定，见表 10-3。

表 10-3 标准齿轮铣刀的刀号和各刀号加工的齿数范围

铣刀号		1	$1\frac{1}{2}$	2	$2\frac{1}{2}$	3	$3\frac{1}{2}$	4	$4\frac{1}{2}$
齿轮齿数	8 把一套	$12\sim13$	—	$14\sim16$	—	$17\sim20$	—	$21\sim25$	—
	15 把一套	12	13	14	$15\sim16$	$17\sim18$	$19\sim20$	$21\sim22$	$23\sim25$

铣刀号		5	$5\frac{1}{2}$	6	$6\frac{1}{2}$	7	$7\frac{1}{2}$	8	
齿轮齿数	8 把一套	$26\sim34$	—	$35\sim54$	—	$55\sim134$	—	$\geqslant135$	
	15 把一套	$26\sim29$	$30\sim34$	$35\sim41$	$42\sim54$	$55\sim79$	$80\sim134$		

每号齿轮铣刀加工的齿轮齿数范围划分，是照齿形误差不超过一定数值的原则决定的。如图 10-8 所示，将齿数 $z = 12$ 和 $z = \infty$（齿条）的齿形画出，将其间等分成 8（或 15）段，即是各刀号的加工齿数范围。每号铣刀的齿形，是按该铣刀可加工的最小齿数的齿槽设计的。这样加工其他齿数时，齿顶和齿根略有过切，齿轮啮合时不会卡住。

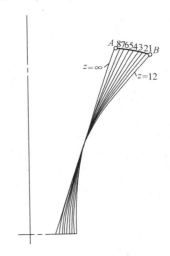

图 10-8 不同刀号齿轮铣刀的齿形

3. 铣刀齿形的代替圆弧

当齿轮精度要求不高时，可用圆弧近似地代替渐开线齿形。在齿轮铣刀需要铲磨时，用代用圆弧修整砂轮比较方便。

当齿轮齿数 $z = 12 \sim 54$ 时，需用两段圆弧代替渐开线齿形；在 $z \geqslant 55$ 时，只需用一段圆弧即可。代用圆弧的圆心是在基圆上，根据齿轮的参数可做出齿轮的基圆、分度圆和分度圆与齿廓的交点 A，如图

10-9 所示。在用两段代用圆弧时，A 点为两圆弧的连接点。对分度圆压力角 $\alpha_0 = 20°$ 的齿轮，代用圆弧半径 R_1 和 R_2 可用下式计算

$$\left.\begin{array}{l} R_1 = \rho' m \\ R_2 = \rho'' m \end{array}\right\} \qquad (10\text{-}7)$$

式中

$$\rho' = \frac{z}{2}\sqrt{1-\cos^2\alpha_0\frac{z-1}{z+1}} \qquad (10\text{-}8)$$

$$\rho'' = \frac{z^2\sin^2\alpha_0}{4\rho'} \qquad (10\text{-}9)$$

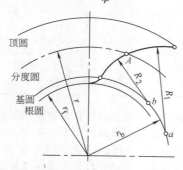

图 10-9 渐开线齿形的代用圆弧

为便于使用，按上式计算出不同刀号（齿数）时的代用圆弧 ρ'、ρ'' 值，见表 10-4。

表 10-4 $\alpha_0 = 20°$ 齿轮时的代用圆弧 ρ'、ρ'' 值

铣刀号数	1	1$\frac{1}{2}$	2	2$\frac{1}{2}$	3	3$\frac{1}{2}$	4	4$\frac{1}{2}$
被加工齿轮最小齿数 z	12	13	14	15	17	19	21	23
ρ'	3.017	3.205	3.391	3.545	3.942	4.303	4.662	5.020
ρ''	1.396	1.542	1.690	1.856	2.144	2.454	2.767	3.082

铣刀号数	5	5$\frac{1}{2}$	6	6$\frac{1}{2}$	7	7$\frac{1}{2}$	8
被加工齿轮最小齿数 z	26	30	35	42	55	80	135
ρ'	5.552	6.255	7.131	8.350	10.598	14.904	24.334
ρ''	3.561	4.208	5.025	6.179	—	—	—

4. 铣刀齿形的过渡曲线部分

这是指加工齿轮齿根处过渡曲线部分的铣刀齿顶角处齿形。齿轮齿根处虽不参与啮合，但它要求：

1）不影响齿轮啮合。

2）过渡曲线部分和有效齿形应圆滑过渡。

3）有适当圆角以避免应力集中。

过渡曲线的确定是一个比较复杂的问题，有下面几种不同的情况。

（1）被加工齿轮齿数 $z \geqslant 35$ 时（相当于 6~8 号铣刀） 这是属于齿轮不发生根切时的情况，这时铣刀齿形由三部分组成：渐开线 EF、圆弧 $\overset{\frown}{FA}$、直线 $\overset{\frown}{O_1A}$，如图 10-10 所示。决定圆弧半径 r_c 及圆心位置步骤如下：

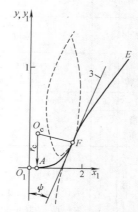

图 10-10 6~8 号齿轮铣刀的齿形

1）求出延伸渐开线和渐开线切点 F 的向径 r_F

$$r_F = m\sqrt{\frac{z^2}{4}-h'_\alpha z+\frac{h'^2_\alpha}{\sin^2\alpha_0}} \qquad (10\text{-}10)$$

2）用下式求出公切点 F 的坐标

$$\left.\begin{array}{l} x_F = r_F\sin\eta_F \\ y_F = r_F\cos\eta_F \end{array}\right\} \qquad (10\text{-}11)$$

其中

$$\eta_F = \eta - \mathrm{inv}\,\alpha_0 + \mathrm{inv}\,\alpha_F$$

$$\alpha_F = \arccos\frac{r_b}{r_F}$$

3）将 F 点坐标换算到 $O_1x_1y_1$ 坐标系中

$$\left.\begin{array}{l} x_{1F} = x_F \\ y_{1F} = y_F - r_F \end{array}\right\} \qquad (10\text{-}12)$$

4）用下式求出过 F 点切线与 y_1 轴间夹角 ψ

$$\psi = \eta_F + \alpha_F \qquad (10\text{-}13)$$

5）圆弧半径 r_c 用下式计算

$$r_c = \frac{y_{1F}}{1-\sin\psi} \qquad (10\text{-}14)$$

6）圆弧中心 O_c 坐标用下式计算

$$\left.\begin{array}{l} y_c = r_c \\ x_c = x_{1F} - r_c\cos\psi \end{array}\right\} \qquad (10\text{-}15)$$

（2）被加工齿轮齿数 $z = 19 \sim 34$ 时$\left(\text{相当于 } 3\frac{1}{2} \sim 5\frac{1}{2} \text{ 号铣刀}\right)$ 这也是属于齿轮不发生根切时的情况，这时铣刀齿形由三部分组成：渐开线 EF、直线 $\overline{FC}$ 和圆弧 $\overset{\frown}{CA}$，如图 10-11 所示。圆

弧中心在 y_1 轴上，这时决定圆弧半径 r_c 和圆心位置的步骤如下：

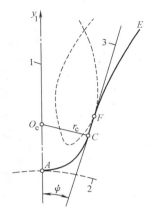

图 10-11 $3\frac{1}{2} \sim 5\frac{1}{2}$ 号齿轮铣刀的齿形

1) ~4）与（1）中的 1) ~4）完全相同。

5）圆弧中心在 y_1 轴上，圆弧半径 r_c 为

$$r_c = \frac{x_{1F} - y_{1F}\tan\psi}{\tan\left(\dfrac{90° - \psi}{2}\right)} \qquad (10\text{-}16)$$

6）圆弧和直线 $\overline{FC}$ 的切点 C 的坐标为

$$x_{1c} = x_{1F} - y_{1F}\tan\psi + r_c\tan\left(\frac{90° - \psi}{2}\right)\sin\psi$$

$$y_{1c} = r_c\tan\left(\frac{90° - \psi}{2}\right)\cos\psi \qquad (10\text{-}17)$$

（3）被加工齿轮齿数 $z \le 17$ 时（相当于 1~3 号铣刀） 当被加工齿轮齿数 $z \le 17$ 时，齿轮齿根可能产生根切（当 $\alpha_0 = 20°$ 时），即渐开线齿形将和延伸渐开线（共轭齿条齿角的展成运动轨迹）相割，这时铣刀齿形的过渡曲线如图 10-12 所示。

铣刀齿形过渡曲线的做法如下：先将齿轮齿槽的渐开线和啮合时的延伸渐开线（图 10-12 中的虚

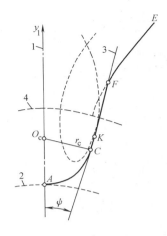

图 10-12 1~3 号齿轮铣刀的齿形

线曲线）画出，做延伸渐开线的切线 $\overline{KF}$。$\overline{KF}$ 和 y_1 轴倾斜成 ψ 角（一般取 $\psi = 5°$），使铣刀刃有必要的后角。过渡曲线的圆弧部分的圆心在 y_1 轴上，圆弧和 $\overline{KF}$ 直线在 C 点相切。故过渡曲线是由圆弧 $\overset{\frown}{AC}$ 和直线 $\overline{CF}$ 所组成。圆弧半径 r_c 和 K 点坐标的计算可参考有关资料，限于篇幅此处不予详述。

从图 10-12 中可看到，过渡曲线是将部分有效渐开线工作齿形多切去了，使齿轮啮合情况变坏。在齿轮加工要求高时（例如成形齿轮磨削），应按实际啮合齿轮参数计算出延伸外摆线来代替延伸渐开线，按实际情况尽量少切去有效渐开线齿形，以提高切出齿轮的啮合质量。

（4）标准齿轮铣刀齿形过渡曲线部分的坐标 GB/T 28247—2012（附录 A）中给出了标准齿轮铣刀过渡曲线的齿形坐标，如图 10-13 和表 10-5 所示。

5. 标准齿轮铣刀的齿形坐标

GB/T 28247—2012（附录 A）中给出了标准齿轮铣刀渐开线齿形部分的坐标，如图 10-13 和表 10-6 所示。

表 10-5 标准齿轮铣刀过渡曲线的齿形坐标（$m = 100\text{mm}$，$\alpha = 20°$，齿顶高系数 $h_a^* = 1$，间隙系数 $c^* = 0.2$）

铣刀号	计算齿形时所依据齿数	分组后每一铣刀所适用的齿数		齿形上过渡曲线部分的各点坐标							
		8 个的一组	15 个的一组	B 点		C 点		圆弧中心		D 点	
				y_B	x_B	y_C	x_C	$y_r = R$	x_r	y_D	x_D
1	12	12~13	12	58.777	64.144	85.848	66.512	64.388	0	203.516	151.018
$1\frac{1}{2}$	13	—	13	58.071	63.373	82.032	65.469	61.615	0	205.142	148.545
2	14	14~16	14	57.423	62.676	78.205	64.493	62.915	0	206.492	146.391
$2\frac{1}{2}$	15		15~16	56.851	62.042	74.397	63.577	62.279	0	207.628	144.499

（续）

铣刀号	计算齿形时所依据齿数	分组后每一铣刀所适用的齿数		齿形上过渡曲线部分的各点坐标							
		8 个的一组	15 个的一组	B 点		C 点		圆弧中心		D 点	
				y_B	x_B	y_C	x_C	$y_r = R$	x_r	y_D	x_D
3	17	17~20	17~18	55.829	60.927	66.956	61.900	61.160	0	209.429	141.329
$3\frac{1}{2}$	19	—	19~20	53.806	59.728	61.249	60.506	60.045	0	210.877	138.779
4	21	21~25	21~22	51.548	58.760	57.152	59.299	59.060	0	211.849	136.682
$4\frac{1}{2}$	23	—	23~25	49.719	57.612	53.789	58.213	58.238	0	212.697	134.927
5	26	26~34	26~29	47.551	56.417	49.740	56.793	57.243	0	213.700	132.773
$5\frac{1}{2}$	30	—	30~34	45.388	55.174	45.635	55.222	56.228	0	214.666	130.536
6	35	35~54	35~41	41.857	53.656	—	—	53.286	1.600	215.537	128.427
$6\frac{1}{2}$	42	—	42~54	38.114	51.988	—	—	49.890	5.307	216.373	126.284
7	55	55~134	55~79	33.736	49.886	—	—	45.768	5.796	217.314	123.704
$7\frac{1}{2}$	80	—	80~134	29.376	47.621	—	—	41.190	8.162	218.213	121.042
8	135	≥135	≥135	25.518	45.471	—	—	36.953	10.332	218.973	118.600

表 10-6 标准齿轮铣刀渐开线各点的坐标 （$m = 100\text{mm}$，$\alpha = 20°$，$h_a^* = 1$，$c^* = 0.2$）

铣刀号	1		$1\frac{1}{2}$		2		$2\frac{1}{2}$		3		$3\frac{1}{2}$		4		$4\frac{1}{2}$	
	y	x	y	x	y	x	y	x	y	x	y	x	y	x	y	x
渐开线各点的坐标	85.848	66.512	82.032	65.467	78.205	64.493	74.397	63.577	66.956	61.900	61.249	60.506	57.152	59.299	53.789	58.213
	90.000	67.729	90.000	67.716	80.000	64.883	80.000	64.780	70.000	62.358	70.000	62.006	60.000	59.717	60.000	59.300
	100.000	71.381	100.000	71.368	90.000	67.705	90.000	67.697	80.000	64.635	80.000	64.537	70.000	61.769	70.000	61.594
	110.000	75.865	110.000	75.766	100.000	71.357	100.000	71.348	90.000	67.684	90.000	67.675	80.000	64.465	80.000	64.409
	120.000	81.078	120.000	80.826	110.000	75.684	110.000	75.617	100.000	71.335	100.000	71.325	90.000	67.669	90.000	67.663
	130.000	86.972	130.000	86.506	120.000	80.618	120.000	80.445	110.000	75.511	110.000	75.432	100.000	71.317	100.000	71.311
	140.000	93.525	140.000	92.785	130.000	86.122	130.000	85.800	120.000	80.172	120.000	79.966	110.000	75.371	110.000	75.323
	150.000	100.730	150.000	99.656	140.000	92.175	140.000	91.663	130.000	85.290	130.000	84.906	120.000	79.807	120.000	79.679
	160.000	108.594	160.000	107.117	150.000	98.769	150.000	98.025	140.000	90.851	140.000	90.237	130.000	84.606	130.000	84.365
	170.000	117.130	170.000	115.179	160.000	105.901	160.000	104.881	150.000	96.845	150.000	95.951	140.000	89.756	140.000	89.370
	180.000	126.362	180.000	123.855	170.000	113.576	170.000	112.234	160.000	103.265	160.000	102.042	150.000	95.251	150.000	94.687
	190.000	136.322	190.000	133.167	180.000	121.803	180.000	120.089	170.000	110.112	170.000	108.507	160.000	101.083	160.000	100.310
	200.000	147.053	200.000	143.144	190.000	130.596	190.000	128.457	180.000	117.386	180.000	115.346	170.000	107.250	170.000	106.237
	210.000	158.606	210.000	153.820	200.000	139.976	200.000	137.350	190.000	125.093	190.000	122.561	180.000	113.750	180.000	112.465
	220.000	171.050	220.000	165.239	210.000	149.966	210.000	146.787	200.000	133.238	200.000	130.155	190.000	120.582	190.000	118.993
	230.000	184.466	230.000	177.455	220.000	160.597	220.000	156.789	210.000	141.832	210.000	138.133	200.000	127.751	200.000	125.821
	240.000	198.959	240.000	190.534	230.000	171.905	230.000	167.382	220.000	150.886	220.000	146.502	210.000	135.257	210.000	132.952
	250.000	214.664	250.000	204.556	240.000	183.935	240.000	178.597	230.000	160.415	230.000	155.270	220.000	143.104	220.000	140.387
	260.000	231.754	260.000	219.621	250.000	196.739	250.000	190.471	240.000	170.435	240.000	164.448	230.000	151.297	230.000	148.129
	270.000	250.461	270.000	235.857	260.000	210.383	260.000	203.048	250.000	180.967	250.000	174.047	240.000	159.844	240.000	156.182
	—	—	—	—	270.000	224.943	270.000	216.380	260.000	192.034	260.000	184.081	250.000	168.751	250.000	164.552
	—	—	—	—	—	—	270.000	203.662	270.000	194.567	260.000	178.027	260.000	173.243		
	—	—	—	—	—	—	—	—	270.000	187.682	270.000	182.263				

（续）

铣刀号	5		5 $\frac{1}{2}$		6		6 $\frac{1}{2}$		7		7 $\frac{1}{2}$		8	
	y	x	y	x	y	x	y	x	y	x	y	x	y	x
渐开线各点的坐标	49.740	56.793	45.635	55.222	41.857	53.656	33.114	51.988	33.736	49.886	29.376	47.621	25.518	45.471
	50.000	56.837	50.000	56.123	50.000	55.555	40.000	52.450	40.000	51.615	30.000	47.808	30.000	46.935
	60.000	58.871	60.000	58.490	60.000	58.172	50.000	55.050	50.000	54.511	40.000	50.861	40.000	50.243
	70.000	61.403	70.000	61.225	70.000	61.073	60.000	57.882	60.000	57.567	50.000	54.017	50.000	53.609
	80.000	64.347	80.000	64.288	80.000	64.236	70.000	60.931	70.000	60.776	60.000	57.274	60.000	57.030
	90.000	67.657	90.000	67.652	90.000	67.646	80.000	64.188	80.000	64.134	70.000	60.630	70.000	60.507
	100.000	71.304	100.000	71.297	100.000	71.291	90.000	67.641	90.000	67.636	80.000	64.083	80.000	64.039
	110.000	75.266	110.000	75.211	110.000	75.161	100.000	71.285	100.000	71.279	90.000	67.631	90.000	67.626
	120.000	79.529	120.000	79.381	120.000	79.249	110.000	75.113	110.000	75.059	100.000	71.273	100.000	71.267
	130.000	84.081	130.000	83.800	130.000	83.547	120.000	79.120	120.000	78.974	110.000	75.007	110.000	74.962
	140.000	88.914	140.000	88.461	140.000	88.052	130.000	83.302	130.000	83.021	120.000	78.832	120.000	78.710
	150.000	94.021	150.000	93.358	150.000	92.760	140.000	87.655	140.000	87.199	130.000	82.748	130.000	82.511
	160.000	99.397	160.000	98.488	160.000	97.665	150.000	92.176	150.000	91.504	140.000	86.752	140.000	86.364
	170.000	105.040	170.000	103.848	170.000	102.767	160.000	96.862	160.000	95.935	150.000	90.845	150.000	90.269
	180.000	110.946	180.000	109.434	180.000	108.063	170.000	101.711	170.000	100.491	160.000	95.024	160.000	94.227
	190.000	117.115	190.000	115.245	190.000	113.550	180.000	106.721	180.000	105.171	170.000	99.289	170.000	98.235
	200.000	123.545	200.000	121.280	200.000	119.228	190.000	111.891	190.000	109.973	180.000	103.640	180.000	102.295
	210.000	130.237	210.000	127.539	210.000	125.096	200.000	117.220	200.000	114.896	190.000	108.076	190.000	106.406
	220.000	137.191	220.000	134.021	220.000	131.153	210.000	122.706	210.000	119.939	200.000	112.596	200.000	110.567
	230.000	144.410	230.000	140.727	230.000	137.399	220.000	128.438	220.000	125.102	210.000	117.199	210.000	114.778
	240.000	151.894	240.000	147.656	240.000	143.833	230.000	134.174	230.000	130.384	220.000	121.885	220.000	119.039
	250.000	159.647	250.000	154.811	250.000	150.456	240.000	140.101	240.000	135.784	230.000	126.653	230.000	123.350
	260.000	167.672	260.000	162.193	260.000	157.269	250.000	146.210	250.000	141.302	240.000	131.504	240.000	127.711
	270.000	175.973	270.000	169.804	270.000	164.272	260.000	152.473	260.000	146.937	250.000	136.436	250.000	132.121
	—	—	—	—	—	—	270.000	158.893	270.000	152.689	260.000	141.449	260.000	136.580
	—	—	—	—	—	—	—	—	270.000	146.543	270.000	141.087	270.000	141.087

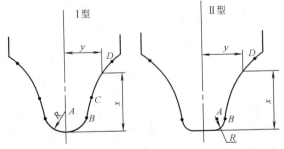

图 10-13　标准齿轮铣刀过渡曲线及渐开线各点的坐标

B—齿根圆弧起点　$\overline{BC}$—直线部分　C—Ⅰ型渐开线起点
D—顶圆与渐开线交点　A—齿根圆弧中心坐标
R—圆弧半径　x、y—渐开线各点的坐标

10.2.3　加工斜齿轮时盘形铣刀（磨轮）齿形的确定

1. 当量齿数法

用盘形铣刀加工斜齿圆柱齿轮时，齿轮的齿面是铣刀回转面相对于工件做螺旋运动时所形成的包络面。铣刀齿形的精确计算比较复杂，在齿轮加工精度要求不高时，在单件和修配工作中，常使用标准盘形齿轮铣刀来进行加工斜齿轮。用这种方法加工的斜齿轮齿形有一定误差，在齿轮模数和螺旋角加大时，齿形误差也增大。

在用标准盘形齿轮铣刀加工斜齿轮时，铣刀模数按齿轮的法向模数，铣刀的刀号应按斜齿轮的法向当量齿数选取。当量齿数 z_v 可根据齿轮齿数 z 和螺旋角 β 用下式计算。

$$z_v = \frac{z}{\cos^3\beta} \qquad (10\text{-}18)$$

2. 计算法

在用盘形刀具加工精密斜齿轮时，例如用成形磨轮加工精密斜齿轮，刀具的齿形需要精确计算。

加工斜齿轮时，盘形刀具齿形可用多种不同方法计算。这里介绍的是一种比较简单的、通过初等

几何投影关系推导得到的法线投影计算法。此方法的基本原理是齿轮螺旋齿面和刀具运动的接触点的法线，必然通过刀具的轴线。

通常，盘形铣刀轴线和被加工齿轮轴线安装成 $90°-\beta$ 角，并与齿轮轴的轴线距离为 a（$a = r_f + r_{a0}$）。计算时只需求出铣刀任一端截面的圆半径 r_{y0}，和相应的此截面与铣刀对称轴的距离 H_{y0}（见图 10-14），用同样方法即可求出铣刀的全部齿形。

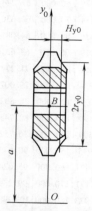

图 10-14 盘形铣刀的齿形坐标

如图 10-15 所示，过工件齿面上 M 点的铣刀位置是由参数 b 和 θ 来确定的。当已知 $\overline{MC}$ 和 $\overline{BC}$ 时，铣刀中间点 B 的轴向移动距离 l 应为

$$l = \frac{\overline{MC}}{\tan\gamma_b} - \overline{BC}\tan\beta$$

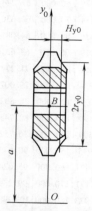

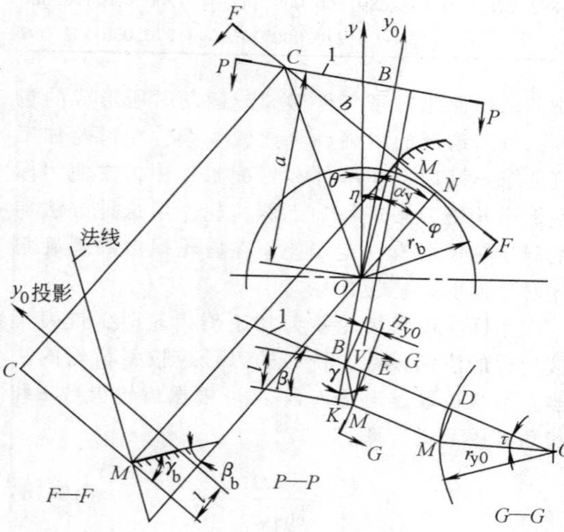

图 10-15 加工斜齿轮时盘形铣刀齿形计算

它的相应转角 θ 为

$$\theta = \frac{l}{p^*} = \frac{\overline{MC}}{r_b\tan^2\gamma_b} - \frac{\overline{BC}\tan\beta}{r_b\tan\gamma_b}$$

式中 p^*——螺旋参数。

取参变数 α_y，则

$$\alpha_y = \eta + \varphi - \theta$$

$$\tan\alpha_y = \frac{\overline{NE}}{r_b} = \frac{\overline{ME}}{r_b} + \frac{\overline{MN}}{r_b} = \frac{\overline{MC}}{r_b} - \frac{\overline{BC}}{r_b\cos\alpha_y} + \varphi$$

取 $\overline{MC} = b$，$\overline{BC} = c$，则

$$\mathrm{inv}\alpha_y = \tan\alpha_y - \alpha_y = \frac{b}{\gamma_b\sin^2\gamma_b} - c\left(\frac{\tan\gamma_b + \tan\beta\cos\alpha_y}{p^*\cos\alpha_y}\right) - \eta$$

所以
$$b = r_b\sin^2\gamma_b\left[\mathrm{inv}\alpha_y + c\left(\frac{\tan\gamma_b + \tan\beta\cos\alpha_y}{p^*\cos\alpha_y}\right) + \frac{W}{2r} - \mathrm{inv}\alpha_t\right] \quad (10\text{-}19)$$

式中，c 值可用下式计算

$$c = \frac{a\cos\alpha_y - r_b}{\sin\alpha_y} \quad (10\text{-}20)$$

由图 10-15 的 P-P 截面，可得

$$\tan v = \frac{\overline{KM}}{\overline{BK}} = \frac{(b\cos\alpha_y - c)\tan\gamma_b\cos\alpha_t}{b\cos\alpha_t - c} \quad (10\text{-}21a)$$

$$\cos\alpha_t = \frac{1}{\tan\gamma_b\tan\beta} \quad (10\text{-}21b)$$

铣刀该端截面与铣刀对称轴之间的距离 H_{y0} 为

$$H_{y0} = \frac{\overline{KM}}{\sin v}\sin(v+\beta)$$

$$= \frac{(b\cos\alpha_y - c)\sin(v+\beta)}{\sin v} \quad (10\text{-}22)$$

在 G-G 截面中，可看到铣刀圆半径 r_{y0} 与直线 O_0D 间的夹角 τ 可用下式计算

$$\tan\tau = \frac{\overline{MD}}{O_0D} = \frac{(b\cos\alpha_y - c)\cos(v+\beta)}{b\sin v\sin\alpha_y} \quad (10\text{-}23)$$

铣刀圆半径 r_{y0} 可用下式计算

$$r_{y0} = \frac{\overline{O_0D}}{\cos\tau} = \frac{b\sin\alpha_y}{\cos\tau} \quad (10\text{-}24)$$

取一系列的 α_y 值代入上面的这些公式，即可求出铣刀的齿形。计算时极限值 $2H_{y0max} = W_{na} + (3\sim5)\,\mathrm{mm}$（$W_{na}$ 为齿轮顶圆处的法向槽宽）。

表 10-7 中为铣刀（磨轮）加工斜齿轮时，刀具齿形的计算步骤和计算实例。此实例为加工渐开线蜗杆，其原始参数为（均取端面参数）：端面模数 $m_t = 8\,\mathrm{mm}$，$z = 5$，$r = 50\,\mathrm{mm}$，$\alpha = 20°$，$\alpha_t = 42°18'$，$p^* = 20\,\mathrm{mm}$，$\beta = 68°12'$，$\gamma_b = 28°25'$，$r_b = 36.9815\,\mathrm{mm}$，$W = 10\pi$。计算时取刀具和工件轴间距 $a = 100\,\mathrm{mm}$。例中只计算刀具齿形的一点，齿形其他点可用同法计算。

表 10-7 加工斜齿轮时，盘形铣刀（磨轮）齿形计算步骤和计算实例

序号	计算项目	序号	计算公式	计算精度	例 题
1		α_y	取一系列 α_y 值	1°	$\alpha_y = 46°$
2	计算参数 c		$c = \dfrac{a\cos\alpha_y - r_b}{\sin\alpha_y}$	0.0001	$c = \dfrac{100\cos46° - 36.9815}{\sin46°}\text{mm} = 45.1585\text{mm}$
3	计算参数 b		$b = r_b\sin^2\gamma_b\left[\text{inv}\alpha_y + c\left(\dfrac{\tan\gamma_b + \tan\beta\cos\alpha_y}{p^*\cos\alpha_y}\right) + \dfrac{W}{2r} - \text{inv}\alpha_t\right]$	0.0001	$b = 36.9815\sin^2 28°25'\left[\text{inv}46° + 45.1585\times\left(\dfrac{\tan28°25' + \tan68°12'\cos46°}{20\cos46°}\right) + \dfrac{10\pi}{2\times50} - \text{inv}42°18'\right]\text{mm} = 65.1496\text{mm}$
4	计算角参数 ν		$\tan\nu = \dfrac{(b\cos\alpha_y - c)\tan\gamma_b}{b\cos\alpha_t - c}\times\dfrac{\cos\alpha_t}{1}$	0.001°	$\tan\nu = \dfrac{65.1496\cos46° - 45.1585}{65.1496\cos42°18' - 45.1585}\times\dfrac{\tan28°25'\cos42°18'}{1} = 0.012978$ $\nu = 0.75°$
5	铣刀端截面至对称轴距离 H_{y0}		$H_{y0} = \dfrac{(b\cos\alpha_y - c)\sin(\nu + \beta)}{\sin\nu}$	0.001	$H_{y0} = \dfrac{65.1496\cos46° - 45.1585}{\sin0.75°}\times\dfrac{\sin(0.75° + 68°12')}{1}\text{mm} = 7.0013\text{mm}$
6	计算角参数 τ		$\tan\tau = \dfrac{b\cos\alpha_y - c}{b\sin\nu}\times\dfrac{\cos(\nu + \beta)}{\sin\alpha_y}$	0.001°	$\tan\tau = \dfrac{65.1496\cos46° - 45.1585}{65.1496\sin0.75°}\times\dfrac{\cos(0.75° + 68°12')}{\sin46°} = 0.0574965$ $\tau = 3.2907°$
7	铣刀圆半径 r_{y0}		$r_{y0} = \dfrac{b\sin\alpha_y}{\cos\tau}$	0.001	$r_{y0} = \dfrac{65.1496\sin46°}{\cos3.2907°}\text{mm} = 46.9422\text{mm}$

10.2.4 标准盘形齿轮铣刀的结构尺寸和技术条件

1. 标准盘形齿轮铣刀结构尺寸的确定

1) 标准盘形齿轮铣刀都采用铲齿结构，取前角 $\gamma = 0°$。主要结构尺寸已在标准中规定，例如铣刀外径、孔径、齿数、形式等，可按表 10-8 中的数值选取。

2) 铣刀宽度 B 应较齿槽宽增加 $1\sim2.5\text{mm}$，也可按表 10-8 中推荐的数值选用。

3) 刀齿铲齿量 K 按下式计算（见图 10-16）

$$K = \frac{\pi d_{a0}}{z_0}\tan\alpha_a \qquad (10\text{-}25)$$

式中 d_{a0}——铣刀外径；

z_0——铣刀齿数。

一般，铣刀齿顶后角 α_a 常取 $10°\sim15°$。为保证铣刀侧刀后角不小于 $1°20'$，$1\sim5\frac{1}{2}$ 号铣刀取 $\alpha_a = 15°$；$6\sim8$ 号铣刀取 $\alpha_a = 10°$。

计算得到的铲背量 K 应圆整到现有凸轮的铲背量数值。

4) 作容屑槽的端面图，以检验各参数是否合适，如图 10-16 所示。做图时容屑槽深 H 是根据铣刀工作齿高 h_0' 算出的。

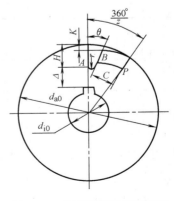

图 10-16 盘形铣刀容屑槽端面图

$$H = h_0' + K + (0.5 \sim 1)\,\text{mm}$$

容屑槽底圆弧半径取 $r = \dfrac{\pi(d_{a0} - 2H)}{10z_0}$

容屑槽角 θ 平时根据常用角度铣刀规格选取，一般可取 18°、22°、25°。

从盘铣刀的端面图检查结构是否合理：

1）检查齿根处铲背曲线，要求 $\dfrac{AB}{AP} \geqslant \dfrac{1}{6}$，否则铲齿时铲刀不易退出。

2）要求 $\dfrac{C}{H} \geqslant 0.75 \sim 1.0$，以保证刀齿的必要强度。

3）在危险截面处，即内孔键槽顶部到容屑槽底的距离 Δ 应大于 $0.35d_{i0}$，否则应增大铣刀外径或减少铣刀齿数，并重新校验。

2. 标准盘形齿轮铣刀的结构尺寸（GB/T 28247—2012）

标准盘形齿轮铣刀的结构尺寸如图 10-17 和表 10-8 所示。

3. 标准盘形齿轮铣刀的技术条件

GB/T 28247—2012 规定了盘形齿轮铣刀的技术条件。按此技术条件绘制的盘形齿轮铣刀工作图如图 10-18 所示。

（1）技术要求

1）铣刀用 W6Mo5Cr4V2 或其他同等性能高速工具钢制造。

2）铣刀工作部分硬度为 63~66HRC。

3）铣刀表面不得有裂纹、崩刃、烧伤及其他影响使用性能的缺陷。

4）铣刀表面粗糙度按下列规定：

刀齿前面、内孔表面和两端面：$Ra1.25\mu m$；

齿形铲背面：$m \leqslant 16mm$，$Rz12.5\mu m$；$m > 16mm$，$Rz25\mu m$。

5）铣刀外径 D 的极限偏差按 h16；铣刀厚度 B 的极限偏差按 h13。

6）铣刀内孔 d 的极限偏差按 H7。

7）铣刀的其余制造公差不应超过表 10-9 的规定。

（2）性能试验方法

1）试验应在符合精度标准的机床上进行。

2）试验齿坯的材料为 170~200HBW 的 45 钢（按 GB/T 699—2015《优质碳素结构钢》）。

3）试验时用乳化油水溶液冷却，流量不少于 5L/min。

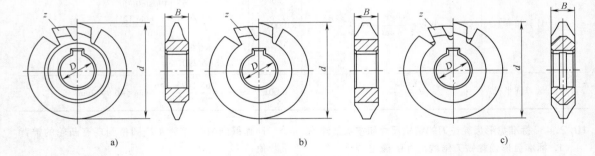

图 10-17 标准盘形齿轮铣刀结构（GB/T 28247—2012）

a）$m = 0.3 \sim 0.9mm$ b）$m = 1 \sim 6.5mm$ c）$m = 7 \sim 16mm$

表 10-8 标准盘形齿轮铣刀的结构尺寸 （单位：mm）

模数系列		d	D	B 铣刀号														齿数 z	铣切深度
1	2			1	1½	2	2½	3	3½	4	4½	5	5½	6	6½	7	7½	8		
0.30																			20	0.66
	0.35																			0.77
0.40																				0.88
0.50		40	16	4	—	4	—	4	—	4	—	4	—	4	—	4	—	4	18	1.10
0.60																				1.32
	0.70																			1.54
0.80																			16	1.76
	0.90																			1.98

（续）

模数系列		d	D	B（铣刀号）															齿数 z	铣切深度
1	2			1	$1\frac{1}{2}$	2	$2\frac{1}{2}$	3	$3\frac{1}{2}$	4	$4\frac{1}{2}$	5	$5\frac{1}{2}$	6	$6\frac{1}{2}$	7	$7\frac{1}{2}$	8		
1.00		50	22	4		4		4		4		4		4		4		4	14	2.20
1.25				4.8		4.6		4.4		4.2		4.1		4.0		4.0		4.0		2.75
1.50		55		5.6		5.4		5.2		5.1		4.9		4.7		4.5		4.2		3.30
	1.75	60		6.5		6.3		6.0		5.8		5.6		5.4		5.2		4.9		3.85
2.00				7.3		7.1		6.8		6.6		6.3		6.1		5.9		5.5		4.40
	2.25	65		8.2		7.9		7.6		7.3		7.1		6.8		6.5		6.1		4.95
2.50				9.0		8.7		8.4		8.1		7.8		7.5		7.2		6.8		5.50
	2.75	70		9.9		9.6		9.2		8.8		8.5		8.2		7.9		7.4	12	6.05
3.00				10.7		10.4		10.0		9.6		9.2		8.9		8.5		8.1		6.60
	3.25	75	27	11.5		11.2		10.7		10.3		9.9		9.6		9.3		8.8		7.15
	3.50			12.4		12.0		11.5		11.1		10.7		10.3		9.9		9.4		7.70
	3.75	80		13.3		12.8		12.3		11.9		11.4		11.0		10.5		10.0		8.25
4.00				14.1		13.7		13.1		12.6		12.2		11.7		11.2		10.7		8.80
	4.50			15.3		14.9		14.4		13.9		13.6		13.1		12.6		12.0		9.90
5.00		90	32	16.8		16.3		15.8		15.4		14.9		14.5		13.9		13.2	11	11.00
	5.50	95		18.4		17.9		17.3		16.7		16.3		15.8		15.3		14.5		12.10
6.00		100		19.9		19.4		18.8		18.1		17.6		17.1		16.4		15.7		13.20
	6.50	105		21.4		20.8		20.2		19.4		19.0		18.4		17.8		17.0		14.30
	7.00			22.9		22.3		21.6		20.9		20.3		19.7		19.0		18.2		15.40
8.00		110		26.1		25.3		24.4		23.7		23.0		22.3		21.5		20.7		17.60
	9.00	115	40	29.2	28.7	28.3	28.1	27.6	27.0	26.6	26.1	25.9	25.4	25.1	24.7	24.3	23.9	23.3	10	19.80
10		120		32.2	31.7	31.2	31.0	30.4	29.8	29.3	28.7	28.5	28.0	27.6	27.2	26.7	26.3	25.7		22.00
	11	135		35.3	34.8	34.3	34.0	33.3	32.7	32.1	31.5	31.3	30.7	30.3	29.9	29.3	28.9	28.2		24.20
12		145		38.3	37.7	37.2	36.9	36.1	35.5	35.0	34.3	34.0	33.4	33.0	32.4	31.7	31.3	30.6		26.40
	14	160		44.7	44.0	43.4	43.0	42.1	41.3	40.6	39.8	39.5	38.8	38.4	37.7	37.0	36.3	35.5		30.80
16		170		50.7	49.9	49.3	48.7	47.8	46.8	46.1	45.1	44.8	44.0	43.5	42.8	41.9	41.3	40.3		35.20

注：1. 标记示例：

模数 $m=10\text{mm}$，3号的盘形齿轮铣刀标记为：

齿轮铣刀 m10-3　GB/T 28247—2012

2. 铣刀的键槽尺寸和公差按 GB/T 6132—2006 的规定。对于模数不大于2mm的铣刀，允许不作键槽。

4）试验时，模数不大于10mm的铣刀，一次切至全齿深；模数大于10~16mm的铣刀，分两次切至全齿深；模数不大于16~25mm的铣刀，分三次切至全齿深。切削规范应符合表10-10的规定。

5）经试验后的铣刀切削刃，不得有崩刃和显著磨钝现象。

（3）标志和包装

1）铣刀端面应标有：制造厂商标、模数、基准齿形角、铣刀号数、所铣齿轮齿数范围。

2）在包装盒上应标有：制造厂名称和商标、产品名称、模数、基准齿形角、铣刀号数、材料、制造年份、本标准编号。

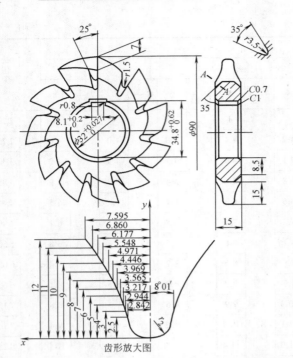

齿形放大图

图 10-18 盘形齿轮铣刀工作图

技 术 要 求

1. 材料：W6Mo5Cr4V2。
2. 硬度：63～66HRC。
3. 前面的非径向性0.12mm。
4. 圆周刃对内孔轴线的径向圆跳动：
   相邻两齿：0.06mm；
   铣刀一转：0.08mm。
5. 两端面的平行度0.02mm。
6. 侧刃沿其法向圆跳动0.08mm。
7. 铣刀两端面到同一直径上任意齿形点的距离差0.25mm。
8. 检验齿形时的透光度：
   渐开线部分：0.08mm；
   齿顶及圆角部分：0.12mm。
9. 标记：$m5$、$\alpha20°$、$z11$、W6Mo5Cr4V2、出厂年份。

表 10-9 盘形齿轮铣刀的制造公差 （单位：mm）

序号	检查项目	模 数						
		0.30～0.75	>0.75～2.00	>2.00～3.50	>3.50～6.30	>6.30～10.00	>10.00～16.00	>16.00～25.00
1	在全切削深度范围内刀齿前面的径向性	0.05	0.07	0.10	0.13	0.16	0.25	0.35
2	圆周刃对内孔轴线的径向圆跳动： 相邻齿 铣刀一转	0.04 0.06	0.05 0.07	0.05 0.07	0.06 0.08	0.07 0.10	0.07 0.10	0.09 0.13
3	侧刃的斜向圆跳动	0.06	0.08	0.08	0.10	0.10	0.12	0.15
4	两端面的平行度	0.01	0.015	0.02	0.02	0.025	0.03	0.035
5	铣刀两端面到同一直径上任意齿形点的距离差	0.20	0.20	0.25	0.25	0.25	0.30	0.35
6	齿形公差： 渐开线部分 齿顶及圆角部分	0.05 0.08	0.06 0.10	0.08 0.12	0.08 0.12	0.10 0.16	0.12 0.16	0.14 0.18

表 10-10 盘形铣刀试验的切削参数

模数/mm	切削速度/(m/min)	进给量/(mm/min)	铣削总长度/mm
0.30～0.75	40	150	200
>0.75～2.0	40	150	200
>2.00～3.50	35	100	200
>3.50～6.30	35	100	200
>6.30～10	30	60	100
>10～16	30	40	60
>16～25	25	40	60

3）铣刀包装前应经防锈处理，并应采取措施防止在包装、运输中产生损伤。

10.2.5 镶齿盘形齿轮铣刀

加工大模数齿轮的盘形齿轮铣刀，由于直径较大，为了节约高速工具钢和改善工艺性能，常制成镶齿结构。图10-19所示是一种常用的镶齿盘形齿轮铣刀结构，用于加工模数 $m = 22～45$mm 的齿轮。它由刀体 1、刀齿 2 和锥销 3 所组成，其结构如图10-20 和图 10-21 所示，其尺寸见表10-11 和表10-12。

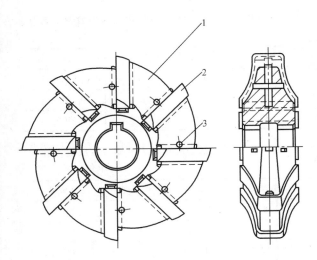

图 10-19　镶齿盘形齿轮铣刀

1—刀体　2—刀齿　3—锥销

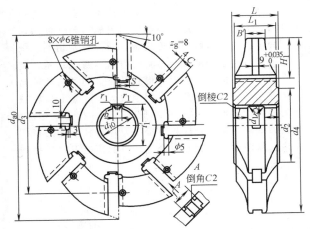

图 10-20　镶齿盘形齿轮铣刀刀体型式

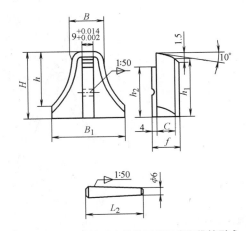

图 10-21　镶齿盘形齿轮铣刀的刀齿和锥销型式

表 10-11　镶齿盘形齿轮铣刀的刀体尺寸

（单位：mm）

模数 m	外径 d_{a0}	d_4	d_{i0}	d_1	d_2	d_3	L	L_1	l	r	H_1
22	245	233	$50^{+0.027}_{0}$	53	100	170	60	57	20	1.5	54
24	255	243				175	65	62	20		59
26	265	253				180	75	72	22		64
28	275	263				185	80	77	24		69
30	305	293	$60^{+0.03}_{0}$	63	120	210	85	82	27		74
33	325	313				215	90	87	27		84
36	335	320				220	100	97	30		89
39	345	333				225	110	107	32		94
42	355	353				235	120	117	34		104
45	375	363				240	125	122	34		109

模数 m	B'	t_1'	b	r_1	C	$f^{+0.045}_{0}$	S
22	24				$16^{+0.035}_{0}$	24	19
24	25	53.5	12.1	1.0			
26	25						
28					$18^{+0.045}_{0}$	26	21
30	30						
33		64.5	14.1	1.25			
36	35						
39	40						
42					$20^{+0.045}_{0}$	28	23
45	50						

表 10-12　镶齿盘形齿轮铣刀的
刀齿和锥销尺寸（单位：mm）

模数 m	H	B_1	B	h	h_1	h_2	C	$f^{+0.017}_{+0.002}$	L_2
22	60	66	30	50	54	45	$16^{+0.014}_{+0.002}$	24	35
24	65	70	35	55	59	50			40
26	70	80	35	60	64	54			40
28	75	85	40	65	69	58			45
30	80	90	40	70	74	63	$18^{+0.017}_{+0.002}$	26	50
33	90	95	45	80	84	72			50
36	95	105	50	85	89	76			55
39	100	115	55	90	94	80			60
42	110	125	65	100	104	90	$20^{+0.017}_{+0.002}$	28	70
45	115	135	65	105	109	93			80

10.2.6　硬质合金盘形齿轮铣刀

由于硬质合金质量的提高，硬质合金盘形齿轮铣刀在生产中已得到实际应用。

1. 精加工硬质合金盘形齿轮铣刀

图 10-22 所示为分圆压力角 20° 的精加工硬质合金盘形齿轮铣刀，由左、右侧成型硬质合金刀齿交错排列组成齿轮铣刀的一个完整齿形。图 10-22b 所示为齿轮铣刀的成型硬质合金刀片，刀片本身无后

角，装在双向倾斜的刀片槽内，得到所要求的径向和轴向负前角和必要的后角。硬质合金成型刀片用钝后，可翻转互换继续使用一次。由于刀片齿顶处和齿根处的前后角有明显差别，模数越大角度差别也越大，限制了大模数硬质合金精齿轮铣刀的应用。

这种精加工硬质合金盘形齿轮铣刀都用较高切削速度，故都采用大直径高刚度结构。某厂生产的精加工硬质合金盘形齿轮铣刀 $m=8\sim14$mm，其外形尺寸及成型硬质合金刀片尺寸，见图 10-22 和表 10-13、表 10-14，可作参考。

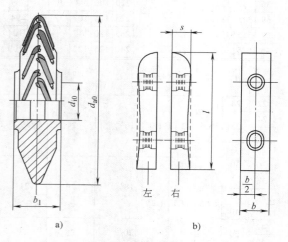

图 10-22 精加工硬质合金盘形齿轮铣刀
a）精加工齿轮铣刀 b）硬质合金刀片

2. 粗加工硬质合金盘形齿轮铣刀

粗加工硬质合金盘形齿轮铣刀可制成较大模数

表 10-13 $m=8\sim14$mm 硬质合金盘形齿轮精铣刀

（单位：mm）

刀片数量 z	外圆直径 d_{a0}	宽度 b_1	内孔直径 d_{i0}
24	300	70	80
28	350	80	80
32	420	100	100

表 10-14 盘形齿轮精铣刀硬质合金成型刀片

（单位：mm）

模数 m	刀片长度 l	刀片厚度 b	刀片宽度 s
8	25.4		5.00
10	31.75	14.30	6.35
12	31.75		6.35
14	38.10		7.14

范围，已在生产中实际使用，能提高齿轮加工效率 3~5 倍。

图 10-23 所示为一种粗加工硬质合金盘形齿轮铣刀。为使铣刀齿形的两侧切削刃能得到合理的切削角度，左、右侧切削刃都做成错齿分别切削。铣刀使用可转位硬质合金刀片，刀片本身无后角，装在双向倾斜的刀片槽内，得到所要求的径向和轴向负前角和必要的后角。根据模数大小，盘形齿轮铣刀每侧齿形可由 1~4 片硬质合金刀片接刀来形成，接刀处需有重叠，故相衔接的刀片需在不同的齿槽内，从图中可看到硬质合金铣刀的衔接刀片的排列状况。

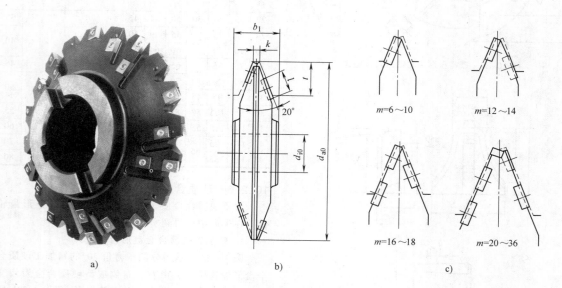

图 10-23 粗加工硬质合金盘形齿轮铣刀
a）粗加工硬质合金齿轮铣刀外观 b）粗加工硬质合金齿轮铣刀 c）硬质合金刀片排列示意

模数大的齿轮齿槽，有时铣刀每侧需由 3~4 个刀片为一组来接刀切成。图 10-23c 所示为不同模数的硬质合金盘形齿轮铣刀同一组刀片需要的刀片数和排列示意图。为使铣刀能容纳较多齿数 z，粗加工硬质合金盘形齿轮铣刀往往做成较大直径（机床允许范围内），大直径铣刀并允许较大内孔直径，使用粗刀杆可提高刚度，有利于提高切齿效率。

表 10-15 为某公司生产的粗加工硬质合金盘形齿轮铣刀主要尺寸，可供参考。

表 10-15 粗加工硬质合金盘形齿轮铣刀主要尺寸（图 10-23）   （单位：mm）

模数 m	外圆直径 d_{a0}	宽度 b_1	内孔直径 d_{i0}	齿顶宽 k	齿高 t	刀齿数 z	刀片长度 l
6	160	50	50	3.14	17	12	25.4
8	180			4.14	23		
10				5.67			
12	200	60		6.93	33		
14				8.20			
16		70		9.47	49		
18				10.75			
20	220	80	60	12.03			19.05
22	250			13.32			
24				14.61	65		
26	320	100	80	15.89			
28				17.18			
30				18.46	80	16	
32	340			19.76			
34				21.05	95		
36				22.35			

注：各模数粗加工硬质合金盘形齿轮铣刀均有加大直径的尺寸系列，本表未列入。

10.3 指形齿轮铣刀

10.3.1 指形齿轮铣刀的主要类型

指形齿轮铣刀一般用于加工模数较大的直齿轮、斜齿轮和人字齿轮。铣刀常用高速工具钢制造，模数很大时采用焊高速工具钢刀片或堆焊高速工具钢刀齿结构。最近大模数粗切指形铣刀有制成硬质合金螺旋玉米齿结构，可提高切齿效率多倍。指形齿轮铣刀的主要类型见表 10-16。

表 10-16 指形齿轮铣刀的主要类型

序号	名称	简图	特点和用途
1	锥柄直槽指形铣刀	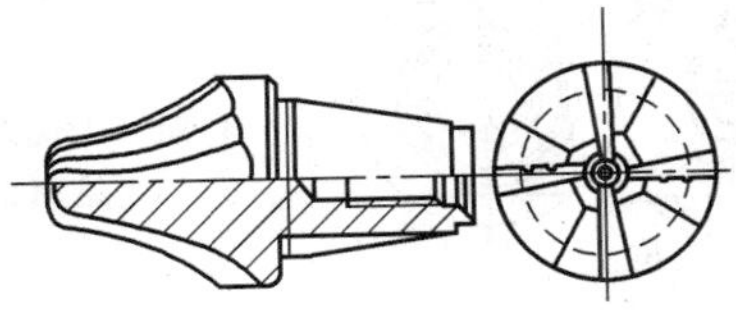	1) 2 号 7:24 锥柄适用于 $D \leqslant 80mm$ 的铣刀 2) 莫氏短锥柄适用于 $D \leqslant 70mm$ 的铣刀 3) 锥柄定位夹固可靠 4) 切削刃可为铲齿或尖齿 5) 粗铣刀的切削刃有分屑槽
2	锥孔定位直槽指形铣刀	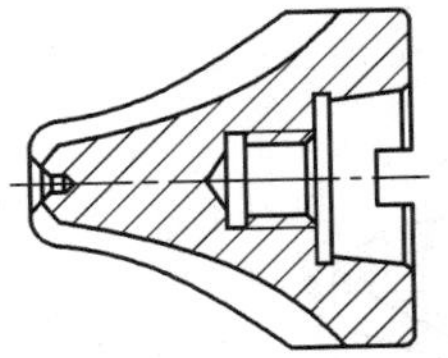	1) 适用于 $D \geqslant 70mm$ 的铣刀 2) 锥孔加端键，定位夹固可靠 3) 切削刃可为铲齿或尖齿 4) 粗铣刀切削刃有分屑槽
3	圆柱孔定位直槽指形铣刀	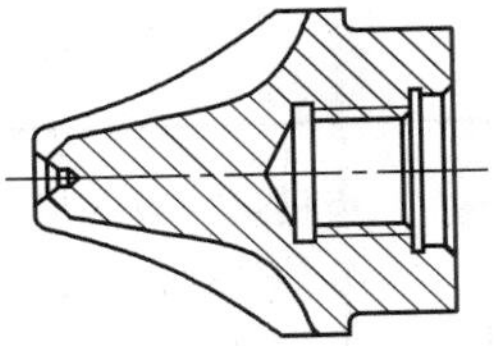	1) 适用于 $D \geqslant 70mm$ 的铣刀 2) 圆柱孔定位，由螺纹和端面传递转矩 3) 切削刃可为铲齿或尖齿 4) 粗铣刀切削刃有分屑槽

（续）

序号	名称	简　图	特点和用途
4	锥柄螺旋齿指形铣刀	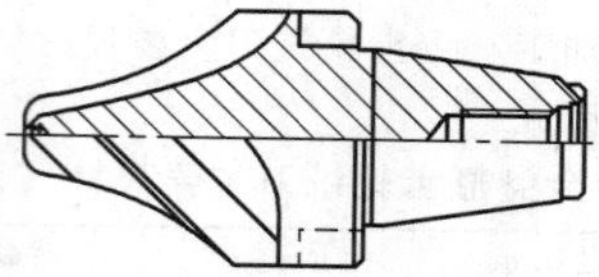	1）适用于 $D \leqslant 80mm$ 的铣刀 2）尖齿，前面抛光，后面用靠模精磨 3）曲线切削刃，采用空间近似等导程螺旋线
5	锥定位孔螺旋齿锥形铣刀	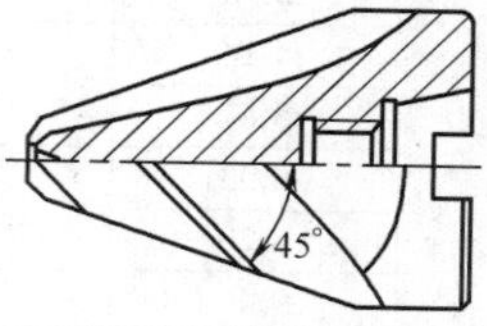	1）适用于 $D \geqslant 70mm$ 的粗铣刀 2）尖齿，切削刃为等导程螺旋线，这时大小端螺旋角将不等 3）切削刃可以开分屑槽
6	锥定位孔螺旋玉米齿锥形铣刀	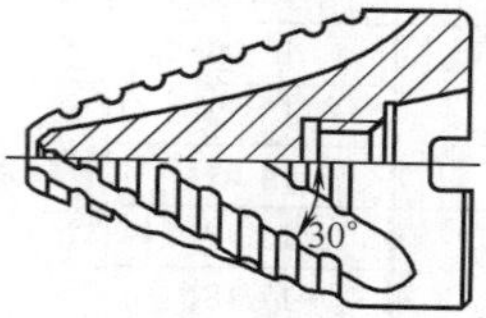	1）适用于 $D \geqslant 70mm$ 的粗铣刀 2）切削刃为铲齿，玉米齿的侧刃起主切削刃作用，降低切削力，使进给量加大 3）切削刃为等导程螺旋线，采用小螺旋角
7	镶焊高速工具钢刀片直齿指形铣刀	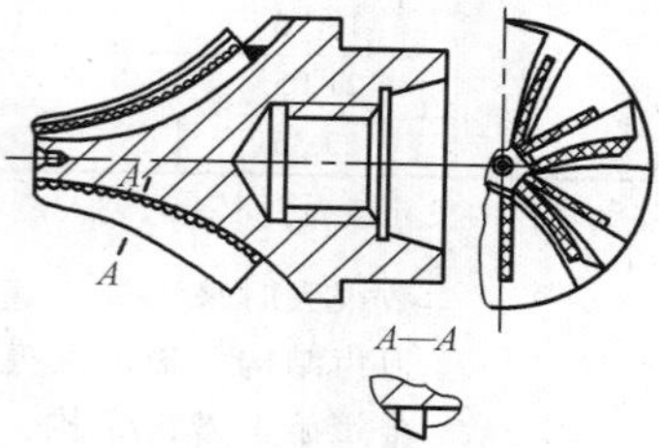	1）适用于 $D \geqslant 70mm$ 的铣刀 2）可用内锥孔定位，也可用锥柄结构 3）可用铲齿，也可用尖齿 4）粗加工铣刀切削刃分开屑槽
8	堆焊高速工具钢刀齿指形铣刀	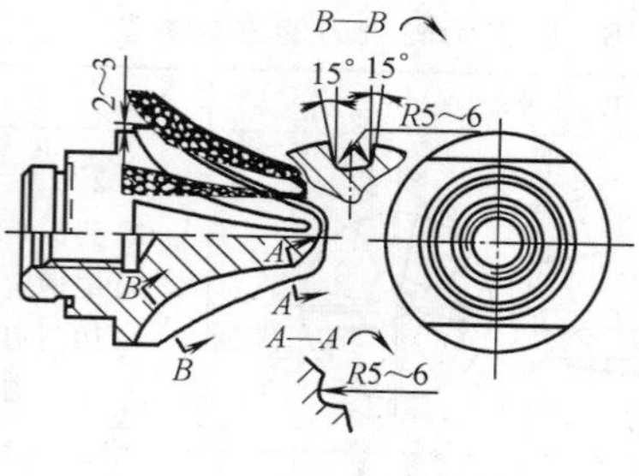	1）适用于 $D \geqslant 70mm$ 的铣刀 2）可制成直齿，也可做成螺旋齿 3）可用铲齿，也可用尖齿 4）粗加工铣刀切削刃开分屑槽 5）可用锥柄结构，也可用锥孔定位
9	硬质合金螺旋玉米齿粗切指形铣刀	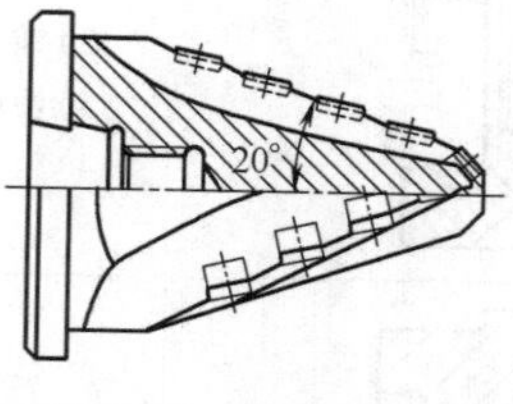	1）适用于 $m = 30 \sim 100mm$ 的铣刀 2）前后刀齿错开，成阶梯状排列在容屑槽内，接刀处需有重叠 3）使用可转位刀片，靠倾斜卡装得到前后角 4）使用端面和锥孔定位

10.3.2　指形齿轮铣刀齿形的确定

1. 加工直齿轮时指形铣刀齿形的确定

加工直齿齿轮时，指形铣刀的齿形应和被加工齿槽形一致。齿形渐开线部分和齿形的过渡曲线部分的计算方法，与加工直齿轮时盘形齿轮铣刀的齿形计算方法完全相同，式（10-1）~式（10-17）全

部可以使用。表 10-2～表10-6也可用于指形齿轮铣刀。

由于指形铣刀常用于加工大齿轮，常要求较高精度，因此有时需要按实际齿轮齿数精确计算指形铣刀的齿形，而不是按铣刀号数选用近似的齿形。

2. 加工斜齿轮时指形铣刀齿形的确定

加工精度不高的斜齿轮时，也可按与盘形铣刀相同的方法，按斜齿轮的当量齿数用式（10-18）计算出的齿数后选用适当的铣刀刀号。这时加工的齿轮精度是很低的。

（1）加工斜齿轮时指形铣刀齿形的计算方法
加工精度要求较高的斜齿轮时，指形齿轮铣刀的齿形需要按加工斜齿轮的实际参数计算求得。加工斜齿轮时，指形铣刀齿形的计算方法有螺旋齿面接触线法、法线投影法等。这里采用法线投影法，因为这种方法只需用初等几何关系即可推导出计算公式，且这种方法的计算公式也比较简单。这种方法的原理是齿轮的表面（渐开螺旋面）和铣刀齿面的接触点的法线，必然通过铣刀的轴线。具体计算方法如下。

如图 10-24 所示，斜齿轮齿面—渐开螺旋面的法线在斜齿轮基圆柱的切平面内，并与它的轴线形成一个固定的角度 γ_b（γ_b 为基圆柱螺旋导程角）。因此，螺旋面法线的位置就很容易确定。如齿面上任一点 M 的法线 $\overline{MB}$，它既在基圆柱的切平面 F-F 中，又与齿轮轴线倾斜成 γ_b 角。如法线 $\overline{MB}=b$ 为已知，则铣刀轴线离齿轮端截面（xy 平面）的距离 l 为

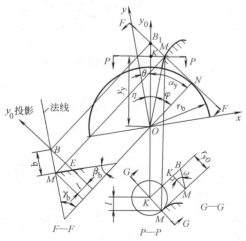

图 10-24　加工斜齿轮时指形铣刀齿形计算

$$l = b\cos\gamma_b$$

相应于移动 l 时的转角 θ 为

$$\theta = \frac{2\pi b\cos\gamma_b}{P} = \frac{b\cos\gamma_b}{p^*}$$

式中　p^*——螺旋参数，用下式计算：

$$p^* = \frac{P}{2\pi} = r_b\tan\gamma_b$$

知道 l 和 θ 就可确定切削刃的位置。但实际计算中取参变数 α_y 更为方便。从图 10-24 中可看到

$$\alpha_y = \eta + \varphi - \theta$$

$$\eta = \frac{\widehat{W}}{2r} - inv\alpha_t$$

式中　$\widehat{W}$——分度圆处齿槽宽。
从图 10-24 中可看到

$$\tan\alpha_y = \frac{\overline{NB_1}}{r_b} = \frac{\overline{B_1M}}{r_b} + \frac{\overline{MN}}{r_b} = \frac{b\sin\gamma_b}{r_b} + \frac{r_b\varphi}{r_b}$$

即　　$$inv\alpha_y = \tan\alpha_y - \alpha_y = \frac{b\sin\gamma_b}{r_b} + \varphi - (\eta + \varphi - \theta)$$

$$= \frac{b}{r_b\sin\gamma_b} - \eta$$

将 η 值代入上式，化简后得到

$$b = r_b\sin\gamma_b\left(inv\alpha_y + \frac{\widehat{W}}{2r} - inv\alpha_t\right) \qquad (10-26)$$

铣刀半径 r_{y0} 是 M 点到铣刀轴线的最短距离。过 M 点做平面 P-P 垂直铣刀轴，则 $r_{y0} = \overline{MK}$，它也是 b 在这平面上的投影。法线 $\overline{MB}$ 和 $\overline{MK}$ 夹角为 ω，则

$$r_{y0} = b\cos\omega \qquad (10-27)$$

同时　　　　$$\sin\omega = \sin\gamma_b\sin\alpha_y \qquad (10-28)$$

以齿轴心为铣刀轴向坐标的原点，则铣刀半径 r_{y0} 处的垂直坐标 y_y 为

$$y_y = \frac{r_b}{\cos\alpha_y} - b\sin\omega \qquad (10-29)$$

由以上各式，给出一系列 α_y 值，可计算出相应齿形各点的 r_{y0} 和 y_y 值。计算范围，取 $y_{ymax} = r_a + 5mm$，$y_{ymin} = r_i$。

指形铣刀齿形的过渡曲线部分，和盘形齿轮铣刀相同，这里不再重复。

（2）加工斜齿轮的指形铣刀齿形计算实例　取计算实例的斜齿轮参数和前面盘铣刀加工实例相同（见表10-7），即斜齿轮为渐开线蜗杆：$m_t = 8mm$，$z = 5$，$r = 50mm$，$\alpha = 20°$，$\alpha_t = 42°18'$，$p^* = 20mm$，$\beta = 68°12'$，$\gamma_b = 28°25'$，$r_b = 36.9815mm$，$W = 10\pi$。计算实例中仅计算 $\alpha_y = 45°$时的一点，计算步骤和计算结果见表 10-17，改变 α_y 值即可算出齿形上的其他各点。

表 10-17　加工斜齿轮时，指形铣刀齿形计算

序号	计算项目	符号	计算公式	计算精度	例　题
1		α_y	给出一系列 α_y 值	1°	$\alpha_y = 45°$
2	从接触点到铣刀轴线的螺旋面法线长	b	$b = r_b \sin\gamma_b \left(\mathrm{inv}\alpha_y + \dfrac{\widehat{W}}{2r} - \mathrm{inv}\alpha_t \right)$	0.0001	$b = 36.9815\sin28°25' \times$ $\left(\mathrm{inv}45° + \dfrac{10\pi}{2\times50} - \mathrm{inv}42°18' \right)$ mm = 6.2845mm
3	螺旋面法线与铣刀轴端截面的夹角	ω	$\sin\omega = \sin\gamma_b \sin\alpha_y$	1″	$\sin\omega\sin28°25'\sin45° = 0.336499$ $\omega = 19°40'$
4	铣刀圆半径	r_{y0}	$r_{y0} = b\cos\omega$	0.001	$r_{y0}\,6.2845\cos19°40'$ mm = 5.9179mm
5	零件轴线到过接触点并垂直铣刀轴的截面间的距离	y_y	$y_y = \dfrac{r_b}{\cos\alpha_y} - b\sin\omega$	0.001	$y_y \left(\dfrac{36.9815}{\cos45°} - 6.2845\sin19°40' \right)$ mm = 50.184mm

10.3.3　指形齿轮铣刀的刀齿结构

1. 直齿结构

这种结构因为易于制造，现在很多指形齿轮铣刀都制成直齿结构。精加工直齿指形齿轮铣刀有制成尖齿的，因需用靠模刃磨齿形，现在用得不多；直槽指形铣刀现在多做成铲齿结构，如图 10-25 所示。

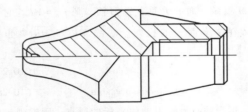

图 10-25　直槽铲齿指形齿轮铣刀

现在生产中用三种不同的铲齿方法：径向铲齿法（见图 10-26a）、轴向铲齿法（见图 10-26b）和斜向铲齿法（见图 10-26c）。决定铲齿方法主要考虑切削刃各点的后角应大致相等并且重磨后齿形改变最小。

（1）径向铲齿法　设铲齿量为 K，指形铣刀小端直径为 D_1，大端直径为 D_2，则铲齿后得到的大、小端径向后角 α_1、α_2 分别为

$$\tan\alpha_1 = \frac{Kz}{\pi D_1}; \quad \tan\alpha_2 = \frac{Kz}{\pi D_2}$$

由于指形铣刀大小端直径 D_1 和 D_2 相差很大，故后角 α_1 和 α_2 相差也很大。

此外，用径向铲齿法时，重磨后直径很快缩小，增加切削深度将造成齿形误差。

（2）轴向铲齿法　用轴向铲齿时，得到的后角

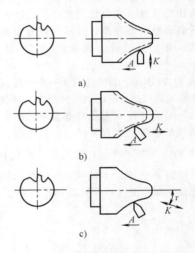

图 10-26　指形齿轮铣刀的不同铲齿法
a）径向铲齿　b）轴向铲齿　c）斜向铲齿

折算到半径方向，小端和大端的后角为

$$\tan\alpha_1 = \frac{Kz}{\pi D_1}\tan\varphi_1; \quad \tan\alpha_2 = \frac{Kz}{\pi D_2}\tan\varphi_2$$

式中　φ_1 和 φ_2——分别为小端和大端齿形的斜角。

经实际计算，α_1 和 α_2 相差甚大，这将明显降低指形铣刀的寿命。

经轴向铲齿的指形铣刀，重磨后齿形不改变，但端齿后角太大，对铣刀寿命不利。

（3）斜向铲齿法　设铲齿方向和铣刀轴倾斜成 τ 角。斜向铲齿量可以分解为径向铲齿分量 K_1 和轴向铲齿分量 K_2，其值为

$$K_1 = K\sin\tau; \quad K_2 = K\cos\tau$$

经折算，小端和大端得到的径向后角 α_1 和 α_2 为

$$\left.\begin{array}{l} \tan\alpha_1 = \dfrac{Kz(\sin\tau+\cos\tau\tan\varphi_1)}{\pi D_1} \\[3mm] \tan\alpha_2 = \dfrac{Kz(\sin\tau+\cos\tau\tan\varphi_2)}{\pi D_2} \end{array}\right\} \quad (10\text{-}30)$$

可以调节 τ 角大小，使 $\alpha_1 \approx \alpha_2$。根据生产经验 $\tau = 15°$ 时效果最好，在不同情况时，α_1 和 α_2 的差值不超过 $2° \sim 3°$，端齿后角已不太大，切削效果基本满足要求。

在斜齿铲齿时，铣刀重磨后齿形略有改变，但改变不太大，由于刀具寿命较高，故现在生产中都采用斜向铲齿。

2. 螺旋齿结构

指形齿轮铣刀切削刃长，切削负载重，直齿铣刀切削时切削力波动大，易产生振动，限制切削效率的提高。采用螺旋齿结构，不仅使切削力平稳，而且切削刃起斜角切削作用，降低了切削力。此外，螺旋容屑槽使切屑易于排出，故螺旋齿指形铣刀可明显提高切削效率。螺旋齿指形铣刀结构如图 10-4b 所示。

螺旋齿指形铣刀的主要问题是制造技术难度大，特别是精铣刀，不仅要求保证齿形精确，而且要求容屑槽自小端到大端逐渐加深加宽，故制造和重磨都有较大难度。近年来，随着数控技术的迅速发展，为螺旋齿指形铣刀的加工和刃磨创造了有利条件。

粗加工用螺旋齿指形铣刀常制成锥形以便于制造。刀齿上开分屑槽或制成玉米齿锥形指形铣刀，以提高切削效率，最近已制成大模数的硬质合金螺旋玉米齿的粗切指形铣刀。

指形铣刀螺旋角 β 的大小对它的切削性能影响很大。螺旋角加大可降低切削力并使切削平稳，但切削刃全长的中心包角必须小于 $180°$，否则小端再次切入时大端尚未切出，两个切屑同时挤在容屑槽内，将使指形铣刀损坏。生产上用的螺旋角 $\beta = 25° \sim 40°$ 时效果较好。

指形铣刀小端和大端直径相差很大，如螺旋齿采用等螺距制造时，小端螺旋角将很小，不利于切削。现在指形铣刀采用等螺旋角结构，使切削条件大为改善，明显提高了切削效率。

现分析指形铣刀采用等螺旋角时的情况。指形铣刀齿面为回转曲面，真正的螺旋角 β' 应是切削刃上各点切线的斜角，β' 值将大于公称螺旋角 β。为便于分析，取指形铣刀为锥形，半锥角为 φ，切削刃为这锥面上的螺旋线。设此锥小端半径为 r_1，螺旋参数为 b。这种等螺旋角圆锥螺旋线的方程式（见图 10-27）为

$$\left.\begin{array}{l} x = r_1 e^{b\theta}\cos\theta \\ y = r_1 e^{b\theta}\sin\theta \\ z = r_1 (e^{b\theta}-1)\cot\varphi \end{array}\right\} \quad (10\text{-}31)$$

同时

$$b = \frac{\tan\varphi}{\tan\varphi'}$$

实际螺旋角 β' 可用下式计算

$$\tan\beta' = \frac{\overline{DC}}{\overline{AC}} = \frac{\tan\varphi}{\sin\left[\operatorname{arccot}\dfrac{\tan\varphi}{\tan\beta}\right]} \quad (10\text{-}32)$$

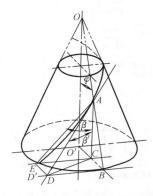

图 10-27　等螺旋角指形铣刀的实际螺旋角

精加工用指形齿轮铣刀，齿形各点处 φ 角不等使实际 β' 角有变化。考虑到这一因素，采用 $\beta = 25° \sim 40°$ 的公称螺旋角为宜。

等螺旋角指形铣刀加工螺旋容屑槽时，按近似的锥铣刀考虑。过去铣容屑槽用带特殊变速移动的专用夹具在铣床上加工，现在可用多坐标数控铣床加工。

3. 容屑槽尺寸的确定

确定指形铣刀容屑槽的结构和尺寸时需考虑以下几个问题：

1) 用指形铣刀切削齿轮时属半封闭切削，切下的切屑量大，因此容屑槽必须有足够的容屑空间，否则会造成切屑堵塞而打刀。

2) 由于指形铣刀小端大端直径相差很大，故容屑槽必须是小端浅窄，大端深宽。一般采用齿槽底与铣刀轴间夹角 ω_0 比齿形曲线的半锥角 φ_0（见图 10-4）小 $3° \sim 10°$，如图 10-28 所示。

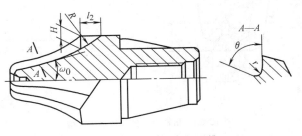

图 10-28　指形铣刀的容屑槽

3) 为保证指形铣刀的强度, 刀齿槽底与刀体内孔内螺孔之间的距离应不小于 8~10mm。

4) 为保证容屑槽的容屑空间, 容屑槽的 θ 角应较大, 且槽底圆角半径 r 也不宜过小, 如图 10-28 所示。

容屑槽的具体尺寸可参考表 10-18 的数值选取。

表 10-18　指形齿轮铣刀容屑槽尺寸

（单位：mm）

m	ω_0	θ	R
10 以下	8°~15°	90°	25
10~30	8°~15°	70°~90°	30~70
30~40	10°~15°	70°	75~85
40~50	10°~15°	60°~70°	90~100

M	H	r	l_2
10 以下	2~3	2	5~7
10~30	3~7	2~3	7~15
30~40	6~10	3~3.5	15~18
40~50	8~12	3.5~4	18~22

4. 刀齿数和端齿结构

（1）刀齿数　指形齿轮铣刀的齿数一般取偶数, 便于测量。刀齿数根据铣刀外径和齿轮模数决定, 要保证刀齿强度和容屑槽的容屑空间, 刀齿数一般取 2~8 齿, 可参考表 10-19 中的数值选取。

表 10-19　指形齿轮铣刀齿数

铣刀直径/mm	<40	40~75	>75~145	>145~220
铣刀齿数	2	4	6	8

粗加工用指形铣刀也可采用奇数齿, 应保证容屑槽的容屑空间大于精铣刀。

（2）端齿结构　指形齿轮铣刀小端有中心孔, 供加工和刃磨时使用。模数 $m \leqslant 16mm$ 时中心孔无保护锥, 如图 10-29a 所示；模数 $m>16mm$ 时中心孔应有保护锥, 如图 10-29b 所示。因铣刀有中心孔故不能轴向进给切削。指形齿轮铣刀端齿部分尺寸可参考表 10-20 选取。

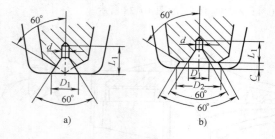

图 10-29　指形齿轮铣刀的端齿结构

a）Ⅰ型, $m \leqslant 16mm$　b）Ⅱ型, $m>16mm$

表 10-20　指形齿轮铣刀端齿部分尺寸

（单位：mm）

模数 m	类型	D_1	D_2	d	L_1	C
10		2.5	—	1	2.5	—
12		2.5	—	1	2.5	—
14	Ⅰ	4	—	1.5	4	—
16		4	—	1.5	4	—
18		4	6	1.5	4	1
20		4	6	1.5	4	1
22		4	7	1.5	4	1.5
24		4	7	1.5	4	1.5
26		4	7	1.5	4	1.5
30	Ⅱ	5	10	2	5	2
36		5	12	2	5	2
42		6	15	2.5	6	2.5
45		6	15	2.5	6	2.5
50		7.5	20	3	7.5	3

10.3.4　指形齿轮铣刀的夹固部分和其他尺寸

1. 铣刀的夹固部分

指形齿轮铣刀是切削载荷很重的精加工刀具, 因此铣刀夹固的精确定位和夹固刚度对铣刀的正常工作有很重要的影响。模数不太大（铣刀外径 70~80mm 以下）时, 一般采用外圆柱面或锥柄定位夹固；模数较大（铣刀外径 70~80mm 以上）时, 采用内圆柱面或内圆锥面定位夹固。

1) 外圆柱面和端平面定位, 内螺纹紧固, 如图 10-30a 所示。这种定位方式定位精度不高, 且靠螺纹和端面摩擦力所能传递的切削转矩不大, 夹固刚度也不高。因此, 这种定位夹固方法不理想, 不宜推荐使用。

2) 锥柄定位, 用内螺孔拉紧, 锥面加键传递切削转矩, 如图 10-30b 所示。这种定位夹固方法的定位精度高, 夹固刚度高, 能传递的切削转矩大, 是较好的定位夹固方式。刀柄可用焊接式, 以节省高速工具钢。这种结构适用于外径 $D \leqslant 70~80mm$ 的指形铣刀。指形铣刀锥柄常采用 7∶24 锥度, 有时也采用莫氏短圆锥。指形铣刀锥柄的结构和锥柄的尺寸如图 10-31 和表 10-21 所示。

3) 圆柱孔和端平面定位, 螺纹拉紧并传递转矩, 如图 10-30c 所示。这种指形铣刀定位精度不高, 夹固刚度也不高, 但制造较内锥孔定位结构简单, 有时生产中也使用。这种定位夹固方法适用于外径 $D>70mm$ 的指形铣刀。这种定位夹固方法并不理想, 不宜推荐使用。

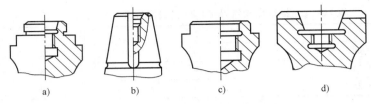

图 10-30　指形齿轮铣刀定位夹固方式

a) 外圆柱面和端平面定位　b) 锥柄定位　c) 圆柱孔和端平面定位　d) 锥孔定位

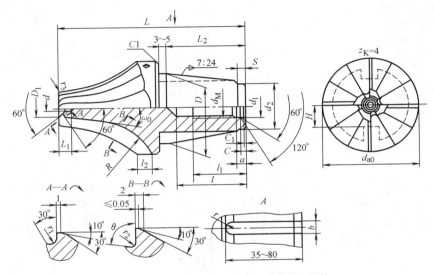

图 10-31　带 7：24 锥柄的指形齿轮铣刀结构

表 10-21　指形齿轮铣刀 7：24 外锥定位的锥柄尺寸（图 10-31）　　（单位：mm）

尺寸 锥尾号数	D	d_1	d_M	L_2	l	l_1	a	C	C_1	S	r	b 公称尺寸	b 极限偏差	H	d_2
1	31.75	12.5	M12	30	30	28	6	2.5	0.5	7	4	8	+0.3 +0.2	10	22
2	44.45	17	M16	40	38	35	7	3.5	1	7	4	8	+0.3 +0.2	16.5	30
3	69.85	25	M24	50	48	45	11	6	1.5	8	7	14	+0.36 +0.24	28	54
4	88.9	31	1M30×2	70	65	62	15	7	1.5	8	12.7	25.4	+0.42 +0.28	$\frac{88.9}{2}$	65

4）锥孔定位，螺纹拉紧，用锥面和端面键传递切削转矩，如图 10-30d 所示。这种定位夹固方式定位精度高，能传递的转矩大，夹固可靠，刚度高，适用于外径 $D>70$ mm 的指形齿轮铣刀。这种定位锥孔常用于 7：24 锥度，有时也用于 1：5 锥度。指形齿轮铣刀用的 7：24 锥孔型式和尺寸，如图 10-32 和表 10-22 所示，1：5 锥孔尺寸如图 10-33 和表 10-23 所示。

2. 指形齿轮铣刀的长度

（1）带锥柄指形齿轮铣刀的长度　这种指形铣

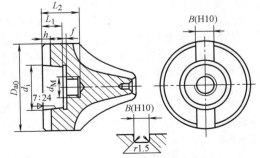

图 10-32　7：24 内锥孔定位指形齿轮铣刀

表 10-22 指形齿轮铣刀 7：24 内锥定位孔尺寸 （图 10-32） （单位：mm）

d_i	L_1	f	B	d_M	L_2	h
35	20	2	14	M20×2.5	42	$9.5^{+0.4}_{0}$
45	21	3	14	M24×3	48	$9.5^{+0.4}_{0}$
60	25	4	18	M30×3.5	62	$10.5^{+0.4}_{0}$

表 10-23 指形齿轮铣刀 1：5 内锥定位孔尺寸 （图 10-33） （单位：mm）

D_{a0}	d_i		d_M	d_1	$b(H10)$		t	l_3	l_4	l_5	l_1	壁厚小于 8～10 时，d_i 可改小为
	公称尺寸	极限偏差			公称尺寸	极限偏差						
≥70	45	$^{+0.027}_{0}$	M16×2	16.4	16.2	$^{+0.07}_{0}$	8	52	20	5	4	40
≥100	70	$^{+0.03}_{0}$	M24×3	24.6	22.2	$^{+0.084}_{0}$	11	68	25	6	4	55,62
≥145	100	$^{+0.035}_{0}$	M30×3.5	30.6	25.56	$^{+0.084}_{0}$	13	85	30	8	5	75,80,90

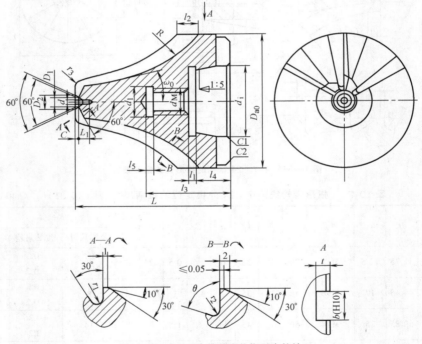

图 10-33 1：5 内锥孔定位指形齿轮铣刀

刀的总长度 L 应是切削刃切削部分的长度 l_1、圆柱部分的长度 l_2、锥柄的长度 l_3 之和，即

$$L = l_1 + l_2 + l_3 \qquad (10\text{-}33)$$

式中，切削刃切削部分的长度 l_1 为计算出的齿形高度再加 3～5mm；圆柱部分的长度 l_2 应考虑容屑槽要求长度和端面键槽的深度；锥柄长度 l_2 可按表 10-21 数值选取。

（2）带内定位孔指形铣刀的长度 这种指形铣刀的总长度 L 应是切削刃切削部分的长度 l_1、圆柱部分的长度 l_2 之和，即

$$L = l_1 + l_2 \qquad (10\text{-}34)$$

式中，切削刃切削部分的长度 l_1 是计算齿形高度再加 3～5mm，和锥柄指形铣刀相同；圆柱部分的长度则不仅应考虑容屑槽要求的长度和端面键要求的深度，还应考虑螺纹底部空刀槽和容屑槽底间的强度（见图 10-33），一般需作图校验后才能确定圆柱部分的长度。

3. 指形齿轮铣刀的外径

指形铣刀的外径 D_{a0} 是加工齿槽宽加 3～6mm，圆滑成整数。加工直齿轮时，齿槽宽由模数和齿数决定；加工斜齿时，由法向模数、齿数和螺旋角决定。设计指形铣刀可参考表 10-24 中数值选取。

表 10-24　指形齿轮铣刀外径

（单位：mm）

D_{a0} ＼ m	17~18	19~20	21~22	23~25	26~29	30~34	35~41	42~54	55~79	80~134	135以上
10	40		35				30				
(11)	42		40		35				32		
12	45			40				35			
(13)	48	45			40				38		
14	50				45				40		
(15)	55	50				45				42	
16	55		50						45		
18	60			55					50		
20	70		65			60				55	
22	75	70				65				60	
24	80		75					70			
25	85	80			75				70		
(26)		85		80				75			
28		90			85				80		
30		95			90				85		
33		105		100			95			90	
36	115		110					100			
(39)	125		120		115			110		105	
40	130	125		120				115		110	
42	135		130				125			120	
45	145		140				130			120	
50	160	155		150			145			140	
55	175	170		165			160			150	
60	190		180				170			160	
70	220	210		200				190			180
80	250	240		230				220		210	

10.3.5　粗加工用指形齿轮铣刀

用指形铣刀加工齿轮时，切削负载大，加工效率不高。为改善切削条件，提高加工齿轮质量，切齿都将粗切和精切分开。在铣齿工序中，粗铣切去金属的 75%~90%，粗铣工时约占总切齿工时的 60%~80%，所以提高粗切齿的切削效率很有重要的意义。

要提高粗切指形铣刀的切削效率可采用：切削刃开分屑槽，制成螺旋切削刃，用锥形粗切指形铣刀，粗切指形铣刀都制成尖齿结构。最近制成硬质合金的大模数螺旋玉米齿的粗切指形铣刀，大大提高了切削效率。

1. 高速工具钢粗加工指形铣刀

图 10-34 是带分屑槽的粗切指形铣刀。应注意分屑槽前后刃错开，分屑槽处后角应在端剖面中而不应在切削刃法向。这种粗切的指形铣刀优点是留下的精切留量小，但因切削刃为曲线，不易制成螺旋刀齿，故提高切削效率不多。

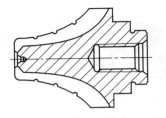

图 10-34　带分屑槽的粗切指形铣刀

粗切指形铣刀的较好方案是采用锥度螺旋齿结构。螺旋齿指形铣刀制成锥形是为了加工制造方便，这种锥度螺旋齿铣刀切齿时的切削效率大大高于直齿指形铣刀。

确定粗切锥度指形铣刀的锥度时，应考虑尽量减少精切齿时的留量。

1) 对 $m=18 \sim 28$mm 的齿轮，只用一把锥形粗铣刀加工，根据齿轮齿数取铣刀半锥角 $\alpha_0=18°$、$19°$ 或 $20°$（齿数小时取大值）。

2) $m=30 \sim 50$mm 时，齿数 $z \leqslant 34$ 时，用两把锥度铣刀粗切齿槽，第一把粗铣刀的半锥角 $\alpha_0=27°30'$ 或 $35°$（齿数小时取大值），第二把粗铣刀的半锥角 $\alpha_0=15°$ 或 $10°$（齿数小时取小值）。

3) $m=30 \sim 50$mm 时，齿数 $z \geqslant 35$ 时，仍用一把粗铣刀切齿槽。

4) $m>50$mm 时，除用两把粗切锥度铣刀外，再用曲线刃粗切铣刀粗切一次，以减轻精切指形铣刀的载荷。

粗切指形铣刀的切削载荷很大，切下切屑量大，因而生产中经常发生指形铣刀因切屑堵塞而打刀。采用螺旋齿后切屑向上排出容易，减少了切屑堵塞打刀的几率。设计容屑槽时，必须保证足够的容屑空间，同时容屑槽底的圆弧半径必须较精铣刀大，使切屑能顺利卷曲。经切削实验证明，不加深容屑槽而加大槽底圆弧半径，在同样切削用量下，由切屑堵塞变为顺利排出。根据实验推荐槽底圆弧半径 $r_1 \geqslant 20f_z$（f_z 为每齿进给量）。可采用 $r_1=3 \sim 5$mm。

粗加工锥度指形铣刀，采用等螺旋角结构为好，平时取螺旋角 $\beta=40° \sim 45°$。

粗加工锥度螺旋齿指形铣刀的端齿，平时采用倒角代替圆角（见图 10-35），以便于加工制造。倒角宽度 K 应大于精加工铣刀的圆角半径所对应的弦长。

粗加工指形铣刀的切齿槽深度应略大于精铣刀，使精铣刀切削时只切齿槽的两侧齿形表面，以提高精切时的加工精度。

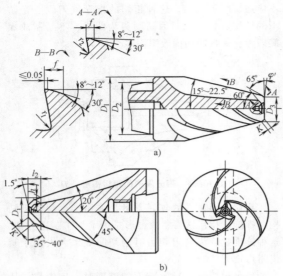

图 10-35 粗加工锥度螺旋齿指形铣刀
a) 锥柄定位　b) 锥孔定位

　　图 10-35a 所示为带锥柄的粗加工锥度螺旋齿指形铣刀。图 10-35b 所示为带锥孔定位的粗加工锥度螺旋齿指形铣刀，它适用于直径大于或等于 70mm 的铣刀。表 10-25 中是粗加工锥度螺旋齿指形铣刀的结构尺寸，可作为设计时参考。

表 10-25　粗加工锥度螺旋齿齿轮铣刀
结构尺寸（图 10-35）（单位：mm）

模数 m	工件齿数	D_1	D_2	D_3	K	铣刀齿数	f	r_1	r_2	螺旋角
24	>35									
26	>15	58		20						
28	>35		44.45		5	4	1.5	3	2.5	
	15~35									
30	>15	68		23						
33	>19									
	12~18	78		27						
36	>19				6	5	2	3.5		40°~45°
	12~18	85		30						
39	>41		69.85						3	
	15~41									
42	>15	92		33						
45	>19				7	6	3	4		
	12~18	102		37						
50	>19									
	12~18	115		40	8			4.5		

2. 硬质合金粗加工指形铣刀

　　最近由于硬质合金刀片性能的提高和数控刀具制造技术的应用，已制造成功粗加工硬质合金螺旋玉米式锥形指形齿轮铣刀，使铣齿效率提高 3~5 倍

以上。这硬质合金指形齿轮铣刀采用可转位硬质合金刀片，指形齿轮铣刀齿形可由多片刀片串接来形成，故可以制成模数很大的指形铣刀。硬质合金刀片阶梯状排列在螺旋容屑齿槽内，呈螺旋玉米形式，如图 10-36 所示。由于接刀处需有重叠，故相衔接的硬质合金刀片需装在不同的螺旋容屑齿槽内。

　　图 10-36 所示的粗加工硬质合金螺旋玉米式锥形指形齿轮铣刀的具体参数为：模数 $m = 48$mm，分圆压力角 $\alpha_0 = 20°$，外圆直径 $d_{a0} = 150$mm，全长 $L = 180$mm，内锥孔加端平面定位紧固，共用 22 片可转位硬质合金刀片制成。

图 10-36　硬质合金螺旋玉米式锥形指形齿轮铣刀

10.3.6　精加工螺旋齿指形铣刀

1. 精加工螺旋齿指形铣刀的结构

　　精加工指形铣刀加工齿轮齿槽时，只加工齿形表面而不切齿槽底。过去精加工指形铣刀多数采用直齿结构，但由于直齿铣刀铣削齿槽时为断续切削，切削力变化大，易振动，不仅加工表面质量差，而且切削效率低，现在开始采用螺旋齿精加工指形铣刀。图 10-37a 所示为带锥柄的精加工螺旋齿指形铣刀，它适用于直径小于 70mm 的铣刀；图 10-37b 所示为带锥孔定位的精加工螺旋齿指形铣刀，它适用于直径大于或等于 70mm 的铣刀。

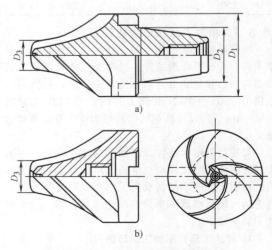

图 10-37　精加工螺旋齿指形铣刀
a) 锥柄定位　b) 锥孔定位

精加工螺旋齿指形铣刀的结构尺寸，可参考粗加工螺旋齿铣刀的尺寸，但应考虑大端直径的变大，而加以尺寸适当的修正。指形铣刀的大端和小端最好是制成等螺旋角，以改善切削条件，但这时铣刀的容屑槽（刃沟）必须用多轴数控机床加工。精加工指形铣刀采用螺旋齿后可明显改善切削性能，但这种铣刀因切削刃是曲线，制造和刃磨都较复杂。

2. 精加工螺旋齿指形铣刀容屑槽、齿背的加工和刃磨

这种铣刀的切削刃为渐开线曲线，故刃沟槽底深度不仅需随切削刃而成曲线，并且需自小端向大端逐渐加深，以便有足够的容屑空间。为使大端和小端切削刃有相同前角，铣大端和小端刃沟时的偏位量应不相同。

（1）指形铣刀容屑槽的加工　精加工螺旋齿指形铣刀的容屑槽，过去使用靠模来铣制，现在可使用多轴联动数控机床来铣制。图 10-38 所示为使用靠模来铣制这种铣刀容屑槽的工作示意图。铣容屑槽时用立铣刀，使加工出的指形铣刀切削刃各处的前角不变，容屑槽的铣削深度用靠模来保证。此外，由于容屑槽宽度大端大于小端，故容屑槽宽度方向也需两次加工，以扩大大端的容屑槽宽度。

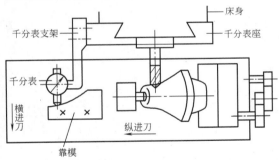

图 10-38　精加工螺旋齿指形铣刀容屑槽

（2）指形铣刀齿背的加工　指形铣刀齿背的加工需保证渐开线螺旋切削刃有均匀宽度的后面刃带，过去使用靠模铣制，现在可使用多轴联动数控机床加工。下面简单介绍使用靠模的加工方法。

指形铣刀端刃齿背加工时，使用立铣刀，将指形铣刀转过要求的角度，指形铣刀旋转形成螺旋线，工作台按靠模运动，铣切去刃背上多余的金属。

指形铣刀曲线刃齿背加工时，在万能铣床主轴前端加上可沿两相互垂直的 x、y 轴转动的铣刀主轴头架，加工时的安装如图 10-39 所示。加工时工作台有纵进给运动，指形铣刀旋转以形成螺旋运动。工作台有按靠模的垂直升降运动。

（3）指形铣刀的刃磨　精加工螺旋齿指形铣刀使用磨损后要刃磨。刃磨是磨后面，要求保证螺旋切削刃刃磨后仍有正确的渐开线齿形。刃磨可使用

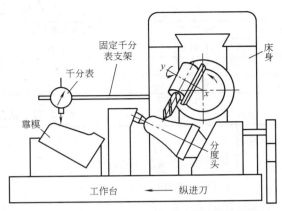

图 10-39　精加工螺旋齿指形铣刀齿背的铣制安装图

多轴联动数控刃磨机，但调整相当复杂；也可使用靠模刃磨。图 10-40 所示为使用靠模刃磨时的工作原理图。用此方法刃磨时，指形铣刀切削刃端截面中后角相等，但法向后角不等；如将指形铣刀轴在水平面内转一角度，则可使法向后角大致相等。

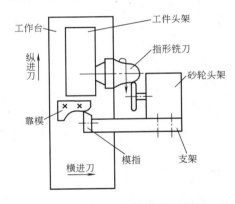

图 10-40　精加工螺旋齿指形铣刀使用
靠模刃磨时的工作原理图

10.3.7　指形齿轮铣刀的技术要求

指形齿轮铣刀的技术要求按 JB/T 11749—2013 的规定。

1）铣刀用 W6Mo5Cr4V2 或其他同等性能的高速工具钢制造。

2）铣刀工作部分硬度为 63 ~66HRC，柄部硬度为 30 ~50HRC，螺纹部分硬度不高于 50HRC。

3）铣刀表面不得有裂纹、崩刃、烧伤及其他影响使用性能的缺陷。

4）铣刀表面粗糙度按表 10-26 的规定。

5）铣刀外径 d 的极限偏差按 h14，长度 L 的极限偏差按 h15。

6）铣刀圆柱孔 D 的极限偏差按 H7。

7）铣刀的其余制造公差不应超过表 10-27 的规定。

表 10-26 铣刀表面粗糙度 （单位：μm）

检查表面	表面粗糙度 Ra	检查表面	表面粗糙度 Ra
内孔表面	1.25	外锥面	1.25
支承端面	1.25	齿形铲背面（$m \leqslant 16mm$）	3.2
刀齿前面	1.25	齿形铲背面（$m > 16mm$）	6.3

表 10-27 铣刀的其余制造公差 （单位：mm）

序号	检查项目		模 数		
			10~16	>16~25	>25~40
1	前面的径向性偏差（只许内凹）		2°	2°	1°30′
2	在主轴上检查时刀齿的径向圆跳动	两相邻齿	0.04	0.05	0.05
		铣刀一转	0.06	0.07	0.07
3	齿形用样板或投影仪检查时允许间隙	渐开线部分	0.08	0.10	0.12
		齿顶及圆角部分	0.12	0.14	0.16

第 11 章　齿轮滚刀

齿轮滚刀是按展成法加工齿轮的刀具。它可以加工直齿轮，也可以加工斜齿轮；可以加工非变位齿轮，也可以加工变位齿轮。

齿轮滚刀按结构型式可分为整体滚刀和镶齿滚刀。按精度等级分为四级：AA 级、A 级、B 级、C 级，在一定的工艺条件下，分别用于加工 7、8、9、10 级精度的齿轮。

图 11-1 是用齿轮滚刀加工齿轮的工作原理图。齿轮滚刀加工齿轮的过程，犹如一对相错轴渐开线圆柱齿轮的啮合过程。为了能切出正确的渐开线齿轮，滚刀刀齿的左右两侧刃口应完全符合理论切削刃口的形状。或者说，不管滚刀容屑槽的形状如何，其刀齿左右两侧刃口应准确地分布在渐开线产形螺旋面上。无论是新制滚刀或是重磨后的旧滚刀，其刀齿刃口均应符合这一原则。

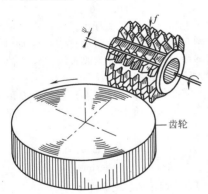

图 11-1　齿轮滚刀切削齿轮的工作原理

11.1　整体齿轮滚刀

11.1.1　齿形设计

滚刀切削刃是刀齿齿面与前面的交线，对螺旋槽滚刀，这是一条空间曲线。

1. 阿基米德滚刀的轴向齿形角

阿基米德滚刀的齿形一般并不是指切削刃的形状，而是指阿基米德滚刀在轴向截面的齿形，它是直线。

零度前角螺旋槽滚刀左右齿面轴向齿形角：

$$\cot\alpha_{xL} = \cot\alpha_x \pm \frac{KZ_k}{P_k} \tag{11-1a}$$

$$\cot\alpha_{xR} = \cot\alpha_x \mp \frac{KZ_k}{P_k} \tag{11-1b}$$

式中　α_x——滚刀基本蜗杆轴向齿形角；

K——滚刀径向铲齿量；

P_k——滚刀容屑槽导程；

Z_k——滚刀容屑槽数。

公式中的正负号，上面的符号用于右旋滚刀，下面的符号用于左旋滚刀。

对于零度前角直槽滚刀，容屑槽的导程 $P_k = \infty$，左右齿形角都相等于滚刀产形螺旋面的轴向齿形角 α_x，即

$$\alpha_{xL} = \alpha_{xR} = \alpha_x$$

它是以渐开线蜗杆轴平面在分圆（也称分度圆）处切线的斜角作为其轴向齿形角的。其值用下式计算：

$$\tan\alpha_x = \frac{\tan\alpha_n}{\cos\gamma_{z0}} \tag{11-2}$$

式中　α_n——被切齿轮分圆处法向压力角；

γ_{z0}——滚刀在分圆处的螺旋线导程角。

采用正前角时（见图 11-2），螺旋槽滚刀轴平面齿形角可按如下公式进行修正计算：

$$\cot\alpha_{xL} = \cot\alpha_n\cos\gamma_{z0}\left[1 - KZ_k\left(\frac{\tan\gamma}{\pi d_0} \mp \frac{\tan\alpha_n}{P_k\cos\gamma_{z0}}\right)\right] \tag{11-3a}$$

$$\cot\alpha_{xR} = \cot\alpha_n\cos\gamma_{z0}\left[1 - KZ_k\left(\frac{\tan\gamma}{\pi d_0} \pm \frac{\tan\alpha_n}{P_k\cos\gamma_{z0}}\right)\right] \tag{11-3b}$$

式中　d_0——滚刀的分圆直径；

γ——滚刀的分圆前角。

$$\sin\gamma = \frac{e}{r_0} \tag{11-4}$$

式中　e——滚刀前面偏位值；

r_0——滚刀的分圆半径。

图 11-2　滚刀的前角 γ

式（11-3）、式（11-3a）中的正负号，上面的符号用于右旋滚刀，下面的符号用于左旋滚刀。

直槽正前角滚刀齿面轴向齿形角为

$$\cot\alpha_{xL} = \cot\alpha_{xR} = \cot\alpha_x = \cot\alpha_n \cos\gamma_{z0}\left(\frac{1-KZ_k\tan\gamma}{\pi d_0}\right)$$

$$(11\text{-}5)$$

直槽正前角滚刀的齿形角如在万能工具显微镜上测量，则应规定前面的齿形角。前面齿形角按如下公式计算：

$$\tan\alpha_{qL} = \frac{\tan\alpha_n\cos\gamma \pm \sin\gamma_{z0}\sin\gamma}{\cos\gamma_{z0}} \quad (11\text{-}6a)$$

$$\tan\alpha_{qR} = \frac{\tan\alpha_n\cos\gamma \mp \sin\gamma_{z0}\sin\gamma}{\cos\gamma_{z0}} \quad (11\text{-}6b)$$

公式中的正负号，上面的符号用于右旋滚刀，下面的符号用于左旋滚刀。

滚刀的齿形如图 11-3 所示。

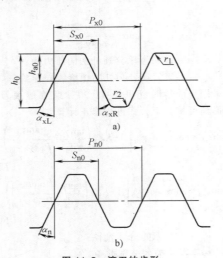

图 11-3　滚刀的齿形
a）轴向齿形　b）法向齿形

2. 滚刀的齿距

（1）法向齿距 P_{n0}

$$P_{n0} = \pi m_n$$

式中　m_n——被切齿轮的法向模数。

（2）轴向齿距 P_{x0}

$$P_{x0} = \frac{P_{n0}}{\cos\gamma_{z0}}$$

3. 滚刀的齿厚

（1）法向齿厚 S_{n0}　对于精加工滚刀：

$$S_{n0} = P_{n0} - S_n$$

式中　S_n——被切齿轮在分圆处的法向弧齿厚。

对于粗加工滚刀：

$$S_{n0} = P_{n0} - S_n - \Delta S$$

式中　ΔS——被切齿轮的精加工留量（见表 11-1）。

表 11-1　齿轮的精加工留量 ΔS

（单位：mm）

m_n	ΔS	m_n	ΔS
2～4	0.4	>8～10	1.0
>4～6	0.6	>10～14	1.2
>6～8	0.8	>14～20	1.5

（2）轴向齿厚 S_{x0}

$$S_{x0} = \frac{S_{n0}}{\cos\gamma_{z0}}$$

4. 滚刀的齿高

滚刀的齿顶高 h_{a0} 应等于被切齿轮的齿根高 h_f，即

$$h_{a0} = h_f$$

滚刀的齿根高 h_{f0} 应等于被切齿轮的齿顶高 h_a 再加一个顶隙 c（$c = c^* m_n$），即

$$h_{f0} = h_a + c^* m_n$$

式中　c^*——顶隙系数。

5. 齿顶圆角半径 r_1

一般情况下取

$$r_1 = (0.2 \sim 0.3)m_n$$

对于专用滚刀，在实际生产中，有为增大齿轮的齿根圆角以提高齿轮轮齿的抗弯强度而相应地增大滚刀的齿顶圆角，也有为改善滚刀齿顶的磨损条件而增大滚刀齿顶圆角。

对于零度前角螺旋槽滚刀，切于滚刀顶刃和两侧刃的最大齿顶圆角半径 r_1（见图 11-4）应按下式计算

$$r_1 = \frac{(S_{n0} - 2h_{a0}\tan\alpha_n)\cos\alpha_n}{2(1-\sin\alpha_n)}$$

滚刀齿顶圆角的径向高度 x 为

$$x = r_1(1-\sin\alpha_n) = \left(\frac{S_{n0}}{2} - h_{a0}\tan\alpha_n\right)\cos\alpha_n$$

于是，滚刀有效齿顶高 h_{au} 为

$$h_{au} = h_{a0} - x = h_{a0}(1+\sin\alpha_n) - \frac{S_{n0}}{2}\cos\alpha_n$$

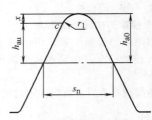

图 11-4　零度前角螺旋槽滚刀的齿顶圆角

根据滚刀有效齿顶高 h_{au}，可求得被加工齿轮过渡曲线起始点半径 r_{g1} 的计算式（见图 11-5）

$$r_{g1}=\sqrt{(r-h_{au})^2+(h_{au}\cot\alpha_n)^2} \qquad (11-7)$$

式中　r——被切齿轮的分度圆半径。

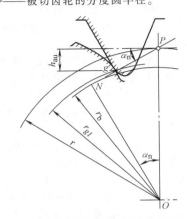

图 11-5　被切齿轮过渡曲线起始点半径 r_{g1}

被加工齿轮与配对齿轮啮合时的有效啮合起始点半径 r_{g2} 按下式计算

$$r_{g2}=\sqrt{r_{b1}^2+\left(a'_{12}\sin\alpha'_{12}-\sqrt{r_{a2}^2-r_{b2}^2}\right)^2} \qquad (11-8)$$

式中　a'_{12}——被切齿轮与配对齿轮的中心距；

　　　α'_{12}——被切齿轮与配对齿轮的啮合角；

　　　r_{a2}——配对齿轮的顶圆半径；

r_{b1}、r_{b2}——被切齿轮与配对齿轮的基圆半径。

从不发生过渡曲线干涉的条件出发，应使 r_{g1} 小于 r_{g2}，从而可以得到滚刀有效齿顶高的最小值 h_{aumin}：

$$h_{aumin}=\sin\alpha_n\left(r\sin\alpha_n-\sqrt{r_{g2}^2-(r\cos\alpha_n)^2}\right)$$

此时，最大齿顶圆角半径 r_{1max} 应按下式计算

$$r_{1max}=\frac{S_{n0}-2h_{aumin}\tan\alpha_n}{2\cos\alpha_n}$$

6. 齿根圆角半径 r_{20}

在 $\alpha_n=20°$ 时，一般取

$$r_2=(0.2\sim0.3)m_n$$

11.1.2　滚刀的结构参数

整体齿轮滚刀的结构如图 11-6 所示。

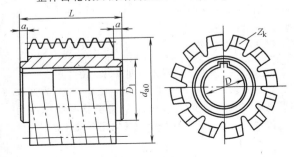

图 11-6　整体齿轮滚刀

1. 滚刀的结构尺寸

（1）滚刀的外径 d_{a0}　滚刀外径的选取原则是，在要求精度高或被切齿轮齿数较多时，滚刀外径应选择大一些，但在高速切削情况下，应在保证滚刀刚度的前提下，尽可能减小滚刀外径。

（2）滚刀的长度 L　滚刀的最小长度应满足下面两个要求：

1）滚刀应能完整地切出所包络的全部齿形。

2）滚刀边缘刀齿的负荷不应过重。

实际上，在确定滚刀长度时，还应考虑窜刀量，以延长两次重磨之间的使用寿命。

为使滚刀能完整地包络出被切齿轮的全部齿形，其首要条件是，滚刀滚切齿轮左右两侧时的有效啮合线长度均应处于本体内。这就是滚刀所要求的最小长度。其值按下式计算

$$L=\frac{m_n\tan\beta_0\cos\alpha_n}{1-\cos^2\alpha_n\sin^2\beta_0}\times\Big\{\big[4\cos\beta_0(h_n^*+c^*)$$

$$(1-\cos^2\alpha_n\sin^2\beta_0)\big[1+\cos\beta_0(h_n^*+c^*)\big]+\sin^2\alpha_n\big]^{\frac{1}{2}}-\sin\alpha_n\Big\}$$

$$\cos\beta_0=\sin\gamma_{z0}$$

式中　h_n^*——被切齿轮法向齿高系数；

　　　β_0——滚刀分圆螺旋角；

　　　c^*——被切齿轮顶隙系数。

（3）滚刀的分圆直径与螺旋线导程角

1）滚刀的分圆直径 d_0。考虑到齿轮滚刀的直径随着滚刀的刃磨而减小，可用下式计算滚刀的分圆直径 d_0

$$d_0=d_{a0}-2h_{a0}-0.2(K+\Delta d_{a0}) \qquad (11-9)$$

式中　Δd_{a0}——滚刀外径公差。

在实际生产中，许多工厂采用下面计算方法计算滚刀的分圆直径，即

$$d_0=d_{a0}-2h_{a0} \qquad (11-9a)$$

或

$$d_0=d_{a0}-2h_{a0}-0.2K \qquad (11-9b)$$

2）滚刀的分圆导程角 γ_{z0} 为

$$\sin\gamma_{z0}=\frac{m_n Z_0}{d_0} \qquad (11-10)$$

式中　Z_0——滚刀螺纹线数。

滚刀的螺旋方向由被切齿轮的分圆螺旋角 β 决定，当 $\beta\le10°$ 时，滚刀一般做成右旋；当 $\beta>10°$ 时，滚刀的螺旋方向应与被切齿轮的螺旋方向相同。

（4）滚刀的容屑槽　滚刀的容屑槽分为直槽和螺旋槽两种型式（见图 11-7）。

滚刀的容屑槽一般做成与轴线平行的直槽形式。滚刀做成直槽，不仅能提高制造和刃磨精度，而且易于检查。

当滚刀的螺旋线导程角 $\gamma_{z0}\le5°$ 时，滚刀容屑槽做成直槽；$\gamma_{z0}>5°$ 时，做成螺旋槽。

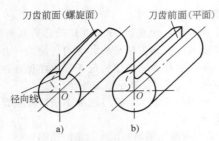

刀齿前面(螺旋面)   刀齿前面(平面)

径向线

a)   b)

图 11-7 滚刀的容屑槽
a) 螺旋槽 b) 直槽

螺旋槽导程 P_k 可在图 11-8 所示的分圆柱展开图中求得:

$$P_k = \frac{\pi d_0}{\tan \gamma_{z0}} \qquad (11-11)$$

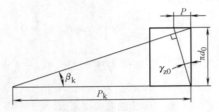

图 11-8 螺旋槽的导程

（5）滚刀的切削锥度 加工大直径齿轮时，所需要的滚刀长度很长。如果滚刀长度不够，则其边缘上切入工件的第一个刀齿载荷将很重。在这种情况下，为了减轻第一个刀齿的载荷，可将滚刀边缘刀齿作出切削锥。

加工螺旋角较大的齿轮时，滚刀安装角比较大，这时要求滚刀的长度也较大。而滚刀的实际长度可能不够，所以也应该在滚刀上做出切削锥。

切削锥的部位应根据被切齿轮的螺旋方向、滚刀的螺旋方向以及切削方式（顺铣或逆铣）而定。对于逆铣，当滚刀螺纹方向与被切齿轮螺旋方向相同时，切削锥应做在滚刀的切离端；当滚刀螺旋方向与被切齿轮螺旋方向相反时，则切削锥应做在滚刀的切入端。顺铣时，情况与前相反。各种不同情况下滚刀切削锥的部位如图 11-9 所示。

2. 滚刀的切削角度

（1）滚刀的前角 为了便于制造和测量，精加工滚刀和标准滚刀一般都采用零度前角。为了改善切削条件和提高切削效率，粗加工滚刀有采用正前角的。采用正前角时，一般情况下取 $\gamma = 4° \sim 12°$。

（2）滚刀的顶刃后角和侧刃后角 滚刀的顶刃后角和侧刃后角应保持一定的关系，使滚刀重磨后所

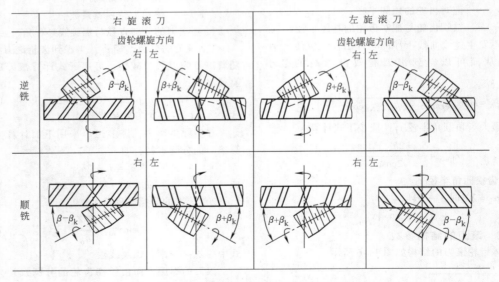

图 11-9 切斜齿轮时滚刀切削锥的部位
β—被切齿轮的螺旋角 β_k—滚刀容屑槽螺旋角

切出的齿轮仍能保证正确的齿高和齿厚。同时又要保证滚刀最小的侧后角，使滚刀不易磨损，滚刀侧刃的铲齿量应等于顶刃的铲齿量。其值用下式计算

$$K = \frac{\pi d_{a0}}{Z_k} \tan \alpha_0 \qquad (11-12)$$

式中 K——滚刀径向铲齿量；

α_0——滚刀顶刃后角（见图 11-10）。

滚刀顶刃后角一般采用 $10° \sim 12°$。当 K 值计算圆整后（计算精度到 0.5mm），应验算其侧刃后角 α_{c0} 的大小。α_{c0} 应不小于 $3°$。其值按下式计算

$$\tan \alpha_{c0} = \frac{K Z_k}{\pi d_{a0}} \sin \alpha_n \qquad (11-13)$$

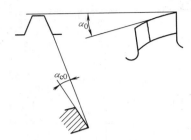

图 11-10　滚刀的顶刃后角和侧刃后角

需要进行磨齿的滚刀，必须进行双重铲削，如图 11-11 所示。滚刀铲削形式有两种。当采用 I 型铲削形式时，第二铲削量 K_1 按下式计算

$$K_1 = (1.3 \sim 1.5)K$$

计算出来的 K 和 K_1 值都必须符合铲床凸轮的升距（见表 11-2）。当采用 II 型铲削形式时，滚刀常用铲齿量可按表 11-3 选取。

图 11-11　滚刀的铲削形式

表 11-2　滚刀常用铲齿量（I 型）

（单位：mm）

第一铲背量 K	2	2.5	3	3.5	4	4.5	5	5.5
第二铲背量 K_1	3	4	4.5	5.5	6	7	7.5	8.5
第一铲背量 K	6	6.5	7	8	9	10	11	12
第二铲背量 K_1	9	10	10.5	12	13.5	15	16.5	18

表 11-3　滚刀常用铲齿量（II 型）

（单位：mm）

第一铲背量 K	2、2.5、3、3.5	4、4.5、5、5.5	6、6.5、7、8、9、10、12
第二铲背量 K_1	0.6 ~ 0.7	0.7 ~ 0.8	0.8 ~ 0.9

11.1.3　标准齿轮滚刀的公称尺寸（表 11-4）

11.1.4　齿轮滚刀的技术要求

GB/T 6084—2016 标准对 $m_n = 1 \sim 10 \text{mm}$、基准齿形角为 20° 的标准整体齿轮滚刀规定的技术要求如下：

1）滚刀用高速工具钢制造，也可用高性能高速工具钢制造。

2）用高速工具钢制造的滚刀切削部分硬度为 63 ~ 66HRC；高性能高速工具钢为 >64HRC。

3）滚刀表面不得有裂纹、崩刃、烧伤及其他影响使用性能的缺陷。

表 11-4　标准齿轮滚刀公称尺寸（GB/T 6083—2016）

（单位：mm）

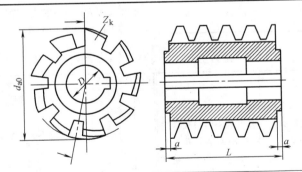

模数系列		I 型					II 型				
1	2	d_{a0}	L	D	a_{min}	Z_k	d_{a0}	L	D	a_{min}	Z_k
1	—	63	63	27			50	32	22		
1.25	—					16					
1.5	—	71	71				63	40			
—	1.75			32							14
2	—	80	80		5			50	27	4	
—	2.25						71				
2.5	—	90	90			14		63			
—	2.75			40							
3	—	100	100				80	71	32		12
—	3.5										

（续）

模数系列		I型					II型				
1	2	d_{a0}	L	D	a_{min}	Z_k	d_{a0}	L	D	a_{min}	Z_k
4	—	112	112	40	5	14	90	90	32	4	12
—	4.5										
5	—	125	125	50		12	100	100			
—	5.5										
6	—	140	140				112	112	40	5	10
—	7						118				
8	—	160	160	60			125	140			
—	9	180	180				140				
10	—	200	200				150	170	50		

4）滚刀表面粗糙度按 GB/T 1031—2009 应不大于表 11-5 规定的数值。

表 11-5　齿轮滚刀表面粗糙度参数及其数值

（单位：μm）

检查表面	表面粗糙度参数	滚刀的精度等级			
		AA	A	B	C
		表面粗糙度			
内孔表面	Ra	0.32	0.32	0.63	1.25
端面	Ra	0.63	0.63	0.63	1.25
轴台外圆	Ra	0.63	0.63	1.25	1.25
刀齿前面	Ra	0.63	0.63	0.63	1.25
刀齿侧面	Ra	0.32	0.63	0.63	1.25
刀齿顶面及圆角部分	Rz	3.20	3.20	6.30	6.30

5）滚刀外径的极限偏差为 h15。滚刀总长的极限偏差为 js15。

6）滚刀的其他主要公差应符合表 11-6 的规定。

7）滚刀齿侧面上的齿形精度合格部分长度应不少于全齿长的二分之一。

8）滚刀的成品精度采用下列两组中的任意一组进行检查：

第一组：δg_a、δg_{a1}、$\delta z'_1$、$\delta' f_f$、δf_r、δf_x（δp_k）、δf_p、δF_p、δd_{1r}、δd_{1x}、δD、δd_{er}、δS_x；

第二组：δz、δz_1、δz_3、δf_f、δf_r、δf_x（δp_k）、δf_p、δF_p、δd_{1r}、δd_{1x}、δD、δd_{er}、δs_x；

采用第一检验时，当啮合误差合格时，齿形误差可选用 $\delta' f_f$，一转内切削刃的螺旋线误差可选用 $\delta' z'_1$；当不检验啮合误差时，应采用第二组检验。

表 11-6　滚刀主要项目公差（GB/T 6084—2016）　　　（单位：μm）

序号	公差代号	检查项目及示意图	序号	公差代号	检查项目及示意图

序号 1，公差代号 δD

孔径偏差

1）内孔配合表面上超出公差的喇叭口长度应小于每边配合长度的 25%，键槽两侧内孔配合表面，超出公差部分的宽度，每边应不大于键宽的一半

2）在对孔作精度检查时，具有公称直径的基准芯轴应能通过孔

精度等级	模数/mm						
	1~2	>2~3.5	>3.5~6.3	>6.3~10	>10~16	>16~25	>25~40
AA	H5						
A	H5						
B	H6						
C	H6						

序号 2，公差代号 δd_{1r}

轴台的径向圆跳动

精度等级	模数/mm						
	1~2	>2~3.5	>3.5~6.3	>6.3~10	>10~16	>16~25	>25~40
AA	3	3	4	5	6	9	13
A	5	5	6	8	10	14	21
B	7	8	10	12	16	22	34
C	7	8	10	12	16	22	34

(续)

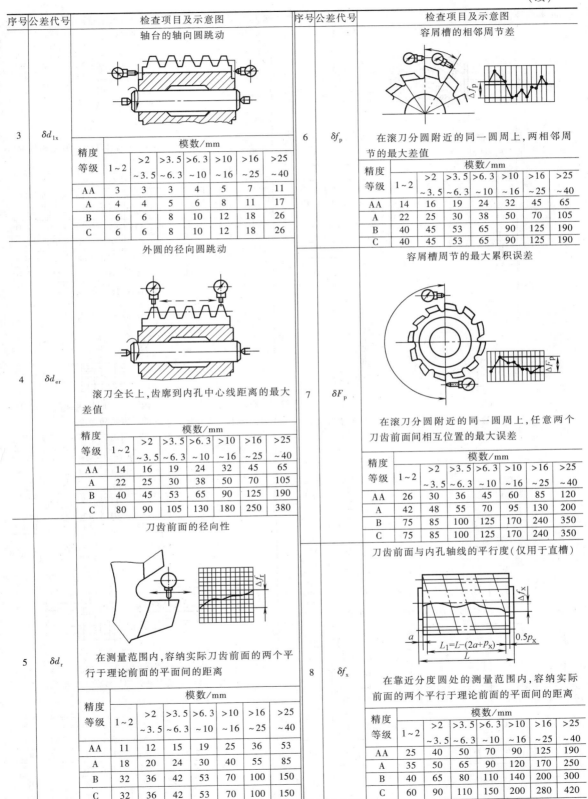

序号	公差代号	检查项目及示意图
3	δd_{1x}	轴台的轴向圆跳动

精度等级	模数/mm						
	1~2	>2 ~3.5	>3.5 ~6.3	>6.3 ~10	>10 ~16	>16 ~25	>25 ~40
AA	3	3	3	4	5	7	11
A	4	4	5	6	8	11	17
B	6	6	8	10	12	18	26
C	6	6	8	10	12	18	26

序号	公差代号	检查项目及示意图
6	δf_p	容屑槽的相邻周节差

在滚刀分圆附近的同一圆周上,两相邻周节的最大差值

精度等级	模数/mm						
	1~2	>2 ~3.5	>3.5 ~6.3	>6.3 ~10	>10 ~16	>16 ~25	>25 ~40
AA	14	16	19	24	32	45	65
A	22	25	30	38	50	70	105
B	40	45	53	65	90	125	190
C	40	45	53	65	90	125	190

序号	公差代号	检查项目及示意图
4	δd_{er}	外圆的径向圆跳动

滚刀全长上,齿廓到内孔中心线距离的最大差值

精度等级	模数/mm						
	1~2	>2 ~3.5	>3.5 ~6.3	>6.3 ~10	>10 ~16	>16 ~25	>25 ~40
AA	14	16	19	24	32	45	65
A	22	25	30	38	50	70	105
B	40	45	53	65	90	125	190
C	80	90	105	130	180	250	380

序号	公差代号	检查项目及示意图
7	δF_p	容屑槽周节的最大累积误差

在滚刀分圆附近的同一圆周上,任意两个刀齿前面间相互位置的最大误差

精度等级	模数/mm						
	1~2	>2 ~3.5	>3.5 ~6.3	>6.3 ~10	>10 ~16	>16 ~25	>25 ~40
AA	26	30	36	45	60	85	120
A	42	48	55	70	95	130	200
B	75	85	100	125	170	240	350
C	75	85	100	125	170	240	350

序号	公差代号	检查项目及示意图
5	δd_r	刀齿前面的径向性

在测量范围内,容纳实际刀齿前面的两个平行于理论前面的平面间的距离

精度等级	模数/mm						
	1~2	>2 ~3.5	>3.5 ~6.3	>6.3 ~10	>10 ~16	>16 ~25	>25 ~40
AA	11	12	15	19	25	36	53
A	18	20	24	30	40	55	85
B	32	36	42	53	70	100	150
C	32	36	42	53	70	100	150

序号	公差代号	检查项目及示意图
8	δf_x	刀齿前面与内孔轴线的平行度(仅用于直槽)

在靠近分度圆处的测量范围内,容纳实际前面的两个平行于理论前面的平面间的距离

精度等级	模数/mm						
	1~2	>2 ~3.5	>3.5 ~6.3	>6.3 ~10	>10 ~16	>16 ~25	>25 ~40
AA	25	40	50	70	90	125	190
A	35	50	65	90	120	170	250
B	40	65	80	110	140	200	300
C	60	90	110	150	200	280	420

(续)

序号	公差代号	检查项目及示意图
9	δ_{Pk}	容屑槽的导程误差(仅用于螺旋槽) 在靠近分圆处的测量范围内,容屑槽前面与理论螺旋面的偏差

精度等级	模数/mm						
	1~2	>2 ~3.5	>3.5 ~6.3	>6.3 ~10	>10 ~16	>16 ~25	>25 ~40
AA	60/100mm						
A	80/100mm						
B	100/100mm						
C	140/100mm						

序号	公差代号	检查项目及示意图
10	δf_f	齿形误差 在检查截面中的测量范围内,容纳实际齿形的两条理论直线齿形间的法向距离

精度等级	模数/mm						
	1~2	>2 ~3.5	>3.5 ~6.3	>6.3 ~10	>10 ~16	>16 ~25	>25 ~40
AA	5	5	6	8	10	14	21
A	7	8	10	12	16	22	34
B	14	16	19	24	32	45	65
C	28	32	38	48	60	90	130

序号	公差代号	检查项目及示意图
10A	$\delta' f_f$	齿形误差(采用啮合线检查时)

精度等级	模数/mm						
	1~2	>2 ~3.5	>3.5 ~6.3	>6.3 ~10	>10 ~16	>16 ~25	>25 ~40
AA	9	10	12	15	20	28	42
A	14	16	19	24	32	45	65
B	28	32	38	48	60	90	130
C	55	60	75	95	125	180	210

序号	公差代号	检查项目及示意图
11	δs_x	齿厚偏差 在滚刀理论齿高处测量的齿厚对公称齿厚的偏差

精度等级	模数/mm						
	1~2	>2 ~3.5	>3.5 ~6.3	>6.3 ~10	>10 ~16	>16 ~25	>25 ~40
AA	-32	-36	-42	-53	-70	-100	-150
A	-32	-36	-42	-53	-70	-100	-150
B	-60	-70	-85	-105	-140	-200	-300
C	-60	-70	-85	-105	-140	-200	-300

序号	公差代号	检查项目及示意图
12	δz	相邻切削刃的螺旋线误差 相邻切削刃与内孔同心圆柱表面的交点对滚刀理论螺旋线的最大轴向误差

精度等级	模数/mm						
	1~2	>2 ~3.5	>3.5 ~6.3	>6.3 ~10	>10 ~16	>16 ~25	>25 ~40
AA	4	5	5	7	9	12	19
A	6	7	9	11	14	20	30
B	12	14	17	21	28	40	60
C	25	28	34	42	55	80	120

序号	公差代号	检查项目及示意图
13	δz_1	一转内切削刃的螺旋线误差 在滚刀一转内,切削刃与内孔同心圆柱表面的交点对滚刀理论螺旋线的最大轴向误差

精度等级	模数/mm						
	1~2	>2 ~3.5	>3.5 ~6.3	>6.3 ~10	>10 ~16	>16 ~25	>25 ~40
AA	7	8	10	12	16	22	34
A	11	12	15	19	25	36	53
B	22	25	30	38	50	70	105
C	45	50	60	75	100	140	210

（续）

序号	公差代号	检查项目及示意图
13A	δz_1	一转内切削刃的螺旋线误差（采用啮合线检查时）

精度等级	模数/mm						
	1~2	>2~3.5	>3.5~6.3	>6.3~10	>10~16	>16~25	>25~40
AA	8	9	11	13	18	25	38
A	12	14	17	21	28	40	60
B	25	28	34	42	55	80	120
C	50	55	65	85	110	160	240

序号	公差代号	检查项目及示意图
14	δz_3	三转内切削刃的螺旋线误差

精度等级	模数/mm						
	1~2	>2~3.5	>3.5~6.3	>6.3~10	>10~16	>16~25	>25~40
AA	12	14	17	21	28	40	60
A	20	22	26	24	45	60	95
B	40	45	53	65	90	125	190
C	80	90	105	130	180	250	380

序号	公差代号	检查项目及示意图
15	δg_{a1}	相邻刀齿啮合误差

精度等级	模数/mm						
	1~2	>2~3.5	>3.5~6.3	>6.3~10	>10~16	>16~25	>25~40
AA	4	5	5	7	9	12	19
A	6	7	9	11	14	20	30
B	12	14	17	21	28	40	60
C	25	28	34	42	55	80	120

序号	公差代号	检查项目及示意图
16	δg_a	啮合误差

沿着啮合线方向测量滚刀切削刃时，在啮合线全长内的最大误差

精度等级	模数/mm						
	1~2	>2~3.5	>3.5~6.3	>6.3~10	>10~16	>16~25	>25~40
AA	9	10	12	15	20	28	42
A	14	16	19	24	32	45	65
B	28	32	38	48	60	90	130
C	55	60	75	95	125	180	260

11.1.5　齿轮滚刀的设计步骤及计算示例（表 11-7）

表 11-7　滚刀的设计步骤及计算示例

已知条件	被加工齿轮参数			
	法向模数	$m_n = 4\text{mm}$	分圆法向压力角	$\alpha_n = 20°$
	齿顶高	$h_\alpha = 5\text{mm}$	齿根高	$h_f = 3.628\text{mm}$
	径向间隙系数	$c^* = 0.25$	分圆法向弧齿厚	$S_n = 7.056\text{mm}$
	分圆螺旋角	$\beta = 0°$	精度等级	8 级

序号	计算项目	代号	计算公式或选取方法	计算精度	计算示例
1	滚刀精度等级		按齿轮精度等级选定滚刀精度等级		A 级

（续）

序号	计算项目	代号	计算公式或选取方法	计算精度	计算示例
2	公称尺寸 1）外径 2）孔径 3）全长 4）容屑槽	d_{a0} D L Z_k	按表 11-4 选取	—	$d_{a0}=90\text{mm}$ $D=32$ $L=90$ $Z_k=12$
3	法向齿形尺寸 1）齿顶高 2）齿根高 3）全齿高 4）法向齿距 5）法向齿厚	h_{a0} h_{f0} h_0 P_{n0} S_{n0}	$h_{a0}=h_f$ $h_{f0}=h_a+c^* m_n$ $h_0=h_{a0}+h_{f0}$ $P_{n0}=\pi m_n$ $S_{n0}=P_{n0}-S_n$	0.01 0.01 0.01 0.001 0.01	$h_{a0}=3.628\text{mm}$ $h_{f0}=(5+0.25\times4)\text{mm}=6\text{mm}$ $h_0=(3.628+6)\text{mm}=9.63\text{mm}$ $P_{n0}=3.1416\times4\text{mm}=12.566\text{mm}$ $S_{n0}=(12.566-7.056)\text{mm}=5.51\text{mm}$
4	切削部分 1）铲齿量 2）侧刃后角 3）容屑槽深度 4）槽底圆角半径 5）槽形角	 K K_1 α_{c0} H_k r θ	 $K=\dfrac{\pi d_{a0}}{Z_k}\tan\alpha_0$ K_1 查表 11-2 $\tan\alpha_{c0}=\dfrac{KZ_k}{\pi d_{a0}}\sin\alpha_n$ α_{c0} 应大于 3° $H_k=h_0+\dfrac{K+K_1}{2}+(0.5\sim1)\text{mm}$ $r=\dfrac{\pi(d_{a0}-2H)}{10Z_k}$ 一般取 $\theta=25°$	 圆整到 0.5	 $K=\dfrac{\pi\times90}{12}\tan11°\text{mm}=4.5\text{mm}$ $K_1=7$ $\tan\alpha_{c0}=\dfrac{4.5\times12}{\pi90}\sin20°=0.06532$ $\alpha_{c0}=3°44'$ $H_k=(9.63+\dfrac{4.5+7}{2}+1.122)\text{mm}$ $=16.5\text{mm}$ $r=\dfrac{\pi(90-2\times16.5)}{10\times12}\text{mm}=1.5\text{mm}$ $\theta=25°$
5	分圆直径	d_0	$d_0=d_{a0}-2h_{a0}-0.2K$	0.01	$d_0=90-2\times3.628-0.2\times4.5=81.844$
6	分圆螺旋线导程角	γ_{z0}	$\sin\gamma_{z0}=\dfrac{m_n n}{d_0}$	1'	$\sin\gamma_{z0}=\dfrac{4\times1}{81.844}=0.04887$ $\gamma_{z0}=2°48'$
7	容屑槽螺旋角	β_k	$\gamma_{z0}\le5°,\beta_k=0°$	—	直槽
8	容屑槽导程	P_k	$\beta_k=0°,P_k=\infty$	—	$P_k=\infty$
9	轴向齿形尺寸 1）轴向齿距 2）轴向齿厚 3）齿顶圆角半径 4）齿根圆角半径	 P_{x0} s_{x0} r_1 r_2	 $p_{x0}=\dfrac{p_{n0}}{\cos\gamma_{z0}}$ $s_{x0}=\dfrac{S_{n0}}{\cos\gamma_{z0}}$ $r_1=(0.2\sim0.3)m_n$ $r_2=(0.2\sim0.3)m_n$	 0.001 0.01	 $p_{x0}=\dfrac{12.566}{\cos2°48'}\text{mm}=12.581\text{mm}$ $s_{x0}=\dfrac{5.51}{\cos2°48'}\text{mm}=5.52\text{mm}$ $r_1=0.3\times4\text{mm}=1.2\text{mm}$ $r_2=0.3\times4\text{mm}=1.2\text{mm}$
10	轴向齿形角	α_x	$\tan\alpha_x=\dfrac{\tan\alpha_n}{\cos\gamma_{z0}}$	1'	$\tan\alpha_x=\dfrac{\tan20°}{\cos2°48'}=0.36441$ $\alpha_x=20°01'$
11	轴台尺寸 1）直径 2）高度	 D_1 a	 $D_1=d_{a0}-2H-(1\sim2)$ $a=4\sim5\text{mm}$	—	 $D_1=(90-2\times18-2)\text{mm}=57\text{mm}$ 取 $D_1=55\text{mm}$ $a=5\text{mm}$

（续）

作图校验滚刀的齿根强度与砂轮铲磨时的干涉情况：

1）按滚刀外径 d_{a0}、容屑槽数 Z_k、槽形角 θ、槽底圆弧半径 r 作出滚刀的端面投影图。

2）测量齿根部宽度 C 是否大于 $\left(\frac{1}{2} \sim \frac{3}{4}\right) H_k$，以校验齿根部强度（模数大时，取小值；模数小时，取大值）。如齿根部宽度 C 过小，应改变滚刀的 d_{a0} 和 Z_k。

3）在滚刀一个齿的前面作出铲齿量 K，可得 B 点。以 $\frac{d_{a0}}{2}$ 为半径，分别以 A、B 两点为圆心，画弧相交于 O_1 点；再以 O_1 点为圆心，$\frac{d_{a0}}{2}$ 为半径，连接 AB，即得近似齿顶铲背曲线。在相邻齿前面作全齿高 h_0，可得 C 点。以 O_1 为圆心，O_1C 为半径，画弧 $\overset{\frown}{CD}$，即得近似齿底铲背曲线。

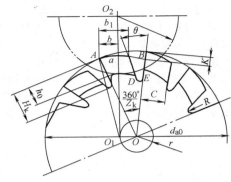

4）以 O 为圆心，$r = \frac{d_{a0}}{2}\sin\alpha_e$ 为半径画圆圆。按 $m \leqslant 4\text{mm}$ 时，选齿背磨光长度 $b = \frac{1}{2}b_1$；$m > 4$ 时，选齿背磨光长度 $b = \frac{3}{2}b_1$。过磨光长度的末点 a，作切于半径 r 圆的切线，使所假设的砂轮外圆切于齿底铲背曲线 $\overset{\frown}{CD}$（砂轮中心 O_2 点位于与 r 圆的切线上）。此时砂轮外圆如在下一个齿 E 点的上方（E 点位置决定于全齿高 h_0），铲磨时不发生干涉；砂轮外圆若在 E 点的下方，则铲磨时将发生干涉。如发生干涉，必须重新决定滚刀的外径 d_{a0}、容屑槽数 Z_k 或改变铲齿量 K，直至不发生干涉为止。

根据表 11-7 计算结果，并按本节齿轮滚刀主要技术要求，绘制成图 11-12。

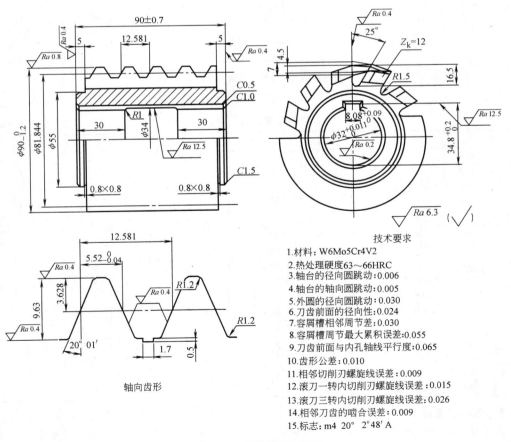

技术要求

1. 材料：W6Mo5Cr4V2
2. 热处理硬度63～66HRC
3. 轴台的径向圆跳动：0.006
4. 轴台的轴向圆跳动：0.005
5. 外圆的径向圆跳动：0.030
6. 刀齿前面的径向性：0.024
7. 容屑槽相邻周节差：0.030
8. 容屑槽周节最大累积误差：0.055
9. 刀齿前面与内孔轴线平行度：0.065
10. 齿形公差：0.010
11. 相邻切削刃螺旋线误差：0.009
12. 滚刀一转内切削刃螺旋线误差：0.015
13. 滚刀三转内切削刃螺旋线误差：0.026
14. 相邻刀齿的啮合误差：0.009
15. 标志：m4 20° 2°48′ A

轴向齿形

图 11-12 齿轮滚刀工作图

11.2 其他结构齿轮滚刀

11.2.1 大模数镶齿齿轮滚刀

齿轮滚刀模数大时,一般做成镶齿结构。

镶齿滚刀的结构型式很多,总的要求是结构简单,容易制造,工作可靠。图11-13所示为一种常见的大模数镶齿滚刀的结构示意图。刀体1用42CrMo制造,刀片2用高速工具钢制造,长楔3用30钢(或Q235A、45钢)制造,固定圈4用40Cr钢制造。刀片和刀体经热处理后,把所有刀片沿半径方向装入

刀体槽内,用楔片将刀片牢牢夹紧,然后在一起磨两端的轴台,再把固定圈加热后套在轴台上,冷却后就紧紧压住刀片和楔片。装配后精加工齿形。

我国工具厂生产的大模数镶齿滚刀多采用直槽正前角形式。这是因为采用正前角可改善切削性能。但是,对于高精度的齿轮滚刀,仍然采用直槽零前角形式。采用直槽正前角形式时,应在刀具图上同时标出前面齿形和轴向齿形(见图11-14)。以7°前角镶片齿轮滚刀为例,其公称尺寸见表11-8。

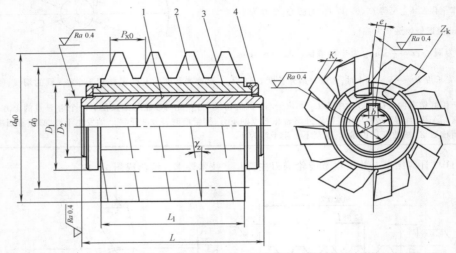

图11-13 大模数镶齿滚刀结构示意图
1—刀体 2—刀片 3—长楔 4—固定圈

表11-8 7°前角镶片齿轮滚刀的公称尺寸 （单位：mm）

m_n	d_{a0}	L	D	P_{x0}	γ_z	K	S_{x0}	h_0	h_{a0}	Z_k	e
9	175	170		28.324	3°23′		14.16	22.3	11.35		10.66
10	180	180		31.482	3°42′	14	15.74	24.8	12.61		10.97
11	185	190		34.642	4°		17.32	27.2	13.87		11.27
12	190	200	50	37.806	4°18′	15	18.90	29.7	15.14		11.58
13	195	210		40.972	4°35′		20.40	32.2	16.40	8	11.88
14	200	220		44.141	4°52′		22.07	34.7	17.66		12.19
15	210	230		47.303	4°59′	16	23.65	37.2	18.92		12.79
16	215	240		50.476	5°14′		25.24	39.7	20.19		13.10
18	245	280	60	56.779	5°10′		28.39	43.7	22.71		14.93
20	255	290		63.133	5°36′	18	31.57	48.6	25.24		15.56
22	300	340		69.395	5°09′	20	34.70	53.4	27.75		18.28
24	310	350		75.749	5°31′	22	37.87	58.3	30.28	9	18.89
25	320	360	80	78.912	5°34′		39.40	60.7	31.54		19.50
26	330	370		82.078	5°38′	23	41.04	63.2	32.80		20.10
28	340	380		88.441	5°57′	24	44.22	68.0	35.34		20.72
30	350	390		94.814	6°16′		47.40	72.9	37.86		21.33

11.2.2 圆磨法齿轮滚刀

圆磨法齿轮滚刀是利用专门夹具进行磨齿的。磨齿时,首先把刀片装夹在工艺刀体的配合槽中

(配合槽相对滚刀刀体槽偏移一定距离 b,见图11-15),然后作为半径为 R_e 的圆柱形螺旋面在螺纹磨床或蜗杆磨床上磨齿。磨齿后将刀片装配到滚刀工

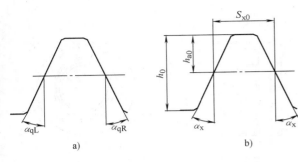

图 11-14　直槽正前角滚刀的齿形
a) 前面齿形　b) 轴向齿形

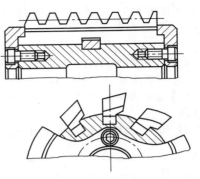

图 11-17　圆磨法齿轮滚刀

作刀体槽中（见图 11-16），最后两端定位和夹紧。这样就可使刀齿得到必要的后角。刀齿顶刃后角和侧刃后角之间有着密切的关系，当保证了顶刃后角时，也得到了侧刃后角。

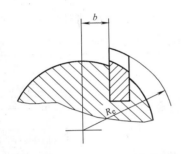

图 11-15　刀片装在工艺刀体的位置

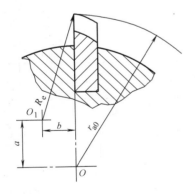

图 11-16　刀片装在滚刀工作刀体的位置
r_{a0}—滚刀外圆半径　a、b—夹具中心
相对于滚刀中心的位移

刀片安装在刀体槽中，如果前面通过刀具轴心线，这就是零度前角直槽圆磨法滚刀；如果前面不通过刀具轴心线而偏移某一距离，但这一距离又小于刀片加工时的偏移距离，则就得到直槽正前角圆磨法齿轮滚刀。图 11-17 为圆磨法齿轮滚刀。

11.2.3　小模数齿轮滚刀

$m_n \leqslant 1\text{mm}$ 的齿轮滚刀，称为小模数齿轮滚刀。

根据齿轮制造工艺的不同，小模数齿轮滚刀分为非全切式和全切式两种。非全切式滚刀只有顶刃和侧刃参加切削，而齿底不参加切削。全切式滚刀除刀具顶刃和侧刃参加切削外，其齿底也参加切削。小模数齿轮滚刀的直径、精度及被切齿轮的精度见表 11-9。

表 11-9　小模数齿轮滚刀的直径、精度及
被切齿轮的精度

滚刀直径 d_{a0}/mm	滚刀精度等级	被加工齿轮精度等级
32、25	AAA、AA	7
32、25	AA、A、B	8

1. 小模数齿轮滚刀的齿形

全切式滚刀与非全切式滚刀的区别在于，齿根高、齿厚及齿根圆角半径的不同（见图 11-18 及表 11-10）。非全切式滚刀在测量齿厚时，是以刀具齿形的齿顶为测量基准；而全切式滚刀在测量齿厚时，是以刀具齿形的齿底为测量基准。

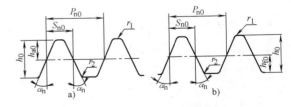

图 11-18　小模数齿轮滚刀的法向齿形
a) 非全切式滚刀　b) 全切式滚刀

2. 小模数齿轮滚刀的结构及其尺寸

1）小模数齿轮滚刀只铲背一次，不做成二次铲背的结构。为了使滚刀的齿背能全部磨光，其刀具的容屑槽角一般取 45°，并适当地增大槽底圆角半径，以便铲磨时能顺利地退出砂轮。滚刀的容屑槽

做成平行于其轴线的直槽形式。滚刀一般只在右端做有轴台,其两端都做成15°斜面,如图11-19所示。

2) 高速工具钢小模数齿轮滚刀基本型式和尺寸见表11-11(可查阅 JB/T 2494—2006)。整体硬质合金小模数齿轮滚刀基本型式和尺寸可查阅 JB/T 7654—2006。

表 11-10 小模数齿轮滚刀齿形计算公式

(单位:mm)

计算项目	符号	计算公式	
		非全切式	全切式
齿顶高	h_{a0}	$h_{a0}=m_n(h^*+c^*)$	$h_{a0}=m_n(h^*+c^*)$
齿根高	h_{f0}	$h_{f0}=m_n(h^*+c^*)$	$h_{f0}=h^* m_n$
全齿高	h_0	$h_0=2m_n(h^*+c^*)$	$h_0=m_n(2h^*+c^*)$
法向齿距	P_{n0}	$P_{n0}=\pi m_n$	$P_{n0}=\pi m_n$
法向齿厚	S_{n0}	$S_{n0}=\pi m_n/2$	$S_{n0}=\pi m_n/2+\Delta S$
齿顶圆角半径	r_1	$r_1=0.3m_n$	$r_1=0.3m_n$
齿根圆角半径	r_2	$r_2=0.3m_n$	$r_2=0.3m_n$

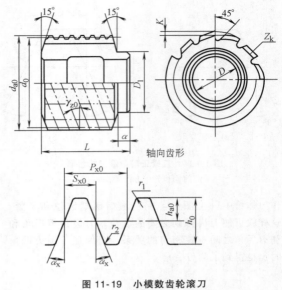

图 11-19 小模数齿轮滚刀

表 11-11 高速工具钢小模数齿轮滚刀的基本型式和尺寸(JB/T 2494—2006)

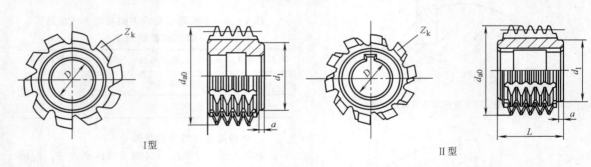

I 型   II 型

模数系列		$\phi25$						$\phi32$						$\phi40$					
I	II	d_{a0}	L	D	d_1	a_{min}	齿数 Z_k	d_{a0}	L	D	d_1	a_{min}	齿数 Z_k	d_{a0}	L	D	d_1	a_{min}	齿数 Z_k
0.10	—																		
0.12	—																		
0.15	—		10				15	—	—	—	—	—	—	—	—	—	—	—	—
0.20	—																		
0.25	—																		
0.30	—	25		8	15	2.5		32											
—	0.35		15				12		15				12	25					
0.40	—																		
0.50	—								13	22	2.5		40		16	25	4	15
0.60	—																		
—	0.70		20				10		20				10	30					
0.80	—																		
—	0.90	—	—	—	—	—		—						40					

注:滚刀轴台直径由工具厂自行决定,其尺寸应尽可能大些。

11.2.4　渐开线花键滚刀

渐开线花键滚刀是用来加工渐开线花键轴的。它的设计方法与齿轮滚刀的设计方法基本一致。

GB/T 5104—2008 规定的渐开线花键滚刀，精度分为 A、B、C 三种精度等级。用于加工 $m = 0.5 \sim 10\text{mm}$、压力角为 30°、与标准 GB/T 3478.1—2008 相符的渐开线花键轴。GB/T 5105—2008 规定的渐开线花键滚刀等级为 C 级一种精度等级。用于加工 $m = 0.25 \sim 2.50\text{mm}$、压力角为 45°、与标准 GB/T 3478.1—2008 相符的渐开线花键轴。

1. 基本型式和尺寸

（1）30°压力角渐开线花键滚刀　滚刀分为两种型式：Ⅰ型为平齿顶滚刀，用于加工平齿根的花键轴；Ⅱ型为圆齿顶滚刀，用于加工圆齿根的花键轴。

滚刀为单头右旋，容屑槽为平行于滚刀轴线的直槽。

滚刀的结构型式如图 11-20 所示。渐开线花键滚刀的公称尺寸见表 11-12。

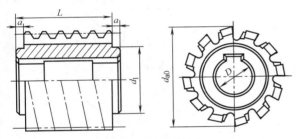

图 11-20　渐开线花键滚刀

（2）45°压力角渐开线花键滚刀　滚刀为圆齿顶一种形式，用于加工圆齿根的花键轴。

滚刀为单头、右旋（按用户要求可做成左旋），容屑槽为平行于滚刀轴线的直槽。

滚刀的结构型式如图 11-20 所示。渐开线花键滚刀的公称尺寸见表 11-13。

2. 滚刀的轴向齿形

滚刀的轴向齿形如图 11-21 所示。

（1）30°压力角渐开线花键滚刀

1）对于Ⅰ型滚刀（平齿顶）：

$h_a = 0.75m$

$h_{\min} = 1.60m \quad (m < 1.00\text{mm})$

$h_{\min} = 1.50m \quad (m \geqslant 1.00\text{mm})$

$r_1 = 0.10m \quad (m \leqslant 1.5$ 时允许用倒角代替$)$，

$r_2 = 0.30m$

2）对于Ⅱ型滚刀（圆齿顶）：

$h_a = 0.90m$

$h_{\min} = 1.75m \quad (m < 1.00\text{mm})$

$h_{\min} = 1.65m \quad (m \geqslant 1.00\text{mm})$

$r_1 = 0.40m, \quad r_2 = 0.30m$

（2）45°压力角渐开线花键滚刀

$h_a = 0.6m$

$h_{\min} = 1.2m$

$r_1 = 0.25m, \quad r_2 = 0.20m$

表 11-12　30°压力角渐开线花键滚刀公称尺寸
（单位：mm）

模数 m 第一系列	模数 m 第二系列	外径 d_{a0}	全长 L	孔径 D	轴台长度 $a_{\min}$	容屑槽数 Z_k
0.5	—	45	32	22	4	15
—	0.75	45	32	22	4	15
1.00	—	50	35	22	4	15
—	1.25	50	40	22	4	15
1.50	—	50	50	22	4	15
—	1.75	63	63	27	4	15
2.00	—	63	63	27	4	15
2.50	—	63	63	27	4	15
3.00	—	71	71	27	4	12
—	4.00	80	80	32	5	12
5.00	—	90	90	32	5	12
—	6.00	100	100	32	5	10
—	8.00	112	112	40	5	10
10.0	—	125	125	40	5	—

注：滚刀轴台直径 d_1 由制造厂自行决定，其尺寸应尽可能取大一些。

表 11-13　45°压力角渐开线花键滚刀公称尺寸
（单位：mm）

模数 m 第一系列	模数 m 第二系列	外径 d_{a0}	全长 L	孔径 D	轴台长度 $a_{\min}$	容屑槽数 Z_k
0.25	—	32	20	13	3	12
0.5	—	32	20	13	3	12
—	0.75	40	35	16	4	14
1.00	—	40	35	16	4	14
—	1.25	40	35	16	4	14
1.50	—	50	40	22	5	14
—	1.75	50	40	22	5	14
2.00	—	50	40	22	5	14
2.50	—	55	45	22	5	14

注：滚刀轴台直径 d_1 由制造厂自行决定，其尺寸应尽可能取大一些。

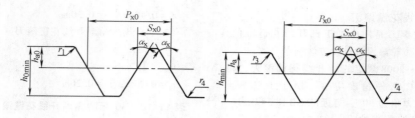

Ⅰ型滚刀（平齿顶）　　　　　　　Ⅱ型滚刀（圆齿顶）

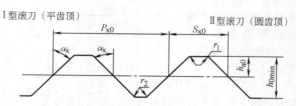

图 11-21　渐开线花键滚刀轴向齿形

11.3　剃前滚刀和磨前滚刀

11.3.1　剃前齿轮滚刀

1. 剃前滚刀的基本型式和尺寸

剃前滚刀的基本型式和尺寸见表 11-14。

表 11-14　剃前滚刀的公称尺寸（JB/T 4103—2006）

（单位：mm）

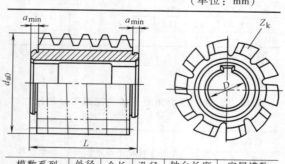

模数系列		外径	全长	孔径	轴台长度	容屑槽数
1	2	d_{a0}	L	D	a_{min}	Z_k
1	—	50	32	22		
1.25	—		40			
1.5	—	63	50			
—	1.75					
2	—		56	27		
—	2.25	71				12
2.5	—		63			
—	2.75					
3	—	80	71			
—	3.25					
—	3.5			32	5	
—	3.75	90	80			
4	—					
—	4.5		90			
5	—	100	100			
—	5.5	112	112			10
6	—			40		
—	6.5	118	118			
—	7		125			
8	—	125	132			

2. 留剃余量的型式

最常用的留剃余量型式有四种基本型式，如图 11-22 所示。

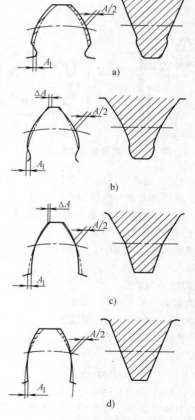

图 11-22　留剃余量的型式

a）带触角的剃前滚刀　b）带触角及修缘的剃前滚刀
c）双齿形角的剃前滚刀　d）减少齿形角的剃前滚刀

（1）带触角的剃前滚刀　留剃余量沿齿高方向分布基本上是均匀的。剃前齿轮齿形在齿根处有少

量沉切（见图 11-22a）。

（2）带触角及修缘的剃前滚刀　将前一种型式增加剃前齿轮的齿顶修缘，就成为带触角及修缘的剃前滚刀型式（见图 11-22b）。

（3）双齿形角的剃前滚刀　这是一种留剃余量呈不均匀分布的型式，在分度圆处最大，在齿根处有少量沉切，在齿顶有少量修缘（见图 11-22c）。

（4）减少齿形角的剃前滚刀　这种滚刀适用于加工 $m_n < 2mm$ 的剃前齿轮。齿轮在齿根处的沉切靠减小剃前滚刀的齿形角来获得。一般是将剃前滚刀的齿形角做得比被切齿轮分度圆处压力角小 1°～2°，留剃余量呈不均匀分布型式（见图 11-22d）。

3. 剃前齿轮滚刀的齿形计算

由于常用的留剃余量型式有以上四种，与之相对应，剃前滚刀的齿形也有四种，其中应用最广泛的为带触角及修缘的剃前滚刀。$m \geq 2mm$ 且被切齿轮齿数大于 20 的齿轮一般多用带触角及修缘的齿形（见图 11-23），齿形各部分尺寸已列入 JB/T 4103—2006。下面介绍剃前滚刀齿形（见图 11-23）的设计方法。

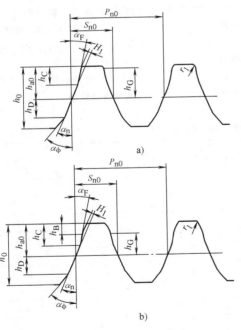

图 11-23　剃前滚刀的齿形
a）带触角、齿顶圆角及修缘的齿形
b）带触角及修缘的齿形

（1）滚刀的齿高

1）齿顶高　$h_{a0} = h_f + 0.1 m_n$

2）齿根高　$h_{f0} = h_a + c^* m_n$

3）全齿高　$h_0 = h_{a0} + h_{f0}$

（2）滚刀的齿厚

1）法向齿厚

$$S_{n0} = P_{n0} - S_n - A$$

式中　A——被切齿轮分度圆处齿厚留剃余量。

齿厚留剃余量 A 按表 11-15 选取。

表 11-15　齿轮分度圆上的齿厚留剃余量 A

（单位：mm）

模数 m_n	1～2	2.25～3.5	3.75～6	6.5～8
留剃余量 A	0.06	0.07	0.09	0.12

2）轴向齿厚

$$S_{x0} = \frac{S_{n0}}{\cos\gamma_{z0}}$$

（3）触角高度 H_1　可根据齿轮留剃余量 A 和齿轮齿根的沉切深度而定。沉切深度一般取 0.01～0.03mm。因此，触角高度 H_1 可按表 11-16 选取。

表 11-16　触角高度 H_1

（单位：mm）

m_n	1～2	2.25～3.5	3.75～6	6.5～8
H_1	0.055	0.06	0.07	0.085

（4）h_B 尺寸的计算　对于图 11-23a 的齿形：

$$h_B = r_1(1 - \sin\alpha_n)$$

式中　α_n——刀具齿形角。

对于图 11-23b 的齿形：

$$h_B = h_{a0} - h_G$$

h_G 值按下式做迭代运算：

$$h_G = \frac{r\left[\dfrac{\sqrt{r_{G2}^2-(r-h_G)^2}}{r-h_G} - \dfrac{\sqrt{r_{G2}^2-(r-h_G)^2}}{r} + inv\alpha_n - inv\left(\arccos\dfrac{r_b}{r_{G2}}\right)\right] + \dfrac{A_1}{\cos\alpha_n}}{\tan\alpha_n}$$

(11-14)

式中　r——被切齿轮的分圆半径；

　　　r_{G2}——剃后齿轮渐开线与齿根过渡曲线交点的半径，$r_{G2} = r_{g2} - 0.05m_n$，$r_{g2}$ 用式（11-8）求出；

　　　A_1——被切齿轮齿根处的沉切深度；

　　　α_n——刀具齿形角。

（5）非造型切削刃齿形角 α_F　非造型切削刃齿形角的最大值 α_{Fmax} 可按下式近似计算

$$\cos\alpha_{Fmax} = \frac{r_{G1}}{r}$$

(11-15)

式中　r_{G1}——剃前齿轮渐开线与齿根过渡曲线交点的半径。

r_{G1} 可按下式做迭代运算：

$$r_{G1} = \frac{r_b}{\cos\left\{\arcinv\left[\arctan\dfrac{\sqrt{r_{G1}^2-(r-h_G)^2}}{r-h_G} - \dfrac{\sqrt{r_{G1}^2-(r-h_G)^2}}{r} - \lambda_1\right]\right\}}$$

(11-16)

$$\lambda_1 = \frac{h_C \sin\alpha_n - H_1}{r\cos\alpha_n} - inv\alpha_n$$

式中　r_b——被切齿轮的基圆半径。

（6）触角长度 h_C　在 α_F 一定时，可按如下公式计算 h_C。

对图 11-23a 的齿形：

$$h_C = r_1 + \frac{H_1\cos\alpha_F - r_1(\cos\alpha_F - \cos\alpha_n)}{\sin(\alpha_n - \alpha_F)} \quad (11\text{-}17a)$$

对图 11-23b 的齿形：

$$h_C = h_B + \frac{H_1\cos\alpha_F}{\sin(\alpha_n - \alpha_F)} \quad (11\text{-}17b)$$

（7）修缘切削刃的角度 α_ϕ

$$\tan\alpha_\phi = \frac{r_k\sin\theta_k - r_a\sin\theta_a + \Delta A}{r_a\cos\theta_a - r_k\cos\theta_k} \quad (11\text{-}18)$$

$$\theta_a = \frac{S_{na}}{d_a}$$

$$\theta_k = \frac{S_{nk}}{d_k}$$

式中　d_a——被切齿轮的顶圆直径；

　　　d_k——被切齿轮的齿顶修缘起始点直径，d_k 可按下式近似计算：

$$d_k = d_a - 2\Delta h$$

计算出来的 α_ϕ 值圆整精度为 0.5°。ΔA 和 Δh 如图11-24所示。

（8）修缘起始点至刀具节线的距离 h_D　在 α_ϕ 一定时，按下式计算：

$$h_D = \frac{r\left(inv\alpha_n - inv\alpha_a - inv\alpha_\phi - inv\alpha_{a\phi} - \dfrac{\Delta A}{r_a} - \dfrac{A}{2}\right)}{\tan\alpha_\phi - \tan\alpha_n}$$

$$(11\text{-}19)$$

$$\alpha_a = \arccos\frac{r_b}{r_a}$$

$$\alpha_{a\phi} = \arccos\frac{r\cos\alpha_\phi}{r_a}$$

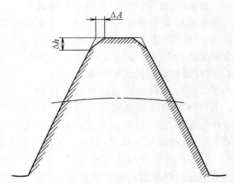

图 11-24　齿轮齿顶的修缘值 ΔA 及 Δh

4. 剃前齿轮滚刀的设计步骤及计算示例

剃前齿轮滚刀基本型式与普通齿轮滚刀相同，其公称尺寸可见 JB/T 4103—2006，技术条件可见 JB/T 4104—2006。

剃前齿轮滚刀的设计步骤及计算示例见表 11-17。根据计算结果，绘制成图 11-25。

表 11-17　剃前齿轮滚刀的设计步骤及计算示例　　　　　　（单位：mm）

名　称		被切齿轮参数		共轭齿轮参数	
		代号	数值	代号	数值
已知条件	模数	m_n	3	m_n	3
	分圆压力角	α_n	20°	α_n	20°
	齿数	z_1	40	z_2	19
	齿顶高	h_{a1}	1.92	h_{a2}	4.08
	齿根高	h_{f1}	4.83	h_{f2}	2.67
	全齿高	h_1	6.75	h_2	6.75
	分圆弧齿厚	S_{n1}	3.927	S_{n2}	—
	齿高系数	h_1^*	1.0	h_2^*	1.0
	径向间隙系数	c_1^*	0.25	c_2^*	0.25
	变位系数	x_1	-0.36	x_2	+0.36
	分圆直径	d_1	120	d_2	57
	顶圆直径	d_{a1}	123.84	d_{a2}	65.16
	根圆直径	d_{f1}	110.34	d_{f2}	51.66
	基圆直径	d_{b1}	112.763	d_{b2}	53.62
	修缘宽度	ΔA	0.1	ΔA	—
	修缘高度	Δh	0.5	Δh	—
	精度等级		8级		

（续）

序号	计算项目	代号	计算公式或选取方法	计算精度	计算示例
1	滚刀精度等级	—	按齿轮精度等级选定滚刀精度等级	—	A 级
2	公称尺寸 1) 外径 2) 全长 3) 容屑槽	—	按表 11-14 选取	—	$d_{a0} = 80mm$ $L = 71mm$ $Z_K = 12$
3	法向齿形尺寸 1) 齿顶高 2) 齿根高 3) 全齿高 4) 法向齿距 5) 法向齿厚	h_{a0} h_{f0} h_0 P_{n0} S_{n0}	$h_{a0} = h_{f1} + 0.1m_n$ $h_{f0} = h_{a1} + c^* m_n$ $h_0 = h_{a0} + h_{f0}$ $P_{n0} = \pi m_n$ $S_{n0} = P_{n0} - S_{n1} - A$ A 按表 11-15 选取	0.01 0.01 0.01 0.001 0.01	$h_{a0} = (4.83 + 0.1 \times 3)mm = 5.13mm$ $h_{f0} = (1.92 + 0.25 \times 3)mm = 2.67mm$ $h_0 = (5.13 + 2.67)mm = 7.80mm$ $P_{n0} = 3.1416 \times 3mm = 9.425mm$ $S_{n0} = (9.425 - 3.927 - 0.07)mm$ $= 5.43mm$
4	触角高度	H_1	按表 11-16 选取	0.001	$H_1 = 0.060mm$
5	—	h_B	$h_B = h_{a0} - h_G$ h_G 按式 (11-14) 计算 $r_{G2} = r_{g2} - 0.05m_n$ r_{g2} 按式 (11-8) 计算	0.001	$h_B = (5.13 - 4.538)mm = 0.592mm$ $h_G = 4.538mm$ $r_{G2} = 57.444mm$ $r_{g2} = 57.594mm$
6	非造形切削刃齿形	α_F	$\cos\alpha_{Fmax} = \dfrac{r_{G1}}{r}$ r_{G1} 按式 (11-15) 计算	1°	$\alpha_{Fmax} = 15°19'49''$，取 $\alpha_F = 14°$ $r_{G1} = 57.865mm$
7	触角长度	h_C	$h_C = \dfrac{H_1 \cos\alpha_F}{\sin(\alpha_n - \alpha_F)} + h_B$	0.01	$h_C = \left(\dfrac{0.06\cos14°}{\sin(20° - 14°)} + 0.592\right)mm$ $= 1.15mm$
8	修缘切削刃的角度	α_ϕ	按式 (11-18) 求出	1′	$\alpha_\phi = 31°51'$
9	修缘起始点至刀具节点的距离	h_D	按式 (11-19) 求出	0.01	$h_D = 0.24$
10	切削部分 1) 铲齿量 2) 侧刃后角 3) 容屑槽深度 4) 槽底圆角半径 5) 槽形角	K K_1 α_{c0} H R θ	$K = \dfrac{\pi d_{a0}}{Z_k}\tan\alpha_0$ K_1 查表 11-2 $\tan\alpha_{c0} = \dfrac{KZ_k}{\pi d_{a0}}\sin\alpha_n$ α_{c0} 应大于 3° $H = h_0 + \dfrac{K+K_1}{2} + (0.5 \sim 1)$ $R = \dfrac{\pi(d_{a0} - 2H)}{10Z_k}$ 一般取 $\theta = 25°$	圆整到 0.5	$K = \dfrac{\pi \times 80}{12}\tan11°mm = 4mm$ $K_1 = 6mm$ $\tan\alpha_{c0} = \dfrac{4 \times 12}{\pi \times 80}\sin20° = 0.06532$ $\alpha_{c0} = 3°44'$ $H = \left(7.8 + \dfrac{4+6}{2} + 0.7\right)mm = 13.5mm$ $R = \dfrac{\pi(80 - 2 \times 13.5)}{10 \times 12}mm = 1.5mm$ $\theta = 25°$
11	分圆直径	d_0	$d_0 = d_{a0} - 2h_{a0}$	0.01	$d_0 = (80 - 2 \times 5.13)mm = 69.74mm$
12	分圆螺旋线导程角	γ_{z0}	$\sin\gamma_{z0} = \dfrac{m_n n}{d_0}$	1′	$\sin\gamma_{z0} = \dfrac{3 \times 1}{69.74} = 0.043017$ $\gamma_{z0} = 2°28'$
13	容屑槽螺旋角	β_k	$\gamma_{z0} \leqslant 5°$，$\beta_k = 0°$	—	直槽
14	容屑槽导程	P_k	$\beta_k = 0°$，$P_k = \infty$	—	$P_k = \infty$

（续）

序号	计算项目	代号	计算公式或选取方法	计算精度	计算示例
15	轴向齿形尺寸 1）轴向齿距	p_{x0}	$p_{x0} = \dfrac{p_{n0}}{\cos\gamma_{z0}}$	0.001	$p_{x0} = \dfrac{9.425}{\cos 2°28'}\text{mm} = 9.434\text{mm}$
	2）轴向齿厚	s_{x0}	$s_{x0} = \dfrac{S_{n0}}{\cos\gamma_{z0}}$	0.01	$s_{x0} = \dfrac{5.43}{\cos 2°28'}\text{mm} = 5.44\text{mm}$
	3）齿顶圆角半径	r_1	$r_1 = (0.2\sim0.3)m_n$		$r_1 = 0.2\times3\text{mm} = 0.6\text{mm}$
	4）齿根圆角半径	r_2			$r_2 = 0.1\times3\text{mm} = 0.3\text{mm}$
16	轴向齿形角	α_x	$\tan\alpha_x = \dfrac{\tan\alpha_n}{\cos\gamma_{z0}}$	1′	$\alpha_{Fx} = 14°01'$ $\alpha_x = 20°01'$ $\alpha_{\phi x} = 31°52'$
17	轴台尺寸 1）直径	D_1	$D_1 = d_{a0} - 2H - (1\sim2)\text{mm}$	—	$D_1 = (80 - 2\times13.5 - 2)\text{mm} = 53\text{mm}$ 取 $D_1 = 51\text{mm}$
	2）高度	a	$a = 4\sim5\text{mm}$		$a = 5\text{mm}$

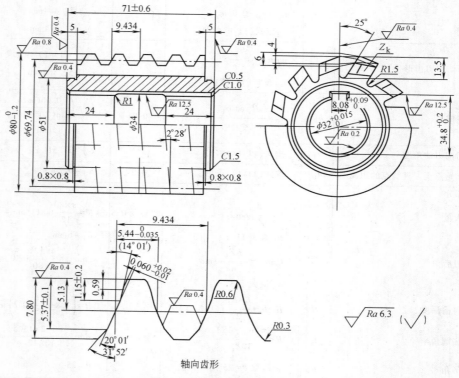

轴向齿形

图 11-25　剃前齿轮滚刀工作图

11.3.2　磨前齿轮滚刀

1. 磨前滚刀的基本型式和尺寸

磨前滚刀的公称尺寸和技术要求见 GB/T 28252—2012，公称尺寸按表 11-18 的规定。

2. 磨前齿轮及磨前齿轮滚刀的齿形型式

（1）磨前齿轮对磨前齿轮滚刀齿形有如下几点

要求

1）齿轮的留磨余量要均匀。

2）磨前齿轮在齿根处要求有一定的切根。

3）磨后齿轮的渐开线长度应足够长。

磨前及磨后齿轮的齿形如图 11-26 所示。

（2）磨前滚刀的齿形型式　常用的磨前滚刀齿

表 11-18 磨前滚刀的公称尺寸

(单位：mm)

模数系列		外径	全长	孔径	轴台长度	容屑槽数
I	II	d_{a0}	L	D	a	Z_k
1	—	50	32	22		
1.25	—	50	40	22		
1.5	—	63	50	27		12
—	1.75	63	50	27		
2	—	71	56	27		
—	2.25	71	56	27		
2.5	—	71	63	27		
—	2.75	71	63	27		
3	—	80	71	32	5	
—	3.25	80	71	32		
—	3.5	80	71	32		
—	3.75	90	80	32		
4	—	90	80	32		
—	4.5	90	90	32		
5	—	100	100	32		
—	5.5	112	112	40		10
6	—	112	112	40		
—	6.5	118	118	40		
—	7	118	125	40		
8	—	125	132	40		
—	9	140	150	40		
10	—	150	170	50		

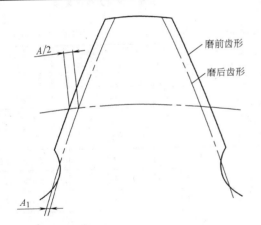

图 11-26 磨前及磨后齿轮的齿形

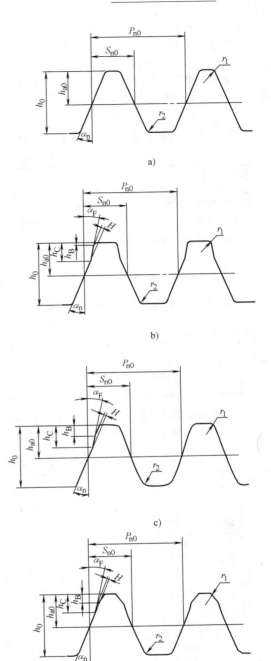

图 11-27 磨前齿轮滚刀的几种型式

a) $z<20$，a 型 　b)、c) $z \geqslant 20$，b、c 型
d) $z>20$，d 型

$$h_{a0} = (1.35 \sim 1.40) m_n$$

对于图 11-27d 中的 d 型：

$$h_{a0} = (1.40 \sim 1.45) m_n$$

(2) 齿顶高 h_0

形有如下几种型式（见图 11-27）。

图 11-27a 中 a 型适用于加工齿数 $z<20$ 齿的齿轮，图 11-27b、c 中 b、c 型适用于加工齿数 $z \geqslant 20$ 齿的齿轮，有的工厂也采用图 11-27d 中 d 型加工 $z>20$ 齿的齿轮。

3. 磨前齿轮滚刀的齿形设计

(1) 齿顶高 h_{a0}　对于图 11-27b、c 中的 b、c 型：

$$h_0 = (2.6 \sim 2.65) m_n$$

（3）法向齿厚 S_{n0}

$$S_{n0} = P_{n0} - S_n - A$$

式中 S_n——被切齿轮在分度圆处的法向弧齿厚；

A——被切齿轮在分度圆上的齿厚留磨余量（见表 11-19）

表 11-19 齿轮分圆上的齿厚留磨余量 A

（单位：mm）

模数 m_n	1~1.75	2~3.25	3.5~6.5	7~10
留磨余量 A	0.2	0.3	0.4	0.5

（4）触角高度 H_1 可根据留磨余量和齿轮齿根的沉切深度而定。触角高度和沉切深度按表 11-20 选取。

$$H_1 = A + A_1$$

表 11-20 触角高度 H_1 和沉切深度 A_1

（单位：mm）

模数 m_n	1~1.75	2~3.25	3.5~6.5	7~10
触角高度 H_1	0.125	0.20	0.25	0.33
沉切深度 A_1	0.025	0.05	0.05	0.08

（5）非造型切削刃齿形角 α_F 对加工 $\alpha_n = 20°$、变位系数 $x = 0$ 的标准齿轮的磨前滚刀，推荐采用

$\alpha_F = 10° \sim 14°$；若加工变位齿轮，须校验 α_F 是否能满足加工要求。α_{Fmax} 按式（11-15）计算。

（6）齿顶圆角半径 r_1 对于图 11-27a、b、c 中的 a、b、c 型，在 $\alpha_n = 20°$ 时，推荐采用 $r_1 = 0.3m_n$；对于图 11-27 中的 d 型，r_{1max} 按下式计算：

$$r_{1max} = \frac{0.5 S_{n0} \cos\alpha_n + H_1 - h_{a0} \sin\alpha_n}{(1 - \sin\alpha_n)} \quad (11-20)$$

式中 α_n——刀具齿形角。

4. 磨前齿轮滚刀设计步骤及计算示例

磨前齿轮滚刀设计步骤及计算示例见表 11-21。

根据以上结果，绘制成图 11-28。其结构尺寸图参看图 11-25，这里不再绘出。

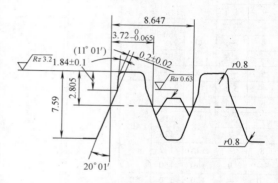

图 11-28 磨前齿轮滚刀轴向齿形

表 11-21 磨前齿轮滚刀的设计步骤及计算示例

（单位：mm）

名称		被切齿轮参数		共轭齿轮参数	
		代号	数值	代号	数值
已知条件	模数	m_n	2.75	m_n	2.75
	分圆压力角	α_n	20°	α_n	20°
	齿数	Z_1	19	Z_2	30
	齿顶高	h_{a1}	4.1	h_{a2}	3.55
	齿根高	h_{f1}	2.53	h_{f2}	3.08
	全齿高	h_1	6.63	h_2	6.63
	分圆弧齿厚	S_{n1}	4.62	S_{n2}	4.78
	齿高系数	h_1^*	1.1	h_2^*	1.1
	径向间隙系数	C_1^*	0.25	C_2^*	0.25
	变位系数	x_1	0.428381	x_2	0.2281
	分圆直径	d_1	59.1711	d_2	93.428
	顶圆直径	d_{a1}	67.37	d_{a2}	100.528
	根圆直径	d_{f1}	54.1111	d_{f2}	87.268
	基圆直径	d_{b1}	54.7062	d_{b2}	86.3782
	精度等级	—	8 级	—	—

（续）

序号	计算项目	代号	计算公式或选取方法	计算精度	计算示例
1	滚刀精度等级	—	按齿轮精度等级选定滚刀精度等级	—	A 级
2	公称尺寸 1）外径 2）孔径 3）全长 4）容屑槽	—	按表 11-4 选取	—	$d_{a0} = 70mm$ $D = 27mm$ $L = 63mm$ $Z_K = 12mm$
3	法向齿形尺寸 1）齿顶高 2）齿根高 3）全齿高 4）法向齿距 5）法向齿厚	 h_{a0} h_{f0} h_0 P_{n0} S_{n0}	 $h_{a0} = h_{f1} + 0.1m_n$ $h_{f0} = h_{a1} + c^* m_n$ $h_0 = h_{a0} + h_{f0}$ $P_{n0} = \pi m_n$ $S_{n0} = P_{n0} - S_{n1} - A$ A 按表 11-19 选取	 0.01 0.01 0.01 0.001 0.01	 $h_{a0} = (2.53 + 0.1 \times 2.75)mm = 2.805mm$ $h_{f0} = (4.1 + 0.25 \times 2.75)mm = 4.788mm$ $h_0 = (2.805 + 4.788)mm = 7.59mm$ $P_{n0} = (3.1416 \times 2.75)mm = 8.639mm$ $S_{n0} = (8.639 - 4.62 - 0.3)mm$ $= 3.72mm$
4	触角高度	H_1	按表 11-20 选取	0.01	$H_1 = 0.20mm$
5	齿顶圆角半径	r_1	$r_1 = 0.3m_n$	0.01	$r_1 = 0.3 \times 2.75mm = 0.825mm$ 取 $r_1 = 0.80mm$
6		h_B	$h_B = r_1(1 - \sin\alpha_n)$	0.01	$h_B = 0.8 \times (1 - \sin 20°)mm = 0.53mm$
7	非造形切削刃齿形角	α_F	推荐采用 $\alpha_F = 10° \sim 14°$，按式（11-15）验算 α_F 能否满足要求	1°	取 $\alpha_F = 11°$
8	触角长度	h_C	按式（11-17）计算	0.01	$h_C = 1.84mm$
9	分圆直径	d_0	$d_0 = d_{a0} - 2h_{a0} - 0.2K$	0.001	$d_0 = (71 - 2 \times 2.805 - 0.2 \times 4)mm$ $= 64.590mm$
10	分圆螺旋线导程角	γ_{z0}	$\sin\gamma_{z0} = \dfrac{m_n n}{d_0}$	1′	$\sin\gamma_{z0} = \dfrac{2.75 \times 1}{64.59} = 0.043017$ $\gamma_{z0} = 2°26'$
11	容屑槽螺旋角	β_k	$\gamma_{z0} \leqslant 5°$，$\beta_k = 0°$	—	直槽
12	容屑槽导程	P_k	$\beta_k = 0°$，$P_k = \infty$	—	$P_k = \infty$
13	轴向齿形尺寸 1）轴向齿距 2）轴向齿厚 3）轴向齿形角	 P_{x0} S_{x0} α_x	 $P_{x0} = \dfrac{p_{n0}}{\cos\gamma_{z0}}$ $S_{x0} = \dfrac{S_{n0}}{\cos\gamma_{z0}}$ $\tan\alpha_x = \dfrac{\tan\alpha_n}{\cos\gamma_{z0}}$	 0.001 0.01 1′	 $P_{x0} = \dfrac{8.639}{\cos 2°26'}mm = 8.647mm$ $S_{x0} = \dfrac{3.72}{\cos 2°26'}mm = 3.72mm$ $\alpha_{Fx} = 11°01'$ $\alpha_x = 20°01'$

11.4　硬质合金滚刀

硬质合金滚刀是用来加工硬齿面齿轮的精加工刀具。在被加工齿轮的齿面硬度大于 40HRC 时，即使用高钴高速工具钢材料制作的滚刀也不能满足加工要求，因此，须采用硬质合金材料制作的滚刀加

工（或磨齿）。

11.4.1 硬质合金滚刀的结构

硬质合金滚刀主要有三种基本型式。一是机夹式；二是焊接式；三是整体式。三种结构型式各有优缺点。本节着重介绍焊接式硬质合金滚刀（见图11-29）。

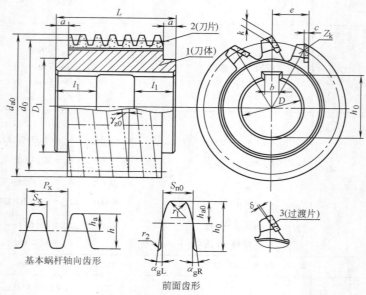

图 11-29 焊接式硬质合金滚刀

为了节省硬质合金和减少焊接应力，焊接式硬质合金滚刀刀片的形式分为四种（见图11-30）。

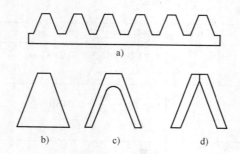

图 11-30 焊接式硬质合金滚刀的刀片形式

a）齿条形 b）单齿形 c）人字形 d）条形

1. 齿条形

齿条形（见图11-30a）适用于 $m_n = 2 \sim 4.5mm$。对于小模数滚刀的刀片，因为齿数很多，单齿焊接十分困难，采用齿条型有利于硬质合金刀片的生产和焊接。考虑到刀片烧结时的变形及焊接应力，刀片不能过长，每排刀齿做成2~3段，每段长度取为25~40mm。

2. 单齿形

单齿形（见图11-30b）适用于 $m_n = 5 \sim 11mm$。对于中等模数的滚刀，齿数在50~60，每齿的焊接面积也适中，采用单齿焊接效果较好。

3. 人字形

人字形（见图11-30c）适用于 $m_n = 12 \sim 18mm$。对于较大模数的滚刀，这种形式节省硬质合金，减少焊接面积。

4. 条形

条形（见图11-30d）用于 $m_n = 20 \sim 30mm$ 大模数的滚刀。为保证有足够的焊接强度，刀片厚度应不小于12~16mm。

应当注意的是，刀片厚度与刀体的支承厚度的比例要接近1:3。这样可以减少焊接裂纹。

11.4.2 硬质合金滚刀的齿形和切削角度

1. 硬质合金滚刀的齿形

（1）齿顶高 $h_{a0} = (1.05 \sim 1.1) m_n$

（2）全齿高 $h_0 = 2.2 m_n$

（3）法向齿厚 $S_{n0} = P_{n0} - S_n$

S_n 为齿轮分圆处齿厚。

2. 硬质合金滚刀的切削角度

硬质合金滚刀在切硬齿面齿轮时，应当保证切削平稳，不崩刃，耐磨损。为此，滚刀通常采用负前角形式（见图11-29）。

小模数整体硬质合金滚刀，一般做成零度前角形式。

11.4.3 硬质合金滚刀的公称尺寸和计算尺寸

哈尔滨第一工具制造有限公司采用的滚刀公称尺寸见表11-22，其计算尺寸见表11-23。

表 11-22　硬质合金滚刀的公称尺寸　　　　　　　　（单位：mm）

模数 m_n	d_{a0}	L	D	L_1	Z_k	e
2						
2.25						
2.5	120					30
2.75						
3		100		80		
3.25	130		50		14	32.5
3.5						
3.75						
4						
4.5						
5	140	110		90		35
5.5		115		95		
6		120		100		
6.5		130		110		
7	160	140		120		40
8		160	60	140		
9	180	175		155	12	47.5
10	200	190		170		50
11	210	195		175		52.5
12	230	210		190		57.5
13		225		205		
14		245		225		
15	250	255	80	235		62.5
16				255	10	
18		275				

表 11-23　硬质合金滚刀的计算尺寸　　　　　　　　（单位：mm）

m_n	d_0	γ_z	P_{x0}	k	h_0	h_{a0}	S_{x0}	r_1, r_2	α_{qL}	α_{qR}
2	115.6	0°59′	6.283		5.5	2.56	3.14	0.4	16°49′	17°45′
2.25	115.05	1°07′	7.067		6.2	2.88	3.53	0.45	16°43′	17°47′
2.5	114.5	1°15′	7.856	5.5	6.9	3.2	3.93	0.5	16′38′	17°49′
2.75	113.95	1°23′	8.642		7.6	3.52	4.32	0.55	16°32′	17°52′
3	113.4	1°31′	9.428		8.3	3.85	4.71	0.6	16°26′	17°54′
3.25	122.85	1°31′	10.214		9.0	4.17	5.11	0.65	16°26′	17°54′
3.5	122.3	1°38′	11.000	6	9.6	4.49	5.50	0.7	16°21′	17°56′
3.75	121.75	1°46′	11.784		10.3	4.82	5.89	0.75	16°15′	17°58′
4	131.2	1°45′	12.572		11.0	5.14	6.29	0.8	16°16′	17°58′
4.5	130.1	1°59′	14.146	6.5	12.4	5.79	7.07	0.9	16°05′	18°02′
5	129	2°13′	15.720		13.2	6.44	7.86	1.0	15°54′	18°06′
5.5	127.9	2°28′	17.295		14.5	7.10	8.65	1.1	15°43′	18°11′
6	126.8	2°43′	18.871	7.5	15.9	7.76	9.44	1.2	15°31′	18°16′
6.5	125.7	2°58′	20.448		17.3	8.42	10.22	1.3	15°19′	18°20′
7	144.6	2°46′	22.017	8.5	18.6	9.06	11.01	1.4	15°28′	18°17′
8	142.4	3°13′	25.172		21.4	10.38	12.59	1.6	15°06′	18°26′
9	170.2	3°02′	28.314	9.5	24.0	11.66	14.16	1.8	15°16′	18°22′
10	178	3°13′	31.466	10.5	26.8	12.98	15.73	2.0	15°06′	18°26′
11	185.8	3°24′	34.618	11	29.5	14.29	17.31	2.2	14°58′	18°29′
12	203.6	3°23′	37.765	12	32.2	15.59	18.88	2.4	14°59′	18°29′
13	201.4	3°42′	40.926		35.1	16.92	20.46	2.6	14°42′	18°35′
14	219.2	3°40′	44.073	13	37.8	18.22	22.04	2.8	14°44′	18°35′
15	217	3°58′	47.237		40.8	19.56	23.62	3.0	14°29′	18°41′
16	214.8	4°16′	50.406	15	43.8	20.91	25.20	3.2	14°13′	18°48′
18	210.4	4°54′	56.757		49.8	23.63	28.38	3.5	13°39′	19°02′

注：α_{qL}、α_{qR} 按式 (11-6)、式 (11-6a) 计算。

11.5 滚齿切削过程分析和几种特殊齿轮滚刀

11.5.1 滚齿切削过程分析和滚刀技术发展

为提高滚齿的切削效率和减少刀具磨损，必须首先研究滚齿工艺和滚齿切削过程，然后改进滚齿工艺和研究改进齿轮滚刀的结构。

1. 滚齿工艺和滚齿切削过程分析

（1）滚齿工艺分析和改进

1）滚刀切入行程改变。

齿轮滚刀滚齿时一般都采用轴向进给，切入行程长度值较大，滚刀直径越大时切入长度也越大。占用较多工时，这也限制了滚刀直径的加大。

使用数控滚齿机后，可改用径向切入进给法，滚刀径向切入进给到要求深度后再自动换成轴向进给切完全齿轮，这将明显减小切入行程长度，提高滚齿加工生产率。现在滚齿使用数控滚齿机并采用径向切入进给后，设计齿轮滚刀都推荐采用较大直径，这有利于提高滚齿加工精度。

2）采用多刀自动顺序加工。

使用数控滚齿机后，刀轴上可同时装几把刀自动顺序地加工齿轮，先后顺序地完成多道切齿工序，各刀有各自的切削深度和切削用量。图 11-31 所示

图 11-31 刀杆上装多把切齿刀

为机床刀轴上装了"一把粗切滚刀，两把倒角盘形铣刀和一把精切滚刀"，按编好的程序，自动顺序地完成齿轮粗切、倒角和精切等工序，可大大节省辅助工时。

（2）滚齿切削参数的优化

1）滚齿切削速度的优化。提高切齿切削速度，受到刀具材料限制，现采用更好的刀具材料如优质高速工具钢、硬质合金等。要提高切削速度可：①加大滚刀直径，这有利于降低加工齿面粗糙度值，但必须使用更好的刀具材料或减少滚刀转速，以保证刀具寿命；②滚刀转速的优化，由于滚刀和齿轮的啮合关系增加滚刀转速即增加滚齿的圆周进给量，能提高滚齿生产率但将使加工齿面粗糙度值增大。现在生产中齿轮粗加工采用较小直径滚刀而较高滚刀转速，精加工则采用较大直径滚刀而较低滚刀转速。

2）滚齿轴向进给量的优化。加大滚齿轴向进给量能提高滚齿生产率但将使加工齿面轴向棱度（残留面积）加大。现在生产中齿轮粗加工采用较大轴向进给，精加工则采用较小轴向进给。为提高精加工滚齿轴向进给而不增加加工齿面轴向棱度可：①采用较大直径滚刀；②采用特殊的小压力角滚刀。

3）滚刀切削角度的优化。齿轮滚刀为避免造型误差都使用零度前角，对于直槽滚刀刀齿的一侧刃为负前角，不利于切削。现提出使用直槽正前角 γ_0（径向前角）滚刀，可使测刃负前角的影响减小，改善加工齿面质量，特别是对于加工钢的较大模数滚刀效果更明显。直槽正前角 γ_0 滚刀在齿形角优化修正后可使齿形误差降到很小。

2. 滚齿切削图形分析

图 11-32a 所示是齿轮滚刀实际切削后各刀齿的磨损情况，可看到各刀齿的磨损是极不均匀的，仅 3~4 个刀齿磨损严重，而其他刀齿磨损较少，这少部分刀齿的严重磨损限制了滚刀使用寿命。分析图 11-32b 的滚齿切削图形可看到各刀齿的切削厚度负荷是很不均匀的，这造成了少数刀齿的快速磨损，

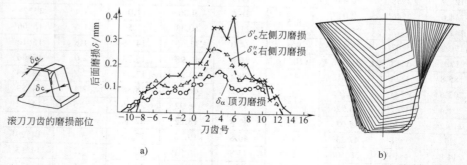

a)

b)

图 11-32 滚齿切削过程分析

a）滚刀各刀齿的磨损　b）滚齿切削图形

降低了滚刀使用寿命。

　　这少部分刀齿的快速严重磨损，限制了滚刀的切削寿命。为解决这问题，采取了下列办法：①滚刀的轴向窜刀和加长滚刀，这在使用数控滚齿机后效果特别好；②采用齿高修正齿轮滚刀，使各刀齿的切削负荷均化、磨损均化，延长滚刀使用寿命，但这将使齿轮滚刀成为专用，因此仅在加工有一定批量的较大模数齿轮时使用。

11.5.2　长度加大、正前角、齿高修正、小压力角齿轮滚刀

1. 长度加大齿轮滚刀

　　滚刀各刀齿的磨损不均匀，如图 12-32a 所示，仅几个刀齿磨损特别严重的问题，可用滚刀轴向窜刀的方法来解决。即滚刀切过几个齿轮后，未到严重磨损，即将滚刀沿其轴线方向窜过一定距离，同时将齿轮旋转相应的角度使不破坏原来的啮合关系。这样使滚刀的磨损均匀地分布在不同的刀齿上，即可大大增加滚刀的切削寿命。这时就需要增加滚刀的长度供窜刀使用。据估计如果滚刀长度增加 4~5 个齿距，可使滚刀寿命提高近 10 倍，但手工进行多次准确滚刀轴向窜动并相应转动齿轮较为费事。图 11-33a 是正常长度的滚刀，图 11-33b 是加大长度的滚刀。

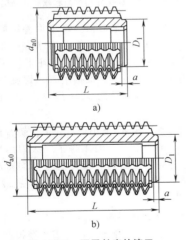

图 11-33　不同长度的滚刀

a) 正常滚刀　b) 加长滚刀

　　现在有了数控滚齿机后，可实现在切齿过程中滚刀自动连续轴向窜刀，如图 11-34 中，如切齿过程中滚刀的轴向窜刀运动为 s_{01}，被加工齿轮需增加配合的附加转动 $\Delta\omega_1$。过去用滚刀加工大齿轮时，经常一个齿轮没有切完滚刀即已磨损，接刀极为困难，现在数控滚齿机可实现切齿过程中滚刀连续自

动轴向窜刀，滚刀有很长的切削寿命，解决了大齿轮滚齿加工的技术难题。

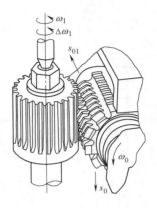

图 11-34　滚刀的自动连续轴向窜刀

2. 正前角齿轮滚刀

　　对于大模数齿直槽阿基米德轮滚刀的主要问题是刀齿的一侧刃为较大负前角，不利于切削。工具研究所提出使用直槽正前角 γ_0（径向前角）滚刀，可使侧刃负前角的影响减小，改善加工齿面。但使用正前角后将产生齿形误差，必须研究如何修正齿形使造型误差最小。

　　直槽正前角阿基米德齿轮滚刀的造型误差 Δf 为[⊖]

$$\Delta f = m\left\{\frac{\sin\alpha_n}{1 - c_2\tan\gamma_0} \cdot \left[c_1 - \frac{c_2(\theta - \theta_0)}{2\sin\lambda_0}\right] - \frac{\cos\alpha_n}{2} \cdot (\mathrm{inv}\alpha_{v^*} - \mathrm{inv}\alpha)\right\} \quad (11\text{-}21)$$

　　现采用四种分圆径向前角 $\gamma_0 = 0°、3°、6°、9°$ 对 $m = 15\text{mm}$、$\alpha_n = 20°$、$\alpha_e = 12°$ 的直槽阿基米德齿轮滚刀进行计算，结果如图 11-35 所示。图中给出了不同滚刀螺纹升角 λ_0 时，不同前角 γ_0 的齿顶和齿根处的滚刀造型误差 Δf_1 和 Δf_2。滚刀分圆前角 γ_0 也可换算成前面偏位值 e，可得到 $m = 15\text{mm}$ 的滚刀造型误差对前面偏位 e 的函数关系，如图 11-36 所示。图 11-35 和图 11-36 是按滚刀模数 $m = 15\text{mm}$ 计算得到的，对滚刀为其他模数时，造型误差值按 m 比例放大或缩小即可，此图仍可使用。

　　分析图 11-35 和图 11-36，可得滚刀前角 γ_0 对其造型误差 Δf 影响的如下结论：

　　1）直槽阿基米德齿轮滚刀在不同螺旋升角 λ_0 和不同分圆径向前角 γ_0 时，齿顶和齿根处的造型误差 Δf_1 和 Δf_2 均为正负同号，绝对值 $\Delta f_2 \geqslant \Delta f_1$，即用 Δf 代表 Δf_2。造型误差 Δf 为正值时，齿轮齿廓的齿

　　⊖　公式推导见：袁哲俊. 齿轮刀具设计 [M]. 北京：国防工业出版社，2014。

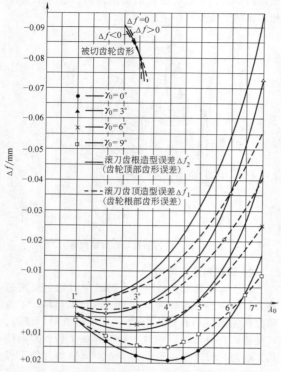

图 11-35　不同前角直槽阿基米德滚刀的造型误差
$m=15\text{mm}$，$\alpha_n=20°$，$\alpha_e=12°$

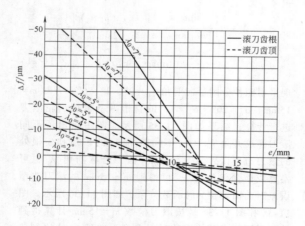

图 11-36　不同前面偏位直槽阿基米德滚刀的造型误差
$m=15\text{mm}$，$\alpha_n=20°$，$\alpha_e=12°$

顶和齿根处将外凸，是不能允许的；造型误差 Δf 仅允许为负值，并希望其绝对值尽量小。

2）齿轮滚刀分圆径向前角 $\gamma_0>0$（正前角）时，滚刀造型误差 Δf 在 λ_0 较小时为正值（这是滚刀不能允许的），当 λ_0 增大到某临界值后，滚刀造型误差 Δf 转变为负值，以后随 λ_0 继续增大，造型误差 Δf 绝对值也迅速增大（见图 11-36）。不同前角 γ_0

时，Δf 值正负转变的临界点 λ_0 值也不同。

3）对中小模数的直槽阿基米德齿轮滚刀（$m=1\sim10\text{mm}$），应用零前角而不宜用正前角，因此时 λ_0 较小（$\lambda_0\approx0°\sim4°$），零前角的滚刀造型误差 Δf 也较小，而采用正前角将使 Δf 为正值，是不允许的。

4）从图 11-35 可看到直槽阿基米德齿轮滚刀在不同前角 γ_0，不同螺旋升角 λ_0 时，滚刀造型误差 Δf 值有正负转变的临界点，此点处造型误差为零（$\Delta f=0$）。将这些滚刀造型误差 $\Delta f=0$ 的临界点的螺旋升角 λ_0 和前角 γ_0 取出，可作成图 11-37。此图表示，滚刀在不同螺旋升角 λ_0 时的最佳前角 γ_0，这是滚刀齿形设计的最佳点。

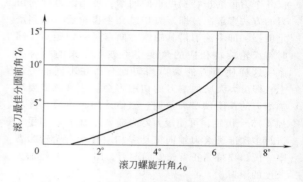

图 11-37　滚刀最佳分圆前角和螺旋升角的关系

5）根据以上前角对滚刀造型误差影响的分析，对模数较大的 A、B、C 级齿轮滚刀（$m=10\sim32\text{mm}$），建议采用正前角直槽阿基米德滚刀结构，取齿顶前角 $\gamma=5°\sim9°$，根据滚刀的螺旋升角 λ_0 不同而合理选用。对粗加工齿轮滚刀，齿顶前角 γ 还可加大到 12°。

滚刀齿顶后角 α_e 是用铲齿获得，铲背量 K 受铲齿机床凸轮的限制，有时不是正好滚刀后角要求的数值，这将对正前角齿轮滚刀的造型误差产生一定影响。铲背量 K 的偏差 ΔK 应限定在 $\Delta K\leqslant0.1\sim0.15\text{mm}$ 范围内。

3. 齿高修正齿轮滚刀

滚刀各刀齿磨损不等，部分刀齿磨损严重，限制了滚刀的切削寿命，分析滚齿切削图形（见图 11-32b），可知部分刀齿切削厚度大，切削负荷大，致使这部分刀齿磨损严重。为减少这部分切削负荷最大刀齿的负荷，有人采用修正各刀齿高度的方法，使切削负荷均化，这时滚刀的外圆柱变成曲线形，如图 11-38a 所示，从而改变了切削图形。例如可以得到图 11-38b 所示的齿顶切削厚度大致相等的滚齿切削图形，使滚刀各刀齿的磨损比较均匀。这种滚刀称为齿高修正齿轮滚刀。这种滚刀切固定参数齿轮时，各刀齿的磨损较均匀，可提高滚刀的使用寿命。

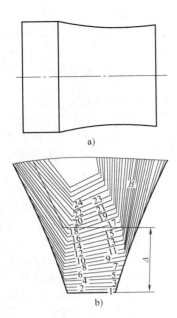

a)

b)

图 11-38 齿高修正的齿轮滚刀及其切削图形

a) 齿高修正后的滚刀外廓形 b) 齿高修正后的切削图形

但这种齿高修正滚刀已是专用滚刀，只能用于加工固定参数齿轮才有效，故仅能在大批量齿轮生产中应用。为解决齿轮滚刀切削寿命的问题，现在还可采用滚刀轴向窜刀的方法，同样能明显延长滚刀的切削寿命，特别是使用数控滚齿机后使用滚刀轴向窜刀极为方便，因此现在生产中齿高修正滚刀已很少使用。

4. 小压力角齿轮滚刀

小压力角齿轮滚刀可减小加工齿面的棱度和波纹度。因此可以减小滚刀直径以提高滚刀转速，提高滚齿时的圆周进给量和轴向进给量，使滚齿生产率提高。

（1）小压力角齿轮滚刀的工作原理 若把滚切过程近似地视为齿轮与滚刀的法向齿条相啮合的过程（下面计算小压力角滚刀时也视为齿轮与齿条相啮合），则根据渐开线齿轮的基本啮合原理，同一渐开线齿轮可与不同压力角的渐开线齿轮正确啮合，只要这齿轮的基圆齿距 p_b 和这些齿条的基圆齿距相等。图 11-39 所示是一个基圆齿距为 p_b 的渐开线齿轮能和齿形角为 α、α_y 和 $0°$ 的齿条正确啮合，其条件为 $p\cos\alpha = p_y\cos\alpha_y = p_b\cos0° = p_b$，啮合时的节圆半径将不同，其值分别为 r、r_y 和 r_b。

现分析小压力角滚刀（齿条）和齿轮啮合时的情况。当用小压力角滚刀加工齿轮时，滚切节圆已不是齿轮的分度圆，这时，滚刀的法向齿形角应等于滚切节圆 r' 处的压力角，如图 11-40 所示。由于改

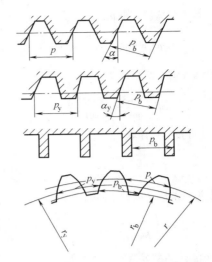

图 11-39 齿轮可与不同齿形角齿条啮合

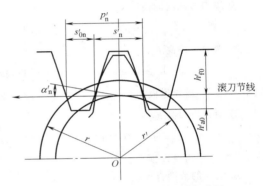

滚刀节线

图 11-40 小压力角滚刀的啮合滚切节圆

变了滚切节圆，滚刀的齿距、齿厚等参数都将改变。

（2）小压力角齿轮滚刀主要参数的计算 设计小压力角齿轮滚刀时首先要确定滚刀压力角的大小。减小滚刀的齿形角 α_{0n} 可减小加工齿面的棱度和波纹度，提高滚齿加工的进给量。但刀齿侧刃的后角将减小，由于滚刀侧切削刃后角一般不得小于 $2°$，因此，小压力角滚刀的齿形角 α_{0n} 不宜小于 $10° \sim 12°$。

小压力角齿轮滚刀加工齿轮时，基于啮合原理，齿轮节圆处的压力角（啮合角）α'_n 应等于小压力角滚刀的齿形角 α_{0n}，齿轮的滚切节圆 r' 可根据啮合角 α'_n 计算得到。小压力角滚刀的模数、齿距、齿厚、齿高等参数都将和标准齿轮滚刀不同。

设被加工齿轮的法向模数为 m_n，法向齿形角为 α_n，若选滚刀的法向齿形角为 α_{0n}，则齿轮的节圆压力角 α'_n 应等于滚刀齿形角（$\alpha'_n = \alpha_{0n}$），滚刀的有关参数应按下面公式计算

① 滚刀的模数 m_{0n}

$$m_{0n} = \frac{m_n\cos\alpha_n}{\cos\alpha_{0n}} \tag{11-22}$$

② 滚刀的法向齿距 p_{0n}

$$p_{0n} = \pi m_{0n} = \pi \frac{m_n \cos\alpha_n}{\cos\alpha_{0n}} \qquad (11-23)$$

③ 齿轮的节圆直径 d'

$$d' = \frac{m_{0n} z_1}{\cos\beta'} = \frac{m_n z_1 \cos\alpha_n}{\cos\beta' \cos\alpha_{0n}} \qquad (11-24)$$

式中，β' 可按下式计算

$$\sin\beta' = \frac{\sin\beta_b}{\cos\alpha_{0n}} = \frac{\sin\beta \cos\alpha_n}{\cos\alpha_{0n}} \qquad (11-25)$$

④ 齿轮节圆 d' 处的法向弧齿厚 s_n

$$s_n' = d'\left(\frac{s_n}{d\cos\beta} + \mathrm{inv}\alpha_t - \mathrm{inv}\alpha_t'\right)\cos\beta' \qquad (11-26)$$

式中 α_t——齿轮分圆端面压力角；
α_t'——齿轮节圆端面压力角。

⑤ 滚刀节圆法向齿厚 s_{0n}

$$s_{0n} = p_n' - s_n' \qquad (11-27)$$

⑥ 滚刀齿顶高 h_{a0}

$$h_{a0} = h_f - (r - r') \qquad (11-28)$$

式中 h_f——齿轮齿根高。

⑦ 滚刀齿根高 h_{f0}

$$h_{f0} = h_a + (r - r') + c'm_n \qquad (11-29)$$

式中 h_a——齿轮齿顶高。

⑧ 滚刀的节圆直径 d_0'

$$d_0' = d_{a0} - 2h_{a0} \qquad (11-30)$$

⑨ 滚刀节圆螺旋升角 λ_0'

$$\sin\lambda_0' = \frac{p_n' z_0}{\pi d_0'} \qquad (11-31)$$

小压力角齿轮滚刀的其他参数计算与标准齿轮滚刀相同。

从上述小压力角滚刀的参数计算可看出，滚刀的节圆齿厚与被切齿轮的齿数有关，因而被加工齿轮齿数改变时，需换新的滚刀，故这种小压力角齿轮滚刀是专用的，仅能用于大批量的齿轮生产中。这是小压力角滚刀的最主要缺点。

11.6 滚刀的重磨与检验

11.6.1 滚刀重磨时的技术要求

滚刀的重磨是在滚刀的前面上进行的。为了保证滚刀的精度，即重磨后滚刀的切削刃仍能位于蜗杆的产形螺旋面上，其前面在重磨后应满足下列三方面要求。

1. 容屑槽周节的误差

容屑槽周节的误差分为容屑槽周节的相邻误差和容屑槽周节的最大累积误差。容屑槽周节的误差用于表示滚刀前面在圆周上分布的不均匀性（见图11-41a）。由于滚刀在制造时刀齿的铲削是在精确等分的基础上进行的，因此前面若重磨得不等分，会使切削刃偏离蜗杆的产形螺旋面，造成各排刀齿的齿厚不等（见图 11-41b）。当它们在不同的展成位置上切出齿轮时，具有圆周上正偏差的刀齿齿厚较大，因而会使齿轮齿形产生"过切"，齿面上形成凹度；反之，具有圆周上负偏差的较薄，滚切时使齿形产生"少切"，齿面上形成凸棱，从而使齿面变得凸凹不平（见图11-41c）。为此，滚刀重磨后的误差应在规定的公差范围内。

2. 滚刀前面的导程误差

滚刀前面的导程误差，对于容屑槽为螺旋槽的滚刀，是用前面的实际导程与理论导程之间的差值来表示的。而对容屑槽为直槽的滚刀，由于其前面的导程为无穷大，因此，这一误差表现为滚刀前面对内孔轴线的平行度。当滚刀前面发生这种误差时，刀齿切削刃在全长上将逐渐偏离蜗杆的产形螺旋面，并造成滚刀外圆上的锥度（见图11-42a）。这种滚刀在加工时，会引起被加工齿轮齿形的均匀畸变，使齿形产生不对称的歪斜（见图 11-42b）。

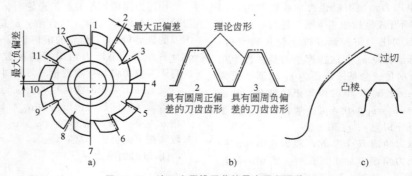

图 11-41 滚刀容屑槽周节的最大累积误差
a）分布不均匀 b）齿厚不等 c）凸凹不平

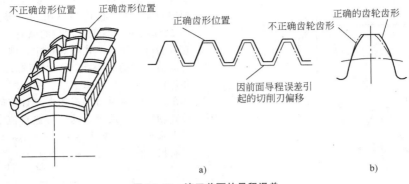

图 11-42　滚刀前面的导程误差
a）产生锥度　b）不对称的歪斜

3. 滚刀前面的径向性误差

　　为了制造及测量的方便，齿轮滚刀的前角一般都做成零度，即滚刀的前面通过滚刀的半径方向，并在径向成直线形。重磨时，如果砂轮相对于滚刀的位置不正确，磨出的前面不在滚刀的半径方向，则会在滚刀上形成正前角或负前角（见图 11-43a）。

前面的径向性误差，会减小或增大刀齿的齿形角（当滚刀为正前角时齿形角减小，反之增大），从而使齿轮齿形角产生相应的误差。即滚刀为正前角时，使齿轮齿顶加厚，齿根变瘦，齿形角减少；而为负前角时，使齿轮齿顶变瘦，齿根加厚，齿形角增大（见图 11-43b）。

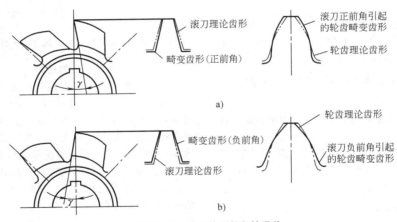

图 11-43　滚刀前面径向性误差
a）正前角　b）负前角

　　在重磨直槽或螺旋角较小的滚刀时，一般容易得到径向直线形的前面。但当滚刀的螺旋角较大时（一般当 $\beta_k \geqslant 8°$）时，尽管采用砂轮的锥面进行重磨，但在前面上仍会出现明显的齿顶部和齿根部干涉，使滚刀的前面变成中凸形（见图 11-44a），从而使被加工齿轮齿形呈中凹形（见图 11-44b）。为了消除这一影响，在重磨螺旋角较大的滚刀时，应对砂轮进行修整。

11.6.2　滚刀重磨后的检验

　　为了保证滚刀的重磨精度，滚刀在重磨后应检验其容屑槽周节的相邻误差和最大累积误差、前面径向性误差及前面导程误差等三个项目。此外，还

应检查磨削表面的表面粗糙度及有无烧伤等外观质量。

1. 滚刀容屑槽周节误差的检验

　　在铣刀磨后检查仪上检验此项误差时，不是直接测量各周节的绝对值，而是采用相对比较法来测量的。测量时，首先任意选出滚刀的一个周节为基准周节，然后以它对其他周节作比较，通过对测量结果的数字处理，最终得出周节的最大累积误差。

　　（1）用读数叠加法计算周节最大累积误差　若测量时得到的读数为 a_1、a_2、a_3、$\cdots$、a_Z，则测量所选基准周节与标准周节的实际差值 Δp 为

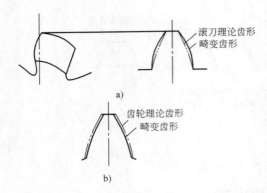

图 11-44　螺旋槽滚刀前面的中凸现象

a）滚刀前面变成中凸形　b）被加工齿轮齿形呈中凹形

$$\Delta p = \frac{\sum\limits_{10}^{n} a}{-Z} = \frac{a_1 + a_2 + a_3 + \cdots + a_z}{-Z}$$

式中　$n = 1$、2、$3 \cdots Z$。

这时各周节对标准周节的实际差值 Δp_n 为

$$\Delta p_n = \sum_{1}^{n} a + n \Delta p$$

$$\sum_{1}^{n} a = a_1 + a_2 + a_3 + \cdots + a_z$$

算出每一周节对标准的差值后，其最大绝对正负值之和，即为周节最大累积误差 δF_p。

上述计算方法可用表 11-24 所列的示例予以说明。

表 11-24　相对法测量周节最大累积误差的数据处理

（单位：μm）

序号 n	千分表读数 a_n	$\sum\limits_{1}^{n} a$	$\Delta p_n = \sum\limits_{1}^{n} a + n \Delta p$
1	0	0	-1
2	+3	+3	+1
3	-2	+1	-2
4	-1	0	-4
5	+5	+5	0
6	+4	+9	+3
7	-2	+7	0
8	+1	+8	0
—	$\Sigma a_n = 8$	$\Delta p = \dfrac{\sum\limits_{1}^{n} a}{-Z} = \dfrac{8}{-8} = -1$	周节最大累积误差 $\delta F_p = \lvert -4 \rvert + \lvert +3 \rvert = 7$

（2）用图解法求周节最大累积误差　如图 11-45 所示，在一方格坐标纸上选取两条互相垂直的直线作为坐标轴，其交点 0 则为坐标原点。读数的顺序号 n（或刀齿齿序）为其坐标，依次为 $n = 1$、$n = 2$、$n = 3 \cdots \cdots$。而某读数的纵坐标，则由该读数与它以前所有读数的代数和确定，即每一读数都是以它的前一点的纵坐标为 0 点而标志在坐标图上的。各读数标志于坐标图上后，用直线将各坐标点连接起来，此线称为周节累积误差计算轴线。图线上距计算轴线上下最远点的正负绝对值之和，即为周节最大累积误差，即 $\lvert ab \rvert + \lvert cd \rvert = 4\mu m + 3\mu m = 7\mu m$。可以看出，所得出的结果与计算方法完全一样。

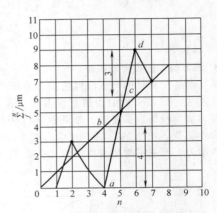

图 11-45　图解法求周节最大累积误差

2. 滚刀前面径向性的检验

在铣刀磨后检查仪上检验此项误差时，通常可以和周节最大累积误差的检验同时进行。如前所述，测量时由于杠杆测头已用标准块调整到通过仪器两顶尖轴线的高度上（即在此位置时千分表读数调整为零），因此，当滚刀刀齿顶部与测头接触并调整其圆周位置使千分表读数为零后，移动溜板，使测头平移到刀齿齿根处所读出的读数值，即为滚刀前面的径向性误差（见图 11-46）。

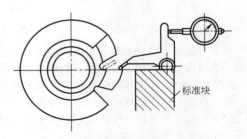

图 11-46　在铣刀磨后检查仪上检验
滚刀前面径向性误差

滚刀前面径向性误差也可在万能工具显微镜上用光学分度头及灵敏杠杆进行测量，其方法与在铣刀磨后检查仪上检验时完全一样，如图 11-47 所示。检验时，灵敏杠杆的测头也应调整到通过仪器两顶

尖轴线的位置上。当滚刀齿顶接触到测头并调至零位时，使测头垂直下降到齿根位置，并用横向投影读数器测出其横向位移值，此读数即为滚刀前面径向性误差。

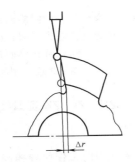

图 11-47　用万能工具显微镜检验
滚刀前面径向性误差

3. 滚刀前面导程误差的检验

此项误差通常在万能工具显微镜或专用导程仪上测量。当滚刀的容屑槽为直槽时，也可在铣刀磨后检查仪上进行检验。

在万能工具显微镜上，一般可用光学分度头和灵敏杠杆来检验，如图 11-48 所示。测量时，滚刀连同锥度心轴被安装在万能工具显微镜的两顶尖间，心轴的一端与光学分度头用卡头连接。将滚刀前面调整到垂直位置，使灵敏杠杆测头接触在滚刀一端完整刀齿前面中心的 M 点，并使测头对准零位。记下此纵向读数及光学分度头的起始值。然后将滚刀移动一定距离 l，使测头接触到滚刀另一端完整齿前面中心处的 N 点。旋转光学分度头，使灵敏杠杆测头再次对准零位。此时，如果光学分度头旋转的角度为 θ，滚刀前面的实际导程 p_k' 为

$$p_k' = \frac{360°}{\theta}l$$

实际导程 p_k' 与理论导程 p_k 的差值，即为滚刀前面的导程误差。

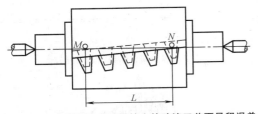

图 11-48　在万能工具显微镜上检验滚刀前面导程误差

在专用导程检查仪和滚刀检查仪上检验滚刀前面导程时，其原理与带正弦尺结构的滚刀磨床磨容屑槽导程相同，如图 11-49 所示。当工作台移动时，

滑块沿着用量块精确调整的正弦尺滑动。与滑块相连的钢带带动滚轮，从而使与滚轮相固接的主轴转动，因而使滚刀获得准确的螺旋运动。此时，将滚刀一端的某一前面置于水平位置，使千分表测头接触此前面中部，并将读数调整为零。然后，将工作台移动一定的距离 l，在另一端的刀齿前面中部读出千分表读数，此读数即是滚刀前面的导程在长度 l 长的误差值 δ。根据下面的公式，则可计算出滚刀前面导程误差 Δp_k。

$$\Delta p_k = \frac{\delta p_k^2}{\pi d_0 l}$$

仪器正弦尺的倾斜角度 α 可按下式计算：

$$\tan\alpha = \frac{2\pi R}{p_k}$$

式中　R——钢带滚轮的计算半径。

仪器正弦尺一端所垫量块的尺寸 H 为

$$H = l_1 \sin\alpha$$

式中　l_1——正弦尺两圆柱间的中心距。

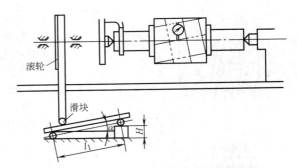

图 11-49　按正弦尺原理检查滚刀前面导程误差

当滚刀的容屑槽为直槽时，除可用上述两种仪器检验外，还可以在铣刀磨后检查仪上进行检验，方法是完全一样的。检验时，将滚刀连同锥度心轴安装于仪器两顶尖间，在刀齿垂直方向用千分表或灵敏杠杆的测头接触在滚刀一端刀齿的齿根处，然后使滚刀沿着自身轴线平行移动，在滚刀另一端刀齿齿根处读出千分表或灵敏杠杆的读数（见图 11-50），滚刀两端读数之差，便是滚刀前面对其轴线平行度的误差值。

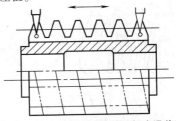

图 11-50　直槽滚刀前面对轴线平行度误差的测量

第 12 章　加工蜗轮蜗杆的刀具

12.1　普通蜗轮滚刀

生产中应用的蜗杆大多数是齿形为阿基米德型——ZA 型、法线直廓型——ZN 型和渐开线型——ZI 型的圆柱蜗杆副。这类蜗杆一般采用车削法加工。所用的车刀形状简单。蜗杆齿面形状和相应的蜗轮滚刀齿面形状也比较简单，易于制造，易于测量，因而得到广泛应用。这类蜗轮滚刀常被称为普通蜗轮滚刀。近年来，为提高蜗杆副的寿命和精度，锥面包络圆柱蜗杆——ZK 型蜗杆也逐渐得到

了较广泛的应用。这种蜗杆的螺旋面是由锥形圆盘砂轮磨成的，蜗杆螺旋面是锥形圆盘砂轮的包络曲面，形状比较复杂。但蜗杆可在淬硬后磨成，寿命高，精度好，性能较优越。相应的蜗轮滚刀称为 ZK 蜗轮滚刀。

12.1.1　ZA、ZN、ZI、ZK 型圆柱蜗杆的几何特性

见表 12-1。

12.1.2　蜗轮滚刀的工作原理和加工方法

表 12-1　ZA、ZN、ZI、ZK 型圆柱蜗杆的几何特性

阿基米德蜗杆(轴向直廓蜗杆,ZA 蜗杆)		法向直廓蜗杆(ZN 蜗杆)	
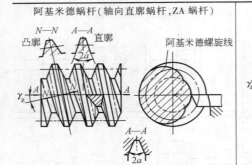		a) ZN1蜗杆(齿槽中点螺旋线的法平面的齿廓为直线)　b) ZN2蜗杆(齿线中点螺旋线的法平面的齿廓为直线)	
几何特性	优缺点及使用范围	几何特性	优缺点及使用范围
齿面为阿基米德螺旋面的圆柱蜗杆，其端面齿廓是阿基米德螺旋线，轴向齿廓是直线，法向齿廓为曲线。发生线与端面的倾角等于轴向齿形角 α，蜗杆导程角的大小取决于发生线沿蜗杆轴线移动的速度	加工方便，应用较广泛，但螺旋角大时加工较困难，不易磨削。传动效率较低，齿面磨损较快。一般用于头数较少、转速较低或不太重要的传动	在垂直于齿线的法平面内(如图 b)，或垂直于齿槽中点螺旋线的法平面内(如图 a)，或垂直于齿厚中点螺旋线的法平面内的齿廓为直线的圆柱蜗杆，均称为法向直廓蜗杆。蜗杆的端面齿廓为延伸渐开线，轴向剖面齿廓为曲线。法向齿形角为 α_n，导程角为 γ_z	这种蜗杆容易磨削，因此加工精度容易保证，效率较高，一般用于头数较多，转速较高和要求较精密的传动中

渐开线蜗杆(ZI 蜗杆)	锥面包络圆柱蜗杆(ZK 蜗杆)
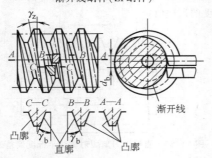	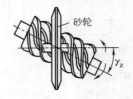

（续）

几何特性	优缺点及使用范围	几何特性	优缺点及使用范围
齿面为渐开螺旋面的圆柱蜗杆，其端面齿廓是渐开线。与基圆柱相切的剖面内的齿廓一侧为直线，而另一侧为曲线，轴向与法向剖面内齿廓为曲线	这种蜗杆加工精度容易保证，可用平面砂轮磨削，效率较高。可用于头数较多、转速较高的传动中	一个圆柱蜗杆，其齿面是圆锥面的包络曲面时，称为锥面包络圆柱蜗杆。通常，蜗杆轴线与产形圆锥面的轴线交错（轴交角等于蜗杆的分度圆导程角）或直角相交	这种蜗杆加工容易，可以磨削，因此可获得较高的精度。开始得到较广泛的应用

传统的蜗轮滚刀的工作原理是以滚刀模拟蜗杆与蜗轮的啮合过程，蜗轮滚刀就相当于原蜗杆，只是在其上做出切削刃，这些切削刃应分布在原蜗杆的螺旋面上，这个蜗杆称为蜗轮滚刀的基本蜗杆。

根据这一原理，蜗轮滚刀的公称尺寸，如模数、齿形角、螺旋升角（导程角）、螺旋方向、齿距、分度圆直径等都应与蜗杆相同。滚刀与蜗轮的轴交角及中心距也应等于原蜗杆与蜗轮的轴交角与中心距。滚刀切蜗轮时的传动比也应与原蜗杆与蜗轮的传动比相同。因此，蜗轮滚刀必须根据原蜗杆的几何形状制造，是专用刀具。

用蜗轮滚刀加工蜗轮可采用径向进给或切向进给，如图 12-1 所示。用径向进给法加工蜗轮时，滚刀每转一转，蜗轮转过的齿数应等于滚刀的头数，形成展成运动。滚刀在转动的同时，沿着蜗轮的半径方向进给，达到规定的中心距后停止进给。

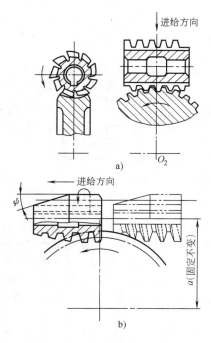

图 12-1　蜗轮滚刀的进给方式
a) 径向进给　b) 切向进给

用切向进给法加工蜗轮时，首先把滚刀和蜗轮的中心距调整合格。滚刀和蜗轮之间除做展成运动外，滚刀还沿本身的轴向方向进给。滚刀每转一转，蜗轮除了须转过与滚刀头数相等的齿数外，还需有附加的转动。附加转动角 $\Delta\theta$ 与滚刀转一转时轴向移动距离 Δl 之间应符合下面关系

$$\Delta\theta = \pm\frac{\Delta l}{r_2}$$

式中　r_2——蜗轮的分度圆半径。

为了减轻滚刀第一个切入刀齿的负荷，切向进给滚刀需在前端做出切削锥部，如图 12-1b 所示。对于右旋滚刀，当面对滚刀的前面观察时，切削锥应在滚刀右端。左旋滚刀切削锥应在左方。

由于不断的切向进给，增加了切削刃包络齿面的包络线数，因此切向滚齿可提高所切齿面的光洁程度。同时，由于有切削锥，滚刀寿命也较高。但用切向进给法滚齿时切入长度大，因而生产率较低。另外，要求机床上有切向进给机构。

加工蜗轮能否采用切向进给方法，除要视滚齿机是否有切向进给机构外，还要考虑蜗轮蜗杆的装配条件。当蜗杆的头数较多，导程角较大时，用切向进给法加工的蜗轮，有时不能允许蜗杆按径向方法装配，而只能从切向旋进去。当此蜗杆副所在的机构不允许蜗杆从切向装配时，就不能采用切向进给法加工此蜗轮。

对于阿基米德蜗杆副，可采用下面的不等式校验允许径向装配的条件。不等式成立，就表明可以从径向装配：

$$\tan\alpha_{x1} \geq \tan\gamma_z \frac{\sqrt{r_{a1}^2 - r_1^2}}{r_{a1}} \qquad (12\text{-}1)$$

式中　α_{x1}——蜗杆轴向截面中的齿形角；
　　　γ_z——蜗杆的导程角；
　　　r_{a1}——蜗杆的齿顶圆半径；
　　　r_1——蜗杆的分度圆半径。

由式（12-1）可看出，当蜗杆 $\gamma_z < \alpha_{x1}$ 时，就不必再进行校验。

对于法向直廓蜗杆副，当满足下式时，用切向进给法加工的蜗轮，可以允许蜗杆从径向装配：

$$\tan\alpha_h \geq \tan\gamma_z \frac{\sqrt{r_{a1}^2 - r_1^2}\sqrt{r_{a1}^2 - r_h^2} - r_h r_1}{r_{a1}^2} \quad (12\text{-}2)$$

式中 α_h——法向直廓蜗杆直母线与端截面的夹角（见图 12-9）；

r_h——法向直廓蜗杆准圆半径（见图 12-9）。

对于渐开线蜗杆副没有任何限制。不论用什么方法切出的蜗轮，都允许蜗杆沿径向装配。

12.1.3 蜗轮滚刀的结构设计

1. 蜗轮滚刀结构型式的选择

蜗轮滚刀有套式和整体连柄式两种结构，如图 12-2 和图 12-3 所示。套式结构简单，应优先考虑，但要根据强度条件进行如下验算（式中符号见图 12-2）。

$$\frac{d_{a0}}{2} - H_k - \left(t_1 - \frac{d}{2}\right) \geq 0.3d \quad (12\text{-}3)$$

满足不等式则表明刀体强度足够，可以制成套式。如不满足式（12-3），可进一步用下式验算

$$\frac{d_{a0}}{2} - H_k - \frac{d_1}{2} \geq 0.25d \quad (12\text{-}4)$$

如满足式（12-4），可采用套式，但用端面键结构。如不满足式（12-4），则应采取整体连柄式。

2. 蜗轮滚刀的外径

蜗轮滚刀的外径应比原蜗杆大。第一，要比蜗杆外径增大一径向间隙值；第二，要考虑滚刀重磨后外径减小的补偿值。这是因为，无论新滚刀还是重磨以后的滚刀，加工蜗轮时其中心距都应等于原蜗杆与蜗轮的中心距。而经刃磨后的滚刀外径将减小，切出的蜗轮齿高将相应减小。为补偿此减小值，设计滚刀时应预先把滚刀齿高加大。这样，新滚刀外径应为

$$d_{a0} = d_{a1} + 2(c + \Delta) \quad (12\text{-}5)$$

式中 d_{a1}——原蜗杆外径；

c——蜗轮齿底的顶隙（径向间隙），一般取 $c = 0.2m$（m 为模数）；

Δ——备磨量，一般取 $0.1m$。

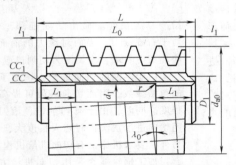

图 12-2 套式蜗轮滚刀

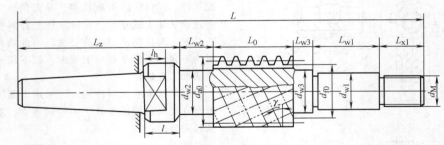

图 12-3 整体连柄式蜗轮滚刀

3. 滚刀的圆周齿数

滚刀圆周齿数 Z_k 越多，包络蜗轮齿面的刀刃数越多，加工出的蜗轮齿面越光洁。因此在保证滚刀刀齿有足够强度的前提下，应尽力增加滚刀的圆周齿数。

在确定蜗轮滚刀齿数时，应尽量使蜗轮滚刀的圆周齿数符合下面要求：加工 6 级精度蜗轮，$Z_k \geq 12$；7 级精度蜗轮，$Z_k \geq 10$；8 级精度蜗轮，$Z_k \geq 8$；9 级精度蜗轮，$Z_k \geq 6$。

确定滚刀圆周齿数时，还要考虑它和被切蜗轮的齿数有无公因数的问题。当蜗轮齿数 z_2 与蜗轮滚刀头数 Z_0 之比不成整倍数时，应使滚刀圆周齿数 Z_k 与蜗轮头数 Z_0 互为质数，这样可成倍地增加滚刀包络蜗轮齿面的刀刃数。对切向进给的蜗轮滚刀没有这个要求。

最后确定滚刀圆周齿数时，还需校验铲磨时砂轮是否干涉。检验方法与齿轮滚刀该项检验的方法相同。

4. 滚刀的前角、后角及铲齿量

为保证滚刀齿形精度及使齿形测量方便，蜗轮滚刀的前角一般取为零度。粗加工滚刀也可以取正前角。

蜗轮滚刀的后角与齿轮滚刀一样，是由铲齿形成的。当滚刀螺旋升角较小时，可用下面近似公式计算铲齿量 K

$$K = \frac{\pi d_{a0}}{Z_k} \tan\alpha_e \qquad (12\text{-}6)$$

式中　α_e——滚刀截面上的齿顶后角。

滚刀齿顶的工作后角应是齿顶螺旋线方向的后角。当滚刀螺旋升角 γ_z 大时，就不宜再用式（12-6）计算铲齿量了，而应按下式计算

$$K = \frac{\pi d_{a0}}{Z_k} \cos^3\gamma_z \tan\alpha'_e \qquad (12\text{-}7)$$

式中　α'_e——滚刀螺旋线方向的齿顶后角。可取 $\alpha'_e = 10° \sim 12°$。滚刀刀齿强度允许时，尽量将 α'_e 取大值，以改善刀齿切削条件，滚刀强度低时取小值。

5. 切削部分长度和连柄式蜗轮滚刀各部分的长度

（1）切削部分长度 L_0

1）对径向进给蜗轮滚刀，可按下式计算

$$L_0 = L_1 + \pi m_x \qquad (12\text{-}8)$$

式中　L_1——原蜗杆螺旋线部分长度；

　　　m_x——蜗杆轴向模数。

也可按下面简单的公式计算

$$L_0 = (4 \sim 5) p_{x1} \qquad (12\text{-}9)$$

式中　p_{x1}——蜗杆的轴向齿距。

2）对切向进给的蜗轮滚刀，通常圆柱部分取为 $2p_{x1}$，圆锥部分取为 $(2.5 \sim 3) p_{x1}$，则 L_0 应为

$$L_0 = (4.5 \sim 5) p_{x1} \qquad (12\text{-}10)$$

锥角一般取为 11°。

（2）连柄蜗轮滚刀各部分的长度　整体连柄滚刀的总长度为（见图 12-3）

$$L = L_z + L_{w1} + L_{x1} + L_{w3} + L_0 + L_{w2}$$

式中　L_z——莫氏锥和扁方长度，根据滚齿机型号查表 12-2 得莫氏锥号数和扁孔尺寸，由莫氏锥号数查表 12-3 得莫氏锥各部尺寸和螺孔尺寸；

　　　L_{w1}——与滚齿机支承套配合的轴颈长度，根据滚齿机型号查表 12-2 可得 L_{w1} 和 d_{w1}，d_{w1} 是支承套内孔尺寸；

　　　L_{x1}——刀杆螺纹长度，考虑到安装方便，螺纹直径 d_M 应小于 d_{w1}，最大是 $d_M = d_{w1}$；

　　　L_{w2}，L_0，L_{w3}——与滚齿机主轴端面到支承端面间的距离相关的尺寸。

表 12-2　滚齿机刀架参数　　（单位：mm）

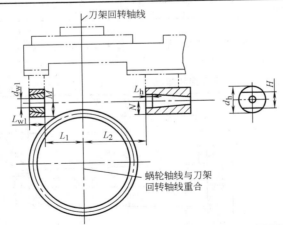

滚齿机型号	M	N	主轴莫氏锥	支承套		调节范围				扁孔尺寸			随机刀杆	最大装刀直径	$L_1 + L_{w1} + L_2$(min)
				L_{w1}	d_{w1}	L_{1min}	L_{1max}	L_{2min}	L_{2max}	d_h	H	L_h			
YB3120	40	61	5	140	32	40	140	70	170	60	45	15	32 40 50	140	—
Y3150E*	42	88	5	60	22 27	65	295	80	310	55	45	13	22 27 32	160	—

（续）

滚齿机型号	M	N	主轴莫氏锥	支承套 L_{w1}	支承套 d_{w1}	调节范围 L_{1min}	调节范围 L_{1max}	调节范围 L_{2min}	调节范围 L_{2max}	扁孔尺寸 d_{h}	扁孔尺寸 H	扁孔尺寸 L_{h}	随机刀杆	最大装刀直径	L_{1}+L_{w1}+L_{2}(min)
Y3150E	42	60	5	60	22 / 27	70	125	120	175	55	45	13	22 / 27 / 32	160	—
Y3180H*	42	88	5	60	22 / 27 / 32	65	295	80	310	55	45	13	22 / 27 / 32 / 40	180	
Y3180H	42	65	5	60	22 / 27 / 32	100	150	150	200	55	45	13	22 / 27 / 32 / 40	180	
Y31125E*	50	75	6	100	27 / 32 / 40	110	210	220	320	72	64	25	27 / 32 / 40	220	
Y38-1*	38	53	4	65	22 / 27 / 32	55	145	70	235	50	32	16	22 / 27 / 32	120	—
Y38-1	38	43	4	65	22 / 27 / 32	50	117	88	138	50	32	16	22 / 27 / 32	120	—
J35	—		4	—				80	120	—					260
Y310	—		5	—				120	165	—					445
Y320	—		6	—				60	325	—					725
ZFWZ1000×10	—		5	—				170	250	—					430
ZFWZ3000×30	—		米制 80	—				200	400	—					880
ZFWZ5000×40	—		米制 100	—				200	770	—					1530
FO—25	—		米制 80	—				290	400	—					780

注：1. 带 * 的滚齿机具有切向刀架。

2. YB3120 支承不能动，L_1 最小，L_2 就最大，即 $L_{1min}+L_{2max}=L_{1max}+L_{2min}$。

3. Y3150E*、Y3180H*、Y38-1* 切向刀架通用。

表 12-3　莫氏锥和螺孔尺寸（GB/T 1443—2016）

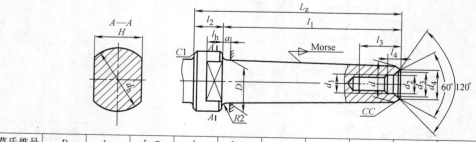

莫氏锥号	D	$d\approx$	$l_1\leqslant$	l_2	$l_3\geqslant$	l_4	a	d_1	d_2	d_3	d_4	C
1	12.065	9.4	57	12	16	4	3.5	M6	6.4	8	8.5	0.25
2	17.780	14.6	69	18	24	5	5	M10	10.5	12.5	13.2	0.40
3	23.825	19.8	86	20	28	5.5	5	M12	13	15	17	0.80
4	31.267	25.9	109	22	32	8.2	6.5	M16	17	20	22	1.5
5	44.399	37.6	136	26	40	10	6.5	M20	21	26	30	2.0
6	63.348	53.9	190	30	47	11.5	8	M24	26	31	36	3.0

1）径向进给整体连柄滚刀 L_{w2} 和 L_{w3} 的决定。径向进给连柄滚刀的 L_{w2} 和 L_{w3} 长度应使滚刀切削部分的中部大致和滚齿机刀架回转轴线一致，由此原则决定

$$\left. \begin{array}{l} L_{w2} \geqslant L_{2min} - \dfrac{L_0}{2} \\[2mm] L_{w3} \geqslant L_{1min} - \dfrac{L_0}{2} \end{array} \right\} \quad (12\text{-}11)$$

同时为了使连柄滚刀能在选定的滚齿机上工作，求出的 L_{w2} 和 L_{w3} 还应满足不等式（12-12）

$$L_{1min} + L_{2min} \leqslant L_{w2} + L_0 + L_{w3} \leqslant L_{1max} + L_{2max} \quad (12\text{-}12)$$

式中　　　　　　L_0——蜗轮滚刀切削部分长度；

$L_{1min}, L_{2min}, L_{1max}, L_{2max}$——滚齿机刀架参数，根据滚齿机型号决定。表 12-2 给出部分滚齿机刀架参数。

与其对应的直径 d_{w2} 和 d_{w3} 应从提高刀杆刚度出发，取等于或略小于 $d_{a0} - 2H_k$（H_k 见图 12-2），但不得小于 d_{w1}，必要时允许大于 $d_{a0} - 2H_k$，这在铣制

蜗轮滚刀容屑槽时，将会铣切到刀杆，但对滚刀工作没有影响。

2）切向进给整体连柄滚刀 L_{w2} 和 L_{w3} 的决定。切向进给滚刀切削锥的位置应在蜗轮旋入的一端，如图 12-4 所示的情况，左旋滚刀的切削锥应在左端（见图 12-4a），右旋滚刀的切削锥应在右端（见图 12-4b）。相应的 L_{w2} 和 L_{w3} 的计算也分为两种情况。

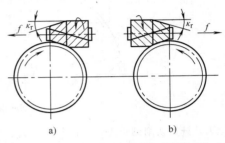

图 12-4　切向进给蜗轮滚刀切削锥位置

a）左旋滚刀　b）右旋滚刀

第一种情况：切削锥在滚刀右端，即切削锥朝向滚齿机主轴一端（见图 12-5）。

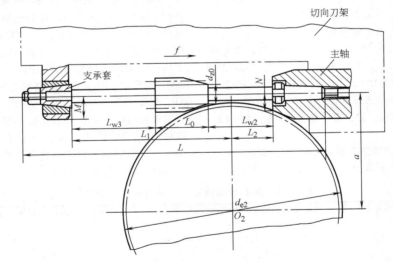

图 12-5　切削锥在主轴端时，L_{w2} 与 L_{w3} 的长度

在这种情况下，调整滚刀到切削蜗轮的初始位置时，蜗轮外径 d_{e2} 不得碰到滚齿机主轴和滚刀切削锥前端（见图 12-5）。为此，L_{w2} 应满足不等式（12-13）

$$L_{w2} \geqslant \sqrt{\left(\frac{d_{e2}}{2}\right)^2 - (a-N)^2} + \sqrt{\left(\frac{d_{e2}}{2}\right)^2 - \left(a - \frac{d_{z0}}{2}\right)^2} + 10\text{mm}$$
$$(12\text{-}13)$$

滚刀从开始切削，到走完切削部分长度 L_0，即加工完成时，蜗轮外径 d_{e2} 不得碰支承套托架，为此 L_{w3} 应满足不等式（12-14）

$$L_{w3} \geqslant \sqrt{\left(\frac{d_{e2}}{2}\right)^2 - (a-M)^2} + \frac{1}{2}(h_0 \cot\alpha_{x0}) \quad (12\text{-}14)$$

第二种情况：切削锥在滚刀左端，即切削锥在滚齿机支承端（见图 12-6）。

在这种情况下，调整滚刀到切削蜗轮的初始位置时，蜗轮外径 d_{e2} 不得碰支承托架和滚刀切削锥前端（见图 12-6）。为此，L_{w3} 应满足不等式（12-15）

$$L_{w3} \geqslant \sqrt{\left(\frac{d_{e2}}{2}\right)^2 - (a-M)^2} + \sqrt{\left(\frac{d_{e2}}{2}\right)^2 - \left(a - \frac{d_{z0}}{2}\right)^2} + 10\text{mm}$$
$$(12\text{-}15)$$

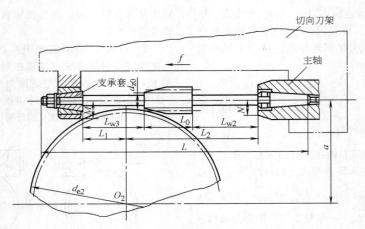

图 12-6 切削锥在支承端时，L_{w2} 与 L_{w3} 的长度

滚刀从开始切削到走完切削部分长度 L_0，即加工完成时，蜗轮外径 d_{e2} 不得碰滚齿机主轴。为此，L_{w2} 应满足不等式（12-16）

$$L_{w2} \geqslant \sqrt{\left(\frac{d_{e2}}{2}\right)^2 - (a-N)^2} + \frac{1}{2}(h_0\cot\alpha_{x0})$$

（12-16）

式中 h_0——滚刀全齿高；

α_{x0}——滚刀轴向齿形角。

为了使整体连柄切向进给滚刀能在选定的滚齿机上加工，求出的 L_{w2} 和 L_{w3} 应满足不等式（12-12）。如果不满足式（12-12），表明该蜗轮不能在所选的滚齿机上加工，必须选择其他型号的滚齿机。

12.1.4 ZA、ZN、ZI、ZK 型蜗轮滚刀的齿形设计

1. 阿基米德蜗轮滚刀的齿形（ZA 蜗轮滚刀）

阿基米德蜗轮滚刀的齿面（后面）与滚刀前面

相交所得到的切削刃应在阿基米德产形螺旋面上。按此要求解出的滚刀齿面（侧铲齿面）是一个轴向齿形为直线的螺旋面。其左右侧的齿形角及齿形的其他尺寸见表 12-4。

2. 法向直廓蜗轮滚刀的齿形（ZN 蜗轮滚刀）

图 12-7 为一个有关齿槽中点法向直廓蜗杆的示意图，图中的螺旋线是蜗杆分度圆上齿槽中点的螺旋线。按照此类蜗杆的定义，在法平面 $P—P$ 剖面中，蜗杆的齿形是直线。但滚刀的前面是一个垂直于蜗杆螺旋线的螺旋面，如图中 F 所表示的曲面，而不是 $P—P$ 剖面。它与蜗杆螺旋面的交线形成切削刃，此切削刃已不是直线。令此切削刃按齿面的导程做螺旋运动，可以得到齿面的螺旋面。此螺旋面的轴剖面、法剖面以及切于半径为 r_h（见图 12-9a）的准圆柱的剖面中的齿形也不是直线。这就使滚刀的制造与检验很不方便。

表 12-4 阿基米德蜗轮滚刀齿形的计算公式 （单位：mm）

直槽滚刀应给出轴向齿形;螺旋槽滚刀应给出轴向齿形及法向齿形,齿形角在轴向测量,应标注在轴向齿形中

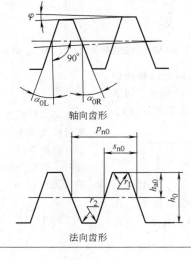

（续）

计　算　项　目		符　号	计　算　公　式
齿形角	直槽滚刀 　轴向左齿形角[①]	α_{0L}	$$\alpha_{0L} = \alpha_{0R} = \alpha$$ 式中　α——阿基米德蜗杆轴向齿形角
	轴向右齿形角[①] 螺旋槽滚刀 　轴向左齿形角[②]	α_{0R} α_{0L}	$$\cot\alpha_{0L} = \cot\alpha \pm \frac{KZ_k}{P_k}$$
	轴向右齿形角[②]	α_{0R}	$$\cot\alpha_{0R} = \cot\alpha \mp \frac{KZ_k}{P_k}$$ 式中　K——铲齿量 　　　Z_k——蜗轮滚刀圆周齿数 　　　P_k——滚刀螺旋槽导程 $$P_k = \frac{\pi d_0}{\tan\beta_k}$$ 式中　d_0——滚刀分度圆直径 　　　β_k——滚刀螺旋槽的螺旋角 上面符号适用于右旋滚刀,下面符号适用于左旋滚刀
	轴截面齿顶斜角	φ	$$\tan\varphi = \frac{KZ_k}{P_k}$$
轴向齿距		P_{x0}	$$P_{x0} = \pi m$$ 式中　m——模数
法向齿距		P_{n0}	$$P_{n0} = \pi m \cos\gamma_z$$ 式中　γ_z——滚刀螺旋线导程角
法向齿厚		S_{n0}	精加工滚刀 $$S_{n0} = \frac{\pi m}{2}\cos\gamma_z + \Delta S_n$$ 式中　ΔS_n——为补偿铲齿滚刀重磨后齿厚的减薄而对新滚刀施加的 　　　　　　齿厚增量,其值可小于其工作蜗杆齿厚的减薄量 粗加工滚刀 $$S_{n0} = \frac{\pi m}{2}\cos\gamma_z - \Delta S$$ 式中　ΔS——齿厚精切余量 {TABLE}
轴向齿厚		S_{x0}	$$S_{x0} = \frac{S_{n0}}{\cos\gamma_z}$$
齿顶高		h_{a0}	$$h_{a0} = h_{a1} + (c^* + 0.1)m = \frac{d_{a0} - d_0}{2}$$ 式中　h_{a1}——蜗杆齿顶高,一般 $h_{a1} = m$ 　　　c^*——顶隙系数,一般 $c^* = 0.2$ 　　　d_{a0}——滚刀外径 　　　d_0——滚刀分度圆直径
全齿高		h_0	$$h_0 = \frac{d_{a0} - d_{f0}}{2}$$ 式中　d_{f0}——蜗轮滚刀齿根圆直径,一般 $d_{f0} = d_{f1}$,d_{f1} 为蜗杆根圆直径
齿顶圆角半径		r_1	$$r_1 = 0.2m$$
齿根圆角半径		r_2	$$r_2 = 0.3m$$

其中法向齿厚公式中的表格:

模数	3~6	6~10	10~14	14~20
ΔS	0.2	0.3	0.4	0.5

①　对于直槽滚刀，α_{0L} 和 α_{0R} 既是切削刃齿形角，又是滚刀轴向剖面齿形角。
②　对于螺旋槽滚刀，α_{0L} 和 α_{0R} 是滚刀轴向剖面的齿形角。

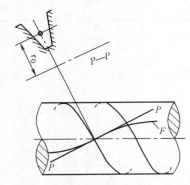

图 12-7　螺旋槽滚刀的前面和法平面

F—前面在分圆柱上的螺旋线　*P*—法平面

当蜗轮滚刀的螺旋线导程角不大时，其切削刃在法平面 *P—P* 中的投影近似于原蜗杆的法向齿形，此时，允许将此投影齿形视为滚刀的法向齿形。在滚刀工作图中，应给出如图 12-8 所示的法向齿形图，以此为依据，用投影法在工具显微镜上检查滚刀切削刃的齿形，这样检查滚刀齿形很方便。图中滚刀齿形角 α_n 等于蜗杆的法向齿形角。

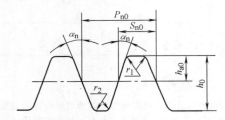

图 12-8　法向直廓蜗轮滚刀法向齿形

当滚刀螺旋线导程角较大时（例如多头蜗轮滚刀），按投影法检查齿形将产生较大误差。如果蜗轮滚刀的精度要求较高，就必须按理论上正确的检查刀刃齿形的方法检查，如图 12-9a 所示。

图中，设 $\overline{ab}$ 线为此滚刀产形螺旋面的发生线，它切于半径为 r_h 的准圆柱，并与滚刀端面倾斜 α_h 角。若 $\overline{ab}$ 线按滚刀产形螺旋面的螺旋参数做螺旋运动时，$\overline{ab}$ 线的运动轨迹就是滚刀产形螺旋面。测量滚刀齿形用一个连接在比较仪或千分表上的尖测头进行。尖测头可沿发生线 $\overline{ab}$ 移动，每移动到一点，就使测头和滚刀按滚刀产形螺旋面的螺旋参数做螺旋运动，测头的相对运动轨迹就是这一点的螺旋线。这时刀刃旋转经过测头，例如刀刃上的 2 点转到测头位置，如果 2 点正在 $\overline{ab}$ 发生线所形成的蜗杆螺旋面上，则测头的千分表指示为零，如果偏离蜗杆螺旋面，记下误差值。如此测量切削刃上 1、2、3 等诸点（测量十点以内就足够了），记录曲线如图 12-9b 所示，这就是齿形误差

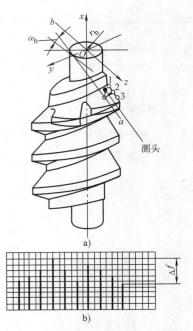

图 12-9　法向直廓蜗轮滚刀齿形测量

a）测量方法　b）齿形误差曲线

曲线，Δf 为误差值。

用这种方法可以准确地测量出法向直廓滚刀的切削刃是否在产形螺旋面表面上，也就是滚刀齿形是否正确。采用这种测量原理的滚刀测量仪有 PWF-250 等。但这类滚刀测量仪很复杂，价格较贵。

采用上述方法测量时，滚刀图中应给出准圆柱半径 r_h 及发生线倾角 α_h 的数值。α_h 应按下式计算

$$\sin\alpha_h = \sin\alpha_n \cos\gamma_z \qquad (12\text{-}17)$$

r_h 应按下式计算

$$\left.\begin{aligned} r_h &= E\sin\alpha_1 \\ E &= r_0 - \frac{W_n}{2}\cot\alpha_n \\ \tan\alpha_1 &= \tan\alpha_n \sin\gamma_z \end{aligned}\right\} \qquad (12\text{-}18)$$

式中　W_n——滚刀工作蜗杆分度圆齿槽宽度；

r_0——工作蜗杆分度圆半径；

α_n——工作蜗杆法向齿形角；

γ_z——螺旋导程角。

法向齿距按下式计算

$$p_{n0} = p_{x0}\cos\gamma_z$$

以上的齿形检查方法都是检查滚刀切削刃形状的方法。应指出，对于滚刀来说，只检查切削刃的形状是不够的。切削刃形状合格是能保证新滚刀齿形合格的，而当滚刀刃磨后，已形成了新的切削刃，其形状是否合格用上述的齿形检查方法不能回答。理论上，在滚刀齿面造形时，应使其能保证滚刀重磨后其切削刃还在产形螺旋面上，检查滚刀齿形还应检查齿面的

曲面（或某一截面）的形状。但目前还没有找出又快又好的检查方法，生产中只检查切削刃的形状。因而这种滚刀刃磨后精度将下降。这是一个有待于解决的问题。

法向齿形图中的其他尺寸，如 s_{n0}、h_{a0}、h_0、r_1、r_2 等，与阿基米德蜗轮滚刀相应尺寸的计算方法相同。

3. 渐开线蜗轮滚刀的齿形（ZI 蜗轮滚刀）

（1）基圆半径和基圆螺旋线导程角　表 12-1 已示出渐开线蜗杆螺旋面的形成原理。其基圆直径 d_b 与基圆螺旋线导程角按下式计算。

$$d_b = \frac{mz_0}{\tan\gamma_b} \tag{12-19}$$

$$\cos\gamma_b = \cos\alpha_n \cos\gamma_z \tag{12-20}$$

式中　z_0——蜗杆头数；

γ_z——蜗杆导程角；

α_n——法向齿形角。

（2）直槽渐开线蜗轮滚刀切削刃齿形　渐开螺旋面方程可用式（12-21）表示

$$\left.\begin{array}{l} x = \rho\cos\theta \\ y = \rho\sin\theta \\ z = \dfrac{P}{2\pi}(\theta \pm \text{inv}\alpha_y) \\ \cos\alpha_y = \dfrac{r_b}{\rho} \end{array}\right\} \tag{12-21}$$

式中　P——螺旋线导程。

式中"+"符号用于左侧螺旋面，"-"符号用于右侧。

对于左旋螺旋面，式中 θ 应取负值。

当 $\theta = 0$ 时，即为螺旋面轴向截面的齿廓方程：

$$z = \pm\frac{P}{2\pi}\text{inv}\alpha_y \tag{12-22}$$

该式即是直槽渐开线蜗轮滚刀的切削刃方程。

（3）螺旋槽渐开线蜗轮滚刀的切削刃方程　零度前角滚刀的切削刃方程如式（12-23）：

$$\left.\begin{array}{l} x = \rho\cos\theta \\ y = \rho\sin\theta \\ z = \pm\dfrac{P}{2\pi}\dfrac{P_k}{P+P_k}\text{inv}\alpha_y \\ \cos\alpha_y = \dfrac{r_b}{\rho} \end{array}\right\} \tag{12-23}$$

式中　P_k——滚刀前面螺旋面导程，其计算式见表 12-4 所示，$P_k = \dfrac{\pi d_0}{\tan\beta_k}$。

（4）滚刀后面方程　令切削刃按后面的螺旋参数做螺旋运动，可得到滚刀后面方程

右侧后面　$z = \dfrac{P_R}{2\pi}\theta - \dfrac{P}{2\pi}\dfrac{P_k + P_R}{P + P_k}\text{inv}\alpha_y$

左侧后面　$z = \dfrac{P_L}{2\pi}\theta + \dfrac{P}{2\pi}\dfrac{P_k + P_L}{P + P_k}\text{inv}\alpha_y$

$$\left.\right\} \tag{12-24}$$

式中　P_R、P_L——右侧后面与左后面螺旋面导程。

当 $\theta = 0$ 时，为渐开线蜗轮滚刀后面轴向截面方程

右侧　$z = -\dfrac{P}{2\pi}\dfrac{P_k + P_R}{P + P_k}\text{inv}\alpha_y$

左侧　$z = \dfrac{P}{2\pi}\dfrac{P_k + P_L}{P + P_k}\text{inv}\alpha_y$

$$\left.\right\} \tag{12-25}$$

分析式（12-22）、式（12-23）、式（12-25）可知，渐开线蜗轮滚刀的轴向齿形、法向齿形都不是直线。后面任一剖面的形状也都不是直线，这使滚刀的制造、校验较困难。但可用图 12-9 所示的方法测量切削刃是否在渐开线蜗杆的产形螺旋面上，从而保证滚刀可切出正确的蜗轮齿形。这样检查齿形时，图 12-9 中的准圆柱半径 r_h 应改为渐开线蜗杆的基圆半径 r_b，α_h 应改为渐开基圆螺旋线导程角 γ_b。r_b 与 γ_b 应按式（12-19）、式（12-20）计算。

4. 锥面包络 ZK 蜗轮滚刀的齿形

图 12-10 为锥形圆盘砂轮磨削 ZK 蜗杆的示意图。砂轮轴与蜗杆轴的中心距为 a，轴交角为 Σ，其值等于蜗杆的导程角 γ_z。砂轮绕蜗杆轴线做螺旋运动，所形成的包络面即为蜗杆的螺旋面。

建立 s_0（$O_0 - x_0 y_0 z_0$）为固联于砂轮的坐标系，s_1（$O_1 - x_1 y_1 z_1$）为固联于蜗杆的坐标系。砂轮与蜗杆的一个接触点向径为 ρ，ρ 对 x_0 轴转过的角度为 μ。经推导可求出在 s_1 坐标系中蜗杆的螺旋面方程：[○]

$x_1 = \rho\cos\mu\cos\theta - \rho\sin\mu\cos\Sigma\sin\theta + z_0\sin\Sigma\sin\theta + a\cos\theta$

$y_1 = \rho\cos\mu\sin\theta + \rho\sin\mu\cos\Sigma\cos\theta - z_0\sin\Sigma\cos\theta + a\sin\theta$

$z_1 = \rho\sin\mu\sin\Sigma + z_0\cos\Sigma + p^*\theta$

$\mu = \arctan\dfrac{C}{\pm\sqrt{A^2+B^2-C^2}} - \arctan\dfrac{B}{A}$

$$\left.\right\} \tag{12-26}$$

其中　　$A = \sin\alpha(a\cos\Sigma + p\sin\Sigma)$

$B = \sin\Sigma(z_0\sin\alpha - \rho\cos\alpha)$

$C = \cos\alpha(a\sin\alpha - p\cos\Sigma)$

$z_0 = (R_0 - \rho)\tan\alpha + \dfrac{W}{2}$

式中　R_0——圆盘砂轮的半径；

α——砂轮锥底角；

○ 详细推导可参考文献：袁哲俊. 齿轮刀具设计 [M]. 北京：国防工业出版社，2014。

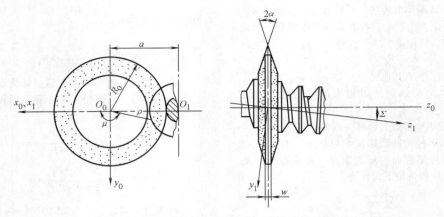

图 12-10 锥形砂轮磨削蜗杆的相对位置及建立的坐标系

$$\alpha = \arctan(\tan\alpha_0\cos\gamma_z)$$

α_0——蜗杆轴向齿形角；

γ_z——蜗杆导程角；

W——砂轮外圆的顶宽；

p^*——蜗杆的螺旋参数。

由此可求得蜗杆齿面在其法向平面 $y_1 = z_1\tan\gamma_z$ 内的齿廓方程式为：

$$\left.\begin{aligned}
&x_1 = \rho\cos\mu\cos\theta - \rho\sin\mu\cos\Sigma\sin\theta + z_0\sin\Sigma\sin\theta + a\cos\theta\\
&z_1 = \rho\sin\mu\sin\Sigma + z_0\cos\Sigma + p^*\theta\\
&D\sin\theta + E\cos\theta + F\theta = G
\end{aligned}\right\}$$

$$(12\text{-}27)$$

其中 $D = \rho\cos\mu + a$

$\qquad E = \rho\sin\mu\cos\Sigma - z_0\sin\Sigma$

$\qquad F = p^*\tan\Sigma$

$\qquad G = -\rho\sin\mu\sin\Sigma\tan\Sigma - z_0\sin\Sigma$

蜗杆齿面在 $y_1O_1z_1$ 平面上的轴向截形方程式为：

$$\left.\begin{aligned}
&y_0 = \rho\cos\mu\sin\theta + \rho\sin\mu\cos\Sigma\cos\theta - z_0\sin\Sigma\cos\theta + a\sin\theta\\
&z_0 = \rho\sin\mu\sin\Sigma + z_0\cos\Sigma + p^*\theta\\
&\theta = \arctan\frac{\rho\cos\Sigma\sin\mu - z_0\sin\Sigma}{a + \rho\cos\mu}
\end{aligned}\right\}$$

$$(12\text{-}28)$$

上面一些蜗杆的螺旋面方程式、齿廓方程式也就是蜗轮滚刀的相应方程式。

制造 ZK 蜗杆或滚刀所用的砂轮母线为直线，形状简单，易于修形，具有良好的加工工艺性。但所包络出的蜗杆齿面却是复杂的曲面，式（12-27）或式（12-28）所示的法向齿形或轴向齿形都是曲线。按目前的测量技术，可以准确地

测量新滚刀切削刃的曲线形状，从而保证滚刀切出的蜗轮齿形正确。但由于其铲磨得到的滚刀后面形状也是复杂曲面（参考文献 [4] 等研究了 ZK 滚刀铲磨后面的曲面形状和相应的方程式），制造和检测滚刀齿形都较困难，因而目前尚难以保证滚刀用钝刃磨后仍能切出正确的蜗轮齿形。目前生产中多是在滚刀磨完前面后，将其与原蜗杆一起在蜗杆磨床上磨螺旋面。之后再对滚刀铲磨齿面。铲磨时，调整砂轮位置，使在滚刀切削刃处留下一条宽度为 f 的均匀棱带，此棱带的表面仍是原来磨出的产形螺旋面。无疑，这样的滚刀完全能切出齿形正确的蜗轮齿面。

f 的宽度在切铜时，一般取为 $0.05\sim0.1\text{mm}$；切铸铁时取为 $0.15\sim0.2\text{mm}$。

这种滚刀只作精切用。蜗轮齿槽的大部分余量需靠粗切滚刀去除。

12.1.5 蜗轮滚刀的技术条件

蜗轮滚刀是非标准刀具，对每一蜗杆副，各生产厂都根据蜗杆副的齿廓类型、原始参数等自行设计蜗轮滚刀。对其技术条件各厂也都自行制定。1990 年曾制定了一个蜗轮滚刀的通用技术条件——ZBJ 41023—1990，但并未被生产厂完全认可。现已作废。但此标准仍有参考价值。下面列出此标准，供参考。

（1）技术要求

1）滚刀切削刃应锋利，表面不得有裂纹、崩刃、锈迹及磨削烧伤等影响使用性能的缺陷。

2）滚刀表面粗糙度应按表 12-5 的规定。

3）滚刀外圆直径的极限偏差按表 12-6 的规定。

4）滚刀总长的极限偏差为 js15。

5）滚刀制造时的主要公差按表 12-7 的规定。

6）滚刀的成品精度采用下列两组中的一组进行检验，推荐采用第一组进行检验：

表 12-5　滚刀表面粗糙度

（单位：μm）

检查表面	表面粗糙度参数		滚刀精度等级		
			A	B	C
			表面粗糙度数值		
刀齿前面	Ra	1 头	0.63	0.63	1.25
		2~3 头	0.80	0.80	1.25
		4~6 头	—	1.25	1.25
刀齿侧面		1~3 头	0.63	0.63	1.25
		4~6 头	—	0.80	1.25
刀齿顶面及圆角部分	Rz		5.00	6.30	6.30
内孔表面	Ra		0.32	0.63	1.25
端面	Ra		0.63	0.63	1.25
轴台外圆表面	Ra		0.63	1.25	1.25
锥柄及支承部分外圆表面	Ra		0.63	0.63	1.25

表 12-6　滚刀外圆直径的极限偏差

（单位：mm）

检查项目	精度等级	模　数					
		1~2	>2~3.5	>3.5~6.3	>6.3~10	>10~16	>16~25
外圆直径极限偏差	A、B	+0.15 -0.05	+0.20 -0.10	+0.25 -0.15	+0.35 -0.20	+0.45 -0.20	+0.55 -0.30
	C						

第一组：ΔZ、ΔZ_1、ΔZ_2、ΔZ_3、ΔD、Δd_{1r}、Δd_{1x}、Δd_{er}、Δf_r、Δf_p、ΔF_p、Δf_x、(Δp_k)、Δf_f、Δs_x；

第二组：Δp_x、Δp_{x3}、ΔD、Δd_{1x}、Δd_{1r}、Δd_{er}、Δf_r、Δf_p、ΔF_p、Δf_x、Δp_k、Δf_f、Δs_x。

7) 滚刀用 W18Cr4V 或同等以上性能的高速工具钢制造，其碳化物均匀度对于直径小于或等于 100mm 的滚刀应不超过 4 级；对于直径大于 100mm 的滚刀应不超过 5 级。滚刀切削部分硬度为 63~66HRC。

表 12-7　滚刀制造时的主要公差

（单位：μm）

检查项目及示意图

孔径偏差

内孔配合表面上超出公差的喇叭口长度应小于每边配合长度的 25%，键槽两侧超出公差部分的宽度每侧不应大于键宽的一半

1	公差代号	精度等级	模数/mm					
			1~2	>2~3.5	>3.5~6.3	>6.3~10	>10~16	>16~25
			公差值					
	δ_D	A	H5					
		B	H6					
		C	H6					

轴台的径向圆跳动

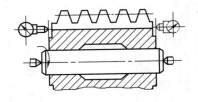

2	公差代号	精度等级	模数/mm					
			1~2	>2~3.5	>3.5~6.3	>6.3~10	>10~16	>16~25
			公差值					
	δd_{1r}	A	7	8	10	12	16	22
		B	12	13	15	19	25	35
		C	12	13	15	19	25	35

检查项目及示意图

杆式滚刀锥柄及支承部分的径向圆跳动[①]

2A	公差代号	精度等级	模数/mm					
			1~2	>2~3.5	>3.5~6.3	>6.3~10	>10~16	>16~25
			公差值					
	δd_{1r}	A	按 GB/T 1184—1996 表 B4 的 7 级					
		B						
		C						

轴台的轴向圆跳动

3	公差代号	精度等级	模数/mm					
			1~2	>2~3.5	>3.5~6.3	>6.3~10	>10~16	>16~25
			公差值					
	δd_{1x}	A	6	6	8	10	12	18
		B	9	11	12	16	21	29
		C	9	11	12	16	21	29

(续)

检查项目及示意图

刀齿的径向圆跳动

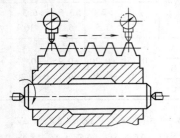

4 滚刀一转内,齿廓到内孔中心距离的最大差值

公差代号	精度等级		模数/mm					
			1~2	>2~3.5	>3.5~6.3	>6.3~10	>10~16	>16~25
			公差值					
δd_{er}	1头	A	22	25	30	38	50	70
		B	32	36	42	53	70	98
		C	39	43	51	64	84	118
	2~3头	A	32	36	42	53	70	98
		B	45	50	59	74	98	137
		C	54	60	71	89	118	165
	4~6头	B	45	50	59	74	98	137
		C	54	60	71	89	118	165

刀齿前面的径向性

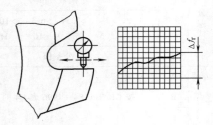

在测量范围内,容纳实际刀齿前面的两个平行于理论前面的平面间的距离

5

公差代号	精度等级		模数/mm					
			1~2	>2~3.5	>3.5~6.3	>6.3~10	>10~16	>16~25
			公差值					
δf_r	1头	A	18	20	24	30	40	55
		B	32	36	42	53	70	100
		C	32	36	42	53	70	100
	2~3头	A	29	32	38	48	63	88
		B	52	58	69	86	113	158
		C	52	58	69	86	113	158
	4~6头	B	52	58	69	86	113	158
		C	52	58	69	86	113	158

检查项目及示意图

容屑槽的相邻周节差

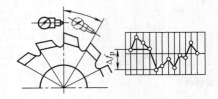

6 在滚刀分度圆附近的一圆周上,两相邻周节的最大差值

公差代号	精度等级	模数/mm					
		1~2	>2~3.5	>3.5~6.3	>6.3~10	>10~16	>16~25
		公差值					
δf_p	A	22	25	30	38	50	70
	B	37	41	48	61	80	112
	C	37	41	48	61	80	112

容屑槽周节的最大累积误差

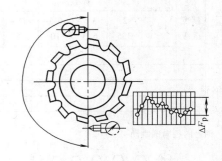

7 在滚刀分度圆附近的同一圆周上,任意两个刀齿前面间相互位置的最大误差

公差代号	精度等级	模数/mm					
		1~2	>2~3.5	>3.5~6.3	>6.3~10	>10~16	>16~25
		公差值					
δF_p	A	32	36	42	53	70	98
	B	51	58	68	85	112	157
	C	51	58	68	85	112	157

（续）

检查项目及示意图

刀齿前面与内孔轴线的平行度（用于直槽）

8

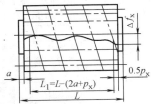

$L_1=L-(2a+p_x)$　0.5p_x

在靠近分度圆处的测量范围内,容纳实际前面的两个平行理论前面的平面间的距离

公差代号	精度等级	模数/mm					
		1~2	>2~3.5	>3.5~6.3	>6.3~10	>10~16	>16~25
		公差值					
δf_x	A	35	50	65	90	120	170
	B	40	65	80	110	140	200
	C	60	90	110	150	200	280

容屑槽的导程误差（用于螺旋槽）

8A

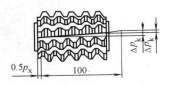

0.5p_x　100

在靠近分度圆处的测量范围内,容屑槽前面与理论螺旋面的偏差

公差代号	精度等级	模数/mm					
		1~2	>2~3.5	>3.5~6.3	>6.3~10	>10~16	>16~25
		公差值					
δp_k	A	80/100mm					
	B	100/100mm					
	C	140/100mm					

齿形误差②

9

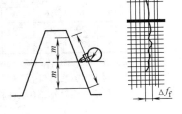

Δf_f

在检查截面中的测量范围内,容纳实际齿形的两条理论直线齿形间的法向距离

	公差代号	精度等级	模数/mm					
			1~2	>2~3.5	>3.5~6.3	>6.3~10	>10~16	>16~25
			公差值					
9	δf_f	1头 A	7	8	10	12	16	22
		1头 B	14	16	19	24	32	45
		1头 C	28	32	38	48	60	90
		2~3头 A	10	11	13	17	22	31
		2~3头 B	18	20	24	30	40	55
		2~3头 C	33	37	43	54	71	100
		4~6头 B	18	20	24	30	40	55
		4~6头 C	33	37	43	54	71	100

齿厚偏差

10

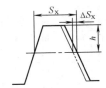

S_x　ΔS_x　h

在理论齿高处测量的齿厚对公称齿厚的偏差

	公差代号	精度等级	模数/mm					
			1~2	>2~3.5	>3.5~6.3	>6.3~10	>10~16	>16~25
			公差值					
10	δS_x	A	±16	±18	±21	±26	±35	±50
		B	±30	±35	±42	±52	±70	±100
		C	±30	±35	±42	±52	±70	±100

相邻切削刃的螺旋线误差

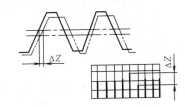

ΔZ　ΔZ

相邻切削刃与内孔同心圆柱表面的交点对滚刀理论螺旋线的最大轴向误差

	公差代号	精度等级	模数/mm					
			1~2	>2~3.5	>3.5~6.3	>6.3~10	>10~16	>16~25
			公差值					
11	δZ	1头 A	6	7	9	11	14	20
		1头 B	12	14	17	21	28	40
		1头 C	25	28	34	42	55	80
		2~3头 A	9	10	12	15	20	28
		2~3头 B	15	16	19	24	32	45
		2~3头 C	29	33	39	48	64	90

（续）

检查项目及示意图	检查项目及示意图

12　一个轴向齿距长度内切削刃的螺旋线误差

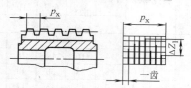

在滚刀一个轴向齿距长度内,切削刃与内孔同心圆柱表面的交点对理论螺旋线的最大轴向误差

公差代号	精度等级		模数/mm					
			1~2	>2~3.5	>3.5~6.3	>6.3~10	>10~16	>16~25
			公差值					
δZ_1	1头	A	11	12	15	19	25	36
		B	22	25	30	38	50	70
		C	45	50	60	75	100	140
	2~3头	A	17	18	22	27	36	50
		B	26	30	35	44	58	81
		C	53	59	70	87	115	161

13　三个轴向齿距长度内切削刃的螺旋线误差

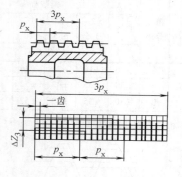

公差代号	精度等级		模数/mm					
			1~2	>2~3.5	>3.5~6.3	>6.3~10	>10~16	>16~25
			公差值					
δZ_3	1头	A	20	22	26	34	45	60
		B	40	45	53	65	90	125
		C	80	90	105	130	180	250
	2~3头	A	28	31	36	45	60	84
		B	44	49	58	73	96	134
		C	88	99	116	145	192	269

14　螺旋线分头误差

在一个轴向齿距长度内,任意一条螺旋线误差的平均值与其相邻螺旋线误差的平均值之差的最大绝对值

公差代号	精度等级		模数/mm					
			1~2	>2~3.5	>3.5~6.3	>6.3~10	>10~16	>16~25
			公差值					
δZ_2	2~3头	A	12	14	16	20	27	38
		B	17	20	23	29	38	53
		C	24	27	32	40	53	74
	4~6头	B	21	23	28	35	46	64
		C	29	33	39	48	64	89

15　轴向齿距偏差

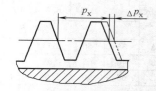

在任意一排齿上,滚刀轴向齿距的实际值对公称值的偏差

公差代号	精度等级		模数/mm					
			1~2	>2~3.5	>3.5~6.3	>6.3~10	>10~16	>16~25
			公差值					
δp_x		A	±7	±8	±10	±12	±16	±22
		B	±10	±11	±13	±17	±22	±31
		C	±14	±16	±19	±23	±31	±43

16　任意三个轴向齿距长度内齿距的最大累积误差

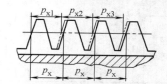

在三个轴向齿距长度内,任意两个同侧齿面间实际轴向距离与公称轴向距离之差的最大绝对值

公差代号	精度等级		模数/mm					
			1~2	>2~3.5	>3.5~6.3	>6.3~10	>10~16	>16~25
			公差值					
δp_{x3}		A	12	14	16	20	27	38
		B	17	20	23	29	38	53
		C	24	27	32	40	53	74

注:1. 第12项中"一个轴向齿距长度内"指在滚刀检测时,对于单头滚刀应沿理论螺旋线旋转一周（360°）;二头滚刀应转二分之一周（180°）;三头滚刀应转三分之一周（120°）,13、14项与上述方法类似。

2. 当蜗轮滚刀外径超过 GB/T 6083—2016 中 I 型齿轮滚刀外径时,表12-7中与蜗轮滚刀外径有关的检查项目的公差,可以按与直径成比例地增大来确定。

3. 表中没有头数分档的公差项目,对于 A 级为 1~3 头;对于 B、C 级为 1~6 头。

① 公差值均按支承部分直径选取。

② 对于 ZI、ZN 产形螺旋面的蜗轮滚刀应用滚刀检查仪检查刃口。

8）杆式滚刀的柄部用 40Cr 或同等以上性能的合金钢制造，其硬度不低于 30HRC。

（2）性能试验

1）每批滚刀应进行切削性能抽样试验。试验样本数 n 及其合格判定数 Ac 与不合格判定数 Re 按表 12-8 规定。

2）试验机床应采用符合精度标准的滚齿机床。

3）试验材料按 GB/T 9439—2010 中 HT200，其硬度为 170~220HBW。

4）试验采用径向进给的切削方式，其切削规范按表 12-9 的规定。

5）试验时不用切削液。

6）试验后的滚刀切削刃上不得有崩刃或显著的磨钝现象，并应保持其原有的性能。

12.1.6　普通蜗轮滚刀的设计步骤及示例

蜗杆的基本参数：法向直廓蜗杆，法向齿形角 $\alpha_n = 15°$；模数 $m_x = 3.5$mm；螺纹线数 $z_1 = 3$；右旋；分度圆螺旋线导程角 $\gamma_z = 11°51'$；蜗杆分度圆直径 $d_1 = 50$mm；蜗杆外径 $d_{a1} = 57$mm；底径 $d_{f1} = 41.5$mm；轴向齿距 $p_{x1} = 10.996$mm；蜗轮精度 8-D_c；蜗轮齿数 $z_2 = 60$；传动中心距为 130mm。

所用 Y3150E 型滚齿机。

普通蜗轮滚刀可按表 12-10 所列步骤计算，滚刀精度取为 A 级。滚刀工作图如图 12-11 所示。莫氏锥尺寸是按生产厂要求确定的，用 3150E 型滚齿机。

表 12-8　试验样本数 n 及合格与否的判定数　（单位：件）

批量范围	一般情况下采用									质量稳定时采用		
	AQL 值									n	Ac	Re
	1.0			1.5			2.5					
	n	Ac	Re	n	Ac	Re	n	Ac	Re			
2~50										2		
51~500	8	0	1	8	0	1	5	0	1	3	0	1
>500										5		

表 12-9　切削规范

模数/mm	进给量/（mm/r）	切削速度/（m/min）	齿坯直径/mm
1~2	0.5	30	按 40 齿计算
>2~3.5			
>3.5~6.3	0.4	25	
>6.3~10			
>10~16	0.3	20	
>16~25			

注：1. 试验蜗轮不少于一件。

2. 对于切向进给的切削方式，其进给量是径向进给量的 2 倍。

3. 试验材料可按用户要求选择，切削规范可参照本表调整。

表 12-10　普通蜗轮滚刀的计算步骤及示例　（单位：mm）

序号	计算项目	符号	计 算 公 式	计算精度	计 算 示 例
1	滚刀分度圆直径	d_0	等于蜗杆分度圆直径	0.01	$d_0 = 50$mm
2	滚刀螺纹线数	z_0	等于蜗杆头数	—	$z_0 = 3$
3	滚刀螺纹方向		与蜗杆螺纹方向相同	—	右旋
4	滚刀分度圆螺旋线导程角	γ_{z0}	等于蜗杆分度圆螺旋线导程角	1′	$\gamma_{z0} = 11°51'$
5	滚刀外径	d_{a0}	$d_{a0} = d_{a1} + 2(c'+0.1)m$ $c' = 0.2$	0.1	$d_{a0} = (57 + 2 \times 0.3 \times 3.5)$mm $= 59.1$mm
6	滚刀齿根圆直径	d_{f0}	$d_{f0} = d_{f1}$ 滚刀强度不足时可取 $d_{f0} = d_{f1} + 0.2m$	—	$d_{f0} = d_{f1} = 41.5$mm
7	滚刀圆周齿数	Z_k	蜗杆是三个头的，滚刀圆周齿数在刀齿强度允许的情况下，应尽量取多些	—	取 $Z_k = 8$ （由于滚刀直径限制，Z_k 不能再增多）
8	滚刀齿顶铲背量	K	$K = \dfrac{\pi d_{a0}}{Z_k} \cos^3 \gamma_z \tan \alpha'_e$ 取 $\alpha'_e = 12°$		$K = \dfrac{\pi \times 59.1}{8} \cos^3 11°51' \tan 12°$mm $= 4.525$mm 取 $K = 5$mm

（续）

序号	计算项目	符号	计 算 公 式	计算精度	计 算 示 例
9	第二次铲背量	—	$K_1 = (1.2 \sim 1.5)K$	—	$K_1 = 7.5\text{mm}$
10	容屑槽深度	H_k	$H_k = \dfrac{d_{a0} - d_{f0}}{2} + \dfrac{K + K_1}{2} + (0.5 \sim 1.5)$	0.1	$H_k = 8.8 + \dfrac{5 + 7.5}{2} + 1 = 16$
11	槽底圆角半径	r	$r = \dfrac{\pi(d_{a0} - 2H_k)}{10Z_k}$	0.5	$r = \dfrac{\pi(59 - 2 \times 16)}{10 \times 8}\text{mm} = 1\text{mm}$
12	容屑槽角	θ	$\theta = 20° \sim 30°$	—	取 $\theta = 25°$
13	作图校验容屑槽参数	—	与齿轮滚刀方法相同	—	作图校验合格
14	容屑槽导程	P_k	$P_k = \pi d_0 \cot\beta_k$ $(\beta_k = \gamma_{z0})$	—	$P_k = \pi \times 50\cot 11°51'\text{mm} \approx 749\text{mm}$
15	轴向齿距	P_{x0}	$P_{x0} = \pi m$	0.001	$P_{x0} = \pi \times 3.5\text{mm} = 10.966\text{mm}$
16	法向齿距	P_{n0}	$P_{n0} = P_{x0}\cos\gamma_{z0}$	0.001	$P_{n0} = 10.966\cos 11°51'\text{mm} = 10.762\text{mm}$
17	法向齿厚	S_{n0}	$S_{n0} = \dfrac{\pi m}{2}\cos\gamma_{z0} + \Delta S_n$ 参考工作蜗杆齿厚的上下偏差值，取 $\Delta S_n = 0.17\text{mm}$	0.01	$S_{n0} = \left(\dfrac{10.762}{2} + 0.17\right)\text{mm} = 5.55\text{mm}$
18	齿顶高	h_{a0}	$h_{a0} = \dfrac{d_{a0} - d_0}{2}$	0.01	$h_{a0} = \dfrac{59.1 - 50}{2}\text{mm} = 4.55\text{mm}$
19	全齿高	h_0	$h_0 = \dfrac{d_{a0} - d_{f0}}{2}$	0.01	$h_0 = \dfrac{59.1 - 41.5}{2}\text{mm} = 8.8\text{mm}$
20	齿顶圆角半径	r_1	$r_1 = 0.2m$	0.1	$r_1 = 0.2m = 0.7\text{mm}$
21	齿根圆角半径	r_2	$r_2 = 0.3m$	0.1	$r_2 = 0.3m = 1.0\text{mm}$
22	法向齿形角	α_n	等于蜗杆法向齿形角	—	$\alpha_n = 15°$
23	切削部分长度	l_0	$l_0 = (4 \sim 5)p_{x0}$	—	$l_0 = 5 \times 10.966\text{mm}$ 取 $l_0 = 70\text{mm}$（考虑有些窜刀余地）
24	确定滚刀结构	—	按 $\dfrac{d_{a0}}{2} - H_k - \left(t_1 - \dfrac{d}{2}\right) \geq 0.3d$ 验算（当按滚刀尺寸初选 d 后），如强度不足做连柄结构	—	强度不够，取连柄结构
25	刀杆尺寸	—	按表 12-2、表 12-3 选定	—	3150E 机床锥尾用 5 号锥度，其余尺寸见工作图

（续）

序号	计算项目	符号	计 算 公 式	计算精度	计 算 示 例
26	准圆柱半径	r_h	$$r_h = \left(r_0 - \frac{W_n}{2} \cot\alpha_n \right) \sin\alpha_1$$ 式中 $$\tan\alpha_1 = \tan\alpha_n \sin\gamma_{z0}$$ W_n 为滚刀分度圆柱上的齿槽宽度 $$W_n = p_{n0} - s_{n0}$$	—	$\alpha_1 = \arctan(\tan15° \sin11°51') = 3°9'$ $W_n = (10.762 - 5.55)\,\mathrm{mm} = 5.212\,\mathrm{mm}$ $r_h = \left(25 - \dfrac{5.212}{2} \cot15° \right)\sin3°9'\,\mathrm{mm} = 0.84\,\mathrm{mm}$
27	蜗杆生成母线与端剖面的夹角	α_h	$\sin\alpha_h = \sin\alpha_n \cos\gamma_{z0}$	—	$\alpha_h \arcsin(\sin15° \cos11°51') = 14°40'23''$

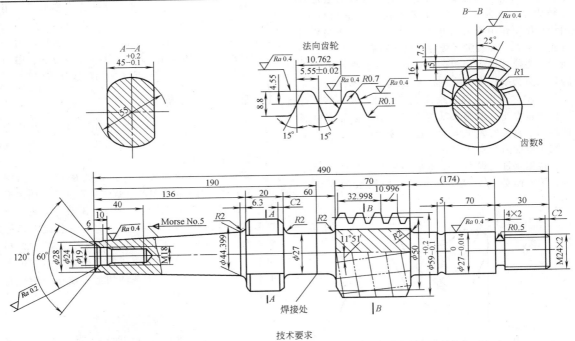

技术要求

1. 工作部分材料W6Mo5Cr4V2,柄部材料40Cr。
2. 热处理:刃部63~66HRC,柄部40~45HRC,切削刃应钝化。
3. 滚刀头数3。
4. 齿距极限偏差±0.008mm。
5. 任意三个齿距长度内的最大齿距累积误差±0.014mm。
6. 刀齿的径向圆跳动0.045mm。
7. 刀齿前面的非径向性0.032mm。

8. 容屑槽周节的最大累积误差0.036mm。
9. 莫式锥柄及$\phi27_{-0.014}^{0}$部分径向圆跳动0.014mm。
10. 齿形误差0.018mm。
11. 莫氏锥柄用标准环规着色检查:其接触面积不小于80%。
12. 准圆柱半径r_h=0.84mm。
13. 蜗杆生成母线与端剖面的夹角14°40′23″。
14. 螺旋槽导程749,公差0.08/100mm。

图 12-11　蜗轮滚刀工作图

12.1.7　点接触非对偶型蜗轮滚刀设计方法的发展

普通滚刀是采用对偶法加工蜗轮,即滚刀的产形螺旋面(基本螺杆)与工作蜗杆相同。这样加工出的蜗杆副是线接触。线接触蜗杆传动对安装准确性及制造误差非常敏感。而实际生产中总是有误差存在,这必然造成蜗杆传动的接触不良。另一方面,线接触传动润滑条件不良。从滚刀寿命方面看,由于要求滚刀加工蜗轮时的中心距等于蜗杆与蜗轮的中心距,从而限制了滚刀的重磨次数。国内外许多人士都在研究解决这一问题的方法。研究结果和实践证明,采用点接触非对偶型蜗轮滚刀加工蜗轮,形成点接触蜗杆传动是提高蜗杆副啮合质量的有效方法。点接触蜗杆传动一方面克服了由于线接触蜗杆副瞬时接触线与相对速度方向接近,使其润滑性能变差,从而提高了传动效率;另一方面,其传动质量对蜗杆副的制造误差和安装误差敏感性低,降低了对蜗杆副制造精度及安装精度的要求。并且允

许蜗轮滚刀具有更多的重磨次数,从而提高了滚刀寿命。

对于普通蜗轮滚刀,为使其形成点接触啮合的蜗杆副,有关人士提出了许多方法。有人取蜗轮滚刀直径稍大于工作蜗杆直径并适当减小模数;有人采用适当改变导程的方法;有人提出适当改变展成运动参数,例如在滚刀切削完蜗轮之后,在稍许离开蜗轮的同时,上下移动滚刀,使蜗轮端部过切从而使蜗轮齿面呈鼓形形成点接触啮合。在诸多方法中,目前使用最多的是加大蜗轮滚刀直径的方法,这种方法比较简单,易于实现。

加大蜗轮滚刀直径后切出的蜗杆副理论上是点接触啮合;而实际上,当滚刀直径增大量较小时,由蜗杆副工作中受力而产生的弹性变形将使蜗杆副的实际接触是面接触,接触区呈椭圆形,如图 12-12 所示。为使其得到理想的接触区,一般推荐滚刀直径增大量为蜗杆直径的 3% ~ 5%。蜗杆头数少时,如 $z_1 = 1$,增大量取大值;蜗杆头数多时,取小值。直径增大量太小,椭圆长轴将变长,会失去齿面修形的作用;直径增大量太大,齿面接触区过于小,蜗杆副承载能力会降低。

根据蜗杆副齿面上理想接触区大小与位置的要求,滚刀模数也要适当减小。一般模数的变化为 10^{-2} 等级。

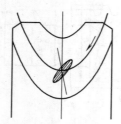

图 12-12 点接触蜗杆副齿面接触区

表 12-11 是德国设计的增大直径蜗轮滚刀的一组数据。滚刀采用的是 ZI 齿形。

表 12-11 德国一组 ZI 蜗轮滚刀与蜗杆相关参数的比较

(单位:mm)

序号	蜗杆				蜗轮滚刀	
	齿形角 α_n	头数 Z_1	模数 m_{x1}	分度圆直径 d_1	模数 m_{x0}	分度圆直径 d_0
1	20°	1	5	60.00	4.9954	63.24
2	20°	2	4.9	61.90	4.8879	64.9
3	20°	2	6	70.00	5.9843	73.29
4	20°	3	7.8	80.20	7.7760	82.24
5	20°	3	8	84.00	7.9750	86.22
6	20°	1	8.8	86.40	8.7955	90.98

当滚刀的直径与模数变化后,其导程角也已改变。若知蜗杆的导程角

$$r_{z1} = \arctan(\dot{Z}_1 m_{x1} / d_{m1})$$

则知滚刀导程角为

$$r_{z0} = \arctan(\dot{Z}_1 m_{x0} / d_{m0})$$

由此可知,用这种滚刀切蜗轮时,滚刀不应再安装于水平位置,而应倾斜一个角度,其值应是蜗杆导程角与滚刀导程角之差。同时,滚切蜗轮时的中心距也应大于工作蜗杆与蜗轮的中心距。中心距的增大量为滚刀分度圆半径较工作蜗杆半径的增大量。

滚刀用钝重磨后,其分度圆直径将减小,应重新计算并调整滚刀切蜗轮时的中心距与安装角。

目前,德国、瑞士、日本等国的许多工厂已用点接触式蜗轮滚刀加工蜗轮。国内也有一些工厂,如上海电梯厂、天津第一机床厂等也成功地应用多年。对点接触式蜗轮滚刀的设计原理与方法,国内也已做过许多研究,并给出了实用的设计实例。

12.2 普通蜗轮剃齿刀

高精度的蜗轮,例如精度为 3 级、4 级的精密分度蜗轮,蜗轮轮齿在用蜗轮滚刀加工后,可再用蜗轮剃齿刀进行精加工。

蜗轮剃齿刀有套式及连柄式两种形式,如图 12-13 所示。蜗轮剃齿刀的形状与主要尺寸,如齿形角、螺旋线导程角、旋向、导程、模数、头数、分度圆直径等,都与原工作蜗杆一样。它仅是在蜗杆螺旋面上开出许多小槽,以形成切削刃,如图 12-14 所示。它与蜗轮啮合时,由于啮合副齿面间有很大的滑移速度,这些小槽形成的切削刃便从蜗轮齿面上剃下很薄的一层切屑。

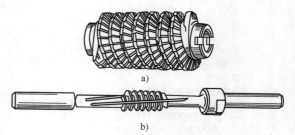

图 12-13 普通蜗轮剃齿刀
a) 套装式 b) 连柄式

通常,蜗轮剃齿刀的螺旋面是与原工作蜗杆在同一台蜗杆磨床上,在同一次调整的情况下磨出的。所以用此蜗轮剃齿刀剃出的蜗轮与工作蜗杆配合时,接触精度很高。剃齿后蜗轮齿面表面粗糙度也很低。

采用蜗轮剃齿工艺切出蜗轮的齿面表面粗糙度值比用蜗轮滚刀切出的低,这是因为剃齿刀的刀刃数很多,切屑很薄。但是剃齿刀的制造工艺比较复杂。

蜗轮剃齿刀的外径 d_{a0} 应大于原工作蜗杆,以便能切出蜗轮的全部有效齿廓;但应小于蜗轮滚刀的外径,避免剃齿刀的顶刃参加切削,d_{a0} 值可用下式计算:

$$d_{a0} = d_{a1} + (0.1 \sim 0.2) m$$

式中　d_{a1}——原蜗杆外径;

　　　m——蜗杆模数。

剃齿刀的分度圆齿厚应比原蜗杆分度圆齿厚加厚 $0.25 \sim 0.4$ mm,作为剃齿刀用钝后的重磨量。通常,小模数取小值,大模数取大值。当对蜗轮副的啮合侧隙要求严格时,也可取剃齿刀齿厚为工作蜗杆齿厚加要求的法向侧隙,以保证蜗轮副在最佳状态下工作。

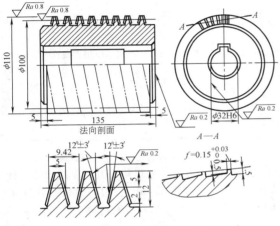

图 12-14　普通蜗轮剃齿刀的结构

剃齿刀刀刃的刃带宽度 f(见图 12-14)在齿全高上要求一致,在加工铜蜗轮时,可取为 0.15 mm;加工铸铁蜗轮时,可取为 0.35 mm。刃带表面粗糙度取 $Ra0.1 \sim 0.2 \mu$m。剃齿刀刃带宽度及其表面粗糙度对加工蜗轮的齿面粗糙度有很大影响,不可忽视。

12.3　普通蜗轮飞刀

12.3.1　蜗轮飞刀的工作原理与应用范围

飞刀是在滚齿机刀杆上安装一个(或数个)切刀,以之代替蜗轮滚刀的一个刀齿,用切向进给法切削蜗轮的一种刀具,飞刀的实质就是一个单齿的

蜗轮滚刀。飞刀切削蜗轮的简况如图 12-15 所示。加工时,飞刀每转过一转,蜗轮转过一个齿(或 z_1 个齿,z_1 为蜗杆的头数)。与此同时,为了形成展成运动,飞刀需沿其轴向方向进给,而蜗轮则有相应的附加转动,当飞刀沿轴向移动 Δl 时,蜗轮的附加转角为 $\Delta l / r_2$,r_2 为蜗轮的分度圆半径。如果蜗杆的头数与蜗轮的齿数没有公因数,用一把飞刀就可在一次进给后切出蜗轮。如蜗杆头数 z_1 和蜗轮齿数 z_2 之间有公因数,就不能在一次进给后切出蜗轮。在这种情况下,需在切完与滚刀第一个头啮合的齿槽后,把飞刀沿轴向准确地移动一个齿距再从头切一次,飞刀需移动 z_1 次才能切出整个蜗轮。也可以在飞刀刀杆上安装 z_1 个切刀,这时在一次走刀中即可切出整个蜗轮。

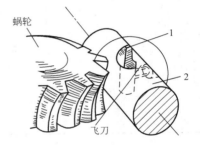

图 12-15　用飞刀加工蜗轮

1—飞刀的切刀　2—飞刀的刀杆

用飞刀切削蜗轮,如果飞刀精确,而且飞刀安装与使用正确,则加工出来的蜗轮精度不低于用蜗轮滚刀的加工精度。

用飞刀切削蜗轮要求滚齿机有切向进给机构。当没有切向进给机构时,可采用人工切向进给的方法。即当飞刀切削蜗轮一周后,将机床的分度交换齿轮脱开,将蜗轮转过一个角度 ε,同时将飞刀沿轴向移动 $\Delta l = \varepsilon r_2$($r_2$ 为蜗轮分度圆半径),接上交换齿轮再切蜗轮一周。如此重复移动飞刀若干次,使飞刀包络形成蜗轮的完整齿形,将蜗轮切成。

12.3.2　蜗轮飞刀的齿形计算

与蜗轮滚刀一样,飞刀的齿廓应在产形螺旋面上,加工不同类型的蜗杆,飞刀齿形也不同,见表 12-12。

表 12-12　蜗轮飞刀齿形的确定

	法向直廓飞刀	飞刀前面安装在法向剖面内。飞刀为直线齿形。齿形角等于蜗杆的法向齿形角 α_n
阿基米德飞刀	前面安装在轴向剖面内	飞刀为直线齿形,轴向齿形角等于蜗杆的轴向齿形角 α_x $\gamma_{z0} \leq 5°$ 时,前面是平面,如图 12-16a 所示。$\gamma_{z0} > 5°$ 时,为避免侧刃有过大的负前角,前面采取特殊刃磨,使两侧刃各为零度前角或正前角,如图 12-16b 所示,其切削刃仍在轴向剖面

（续）

阿基米德飞刀	前面安装在法向剖面内	切刀齿形应是阿基米德蜗杆的法向剖面齿形,它是曲线。一般按图 12-17 所示的齿形法向坐标系,将 x_0 轴置于齿顶。图 12-17b 是样板坐标的示意图。在此坐标系中,齿形可按下面公式计算(左、右齿形对称) $$x_0 = -\rho\sin\theta/\sin\gamma_{z1}$$ $$y_0 = r_{a0} - \rho\cos\theta$$ $$\rho = \frac{r_1(k_2 - \theta)}{k_1 + k_3\sin\theta}$$ $$k_1 = \tan\alpha/\tan\gamma_{z1}$$ $$k_2 = \frac{s_{x0}}{2r_1\tan\gamma_{z1}} + k_1$$ $$k_3 = \cot^2\gamma_{z1}$$ 式中 γ_{z1}——蜗杆分度圆螺旋线导程角 r_1——蜗杆分度圆半径 r_{a0}——飞刀齿顶圆半径,$r_{a0} = d_{a0}/2$,d_{a0} 的计算与蜗轮滚刀相同,见表 12-10 α——蜗杆轴向齿形角 s_{x0}——飞刀分度圆齿厚,一般 $s_{x0} = \pi m/2$ θ——参数 当蜗轮的精度要求不高时,阿基米德飞刀的法向齿形也可以用直线代替,其齿形角按下式计算 $$\alpha_{n0} = \alpha_n - \frac{90\sin^3\gamma_{z1}}{z_1}$$ 式中 α_n——蜗杆的法向齿形角,$\tan\alpha_n = \tan\alpha\cos\gamma_{z1}$ z_1——蜗杆的头数

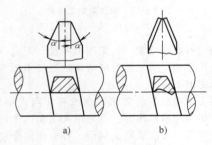

图 12-16　按轴向安装飞刀

a) 前面为平面　b) 前面经过特殊刃磨

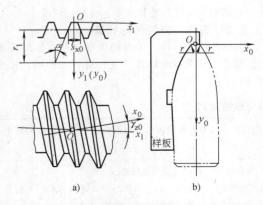

图 12-17　阿基米德飞刀在螺纹法向的坐标

a) 坐标系　b) 样板与法向坐标系的关系

飞刀的其他结构尺寸,如外径、根圆直径、齿高、齿顶圆角半径等,与蜗轮滚刀相应尺寸的计算方法一样,可参考表 12-10。飞刀的齿顶刃后角 α_e 可取为 $10° \sim 12°$,侧刃法向后角 α_b 可按下式计算

$$\tan\alpha_b = \tan\alpha_e\sin\alpha_n \qquad (12\text{-}29)$$

12.3.3　蜗轮飞刀及刀杆的结构

蜗轮飞刀的精度及夹固牢固性对加工蜗轮的精度有很大影响,应保证切刀装夹的位置精度及稳定性（切刀在刀杆内不得移动、转动）。此外,要求切刀径向尺寸可调。

模数较小的蜗轮飞刀可采用图 12-18 所示的结构,其切刀柄部为圆柱。其他结构型式很多。表 12-13 给出了两种常用的飞刀结构。

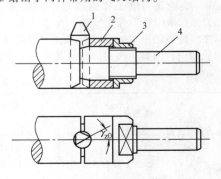

图 12-18　按法向安装飞刀

1—切刀　2—垫圈　3—螺母　4—刀杆

表 12-13　飞刀刀杆常用结构

形式	刀 杆 与 切 刀 图
拉销式	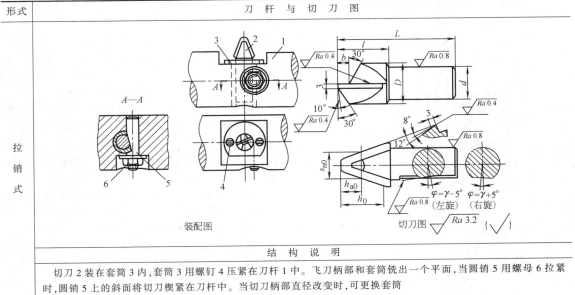

装配图　切刀图

结 构 说 明

切刀 2 装在套筒 3 内，套筒 3 用螺钉 4 压紧在刀杆 1 中。飞刀柄部和套筒铣出一个平面，当圆销 5 用螺母 6 拉紧时，圆销 5 上的斜面将切刀楔紧在刀杆中。当切刀柄部直径改变时，可更换套筒

此种结构多用于加工模数 $m = 0 \sim 12mm$ 的蜗轮

装配式	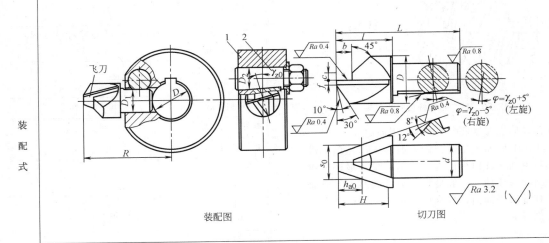

装配图　切刀图

结 构 说 明

切刀依靠拉紧销 2 的斜面拉紧在刀盘 1 上，刀盘装配在刀杆上

适用于加工模数为 $12 \sim 30mm$ 的蜗轮

12.4　加工圆弧齿圆柱蜗轮副的刀具

圆弧齿圆柱蜗杆是一种非直纹面圆柱蜗杆，其齿面一般为圆弧形凹面，代号为 ZC 蜗杆。此类蜗杆又分为 ZC1 型、ZC2 型与 ZC3 型蜗杆。ZC1 型与 ZC2 型为圆环面包络圆柱蜗杆，ZC3 型为轴向圆弧齿圆柱蜗杆。

图 12-19 是 ZC1 型蜗杆齿面的形成原理图。蜗杆齿面是圆环面砂轮磨成的。蜗杆轴线与砂轮轴线

的轴交角等于蜗杆分度圆柱螺旋线导程角，两轴线的公垂线通过蜗杆齿槽齿廓分度圆上的一点。对于这种蜗杆，砂轮与蜗杆齿面的瞬时接触线是一条固定的空间曲线。

图 12-20 是 ZC2 型蜗杆齿面的形成原理图。蜗杆齿面也是圆环面砂轮磨成的。蜗杆轴线与砂轮轴线的轴交角为某一角度，不等于蜗杆分度圆柱的螺旋线导程角。蜗杆与蜗轮轴线的公垂线通过砂轮齿廓圆弧圆心。砂轮与蜗杆齿面的瞬时接触线是一条

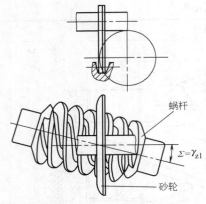

图 12-19　ZC1 型蜗杆齿面的形成

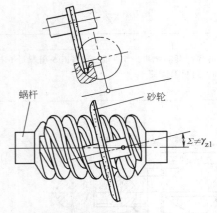

图 12-20　ZC2 型蜗杆齿面的形成

与砂轮的轴向齿廓相重合的固定的平面曲线。

图 12-21 是 ZC3 型蜗杆齿面的形成原理图。蜗杆齿面是由蜗杆轴向平面内一段凹圆弧绕蜗杆轴线做螺旋运动形成的，一般是将凸圆弧成形车刀前面置于蜗杆轴向平面内，与蜗杆做相对螺旋运动而将蜗杆车削形成。

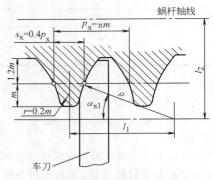

图 12-21　ZC3 型蜗杆齿面的形成

ZC 型蜗杆和蜗轮的共轭齿面是凹凸啮合，单位齿面压力小，接触强度高，承载能力大，齿面间摩

擦小、传动效率高，蜗杆齿根厚、抗弯强度大。这种蜗杆副的制造方法和所需的工艺装备与加工普通圆柱蜗杆副所用的基本相同，比较简单。由于有上述一些优点，这种蜗杆副在生产中得到了广泛应用。

与 ZC 蜗杆共轭的蜗轮多用滚刀加工。在单件生产中也可以采用飞刀。下面主要介绍滚刀的设计。

12.4.1　ZC3 型轴向圆弧齿圆柱蜗轮滚刀

轴截面为圆弧齿形的蜗轮滚刀与普通的阿基米德（ZA 型）蜗轮滚刀相比，除轴向齿形由直线型变为圆弧型以外，其他都类似。因此这种滚刀除齿形以外，可按照普通阿基米德蜗轮滚刀的设计方法设计。滚刀齿形检验也容易，生产中应用较多。

与普通蜗轮滚刀一样，当滚刀螺旋线导程角 $\gamma_{z0} \leqslant$ 5° 时，滚刀采用直槽；当 $\gamma_{z0} > 5°$ 时，采用螺旋槽。

1. ZC3 型直槽蜗轮滚刀的齿形 （前角 $\gamma = 0°$）

零度前角直槽滚刀的齿形理论上应等于工作蜗杆的轴向齿形。ZC3 型蜗杆基准齿形 （见图 12-21）几何参数的计算公式见表 12-14。

表 12-14　ZC3 型蜗杆齿形几何参数计算公式

序号	计算项目	代号	计算公式			
1	变位系数	x_1	$x_1 = 0.5 \sim 1.5$ 通常 $x_1 = 0.7 \sim 1.2$			
2	轴向齿形角	α_{x1}	$\alpha_{x1} = 23°$			
3	蜗杆轴向齿廓曲率半径 ρ	ρ	z_1[①]	1、2	3	4
			ρ	$5m$	$5.3m$	$5.5m$
4	蜗杆轴向齿厚	s_x	$s_x = 0.4\pi m$			
5	蜗杆法向齿厚	s_n	$s_n = s_x \cos\gamma_{z1}$			
6	蜗杆轴向齿距	p_x	$p_x = \pi m$			
7	圆弧中心坐标值	l_1	$l_1 = \rho\cos\alpha_{x1} + \dfrac{1}{2}s_x$			
8	圆弧中心坐标值	l_2	$l_2 = \rho\sin\alpha_{x2} + \dfrac{1}{2}d_1$			
9	蜗杆轴向齿顶厚	s_a	$s_a = 2\left[l_1 - \sqrt{\rho^2 - (l_2 - d_{a1/2})^2}\,\right]$			
10	蜗杆轴向齿根厚	s_f	$s_f = 2\left[l_1 - \sqrt{\rho^2 - (l_2 - d_{f1/2})^2}\,\right]$			

① 蜗杆头数。

蜗轮滚刀的齿形与蜗杆齿形相比，需做一些修正。

由于滚刀及蜗轮、蜗杆的制造误差以及蜗杆、蜗轮的装配误差的影响，当蜗轮与蜗杆齿廓圆弧半径一致时，蜗轮、蜗杆接触不良。为改善此情况，希望蜗轮蜗杆开始跑合时，接触区首先处于齿廓中部，在跑合过程中逐渐向两侧扩大。为此，应使滚刀齿廓圆弧半径 ρ_0 比蜗杆的齿廓圆弧半径 ρ 稍小，

如图 12-22 所示。关于齿厚，应考虑滚刀重磨后刀齿减薄的补偿以及使蜗杆、蜗轮齿面间获得一定的间隙，因此滚刀齿厚应比蜗杆齿厚稍大。

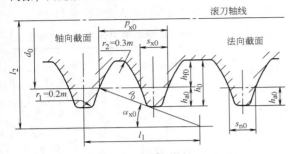

图 12-22　轴向圆弧齿蜗轮滚刀齿形

ZC3 型蜗轮滚刀齿形几何参数可按表 12-15 计算。

2. ZC3 螺旋槽蜗轮滚刀的齿形

对于这种蜗轮滚刀，由于理论侧后面形状复杂，难于测量，目前生产中只控制切削刃的形状，并且，由于切削刃是空间曲线，齿形也难以检查，因此，一般还将其投影于滚刀的法平面中检验齿形。因而在设计时还需求出滚刀切削刃在法平面中的投影齿形。滚刀产形螺旋面、前面、法平面的坐标如图12-23 所示。

表 12-15　ZC3 型蜗轮滚刀齿形几何参数计算公式

序号	计算项目	代号	计 算 公 式		
1	轴向齿形角	α_{x0}	$\alpha_{x0} = \alpha_{x1}$		
2	齿廓曲率半径	ρ_0	$\rho_0 = \rho - \Delta\rho$		
			ρ	$\rho < 40$	$\rho \geq 40$
			$\Delta\rho$	0.03ρ	0.035ρ
3	轴向齿厚	s_{x0}	$s_{x0} = 0.4\pi m + \Delta s_x$ 可取 Δs_x 为蜗杆齿厚最小减薄量，也可取 $\Delta s_x = 0$		
4	轴向齿距	p_{x0}	$p_{x0} = p_x = \pi m$		
5	齿顶高	h_{a0}	$h_{a0} = 1.3m$		
6	全齿高	h_0	$h_0 = 2.5m$		
7	齿顶圆角半径	r_1	$r_1 = 0.2m$		
8	齿根圆角半径	r_2	$r_2 = 0.3m$		

（1）滚刀切削刃的形状　取 z 轴通过滚刀轴线，xOz 坐标平面为滚刀的轴向截面，x 轴取在通过齿形在分度圆上的一点 b 处。在此坐标系内，滚刀切削刃方程为

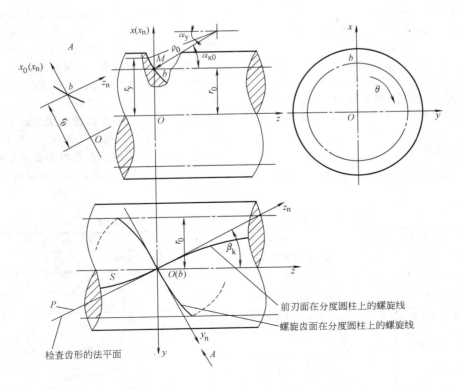

图 12-23　滚刀产形螺旋面、前面、法平面的坐标

$$
\left.
\begin{aligned}
x &= r_y\cos\theta \\
y &= r_y\sin\theta \\
z &= -p_k^*\theta \\
\theta &= \frac{\rho_0}{p^*+p_k^*}(\cos\alpha_y-\cos\alpha_{x0}) \\
r_y &= r_0+\rho_0(\sin\alpha_{x0}-\sin\alpha_y)
\end{aligned}
\right\}
\qquad(12\text{-}30)
$$

式中 p^* ——基本蜗杆螺旋面（产形螺旋面）螺旋

参数，$p^*=\dfrac{mz_1}{2}$；

p_k^* ——滚刀螺旋槽螺旋参数，$p_k^*=\dfrac{mq^2}{2z_1}$；

z_1 ——蜗杆头数；

α_{x0} ——蜗杆分度圆压力角，一般 $\alpha_{x0}=23°$，也有时用 $\alpha_{x0}=22°$；

α_y ——切削刃上计算点的压力角；

r_0 ——分度圆半径；

θ ——螺旋运动的转角。

（2）切削刃在法平面中的投影齿形　滚刀的前面是空间曲面，与分度圆柱的交线为图 12-23 中的 S 曲线。用式（12-30）求出的滚刀切削刃也是空间曲线，不易检查。生产中大多是将切削刃投影到法平面（即图 12-23 中 P 平面）中检查滚刀齿形。

建立 $x_n y_n z_n$ 坐标系，原点为 b 点。切削刃在 P 平面中的投影示于 A 向视图中。

在 $x_n y_n z_n$ 坐标系中，齿形方程为

$$
\begin{aligned}
x_n &= x-r_0 \\
z_n &= z\cos\beta_k-y\sin\beta_k
\end{aligned}
\qquad(12\text{-}31)
$$

式中 x、y、z——见式（12-30）；

β_k ——容屑槽螺旋角，$\beta_k=\gamma_{z0}$。

给定 α_y 即可按式（12-30）和式（12-31）求出齿形坐标 x_n、z_n。

α_y 的取值范围为

$$
\alpha_{ymin}=\arcsin\frac{\rho_0\sin\alpha_{x0}-h_{a0}}{\rho_0}\qquad(12\text{-}32)
$$

$$
\alpha_{ymax}=\arcsin\frac{\rho_0\sin\alpha_{x0}+(h_0-h_{a0})}{\rho_0}\qquad(12\text{-}33)
$$

滚刀其他尺寸的计算可参考下面的计算例题。其中蜗轮滚刀切削部分长度的确定可按表 12-16。

表 12-16　圆弧齿圆柱蜗轮滚刀切削部分的长度

蜗杆变位系数 x_1 和螺纹线数 z_1	蜗杆和蜗轮滚刀螺纹部分长度 L	对磨削蜗杆的加长量
$z_1=1\sim2$ $x_1<1$	$L\geqslant(12.5+0.1z_2^{①})m^{②}$	$m\leqslant6\text{mm}$，加长 20mm
$z_1=1\sim2$ $x_1\geqslant1$	$L\geqslant(13+0.1z_2)m$	$m=7\sim9\text{mm}$，加长 30mm
$z_1=3\sim4$ $x_1<1$	$L\geqslant(13.5+0.1z_2)m$	$m=10\sim14\text{mm}$，加长 40mm
$z_1=3\sim4$ $x_1\geqslant1$	$L\geqslant(14+0.1z_2)m$	$m=16\sim25\text{mm}$，加长 50mm

① z_2 为蜗轮齿数。

② m 为模数。

3. ZC3 型蜗轮滚刀计算示例

工件几何参数：模数 $m=12\text{mm}$，直径系数 $q=8$，变位系数 $x=0.833$，齿形圆弧半径 $\rho=55\text{mm}$，螺旋方向右旋，蜗杆分度圆直径 $d_1=96\text{mm}$，螺纹线数 $z_1=2$，轴向齿厚 $s_{x1}=15.079\text{mm}$，螺旋线导程角 $\gamma_{z1}=14°2'14''$，齿顶高 $h_a=12\text{mm}$，齿根高 $h_f=14.4\text{mm}$，蜗轮齿数 $z_2=42$，蜗轮分度圆直径 $d_2=504\text{mm}$。

加工此蜗轮所用滚刀应采用螺旋槽。设计计算可按表 12-17 所列步骤进行。滚刀工作图如图 12-24 所示。

12.4.2　ZC1 型圆弧齿圆柱蜗轮滚刀与飞刀

ZC1 型蜗杆是磨削加工而成的，蜗杆副的性能比 ZC3 型蜗杆副优越。在我国正在大力推广应用。一些工具厂，如汉江工具厂等，也制成了相应的蜗轮滚刀。

表 12-17　轴向圆弧齿圆柱蜗轮滚刀计算步骤及示例

序号	计算项目	符号	计算公式或说明	计 算 示 例
1	分度圆直径	d_0	等于蜗杆分度圆直径 d_1	$d_0=96\text{mm}$
2	螺纹线数	z_0	等于蜗杆头数 z_1	$z_0=2$
3	螺纹方向		与蜗杆螺纹方向相同	右旋
4	分度圆螺旋线导程角	γ_{z0}	等于蜗杆分度圆螺旋线导程角 γ_{z1}	$14°2'$
5	齿形圆弧半径	ρ_0	$\rho_0=\rho-\Delta\rho$ $\rho>40$，取 $\Delta\rho=0.035\rho$	$\rho_0=(55-0.035\times55)\text{mm}=53.075\text{mm}$
6	轴向齿距	p_{x0}	与蜗杆轴向齿距相同	$p_{x0}=\pi m=37.699\text{mm}$
7	法向齿距	p_{n0}	$p_{n0}=p_{x0}\cos\gamma_{z0}$	$p_{n0}=37.699\cos14°2'14''=36.572\text{mm}$

（续）

序号	计算项目	符号	计算公式或说明	计 算 示 例
8	分度圆轴向齿厚	s_{x0}	$s_{x0}=0.4p_{x0}+\Delta s_x$ 根据工作蜗杆齿厚上下极限偏差，取 $\Delta s_x=0.19$mm	$s_{x0}=(0.4\times37.699+0.19)mm=15.27$mm
9	分度圆法向齿厚	s_{n0}	$s_{n0}=s_{x0}\cos\gamma_{z0}$	$s_{n0}=15.27\cos14°2'14''mm=14.81$mm
10	齿顶高	h_{a0}	$h_{a0}=1.3m$	$h_{a0}=1.3\times12$mm$=15.6$mm
11	全齿高	h_0	$h_0=2.5m$	$h_0=2.5\times12$mm$=30$mm
12	齿顶圆角半径	r_1	$r_1=0.2m$	$r_1=0.2\times12$mm$=2.4$mm
13	齿根圆角半径	r_2	$r_2=0.3m$	$r_2=0.3\times12$mm$=3.6$mm
14	容屑槽导程	P_k	$P_k=\pi d_0\cot\beta_k$ $\beta_k=\gamma_{z0}$	$P_k=\pi\,96\cot14°2'14''$mm$=1206.37$mm 取 $P_k=1206$mm
15	滚刀外圆直径	d_{a0}	$d_{a0}=d_0+2h_{a0}$	$d_{a0}=(96+2\times15.6)$mm$=127.2$mm
16	滚刀根圆直径	d_{f0}	$d_{f0}=d_0-2\times1.2m$	$d_{f0}=(96-2\times1.2\times12)mm=67.2$mm
17	初定滚刀圆周齿数	Z_k	蜗杆是两个头的，滚刀圆周齿数在刀齿强度允许下尽可能取多些	根据作图结果，在保证刀齿强度情况下取 $Z_k=8$
18	决定滚刀铲齿量	K	$K=\dfrac{\pi d_{a0}}{Z_k}\cos^3\gamma_z\tan\alpha'_e$ 取 $\alpha'_e=10°$	$K=\dfrac{\pi\times127.2}{8}\cos^314°2'\tan10°mm\approx9$mm 取 $K=9$mm
19	二次铲齿量	K_1	$K_1=1.5K$	$K_1=9\times1.5$mm$=13.5$mm
20	容屑槽深度	H_k	$H_k=\dfrac{d_{a0}-d_{f0}}{2}+\dfrac{K+K_1}{2}+(0.5\sim1.5)$mm	$H_k=\left(\dfrac{127.2-67.2}{2}+\dfrac{9+13.5}{2}+0.5\right)$mm $=41.75$mm 取 $H_k=42$mm
21	槽底圆角半径	r	$r=\dfrac{\pi(d_{a0}-2H_k)}{10Z}$	$r=\dfrac{\pi(127.2-2\times42)}{10\times8}mm\approx2$mm 取 $r=2$mm
22	容屑槽角	θ	$25°\sim35°$	取 $\theta=35°$
23	作图校验容屑槽参数		与齿轮滚刀方法相同	校验合格
24	滚刀切削部分长度	L	按表 12-16 选取	$L=(12.5+0.1\times42)\times12mm=200.4$mm 取 $L=210$mm
25	确定滚刀结构	—	按 $\dfrac{d_{a0}}{2}-H_k-\left(t'-\dfrac{d}{2}\right)\geqslant0.3d$ 验算，强度不足时做成带柄结构	强度不足，取带柄结构
26	柄部尺寸	—	按表（12-2）与表（12-3）选取	—
27	计算切削刃投影齿形	—	按式（12-31）计算	计算结果见工作图
28	制定技术要求	—	参考普通蜗轮滚刀技术要求制定	—
29	绘制工作图	—	—	完整的工作图从略，图 12-24 中给出主要尺寸图及刀刃法向投影齿形坐标点

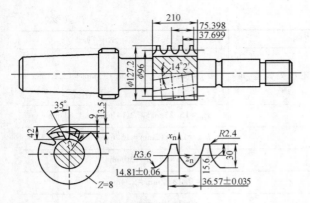

法向齿形坐标

x_n	15.246	13.252	11.268	9.295	7.338	5.399	3.480	1.729	0
z_n	-3.620	-3.401	-3.110	-2.747	-2.312	-1.809	-1.234	-0.645	0
x_n	-1.917	-3.801	-5.718	-7.659	-9.359	-11.206	-13.061	-15.322	
z_n	0.792	1.653	2.616	3.686	4.708	5.914	7.234	9.005	

图 12-24 轴向圆弧齿蜗轮滚刀工作图

1. ZC1 蜗杆的螺旋面方程

（1）砂轮的安装位置 磨削 ZC1 型蜗杆时，砂轮的安装位置如图 12-25 所示。蜗杆轴线与砂轮轴线的交角 Σ 等于蜗杆的分度圆螺旋线导程角 γ_z，两轴的公垂线 K_1K_2 通过蜗杆齿槽分度圆上的一点。砂轮廓形圆弧中心 c 的位置用 b、g 表示，则

$$b = \rho\sin\alpha_0 + r_1 \qquad (12\text{-}34)$$
$$g = \rho\cos\alpha_0 \qquad (12\text{-}35)$$

式中 α_0——蜗杆齿面的齿形角；

ρ——砂轮齿廓曲率半径；

r_1——蜗杆的分度圆半径。

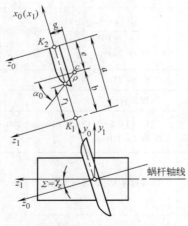

图 12-25 磨削 ZC1 蜗杆时砂轮的安装位置

（2）砂轮与蜗杆的接触线 图 12-25 与图 12-26 中，建立了 s_0 坐标系，x_0 轴通过砂轮对应于蜗杆分度圆上的一点。砂轮圆弧母线 ff 绕砂轮轴线旋转而形成砂轮的环形表面，其在 s_0 坐标系中的方程为

$$\left.\begin{aligned}
x_0 &= -(\rho\sin\alpha_y + e)\cos\mu \\
y_0 &= (\rho\sin\alpha_y + e)\sin\mu \\
z_0 &= \rho\cos\alpha_y - g \\
e &= a - b
\end{aligned}\right\} \qquad (12\text{-}36)$$

式中 α_y——ff 上任意点的压力角；

a——砂轮与蜗杆的中心距；

μ——砂轮的转角参数。

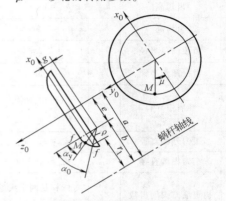

图 12-26 圆弧母线砂轮的坐标

砂轮与蜗杆的瞬时接触线应是砂轮表面上相对速度矢量 v_0^{01} 与法线矢量 n_0 的数积为零的那些点组成的。这里 "01" 是指砂轮对蜗杆的相对速度。

接触线在 s_0 坐标系中的方程应通过解下面的联立方程求出：

$$\left.\begin{aligned}
r_0 &= f(\alpha_y, \mu) \\
n_0 \times v_0^{01} &= 0
\end{aligned}\right\} \qquad (12\text{-}37)$$

式中 n_0——砂轮面上的法线矢量；

v_0^{01}——在 s_0 坐标系表示的砂轮对蜗杆的相对速度矢量，按砂轮磨蜗杆的运动关系可求得。

经过求解，可得

$$\tan\alpha_y = \frac{a - p^*\cot\gamma_z - e\cos\mu}{g\cos\mu + (a\cot\gamma_z + p^*)\sin\mu} \qquad (12\text{-}38)$$

将式（12-38）与式（12-36）联立，即可得砂轮表面上的瞬时接触线。此接触线是一条空间曲线。

（3）ZC1 蜗杆的螺旋面方程 ZC1 蜗杆的螺旋面方程可按下式决定

$$\tan\alpha_y = \frac{a - p^*\cot\gamma_z - e\cos\mu}{g\cos\mu + (a\cot\gamma_z + p^*)\sin\mu} \qquad (a)$$

$$\begin{aligned}
x_1 = {}&(\rho\sin\alpha_y + e)(-\cos\mu\cos\theta + \sin\mu\sin\theta\cos\gamma_z) - \\
&(\rho\cos\alpha_y - g)\sin\gamma_z\sin\theta + a\cos\theta \qquad (b)
\end{aligned}$$

$$\begin{aligned}
y_1 = {}&(\rho\sin\alpha_y + e)(\cos\mu\sin\theta + \sin\mu\cos\theta\cos\gamma_z) - \\
&(\rho\cos\alpha_y - g)\sin\gamma_z\cos\theta - a\sin\theta \qquad (c)
\end{aligned}$$

$$\begin{aligned}
z_1 = {}&(\rho\sin\alpha_y + e)\sin\gamma_z\sin\mu + (\rho\cos\alpha_y - g)\cos\gamma_z - \\
&p^*\theta \qquad (d)
\end{aligned}$$

（12-39）

式中　θ——参数；

　　　　p^*——蜗杆的螺旋参数。

2. ZC1 滚刀的螺旋面方程

事实上，式（12-39）既是蜗杆的螺旋面方程，也是滚刀的螺旋面方程。只是为了得到一个使用方便的滚刀齿形方程，将上式坐标系沿 z_1 轴移动一段距离 l_0，使 x 轴通过齿形的对称轴，如图 12-27 所示。与此同时，用 ρ_0 值代替 ρ 值（ρ_0 值可按表 12-15 计算）。用 x、y、z 坐标代替 x_1、y_1、z_1 坐标，则滚刀螺旋面方程为

$$
\begin{cases}
\tan\alpha_y = \dfrac{a-p^*\cot\gamma_z-e\cos\mu}{g\cos\mu+(a\cot\gamma_z+p^*)\sin\mu} & \text{(a)} \\[2mm]
x = (\rho_0\sin\alpha_y+e)(-\cos\mu\cos\theta+\sin\mu\sin\theta\cos\gamma_z)- \\
\quad (\rho_0\cos\alpha_y-g)\sin\gamma_z\sin\theta+a\cos\theta & \text{(b)} \\[2mm]
y = (\rho_0\sin\alpha_y+e)(+\cos\mu\sin\theta+\sin\mu\cos\theta\cos\gamma_z)- \\
\quad (\rho_0\cos\alpha_y-g)\sin\gamma_z\cos\theta-a\sin\theta & \text{(c)} \\[2mm]
z = (\rho_0\sin\alpha_y+e)\sin\gamma_z\sin\mu+(\rho_0\cos\alpha_y-g)\cos\gamma_z- \\
\quad p^*\theta+l_0 & \text{(d)}
\end{cases}
$$

（12-40）

式中的 l_0 可按下面步骤求出

$$
\begin{cases}
\tan\alpha_u = \dfrac{a-p^*\cot\gamma_z-e\cos\mu_u}{g\cos\mu_u+(a\cot\gamma_z+p^*)\sin\mu_u} & \text{(a)} \\[2mm]
r_1^2 = [a-(\rho_0\sin\alpha_u+e)\cos\mu_u]^2+[(\rho_0\sin\alpha_n+ \\
\quad e)\sin\mu_u\cos\gamma_z-(\rho_0\cos\alpha_u-g)\sin\gamma_z]^2 & \text{(b)} \\[2mm]
\cos\theta_u = \dfrac{a-(\rho_0\sin\alpha_u+e)\cos\mu_u}{r_1} & \text{(c)} \\[2mm]
l_0 = -\dfrac{s_{x0}}{2}-[(\rho_0\sin\alpha_u+e)\sin\mu_u\sin\gamma_z+ \\
\quad (\rho_0\cos\alpha_n-g)\cos\gamma_z-p^*\theta_u] & \text{(d)}
\end{cases}
$$

（12-41）

式中　α_u、θ_u——对应 l_0 的 α_y、θ 值。

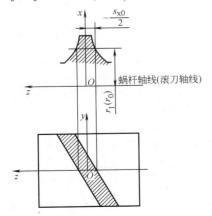

图 12-27　ZC1 蜗轮滚刀的坐标系

用式（12-41）计算 l_0 时，应先取一个 μ_u 的初值，用式（12-41a）可求出相应的 α_u，用逐次逼近法不断修正所取的 μ_u 值，使 μ_u、α_u 的值满足式（12-41b）。再计算式（12-41c）和式（12-41d），即可求出 l_0。

3. ZC1 直槽蜗轮滚刀的切削刃方程

令式（12-40）中 $y=0$，即得 ZC1 直槽蜗轮滚刀的切削刃方程

$$
\begin{cases}
\tan\alpha_y = \dfrac{a-p^*\cot\gamma_z-e\cos\mu}{g\cos\mu+(a\cot\gamma_z+p^*)\sin\mu} \\[2mm]
x = (\rho_0\sin\alpha_y+e)(-\cos\mu\cos\theta+\sin\mu\sin\theta\cos\gamma_z)- \\
\quad (\rho_0\cos\alpha_y-g)\sin\gamma_z\sin\theta+a\cos\theta \\[2mm]
\tan\theta = \dfrac{(\rho_0\cos\alpha_y-g)\sin\gamma_z-(\rho_0\sin\alpha_y+e)\sin\mu\cos\gamma_z}{(\rho_0\sin\alpha_y+e)\cos\mu-a} \\[2mm]
z = (\rho_0\sin\alpha_y+e)\sin\gamma_z\sin\mu+(\rho_0\cos\alpha_y-g)\cos\gamma_z- \\
\quad p^*\theta+l_0
\end{cases}
$$

（12-42）

μ 的初值大致可在 $\pm 5°$ 内选取，直到使 x 值在滚刀齿底到齿顶范围为止。

4. ZC1 螺旋槽蜗轮滚刀的切削刃方程

（1）切削刃方程　蜗轮滚刀的前面方程为

$$z = p_k^*\theta \qquad (12\text{-}43)$$

式中　p_k^*——前面螺旋槽的螺旋参数。

将式（12-40）与式（12-43）联立（即令式（12-40）中的 d 式等于式（12-43），即得 ZC1 螺旋槽滚刀的切削刃方程

$$
\begin{cases}
\theta = \dfrac{(\rho_0\sin\alpha_y+e)\sin\gamma_z\sin\mu+(\rho_0\cos\alpha_y-g)\cos\gamma_z+l_0}{(p^*+p_k^*)} \\[2mm]
\tan\alpha_y = \dfrac{a-p^*\cot\gamma_z-e\cos\mu}{g\cos\mu+(a\cot\gamma_z+p^*)\sin\mu} \\[2mm]
x = (\rho_0\sin\alpha_y+e)(-\cos\mu\cos\theta+\sin\mu\sin\theta\cos\gamma_z)- \\
\quad (\rho_0\cos\alpha_y-g)\sin\gamma_z\sin\theta+a\cos\theta \\[2mm]
y = (\rho_0\sin\alpha_y+e)(\cos\mu\sin\theta+\sin\mu\cos\theta\cos\gamma_z)- \\
\quad (\rho_0\cos\alpha_y-g)\sin\gamma_z\cos\theta-a\sin\theta \\[2mm]
z = (\rho_0\sin\alpha_y+e)\sin\gamma_z\sin\mu+(\rho_0\cos\alpha_y-g)\cos\gamma_z-p^*\theta+l_0
\end{cases}
$$

（12-44）

μ 值的取值范围应使

$$r_{f0} \leqslant \sqrt{x^2+y^2} \leqslant r_{a0}$$

式中　r_{f0}——滚刀齿根圆半径；

　　　　r_{a0}——滚刀齿顶圆半径。

（2）切削刃在法平面中的投影　在图 12-28 中，设 P 为法平面，它与滚刀分度圆上的螺旋线垂直，即 $\beta_k=\gamma_z$。生产中检验滚刀齿形一般是在此平面中检验。为此，应将滚刀切削刃投影到此平面中。检验滚刀齿形的样板或齿形放大图都应按此投影齿形

制造。

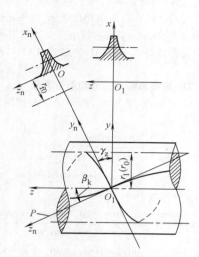

图 12-28 螺旋槽滚刀法向投影齿形坐标系

为求解切削刃在法平面中的投影，建立一个 S_n 坐标系。切削刃在此平面中的投影用 x_n、z_n 表示。x_n、z_n 与 x、y、z 的关系为

$$\left.\begin{array}{l} x_n = x - r_{f0} \\ z_n = z\cos\beta_k - y\sin\beta_k \end{array}\right\} \quad (12\text{-}45)$$

式中的 x、y、z 应按式（12-44）计算。

5. ZC1 飞刀的齿形方程

当蜗杆的螺旋升角 $\gamma_z \leqslant 5°$ 时，飞刀可置于轴向截面中，此时，飞刀齿形可依照式（12-42）求解。当蜗杆螺旋线导程角 $\gamma_z > 5°$ 时，飞刀应置于飞刀刀杆的法向截面中，即图 12-28 所示的 P 平面中。用 P 平面截取蜗杆的螺旋面方程，即可得到法向飞刀的齿形方程。

法向飞刀方程如下：

$$\left.\begin{array}{l} \tan\alpha_y = \dfrac{e(1-\cos\mu)+\rho_0\sin\alpha_0}{g\cos\mu+(a\cot\gamma_z+p^*)\sin\mu} \quad (\text{a}) \\[2mm] (\rho_0\cos\alpha_y - g)(\cos\theta - 1)\sin\gamma_z - (\rho_0\sin\alpha_y + e) \\ [\sin\mu(\sin\gamma_z\tan\gamma_z + \cos\theta\cos\gamma_z) + \cos\mu\sin\theta] + \\ a\sin\theta = (l_0 - p^*\theta)\tan\gamma_z \quad (\text{b}) \\[2mm] x = (\rho_0\sin\alpha_y + e)(\sin\mu\sin\theta\cos\gamma_z - \cos\mu\cos\theta) - \\ (\rho_0\cos\alpha_y - g)\sin\gamma_z\sin\theta + a\cos\theta \quad (\text{c}) \\[2mm] z = (\rho_0\sin\alpha_y + e)\sin\mu\tan\gamma_z + \rho_0\cos\alpha_y - g - \\ \dfrac{p^*\theta - l_0}{\cos\gamma_z} \quad (\text{d}) \end{array}\right\}$$

$$(12\text{-}46)$$

计算时，需用逐次逼近法求解式（12-46）的 a、b，之后代入式（12-46）的 c、d 求解。

12.4.3 ZC2 型圆弧齿圆柱蜗轮滚刀与飞刀

1. ZC2 蜗杆与砂轮的接触线特性

磨削 ZC2 蜗杆时，砂轮与蜗杆的相对位置如图

12-29 所示。砂轮上 ff 母线绕砂轮轴线旋转而形成的砂轮环形表面在 s_0 坐标系的方程为

$$\left.\begin{array}{l} x_0 = -(\rho\sin\alpha_y + e)\cos\mu \\ y_0 = (\rho\sin\alpha_y + e)\sin\mu \\ z_0 = \rho\cos\alpha_y \end{array}\right\} \quad (12\text{-}47)$$

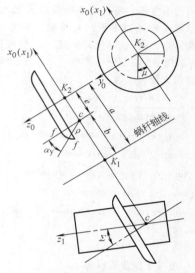

图 12-29 磨削 ZC2 蜗杆时砂轮与蜗杆的相对位置

接触线在 s_0 坐标系中的方程为

$$\left.\begin{array}{l} \boldsymbol{r}_0 = f(\alpha, \mu) \\[2mm] \boldsymbol{n}_0 \times \boldsymbol{v}_0^{01} = 0 \end{array}\right\} \quad (12\text{-}48)$$

式中 $\boldsymbol{n}_0$ ——砂轮面上法向单位矢量；

$\boldsymbol{v}_0^{01}$ ——相对速度单位矢量，上角 "01" 是指砂轮对蜗杆的相对速度。

根据式（12-47）及砂轮磨蜗杆时的相对运动，可求出 $\boldsymbol{n}_0$、$\boldsymbol{v}_0^{01}$，代入式（12-48），经过整理，得

$$(a - b)(1 - \cos\mu) - (a\cot\Sigma + p^*)\tan\alpha_y\sin\mu = 0$$

$$(12\text{-}49)$$

$$\tan\Sigma = \frac{p^*}{b} \quad (12\text{-}50)$$

式中各参数如图 12-29 所示。

这就是砂轮坐标系内的接触方程。此式在下列条件下方程得到满足：

1) $\mu = 0$。

2) α_y 与 μ 的关系式为：

$$\tan\alpha_y = \frac{a - b}{a\cot\Sigma + p^*}\tan\frac{\mu}{2} \quad (12\text{-}51)$$

这说明在砂轮环形面上将有两条线符合接触线的条件。第一条是 $\mu = 0$，此时，瞬时接触线就是砂

轮母线 ff；第二条是式（12-51）所表示的接触线，而这条接触线已超出了 α_y 的有效范围，可不予考虑。

由此看出，按这种方法磨削蜗杆时，砂轮与蜗杆的接触线是一平面曲线，它与 $\mu=0$ 时砂轮母线 ff 重合。这样，在磨削蜗杆或磨削滚刀齿面时，砂轮修正后直径减小并不影响接触线形状，因而也不会引起蜗杆或滚刀齿面形状的畸变，这就给制造蜗杆或滚刀带来很大方便。这是 ZC2 蜗杆副的一个重要优点。

2. ZC2 蜗轮滚刀的螺旋面方程

$\mu=0$ 与式（12-47）联立，则得到砂轮环形表面上的接触线方程，它就是 ff（见图 12-29）曲线。将此曲线转换到蜗杆（滚刀）坐标系中，并令其绕蜗杆轴线做螺旋运动，则得到蜗杆（滚刀）的螺旋面方程，即

$$\left.\begin{array}{l}x=-\rho(\sin\alpha_y\cos\theta+\sin\Sigma\cos\alpha_y\sin\theta)+b\cos\theta\\y=\rho(\sin\alpha_y\sin\theta-\sin\Sigma\cos\alpha_y\cos\theta)-b\sin\theta\\z=\rho\cos\Sigma\cos\alpha_y-p^*\theta\end{array}\right\}$$

$$(12\text{-}52)$$

与 ZC1 滚刀一样，为了得到一个使用方便的滚刀齿形方程，将上式坐标沿 z 轴移动 l_0，使 x 轴通过滚刀齿形的对称轴（见图 12-27）。与此同时，用 ρ_0 代替蜗杆螺旋面方程中的 ρ（ρ_0 值可按表 12-14 中所给的公式选取）。经这样变换，滚刀的螺旋面方程为

$$\left.\begin{array}{l}x=-\rho_0(\sin\alpha_y\cos\theta+\sin\Sigma\cos\alpha_y\sin\theta)+b\cos\theta\\y=\rho_0(\sin\alpha_y\sin\theta-\sin\Sigma\cos\alpha_y\cos\theta)-b\sin\theta\\z=\rho_0\cos\Sigma\cos\alpha_y-p^*\theta+l_0\end{array}\right\}$$

$$(12\text{-}53)$$

式中 l_0 可按下面一组方程求出

$$(\rho_0\sin\alpha_u-b)^2+(\rho_0\sin\Sigma\cos\alpha_u)^2-r_1^2=0 \quad (12\text{-}54)$$

$$\sin\theta_u=\frac{-\rho_0\sin\Sigma\cos\alpha_u}{r_1} \quad (12\text{-}55)$$

$$\cos\theta_u=\frac{b-\rho_0\sin\alpha_u}{r_1} \quad (12\text{-}56)$$

式中　α_u、θ_u——对应 l_0 的 α_y、θ 值。

$$l_0=-\frac{s_{x0}}{2}-\rho_0\cos\Sigma\cos\alpha_u+p^*\theta_u \quad (12\text{-}57)$$

计算时，按给定的原始数据 b、ρ_0、Σ 和滚刀分度圆半径 r_1，代入式（12-54），可求得 α_u。将 α_u 代入式（12-55）、式（12-56），可求得 θ_u，然后把 α_u 和 θ_u 代入式（12-57），即可求出 l_0。

3. ZC2 直槽蜗轮滚刀的齿形方程

令式（12-53）中 $y=0$，并将该方程作一些变

换，可得到直槽滚刀的齿形方程

$$\left.\begin{array}{l}\tan\theta=\dfrac{\rho_0\sin\Sigma\cos\alpha_y}{\rho_0\sin\alpha_y-b}\\x=\dfrac{b-\rho_0\sin\alpha_y}{\cos\theta}\\z=\rho_0\cos\Sigma\cos\alpha_y-p^*\theta+l_0\end{array}\right\}\quad(12\text{-}58)$$

式中 α_y 的取值范围可按下面公式计算

$$\alpha_{ymin}=\arcsin\left(\frac{\rho_0\sin\alpha_0-h_{a1}}{\rho_0}\right)$$

$$\alpha_{ymax}=\arcsin\left(\frac{\rho_0\sin\alpha_0+h_{f1}}{\rho_0}\right)$$

4. ZC2 螺旋槽蜗轮滚刀的齿形方程

对于螺旋槽滚刀，应求出在螺旋槽前面上的切削刃齿形及其在法平面中的投影齿形方程。

（1）滚刀切削刃齿形方程　滚刀前面方程为

$$z=p_k^*\theta \quad (12\text{-}59)$$

式中　p_k^*——滚刀螺旋槽的螺旋参数。

联立解式（12-59）与式（12-53），即得到 ZC2 螺旋槽滚刀的切削刃方程

$$\left.\begin{array}{l}x=-\rho_0(\sin\alpha_y\cos\theta+\sin\Sigma\cos\alpha_y\sin\theta)+b\cos\theta\\y=\rho_0(\sin\alpha_y\sin\theta-\sin\Sigma\cos\alpha_y\cos\theta)-b\sin\theta\\z=\rho_0\cos\Sigma\cos\alpha_y-p^*\theta+l_0\\\theta=\dfrac{\rho_0\cos\Sigma\cos\alpha_y+l_0}{p^*+p_k^*}\end{array}\right\}$$

$$(12\text{-}60)$$

将式（12-60）作一些变换，则可写成如下形式

$$\left.\begin{array}{l}x=r_y\cos\theta\\y=r_y\sin\theta\\z=\rho_0\cos\Sigma\cos\alpha_y-p^*\theta+l_0\\r_y=\sqrt{(b-\rho_0\sin\alpha_y)^2+\rho_0^2\sin^2\Sigma\cos^2\alpha_y}\\\theta=\dfrac{\rho_0\cos\Sigma\cos\alpha_y+l_0}{p^*+p_k^*}\end{array}\right\}\quad(12\text{-}61)$$

式中　r_y——切削刃上计算点的滚刀半径；

p^*——蜗杆的螺旋参数，$p^*=\dfrac{mz_1}{2}$，z_1 为蜗杆头数；

p_k^*——滚刀螺旋槽的螺旋参数。

式（12-60）与式（12-61）是等效的。

（2）切削刃在法平面中的投影　将式（12-60）或式（12-61）算出的 x、y、z 坐标代入式（12-45）中，即可求出切削刃在法平面中的投影齿形。检验滚刀齿形的样板廓形应按此投影齿形计算。

5. ZC2 飞刀齿形

如用置于轴向平面中的飞刀加工蜗轮，飞刀齿

形可按式（12-58）计算。

如用置于法向平面中的飞刀加工，可令蜗杆螺旋面直接与法向平面 P 相交，即可求得法向飞刀的齿形（见图 12-28）。

法向平面的方程按图 12-28 所示的坐标系为：

$$y = -z\tan\beta_k \qquad (12\text{-}62)$$

与式（12-53）联立，即得法向飞刀的齿形方程

$$\left.\begin{array}{l}\sin\alpha_y\sin\theta+\cos\alpha_y(\cos\Sigma\tan\beta_k-\sin\Sigma\cos\theta) \\[4pt] = \dfrac{b\sin\theta-(l_0-p^*\theta)\tan\beta_k}{\rho_0} \\[8pt] x = -\rho_0(\sin\alpha_y\cos\theta+\sin\Sigma\cos\alpha_y\sin\theta)+b\cos\theta \\[4pt] y = \rho_0(\sin\alpha_y\sin\theta-\sin\Sigma\cos\alpha_y\cos\theta)-b\sin\theta \\[4pt] z = \rho_0\cos\Sigma\cos\alpha_y-p^*\theta+l_0 \end{array}\right\}$$

$$(12\text{-}63)$$

这是齿形在 s 坐标系中的方程。换算在 s_n 坐标系中，方程为（见图 12-28）

$$\left.\begin{array}{l}x_n = x-r_{f0} \\[4pt] z_n = \dfrac{z}{\cos\beta_k}\end{array}\right\} \qquad (12\text{-}64)$$

计算时需注意式（12-63）中第一式为超越方程，计算时先给一个 θ 值，然后用迭代法求出相应的 α_y 值，再按式（12-63）与式（12-64）求解。

6. ZC2 圆弧圆柱蜗轮滚刀设计计算示例

蜗轮副几何参数：模数 $m=8$mm；蜗杆头数 $z_1=3$，蜗杆分度圆半径 $r_1=46$mm；蜗轮齿数 $z_2=31$；磨削蜗杆的砂轮齿廓圆弧半径 $\rho=46$mm；砂轮与蜗杆的轴交角 $\Sigma=11°7'50''$，砂轮半径 $R=200$mm；齿形角 $\alpha_0=23°$；蜗杆齿顶高 $h_{a1}=8$mm；齿根高 $h_{f1}=9.28$mm；分度圆齿厚 $s_{x1}=0.4\pi m=10.053$mm；蜗杆分度圆螺旋线导程角 $\gamma_z=14.62°$；$b=60.99$mm。

滚刀结构尺寸的计算与 ZC3 滚刀相同，此例只计算滚刀齿形。由于螺旋线导程角大，采用螺旋槽滚刀。计算过程见表 12-18。

表 12-18　ZC2 蜗轮滚刀齿形及飞刀齿形设计计算示例

序号	计 算 项 目	符号	计 算 公 式	计 算 示 例
1	滚刀齿形圆弧半径	ρ_0	$\rho_0=\rho-\Delta\rho$ 按表 12-14，取 $\Delta\rho=0.035\rho$	$\rho_0=44.39$mm
2	滚刀的螺旋参数	p^*	$p^*=\dfrac{\pi m z_1}{2\pi}=\dfrac{m z_1}{2}$	$p^*=12$mm
3	滚刀容屑槽螺旋参数	p_k^*	$p_k^*=\dfrac{r_0^2}{p^*}(r_0=r_1)$	$p_k^*=176.33$mm
4	齿形方程中变量取值范围			取 $h_{a1}=m=8$mm
	α_y 最小值	α_{ymin}	$\alpha_{ymin}\approx\arcsin\left(\dfrac{\rho_0\sin\alpha_0-h_{a1}}{\rho_0}\right)$	$\alpha_{ymin}\approx12°$
	α_y 最大值	α_{ymax}	$\alpha_{ymax}\approx\arcsin\left(\dfrac{\rho_0\sin\alpha_0+h_{f1}}{\rho_0}\right)$	$\alpha_{ymax}\approx36°$
5	中间计算	α_u	式（12-54） $(\rho_0\sin\alpha_u-b)^2+(\rho_0\sin\Sigma\cos\alpha_u)^2-r_1^2=0$ 按给定的 b、ρ_0、Σ 和 r_1 求 α_u	
6	中间计算	θ_u	根据式（12-56） $\cos\theta_u=\dfrac{b-\rho_0\sin\alpha_u}{r_1}$	$\theta_u=10.035°$
7	滚刀齿厚	s_{x0}	可取 $s_{x0}=s_{x1}+\Delta s_x$ Δs_x——工作蜗杆齿厚减薄量，允许取 $s_{x0}=s_{x1}$	$s_{x0}=10.053$mm
8	轴向坐标移动量	l_0	根据式（12-57） $l_0=-\dfrac{s_{x0}}{2}-\rho_0\cos\Sigma\cos\alpha_u+p^*\theta_u$	$l_0=47.870$mm
9	滚刀切削刃齿形		按式（12-60）计算	
10	滚刀切削刃在法平面中的投影		按式（12-60）计算后代入式（12-45）	见投影齿形坐标
11	法向飞刀刃形		按式（12-63）与式（12-64）计算	见法向飞刀坐标

（续）

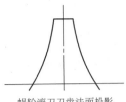

蜗轮滚刀刀齿法面投影

飞刀加工时车刀刃形

切削刃法面投影坐标				车刀刃形坐标			
x_n	z_n	x_n	z_n	x_n	z_n	x_n	z_n
15.257245	-3.021503	5.125081	-6.445704	15.710938	-3.257261	5.491429	-6.275445
13.758698	-3.360790	3.760343	-7.126536	14.208768	-3.544709	4.102117	-6.890008
12.274491	-3.751385	2.420754	-7.852397	12.718015	-3.881360	2.734761	-7.547373
10.806272	-4.192529	1.107720	-8.622228	11.240315	-4.266507	1.390649	-8.246367
9.355660	-4.683411	-0.177398	-9.434931	9.777272	-4.699370	0.071012	-8.985765
7.924233	-5.223176	-1.433272	-10.289385	8.330441	-5.179103	-1.223029	-9.764132
6.513539	-5.810921	—	—	6.901341	-5.704794	—	—

12.5　加工多头圆柱蜗轮的单头蜗轮滚刀和双导程蜗轮滚刀

12.5.1　加工多头圆柱蜗轮的单头蜗轮滚刀

多头蜗轮副传动是经常被采用的一种传动形式。制造多头蜗轮一般是采用相应的多头蜗轮滚刀。在蜗轮的精度要求很高时，多头蜗轮滚刀也应有很高的精度。然而按目前工艺水平，制造高精度多头蜗轮滚刀有较高难度。这一方面是由于滚刀螺旋升角很大，在刃磨前面及铲磨齿形时，砂轮与加工面干涉；另一方面，多头滚刀的分度也不易达到很高的精度。对只要求传动精度而不要求传递功率的多头蜗轮，近年来有些工厂采用单头滚刀来加工，取得了良好效果。

1. 单头滚刀加工多头蜗轮的原理

根据渐开线螺旋齿轮啮合原理可知，在一对渐开线螺旋齿轮传动中，如果能使两者的法向齿距和法向齿形角相等，就能够保证两者正确啮合。

单头滚刀加工多头蜗轮的工艺方法就是采用渐开线螺旋齿轮啮合原理来实现的。为了使切制的蜗轮能与多头蜗杆正确啮合，首先必须使单头滚刀的法向齿距 p_{0n} 等于多头蜗杆相邻齿的法向齿距 p_{1n}，单头滚刀的法向齿形角 α_{0n} 等于多头蜗杆的法向齿形角 α_{1n}（见图 12-30）。这样，在分度圆直径选定的情况下，可以算出其螺旋升角 λ_0，并可导出滚刀的轴向齿距 p_{0x} 和轴向齿形角 α_0。根据这些参数，就可以设计出单头蜗轮滚刀。图 12-30 所示是用单头滚刀加工多头蜗轮时的工作原理图。如图所示，由于单

头滚刀的螺旋升角 λ_0 小于原多头工作蜗杆，所以在安装滚刀时，不再像一般加工蜗轮那样滚刀轴与蜗轮轴成直角，而是使滚刀刀架转一个恰当的角度 ψ，ψ 称为滚刀的理论安装角。滚刀的螺旋方向应与被加工蜗轮的螺旋方向一致，此时

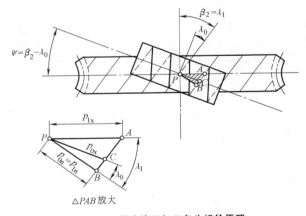

图 12-30　单头滚刀加工多头蜗轮原理

$$\psi = \beta_2 - \lambda_0 = \lambda_1 - \lambda_0 \qquad (12\text{-}65)$$

式中　β_2——蜗轮分圆柱螺旋角；

λ_0——蜗轮滚刀分圆柱螺旋升角；

λ_1——多头蜗杆分圆柱螺旋升角。

加工时，在径向切入过程中，滚刀每转一转，蜗轮应转过一个齿，完成展成运动，最终可切出该蜗轮。

用单头滚刀加工多头蜗轮时，蜗轮的相邻各齿是由滚刀上同样的若干刀齿切出，所以滚刀的各项

误差只影响蜗轮的齿形误差和基节误差，而不影响它的齿距误差。这是采用单头蜗轮滚刀切制多头蜗轮原理上的优点之一。

由于蜗轮不是在其轴线与滚刀轴线成直角的情况下切制的，所以如果切蜗轮时滚刀是阿基米德型的，则与此蜗轮共轭的多头蜗杆不再是阿基米德型了，而是一种特型的蜗杆。按照共轭关系，可以根据被切蜗轮的齿形用计算法求出与它实现线接触共轭的蜗杆曲面。但这种蜗杆曲面复杂，计算与制造困难，一般不采取这种方法，而是根据蜗轮齿形配磨蜗杆。

2. 加工多头蜗轮的单头滚刀的基本参数计算

加工多头蜗轮的单头滚刀并没有什么特殊的，就是一般的单头蜗轮滚刀，只要根据被加工蜗轮副的参数，按照滚刀与多头蜗杆法向齿距和法向齿形角相等的要求，确定出滚刀的模数、齿距、齿形角，即可设计出这种滚刀。

这些参数计算顺序如下：

1) 选取滚刀直径，确定滚刀的分圆螺旋升角。

为使设计简单，可以取滚刀的分圆直径等于原多头蜗杆的分圆直径，即取

$$d_0 = d_1$$

选定分圆直径后，根据滚刀法向齿距和螺旋升角的关系可算出滚刀的分圆螺旋升角 λ_0

$$\lambda_0 = \arcsin \frac{p_{0n}}{\pi d_0} \qquad (a)$$

如图 12-30 所示，PA 为原蜗杆和蜗轮的轴向齿距，PB 为原蜗杆和蜗轮的法向齿距，$\beta_2 = \lambda_1$，其中 β_2 为蜗轮的螺旋角，λ_1 为原蜗杆的螺旋升角，由 $\triangle PAB$ 可知：

$$\overline{PB} = p_{1n} = p_1 \cos\lambda_1 = \pi m \cos\lambda_1 \qquad (b)$$

根据滚刀法向齿距应等于原多头蜗杆法向齿距的要求，令 $p_{0n} = p_{1n}$，则从式（a）、（b）可得

$$\pi m \cos\lambda_1 = \pi d_0 \sin\lambda_0$$

即

$$\sin\lambda_0 = \frac{m}{d_0}\cos\lambda_1 \qquad (12\text{-}66a)$$

式中　m——原蜗杆的轴向模数。

在式（12-66）中，如按 $d_0 = d_1$ 设计，并把式（12-66）转换一下，根据 $\tan\lambda_1 = \frac{z_1 \pi m}{\pi d_1}$，得 $\frac{m}{d_1} = \frac{m}{d_0} = \frac{\tan\lambda_1}{z_1}$，代入式（12-66）得：

$$\sin\lambda_0 = \frac{\tan\lambda_1}{z_1}\cos\lambda_1 = \frac{\sin\lambda_1}{z_1} \qquad (16\text{-}66b)$$

式中　z_1——原蜗杆的头数。

2) 确定滚刀的轴向齿距和模数。

滚刀的轴向齿距 p_{0x} 可用下式计算

$$p_{0x} = \pi d_0 \tan\lambda_0 \qquad (12\text{-}67a)$$

也可以根据法向齿距相等的原理，用下式计算

$$p_{0x} = p_{1x}\frac{\cos\lambda_1}{\cos\lambda_0} \qquad (12\text{-}67b)$$

滚刀的轴向模数按下式计算

$$m_0 = d_0 \tan\lambda_0 \qquad (12\text{-}68a)$$

或

$$m_0 = m\frac{\cos\lambda_1}{\cos\lambda_0} \qquad (12\text{-}68b)$$

3) 确定滚刀的轴向齿形角。

为使刀具制造简单，可选滚刀为阿基米德型。此时应算出滚刀的轴向齿形角。

由渐开线螺旋齿轮啮合原理可知

$$\tan\alpha_{0n} = \tan\alpha_0\cos\lambda_0$$
$$\tan\alpha_{1n} = \tan\alpha_1\cos\lambda_1$$

式中　α_{0n}、α_0、λ_0——滚刀的法向齿形角、轴向齿形角和分圆螺旋升角；

α_{1n}、α_1、λ_1——原多头蜗杆的法向齿形角、轴向齿形角和分圆螺旋升角。

为了保证单头滚刀切削的蜗轮能与多头蜗杆啮合，必须使滚刀的法向齿形角 α_{0n} 与多头蜗杆的法向齿形角 α_{1n} 相等，即 $\alpha_{0n} = \alpha_{1n}$，则

$$\tan\alpha_0\cos\lambda_0 = \tan\alpha_1\cos\lambda_1$$

故

$$\tan\alpha_0 = \frac{\tan\alpha_1\cos\lambda_1}{\cos\lambda_0} \qquad (12\text{-}69)$$

以上基本参数确定后，可用一般蜗轮滚刀的设计方法，来设计加工多头蜗轮的单头蜗轮滚刀。

3. 加工多头蜗轮的单头滚刀的设计举例

已知：阿基米德型蜗轮副，右旋。蜗杆分圆直径 $d_1 = 35\text{mm}$，蜗杆轴向模数 $m = 2\text{mm}$，蜗杆分圆螺旋升角 $\lambda_1 = 15°56'43.5''$，蜗杆轴向齿形角 $\alpha_1 = 14°30''$，蜗杆头数 $z_1 = 5$。蜗轮分度圆直径 $d_2 = 160\text{mm}$，蜗轮齿数 $z_2 = 80$。蜗杆蜗轮副标准中心距 $a = 97.5\text{mm}$。

下面求阿基米德型单头蜗轮滚刀的基本参数。

1) 令单头滚刀的分圆直径等于五头蜗杆的分圆直径，即

$$d_0 = d_1 = 35\text{mm}$$

2) 求单头滚刀的分圆螺旋升角。根据式（12-66）

$$\lambda_0 = \sin^{-1}\frac{m\cos\lambda_1}{d_0} = \sin^{-1}\frac{2\times\cos15°56'43.5''}{35} = 3°8'59''$$

3) 单头滚刀的轴向模数。根据式（12-68）

$$m_0 = d_0\tan\lambda_0 = 35\times\tan3°8'59'' = 1.92600$$

4) 单头滚刀的轴向齿距。根据式（12-67）

$$p_{0x} = \pi d_0\tan\lambda_0 = 3.1415926\times36\times\tan3°8'59'' = 6.05070$$

5) 单头滚刀的轴向齿形角。根据式（12-69）

$$\alpha_0 = \tan^{-1} \frac{\tan\alpha_1 \cos\lambda_1}{\cos\lambda_0}$$

$$= \tan^{-1} \frac{\tan14°30'\cos15°56'43.5''}{\cos3°8'59''} = 13°59'5''$$

求出上述基本参数后，再按精密蜗轮滚刀设计计算的公式和步骤，设计此单头滚刀。

使用这把滚刀时，滚刀的理论安装角为

$$\psi = \lambda_1 - \lambda_0 = 15°56'43.5'' - 3°8'59'' = 12°47'44.5''$$

4. 多头蜗杆的配磨和滚刀安装角的修正

由于使用了单头滚刀，切出的蜗轮齿面形状已与多头滚刀切出的蜗轮齿面形状有了变化。由于是应用渐开线螺旋齿轮啮合原理，所以这种蜗杆与蜗轮共轭啮合时是点接触，将蜗轮齿面上各接触点连接起来的曲线，即是理论接触曲线，如图 12-31a 所示（图中是蜗轮一个齿槽的两侧齿面的展开图）。与此蜗轮共轭的多头蜗杆已不应再是一般的阿基米德蜗杆，应根据蜗轮与蜗杆接触曲线情况，配磨蜗杆的齿面形状和齿厚，直到接触痕迹和齿隙满意时为止。应该指出，如果用一般的阿基米德型多头蜗杆与单头滚刀加工出的蜗轮配合，其接触情况就会出现图 12-31b 所示的那样，在蜗轮齿根和齿顶两点接触，齿腹不接触，蜗轮与蜗杆无法正确啮合传动。根据这蜗轮与多头蜗杆啮合共轭时的齿面接触情况，说明要求配磨后蜗杆轴截面不是直线齿形，而齿腹应有一定的凸起量。配磨蜗杆达到理想状态时，蜗杆与蜗轮的接触痕迹最后应达到图 12-31c 所示的形状。

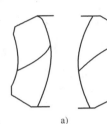

图 12-31　单头滚刀切出的蜗轮与多头蜗杆啮合的接触轨迹

a) 理论接触曲线　b) 多头阿基米德蜗杆时的接触痕迹　c) 理想接触痕迹

用单头滚刀切多头蜗轮有时还需适当修正滚刀的安装角。如果直接将滚刀按 $\psi = \lambda_1 - \lambda_0$ 角度加工蜗轮，加工出的蜗轮和蜗杆啮合时，接触痕迹会偏离理论接触曲线而在齿角接触。生产实践证明，适当减小滚刀安装角可消除齿角接触。由于这种蜗轮副是点接触，对安装角的变化不敏感，当滚刀与蜗轮的轴交角在一定范围内变化时，共轭蜗杆的齿形差别很小，因而允许适当地改变滚刀的安装角，以改善接触痕迹。对本节所举的实例，滚刀的理论安装角为 12°47'44.5''，而实际采用 11.5° 时接触痕迹最好，即 $\Delta\psi = -1°17'44.5''$。

采用单头滚刀加工多头蜗轮的方法，提高了蜗轮副的传动精度，也使刀具的制造简单。但由于蜗轮和蜗杆啮合是点接触，不能用于动力传动，故此方法只能用于加工要求传动精度高而传动功率较小的蜗杆蜗轮副。此外，用单头滚刀加工多头蜗轮时，修磨蜗杆和修正滚刀安装角都是比较麻烦的工作，常需多次试验调整才能得到较满意的结果。

12.5.2　双导程蜗轮滚刀

1. 双导程蜗杆传动的应用

近年来机械传动副中采用双导程蜗杆传动逐渐增多，这种传动副中的蜗轮需要用专门的双导程蜗轮滚刀来加工。

双导程圆柱蜗杆传动的蜗轮左右齿面具有不同的导程，如图 12-32 所示。蜗杆左、右齿面的齿距分别为 p'_1 和 p''_1，p_1 为公称齿距。由于左右齿面的齿距不同，使蜗杆的齿厚沿其轴线从一端到另一端逐渐增厚，而与之啮合的蜗轮的齿厚则均相等。因此，调整蜗杆轴向位置，便可调整蜗杆与蜗轮的侧向间隙，在调整侧隙后，正确的啮合关系仍保持不变。这种蜗轮副传动结构紧凑，调整方便，因而一些要求精确传动比的机构，如齿轮机床及转台分度机构、读数机构以及需要避免扭振的传动机构等，往往采用这种传动副。

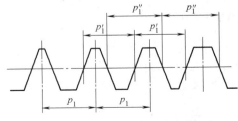

图 12-32　双导程蜗杆的齿距

2. 双导程蜗杆传动的工作原理

双导程蜗杆传动的啮合原理与普通蜗轮副并没有本质区别，只是相当于左右齿面各为不同变位系

数的蜗杆与蜗轮的啮合。

图 12-33 所示是双导程蜗杆蜗轮副的主截面图。在这截面中，蜗杆相当于一个左右齿距不等的齿条，而蜗轮是一个与该齿条啮合的齿轮。如图 12-33 所示，这种蜗杆的齿厚沿其轴线方向向一端逐渐增大。由于两侧齿距不等，根据 $m = p/\pi$ 的公式知道，两侧面的模数 m' 和 m'' 均不等于公称模数 m。齿距大的一侧模数比公称模数大，齿距小的一侧模数比公称模数小。蜗轮的公称分度圆直径为 $d_2 = mz$，因两侧模数不相等，两侧齿面的分度圆直径也就不相等，齿距大的一侧模数大，分度圆直径也大；齿距小的一侧分度圆直径也小。设蜗杆右侧齿距大、左侧齿距小，蜗轮左齿面的分度圆直径为 d_2''，d_2'' 将大于公称分度圆直径 d_2，右侧分度圆直径为 d_2'，d_2' 将大于公称分度圆直径 d_2。由于两侧分度圆直径不等，它们将各有自己的啮合节点 P_1 和 P_2。

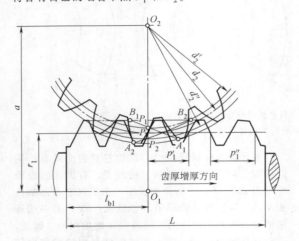

图 12-33 双导程蜗杆蜗轮副的主截面

按蜗轮蜗杆啮合原理，当蜗杆右、左侧面的模数各为 m''（$m'' = m + \Delta m$）与 m'（$m' = m - \Delta m$）时，两侧与蜗轮啮合应各有其标准中心距。右侧标准中心距应为

$$a = \frac{1}{2}m''(z_2 + q)$$

左侧标准中心距应为

$$a = \frac{1}{2}m'(z_2 + q)$$

式中 q——蜗杆的特性系数。

但实际的中心距是按公称模数计算的，即

$$a = \frac{1}{2}m(z_2 + q)$$

因此，对蜗杆右侧齿面，中心距比其应有的中心距小，相当于负变位啮合；而对于蜗杆的左侧齿面，中心距比其标准中心距增大，相当于正变位啮合。由此可知，双导程蜗杆传动的啮合原理，只是

相当于左右侧齿面为不同变位系数的蜗杆与蜗轮的啮合，由于渐开线齿轮变位后并不破坏其正确的啮合，因此两侧齿面都保持了正确的啮合关系。

下面研究双导程蜗杆传动副中蜗轮的特点。

蜗轮的左侧齿面是蜗轮滚刀的右侧面切出的。在假设 $p'' > p'$ 的情况下，这一侧是负变位啮合，则被切蜗轮的这一侧齿面，即左侧齿面将得到一个负变位的齿面，而蜗轮的右侧齿面将为一个正变位的齿面，这两个齿面是不对称的。左侧齿面在 $d = d_2''$ 的圆上，其压力角等于蜗杆的齿形角。设蜗杆两侧齿形角（一般都取其相等）为 α，在蜗轮的公称分度圆 d_2 处蜗轮的左侧面齿形角为 α''，则

$$r_2'' \cos\alpha = r_2 \cos\alpha''$$

即

$$\frac{m''z_2}{2}\cos\alpha = \frac{mz_2}{2}\cos\alpha''$$

得到

$$\cos\alpha'' = \frac{m''}{m}\cos\alpha \qquad (12\text{-}70a)$$

同理，若在蜗轮的公称分度圆 d_2 处蜗轮的右侧面齿形角为 α'，则

$$\cos\alpha' = \frac{m'}{m}\cos\alpha \qquad (12\text{-}70b)$$

由此看出，这种双导程蜗杆的两侧齿面在同一圆周上的压力角是不相等的，如图 12-34 所示。

由于蜗轮两侧面的变位系数不相等，蜗轮的牙齿相对其牙齿中心线的齿厚 $\dfrac{s_2'}{2}$ 和 $\dfrac{s_2''}{2}$，也是不相等的（见图12-34）。根据这种蜗轮的特点可以看出，双导程蜗轮齿形与普通蜗轮不同，应该用特殊的双导程蜗轮滚刀来加工。

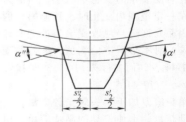

图 12-34 双导程蜗轮的齿形示意图

双导程蜗杆传动副的啮合区是不对称的，如图 12-33 所示，蜗杆右侧面的有效啮合线为 A_2B_2，左侧面的有效啮合线为 A_1B_1，整个啮合区偏向了齿厚增大的一边。如以 O_1O_2 为标准截面，则要求蜗杆在标准截面左右两边的长度都大于有效啮合线所要求的长度外，蜗杆的长度还要考虑其轴向移动调整侧隙所需的长度及边齿所需的长度等。确定原始截面左边右边的长度以后，应在蜗杆图样上画出标准截面的位置，它是设计的一个基准，也将是设计

滚刀的基准。如图 12-33 所示，距齿厚减薄端距离为 l_{b1} 处即是准截面的位置。

双导程蜗杆的轴向齿厚在沿其轴向方向是变化的，这就需要确定一个公称齿厚的截面。一般多规定蜗杆长度中点的截面的齿厚取为公称齿厚，即 $s_1 = \pi m/2$。这时在标准截面 O_1O_2 处（见图 12-33）的轴向分圆齿厚 s_{01}，将不是公称齿厚，其数值可以算出（见图 12-35）：

$$s_{01} = s_1 - \left(\frac{L}{2} - l_{b1}\right)K_s \qquad (12\text{-}71)$$

式中　　s_1——公称齿厚。

$$K_s = \frac{p_1'' - p_1'}{p_1} \qquad (12\text{-}72)$$

$$p_1 = \pi m$$

设计加工该双导程蜗轮的蜗轮滚刀时，需按这个尺寸计算双导程滚刀标准截面的齿厚。

3. 双导程蜗轮滚刀的设计特点

双导程蜗轮滚刀的主要参数应与原双导程蜗杆参数一致。

1）滚刀的左右齿距应分别等于原工作蜗杆的左右齿距；左右侧螺旋升角应分别等于原蜗杆的左右螺旋升角。

2）原蜗杆有一标准截面，它是设计蜗杆长度等的基准。在滚刀上，该位置也应为标准截面。在此截面上的刀齿为标准齿，其齿厚应相当于原蜗杆在该截面上的齿厚。

使用此滚刀加工蜗轮时，可按此标准截面对刀，使此截面位于图 12-33 所示的 O_1O_2 位置。由此看出，对这种滚刀的安装位置有一定要求。如采用切向进给法加工蜗轮时，滚刀切向进给的终止位置必须是上述的安装位置，此外切向进给只能从滚刀窄刀齿的一端切入。

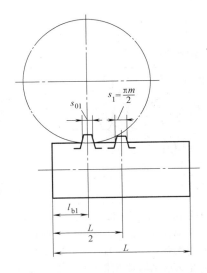

图 12-35　双导程蜗杆标准截面齿厚的计算

在标准齿两边滚刀的长度都要足够。滚刀标准截面两边的长度应按原蜗杆该截面两边的长度确定，并考虑一定的工艺超越量，以保证完整包络出被切齿面。

图 12-36 所示是某双导程蜗轮滚刀的工作图，右下角给出了原蜗杆的主要尺寸。如图所示，蜗轮滚刀的分圆直径、左右齿距、螺旋升角都等于原蜗杆的相应尺寸。滚刀标准截面的位置也符合原蜗杆标准截面的位置。滚刀标准截面两边的长度这里基本上等于原蜗杆标准截面两边长度（除去轴台长度以后）。滚刀标准截面法向齿厚为 15.20mm；比原蜗杆标准截面法向齿厚 15.7mm 小 0.5mm，作为精切余量。

滚刀其他各部分尺寸的计算与一般蜗轮滚刀没有什么区别。

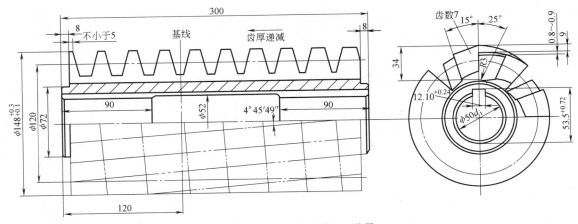

图 12-36　某双导程蜗轮滚刀工作图

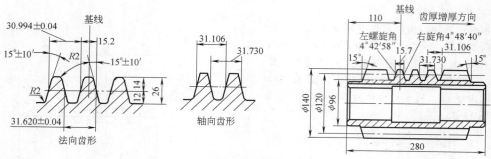

图 12-36 某双导程蜗轮滚刀工作图（续）

3）设计双导程蜗轮滚刀时，必须注意滚刀前面的方向。用双导程蜗轮滚刀滚齿时，要求滚刀大齿厚端和小齿厚端各在相应位置。在此位置时，滚刀进行切削的切削力应把蜗轮压紧在工作台上，如图 12-37a

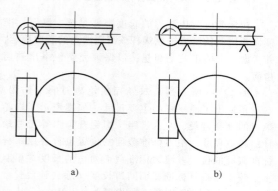

图 12-37 双导程蜗轮滚刀前面的方向
a）正确方向 b）不正确方向

所示，这时滚刀前面方向是正确的。图 12-37b 所示是错误的前面方向，这时切削力向上，不利于蜗轮的压紧。对于一般径向进给蜗轮滚刀，遇到这种情况可以将机床刀架旋转 180°加工，而对于双导程滚刀，其齿厚一边大一边小，不允许调头使用，所以，图 12-37b 所示的前面方向是不允许的。

12.6 加工环面蜗轮副的刀具

12.6.1 直廓环面蜗轮蜗杆传动简介

环面蜗杆传动副体积小、承载能力大、传动效率高，在国内外均获得日益广泛的应用。

环面蜗杆副按形成蜗杆的母线或母面，主要可分为直廓环面蜗杆（TA 蜗杆）、平面包络环面蜗杆（TP 蜗杆）、锥面包络环面蜗杆（TK 蜗杆）、渐开面包络环面蜗杆（TI 蜗杆）等。

其中直廓环面蜗杆的轴向齿廓为直线，制造工艺和所用的滚刀刀齿型面比较简单，应用较广泛。这种蜗杆副的形状及公称尺寸见表 12-19 所示。

表 12-19 直廓环面蜗杆和蜗轮的公称尺寸关系

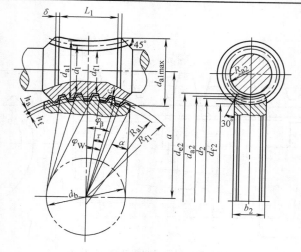

已知：z_1、z_2、a

（续）

项　　目	代　号	计算公式及说明
环　面　蜗　杆		
分度圆直径	d_1	$d_1 = 0.68a^{0.875}$
齿顶高	h_a	$h_a = 0.75m$
齿根高	h_f	$h_f = h_{a1} + c$
顶隙	c	$c = 0.2m$
齿顶圆直径	d_{a1}	$d_{a1} = d_1 + 2h_{a1}$
喉部根圆直径	d_{f1}	$d_{f1} = d_1 - 2h_{f1}$
齿根圆弧半径	R_{f1}	$R_{f1} = a - \dfrac{d_{f1}}{2}$
齿顶圆弧半径	R_{a1}	$R_{a1} = a - \dfrac{d_{a1}}{2}$
喉部导程角	γ_g	$\gamma_g = \arctan \dfrac{d_2}{id_1}$
工作半角	φ_W	$\varphi_W = \dfrac{1}{2}\tau(z' - 0.45)$
工作部分长度	L_1	$L_1 = d_2 \sin\varphi_W$
蜗杆螺纹两侧肩带宽度	δ	$\delta = m$
最大齿顶圆直径	d_{a1max}	$d_{a1max} = 2\left[a - \sqrt{r_{a1}^2 - (0.5L_1)^2}\right]$
分度圆导程角	γ_z	
喉部法向弦齿厚	$\bar{s}_{ng1}$	$\bar{s}_{ng1} = \left[d_2\sin 0.225\tau - 2\Delta_f\left(0.3 - \dfrac{56.7}{\varphi_W z_2}\right)^2\right]\cos\gamma_z$
弦齿高	$\bar{h}_{a1}$	$\bar{h}_{a1} = h_a - 0.5d_2(1 - \cos 0.225\tau)$
螺牙啮入口修形量	Δ_f	$\Delta_{fmax} = (0.0003 + 0.000034i)a$
螺牙啮出口修形量	Δ_e	$\Delta_e = 0.16\Delta_f$
蜗　　轮		
分度圆直径	d_2	$d_2 = 2a - d_1$
端面模数	m	$m = \dfrac{d_2}{z_2}$
齿顶圆直径	d_{a2}	$d_{a2} = d_2 + 2h_{a2}$
齿根圆直径	d_{f2}	$d_{f2} = d_2 - 2h_{f2}$
齿宽	b	$b = (0.8 \sim 1)d_{f1}$
最大顶圆直径	d_{e2}	由蜗轮结构要求决定
齿顶圆弧半径	R_{a2}	$R_{a2} = 0.53d_{f1max}$
法向弦齿厚	$\bar{s}_{n2}$	$\bar{s}_{n2} = d_2\sin 0.275\tau\cos\gamma_z$
弦齿高	$\bar{h}_{a2}$	$\bar{h}_{a2} = h_a + 0.5d_2(1 - \cos 0.275\tau)$
其他尺寸的计算		
齿距角	τ	$\tau = \dfrac{360°}{z_2}$
成形圆直径	d_h	$d_h = \dfrac{a}{1.6}$，圆整后取整数
分度圆齿形角	α	$\alpha = \arcsin \dfrac{d_h}{d_2}$，推荐 $\alpha = 20°$

（续）

项　目	代　号	计算公式及说明

<table>
<tr><td colspan="3" align="center">其他尺寸的计算</td></tr>
</table>

蜗杆包围蜗轮齿数	z'	

z_2	30～35		36～42	45～50	54～67	70～80	93
z'	$z_1 = 1$	$z_1 \geq 2$	4	5	6	7	8
	3	3.5					

工作起始角	φ_0	$\varphi_0 = \alpha - \varphi_W$

环面蜗杆螺旋齿面可分为原始型和修正型。原始型直廓环面蜗杆螺旋面的形成原理如图 12-38 所示。车刀直母线与成形圆相切，与蜗杆轴线相交，车刀在围绕成形圆圆心 O_2 做等角速度（ω_2）旋转的同时，又与成形圆一起围绕蜗杆轴线做等角速度（ω_1）的旋转运动。这样形成的蜗杆的螺旋面即为原始型环面蜗杆的螺旋面。这种蜗杆副必须经过长期跑合才能使用，且跑合后工作性能也不理想。为获得更好的工作性能，生产中多采用修正型，或称修形齿面。所谓修形主要是将螺纹的齿厚从中间向两端减薄而成。常用的修形方式有倒坡修形、抛物线修型、变参数修形等。

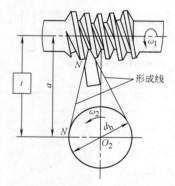

图 12-38　直廓环面蜗杆的形成原理

（1）倒坡修形　修形形状如图 12-39 所示，是将"原始型"环面蜗杆的螺旋齿面的两端作了减薄，主要是为预防装配时发生干涉，并适当改善润滑条件。这种修形的作用较小。

（2）抛物线修形　这是一种变速比的全修形。蜗杆旋转速度 ω_1 为定值，代表成形圆的刀台的旋转速度 ω_2 是变化的。调整 ω_1/ω_2 的值，使蜗杆螺纹截面展开图（见图 12-40）呈抛物线形，使其接近"原始型"蜗杆齿面经过长期跑合后的螺纹形状。横坐标为蜗杆螺纹在啮合中的位置，纵坐标为蜗杆齿厚的修正量。由图可看出，这种修形法除在退出啮合半边的 $-0.428\varphi_\omega$（φ_ω 为蜗轮工作包角的一半）一点以外，没有原始型部分，蜗杆在全长上都要进行

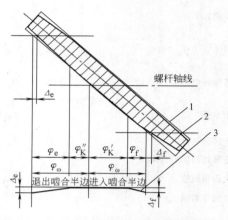

图 12-39　倒坡修形直廓环面蜗杆螺纹截面展开图
1—原始型蜗杆螺旋面　2—倒坡修正型蜗杆的螺旋面　3—倒坡修形修正曲线

修形，故也称为"全修正型"。这种修形能使蜗轮齿面接触区明显扩大，油膜更易于形成，能达到更高的承载能力和传动效率，得到了广泛应用。

抛物线修形的修形曲线按下列抛物线方程求出：

$$\Delta_y = \Delta_f \left(0.3 - 0.7 \frac{\varphi_y}{\varphi_\omega} \right)^2 \qquad (12-73)$$

式中　φ_y——确定修形量 Δ_y 的角度值；
　　　Δ_f——蜗杆螺纹入口端修形量，一般取 $\Delta_f = (0.0003 + 0.000034i) a$（$i$ 为传动比，a 为中心距）；
　　　φ_ω——蜗杆工作包角的一半。

（3）变参数修形　抛物线修形需要采用有变速比的专门设备才能实现（如数控机床），若缺少这种设备，可以采用变参数修形，所得的修形曲线近似于抛物线修形。所谓变参数修形是将中心距 a、齿数比 i 与成形圆直径 d_h 改变成 a_0、i_0 与 d_{h0}，在这样的参数下加工出蜗杆，而加工蜗轮仍采用 a、i。这样加工出的蜗杆副有良好的啮合性能。采用变参数修形可以在一般加工环面蜗杆的机床上进行加工，因而常被工厂采用。变参数修形的有关参数计算见表 12-20。

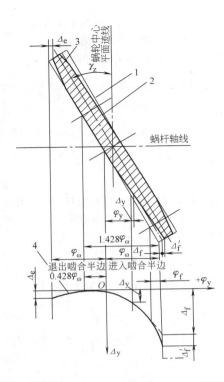

图 12-40　抛物线修形直廓环面蜗杆螺纹截面展开图

1—原始型蜗杆螺旋面　2—抛物线修形蜗杆螺
旋面　3—修缘部分　4—抛物线修形曲线

12.6.2　加工直廓环面蜗杆的切刀盘与切刀

1. 切刀盘的设计

实际生产中直廓环面蜗杆多用切刀盘加工（粗切大模数蜗杆也可用指形铣刀铣削加工）。如图 12-41 所示，刀盘上每个刀刃都和成形圆相切。工作时，蜗杆毛坯绕轴线以角速度 ω_1 转动，刀盘也绕其中心以角速度 ω_2 转动，并使 ω_1 与 ω_2 保持某种速比关系，这样即可切出直廓环面蜗杆。加工可在专用机床上进行，也可在改装的车床或滚齿机上进行。当在滚齿机上加工时，被切的蜗杆毛坯安装在滚齿机

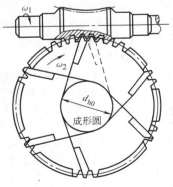

图 12-41　直廓环面蜗杆的切刀盘

的主轴上，切刀盘安装在滚齿机的工作台上，两者按一定的速比运动。

切刀盘上的切刀可以是一部分切左齿面，另一部分切右齿面，也可以是都切同一齿面。切削一般以径向进给方式进行。半精切和精切时，应采用附加的圆周进给，即刀盘除以角速度 ω_2 旋转外，还要有附加运动。也有的在精切时，采用无径向进给也无附加圆周进给的切刀盘，这时切刀盘各切削刃的布置是使刀盘按拉削原理工作的。

设计切刀盘之前要先确定刀盘设计的原始参数。切"原始型"蜗杆及抛物线修形蜗杆时，切刀盘的原始数据，如分度圆直径 d_0、成形圆直径 d_{h0} 都同相应的蜗轮一样。当采用变参数修形方法时，用刀盘切蜗杆的传动比 i_0，中心距 a_0 以及刀盘的成形圆直径 d_{h0} 应按表 12-20 给出的计算式确定。下面以变参数修形法同时切削左齿面和右齿面的切刀盘为例，说明切刀盘的设计计算方法。

表 12-20　直廓环面蜗杆变参数修形计算

名　称	代号	公式及说明
蜗杆螺旋面啮入口修形量	Δ_f	$\Delta_f = (0.0003 + 0.000034i)\,a$
变参数修形传动	i_0	$i_0 = \dfrac{id_2}{d_2 - 50\Delta_f} = \dfrac{z_{20}}{z_1}$，$z_{20}$ 是 z_1 除不尽的整数，以此来选取 i_0
传动比增量系数	K_i	$K_i = \dfrac{i_0 - i}{i_0}$
变参数修形中心距	a_0	$a_0 = a + \Delta a = a + \dfrac{K_i d_2}{1.9 - 2K_i}$，圆整到小数一位
变参数修形基圆直径	d_{h0}	用滚刀加工蜗轮 $d_{h0} = d_h$；用飞刀加工蜗轮 $d_{h0} = d_h + 2(a_0 - a)\sin\alpha$
螺杆螺旋面啮入口修缘量	Δ_f'	$\Delta_f' = 0.6\Delta_f$
修缘长度对应角度值	ϕ_f	$\phi_f = 0.6\tau$　式中　τ——齿距角
啮入口修缘时中心距再增加量	Δ_a'	$\Delta_a' = \dfrac{\Delta_f'}{\tan(\phi_f + \alpha - \phi_w) - \tan(\alpha - \phi_w)}$　式中　ϕ_w——蜗杆工作包角的一半
啮入口修缘时蜗杆轴向偏移量	Δ_x	$\Delta_x = \Delta_f'\tan(\phi_f + \alpha - \phi_w)$
蜗杆螺旋面啮入口修缘量	Δ_e	$\Delta_e = 0.16\Delta_f$

设计刀盘最主要的要求是各切刀的位置正确，一方面要求各刀刃一定要切于成形圆，另一方面各刀齿间的分度要准确，使各刀刃正确地位于相应的蜗轮齿的齿廓上。

参照图 12-42，计算可按下列步骤进行（公式中各符号的意义见表 12-19）。

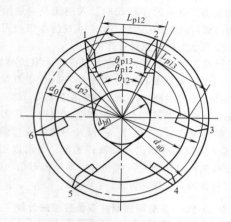

图 12-42 切刀盘设计计算图

1）确定刀盘的分度圆直径 d_0

$$d_0 = 2a_0 - d_1 \qquad (12\text{-}74)$$

2）刀盘的齿顶圆直径 d_{a0}

$$d_{a0} = 2a_0 - d_{f1} \qquad (12\text{-}75)$$

3）刀盘上相当的蜗轮齿根圆直径 d_{f0}

$$d_{f0} = d_0 - 2h_{f0} \qquad (12\text{-}76)$$

式中 h_{f0}——刀盘的齿根高，可取 $h_{f0} = h_f$

4）刀盘上相当的蜗轮的齿数 z_{20}

$$z_{20} = i_0 z_1 \qquad (12\text{-}77)$$

5）刀盘安装的切刀数 n，可安装切刀的个数根据环面蜗轮的尺寸和切刀的安装方法而定。切刀数 n 越多，生产率越高，所以在结构布置允许的情况下，切刀数 n 应尽量多些。一般选取 $n = Kz_1$，z_1 为蜗杆头数，$K = \dfrac{1}{3}$，$\dfrac{1}{2}$，1，2，3，4，……

6）刀盘体外径 d_{p2}，应使

$$d_{p2} \leqslant d_{f0}$$

7）相邻左切刀和右切刀在刀盘分圆上的夹角 θ_{12} 和在刀盘体外圆上的夹角 θ_{p12}

$$\theta_{12} = (A + 0.55)\tau - \Delta\theta \qquad (12\text{-}78)$$

$$A = \frac{z_2}{n} - 1 \quad (\text{取整数部分})$$

$$\tau = \frac{360}{z_2}$$

式中 $\Delta\theta$——蜗杆精加工留量相对应的角度，

$$\Delta\theta = 2 \times \frac{180°}{\pi} \times \frac{\Delta s - j_{n\min}}{d_2};$$

Δs——齿厚精切余量，取 $0.4 \sim 0.8\text{mm}$；

$j_{n\min}$——蜗杆副的最小法向侧隙。

刀盘外圆上相邻左右切刀夹角为 θ_{p12}

$$\theta_{p12} = \theta_{12} + 2\left(\arccos\frac{d_{h0}}{d_0} - \arccos\frac{d_{h0}}{d_{p2}} \right) \qquad (12\text{-}79)$$

8）θ_{13} 和 θ_{p13}

$$\theta_{13} = A_1 \tau \qquad (12\text{-}80)$$

$$A_1 = \frac{2z_2}{n} \quad (\text{取整数部分})$$

$$\theta_{p13} = \theta_{13} \qquad (12\text{-}81)$$

9）制造刀盘时，测量刀槽间的弦长尺寸更为方便，所以需给出各切刀刀槽之间的弦长，刀盘外圆上相邻左右切刀的弦长 L_{p12}

$$L_{p12} = d_{p2} \sin\frac{\theta_{p12}}{2} \qquad (12\text{-}82)$$

10）刀盘外圆上最近同名切刀的弦长 L_{p13}

$$L_{p13} = d_{p2} \sin\frac{\theta_{p13}}{2} \qquad (12\text{-}83)$$

11）其他切刀 4、5、6……在刀盘外圆上的弦长

$$L_{p34} = L_{p12} \qquad (12\text{-}84)$$

$$L_{p35} = L_{p13} \qquad (12\text{-}85)$$

……

依次可得到所有各切刀的位置尺寸。

由上述计算可以看出，这种刀盘上各切刀刀刃的位置都在蜗轮相应齿的齿廓上。

精切刀盘有时还采用拉削原理工作。拉削齿升量 a_f 一般选在 $0.02 \sim 0.04\text{mm}/$齿范围内。这时，计算刀盘上各刀齿之间的夹角 θ 时，需考虑拉削齿升量。如对于单面刀盘，当已确定两切刀之间包含 n_1 个蜗轮齿的齿距时，则相邻两切刀的夹角 θ_{12} 可用下式计算

$$\theta_{12} = n_1 \tau \pm \Delta\theta \qquad (12\text{-}86)$$

$$\Delta\theta = \frac{2a_f}{d_2} \times \frac{180°}{\pi} \quad (\text{正负号分别适用于左、右刀盘})$$

拉削式环面蜗杆单面精切刀盘（图为右侧刀盘）如图 12-43 所示。刀盘旋转一周切完蜗杆的一侧齿面。刀盘上未装切刀的部位是装卸工件的空位。

2. 切刀的设计计算

切刀切削部分的几何形状取决于蜗杆螺纹导程角的大小。以蜗杆喉部分度圆螺旋线导程角 γ_g 为准，当 $\gamma_g \leqslant 10°$ 时，推荐采用图 12-44 所示的结构。这种结构的主切削刃是由矩形刀体刃磨一面形成的。以右旋蜗杆为例，刃磨的面应为图 12-44 所示的 A 面和 B 面，前者形成左侧切刀的前面，后者形成右侧切刀的后面。对于左侧切刀，应使前角 $\gamma_o \geqslant \gamma_{\max}$，副后角 $\alpha_o \geqslant \gamma_{\max} + 2°$，而主后角 $\alpha_0 = 0°$；对于右侧切

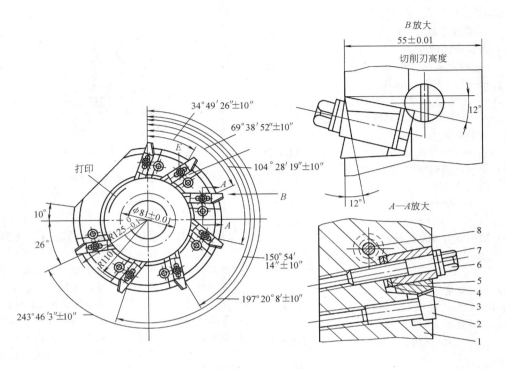

图 12-43　环面蜗杆单面精切刀盘

1—本体　2—螺钉　3—调节垫片　4—垫片　5—楔铁　6—螺钉　7—垫圈　8—调节螺钉

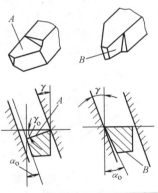

所示的结构，左、右侧切刀的前角、后角、副后角可按图 12-45 所列表格中推荐的数值选取，表格中 γ_{min} 是蜗杆的最小螺旋线导程角，可用下式计算

$$\tan\gamma_{min}=\frac{a_0-r_{a1}}{i_0 r_{a1max}} \qquad (12\text{-}88)$$

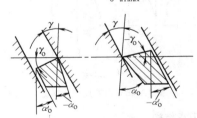

切削刃角度	左刀刃	右刀刃
前角 γ_o	$\gamma_o \geqslant \gamma_{max}$	$\gamma_o = 0°$
后角 α_o	$\alpha_o = 0°$	$\alpha_o \geqslant \gamma_{max}+3°$
副后角 α'_o	$\alpha'_o \geqslant \gamma_{max}+2°$	$\alpha'_o = 0°$

图 12-44　切刀的刃磨角度（Ⅰ型）

切削刃角度	左刀刃	右刀刃
前角 γ_o	$\gamma_o \geqslant \gamma_{max}$	$\gamma_o = \gamma_{min}$
后角 α_o	$\alpha_o < \gamma_{min}$	$\alpha_o \geqslant \gamma_{max}+3°$
副后角 α'_o	$\alpha'_o \geqslant \gamma_{max}$	$\alpha'_o \leqslant \gamma_{min}$

图 12-45　切刀的刃磨角度（Ⅱ型）

刀，应使前角 $\gamma_o = 0°$，主后角 $\alpha_o \geqslant \gamma_{max}+3°$，副后角 $\alpha'_0 = 0°$。式中 γ_{max} 为蜗杆上最大的螺旋线导程角。环面蜗杆喉颈处螺旋导程角最大。γ_{max} 可按下式计算

$$\tan\gamma_{max}=\frac{a_0-r_{f1}}{i_0 r_{f1}} \qquad (12\text{-}87)$$

当蜗杆螺旋升角 $\gamma_g > 10°$ 时，推荐采用图 12-45

切刀其他几何角度可参考图 12-46 求出。设图 12-46 所示的是在刀盘端平面中的角度，应再求在切刀前面中的各角度（前面中各角度用下角标 e 表示）。

（1）齿顶高 h_{a0}　　$h_{a0}=h_{a2}+c$　　$(12\text{-}89)$

式中 c——顶隙，一般取 $0.2m$；

h_{a2}——蜗轮弦齿高，按表 12-19 计算。

（2）前面中的齿厚 s_{0e}

$$s_{0e} = (d_0\sin0.275\tau - \Delta)\cos\gamma_o + j_{nmin} \quad (12\text{-}90)$$

式中 γ_o——左、右侧切削刃前角；

Δ——精加工余量，一般取为 $0.5 \sim 1mm$；

j_{nmin}——蜗杆螺纹最小减薄量。

（3）齿形角 α_{ke}

$$\alpha_{ke} = \alpha_{kt}\cos\gamma_o = \arctan\left[\tan(\alpha - 0.275\tau)\right]\cos\gamma_o \quad (12\text{-}91)$$

（4）顶角 设粗切切刀顶角为 ε，精切切刀顶角为 ε'，则

$$\varepsilon = 90° + \arcsin(r_{h0}\cos\gamma_o / r_{a0}) \quad (12\text{-}92)$$

$$\varepsilon' = \varepsilon - (1° \sim 2°) \quad (12\text{-}93)$$

（5）最小成形刀刃长度 l

$$l > \sqrt{r_{a0}^2 - r_{h0}^2} - \sqrt{r_{f0}^2 - r_{h0}^2} \quad (12\text{-}94)$$

（6）切刀宽度 B

$$B > \left[d_0\sin0.275\tau + (d_0 - 2r_{f0})\tan\alpha_{kt}\right]\cos\alpha_{kt} \quad (12\text{-}95)$$

（7）齿顶宽度 b_e

$$b_e < s_{0e} - 2h_{a0}\tan\alpha_{kt}\cos\gamma_o \quad (12\text{-}96)$$

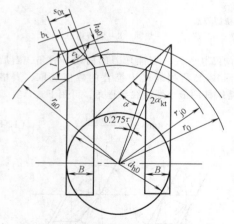

图 12-46 切刀尺寸计算图

3. 刀盘结构

图 12-43 是一种刀盘的结构，切刀靠楔铁 5 压紧在定位面 E 上，用螺钉 6 压紧，刀尖高度由调节垫片 3 调整，而垫片 4 用调节螺钉 8 调整。

图 12-47 所示为另一种常用的刀盘结构，定位块 3 的 E 面与成形圆相切。切刀由螺钉 6 压紧于定位块的 E 面，而由螺钉 5 压紧。定位块 3 和刀夹 1 均用螺钉紧固在刀盘体 2 上，位置精确调整后打上销钉。

其他结构型式还有很多，可根据具体情况自行设计，其关键是要保证定位准确，夹紧可靠，调整方便。

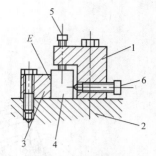

图 12-47 刀盘的结构

1—刀夹 2—刀盘体 3—定位块
4—切刀 5、6—螺钉

12.6.3 加工直廓环面蜗轮的滚刀与飞刀

加工环面蜗轮采用蜗轮滚刀，也可采用飞刀和剃齿刀。采用蜗轮滚刀加工蜗轮时，蜗轮齿面是由滚刀螺旋面包络形成的，所切出的蜗轮齿面形状正确。齿面分Ⅰ、Ⅱ、Ⅲ三部分（见图 12-48），其中第Ⅱ部分为展成区（滚切区）或称洼区，造成双线接触和良好的润滑条件，易于达到很高的承载能力和传动效率。而采用飞刀加工时，蜗轮齿面不是逐渐包络形成的，而只是由飞刀进给到最后位置时由其刀刃切成的，所形成的齿面没有洼区。为了形成必要的洼区，在切齿后需与蜗杆进行跑合研磨，既费时间又会造成蜗轮副的磨损。因此，在有条件的工厂，应采用滚切方法进行蜗轮的精加工，而将结构简单的飞刀用于粗加工工序。

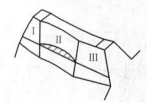

图 12-48 环面蜗轮滚刀滚
切出的蜗轮齿面

1. 环面蜗轮滚刀

普通滚刀是采取铲齿方法形成后角，而环面蜗轮滚刀由于蜗杆形成原理特殊，一般铲床不能加工。因而研制了尖齿环面蜗轮滚刀，已在一些厂矿使用，效果较好。下面简要介绍这种滚刀的成形原理、磨齿方法及滚刀的参数计算。

（1）滚刀磨齿原理 直槽滚刀轴向齿形（即前面齿形）应与其基本蜗杆轴向齿形一致，而直线环面蜗杆轴向齿形为直线，故滚刀轴向齿形也为直线。此直线刃可以由两平面相交而获得准确的齿形，因而可采用图 12-49 所示的形成原理磨出滚刀的后面。在加工环面蜗杆的设备上，滚刀装在主轴上，回转

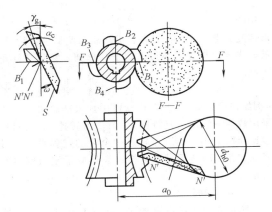

图 12-49　直廓环面蜗轮滚刀磨齿原理

工作台上安装一平面砂轮。砂轮工作平面 S 倾斜，斜角为 ω，S 平面与蜗杆轴向截面 FF 的交线为 $N'N'$，它与成形圆相切。滚刀轴线与回转工作台轴心的距离为 a_0（按表 12-20 计算）。滚刀做成直槽零前角结构，磨后面以前，先将前面磨好，磨后面时，滚刀前面 B_1 固定在中间平面（图中的 $F—F$ 平面）上，砂轮沿成形圆切线或圆周方向进给，这样磨出滚刀的切削刃就是 $N'N'$，它是位于滚刀轴截面上并与成形圆相切的直线，符合在蜗杆产形表面上的要求。磨完一个齿后，砂轮从成形圆切线方向退出，滚刀和装有砂轮的回转工作台以传动比 i_0（按表 12-20 计算）同时做分度回转运动。当工作台转动 $\dfrac{1}{i_0 z_0}$（z_0 为滚刀齿数）转时，滚刀转过 $\dfrac{1}{z_0}$ 转。这时第二个前面 B_2 又将处于 $F—F$ 平面位置，砂轮再次沿成形圆方向切进，开始磨第二个刀齿，这个刀齿必然与第一个刀齿在同一个蜗杆产形表面上。由此类推，可磨出所有的刀齿。

砂轮倾斜角 ω 与该点螺旋线导程角之差就构成了该点的后角 α_o。

滚刀后面应像一般尖齿铣刀一样，只留一定宽度的棱带，棱带后面用指状铣刀或立铣刀铣去一定深度。

（2）滚刀各结构参数的设计计算　环面蜗轮滚刀的产形蜗杆螺旋面应按工作蜗杆的参数设计。如果工作蜗杆采用变参数修正型蜗杆，则滚刀的产形蜗杆也应按变参数修正型蜗杆设计。下面以这种蜗杆为例说明滚刀各结构参数的设计计算。

1）滚刀基本蜗杆的修形量。环面蜗杆上有入口修缘，滚刀形状虽然应相当于蜗杆，但它是用来加工蜗轮的，为了降低对制造误差的敏感性，滚刀无入口修缘。修形曲线其他部分可取其与蜗杆一样。

滚刀变参数修形时，i_0 与 a_0、d_{h0} 的改变应按实际采用的入口修形量计算。

2）滚刀喉部顶圆直径 d_{a0}（见图 12-50）。与设计普通蜗轮滚刀一样考虑，可按下式计算

$$d_{a0} = d_{a1} + 2(c' + 0.1)m \qquad (12\text{-}97)$$

3）滚刀齿顶圆弧半径 R_{a0}

$$R_{a0} = a_0 - 0.5 d_{a0} \qquad (12\text{-}98)$$

4）滚刀喉部根圆直径 d_{f0}。和普通蜗轮滚刀一样考虑，即应使滚刀齿根不参加切削，取喉部根圆直径等于蜗杆根圆直径

$$d_{f0} = d_{f1} \qquad (12\text{-}99)$$

5）滚刀齿根圆弧半径 R_{f0}

$$R_{f0} = R_{f1} + \Delta a = a_0 - 0.5 d_{f0} \qquad (12\text{-}100)$$

式中　a——按表 12-20 计算。

6）螺纹部分长度 L_0。滚刀长度应该比蜗杆长度长，可取

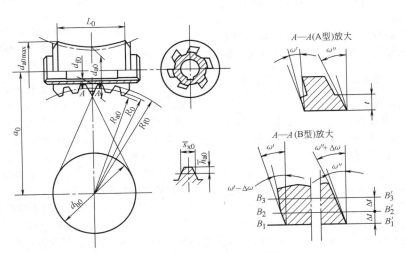

图 12-50　环面蜗轮滚刀计算图

$$L_0 = L_1 + m \qquad (12\text{-}101)$$

式中　L_1——蜗杆长度。

7）滚刀最大外径 d_{a0max}

$$d_{a0max} = 2a_0 - \sqrt{(2a_0 - d_{a0})^2 - (L_0 - 0.4m)^2}$$
$$(12\text{-}102)$$

8）滚刀轴向齿顶高 h_{a0}

$$h_{a0} = h_{a1} + 0.5(d_{a0} - d_{a1}) \qquad (12\text{-}103)$$

式中　h_{a1}、d_{a1}——蜗杆的齿顶高及喉部顶圆直径。

9）滚刀轴向弦齿厚 $\bar{s}_{x0}$。用环面蜗轮滚刀切蜗轮的过程中，容易发生径向切入而造成的干涉。因此，用滚刀切蜗轮时，应首先用径向进给，一直切到要求的中心距，然后再向齿面两侧方向的附加圆周进给，最后切出蜗轮齿面。对螺旋线导程角很小的 1～2 个头的环面蜗杆副，干涉很小或不发生干涉，这时允许只用径向进给切蜗轮。

滚刀重磨后，刀齿要减薄。为了补偿滚刀刀齿的减薄，也要求滚刀在径向进给以后，再用附加圆周进给切出蜗轮要求的齿厚。

这样，就要求滚刀齿厚比蜗杆齿厚减薄，可用下式计算

$$\bar{s}_{x0} = \frac{s_{n1}}{\cos\gamma_g} - (0.4 \sim 1.2)\,\text{mm} \qquad (12\text{-}104)$$

10）滚刀左侧后面倾角 ω'（见图 12-42）

$$\omega' = \gamma_{min} - 3° = \arctan\frac{a_0 - r_{a0}}{i_0 r_{a0max}} - 3° \qquad (12\text{-}105)$$

11）滚刀右侧后面倾角 ω''

$$\omega'' = \gamma_{max} + 2° = \arctan\frac{a_0 - r_{f0}}{i_0 r_{f0}} + 2° \qquad (12\text{-}106)$$

12）滚刀的圆周齿数 Z_k。滚刀圆周齿数越多，参加包络洼区的刀齿数越多，齿面越光洁。但圆周齿数增多将受到滚刀结构和磨后面砂轮直径的限制，一般可取 $Z_k = 4 \sim 10$。

切削多头蜗杆副时，滚刀圆周齿数应取蜗杆头数的整倍数，以便使滚刀每线螺纹的边缘刀齿距蜗杆（或滚刀）中间截面的距离都有要求的 $\dfrac{L_0}{2}$ 长度。

（3）滚刀刀齿结构

1）滚刀边缘齿可换的结构。环面蜗轮滚刀两边缘齿承担了切削总载荷的大部分，一般切除 65%（$i = 5$）到 98%（$i = 60$）的余量。如果滚刀边缘齿做成可更换的结构，可使滚刀寿命提高 2～3 倍。

2）大型环面蜗轮滚刀的结构。大型环面蜗轮滚刀应做成装配式结构。

尖齿滚刀用钝后，应按图 12-49 所示的方法刃磨后面。但这样刃磨滚刀，刃磨次数是有限的。为使滚刀既可多次刃磨又能保证刃磨后齿形正确，有

些工厂也在试用铲背方法制造滚刀。毫无疑问，所采用的铲背方法必须保证滚刀的切削刃在蜗杆的产形螺旋面上，并且在刃磨后仍然能如此。也就是说，滚刀刃磨后其刀刃必须仍切于其形圆，并且螺旋角正确。

有些采用切向铲背方法。在加工蜗杆的机床上（例如在滚齿机上），在传动链中加入凸轮机构，或采用数控方法使滚刀转速 ω_1 与铲刀转速 ω_2 之间的速比周期变化，在滚刀转过一个齿的过程中，铲刀完成加速、减速运动。这样铲齿形成了滚刀侧刃的后角。

2. 环面蜗轮飞刀

粗切环面蜗轮可以采用飞刀。对速比较大的传动，"洼区"深度较小，也可用飞刀作为精切刀具。但用飞刀切不出蜗轮齿面上的"洼区"，必须在蜗杆副装配后采用跑合研磨工序，以形成蜗轮的包络齿面。

图 12-51 是环面蜗轮双飞刀的一种结构。刀杆 1 上开有两个斜槽，槽底 A 位于飞刀刀杆的中心平面上，槽壁 B 加上垫片 5 后，在中心距为 a_0 时与成形圆 d_{h0} 相切。切刀 4 由压块 3 和楔块 2 压在两定位面 A 和 B 上。

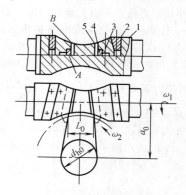

图 12-51　环面蜗轮双飞刀

1—刀杆　2—楔块　3—压块
4—切刀　5—垫片

这种飞刀结构简单，刀具装卡方便，容易保证精度。飞刀的结构型式还有很多。除双飞刀外也有采用多齿飞刀的，例如四齿飞刀、七齿飞刀等，其加工精度比双飞刀好，但结构复杂。

对于环面蜗轮飞刀，需要确定其安装尺寸和切刀的几何角度等。双飞刀的主要参数计算方法如下（见图 12-52 及图 12-53）：

（1）双飞刀在蜗轮分度圆上的距离 L_0

$$L_0 = d_2 \sin\varphi_\omega + \Delta \qquad (12\text{-}107)$$

式中　Δ——加工余量，可取为 0.5～1.5mm。

（2）刀刃安装斜角 φ_0'

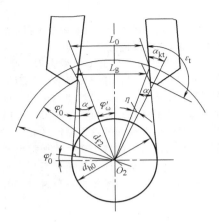

图 12-52　飞刀安装位置计算图

$$\varphi'_0 = \alpha - \varphi'_\omega \qquad (12\text{-}109)$$

$$\varphi'_\omega = \arcsin \frac{L_0}{d_2} \qquad (12\text{-}110)$$

式中　α——蜗杆分度圆压力角，按表 12-19 计算。

（3）两刀尖距离 L_g

$$L_g = 2\left[\frac{d_{h0}}{2}\cos\varphi'_0 - \sqrt{\left(\frac{d_{f2}}{2}\right)^2 - \left(\frac{d_{h0}}{2}\right)^2 \sin\varphi'_0}\right] \qquad (12\text{-}111)$$

（4）切刀的前角和后角　图 12-53a 是左右切刀的结构（在图 12-51、图 12-52 中，切刀前面是向着下方，为观察切刀，令图 12-51 中的飞刀继续顺 ω_1 方向转 180°，使前面向上，即得到图 12-53a）。左右侧切削刃刃磨前角、后角应按下式计算（见图 12-53b）

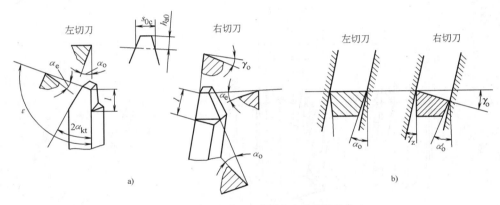

图 12-53　环面蜗轮飞刀的几何角度及切刀尺寸

a）左右切刀的结构　b）左右切刀刃磨前角、后角

右切刀刃磨前角 $\gamma_o \geq \gamma_{max} + (0° \sim 5°)$；

左切刀刃磨后角 $\alpha_o \leq \gamma_{max} + (3° \sim 5°)$。

如图 12-53b 所示，左切刀不需再磨出前角，副刃也不再磨出副后角；右切刀主切削刃不需再磨出后角，但副切削刃应磨出副后角 α'_o，应使

$$\alpha'_o \geq \gamma_{max} + 2°$$

切刀顶刃上也应磨出后角 α_e。α_e 最小应使切刀底面不碰到蜗轮齿底。为此，应使 α_e 至少大于 μ，μ 是切刀高度 H 所对应的蜗轮齿底圆弧的弦切角，如图 12-54 所示。μ 角为

$$\mu = \frac{\delta}{2} = \frac{1}{2}\arcsin \frac{H}{\dfrac{a}{\cos\alpha} - r_{f2}} \qquad (12\text{-}108)$$

α_e 应大于 μ，可使

$$\alpha_e = \mu + 5°$$

（5）切刀齿形角 α_{ke}　在端面中，齿形角为 $\alpha_{kt} = \alpha + 0.225\eta$（见图 12-52），由此可计算出在切刀前面中

$$\alpha_{ke} = \arctan\left[\tan(\alpha + 0.225\tau)\cos\gamma_o\right] \qquad (12\text{-}112)$$

或取 $2\alpha_{ke} = 2(\alpha + 0.225\tau) - (6 \sim 10°)$。

（6）刀尖角 ε　在蜗轮端截面中，如图 12-52 所示，ε_t 角为

$$\varepsilon_t = \alpha_{kt} + 90° = \alpha + 0.225\tau + 90° \qquad (12\text{-}113)$$

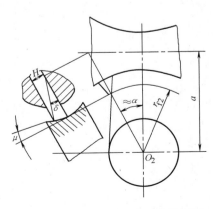

图 12-54　环面蜗轮飞刀齿顶的最小后角

在切刀前面中,此角度变化不大(ε 也允许有些误差),因此可取

$$\varepsilon = \alpha + 0.225\tau + 90° \tag{12-114}$$

(7) 切削刃最小工作长度 l(见图 12-53)

$$l = (1.25 \sim 1.3)(r_{\alpha 2} - r_{f2}) \tag{12-115}$$

(8) 前面中的齿顶高 h_{a0}

$$h_{a0} = h_a + c \tag{12-116}$$

通常 $c = 0.2m$,h_a 见表 12-19。

(9) 前面中的弦齿厚 $\bar{s}_{0e}$

$$\bar{s}_{0e} = \left[\frac{\bar{s}_{ng1}}{\cos\gamma_g} - (1 \sim 2) \right] \cos\gamma_o \tag{12-117}$$

式中 $\bar{s}_{ng1}$——蜗杆喉部法向弦齿厚,按表 12-19

计算;

γ_g——蜗杆喉部分度圆螺旋线导程角。

12.6.4 环面蜗轮剃齿刀

环面蜗轮的最后精加工可用剃齿刀,图 12-55 所示为环面蜗轮剃齿刀,其结构实质为环面蜗杆的螺纹表面开有很多小齿沟,以形成切削刃,按自由滚切原理加工环面蜗轮。环面蜗轮滚刀一般圆周齿数有限,因此包络而成的蜗轮齿面洼区有一定的棱度,环面蜗轮剃齿刀因齿数很多,故加工出的蜗轮有较好的齿面洼区质量,特别是在加工与多头环面蜗杆共轭的蜗轮时,使用环面蜗轮剃齿刀效果非常显著。

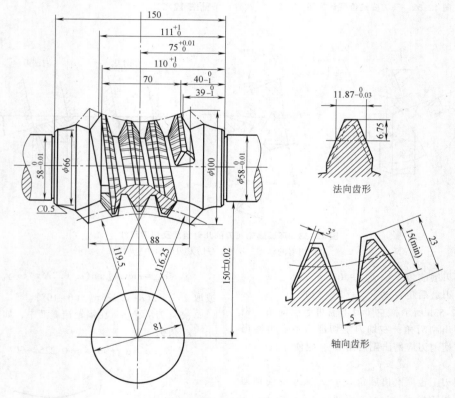

图 12-55 环面蜗轮剃齿刀

第13章 插齿刀和梳齿刀

13.1 插齿刀的工作原理和种类用途

13.1.1 插齿刀的工作原理

在生产中，插齿刀是仅次于齿轮滚刀应用最广泛的齿轮刀具。据国外统计，插齿机约占齿轮机床的 1/4。

插齿刀的形状如齿轮，由前角和后角形成切削刃，用展成原理（滚切）来插制齿轮。插齿时插齿刀有往复切削运动，如图 13-1 所示。插齿刀和齿轮有配合的啮合转动，即展成运动。此运动一方面包络形成齿轮的渐开线齿廓，同时这也是圆周进给和分度运动，从而把齿轮的全部轮齿切出。插齿刀每次退刀空行程时有让刀运动，以减少插齿刀齿与齿轮的摩擦。在开始切削时，有径向进给，待插齿刀切到要求齿深时，径向进给停止，展成运动（即圆周进给）继续进行直到全部切完。

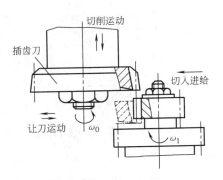

图 13-1 插齿刀的切齿原理

由于插齿刀切齿轮是按展成原理，刀刃包络形成齿轮的渐开线齿形，按啮合原理，同一插齿刀可以切模数和压力角相同的任意齿数的齿轮，可以加工标准齿轮，也可以加工变位齿轮。

由于插齿刀顶刃和侧刃都有后角，自前面向后尺寸要逐渐缩小，即在插齿刀各端剖面中，直径和齿厚都不相等，如图 13-2 所示。由图中可看到，插齿刀仅在某中间剖面 $O—O$ 中为标准齿厚，向左则齿厚大于标准值，向右则齿厚小于标准值。经理论分析证明，插齿刀不同端剖面中的齿形，相当于不同变位系数齿轮的齿形。在 $O—O$ 剖面变位系数为零（该剖面称为原始剖面）；在原始剖面向左的各端剖面为正变位，原始剖面向右的各端剖面为负变位，即新插齿刀开始使用时是正变位，经多次刃磨用到后来，旧插齿刀是负变位。

根据渐开线齿轮啮合原理，同模数和压力角的变位齿轮可以和不同变位系数、不同齿数的齿轮正确啮合。故无论是新插齿刀或是经过刃磨后的旧插齿刀，都可以用来加工任意变位系数和任意齿数的齿轮。

13.1.2 插齿刀的种类和应用

插齿刀可以加工多种型式的圆柱齿轮。加工普通外齿轮时，插齿刀的加工效率不如齿轮滚刀，但插齿刀可以加工多种齿轮滚刀不能加工的齿轮，例如多联齿轮、带凸肩齿轮、内齿轮、无空刀槽人字齿轮、扇形齿轮、齿条等。插齿刀可以加工直齿齿轮，也可加工斜齿齿轮。

由于插齿刀的应用范围广泛，故插齿刀的结构类型也有多种。表 13-1 中是常用的插齿刀结构类型和相应的应用范围。

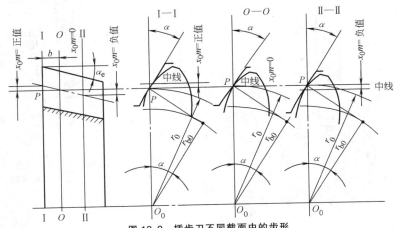

图 13-2 插齿刀不同截面中的齿形

表 13-1　常用插齿刀的结构类型和应用范围　　　　　（单位：mm）

序号	插齿刀类型	简　图	公称分度圆直径	模数	应 用 范 围
1	盘形直齿插齿刀	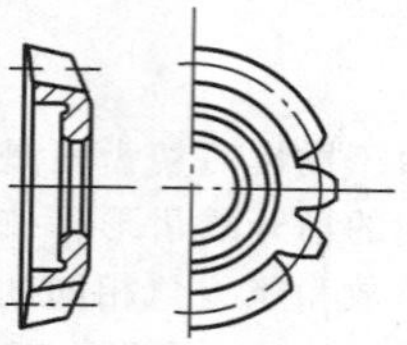	63	0.3~1	1）加工直齿外齿轮 2）加工齿条 3）大直径内齿轮
			63	谐波齿轮插齿刀	
			75	1~4	
			100	1~6	
			125	4~8	
			160, 200	6~12	
2	碗形直齿插齿刀	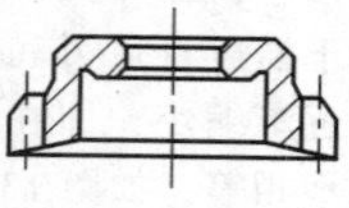	50	1~3.5	1）加工多联直齿齿轮 2）加工带凸肩直齿齿轮 3）加工大直径内齿轮 4）加工渐开线内花键 5）加工谐波齿轮的大轮
			75	1~4	
			100	1~6	
			125	4~8	
3	筒形直齿插齿刀	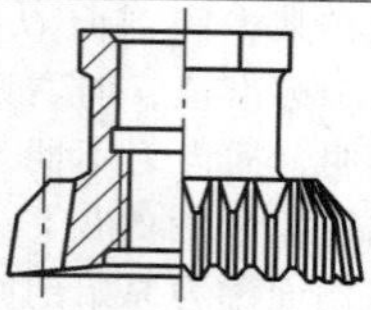	50	1~3.5	我国标准中未列入这种插齿刀，应用范围和 ϕ50mm 碗形插齿刀相同
4	锥柄直齿插齿刀	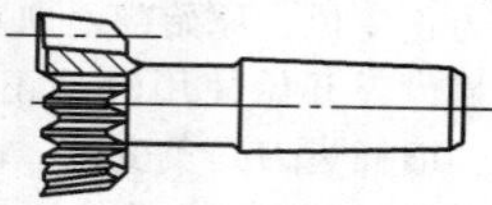	25	0.3~1	1）加工直齿内齿轮 2）加工渐开线内花键 3）加工谐波齿轮的大轮
			25	1~2.75	
			38	1~3.75	
5	盘形斜齿插齿刀	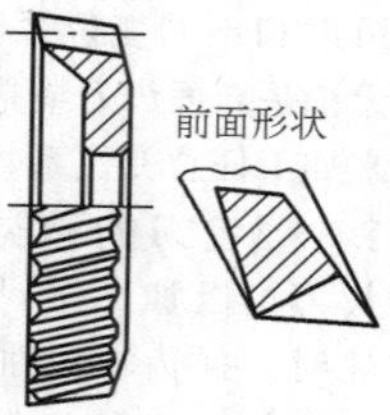 前面形状	100, $\beta=15°$	$m_n=1~7$	1）加工多联斜齿外齿轮 2）加工大直径斜齿内齿轮
			100, $\beta=23°$	$m_n=1~7$	
6	锥柄斜齿插齿刀	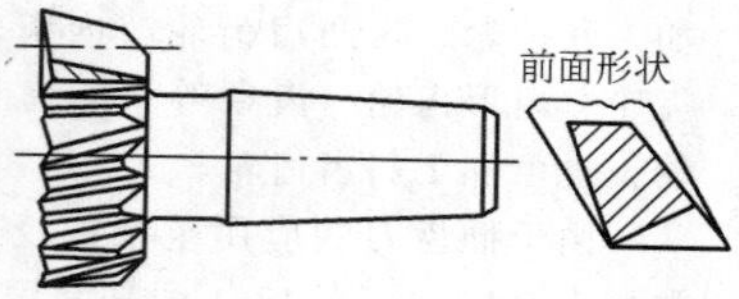 前面形状	38, $\beta=15°$	$m_n=1~4$	加工斜齿内齿轮
			38, $\beta=23°$	$m_n=1~4$	
7	人字齿轮插齿刀	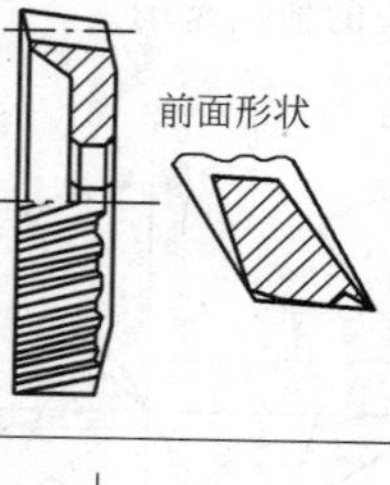 前面形状	100, $\beta=30°$	$m_t=1~6$	加工无空刀槽的人字齿轮
			150, $\beta=30°$	$m_t=2~12$	
			180, $\beta=30°$	$m_t=2~15$	
			300, $\beta=30°$	$m_t=5~26$	
			360, $\beta=30°$	$m_t=6~36$	
8	镶齿插齿刀	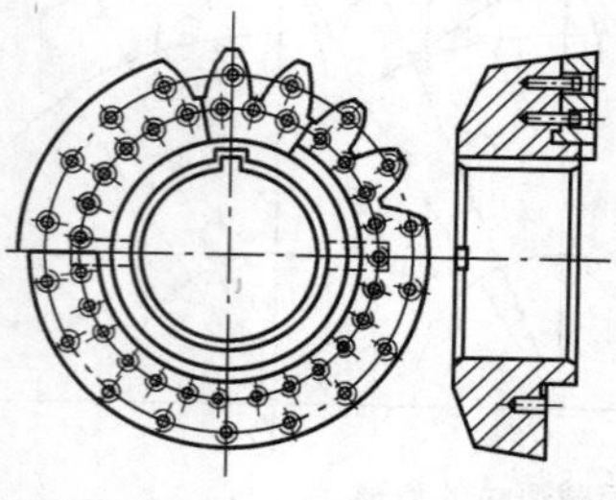	180, 200 300, 360	相应模数	用于直径大于 180mm 的直齿或斜齿插齿刀加工大直径齿轮

插齿刀制成三种精度等级：AA、A 和 B 级。在插齿刀正常使用和插齿机精度合格时，AA、A、B 级插齿刀可分别加工出 6、7、8 级精度的齿轮。精插齿时，刀具的齿距误差和机床的传动误差都将反映到被加工的齿轮上，因此插齿刀不易加工出精度特别高的齿轮。

13.1.3　插齿工艺和插齿刀的技术进展

1. 插齿过程研究和插齿圆周进给量及切削速度的提高

最近插齿技术的一大发展是加大插齿时的圆周进给量和插齿切削速度。

实验证明，提高插齿的圆周进给量不仅提高了插齿生产率，同时还提高了刀具寿命。为了解释为何提高插齿圆周进给量反而提高刀具寿命，做了以下的分析研究。观察实际使用磨损的插齿刀发现，刀齿最大磨损处是在切出刃近顶端处，而顶刃和切入刃处的磨损均不严重。图 13-3 所示是比较典型的插齿刀各切削刃的磨损情况，将切入刃、顶刃、切出刃展开，并给出沿展开长度上三个不同磨损阶段的后面磨损量，可看到在切出刃近顶端处磨损最严重。分析插齿时的切削图形（见图 13-4）可看到，顶刃发削厚度最大，切入刃其次，切出刃的切削厚度最小。从这分析发现切削负荷最大的顶刃和切入刃处的磨损小，反而是切削厚度小、切削负荷小的切出刃的磨损最严重。进一步分析得知，在切齿过程中有相当时间切出刃的切削厚度极小（切削厚度小于切削刃的钝圆半径 ρ），过小的切削厚度使切屑很难切下，而是切削刃对加工表面的摩擦挤压，后面摩擦严重；此外，有相当时间切出刃切下的是"Π"形切屑，排屑困难，由于以上原因造成切出刃的严重磨损。

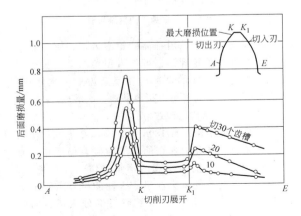

图 13-3　插齿刀各切削刃磨损情况

（加工齿轮 16MnCr5G，$m = 3\text{mm}$，

$z_1 = 63$，$v_c = 55\text{m/min}$，$s_0 = 0.63\text{mm/冲程}$）

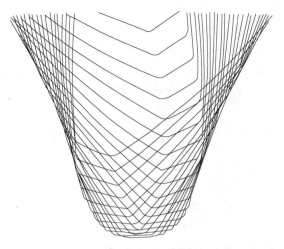

图 13-4　插齿时的切削图形

（$m = 2.5\text{mm}$，$z_0 = 30$，$z_1 = 42$，$\alpha = 20°$）

插齿时加大圆周进给量，可使切出刃的切削厚度增加，改善了切削条件，使刀具寿命增加，这已得到实验证实。例如，在实验中用高速工具钢插齿刀加工 16MnCr5G 齿轮，将圆周进给量自 1mm/冲程提高到 2.5mm/冲程，刀具寿命（以加工齿轮数计算）提高了一倍多。现在的新型插齿机圆周进给量已提高到 1~3mm/冲程。

从以上的研究得知，插齿时圆周进给量的增大，并未受到刀具磨损寿命的限制，但插齿时加大圆周进给量将使加工齿面上的残留面积加大，影响加工齿轮齿形表面的质量。在粗切齿轮时，应尽量采用大的圆周进给量，以提高插齿效率；但精加工齿轮时，就不能用很大的圆周进给量，否则就要影响加工齿形表面的质量。采用大直径的插齿刀，都减小加工齿面上的残留面积，可允许使用较大的圆周进给量。

近年来，由于插齿刀使用优质刀具材料，如粉末冶金高速工具钢、含钴的优质高速工具钢等，并采用硬质涂层高速工具钢，不仅使插齿的切削速度明显提高，并可干切削不用切削液，实现了绿色高效切削。

过去有人认为切削速度越低，高速工具钢插齿刀的寿命可以越高，这是完全错误的观点。如图 13-5 所示实验结果证明，插齿时切削速度和刀具寿命关系曲线有"驼峰性"，即切削速度有最佳值，低于或高于这最佳值都将使刀具寿命降低。普通高速工具钢插齿刀的最佳切削速度为 30~50m/min，优质钴高速工具钢插齿刀的最佳切削速度提高到 60~80m/min，高速工具钢 TiAlN 涂层插齿刀的最佳切削速度提高到 120m/min 以上，并可干切削不用切削

液，实现了绿色高效切削。

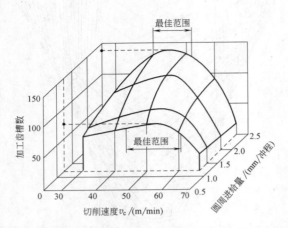

图 13-5 插齿切削速度、圆周进给量与刀具寿命的关系
（插齿刀 W6Mo5Cr4V2Co5，$z_0 = 42$，$m = 3$，$\Delta = 0.8$mm
齿轮 16MnCr5G，$z_1 = 68$，$b = 25$，$s_0 = 0.31$mm/冲程）

过去的插齿机冲程数量仅 800～900 次/min，而现在新的插齿机（如德国 LS200 型、英国 HS200 型等）冲程数最高已达 2500 次/min，同时机床的功率和刚度也大大提高，使插齿效率大为提高。例如，英国赛克斯厂用插齿刀插削 $m = 2.5$mm、$z = 24$、$b = 24$mm 的钢齿轮，加工冲程数高达 1440 次/min，粗精切一个齿轮总共只用 40s。

2. 插齿刀的刀具材料改进

现在绝大部分插齿刀仍用高速工具钢制造，刀具材料使用粉末冶金高速工具钢和含钴的优质高速工具钢制造插齿刀。

现在大多数高速工具钢插齿刀都采用了 TiN 涂层和 TiAlN 涂层，明显提高了刀具的耐磨性和切削性能。新刀涂层增大耐磨性显著，用钝刃刃磨前面，后面仍有涂层，仍能减少刀具的摩擦和磨损，总的效果是明显的。

3. 插齿刀切削角度的优化

现在 $\alpha_0 = 20°$ 的标准插齿刀的顶刃后角 α_e 为 6°，但一些研究证明将顶刃后角增大到 9°，可明显增加插齿刀的寿命。当直齿插齿刀的顶刃后角自 6° 增大到 9°，侧刃后角 α_c 将自 2°4′32″ 增大到 3°8′0″，可有效改善切削条件，增加刀具寿命。以 $m = 2.5$mm、$\alpha_0 = 20°$、$z_0 = 30$、$\gamma = 5°$ 的插齿刀加工 40Cr，$z = 42$ 的齿轮为例，刀具寿命自 62.3min 增加到 134.8min。

但插齿刀顶刃后角增大后，将使齿形误差增大。以上述 $m = 2.5$mm 插齿刀为例，当顶刃后角自 6° 增大到 9°，齿顶处的齿形误差将自 + 2.8μm 增加到 + 3.7μm，齿根处的齿形误差将自 + 5.9μm 增加到

+ 8.3μm（两者均为插齿刀齿形经修正后的数值），误差方向是使加工齿轮齿形在齿顶和齿根处内凹，这误差对多数齿轮是允许的。某些工厂已在生产中改用顶刃后角为 9° 的插齿刀，增加了刀具寿命，效果良好。

现在的标准插齿刀，顶刃后角仍为 6°。应注意，这种顶刃后角增大到 9° 的插齿刀齿形需修正，故制造插齿刀时必须注意，不能将标准的插齿刀后角 6° 改为 9° 而齿形角不修正。

4. 计算机和数控技术应用引起的技术发展

现在使用数控插齿机，用标准插齿刀能一次完成齿轮的粗切和精切。预先编好程序，可自动调整粗切和精切，粗切用大圆周进给以提高粗插齿效率，精切先自动改为径向进给达到要求的精切削深度，转换成圆周进给，换成较小圆周进给以保证加工表面质量，直到切完全齿轮。过去较复杂的专用粗精加工的复合插齿刀已不再使用。

现在我国插齿刀的齿形都使用渐开线凸轮板式磨齿机，用平面砂轮磨制。这种齿磨法虽磨齿效率较高，但磨出齿形在不同截面中齿根过渡曲线的高度有变化，此外如遇到插齿刀有复杂齿形时（见图 13-6），即齿根有修缘加厚，齿顶角有圆弧，磨这种复杂齿形使用上述磨齿机就很麻烦，齿顶角圆弧需单独磨制。

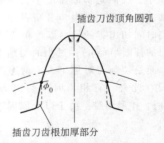

图 13-6 插齿刀的复杂齿形

现在新方法是采用锥面砂轮磨齿形，使用数控砂轮修整器修砂轮廓形，可将齿顶角圆弧、基本齿形和齿根修缘增厚的全部砂轮复杂齿形一次修成，使插齿刀的复杂齿形可以很容易地一次磨成。

5. 插齿刀结构的改进

插齿刀的结构，自 1896 年美国 E. R. Fellow 研制成功以来较少变化，现在的标准插齿刀仍是延用原来的结构。不久前新出现的不重磨镶刀片插齿刀，是对插齿刀结构的重大改进。这种插齿刀主要由支承环、圆形镶嵌刀片和压紧环三部分组成，如图 13-7 所示。目前，出现了两种结构相近的镶刀片插齿刀，Pfauter Maag 公司的 Wafer 镶刀片插齿刀（美国专利号 4576527）刀片是薄圆片磨制成较大后角，

紧压在支承环内时，刀片变形而形成前角和适当的后角（见图 13-8a），刀片磨制时用特殊卡具，使平刀片变形而成锥面（锥角 $\alpha+\gamma$），可多片叠在一起磨齿形；另一种是 Fellow 镶刀片插齿刀，刀片是薄圆片不带后角，紧压在支承环内时，刀片变形而产生后角和负前角（见图 13-8b）。由于刀片本身无后角，易于制造，但是这种插齿刀是负前角对切削不利。这两种刀片都采用 TiN 涂层，使刀片寿命高于普通插齿刀。此外，这种插齿刀磨损用钝后只需换刀片，节省了换刀对刀调整的时间；因刀片很薄，不仅刀具成本降低，而且插齿时减小了切入和切出距离，提高了切齿效率。

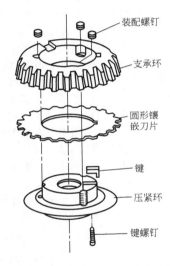

图 13-7 不重磨镶片插齿刀部件分解图

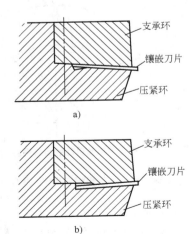

图 13-8 两种不重磨镶片插齿刀局部结构对比
a) Pfauter Maag 公司的 Wafer 插齿刀，正前角
b) Fellow 公司的插齿刀，负前角

13.2 外啮合直齿插齿刀

13.2.1 插齿刀的后角、前角和齿形修正

1. 插齿刀的后角和齿侧表面形状的分析

插齿刀刀齿的顶刃有后角 α_e，侧刃有后角 α_c（在刀刃法剖面中测量），这样插齿刀才能正常进行切削工作。顶刃和侧刃有后角后，自前面向后的各端剖面中，外径将逐渐变小，齿厚将变薄。经理论分析证明，不同端剖面的齿形相当于不同变位系数时的齿形。现分析齿侧表面形状。

图 13-9 所示是插齿刀的一个刀齿。在Ⅰ—Ⅰ和Ⅱ—Ⅱ截面中的变位量是 $x_{0\,\mathrm{I}}\,m$ 和 $x_{0\,\mathrm{II}}\,m$，在此两截面中任意半径 r_y 处的刀齿弧齿厚为

$$s_{y\,\mathrm{I}}=\frac{2r_y}{r_0}\left(\frac{\pi m}{4}+x_{0\,\mathrm{I}}\,m\tan\alpha_0+r_0\,\mathrm{inv}\alpha_0-r_0\,\mathrm{inv}\alpha_y\right)$$

$$s_{y\,\mathrm{II}}=\frac{2r_y}{r_0}\left(\frac{\pi m}{4}+x_{0\,\mathrm{II}}\,m\tan\alpha_0+r_0\,\mathrm{inv}\alpha_0-r_0\,\mathrm{inv}\alpha_y\right)$$

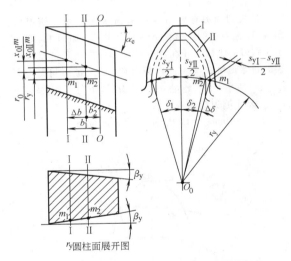

图 13-9 有后角后插齿刀齿侧面形状的分析

此两圆弧的一半所对的圆心角 δ_1 和 δ_2 为

$$\delta_1=\frac{s_{y\,\mathrm{I}}}{2r_y}=\frac{1}{r_0}\left(\frac{\pi m}{4}+x_{0\,\mathrm{I}}\,m\tan\alpha_0+r_0\,\mathrm{inv}\alpha_0-r_0\,\mathrm{inv}\alpha_y\right)$$

$$\delta_2=\frac{s_{y\,\mathrm{II}}}{2r_y}=\frac{1}{r_0}\left(\frac{\pi m}{4}+x_{0\,\mathrm{II}}\,m\tan\alpha_0+r_0\,\mathrm{inv}\alpha_0-r_0\,\mathrm{inv}\alpha_y\right)$$

所以 $\quad\Delta\delta=\delta_1-\delta_2=\dfrac{1}{r_0}(x_{0\,\mathrm{I}}\,m-x_{0\,\mathrm{II}}\,m)\tan\alpha_0$

这两截面中的变位量可用下式计算

$$x_{0\,\mathrm{I}}\,m=b_1\tan\alpha_e$$
$$x_{0\,\mathrm{II}}\,m=b_2\tan\alpha_e$$

代入前式得到

$$\Delta\delta=\frac{1}{r_0}(b_1-b_2)\tan\alpha_e\tan\alpha_0=\left(\frac{1}{r_0}\tan\alpha_e\tan\alpha_0\right)\Delta b$$

$$(13\text{-}1)$$

对每把插齿刀来说，r_0、α_e、α_0 均为定值，用常数 k 来表示，则上式成为

$$\Delta\delta = k\Delta b$$

得到的结果证明，$\Delta\delta$ 的变化与 Δb 成正比，即刀齿右侧表面任一点 m，沿轴向移动时是在做螺旋运动，其运动轨迹是螺旋线。刀齿左侧表面各点运动轨迹也是螺旋线，但旋转方向相反。

插齿刀各端截面中为变位齿轮齿形，都是渐开线齿形，故齿侧表面为螺旋渐开面，可以用加工斜齿轮的方法来磨制插齿刀的齿形表面。

任意半径 r_y 处的齿面螺旋角 β_y 用下式计算

$$\tan\beta_0 = \frac{r_y}{r_0}\tan\alpha_0\tan\alpha_e \tag{13-2}$$

在分度圆 r_0 处的齿面螺旋角 β_0 为

$$\tan\beta_0 = \tan\alpha_0\tan\alpha_e \tag{13-3}$$

在基圆 r_{b0} 处的齿面螺旋角 β_{b0} 为

$$\tan\beta_{b0} = \frac{r_{b0}}{r_0}\tan\alpha_0\tan\alpha_e = \sin\alpha_0\tan\alpha_c \tag{13-4}$$

插齿刀顶刃有后角 α_e，外圆为圆锥形。侧刃后角 α_c 应在刀刃的法截面 N—N 中测量，如图 13-10 所示。侧刃上任意点 A 在 M—M 截面中的后角即是齿形表面的螺旋角 β_{y0}。M—M 截面和 N—N 截面间夹角为 α_y，α_y 是半径 r_y 处的渐开线压力角（$\cos\alpha_y = r_{b0}/r_y$），因此侧刃后角 α_{yc} 为

$$\tan\alpha_{yc} = \tan\beta_{y0}\cos\alpha_y = \sin\alpha_0\tan\alpha_e$$

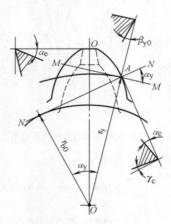

图 13-10　插齿刀的后角

由此计算式可知，插齿刀侧刃各点处后角均相等，与半径 r_y 无关。从式（13-4）可知，侧刃后角实际上等于齿形表面的基圆螺旋角 β_{b0}，即

$$\tan\alpha_c = \tan\beta_{b0} = \sin\alpha_0\tan\alpha_e \tag{13-5}$$

公称分度圆压力角为 20° 的标准插齿刀，采用 $\alpha_e = 6°$，这时侧刃后角 $\alpha_c = 2°4'32''$。

公称分度圆压力角为 $14\frac{1}{2}°$ 和 15° 的插齿刀，采用顶刃后角 $\alpha_e = 7\frac{1}{2}°$，这时侧刃后角 α_c 分别为 1°54′和 1°57′。

从刀具寿命的观点看，这样的侧后角是太小了，因此增大插齿刀的后角可提高刀具寿命。但增大插齿刀后角将减少插齿刀的可重磨次数，对插齿刀也是不利的。

2. 插齿刀的前角和齿形修正

插齿刀有前角以改善切削条件，但这将造成齿形误差，必须修正齿形以减少齿形误差。

用插齿刀切齿轮时，切削刃上下运动的轨迹包络形成齿轮的渐开线齿形。故切削刃在基面上的投影应是渐开线才没有理论上的误差。

插齿刀的齿形表面是螺旋渐开面。如刀具顶刃前角 $\gamma = 0°$，插齿刀前面的齿形是渐开线，没有误差。现在前角 $\gamma > 0°$，前面是圆锥面，和齿形表面（螺旋渐开面）的交线（切削刃）在基面中的投影已不是渐开线。如图 13-11 所示，如以 II—II 截面中的齿形为基准，则齿顶在 I—I 截面中。齿顶厚度增大 Δf_a（每侧），同理齿根处齿厚将减薄 Δf_f，相当于分度圆处压力角减小，将造成较大的齿形误差。插齿刀的前角、后角越大，齿形误差也越大。

设插齿刀的分度圆压力角为 α_0，分度圆半径为 r_0，加工齿轮的分度圆压力角为 α。有前角 γ、后角 α_e 后，插齿刀齿顶处的齿形误差[一]（以弧长计）为

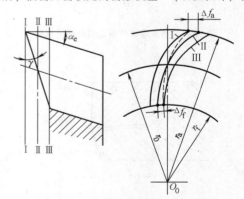

图 13-11　插齿刀前角引起的齿形误差

$$\Delta f_a = r_a\left[(\mathrm{inv}\alpha_{a0} - \mathrm{inv}\alpha_a) - (\mathrm{inv}\alpha_0 - \mathrm{inv}\alpha) - (r_a - r_0)K\right] \tag{13-6}$$

在基圆处的齿形误差为

$$\Delta f_b = r_b\left[\mathrm{inv}\alpha_{b0} - (\mathrm{inv}\alpha_0 - \mathrm{inv}\alpha) - (r_b - r_0)K\right] \tag{13-7}$$

一 公式推导见《齿轮刀具设计》袁哲俊编著，国防工业出版社，2014 年。

式中
$$K = \frac{\tan\gamma\tan\alpha_0\tan\alpha_e}{r_0} \qquad (13\text{-}8)$$

以 $m = 5\text{mm}$、$\alpha_0 = 20°$、$z_0 = 20$ 的插齿刀为例,在取前角 $\gamma = 5°$、后角 $\alpha_e = 6°$ 时,如刀具齿形未加修正,则齿顶的齿形误差为 $\Delta f_a = -0.0269\text{mm}$,基圆处的齿形误差为 $\Delta f_b = +0.0094\text{mm}$。很显然,这样大的齿形误差,对插齿刀是不能允许的。

为减少齿形误差,平时采用改变插齿刀分度圆压力角的办法,即制造插齿刀时的分度圆压力角 α_0 不等于被加工齿轮的分度圆压力角 α,而刀刃在基面投影的分圆压力角等于齿轮的分度圆压力角。

如图 13-12 所示,M 点是切削刃投影上的任意点。M 点的切线与向径间的夹角 ψ 根据微分几何推导,则

$$\tan\psi = \tan\alpha_y - \frac{r_y}{r_0}\tan\gamma\tan\alpha_0\tan\alpha_e$$

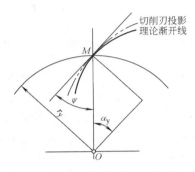

图 13-12　插齿刀齿形角修正原理

现在令切削刃投影在分度圆处的 ψ 角等于理论渐开线的分度圆压力角 α,即 $\psi = \alpha$、$r_y = r_0$、$\alpha_y = \alpha_0$,故

$$\tan\alpha = \tan\alpha_0 - \tan\gamma\tan\alpha_0\tan\alpha_e$$

即
$$\tan\alpha_0 = \frac{\tan\alpha}{1 - \tan\gamma\tan\alpha_e} \qquad (13\text{-}9)$$

式(13-9)是插齿刀有前角后角后,分度圆压力角修正后的数值。修正后切削刃投影的分度圆压力角正好是被加工齿轮的分度圆压力角。

插齿刀齿形角修正后,切削刃投影在分度圆处已无误差,但在齿顶和齿根处仍有齿形误差。图 13-13 所示是理论渐开线齿形、插齿刀齿形角修正前和修正后的切削刃投影的对比。从图中可看到修正后的刀刃投影和理论渐开线在分度圆处相切,但刀刃投影曲线的曲率半径大于理论渐开线。故插齿刀切齿轮时,齿顶和齿根处将有微量的沉切。由于沉切量很小,对一般的传动齿轮并不影响正常的啮合转动。

现在使用的标准插齿刀,$\alpha = 20°$、$\gamma = 5°$、$\alpha_e = 6°$,用式(13-9)可算出修正后的插齿刀分度圆压

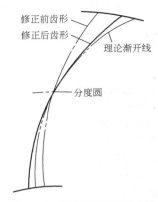

图 13-13　插齿刀修正前后刀刃
投影和理论渐开线比较

力角 $\alpha_0 = 20°10'14.5''$。

仍以前面算过的插齿刀($\alpha = 20°$、$m = 5\text{mm}$、$z_0 = 20$)为例,计算刀具齿形角修正为 $20°10'14.5''$ 后的齿形误差。经计算,齿顶处齿形误差 $\Delta f_a = -0.00692\text{mm}$,基圆处的齿形误差 $\Delta f_b = -0.007565\text{mm}$。由此可看到,齿形误差比未修正时大大减小,误差已在齿轮允许的误差范围内。

现在的标准插齿刀都采用前角 $\gamma = 5°$。插齿的侧刃也参加切削,侧刃前角较小,特别是接近齿根部分,这对切削不利,当加工塑性大的材料时,更加不利。但增大前角将增大加工齿轮的齿形误差,故仅在粗切齿轮时使用增大前角的插齿刀。

13.2.2　插齿刀变位系数的确定

1. 插齿刀变位系数的限制因素

设计插齿刀时,合理选择变位系数是一项主要工作。新插齿刀应尽量选用大的变位系数 x_0,这是因为

1)增加 x_0 值时,使插齿刀可重磨次数增加,增加插齿刀的使用寿命。

2)插齿刀 x_0 值增加时,增加插齿刀啮合时的齿顶高,这部分切削刃不仅前角较大有利于切削,而且这部分切削刃的渐开线曲率半径较大,包络加工出的齿轮齿面残留面积小,加工表面质量高。

但插齿刀变位系数 x_0 的增加受到如下限制:

1)插齿刀齿顶将变尖,使寿命降低。

2)用变位量大的插齿刀切出的齿轮容易发生过渡曲线干涉。

设计新插齿刀时,应在上述限制条件的许可下,选用最大的变位系数。

使用插齿刀时,希望能重磨次数尽量多,变位量达到最小值。但最小变位系数 x_{0min} 受到下列因素的限制:

1)插齿刀刃磨后变薄,受到刀齿强度限制。

2）被切齿轮根切的限制（被切齿轮齿数较少时）。

3）被切齿轮顶切的限制（插齿刀齿数较少和被切齿轮齿数较多时）。

计算时，根据插齿刀受刀齿强度限制的 x_{0min}，再校验是否发生齿轮根切或顶切。设计和使用插齿刀必须考虑以上限制因素，保证加工出合格的齿轮。

2. 齿顶变尖限制的最大变位系数 x_{0max}

插齿刀的变位系数 x_0 增加时，齿顶将变尖。分析插齿刀的切削过程得知，约有一半的金属是由齿顶刃切去的，因此齿顶厚度不能过小，应保证有最小的容许宽度 $[s_{a0}]$。根据实际经验，插齿刀顶刃容许的最小宽度 $[s_{a0}]$ 推荐用下式计算

$$[s_{a0}] = -0.0107m^2 + 0.2643m + 0.3381$$

$$(13-10)$$

用此公式计算便得到图 13-14 的曲线。因此，也可从图 13-14 中查出不同模数时的插齿刀容许的最小厚度。

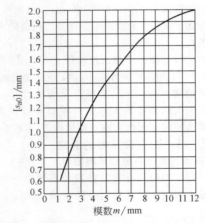

图 13-14 直齿插齿刀容许的最小齿顶厚

设计插齿刀时，齿顶厚度 s_{a0} 用下式计算

$$s_{a0} = \left[\frac{\pi + 4x_0\tan\alpha}{z_0} + 2(\text{inv}\alpha - \text{inv}\alpha_{a0}) \right] r_{a0}$$

$$(13-11)$$

设计时，先假定某变位系数 x_0 值，用式（13-11）计算齿顶厚度，与 $[s_{a0}]$ 相比较，根据比较结果改变所取的 x_0 值，使齿顶厚度逼近 $[s_{a0}]$，这时的 x_0 即为齿顶变尖容许的 $[x_0]_{max}$。

上述计算法比较费事，宜采用迭代等方法用计算机求解。为便于设计插齿刀，也可将式（13-11）计算成图表，如图 13-15 所示。该图表是按插齿刀 $m = 1mm$，$\alpha = 15°$ 和 20°，齿顶高 $h_{a0} = 1.25m$ 和 1.3m 时计算的。使用时，将查得的 s'_{a0} 乘以实际模数即得到实际的齿顶厚 s_{a0}。在 $[s_{a0}]$ 已确定时可根据插齿

刀的参数，从图 13-15 中查出相应的 $[x_0]_{max}$ 值。

分析图 13-15，可看到插齿刀参数对齿顶变尖的影响：

1）插齿刀变位系数 x_0 越大，则 s'_{a0} 越小，齿顶越变尖。

2）插齿刀齿顶高 h_{a0} 越大，则 s'_{a0} 越小，齿顶越变尖。

3）插齿刀的齿数 z_0 越小，则 s'_{a0} 越小，齿顶越变尖。

4）当分度圆压力角越大，则 s'_{a0} 越小，齿顶越变尖。

3. 齿轮不产生过渡曲线干涉时的 $[x_0]_{max}$

用插齿刀切出的齿轮和共轭齿轮啮合时，有时会发生过渡曲线干涉。

图 13-16a 是插齿刀切齿轮时的情况，可看到齿轮齿廓 F 点以上是渐开线，F 点以下是过渡曲线长幅外摆线或长幅外摆线的等距线。在 F 点过渡曲线和渐开线相切，F 点是渐开线的起始点。F 点相应于插齿刀顶圆 r_{a0} 和啮合线 A_1A_2 的交点 K_1，是插齿刀和齿轮的极限啮合点。

从图 13-16a 可看到，渐开线起点 F 处的曲率半径为 $\overline{A_1K_1}$，现以 ρ_{01} 表示则

$$\rho_{01} = \overline{A_1A_2} - \overline{K_1A_2} = a_{01}\sin\alpha_{01} - \sqrt{r_{a0}^2 - r_{b0}^2} \quad (13-12)$$

如 F 点在基圆上，则 $\rho_{01} = 0$；ρ_{01} 值越大，则过渡曲线的起点越高。

当切完的齿轮 z_1 和共轭齿轮啮合时，如图 13-16b 所示，有效啮合线长度为 $\overline{K_1'K_2'}$，齿轮 z_1 的齿廓上有效工作部分为 $F'G$，即要求 F' 点以上是渐开线，F' 点处的渐开线曲率半径为 ρ_1。如果 F 点低于 F' 点，则齿轮 z_1 的过渡曲线不参加啮合，不发生过渡曲线干涉。如 F 点高于 F' 点，则将产生过渡曲线干涉。可以用 F 点和 F' 点处的渐开线曲率半径 ρ_{01} 和 ρ_1 的大小来校验小齿轮齿根过渡曲线是否发生干涉，即要求不发生干涉必须满足

$$\rho_1 \geqslant \rho_{01}$$

即 $$a_{12}\sin\alpha_{12} - \sqrt{r_{a2}^2 - r_{b2}^2} \geqslant a_{01}\sin\alpha_{01} - \sqrt{r_{a0}^2 - r_{b0}^2}$$

$$(13-13)$$

式中 α_{01}、a_{01}——插齿刀加工小齿轮时的啮合角和中心距，可用下式计算

$$\text{inv}\alpha_{01} = \frac{2(x_1 + x_0)\tan\alpha}{z_1 + z_0} + \text{inv}\alpha \quad (13-13a)$$

$$a_{01} = \frac{m(z_1 + z_0)}{2} \cdot \frac{\cos\alpha}{\cos\alpha_{01}} \quad (13-13b)$$

式（13-13）中的 α_{12} 和 a_{12} 是两齿轮啮合时的啮合

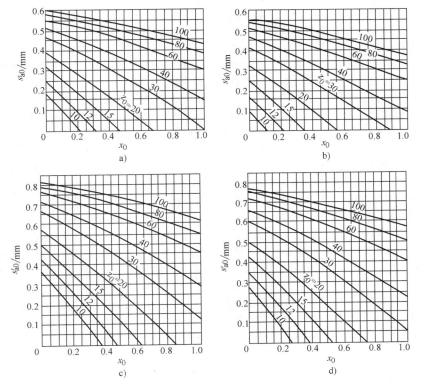

图 13-15　不同变位量 x_0 时的插齿刀齿顶厚　（$m = 1\text{mm}$）

a）$\alpha = 20°$，$h_{a0} = 1.25$　b）$\alpha = 20°$，$h_{a0} = 1.3$

c）$\alpha = 15°$，$h_{a0} = 1.25$　d）$\alpha = 15°$，$h_{a0} = 1.3$

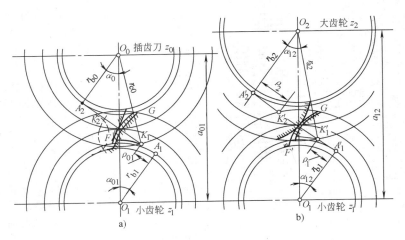

图 13-16　插齿刀切齿轮的过渡曲线干涉校验

a）插齿刀切小齿轮时啮合情况　b）大小齿轮啮合情况

角和中心距，也可用式（13-13a）和式（13-13b）计算，计算时用大齿轮的参数代替插齿刀参数即可。

同样理由，要求插齿刀切出的大齿轮齿根过渡曲线在啮合时不发生干涉现象，应保证

$$\rho_2 \geqslant \rho_{02}$$

即

$$a_{12}\sin\alpha_{12} - \sqrt{r_{a1}^2 - r_{b1}^2} \geqslant a_{02}\sin\alpha_{02} - \sqrt{r_{a0}^2 - r_{b0}^2}$$

$$(13\text{-}14)$$

在式 (13-13) 和式 (13-14) 中 α_{01}、a_{01}，α_{02}、a_{02} 和 r_{a0} 都是插齿刀变位系数 x_0 的函数，而对某具体插齿刀，其他参数均为定值。可以用上述公式用试算法求出齿轮不产生过渡曲线干涉的 x_0 值。经分析得知，x_0 值越大时，齿轮过渡曲线越容易产生过渡曲线干涉。因此，在两齿轮不产生过渡曲线干涉的条件下，x_0 有一个最大极限值 $[x_0]_{\max}$。

用同一插齿刀切出的一对变位齿轮，如果 $x_1 = x_2$ 时，如产生过渡曲线干涉将属于下述两种情况之一：

1) 两齿轮齿根过渡曲线都发生干涉。

2) 仅小齿轮齿根发生过渡曲线干涉 (因大齿轮直径大，要求的渐开线起点低)。无论属于第一或第二种情况，只用式 (13-13) 校验小齿轮齿根过渡曲线是否干涉，已足够说明这对齿轮是否发生过渡曲线干涉。对于 $x_1 \neq x_2$ 的变位齿轮，则需同时用式 (13-13) 和式 (13-14) 校验大、小齿轮齿根过渡曲线是否产生干涉。

用式 (13-13) 和式 (13-14) 校验过渡曲线是否发生干涉是比较费时的。有人按加工非变位齿轮 ($x_1 = x_2 = 0$) 用上述公式进行计算，将不产生过渡曲线的极限情况作成图表，如图 13-17 所示。该图表曲线是按 $\alpha = 20°$、$z_1 = 120$、$h_{a0} = 1.25m$ 和 $h_{a0} = 1.3m$ 计算的。用该图表可查出不发生过渡曲线干涉的大齿轮最多齿数，如大齿轮实际齿数超出，则过渡曲线将发生干涉。

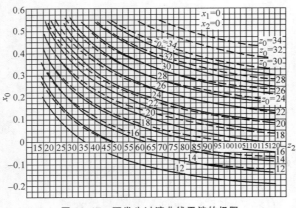

**图 13-17 不发生过渡曲线干涉的极限
情况下的 x_0-z_2 关系曲线**

($\alpha = 20°$，$x_1 = x_2 = 0$，$z_1 = 120$)

——$h_{a0} = 1.25m$ ---$h_{a0} = 1.3m$

例如，已知 $\alpha = 20°$，$z_0 = 19$，$h_{a0} = 1.3m$，$z_1 = 40$，$z_2 = 60$，$x_1 = x_2 = 0$，当插齿刀 $x_0 = 0.158$ 时，用图 13-17 校验是否发生过渡曲线干涉。从图中查出在 $z_0 = 19$、$x_0 = 0.158$ 时不发生过渡曲线干涉的大齿轮齿数 $z_2 = 65°$，现大齿轮实际齿数为 60，故不发生过渡曲线干涉。

在校验齿轮过渡曲线的干涉现象时，应知道插齿刀各参数对过渡曲线干涉的关系。

1) 插齿刀变位系数 x_0 增加，过渡曲线干涉的危险性增加，即用新插齿刀加工时容易发生过渡曲线干涉。

2) 插齿刀齿数 z_0 减少时，过渡曲线干涉的危险性增加。加工外齿轮时，应避免使用齿数过少的插齿刀，当插齿刀齿数 $z_0 \geq 34$ 时，一般不会发生过渡曲线干涉，这项校验可不进行。

3) 插齿刀齿顶高系数 h_{a0} 增加时，过渡曲线干涉的危险性减少，这就是插齿刀平时采用较大齿顶高系数 ($h_{a0}^* = 1.25 \sim 1.3$) 的原因。

4. 齿轮不产生根切时的 $x_{0\min}$

当插制齿数较少或负变位的齿轮时，有可能产生齿轮根切。由于插齿刀变位系数小时 (或负变位时)，容易产生齿轮根切，故需校验或计算不发生齿轮根切时的插齿刀允许的最小变位系数 $x_{0\min}$。

插齿刀加工齿轮时的啮合情况如图 13-16a 所示。在有效啮合线的起点 K_1 超出极限啮合点 A_1 时，将产生齿轮根切。因此要保证齿轮不产生根切，必须

$$\rho_{01} \geq 0$$

即

$$a_{01}\sin\alpha_{01} - \sqrt{r_{a1}^2 - r_{b1}^2} \geq 0 \qquad (13-15)$$

式中 α_{01} 和 a_{01}——插齿时的啮合角和中心距，可以用式 (13-13a) 和式 (13-13b) 计算。

为方便设计和使用插齿刀时的齿轮根切校验，根据式 (13-15) 计算结果绘制成图表曲线，如图 13-18 所示 (计算按 $\alpha = 20°$、$h_{a0}^* = 1.25$、$x_1 = 0$ 的情况)。可根据插齿刀的齿数 z_0 和齿轮齿数 z_1 查出不发生齿轮根切的插齿刀最小变位系数 $x_{0\min}$。

各参数对齿轮根切危险性的影响关系如下：

1) 插齿刀变位系数 x_0 减小时，齿轮根切的危险性增加。插齿刀刃磨后 x_0 减小，故受根切限制的 $x_{0\min}$ 将限制插齿刀的刃磨次数。

2) 插齿刀的齿数 z_0 减少时，根切的危险性也减少。因此插齿刀和梳齿刀与齿轮滚刀相比，可以切齿数较少的齿轮而不发生根切。

3) 插齿刀的齿高系数 h_{a0} 增加时，根切的危险性也增加。

4) 齿轮变位系数 x_1 减小时，根切的危险性增加。

应注意，根切仅在齿轮齿数较少时才发生，在 $z_1 \geq 24$ 时，根切很少发生。

5. 齿轮不产生顶切时的 $x_{0\min}$

用齿数较少的插齿刀加工齿轮时，插齿刀的齿

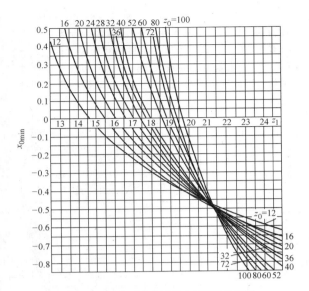

图 13-18　插齿时齿轮不发生根切的校验图

（$\alpha = 20°$，$h_{a0}^* = 1.25$，$x_1 = 0$）

根和齿轮的顶角有可能发生干涉，将齿轮的顶角切去，此现象称为齿轮顶切。

图 13-19 所示是插齿刀切齿轮时的啮合情况。从图可看到，要齿轮不发生顶切现象，应保证 $O_1K_2 \leq O_1A_2$，即

$$r_{a1} \leq \sqrt{(a_{01}\sin\alpha_{01})^2 + r_{b1}^2} \qquad (13\text{-}16)$$

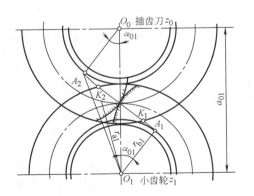

图 13-19　插齿啮合时齿轮顶切的校验

对一般齿轮齿角处允许有小圆角或少量切角，当允许的切角长度为 Δr_a 时，则式（13-16）成为

$$r_{a1} \leq \sqrt{(a_{01}\sin\alpha_{01})^2 + r_{b1}^2} + \Delta r_{a1} \qquad (13\text{-}16a)$$

解上式得到

$$\tan\alpha_{01} \geq \frac{2\sqrt{(r_{a1} - \Delta r_{a1})^2 - r_{b1}^2}}{m(z_1 + z_0)\cos\alpha} \qquad (13\text{-}17)$$

在不发生顶切的极限情况下，α_{01} 成为 $(\alpha_{01})_{min}$

$$\tan(\alpha_{01})_{min} = \frac{2\sqrt{(r_{a1} - \Delta r_{a1})^2 - r_{b1}^2}}{m(z_1 + z_0)\cos\alpha} \qquad (13\text{-}17a)$$

根据啮合原理　　$\operatorname{inv}\alpha_{01} = \dfrac{2(x_1 + x_0)\tan\alpha}{z_1 + z_0} + \operatorname{inv}\alpha$

在不发生齿轮顶切的极限情况，$\alpha_{01} = (\alpha_{01})_{min}$，

$x_0 = x_{0min}$

代入上式得到

$$(x_0)_{min} = \left[\operatorname{inv}(\alpha_{01})_{min} - \operatorname{inv}\alpha\right]\frac{z_1 + z_0}{2\tan\alpha} - x_1$$

$$(13\text{-}18)$$

将式（13-17a）中求得的 $(\alpha_{01})_{min}$ 代入式（13-18），即可求得不发生齿轮顶切的 x_{0min}。

为便于设计和使用插齿刀，根据上面的公式，并按被加工齿轮参数为 $\alpha = 20°$、$h_a^* = 1$、$x_1 = 0$，将计算结果制成图 13-20。从此图可以很方便地根据 z_0 和 z_1 的数值查出不发生齿轮顶切时的 x_{0min} 值。注意，加工变位齿轮时此图不能用，需用式（13-16）或式（13-18）校验。

插齿时产生齿轮顶切，仅在插齿刀齿数较少或是负变位情况下产生，这时插齿刀齿根非渐开线部分参加啮合，造成齿轮顶切。对于少齿数插齿刀的齿根非渐开线部分的齿形问题，在加工内齿轮插齿刀部分还将进一步分析。

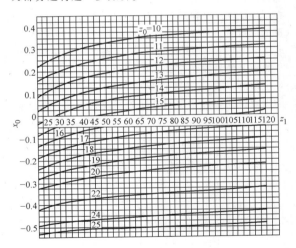

图 13-20　插齿时齿轮不发生顶切的校验图

（$\alpha = 20°$，$h_a^* = 1$，$x_1 = 0$）

6. 齿轮齿根径向间隙变化对 x_0 的限制

用插齿刀加工齿轮时，一般情况是 $x_0 + x_1 \neq 0$，这时啮合角不等于分度圆压力角，属于角变位，加工出的齿轮顶隙将不等于标准值。

图 13-21 所示是插齿时的啮合情况。加工出齿轮的根圆半径 r_{f1} 为

$$r_{f1} = a_{01} - r_{a0} = a_{01} - \left(\frac{z_0}{2} + h_{a0}^* + x_0\right)m$$

得到的顶隙 c_1 为

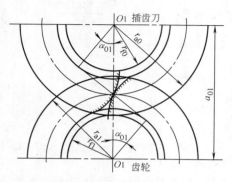

图 13-21　插齿刀加工齿轮时的啮合情况

$$c_1 = m\left(\frac{z_1}{2} - h_a^*\right) - r_{f1} = m\left(\frac{z_1}{2} - h_a^*\right) -$$

$$a_{01} + \left(\frac{z_0}{2} + h_{a0}^* + x_0\right)m \qquad (13\text{-}19)$$

式中啮合角 α_{01} 和中心距 a_{01} 可用式（13-13a）和式（13-13b）计算。

　　为便于设计和使用插齿刀，用式（13-19）计算出不同变位系数插齿刀加工非变位齿轮（$x_1 = 0$）时的顶隙变化曲线，如图 13-22 所示。从图可看到，在 $x_0 = 0$ 时，得到的齿轮径向间隙最小，无论 x_0 为正值或负值，只要其绝对值增大都使径向间隙加大，x_0 为负值时增大更快。对一般用途的齿轮顶隙增大不影响其使用性能，故顶隙变化可不校验。

　　插齿刀的 x_0 绝对值增加，特别是 x_0 为负值时，插齿刀根圆和齿轮顶圆之间的间隙将减小，甚至插

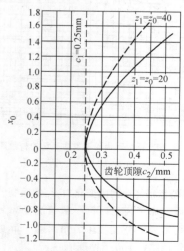

图 13-22　用插齿刀切出齿轮的顶隙

（$m = 1$mm，$\alpha = 20°$，$h_a^* = 1.25$，$x_1 = 0$）

齿刀根圆会切到齿轮顶圆，产生另一种现象的顶切。校验这种顶切的原理和前面校验顶隙变化类似，也可查图 13-23，该图表适用于插制非变位齿轮（$x_1 = 0$），可看到仅在 x_0 为较大负值时才有可能产生这种顶切，因此这也是插齿刀最小变位系数的限制条件之一。

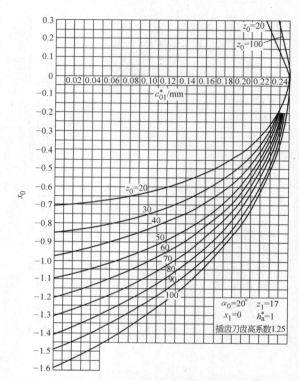

图 13-23　插齿对刀具根圆和齿轮顶圆之间的间隙

（$m = 1$mm，$\alpha = 20°$，$h_{a0}^* = 1.25$，$z_1 = 17$，$x_1 = 0$）

13.2.3　插齿刀齿顶圆角半径的确定

1. 插齿刀齿顶圆角的要求

　　为提高插齿刀的寿命，标准中 $m \geqslant 2$mm 的插齿刀齿顶角处制成圆角。$m = 2 \sim 8$mm 的插齿刀一般齿顶圆角半径 $r_c = 0.15 \sim 0.4$mm。

　　插齿刀齿顶角为圆弧时，加工出齿轮齿根过渡曲线为长幅外摆线的等距线，它的曲率半径要比尖齿角插齿刀切出的过渡曲线的曲率半径大，这将减小齿轮工作时的应力集中，增大齿轮的承载能力。但插齿刀齿角作成圆弧后，将使被切齿轮的渐开线齿形减短，使过渡曲线干涉的危险性增加。

　　插齿刀齿角圆弧的确定分下面三种情况：

　　1）插齿刀的齿顶制成两圆角，圆弧半径无特殊要求。

　　2）插齿刀齿顶制成一个整圆弧。

　　3）齿轮齿根过渡曲线有曲率半径要求，这时要校验标准刀具齿角的圆弧半径能否满足要求。

2. 插齿刀齿顶有两圆角时

在被加工齿轮齿根过渡曲线无特殊要求时，相应于这种情况的插齿刀齿顶圆角的圆弧半径，主要从保证刀具寿命考虑，可采用标准插齿刀推荐的齿顶圆角半径 r_c 值，见表 13-2。

表 13-2　插齿刀齿顶角圆弧半径推荐值

（单位：mm）

模数	2~2.5	2.75~4	4.5~6	6.5~8
齿顶角圆弧半径 r_c	0.15	0.2	0.3	0.4

图 13-24 是插齿刀齿顶有两圆角时的情况。可看到圆角的中心为 O_c，圆弧和渐开线在 A 点相切，A 点的向径为 r_A，A 点处渐开线压力角为 α_A。用有齿顶圆角的插齿刀加工齿轮时，齿形渐开线的外端点是 A。因此校验这种插齿刀加工出的齿轮是否发生过渡曲线干涉时，式（13-13）中的 r_{a0} 应用 r_A 代替。

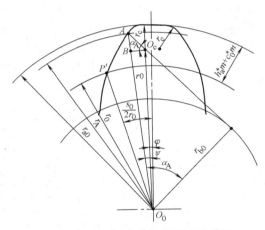

图 13-24　插齿刀齿顶有两圆角时的情况

圆角起点处的半径 r_A 的计算比较费事，可近似按下式确定

$$r_A = r_{a0} - (0.2 \sim 0.3)r_c \qquad (13\text{-}20)$$

上式中插齿刀齿数少时取小值。

3. 插齿刀齿顶为整圆弧时

当齿轮齿根过渡曲线曲率半径要求尽量大时，插齿刀的齿顶可做成一个整圆弧，如图 13-25 所示。齿顶圆弧和渐开线的切点为 A，A 点的向径为 r_A，A 点处的渐开线压力角为 α_A。要使过渡曲线的曲率半径尽量大，则刀具齿形上 A 点正好加工出齿轮有效渐开线的最低极限点（图 13-16b 中的 F' 点），根据这原理可以推算出[⊖]齿顶圆弧半径 r_c 和圆弧中心 O_c 的向径 r_{0c}，即

⊖ 推导过程见袁哲俊编著《齿轮刀具设计》，151 页，北京国防工业出版社，2014 年。

$$r_c = \cfrac{r_A \tan\left[\dfrac{\pi + 4x_0\tan\alpha}{2z_0} - (\operatorname{inv}\alpha_A - \operatorname{inv}\alpha)\right]}{\cos\alpha_A + \sin\alpha_A \tan\left[\dfrac{\pi + 4x_0\tan\alpha}{2z_0} - (\operatorname{inv}\alpha_A - \operatorname{inv}\alpha)\right]}$$

$$(13\text{-}21)$$

$$r_{0c} = \cfrac{r_{b0}}{\cos\left(\tan\alpha_A - \dfrac{\pi + 4x_0\tan\alpha}{2z_0} - \operatorname{inv}\alpha\right)} \qquad (13\text{-}22)$$

式中 r_A 和 α_A 可用下式计算

$$\left.\begin{array}{l} \tan\alpha_A = \dfrac{1}{z_1}\big[(z_1+z_0)\tan\alpha_{01} - \\ \qquad (z_1+z_2)\tan\alpha_{12} + z_2\tan\alpha_{a2}\big] \\[2mm] r_A = \dfrac{mz_0\cos\alpha}{2\cos\alpha_A} \end{array}\right\} \quad (13\text{-}23)$$

式中　α_{12}——齿轮副啮合时的啮合角，参考式（13-13）。

这时插齿刀的外径 r_{a0} 为

$$r_{a0} = \cfrac{r_{b0}}{\cos\left(\tan\alpha_A - \dfrac{\pi + 4x_0\tan\alpha}{2z_0} - \operatorname{inv}\alpha\right)} + r_a$$

$$(13\text{-}24)$$

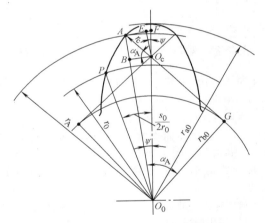

图 13-25　插齿刀的齿顶为一个整圆弧

4. 齿轮齿根过渡曲线有特殊要求时

有时要加工的齿轮图样上规定齿根过渡曲线的最小曲率半径 ρ_c。这时要校验用齿顶圆角 r_c 的插齿刀加工出的齿轮齿根过渡曲线曲率半径是否符合要求。

齿角不带圆角的插齿刀加工出齿轮的齿根过渡曲线是长幅摆线；当刀具齿角为圆弧时，加工出齿轮齿根过渡曲线为长幅摆线的等距线，如图 13-26 所示。长幅摆线和长幅摆线等距线的最小曲率半径处，均在曲线的下端点（见图 13-26），长幅摆线等距线的最小曲率半径明显大于长幅摆线的最小曲率

半径。长幅摆线等距线的最小曲率半径 ρ_{min} 即是齿轮齿根过渡曲线的最小曲率半径。

长幅摆线等距线的最小曲率半径 ρ_{min} 可用下式计算（推导从略）

$$\rho_{min} = \frac{\left[a_{01} - r_{0c}\left(1 + \dfrac{z_1}{z_0}\right)\right]^2}{r_{0c}\left(1 + \dfrac{z_1}{z_0}\right)^2 - a_{01}} + r_c \qquad (13\text{-}25)$$

式中　r_c——齿顶圆角半径；
　　　r_{0c}——圆角中心的向径。

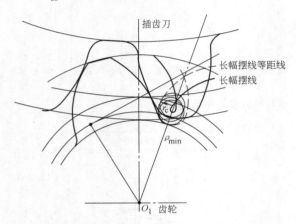

图 13-26　齿轮齿根过渡曲线为长幅摆线的等距线

计算得到的 ρ_{min} 必须大于图样上规定的齿轮过渡曲线的最小曲率半径 ρ_c，即 $\rho_{min} \geqslant \rho_c$。

有时为简化计算，直接取 $r_c = \rho_c$。

13.2.4　直齿外插齿刀结构和主要参数的确定

直齿外插齿刀一般都采用盘形结构，在加工多联齿轮的小齿轮和带凸肩齿轮时采用碗形结构。

确定插齿刀的主要参数时分以下三种情况：

1) 通用插齿刀，加工齿轮未确定。

2) 为某齿轮（或齿轮副）设计专用插齿刀。

3) 为加工某齿轮选用标准插齿刀，这时需校验插齿刀参数是否合适。

1. 通用插齿刀主要参数的确定

（1）插齿刀分度圆直径和齿数　常用的外插齿刀公称分度圆直径有：$\phi75\text{mm}$、$\phi100\text{mm}$、$\phi125\text{mm}$。遇到大模数齿轮而且插齿机允许时，也可使用分度圆直径为 $\phi160\text{mm}$ 和 $\phi200\text{mm}$ 的插齿刀。

在机床允许的条件下选用直径较大的插齿刀，可减少加工齿轮过渡曲线干涉和齿轮顶切的危险性，但刀具价格将增加。

根据齿轮模数选定插齿刀公称分度圆直径 d_0

后，可计算插齿刀的齿数 z_0

$$z_0 = \frac{d_0'}{m}\text{（凑成整数）} \qquad (13\text{-}26)$$

确定插齿刀的齿数 z_0 后，计算插齿刀的实际分度圆直径 d_0

$$d_0 = m z_0 \qquad (13\text{-}27)$$

（2）插齿刀最大变位系数 x_{0max} 和齿顶高系数 h_{a0}^*　对通用插齿刀，因为被加工齿轮未定，应使刀具适应多种情况下齿轮的加工。为解决这一问题，哈尔滨第一工具制造有限公司根据插齿刀变位系数 x_0 的各限制条件计算并画出了插齿刀的 x_0—m 综合关系曲线图，能全面综合分析各限制因素，从而选取各参数的最合理数值。

$\phi75\text{mm}$、$\phi100\text{mm}$、$\phi125\text{mm}$ 插齿刀的 x_0—m 综合关系曲线图分别如图 13-27、图 13-28 和图 13-29 所示。图中有 $h_{a0}^* = 1.25$ 和 $h_{a0}^* = 1.3$ 时的插齿刀齿顶变尖限制曲线，从这曲线可查出不同模数时的齿顶变尖限制的最大变位系数 x_{0max}。图中有 $h_{a0}^* = 1.25$ 和 $h_{a0}^* = 1.3$ 时加工非变位齿轮时产生过渡曲线的限制曲线，根据这曲线可以查出不同模数时不产生过渡曲线干涉的最大变位系数 x_{0max}。

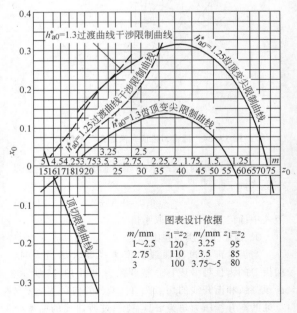

图 13-27　$\phi75\text{mm}$ 插齿刀 x_0—m 综合关系曲线

（$\alpha = 20°$，$h_a^* = 1$，$x_1 = x_2 = 0$）

分析图 13-27 可知，公称分度圆直径 $\phi75\text{mm}$ 的插齿刀当插齿刀齿顶高系数 $h_{a0}^* = 1.25$ 时，x_{0max} 要比 $h_{a0}^* = 1.3$ 时的 x_{0max} 值大。因此，从采用较大的 x_{0max} 值出发，$\phi75\text{mm}$ 的插齿刀应选用齿顶高系数 $h_{a0}^* =$

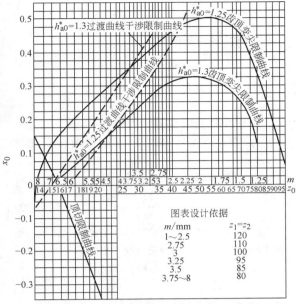

图 13-28 φ100mm 插齿刀 x_0—m 综合关系曲线

（$\alpha = 20°$，$h_a^* = 1$，$x_1 = x_2 = 0$）

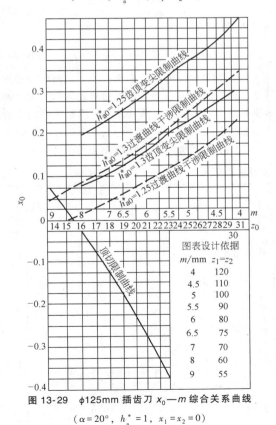

图 13-29 φ125mm 插齿刀 x_0—m 综合关系曲线

（$\alpha = 20°$，$h_a^* = 1$，$x_1 = x_2 = 0$）

1.25。同时，对于 φ75mm、$m \leq 2.25$mm 的插齿刀，x_{0max} 应按 $h_{a0}^* = 1.25$ 齿顶变尖限制条件选择；$m >$

2.5mm 时，x_{0max} 应按 $h_{a0}^* = 1.25$ 的过渡曲线干涉限制条件选择。

分析图 13-28 可看到，公称分度圆直径 φ100mm 的插齿刀，为采用较大的 x_{0max}、$m \leq 4$mm 时，应取 $h_{a0}^* = 1.25$；$m > 4$mm 时，应取 $h_{a0}^* = 1.3$。并且，在 $m \leq 2.25$mm 时，应按 $h_{a0}^* = 1.25$ 齿顶变尖限制曲线选 x_{0max}；在 $m = 2.5 \sim 4$mm 时，应按 $h_{a0}^* = 1.25$ 过渡曲线干涉限制曲线选 x_{0max}；在 $m > 4$mm 时，应按 $h_{a0}^* = 1.3$ 齿顶变尖限制曲线选 x_{0max} 值。

分析图 13-29 可看到，公称分度圆直径 φ125mm 的插齿刀，为采用较大 x_{0max}，应取 $h_{a0}^* = 1.3$；并且应按 $h_{a0}^* = 1.3$ 时的齿顶变尖限制条件来选择 x_{0max} 值。

从上面的分析可知，合理的齿顶高系数 h_{a0}^* 为

1）φ75mm 的插齿刀取 $h_{a0}^* = 1.25$。

2）φ100mm 的插齿刀，$m \leq 4$mm 时，取 $h_{a0}^* = 1.25$；$m > 4$mm 时，取 $h_{a0}^* = 1.3$。

3）φ125mm 的插齿刀，取 $h_{a0}^* = 1.3$。

分析图 13-27、图 13-28、图 13-29 还可看到，为保持 x_0 有一定区间供刃磨，对于 φ75mm 插齿刀，最大模数应不超过 4mm；对于 φ100mm 插齿刀，最大模数应不超过 6mm；对于 φ125mm 插齿刀，最大模数应不超过 8mm。

（3）插齿刀的厚度 B　插齿刀的厚度根据下列两方面的因素考虑决定：

1）制造工艺条件（主要是磨齿形）的限制。

2）根据插齿刀的最大变位系数 x_{0max}、最小变位系数 x_{0min} 和模数算出的理论有效厚度，再加上刃磨到最后刀齿强度要求的最小厚度。

插齿时的齿轮根切和顶切限制的 x_{0min}，前面已经讲述过，刀齿强度允许的插齿刀最小厚度 B_{min} 可参考表13-3选取。

表 13-3　插齿刀刀齿强度允许的最小厚度 B_{min}

（单位：mm）

插齿刀模数 m	1～1.5	1.75～2.5	2.75～4	4.5	5	5.5～6
公称分度圆直径 φ75 时的 B_{min}	4	5	6.5		—	
公称分度圆直径 φ100 时的 B_{min}	4	4.5	5.5	6.5		7.5

综合上述因素，插齿刀厚度可参考表 13-4 选取。

表 13-4 不同公称分度圆直径插齿刀的厚度 B

(单位：mm)

φ75		φ100		φ125	
模数 m	厚度 B	模数 m	厚度 B	模数 m	厚度 B
1～1.5	15	1～1.5	18		
1.75～2.75	17	1.75～3.25	22	4～8	30
3～4	20	3.5～6	24		

（4）插齿刀磨削齿形表面所需参数 磨削插齿刀的齿形表面需要有该螺旋渐开面的下列参数：

1）刀具齿形表面的分度圆压力角 α_0（见式（13-9））

$$\tan\alpha_0 = \frac{\tan\alpha}{1-\tan\gamma\tan\alpha_e}$$

2）刀具齿形表面的基圆柱直径 d_{b0}

$$d_{b0} = mz_0\cos\alpha_0$$

3）刀具齿形表面的基圆螺旋角 β_{b0}

$$\tan\beta_{b0} = \sin\alpha_0\tan\alpha_e$$

4）对于 $\alpha = 20°$、$\gamma = 5°$、$\alpha_e = 6°$ 的标准插齿刀，用上式计算可得：$\alpha_0 = 20°10'14.5''$，$\beta_{b0} = 2°4'32''$。

（5）插齿刀原始截面中的参数

1）插齿刀标准中规定原始截面中齿厚 $s_0 = \dfrac{\pi m}{2}$，齿轮齿厚要求有变化时，可调节插齿深度。

2）原始截面中齿顶高度 $h_{a0} = (h_a^* + c_0')m$。

3）原始截面中全齿高取 $h_0 = (2h_a^* + c_c' + c_0'')m$。

（6）新插齿刀前面投影尺寸

1）新插齿刀前面离原始截面距离

$$b_0 = \frac{x_0}{\tan\alpha_e} \tag{13-28}$$

2）前面分度圆弧齿厚

$$s_{0I} = s_0 + 2b_0\tan\alpha_e\tan\alpha \tag{13-29}$$

3）前面齿顶高

$$h_{a0I} = h_{a0} + b_0\tan\alpha_e$$

（7）插齿刀检查截面中的尺寸

1）插齿刀标准规定检查截面到前面距离为 2.5mm。

2）检查截面中的刀具变位系数

$$x_{0检} = \frac{b_0 - 2.5}{m}\tan\alpha_e \tag{13-30}$$

3）有效渐开线起点处的曲率半径 ρ_1（即检查渐开线的起点处），按切齿条情况考虑，即

$$\rho_1 = \frac{mz_0}{2}\sin\alpha - \frac{(h_a^* - x_{0检})m}{\sin\alpha} \tag{13-31}$$

4）有效渐开线终点处（即检查渐开线终点）的曲率半径 ρ

$$\rho = \sqrt{(r_{a0} - 2.5\tan\alpha_e)^2 - r_{b0}^2} \tag{13-32}$$

当插齿刀齿顶有圆角（半径为 r_c）时

$$\rho = \sqrt{(r_{a0} - 2.5\tan\alpha_e - r_c)^2 - r_{b0}^2} \tag{13-32a}$$

（8）标准外插齿刀的主要参数 前面已经分别说明了通用插齿刀的主要参数的确定方法。实际的标准插齿刀在不同分度圆直径、不同模数时的主要参数数值见表 13-5。

2. 专用外插齿刀设计步骤和计算示例（见表 13-6）

表 13-5 标准外插齿刀主要参数

(单位：mm)

模数 m	φ75								φ100								φ125						
	z_0	$(x_0)_{max}$	$(x_0)_{min}$	b_0	$B' \approx$	B	h_{a0}^*		z_0	$(x_0)_{max}$	$(x_0)_{min}$	b_0	$B' \approx$	B	h_{a0}^*		z_0	$(x_0)_{max}$	$(x_0)_{min}$	b_0	$B' \approx$	B	h_{a0}^*
1	76	0	-1.37	0	14				100	0.06	-1.59	0.6	17										
1.25	60	0.18	-1.2	2.1	18	15			80	0.33	-1.41	3.9	22.5	18									
1.5	50	0.27	-1.1	3.9	21.5				68	0.46	-1.28	6.6	27.0										
1.75	43	0.30	-1.0	5.2	24.0				58	0.50	-1.20	8.3	31.0										
2	38	0.31	-0.97	5.9	26.5	17			50	0.50	-1.11	9.5	33.5										
2.25	34	0.30	-0.91	6.4	28.5				45	0.47	-1.05	10.5	36.0										
2.5	30	0.22	-0.85	5.2	28.0		1.25		40	0.46	-1.00	10.0	37.0	22	1.25								
2.75	28	0.19	-0.70	4.0	25.5				36	0.36	-0.94	9.4	37.5										
3	25	0.14	-0.50	4.0	20.0				34	0.34	-0.92	9.7	39.5										
3.25	24	0.13	-0.43	4.0	19.0	20			30	0.28	-0.82	8.7	37.5										
3.5	22	0.10	-0.32	3.3	15.0				29	0.26	-0.71	8.7	35.5										
3.75	20	0.07	-0.23	2.5	11.5				27	0.23	-0.60	8.2	32.5										
4	19	0.04	-0.17	1.5	8.5				25	0.18	-0.50	6.9	28.5				31	0.30	-0.85	11.4	48.0		
4.5	—								22	0.12	-0.34	5.1	21.5	24			28	0.27	-0.66	11.6	43.5		
5	—								20	0.09	-0.23	4.3	16.5				25	0.22	-0.50	10.5	37.5		
5.5	—								19	0.08	-0.18	4.2	15.0		1.3		23	0.20	-0.38	10.5	33.5		
6	—								18	0.08	-0.13	4.6	13.0				21	0.16	-0.28	9.1	27.5	30	1.3
6.5	—								—								19	0.12	-0.18	7.4	20.0		
7	—								—								18	0.11	-0.13	7.3	17.5		
8	—								—								16	0.07	-0.03	5.3	8.5		

表 13-6　专用直齿外插齿刀设计步骤和计算示例　　　　（单位：mm）

（1）齿轮原始参数

名　称	被切齿轮参数		共轭齿轮参数	
	符　号	数　值	符　号	数　值
模数	m	2	m	2
分度圆压力角	α	20°	α	20°
齿数	z_1	12	z_2	45
齿顶高系数	h_{a1}^*	0.75	h_{a2}^*	0.75
径向间隙系数	c_1^*	0.3	c_2^*	0.3
变位系数	x_1	0.25	x_2	-0.25
齿顶圆半径	r_{a1}	14	r_{a2}	46
根圆半径	r_{f1}	10.4	r_{f2}	42.4
分度圆半径	r_1	12	r_2	45
基圆半径	r_{b1}	11.2763	r_{b2}	42.286

（2）插齿刀基本参数

序号	项目	符号	计算公式或选取方法	计算精度	计算示例
1	插齿刀形式		盘形或碗形插齿刀		加工普通齿轮,选盘形插齿刀
2	公称分度圆直径	d_0'	$\phi75$、$\phi100$ 或 $\phi125$		因模数小,$m=2$mm,选 $d_0'=75$mm
3	齿数	z_0	$z_0 = \dfrac{d_0'}{m}$ 取整数		$z_0 = \dfrac{75}{2} = 37.5$,取 $z_0 = 38$
4	前角	γ	推荐采用 $\gamma = 5°$	1°	取 $\gamma = 5°$
5	齿顶后角	α_e	当 $\alpha = 20°$ 时,推荐采用 $\alpha_e = 6°$ 当 $\alpha = 14\frac{1}{2}°$ 和 $15°$ 时,推荐采用 $\alpha_e = 7\frac{1}{2}°$	1°	取 $\alpha_e = 6°$
6	齿顶高系数	h_{a0}^*	$h_{a0}^* = h_a^* + c'$	0.01	$h_{a0}^* = (0.75 + 0.3)$mm $= 1.05$mm
7	分度圆直径	d_0	$d_0 = z_0 m$		$d_0 = 38 \times 2$mm $= 76$mm
8	刀具分度圆压力角（修正后）	α_0	$\tan\alpha_0 = \dfrac{\tan\alpha}{1 - \tan\alpha_e\tan\gamma}$	0.000001 或 0.5″	$\tan\alpha_0 = \dfrac{\tan20°}{1 - \tan6°\tan5°} = 0.367348$ $\alpha_0 = 20°10'14.5''$

（3）插齿刀磨齿形参数

序号	项目	符号	计算公式或选取方法	计算精度	计算示例
9	磨齿机头架导轨倾斜角	$\alpha_{安}$	使用 Y7125 磨齿机时 $\cos\alpha_{安} = \dfrac{mz_0\cos\alpha_0}{d_{bK}}$ 要求 $14° < \alpha_{安} < 25°$ 式中　d_{bK}——机床渐开线凸轮板基圆直径	1″	$\cos\alpha_{安} = \dfrac{2 \times 38 \times 0.93867}{75} = 0.95119$ $\alpha_{安} = 17°58'25''$,符合要求
10	齿形表面的基圆直径	d_{b0}	$d_{b0} = mz_0\cos\alpha_0$	0.0001	$d_{b0} = 2 \times 38 \times 0.938669$mm $= 71.3392$mm
11	齿形表面的基圆螺旋角	β_{b0}	$\tan\beta_{b0} = \sin\alpha_0\tan\alpha_e$	1″	$\tan\beta_{b0} = \sin20°10'14.5'' \times \tan6''$ $= 0.03624161$ $\beta_{b0} = 2°4'32''$

序号	项　目	符号	计算公式或选取方法	计算精度	计　算　示　例
			（4）求齿顶变尖限制的最大变位系数$(x_0)'_{max}$		
12	容许最小齿顶宽度	$[s_{a0}]$	$[s_{a0}] = -0.0107m^2 + 0.2643m$ $+ 0.3381$ 也可从图 13-14 查出$[s_{a0}]$	0.01	在 $m = 2mm$ 时，$[s_{a0}] = 0.85mm$
13	齿顶变尖限制的最大变位系数	$(x_0)'_{max}$	当插齿刀齿顶高系数 $h^*_{a0} =$ 1.25mm 或 1.3mm 时，求出 $s'_{a0} = \dfrac{[s_{a0}]}{m}$，用图 13-15 可查出$(x_0)'_{max}$	0.01	—
13a	齿顶变尖限制的最大变位系数	$(x_0)'_{max}$	当插齿刀齿顶高非标准时，用下式计算 $\cos\alpha_{a0} = \dfrac{r_{b0}}{r_{a0}} = \dfrac{\dfrac{mz_0}{2}\cos\alpha}{\dfrac{mz_0}{2}+h'_a m+x_0 m+c'_{a0}m}$ $s_{a0} = \left[\dfrac{\pi+4x_0\tan\alpha}{z_0}+2(\mathrm{inv}\alpha-\mathrm{inv}\alpha_{a0})\right]r_{a0}$ 计算时先估计取 x_0 值，用上式算出 s_{a0}，看算出的 s_{a0} 大于或小于 $[s_{a0}]$，另取 x_0 再算，最后 $s_{a0} \approx [s_{a0}]$，这 x_0 即为要求的$(x_0)'_{max}$	0.01	现 $h^*_{a0} = 1.05mm$，非标准值 取 $x_0 = 0.8mm$，计算得到 $\cos\alpha_{a0} = 0.85631$ $\alpha_{a0} = 31°5'45''$ $s_{a0} = 0.93mm$（大于 0.85mm） 取 $x_0 = 1.0mm$，再计算得到 $\cos\alpha_{a0} = 0.8481$ $\alpha_{a0} = 31°59'$ $s_{a0} = 0.77mm$（大于 0.85mm） 得知$(x_0)_{max}$在 0.8mm 和 1.0mm 之间，用比例法求得$(x_0)_{max} = 0.9mm$
			（5）不产生过渡曲线干涉的最大变位系数$(x_0)''_{max}$		
14	不产生过渡曲线干涉的最大变位系数	$(x_0)''_{max}$	加工非变位齿轮时，可从图 13-17 中查出不产生过渡曲线的刀具最大变位系数	0.01	—
14a	不产生过渡曲线干涉的最大变位系数	$(x_0)''_{max}$	加工变位齿轮时，用下面公式校验$(x_0)'_{max}$是否生产过渡曲线干涉 1）小齿轮齿根不产生过渡曲线干涉，必须 $\rho_{01} \le \rho_1$ 2）大齿轮齿根不产生过渡曲线干涉，必须 $\rho_{02} \le \rho_2$		加工变位齿轮，需用公式校验$(x_0)'_{max} = 0.9$时是否产生过渡曲线干涉
15	校验小齿轮齿根是否产生过渡曲线干涉的计算参数	ρ_{01}	$\mathrm{inv}\alpha_{01} = \dfrac{2[x_1+(x_0)'_{min}]\tan\alpha}{z_1+z_0}+$ $\mathrm{inv}\alpha$ $\alpha_{01} = \dfrac{m(z_1+z_0)}{2}\times\dfrac{\cos\alpha}{\cos\alpha_{01}}$ $\rho_{01} = a_{01}\sin\alpha_{01} - \sqrt{r^2_{a0}-r^2_{b0}}$	1″ 0.001 0.01	$\mathrm{inv}\alpha_{01} = \dfrac{2(0.25+0.9)\tan20°}{12+38}+$ $0.014904 = 0.031647$ $\alpha_{01} = 25°25'40''$ $\alpha_{01} = \dfrac{2(13+38)}{2}\times\dfrac{\cos20°}{\cos25°25'40''}$ $= 51.980$ $\rho_{01} = (51.98\sin25°25'40''-$ $\sqrt{41.9^2-35.708^2}\,)mm$ $= 0.40mm$

（续）

序号	项 目	符号	计算公式或选取方法	计算精度	计算示例
			（5）不产生过渡曲线干涉的最大变位系数$(x_0)''_{max}$		
16	计算参数	ρ_1	$r_{a2}=\dfrac{mz_2}{2}+h_a^*m+x_2m$ $r_{b2}=\dfrac{mz_2}{2}\cos\alpha_f$ $\text{inv}\alpha_{12}=\dfrac{2(x_1+x_2)\tan\alpha}{z_1+z_2}+\text{inv}\alpha$ $\rho_1=a_{12}\sin\alpha_{12}-\sqrt{r_{a2}^2-r_{b2}^2}$	0.01 0.001 1″ 0.001	$r_{a2}=\left[\dfrac{2\times45}{2}+2\times0.75+2\times(-0.25)\right]$ mm $=46$ mm $r_{b2}=\dfrac{2\times45}{2}\cos20°$ mm $=42.286$ mm $\rho_1=(57\sin20°-\sqrt{46^2-42.286^2}\,)$ mm $=1.412$ mm
17	校验结果		小齿轮齿根不产生过渡曲线干涉，必须 $\rho_{01}\leqslant\rho_1$ 否则减小 x_0，重新验算		上面计算结果 $\rho_{01}=0.4$ mm$<\rho_1=1.412$ mm 小齿轮齿根不产生过渡曲线干涉
18	校验大齿轮齿根是否产生过渡曲线干涉的计算参数	ρ_{02}	$\text{inv}\alpha_{02}=\dfrac{2\left[x_2+(x_0)'_{min}\right]\tan\alpha}{z_2+z_0}$ $+\text{inv}\alpha$ $\alpha_{02}=\dfrac{m(z_2+z_0)}{2}\times\dfrac{\cos\alpha}{\cos\alpha_{02}}$ $\rho_{02}=a_{02}\sin\alpha_{02}-\sqrt{r_{a0}^2-r_{b0}^2}$	1″ 0.001 0.001	$\text{inv}\alpha_{02}=0.020605$ $\alpha_{02}=22°11'30''$ $a_{02}=84.245$ mm $\rho_{02}=9.754$ mm
19	计算参数	ρ_2	$r_{a1}=\dfrac{mz_1}{2}+h_a'm+x_1m$ $r_{b1}=\dfrac{mz_1}{2}\cos\alpha$ $\rho_2=a_{12}\sin\alpha_{12}-\sqrt{r_{a1}^2-r_{b1}^2}$	0.01 0.001 0.001	$r_{a1}=14$ mm $r_{b1}=11.2763$ mm $\rho_2=11.188$ mm
20	校验结果		大齿轮齿根不产生过渡曲线干涉，必须 $\rho_{02}\leqslant\rho_2$ 否则减小 x_0，重新验算		上面计算结果 $\rho_{02}=9.754$ mm$<\rho_2=11.188$ mm 大齿轮齿根不产生过渡曲线干涉
21	插齿刀的最大变位系数	$(x_0)_{max}$	在 $(x_0)'_{max}<(x_0)''_{max}$ 时，取 $(x_0)_{max}=(x_0)'_{max}$ 在 $(x_0)''_{max}<(x_0)'_{max}$ 时，取 $(x_0)_{max}=(x_0)''_{max}$		根据校验结果，取 $(x_0)_{max}=(x_0)'_{max}=0.9$
			（6）原始截面参数和切削刃在前端面的投影尺寸		
22	原始截面分度圆弧齿厚	s_0	$s_0=\dfrac{\pi m}{2}$	0.001	$s_0=3.1416$ mm
23	原始截面齿顶高	h_{a0}	$h_{a0}=(h_a^*+c_{a0}')m$	0.001	$h_{a0}=(0.75+0.3)\times2$ mm $=2.1$ mm
24	原始截面全齿高	h_0	$h_0=2(h_a^*+c_{a0}')m$	0.001	$h_0=2\times(0.75+0.3)\times2$ mm $=4.2$ mm
25	前端面离原始截面距离	b_0	$b_0=\dfrac{m(x_0)_{max}}{\tan\alpha_e}$	0.01	$b_0=\dfrac{2\times0.9}{\tan6°}$ mm $=17.127$ mm 取 $b_0=17.1$ mm
26	前端面齿顶高	h_{a01}	$h_{a01}=h_{a0}+b_0\tan\alpha_e$	0.01	$h_{a01}=(2.1+17.1\times\tan6°)$ mm $=3.90$ mm

（续）

序号	项 目	符号	计算公式或选取方法	计算精度	计 算 示 例
			(6)原始截面参数和切削刃在前端面的投影尺寸		
27	前端面分度圆弧齿厚	s_{01}	$s_{01} = s_0 + 2b_0 \tan\alpha_e \tan\alpha$	0.001	$s_{01} = (3.1416 + 2 \times 17.1\tan6° \times \tan20°)\text{mm}$ $= 4.449\text{mm}$
28	前端面顶圆直径	d_{a0}	$d_{a0} = mz_0 + 2h_{a01}$	0.01	$d_{a0} = 83.8\text{mm}$
29	前端面根圆直径	d_{f0}	$d_{f0} = d_{a0} - 2h_0$	0.01	$d_{f0} = (83.8 - 2 \times 42.2)\text{mm} = 75.4\text{mm}$
			(7)插齿刀厚度和允许的最小变位系数$(x_0)_{min}$		
30	插齿刀厚度	B	B 值可从表13-4中选取		取 $B = 17\text{mm}$
31	刀齿强度允许的最小厚度	B_{min}	B_{min}值从表13-3查得		$B_{min} = 5\text{mm}$
32	刀齿强度允许的最小变位系数	$(x_0)'_{min}$	$(x_0)'_{min} = \dfrac{[b_0 - (B - B_{min})]\tan\alpha_e}{m}$	0.01	$(x_0)'_{min} = \dfrac{5.1 \times \tan6°}{2} = 0.25$
33	校验$(x_0)'_{min}$时是否产生齿轮根切		插制非变位齿轮时,可用图13-18查验是否产生齿轮顶切 如产生顶切,则加大$(x_0)_{min}$再校验		—
33a	校验$(x_0)'_{min}$时是否产生齿轮根切		插制变位齿轮时用公式校验,如果 $\rho'_{01} = a_{01}\sin\alpha'_{01} - \sqrt{r'^2_{a0} - r^2_{b0}} \geq 0$ 则不产生根切,否则加大$(x_0)_{min}$再校验		$x_1 = 0.25, x_2 = -0.25$ 都是变位齿轮,需用公式校验
34	校验小齿轮根切计算参数	α_{01}	$\text{inv}\alpha_{01} = \dfrac{2[x_1 + (x_0)'_{min}]\tan\alpha}{z_1 + z_0} + \text{inv}\alpha$	1″	$\text{inv}\alpha_{01} = 0.022183$ $\alpha_{01} = 22°43'15''$
35	计算参数	α'_{01}	$\alpha'_{01} = \dfrac{m(z_1 + z_0)}{2} \times \dfrac{\cos\alpha}{\cos\alpha'_{01}}$	0.01	$\alpha'_{01} = \dfrac{2(12 + 28)}{2} \times \dfrac{\cos20°}{\cos22°43'45''}$ $= 50.94°$
36	计算参数	r'_{a0}	$r'_{a0} = \dfrac{mz_0}{2} + h_a^* m + c'_{a0}m + (x_0)'_{min}m$	0.01	$r'_{a0} = 40.6\text{mm}$
37	计算参数	ρ'_{01}	$\rho'_{01} = a'_{01}\sin\alpha'_{01} - \sqrt{r'^2_{a0} - r^2_{b0}}$	0.01	$\rho'_{01} = (50.94\sin22°43'15'' -$ $\sqrt{40.6^2 - 35.708^2})\text{mm} = 0.36\text{mm}$
38	校验结果		$\rho'_{01} \geq 0$ 时不产生小齿轮根切		$\rho'_{01} = 0.36\text{mm} > 0$,小齿轮不产生根切
39	校验大齿轮根切		方法同校验小齿轮根切,公式中用大齿轮参数代替小齿轮参数		因大齿轮齿数 $z_2 = 45$,不会发生根切
40	校验在$(x_0)'_{min}$时是否产生齿轮顶切		是否产生齿轮顶切,可以查图13-20进行校验		插齿刀 $z_0 = 38$,$(x_0)'_{min} = 0.25$,查图13-20得知,齿轮不产生顶切
41	插齿刀允许的最小变位系数	$(x_0)_{min}$	在刀齿强度限制、齿轮根切限制和齿轮顶切限制的三个刀具最小变位系数中,取最大的一个最小变位系数		在三个最小变位系数中,刀具强度限制的最小变位系数$(x_0)'_{min} = 0.25$最大,故插齿刀取$(x_0)_{min} = 0.25$

（续）

序号	项　目	符号	计算公式或选取方法	计算精度	计　算　示　例
			（8）插齿刀检查截面参数（标准规定离前端面 2.5mm 的截面）		
42	插齿刀变位系数	$x_{0检}$	$x_{0检}=\dfrac{b_0-2.5\text{mm}}{m}\tan\alpha_e$	0.001	$x_{0检}=\dfrac{17.1-2.5}{2}\times\tan6°=0.7672$
43	渐开线起点处的曲率半径	ρ_1	按和齿条啮合情况考虑 $\rho_1=\dfrac{mz_0}{2}\sin\alpha-\dfrac{(h'_a-x_{0检})m}{\sin\alpha}$	0.01	计算得到 $\rho_1=13.097\text{mm}$，取 $\rho_1=13.1\text{mm}$
43a	渐开线起点处的展开角	φ_1	$\varphi_1=\dfrac{\rho_1}{r_{b0}}\times\dfrac{180°}{\pi}$	1′	$\varphi_1=21°14'$
44	齿形表面的基圆直径	d_{b0}	见本表中序号 10		$d_{b0}=71.3392\text{mm}$
45	渐开线终点处的曲率半径	ρ	$\rho=\sqrt{(r_{a0}-2.5\tan\alpha_e)^2-r_{b0}^2}$	0.01	计算得到 $\rho=21.491\text{mm}$，取 $\rho=21.5\text{mm}$
45a	渐开线终点处的展开角	φ	$\varphi=\dfrac{\rho}{r_{b0}}\times\dfrac{180°}{\pi}$	1′	$\varphi=34°32'$
46	插齿刀的其他尺寸参考标准选取				
47	绘制插齿刀工作图时，除工作图本身外，还应画一个刀齿在前端面的投影图，标出分度圆齿厚和齿高以便测量。画出检查截面齿形，标出检查渐开线的起点和终点的 ρ 值（或展开角 φ 值），图上应给出插齿刀的主要技术要求				

3. 插齿刀的选用和校验

生产中经常是已知被加工齿轮参数后从已有的插齿刀中选用或新购标准插齿刀，这时需要校验选用的插齿刀是否适用于加工该齿轮。校验步骤如下：

1）插齿刀的模数 m、公称分度圆压力角 α 和齿高系数 h_a^* 应和齿轮一致。

2）测定插齿刀的变位系数 x_0，可先测插齿刀前端面的公法线长度 W_k^*，再用下式计算：

$$\left.\begin{array}{l}W_k=m\cos\alpha[\pi(k-0.5)+z_0\text{inv}\alpha]\\[2mm]x_0=\dfrac{W_k^*-W_k}{2m\sin\alpha}\end{array}\right\}\quad(13\text{-}33)$$

式中　W_k——原始截面（$x_0=0$）中的公法线长度；
　　　k——测量公法线长度时的跨齿数。

为便于计算，在表 13-7 中给出 $m=1\text{mm}$、$\alpha=20°$ 的直齿插齿刀公法线长度 W'_k，这时求 x_0 的公式成为

$$x_0=\dfrac{\dfrac{W_k^*}{m}-\dfrac{W_k}{m}}{2\sin20°}=\dfrac{\dfrac{W_k^*}{m}-W'_k}{0.6840403}\quad(13\text{-}33\text{a})$$

式中 W'_k 值可从表 13-7 中查得。

3）插齿刀的齿顶变尖限制不必校验。

4）校验插出的齿轮是否发生过渡曲线干涉。校验方法和表 13-6 中的 14～21 步骤相同。

表 13-7　插齿刀理论公法线长度 W'_k（模数 $m=1$，$\alpha=20°$，$x_0=0$）　　（单位：mm）

齿数 z_0	跨齿数 k	公法线长度 W'_k	齿数 z_0	跨齿数 k	公法线长度 W'_k
7	2	4.5262	20	3	7.6604
8	2	4.5402	21	3	7.6744
9	2	4.5542	22	3	7.6885
10	2	4.5683	23	3	7.7025
11	2	4.5823	24	3	7.7165
12	2	4.5963	25	3	7.7305
13	2	4.6103	26	3	7.7445
14	2	4.6243	27	4	10.7106
15	2	4.6383	28	4	10.7246
16	2	4.6523	29	4	10.7386
17	2	4.6663	30	4	10.7526
18	3	7.6324	31	4	10.7666
19	3	7.6464	32	4	10.7806

（续）

齿数 z_0	跨齿数 k	公法线长度 W'_k	齿数 z_0	跨齿数 k	公法线长度 W'_k
33	4	10.7946	50	6	16.9370
34	4	10.8086	55	7	19.9592
35	4	10.8226	58	7	20.0012
36	4	10.837	60	7	20.0292
37	5	13.8028	64	8	23.0373
38	5	13.8168	68	8	23.0934
39	5	13.8308	70	8	23.1214
40	5	13.8448	76	9	26.1575
41	5	13.8588	80	9	26.2136
42	5	13.8728	85	10	29.2357
43	5	13.8868	90	11	32.2579
44	5	13.9008	100	12	35.3501
45	6	16.8670	105	12	35.420
46	6	16.8810	126	14	41.618
47	6	16.8950	160	18	53.903
48	6	16.9090	210	24	72.316
49	6	16.9230			

5）校验插制齿轮时是否发生根切现象，这是发生在齿轮齿数较少且为负变位时。校验方法和表13-6中的33～39步骤相同。

6）校验插齿时是否产生齿轮顶切，顶切一般发生在齿轮齿数较多、插齿刀齿数较少且为负变位时。校验方法同表13-6中的步骤40（即查图13-20）。

如上述校验合格，该插齿刀即可使用。

例　加工齿轮参数为 $m=4\mathrm{mm}$、$\alpha=20°$、$h_a^*=1$、$z_1=21$、$z_2=45$、$x_1=x_2=0$。准备使用的插齿刀参数为 $\phi100\mathrm{mm}$、$m=4\mathrm{mm}$、$\alpha=20°$、$z_0=25$、$h_{a0}^*=1.25$、$\gamma=5°$、$\alpha_e=6°$。实际校验如下：

1）实测插齿刀公法线长度 $W_k^*=31.127\mathrm{mm}$，查表13-7，$m=1\mathrm{mm}$ 的插齿刀 $W'_k=7.7305\mathrm{mm}$，用式（13-33a）计算 x_0

$$x_0=\frac{\dfrac{31.127}{4}-7.7305}{0.6840403}=0.0753\approx0.075$$

2）校验被切齿轮是否产生过渡曲线干涉。因被切齿轮为非变位齿轮，只需用图13-17校验小齿轮齿根过渡曲线是否产生干涉。从图中查得当 $z_0=25$、$z_2=45$ 时不发生过渡曲线干涉的插齿刀最大变位系数为0.3，现在实际的插齿刀变位系数为 $x_0=0.075$，因此不产生过渡曲线干涉。

3）校验插齿刀刃磨到最后时，是否仍能加工此齿轮。从表13-5中查得 $\phi100\mathrm{mm}$、$m=4\mathrm{mm}$ 的标准插齿刀的 $(x_0)_{min}=-0.50$，校验 $x_0=-0.50$ 时插齿刀切削齿轮时是否产生根切。

查图13-18得知，加工小齿轮 $z_1=21$ 时，插齿刀齿数 $z_0=25$，不产生根切的最小变位系数为

$(x_0)_{min}=-0.46$，因此插齿刀不能刃磨到最后，只能刃磨到 $x_0=-0.46$；但加工大齿轮时，插齿刀可以刃磨到最后 $(x_0)_{min}=-0.50$，不受齿轮根切的限制。

4）齿轮顶切的校验。只需校验 $(x_0)_{min}=-0.50$ 时加工大齿轮是否产生顶切。

查图13-20得知，在 $z_0=25$、$z_2=45$ 时，不产生齿轮顶切的插齿刀最小变位系数为 $(x_0)_{min}=-0.52$，故此插齿刀刃磨到最后，加工这对齿轮也不产生齿轮顶切。

综上所述，用 $\phi100\mathrm{mm}$、$m=4\mathrm{mm}$、$\alpha=20°$ 的标准插齿刀加工这对齿轮是适用的。

13.2.5　标准直齿外插齿刀的精度等级、结构尺寸、齿形尺寸和通用技术条件

我国标准中规定的直齿外插齿刀有盘形插齿刀（用于加工一般的外齿轮）、碗形插齿刀（用于加工多联齿轮的小齿轮）和带凸肩的外齿轮。

1. 插齿刀的精度等级（GB/T 6081—2001）

直齿插齿刀分三种形式和三种精度等级。

Ⅰ型——盘形直齿插齿刀，其公称分度圆直径为75mm、100mm、125mm、160mm、200mm 五种，精度等级分 AA、A、B 三种。

Ⅱ型——碗形直齿插齿刀，其公称分度圆直径为50mm、75mm、100mm、125mm 四种，精度等级分 AA、A、B 三种。

Ⅲ型——锥柄直齿插齿刀，其公称分度圆直径为25mm、38mm 两种，精度等级分 A、B 两种。

2. 标准直齿盘形插齿刀的结构尺寸和齿形尺寸

GB/T 6081—2001规定的标准直齿盘形插齿刀的结构尺寸如图13-30所示，公称分度圆直径 $\phi75\mathrm{mm}$

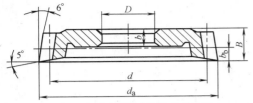

图 13-30 标准盘形直齿插齿刀结构尺寸

的见表13-8，φ100mm 的见表13-9，φ125mm 的见表 13-10，φ160mm 的见表 13-11，φ200mm 的见表 13-12。

表 13-8 公称分度圆直径 75mm、m=1～4mm、α=20°标准盘形插齿刀结构尺寸

（单位：mm）

模数 m	齿数 z	d	d_a	D	b	b_b	B
1.00	76	76.00	78.50			0	
1.25	60	75.00	79.56			2.1	15
1.50	50	75.00	78.56			3.9	
1.75	43	75.25	80.67			5.0	
2.00	38	76.00	82.24			5.9	
2.25	34	76.50	83.48	31.743	10	6.4	17
2.50	30	75.00	82.34			5.2	
2.75	28	77.00	84.92			5.0	
3.00	25	75.00	83.34			4.0	
3.50	22	77.00	86.44			3.3	20
4.00	19	76.00	86.32			1.5	

注：在直齿插齿刀的原始截面中，齿顶高系数等于 1.25，分度圆齿厚等于 $\pi m/2$。

表 13-9 公称分度圆直径 100mm、m=1～6mm、α=20°标准盘形插齿刀结构尺寸

（单位：mm）

模数 m	齿数 z	d	d_a	D	b	b_b	B
1.00	100	100.00	102.62		10	0.6	18
1.25	80	100.00	103.94			3.9	
1.50	68	102.00	107.14			6.6	
1.75	58	101.50	107.62			8.3	
2.00	50	100.00	107.00			9.5	
2.25	45	101.25	109.09			10.5	22
2.50	40	100.00	108.36			10.0	
2.75	36	99.00	107.86	31.743		9.4	
3.00	34	102.00	111.54		12	9.7	
3.50	29	101.50	112.08			8.7	
4.00	25	100.00	111.46			6.9	
4.50	22	99.00	111.78			5.1	24
5.00	20	100.00	113.90			4.3	
5.50	19	104.50	119.68			4.2	
6.00	18	100.00	123.56			4.6	

注：1. 在直齿插齿刀的原始截面中，当 $m \leqslant 4$mm 时，齿顶高系数为 1.25；当 $m > 4$mm 时为 1.3；分度圆齿厚等于 $\dfrac{m\pi}{2}$。

2. 按用户需要，直齿插齿刀的内孔直径 D 可作成 44.443mm。

表 13-10 公称分度圆直径 125mm、m=4～8mm、α=20°标准盘形插齿刀结构尺寸

（单位：mm）

模数 m	齿数 z	d	d_a	D	b	b_b	B
4.0	31	124.00	136.80			11.4	
4.5	28	126.00	140.14			11.6	
5.0	25	125.00	140.20			10.5	
5.5	23	126.50	143.00	31.743	13	10.5	30
6.0	21	126.00	143.52			9.1	
7.0	18	126.00	145.74			7.3	
8.0	16	128.00	149.92			5.3	

注：1. 在直齿插齿刀的原始截面中，齿顶高系数等于 1.3，分度圆齿厚等于 $\dfrac{m\pi}{2}$。

2. 按用户需要，直齿插齿刀内孔直径可作成 44.443mm 或 44.45mm。

表 13-11 公称分圆直径 160mm、m=6～10mm、α=20°标准盘形插齿刀结构尺寸

（单位：mm）

模数 m	齿数 z	d_0	d_a	D	b	b_b	B
6	27	162.00	178.20			5.7	
7	23	161.00	179.90			6.7	
8	20	160.00	181.60	88.9	18	7.6	35
9	18	162.00	186.30			8.6	
10	16	160.00	187.00			9.5	

注：在直齿插齿刀的原始截面中，齿顶高系数等于 1.25，分度圆齿厚等于 $\dfrac{m\pi}{2}$。

GB/T 6081—2001 附录 A 中规定的标准直齿盘形插齿刀的齿形尺寸如图 13-31 所示，公称分度圆直径 75mm 的见表 13-13，100mm 的见表 13-14，125mm 的见表 13-15，160mm 的见表 13-16，200mm 的见表 13-17。在直齿插齿刀的原始截面中分度圆齿厚等于 $\dfrac{\pi m}{2}$。

表 13-12 公称分圆直径 200mm、m=8～12mm、α=20°标准盘形插齿刀结构尺寸

（单位：mm）

模数 m	齿数 z	d_0	d_a	D	b	b_b	B
8	25	200	221.60			7.6	
9	22	198	222.3			8.6	
10	20	200	227.00	101.6	20	9.5	40
11	18	198	227.70			10.5	
12	17	204	236.40			11.4	

注：在插齿刀的原始截面中，齿顶高系数等于 1.25，分度圆齿厚等于 $\dfrac{m\pi}{2}$。

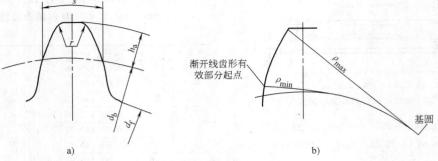

图 13-31 插齿刀的齿形尺寸

a) 切削刃在前端面上的投影图   b) 在离前端面 2.5mm 处的检查剖面中的齿形图

表 13-13   公称分度圆直径 75mm 的盘形和碗形直齿插齿刀齿形尺寸   （单位：mm）

模数 m	基圆直径 d_b	d_f 盘形	d_f 碗形	h_a 盘形	h_a 碗形	s 盘形	s 碗形	r	ρ_{min} 盘形	ρ_{min} 碗形	ρ_{max} 盘形	ρ_{max} 碗形	齿顶高系数 h_a^*
1.00	71.339	73.5	73.72	1.25	1.36	1.57	1.65		9.3	9.4	15.7	16.0	
1.25	70.400	72.30	72.12	1.78	1.69	2.12	2.06		9.1	8.3	16.8	16.6	
1.50	70.400	72.06	71.54	2.28	2.02	2.65	2.46	—	8.9	7.5	17.9	17.3	
1.75	70.635	71.91	71.23	2.71	2.37	3.13	2.88		8.5	6.6	18.9	18.1	
2.00	71.339	72.24	71.40	3.12	2.70	3.59	3.29		8.2	5.8	19.6	18.7	
2.25	71.808	72.22	71.30	3.49	3.03	4.02	3.70	0.15	7.7	4.9	20.4	19.5	1.25
2.50	70.400	69.84	69.26	3.67	3.38	4.32	4.11		6.4	3.6	20.5	19.9	
2.75	72.278	71.16	70.66	3.96	3.71	4.70	4.52		5.9	2.9	21.4	20.9	
3.00	70.400	68.34	68.10	4.17	4.05	5.02	4.93	0.20	4.5	1.3	21.4	21.1	
3.50	72.278	68.94	68.94	4.72	4.72	5.75	5.75		3.2	—	22.8	22.8	
4.00	71.339	66.32	66.80	5.16	5.40	6.40	6.57		1.0	—	23.4	23.9	

注：1. 盘形直齿插齿刀的 ρ_{min} 值是按直齿插齿刀加工齿条计算而得。

2. 碗形直齿插齿刀的 ρ_{min} 值是在直齿插齿刀加工内齿轮时，按其齿数差等于 18 计算而得。

表 13-14   公称分度圆直径 100mm 的盘形和碗形直齿插齿刀齿形尺寸 （单位：mm）

模数 m	基圆直径 d_b	d_f	h_a	s	r	ρ_{min}		ρ_{max}	齿顶高系数 h_a^*
1.00	93.867	97.62	1.31	1.62		13.6	20.0		
1.25	98.867	97.68	1.97	2.26		13.9	21.7		
1.50	95.744	99.64	2.57	2.86	—	14.3	23.4		
1.75	95.275	98.86	3.06	3.38		14.0	24.4		
2.00	93.867	97.00	3.50	3.87		13.4	24.8		
2.25	95.040	97.83	3.92	4.34	0.15	13.2	25.9		1.25
2.50	93.867	95.86	4.18	4.69		12.1	26.2		
2.75	92.928	94.10	4.43	5.04		11.0	26.4	—	
3.00	95.744	96.54	4.77	5.45	0.20	10.9	27.7		
3.50	95.275	94.58	5.29	6.16		9.0	28.6		
4.00	93.867	91.46	5.73	6.81		6.8	29.1		
4.50	92.928	88.82	6.39	7.46		4.6	30.0		
5.00	93.867	88.40	6.95	8.18	0.30	3.0	31.2		1.30
5.50	98.091	91.62	7.59	8.96		2.3	33.2		
6.00	101.376	93.96	8.28	9.78		1.6	35.2		

注：ρ_{min} 值是按直齿插齿刀加工齿条时计算而得。

表 13-15　公称分度圆直径 125mm 的盘形和碗形直齿插齿刀齿形尺寸

（单位：mm）

模数 m	基圆直径 d_b	d_f	h_a	s	r	ρ_{min}	ρ_{max}	齿顶高系数 h_a^*
4.0	116.395	116.40	6.40	7.16	0.20	12.3	35.0	
4.5	118.272	117.18	7.07	7.96		11.2	36.5	
5.0	117.334	114.70	7.60	8.66	0.30	9.2	37.3	
5.5	118.742	114.94	8.25	9.44		8.0	38.8	1.30
6.0	118.272	112.92	8.76	10.12		6.0	39.6	
7.0	118.272	110.04	9.87	11.55	0.40	2.6	41.4	
8.0	120.150	109.12	10.96	12.97		0	43.7	

注：ρ_{min} 值是按直齿插齿刀加工齿条计算而得。

表 13-16　公称分度圆直径 160mm 的盘形直齿插齿刀齿形尺寸

（单位：mm）

模数 m	基圆直径 d_b	d_f	h_a	s	r	ρ_{min}	ρ_{max}	齿顶高系数 h_a^*
6.0	152.064	148.20	8.10	9.86	0.30	6.0	45.3	
7.0	151.126	144.90	9.45	11.51	0.40	1.0	47.5	
8.0	150.187	141.60	10.80	13.15		0	49.8	1.25
9.0	152.064	141.30	12.15	14.80	0.50	0	52.4	
10.0	150.187	137.00	13.50	16.43		0	54.4	

注：ρ_{min} 是在直齿插齿刀加工内齿轮时，按其齿数差等于 18 计算而得。

表 13-17　公称分度圆直径 200mm 的盘形直齿插齿刀齿形尺寸

（单位：mm）

模数 m	基圆直径 d_b	d_f	h_a	s	r	ρ_{min}	ρ_{max}	齿顶高系数 h_a^*
8	187.734	181.6	10.80	13.15	0.40	4.8	57.6	
9	185.857	177.3	12.15	14.80		0	59.5	
10	187.734	177.0	13.50	16.43	0.50	0	62.4	1.25
11	185.857	172.7	14.85	18.08		0	64.4	
12	191.489	176.4	16.20	19.72		0	68.0	

注：ρ_{min} 是在直齿插齿刀加工内齿轮时，按其齿数差等于 18 计算而得。

3. 标准碗形直齿插齿刀的结构尺寸和齿形尺寸

GB/T 6081—2001 规定的标准碗形直齿插齿刀的结构尺寸如图 13-32 所示，公称分度圆直径 50mm 的见表 13-18，75mm 的见表 13-19，100mm 的见表 13-20，125mm 的见表 13-21。

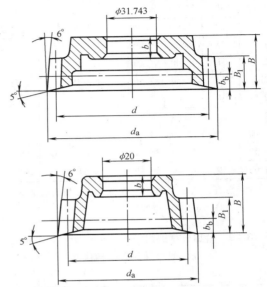

图 13-32　标准碗形直齿插齿刀结构尺寸

表 13-18　公称分度圆直径 50mm、$m=1\sim3.5$mm、$\alpha=20°$ 碗形直齿插齿刀结构尺寸

（单位：mm）

模数 m	齿数 z	d	d_a	b	b_b	B	B_1
1.00	50	50.00	52.72		1.0		
1.25	40	50.00	53.38		1.2		14
1.50	34	51.00	55.04		1.4		
1.75	29	50.75	55.49		1.7	25	
2.00	25	50.00	55.40	10	1.9		
2.25	22	49.50	55.56		2.1		17
2.50	20	50.00	56.76		2.4		
2.75	18	49.50	56.92		2.6		
3.00	17	51.00	59.10		2.9	27	20
3.50	14	49.00	58.44		3.3		

注：在直齿插齿刀的原始截面中，齿顶高系数等于 1.25，分度圆齿厚等于 $\dfrac{m\pi}{2}$。

表 13-19 公称分度圆直径 75mm、*m*=1~4mm、*α*=20°碗形直齿插齿刀结构尺寸

（单位：mm）

模数 *m*	齿数 *z*	*d*	*d*$_a$	*b*	*b*$_b$	*B*	*B*$_1$
1.00	76	76.00	78.72		1.0		
1.25	60	75.00	78.38		1.2		15
1.50	50	75.00	79.04		1.4		
1.75	43	75.25	79.99		1.7	30	
2.00	38	76.00	81.40		1.9		
2.25	34	76.50	82.56	10	2.1		17
2.50	30	75.00	81.76		2.4		
2.75	28	77.00	84.42		2.6		
3.00	25	75.00	83.10		2.9		
3.50	22	77.00	86.44		3.3	32	20
4.00	19	76.00	86.80		3.8		

注：在直齿插齿刀的原始截面中，齿顶高系数等于
1.25，分度圆齿厚等于 $\frac{m\pi}{2}$。

表 13-20 公称分度圆直径 100mm、*m*=1~6mm、*α*=20°碗形插齿刀结构尺寸

（单位：mm）

模数 *m*	齿数 *z*	*d*	*d*$_a$	*b*	*b*$_b$	*B*	*B*$_1$
1.00	100	100.00	102.62		0.6		
1.25	80	100.00	103.94		3.9	32	18
1.50	68	102.00	107.14		6.6		
1.75	58	101.50	107.62		8.3		
2.00	50	100.00	107.00		9.5		
2.25	45	101.25	109.09		10.5		
2.50	40	100.00	108.36		10.0	34	22
2.75	36	99.00	107.86		9.4		
3.00	34	102.00	111.54	10	9.7		
3.50	29	101.50	112.08		8.7		
4.00	25	100.00	111.46		6.9		
4.50	22	99.00	111.78		5.1		
5.00	20	100.00	113.90		4.3	36	24
5.50	19	104.50	119.68		4.2		
6.00	18	108.00	124.56		4.6		

注：1. 直齿插齿刀的原始截面中，当 *m*≤4mm 时，齿
顶高系数为 1.25；当 *m*>4mm 时为 1.3；分度圆
齿厚等于 $\frac{m\pi}{2}$。

2. 按用户需要，直齿插齿刀内孔直径可作成
44.443mm 或 44.45mm。

表 13-21 公称分度圆直径 125mm、*m*=4~8mm、*α*=20°碗形插齿刀结构尺寸

（单位：mm）

模数 *m*	齿数 *z*	*d*	*d*$_a$	*b*	*b*$_b$	*B*	*B*$_1$
4.0	31	124.00	136.80		11.4		
4.5	28	126.00	140.14		11.6		
5.0	25	125.00	140.20		10.5		
5.5	23	126.50	143.00	13	10.5	40	28
6.0	21	126.00	143.52		9.1		
7.0	18	126.00	145.74		7.3		
8.0	16	128.00	149.92		5.3		

注：1. 在直齿插齿刀的原始截面中，齿顶高系数等于
1.3，分度圆齿厚等于 $\frac{m\pi}{2}$。

2. 按用户需要，直齿插齿刀内孔直径可作成
44.443mm 或 44.45mm。

GB/T 6081—2001 附录 A 中规定标准碗形直齿
插齿刀的齿形尺寸，公称分度圆直径 50mm 的见表
13-22；75mm 的见表 13-13、100mm、125mm 的碗形
插齿刀齿形尺寸和盘形插齿刀相同，分别见表 13-14
和表 13-15。

表 13-22 公称分度圆直径 50mm 的碗形直齿插齿刀齿形尺寸（单位：mm）

模数 *m*	基圆直径 *d*$_b$	*d*$_f$	*h*$_a$	*s*	*r*	*ρ*$_{min}$	*ρ*$_{max}$	齿顶高系数 *h*$_a^*$
1.00	46.933	47.72	1.36	1.65		4.8	11.4	
1.25	46.933	47.12	1.69	2.06		3.8	12.1	
1.50	47.872	47.54	2.02	2.46	—	3.0	13.0	
1.75	47.637	46.73	2.37	2.88		1.9	13.7	
2.00	46.933	45.40	2.70	3.29		0.6	13.9	
2.25	46.464	44.30	3.03	3.70	0.15	—	14.4	1.25
2.50	46.933	44.26	3.38	4.11		—	15.2	
2.75	46.464	43.16	3.71	4.52		—	15.6	
3.00	47.872	44.10	4.05	4.93	0.20	—	16.5	
3.50	45.955	40.94	4.72	5.75		—	17.2	

注：ρ_{min} 是在直齿插齿刀加工内齿轮时，按其齿数差等
于 18 计算而得。

4. 标准直齿插齿刀通用技术条件（GB/T 6082—2001）

（1）标准直齿插刀的技术要求

1）插齿刀用高速工具钢制造。锥柄插齿刀柄部
可用中碳钢制造。

2）插齿刀切削部分硬度：用普通高速工具钢时
为 63~66HRC，用高性能高速工具钢时应不低于

64HRC。锥柄插齿刀柄部硬度应不低于 35HRC。

3）插齿刀表面不应有裂纹、烧伤及其他影响使用性能的缺陷。

4）插齿刀主要表面的表面粗糙度上限值按表 13-23 的规定。

表 13-23　插齿刀各部分的表面粗糙度

（单位：μm）

检查表面	插齿刀精度等级					
	AA		A		B	
	表面粗糙度参数及数值					
	Ra	Rz	Ra	Rz	Ra	Rz
刀齿前面	0.32	—	0.32	—	0.63	—
齿顶表面						
齿侧表面	—	1.6	—	1.6	—	3.2
内孔表面	0.16		0.16		0.16	
外支承面						
齿顶圆弧	—	3.2	—	3.2	—	3.2
内支承面	0.63		0.63		0.63	
锥柄表面	—					

5）插齿刀内孔直径 D 极限偏差按如下规定。

AA 级和 A 级精度插齿刀：

$D \leqslant 30\text{mm}: {}^{+0.004}_{0}\text{mm}$

$30\text{mm}<D \leqslant 50\text{mm}: {}^{+0.005}_{0}\text{mm}$

$50\text{mm}<D \leqslant 120\text{mm}: {}^{+0.008}_{0}\text{mm}$

B 级精度插齿刀：

$D \leqslant 30\text{mm}: {}^{+0.006}_{0}\text{mm}$

$30\text{mm}<D \leqslant 50\text{mm}: {}^{+0.008}_{0}\text{mm}$

$50\text{mm}<D \leqslant 120\text{mm}: {}^{+0.010}_{0}\text{mm}$

注意，内孔配合两端超出公差的喇叭口长度的总和应小于配合表面全长的 25%。

6）插齿刀前角、齿顶后角、齿侧后角极限偏差按如下规定。

前角极限偏差

AA 级精度插齿刀：±5′

A 级精度插齿刀：±8′

B 级精度插齿刀：±12′

齿顶后角、齿侧后角极限偏差

AA 级精度插齿刀：±3′

A 级、B 级精度插齿刀：±5′

7）锥柄插齿刀柄部极限偏差按表 13-24 的规定。

表 13-24　锥柄插齿刀柄部极限偏差

检查表面	极限偏差
柄部直径	${}^{+0.05}_{0}\text{mm}$
圆锥半角	±30″

8）插齿刀的其余制造精度按表 13-25 的规定。

（2）标志与包装

1）标志。插齿刀上应标志：制造厂商标、公称分圆直径、模数、基准齿形角、齿数、精度等级、材料（普通高速工具钢不标）、制造年份。

表 13-25　插齿刀的制造精度

（单位：μm）

序号	检查参数的名称和代号	公差代号	公称直径/mm	精度等级	模数/mm				
					1~2	>2~3.5	>3.5~6.0	>6.0~10	>10~16
1	有效部分的齿形误差	δf_f	≤50	A	4	5	7	—	—
				B	5	7	9	—	—
			75~125	AA	3	4	5	6	—
				A	4	5.5	7	10	—
				B	6	8	10	12	—
			160~200	AA	—	—	5	6	7
				A	—	—	17	10	12
				B	—	—	10	12	15

（续）

序号	检查参数的名称和代号	公差代号	公称直径/mm	精度等级	模数/mm				
					1~2	>2~3.5	>3.5~6.0	>6.0~10	>10~16
2	外圆径向圆跳动 δd_{ar}	δd_{ar}	≤50	A	12	16	16	—	—
				B	20	25	25	—	—
			75~125	AA	10	12	12	12	—
				A	16	20	20	20	—
				B	25	32	32	32	—
			160~200	AA	—	—	16	16	20
				A	—	—	25	25	32
				B	—	—	40	40	50
3	齿圈径向圆跳动 δF_r	δF_r	≤50	A	14	14	16	—	—
				B	16	17	20	—	—
			75~125	AA	12	14	14	16	—
				A	14	17	17	20	—
				B	21	22	23	25	—
			160~200	AA	—	—	18	18	20
				A	—	—	24	24	24
				B	—	—	29	30	32
4	外圆直径极限偏差 $+\Delta d_a$ $-\Delta d_a$	δd_a		AA	±320	±400	±400	±500	±630
				A					
				B	±400	±500	±500	±500	±630
5	前刀面的斜向圆跳动 δf_r	δf_r	≤50	A	14	14	14	—	—
				B	20	20	20	—	—
			75~125	AA	12	12	12	12	—
				A	16	16	16	16	—
				B	25	25	25	25	—
			160~200	AA	—	—	20	20	20
				A	—	—	28	28	28
				B	—	—	40	40	40
6	周节累积误差 δF_p	δF_p	≤50	A	10	12	14	—	—
				B	14	16	23	—	—
			75~125	AA	9	11	13	15	—
				A	14	16	18	20	—
				B	20	22	30	33	—
			160~200	AA	—	—	13	15	15
				A	—	—	18	20	22
				B	—	—	30	33	36

（续）

序号	检查参数的名称和代号	公差代号	公称直径/mm	精度等级	模数/mm				
					1~2	>2~3.5	>3.5~6.0	>6.0~10	>10~16
7	齿轮极限偏差 公称齿距 $-\Delta f_p$　$+\Delta f_p$	δf_p	≤50	A	±4.5	±4.5	±5		
				B	±7	±7.5	±8	—	
			75~125	AA	±3	±3	±4	±4.5	—
				A	±4.5	±4.5	±5	±6	—
				B	±7	±7.5	±8	±10	—
			160~200	AA	—	—	±4	±5	±5.5
				A	—	—	±5.5	±6.5	±8
				B	—	—	±9	±10.5	±12
8	与一定齿厚相应的齿顶高对理论尺寸的极限偏差 $-\Delta h_a$　$+\Delta h_a$	δh_a	—	—	±25	±32	±40	±63	±80
9	内支承面对外支承面的平行度 B $\parallel$ Δi_p B	δi_p	≤50	A	5	5	5	—	—
				B	8	8	8	—	—
			75~125	AA	4	4	4	4	
				A	6	6	6	6	
				B	10	10	10	10	
			160~200	AA	—	—	5	5	5
				A	—	—	8	8	8
				B	—	—	12	12	12
10	外支承面对内孔的垂直度 A　$\perp$ Δa_p A	δa_p	≤50	A	4	4	4	—	—
				B	6	6	6	—	—
			75~125	AA	4	4	4	4	
				A	6	6	6	6	
				B	8	8	8	8	
			160~200	AA	—	—	5	5	5
				A	—	—	8	8	8
				B	—	—	12	12	12
11	锥柄插齿刀柄部对轴心线的斜向圆跳动 $\nearrow$ Δx_r C C	δx_r	—	A	5				
				B	5				

注：插齿刀外支承面只允许从外向内凹入。

插齿刀包装盒上应标志：产品名称、制造厂名称、厂址、商标、公称分圆直径、模数、基准齿形角、精度等级、材料、件数、制造年份、标准代号。

2）包装。插齿刀在包装前应经防锈处理，并应采取措施防止在包装运输过程中产生损伤。

5. 小模数直齿插齿刀

（1）小模数直齿插齿刀的型式和精度等级 JB/T 3095—2006 规定的小模数直齿插齿刀分三种型式和三种精度等级。Ⅰ型盘形小模数直齿插齿刀，公称分度圆直径有 40mm、63mm 两种；精度等级分 AA、A、B 三种。Ⅱ型碗形小模数直齿插齿刀，公称分度圆直径为 63mm；精度等级分 AA、A、B 三种。Ⅲ型锥柄小模数直齿插齿刀，公称分度圆直径为 25mm；精度等级分 A、B 两种。

（2）小模数直齿插齿刀的设计特点 小模数插齿刀的设计主要是确定合理的变位系数。小模数齿轮的顶隙系数 c^* 规定为 0.25～0.35，因此插齿刀的齿顶高系数 $h_{a0}^* = 1.25 ～ 1.35$。小模数插齿刀确定变位系数的基本原理和普通插齿刀相同，但由于它的结构原因也有其特点：

1）在确定最大变位系数时，由于齿顶高系数较大，齿顶变尖成为限制最大变位系数的主要因素，

原始截面离前端面的距离都较小，有些工厂采用 $b_0 = 3mm$。

2）确定最小变位系数时，因插齿刀齿数都较多，一般可以取较大的负变位，插齿刀的厚度 B 理论上可取得较大。但小模数插齿刀的齿形都是用蜗杆形砂轮磨削，厚度 B 大时不同截面中齿形将有误差，平时采用

$m < 0.7mm$ 时，采用 $B = 10mm$

$m \geqslant 0.7mm$ 时，采用 $B = 12mm$

小模数插齿刀因用蜗杆砂轮磨齿形，很容易产生不同截面中的齿形误差，故一般规定以下两个检查截面：

$m \leqslant 0.6mm$ 时，第一检查截面离前端面 1mm
第二检查截面离前端面 5mm

$m > 0.6mm$ 时，第一检查截面离前端面 2mm
第二检查截面离前端面 7mm

（3）小模数直齿插齿刀的型式和尺寸（JB/T 3095—2006）

1）盘形小模数直齿插齿刀型式尺寸（见表 13-26）。

2）碗形小模数直齿插齿刀型式尺寸（见表 13-27）。

表 13-26 盘形小模数直齿插齿刀（Ⅰ型）型式和尺寸 （单位：mm）

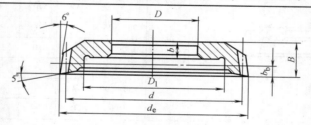

标记示例
模数 $m = 0.5mm$，公称分度圆直径 40mm，AA 级盘形插齿刀标记为：
盘形插齿刀　$m0.5×40$　AA　JB/T 3095—2006

（1）公称分度圆直径 40mm								
模数 m	齿数 z	分度圆直径 d	d_e	D	D_1	b	b_b	B
0.20	199	39.80	40.424				0.40	
0.25	159	39.75	40.530				0.50	
0.30	131	39.30	40.236				0.60	
0.35	113	39.55	40.642			6	0.70	10
0.40	99	39.6	40.848				0.80	
0.50	80	40	41.560	15.875	28		1.00	
0.60	66	39.6	41.472				1.20	
0.70	56	39.2	41.384				1.40	
0.80	50	40	42.496			7	1.60	12
0.90	44	39.6	42.408				1.80	

（续）

（2）公称分度圆直径 63mm

模数 m	齿数 z	分度圆直径 d	d_e	D	D_1	b	b_b	B
0.30	209	62.70	63.636				0.60	
0.35	181	63.35	64.442				0.70	
0.40	159	63.60	64.848			6	0.80	10
0.50	126	63.00	64.560	31.743	50		1.00	
0.60	105	63.00	64.872				1.20	
0.70	90	63.00	65.184				1.40	
0.80	80	64.00	66.496			7	1.60	12
0.90	72	64.80	67.608				1.80	

表 13-27　碗形小模数直齿插齿刀（Ⅱ型）型式和尺寸　　（单位：mm）

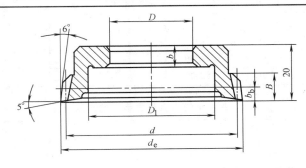

标记示例

模数 $m=0.5$mm，公称分度圆直径 63mm，AA 级碗形插齿刀标记为：

碗形插齿刀　　$m0.5×63$　AA　JB/T 3095—2006

模数 m	齿数 z	分度圆直径 d	d_e	D	D_1	b	b_b	B
0.30	209	62.70	63.636				0.60	
0.35	181	63.35	64.442				0.70	
0.40	159	63.60	64.848				0.80	10
0.50	126	63.00	64.560	31.743	48	7	1.00	
0.60	105	63.00	64.872				1.20	
0.70	90	63.00	65.184				1.40	
0.80	80	64.00	66.496				1.60	12
0.90	72	64.80	67.608				1.80	

3）锥柄小模数直齿插齿刀形式尺寸（见表 13-28）　　　（4）小模数直齿插齿刀的齿形尺寸（见表 13-29）

表 13-28　锥柄小模数直齿插齿刀（Ⅲ型）型式和尺寸　　（单位：mm）

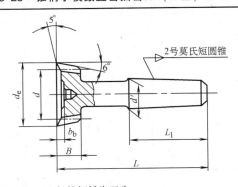

标记示例
模数 $m=0.5$mm，公称分度圆直径 25mm，AA 级锥柄插齿刀为：
锥柄插齿刀　　$m0.5×63$　AA　JB/T 3095—2006

（续）

模数 m	齿数 z	分度圆直径 d	d_e	d'	b_b	B	L	L_1
0.10	249	24.90	25.212		0.20			
0.12	207	24.84	25.214		0.24	4.5		
0.15	165	24.75	25.218		0.30			
0.20	125	25.00	25.624		0.40			
0.25	99	24.75	25.530		0.50			
0.30	83	24.90	25.836		0.60			
0.35	71	24.85	25.942	17.981	0.70	6	70	40
0.40	63	25.20	26.448		0.80			
0.50	50	25.00	26.560		1.00			
0.60	40	24.00	25.872		1.20			
0.70	36	25.20	27.384		1.40	8		
0.80	32	25.60	28.096		1.60			
0.90	28	25.20	28.008		1.80			

表 13-29　小模数直齿插齿刀的齿形尺寸　　　　　（单位：mm）

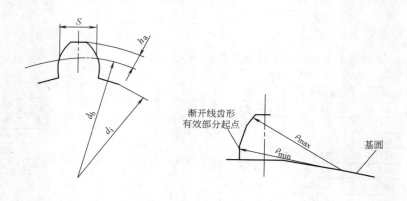

（1）公称分度圆直径 40mm 盘形插齿刀的齿形尺寸

模数 m	基圆直径 d_b	d_i	h_a	S	齿顶高系数 f	测量截面 l	起始点 ρ_{min}	终止点 ρ_{max}
0.20	37.359	39.344	0.312	0.345			6.099	7.441
0.25	37.312	39.180	0.390	0.431			5.976	7.640
0.30	36.890	38.616	0.468	0.517			5.783	7.765
0.35	37.124	38.752	0.546	0.603		1	5.712	8.007
0.40	37.171	38.688	0.624	0.690			5.606	8.212
0.50	37.547	38.860	0.780	0.862	1.35		5.445	8.661
0.60	37.171	38.232	0.936	1.034			5.147	8.953
0.70	36.796	37.604	1.092	1.207			4.544	8.996
0.80	37.547	38.176	1.248	1.379		2	4.451	9.491
0.90	37.171	37.548	1.404	1.551			4.152	9.758

（续）

（2）公称分度圆直径 63mm 碗形插齿刀的齿形尺寸

模数 m	基圆直径 d_b	d_i	h_a	S	齿顶高系数 f	测量截面 l	起始点 ρ_{min}	终止点 ρ_{max}
0.30	58.855	62.016	0.468	0.517			9.818	11.821
0.35	59.465	62.552	0.546	0.603			9.815	12.141
0.40	59.700	62.688	0.624	0.690		1	9.744	12.389
0.50	59.136	61.860	0.780	0.862	1.35		9.409	12.686
0.60	59.136	61.632	0.936	1.034			9.177	13.073
0.70	59.136	61.404	1.092	1.207			8.644	13.203
0.80	60.075	62.176	1.248	1.379		2	8.589	13.753
0.90	60.826	62.748	1.404	1.551			8.493	14.261

（3）公称分度圆直径 25mm 锥柄插齿刀的齿形尺寸

模数 m	基圆直径 d_b	d_i	h_a	S	齿顶高系数 f	测量截面 l	起始点 ρ_{min}	终止点 ρ_{max}
0.10	23.373	24.672	0.156	0.173			3.759	4.438
0.12	23.317	24.566	0.187	0.207			3.703	4.515
0.15	23.232	24.408	0.234	0.259			3.619	4.628
0.20	23.467	24.544	0.312	0.345		1	3.547	4.878
0.25	23.232	24.180	0.390	0.431			3.389	5.034
0.30	23.373	24.216	0.468	0.517			3.301	5.253
0.35	23.326	24.052	0.546	0.603	1.35		3.178	5.432
0.40	23.654	24.288	0.624	0.690			3.124	5.676
0.50	23.466	23.860	0.780	0.862			2.553	5.754
0.60	22.528	22.632	0.936	1.034			2.153	5.921
0.70	23.654	23.604	1.092	1.207		2	2.130	6.471
0.80	24.030	23.776	1.248	1.379			1.971	6.864
0.90	23.654	23.148	1.404	1.551			1.672	7.097

注：1. 在插齿刀的基准截面中分度圆弧齿厚等于 $\pi m/2$

　　2. l 为渐开线测量截面与端截面间的距离

　　3. 尺寸符号见图 13-27。

（5）小模数直齿插齿刀技术要求（JB/T 3095—2006）

1）插齿刀切削刃应锋利，表面不得有裂纹、崩刃、烧伤及其他影响使用性能的缺陷。

2）插齿刀表面粗糙度的最大允许值按表 13-30 的规定。

3）插齿刀内孔直径极限偏差按表 13-31。

4）插齿刀前、后角极限偏差按表 13-32 的规定。

5）未注公差尺寸的公差按：孔 H14、轴 h14、其余 Js16。

6）锥柄插齿刀柄部直径的极限偏差为 $^{+0.05}_{0}$ mm，

表 13-30　小模数插齿刀表面粗糙度

（单位：μm）

检查表面	表面粗糙度参数	插齿刀精度等级		
		AA	A	B
		表面粗糙度数值		
刀齿前面	Ra		0.32	0.63
齿侧表面	Rz		1.6	3.2
齿顶表面	Ra		0.32	0.63
内孔表面	Ra		0.16	
外支承面				
内支承面	Ra	0.63		
锥柄表面		—	0.63	
颈部表面				

表 13-31　小模数插齿刀内孔直径极限偏差

（单位：mm）

内孔直径	极限偏差		
	AA	A	B
15.875	+0.003 0		+0.005 0
31.743	+0.004 0		+0.007 0

注：内孔配合表面两端超出公差的喇叭口长度的总和
应小于配合表面全长的25%

表 13-32　插齿刀前、后角极限偏差

［单位：（′）］

部　位	极　限　偏　差
前角极限偏差： 　AA 级插齿刀 　A 级插齿刀 　B 级插齿刀	±6 ±8 ±12
齿顶后角极限偏差	±5

圆锥半角的极限偏差不应超过±30″。

7）插齿刀的制造公差应符合表13-33、表13-34
规定。

表 13-33　小模数插齿刀齿形误差及径向圆跳动公差　（单位：μm）

序号	检　查　项　目	公差代号	精度等级	公称分度圆直径/mm	模数/mm	
					0.1~0.5	>0.5~0.9
1	有效部分的齿形误差 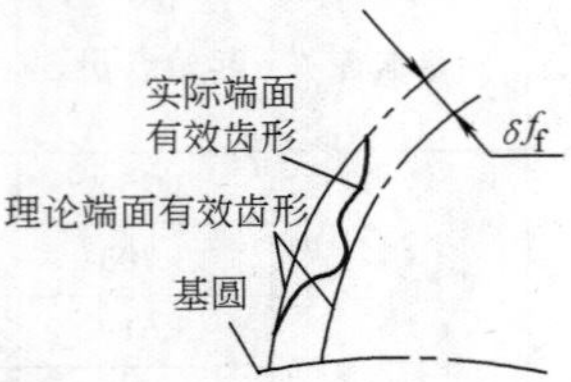	δf_f	AA	—	3	4
			A		4	5
			B		6	7
2	外圆径向圆跳动 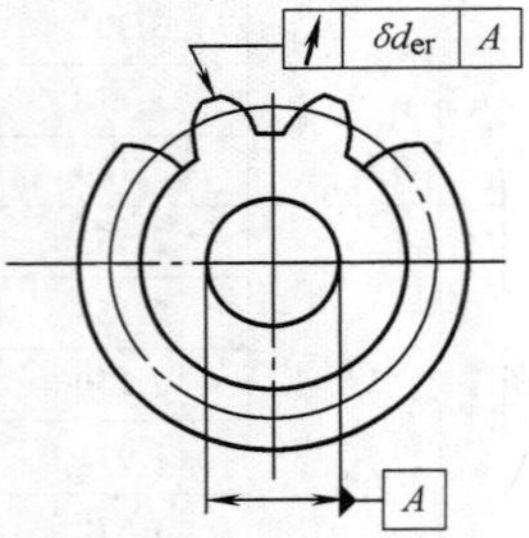	δd_{er}	AA	40	7	
				63	8	
			A	25	10	
				40	11	
				63	12	
			B	25		
				40	14	
				63	16	

表 13-34　小模数插齿刀制造公差　（单位：μm）

序号	检　查　项　目	公差代号	精度等级	结构型式	插齿刀的公称分度圆直径/mm					
					25		40		63	
					模数/mm					
					0.1~0.5	>0.5~0.9	0.1~0.5	>0.5~0.9	0.1~0.5	>0.5~0.9
1	齿圈径向圆跳动 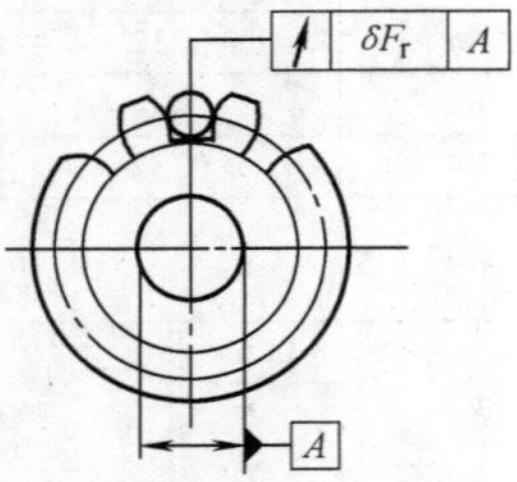 	δF_r	A	锥柄	8	8	—			
			B		10	10	—			
			AA	碗形盘形	—		6	6	7	7
			A				8	8	10	10
			B		12	12	14	14		

（续）

序号	检 查 项 目	公差代号	精度等级	结构型式	插齿刀的公称分度圆直径/mm					
					25		40		63	
					模数/mm					
					0.1~0.5	>0.5~0.9	0.1~0.5	>0.5~0.9	0.1~0.5	>0.5~0.9
2	外圆直径极限偏差 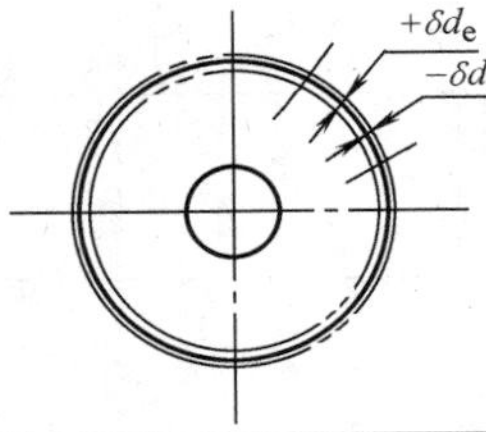 	δd_e	AA	—	±100					
			A		±125					
			B		±160					
3	分度圆处前面的斜向圆跳动 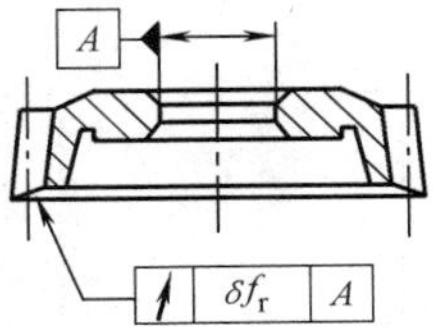 	δf_f	AA	—	—		10		12	
			A		12		16		16	
			B		16		20		20	
4	周节累积误差 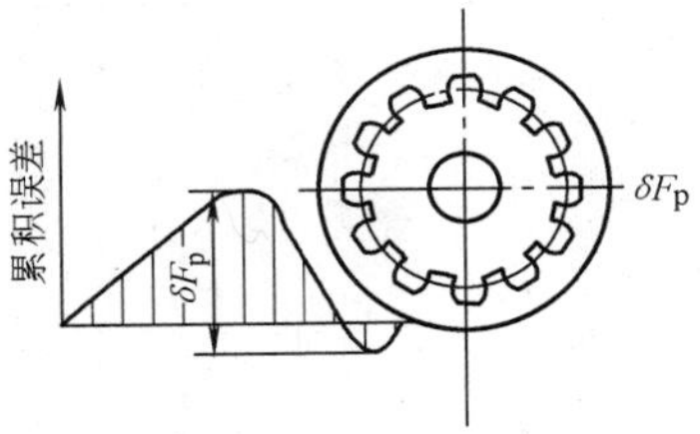 	δF_p	AA	—	—		8		10	
			A		11		13		15	
			B		16		18		20	
5	周节极限偏差 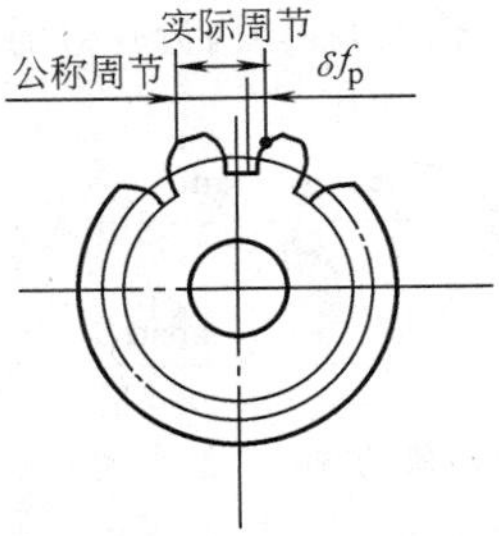 	δf_p	AA	—	—		3			
			A		—		4		4	
			B		6				6	
6	与一定齿厚相应的齿顶高对理论尺寸的极限偏差 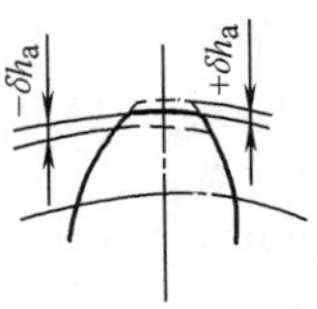 	δh_a	AA	—	±10	±12	±10	±12	±10	±12
			A		±12	±14	±12	±14	±12	±14
			B		±14	±16	±14	±16	±14	±16

（续）

序号	检 查 项 目	公差代号	精度等级	结构型式	插齿刀的公称分度圆直径/mm					
					25		40		63	
					模数/mm					
					0.1~0.5	>0.5~0.9	0.1~0.5	>0.5~0.9	0.1~0.5	>0.5~0.9
7	内支承面对外支承面的平行度 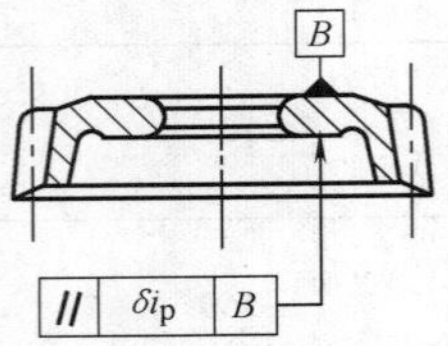 	δi_p	AA	碗形 盘形				3		4
			A		—			4		5
			B					6		8
8	外支承面对内孔轴线的垂直度（在小于外支承面最大半径 2~3mm 范围内测量） 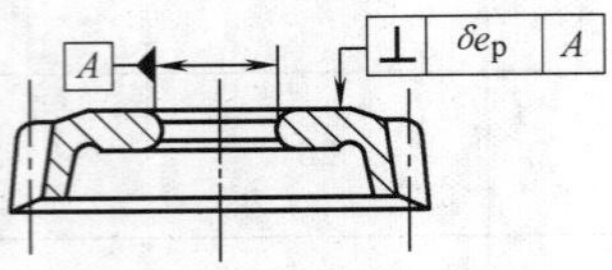 	δe_p	AA	碗形 盘形				3		3
			A					4		4
			B					6		6
9	锥柄插齿刀柄部对轴心线的斜向圆跳动 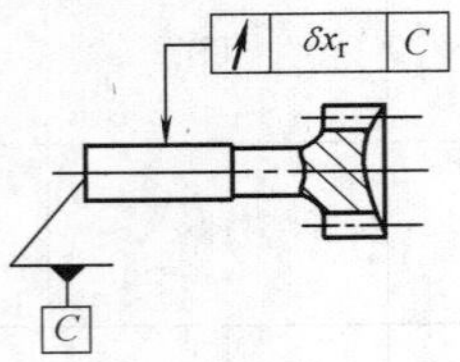 	δx_r	A	锥柄	5				—	
			B							

8）插齿刀用 W6Mo5Cr4V2 高速工具钢或同等以上性能的其他高速工具钢制造，其工作部分硬度为63~66HRC，锥柄部分硬度为 35~50HRC。

13.3　内啮合直齿插齿刀

13.3.1　内啮合插齿刀的特点

内啮合插齿刀是指插制内齿轮的插齿刀。

插削内齿轮用的插齿刀，其切削角度、齿面形状、刀具本身分度圆压力角的修正等，和插制外齿轮用的插齿刀毫无区别，因此本章中对外齿刀本身参数的分析，对内插齿刀也适用。

插削内啮合齿轮中的小齿轮，实际上是插削外齿轮，故插削外齿轮的许多规律，如齿轮的根切和顶切等，在这里也适用，因此不再重复。

插削内啮合齿轮中的大齿轮，插齿刀和大齿轮成为内啮合，需按照内齿轮啮合规律来计算。根据

内齿轮啮合原理，插齿刀插削内齿轮时的啮合角 α_{02} 和中心距 a_{02} 可用下式计算

$$\text{inv}\alpha_{02} = \frac{2(x_2 - x_0)\tan\alpha}{z_2 - z_0} + \text{inv}\alpha \qquad (13\text{-}34)$$

$$a_{02} = \frac{m(z_2 - z_0)}{2} \times \frac{\cos\alpha}{\cos\alpha_{02}} \qquad (13\text{-}35)$$

应注意，内齿轮的根圆在外（直径大）而顶圆在内（直径小），这和普通外齿轮是不同的。插削出的内齿轮根圆半径 r_{f2} 为

$$r_{f2} = a_{02} + r_{a0} \qquad (13\text{-}36)$$

用插齿刀插削内齿轮属于内齿轮啮合，根据内齿轮啮合原理可能发生下列问题：

1）插齿刀切入进刀时，插齿刀齿顶将齿轮齿顶角切去，产生切入顶切现象。

2）在展成切齿过程中，插齿刀的齿顶和内齿轮的齿顶在转出时发生干涉，使内齿轮产生顶切。

由于切入顶切较啮合转出顶切更易发生，故本项可不单独校验。

3）插齿刀齿根非渐开线部分参加啮合，产生内齿轮齿顶干涉顶切。

4）插齿刀基圆进入内齿轮基圆内，两基圆不相交，无法作两基圆的公切线，这时式（13-34）计算出的啮合角 α_{02} 将成负值，称为发生负啮合角，不能得到正常的啮合。

5）插齿刀的齿顶切入内齿轮的齿根，产生内齿轮的根切。

6）插削出的内齿轮和共轭齿轮啮合时，发生过渡曲线干涉现象。

7）用插齿刀切出的内齿轮，根圆直径和标准值相差过大，不符合设计要求。

上述这些现象和插齿刀的齿数及变位系数等参数有关，因此设计或使用内插齿刀时，需要考虑并校验这些问题。

设计内插齿刀主要步骤：

（1）确定插齿刀齿数 z_0　由于内齿轮和插齿刀的齿数差必须大于某数值，有时插齿刀的齿数不得不取得很少。

（2）确定内插齿刀的结构型式　在插齿刀的齿数较多时，可采用盘形或碗形结构，齿数少时只能采用锥柄结构或筒形结构。

（3）确定内插齿刀的最大变位系数 $(x_0)_{max}$
$(x_0)_{max}$ 受到下列因素限制：

1）刀齿齿顶变尖。

2）插内齿轮时产生切入顶切。

3）插内齿轮时发生负啮合角。

4）插出的齿轮啮合时产生过渡曲线干涉。

（4）确定内插齿刀允许的最小变位系数 $(x_0)_{min}$　$(x_0)_{min}$ 受到下列因素限制：

1）插内齿轮时产生齿顶干涉顶切。

2）插齿刀本身齿数过少，刀具齿根非渐开线部分参加啮合，产生内齿轮顶切。

3）插齿刀因齿数少，有效渐开线长度不够，限制了 x_0 值的减少。

4）插齿刀的最小变位系数 $(x_0)_{min}$ 也还受刃磨到最后时刀齿强度的限制。

（5）插齿刀其他结构尺寸的确定。

13.3.2　内啮合插齿刀最大变位系数 $(x_0)_{max}$ 的确定

1. 齿顶变尖限制的 $(x_0)_{max}$

内插齿刀齿顶变尖限制的 $(x_0)_{max}$ 的确定方法原则上应和外插齿刀相同，但是由于插齿刀齿数受到 (z_2-z_0) 齿数差必须保持在某数值以上，故内插齿刀的齿数 z_0 有时会很少，这将使插齿刀齿顶变尖

现象显得比较突出。

根据内插齿刀各种条件的综合研究，在标准中公称分度圆直径 50mm 以上的内插齿刀，都采用 $(x_0)_{max}=0.1$，这时插齿刀齿顶有足够宽度 s_{a0}。

对 $\phi38mm$ 和 $\phi25mm$ 的插齿刀，在 $x_0=0.1$ 时齿顶宽度很小，特别是在齿数较少时。为了避免 $(x_0)_{max}$ 过小，对 $\phi38mm$ 和 $\phi25mm$ 的插齿刀，可以适当放松齿顶最小宽度的限制。公称分度圆直径 38mm 的插齿刀采取 $[s_{a0}]=0.56mm$，公称分度圆直径 25mm 的插齿刀采取 $[s_{a0}]=0.47mm$。

内齿轮的顶隙系数常取 $c^*=0.25$，而很少采用 0.3；这也是为避免插齿刀齿顶宽度过窄的原因。

在插齿刀的 $[s_{a0}]$ 确定后，可以和普通外插齿刀相同的方法确定插齿刀齿顶变尖限制的 $(x_0)_{max}$。内插齿刀齿数有时很少，这些插齿刀的最大变位系数都很小。在插齿刀齿顶高系数 $h_{a0}^*=1.25$ 时，可以从图 13-15 查得齿顶变尖限制的 $(x_0)_{max}$。如插齿刀的参数为非标准值时，需用式（13-11）按试算法求出齿顶变尖限制的 $(x_0)_{max}$。

在设计插齿刀时，一般都是先求得齿顶变尖限制的 $(x_0)_{max}$，然后用这 $(x_0)_{max}$ 校验其他限制因素，看是否已是允许的最大 $(x_0)_{max}$。

2. 插内齿轮时切入顶切限制的 $(x_0)_{max}$

如图 13-33 所示，当插齿刀齿顶离开中心线的距离 b 大于内齿轮齿顶离开中心线的距离 a 时，即 $b>a$，插齿刀齿顶在切入进刀时将会把齿轮齿顶角切去，发生切入顶切现象。这种切入顶切现象，一般在内齿轮齿数和插齿刀齿数差（z_2-z_0）较小时发生。

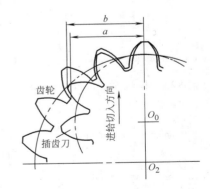

图 13-33　插齿刀切入进刀时产生齿轮顶切

现在生产中使用的插齿机，在切入进刀时仍继续有展成运动，切入进刀运动的方向是和工件刀具中心连线方向重合，因此校验切入顶切是根据这情况进行的。由于啮合运动在进行，故校验切入顶切需保证不同的啮合位置均不发生切入顶切。

图 13-34 是插内齿的任意啮合位置，要不产生

切入顶切必须在全啮合过程中，内齿轮齿顶角 B_1 点离中心连线的距离 y 大于插齿刀齿顶角 A_1 点离中心连线的距离 x，即 $y \geqslant x$ 时不产生切入顶切。经几何啮合关系推导[注]，不发生切入顶切必须保持

$$\varphi'_{a0} \geqslant \varphi_{a0} \qquad (13\text{-}37)$$

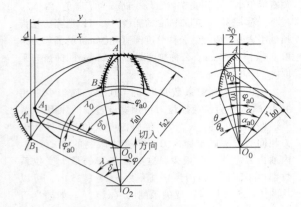

图 13-34　插内齿轮切入顶切的校验

（1）求 φ'_{a0}　首先用下式计算出（$\varphi'_{a0} + \lambda_0$）

$$\sin(\varphi'_{a0} + \lambda_0) = \sqrt{\frac{1 - \eta^2 i^2}{1 - i^2}} \qquad (13\text{-}38)$$

$$\left. \begin{aligned} i &= \frac{z_0}{z_2} \\ \eta &= \frac{r_{a2}}{r_{a0}} \end{aligned} \right\} \qquad (13\text{-}39)$$

然后，再用下式求出 λ_0

$$\left. \begin{aligned} \varphi &= \frac{W_2}{mz_2} + \mathrm{inv}\alpha - \mathrm{inv}\alpha_{a2} \\ W_2 &= m\left(\frac{\pi}{2} + 2x_2\tan\alpha\right) \end{aligned} \right\} \qquad (13\text{-}40)$$

$$\sin(\varphi + i\lambda_0) = \frac{1}{\eta}\sqrt{\frac{1 - \eta^2 i^2}{1 - i^2}} \qquad (13\text{-}41)$$

已求得（$\varphi'_{a0} + \lambda_0$）和 λ_0 后，即得到 φ'_{a0} 值。

（2）求 φ_{a0}

$$\left. \begin{aligned} \varphi_{a0} &= \frac{s_0}{mz_2} + \mathrm{inv}\alpha - \mathrm{inv}\alpha_{a0} \\ s_0 &= \frac{m\pi}{2} + 2mx_0\tan\alpha \end{aligned} \right\} \qquad (13\text{-}42)$$

（3）比较得到的 φ'_{a0} 和 φ_{a0}　在 $\varphi'_{a0} \geqslant \varphi_{a0}$ 时，不发生切入顶切；在 $\varphi'_{a0} < \varphi_{a0}$ 时，将发生切入顶切。

在加工 $\alpha = 20°$、$h_a^* = 1$ 的非变位齿轮（$x_2 = 0$）时，将上面的公式计算画出 $(x_0)_{max}$—$(z_2 - z_0)$ 关系

○ 公式推导见袁哲俊编著《齿轮刀具设计》国防工业出版社，2014 年。

曲线的图表，如图 13-35 所示。分析这曲线图表可看到：

1）切入顶切主要和齿数差（$z_2 - z_0$）有关，（$z_2 - z_0$）差值越小，越易产生切入顶切。

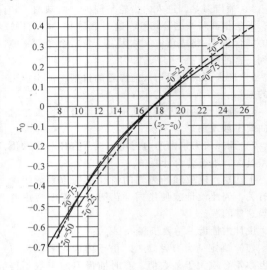

图 13-35　插内齿轮时不发生切入顶切的 $(x_0)_{max}$—$(z_2 - z_0)$ 关系曲线（$\alpha = 20°$、$h_a^* = 1$、$x_2 = 0$）

2）当齿数差（$z_2 - z_0$）> 17 时，不发生切入顶切的 $(x_0)_{max}$ 为正值；在（$z_2 - z_0$）< 17 时，不发生切入顶切的 $(x_0)_{max}$ 为负值。

如校验结果产生切入顶切，可采取如下措施：

1）减少插齿刀的齿数，使（$z_2 - z_0$）差值增大。

2）减小插齿刀的变位系数 $(x_0)_{max}$。

3）增大内齿轮的顶圆半径 r_{a2}。

3. 插内齿轮时负啮合角限制的 $(x_0)_{max}$

设计新内插齿刀时需用齿顶变尖限制的 $(x_0)_{max}$ 校验是否产生负啮合角；选用已有插齿刀插内齿轮时，则先测出插齿刀的实际 x_0 值，再校验是否产生负啮合角。如不发生负啮合角，则检测时用的 x_0 值即用做负啮合角限制的 $(x_0)_{max}$；如发生负啮合角现象，则减小 x_0 值再继续校验。

检验负啮合角时用下式计算，应保证

$$\mathrm{inv}\alpha_{02} = \frac{2(x_2 - x_0)\tan\alpha}{z_2 - z_0} + \mathrm{inv}\alpha \geqslant 0 \qquad (13\text{-}43)$$

亦可用下式计算

$$x_2 - x_0 \geqslant -\frac{(z_2 - z_0)\,\mathrm{inv}\alpha}{2\tan\alpha} \qquad (13\text{-}43\text{a})$$

在 $\alpha = 20°$ 时　$x_2 - x_0 \geqslant -0.02047(z_2 - z_0)$　(13-43b)

在 $\alpha = 15°$ 时　$x_2 - x_0 \geqslant -0.01147(z_2 - z_0)$　(13-43c)

4. 内齿轮过渡曲线干涉限制的 $(x_0)_{max}$

插齿刀的变位系数越大，插出的齿轮越容易发

生过渡曲线干涉。校验时，一般以前面刀齿齿顶变尖等现象限制的 $(x_0)_{max}$ 来校验是否齿轮发生过渡曲线干涉。如不产生过渡曲线干涉，校验时用的 x_0 值即作为齿轮过渡曲线干涉允许的 $(x_0)_{max}$；否则减小 x_0 再继续校验。

（1）内齿轮齿根过渡曲线干涉的校验　图 13-36 所示为插齿刀插制内齿轮时的情况，内齿轮齿形有效渐开线终点为 N，相应于啮合线上的 K_2 点，N 点的渐开线曲率半径 ρ_{02} 为

$$\rho_{02} = \overline{K_2 A_2} = \sqrt{r_{a0}^2 - r_{b0}^2} + a_{02}\sin\alpha_{02}$$
$$= \frac{mz_0\cos\alpha}{2}\tan\alpha_{a0} +$$
$$\frac{m\cos\alpha}{2}(z_2 - z_0)\tan\alpha_{02}$$

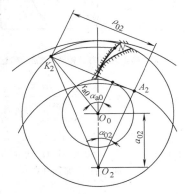

图 13-36　插齿刀切内齿轮时的啮合情况

当此内齿轮与共轭的小齿轮啮合时，小齿轮要求内齿轮齿形上有效渐开线终点为 N'，N' 点的渐开线曲率半径 ρ_2 为

$$\rho_2 = \sqrt{r_{a1}^2 - r_{b1}^2} + a_{12}\sin\alpha_{12} = \frac{mz_1\cos\alpha}{2}\tan\alpha_{a1} +$$
$$\frac{m\cos\alpha}{2}(z_2 - z_1)\tan\alpha_{12}$$

要使内齿轮齿根过渡曲线不和小齿轮齿顶干涉，应保持：

$$\rho_{02} \geqslant \rho_2$$
即　　$$\sqrt{r_{a0}^2 - r_{b0}^2} + a_{02}\sin\alpha_{02} \geqslant \sqrt{r_{a1}^2 - r_{b1}^2} + a_{12}\sin\alpha_{12}$$
$$(13\text{-}44)$$
或　　$$z_0\tan\alpha_{a0} + (z_2 - z_0)\tan\alpha_{02} \geqslant z_1\tan\alpha_{a1} + (z_2 - z_1)\tan\alpha_{12} \quad (13\text{-}44a)$$

从式（13-44）可看到，r_{a1} 越大时越容易发生过渡曲线干涉。不发生过渡曲线干涉的小齿轮最大外径 $(r_{a1})_{max}$ 为

$$(r_{a1})_{max} = \sqrt{(\rho_{02} - a_{12}\sin\alpha_{12})^2 + r_{b1}^2} \quad (13\text{-}45)$$
当 $r_{a1} \leqslant (r_{a1})_{max}$ 时，不发生过渡曲线干涉，否则将

发生过渡曲线干涉。

在其他条件不变时，x_0 越大则 ρ_{02} 越小；不发生过渡曲线干涉的极限情况时，$\rho_{02} = \rho_2$，这是不发生过渡曲线干涉的最大变位系数 $(x_0)_{max}$。

根据式（13-44）计算得到不发生过渡曲线干涉时的 $(x_0)_{max}$-$(z_2 - z_0)$ 关系曲线，如图 13-37 所示。如插齿刀的实际变位系数 x_0 在曲线下侧，不发生过渡曲线干涉；如在曲线上侧，将发生过渡曲线干涉。

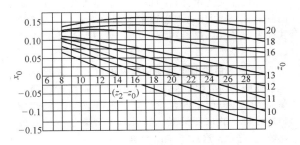

图 13-37　插制的内齿轮齿根过渡曲线不发生干涉时的 $(x_0)_{max}$-$(z_2 - z_0)$ 关系曲线（$\alpha = 20°$，$h_a^* = 1$，$x_1 = x_2 = 0$）

根据分析得知：

1）当 z_2 和 z_1 已定时，插齿刀齿数 z_0 越少，越容易发生过渡曲线干涉。

2）当 z_2 和 z_0 已定时，小齿轮齿数 z_1 越少，越不容易发生过渡曲线干涉。

3）内齿轮的变位系数 x_2 越大，越容易发生过渡曲线干涉。

4）当内齿轮的变位系数 x_2 大到一定程度时，内齿轮根圆处齿槽宽度变得很小，插齿时将产生根切，使根圆处齿槽宽加大。根切对轮齿强度影响甚小，但可减少过渡曲线干涉的危险性。

（2）小齿轮齿根过渡曲线干涉的校验

内齿轮齿顶不和共轭的小齿轮齿根过渡曲线干涉，应保持

$$\rho_1 \geqslant \rho_{01}$$
$$\sqrt{r_{a2}^2 - r_{b2}^2} - a_{12}\sin\alpha_{12} \geqslant a_{01}\sin\alpha_{01} - \sqrt{r_{a0}^2 - r_{b0}^2}$$
$$(13\text{-}46)$$

内齿轮齿顶和小齿轮齿根过渡曲线干涉的机会较多，这时要避免过渡曲线干涉，需要减小插齿刀的变位系数 x_0，或增大内齿轮的顶圆半径 r_{a2}。

不发生过渡曲线干涉的内齿轮顶圆半径 $(r_{a2})_{min}$ 为

$$\sqrt{(r_{a2})_{min}^2 - r_{b2}^2} - a_{12}\sin\alpha_{12} = \rho_{01}$$
$$(r_{a2})_{min} = \sqrt{(\rho_{01} + a_{12}\sin\alpha_{12})^2 + r_{b2}^2} \quad (13\text{-}47)$$
如果实际的内齿轮顶圆半径 $r_{a2} < (r_{a2})_{min}$，则将发生过

渡曲线干涉，这时必须将内齿轮的顶圆半径加大到 $(r_{a2})_{min}$。

13.3.3 内啮合插齿刀最小变位系数 $(x_0)_{min}$ 的确定

1. 插齿刀刀齿强度限制的 $(x_0)_{min}$

插齿刀刃磨到最后时受到刀齿强度的限制，这部分和外插齿刀相同，不同模数插齿刀刀齿强度允许的最小厚度 B_{min} 见表 13-3，这时根据插齿刀原始截面位置可计算出刀齿强度限制的 $(x_0)_{min}$。

在设计或使用插齿刀时，先求出刀齿强度限制的 $(x_0)_{min}$，再用这刀齿强度限制的 $(x_0)_{min}$ 去校验其他限制条件，最后得到所有限制条件都能允许的 $(x_0)_{min}$。

2. 插内齿轮时干涉顶切限制的 $(x_0)_{min}$

插制内齿轮时，如插齿刀的齿根非渐开线部分参加啮合，将产生内齿轮顶切，这种顶切现象和插制外齿轮时的顶切类似。插齿刀的齿数越少、变位系数 x_0 越小，这种干涉顶切越容易发生。

图 13-38 为插削内齿轮时的啮合情况。如内齿轮的齿顶圆和啮合线的交点 K_1 低于 A_1 点，则发生齿轮顶切现象。要不发生这种顶切，必须保持 $\overline{K_1O_2} \geqslant \overline{A_1O_2}$，即

$$r_{a2} \geqslant \sqrt{r_{b2}^2 + (a_{02}\sin\alpha_{02})^2} \qquad (13\text{-}48)$$

或

$$r_{a2} \geqslant \sqrt{\left[m\left(\frac{(z_2-z_0)}{2}\right)\cos\alpha\tan\alpha_{02}\right]^2 + r_{b2}^2} \qquad (13\text{-}48a)$$

在极限情况时 $\alpha_{02} = (\alpha_{02})_{max}$，$x_0 = (x_0)_{min}$，这时

$$\tan(\alpha_{02})_{max} = \frac{2\sqrt{r_{a2}^2 - r_{b2}^2}}{m(z_2-z_0)\cos\alpha} \qquad (13\text{-}49)$$

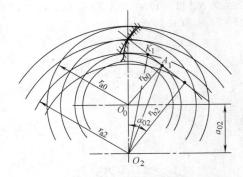

图 13-38 插齿刀切内齿轮时的啮合情况

$$(x_0)_{min} = x_2 - \frac{[\text{inv}(\alpha_{02})_{max} - \text{inv}\alpha](z_2-z_0)}{2\tan\alpha} \qquad (13\text{-}50)$$

在加工标准非变位齿轮（$\alpha = 20°$、$h_a^* = 1$、$x_2 = 0$）时，可根据式（13-50）计算结果绘制成 $(x_0)_{min}$-(z_2-z_0) 关系曲线图，如图 13-39 所示。

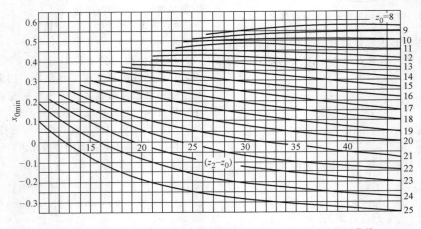

图 13-39 插内齿轮时不发生干涉顶切的 $(x_0)_{min}$-(z_2-z_0) 关系曲线

$$(\alpha = 20°, \ h_a^* = 1, \ x_2 = 0)$$

根据分析得知：

1) 插齿刀的齿数 z_0 对不产生干涉顶切的 $(x_0)_{min}$ 影响最大，而内齿轮齿数 z_2 对这 $(x_0)_{min}$ 的影响较小。

2) 改变内齿轮的变位系数 x_2，不能显著改变 $(x_0)_{min}$。

3) 当插齿刀的齿数 $z_0 < 20$ 时，加工 $h_a^* = 1$ 的内齿轮，无论内齿轮的齿数多少，都不能避免干涉顶切。要避免这种顶切的惟一有效办法就是减小内齿轮的齿顶高（即加大内齿轮的齿顶圆）。

4) 插齿刀的齿数 z_0 增加时，内齿轮的干涉危险性显著下降。当 $z_0 > 30$ 时，一般不发生这种干涉

顶切。

3. 插内齿轮时径向间隙变化的限制

因插齿刀有后角，故各截面中的变位系数均不相等，加工齿轮时，绝大多数情况 $x_0 + x_2 \neq 0$，这时属于角度变位，啮合角 $\alpha_{02} \neq \alpha$，加工出的齿轮根圆直径均非标准值。

当 $x_0 = 0$ 时，加工出的内齿轮根圆直径最大并等于标准值，其他情况无论 $x_0 > 0$ 或 $x_0 < 0$ 时，加工出的内齿轮根圆直径均小于标准值。

用插齿刀加工出的内齿轮的根圆半径 r'_{f2} 可用下式计算

$$r'_{f2} = a_{02} + r_{a0} \tag{13-51}$$

$$式中\quad\left.\begin{array}{l} a_{02} = \dfrac{(z_2 - z_0)m}{2} \times \dfrac{\cos\alpha}{\cos\alpha_{02}} \\[2mm] \mathrm{inv}\alpha_{02} = \dfrac{2(x_2 - x_0)}{z_2 + z_0}\tan\alpha + \mathrm{inv}\alpha \\[2mm] r_{a0} = m\left(\dfrac{z_0}{2} + h_{a0}^* + x_0\right) \end{array}\right\} \tag{13-51a}$$

在加工非变位（$x_2 = 0$）的标准内齿轮（$\alpha = 20°$，$h_a^* = 1$）时，用式（13-51）可计算出内齿轮根圆半径改变量 Δr_{f2} 和插齿刀变位系数的关系 $x_0 - \Delta r_{f2}$ 的关系曲线，如图 13-40 所示。从图中的曲线可看到，Δr_{f2} 除和 x_0 有关外，和齿数差 $(z_2 - z_0)$ 有关，而和插齿刀齿数 z_0 的绝对值无关。经分析得知：

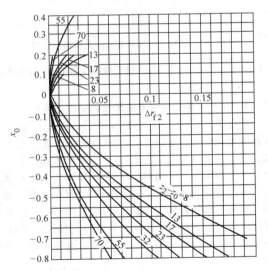

图 13-40　插齿刀切出内齿轮根圆半径的变化

（$\alpha = 20°$，$m = 1\mathrm{mm}$，$h_a^* = 1$，

$x_2 = 0$，$h_{a0}^* = 1.25$）

1）齿数差 $(z_2 - z_0)$ 越小时，x_0 引起的 Δr_{f2} 变化越显著。

2）为避免 Δr_{f2} 值变化过大，应使 $(x_0)_{\min}$ 不要过小，一般应限制在 $(x_0)_{\min} \geqslant -0.6$。

3）如果对内齿轮根圆直径有特殊要求时，可保持 $x_0 = 0$ 截面中的插齿刀顶圆直径不变，而适当加大 x_0 为较大负值时的顶圆半径（相当于减小插齿刀的齿顶后角 α_e），但插齿刀齿形表面修正仍按原来的 α_e 进行。

4）当插齿刀的 x_0 为较大负值时，插齿刀根圆和内齿轮顶圆的间隙亦减小，有时可能产生内齿轮顶切，这时可适当加大内齿轮的顶圆直径。

4. 插内齿轮时的内齿轮根切

如果用变位系数 x_0 较小的插齿刀加工变位较大的内齿轮，有可能插齿刀的齿顶宽度大于内齿轮根圆处的齿槽宽度，这时将产生内齿轮根切。由于内齿轮啮合时的重叠系数都较大，轮齿强度都很大，内齿轮根切不影响内齿轮的工作性能，产生一定的根切是允许的。

13.3.4　少齿数插齿刀本身根切的避免

插内齿轮时，由于受到 $(z_2 - z_0)$ 齿数差值不能很小的限制，有时插齿刀齿数很少。例如标准锥柄插齿刀，公称分度圆直径为 38mm 时，模数 3.75mm 的插齿刀齿数只有 10；公称分度圆直径为 25mm 时，模数 2.5mm 和 2.75mm 的插齿刀齿数都只有 10。这些少齿数插齿刀在磨齿形时，砂轮将进入基圆，如图 13-41 所示，这时砂轮顶角 B 点在磨齿形时的相对运动轨迹为延伸渐开线（图中虚线），这延伸渐开线将切入插齿刀的齿根，将渐开线齿形的 AC 部分切去。如用这样根切的插齿刀加工齿轮（或内齿轮），将发生图 13-42 所示的情况。如插齿刀未被根切，刀具齿形的渐开线起点为 A，可将齿轮渐开线齿形完全切出。现在由于插齿刀本身根切，齿形渐开线起点为 C，加工出齿轮齿形渐开线终点为 C_2。C 点以下刀具齿形内凹，必然使齿轮齿形 C_2 点以上外凸。这种齿形渐开线外凸的齿轮根本不能正常啮合，在齿轮齿数少时，齿形外凸更严重。用本身根切的插齿刀加工内齿轮，同样会发生内齿轮齿顶处齿形外凸，不能使用。因此插齿刀本身根切是不能允许的。

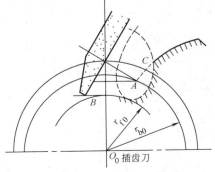

图 13-41　少齿数插齿刀磨齿形时的根切

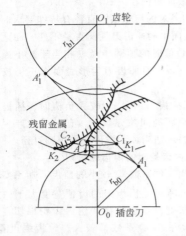

图 13-42 用根切插齿刀切齿轮时的情况

加大插齿刀的变位系数 x_0，可减少插齿刀本身根切的危险性。但插齿刀变位系数的增加受到齿顶变尖限制，还受到加工出齿轮的过渡曲线干涉的限制。在不能避免插齿刀本身的根切的参数条件下，可以改变磨插齿刀齿形的工艺，避免插齿刀本身的根切。避免插齿刀本身根切的特殊磨齿形方法有两种：不完全展成法和砂轮修缘法。

不完全展成法磨齿形的原理如图 13-43 所示。图中砂轮位置 I 是展成运动砂轮开始磨齿形 C 点，展成运动继续到砂轮位置 II 时，砂轮和齿形的接触点 F 正好在基圆上，这时砂轮平面通过插齿刀轴线，齿形 F 点以下为径向直线。如这时展成运动停止，基圆以上渐开线齿形已磨出，基圆以下为径向直线没有产生根切，这方法叫做不完全展成法。很显然，如在位置 II 后展成运动继续，砂轮进入刀具基圆内，使插齿刀产生根切。

由于插齿刀有后角，不同截面中变位系数不同，这就要求磨齿形时展成运动停止的时间不同，这当然是不可能的。因此用不完全展成法磨插齿刀时，

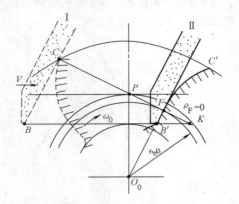

图 13-43 不完全展成法磨齿形避免插齿刀根切

不同截面中齿形渐开线的起点不同，缩短了刀具齿形的有效渐开线长度，这是这种磨齿形方法的缺点。

图 13-44 所示是采用砂轮修缘法磨齿形避免插齿刀根切的基本原理。插齿刀基圆和啮合线的切点为 A_1，相应于砂轮型面上的 A 点，啮合展成运动中将磨出刀具齿形上 A'_1 点（A'_1 点位于基圆上），如砂轮 A 点以下为直线 $\overline{AB}$，当展成运动继续进行时，砂轮将使刀具产生根切。如希望刀具齿形 A'_1 点以下为直线 $A'_1 B'_1$，则砂轮型面 A 点以下应修去一部分，修成曲线 AB_1，这样展成磨削运动完成后，插齿刀基圆以下齿形不会根切而成为径向直线。砂轮型面的修缘曲线 AB_1 可以用直线齿形 $A'_1 B'_1$ 按包络原理求出，但计算和实际修砂轮都比较麻烦，平时可以用直线代替曲线，这将使磨出的插齿刀齿形在基圆内略为外凸，因外凸量不大，对插齿刀的使用性能影响不大。

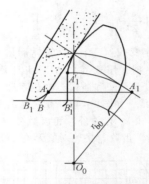

图 13-44 砂轮修缘法磨齿形避免插齿刀根切

13.3.5 内啮合直齿插齿刀结构参数的确定和设计步骤

1. 内啮合直齿插齿刀主要结构参数的确定

（1）内插齿刀齿数的确定 内插齿刀的齿数 z_0 不能任意确定，它受到要加工的内齿轮齿数 z_2 的限制，即必须保持齿数差 $(z_2 - z_0)$ 大于某数值，否则将产生内齿轮顶切等问题。齿数差 $(z_2 - z_0)$ 值的大小是与内齿轮及插齿刀的结构参数、变位系数等有关。当内齿轮齿数较多时，允许插齿刀有较多齿数，这时插齿刀设计问题较少。但如果内齿轮齿数不多，这时就要求插齿刀齿数很少，这时插齿刀设计或选用就比较困难。

要精确计算内插齿刀允许的最多齿数 $(z_0)_{max}$ 比较复杂，可以先采用表 13-35 中推荐的 z_0 数值，再进行验算，看是否适用。

应该指出的是，需要加工的内齿轮参数如齿顶高系数 h_a^*、变位系数 x_2 等都对允许的 $(z_2 - z_0)$ 有很大影响。例如表 13-36 中给出公称分度圆直径 25mm 和 75mm 的插齿刀，在内齿轮变位系数 x_2 不

表 13-35　插内齿轮插齿刀齿数的选择

内齿轮齿数 z_2	插齿刀最多齿数 $(z_0)_{max}$			
	$\alpha = 14.5°$ $h_a^* = 1$	$\alpha = 20°$ $h_a^* = 1$	$\alpha = 20°,\ h_a^* = 0.8$ $\alpha = 25°,\ h_a^* = 1$	$\alpha = 30°$ 圆底花键
16	—	—	—	9
20	—	—	—	13
24	—	—	10	17
28	—	—	11	21
32	—	10	12	25
36	—	13	14	29
40	14	17	18	33
44	16	21	23	37
48	18	25	27	41
52	21	29	32	45
56	24	34	36	49
60	27	38	40	53
64	30	42	45	57
68	33	46	49	61
72	36	50	53	65
80	44	58	62	73

同时，允许的 $(z_2 - z_0)$ 值有很大变化。因此，表 13-33 中推荐的 $(z_2 - z_0)$ 值是很粗略的，只能作为插齿刀齿数的初步选择，需要再进行必要的验算。

（2）内插齿刀分圆直径和结构型式的确定　插齿刀齿数初步选定后，根据其模数可以计算出分度圆直径 $d' = m z_0$，根据算出的分度圆直径取相近的标准公称分度圆直径 d。标准公称分度圆直径有：锥柄插齿刀 $\phi 25mm$、$\phi 38mm$；碗形插齿刀 $\phi 50mm$、$\phi 75mm$、$\phi 100mm$、$\phi 125mm$（$\phi 160mm$ 基本不用）；盘形插齿刀 $\phi 75mm$、$\phi 100mm$、$\phi 125mm$。再根据模数和公称分度圆直径最后确定齿数 z_0 和实际分度圆直径。

根据插齿刀的分度圆直径确定插齿刀采用的结构型式：锥柄的、碗形的或盘形的。

（3）确定插齿刀允许的最大变位系数 $(x_0)_{max}$ 和允许的最小变位系数 $(x_0)_{min}$　这部分内容前面已经讲过，不再重复。

（4）插齿刀的前角、后角和其他结构参数的确定　内插齿刀本身的前角、后角、齿形表面形状、分度圆压力角修正等都和外插齿刀完全相同，这里不再重复。

内插齿刀的其他结构参数，可以参考标准插齿刀的参数选用。

2. 专用直齿内插齿刀设计步骤和计算示例

直齿内插齿刀的设计步骤和计算示例见表 13-37。

表 13-36　插内齿轮时不同 x_2 值时允许的最小 $(z_2 - z_0)$ 值

插齿刀的基本参数							x_2						
							0	0.2	0.4	0.6	0.8	1.0	1.2
插齿刀型式	分度圆直径 d_0	模数 m	齿数 z_0	变位系数 x_0	齿顶圆直径 d_{a0}	齿顶高系数 h_{a0}^*	内齿轮的最少齿数 z_{2min}						
锥柄插齿刀	25	1.26	20	0.106	28.39	1.25	40	35	32	29	26	25	24
	27	1.5	18	0.103	31.06		38	33	30	27	24	23	22
	26.25	1.75	15	0.104	30.99		35	30	26	23	21	20	19
	26	2	13	0.085	31.34		34	28	24	21	19	17	17
	27	2.25	12	0.083	33.00		32	27	23	20	18	16	16
	25	2.5	10	0.042	31.46		30	25	21	18	16	14	14
	27.5	2.75	10	0.037	34.58		30	25	21	18	16	14	14
碗形插齿刀	77	2.75	28	0.224	85.37	1.3	52	47	42	39	36	34	33
	75	3	25	0.167	83.81		48	43	38	35	33	31	29
	78	3.25	24	0.149	87.42		46	41	37	34	31	29	28
	77	3.5	22	0.126	86.98		44	39	35	31	29	27	26

注：此表是按 $\alpha = 20°$、$h_a^* = 1$ 计算得到的。

表 13-37　直齿内插齿刀设计步骤和计算示例　　　　　　　　（单位：mm）

（1）加工齿轮原始参数				
名　　称	被切内齿轮参数		共轭小齿轮参数	
	符　号	数　值	符　号	数　值
模数	m	4	m	4
分度圆压力角	α	20°	α	20°
齿数	z_2	40	z_1	28

（续）

（1）加工齿轮原始参数

名　称	被切内齿轮参数		共轭小齿轮参数	
	符　号	数　值	符　号	数　值
变位系数	x_2	0.3	x_1	0.2
齿顶圆半径	r_{a2}	78.20	r_{a1}	60.80
根圆半径	r_{f2}	86.20	r_{f1}	52.80
分度圆半径	r_2	80	r_1	56
基圆半径	r_{b2}	75.175	r_{b1}	56.623
齿轮副啮合角	α_{12}'	22°19′		
齿轮副中心距	a_{12}	24.38		

（2）内插齿刀的基本参数

序号	项　目	符号	计算公式或选取	计算精度	计算实例
1	插齿刀齿数初选	z_0'	根据 z_2 从表 13-32 选 z_0' 值		$z_2=40$，从表 13-33，z_0' 可取 18 由于内齿轮齿顶圆加大，z_0' 可大于 18
2	取公称分度圆直径	d_0'	$d_0'=z_0'm$，取接近的标准公称分度圆直径		$d_0'=18.4\text{mm}=72\text{mm}$ 取 $d_0'=75\text{mm}$
3	插齿刀齿数	z_0	$z_0=\dfrac{d_0}{m}$ 取整数		$z_0=\dfrac{75}{4}=18.75$，取 $z_0=19$
4	插齿刀实际分圆直径	d_0	$d_0=z_0m$		$d_0=19\times4\text{mm}=76\text{mm}$
5	插齿刀型式		锥柄、碗形或盘形插齿刀根据插齿刀的分度圆直径选定		插齿刀分度圆直径 76mm，选盘形结构
6	插齿刀前角	γ	推荐取 $\gamma=5°$		取 $\gamma=5°$
7	插齿刀后角	α_e	$\alpha=20°$ 时，推荐取 $\alpha_e=6°$ $\alpha=14\frac{1}{2}°$ 和 $15°$ 时，推荐取 $\alpha_e=7\frac{1}{2}°$		取 $\alpha_e=6°$
8	插齿刀分度圆压力角（修正后）	α_0	$\tan\alpha_0=\dfrac{\tan\alpha}{1-\tan\alpha_e\tan\alpha}$	0.000001 或 0.5″	$\alpha_0=20°10'14.5''$

（3）磨齿形参数

序号	项　目	符号	计算公式或选取	计算精度	计算实例
9	使用 Y7125 磨齿机时头架导轨倾斜角验算	$\alpha_{安}$	$\cos\alpha_{安}=\dfrac{mz_0\cos\alpha_0}{d_{bK}}$ 要求 $14°<\alpha_{安}<25°$ 式中　d_{bK}—渐开线凸轮板基圆直径	1″	$\cos\alpha_{安}=\dfrac{4\times19\times0.938669}{75}$ $=0.95119$ $\alpha_{安}=17°58'25''$，符合要求
10	齿形表面的基圆直径	d_{b0}'	$d_{b0}'=mz_0\cos\alpha_0$	0.0001	$d_{b0}'=4\times19\times0.938669\text{mm}$ $=71.3392\text{mm}$
11	齿形表面的基圆螺旋角	β_{b0}	$\tan\beta_{b0}=\sin\alpha_0\tan\alpha_e$	1″	$\tan\beta_{b0}=\sin20°10'14.5''\tan6°$ $=0.03624161$ $\beta_{b0}=2°4'32''$

（续）

（4）求插齿刀齿顶变尖限制允许的 $(x_0)'_{max}$

序号	项 目	符号	计算公式或选取	计算精度	计算实例
12	容许的最小齿顶宽度	$[s_{a0}]$	可用图 13-14 查出 $[s_{a0}]$ 也可用下式计算 $$[s_{a0}]=-0.0107m^2+0.2643m$$ $$+0.3381\text{mm}$$	0.01	在 $m=4\text{mm}$ 时，$(s_{a0})_{容}=1.25\text{mm}$
13	初步取 x_0	x_0	内插齿刀公称分度圆直径 $>50\text{mm}$ 时，取 $x_0=0.1$　锥柄插齿刀齿数少时，x_0 值需取得更小	0.01	取 $x_0=0.1$ 再校验齿顶宽度
14	求齿顶宽度	s_{a0}	$$\cos\alpha_{a0}=\dfrac{r_{b0}}{r_{a0}}=\dfrac{\frac{1}{2}mz_0\cos\alpha}{r_{a0}}$$ $$s_{a0}=r_{a0}\left[\dfrac{\pi+4x_0\tan\alpha}{z_0}+2(\text{inv}\alpha-\text{inv}\alpha_{a0})\right]$$	1″ 0.001	$$\cos\alpha_{a0}=\dfrac{\frac{1}{2}\times4\times19\cos20°}{43.45}$$ $$=0.821823$$ $$\alpha_{a0}=34°43'56''$$ $$s_{a0}=43.45\times\left[\dfrac{\pi+4\times0.1\tan20°}{19}+\right.$$ $$\left. 2(\text{inv}20°-\text{inv}34°43'56'')\text{mm}\right]$$ $$=1.246\text{mm}$$
15	确定 $(x_0)'_{max}$	$(x_0)'_{max}$	比较 $[s_{a0}]$ 和 s_{a0}　如 $s_{a0}\geqslant[s_{a0}]$，则取的 x_0 即为 $(x_0)'_{max}$	0.01	$[s_{a0}]=1.25\approx s_{a0}=1.246$ 故取 $(x_0)'_{max}=0.1$
16	校验插齿轮时有无负啮合角现象	α_{02}	$$\text{inv}\alpha_{02}=\dfrac{2(x_2-x_0)}{z_2-z_0}\tan\alpha+\text{inv}\alpha$$	1′	在 $x_0=0.1$ 时计算得到 $\text{inv}\alpha_{02}=0.021837$ $\alpha_{02}=22°36'2''$ 未发生负啮合角
17	计算参数	i	$$i=\dfrac{z_0}{z_2}$$	0.001	$i=\dfrac{19}{40}=0.475$
18	计算参数	η	$$\eta=\dfrac{r_{a2}}{r_{a0}}$$	0.0001	$\eta=\dfrac{78.20}{43.45}=1.79977$
19	计算参数	$\varphi'_{a0}+\lambda_0$	$$\sin(\varphi'_{a0}+\lambda_0)=\sqrt{\dfrac{1-\eta^2i^2}{1-i^2}}$$	0.001°	$\sin(\varphi'_{a0}+\lambda_0)$ $$=\sqrt{\dfrac{1-(0.475\times1.79977)^2}{1-0.475^2}}$$ $$=0.589565$$ $$\varphi'_{a0}+\lambda_0=36°7'34''=36.126°$$
20	计算参数	$\varphi+i\lambda_0$	$$\sin(\varphi+i\lambda_0)=\dfrac{1}{\eta}\sqrt{\dfrac{1-\eta^2i^2}{1-i^2}}$$	0.001°	$\sin(\varphi+i\lambda_0)=\dfrac{0.589565}{1.79977}$ $$=0.327578$$ $$\varphi+i\lambda_0=19°7'19''=19.122°$$
21	计算参数	W_2	$$W_2=m\left(\dfrac{\pi}{2}+2x_2\tan\alpha\right)$$	0.0001	$W_2=m\left(\dfrac{\pi}{2}+2\times0.3\tan20°\right)$ $$=m\times1.78918$$

（续）

（4）求插齿刀齿顶变尖限制允许的 $(x_0)'_{max}$

序号	项 目	符号	计算公式或选取	计算精度	计 算 实 例
22	计算参数	α_{a2}	$\cos\alpha_{a2}=\dfrac{r_{b2}}{r_{a2}}=\dfrac{\frac{1}{2}mz_2\cos\alpha}{r_{a2}}$	1″	$\cos\alpha_{a2}=\dfrac{\frac{1}{2}\times4\times40\cos20°}{78.20}$ $=0.961317$ $\alpha_{a2}=15°59'17''$，$\mathrm{inv}\alpha_{a2}=0.0074756$
23	计算参数	φ	$\varphi=\dfrac{W_2}{mz_2}+\mathrm{inv}\alpha-\mathrm{inv}\alpha_{a2}$	0.001°	$\varphi=\dfrac{m\times1.78918}{m\times40}+\mathrm{inv}20°-$ $\mathrm{inv}15°59'17''$ $=0.052158\mathrm{rad}=2.988°$
24	计算参数	λ_0	前面已求出$(\varphi+i\lambda_0)$值，现φ值已求出，即可计算出λ_0值	0.001°	已知$\varphi+i\lambda_0=19.122°$，故 $\lambda_0=\dfrac{1}{i}(19.122°-\varphi)=33.966°$
25	计算参数	φ'_{a0}	前面已求出$(\varphi'_{a0}+\lambda_0)$值，现$\lambda_0$值已求出，即可计算出$\varphi'_{a0}$值	0.001°	前面已求出$\varphi'_{a0}+\lambda_0=36.126°$，故 $\varphi'_{a0}=36.126°-\lambda_0=2.16°$
26	计算参数	s_0	$s_0=\dfrac{m\pi}{2}+2mx_0\tan\alpha$	0.001	$s_0=\left(\dfrac{4\times\pi}{2}+2\times4\tan20°\right)\mathrm{mm}$ $=4\times1.643594\mathrm{mm}$
27	计算参数	φ_{a0}	$\varphi_{a0}=\dfrac{s_0}{mz_0}-\mathrm{inv}\alpha_{a0}+\mathrm{inv}\alpha$	0.001°	$\varphi_{a0}=\left(\dfrac{4\times1.643594}{4\times19}-\mathrm{inv}34°43'56''+\right.$ $\left.\mathrm{inv}20°\right)\mathrm{rad}=0.014336\mathrm{rad}$ $\varphi_{a0}=0.8214°$
28	校验是否发生切入顶切		如$\varphi_{a0}\leqslant\varphi'_{a0}$，不发生切入顶切 如$\varphi_{a0}>\varphi'_{a0}$，将发生切入顶切		$\varphi_{a0}=0.8214°<\varphi'_{a0}=2.16°$，不发生切入顶切
29	确定不发生切入顶切允许的$(x_0)''_{max}$	$(x_0)''_{max}$	如不发生切入顶切，$(x_0)''_{max}=(x_0)'_{max}$ 如发生切入顶切，减小x_0再校验	0.01	不发生切入顶切，取$(x_0)''_{max}=0.1$

（5）用上面求得的 $(x_0)''_{max}$ 校验齿轮是否发生过渡曲线干涉

序号	项 目	符号	计算公式或选取	计算精度	计 算 实 例
30	确定不产生过渡曲线干涉的$(x_0)'''_{max}$	$(x_0)'''_{max}$	在齿轮参数为标准值时，用图13-37进行校验 在齿轮参数为非标准值时，按下面步骤进行校验		被加工齿轮参数非标准，需要用公式计算进行校验 校验$(x_0)'''_{max}=0.1$时，过渡曲线是否发生干涉
31	计算参数	α_{01}	$\mathrm{inv}\alpha_{01}=\dfrac{2(x_1+x_0)}{z_1+z_0}\tan\alpha+\mathrm{inv}\alpha$	1″	$\mathrm{inv}\alpha_{01}=\dfrac{2(0.2+0.1)}{28+19}\tan20°$ $+\mathrm{inv}20°$ $=0.019550$ $\alpha_{01}=21°49'18''$
32	计算参数	a_{01}	$a_{01}=\dfrac{m(z_1+z_0)}{2}\times\dfrac{\cos\alpha}{\cos\alpha_{01}}$	0.001	$a_{01}=\dfrac{4(28+19)}{2}\times\dfrac{\cos20°}{\cos21°49'18''}\mathrm{mm}$ $=95.148\mathrm{mm}$
33	计算参数	ρ_{01}	$\rho_{01}=a_{01}\sin\alpha_{01}-\sqrt{r_{a0}^2-r_{b0}^2}$	0.001	$\rho_{01}=(95.148\sin21°49'18''-$ $\sqrt{43.45^2-35.7082^2}\,)\mathrm{mm}$ $=10.61\mathrm{mm}$
34	计算参数	$(r_{a2})_{min}$	$(r_{a2})_{min}=\sqrt{(\rho_{01}+a_{12}\sin\alpha_{12})^2+r_{b2}^2}$	0.001	计算得到$(r_{a2})_{min}=77.756\mathrm{mm}$

（续）

序号	项　目	符号	计算公式或选取	计算精度	计　算　实　例
			（5）用上面求得的 $(x_0)''_{max}$ 校验齿轮是否发生过渡曲线干涉		
35	校验内齿轮齿顶是否和小齿轮过渡曲线发生干涉		如 $r_{a2} \geqslant (r_{a2})_{min}$，不发生过渡曲线干涉 如 $r_{a2} < (r_{a2})_{min}$，将发生过渡曲线干涉		$r_{a2} = 78.20 > (r_{a2})_{min} = 77.756\text{mm}$，不发生过渡曲线干涉
36	计算参数	a_{02}	$a_{02} = \dfrac{m(z_2 - z_0)}{2} \times \dfrac{\cos\alpha}{\cos\alpha_{02}}$	0.001	$a_{02} = \dfrac{4(40-19)}{2} \times \dfrac{\cos20°}{\cos22°36'26''}\text{mm}$ $= 42.751\text{mm}$
37	计算参数	ρ_{02}	$\rho_{02} = \sqrt{r_{a0}^2 - r_{b0}^2} + a_{02}\sin\alpha_{02}$	0.001	$\rho_{02} = (\sqrt{43.45^2 - 35.708^2} +$ $42.751\sin22°36'26'')\text{mm}$ $= 41.193\text{mm}$
38	计算参数	r_{b1}	$r_{b1} = \dfrac{mz_1}{2}\cos\alpha$	0.001	$r_{b1} = \dfrac{4 \times 28}{2}\cos20°\text{mm} = 52.623\text{mm}$
39	计算参数	$(r_{a1})_{max}$	$(r_{a1})_{max} = \sqrt{(\rho_{02} - a_{12}\sin\alpha_{12})^2 + r_{b1}^2}$	0.001	计算得到 $(r_{a1})_{max} = 61.55\text{mm}$
40	校验小齿轮齿顶是否和内齿轮过渡曲线发生干涉		如 $r_{a1} \leqslant (r_{a1})_{max}$，不发生过渡曲线干涉 如 $r_{a1} > (r_{a1})_{max}$，将发生过渡曲线干涉		$r_{a1} = 60.80 < (r_{a1})_{max} = 61.55\text{mm}$，不发生过渡曲线干涉
41	确定不发生过渡曲线干涉的 $(x_0)'''_{max}$	$(x_0)'''_{max}$	如不发生过渡曲线干涉，$(x_0)'''_{max} = (x_0)''_{max}$ 如发生过渡曲线干涉，减小 x_0 再校验	0.01	不发生过渡曲线干涉，取 $(x_0)'''_{max} = 0.1$
42	确定插齿刀的最大变位系数 $(x_0)_{max}$	$(x_0)_{max}$	取 $(x_0)'_{max}$、$(x_0)''_{max}$、$(x_0)'''_{max}$ 中的最小的一个	0.01	最后取 $(x_0)_{max} = 0.1$
			（6）原始截面参数和切削刃在前端面投影尺寸		
43	原始截面离前端面距离	b_0	$b_0 = \dfrac{m(x_0)_{max}}{\tan\alpha_e}$	0.001	$b_0 = \dfrac{4 \times 0.1}{\tan6°}\text{mm} = 3.806\text{mm}$
44	插齿刀厚度	B	根据公称分度圆直径，参考标准选取		根据 $m = 4\text{mm}$，公称分度圆直径 $d = 75\text{mm}$ 参考标准取 $B = 17\text{mm}$
45	原始截面分度圆弧齿厚	s_0	$s_0 = \dfrac{\pi m}{2}$	0.001	$s_0 = \dfrac{\pi \times 4}{2}\text{mm} = 6.283\text{mm}$
46	原始截面顶圆半径	r_{a0}	$r_{a0} = r_{a01} - b_0\tan\alpha_e$	0.01	$r_{a0} = (43.45 - 3.8\tan6°)\text{mm}$ $= 43.05\text{mm}$
47	原始截面齿顶高	h_{a0}	$h_{a0} = r_{a0} - r_0$	0.01	$h_{a0} = (43.05 - 38)\text{mm} = 5.05\text{mm}$
48	原始截面齿根高	h_{f0}	$h_{f0} = (h_a^* + c_{a0}^*)m$	0.01	$h_{f0} = 1.25m = 5.0\text{mm}$

（续）

序号	项 目	符号	计算公式或选取	计算精度	计 算 实 例

序号	项 目	符号	计算公式或选取	计算精度	计 算 实 例
(6)原始截面参数和切削刃在前端面投影尺寸					
49	原始截面全齿高	h_0	$h_0 = h_{a0} + h_{f0}$	0.01	$h_0 = (5.05+5)\text{mm} = 10.05\text{mm}$
50	前端面齿顶高	h_{a0}	$h_{a0} = r_{a01} - r_0$	0.01	$h_{a0} = (43.45-38)\text{mm} = 5.45\text{mm}$
51	前端面分圆弧齿厚	s_{01}	$s_{01} = \dfrac{\pi m}{2} + 2b_0 \tan\alpha \tan\alpha_e$	0.001	$s_{01} = 6.574\text{mm}$
(7)插齿刀允许的最小变位系数$(x_0)_{min}$					
52	刀齿强度允许的最小厚度	B_{min}	从表13-3中查出刀齿强度允许的 B_{min} 值	0.1	从表13-3中查得对 $\phi75$、$m=4\text{mm}$ 的插齿刀 $B_{min}=6.5\text{mm}$
53	上述截面离原始截面距离	b'	$b' = b_0 - (B - B_{min})$	0.01	$b' = [3.8-(17-6.5)]\text{mm}$ $= -6.7\text{mm}$
54	刀齿强度允许的最小变位系数	$(x_0)'_{min}$	$(x_0)'_{min} = \dfrac{b' \tan\alpha_e}{m}$	0.001	$(x_0)'_{min} = \dfrac{-6.7\tan6°}{4} = -0.167$
55	在 $(x_0)'_{min} = -0.167$时的顶圆半径	r'_{a0}	$r'_{a0} = r_{a0} + b' \tan\alpha_e$	0.01	$r'_{a0} = (43.05-6.7\tan6°)\text{mm}$ $= 42.38\text{mm}$
56	计算参数	$(\alpha_{02})_{max}$	$\tan(\alpha_{02})_{max} = \dfrac{2\sqrt{r_{a2}^2 - r_{b2}^2}}{m(z_2 - z_0)\cos\alpha}$	$1''$	$\tan(\alpha_{02})_{max}$ $= \dfrac{2\sqrt{78.20^2 - 75.175^2}}{4\times(40-19)\cos20°}$ $= 0.5457655$ $(\alpha_{02})_{max} = 28°37'27''$
57	不发生内齿轮齿顶干涉顶切的最小变位系数	$(x_0)''_{min}$	$(x_0)''_{min} = x_2 -$ $\dfrac{[\text{inv}(\alpha_{02})_{max} - \text{inv}\alpha](z_2 - z_0)}{2\tan\alpha}$	0.001	$(x_0)''_{min} = 0.3 -$ $\dfrac{(\text{inv}28°37'27'' - \text{inv}20°)(40-19)}{2\tan20°}$ $= -0.6$
58	校验刀齿强度允许的 $(x_0)'_{min}$ 时有无内齿轮齿顶干涉顶切		在 $(x_0)'_{min} \geqslant (x_0)''_{min}$ 时,不发生干涉顶切;这时取 $(x_0)_{min} = (x_0)'_{min}$ 在 $(x_0)'_{min} < (x_0)''_{min}$ 时,将发生干涉顶切,这时取 $(x_0)_{min} = (x_0)''_{min}$	0.001	$(x_0)'_{min} = -0.176 > (x_0)''_{min} = -0.6$, 取 $(x_0)_{min} = (x_0)'_{min} = -0.176$
(8)插齿刀检查截面参数(标准规定离前端面2.5mm的截面)					
59	插齿刀变位系数	$x_{0检}$	$x_{0检} = \dfrac{b_0 - 2.5\text{mm}}{m}\tan\alpha_e$	0.0001	$x_{0检} = \dfrac{3.80-2.5}{4}\times\tan6° = 0.03426$
60	计算参数	α_{a2}	$\cos\alpha_{a2} = \dfrac{r_{b2}}{r_{a2}}$	$1''$	$\cos\alpha_{a2} = \dfrac{75.175}{78.20} = 0.961317$ $\alpha_{a2} = 15°59'17''$
61	计算参数	α_{02}	$\text{inv}\alpha_{02} = \dfrac{2(x_2 - x_{0检})}{z_2 - z_0}\tan\alpha$ $+ \text{inv}\alpha$	$1''$	$\text{inv}\alpha_{02} = \dfrac{2(0.3-0.0343)}{40-19}\tan20° +$ $\text{inv}20° = 0.024114$ $\alpha_{02} = 23°20'$

（续）

序号	项 目	符号	计算公式或选取	计算精度	计算实例
（8）插齿刀检查截面参数（标准规定离前端面 2.5mm 的截面）					
62	渐开线起点处的曲率半径	ρ_1	$\rho_1 = \dfrac{m\cos\alpha}{2}\left[z_2\tan\alpha_{02} - (z_2 - z_0)\tan\alpha_{02}\right]$	0.01	计算得到 $\rho_1 = 4.515\text{mm} \approx 4.52\text{mm}$
63	渐开线终点处的曲率半径	ρ	$\rho = \sqrt{(r_{a0} - 2.5\tan\alpha_e)^2 - r_{b0}^2}$	0.01	$\rho = \sqrt{(43.45 - 2.5\times\tan 6°)^2 - 35.669^2}\text{mm}$ $= 24.719\text{mm} \approx 24.72\text{mm}$
64	渐开线检查时的基圆直径	d'_{b0}	见本表序号 10	0.001	$d'_{b0} = 71.339\text{mm}$
65	插齿刀其他尺寸，可参考标准选取				
66	绘制插齿刀工作图，并标出技术要求（技术要求按标准规定）				

3. 用现有插齿刀加工内齿轮副时的校验

以实例说明用现有插齿刀加工内齿轮副时的校验方法。

被加工内齿轮副的参数，仍用表 13-37 中的内齿轮副为例。内齿轮参数：$m = 4\text{mm}$，$\alpha = 20°$，$z_2 = 40$，$x_2 = 0.3$，$r_{a2} = 78.20\text{mm}$，根圆直径无要求；小齿轮参数：$z_1 = 28$，$x_1 = 0.2$，$r_{a1} = 60.80\text{mm}$，根圆直径无要求。

现有插齿刀参数：$m = 4\text{mm}$，$\alpha = 20°$，$z_0 = 25$，$x_0 = 0.20$，$h_{a0}^* = 1.25$，$r_{a0} = 55.80\text{mm}$。

校验步骤如下：

（1）计算插内齿轮时的啮合角 α_{02}

$$\text{inv}\alpha_{02} = \frac{2(x_2 - x_0)}{z_2 - z_0}\tan\alpha + \text{inv}\alpha = 0.019757$$

$$\alpha_{02} = 21°53'43''$$

从计算结果得知，没有发生负啮合角。

（2）校验插内齿轮时是否发生切入顶切

$$i = \frac{z_0}{z_2} = \frac{5}{8}$$

$$\eta = \frac{r_{a2}}{r_{a0}} = 1.4014$$

代入式（13-38）得

$$\sin(\varphi'_{a0} + \lambda_0) = \sqrt{\frac{1 - \eta^2 i^2}{1 - i^2}} = 0.6179$$

$$\varphi'_{a0} + \lambda_0 = 38°9'50'' = 38.164°$$

根据式（13-41）得

$$\sin(\varphi + i\lambda_0) = \frac{1}{\eta}\sin(\varphi'_{a0} + \lambda_0)$$
$$= 0.44091$$

$$\varphi + i\lambda_0 = 26°7'44'' = 26.129°$$

上式中的 φ 角用式（13-40）计算

$$\varphi = \frac{W_2}{mz_2} + \text{inv}\alpha - \text{inv}\alpha_{a2}$$

式中　$W_2 = m\left(\dfrac{\pi}{2} + 2x_2\tan\alpha\right)$
$$= m \times 1.7892$$

$$\cos\alpha_{a2} = \frac{r_{b2}}{r_{a2}} = \frac{\frac{1}{2}mz_2\cos\alpha}{r_{a2}} = 0.961323$$

$$\alpha_{a2} = 15°59'14''$$

$$\varphi = \frac{W_2}{mz_2} + \text{inv}\alpha - \text{inv}\alpha_{a2} = 0.052160\text{rad} = 2.988°$$

因为　　　　　$\varphi + \lambda_0 i = 26.129°$

所以　　　　$\lambda_0 = \dfrac{1}{i}(26.129° - \varphi) = 37.026°$

因为　　　　　$\varphi'_{a0} + \lambda_0 = 38.164°$

所以　　　　　$\varphi'_{a0} = 38.164° - \lambda_0$
$$= 1.138°$$

求出的 φ'_{a0} 是不产生切入顶切的临界值，应大于实际插齿时的 φ'_{a0} 值，这样才能不发生切入顶切，φ'_{a0} 值可用式（13-42）计算

$$\varphi_{a0} = \frac{s_0}{mz_0} - \text{inv}\alpha_{a0} + \text{inv}\alpha$$

$$s_0 = \frac{m\pi}{2} + 2mx_0\tan\alpha = m \times 1.7164$$

$$\cos\alpha_{a0} = \frac{r_{b0}}{r_{a0}} = \frac{\frac{1}{2}mz_0\cos\alpha}{r_{a0}} = 0.84202$$

$$\alpha_{a0} = 32°38'46''$$

所以　　　$\varphi_{a0} = \dfrac{s_0}{mz_0} - \text{inv}\alpha_{a0} + \text{inv}\alpha$
$$= 0.012681\text{rad} = 0.726°$$

根据计算结果 $\varphi_{a0} = 0.726° < \varphi'_{a0} = 1.138°$，不发

生切入顶切。

（3）校验插出的内齿轮副有无过渡曲线干涉

先校验内齿轮齿顶是否和小齿轮齿根过渡曲线发生干涉。因加工的是变位齿轮，不能用图表校验，必须用式（13-47）校验

$$inv\alpha_{01} = \frac{2(x_1+x_0)}{z_1+z_0}\tan\alpha + inv\alpha = 0.020398$$

$$\alpha_{01} = 22°7'12''$$

$$a_{01} = \frac{m(z_1+z_0)}{2} \times \frac{\cos\alpha}{\cos\alpha_{01}} = 107.52mm$$

$$\rho_{01} = a_{01}\sin\alpha_{01} - \sqrt{r_{a0}^2 - r_{b0}^2} = 10.386mm$$

$$r_{b0} = 46.985mm$$

$$r_{b2} = \frac{mz_2}{2}\cos\alpha = 75.175mm$$

$$(r_{a2})_{min} = \sqrt{(\rho_{01}+a_{12}\sin\alpha_{12})^2 + r_{b2}^2}$$
$$= 77.44mm$$

从计算结果得知 $r_{a2} = 78.20mm > (r_{a2})_{min} = 77.44mm$，即内齿轮的齿顶和小齿轮齿根过渡曲线不发生干涉。

再校验小齿轮齿顶是否和内齿轮齿根过渡曲线发生干涉。用式（13-45）进行校验。

$$a_{02} = \frac{m(z_2-z_0)}{2} \times \frac{\cos\alpha}{\cos\alpha_{02}} = 30.38mm$$

$$\rho_{02} = \sqrt{r_{a0}^2 - r_{b0}^2} + a_{02}\sin\alpha_{02} = 41.43mm$$

$$r_{b1} = \frac{mz_1}{2}\cos\alpha = 52.623mm$$

$$(r_{a1})_{max} = \sqrt{(\rho_{02}-a_{12}\sin\alpha_{12})^2 + r_{b1}^2} = 61.68mm$$

从计算结果得知 $r_{a1} = 60.80mm < (r_{a1})_{max} = 61.68mm$，即小齿轮齿顶和内齿轮齿根不发生过渡曲线干涉。

（4）校验顶隙 校验内齿轮根圆和小齿轮齿顶间的顶隙 c_{12}

$$r_{f2} = r_{a0} + a_{02} = 86.18mm$$

$$c_{12} = r_{f2} - (a_{12}+r_{a1}) = 1.0mm = 0.25mmm$$

顶隙 $c_{12} = 0.25mmm = 1mm$，完全足够。

校验小齿轮根圆和内齿轮顶圆间的顶隙。由于内齿轮的顶圆已较标准值增大，故顶隙必然足够，不必再校验。

（5）内齿轮的干涉顶切校验 因为插齿刀的齿数较多，$z_0 = 25$，因此加工内齿轮时不会发生干涉顶切。

根据以上一系列的校验，用现有的插齿刀加工这一对内啮合齿轮是完全可以的。

4. 标准锥柄直齿插齿刀的结构尺寸

GB/T 6081—2001 规定的锥柄插齿刀有公称分度圆直径25mm 和38mm 两种，标准 GB/T 6082—2001 规定了的直齿锥柄插齿刀通用技术条件。标准锥柄直齿插齿刀结构如图 13-45 所示。公称分度圆直径25mm 的直齿锥柄插齿刀的结构尺寸见表 13-38，齿形尺寸见表 13-39。公称分度圆直径38mm 的直齿锥柄插齿刀的结构尺寸见表 13-40，齿形尺寸见表13-41。

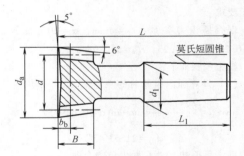

图 13-45 标准锥柄直齿插齿刀结构

表 13-38 公称分度圆直径 25mm、$m=1\sim2.75$mm、$\alpha=20°$锥柄直齿插齿刀结构尺寸

（单位：mm）

模数 m	齿数 z	分度圆直径 d	d_a	B	b_b	d_1	L_1	L	莫氏短圆锥号
1.00	26	26.00	28.72		1.0				
1.25	20	25.00	28.38	10	1.2			75	
1.50	18	27.00	31.04		1.4				
1.75	15	26.25	30.89		1.3	17.981	40		2
2.00	13	26.00	31.24	12	1.1				
2.25	12	27.00	32.90		1.3			80	
2.50	10	25.00	31.26		0				
2.75	10	27.50	34.48	15	0.5				

注：1. 在直齿插齿刀的原始截面中，齿顶高系数等于1.25，分度圆齿厚等于 $\frac{m\pi}{2}$。

2. 尺寸符号见图 13-45。

表 13-39　公称分度圆直径 25mm 的锥柄直齿插齿刀齿形尺寸　　（单位：mm）

模数 m	基圆直径 d_b	根圆直径 d_f	h_a	s	r	ρ_{min}	ρ_{max}	齿顶高系数 h_a^*
1.00	24.405	23.72	1.36	1.65		0.2	7.0	
1.25	23.467	22.12	1.69	2.06			7.5	
1.50	25.344	23.54	2.02	2.46			8.5	
1.75	24.640	22.12	2.32	2.85	—		8.8	1.25
2.00	24.405	21.24	2.62	3.23		0	9.3	
2.25	25.344	21.65	2.95	3.63			10.0	
2.50	23.467	18.76	3.13	3.93			9.9	
2.75	25.813	20.72	3.49	4.36			11.0	

注：1. ρ_{min} 是在直齿插齿刀加工内齿轮时，按其齿数差等于 18 计算而得。

　　2. 尺寸符号见图 13-31。

表 13-40　公称分度圆直径 38mm、m = 1～3.75mm、α = 20°锥柄直齿插齿刀结构尺寸　　（单位：mm）

模数 m	齿数 z	分度圆直径 d	d_a	B	b_b	d_1	L_1	L	莫氏短圆锥号
1.00	38	38.0	40.72		1.0				
1.25	30	37.5	40.88	12	1.2				
1.50	25	37.5	41.54		1.4				
1.75	22	38.5	43.24		1.7				
2.00	19	38.0	43.40		1.9	24.051	50	90	3
2.25	16	36.0	41.98		1.7				
2.50	15	37.5	44.26	15	2.4				
2.75	14	38.5	45.88		2.4				
3.00	12	36.0	43.74		1.1				
3.50	11	38.5	47.52		1.3				

注：1. 在直齿插齿刀的原始截面中，齿顶高系数等于 1.25，分度圆齿厚等于 $\frac{\pi m}{2}$。

　　2. 尺寸符号见图 13-45。

表 13-41　公称分度圆直径 38mm 的锥柄直齿插齿刀齿形尺寸　　（单位：mm）

模数 m	基圆直径 d_b	根圆直径 d_f	h_a	s	r	ρ_{min}	ρ_{max}	齿顶高系数 h_a^*
1	35.669	35.72	1.36	1.65		2.6	9.2	
1.25	35.200	34.63	1.69	2.06		1.4	9.8	
1.50	35.200	34.04	2.02	2.46		0.3	10.5	
1.75	36.139	34.49	2.37	2.88			11.3	
2.00	35.669	33.40	2.70	3.29	—		11.8	1.25
2.25	33.792	30.73	2.99	3.66			12.0	
2.50	35.200	31.76	3.38	4.11		0	12.9	
2.75	36.139	32.13	3.69	4.50			13.7	
3.00	33.792	28.74	3.87	4.80			13.4	
3.50	36.139	30.02	4.51	5.60			15.0	

注：1. ρ_{min} 是在直齿插齿刀加工内齿轮时，按其齿数差等于 18 计算而得。

　　2. 尺寸符号见图 13-31。

13.4　几种专门用途的直齿插齿刀

13.4.1　渐开线花键孔插齿刀

1. 渐开线花键孔插齿刀的设计特点

渐开线花键孔插齿刀的设计特点主要是满足这种花键孔的要求。

GB/T 3478.1—2008 中渐开线花键基本参数见表 13-42。

表 13-42　渐开线花键基本参数

（单位：mm）

标准压力角	系列	模　　　数
30°、37.5°	1	0.5、1、1.5、2、2.5、3、5、10
	2	0.75、1.25、1.75、4、6、8
45°	1	0.25、0.5、1、1.5、2、2.5
	2	0.75、1.25、1.75

加工齿形定心的花键孔插齿刀，在设计时，确定插齿刀的齿数 z_0 和变位系数应符合以下条件：

1）插花键孔时，不产生渐开线花键孔的干涉顶切。

2）径向切入插齿时，不产生花键孔的切入顶切。

3）插出的花键孔应保证有足够的渐开线齿形长度。

这类花键孔插齿刀的设计验算原理和插内齿轮相同，上面 1）和 2）两项条件的验算也和插内齿轮时相同，这里不再重复。

上面条件 3）是要校验插出的花键孔齿根处的渐开线齿形终点是否符合要求。根据 GB/T 3478.1—2008 规定，渐开线齿形定心的花键联结，花键孔齿根处的渐开线齿形终点 F 处直径 d_F 必须大于花键轴的公称外径 d'_F（$d'_F = d_{a1}$）

$$d_F \geqslant d'_F$$

在极限情况下

$$d_F = d'_F = m(z_2 + 1)$$

如图 13-46 所示，要保证 $d_F \geqslant d'_F$，应保持下面的不等式

$$z_2 \tan\alpha'_F \leqslant z_2 \tan\alpha_F = z_0 \tan\alpha_{a0} + (z_2 - z_0)\tan\alpha_{02} \tag{13-52}$$

经计算分析，插齿刀的变位系数 x_0 越大，加工出的花键孔的渐开线齿形终点 F 处的直径 d_F 将越小。因此，保持不等式（13-52）两边相等时的 x_0，是插齿刀加工花键孔时保证切出齿形有足够渐开线长度的插齿刀的最大允许的变位系数 $(x_0)_{max}$。

加工外径定心花键孔的插齿刀设计和使用时，必须校验由于新插齿刀和刃磨后插齿刀的变位系数 x_0 不同而引起的花键孔根圆直径的变化。外径定心的花键孔的根圆直径是有公差要求的，不允许根圆直径有超过公差的变化。从图 13-40 可看到，仅在 $x_0 = 0$ 时，加工出的内齿轮（花键孔）的根圆直径为标准值。插齿刀的变位系数 x_0 无论是正值或负值，

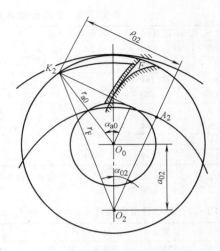

图 13-46 插花键孔时渐开线齿形终点位置

插出花键孔的根圆直径都将减小。一般的内插齿刀，新刀的 x_0 值为不大的正值，而刃磨到最后时，x_0 为较大的负值，将使花键孔的根圆直径明显缩小。为解决这问题，可将花键孔插齿刀的顶刃后角 α'_e 减小到 5°（齿形角修正和齿形表面参数计算仍采用 $\alpha_e = 6°$），这样可使旧插齿刀的顶圆直径加大，加大旧插齿刀加工出的花键孔的根圆直径。这样可增加插齿刀刃磨次数。

加工外径定心花键孔时，插出花键孔的根圆直径是否合格必须校验，校验时的计算方法在讲内啮合插齿刀时已讲过，这里不再重复。

花键孔插齿刀由于齿顶高系数 h^*_a 较小（$h^*_a = 0.5$，$h^*_a = 0.7$），齿顶变尖一般不成为限制刀具最大变位系数 $(x_0)_{max}$ 的主要因素。

2. 渐开线花键孔插齿刀的结构尺寸

渐开线花键孔插齿刀的主要参数选择见表 13-43。渐开线内花键锥柄插齿刀的型式和尺寸见表 13-44。JB/T 7967—2010 规定的渐开线内花键碗形插齿刀型式和尺寸见表 13-45 和表 13-46，渐开线内花键插齿刀的齿形尺寸见表 13-47。

表 13-43 渐开线花键孔插齿刀主要参数选择（$\alpha = 30°$，$h'_a = 0.5$，$c' = 0.2$）

模数 m/mm	型式	公称分度圆直径 d_0/mm	齿数 z_0	变位系数 x_0	花键孔最小齿数 $(z_2)_{min}$	模数 m/mm	型式	公称分度圆直径 d_0/mm	齿数 z_0	变位系数 x_0	花键孔最小齿数 $(z_2)_{min}$
1	锥柄	25	25	0	30	2	锥柄	38	19	0.2	26
1.25			20		25	2.5		25	10		17
1.5			16	0.2	21			38	15		22
2			12		19	3		25	9		16

（续）

模数 m/mm	型式	公称分度圆直径 d_0/mm	齿数 z_0	变位系数 x_0	花键孔最小齿数 $(z_2)_{min}$	模数 m/mm	型式	公称分度圆直径 d_0/mm	齿数 z_0	变位系数 x_0	花键孔最小齿数 $(z_2)_{min}$
3	盘形	50	16		23	6	盘形	75	13	-0.1	17
	碗形						碗形				
3.5	锥柄	38	10		17		盘形	125	20	0.2	27
	盘形	75	21		28		碗形				
	碗形					8	盘形	75	10	-0.1	14
4	锥柄	38	9	0.2	16		碗形				
	盘形	75	19		26		盘形	125	16	0.2	23
	碗形						碗形				
5	盘形	50	10		17	10	盘形	100	10	-0.1	14
	碗形						碗形				
	盘形	100	20		27		盘形	125	13	0.2	20
	碗形						碗形				

表 13-44　渐开线内花键锥柄插齿刀型式和尺寸　　　　　（单位：mm）

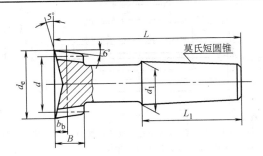

标记示例

模数 $m=2mm$，基准齿形角 $\alpha=30°$，公称分度圆直径 $\phi25mm$，A 级渐开线内花键锥柄插齿刀标记为：

渐开线内花键锥柄插齿刀　$\phi25$　$m2$　$\alpha30°$　A

JB/T 7967—2010

（1）公称分度圆直径 25mm，$m=1\sim3mm$，$\alpha=30°$										（2）公称分度圆直径 38mm，$m=1.75\sim4mm$，$\alpha=30°$									
m	z	d	d_e	B	b_b	d_1	L_1	L	莫氏短圆锥号	m	z	d	d_e	B	b_b	d_1	L_1	L	莫氏短圆锥号
1	25	25.00	26.48	10	-0.5	17.981	40	75	2	1.75	22	38.50	41.48	15	1.0	24.051	50	90	3
1.25	20	25.00	26.84		-0.6					2	19	38.00	41.80		3.0				
1.5	16	24.00	26.22		-0.7					2.5	15	37.50	42.22		3.8				
1.75	14	24.50	27.48	12	1.0			80		3	13	39.00	44.68		4.6				
2	12	24.00	27.40		1.1					3.5	11	38.50	43.64		-1.7				
2.5	10	25.00	29.24		1.4					4	10	40.00	46.72		2.3				
3	10	30.00	35.06		1.7														

注：在插齿刀的原始截面中，齿顶高系数为 h_a^*（见表13-47），分圆弧齿厚等于 $\dfrac{\pi m}{2}$。

表 13-45 φ50mm 渐开线内花键碗形插齿刀型式和尺寸 （$m = 3 \sim 5\text{mm}$，$\alpha = 30°$） （单位：mm）

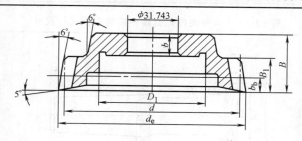

m	z	d	d_e	D_1	b	b_b	B	B_1	φ
3	16	48.00	53.68			4.6			
3.5	14	49.00	54.92	30	10	2.0	27	20	10°
4	13	52.00	59.52			6.1			
5	11	55.00	62.32			-2.3			

标记示例

模数 $m = 3\text{mm}$，基准齿形角 $\alpha = 30°$，公称分度圆直径 φ50mm，A 级渐开线内花键碗形插齿刀标记为：

渐开线内花键碗形插齿刀　φ50　m3　α30°　A
JB/T 7967—2010

注：在插齿刀的原始截面中，齿顶高系数为 h_a^*（见表 13-47），分度圆弧齿厚等于 $\dfrac{\pi m}{2}$。

表 13-46 φ75 ~ φ125mm 渐开线内花键碗形插齿刀型式和尺寸 （单位：mm）

标记示例

模数 $m = 5\text{mm}$，基准齿形角 $\alpha = 30°$，公称分度圆直径 φ100mm，A 级渐开线内花键碗形插齿刀标记为：

渐开线内花键碗形插齿刀　φ100　m5　α30°　A　JB/T 7967—2010

（1）公称分度圆直径 75mm　$m = 3.5 \sim 6\text{mm}$　$\alpha = 30°$

m	z	d	d_e	D_1	b	b_b	B	B_1
3.5	21	73.50	80.10			5.3		
4	19	76.00	83.52	50	10	6.1	32	20
5	15	75.00	84.38			7.6		
6	13	78.00	86.71			-2.8		

（2）公称分度圆直径 100mm　$m = 5 \sim 10\text{mm}$　$\alpha = 30°$

m	z	d	d_e	D_1	b	b_b	B	B_1
5	20	100.00	109.40			7.6		
6	17	102.00	113.22	63	10	9.1	36	24
8	12	96.00	109.37			4.6		
10	10	100.00	116.60			5.7		

（3）公称分度圆直径 125mm　$m = 8 \sim 10\text{mm}$　$\alpha = 30°$

m	z	d	d_e	D_1	b	b_b	B	B_1
8	16	128.00	142.92					
10	13	130.00	147.92	80	13	12.0	40	28

注：1. 在插齿刀的原始截面中，齿顶高系数为 h_a^*（见表 13-47），分度圆弧齿厚等于 $\dfrac{\pi m}{2}$。

2. 按用户需要公称分度圆直径为 100mm 和 125mm 插齿刀的内孔直径可做成 44.443mm。

表 13-47　渐开线内花键插齿刀的齿形尺寸　　　　　　　　（单位：mm）

（1）公称分度圆直径 25mm 的锥柄插齿刀

模数 m	基圆直径 d_b	d_f	h_a	s	r	ρ_{min}	ρ_{max}	齿顶高系数 h_a^*
1	21.600	23.40	0.74	1.51	0	4.71	7.19	0.790
1.25		23.00	0.92	1.89		4.39	7.52	
1.5	20.736	21.60	1.11	2.27		3.82	7.58	
1.75	21.168	22.08	1.49	2.87		3.92	8.33	
2	20.736	21.24	1.70	3.28		3.51	8.54	
2.5	21.600	21.54	2.11	4.10	0.15	3.21	9.21	0.785
3	25.920	25.84	2.53	4.92		3.96	11.18	

（2）公称分度圆直径 38mm 的锥柄插齿刀

模数 m	基圆直径 d_b	d_f	h_a	s	r	ρ_{min}	ρ_{max}	齿顶高系数 h_a^*
1.75	33.265	36.08	1.49	2.87	0	7.48	11.94	0.790
2	32.833	35.64	1.90	3.51		7.47	12.49	
2.5	32.401	34.54	2.36	4.39	0.15	6.96	12.88	0.785
3	33.697	35.47	2.84	5.27		6.94	14.03	
3.5	33.265	32.90	2.57	5.29	0.20	4.90	13.39	
4	34.561	34.48	3.36	6.56		5.45	15.02	0.780

（3）公称分度圆直径 50mm 的碗形插齿刀

模数 m	基圆直径 d_b	d_f	h_a	s	r	ρ_{min}	ρ_{max}	齿顶高系数 h_a^*
3	41.473	44.46	2.84	5.27	0.15	9.24	16.38	0.785
3.5	42.337	44.18	2.96	5.74	0.20	8.32	16.75	
4	44.929	47.28	3.76	7.02	0.20	9.46	18.80	0.780
5	47.521	47.02	3.66	7.58	0.25	7.21	19.35	

（4）公称分度圆直径 75mm 的碗形插齿刀

模数 m	基圆直径 d_b	d_f	h_a	s	r	ρ_{min}	ρ_{max}	齿顶高系数 h_a^*
3.5	63.505	69.36	3.30	6.14	0.20	15.30	23.64	0.785
4	65.665	71.28	3.76	7.02		15.56	25.05	0.780
5	64.801	69.08	4.69	8.76	0.25	14.50	26.21	
6	67.393	68.41	4.36	9.08	0.30	11.84	26.37	0.775

（5）公称分度圆直径 100mm 的碗形插齿刀

模数 m	基圆直径 d_b	d_f	h_a	s	r	ρ_{min}	ρ_{max}	齿顶高系数 h_a^*
5	86.401	94.10	4.70	8.78	0.25	20.87	32.70	0.780
6	88.129	94.92	5.61	10.53	0.30	20.61	34.62	0.775
8	82.950	84.97	6.68	13.13	0.40	15.59	34.61	
10	86.401	86.20	8.30	16.40	0.50	14.42	38.00	0.770

（6）公称分度圆直径 125mm 的碗形插齿刀

模数 m	基圆直径 d_b	d_f	h_a	s	r	ρ_{min}	ρ_{max}	齿顶高系数 h_a^*
8	110.594	118.52	7.46	14.02	0.40	25.64	44.21	0.775
10	112.322	117.52	8.96	17.16	0.50	23.73	46.94	0.770

注：1. ρ_{min} 值是按插齿刀和所对应的内花键齿数 Z_2 计算而得。

　　2. 表中符号见图 13-31。

13.4.2 谐波齿轮插齿刀

1. 谐波齿轮插齿刀的主要设计特点

谐波齿轮插齿刀是用于加工谐波传动中的刚轮（内齿轮），故实质上属于内插齿刀。

谐波传动从传动原理分析，采用直线齿形较好，但加工这样齿轮的刀具应是曲线齿形，刀具制造困难，现在生产中采用渐开线来代替直线齿形。由于谐波转动齿轮齿数多，齿高小，实际的渐开线齿形很接近直线。目前工具厂生产的波高为 0.5mm、1mm、1.4mm、1.6mm、2mm 等规格的双波插齿刀，都是采用渐开线齿形。谐波齿轮插齿刀的结构如图 13-47 所示。

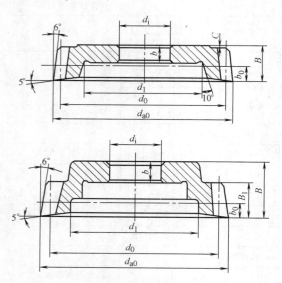

图 13-47 谐波齿轮插齿刀

谐波齿轮插齿刀的设计特点主要是在齿形设计，具体的不同点如下。

（1）模数和插齿刀齿数选择 谐波传动是以波高 h 和波数 n 标注的，设计插齿刀时首先将上述参数换算成模数 m

$$m = \frac{h}{n} \qquad (13\text{-}53)$$

计算得到模数后，按内啮合直齿插齿刀的设计方法，选择插齿刀的齿数和最大允许变位系数，并进行其他设计计算。

平时对波高 $h \leq 2mm$ 的双波插齿刀，采用公称分度圆直径 63mm。

（2）分度圆压力角 刀具的分度圆压力角由谐波齿轮决定。

在谐波传动中，因柔轮与刚轮啮合时需变形，为补偿啮合时的变形，柔轮的齿形角大于刚轮的齿形角。现在使用的双波的刚轮齿形角采用 28°36′，三波的刚轮齿形角采用 20°；双波的柔轮齿形角采用

29°12′，三波的柔轮齿形角采用 21°36′。刚轮一般设计成内齿轮，用插齿刀加工；柔轮一般设计成外齿轮，用齿轮滚刀加工。

加工双波刚轮（内齿轮）用的插齿刀，分度圆压力角为 28°36′。加工三波刚轮（内齿轮）用的插齿刀，分度圆压力角为 20°。

（3）插齿刀的齿高 插齿刀的齿顶高应符合谐波齿轮的齿根高，根据谐波齿轮的齿形参数可确定插齿刀齿顶高：

1）加工双波内齿轮的插齿刀齿顶高

$$h_{a0} = 1.125m$$

2）加工三波内齿轮的插齿刀齿顶高

$$h_{a0} = 1.69m$$

根据谐波齿轮的齿形参数可确定：

1）加工双波内齿轮的插齿刀齿根高

$$h_{f0} = (0.875 + 0.187)m = 1.062m$$

2）加工三波内齿轮的插齿刀齿根高

$$h_{f0} = (1.31 + 0.281)m = 1.591m$$

插齿刀的全齿高为：

1）加工双波内齿轮的插齿刀全齿高 $h_0 = 2.187m$

2）加工三波内齿轮的插齿刀全齿高 $h_0 = 3.281m$

（4）插齿刀原始截面中的分度圆弧齿厚 s

$$s = 1.5708m + \Delta s$$

式中 Δs——齿厚增量，见表 13-48、表 13-49、表 13-50。

2. 谐波齿轮插齿刀的主要结构尺寸

锥柄谐波齿轮插齿刀的主要结构尺寸如图 13-48 和表 13-48 所示，碗形谐波齿轮插齿刀的主要结构尺寸如图 13-49 和表 13-49 所示，盘形谐波齿轮插齿刀的主要结构尺寸如图 13-50 和表 13-50 所示。

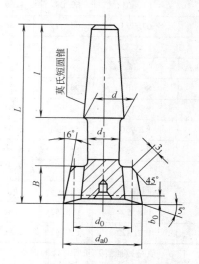

图 13-48 锥柄谐波齿轮插齿刀主要结构尺寸

表 13-48　锥柄谐波齿轮插齿刀主要结构参数　　　　　　　　　（单位：mm）

模数（波高×波数）$m(h×n)$	压力角 α	齿数 z_0	分度圆直径 d_0	齿根圆直径 d_{f0}	前端面上		b_0	原始截面		精度等级
					s_0	h_{a0}		h_{a0}^*	齿厚增量 Δs	
0.3（0.6×2）	28°36′	120	36	31.54	0.652	0.433	0.9	1.125	0	B
0.5（1.0×2）	28°36′	90	45	39.425	0.987	0.721	1.5	1.125	0	B

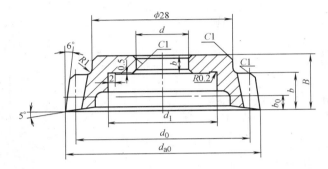

图 13-49　碗形谐波齿轮插齿刀主要结构尺寸

表 13-49　碗形谐波齿轮插齿刀主要结构尺寸　　　　　　　　　（单位：mm）

模数（波高×波数）$m(h×n)$	压力角 α	齿数 z_0	分度圆直径 d_0	齿根圆直径 d_{f0}	d	前端面上		b_0	原始截面		精度等级
						s_0	h_{a0}		h_{a0}^*	齿厚增量 Δs	
0.3（0.6×2）	28°36′	210	63	55.195		0.604	0.433	0.9	1.125	0.03	B
0.5（1×2）	28°36′	126	63	55.195	31.743	0.987	0.721	1.5	1.125	0.03	B
0.75（1.5×2）	28°36′	84	63	55.195		1.465	1.065	2.1	1.125	0.046	B

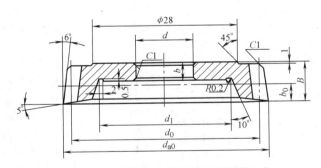

图 13-50　盘形谐波齿轮插齿刀主要结构尺寸

表 13-50　盘形谐波齿轮插齿刀主要结构尺寸　　　　　　　　　（单位：mm）

模数（波高×波数）$m(h×n)$	压力角 α	齿数 z_0	分度圆直径 d_0	齿根圆直径 d_{f0}	d	前端面上		b_0	原始截面		精度等级
						s_0	h_{a0}		h_{a0}^*	齿厚增量 Δs	
0.3（0.6×2）	28°36′	210	63	55.195		0.604	0.433	0.9	1.125	0.03	B
0.5（1×2）	28°36′	126	63	55.195		0.987	0.721	1.5	1.125	0.03	B
0.7（1.4×2）	28°36′	90	63	55.195	31.743	1.369	0.998	2.0	1.125	0.04	B
0.75（1.5×2）	28°36′	84	63	55.195		1.465	1.065	2.1	1.125	0.046	B
1（2×2）	28°36′	63	63	55.195		1.973	1.44	3.0	1.125	0.058	B

13.4.3 修缘插齿刀

1. 修缘插齿刀的应用范围

修缘插齿刀是指齿根加厚的插齿刀,用这种插齿刀切出的齿轮轮齿顶角处产生一定的修缘(顶切),如图13-51所示。

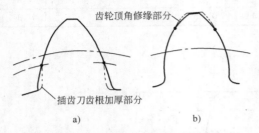

齿轮顶角修缘部分

插齿刀齿根加厚部分

a)   b)

图 13-51 修缘插齿刀齿形和加工出的齿轮齿形
a) 修缘插齿刀齿形   b) 加工出齿轮齿形

修缘插齿刀主要用于:

(1)加工修缘齿轮 齿轮标准中规定,对 6、7、8 级齿轮,当圆周速度大于一定数值时,可采用修缘齿形。齿轮标准中规定的修缘齿轮的基准齿形如图 13-52 所示。加工修缘齿轮需要使用修缘插齿刀。

(2)加工剃前齿轮 为避免剃齿后齿轮齿顶出现毛刺,剃前齿轮要求齿顶角处修缘,这就要求加工这种齿轮的插齿刀在齿根处加厚,即使用修缘插齿刀。

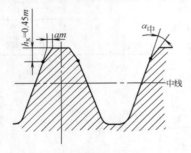

图 13-52 修缘齿轮的基准齿形

(3)避免少齿数插齿刀本身的根切 前面已经讲过,少齿数插齿刀在磨齿形时,本身将产生根切,这是不允许的。修缘插齿刀(齿根加厚)可避免本身的根切。但使用这种少齿数的修缘插齿刀加工齿轮时,将产生一定的顶切,应控制顶切量不超过齿轮允许的修缘量。

2. 插齿刀修缘量的确定

(1)修缘齿形的起点 插齿刀的修缘量应根据被切齿轮的修缘量计算。齿轮标准中给出修缘齿轮基准齿形的齿形角 α,修缘角 α_p(或修缘深度 α),修缘起点处半径 r_ϕ。

图 13-53 所示是修缘插齿刀切齿轮时的啮合情况。齿轮齿形修缘起点为 F,F 点以上和以下是两段不同的渐开线,它们的基圆和啮合线都不相同。与

齿轮基本渐开线啮合的插齿刀齿形为 GB' 段渐开线,啮合线为 PB,渐开线的起点为 B'。与齿轮修缘渐开线啮合的插齿刀齿形为 $C'E$ 段渐开线,啮合线为 PC,渐开线的终点为 C'。$B'C'$ 为过渡曲线。这过渡曲线是在磨插齿刀齿形时,砂轮修缘起点所形成的延伸渐开线,它并不形成渐开线齿形。设计修缘插齿刀就应求出插齿刀齿形上 B' 点的半径 r_B 和 C' 点的半径 r_C。

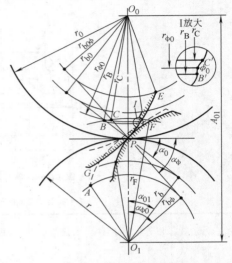

图 13-53 修缘插齿刀切修缘齿轮的啮合情况

根据图 13-53,r_B 和 r_C 分别为

$$r_B = \sqrt{r_{b0}^2 + (A_{01}\sin\alpha_{01} - \sqrt{r_F^2 - r_b^2})^2}$$

$$r_C = \sqrt{r_{b\phi0}^2 + (A_{01}\sin\alpha_{\phi0} - \sqrt{r_F^2 - r_{b\phi}^2})^2}$$

式中 $r_{b\phi0}$——插齿刀修缘渐开线的基圆半径,其值为 $r_{b\phi0} = \dfrac{mz_0}{2}\cos\alpha_{\phi0}$;

A_{01},α_{01}——插齿刀基本渐开线齿形啮合时的轴心距和啮合角;

$\alpha_{\phi0}$——插齿刀修缘渐开线的分度圆压力角。

相应于齿轮修缘起点 F 的插齿刀齿形修缘起点 F_0 的半径 $r_{\phi0}$,精确计算比较复杂,由于 r_B 和 r_C 值相差不大,可取其平均值作为 $r_{\phi0}$,从图 13-54 的关系可推导出

$$r_{\phi0} = \frac{1}{2}(r_B + r_C) = \frac{1}{2}\left[\sqrt{\left(\frac{mz_0}{2}-H\right)^2 + (H\cot\alpha_0)^2} + \right.$$
$$\left. \sqrt{\left(\frac{mz_0}{2}-H\right)^2 + (H\cot\alpha_{\phi0})^2}\right] \quad (13-54)$$

插齿刀齿形修缘起点的半径 $r_{\phi0}$,不仅和齿轮齿形修缘起点有关,而且受到齿轮齿数变化和插齿刀齿数变化、插齿刀变位系数变化的影响。如插齿刀的修缘是按齿轮齿数多时计算的,则切少齿数齿轮时,齿轮齿形顶切量将增大。如修缘插齿刀加工的

θ_{j}——j 点在基本渐开线的渐开线角。

从图中可看到

$$\varepsilon = \theta_{\phi 0\phi} - \theta_{\phi 0} = \mathrm{inv}\alpha_{\phi 0\phi} - \mathrm{inv}\alpha_{\phi 0}$$

代入前式，得到

$$\Delta = r_{b0}(\mathrm{inv}\alpha_{\phi 0\phi} - \mathrm{inv}\alpha_{\phi 0} - \mathrm{inv}\alpha_{K\phi} + \mathrm{inv}\alpha_{j})$$

$$(13\text{-}55)$$

$$\left.\begin{aligned}
\cos\alpha_{\phi 0\phi} &= \frac{r_{b0\phi}}{r_{\phi 0}} \\[4pt]
\cos\alpha_{\phi 0} &= \frac{r_{b0}}{r_{\phi 0}} \\[4pt]
\cos\alpha_{K\phi} &= \frac{r_{b0\phi}}{r_{K}} \\[4pt]
\cos\alpha_{j} &= \frac{r_{b0}}{r_{K}}
\end{aligned}\right\} \quad (13\text{-}55a)$$

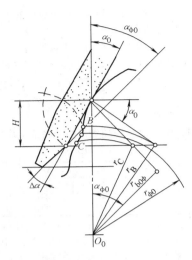

图 13-54　砂轮修缘形成刀具齿形的修缘渐开线

齿轮齿数未确定，可按加工中等齿数计算，这样加工齿数少和齿数多的齿轮时，修缘值变化不致过大。

修缘插齿刀加工齿轮时，由于受到齿形修缘位置的限制，切削深度不能改变。如果被加工齿轮要求减小齿厚以获得啮合时的侧隙，就只能增加插齿刀的齿厚，插齿刀分度圆弧齿厚增加量 Δs，应等于齿轮齿厚要求的减薄量。

用变位系数 x_0 不同的修缘插齿刀加工齿形时，由于轴心距和啮合角都要改变，因此加工出的齿轮齿形的修缘量是不同的。如要齿轮齿形修缘量不变，只有插齿刀在不同 x_0 时修缘也不同，这对制造插齿刀造成极大困难。生产中，是插齿刀采用适当的修缘量，使新插齿刀和刃磨后的插齿刀切出齿轮齿形的修缘量都不致变化过大。

设计修缘插齿刀时，应求出刀前端面的修缘值和检查截面（标准规定离前端面 2.5mm 的截面）中的修缘值。为检查齿形的渐开线误差，需给出修缘起点处的 ρ 值或展开角 φ。

（2）修缘插齿刀的齿根增厚量　如图 13-55 所示，插齿刀齿形上参加工作的最低点为 K，K 点的半径为 r_{K}，KT 为基本渐开线基圆的切线，KT 和基本渐开线（延长线）相交于 K' 点，$\overline{KK'}$ 即为齿根增厚量 Δ。

Δ 值的计算方法如下。通过 K 点作基本渐开线和基圆相交于 M 点，从图 13-55 可知

$$\Delta = \overline{KK'} = \widehat{MM'} = \widehat{KJ}\frac{r_{b0}}{r_{K}}$$

根据渐开线的基本原理

$$\frac{\widehat{KJ}}{r_{K}} = \varepsilon - \theta_{K\phi} + \theta_{j} = \varepsilon - \mathrm{inv}\alpha_{K\phi} + \mathrm{inv}\alpha_{j}$$

式中　$\theta_{K\phi}$——K 点在修缘渐开线的渐开线角；

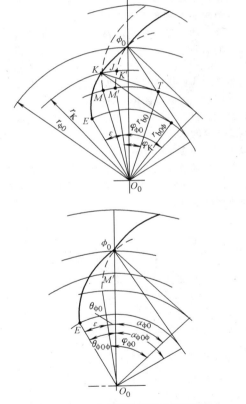

图 13-55　修缘插齿刀的齿根增厚量

（3）磨修缘插齿刀齿形时砂轮的修整量　知道修缘插齿刀要求的修缘量后，需要计算出磨修缘齿形时的砂轮修整量。此砂轮修整量与磨齿形的方法有关。

现在插齿刀一般用 Y7125 型磨齿机磨插齿刀齿形。磨修缘插齿刀齿形虽也可用不完全展成法磨制，在齿根处留一定的加厚量，但这种磨齿法有两个严重的缺点：第一是磨出的修缘插齿刀在不同截面中

留下的修缘量不等（修缘起点和增厚量均不同），影响加工修缘齿轮质量。第二是用不完全展成法时不能同时控制修缘高度和齿根增厚量。因此，这方法不推荐使用。

现在修缘插齿刀磨齿形常采用砂轮修缘法，即将砂轮外圆处修成 $\Delta \alpha$ 的斜角（见图 13-54），使磨出的插齿刀齿根处得到增厚。插齿刀齿形基本渐开线部分由砂轮平面磨出，修缘齿形由砂轮锥面磨出。由于砂轮直径很大（常用 $\phi 300 \mathrm{mm}$），可以近似认为是另一压力角 $\alpha_{\phi 0}$ 的平面砂轮磨出齿形的修缘部分。因此，可认为修缘插齿刀齿形是由基本渐开线和修缘渐开线两部分组成。修缘渐开线的基圆半径为 $r_{b0\phi} = \dfrac{mz_0}{2} \cos\alpha_{\phi 0}$。修缘起点处半径 $r_{\phi 0}$ 用式（13-55）计算。

用砂轮修缘和完全展成法磨出的修缘插齿刀，因不同截面中修缘量变化较小，故插齿刀刃磨对加工修缘齿轮的齿形修缘量变化影响不是很大。

磨修缘插齿刀的砂轮修整量，因修缘插齿刀的用途不同而异。

1）用于加工固定齿数齿轮的修缘插齿刀，应根据齿轮要求的修缘量计算插齿刀齿形的修缘起点和齿根增厚量，再确定砂轮的修整尺寸。

2）当修缘插齿刀加工修缘齿轮齿数未定时，如按修缘齿轮的基准齿形修整砂轮，则仅在 $x_0 + x_1 = 0$ 时被切齿轮的修缘量符合规定，而在 $x_0 + x_1 \neq 0$ 时被切齿轮的修缘量（高度和厚度增量）将大于标准值（见图13-56），故应适当减小砂轮修缘尺寸，以免被切齿轮修缘量过大。

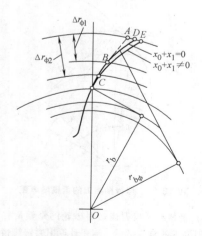

图 13-56　修缘插齿刀加工得到的实际齿轮修缘量

3）如插齿刀修缘为解决本身的根切，这时应取磨插齿刀不产生根切的极限情况，即取 $r_B = r_{b0}$（见图 13-54），修缘后基圆以上都是渐开线。

4）如插齿刀修缘是为解决被切齿轮的过渡曲线

的干涉时，对专用的修缘插齿刀（加工特定齿轮用的），计算修缘量应按新插齿刀（变位量 $(x_0)_{max}$ 考虑），因新插齿刀切出齿轮不发生过渡曲线干涉，则刃磨后加工齿轮的过渡曲线更不会干涉。对通用插齿刀推荐采用表 13-51 中的砂轮修整量，砂轮修缘后磨出的插齿刀，允许采用较大的 $(x_0)_{max}$ 而不致发生齿轮的过渡曲线干涉。

表 13-51　磨修缘插齿刀的砂轮修整尺寸

（符号见图 13-57）

z_0	m	α_ϕ	ΔH	Δ
50~17	2~6	23°	0.20m	0.0121m
15	7	24°	0.24m	0.0190m
13	8	25°25′	0.24m	0.0267m

注：1. 当 $m < 6\mathrm{mm}$ 时，$c = 0.25$；$m = 6 \sim 8\mathrm{mm}$ 时，$c = 0.2$。

2. 本表内推荐的砂轮修整尺寸，是为了使磨出的插齿刀加工齿轮时避免过渡曲线干涉。

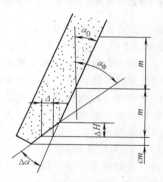

图 13-57　磨修缘插齿刀的砂轮修整尺寸

13.4.4　剃前插齿刀

1. 留剃量型式

（1）齿轮剃齿留量大小　剃前插齿刀加工出的齿轮还要经过剃齿加工，因此齿轮齿面要留下剃齿留量。剃前齿轮剃齿留量大小直接影响剃齿精度和生产率。剃齿约能使齿轮精度提高一级，如要求齿轮精度为 6 级，则剃前齿轮应为 7 级精度。为保证加工出的剃前齿轮有较高精度，插齿刀应具有较高精度，特别是有较高齿距精度。

前面已分析过齿面留量应取得适当，过小则不能保证要求的剃齿精度，过大则将延长剃齿时间和降低剃齿刀的寿命。剃齿留量大小和剃前齿轮精度有关，剃前齿轮精度高时，留量可小些；精度低或齿面棱度大时，剃齿留量需稍大些。一般情况可按表 13-52 选取。

（2）留剃量型式　留剃量的型式直接影响剃齿效果。图 13-58 所示是生产中采用的不同的留剃量型式和相应的剃前插齿刀齿形，分别说明于下。

1）如图 13-58a 所示，是剃前齿轮齿形不经任何修正，可用标准齿形的剃前刀具加工，但剃齿时

表 13-52　每侧齿面留剃量 $\dfrac{\Delta}{2}$

（单位：mm）

模　数	分 圆 直 径		
	≤50	>50~100	>100
1~3	0.05~0.08	0.08~0.10	0.12~0.15
3~5	0.08~0.10	0.10~0.12	0.12~0.18
5~8	—	0.12~0.18	0.20~0.22

剃齿刀齿顶角处切削条件很差，易损坏，且齿轮齿顶处易产生毛刺影响齿轮质量。加工这种齿形的齿轮，要求剃齿刀齿顶有圆角，增加剃齿刀的制造成本。由于剃齿效果较差，这种留剃量型式仅在模数较小时使用。

2）如图 13-58b 所示，剃前齿轮齿形在齿根处有少量沉切，使剃齿时剃齿刀齿顶能自由出来，改善了剃齿刀的工作条件。这种留剃型式要求剃前插齿刀齿顶处有凸角。

3）如图 13-58c 所示，剃前齿轮齿形：在齿根处有少量沉切，改善剃齿刀齿顶处的工作条件；齿顶处有少量顶切（倒角），使剃出的齿轮齿顶处没有毛刺；留剃量是沿齿轮齿面均匀分布，剃前齿轮齿形精度易于检查，容易保证剃前齿轮的精度。这是一种较好的留剃量型式，生产中用得较多。

为加工出这种留剃量型式，剃前刀具齿形比较复杂，剃前插齿刀齿顶处要求有凸角，齿根处有修缘（加厚），制造比较费事。这种留剃量型式使用效果较好。

4）如图 13-58d 所示，剃前齿轮齿形制造成双压力角，留剃量在齿轮齿面上是不均匀分布的，在分圆处最大，在齿根处有少量沉切，齿顶处有修缘。这种留剃量型式剃齿效果还可以，但是剃前齿轮精度检查困难，影响最终齿轮质量。

加工这种留剃量型式的齿轮，剃前插齿刀齿形制造成双压力角，制造比较容易。

5）如图 13-58e 所示，剃前齿轮的齿形角较齿轮的齿形角小，而在齿根处有沉切。这种剃前齿轮齿面上的留剃量不均匀，影响剃齿精度，但齿根处有沉切，齿顶处有修缘（加厚），基本能满足剃齿要求。因剃前刀具制造较容易，在模数较小时可采用这种留剃量型式。

加工这种留剃量型式的剃前插齿刀，采用刀具齿形角较齿轮的齿形角小，齿根处有沉切，这种剃前插齿刀的齿形制造较容易。

某些齿数少或负变位较大的剃前齿轮，在插齿时本来就有少量根切，这时剃前刀具就不必再做凸角。剃前刀具因有齿顶凸角和齿根修缘，加工剃前齿轮时，切削深度不能任意改变，否则加工出的剃前齿轮的齿顶倒角量和齿根沉切量都要改变。

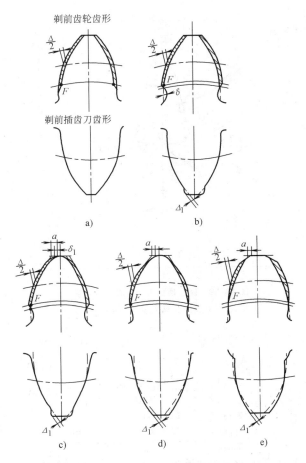

图 13-58　不同留剃量型式和剃前插齿刀齿形

a）不经任何修正　b）齿根处有少量沉切　c）齿顶处有少量顶切，齿根处有少量沉切　d）制成双压力角
e）剃前齿轮的齿形角较齿轮的齿形角小

上述剃前刀具中，图 13-58c 中的留剃量型式（在齿根处有少量沉切，齿轮齿顶处有少量顶切）用得最多，并具有代表性。下面将说明这种剃前插齿刀的设计方法。这种剃前插齿刀齿顶带凸角，齿根带修缘。齿根带修缘插齿刀的设计前面已经讲过，故这里仅讲带齿顶凸角插齿刀的齿顶凸角设计计算。

2. 齿顶凸角型剃前插齿刀齿顶凸角的计算

图 13-59 是插齿刀加工齿轮时的情况，齿轮齿形上 F 点是工作齿形的起点，插齿时 F 点不应产生沉切，插齿刀凸角应正好通过 F 点。如图所示，插齿刀齿顶凸角的凸出量 Δ_s 为

$$\Delta_s = \frac{d_{a0}}{2}(\mathrm{inv}\alpha_{a0} - \mathrm{inv}\alpha_{01} - \varepsilon_0) \qquad (13\text{-}56)$$

式中

$$\cos\alpha_{a0} = r_{b0}/r_{a0} \qquad (13\text{-}56a)$$

$$\mathrm{inv}\alpha_{01} = \frac{2(x_1 + x_0)\tan\alpha}{z_1 + z_0} + \mathrm{inv}\alpha \qquad (13\text{-}56b)$$

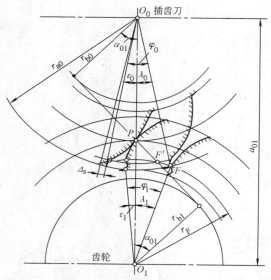

图 13-59 剃前插齿刀齿顶凸角的计算

（有效齿形起点 F 处不被沉切）

同时 $\varepsilon_0 = \varphi_0 - \lambda_0 = (\lambda_1 + \text{inv}\alpha_{01} - \text{inv}\alpha_{F1}) \dfrac{z_1}{z_0} - \lambda_0$

$$(13\text{-}57)$$

$$\cos\lambda_1 = \frac{a_{01}^2 + r_F^2 + r_{a0}^2}{2a_{01}r_F} \qquad (13\text{-}57a)$$

式中 a_{01}、α_{F1}、λ_0 可用下式计算

$$a_{01} = \frac{r_{b1} + r_{b0}}{\cos\alpha_{01}}; \quad \cos\alpha_{F1} = \frac{r_{b1}}{r_F}; \quad \sin\lambda_0 = \frac{r_F\sin\lambda_1}{r_{a0}}$$

用式（13-56）得到的 Δ_s 值是齿轮有效齿形起点 F 不产生沉切时，插齿刀允许的最大凸角厚度。在计算齿轮齿根产生要求的沉切量时，插齿刀齿顶凸角的厚度 Δ_s'。图 13-60 是插齿刀凸角正好切在齿轮齿形上剃齿起点 K，K 点要求沉切量 $EK = \Delta/2 + (0.01 \sim 0.04)\text{mm}$。$K$ 点的曲率半径为 $\rho_{1\min} - \Delta l$，平时取 $\Delta l = 1\text{mm}$，K 点的半径 r_K 为

$$r_K = \sqrt{(\rho_{1\min} - \Delta l)^2 + r_{b1}^2} = \sqrt{(\rho_{1\min} - 1)^2 + r_{b1}^2}$$

$$(13\text{-}58)$$

如图 13-60 所示，插齿刀凸角厚度 Δ_s' 为

$$\Delta_s' = \frac{d_{a0}}{2}(\text{inv}\alpha_{a0} - \text{inv}\alpha_{01} - \varepsilon_0') \qquad (13\text{-}59)$$

同时 $\varepsilon_0' = \left[\lambda_1' + \text{inv}\alpha_{01} - \text{inv}\alpha_K - \dfrac{\dfrac{\Delta}{2} + (0.01-0.04)\text{mm}}{r_K} \right] \times$

$$\frac{z_1}{z_0} - \lambda_0' \qquad (13\text{-}60)$$

式中 λ_1'、α_K、λ_0' 可用下式计算

$$\cos\lambda_1' = \frac{\alpha_{01}^2 + r_K^2 - r_{a0}^2}{2\alpha_{01}r_K}; \quad \cos\alpha_K = \frac{r_{b1}}{r_K}; \quad \sin\lambda_0' = \frac{r_K\sin\lambda_1'}{r_{a0}}$$

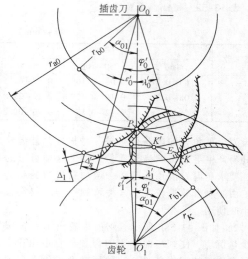

图 13-60 剃前插齿刀齿顶凸角的计算

（剃齿起点 K 处达到要求沉切量）

根据要求沉切量得到的凸角 Δ_s' 应小于或等于 Δ_s，即要求 $\Delta_s' \leqslant \Delta_s$，否则剃前齿轮有效齿形起点 F 处将有可能产生沉切。

在 $\Delta_s' > \Delta_s$ 时，应校验沉切后 F 点是否还有留量，最好还剩余原剃齿留量一半以上，如沉切量不超过剃齿留量，则 Δ_s' 值可用；否则改变 r_K 值重算。Δ_s' 值求得后用下式算出和渐开线垂直方向的凸角厚度 Δ_1

$$\Delta_1 = \Delta_s' \cos\alpha_{a0} \qquad (13\text{-}61)$$

检验插齿刀齿形时除要知道凸角厚度 Δ_1 外，还要知道凸角开始处 F' 点的渐开线曲率半径 ρ_{0F} 和顶圆处的曲率半径 $\rho_{0\max}$。插齿刀齿形 F' 点应正好加工齿轮有效齿形起点 F，故

$$\rho_{0F} = a_{01}\sin\alpha_{01} - \rho_{1\min} \qquad (13\text{-}62)$$

$$\rho_{0\max} = \sqrt{r_{a0}^2 - r_{b0}^2} \qquad (13\text{-}63)$$

剃前插齿刀齿根修缘（增厚）的计算，在前面已介绍，不再重复。

例 根据要求的剃前齿轮参数计算剃前插齿刀的凸角。

计算剃前插齿刀的齿顶凸角，剃前齿轮和剃前插齿刀的原始参数如下：

剃前齿轮原始参数：$m_n = 3\text{mm}$，$\alpha = 20°$，$z_1 = 18$，$d_{b1} = 50.7434\text{mm}$，有效齿形起点曲率半径 $\rho_{1\min} = 2.0569\text{mm}$。

剃前插齿刀原始参数：$z_0 = 30$，$d_{b0} = 84.5723\text{mm}$，$d_{a0} = 98.9564\text{mm}$，插齿轮时的啮合角 $\alpha_{a0} = 21.525882°$，$\text{inv}\alpha_{01} = 0.0187349$，插齿轮时的中心距 $a_{01} = 72.7307\text{mm}$。

剃前插齿刀齿顶凸角的计算步骤见表 13-53。

表 13-53　剃前插齿刀齿顶凸角计算程序及示例

序号	名　　称	符号	计　算　公　式	计　算　示　例	备　注
1) 被加工剃前齿轮（直齿）原始参数						
1	模数	m	—	$m=3\text{mm}$	对双模数齿轮，齿高方向用小模数，齿厚方向用大模数
2	齿数	z_1	—	$z_1=31$	—
3	分度圆压力角	α	—	$\alpha=20°,\ \sin\alpha=0.3420201$ $\cos\alpha=0.9396926$ $\tan\alpha=0.3639702$ $\mathrm{inv}\alpha=0.0149044$	—
4	基圆直径	d_{b1}	—	$d_{b1}=50.7434\text{mm}$	—
5	有效齿形起点处曲率半径	ρ_{1min}	—	$\rho_{1min}=2.0569\text{mm}$	—
6	有效齿形起点 F 处半径	r_F	$r_F=\dfrac{1}{2}\sqrt{d_{b1}^2+(2\rho_{1min})^2}$ $(6)=\dfrac{1}{2}\sqrt{(4)^2+(2(5))^2}$ ①	$r_F=25.45495\text{mm}$	—
2) 剃前插齿刀参数						
7	插齿刀齿数	z_0	—	$z_0=30$	—
8	插齿刀基圆直径	d_{b0}	—	$d_{b0}=84.5723\text{mm}$	—
9	插齿刀顶圆直径	d_{a0}	—	$d_{a0}=98.9564\text{mm}$	—
10	插齿轮时的啮合角	α_{01}	—	$\alpha_{01}=21.525882°$ $\mathrm{inv}\alpha_{01}=0.0187349$	—
11	插齿轮时的中心距	a_{01}	—	$a_{01}=72.7307\text{mm}$	—
12	插齿刀顶圆处的渐开线压力角	α_{a0}	$\cos\alpha_{a0}=\dfrac{d_{b0}}{d_{a0}}$ $(12)=\dfrac{(8)}{(9)}$	$\cos\alpha_{a0}=\dfrac{84.5723}{98.9564}=0.8546424$ $\mathrm{inv}\alpha_{a0}=0.0615909$	—
3) 齿轮有效齿形起点 F 处不被沉切时的刀具凸角厚度 Δ_s						
13	齿轮角参数	λ_1	$\cos\lambda_1=\dfrac{a_{01}^2+r_F^2-r_{a0}^2}{2a_{01}'r_F}$ $(13)=\dfrac{(11)^2+(6)^2-(9)^2}{2(11)(6)}$	$\cos\lambda_1=\dfrac{72.7307^2+25.45495^2-49.4782^2}{2\times72.7307\times25.45495}$ $=0.9424486$ $\lambda_1=19.53308°=0.3409167\text{rad}$ $\sin\lambda_1=0.3343511$	—

（续）

序号	名 称	符号	计 算 公 式	计 算 示 例	备注
14	插齿刀角参数	λ_0	$(14)=\dfrac{(6)(13)}{(9)}$ $\sin\lambda_0=\dfrac{r_F\sin\lambda_1}{r_{a0}}$	$\sin\lambda_0=\dfrac{25.45495\times0.3343511}{49.4782}=0.1720129$ $\lambda_0=9.90487°=0.1728728\text{rad}$	—
			3) 齿轮有效齿形起点 F 处不被沉切时的刀具凸角厚度 Δ_s		
15	齿轮 F 点处渐开线压力角	α_{F1}	$(15)=\dfrac{(4)}{(6)}$ $\cos\alpha_{F1}=\dfrac{r_{b1}}{r_F}$	$\cos\alpha_{F1}=\dfrac{25.3717}{25.45495}=0.9967295$ $\alpha_{F1}=4.6351064°$ $\text{inv}\alpha_{F1}=0.000177$	—
16	齿轮角参数	φ_1	$(16)=(13)+(10)-(15)$ $\varphi_1=\lambda_1+\text{inv}\alpha_{01}-\text{inv}\alpha_{F1}$	$\varphi_1=(0.3409167+0.0187349-0.000177)\text{ rad}$ $=0.3594746\text{rad}$	—
17	插齿刀角参数	φ_0	$(17)=(16)\dfrac{(2)}{(7)}$ $\varphi_0=\varphi_1\cdot\dfrac{z_1}{z_n}$	$\varphi_0=0.3594746\times\dfrac{18}{30}\text{rad}=0.2156847\text{rad}$	—
18	插齿刀角参数	ε_0	$(18)=(17)-(14)$ $\varepsilon_0=\varphi_0-\lambda_0$	$\varepsilon_0=(0.2156847-0.1728728)\text{ rad}=0.042812\text{rad}$	—
19	插齿刀凸角厚度	Δ_s	$(19)=(9)[(12)-(10)-(18)]$ $\Delta_s=r_{a0}(\text{inv}\alpha_{a0}-\text{inv}\alpha_{01}-\varepsilon_0)$	$\Delta_s=49.4782(0.0615909-0.0187349-0.042812)\text{ rad}=0.0022\text{mm}$	—
			4) 齿轮齿形剃齿起点 K 处达到要求沉切量时的刀具角厚度 Δ'_s		
20	K 点半径	r_K	$(20)=\sqrt{[(5)-1]^2+(4)^2}$ $r_K=\sqrt{(\rho_{1\min}-\Delta l)^2+r_{b1}^2}$	$r_K=\sqrt{(2.0569-1)^2+25.3717^2}\text{ mm}=25.3937\text{mm}$	—
21	齿轮角参数	λ'_1	$(21)=\dfrac{(11)^2+(20)^2-(9)^2}{2(11)(20)}$ $\cos\lambda'_1=\dfrac{a_{01}^2+r_K^2-r_{a0}^2}{2a_{01}r_K}$	$\cos\lambda'_1=\dfrac{72.7307^2+25.3937^2-49.4782^2}{2\times72.7307\times25.3937}$ $=0.9438786$ $\lambda'_1=19.28653°=0.3409167\text{rad}$ $\sin\lambda'_1=0.3302925$	—
22	插齿刀角参数	λ'_0	$(22)=\dfrac{(20)(21)}{(9)}$ $\sin\lambda'_0=\dfrac{r_K\sin\lambda'_1}{r_{a0}}$	$\sin\lambda'_0=\dfrac{25.3937\times0.3302925}{49.4782}=0.1695161$ $\lambda'_0=9.759686°$	—
23	K 点处渐开线压力角	α_K	$(23)=\dfrac{(4)}{(20)}$ $\cos\alpha_K=\dfrac{r_{b1}}{r_K}$	$\cos\alpha_K=\dfrac{25.3717}{25.3937}=0.9991334$ $\alpha_K=2.385502°,\text{inv}\alpha_K=0.0000241$	—
24	齿轮齿形剃齿起点 K 处的沉切深度	δ	$\delta=\dfrac{\Delta}{2}+(0.01\sim0.04)\text{ mm}$ $\dfrac{\Delta}{2}$ 值自表 13-52 选取	取 $\delta=0.05\text{mm}$	—

序号	参数名称	符号	计算公式（用序号表示）[①]	计算	备注
25	齿轮角参数	φ'_1	$\varphi'_1=\lambda'_1+\mathrm{inv}\alpha_{01}-\mathrm{inv}\alpha_K-\dfrac{\delta}{r_K}$	$(25)=(21)+(10)-(22)-\dfrac{(24)}{(20)}$	$\varphi'_1=\left(0.3409167+0.0187349-0.0000241-\dfrac{0.05}{25.3937}\right)\,\mathrm{rad}=0.3533554\,\mathrm{rad}$	—
26	插齿刀角参数	φ'_0	$\varphi'_0=\varphi'_1\dfrac{z_1}{z_0}$	$(26)=(25)\dfrac{(2)}{(7)}$	$\varphi'_0=0.3533554\times\dfrac{18}{30}\,\mathrm{rad}=0.21201324\,\mathrm{rad}$	—
27	插齿刀角参数	ε'_0	$\varepsilon'_0=\varphi'_0-\lambda'_0$	$(27)=(26)-(22)$	$\varepsilon'_0=\left(0.21201324-\dfrac{\pi}{180°}\times9.759686°\right)\,\mathrm{rad}=0.04167454\,\mathrm{rad}$	—
28	插齿刀凸角厚度	Δ'_s	$\Delta'_s=r_{a0}(\mathrm{inv}\alpha_{a0}-\mathrm{inv}\alpha_{01}-\varepsilon'_0)$	$(28)=(9)\,[(12)-(10)-(27)]$	$\Delta'_s=49.4782(0.0615909-0.0187349-0.04167454)\,\mathrm{mm}=0.0584\,\mathrm{mm}$	计算结果 $\Delta'_s>\Delta_s$ 需校验 F 处沉切量

5) 校验齿轮有效齿形起点 F 处的沉切量

序号	参数名称	符号	计算公式（用序号表示）[①]	计算	备注
29	插齿刀角参数	$(\varphi_0)'$	$(\varphi_0)'=\lambda_0+\mathrm{inv}\alpha_{a0}-\mathrm{inv}\alpha_{01}-\dfrac{\Delta'_s}{r_{a0}}$	$(29)=(14)+(12)-(10)-\dfrac{(28)}{(9)}$	$(\varphi_0)'=\left(0.1728728+0.0615909-0.0187349-\dfrac{0.0584}{49.4782}\right)\,\mathrm{rad}=0.2145484\,\mathrm{rad}$	—
30	齿轮角参数	$(\varphi_1)'$	$(\varphi_1)'=\dfrac{z_0}{z_1}(\varphi_0)'$	$(30)=\dfrac{(7)}{(2)}(29)$	$(\varphi_1)'=\dfrac{30}{18}\times0.2145484\,\mathrm{rad}=0.3575807\,\mathrm{rad}$	—
31	插齿刀角参数	$(\varepsilon_0)'$	$(\varepsilon_0)'=(\varphi_1)'-\lambda_1$	$(31)=(30)-(13)$	$(\varepsilon_0)'=(0.3575807-0.3409167)\,\mathrm{rad}=0.016664\,\mathrm{rad}$	—
32	F 点沉切量	$(\delta)'$	$(\delta)'=r_F[\mathrm{inv}\alpha_{01}-\mathrm{inv}\alpha_{F1}-(\varepsilon_0)']$	$(32)=(6)\,[(10)-(15)-(31)]$	$(\delta)'=25.45495(0.0187349-0.000177-0.016664)\,\mathrm{mm}=0.048\,\mathrm{mm}$	$(\delta)'$ 和 δ 相差甚小，$\Delta s'<0.0584$ 可用

6) 剃前插齿刀凸角的检查参数

序号	参数名称	符号	计算公式（用序号表示）[①]	计算	备注
33	插齿刀顶圆处渐开线曲率半径	ρ_{0max}	$\rho_{0max}=\sqrt{r_{a0}^2-r_{b0}^2}$	$(33)=\sqrt{(9)^2-(8)^2}$	$\rho_{0max}=\sqrt{49.4782^2-42.2862^2}\,\mathrm{mm}=25.69\,\mathrm{mm}$	—
34	凸角起始点 F' 处渐开线曲率半径	ρ_{0F}	$\rho_{0F}=a_{01}\sin\alpha_{01}-\rho_{1min}$	$(34)=(11)(10)-(5)$	$\rho_{0F}=(72.7307\times0.36692-2.0569)\,\mathrm{mm}=24.63\,\mathrm{mm}$	—
35	凸角在和渐开线垂直方向厚度	Δ_1	$\Delta_1\approx\Delta'_s\cdot\cos\alpha_{a0}$	$(35)\approx(28)(12)$	$\Delta_1=0.0584\times0.85464\,\mathrm{mm}\approx0.05\,\mathrm{mm}$	—

① 用序号表示的计算公式仅用于查找数据。

13.5　斜齿插齿刀

13.5.1　斜齿插齿刀概述

斜齿插齿刀用于插削斜齿外齿轮和斜齿内齿轮，也可用于插削无空刀槽的人字齿轮。插削斜齿轮时，插齿刀轴线和齿轮轴线平行，故相当于一对平行轴斜齿轮的啮合。切齿时，除了有上下切削运动和展成运动外，还有附加的螺旋运动，使切削刃运动的展成表面相当于斜齿轮的齿形表面。这个附加的螺旋运动是靠机床的螺旋导轨得到的，如图 13-61 所示。根据啮合原理，插齿刀切削刃运动的展成表面应是螺旋渐开面，此螺旋面的分度圆螺旋角 β_0 应和被切齿轮的分度圆螺旋角 β 相同，但螺旋方向相反。由于受到插齿机螺旋导轨导程的限制，斜齿插齿切齿轮的螺旋角是有限制的，不能是任意值。

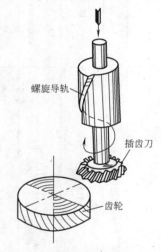

图 13-61　斜齿插齿刀的工作原理

由于插齿刀有后角，斜齿插齿刀实质上是一个变位修正的斜齿轮，不同端面中变位量不相等。斜齿插齿刀两侧刃齿形表面也是螺旋渐开面，但左右两侧齿形表面的螺旋角并不等于名义螺旋角，以得到侧刃后角。

斜齿插齿刀的各项参数可以在两个截面中计算：端面参数（带下角标 t）和法截面参数（带下角标 n）。这两个截面中参数的转换关系如下

模数：$\qquad\qquad m_n = m_t \cos\beta$

分度圆压力角：$\qquad \tan\alpha_n = \tan\alpha_t \cos\beta$

齿高系数：$\qquad\qquad h_{at}^* = h_{an}^* \cos\beta$

变位系数：$\qquad\qquad x_{ot} = x_{on} \cos\beta$

顶隙系数：$\qquad\qquad c_t^* = c_n^* \cos\beta$

斜齿插齿刀由于刀齿倾斜，两侧刃的切削角度相差很大。一侧为很大正前角，以后称为锐边；另

一侧为很大负前角，以后称为钝边。斜齿插齿刀采用特殊的刃磨方法，使两侧刃获得合理前角。

因前面刃磨方法不同，斜齿插齿刀分为两种型式：

（1）人字齿轮插齿刀　刀齿刃磨型式如图 13-62 所示，这种斜齿插齿刀主要用于无空刀槽人字齿轮的加工。

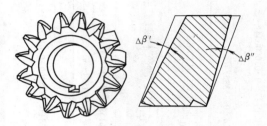

图 13-62　人字齿轮插齿刀

（2）斜齿轮插齿刀　刀齿刃磨型式如图 13-63 所示，这种插齿刀主要用在加工斜齿外齿轮和斜齿内齿轮。

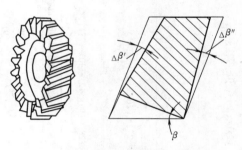

图 13-63　斜齿轮插齿刀

这两种不同刃磨方法影响插齿刀的齿形，因此齿形的修正方法也不同。

13.5.2　人字齿轮插齿刀

1. 人字齿轮插齿刀的工作原理

图 13-64 是人字齿轮插齿刀的工作原理示意图。在专用的人字齿轮插齿机上用一对插齿刀分别切人字齿轮左右两边的轮齿。一把插齿刀做切削工作行程时，另一把插齿刀为后退空行程。插齿刀做往复切削运动和展成运动，并在机床螺旋导轨作用下做附加螺旋运动。

为把无空刀槽的人字齿轮齿的脊顶切出，如图 13-64b 所示，插齿刀锐边切削刃应在同一端平面内并切到左右牙齿连接处的脊顶，这时刀具钝边的切削刃应已超过中心，以免留下毛刺。

人字齿轮插齿刀计算时都用端截面参数，一般是端面模数 m_t 和端面分度圆压力角 α_t 为标准值。人字齿轮的螺旋角由机床螺旋导轨的导程决定，常用的公称螺旋角为 $\beta = 30°$。

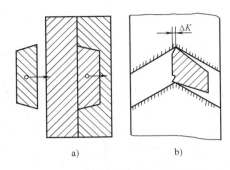

图 13-64　斜齿插齿刀切人字齿轮原理
a）插人字齿轮情况　b）插人字齿轮的脊顶

2. 人字齿轮插齿刀的后角和齿面形状

和直齿插齿刀类似，人字齿轮插齿刀由于有顶刃后角 α_e 和侧刃后角 α_c'（锐边）和 α_c''（钝边），不同端截面中的齿形相当于不同变位量的齿形。两侧刃齿形表面均为渐开螺旋面，但导程不同。两侧刃的后角也不等。

两侧刃齿形表面的导程，锐边 P_0' 和钝边 P_0'' 为

$$\left.\begin{aligned}P_0'&=\frac{2\pi r_0}{\tan\beta+\tan\alpha_e\tan\alpha_t}\\[6pt]P_0''&=\frac{2\pi r_0}{\tan\beta-\tan\alpha_e\tan\alpha_t}\end{aligned}\right\}\qquad(13\text{-}64)$$

锐边和钝边的分度圆螺旋角 β_0' 和 β_0'' 为

$$\left.\begin{aligned}\tan\beta_0'&=\frac{2\pi r_0}{P_0'}=\tan\beta+\tan\alpha_e\tan\alpha_t\\[6pt]\tan\beta_0''&=\frac{2\pi r_0}{P_0''}=\tan\beta-\tan\alpha_e\tan\alpha_t\end{aligned}\right\}\qquad(13\text{-}65)$$

锐边和钝边的基圆螺旋角 β_{b0}' 和 β_{b0}'' 为

$$\left.\begin{aligned}\tan\beta_{b0}'&=(\tan\beta+\tan\alpha_e\tan\alpha_t)\cos\alpha_t\\[6pt]\tan\beta_{b0}''&=(\tan\beta-\tan\alpha_e\tan\alpha_t)\cos\alpha_t\end{aligned}\right\}\qquad(13\text{-}66)$$

两侧刃的后角锐边和钝边分别为 α_c' 和 α_c''

$$\left.\begin{aligned}\alpha_c'&=\beta_{b0}'-\beta_{b0}=\beta_{b0}'-\arctan(\tan\beta\cos\alpha_t)\\[6pt]\alpha_c''&=\beta_{b0}-\beta_{b0}''=\arctan(\tan\beta\cos\alpha_t)-\beta_{b0}''\end{aligned}\right\}\qquad(13\text{-}67)$$

在任何情况下，$\alpha_c'<\alpha_c''$，为保持锐边侧刃后角不太小，取 $\alpha_c'\approx2°$，故顶刃后角 α_e 取 $\alpha_e=7°\sim8°$。

3. 人字齿轮插齿刀的前角

为使插齿刀能切出人字齿轮左右轮齿连接处的脊顶并没有毛刺，必须是插齿刀锐边切削刃在同一端平面内，插齿刀的钝边切削刃应超出锐边切削刃高度 ΔK，如图 13-64b 所示。因此，人字齿轮插齿刀获得前角的刃磨方法为沿前端面的渐开线切削刃磨出前角，如图 13-65 所示。锐边磨前角后切削刃仍为渐开线但低于前端面，钝边是沿渐开线切削刃在前端面挖磨出前角，切削刃仍在前端面。这样刃

磨方法可保持切削刃都是渐开线，钝边切削刃高于锐边切削刃。刃磨人字齿轮插齿刀的前角，需要专用的刃磨装置或刃磨机床，使砂轮能沿渐开线刀刃运动。

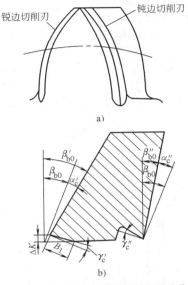

图 13-65　人字齿轮插齿刀锐边和钝边前角
a）沿渐开线切削刃磨出前角　b）基圆柱截面展开图

人字齿轮插齿刀有前角后，无论是锐边或钝边的切削刃都是在各自的端平面内，渐开线齿形没有误差，齿形不需要修正。但磨前角后刀具齿厚将减小，设计时刀具的齿厚应考虑齿厚的减薄量。

4. 人字齿轮插齿刀结构参数的确定和啮合验算

设计人字齿轮插齿刀时，首先根据齿轮模数和机床螺旋导轨导程确定刀具的分度圆直径和齿数，再计算出实际的分度圆螺旋角。取公称直径时，可参考表 13-54 中的数值。

表 13-54　人字齿轮插齿刀公称分度圆直径的选取　（单位：mm）

插齿刀的公称分度圆直径 d_0'	插齿刀模数 m_t	公称分度圆螺旋角 β	螺旋导轨导程 P
100	1~6	30°	552.85
150	2~12	23°	1105.70
150	2~12	30°	829.275
180	2~15	30°	979.43
300	5~26	30°	1658.54
360	6~36	30°	1958.90

设计时要确定前端面允许的最大变位系数 $(x_{0t})_{max}$。先按齿顶变尖限制求 $(x_{0t})_{max}$，但最小允许齿顶宽度应按法向宽度，再换算成端面值。

人字齿轮插齿刀的全部啮合校验均用端面参数进行，计算方法和直齿插齿刀相同，这里不再重复。

人字齿轮插齿刀的结构尺寸无统一标准，可参考工厂使用参数确定。

13.5.3　斜齿轮插齿刀

1. 斜齿轮插齿刀的前后角及齿形修正

斜齿轮插齿刀的前面是法向的，刀齿有顶刃前角 γ 和后角 α_e（轴向）或 α'_e（螺旋角方向），如图 13-66 所示。由于前面不在端截面中，这种插齿刀不能用来加工无空刀槽的人字齿轮。这种插齿刀有前角和后角将造成齿形误差，刀具齿形需要修正。

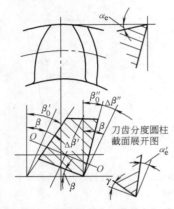

图 13-66　斜齿轮插齿刀的前角和后角

这种插齿刀的各种计算参数都用法向值，如法向模数 m_n、法向分度圆压力角 α_n 等。插齿刀的原始截面也取法向（图 13-66 中的 $O-O$ 截面）在原始截面中变位系数 $x_{0n} = 0$，分度圆齿厚 $s_{0n} = \dfrac{\pi m_n}{2}$。

斜齿轮插齿刀齿形进行修正计算时，可以将刀齿简化成斜齿条的牙齿（见图 13-67），这时基面是分度圆柱展开平面。$PABC$ 是前面，PA 是锐边切削刃，切削刃运动轨迹的展成表面和法截面交于 PF（$N-N$ 截面中为 $P_N A_N$），所形成的 α_n 角应等于被加工齿轮的法向分度圆压力角。切削刃运动展成表面的分度圆柱螺旋角 β 应和加工齿轮的分度圆螺旋角相等，并和切削运动的方向一致。$S-S$ 截面是通过 P 点沿 β 方向的截面，在这截面中，刀齿前角为 γ，后角为 α'_e。$P_N E_N$ 和 $G_N A_N$ 分别为通过 E 点和通过 A 点的法截面中的刀齿锐边侧齿面的齿形，它的齿形角为 α'_{0n}。$T-T$ 截面中的 α'_{0t} 为斜齿轮插齿刀锐边在端截面中的齿形角。

通过计算得知，锐边和钝边齿形表面在分度圆柱的后角相等，其值 $\Delta\beta$ 为

$$\tan\Delta\beta = \frac{\tan\alpha_n \tan\alpha'_e}{1 - \tan\gamma\tan\alpha'_e} = \frac{\tan\alpha_n}{\cot\alpha'_e - \tan\gamma} \quad (13\text{-}68)$$

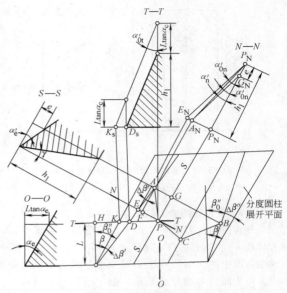

图 13-67　斜齿轮插齿刀的齿形修正

锐边和钝边齿形表面在分度圆柱的螺旋角 β'_0 和 β''_0 为

$$\left.\begin{array}{l} \beta'_0 = \beta + \Delta\beta \\ \beta''_0 = \beta - \Delta\beta \end{array}\right\} \quad (13\text{-}69)$$

斜齿轮插齿刀锐边和钝边齿形表面在端截面中的齿形角（分度圆压力角） α'_{0t} 和 α''_{0t} 为

$$\left.\begin{array}{l} \tan\alpha'_{0t} = \dfrac{\tan\beta'_0 - \tan\beta}{\tan\alpha_e} \\[2mm] \tan\alpha''_{0t} = \dfrac{\tan\beta - \tan\beta''_0}{\tan\alpha_e} \end{array}\right\} \quad (13\text{-}70)$$

由于这种斜齿轮插齿刀锐边和钝边齿形表面的分度圆压力角 α'_{0t} 和 α''_{0t} 不相等，故两侧齿形表面的基圆半径 r'_{b0} 和 r''_{b0} 也不相等，其值为

$$\left.\begin{array}{l} r'_{b0} = r_0 \cos\alpha'_{0t} = \dfrac{1}{2} m_t z_0 \cos\alpha'_{0t} \\[2mm] r''_{b0} = r_0 \cos\alpha''_{0t} = \dfrac{1}{2} m_t z_0 \cos\alpha''_{0t} \end{array}\right\} \quad (13\text{-}71)$$

以上斜齿轮插齿刀的齿形修正是按插齿刀齿数 $z_0 = \infty$（齿条齿形）时计算的，在插齿刀齿数为有限时，经齿形修正后仍将有一定的齿形误差。

2. 斜齿轮插齿刀主要结构参数的确定和设计验算顺序

（1）确定公称分度圆直径 d'_0 和齿数 z_0　加工斜齿外齿轮时，插齿刀的公称分度圆直径和齿数无严格限制；在加工斜齿内齿轮时，必须保持齿数差 $(z_2 - z_0)$ 大于一定数值。

根据被加工齿轮的模数 m_n 和公称分度圆螺旋角 β，可参考表 13-55 选插齿刀的分度圆直径。

表 13-55　斜齿轮插齿刀公称分度圆
直径的选取　（单位：mm）

插齿刀公称分度圆直径 d_0'	插齿刀模数 m_n	公称分度圆螺旋角 β	螺旋导轨导程 P
38	1～4	15°	445.7954
38	1～4	23°	281.4001
100	1～7	15°	1198.0094
100	1～7	23°	751.9566
160	2～12	10°	2993.23
160	2～12	15°	1899.38

插齿刀公称分度圆直径 d_0' 选定后，根据公称分度圆螺旋角 β 和机床螺旋导轨导程 P，用下式计算插齿刀的齿数 z_0

$$z_0 = \frac{P\tan\beta}{\pi m_t} \qquad (13\text{-}72)$$

计算出的插齿刀齿数取最近的整数。

（2）计算插齿刀的实际分度圆螺旋角 β_0 和实际的分度圆直径 d_0　根据已确定的插齿刀齿数 z_0 和机床螺旋导轨导程 P，用下式计算插齿刀的分度圆螺旋角 β_0

$$\tan\beta_0 = \frac{\pi m_t z_0}{P} \qquad (13\text{-}73)$$

由于斜齿轮的原始参数经常给的是法向模数 m_n，需要换算成端面模数 m_t'

$$m_t' = \frac{m_n}{\cos\beta} \qquad (13\text{-}74)$$

求出 m_t' 后再用式（13-72）计算出插齿刀齿数 z_0 和用式（13-73）计算出插齿刀的分度圆螺旋角 $(\beta_0)'$。很显然，计算得到的 $(\beta_0)'$ 并不等于原来计算 m_t' 时用的 β 值。这时要用求得的 $(\beta_0)'$ 用式（13-74）重算端面模数 m_t''，然后再用式（13-73）重算分度圆螺旋角 $(\beta_0)''$。

以上的计算重复进行，直到相邻两次计算得到的 β_0 值相差小于 $1''$ 为止。最后一次计算得到的数值即为插齿刀实际采用的端面模数 m_t 和分度圆螺旋角 β_0 值。

在 z_0 和 m_t 值确定后，计算插齿刀的实际分度圆直径 d_0：

$$d_0 = z_0 m_t$$

很明显，用上述方法求出的插齿刀分度圆螺旋角 β_0 必然不等于原来齿轮图样中规定的螺旋角 β。因为插齿机的螺旋导轨的导程是固定不变的，因此插齿刀的分度圆螺旋角也无法改变，这时只能修改齿轮图样来适应插齿要求的螺旋角。

（3）确定插齿刀的前角和后角　斜齿轮插齿刀的前面磨成法向的平面，并在顶刃向内倾斜成 $\gamma = 5°$ 的前角。

斜齿插齿刀的后角在刀齿方向（螺旋角方向）为 α_e'，在轴向后角为 α_e，换算关系为

$$\tan\alpha_e = \frac{\tan\alpha_e'}{\cos\beta_0} \qquad (13\text{-}75)$$

对分度圆压力角 $\alpha_n = 20°$ 的插齿刀，一般取 $\alpha_e' = 6°$，如公称分度圆螺旋角为 15°，则 $\alpha_e \approx 6°15'$；如公称分度圆螺旋角为 23°，则 $\alpha_e \approx 6°30'$。

对分度圆压力角 $\alpha_n = 14.5°$ 和 15° 的插齿刀，取 $\alpha_e' = 7.5°$。

（4）确定插齿刀的最大变位系数　首先求出插齿刀齿顶变尖限制允许的 $(x_{0t})'_{max}$。对斜齿轮插齿刀，一般法向模数 m_n 为标准值，为简化计算可采用当量齿数 z_0' 来计算齿顶宽度

$$z_0' = \frac{z_0}{\cos^3\beta_0} \qquad (13\text{-}76)$$

可用计算直齿轮齿顶宽度公式和图表求出插齿的最大允许变位系数 $(x_{0n})'_{max}$（计算时令 $m_n = m$ 和插齿刀齿数为 z_0'）。因进行各项啮合验算均需按端面参数计算，再将 $(x_{0n})'_{max}$ 换算成 $(x_{0t})'_{max}$

$$(x_{0t})'_{max} = (x_{0n})'_{max}\cos\beta_0 \qquad (13\text{-}77)$$

求得齿顶变尖限制所允许的最大变位系数 $(x_{0t})'_{max}$ 后，再校验过渡曲线干涉。校验过渡曲线干涉的方法和直齿插齿刀校验方法相同，注意所有的参数均需使用端面参数，并且插齿刀的分度圆压力角应是未经齿形修正的原始分度圆压力角（即齿轮的端面分度圆压力角 α_t）。

（5）计算插齿刀齿形表面参数　斜齿轮插齿刀因有前角，所以齿形需要修正。修正后锐边和钝边的分度圆压力角 α_{0t}' 和 α_{0t}'' 可用式（13-68）、式（13-69）和式（13-70）计算

$$\tan\Delta\beta = \frac{\tan\alpha_n}{\cot\alpha_e' - \tan\gamma}$$

$$\beta_0' = \beta_0 + \Delta\beta$$

$$\beta_0'' = \beta_0 - \Delta\beta$$

$$\tan\alpha_{0t}' = \frac{\tan\beta_0' - \tan\beta_0}{\tan\alpha_e}$$

$$\tan\alpha_{0t}'' = \frac{\tan\beta - \tan\beta_0''}{\tan\alpha_e}$$

插齿刀锐边和钝边的基圆直径 d_{b0}' 和 d_{b0}'' 可用式（13-71）计算

$$d_{b0}' = m_t z_0 \cos\alpha_{0t}'$$

$$d_{b0}'' = m_t z_0 \cos\alpha_{0t}''$$

锐边和钝边的基圆螺旋角 β_{b0}' 和 β_{b0}'' 为

$$\tan\beta_{b0}' = \tan\beta_0' \cos\alpha_{0t}'$$

$$\tan\beta_{b0}'' = \tan\beta_0'' \cos\alpha_{0t}''$$

斜齿轮插齿刀齿形表面参数是磨齿形和检查齿形时

所需，均要求端面参数。

（6）确定新插齿刀结构尺寸 新插齿刀最大变位系数 $(x_{0t})_{max}$ 或 $(x_{0n})_{max}$ 确定后，计算出前端面离原始截面的距离 b_0。再参考标准斜齿轮插齿刀的结构尺寸，确定插齿刀的厚度 B 和其他结构参数。

（7）计算插齿刀原始截面参数和前端面参数 计算方法与直齿插齿刀相同，不再重复。

（8）确定插齿刀最小变位系数 $(x_{0t})_{min}$ 或 $(x_{0n})_{min}$ 先根据插齿刀刀齿强度确定允许的最小变位系数 $[x_{0t}]'_{min}$，再校验是否发生根切或顶切。校验的原理和直齿插齿刀相同，校验时将斜齿插齿刀的端面参数代入直齿插齿刀的公式即可。

（9）计算检查截面中参数 检查斜齿轮插齿刀的齿形在端截面中进行，一般检查截面取在离前端面 5mm 处。

检查截面参数计算均取端面值。

3. 斜齿轮插齿刀的结构尺寸

我国目前还没有制定统一的斜齿轮插齿刀标准。某工具厂生产的盘形斜齿轮插齿刀的结构尺寸如图 13-68 和表 13-56、表 13-57 所示，锥柄斜齿轮插齿刀的结构尺寸如图 13-69 和表 13-58、表 13-59 所示，可参考使用。

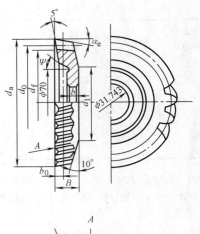

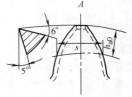

图 13-68　斜齿盘形插齿刀的结构尺寸

表 13-56　盘形斜齿轮插齿刀（$d_0 \approx 100mm$、$\alpha_n = 20°$、$\beta_0 \approx 15°$）结构尺寸　（单位：mm）

m_n	m_t	z_0	β_0	d_0	锐边 d'_{b0}	钝边 d''_{b0}	d_a	d_f	d_1	s	h_{a0}	b_0	b	B	ψ
1.0	1.036	100	15°12′10″	103.626	96.709	96.964	108.23	103.23		2.34	2.31	9.65			
1.25	1.295	80	15°12′10″	103.626	96.709	96.964	108.85	102.60		2.73	2.62	9.65			
1.5	1.553	66	15°02′50″	102.515	95.683	95.932	108.47	100.97		3.16	2.99	10.14			
1.75	1.811	56	14°53′30″	101.406	94.658	94.902	108.09	99.34		3.59	3.36	10.63			
2.0	2.073	50	15°12′10″	103.626	96.709	96.964	110.94	100.94		3.98	3.67	10.62	10	22	45°
2.25	2.330	44	15°02′50″	102.515	95.683	95.932	110.56	99.31		4.41	4.04	11.11			
2.5	2.591	40	15°12′10″	103.626	96.709	96.964	112.08	99.58	80	4.73	4.24	10.13			
2.75	2.848	36	15°02′50″	102.515	95.683	95.932	111.60	97.85		5.12	4.56	10.14			
3.0	3.100	32	14°34′51″	99.195	92.614	92.847	108.71	93.71		5.45	4.78	9.29			
3.25	3.362	30	14°48′50″	100.852	94.146	94.386	110.76	94.51		5.76	4.97	8.22			
3.5	3.622	28	14°53′30″	101.406	94.658	94.902	111.77	94.27		6.09	5.20	7.44			40°
3.75	3.879	27	14°48′50″	100.852	94.146	94.386	111.57	92.82		6.38	5.38	6.19			
4.0	4.145	25	15°12′10″	103.626	96.709	96.964	114.97	94.97		6.77	5.69	6.18			
4.25	4.397	23	14°51′10″	101.129	94.402	94.644	112.83	91.58		7.07	5.87	4.93	12	25	
4.5	4.660	22	15°02′50″	102.515	95.683	95.932	114.71	92.21		7.41	6.12	4.35			30°
5.0	5.181	20	15°12′10″	103.626	96.709	96.964	117.18	92.18		8.24	6.80	4.83			
5.5	5.695	18	15°02′50″	102.515	95.683	95.932	117.42	89.92	75	9.06	7.48	5.31			
6.0	6.200	17	14°34′51″	99.195	92.614	92.846	115.46	85.46		9.88	8.16	5.80			15°
6.5	6.723	15	14°48′50″	100.852	94.146	94.386	118.47	85.97		10.71	8.84	6.28			
7.0	7.243	14	14°53′30″	101.406	94.658	94.902	120.38	85.38		11.53	9.52	6.76			

注：1. 内孔可制成 $\phi 44.443^{+0.005}_{0}$ mm。

2. 螺旋导轨导程 $P = 1198.0094$ mm。

3. 插齿刀制成右旋及左旋的。

4. 在原始截面中 $h_{a0} = 1.25 m_n$，$s = \dfrac{\pi m_n}{2}$。

5. 轴向截面后角 $\alpha_e = 6°15'$。

表 13-57　盘形斜齿轮插齿刀（$d_0 \approx 100\text{mm}$、$\alpha_n = 20°$、$\beta_0 \approx 23°$）结构尺寸

（单位：mm）

m_n	m_t	z_0	β_0	d_0	锐边 d'_{b0}	钝边 d''_{b0}	d_a	d_f	d_1	s	h_{a0}	b_0	b	B	ψ
1.0	1.087	94	23°7′27″	102.212	94.693	95.121	106.81	101.81		2.34	2.31	9.20			
1.25	1.362	76	23°23′5″	103.502	95.859	96.299	108.73	102.48		2.73	2.62	9.18			
1.5	1.628	62	22°51′50″	100.930	93.533	93.949	106.68	99.18		3.08	2.88	8.75			45°
1.75	1.898	53	22°47′57″	100.611	93.245	93.658	107.00	98.25		3.48	3.21	8.85	10	22	
2.0	2.175	47	23°7′27″	102.212	94.693	95.121	109.31	99.31		3.91	3.56	9.20			
2.25	2.438	41	22°40′9″	99.973	92.667	93.074	107.59	96.34		4.26	3.83	8.77			
2.5	2.711	37	22°44′3″	100.292	92.956	93.366	108.54	96.04	80	4.65	4.14	8.76			
2.75	2.967	34	22°59′38″	101.570	94.113	94.534	110.29	96.54		4.95	4.38	8.10			
3	3.275	32	23°38′44″	104.798	97.025	97.481	114.23	99.23		5.42	4.73	8.43			
3.25	3.514	28	22°20′43″	98.388	91.232	91.624	108.03	91.78		5.66	4.84	6.66			
3.5	3.809	27	23°15′15″	102.856	95.275	95.709	112.89	95.39		5.96	5.04	5.60			40°
3.75	4.076	25	23°3′32″	101.891	94.403	94.827	112.53	93.78		6.35	5.34	5.52			
4	4.333	23	22°36′16″	99.655	92.379	92.784	110.66	90.68		6.65	5.53	4.43			
4.25	4.617	22	22°59′38″	101.670	94.113	94.534	113.10	91.85		7.00	5.79	3.96	12	25	
4.5	4.898	21	23°15′15″	102.856	95.275	95.709	115.05	92.55		7.41	6.12	4.13			
5	5.447	19	23°23′5″	103.502	95.859	96.299	117.05	92.05		8.24	6.80	4.59			
5.5	5.975	17	22°59′38″	101.570	94.113	94.534	116.476	88.976	75	9.06	7.48	5.06			
6	6.550	16	23°38′44″	104.798	97.029	97.481	121.06	91.06		9.88	8.16	5.50			15°
6.5	7.027	14	22°20′43″	98.388	91.232	91.624	116.00	83.50		10.71	8.84	6.10			
7	7.568	13	22°20′43″	98.388	91.232	91.624	117.36	82.36		11.53	9.52	6.47			

注：1. 内孔可制成 $\phi 44.443^{+0.005}_{0}\text{mm}$。

　　2. 螺旋导轨导程 $P = 751.9566\text{mm}$。

　　3. 插齿刀制成右旋及左旋的。

　　4. 在原始截面中 $h_{a0} = 1.25 m_n$，$s = \dfrac{\pi m_n}{2}$。

　　5. 轴向截面后角 $\alpha_e = 6°30'$。

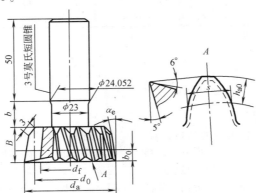

图 13-69　锥柄斜齿轮插齿刀结构尺寸

表 13-58　锥柄斜齿轮插齿刀（$d_0 \approx 38\text{mm}$、$\alpha_n = 20°$、$\beta_0 \approx 15°$）结构尺寸　　（单位：mm）

m_n	m_t	z_0	β_0	d_0	锐边 d'_{b0}	钝边 d''_{b0}	d_a	d_f	s	h_{a0}	b_0	B
1	1.034	36	14°41′47″	37.218	34.746	34.834	39.93	34.93	1.65	1.36	0.97	
1.25	1.296	30	15°19′25″	38.882	36.284	36.380	42.27	36.02	2.06	1.70	1.21	12
1.5	1.551	24	14°41′47″	37.218	34.746	34.834	41.28	33.78	2.47	2.04	1.45	
1.75	1.812	21	15°0′35″	38.882	35.513	35.605	42.79	34.04	2.88	2.38	1.69	
2	2.068	18	14°41′47″	37.218	34.746	34.834	42.64	32.64	3.30	2.72	1.93	
2.25	2.326	16	14°41′47″	37.218	34.746	34.834	43.32	32.07	3.71	3.06	2.18	15
2.5	2.592	15	15°19′25″	38.882	36.284	36.380	45.66	33.16	4.12	3.40	2.41	

（续）

m_n	m_t	z_0	β_0	d_0	锐边 d'_{b0}	钝边 d''_{b0}	d_a	d_f	s	h_{a0}	b_0	B
2.75	2.842	13	14°35′32″	36.942	34.491	34.577	44.24	30.49	4.47	3.66	1.94	
3	3.101	12	14°41′47″	37.218	34.746	34.834	45.14	30.14	4.87	3.98	1.93	17
3.25	3.358	11	14°35′32″	36.942	34.491	34.577	45.28	29.03	5.18	4.18	0.97	
3.5	3.612	10	14°16′46″	36.116	33.727	33.809	45.08	27.58	5.57	4.50	0.93	
3.75	3.888	10	15°19′25″	38.882	36.284	36.380	48.36	29.61	5.93	4.76	0.48	20
4	4.135	9	14°41′47″	37.218	34.746	34.834	47.32	27.32	6.32	5.07	0.48	

注：1. 螺旋导轨导程 $P = 445.7954$mm。

2. 插齿刀制成右旋的及左旋的。

3. 尺寸 b 制成 20mm 或 30mm。

4. 原始截面中刀齿尺寸：$h_{a0} = 1.25m_n$，$s = \dfrac{\pi m_n}{2}$。

5. 轴向截面后角 $\alpha_e = 6°15'$。

表 13-59　锥柄斜齿轮插齿刀（$d_0 \approx 38$mm、$\alpha_n = 20°$、$\beta_0 \approx 23°$）**结构尺寸**　（单位：mm）

m_n	m_t	z_0	β_0	d_0	锐边 d'_{b0}	钝边 d''_{b0}	d_a	d_f	s	h_{a0}	b_0	B
1	1.086	35	23°0′3″	38.023	35.231	35.389	40.73	35.73	1.65	1.30	0.92	
1.25	1.358	28	23°0′3″	38.023	35.231	35.389	41.41	35.16	2.06	1.70	1.15	12
1.5	1.625	23	22°39′14″	37.384	34.653	34.805	41.45	33.95	2.47	2.04	1.38	
1.75	1.901	20	23°0′3″	38.023	35.231	35.389	42.77	34.02	2.88	2.38	1.61	
2	2.184	18	23°41′48″	39.315	36.398	36.568	44.74	34.74	2.30	2.72	1.83	15
2.25	2.457	16	23°41′52″	39.315	36.398	36.568	45.41	34.16	3.71	3.06	2.07	
2.5	2.716	14	23°0′3″	38.023	35.231	35.389	44.80	32.30	4.12	3.40	2.30	
2.75	2.999	13	23°31′20″	38.090	36.105	36.272	46.29	32.54	4.47	3.66	1.83	
3	3.276	12	23°41′52″	39.315	36.398	36.568	47.24	32.24	4.87	3.98	1.83	17
3.25	3.545	11	23°31′23″	38.990	36.105	36.272	47.33	31.08	5.18	4.18	0.92	
3.5	3.802	11	23°0′3″	38.023	35.231	35.389	46.98	29.48	5.57	4.50	0.92	
3.75	4.048	9	22°8′6″	36.435	33.793	33.936	45.92	27.17	5.93	4.76	0.46	20
4	4.368	9	23°41′52″	39.315	36.398	36.568	49.42	29.42	6.32	5.07	0.46	

注：1. 螺旋导轨导程 $P = 281.4001$mm。

2. 插齿刀制成右旋的及左旋的。

3. 尺寸 b 制成 20mm 或 30mm。

4. 原始截面中刀齿尺寸：$h_{a0} = 1.25m_n$，$s = \dfrac{\pi m_n}{2}$。

5. 轴向截面后角 $\alpha_e = 6°30'$。

13.5.4　加工斜齿插齿刀的专用滚刀齿形计算

插齿刀的刀齿用滚刀切出，为得到插齿刀的后角 α_e，滚刀除向下的进给 f_1 外还应有径向进给 f_2，这样合成进给 f 正好符合齿顶后角 α_e 的方向，如图 13-70 所示。

用滚刀加工斜齿插齿刀相当于交错轴螺旋齿轮的啮合。由于插齿刀最后还要磨齿形，故可近似认为滚刀加工斜齿插齿刀是直齿齿条在 $N—N$ 截面中和斜齿插齿刀啮合，如图 13-71 所示。啮合线和插齿刀齿形的形成应都在此截面内。插齿刀的齿形应在端截面测量。现分析 $I—I$ 截面内插齿刀齿廓的形成：左齿面齿根 A 点是滚刀在 $N—N$ 截面时形成的，但左齿面的齿顶 B 点将在滚刀移动到 $N'—N'$ 位置时形成。由于滚刀有径向进给使切削深度增加，故左齿面齿顶处齿厚将减小，如图 13-72 所示；右齿面则相反，齿根处将减薄。这样切出的插齿刀齿形，左侧分度圆压力角将大于滚刀的齿形角，右侧分度圆压力角则小于滚刀的齿形角。

要使切出的插齿刀齿形获得要求的分度圆压力

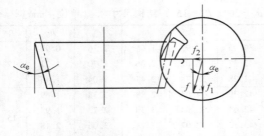

图 13-70　用滚刀加工插齿刀时的进给方向

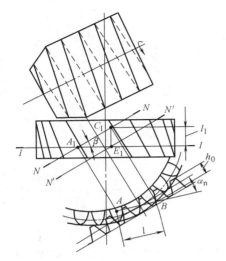

图 13-71　滚刀加工斜齿插齿刀时近似的啮合线位置

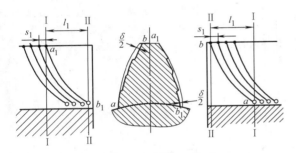

图 13-72　滚刀加工出斜齿插齿刀齿形的畸变

角，必须修正滚刀的齿形。加工斜齿插齿刀的专用滚刀的左右侧齿形角 α'_{0n} 和 α''_{0n} 可用下式计算。公式推导可参考有关文献。[⊖]

$$\left.\begin{array}{l} \tan\alpha'_{0n} = \dfrac{\tan^2\alpha_n}{\tan\alpha_n + \tan\alpha_e\sin\beta} \\[3mm] \tan\alpha''_{0n} = \dfrac{\tan^2\alpha_n}{\tan\alpha_n - \tan\alpha_e\sin\beta} \end{array}\right\} \quad (13\text{-}78)$$

式中　β——插齿刀的螺旋角；

　　　α_n——插齿刀要求的分度圆压力角。

应注意式（13-78）适用于加工右旋斜齿插齿刀，在加工左旋斜齿插齿刀时式中的正负号相反。

对于斜齿轮插齿刀，齿形左右两侧表面的分度圆压力角不等，用式（13-78）计算滚刀齿形角时，应将式中的 α_n 用实际插齿刀的分度圆压力角代入进行计算。

图 13-73 中是计算得到的滚刀齿形，可看到左右两侧刃高度有显著差别。如将矮的右刃也延长到

和左刃同样高度，将造成插齿刀的根切。故右侧切削刃齿顶采用大的圆弧半径 r_c（$r_c = 2 \sim 4\mathrm{mm}$）。滚刀齿形两侧刃不仅齿形角不等，而且两侧齿顶圆角也不对称。

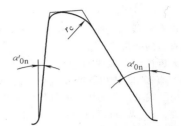

图 13-73　加工斜齿插齿刀的滚刀齿形

13.6　插齿刀制造和使用中的若干问题

13.6.1　插齿刀侧刃齿形表面的磨制

插齿刀由于有侧刃后角，它的侧刃齿形表面为螺旋渐开面。对于直齿插齿刀，一侧齿面为右旋螺旋渐开面，另一侧齿面为左旋螺旋渐开面；对于斜齿插齿刀，两侧齿面为同旋向螺旋渐开面，但一侧螺旋角大于公称值，另一侧螺旋角则小于公称值。

由于插齿刀的侧齿形表面是一定螺旋角的螺旋渐开面，故插齿刀齿面是用磨斜齿齿轮齿面的方法磨制的。现在生产中磨制插齿刀齿形主要使用渐开线凸轮板式大直轮平面砂轮的 Y7125 型磨齿机，其工作原理如图 13-74 所示。砂轮平面相当于假想齿条的齿面，和被磨插齿刀啮合而磨制出插齿刀的齿形表面。P 点是啮合节点，直线 BPB' 是纯滚动的节线，同时也是砂轮和插齿刀的啮合线。同一块渐开线凸轮板可磨不同基圆直径的插齿刀，可将工件头

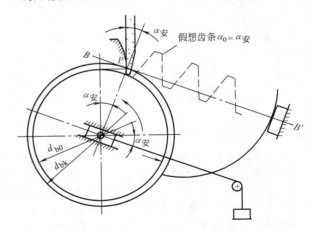

图 13-74　Y7125 型磨齿机的工作原理

───────────

⊖ 公式推导见：袁哲俊编著《齿轮刀具设计》，（233 页），国防工业出版社，2014 年。

架导轨自水平位置转动倾斜一个角度 $\alpha_安$，如图 13-74所示。这时节圆上的渐开线压力角为 $\alpha_安$，插齿刀基圆直径 d_{b0} 和渐开线凸轮板基圆直径 d_{bk} 的关系为

$$d_{b0} = d_{bk}\cos\alpha_安 \qquad (13\text{-}79)$$

使用同一块渐开线凸轮板，只要改变 $\alpha_安$ 即可磨制不同基圆直径的插齿刀。

这种磨齿机带有数块渐开线凸轮板，可根据插齿刀的基圆直径 d_{b0} 选相近基圆直径 d_{bk} 的渐开线凸轮板，再用下式求出头架导轨的倾斜安装角 $\alpha_安$。根据生产经验，$\alpha_安$ 调整范围应在 $14° \sim 25°$ 内，磨齿形效果较好。

$$\cos\alpha_安 = \frac{d_{b0}}{d_{bk}} = \frac{mz_0\cos\alpha_0}{d_{bk}} \qquad (13\text{-}80)$$

插齿刀的侧齿形表面是一定螺旋角的螺旋渐开面，相当于斜齿轮的齿面，砂轮平面（假想齿条表面）和齿形螺旋渐开表面的接触线 FF'（见图 13-75），是斜成 β_{b0} 的斜线（β_{b0} 为齿形表面的基圆螺旋角）。故磨齿形时应按插齿刀齿面的基圆螺旋角 β_{b0}（即侧刃后角 α_c）转动砂轮平面（即转动立柱），如图 13-76 所示。直齿插齿刀齿面的基圆螺旋角 β_{b0} 值可用式（13-5）计算。

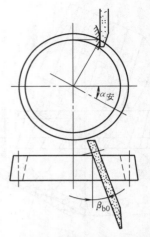

图 13-76 砂轮平面转角以磨出插齿刀侧后角

厚度 B 分别为 30mm、35mm、40mm，这时齿高差不能完全忽略，特别是当模数大、齿数少、齿高大时，磨齿时在2点处很容易产生根切，这时必须采取特别的工艺措施，防止插齿刀本身产生根切。

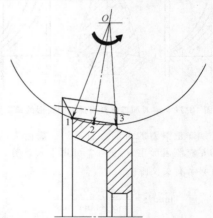

图 13-77 砂轮偏位以获得插齿刀要求的齿高

13.6.2 插齿刀公称直径的选择

同模数的标准插齿刀，常有不同公称直径可供选择。一般情况下，宜选用直径较大的插齿刀。原因如下：

1) 插齿刀直径大时，齿数多，齿形曲线较直，在同样圆周进给量加工齿轮时，加工出的齿形表面的残留面积小，提高加工表面质量；或是在保证同样加工表面质量的条件下，可加大圆周进给量，提高插齿效率。

2) 插齿刀直径大时，齿形曲线较直，齿顶宽度较大，有利于散热和减少磨损，可提高插齿刀寿命。

3) 插齿刀直径大时，齿数多，可切齿轮数多，插齿刀寿命长。但在加工齿轮齿数很少时，选用直

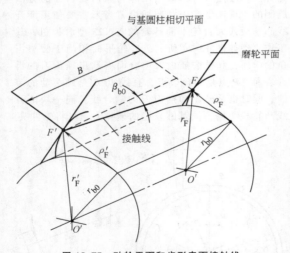

图 13-75 砂轮平面和齿形表面接触线

Y7125 型磨齿机使用大直径平面砂轮，直径在 $660 \sim 750$mm，磨齿时不再有沿齿长方向的进给运动。由于插齿刀有顶刃后角 α_e，其外形为锥形，为使磨出的插齿刀在大端和小端都有要求的齿高，采用砂轮中心偏位的方法，如图 13-77 所示。很显然这样磨出的插齿刀在1点、2点和3点处的齿高不等。由于砂轮直径大，直径 $\phi100$mm 以下的插齿刀，最大厚度 B 仅为 $20 \sim 24$mm，齿高差不明显，可以忽略不计。但对于 $\phi125$mm、$\phi160$mm、$\phi200$mm 的插齿刀，

径小、齿数少的插齿刀，可使切齿时齿轮产生根切的危险性减少。

此外应特别注意，避免选用因直径小而齿数过少的插齿刀。用这种插齿刀切齿轮时，很容易产生齿轮的顶切。

13.6.3 插齿切削用量的优选

1. 插齿时切削速度（冲程数）的优选

（1）插齿行程的大小 插齿时，插齿行程包含被加工齿轮的宽度和切入切出处的间隙，调整时应尽量使切入和切出间隙达到最小，这样插齿行程小，在同样的切削速度下，有更多的冲程数，提高插齿效率。

（2）插齿时的切削速度（冲程数） 近年来，由于插齿刀使用刀具材料的改进，例如使用粉末冶金高速工具钢、使用含钴的优质高速工具钢、使用硬质涂层高速工具钢等，使插齿的切削速度明显提高。实验证明，插齿时切削速度和刀具寿命关系曲线有"驼峰性"，即切削速度有最佳值见图 13-5，低于或高于最佳值都将使刀具寿命降低。普通高速工具钢插齿刀的最佳切削速度为 $30 \sim 50 \text{m/min}$，优质钴高速工具钢插齿刀的最佳切削速度提高到 $60 \sim 80$ m/min。硬质涂层插齿刀在生产中使用，使插齿切削速度又大大提高，并可不用切削液，实现绿色高效切削。

（3）插齿切削速度的提高 要求插齿机冲程数提高。过去的插齿机冲程数量仅 $800 \sim 900$ 次/min，而现在新的插齿机（如德国 LS200 型、英国 HS200 型等）冲程数最高已达 2500 次/min，同时机床的功率和刚度也大大提高，使插齿效率大为提高。例如，用硬质涂层优质高速工具钢插齿刀插削 $m = 2.5 \text{mm}$、$z = 24$、$b = 24 \text{mm}$ 的钢齿轮，加工冲程数高达 1440 次/min，粗精切一个齿轮总共只用 40s。

2. 插齿时圆周进给量的选择

最近，插齿技术的一大发展是加大插齿时的圆周进给量。实验证明，提高插齿的圆周进给量，不仅提高了插齿生产率，同时还提高了刀具寿命。

插齿时加大圆周进给量，可使切出刃的切削厚度增加，改善了切削条件，使刀具寿命增加，这已得到实验证实。例如，在实验中用高速工具钢插齿刀加工 16MnCr5G 齿轮，将圆周进给量自 1mm/冲程提高到 2.5mm/冲程，刀具寿命（以加工齿轮数计算）提高了 1 倍。现在的新型插齿机圆周进给量已提高到 $1 \sim 3$ mm/冲程。

从以上的研究得知，插齿时圆周进给量的增大，并未受到刀具磨损寿命的限制，但插齿时加大圆周进给量将使加工齿面上的残留面积加大，影响加工齿轮齿形表面的质量。在粗切齿轮时，应尽量采用大的圆周进给量，以提高插齿效率；但精加工齿轮时，就不能用很大的圆周进给量，否则就要影响加工齿形表面的质量。采用大直径的插齿刀，能减小加工齿面上的残留面积，可允许使用较大的圆周进给量。

13.6.4 插齿刀的刃磨

标准插齿刀的顶刃前角 γ 为 5°，插齿刀用钝磨损后刃磨前面，前面为内锥面。必须严格保持刃磨后原来的前角 γ 不变，否则将产生齿形误差。

插齿刀的顶刃前角 γ 为 5°时，侧刃前角 γ_c 甚小，在加工材料塑性较大时，易产生积屑瘤，划伤加工的齿形表面。当这问题无其他方法解决时，可对插齿刀前面采用特殊刃磨法，以增大插齿刀的顶刃前角和侧刃前角。对中小模数的插齿刀可采用图 13-78a 中的方法，砂轮修整成两个圆锥面和中间一个圆柱面，圆柱面的宽度 b_k 等于插齿刀的齿顶宽度 s_{a0}，用这样的砂轮刃磨时，可明显加大插齿刀的侧刃前角 γ_c。砂轮两侧圆锥面和插齿刀的前面相交成双曲线，调整砂轮锥面的角度，可使双曲线和插齿刀切削刃要求的渐开线很接近，尽量保持原来的切削刃形，这样造成的齿形误差将很小。

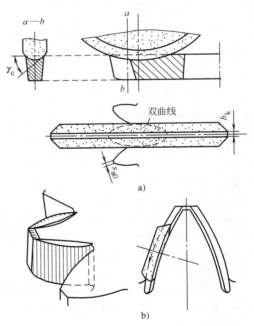

图 13-78 插齿刀前面的特殊刃磨
a）中小模数 b）大模数

当插齿刀的模数较大时，可采用图 13-78b 中的方法，分别磨出顶刃和侧刃的增大前角。磨侧刃前角时，砂轮需按侧刃渐开线轨迹运动磨制，保持原来的切削刃形，以免造成齿形误差，故刃磨很麻烦，仅在不得已时使用。

13.7 梳齿刀

13.7.1 梳齿刀概述

梳齿刀是按展成原理加工直齿、斜齿和人字齿轮的刀具。它的外形很像齿条，所以也被称为齿条刀。

梳齿刀有直齿和斜齿两种。直齿的用于加工直齿和斜齿齿轮，斜齿的用于加工无空刀槽的人字齿轮和带凸肩的斜齿轮。

图 13-79 所示是梳齿刀加工齿轮的情况。梳齿刀有上下的切削运动，在向上空行程时有让刀运动以避免刀具和工件间摩擦。插齿时有共轭展成运动，一般是由被切齿轮完成，即齿轮一面旋转一面沿梳齿刀移动。由于梳齿刀长度是有限的，因此切完数齿后退回原位并做分度运动，再继续切齿。

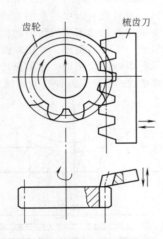

图 13-79　梳齿刀切齿轮情况

梳齿刀的齿形是直线，齿形无理论误差并且容易提高制造精度，因此加工出的齿轮精度一般要高于齿面表面粗糙度，而要低于插齿刀和滚刀加工出的齿轮，加工出的齿轮精度可达 6 级。但由于机床结构复杂，价格昂贵，并且切齿生产率较低，故现在生产中用得不普遍。

斜齿梳齿刀用于加工无空刀槽的人字齿轮，无论是加工精度和加工效率均较指形铣刀高，故生产中还常使用。

13.7.2　直齿梳齿刀

1. 直齿梳齿刀的种类和应用

直齿梳齿刀用于加工直齿齿轮和斜齿齿轮。加工斜齿齿轮时，机床刀架导轨斜成齿轮分度圆螺旋角 β 方向，如图 13-80 所示。

梳齿刀按其加工性质分为粗切梳齿刀、磨前梳齿刀和精切梳齿刀。这三种梳齿刀和原始齿形的相

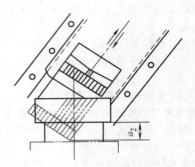

图 13-80　直齿梳齿刀加工斜齿轮

互关系如图 13-81 所示。为使精切和磨齿时不碰到齿底，粗切和磨前梳齿刀的齿高应适当加大，平时取 $\Delta h = (0.1 \sim 0.2)\,m$；粗切梳齿刀齿侧表面的留量可取 $\dfrac{\Delta}{2} = 0.2\sqrt{m}$；磨前梳齿刀齿侧表面的留量可取 $\dfrac{\Delta'}{2} = 0.1\sqrt{m}$。

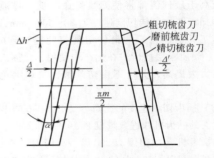

图 13-81　粗切、磨前和精切梳齿刀原始齿形比较

2. 直齿梳齿刀的切削角度

我国使用梳齿刀的都是马格型插齿机，机床的刀座基面有 6°30′的倾角，如图 13-82 所示，梳齿刀本身不带前角，倾斜安装在刀座上而获得前角。

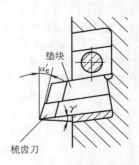

图 13-82　梳齿刀在机床上的安装

梳齿刀制造时前角为零度，制造后角 $\alpha_e = 18°$；由于倾斜安装在刀座上，故工作顶刃前角 $\gamma' = 6°30′$，工作顶刃后角 $\alpha_e = 18° - 6°30′ = 11°30′$。

对于 $\alpha_0 = 20°$ 的梳齿刀，在工作前后角分别为 $\gamma' = 6°30'$ 和 $\alpha'_e = 11°30'$ 时，侧刃后角 $\alpha'_c = 4°5'$。

3. 梳齿刀的齿形计算

制造和检查梳齿刀，需要知道梳齿刀法截面 N—N 中的齿形和前面 I—I 中的齿形，如图 13-83 所示。梳齿刀切削刃在端平面（基面）中投影的齿形角应和被切齿轮的分度圆压力角 α 相等。切削刃在基面中的投影应和被切齿轮共轭。

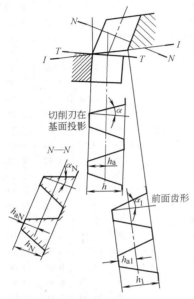

图 13-83　直齿梳齿刀的齿形计算

梳齿刀前端面中的齿形是检查刀具齿形用的，各参数为

齿形角

$$\tan\alpha_1 = \tan\alpha\cos\gamma \qquad (13\text{-}81)$$

齿顶高

$$\left. \begin{array}{l} h_{a1} = \dfrac{h_a}{\cos\gamma} \end{array} \right\} \qquad (13\text{-}82)$$

全齿高

$$h_1 = \dfrac{h}{\cos\gamma}$$

当 $\alpha = 20°$、$\gamma' = 6°30'$ 时，$\alpha_1 = 19°52'53''$。

与梳齿刀齿背相垂直的法截面 N—N 中的齿形，是制造梳齿刀需要的齿形，各参数为

齿形角

$$\tan\alpha_N = \frac{\cos\gamma}{\cos(\alpha_e + \gamma)}\tan\alpha \qquad (13\text{-}83)$$

齿顶高

$$\left. \begin{array}{l} h_{aN} = \dfrac{h_a\cos(\alpha_e + \gamma)}{\cos\gamma} \end{array} \right.$$

$$\left. \right\} \qquad (13\text{-}84)$$

全齿高

$$h_N = \frac{h\cos(\alpha_e + \gamma)}{\cos\gamma}$$

当 $\alpha = 20°$、$\gamma' = 6°30'$、$\alpha'_e = 11°30'$ 时，$\alpha_N = 20°49'7''$。

4. 直齿梳齿刀的结构尺寸

直齿梳齿刀的结构尺寸，如长度 L、宽度 B 等都是经验数据，推荐结构尺寸如图 13-84 和表 13-60 所示。

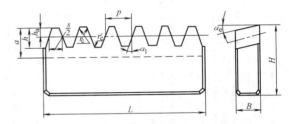

图 13-84　直齿梳齿刀的结构尺寸

加工窄空刀槽的塔形齿轮的梳齿刀的推荐特型结构如图 13-85 所示，以避免刀座和大齿轮碰撞。

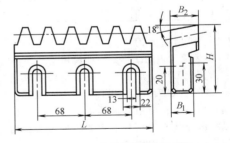

图 13-85　特型直齿梳齿刀结构

表 13-60　直齿梳齿刀结构尺寸　　　　　　　　　（单位：mm）

模数 m	长度 L	齿数 z	宽度 B	高度 H	焊缝 α	齿距 p	全齿高 h		齿厚 s			齿顶高 h_a			齿顶圆角 r_c		齿根圆角 r'_c
							精切	粗切和磨前	精切	磨前	粗切	精切	磨前	粗切	精切	粗切和磨前	
1	77	24	20	50	15	3.142	2.9	3	1.571	—	1.17	1.258	—	1.36	0.38	0.25	0.3
1.25	80	20	20	50	15	3.927	3.5	3.6	1.963	—	1.52	1.573	—	1.68	0.47	0.31	0.3
1.5	81	17	20	50	15	4.712	4	4.1	2.356	—	1.87	1.887	—	2.01	0.57	0.37	0.3
1.75	83	15	20	50	15	5.498	4.6	4.8	2.749	—	2.22	2.202	—	2.34	0.66	0.44	0.5
2	82	13	20	50	16	6.283	5.1	5.4	3.142	2.86	2.58	2.515	2.66	2.80	0.76	0.50	0.5
2.25	85	12	20	50	17	7.069	5.9	6.2	3.534	3.23	2.93	2.830	2.99	3.13	0.85	0.56	0.5
2.5	87	11	20	50	18	7.854	6.4	6.7	3.927	3.61	3.29	3.145	3.31	3.46	0.95	0.62	0.5
2.75	96	11	20	50	18	8.639	7	7.3	4.320	3.99	3.68	3.495	3.53	3.59	1.04	0.69	0.8

（续）

模数 m	长度 L	齿数 z	宽度 B	高度 H	焊缝 α	齿距 p	全齿高 h		齿厚 s			齿顶高 h_a			齿顶圆角 r_e		齿根圆角 r'_e
							精切	粗切和磨前	精切	磨前	粗切	精切	磨前	粗切	精切	粗切和磨前	
3	95	10	20	50	20	9.425	7.6	8	4.712	4.37	4.02	3.773	3.95	4.12	1.14	0.75	0.8
3.25	103	10	20	50	20	10.210	8.2	8.6	5.105	4.74	4.38	4.088	4.26	4.45	1.23	0.81	0.8
3.5	110	10	20	50	22	10.996	8.7	9.1	5.498	5.12	4.75	4.402	4.59	4.78	1.33	0.87	1.0
3.75	106	9	20	50	22	11.781	9.3	9.7	5.890	5.50	5.11	4.717	4.91	5.11	1.42	0.94	1.0
4	113	9	20	50	22	12.566	10	10.4	6.283	5.86	5.48	5.031	5.23	5.43	1.52	1.00	1.0
4.25	121	9	20	50	24	13.352	10.6	11	6.676	6.26	5.85	5.346	5.56	5.75	1.61	1.05	1.0
4.5	128	9	20	50	24	14.137	11.1	11.5	7.069	6.64	6.22	5.660	5.88	6.09	1.71	1.12	1.0
5	126	8	22	50	26	15.708	12.3	12.8	7.854	7.41	6.96	6.289	6.51	6.74	190	1.25	1.5
5.5	137	8	22	60	26	17.279	13.4	13.9	8.639	8.17	7.70	6.918	7.16	7.39	2.09	1.37	1.5
6	150	8	22	60	28	18.850	14.5	15	9.425	8.93	8.45	7.546	7.79	8.04	2.28	1.50	1.5
6.5	165	8	22	60	30	20.420	15.6	16.1	10.210	9.70	9.19	8.175	8.43	8.69	2.47	1.62	1.5
7	177	8	22	60	32	21.991	17.3	17.9	10.996	10.47	9.94	8.804	9.08	9.35	2.66	1.75	2.0
8	177	7	22	60	34	25.133	19.5	20.1	12.566	12.00	11.43	10.062	10.33	10.63	3.04	2.00	2.0
9	170	6	25	70	35	28.274	21.8	22.4	14.137	13.54	12.94	11.320	11.62	11.92	3.42	2.25	2.0
10	188	6	25	70	37	31.416	24	24.7	15.708	15.08	14.44	12.578	12.89	13.21	3.80	2.50	3.0
11	208	6	25	70	39	34.557	26.8	27.5	17.279	16.62	15.94	13.835	14.17	14.50	4.18	2.75	3.0
12	226	6	25	70	42	37.699	29	29.7	18.850	18.16	17.46	15.093	15.44	15.79	4.56	3.00	3.0
13	245	6	25	80	44	40.841	31.3	32	20.420	19.70	18.98	16.351	16.71	17.07	4.95	3.25	3.0
14	220	5	25	80	47	43.982	33.5	34.3	21.991	21.24	20.49	17.609	17.98	18.36	5.32	3.50	4.0
15	236	5	25	80	49	47.124	35.8	36.6	23.562	22.79	22.01	18.866	19.25	19.64	5.70	3.75	4.0
16	251	5	25	80	52	50.265	38	38.8	25.133	24.33	23.53	20.124	20.52	20.92	6.08	4.00	4.0
18	281	5	25	90	56	56.549	43	43.9	28.274	27.42	26.58	22.640	23.06	23.49	6.84	4.50	5.0
20	311	5	25	90	60	62.832	47.5	48.4	31.416	30.52	29.63	25.155	25.60	26.05	7.60	5.00	5.0

13.7.3　斜齿梳齿刀

1. 斜齿梳齿刀的工作原理和应用

斜齿梳齿刀用于加工空刀槽较窄的多联斜齿轮和无空刀槽的人字齿轮。以上两类齿轮也都可以用斜齿插齿刀加工，但用斜齿插齿刀加工时，齿轮螺旋角受机床导轨螺旋导程的限制不能改变，而梳齿刀插齿机的刀座导轨斜角是可变的，因此只要更换斜齿梳齿刀就能切不同螺旋角的齿轮。

用斜齿梳齿刀加工人字齿轮是在专用的人字齿轮插齿机上进行的，切齿情况如图13-86所示。使用的梳齿刀为两把一组，其中一把是右斜齿，另一把是左斜齿，分别切削人字齿轮左右两侧不同旋向的轮齿。右边梳齿刀前进切削时，左边梳齿刀为后退空行程，这样交替切削。切齿应用展成原理，并有分度运动。

用梳齿刀加工无空刀槽人字齿轮，加工精度和生产率都高于指形铣刀，但机床复杂。部分人字齿轮插齿机为简化结构，将刀架导轨制成固定角度（常用30°），这时加工的人字齿轮的螺旋角只能是固定值，不能改变。

2. 斜齿梳齿刀的切削角度

斜齿梳齿刀加工人字齿轮时，为将左右两边轮齿连接处的脊顶切出，梳齿刀的切削刃必须在和齿轮轴线相垂直的平面（基面）内，故梳齿刀的前端面即是基面，与齿轮的端面平行。

斜齿梳齿刀的切削方向是沿着齿轮轮齿的螺旋角 β 方向，因此，切削时的基面和静止时的基面不同。切削时顶刃前角 $\gamma = 0°$，但有刃倾角 $\lambda = \beta$。顶刃后角在轮齿倾斜方向测量为 α'_e

$$\tan\alpha'_e = \tan\alpha_e \cos\beta$$

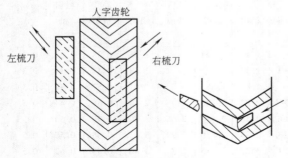

图 13-86　斜齿梳齿刀加工人字齿轮

（图中标注：人字齿轮、左梳刀、右梳刀）

对 $\alpha=20°$、$\beta=30°$ 的梳齿刀，采用 $\alpha_e=8°30'$，这时 $\alpha_e'=7°30'$。

斜齿梳齿刀两侧切削刃，锐边前角太大，而钝边为很大的负前角。为改善切削条件，锐边沿切削刃磨前面，得到 5°左右的前角；钝边则沿切削刃将前面刃磨得凹进去，得到 5°左右的前角。刃磨前角后的刀齿情况在梳齿刀的结构图中可以看到。应注意，斜齿梳齿刀刃磨前角后，左右两切削刃都应与齿轮端平面平行。

3. 斜齿梳齿刀的齿形角

斜齿梳齿刀的各参数都采用端面值，如 $\alpha_t=20°$，m_t 为标准值，$p=\pi m_t$，$s_t=\dfrac{1}{2}(\pi m_t)$ 等。如有些参数给出的是法向值，则应换算成端面值。

（1）斜齿梳齿刀前面中的齿形　前面中的齿形是检测梳齿刀时用的。前面中的齿形角 α_t 与被加工齿轮的分度圆压力角 α_t 相等，齿顶高和全齿高分别等于被加工齿轮的齿根高和全齿高加上齿根间隙。

（2）斜齿梳齿刀的齿背垂直截面中齿形　和齿背相垂直的 N—N 截面中的齿形是制造梳齿刀时所用二次刀具的齿形。

图 13-87 是斜齿梳齿刀工作时的位置，前面与被切齿轮的端面平行，刀具前面齿形角 α_t 和齿轮分度圆压力角相等；梳齿刀刀齿斜角 β_1 在切削平面中的投影斜角应等于齿轮分度圆螺旋角 β。

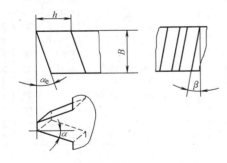

图 13-87　斜齿梳齿刀的工作位置

在加工（铣齿及磨齿形）斜齿梳齿刀时，需将它齿背转成水平位置，如图 13-88 所示。从此图中可看到，齿背的刀齿斜角 β_1 为

$$\tan\beta_1=\frac{a}{B_1}=\frac{a}{B}\times\frac{B}{B_1}=\tan\beta\cos\alpha_e \qquad(13-85)$$

同时在 N—N 截面中的钝边齿形角 α_n'' 为

$$\tan\alpha_n''=\frac{b'}{h_1}=\frac{b'}{h\cos\alpha_e}$$

从投影 2 中可求得 b' 值

$$b'=g\cos(\theta+\beta_1)=b\cos\beta_1-c\sin\beta_1$$

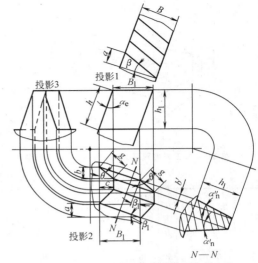

图 13-88　斜齿梳齿刀齿背法截面中的齿形

$$\left.\begin{aligned}
代入并化简\quad \tan\alpha_n''&=\frac{b}{h}\times\frac{\cos\beta_1}{\cos\alpha_e}-\frac{c}{h}\times\frac{\sin\beta_1}{\cos\alpha_e}\\
&=\tan\alpha_t\frac{\cos\beta_1}{\cos\alpha_e}-\tan\alpha_e\sin\beta_1\\
同理\quad \tan\alpha_n'&=\tan\alpha_t\frac{\cos\beta_1}{\cos\alpha_e}+\tan\alpha_e\sin\beta_1
\end{aligned}\right\}$$

$$(13-86)$$

当斜齿梳齿刀的端面齿形角 $\alpha_t=20°$、$\beta=30°$ 时，如取 $\alpha_e=8°30'$，可算出 $\beta_1=29°43'35''$、$\alpha_n'=13°47'31''$、$\alpha_n''=21°29'20''$；如取 $\alpha_e=12°$，可算出 $\beta_1=29°27'20''$、$\alpha_n'=12°22'45''$、$\alpha_n''=23°11'48''$。

4. 斜齿梳齿刀的结构尺寸

斜齿梳齿刀的推荐尺寸分别见表 13-61 和图 13-89，其中长度 L、宽度 B 等都是经验数据。加工

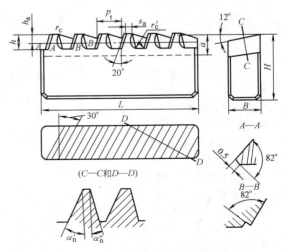

图 13-89　加工人字齿轮的斜齿梳齿刀结构尺寸

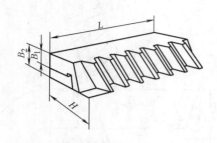

图 13-90 加工斜齿双联齿轮用斜齿梳齿刀结构

斜齿双联齿轮时可用特型斜齿梳齿刀，其结构如图 13-90 所示。

13.7.4 梳齿刀的技术要求

目前我国未定有梳齿刀的标准，建议参考使用下面的技术要求。

1）梳齿刀切削部分用高速工具钢制造，热处理后最终硬度在 63~66HRC 范围内，硬度可在前面上测量。梳齿刀切削部分不得有脱碳或其他软点。

2）梳齿刀夹持部分用 40Cr 或其他工具钢制造，热处理后最终硬度在 35~45HRC 范围内。

表 13-61 加工人字齿轮用斜齿梳齿刀结构尺寸 （单位：mm）

模数 m_t	长度 L	齿数 z	宽度 B	高度 H	焊缝位置 a	法向模数 m_n	齿距 p_t	齿距 p_n	精切梳齿刀				粗切梳齿刀				齿根圆角半径 r'_c
									全齿高 h	齿顶高 h_a	齿厚 s_a	齿顶圆角半径 r_c	全齿高 h	齿顶高 h_a	齿厚 s_a	齿顶圆角半径 r_c	
3	106	10	20	50	20	2.598	9.425	8.207	6.7	3.247	4.712	0.98	7.1	3.59	4.07	0.75	0.8
3.25	114	10	20	50	20	2.815	10.210	8.890	7.2	3.519	5.105	1.07	7.6	3.87	4.43	0.81	0.8
3.5	121	10	20	50	20	3.031	10.996	9.575	7.7	3.789	5.498	1.15	8.1	4.16	4.80	0.87	1.0
3.75	117	9	20	50	21	3.248	11.781	10.258	8.2	4.060	5.890	1.23	8.6	4.45	5.17	0.94	1.0
4	124	9	20	50	21	3.464	12.566	10.942	8.8	4.330	6.283	1.32	9.2	4.73	5.54	1.00	1.0
4.25	132	9	20	50	21	3.681	13.352	11.626	9.3	4.601	6.676	1.40	9.7	5.01	5.91	1.05	1.0
4.5	139	9	20	50	22	3.897	14.137	12.310	9.8	4.871	7.069	1.48	10.2	5.30	6.28	1.12	1.0
5	139	8	22	60	23	4.330	15.708	13.678	10.7	5.412	7.854	1.64	11.2	5.86	7.02	1.25	1.5
5.5	150	8	22	60	25	4.763	17.279	15.046	11.8	5.954	8.639	1.81	12.3	6.43	7.77	1.35	1.5
6	163	8	22	60	26	5.196	18.850	16.413	12.7	6.495	9.425	1.97	13.2	6.99	8.51	1.50	1.5
6.5	178	8	22	60	27	5.629	20.420	17.781	13.7	7.036	10.210	2.14	14.2	7.56	9.26	1.62	1.5
7	190	8	22	60	28	6.062	21.991	19.148	15.1	7.578	10.996	2.30	15.6	8.12	10.01	1.75	2.0
8	190	7	22	70	30	6.928	25.133	21.884	17.1	8.660	12.566	2.63	17.7	9.24	11.51	2.00	2.0
9	183	6	25	70	32	7.794	28.274	24.619	19.0	9.742	14.137	2.96	19.6	10.36	13.02	2.25	2.0
10	204	6	25	70	34	8.660	31.416	27.355	21.0	10.825	15.708	3.29	21.6	11.48	14.53	2.50	3.0
11	224	6	25	70	36	9.526	34.557	30.091	23.5	11.908	17.279	3.62	24.2	12.60	16.04	2.75	3.0
12	242	6	25	80	38	10.392	37.699	32.826	25.5	12.990	18.850	3.95	26.2	13.72	17.56	3.00	3.0
13	261	6	25	80	40	11.258	40.841	35.562	27.4	14.073	20.420	4.28	28.1	14.83	19.08	3.25	3.0
14	236	5	28	80	42	12.124	43.982	38.297	29.4	15.155	21.991	4.61	30.2	15.95	20.60	3.50	4.0
15	252	5	28	80	44	12.990	47.124	41.033	31.3	16.238	23.562	4.94	32.1	17.06	22.12	3.75	4.0
16	267	5	28	80	46	13.856	50.265	43.768	33.3	17.320	25.133	5.27	34.1	18.17	23.64	4.00	4.0
18	298	5	28	90	50	15.588	56.549	49.240	37.6	19.485	28.274	5.92	38.5	20.40	26.69	4.50	5.0
20	327	5	28	95	54	17.321	62.832	54.710	41.5	21.651	31.416	6.58	42.4	22.62	29.75	5.00	5.0

注：1. 齿形角 $\alpha_t = 20°$。公称螺旋角 $\beta = 30°$。

2. 梳齿刀两把一套，右斜齿和左斜齿各一把。

3）梳齿刀按加工条件要求不同，分为下面四种：

① 精切梳齿刀 A 级：用于加工 6 级精度的齿轮。

② 精切梳齿刀 B 级：用于加工 7~8 级精度的齿轮。

③ 粗切梳齿刀：用于齿轮的粗加工。

④ 磨前梳齿刀：用于磨前齿轮的加工。

4）梳齿刀的制造公差按表 13-62 的规定。

5）直齿梳齿刀的齿厚和齿高常用量棒来测量，量棒的直径根据图 13-91 可用下式计算

$$d_K = (p - s_a) \tan \frac{90° - \alpha_N}{2} \qquad (13-87)$$

量棒过端和止端的直径见表 13-62。

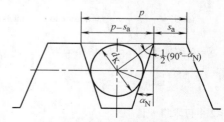

图 13-91 测梳齿刀量棒直径的确定

表 13-62　梳齿刀齿形参数的公差　　　　　（单位：mm）

检测项目	模数范围	精切梳齿刀 A级	精切梳齿刀 B级	粗切梳齿刀	磨前梳齿刀
齿距极限误差	1.0~2.25	±0.004	±0.007	±0.030	±0.020
	2.5~4.0	±0.005	±0.008	±0.040	±0.025
	4.25~6.0	±0.006	±0.010	±0.045	±0.030
	6.5~8.0	±0.007	±0.012	±0.050	±0.035
	9.0~10.0	±0.007	±0.013	±0.050	±0.040
	11.0~14.0	±0.008	±0.015	±0.070	±0.045
	15.0~20.0	±0.010	±0.020	±0.090	±0.060
齿形直线性误差	1.0~2.25	0.006	0.010	0.040	0.025
	2.5~4.0	0.007	0.012	0.045	0.030
	4.25~6.0	0.009	0.015	0.050	0.035
	6.5~8.0	0.010	0.017	0.060	0.040
	9.0~10.0	0.012	0.020	0.075	0.050
	11.0~14.0	0.012	0.020	0.075	0.050
	15.0~20.0	0.015	0.025	0.090	0.060
节线到齿顶修缘起点间距离极限偏差	1.0~2.25	±0.050	±0.060	—	—
	2.5~4.0	±0.100	±0.120	—	—
	4.25~6.0	±0.140	±0.170	—	—
	6.5~8.0	±0.160	±0.200	—	—
	9.0~10.0	±0.160	±0.230	—	—
	11.0~14.0	±0.200	±0.270	—	—
	15.0~20.0	±0.240	±0.300	—	—
相邻齿距最大误差	1.0~2.25	0.007	0.013	—	
	2.5~4.0	0.007	0.015	—	
	4.25~6.0	0.008	0.017	—	
	6.5~8.0	0.010	0.017	—	
	9.0~10.0	0.010	0.020	—	
	11.0~14.0	0.013	0.025	—	
	15.0~20.0	0.015	0.028	—	
齿厚极限偏差	1.0~8.0	±0.015	±0.015	±0.070	±0.030
	9.0~14.0	±0.020	±0.020	±0.070	±0.030
	15.0~20.0	±0.030	±0.030	±0.070	±0.035
用量棒测齿厚时，量棒过端、止端尺寸	1.0~8.0	$d_K \mp 0.01$	$d_K \mp 0.01$	$d_K \mp 0.05$	$d_K \mp 0.02$
	9.0~14.0	$d_K \mp 0.015$	$d_K \mp 0.015$	$d_K \mp 0.05$	$d_K \mp 0.02$
	15.0~20.0	$d_K \mp 0.02$	$d_K \mp 0.02$	$d_K \mp 0.05$	$d_K \mp 0.025$
顶刃对后支承面不平行度的误差	1.0~6.0	0.015	0.015	0.040	0.030
	6.5~8.0	0.020	0.020	0.060	0.040
	9.0~14.0	0.025	0.025	0.080	0.050
	15.0~20.0	0.030	0.030	0.100	0.060

对于斜齿梳齿刀齿厚和齿高也可用量棒测量，量棒直径可用下式计算

$$d_K' = \frac{2(p_n - s_{an})}{\cot \dfrac{90° - \alpha_n'}{2} + \cot \dfrac{90° - \alpha_n''}{2}} \quad (13\text{-}88)$$

式中　p_n——法向齿距；

s_{an}——法向齿顶宽度，可用下式计算：

$$s_{an} = s_n - h_a(\tan\alpha_n' + \tan\alpha_n'') \quad (13\text{-}89)$$

α_n'、α_n''——左、右法向齿形角，可用式（13-86）计算。

6）梳齿刀厚度的极限偏差不应超过 ±0.5mm，上下两平面不平行度的最大误差（每 100mm 的长度）为

$m = 1.0 \sim 5.5$mm 时，0.01mm；

$m \geqslant 6$mm 时，0.015mm。

7）梳齿刀后角和名义值的极限偏差为 ±10′。

8）梳齿刀齿形修缘部分的齿形角极限偏差为 ±10′。

9）梳齿刀宽度 A 和名义值的极限偏差为 ±2.0mm。

10）斜齿梳齿刀齿倾角 β 的极限偏差，对精切梳齿刀为 ±5′（每 10mm ±0.02mm）；对粗切梳齿刀为 ±10′（每 10mm ±0.04mm）。

11）梳齿刀长度和名义值的极限偏差：

$m = 1 \sim 5$mm 时，±0.5mm；

$m > 5$mm 时，±1.0mm。

12）切人字齿轮用的斜齿梳齿刀，每对（右斜齿和左斜齿梳齿刀）拼合公差如下：

① 自基准端面到第三齿的距离 a（见图 13-92）。每对梳齿刀的差别，精切梳齿刀不超过 0.03mm，粗切梳齿刀不超过 0.05mm。

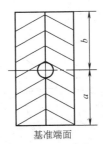

图 13-92　人字齿轮梳齿刀配对参数

② 自圆柱到另一端面 A 的距离 b，每对梳齿刀的差别不超过 0.1mm。

③ 每对梳齿刀的厚度差，不应超过 0.02mm。

④ 每对梳齿刀的宽度差，精切梳齿刀不超过 0.02mm，粗切梳齿刀不超过 0.05mm。

⑤ 每对梳齿刀的基面和基准端面垂直性的误差不应超过 0.05mm。

13.7.5 加工非标准齿轮

生产中经常遇到加工少量非标准齿轮，因为没有专用非标刀具而成难题。这里介绍一种新的解决这难题的方法。这方法是利用马格型插齿机，因它是应用展成法和分度加工的，机床不需要改装。在这种机床上用一套很简单的刀具，靠调整加工参数，即可加工出不同模数、不同分圆压力角、不同齿高、直齿、不同螺旋角的斜齿等多种不同非标齿轮。

1. 同一刀具能加工不同分圆压力角齿轮的原理、加工节圆和传动比的计算

齿轮渐开线齿廓上各点压力角不等，近基圆处压力角小而近顶圆处压力角大。在加工的非标齿轮分圆压力角 α 不是标准值 20° 时，渐开线齿廓上必然另有一点压力角为标准值 20°。例如要加工的齿轮分圆压力角小于 20°（如 $\alpha = 14.5°$、15°、17.5° 等），必然在大于分圆的某半径 r' 处渐开线压力角为 20°；同理，如果 $\alpha > 20°$（$\alpha = 22.5°$、25°、30° 等），必然在小于分圆的某半径处渐开线压力角为 20°

（1）加工节圆的计算　用标准 20° 的刀具加工分圆压力角非 20° 的齿轮时，可选用压力角为标准值 20° 的圆作为加工节圆，这时用展成法加工出的齿轮可以得到要求的渐开线齿廓，齿轮的分圆压力角将是要求的非标值，并无理论误差。切齿时只要能正确选用合适的加工节圆 r' 和滚切传动比 i'，即可正确加工出要求的非标齿轮。

设刀具齿形角为 α_0（$\alpha_0 = 20°$），被加工齿轮分圆压力角为 α（$\alpha \neq 20°$），被切齿轮分圆半径为 r，基圆半径为 r_b，加工节圆半径为 r'，则从图 13-93 可看到

$$\cos\alpha = \frac{r_b}{r}; \cos\alpha_0 = \frac{r_b}{r'}$$

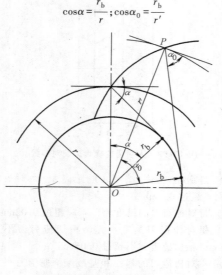

图 13-93　加工节圆的计算

从上述关系，即可以得到要求的加工节圆半径 r'

$$r' = \frac{r_b}{\cos\alpha_0} = \frac{mz}{2} \times \frac{\cos\alpha}{\cos\alpha_0} \qquad (13\text{-}90)$$

从上式可看到，在 $\alpha < 20°$ 时，$r' > r$；在 $\alpha > 20°$ 时，$r' < r$。

（2）滚切传动比的计算　刀具齿形角 α_0 和被加工齿轮分圆压力角 α 不等时，切齿时展成运动如图 13-94 所示（采用两齿刀具切每齿轮牙齿的两侧齿廓），刀具（齿条）位置不变，被切齿轮一面旋转，同时齿轮中心以速度 v' 做直线展成运动。P 点为展成运动的啮合节点，是运动的瞬时中心，无滑移，故可以得到展成线速度 v' 和滚切转动比 i'

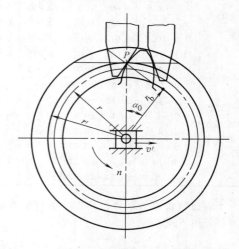

图 13-94　滚切传动比的计算

$$v' = 2\pi nr' = 2\pi nr\frac{\cos\alpha}{\cos\alpha_0} = v\frac{\cos\alpha}{\cos\alpha_0} \qquad (13\text{-}91)$$

或
$$i' = i\frac{\cos\alpha}{\cos\alpha_0} \qquad (13\text{-}91a)$$

式中　v、i——刀具和加工齿轮齿形角相等时的展成线速度和滚切传动比。

2. 使用的刀具和两刀齿间距离的调整

图 13-94 是这方法使用的刀具实例。在刀夹（见图13-95a）中装刀尖距离可调的两个刀齿，这两个刀齿的内切削刃同时加工一个轮齿的两侧齿廓。刀齿结构如图13-95b所示，刀齿成形切削刃制成19°52′53″，装到机床刀座时倾斜成 6°30′前角，刀刃投影成20°标准值。刀齿另一侧切削刃制成10°齿形角，它只切除金属而不形成齿轮渐开线齿廓。刀齿的顶刃宽度要求能通过被切齿槽，无严格尺寸要求。

非标齿轮的模数和齿厚一般不是标准值。新加工方法中用两个刀齿加工同一个齿的两侧齿廓，可调整两刀齿间距离（改变垫片厚度 a），以加工出要求的任意轮齿齿厚。

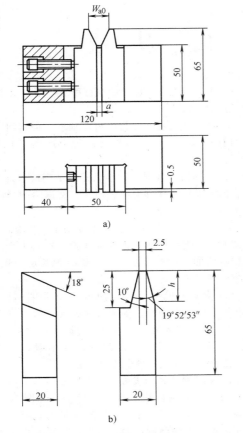

图 13-95　加工非标准齿轮用刀具

a）刀夹　b）刀齿结构

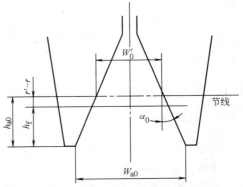

图 13-96　两刀齿间距离的计算

根据啮合原理，齿轮节圆弧齿厚 s' 应等于刀具节线处的齿间宽 W'_0，因此可根据要求的齿轮节圆弧齿厚 s' 计算两刀齿间节线处的齿间宽 W'_0

$$s' = m\frac{\cos\alpha}{\cos\alpha_0}\left[\left(\frac{\pi}{2}+2x\tan\alpha\right)+z(\text{inv}\alpha-\text{inv}\alpha_0)\right]=W'_0$$
（13-92）

式中　x——齿轮的变位系数。

为便于测量，两刀齿间距离用刀尖距 W_{a0} 表示，从图 13-96 中的关系可得到 W_{a0} 值。

$$W_{a0}=W'_0+2h_{a0}\tan\alpha_0=W'_0+2(h_f+r'-r)\tan\alpha_0$$
（13-93）

式中　h_f——齿轮的齿根高度。

3. 加工斜齿轮

这种方法可加工各不同模数、不同分圆压力角、不同螺旋角的各种非标斜齿轮，机床立柱按齿轮的节圆螺旋角倾斜，刀刃切削运动轨迹形成斜齿条牙型。切齿时的啮合展成运动按端面值计算，如加工齿轮原始参数为法向值时，需换算成端面值。

类似加工直齿齿轮，齿轮端面节圆半径 r' 为

$$r'=r\frac{\cos\alpha_t}{\cos\alpha_{0t}}=\frac{m_t z}{2}\times\frac{\cos\alpha_t}{\cos\alpha_{0t}}$$
（13-94）

齿轮节圆螺旋角 β' 可用下式计算

$$\tan\beta'=\tan\beta_0=\frac{r'}{r}\tan\beta$$
（13-95）

和加工直齿轮类似，加工斜齿轮时的滚切传动比 v' 和 i' 为

$$v'=2\pi nr'=2\pi nr\frac{\cos\alpha_t}{\cos\alpha_{0t}}=v\frac{\cos\alpha_t}{\cos\alpha_{0t}}$$
（13-96）

或
$$i'=i\frac{\cos\alpha_t}{\cos\alpha_{0t}}$$
（13-96a）

两刀齿间距离的计算方法和加工直齿轮时类似。

4. 加工齿轮实例

在 SH100/140 型马格插齿机上用这种新方法，使用同一刀具（图 13-95 中所示刀具），共加工出不同参数的 4 种直齿齿轮和 2 种斜齿齿轮，加工的斜齿齿轮都是带凸肩的，空刀槽 7~10mm，是不能用齿轮滚刀加工的。加工出的齿轮参数如下：

1）$m=5$mm、$z=35$，$\alpha=14.5°$，$h'_a=1$mm（分圆压力角 α 非标准值）。

2）$m=5$mm、$z=35$，$\alpha=20°$，$h'_a=1$mm（分圆压力角 α 标准值）。

3）$m=5$mm、$z=35$，$\alpha=25°$，$h'_a=1$mm（分圆压力角 α 非标准值）。

4）$m=5.7$mm、$z=31$，$\alpha=14.5°$，$h'_a=0.8$mm（模数 m、分圆压力角 α、齿高 h_a 都是非标准值）。

5）斜齿轮 $m_t=5$mm，$\alpha_t=25°$，$z=35$，$\beta=15°$（齿轮的原始参数为端面值）。

6）斜齿轮 $m_n=4.5$mm，$\alpha_n=20°$，$z=34$，$\beta=30°$（齿轮的原始参数为法向值）。

使用齿形角 20° 的同一刀具切出上述 6 种不同参数的齿轮，齿轮经测量检验，各参数均符合图样要求，齿轮精度在 7~8 级，能满足一般使用要求。

第 14 章 剃　齿　刀

14.1　普通剃齿刀

14.1.1　剃齿方法概述

剃齿工艺是 1926 年美国国家拉刀与机床公司（National Broach & Machine Co.）开发的一种软齿面（22～32HRC）齿轮的精加工工艺，剃齿可稳定地提高齿轮的精度和齿面的表面质量。剃齿工艺发展很快，现在汽车、拖拉机、机床等大批量生产行业中，齿轮精加工很多都采用剃齿。

剃齿不足之处是不能加工硬齿面齿轮，且对剃前预切齿的精度要求较高，但近年来利用高钴或高钒高速工具钢制的剃齿刀，其硬度可达 67.5HRC，可以剃削硬度达 50HRC 的工件。可用于中硬齿面调质钢齿轮的最终加工。

剃齿刀按形状分为齿条形剃齿刀及盘形剃齿刀两类。齿条形剃齿刀由于工作不连续，效率低，且刀具制造较困难，现已逐步淘汰，很少采用。故本章只讲述盘形剃齿刀。

剃齿工艺的使用范围极为广泛。它可以加工各种圆柱形齿轮：包括外齿轮、内齿轮和带台阶的齿轮，直齿和斜齿齿轮，齿向修形的鼓形齿齿轮，齿形修形的修缘齿轮等。从尺寸上看，最小可加工模数 0.2mm、直径 4mm 的小模数齿轮。最大可加工模数 12.5mm、直径 4900mm 的船用涡轮机减速器大齿轮。但使用最多的还是大量生产中的中等模数齿轮。剃齿后齿轮的精度取决于预切齿的精度。可以在预切齿的精度基础上提高一级或一级以上，一般可以稳定地达到 7 级精度。条件好时，部分项目可达到 6 级精度。剃齿后齿面表面粗糙度可稳定地达到 $Rz3.2～6.3\mu m$。光整行程次数增加，表面粗糙度可以降低到 $Rz1.6～3.2\mu m$。

14.1.2　剃齿技术的发展

1. 剃齿技术简介

盘形剃齿刀加工齿轮时成交错轴螺旋齿轮啮合；剃齿刀装在机床主轴上，被剃齿轮装在工作台上的顶针间，剃齿刀旋转带动齿轮转动，如图 14-1 所示。剃齿刀齿面开有小槽形成切削刃，剃齿时靠齿面相对滑移形成切削运动以加工齿轮齿面。剃齿刀转动带动齿轮旋转进行剃削的同时，剃齿刀沿齿轮轴线方向做缓慢的进给 s，使齿轮齿面的全长都被加工到。在轴向进给 s 换向时，剃齿刀的旋转也改为反向转动，并做垂直进给 s_v。当齿面余量被全部切

除后，再进行无垂直进给的空行程 2～3 次，以提高加工齿面质量。

常规剃齿法剃齿刀是沿齿轮轴线方向进给，进给的行程长度较大。为提高剃齿生产率，生产中采用：

1）斜向进给剃齿法。仍使用标准剃齿刀，但进给方向和齿轮轴线方向有一斜角，使进给的行程长度缩短，提高剃齿生产率。

2）切向剃齿法。剃齿刀宽度大于齿轮宽度时，可使剃齿刀进给方向和齿轮轴线投影方向垂直。在不同斜角的斜向剃齿法中，进给行程长度最短时，剃齿生产率最高。

3）径向剃齿法。径向剃齿法是使用内凹母线的剃齿刀，只径向进给达到要求深度（剃齿刀有足够宽度），即可完成齿轮的剃齿，有最高剃齿生产率。但这内凹母线的剃齿刀是专用的，并且设计与制造均较复杂，仅在大批量生产中使用。

2. 剃齿技术的新发展

（1）高速剃齿法　现在剃齿法（见图 14-1），剃齿刀（主动）带动被加工齿轮（被动）旋转，为能剃出齿轮齿的两侧齿面，剃齿刀需周期性地改变旋转方向。因剃齿刀和齿轮需周期地交替改变正向和反向旋转，故转速不能提高，限制了剃齿加工生产率。

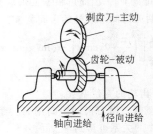

图 14-1　盘形剃齿刀工作示意图

德国开发了一种新的高速剃齿法，如图 14-2 所示，剃齿刀和加工齿轮的旋转方向始终不变，先是剃齿刀主动带动齿轮旋转，加工轮齿的一侧齿面。然后是齿轮主动带动剃齿刀（旋转方向不变）加工轮齿的另一侧齿面，如此交替进行。剃齿刀与齿轮的旋转方向始终不变，装卸齿轮和对刀时（均自动）剃齿刀不停止转动，故剃齿刀可高速旋转，齿轮转速可达 4000r/min，切削速度快，剃齿效率提高了多倍。

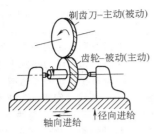

图 14-2　高速剃齿工作原理

（2）强迫传动提高剃齿的齿距精度　现在剃齿法剃出齿轮精度的最大问题是齿距精度不易保证。这是因为剃齿时刀具和被剃齿轮间是无传动链连接的自由传动啮合，而剃齿过程是切削和挤压交替的过程，切削力一直在变化，影响齿轮齿距精度。

最近新的建议是剃齿时剃齿刀和被剃齿轮间加精密传动链连接，强迫传动。这样，剃齿出的齿轮就有较高的齿距精度，剃齿精度约能提高一级。但这样的剃齿机就要复杂很多，价格也较昂贵。

（3）改进剃齿刀——采用可调叠片剃齿刀结构　这种剃齿刀结构如图 14-3 所示，剃齿刀的切削工作部分是由厚约 1mm 的齿轮形高速工具钢叠片组成，叠片分为单号和双号，可以相互旋转错开夹紧，以形成容屑槽和切削刃。这种叠片剃齿刀的优点：① 刃口锋利；②剃齿刀用钝重磨后齿厚变小，可将叠片旋转重调到要求齿厚，可重磨次数多；③制造较容易。

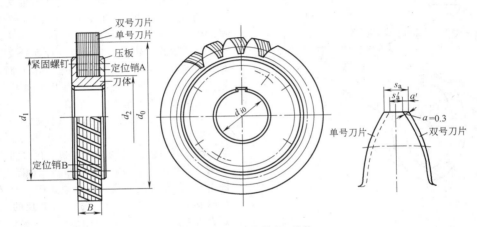

图 14-3　可调叠片剃齿刀结构

（4）精车剃齿法　剃齿是按空间交轴螺旋齿轮啮合原理工作的，斜齿剃齿的齿面接触轨迹是一条斜曲线，它和切削刃不重合，故剃齿是切削和挤压交替过程，影响剃齿精度和效率。新的精车剃齿法，是将剃齿刀按齿面接触线磨出刃口。因刀齿的两侧齿面接触线是不同方向倾斜（见图 14-6a），可以用两把刀分别磨出不同倾斜的刃口，但更简单的方法是将一把刀的两端磨出不同倾斜的刃口（见图 14-4），以剃制齿轮的不同齿面。此新剃齿法加工齿轮时为连续切削，加工不同齿面时剃齿刀轴向窜位，试验证明加工的齿轮可以达到一定精度。

3. 剃齿刀材料的发展

剃齿刀所用刀具材料的发展，主要是使用高性能高速工具钢和粉末冶金高速工具钢，以提高剃齿刀的使用寿命。采用 TiN 涂层和 TiAlN 涂层，对新刀可明显提高其寿命，但用钝重磨后涂层即失效，需考虑经济上是否合算。剃齿刀因结构复杂，尚未见到有使用硬质合金的。

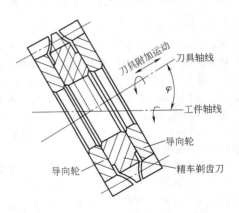

图 14-4　两端有导向轮的精车剃齿刀

14.1.3　剃齿时的螺旋齿轮啮合原理

1. 剃齿刀和齿轮的螺旋齿轮啮合关系

用盘形剃齿刀加工圆柱齿轮时，啮合性质属于交错轴圆柱螺旋齿轮的无间隙定速比共轭，如图 14-5 所示。剃齿刀与被剃齿轮的展成运动，是由剃齿刀的齿面

与被剃齿轮齿面的共轭关系形成，即齿轮是由剃齿刀带动而转动，而不依靠切齿机床的强迫传动运动来形成。啮合的基本条件是：

1）剃齿刀和齿轮的法向模数和法向压力角分别相等，也就是法向基节相等。

2）两轮啮合时的法向重叠系数 ε_{10} 必须大于 1，实际上为了安全，应令 $\varepsilon_{10} \geq 1.25$。如剃齿时的重叠系数更大，可使被剃齿轮的齿形误差（齿形中凹）减小。

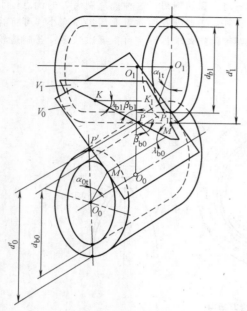

图 14-5　剃齿刀和齿轮间的螺旋齿轮啮合关系

图 14-5 所示是剃齿刀和齿轮啮合时的情况，相当于螺旋齿轮的啮合。平面 V_1 是通过啮合节点 P 并和齿轮基圆柱相切的平面；平面 V_0 是通过啮合节点 P 并和剃齿刀基圆柱相切的平面。这两个平面 V_1 和 V_0 的交线 KPM 就是这对螺旋齿轮的啮合线。因此啮合线 KPM 是通过啮合节点 P 并和齿轮基圆柱以及剃齿刀基圆柱相切的直线。啮合线垂直于刀具和齿轮两啮合齿形的螺旋渐开面。

在啮合线上无滑移，故同一时间内沿啮合线通过的剃齿刀齿数必然等于通过的齿轮齿数。由于剃齿刀和齿轮的法向基节相等，剃齿刀齿数为 z_0、转速为 n_0，齿轮的齿数为 z_1、转速为 n_1，这对螺旋齿轮的传动比 i 为

$$i = \frac{n_1}{n_0} = \frac{z_0}{z_1} \qquad (14\text{-}1)$$

在螺旋齿轮传动中，两轮的转速比在任何瞬时均为 i 不变。

理论啮合线长度 L 为

$$L = \frac{\sqrt{r_0'^2 - r_{b0}^2}}{\cos\beta_{b0}} + \frac{\sqrt{r_1'^2 - r_{b1}^2}}{\cos\beta_{b1}} \qquad (14\text{-}2)$$

式中　r_0'、r_1'——剃齿刀和齿轮的啮合节圆半径；

r_{b0}、r_{b1}——剃齿刀和齿轮的基圆半径；

β_{b0}、β_{b1}——剃齿刀和齿轮的基圆螺旋角。

对于螺旋齿轮，当两轮轴间距不等于理论计算值 a 而增大或减小时，啮合线 KPM 仍是两基圆柱的公切线，只会引起啮合线的倾斜变化，而不影响瞬时传动转速比 i，这称为轴间距的可变性。此外，当两轴的轴交角 Σ（空间交错角的投影角）不等于理论计算值而增大或减小时，啮合线 KPM 仍是两基圆柱的公切线，只引起啮合线的倾斜变化，而不影响瞬时传动转速比 i，这称为轴交角的可变性。

由于螺旋齿轮的轴间距可变性和轴交角的可变性，轴间距变化和轴交角变化均不影响两轮啮合时的瞬时传动转速比 i，这两轮的齿面始终是正确共轭啮合。基于螺旋齿轮的轴间距可变性和轴交角的可变性，剃齿刀和齿轮在剃齿过程中一直保持瞬时传动转速比 i 为常数不变，两轮始终是共轭和正确啮合的，这是剃齿刀正确工作的理论基础。

2. 剃齿时剃齿刀齿面接触点轨迹

若把啮合线 KPM 回转投影在剃齿刀的齿侧表面上，就得到一侧齿面的接触痕迹，同样方法也可以得到另一侧齿面上的啮合接触痕迹，如图 14-6 所示。图 14-6a 是左螺旋斜齿齿轮（剃齿刀）两侧齿面的接触痕迹，这两条接触痕迹方向是相反的。图 14-6b 是直齿齿轮（剃齿刀）两侧齿面的接触痕迹。剃齿刀齿面上的接触痕迹是空间曲线，计算不方便。现在将这空间曲线围绕剃齿刀轴线旋转得空间曲面，这曲面和通过刀具轴线的平面相交得平面曲线，求这接触点轨迹的平面曲线方程式。

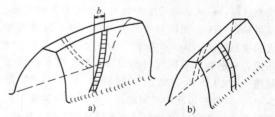

图 14-6　螺旋齿轮齿面接触痕迹
a）斜齿　b）直齿

将图 14-5 啮合副中的剃齿刀部分抽出画成图 14-7，通过啮合线上的 M 点并通过剃齿刀的轴线作平面 V_A。以 M 点为坐标原点，X 轴和刀具轴线平行，Y 轴和刀具轴线垂直（在 V_A 面内）。将啮合线 KPM 通过回转投影到 V_A 面上，得到曲线 $A'P'Q'M$ 即为所求的曲线。此曲线方程计算原理是，在啮合线上任意点 Q（半径 r_y）在 V_A 平面中相应点为 Q'，

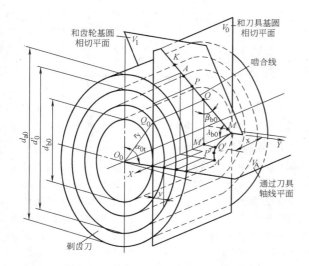

图 14-7　剃齿刀齿面接触点轨迹曲线

Q' 点的坐标即为所求的曲线方程式：

$$X = \tan\beta_{b0}\sqrt{(Y+r_{b0})^2-r_{b0}^2}$$

$$Y = \sqrt{r_{b0}^2+X^2\cot^2\beta_{b0}}-r_{b0} \qquad (14\text{-}3)$$

分析方程式（14-3）可看到下列问题：

1）剃齿刀齿面接触点轨迹仅和它的基圆螺旋角 β_{b0} 和基圆半径 r_{b0} 有关，而和被剃齿轮参数无关，即剃齿刀齿面接触点轨迹是固定的，并不因被剃齿轮参数变化而变化。

对于直齿剃齿刀 $\beta_{b0}=0$，从式（14-3）可知 $X=0$，即齿面接触点轨迹是在和轴线垂直的端平面中，故直齿剃齿刀齿面接触线和齿面容屑槽是一致的，剃齿过程是连续切削，有较理想的切削条件。生产中用直齿剃齿刀加工斜齿齿轮时可得较高的精度，证实这分析是正确的。

斜齿剃齿刀齿面接触点轨迹和齿面容屑槽是不一致的，剃齿时是非连续切削，是切削和挤压交替的过程，切削条件差，加工时误差要大些，这早已得到生产的证实。

2）斜齿剃齿刀齿面接触线是一条斜向曲线，有一定宽度。剃齿刀的模数和螺旋角越大，宽度也越大；此外宽度还随剃齿刀的公称直径和变位系数变化而变化。例如，分圆螺旋角 $\beta_0=15°$ 的剃齿刀，模数 $m=4$mm 时，齿面接触点轨迹在轴向的投影宽度 $b\approx7.5$mm；模数 $m=6$mm 时，宽度 $b\approx10$mm；模数 $m=8$mm 时，宽度 $b\approx12.5$mm。

3）确定斜齿剃齿刀宽度时，必须考虑齿面接触线的宽度，以保证刀具的正常工作。剃齿时工作台的进给长度 L_s，不能只考虑节点 P 的理论进给长度，而必须在超越量中将齿面接触点轨迹的宽度包括

进去。

3. 剃齿时的切削原理

（1）剃齿时的切削速度

1）啮合节点处的切削速度。剃齿时剃齿刀带动齿轮旋转形成齿面滑移的切削运动，同时为使齿轮齿面的全宽度都能加工到，剃齿时剃齿刀将沿齿轮的轴向做缓慢的往复进给运动。因此，盘状剃齿刀加工齿轮时，切削运动的来源有二：螺旋齿轮啮合时的齿面滑移运动和剃齿刀沿齿轮轴线的纵向进给运动。为便于计算，将这两个运动分开来看。盘状剃齿刀工作时的切削速度在刀齿的不同高度是变化的，这里先分析啮合节点处的切削速度。

图 14-8a 是剃齿刀加工齿轮时啮合节点处的切削速度示意图。剃齿时的切削速度实际就是剃齿刀和齿轮齿面之间的相对滑移速度，即二者沿齿长方向的运动速度差。设剃齿刀工作时节点处的圆周线速度为 v_0，剃齿刀和齿轮齿面滑移速度 v_η 为

$$v_\eta = v_0(\sin\beta_0\pm\cos\beta_0\tan\beta_1) = v_0\frac{\sin\Sigma}{\cos\beta_1} \qquad (14\text{-}4)$$

式中　Σ——$\Sigma=\beta_1\pm\beta_0$，β_1 和 β_0 分别为齿轮和剃齿刀的节圆螺旋角，当齿轮和剃齿刀螺旋方向相同时，上式中取"＋"号；螺旋方向相反时，上式中取"－"号。

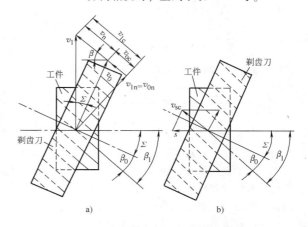

图 14-8　盘状剃齿刀工作时的切削速度
a）齿面滑移形成的切削速度　b）纵向进给形成的切削速度

由于工作台有纵向进给 s（见图 14-8b），使齿轮和剃齿刀齿面间产生附加齿面滑移 v_{sc}（沿牙齿长度方向），其值为

$$v_{sc} = s\frac{\cos\Sigma}{\cos\beta_0}$$

盘状剃齿刀工作时的切削速度 v_p 应为 v_η 和 v_{sc} 之和，但实际上因 v_{sc} 很小（0.15～0.3m/min）可忽略不

计，故

$$v_p = v_\eta + v_{sc} = v_0 \frac{\sin\Sigma}{\cos\beta_1} + s \frac{\cos\Sigma}{\cos\beta_0} \approx v_0 \frac{\sin\Sigma}{\cos\beta_1} \quad (14\text{-}5)$$

盘状剃齿刀常用的工作速度 v 为 90～110m/min，这时由于齿面滑移形成的实际切削速度 v_p 为 25～35m/min。

2）齿面上不同高度处的切削速度。以上分析是啮合节点处的切削速度，由于啮合时接触点是变化的，所以沿牙齿不同高度各点的切削速度是不同的。根据对某剃齿刀和被剃齿轮的分析结果，剃齿刀沿齿高的切削速度的变化如图 14-9 所示。从图可看到，齿顶和齿根处的切削速度都比节圆处要大不少，并且和剃齿刀齿数多少有关，齿数少时齿顶齿根处的切削速度增大得更多。但是由于剃齿过程的特点，实际生产使用的剃齿刀主要磨损处多数是在节圆附近（略低于节圆），因此用节圆处的切削速度代表剃齿刀的切削速度是合理的，可以用于工艺分析。

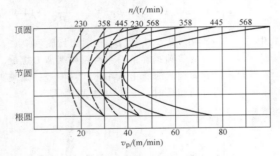

图 14-9　剃齿刀不同齿高处切削速度的变化
（$m = 1\text{mm}$，$z_0 = 79$，$\beta_0 = 15°$）
—— —— —— $z_0 = 40$　—— —— $z_0 = 10$

（2）剃齿切削过程的分析　剃齿切削过程极为复杂，它不仅影响被剃齿面材料去除的效率、切削变形和加工表面质量，同时还影响被剃齿轮的齿形精度。剃齿时剃齿刀和齿轮齿面接触点的轨迹就是剃齿切削运动的轨迹，要研究剃齿切削过程首先要分析接触点的轨迹。

1）齿面接触点轨迹分析。

① 齿轮齿面的切削痕迹。剃齿时的切削运动留在齿轮齿面上成为齿面上的切削痕迹。观察被剃轮的齿面，斜齿轮齿面上的切削痕迹如图 14-10 所示，这就是切削运动的轨迹，当齿轮螺旋角不同时，切削痕迹的斜度也不同。仅在被加工齿轮为直齿时，切削痕迹将不倾斜而为垂直方向。剃齿时的轴向进给行程 L_s 应是齿轮宽度 B_1 加上齿面接触点轨迹在轴向的投影宽度 b_1，再加上超越量，这样剃齿时齿轮的齿面才能全部加工到。

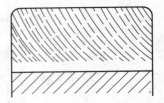

图 14-10　斜齿轮齿面上的切削痕迹

② 剃齿刀齿面接触点的轨迹。斜齿剃齿刀工作时，齿面和齿轮接触点轨迹如图 14-11 所示。剃齿刀齿面开有小槽，形成切削刃和容屑槽。很明显，在齿面接触点轨迹曲线上，仅在有容屑槽处有切削刃能进行切削，即剃齿过程中切削不是连续的，是切削和挤压交替的过程。这对切削是很不利的，将使剃齿产生齿形误差，仅在用直齿剃齿刀加斜齿轮时，齿面接触轨迹线和切削刃一致，能连续切削。生产实践亦证明，加工斜齿轮时用直齿剃齿刀比用斜齿剃齿刀可得较高的齿轮精度。剃齿刀的宽度 B_0 必须大于齿面接触点轨迹的轴向投影宽度 b_0，再加一定的超越量。

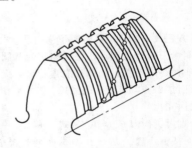

图 14-11　剃齿刀的切削刃和接触点轨迹

2）剃齿时的切削角度。对于一般的剃齿刀，齿面的小容屑槽是和端平面平行的，这种剃齿刀剃齿时，两侧齿面的切削角度是不等的，如图 14-12 所示。一侧齿面刃口是正前角，切削容易；另一侧是负前角，切削困难。剃齿时是没有传动链的自由传动，刀具两侧齿面的切削力自动平衡，必然正前角

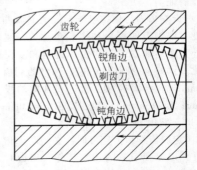

图 14-12　剃齿刀两侧齿面刃口的切削角度

一侧切削量大，而负前角一侧切削量很小，可以认为是负前角一侧起支承作用，而正前角一侧进行切削。实际剃齿时剃齿刀的旋转方向要定时改变，剃齿刀的旋转方向改变后，原来一侧齿面的刀刃由正前角变成负前角；而另一侧齿面的刃口则由负前角变成正前角，将对另一侧齿面进行切削。这样交替切削，使齿轮的两侧齿面都能得到同等的加工。剃齿时是没有传动链的自由传动，这样一侧齿面支承而另一齿面切削，可使剃齿过程更稳定。

现在有的剃齿刀，齿面开的容屑槽和牙齿方向垂直（见图 14-15b），这时剃齿刀两侧齿面切削刃的切削条件相同，都是零度前角，因此两侧齿面可以同时切削。但这种容屑槽加工比较费事，用得还不普遍。

4. 剃齿时剃齿刀和齿轮啮合的重叠系数

剃齿时剃齿刀和齿轮的重叠系数 ε_{10} 对剃齿质量有较大影响。剃齿时重叠系数一般不是整数，故剃齿时的接触齿面数是变化的。当齿轮齿数较少时，重叠系数在 1~2 间；当齿轮齿数多时，重叠系数在 2~3 间。

图 14-13 所示是剃削齿数较少齿轮时的齿面接触点变化情况。剃齿时剃齿刀和齿轮是无侧隙强迫啮合，左右齿面同时接触。如图中所示情况，有时是三对齿面接触，有时是两对齿面接触。由于径向进给，剃齿刀和齿轮间垂直方向有一定的总压力。在剃削齿形顶部和根部时接触面多（图 14-13a 有三对齿面接触），单位压力较小使切削金属量少；在剃削齿形中部时接触面少（图 14-13b 有两对齿面接触），单位压力大使切削金属量多。生产中剃削齿数较少的齿轮时，经常出现相当严重的齿形中凹现象。

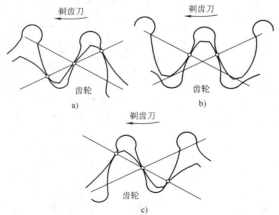

图 14-13　剃削齿数较少齿轮时齿面接触点变化情况
a）三对齿面接触　b）两对齿面接触
c）再转为三对齿面接触

剃削齿数较多的大齿轮时，啮合重叠系数大，其接触齿面数可能有 4~5 对。因接触齿面数较多，故接触齿面数变化对齿面压力变化的影响就相对小些，造成的齿形误差也小些。生产中剃削齿数较多的大齿轮时，齿形误差较小，可以证实这种解释。剃齿刀刃磨后变位系数减小，剃齿中心距缩小，使啮合重叠系数增大，可使齿轮的齿形误差减小。生产中也证实刃磨过多次的旧剃齿刀，加工齿轮的精度可能要稍高些，齿轮质量要稳定些。

根据上述分析，剃齿时应选用直径较大、齿数较多的剃齿刀，啮合重叠系数大，加工齿轮的精度可能要稍高些。设计剃齿刀时，在保证一定重磨次数的条件下，选用小的变位系数，一方面有利于增大剃齿时的啮合重叠系数，有利于提高剃齿精度；同时用小些的变位系数，可使剃齿刀根圆处的齿间宽度大些，便于齿面容屑槽的加工。

14.1.4　剃齿时的进给方式和轴交角

1. 剃齿时的进给方式

剃齿的进给运动，最早只有沿齿轮轴向进给的"轴向进给剃齿法"，后来为了提高剃齿效率，缩短进给行程，出现了"对角进给剃齿"（即斜向进给剃齿）和"切向进给剃齿"。最近又出现了"径向切入剃齿"，从根本上取消了进给运动，大大提高了剃齿效率。对内齿轮的剃齿可以采用"轴向进给剃齿"，也可以采用"径向切入剃齿"。

表 14-1 中给出了各种进给剃齿法的简要特性和对刀具的基本要求。对其中部分不同进给方式的剃齿法，后面还有较详细的介绍。

2. 剃齿刀的螺旋角和剃齿时的轴交角

（1）剃齿刀螺旋角 β_0 的确定

1）剃齿时的轴交角 Σ。用剃齿刀加工齿轮时，剃齿刀和齿轮的轴交角 Σ 是一个重要参数。轴交角的大小直接影响剃齿过程中的齿面滑移速度 v_η，也直接影响剃齿时的实际切削速度 v_p，式（14-5）给出了轴交角 Σ 对实际切削速度 v_p 的关系。

轴交角 Σ 太小，将使实际切削作用减小，降低剃齿效率；轴交角 Σ 太大，将使啮合传动的平稳性降低，降低加工齿轮的精度。根据实际经验，最合适的轴交角 Σ 为

$$\Sigma = 10° \sim 15° \qquad (14-6)$$

加工普通圆柱齿轮时，应取轴交角 $\Sigma = 10° \sim 15°$，齿轮齿数少时，轴交角取小值，以提高剃齿的平稳性。受到其他条件限制时，如加工塔形齿轮中的小轮时，为避免剃齿刀和大轮碰撞可以使轴交角适当减少，但轴交角最小不得小于 5° ~ 7°，否则剃齿效率太低。

表 14-1　各种进给方式剃齿法的特性

工件种类	外齿轮				内齿轮	
剃齿进给方法	轴向进给剃齿	斜向进给剃齿（小对角线剃齿）	斜向进给剃齿（大对角线剃齿）	切向进给剃齿	径向切入剃齿	轴向进给剃齿
加工简图	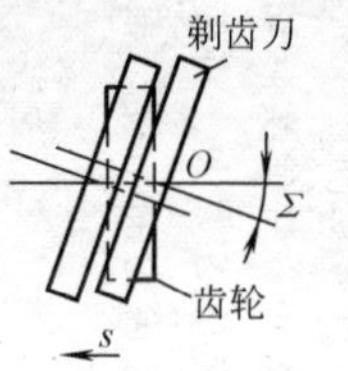 （剃齿刀、齿轮加工简图）	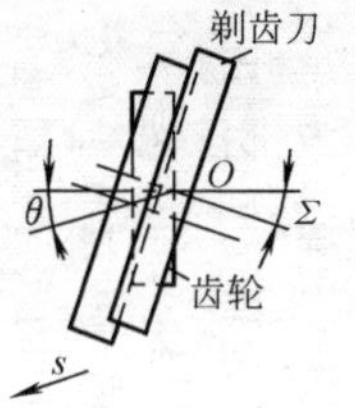 （剃齿刀、齿轮加工简图）	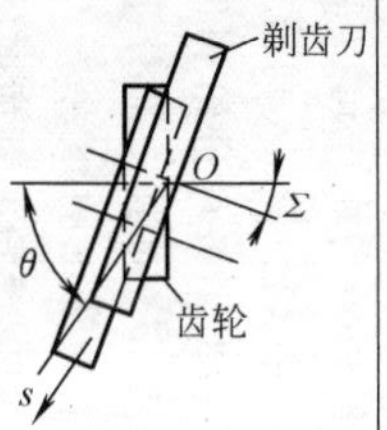 （剃齿刀、齿轮加工简图）	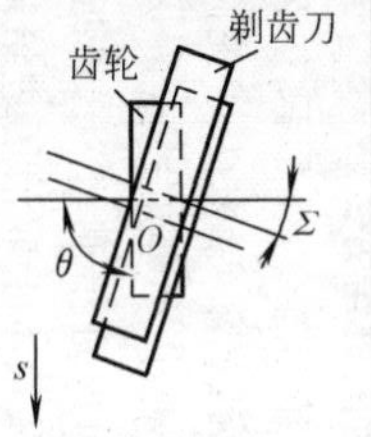 （剃齿刀、齿轮加工简图）	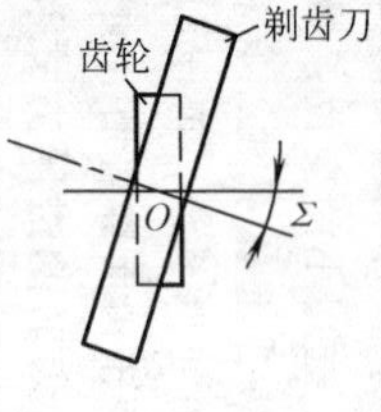 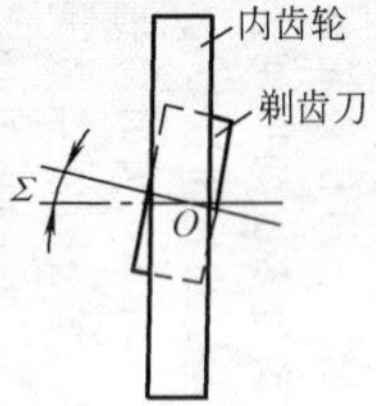 （剃齿刀、内齿轮加工简图）	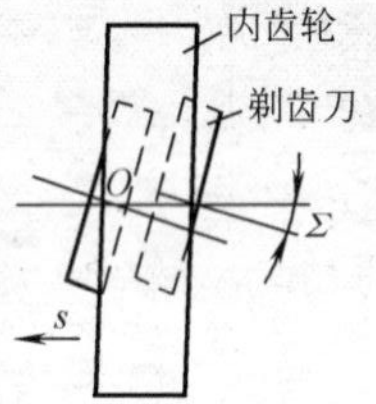 （剃齿刀、内齿轮加工简图）
进给方向与工件轴线夹角 θ	$0°$	$0°\leqslant\theta\leqslant45°$	$45°\leqslant\theta\leqslant90°$	$90°$	无	$0°$
剃齿刀与工件的接触	点接触	点接触	点接触	线接触	线接触	点接触
进给方向	与工件轴线平行	与工件轴线成 θ 角	与工件轴线成 θ 角	与工件轴线垂直	仅有沿径向切入进给运动	与工件轴线平行
工件轴与剃齿刀轴夹角	$\Sigma=10°\sim15°$（对台阶齿轮 Σ 角取决于小轮，或成不通孔内齿轮 $\Sigma=3°\sim7°$）				0	
行程长度	大于工件宽度	小于工件宽度，取决于 Σ 角大小	大于工件宽度	大大小于工件宽度	0	大于工件宽度
刀具宽度与刀具的通用性	与工件宽度无关，可用标准刀具	刀具宽度取决于工件宽度，可用标准刀具或专用刀具	大于工件宽度，可用专用刀具	大大小于工件宽度，只能用专用刀具		与工件宽度无关，只能用专用刀具
对刀具的要求　容屑槽的分布形式（普通齿 / 数形齿）	每一个齿上同序号切削刃在平行于端面的同一平面内，即容屑槽排列成环形				每一个齿的切削刃都平行于端面，但相邻齿的同序号切削刃沿轴向错开一小距离，即容屑槽排列成螺旋形	
刀具齿形　节圆面	圆柱面	圆柱面	圆柱面	圆柱面	双曲面	双曲面
刀具齿形　数形齿	渐开线	渐开线	渐开线	渐开线	渐开线的共轭曲面	渐开线
切削刃的利用率	只沿一条接触线工作，磨损较快	由于接触点不断变化，切削刃不断循环工作，磨损较慢		每个切削刃都参加工作，磨损平均，故磨损较慢	每个切削刃都参加工作，磨损平均，故磨损较慢	只沿一条接触线工作，磨损较快
数形齿加工方法	靠机床工作台摆动运动	靠刀具齿形	靠刀具齿形	靠刀具齿形	靠刀具的齿形修形	靠机床靠模
剃齿时间	长	较短	较短	短	最短	长
齿轮精度	较好	较好	较好	好	好	较好
齿轮齿面表面粗糙度	较低	较低	低	低	很低	较低
使用机床	普通轴向剃齿机	万能剃齿机（工作台可任意方向进给）			径向切入剃齿机	内齿轮剃齿机（多为立式）

综合优点	1)可剃齿宽大的齿轮 2)可以使用标准刀具 3)用工作台摆动剃齿机加工鼓形齿 4)机床相对简单 5)刀具制造简单	1)生产率较高 2)可以使用标准刀具 3)刀具寿命较长 4)齿面表面粗糙度较低 5)工作台行程较短,对加工台阶齿轮有利 6)加工时由于剃齿刀逐渐切入工件,在机床、夹具刚度允许时,可采用较大的切削用量	1)生产率高 2)刀具磨损均匀,寿命长 3)齿面表面粗糙度较低 4)接触精度稳定,齿厚一致 5)工作行程短,对加工台阶工件有利 6)加工时由于剃齿刀逐渐切入工件,在机床、夹具刚度允许时,可采用较大的切削用量	1)生产率很高 2)刀具磨损均匀,寿命长 3)切出的齿轮精度稳定,齿厚一致 4)工作行程短,加工台阶齿轮有利	1)生产率最高 2)刀具磨损均匀,寿命长 3)加工出的齿面表面粗糙度很细 4)无进给行程,特别适合加工台阶齿轮及有不通孔的内齿轮 5)机床相对简单 6)由于重合系数较大,齿形精度好	1)可剃齿宽大的齿轮 2)机床相对简单
综合缺点	1)效率低 2)刀具磨损不均匀,寿命较短,消耗量大 3)剃削台阶齿轮容易碰撞,造成打刀	1)齿宽较宽时要用加宽剃齿刀 2)对剃齿刀的精度要求较高	1)齿宽较宽时,要用加宽剃齿刀 2)对剃齿刀的精度要求较高 3)当工件螺旋角大于45°时,剃削鼓形齿要用反鼓形专用剃齿刀	1)需用齿宽大于齿轮齿宽的剃齿刀,一般只能加工齿宽<25mm的齿轮 2)剃鼓形齿时要用反鼓形齿专用剃齿刀 3)剃齿刀容屑槽要呈螺旋状排列	1)必须用齿宽大于齿轮齿宽的剃齿刀,一般只能加工齿宽≤25mm的齿轮 2)由于模数大时,受到剃齿刀的齿形修形量太大不易制造的限制,现在最大只能加工模数≤3mm的齿轮 3)刀具的齿形、齿向均需修形,刀具的设计制造及刃磨都复杂 4)刀具的容屑槽要呈螺旋排列 5)必须设计制造专用剃齿刀	1)效率低 2)刀具磨损不均,寿命短,消耗量大 3)必须设计制造专用鼓形齿刀具 4)剃不通孔内齿轮时容易碰撞打刀

2）剃齿刀螺旋角的确定。在剃齿刀加工齿轮时的轴交角 Σ 确定后，即可根据被加工齿轮的分圆螺旋角 β_1，求出剃齿刀的分圆螺旋角 β_0

$$\beta_0 = \Sigma + \beta_1 \qquad (14-7)$$

加工直齿齿轮需用斜齿剃齿刀（常用右旋）。标准剃齿刀（公称分圆直径为 $\phi 180\text{mm}$ 和 $\phi 240\text{mm}$）为右旋斜齿，分圆螺旋角有 $15°$ 和 $5°$ 两种，前者用于加工普通直齿齿轮，后者用于加工直齿塔形齿轮的小齿轮和斜齿齿轮。公称分圆直径为 $\phi 85\text{mm}$ 的剃齿刀分圆螺旋角为 $10°$。

加工螺旋角 $15°$ 左右的斜齿齿轮时，可采用直齿剃齿刀，因用直齿剃齿刀加工斜齿齿轮时得到的齿形精度较高。在齿轮螺旋角为其他数值时，可用式（14-7）计算剃齿刀的螺旋角；选择轴交角 Σ 的方向时，应使它和齿轮螺旋角 β_1 相减，使得到的剃齿刀螺旋角值较小，这有利于提高剃齿精度。

（2）剃削塔形齿轮中的小齿轮时轴交角 Σ 的确定　剃削塔形齿轮中的小齿轮（或带凸肩的齿轮）时，为避免剃齿刀和塔形齿轮中的大齿轮碰撞，必须限制轴交角 Σ 的大小。剃削塔形齿轮中的小齿轮时，剃齿刀和齿轮的轴交角 Σ 的确定，可以有计算法和作图法两种方法。

1）计算法确定 Σ。图 14-14 是剃齿刀加工塔形齿轮中小轮时的情况。加工时剃齿刀在极限位置时，啮合节点 P 必须超越小齿轮边缘（超越量 b）；塔形齿轮中间槽宽为 W，啮合节点 P 离剃齿刀端面距离为 e（在齿轮轴线方向计算）。剃齿刀离大齿轮应有安全距离 b。

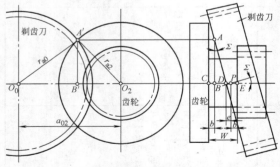

图 14-14　剃齿刀加工塔形齿轮中小轮时的情况

计算剃齿刀和齿轮的轴交角 Σ 时，为简化计算可近似认为剃齿刀在齿轮端平面中的投影为圆。剃齿刀和大齿轮的圆心分别为 O_0 和 O_2，中心距为 a_{02}，外径分别为 r_{a0} 和 r_{a2}，剃齿刀和大齿轮碰撞的危险点为 A（在另一投影中为 A'），在 A 点离大齿轮端面有安全距离 b 时，轴交角 Σ 的计算方法如下：

$$\tan\Sigma = \frac{BD}{AB} = \frac{W-2b-e}{AB}$$

AB 在另一投影中为 $A'B'$，其值可在 $\triangle O_0 A' O_2$ 的关系中求得

$$AB = A'B' = \sqrt{r_{a0}^2 - \left(\frac{r_{a0}^2 - r_{a2}^2 + a_{02}^2}{2a_{02}}\right)^2}$$

将 AB 值代入前式，得到不发生碰撞的最大轴交角 $\Sigma_{\max}$

$$\tan\Sigma_{\max} = \frac{W-2b-e}{\sqrt{r_{a0}^2 - \left(\dfrac{r_{a0}^2 - r_{a2}^2 + a_{02}^2}{2a_{02}}\right)^2}} \qquad (14-8)$$

平时采用 $b \geqslant 2\text{mm}$、$e \geqslant 3\text{mm}$，模数大时取稍大些。求得的轴交角 Σ 如小于 $7°$ 时，取 $7°$；在特殊情况下也不应小于 $5°$，实际采用的轴交角应在 $5° \sim 7°$，否则剃齿效率太低。

2）作图法确定 Σ。用作图法决定剃齿时剃齿刀和齿轮的轴交角 Σ 的步骤如下（参考图 14-14）：

① 作塔形齿轮的双向投影图，齿轮的中心为 O_2。

② 根据剃齿刀和齿轮的中心距 a_{02} 确定剃齿刀的中心 O_0，剃齿刀顶圆和大齿轮顶圆投影的交点为 A'。

③ 根据剃齿刀和大齿轮间的安全距离 b 作出 A 点。

④ 作 D 点，令 $DE = e + b$，b 为剃齿刀啮合节点超越量；e 为啮合节点离剃齿刀端面的最小距离。

⑤ 连接 AD，AD 和 AB 间的夹角 Σ 即为所求的剃齿刀和大齿轮不碰撞条件下允许的最大 $\Sigma_{\max}$，实际采用的轴交角 Σ 应在 $5° \sim 7°$。

（3）剃齿时轴交角 Σ 的调整　剃齿刀和齿轮的轴交角 Σ 是名义值，实际剃齿时的轴交角不一定按名义值调整。根据螺旋齿轮啮合理论中的轴交角 Σ 的可变性原理，轴交角的少量变动，理论上是不影响剃齿时的共轭条件，但将使齿面接触线的位置发生显著改变。

剃齿时应调整轴交角 Σ，使剃齿刀和齿轮的中心距 a_{02} 最小，这时剃齿刀处于最佳状态，刀具左右齿面的接触线都移到中间位置，这时要求的剃齿刀的宽度 B 最小。偏离最佳轴交角将使齿面接触线移向两端，左右齿面的接触线前后错位，剃削力不平衡而使剃齿处在很不利的条件。如齿面接触线外移严重，还有可能越出刀具或齿轮的端面而形成边缘接触，将严重恶化齿轮质量甚至损坏刀具。

新的和旧的剃齿刀相当于不同变位量的螺旋齿轮。如剃齿时采用名义轴交角，新旧剃齿刀齿面上接触线位置将不同，正变位和负变位都将使剃齿刀不在最佳状态。所以在剃齿刀变位量绝对值较大时，不应用名义轴交角剃齿，而需适当调整轴交角使剃齿刀处于最佳状态。

直齿剃齿刀的齿面接触线在端平面中,工作条件较好,即使是在边缘接触的情况下,剃齿刀和齿轮的啮合仍是共轭的,对齿轮质量影响较小。

剃齿时,最佳状态的轴交角 Σ 可以用计算法求得,但很麻烦。实际生产中可调整轴交角达到剃齿刀和齿轮的中心距 a_{01} 最小,即为最佳轴交角。

14.1.5　剃齿刀重要结构参数的分析和确定

1. 剃齿刀齿面的容屑槽

(1) 中模数剃齿刀齿面容屑槽　剃齿刀齿面开有容屑槽,形成切削刃并容纳切屑。容屑槽型式对剃齿刀工作效果影响很大。

1) 中模数剃齿刀容屑槽型式。中模数剃齿刀($m \geqslant 2\text{mm}$) 齿面容屑槽型式,如图 14-15 示。其中 I 型 (见图 14-15a) 用得最多,容屑槽和刀具端面平行,槽底和刀齿渐开线齿廓等距。这容屑槽要在专用的展成插槽机上加工,得出等深度的容屑槽,可有较多刃磨次数。剃齿刀齿槽根部钻有小斜孔作为插容屑槽退刀之用。这种容屑槽的缺点是两侧的切削刃一边是锐角一边是钝角,切削条件不一致。

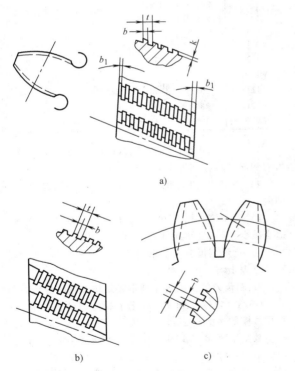

图 14-15　中模数剃齿刀齿面容屑槽型式

a) I 型　b) II 型　c) 槽底直线型

II 型容屑槽,槽和牙齿方向垂直 (见图 14-15b),两侧切削刃的切削条件相同,剃齿时两侧齿面的切削刃都同样切削,剃齿效率较高,但因加工较困难用得不多。

槽底直线型容屑槽,在需要制造剃齿刀而没有专用的插槽机时,可采用图 14-15c 中的容屑槽型式,槽底为直线,可不钻退刀小孔。这种型式容屑槽加工容易,也可得满意的剃齿效果,但容屑槽各处深浅不一,减少了可刃磨次数,仅在不得已情况下使用。

2) 容屑槽深度和宽度。剃齿刀齿面容屑槽深度 k 直接影响剃齿刀使用寿命 (可刃磨次数)。剃齿刀刃磨是磨齿形表面,要求刃磨到最后容屑槽仍应有一定深度以容纳切屑,故剃齿刀齿面容屑槽深度增大可使刃磨次数增多,增加剃齿刀的使用寿命。容屑槽深度的增加受到剃齿刀齿顶宽度的限制,还受到剃齿刀齿根部槽宽度是否能容纳插槽刀的限制,故在模数小时容屑槽较浅。现在我国的剃齿刀标准 GB/T 14333—2008 的附录中推荐的容屑槽深度,较过去前苏联国家标准中推荐的容屑槽深度数值要稍大,使可刃磨次数增多。

剃齿刀齿面容屑槽的齿距 t 和刃带宽度 b,GB/T 14333—2008 的附录中也有推荐值,推荐的槽宽比过去稍大些,有利于容屑。

(2) 小模数剃齿刀齿面容屑槽　模数 m 小于 1.75mm 的剃齿刀,由于齿高较小,为便于制造,现在都制成通槽结构。通槽型的容屑槽有制成环形的 (见图 14-16a),也有制成螺旋形的 (见图 14-16b),这两种容屑槽在使用中未发现有明显差别,可根据制造工艺条件选用。容屑槽的截面形状又有梯形 (见图 14-16c) 和矩形 (见图 14-16d) 两种,梯形截面刀齿强度较好,又易于制造,生产中用得较多。GB/T 14333—2008 的附录中推荐的容屑槽就是梯形截面结构。

小模数剃齿刀用钝后,刃磨时磨容屑槽,不用齿轮磨床磨齿面,刃磨比较方便。

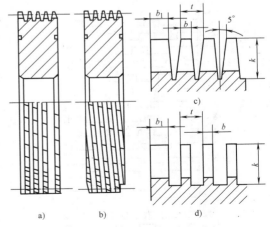

图 14-16　小模数剃齿刀的容屑槽形式

a) 环形　b) 螺旋形　c) 梯形　d) 矩形

（3）剃齿刀容屑槽的排列形式　标准剃齿刀齿面容屑槽是环形排列，即不同牙齿的同序号容屑槽在同一端平面内。这种剃齿刀在用于沿齿轮轴线方向作进给的剃齿法时（轴向方向进给剃齿见图14-1），效果良好，因剃齿刀相对齿轮有轴向进给，切削痕迹不重复，能得较小的加工表面粗糙度值。

但在用切向剃齿和径向切入剃齿法时，因无轴向进给，环状分布的容屑槽使切削刃重复前面刀齿的切削痕迹，剃齿后齿轮齿面将留下明显条纹（刀痕），达不到要求的表面质量。有人认为，采用切向剃齿时加工表面质量低，实际上是他使用了标准的环状排列容屑槽的剃齿刀，这种剃齿刀不适用于切向剃齿和径向切入剃齿法。

切向剃齿和径向切入剃齿时，剃齿刀齿面容屑槽应沿螺旋线排列，这样切削刃是逐步错位的，使加工齿面的切削痕迹错开，能有效减小加工齿面的表面粗糙度值。为得到良好的剃齿效果，刀具齿面的容屑槽应采用下面的方法排列：

1）刀具齿面容屑槽按螺旋线排列，螺旋线排列的导程应是槽距的倍数。

2）将剃齿刀刀齿分组（每组同样齿数），每组齿数和齿轮齿数无公因数，使齿轮整个齿面都能加工到。

在齿轮齿数和剃齿刀每组齿数（或每组齿数的倍数）的差值很小时，特别是差一齿时，剃齿效果最好。图14-17所示是剃齿刀刀齿分组，组内齿面容屑槽沿螺旋线排列的一个例子。图中剃齿刀每组刀齿数为 $n_1 = 7$，组内刀具各号刀齿的齿面容屑槽按螺旋线排列。齿轮齿数为 $n_2 = 8$（多一齿）或 $n_2 = 15$（刀具每组齿数的2倍多一齿）。剃齿时，齿轮的一号齿第一圈和刀具齿组中1号刀齿啮合，下一次将和刀具的2号刀齿啮合，接着依次再和刀具的3、4、

5……号刀齿啮合，这样保证了齿轮齿面的切削痕迹是连续错开的，能得到较小的加工齿面表面粗糙度值。如果采取齿轮齿数 n_2 比剃齿刀每组齿数 n_1 少一齿（或刀具每组齿数的2倍少一齿），也同样可以得到良好的剃齿表面质量。

2. 剃齿刀齿数和公称分圆直径的确定

剃齿刀齿数增加可使剃齿时的重叠系数增加，提高剃齿精度，还可提高剃齿刀寿命，因此在剃齿机允许的条件下，剃齿刀应采用最多齿数（即最大公称分圆直径）。如剃齿机允许的剃齿刀最大外径为 d'_{a0} 时，则剃齿刀允许的最多齿数可用下式计算：

$$z_0 = \frac{d'_{a0}}{m_t} - 3 \qquad (14\text{-}9)$$

常用剃齿机的主要参数见表14-2。根据式（14-9）算出剃齿刀齿数后，要考虑下列因素决定实际采用的齿数。

表14-2　几种剃齿机的主要参数

（单位：mm）

剃齿机型号	剃齿刀最大外径	剃齿刀最大宽度	剃齿刀和齿轮轴间距离		模数范围
			最大	最小	
Y4212	92	10～32	105	45	≤1.5
Y4223	188	40	300	104	≤6
Y4232	240	40	290	102	1.5～6
Y4236	250	40	360	140	1.75～8
Y4245	250	40	360	140	1.75～8
Y4380	300	35	550	180	1.5～10

1）剃齿刀齿数应和齿轮齿数互为质数，以免剃齿刀的误差转移到齿轮上。

2）剃齿刀和齿轮轴心距应在剃齿机允许范围内。

3）对小模数剃齿刀，如算出的齿数太多，允许适当减少，因剃齿时的重叠系数已足够大。

4）盘形剃齿刀的常用齿数及相应的公称分度圆直径见表14-3，可参考选用。

3. 剃齿刀的分圆齿厚增量等结构参数的分析

GB/T 14333—2008仅规定了剃齿刀的公称分圆直径、模数系列、齿数、宽度等少量参数，详细结构参数则未规定。我国工具厂生产的通用剃齿刀采用的结构尺寸中，有部分主要参数，如分圆齿厚增量 Δs_{0n}、全齿高 h_0 和根圆直径 d_{f0} 等是否规定得合理，还值得探讨。下面将对通用盘形剃齿刀某些主要参数的确定原理，进行一些分析。

（1）新剃齿刀的分圆齿厚增量或变位系数　现在通用剃齿刀新刀的变位量都是用分圆齿厚增量 Δs_{0n} 表示。新刀齿厚增量越大，则允许的齿面刃磨量也越大，故新剃齿刀应采用尽可能大的分圆齿厚

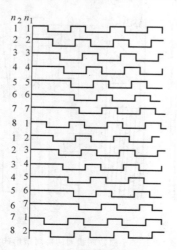

图14-17　剃齿刀容屑槽的错位排列

表 14-3 盘形剃齿刀的齿数及相应的公称分度圆直径

模数 m_n/mm	公称分度圆直径 /mm 63	85	模数 m_n/mm	公称分度圆直径 /mm 180	240
	剃齿刀齿数			剃齿刀齿数	
0.2	318	—	1.25	115	—
0.25	249	—	1.5	115	—
0.3	212	292	1.75	100	—
0.4	159	212	2.0	83	115
0.5	124	172	2.25	73	103
0.6	104	146	2.5	67	91
0.7	93	122	2.75	61	83
0.8	82	106	3.0	53	73
1	62	86	3.25	53	67
1.25	—	67	3.5	47	61
1.5	—	58	3.75	43	61
			4.0	41	53
			4.5	37	51
			5.0	31	43
			5.5	29	41
			6.0	27	37
			6.5	—	35
			7.0	—	31
			8.0	—	27

表 14-4 通用剃齿刀分圆齿厚增量 Δs_{0n}

（单位：mm）

模数 m_n	公称分圆直径 $d_0 \approx 180$ $\beta_0 = 5°$	$\beta_0 = 15°$	公称分圆直径 $d_0 \approx 240$ $\beta_0 = 5°$	$\beta_0 = 15°$
	Δs_{0n}			
2	0.25	0.25	0.20	0.20
2.25	0.25	0.25	0.20	0.20
2.5	0.25	0.25	0.25	0.25
2.75	0.25	0.25	0.25	0.25
3	0.4	0.40	0.40	0.40
3.25	0.69	0.40	0.40	0.40
3.5	1.05	0.64	0.40	0.40
3.75	1.42	1.08	0.40	0.40
4	1.57	1.19	0.40	0.40
4.5	1.69	1.50	0.40	0.40
5	2.52	2.15	1.13	0.40
5.5	2.73	2.40	1.26	0.40
6	3.10	2.52	1.70	1.25
6.5	—	—	1.94	1.48
7	—	—	2.53	2.09
8	—	—	3.28	2.85

增量。通用剃齿刀现在采用齿面刃磨量 $\frac{\Delta}{2}$ 对称分布于标准齿形的两侧，如图 14-18 所示。剃齿刀新刀的最大变位量和旧刀的最小变位量受下列因素限制：

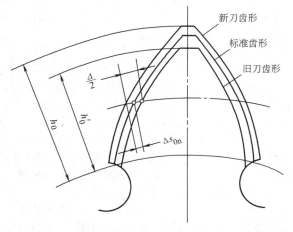

图 14-18 剃齿刀的分圆齿厚增量和齿面刃磨量

1) 最大变位量受齿顶宽度过小的限制，要求法向齿顶宽度 $s_{a0n} \geqslant 1.5$mm，以便于插齿面的容屑槽。

2) 最大变位量还受根圆处齿间宽度过窄的限制，要求根圆处法向齿间宽度 $W_{f0n} \geqslant 1.5$mm，使插齿面容屑槽的插刀能通过。

3) 最小变位量受到根圆必须大于基圆的限制。

现在的通用剃齿刀新刀采用的分圆齿厚增量 Δs_{0n} 见表 14-4。新刀多数采用正变位。

根据我们的分析，现在剃齿刀中规定的分圆齿厚增量不一定都是最佳值。对中等模数的剃齿刀，新刀分圆齿厚增量应增大，使允许的齿面刃磨量加大，增加剃齿刀的使用寿命。对模数较小的剃齿刀，齿面的允许刃磨量主要受到容屑槽过浅的限制，故新刀的分圆齿厚增量应适当减小，以增大根圆处的齿间宽度，使能用较厚的插刀加工出较深的容屑槽，使允许的齿面刃磨量加大，增大剃齿刀的使用寿命。

（2）剃齿刀齿顶宽度和全齿高

1）剃齿刀齿顶宽度。为使被剃的齿形能加工出全齿高，新刀（最大变位量时）顶圆直径最大，这时齿顶变尖，故新刀的最大分圆齿厚增量（变位量）受齿顶宽度过小（齿顶变尖）的限制。根据生产经验，要求法向齿顶宽度 $s_{a0n} \geqslant 1.5$mm，以便于插齿面的容屑槽。

当剃齿刀分圆齿厚增量为 Δs_{0n} 时，它的法向齿顶宽度 s_{a0n} 可用下式计算：

$$s_{a0n} = s_{a0t} \cos\beta_{a0} = r_{a0}\left[\frac{\frac{1}{2}\pi m_n + \Delta s_{0n}}{r_0 \cos\beta_0} + 2(\text{inv}\alpha_{0t} - \text{inv}\alpha_{a0t})\right]\cos\beta_{a0}$$

(14-10)

式中 r_{a0}——剃齿刀的顶圆半径，和剃齿刀齿的全齿高 h_0 有关；

s_{a0t}——剃齿刀齿顶宽度，端面值；

α_{0t}、α_{a0t}——剃齿刀分圆和顶圆压力角，端面值；

β_{a0}——剃齿刀顶圆螺旋角。

式（14-10）给出剃齿刀的齿顶允许最小宽度 s_{a0n} 和最大分圆齿厚增量 Δs_{0n} 的关系。

2）剃齿刀的全齿高。剃齿刀的全齿高 h_0 应保证

被剃齿轮得到全部渐开线齿形。标准剃齿刀可按基准齿条的全齿高加超越量，当齿轮工作齿高 $h = 2m_n$ 时，刀具工作齿高 h_0'，取 $h_0' = 1.1h = 2.2m_n$。由于剃齿刀刃磨后高度减小（见图 14-18），应保证旧剃齿刀（刃磨到极限量时）仍有必要的工作齿高。在齿面刃磨量每侧为 $\dfrac{\Delta}{2}$ 时，则新刀全齿高 h_0 应为

$$h_0 = h_0' + \frac{\Delta}{2}\cot\alpha_0 = 2.2m_n + \frac{\Delta}{2}\cot 20° \quad (14\text{-}11)$$

式中 α_0——剃齿刀分圆法向压力角。

在全齿高 h_0 已定时，每侧齿面允许的刃磨量 $\dfrac{\Delta}{2}$ 为

$$\frac{\Delta}{2} = (h_0 - 2.2m_n)\tan 20° \quad (14\text{-}12)$$

从式（14-12）可看到，如能增加全齿高可使剃齿刀齿面的允许刃磨量增加，增长使用寿命，但增加全齿高受到顶圆直径加大齿顶变尖的限制。作者曾分析现在通用剃齿刀（$\phi180$mm 和 $\phi240$mm）的结构参数，根据分析，对多种模数的剃齿刀，在齿顶宽度不过小的条件下，增加全齿高使它的齿面允许刃磨量增大是可能的。

通用剃齿刀的全齿高 h_0，用式（14-12）计算出齿面的允许刃磨量，列于表 14-5 中。根据分析计算结果，表 14-5 中给出了我们建议采用的全齿高和相应的齿面允许刃磨量。可以看到，增加全齿高后，可使 $m_n = 2 \sim 2.75$mm 和 $m_n = 5.5 \sim 8.0$mm 的剃齿刀的允许刃磨量较现用刀具提高 $24\% \sim 51\%$，明显提高了剃齿刀的使用寿命。

表 14-5 剃齿刀的全齿高和它所允许的齿面刃磨量

（单位：mm）

模数 m_n	标准剃齿刀数值		建议采用的数值		
	全齿高 h_0	每侧齿面允许的刃磨量 $\dfrac{\Delta}{2}$	全齿高 h_0	每侧齿面允许的刃磨量 $\dfrac{\Delta}{2}$	齿面刃磨量增加数（%）
2	5.24	0.305	5.5	0.4	31
2.25	5.76	0.295	6.05	0.4	36
2.5	6.44	0.342	6.87	0.5	46
2.75	6.96	0.331	7.42	0.5	51
3	8.15	0.564	7.97	0.5	—
3.25	8.76	0.535	8.85	0.6	12
3.5	9.20	0.545	9.35	0.6	10
3.75	9.97	0.626	9.90	0.6	—
4	10.50	0.618	10.45	0.6	—
4.5	11.55	0.601	11.55	0.6	—
5	12.60	0.582	12.65	0.6	3
5.5	13.65	0.564	14.02	0.7	24
6	14.70	0.546	15.12	0.7	28
6.5	15.75	0.528	16.22	0.7	32.5
7	16.80	0.509	17.32	0.7	37.5
8	18.90	0.473	19.52	0.7	48

（3）剃齿刀的根圆直径 d_{f0} 和根圆处的齿间宽度 W_{f0n} 根据工作齿高可确定剃齿刀的根圆直径，但剃齿刀的根圆直径 d_{f0} 受到如下限制：

1）根圆必须大于基圆并有一定超越量。

2）根圆处法向齿间宽度 W_{f0n} 不能过小。

剃齿刀的工作齿高必须全部是渐开线齿形，故剃齿刀根圆直径 d_{f0} 必须大于基圆直径 d_{b0} 并有一定超越量。现在标准剃齿刀根圆直径 d_{f0} 采用 $d_{f0} \geq d_{b0} + 2$（有个别规格例外）。对于模数较小、齿数较多的剃齿刀，这不成问题；但对于模数大和齿数较少的剃齿刀，这条件往往限制了刀具的可刃磨量。根据实际制造和使用剃齿刀经验，模数较大的剃齿刀允许的最小根圆直径可再小些，建议采用

$$d_{f0} \geq d_{b0} + 1 \quad (14\text{-}13)$$

采用上述允许的最小根圆直径，剃齿刀在不增加变位量的条件下，可使全齿高增加 0.5mm，这可增大齿面的刃磨量，这对模数较大的剃齿刀极为重要。

剃齿刀根圆处法向齿间宽度不能过窄，根据经验要求 $W_{f0n} \geq 1.5$mm，剃齿刀根圆处法向齿间宽度 W_{f0n} 可用下式计算：

$$W_{f0n} = \left(\frac{\pi d_{f0}}{z_0} - s_{f0t}\right)\cos\beta_{f0} \quad (14\text{-}14)$$

其中 $s_{f0t} = r_{f0}\left[\dfrac{\dfrac{\pi m_n}{2} + \Delta s_{0n}}{r_0\cos\beta_0} + 2(\mathrm{inv}\,\alpha_{0t} - \mathrm{inv}\,\alpha_{f0t})\right]$

$$(14\text{-}14\mathrm{a})$$

式中 β_{f0}——剃齿刀根圆螺旋角；

r_{f0}——剃齿刀根圆直径；

α_{f0t}——剃齿刀根圆端面压力角。

剃齿刀分圆齿厚增量 Δs_{0n}（变位量）越大时，根圆处齿间宽度 W_{f0n} 越小；分圆齿厚增量（变位量）减小时，根圆处齿间宽度 W_{f0n} 将变大。

（4）剃齿刀的分圆齿厚增量等参数的分析计算实例 现在通用剃齿刀规定的部分参数尺寸，如分圆齿厚增量等尚值得研究。现以模数 $m_n = 2$mm 和 $m_n = 2.25 \sim 2.5$mm 为例，进行分析计算。

模数 $m_n = 2 \sim 2.5$mm 的通用剃齿刀，齿顶宽度 s_{a0n} 和根圆处齿间宽度 W_{f0n} 都较小，用式（14-10）、式（14-14）计算出 $m_n = 2 \sim 2.25$mm 通用剃齿刀的 s_{a0n} 和 W_{f0n} 值，列于表 14-6 内，可看到 s_{a0n} 和 W_{f0n} 值都较小。为增大剃齿刀的允许刃磨量，要求增加全齿高。很显然，单纯增加全齿高对模数较小的剃齿刀将使根圆处齿间宽度变得更窄，难以加工。可以减小剃齿刀的变位量，使根圆齿间宽度增大。对于模数 $m_n = 2 \sim 2.5$mm 的剃齿刀，因齿数都较多，因此根圆比基圆要大不少，允许采用负变位。此外，根据大量使用剃齿刀的齿轮厂和汽车厂的经验，减小

剃齿刀的变位量可使剃齿质量更加稳定；国外部分剃齿刀样品中有新刀采用负变位的，因此，对模数较小的新剃齿刀采用负变位是允许的。

表 14-6　通用剃齿刀齿顶宽度和根圆处齿间宽度

（单位：mm）

剃齿刀参数		$d_0 \approx 180$, $\Delta s_{0n} = 0.25$		$d_0 \approx 240$, $\Delta s_{0n} = 0.20$	
		$\beta_0 = 5°$	$\beta_0 = 15°$	$\beta_0 = 5°$	$\beta_0 = 15°$
$m_n = 2$	齿顶宽度 s_{a0n}	1.39	1.40	1.44	1.44
$h = 5.24$	根圆处齿间宽度 W_{f0n}	1.16	1.14	1.10	1.12
$m_n = 2.25$	齿顶宽度 s_{a0n}	1.53	1.56	1.60	1.61
$h = 5.76$	根圆处齿间宽度 W_{f0n}	1.42	1.40	1.34	1.33

图 14-19 所示是 $m_n = 2mm$、$h_0 = 5.5mm$ 时，直径分别为 $\phi180mm$ 和 $\phi240mm$ 不同分圆齿厚增量 Δs_{0n} 时的齿顶宽度 s_{a0n} 和根圆齿间宽度 W_{f0n}。可以看到，对 $m_n = 2mm$ 的剃齿刀，根圆处齿间宽度 W_{f0n} 将是限制分圆齿厚增量的主要因素。现在要求 $W_{f0n} \approx 1.5mm$，可以得知在 $m_n = 2mm$、$h_0 = 5.5mm$ 时应采用的分圆齿厚增量为负值。同样方法可以得到 $W_{f0n} \approx 1.5mm$ 时，$m_n = 2.25 \sim 2.5mm$ 剃齿刀应采用的分圆齿厚增量，计算得到的数值见表 14-7。所以在全齿高增加后只需减小分圆齿厚增量（变位量），将刃磨量向负变位方向移动，即可使剃齿刀根圆处齿间有足够的宽度。

表 14-7　剃齿刀分圆齿厚增量和根圆齿间宽度

（单位：mm）

剃齿刀参数		公称分圆直径 $d_0 \approx 180$		公称分圆直径 $d_0 \approx 240$	
		$\beta_0 = 5°$	$\beta_0 = 15°$	$\beta_0 = 5°$	$\beta_0 = 15°$
$m_n = 2mm$	分圆齿厚增量 Δs_{0n}	-0.8	-1.0	-1.4	-1.6
$h_0 = 5.5mm$	根圆齿间宽度 W_{f0n}	1.48	1.50	1.46	1.47
$m_n = 2.25mm$	分圆齿厚增量 Δs_{0n}	-0.3	-0.4	-0.8	-1.0
$h_0 = 6.05mm$	根圆齿间宽度 W_{f0n}	1.51	1.50	1.49	1.49
$m_n = 2.5mm$	分圆齿厚增量 Δs_{0n}	0	0	-0.4	-0.6
$h_0 = 6.87mm$	根圆齿间宽度 W_{f0n}	1.54	1.48	1.48	1.50

此外，还分析了模数 $m_n = 2.75 \sim 8mm$ 剃齿刀的参数。对于 $m_n = 2.75 \sim 5mm$ 的剃齿刀，在增大全齿高后，可采用分圆齿厚增量 $\Delta s_{0n} = 0$（即零变位），或适当减小分圆齿厚增量即可。对于模数 $m_n = 5.5 \sim 8mm$ 的剃齿刀，在齿高增加后仍可采用现在的分圆齿厚增量，但需减小根圆直径（采用 $d_{f0} \geq d_{b0} + 1$）而达到增大齿高，增大齿面刃磨量的要求。

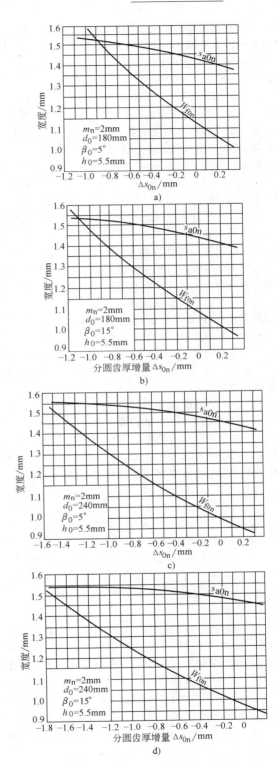

图 14-19　剃齿刀（$m_n = 2mm$，$h_0 = 5.5mm$）**不同分圆齿厚增量 Δs_{0n} 时的齿顶宽度 s_{a0n} 和根圆齿间宽度 W_{f0n}**

a）$\phi180mm$，$\beta_0 = 5°$　　b）$\phi180mm$，$\beta_0 = 15°$

c）$\phi240mm$，$\beta_0 = 5°$　　d）$\phi240mm$，$\beta_0 = 15°$

（5）剃齿刀的宽度 B 现在剃齿刀标准中规定：公称分圆直径 $d_0 \approx 85\text{mm}$ 者，宽度 $B = 16\text{mm}$；$d_0 \approx 180\text{mm}$ 者，宽度 $B = 20\text{mm}$；$d_0 \approx 240\text{mm}$ 者，宽度 $B = 25\text{mm}$。

从前面分析可知，斜齿剃齿刀齿面接触痕迹为一条斜的曲线，如图 14-6 所示。剃齿刀螺旋角越大，齿面接触轨迹曲线斜度也越大。根据计算，分圆螺旋角 $\beta_0 = 15°$ 的剃齿刀，在模数 $m_n = 4\text{mm}$ 时，齿面接触轨迹宽度 b 约 7.5mm；模数 $m_n = 6\text{mm}$ 时，约为 10mm；模数 $m_n = 8\text{mm}$ 时，约为 12.5mm（接触轨迹宽度 b 随公称直径和变位系数不同而有变化）。实际剃齿时，齿面并非点接触而为小面积接触，再加上剃齿时不一定是最佳轴交角，因而要求剃齿刀的宽度大于齿面接触轨迹的理论宽度。现在的通用剃齿刀在模数较大时，宽度虽基本能满足剃齿要求，但是如果适当增加宽度，就有可能在刀具用钝后再轴向窜刀使用，可明显提高剃齿刀使用寿命。因此对螺旋角 $\beta_0 = 15°$ 的剃齿刀，如加工条件允许，建议在模数较大时将剃齿刀宽度 B 增大 5mm。

对螺旋角 $\beta_0 = 5°$ 的剃齿刀，因齿面接触轨迹宽度 b 较小，现在的通用剃齿刀的宽度 B 已足够，不需要再改变。

14.1.6 专用剃齿刀设计

1. 专用剃齿刀设计的简要步骤

为对某一特定齿轮进行剃齿加工，可设计专用的剃齿刀，也可选用已有的通用剃齿刀，再校验这标准剃齿刀是否适合加工这齿轮。这里讲专用剃齿刀的设计。

设计专用剃齿刀大致步骤如下：

1）设计专用剃齿刀不仅需知道被加工齿轮的详细参数，而且需要知道与它共轭的齿轮的参数。

2）根据所使用的剃齿机选用允许的最大剃齿刀外径，再根据被加工齿轮的模数和螺旋角等参数，确定剃齿时的轴交角 Σ，确定剃齿刀的齿数、分圆直径和螺旋角。

3）确定新剃齿刀参数，以新刀法向节圆压力角的增大量表示新剃齿刀的齿厚增量（变位量），初步选定的新刀法向节圆压力角增大量 $\Delta\alpha'$，需经啮合验算合格后才算确定。

4）进行新刀和被加工齿轮的啮合验算，看能否加工出要求的齿轮全部齿形；计算新刀的分圆弧齿厚、顶圆直径和根圆直径、齿顶宽度和根圆齿间宽度。

5）确定旧剃齿刀（刃磨到极限时）参数，旧剃齿刀的最小变位量以旧刀法向节圆压力角的减小量 $\Delta\alpha''$ 表示。初步选定的法向节圆压力角增大量 $\Delta\alpha''$，需经啮合验算合格后才算确定。

6）进行旧刀和被加工齿轮的啮合验算，看能否加工出要求的齿轮全部齿形。

7）确定新刀的其他尺寸。

2. 新剃齿刀顶圆和根圆直径确定的原理

设计专用剃齿刀的核心问题是，加工出的齿轮齿形是否能满足共轭齿轮的啮合要求，必须进行啮合验算，才能最后确定剃齿刀的顶圆和根圆直径。

图 14-20 中是被加工齿轮的有效齿形，齿形起点 F 和终点 A 是和共轭齿轮啮合而计算得到。F 点和 A 点的位置用该点渐开线曲率半径 $\rho_{1\min}$ 和 $\rho_{1\max}$ 表示，剃齿时应有一定超越量。

剃齿刀加工齿轮是交轴螺旋齿轮啮合，啮合原理图如图 14-5 所示。将图中的啮合线 KPM 部分抽出作成图 14-21（法向观察）。剃齿时的有效啮合线为 FA'，应较齿轮副啮合时的有效啮合线有一定超越。将法向值投影到剃齿刀端截面，求出剃齿刀的顶圆和根圆。

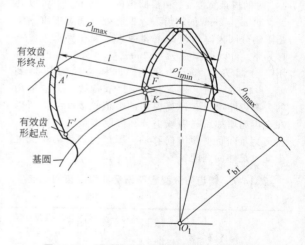

图 14-20 被加工齿轮有效齿形的起点和终点

新剃齿刀的变位系数，现在工厂常用的计算方法是给定新刀的啮合角 α'_{0n}

$$\alpha'_{0n} = \alpha_n + \Delta\alpha' \tag{14-15}$$

对模数较小的剃齿刀（$m = 2 \sim 2.5\text{mm}$），为避免根圆处齿间宽度过小，可采用负变位，建议取 $\Delta\alpha' = (-1°) \sim \left(-\dfrac{1°}{2}\right)$；中等模数（$m = 2.75 \sim 3.5\text{mm}$）可采用零变位，即 $\Delta\alpha' = 0$；模数再大时可取正变位，可取 $\Delta\alpha' = \dfrac{1°}{2} \sim 1\dfrac{1°}{2}$，以保证根圆在基圆之外。这初步选取的新刀啮合角以后要经过校验，看是否能符合要求，若不能满足啮合要求，则需改变啮合角 α'_{0n} 重算。

新剃齿刀啮合角 α'_{0n} 确定后，计算剃齿时的节圆

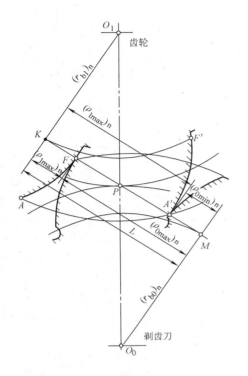

图 14-21　剃齿时的有效啮合线

半径 r_0' 和 r_1'，再计算新刀剃齿时的理论啮合线长度 L'（见式（14-2））

$$L' = \frac{\sqrt{r_0'^2 - r_{b0}^2}}{\cos\beta_{b0}} + \frac{\sqrt{r_1'^2 - r_{b1}^2}}{\cos\beta_{b1}}$$

剃齿刀齿顶应能加工出齿轮齿形最低点 F（渐开线曲率半径 ρ_{1min}），故剃齿刀顶圆处渐开线曲率半径 ρ_{0max}' 应为

$$\rho_{0max}' = L'\cos\beta_{b0} - \frac{\rho_{1min} - \Delta l}{\cos\beta_{b1}}\cos\beta_{b0} \qquad (14\text{-}16)$$

式中　Δl——啮合超越量，可用下式计算：

$$\Delta l = \frac{(c - 0.15)m_n}{\sin\alpha_t} \qquad (14\text{-}17)$$

式中　α_t——齿轮分圆端面压力角；
　　　　c——径向间隙系数。

最后采用的 Δl 值应大于 0.5mm。得到 ρ_{0max}' 值后，用下式计算新剃齿刀外圆半径 r_{a0}'

$$r_{a0}' = \sqrt{\rho_{0max}'^2 + r_{b0}^2} \qquad (14\text{-}18)$$

新旧剃齿刀的根圆直径相同，剃齿刀根圆直径

是根据旧刀剃齿时的啮合要求决定的。设计时，旧剃齿刀的啮合角 α_{0n}'' 可采用

$$\alpha_{0n}'' = \alpha_{0n}' - 2° \qquad (14\text{-}19)$$

旧剃齿刀加工齿轮时的理论啮合线长度 L'' 为

$$L'' = \frac{\sqrt{r_0''^2 - r_{b0}^2}}{\cos\beta_{b0}} + \frac{\sqrt{r_1''^2 - r_{b1}^2}}{\cos\beta_{b1}} \qquad (14\text{-}20)$$

剃齿刀根圆处渐开线曲率半径 ρ_{0min}' 应为

$$\rho_{0min}' = \left[L'' - (\rho_{1min} + l)\frac{1}{\cos\beta_{b1}} \right]\cos\beta_{b0} - 0.8m_n$$

$$(14\text{-}21)$$

式中　l——齿轮副啮合时的有效啮合线长度；
　　$0.8m_n$——超越量。

ρ_{0min}' 必须大于零，以保证根圆在基圆之外，否则应减小超越量 $0.8m_n$ 或是增大 α_{0n}'' 重算。剃齿刀根圆直径 d_{f0} 为

$$d_{f0} = \sqrt{(2\rho_{0min}')^2 + d_{b0}^2} \qquad (14\text{-}22)$$

3. 专用剃齿刀设计程序及设计示例

专用剃齿刀设计程序及设计示例见表 14-8。剃齿刀的工作图如图 14-22 所示。

14.1.7　已有的通用剃齿刀的适用性检验

选用已有的通用剃齿刀加工某一特定齿轮时，需要校验该剃齿刀是否适合加工此齿轮。校验程序及示例见表 14-9。

14.1.8　盘形剃齿刀的结构尺寸、精度和技术要求

1. 盘形剃齿刀的结构尺寸

盘形剃齿刀已有标准 GB/T 14333—2008，但仅规定了公称分圆直径 ϕ85mm、ϕ180mm 和 ϕ240mm 的剃齿刀的模数系列、齿数、宽度等少量参数。GB/T 14333—2008 规定的盘形剃齿刀的模数系列见表 14-10。

我国的剃齿刀标准中未规定具体结构尺寸，现在提供工具厂生产的通用剃齿刀的结构尺寸：表 14-11 ~ 表 14-13 中分别是公称分圆直径 ϕ85mm、ϕ180mm、ϕ240mm 盘形剃齿刀的结构尺寸；表 14-14、表 14-15 分别是公称分圆直径 ϕ85mm、ϕ63mm 小模数盘形剃齿刀的结构尺寸。

表 14-16 是标准 GB/T 14333—2008 附录中规定的盘形剃齿刀键槽尺寸。表 14-17 是标准 GB/T 14333—2008 附录中规定的环形通槽式剃齿刀切削刃的沟槽尺寸；表 14-18 中是规定的不通槽式沟槽尺寸。图 14-23 是小模数剃齿刀的结构尺寸。

表14-8　专用剃齿刀设计程序及示例

(1) 齿轮参数

序号	名称	符号	计算公式	计算示例	备注
			1) 被加工齿轮原始数据		
1	法向模数	m_n	—	$m_n=3.75$mm	对双模数齿轮,齿高方向用小模数,齿厚方向用大模数
2	齿数	z_1	—	$z_1=31$	—
3	分度圆法向压力角	α_n	—	$\alpha_n=20°$, $\sin\alpha_n=0.3420201$ $\cos\alpha_n=0.9396926$ $\tan\alpha_n=0.3639702$ $\mathrm{inv}\alpha_n=0.0149044$	—
4	分度圆螺旋角	β_1	—	$\beta_1=25°51'24''$,$\sin\beta_1=0.4361213$ (右), $\cos\beta_1=0.8998879$ $\tan\beta_1=0.4846396$	注明螺旋方向
5	分度圆直径	d_1	$d_1=\dfrac{m_n z_1}{\cos\beta_1}$ $(5)=\dfrac{(1)(2)}{(4)}$	$d_1=129.182757$mm	—
6	分度圆弧齿厚	s_1	—	$s_1=5.79$mm	—
7	全齿高	h	—	$h=8.45$mm	—
8	顶圆直径	d_{a1}	—	$d_{a1}=136.7$mm	—
9	根圆直径	d_{f1}	$d_{f1}=d_{a1}-2h$ $(9)=(8)-2(7)$	$d_{f1}=119.8$mm	—
			2) 共轭齿轮参数		
10	共轭齿轮齿数	z_2	—	$z_2=33$	—
11	共轭齿轮分圆直径	d_2	$d_2=\dfrac{m_n z_2}{\cos\beta_1}$ $(11)=\dfrac{(1)(10)}{(4)}$	$d_2=137.5171285$mm	—
12	共轭齿轮顶圆直径	d_{a2}	—	$d_{a2}=145$mm	—
			3) 齿轮的辅助参数		
13	端面模数	m_t	$m_t=\dfrac{m_n}{\cos\beta_1}$ $(13)=\dfrac{(1)}{(4)}$	$m_t=\dfrac{3.75}{0.8998879}mm=4.167185$mm	—

序号	名称	符号	计算公式	计算举例	备注
14	分度圆端面压力角	α_t	$\tan\alpha_t=\dfrac{\tan\alpha_n}{\cos\beta_1}$ $(14)=\dfrac{(3)}{(4)}$	$\tan\alpha_t=\dfrac{0.3639702}{0.8998879}=0.4044617$ $\alpha_t=22.02144623°$ $\sin\alpha_t=0.3749536$ $\cos\alpha_t=0.9270436$ $inv\alpha_t=0.0201149$	—
15	基圆直径	d_{b1}	$d_{b1}=d_1\cos\alpha_t$ $(15)=(5)(14)$	$d_{b1}=119.7580481$mm	—
16	共轭齿轮基圆直径	d_{b2}	$d_{b2}=d_2\cos\alpha_t$ $(16)=(11)(14)$	$d_{b2}=127.4843739$mm	—
17	齿轮的中心距	a	$a=\dfrac{d_1+d_2}{2}$ 时为标准中心距 $a\neq\dfrac{d_1+d_2}{2}$ 时为非标准中心距,此时 $\cos\alpha_t'=\dfrac{d_1+d_2}{2a}$	$a=\dfrac{129.182757+137.5171285}{2}$mm $=133.349943$mm	a 值应取箱体上轴孔的中心距数值 在非标准中心距时,用计算得的 α_t' 代替 (18) 中的 α_t
18	齿轮副的端面有效啮合线长度	l	$l=\dfrac{1}{2}(\sqrt{d_{a1}^2-d_{b1}^2}+\sqrt{d_{a2}^2-d_{b2}^2}-2a\sin\alpha_t)$ $(18)=\dfrac{1}{2}(\sqrt{(8)^2-(15)^2}+\sqrt{(12)^2-(16)^2}-2(17)(14))$	$l=\left(\dfrac{1}{2}(\sqrt{136.7^2-119.758052^2}+\sqrt{145^2-127.4844^2}-2\times133.35\times0.3749536)\right)mm=17.5003289$mm	—
19	齿轮端面齿形的最小曲率半径	ρ_{1min}	$\rho_{1min}=\dfrac{1}{2}(\sqrt{d_{a1}^2-d_{b1}^2}-l)$ $(19)=\dfrac{1}{2}(\sqrt{(8)^2-(15)^2}-(18))$ 当要求齿形无中凹现象时,应减小 ρ_{1min} 但不许小于下式值 $\rho_{1min}\geq\dfrac{d_1}{2}\sin\alpha_n-m_n(1.25-0.3(1-\sin\alpha_t))/\sin\alpha_t$ $(19)\geq(5)/2(14)-(1)(1.25-0.3(1-3))/(14)$	$\rho_{1min}=\left(\dfrac{1}{2}(\sqrt{136.7^2-119.758052^2})-17.5003289\right)mm=15.4575968$mm $\rho_{1min}\geq\left(\dfrac{129.183}{2}\times0.3749536-3.75(1.25-0.3(1-0.3420201))/0.3749536\right)mm=13.691$mm	当要求齿形无中凹时,应调整 ρ_{1min} 值直到 (79) $\varepsilon=1.95\sim2$ 时为止
20	齿轮基圆螺旋角	β_{b1}	$\sin\beta_{b1}=\sin\beta_1\cos\alpha_n$ $(20)=(4)(3)$	$\sin\beta_{b1}=0.939693\times0.436121=0.4098199$ $\beta_{b1}=24°11'37''$ $\cos\beta_{b1}=0.9121664$	—
21	齿轮顶隙系数	c'	$c'=\dfrac{2a-d_{f1}-d_{a2}}{zm_n}$ $(21)=\dfrac{2(17)-(19)-(12)}{2(1)}$	$c'=\dfrac{2\times133.35-119.8-145}{2\times3.75}=0.2533$	—

（2）剃齿刀设计

序号	名称	符号	计算公式	计算示例	备注
			1）剃齿刀原始参数的确定		
22	剃齿刀和齿轮的轴交角	Σ	1）Σ 值随齿轮齿数而定 <table><tr><td>z_1</td><td>≤15</td><td>>15</td></tr><tr><td>Σ</td><td>12°</td><td>15°</td></tr></table> 2）$m_n>5mm$ 时，Σ 值减小 1°~2° 3）加工台阶齿轮中的小齿轮，Σ 角用下式计算 $$\tan\Sigma=\dfrac{W-2b-e}{\sqrt{r_{a0}^2-\left(\dfrac{r_{a0}^2-r_{a2}'^2+a_0^2}{2a_0}\right)^2}}$$ 式中 W——台阶齿轮槽宽； $b=2mm$； $e=3mm$； r_{a0}——剃齿刀顶圆半径； r_{a2}'——台阶齿轮中大轮顶圆半径； a_0——剃齿刀和齿轮的中心距，暂用下式计算 $$a_0=\dfrac{d_1}{2}+\left(\dfrac{d_{a0}}{2}-11m_n\right)$$	$\Sigma=15°$	两配对齿轮用剃齿刀的 Σ 值尽量相等，按小齿轮齿数选 Σ 值 亦可用作图法求 Σ，Σ 角一般情况下不可小于 7°，特殊情况下可以用 5°
23	剃齿刀分度圆螺旋角	β_0	$\beta_0=\beta_1-\Sigma$ （23）=（4）-（22）	$\beta_0=25°51'24''-15°=10°51'24''（右）$ $\sin\beta_0=0.1883527$ $\cos\beta_0=0.98210145$ $\tan\beta_0=0.1917854$	$\beta_1=0$ 时，β_0 用右旋；$\beta_0>0$，则 β_0 和 β_1 方向相反；$\beta_0<0$，则 β_0 和 β_1 方向相同
24	剃齿刀端面分度圆压力角	α_{0t}	$\tan\alpha_{0t}=\dfrac{\tan\alpha_n}{\cos\beta_0}$ （24）=$\dfrac{(3)}{(23)}$	$\tan\alpha_{0t}=\dfrac{0.3639702}{0.9821015}=0.3706034$ $\alpha_{0t}=20°20'5''$ $\cos\alpha_{0t}=0.9376776$ $\mathrm{inv}\,\alpha_{0t}=0.0156929$	—
25	剃齿刀端面模数	m_{0t}	$m_{0t}=\dfrac{m_n}{\cos\beta_0}$ （25）=$\dfrac{(1)}{(23)}$	$m_{0t}=\dfrac{3.75}{0.9821015}=3.8183426mm$	

（续）

序号	名称	符号	计算公式		计算结果	说明
26	剃齿刀齿数	z_0	$z_0 = \dfrac{(d_{a0})_{max}}{m_{0t}} - 3$	$(26) = \dfrac{(d_{a0})_{max}}{(25)} - 3$	$z_0 = \dfrac{240}{3.8183} - 3 = 59.86$ 取 $z_0 = 60$	1）剃齿刀和齿轮齿数应无公因数 2）校验剃齿刀和齿轮中心距在机床范围内
27	剃齿刀分度圆直径	d_0	$d_0 = z_0 m_{0t}$	$(27) = (25)(26)$	$d_0 = 60 \times 3.8183426mm = 229.100556mm$	—
28	剃齿刀基圆直径	d_{b0}	$d_{b0} = d_0 \cos\alpha_{0t}$	$(28) = (27)(24)$	$d_{b0} = 229.100556 \times 0.9376776mm$ $= 214.8224595mm$	—
29	剃齿刀基圆螺旋角	β_{b0}	$\sin\beta_{b0} = \sin\beta_0 \cos\alpha_n$	$(29) = (23)(3)$	$\sin\beta_{b0} = 0.1883527 \times 0.9396926 = 0.1769937$ $\beta_{b0} = 10°11'41''$ $\cos\beta_{b0} = 0.98421199$	—

2）新剃齿刀参数

序号	名称	符号	计算公式		计算结果	说明
30	新剃齿刀法向节圆压力角	α'_{0n}	$\alpha'_{0n} = \alpha_n - \Delta\alpha$ 1）$m_n = 2 \sim 2.25mm$ 时，为满足(50)(64)项要求 $\Delta\alpha$ 取 $(-1°) \sim (\frac{1}{2}°)$ 2）$m_n = 2.5 \sim 3.25mm$ 时，$\Delta\alpha$ 取 $0°$ 3）$m_n = (3.5\sim8)mm$ 时，为满足(59)项要求 $\Delta\alpha$ 取 $1°$	$(30) = (3) - \Delta\alpha$	$\alpha'_{0n} = 20° - 1° = 19°$ $\cos\alpha'_{0n} = 0.9455185$	初步选定的 α'_{0n} 值；要在以后计算证明符合要求时才能最后确定
31	新剃齿刀节圆螺旋角	β'_0	$\sin\beta'_0 = \dfrac{\sin\beta_{b0}}{\cos\alpha'_{0n}}$	$(31) = \dfrac{(29)}{(30)}$	$\sin\beta'_0 = \dfrac{0.1769937}{0.9455185} = 0.18719219$ $\beta'_0 = 10°47'20.29''$ $\cos\beta'_0 = 0.9823233$ $\tan\beta'_0 = 0.1905607$	—
32	与新剃齿刀啮合时齿轮节圆螺旋角	β'_1	$\sin\beta'_1 = \dfrac{\sin\beta_{b1}}{\cos\alpha'_{0n}}$	$(32) = \dfrac{(20)}{(30)}$	$\sin\beta'_1 = \dfrac{0.4098199}{0.9455185} = 0.4334340$ $\beta'_1 = 25°41'8.48''$ $\cos\beta'_1 = 0.9011853$ $\tan\beta'_1 = 0.48095990$	—

（续）

序号	名　称	符号	计　算　公　式	计　算　示　例	备　注
33	新剃刀节圆直径	d'_0	当 $\beta_0 \neq 0°$ 时 $d'_0 = \dfrac{d_0 \tan\beta'_0}{\tan\beta_0}$ 当 $\beta_0 = 0°$ 时 $d'_{b0} = \dfrac{d_{b0}}{\cos\alpha'_{0n}}$ $(33) = \dfrac{(27)(31)}{(28)}$ $(33') = \dfrac{(23)}{(30)}$	$d'_0 = \dfrac{229.10055 \times 0.1905607}{0.1917854}$ mm $= 227.6375456$ mm	—
34	与新剃齿刀啮合时齿轮节圆直径	d'_1	当 $\beta_0 \neq 0°$ 时 $d'_1 = \dfrac{d_1 \tan\beta'_1}{\tan\beta_1}$ 当 $\beta_0 = 0°$ 时 $d'_{b1} = \dfrac{d_{b1}}{\cos\alpha'_{0n}}$ $(34) = \dfrac{(5)(32)}{(4)}$ $(34') = \dfrac{(15)}{(30)}$	$d'_1 = \dfrac{129.182757 \times 0.4809599}{0.4846396}$ mm $= 128.2019185$ mm	—
35	新剃齿刀法向节圆齿距	p'_{0n}	$p'_{0n} = \dfrac{\pi d'_0}{z_0}\cos\beta'_0$ $(35) = \dfrac{\pi(33)}{(26)}(31)$	$p'_{0n} = \dfrac{3.1415927 \times 227.6375456}{60} \times 0.9823233$ mm $= 11.708384$ mm	计算结果 p'_{0n} 应和 p'_{1n} 相等,准确到小数点后 4 位,否则检查计算错误
36	与新剃齿刀啮合时,齿轮节圆法向齿距	p'_{1n}	$p'_{1n} = \dfrac{\pi d'_1}{z_1}\cos\beta'_1$ $(36) = \dfrac{\pi(34)}{(2)}(32)$	$p'_{1n} = \dfrac{3.1415927 \times 128.2019185}{31} \times 0.9011853$ mm $= 11.70838$ mm	—
37	新剃齿刀和齿轮啮合时的啮合线长度	L'	$L' = \dfrac{\sqrt{r'^2_0 - r^2_{b0}}}{\cos\beta_{b0}} + \dfrac{\sqrt{r'^2_1 - r^2_{b1}}}{\cos\beta_{b1}}$ $(37) = \dfrac{\sqrt{(33)^2-(28)^2}}{(29)} + \dfrac{\sqrt{(34)^2-(15)^2}}{(20)}$	$L' = \dfrac{\sqrt{227.6375456^2 - 214.8224595^2}}{0.98421199} + \dfrac{\sqrt{128.2019185^2 - 119.7580481^2}}{0.9121664}$ mm $= 63.33668$ mm	—
38	齿轮齿根端面有效啮合线的超越值	Δl	$\Delta l = \dfrac{(c'-0.15)m_n}{\sin\alpha_t}$ $(38) = \dfrac{[(21)-0.15](1)}{(14)}$	$\Delta l = \dfrac{(0.2533-0.15)3.75}{0.3749536}$ mm $= 1.033$ mm	Δl 不得小于 0.5mm
39	新剃齿刀齿形最大曲率半径	ρ'_{0max}	$\rho'_{0max} = \left(L' - \left(\dfrac{\rho_{1min}-\Delta l}{\cos\beta_{b1}}\right)\cos\beta_{b0}\right)$ $(39) = \left[(37) - \dfrac{(19)-(38)}{(20)}\right] \times (29)$	$\rho'_{0max} = \left(63.33668 - \dfrac{15.4575968-1.033}{0.9121664}\right) \times 0.98421199$ mm $= 46.772926$ mm	—
40	新剃齿刀顶圆直径	d'_{a0}	$d'_{a0} = \sqrt{(2\rho'_{0max})^2 + d^2_{b0}}$ $(40) = \sqrt{[2(39)]^2 + (28)^2}$	$d'_{a0} = \sqrt{(2\times46.772926)^2 + 214.8224^2}$ mm $= 234.3060355$ mm	每次刃磨后测量顶圆直径用

序号	名称	符号	计算公式	算例	备注
41	新剃齿刀剃齿时，剃齿刀齿顶和齿轮齿根间的顶隙	c_1	$c_1 = \dfrac{d_1' + d_0' - d_{a0}' - d_{f1}}{2}$ $(41) = \dfrac{(34)+(33)-(40)-(9)}{2}$	$c_1 = \dfrac{128.202+227.638-234.306-119.8}{2}$ mm $= 0.8667$ mm	如 $c_1 < 0.1 m_n$ 则应 1）减小 d_{f1} 2）减小 α_{0n}' 重算 3）减小 Δl，但 Δl 不小于 0.5mm
42	新剃齿刀端面啮合角	α_{0t}'	$\cos\alpha_{0t}' = \dfrac{d_{b0}}{d_0'}$ $(42) = \dfrac{(28)}{(33)}$	$\cos\alpha_{0t}' = \dfrac{214.8224595}{227.6375456} = 0.9437019$mm $\alpha_{0t}' = 19°19'0.49''$ $\text{inv}\alpha_{0t}' = 0.0133824709$mm	—
43	与新剃齿刀啮合时，齿轮端面啮合角	α_{1t}'	$\cos\alpha_{1t}' = \dfrac{d_{b1}}{d_0'}$ $(43) = \dfrac{(15)}{(34)}$	$\cos\alpha_{1t}' = \dfrac{119.7580481}{128.2019185} = 0.9341357$mm $\alpha_{1t}' = 20°54'39.71''$ $\text{inv}\alpha_{1t}' = 0.0171171175$mm	—
44	齿轮节圆法向弧齿厚	s_{1n}'	$s_{1n}' = d_1'\left(\dfrac{s_1'}{d_1'\cos\beta_1'} + \text{inv}\alpha_t - \text{inv}\alpha_{1t}'\right)\cos\beta_1'$ $(44) = (34)\left[\dfrac{(6)}{(4)(5)} + (14)-(43)\right](32)$	$s_{1n}' = \left(\dfrac{5.79}{0.8998879×129.182757} + 0.0201149 - 0.01711718\right) ×$ $128.2019185×0.9011853$mm $= 6.1006$mm	—
45	新剃齿刀节圆法向弧齿厚	s_{0n}'	$s_{0n}' = t_{1n}' - s_{p1}'$ $(45) = (36) - (44)$	$s_{0n}' = (11.70838 - 6.1006)$ mm $= 5.6077$mm	—
46	新剃齿刀分度圆法向弧齿厚	s_0'	$s_0' = d_0\left(\dfrac{s_{0n}'}{d_0'\cos\beta_0'} + \text{inv}\alpha_{0t}' - \text{inv}\alpha_{0t}'\right)\cos\beta_0$ $(46) = (27)\left[\dfrac{(45)}{(33)(31)} + (42)-(24)\right](23)$	$s_0' = \left(\dfrac{5.6077}{227.6375456×0.9823233} + 0.0133824709 - 0.0156929\right) ×229.100556×$ 0.98210145mm $= 5.1227$mm	—
47	新剃齿刀顶圆端面压力角	α_{a0t}'	$\cos\alpha_{a0t}' = \dfrac{d_{b0}}{d_{a0}'}$ $(47) = \dfrac{(28)}{(40)}$	$\cos\alpha_{a0t}' = \dfrac{214.8224595}{234.3060355} = 0.916845607$ $\alpha_{a0t}' = 23°31'50.87''$ $\text{inv}\alpha_{a0t}' = 0.02476177$	—

（续）

序号	名称	符号	计算公式	计算示例	备注
48	新剃齿刀顶圆螺旋角	β'_{a0}	$(48)=\dfrac{(40)(23)}{(27)}$ $\tan\beta'_{a0}=\dfrac{d'_{a0}\tan\beta_0}{d_0}$	$\tan\beta'_{a0}=\dfrac{234.3060355\times0.98210145}{229.100556}$ $=0.19613871$ $\beta'_{a0}=11°5'49.38''$ $\cos\beta'_{a0}=0.981302579$	—
49	剃齿刀容屑槽法向深度	k值	k值 <table><tr><td>m_n/mm</td><td>$2\sim3$</td><td>$3.25\sim5$</td><td>$5.5\sim8$</td></tr><tr><td>k/mm</td><td>0.8</td><td>1.0</td><td>1.2</td></tr></table>	取 $k=1.0mm$	—
50	新剃齿刀法向齿顶厚	s'_{a0n}	$s'_{a0n}=d'_{a0}\left(\dfrac{s'_{p0}}{d'_0\cos\beta'_0}+\mathrm{inv}\alpha'_{a0t}-\right.$ $\left.\mathrm{inv}\alpha'_{a0t}\right)\cos\beta'_0$ $(50)=(40)\left[\dfrac{45}{(33)(31)}+\right.$ $\left.(42)-(47)\right](48)$	$s'_{a0n}=\left(\dfrac{5.6077}{(227.6375436\times0.9823233)}+\right.$ $\left.0.0138824709-0.0247617\right)\times234.3060355\times$ $0.981302579mm=3.1482mm$	应满足 $s'_{a0n}\geqslant1.5$，否则减小 α'_{a0n} 重算

当 $m_n<2mm$ 时，剃齿刀制成通槽，齿顶不受限制

3) 旧剃齿刀（刀磨到极限时）参数

序号	名称	符号	计算公式	计算示例	备注
51	旧剃齿刀法向节圆压力角	α''_{0n}	$(51)=(30)-2°$ $\alpha'_{an}=\alpha'_{0n}-2°$	$\alpha''_{0n}=19°-2°=17°$ $\cos\alpha''_{0n}=0.9563048$	—
52	旧剃齿刀节圆螺旋角	β''_0	$(52)=\dfrac{(29)}{(51)}$ $\sin\beta''_0=\dfrac{\sin\beta_{b0}}{\cos\alpha''_{0n}}$	$\sin\beta''_0=\dfrac{0.1769937}{0.9563048}=0.18508085$ $\beta''_0=10°39'57.05''$ $\tan\beta''_0=0.1883466$	—
53	与旧剃齿刀啮合时，齿轮节圆螺旋角	β''_1	$(53)=\dfrac{(20)}{(51)}$ $\sin\beta''_1=\dfrac{\sin\beta_{b1}}{\cos\alpha''_{0n}}$	$\sin\beta''_1=\dfrac{0.4098199}{0.9563048}=0.42854527$ $\beta''_1=25°22'31''$ $\tan\beta''_1=0.47430619$	—
54	旧剃齿刀的节圆直径	d''_0	$\beta_0\neq0$ 时 $d''_0=\dfrac{d_0\tan\beta''_0}{\tan\beta_0}$ $\beta_0=0$ 时 $d''_0=\dfrac{d_{b0}}{\cos\alpha''_{0n}}$ $(54)=\dfrac{(27)(52)}{(23)}$ $(54')=\dfrac{(28)}{(51)}$	$d''_0=\dfrac{229.100556\times0.18833466}{0.1917854}$ $=224.97786mm$	—
55	与旧剃齿刀啮合时的齿轮节圆直径	d''_1	$\beta_1\neq0$ 时 $d''_1=\dfrac{d_1\tan\beta''_1}{\tan\beta_1}$ $\beta_1=0$ 时 $d''_1=\dfrac{d_{b1}}{\cos\alpha''_{0n}}$ $(55)=\dfrac{(5)(53)}{(15)}$ $(55')=\dfrac{(4)}{(51)}$	$d''_1=\dfrac{129.182757\times0.47430619}{0.4846396}mm$ $=126.428424mm$	—

序号	名称	符号	计算公式	公式编号	计算举例	备注
56	旧剃齿刀与齿轮啮合时的啮合线长度	L''	$L''=\sqrt{\dfrac{d_0''^2-d_{b0}^2}{2\cos\beta_{b0}}}+\sqrt{\dfrac{d_1''^2-d_{b1}^2}{2\cos\beta_{b1}}}$	$(56)=\sqrt{\dfrac{(54)^2-(28)^2}{2(29)}}+\sqrt{\dfrac{(55)^2-(15)^2}{2(20)}}$	$L''=\left(\sqrt{\dfrac{224.97786^2-214.822459^2}{2\times0.98421199}}+\sqrt{\dfrac{126.428342^2-119.75804^2}{2\times0.9121664}}\right)$ mm $=56.1640651$ mm	—
57	旧剃齿刀齿形最大曲率半径	ρ_{0max}''	$\rho_{0max}''=\left(L''-\dfrac{\rho_{1min}-\Delta l}{\cos\beta_{b1}}\right)\cos\beta_{b0}$	$(57)=\left[(56)-\dfrac{(19)-(38)}{(20)}\right]\times(29)$	$\rho_{0max}''=\left(56.1640651-\dfrac{15.4575968-1.033}{0.9121664}\right)0.98421199$ mm $=39.713452$ mm	—
58	旧剃齿刀齿形最小曲率半径	ρ_{0min}''	$\rho_{0min}''=\rho_{0max}''-\dfrac{(l+\Delta l)}{\cos\beta_{b1}}\cos\beta_{b0}$	$(58)=(57)-\dfrac{(18)+(38)}{(20)}(29)$	$\rho_{0min}''=\left(39.713452-\dfrac{17.5003289+1.033}{0.9121664}\right)$ mm $=19.716306$ mm	—

4) 新剃齿刀根圆齿间宽度的验算

序号	名称	符号	计算公式	公式编号	计算举例	备注
59	新剃齿刀齿形最小曲率半径	ρ_{0min}'	$\rho_{0min}'=\rho_{0min}''-0.8m_n$	$(59)=(58)-0.8(1)$	$\rho_{0min}'=(19.716306-0.8\times3.75)$ mm $=16.716306$ mm	应符合 $\rho_{0min}'>0$，否则 1) 减小系数 0.8 2) 增大 α_{0n}' 和 α_{0n}'' 重算
60	新剃齿刀的根圆直径	d_{f0}	$d_{f0}=\sqrt{(2\rho_{0min}')^2+d_{b0}^2}$	$(60)=\sqrt{[2(59)]^2+(28)^2}$	$d_{f0}=\left(\sqrt{(2\times16.716306)^2+214.82246^2}\right)$ mm $=217.408439$ mm	—
61	新剃齿刀根圆端面压力角	α_{f0t}	$\cos\alpha_{f0t}=\dfrac{d_{b0}}{d_{f0}}$	$(61)=\dfrac{(28)}{(60)}$	$\cos\alpha_{f0t}=\dfrac{214.82246}{217.408439}=0.9881054341$ $\alpha_{f0t}=8°50'45.34''$ $inv\alpha_{f0t}=0.0012385172$	—
62	新剃齿刀根圆螺旋角	β_{f0}	$\tan\beta_{f0}=\dfrac{d_{f0}\tan\beta_0}{d_0}$	$(62)=\dfrac{(60)(23)}{(27)}$	$\tan\beta_{f0}=\dfrac{217.408439\times0.1917854}{229.100556}=0.18199765$ $\cos\beta_{f0}=0.98383882$	—
63	新剃齿刀根圆法向齿厚	s_{f0n}	$s_{f0n}=d_{f0}\left(\dfrac{s_{p0}'}{d_0'\cos\beta_0'}+inv\alpha_{0t}'-inv\alpha_{f0t}\right)\cos\beta_{f0}$	$(63)=(60)\left[\dfrac{(45)}{(33)(31)}+(42)-(61)\right](62)$	$s_{f0n}=\left[227.6375\times0.9823233\left(\dfrac{5.6077}{0.0138247-0.001238517}\right)\times0.9838382\times217.408439\right]$ mm $=7.9615$ mm	—
64	新剃齿刀根圆法向齿间宽度	W_{f0n}	$W_{f0n}=\dfrac{\pi d_{f0}}{z_0}\cos\beta_{f0}-s_{f0n}$	$(64)=\dfrac{\pi(60)}{(26)}(62)-(63)$	$W_{f0n}=\left(\dfrac{3.1415927\times217.408439}{60}\times0.98383882-7.9615\right)$ mm $=3.238$ mm	应保证 $W_{f0n}>1.5$mm，否则 1) 减少(59)中的系数 0.8 2) 减小 α_{0n}' 和 α_{0n}'' 重算

（续）

5）新剃齿刀的其他尺寸

序号	名称	符号	计算公式	计算示例	备注
65	剃齿刀齿根退刀孔直径	ϕ	$\phi = W'_{f0n} + \dfrac{2k}{\cos\alpha_{tot}} + (0.5\sim1)$ mm　　$(65)=(64)+\dfrac{2\times(49)}{(61)}+(0.5\sim1)$	$\phi = \left[3.238 + \dfrac{2\times1}{0.988105434} + (0.5\sim1)\right]$ mm $= [5.26 + (0.5\sim1)]$ mm 取 5.6	为保证剃齿刀刀齿强度要求，$\phi<\dfrac{\pi d_{f0}}{2z_0}\times\cos\beta_0$，否则减小(59)的系数0.8，但采用小压力角剃齿刀时，允许 ϕ 稍大于以上值
66	退刀孔中心所在圆周的直径	d_ϕ	$d_\phi = d_{f0} - \sqrt{\phi^2 - W'^2_{f0n}}$　　$(66)=(60)-\sqrt{((65))^2-((64))^2}$	$d_\phi = (217.408 - \sqrt{5.6^2 - 3.238^2})$ mm $= 212.839$ mm	—
67	小孔中心线斜角	β_ϕ	$\tan\beta_\phi = \dfrac{d_\phi \tan\beta_0}{d_0}$　　$(67)=\dfrac{(66)(23)}{(27)}$	$\tan\beta_\phi = \dfrac{212.839\times0.1917854}{229.100556} = 0.17816167$ $\beta_\phi = 10°6'6.91'' \approx 10°6'$	—
68	新剃齿刀的全高	h'_0	$h'_0 = \dfrac{d'_{e0} - d_{f0}}{2}$　　$(68)=\dfrac{(40)-(60)}{2}$	$h'_0 = \dfrac{234.306 - 217.408}{2}$ mm $= 8.449$ mm	—
69	剃齿刀齿面容屑槽尺寸	p b' b_0	<table><tr><th></th><th>两端刀带宽 b_0'/mm</th></tr><tr><td>φ180mm剃齿刀</td><td>1.5</td></tr><tr><td>φ240mm剃齿刀</td><td>2</td></tr></table> 　<table><tr><th>齿距 p'/mm</th><th>刀带宽 b'/mm</th></tr><tr><td>2</td><td>0.9</td></tr><tr><td>2</td><td></td></tr></table>	$p = 2$mm $b' = 0.9$mm $b_0 = 2$mm	—
70	剃齿刀宽度	B	φ180mm剃齿刀 $B = 20$mm φ240mm剃齿刀 $B = 25$mm	$B = 25$mm	—
71	内孔直径	d_i	$d_i = 63.5$mm	$d_i = 63.5$mm	φ240mm剃齿刀需要时可用 $d_i = 100$mm

6）剃齿刀修磨尺寸及调整安装尺寸

序号	名称	符号	计算公式	计算示例	备注
72	剃齿刀每次刃磨后法向节圆压力角减小值	$\Delta\alpha''_{0n}$	$\Delta\alpha''_{0n}$ = 0' 10' 20' ⋮ 120'　　$(72)=$ 0' 10' 20' ⋮ 120'	$\Delta\alpha''_{0n}$ = 0' 10' 20' ⋮ 120'	计算剃齿刀马修磨尺寸用
73	剃齿刀每次刃磨后法向节圆压力角	α''_{0n}	$\alpha''_{0n} = \alpha'_{0n} - \Delta\alpha''$　　$(73)=(51)-(72)$	α''_{0n} = 90° 18°50' ⋮ 17°10' 17°	将(73)项中的每一个 α''_{0n} 代入(30)项中的 α'_{0n}，按程序从(30)项计算到(78)项，得到刃磨数据组

(3) 剃齿刀修磨尺寸

序号	名称	符号	计算公式	序号公式	计算例	说明
74	轴心距	a'	$a'=(d'_0+d'_1)/2$	$(74)=[(33)+(34)]/2$	$a'=(227.637+128.202)/2\text{mm}=177.92\text{mm}$	每次刃磨后调整机床用
75	轴交角	Σ'	$\Sigma'=\beta'_1-\beta'_0$	$(75)=(32)-(31)$	$\Sigma'=25°41'8''-10°47'20''=14°53'48''$	—
76	剃齿刀基圆上的端面弧齿厚	s'_{0bt}	$s'_{0bt}=d_{b0}\left(\dfrac{s'_0}{d_0\cos\beta_0}+\mathrm{inv}\alpha_{0t}\right)$	$(76)=(28)\left[\dfrac{(46)}{(27)(23)}+(24)\right]$	$s'_{0bt}=214.822\left(\dfrac{5.1227}{229.1\times0.98210145}+0.0156929\right)\text{mm}=8.262\text{mm}$	每次刃磨后测量齿厚用
77	公法线长度同圆的齿数	N	$N=\left(\dfrac{\sqrt{d'^2_0-d^2_{b0}-s'_{0bt}}}{d_{b0}\times\pi/(z_0\cos\beta_0)}\right)+1$ 四舍五入到整数	$(77)=\left[\dfrac{\sqrt{(27)^2-(28)^2}-(76)}{(28)\times\pi/((26)(29))}\right]+1$	$N=\left(\dfrac{\sqrt{229.1^2-214.822^2}-8.262}{214.822\pi/(60\times0.9842119)}\right)+1=7$	每次刃磨后测量齿厚用
78	公法线长度	L	$L=\left[(N-1)(d_{b0}\pi/z_0)+s'_{0bt}\right]\times\cos\beta_{b0}$	$(78)=[((77)-1)((28)\times\pi/(26))+(76)](29)$	$L=[(7-1)\times(214.822\pi/60)+8.262]\times0.98421199\text{mm}=74.555\text{mm}$	每次刃磨后测量齿厚用
79	重叠系数	ε	$\varepsilon=\left(\dfrac{\sqrt{d^2_{a1}-d^2_{b1}}}{2\cos\beta_{b1}}+\dfrac{\sqrt{d'^2_{a0}-d^2_{b0}}}{2\cos\beta_{b0}}-L'\right)\Big/\dfrac{d_{b1}\pi\cos\beta_{b1}}{z_1}$	$(79)=\left[\dfrac{\sqrt{(8)^2-(15)^2}}{2/(20)}+\dfrac{\sqrt{(40)^2-(28)^2}}{2/(29)}-(37)\right]\Big/[(15)\pi(20)/(2)]$	$\varepsilon=\left(\dfrac{\sqrt{136.7^2-119.758^2}}{2\times0.9121664}+\dfrac{\sqrt{234.306^2-214.822^2}}{2\times0.98421199}-63.33668\right)\Big/(119.758\times\pi\times0.9121664/31)=1.8353$	当要求中凹切齿形不产生中凹时，ε应等于1.95~2；ε小于此值时，应减小ρ_{1min}，但ρ_{1min}应大于滚刀切出的最小ρ_{1min}值，即$\rho_{1min}\geq\sin\alpha_t\times\dfrac{d_1}{2}-m_n\times(1.25-0.3\times(1-\sin\alpha_n)/\sin\alpha_t)$；如ε>2，则再增大$\rho_{1min}$

注: 1. 本表计算剃齿刀的步骤和例题取自长春第一汽车制造厂，部分步骤、计算公式和数据有修改及补充。
2. 剃齿刀的工作图如图14-22所示。
3. 图样上标注的尺寸，除基圆尺寸要求三位小数外，其他尺寸标注到小数点后两位；角标注到度和分。
4. 用序号表示的计算公式仅用于查找数据。

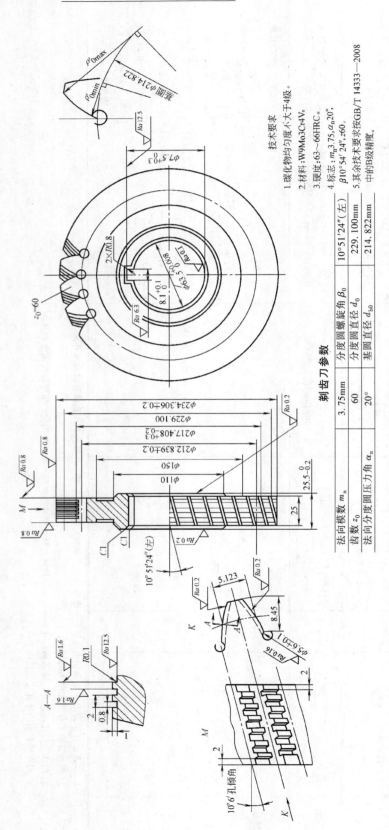

技术要求

1. 碳化物均匀度不大于4级。
2. 材料:W9Mo3Cr4V。
3. 硬度:63~66HRC。
4. 标志:$m_n3.75$,$\alpha_n20°$,$\beta10°54'24"$,$z60$。
5. 其余技术要求按GB/T 14333—2008中的B级精度。

剃齿刀参数

法向模数 m_n	3.75mm
齿数 z_0	60
法向分度圆压力角 α_n	20°
分度圆螺旋角 β_0	10°51'24"(左)
分度圆直径 d_0	229.100mm
基圆直径 d_{b0}	214.822mm

剃齿刀的修磨尺寸

<table>
<tr><th colspan="2">磨后检验剃齿刀</th><th>17°</th><th>17°10'</th><th>17°20'</th><th>17°30'</th><th>17°40'</th><th>17°50'</th><th>18°</th><th>18°10'</th><th>18°20'</th><th>18°30'</th><th>18°40'</th><th>18°50'</th><th>19°</th></tr>
<tr><td>剃齿刀法向工作压力角</td><td>α''_{0n}</td><td>17°</td><td>17°10'</td><td>17°20'</td><td>17°30'</td><td>17°40'</td><td>17°50'</td><td>18°</td><td>18°10'</td><td>18°20'</td><td>18°30'</td><td>18°40'</td><td>18°50'</td><td>19°</td></tr>
<tr><td>剃齿刀顶圆直径</td><td>$d_{a0}\pm0.2$</td><td>229.036</td><td>229.442</td><td>229.853</td><td>230.272</td><td>230.695</td><td>231.125</td><td>231.561</td><td>232.003</td><td>232.451</td><td>232.905</td><td>233.366</td><td>233.833</td><td>234.306</td></tr>
<tr><td>剃齿刀分度圆法向弧齿厚</td><td>s_n</td><td>3.663</td><td>3.772</td><td>3.883</td><td>3.996</td><td>4.111</td><td>4.229</td><td>4.349</td><td>4.472</td><td>4.567</td><td>4.725</td><td>4.855</td><td>4.987</td><td>5.123</td></tr>
<tr><td>剃齿刀公法线长度</td><td>$L_7\pm0.02$</td><td>73.183</td><td>73.285</td><td>73.389</td><td>73.496</td><td>73.604</td><td>73.715</td><td>73.828</td><td>73.943</td><td>74.061</td><td>74.181</td><td>74.303</td><td>74.428</td><td>74.555</td></tr>
<tr><td>剃齿刀最大齿形曲率半径</td><td>ρ'_{0max}</td><td>39.715</td><td>40.296</td><td>40.878</td><td>41.462</td><td>42.047</td><td>42.633</td><td>43.221</td><td>43.809</td><td>44.399</td><td>44.991</td><td>45.583</td><td>46.177</td><td>46.773</td></tr>
<tr><td>剃齿刀最小齿形曲率半径</td><td>ρ'_{0min}</td><td colspan="13" align="center">16.719</td></tr>
<tr><th colspan="2">调整机床</th><th colspan="13"></th></tr>
<tr><td>轴心距</td><td>a'</td><td>175.703</td><td>175.877</td><td>176.052</td><td>176.230</td><td>176.409</td><td>176.591</td><td>176.774</td><td>176.960</td><td>177.148</td><td>177.338</td><td>177.530</td><td>177.724</td><td>177.920</td></tr>
<tr><td>轴交角</td><td>Σ'</td><td>14°42'34"</td><td>14°43'26"</td><td>14°44'20"</td><td>14°45'14"</td><td>14°46'9"</td><td>14°47'3"</td><td>14°48'</td><td>14°48'56"</td><td>14°49'53"</td><td>14°50'51"</td><td>14°51'50"</td><td>14°52'49"</td><td>14°53'48"</td></tr>
</table>

图14-22 盘形剃齿刀工作图

表 14-9　用已有剃齿刀加工齿轮的校验程序及示例

（单位：mm）

(1) 已知条件

序号	名 称	加工齿轮参数 符号	数 值	共轭齿轮参数 符号	数 值	备 注
1	法向模数	m_n	3.75			
2	齿数	z_1	41	z_2	23	
3	分度圆法向压力角	α_n $\cos\alpha_n=0.93969262$ $\tan\alpha_n=0.36397023$	20°			
4	分度圆螺旋角	β_1 $\sin\beta_1$ $\cos\beta_1$ $\tan\beta_1$	25°51′24″（右旋） 25.856667 0.43612132 0.89988787 0.48463962	β_2 $\sin\beta_2$ $\cos\beta_2$ $\tan\beta_2$	25°51′24″（左旋） 25.856667 0.43612132 0.89988787 0.48463962	
5	分度圆直径	d_1	170.855	d_2	95.845	
6	分度圆法向弧齿厚	s_1	5.81			
7	顶圆直径	d_{a1}	178.35	d_{a2}	103.35	
8	根圆直径	d_{f1}	161.45			
9	基圆直径	d_{b1}		d_{b2}	88.852	
10	中心距	a	133.35			

(2) 齿轮的辅助参数

序号	名 称	符号	计 算 公 式	计 算 示 例	备 注
11	端面压力角	α_t	$\tan\alpha_t=\dfrac{\tan\alpha_n}{\cos\beta_1}$ $(11)=\dfrac{(3)}{(4)}$	$\tan\alpha_t=\dfrac{0.36397023}{0.89988787}=0.4044618$ $\alpha_t=22.0214490°$ $\sin\alpha_t=0.37495366$ $\cos\alpha_t=0.92704355$ $inv\alpha_t=0.02011496$	—
12	基圆直径	d_{b1}	$d_{b1}=d_1\cos\alpha_t$ $(12)=(5)(11)$	$d_{b1}=170.855\times0.92704355\,\text{mm}=158.390\,\text{mm}$	—
13	一对共轭齿轮端面上有效啮合线长度	L	$L=[(\sqrt{d_{a1}^2-d_{b1}^2}+\sqrt{d_{a2}^2-d_{b2}^2}-2a\sin\alpha_t]\times0.5$ $(13)=(\sqrt{(7)^2-(12)^2}+\sqrt{(7)^2-(9)^2}-2(10)(11))\times0.5$	$L=(\sqrt{178.35^2-158.39^2}+\sqrt{103.35^2-88.852^2}-2\times133.35\times0.37495366)\times0.5\,\text{mm}=17.386\,\text{mm}$	—
14	齿轮端面齿形最大曲率半径	ρ_{1max}	$\rho_{1max}=0.5\sqrt{d_{a1}^2-d_{b1}^2}$ $(14)=0.5\sqrt{(7)^2-(12)^2}$	$\rho_{1max}=0.5\sqrt{178.35^2-158.39^2}\,\text{mm}=40.992\,\text{mm}$	—

（续）

序号	名 称	符号	计 算 公 式	计 算 示 例	备 注
15	齿轮端面齿形最小曲率半径	ρ_{1min}	$(15)=(14)-(13)$ $\rho_{1min}=\rho_{1max}-L$	$\rho_{1min}=(40.992-17.386)\text{mm}=23.606\text{mm}$	—
16	基圆螺旋角	β_{b1}	$(16)=(3)(4)$ $\sin\beta_{b1}=\cos\alpha_n\sin\beta_1$	$\sin\beta_{b1}=0.93969262\times0.43612132=0.40981999$ $\beta_{b1}=24.19352737°$ $\cos\beta_{b1}=0.912166419$	—

(3) 已有的剃齿刀参数

序号	名 称	符号	计 算 公 式	计 算 示 例	备 注
17	齿数	z_0		$z_0=60$	—
18	剃齿刀分度圆螺旋角	β_0		$\beta_0=10°51'24''（左旋）=10.85667°$ $\sin\beta_0=0.18835272$ $\cos\beta_0=0.98210144$ $\tan\beta_0=0.19178541$	—
19	轴交角	Σ	$(19)=(4)-(18)$ $\Sigma=\beta_1-\beta_0$	$\Sigma=25°51'24''-10°51'24''=15°$	—
20	剃齿刀分度圆直径	d_0	$(20)=\dfrac{(1)(17)}{(18)}$ $d_0=\dfrac{m_n z_0}{\cos\beta_0}$	$d_0=\dfrac{3.75\times60}{0.98210144}\text{mm}=229.100\text{mm}$	—
21	剃齿刀端面分度圆压力角	α_{0t}	$(21)=\dfrac{(3)}{(18)}$ $\tan\alpha_{0t}=\dfrac{\tan\alpha}{\cos\beta_0}$	$\tan\alpha_{0t}=\dfrac{0.36397023}{0.98210144}=0.37060350$ $\alpha_{0t}=20.3348819°=20°20'5''$ $\cos\alpha_{0t}=0.93767754$ $\text{inv}\alpha_{0t}=0.015692856$	—
22	剃齿刀基圆直径	d_{b0}	$(22)=(20)(21)$ $d_{b0}=d_0\cos\alpha_{0t}$	$d_{b0}=229.1\times0.93767754=214.822\text{mm}$	—
23	剃齿刀顶圆直径	d_{a0}	按图样	$d_{a0}=234.306\text{mm}$	—
24	剃齿刀分度圆法向弧齿厚	s_{0n}	按图样	$s_{0n}=5.123\text{mm}$	—
25	剃齿刀基圆螺旋角	β_{b0}	$(25)=(3)(18)$ $\sin\beta_{b0}=\cos\alpha_n\sin\beta_0$	$\sin\beta_{b0}=0.93969262\times0.18835272=0.17699366$ $\beta_{b0}=10.1946978°$ $\cos\beta_{b0}=0.98421199$	—

序号	名称	代号	公式（按图样）	公式	计算	备注
26	新剃齿刀端面齿形最小曲率半径	ρ_{0min}	按图样	—	$\rho_{0min} = 16.719\,\text{mm}$	—
27	工件与剃齿刀的传动比	i	$i = \dfrac{z_1}{z_0}$	$(27) = \dfrac{(2)}{(17)}$	$i = \dfrac{41}{60} = 0.68333333$	—
28	工件与剃齿刀端面压力角的渐开线函数比	M	$M = \dfrac{\text{inv}\alpha_t}{\text{inv}\alpha_{0t}}$	$(28) = \dfrac{(11)}{(21)}$	$M = \dfrac{0.02011496}{0.015692856} = 1.2817909$	—
29	系数	K	$K = \dfrac{s_{0n}}{d_0\cos\beta_0} + \text{inv}\alpha_{0t} - \left(\dfrac{\pi}{z_1} - \dfrac{s_1}{d_1\cos\beta_1} - \text{inv}\alpha_t\right)i$	$(29) = \dfrac{(24)}{(20)(18)} + (21) - \left[\dfrac{\pi}{(2)} - \dfrac{(6)}{(5)(4)} - (11)\right](27)$	$K = \dfrac{5.123}{229.1\times0.98210144} + 0.015692856 - \left[\dfrac{\pi}{41} - \dfrac{5.81}{170.855\times0.89988787} - 0.02011496\right] \times 0.683333 = 0.025669312$	—
30	剃齿刀端面啮合角	α'_{0t}	$\text{inv}\alpha_{0t} = \dfrac{K}{1+Mi}$	$(30) = \dfrac{(29)}{1+(28)(27)}$	$\text{inv}\alpha'_{0t} = \dfrac{0.025669312}{1+1.2817909\times0.683333} = 0.013683838$ $\alpha'_{0t} = 19.4564567°$ $\sin\alpha'_{0t} = 0.33308691$	查渐开线函数表或解超越方程式得 α'_{0t}
31	剃齿刀与齿轮的法向啮合角	α'_{0n}	$\sin\alpha'_{0n} = \sin\alpha'_{0t}\cos\beta_{b0}$	$(31) = (30)(25)$	$\sin\alpha'_{0n} = 0.33308691\times0.98421199 = 0.32782813$ $\alpha'_{0n} = 19.137004°$ $\cos\alpha'_{0n} = 0.94473737$	—
32	剃齿刀圆圆螺旋角	β'_0	$\sin\beta'_0 = \dfrac{\sin\beta_{b0}}{\cos\alpha'_{0n}}$	$(32) = \dfrac{(25)}{(31)}$	$\sin\beta'_0 = \dfrac{0.17699366}{0.94473737} = 0.18734694$ $\beta'_0 = 10.79799515°$ $\tan\beta'_0 = 0.19072394$	—
33	齿轮节圆螺旋角	β'_1	$\sin\beta'_1 = \dfrac{\sin\beta_{b1}}{\cos\alpha'_{0n}}$	$(33) = \dfrac{(14)}{(31)}$	$\sin\beta'_1 = \dfrac{0.40981999}{0.94473737} = 0.43379250$ $\beta'_1 = 25.708483°$ $\tan\beta'_1 = 0.48144988$	—
34	剃齿刀节圆直径	d'_0	$d'_0 = \dfrac{d_0\tan\beta'_0}{\tan\beta_0}$	$(34) = \dfrac{(20)(32)}{(18)}$	$d'_0 = \dfrac{229.1\times0.19072394}{0.19178541}\,\text{mm} = 227.832\,\text{mm}$	—

（续）

序号	名　称	符　号	计　算　公　式	计　算　示　例	备　注
35	齿轮节圆直径	d_1'	$(35)=\dfrac{(5)(33)}{(4)}$ 上式用于斜齿齿轮 $(35')=\dfrac{(9)}{(31)}$ 上式用于直齿齿轮	$d_1'=\dfrac{170.855\times0.48144988}{0.48463962}\text{mm}=169.730\text{mm}$	—
36	剃齿刀顶圆与齿轮根圆的径向间隙	c	$(36)=\dfrac{(35)+(34)-(23)-(8)}{2}$ 需使 $c>0.1m_n$，否则须将齿轮齿底加深，或不能使用该剃齿刀	$c=\dfrac{169.73+227.832-234.306-161.45}{2}\text{mm}$ $=0.903\text{mm}$ $c>0.1m_n$	本项通过
37	剃齿刀端面最大齿形曲率半径	ρ_{0max}	$(37)=\dfrac{\sqrt{(23)^2-(22)^2}}{2}$ $\rho_{0max}=\dfrac{\sqrt{d_{a0}'^2-d_{b0}^2}}{2}$	$\rho_{0max}=\dfrac{\sqrt{234.306^2-214.822^2}}{2}\text{mm}=46.773\text{mm}$	—
38	剃齿刀与工件的啮合线长度	L	$(38)=\dfrac{\sqrt{(35)^2-(12)^2}}{2(16)}+\dfrac{\sqrt{(34)^2-(22)^2}}{2(25)}$ $L=\dfrac{\sqrt{d_{a1}^2-d_{b1}^2}}{2\cos\beta_{b1}}+\dfrac{\sqrt{d_{a0}^2-d_{b0}^2}}{2\cos\beta_{b0}}$	$L=\dfrac{\sqrt{169.73^2-158.39^2}}{2\times0.91216642}+\dfrac{\sqrt{227.832^2-214.822^2}}{2\times0.9842119}\text{mm}$ $=71.989$	—
39	齿轮端面上有效啮合长度的剃削超越量	ΔL	$(39)=(15)-\left((38)-\dfrac{(37)}{(25)}\right)\times(16)$ $\Delta L=\rho_{1min}-\left(L-\dfrac{\rho_{0max}}{\cos\beta_{b0}}\right)\times\cos\beta_{b1}$ $\Delta L\geqslant0.2\text{mm}$	$\Delta L=\left[23.606-\left(71.989-\dfrac{46.773}{0.9842119}\right)\times0.91216642\right]\text{mm}=1.2892\text{mm}$	ΔL 须 > 0.2mm 通过
40	所需剃齿刀端面齿形最小曲率半径	ρ_{0min}'	$(40)=\left((38)-\dfrac{(14)}{(16)}\right)(25)$ $\rho_{0min}'=\left(L-\dfrac{\rho_{1max}}{\cos\beta_{b1}}\right)\cos\beta_{b0}$ 须使 $\rho_{0min}'>\rho_{0min}$，否则不能通过	$\rho_{0min}'=\left(71.989-\dfrac{40.992}{0.91216642}\right)\times0.98421199\text{mm}$ $=26.623\text{mm}$ $\rho_{0min}'>\rho_{0min}$	本项通过

结论：用上述剃齿刀剃本例齿轮时，(36)(39)(40)项均顺利通过，所以可用该剃齿刀剃削本例齿轮

注：用序号表示的计算式仅用于查找数据。

表 14-10　盘形剃齿刀模数系列 （GB/T 14333—2008）　　　　（单位：mm）

公称分圆直径 φ85			公称分圆直径 φ180			公称分圆直径 φ240		
法向模数 m_n		齿数 z	法向模数 m_n		齿数 z	法向模数 m_n		齿数 z
第一系列	第二系列		第一系列	第二系列		第一系列	第二系列	
1		86	1.25		115	2		115
1.25		67	1.5		115		2.25	103
1.5		58		1.75	100	2.5		91
			2		83		2.75	83
				2.25	73	3		73
			2.5		67		(3.25)	67
				2.75	61		3.5	61
			3		53		(3.75)	61
				(3.25)	53	4		53
				3.5	47		4.5	51
				(3.75)	43	5		43
			4		41		5.5	41
				4.5	37	6		37
			5		31		(6.5)	35
				5.5	29		7	31
			6		27	8		27

表 14-11　公称分度圆直径 $d=85$mm，螺旋角 $\beta=10°$，盘形剃齿刀结构尺寸

（单位：mm）

法向模数 m_n	齿数 z	齿顶圆直径 d_a	分度圆直径 d	基圆直径 d_b	全齿高 h	齿顶高 h_a	分度圆齿厚 s_n	内孔直径 d_i	宽度 B	轴台直径 d_1
1	86	89.527	87.327	81.912	2.35	1.1	1.57	31.743	16	60
1.25	67	87.782	85.042	79.769	2.937	1.37	1.96			
1.5	58	91.642	88.342	82.864	3.525	1.65	2.36			

注：1. 按用户要求，剃齿刀可做成左旋。
　　2. 模数 1 为保留规格，以后将改为小模数基准齿形。

表 14-12　公称分度圆直径 $d=180$mm 盘形剃齿刀结构尺寸　　（单位：mm）

法向模数 m_n	齿数 z	螺旋角 $\beta=5°$					螺旋角 $\beta=15°$					全齿高 h	宽度 B	内孔直径 d_i	轴台直径 d_1
		齿顶圆直径 d_a	分度圆直径 d	基圆直径 d_b	齿顶高 h_a	分度圆齿厚 s_n	齿顶圆直径 d_a	分度圆直径 d	基圆直径 d_b	齿顶高 h_a	分度圆齿厚 s_n				
1.25	115	149.239	144.299	135.536	2.47	2.76	153.761	148.821	139.262	2.47	2.76	3.12	20	63.5	120
1.5	115	178.659	173.159	162.643	2.75	3.16	184.085	178.585	167.115	2.75	3.16	4.37			
1.75	10	181.728	175.668	165.000	3.03	3.55	187.233	181.173	169.536	3.03	3.55	4.37			
2.0	83	171.714	166.634	156.515	2.54	3.39	176.936	171.856	160.818	2.54	3.39	5.24			
2.25	73	170.518	164.878	154.865	2.82	3.78	175.685	170.045	159.122	2.82	3.78	5.76			
2.5	67	174.320	168.140	157.929	3.09	4.18	179.590	173.410	162.271	3.09	4.18	6.44			
2.75	61	175.131	168.391	158.165	3.37	4.57	180.408	173.668	162.513	3.37	4.57	6.96			
3.0	53	167.307	159.607	149.914	3.85	5.11	172.310	164.610	154.036	3.85	5.11	8.15			
(3.25)	53	181.948	172.908	162.408	4.52	5.80	186.567	178.327	166.872	4.12	5.50	8.67			
3.5	47	175.728	165.128	155.100	5.30	6.55	179.763	170.303	159.365	4.73	6.14	9.20	20	63.5	120
(3.75)	43	174.006	161.866	152.036	6.07	7.31	178.159	166.939	156.216	5.61	6.97	9.97			
4.0	41	177.726	164.626	154.629	6.55	7.85	181.866	169.786	158.880	6.04	7.47	10.50			
4.5	37	182.136	167.136	156.985	7.50	8.93	186.394	172.374	161.302	7.01	8.57	11.55			
5.0	31	173.492	155.592	146.143	8.95	10.37	177.369	160.469	150.161	8.45	10.00	12.60			
5.5	29	179.709	160.109	150.386	9.80	11.37	183.827	165.127	154.520	9.35	11.04	13.65			
6.0	27	184.319	162.619	152.743	10.85	12.52	187.856	167.716	156.943	10.07	11.94	14.70			

注：按用户要求，剃齿刀可做成左旋。

表 14-13 公称分度圆直径 d=240mm 盘形剃齿刀结构尺寸 （单位：mm）

法向模数 m_n	齿数 z	螺旋角 β=5°					螺旋角 β=15°					全齿高 h	宽度 B	内孔直径 d_i	轴台直径 d_1
		齿顶圆直径 d_n	分度圆直径 d	基圆直径 d_b	齿顶高 h_a	分度圆齿厚 s_n	齿顶圆直径 d_n	分度圆直径 d	基圆直径 d_b	齿顶高 h_a	分度圆齿厚 s_n				
2.0	115	235.818	230.878	216.858	2.47	3.34	243.054	233.114	222.820	2.47	3.34	5.24			
2.25	103	238.135	232.635	218.508	2.75	2.73	245.425	239.925	224.515	2.75	3.73	5.76			
2.5	91	234.549	228.369	214.501	3.09	4.18	241.705	235.525	220.398	3.09	4.18	6.44			
2.75	83	235.862	229.122	215.208	3.37	4.57	243.042	236.302	221.125	3.37	4.57	6.96			
3.0	73	227.536	219.836	206.486	3.85	5.11	234.425	226.725	212.163	3.85	5.11	8.15			
(3.25)	67	226.822	218.582	205.308	4.12	5.50	233.671	225.431	210.952	4.12	5.50	8.67			
3.5	61	223.115	214.315	201.300	4.40	5.90	229.831	221.031	206.834	4.40	5.90	9.20	25	63.5	120
(3.75)	61	238.964	229.624	215.679	4.67	6.29	246.159	236.819	221.603	4.67	6.29	9.97			
4.0	53	222.710	212.810	199.886	4.95	6.68	229.379	219.479	205.382	4.95	6.68	10.50			
4.5	51	241.377	230.377	216.387	5.50	7.47	248.596	237.596	222.335	5.50	7.47	11.55			
5.0	43	229.921	215.821	202.715	7.05	8.98	234.684	222.584	208.288	6.05	8.25	12.60			
5.5	41	241.901	226.361	212.615	7.77	9.90	246.655	233.455	218.460	6.60	9.04	13.65			
6.0	37	240.708	222.848	209.315	8.93	11.12	246.471	229.831	215.069	8.32	10.67	14.70			
(6.5)	35	247.989	228.369	214.501	9.81	12.15	253.885	235.525	220.398	9.18	11.69	15.75			
7.0	31	240.189	217.829	204.601	11.18	13.53	245.815	224.655	210.226	10.58	13.09	16.80			
8.0	27	243.445	216.825	203.658	13.31	15.85	249.060	223.620	209.257	12.72	15.42	18.90			

注：1. 按用户要求，剃齿刀可做成左旋。

2. 按用户要求，内孔直径可做成100mm，此时内孔可不做键槽。

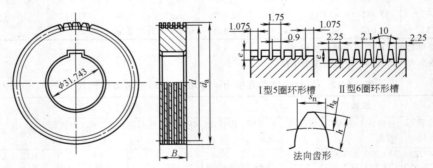

图 14-23 小模数剃齿刀的结构尺寸

表 14-14 公称分度圆直径 d=85mm，基准齿形角 α=20°，螺旋角 β=10°，小模数剃齿刀结构尺寸

（单位：mm）

法向模数 m_n	齿数 z	齿顶圆直径 d_a	分度圆直径 d	基圆直径 d_b	齿形尺寸			导程 P	宽度 B	容屑槽		齿形测量展开角		
					齿顶高 h_a	齿厚 s_n	全齿高 h			型式	深度 e	有效齿形起点展开角 φ_1	顶圆齿形展开角 φ	$\varphi-\varphi_1$
0.3	292	89.611	88.951	83.435	0.33	0.471	0.735	1585				19°59′	22°27′	2°28′
0.4	212	86.988	86.108	80.768	0.44	0.628	0.980	1534	10	I	1.5	19°32′	22°55′	3°23′
0.5	172	88.427	87.327	81.912	0.55	0.785	1.225	1556				19°9′	23°19′	4°10′
0.6	146	90.271	88.951	83.435	0.66	0.942	1.470	1585			2.0	18°48′	23°40′	4°52′
0.8	106	87.868	86.108	80.768	0.88	1.257	1.960	1534	15	II	2.5	17°54′	24°33′	6°39′

表 14-15 公称分度圆直径 d=63mm，基准齿形角 α=20°，螺旋角 β=15°，小模数剃齿刀结构尺寸

(单位：mm)

法向模数 m_n	齿数 z	齿顶圆直径 d_a	分度圆直径 d	基圆直径 d_b	齿形尺寸 齿顶高 h_a	齿形尺寸 齿厚 s_n	齿形尺寸 全齿高 h	导程 P	宽度 B	容屑槽 型式	容屑槽 深度 e	有效齿形起点展开角 $φ_1$	顶圆齿形展开角 $φ$	$φ-φ_1$
0.2	318	66.284	65.844	61.615	0.220	0.314	0.470	772			1.0	20°32′	22°43′	2°11′
0.25	249	64.996	64.446	60.307	0.275	0.393	0.588	756			1.5	20°14′	23°02′	2°48′
0.30	212	66.504	65.844	61.615	0.330	0.471	0.705	772			1.5	20°0′	23°16′	3°16′
0.40	159	66.724	65.844	61.615	0.440	0.628	0.940	772	10	I		19°29′	23°49′	4°20′
0.50	124	65.287	64.187	60.064	0.550	0.785	1.175	753				18°53′	24°25′	5°32′
0.60	106	67.164	65.844	61.615	0.660	0.942	1.410	772			2.0	18°26′	24°51′	6°25′
0.70	93	68.936	67.396	63.067	0.770	1.099	1.645	790				17°59′	25°17′	7°18′
0.80	82	69.674	67.914	63.552	0.880	1.257	1.880	796	15	II	2.5	17°30′	25°45′	8°15′
1.00	62	66.387	64.187	60.064	1.100	1.571	2.350	753			3.0	16°11′	26°58′	10°47′

表 14-16 盘形剃齿刀的键槽尺寸（GB/T 14333—2008） (单位：mm)

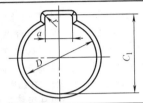

D 公称尺寸	a 公称尺寸	a 极限偏差	C_1 公称尺寸	C_1 极限偏差	r 公称尺寸	r 极限偏差
31.743	8	+0.170	34.60	+0.2	1.2	0
63.5		+0.080	67.50	0		−0.3

表 14-17 环形通槽式容屑槽尺寸（GB/T 14333—2008） (单位：mm)

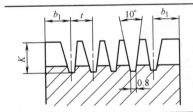

法向模数 m_n	公称分度圆直径 d	K	t	b_1	切削刃沟槽数 z_1
1		3.0	2.1	2.50	6
1.25	85	4.5	2.7	2.35	
1.5		5.0			5
1.25		4.5			
1.5	180	5.0	3.0	3.75	
1.75		5.6			

表 14-18 闭式容屑槽的型式和尺寸（GB/T 14333—2008） (单位：mm)

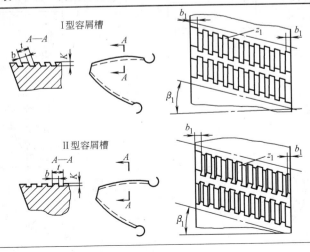

（续）

法向模数 m_n	K	b		t		b_1				切削刃沟槽数 z_1				β_1	
						$d=180$		$d=240$		$d=180$		$d=240$		$\beta=5°$	$\beta=15°$
		Ⅰ型	Ⅱ型	Ⅰ型	Ⅱ型	Ⅰ型	Ⅱ型	Ⅰ型	Ⅱ型	Ⅰ型	Ⅱ型	Ⅰ型	Ⅱ型		
2~3	0.8														
3.25~5	1.0	0.9	1.1	2.0	2.2	1.2	1.4	1.45	1.70	9	7	11	8	4°30′	14°
5.5~8	1.2														

2. 剃齿刀的精度

剃齿约可在预切齿轮的精度基础上提高一级精度，使齿轮达到7级或8级精度，加工精度高的齿轮需用精度高的剃齿刀。

剃齿刀的精度标准各国不同，我国剃齿刀标准 GB/T 14333—2008 中规定有 A 级和 B 级两个精度等级。美国国家拉刀与机床公司的剃齿刀标准中分为 A 级和 AA 级两种精度；前苏联的剃齿刀标准 ГOCT 8570—1980 中将精度分为 AA 级、A 级和 B 级三个精度等级；日本盘形剃齿刀标准 JIS 4357—1988 及英国盘形剃齿刀标准 BS 2007—1975 中则只有一个精度等级。

表 14-19 中是我国的盘形剃齿刀标准 GB/T 14333—2008 中规定的剃齿刀精度；表 14-20 中是美国国家拉刀与机床公司规定的盘形剃齿刀精度；表 14-21 中是前苏联的剃齿刀标准 ГOCT 8570—1980 中规定的精度；表 14-22 中是日本盘形剃齿刀标准 JIS 4357—1988 中规定的精度；表 14-23 中是英国盘形剃齿刀标准 BS 2007—1975 中规定的精度。

我国尚未制定小模数剃齿刀的精度标准，表 14-24 中是企业的小模数剃齿刀精度标准，分为 A 级、B 级和 C 级三个精度等级，用于加工 7 级、8 级和 9 级精度的小模数齿轮。

表 14-19　盘形剃齿刀的精度（GB/T 14333—2008）　　　　（单位：μm）

序号	检验项目及示意图	公差代号	精度等级	法向模数/mm		
				1~2	>2~3.5	>3.5~8
1	孔径公差 注：内孔配合表面两端超出公差的喇叭口长度的总和应小于配合表面全长的25%，键槽两侧超出公差部分的宽度，每侧应小于键宽的一半	δD	A	H3		
			B	H4		
2	两支承端面对内孔轴线的轴向全跳动 	δd_{1x}	A	7		
			B	10		
3	外圆直径极限偏差 	δd_a	A	±400		
			B	±400		

（续）

序号	检验项目及示意图	公差代号	精度等级	法向模数/mm		
				1~2	>2~3.5	>3.5~8
4	齿形误差 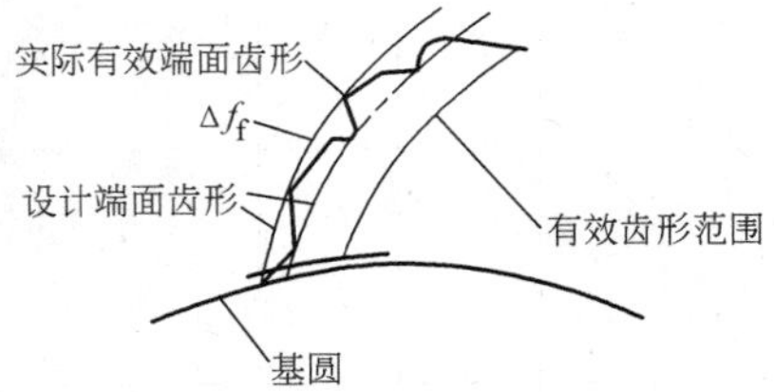 包容剃齿刀实际有效端面齿形的两条最近的设计齿形的法向距离	δf_f	A	4	5	6
			B	5	6	8
5	齿向误差 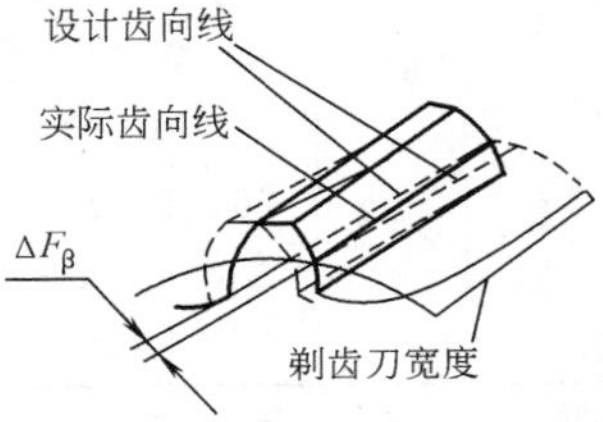 在剃齿刀齿高中部齿宽范围内，包容实际齿向线的两条最近的设计齿向线之间的端面距离	δF_β	A	±9		
			B	±11		
6	刀齿两侧齿向的对称度 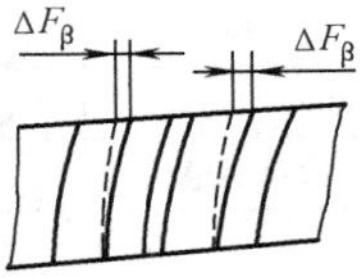 在一个刀齿的不同齿侧面上测量的齿向误差的代数差	δF_β	A	6		
			B	8		
7	齿顶高误差 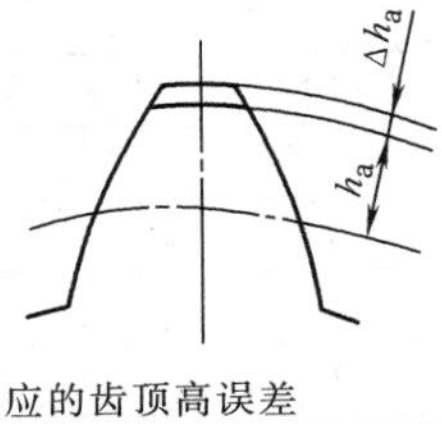 与一定齿厚相适应的齿顶高误差	δh_a	A	+25 0	+25 0	+35 0
			B	+25 0	+25 0	+35 0
8	齿距误差 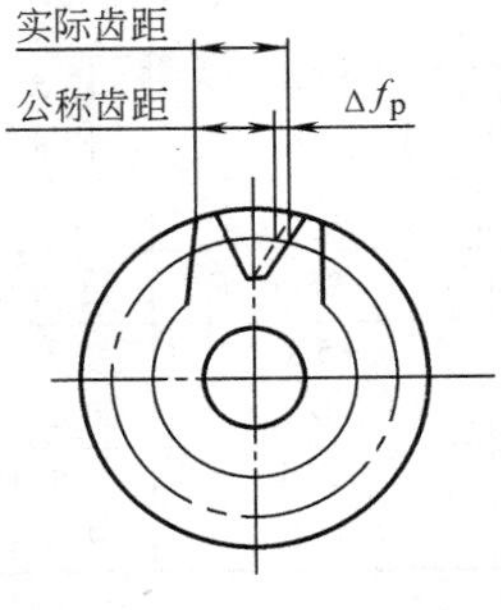	δf_p	A	±2		
			B	±4		

（续）

序号	检验项目及示意图	公差代号	精度等级	法向模数/mm		
				1~2	>2~3.5	>3.5~8
9	齿距累积误差 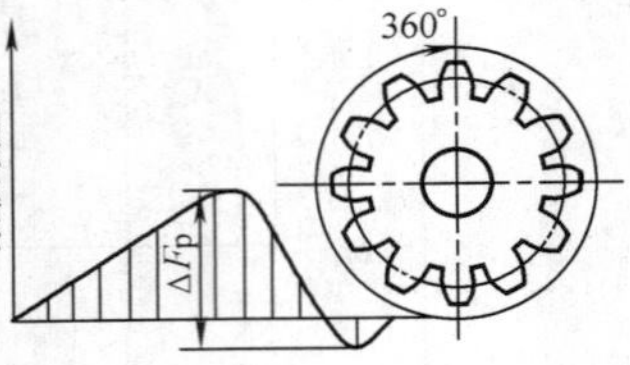	δF_p	A	12		
			B	20		
10	齿圈径向圆跳动 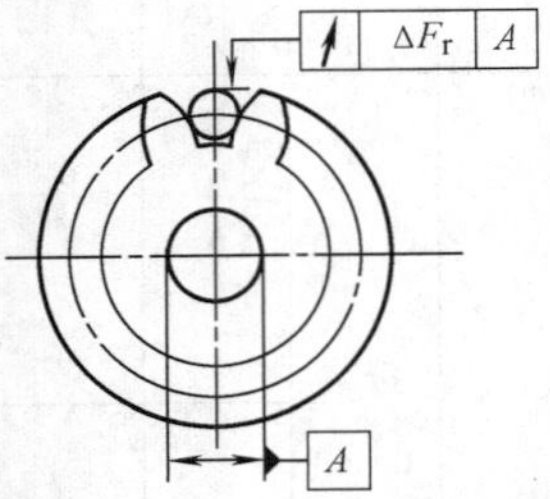	δF_r	A	10		
			B	20		

表 14-20 美国国家拉刀与机床公司盘形剃齿刀精度（DP4~19.999、$\alpha_n \geqslant 13°$）

（单位：μm）

序号	项目	剃齿刀的精度等级			
		A		AA	
		节圆直径/mm		节圆直径/mm	
		≈241	>241~343	≈241	>241~343
1	渐开线齿形误差 工作齿高　　～4.5mm	5.1	5.1	3.8	3.8
	>4.5~10mm	6.4	6.4	5.1	5.1
	>10~15.5mm	7.6	7.6	6.4	6.4
2	导程的一致性（每 25.4mm 齿长上）	10.2	10.2	7.6	7.6
3	两端面的平行度	7.6	7.6	5.1	5.1
4	螺旋角误差（每 25.4mm 齿长上）	25.4	25.4	12.7	12.7
5	相邻周节上极限偏差	5.1	5.1	3.8	3.8
6	周节变动	10.2	10.2	5.1	5.1
7	周节累积误差	10.2	10.2	7.6	6.4

序号	项目	~114	>114~241		~114	>114~241	
8	节圆跳动 　$\alpha_n = 13°~19°$	17.8	22.9	25.4	12.5	15.2	17.8
	$\alpha_n > 19°$	28	30.4	35.6	17.8	20.3	25.4

序号	项目	≈241	>241~343	≈241	>241~343
9	轴向圆跳动（在齿部以下）	5.1	7.6	5.1	5.1
10	齿厚下极限偏差	−25.4	−25.4	−25.4	−25.4
11	孔径极限偏差	+5.1 0	+5.1 0	+5.1 0	+5.1 0
12	外径极限偏差	+254 −1016	+254 −1016	+127 −508	+254 −1016

注：表列数值，原规定采用寸制，经换算成米制。

表 14-21　前苏联盘形剃齿刀的精度　　　　　　　　　　　　　　　　　（单位：μm）

序号	项 目	精度等级	ГОСТ 8570—1980 模数/mm 1~3.55	ГОСТ 8570—1980 模数/mm >3.55
1	孔径极限偏差	AA	+5 / 0	
		A	+5 / 0	
		B	+8 / 0	
2	相邻周节上极限偏差	AA	3	
		A	3	
		B	5	
3	周节的最大累积误差	AA	8	10
		A	12	
		B	16	
4	齿圈径向圆跳动	AA	6	8
		A	10	
		B	18	
5	齿向极限偏差（方向性）	AA	±6	±8
		A	±9	
		B	±11	

序号	项 目	精度等级	ГОСТ 8570—1980 模数/mm 1~3.55	ГОСТ 8570—1980 模数/mm >3.55
5	齿向误差（对称性）	AA	6	8
		A	9	
		B	—	
6	齿形误差	AA	3	4
		A	4	6
		B	6	8
7	两支承端面的圆跳动	AA	5	
		A	7	
		B	8	
8	与一定齿厚相应的齿顶高极限偏差	AA	±12	±20
		A	±15	±25
		B		
9	外径极限偏差	AA	±200	
		A、B	±400	

表 14-22　日本工业标准盘形剃齿刀精度（JIS 4357—1988）　　　　　　　（单位：μm）

序号	项 目		公称直径/mm	>1.25~1.6	>1.6~2.5	>2.5~4	>4~6.3	>6.3~10	>10~12
1	外径 *D*			±400					
2	齿宽 *b*			±200					
3	孔径 *d*			+5 / 0					
4	键槽宽 *F*			+90 / 0					
5	键槽深 *E*			+300 / 0					
6	外圆跳动			15					
7	轴向圆跳动			5					
8	齿槽跳动		<200	15	15	15	15	—	—
			225	—	15	16	18	20	—
			300	—	—	16	18	20	25
9	齿距	相邻齿距	<200	4	4	4	5	—	—
			225	—	5	5	5	5	—
			300	—	—	5	5	5	6
		相互差	<200	8	8	8	10	—	—
			225	—	10	10	10	10	—
			300	—	—	10	10	10	12
10	齿形误差			6	6	6	6	8	12
11	齿厚			0 / −25					
12	齿向（每25mm宽）	方向误差		±7					
		对称度		5					

表 14-23 英国盘形剃齿刀精度 (BS 2007—1975)

序号	检 验 方 法	检 验 部 位	检 验 项 目	公 差 值
1		端面基准区域	对孔的平面度和垂直度	每 25mm 长度上 0.003mm,只允许凹入
2		端面	接近基准面周围测量跳动	径向 25mm 长度上跳动 0.003mm
3		外圆直径(新刀)	与设计尺寸之差	$+0.25$ -1.00 mm
4		齿厚(新刀和刃磨后的刀具)	与设计齿厚的偏差(取决于外圆直径)	$+0.00$ -0.03 mm
5		齿的螺旋线[①]	按刀具设计齿面上任意齿的偏差	每 25mm 齿宽上 0.008mm
6		齿的螺旋线[①]	两任意齿之间的螺旋线总偏差	每 25mm 齿宽上 0.005mm
7		齿形	在横截上测量与刀具设计齿形之偏差 偏差的方向,规定在齿顶或齿根只能朝着金属的方向	0.005mm
8		齿距	相邻齿距	0.005mm

（续）

序号	检 验 方 法	检 验 部 位	检 验 项 目	公 差 值
9	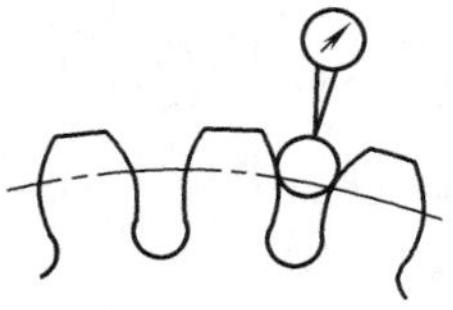	齿槽对孔的偏心度 检验时用一圆柱形量棒放在每个齿槽中，在近似深度的中间与两齿面接触	相邻两齿径向差	刀具直径≤100mm 为0.005mm 刀具直径>100mm，0.008mm
			径向圆跳动	刀具直径≤100mm，跳动为0.013mm 刀具直径>100mm，跳动为0.02mm

① 表中所给齿的螺旋线和齿形公差仅为控制适合某些有特殊要求的刀具。

表 14-24　小模数剃齿刀精度　　　　　　　（单位：μm）

序号	项　　目	精　度　等　级					
		A		B		C	
		模数/mm					
		0.2~0.3	>0.3~1	0.2~0.3	>0.3~1	0.2~0.3	>0.3~1
1	周节累积误差	12	12	20	20	25	25
2	相邻周节差	3	3	5	5	5	5
3	齿圈径向圆跳动	10	10	16	16	20	20
4	齿形误差	3	4	4	5	5	6
5	基节极限偏差	±3	±3	±5	±5	±9	±9
6	按一定齿厚要求的齿顶高极限偏差	±15	±15	±15	±15	±15	±15
7	齿向极限偏差	±6	±6	±8	±8	±10	±10
8	在半径为28mm处的轴向圆跳动	5	5	5	5	5	5
9	齿顶圆直径极限偏差	±150	±200	±150	±200	±150	±200
10	内孔直径极限偏差	+5		+8		+8	

3．盘形剃齿刀的技术要求（GB/T 14333—2008）

（1）技术要求

1）剃齿刀用 W18Cr4V、W6Mo5Cr4V2 或其他同等以上性能的高速工具钢制造。其碳化物均匀度应不超过 4 级。

2）剃齿刀工作部分硬度为 63HRC 以上。

3）剃齿刀表面不得有裂纹，切削刃不得有崩刃、烧伤及其他影响使用性能的缺陷。

4）剃齿刀表面粗糙度最大允许值按以下规定：

内孔表面：$Ra0.16\mu m$；

两支承端面：$Ra0.32\mu m$；

齿侧表面：$Ra1.6\mu m$；

外圆表面：$Ra1.25\mu m$；

刀齿两端面：$Ra1.25\mu m$。

（2）标志和包装

1）在剃齿刀端面上应标志：制造厂商标；法向模数；基准齿形角；公称分圆直径；齿数；螺旋角；螺旋方向（右旋不标）；精度等级；材料（普通高速工具钢不标）；制造年月。

2）在包装盒上应标志：制造厂名称和商标；产品名称；法向模数；公称分圆直径；螺旋角；螺旋方向（右旋不标）；制造年月；本标准编号。

3）剃齿刀包装前应经防锈处理，并应采取措施防止在包装、运输过程中产生损伤。

14.2　径向剃齿刀

14.2.1　径向剃齿刀的特点

径向剃齿刀与普通剃齿刀的区别主要有三点：

1）剃齿刀的齿面已不再是理论渐开线螺旋面，而是与被剃齿轮的齿面共轭的特殊齿面。剃齿刀与齿轮不再是点接触，而是线接触，剃齿刀的齿面由接触线构成。

2）剃齿刀容屑槽的排列方式，不像普通剃齿刀那样排列成环形，而是每个齿上的容屑槽沿母线方向错开一个小的距离，使切削刃排列成螺旋形。最好将容屑槽做成垂直于齿面的形式，即剃齿刀的切削刃两侧前角均为 0°。

3）剃齿刀的齿宽比工件的齿宽大。B 大于 $B_1/$

$cos\Sigma$（其中 B 为剃齿刀宽度，B_1 为工件宽度，Σ 为轴交角）。其余设计参数与普通剃齿刀相同，径向剃齿刀的新刀啮合角，可采用被剃齿轮的压力角。由于模数大时修形量过大，很难磨削，因此现在径向剃齿刀只用于剃削模数 $m_n \le 3mm$、齿宽 B_1 小于 25mm 的齿轮。

径向剃齿刀由于齿面修形及容屑槽螺旋排列，只能针对某一工件设计成专用剃齿刀。

14.2.2 径向剃齿刀齿面分析

径向剃齿刀的齿面是与工件的渐开线螺旋面做交错轴啮合的共轭齿面。因此，可以通过建立工件齿轮齿面的数学模型，使工件齿轮与剃齿刀的轴交角为 Σ，轴心距为 a'。用工件齿面绕剃齿刀轴，以各自的节圆做纯滚动（即沿各自节圆的法向速度相等），而形成一螺旋齿轮齿面的曲面族。该曲面族的包络面即是径向剃齿刀的齿面，如图 14-24 所示。此曲面族的包络面可以利用微分几何求包络面的典型程序。

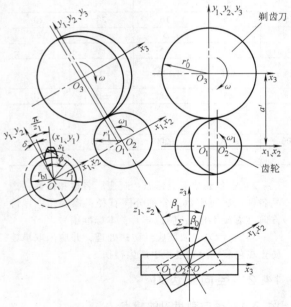

图 14-24 径向剃齿刀齿面的形成

$x_1y_1z_1$、$x_2y_2z_2$—齿轮坐标系　$x_3y_3z_3$—剃齿刀坐标系
r'_0—剃齿刀节圆半径　r'_1—齿轮节圆半径　r_{b1}—齿轮
基圆半径　z_1—齿轮齿数　δ—齿轮基圆齿槽半角　β_1—齿轮
的分度圆螺旋角（本图为右旋）　β_0—剃齿刀的分度圆螺旋角
（本图为左旋）　Σ—轴交角　a'—轴心距　s_t—齿轮分度圆
端面弧齿厚　ϕ—展开角（参变量）
ω、ω_1—剃齿刀和齿轮的旋转角速度

将齿轮的坐标系换到剃齿刀的坐标系，将齿轮轴和剃齿刀轴固连，并令剃齿刀不动而齿轮绕剃齿刀以各自的节圆做纯滚动，可求出齿轮齿面的曲线

族方程，此齿轮齿面曲线族 ΣS_1 的包络面，即为剃齿刀的理论正确齿面，其条件方程式为[○]

$$\left\{ r_1 - I \left[\cos\Sigma \left(a'\cos\left(\phi - \theta - \lambda_1\right) - r_1 \right) + \frac{\theta P}{2\pi}\sin\left(\phi - \theta - \lambda_1\right) \sin\Sigma \right] \right\} \frac{P}{2\pi} +$$
$$r_1 I \left\{ a' - r_1 \left[\cos\left(\phi - \theta - \lambda_1\right) + \left(\phi - \delta\right) \times \sin\left(\phi - \theta - \lambda_1\right) \right] \right\} \sin\Sigma = 0 \quad (14\text{-}23)$$

在式（14-23）中 I、Σ、δ、r_1、P、a' 均为已知常数，ϕ、θ、λ_1 为参变量。给该式中 λ_1 赋一固定值，即齿轮绕剃齿刀做纯滚动时，可得到一条空间曲线 C_1。C_1 即是齿轮齿面与剃齿刀齿面相接触的接触线。这条线在剃齿刀齿面上，也在齿轮的齿面上。对 λ_1 赋给一系列数值，就可求得一系列 C_1 接触线。这些 C_1 曲线构成了 ΣC_1 曲面。而 ΣC_1 曲面就是所求的与齿轮齿面共轭的剃齿刀齿面。这时每一组（x_3，y_3，z_3）坐标构成剃齿刀齿面上一个点的三个坐标。

实际上求出的外齿轮剃齿刀齿面的示意图如图 14-25 所示。它是一个在齿长上成反鼓形齿，而在齿高上，两端成方向相反的倾斜修形齿。

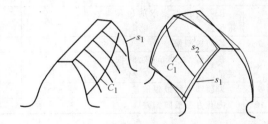

图 14-25 径向剃齿刀齿面修形示意图

s_1—渐开线螺旋面　s_2—径向剃齿刀齿面　C_1—接触线

上边所赋给 λ_1 的值及赋给 θ 的值均没给什么条件，因此它们是偶然的。所以得到的（x_3，y_3，z_3）的点也是偶然的。它们并不在同一个平行于剃齿刀的端面上，它们距剃齿刀的轴心半径也是任意的，这样使剃齿刀无法检验齿形及齿向。为此，还需要在剃齿刀的齿宽上定出Ⅰ、Ⅱ、Ⅲ、Ⅳ、Ⅴ五个截面，其中Ⅲ—Ⅲ截面通过剃齿刀齿宽的中点，即 $z_3 = 0$。在齿高上定出五个半径，$R_{3\text{-}1}$、$R_{3\text{-}2}$、$R_{3\text{-}3}$、$R_{3\text{-}4}$、$R_{3\text{-}5}$。其中 $R_{3\text{-}3}$ 等于剃齿刀节圆半径。$R_{3\text{-}1}$ 为剃齿刀渐开线始圆半径，$R_{3\text{-}5}$ 为剃齿刀外圆半径，如图 14-26 所示。$R_{3\text{-}2}$ 与 $R_{3\text{-}4}$ 为 $R_{3\text{-}1}$ 与 $R_{3\text{-}3}$ 的中间值及 $R_{3\text{-}3}$ 与 $R_{3\text{-}5}$ 的中间值，Ⅲ—Ⅲ截面为 $z_3 = 0$ 的截面，Ⅰ—Ⅰ截面为 $z_3 = \dfrac{B}{2}$ 的截面，Ⅱ—Ⅱ截面为 $z_3 = \dfrac{B}{4}$ 的截

○ 公式推导见袁哲俊编著的《齿轮刀具设计》，国防工业出版社，2014 年。

面，Ⅳ—Ⅳ 截面为 $z_3 = -\dfrac{B}{4}$ 的截面，Ⅴ—Ⅴ 截面为

$z_3 = -\dfrac{B}{2}$ 的截面，现在要求使接触线 C_1 通过上面的 Ⅰ—Ⅰ 到 Ⅴ—Ⅴ 截面与 R_{3-1} 到 R_{3-5} 半径的交点，共 25 个点。为此，除上述的包络线条件方程式（14-23）之外，还要增加两个条件方程式，例如求通过 Ⅲ—Ⅲ 截面 R_{3-3} 半径点的 x_3、y_3、z_3 时，需增加下面的两个方程式

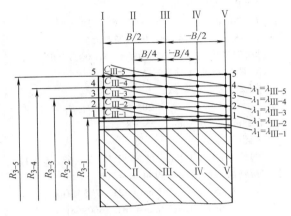

图 14-26　接触线通过 Ⅲ—Ⅲ 截面上 R_{3-1}、R_{3-2}、R_{3-3}、R_{3-4}、R_{3-5} 与 λ_1 的关系

$$z_3 = -\sin\Sigma\, r_1 \big[\sin(\phi - \theta - \lambda_1) - (\phi - \delta)\cos$$
$$(\phi - \theta - \lambda_1) \big] - \cos\Sigma\, \frac{P\theta}{2\pi} = 0 \quad (14\text{-}24)$$

$$\sqrt{x_3^2 + y_3^2} = r_0' \quad \begin{array}{l}(z_3 = 0 \text{ 在 Ⅲ—Ⅲ 截面})\\ (r_0' \text{ 为节圆半径，} R_{3-3} = r_0')\end{array}$$
$$(14\text{-}25)$$

这样就一共有三个方程式，式（14-23）、式（14-24）和式（14-25）及三个未知数 λ_1、ϕ、θ。因此有充分和必要的条件求解。

上述的三元联立方程式是一组超越方程式，没有现成的解法，因此必须用迭代法求解。使用计算机进行解题。

14.2.3　径向剃齿刀齿面坐标求解的计算框图与程序

径向剃齿刀齿面坐标的计算框图如图 14-27 所示。

代号 $\lambda_1 \to M$	族参变量
$\theta \to Q$	螺旋线参变量
$\phi \to F$	渐开线参变量
$a' \to A$	轴心距
$P \to L$	齿轮的导程
$\delta \to D$	齿轮的基圆齿槽半角（rad）

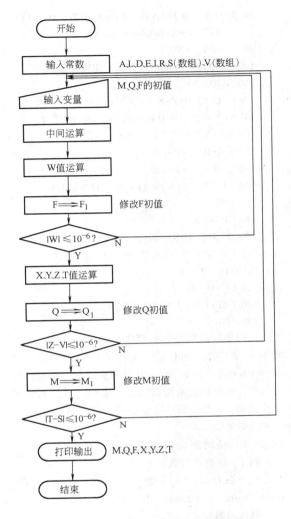

图 14-27　径向剃齿刀齿面坐标计算框图

$I \to I$	齿轮与剃齿刀的齿数比
$\Sigma \to E$	轴交角（rad）
$r_1 \to R$	齿轮基圆半径

数组 $R \to S$　齿轮的半径 $R = R_{3-1}$、R_{3-2}、R_{3-3}、R_{3-4}、R_{3-5}。

数组 $z_3 \to V$　齿轮截面距中间截面的距离 $z_3 = \dfrac{B}{2}$、$\dfrac{B}{4}$、0、$-\dfrac{B}{4}$、$-\dfrac{B}{2}$

源程序：

```
10 INPUT M,Q,F
20 K = (F-θ-M)
30 B = (F-D)
40 C = SINK : G = COSK
50 H = SINE : J = COSE
60 N = SIN(I×M) : O = COS(I×M)
70 P = (C-B×G) : U = (G+B×C)
```

80 W = (R-I×(J×(A×G-R) +Q×L/2/π×C×H)) ×
  L/2/π+R×I×(A-R×U) ×H

90 F = F-W/5000

100 I F ABSW = 1E-06 THEN GOTO 120

110 GOTO 20

120 X = O×(J×R×P-H×L×Q/2/π) -N×(R×U-A)

130 Y = N×(J×R×P-H×L×Q/2/π) +O×(R×U-A)

140 T = (X↑2+Y↑2) ↑0.5

150 Z = -H×R×P-J×L×Q/2/π

160 Q = Q+(Z-V) /120

170 I F ABS(Z-V) ≤1E-06 THEN GOTO
   190

180 GOTO 20

190 M = M+(T-S) /20

200 I F ABS(T-S) ≤1E-06 THEN BEEP
0:GOTO 220

210 GOTO 20

220 PRINT M,Q,F,W,X,Y,Z,T

230 END

该程序用的是近似牛顿迭代法，如 90F = F-W/5000 中的 5000，160Q = Q+(Z-V) /120 中的 120，及 190M = M+(T-S) /20 中的 20 均为曲线与 x 轴附近处的斜率，随每题的数据而变化。M、Q、F 的初值可试验获取，解出一组解后即可用该解的 M、Q、F 为下一点的初值。

14.2.4 径向剃齿刀齿面坐标计算示例

例 1 齿轮的参数：

m_n = 2.75mm、α_n = 20°、z_1 = 40、β_1 = 25° 右、s_n = 4.28mm、b_1 = 22mm、Σ = -15°。

剃齿刀参数：

选用外径为 180mm 的剃齿刀，z = 65、β = 10° 左、新剃齿刀的法向压力角 α_n = 20°。

d_{f1} = 2.75×40/cos25°mm = 121.3715711mm

d_{f0} = 2.75×65/cos10°mm = 181.5075069mm

a' = (d_{f1}+d_f) /2mm = 151.439539mm

P_1 = 2.75×40×π/sin25°mm
  = 817.7005663mm

I = 40/65 = 0.6153846154

r_{b1} = (d_{f1}/2) cos$\alpha_t$mm = 56.3142778mm

α_t = arctan （ tan20°/cos25°） = 21.8802276°

α_t = 0.3818821012rad

Σ = -15° = -0.2617993878rad

$$\delta = \left[\frac{\pi}{40} - inv\alpha_t - (4.28/\cos25°) /d_{f1} \right] rad$$

  = 0.019916107rad

B = 24mm V = 12, 6, 0, -6, -12

$R \to S$ = 93.50374778, 92.12874655

90.75379849, 89.37874888, 88.00374561

计算结果见表 14-25。

例 2 齿轮的参数：

m_n = 2.75mm、α_n = 20°、z_1 = 40、β_1 = 25° 右、s_n = 4.28mm、b = 22mm、Σ = -8°。

剃齿刀参数：

选外径约为 180mm 的剃齿刀，z = 63、β = 17° 左、新剃齿刀的法向压力角 α_n = 20°。

d_{f1} = 2.75×40/cos25°mm = 121.3715711mm

d_f = 2.75×63/cos17°mm = 181.1660968mm

A = (d_{f1}+d_f) /2mm = 151.268834mm

P_1 = 2.75×40×π/sin25°mm
  = 817.7005663mm

I = 40/63 = 0.634920635

r_{b1} = (d_{f1}/2) cos$\alpha_t$mm = 56.31427779mm

Σ = -8° = -0.1396263402rad

$$\delta = \frac{\pi}{40} - inv\alpha_t - (4.28/\cos25°) d_{f1}$$

  = 0.019916107rad

B = 24mm V = 12,6,0,-6,-12

$R \to S$ = 93.3330, 91.9580, 90.5830, 89.2080, 87.8333

计算结果见表 14-26。

表 14-25 轴交角为 15°时剃齿刀齿面的坐标

剃齿刀：m_n = 2.75mm、z_0 = 65、α_n = 20°、β_0 = 10°左、Σ = 15°、B = 24mm

工件：m_n = 2.75mm、z_1 = 40、α_n = 20°、β_1 = 25°右、s_n = 4.28mm

λ	θ	ϕ	x_3	y_3	z_3	R
-0.02237939	-0.07989903	0.30379421	3.32268965	-93.44470831	11.99999942	93.50376344
-0.05893796	-0.03337575	0.30254897	2.22190841	-93.47736025	5.99999446	93.50376333
-0.09493432	-0.013095411	0.30217897	1.12755975	-93.49694893	0.00000223	93.50374778
-0.13037094	0.05951399	0.30254678	0.03944201	-93.50373872	-5.99999809	93.50374704
-0.16525034	0.10587952	0.30369854	-1.04261789	-93.49793406	-11.99999811	93.50374712
0.04193788	-0.04193719	0.36081344	3.86487886	-92.04765799	11.99999776	92.12876144
0.00538372	-0.03960856	0.35962775	2.78116767	-92.08677123	5.99999714	92.12875951
-0.03060536	0.00683759	0.35922711	1.70367237	-92.11299279	0.00000257	92.12874655
-0.06603281	0.05323220	0.35961328	0.63220165	-92.12657749	-5.99999745	92.12874665

（续）

剃齿刀：$m_n = 2.75\text{mm}$、$z_0 = 65$、$\alpha_n = 20°$、$\beta_0 = 10°$左、$\Sigma = 15°$、$B = 24\text{mm}$

工件：$m_n = 2.75\text{mm}$、$z_1 = 40$、$\alpha_n = 20°$、$\beta_1 = 25°$右、$s_n = 4.28\text{mm}$

λ	θ	ϕ	x_3	y_3	z_3	R
−0.10090122	0.099574778	0.36078571	−0.43413808	−92.12772728	−11.99999745	92.12874677
0.11218763	−0.09289095	0.42309218	4.3402767	−90.64991636	11.99999871	90.75376211
0.07562588	−0.04642055	0.42190823	3.27368746	−90.64968453	6.00000286	90.75374831
0.03963079	0.00000002	0.42151304	2.21309621	−90.72676049	0.00000281	90.75374849
0.00420071	0.04636995	0.42908211	1.158335434	−90.74635616	−5.99999722	90.75374867
−0.03066777	0.09268894	0.42309264	0.10923211	−90.75368654	−11.99999789	90.75375228
0.19083688	−0.10049444	0.49281503	4.74360563	−89.25279922	11.99999715	89.37876685
0.15423974	−0.05405108	0.49161030	3.69418102	−89.30239077	5.99999713	89.37876689
0.11821563	−0.00765671	0.49120160	2.65056660	−89.33943837	0.00000308	89.37874888
0.08276049	0.03868824	0.49158743	1.61258085	−89.36420077	−5.99999699	89.37874913
0.04787142	0.08498321	0.49276741	0.58006539	−89.37686701	−11.99999705	89.37874933
0.28264061	−0.10937904	0.57419751	5.06677071	−87.85778391	11.99999706	88.00376333
0.24595099	−0.06296177	0.57292407	4.03459621	−87.91121245	6.00000024	88.00374561
0.20984200	−0.01659236	0.57245402	3.00802657	−87.95232267	0.00000229	88.00374587
0.17431144	0.02972842	0.57278326	1.98690282	−87.98131361	−5.99999777	88.00374611
0.13935512	0.07600010	0.57392490	0.97106664	−87.998386	−11.99999697	88.00374372

$r_{b1} = 56.31427779\text{mm}$

$a' = 151.439539\text{mm}$

$P_1 = 817.7005663\text{mm}$

$I = \dfrac{40}{65}$

$\Sigma = -15° = -0.2617993878\text{rad}$

$\delta = 0.019916107\text{rad}$

$V = 12, 6, 0, -6, -12$

$S = 93.5037, 92.1287, 90.7537, 89.3787, 88.0037$

表 14-26　轴交角为 8°时剃齿刀齿面的坐标

剃齿刀：$m_n = 2.75\text{mm}$、$z = 63$、$\alpha_n = 20°$、$\beta_0 = 17°$左、$\Sigma = 8°$、$B = 24\text{mm}$

工件：$m_n = 2.75\text{mm}$、$z_1 = 40$、$\alpha_n = 20°$、$\beta_1 = 25°$右、$s_n = 4.28\text{mm}$

λ	θ	ϕ	x_3	y_3	z_3	R
−0.00750628	−0.08554203	0.30209726	4.94975654	−93.20169646	11.99999929	93.33303977
−0.04833869	−0.03932524	0.30175543	3.05800968	−93.28293031	6.00000054	93.33304083
−0.89017998	0.00683679	0.30163402	1.16690190	−93.32574591	0.000000539	93.33304083
−0.12954449	0.05308470	0.30173312	−0.72283838	−93.33024169	−5.99999946	93.33304082
−0.16991853	0.09927779	0.30205276	−2.61048625	−93.29652656	−11.99999947	93.33304081
0.05412478	−0.08882444	0.35951388	5.48162711	−91.79451525	12.00000064	91.95804079
0.01329272	−0.04261483	0.35917803	3.61862326	−91.88681534	6.00000658	91.95804082
0.02738627	0.00358708	0.35906486	1.75599134	−91.94127344	0.00000066	91.95804081
−0.06791056	0.04978126	0.35917282	−0.10555043	−91.95798023	−5.99999934	91.95804081
−0.10828251	0.09596766	0.35950073	−1.96528737	−91.9370377	−11.99999934	91.95804080
0.121151767	−0.09239689	0.42195753	5.94738841	−90.38758704	11.99999988	90.58314102
0.08031416	−0.04619469	0.42162428	4.11315113	−90.48960910	5.99999985	90.58304118
0.03963111	0.00000002	0.42151317	2.27904575	−90.55436663	0.00000016	90.58304127
0.00089768	0.46187060	0.42124346	0.44578060	−90.58194283	−5.99999987	90.58303973
−0.04127276	0.09236652	0.42195785	−1.38594132	−90.57243668	−11.99999999	90.58303991
0.19569183	−0.09637303	0.49140054	6.34202987	−88.98230761	11.99999986	89.20804115
0.15483800	−0.05017843	0.49106005	4.53673805	−89.09260555	6.00000012	89.20803974
0.11413993	−0.00399120	0.49094303	2.73119455	−89.16622079	0.00000537	89.20803974
0.07359722	0.04218861	0.49104954	0.92626587	−89.20323119	−5.99999778	89.20804013
0.03320944	0.08836095	0.49137949	−0.87735032	−89.20372571	−11.99999781	89.20804013
0.28165745	−0.10096282	0.57148786	6.65874872	−87.58053703	11.99999983	87.8333047
0.24076450	−0.05477578	0.57112012	4.88204022	−87.69751997	6.00000059	87.83330422
0.20002943	−0.00859595	0.57097809	3.10507130	−87.77840204	0.00000058	87.83330421

（续）

剃齿刀：$m_n = 2.75\text{mm}$、$z = 63$、$\alpha_n = 20°$、$\beta_0 = 17°$左、$\Sigma = 8°$、$B = 24\text{mm}$

工件：$m_n = 2.75\text{mm}$、$z_1 = 40$、$\alpha_n = 20°$、$\beta_1 = 25°$右、$s_n = 4.28\text{mm}$

λ	θ	ϕ	x_3	y_3	z_3	R
0.15945178	0.03757660	0.57106173	1.32852893	−87.82325626	−5.99999943	87.83330422
0.11903096	0.08374184	0.57137081	−0.44690359	−87.83216728	−11.99999944	87.83330423

$r_1 = 56.31427779\text{mm}$　　　$V = 12, 6, 0, -6, -12$

$a' = 151.268834\text{mm}$　　　$S = 93.333, 91.958, 90.583, 89.208, 87.833$

$L = 817.7005663\text{mm}$

$I = \dfrac{40}{63}$

$\Sigma = -8° = -0.1396263402\text{rad}$

$\delta = 0.019916107\text{rad}$

剃齿刀的端面齿厚在各不同的端截面上是不同的。在两端面间的中间截面中齿厚最小，而两端处齿厚最大。剃齿刀的端面齿厚，应以中间截面最小的端面齿厚计算，然后换算到法向齿厚，用齿厚卡尺来测量。

14.2.5　径向剃齿刀齿面的修形量

上面已经介绍了径向剃齿刀齿面坐标的求法。但是按坐标点来检验齿面是极困难的。虽然剃齿刀的齿面已不是渐开线螺旋面了，但是该齿面与理论渐开线螺旋面相差不过几微米，最大不过几十微米。所以，仍可以用检验渐开线螺旋面齿面的仪器来进行检验，如用渐开线检验仪来检验齿形，用导程仪来检验齿向。只不过要求求出剃齿刀上每个坐标点处的修形量，即计算出的点坐标与相同截面、相同半径处理论渐开线螺旋面上的点，沿齿向方向的差为齿向修形量 ΔF_β，沿齿面法向方向的差为齿形修形量 Δf。将 ΔF_β 各点连成曲线即为齿向修形曲线。将 Δf 各点连成曲线即为齿形修形曲线。检验时，使仪器的误差记录曲线与修形曲线重合即为合格。

可以考虑在剃齿刀中间截面（即Ⅲ—Ⅲ截面）上的中间点（即 R_{3-3} 节圆及分度圆半径处），剃齿刀的齿面与理论渐开线螺旋面的相当点重合作为基准。计算出其他点处的 ΔF_β 及 Δf 来，即可绘出修形曲线图来。

计算方法如图 14-28 所示。设剃齿刀的理论渐开线螺旋面上Ⅲ—Ⅲ截面中半径 R_{3-3} 处的坐标为 (M, N)。它的数值与径向剃齿刀相同截面、相同半径处的点的坐标是相等的。

现在求 Ⅴ—Ⅴ 截面上 R_{3-5} 处渐开线螺旋面上点的坐标 (U, V)。

首先将 (M, N) 点在Ⅲ—Ⅲ截面上沿渐开线移动到 R_{3-5} 的外圆上，该点的坐标为 (S, T)。在图 14-28 中，r_{b0} 为剃齿刀的基圆半径。

$$r_{b0} = \frac{\frac{m_n z/2}{\cos\beta}}{} \cos\alpha_t$$

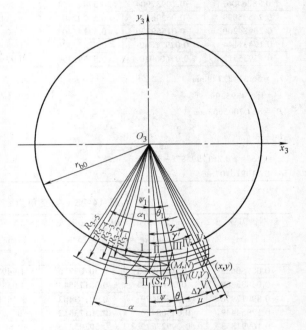

图 14-28　剃齿刀理论渐开线螺旋面上
不同半径及不同截面上的坐标

$$\alpha_t = \arctan(\tan\alpha_n / \cos\beta)$$

$$P_0 = \pi m_n z / \sin\beta$$

$$\Psi = \arctan(M/N)$$

$$\alpha = \arccos(r_{b0}/R_{3-3}) \quad (M, N) \text{ 点的端面压力角}$$

$$\theta = \text{inv}\alpha = \tan\alpha - \alpha$$

$$\alpha_1 = \arccos(r_{b0}/R_{3-5}) \quad (S, T) \text{ 点的端面压力角}$$

$$\theta_1 = \text{inv}\alpha_1 = \tan\alpha_1 - a_1$$

$$\psi_1 = \psi + \theta + \theta_1$$

$$S = R_{3-5}\sin\psi_1$$

$$T = -R_{3-5}\cos\psi_1$$

设 $\mu = 2\pi Z/P_0 \left(Z = \dfrac{-B}{Z}\right)$。

μ 为 (S, T) 点从Ⅲ—Ⅲ截面沿螺旋线移动到 V—V 截面的 (U, V) 点所需旋转的弧度角。则

$$U = S\cos\mu - T\sin\mu$$
$$V = S\sin\mu + T\cos\mu$$

设

$$\gamma = \arctan\left(\frac{U}{V}\right)$$

$$\gamma' = \arctan\left(\frac{x_{3\text{-}V\text{-}5}}{y_{3\text{-}V\text{-}5}}\right)$$

则

$$\Delta\gamma = \gamma' - \gamma$$

$$\Delta F_\beta = R_{3\text{-}5}\Delta\gamma$$
$$\Delta f = r_{b0}\Delta\gamma$$

求得的 ΔF_β 及 Δf 数值均很小，检验仪器的记录器一般均将 ΔF_β 或 Δf 放大 500 或 1000 倍，而将齿宽 B 放大 2 或 4 倍，渐开线的展开长度放大 2 或 4 倍。

现将 14.2.4 中的两个例题的 ΔF_β 及 Δf 数值及图形制成表 14-27 及表 14-28。

表 14-27 轴交角为 15°时剃齿刀的齿形及齿向修形量

Δf 齿形修形量					
$\rho(R)$　　z(截面)　Δf	12（Ⅰ—Ⅰ）	6（Ⅱ—Ⅱ）	0（Ⅲ—Ⅲ）	-6（Ⅳ—Ⅳ）	-12（Ⅴ—Ⅴ）
38.684（93.5037）	0.014464	0.004928	0.000115	0.001822	0.009049
35.232（92.1287）	0.013209	0.003570	0.000032	0.002275	0.010007
31.461（90.7537）	0.011905	0.002926	0.000000	0.002826	0.011105
27.242（89.3787）	0.010528	0.002284	0.000039	0.003510	0.012402
22.329（88.0037）	0.009034	0.001626	0.000181	0.004401	0.013995

ΔF_β 齿向修形量					
ΔF_β　　　R　z(截面)	93.5037	92.1287	90.7537	89.3787	88.0037
12（Ⅰ—Ⅰ）	0.015888	0.014296	0.012693	0.011054	0.009340
6（Ⅱ—Ⅱ）	0.005410	0.003864	0.003120	0.002398	0.0016821
0（Ⅲ—Ⅲ）	0.000126	0.000034	0.000000	0.000041	0.000187
-6（Ⅳ—Ⅳ）	0.002001	0.002460	0.003013	0.003680	0.004550
-12（Ⅴ—Ⅴ）	0.009939	0.010831	0.011840	0.013021	0.014468

剃齿刀：$m_n = 2.75\text{mm}$　　　$z_0 = 65$　　　$\alpha_n = 20°$　　　$\beta_0 = 10°$左　　　$\Sigma = 15°$

工件：$m_n = 2.75\text{mm}$　　　$z_1 = 40$　　　$\alpha_n = 20°$　　　$\beta_1 = 25°$右　　　$s_n = 4.28\text{mm}$

表 14-28　轴交角为 8°时剃齿刀的齿形及齿向修形量

	Δf 齿形修形量				
Δf ＼ z(截面) ＼ $\rho(R)$	12(Ⅰ—Ⅰ)	6(Ⅱ—Ⅱ)	0(Ⅲ—Ⅲ)	−6(Ⅳ—Ⅳ)	−12(Ⅴ—Ⅴ)
39.293(93.333)	0.004629	0.001501	0.000095	0.000363	0.002261
35.905(91.958)	0.004006	0.001159	0.000026	0.000506	0.002716
32.221(90.583)	0.003375	0.000837	0.000000	0.008219	0.003258
28.124(89.208)	0.002746	0.000541	0.000033	0.001172	0.003917
23.399(87.833)	0.002099	0.000280	0.000146	0.001650	0.004748

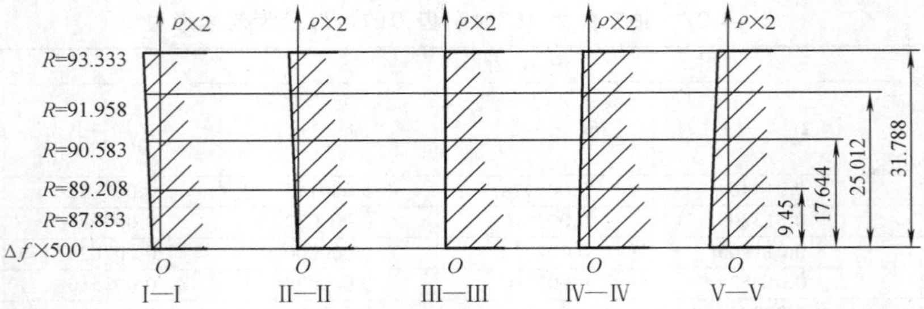

	ΔF_{β} 齿向修形量				
ΔF_{β} ＼ R ＼ z(截面)	93.333	91.958	90.583	89.208	87.833
12(Ⅰ—Ⅰ)	0.005104	0.004351	0.003616	0.002894	0.002178
6(Ⅱ—Ⅱ)	0.001655	0.001259	0.000957	0.000570	0.000291
0(Ⅲ—Ⅲ)	0.000104	0.000028	0.000000	0.000035	0.000151
−6(Ⅳ—Ⅳ)	0.000400	0.000608	0.000880	0.001235	0.001719
−12(Ⅴ—Ⅴ)	0.002493	0.002951	0.003485	0.004127	0.004926

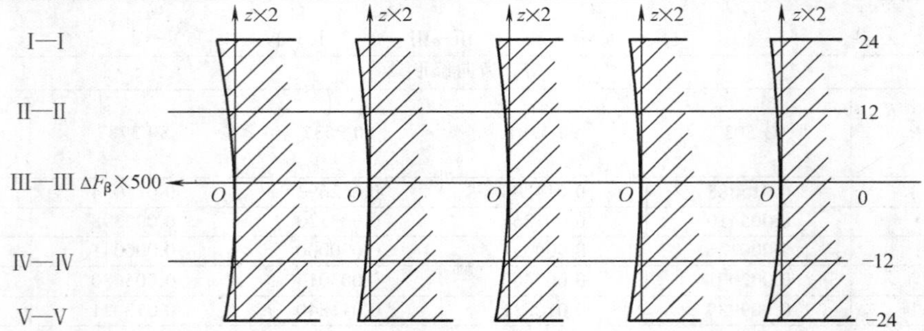

剃齿刀：$m_n = 2.75$mm　　$z_0 = 63$　　$\alpha_n = 20°$　　$\beta_0 = 17°$左　　$\Sigma = 8°$

工件：$m_n = 2.75$mm　　$z_1 = 40$　　$\alpha_n = 20°$　　$\beta_1 = 25°$右　　$s_n = 4.28$mm

从以上两个例题可以看出来，工件是同一齿轮，由于剃齿时的轴交角 Σ 选择不同，所得到的齿形修形量 Δf 及齿向修形量 ΔF_{β} 相差可以达到 3 倍以上。Σ 减小时，修形量显著减小，但这时的切削效率要降低一些。实际上当用径向剃齿刀剃台阶齿轮时，剃齿刀与齿轮的轴交角 Σ 均 $\leqslant 6°30'$，这时经过齿形修形计算，Δf 及 ΔF_{β} 均非常小，当 $m_n \leqslant 3$mm 时，Δf 及 ΔF_{β} 不超过 2μm，因此完全可以不修形而用渐开线螺旋面作剃齿刀的齿面，不致引起工件过大误差。

14.2.6　径向剃齿刀容屑槽的排列及错距计算

径向剃齿的特点是只有径向进给运动，而没有沿工件轴向的纵向进给运动。这时如剃齿刀的容屑槽仍采用每个同号切削刃距端面等距的平行槽排列，则剃齿后在工件表面上会残留下一排沟距约等于 t 的浅沟（t 为容屑槽法向槽距），使工件表面非常粗糙。为此，径向剃齿刀的容屑槽排列必须使每个相邻的同号切削刃，在剃齿刀容屑槽法向，即剃齿刀母线方向上错开一个距离 l，如图 14-29 所示。径向剃齿刀容屑槽螺旋线排列的方法及专利有许多种，

下面介绍比较常用的一种。

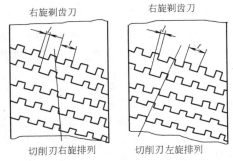

右旋剃齿刀　　　　右旋剃齿刀

切削刃右旋排列　　　切削刃左旋排列

图 14-29　径向剃齿刀容屑槽排列

l 的数值选取原则：

1）切出的齿面表面粗糙度应符合图样规定。

2）剃齿效率最高，即工件能以最少的转数剃完整个齿面。

GB/T 14333—2008 中，Ⅱ型容屑槽 $t = 2.2\text{mm}$，Ⅰ型容屑槽在轴向上为 2mm，在法向上应为

$$t/\cos\beta_{b0}$$

式中　β_{b0}——剃齿刀的基圆螺旋角。

使切削刃按螺旋线形排列，可为右螺旋排列，也可为左螺旋排列。

l 是有关被剃齿轮表面粗糙度的重要参数，需要正确计算，大约估计是很冒险的。它是工件齿数 z、工件螺旋角 β_1、剃齿刀齿数 z_0、剃齿刀螺旋角 β_0、容屑槽法向槽距 t 和工件表面粗糙度的函数。

l 数值计算方法可以这样考虑：

$$l = tNz/z_0 \tag{14-26}$$

N 为一个正整数。但它不是剃齿刀齿数的因数，使 $N=1,2,3,\cdots$，N 每计算一次使 N 增加 1，经过试算确定 N，将这时的 N 代入式（14-26）即得到 l。

在剃齿刀的每个齿上都有一排切削刃，它们沿剃齿刀母线方向的距离为 t，这一排切削刃均参加切削，当剃齿刀第 1 号齿切工件第 1 号齿时，在工件第 1 号齿齿面上留下一排平行的曲线切痕。每条切痕沿剃齿刀母线方向的距离也是 t。当工件旋转 1 转后，剃齿刀的第 $(z+1)$ 号齿，又切工件的第 1 号齿，这时在工件齿面上又留下一排平行的曲线切痕，每一条切痕沿齿轮母线方向上的距离也是 t。但这组切痕位于剃齿刀第 1 齿切出的一组切痕之间的某一位置，剃齿刀的第 1 齿上每一切削刃，当工件转 1 转时，它将沿剃齿刀母线方向（即沿同一齿数的螺旋线上）移动 U 距离

$$U = lz = \frac{tNz}{z_0} \tag{14-27}$$

但按上式计算出的 U 可能很大，也许比 l 大许多倍。我们的目的是求出剃齿刀切削刃当工件转 1

转时，剃齿刀第 1 号齿切出的一组切痕与第 $(z+1)$ 号齿切出的一组切痕，沿剃齿刀母线方向的最小距离为 S

$$S = U - Mt$$

式中 M 为一正整数，$M = U/t$ 按小数点后第 1 位四舍五入成整数，即

$$M = \left(l\frac{z}{t} \right)^{-1}$$

式中圆括号为四舍五入算符，-1 为 10^{-1} 位四舍五入算符，即

$$S = U - \left(l\frac{z}{t} \right)^{-1}$$

或

$$S = \frac{tNz}{z_0} - \left(l\frac{z}{t} \right)^{-1} \tag{14-28}$$

这样求出的 S 是工件转 1 转时，剃齿刀刀刃沿母线方向上的最小位移量，需要将该量换算到工件齿面上沿工件轴向的位移量 F，F 与 S 的关系可通过螺旋齿轮啮合原理的关系来处理，如图 14-30 所示。

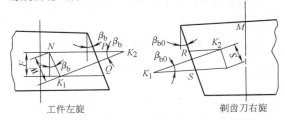

工件左旋　　　　　　　　剃齿刀右旋

图 14-30　沿剃齿刀母线方向的位移量 S 转化到工件轴向的位移量 F 的关系

由螺旋齿轮啮合原理可知，啮合线 K_1K_2 是剃齿刀啮合平面 M 与工件的啮合平面 N 的交线。故啮合线 K_1K_2 既在剃齿刀的啮合平面 M 上，也在工件的啮合平面 N 上。设在剃齿刀的母线上有一线段 RS，长度为 S，则 RS 投影到剃齿刀的啮合线 K_1K_2 上，$K_1K_2 = S/\tan\beta_{b0}$，工件即与剃齿刀啮合，则工件的啮合线长度也等于 K_1K_2。将 K_1 点和 K_2 点分别投影到工件母线上得到 PQ 两点，长度为

$$W = K_1K_2\tan\beta_b$$

但 W 为沿工件母线方向上的长度，所以换算到沿齿轮轴线方向的位移量

$$f = W\cos\beta_b = \frac{S\tan\beta_b\cos\beta_b}{\tan\beta_{b0}} = S\sin\beta_b/\tan\beta_{b0} \tag{14-29}$$

式中　f——工件每转 1 转时，剃齿刀沿工件轴线的进给量（mm/r）。

f 值是关系到工件表面粗糙度的主要指标。它应根据工件剃齿后所要求的表面粗糙度来选择。剃齿的表面粗糙度可以达到 $Ra0.32\sim1.25\mu\text{m}$，表面粗糙度越低要求 f 越小。

f 值按理论讲应根据表面粗糙度、波峰波谷深度的算术平均值 h 及剃齿刀和工件的诱导曲率选择 ρ 来计算出剃痕的宽度 $2b$，如图 14-31 所示。将 $2b$ 换算到工件轴向上得到 f 值，这样计算不但非常麻烦，而更主要的是剃齿过程中，剃齿刀没有后角，所以它的作用已不纯是切削作用，而是切削与挤压的复合作用，并且由于切削刃不全在接触线上，引起接触的间断，这就使按上述方法计算与实际的切削情况并不完全相同，所以费很多时间求出的结果，并不精确。现在介绍一种来源于实践的实验方法来选择 f 值。

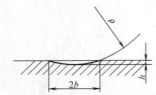

图 14-31　剃痕宽度与表面粗糙度的关系

按纵向进给剃齿法剃齿时，剃齿刀要沿工件轴向进给。进给量见表 14-29。

表 14-29　剃齿纵向进给量（单位：mm/r）

轴交角 Σ	工件齿数 z			
	17～25	25～40	40～50	50～100
7°～10°	0.075～0.1	0.1～0.15	0.15～0.2	0.2～0.25
10°～15°	0.1～0.15	0.15～0.2	0.2～0.25	0.25～0.3
>15°	0.15～0.2	0.2～0.25	0.25～0.3	0.3～0.35

径向剃齿时，虽无纵向进给运动，但实际达到了工件转 1 转，剃齿刀沿齿轮轴向位移 f 的进给作用，因此可切出与纵向进刀剃齿法相同的表面粗糙度。

将式（14-29）写成如下形式：
$$S = f\tan\beta_{b0}/\sin\beta_b \qquad (14\text{-}29a)$$

但该式是很少有机会成立的，而从要求精度上讲，S 与 $f\tan\beta_{b0}/\sin\beta_b$ 也没有必要完全相等，使式（14-29）中等号两端数值差 0.01 完全可以满足要求，对齿面的表面粗糙度不会产生多大影响，故式（14-29）可写成

$$S - f\tan\beta_{b0}/\sin\beta_b \leq 0.01 \qquad (14\text{-}30)$$

现在还没有能够直接求出 l 及 S 的公式，只能用试算法对式（14-26）中的 N 赋值，取 $N = 1, 2, 3, \cdots$，直到式（14-30）成立时，将这时的 N 代入式（14-26）求出 l 来。所以当 N 很大时，计算非常麻烦。但微机编程，使计算自动循环，每计算 1 次 N 增加 1，直到式（14-30）成立为止，直接打印出 l 及 S 结果。当 S 为正值时，切削刃的螺旋排列方向与剃齿刀的螺旋方向相同；当 S 为负值时，切削刃的螺旋排列方向与剃齿刀的螺旋方向相反。

输入常数：

Z→剃齿刀齿数 z_0。

Y→工件齿数 z。

T→剃齿刀沿母线方向上，两相邻切削刃的距离 t，按标准 $t = 2.2mm$，但允许在 $1.8 \sim 2.2mm$ 范围内选取。

B→剃齿刀的基圆螺旋角 β_{b0}。

C→工件的基圆螺旋角 β_b。

F→根据表面粗糙度及工件齿数 z、轴交角 Σ 在表14-29中选出的剃齿刀沿工件轴线方向，当工件转 1 转的进给量 f。

输出数据：

D→剃齿刀同号相邻齿切削刃沿母线方向的错距 l。

S→剃齿刀当工件转 1 转后，在齿轮齿面沿剃齿刀母线方向的进给量。

源程序：

```
10 INPUT N
20 D = T×N/Z
30 S = D×Y - RND((D×Y/T),-1)×T
40 IF ABS(ABSS-F×TANB/SINC) ≤ 0.01
   THEN BEEP1
50 IF ABS(ABSS-F×TANB/SINC) ≤ 0.01
   THEN PRINTD：PRINTS
60 N = N+1
70 GOTO 20
```

例如，表 14-30 给出 4 种不同规格的齿轮及剃齿刀数据，按以上程序计算出的 l 及 S 值也列在表 14-30 中。

按上述方法选择的 f 值来计算径向剃齿刀相邻齿沿剃齿刀齿面母线方向的错距 l，可以满足表面粗糙度的要求。上述实例经过生产实验，工件表面粗糙度均达到了 $Ra0.32\mu m$，完全满足了图样要求。

关于错距 l 的计算及排列方法有许多种，可参阅有关文献。

14.2.7　径向剃齿刀的齿面磨削

径向剃齿刀的齿面除应有反鼓形齿的齿向修形外，在不同截面的齿形上还应有不同的齿形修形。这种齿面实际上是一个具有反鼓形量的扭曲齿面，用 Y7125 或 Y7432 型磨齿机，从理论上讲是无法磨出这种齿形的。应该使用国产的 YK7432 或德国卡尔胡特公司（Casl Hasth）生产的 SRS402 型或 SRS403 型磨齿机，利用滚筒偏置的方法，使它具有磨削扭曲齿形的能力。而利用将砂轮修整成外锥面的方法可以磨反鼓形齿，它虽然仍有原理误差，但经过仔细调整，实用上可以解决 $B < 25mm$、$m_n < 3mm$ 的径向剃齿刀的磨削。

表 14-30　4 种不同规格的齿轮及剃齿刀数据，按程序计算出的 l 及 S 值

（单位：mm）

项目　　　　序号	1	2	3	4
m_n	1.75	2	2.25	2.25
α_n	20°	20°	20°	20°
z	23	29	25	32
β	34°左	30°左	25°右	25°左
β_b	31.6998514°左	28.02432067°左	23.39896187°右	23.39896187°左
z_0	113	103	97	97
β_0	27°30′右	23°30′右	19°左	20°右
β_{b0}	25.71555556°右	22.00583333°右	17.8144444°左	18.74722222°右
Σ	6°30′	6°30′	6°	5°
t	1.9	1.85	1.95	1.95
f(选自表 14-29)	0.15	0.17	0.17	0.16
N	20	50	23	21
l	0.33628318	0.89805825	0.46237113	0.42216484
S	0.13451327	0.14368932	−0.14072165	−0.14072165
切削刃旋向	右	右	右	左

在不具备上述条件下，我国有的工厂采用以下两种方法解决磨齿问题：

1）尽可能减小轴交角 Σ，使 $\Sigma = 5° \sim 7°$，当 m_n ≤3mm 时，Δf 可控制在 $1 \sim 2\mu m$ 以内，因此可以用渐开线来代替，但这样做降低了切削效率。

2）在 Y7125 或 Y7432 磨齿机上将砂轮修整成外锥面，然后找出最优化的调整数据，这从理论上讲虽不合理，但当优化调整后，如能将剃齿刀齿形修形量 Δf 的误差控制在很小的范围内，例如 $2 \sim 3\mu m$ 以内，则对工件齿轮齿形的影响可控制在公差范围以内。这虽可以解决实际生产问题，但优化调整的数据要经过复杂的计算。详见有关资料。

14.2.8　盘形径向剃齿刀的结构尺寸和技术要求

盘形径向剃齿刀已有标准 GB/T 21950—2008，规定了结构尺寸和技术要求。

1. 盘形径向剃齿刀的结构尺寸

盘形径向剃齿刀的结构型式按图 14-32 规定，其公称分圆直径分为 $d = 180mm$ 和 $d = 240mm$ 两种。

盘形径向剃齿刀的内孔直径 $D = 63.5mm$，按用户要求可制成 $D = 100mm$，此时内孔可不做键槽。

盘形径向剃齿刀的分圆螺旋角 β、旋向、齿数 z 和剃齿刀齿宽 B 根据被剃齿轮分圆螺旋角、旋向、齿数和剃齿刀齿宽设计决定。

盘形径向剃齿刀 d_1 不小于 140mm。

2. 盘形径向剃齿刀的技术要求

1）盘形径向剃齿刀用普通高速工具钢制造，也可用高性能高速工具钢制造。

2）盘形径向剃齿刀工作部分硬度：普通高速工具钢为 $63 \sim 66HRC$，高性能高速工具钢为 64HRC

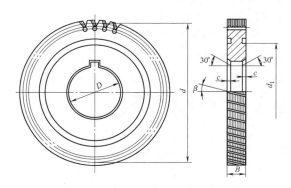

图 14-32　盘形径向剃齿刀结构

以上。

3）盘形径向剃齿刀表面不得有裂纹，切削刃不得有崩刃、烧伤及其他影响使用性能的缺陷。

4）盘形径向剃齿刀表面粗糙度最大允许值按以下规定：

——内孔表面：$Ra0.16\mu m$；

——两支承端面：$Ra0.32\mu m$；

——齿侧表面：$Ra0.16\mu m$；

——小齿齿侧表面：$Ra0.32\mu m$；

——外圆表面：$Ra1.25\mu m$；

——刀齿两端面：$Ra1.25\mu m$。

5）盘形径向剃齿刀主要制造精度应符合 GB/T 21950—2008 的规定。

3. 盘形径向剃齿刀的标志

在盘形径向剃齿刀的端面上应标注，制造厂商标，法向模数，基准齿形角，公称分圆直径，齿数，螺旋角，螺旋方向（右旋不标），精度等级，被剃工

件齿数，材料（普通高速工具钢不标），制造年月。

14.3　内齿轮剃齿刀

14.3.1　内齿轮剃齿刀的啮合特点

内齿轮主要用于行星减速器的内齿圈上，由于其机构紧凑，重量轻，减速比大，因此在各种机械中都得到广泛应用。内齿轮的精加工可以采用剃齿工艺，因为它比磨内齿成本低得多，也能达到 6 级精度，有的项目还可达到 5 级精度。

从齿轮啮合原理上讲，内齿轮与小齿轮是不能做交错轴啮合的。因为这会引起齿向干涉，使小齿轮只在两端面处与内齿轮啮合，但剃齿的特点是必须采用交错轴啮合，因此剃内齿的剃齿刀必须磨成鼓形齿，以便在交错轴啮合时能与内齿轮形成共轭。

内齿轮的剃齿刀可以做成与内齿轮成线接触的线啮合剃齿刀，这与外齿轮径向剃齿刀原理相同；也可以做成与内齿轮成点接触的点啮合剃齿刀，这与普通外齿轮剃齿刀原理相同。它只是将线啮合剃齿刀的鼓形量加大 1.5 倍，使啮合区成点状。剃齿刀与内齿轮的啮合如图 14-33 所示。

内齿轮剃齿刀刀齿的形状如图 14-34 所示。

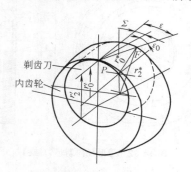

图 14-33　剃齿刀与内齿轮的啮合

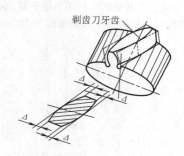

图 14-34　内齿轮剃齿刀刀齿的形状

14.3.2　内齿轮剃齿刀齿面的形成

内齿轮剃齿刀齿面的形成，类似外齿轮径向剃齿刀齿面的形成。

内齿轮剃齿刀的齿面，是与内齿轮的渐开线螺

旋面做交错轴啮合的共轭齿面。因此可以通过建立工件内齿轮齿面的数学模型，使工件内齿轮与剃齿刀的轴交角为 Σ，轴心距为 a'，用工件内齿轮的齿面绕剃齿刀轴，以各自的节圆做纯滚动（即沿各自节圆的法向速度相等），而形成一内螺旋齿面的曲面族。该曲面族的包络面即是内齿轮剃齿刀的齿面，如图 14-35 所示。此曲面族的包络面可以利用微分几何求包络面的典型程序。

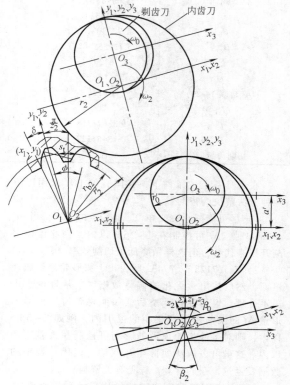

图 14-35　内齿轮剃齿刀齿面的形成

$x_1 y_1 z_1$、$x_2 y_2 z_2$—内齿轮坐标系　$x_3 y_3 z_3$—剃齿刀坐标系　r_0'—剃齿刀节圆半径　r_2'—内齿轮节圆半径　r_{b2}—内齿轮基圆半径　z_2—内齿轮齿数　δ—内齿轮基圆齿槽半角　β_2—内齿轮的分度圆螺旋角　β_0—剃齿刀的分度圆螺旋角　Σ—轴交角　a'—轴心距　s_t—齿轮分度圆端面弧齿厚　ϕ—展开角（参变量）　ω_0—剃齿刀角速度　ω_2—内齿轮角速度

类似于计算径向剃齿刀计算剃齿刀齿面曲面族的方法，可以求出内齿轮剃齿刀的齿面曲面族方程，发现内齿轮剃齿刀齿面曲线族的方程和外齿轮径向剃齿刀齿轮齿面曲面族的公式完全相同。只是将 I 取负值，δ 取负值，P_2 当 β_2 为右旋时取负值。[⊖]

⊖ 计算过程见：袁哲俊编著：《齿轮刀具设计》，国防工业出版社，2014 年。

所以求曲面族的包络面，也即求内齿轮；剃齿刀的齿面坐标公式完全可以使用外齿轮径向剃齿刀的齿面坐标公式。其计算机程序及计算框图自然也可以共用了。因此，内齿轮剃齿刀的齿形计算与外齿径向剃齿刀的齿形计算具有通用公式。

内齿剃齿刀的齿向修形量 ΔF_β 及齿形修形量 Δf 的计算也与外齿轮径向剃齿刀的公式相似，这里从略。

内齿轮剃齿刀的齿面是一个在齿长上成正鼓形齿，而在齿高上，两端成方向相反的倾斜修形齿。

内齿轮剃齿刀的端面齿厚在各不同的端截面上是不同的，在两端面间的中间截面中齿厚最大，而两端齿厚最小。剃齿刀的端面齿厚，应以中间截面最大的端面齿厚计。然后换算到法向齿厚，用齿厚卡尺来测量。

内齿轮剃齿刀，在 Σ 角相同、m_n 相同的条件下，它的齿向修形量 ΔF_β 及齿形修形量 Δf，均比外齿轮径向剃齿刀的修形量大几倍，这是因为内齿交错轴啮合有干涉的缘故。

新内齿轮剃齿刀的法向啮合角，可以采用内齿轮的法向压力角 α_n。

当被剃内齿轮的齿宽 $b<25\text{mm}$ 时，可以采用径向剃齿刀，这时剃齿刀的容屑槽必须按螺旋状排列；但当齿宽 $b>25\text{mm}$ 时，则可采用轴向进刀剃齿，这时剃齿刀的容屑槽可以按环形排列。当 ΔF_β 及 Δf 修形量太大，而不易磨出时，对于轴向进给的内剃齿刀可以适当减小齿宽，因为齿宽较宽时，修形量增大很快。

14.3.3　内齿轮剃齿刀齿形计算示例

齿轮的参数：

$$m_n = 3\text{mm}、\alpha_n = 20°、z_2 = 81、\beta_2 = 23°右$$
$$s_n = 4.652\text{mm}、s_t = 5.0537\text{mm}、b = 28\text{mm}、$$
$$\Sigma = -12°$$

剃齿刀参数：

选外径约为 180mm 的剃齿刀，$z_0 = 59$、$\beta_0 = 11°$右、$\alpha_n = 20°$（新剃齿刀）

齿轮及剃齿刀有关参数计算：

$$d_{f2} = 3\times81/\cos23°\text{mm} = 263.9855717\text{mm}$$
$$d_{f0} = 3\times59/\cos11°\text{mm} = 180.312855\text{mm}$$
$$a' = (d_{f2}-d_{f0})/2\text{mm} = 41.83635835\text{mm}$$
$$\delta = -\left(\frac{\pi}{81} - \frac{5.0537}{d_{f2}} + \text{inv}\alpha_t\right)\text{rad} = -0.0385070486\text{rad}$$
$$\alpha_t = \arctan(\tan20°/\cos23°) = 0.376537037\text{rad}$$
$$P_2 = 81\times3\times\pi/\sin23°\text{mm} = 1953.791135\text{mm}$$
$$I = -\frac{81}{59}$$
$$\Sigma = -12° = -0.20749351\text{rad}$$
$$r_{b2} = d_{f2}\times\cos\alpha_t/2 = 122.7458397\text{mm}$$
$$B = 30\text{mm}$$

数组 $V = 15、7.5、0、-7.5、-15$

$R \rightarrow$ 数组：$S = 93.1564275$，91.6564275，90.1564275，88.6564275，87.1564275

内齿轮剃齿刀齿面坐标计算结果见表 14-31。

内齿轮剃齿刀的齿形修形量 Δf 及齿向修形量 ΔF_β 计算结果见表 14-32。

表 14-31　轴交角 $\Sigma = 12°$ 时内齿轮剃齿刀齿面的坐标

剃齿刀：$m_n = 3\text{mm}$、$z_0 = 59$、$\alpha_n = 20°$、$\beta_0 = 11°$左、$\Sigma = 12°$、$b = 30\text{mm}$

工件：$m_n = 3\text{mm}$、$z_2 = 81$、$\alpha_n = 20°$、$\beta_2 = 23°$右、$s_n = 4.625$

λ	θ	ϕ	x_3	y_3	z_3	R
0.02416510	−0.048038557	0.419291502	1.81272494	93.13878873	14.9999956	93.15642725
0.03918217	−0.02675650	0.41753629	0.27641805	93.15601735	7.49999982	93.15642745
0.05210467	−0.00527604	0.41697806	−1.23654476	93.14822046	0.00000241	93.15642726
0.062899197	0.01640428	0.41762314	−2.72952375	93.11643068	−7.49999908	93.15642738
0.071596961	0.038279694	0.41944510	−4.20545432	93.06145331	−14.99999729	93.15642793
−0.01065236	−0.04553202	0.39069963	1.13099630	91.64944969	14.99999729	91.65642793
0.00470403	−0.02424398	0.38893558	−0.38299434	91.65562799	7.49999632	91.65642818
0.017439309	−0.00276109	0.38835229	−1.87343887	91.63727941	0.00000067	91.65642776
0.029019454	0.018918959	0.38896105	−3.34370884	91.59541656	−7.49999914	91.65642745
0.03797525	0.04079221	0.39073981	−4.79674945	91.53082486	−14.99999917	91.65642751
−0.04901771	−0.04277786	0.35922847	0.52906232	90.15487521	15.00000554	90.15642756
−0.03325093	−0.021484511	0.35748333	−0.96273958	90.15128682	7.50000954	90.15642727
−0.01964125	0.00000000	0.35689579	−2.43078248	90.12365228	0.00000003	90.75642750
−0.00822217	0.021678900	0.35748337	−3.87844577	90.07296522	−7.49999872	90.15642742
0.00103767	0.04354905	0.35922968	−5.30869428	89.99999564	−15.00000251	90.15642767
−0.09259585	−0.03965971	0.32352506	0.01402602	88.65642659	15.00000088	88.65642771
−0.076295539	−0.01836338	0.32185511	−1.45585375	88.64447294	7.49999858	88.65642725
−0.06220632	0.00312048	0.32130625	−2.90172048	88.60892855	0.00000089	88.65642785

（续）

剃齿刀：$m_n = 3\text{mm}$、$z_0 = 59$、$\alpha_n = 20°$、$\beta_0 = 11°$左、$\Sigma = 12°$、$b = 30\text{mm}$

工件：$m_n = 3\text{mm}$、$z_2 = 81$、$\alpha_n = 20°$、$\beta_2 = 23°$右、$s_n = 4.625$

λ	θ	ϕ	x_3	y_3	z_3	R
−0.05035857	0.02479604	0.32190486	−4.32698217	88.55077234	−7.50000368	88.65642705
−0.04071824	0.04666102	0.32364248	−5.73462181	88.47076484	−15.00000146	88.65642741
−0.14489899	−0.03593208	0.28073539	−0.40263220	87.15549787	15.00000146	87.15642788
−0.12780076	−0.01464091	0.27928276	−1.85111992	87.13676722	7.49999962	87.15642753
−0.11301127	0.00683518	0.27888222	−3.27526498	87.09486463	0.00000128	87.15642722
−0.10550291	0.02850111	0.27957565	−4.67851406	87.03076575	−7.50000267	87.15642651
−0.09037507	0.05035533	0.28136813	−6.06388898	86.94522435	−15.00000810	87.15642712

$r_{b2} = 122.7458397\text{mm}$

$a' = 41.83635835\text{mm}$

$P_2 = 1953.791135\text{mm}$

$I = -\dfrac{81}{59}$

$\Sigma = -12° = -0.20943951\text{rad}$

$\delta = -0.0385070486\text{rad}$

表 14-32 轴交角 $\Sigma = 12°$ 时内齿轮剃齿刀齿形及齿向修形量

	Δf 齿形修形量				
Δf ＼ z（截面） ＼ $\rho(R)$	15（Ⅰ—Ⅰ）	6（Ⅱ—Ⅱ）	0（Ⅲ—Ⅲ）	−6（Ⅳ—Ⅳ）	−12（Ⅴ—Ⅴ）
39.154（93.1564）	−0.033625	−0.006349	−0.000327	−0.012150	−0.038823
35.428（91.6564）	−0.037331	−0.007898	−0.000094	−0.010444	−0.035914
31.343（90.1564）	−0.041666	−0.009814	0.000000	−0.008707	−0.032831
26.724（88.6564）	−0.046906	−0.012248	−0.000117	−0.006919	−0.029489
21.224（87.1564）	−0.053642	−0.015540	−0.000569	−0.005044	−0.025717

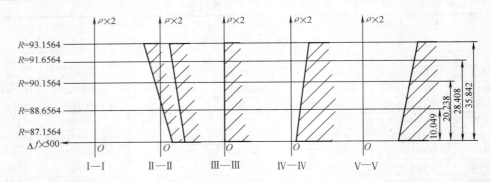

	ΔF_β 齿向修形量				
ΔF_β ＼ R ＼ z（截面）	93.1564	91.6564	90.1564	88.6564	87.1564
（Ⅰ—Ⅰ） 15	−0.037055	−0.040477	−0.044400	−0.049194	−0.055307
（Ⅱ—Ⅱ） 7.5	−0.006997	−0.008564	−0.010467	−0.012845	−0.016023
（Ⅲ—Ⅲ） 0	−0.000361	−0.000098	0.000000	−0.000123	−0.000587
（Ⅳ—Ⅳ） −7.5	−0.013390	−0.011324	−0.009287	−0.007257	−0.005201
（Ⅴ—Ⅴ） −15	−0.042783	−0.038941	−0.035014	−0.030927	−0.026514

（续）

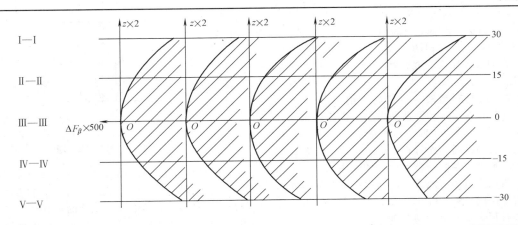

$$剃齿刀：m_n = 3mm \qquad z_0 = 59 \qquad \alpha_n = 20° \qquad \beta_0 = 11°右 \qquad \Sigma = 12°$$
$$工件：m_n = 3mm \qquad z_1 = 81 \qquad \alpha_n = 20° \qquad \beta_2 = 23°右 \qquad s_n = 4.652mm$$

14.4　其他剃齿法和所用剃齿刀

14.4.1　对角剃齿法——斜向进给

对角剃齿法也称斜向进给剃齿法，是剃齿法中一种较新的工艺。用这种剃齿方法时，工作台往复进给运动方向和被加工的齿轮轴线方向有一夹角 ψ，如图 14-36 所示。这种剃齿法要求剃齿机为万能剃齿机，即机床工作台下有可以旋转调整的导轨，如 YW4232 型剃齿机等；或工作台上有回转工作台（用于调整齿轮轴线的斜角），ψ 角可从 $0°$ 调整到 $90°$。这种剃齿法要求机床有较高的刚度和功率。

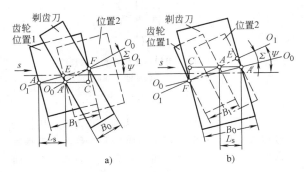

图 14-36　对角剃齿法
a）左旋剃齿刀　b）右旋剃齿刀

采用对角剃齿法时，剃齿刀和齿轮的啮合节点随工作台的移动而变化，工作台只需较短的工作进给行程即能完成剃齿，从而使剃齿生产率得以提高，生产率随 ψ 角的增加而提高。通常 ψ 角取 $30° \sim 60°$，$\psi \le 45°$ 时，称为小对角剃齿；$\psi > 45°$ 时，称为大对角剃齿。

用对角剃齿法剃齿时，啮合节点随工作台移动

而变化，使剃齿刀整个齿面都参加切削工作，因而刀具磨损均匀，使用寿命长。由于被剃齿轮的齿面是由剃齿刀上不同接触线切出来的，所以剃齿刀的精度，特别是齿向精度，对加工齿轮精度的影响较大，因此对角剃齿时应使用较高精度的剃齿刀。用对角剃齿法时，要求调整啮合节点的变化范围正好在剃齿刀的有效工作宽度内，这要求较高的调整工艺水平。

采用对角剃齿法时，除宽度外对剃齿刀无特殊要求。对角剃齿法可以用普通的剃齿刀，但需根据剃齿刀的宽度 B_0 确定工作台的转角 ψ。剃齿刀的宽度 B_0 大，则可用较大的 ψ 角，使剃齿生产率提高。对角剃齿法剃齿刀的合理宽度 B_0 和转角 ψ 的关系，或是剃齿刀宽度 B_0 已定时确定允许的齿轮轴线最大转角 ψ，计算方法如下：

1）左旋剃齿刀用于剃削直齿或右旋齿轮，在剃齿刀宽度 B_0 小于齿轮宽度 B_1 时，工作台逆时针方向旋转，如图 14-36a 所示，这时

$$B_0 = A'F = B_1 \frac{\sin\psi}{\sin(\Sigma + \psi)} \qquad (14\text{-}31)$$

$$\psi = \arctan\left(\frac{B_0 \sin\Sigma}{B_1 - B_0 \cos\Sigma}\right) \qquad (14\text{-}32)$$

$$L_s = B_1 \cos\psi - B_0 \cos(\psi - \Sigma) \qquad (14\text{-}33)$$

用式（14-31）、式（14-33）求出的剃齿刀宽度 B_0 和工作台进给行程长度 L_s，均应加上两边的超越量（$1m_n$）。

2）右旋剃齿刀用于剃削直齿或左旋齿轮，剃齿刀宽度 B_0 大于齿轮宽度 B_1 时，工作台逆时针方向旋转，如图 14-36b 所示，这时

$$B_0 = \frac{B_1 \sin\psi}{\sin(\psi - \Sigma)} \qquad (14\text{-}34)$$

$$\psi = \arctan\left(\frac{B_0\sin\Sigma}{B_0\cos\Sigma - B_1}\right) \quad (14\text{-}35)$$

$$L_s = B_0\cos(\psi - \Sigma) - B_1\cos\psi \quad (14\text{-}36)$$

用式（14-34）、式（14-36）求出的剃齿刀宽度 B_0 和工作台进给行程长度 L_s，均应加上两边的超越量（$1m_n$）。

14.4.2 切向剃齿法——切向进给

当工作台往复运动方向和被加工齿轮的轴线方向的夹角 ψ 增大到 90° 时，对角剃齿变成切向剃齿，这时工作台的进给工作行程最短（见图14-37），剃齿生产率最高。剃削塔形齿轮中的小齿轮时，采用切向剃齿最为有利，因为可以不用担心剃齿刀和大齿轮发生碰撞。切向剃齿时，剃齿刀宽度 B_0 和工作台进给行程长度 L_s 计算方法如下：

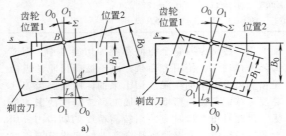

图 14-37　切向进给剃齿
a）$B_0 > B_1$　b）$B_0 < B_1$

1）当 $B_0 > B_1$ 时，如图 14-37a 所示，$\psi = 90°$，工作台进给运动方向和齿轮轴垂直。

$$B_0 = \frac{B_1}{\cos\Sigma} \quad (14\text{-}37)$$

$$L_s = B_1\tan\Sigma \quad (14\text{-}38)$$

2）当 $B_0 < B_1$ 时，如图 14-37b 所示，$\psi = 90°\pm\Sigma$，工作台进给运动方向和剃齿刀轴线垂直。

$$B_0 = B_1\cos\Sigma \quad (14\text{-}39)$$

$$L_s = B_1\sin\Sigma \quad (14\text{-}40)$$

采用切向剃齿法时，剃齿刀齿面的容屑槽需要按螺旋线方向排列，否则环状分布的容屑槽使切削刃重复前面刀齿的切削痕迹，剃齿后齿轮齿面将留下明显条纹（刀痕），达不到要求的齿面光洁程度。

采用对角剃齿法和切向剃齿法时，可以预先将中心距调好一次进给将全部留量剃去（要适当减小进给量），而普通剃齿法要多次径向进给，因此用切向剃齿法可以达到较准确的中心距，使同一批加工的齿轮齿厚一致，有利于提高剃齿精度。

14.4.3 鼓形齿剃齿法和所用剃齿刀

为了补偿齿轮的热处理变形、变速器壳体的加工误差、装配误差及齿轮加载后的扭曲变形，通常将一对啮合齿轮中的一个齿轮制成鼓形齿。鼓形齿齿轮两端齿厚比齿轮中间截面的齿厚小 0.01~

0.03mm，如图 14-38 所示。

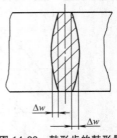

图 14-38　鼓形齿的鼓形量

1）轴向进给剃齿法是利用摆动工作台来获得鼓形齿的，如图 14-39 所示。用摆动工作台剃齿法剃出的齿轮，只在齿宽的中部是正确的渐开线齿形。离中心越远，齿形产生的误差也较大。但因鼓形齿的鼓形量很小，因此两端的齿形误差也小到可以忽略不计。

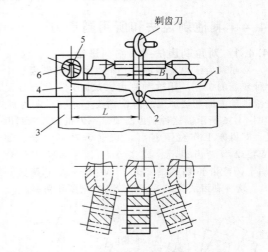

图 14-39　用摆动工作台剃鼓形齿
1—摆动台　2—水平轴　3—控制台
4—支架　5—导向盘　6—导销

2）用对角剃齿法剃鼓形齿时，也可以使用摆动工作台，但这时由于摆动轴线与工作台轴线不垂直而形成一个 90°$\pm\psi$ 角。这就使在齿轮的同一端截面上左右两侧齿面的鼓形量大小不同，产生偏差，ψ 角越大，偏差越大。故当 $\psi > 45°$ 时，即所谓大对角剃齿时，就不能用摆动工作台法来剃齿了，如图 14-40 所示。

3）用斜向进给剃齿法剃鼓形齿时，当 $\psi > 45°$ 时，为了避免产生同一端面上齿的左右两侧鼓形量相差太大，不采用摆动工作台剃齿法；而是使用经过专门设计的专用剃齿刀。这种剃齿刀的齿面是反鼓形齿，即剃齿刀的两端齿厚较中间截面的齿厚厚一些，即中凹母线剃齿刀。

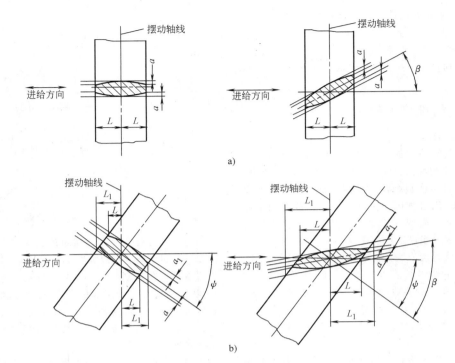

图 14-40　用摆动工作台剃齿法，轴向与斜向进给加工鼓形齿的比较
a）轴向进给剃鼓形齿时的鼓形量　b）斜向进给剃鼓形齿时的鼓形量

4）用切向剃齿法剃鼓形齿时，也与大对角进给剃齿法剃鼓形齿一样，使用中凹母线的专用剃齿刀，不采用摆动工作台剃齿法。

中凹母线剃齿刀的设计，只是在普通剃齿刀设计的基础上，给剃齿刀刀齿一个反鼓形量 Δ_0。Δ_0 按下式计算（见图 14-41）：

$$\Delta_0 = \frac{\Delta_w \sin(\psi + \Sigma)}{\sin\psi} \qquad (14-41)$$

式中　Δ_0——剃齿刀的中凹量；

Δ_w——工件的鼓形量；

ψ——工件轴线与进给方向的夹角；

Σ——轴交角。

在切向剃齿刀剃鼓形齿时，$\psi = 90°$ 剃齿刀的中凹量为

$$\Delta_0 = \frac{\Delta_w \sin(90° + \Sigma)}{\sin 90°} = \Delta_w \cos\Sigma \qquad (14-42)$$

5）当采用径向切入剃齿法剃鼓形齿时，是在剃齿刀原有的中凹齿线的反鼓形量上，再加大一个齿轮的鼓形量 Δ_w 作为剃齿刀的反鼓形量。

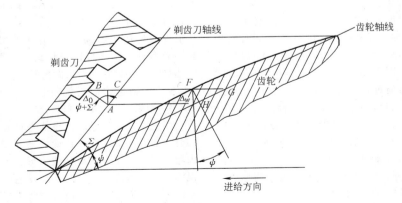

图 14-41　齿轮鼓形量与剃齿刀中凹量的关系示意图
FH—齿轮的鼓形量 Δ_w　AB—剃齿刀的中凹量 Δ_0　Σ—轴交角　ψ—进给角度

6）采用点啮合剃齿法剃鼓形齿内齿轮时，采用径向靠模来加工鼓形齿。

7）采用径向进刀法剃鼓形齿内齿轮时，将剃齿刀的原有鼓形量减小一个齿轮的鼓形量 Δ_w 作为剃齿刀的鼓形量。

14.5 剃齿精度和剃齿刀齿形修正

14.5.1 剃齿精度

剃齿是齿轮的精加工工序，首要问题是剃齿精度，应在保证齿轮加工精度的前提下提高生产率。剃齿时剃齿刀和被剃齿轮间无传动链连接，是自由传动啮合，剃齿过程极为复杂，影响精度的因素甚多，有不少问题尚待研究，因此剃齿时的加工精度和加工齿面表面粗糙度目前还限于生产和试验总结。

标准盘状剃齿刀按其精度分为 A 级和 B 级两种，在其他工艺条件能保证的条件下，可加工 6 级和 7 级精度的齿轮；小模数剃齿刀现在尚无国家标准，生产中分为 A、B、C 三个精度等级，用于加工 7 级、8 级、9 级精度的齿轮。剃齿工艺条件将直接影响剃齿精度。

下面将分析影响剃齿精度和加工齿面表面粗糙度的最主要因素。

1. 剃前齿轮精度和剃齿留量的影响

1）剃前齿轮的加工精度对剃齿后齿轮的精度有很大影响。一般情况剃前齿轮的精度只能比剃后齿轮要求的精度低一级，例如成品齿轮要求 7 级精度时，要求剃前齿轮应有 8 级精度，如最后要求齿轮精度为 6 级，则剃前齿轮应有 7 级精度。如果剃前齿轮的精度太差，则虽增加剃齿时的留量仍无助于提高剃齿后齿轮的精度，这一点是和磨齿不同的。

剃齿时因机床上没有传动链不是强迫传动，对于修正齿距累积误差的能力比较差，因此剃前齿轮要求要有较高的齿距精度。在条件允许时，剃前齿轮尽可能用滚刀加工，而不用插齿刀加工，因用滚刀加工比用插齿刀加工可以得到更高的齿距精度。

2）剃齿时的加工留量的形式和大小应适当。剃齿留量的形式应如图 14-42 所示。在齿面应有厚度为 $\Delta/2$ 的留剃量；齿轮根部应有适量的沉切，使剃齿刀的齿顶不参加切削过程，沉切深度不宜过大（为 0.01~0.04mm），以免降低齿轮强度；齿轮齿顶应有部分顶切（修缘），以免剃齿后齿顶处挤出毛刺。剃齿后得到的齿形为 KB，K 点应略低于齿轮和配偶轮啮合时要求的有效渐开线齿形起点 F，以保证齿轮正常啮合工作。齿面上的留量还可做成不同形式，这将在剃前刀具部分进行分析。

齿面留剃量 $\Delta/2$ 应取得适当，过小则不能保证要求的剃齿精度，过大将延长剃齿时间和降低剃齿

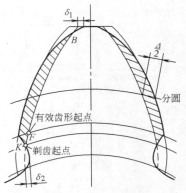

图 14-42　剃齿时的留量

刀的寿命。曾有人对剃齿留量的大小和剃齿精度的关系进行过试验，结果如图 14-43 所示。从试验结果可以看到：在剃制模数 $m=4.5$mm 的齿轮时，剃齿留量 Δ 在 0.18~0.22mm 最为适当，模数增加时留剃量可适当增加。再增加留量时并不能再提高剃齿精度，而只是增加剃齿工时；留量再减少时，剃齿精度将降低。

要提高剃齿精度并同时提高剃齿生产率，可提高剃前齿轮的精度。

2. 剃齿切削用量的影响

剃齿时的切削用量对剃齿精度也有很大影响。图 14-44 所示是试验的结果，试验时用的齿轮参数为：$m=3$mm，$z_1=32$，$B_1=30$mm，试验时剃齿速度 $v=105$ m/min，进给量 $s=90$mm/min。从试验结果可看到，剃齿速度对齿轮的齿形与齿距精度的影响比较显著，合理的剃齿速度 $v=90~110$m/min，合理的进给量 $s=70~120$mm/min。

剃齿时的光整行程数对被加工齿轮齿面表面粗糙度有很大影响。图 14-45 是试验的结果：当用两次光整行程剃齿时可达 $Rz2.26~2.32\mu$m；采用 4 次光整行程时可达 $Rz1.38~1.58\mu$m；采用 6~8 次光整行程时可稳定得到 $Rz1.2~0.9\mu$m；当光整行程达到 12 次时可得到 $Rz0.75\mu$m。在采用大的切削用量或在其他不利条件时，光整行程数比上述数值适当增加，以达到需要的齿轮齿面表面粗糙度。

14.5.2 剃齿刀齿形的修正

1. 剃齿时产生的齿形误差

根据实际生产经验，在状态良好的剃齿机上剃齿时，如剃齿刀是完全正确的渐开线齿形，剃出的齿轮不易得到正确的渐开线齿形，齿形将有一定的误差。在不同情况下，这误差发生的位置和数值也不同，最常见的误差是齿形产生中凹现象。用直齿剃齿刀加工斜齿齿轮时，加工出齿轮的齿形误差要小些；而用斜齿剃齿刀加工齿轮时，产生的齿形误

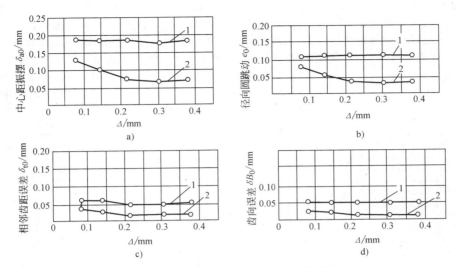

图 14-43　剃齿留量大小对剃齿精度的影响

a）中心距振摆　b）径向圆跳动　c）相邻齿距误差　d）齿向误差

$m = 4.5\text{mm}$　1—剃齿前齿轮误差　2—剃齿后的误差

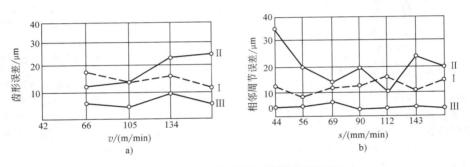

图 14-44　剃齿速度与进给量对剃齿精度的影响

a）剃齿速度对剃齿精度的影响　b）进给量对剃齿精度的影响

Ⅰ—齿形误差　Ⅱ—周节累积误差　Ⅲ—相邻周节误差

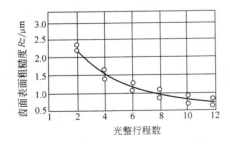

**图 14-45　剃齿光整行程数对齿面
表面粗糙度的影响**

差就较大，渐开线齿形中间部分凹下可达 0.03 ~ 0.04mm 左右。被加工齿轮的齿数多时，剃齿后的误差小些；而齿轮齿数少时，剃出齿轮的齿形误差就较大。用旧剃齿刀（刃磨后的剃齿刀）较新剃齿刀加工出的齿轮齿形误差略小。

现在还没有办法预先估计或计算剃齿时产生的齿形误差，因此在加工要求较高的齿轮（如对噪声、齿面接触区等要求较高）时，需要对剃齿刀的齿形进行特殊修正，这样可使被剃齿轮得到较好的齿形。

2. 剃齿刀齿形的修正步骤

对加工精度要求较高的剃齿刀（如 A 级剃齿刀），需要对刀具的齿形进行修正。因为很多工艺因素都影响齿形误差，因此在修正剃齿刀齿形时，要将剃齿时的工艺参数先固定下来。剃齿刀齿形的修正现在都是根据试验结果确定，具体步骤如下：

先将剃齿刀齿形磨成纯渐开线，用剃齿刀按规定的工艺剃制出齿轮。测量齿轮的渐开线齿形，共检查 4 个牙齿（各相差 90°），在齿宽一半处的端截面中测左右两侧的齿形，共测得 8 条渐开线齿形曲线，取其平均值作为齿轮的齿形曲线。作图画出齿形曲线（见图 14-46），图中纵坐标为齿轮渐开线的

展开角 φ，横坐标为齿形误差，直线 OO 代表没有误差的纯渐开线，从图中可以看出加工齿轮的齿形误差曲线。结合齿轮其他项目的检查结果，如接触区和噪声等，综合考虑剃齿刀齿形修正的位置和修正量。

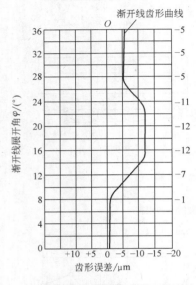

图 14-46　齿轮的渐开线齿形曲线

剃齿刀修形的根据是剃齿得到的齿轮齿形误差曲线，按此齿形误差曲线修正剃齿刀的对应部分齿形。例如齿轮齿形发生中间部分凹入，剃齿刀齿形的相应部分（中间部分）也应修成内凹的，再用修形的剃齿刀加工齿轮，可使齿轮齿形误差得到补偿避免发生中凹。事实上往往需要反复多次修形试验，才能得到满意的修形结果。

进行剃齿刀修形时要确定高度坐标。首先，将被剃齿轮工作啮合时的有效渐开线齿形起点和终点求出，纵坐标可以用渐开线展开角 φ，也可以用渐

开线曲率半径 ρ 表示。在对应的剃齿刀齿顶处增加超越值 Δl，在齿根处增加超越值 k，推荐采用 $k = (0.2 \sim 0.3) m_n$。按图 14-47 先画出剃齿刀的纯渐开线齿形 $ABCD$，再将齿轮齿形误差（虚线 abc）移画到剃齿刀齿形的相应部分（虚线 $a'b'c'$），得到的 $ABa'b'c'CD$ 曲线就是要求的剃齿刀修形曲线。

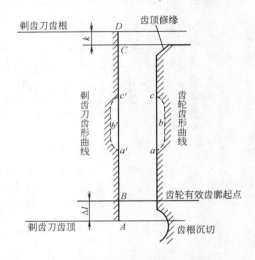

图 14-47　剃齿刀对应于齿轮的渐开线齿形曲线

剃齿刀的齿形修正，一般是在 Y7125 型磨齿机上磨制的，砂轮修形是使用打砂轮卡具和靠模进行的。磨出的剃齿刀要进行严格检查，每隔 120° 检查一个齿（共检查三个齿），每个齿的左右两侧齿面各检查三个截面，共得 18 条渐开线齿形曲线，取其平均值，应该和剃齿刀要求的修形曲线一致。

剃齿刀修形完毕后应试剃齿轮，检查齿轮齿形是否合格。如果误差仍大，需重复上述修形步骤继续修剃齿刀齿形，直到齿轮齿形符合要求。

剃齿刀修形工作量很大，仅在齿轮精度要求较高时才使用。

第 15 章　直齿锥齿轮刀具

15.1　直齿锥齿轮刀具概述

15.1.1　直齿锥齿轮简介

直齿锥齿轮用于传递相交轴之间定传动比的旋转运动。直齿锥齿轮比螺旋齿锥齿轮在设计和制造上都较简单，故在各种机械中经常被采用。

1. 基本啮合概念

图 15-1 所示是一对共轭的锥齿轮，两齿轮的锥顶同在一点，相互以节锥做无滑移的滚动，故仅齿面上和锥顶等距的点才能啮合接触，齿廓上共轭各点必在同一球面上，锥齿轮的齿廓表面理论上应是球面渐开线表面。

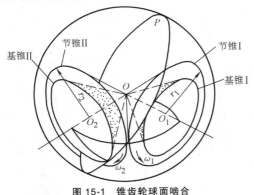

图 15-1　锥齿轮球面啮合

2. 锥齿轮的背锥和当量齿轮

由于球面渐开线不能在平面中展开，设计计算和制造都很困难。故生产中采用近似齿形来代替，常用的方法是用锥齿轮大端上和节锥相垂直的背锥上的参数来代替球面上的参数。这样代替可将锥面展开成平面，虽有一定误差，但使计算和制造大为简化。

图 15-2 是一对共轭锥齿轮，将其背锥展开成扇形面，再补画成完整的齿轮。这展开后补全的齿轮称为锥齿轮的当量齿轮，它近似地反映了锥齿轮大端的齿形和啮合情况。

当量齿轮的模数和分度圆压力角即分别为锥齿轮大端的模数和压力角。在锥齿轮的节锥角为 δ_1 和 δ_2 时，当量齿轮的节圆半径 r_{1v}、r_{2v} 与锥齿轮大端的节圆半径 r_1、r_2 关系为

$$\left.\begin{array}{l} r_{1v} = \dfrac{r_1}{\cos\delta_1} \\[3mm] r_{2v} = \dfrac{r_2}{\cos\delta_2} \end{array}\right\} \qquad (15\text{-}1)$$

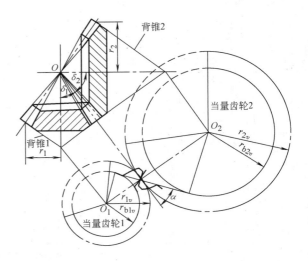

图 15-2　锥齿轮的背锥和当量齿轮

当量齿轮的齿数 z_{1v} 和 z_{2v} 为

$$\left.\begin{array}{l} z_{1v} = \dfrac{2\pi r_{1v}}{\pi m} = \dfrac{2}{m} \times \dfrac{mz_1}{2\cos\delta_1} = \dfrac{z_1}{\cos\delta_1} \\[3mm] z_{2v} = \dfrac{z_2}{\cos\delta_2} \end{array}\right\} \qquad (15\text{-}2)$$

当 $\delta_1 + \delta_2 = \varphi = 90°$ 时

$$\left.\begin{array}{l} z_{1v} = \dfrac{z_1}{z_2}\sqrt{z_1^2 + z_2^2} \\[3mm] z_{2v} = \dfrac{z_2}{z_1}\sqrt{z_1^2 + z_2^2} \end{array}\right\} \qquad (15\text{-}2a)$$

3. 直齿锥齿轮基本参数的计算

直齿锥齿轮为收缩齿，大端模数大，小端模数小。锥齿轮计算时大端取标准值（模数），这是由于大端尺寸便于测量。直齿锥齿轮各参数的计算见表 15-1。

我国和外国的标准直齿锥齿轮的基本参数见表 15-2。

15.1.2　直齿锥齿轮的仿形加工法和刀具

直齿锥齿轮理论齿形应为球面渐开线，沿齿长方向为收缩齿，这种理论正确的直齿锥齿轮加工极难，实际生产中采用近似齿形的加工方法。直齿锥齿轮可用多种不同原理和不同方法加工，有相应的多种不同的加工直齿锥齿轮的刀具，有仿形加工法和展成加工法两类，其中仿形加工法加工直齿锥齿轮又有如下不同方法。

表 15-1　直齿锥齿轮参数计算表

序号	名称	代号	计算公式 小齿轮	计算公式 大齿轮
1	传动比	i	$i=\dfrac{z_2}{z_1}=\dfrac{\sin\delta_2}{\sin\delta_1}$	
2	两齿轮轴间角	φ	$\varphi=\delta_1+\delta_2$	
3	平面齿轮齿数	z_c	$z_c=\dfrac{z_1}{\sin\delta_1}=\dfrac{z_2}{\sin\delta_2}=\sqrt{z_1^2+z_2^2}$	
4	节锥母线长度	L_e	$L_e=\dfrac{r_1}{\sin\delta_1}=\dfrac{r_2}{\sin\delta_2}=\dfrac{1}{2}mz_c$	
5	齿面宽	B	平时取 $B=\dfrac{1}{3}L_e$	
6	节锥角	δ	$\tan\delta_1=\dfrac{\sin\varphi}{i+\cos\varphi}$	$\delta_2=\varphi-\delta_1$
7	节圆直径	d	$d_1=z_1 m$	$d_2=z_2 m$
8	齿顶高	h_a	$h_{a1}=(h_a'+x_1)m$	$h_{a2}=(h_a'+x_2)m$
9	齿根高	h_f	h_{f1} $(h_a'+c'-x_1)m$	h_{f2} $(h_a'+c'-x_2)m$
10	齿根角	γ'	$\tan\gamma_1'=\dfrac{h_{f1}}{L_e}$	$\tan\gamma_2'=\dfrac{h_{f2}}{L_e}$
11	根锥角	δ_f	$\delta_{f1}=\delta_1-\gamma_1'$	$\delta_{f2}=\delta_2-\gamma_2'$
12	顶锥角	δ_a	$\delta_{a1}=\delta_1+\gamma_2'$	$\delta_{a2}=\delta_2+\gamma_1'$
13	顶圆直径	d_a	$d_{a1}=d_1+2h_{a1}\cos\delta_1$	$d_{a2}=d_2+2h_{a2}\cos\delta_2$

表 15-2　各国标准直齿锥齿轮的基本参数

国别	齿形种类和标准号	模数或径节	基准压力角 α	齿顶高系数 h_a'	顶隙系数 c^*
中国	标准齿形	m	20°	1	0.25
					0.2
	短齿齿形			0.8	0.3
前苏联	标准齿形			1	0.2
德国	标准齿形				0.1236
	短齿齿形			0.8	0.1
英国	标准齿形				0.25
美国	标准齿形（格利森制）	DP	$14\frac{1}{2}°$	1	DP<20
			$17\frac{1}{2}°$		0.188
			20°		DP>20
			$22\frac{1}{2}°$		0.2

1. 成形铣齿法

（1）盘形铣刀　用于加工中等模数、精度不高的直齿锥齿轮。由于加工效率低、加工精度低，仅在修配和单件生产中使用。

（2）粗加工用盘形铣刀　大量生产中为提高切齿效率，采用大直径粗切盘形铣刀加工直齿锥齿轮。切齿情况如图 15-3 所示，在专用的单轴或多轴铣床上切削锥齿轮。切齿时，除铣刀的旋转切削运动外，铣刀同时沿轮齿长度方向做往复运动（也可齿轮移动）切出齿槽的全长。粗切时，轮齿切到全深，齿侧表面留精切留量，一齿切完后，进行分度后再切

第二齿。图 15-4 所示为这种大直径（$\phi500\sim\phi600$mm）的粗切盘铣刀结构，刀齿分左切齿和右切齿并且交错排列，分别切齿槽的右左两侧齿面。

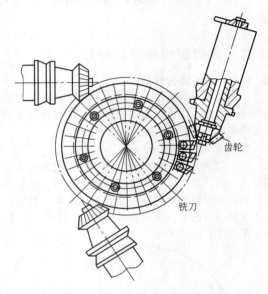

图 15-3　用大直径盘铣刀粗切锥齿轮

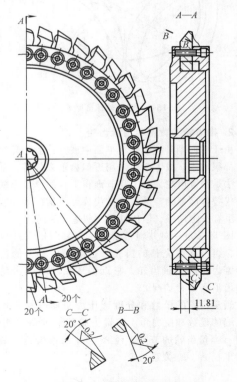

图 15-4　粗切盘铣刀的结构

（3）指形铣刀　用于加工大模数直齿锥齿轮。由于直齿锥齿轮的大端到小端的齿槽宽度、高度和

齿形均不相同，故用指形铣刀加工时精度很低，仅在精度要求不高时才能使用。

2. 靠模仿形刨齿法

这是一种较老的加工直齿锥齿轮的方法，用于加工模数较大的齿轮，现已用得不多。

靠模仿形刨齿的工作原理如图 15-5 所示。在图 15-5a 中可看到，刨刀刀架在导轨上做往复刨削运动，导轨可以围绕通过齿轮节锥顶点的两条相互垂直的轴线旋转，使刨刀刀尖的切削轨迹始终通过锥顶。导轨支臂的滚柱沿靠模板滚动，以加工出要求的齿轮齿廓，每切完一齿进行分度后再切第二齿。精切时，刨刀仅用半径为 1mm 左右的刀尖圆角切削，生产率很低。

靠模板的廓形是根据齿轮节锥角按球面渐开线（或当量齿轮齿的渐开线）计算的。每台刨齿机带一套靠模板。可根据齿轮的节锥角选用靠模板。

靠模板是按齿厚 $s = 0$ 情况下设计的。实际切齿时，应根据锥齿轮背锥当量齿轮的齿厚半角，将靠模板转过相应的角度使用，如图 15-5b 所示。

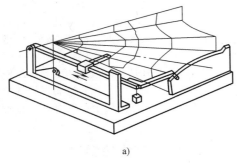

a)

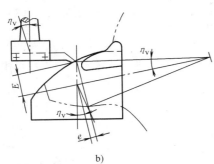

b)

图 15-5　用靠模仿形刨齿法加工直齿锥齿轮

a) 靠模仿形刨齿工作原理　b) 仿形刨齿时靠模板转角

用仿形靠模法加工直齿锥齿轮时，可以调整靠模板的转角和偏位量加工出不同节锥压力角、不同节锥角和不同齿数的齿轮。

3. 成形定装滚齿法

此方法主要是在仪表工业中加工小模数直齿锥齿轮。滚刀有两个刀齿分别切锥齿轮齿槽的两侧表面。滚刀转一转，锥齿轮转过一个齿，有一定的传动比，此外滚刀沿齿槽方向进给，切出齿槽的全长。此方法可以切出锥齿轮要求的收缩齿（即大端和小端不同齿宽），但大端和小端切出的齿形相同，仅适用于加工低精度锥齿轮。

15.1.3　按无瞬心包络法加工的圆拉铣削法

在大量生产中，用圆拉铣刀按无瞬心包络法加工直齿锥齿轮，加工原理图如图 15-6 所示。在汽车拖拉机工业中，用这方法加工中等模数（$m \leqslant 6mm$）的直齿锥齿轮，切每一齿槽仅需 3s 左右，生产率约为展成刨齿法的 8 倍。

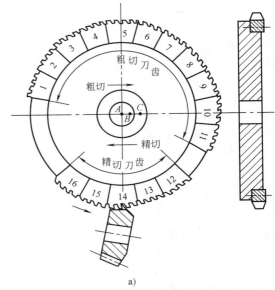

a)

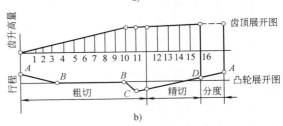

b)

图 15-6　圆拉铣刀切直齿锥齿轮原理图

a) 结构　b) 原理

圆拉铣刀直径为 400~600mm，采用镶齿结构，如图 15-6a 所示。有 15~17 块扇形刀块，每个刀块有 4~5 个刀齿，分粗切齿、半精切齿和精切齿。粗切齿主要以顶刃工作，每个刀齿比前一刀齿升高 0.1mm 左右，逐个切入齿轮齿槽直到全深。半精切齿是粗切齿的最后几个刀齿，它们的顶刃切削量不大，而是侧刃将齿槽大端切宽。在半精切齿和精切之间有空缺，需要时可以加装倒角用的成形刀齿。

精切齿是用于最后加工齿形表面的。每个刀齿

切一窄条齿形表面，由于刀盘中心位移，下个刀齿切相邻的窄条齿形表面。圆拉铣刀盘一般有20个精切齿，可以保证加工出的齿形表面获得要求的齿形精度和加工表面粗糙度。图15-7所示为圆拉铣法加工出的齿面，图中表示出精切齿在齿面上的切削痕迹。

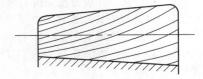

图 15-7 用圆拉铣刀切削出的齿面痕迹

精切齿后面有空挡，所对中心角为44°，被切齿轮到这里时进行分度，分度时刀具不需退离齿轮，圆拉铣刀连续转动，切削速度采用30~40m/min，刀具转一转即切完一齿槽，加工效率很高。

圆拉铣刀工作时除有旋转切削运动外，还有沿齿槽底方向的直线进给运动。粗加工时是从轮齿槽小端向大端，精加工时进给运动方向相反，从大端切向小端。进给运动由机床凸轮控制，如图15-6b所示。

开始切削时，刀具中心在 A 点，粗切齿开始切齿槽小端，刀具向大端进给，这阶段是逆铣和拉削的复合过程。当拉铣刀中心到 B 点时，进给停止，粗切齿继续切削，这阶段是拉削过程。然后刀具中心进给到 C 点使齿槽全长完成粗切和半精切。从 C 点改成反向进给进行精切，精切是顺铣和拉削的复合过程。刀具中心回到 D 点时精切完成，进行分度，刀具中心回到 A 点开始切下一个齿槽。

圆拉铣刀精切齿齿形的要求：

1）被切锥齿轮齿形，大端齿形曲率半径大于小端齿形的曲率半径，大端齿槽宽度大于小端的齿槽宽度。

2）为便于制造，刀具采用圆弧齿形。

3）各刀齿齿形圆弧半径都相同，但圆弧中心位置不同，这样可以用同一成形砂轮在不同位置磨各刀齿的齿形。

4）刀齿制成铲齿结构，用钝后刃磨前面，前角采用15°。

5）采用不同的刀齿厚度，以便获得不同点的要求齿槽宽度。采用不同的刀齿厚度还可以加工出鼓形齿直齿锥齿轮。

6）用圆拉铣刀加工出的锥齿轮齿形，不是渐开线而是近似的圆弧齿形；这种齿形的锥齿轮副有很好的啮合传动性能，但不能和其他方法加工出的锥齿轮啮合，因齿形不同。

15.1.4 展成法加工直齿锥齿轮

展成法加工直齿锥齿轮可以得到精度较高的齿轮，并且有较高的加工效率，是现在生产中加工直齿锥齿轮的主要方法。加工直齿锥齿轮的展成法有如下几种方法。

（1）成对展成刨刀刨齿法 这是现在生产中最常用的加工直齿锥齿轮的方法。使用成对刨齿刀在专用的锥齿轮刨床上，按平顶产形轮的原理加工直齿锥齿轮。加工时两把刨齿刀切轮齿的两侧表面，由展成运动包络切出轮齿的齿形。切完一个齿后进行分度切下一个轮齿。这种方法加工的锥齿轮可以达到一定的精度，由于刀具简单，虽生产率不太高，仍在生产中得到广泛使用。

（2）成对展成铣刀盘切齿法 这种方法是使用两把铣刀盘在专用的锥齿轮铣齿机上切齿。加工时两把铣刀盘切齿槽的两侧面，由展成运动包络切出轮齿的齿形表面，切完一个齿槽后，进行分度再切下一个齿槽。由于采用铣刀盘直径较大，故可不需沿轮齿长度方向的进给运动。铣刀盘做成内凹切削表面，可以加工出鼓形齿直齿锥齿轮。这种方法加工直齿锥齿轮不仅加工效率高，并且加工出的齿轮质量也好，因此在成批生产直齿锥齿轮时应用日益广泛。

（3）磨齿法 应用展成原理磨齿，其工作原理和用成对展成铣刀盘加工直齿锥齿轮相同，只是铣刀盘换成了砂轮。这种方法用于精度要求很高的直齿锥齿轮的加工。

15.2 成对展成锥齿轮刨刀

15.2.1 成对展成锥齿轮刨刀的工作原理

1. 切齿原理

（1）平顶产形轮 成对展成锥齿轮刨刀加工锥齿轮时，为简化机床结构采用平顶产形轮，如图15-8所示。

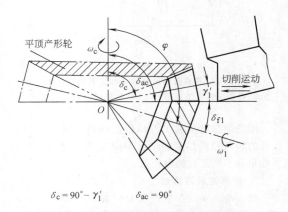

$$\delta_c = 90° - \gamma_1' \qquad \delta_{ac} = 90°$$

图 15-8 锥齿轮刨刀切齿时的平顶产形轮

采用平顶产形轮后，刨刀的切削运动方向将始终在同一平面内，不需要因被加工锥齿轮根锥角不同而改变切削方向。但这将使产形轮的节锥角不是90°，加工出的锥齿轮节锥压力角将不是标准值，但成对锥齿轮的压力角相同，能满足锥齿轮传动要求。

（2）展成切齿运动　锥齿轮刨刀切齿时采用平顶产形轮，刨刀切削运动方向和机床摇台的轴线（产形轮）垂直不变，使机床结构简化，刚度提高。加工时，锥齿轮轴线和产形轮轴线夹角 φ 应为

$$\varphi = 90° + \delta_{f1}$$

式中　δ_{f1}——被切锥齿轮的根锥角。

切齿时的滚切比 i 为

$$i = \frac{\omega_1}{\omega_0} = \frac{\cos\gamma_1'}{\cos\delta_1} = \frac{z_c \cos\gamma_1'}{z_1} \qquad (15-3)$$

式中　z_c——平顶产形轮齿数。

加工时，刨刀在机床摇台的刀座上做往返切削运动。刀尖沿锥齿轮的根锥母线运动。刨刀后退空行程时，由于摆动刀座作用，刨刀抬起避免擦伤工件。被切锥齿轮和机床摇台（连同刨刀）做展成运动，刨刀逐步切入工件，直到完全包络切出全部齿形，如图 15-9 所示。然后齿轮退回，刨刀随机床摇台快速反转退回，齿轮分度再切下一个轮齿，直到加工完毕。

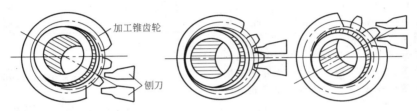

加工锥齿轮

刨刀

图 15-9　锥齿轮刨刀的展成切齿过程

2. 刨齿刀的切削角度

（1）后角　标准锥齿轮刨刀制造时没有后角，工作后角靠机床刀座倾斜得到，机床刀座倾角取12°，即刨齿刀的顶刃后角 α_e 为 12°。

精刨齿刀的主切削刃为其侧刃，当顶刃后角为 α_e 时，侧刃后角为 α_c，α_c 应在切削刃的法向测量，侧刃后角 α_c 可用下式计算

$$\sin\alpha_c = \sin\alpha_0 \sin\alpha_e \qquad (15-4)$$

当刨齿刀的齿形角 $\alpha_0 = 20°$、顶刃后角 $\alpha_e = 12°$ 时，侧刃（主切削刃）后角 $\alpha_c = 4°10'$。

（2）前角　前角 γ 应在侧刃（主切削刃）的法向测量。前角值根据加工材料选取，切钢时取静态前角 $\gamma = 20°$。刃磨和检验时需要知道刨齿刀横截面和纵截面中的前角 γ_1 和 γ_2，如图 15-10 所示，γ_1 和 γ_2 值可用下式计算

$$\left.\begin{array}{l} \tan\gamma_1 = \tan\gamma\cos\alpha_0 - \tan\alpha_e\sin\alpha_0 \\ \tan\gamma_2 = \tan\gamma\sin\alpha_0 + \tan\alpha_e\cos\alpha_0 \end{array}\right\} \qquad (15-5)$$

由于刀座倾角影响，刨齿刀侧刃的工作前角 γ_p 应为

$$\gamma_p = \gamma - \alpha_c = \gamma - \arcsin(\sin\alpha_0 \sin\alpha_e) \qquad (15-6)$$

当 $\gamma = 20°$、$\alpha_0 = 20°$、$\alpha_e = 12°$ 时，侧刃实际工作前角 γ_p 为 $15°50'$。

3. 锥齿轮刨刀的齿形角和加工齿轮的节锥压力角

（1）锥齿轮刨刀的齿形角　锥齿轮刨刀在机床上装刀时，刀座有倾角 α_e，切齿时刨齿刀沿齿轮根锥母线方向切削，但由于锥齿轮的有效压力角应是节锥压力角。由于不同锥齿轮的根锥角 δ_f 是变化的，因此加工出的锥齿轮的节锥压力角不等于刨齿刀的齿形角，将受刨齿刀安装倾角 α_e 和齿轮根锥角 δ_f 变化的影响，加工出的锥齿轮的节锥压力角将不等于刨齿刀的齿形角。

如要求锥齿轮得到标准的节锥压力角 α，刨刀的齿形角必须修正。但齿形角的修正值与被加工锥齿轮的根锥角 δ_f 有关，而不同锥齿轮的齿根角各不相同，刨齿刀的齿形角也要修正成不同值，刨齿刀将成为加工特定参数锥齿轮的专用刀具，使用极为不便。

现在生产中实际采用的方案是将锥齿轮刨刀的齿形角制成标准值 $\alpha_0 = 20°$。加工出的锥齿轮节锥压力角 α' 将略小于 20°，但由于被加工的共轭锥齿轮副的根锥角是相同的（或相差不大），因此共轭齿轮的节锥压力角是相等的，不影响齿轮的啮合传动。

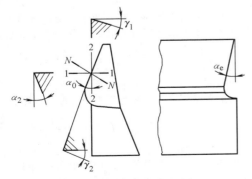

图 15-10　锥齿轮刨刀的前角

（2）用标准刨齿刀切出的齿轮节锥压力角　刨齿刀按刀座倾角 α_e 装夹后，与切削方向垂直的平面中的刀刃投影齿形角 α_0'（见图 15-11a）为

$$\tan\alpha_0' = \tan\alpha_0 \cos\alpha_e \qquad (15\text{-}7)$$

上式求得的 α_0' 是产形轮轮齿在与顶锥母线（$\delta_{a0} = 90°$）相垂直的锥面中的齿形，此 α_0' 不等于与节锥母线相垂直的锥面（背锥）中的压力角 α'，这是由于根锥角 δ_f 引起的变化。从图 15-11b 可看到，锥齿轮的工作压力角 α' 应是在与节锥母线相垂直的 $N\text{—}N$ 截面中的齿形。从图中的关系可以推导出 α' 的关系式

$$\tan\alpha' = \frac{\tan\alpha_0 \cos\alpha_e}{\cos\delta_f \sqrt{1 - (\tan\delta_f \tan\alpha_0 \cos\alpha_e)^2}} \qquad (15\text{-}8)$$

分析式（15-8）可知，α_0 和 α_e 为常数，因此 α' 角是与齿轮的根锥角有关。不同齿轮的根锥角 δ_f 不同，故得到的齿轮节锥压力角 α' 并不同。但一对共轭的锥齿轮根锥角相等，即 $\delta_{f1} = \delta_{f2}$，这对锥齿轮的节锥压力角也必然相等，即 $\alpha_1' = \alpha_2'$，故这对锥齿轮可以正常啮合。

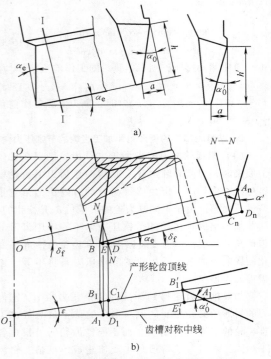

图 15-11　标准刨齿刀切出的齿轮节锥压力角
a）由安装倾角引起的齿形变化
b）由根锥角 δ_f 引起的齿形变化

如共轭的锥齿轮根锥角略有差别，则加工得到的节锥压力角 $\alpha_1' \neq \alpha_2'$，如差值不大，这对锥齿轮还是可以啮合的。例如，一对锥齿轮的参数为 $\alpha_0 = $ 20°、$\alpha_e = 12°$、$\delta_{f1} = 2°10'$、$\delta_{f2} = 3°50'$，经计算得到 $\alpha_1' = 19°36'$、$\alpha_2' = 19°38'$，二者的差值不大，且和 20° 相差也不大，这对锥齿轮是可以使用的。

15.2.2　锥齿轮刨刀结构尺寸的确定

锥齿轮刨刀的结构参数（见图 15-12）部分是与在机床上的装夹有关。主要结构参数的确定原理如下：

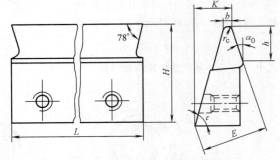

图 15-12　锥齿轮刨刀的结构参数

（1）刨齿刀的顶刃宽度 b　刨齿刀的顶刃宽度 b 应小于锥齿轮小端槽底的宽度，并应大于大端槽底宽度的一半，以免在大端留下残余金属（如锥齿轮齿槽已粗切则不受此限制），即应保持

$$W_{fi} > b > \frac{1}{2} W_{fe} \qquad (15\text{-}9)$$

锥齿轮的槽底宽度可以按共轭的平顶产形轮计算，大小端槽底宽度分别为

$$W_{fe} = \left(\frac{\pi m}{2} \mp \tau m\right) - h_f \tan\alpha' \approx \left(\frac{\pi m}{2} \mp \tau m\right) - h_f \tan\alpha_0 \qquad (15\text{-}10)$$

$$W_{fi} = \frac{L_i}{L_e} W_{fe} \approx \frac{2}{3} W_{fe} \qquad (15\text{-}11)$$

式中　τ——齿厚切向修正系数，大轮用正，小轮用负。对标准锥齿轮，$\alpha_0 = 20°$，$h_f = 1.2m$，$\tau = 0$，得到

$$W_{fe} = 0.7m ;\ W_{fi} = 0.46m$$
$$0.46m > b > 0.35m$$
$$b = 0.4m \qquad (15\text{-}12)$$

（2）刨齿刀切削部分的高度 h　刨齿刀切削部分的高度 h 是根据该刨刀所加工的最大模数 m 决定的，即

$$h = 2.5m \qquad (15\text{-}13)$$

（3）刀尖圆角半径 r_c（见图 15-13）　刨齿刀的刀尖圆角半径 r_c 允许的最大值不得超过下式规定。

$$r_c = \frac{c}{1 - \sin\alpha_0} \qquad (15\text{-}14)$$

式中　c——齿轮顶隙。

当锥齿轮大小端顶隙不等时，上式中的 c 值应取小端值。对标准锥齿轮刨刀 $c = 0.2m$、$\alpha_0 = 20°$，

允许取的最大刀尖圆角半径为 $r_c = 0.3m$。

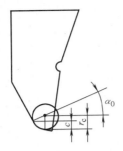

图 15-13　刨齿刀的刀尖圆角半径

如果用刨齿刀加工出的齿轮的齿根曲率半径 ρ_{min} 大于刀尖圆角半径，可近似用下式计算

$$\rho_{min} = \frac{(h_f - r_c)^2}{\frac{zm}{2\cos\delta} + h_f - r_c} + r_c \qquad (15\text{-}15)$$

（4）刨齿刀夹固部分尺寸　刨齿刀的夹固部分制成楔形使夹固可靠，楔角取 $\varepsilon = 73°$（Ⅳ 型为 $75°$），用 2~5 个螺钉固定在机床刀座上。

刨齿刀的 K 值（见图 15-14）是一个重要尺寸，它保证刀尖 A 点的运动轨迹通过机床摇台的中心 O 点。由于 K 值不易测量，平时可控制 α_0、H、E 值的精度以保证 K 值，K 值与 α_0、H、E 值的关系为

$$K = \frac{E - H\sin\alpha_0}{\cos\alpha_0} \qquad (15\text{-}16)$$

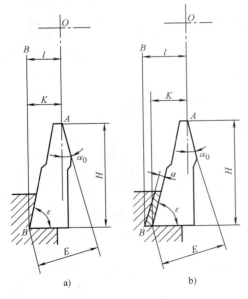

图 15-14　刨齿刀夹固部分尺寸

a）$H = 75mm$　b）$H = 60mm$

机床刀座上 BB 线离摇台中心 O 点的距离 l 是固定的。在图 15-14a 的情况下（相当于 Ⅰ、Ⅱ 型和 Ⅳ

型中 $H = 75mm$ 的刨齿刀）$K = l$，在图 15-14b 的情况下（Ⅲ 型和 Ⅳ 型中 $H = 60mm$ 的刨齿刀），由于 l 值较大，为减少刨齿刀的厚度，加入厚度为 a 的垫片，a 值用下式计算

$$a = (l - K)\sin\varepsilon \qquad (15\text{-}17)$$

表 15-3 中是四种型式（Ⅰ、Ⅱ、Ⅲ 和 Ⅳ 型）刨齿刀的 H、α_0、E、K、ε 值。

（5）刨齿刀的厚度 B　刨齿刀的厚度 B 从图 15-15 的关系可用下式计算

$$B = \frac{E}{\cos\alpha_0} - (H - h)\tan\alpha_0 \qquad (15\text{-}18)$$

表 15-3　锥齿轮刨刀夹固部分的尺寸

（单位：mm）

刨齿刀型式	H	α_0	E	K	机床距离 l	刨刀楔角 ε	垫片厚度 a
Ⅰ	27	20°	18.63	10	10	73°	0
	27	15°	16.65	10	10	73°	0
	27	14°30′	16.44	10	10	73°	0
Ⅱ	33	20°	25.85	15.5	15.5	73°	0
	33	15°	23.51	15.5	15.5	73°	0
	33	14°30′	23.27	15.5	15.5	73°	0
Ⅲ	43	20°	27.39	13.5	19.4	73°	5.64
	43	15°	25.62	15	19.4	73°	4.21
	43	14°30′	25.29	15	19.4	73°	4.21
Ⅳ	60	20°	39.78	20.5	30.5	75°	9.66
	60	15°	35.33	20.5	30.5	75°	9.66
	60	14°30′	34.87	20.5	30.5	75°	9.66
	75	20°	54.31	30.5	30.5	75°	0
	75	15°	48.87	30.5	30.5	75°	0
	75	14°30′	48.31	30.5	30.5	75°	0

15.2.3　标准锥齿轮精刨刀的结构尺寸

JB/T 9990.1—2011 中规定了直齿锥齿轮精刨刀的基本型式和尺寸，共有 4 种型式：Ⅰ 型（27mm×40mm），Ⅱ 型（33mm×75mm）、Ⅲ 型（43mm×100mm），Ⅳ 型（60mm×125mm，75mm×125mm），其尺寸分别见表 15-4、图 15-15、表 15-5、图 15-16、表 15-6、图 15-17、表 15-7 和图 15-18。

表 15-4　Ⅰ 型（27mm×40mm）锥齿轮精刨刀

尺寸（$m = 0.3 \sim 3.25mm$）

（单位：mm）

模数范围	B	h	b	(H)	t	H_1	R
0.3~0.4	10.36	1.0	0.12	25			0.10
0.5~0.6	10.54	1.5	0.20	24	0.5	21	0.15
0.7~0.8	10.73	2.0	0.28				0.21
1~1.25	11.16	3.2	0.40	23	1.0		0.30
1.375~1.75	11.53	4.2	0.60	22		18	0.40
2~2.25	11.93	5.3	0.80	20	1.5		0.60
2.5~2.75	12.36	6.5	1.00		2.0		0.75
3~(3.25)	12.76	7.6	1.20	18	2.5	16	0.90

注：1. 模数 3.25mm 尽量不采用。

　2. (H) 的数值为参考值。

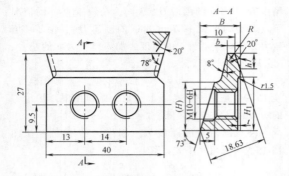

图 15-15　Ⅰ型锥齿轮精刨刀尺寸　（$m = 0.3 \sim 3.25$mm）

表 15-5　Ⅱ型　（33mm×75mm）锥齿轮精刨刀尺寸　（$m = 0.5 \sim 5.5$mm）

（单位：mm）

模数范围	B	h	b	(H)	t	H_1	R
0.5 ~ 0.6	16.04	1.5	0.20	29	0.5	27	0.15
0.7 ~ 0.8	16.23	2.0	0.28			27	0.21
1 ~ 1.25	16.66	3.2	0.40		1.0	26	0.30
1.375 ~ 1.75	17.03	4.2	0.60			24	0.40
2 ~ 2.25	17.43	5.3	0.80	23		23	0.60
2.5 ~ 2.75	17.86	6.5	1.00			22	0.75
3 ~ (3.25)	18.26	7.6	1.20		1.5	21	0.90
3.5 ~ (3.75)	18.70	8.8	1.40			19	1.00
4 ~ 4.5	19.36	10.6	1.60	18		18	1.20
5 ~ 5.5	20.05	12.5	2.00			16.5	1.50

注：1. 模数 3.25mm 和 3.75mm 尽量不采用。
　　2. （H）的数值为参考值。

表 15-6　Ⅲ型　（43mm×100mm）锥齿轮精刨刀尺寸（$m = 1 \sim 10$mm）（单位：mm）

模数范围	B	h	b	(H)	t	H_1	R
1 ~ 1.25	14.70	3.3	0.4	35	1.0	36	0.30
1.375 ~ 1.75	15.03	4.2	0.6			35	0.40
2 ~ 2.25	15.43	5.3	0.8			33	0.60
2.5 ~ 2.75	15.86	6.5	1.0				0.75
3 ~ (3.25)	16.26	7.6	1.2	30		31	0.90
3.5 ~ (3.75)	16.70	8.8	1.4			30	1.00
4 ~ 4.5	17.36	10.6	1.6		1.5	28	1.20
5 ~ 5.5	18.05	12.5	2.0			27	1.50
6 ~ 6.5	18.96	15.0	2.4	22.5		24	1.8
7	19.50	16.5	2.8			22	2.10
8	20.41	19.0	3.2			19	2.40
9	21.32	21.5	3.6	20		18	2.70
10	22.23	24.0	4.0	19		17	3.00

注：1. 模数 3.25mm 和 3.75mm 尽量不采用。
　　2. （H）的数值为参考值。

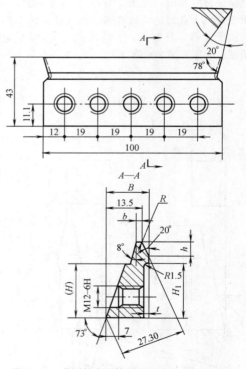

图 15-17　Ⅲ型锥齿轮精刨刀尺寸　（$m = 1 \sim 10$mm）

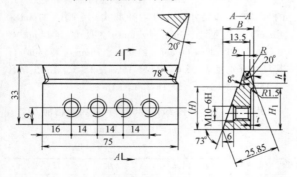

图 15-16　Ⅱ型锥齿轮精刨刀尺寸　（$m = 0.5 \sim 5.5$mm）

15.2.4　直齿锥齿轮精刨刀的技术条件

　　JB/T 9990.2—2011 规定直齿锥齿轮精刨刀的技术条件如下。

　　（1）技术要求

　　1）刨刀用 W6Mo5Cr4V2 或同等性能的高速工具钢制造，其工作部分硬度为 63～66HRC。

　　2）刨刀表面不应有脱碳层和软点。

　　3）刨刀表面不应有刻痕、裂纹、毛刺、磕刃、锈迹及烧伤等影响使用性能的缺陷。

　　4）刨刀（见图 15-19）表面粗糙度按表 15-8 的规定。

表 15-7　Ⅳ型（60mm×125mm，75mm×125mm）锥齿轮精刨刀尺寸（$m=3\sim20$mm）（单位：mm）

模数范围	B	H_0	b	h	B_1	(H)	t	H_1	β	S	R
3~(3.25)	23.26	60	1.2	7.6	48			48			0.90
3.5~(3.75)	23.70	60	1.4	8.8	48			47			1.00
4~4.5	24.35	60	1.6	10.6	48			45			1.20
5~5.5	25.04	60	2.0	12.5	20.5		1.5	44	8°	39.78	1.50
6~6.5	25.94	60	2.4	15.0	20.5	42	1.5	41	8°	39.78	1.80
7	26.50	60	2.8	16.5	20.5	42	1.5	39	8°	39.78	2.10
8	27.41	60	3.2	19.0	20.5	38	1.5	36	8°	39.78	2.40
9	28.32	60	3.6	21.5	20.5	38	1.5	34	8°	39.78	2.70
10	29.23	60	4.0	24.0	20.5	32	1.5	31	8°	39.78	3.00
11	29.89	60	4.4	25.8	20.5	32	1.5	29	8°	39.78	3.30
12	30.72	60	4.8	28.1	20.5	30	1.5	26	8°	39.78	3.60
14	42.44	75	5.6	32.8	30.5	34	2.5	38	12°	54.31	4.20
16	44.15	75	6.4	37.5	30.5	34	2.5	33	12°	54.31	4.80
18	45.86	75	7.2	42.2	30.5	30	2.5	28	12°	54.31	5.40
20	47.60	75	8.0	47.0	30.5	28	2.5	25	12°	54.31	6.00

注：1. 模数 3.25mm 和 3.75mm 尽量不采用。

2.（H）的数值为参考值。

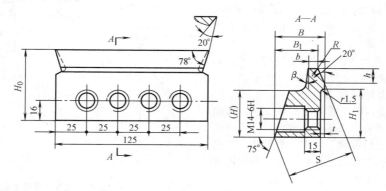

图 15-18　Ⅳ型锥齿轮精刨刀尺寸（$m=3\sim20$mm）

表 15-8　刨刀的表面粗糙度

（单位：mm）

检查表面	表面粗糙度	检查表面	表面粗糙度
刀齿前面	Ra0.63	定位面	Ra0.63
工作面	Ra0.32	底面和侧面	Ra1.25
非工作面	Ra1.25	齿顶面和齿顶圆弧面	Ra3.20

5）尺寸极限偏差，几何公差：

① α 角的极限偏差见表 15-9。

② 齿顶宽度 b 的极限偏差见表 15-9。

③ 尺寸 S 的极限偏差见表 15-10。

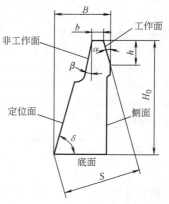

图 15-19　直齿锥齿轮精刨刀的技术要求

表 15-9　α 角及齿顶宽度 b 的极限偏差

模数/mm	0.3~0.8	>0.8~2.75	2.75~6.5	>6.5~10	>10~20
α 角的极限偏差	±6′	±5′	±4′	±3′	±2′
齿顶宽度 b 的极限偏差	js11	js12	js13		js15

表 15-10　尺寸 S 的极限偏差

（单位：mm）

规格	27×40	33×75	43×100	60×125	75×125
S 尺寸的极限偏差	±0.02	±0.05			

④ δ 角的极限偏差为 ±5′。

⑤ 高度 H_0 的极限偏差为 js10。

⑥ 底面宽度极限偏差见表 15-11。

表 15-11 底面宽度极限偏差

（单位：mm）

B	极限偏差
<18	±0. 055mm
>18~30	±0. 065mm
>30	±0. 080mm

⑦ β 角的极限偏差为 $^{0}_{-40'}$。

⑧ 全长的极限偏差为 js15。

⑨ 螺钉孔中心线相互间以及中心线与底面距离极限偏差为 ±0.30mm。

（2）标志和包装

1）标志。

① 刨刀底面上应标志：制造厂商标、模数、基准齿形角、规格、材料（普通高速钢不标）。

② 包装盒上应标志：产品名称、制造厂名称、地址和商标、模数、基准齿形角、规格、材料、件数、制造年份、标准编号。

2）包装。刨刀在包装前应经防锈处理；并应采取措施，防止在运输过程中受到损伤。

15.2.5 直齿锥齿轮粗刨刀

用刨刀粗加工直齿锥齿轮可用三种方法：展成法、切入法（不展成）和展成切入组合法。用展成法粗切可得到均匀精切留量，但生产率较低。为提高生产率可用两把刨刀切两个齿槽，每次分度转两个齿槽，可提高效率 1 倍。

粗刨刀仅切削部分与精刨刀不同。图 15-20 所示是几种不同的锥齿轮粗刨刀。为提高粗切齿效率，通常用不展成的切入法，粗刨齿刀顶刃为主切削刃，应磨出正前角。常使用的粗切刨刀有以下几种。

（1）梯形粗刨刀（见图 15-20a） 这种粗刨齿刀制成梯形直线齿形。如采用双分度切入法时，粗刨齿刀齿形应与齿槽形中心线对称。故刀具齿形角 α_1 和 α_2 应为 $\alpha_1 = \alpha + \Delta\alpha$、$\alpha_2 = \alpha - \Delta\alpha$。$\Delta\alpha$ 为根锥的背锥当量齿轮的齿距半角，$\Delta\alpha$ 值为

$$\Delta\alpha = \frac{\pi}{z_v} = \frac{\pi}{\frac{z}{\cos\delta_f}} = \frac{\pi\cos\delta_f}{z} \quad (15-19)$$

这种梯形粗刨刀用切入法时，得不到均匀的精切留量，锥齿轮齿数少时尤其严重。

（2）成形粗刨齿刀（见图 15-20b） 这种粗刨齿刀是根据加工齿轮专门设计的，可以得到较均匀的精切留量。但锥齿轮齿面宽度较大时，大小端齿槽形状相差较大，仍得不到均匀的精切留量。采用单齿分度较双齿分度得到的精切留量要均匀些。

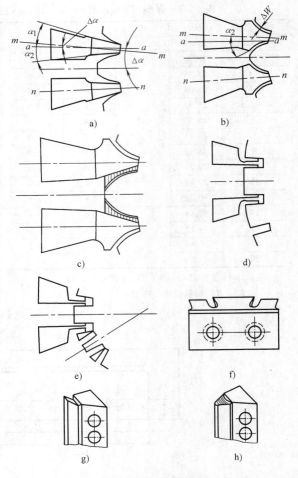

图 15-20 粗加工用锥齿轮刨刀

a）梯形粗刨刀 b）成形粗刨齿刀 c）内刃成直线
d）割刀式粗刨齿刀 e）单分度法 f）复合式刨刀
g）刃磨顶刃前角 h）曲面前面

成形粗刨齿刀内刃近顶处（即齿轮近齿根处）斜度常很小，齿轮齿数少时更甚，这将使该处刀具后角很小。应注意使侧刃后角不小于 1°30′，有必要时可将内刃做成倾斜直线，如图 15-20c 所示。

（3）割刀式粗刨齿刀（见图 15-20d） 加工模数大于 10mm 的锥齿轮时，可用这种粗刨齿刀先开槽，再用梯形或成形粗刨齿刀进行第二次粗切。如模数很大时，可用图 15-20e 所示的单分度法，每齿槽经过割刀式粗刨齿刀两次切削得到梯形齿槽，再用成形粗刨刀切削以减少精切留量。

割刀式粗刨齿刀的结构如图 15-21 所示，尺寸见表 15-12。

（4）复合式锥齿轮刨刀 图 15-20f 所示为这种复合式锥齿轮刨刀，加工小模数锥齿轮可用这种复合式刨刀，粗刨精刨一次完成。这种复合式刨刀两端

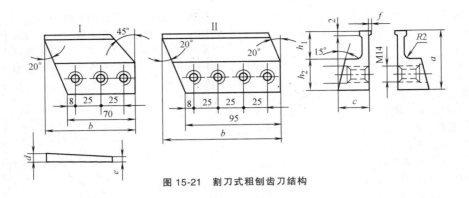

图 15-21　割刀式粗刨齿刀结构

表 15-12　割刀式粗刨齿刀结构尺寸

（单位：mm）

刀号	型式	a	b	c	d	e	f	h_1	h_2
1	I	60	91.8	30.3	4	1.6	0.2	22	38
2	I	60	91.8	30.2	5	2.7	0.3	28	32
3	II	60	116.8	30.1	6	2.3	0.4	28	32
4	II	75	122.3	30.1	6	2.2	0.4	35	40
5	II	75	122.3	30.1	7	3.2	0.4	35	40
6	II	75	122.3	30.1	8	4.3	0.4	43	32
7	II	75	122.3	30.0	9	5.3	0.5	43	32
8	II	75	122.3	30.0	10	6.3	0.5	43	32

为粗刨刀，中间为精刨刀，粗精部分的齿形相差为精切留量。复合式刨刀因制造麻烦，生产中用得不太多。

（5）精刨刀特殊刃磨用于粗切　生产中有时需将锥齿轮精刨刀用于粗切。粗刨刀顶刃担任主要切削负荷，故顶刃应磨出合理前角。精刨刀因有一侧刃为负前角，不宜用于粗切。精刨刀如需用于粗切，可磨成图 15-20g 所示有顶刃前角型式，但这时齿形已改变，不再能用于精切。

在单件小批量生产中需将锥齿轮精刨刀用于粗切，可将精刨刀前面磨成曲面，即将前面磨成图 15-20h 所示型式，两侧刃都是正前角且齿形不变，可同时完成粗切和精切的工作。

15.3　成对展成锥齿轮铣刀

15.3.1　成对展成锥齿轮铣刀的工作原理

图 15-22 所示是成对展成锥齿轮铣刀的工作原理。两把铣刀盘组成平面产形轮的一个轮齿，与被切锥齿轮做啮合展成运动，以加工出齿轮齿槽的廓形。加工时铣刀盘做旋转切削运动（相当于平面产形轮不动），被加工锥齿轮围绕产形轮滚动（做展成运动），铣完一个齿槽后，铣刀盘退出，锥齿轮分度，铣刀盘回到原位再切下一个齿槽。有的机床同时完成粗切和精切，铣削过程如下：先靠凸轮径向切入完成粗铣，向一侧做展成运动完成半精铣，再反向做展成运动完成精铣。

成对展成锥齿轮铣刀加工齿轮时，是采用平面齿

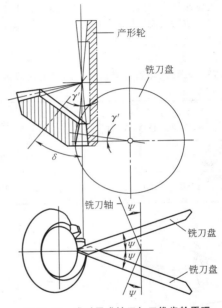

图 15-22　成对展成铣刀加工锥齿轮原理

轮（节锥角 $\delta_c = 90°$）作为产形轮，如图 15-22 所示的上图。被加工锥齿轮齿根角 γ' 变化时，只要调整锥齿轮和铣刀盘的相互位置，即可使铣刀盘的顶圆和锥齿轮的根圆锥相切，故产形轮不必用平顶齿轮。

改变两铣刀盘间的夹角，可适应轮齿槽宽的不同收缩角。两铣刀盘刀齿相互插入，工作时做同步旋转，形成平面齿轮的轮齿。铣刀盘切削速度常用 40~60m/min，切一齿槽仅需 20~40s，加工效率较高，约为成对锥齿轮展成刨刀的 2~4 倍。

成对展成锥齿轮铣刀和成对展成锥齿轮刨刀虽然都是用展成法加工直齿锥齿轮，但前者加工时用平面产形轮，后者用平顶产形轮，二者使用的加工产形轮不同，加工出的锥齿轮的节锥压力角不同，故锥齿轮不能互换使用。

15.3.2　铣刀盘直径和内凹角的确定

用这方法加工锥齿轮时，铣刀没有沿齿槽长度

方向的运动，故加工出的轮齿槽底长度方向为圆弧曲线，凹入量 ΔH（见图 15-23）可用下式计算

$$\Delta H = \frac{B^2 \cos\psi}{4 d_{a0}} \qquad (15\text{-}20)$$

为使 ΔH 值不致太大，应采用大直径的铣刀盘。表 15-13 是几种双轴锥齿轮铣齿机所用的铣刀盘直径。由于铣刀盘直径相对于锥齿轮齿面宽度的比值较大，故 ΔH 值较小，对锥齿轮轮齿的强度影响不大。

为简化锥齿轮铣齿机的结构，铣刀盘水平方向的斜角 ψ（见图 15-23）都做成固定的。在齿轮节锥压力角改变时，可改变铣刀盘成形切削刃的内凹角，也可改变切齿时的滚切传动比，使加工出的齿轮得到要求的节锥压力角。铣刀盘成形切削刃的内凹角 τ 应根据锥齿轮的节锥压力角 α 用下式计算

$$\tau = \psi - \alpha$$

表 15-13　几种双轴直齿锥齿轮铣齿机的铣刀盘直径

（单位：mm）

机床型号	中国 Y2726	俄罗斯		德国		美国格里森公司 N114
		5П23	5П230	克林贝尔 BF201A	ZFTK 500×10	
加工锥齿轮最大模数	10	2.5	8	10	10	10.6
铣刀盘最大直径	600	150	275	600	450	380

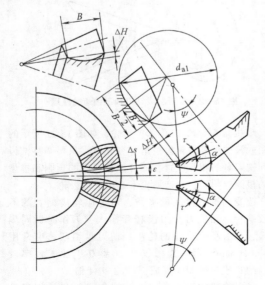

图 15-23　铣刀盘内凹角对加工齿轮的影响

Y2726 型锥齿轮铣齿机的铣刀轴水平斜角 $\psi = 25°$，加工齿轮的节锥压力角 $\alpha = 20°$ 时，铣刀盘成形切削刃的内凹角采用 $\tau = 5°$。如用该机床加工 $\alpha = 22°30'$ 的锥齿轮时，可采用 $\tau = 2°30'$ 内凹角的铣刀盘。也可采用 $\tau = 5°$ 内凹角，而改变加工时的滚切比。

铣刀盘成形切削刃制成内凹的目的，是使加工出的锥齿轮获得鼓形齿。内凹 τ 角的成形切削刃的运动轨迹是内锥面，形成的产形轮节锥齿线为一条内凹曲线，与其共轭的锥齿轮的节锥齿线为外凸曲线，即在齿长方向得到鼓形齿。节锥齿线的外凸量 Δs 是齿线中点比两端的凸出高度。

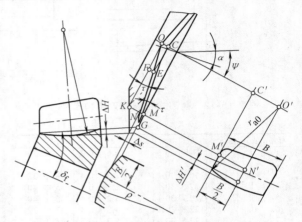

图 15-24　铣刀盘内凹角对锥齿轮鼓形量 Δs 的影响

如图 15-24 所示，ON 为铣刀盘内锥母线，它形成轮齿 $O'N'$ 截面中的齿形；轮齿 $C'N'$ 截面中的齿形将由相应内锥的截形 CMG（双曲线）所形成。$\overline{MN}$ 为轮齿的鼓形量 Δs。从该图的关系推导得到 Δs 的计算公式

$$\Delta s = \tan\tau \left(\sqrt{\frac{B^2}{4} + r_{a0}^2} - r_{a0} \right) \qquad (15\text{-}21)$$

轮齿的鼓形量 Δs 还可用简单近似的方法求得。由于轮齿节锥齿线的曲率半径 ρ 应和铣刀盘内锥面的曲率半径相同，通过该关系可以求得 Δs 的近似值

$$\Delta s \approx \frac{B^2 \sin\tau}{8 r_{a0}} \qquad (15\text{-}21a)$$

铣刀盘的内凹角 τ 是根据要求的鼓形量 Δs 计算得到的。如 τ 角过大则鼓形量 Δs 也过大，锥齿轮齿面容易磨损。

15.3.3　铣刀盘和刀齿的结构

1. 5П23 型锥齿轮铣齿机使用的铣刀盘和刀齿结构

图 15-25 所示是俄罗斯 5П23 型锥齿轮铣齿机所用的铣刀盘结构。刀齿用螺钉固定在刀体的径向槽内，刀齿以凸肩与刀体圆周上的小平台定位。刀齿为铲齿结构，为增大侧刃后角（成形切削刃）采用斜向铲齿，铲齿方向和铣刀盘轴线成 ψ 角（$\psi = \alpha + \tau$）。顶刃后角取 $\alpha_e = 12°$。工作侧刃（成形切削刃）取前角 $\gamma = 20°$（切钢时），在刀刃法向测量。铣刀齿顶刃宽度取 0.4m。每个铣刀盘有 12 个刀齿，左右两个铣刀盘组成一对。

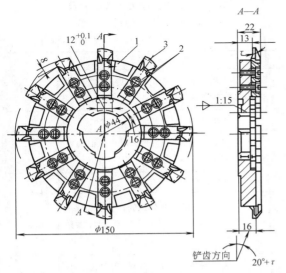

图 15-25　5П23 型锥齿轮铣齿机用铣刀盘

1—刀体　2—螺钉　3—刀齿

2. Y2726 型锥齿轮铣齿机所使用的铣刀盘和刀齿结构

Y2726 型锥齿轮铣齿机使用的铣刀盘直径为 600mm，铣刀体固定在铣齿机上，刀具用钝后只换刀齿。铣刀刀齿的夹固如图 15-26 所示，左右两个铣刀盘组成一对。每个铣刀盘上装 36 个刀齿。刃磨使用专用夹具，保证每刀齿磨去量一致。铣刀盘更换刀齿后用千分表检查，顶刃径向圆跳动 ≤0.03mm，成形切削刃圆跳动 ≤0.01mm。

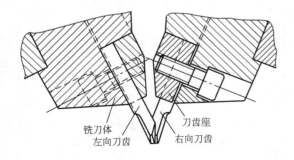

图 15-26　Y2726 型铣齿机的铣刀刀齿夹固结构

铣刀齿的结构如图 15-27 所示，刀齿夹固部分尺寸和铣刀体中刀齿座一致，粗铣和精铣使用同样的刀齿。刀齿顶刃宽度 b 取 0.4m。刀齿的一些主要参数推荐值见表 15-14。

铣刀齿的内凹 τ_1 角。由于铣刀齿成形切削刃有刃倾角 λ，故在平行于刀齿基面的 $A—A$ 截面内刀刃的内凹角 τ_1 必然和切削刃投影中的内凹角 τ 不同。从图 15-28 的关系中可以求出 τ_1 和 τ 角的关系计

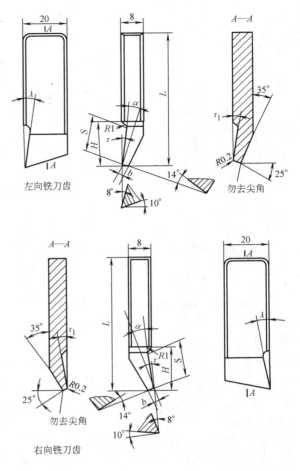

图 15-27　Y2726 型锥齿轮铣齿机的铣刀盘刀齿

表 15-14　Y2726 型铣齿机用的铣刀刀齿参数

（单位：mm）

刀号	模数 m	刀齿顶刃宽度 b	切削刃长度 S	最大背吃刀量 a_p	刀头高度 H	内凹角 τ	齿形角 α	刀齿总长 L
1	1~2	0.4~0.72						
2	1.75~3.5	>0.72~1.26	15	13	17	5°	20°	60
3	3~6	>1.26~2.16						
4	5~10	>2.16~3.61	20	18	22			
5	5~10	>3.61~5						
6	5~10	>2~3.61	23	21	25	2°30′	22°30′	65
7	5~10	>3.61~5	25	23	27			

注：最大背吃刀量 a_p 为参考值，不注明于工作图上。

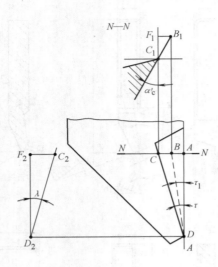

图 15-28　铣刀盘的刀齿的 τ_1 和 τ 角关系

算式

$$\tan\tau_1 = \tan\tau - \tan\alpha_c \tan\lambda \qquad (15\text{-}22)$$

当齿轮节锥压力角 $\alpha' = 20°$，铣刀盘采用 $\tau = 5°$、$\alpha_e = 8°$、$\lambda = 10°$ 时，可计算得到 $\tau_1 = 3°35'$，可简化成采用 $\tau_1 = 3°30'$。

15.3.4　铣刀盘刀齿的主要技术要求

Y2726 锥齿轮铣齿机用的铣刀盘的刀齿的主要技术要求如下。

1）一套铣刀齿包括 36 个左向铣刀齿和 36 个右向铣刀齿。

2）铣刀齿材料用 W6Mo5Cr4V2 或其他优质高速工具钢制造。

3）铣刀齿工作部分硬度 63~66HRC。

4）铣刀齿必须成套刃磨前面，其表面粗糙度不超过 $Ra0.04\mu m$。

5）齿顶后面和定位面的表面粗糙度不超过 $Ra\,0.04\mu m$。

6）支承面表面粗糙度不超过 $Ra0.08\mu m$。

7）刀齿表面不允许有裂纹、气孔、结疤、锈蚀等缺陷。

8）刀齿的前面、顶刃、工作面不允许有烧伤、刻痕和锯齿状等缺陷。

9）刀齿除注明不许倒尖角外，其余各尖角都应倒钝。

10）刀齿各部分尺寸最大偏差应符合表 15-15 的规定。

表 15-15　铣刀盘刀齿各部分尺寸

（见图 15-29）的最大偏差

（单位：mm）

序号	检 查 参 数	偏差
1	成组检查时，刃磨前面后，高度尺寸 L 的偏差不大于	±0.01
	各组之间	±0.2
2	成组检查时，刀齿顶刃对支承面偏差不大于	0.01
	各组之间	0.1
3	刀齿工作面角与外形的直线度和标准刀齿比较时，百分表在全长上的读数偏差	0.01
4	成组检查时，刃磨前面后，刀齿成形切削刃轴向误差不大于	0.005
	各组之间	0.1
5	成组检查时，刃磨前面后，顶刃宽度 b 偏差不大于	±0.005
	各组之间	±0.1
6	刀齿 A 面与 A 面，B 面与 B 面的平行度误差不大于	0.005
7	刀齿 A 面对 B 面的垂直度误差不大于	0.005
8	刀齿支承面对 B 面的不垂直度误差不大于	0.005
9	刀齿非工作面切削刃和标准刀齿比较，千分表在全长上的偏差不大于	±15'

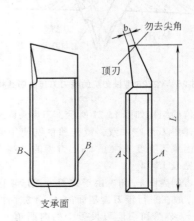

图 15-29　铣刀盘刀齿的技术要求

15.4　成形定装锥齿轮滚刀

15.4.1　成形定装锥齿轮滚刀的工作原理

成形定装锥齿轮滚刀用于加工小模数直齿锥齿轮。这种方法加工出的锥齿轮精度低于成对展成刨齿刀刨齿，但由于加工生产率高且可以用普通小滚齿机改装用于这种方法的加工，故生产中用得较多。

成形定装锥齿轮滚刀，一般制成单头两个刀齿，两个刀齿在基本蜗杆表面相差 180°。加工时，滚刀和锥齿轮按一定的传动比转动，连续分度。如滚刀头数为 z_0、锥齿轮齿数为 z_1，其转速分别为 n_0 和 n_1，则传动比 i 为

$$i = \frac{n_0}{n_1} = \frac{z_1}{z_0} \tag{15-23}$$

这种滚刀是按成形原理切齿的，每个刀齿有一个成形切削刃。两个刀齿的成形切削刃分别加工锥齿轮齿槽的左右两侧齿形表面，如图 15-30 所示。刀齿的另一侧切削刃参加切削，但不形成齿轮齿形。因这种刀具是按成形原理切齿的，故成形切削刃和锥齿轮轮齿的相对位置必须对准，不能偏移，所以被称为定装滚刀。

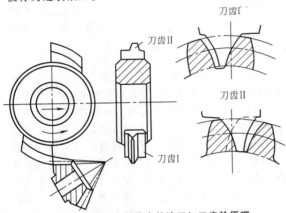

图 15-30　成形定装锥齿轮滚刀加工齿轮原理

加工时，滚刀沿锥齿轮根锥母线方向进给。切大端时，刀具和齿轮的中心距大，切向转动线速度大，切出的齿槽宽度大；切小端时，刀具和齿轮的中心距小，切向转动线速度小，切出的齿槽宽度小。因此这种方法可以切出符合要求的收缩齿厚的锥齿轮。

由于这种滚刀是按成形原理切齿的，切出的锥齿轮轮齿，大端和小端的齿形曲线是相同的，这不符合锥齿轮的齿形要求，故加工出的锥齿轮精度不高，仅在加工小模数齿轮时使用。

15.4.2　成形定装锥齿轮滚刀的齿形计算

1.　锥齿轮计算截面的选取

定装滚刀是用仿形原理，刀具齿形只能取锥齿轮齿槽某一截面的廓形设计。现在多数滚刀按锥齿轮大端廓形设计，用这种滚刀加工出的锥齿轮小端齿形在齿顶和齿根处将略大于理论齿形。新锥齿轮工作时，小端齿顶和齿根将有微小干涉，性能较差；但经短期工作后，小端有磨损，这时这对锥齿轮可以有较好的啮合性能。

用成形定装滚刀加工出的锥齿轮，仅计算截面（大端）具有正确的齿形。为减少齿形误差，锥齿轮采用较小的齿面宽度 b，平时取 $b = \frac{1}{5} R$（R 为外锥距）。小模数锥齿轮一般不用于传递功率，采用较小的齿面宽度是允许的。

2.　成形定装滚刀的齿形设计和代用圆弧计算

滚刀齿形可取锥齿轮大端的当量齿轮的槽形，当量齿轮齿槽的廓形可以用坐标法计算。用坐标法计算渐开线齿形在本手册的成形齿轮刀具一章内已经讲过这里不再重复。

成形定装锥齿轮滚刀由于模数小，加工齿轮精度要求不很高，故经常采用圆弧代替渐开线齿形。代替圆弧的计算方法如下：

1）在当量齿轮齿数 $z_v = 27 \sim 54$ 时，渐开线齿形用两段圆弧代替，如图 15-31b 所示。代用圆弧的半径 R_a 和 R_b 用下式计算

$$R_a = \frac{mz_v}{2} \sqrt{1 - \cos^2 \alpha \frac{z_v - 1}{z_v + 1}} \tag{15-24}$$

$$R_b = \frac{mz_v \sin^2 \alpha}{2 \sqrt{1 - \cos^2 \alpha \frac{z_v - 1}{z_v + 1}}} \tag{15-25}$$

代用圆弧的中心 O_a、O_b 在当量齿轮的基圆上。根据成形定装滚刀的要求，取坐标系令 y 轴通过齿形上节圆处，x 轴和根圆相切，则代用圆弧的圆心坐标可用下式计算

$$\left. \begin{array}{l} x_a = r_{bv} \sin\varepsilon_1 = \dfrac{mz_v}{2} \cos\alpha \sin\varepsilon_1 \\[3mm] y_a = r_{bv} \cos\varepsilon_1 - r_{fv} = m\left[\dfrac{z_v}{2} \cos\alpha \cos\varepsilon_1 - \left(\dfrac{z_v}{2} - 1.2 \right) \right] \end{array} \right\} \tag{15-26}$$

式中 ε_1 为角参数，可用下式计算：

$$\varepsilon_1 = \arccos \frac{r_v^2 + r_{bv}^2 - R_a^2}{2 r_v r_{bv}} \tag{15-27}$$

$$\left. \begin{array}{l} x_b = r_{bv} \sin\varepsilon_2 = \dfrac{mz_v}{2} \cos\alpha \sin\varepsilon_2 \\[3mm] y_b = r_{bv} \cos\varepsilon_2 - r_{fv} = m\left[\dfrac{z_v}{2} \cos\alpha \cos\varepsilon_2 - \left(\dfrac{z_v}{2} - 1.2 \right) \right] \end{array} \right\} \tag{15-28}$$

式中 ε_2 为角参数，可用下式计算：

$$\varepsilon_2 = \arccos \frac{r_v^2 + r_{bv}^2 - R_b^2}{2 r_v r_{bv}} \qquad (15\text{-}29)$$

式中　r_v、r_{bv}、r_{fv}——当量齿轮的分度圆、基圆半径和根圆半径；

α——锥齿轮压力角。

2）在当量齿轮齿数 $z_v \geqslant 55$ 时，可用一段圆弧 R_a 来代替理论渐开线齿形，如图 15-31c 所示。圆弧半径 R_a 可用式（15-24）计算，圆弧中心 O_a 可用式（15-26）计算。

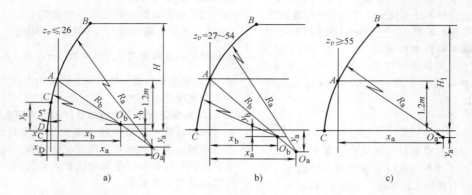

图 15-31　成形定装锥齿轮滚刀齿形的代用圆弧

a）$z_v \leqslant 26$　b）$z_v = 27 \sim 54$　c）$z_v \geqslant 55$

3）在当量齿轮齿数 $z_v \leqslant 26$ 时，渐开线齿形由两段圆弧和一段直线代替，如图 15-31a 所示。C 点（见图 15-32a）为圆弧和直线的切点，直线倾斜角为 $5°$，C 点坐标为

$$\left.\begin{array}{l} x_C = x_b - R_b \cos 5° \\ y_C = y_b + R_b \sin 5° \end{array}\right\} \qquad (15\text{-}30)$$

直线最低点 D（见图 15-32a）的坐标为

$$\left.\begin{array}{l} x_D = x_c - y_c \tan 5° \\ y_D = 0 \end{array}\right\} \qquad (15\text{-}31)$$

4）滚刀刀齿的全齿高 h_0 应略大于锥齿轮轮齿大端的全齿高

$$h_0 = 2.2m + (0.3 \sim 0.5) \text{ mm} \qquad (15\text{-}32)$$

5）为加工不同齿数的锥齿轮，成形定装滚刀也采用分号法。上海工具厂采用每种模数分 25 号，分号较密以减少齿形误差。表 15-16 中是 $m = 1\text{mm}$、$\alpha = 20°$ 时 25 把刀一组的滚刀齿形参数。当模数为其他值时，表中数值乘以模数即可。采用其他齿数分组时可参用表中的数值。

3. 滚刀的齿厚

成形定装齿轮滚刀的刀齿成形切削刃是在基本蜗杆的齿形表面，刀齿一侧为成形切削刃，另一侧为粗切刃，齿厚取基本蜗杆齿距的一半。滚刀齿的最大齿厚不得超过齿轮小端齿槽宽度。齿厚过小虽不影响加工齿轮的齿形，但将使成形切削刃负荷增加，降低刀具寿命。

计算时先求出滚刀允许的最大齿距 p_{max} 后再减去一定的安全量，即得到滚刀的实用齿距 p_0。滚刀齿厚 s 取实用齿距的一半，即 $s = \dfrac{p_0}{2}$。

（1）滚刀最大齿距 p_{max} 的计算　因锥齿轮当量齿数不同，齿形也不同，所以分两种情况进行计算。

1）在锥齿轮的当量齿数 $z_v \leqslant 26$ 时，滚刀齿形由两圆弧和直线组成。图 15-32a 所示为刀齿切锥齿轮小端时的情况，开始位置刀具成形切削刃和齿轮齿形重合在 $BACD$，滚刀转过半转后另一刀齿的非成形切削刃在 $B_0 A_0 C_0 D_0$ 位置，相当于刀齿移动半个齿距；这时锥齿轮齿形转过半个齿距在 $B'A'C'D'$ 位置。滚刀允许的最大齿距 p_{max} 的限制是滚刀刀齿上 D_0 点不切坏齿轮小端的齿形。根据图中的关系，可以推导得到允许的最大齿距 p_{max} 为

$$\frac{p_{max}}{2} = x_D + r_{fiv} \tan\eta - \frac{\left[x_D - r_{fiv}\left(\dfrac{1}{\cos\eta} - 1\right) \tan\psi \right] \cos\psi}{\cos(\eta + \psi)} \qquad (15\text{-}33)$$

$$\left.\begin{array}{l} \eta = \dfrac{180°}{z_v} \\[2mm] r_{fiv} = (r_{iv} - 1.2m) = \left[\left(1 - \dfrac{1}{5}\right) r_v - 1.2m \right] \\[2mm] \qquad = \left(\dfrac{2}{5} z_v - 1.2\right) m \end{array}\right\} \qquad (15\text{-}34)$$

上式中 x_D 值可从表 15-16 中查得，取绝对值。

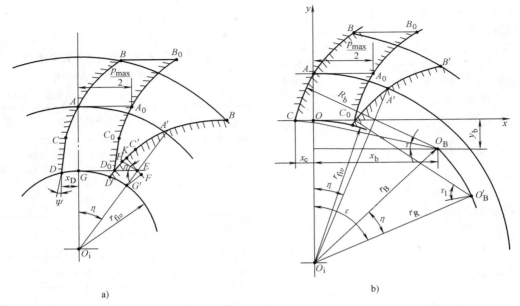

图 15-32　成形定装滚刀最大允许齿距 p_{max} 的计算

a) $z_v \leqslant 26$ 时　　b) $z_v \geqslant 27$ 时

表 15-16　加工直齿锥齿轮成形定装滚刀的齿形参数 （$m = 1\text{mm}$、$\alpha = 20°$）

齿数 z_v	R_a	x_a	y_a	R_b	x_b	y_b	x_C	y_C	x_D	$\dfrac{p_{max}}{2}$
16	3.7597	3.5084	−0.1514	1.9913	1.8582	0.4843	−0.1255	0.6578	−0.1831	1.0367
17	3.9421	3.6808	−0.2113	2.1439	2.0018	0.4325	−0.1339	0.6194	−0.1881	1.0492
18	4.1236	3.8523	−0.2711	2.2978	2.1466	0.3803	−0.1425	0.5806	−0.1933	1.0602
19	4.3042	4.0229	−0.3307	2.4528	2.2924	0.3277	−0.1511	0.5415	−0.1985	1.0702
20	4.4841	4.1927	−0.3903	2.6087	2.4391	0.2748	−0.1579	0.5022	−0.2036	1.0785
22	4.8420	4.5304	−0.5091	2.9232	2.7351	0.1682	−0.1770	0.4230	−0.2140	1.0948
24	5.1978	4.8659	−0.6276	3.2407	3.0338	0.0605	−0.1945	0.3429	−0.2245	1.1077
26	5.5519	5.1997	−0.7459	3.5608	3.3349	−0.0480	−0.2123	0.2623	−0.2352	1.1188
28	5.9045	5.5320	−0.8640	3.8830	3.6381	−0.1573	—	—	—	1.1268
30	6.2560	5.8632	−0.9819	4.2071	3.9429	−0.2673	—	—	—	1.1359
32	6.6066	6.1933	−1.0998	4.5328	4.2493	−0.3779	—	—	—	1.1439
34	6.9562	6.5226	−1.2176	4.8599	4.5570	−0.4890	—	—	—	1.1507
36	7.3052	6.8511	−1.3352	5.1882	4.8657	−0.6005	—	—	—	1.1567
40	8.0013	7.5064	−1.5703	5.8479	5.4862	−0.8247	—	—	—	1.1670
45	8.8688	8.3227	−1.8639	6.6773	6.2662	−1.1068	—	—	—	1.1772
50	9.7342	9.1369	−2.1573	7.5108	7.0499	−1.3905	—	—	—	1.1852
55	10.5978	9.9493	−2.4505	—	—	—	—	—	—	1.1920
60	11.4602	10.7603	−2.7436	—	—	—	—	—	—	1.1973
65	12.3216	11.5703	−3.0366	—	—	—	—	—	—	1.2019
70	13.1821	12.3795	−3.3295	—	—	—	—	—	—	1.2059
75	14.0420	13.1879	−3.6234	—	—	—	—	—	—	1.2092
80	14.9013	13.9958	−3.9152	—	—	—	—	—	—	1.2122
90	16.6186	15.6103	−4.5007	—	—	—	—	—	—	1.2172
100	18.3346	17.2233	−5.0861	—	—	—	—	—	—	1.2211
120	21.7638	20.4464	−6.2566	—	—	—	—	—	—	1.2270

2）当锥齿轮的当量齿数 $z_v \geqslant 27$ 时，渐开线齿形用圆弧代替。图 15-32b 所示是滚刀切锥齿轮小端齿槽的情况。开始时滚刀成形切削刃和齿轮齿形都在 BAC 位置，O_B 为齿形圆弧中心。滚刀转半转后，另一齿的非成形切削刃在 $B_0A_0C_0$ 位置，而齿轮齿形转到 $B'A'C'$ 位置，齿形圆弧中心移到 O'_B 处。从图中的关系可以推导出最大允许齿距 p_{max} 的计算式

$$\frac{p_{max}}{2} = x_c + r_B \sin\varepsilon - R_b \cos\tau_1 \tag{15-35}$$

式中 ε——计算用角参数。

$$x_c = R_b \cos\tau - x_b = R_b \cos\left[\arcsin\left(\frac{y_b}{R_b}\right)\right] - x_b$$

$$\left.\begin{array}{l} r_B = \sqrt{(r_{fiv} - y_b)^2 + x_b^2} = \\ \qquad \sqrt{\left[\left(\frac{2}{5}z_v - 1.2\right)m - y_b\right]^2 + x_b^2} \\ \varepsilon = \arcsin\left(\frac{x_b}{r_B}\right) + \eta \\ \tau_1 = \arcsin\left(\frac{r_{fiv} - r_B\cos\varepsilon}{R_b}\right) \\ \qquad = \arcsin\frac{\left(\frac{2}{5}z_v - 1.2\right)m - r_B\cos\varepsilon}{r_b} \end{array}\right\} \tag{15-36}$$

当 $z_v = 27 \sim 54$ 时，R_b、x_b、y_b 值可按表 15-16 选取；当 $z_v \geqslant 55$ 时，齿形只有一段圆弧，可从表 15-16 取 R_a、x_a、y_a 值代替上面计算式中的 R_b、x_b、y_b 值。

为便于设计滚刀，将 $m = 1mm$、$\alpha = 20°$ 时的不同当量齿数 z_v 的滚刀允许最大齿距 p_{max} 值计算出来，列于表 15-16 内。实际设计时，将齿轮模数乘以表中数值即得到要求数值。

（2）滚刀实际采用的齿厚 s_0 求得滚刀允许的最大齿距 p_{max} 后，考虑齿厚公差 Δs_1 和齿轮要求的齿厚减薄量 Δs_2，故滚刀的齿距 p_0 应为

$$\frac{p_0}{2} = \frac{p_{max}}{2} - \Delta s_1 - \frac{\Delta s_2}{2} \tag{15-37}$$

平时滚刀齿厚取稍大于 $\frac{p_0}{2}$ 以便获得齿轮齿厚的减薄量，故滚刀齿厚 s_0 为

$$s_0 = \frac{p}{2} + \Delta s_2 = \frac{p_{max}}{2} - \Delta s_1 + \frac{\Delta s_2}{2} \tag{15-38}$$

式中 Δs_1 和 Δs_2 值可根据齿轮的模数和直径按表 15-17 选取。

15.4.3 成形定装锥齿轮滚刀的其他结构尺寸

成形定装滚刀的其他结构尺寸和小模数齿轮滚刀基本相同。

外圆直径取：$d_{a0} = 26mm$；

内孔直径取：$d_{i0} = 8mm$；

长度取：$L = 6 \sim 8mm$；

铲齿量取：$K = 2.5mm$。

**表 15-17 加工锥齿轮成形定装滚刀
计算齿厚的 Δs_1、Δs_2 值**

（单位：μm）

项目	模数 m/mm	齿轮直径/mm						
		$\leqslant 12$	>12~20	>20~30	>30~50	>50~80	>80~120	>120~200
Δs_1	$\leqslant 0.5$	32	32	38	38	45	55	70
	>0.5~1	38	38	45	45	55	70	70
Δs_2	$\leqslant 1$	22	23	24	26	28	30	34

加工小模数锥齿轮的成形定装滚刀的工作图如图 15-33 所示。

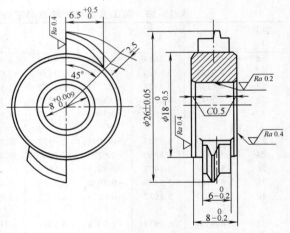

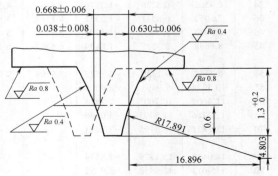

图 15-33 成形定装锥齿轮滚刀的工作图

（$m = 0.5mm$、$z_v = 203$）

15.5　成形锥齿轮铣刀

15.5.1　盘形锥齿轮铣刀

用盘形铣刀加工锥齿轮可以有不同的切齿方案，相应的铣刀齿形设计方法也不同。

1. 使用双面一次精铣法时盘铣刀齿形设计

用这种方法时可调整锥齿轮大小端的切齿深度来获得要求的收缩齿厚，齿槽的两侧齿面一次切成。模数较小时，可不经粗切而一次将锥齿轮加工出来。

锥齿轮大小端模数不同，要求的齿形也不同。盘铣刀齿形只能按某一截面齿形设计，或取大端齿形，或取中间截面齿形。用这种方法加工出的锥齿轮精度不高，仅计算截面附近的齿形能正确啮合工作。

用这方法时，铣刀齿形按锥齿轮计算截面（大端或中间截面）背锥的当量齿轮齿形设计，即按齿数 z_v 计算铣刀的齿形。具体计算方法在成形齿轮刀具一章内已经讲述这里不再重复。加工时，可以用标准的盘形齿轮铣刀按 z_v 选铣刀的刀号。

用这种方法加工出的锥齿轮，因为要切出锥齿轮的不同槽宽，得到的锥齿轮根锥角将不是要求的标准值。加工时的齿根角 θ_f 和根锥角 δ'_f 可按表 15-18 计算。

表 15-18　用盘形铣刀双面一次精铣锥齿轮的切齿参数

序号	轮齿尺寸	计算公式 小齿轮	计算公式 大齿轮	备注
1	齿根角 θ_f	$\tan\theta_{f1}=K_1\dfrac{\sin\delta_1}{z_1}$	$\tan\theta_{f2}=K_2\dfrac{\sin\delta_2}{z_2}$	K_1、K_2 按表 15-19 选取
2	大端齿顶高 h_a	$h_{a1}=m_m+\dfrac{B}{2}\tan\theta_{f2}$	$h_{a2}=m_m+\dfrac{B}{2}\tan\theta_{f1}$	—
3	小端齿根高 h_f	$h_{f1}=1.2m_m+\dfrac{B}{2}\tan\theta_{f1}$	$h_{f2}=1.2m_m+\dfrac{B}{2}\tan\theta_{f2}$	—
4	顶锥角 δ_a	$\delta_{a1}=\delta_1+\theta_{f2}$	$\delta_{a2}=\delta_2+\theta_{f1}$	—
5	根锥角 δ'_f	$\delta'_{f1}=\delta_1-\theta_{f1}$	$\delta'_{f2}=\delta_2-\theta_{f2}$	—

表 15-19　用盘形铣刀双面一次精铣法铣锥齿轮时的系数 K_1、K_2

铣刀号数	1	2	3	4	5	6	7	8
当量齿轮齿数 z_v	12~13	14~16	17~20	21~25	26~34	35~54	55~134	135~∞
系数 K_1、K_2	3.07	3.21	3.37	3.51	3.64	3.78	3.97	4.16

2. 用单面两次精铣法时盘铣刀齿形设计

（1）单面两次精铣法的切齿方案　为得到收缩齿宽的齿槽，齿槽两侧面精铣分两次进行。生产中用的单面两次精铣法切锥齿轮有两种方案，相应的铣刀设计也不同。

1）第一方案。锥齿轮装在分度头上，齿轮槽底平行于工作台面，如图 15-34 所示。粗铣齿槽后，将工作台连分度头和齿轮转过 τ 角，齿轮再偏移距离 e，精铣齿槽一侧面。再反向转动工作台 2τ 角，齿轮偏移距离 $2e$，精铣齿槽另一侧面。此切齿方案需要转动工作台，调整比较费事，生产中用得较少，因此这种盘铣刀齿形设计方法本手册不再介绍了。

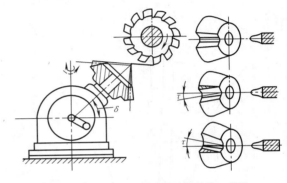

图 15-34　单面两次法切锥齿轮的第一方案

2）第二方案。锥齿轮装在分度头上粗切后再进行精铣。先将锥齿轮水平偏移距离 e，再利用分度头将齿轮围绕本身轴线旋转 τ 角，如图 15-35 所示，精铣齿槽的一个侧面。将锥齿轮向相反方向偏移 $2e$，齿轮转动 2τ 角，再精铣齿槽的另一齿侧表面。这种加工方案因为只要转分度头而不必转动工作台，调整比较方便，在生产中用得较多。我国工具生产的锥齿轮盘形铣刀，就是按这种加工方案设计的。这种锥齿轮盘形铣刀在标志中加▱符号，以免和加工

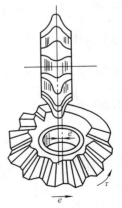

图 15-35　单面两次法切锥齿轮第二方案

圆柱齿轮的盘形齿轮铣刀混淆。

（2）第二方案的铣刀齿形设计 这种锥齿轮盘形铣刀，齿形是按锥齿轮大端齿形设计的，齿厚则按小端齿槽宽度。设计时取锥齿轮齿面宽度 $b=\dfrac{1}{3}R$。

1）铣刀齿形（有效工作部分）的计算步骤。图15-36所示为锥齿轮大端背锥当量齿轮的槽形。精铣左侧齿形时，齿轮要顺时针方向旋转 τ 角并偏移距离 e。故铣刀左侧齿形应是 $O_0x'y'$ 坐标系中的齿轮左侧齿槽廓形。计算铣刀齿形时，先求出锥齿轮大端当量齿轮的槽形，再将这槽形换算到 $O_0x'y'$ 坐标系中即得到铣刀齿形坐标。具体计算步骤如下：

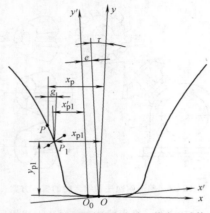

图 15-36 加工锥齿轮盘形铣刀的齿形计算

① 求锥齿轮大端当量齿轮的槽形。坐标原点取在槽底中点，齿槽对称轴为 y 轴，槽形计算方法和直齿圆柱齿轮铣刀相同。齿槽廓形坐标为

$$\left. \begin{array}{l} x = r_y\sin\eta_y \\[2mm] y = r_y\cos\eta_y - r_{fv} = r_y\cos\eta_y - \left(\dfrac{mz_v}{2} - 1.2m\right) \end{array} \right\} \tag{15-39}$$

式中 z_v ——当量齿轮齿数，$z_v = \dfrac{z}{\cos\delta}$；

η ——分度圆齿槽中心半角，$\eta = \dfrac{\pi - 4x\tan\alpha}{2z_v}$；

η_y —— r_y 处齿槽中心半角，$\eta_y = \eta - \mathrm{inv}\alpha + \mathrm{inv}\alpha_y$（$\alpha_y$ 为任意半径 r_y 处压力角，$\alpha_y = \arccos\dfrac{r_{bv}}{r_y}$）；

r_{bv} ——当量齿轮基圆半径，$r_{bv} = \dfrac{mz_v}{2}\cos\alpha$。

② 大端槽形在分度圆节点 P 的坐标

$$\left. \begin{array}{l} x_P = \dfrac{mz_v}{2}\sin\eta \\[2mm] y_P = \dfrac{mz_v}{2}\cos\eta \end{array} \right\} \tag{15-40}$$

③ 求小端当量齿轮分度圆与大端齿形的交点 P_1 的坐标（x_{P1}，y_{P1}）：

小端当量齿轮分度圆半径

$$r_{iv} = \frac{1}{2}m_i z_v = \frac{1}{3}mz_v$$

小端当量齿轮根圆半径

$$r_{fiv} = r_{iv} - (m_i + 0.2m) = m\left(\frac{z_v}{3} - \frac{13}{15}\right)$$

小端分度圆的方程式

$$x^2 + (y + r_{fiv})^2 = r_{iv}^2$$

即

$$x^2 + \left[y + m\left(\frac{z_v}{3} - \frac{13}{15}\right)\right]^2 = \left(\frac{1}{3}mz_v\right)^2 \tag{15-41}$$

P_1 点应同时满足式（15-39）和式（15-41），可用迭代法从上面两方程式中求出 P_1 点的坐标（x_{P1}，y_{P1}）。

④ 求转角 τ 和偏位 e 值。从图15-36可得到

$$\tau = \frac{\pi}{2z_v} - \frac{6g}{mz_v} \tag{15-42}$$

$$g = x_P - x_{P1} = \frac{mz_v}{2}\sin\eta - x_{P1} \tag{15-42a}$$

$$e = (x_P - g - y_{P1}\tan\tau)\cos\tau - x'_{P1} \tag{15-43}$$

$$x'_{P1} = \frac{2}{3}x_P \tag{15-43a}$$

⑤ 铣刀齿形的坐标（x'，y'）为

$$\left. \begin{array}{l} x' = x\cos\tau - y\sin\tau - e \\[2mm] y' = x\sin\tau - y\cos\tau \end{array} \right\} \tag{15-44}$$

式中 x、y ——齿槽廓形坐标，可用式（15-39）计算。

为减少标准锥齿轮铣刀规格，每种模数制成8把一组。每号铣刀加工一定当量齿轮齿数范围的锥齿轮，不同号数铣刀的具体加工齿数见表15-20。

2）锥齿轮铣刀齿根过渡曲线部分的设计。此部分的设计与圆柱齿轮铣刀相同，这里不再重复。

锥齿轮铣刀的宽度 b_0 应略小于普通齿轮铣刀，可按计算齿槽宽度增加 $1.5\sim3$mm。

3）盘形锥齿轮铣刀齿形计算参数。盘形锥齿轮铣刀计算是比较复杂的，特别是求 P_1（x_{P1}，y_{P1}）的坐标，为便于设计这种刀具将 $m=100$mm、$\alpha=20°$ 的锥齿轮铣刀计算参数列于表15-20中，使用时，可根据实际模数用 $\dfrac{m}{100}$ 乘以该表中数值即可。

表 15-20　标准锥齿轮铣刀计算参数

（$m = 100mm$、$\alpha = 20°$）

（单位：mm）

铣刀号数	当量齿轮齿数 z_v	x_P	g	x_{P1}	y_{P1}	转角 τ	偏位量 e	计算宽度 b_0'
1	12~13	78.32	13.15	52.21	81.19	3°44′	7.9	259
2	14~16	78.37	13.03	52.25	81.86	3°14′	8.7	252
3	17~20	78.43	12.95	52.29	82.53	2°40′	9.5	244
4	21~25	78.47	12.79	52.31	83.36	2°12′	10.3	236
5	26~34	78.49	12.72	52.33	83.99	1°42′	11.0	230
6	35~54	78.51	12.60	52.34	84.61	1°21′	11.8	223
7	55~134	78.53	12.48	52.35	85.32	52′	12.6	216
8	135~∞	78.54	12.28	52.35	86.03	22	13.3	208

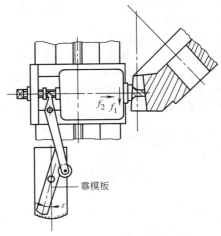

图 15-37　指形铣刀加工锥齿轮工作原理

4）锥齿轮铣刀的铲齿形。铲齿轮铣刀的齿形是根据当量齿轮的齿形旋转 τ 角而获得的，也就是说只要把普通盘形齿轮铣刀的齿形倾斜 τ 角即和锥齿轮铣刀的齿形相同。因此，在制造锥齿轮铣刀时，可使用加工普通盘形齿轮铣刀的铲齿形的铲刀旋转 τ 角，来对锥齿轮铣刀进行铲齿形。应注意，铲左右两侧齿形时，铲刀旋转 τ 角的方向是相反的。

锥齿轮铣刀的侧后角很小，常采用斜向铲齿以增大侧后角。斜向铲齿的铣刀刃磨后齿形变薄，因锥齿轮铣齿时两侧齿形是分两次铣出的，改变切齿时的调整偏位量 e 即可切出齿槽宽合格的锥齿轮。

我国生产的盘形锥齿轮铣刀，端面的标志中有“◁▷”符号，以便和普通盘形齿轮铣刀区别。

5）盘形锥齿轮铣刀的其他结构参数，公差技术要求等，与普通盘形齿轮铣刀相同，这里不再重复。

15.5.2　指形锥齿轮铣刀

在重型机械制造中，常使用指形铣刀加工大模数锥齿轮。用指形铣刀加工的锥齿轮约为 9 级精度。在捷克 OKU-35 和 OKU-50 型锥齿轮铣齿机上用指形铣刀加工锥齿轮的最大模数分别为 35mm 和 50mm。图 15-37 所示是指形铣刀加工锥齿轮的工作原理。铣刀主轴和被加工锥齿轮的节锥母线垂直，加工时铣刀主轴由靠模板控制，达到切齿轮小端和大端不同的齿槽深度。这种机床有附加机构可铣人字齿锥齿轮。

用指形铣刀加工直齿锥齿轮可有不同加工方案：可用单面两次精铣法，也可用双面一次精铣法。双面一次精铣法加工效率高，生产中用得较多，本手册就介绍双面一次精铣法时的铣刀齿形计算方法。

双面一次精铣法加工锥齿轮时，用调节大小端铣削深度以得到要求的收缩齿槽宽度。改变铣削深度可有两种方案。第一种方案是指形铣刀轴线和锥齿轮根锥母线相垂直，进给方向沿锥齿轮根锥母线，

如图 15-38a 所示。用这种方法时，铣刀轴线和锥齿轮节锥母线不垂直，因而指形铣刀齿形倾斜，和要求的当量齿轮槽形不一致，刀具齿形需要修正，造成很多困难，所以这种切齿方案较少采用。第二种方案是指形铣刀轴线和锥齿轮节锥母线相垂直，如图 15-38b 所示。切齿时，同时有两个方向的进给：沿齿轮节锥母线方向的进给和沿铣刀轴线方向的进给。用这种方法加工时，铣刀轴线和锥齿轮节锥母线垂直，铣刀齿形可直接采用锥齿轮背锥当量齿轮的齿槽廓形。现在生产中都采用这种加工方案。下面即按这种加工方法介绍铣刀齿形计算和铣削深度计算。

指形锥齿轮铣刀设计步骤如下：

（1）铣刀齿形　可采用锥齿轮齿槽中点（或大端）背锥当量齿轮齿槽的廓形。

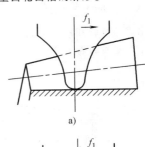

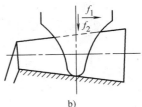

图 15-38　指形铣刀加工锥齿轮的不同方案
a）铣刀轴线和齿轮根锥母线垂直
b）铣刀轴线和齿轮节锥母线垂直

（2）铣刀结构和主要尺寸　与加工圆柱齿轮的指形铣刀基本相同。

（3）切齿的铣削深度计算

1）可近似按铣刀齿形为直线情况计算铣削深度。以齿面中点处（模数 m_m）铣削深度为基准，大端（模数 m）铣削深度应增加 Δh_{fe}，小端（模数 m_i）铣削深度应减少 Δh_{fi}。

$$
\left.
\begin{aligned}
\Delta h_{fe} &= \frac{\pi}{4\tan\alpha}(m-m_m) = \\
&\frac{\pi}{4\tan\alpha}\left(m-\frac{5}{6}m\right) = \frac{\pi m}{24\tan\alpha} \\
\Delta h_{fi} &= \frac{\pi}{4\tan\alpha}(m_m-m_i) = \\
&\frac{\pi}{4\tan\alpha}\left(\frac{5}{6}m-\frac{2}{3}m\right) = \frac{\pi m}{24\tan\alpha}
\end{aligned}
\right\} \quad (15\text{-}45)
$$

锥齿轮的齿面宽度为 b 时，齿根角 θ_f 为

$$
\tan\theta_f = \frac{\Delta h_{fe}+\Delta h_{fi}}{b} = \frac{\pi m}{12b\tan\alpha} \quad (15\text{-}46)
$$

按上面公式计算的铣削深度铣锥齿轮时，仅齿面中点处节锥齿槽宽度为理论值，其他各处齿槽宽均有误差，在齿轮齿数较少时误差尤为显著。

2）用计算作图法求大小端的铣削深度，先计算出铣刀齿形再用放大图画出。

求出锥齿轮大端理论节锥槽。根据此槽宽在铣刀齿形放大图上找出应有的大端齿根高 h_{fe}。再求出锥齿轮小端理论节锥槽宽，根据此槽宽在铣刀齿形放大图上找出应有的小端齿根高 h_{fi}。

锥齿轮的齿根角可用下式计算

$$
\tan\theta_f = \frac{h_{fe}-h_{fi}}{b} \quad (15\text{-}46a)
$$

（4）齿形误差校验和修正　因为成形铣刀加工锥齿轮时仅计算截面的齿形比较正确（仍有刀号和当量齿轮的理论误差），大小端齿形误差较大。当齿轮精度要求较高时，应计算出大端和小端处齿顶和齿根的理论齿形，和铣刀的实际齿形比较，检查大小端齿顶和齿根的实际齿形误差。如误差过大，超过允许值，应适当修正铣刀的齿形，以提高锥齿轮的加工精度。

15.6　用标准刀具加工非标准锥齿轮

生产中经常遇到需要加工少量非标准锥齿轮，因为没有专用非标刀具而成难题。这里介绍几种新的解决此难题的方法，机床不需要改装，使用原来的标准刀具，靠特殊的机床调整即可加工出要求的非标准锥齿轮。

15.6.1　用标准锥齿轮刨刀加工非标准锥齿轮

1. 用标准刀具能加工非标准压力角锥齿轮的原理和加工滚切传动比的计算

用标准刀具能加工出正确的非标准压力角锥齿轮，是用改变加工时的滚切传动比的方法，使齿轮节锥压力角 α 不等于刀具齿形角 α_0。图15-39所示为平顶产形轮（刀具）和锥齿轮啮合时的原理图，产形轮和锥齿轮的节锥角分别是 δ_c 和 δ_1，锥齿轮的齿根角为 γ_1，图中画出锥齿轮背锥的当量齿轮，当量齿条（刀具）齿形角为 α_0。为使被切齿轮得到要求的分圆压力角 α，加工节圆半径 r'_v 为

$$
r'_v = r_v \frac{\cos\alpha}{\cos\alpha_0} = \frac{mz_v}{2}\times\frac{\cos\alpha}{\cos\alpha_0} \quad (15\text{-}47)
$$

加工时齿轮的节锥角为 δ'_1，产形轮节锥角为 δ'_c，它们和原来的节锥角相差 $\Delta\delta$ 角，锥齿轮和平顶产形轮加工时的滚切传动比 i' 为

$$
i' = \frac{\sin\delta'_c}{\sin\delta'_1} = \frac{\sin(\delta_c-\Delta\delta)}{\sin(\delta_1+\Delta\delta)} = \frac{\cos(\gamma'_1+\Delta\delta)}{\sin(\delta_1+\Delta\delta)} \quad (15\text{-}48)
$$

从图15-39中可以看到节锥角的改变量 $\Delta\delta$ 为

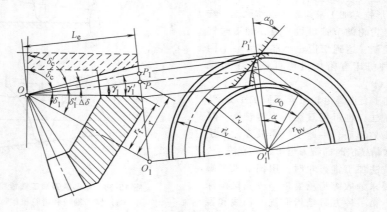

图 15-39　锥齿轮的加工节锥和产形轮

$$\tan\Delta\delta=\frac{PP_1}{L_e}=\tan\delta_1\left(\frac{\cos\alpha}{\cos\alpha_0}-1\right)\quad(15\text{-}49)$$

将式（15-49）代入前式，代简后得到加工时的滚切传动比 i' 为

$$i'=i\frac{\cos\alpha}{\cos\alpha_0}\left[1-\tan\gamma_1'\tan\delta\left(\frac{\cos\alpha}{\cos\alpha_0}-1\right)\right]\approx i\frac{\cos\alpha}{\cos\alpha_0}$$

$$(15\text{-}50)$$

式中　i——刀具和锥齿轮齿形角相等时的滚切传动比。

2. 两刨刀的间距计算

当锥齿轮的 α 角不等于刀具的 α_0 角时，两刨刀间的距离不是标准值。加工节锥处的轮齿弧齿厚 s_v' 和刀具齿间宽度 W_0'（见图 15-40）相等。W_0' 值为

$$W_0'=\frac{\cos\alpha}{\cos\alpha_0}\left[\left(\frac{\pi}{2}+2x\tan\alpha\right)+\frac{z}{\cos\delta_1}(\text{inv}\alpha-\text{inv}\alpha_0)\right]m$$

$$(15\text{-}51)$$

两刨刀的刀尖距离 W_{a0}' 为

$$W_{a0}'=W_0'+2\left(r\frac{\cos\alpha}{\cos\delta_1\cos\alpha_0}-\frac{r_f}{\cos\delta_1}\right)\tan\alpha_0$$

$$(15\text{-}52)$$

式中　r——锥齿轮大端节锥半径；

r_f——锥齿轮大端根锥半径。

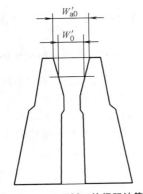

图 15-40　两刨刀的间距计算

用式（15-52）求出的 W_{a0}' 为刨刀经过锥齿轮大端时的刀尖距。根据锥齿轮根锥母线长度 L_{fe} 可算出根锥处的齿间角 ε

$$\sin\varepsilon=\frac{W_{a0}'}{2L_{fe}}=\frac{W_{a0}'\cos\gamma_1'}{2L_e}\quad(15\text{-}53)$$

15.6.2　用标准成对齿轮铣刀加工非标准锥齿轮

成对铣刀加工锥齿轮，因加工齿轮质量和效率都比用成对刨刀加工高，故生产中应用越来越广。如前面图15-22所示，机床主轴水平方向的斜角 ψ 固定为25°，标准刀齿制成内凹角 $\tau=5°$，刀具齿形角 $\alpha_0=\psi-\tau=20°$，这样正规方法加工出的锥齿轮的节

锥压力角 $\alpha=\alpha_0=20°$ 为标准值。需要用成对铣刀加工节锥压力角 $\alpha\neq20°$ 的非标准齿轮时，可以有两种方法。

1. 更换铣刀齿

更换铣刀齿使铣刀盘的内凹角改变，以符合加工非标锥齿轮的要求。例如加工的锥齿轮要求节锥压力角为15°时，可将铣刀内凹角 τ 制成10°，这时产形轮的节锥压力角 $\alpha_0=\psi-\tau=15°$，加工出的齿轮得到要求的节锥压力角15°。在成对铣刀标准中，有加工节锥压力角 22°30′ 齿轮的刀齿，刀齿内凹角为 2°30′。

这种方法有两个缺点：第一，需要特别制造专用刀齿，增加了生产成本和加工周期；第二，原来铣刀内凹角5°是根据优化的轮齿鼓形量确定的，改变铣刀的内凹角将使鼓形量改变，影响锥齿轮的使用性能。

2. 改变加工时的滚切传动比 i

使用原来的内凹角 $\tau=5°$ 的标准铣刀盘，改变加工时的滚切传动比 i，使标准齿形角 $\alpha_0=20°$ 的铣刀盘加工出非标准节锥压刀角 α 的齿轮。这种方法和前面讲过的用标准 $\alpha_0=20°$ 的刨刀加工非标准节锥压力角 $\alpha\neq20°$ 齿轮的原理是完全相同的。

刀具齿形角为 α_0（20°），被切齿轮的分圆压力角 $\alpha(\neq20°)$，加工节圆半径 r_v' 为

$$r_v'=r_v\frac{\cos\alpha}{\cos\alpha_0}=\frac{mz_v}{2}\times\frac{\cos\alpha}{\cos\alpha_0}\quad(15\text{-}54)$$

加工时的滚切传动比 i' 为

$$i'\approx i\frac{\cos\alpha}{\cos\alpha_0}\quad(15\text{-}55)$$

这种使用内凹角 $\tau=5°$ 的标准铣刀盘加工非标准节锥压力角齿轮的方法，可使加工出的锥齿轮的齿面鼓形量为较理想的数值，并且不需要非标准的铣刀齿，是较好的加工方法。

15.6.3　用标准锥齿轮刨刀加工鼓形齿锥齿轮

现在用成对刨刀加工鼓形齿直齿锥齿轮需要用专门的刨齿机，这种机床国内很少，这里介绍一种用标准刨刀和普通锥齿轮刨床加工鼓形齿锥齿轮的方法。此方法不需要特殊的刀具和机床，完全靠机床调整来实现，故很容易在实际生产中使用。

1. 加工鼓形齿锥齿轮新方法的原理

这种鼓形齿锥齿轮的加工，是使锥齿轮的加工节锥角和它的工作节锥角不同，加工节锥和工作节锥相交在齿面中点 P 处，如图 15-41 所示。这对锥齿轮工作节锥的锥顶为 O 点，节锥角为 δ_1 和 δ_2；加工时的节锥锥顶为 O_1 和 O_2，节锥角为 δ_1' 和 δ_2'。锥顶 O、O_1 和 O_2 不在一起，加工节锥的母线为 O_1P 和 O_2P，这对齿轮啮合时仅在 P 点啮合，名义上为

点接触，实际上由于弹性变形而成齿面局部接触，形成鼓形齿的局部接触。

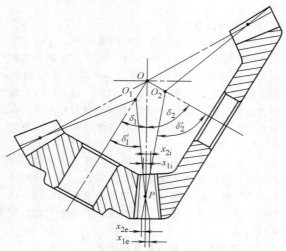

图 15-41 成对刨刀加工鼓形齿锥齿轮的工作原理

2. 鼓形齿面成形原理和鼓形量控制

为使锥齿轮的加工节锥不同于工作节锥，使锥顶位置改变，加工时需改变机床的轴向轮位 Δx_p 和床位 Δx_B。机床轴向轮位 Δx_p 和床位 Δx_B 改变后，加工节锥上（图 15-41 中 O_1P 和 O_2P）的压力角为公称标准值，但工作节锥上的压力角为变值，齿轮小端压力角大于标准值，而大端压力角小于标准值（或相反亦可），仅在 P 点为标准值。对一对共轭锥齿轮，压力角为标准值的交线向反向伸展，仅 P 点处两齿轮的压力角相等，故其正确啮合点仅为 P 点一点，形成鼓形齿局部接触区。

现在用变位齿轮的原理分析齿面形成的鼓形量。设刀具的齿形角为 α_0，用加工节锥切锥齿轮，节锥压力角为 α。锥齿轮背锥的当量齿轮符合圆柱齿轮的啮合规律。切齿时，齿轮的大端和小端均为角度变位，其中心距 a' 为

$$a' = \frac{(z_1+z_2)m}{2} \times \frac{\cos\alpha_0}{\cos\alpha} = \frac{(z_1+z_2)}{2} + (x_1+x_2)m - \sigma m$$

故
$$(x_1+x_2) = \frac{z_1+z_2}{2}\left(\frac{\cos\alpha_0}{\cos\alpha} + \frac{2\sigma}{z_1+z_2} - 1\right) \quad (15\text{-}56)$$

式中 σ——齿高变动系数，也称反变位量，存在于角度变位齿轮副中。如这对齿轮的中心距不考虑修正反变位量 σ，则齿面将产生侧隙 c_j，其值为

$$c_j = \sigma m \sin\alpha \quad (15\text{-}57)$$

在 (x_1+x_2) 绝对值越大时，σ 值也越大，如中心距不按 σ 值减小，则侧隙 c_j 也越大。

按加工节锥切出的锥齿轮，在齿面中点 P 处，当量齿轮的变位系数 $x_1+x_2 = 0$，中心距为标准值，无侧向间隙。大端和小端处当量齿轮均是角变位，并且 $|x_{1e}+x_{2e}| > 0$，$|x_{1i}+x_{2i}| > 0$，有反变位量 σ_e 和 σ_i，将产生侧隙 c_{je} 和 c_{ji}。即齿面仅在中点 P 处接触，而大端和小端均有侧隙，形成鼓形齿面接触区。

齿面鼓形量的大小决定于大小端的变位系数 $x_{1e}+x_{2e}$ 和 $x_{1i}+x_{2i}$，变位量越大，则鼓形量也越大。变位量的大小和节锥改变量有关，即和压力角改变后的比值有关。平时 $\frac{\cos\alpha_0}{\cos\alpha} = 1.01 \sim 1.018$ 时，可以获得 60% 以上的齿面接触区；在 $\frac{\cos\alpha_0}{\cos\alpha} = 1.018 \sim 1.024$ 时，可以获得 30% ~ 50% 以上的齿面接触区；在 $\frac{\cos\alpha_0}{\cos\alpha} > 1.02$ 时，齿轮啮合质量不佳，不宜采用。用这方法可以得到要求的合理齿面鼓形量。

在采用新的加工节锥后，大端和小端的齿厚都改变了，因此两把刨刀切削时的齿间角亦需要作一定修正，以获得理想的齿面接触。

第16章 曲线齿锥齿轮加工刀具

曲线齿锥齿轮加工刀具分弧齿锥齿轮刀具、长幅外摆线齿锥齿轮刀具和准渐开线齿锥齿轮刀具三种。曲线齿锥齿轮加工刀具的类型和加工范围见表16-1。

表 16-1 曲线齿锥齿轮加工刀具的类型和加工范围

被切齿轮种类	刀具名称	加工范围	说　明
弧齿锥齿轮	弧齿锥齿轮铣刀	$m = 0.5 \sim 25\text{mm}$	在铣齿机上用成形法或滚切法加工，可用于大批大量生产，也可用于单件小批生产
	圆拉刀盘	$m \leqslant 10.5\text{mm}$	在拉齿机上成形法加工大轮，生产率高，适用于大量生产
	单循环法和螺旋成形法铣刀	单循环法 $m \leqslant 15\text{mm}$ 螺旋成形法 $m \leqslant 7.5\text{mm}$	在拉齿机上按单循环法或螺旋成形法精切大齿轮。螺旋成形法用于高级轿车传动齿轮的大量生产；单循环法用于传动比比较大的中、重型载货汽车传动齿轮的大量生产
长幅外摆线齿锥齿轮	标准铣刀	$m_n = 1.9 \sim 11.8\text{mm}$	在专用铣齿机上按滚切法加工长幅外摆线齿锥齿轮，可用于大量生产，也可用于单件小批生产
	万能铣刀	$m_n = 2.1 \sim 8.5\text{mm}$	加工方法同标准铣刀，但因刀齿少，效率低，一般用于大量生产中样品齿轮的试切，或单件小批生产
准渐开线齿锥齿轮	锥形滚刀	$m_n = 1 \sim 8\text{mm}$	在专用滚齿机上按滚切法加工，由于这种齿轮的啮合质量较差，且滚刀制造困难，切齿效率低，目前这种齿轮和刀具已逐渐被淘汰

16.1 弧齿锥齿轮铣刀

16.1.1 弧齿锥齿轮加工方法概述

弧齿锥齿轮及准双曲面齿轮有三种基本的加工方法，即单面法、双面法及固定安装法。单面法即在一次调整安装下，用单面铣刀切削一个齿面，而另一个齿面在另一次的调整安装下切出；双面法是一个齿槽的两个齿面由一把双面铣刀一次切出；固定安装法是轮齿的粗切和凹凸面的精切分别由三台机床和三把刀具（双面粗切刀、单面外精切刀和单面内精切刀）分别加工。一对齿轮副的大小齿轮的加工，通常是采用上述三种基本方法的不同组合。

根据机床特性和轮齿展成方法的不同，加工方法又可分为成形法和滚切法。成形法又有单循环法和螺旋成形法，滚切法又分普通滚切法、滚切修正法和刀倾修正法。齿轮副中的大齿轮用成形法或滚切法加工，小齿轮用滚切法加工。对于齿轮副来说，大小齿轮都用滚切法加工的方法叫滚切法；大齿轮用成形法加工、小齿轮用滚切法加工的方法叫半滚切法。常用的齿轮副加工方法见表16-2。

表 16-2 常用齿轮副加工方法

齿轮类型	加工方法	切齿方法代号	大轮加工方法	小轮加工方法
弧齿锥齿轮	滚切法	SGMa	滚切法	滚切修正法
		SGMb	滚切法	普通滚切法
		SGT	滚切法	刀倾修正法
	半滚切法	SFM	成形法	滚切修正法
		SFT	成形法	刀倾修正法
准双曲面齿轮	滚切法	HGMa	偏置滚切法	滚切修正法
		HGMb	不偏置滚切法	滚切修正法
		HGMc	偏置滚切法	普通滚切法
		HGMd	不偏置滚切法	普通滚切法
		HGTa	偏置滚切法	刀倾修正法
		HGTb	不偏置滚切法	刀倾修正法
	半滚切法	HFM	成形法	滚切修正法
		HFT	成形法	刀倾修正法

单循环法是成形法的一种，它用于大量生产的传动比大于 2.25 : 1 的弧齿锥齿轮及准双曲面锥齿轮副中的大齿轮。这种加工方法在加工大齿轮时，铣刀轴线与大轮根锥切平面垂直；而加工小齿轮的铣刀轴线与小轮根锥切平面垂直，因此大小齿轮铣刀轴线不相平行，而相交成 δ 角，如图 16-1 所示。这个角度等于大轮根锥母线与小轮根锥母线的夹角。加工大轮的铣刀刀齿的直线切削刃位于铣刀轴向平面内。在切削过程中，铣刀只做旋转运动而没有滚切运动，因此大轮齿面是一个圆锥面，它与根锥切平面的交线是一个圆，齿面的纵向曲率取决于铣刀的半径，刀齿的齿形角等于轮齿的根圆压力角。

这种方法使用的刀具是单循环法铣刀，这种铣刀有半精切刀齿和精切刀齿，半精切刀齿在轴向有齿升量，所有刀齿在径向都有齿升量，因此这种铣刀也称为圆拉刀盘。这种铣刀有半精切、精切和分度空间三个部分，在分度空间没有刀齿。铣刀转一周，精切一个齿槽的两侧面，在分度空间轮坯分过

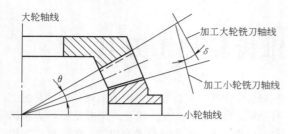

图 16-1 单循环法齿轮加工几何位置关系

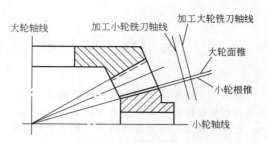

图 16-2 螺旋成形法齿轮加工几何位置关系

一个齿。精切刀齿在轴向的高度比相邻的半精切刀齿低些，使精切刀齿顶刃不参加切削，以利于提高切齿的精度。

用这种方法加工的大齿轮，与其啮合的小齿轮应用滚切修正法或刀倾修正法加工，但是大小齿轮在几何上得不到正确的共轭，产生一些误差，形成对角线接触。这种误差通过合理的机床调整加以修正可以减小，同时齿轮在传动时由于轮齿的弹性变形，并不影响实际使用，只是调整困难一些。但与滚切法比较，采用单循环法生产效率可提高 4~5 倍。

螺旋成形法也是成形法的一种，适用于大批量生产。这种方法与单循环法的区别是：加工大齿轮的铣刀轴线垂直于小轮的根锥切平面（或大齿轮面锥切平面），如图 16-2 所示。而为了切削出具有收缩齿齿形的根锥，在加工大轮时，铣刀必须在做旋转运动的同时做轴向的匀速移动，切削出的两个齿面是渐开螺旋面。在理论上铣刀的切削刃不在轴向平面内，而在切于某个基圆柱的主法向平面内。使用的刀具为螺旋成形法铣刀，它是 10 等分而只有 8 个刀齿的双面铣刀，与单循环法铣刀相同，它在径向和轴向都有齿升量，也称圆拉刀盘。和大齿轮共轭的小齿轮也采用滚切修正法或刀倾修正法加工，大小齿轮在啮合时没有太大的对角线接触。螺旋成形法铣刀加工大齿轮时，刀齿是从轮齿的小端切向大端，因此加工右旋大轮时，铣刀为右旋；加工左旋大轮时，铣刀也为左旋。这种方法与滚切法相比，生产率也可提高 4~5 倍。

16.1.2 弧齿锥齿轮铣刀盘

1. 弧齿锥齿轮铣刀盘种类

弧齿锥齿轮铣刀可分为粗切铣刀、全工序铣刀和精切铣刀三大类，见表 16-3。现代国内弧齿锥齿轮铣刀的直径规格都习惯用英制（in）。

2. 弧齿锥齿轮铣刀盘主要结构型式

（1）Ⅰ型双面及三面粗切铣刀盘 这种铣刀（见图16-3）刀齿不靠紧固螺钉固定，而是用 T 形块中的螺钉压紧。这种结构装卸十分方便，刀齿柄部窄，刀体上可容纳较多的刀齿数量，刀体硬度高、刚性好，因此刀具寿命高，切齿效率高。

表 16-3 弧齿锥齿轮铣刀盘分类

分类	品种类型	规格/in	适用机床
粗切铣刀	Ⅰ型双面粗铣刀	3.75~18	格里森机床或国产机床
	Ⅰ型三面粗铣刀	7.5~18	
	Ⅱ型双面粗铣刀	5~9	格里森机床
	Ⅱ型三面粗铣刀		
全工序铣刀	米制全工序铣刀	$\phi100~\phi500mm$	格里森机床
	英制全工序铣刀	5~16	
精切铣刀	Ⅰ型双面精铣刀	5~18	国产机床
	Ⅰ型单面精铣刀		
	Ⅱ型双面精铣刀	5~12	格里森机床
	Ⅱ型单面精铣刀		
	Ⅲ型双面精铣刀	5~18	
	Ⅲ型单面精铣刀		
	单循环法铣刀	5~12	
	螺旋成形法铣刀	5~9	

（2）Ⅱ型双面及三面粗切铣刀盘 这种铣刀（见图16-4）刀齿是靠斜楔压紧在刀体槽内，夹紧牢靠，且装卸刀齿更加方便。它不像Ⅰ型粗切铣刀在刀体上有十字形槽，因而它能安装更多的刀齿，在切齿时减小了单齿负荷，可采用较大的进给量，提高了切齿效率。

（3）单面和双面精切铣刀盘 精切铣刀（见图16-5、图16-6）的刀体采用低碳合金钢，经过专门的热处理，硬度高，刚性好，并采用精密的微调螺钉和调整斜楔来调整刀齿的径向位置的一致性。单面精切铣刀有一个标准刀槽，双面精切铣刀有两个标准刀槽，标准刀槽底面平行于铣刀轴线，它不使用微调螺钉和调整斜楔，而直接放标准平垫片和标准刀齿。组装后以标准刀齿为准，调整其他刀齿的径向圆跳动一致性，这样可以保证铣刀在重磨使用和更换新刀齿后，刀齿的刀尖直径不会变化，从而不会引起加工齿轮接触区的变化。12in 以下规格的精切铣刀都采用标准刀槽和标准刀齿的结构。而对于大

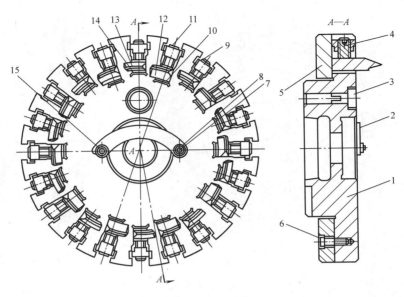

图 16-3　Ⅰ型粗切铣刀盘

1—刀体　2—卸刀压板　3—标志开口销　4—紧刀 T 形块　5—支承环　6—支承环紧固螺钉
7—压板螺钉　8—弹簧垫圈　9—外切刀齿压紧螺钉　10—内切刀齿垫片　11—内切刀齿压紧螺钉
12—内切刀齿　13—外切刀齿　14—外切刀齿垫片　15—开口处压板螺钉

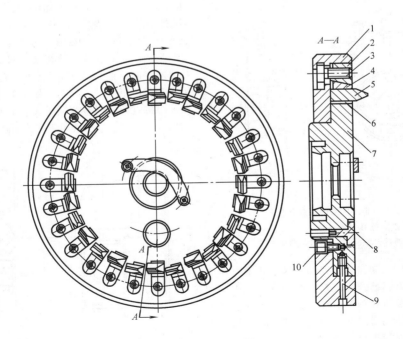

图 16-4　Ⅱ型粗切铣刀盘

1—套圈　2—压紧块　3、9、10—螺钉　4—斜楔　5—刀齿
6—垫片　7—刀件　8—标志件

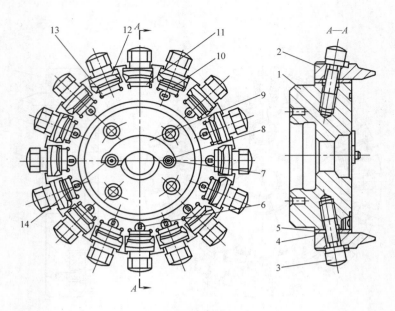

图 16-5 Ⅰ、Ⅱ、Ⅲ型精切铣刀盘 1

1—刀体 2—外切刀齿 3—紧固螺钉 4—外切刀齿平垫片 5—斜楔 6—微调螺钉
7—压板螺钉 8—弹簧垫圈 9—卸刀压板 10—内切刀齿平垫片 11—外切刀齿
标准垫片 12—内切刀齿 13—内切刀齿标准垫片 14—开口处压板螺钉

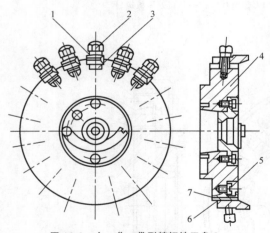

图 16-6 Ⅰ、Ⅱ、Ⅲ型精切铣刀盘 2

1—刀齿 2—紧固螺钉 3—标准垫片 4—刀体
5—微调螺钉 6—垫片 7—斜楔

于 12in 的铣刀，因被切齿轮齿面接触区变化敏感性小，其刀槽全部为斜槽，选任意一个刀齿为准来调整其他刀齿。单面和双面精切铣刀紧固刀齿的紧固螺钉的轴线与刀体端面成一定角度，紧刀时有轴向和径向的分力使刀齿牢靠地紧固在刀体上。铣刀定位锥孔的周围有环形槽，铣刀安装在机床主轴上时，使锥孔产生弹性变形，可使铣刀端面和主轴端面紧密接触，保证了定位，同时还避免在装卸铣刀时主轴过分磨损。Ⅰ型、Ⅱ型、Ⅲ型单面及双面精切铣刀的刀齿结构基本相同（见图 16-7），只是不同规格时尺寸有所不同。它们刀体的主要区别是：Ⅰ型铣刀是为国产机床设计的，只能用在国产机床上；Ⅱ型和Ⅲ型精切铣刀只能用在格里森机床或仿制的国产机床上。Ⅱ型、Ⅲ型精切铣刀只是外径不同，其他基本相同；Ⅲ型精切铣刀比Ⅱ型精切铣刀外径大，刀槽深，适用于安装加高、加厚的刀齿，它的刀尖距和刀尖直径的调整范围更大。Ⅰ型铣刀与Ⅲ型铣刀的外径相同，它也适用于安装加高、加厚的刀齿。

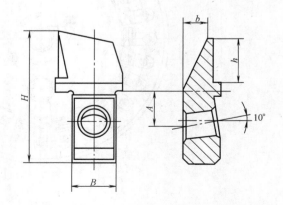

图 16-7 精切铣刀刀齿结构

（4）全工序双面铣刀盘 全工序铣刀盘有米制和英制两个系列，是双面铣刀盘，它只能用在格里

森相应型号的铣齿机上，一次安装，同时粗精加工出大齿轮或小齿轮的凸凹两个齿面，一对齿轮副只需要两个铣刀盘，适合单件小批量生产。这种铣刀盘的刀齿及刀体与Ⅲ型双面精切铣刀盘基本相同，只是具体尺寸有所区别。

（5）单循环法铣刀盘　单循环法铣刀盘是一种新型的双面精切的高效刀具。属于精加工大齿轮的成形法刀具，在加工大齿轮时，单循环法铣刀盘只做旋转运动来切削齿轮。铣刀盘是 10 等分但只有 8 个刀齿（见图 16-8），4 个外切刀齿，4 个内切刀齿，2 个无刀齿的等分部分作为分度空间。4 个同名刀齿中，最后一个为精切刀齿，其余为半精切刀齿，它们在径向和轴向都有齿升量。

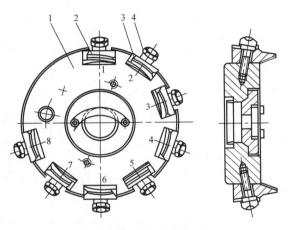

图 16-8　螺旋成形法铣刀盘
1—刀体　2—内切刀齿　3—外切刀齿　4—紧固螺钉

3. 弧齿锥齿轮铣刀盘的主要参数

弧齿锥齿轮铣刀盘一般分右旋和左旋铣刀盘。当观察者从刀齿齿顶朝刀体方向看过去，铣刀盘做切削运动是按反时针方向旋转，此铣刀盘称为右旋铣刀盘；反之称为左旋铣刀盘。弧齿锥齿轮铣刀盘与机床主轴配合部分的结构和尺寸如图 16-9～图 16-12 所示。铣刀盘装在机床主轴时，要求 1：24 锥孔和后端同时与机床主轴密切接合，实现过定位，以保证铣刀盘刚度和定位精度，使加工锥齿轮时不仅有较高精度，而且可用较大的切削用量。

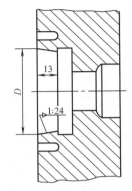

**图 16-9　3.75～9in、φ100～φ200mm
的铣刀盘体**

Ⅰ型、Ⅱ型粗切铣刀盘的主要参数见表 16-4～表 16-7；Ⅰ型、Ⅱ型、Ⅲ型单面及双面精切铣刀盘的主要参数见表 16-8～表 16-16；全工序双面铣刀盘的主要参数见表 16-17、表 16-18。单循环法双面精切铣刀盘的主要参数见表 16-19。各种铣刀盘的齿顶宽尺寸见表 16-20～表 16-25。单面精切铣刀盘及全工序铣刀盘可以根据要求做成带修缘的刀齿，其结构型式和修缘尺寸如图 16-13 和表 16-26、表 16-27 所示。

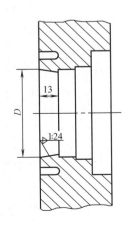

**图 16-10　7.5～12in、φ250mm
的铣刀盘体**

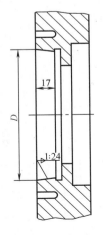

**图 16-11　10.5～16in、φ320～
φ400mm 的铣刀盘体**

**图 16-12　16～18in、φ500mm
的铣刀盘体**

表 16-4　Ⅰ型双面粗切铣刀盘

（单位：mm）

公称直径/in	刀齿数 外	刀齿数 内	锥孔直径D	刀尖距W	齿形角 外切刀αW	齿形角 内切刀αN	旋向	背吃刀量
3.75				0.5~2.5	10°~21°	10°~21°	右 左	
4.5	8	8	a型孔：58.196　b型孔：58.221	0.5~2.5	10°~26°	10°~35°	右 左	9.5
5				0.5~3.0	10°~35°	10°~35°	右 左	
6	10	10		0.5~3.75	10°~35°	10°~35°	右 左	12.7
7.5	12	12		0.5~4.75			右 左	14.2
9	14	14					右 左	
10.5	16	16	a型孔：126.960　b型孔：126.966	0.75~6.25		10°~33°	右 左	19.4
12	18	18					右 左	
14					10°~28°		右 左	
16			126.835　a型孔：l=22mm　b型孔：l=22.25mm	1.25~7.5		10°~35°	右 左	25.4
18	20	20					右 左	

表 16-5　Ⅰ型三面粗切铣刀盘

（单位：mm）

公称直径/in	刀齿数 外	刀齿数 中	刀齿数 内	锥孔直径D	刀尖距W	齿形角 外切刀αW	齿形角 内切刀αN	旋向	背吃刀量
7.5	6	12	6	a型孔：58.196　b型孔：58.221	2.0~5.0	10°~33°	10°~35°	右 左	14.2
9	7	14	7					右 左	
10.5	8	16	8	a型孔：126.960　b型孔：126.966	2.0~6.5	10°~33°		右 左	19.4
12	9	18	9					右 左	
14						10°~28°		右 左	
16	10	20	10	126.835　a型孔：l=22mm　b型孔：l=22.25mm	2.5~9.5		10°~35°	右 左	25.4
18								右 左	

表 16-6　Ⅱ型双面粗切铣刀盘

（单位：mm）

公称直径/in	刀齿数 外	刀齿数 内	锥孔直径D	刀尖距W	齿形角 外切刀αW	齿形角 内切刀αN	旋向	背吃刀量
5	10	10			10°~20°		右 左	9.5
6	12	12	58.221	0.75~2.5	10°~28°	10°~31°	右 左	12.7
6.25					10°~20°		右 左	
7.5	14	14					右 左	14.3
9	16	16			10°~28°	10°~32°	右 左	

表 16-7　Ⅱ型三面粗切铣刀盘

（单位：mm）

公称直径/in	刀齿数 外	刀齿数 中	刀齿数 内	锥孔直径 D	刀尖距 W	齿形角 外切刀 α_W	齿形角 内切刀 α_N	旋向	背吃刀量
5	5	10	5		1.65~3.75	10°~20°	10°~26°	右 / 左	12.7
6					1.65~2.5	10°~28°	10°~31°	右 / 左	9.5
	6	12	6	58.221					
6.25						10°~20°	10°~26°	右 / 左	12.7
7.5	7	14	7		1.65~3.75	10°~28°	10°~32°	右 / 左	14.3
9	8	16	8					左 / 左	

表 16-8　Ⅰ型单面外精切铣刀盘

（单位：mm）

公称直径/in	刀齿数	锥孔直径 D	刀尖直径 d_W	齿形角 α_W	旋向	背吃刀量
5	12		111.25~134.25		右 / 左	9.5
6			130.75~167.50	10°~25°	右 / 左	
7.5	16	58.196	153.00~187.25		右 / 左	12.7
9			175.75~267.25	10°~27°30′	右 / 左	14.3
	20				右 / 左	
12	24		259.25~333.50	10°~27°	右 / 左	19.4
	28				右 / 左	
	32	126.960	341.00~388.50		右 / 左	
			343.75~395.00		右 / 左	25.4
16			384.00~450.50	10°~25°	右 / 左	19.4
	36	126.835 $l=22\text{mm}$	386.75~457.00		右 / 左	25.4
			445.00~511.25		右 / 左	19.4
18			447.75~517.75		右 / 左	25.4

表 16-9　Ⅰ型单面内精切铣刀盘

（单位：mm）

公称直径/in	刀齿数	锥孔直径 D	刀尖直径 D_N	齿形角 α_N	旋向	背吃刀量
5	12		113.00~136.50		右 / 左	9.5
6			132.50~169.75	10°~30°50′	右 / 左	
7.5	16	58.196	153.25~191.75		右 / 左	12.7
9			176.00~271.75	10°~33°30′	右 / 左	14.3
	20				右 / 左	
12	24		262.25~339.75	10°~32°30′	右 / 左	19.4
	28				右 / 左	
	32	126.960	343.75~397.50	10°~34°	右 / 左	
			343.75~415.50	10°~37°	右 / 左	25.4
16			386.75~459.50	10°~34°	右 / 左	19.4
	36	126.835 $l=22\text{mm}$	386.75~477.5	10°~37°	右 / 左	25.4
18			447.75~520.25	10°~34°	右 / 左	19.4
			447.75~538.25	10°~37°	右 / 左	25.4

表 16-10　Ⅰ型双面精切铣刀盘
（单位：mm）

公称直径/in	刀齿数 外	刀齿数 内	锥孔直径 D	刀尖距 W	齿形角 外切刀 αW	齿形角 内切刀 αN	旋向	背吃刀量
5	6	6	58.196	0.5~3.75	10°~25°	10°~30°50′	右/左/右/左	9.5
6	8	8						12.7
7.5							右/左	
9	6	6		0.75~5.0	10°~27°30′	10°~33°30′	右/左	14.3
	10	10					右/左	
12	6	6	126.960	0.75~6.25	10°~27°	10°~32°30′	右/左	19.4
	14	14					右/左	
16			126.835 l=22mm	1.25~7.5	10°~25°	10°~34°	右/左	25.4
	18	18		1.25~10.0		10°~29°30′	右/左	
18				1.25~7.5		10°~34°	右/左	19.4
				1.25~11.0		10°~29°30′	右/左	25.4

表 16-12　Ⅱ型单面内精切铣刀盘
（单位：mm）

公称直径/in	刀齿数	锥孔直径 D	刀尖直径 DN	齿形角 αN	旋向	背吃刀量
5	12	58.221	113.00~136.50	10°~30°50′	右/左	9.5
6			132.50~169.75		右/左	
7.5	16		153.25~191.75	10°~33°30′	右/左	12.7
9	20		176.00~271.75		右/左	14.3
12	24		262.25~339.75	10°~32°30′	右/左	19.4
	28				右/左	

表 16-13　Ⅱ型双面精切铣刀盘
（单位：mm）

公称直径/in	刀齿数 外	刀齿数 内	锥孔直径 D	刀尖距 W	齿形角 外切刀 αW	齿形角 内切刀 αN	旋向	背吃刀量
5	6	6	58.221	0.50~3.75	10°~25°	10°~30°50′	右/左	9.5
6							右/左	
7.5	8	8					右/左	12.7
9	6	6		0.75~5.00	10°~27°30′	10°~33°30′	右/左	14.3
	10	10					右/左	
12	6	6		0.75~6.25	10°~27°	10°~32°30′	右/左	19.4
	14	14					右/左	

表 16-11　Ⅱ型单面外精切铣刀盘
（单位：mm）

公称直径/in	刀齿数	锥孔直径 D	刀尖直径 dW	齿形角 αW	旋向	背吃刀量
5	12	58.221	111.25~134.25	10°~25°	右/左	9.5
6			130.75~167.50		右/左	
7.5	16		153.00~187.25	10°~27°30′	右/左	12.7
9	20		175.75~267.25		右/左	14.3
12	24		259.25~333.50	10°~27°	右/左	19.4
	28				右/左	

表 16-14　Ⅲ型单面外精切铣刀盘

（单位：mm）

公称直径/in	刀齿数	锥孔直径 D	刀尖直径 D_W	齿形角 α_W	旋向	背吃刀量
5	12	58.221	111.25~134.25		右/左	
6			130.75~167.50	10°~25°	右/左	9.5
7.5	16		153.00~187.25		右/左	12.7
9	20		175.75~267.25	10°~27°30′	右/左	14.3
12	24		259.25~333.50	10°~27°	右/左	
	28				右/左	19.4
	32	126.966	341.00~388.50		右/左	19.4
			343.75~395.00		右/左	25.4
16	36		384.00~450.50		右/左	19.4
			386.75~457.00		右/左	25.4
	20		369.75~401.25	10°~25°	右/左	36.0
	24	126.835 $l=$22.25mm	392.75~447.00		右/左	
18	36		445.00~511.25		右/左	19.4
			447.75~517.75		右/左	25.4
	24		438.50~515.75		右/左	36.0

表 16-15　Ⅲ型单面内精切铣刀盘

（单位：mm）

公称直径/in	刀齿数	锥孔直径 D	刀尖直径 D_N	齿形角 α_N	旋向	背吃刀量
5	12	58.221	113.00~136.50		右/左	
6			132.50~169.75	10°~30°50′	右/左	9.5
7.5	16		153.25~191.75		右/左	12.7
9	20		176.00~271.75	10°~33°30′	右/左	14.3
12	24		262.25~339.75	10°~32°30′	右/左	
	28				右/左	19.4
	32	126.966	343.75~397.50	10°~34°	右/左	
			343.75~415.50	10°~37°	右/左	25.4
16	30		386.75~459.50	10°~34°	右/左	19.4
			386.75~477.50	10°~37°	右/左	25.4
	20		374.75~421.75	20°~35°	右/左	36.0
	24	126.835 $l=$22.25mm	397.75~467.50		右/左	
18	36		447.75~520.25	10°~34°	右/左	19.4
			447.75~538.25	10°~37°	右/左	25.4
	24		443.50~536.25	20°~35°	右/左	36.0

表 16-16　Ⅲ型双面精切铣刀盘
（单位：mm）

公称直径/in	刀齿数 外	内	锥孔直径 D	刀尖距 W	齿形角 外切刀 α_W	内切刀 α_N	旋向	背吃刀量
5	6	6	58.221	0.50~3.75	10°~25°	10°~30°50′	右/左	9.5
6	8	8					右/左	
7.5	8	8		0.75~5.00	10°~27°30′	10°~33°30′	右/左	12.7
9	10	10					右/左	14.3
12	14	14	126.966	0.75~6.25	10°~27°	10°~32°30′	右/左	19.4
16	18	18		1.25~7.50	10°~25°	10°~34°	右/左	19.4
16	18	18		1.25~10.00		10°~29°30′	右/左	25.4
16	12	12	126.835 l=22.25mm			20°~28°	右/左	36.0
18	18	18		1.25~7.50	10°~25°	10°~34°	右/左	19.4
18	18	18		1.25~10.00		10°~29°30′	右/左	25.4
18	12	12				20°~28°	右/左	36.0

表 16-17　英制全工序双面铣刀盘
（单位：mm）

公称直径/in	刀齿数 外	内	锥孔直径 D	刀尖距 W	齿形角 外切刀 α_W	内切刀 α_N	旋向	背吃刀量
5	6	6	58.221	1.25~3.75	10°~23°	18°~30°	右/左	10.0
6	7	7					右/左	12.7
7.5	9	9		1.75~6.25		18°~33°	右/左	15.2
9	11	11					右/左	17.7
10.5	13	13		1.75~7.50			右/左	20.3
12	15	15	126.966				右/左	
14	16	16					右/左	
16	18	18	126.835 l=22.25mm	2.50~8.75		18°~30°	右/左	22.8

表 16-18　米制全工序双面铣刀盘
（单位：mm）

公称直径	刀齿数 外	内	锥孔直径 D	刀尖距 W	齿形角 外切刀 α_W	内切刀 α_N	旋向	背吃刀量
100	5	5		1.4~1.7	13°15′	26°45′		
				1.6~2.0	12°30′	27°30′		
				1.8~2.2	11°45′	28°15′		
				2.0~2.4	11°	29°		11
125	6	6		1.4~1.7	14°45′	25°15′		
				1.6~2.0	14°	26°		
				1.8~2.2	13°15′	26°45′		
				2.0~2.6	12°30′	27°30′		
160	8	8	58.221	1.4~1.7	16°	24°		
				1.6~2.0	15°15′	24°45′		
				1.8~2.3	14°10′	25°50′		13
				2.0~2.5	13°20′	26°40′		
				2.2~2.7	12°30′	27°30′		
				2.4~2.9	11°40′	28°20′		
200	8	8		2.2~2.7	14°10′	25°50′	左	
				2.5~3.0	13°20′	26°40′		16
				2.7~3.3	12°30′	27°30′		
				3.0~3.6	11°40′	28°20′		
250	10	10		2.7~3.3	14°10′	25°50′		
				3.0~3.6	13°20′	26°40′		18
				3.3~4.0	12°30′	27°30′		
				3.6~4.4	11°40′	28°20′		
320	14	14	126.966	3.2~4.0	14°10′	25°50′		
				3.6~4.4	13°20′	26°40′		21
				4.0~4.9	12°30′	27°30′		
				4.4~5.3	11°40′	28°20′		
400	16	16		3.8~4.9	14°10′	25°50′		
				4.3~5.3	13°20′	26°40′		25
				4.8~5.7	12°30′	27°30′		
				5.4~6.3	11°40′	28°20′		
500	12	12	126.835 l=22.25mm	5.2~6.3	14°10′	25°50′		35
				5.7~6.9	13°20′	26°40′		

表 16-19　单循环法双面精切铣刀盘

（单位：mm）

公称直径 /in	刀齿数 外	刀齿数 内	锥孔直径 D	刀尖距 W	齿形角 外切刀 α_W	齿形角 内切刀 α_N	旋向	背吃刀量
5				1.75～3.75	20°～25°	20°～25°	右	13
							左	
6			58.221				右	
							左	
7.5	4	4		1.75～5.00	20°～22°30′ 25°	20°～22°30′ 25°	右	14.3
							左	
9							右	17.8
							左	
12			126.966	1.75～6.50	20°～25°	20°～25°	右	22.8
							左	

表 16-20　双面粗切铣刀盘齿顶宽尺寸

（单位：mm）

刀尖距 W	齿顶宽代号	齿顶宽 S	齿顶圆弧半径 r
0.65	H	0.40	0.25
0.75～0.90	G	0.50	0.40
1.00～1.15	F	0.65	0.50
1.25～1.40	E	0.75	
1.50～1.75	D	1.00	0.65
1.90～2.25	A	1.25	
2.40～3.00	T	1.65	0.75
3.15～3.75	B	2.00	1.00
3.90～4.75	R	2.50	1.25
4.90～6.00	C	3.20	1.50
6.15～7.25	N	3.80	1.90
7.40～7.50	P	5.10	2.50

表 16-21　三面粗切铣刀盘中刀齿齿顶宽尺寸

（单位：mm）

刀尖距 W	齿顶宽 S	齿顶圆弧半径 r
2.50	2.00	0.90
2.65	2.15	1.00
2.75	2.25	1.05
2.90	2.40	1.10
3.00	2.50	1.15
3.15	2.65	1.25
3.25	2.75	1.30
3.40	2.90	1.35
3.50	3.00	1.40
3.65	3.15	1.50
3.75	3.25	1.55
3.90	3.40	1.60
4.00	3.50	1.65
4.15	3.65	1.75
4.25	3.75	1.80
4.40	3.90	1.85
4.50	4.00	1.90
4.65	4.15	2.00
4.75	4.25	2.05
4.90	4.40	2.10
5.00	4.50	2.15
5.15	4.60	2.25
5.25	4.75	2.30
5.40	4.90	2.35
5.50	5.00	2.40
5.65	5.15	2.50
5.75	5.25	2.55
5.90	5.40	2.60
6.00	5.50	2.65
6.15	5.65	2.75
6.25	5.75	2.80
6.40	5.90	2.85
6.50	6.00	2.90
6.65	6.15	3.00
6.75	6.25	3.05
6.90	6.40	3.11
7.00	6.50	3.15
7.15	6.65	3.25
7.25	6.75	3.30
7.40	6.90	3.35
7.50	7.00	3.40
7.65	7.15	3.50
7.75	7.25	3.55
7.90	7.40	3.60
8.00	7.50	3.65
8.15	7.65	3.75
8.25	7.75	3.80
8.40	7.90	3.85
8.50	8.00	3.90
8.65	8.15	4.00
8.75	8.25	4.05
8.90	8.40	4.10
9.00	8.50	4.15
9.15	8.65	4.25
9.25	8.75	4.30
9.40	8.90	4.35
9.50	9.00	4.40

表 16-22　三面粗切内外刀齿齿顶宽尺寸

（单位：mm）

刀尖距 W	齿顶宽代号	齿顶宽 S	齿顶圆弧半径 r
2.50	A	1.25	0.90
2.65			1.00
2.75			1.15
2.90	T	1.65	
3.00			1.25
3.15			1.40
3.25			
3.40			1.50
3.50			
3.65	B	2.00	1.65
3.75			
3.90			1.75
4.00			
4.15			1.90
4.25	R	2.50	
4.40			2.00
4.50			
4.65			
4.75			
4.90			
5.00	M	2.75	2.15
5.25			
5.50	C	3.15	2.25
5.75			
6.00			2.40
6.25			
6.50	N	3.75	2.50
6.75			
7.00			
7.25			2.65
7.50			2.75
7.75			
8.00	P	5.00	2.90
8.25			
8.50			3.00
8.75			
9.00			3.15
9.25			
9.5			3.25

表 16-23　单面精切铣刀齿顶宽尺寸

（单位：mm）

粗切刀尖距 W	齿顶宽代号	齿顶宽 S	齿顶圆弧半径 r
0.65	F	0.65	0.5
0.75～0.90	E	0.75	0.65
1.00～1.40	D	1.00	
1.50～1.75	A	1.25	
1.90～2.30	T	1.65	0.75
2.40～2.90	B	2.05	1.00
≥3.05	R	2.55	1.25

表 16-24　双面精切铣刀齿顶宽尺寸

（单位：mm）

刀尖距 W	齿顶宽代号	齿顶宽 S	齿顶圆弧半径 r
0.65	H	0.40	0.25
0.75～0.90	G	0.50	0.40
1.00～1.15	F	0.65	0.50
1.25～1.40	E	0.75	0.65
1.50～1.65	D	1.00	
1.75～2.40	A	1.25	
2.55～3.15	T	1.65	0.75
3.30～5.20	B	2.05	1.00
5.35～6.75	R	2.55	1.25
6.85～7.75	M	2.80	1.50
7.85～9.00	C	3.15	1.90
9.15～10.30	N	3.80	2.40
≥10.40	P	5.05	2.80

注：还适用于全工序铣刀。

表 16-25　齿顶宽尺寸（单位：mm）

刀尖距 W	齿顶宽 S	齿顶圆弧半径 r
1.75	1.00	0.75
2.00	1.25	0.90
2.25	1.40	1.00
2.50	1.55	1.15
2.75	1.80	1.25
3.00	1.90	1.40
3.25	2.05	1.55
3.50	2.15	1.80
3.75	2.30	1.90
4.00	2.40	2.05
4.25	2.55	2.15
4.50	2.65	2.30
4.75	2.80	2.40
5.00	2.90	2.55
5.25	3.05	
5.50	3.15	2.65
5.75	3.30	
6.00	3.40	2.80
6.25	3.55	
6.50	3.65	2.90

注：只适用于单循环法和螺旋成形法铣刀。

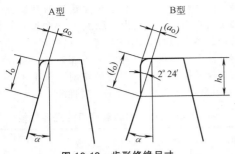

图 16-13　齿形修缘尺寸

表 16-26　A 型修缘尺寸

（单位：mm）

修缘代号	修缘长度 l_o	修缘量 a_o
A	3.18	0.144
B	2.68	0.121
C	2.16	0.098
D	1.91	0.086
E	1.65	0.075
F	1.27	0.057
M	5.97	0.270
W	4.95	0.224
Z	3.98	0.180

表 16-27　B 型修缘尺寸

（单位：mm）

修缘代号	修缘高度 h_o	修缘长度 l_o 和修缘量 a_o
AH	3.05	
BH	2.54	$l_o = \dfrac{h_o \cos 2°24'}{\cos(\alpha - 2°24')}$
CH	2.03	
EH	1.65	
FH	1.27	$a_o = l_o \tan 2°24'$
MH	5.84	
WH	4.83	式中　α——工作面齿形角
ZH	3.81	

16.1.3　小直径整体弧齿锥齿轮铣刀盘

公称直径为 0.5~3.5in 的铣刀，制成整体结构，称为整体弧齿锥齿轮铣刀，它加工模数为 0.5~2.5mm 的弧齿锥齿轮。它是双面铣刀，也有左旋和右旋两种。这种铣刀一般采用复合（也称双重）双面法加工锥齿轮。由于切齿方法的特殊要求，相应的锥齿轮几何计算也与一般不同。一般采用加工齿轮的根锥角来保证共轭齿面的啮合，即大端应多切深一些，使大端齿槽宽度加大，大小齿轮能够相互适应。为了清除齿面的对角接触，可以利用螺旋运动机构，以螺旋复合双面法加工小齿轮，即在滚切过程中，齿坯沿摇台（产形冠轮）轴线做等速移动，也就是床鞍向机床中心平面移动，以改善锥齿轮的

接触精度。

由于这种方法的计算资料篇幅较大，在此不详细叙述，可参考 Y2212 型机床随机文件《调整计算规程，机床型号 Y2212 型弧齿锥齿轮铣齿机》。该资料中包括：锥齿轮几何计算（即轮坯尺寸的计算）、切齿计算、刀盘参数计算、机床调整数据的计算，以及与其相应的文字叙述、表表和图表等。

整体弧齿锥齿轮铣刀直径为 0.5in 的结构型式如图 16-14 所示，直径为 1.1~3.5in 的结构型式如图 16-15 所示，基本参数见表 16-28。

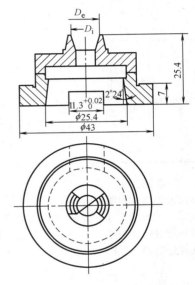

图 16-14　0.5in 整体弧齿锥齿轮铣刀

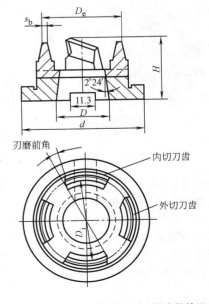

图 16-15　1.1~3.5in 整体弧齿锥齿轮铣刀

表 16-28　整体弧齿锥齿轮铣刀盘

（单位：mm）

公称直径/in	齿数外	齿数内	锥孔直径D	刀尖距W	齿形角 外切刀αW	齿形角 内切刀αN	外廓直径d	总高H	旋向
1.1	4	4	25.395	0.2~0.85	16°35'~20°	20°~23°25'	42.85	25.4	右
									左
				0.3~0.85				30.0	右
									左
1.3	5	5		0.3~1.0			56	30.0	右
									左
1.5	4	4	25.395	0.2~1.25	16°35'~20°	20°~23°25'	56	25.4	右
									左
	6	6		0.3~1.0				30.0	右
									左
2	4	4		0.3~1.25			68	25.4	右
									左

16.1.4　圆盘拉刀

圆盘拉刀的结构如图16-16所示。这种刀盘用于半展成法加工大齿轮，按成形原理加工没有展成运动。工作时刀盘连续转动，在刀盘上没有刀齿的缺口部分处齿轮分齿，生产率很高。

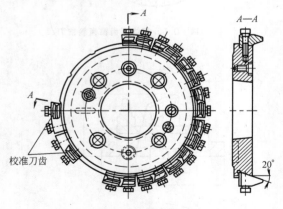

图 16-16　圆盘拉刀

校准刀齿　　20°

圆盘拉刀都是双面精切刀盘，内外刀齿都分为切削齿和校准齿。外刀齿的切削刃半径从第一齿开始逐个增大，内切齿的切削刃半径则逐个减小。每侧齿面的精切留量为0.2~0.4mm，由各切削齿分担，每齿齿升量为0.02~0.04mm，根据加工材料而定。校准齿（2个齿，有时也有4个齿）最后校准成形。

切削齿的间距很小，故有几个齿同时切削；校准齿的间距较大，保证没有两个齿同时切削，以提高加工齿面质量。切削齿一般由2~4个齿为一组制成刀块，校准齿每刀块一个齿。刀块直接固定在刀盘体外圆上，刀齿在半径方向不能调整，有较好刚度，以保证拉刀盘能在很高的切削用量下工作。表16-29中是若干种圆盘拉刀的主要性能。

表 16-29　若干种圆盘拉刀的主要性能

公称直径/in	旋向	刀块数	刀块中的刀齿数 刀块号	刀块中的刀齿数 刀齿数	总刀齿数	理论同名刀齿数（磨刀分度用）
5	右及左	4	1,2,3,4	2	8	5
6	右及左	5	1,2,3,4,5	2	10	6
6	右及左	5	1,2,3	4	14	12
			4,5	1		
7½	右及左	4	1,2,3	4	14	—
			4	2		
9	右	7	1	2	14	12
			2,3,4	3		
			5,6,7	1		
9	左	7	1	2	12	12
			2,3	3		
			4,5,6,7	1		
12	右	10	1,2,3,4,5,6	2	10	14
			7,8,9,10	1		
12	左	9	1,2,3,4,5	2	14	14
			无6号刀块	—		
			7,8,9,10	1		
16	右	10	1,2,3,4,5,6	2	16	14
			7,8,9,10	1		
18	左	9	1,2,3,4,5	2	14	14
			无6号刀块	—		
			7,8,9,10	1		

16.1.5　铣刀盘的刀齿

1. 刀齿的压力角和刀号修正

切制弧齿锥齿轮产生压力角误差及刀号修正。加工收缩齿弧齿锥齿轮多数应用平顶产形轮，铣刀轴线和齿轮节锥母线倾斜，由于齿轮齿有螺旋角，将使加工出的齿轮齿压力角向一侧倾斜，外侧刃压力角 α_W 大（$\alpha_W = \alpha + \Delta\alpha$），内侧刃压力角 α_N 小（$\alpha_W = \alpha - \Delta\alpha$）。加工锥齿轮节锥法向压力角改变量 $\Delta\alpha$ 是随锥齿轮的齿根角 γ' 和螺旋角 β 的大小而变化。如大小锥齿轮的齿根角为 γ'_1、γ'_2，中点处螺旋角为 β，共轭齿面压力角改变量 $\Delta\alpha_1$ 和 $\Delta\alpha_2$ 方向相反，共轭两齿面节锥法面压力角的差值为 $\Delta\alpha_\Sigma$，其值为

$$\Delta\alpha_{\Sigma} = \Delta\alpha_1 + \Delta\alpha_2 = (\tan\gamma_1' + \tan\gamma_2')\sin\beta \quad (16\text{-}1)$$

齿轮副的共轭两齿面节锥法面压力角不相等是不允许的，必须采取修正措施。

最早采用的修正压力角方法是刀号修正，即预先改变刀齿的压力角，使切出的锥齿轮齿面中点处的节锥法向压力角接近公称值 α。切大小轮的铣刀齿压力角采用同样的修正量 $\Delta\alpha$，并令 $\Delta\alpha = 0.5\Delta\alpha_{\Sigma}$，则

$$\Delta\alpha = \frac{1}{2}\Delta\alpha_{\Sigma} = \frac{1}{2}(\tan\gamma_1' + \tan\gamma_2')\sin\beta \approx \frac{1}{2}(\gamma_1' + \gamma_2')\sin\beta$$
$$(16\text{-}2)$$

生产中采用刀号制度，每差 1 刀号压力角相差 10″，零号刀齿的压力角为公称压力角 α，共 18 种刀号。外刀齿的压力角为 $\alpha_{\mathrm{W}} = \alpha - 10N$，内刀齿的压力角为 $\alpha_{\mathrm{N}} = \alpha + 10N$。

采用刀号制度后，每种规格的刀齿有 18 种刀号，品种规格繁多，现在加工锥齿轮时采用改变滚切比的方法来修正压力角误差，以减少刀齿品种规格。切大齿轮用双面刀盘（刀号常采用 $N = 7\frac{1}{2}$ 或 12），滚切比不改变，齿面中点处节圆压力角将改变，小齿轮用单面刀盘切制，改变滚切比，使小齿轮齿面中点处节圆压力角修正，以适应大齿轮的节圆压力角，使大小齿轮能正确啮合。

2. 刀齿结构

1）粗切刀齿结构。模数 5mm 以下的粗切刀盘刀齿分成两个一组：外切和内切刀齿；模数大于 5mm 的粗切刀盘刀齿分成三个一组（见图 16-17）：

中间、外切和内切刀齿，中间的刀齿顶刃宽度小于粗切齿的刀顶距 W'，但高度则高出 Δh，Δh 值取 0.12～0.4mm，根据模数而定。

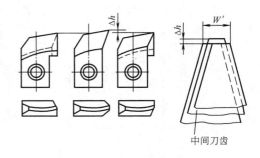

中间刀齿

图 16-17　三个刀齿一组的粗切刀齿

图 16-18 所示是粗切外刀齿的结构。粗切齿较精切齿略窄，后端没有支承肩，部分粗切刀齿用底面作支承面，以提高刚度。粗刀齿的结构尺寸见表 16-30。

2）精切刀齿结构。刀齿分右旋切削和左旋切削两种，各有外切齿和内切齿。图 16-19 所示是精切刀盘的外刀齿。刀齿有一个成形工作侧刃，精切工作主要由侧刃完成，齿轮的齿廓就是切削刃滚切而切制成的。在刀盘的端投影中，成形切削刃的延长线必须通过刀盘的中心，即刀刃是成形圆锥的母线。

精切刀齿后端有支承肩，靠在刀盘体上，以免刀齿受力时窜动。刀齿可制成整体高速工具钢的，也可制成焊接的。精切刀齿的结构尺寸见表 16-30。

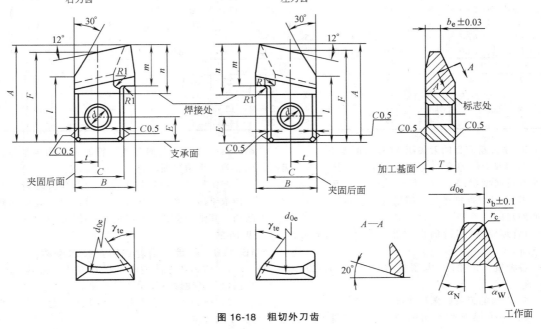

图 16-18　粗切外刀齿

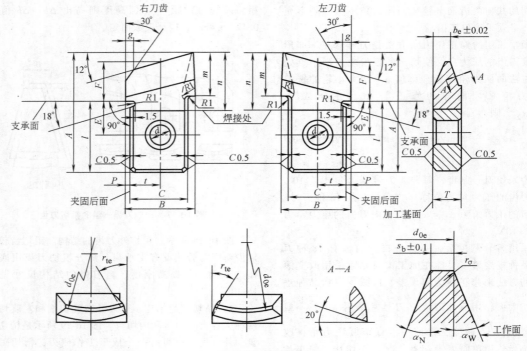

图 16-19　精切外刀齿

表 16-30　精切和粗切刀齿的结构尺寸　　　　（单位：mm）

公称直径 d_0/in	A	B	$T_{-0.1}$	$C_{-0.01}$	m	n	$E^{\pm0.2}$	F	l	p	g	$t^{\pm0.2}$	d
精切刀齿													
$3\frac{1}{2}$	38.3	22	9	19.05	11	18	11.1	14.1	22.2	3	—	9.5	10
6	41.9	23.5	9	20.62	13	19	12.7	14.3	25.4	3	4	10.3	12
$7\frac{1}{2}$	56.3	36	13	25.39	20	27	15.8	20.3	31.6	3	5	12.7	12
9	55.4	32	13	25.39	20	27	15.8	20.3	31.6	3	5	12.7	12
12	67.2	38	15	28.56	25	32	19	25	38	4	6	14.28	14
18	85.0	40	20	30.00	38	50	20	40.76	40	5	6	15	16
粗切刀齿													
6	42	24	9	20.62	13	16	12.7	39.1	30	—	—	10.3	12
$7\frac{1}{2}$	45.6	26	11	22.22	20	23	12	42.4	31	—	—	11.11	12
9	46	28	11	22.22	20	23	12	42.4	32	—	—	11.11	12
12	55	30	14	22.22	25	28	14.2	51	40	—	—	11.11	14

3. 铣刀盘刀齿的刀尖距 W 和齿顶宽 S

精切双面铣刀盘刀齿的刀尖距 W，是根据锥齿轮小端槽底宽度确定的。粗切双面铣刀盘刀齿的刀尖距 W'，是根据锥齿轮小端槽底宽度再减去精切留量而确定的。

粗切齿和精切齿的齿顶宽度 S 可取 $S = (0.5 \sim 0.75)W$。

各种铣刀盘的刀齿顶宽度 S 见表 16-20～表 16-25。

4. 刀齿的刀尖圆角和修缘

铣刀齿的成形切削刃的刀尖应做成圆角，以提高刀具寿命和增大加工锥齿轮的齿根圆角半径，但应注意刀齿顶平面不得小于 0.4mm。

当锥齿轮传动比较大时，为避免大轮齿顶和小轮齿根干涉，常在加工小轮的刀齿刃尖处做出修缘凸角。其结构型式和修缘尺寸见图 16-13 和表 16-26、表 16-27。

16.1.6　弧齿锥齿轮铣刀盘技术条件

1）铣刀各零件表面不得有裂纹、刻痕、锈迹、烧伤以及其他影响使用性能的缺陷。

2）铣刀主要零件表面粗糙度最大允许值按表 16-31 的规定。

表 16-31　铣刀盘零件表面粗糙度值

检查表面	表面粗糙度参数	表面粗糙度数值/μm
刀体定位锥孔表面	Ra	0.63
刀体定位端面	Ra	0.40
刀体另一端面	Ra	0.63
刀齿侧刃工作面	Ra	0.2
刀齿齿顶表面	Rz	3.2
刀齿齿顶圆弧及修缘表面	Rz	1.0
刀齿前刃面	Ra	0.63

3）铣刀定位锥孔大端直径极限偏差按表 16-32 的规定。

表 16-32　锥孔直径极限偏差

（单位：mm）

大端直径	大端直径极限偏差
58.196 和 126.96	+0.008 0
58.221 和 126.966	+0.005 0

注：锥孔用着色法检查，接触点应在圆锥面上均匀分布，接触面积不得少于配合面积的 85%。

4）刀体端面的位置公差按表 16-33 的规定。

表 16-33　刀体端面位置公差

检查项目	铣刀公称直径/in	公差值/mm
定位端面对锥孔轴线的圆跳动	≤12	0.0035
	>12	0.0050
另一端面对定位端面的平行度	≤12	0.0035
	>12	0.0050

5）刀齿齿顶宽极限偏差按表 16-34 的规定。

6）刀齿齿顶圆弧的精度按表 16-35 的规定。

表 16-34　刀齿齿顶宽极限偏差

（单位：mm）

铣刀类型	齿顶宽范围	齿顶宽极限偏差
双面及三面铣刀	≤0.38	+0.025 0
	>0.38~1.25	+0.050 0
	>1.25	0 -0.075
单面铣刀	0.5~0.65	0 -0.025
	>0.65~1.05	0 -0.050
	>1.05	0 -0.075

表 16-35　刀齿齿顶圆弧的精度

（单位：mm）

检查项目	圆弧半径范围	极限偏差与公差值
圆弧半径极限偏差	0.12~0.25	±0.075
	>0.25~1.5	±0.125
	>1.5	±0.250
一套刀齿圆弧半径一致性公差	0.12~0.25	0.075
	>0.25~1.5	0.125
	>1.5	0.125

7）刀齿各角度的极限偏差按表 16-36 的规定。

表 16-36　刀齿各角度的极限偏差

检查项目	极限偏差
前角	+1° 0
齿顶后角	±30′
非工作面齿形角	0 -1°

8）粗切铣刀的综合精度按表 16-37 的规定。

表 16-37　粗切铣刀的综合精度

（单位：mm）

检查项目		铣刀公称直径/in		
		~6	>6~9	>9
齿形公差	组装铣刀	0.015		
	单套刀齿			
齿形角一致性公差	组装铣刀	0.01	0.013	0.017
	单套刀齿	0.005	0.006	0.009
刀尖直径极限偏差	内切刀齿	+0.05 0	+0.075 0	
	外切刀齿	0 -0.05	0 -0.075	
工作侧刃径向圆跳动	组装铣刀	相邻：0.025；一转：0.038		
	单套刀齿	一转：0.025		
顶刃轴向圆跳动	相邻刀齿	0.03		
	一转	0.05		

9）精切铣刀的综合精度按表 16-38 的规定。

表 16-38　精切铣刀的综合精度

（单位：mm）

检查项目		铣刀公称直径/in		
		≤6	>6~9	>9
齿形公差	组装铣刀	0.004	0.005	0.006
	单套刀齿	0.003		0.004
齿形角一致性公差	组装铣刀	0.002		0.003
	单套刀齿			
刀尖直径极限偏差	内切刀齿	+0.05 0	+0.075 0	
	外切刀齿	0 -0.05	0 -0.075	
工作侧刃径向圆跳动	组装铣刀	0.003		0.006
	单套刀齿	0.04		
顶刃轴向圆跳动	相邻刀齿	0.03		
	一转	0.05		

注：不包括单循环法和螺旋成形法双面精切铣刀。

10）单循环法和螺旋成形法铣刀的综合精度按表16-39的规定。

表 16-39　单循环法和螺旋成形法铣刀的综合精度

（单位：mm）

检查项目		铣刀公称直径/in	
		≤9	>9
精切刀齿齿形公差	组装铣刀	0.003	0.004
	单套刀齿	0.002	0.002
半精切刀齿齿形公差	最后两号刀齿	0.003	0.004
	其余各号刀齿	0.005	0.0075
精切刀齿刀尖半径极限偏差	内切刀齿	+0.0075 0	+0.010 0
	外切刀齿	0 -0.0075	0 -0.010
精切刀齿刀尖距极限偏差	组装铣刀	0 -0.015	0 -0.020
工作侧刃齿升量极限偏差	精切刀齿	+0.0075 -0.0050	
	半精切刀齿	±0.01	
顶刃齿升量极限偏差	精切刀齿	±0.015	
	半精切刀齿	±0.025	

注：刀尖半径与刀尖距偏差可检查一项。

11）铣刀主要零件的材料及热处理硬度见表16-40的规定。

表 16-40　主要零件的材料及硬度

零件名称	材　料	热处理硬度
刀体	12CrNi3 或性能相当的合金钢	公称直径小于或等于 12in： 55~58HRC 公称直径大于 12in： 50~58HRC
刀齿	普通性能高速工具钢或优质高性能高速工具钢,碳化物不均匀度不低于3级	普通性能高速工具钢： 63~66HRC 优质高性能高速工具钢： 65~67HRC
平垫片	T10	53~56HRC
调整斜楔	T10	57~60HRC
紧固螺钉（粗切）	45	40~45HRC
紧固螺钉（精切）	40Cr	40~45HRC

12）标志与包装。

① 在刀体上应清晰地标志：制造厂商标、刀体编号、公称直径、刀体基距、刀槽顺序号、制造年份。

② 在刀齿上应清晰地标志：制造厂商标、公称直径、齿顶宽、工作面齿形角、刀齿顺序号（只限于单循环法和螺旋成形法刀齿）、制造年份。

③ 在标志销上或卸刀压板上应清晰地标志：

对于双面或三面铣刀：公称直径、刀尖距、内

外工作面齿形角

对于单面铣刀：公称直径、刀尖直径、工作面齿形角

④ 在平垫片上应清晰地标志：公称直径、垫片厚度。

⑤ 在调整斜楔上应清晰地标志：件号（对于有修正的，还应标出修正值或其代号）。

⑥ 在成套铣刀和单套刀齿的包装盒上应标志：制造厂名称及商标、产品名称、公称直径、工作面齿形角、刀尖距（限于双面及三面铣刀）、齿顶宽（限于单面铣刀）、齿数、刀齿材料、旋向、制造年份、标准号。

⑦ 成套铣刀或单套刀齿在包装前应经防锈处理，包装必须牢固，并能防止在运输中的损伤。

16.1.7　几种改进的弧齿锥齿轮铣刀盘

1. 螺旋成形法拉铣刀盘

螺旋成形法是一种非展成法高效加工大弧齿锥齿的方法，其加工齿面是用双面拉铣刀盘加工出的渐开螺旋面。这种拉铣刀盘使用螺旋成形法拉齿机精切大齿轮，切齿过程中，拉铣刀盘既要旋转切削又要轴向进给，刀齿切削刃在空间形成渐开螺旋面齿形。

螺旋成形法拉铣刀盘的结构如图 16-20 所示。为配合机床螺旋运动，不同直径拉铣刀盘都做成 8 个齿，4 个内切齿和 4 个外切齿。刀盘上有 108°的空缺，作为锥齿轮分度用，内切、外切刀齿间隔排列，4 个同名刀齿中，最后一个为精切刀齿，其余为半精切刀齿，它们在径向和轴向都有齿升量。半精切齿的齿升量为 0.05~0.10mm，最后精切齿的齿升量减小为 0.025~0.05mm，以提高加工齿面精度和表面质量。螺旋成形法拉铣刀盘的主要参数见表 16-41。

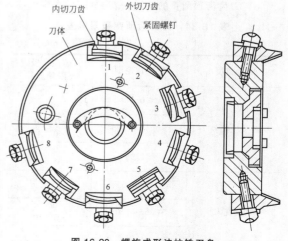

图 16-20　螺旋成形法拉铣刀盘

表 16-41　螺旋成形法拉铣刀盘的主要参数

（单位：mm）

公称直径 /in[①]	刀齿数 外	刀齿数 内	锥孔直径 d	刀尖距 W	齿形角 外切刀 α_{0e}	齿形角 内切刀 α_{0i}	旋向	切削深度
5							右	
				1.75～3.75			左	13
6							右	
	4	4	58.221		24°	10°	左	
7½							右	14.3
				1.75～5.00			左	
9							右	17.8
							左	

① 1in = 0.0254m。

2. 尖齿铣刀盘

最近美国格利森公司参考奥利康的尖齿铣刀盘，也提出用于加工弧齿锥齿轮和准双曲线齿轮的尖齿铣刀盘，改变了传统的铲齿结构。现已制成 R76～200mm 的尖齿粗切铣刀盘。

图 16-21 所示为这种尖齿刀片的结构，是厚度为 2.5～3mm 的薄片，宽 14mm、长 83mm，刃磨后面，可以刃磨很多次数，大大节省高速工具钢刀具材料；使用专用刃磨装置，可保证刃磨后各刀齿的齿形角一致。

图 16-22 所示为这种尖齿铣刀盘的刀齿安装结构，刀体上的刀齿安装槽在径向和轴向都倾斜一个角度，刀齿本身没有前角，装在刀体后可得到轴向前角 12°和径向前角 20°～30°。内切刀齿和外切刀齿斜的方向不同，都能得到要求的前角。

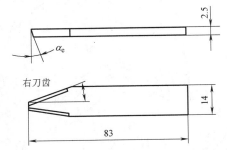

图 16-21　尖齿刀片结构

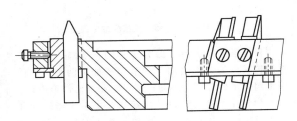

图 16-22　尖齿铣刀盘刀齿的安装结构

3. 圆弧切削刃铣刀盘

前面已分析过：收缩齿锥齿轮的齿形可以按平面齿轮原理用展成法来制成。对于平常的弧齿锥齿轮，平面齿轮的牙齿侧面是圆锥面，这个圆锥面是由铣刀盘上的刀齿直线形切削刃绕铣刀盘轴线旋转时所形成的。牙齿螺旋方向相反的两个平面齿轮应该正确地互相插入，像阴阳模子一样，而铣刀盘轴线应垂直于齿轮的根锥母线，即与节平面的垂线倾斜成齿根角 γ。当切削一对平面齿轮时，铣刀盘的轴线也要倾斜成这样的角度，而是在不同的两边。如果刀齿的切削刃是直线形，则绕刀盘轴线旋转时所形成的表面是圆锥面，那么很明显，一对这样的锥齿轮的共轭圆锥面是不等的，不能正确啮合，并且还将产生共轭齿面对角接触。这个缺点，对于直线形切削刃的铣刀盘来说，需要采用很多规格不同的铣刀盘，不同的切齿调整工艺，才能解决。

在小批量生产中，通常要求用较少规格的铣刀盘，能加工许多不同的弧齿锥齿轮。因此除了用等高齿的齿轮来代替收缩齿的锥齿轮以及用单刀号法加工锥齿轮以外，还有一种方法就是采用圆弧形切削刃的铣刀盘（见图 16-23）。用这种铣刀盘时，平面齿轮的牙齿表面是球面，而铣刀盘上的内外各刀齿切削刃是在半径相等（$r_{0i} = r_{0e}$）的球面上。铣刀盘轴线在平面 $O—P$ 内倾斜成 $\Delta\alpha$ 角度。被切齿轮在机床上按其节锥角 φ 安装（图中所示为加工平面齿轮时的情形，即 $\varphi = 90°$），而刀具轴线在平面 $O_k—P$ 内倾斜成一角度等于被切锥齿轮的齿根角 γ。显然，铣刀盘轴线的倾斜并不改变所切牙齿的表面性质，因为当铣刀盘轴线在 $O'B$ 时，切削刃所在的球面完

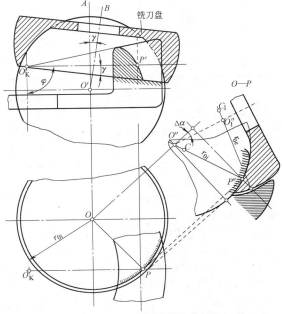

图 16-23　圆弧形切削刃的铣刀盘（Unitool）

全与铣刀盘轴线在 $O'A$ 时的相同。因此，具有球形表面牙齿的两个平面齿轮可以正确地互相插入，因而对角线接触就不存在了。

如果半径 r_{0i} 等于 r_{0e}，那么切出的一对齿轮牙齿将沿牙齿全长接触，这是不希望的。所以，事实上，形成内外各刀齿切削刃的圆弧是以不同的中心 C 和 C_1 形成的。这样，当采用标准规格的铣刀盘组时，接触区的长度可为牙齿全长的 $\frac{1}{3} \sim \frac{2}{3}$。此时，刀齿切削刃所形成的表面，不是球面而是环形面了。

为了减少铣刀盘的规格，应采用较小的刀齿张距。为了切出一定宽度的齿槽，俄罗斯首先采用旋转切削法。当切削一对锥齿轮中的大锥齿轮时，齿槽是用一次或几次走刀切出的，在每次走刀后，将工件绕其本身旋转一个角度。对于齿槽的两侧面，刀盘中心的坐标以及其他各种调整安装，均保持不变。当切削小锥齿轮时，对于牙齿的凸面和凹面是分别切削，调整安装是各不相同的。

表 16-42 是圆弧形切削刃铣刀盘的各种规格以及它们的使用范围。

表 16-42　圆弧形切削刃铣刀盘的规格及使用范围

（单位：mm）

铣刀盘公称 直径/in	节锥母线 长度 L	齿圈宽度 B	模数 m
$3\frac{1}{2}$	33~61	10~20	1.58~4.23
$4\frac{1}{2}$	43~76	13~23	1.95~5.08
6	56~97	18~30	2.54~5.08
$7\frac{1}{2}$	76~114	20~35	3.17~6.35
9	96~148	25~43	3.63~7.25
12	114~203	30~56	5.08~10.0

当被切锥齿轮副的传动比 $i \geqslant 3$ 时，也可用圆弧形切削刃的铣刀盘以半展成法来加工：大锥齿轮用简单的切入法加工（见图 16-24a），即用仿形法加工；而小锥齿轮则用展成法加工（见图 16-24b），此时，在机床上，被切的小锥齿轮好像是与其配对的大锥齿轮在进行啮合一样。

圆弧形切削刃的铣刀盘仅能在特制的（116 型和 106 型）机床上工作，在这些机床上，有能使铣刀盘主轴倾斜装置的机构。

这种铣刀盘的缺点是：

1）由于切削刃是圆弧形，制造起来比较复杂。

2）加工一对锥齿轮中的大锥齿轮时，由于用较小的刀齿张距的铣刀盘用回转切削法加工，通常要几次走刀，所以生产率较低。

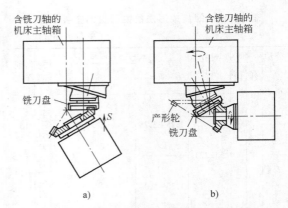

图 16-24　圆弧形切削刃的铣刀盘用半展成法
加工锥齿轮

a）用切入法加工大锥齿轮　b）用展成法加工小锥齿轮

16.2　长幅外摆线齿锥齿轮铣刀盘

16.2.1　长幅外摆线齿锥齿轮加工原理

长幅外摆线齿锥齿轮是指该齿轮的产形冠轮的齿线是长幅外摆线（这种齿轮也称为延伸外摆线齿锥齿轮）。它是由长幅外摆线齿锥齿轮铣刀的刀齿和被加工齿轮在连续相对转动过程中，同时完成分度运动时所形成的长幅外摆线齿线，如图 16-25 所示。切削齿轮时，有三个相配合的连续旋转运动：铣刀旋转形成切削运动，工件旋转形成分度运动和机床摇台相对于工件的旋转形成展成运动。

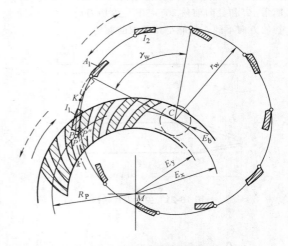

图 16-25　长幅外摆线生成原理

根据形成齿廓齿线的方法不同，长幅外摆线齿锥齿轮又分为成形法加工和滚切法加工两种。它们所采用的齿轮分别为平面产形齿轮和锥面产形齿轮。

（1）平面产形齿轮　用滚切法加工大齿轮和共轭小齿轮时，各自的产形齿轮是互为对偶的平面产形齿轮，如图 16-26 所示。对偶的两个产形齿轮的产

形齿面是面接触，而这两个产形齿面分别加工的大、小齿轮的齿面是线共轭齿轮副，在理论上可以达到全齿面接触。在使用过程中，希望齿面是局部接触，以提高齿轮副的传动性能。为此，在齿轮加工过程中，对齿长方向和齿高方向都要进行曲率修正以形成鼓形齿，以使齿面间呈点接触。

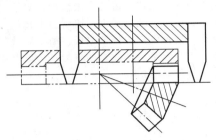

图 16-26　平面产形齿轮加工原理

（2）锥面产形齿轮　用成形法加工大齿轮，在加工过程中只有分度运动和切削运动，没有滚切运动。这时与大齿轮共轭的小齿轮用滚切法加工，用大齿轮作为它的产形齿轮，刀齿代表大齿轮的轮齿，如图 16-27 所示。这时大齿轮的分锥和背锥都是锥面，因此称为锥面产形齿轮。大齿轮用成形法加工又是连续分度，故生产率很高，加工精度也很高，特别适于大批量生产。

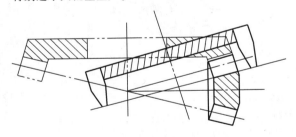

图 16-27　锥面产形齿轮加工原理

16.2.2　长幅外摆线齿锥齿轮的分类

长幅外摆线齿锥齿轮齿面理论接触点（即接触区中心点）称为计算点。计算点的锥距 R_P、法向模数 m_P 和螺旋角 β_P 是计算齿轮和铣刀各项参数的原始数据。计算点的曲率半径 r_b、锥距 R_P 和螺旋角 β_P 之间的关系可以分为下列几种基本型式。

（1）普通型齿形　代号为 N 型，如图 16-28 所示。其计算点的曲率半径 $r_b = R_P \sin\beta_P$，铣刀的切线半径也等于 r_b，这种齿轮最小的螺旋角为 $\beta_P = 29° \sim 30°$。在承受载荷时，齿面的接触区向小端移动。

（2）特型齿轮　代号为 G 型，如图 16-29 所示。齿轮的螺旋角 $0° < \beta_P < 30°$，齿面计算点的曲率半径 $r_b > R_P \sin\beta_P$，螺旋角可任意选定，而不受刀具的限制。这种齿轮可用于传动比小于 3，或者用于小型

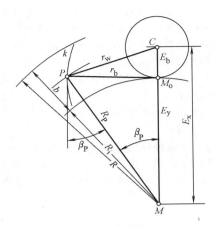

图 16-28　普通型长幅外摆线齿锥齿轮

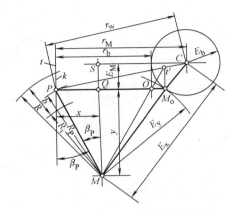

图 16-29　特型长幅外摆线齿锥齿轮

齿轮。

G 型齿轮计算点螺旋角 $\beta_P = 0°$ 时，又称为 O 型齿轮，如图 16-30 所示。

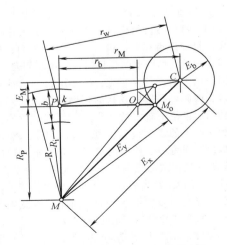

图 16-30　零度齿长幅外摆线齿锥齿轮

（3）准双曲面齿轮　代号为 H 型，这是齿轮轴线有偏位的齿轮副，它分为 HN 和 HG 型两种，分别与相交轴锥齿轮的 N 型和 G 型相对应。

长幅外摆线齿锥齿轮采用等高齿，大小齿轮由完全对称的两个假想冠轮分别展成的，因此在数学上易于做到准确计算，理论上可以得到完全共轭的齿形。刀具计算和机床调整计算也比较简单，调整接触区比较容易。

16.2.3　长幅外摆线齿锥齿轮铣刀盘

长幅外摆线齿锥齿轮铣刀盘（简称铣刀盘）主要分标准型铣刀和万能型铣刀两大类，标准型铣刀适用于大批量生产，万能型铣刀适用于单件小批生产，或用于齿轮的试切。

1. 标准型铣刀盘

（1）TC 型铣刀盘　TC 型铣刀盘是一种较陈旧的铣刀盘，其结构如图 16-31 所示，目前已逐渐被 EN 型铣刀代替。TC 型铣刀的切削方向是从齿轮的大端切向小端，粗切刀齿排在最前面，它位于最大的半径上，承受的转矩最大，切削速度最高，刀齿磨损最快。这种铣刀切齿效率低，加工质量和刀具寿命等都不如后来发展起来的铣刀，故用得较少淘汰，这里不作详细介绍。

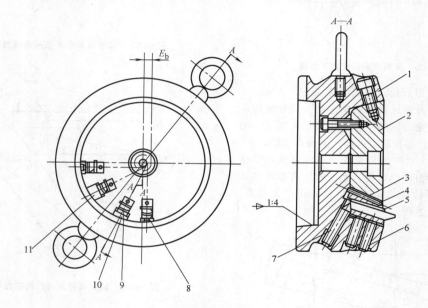

图 16-31　TC 型铣刀盘
1—刀体　2—刀座　3—垫片　4—螺钉　5—压紧块　6—紧固螺钉
7—调节螺钉　8—粗切刀齿　9—内切刀齿　10—垫块　11—外切刀齿

（2）EN 型铣刀　EN 型铣刀是由 TC 型铣刀改进而成的，每个刀齿组由 3 个刀齿组成，刀齿的排列顺序是粗切刀齿在前，精切外刀齿在中间，精切内刀齿在后。切削方向是从齿轮的小端切向大端，粗切刀齿位于最小的半径上，减小了粗切转矩和切削速度，因而可以采用较高的切削速度，提高生产率。精切刀齿位于较大的半径上，切削速度高，减小了加工齿面的表面粗糙度值。加工时是从小端切向大端，切削力使工件压向夹具，有利于工件的夹紧。同时切削形成的毛刺位于齿轮大端，便于去除。EN 型铣刀刀齿是铲齿型式，刀齿重磨次数较少，刀盘体上可容纳的刀齿组数也少，因此对提高生产率和降低刀具成本都受到一定的限制。

EN 型铣刀的结构如图 16-32 所示。主要元件由刀体、刀座和刀齿组成。刀座 2 由内六方螺钉紧固在刀体 1 上。刀座 2 与刀体 1 用 5°锥面配合，紧固时刀座底面也接触。平垫片 3 可以更换，用来调整刀齿的切线半径，压紧块 5 通过螺钉 4 微调刀齿的切线半径。刀齿 9、11、13 的轴向位置可由调节螺钉 7 调整，并由垫块 8、10、12 和紧固螺钉 6 压紧。

EN 型铣刀可用于全滚切法或组合切削法加工锥齿轮，压力角为 20°。铣刀根据名义切线半径的不同，规定了 11 种规格的标准系列。每种规格的铣刀都分左切铣刀和右切铣刀。EN 型标准铣刀的主要参数见表 16-43。

EN 型铣刀的刀齿结构如图 16-33 所示，刀齿主要参数见表 16-44。标准刀齿的型号见表 16-45。刀齿型号的 N 值与滚动圆半径 r_g 的关系为

$$N = \frac{Z_0}{r_g} r_T \tag{16-3}$$

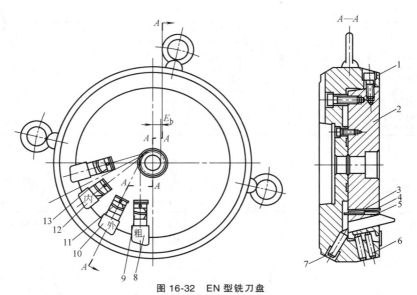

图 16-32　EN 型铣刀盘

1—刀体　2—刀座　3—平垫片　4—螺钉　5—压紧块　6—紧固螺钉　7—调节螺钉
8、10、12—垫块　9—粗切刀齿　11—外切刀齿　13—内切刀齿

式中　r_T——铣刀的名义切线半径；

$\quad\quad Z_0$——铣刀的刀齿组数；

$\quad\quad r_g$——铣刀的名义滚动圆半径。

EN 型铣刀各种切线半径有三种鼓形系数，即 $F =$ 24、48、72，其中左旋铣刀有两种鼓形系数 $F_L =$ 24、72；右旋铣刀也有两种鼓形系数 $F_R =$ 24、48。加工出的两齿面共轭时，总鼓形 $\sum F = F_L + F_R$，可以有四种不同的组合，见表 16-46。

EN 型铣刀每种鼓形系数 F 值有相应的切线半径

修正系数 f_Δ，每组铣刀刀齿组数有其精切刀齿齿间角 τ_{0i}，见表 16-47。

EN 型长幅外摆线齿锥齿轮铣刀加工齿轮的最小螺旋角 $\beta_P = 29° \sim 30°$，最大螺旋角可到 $45° \sim 46°$，模数范围为 $m_P = 2.1 \sim 11.8 mm$，刀齿的压力角为 20°，铣刀与齿轮的旋向相同。

N 型摆线齿锥齿轮几何计算见表 16-48。EN 型铣刀用来加工 N 型齿轮，其切齿计算步骤见表 16-49。

表 16-43　EN 型标准铣刀主要参数　　　　　（单位：mm）

铣刀规格	刀齿规格	法向模数 m_P	名义滚动圆半径 r_g	铣刀形成半径 r_0^2	铣刀总高 h_0	刀齿组间角 τ_0	粗切齿角距常数 V	刀槽中心线错位 E	铣刀外径 d_e
EN3-39	EN39/2	2.10~2.65	3.5	1533.25	103.3	120°	98	6.1	160
	EN39/3	2.35~3.00	4	1537	103.5				
	EN39/5	3.00~3.75	5	1546	104				
EN4-44	EN44/1	2.10~2.65	4.7	1958.09	104	90°	98	7.9	170
	EN44/3	2.65~3.35	6	1972	104.5				
	EN44/5	3.35~4.25	7.5	1992.25	105				
EN4-49	EN49/1	2.35~3.00	5.3	2429.09	105.2	90°	98	8.8	180
	EN49/3	3.00~3.75	6.7	2445.89	105.7				
	EN49/5	3.75~4.75	8.4	2471.56	106.3				
EN4-55	EN55/1	2.65~3.35	6	3061	106.4	90°	98	10.1	200
	EN55/3	3.35~4.25	7.5	3081.25	106.9				
	EN55/5	4.25~5.30	9.5	3115.25	107.6				
EN5-62	EN62/1	3.00~3.75	8.4	3914.56	107.6	72°	98	13.3	215
	EN62/3	3.75~4.75	10.5	3954.25	108.3				
	EN62/5	4.75~6.00	13.3	4020.89	109				
EN5-70	EN70/1	3.35~4.25	9.4	4988.36	109.1	72°	98	14.9	235
	EN70/3	4.25~5.30	11.8	5039.24	109.8				
	EN70/5	5.30~6.70	14.9	5122.01	110.7				
EN5-78	EN78/1	3.75~4.75	10.5	6194.25	110.8	72°	98	16.7	250
	EN78/3	4.75~6.00	13.3	6260.89	111.5				
	EN78/5	6.00~7.50	16.7	6362.89	112.5				
EN5-88	EN88/1	4.25~5.30	11.8	7883.24	112.9	72°	98	18.7	280
	EN88/3	5.30~6.70	14.9	7966.01	113.7				
	EN88/5	6.70~8.50	18.7	8093.69	114.8				

（续）

铣刀规格	刀齿规格	法向模数 m_P	名义滚动圆半径 r_g	铣刀形成半径 r_0^2	铣刀总高 h_0	刀齿组间角 τ_0	粗切齿角距常数 V	刀槽中心线错位 E	铣刀外径 d_e
EN5-98	EN98/1	4.75~6.00	13.3	9780.89	113.3	72°	98	19.5	300
	EN98/3	6.00~7.50	16.7	9882.89	114.3				
	EN98/4	6.70~8.50	18.7	9953.69	114.8				
EN6-110	EN110/1	5.30~6.70	17.9	12420.41	113.7	60°	98	23.7	330
	EN110/3	6.70~8.50	22.5	12606.25	114.8				
EN7-125	EN125/1	6.00~7.50	23.4	16172.56	114.2	51°26′	98	28.3	365
	EN125/2	6.70~8.50	26.2	16311.44	114.8				

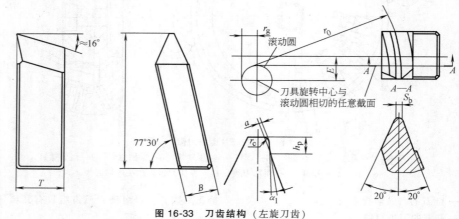

图 16-33　刀齿结构（左旋刀齿）

表 16-44　标准 EN 型刀盘的刀齿参数　　　　（单位：mm）

刀齿型号	精切刀齿 A,I 的突角高 h_p				粗切刀齿 V 的刀顶宽 S_{bV}				粗切刀齿 V 的高度差 Δh_V
EN39/2	1.0	1.2	1.4	—	0.60	0.90	—	—	0.7
EN39/3	1.1	1.3	1.5	—	0.70	1.00	—	—	0.8
EN39/5	1.3	1.5	1.8	—	0.90	1.50	—	—	1.0
EN44/1	1.0	1.2	1.4	—	0.60	0.90	—	—	0.7
EN44/3	1.2	1.4	1.6	—	0.80	1.30	—	—	0.9
EN44/5	1.4	1.7	2.0	—	1.10	1.40	1.70	—	1.2
EN49/1	1.1	1.3	1.5	—	0.70	1.00	—	—	0.8
EN49/3	1.3	1.5	1.8	—	0.90	1.20	1.50	—	1.0
EN49/5	1.5	1.8	2.1	—	1.20	1.60	2.00	—	1.4
EN55/1	1.2	1.4	1.6	—	0.80	1.30	—	—	0.9
EN55/3	1.4	1.7	2.0	—	1.10	1.40	1.70	—	1.2
EN55/5	1.7	2.0	2.3	—	1.40	1.85	2.30	—	1.5
EN62/1	1.3	1.5	1.8	—	0.90	1.20	1.50	—	1.0
EN62/3	1.5	1.8	2.1	—	1.20	1.60	2.00	—	1.3
EN62/5	1.8	2.1	2.4	2.7	1.60	2.15	2.70	—	1.7
EN70/1	1.4	1.7	2.0	—	1.10	1.40	1.70	—	1.2
EN70/3	1.7	2.0	2.3	—	1.40	1.85	2.30	—	1.5
EN70/5	1.9	2.2	2.5	2.8	1.80	2.40	2.40	—	1.8
EN78/1	1.5	1.8	2.1	—	1.20	1.60	2.00	—	1.3
EN78/3	1.8	2.1	2.4	2.7	1.60	2.15	2.70	—	1.7
EN78/5	2.1	2.4	2.7	3.1	2.10	2.75	3.40	—	2.1
EN88/1	1.7	2.0	2.3	—	1.40	1.85	2.30	—	1.5
EN88/3	1.9	2.2	2.5	2.8	1.80	2.40	3.00	—	1.8
EN88/5	2.3	2.7	3.1	3.5	2.40	2.90	3.40	4.00	2.3
EN98/1	1.8	2.1	2.4	2.7	1.60	2.15	2.70	—	1.7
EN98/3	2.1	2.4	2.7	3.1	2.10	2.75	3.40	—	2.1
EN98/4	2.3	2.7	3.1	3.5	2.40	2.90	3.40	4.00	2.3
EN110/1	1.9	2.2	2.5	2.8	1.80	2.40	3.00	—	1.8
EN110/3	2.3	2.7	3.1	3.5	2.40	2.90	3.40	4.00	2.3
EN125/1	2.1	2.4	2.7	3.1	2.10	2.75	3.40	—	2.1
EN125/2	2.3	2.7	3.1	3.5	2.40	2.90	3.40	4.00	2.3

表 16-45　标准刀齿型号与 N 值

刀齿型号	1	2	3	4	5
N 值	37.1	33.1	29.3	26.2	23.4

表 16-46　EN 型铣刀的鼓形系数组合

左旋铣刀鼓形系数 F_L 共轭齿面的 总鼓形 $\sum F$ 右旋铣刀的鼓形系数 F_R	24	72
24	48	96
48	72	120

表 16-47　EN 型铣刀切线半径修正系数

鼓形系数	f_Δ	精切刀齿齿间角 τ_{0i}				
		$Z_0=3$	$Z_0=4$	$Z_0=5$	$Z_0=6$	$Z_0=7$
F24	0.105	50°	39°	31°12′	26°	22°17′
F48	0.209	44°	33°	26°24′	22°	18°51′
F72	0.314	36°	27°	21°36′	18°	15°26′

表 16-48　N 型摆线齿锥齿轮的轮齿参数计算（用 EN 刀盘）　　　　（单位：mm）

齿轮原始参数：$m_t=8.0169$mm，压力角 $\alpha=20°$，螺旋角 $\beta_P=37°34′42″$，轴交角 $\Sigma=90°$，小齿轮 $z_1=6$ 左旋，大齿轮 $z_2=40$ 右旋

序号	项　目	计　算　公　式	计 算 示 例
1	大端节圆直径	$d_1=m_t z_1$	$d_1=48.10$mm
		$d_2=m_t z_2$	$d_2=320.675$mm
2	产形轮齿数	$z_c=\sqrt{z_1^2+z_2^2}$	$z_c=40.447497$
3	节锥角	$\sin\delta_1=\dfrac{z_1}{z_c}$	$\sin\delta_1=0.14834045$
			$\delta_1=8.530765°$
		$\sin\delta_2=\dfrac{z_2}{z_c}$	$\sin\delta_2=0.98893634$
			$\delta_2=81.469235°$
4	大端锥距	$L_e=\dfrac{d_2}{2\sin\delta_2}$	$L_e=162.13$mm
5	齿面宽	$B\approx0.285L_e$	取 $B=42.5$mm
6	计算锥距	$L_P=L_e-0.415B$	$L_P=144.5$mm
7	小端锥距	$L_i=L_e-B$	$L_i=119.63$mm
		$\dfrac{L_P}{L_i}=1.2079$	
8	中点锥距	$L=L_e-\dfrac{B}{2}$	$L=140.88$mm
		$\dfrac{L}{L_P}=0.9749$	
9	铣刀规格	根据 $r_T=L_P\sin\beta_P$ 值由表 16-43 选择接近的刀盘名义切线半径 $r_T=88$	铣刀 EN5-88 $Z_0=5$ $r_T=88$mm
10	刀齿规格	$N=z_c\tan\beta_P\approx31.1$ 由表 16-45 选择接近的 29.3，即 3 号刀齿	刀齿 EN88/3·型
11	铣刀形成半径 r_0^2 值	由表 16-43 选取	$r_0^2=7966.01$mm
12	计算点法向模数	$\left(\dfrac{m_P}{2}\right)^2=\dfrac{L_P^2-r_0^2}{z_c^2-z_0^2}$	$\left(\dfrac{m_P}{2}\right)^2=8.016288$mm² $m_p=5.662610$mm
13	计算点螺旋角	$\cos\beta_P=\dfrac{m_P}{2}\times\dfrac{z_c}{L_P}$	$\cos\beta_P=0.792520$ $\beta_P=37°34′42″$
14	中点螺旋角	$i=Z_0/z_c=0.123617$ $y=L/L_P=0.974948$	

（续）

齿轮原始参数：$m_t = 8.0169$mm，压力角 $\alpha = 20°$，螺旋角 $\beta_P = 37°34'42''$，轴交角 $\Sigma = 90°$，小齿轮 $z_1 = 6$ 左旋，大齿轮 $z_2 = 40$ 右旋

序号	项　目	计　算　公　式	计算示例
		$\tan\beta = \left(\sin^2\beta_P \dfrac{2i+1}{2(i+1)}(1-y^2) \right) \Big/ \sqrt{\sin^2\beta_P - \left(\dfrac{1-y^2}{2+2i}\right)^2 - \dfrac{1-y^2}{1+i}i\cos^2\beta_P}$	$\beta = 35°42'18''$
15	齿顶高	$h_a \approx m_P$	$h_a = 5.3$mm
16	齿根高	$h_f = 1.15h_a + 0.35$	$h_f = 6.4$mm
17	全齿高	$h = h_a + h_f$	$h = 11.7$mm
18	比值	$\dfrac{r_T}{h}$	$\dfrac{r_T}{h} = 7.5213675$
19	刀轴倾角	刀轴倾角 $\Delta\alpha$ 分为 $0°$、$1°30'$、$3°$ 三种，首先从 $\Delta\alpha = 0°$ 的曲线上按 r_T/h 值绘一条垂线交于相应的 β_P 曲线上，过交点作水平线即可得相应的 δ'_{a2} 值，如 $\delta'_{a2} < \delta_2$ 将产生二次切削，需要取 T 的刀轴倾角继续确定 δ'_{a2}，直至 $\delta'_{a2} > \delta_2$ 时即可使用此时的 $\Delta\alpha$ 刀轴倾角。根据 r_T/h 值由图 16-34～图 16-36，确定不产生二次切削的刀轴倾角为 $\Delta\alpha = 1°30'$	$\Delta\alpha = 1°30'$
20	辅助参数 K_b	根据 $\dfrac{L_P}{L_i}$ 和 β_P 从图 16-37 查得 K_b	$K_b = 0.95263$
21	小轮不产生根切的最大允许齿根高	$(h_{f1})_{max} = \left[\dfrac{\sin(\alpha - I)}{K_b \dfrac{L_P}{L_i}\cos\beta_P} \right]^2 L_i \tan\delta_1 + 0.65r_c$	$(h_{f1})_{max} = 3.1$mm
22	变位量	$X = xm = h_f - [h_{f1}]_{max}$	$X = xm = 4.3$mm
23	变位后小轮齿顶高	$h_{a1} = h_a + xm$	$h_{a1} = 9.6$mm
24	变位后大轮齿顶高	$h_{a2} = h_a - xm$	$h_{a2} = 1.0$mm
25	变位后小轮齿根高	$h_{f1} = h_f - xm$	$h_{f1} = 2.1$mm
26	变位后大轮齿根高	$h_{f2} = h_f + xm$	$h_{f2} = 10.7$mm
27	齿厚切向修正量	$\Delta s = \left(\dfrac{1}{\tan\delta_1} - 1 \right) \dfrac{m_P}{50}$	$\Delta s = 0.64$mm
28	齿侧间隙	$c_j = 0.05 + 0.03m_P$	$c_j = 0.20$mm

表 16-49　N 型齿轮切齿计算表（用 EN 刀盘）和实例（$z_1/z_2 = 6/40$，$m_t = 8.0169$mm）

序号	项　目	计　算　公　式	计算示例	备注
1	共轭齿面的总鼓形	$\sum F = \dfrac{0.172L_P}{(1 - K_b)m_P}$	$\sum F = 96$	取标准值
2	使用刀盘的鼓形系数	按表 16-46 选取	切小轮 $F_L 72$ 切大轮 $F_R 24$	
3	精切齿的齿间角	根据 F 和 Z_0 按表 16-47 取	$\tau_{0i1} = 21°36'$ $\tau_{0i2} = 31°12'$	
4	铣刀盘高度	h_0 可参考表 16-43	$h_0 = 113.70$	
5	粗切齿切深减小量	Δh_V 值可参考表 16-44 取	$\Delta h_{V1} = 1.2$ $\Delta h_{V2} = 0$	
6	精切齿切线半径修正系数	根据 F 值按表 16-47 取 f_Δ 值	$f_{\Delta1} = 0.314$ $f_{\Delta2} = 0.105$	
7	粗切齿切齿半径修正系数	$f_{\Delta V} = 1.213K_b + 0.428$	$f_{\Delta V} = 1.584$	
8	切小轮粗刀允许最大齿顶宽	$S'_{bV1} = (2.43K_b - 0.966)m_P - 0.728(h_f - \Delta h_{V1}) - \Delta s - 0.2$	$S'_{bV1} = 3.02$mm 取 $S_{bV1} = 3.0$mm	选自表 16-44
9	切大轮粗刀允许最大齿顶宽	$S'_{bV2} = (2.43K_b - 0.966)m_P - 0.728(h_f - \Delta h_{V2}) + \Delta s - 0.2$	$S'_{bV2} = 3.42$	

（续）

序号	项　目	计　算　公　式	计算示例	备注
			取 $S_{bV2} = 3.0$	选自表 16-44
10	粗切齿节点齿厚	$s_{V1} = S_{bV1} + 0.728(h_f - \Delta h_{V1})$ $s_{V2} = S_{bV2} + 0.728(h_f - \Delta h_{V2})$	$s_{V1} = 6.78$ $s_{V2} = 7.66$	
11	精切齿切线半径修正量	$\Delta r_{T1} = f_{\Delta 1} m_P$ $\Delta r_{T2} = f_{\Delta 2} m_P$	$\Delta r_{T1} = 1.78\text{mm}$ $\Delta r_{T2} = 0.59\text{mm}$	
12	粗切齿切线半径修正量	$\Delta r_{TV1} = f_{\Delta V} m_P + \dfrac{S_{V1}}{2}$ $\Delta r_{TV2} = f_{\Delta V} m_P + \dfrac{S_{V2}}{2}$	$\Delta r_{TV1} = 12.36\text{mm}$ $\Delta r_{TV2} = 12.80\text{mm}$	
13	外精切齿的切线半径	$r_{Te1} = r_T + \Delta r_1 - \dfrac{\Delta s}{2} + \dfrac{c_f}{4}$ $r_{Te2} = r_T + \Delta r_{T2} + \dfrac{\Delta s}{2} + \dfrac{c_f}{4}$	$r_{Te1} = 89.51\text{mm}$ $r_{Te2} = 88.96\text{mm}$	
14	内精切齿的切线半径	$r_{Ti1} = r_T - \Delta r_{T1} + \dfrac{\Delta s}{2} - \dfrac{c_f}{4}$ $r_{Ti2} = r_T - \Delta r_{T2} - \dfrac{\Delta s}{2} - \dfrac{c_f}{4}$	$r_{Ti1} = 86.49\text{mm}$ $r_{Ti2} = 87.04\text{mm}$	
15	粗切齿内刃切线半径	$r_{TVi1} = r_T - \Delta r_{TV1}$ $r_{TVi2} = r_T - \Delta r_{TV2}$	$r_{TVi1} = 75.64\text{mm}$ $r_{TVi2} = 75.20\text{mm}$	
16	小轮精切齿的突角高度	$h_{p1} = \sqrt{\tan\delta_1}\,\dfrac{h_f}{3} + h_f - h_a$	$h_{p1} = 1.9\text{mm}$	
17	刃磨后粗切齿切线半径修正系数	$f_s = \dfrac{z_0}{4}\,\dfrac{(1+K_b)\,m_P}{r_T - (f_{\Delta V} - 0.8)\,m_P}$	$f_s = 0.1654$	
18	选用刀齿			
	小轮外精切齿		$\text{EN20°}A\dfrac{88}{3}Lh_P 1.9$	
	小轮内精切齿		$\text{EN20°}I\dfrac{88}{3}Lh_P 1.9$	
	小轮粗切齿		$\text{EN20°}V\dfrac{88}{3}L_{Sb} 3.0$	
	大轮外精切齿		$\text{EN20°}A\dfrac{88}{3}R$	
	大轮内精切齿		$\text{EN20°}I\dfrac{88}{3}R$	
	大轮粗切齿		$\text{EN20°}V\dfrac{88}{3}R_{Sb} 3.0$	
19	机床摇台中心到刀盘中心距离	$a_0 = (z_c + z_0)\dfrac{m_P}{2}$	$a_0 = 128.68\text{mm}$	
20	滚比交换齿轮	$w = 0.1\dfrac{z_c}{z_0} - 0.025$	$w = 0.783950$ $\dfrac{37}{89} \times \dfrac{60}{50} \times \dfrac{77}{49}$	用于 SKM2 切齿机，精确到小数点后 6 位
21	刀轴倾斜引起的高度变化	$\Delta h_1 = r_T \sin I$	$\Delta h_1 = 2.30\text{mm}$	
22	床位	$x_{B1} = 150 + h_{f1} + \Delta h_1$ $x_{B2} = 150 + h_{f2} - \Delta h_1$	$x_{B1} = 154.40$ $x_{B2} = 15$	

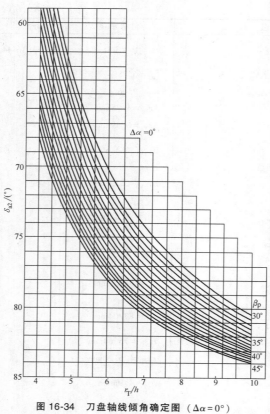

图 16-34 刀盘轴线倾角确定图 （$\Delta\alpha = 0°$）

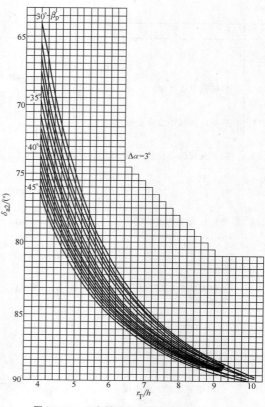

图 16-36 刀盘轴线倾角确定图 （$\Delta\alpha = 3°$）

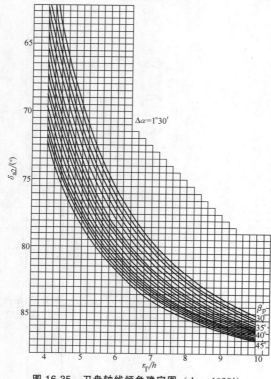

图 16-35 刀盘轴线倾角确定图 （$\Delta\alpha = 1°30'$）

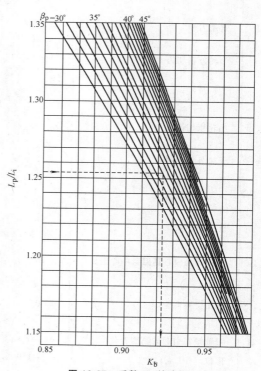

图 16-37 系数 K_b 的选择

（3）FN 和 FS 型铣刀 FN 型铣刀和 FS 型铣刀都是新型的尖齿结构的铣刀。FN 型铣刀可以代替 EN 型铣刀。FN 型铣刀刀齿采用矩形细长条结构，它可在刀体上布置较多的刀齿组数，并且其结构形状简单，刀齿制造方便，降低了刀具成本。FN 型铣刀刀齿是在专用磨床上刃磨前面和后面，可采用合理的切削几何参数，由于重磨方向是沿刀齿体长条方向，所以重磨次数较多，比铲磨刀齿重磨次数多 3~4 倍。这种铣刀正逐渐取代 EN 型铣刀。FN 型铣刀主要规格范围见表 16-50。

表 16-50 FN 型铣刀规格范围

（单位：mm）

铣刀规格	被加工齿轮法向模数
FN3-39	2.1~3.75
FN4-44	2.1~4.25
FN5-44	2.1~4.25
FN4-49	2.35~4.75
FN5-49	2.35~4.75
FN4-55	2.65~5.3
FN5-55	2.65~5.3
FN5-62	3.0~6.0
FN5-70	3.35~6.7
FN5-78	3.75~7.5
FN5-88	4.25~8.5
FN5-98	4.75~8.5
FN6-110	5.3~8.5
FN7-110	5.3~8.5
FN7-125	6.0~8.5

FS 型铣刀除了具有 FN 型铣刀的各种优点外，为了能在一定直径圆周上装夹更多的刀齿组数，将加工小齿轮的粗切刀齿与外切刀齿装在同一个齿槽中，加工大齿轮的粗切刀齿与内切刀齿装在同一个齿槽中，它们之间用一个小隔板分开，如图 16-38 所示，因而缩小了刀齿的角齿距，故可使刀齿组数增多，提高其切削效率。

FS 型铣刀用于螺旋滚切法和对偶法加工摆线齿锥齿轮，加工齿轮共轭齿面的局部接触是由铣刀轴倾斜获得，故铣刀加工共轭齿面的总鼓形 $\Sigma F = 0$。切削小轮的铣刀刀齿顺序为粗切、外精切和内精切；切削大轮的铣刀刀齿顺序为外精切、粗切和内精切。这种铣刀的各刀齿组位置在圆周方向是均布的。FS 型铣刀的主要规格范围见表 16-51。

表 16-51 FS 型铣刀规格范围

（单位：mm）

铣刀规格	被加工齿轮法向模数
FS5-39	1.5~3.75
FS7-49	1.5~4.5
FS11-74	1.5~4.5
FS13-88	1.5~4.5
FS5-62	4.5~7.5
FS7-88	4.5~8.5
FS11-140	4.5~8.5
FS13-160	4.5~8.5
FS13-180	4.5~8.5
FS11-160	5.0~10.0
FS13-181	5.0~10.0

2. 万能型铣刀

万能型铣刀可以配出各种实际需要的切线半径 r_T、刀齿组数 Z_0 和鼓形系数 F。它的用途是在单件小批生产中加工不同参数的锥齿轮，以及在大批量生产中试切新参数的锥齿轮，可根据齿面接触长度反复修改万能型铣刀的鼓形系数和切线半径，为批量生产使用铣刀取得合理的数据。它解决了标准铣刀参数已固定数值，难以改变的问题。

一台奥利康铣齿机上一般都配有四个万能铣刀刀体。刀体上有三个刀槽的有 UP260-3 和 UP390-3 两种，如图 16-39a 所示；刀体上有四个刀槽的有 UP260-4 和 UP390-4 两种，如图 16-39b 所示。工作时每个万能型铣刀刀体上装三个刀齿，粗切刀齿和内、外切刀齿。刀体上三个刀齿可以属于假想的标

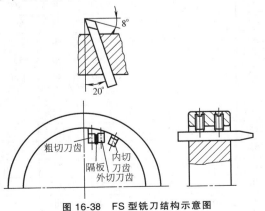

图 16-38 FS 型铣刀结构示意图

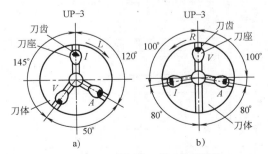

图 16-39 万能型铣刀的刀体槽间角

a）刀体上有三个刀槽 b）刀体上有四个刀槽

准铣刀上不同的刀齿组，能配出多种的齿间角和不同的切线半径。刀齿在刀槽中的径向位置可以调整，得到任意要求的切线半径，同时利用三个刀槽和四个刀槽的刀体的不同组合，可以得到 13 种不同的齿间角：80°、95°、100°、120°、140°、160°、180°、200°、215°、240°、260°、265°、280°。

UP-3 和 UP-4 型万能型铣刀刀体可以直接采用 EN 型标准铣刀的刀齿，并备有装各种尺寸规格的 EN 型标准刀齿的刀座。刀齿规格及其参数的选择和 EN 标准铣刀类似，可参照选取。

万能型铣刀刀体上装一个粗切刀齿和两个精切刀齿（外精切刀齿和内精切刀齿），这三个刀齿在刀体上所占的刀槽，根据需要可有不同的配置方案，如图 16-40 所示。用 $\widehat{V}$ 表示粗切刀齿，① 表示一组刀齿中先切入齿槽的精切刀齿，② 表示一组刀齿中后切入齿槽的精切刀齿。用角 τ_{12} 表示精切刀齿 ① 到精切刀齿 ② 的实际齿间角，角 τ_{V1} 表示粗切刀齿 $\widehat{V}$ 到精切刀齿 ① 的实际齿间角。万能型铣刀刀体可当作多种不同刀齿组数的假想标准铣刀使用。表 16-52 是万能型铣刀可以配置得到的假想标准铣刀的刀齿组数 Z_0、精切齿实际齿间角 τ_{12}、精刀齿鼓形系数 F、粗切刀齿实际齿间角 τ_{V1}、粗切刀齿角距常数 V。

选择万能型铣刀的配置方案时应注意以下问题：

1）加工同对齿轮副的大小齿轮用的铣刀旋向应相反。采用 UP-3 和 UP-4 铣刀时，旋向按 EN 型标准铣刀的旋向规定。

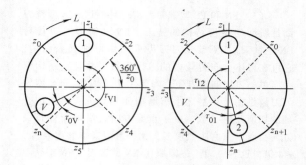

图 16-40 万能型铣刀齿间角的计算

2）万能型铣刀的假想齿组数 Z_0，可根据齿轮要求的鼓形系数 F 由表 16-52 选定，加工配对的大小齿轮的两个万能型铣刀的假想齿组数 Z_0 应相同。

3）除 $Z_0 = 1$ 外，Z_0 和被切齿轮的齿数 z_1、z_2 不能有公约数，否则有的齿轮轮齿要加工不到。应注意 $Z_0 = 1$ 仅在大齿轮齿数 $z_2 \leqslant 49$ 时采用；$Z_0 = 2$ 时仅在 $z_2 \leqslant 60$ 时采用。

例如，一对锥齿轮要求鼓形系数和 $\sum F = 120$，小轮左旋，大轮右旋。取铣刀旋向与齿轮旋向相同（相当 EN 铣刀旋向）。

由表 16-52 选用 $Z_0 = 3$。

小轮用 UP-3 型万能型铣刀（左旋）的第三方案，$F_1 = 180$，$\tau_{12} = 240°$，$\tau_{V1} = 215°$。

大轮用 UP-4 型万能型铣刀（右旋）的第三方案，$F_2 = -60$，$\tau_{12} = 200°$，$\tau_{V1} = 260°$。

总鼓形为 $\sum F = F_1 + F_2 = 180 - 60 = 120$。

表 16-52 万能刀盘的鼓形系数和角距调整参数 〔单位：(°)〕

调整参数			万能刀盘刀体规格										
			UP260-3(UT36-101) UP390-3(UT64-150)						UP260-4(UQ36-101) UP390-4(UQ64-150)				
			配置方案						配置方案				
			1	2	3	4	5	6	1	2	3	4	5
$Z_0 = 1$	F		+35	−35	+60	−60	+85	—	0	+20	−20	+80	+100
	τ_{12}		145	215	120	240	95	—	180	160	200	100	80
	左旋 L	τ_{V1}	120	265	95	215	145	—	80	100	80	80	100
		V	102.5	282.5	65	245	102.5	—	80	90	90	40	50
	右旋 R	τ_{V1}	95	240	145	265	120	—	80	100	80	80	100
		V	77.5	257.5	115	295	77.5	—	80	90	90	40	50
$Z_0 = 2$	F		+10	−10	+60	−60	+110	−110	+20	−20	+40	+180	—
	τ_{12}		265	95	240	120	215	145	80	100	200	180	—
	左旋 L	τ_{V1}	240	145	215	95	265	120	200	80	260	260	—
		V	115	295	40	220	115	295	30	170	90	70	—
	右旋 R	τ_{V1}	215	120	265	145	240	95	200	80	260	260	—
		V	65	245	140	320	65	245	30	170	90	70	—

（续）

调整参数			万能刀盘刀体规格										
			UP260-3(UT36-101) UP390-3(UT64-150)						UP260-4(UQ36-101) UP390-4(UQ64-150)				
			配置方案						配置方案				
			1	2	3	4	5	6	1	2	3	4	5
$Z_0=3$		F	+105	-105	+180	—	—	—	0	+60	-60	—	—
		τ_{12}	145	215	240	—	—	—	180	160	200	—	—
	左旋 L	τ_{V1}	120	265	215	—	—	—	260	280	260	—	—
		V	307.5	127.5	195	—	—	—	60	90	90	—	—
	右旋 R	τ_{V1}	95	240	265	—	—	—	260	280	260	—	—
		V	232.5	52.5	-15	—	—	—	60	90	90	—	—
$Z_0=4$		F	+40	-40	+60	-60	—	—	+140	+180	—	—	—
		τ_{12}	215	145	120	240	—	—	100	180	—	—	—
	左旋 L	τ_{V1}	265	120	95	215	—	—	100	100	—	—	—
		V	320	140	-10	170	—	—	-30	-50	—	—	—
	右旋 R	τ_{V1}	240	95	145	265	—	—	100	100	—	—	—
		V	220	40	190	10	—	—	-30	-50	—	—	—
$Z_0=5$		F	+60	-60	+65	-65	—	—	0	+40	-40	+100	+140
		τ_{12}	240	120	95	265	—	—	180	100	260	160	80
	左旋 L	τ_{V1}	215	95	145	240	—	—	80	80	180	100	80
		V	325	145	-27.5	152.5	—	—	40	20	200	90	-30
	右旋 R	τ_{V1}	265	145	120	215	—	—	80	80	180	100	80
		V	215	35	207.5	27.5	—	—	40	20	200	90	-30
$Z_0=6$		F	+30	-30	+180	—	—	—	+60	-60	+180	—	—
		τ_{12}	145	215	240	—	—	—	200	160	180	—	—
	左旋 L	τ_{V1}	120	265	215	—	—	—	260	280	280	—	—
		V	345	165	120	—	—	—	90	270	150	—	—
	右旋 R	τ_{V1}	90	240	265	—	—	—	260	280	280	—	—
		V	195	15	60	—	—	—	90	270	150	—	—
$Z_0=7$		F	+60	-60	+115	-115	+125	-125	0	+20	-20	+140	—
		τ_{12}	120	240	215	145	265	95	180	280	80	160	—
	左旋 L	τ_{V1}	95	215	265	120	240	145	260	260	180	280	—
		V	275	95	-2.5	177.5	177.5	357.5	20	10	190	90	—
	右旋 R	τ_{V1}	145	265	240	95	215	120	260	260	180	280	—
		V	265	85	182.5	2.5	2.5	182.5	20	10	190	90	—
$Z_0=11$		F	+25	-25	+60	-60	+145	-145	0	+20	-20	+140	+160
		τ_{12}	145	215	240	120	265	95	180	80	280	200	100
	左旋 L	τ_{V1}	120	265	215	95	240	145	100	100	180	80	100
		V	227.5	47.5	175	365	47.5	227.5	20	10	190	90	-60
	右旋 R	τ_{V1}	95	240	265	145	215	120	100	100	180	80	100
		V	312.5	132.5	5	185	132.5	312.5	20	10	190	90	-60

16.2.4 几种改进的长幅外摆线齿锥齿轮铣刀盘

1. 螺旋滚切切齿法、对偶切齿法和 FS 型铣刀盘

（1）螺旋滚切切齿法 奥利康公司 1972 年提出改进的切锥齿轮方法——螺旋滚切法。这种方法切大锥齿轮时齿面曲率半径不修正（铣刀盘轴不倾斜），切小锥齿轮时铣刀盘主轴倾斜，使加工锥齿轮齿面得到鼓形，使共轭齿面间获得曲率半径差，形成齿面局部接触。

由于采用了新的获得齿面局部接触的方法，锥齿轮参数可在较大范围内自由选择，可自由选择螺旋角、锥距和传动比，不再像 G 型锥齿轮那样锥齿轮参数受限制。

螺旋滚动法要求铣刀主轴能倾斜 $7° \sim 10°$，需有刀倾刀转机构，可在奥利康公司的 SKM1 和 SM3 型切齿机上用这种方法；原有的 SKM2 切齿机铣刀主轴只能倾斜 $3°$，不符这种切齿方法的要求。

这种切齿方法切小轮的铣刀盘刀齿的总齿形角仍为 2α，但因铣刀盘轴线倾斜，使刀齿内外两侧切制刃的齿形角不对称，齿形角随铣刀盘倾角不同而异。旧的刀齿都是铲背结构，不同齿形角的刀齿要专门制造，造成刀齿品种规格繁多。为解决这问题，该公司发展了新的 FS 型尖齿铣刀盘，生产了 SKB 型刃磨机，刀齿刃磨后面。使用厂可以很方便、精确地磨出刀齿要求的齿形角，不再需要不同齿形角的刀齿备品。

（2）对偶切齿法 奥利康公司 1975 年针对大批量生产，提出改进的高效切齿法——对偶切齿法（Spirac）。这种方法可用于加工延伸外摆线的锥齿轮和准双曲线齿轮。切大锥齿轮时用切入成形法，无展成运动，故切出的大锥齿轮为直线齿形。切大齿轮时取消了展成运动，切齿使用 FS 型尖齿铣刀盘其齿组数增加，使切齿效率大为提高，据该公司介绍切大锥齿轮在齿数多时约可提高切齿效率 40%。

切小锥齿轮时使用相当于大锥齿轮参数的锥形产形轮，铣刀盘轴线倾斜，其值等于大锥齿轮的节锥角，铣刀盘相当于大锥齿轮的牙齿（直线齿形）。因采用直接对偶法，将大锥齿轮的齿形通过啮合关系直接偶合给小锥齿轮，不存在理论误差，可加工出质量较高的锥齿轮副。

对偶法使用的刀盘也采用总鼓形 $\sum F = 0$，齿面的局部接触在切小锥齿轮时靠铣刀盘额外的倾角获得。这种切齿方法使用 FS 型尖齿铣刀盘，用 SKB 型刃磨机，刃磨刀齿后面，可精确地磨出刀齿要求的齿形角。

对偶法能加工传动比 $i \leq 2.5$ 的锥齿轮副，根据大锥齿轮的节锥角要求铣刀轴的最大倾斜角 $I = 30°$，并需有刀倾刀转机构。对偶法可使用该公司的 S17 型切齿机，机床的铣刀轴可倾斜 $30°$。

加工延伸外摆线锥齿轮的对偶法，实质上类似加工弧齿锥齿轮的半展成法，切大锥齿轮时没有展成运动而提高切齿效率。由于这种新加工方法的出现，在大批量生产中，奥利康公司切齿法无论在切齿效率或加工齿轮质量方面都能与格利森制半展成法加工弧齿锥齿轮相抗衡。

（3）FS 型铣刀盘 由于螺旋滚切切齿法和对偶切齿法加工延伸外摆线齿锥齿轮的出现，奥利康公司发展了铣刀盘主轴有较大倾斜角的、供这两种切齿法使用的 FS 型铣刀盘。FS 型铣刀盘是一种新型尖齿结构的高效铣刀盘，这种铣刀盘刀齿内外两侧切削刃的齿形角不对称，齿形角将随铣刀盘倾角不同而异。

这种新系列铣刀盘最初结构为 FH 型铣刀盘，刀齿为条状尖齿刀片。加工锥齿轮共轭齿面的局部接触是由铣刀盘轴倾斜获得，故铣刀盘加工共轭齿面的总鼓形 $\sum F = 0$。切小锥齿轮铣刀盘的刀齿顺序为粗切、外精切和内精切；切大锥齿轮刀齿顺序为外精切、粗切和内精切。铣刀盘的各刀齿位置在圆周方向是均布的。FS 型铣刀盘是改进定型结构。结构的改进是每组刀齿中有两个刀齿放在同一刀槽内，使同样直径的铣刀盘比 FH 型铣刀盘可容纳更多的刀齿组数。由于刀齿组数增加，据介绍 FS 铣刀盘较 FN 铣刀盘可提高切削效率 25%，FH 型铣刀盘现已不生产。FS 型铣刀盘的刀齿也是用条状尖齿刀片，刀齿排列顺序和 FH 铣刀盘相同。切小锥齿轮的铣刀盘刀齿鼓形系数 $F_1 = 50$，切大锥齿轮时鼓形系数 $F_2 = -50$，故 $\sum F = F_1 + F_2 = 0$。

图 16-41 是 FS 型铣刀盘的结构示意图。铣刀盘由刀盘体和外套组成。外套用热压过盈配合，并用螺钉固定在刀盘体上。刀盘体上的刀槽底面和轴线平行，刀槽侧面与轴心线夹角为 $20°$。刀槽底面到中心线的偏差控制在 0.003mm。加工小锥齿轮刀盘的粗切齿和外精切齿，加工大锥齿轮的粗切齿和内精切齿是装在一个刀槽内的，但槽底有凸肩，以保证各自的半径。为保证容屑空间，这两个刀齿间有 4mm 厚的隔片（隔片焊在刀槽内）。

铣刀盘的刀齿用条状尖齿刀片，分两个系列：轻系列用于模数 $m_p = 1.5 \sim 4.5\text{mm}$，刀片截面为 $7.5\text{mm} \times 9\text{mm}$；重系列用于 $m_p = 4.5 \sim 8.5\text{mm}$，刀片截面为 $13.5\text{mm} \times 17\text{mm}$，刀齿长度均为 110mm。刀齿刃磨用奥利康公司 SKB 型刃磨机，刃磨刀齿的后面。刀片可刃磨长度为 50mm，由于刀齿结构简单，可刃磨次数多，据该公司称刀具费用可降为原来的十分之一。

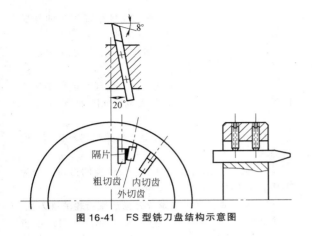

图 16-41　FS 型铣刀盘结构示意图

刀齿的齿形角可在 SKB 型刃磨机上精确地磨出，齿顶圆角半径和加工小轮的刀齿齿顶突角也可在刃磨时一起磨出。刃磨后应保持切削刃仍位于和滚动圆相切的平面内。在必要时为改善齿高方向的接触情况，可将切削刃磨成中凹的线形，中凹量约为 0.04mm，通过试切确定。SKB 型磨齿机一次可磨 13 个刀片，每磨一盘铣刀片约需 1h。FS 型铣刀盘的标准规格见表 16-53。

2. 克林根公司加工延伸外摆线锥齿轮的铣刀盘

德国克林根公司也开发生产了加工延伸外摆线锥齿轮的切齿机（FK41B、AMK400、AMK635、AMK855、AMK1603 型等）和多种型式的铣刀盘。

表 16-53　奥利康 FS 型铣刀盘的标准规格

轻系列				重系列			
FS 型铣刀盘规格	切线半径 r_T/mm	刀齿组数 z_0	加工模数范围 m_p	FS 型铣刀盘规格	切线半径 r_T/mm	刀齿组数 z_0	加工模数范围 m_p/mm
FS5—39	39	5	1.5~3.75	FS5—62	62	5	4.5~7.5
FS7—49	49	7	1.5~4.5	FS7—88	88	7	4.5~8.5
FS11—74	74	11	1.5~4.5	FS11—140	140	11	4.5~8.5
FS13—88	88	13	1.5~4.5	FS13—160	160	13	4.5~8.5
—	—	—	—	FS15—180	180	13	4.5~8.5

（1）克林根公司加工延伸外摆线锥齿轮的特点
克林根公司形成鼓形齿的方法随生产批量不同而不同。

1）大批量生产采用双层复合式万能铣刀盘，其双层结构如图 16-42 所示：一层专装外切刀齿，其刀盘切线半径 $r_{Te}=r_T+\Delta r_T$（r_T 为计算基点理论切线半径，Δr_T 为刀盘半径修正量），其刀盘刻转中心为 O_{0e}，用来加工大锥齿轮和小锥齿轮的凹面；另一层专装内切刀齿，其刀盘切线半径为 $r_{Ti}=r_T$，其刀盘

旋转中心为 O_{0i}，用来加工大锥齿轮和小锥齿轮的凸面。

克林根切齿方法原理的主要特点如图 16-43 所示。为使大锥齿轮凸面和小锥齿轮凹面（或大锥齿轮凹面和小锥齿轮凸面）在计算基点共轭，两齿面在计算基点的法线必须重合，即内切刀的相对运动瞬时中心和外切刀的瞬时中心（滚圆 r_g 与基圆 r_b 的公切点）同处于过计算基点的一条直线上，如图 16-43 所示。另外，由于外切刀齿的切线半径比内切刀齿的切线半径大，故形成齿长方向局部接触。如图 16-44a 所示。

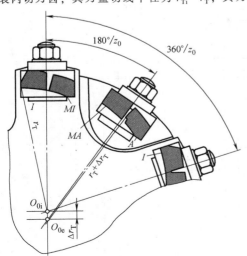

图 16-42　克林根双层复合式万能铣刀盘

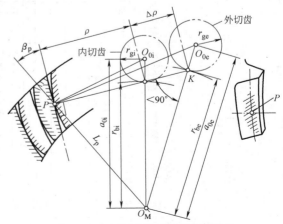

图 16-43　克林根切齿方法的主要特点

2）单件和小批量生产可采用整体铣刀盘，形成齿面局部共轭原理如图16-44所示。加工大锥齿轮两侧齿面时，铣刀盘切线半径即采用 r_T；而加工小锥齿轮凸齿面和凹齿面时，则分两次加工。当加工小锥齿轮凸齿面时，取 $r_{Ti}=r_T-\Delta r_T$；当加工小锥齿轮凹齿面时，取 $r_{Te}=r_T+\Delta r_T$，式中 Δr_T 为刀盘半径修正量。用这种方法加工出的一对锥齿轮，能形成齿面局部共轭，只是小锥齿轮需分两次加工。

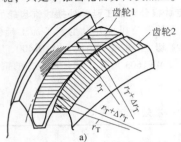

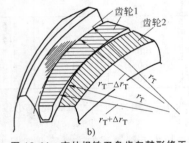

图16-44 克林根铣刀盘齿向鼓形修正
a）双层复合式铣刀盘 b）整体铣刀盘

（2）克林根切齿铣刀盘 克林根加工延伸外摆线锥齿轮的切齿铣刀盘有如下几种：

1）镶圆盘形刀齿的镶齿铣刀盘，可加工模数为 0.2~1.5mm 的锥齿轮。

2）双层复合式万能铣刀盘，是现在加工模数范围最广的铣刀盘，铣刀盘使用范围如图16-45所示。

3）普通结构镶齿铣刀盘。

4）尖齿铣刀盘，其结构型式类似奥利康FN型铣刀盘。

5）硬齿面刮齿铣刀盘，它所镶装的刀齿，分为硬质合金刀齿和CBN刀齿两种。

3. 格里森公司加工延伸外摆线锥齿轮的铣刀盘

格里森公司也开发生产了加工延伸外摆线锥齿轮的切齿机（No2010G—MAXX型等）和尖齿铣刀盘。

（1）格里森切齿铣刀盘的结构特点 格里森公司 2000 年前后推出加工延伸外摆线锥齿轮的尖齿条形结构 TRI—AC 型铣刀盘，这种刀盘的结构特点：

1）每组刀齿由一个内切刀齿和一个外切刀齿组成，取消了粗切刀齿。

2）切削刃有正前角，改善了切屑形成过程，因而提高了刀具寿命。

3）由于是尖齿条形刀齿，在刀盘体上可容纳较多的刀齿，因而提高了切削效率。

4）刀齿在刀体中有较好的夹紧刚性和稳定性，因而提高了刀具的精度。

型号	刀盘切线半径 r_T/mm	标准模数 m_n/mm
AMK250	55	
	100	
	135	
AMK400	55	
	100	
	135	
	170	
AMK635	55	
	100	
	135	
	170	
	210	
AMK855	135	
	170	
	210	
	260	
AMK1602	270	
	350	
	450	
模数范围/mm		12 15 18 22 26 32 ｜ 3.6 4 5 6 ｜ 7 8 10 12 14 17 20 23 27 32

图16-45 克林根双层复合式铣刀盘使用范围（——标准范围，……扩展范围）

5）刀齿重磨齿顶、工作刃后面、刀尖圆角半径和非工作刃后面。重磨工作是在刀盘体外专用磨床或专用夹具上刃磨，故刀齿可以选取合理的切削参数，而且可保证同一套刀具齿形角、刀尖圆角半径一致。

6）在非工作刃前面开一个槽。这样既保证了工作刃具有正前角，又保证了非工作刃和刀尖及顶刃处具有正前角。

（2）格里森尖齿铣刀盘的参数　格里森 TRI—AC 型尖齿铣刀盘的参数见表 16-54。

（3）格里森 TRI—AC 型尖齿铣刀盘刀齿的刃磨

1）这种刀齿是在刀盘体外，装在专用磨刀机（格里森 No545 型）的圆盘形夹具中，重磨工作刃后面、非工作刃后面、齿顶和刀尖圆角后面。

2）刀齿前面不重磨，所以可用 TiN 涂层。

3）非工作刃前面的槽不重磨。

4）刀齿重磨后在专用检测量具上检测各重磨面与标准刀块的差值，使其保持在公差范围内。

5）用专用对刀规将刀齿重新装在刀盘体中，确保刀齿每次安装精度一致。

表 16-54　格里森 TRI—AC 型尖齿铣刀盘参数　（单位：mm）

铣刀盘公称半径	刀齿组数	刀盘体编号	最大切削深度	刀齿横截面尺寸
小齿距锥齿轮用铣刀盘				
51	7	30218001—RH 30218002—LH	7.62	10.16×12.7
64	11	30218003—RH 30218004—LH	9.53	
76	13	30218005—RH 30218006—LH	10.80	
88	17	30218007—RH 30218008—LH	12.07	
105	19	30218009—RH 30218010—LH	13.97	
大齿距锥齿轮用铣刀盘				
76	7	30218011—RH 30218012—LH	12.07	5.24×15.24
88	11	30218013—RH 30218014—LH	13.97	
105	13	30218015—RH 30218016—LH	17.78	
125	13	30218017—RH 30218018—LH	19.05	15.24×19.68
150	17	30218019—RH 30218020—LH	21.59	
175	19	30218021—RH 30218022—LH	23.50	

注：外切刀齿齿形角为 15°~20°，内切刀齿齿形角为 20°~25°。

第 17 章 加工非渐开线齿形工件的刀具

在生产中有许多非渐开线齿形的工件，例如花键轴、链轮、圆弧齿轮、摆线针轮、同步带轮等。这些工件的齿形，在大多数情况下，可按展成法用滚刀来加工，除某些特殊工件外，如矩形花键轴等，对不同齿数的工件在一定齿数范围内也可用同一把滚刀加工，刀具的通用性好，同时又是连续切削，有较高的生产率，因此在生产中应用很广泛。

用展成滚刀加工非渐开线齿形工件的工作原理，和加工渐开线齿轮的工作原理是一样的。滚刀的切齿过程，相当于是滚刀的基本蜗杆（产形螺旋面）与工件的啮合过程，从理论上讲，它们是一对交错轴斜齿轮的空间啮合。

在一般设计中，为了简化计算起见，常将空间啮合简化为平面啮合，即将滚刀的法向齿形视为与工件共轭的齿条齿形。按平面啮合原理求出这个齿条齿形后，滚刀的法向齿形就按这个齿条齿形设计和制造。简化为平面啮合会产生一定的设计误差，但当滚刀的导程角很小时，这一误差并不很大，通常在允许范围以内。本章所述各种滚刀的齿形，常按平面啮合原理进行设计的。

17.1 用展成法加工非渐开线齿形的滚刀齿形求法

1. 用齿廓法线法求滚刀法向齿形

用平面啮合原理求共轭滚刀齿形的方法很多，其中包括图解法、图解解析法、解析法等。本章仅介绍解析法求共轭滚刀的齿形。

平面中的两个齿形啮合，是指这两个齿形在共轭过程中的每一瞬时都是相切接触，它们在接触点处的两齿形法线重合为一直线，该直线称为公法线。两齿形在接触点沿公法线方向的相对速度等于零。在啮合过程中，两齿形接触点的运动轨迹称为啮合线。

在图 17-1 中，齿轮的中心是 O，节圆半径为 r'，节点为 P。以 P 为原点作固定的坐标系（$P-x_2$，y_2），y_2 和 y_1 重合与 OP 方向一致，x_2 轴与 y_2 轴垂直，即与滚刀节线重合。再作一个与滚刀固连并随它一起移动的坐标系（O_0-x_0，y_0），在起始位置（O_0，x_0，y_0）与（P，x_2，y_2）重合。

以 O 为原点作与齿轮固连并随它一起转动的坐标系（O，x，y），在起始位置（O，x，y）与（O，x_1，y_1）重合。

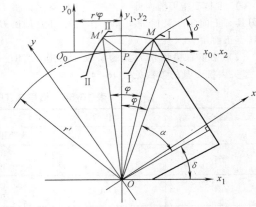

图 17-1 齿廓法线法

当齿轮齿形连同其坐标系（O，x，y）逆时针转过 φ 角后处于 II 的位置时，齿形上的 M 点转到 M' 点。M' 点的法线正好通过啮合节点。根据齿廓啮合基本定律可知，M' 点即为两共轭齿形的啮合点，同时也是刀具法向齿形上的一点。

齿轮动坐标系与固定坐标系之间的关系为

$$\left.\begin{array}{l} x_1 = x\cos\varphi - y\sin\varphi \\ y_1 = x\sin\varphi + y\cos\varphi \end{array}\right\} \tag{17-1}$$

齿轮固定坐标系与刀具坐标系之间的关系为

$$\left.\begin{array}{l} x_0 = x_1 + r'\varphi \\ y_0 = y_1 - r' \end{array}\right\} \tag{17-2}$$

于是得到齿轮坐标系与刀具坐标之间的关系为

$$\left.\begin{array}{l} x_0 = x\cos\varphi - y\sin\varphi + r'\varphi \\ y_0 = x\sin\varphi + y\cos\varphi - r' \end{array}\right\} \tag{17-3}$$

式（17-3）为 M' 点在刀具坐标系中的坐标，也就是滚刀的法向齿形方程。给出一系列齿轮齿形的坐标点（x，y），就可求出刀具齿形上相应的坐标点（x_0，y_0）。

齿轮齿形上的 M 点转过多大的 φ 角时，这一点的法线正好通过啮合节点。从图 17-1 可知

$$\varphi = \frac{\pi}{2} - \alpha - \delta \tag{17-4}$$

$$\cos\alpha = \frac{x\cos\delta + y\sin\delta}{r'} \tag{17-5}$$

δ 角是工件齿形上任一点 M 的切线与 x 转轴的夹角，可根据齿轮齿形方程求出：

齿形方程式	δ 角的计算公式
显函数式 $\quad y = f(x)$	$\tan\delta = \dfrac{\mathrm{d}y}{\mathrm{d}x}$

隐函数式　$F(x,y)=0$　$\tan\delta=-\dfrac{\dfrac{\partial F}{\partial x}}{\dfrac{\partial F}{\partial y}}$　　（17-6）

参数式　$\begin{cases}x=x(t)\\y=y(t)\end{cases}$　$\tan\delta=\dfrac{\dfrac{dy(t)}{dt}}{\dfrac{dx(t)}{dt}}$

首先，确定齿轮齿形上任意一点的坐标（x，y），由式（17-6）计算该点的切线与 x_1 轴的夹角 δ，再由式（17-5）和式（17-4）就可求得该点成为接触点时需要转过的 φ 角。计算得的 φ 角是正值，表示齿形要从起始位置逆时针转动使该点到达接触点位置；反之，若 φ 是负值，表示齿形要从起始位置顺时针转动。

2. 齿形共轭的必要条件

当已知工件齿形时，可用这个齿形在啮合时的许多位置包络出与其共轭的滚刀法向齿形来。但并不是任何齿形都能有其共轭齿形的，即并非任何齿形的工件都可以用展成法加工。只有工件与刀具的齿形符合齿形啮合基本定律时，才能用展成法加工。齿形共轭的必要条件为：

1）两个齿形在接触点处应有公切线和公法线。

2）公法线应通过啮合节点。

3）工件齿形上所有各点的法线应与节圆相割，而且这些割点应当按次序排列。

当不符合上述条件时就求不出刀具的齿形，或加工不出符合工件要求的齿形。实际生产中常见的有下述三种情况不能用展成滚刀加工。

1）没有共轭的滚刀法向齿形。当工件齿形不符合共轭条件时没有共轭滚刀齿形，例如图 17-2a 所示的直线齿形，$\overline{bc}$ 段中的法线不与节圆相割，没有共轭的滚刀齿形。只有增大节圆，使节圆和 c 点的法线相切时，$\overline{bc}$ 段才能加工。

2）滚刀齿形变尖达不到要求的刀齿高度。当加工深而狭窄的齿槽时，由于切削刃互相截割，刀齿变尖，切削刃达不到必须的工作高度。一般来讲，切削刃的全齿高应不小于工件的齿槽深度。如图 17-2b 所示情况，就无法在工件上加工出要求的齿槽深度。

3）过渡曲线过高，齿形达不到要求高度。用展成法加工，不可避免地在工件上产生过渡曲线。当过渡曲线高度超过工件给出的允许值时，可减小节圆，从而减小过渡曲线高度。如果减小节圆，齿形仍然达不到要求高度，这时应改变加工方法或修改产品设计。

总之，在设计滚刀齿形前应先分析工件齿形，

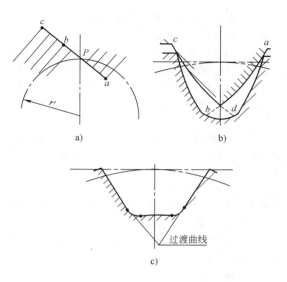

图 17-2　展成滚刀加工的限制

a）没有共轭的滚刀法向齿形　b）滚刀齿形变尖达不到要求的刀齿高度　c）过渡曲线过高，齿形达不到要求高度

看工件能否用展成法加工。

3. 工件节圆半径的选择

在设计计算非渐开线齿轮滚刀时，首先要求出工件的节圆半径 r'。节圆半径的大小，决定着工件齿形是否能完整地成形，也影响啮合持续时间，以及工件齿根过渡曲线的大小。因此，节圆半径的正确选择，是滚刀设计的一项重要工作。

（1）过渡曲线高度与节圆的关系　从齿轮啮合原理中知道，用展成法加工渐开线齿轮时，在齿根处会产生过渡曲线。利用展成法加工非渐开线齿形工件时，在齿根处也会产生过渡曲线。

在图 17-3 中，r_a 为工件齿顶圆半径，r_f 为工件齿根圆半径，r' 为节圆半径。为了能切出正确的齿根圆，滚刀的齿顶线应切于工件根圆，即滚刀节线到齿顶线的高度应为 $h_a=r'-r_f$。g 则是工件齿根处过渡曲线的高度。

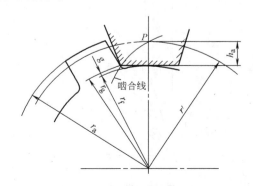

图 17-3　工件齿根处的过渡曲线

从计算分析可知，当工件的节圆半径改变时，啮合线的形状也要发生改变，因而也影响过渡曲线的大小。当工件节圆半径选取过大时，工件齿根过渡曲线高度就相应增大；当工件节圆半径选得越小，所得到的过渡曲线高度也越小。因此，在保证齿顶能正确切出的前提下，节圆半径应尽可能取得小一些。

（2）节圆半径最小值的确定　在求任意复杂齿形工件的节圆半径时，先将工件齿形分为几个基本线段，如直线、圆弧等，求出各基本线段的允许最小节圆半径 r'_{xmin}。由于增大节圆半径不会破坏展成法加工工件齿形的正确性，而仅会增大齿根处过渡曲线高度，因而，在上述求得的节圆中（节圆数量等于基本线段数量）选用最大的 r'_{xmin} 作为整个齿形允许的最小节圆半径 r'。为此，应该用解析法分别求出各线段允许的 r'_{xmin}（求法将在后面给出），再取其中最大的 r'_{xmin} 作为整个齿形的节圆半径。

对多段曲线分别计算其允许的最小节圆半径比较麻烦。下面介绍一种对多段曲线齿形选取节圆半径的较简单的方法。按照这种方法选取，可保证各段曲线的法线都能与节圆相割，不会发生如图 17-2a 所示的情况，因而节圆可用。但并不是最理想的节圆半径。

这种方法是用图解法确定工件节圆半径。图 17-4 为任意齿形的工件，1、2、3、……等点是齿形上的特征点（特征点可选择为转折点，曲线与直线或与曲线的交点或切点），其半径分别为 R_1、R_2、R_3、……。过 1、2、3、……点作齿形的切线 11′、22′、33′、……。这样，就把齿形看成是若干直线的组合。由工件中心 O 作这些切线的法线 $O1'$、$O2'$、$O3'$、……交切线于 1′、2′、3′、……。取切线各线段 11′、22′、33′……中最长的线段（图中为 22′）作为节圆半径，则此节圆半径能满足齿形正确

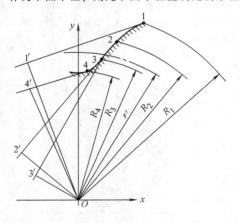

图 17-4　确定工件节圆半径的图解法

加工的条件。因为这时齿形上任一点的法线都与半径为 $r' = 22'$ 的节圆相交。

17.2　矩形花键滚刀设计

17.2.1　矩形花键轴齿形的主要参数

关于矩形花键的标准，GB/T 1144—1974、GB/T 1144—1987 为旧标准，GB/T 1144—2001 为新标准。目前新旧标准都在使用，因此本章给出的滚刀设计方法适用于新旧标准的矩形花键轴。

根据 GB/T 1144—1974，矩形花键连接按键齿的尺寸和数目的不同，分为轻、中、重、补充 4 个系列，共 82 个规格。定心方式有三种：按大径定心，按小径定心，按键侧定心。国标 GB/T 1144—1987 和 GB/T 1144—2001 只规定了轻、中两个系列，共 35 个规格。定心方式只有一种：按小径定心。

新、旧标准尺寸规格比较见表 17-1。

矩形花键轴的主要参数如图 17-5 所示。外圆直径 D（或半径 R）、根圆直径 d（或半径 r）、键宽 B、倒角尺寸 C（如无倒角；有些花键轴的键顶则用圆角，不用倒角）、键数 z。对按大径定心的花键轴，尚有键根圆角。对按小径定心的花键轴，在键根处有小凹槽，凹槽深为 f_1，凹槽宽为 e_1。

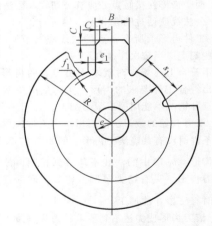

图 17-5　矩形花键轴的主要参数

花键轴的计算大径 D 为

$$D = \frac{1}{2}(D_{max} + D_{min})$$

式中　D_{max}、D_{min}——花键轴的最大大径和最小大径。

花键轴的计算小径 d 为

$$d = \frac{1}{2}(d_{max} + d_{min})$$

式中　d_{max} 和 d_{min}——花键轴的最大小径和最小小径。

花键轴的计算键宽 B 为

表 17-1　GB/T 1144—1974、GB/T 1144—1987 和 GB/T 1144—2001 规格比较

轻系列		中系列		重系列	补充系列
GB/T 1144—1974	GB/T 1144—1987 GB/T 1144—2001	GB/T 1144—1974	GB/T 1144—1987 GB/T 1144—2001	GB/T 1144—1974	GB/T 1144—1974
$z-D\times d\times b$	$N\times d\times D\times B$	$z-D\times d\times B$	$N\times d\times D\times B$	$z-D\times d\times B$	$z-D\times d\times B$
4—15×12×4		6—16×13×3.5	6×11×14×3		6—35×30×10
4—18×15×5		6—20×16×4	6×13×16×3.5		6—38×33×10
4—20×17×6		6—22×18×5	6×16×20×4		6—40×35×10
4—22×19×8		6—25×21×5	6×18×22×5		6—42×36×10
6—26×23×6	6×23×26×6	6—28×23×6	6×21×25×5	10—26×21×3	6—45×40×12
6—30×26×6	6×26×30×6	6—32×26×6	6×23×28×6	10—29×23×4	6—48×42×12
6—32×28×7	6×28×32×7	6—34×28×7	6×26×32×6	10—32×26×4	6—50×45×12
8—36×32×6	8×32×36×6	8—38×32×6	6×28×34×7	10—35×28×4	6—55×50×14
8—40×36×7	8×36×40×7	8—42×36×7	8×32×38×6	10—40×32×5	6—60×54×14
8—46×42×8	8×42×46×8	8—48×42×8	8×36×42×7	10—45×36×5	6—65×58×16
8—50×46×9	8×46×50×9	8—54×46×9	8×42×48×8	10—52×42×6	6—70×62×16
8—58×52×10	8×52×58×10	8—60×52×10	8×46×54×9	10—56×46×7	6—75×65×16
8—62×56×10	8×56×62×10	8—65×56×10	8×52×60×10	16—60×52×5	6—80×70×20
8—68×62×12	8×62×68×12	8—72×62×12	8×56×65×10	16—65×56×5	6—90×80×20
10—78×72×12	10×72×78×12	10—82×72×12	8×62×72×10	16—72×62×6	10—30×26×4
10—88×82×12	10×82×88×12	10—92×82×12	10×72×82×12	16—82×72×7	10—32×28×5
10—98×92×14	10×92×98×14	10—102×92×14	10×82×92×12	20—92×82×6	10—35×30×5
10—108×102×16	10×102×108×16	10—112×102×16	10×92×102×14	20—102×92×6	10—38×33×6
10—120×112×18	10×112×120×8	10—125×112×18	10×102×112×16		10—40×35×6
10—140×125×20			10×112×125×18		10—42×36×6
10—160×145×22					10—45×40×7
10—180×160×24					16—38×33×3.5
10—200×180×30					16—50×43×5
10—220×200×30					
10—240×220×35					
10—260×240×35					

注：z 表示键数，B 表示键宽。

$$B = \frac{1}{2}(B_{max} + B_{min})$$

式中　B_{max}、B_{min}——花键轴的最大键宽和最小键宽。

　当小径或键侧留磨时，尚需加上留磨量。其值可参考图 17-6 和表 17-2。

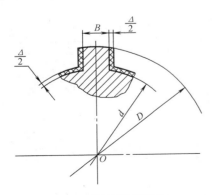

图 17-6　花键轴的留磨量 Δ

表 17-2　花键轴的留磨量

（单位：mm）

花键轴 直径	花键轴长度			
	<100	>100~200	>200~350	>350~500
	Δ			
>10~18	0.1~0.2	0.2~0.3	—	—
>18~30	0.1~0.2	0.2~0.3	0.2~0.4	—
>30~50	0.2~0.3	0.2~0.4	0.3~0.5	—
>50	0.2~0.4	0.3~0.5	0.3~0.5	0.4~0.6

　设计花键滚刀时，经常用到花键轴节圆上的齿形角 γ，如图 17-7 所示。当已知 r' 时，γ 可用下式计算：

$$\sin\gamma = \frac{B}{2r'} = \frac{e}{r'}$$

式中　e——形圆半径，且 $e = \frac{B}{2}$。

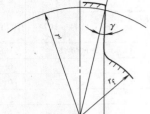

图 17-7　花键轴的节圆齿形角

17.2.2　矩形花键滚刀设计

1. 矩形花键滚刀的类型及用途

矩形花键滚刀的类型如图 17-8 所示。

（1）Ⅰ型　适用于加工按大径定心的矩形花键和按键宽定心的重系列花键。用这种滚刀加工的花键轴，齿根处有过渡曲线。

（2）Ⅱ型　齿高 h_0 大，具有Ⅰ型滚刀的特点，适用于加工带凸肩的花键轴。

（3）Ⅲ型　适用于加工小径定心的矩形花键轴。这种滚刀的优点是消除了齿根处的过渡曲线，便于磨削。缺点是"触角"容易磨损和降低了花键轴强度。

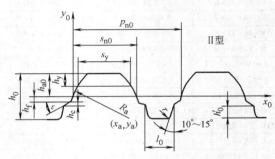

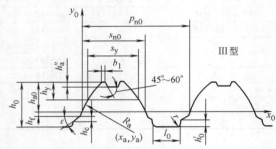

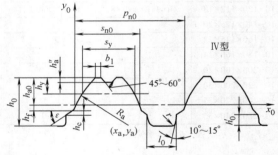

图 17-8　矩形花键滚刀法向齿形

（4）Ⅳ型　具有Ⅲ型滚刀的特点，适用于加工带凸肩的花键轴。

以上四种矩形花键滚刀均可设计成留磨滚刀。

2. 用齿廓法线法求花键滚刀法向齿形

用齿廓法线法求花键滚刀法向齿形可利用式（17-3）。在图 17-9 所示坐标系下，滚刀法向齿形的计算公式为

$$\left.\begin{array}{l} x_0 = x\cos\varphi - y\sin\varphi + r'\varphi \\ y_0 = r' - x\sin\varphi - y\cos\varphi \end{array}\right\} \tag{17-7}$$

$$\varphi = \frac{\pi}{2} - \alpha - \delta \tag{17-8}$$

$$\cos\alpha = \frac{x\cos\delta + y\sin\delta}{r'} \tag{17-9}$$

式中　δ——工件齿形上任一点的切线与 x 轴的

夹角。

由于矩形花键轴是直线齿形，所以其滚刀法向齿形计算公式可化简。

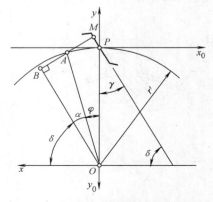

图 17-9　用齿廓法线法求花键滚刀法向齿形

在 (O, x, y) 坐标系下, 直线齿形方程为

$$x = -(r'-y)\tan r \tag{17-10}$$

$$\delta = \frac{\pi}{2} - \gamma$$

$$\varphi = \frac{\pi}{2} - \alpha - \delta = \gamma - \alpha \tag{17-11}$$

将式 (17-10)、式 (17-11) 代入式 (17-9) 中, 整理后得到

$$y = r'(\cos\alpha\cos\gamma + \sin^2\gamma) \tag{17-12}$$

将式 (17-12) 代入式 (17-10) 中得

$$x = -r'(\sin\gamma\cos\gamma - \sin\gamma\cos\alpha) \tag{17-13}$$

将式 (17-11) ~ 式 (17-13) 代入方程 (17-7) 中经化简可得

$$\left.\begin{array}{l} x_0 = r'[(\alpha-\gamma) - (\sin\alpha-\sin\gamma)\cos\alpha] \\ y_0 = r'(\sin\alpha-\sin\gamma)\sin\alpha \end{array}\right\} \tag{17-14}$$

这就是以 α 为参变量的花键滚刀的法向齿形方程。

3. 花键轴节圆半径的选择

图 17-10 为花键轴与刀具齿条啮合时的情况。从图中可看出, 啮合线上有一个最高点 Q, 啮合线到 Q 点后就要改变方向。这里 K 点是齿条齿形上的最高点。在 Q 点与齿条齿形上 K 点相接触的花键齿形上的一点为 E 点。E、K、Q 三点是共轭点。如果花键轴齿形超过 E 点而到达 E' 点时, 则 EE' 段各点的运动轨迹与啮合线不能相交, 从而找不到与其共轭的齿条齿形, 因而这段齿形不能用滚刀正确地加工出来。

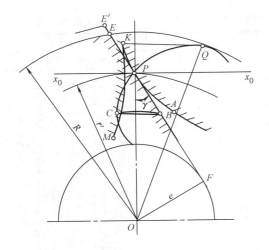

图 17-10　花键轴与齿条的啮合

花键轴的最大外圆半径 R 受到 Q 点的限制, 它不能大于 O 及 Q 两点间的距离, 即

$$R \leqslant \overline{OQ}$$

当花键轴节圆半径 r' 为已知时, 可推导出

$$R \leqslant \sqrt{r'^2 + \frac{3}{4}e^2}$$

当花键的实际外圆半径 R 为已知时, 花键轴节圆半径必须为

$$r' \geqslant \sqrt{R^2 - \frac{3}{4}e^2}$$

或

$$r'_{\min} = \sqrt{R^2 - \frac{3}{4}e^2} \tag{17-15}$$

对于带有倒角 C 的矩形花键轴, 节圆半径取为

$$r'_{\min} = \sqrt{(R-C)^2 - \frac{3}{4}e^2} \tag{17-16}$$

对于带键顶圆角 r_1 的矩形花键轴

$$r'_{\min} = R - r_1 \tag{17-17}$$

4. Ⅰ型、Ⅱ型滚刀加工矩形花键轴时过渡曲线高度 g

用Ⅰ型、Ⅱ型滚刀加工矩形花键轴时, 在齿根处要产生过渡曲线, 如图 17-3 所示。通过计算可推导出

$$g = \sqrt{\frac{e^2}{2} + r'r - e\sqrt{\frac{e^2}{4} + r'^2 - r'r - r}} \tag{17-18}$$

当工件节圆半径减小时, g 值也将减小; 当 $r' = r$ 时, $g = 0$。实际上选择节圆半径时不能选得太小, 必须使 $r' \geqslant r'_{\min}$, 否则刀具齿形将发生反折, 切出的工件将产生顶切。但又不宜将节圆半径选择得过大, 否则过渡曲线高度 g 将增大。

综合以上两方面, 一般可选 $r' = r'_{\min}$, 这时滚刀齿形将不发生反折, 同时 g 值又最小。

用Ⅰ型、Ⅱ型滚刀加工花键轴时, 工件根圆处必然有过渡曲线, 如果过渡曲线高度超过允许值时, 则可采用Ⅲ型、Ⅳ型滚刀来加工大径定心的花键轴。

5. 带凸角的Ⅲ型、Ⅳ型花键轴滚刀

如果花键轴齿根圆上齿形不允许存在过渡曲线, 则滚刀就应该将工件直线齿形一直加工到齿根圆上的 b' 点, 如图 17-11 所示。这时滚刀齿形上的共轭点为 a', 滚刀齿顶高 h'_{a0}。

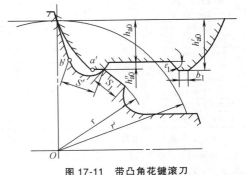

图 17-11　带凸角花键滚刀

$$h'_{a0} = \left(\sqrt{r'^2 + e^2 - r^2} - e\right) \frac{\sqrt{r'^2 + e^2 - r^2}}{r'} \quad (17\text{-}19)$$

当滚刀的齿顶高为 h'_{a0} 时，为使滚刀加工时，既保持齿根圆不变，又能保证花键轴齿形的直线部分长度，可在滚刀刀齿齿角上做一小凸角，使滚刀刀齿两侧的高度是 h'_{a0}，而刀齿顶中部仍为正常齿高 h_{a0}，这就是带凸角的花键轴滚刀。

当滚刀的齿高为 h'_{a0} 时，凸角在齿根圆内挖出的凹槽深度为 f'，凹槽宽度为 S'，则

$$f' = h''_{a0} = h'_{a0} - h_{a0}$$

$$S' = 2r_f\theta + b_1$$

其中

$$\theta = \arctan \frac{\sqrt{2(h'_{a0} - h_{a0})r'_f + (h'_{a0} - h_{a0})^2}}{r_f} - \frac{\sqrt{2(h'_{a0} - h_{a0})r'_f + (h'_{a0} - h_{a0})^2}}{r'}$$

$$r'_f = r' - h'_{a0}$$

式中　b_1——滚刀凸角宽度。

由于出现凹槽，减少了轴与孔配合部分的宽度。因此，小径定心的花键轴中规定有根圆上配合部分宽度 S'_1。用滚刀加工出来的配合部分宽度 S'_1 应大于 S_1。S'_1 可用下列公式求得

$$S'_1 = \frac{2\pi r}{Z} - S_f - 2S'$$

式中　S_f——齿根圆上键宽，$S_f = 2r\gamma_f$；

　　　γ_f——齿根圆上的齿形角。

$$\sin\gamma_f = \frac{r'\sin\gamma}{r}$$

由于滚刀的凸角很小，切削时温度很高，极易磨损，从而降低滚刀寿命。为了提高滚刀寿命，可适当增大凸角宽度 b_1，但增大 b_1 又会增大凹槽宽度 S'，减小齿根圆的配合部分宽度 S'_1。通常 b_1 可按下式计算：

$$b_1 = 0.07s'_0 - 0.2, \text{且 } b_1 > 0.3$$

式中　s'_0——滚刀节圆上的齿厚。

6. 矩形花键滚刀的结构参数

（1）标准矩形花键滚刀的结构参数　GB/T 10952—2005 给出了 A 级和 B 级矩形花键滚刀的结构尺寸。A 级滚刀适用于加工符合 GB/T 1144—2001，键宽公差带为 d10、f9、h10，定心直径留有留磨量的外花键。B 级滚刀适用于加工符合 GB/T 1144—2001，键侧和定心直径都有留磨量的外花键。标准矩形花键滚刀的结构和尺寸如图 17-12、表 17-3 和表 17-4 所示。

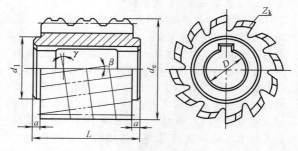

图 17-12　矩形花键滚刀

表 17-3　矩形花键滚刀的结构尺寸（轻系列）　　　　　　（单位：mm）

花键规格 $N \times d \times D \times B$	d_e	L	D	a	Z_k	$\gamma^{①} = \beta^{②}$ 滚刀精度等级 A	$\gamma^{①} = \beta^{②}$ 滚刀精度等级 B
$6\times23\times26\times6$	63	56	22	4	12	3°53′39″	3°50′00″
$6\times26\times30\times6$	71	63	27	4	12	4°03′17″	3°59′55″
$6\times28\times32\times7$	71	63	27	4	12	4°18′04″	4°14′36″
$8\times32\times36\times6$	71	56	27	4	12	3°41′49″	3°39′06″
$8\times36\times40\times7$	80	63	32	4	12	3°37′10″	3°34′48″
$8\times42\times46\times8$	80	63	32	4	12	4°10′05″	4°06′23″
$8\times46\times50\times9$	90	71	32	4	14	4°00′07″	3°56′57″
$8\times52\times58\times10$	90	71	32	4	12	4°46′49″	4°43′10″
$8\times56\times62\times10$	90	71	32	4	12	5°07′59″	5°04′11″
$8\times62\times68\times12$	100	80	40	5	14	5°00′12″	4°56′53″
$10\times72\times78\times12$	100	71	40	5	14	4°37′40″	4°34′48″
$10\times82\times88\times12$	100	80	40	5	14	5°15′07″	5°12′02″
$10\times92\times98\times14$	112	80	40	5	14	5°10′30″	5°06′59″
$10\times102\times108\times16$	112	80	40	5	14	5°41′14″	5°37′34″
$10\times112\times120\times18$	118	90	40	5	14	6°06′30″	6°02′43″

注：滚刀轴台直径 d_1 由制造厂自行决定，其尺寸应尽可能取得大一些。

① γ 为滚刀节圆柱上的螺旋升角（右旋）。

② β 为滚刀容屑槽螺旋角（左旋）。

表 17-4　矩形花键滚刀的结构尺寸（中系列）　　　　　　（单位：mm）

花键规格 N×d×D×B	d_e	L	D	a	Z_k	γ[1] = β[2] 滚刀精度等级 A	γ[1] = β[2] 滚刀精度等级 B
6×16×20×4	63	50	22	4	12	3°01′52″	2°58′21″
6×18×22×5						3°18′56″	3°15′19″
6×21×25×5	71	56	27			3°21′50″	3°18′39″
6×23×28×6						3°50′23″	3°46′58″
6×26×32×6	80	63	32			3°56′23″	3°53′18″
6×28×34×7						4°09′57″	4°06′46″
8×32×38×6						3°33′31″	3°31′02″
8×36×42×7	90			5		3°27′29″	3°25′19″
8×42×48×8						3°57′37″	3°54′13″
8×46×54×9		71				4°35′04″	4°31′15″
8×52×60×10						5°05′59″	5°02′00″
8×56×65×10	100					5°01′52″	4°58′15″
8×62×72×12		80	40			4°56′05″	4°52′53″
10×72×82×12	112					4°32′03″	4°29′17″
10×82×92×12						5°07′30″	5°04′32″
10×92×102×14	118					5°20′38″	5°16′53″
10×102×112×16						5°51′13″	5°47′17″
10×112×125×18	125	90				6°22′28″	6°18′22″

注：1. 中系列中 6×11×14×3，6×13×16×3.5 两个规格的花键轴不宜采用展成滚切加工，因此未列入。

　　2. 滚刀轴台直径 d_1 由制造厂自行决定，其尺寸应尽可能取得大一些。

① γ 为滚刀节圆柱上的螺旋升角（现在也称导程角）（右旋）。

② β 为滚刀容屑槽螺旋角（左旋）。

（2）旧标准矩形花键滚刀的结构参数　由于部分工厂仍用旧的花键标准，因此本手册也给出了加工 GB/T 1144—1974 花键轴的滚刀结构尺寸，见表 17-5。该标准滚刀的精度等级分为 A 级和 B 级，A 级为精滚刀，B 级为粗滚刀（花键有留磨量）。滚刀齿型有 4 种型式，滚刀为单头右旋，容屑槽为左旋。

17.2.3　矩形花键滚刀的主要技术要求

GB/T 10952—2005 给出了 A 级和 B 级矩形花键滚刀的主要技术要求如下：

1）滚刀表面不得有裂纹、崩刃、烧伤及其他影响使用性能的缺陷。

2）滚刀表面粗糙度的最大允许值按表 17-6 的规定。

3）滚刀外形尺寸公差：

① 外径 d_e 的公差带为 h15。

② 全长 L 的公差带为 js15。

③ 键槽尺寸和公差应符合 GB/T 6132—2006 的规定。

4）滚刀制造时的主要公差和检测项目应符合表 17-7 和表 17-8 的规定。

5）滚刀的精度可以采用切削试验环的方法进行检验，此时，表 17-7 中第 9、10 两项和表 17-8 中的全部项目可以不考核。

① 切削试验环的键宽尺寸精度、位置度、对称度、等分度应符合 GB/T 1144—2001 中的 5.1、5.3.1 条和附录 B 的规定。

② 切削试验环的倒角值偏差应符合表 17-9～表 17-11 的规定。

③ 采用切削试验环检验的滚刀出厂时应附带切削实验环。

表 17-5 旧标准矩形花键滚刀公称尺寸　　　　（单位：mm）

规格 z-D×d×b	齿型	d_e	L	D	a	Z_k	系列
4-15×12×4	I、III		50				
4-18×15×5	I~IV						轻
4-20×17×6	I~IV		55				
4-22×19×8	I~IV	60		22			
6-16×13×3.5	I		45				
6-20×16×4	I、III						中
6-22×18×5	I~IV		50		4		
6-25×21×5	I~IV	70	55	27			中
6-26×23×6	I~IV	60		22		12	轻
6-28×23×6	I~IV			27			中
6-30×26×6	I~IV	70	60	27			轻
6-32×28×7	I~IV						
6-32×26×6	I~IV						中
6-34×28×7	I~IV						
6-35×30×10	I~IV	80	65				
6-38×33×10	I~IV						
6-40×35×10	I~IV			32			
6-42×36×10	I~IV		70				
6-45×40×12	I~IV	90					
6-48×42×12	I~IV						
6-50×45×12	I~IV	100	75				补充
6-55×50×14	I~IV						
6-60×54×14	I~IV		80	40		14	
6-65×58×16	I~IV	110					
6-70×62×16	I~IV		85				
6-75×65×16	I~IV				5		
6-80×70×20	I~IV		90				
6-90×80×20	I~IV	120	105				
8-36×32×6	I~IV	70	55				轻
8-38×32×6	I~IV			27			中
8-40×36×7	I~IV	80	60				轻
8-42×36×7	I~IV	90		32			中
8-46×42×8	I~IV	80		27			轻
8-48×42×8	I~IV		65				中
8-50×46×9	I~IV	90		32		14	轻
8-54×46×9	I~IV	100		40			中
8-58×52×10	I~IV	90	70	32			轻
8-60×52×10	I~IV	100		40		12	中
8-62×56×10	I~IV	90		32			轻

规格 z-D×d×b	齿型	d_e	L	D	a	Z_k	系列
8-65×56×10	I~IV					12	中
8-68×62×12	I~IV	100	75	40		14	轻
8-72×62×12	I~IV	110				12	中
10-26×21×3	I		45				重
10-29×23×4	I						
10-30×26×4	I						补充
10-32×26×4	I						重
10-32×28×5	I、II	80	50	27			补充
10-35×28×4	I						重
10-35×30×5	I、II						补充
10-38×33×6	I、II						
10-40×32×5	I						重
10-40×35×6	I、II					10	补充
10-42×36×6	I、II		55				
10-45×36×5	I	90		32			重
10-45×40×7	I~IV	80		27			补充
10-52×42×6	I、II		60				重
10-56×46×7	I、II	100	65			12	
10-78×72×12	I~IV		70			14	轻
10-82×72×12	I~IV	110				12	中
10-88×82×12	I~IV	100	75			14	轻
10-92×82×12	I~IV					12	中
10-98×92×14	I~IV	110		40		14	轻
10-102×92×14	I~IV	120				12	中
10-108×102×16	I~IV	110	80			14	轻
10-112×102×16	I~IV					12	中
10-120×112×18	I~IV	120				14	轻
10-125×112×18	I~IV	130	85			12	中
10-140×125×20	I~IV		95			14	轻
10-160×145×22	I~IV	140	115				
16-38×33×3.5	I	70		27	4		补充
16-50×43×5	I	80					
16-60×52×5	I			32			
16-65×56×5	I	100				12	
16-72×62×6	I				5		重
16-82×72×7	I、II	110					
20-92×82×6	I、II			40			
20-102×92×7	I、II	120					

表 17-6 滚刀表面粗糙度的最大允许值 （单位：μm）

检查项目	表面粗糙度参数	滚刀精度等级	
		A	B
		表面粗糙度	
内孔表面	Ra	0.4	0.8
端面			
轴台外圆		0.8	1.6
刀齿前面			0.8
齿顶表面	Rz	3.2	6.3
齿侧表面			
两齿角内侧及齿顶底部		6.3	

表 17-7 矩形花键滚刀制造公差和检测项目

序号	检测项目及示意	公差代号	滚刀法向齿距/mm	精度等级	
				A	B
				公差/μm	
1	孔径偏差 内孔配合表面上超出公差的喇叭口长度，应小于每边配合长度的25%；键槽两侧内孔配合表面，超出部分的宽度，每边应不大于键宽的一半。在对孔进行精度检查时，具有公称直径的基准心轴应能通过孔	δ_D	—	H6	H6
2	轴台的径向圆跳动 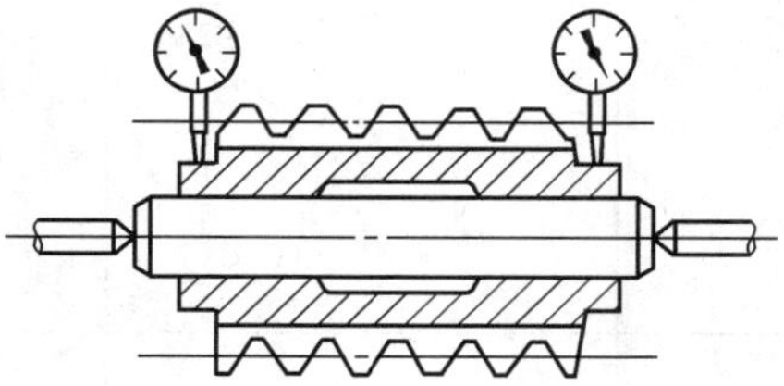	δ_{d1r}	≤10 >10~16 >16~25 >25	8 10 12 15	8 10 12 15
3	轴台的轴向圆跳动 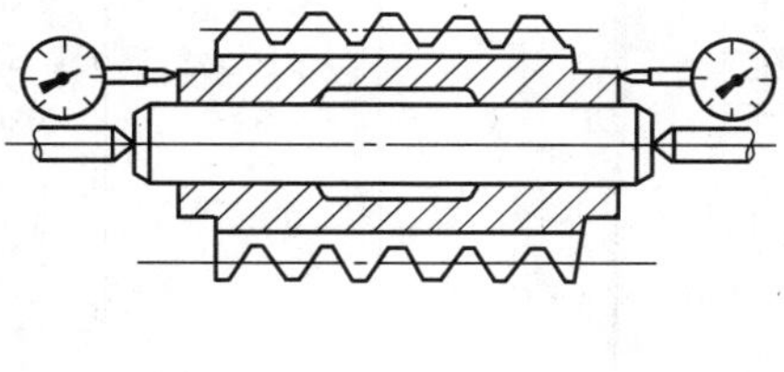	δ_{d1x}	≤10 >10~16 >16~25 >25	6 8 10 12	6 8 10 15

（续）

序号	检测项目及示意	公差代号	滚刀法向齿距/mm	精度等级 A 公差/μm	精度等级 B 公差/μm
4	刀齿的径向圆跳动 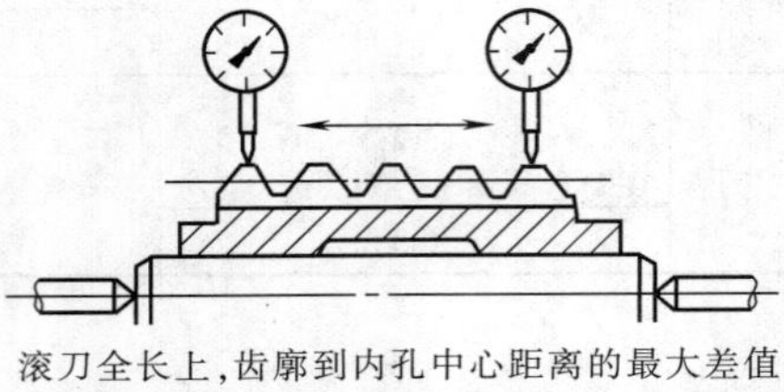 滚刀全长上，齿廓到内孔中心距离的最大差值	δ_{der}	≤10 >10~16 >16~25 >25	20 25 32 40	45 53 65 80
5	刀齿前面的径向性 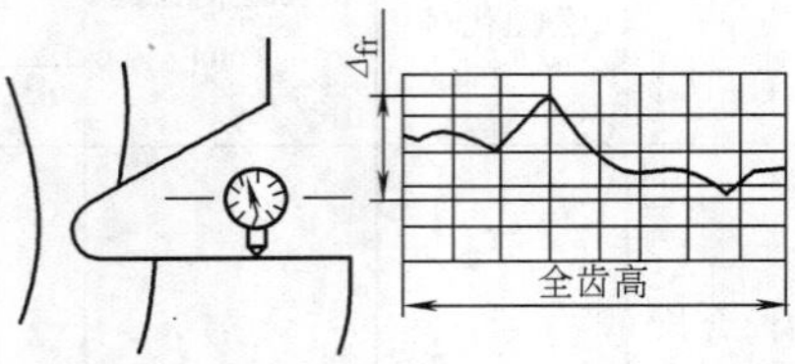 在测量范围内，容纳实际刀齿前面的两个平行于理论前面的平面的距离	δ_{fr}	≤10 >10~16 >16~25 >25	20 24 30 38	36 43 54 68
6	容屑槽的相邻周节差 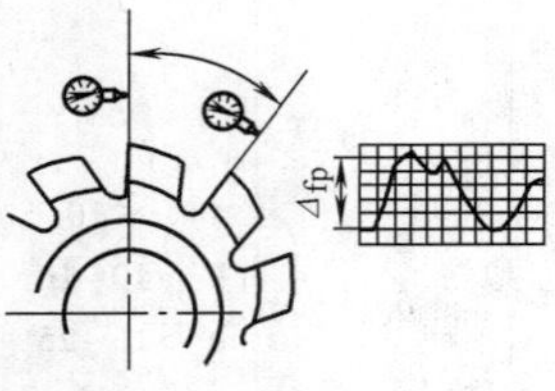 在滚刀节线以上齿高中点附近的同一圆周上，两相邻周节的最大差值	δ_{fp}	≤10 >10~16 >16~25 >25	25 30 38 48	45 54 65 78
7	容屑槽周节的最大累积误差 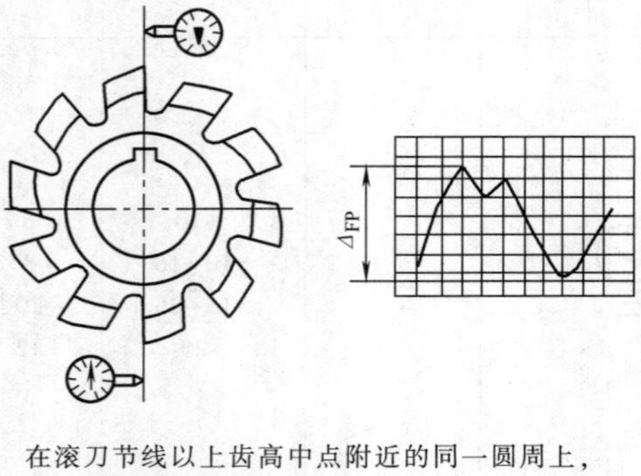 在滚刀节线以上齿高中点附近的同一圆周上，任意两个刀齿前面的相互位置的最大累积误差	δ_{FP}	≤10 >10~16 >16~25 >25	40 50 63 80	85 100 125 156

（续）

序号	检测项目及示意	公差代号	滚刀法向齿距 /mm	精度等级 A 公差/μm	精度等级 B 公差/μm
8	容屑槽的导程误差 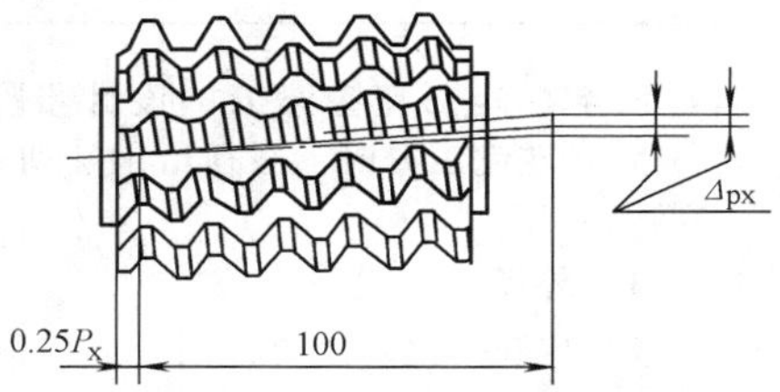 $0.25P_x$　100 在靠近滚刀节线以上齿高中点处的测量范围内，容屑槽前刃面与理论螺旋面的偏差	δ_{pk}		100/ 100mm	140/ 100mm
9	齿距最大偏差 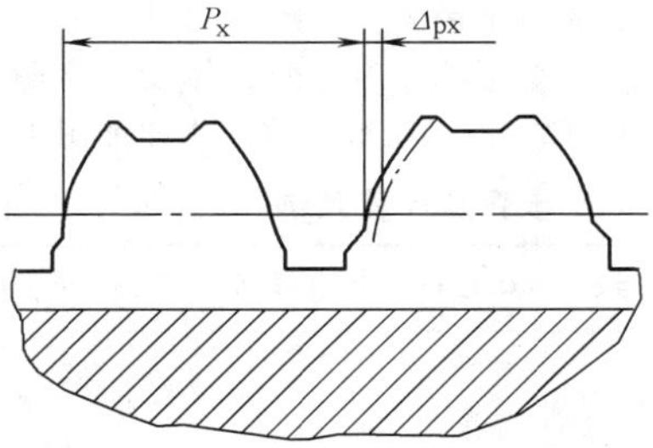 P_x　Δ_{px} 在任意一排齿上，相邻刀齿轴向齿距的最大偏差	δ_{px}	≤10 >10~16 >16~25 >25	±9 ±11 ±14 ±18	±18 ±22 ±28 ±36
10	任意两个齿距长度的齿距最大累积误差	δ_{pxz}	≤10 >10~16 >16~25 >25	±13 ±16 ±20 ±25	±26 ±32 ±40 ±50

表 17-8　矩形花键滚刀齿形公差和检测项目

序号	检测项目及示意	公差代号	曲线部分齿形高度 /mm	精度等级 A 公差/μm	精度等级 B 公差/μm
1	齿形误差	δ_{ff}	≤2 >2	10 15	20 30
2	齿厚偏差[①]	δ_{sz}	≤2 >2	+15 +20	+30 +40
3	齿根倒角刃部分起点高度到节线的偏差	δ_e	≤2 >2	±30 ±40	±30 ±40
4	触角高度偏差	δ_{h1}	≤2 >2	±25 ±40	±25 ±40

① 可选定滚刀节线以上齿高中点附近进行测量。

表 17-9　试验片的毛坯尺寸

（单位：mm）

d（外径）	D（内孔）	B（厚度）
≤20	8	4
>20~28	10	4.5
>28~35	16	5
>35~60	22	5.5
>60~70	32	6
>70~140	40	8
>140	60	10

6）滚刀用普通高速工具钢制造，也可用高性能高速工具钢制造。

7）滚刀切削部分热处理硬度、普通高速工具钢为63~66HRC；高性能高速工具钢应大于64HRC。

表 17-10　试验片的技术要求

（单位：mm）

序号	检查项目	d	
		≤70	>70
1	两端面平行度	0.03	0.03
2	轴向圆跳动	0.03	0.03
3	外圆直径径向圆跳动	0.03	0.04
4	外圆直径偏差	0 −0.05	0 −0.08
5	内孔直径偏差	H7	

表 17-11　试验片的倒角尺寸公差

（单位：mm）

倒角公称尺寸		0.3~0.4	>0.4~0.6	>0.6~0.8	>0.8
偏差	A 级	±0.1	±0.15	±0.2	±0.3
	B 级	±0.2 0	+0.3 0	+0.3 −0.1	+0.4 −0.1

17.2.4　矩形花键滚刀的设计步骤及计算示例

设计花键滚刀时，必须给定被切花键轴的原始参数：

1）外径 D 及其公差。

2）根径 d 及其公差。

3）键宽 b 及其公差。

4）倒角 C 及其公差。

5）花键齿数 Z。

6）花键配合和定心方式。

7）花键轴根部过渡曲线的允许高度（或要求的齿形直线部分高度），一般是给出键侧有效直线部分起始点半径 r_g（见图 17-3）。

矩形花键滚刀的具体设计步骤及计算示例见表 17-12。矩形花键滚刀工作图如图 17-13 所示。

表 17-12　矩形花键滚刀设计步骤及计算示例　　　　　　　　（单位：mm）

	已知条件		$D=25\text{mm}$、$d=21_{-0.04}^{\ 0}\text{mm}$、$b=5_{-0.04}^{-0.01}\text{mm}$、$Z=6$、$C=0.3\text{mm}$ 有效直线高 $A=2\text{mm}$、花键按小径定心		
序号	计算项目	符号	计算公式或选取方法	计算精度	计 算 示 例
1	花键轴计算大径	D	$D=\dfrac{1}{2}(D_{max}+D_{min})$	0.01	$D=25\text{mm}$
2	花键轴的计算小径	d	$d=\dfrac{1}{2}(d_{max}+d_{min})$	0.01	$d=\dfrac{1}{2}(21+20.96)\text{mm}=20.98\text{mm}$
3	花键轴的计算键宽	b	$b=\dfrac{1}{2}(b_{max}+b_{min})$	0.001	$b=\dfrac{1}{2}(4.99+4.96)\text{mm}=4.975\text{mm}$
4	花键轴的节圆直径、节圆半径	d' r'	$d'_{min}=\sqrt{(D-2C)^2-0.75b^2}$ $d'\geqslant d'_{min}$ $r'=\dfrac{d'}{2}$	0.001	$d'_{min}=\sqrt{(25-2\times0.3)^2-0.75\times4.975^2}$ $=24.017\text{mm}$ $d'=D-2C=(25-0.6)\text{mm}=24.4\text{mm}$ $d'\geqslant d'_{min}$ $r'=\dfrac{24.4}{2}\text{mm}=12.2\text{mm}$
5	节圆上的齿形角	α'_0	$\alpha'_0=\arcsin\left(\dfrac{b}{d'}\right)$	1′	$\alpha'_0=\arcsin\left(\dfrac{4.975}{24.4}\right)=11°46'$ $=0.20533\text{rad}$　$\sin\alpha'_0=0.204$

（续）

已知条件			$D = 25\text{mm}$、$d = 21^{\ 0}_{-0.04}\text{mm}$、$b = 5^{-0.01}_{-0.04}\text{mm}$、$Z = 6$、$C = 0.3\text{mm}$ 有效直线高 $A = 2\text{mm}$、花键按小径定心		
序号	计算项目	符号	计算公式或选取方法	计算精度	计 算 示 例
6	滚刀齿形上最大齿形角	α_{max}	1）不带凸角时 $$\sin\alpha_{max} = \frac{\sin\alpha'_0}{2} + \sqrt{\frac{\sin^2\alpha'_0}{4} + 1 - \frac{d}{d'}}$$ 2）带凸角时 $$\sin\alpha_{max} = \frac{\sqrt{d'^2 + b^2 - d^2}}{d'}$$	0.0001°	花键按小径定心，因而带凸角 $$\sin\alpha_{max} = \sqrt{\frac{24.4^2 + 4.975^2 - 20.98^2}{24.4}}$$ $= 0.5497$ $\alpha_{max} = 33.3464°$
7	滚刀齿形上最小齿形角	α_{min}	$$\sin\alpha_{min} = \sqrt{\frac{r'^2 - \frac{1}{4}\left[(D - 2C)^2 - b^2\right]}{r'}}$$	0.0001°	$\sin\alpha_{min} =$ $$\sqrt{\frac{12.2^2 - \frac{1}{4}\left[(25 - 0.6)^2 - 4.975^2\right]}{12.2}}$$ $= 0.204$ $\alpha_{min} = 11.77097°$
8	从滚刀节线到滚刀齿顶的最大高度	h_{a0} 或 h'_{a0}	1）不带凸角时 $$h_{a0} = \frac{1}{2}(d' - d)$$ 2）带凸角时 $$h'_{a0} = r'(\sin\alpha_{max} - \sin\alpha'_0)\sin\alpha_{max}$$		花键按小径定心，因而带凸角 $h'_{a0} = 12.2(0.5497 - 0.204) \times 0.5497\text{mm}$ $= 2.318\text{mm}$ $$h_{a0} = \frac{1}{2}(24.4 - 20.98)\text{mm} = 1.71\text{mm}$$
9	在 α_{min} 和 α_{max} 之间取坐标点，一般计算点数不少于10点	x_0 y_0	$$x_0 = r'\left[(\alpha - \alpha'_0) - (\sin\alpha - \sin\alpha'_0)\cos\alpha\right]$$ $$y_0 = r'(\sin\alpha - \sin\alpha'_0)\sin\alpha$$	0.001 0.001	

x_0	y_0
0	0
0.003	0.010
0.026	0.112
0.061	0.241
0.108	0.396
0.170	0.576
0.249	0.780
0.345	1.007
0.461	1.254
0.597	1.521
0.755	1.806
0.936	2.108
1.141	2.424
1.372	2.753

序号	计算项目	符号	计算公式或选取方法	计算精度	计 算 示 例
10	过渡曲线高度的验算	g	$$g = \frac{1}{2}\left[\sqrt{d^2 + (d' - d)^2\cot\alpha_{max}} - d\right]$$ 应使 $r_f + g \leqslant r_g$ 式中　r——过渡曲线开始点半径，一般花键轴按大径定心时，设计滚刀需验算此例花键按小径定心，可不验算 g 值 注：也可以采用式（17-18）计算 g 值	0.01	$g = \frac{1}{2} \times$ $$\left[\sqrt{20.98^2 + (24.4 - 20.98)^2\cot33.3464°} - 20.98\right]\text{mm}$$ $= 0.2097\text{mm}$
11	滚刀法向齿距	p_{n0}	$$p_{n0} = \pi d'/Z$$	0.001	$p_{n0} = 3.14159 \times 24.4/6\text{mm} = 12.776\text{mm}$
12	滚刀在节线上的法向齿厚	s_{n0}	$$s_{n0} = \left(\frac{\pi}{Z} - \alpha'_0\right)d'$$	0.001	$s_{n0} = 24.4\left(\frac{\pi}{6} - 11.7647° \times \frac{\pi}{180}\right)\text{mm}$ $= 7.766\text{mm}$

（续）

已知条件			$D=25$mm、$d=21^{\ 0}_{-0.04}$mm、$b=5^{-0.01}_{-0.04}$mm、$Z=6$、$C=0.3$mm 有效直线高 $A=2$mm、花键按小径定心		
序号	计算项目	符号	计算公式或选取方法	计算精度	计 算 示 例
13	距刀齿顶 $h_y \approx$ $\dfrac{h_{a0}}{2}$ 或 $h_y \approx \dfrac{h'_{a0}}{2}$ 处的齿厚	s_y	1）不带凸角时 $h_y \approx \dfrac{1}{2}h_{a0}$ 圆整 带凸角时 $h_y \approx \dfrac{1}{2}h'_{a0}$ 圆整 2）不带凸角时 $y_y = h_{a0}-h_y$ 带凸角时 $y_y = h'_{a0}-h_y$ 3）求此点的齿形角 α_y $\sin\alpha_y = \dfrac{\sin\alpha'_0 + \sqrt{\sin^2\alpha'_0 + \dfrac{4y_y}{r'}}}{2}$ 4）求此点 x_y 坐标 $x_y = r'[(\alpha_y-\alpha'_0)-(\sin\alpha_y-\sin\alpha'_0)\cos\alpha_y]$ 5）$s_y = s_{n0}-2x_y$		1）$h_y = \dfrac{2.318}{2}$mm ≈ 1.2mm 2）$y_y = (2.318-1.2)$mm $= 1.118$mm 3）$\sin\alpha_y =$ $\dfrac{0.204 + \sqrt{0.204^2 + \dfrac{4\times1.118}{12.2}}}{2}$ $= 0.4214$ 4）$x_y = 12.2[(0.435-0.20533)-$ $(0.4214-0.204)\times0.9068]$mm $= 0.3969$mm 5）$s_y = (7.766-2\times0.3969)$mm $= 6.972$mm
14	凸角宽度	b_1	$b_1 = 0.07s_{n0}-0.2$mm 或 $b_1 = (0.3\sim0.8)e_1$ 式中 e_1——花键轴上规定的砂轮退刀槽宽度		$b_1 = 0.5\times1.4$mm $= 0.7$mm 式中 $e_1 = 1.4$mm
15	凸角斜角	ε_1	$\varepsilon_1 = 45°\sim60°$		$\varepsilon_1 = 60°$
16	凸角高度	h''_{a0}	$h''_{a0} = h'_{a0}-h_{a0}$	0.001	$h''_{a0} = (2.318-1.71)$mm $= 0.608$mm
17	倒角刃与滚刀节线的夹角	ε	当 $z=4\sim8$ 时，$\varepsilon=35°$ 当 $z=10\sim14$ 时，$\varepsilon=140°$ 当 $z=16\sim20$ 时，$\varepsilon=45°\sim50°$		$\varepsilon = 35°$
18	从节线到倒角开始点的高度	h_f	$h_f = \dfrac{1}{2}[(D-2C)-d']$	0.001	$h_f = 0$
19	倒角刃高度	h_c	$h_c = 2C$	0.1	$h_c = 0.6$mm
20	滚刀齿间凹槽的宽度	L_0	$L_0 = p_{n0}-s_{n0}-4C$	0.1	$L_0 = (12.776-7.766-4\times0.3)$mm $= 3.8$mm
21	滚刀齿间凹槽的深度	h'_0	$h'_0 = k-(0.5\sim1)$mm 或 $h'_0 = 2\sim5$mm	0.1	$h'_0 = 2.5$mm
22	全齿高	h_0	1）对 I、III 型滚刀 $h_0 = h_{a0}(h'_{a0})+h_f+h'_0+2C$ 2）对 II、IV 型滚刀加工带凸肩花键轴时 $h_0 = h_{a0}(h'_{a0})+\dfrac{d_{max}-d'}{2}+(0.5\sim2)$mm 式中 d_{max}——凸肩的最大直径凹槽做成有斜角，其大小为 $10°\sim15°$，槽底宽度不小于 1.5mm	0.1	$h_0 = (2.318+0+2.5+2\times0.3)$mm $= 5.4$mm

（续）

已知条件			$D=25\text{mm}$、$d=21^{\ 0}_{-0.04}\text{mm}$、$b=5^{-0.01}_{-0.04}\text{mm}$、$Z=6$、$C=0.3\text{mm}$ 有效直线高 $A=2\text{mm}$、花键按小径定心		
序号	计算项目	符号	计算公式或选取方法	计算精度	计 算 示 例
23	滚刀外径	d_{a0}	按表 17-5 选取		$d_{a0}=70\text{mm}$
24	滚刀内孔	D	按表 17-5 选取		$D=27\text{mm}$
25	滚刀容屑槽数	Z_k	按表 17-5 选取		$Z_k=12$
26	滚刀顶刃后角	α_e	$\alpha_e=10°\sim12°$		$\alpha_e=11°$
27	滚刀铲齿量	K K_1	$K=\dfrac{\pi d_{a0}}{Z_k}\tan\alpha_e$ $K_1=(1.2\sim1.7)K$	0.1	$K=\dfrac{\pi\times70}{12}\tan11°\approx3.5\text{mm}$ $K_1=(1.2\sim1.7)K=5.5\text{mm}$
28	容屑槽底圆弧半径	R_1	$R_1=1\sim3\text{mm}$	0.5	$R_1=1.5\text{mm}$
29	容屑槽深度	H	$H=h+\dfrac{K+K_1}{2}+R_1$	0.1	$H=\left(5.4+\dfrac{3.5+5.5}{2}+1.5\right)\text{mm}=11.4\text{mm}$
30	滚刀节圆直径	d_0	$d_0=d_{a0}-2h_{a0}(h'_{a0})$ Ⅰ、Ⅱ型滚刀取 h_{a0} Ⅲ、Ⅳ型滚刀取 h'_{a0}	0.001	$d_0=(70-2\times2.318)\text{mm}=65.364\text{mm}$
31	滚刀螺旋导程角	γ_z	$\gamma_z=\arcsin\dfrac{p_{n0}}{\pi d_0}$	1'	$\gamma_z=\arcsin\dfrac{12.776}{70\times65.364}=3°34'$
32	容屑槽导程	P_k	$P_k=\pi d'_0\cot\gamma_z$	0.5	$P_k=\pi\times1.5364\cot3°34'\text{mm}=3204.5\text{mm}$
33	滚刀轴向齿距	p_x	$p_x=\dfrac{p_{n0}}{\cos\gamma_z}$	0.001	$p_x=\dfrac{12.776}{\cos3°34'}\text{mm}=12.802\text{mm}$
34	滚刀全长	L	按表 17-5 选取		$L=55\text{mm}$

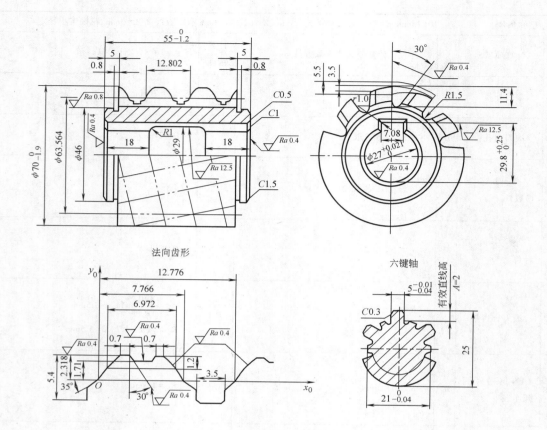

齿形坐标

（单位：mm）

x_0	0	0.003	0.026	0.061	0.108	0.170	0.249
y_0	0	0.010	0.112	0.241	0.396	0.576	0.780
x_0	0.345	0.461	0.597	0.755	0.936	1.141	1.372
y_0	1.007	1.254	1.521	1.806	2.108	2.424	2.752

加工数据

齿形型式	Ⅲ型	滚刀头数		Ⅰ	螺纹方向	右
滚刀齿数 Z_k	12	分度圆导程角 γ_z	3°34′		刃沟方向	左
		刃沟导程 P_k	3204.5			

标志：商标　6×21×25×5、A、3°34′、3204.5

技术要求 （A级）

1. 相邻齿距极限偏差	±0.011	7. 容屑槽的导程误差	$0.025P_k$
2. 任意两个齿距长度上齿距的最大累积误差	±0.016	8. 轴台径向圆跳动	0.020
3. 滚刀外径锥度(全长上)	0.040	9. 轴台轴向圆跳动	0.012
4. 滚刀刀齿的径向圆跳动	0.025	10. 热处理硬度	63～66HRC
5. 刀齿前面的径向性	0.020	11. 滚刀齿形精度检查方式	切试片
6. 容屑槽周节的最大累积误差	0.063		

图 17-13　矩形花键滚刀工作图

17.3　三角花键滚刀

1. 三角花键齿形特点

三角花键的内外花键齿均为直线齿形，如图 17-14 所示。三角花键的齿形由齿数 Z、齿槽角（或者齿形角）和理论外径 d_a 确定，花键的中径 d 为控制齿形的尺寸，齿底形状可分为平齿底和圆弧齿底，具体形状由工艺决定，但必须确保三角花键配合的直线齿形长度。

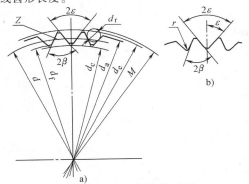

图 17-14　三角花键轴齿形图
a）平齿底　b）圆弧齿底

2. 三角花键滚刀的齿形计算

三角花键滚刀的齿形计算，基本上与矩形花键滚刀相同，对于加工齿距较小和齿深较浅的三角花键，滚刀齿形可用直线齿形代替，但应验算其齿形误差，一般情况下单面法向误差不超过 0.02mm。

在 (O, x, y) 坐标系（见图 17-15）下，三角花键轴齿形方程为

$$y = kx + b \atop b = r_c \tag{17-20}$$

式中　r_c——理论根圆半径；

$$k = \tan\left(\frac{\pi}{2} - \varepsilon\right) \text{。}$$

滚刀的法向齿形方程为

$$\left.\begin{array}{l} x_0 = x\cos\varphi - y\sin\varphi + r'\varphi \\ y_0 = x\sin\varphi + y\cos\varphi - r' \end{array}\right\} \tag{17-21}$$

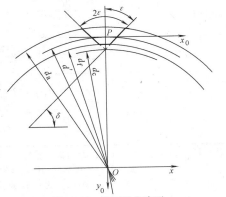

图 17-15　滚刀法向齿形

$$\varphi = \frac{\pi}{2} - \alpha - \delta$$

$$\cos\alpha = \frac{x\cos\delta + y\sin\delta}{r'}$$

$$\tan\delta = y', \quad \delta = \frac{\pi}{2} - \varepsilon$$

式中　r'——节圆半径；

φ——工件接触点的转角参数。

由于这种滚刀的齿深一般较浅，螺纹导程角不大，故滚刀做成直槽和零度前角，轴向齿形坐标按下式计算

$$\begin{cases} x_x = x_0/\cos\gamma_z \\ y_x = y_0 \end{cases}$$

式中　γ_z——滚刀的螺旋导程角。

3. 三角花键滚刀的公称尺寸及主要技术要求

目前三角花键滚刀没有标准，三角花键滚刀的基本尺寸可参考表 17-13，其技术要求参考表 17-14。如果三角花键配合公差较小，其滚刀技术要求可参照渐开线花键滚刀（GB/T 5103—2004）选用。

表 17-13　三角花键滚刀的公称尺寸

（单位：mm）

法向齿距 p_{n0}	滚刀外径 d_{a0}	总长度 L	孔径 D	轴台宽 a	齿数 Z_k
>0.3~1.5	32	15	13	4	12
>1.5~3.0	40	35	16	4	12
>3.0~6.0	60	45	22	5	14

表 17-14　三角花键滚刀主要技术要求

（单位：μm）

序号	检查项目	精度等级	模数/mm				
			>1~2.5	>2.5~4	>4~6	>6~8	>8~10
1	内孔直径公差		H6				
2	相邻齿距极限偏差	A	±10	±10	±15	±15	±25
		B	±15	±15	±25	±25	±35
3	任意三个齿距长度内最大齿距累积偏差	A	±15	±15	±25	±25	±40
		B	±25	±25	±40	±40	±50
4	齿形误差	A	8	9	10	14	17
		B	10	14	17	20	23
5	刀齿前面径向性	A	30	40	50	60	70
		B	40	50	60	70	80
6	刀齿前面与内孔轴线的平行度	A	35	45	50	60	70
		B	45	55	65	80	90
7	容屑槽周节的最大累积误差	A	35	40	50	50	60
		B	40	50	50	60	70
8	刀齿的径向圆跳动	A	30	30	40	40	50
		B	40	50	60	70	80
9	外圆直径（在全长上）锥度	A	30	30	40	40	50
		B	40	40	45	45	50
10	轴台的径向圆跳动	A	20	20	20	20	20
		B	20	20	20	20	20
11	轴台的轴向圆跳动	A	10	10	20	20	20
		B	20	20	20	20	20
12	齿厚极限偏差	A	±20	±25	±30	±40	±50
		B	±20	±25	±30	±40	±50

注：当工件给出节距 p' 时，节距与模数的换算关系为

$$m = \frac{p'}{\pi}\text{。}$$

三角花键滚刀的设计步骤参照矩形花键滚刀设计步骤。

17.4 滚子链和套筒滚子链链轮滚刀

17.4.1 链轮端面齿形

我国目前有三种链轮齿形标准,第一种是 GB 1244—1976《套筒滚子传动链链轮》;第二种是 GB 1244—1985《传动用短节距精密滚子链和套筒链链轮齿形和公差》;第三种是 GB/T 1243—2006《传动用短节距精密滚子链、套筒链、附件和链轮》。前两种为旧标准,第三种为新标准。

1. GB 1244—1976 标准链轮端面齿形

GB 1244—1976 标准链轮端面齿形如图 17-16 所示。这个齿形是由半径为 r_1、r_2、r_3 的三段圆弧和 $\overline{bc}$ 一段直线构成的。半径为 r_2 的圆弧和 $\overline{bc}$ 直线线段为工作线段;半径为 r_1 的圆弧称为齿沟圆弧,链条的滚子即容纳在这个圆弧中;半径 r_3 的圆弧称为齿顶圆弧。链轮齿形的计算公式见表 17-15。

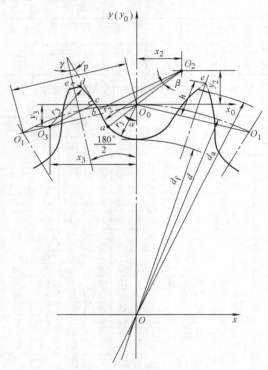

图 17-16 标准链轮齿形

2. GB/T 1243—2006 标准链轮端面齿形

GB/T 1243—2006 和 GB 1244—1985 对链轮端面齿形来讲是一样的。GB/T 1243—2006 标准链轮端面齿形如图 17-17 所示。标准中只规定了最大齿槽形状和最小齿槽形状的范围,而实际链轮齿槽形状没有指定。只要实际链轮齿槽形状在标准规定的最大齿

表 17-15 滚子链链轮端面齿形 (GB/T 1244—1976)

名　称	符号	计　算　公　式
分度圆节距	p	$p = p_1 \left(1 + \dfrac{2r_1 - d_r}{d} \right)$
分度圆直径	d	$d = \dfrac{p}{\sin \dfrac{180°}{z}}$
齿沟圆弧半径	r_1	$r_1 = 0.5025 d_r + 0.05$
齿沟半角	α	$\alpha = 55° - \dfrac{60°}{z}$
齿沟圆心到工作段圆心距离	$\overline{O_1 O_2}$	$\overline{O_1 O_2} = 0.8 d_r$
工作段圆弧中心 O_2 坐标	x_2	$x_2 = 0.8 d_r \sin\alpha$
	y_2	$y_2 = 0.8 d_r \cos\alpha$
工作段圆弧半径	r_2	$r_2 = 0.8 d_r + r_1 = 1.3025 d_r + 0.05$
工作段圆弧中心角	β	$\beta = 18° - \dfrac{56°}{z}$
工作段圆弧弦长	$\overline{ab}$	$\overline{ab} = (2.605 d_r + 0.10) \sin \dfrac{\beta}{2}$
齿沟圆心到齿顶圆弧中心距	$\overline{O_1 O_3}$	$\overline{O_1 O_3} = 1.3 d_r$
齿顶圆弧中心 O_3 的坐标	x_3	$x_3 = 1.3 d_r \cos \dfrac{180°}{z}$
	y_3	$y_3 = 1.3 d_r \sin \dfrac{180°}{z}$
齿形半角	γ	$\gamma = 17° - \dfrac{64°}{z}$
齿顶圆弧半径	r_3	$r_3 = d_r (1.3\cos\gamma + 0.8\cos\beta - 1.3025) - 0.05$
工作段直线部分长度	$\overline{bc}$	$\overline{bc} = d_r (1.3\sin\gamma - 0.8\sin\beta)$
e 点至齿沟圆弧中心连线的距离	h	$h = \sqrt{r_3^2 - \left(1.3 d_r - \dfrac{p}{2} \right)^2}$
齿顶变尖时的齿顶圆直径	d_{amax}	$d_{amax} = p \cot \dfrac{180°}{z} + 2h$
齿顶圆直径	d_a	$d_a = p_1 \left(0.54 + \cot \dfrac{180°}{z} \right)$
齿根圆直径	d_f	$d_f = -\dfrac{p_1}{\sin \dfrac{180°}{z}} - d_r$
齿形压力角 · 最大值	θ_{max}	$\theta_{max} = \angle a O_1 O_3 = 35° - \dfrac{120°}{z}$
齿形压力角 · 最小值	θ_{min}	$\theta_{min} = \angle a O_1 O_3 - \beta = 17° - \dfrac{64°}{z}$
	θ	$\theta = 26° - \dfrac{92°}{z}$

注:1. 表中 p_1 为链条节距;d_r 为滚子直径;z 为链轮齿数。这些是计算链轮齿形时的原始数据。
　　2. 齿沟圆弧半径 r_1 允许比上式计算的数值大 $0.015 d_r + 0.06$mm。

槽形状和最小齿槽形状范围内，且组成齿槽的各段曲线光滑连接即可。这样给刀具生产厂和链轮生产厂提供制造和检查的方便条件。

标准中的最大齿槽和最小齿槽由两段圆弧和一个齿沟角组成，r_e 为齿面圆弧半径，r_i 为齿沟圆弧半径，α 为齿沟角，半径为 r_e 的圆弧为导入和工作部分。链轮结构参数和齿形参数分别见表 17-16 和表 17-17。

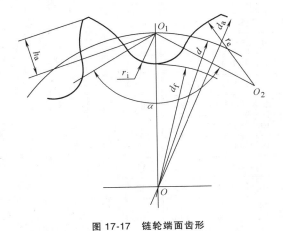

图 17-17　链轮端面齿形

表 17-16　链轮结构参数（GB/T 1243—2006）

（单位：mm）

名称	代号	计算公式	备 注
分度圆直径	d	$d = \dfrac{p}{\sin\left(\dfrac{180°}{z}\right)}$	—
齿顶圆直径	d_a	$d_{amax} = d + 1.25p - d_r$ $d_{amin} = d + \left(1 - \dfrac{1.6}{z}\right)p - d_r$	可在 d_{amax}、d_{amin} 范围内任意选取，但选用 d_{amax} 时，应考虑采用展成法加工，有发生顶切的可能性
分度圆弦齿高	h_a	$h_{amax} = \left(0.625 + \dfrac{0.8}{z}\right)p - 0.5d_r$ $h_{amin} = 0.5(p - d_r)$	h_a 为简化放大齿形图的绘制而引入的辅助尺寸 h_{amax} 相应于 d_{amax} h_{amin} 相应于 d_{amin}
齿根圆直径	d_f	$d_f = d - d_r$	—

注：p——链轮节距；d_r——滚子直径；z——链轮齿数。

表 17-17　链轮齿形参数（GB/T 1243—2006）

（单位：mm）

名称	代号	计算公式	
		最大齿槽形状	最小齿槽形状
齿面圆弧半径	r_e	$r_{emax} = 0.12d_r(z+2)$	$r_{emin} = 0.008d_r$ $(z^2 + 180)$
齿沟圆弧半径	r_i	$r_{imax} = 0.505d_1 + 0.069\sqrt[3]{d_r}$	$r_{imin} = 0.505d_r$
齿沟角	α	$\alpha_{max} = 140° - \dfrac{90°}{z}$	$\alpha_{min} = 120° - \dfrac{90°}{z}$

经过对链轮齿形的分析可以看出，新标准链轮齿形在很大程度上包含了旧链轮齿形，而且新标准具有很强的适应性。

17.4.2　链轮滚刀设计

1. 链轮滚刀法向齿形

滚子链和套筒链链轮滚刀标准为 JB/T 7427—2006，标准中给出了滚刀型式和公称尺寸以及技术要求。在标准的附录 A 中给出了滚刀法向齿形尺寸，可供查阅。

（1）链轮节圆半径选择　为了简化链轮滚刀的计算，通常使节圆通过链轮齿根圆弧的圆心，这样在加工齿根圆弧时，啮合节点将与齿根圆弧的圆心重合，齿根圆弧上各点的法线也将同时通过啮合节点。于是，加工这段圆弧的滚刀齿形也就是以齿根圆弧半径所作的圆弧。这样不仅满足了滚刀设计要求，而且给生产制造带来方便。

（2）链轮滚刀法向齿形方程　由表 17-15 可计算出链轮端面齿形方程，其齿形上任一点 m 在（O，x，y）坐标中的坐标为

$$\left.\begin{array}{l} x = \pm(x_i - r_i\sin\alpha_0) \\ y = r' \mp y_i \pm r_i\cos\alpha_0 \end{array}\right\} \quad (17\text{-}22)$$

式中　$i = 1$、2、3；

x_i、y_i——圆弧中心 O_i 对滚刀节线和 y 轴的坐标；

r_i——齿形圆弧半径；

r'——节圆半径；

α_0——m 点的切线与 x 轴的夹角。

式（17-22）中 α_0 随 m 点所在圆弧的不同而不同，m 点在 r_1 圆弧，$\alpha_0 = 0° \sim \alpha$；$m$ 点在 r_2 圆弧，$\alpha_0 = \alpha \sim \alpha + \beta$；$m$ 点在 r_3 圆弧，$\alpha_0 = \alpha + \beta \sim \alpha_d - (1° \sim 2°)$。$\alpha_d$ 按下式计算

$$\alpha_d = 90° - (\tau - \varepsilon)$$

$$\varepsilon = \arctan\dfrac{r' - y_3}{x_3}$$

$$\overline{OO_3} = \frac{x_3}{\cos\varepsilon}$$

$$\tau = \arccos\frac{r_3^2 + \overline{OO_3}^2 - r_a^2}{2r_3\overline{OO_3}}$$

将式（17-22）代入式（17-3）得到链轮滚刀法向齿形方程。

$$\left.\begin{array}{l} x_0 = x\cos\varphi - y\sin\varphi + r'\varphi \\ y_0 = x\sin\varphi + y\cos\varphi - r' \end{array}\right\} \quad (17\text{-}23)$$

$$\varphi = \frac{\pi}{2} - \alpha_0 - \arccos\frac{x\cos\alpha_0 + y\sin\alpha_0}{r'}$$

用上述公式计算出来的滚刀齿形是固定链轮齿数专用的。生产中为减少刀具品种规格，常用一把滚刀加工同一节距、同一滚子直径、齿数相近的链轮。

2. 链轮滚刀的结构型式和公称尺寸

JB/T 7427—2006 给出了滚子链和套筒链链轮的基本型式、公称尺寸和技术要求，适用于加工 GB/T 1243—2006 规定的链轮用不切顶链轮滚刀。可做成单头、右旋、螺旋容屑槽或平行于其轴线的直容屑槽。标准链轮滚刀的结构型式和公称尺寸如图 17-18 和表 17-18 所示。标准附录中还给出了链轮滚刀法向齿形尺寸参考值（见表 17-19）和链轮滚刀计算尺寸参考值（见表 17-20）。

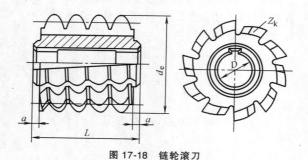

图 17-18 链轮滚刀

滚刀制造公司现在还生产加工旧标准链轮的链轮滚刀，这种链轮滚刀目前在国内还有一定需求。表 17-21 是这种加工旧标准链轮的铲齿链轮滚刀的结构尺寸，表17-22 是这种加工旧标准链轮的磨齿链轮滚刀的结构尺寸。

从结构参数表中可以看出，规格为 50.8mm×28.58mm 和 63.5mm×39.68mm 的链轮滚刀只列入了磨齿链轮滚刀，而其他规格的链轮滚刀铲齿和磨齿并存，可根据具体加工要求选择。这是由于这两个规

表 17-18 链轮滚刀的型式和尺寸

（单位：mm）

规 格					
节距×滚子直径	d_e	L	D	a_{min}	Z_k
6.35×3.3	63	50	27		12
8×5					
9.525×5.08	71	63			
9.525×6.35					
12.7×7.95	80	71			
12.7×8.51					
15.875×10.16	90	80	32		
19.05×11.91	100	100			
19.05×12.07				5	
25.4×15.88	112	112			
31.75×19.05	125	132	40		
38.1×22.23	140	150			10
38.1×25.4					
44.45×25.4	160	180			
44.45×27.94					
50.8×28.58	180	200	50		
50.8×29.21					
63.5×39.37	200	240			9
63.5×39.68					

注：1. 链轮滚刀轴台直径由工具厂自行决定，其尺寸应尽可能取得大些。

2. 按用户要求，链轮滚刀可做成左旋。

格的链轮滚刀节距较大、齿形较深，生产制造铲齿链轮滚刀，其齿形误差及表面粗糙度很难满足技术要求。

17.4.3 链轮滚刀的技术要求

JB/T 7427—2006 规定了滚子链和套筒链链轮滚刀的主要技术要求。

1）链轮滚刀表面不得有裂纹、崩刃、烧伤及其他影响使用性能的缺陷。

2）链轮滚刀的表面粗糙度的最大允许值按表 17-23 的规定。

3）链轮滚刀外径 d_e 的公差为 h15，全长 L 的公差为 js15。

4）滚刀键槽尺寸和公差按 GB/T 6132—2006 中的规定。

表 17-19　滚子链和套筒链链轮滚刀法向齿形尺寸
（参考值）　（单位：mm）

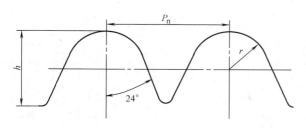

表 17-20　滚子链和套筒链链轮滚刀计算尺寸
（参考值）　（单位：mm）

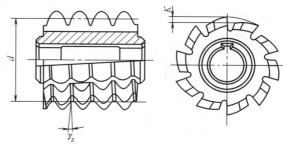

规　格				规　格			
节距×滚子直径	P_n	h	r	节距×滚子直径	d	γ_z	K
6.35×3.3	6.3792	3.64	1.67	6.35×3.3	58.62	1°59′	4
8×5	8.0368	4.70	2.53	8×5	64.80	2°16′	4.5
9.525×5.08	9.5688	5.48	2.57	9.525×5.08	64.72	2°42′	4.5
9.525×6.35		5.66	3.21	9.525×6.35	63.44	2°45′	4.5
12.7×7.95	12.7584	7.47	4.02	12.7×7.95	70.72	3°18′	5
12.7×8.51		7.55	4.30	12.7×8.51	70.16	3°19′	5
15.875×10.16	15.948	9.37	5.13	15.875×10.16	78.36	3°43′	5.5
19.05×11.91	19.1376	11.22	6.10	19.05×11.91	86.22	4°03′	6
19.05×12.07				19.05×12.07			
25.4×15.88	25.5168	14.93	8.02	25.4×15.88	94.28	4°57′	7
31.75×19.05	31.8961	18.55	9.62	31.75×19.05	103.84	5°37′	8
38.1×22.23	38.2753	22.17	11.23	38.1×22.23	115.42	6°04′	9
38.1×25.4		22.62	12.83	38.1×25.4	112.22	6°14′	9
44.45×25.4	44.6545	25.79	12.83	44.45×25.4	122.02	6°41′	10
44.45×27.94		26.15	14.11	44.45×27.94	119.46	6°50′	10
50.8×28.58	51.0337	29.41	14.43	50.8×28.58	128.82	7°15′	10
50.8×29.21		29.50	14.75	50.8×29.21	128.18	7°17′	10
63.5×39.37	63.7921	37.33	20.04	63.5×39.37	137.20	8°31′	12
63.5×39.68				63.5×39.68			

表 17-21　铲齿链轮滚刀的结构尺寸　　　　（单位：mm）

规　格	d_{a0}		L		D	d_1	d	K	H	D_1	L_1	R	Z_k	加工齿数范围
节距×滚子直径	公称尺寸	极限偏差	公称尺寸	极限偏差										
9.525×6.35	70	0 −1.2	60	±0.6	27	40	62.618	4.5	12.5	29	15	2.0	10	11～120
12.7×8.51	80		70			45	70.348	5.0	15.5		16			
15.875×10.16	90	0 −1.4	85	±0.7	32	50	78.589	5.5	17.5	34	22	2.5		
19.05×11.91	100		100			55	86.730	6.0	20.0		24			
25.4×15.88	115		115				97.540	7.0	25.0		28			
31.75×19.05	125		135			60	104.155	8.0	29.5		34			
38.10×22.23	140	0 −1.6	150	±0.8	40		115.758	9.0	35.5	42	36	3.0		
44.45×25.4	150		180				122.372	10.0	39.0		42			

表 17-22　磨齿链轮滚刀的结构尺寸　　　　　　　（单位：mm）

规　格		d_{a0}		L		D	d_1	d	K	K_1	H	D_1	L_1	R	Z_k	加工齿数范围
节距×滚子直径		公称尺寸	极限偏差	公称尺寸	极限偏差											
9.525×6.35		70	0 −1.2	60	±0.6	27	44	62.718	4	6	11.5	29	20	2.0	10	11~40
12.7×8.51		80		70			46	70.448	4.5	7	15	29	25	2.0		11~40
15.875×10.16		90	0 −1.4	85	±0.7	32	54	78.690	5	7.5	16.5	34	30	2.5		11~50
19.05×11.91		100		100			58	86.830	5.5	8.5	19.3	34	35	2.5		11~50
25.4×15.88		115		115			62	97.640	6.5	10	24.5	34	40	2.5		11~55
31.75×19.05		125	—	135	±0.8		62	104.354	7	10.5	29	34	45	3.0		11~90
38.1×22.23		140		150		40	66	115.958	8	12	35	42	50	3.0		11~120
44.45×25.4		150	0 −1.6	180			70	122.572	9	13.5	38.5	42	60	3.0		11~120
50.8×28.58		160		200	±0.92		70	129.378	9	13.5	43	42	60	3.0		11~120
63.5×39.68		180		240			80	137.822	12	18	54	42	80	3.5	9	11~120

注：$K_1 = (1.2 \sim 1.5)K$。

表 17-23　链轮滚刀的表面粗糙度的最大允许值

（单位：μm）

检查表面	表面粗糙度参数	表面粗糙度数值
内孔表面	Ra	0.32
端面		0.63
轴台外圆		1.25
刀齿前面		0.63
齿顶及齿侧表面	Rz	6.3

5）链轮滚刀制造时的主要公差按表 17-24 的规定。

6）链轮滚刀采用 W6Mo5Cr4V2 或同等性能高速工具钢制造。

7）链轮滚刀的切削部分硬度应为 63~66HRC。

17.4.4　链轮滚刀的设计步骤及计算示例

链轮滚刀的设计步骤及计算示例见表 17-25。铲齿链轮滚刀的工作图如图 17-19 所示。

表 17-24　链轮滚刀制造时的主要公差　　　　　　（单位：μm）

序　号	检　查　项　目	公差代号	链节距/mm				
			6.35~12.7	>12.7~19.05	>19.05~31.75	>31.75~44.45	>44.45~63.5
1	孔径公差 注：1. 内孔配合表面上超出公差的喇叭口长度，应小于每边配合长度的25%。键槽两侧超出公差部分的宽度，每边应不大于键宽的一半。 2. 在对孔做精度检查时，具有公称孔径的基准心轴应能通过	δD			H6		
2	轴台径向圆跳动	δd_{1r}	10	10	12	16	22
3	轴台端面圆跳动	δd_{1x}	8	8	10	12	18
4	齿顶径向圆跳动	δd_{er}	70	70	90	150	180
5	刀齿前面径向性	δf_r	36	42	53	70	100
6	容屑槽相邻周节差	δf_p	50	70	90	120	190
7	容屑槽周节的最大累积误差	δF_p	80	120	140	180	220
8	刀齿前面对内孔轴线的平行度（仅用于直槽）	δf_x	60	90	110	150	200
9	容屑槽导程误差（仅用于螺旋槽链轮滚刀）	δP_k			100mm:140		
10	齿形误差	δf_f	50	60	60	70	90
11	齿厚偏差 注：在滚刀理论齿高处测量的齿厚对理论齿厚的偏差	δS_x	0 −50	0 −60	0 −80	0 −100	0 −125
12	齿距最大偏差 注：在任意一排齿上，相邻刀齿轴向距离的最大偏差	δP_x	±28	±32	±40	±55	±75
13	任意三个齿距长度内的齿距最大累积误差	δP_{x3}	±45	±50	±70	±80	±120

表 17-25　链轮滚刀设计步骤及计算示例

已 知 条 件			链条节距 $p_1 = 38.1$mm；滚子直径 $d_r = 25.794$mm；链轮齿数 $z = 12$		
序号	计算项目	符号	计算公式或选取方法	计算精度	计 算 示 例
1	齿沟圆弧半径	r_1	$r_1 = 0.5025d_r + 0.05$mm	0.001	$r_1 = (0.5025 \times 25.794 + 0.05)$mm $= 13.012$mm
2	工作段圆弧半径	r_2	$r_2 = 1.3025d_r + 0.05$mm	0.001	$r_2 = (1.3025 \times 25.794 + 0.05)$mm $= 33.647$mm
3	齿顶圆弧半径	r_3	$r_3 = d_r\left[1.3\cos\left(17° - \dfrac{64°}{z}\right) + 0.8\cos\left(18° - \dfrac{56°}{z}\right) - 1.3025\right] - 0.05$mm		$r_3 = \left\{25.794\left[1.3\cos\left(17° - \dfrac{64°}{12}\right) + 0.8\cos\left(18° - \dfrac{56°}{12}\right) - 1.3025\right] - 0.05\right\}$mm $= 19.272$mm
4	链轮分度圆直径	d	$d = (p_1 + \sqrt{p_1^2 + 4A_1A_2})/(2A_1)$ 式中　$A_1 = \sin\left(\dfrac{180°}{z}\right)$ $A_2 = p_1(2r_1 - d_r)$ （将表 17-15 中求 p 的公式代入求 d 的公式）	0.001	$A_1 = \sin\left(\dfrac{180°}{12}\right) = 0.25882$ $A_2 = 38.1(2 \times 13.012 - 25.794)mm^2 = 8.724$mm^2 $d = (38.1 + \sqrt{38.1^2 + 4 \times 0.259 \times 8.724})/(2 \times 0.259)$mm $= 147.436$mm
5	链轮分度圆节距	p	$p = p_1\left(1 + \dfrac{2r_1 - d_r}{d}\right)$	0.001	$p = 38.1\left(1 + \dfrac{2 \times 13.012 - 25.793}{147.436}\right)$mm $= 38.159$mm
6	齿沟圆心坐标	x_1 y_1	$x_1 = 0$ $y_1 = d'/2$	0.001	$x_1 = 0$ $y_1 = 147.436/2 = 73.718$
7	工作圆心坐标	x_2 y_2	$x_2 = 0.8d_r\sin A_3$ $y_2 = 0.8d_r\cos A_3 + d'/2$ 式中　$A_3 = 55° - 60°/z$	0.001	$A_3 = 55° - 60°/12 = 50°$ $x_2 = 0.8 \times 25.794\sin 50° = -15.8075$ $y_2 = 0.8 \times 25.794\cos 50° + d'/2 = 86.982$
8	齿顶圆心坐标	x_3 y_3	$x_3 = 1.3d_r\cos\left(\dfrac{180°}{z}\right)$ $y_3 = 1.3d_r\sin\left(\dfrac{180°}{z}\right)$	0.001	$x_3 = 1.3 \times 25.794\cos\left(\dfrac{180°}{12}\right) = 32.390$ $y_3 = 1.3 \times 25.794\sin\left(\dfrac{180°}{12}\right) = 8.679$
9	齿顶圆直径	d_a	$d_a = p_1\left(0.54 + \cot\dfrac{180°}{z}\right)$	0.01	$d_a = 38.1\left(0.54 + \cot\dfrac{180°}{12}\right)$mm $= 162.765$mm
10	齿根圆直径	d_f	$d_f = d - 2r_1$	0.01	$d_f = (147.436 - 2 \times 13.012)$mm $= 121.642$mm
11	确定 α_0 的变化范围 1) r_1 的圆弧段 2) r_2 的圆弧段 3) r_3 的圆弧段	α_0	$\alpha_0 = 0° \sim \alpha$ $\alpha_0 = \alpha \sim \alpha + \beta$ $\varepsilon = \arctan\dfrac{r' - y_3}{x_3}$ $\overline{OO_3} = \dfrac{x_3}{\cos\varepsilon}$ $\tau = \arccos\dfrac{r_3^2 + \overline{OO_3}^2 - r_a^2}{2r_3\,\overline{OO_3}}$ $\alpha_d = 90° - (\tau - \varepsilon)$ $\alpha_0 = \alpha + \beta \sim \alpha_d - 1° \sim 2°$		$\alpha_0 = 0° \sim 50°$ $\alpha_0 = 50° \sim 63°20'$ $\varepsilon = \arctan\dfrac{73.718 - 8.679}{32.39} = 63.5263°$ $\overline{OO_3} = \dfrac{32.39}{\cos 63.5263°} = 72.6580$ $\tau = \arccos\dfrac{19.272^2 + 72.658^2 - 81.3825^2}{2 \times 19.272 \times 72.658}$ $= 110.31983°$ $\alpha_d = 90° - (110.31983° - 63.5263°)$ $= 43.2065°$ $\alpha_0 = 63°20' \sim 42°$

（续）

已知条件			链条节距 $p_1 = 38.1$mm；滚子直径 $d_r = 25.794$mm；链轮齿数 $z = 12$		
序号	计算项目	符号	计算公式或选取方法	计算精度	计 算 示 例
12	链轮滚刀法向齿形坐标	x_0 y_0	$x = \pm(x_i - r_i \sin\alpha_0)$ $y = r' \mp y_i \pm r_i \cos\alpha_0$ $x_0 = x\cos\varphi - y\sin\varphi + r'\varphi$ $y_0 = x\sin\varphi + y\cos\varphi - r'$ $\varphi = \dfrac{\pi}{2} - \alpha_0 - \arccos\dfrac{x\cos\alpha_0 + y\sin\alpha_0}{r'}$	0.001 0.001	计算 x_0、y_0 后，将坐标点平移到滚刀齿顶，其计算结果如图 17-19 所示
13	滚刀外径	d_{a0}	按表 17-21 选取		$d_{a0} = 140$mm
14	滚刀齿数	Z_k	按表 17-21 选取		$Z_k = 10$
15	滚刀头数	Z_0			$Z_0 = 1$
16	铲齿量（第一铲齿量）	K	$K = \dfrac{\pi d_e}{Z_k}\tan\alpha_e$ $\alpha_e = 10° \sim 12°$	0.5	$K = \dfrac{3.14159 \times 140}{10}\tan 12°$mm $= 9.35$mm 取 $K = 9$mm
17	第二铲齿量	K_1	磨齿链轮滚刀用按表 17-22 选取		
18	滚刀上齿高	h_{a0}	在滚刀齿形中间选取	0.01	$h_{a0} = 13.22$mm
19	滚刀齿厚	s_{n0}	对应滚刀齿高选取齿厚	0.001	$s_{n0} = 29.228$mm
20	滚刀有效齿高	h_1	检查滚刀齿形公差时，用在该高度下方齿形可不检查	0.01	$h_1 = 19.30$mm
21	滚刀全齿高和槽底半径	h_0 R_0	根据滚刀齿形及有效齿高作图，确定全齿高及槽底半径	0.01 0.1	$h_0 = 21.20$mm $R_0 = 2.0$mm
22	滚刀法向齿距	p_{n0}	$p_{n0} = \dfrac{\pi d}{z}$	0.001	$p_{n0} = \dfrac{3.14159 \times 147.436}{10}$mm $= 38.599$mm
23	滚刀分度圆直径	d_0	$d_0 = d_{a0} - 2h_{a0}$	0.001	$d_0 = (140 - 2 \times 13.22)$mm $= 113.560$mm
24	滚刀分度圆上螺纹导程角和容屑槽螺旋角	γ_z	$\gamma_z = \arcsin\dfrac{p_n}{\pi d_0}$		$\gamma_z = \arcsin\dfrac{38.599}{3.14159 \times 113.56} = 6°13'$
25	容屑槽导程	P_k	$P_k = \dfrac{\pi d_0}{\tan\gamma_z}$	0.01	$P_k = \dfrac{3.1415 \times 113.56}{\tan 6°13'}$mm $= 3278.06$mm
26	滚刀轴向齿距	p_{x0}	$p_{x0} = \dfrac{p_n}{\cos\gamma_z}$	0.001	$p_{x0} = \dfrac{38.599}{\cos 6°13'}$mm $= 38.827$mm
27	容屑槽深度（铲齿）	H	$H = h_0 + K + (1 \sim 3)$mm	0.1	$H = 21.2 + 9 + (1 \sim 3) = 32$mm
	容屑槽深度（磨齿）	H	$H = h + \dfrac{K + K_1}{2} + (1 \sim 3)$mm	0.1	—
28	滚刀轴台尺寸	d_1	$d_1 = d_{a0} - 2H - (0.5 \sim 5)$mm	0.1	$d_1 = [140 - 2 \times 32 - (0.5 \sim 5)]$mm $= 60$mm
29	滚刀全长	L	按表 17-21 选取		$L = 150$mm

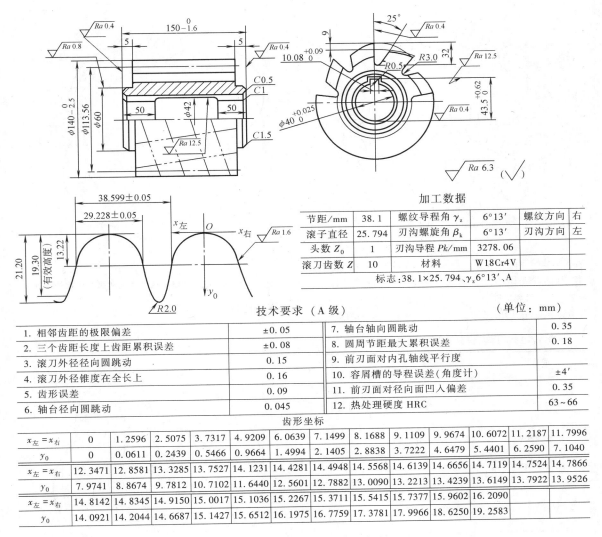

加工数据

节距/mm	38.1	螺纹导程角 γ_z	6°13′	螺纹方向	右
滚子直径	25.794	刃沟螺旋角 β_k	6°13′	刃沟方向	左
头数 Z_0	1	刃沟导程 P_k/mm	3278.06		
滚刀齿数 Z	10	材料	W18Cr4V		
标志:38.1×25.794、γ_z6°13′、A					

技术要求（A 级）　　　　　　　　　　　（单位：mm）

1. 相邻齿距的极限偏差	±0.05	7. 轴台轴向圆跳动	0.35
2. 三个齿距长度上齿距累积误差	±0.08	8. 圆周节距最大累积误差	0.18
3. 滚刀外径径向圆跳动	0.15	9. 前刃面对内孔轴线平行度	
4. 滚刀外径锥度在全长上	0.16	10. 容屑槽的导程误差（角度计）	±4′
5. 齿形误差	0.09	11. 前刃面对径向面凹入偏差	0.35
6. 轴台径向圆跳动	0.045	12. 热处理硬度 HRC	63～66

齿形坐标

$x_左=x_右$	0	1.2596	2.5075	3.7317	4.9209	6.0639	7.1499	8.1688	9.1109	9.9674	10.6072	11.2187	11.7996
y_0	0	0.0611	0.2439	0.5466	0.9664	1.4994	2.1405	2.8838	3.7222	4.6479	5.4401	6.2590	7.1040
$x_左=x_右$	12.3471	12.8581	13.3285	13.7527	14.1231	14.4281	14.4948	14.5568	14.6139	14.6656	14.7119	14.7524	14.7866
y_0	7.9741	8.8674	9.7812	10.7102	11.6440	12.5601	12.7882	13.0090	13.2213	13.4239	13.6149	13.7922	13.9526
$x_左=x_右$	14.8142	14.8345	14.9150	15.0017	15.1036	15.2267	15.3711	15.5415	15.7377	15.9602	16.2090		
y_0	14.0921	14.2044	14.6687	15.1427	15.6512	16.1975	16.7759	17.3781	17.9966	18.6250	19.2583		

图 17-19　铲齿链轮滚刀的工作图

17.5　摆线针轮滚刀

17.5.1　摆线针轮齿形的形成原理

摆线针轮行星减速器具有结构紧凑、体积小、效率高、寿命长等一系列优点，近年来得到广泛的应用。

摆线针轮行星传动机构主要由摆线轮、针轮和转臂三部分构成，如图 17-20 所示。

摆线针轮齿形的主要计算公式见表 17-26。

摆线针轮行星减速器工作时，针轮固定不动，转臂 H 以 O_z 为轴心转动，带动摆线轮绕针轮公转；同时，在摆线齿与针齿啮合时，摆线轮还绕本身轴线自转。由此可知，摆线轮是在针轮上做行星运动，其运动关系相当于半径为 r'_z 的圆在半径为 r'_B 的圆上做纯滚动。

摆线齿形有两种形成方法：外切滚动法和内切滚动法。

（1）外切滚动法　图 17-21 为外切滚动法形成摆线的原理图。当半径为 r 的滚动圆在半径为 k 的基圆上做纯滚动时，滚圆上一点 Q 的运动轨迹 $QQ_1Q_2Q_3Q_4$，称为外摆线，其幅高 h_1 等于滚圆的直径。

假定滚圆内有一点 K，K 点离滚圆圆心 O 的距离为 e，$e=OK$ 称为偏心距。当滚圆按上述方法做纯滚动时，K 点的运动轨迹 $KK_1K_2K_3K_4$ 为一条变态的外摆线，其幅高 h 等于 2 倍偏心距。

由于 $h<h_1$，因此称 K 点所形成的变态外摆线为短幅外摆线。其幅高 h 与外摆线幅高 h_1 之比，称为短幅外摆线的短幅系数，用 K_1 表示，即

$$K_1=\frac{h}{h_1}=\frac{e}{r}<1$$

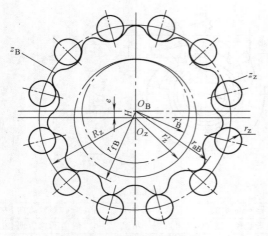

图 17-20 摆线针轮行星传动

O_B—摆线轮的轴心 r_{aB}—摆线轮的齿顶圆半径 r_{fB}—摆线轮的齿根圆半径 r'_B—摆线轮的节圆半径 z_B—摆线轮的齿数 O_z—针轮的轴心 R_z—针轮针齿分布圆半径 r'_z—针轮节圆半径 r_z—针轮套半径 z_z—针轮齿数 H—转臂的长度

表 17-26 摆线针轮齿形的主要计算公式

项 目	计 算 公 式
偏心距 e	$e = r'_z - r'_B = r'_z - r'_z \dfrac{z_B}{z_z} = \dfrac{r'_z}{z_B + 1}$
针轮节圆半径 r'_z	$r'_z = e z_z = e(z_B + 1)$
摆线轮节圆半径 r'_B	$r'_B = e z_B$
短幅系数 K_1	$K_1 = \dfrac{r'_z}{R_z} = \dfrac{e(z_B + 1)}{R_z}$
外切滚动形成法的滚圆半径 r	$r = R_z \left(1 - \dfrac{r'_B}{r'_z}\right) = R_z \left(1 - \dfrac{z_B}{z_z}\right)$ $= \dfrac{R_z}{z_B + 1} = \dfrac{e}{K_1}$
外切滚动形成法的基圆半径 R	$R = R_z \dfrac{r'_B}{r'_z} = R_z \dfrac{z_B}{z_z} = \dfrac{e z_B}{K_1}$
摆线轮的齿顶圆半径 r_{aB}	$r_{aB} = R_z + e - r_z = \left(\dfrac{z_B + 1}{K_1} + 1\right) e - r_z$
摆线轮的齿根圆半径 r_{fB}	$r_{fB} = R_z - e - r_z$
摆线轮齿高 h	$h = 2e$

（2）内切滚动法 图 17-22 为内切滚动法形成摆线的原理图。图中滚动圆半径 r'_z 大于节圆半径 r'_B，

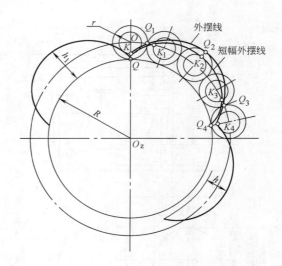

图 17-21 外切滚动法形成外摆线和短幅外摆线原理

两者的偏心距为 e

$$e = r'_z - r'_B$$

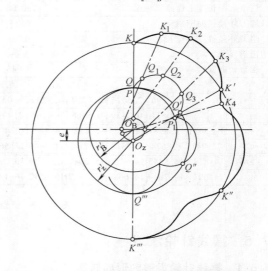

图 17-22 内切滚动法形成外摆线和短幅外摆线原理

当滚圆在节圆上沿顺时针方向做内切纯滚动时，滚圆上一点 Q 的运动轨迹 $QQ_1Q_2Q_3P_1$ 同样是外摆线。在滚圆外与滚圆相固连的一点 K 的运动轨迹 $KK_1K_2K_3K_4$ 也是短幅外摆线。滚圆半径 r'_z 与 O_zK 的比值称为短幅系数 K_1，即

$$K_1 = \frac{r'_z}{O_z K}$$

对照图 17-22 和图 17-20 可以看出，如果图 17-22 中的 K 点就是图 17-20 中的针齿轴心，则当摆线轮的节圆 r'_B 与针轮的节圆 r'_z 做纯滚动时，针齿轴心的运

动轨迹是一条短幅外摆线。由于针齿是以半径为 r_z 的齿套，固连于滚圆上的针齿在滚圆绕基圆做纯滚动时，半径为 r_z 的齿套外圆周在不同位置的包络线将是短幅外摆线的等距线。将这个等距线作为摆线轮的齿形，显然这个齿形和半径为 r_z 的齿套是相共轭的。

（3）短幅外摆线方程　可以证明，由以上两种形成摆线齿形的方法，在满足一定的条件下，可以形成同一条外摆线或短幅外摆线。如图 17-23 所示，按照外切滚动法，短幅外摆线 KK_1 的方程为

$$\left.\begin{array}{l} x_1 = R_z\sin\varphi_1 - e\sin(\varphi_1 + \varphi_2) \\ y_1 = R_z\cos\varphi_1 - e\cos(\varphi_1 + \varphi_2) \end{array}\right\} \quad (17\text{-}24)$$

$$\frac{\varphi_2}{\varphi_1} = \frac{r}{R} = z_B, \quad O_1 O_B = R_z,$$

由

$$\varphi_2 = \varphi_1 z_B, \quad z_z = z_B + 1$$

得

$$\left.\begin{array}{l} x_1 = R_z\sin\varphi_1 - e\sin(z_z\varphi_1) \\ y_1 = R_z\cos\varphi_1 - e\cos(z_z\varphi_1) \end{array}\right\} \quad (17\text{-}25)$$

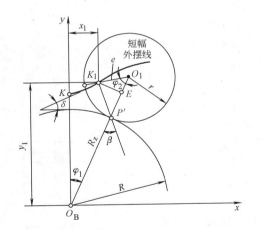

图 17-23　短幅外摆线计算图

摆线轮的齿形就是这条短幅外摆线的等距线，如图 17-24 所示，其方程为

$$\left.\begin{array}{l} x = R_z\sin\varphi_1 - e\sin(z_z\varphi_1) + r_z\sin\delta \\ y = R_z\cos\varphi_1 - e\cos(z_z\varphi_1) - r_z\cos\delta \end{array}\right\} \quad (17\text{-}26)$$

式中　δ——摆线齿形上任一点的切线与 x 轴的夹角。

$$\tan\delta = \frac{\dfrac{\mathrm{d}y}{\mathrm{d}\varphi_1}}{\dfrac{\mathrm{d}x}{\mathrm{d}\varphi_1}} = \frac{-R_z\sin\varphi_1 + ez_z\sin(z_z\varphi_1)}{R_z\cos\varphi_1 - ez_z\cos(z_z\varphi_1)} \quad (17\text{-}27)$$

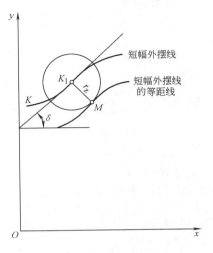

图 17-24　短幅外摆线的等距线

由于 $\varphi_2 = \varphi_1 z_B$，当 $\varphi_2 = 0$ 时，即滚圆 r 处于起始位置时，M 点在齿根位置；当 $\varphi_2 = \pi$ 时，M 点在齿顶位置，并得到全齿高 $h = 2e$；当 $\varphi_2 = 2\pi$ 时，M 点在第二个齿根位置，形成一个周期。

17.5.2　摆线齿轮滚刀的法向齿形计算

在图 17-25 中，取 (O_B, x, y) 为工件坐标系，(P, x_0, y_0) 为刀具坐标系，r' 为工件滚动节圆半径，Px_0 为滚刀的节线，M 点的法线交滚动圆于 A 点。连接 $O_B A$，得 $\angle\varphi = \angle PO_B A$，$\varphi$ 为 M 点成为接触点时工件应转过的角度。

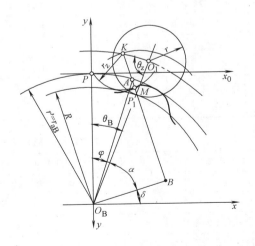

图 17-25　用齿廓法线法求摆线轮滚刀的法向齿形

当 M 点在工件坐标系 (O_B, x, y) 中的坐标为已知时，将式（17-26）和式（17-27）代入式（17-3），可得到滚刀法向齿形坐标。

$$x_0 = x\cos\varphi - y\sin\varphi + r'\varphi$$

$$y_0 = x\sin\varphi + y\cos\varphi - r'$$

$$\varphi = \frac{\pi}{2} - \alpha - \delta$$

$$\tan\delta = \frac{-R_z\sin\varphi_1 + ez_z\sin(z_z\varphi_1)}{R_z\cos\varphi_1 - ez_z\cos(z_z\varphi_1)}$$

$$\cos\alpha = \frac{x\cos\delta + y\sin\delta}{r'}$$

(17-28)

式中 r' 一般取在摆线齿轮顶圆处。

17.5.3 摆线齿轮滚刀的公称尺寸及主要技术要求

目前，摆线齿轮滚刀没有相应的标准，其公称尺寸见表 17-27。表 17-28 所示为摆线齿轮滚刀的技术要求，供设计者参考。

17.5.4 摆线齿轮滚刀的设计步骤及计算示例

摆线齿轮滚刀的设计步骤及计算示例见表 17-29，摆线齿轮滚刀工作图如图 17-26 所示。

表 17-27 摆线齿轮滚刀公称尺寸

（单位：mm）

模数	d_{a0}	L	D	a	Z_k
1	55	60			
2			27		12
3	65	90			10
4					
5	75	100		5	
6	85				
7	90	120			
8	100		32		12
9	105				
10	110	130			
11	115				
12	120				

表 17-28 摆线齿轮滚刀主要技术要求

（单位：μm）

序号	检查项目	模数/mm					序号	检查项目	模数/mm				
		1~2	>2~3.5	>3.5~6	>6~10	>10~12			1~2	>2~3.5	>3.5~6	>6~10	>10~12
1	孔径偏差	H6					8	容屑槽斜角误差	±3′				
2	轴台的径向圆跳动	10	12	12	15	15	9	齿厚极限偏差	±25	±25	±32	±32	±60
3	轴台的轴向圆跳动	8	10	10	10	10	10	齿距极限偏差	±10	±10	±15	±15	±25
4	刀齿的径向圆跳动	30	35	40	45	65	11	任意三个齿距长度内，齿距的最大累积误差	±15	±15	±25	±25	±40
5	刀齿前面的径向性	32	36	42	53	70							
6	容屑槽的相邻周节差	30	35	40	45	65	12	齿形误差	50	60	70	70	80
7	容屑槽周节最大累积误差	45	50	60	75	100							

表 17-29 摆线齿轮滚刀设计步骤及计算示例

（单位：mm）

已知数据		针齿分布圆半径 $R_z = 110$mm，针齿套半径 $r_z = 7$mm，针齿数 $z_z = 30$，摆线轮齿数 $z_B = 29$，偏心距 $e = 2$mm		
计算项目	符号	计算公式或选取方法	计算精度	计算示例
（1）摆线轮齿形计算				
1）针轮节圆半径	r'_z	$r'_z = ez_z$	0.001	$r'_z = 2 \times 30$mm $= 60$mm
2）摆线轮节圆半径	r'_B	$r'_B = ez_B$	0.001	$r'_B = 2 \times 29$mm $= 58$mm
3）短幅系数	k_1	$k_1 = \dfrac{r'_z}{R_z}$	0.001	$k_1 = 60/110 = 0.54545$
4）外切滚动形成法的滚圆半径	r	$r = R_z\left(1 - \dfrac{r'_B}{r'_z}\right)$	0.001	$r = 110\left(1 - \dfrac{58}{60}\right)$mm $= 3.6667$mm

（续）

已知数据		针齿分布圆半径 $R_z=110\text{mm}$，针齿套半径 $r_z=7\text{mm}$，针齿数 $z_z=30$、摆线轮齿数 $z_B=29$，偏心距 $e=2\text{mm}$			
计 算 项 目	符号	计算公式或选取方法	计算精度	计 算 示 例	

（1）摆线轮齿形计算

计 算 项 目	符号	计算公式或选取方法	计算精度	计 算 示 例	
5）外切滚动形成法的基圆半径	R	$R=R_z-\dfrac{r'_B}{r'_z}$	0.001	$R=110\times\dfrac{58}{60}\text{mm}=106.3333\text{mm}$	
6）摆线轮的顶圆半径	r_{aB}	$r_{aB}=R_z+e-r_z$	0.001	$r_{aB}=(110+2-7)\text{mm}=105\text{mm}$	
7）摆线轮的根圆半径	r_{fB}	$r_{fB}=R_z-e-r_z$	0.001	$r_{fB}=(110-2-7)\text{mm}=101\text{mm}$	
8）摆线轮齿形方程	x y	$x=R_z\sin\varphi_1-e\sin(z_z\varphi_1)+r_z\sin\delta$ $y=R_z\cos\varphi_1-e\cos(z_z\varphi_1)-r_z\cos\delta$ $\tan\delta=\dfrac{-R_z\sin\varphi_1+ez_z\sin(z_z\varphi_1)}{R_z\cos\varphi_1-ez_z\cos(z_z\varphi_1)}$ $\varphi_1=\varphi_2/z_B$ $\varphi_2=0\sim\pi$ 中取若干角度		x y 0.000　101.000 1.583　101.148 2.913　101.508 3.917　101.925 4.655　102.309 5.214　102.633 5.667　102.906 6.061　103.140 6.428　103.349 6.789　103.539 7.159　103.716 7.545　103.878 7.953　104.026 8.384　104.156 8.839　104.264 9.315　104.348 9.810　104.405 10.318　104.431 10.834　104.424 11.352　104.384	

（2）滚刀法向齿形计算

计 算 项 目	符号	计算公式或选取方法	计算精度	计 算 示 例	
齿形方程及坐标计算	x_0 y_0	$x_0=x\cos\varphi-y\sin\varphi+r'\varphi$ $y_0=x\sin\varphi+y\cos\varphi-r'$ 式中　$\varphi=\dfrac{\pi}{2}-\alpha-\delta$ $\cos\alpha=\dfrac{x\cos\delta+y\sin\delta}{r'}$ $r'=r_{aB}$		x_0　$-y_0$ 0.000　4.000 1.614　3.842 2.969　3.458 3.989　3.011 4.735　2.597 5.298　2.245	

（续）

已知数据		针齿分布圆半径 $R_z = 110$mm，针齿套半径 $r_z = 7$mm，针齿数 $z_z = 30$，摆线轮齿数 $z_B = 29$，偏心距 $e = 2$mm		
计算项目	符号	计算公式或选取方法	计算精度	计算示例

（2）滚刀法向齿形计算

齿形方程及坐标计算	x_0 y_0	$x_0 = x\cos\varphi - y\sin\varphi + r'\varphi$ $y_0 = x\sin\varphi + y\cos\varphi - r'$ 式中 $\varphi = \dfrac{\pi}{2} - \alpha - \delta$ $\cos\alpha = \dfrac{x\cos\delta + y\sin\delta}{r'}$ $r' = r_{aB}$		5.752 6.145 6.509 6.867 7.231 7.610 8.010 8.433 8.880 9.349 9.837 10.340 10.855 11.375	1.947 1.688 1.455 1.241 1.039 0.849 0.671 0.508 0.362 0.237 0.135 0.061 0.015 0.000

（3）滚刀齿形参数计算

1）法向齿距 2）模数 3）法向齿厚 4）上齿高 5）全齿高	p_{n0} m_n s_{n0} h_{a0} h_0	$p_{n0} = \dfrac{2\pi r_{aB}}{z_B}$ $m_n = p_{n0}/\pi$ 在滚刀法向齿形坐标中部选取 x_0, y_0 $h_0 = 2e$	0.001 0.001	$p_{n0} = \dfrac{2\pi105}{29}$mm $= 22.749$mm $m_n = 22.749/\pi$mm $= 7.241$mm $s_{n0} = 2x_0$ $h_{a0} = y_0$ $h_0 = 2 \times 2$mm $= 4$mm

（4）滚刀结构尺寸

1）滚刀外径 2）滚刀总长度 3）孔径 4）轴台宽 5）滚刀齿数	d_{a0} L D a Z_k	按表17-27选取 按表17-27选取 按表17-27选取 按表17-27选取 按表17-27选取		$d_{a0} = 100$ $L = 120$ $D = 32$ $a = 5$ $Z_k = 12$
第一铲齿量	K	$K = \dfrac{\pi d_{a0}}{Z_k}\tan\alpha_e$ 式中 $\alpha_e = 10° \sim 12°$	0.5	$K = \dfrac{\pi \times 100}{12}\tan10°$mm $= 4.5$mm
第二铲齿量	K_1	$K_1 = (1.2 \sim 1.5)K$	0.5	$K_1 = (1.2 \sim 1.5)4.5$mm $= 7$mm
滚刀分度圆直径	d_0	$d_0 = d_{a0} - 2h_0$	0.001	$d_0 = (100 - 2 \times 4)$mm $= 92$mm
滚刀螺纹导程角	γ_z	$\gamma_z = \arcsin\dfrac{p_{n0}}{\pi d_0}$	1′	$\gamma_z = \arcsin\dfrac{22.749}{92\pi} = 4°31′$
滚刀轴向齿距	p_x	$p_x = p_n/\cos\gamma_z$	0.001	$p_x = 22.749/\cos4°31′$mm $= 22.820$mm
滚刀螺旋沟导程	P_k	$P_k = \pi d_0\cot\gamma_z$	0.5	$P_k = \pi92\cot4°31′$mm $= 3660.0$mm
滚刀容屑槽深	H	$H = h + \dfrac{K + K_1}{2} + (0.5 \sim 2)$	0.1	$H = \left[4 + \dfrac{4.5 + 7}{2} + (0.5 \sim 2)\right]$mm $= 10.8$mm
容屑槽底部圆弧半径	R	$R = \dfrac{\pi(d_{a0} - 2H)}{10z_k}$	0.1	$R = \dfrac{\pi(100 - 2 \times 10.8)}{10z_k}$mm $= 2.0$mm
容屑槽槽角	θ	$d_{a0} \leqslant 120, \theta = 25°$ $d_{a0} > 120, \theta = 22°$		取 $\theta = 22°$

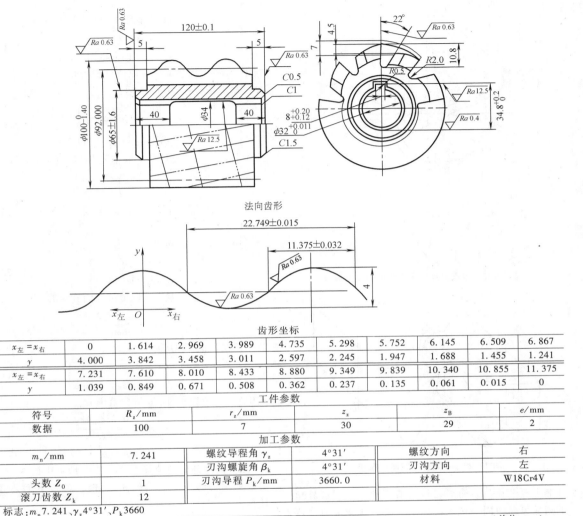

法向齿形

齿形坐标

$x_左=x_右$	0	1.614	2.969	3.989	4.735	5.298	5.752	6.145	6.509	6.867
y	4.000	3.842	3.458	3.011	2.597	2.245	1.947	1.688	1.455	1.241
$x_左=x_右$	7.231	7.610	8.010	8.433	8.880	9.349	9.839	10.340	10.855	11.375
y	1.039	0.849	0.671	0.508	0.362	0.237	0.135	0.061	0.015	0

工件参数

符号	R_z/mm	r_z/mm	z_z	z_B	e/mm
数据	100	7	30	29	2

加工参数

m_n/mm	7.241	螺纹导程角 γ_z	4°31′	螺纹方向	右
		刃沟螺旋角 β_k	4°31′	刃沟方向	左
头数 Z_0	1	刃沟导程 P_k/mm	3660.0	材料	W18Cr4V
滚刀齿数 Z_k	12				

标志：$m_n 7.241$、$\gamma_z 4°31′$、$P_k 3660$

技术要求 （单位:mm）

1. 相邻齿距的极限偏差	±0.015	7. 圆周节距最大累积误差	0.075
2. 三个齿距长度上齿距累积误差	±0.025	8. 容屑槽的相邻周节差	0.045
3. 滚刀外径径向圆跳动	0.045	9. 螺旋沟斜角极限偏差	±3′
4. 齿形误差	0.070	10. 前刃面对径向面凹入偏差	0.053
5. 轴台径向圆跳动	0.015	11. 热处理硬度 HRC	63～66
6. 轴台轴向圆跳动	0.010		

图 17-26　摆线齿轮滚刀工作图

17.6　圆弧齿轮滚刀

17.6.1　单圆弧齿轮滚刀

1. 单圆弧齿轮特点

单圆弧齿轮是以圆弧作齿形的斜齿圆柱齿轮。一般小齿轮端面为凸齿，其齿廓半径为 r_1；大齿轮端面为凹弧齿，其齿廓半径为 r_2，如图 17-27 所示。凹齿圆弧半径 r_2 大于凸齿圆弧半径 r_1，即

$$r_2 = r_1 + \Delta r$$

实际上，由于 r_2 与 r_1 相差很小，齿轮经过充分跑合后，就形成一个小面积接触。单圆弧齿轮啮合原理如图 17-28 所示，M 点为两齿轮的接触点，MM' 就是啮合线，它平行于 PP'。MA 和 MB 实际上就是两曲面齿廓的接触线。

2. 单圆弧齿轮滚刀法向齿形的标准

单圆弧齿轮是螺旋齿的斜齿轮，如果在齿轮端面中具有圆弧形齿廓，那么，加工这种齿轮的滚刀，其法向齿形就不能是圆弧，因而使滚刀的齿形设计

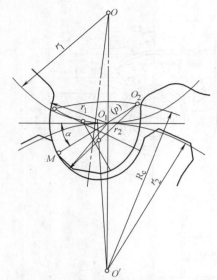

图 17-27 单圆弧点啮合齿轮的端面齿形

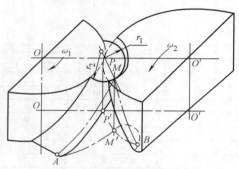

图 17-28 单圆弧齿轮啮合原理

和制造复杂化。为使滚刀具有通用性，不同螺旋角的齿轮可以用同一把滚刀加工，故通常把滚刀的法向齿形做成圆弧形，以简化滚刀的设计和制造。这样，齿轮的端面齿廓就成为近似圆弧。加工同一模数的齿轮副，需用两把滚刀。加工凸齿轮用凹齿滚刀，加工凹齿轮用凸齿滚刀。

单圆弧齿轮滚刀法向齿形，如图 17-29 所示。

3. 单圆弧齿轮滚刀的齿形计算

（1）螺旋沟零前角单圆弧齿轮滚刀　对于螺旋沟零前角圆弧齿轮滚刀的法向齿形，不需进行任何修正计算，可直接采用滚刀法向齿形标准。

（2）直沟零前角圆弧齿轮滚刀　当滚刀设计成直沟零前角时，则需按滚刀的法向齿形坐标 $(x_0,$ $y_0)$ 换算成轴向齿形坐标 $(x_x,$ $y_x)$，即

$$\left.\begin{array}{l} x_x = x_0/\cos\gamma_z \\ y_x = y_0 \end{array}\right\} \tag{17-29}$$

式中　γ_z——圆弧齿轮滚刀螺纹导程角。

1）加工凸齿用凹刀齿形计算公式（见图

17-30）。

第一段圆弧 OA 的坐标：

$$\left.\begin{array}{l} x_0 = r_{g1}\sin\alpha \\ y_0 = r_{g1}(1-\cos\alpha) \end{array}\right\} \tag{17-30}$$

式中　α——参变量。α 取值范围为 $0°\sim(90°-\varphi_1)$

第二段圆弧 AB 的坐标：

$$\left.\begin{array}{l} x_0 = \dfrac{\pi m_n}{2} - r_1\cos\alpha + c_1 \\ y_0 = r_1\sin\alpha + (h_1 - h_1') \end{array}\right\} \tag{17-31}$$

式中　α——参变量。α 取值范围为 $\varphi_1\sim\alpha_B$，$\alpha_B =$ $\arcsin\left(\dfrac{1.25m_n}{r_1}\right)$。

2）加工凹齿用凸刀齿形计算公式（见图 17-31）。

第一段圆弧 OA 的坐标：

$$\left.\begin{array}{l} x_0 = r_{g2}\sin\alpha \\ y_0 = r_{g2}(1-\cos\alpha) \end{array}\right\} \tag{17-32}$$

式中　α——参变量。α 取值范围为 $0°\sim\delta$，而

$$\delta = \arctan\dfrac{c_2}{1.36m_n - r_{g2} + e_2}$$

第二段圆弧 AB 的坐标：

$$\left.\begin{array}{l} x_0 = r_2\cos\alpha - c_2 \\ y_0 = (1.36m_n + e_2) - r_2\sin\alpha \end{array}\right\} \tag{17-33}$$

式中　α——参变量。α 取值范围 $\alpha_{min}\sim\alpha_{max}$，而

$$\alpha_{min} = \arcsin\dfrac{0.25m_n + e_2}{r_2}$$

$$\alpha_{max} = 90° - \delta$$

3）倒角部分的计算。滚刀法向齿形中的 30°倒角换算成轴向齿形中的倒角 α_x 时，可按下列公式计算：

$$\cot\alpha_x = \cot30°\cos r_z$$

（3）直沟正前角圆弧齿轮滚刀　当滚刀采用直沟正前角时，则需将滚刀的法向齿形坐标换算成滚刀前面上的齿形坐标。切凹齿的凸刀以齿纹法向为根据设计齿形时，切凸齿的凹刀就应该以齿槽法向为根据设计齿形。

如图 17-32 所示，以加工凹齿用凸滚刀为例，计算滚刀前刃面齿形坐标。齿纹法向截面 $A—A$ 中的截形为给定的滚刀基准齿形。在 $A—A$ 截面中，$(O,$ $x_0,$ $y_0)$ 坐标系中 M 点的坐标 $(x_0,$ $y_0)$ 为已知，则 M 点至基本蜗杆中心的距离 g 为

$$g = \dfrac{r_{a0} - y_0}{\cos\theta_1} \tag{17-34}$$

式中　$\cos\theta_1 = \dfrac{x_0\sin\gamma_z}{r_{a0} - y_0}$；

r_{a0}——滚刀外圆半径；

γ_z——滚刀螺纹导程角。

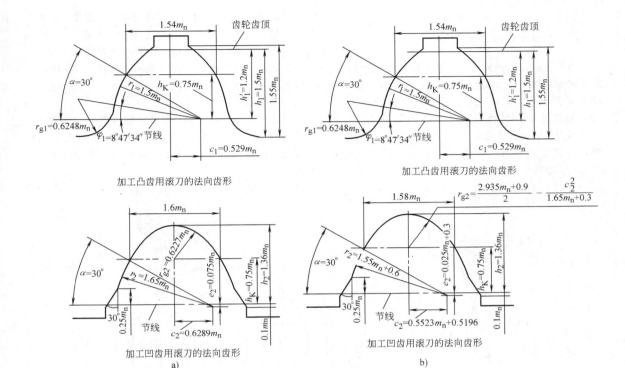

加工凸齿用滚刀的法向齿形　　　　　　　加工凸齿用滚刀的法向齿形

加工凹齿用滚刀的法向齿形　　　　　　　加工凹齿用滚刀的法向齿形
a)　　　　　　　　　　　　　　　　b)

图 17-29　单圆弧齿轮滚刀法向齿形

a）适用于法向模数 $m_n = 2 \sim 6\text{mm}$ 圆弧齿轮滚刀的法向齿形　　b）适用于法向模数 $m_n = 7 \sim 30\text{mm}$ 圆弧齿轮滚刀的法向齿形

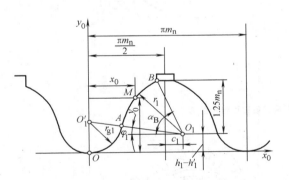

图 17-30　计算凹刀法向齿形坐标

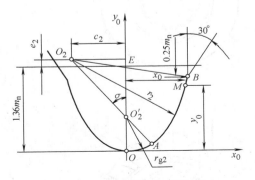

图 17-31　计算凸刀法向齿形坐标

M 点在滚刀前面内 (O, x, y) 坐标系中的坐标 (x_R, y)、(x_L, y) 为

$$\left. \begin{aligned} y &= r_{a0}\cos\gamma_a - e\cot\theta \\ x_R &= x_0\cos\gamma_z + \frac{m_n}{2\cos\gamma_z}(\gamma_a - Q + Q_1) \\ x_L &= x_0\cos\gamma_z - \frac{m_n}{2\cos\gamma_z}(\gamma_a - Q - Q_1) \end{aligned} \right\} \quad (17\text{-}35)$$

式中　x_R——右侧齿形 x 坐标；

x_L——左侧齿形 x 坐标；

e——滚刀前面的偏移距离，$\sin\theta = \dfrac{e}{g}$；

γ_a——滚刀顶刃前角，$\sin\gamma_a = \dfrac{e}{r_{a0}}$；

$$\sin\gamma_z = \frac{m_n}{d}$$

d——滚刀的计算中径；

$$d = \frac{1}{2}(d_1 + d_2) - 0.5K$$

d_1——加工凸齿用凹刀的节圆直径；

d_2——加工凹齿用凸刀的节圆直径；

K——滚刀的铲齿量。

（4）圆弧齿轮滚刀的齿距、上齿高、齿厚的计算方法　滚刀的法向齿距 p_{n0} 和轴向齿距 p_x 为

$$p_{n0} = \pi m_n$$

$$p_x = \frac{p_n}{\cos r_z}$$

滚刀上齿高的计算方法是根据计算出的坐标点，在中间附近取一点（螺旋沟滚刀（x_0，y_0）、直沟零前角滚刀（x_x，y_x）、直沟正前角滚刀（x_L，x_R，y））对应滚刀外径的距离为上齿高。

滚刀齿厚的计算方法，对应上齿高取的坐标点，螺旋沟滚刀 $s_{n0} = 2x_0$，直沟零前角滚刀的轴向齿厚 $s_x = 2x_x$；直沟正前角滚刀的前刃面齿厚 $s_q = x_L + x_R$。

4. 单圆弧齿轮滚刀的公称尺寸及主要技术要求

目前，单圆弧齿轮滚刀已经有标准系列，滚刀为单头、右旋、零度前角、容屑槽为平行轴线的直槽。其结构分为整体和镶片两种，如图 17-33 所示。整体滚刀精度等级分为 AA、A、B 三种；镶片滚刀只有一个精度等级。

表 17-30 和表 17-31 给出了整体圆弧齿轮滚刀的公称尺寸及主要技术要求；表 17-32 和表 17-33 给出了镶片圆弧齿轮滚刀的公称尺寸和主要技术要求。

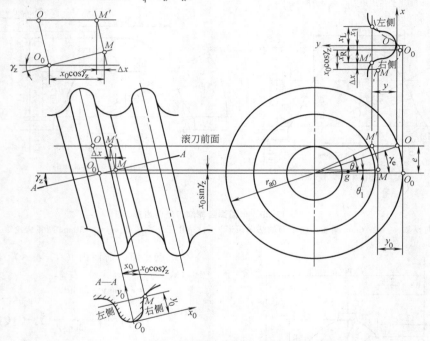

图 17-32　求直沟正前角圆弧滚刀前刃面齿形的方法

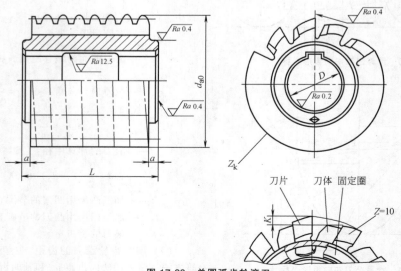

图 17-33　单圆弧齿轮滚刀

表 17-30　圆弧齿轮滚刀公称尺寸

（单位：mm）

模数系列	d_{a0}	L	D	a	Z_k
2	70	70	27	5	10
2.5					
3	80	80	32		
3.5					
4	90	90			
4.5					
5	100	100			
5.5	112	112	40		
6					
7	125	125			
8	140	140	50		
9					
10	150	150			

注：该公称尺寸适用于加工凹齿轮用圆弧齿轮滚刀和加工凸齿轮用圆弧齿轮滚刀。

表 17-31　圆弧齿轮滚刀主要技术要求

（单位：μm）

序号	检查项目		精度等级	模数/mm			
				>2~2.5	>2.5~4	>4~6	>6~10
1	内孔偏差		AA	H5			
			A	H6			
			B				
2	最大齿距偏差		AA	±8	±8	±10	±12
			A	±10	±10	±15	±15
			B	±15	±15	±25	±25
3	任意三个齿距长度内的最大齿距累积误差		AA	±12	±12	±15	±18
			A	±15	±15	±25	±25
			B	±25	±25	±40	±40
4	刀齿前面的径向性		AA	25	30	35	40
			A	30	35	40	45
			B	40	45	50	55
5	容屑槽周节的最大累积误差		AA	35	40	50	60
			A	40	50	60	70
			B	50	60	70	80
6	刀齿的径向圆跳动		AA	20	20	30	40
			A	30	30	40	40
			B	40	50	60	60
7	外径锥度（在全长上）		AA	30	30	40	40
			A	30	30	40	40
			B	40	40	45	45
8	轴台的径向圆跳动		AA	10	10	10	10
			A	15	15	15	15
			B	20	20	20	20
9	轴台的轴向圆跳动		AA	8	8	8	10
			A	10	10	15	20
			B	15	15	20	20
10	齿厚极限偏差		AA	±20	±20	±25	±30
			A	±20	±20	±25	±30
			B	±20	±20	±25	±30
11	刀齿前面对内孔轴线的平行度		AA	30	40	50	60
			A	35	45	60	80
			B	45	60	80	100
12	齿形误差	工作部分	AA	20	25	32	41
			A	26	30	37	46
			B	33	40	47	56
		非工作部分	AA	43	50	57	66
			A	43	50	57	76
			B	48	50	72	86

表 17-32　镶片圆弧齿轮滚刀公称尺寸

（单位：mm）

模数	d_{a0}	L	D	L_1（刀片长度）	Z_k
10	190	220	60	175	10
12	200	240		195	
14	210	260		215	
16	220	280		235	
18	240	300		255	
20	250	320		275	
22	280	335	80	285	
25	290	350		300	
28	300	365		315	
30	310	385		335	

注：该公称尺寸适用于加工凹齿轮用圆弧齿轮滚刀和加工凸齿轮用圆弧齿轮滚刀。

表 17-33　镶片圆弧齿轮滚刀主要技术要求

（单位：μm）

序号	检查项目	模数/mm				
		10	>10~14	>14~20	>20~24	>24~30
1	轴台径向圆跳动	20	20	30	30	30
2	轴台的轴向圆跳动	20	20	25	25	25
3	齿顶的径向圆跳动	60	60	80	80	90
4	在整个背吃刀量上，刀齿前面的直线性和径向性公差	120	135	160	195	215
5	切削刃圆周节距最大累积误差	100	120	180	180	220
6	刀齿前面与内孔轴线的平行度	200	200	320	320	400
7	工作部分齿形误差	50	50	60	70	70
8	齿厚极限偏差	±50	±60	±70	±80	±90
9	相邻刀齿齿距或齿距投影最大偏差	±35	±35	±45	±55	±65
10	任意三个相邻齿距长度内，齿距或齿距投影的最大累积误差	±50	±50	±70	±80	±90
11	外圆直径（在滚刀全长上）锥度公差	50	63	80	100	125
12	滚刀孔径偏差	H5（GB/T 1801—1999）				

17.6.2 双圆弧齿轮滚刀

1. 双圆弧齿轮特点

双圆弧齿轮的基本齿廓由两段工作圆弧组成，齿顶部分是凸齿，齿根部分是凹齿。齿轮的齿顶与齿根均参与啮合，因此同一轮齿上有两条啮合线，重合度比单圆弧齿轮传动显著增加，所以承载能力有很大提高。

因为双圆弧齿轮传动经历了几个不同的发展阶段，所以双圆弧齿轮的基本齿廓有几种形式，到 20 世纪 80 年代初，为统一基本齿廓，原机械部颁布我国通用的双圆弧齿轮基本齿廓标准 JB/T 2940—1981（已作废）。在 JB 标准基础上，对规格进行了补充及对个别非主要参数进行了修改，在 1991 年又颁布了 GB/T 12759—1991。双圆弧圆柱齿轮基本齿廓的形状如图 17-34 所示，基本齿廓的尺寸见表 17-34。

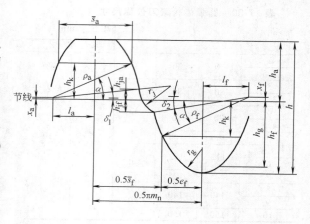

图 17-34　双圆弧圆柱齿轮基本齿廓的形状

表 17-34　双圆弧圆柱齿轮基本齿廓的尺寸参数（GB/T 12759—1991）　（单位：mm）

法向模数 m_n	基本齿廓的参数										
	α	h^*	h_a^*	h_f^*	ρ_a^*	ρ_f^*	x_a^*	x_f^*	l_a^*	$\bar{s}_a^*$	h_k^*
1.5~3	24°	2	0.9	1.1	1.3	1.420	0.0163	0.0325	0.6289	1.1173	0.5450
>3~6	24°	2	0.9	1.1	1.3	1.410	0.0163	0.0285	0.6289	1.1173	0.5450
>6~10	24°	2	0.9	1.1	1.3	1.395	0.0163	0.0224	0.6289	1.1173	0.5450
>10~16	24°	2	0.9	1.1	1.3	1.380	0.0163	0.0163	0.6289	1.1173	0.5450
>16~32	24°	2	0.9	1.1	1.3	1.360	0.0163	0.0081	0.6289	1.1173	0.5450
>32~50	24°	2	0.9	1.1	1.3	1.340	0.0163	0.0000	0.6289	1.1173	0.5450

法向模数 m_n	基本齿廓的参数									
	l_f^*	h_{ja}^*	h_{jf}^*	e_f^*	$\bar{s}_f^*$	δ_1	δ_2	r_j^*	r_g^*	h_g^*
1.5~3	0.7086	0.16	0.20	1.1773	1.9643	6°20′52″	9°25′31″	0.5049	0.4030	1.0186
>3~6	0.6994	0.16	0.20	1.1773	1.9643	6°20′52″	9°19′30″	0.5043	0.4004	1.0168
>6~10	0.6957	0.16	0.20	1.1573	1.9843	6°20′52″	9°10′21″	0.4884	0.3710	1.0236
>10~16	0.6820	0.16	0.20	1.1573	1.9843	6°20′52″	9°0′59″	0.4877	0.3663	1.0210
>16~32	0.6638	0.16	0.20	1.1573	1.9843	6°20′52″	8°48′11″	0.4868	0.3595	1.0176
>32~50	0.6455	0.16	0.20	1.1573	1.9843	6°20′52″	8°35′01″	0.4858	0.3520	1.0145

注：表中带 * 号者，是指该尺寸与法向模数 m_n 的比值，例如：$h^*=h/m_n$，$\rho_a^*=\rho_a/m_n$，……等，以下类同。

α——压力角；h——全齿高；h_a——齿顶高；h_f——齿根高；ρ_a——凸齿齿廓圆弧半径；ρ_f——凹齿齿廓圆弧半径；x_a——凸齿齿廓圆心移距量；x_f——凹齿齿廓圆心移距量；l_a——凸齿齿廓圆心偏移量；l_f——凹齿齿廓圆心偏移量；$\bar{s}_a$——凸齿接触点处弦齿厚；h_k——接触点到节线的距离；h_{ja}——过渡圆弧和凸齿圆弧的切点到节线的距离；h_{jf}——过渡圆弧和凹齿圆弧的交点到节线的距离；e_f——凹齿接触点处槽宽；$\bar{s}_f$——凹齿接触点处弦齿厚；δ_1——凸齿工艺角；δ_2——凹齿工艺角；h_g——齿根圆弧和凹齿圆弧的切点到节线的距离。

2. 双圆弧齿轮滚刀的齿形、公称尺寸及主要技术要求

双圆弧齿轮齿形相当于把单圆弧齿轮凹凸齿形组合在一起，中间有一段过渡圆弧（见图 17-34 的 r_j 圆弧段）。加工同一模数不同齿数的双圆弧齿轮只需一把双圆弧齿轮滚刀，从而减少了滚刀数量。当齿轮侧隙有不同要求时，改变滚刀刀齿齿厚尺寸。

双圆弧齿轮滚刀已经有标准系列，滚刀为单头、右旋、0°前角、容屑槽为平行于轴线的直槽。其结构分为整体和镶片两种，除齿形外，其结构与图 17-33 相同。整体双圆弧齿轮滚刀 GB/T 14348—2007 的模数范围为 $m_n = 1.5 \sim 10$mm，分为 I 型和 II 型，I 型比 II 型公称尺寸增大，加工齿轮时刚性好，适用于高速滚齿。II 型适用于一般滚齿。其基本尺寸见表 17-35，精度等级分为 AA、A 两种。镶片双圆弧齿轮滚刀模数范围为 $m_n = 10 \sim 32$mm，其公称尺寸见表 17-36，精度等级分为 A、B 两种。GB/T 14348—2007 规定的双圆弧齿轮滚刀的主要技术要求见表 17-37。

表 17-35　整体双圆弧齿轮滚刀公称尺寸　　　　　　　　（单位：mm）

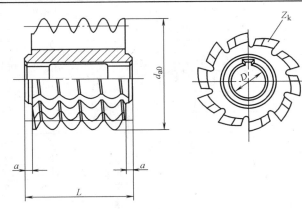

模　数		I　型					II　型				
系列 1	系列 2	d_{a0}	L	D	a_{min}	Z_k	d_{a0}	L	D	a_{min}	Z_k
1.5		63	63	27			50	40	22		
2		71	71			12	63	50			12
	2.25	80	80	32			71	63	27		
2.5											
	2.75	90	90								
3							80	71			
	3.5	100	100	40					32		
4		112	112		5		90	80		5	
	4.5							90			
5		125	125				100	100			
	5.5			50		10	112	112	40		10
6		140	140				118	125			
	7						125	132			
8		160	160				140	150	50		
	9	180	180	60			150	170			
10		200	200								

表 17-36　镶片双圆弧齿轮滚刀公称尺寸　　　　　　　　（单位：mm）

模数系列	d_{a0}	L	D	L（刀片长度）	Z_k	模数系列	d_{a0}	L	D	L（刀片长度）	Z_k
10	190	215		170		22	300	335		290	
12	205	235		190		25	315	360		315	
14	220	250	60	205	10	28	330	395	80	350	10
16	235	285		240		30	345	405		360	
18	250	300		255		32	360	425		380	
20	265	325		280							

表 17-37 双圆弧齿轮滚刀主要技术要求 （单位：μm）

序号	检查项目	精度等级	模 数/mm				序号	检查项目	精度等级	模 数/mm			
			1.5~2	>2~3.5	>3.5~6	>6~10				1.5~2	>2~3.5	>3.5~6	>6~10
1	孔径偏差	AA	H5				9	工作部分切削刃的齿形误差（非工作部分和过渡圆弧切削刃的齿形误差为工作部分的2倍）	AA	12	15	15	20
		A							A	20	25	25	32
2	轴台的径向圆跳动	AA	3	3	4	5	10	齿厚极限偏差	AA	±16	±20	±25	±32
		A	5	5	6	8			A	±20	±25	±32	±40
3	轴台的轴向圆跳动	AA	2	3	3	4	11	相邻切削刃的螺旋线误差	AA	4	5	6	8
		A	4	4	5	6			A	6	8	10	12
4	外圆的径向圆跳动	AA	14	16	19	24	12	滚刀一转内切削刃的螺旋线误差	AA	8	10	12	16
		A	22	25	30	38			A	12	16	20	25
5	刀齿前面的径向性	AA	11	12	15	19	13	滚刀三转内切削刃的螺旋线误差	AA	12	16	20	25
		A	18	20	24	30			A	20	25	32	40
6	容屑槽的相邻齿距差	AA	14	16	19	24	14	齿距最大偏差	AA	±5	±6	±8	±10
		A	22	25	30	38			A	±8	±10	±12	±16
7	容屑槽齿距的最大累积误差	AA	26	30	36	45	15	任意三个齿距长度内齿距的最大累积误差	AA	±10	±12	±16	±20
		A	42	48	55	70			A	±16	±20	±25	±32
8	刀齿前面与内孔轴线的平行度	AA	25	40	50	70							
		A	35	50	65	90							

17.7 钟表齿轮滚刀

17.7.1 钟表齿轮的齿形特点及计算

钟表齿轮的齿形绝大部分是由摆线齿轮齿形演变而成的，如图 17-35 所示。它的齿顶部分是用半径为 r_1 的圆弧 AB 代替了外摆线，圆弧中心位于中心圆上，其半径 R_c 比分度圆半径 r 小，齿腰是一段径向直线 BC，齿槽是一段半径为 r_2 的圆弧 CD，齿顶和齿槽两段圆弧与径向直线光滑相切。

目前国内尚未制定钟表齿轮统一标准，各手表厂基本是参照国外标准，当齿轮的模数 m、齿数 z 及传动性质（主动和被动）知道后，可按表 17-38 计算出齿形上各部的尺寸。

表 17-38 中 K_r、K_c、K_s 均为系数，与齿轮的传动性质和齿数有关。

当齿轮为主动时，齿轮的 K_r 和 K_c 值按表 17-39 选取。当齿轮可能为主动，也可能为被动时，则齿轮和齿轴的 K_r 和 K_c 按表 17-40 选取。当齿轴为被动时，齿轴的 K_r 和 K_c 值可按下式选取：

当齿轴齿数 ≤ 10 时，$K_r = 0.7$，$K_c = 0$；

当齿轴齿数 > 10 时，$K_r = 0.83$，$K_c = 0$。

K_s 为决定齿厚的系数。当齿轮为主动时，取 $K_s = 0.5$；当齿轴为被动时，可按下式选取：

当齿轴齿数 ≤ 10 时，$K_s = \dfrac{1}{3}$；

当齿轴齿数 > 10 时，$K_s = \dfrac{2}{5}$。

当齿轮可能为主动也可能为被动时，$K_s = 0.45$。

17.7.2 钟表齿轮滚刀的齿形计算

钟表齿轮的尺寸都很小，模数都在 1mm 以下，对于手表齿轮，模数一般在 0.2mm 以下，所以滚刀的螺旋导程角很小，完全可以用与被切齿轮共轭的齿条齿形作为直槽滚刀轴向截面的齿形。这时得到的滚刀齿形的精度是足够的。

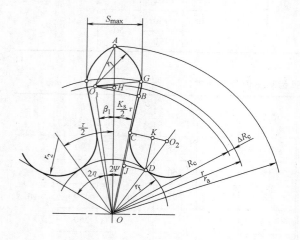

图 17-35 钟表齿轮齿形

表 17-38　钟表齿轮齿形计算公式

序号	名称	符号	计算公式	备注
1	分度圆半径	r	$r = \dfrac{mz}{2}$	
2	节距	P	$P = \pi m$	
3	角节距	τ	$\tau = \dfrac{360°}{z}$	
4	齿顶圆弧半径	r_1	$r_1 = K_r m$	
5	中心圆位移量	ΔR_c	$\Delta R_c = K_c m$	
6	中心圆半径	R_c	$R_c = r - \Delta R_c$	
7	参数角	β_1	$\beta_1 = \arccos\dfrac{r^2 + R_c^2 - r_1^2}{2rR_c} - \dfrac{K_s}{2}\tau$	由 $\triangle OGO_1$ 求出
8	齿顶圆半径	r_a	$r_a = R_c\cos\beta_1 + \sqrt{r_1^2 - R_c^2\sin^2\beta_1}$	由 $\triangle OHO_1$ 及 $\triangle O_1HA$ 求出
9	齿顶高	h_a	$h_a = r_a - r$	
10	最大齿厚	S_{max}	$S_{max} = 2(r_1 - R_c\sin\beta_1)$	
11	齿厚中心半角	Ψ	$\Psi = \arcsin\dfrac{r_1}{R_c} - \beta_1$	由 $\triangle O_1BO$ 求出
12	齿槽中心半角	η	$\eta = \dfrac{\tau}{2} - \Psi$	
13	齿根高	h_f	$h_f = 1.57m$ $h_f = 1.75m$ $h_f = r - r_f$	当齿轮为主动时 当齿轮有时是主动,有时是被动时 当齿轮为被动时
14	齿根圆半径	r_f	$r_f = r - h_f$	
15	齿槽圆弧半径	r_2	$r_2 = \dfrac{r_f\sin\eta}{1 - \sin\eta}$	由 $\triangle ODJ$ 及 $\triangle DKO_2$ 求出

表 17-39　齿轮为主动时的 K_r 和 K_c 值　（$m = 1\text{mm}$）

齿轴齿数	参数符号	齿轮齿数												
		30~35	36~40	41~45	46~50	51~55	56~60	61~65	66~70	71~75	76~80	81~85	86~90	91~95	96~100
6	K_c	0.16	0.17	0.18	0.19	0.20	0.21	0.22	0.23	0.24					
	K_r	1.80	1.82	1.84	1.86	1.88	1.90	1.92	1.94	1.96					
7	K_c	0.14	0.15	0.16	0.17	0.18	0.19	0.20	0.21	0.22	0.23	0.24			
	K_r	1.89	1.91	1.93	1.95	1.97	1.99	2.01	2.03	2.05	2.07	2.09			
8	K_c	0.12	0.13	0.14	0.15	0.16	0.17	0.18	0.19	0.20	0.21	0.22	0.23	0.24	
	K_r	1.98	2.00	2.02	2.04	2.06	2.08	2.10	2.12	2.14	2.16	2.18	2.20	2.22	
9	K_c		0.11	0.12	0.13	0.14	0.15	0.16	0.17	0.18	0.19	0.20	0.21	0.22	0.23
	K_r		2.09	2.11	2.13	2.15	2.17	2.19	2.21	2.23	2.25	2.27	2.29	2.31	2.33
10	K_c			0.10	0.11	0.12	0.13	0.14	0.15	0.16	0.17	0.18	0.19	0.20	0.21
	K_r			2.20	2.22	2.24	2.26	2.28	2.30	2.32	2.34	2.36	2.38	2.40	2.42
11	K_c			0.09	0.10	0.11	0.12	0.13	0.14	0.15	0.16	0.17	0.18	0.19	
	K_r			2.31	2.33	2.35	2.37	2.39	2.41	2.43	2.45	2.47	2.49	2.51	
12	K_c				0.08	0.09	0.10	0.11	0.12	0.13	0.14	0.15	0.16	0.17	
	K_r				2.42	2.44	2.46	2.48	2.50	2.52	2.54	2.56	2.58	2.60	
14	K_c					0.06	0.07	0.08	0.09	0.10	0.11	0.12	0.13		
	K_r					2.64	2.66	2.68	2.70	2.72	2.74	2.76	2.78		
15	K_c					0.05	0.06	0.07	0.08	0.09	0.10	0.11			
	K_r					2.75	2.77	2.79	2.81	2.83	2.85	2.87			
16	K_c					0.04	0.05	0.06	0.07	0.08	0.09				
	K_r					2.86	2.88	2.90	2.92	2.94	2.96				
18	K_c							0.02	0.03	0.04	0.05				
	K_r							3.08	3.10	3.12	3.14				
20	K_c							0.01	0.01						
	K_r							3.17	3.17						

表 17-40　在齿轮和齿轴的传动中，齿轮可能
为主动也可能为被动时的 K_r 和
K_c 值（$m = 1\text{mm}$）

齿轮齿数 z	K_c	K_r	齿轮齿数 z	K_c	K_r
6	0.12	1.81	17～20	0.20	1.98
7	0.13	1.83	21～25	0.21	2.01
8	0.14	1.85	26～34	0.22	2.03
9	0.15	1.87	35～54	0.24	2.06
10～11	0.16	1.90	55～134	0.25	2.09
12～13	0.17	1.92	≥135	0.26	2.11
14～16	0.18	1.95	—	—	—

如图 17-36 所示，取 Oy 轴通过齿轮齿槽的对称线，在 (O, x, y) 坐标系中，齿轮齿顶圆弧中心 O_1、齿槽圆弧中心 O_2 及齿形曲线上任一点的坐标可根据下列公式求得。

齿顶圆弧中心 O_1 点的坐标 (x_1, y_1) 为

$$\left.\begin{array}{l} x_1 = R_c \sin\left(\beta_1 + \dfrac{\tau}{2}\right) \\[2mm] y_1 = R_c \cos\left(\beta_1 + \dfrac{\tau}{2}\right) \end{array}\right\} \qquad (17\text{-}36)$$

齿顶圆弧段 AB 上任一点的坐标 (x, y) 为

$$\left.\begin{array}{l} x = x_1 - r_1 \sin\delta \\ y = y_1 + r_1 \cos\delta \end{array}\right\} \qquad (17\text{-}37)$$

齿槽圆弧中心 O_2 点的坐标 (x_2, y_2) 为

$$\left.\begin{array}{l} x_2 = 0 \\ y_2 = r_f + r_2 \end{array}\right\} \qquad (17\text{-}38)$$

齿槽圆弧段 CD 上任一点的坐标 (x, y) 为

$$x = r_2 \sin\delta$$
$$y = y_2 - r_2 \cos\delta \qquad (17\text{-}39)$$

在上列各式中，δ 角为齿轮齿形上任一点的法线与 y 坐标之间的夹角。对于圆弧 DC，δ 的变化范围为 $0° \sim (90° - \eta)$；对于圆弧 BA，δ 的变化范围为 $(90° - \eta) \sim \delta_A$。而

$$\delta_A = \arctan\frac{x_1 - x_A}{y_A - y_1}$$

x_A、y_A 为齿轮齿顶 A 的坐标：

$$x_A = r_a \sin\frac{\tau}{2}$$
$$y_A = r_a \cos\frac{\tau}{2}$$

齿轮齿形直线段 BC 上任一点的坐标：直线 BC 方程为：

$$y = \frac{y_B - y_C}{x_B - x_C}(x - x_C) + y_C \qquad (17\text{-}40)$$

式中 (x_B, y_B)、(x_C, y_C) 为 B 点、C 点坐标。

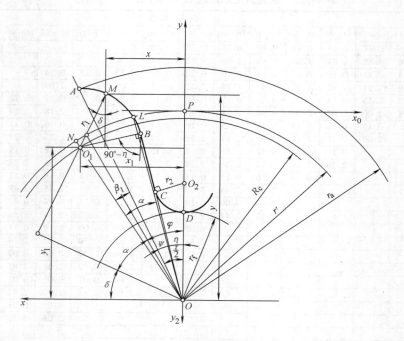

图 17-36　用齿廓法线法求钟表齿轮滚刀法向齿形

在方程中，x 在 $x_C \sim x_B$ 之间给出几个值，算出相应的 y 值。

式（17-37）~式（17-39）和式（17-40）表达了钟表齿轮整个齿形方程。将它们代入式（17-3）即可求得滚刀法向齿形坐标。

17.7.3　钟表齿轮滚刀的结构尺寸

钟表齿轮滚刀的结构尺寸，与渐开线小模数齿轮滚刀基本相同，可参考渐开线小模数齿轮滚刀的结构尺寸选取，可参考表 11-11。

钟表齿轮滚刀的材料，常采用超细晶粒的 ISO 标准 P25、P30、K10、K15 硬质合金制造。滚刀的齿形可用成形的金刚石砂轮来磨制。滚刀的制造精度可参照小模数齿轮滚刀，一般做成 AA 级或 A 级。

17.7.4　钟表齿轮滚刀的设计步骤及计算示例

钟表齿轮滚刀的设计步骤及计算示例，见表 17-41。钟表齿轮滚刀的工作图如图 17-37 所示。

表 17-41　钟表齿轮滚刀设计步骤及计算示例　　　　　（单位：mm）

序号	计算项目	符号	计算公式或选取方法	计算精度	计算示例
	已知		模数 $m = 0.126\text{mm}$，齿轮齿数 $z_2 = 60$，齿轴齿数 $z_1 = 8$，齿轮为主动		
1	计算齿轮齿形 1）分度圆半径	r	$r = \dfrac{mz}{2}$	0.001	$r = 0.126 \times 60/2 \text{mm} = 3.780\text{mm}$
	2）节距	P	$P = \pi m$	0.001	$P = \pi \times 0.126\text{mm} = 0.396\text{mm}$
	3）角节距	τ	$\tau = 360°/z_2$	0.0001°	$\tau = 360°/60 = 6°$
	4）齿顶圆弧半径	r_1	$r_1 = K_r m$ 按表 17-40，取 $K_r = 2.08$	0.001	$r_1 = 2.08 \times 0.126\text{mm} = 0.262\text{mm}$
	5）中心圆位移量	ΔR_c	$\Delta R_c = K_c m$ 按表 17-40，取 $K_c = 0.17$	0.0005	$\Delta R_c = 0.17 \times 0.126\text{mm} = 0.0215\text{mm}$
	6）中心圆半径	R_c	$R_c = r - \Delta R_c$	0.001	$R_c = (3.780 - 0.0215)\text{mm} = 3.7585\text{mm}$
	7）参数角	β_1	$\beta_1 = \arccos \dfrac{r^2 + R_c^2 - r_1^2}{2rR_c} - \dfrac{K_s \tau}{2}$ 取 $K_s = 0.5$	0.0001°	$\beta_1 = \arccos \dfrac{3.78^2 + 3.7585^2 - 0.262^2}{2 \times 3.78 \times 3.7585} - \dfrac{0.5 \times 6°}{2} = 2.47°$
	8）齿顶圆半径	r_a	$r_a = R_c \cos\beta_1 + \sqrt{r_1^2 - R_c^2 \sin^2\beta_1}$	0.001	$r_a = (3.7585\cos 2.47° + \sqrt{0.262^2 - 3.7585^2 \sin^2 2.47°})\text{mm} = 3.961\text{mm}$
	9）齿顶高	h_a	$h_a = r_a - r$	0.001	$h_a = (3.961 - 3.78)\text{mm} = 0.181\text{mm}$
	10）最大齿厚	$s_{\max}$	$s_{\max} = 2(r_1 - R_c \sin\beta_1)$		$s_{\max} = 2(0.262 - 3.7585\sin 2.47°)\text{mm} = 0.200\text{mm}$
	11）齿厚中心半角	φ	$\varphi = \arcsin \dfrac{r_1}{R_c} - \beta_1$		$\varphi = \arcsin \dfrac{0.262}{3.7585} - 2.47° = 1.5284°$
	12）齿槽中心半角	η	$\eta = \dfrac{\tau}{2} - \psi$	0.0001°	$\eta = \dfrac{6°}{2} - 1.5284° = 1.4716°$
	13）齿根高	h_f	$h_f = 1.57m$	0.001	$h_f = 1.57 \times 0.126\text{mm} = 0.198\text{mm}$
	14）齿根圆半径	r_f	$r_f = r - h_f$	0.001	$r_f = (3.780 - 0.198)\text{mm} = 3.582\text{mm}$

（续）

	已知		模数 $m=0.126$mm,齿轮齿数 $z_2=60$,齿轴齿数 $z_1=8$,齿轮为主动		
序号	计算项目	符号	计算公式或选取方法	计算精度	计算示例
1	15)齿槽圆弧半径	r_2	$r_2=\dfrac{r_f\sin\eta}{1-\sin\eta}$	0.001	$r_2=\dfrac{3.582\sin1.4716°}{1-\sin1.4716°}mm=0.0945$mm
2	齿轮齿形坐标 1)齿顶圆弧圆心坐标	x_1,y_1	$x_1=R_c\sin\left(\beta_1+\dfrac{\tau}{2}\right)$ $y_1=R_c\cos\left(\beta_1+\dfrac{\tau}{2}\right)$	0.001	$x_1=3.7585\sin\left(2.47°+\dfrac{6°}{2}\right)=0.3583$ $y_1=3.7585\cos\left(2.47°+\dfrac{6°}{2}\right)=3.741$
	2)齿顶圆弧齿形 AB 坐标及该点法线与 y 坐标轴的夹角	x,y δ	$\begin{cases}x=x_1-r_1\sin\delta\\ y=y_1+r_1\cos\delta\end{cases}$ $\delta=(90°-\eta)\sim\delta_A$ $\delta_A=\arctan\dfrac{x_1-x_A}{y_A-y_1}$ $\begin{cases}x_A=r_a\sin\dfrac{\tau}{2}\\ y_A=r_a\cos\dfrac{\tau}{2}\end{cases}$	0.0001 0.00001°	$x_A=3.961\sin\dfrac{6°}{2}=0.2073$ $y_A=3.961\cos\dfrac{6°}{2}=3.9556$ $\delta_A=\arctan\dfrac{0.3583-0.2073}{3.9556-3.741}=35.1956°$ $\begin{array}{ccc}x & y & \delta\\ 0.2073 & 3.9556 & 35.20\\ 0.1860 & 3.9389 & 41.12\\ 0.1665 & 3.9200 & 47.05\\ 0.1491 & 3.8993 & 52.97\\ 0.1340 & 3.8768 & 58.90\\ 0.1212 & 3.8529 & 64.82\\ 0.1109 & 3.8279 & 70.75\\ 0.1033 & 3.8019 & 76.68\\ 0.0985 & 3.7752 & 82.60\\ 0.0964 & 3.7482 & 88.53\end{array}$
	3)齿槽圆弧中心坐标	x_2,y_2	$\begin{cases}x_2=0\\ y_2=r_f+r_2\end{cases}$	0.001	$\begin{cases}x_2=0\\ y_2=3.582+0.0945=3.6765\end{cases}$
	4)齿槽圆弧齿形 CD 坐标及该点的法线与 y 坐标轴的夹角	x,y δ	$\begin{cases}x=r_2\sin\delta\\ y=y_2-r_2\cos\delta\end{cases}$ $\delta=90°-\eta\sim0°$	0.001 0.0001°	$\begin{array}{ccc}x & y & \delta\\ 0.0945 & 3.6742 & 88.53\\ 0.0927 & 3.6581 & 78.69\\ 0.0881 & 3.6426 & 68.85\\ 0.0810 & 3.6280 & 59.02\\ 0.0715 & 3.6149 & 49.18\\ 0.0599 & 3.6036 & 39.35\\ 0.0465 & 3.5944 & 29.51\\ 0.0318 & 3.5877 & 19.67\\ 0.0161 & 3.5836 & 9.84\\ 0.0000 & 3.5822 & 0.00\end{array}$
	5)直线段 BC 的方程及坐标和该点的法线与 y 坐标轴的夹角	x,y δ	$y=(x-x_C)\cot\eta+y_c$ x 在 $x_c\sim x_B$ 之间取值,算出 y 值,$\delta=90°-\eta$	0.001 0.0001°	$\delta=90°-1.4176°=88.5274°$ $\begin{array}{ccc}x & y & \delta\\ 0.0964 & 3.7482 & 88.53\\ 0.0957 & 3.7235 & 88.53\\ 0.0951 & 3.6989 & 88.53\\ 0.0945 & 3.6742 & 88.53\end{array}$

（续）

序号	计算项目	符号	计算公式或选取方法	计算精度	计算示例
	已知		模数 $m=0.126$mm，齿轮齿数 $z_2=60$，齿轴齿数 $z_1=8$，齿轮为主动		
3	滚刀齿形坐标计算 1）滚动节圆半径	r'	取滚动节圆半径在分度圆半径和中心圆半径之间并接近于分度圆	0.001	$r'=3.760$mm
	2）滚刀齿形坐标	x_0,y_0	$\begin{cases} x_0=x\cos\varphi-y\sin\varphi+r'\varphi \\ y_0=r'-x\sin\varphi-y\cos\varphi \end{cases}$ 式中 $\varphi=\dfrac{\pi}{2}-\alpha-\delta$; $\cos\alpha=\dfrac{x\cos\delta+y\sin\delta}{r'}$	0.001	序号　x_0　y_0 1　0　0.1778 2　0.0155　0.1768 3　0.0304　0.1727 4　0.0445　0.1664 5　0.0571　0.1581 6　0.0678　0.1481 7　0.0762　0.1372 8　0.0816　0.1274 9　0.0826　0.1252 10　0.0728　0.1672 11　0.0824　0.1188 12　0.0902　0.0701 13　0.0972　−0.0098 14　0.0995　−0.0351 15　0.1046　−0.0614 16　0.1124　−0.0872 17　0.1228　−0.1121 18　0.1358　−0.1359 19　0.1511　−0.1582 20　0.1687　−0.1788 21　0.1883　−0.1974
4	滚刀齿形参数 1）齿厚	s_x	在滚动节线附近计算 $s_x=2x_0(13)$	0.001	x_0 为滚刀齿形第 13 点的坐标值 $s_x=2\times0.0972$mm$=0.1944$mm
	2）上齿高	h_{a0}	$h_{a0}=y_0(1)-y_0(13)$	0.001	$h_{a0}=[0.1778-(-0.0098)]mm=0.1876$mm
	3）齿距	p_x	$p_x=2\pi r'/z$		$p_x=2\times\pi\times3.760/60=0.3937$mm
5	滚刀结构参数 1）外径	d_{a0}		0.1	$d_{a0}=25$mm
	2）全长	L		0.1	$L=8$mm
	3）内径	D	按小模数滚刀	0.001	$D=8$mm
	4）刃沟槽角	θ			$\theta=45°$
	5）刃沟槽底半径	R_0			$R_0=1$mm
	6）滚刀齿数	Z_k			$Z_k=15$
	7）铲齿量	K	$K=\dfrac{\pi d_{a0}}{Z_k}\tan\alpha_e$　$\alpha_e=10°\sim12°$	0.1	$K=\dfrac{\pi\times25}{15}\tan(10°\sim12°)mm=1.0$mm
	8）刃沟深度	H	$H=(r_a-r_f)+k+(0.5\sim1.5)$mm	0.1	$H=[(3.961-3.582)+1+(0.5\sim1.5)]$mm $=2.6$mm

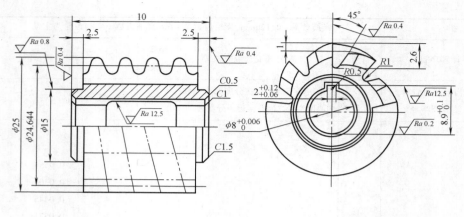

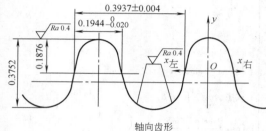

轴向齿形

滚刀齿形坐标

$x_左 = x_右$	0	0.0155	0.0304	0.0445	0.0571	0.0678	0.0762	0.0816	0.0826	0.0728	0.0824
y	0.1778	0.1765	0.1727	0.1664	0.1581	0.1481	0.1372	0.1274	0.1252	0.1672	0.1188
$x_左 = x_右$	0.0902	0.0956	0.0972	0.0995	0.1046	0.1124	0.1228	0.1358	0.1511	0.1687	0.1883
y	0.0701	0.0211	-0.0098	-0.0351	-0.0614	-0.0872	-0.1121	-0.1359	-0.1582	-0.1788	-0.1974

加工数据

模数 m/mm	0.126	螺纹导程角 γ_z	0°17′	螺纹方向	右
		刃沟螺旋角 β_k	/	刃沟方向	直
头数 Z_0	1	刃沟导程 P_k	/		
滚刀齿数 Z_k	15		/	材料	P35

标志：m0.126、γ_z0°17′、A

技术要求（A级）　　　　　　　　　　　　　　　　　（单位：mm）

1. 相邻齿距的极限偏差	±0.004	6. 轴台轴向圆跳动	0.004
2. 三个齿距长度上齿距累积误差	±0.006	7. 圆周节距最大累积误差	0.020
3. 滚刀外径径向圆跳动	0.010	8. 前面对内孔轴线平行度	0.014
4. 齿形误差	0.004	9. 容屑槽的相邻周节差	0.016
5. 轴台径向圆跳动	0.004	10. 前面对径向面凹入偏差	0.014

图 17-37　钟表齿轮滚刀工作图

17.8　定装滚刀

　　展成滚刀加工的一个重要缺点是在工件齿根处产生过渡曲线，有时过渡曲线又很长。在既不允许齿根有过渡曲线存在，又不允许用带凸角的展成滚刀（工件内圆不允许切出凹槽）加工时，就必须用特种滚刀，例如按成形展成组合原理工作的滚刀及按成形滚切法工作的成形滚刀。这两种特种滚刀工作时必须与工件严格保持正确的相对位置，所以又叫定装滚刀。

17.8.1　按成形展成组合原理工作的滚刀（长齿花键滚刀）

　　按成形展成组合原理工作的滚刀的特点在于，切削工件齿形侧面是按展成法，而切削工件齿槽底（即根圆部分）是按成形法。因此，滚刀的两侧切削刃齿形是根据与工件齿形共轭原理求得的，但其齿

顶刀是根据工件的根圆直径由圆弧形成的。

　　长齿花键滚刀是这类滚刀的代表。图 17-38 所示为这种滚刀的成形方法。它加工槽底不允许有过渡曲线的花键轴。滚刀与被切花键轴做展成运动（见图 17-38a），其刀齿两侧刃按共轭原理切出花键轴齿槽的两侧面。而花键轴齿槽的底部是由滚刀的齿顶刃按成形原理切出的，如图 17-38b、c 所示。设计滚刀时，必须保证各刀齿顶刃的圆弧正好符合滚切过

程中工件根圆相应位置处的圆弧。这将造成滚刀各刀齿的齿高不相等。在滚刀两端，刀齿较高。因此这种滚刀被称为长齿花键滚刀。滚刀齿顶圆弧是环状而不是螺旋的。使用长齿花键滚刀时，必须正确地保持滚刀和工件的相对位置，使滚刀齿顶刃圆弧和工件同心。否则切出的工件根圆就会歪斜。这就要求严格精确地进行对刀。

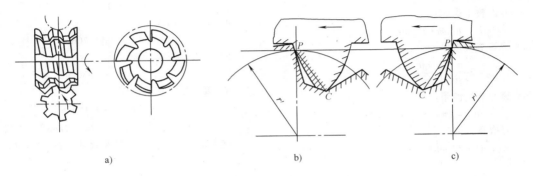

图 17-38　长齿花键滚刀的成形方法
a）滚刀与被切花键轴做展成运动　b）、c）滚刀按成形方法切出花键轴齿槽底部

　　长齿矩形花键滚刀的结构和各部分的尺寸，除齿顶外，其余与普通矩形花键滚刀完全一样。滚刀的齿顶高 h_{a0}，如图 17-39 所示，应正好能切到工件齿形的齿根，即应到达啮合线与工件根圆的交点，因此

$$h_{a0} = \left[\sqrt{r'^2 - (r_f^2 - e^2)} - e \right] \frac{\sqrt{r'^2 - (r_f^2 - e^2)}}{r'}$$

式中　r'——矩形键轴节圆半径；
　　　r_f——轴根圆半径；
　　　e——形圆半径。

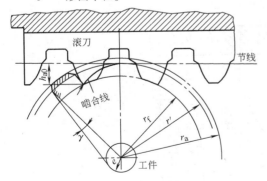

图 17-39　长齿矩形花键滚刀的齿顶高

或由 $\cos\alpha_{max} = \sqrt{(r_f / r')^2 - \sin^2\gamma}$ 求得 $\sin\alpha_{max}$，
则　　$h_{a0} = r' \sin\alpha_{max}$ （$\sin\alpha_{max} - \sin\gamma$）
滚刀齿顶凹圆弧则按照工件根圆圆弧确定，齿顶凹

圆弧的中心到滚刀轴线的距离应与将来滚刀加工工件时的轴心距离相同。

　　和普通的滚刀比较，长齿滚刀在制造上并不增加很多困难，仅增加一道齿顶圆弧部分的铲背工序。

　　滚刀最小有效长度 L_e 为

$$L_e = 2 \sqrt{h' (2r_a - h')} \qquad (17\text{-}41)$$

式中　$h' = h_{a0} + r_a - r'$；
　　　r_a 及 r'——工件外径及节圆半径。

　　现以加工具有下列参数的矩形花键轴（或一些有矩形槽的等分盘）为例，说明这种滚刀的设计（见图 17-40）：

$d_a = 38_{-0.17}^{0}$ mm，$d_f = 32_{-0.1}^{0}$ mm，$b = 6_{-0.07}^{-0.03}$ mm，齿顶倒圆角 $r = 0.4$ mm；键齿数 $z_1 = 10$。

　　（1）计算尺寸的确定

　　1）键宽：
$$b = (5.97 + 5.93) / 2 \text{mm} = 5.95 \text{mm}$$

　　2）形圆半径：
$$e = b/2 = 2.975 \text{mm}$$

　　3）根圆半径：
$$r_f = (32 + 31.9) / 4 \text{mm} = 15.98 \text{mm}$$

　　（2）节圆半径
$$r' = r_a - r = (19 - 0.4) \text{mm} = 18.6 \text{mm}$$

　　（3）滚刀法向齿形尺寸的计算

　　1）刀齿齿形计算。方法与普通花键滚刀相同，见式（17-7）、式（17-14）。此处从略。

　　2）由节线算起的最大齿高：

$$\sin\gamma = b/2r' = 5.95/(2\times18.6) = 0.159946$$

$$\gamma = 9.203775°$$

$$\cos\alpha_{max} = \sqrt{(r_f/r')^2 - \sin^2\gamma}$$

$$= \sqrt{(15.98/18.6)^2 - (0.159946)^2}$$

$$= 0.844120$$

$$\sin\alpha_{max} = 0.536154$$

$$h_{a0} = r'\sin\alpha_{max}(\sin\alpha_{max} - \sin\gamma) = 3.752mm$$

3）刀齿整个齿高：

$$h_0 = h_{a0} + r + 2.5mm = 6.5mm$$

4）滚刀节线齿厚：

$$s_{n0} = 2\frac{\pi}{180}r'\left(\frac{180°}{z_1} - \gamma\right) \approx 5.711mm$$

5）滚刀节线齿距：

$$p_{n0} = 2\pi r'/z_1 \approx 11.687mm$$

6）刀槽宽：

$$l_0 = p_{n0} - s_{n0} - (2\sim3)mm = (11.69 - 5.71 - 2)mm \approx 4mm$$

（4）整个滚刀尺寸的确定

1）滚刀外径 $d_{a0} = 75mm$，$K = 2.5mm$，长度 $L_0 = 45mm$。

2）滚刀节圆柱直径：

$$d'_0 = d_{a0} - 2h_{a0} - K/2 = (75 - 2\times3.752 - 2.5/2)mm$$

$$\approx 66.25mm$$

3）滚刀螺纹导程角：

$$\sin\gamma_z = p_{n0}/(\pi d'_0) = 11.687/(\pi\times66.25) = 0.056152$$

$$取 \quad \gamma_z = 3°15'$$

4）滚刀轴向齿距：

$$p_{x0} = p_{n0}\sec\gamma_z \approx 11.706mm$$

5）滚刀容屑槽导程：

$$P_k = p_{x0}\cot^2\gamma_z \approx 3630mm$$

6）滚刀最小有效长度：

$$h' = h_{a0} + r_a - r' = 4.15mm$$

$$L_e = 2\sqrt{h'(2r_a - h')} = 23.7mm$$

滚刀的法向齿形图及结构尺寸如图17-40所示。

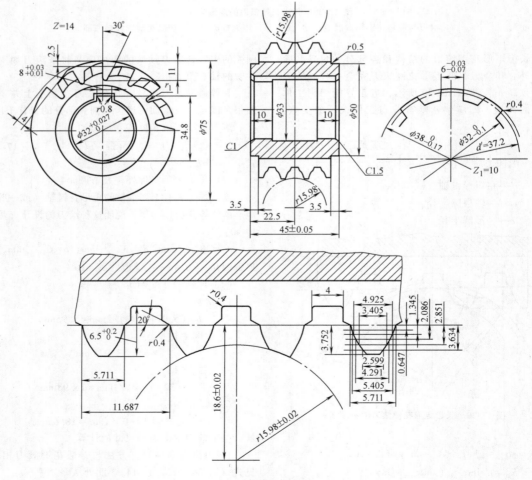

图 17-40 长齿矩形花键滚刀法向齿形图

17.8.2　按成形滚切法工作的成形滚刀

按成形滚切法工作的成形滚刀也属于定装滚刀的一种。图 17-41 所示为常见的成形滚刀加工示意图。它可以加工棘轮（见图 17-41a）、无过渡曲线的矩形花键轴（见图 17-41b）、三角键花键轴（见图

17-41c）等零件。当工件的齿槽较深而又狭窄时，由于展成滚刀齿两侧齿形相交，以致刀齿因高度不够而不能切出工件的根圆。此外，对内齿轮来说，用展成滚刀加工是不可能的。对此都可采用成形滚刀加工。

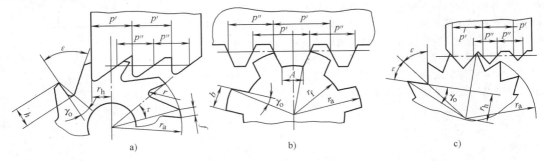

图 17-41　成形滚刀加工示意图
a）棘轮　b）无过渡曲线的矩形花键轴　c）三角键花键轴

成形滚刀一般只有一个精切齿，其他为粗切齿，少数成形滚刀为双头有两个精切齿。精切齿通常是滚刀最后一个刀齿，其法向齿形和工件端截面槽形（直齿）完全相同。在切削过程中，没有齿形的啮合作用，只是由粗切齿逐渐切入，逐渐切去齿槽中的金属，而精切齿最后形成准确的齿形。图 17-42 是这种滚刀加工工件齿槽的切削图形。此外，由于只有一个精切齿，所以可避免因精切齿较多时齿距误差所引起的工件齿形误差，因此齿距误差比展成滚刀允许的大。对于直线齿形工件，滚刀齿形也是直线形，制造和检验都比较容易。

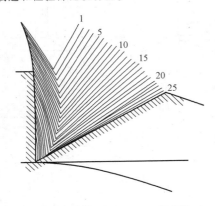

图 17-42　成形滚刀加工工件齿槽

由于成形滚刀齿形是按仿形法求得的，所以当它切削工件时，精切齿必须精确地安装在工件齿形的成形位置上，故是一种定装滚刀。这种滚刀的缺点是必须精确严格地对刀，比较麻烦；同时，由于只有一个精切齿，当它磨损后不能进行轴向窜位，故其寿命较低。

常用的成形滚刀有棘轮滚刀（加工形状类似棘轮的零件，如锯片铣刀的刀槽，也用此种滚刀）、三角键成形花键滚刀、矩形键成形花键滚刀、加工内齿轮成形滚刀、蜗形滚刀、擒纵轮滚刀等。

1. 棘轮滚刀

棘轮平时要求齿形全部为直线，齿底一般为尖底或小圆弧。在用普通展成滚刀加工时，过渡曲线高度可能达到齿高的三分之一左右。因此，必须用特殊的成形滚刀来加工，如图 17-43 所示。图 17-43a 是棘轮滚刀，而图 17-43b 是用滚刀加工棘轮时的情形。

精刀齿

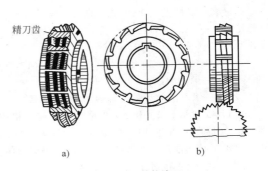

图 17-43　棘轮滚刀
a）棘轮滚刀　b）用滚刀加工棘轮时的情形

图 17-41a 所示是加工凹入角 $\gamma_0 \neq 0°$ 的棘轮时的情形。滚刀最后一个刀齿是精切齿，其齿形和棘轮的齿槽形状完全相同；滚刀的其他刀齿都是粗切齿，其作用是切除一定量的金属，而不起形成棘轮齿形作用。最后，当精切齿转到图示的位置时，就以成形铣削的方式切成齿槽形状。所以，棘轮的加工精度只取决于滚刀的精切齿。棘轮滚刀制造时是按锥

形滚刀加工的，其螺纹是锥形螺纹。

滚刀的锥度必须正确选择，如锥度太小，则工件齿背将被切坏；如锥度太大，则每齿的切削厚度将增加，使滚刀很快的磨损并影响加工表面的表面粗糙度。为便于进行滚刀锥度的计算，现在先对锥形螺纹进行必要的分析。为分析方便起见，锥形螺纹可看成左右螺纹表面螺距不同的圆柱形螺纹。图 17-44 所示的锥形螺纹可以认为，左螺纹表面是轴向螺距为 p' 的圆柱螺纹，而右螺纹表面是轴向螺距为 p'' 的圆柱螺纹，由于 $p' \neq p''$ 而使螺纹成为锥形。下面计算滚刀的锥度时，即按左右螺纹的螺距 p' 和 p'' 计算。

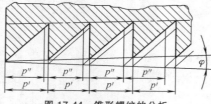

图 17-44 锥形螺纹的分析

计算滚刀的轴向齿距 p'_x 和 p''_x 时，可根据棘轮齿形的一般情况决定，即牙齿向内凹入 γ_0 角。这时滚刀的精切齿应正好是图 17-45a 所示的位置，其中一条切削刃在垂直位置。在精切齿前面的一个粗切齿的工作位置如图 17-45b 所示，这时最理想情况为该刀齿正和工件的齿背接触而未切入。根据常用各种棘轮的分析，如精切齿的前一粗切齿不切入工件的齿背，则其他各粗切齿更不会切坏工件，故在设计滚刀时，即可根据精切齿的前一粗切齿不切坏工件来决定滚刀的锥度。

棘轮滚刀都是做成单线螺纹的，故滚刀每转一转棘轮转过一齿，滚刀转过一齿时，棘轮转过的角度 δ 为

$$\delta = 2\pi / (z_1 Z_k) \qquad (17-42)$$

式中　z_1——棘轮齿数；

　　　Z_k——滚刀圆周齿数（即容屑槽数）。

图 17-45 所示的 $\Delta p'_x$ 和 $\Delta p''_x$ 为精切齿与前一粗切齿两侧的距离差，它们均为极限数值。滚刀实际的齿距 p'_x 和 p''_x 必须符合下列条件时，工件才不被切坏。

$$p'_x \geqslant \Delta p'_x Z_k ; \quad p''_x \leqslant \Delta p''_x Z_k$$

为避免滚刀本身制造误差影响到工件齿形，平时采用滚刀的齿距略大于或略小于极限数值，即采用

$$\left. \begin{aligned} p'_x &= \Delta p'_x Z_k + (0.1 \sim 0.3)\,\text{mm} \\ p'_x &= \Delta p''_x Z_k - (0.1 \sim 0.3)\,\text{mm} \end{aligned} \right\} \qquad (17-43)$$

图 17-46 所示的虚线 PQG 为精切齿位置；ACE 为滚刀精切齿前一粗切齿切削时的位置；这时工件齿间为 ABF。为使滚刀制造方便，粗切齿的两侧各平行于精切齿相应的两侧，故 $\overline{AC} \parallel \overline{PQ}$，$\overline{CE} \parallel \overline{QG}$。由于粗切齿不应切坏工件，因而，其左侧不能越到

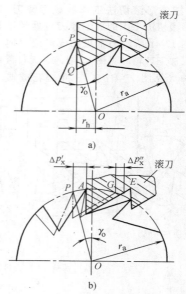

图 17-45　决定滚刀的齿距
a) 精切齿　b) 粗切齿

AB 的左边，而右侧不能越到 $\overline{BF}$ 的右边。根据这一原则，就可决定精切齿和它前面的一个粗切齿在两侧的距离差值 $\Delta p'_x$ 和 $\Delta p''_x$。由图可知

$$\Delta p'_x = r_h - e = r_a \sin\gamma_0 - r_a \sin(\gamma_0 - \delta)$$

故

$$\Delta p'_x = r_a \left[\sin\gamma_0 - \sin(\gamma_0 - \delta) \right] \qquad (17-44)$$

而

$$\Delta p''_x = u - e - c - l$$

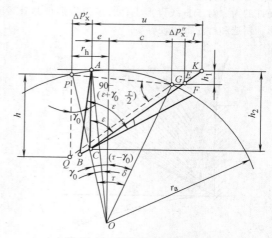

图 17-46　棘轮滚刀螺距的计算

由 $\triangle ABC$ 可得到 h 和 h_2 的关系

$$h_2 = h \frac{\sin\varepsilon}{\sin[180° - (\varepsilon + \delta)]} = h \frac{\sin\varepsilon}{\sin(\varepsilon + \delta)}$$

由 $\triangle ACK$ 可得

$$u = h_2 \tan\varepsilon = \frac{h \sin\varepsilon \tan\varepsilon}{\sin(\varepsilon + \delta)}$$

同时　$e = r_a \sin(\gamma_0 - \delta)$

$\qquad c = r_a \sin(\tau - \gamma_0)$

$\qquad l = h_1 \tan\varepsilon = r_a [\cos(\gamma_0 - \delta) - \cos(\tau - \gamma_0)] \tan\varepsilon$

将 u、e、c、l 代入前面的 $\Delta p''_x$ 式内，化简后得到

$$\Delta p''_x = \frac{h \sin\varepsilon \tan\varepsilon}{\sin(\varepsilon + \delta)} - \frac{2r_a}{\sin\varepsilon} \cos\left(\varepsilon + \gamma_0 - \frac{\delta + \tau}{2}\right) \sin\frac{\tau - \delta}{2}$$

式中的 h 可用 r_a 及角度 τ、ε、γ_0 表示，由 $\triangle PQG$ 和 $\triangle OPG$ 可得

$$\frac{h}{\sin[90° - (\varepsilon + \gamma_0 - \tau/2)]} = \frac{PG}{\sin\varepsilon} = \frac{2r_a \sin\frac{\tau}{2}}{\sin\varepsilon}$$

化简后得到

$$h = \frac{2r_a \sin\frac{\tau}{2} \cos\left(\varepsilon + \gamma_0 - \frac{\tau}{2}\right)}{\sin\varepsilon}$$

将 h 值代入 $\Delta p''_x$ 式内，化简后得到

$$\Delta p''_x = \frac{2r_a}{\cos\varepsilon} \left[\frac{\sin\frac{\tau}{2} \cos\left(\varepsilon + \gamma_0 - \frac{\tau}{2}\right) \sin\varepsilon}{\sin(\varepsilon + \delta)} - \right.$$

$$\left. \cos\left(\varepsilon + \gamma_0 - \frac{\tau + \delta}{2}\right) \sin\frac{\tau - \delta}{2} \right] \qquad (17\text{-}45)$$

τ 角可由图 17-41a 中求出

$$\tau = 2\pi/z_1 - f/r_a \qquad (17\text{-}46a)$$

式中　f——棘轮齿顶宽。

当 $f = 0$ 时

$$\tau = 2\pi/z_1 \qquad (17\text{-}46b)$$

按式（17-44）和式（17-45）算出 $\Delta p'_x$ 和 $\Delta p''_x$ 后，代入式（17-43）即可求出滚刀齿两侧基本螺纹的轴向齿距 p'_x 和 p''_x。

当工件的 $\gamma_0 = 0°$ 时，$\Delta p'_x$ 和 $\Delta p''_x$ 可写成为

$$\Delta p'_x = r_a \sin\delta$$

$$\left. \begin{array}{l} \Delta p''_x = \dfrac{2r_a}{\cos\varepsilon} \left[\dfrac{\sin\dfrac{\tau}{2} \cos\left(\varepsilon - \dfrac{\tau}{2}\right) \sin\varepsilon}{\sin(\varepsilon + \delta)} - \right. \\[4mm] \left. \cos\left(\varepsilon - \dfrac{\tau + \delta}{2}\right) \sin\dfrac{\tau - \delta}{2} \right] \end{array} \right\} \quad (17\text{-}47)$$

知道 p'_x 和 p''_x 后即可决定锥度 $\tan\varphi$。假设近似地以法向剖面中的齿形角 ε 作为轴向剖面中的齿形角 ε，则由图 17-47 可得

$$V = \Delta p_x \cot\varepsilon = (p'_x - p''_x) \cot\varepsilon$$

故　　$$\tan\varphi = \frac{V}{p'_x} = \frac{p'_x - p''_x}{p'_x} \cot\varepsilon = \left(1 - \frac{p''_x}{p'_x}\right) \cot\varepsilon \quad (17\text{-}48)$$

滚刀外径 r_{a0} 根据棘轮轮齿高度 h 参考标准选取。

在计算滚刀各项参数时，采用滚刀的平均直径

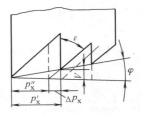

图 17-47　决定滚刀的锥度

d_m 来进行计算。考虑到新旧滚刀的直径不同，故 d_m 可选为

$$d_m = d_{a0} - h_1 - \frac{K}{2} \qquad (17\text{-}49)$$

式中　d_{a0}——滚刀外径；

$\qquad h_1$——棘轮轮齿高度；

$\qquad K$——径向铲齿量。

在平均直径的圆柱上，滚刀刀齿左侧及右侧螺纹的螺旋导程角为

$$\left. \begin{array}{l} \tan\gamma'_z = \dfrac{p'_x}{\pi d_m} \\[3mm] \tan\gamma''_z = \dfrac{p''_x}{\pi d_m} \end{array} \right\} \qquad (17\text{-}50)$$

滚刀的平均螺旋导程角为

$$\gamma_z = \frac{\gamma'_z + \gamma''_z}{2} \qquad (17\text{-}51)$$

滚刀容屑槽导程为

$$P_k = \pi d_m \cot\gamma_z \qquad (17\text{-}52)$$

滚刀长度可按下式计算：

$$L = r_a \sin\gamma_0 + \sqrt{h(2r_a - h)} + (10 \sim 15)\text{mm} \qquad (17\text{-}53)$$

滚刀的其他结构尺寸的选择及技术要求可参考花键滚刀。

现以图 17-41a 所示的图形为例，说明棘轮滚刀的设计。棘轮参数：外径 $r_a = 200\text{mm}$；齿数 $z_1 = 100$；齿槽角 $\varepsilon = 45°$；槽底圆弧半径 $r = 1.5\text{mm}$；齿顶宽 $f = 2.0\text{mm}$；齿高 $h \approx 7.5\text{mm}$；$\gamma_0 = 0°$。

选滚刀外径 $d_{a0} = 90\text{mm}$，长度 $L = 70\text{mm}$，容屑槽数 $Z_k = 12$，铲齿量 $K = 3\text{mm}$。

滚刀齿形高度：

$$h_0 = h + 0.2h = (7.5 + 1.5)\text{mm} = 9\text{mm}$$

左右螺纹轴向齿距：

知　　$$\delta = \frac{360°}{z_1 z_k} = \frac{360°}{100 \times 12} = 0.3° = 18'$$

则　$\Delta p'_x = r_a \sin\delta = 200 \times 0.005236\text{mm} = 1.0472\text{mm}$

$$\tau = \frac{360°}{z_1} - 57.2960\frac{f}{r_a} = 3.027° = 3°2'$$

$$\Delta p''_x = \frac{2r_a}{\cos\varepsilon} \left[\frac{\sin\frac{\tau}{2} \cos\left(\varepsilon - \frac{\tau}{2}\right) \sin\varepsilon}{\sin(\varepsilon + \delta)} - \right.$$

$$\cos\left(\varepsilon - \frac{\tau + \delta}{2}\right) \sin\frac{\tau - \delta}{2}\Bigg]\,\mathrm{mm}$$

$$= 0.9556\mathrm{mm}$$

$$p'_x = \Delta p'_x Z_k + 0.14\mathrm{mm} = 1.0472 \times 12 + 0.14\mathrm{mm} = 12.7\mathrm{mm}$$

$$p''_x = \Delta p''_x Z_k - 0.1\mathrm{mm} = 0.9556 \times 12 - 0.1\mathrm{mm} = 11.3\mathrm{mm}$$

棘轮滚刀的工作图如图 17-48 所示。

其他计算从略。

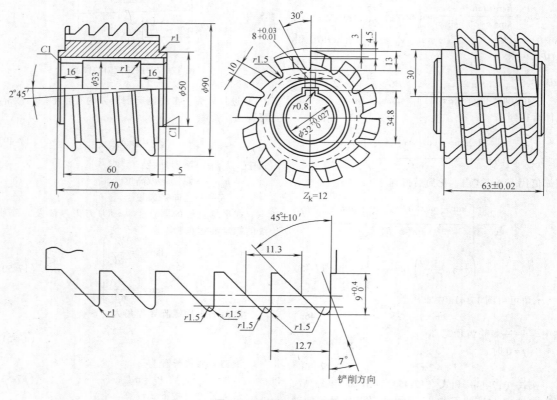

图 17-48 棘轮滚刀工作图

2. 擒纵轮滚刀

钟表中有一些形状特殊的齿轮常采用成形滚刀加工。擒纵轮就是典型的实例。手表的擒纵轮如图 17-49 所示，木钟的擒纵轮如图 17-50 所示。形状都很复杂，齿槽较深。若采用一个精切刀齿最后成形，则滚刀刀齿负荷过重，将使滚刀刀齿很快磨损。因而，常把齿槽形状分解为几部分，用几把定装滚刀来加工。为提高生产率，又将这几把定装滚刀组合在一起，成为组合式定装滚刀。例如图 17-51 所示的机械摆钟的擒纵轮，加工该轮的组合式成形滚刀的齿形如图 17-52 所示。这里将擒纵轮齿槽廓形分解为两部分，滚刀 B 齿切出擒纵轮齿槽的右侧，滚刀 C 齿切出左侧和槽底。同时再设一个 A 齿，A 齿不参与造形，但可切除一定量的齿槽余量，以减少 B 齿和 C 齿的负荷。A、B、C 三个刀齿都是精切齿，它们各有一组粗切齿，三组刀齿组合在一起构成组合的成形滚刀。这种滚刀粗切齿的设计采取了与图 17-44 所示的棘轮滚刀不同的方法。棘轮滚刀刀齿

左、右侧面采用不同的齿距，使滚刀呈现锥形，从而保证各刀齿切削时只切除金属而不致破坏棘轮齿形。而擒纵轮滚刀，一般是令精切齿以前的各粗切齿按与被切齿槽在达到精切齿前的转动位置相符合，即滚刀各刀齿以工件圆心为中心，按圆周排列。

如图 17-51 所示的擒纵轮 $z_1 = 30$，设滚刀齿数 $Z_k = 10$，则滚刀每转过一个齿，工件旋转 φ，$\varphi = \dfrac{360°}{z_1 Z_k} = \dfrac{360°}{30 \times 10} = 1.2°$。如果设精切齿的刀号为 10 号刀齿，则其前一齿 9 号刀齿齿形与 10 号刀齿相同，只是其位置沿工件圆周方向偏转了 $\varphi = 1.2°$。其他 8 号、7 号、……等刀齿类推。滚刀各刀齿旋转到工件端面时的位置如图 17-53 所示。制造滚刀时，应绘出滚刀齿形的放大图（一般放大 50 倍），在光学曲线磨床上按放大图磨削滚刀的 10 号、9 号、8 号等各刀齿。当然，磨不同号数的刀齿时放大图应按 φ 角转过不同的角度。这样即可保证滚刀齿形正确。

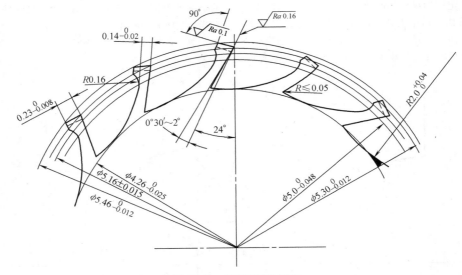

图 17-49　手表擒纵轮齿形

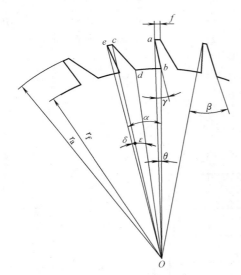

图 17-50　木钟擒纵轮齿形

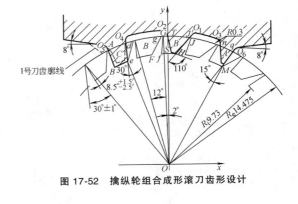

图 17-52　擒纵轮组合成形滚刀齿形设计

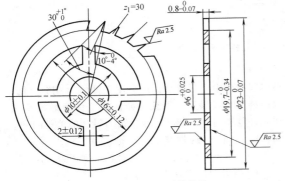

图 17-51　机械摆钟擒纵轮

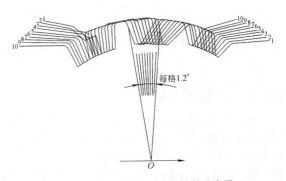

图 17-53　擒纵轮滚刀各刀齿的分布图

按照给定的擒纵轮的原始参数，不难算出图 17-52 所示的擒纵轮齿槽上各点，如 G、g、f、F 等的坐标及滚刀刀齿上各点 A、B、e、J'、H、M 等的坐标。根据这些坐标点即可绘出滚刀齿形。以图 17-51 所示

的擒纵轮为例，按图 17-52 计算出的滚刀齿形及各点的坐标值如图 17-54 所示。

滚刀的工作图如图 17-55 所示。

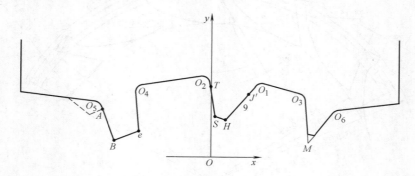

滚刀各特征点坐标

坐标点	e	A	B	J'	H	M	S	T
x	−3.4246	−5.0303	−4.4987	1.9187	0.5757	4.4766	0.2063	0
y	9.1074	10.3137	8.6276	11.3135	9.7130	8.6371	9.8474	11.475

注：计算时，考虑公差，工件外径、内径、键宽的计算值取为 $d_a = 22.95$mm，$d_f = 19.46$mm，齿顶宽度为 0.075mm，$\angle fGO$（见图 17-52）= 8.5°。

图 17-54　擒纵轮滚刀齿形

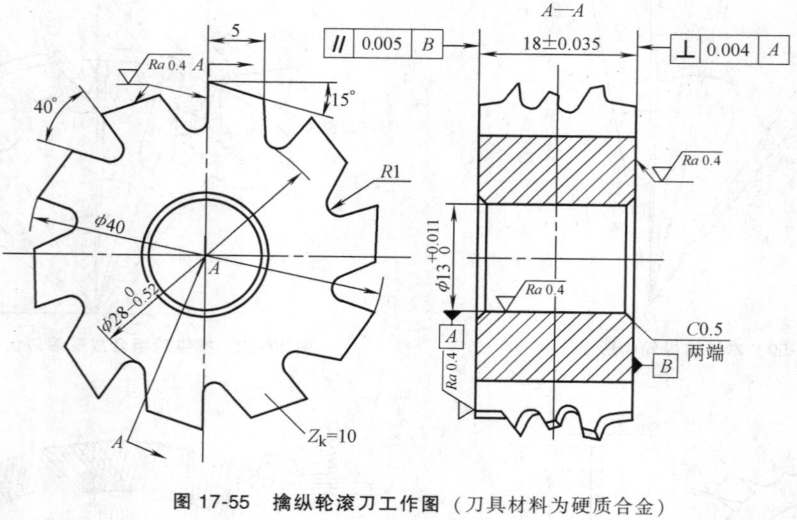

图 17-55　擒纵轮滚刀工作图（刀具材料为硬质合金）

17.9　非渐开线插齿刀

插齿刀加工工件相当于平面啮合问题，只要形成展成运动副，都可以用插齿刀来加工。加工时，插齿刀和工件做定速比转动。展成刀具的共同规律对插齿刀都适用。非渐开线插齿刀结构与渐开线插齿刀结构类似。由于插齿刀有后角，刃磨后直径缩

小引起啮合中心距减小，这会使工件齿形发生变化，致使精度难以保证。因此，如何使工件齿形的变化在允许范围内，是非渐开线插齿刀设计的关键问题。

17.9.1　花键轴插齿刀

这里主要介绍加工矩形花键轴的插齿刀。

1. 插齿刀齿形计算

求与工件齿形共轭的插齿刀齿形可用解析计算

法、图解法或图解解析法。近年来计算机 CAD 技术飞速发展，在工厂已有条件采用 CAD 技术进行插齿刀设计。而解析法因计算精确，设计质量高，得到了广泛采用。在本章设计中，主要以解析法为主介绍插齿刀设计过程。

把非渐开线插齿刀看成一个变位的非渐开线齿轮，工件与插齿刀的共轭运动就是非渐开线变位齿轮平面啮合运动；由于插齿刀具有后角、前角，插齿刀的侧齿面是一个复杂的曲面。为了确定这个曲面，首先按平面啮合原理求出插齿刀不同截面中的齿形，再考虑插齿刀前角的影响，对各截面的刃形进行修正，确定出插齿刀在不同刃磨时期的切削刃。各个刃磨时期的切削刃上的点的集合就构成了插齿刀的理论侧齿面。

已知工件齿形的参数方程为

$$x_1 = x_1(t) \atop y_1 = y_1(t) \quad (t_1 \leqslant t \leqslant t_2) \Bigg\} \quad (17\text{-}54)$$

计算非渐开线外啮合插齿刀齿形坐标系如图 17-56 所示。计算插齿刀的某一个轴截面的理论齿形可按下式：

$$
\begin{aligned}
x_0 &= x_1(t)\cos[(i_{01}+1)\varphi] + \\
&\quad y_1(t)\sin[(i_{01}+1)\varphi] + A\sin(i_{01}\varphi) \\
y_0 &= -x_1(t)\sin[(i_{01}+1)\varphi] + \\
&\quad y_1(t)\cos[(i_{01}+1)\varphi] + A\cos(i_{01}\varphi) \\
\varphi &= \arcsin\left\{\frac{i_{01}+1}{Ai_{01}}[x_1(t)\cos\beta + y_1(t)\sin\beta]\right\} + \beta \\
\beta &= \arctan\left(\frac{dy_1}{dx_1}\right) \quad \left(\text{当} \frac{dy_1}{dx_1} \geqslant 0\right) \\
\beta &= \arctan\left(\frac{dy_1}{dx_1}\right) + \pi \quad \left(\text{当} \frac{dy_1}{dx_1} < 0\right)
\end{aligned}
\Bigg\}
$$

$$(17\text{-}55)$$

式中　A——工件与插齿刀轴心距；

　　　i_{01}——工件与插齿刀的传动比，$i_{01} = \dfrac{z_1}{z_0}$；

　　$x_1,\ y_1$——在工件坐标系（$O_1,\ x_1,\ y_1$）中的工件齿形坐标；

　　$x_0,\ y_0$——在插齿刀坐标系（$O_0,\ x_0,\ y_0$）中插齿刀某一个轴截面的齿形坐标。

插齿刀重磨后直径减小，切工件时必然减小中心距。为了加工出合格的工件，考虑插齿刀重磨和

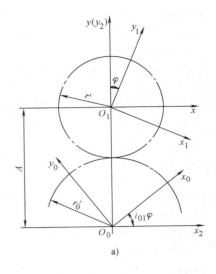

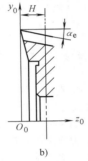

图 17-56　工件和插齿刀工作时的坐标系
a）工件坐标系　b）插齿刀工作时的坐标系

前角的影响，随轴心距 $A(i)$ 的变化，可计算插齿刀各相应截面的理论齿形，叠加后形成插齿刀的理论齿面。中心距为

$$A(i) = \frac{r'(i_{01}+1)}{i_{01}} + \frac{(n-i)H\tan\alpha_e}{n-1} \quad (17\text{-}56)$$

式中　r'——工件最小节圆半径；

　　　n——在插齿刀可重磨厚度内将插齿刀分成若干轴截面的数量；

　　　H——插齿刀可重磨厚度；

　　　α_e——插齿刀顶刃后角。

在第 i 个轴截面，插齿刀在 z_0 坐标上为

$$z_0 = \left[r_{a0}(i) - \sqrt{x_0^2 + y_0^2}\right]\tan\gamma_0 + \frac{(i-1)H}{n-1} \quad (17\text{-}57)$$

式中　$r_{a0}(i)$——第 i 个轴截面插齿刀顶圆直径；

　　　γ_0——插齿刀前角。

将式（17-55）、式（17-56）和式（17-57）联立即为插齿刀的理论侧齿面方程。

$$x_0(i,j) = x_1(t)\cos\left[(i_{01}+1)\varphi\right] +$$
$$y_1(t)\sin\left[(i_{01}+1)\varphi\right] + A(i)\sin(i_{01}\varphi)$$

$$y_0(i,j) = -x_1(t)\sin\left[(i_{01}+1)\varphi\right] +$$
$$y_1(t)\cos\left[(i_{01}+1)\varphi\right] + A(i)\cos(i_{01}\varphi)$$

$$z_0(i,j) = \left[r_{a0}(i) - \sqrt{x_0^2(i,j)+y_0^2(i,j)}\right]\tan\gamma_0 + \frac{(i-1)H}{n-1}$$

$$A(i) = \frac{r'(i_{01}+1)}{i_{01}} + \frac{(n-i)H\tan\alpha_e}{n-1}$$

$$r_{a0}(i) = A(i) - \frac{d_f}{2}$$

$$\varphi = \arcsin\left\{\frac{i_{01}+1}{A(i)i_{01}}\left[x_1(t)\cos\beta + y_1(t)\sin\beta\right]\right\} + \beta$$

$$\beta = \arctan\frac{\mathrm{d}y_1(t)}{\mathrm{d}x_1(t)} \quad \left(\text{当}\frac{\mathrm{d}y_1(t)}{\mathrm{d}x_1(t)}\geq 0\text{时}\right)$$

$$\beta = \arctan\frac{\mathrm{d}y_1(t)}{\mathrm{d}x_1(t)} + \pi \quad \left(\text{当}\frac{\mathrm{d}y_1(t)}{\mathrm{d}x_1(t)}< 0\text{时}\right)$$

$$\tag{17-58}$$

式中　j——工件齿形上离散点序号，齿形上共取 m 点；

　　　　d_f——工件根圆直径。

当采用计算机设计时，需将上述变量参数离散化，即 $1\leqslant i\leqslant n$，$1\leqslant j\leqslant m$。

2. 设计外插齿刀应注意的几个问题

（1）工件节圆半径的确定　工件节圆半径不能任意确定，应在允许范围内取最小值。如节圆半径取得过大，会使工件齿根处的过渡曲线高度增加；节圆半径取得过小，将切不出工件完整齿形。

在插齿刀与工件啮合时，啮合线在某一点换向，即插齿刀齿形要出现反折点。如果工件齿形在工件的外圆开始，则此点位置也应在工件外圆上，由切出工件全部齿形的要求可得工件的最小节圆半径（对矩形花键轴）：

$$r' = \sqrt{r_a^2 - \frac{(2i_{01}+3)e^2}{(i_{01}+2)^2}} \tag{17-59}$$

式中　r_a——工件顶圆半径；

　　　　e——矩形花键的圆形半径，$e = \dfrac{b}{2}$。

由于插齿刀需要重磨，应取插齿切削刃磨到最后时，工件的节圆半径为 r'，则新刀所对应的工件节圆半径为

$$r'_{new} = r' + \frac{i_{01}H\tan\alpha_e}{i_{01}+1} \tag{17-60}$$

（2）工件节圆与齿根过渡曲线高度　用展成法加工齿形工件时，工件齿底将产生过渡曲线，如图 17-57 中的 gf 段。其高度如图中 g 所示

$$g = r_g - r_f \tag{17-61}$$

式中　$r_g = r'\sqrt{1 - \dfrac{2(i_{01}+1)\sin\gamma'}{(i_{01}+2)^2}\left[\sin^2\gamma' + \eta(i_{01}+2)\right]}$
$$(2+i_{01}\eta) - \sin\gamma'\right] - \frac{r'(2+i_{01}\eta)}{(i_{01}+2)}$$

$$r' = \frac{i_{01}A(i)}{(i_{01}+1)}$$

$$\sin\gamma' = \frac{b}{2\gamma'}$$

$$\eta = \frac{r'-r_f}{r'}$$

$$r_f = \frac{d_f}{2}$$

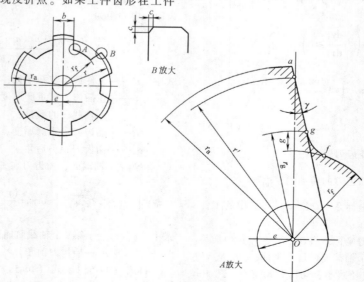

图 17-57　展成加工时产生的过渡曲线

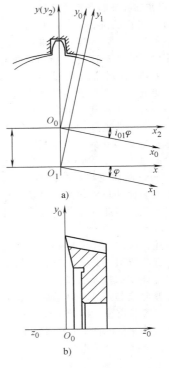

节圆半径越大，g 值越大，设计插齿刀时应验算工件齿根过渡曲线高度，使其不超过允许值。当已按式（17-59）将工件节圆 r' 取为最小值时，当 g 值仍超过允许值时，对于外径定心的矩形花键轴，可以减小其内径 r_f；对于内径定心矩形花键轴，可以在插齿刀齿顶加凸角。

3. 非渐开线插齿刀基本结构参数的确定

非渐开线插齿刀采用的顶刃后角 $\alpha_e = 5° \sim 6°$，对于小直径的插齿刀可采用 $\alpha_e = 3° \sim 4°$。

非渐开线插齿刀的顶刃前角可采用 $\gamma_0 = 5°$。如被加工材料塑性很大时，可适当增大前角。

非渐开线插齿刀的结构参数可参考渐开线插齿刀的结构参数（见第 13 章）。

17.9.2　花键孔插齿刀

1. 齿形计算

设矩形花键孔的齿形仍用式（17-54）的参数方程表示。工件矩形花键孔与插齿刀啮合共轭时坐标系如图 17-58 所示。

根据啮合原理，可求出孔插齿刀的齿形方程

$$\left.\begin{aligned}
x_0 &= x_1(t)\cos[(i_{01}-1)\varphi] - y_1(t)\sin[(i_{01}-1)\varphi] + A\sin(i_{01}\varphi)\\
y_0 &= x_1(t)\sin[(i_{01}-1)\varphi] + y_1(t)\cos[(i_{01}-1)\varphi] + A\cos(i_{01}\varphi)\\
\varphi &= \beta - \arcsin\left\{\frac{(i_{01}-1)[x_1(t)\cos\beta + y_1(t)\sin\beta]}{Ai_{01}}\right\}\\
\beta &= \arctan\left(\frac{dy_1}{dx_1}\right)\quad(\text{当 } dy_1/dx_1 \geqslant 0\text{时})\\
\beta &= \pi + \arctan\left(\frac{dy_1}{dx_1}\right)\quad\left(\text{当 }\frac{dy_1}{dx_1} < 0\text{时}\right)
\end{aligned}\right\}$$

$$(17\text{-}62)$$

式中　A——工件与插齿刀的轴心距；
　　　i_{01}——传动比；

$$i_{01} = \frac{z_1}{z_0}$$

z_0、z_1——工件与插齿刀的齿数。

考虑到插齿刀重磨和插齿刀前角的影响，将式（17-62）中的轴心距设为一变量，将在插齿刀允许的重磨厚度 H 内轴向截形的计算次数定为 n，则在第 i 个截面的轴心距为

$$A(i) = \frac{r'(i_{01}-1)}{i_{01}} + \frac{H(i-1)\tan\alpha_e}{n-1}\quad(17\text{-}63)$$

在第 i 个轴截面上，插齿刀在 z_0 坐标上的坐标值为

$$z_0 = \left[r_{a0}(i) - \sqrt{x_0^2 + y_0^2}\right]\tan\gamma_0 + \frac{H(i-1)}{n-1}\quad(17\text{-}64)$$

式中　$r_{a0}(i)$——第 i 个轴截面插齿刀顶圆直径。

图 17-58　工件与插齿刀共轭坐标系
a）工件坐标系　b）插齿刀共轭坐标系

$$r_{a0}(i) = A(i) - \frac{d_f}{2}$$

将式（17-54）、式（17-62）、式（17-63）、式（17-64）联立可得孔插齿刀的理论侧齿面：

$$\left.\begin{aligned}
x_0(i,j) &= x_1(t)\cos[(i_{01}-1)\varphi] - y_1(t)\sin[(i_{01}-1)\varphi] + A(i)\sin(i_{01}\varphi)\\
y_0(i,j) &= x_1(t)\sin[(i_{01}-1)\varphi] + y_1(t)\cos[(i_{01}-1)\varphi] + A(i)\cos(i_{01}\varphi)\\
z_0(i,j) &= \left[r_{a0}(i) - \sqrt{x_0^2(i,j)+y_0^2(i,j)}\right]\tan\gamma_0 + \frac{H(i-1)}{n-1}\\
\varphi &= \beta - \arcsin\left\{\frac{i_{01}-1}{A(i)i_{01}}[x_1(t)\cos\beta + y_1(t)\sin\beta]\right\}\\
r_{a0}(i) &= A(i) - \frac{d_f}{2}\\
\beta &= \arctan\frac{dy_1(t)}{dx_1(t)}\quad\left(\text{当}\frac{dy_1(t)}{dx_1(t)}\geqslant 0\text{时}\right)\\
\beta &= \pi + \arctan\frac{dy_1(t)}{dx_1(t)}\quad\left(\text{当}\frac{dy_1(t)}{dx_1(t)} < 0\text{时}\right)\\
&(1\leqslant i\leqslant n,\ 1\leqslant j\leqslant m)
\end{aligned}\right\}$$

$$(17\text{-}65)$$

2. 矩形花键孔节圆半径的选择

工件节圆半径的选择，对插齿刀齿形、工件齿根过渡曲线的高度，加工矩形花键孔时的切入顶切都有很大影响。当传动比 i_{01} 一定时，花键孔的节圆半径越大，其齿根部分的过渡曲线高度越小，但刀具与矩形花键孔的有效啮合线长度将越短。当矩形花键孔节圆半径等于根圆（通常又称为大径）半径时，加工出的矩形花键孔键根处无过渡曲线。如节圆半径大于矩形花键孔的根圆半径，加工出的花键孔根部也没有过渡曲线，但花键孔和插齿刀的有效啮合线将更短。而插花键孔时的有效啮合线长度，影响加工齿形表面的包络切削次数及被加工齿形表面的表面粗糙度。因此，又希望减小花键孔的节圆半径。

综上所述，当花键孔键根处不允许有过渡曲线时，可使花键孔节圆与其大径重合；如果花键孔根部允许有一定高度的过渡曲线，可将节圆半径减小到允许的过渡曲线起点处，以增加有效啮合线的长度，提高加工表面质量。因此，设计矩形花键孔插齿刀时，不必计算允许的最小节圆半径。

令工件的节圆半径（相对新刀）

$$r' = r_f - \Delta \tag{17-66}$$

式中　r_f——工件的根圆半径；

Δ——工件齿根过渡曲线的允许值。

由于矩形花键孔插齿刀刃磨会引起插齿刀和工件的节圆变化；新刀对应的工件节圆半径可按式（17-66）选取。

在插齿刀可重磨厚度 H 内 n 个截面中的第 i 个截面所对应的工件节圆半径为

$$r'(i) = r' + \frac{H i_{01}(i-1)\tan\alpha_e}{(i_{01}-1)(n-1)} \tag{17-67}$$

3. 矩形花键孔插齿刀设计中的一些问题

（1）矩形花键孔插齿刀不发生切入顶切允许的最大齿数　为了避免切入顶切，孔插齿刀应该在没有展成运动的条件下，先切到需要的深度。即令插齿刀的一个刀齿对正工件轴心，当切至全齿深时再做展成运动。

根据工件的节圆位置和插齿的切入方式，可以确定不发生切入顶切时，孔插齿刀所允许的最多齿数。在插齿刀顶圆和内花键相交的区域内（见图17-59），如果内花键只有且不超过三个完整的键槽的话，则插齿刀就不会发生切入顶切。

根据图17-59所示的几何关系，插齿刀不发生切入顶切的条件应是 p 点临近 q 点而不超过 q 点，即

$$\varphi_1 \geqslant \varphi_2 \tag{17-68}$$

$$\varphi_1 = \frac{2\pi}{z_1} + \arcsin\frac{b}{2r_a} \tag{17-69}$$

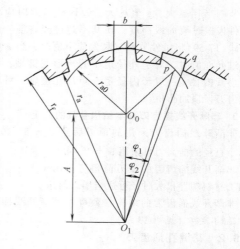

图 17-59　插齿刀加工花键孔的切入顶切

$$\varphi_2 = \arccos\left[\left(A^2 + r_a^2 - r_{a0}^2\right)/2Ar_a\right]$$

式中　z_1——花键齿数。

满足式（17-68），即可不发生插齿刀的切入顶切。

将式（17-68）经过一些换算，也可得到不等式

$$z_0 \leqslant z_1 \left\{ 1 - \frac{r_f^2 - r_a^2}{2r_f\left[r_f - r_a\cos\left(\dfrac{2\pi}{z_1} + \arcsin\dfrac{b}{2r_a}\right)\right]} \right\} \tag{17-70}$$

用式（17-70）得出的结果，将 z_0 取整，即为插齿刀满足不发生切入顶切的齿数。在实际设计时，往往是先初选 z_0 值，然后按式（17-69）进行校验，若满足此不等式，便不会发生切入顶切；否则，应减小 z_0 重新计算。

（2）插齿刀不发生让刀顶切所允许的最多齿数及最大让刀量　当插齿刀切至花键槽全齿深后，插齿机便可开始做展成运动。为减少刀齿与被切键槽表面的摩擦，插齿刀在其回程时应有一定的让刀值。在插齿刀与内花键的展成运动中，插齿刀某一刀齿在各瞬时的让刀值 δ 是随内花键的转角变化而变化的，如图17-60所示。

$$\delta = A + \frac{1}{2}d_{a0}\cos\left[\left(\varphi_1 + \gamma\right)i_{01}\right] -$$

$$\frac{d_{a0}\sin\left[\left(\varphi_1 + \gamma\right)i_{01}\right]}{2\tan\varphi_1} + \frac{b}{2\sin\varphi_1} \tag{17-71}$$

$$\left(\gamma = \arcsin\frac{b}{d_f}\right)$$

令 $\delta = 0$ 时可求出 φ_1，如果 $\varphi_1 \geqslant \dfrac{2\pi}{z_1}$，就不会发生插齿刀让刀顶切；如果 $\varphi_1 < \dfrac{2\pi}{z_1}$，则让刀顶切是不可避免的，应减小插齿刀齿数 z_0，再重新验算。

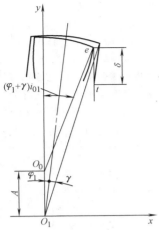

图 17-60　插齿刀与工件展成运动
中的让刀值 δ 计算图

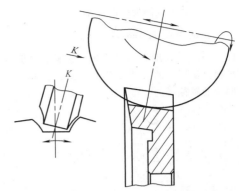

图 17-61　在插齿刀顶刃的法平面内磨削的方法

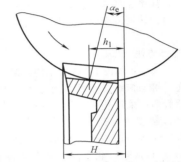

图 17-62　在大平面砂轮磨齿机上磨削的方法

由于插齿刀插削过程中，只能给一个让刀值，故为了不切伤花键侧表面所允许的最大让刀值，应是插齿刀的某一刀齿在各个瞬时所允许让刀值中最小值。由关系式

$$\varphi_1 = \arcsin \frac{d_{a0}\sin[(\varphi_1+\gamma)i_{01}]}{d_a} - \arcsin \frac{b}{d_a}$$

可求出插齿刀所允许的最大让刀值 δ_{max} 相对应的工件转角 φ_1，将该值代入到式（17-71）即得 δ_{max}。

17.9.3　矩形花键插齿刀侧齿面逼近加工

矩形花键插齿刀侧齿面加工有三种磨削方法：成形磨齿法、展成磨齿法和工件齿形反包络法。在实际生产中，大多采用成形磨齿法在拉刀磨床或花键磨床上磨制；但由于成形磨齿法磨削的插齿刀精度有限，在工件齿形精度要求较高时，采用展成法磨制矩形花键插齿刀。

1. 展成磨齿法及砂轮轴截形的优化计算

（1）展成磨齿法的实现　展成磨齿法加工插齿刀，是采用砂轮齿面与插齿刀做展成运动形成的曲面去逼近由式（17-58）、式（17-65）所确定的曲面。方案如图 17-61 和图 17-62 所示。

（2）展成法磨齿砂轮轴截形的计算　用展成法磨削非渐开线插齿刀的侧齿面时，首先要计算出与插齿刀共轭的假想齿条的齿面，然后将假想齿条齿面投影到砂轮的轴截面内，用最优化方法逼近成一条容易修整的曲线。再用这条曲线当作实际砂轮的轴截形。当用一条曲线逼近砂轮的轴截形误差较大时，可用两段以上的曲线去逼近。

磨削插齿刀假想齿条（砂轮）所在坐标系如图17-63 所示，假想齿条的齿面方程为

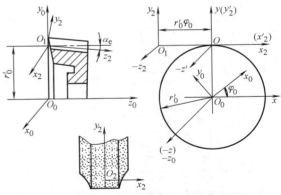

图 17-63　磨削插齿刀砂轮与假想齿条坐标系

$$
\begin{aligned}
x_2(i,j) &= x_0(i,j)\cos\varphi_0 - y_0(i,j)\sin\varphi_0 + r_0'\varphi_0 \\
y_2(i,j) &= [x_0(i,j)\sin\varphi_0 + y_0(i,j)\cos\varphi_0 - r_0'] \times \\
&\quad \cos\alpha_e + z_0(i,j)\sin\alpha_e \\
z_2(i,j) &= -[x_0(i,j)\sin\varphi_0 + y_0(i,j)\cos\varphi_0 - r_0'] \times \\
&\quad \sin\alpha_e + z_0(i,j)\cos\alpha_e \\
\varphi_0 &= \arcsin\left[\frac{y_0(i,j)\sin\beta + x_0(i,j)\cos\beta}{r_0'}\right] - \beta \\
\beta &= \arctan\left[\frac{dy_0(i,j)}{dx_0(i,j)}\right] \\
(1 &\leqslant i \leqslant n,\ 1 \leqslant j \leqslant m)
\end{aligned}
\right\}
$$

（17-72）

式中 r_0'——磨齿时插齿刀的滚动圆半径。

$$r_0' \geq x_0(i,j)\cos\beta + y_0(i,j)\sin\beta$$

滚动圆半径由上式确定出最小值，再根据所选用的磨齿机提供给用户的滚动圆系列选取靠近值。

砂轮的轴截形为

$$
\begin{cases}
x_s(j) = \dfrac{1}{n}\displaystyle\sum_{i=1}^{n} x_2(i,\,j) \\
y_s(j) = \dfrac{1}{n}\displaystyle\sum_{i=1}^{n} y_2(i,\,j) \quad (1 \leq j \leq m)
\end{cases}
$$

$$(17\text{-}73)$$

在许多情况下，砂轮的轴截形可以用圆弧或直线来逼近，其圆弧、直线的参数可用最小二乘法等优化方法获得，其逼近误差也反映出插齿刀加工工件时的误差。

2. 成形磨齿法

成形磨齿法采用如图 17-64 所示的方案，磨齿工艺可安排在花键磨床或拉刀磨床上进行。为了磨削出插齿刀的后角，采用垫铁 1、2（或用专用夹具）将插齿刀轴线垫斜 θ 角后，工作台做往复运动时，就能将插齿刀的侧齿面磨削成柱面。按式（17-58）或式（17-65）将成形砂轮逼近修整成圆弧、直线、椭圆或双曲线等，构成砂轮轴向齿形。

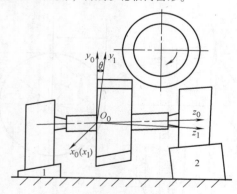

图 17-64　成形磨齿工作示意图

17.9.4　矩形花键插齿刀设计示例

1. 矩形花键轴插齿刀

（1）工件的原始参数

$$Z_1 - d_{a_{+e_1}}^{+e_2} \times d_{f_{+e_3}}^{+e_4} \times b_{+e_5}^{+e_6}$$

式中　d_a——花键轴的顶圆直径；

d_f——花键轴的根圆直径；

b——键宽；

Z_1——花键轴齿数；

$e_1 \sim e_6$——花键轴尺寸公差。

并设 C 为花键轴的齿顶倒角值；d 为与花键轴相配合的花键孔小径。

（2）工件参数的计算值

$$d_{ap} = d_a + (e_1 + e_2) \times 0.5$$
$$d_{fp} = d_f + (e_3 + e_4) \times 0.5$$
$$b_p = b + (e_5 + e_6) \times 0.5$$

（3）工件齿形参数化　设花键轴齿形用 m 个点表示，其中 m_1 个点表示齿侧直线部分，$(m - m_1)$ 个点表示齿顶倒角部分，则齿形参数 t_j 为

$$t_j = \frac{1}{2}\sqrt{d_{fp}^2 - b_p^2} + \frac{(j-1)\left(\sqrt{d_{ap}^2 - b_p^2} - \sqrt{d_p^2 - b_p^2 - 2C}\right)}{2(m_1 - 1)}$$

（当 $1 \leq j \leq m_1$ 时）

花键轴齿侧部分的方程为

$$
\left.
\begin{array}{l}
x_1(t) = b_p/2 \\
y_1(t) = -t_j \\
1 \leq j \leq m_1
\end{array}
\right\}
\quad (17\text{-}74)
$$

倒角部分方程为

$$x_1(t) = \frac{1}{2}b_p - \frac{(C+0.5)(j-m_1)}{m - m_1}$$

$$y_1(t) = -\frac{1}{2}\sqrt{d_{ap}^2 - b_p^2} - \frac{(c+0.5)(j-m_1)}{m - m_1} + C$$

$$(m_1 < j \leq m)$$

$$(17\text{-}74a)$$

（4）工件节圆半径的确定　花键轴最小节圆半径由式（17-59）确定，即

$$r' = \sqrt{\left(\frac{1}{2}d_{ap} - C\right)^2 - \frac{b_p^2(2i_{01} + 3)}{4(i_{01} + 2)^2}} \quad (17\text{-}75)$$

在可重磨厚度 H 内可分为 n 个截面，其中第 i 个截面上花键轴的节圆半径为

$$r'(i) = r' + \frac{i_{01} H(n-i)\tan\alpha_e}{(n-1)(i_{01} + 1)} \quad (17\text{-}76)$$

第 i 个截面的轴心距为

$$A(i) = \frac{r'(i_{01} + 1)}{i_{01}} + \frac{H(n-i)\tan\alpha_e}{n - 1} \quad (17\text{-}77)$$

（5）花键轴齿根过渡曲线高度校验　设 x_T、y_T 为花键轴过渡曲线起点，d 为花键孔小圆直径。花键轴齿根过渡曲线与花键孔不发生干涉的条件为

$$\sqrt{x_T^2 + y_T^2} - \frac{d}{2} < C \quad (17\text{-}78)$$

而

$$
\left.
\begin{array}{l}
x_T = \dfrac{1}{r'(i)}\sqrt{x_T^2 + y_T^2 - \dfrac{b_p^2}{4}} \times \sqrt{\dfrac{b_p}{2}r'^2(i) - x_T^2 - y_T^2 + \dfrac{b_p^2}{4}} \\[2mm]
\left[y_T + A(i)\right]^2 + x_T^2 = \left[A(i) - \dfrac{d_{fp}}{2}\right]^2
\end{array}
\right\}
$$

$$(17\text{-}79)$$

利用式（17-79）用迭代法可求出 x_T、y_T 值，代入式（17-78）中，若式（17-78）不满足，说明花键轴齿根过渡曲线超差，应适应减小花键轴的根圆直径 d_f 或加大花键孔齿顶倒角值；相反，说明花键

轴齿根过渡曲线不超差。

（6）确定插齿刀的理论齿面　将式（17-74）、式（17-74a）、式（17-77）代入式（17-58）中并确定 n、m、m_1 值，由此可得花键轴插齿刀的理论齿面，它是由 $n×m$ 个离散点表示的。

（7）插齿刀的基本参数

顶圆直径　$d_{a0} = 2\left[A(1) - \dfrac{1}{2} d_{fp} \right]$

根圆直径　$d_{f0} = 2\left[A(1) - \dfrac{1}{2} d_{ap} \right]$

检测圆直径　$d_0 = 2\sqrt{ x_0^2\left(1, \dfrac{m_1}{2}\right) + y_0^2\left(1, \dfrac{m}{2}\right) }$

D_0 圆周上弦齿高 h_{a0}、弦齿厚 s_0 及侧刃后角 α_e 分别为

$$h_{a0} = \frac{1}{2} d_{a0} - \frac{1}{2} d_0 \cos\theta_2$$

$$\theta_2 = \frac{\pi}{z_0} - \theta_1$$

$$\theta_1 = \arctan\left[\frac{x_0\left(1, \dfrac{m_1}{2}\right)}{y_0\left(1, \dfrac{m_1}{2}\right)} \right]$$

$$s_0 = d_0 \sin\theta_2$$

$$\alpha_c = \arctan(\sin\varphi_1 \tan\alpha_e)$$

$$\varphi_1 = \left| \arctan\left[\frac{ y_0\left(1, \dfrac{m_1}{2}-1\right) - y_0\left(1, \dfrac{m_1}{2}\right) }{ x_0\left(1, \dfrac{m_1}{2}-1\right) - x_0\left(1, \dfrac{m_1}{2}\right) } \right] - \arctan\left[\frac{ y_0\left(1, \dfrac{m_1}{2}\right) }{ x_0\left(1, \dfrac{m_1}{2}\right) } \right] \right|$$

插齿刀的结构参数可按 GB/T 6081—2001 标准中的盘形直齿插齿刀选取。

插齿刀新刀的前面齿形在基面上的投影坐标：

$$x_0 = x_0(1, j)$$

$$y_0 = y_0(1, j)$$

（8）设计示例　见表 17-42。

表 17-42　矩形花键插齿刀设计示例　（单位：mm）

序号	计算项目	符号	计算公式或选取方法	示例
1	已知花键轴参数	Z_1	花键轴齿数	10
		d_a	花键轴外径	100
		e_1	花键轴外径上极限偏差	-0.04
		e_2	花键轴外径下极限偏差	-0.09
		d_f	花键轴根径	86.5
		e_3	花键轴根径上极限偏差	-0.23
		e_4	花键轴根径下极限偏差	-0.46
		b	花键键宽	14
		e_5	花键键宽上极限偏差	-0.045
		e_6	花键键宽下极限偏差	-0.105
		C	花键倒角值	0.7
		d	花键孔小径	90
2	设插齿刀的前角、后角和可重磨厚度	γ_o	插齿刀前角	5°
		α_e	插齿刀顶刃后角	6°
		H	插齿刀最大可重磨厚度	5
3	计算花键轴的参数计算值	d_{ap}	$d_{ap} = d_a + \dfrac{e_1 + e_2}{2}$	99.935
		d_{fp}	$d_{fp} = d_f + \dfrac{e_3 + e_4}{2}$	86.155
		b_p	$b_p = b + \dfrac{e_5 + e_6}{2}$	13.925

（续）

序号	计算项目	符号	计算公式或选取方法	示例
4	工件齿形离散化	m m_1 t_j	工件齿形由 m 个离散点表示，定 $m=40$；直线齿形由 m_1 个点表示，定 $m_1=30$，其余 $m-m_1$ 个点为工件倒角部分 $t_j = \dfrac{1}{2}\sqrt{d_{fp}^2 - b_p^2} +$ $\dfrac{(j-1)\left(\sqrt{d_{ap}^2-b_p^2}-\sqrt{d_{fp}^2-b_p^2-2C}\right)}{2(m_1-1)}$ 将 $j=1,2,\cdots m_1,\cdots m$ 按式(17-74)可计算出一系列工件齿形的坐标值	40 30
5	定插齿刀齿数 z_0 及传动比 i_{01}	z_0 i_{01}	根据花键轴外径可初定插齿刀分度圆直径，再定 z_0 $d_a > 100$mm 时，取 $d_0 = 130$mm $z_0 = \mathrm{int}\left(\dfrac{z_1 d_0}{d_{ap}} + 0.3\right)$ $i_{01} = \dfrac{z_1}{z_0}$	$z_0 = 12$ $i_{01} = 0.833$
6	确定花键轴最小节圆半径 r' 和沿可重磨厚度 H 内各截面内的节圆半径 $r'(i)$	r' $r'(i)$	按式(17-75)计算取 $n=8$，即 $i=1,2,\cdots,n$ 按式(17-76)计算，可得一系列 $r'(i)$ 值	$r' = 48.45$mm
7	确定插齿刀在 i 个截面与工件的轴心距 $A(i)$	$A(i)$	取 $i=1,2,\cdots,n$，按式(17-77)计算可得	
8	花键轴齿根过渡曲线高度校验		利用式(17-79)计算 x_T、y_T，再按式(17-78)校验。如条件不满足，则需改变下面条件之一再验算 1）减小花键轴根半径 2）加大花键孔的小径 d 3）加大花键齿的倒角值	本条件满足
9	确定插齿刀理论侧齿面 将该数据提供给制造车间求磨侧齿面的砂轮廓形	$x_0(i,j)$ $y_0(i,j)$	将 $x_1(t_j)$、$y_1(t_j)$、$A(i)$、i_{01}、γ_0、H 等值代入式(16-58)中可得一系列值，即为插齿刀理论侧齿面	
10	插齿刀的基本参数 顶圆直径	d_{a0}	$d_{a0} = 2A(1) - d_{fp}$	130.411
	根圆直径	d_{f0}	$d_{f0} = 2A(1) - d_{ap}$	115.431
	检测圆直径	d_0	$d_0 = 2\sqrt{x_0^2\left(1,\dfrac{m_1}{2}\right) + y_0^2\left(1,\dfrac{m_1}{2}\right)}$	125.182
	检测圆圆周上弦齿高	h_{a0}	$h_{a0} = \dfrac{1}{2}d_{a0} - \dfrac{1}{2}d_0\cos\left\{\dfrac{\pi}{z_0} - \arctan\left[\dfrac{x_0\left(1,\frac{m_1}{2}\right)}{y_0\left(1,\frac{m_1}{2}\right)}\right]\right\}$	3.086
	检测圆圆周上弦齿厚	s_0	$s_0 = d_0\sin\left\{\dfrac{\pi}{z_0} - \arctan\left[\dfrac{x_0\left(1,\frac{m_1}{2}\right)}{y_0\left(1,\frac{m_1}{2}\right)}\right]\right\}$	15.340
	插齿刀侧刃后角	α_c	$\alpha_c = \arctan(\tan\alpha_e \sin\varphi_1)$ $\varphi_1 = \left\| \arctan\left[\dfrac{y_0\left(1,\frac{m_1}{2}-1\right) - y_0\left(1,\frac{m_1}{2}\right)}{x_0\left(1,\frac{m_1}{2}\right) - x_0\left(1,\frac{m_1}{2}\right)}\right] - \arctan\left[\dfrac{y_0\left(1,\frac{m_1}{2}\right)}{x_0\left(1,\frac{m_1}{2}\right)}\right] \right\|$	$2°7'32''$

（续）

序号	计算项目	符号	计算公式或选取方法			示例	
11	插齿刀前面在基面上的投影齿形坐标	x_0	y_0		x_0		y_0
		11.365	65.130		7.853		60.745
		10.899	64.665		7.594		60.252
		10.450	64.192		7.368		59.783
		10.018	63.711		⋮		⋮
		9.606	63.225		6.950		58.600
		9.215	62.733		6.635		58.411
		8.845	62.237		6.330		58.222
		8.450	61.738		6.032		58.031
		8.178	61.240				

2. 矩形花键孔插齿刀

（1）工件的原始参数

$$Z_1 - d_{a+e_1}^{+e_2} \times d_{f+e_3}^{+e_4} \times b_{+e_5}^{+e_6}\ \text{及}\ C \times 45°$$

式中　d_a——花键孔的大径；

　　　d_f——花键孔的小径；

　　　b——键槽宽；

　　　Z_1——花键齿数；

　　　$e_1 \sim e_6$——花键孔尺寸公差；

　　　C——花键的齿顶倒角值。

（2）工件参数的计算值　与本节 1.（2）相同。

（3）工件齿形参数化　设花键孔齿形用 m 点表示，其中 m_1 个点表示齿侧直线部分，（$m-m_1$）个点表示齿顶倒角部分，则齿形参数 t_j 为

$$t_j = \frac{1}{2}\sqrt{d_{ap}^2 - b_p^2} - \frac{(j-1)\left(\sqrt{d_{ap}^2 - b_p^2} - \sqrt{d_{fp}^2 - b_p^2} + 2C\right)}{2(m_1 - 1)}$$

（当 $1 \leq j \leq m_1$ 时）

花键孔键槽侧直线方程为

$$\begin{cases} x_1(t) = -\dfrac{1}{2}b_p \\ y_1(t) = t_j \quad (1 \leq j \leq m_1) \end{cases} \quad (17\text{-}80)$$

花键孔齿顶倒角部分方程为

$$\left.\begin{aligned} x_1(t) &= -\frac{1}{2}b_p - \frac{(C+0.5)(j-m_1)}{m-m_1} \\ y_1(t) &= \frac{1}{2}\sqrt{d_{fp}^2 - b_p^2} - C - \frac{(C+0.5)(j-m_1)}{m-m_1} \end{aligned}\right\}$$

（$j > m_1$ 时）

$$(17\text{-}80\text{a})$$

（4）确定插齿刀参数　前角 $\gamma_0 = 5°$，后角 $\alpha_e = 6°$，齿数 $z_0 = 0.8z_1$，可重磨厚度 $H = 5\text{mm}$。

（5）花键孔的最小节圆半径　最小节圆半径为

$$r' = \frac{1}{2}d_{ap} - C \quad (17\text{-}81)$$

设插齿刀可重磨厚度 H 内可分为 n 个截面，则第 i 个截面的工件节圆半径为

$$r'(i) = r' + \frac{i_{01}H(i-1)\tan\alpha_e}{(n-1)(i_{01}-1)} \quad (17\text{-}82)$$

第 i 个截面的轴心距为

$$A(i) = \frac{r'(i_{01}-1)}{i_{01}} + \frac{H(i-1)\tan\alpha_e}{n-1} \quad (17\text{-}83)$$

（6）验算切入顶切　满足以下条件将不发生切入顶切：

$$\sqrt{(d_{a0}\sin\beta)^2 + [d_{a0}\cos\beta + 2A(1)]^2} \leq d_{fp} \quad (17\text{-}84)$$

式中　$d_{a0} = d_{ap} - 2A(1)$

$$\beta = \frac{2\pi}{z_0} + \arcsin\left(\frac{b_p}{d_{a0}}\right)$$

若不满足时，表明插齿时会出现切入顶切现象，应减小 z_0，返回到第（5）项重新计算。

（7）确定花键孔插齿刀的侧齿面　将式（17-81）、式（17-82）、式（17-83）代入式（17-65）中，即可确定花键孔插齿刀侧齿面。

（8）插齿刀基本参数的确定　按以下关系确定：

插齿刀顶圆直径：

$$d_{a0} = d_{ap} - 2A(1)$$

插齿刀根圆直径：

$$d_{f0} = d_{fp} - 2A(1) - 1.5$$

插齿刀检测圆直径：

$$d_0 = \frac{2A(1)}{i_{01} - 1}$$

插齿刀检测圆上弦齿高：

$$h_{a0} = \frac{1}{2}\left\{ d_{a0} - d_0\cos\left[\arcsin\left(\frac{b_p}{d_0}\right)\right] \right\}$$

插齿刀检测圆上弦齿厚：

$$s_0 = b_p$$

检测圆上的侧刃后角 α_c

$$\alpha_c = \arctan\left(\frac{b_p}{d_0}\tan\alpha_e\right)$$

插齿刀结构参数可按 GB/T 6081—2001 标准中碗形或柄形直齿插齿刀选取。

（9）设计示例　见表 17-43。

表 17-43　矩形花键孔插齿刀设计示例　　　　　　（单位：mm）

序号	计算项目	符号	计算公式或选取方法	示例
1	花键孔参数 花键孔槽数 花键孔大径 花键孔大径上极限偏差 花键孔大径下极限偏差 花键孔小径 花键孔小径上极限偏差 花键孔小径下极限偏差 花键孔键槽宽 键槽宽上极限偏差 键槽宽下极限偏差 倒角值	z_1 d_a e_1 e_2 d_f e_3 e_4 b e_5 e_6 C	—	10 125 0.08 0 112 0.63 0 18 0.2 0.028 0.5
2	设插齿刀的几何参数 前角 后角 可重磨厚度	γ_o α_e H	—	5° 6° 5
3	计算花键孔参数	d_{ap} d_{fp} b_p	$d_{ap}=d_a+\dfrac{1}{2}(e_1+e_2)$ $d_{fp}=d_f+\dfrac{1}{2}(e_3+e_4)$ $b_p=b+\dfrac{1}{2}(e_5+e_6)$	125.04 112.315 18.114
4	工件齿形离散化	m m_1 t_j	工件齿形由 m 个离散点组成,取 $m=40$ 直线齿形由 m_1 个点组成,取 $m_1=30$,其余 $m-m_1$ 个点组成了工件倒角部分 $t_j=\dfrac{1}{2}\sqrt{d_{ap}^2-b_p^2}-$ $\dfrac{(j-1)\left(\sqrt{d_{ap}^2-b_p^2}-\sqrt{d_{fp}^2-b_p^2}+2C\right)}{2(m_1-1)}$ 当 $1\leqslant j\leqslant m_1$ 时 取 $j=1,2,\cdots,m_1,\cdots,m$ 当 t_j 代入式(17-80)中,可得花键孔槽直线部分一系列坐标,将 j 代入式(17-80a)中,可得花键孔槽倒角部分一系列坐标值	40 30
5	确定插齿刀齿数	z_0	$z_0=0.8z_1$	8
6	花键孔沿可重磨厚度 H 内各截面内的节圆半径 $r'(i)$	—	取 $n=8$,即 $i=1,2,\cdots,n$,按下式可计算 $r'(i)$ $r'(i)=\dfrac{d_{ap}}{2}-C+\dfrac{i_{01}H(i-1)\tan\alpha_e}{(n-1)(i_{01}-1)}$ $i_{01}=\dfrac{z_1}{z_0}$	—
7	工件与插齿刀轴心距 $A(i)$	$A(i)$	取 $i=1,2,\cdots,n$,按式(17-83)可计算各截面的轴心距	—

（续）

序号	计算项目	符号	计算公式或选取方法	示　例
8	验算切入顶切	—	$d_{a0}=d_{ap}-2A(1)$ $\beta=\dfrac{2\pi}{z_0}+\arcsin\left(\dfrac{b_p}{d_{a0}}\right)$ 按式（17-84）验算，如不满足条件，则有切入顶切现象，应用 $z_0'=z_0-1$ 再返回第 6 步重新计算	不满足条件需将插齿刀齿数减小，当 $z_0=6$ 时满足此条件
9	确定花键孔插齿刀的侧齿面。所求侧齿面各点数据提供给制造车间求砂轮廓形	$x_0(i,j)$ $y_0(i,j)$ $z_0(i,j)$	将式（17-81）、式（17-82）、式（17-83）代入式（17-65）中，可得由一系列点组成的插齿刀侧齿面坐标	—
10	插齿刀的基本参数 插齿刀顶圆直径 插齿刀根圆直径 插齿刀检测圆直径 插齿刀检测圆上弦齿高 插齿刀检测圆上弦齿厚 插齿刀检测圆上的侧刃后角	d_{a0} d_{f0} d_0 h_{a0} s_0 α_c	$d_{a0}=d_{ap}-2A(1)$ $d_{f0}=d_{fp}-2A(1)-1.5$ $d_0=\dfrac{2A(1)}{i_{01}-1}$ $h_{a0}=\dfrac{1}{2}\left\{d_{a0}-d_0\cos\left[\arcsin\left(\dfrac{b_p}{d_0}\right)\right]\right\}$ $s_0=b_p$ $\alpha_c=\arctan\left(\dfrac{b_p}{d_0}\tan\alpha_e\right)$	75.424 61.699 74.424 1.613 18.114 $0°53'30''$
11	插齿刀新刀前面的齿形坐标	x_0 y_0	取 $j=1,2,\cdots,m$ $x_0=x_0(1,j)$ $y_0=y_0(1,j)$ 可得一系列插齿刀新刀前面的齿形坐标	—

17.10　展成车刀

　　展成车刀是另一类按展成原理工作的刀具。它具有加工生产率高、精度高和半自动化等优点。

　　展成车刀在专用机床上（或改装的车床上）加工回转体零件（见图 17-65）时，工件绕自身轴线转动，展成车刀一方面绕自身轴线转动，同时沿工件轴向移动，即刀具节圆沿工件节线做纯滚动，形成展成运动，包络形成工件齿形。

　　当工件为环状回转体成形表面时，工件转动快慢只影响切削速度而不影响展成成形运动，工件转动和刀具转动间无运动联系。这是一种典型的平面啮合展成车削加工，如图 17-65b 所示。

　　当加工丝杠、蜗杆等具有螺旋齿面的工件时，工件和刀具要求定传动比传动。工件转一转，展成车刀转过齿数等于工件的螺纹线数，同时展成车刀还有沿工件轴向移动和附加转动，使工件全长包络形成要求的齿形（见图 17-65a）。加工螺旋面工件时，工件轴线和刀具轴线可成交叉角 90°，这时展成车刀应做成斜齿的，这种加工情况是平面啮合问题。

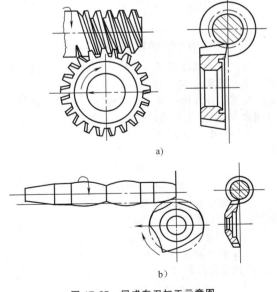

图 17-65　展成车刀加工示意图
a）工件为环状回转体成形表面
b）加工丝杠、蜗杆等具有螺旋齿面的工件

加工螺旋齿面工件时，如使用直齿展成车刀，或使用齿斜角不等于工件螺旋升角的展成车刀时，刀具轴线就需要倾斜一定角度，这种加工情况属于空间啮合问题。本节将研究平面啮合时的展成车刀。

17.10.1　展成车刀齿形的求解

可用不同的方法求展成车刀的齿形。下面以用齿形法线法求加工圆弧齿形工件为例说明。

如图17-66所示，工件齿形圆弧中心 O_1 距节线的距离为 f，齿形圆弧半径为 r。建立刀具坐标系 $X_0O_0Y_0$，坐标原点为刀具圆心；工件坐标系 $X_1O'_0Y_1$，其 Y_1 轴通过齿形圆弧中心 O_1。在原始位置时，两坐标系重合。

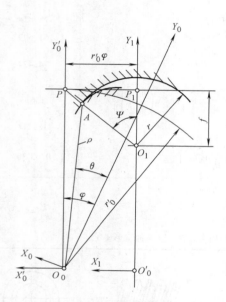

图 17-66　齿形法线法求展成车刀齿形

加工时刀具以节圆（半径 r'_0）在工件节线上做纯滚动，转动 φ 角，这时啮合节点自 P_1 点移到 P 点。根据啮合规律，两齿面接触点 A 的法线必然通过啮合节点 P，也必然通过齿形圆弧的中心 O_1 点。

工件齿形上 A 点在工件坐标系 $O'_0X_1Y_1$ 中的坐标为

$$
\left.\begin{array}{l}
X_1 = r\sin\psi \\
Y_1 = r\cos\psi + r'_0 - f
\end{array}\right\} \tag{17-85}
$$

刀具坐标系 $O_0X_0Y_0$ 和工件坐标系的变换关系为

$$
\left.\begin{array}{l}
X_0 = (X_1 - r'_0\varphi)\cos\varphi + Y_1\sin\varphi \\
Y_0 = -(X_1 - r'_0\varphi)\sin\varphi + Y_1\cos\varphi
\end{array}\right\} \tag{17-85a}
$$

将 A 点的坐标 X_1、Y_1 代入式（17-85b），即得到刀具的齿形方程式

$$
\left.\begin{array}{l}
X_0 = r\sin(\psi+\varphi) + r'_0(\varphi\cos\varphi + \sin\varphi) - f\sin\varphi \\
Y_0 = r\cos(\psi+\varphi) + r'_0(\varphi\sin\varphi + \cos\varphi) - f\cos\varphi
\end{array}\right\} \tag{17-85b}
$$

式中　ψ 角可用下式计算

$$
\tan\psi = \frac{r'_0\varphi}{f} \tag{17-86}
$$

当工件齿形是倾斜于其轴线的直线时，例如齿条齿形，则与其共轭的刀具齿形是渐开线，如图17-67所示。如果用齿形法线法求解，也立刻会得出此结论。

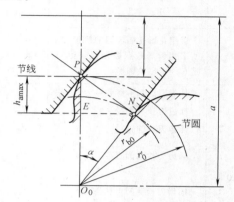

图 17-67　加工倾斜直线齿形的展成车刀

17.10.2　工件节线位置的选择

工件节线位置的选择对于展成车刀的齿形、过渡曲线的长短以及加工过程都有很大影响。节线位置的选取还应符合齿形啮合基本定律。

1. 直线齿形工件

首先可以图17-67所示的倾斜于工件轴线的齿形为例。由于基圆以内无渐开线，刀具切削刃只存在于基圆以外，这是确定工件节线位置时首先要考虑的。渐开线的起始点在极限的情况下处于基圆 r_{b0} 上。基圆与啮合线的切点 N 到工件节线的距离是能加工的工件最大齿顶高。若节线再向工件轴线移近，则工件齿形将发生顶切。这时 r'_0 则是展成车刀允许的最小节圆半径。

当工件齿形由几段直线组成时，工件节线位置将影响工件上产生的过渡曲线和刀具齿顶变尖。

图17-68所示为三段直线组成的工件齿形。加工Ⅰ、Ⅲ段直线的刀具齿形为同心圆弧，加工Ⅱ段直线的刀具齿形为渐开线。若取节线与Ⅲ段直线重合（见图17-68a），则加工Ⅰ段直线的刀具圆弧齿形与加工Ⅱ段直线的刀具渐开线齿形交于 a 点，工件Ⅱ段齿形直线不可能加工到 b 点，将在齿根处产生过渡曲线。若取节线与Ⅰ段直线重合（见图17-68b），则加工Ⅱ段直线齿形的刀具渐开线齿形可一直到 b 点，工件Ⅱ段齿形直线可以一直加工到 b 点，工件齿根处没有过渡曲线。

工件节线位置还影响刀具齿顶变尖。图17-69所示为三段直线组成的工件齿形。加工这样工件齿形

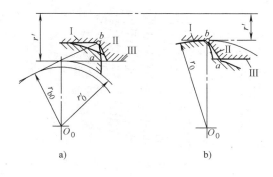

图 17-68　节线位置对产生过渡曲线的影响
a) 节线与Ⅲ段直线重合　b) 节线与Ⅰ段直线重合

的刀具齿形，顶刃为圆弧，两侧刃为渐开线。当节线选在位置Ⅰ时（见图 17-69a），刀具齿顶变尖，达不到要求的高度，加工工件的齿深不够。当节线选在位置Ⅱ时（见图 17-69b），刀齿高度虽达到，但齿顶变尖，加工出的工件齿形就以刀尖点形成的过渡曲线为底，减少了工件齿形的正确部分。当节线位置选在Ⅲ时（见图 17-69c），刀具齿形就由两段渐开线和一段圆弧组成，效果较前两者为好。

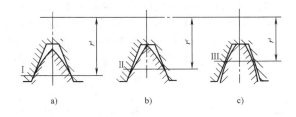

图 17-69　节线位置对刀具齿顶变尖的影响
a) 节线选在Ⅰ　b) 节线选在Ⅱ　c) 节线选在Ⅲ

2. 圆弧齿形

工件为凹圆弧齿形时，节线的最远位置是通过该圆弧中心的直线Ⅱ（见图 17-70a）即工件最大节圆半径 r' 等于该圆弧中心距工件轴线的距离。节线在位置Ⅲ时不能用展成法加工。

对于凸圆弧齿形：

1）凸圆弧中心在工件轴线后面时（见图 17-70b），工件节线可任意选取。

2）凸圆弧中心在工件轴与其齿形之间时（见图 17-70c），工件节线的最近位置，是通过圆弧中心的直线Ⅱ。如节线在位置Ⅲ时，不能用展成法加工。

3）圆弧中心在工件轴线上时（见图 17-70d），节线可取在任意位置上。

17.10.3　展成车刀节圆半径的选取

选取展成车刀节圆半径时，应考虑机床允许的工件与刀具轴线间的距离。刀具节圆半径最小值受到刀具结构、安装孔尺寸等的限制。展成车刀的最小节圆直径不应小于 50～70mm，建议在 50～150mm 范围内选取。为制造和检查刀具方便，刀具齿数最好做成偶数。

当工件上沿轴向有重复齿形时，刀具的节圆长度 $\pi d_0'$ 应是一个能被工件轴向齿距 p_x 整除的数。当展成车刀齿数为 z_0 时，刀具节圆半径为

$$r_0' = \frac{z_0 p_x}{2\pi} \tag{17-87}$$

当工件没有重复齿形时，工件的齿距应等于工件齿形长度 L_1 再加上切断工件时所必须的附加长度 l_1。此时，刀具节圆半径为

$$r_0' = \frac{(L_1 + l_1) z_0}{2\pi} \tag{17-88}$$

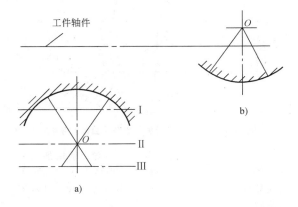

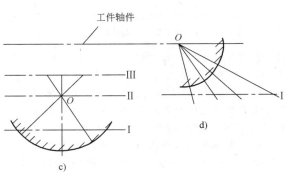

图 17-70　加工圆弧齿形时的工件节线位置
a) 工件为凹圆弧齿形　b) 凸圆弧中心在工件轴线后面
c) 凸圆弧中心在工件轴与其齿形之间　d) 圆弧中心在工件轴线上

17.10.4　展成车刀的切削角度和结构型式

展成车刀一般可采用前角 $\gamma = 5°$ 和后角 $\alpha_e = 6°$。

当磨有前角和后角以后，展成车刀的结构型式和插齿刀极为相似，如图 17-71 所示。因此可参考采用普通插齿刀的结构和尺寸。

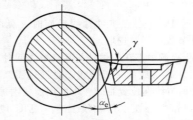

图 17-71　磨有前角和后角的展成车刀

展成车刀有前角和后角以后，齿形需要修正。近似的修正计算方法是将展成车刀的节圆处展成直线，用有前后角的棱体成形车刀的修正计算方法进行修正计算。但是，展成车刀工作时，刀具和工件齿形的啮合接触点并不一直是在刀具中心到工件中心的垂直线上，因此这修正计算的方法是有误差的。在工件齿形精度要求不高时，可以用这方法进行修正计算。

另一设计展成车刀的方案是刀具制成圆柱体（无后角），刀具的后角是靠刀具安装时低于工件中心而得到（见图 17-72）。由于刀具是制成没有后角的圆柱体，因此齿形磨制容易，刃磨后刀具齿形不会改变，这种展成车刀的齿形也应经过修正。

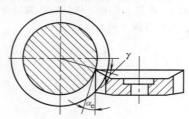

图 17-72　由安装低于工件中心而得到后角的展成车刀

17.10.5　展成车刀加工实例——齿条加工

我国某些工厂成功地使用展成车刀加工齿条，加工是在改装的车床上进行的。要加工的齿条固定在直径很大的圆柱形夹具上（可同时夹固较多齿条），由车床主轴带动旋转形成切削运动（和展成运动无关）；展成车刀（插齿刀）装在改装的溜板上，以其分度圆在工件（齿条）节线上做无滑动的纯滚动，即本身旋转和进给运动配合，以形成展成运动，逐步切出齿条的牙齿。图 17-73 为此法的工作示意图。所用的刀具——展成车刀就是标准的加工齿轮用的直齿插齿刀。

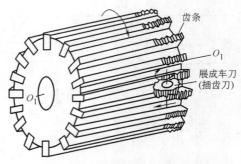

图 17-73　用展成车刀加工齿条

用此法加工齿条时，需注意下列问题：

1）加工时，齿条是围绕中心 O_1 旋转而切成的，故齿条的牙齿在不同轴截面中齿厚将是不等的（中间截面最厚），所以用此法加工出的齿条为鼓形齿。平时夹具直径很大（1m 以上），因此牙齿的鼓形量不大，这对齿条的使用只会有好处。

2）生产中常用标准的加工齿轮的插齿刀作为展成车刀来加工齿条。从理论上分析，加工出的齿条齿形将产生一定的误差。

现在的标准插齿刀是按照切削刃在端面中的投影为标准齿形设计的。如图 17-74 所示，插齿刀的切削刃 AB 在端面中的投影 AC 应为标准全齿高 h_0，而现在实际得到的齿高为 AD，齿高的改变量 Δh_0 为

$$\Delta h_0 = CD = R - R\cos\delta = R(1 - \cos\delta)$$

式中　δ 角可用下式计算

$$\sin\delta = \frac{\overline{BC}}{R} = \frac{\overline{AC} \cdot \tan\gamma}{R} = \frac{h_0 \cdot \tan\gamma}{R}$$

齿条的牙齿宽度无变化，齿高增加，因而将使齿形角减小。

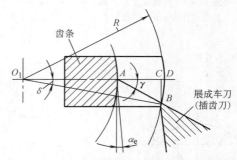

图 17-74　用展成车刀加工齿条时的误差分析

由此可看出，要减少齿形误差就必须增加夹具的半径，或设计专用的插齿刀。现生产中实际采用的夹具直径在 1m 以上，故产生的误差不大，基本不影响使用。

3）用此法加工出的齿条，在机床精度足够时可以得到较高的齿距精度，与用插齿机加工出的齿条差不多。

17.10.6　按空间啮合原理工作的展成车刀——车齿刀

按空间啮合原理工作的展成车刀轴线与工件轴线的交叉角不等于 90°。这类展成车刀又名车齿刀。当工件是直齿时，车齿刀是斜齿的；当工件是斜齿时，车齿刀可以是斜齿的，也可以是直齿的。

车齿刀切齿轮的过程相当于一对交叉轴螺旋齿轮的啮合过程，如图 17-75a 所示。车齿刀一面绕自身轴线转动，同时又沿平行工件轴线的方向做纵向进给运动，而工件绕自身轴线做相应转动。刀具和工件定速比转动而成展成运动，刀具沿工件轴向进给以切出工件全长。由于车齿刀齿数多，又连续切削，各刀齿负荷均匀，车刀转数可增加，因此车齿法加工生产率较高。

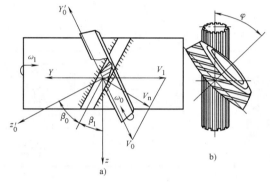

图 17-75　车齿刀加工工件
a）车齿刀切齿轮的过程　b）车齿刀加工花键轴

螺旋齿轮啮合时，其共轭齿面是点接触，接触点的轨迹在齿面上形成接触线。要车齿刀正常切削并加工出合乎要求的工件齿形，车齿刀的切削刃应与刀具齿面上的接触线重合。对于加工渐开线齿轮的车齿刀，当车齿刀为直齿时，切削刃应在端平面上；当车齿刀是斜齿时，切削刃应为渐开螺旋面和单叶双曲回转面的交线。此外，在加工齿轮时，车齿刀就必须准确安装，使切削刃与啮合过程中刀具齿面上的理论接触线重合。

图 17-75b 所示是用车齿刀加工花键轴的情况，加工原理和上述相同，但其齿形则按花键轴的齿形来设计。

如果车齿刀要以共轭齿面上的接触线作为刀具切削刃，在多数情况下，切削刃是相当复杂的空间形状，而且两侧刃的方向也不相同，这样的前面就不是一个简单的平面，而是一个较难实现的曲面。考虑到刀具的制造工艺性，前面最好是平面且易于加工，故前面可有两种情况：一种是前面垂直于车齿刀的齿向，如图 17-76a 所示；另一种是前面垂直于车齿刀的轴线，如图 17-76b 所示。

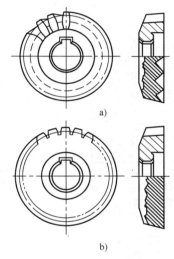

图 17-76　车齿刀
a）前面垂直于车齿刀的齿向
b）前面垂直于车齿刀的轴线

附 录

附录 A 刀具常用数表

1. 中心孔尺寸（GB/T 145—2001）

附表 1-1　A 型中心孔　　　　　　　　（单位：mm）

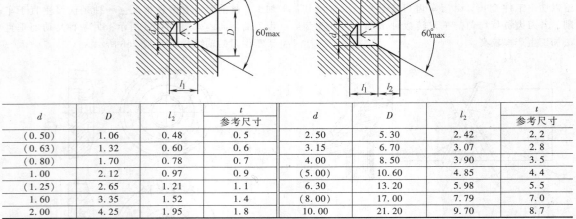

d	D	l_2	t 参考尺寸	d	D	l_2	t 参考尺寸
(0.50)	1.06	0.48	0.5	2.50	5.30	2.42	2.2
(0.63)	1.32	0.60	0.6	3.15	6.70	3.07	2.8
(0.80)	1.70	0.78	0.7	4.00	8.50	3.90	3.5
1.00	2.12	0.97	0.9	(5.00)	10.60	4.85	4.4
(1.25)	2.65	1.21	1.1	6.30	13.20	5.98	5.5
1.60	3.35	1.52	1.4	(8.00)	17.00	7.79	7.0
2.00	4.25	1.95	1.8	10.00	21.20	9.70	8.7

注：1. 尺寸 l_1 取决于中心钻的长度 l_1，即使中心钻重磨后再使用，此值也不应小于 t 值。

2. 表中同时列出了 D 和 l_2 尺寸，制造厂可任选其中一个尺寸。

3. 括号内的尺寸尽量不采用。

附表 1-2　B 型中心孔　　　　　　　　（单位：mm）

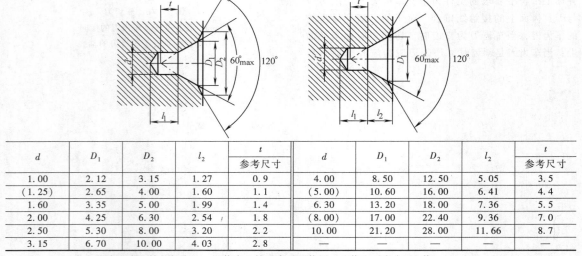

d	D_1	D_2	l_2	t 参考尺寸	d	D_1	D_2	l_2	t 参考尺寸
1.00	2.12	3.15	1.27	0.9	4.00	8.50	12.50	5.05	3.5
(1.25)	2.65	4.00	1.60	1.1	(5.00)	10.60	16.00	6.41	4.4
1.60	3.35	5.00	1.99	1.4	6.30	13.20	18.00	7.36	5.5
2.00	4.25	6.30	2.54	1.8	(8.00)	17.00	22.40	9.36	7.0
2.50	5.30	8.00	3.20	2.2	10.00	21.20	28.00	11.66	8.7
3.15	6.70	10.00	4.03	2.8	—	—	—	—	—

注：1. 尺寸 l_1 取决于中心钻的长度 l_1，即使中心钻重磨后再使用，此值也不应小于 t 值。

2. 表中同时列出了 D_2 和 l_2 尺寸，制造厂可任选其中一个尺寸。

3. 尺寸 d 和 D_1 与中心钻的尺寸一致。

4. 括号内的尺寸尽量不采用。

附表 1-3　C 型中心孔　　　　　　　　　　（单位：mm）

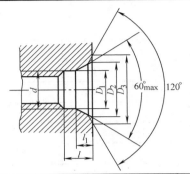

d	D_1	D_2	D_3	l	l_1 参考尺寸	d	D_1	D_2	D_3	l	l_1 参考尺寸
M3	3.2	5.3	5.8	2.6	1.8	M10	10.5	14.9	16.3	7.5	3.8
M4	4.3	6.7	7.4	3.2	2.1	M12	13.0	18.1	19.8	9.5	4.4
M5	5.3	8.1	8.8	4.0	2.4	M16	17.0	23.0	25.3	12.0	5.2
M6	6.4	9.6	10.5	5.0	2.8	M20	21.0	28.4	31.3	15.0	6.4
M8	8.4	12.2	13.2	6.0	3.3	M24	26.0	34.2	38.0	18.0	8.0

附表 1-4　R 型中心孔　　　　　　　　　　（单位：mm）

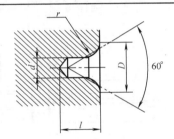

d	D	l_{min}	r max	r min	d	D	l_{min}	r max	r min
1.00	2.12	2.3	3.15	2.50	4.00	8.50	8.9	12.50	10.00
(1.25)	2.65	2.8	4.00	3.15	(5.00)	10.60	11.2	16.00	12.50
1.60	3.35	3.5	5.00	4.00	6.30	13.20	14.0	20.00	16.00
2.00	4.25	4.4	6.30	5.00	(8.00)	17.00	17.9	25.00	20.00
2.50	5.30	5.5	8.00	6.30	10.00	21.20	22.5	31.50	25.00
3.15	6.70	7.0	10.00	8.00	—	—	—	—	—

注：括号内的尺寸尽量不采用。

2. 直柄工具用传动扁尾及套筒尺寸（GB/T 1442—2004）

附表 2-1　直柄工具的传动扁尾　　　　　　　　　　（单位：mm）

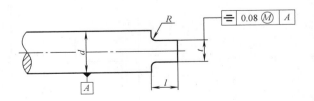

（续）

工具柄的直径范围 d		t	l	R
大于	至	h12		最大
3.00	3.75	2.12	6.0	0.2
3.75	4.75	2.65	7.0	
4.75	6.00	3.35	8.0	
6.00	7.50	4.25	9.0	0.3
7.50	9.50	5.30	10.0	
9.50	11.80	6.70	11.5	0.4
11.80	15.00	8.50	13.0	
15.00	19.00	10.60	15.0	
19.00	23.60	13.20	17.0	0.5
23.60	30.00	17.00	20.0	

附表 2-2　带传动扁尾的直柄工具用套筒　　　　　（单位：mm）

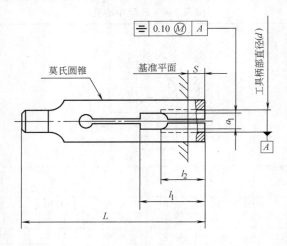

工具柄的直径范围		a_1 最小	l_1	l_2	莫 氏 圆 锥 套 筒									
					1 号		2 号		3 号		4 号		5 号	
大于	至				S	L	S	L	S	L	S	L	S	L
3.00	3.75	2.30	18	15.0	4.5	66.5	—	—						
3.75	4.75	2.90	20	16.0					—	—				
4.75	6.00	3.60	22	17.0							—	—		
6.00	7.50	4.50	25	19.0			6.0	81.0					—	—
7.50	9.50	5.60	28	21.0										
9.50	11.80	7.00	32	23.5					6.0	100.0				
11.80	13.20	8.90	35	25.0										
13.20	15.00				—	—								
15.00	19.00	11.00	40	28.0							9.5	127.0		
19.00	23.60	13.60	45	31.0			—	—					11.0	160.5
23.60	30.00	17.50	50	33.0					—	—				

3. 机床和工具柄用自夹圆锥（GB/T 1443—2016）

附表 3-1　机床和工具柄用自夹圆锥　　　　　　　　　　（单位：mm）

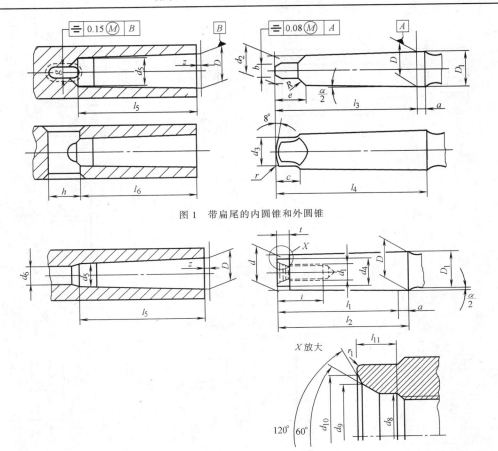

图 1　带扁尾的内圆锥和外圆锥

图 2　带螺纹孔的内圆锥和外圆锥

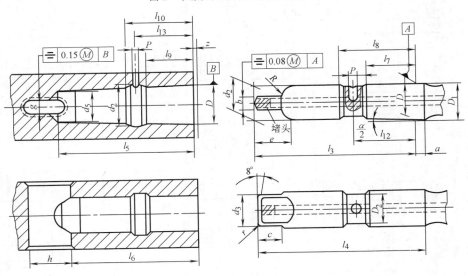

图 3　带扁尾、带切削液输入孔的内圆锥和外圆锥

（续）

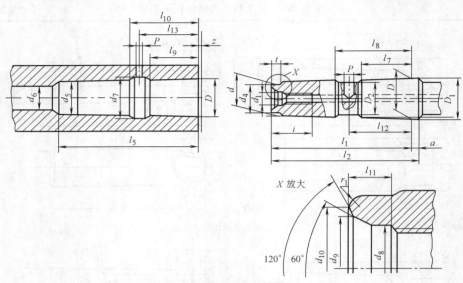

图 4 带螺纹孔、带切削液输入孔的内圆锥和外圆锥

名称	米制圆锥		莫 氏 圆 锥							米 制 圆 锥				
	4	6	0	1	2	3	4	5	6	80	100	120	160	200
锥度	1:20=0.05		1:19.212 =0.05205	1:20.047 =0.04988	1:20.020 =0.04995	1:19.922 =0.05020	1:19.254 =0.05194	1:19.002 =0.05263	1:19.180 =0.05214	1:20=0.05				
D	4	6	9.045	12.065	17.780	23.825	31.267	44.399	63.348	80	100	120	160	200
a	2	3	3	3.5	5	5	6.5	6.5	8	8	10	12	16	20
$D_1 \approx$	4.1	6.2	9.2	12.2	18	24.1	31.6	44.7	63.8	80.4	100.5	120.6	160.8	201
D_2	—	—	—	—	15	21	28	40	56	—	—	—	—	—
$d \approx$	2.9	4.4	6.4	9.4	14.6	19.8	25.9	37.6	53.9	70.2	88.4	106.6	143	179.4
d_1	—	—	—	M6	M10	M12	M16	M20	M24	M30	M36	M36	M48	M48
$d_2 \approx$	—	—	6.1	9	14	19.1	25.2	36.5	52.4	69	87	105	141	177
$d_3 \leqslant$	—	—	6	8.7	13.5	18.5	24.5	35.7	51	67	85	102	138	174
$d_4 \leqslant$	2.5	6	8	9[1]	14[1]	19	25	35.7	51	67	85	102	138	174
d_8	—	—	—	6.4	10.5	13	17	21	26	—	—	—	—	—
d_9	—	—	—	8	12.5	15	20	26	31	—	—	—	—	—
$d_{10} \leqslant$	—	—	—	8.5	13.2	17	22	30	36	—	—	—	—	—
$l_1 \leqslant$	23	32	50	53.5	64	81	102.5	129.5	182	196	232	268	340	412
$l_2 \leqslant$	25	35	53	57	69	86	109	136	190	204	242	280	356	432
$l_3 \; ^0_{-1}$	—	—	56.5	62	75	94	117.5	149.5	210	220	260	300	380	460
$l_4 \leqslant$	—	—	59.5	65.5	80	99	124	156	218	228	270	312	396	480
$l_7 \; ^0_{-1}$	—	—	—	—	20	29	39	51	81	—	—	—	—	—
$l_8 \; ^0_{-1}$	—	—	—	—	34	43	55	69	99	—	—	—	—	—
l_{11}	—	—	—	4	5	5.5	8.2	10	11.5	—	—	—	—	—
l_{12}	—	—	—	—	27	36	47	60	90	—	—	—	—	—
P	—	—	—	—	4.2	5	6.8	8.5	10.2	—	—	—	—	—
b h13	—	—	3.9	5.2	6.3	7.9	11.9	15.9	19	26	32	38	50	62
c	—	—	6.5	8.5	10	13	16	19	27	24	28	32	40	48
$e \leqslant$	—	—	10.5	13.5	16	20	24	29	40	48	58	68	88	108
$i \geqslant$	—	—	—	16	24	24	32	40	47	59	70	70	92	92
$R \leqslant$	—	—	4	5	6	7	8	12	18	24	30	36	48	60
r	—	—	1	1.2	1.6	2	2.5	3	4	5	5	6	8	10
r_1	0.2			0.2[1]		0.6	1	2.5	4	5	5	6	8	10
$t \leqslant$	2	3	4	5[1]		7	9	10	16	24	30	36	48	60

（左侧竖排标注：外 圆 锥；底部竖排标注：外 圆 锥）

（续）

名称	米制圆锥		莫 氏 圆 锥							米 制 圆 锥				
	4	6	0	1	2	3	4	5	6	80	100	120	160	200
锥度	1:20=0.05		1:19.212 =0.05205	1:20.047 =0.04988	1:20.020 =0.04995	1:19.922 =0.05020	1:19.254 =0.05194	1:19.002 =0.05263	1:19.180 =0.05214	1:20=0.05				
内 圆 锥 d_5　H11	3	4.6	6.7	9.7	14.9	20.2	26.5	38.2	54.8	71.5	90	108.5	145.5	182.5
d_6　≥	—	—	—	7	11.5	14	18	23	27	33	39	39	52	52
d_7	—	—	—	—	19.5	24.5	32	44	63					
l_5　≥	25	34	52	56	67	84	107	135	188	202	240	276	350	424
l_6	21	29	49	52	62	78	98	125	177	186	220	254	321	388
l_9					22	31	41	53	83					
l_{10}					32	41	53	67	97					
l_{13}					27	36	47	60	90					
g　A13	2.2	3.2	3.9	5.2	6.3	7.9	11.9	15.9	19	26	32	38	50	62
h	8	12	15	19	22	27	32	38	47	52	60	70	90	110
P	—	—	—	—	4.2	5	6.8	8.5	10.2	—	—	—	—	—
z	0.5	0.5	1	1	1	1	1	1	1	1.5	1.5	1.5	2	2

注：1. 给出的 D_1、d 或 d_2 为近似值，供参考（其实际值，在确定了锥度和基本尺寸 D 时，分别取决于 a 和 l_1 或 l_3 的实际值）。

　　2. c 值可以增加，但不超过 e 值。

　　3. 根据需要，图 1、图 2 中的外圆锥可做成不连续表面。

① 1 号和 2 号含内螺纹的外圆锥小端可不做小圆柱（$d_4 \times t$），d 处倒角。

4. 直柄回转工具的柄部直径和传动方头尺寸（GB/T 4267—2004/ISO 237:1975）⊖

附表 4-1　**优先直径**

直径/mm				直径/in				直径/mm				直径/in			
1.12	3.55	11.20	35.50	0.0441	0.1398	0.4409	1.3976	2.00	6.30	20.00	63.00	0.0787	0.2480	0.7874	2.4803
1.25	4.00	12.50	40.00	0.0492	0.1575	0.4921	1.5748	2.24	7.10	22.40	71.00	0.0882	0.2795	0.8819	2.7953
1.40	4.50	14.00	45.00	0.0551	0.1772	0.5512	1.7717	2.50	8.00	25.00	80.00	0.0984	0.3150	0.9842	3.1496
1.60	5.00	16.00	50.00	0.0630	0.1969	0.6299	1.9685	2.80	9.00	28.00	90.00	0.1102	0.3543	1.1024	3.5433
1.80	5.60	18.00	56.00	0.0709	0.2205	0.7087	2.2047	3.15	10.00	31.50	100.00	0.1240	0.3937	1.2402	3.9370

附表 4-2　**柄部直径和传动方头**　　　　（单位：mm）

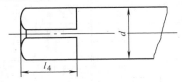 可供选择的型式（用于小直径）

柄部直径① d		传动方头		柄部优 先直径	柄部直径① d		传动方头		柄部优 先直径
大于	至	a	l_4		大于	至	a	l_4	
1.06	1.18	0.90		1.12	10.60	11.80	9.00	12.00	11.20
1.18	1.32	1.00		1.25	11.80	13.20	10.00	13.00	12.50
1.32	1.50	1.12		1.40	13.20	15.00	11.20	14.00	14.00
1.50	1.70	1.25	4.00	1.60	15.00	17.00	12.50	16.00	16.00
1.70	1.90	1.40		1.80	17.00	19.00	14.0	18.00	18.00
1.90	2.12	1.60		2.00	19.00	21.20	16.00	20.00	20.00
2.12	2.36	1.80		2.24	21.20	23.60	18.00	22.00	22.40
2.36	2.65	2.00		2.50	23.60	26.50	20.00	24.00	25.00
2.65	3.00	2.24		2.80	26.50	30.00	22.40	26.00	28.00
3.00	3.35	2.50	5.00	3.15	30.00	33.50	25.00	28.00	31.50
3.35	3.75	2.80		3.55	33.50	37.50	28.00	31.00	35.50
3.75	4.25	3.15	6.00	4.00	37.50	42.50	31.50	34.00	40.00
4.25	4.75	3.55		4.50	42.50	47.50	35.50	38.00	45.00
4.75	5.30	4.00	7.00	5.00	47.50	53.00	40.00	42.00	50.00
5.30	6.00	4.50		5.60	53.00	60.00	45.00	46.00	56.00
6.00	6.70	5.00	8.00	6.30	60.00	67.00	50.00	51.00	63.00
6.70	7.50	5.60		7.10	67.00	75.00	56.00	56.00	71.00
7.50	8.50	6.30	9.00	8.00	75.00	85.00	63.00	62.00	80.00
8.50	9.50	7.10	10.00	9.00	85.00	95.00	71.00	68.00	90.00
9.50	10.60	8.00	11.00	10.00	95.00	106.00	80.00	75.00	100.00

① 在每一直径分段内的各个可能的直径中间，选用最接近优先直径（见表的最后一栏）的数值。

⊖ 标准现已废止，但仍有工厂在生产。——编者注

附表 4-3　柄部直径和传动方头　　　　　　　　　　　（单位：in）

| 柄部直径[1] d | | 传动方头 | | 柄部优先直径 | 柄部直径[1] d | | 传动方头 | | 柄部优先直径 |
大于	至	a	l_4		大于	至	a	l_4	
0.0417	0.0465	0.035		0.0441	0.4173	0.4646	0.354	15/32	0.4409
0.0465	0.0520	0.039		0.0492	0.4646	0.5197	0.394	1/2	0.4921
0.0520	0.0591	0.044		0.0551	0.5197	0.5906	0.441	9/16	0.5512
0.0591	0.0669	0.049	5/32	0.0630	0.5906	0.6693	0.492	5/8	0.6299
0.0669	0.0748	0.055		0.0709	0.6693	0.7480	0.551	23/32	0.7087
0.0748	0.0835	0.063		0.0787	0.7480	0.8346	0.630	25/32	0.7874
0.0835	0.0929	0.071		0.0882	0.8346	0.9291	0.709	7/8	0.8819
0.0929	0.1043	0.079		0.0984	0.9291	1.0433	0.787	15/16	0.9842
0.1043	0.1181	0.088		0.1102	1.0433	1.1811	0.882	1 1/32	1.1024
0.1181	0.1319	0.098	3/16	0.1240	1.1811	1.3189	0.984	1 3/32	1.2402
0.1319	0.1476	0.110		0.1398	1.3189	1.4764	1.102	1 7/32	1.3976
0.1476	0.1673	0.124	1/4	0.1575	1.4764	1.6732	1.240	1 11/32	1.5748
0.1673	0.1870	0.140		0.1772	1.6732	1.8701	1.398	1 1/2	1.7717
0.1870	0.2087	0.157	9/32	0.1969	1.8701	2.0866	1.575	1 21/32	1.9685
0.2087	0.2362	0.177		0.2205	2.0866	2.3622	1.772	1 3/16	2.2047
0.2362	0.2638	0.197	5/16	0.2480	2.3622	2.6378	1.969	2	2.4803
0.2638	0.2953	0.220		0.2795	2.6378	2.9528	2.205	2 7/32	2.7953
0.2953	0.3346	0.248	11/32	0.3150	2.9528	3.3465	2.480	2 7/16	3.1496
0.3346	0.3740	0.280	13/32	0.3543	3.3465	3.7402	2.795	2 11/16	3.5433
0.3740	0.4173	0.315	7/16	0.3937	3.7402	4.1732	3.150	2 15/16	3.9370

① 在每一直径分段内的各个可能的直径中间，选用最接近优先直径（见表的最后一栏）的数值。

注：针对附表 4-2 和附表 4-3，公差：

1）方头 a 的公差：h12，包括形状和位置公差（建议制造公差：h11）。

2）安装方头的方孔尺寸 a 的公差：D11。

3）柄部公差：精密刀具：h9；其他刀具：h11。对于英制尺寸，由 h9、h11、h12 和 D11 的米制公差值直接换算成英寸。

附表 4-4　柄部直径和传动方头，第二系列（尽可能不采用）　　　（单位：mm）

| 柄部直径[1] d | | 传动方头 | | 柄部直径[1] d | | 传动方头 | |
大于	至	a	l_4	大于	至	a	l_4
1.06	1.12	0.90		3.15	3.35	2.65	
1.12	1.18	0.95		3.35	3.55	2.80	5.00
1.18	1.25	1.00		3.55	3.75	3.00	
1.25	1.32	1.06		3.75	4.00	3.15	
1.32	1.40	1.12		4.00	4.25	3.35	6.00
1.40	1.50	1.18		4.25	4.50	3.55	
1.50	1.60	1.25		4.50	4.75	3.75	
1.60	1.70	1.32	4.00	4.75	5.00	4.00	
1.70	1.80	1.40		5.00	5.30	4.25	7.00
1.80	1.90	1.50		5.30	5.60	4.50	
1.90	2.00	1.60		5.60	6.00	4.75	
2.00	2.12	1.70		6.00	6.30	5.00	
2.12	2.24	1.80		6.30	6.70	5.30	8.00
2.24	2.36	1.90		6.70	7.10	5.60	
2.36	2.50	2.00		7.10	7.50	6.00	
2.50	2.65	2.12		7.50	8.00	6.30	9.00
2.65	2.80	2.24		8.00	8.50	6.70	
2.80	3.00	2.36	5.00	8.50	9.00	7.10	10.00
3.00	3.15	2.50		9.00	9.50	7.50	

① 在每一直径分段内的各个可能的直径中间，选用最接近上限的数值。

附表 4-5　柄部直径和传动方头，第二系列（尽可能不采用）　　　（单位：in）

柄部直径[①] d		传动方头		柄部直径[①] d		传动方头	
大于	至	a	l_4	大于	至	a	l_4
0.0417	0.0441	0.035		0.1240	0.1319	0.104	
0.0441	0.0465	0.037		0.1319	0.1398	0.110	3/16
0.0465	0.0492	0.039		0.1398	0.1476	0.118	
0.0492	0.0520	0.042		0.1476	0.1575	0.124	
0.0520	0.0551	0.044		0.1575	0.1673	0.132	1/4
0.0551	0.0591	0.046		0.1673	0.1772	0.140	
0.0591	0.0630	0.049		0.1772	0.1870	0.148	
0.0630	0.0669	0.052		0.1870	0.1969	0.157	
0.0669	0.0709	0.055		0.1969	0.2087	0.167	9/32
0.0709	0.0748	0.059	5/32	0.2087	0.2205	0.177	
0.0748	0.0787	0.063		0.2205	0.2362	0.187	
0.0787	0.0835	0.067		0.2362	0.2480	0.197	
0.0835	0.0882	0.071		0.2480	0.2638	0.209	5/16
0.0882	0.0929	0.075		0.2638	0.2795	0.220	
0.0929	0.0984	0.079		0.2795	0.2953	0.236	
0.0984	0.1043	0.083		0.2953	0.3150	0.248	11/32
0.1043	0.1102	0.088		0.3150	0.3346	0.264	
0.1102	0.1181	0.093	3/16	0.3346	0.3543	0.280	13/32
0.1181	0.1240	0.098		0.3543	0.3740	0.295	

① 在每一直径分段内的各个可能的直径中间，选用最接近上限的数值。

5. 铣刀和铣刀刀杆的互换尺寸（GB/T 6132—2006）

附表 5-1　平键传动的铣刀和铣刀刀杆上刀座的互换尺寸　　　（单位：mm）

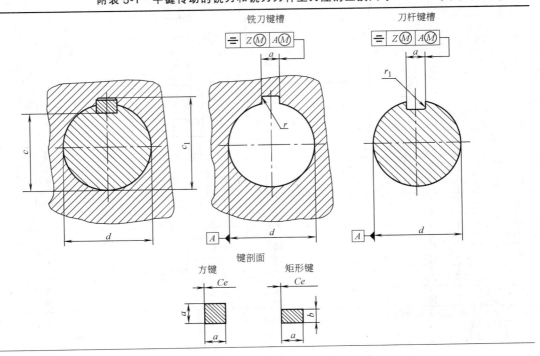

（续）

d[①]	a[①]	b h11	c 公称尺寸	c 极限偏差	c_1 公称尺寸	c_1 极限偏差	e 公称尺寸	e 极限偏差	r 公称尺寸	r 极限偏差	r_1 公称尺寸	r_1 极限偏差	z
8	2	—	6.7	0 / −0.10	8.9	+0.10 / 0	0.16	+0.09 / 0	0.4	0 / −0.10	0.16	0 / −0.08	0.030
10	3		8.2		11.5								
13			11.2		14.6								
16	4		13.2		17.7				0.6	0 / −0.20			0.035
19	5		15.6		21.1		0.25	+0.15 / 0	1.0	0 / −0.30	0.25	0 / −0.09	
22	6		17.6		24.1								
27	7		22		29.8								
32	8	7	27		34.8				1.2				0.040
40	10	8	34.5	0 / −0.20	43.5								
50	12		44.5		53.5	+0.20 / 0							
60	14	9	54		64.2		0.40	+0.20 / 0	1.6	0 / −0.50	0.40	0 / −0.15	0.045
70	16	10	63.5		75								
80	18	11	73		85.5				2.0				
100	25	14	91		107		0.60		2.5		0.60	0 / −0.20	0.055

① 公差：

d 的公差（齿轮滚刀孔除外）：

刀杆：h6；

铣刀：H7。

a 的公差，对于刀杆的键槽：

松配合键：H9；

紧配合键：N9；

对于铣刀键槽：C11；

键：h9。

附表 5-2　端键传动的铣刀和铣刀刀杆上刀座的互换尺寸　　　　（单位：mm）

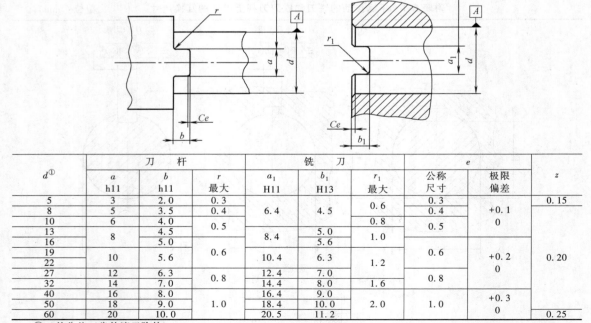

d[①]	刀杆 a h11	刀杆 b h11	刀杆 r 最大	铣刀 a_1 H11	铣刀 b_1 H13	铣刀 r_1 最大	e 公称尺寸	e 极限偏差	z
5	3	2.0	0.3	6.4	4.5	0.6	0.3	+0.1 / 0	0.15
8	5	3.5	0.4				0.4		
10	8	4.0	0.5			0.8	0.5		
13		4.5		8.4	5.0				
16	8	5.0			5.6	1.0			
19	10	5.6	0.6	10.4	6.3		0.6	+0.2 / 0	0.20
22						1.2			
27	12	6.3	0.8	12.4	7.0		0.8		
32	14	7.0		14.4	8.0	1.6			
40	16	8.0		16.4	9.0			+0.3 / 0	
50	18	9.0	1.0	18.4	10.0	2.0	1.0		
60	20	10.0		20.5	11.2				0.25

① d 的公差（齿轮滚刀除外）：

刀杆：h6；

铣刀：H7。

6. 铣刀直柄

附表 6-1　普通直柄的型式和尺寸（GB/T 6131.1—2006）　　　（单位：mm）

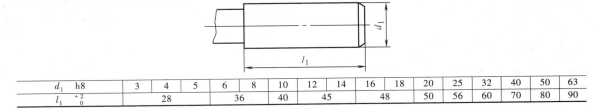

d_1 h8	3	4	5	6	8	10	12	14	16	18	20	25	32	40	50	63
l_1 $^{+2}_{\ 0}$		28			36		40	45		48		50	56	60	70	80	90

附表 6-2　铣刀削平直柄的型式和尺寸（GB/T 6131.2—2006）　　　（单位：mm）

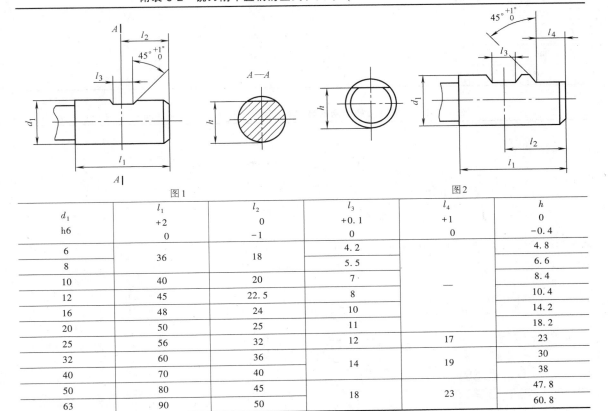

图1　　　　　　　　　　　　　　　　　　　图2

d_1 h6	l_1 $^{+2}_{\ 0}$	l_2 $^{0}_{-1}$	l_3 $^{+0.1}_{\ 0}$	l_4 $^{+1}_{\ 0}$	h $^{0}_{-0.4}$
6	36	18	4.2		4.8
8	36	18	5.5		6.6
10	40	20	7		8.4
12	45	22.5	8	—	10.4
16	48	24	10		14.2
20	50	25	11		18.2
25	56	32	12	17	23
32	60	36	14	19	30
40	70	40	14	19	38
50	80	45	18	23	47.8
63	90	50	18	23	60.8

附表 6-3　铣刀 2°斜削平直柄的型式和尺寸（GB/T 6131.3—1996）　　　（单位：mm）

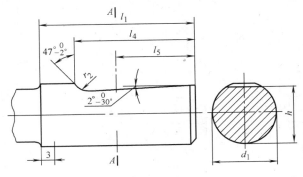

注：3mm 为凸肩到夹头面（正常位置）的距离，在不影响夹紧效果时，该尺寸可增至 8mm。

（续）

d_1 h6	h h13	l_1 +2 0	l_4 0 -1	l_5 参考值	r_2 min
6	4.8	36	26	18	1.2
8	6.6	36	26	18	1.2
10	8.4	40	28	20	1.2
12	10.4	45	33	22.5	1.2
16	14.2	48	36	24	1.2
20	18.2	50	38	25	1.2
25	23.0	56	44	32	1.6
32	30.0	60	48	35	1.6
40	37.8	70	56	41	1.6
50	47.2	80	66	49	1.6

附表 6-4 直柄铣刀螺纹柄的型式和尺寸 （GB/T 6131.4—2006）   （单位：mm）

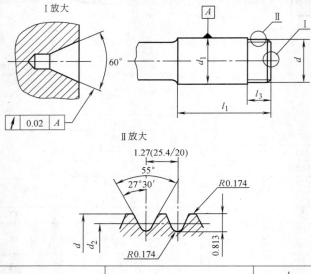

d_1 h8	d	d_2	l_1 +2 0	l_3 +2 0	中心孔 按 GB/T 145—2006
6	5.9	5.087	36	10	A1.6 或 B1.6
10	9.9	9.087	40	10	A1.6 或 B1.6
12	11.9	11.087	45	10	A1.6 或 B1.6
16	15.9	15.087	48	10	A2 或 B2
20	19.9	19.087	50	15	A2.5 或 B2.5
25	24.9	24.087	56	15	A2.5 或 B2.5
32	31.9	31.087	60	15	A3.15 或 B3.15

（d：6、10、12 为 0/-0.1；20、25、32 为 0/-0.15）
（d_2：6、10、12、16 为 0/-0.1；20、25、32 为 0/-0.15）

注：对 d_1 为 6mm 的螺纹柄，中心孔锥面直径等于 2.5mm，其余按 GB/T 145—2001 的规定。

7. 削平型直柄刀具夹头

附表 7-1　单削平型刀柄用 7∶24 锥柄夹头（手动换刀）的型式和尺寸（GB/T 6133.2—2006）

（单位：mm）

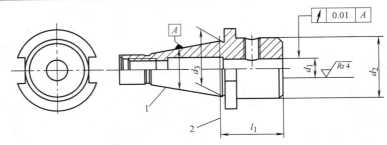

1—7∶24 锥柄按 ISO 297∶1988　　2—基准平面

7∶24 锥柄号	d_3	d_1 H5	d_2 0/−1	$l_1$①	7∶24 锥柄号	d_3	d_1 H5	d_2 0/−1	$l_1$①
30	31.75	6	25	40	45	57.15	6	25	50
		8	28	40			8	28	
		10	35	40			10	35	
		12	42	50			12	42	
		14	44	50			14	44	
		16	48	50			16	48	
		18	50	63			18	50	
		20	52	63			20	52	
40	44.45	6	25	50	50	69.85	6	25	63
		8	28				8	28	
		10	35				10	35	
		12	42				12	42	
		14	44				14	44	
		16	48	63			16	48	
		18	50				18	50	
		20	52				20	52	

① 对于刀具夹头的某些专用装置，可规定不同的 l_1 长度。

附表 7-2　双削平型刀柄用 7∶24 锥柄夹头（手动换刀）的型式和尺寸（GB/T 6133.2—2006）

（单位：mm）

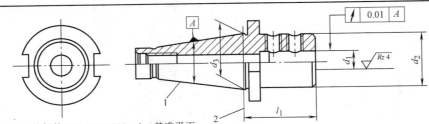

1— 7∶24 锥柄按 ISO 297∶1988　　2—基准平面

7∶24 锥柄号	d_3	d_1 H5	d_2	$l_1$①	7∶24 锥柄号	d_3	d_1 H5	d_2	$l_1$①
40	44.45	25	65	90	50	69.85	25	65	80
		32	72（0/−1）	100			32	72（0/−1）	80
45	57.15	25	65	80			40	80	90
		32	72				50	90（最大）	115
		40	80	90			63	130	115
		50	90（最大）	115	—	—	—	—	—

① 对于刀具夹头的某些专用装置，可规定不同的 l_1 长度。

附表 7-3 单削平型刀柄 7:24 锥柄的夹头（自动换刀）的型式和尺寸（GB/T 6133.2—2006）

（单位：mm）

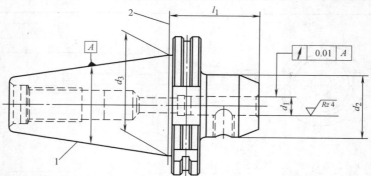

1—30 号锥柄除外,7:24 锥柄按 GB/T 10944.1—2006　2—基准平面

7:24 锥柄号	d_3	d_1 H5	d_2 $\begin{smallmatrix}0\\-1\end{smallmatrix}$	l_1[①]
30	31.75	6	25	50
		8	28	
		10	35	
		12	42	
		14	44	
		16	48	63
40	44.45	6	25	50
		8	28	
		10	35	
		12	42	63
		14	44	
		16	48	
		18	50	
		20	52	
45	57.15	6	25	50
45	57.15	8	28	50
		10	35	
		12	42	
		14	44	
		16	48	
		18	50	
		20	52	
50	69.85	6	25	63
		8	28	
		10	35	
		12	42	
		14	44	
		—	48	
		18	50	
		20	52	

① 对于刀具夹头的某些专用装置，可规定不同的 l_1 长度。

附表 7-4 双削平型刀柄用 7:24 锥柄夹头（手动换刀）的型式和尺寸（GB/T 6133.2—2006）

（单位：mm）

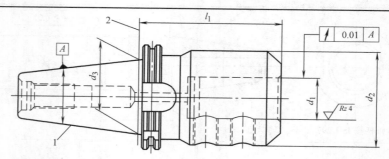

1— 7:24 锥柄按 GB/T 10944.1—2006　2—基准平面

7:24 锥柄号	d_3	d_1 H5	d_2 $\begin{smallmatrix}0\\-1\end{smallmatrix}$	l_1[①]
40	44.45	25	65	100
		32	72	
45	57.15	25	65	80
45	57.15	32	72	100
50	69.85	25	65	80
		32	72	100

① 对于刀具夹头的某些专用装置，可规定不同的 l_1 长度。

附表 7-5　单削平型刀柄用莫氏锥柄夹头的型式和尺寸（GB/T 6133.2—2006）

（单位：mm）

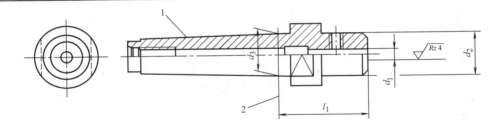

注：除 2 号莫氏锥柄夹头外，其余的夹头均为强制传动莫氏锥柄。

1—莫氏锥柄按（GB/T 1443—2016 和 GB/T 4133—1984）　2—基准平面。

莫氏锥柄号	d_3	d_1 H5	d_2 0 −1	l_1[1]	莫氏锥柄号	d_3	d_1 H5	d_2 0 −1	l_1[1]
2	17.780	10	35	50	4	31.267	16	48	56
				45			20	52	71
3	23.825	12	42	50	5	44.399	10	35	56
		16	48	71			12	42	
4	31.267	10	35	50			16	48	63
		12	42	56			20	52	

[1] 对于刀具夹头的某些专用装置，可规定不同的 l_1 长度。

附表 7-6　单削平型刀具柄部用夹头的型式和尺寸（GB/T 6133.1—2006）（单位：mm）

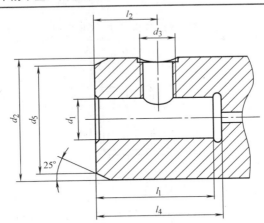

d_1 H5	l_1 ±1	l_2 0 −1	l_4 最小	d_2 0 −1	d_3 6H	d_5 0 −1
6	35	18	37	25	M6	15
8				28	M8	20
10	39	20	41	35	M10	25
12	44	22.5	46	42	M12	30
14				44		32
16	47	24	49	48	M14	36
18				50		38
20	49	25	51	52	M16	40

附表 7-7 双削平型刀具柄部用夹头的型式和尺寸（GB/T 6133.1—2006）（单位：mm）

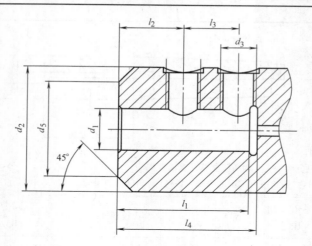

d_1 H5	l_1 ±1	l_2 0 −1	l_3 ±0.5	l_4 最小		d_2	d_3 6H	d_5 0 −1
25	54		25	59	65	0 −1	M18×2	45
32	58	24	28	63	72		M20×2	56
40	68	30	32	73	80			60
50	78	35	35	83	90	最大	M24×2	70
63	88	40	40	93	130			由制造厂自行规定

附表 7-8 紧固螺钉的型式和尺寸（GB/T 6133.1—2006）　（单位：mm）

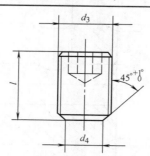

d_3 6h	d_4 +0.1 0	l[1]	夹头孔 d_1	d_3 6h	d_4 +0.1 0	l[1]	夹头孔 d_1
M6	4.2	10	6	M18×2	12	20	25
M8	5.5		8	M20×2	14		32
M10	7	12	10			25	40
M12	8		12	M24×2	18		50
M14	10	16	16			33	63
M16	11		20				

① 给出的值表示夹头内孔直径 d_1≤32mm 的螺钉公称长度。对于较大的夹头，上表给出的 l_1 值是按 d_2 的最大值计算的，供参考。在 d_2 减小时，螺钉长度应重新计算，以确保适当的配合长度。

8. 7：24 手动换刀刀柄圆锥（GB/T 3837—2001）

附表 8-1　7：24 手动换刀刀柄圆锥尺寸　　　　　　（单位：mm）

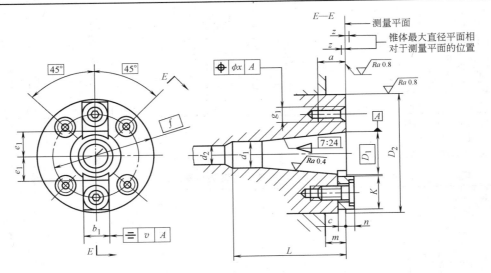

30～60号主轴端部圆锥

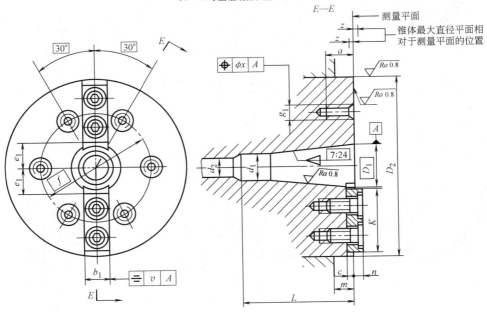

65～80号主轴端部圆锥

锥度号	锥 体		锥 孔			端 面 键						端 部					
	$D_1^{①}$	z	d_1 H12	L min	$d_2^{②}$ min	$b_1^{③}$ h5	v	c min	n max	e_1 min	K max	D_2 h5	m min	f	g_1	a min	x
30	31.75	0.4	17.4	73	17	15.9	0.06	8	8	16.5	16.5	69.832	12.5	54	M10	16	0.15
40	44.45	0.4	25.3	100	17	15.9	0.06	8	8	23	19.5	88.882	16	66.7	M12	20	0.15
45	57.15	0.4	32.4	120	21	19	0.06	9.5	9.5	30	19.5	101.6	18	80	M12	20	0.15
50	69.85	0.4	39.6	140	27	25.4	0.08	12.5	12.5	36	26.5	128.57	19	101.6	M16	25	0.2
55	88.9	0.4	50.4	178	27	25.4	0.08	12.5	12.5	48	26.5	152.4	25	120.6	M20	30	0.2

（续）

锥度号	锥体		锥孔			端面键						端部					
	D_1[1] H12	z	d_1 min	L min	d_2[2] min	b_1[3] h5	v	c min	n max	e_1 min	K max	D_2 h5	m min	f	g_1	a min	x
60	107.95	0.4	60.2	220	35	25.4	0.08	12.5	12.5	61	45.5	221.44	38	177.8	M20	30	0.2
65	133.35	0.4	75	265	42	32	0.1	16	16	75	58	280	38	220	M24	36	0.25
70	165.1	0.4	92	315	42	32	0.1	20	20	90	68	335	50	265	M24	45	0.25
75	203.2	0.4	114	400	56	40	0.1	25	25	108	86	400	50	315	M30	56	0.32
80	254	0.4	140	500	56	40	0.1	31.5	31.5	136	106	500	50	400	M30	63	0.32

① D_1 是由测量平面确定的公称直径。

② d_2 为拉杆用通孔

③ 键槽与端面键的配合为 M6/h5。

附表 8-2　主轴端面键及其安装尺寸　　　　　　（单位：mm）

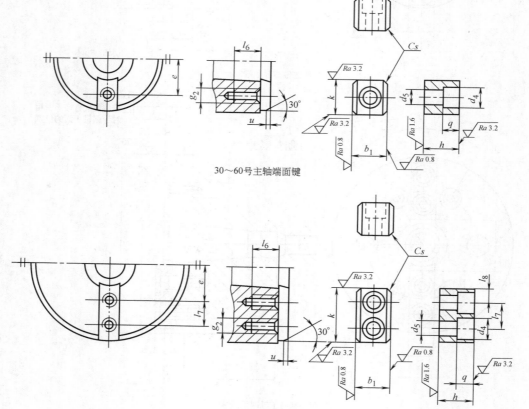

30～60号主轴端面键

65～80号主轴端面键

锥度号	端 面 键									键 槽				螺 钉 GB/T 70.1—2008	倒角
	b_1 h5	h max	k max	d_5	d_4	q	l_7	l_8	s max	e ±0.2	g_2	l_6	l_7		u
30	15.9	16	16.5	6.4	11	7	—	—	1.6	25	M6	9		M6×16	2
40	15.9	16	19.5	6.4	11	7	—	—	1.6	33	M6	9		M6×16	2
45	19	19	19.5	8.4	14	9	—	—	1.6	40	M8	12		M8×20	2
50	25.4	25	26.5	13	20	13	—	—	2	49.5	M12	18		M12×25	3
55	25.4	25	26.5	13	20	13	—	—	2	61.5	M12	18		M12×25	3

（续）

锥度号	端面键									键槽				螺钉 GB/T 70.1—2008	倒角
	b_1 h5	h max	k max	d_5	d_4	q	l_7	l_8	s max	e ±0.2	g_2	l_6	l_7		u
60	25.4	25	45.5	13	20	13	—	—	2	84	M12	18	—	M12×25	3
60	25.4	25	45.5	13	20	13	22	11.7	2	73	M12	18	22	M12×25	3
65	32	32	58	17	26	17	28	15	2.5	90	M16	25	28	M16×35	4
70	32	40	68	17	26	17	36	16	2.5	106	M16	25	36	M16×45	4
75	40	50	86	21	32	21	42	22	2.5	130	M20	30	42	M20×55	4
80	40	63	106	21	32	21	58	24	2.5	160	M20	30	58	M20×60	4

锥度号	锥体				圆柱体			凸缘				螺纹孔						
	$D_1^①$	z	L h12	l_1	d_1 a10	p	d_3	y	b H12	t max	w	d_2	d_4 max	$g^②$	l_2 min	l_3 min	l_4 0/−0.5	(l_5)
30	31.75	0.4	68.4	48.4	17.4	3	16.5	1.6	16.1	16.2	0.12	13	16	M12	24	34	62.9	5.5
40	44.45	0.4	93.4	65.4	25.3	5	24	1.6	16.1	22.5	0.12	17	21.5	M16	32	43	85.2	8.2
45	57.15	0.4	106.8	82.8	32.4	6	30	3.2	19.3	29	0.12	21	26	M20	40	53	96.8	10
50	69.85	0.4	126.8	101.8	39.6	8	38	3.2	25.7	35.3	0.2	26	32	M24	47	62	115.3	11.5
55	88.9	0.4	164.8	126.8	50.4	9	48	3.2	25.7	45	0.2	26	36	M24	47	62	153.3	11.5
60	107.95	0.4	206.8	161.8	60.2	10	58	3.2	25.7	60	0.2	32	44	M30	59	76	192.8	14
65	133.35	0.4	246	202	75	12	72	4	32.4	72	0.3	38	52	M36	70	89	230	16
70	165.1	0.4	296	252	92	14	90	4	32.4	86	0.3	38	52	M36	70	89	280	16
75	203.2	0.4	370	307	114	16	110	5	40.5	104	0.3	50	68	M48	92	115	350	20
80	254	0.4	469	394	140	18	136	6	40.5	132	0.3	50	68	M48	92	115	449	20

① D_1 是由测量平面确定的公称直径。

② 螺孔 g 的公差带代号为 6H。

附表 8-3　刀柄凸缘　　　　　　　　　　　　　　　　（单位：mm）

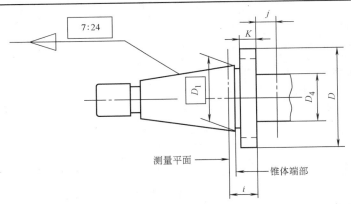

锥度号	D_1	$i^{①③}$ ±0.1	D	K±0.15	$D_4^③$ max	$j^{②③}$ min
30	31.75	9.6	50	8	36	9
40	44.45	11.6	63	10	50	11
45	57.15	15.2	80	12	68	13
50	69.85		97.5		78	16
55	88.9	17.2	130	14	110	
60	107.95	19.2	156	16	136	
65	133.35	22	195	18	按用户和供应厂商协议	
70	165.1	24	230	20		
75	203.2	27	280	22		
80	254	34	350	28		

① i 为凸缘前面到具有公称直径 D_1 的测量平面间的距离。

② j 为刀具定位区域。

③ i、j_{min}、D_{4max} 的值仅适用于用凸缘前面连接的刀具。

9. 自动换刀机床用 7∶24 圆锥工具柄部

附表 9-1　A 型和 U 型自动换刀机床用 7∶24 圆锥工具柄的型式和尺寸及
AD 型和 UD 型柄的型式（GB/T 10944.1—2013）　　　　（单位：mm）

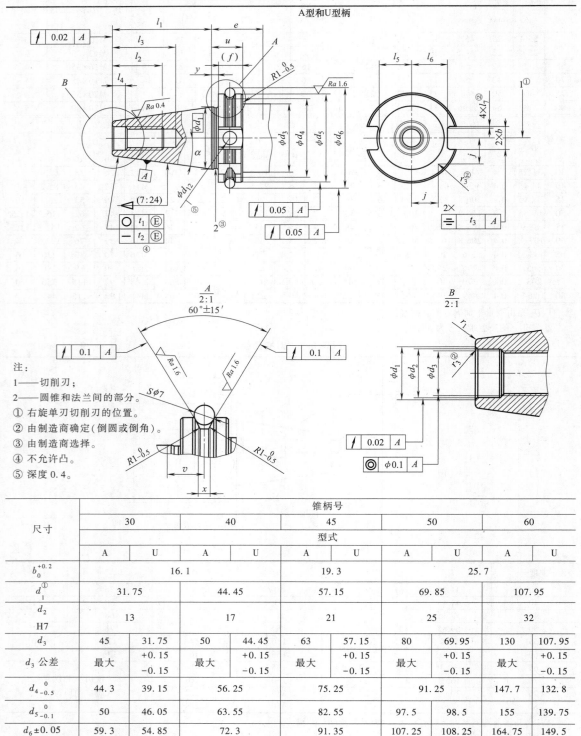

注：

1——切削刃；

2——圆锥和法兰间的部分。

① 右旋单刃切削刃的位置。

② 由制造商确定（倒圆或倒角）。

③ 由制造商选择。

④ 不允许凸。

⑤ 深度 0.4。

尺寸	锥柄号									
	30		40		45		50		60	
	型式									
	A	U	A	U	A	U	A	U	A	U
$b_0^{+0.2}$	16.1				19.3		25.7			
$d_1^{①}$	31.75		44.45		57.15		69.85		107.95	
d_2 H7	13		17		21		25		32	
d_3	45	31.75	50	44.45	63	57.15	80	69.95	130	107.95
d_3 公差	最大	+0.15 −0.15	最大	+0.15 −0.15	最大	+0.15 −0.15	最大	+0.15 −0.15	最大	+0.15 −0.15
$d_4{}^{0}_{-0.5}$	44.3	39.15	56.25		75.25		91.25		147.7	132.8
$d_5{}^{0}_{-0.1}$	50	46.05	63.55		82.55		97.5	98.5	155	139.75
$d_6 \pm 0.05$	59.3	54.85	72.3		91.35		107.25	108.25	164.75	149.5
d_7 6H	M12		M16		M20		M24		M30	

（续）

尺寸	锥柄号									
	30		40		45		50		60	
	型式									
	A	U	A	U	A	U	A	U	A	U
d_{11max}	14.5		19		23.5		28		36	
d_{12}	—	9.52	—	9.52	—	9.52	—	9.52	—	9.52
e_{min}	35								38	
$f^{②}$	15.9									
$j_{-0.3}^{\ 0}$	15	—	18.5	—	24	—	30	—	49	—
$l_{1-0.3}^{\ \ 0}$	47.8		68.4		82.7		101.75		161.9	
l_{2min}	24		32		40		47		59	
l_{3min}	33.5		42.5		52.5		61.5		76	
$l_{4\ \ 0}^{\ +0.5}$	5.5		8.2		10		11.5		14	
l_5	16.3		22.7		29.1		35.5		54.5	
l_5 公差	$\begin{matrix}0\\-0.3\end{matrix}$						$\begin{matrix}0\\-0.4\end{matrix}$			
l_6	18.8		25		31.3		37.7		59.3	56.8
l_6 公差	$\begin{matrix}0\\-0.3\end{matrix}$						$\begin{matrix}0\\-0.4\end{matrix}$			
$l_{7\ -0.5}^{\ \ 0}$	1.6						2			
r_1	0.6		1.2		2		2.5		3.5	
r_1 公差	$\begin{matrix}0\\-0.3\end{matrix}$		$\begin{matrix}0\\-0.5\end{matrix}$							
$r_2^{③\ \ 0}{}_{-0.5}$	0.8		1		1.2		1.5		2	
$r_{3\ -0.5}^{\ \ 0}$	1.6						2			
t_1	0.001				0.002				0.003	
t_2	0.002				0.003				0.004	
t_3	0.12						0.2			
$u_{-0.1}^{\ \ 0}$	19.1									
$v\pm0.1$	11.1									
$x_{\ \ 0}^{+0.15}$	3.75									
$y\pm0.1$	3.2									
α	8°17′50″									
α 公差	$\begin{matrix}+4''\\0\end{matrix}$									

① d_1：测量平面上定义的基准直径。
② 仅供参考。
③ 可以用倒圆和倒角两种形式，但尺寸应限制在 d_{11} 范围内。

AD 型和 UD 型柄

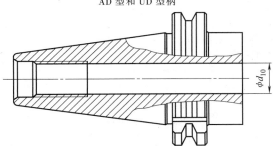

注：需要满足的条件是 d_{10} 应小于或等于连结拉钉的螺纹孔的小径。

附表 9-2　AF 型和 UF 型自动换刀机床用 7：24 圆锥工具柄的型式和尺寸 （GB/T 10944.1—2013）

（单位：mm）

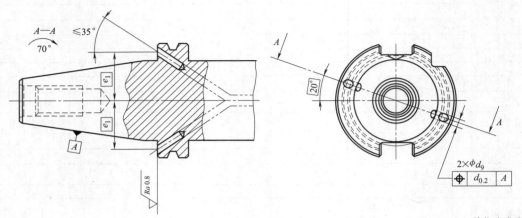

单位为毫米

锥柄号	d_9 最大	e_1
30	4	21
40	4	27
45	5	35
50	6	42
60	8	66

附表 9-3　带数据芯片孔的自动换刀机床用 7：24 圆锥工作柄　　（单位：mm）

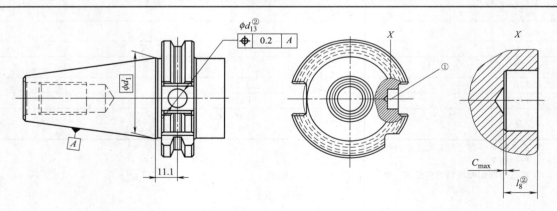

注：
① 数据芯片孔位置：与右旋单刃切削刃的位置相同。
② 其他的直径和深度按照数据芯片要求。

C_{max}	0.3×45°或 $r0.3$[1]
d_{13}	$10^{+0.09}_{0}$
l_8	$4.6^{+0.2}_{0}$

① 由制造商自行确定。

附录 B 刀具国家、行业标准

GB/T 145—2001	中心孔
GB/T 967—2008	螺母丝锥
GB/T 968—2007	丝锥螺纹公差
GB/T 969—2007	丝锥技术条件
GB/T 970.1—2008	圆板牙　第1部分：圆板牙和圆板牙架的型式和尺寸
GB/T 970.2—2008	圆板牙　第2部分：技术条件
GB/T 971—2008	滚丝轮
GB/T 972—2008	搓丝板
GB/T 1112—2012	键槽铣刀
GB/T 1114—2016	套式立铣刀
GB/T 1115.1—2002	圆柱形铣刀　第1部分　型式和尺寸
GB/T 1115.2—2002	圆柱形铣刀　第2部分：技术条件
GB/T 1119.1—2002	尖齿槽铣刀　第1部分：型式和尺寸
GB/T 1119.2—2002	尖齿槽铣刀　第2部分：技术条件
GB/T 1124.1—2007	凸凹半圆铣刀　第1部分：型式和尺寸
GB/T 1124.2—2007	凸凹半圆铣刀　第2部分：技术条件
GB/T 1127—2001	半圆键槽铣刀
GB/T 1131.1—2004	手用铰刀　第1部分：型式和尺寸
GB/T 1131.2—2004	手用铰刀　第2部分：技术条件
GB/T 1132—2017	直柄和莫氏锥柄机用铰刀
GB/T 1134—2008	带刃倾角机用铰刀
GB/T 1139—2017	莫氏圆锥和米制圆锥铰刀
GB/T 1143—2004	60°、90°、120°莫氏锥柄锥面锪钻
GB/T 1438.1—2008	锥柄麻花钻　第1部分：莫氏锥柄麻花钻的型式和尺寸
GB/T 1438.2—2008	锥柄麻花钻　第2部分：莫氏锥柄长麻花钻的型式和尺寸
GB/T 1438.3—2008	锥柄麻花钻　第3部分：莫氏锥柄加长麻花钻的型式和尺寸
GB/T 1438.4—2008	锥柄麻花钻　第4部分：莫氏锥柄超长麻花钻的型式和尺寸
GB/T 1442—2004	直柄工具用传动扁尾及套筒　尺寸
GB/T 1443—2016	机床和工具柄用自夹圆锥
GB/T 2075—2007	切削加工用硬切削材料的分类和用途　大组和用途小组的分类代号
GB/T 2077—1987	硬质合金可转位刀片圆角半径
GB/T 2079—2015	带圆角无固定孔的硬质合金可转位刀片　尺寸
GB/T 2081—1987	铣削刀具用硬质合金可转位刀片
GB/T 3464.1—2007	机用和手用丝锥　第1部分：通用柄机用和手用丝锥
GB/T 3464.2—2003	细长柄机用丝锥
GB/T 3464.3—2007	机用和手用丝锥　第3部分：短柄机用和手用丝锥
GB/T 3506—2008	螺旋槽丝锥
GB/T 3832—2008	拉刀柄部
GB/T 4211.1—2004	高速钢车刀条　第1部分：型式和尺寸
GB/T 4211.2—2004	高速钢车刀条　第2部分：技术条件
GB/T 4243—2017	莫氏锥柄长刃机用铰刀
GB/T 4245—2004	机用铰刀技术条件
GB/T 4246—2004	铰刀特殊公差
GB/T 4247—2017	莫氏锥柄机用桥梁铰刀
GB/T 4248—2004	手用1∶50锥度销子铰刀技术条件

GB/T 4250—2004　　圆锥铰刀　技术条件

GB/T 4251—2008　　硬质合金直柄机用铰刀

GB/T 4256—2004　　直柄和莫氏锥柄扩孔钻

GB/T 4257—2004　　扩孔钻　技术条件

GB/T 4258—2004　　60°、90°、120°直柄锥面锪钻

GB/T 4259—2004　　锥面锪钻　技术条件

GB/T 4260—2004　　带整体导柱的直柄平底锪钻

GB/T 4261—2004　　带可换导柱的莫氏锥柄平底锪钻

GB/T 4262—2004　　平底锪钻　技术条件

GB/T 4263—2004　　带整体导柱的直柄 90°锥面锪钻

GB/T 4264—2004　　带可换导柱的莫氏锥柄 90°锥面锪钻

GB/T 4265—2004　　带导柱 90°锥面锪钻　技术条件

GB/T 4266—2004　　锪钻用可换导柱

GB/T 5102—2004　　渐开线花键拉刀　技术条件

GB/T 5103—2004　　渐开线花键滚刀　通用技术条件

GB/T 5104—2008　　渐开线花键滚刀　基本型式和尺寸

GB/T 5340.1—2006　　可转位立铣刀　第 1 部分：削平直柄立铣刀

GB/T 5340.2—2006　　可转位立铣刀　第 2 部分：莫氏锥柄立铣刀

GB/T 5340.3—2006　　可转位立铣刀　第 3 部分：技术条件

GB/T 5341.1—2006　　可转位三面刃铣刀　第 1 部分：型式和尺寸

GB/T 5341.2—2006　　可转位三面刃铣刀　第 2 部分：技术条件

GB/T 5342.1—2006　　可转位面铣刀　第 1 部分：套式面铣刀

GB/T 5342.2—2006　　可转位面铣刀　第 2 部分：莫氏锥柄面铣刀

GB/T 5342.3—2006　　可转位面铣刀　第 3 部分：技术条件

GB/T 5343.1—2007　　可转位车刀及刀夹　第 1 部分：型号表示规则

GB/T 5343.2—2007　　可转位车刀及刀夹　第 2 部分：可转位车刀型式尺寸和技术条件

GB/T 6078—2016　　中心钻

GB/T 6080.1—2010　　机用锯条　第 1 部分：型式与尺寸

GB/T 6080.2—2010　　机用锯条　第 2 部分：技术条件

GB/T 6081—2001　　直齿插齿刀　基本型式和尺寸

GB/T 6082—2001　　直齿插齿刀　通用技术条件

GB/T 6083—2016　　齿轮滚刀　基本型式和尺寸

GB/T 6084—2016　　齿轮滚刀　通用技术条件

GB/T 6117.1—2010　　立铣刀　第 1 部分：直柄立铣刀的型式和尺寸

GB/T 6117.2—2010　　立铣刀　第 2 部分：莫氏锥柄立铣刀的型式和尺寸

GB/T 6117.3—2010　　立铣刀　第 3 部分：7∶24 锥柄立铣刀的型式和尺寸

GB/T 6118—2010　　立铣刀　技术条件

GB/T 6119—2012　　三面刃铣刀

GB/T 6120—2012　　锯片铣刀

GB/T 6122.1—2002　　圆角铣刀　第 1 部分：型式与尺寸

GB/T 6122.2—2002　　圆角铣刀　第 2 部分：技术条件

GB/T 6124—2007　　T 型槽铣刀　型式和尺寸

GB/T 6125—2007　　T 型槽铣刀　技术条件

GB/T 6128.1—2007　　角度铣刀　第 1 部分：单角和不对称双角铣刀

GB/T 6128.2—2007　　角度铣刀　第 2 部分：对称双角铣刀

GB/T 6129—2007　　角度铣刀　技术条件

GB/T 6130—2001　　镶片圆锯

GB/T 6131.1—2006	铣刀直柄　第1部分：普通直柄的型式和尺寸
GB/T 6131.2—2006	铣刀直柄　第2部分：削平直柄的型式和尺寸
GB/T 6131.3—1996	铣刀直柄　第3部分：2°斜削平直柄的型式和尺寸
GB/T 6131.4—2006	铣刀直柄　第4部分：螺纹柄的型式和尺寸
GB/T 6132—2006	铣刀和铣刀刀杆的互换尺寸
GB/T 6133.1—2006	削平型直柄刀具夹头　第1部分：刀具柄部传动系统的尺寸
GB/T 6133.2—2006	削平型直柄刀具夹头　第2部分：夹头的连接尺寸及标记
GB/T 6135.1—2008	直柄麻花钻　第1部分：粗直柄小麻花钻的型式和尺寸
GB/T 6135.2—2008	直柄麻花钻　第2部分：直柄短麻花钻和直柄麻花钻的型式和尺寸
GB/T 6135.3—2008	直柄麻花钻　第3部分：直柄麻花钻的型式和尺寸
GB/T 6135.4—2008	直柄麻花钻　第4部分：直柄超长麻花钻的型式和尺寸
GB/T 6138.1—2007	攻丝前钻孔用阶梯麻花钻　第1部分：直柄阶梯麻花钻的型式和尺寸
GB/T 6138.2—2007	攻丝前钻孔用阶梯麻花钻　第2部分：莫氏锥柄阶梯麻花钻的型式和尺寸
GB/T 6139—2007	阶梯麻花钻　技术条件
GB/T 6335.1—2010	旋转和旋转冲击式硬质合金建工钻　第1部分：尺寸
GB/T 6335.2—2010	旋转和旋转冲击式硬质合金建工钻　第2部分：技术条件
GB/T 6338—2004	直柄反燕尾槽铣刀和直柄燕尾槽铣刀
GB/T 6340—2004	直柄反燕尾槽铣刀和直柄燕尾槽铣刀　技术条件
GB/T 9062—2006	硬质合金错齿三面刃铣刀
GB/T 9205—2005	镶片齿轮滚刀
GB/T 9217.1—2005	硬质合金旋转锉　技术条件
GB/T 9217.2—2005	硬质合金圆柱形旋转锉
GB/T 9217.3—2005	硬质合金圆柱球头旋转锉
GB/T 9217.4—2005	硬质合金圆球形旋转锉
GB/T 9217.5—2005	硬质合金椭圆形旋转锉
GB/T 9217.6—2005	硬质合金弧形圆头旋转锉
GB/T 9217.7—2005	硬质合金弧形尖头旋转锉
GB/T 9217.8—2005	硬质合金火炬形旋转锉
GB/T 9217.9—2005	硬质合金60°和90°圆锥形旋转锉
GB/T 9217.10—2005	硬质合金锥形圆头旋转锉
GB/T 9217.11—2005	硬质合金锥形尖头旋转锉
GB/T 9217.12—2005	硬质合金倒锥形旋转锉
GB/T 10944.1—2013	自动换刀7∶24圆锥工具柄　第1部分：A、AD、AF、U、UD和UF型柄的尺寸和标记
GB/T 10944.2—2013	自动换刀7∶24圆锥工具柄　第2部分：J、JD和JF型柄的尺寸和标记
GB/T 10944.3—2013	自动换刀7∶24圆锥工具柄　第3部分：AC、AD、AF、UC、UD、UF、JD和JF型拉钉
GB/T 10944.4—2013	自动换刀7∶24圆锥工具柄　第4部分：柄的技术条件
GB/T 10944.5—2013	自动换刀7∶24圆锥工具柄　第5部分：拉钉的技术条件
GB/T 10947—2006	硬质合金锥柄麻花钻
GB/T 10948—2006	硬质合金T形槽铣刀
GB/T 10952—2005	矩形花键滚刀
GB/T 10953—2006	机夹切断车刀
GB/T 10954—2006	机夹螺纹车刀
GB/T 12204—2010	金属切削　基本术语
GB/T 14298—2008	可转位螺旋立铣刀
GB/T 14299—2007	可转位螺旋沟浅孔钻

GB/T 14300—2007	可转位直沟浅孔钻
GB/T 14301—2008	整体硬质合金锯片铣刀
GB/T 14328—2008	粗加工立铣刀
GB/T 14329—2008	键槽拉刀
GB/T 14330—2008	硬质合金机夹三面刃铣刀
GB/T 14333—2008	盘形轴向剃齿刀
GB/T 14348—2007	双圆弧齿轮滚刀
GB/T 14661—2007	可转位 A 型刀夹
GB/T 14895—2010	金属切削刀具术语　切齿刀具
GB/T 15306.1—2008	陶瓷可转位刀片　第 1 部分：无孔刀片尺寸（G 级）
GB/T 15306.2—2008	陶瓷可转位刀片　第 2 部分：带孔刀片尺寸
GB/T 15306.3—2008	陶瓷可转位刀片　第 3 部分：无孔刀片尺寸（U 级）
GB/T 15306.4—2008	陶瓷可转位刀片　第 4 部分：技术条件
GB/T 15307—2008	可转位钻头用削平型直柄
GB/T 16456.1—2008	硬质合金螺旋齿立铣刀　第 1 部分：直柄立铣刀　型式和尺寸
GB/T 16456.2—2008	硬质合金螺旋齿立铣刀　第 2 部分：7：24 锥柄立铣刀　型式和尺寸
GB/T 16456.3—2008	硬质合金螺旋齿立铣刀　第 3 部分：莫氏锥柄立铣刀　型式和尺寸
GB/T 16456.4—2008	硬质合金螺旋齿立铣刀　第 4 部分：技术条件
GB/T 16459—2016	面铣刀寿命试验
GB/T 16460—2016	立铣刀寿命试验
GB/T 16461—2016	单刃车削刀具寿命试验
GB/T 16770.1—2008	整体硬质合金直柄立铣刀　第 1 部分：型式与尺寸
GB/T 16770.2—2008	整体硬质合金直柄立铣刀　第 2 部分：技术条件
GB/T 17111—2008	切削刀具　高速钢分组代号
GB/T 17112—1997	定心钻
GB/T 17983—2000	带断屑槽可转位刀片近似切屑控制区的分类和代号
GB/T 17984—2010	麻花钻　技术条件
GB/T 17985.1—2000	硬质合金车刀　第 1 部分：代号及标志
GB/T 17985.2—2000	硬质合金车刀　第 2 部分：外表面车刀
GB/T 17985.3—2000	硬质合金车刀　第 3 部分：内表面车刀
GB/T 19448.1—2004	圆柱柄刀夹　第 1 部分：圆柱柄、安装孔——供货技术条件
GB/T 19448.2—2004	圆柱柄刀夹　第 2 部分：制造专用刀夹的 A 型半成品
GB/T 19448.3—2004	圆柱柄刀夹　第 3 部分：装径向矩形车刀的 B 型刀夹
GB/T 19448.4—2004	圆柱柄刀夹　第 4 部分：装轴向矩形车刀的 C 型刀夹
GB/T 19448.5—2004	圆柱柄刀夹　第 5 部分：装一个以上矩形车刀的 D 型刀夹
GB/T 19448.6—2004	圆柱柄刀夹　第 6 部分：装圆柱柄刀具的 E 型刀夹
GB/T 19448.7—2004	圆柱柄刀夹　第 7 部分：装锥柄刀具的 F 型刀夹
GB/T 19448.8—2004	圆柱柄刀夹　第 8 部分：Z 型，附件
GB/T 19449.1—2004	带有法兰接触面的空心圆锥接口　第 1 部分：柄部——尺寸
GB/T 19449.2—2004	带有法兰接触面的空心圆锥接口　第 2 部分：安装孔——尺寸
GB/T 20323.1—2006	铣刀代号　第 1 部分：整体或镶齿结构的带柄立铣刀
GB/T 20323.2—2006	铣刀代号　第 2 部分：装可转位刀片的带柄和带孔铣刀
GB/T 20324—2006	G 系列圆柱管螺纹圆板牙
GB/T 20325—2006	六方板牙
GB/T 20326—2006	粗长柄机用丝锥
GB/T 20327—2006	车刀和刨刀刀杆　截面形状和尺寸
GB/T 20328—2006	R 系列圆锥管螺纹圆板牙

GB/T 20329—2006	端键传动的铣刀和铣刀刀杆上刀座的互换尺寸
GB/T 20330—2006	攻丝前钻孔用麻花钻直径
GB/T 20331—2006	直柄机用 1：50 锥度销子铰刀
GB/T 20332—2006	锥柄机用 1：50 锥度销子铰刀
GB/T 20333—2006	圆柱和圆锥管螺纹丝锥的基本尺寸和标志
GB/T 20334—2006	G 系列和 Rp 系列管螺纹磨牙丝锥的螺纹尺寸公差
GB/T 20335—2006	装可转位刀片的镗刀杆（圆柱形）尺寸
GB/T 20336—2006	装可转位刀片的镗刀杆（圆柱形）代号
GB/T 20337—2006	装在 7：24 锥柄芯轴上的镶齿套式面铣刀
GB/T 20773—2006	模具铣刀
GB/T 20774—2006	手用 1：50 锥度销子铰刀
GB/T 20954—2007	金属切削刀具　麻花钻术语
GB/T 20955—2007	金属切削刀具　丝锥术语
GB/T 21018—2007	金属切削刀具　铰刀术语
GB/T 21019—2007	金属切削刀具　铣刀术语
GB/T 21020—1007	金属切削刀具　圆板牙术语
GB/T 21950—2008	盘形径向剃齿刀
GB/T 21951—2008	镶或整体立方氮化硼刀片　尺寸
GB/T 21952—2008	镶聚晶金刚石刀片　尺寸
GB/T 21953—2008	单刃刀具　刀尖圆弧半径
GB/T 21954.1—2008	金属切割带锯条　第 1 部分：术语
GB/T 21954.2—2008	金属切割带锯条　第 2 部分：特性和尺寸
GB/T 25369—2010	金属切割双金属带锯条　技术条件
GB/T 25664—2010	高速切削铣刀　安全要求
GB/T 25665—2010	整体硬切削材料直柄圆弧立铣刀　尺寸
GB/T 25666—2010	硬质合金直柄麻花钻
GB/T 25667.1—2010	整体硬质合金直柄麻花钻　第 1 部分：直柄麻花钻型式与尺寸
GB/T 25667.2—2010	整体硬质合金直柄麻花钻　第 2 部分：2°斜削平直柄麻花钻型式与尺寸
GB/T 25667.3—2010	整体硬质合金直柄麻花钻　第 3 部分：技术条件
GB/T 25668.1—2010	镗铣类模块式工具系统　第 1 部分：型号表示规则
GB/T 25668.2—2010	镗铣类模块式工具系统　第 2 部分：TMG21 工具系统的型式和尺寸
GB/T 25669.1—2010	镗铣类数控机床用工具系统　第 1 部分：型号表示规则
GB/T 25669.2—2010	镗铣类数控机床用工具系统　第 2 部分：型式和尺寸
GB/T 25670—2010	硬质合金斜齿立铣刀
GB/T 25671—2010	硬质涂层高速钢刀具　技术条件
GB/T 25672—2010	电锤钻和套式电锤钻
GB/T 25673—2010	可调节手用铰刀
GB/T 25674—2010	螺钉槽铣刀
GB/T 25992—2010	整体硬质合金和陶瓷直柄球头立铣刀　尺寸
GB/T 28247—2012	盘形齿轮铣刀
GB/T 28248—2012	印制板用硬质合金钻头
GB/T 28249—2012	带轮滚刀　型式和尺寸
GB/T 28250—2012	带模滚刀　型式和尺寸
GB/T 28251—2012	带轮滚刀和带模滚刀　技术条件
GB/T 28252—2012	磨前齿轮滚刀
GB/T 28253—2012	挤压丝锥
GB/T 28254—2012	螺尖丝锥

GB/T 28255—2012	内容屑丝锥
GB/T 28256—2012	梯形螺纹丝锥
GB/T 28257—2012	长柄螺母丝锥
JB/T 2494—2006	小模数齿轮滚刀
JB/T 3095—2006	小模数直齿插齿刀
JB/T 3869—1999	可调节手用铰刀
JB/T 3887—2010	渐开线直齿圆柱测量齿轮
JB/T 3912—2013	高速钢刀具蒸气处理、氧氮化质量检验
JB/T 4103—2006	剃前齿轮滚刀
JB/T 5217—2006	丝锥寿命试验方法
JB/T 5613—2006	小径定心矩形花键拉刀
JB/T 5614—2006	锯片铣刀、螺钉槽铣刀寿命试验方法
JB/T 6357—2006	圆推刀
JB/T 6358—2006	带可换导柱可转位平底锪钻
JB/T 6567—2006	刀具摩擦焊接质量要求和评定方法
JB/T 6568—2006	拉刀切削性能综合评定方法
JB/T 7426—2006	硬质合金可调节浮动铰刀
JB/T 7427—2006	滚子链和套筒链链轮滚刀
JB/T 7654—2006	整体硬质合金小模数齿轮滚刀
JB/T 7953—2010	镶齿三面刃铣刀
JB/T 7954—2013	镶齿套式面铣刀
JB/T 7955—2010	镶齿三面刃铣刀和套式面铣刀用高速钢刀齿
JB/T 7962—2010	圆拉刀技术条件
JB/T 7967—2010	渐开线内花键插齿刀　型式和尺寸
JB/T 7969—2011	拉刀术语
JB/T 8345—2011	弧齿锥齿轮铣刀 1:24 圆锥孔　尺寸及公差
JB/T 8363.1—2012	沉孔可转位刀片用紧固螺钉　第 1 部分：头部内六角花形的型式和尺寸
JB/T 8363.2—2012	沉孔可转位刀片用紧固螺钉　第 2 部分：技术规范
JB/T 8364.1—2010	60°圆锥管螺纹刀具　第 1 部分：60°圆锥管螺纹圆板牙
JB/T 8364.2—2010	60°圆锥管螺纹刀具　第 2 部分：60°圆锥管螺纹丝锥
JB/T 8364.3—2010	60°圆锥管螺纹刀具　第 3 部分：60°圆锥管螺纹丝锥　技术条件
JB/T 8364.4—2010	60°圆锥管螺纹刀具　第 4 部分：60°圆锥管螺纹搓丝板
JB/T 8364.5—2010	60°圆锥管螺纹刀具　第 5 部分：60°圆锥管螺纹滚丝轮
JB/T 8366—1996	螺钉槽铣刀
JB/T 8368.1—1996	电锤钻
JB/T 8368.2—1996	套式电锤钻
JB/T 8369—2012	冲击锤和电锤钻用硬质合金刀片
JB/T 8824.1—2012	统一螺纹刀具　第 1 部分：丝锥
JB/T 8824.2—2012	统一螺纹刀具　第 2 部分：丝锥螺纹公差
JB/T 8824.3—2012	统一螺纹刀具　第 3 部分：丝锥技术条件
JB/T 8824.4—2012	统一螺纹刀具　第 4 部分：螺母丝锥
JB/T 8824.5—2012	统一螺纹刀具　第 5 部分：圆板牙
JB/T 8824.6—2012	统一螺纹刀具　第 6 部分：搓丝板
JB/T 8824.7—2012	统一螺纹刀具　第 7 部分：滚丝轮
JB/T 8825.1—2011	惠氏螺纹丝锥
JB/T 8825.2—2011	惠氏螺纹丝锥　螺纹公差
JB/T 8825.3—2011	惠氏螺纹丝锥　技术条件

JB/T 8825.4—2011	惠氏螺纹螺母丝锥
JB/T 8825.5—2011	惠氏螺纹圆板牙
JB/T 8825.6—2011	惠氏螺纹搓丝板
JB/T 8825.7—2011	惠氏螺纹滚丝抡
JB/T 9986—2013	工具热处理金相检验
JB/T 9990.1—2011	直齿锥齿轮精刨刀　第1部分：基本型式和尺寸
JB/T 9990.2—2011	直齿锥齿轮精刨刀　第2部分：技术条件
JB/T 9991—2013	电镀金刚石铰刀
JB/T 9992—2011	矩形花键拉刀技术条件
JB/T 9993—2011	带侧面齿键槽拉刀
JB/T 9999—2013	55°圆锥管螺纹搓丝板
JB/T 10000—2013	55°圆锥管螺纹滚丝轮
JB/T 10002—2013	长直柄麻花钻
JB/T 10003—2013	1：50锥孔锥柄麻花钻
JB/T 10004—2013	硬质合金刮削齿轮滚刀　技术条件
JB/T 10231.1—2015	刀具产品检测方法　第1部分：通则
JB/T 10231.2—2015	刀具产品检测方法　第2部分：麻花钻
JB/T 10231.3—2015	刀具产品检测方法　第3部分：立铣刀
JB/T 10231.4—2015	刀具产品检测方法　第4部分：丝锥
JB/T 10231.5—2016	刀具产品检测方法　第5部分：齿轮滚刀
JB/T 10231.6—2016	刀具产品检测方法　第6部分：插齿刀
JB/T 10231.7—2016	刀具产品检测方法　第7部分：圆拉刀
JB/T 10231.8—2016	刀具产品检测方法　第8部分：板牙
JB/T 10231.9—2016	刀具产品检测方法　第9部分：铰刀
JB/T 10231.10—2017	刀具产品检测方法　第10部分：锪钻
JB/T 10231.11—2017	刀具产品检测方法　第11部分：扩孔钻
JB/T 10231.12—2017	刀具产品检测方法　第12部分：三面刃铣刀
JB/T 10231.13—2017	刀具产品检测方法　第13部分：锯片铣刀
JB/T 10231.14—2017	刀具产品检测方法　第14部分：键槽铣刀
JB/T 10231.15—2002	刀具产品检测方法　第15部分：可转位三面刃铣刀
JB/T 10231.16—2002	刀具产品检测方法　第16部分：可转位面铣刀
JB/T 10231.17—2002	刀具产品检测方法　第17部分：可转位立铣刀
JB/T 10231.18—2002	刀具产品检测方法　第18部分：可转位车刀
JB/T 10231.19—2002	刀具产品检测方法　第19部分：键槽拉刀
JB/T 10231.20—2002	刀具产品检测方法　第20部分：矩形花键拉刀
JB/T 10231.21—2006	刀具产品检测方法　第21部分：旋转和旋转冲击式硬质合金建工钻
JB/T 10231.22—2006	刀具产品检测方法　第22部分：搓丝板
JB/T 10231.23—2006	刀具产品检测方法　第23部分：滚丝轮
JB/T 10231.24—2006	刀具产品检测方法　第24部分：机用锯条
JB/T 10231.25—2006	刀具产品检测方法　第25部分：金属切割带锯条
JB/T 10231.26—2006	刀具产品检测方法　第26部分：高速钢车刀条
JB/T 10231.27—2006	刀具产品检测方法　第27部分：中心钻
JB/T 10232.1—2015	成套螺纹工具　第1部分：型式和尺寸
JB/T 10232.2—2015	成套螺纹工具　第2部分：技术条件
JB/T 10561—2006	硬质合金喷吸钻
JB/T 10643—2006	成套麻花钻
JB/T 10719—2007	焊接聚晶金刚石或立方氮化硼槽刀

JB/T 10720—2007 焊接聚晶金刚石或立方氮化硼车刀
JB/T 10721—2007 焊接聚晶金刚石或立方氮化硼铰刀
JB/T 10722—2007 焊接聚晶金刚石或立方氮化硼立铣刀
JB/T 10723—2007 焊接聚晶金刚石或立方氮化硼镗刀
JB/T 10724—2007 金刚石或立方氮化硼珩磨条　技术要求
JB/T 10725—2007 天然金刚石车刀
JB/T 10871—2008 磨前滚珠螺纹拉削丝锥
JB/T 11453—2013 麻花钻寿命试验方法
JB/T 11446—2013 齿轮滚刀寿命试验方法

参 考 文 献

[1] 袁哲俊. 金属切削刀具 [M]. 2 版. 上海：上海科学技术出版社，1993.

[2] 袁哲俊，刘华明，唐宜胜. 齿轮刀具设计 [M]. 北京：新时代出版社，1983.

[3] 袁哲俊. 齿轮刀具设计 [M]. 北京：国防工业出版社，2014.

[4] 赵炳桢，商宏谟，辛节之. 现代刀具设计与应用 [M]. 北京：国防工业出版社，2014.

[5] 乐兑谦. 金属切削刀具 [M]. 2 版. 北京：机械工业出版社，1994.

[6] 四川省机械工业局. 复杂刀具设计手册：上、下册 [M]. 北京：机械工业版社，1979.

[7] 机械工程手册电机工程手册编辑委员会. 机械工程手册：第 47 篇金属切削刀具 [M]. 北京：机械工业出版社，1982.

[8] 量具刃具国家标准汇编 [G]. 北京：中国标准出版社，1990.

[9] 中国机械工业标准汇编：刀具卷、综合 [S]. 2 版. 北京：中国标准出版社，2005.

[10] 孟少农. 机械加工工艺手册 [M]. 北京：机械工业出版社，1991.

[11] 太原市金属切削刀具协会. 金属切削实用刀具技术 [M]. 北京：机械工业出版社，1993.

[12] 袁长良. 机械制造工业装备手册 [M]. 北京：中国计量出版社，1992.

[13] 齿轮手册编委会. 齿轮手册：下册 [M]. 北京：机械工业出版社，1990.

[14] 范忠仁，陈世忠. 刀具工程师手册 [M]. 哈尔滨：黑龙江省科学技术出版社，1987.

[15] 陈云，黄万福，等. 现代切削刀具实用技术 [M]. 北京：化学工业出版，2008.

[16] 沈永红. 金属切削加工基础 [M]. 北京：机械工业出版社，2009.

[17] 周泽华. 金属切削原理 [M]. 2 版. 上海：上海科学技术出版社，1995.

[18] 陈日曜. 金属切削原理 [M]. 2 版. 北京：机械工业出版社，2005.

[19] 上海市金属切削协会. 金属切削手册 [M]. 3 版. 上海：上海科学技术出版社，2006.

[20] 宋增平. 刀具制造工艺 [M]. 北京：机械工业出版社，1987.

[21] 本手册编委会. 航空工艺装备设计手册：刀具设计部分 [M]. 北京：国防工业出版社，1979.

[22] 肖诗纲. 刀具材料及其合理选择 [M]. 2 版.

[23] 邓建新，赵军. 数控刀具材料选用手册 [M]. 北京：机械工业出版社，2005.

[24] 李仁琼. 功能梯度硬质合金的发展现状与前景 [J]. 硬质合金，2003 (3)：51-55.

[25] 程伟，叶伟昌. 现代刀具材料发展新动向 [J]. 现代制造工程，2003 (9)：84-87.

[26] 赵海波，周彤，等. 刀具涂层的分类和应用 [J]. 工具技术，2005 (12)：13-16.

[27] 孙涛，宗文俊，等. 天然金刚石刀具制造技术 [M]. 哈尔滨：哈尔滨工业大学出版社，2013.

[28] 艾兴，等. 高速切削加工技术 [M]. 北京：国防工业出版社，2003.

[29] 何宁. 高速切削技术 [M]. 上海：上海科学技术出版社，2012.

[30] 候世香，刘献礼，等. 干式切削技术发展现状 [J]. 机械工艺师，2000 (7)：36-37.

[31] 现代机夹可转位刀具实用手册编委会. 现代机夹可转位刀具实用手册 [M]. 北京：机械工业出版社，1994.

[32] 机夹不重磨刀具编写组. 机夹不重磨刀具 [M]. 北京：国防工业出版社，1977.

[33] 北京联合大学机械工程学院. 机夹可转位刀具手册 [M]. 北京：机械工业出版社，1998.

[34] 袁哲俊. 精密和超精密加工技术 [M]. 3 版. 北京：机械工业出版社，2016.

[35] 艾兴、肖诗纲. 切削用量手册 [M]. 北京：机械工业出版社，1994.

[36] 胡永生. 成形车刀 [M]. 北京：机械工业出版社，1959.

[37] 叶伟昌. 成形车刀的设计与制造 [M]. 北京：中国农业机械出版社，1982.

[38] 北京永定机械厂群钻小组. 群钻 [M]. 上海：上海科学技术出版社，1982.

[39] 朱祖良. 孔加工刀具 [M]. 北京：国防工业出版社，1990.

[40] 王满元. 端面铣削的动态分析及减振机理 [M]. 哈尔滨：哈尔滨工业大学出版社，1988.

[41] 金虹枳. 大进给铣削加工策略 [J]. 工具展望，2010 (3)：28-29.

[42] 秦旭达，贾昊，等. 插铣技术的研究现状 [J]. 航空制造技术，2011 (5)：40-42.

[43] 袁哲俊. 纳米科学与技术 [M]. 2 版. 哈尔

滨：哈尔滨工业大学出版社，2012.

[44] 何乃纶. 复合刀具 [M]. 北京：中国农业机械出版社，1982.

[45] 邓建新，赵军. 数控刀具选用手册 [M]. 北京：机械工业出版社，2005.

[46] 杨晓. 高速切削刀具系统 [J]. 航空制造技术，2008（23）：32-35.

[47] 王贵成，王树林，等. 高速加工工具系统 [M]. 北京：国防工业出版社，2005.

[48] 赵炳桢. 组合刀具的合理使用及选择 [J]. 工具展望，2003（2）：4-5.

[49] 于彦波，等. 硬质合金刀具断续切削破损机理 [M]. 武汉：华中理工大学出版社，1990.

[50] 刘华明. 金属切削刀具课程设计指导资料 [M]. 北京：机械工业出版社，1988.

[51] 楼希翱，薄化川. 拉刀设计与使用 [M]. 北京：机械工业出版社，1990.

[52] 肖诗纲，董仁杨，高则烈，等. 螺纹刀具 [M]. 北京：机械工业出版社，1986.

[53] 西安交通大学机械制造工艺及其设备教研组. 齿轮刀具：设计与计算 [M]. 北京：中国工业出版社，1961.

[54] 重庆机床厂设计科，天津大学机械系. 双导程蜗杆传动的设计与计算 [J]. 制造技术与机床，1976（2）：70-76.

[55] 李特文. 齿轮啮合原理 [M]. 丁淳，译. 上海：上海科学技术出版社，1984.

[56] 杨兰春. 蜗杆传动手册 [M]. 北京：机械工业出版社，1990.

[57] 傅则绍，等. 新型蜗杆传动 [M]. 西安：陕西科学技术出版社，1990.

[58] 杨兰春. 圆弧齿圆柱蜗杆传动 [M]. 太原：山西人民出版社，1984.

[59] 王树人，等. 圆柱蜗杆传动啮合原理 [M]. 天津：天津科学技术出版社，1982.

[60] 杜厚金，等. 平面二次包络环面蜗杆传动制造工艺 [M]. 成都：四川科学技术出版社，1988.

[61] 劢文炳. 不重磨镶片插齿刀——齿刀具的革命 [J]. 世界制造技术与装备市场，1990（2）.

[62] 奚威. 径向剃齿 [J]. 工具技术，1988（5）：12-17.

[63] 刘以行. 径向剃齿刀设计计算 [J]. 工具技术，1985（10）：13-15.

[64] 李敬高. 径向剃齿 [J]. 制造技术与机床，1982（10）：22-25.

[65] 陆莽. 径向剃齿刀的刀刃位置排列 [J]. 工具技术，1987（3）：6-8.

[66] 陈桂. 径向剃齿刀的刃磨原理 [J]. 齿轮，1988（3）.

[67] 胡青春，等. 径向剃齿刀的齿面造型 [J]. 工具技术，1995（9）：2-4.

[68] 北京齿轮厂. Y2726 双头直齿锥齿轮铣齿机 [J]. 齿轮技术情报，1974（2）.

[69] 北京齿轮厂. 螺旋锥齿轮 [M]. 北京：科学出版社，1974.

[70] 郑昌启. 收缩齿弧齿锥齿轮的各类型切齿理论分析比较 [J]. 重庆大学科技，1977（5）.

[71] 郑昌启. 螺旋锥齿轮的连续分度切削 '奥利孔' 制的计算理论分析研究 [J]. 工具技术，1976（2，3）.

[72] 陆严清，岑继平，刘殿亭. 花键滚刀原理与设计 [M]. 北京：国防工业出版社，1977.

[73] 云海. 矩形齿花键滚刀齿形的计算——中间点的位置对代圆误差的影响 [J]. 工具技术，1977（1）：33-35.

[74] 刘华明. 按平面啮合原理设计矩形花键滚刀齿形的误差计算 [J]. 哈尔滨工业大学学报，1980（4）.

[75] 重庆工具厂. 矩形齿花键滚刀的设计 [J]. 工具技术，1973（6）：4-12.

[76] 袁哲俊，姚英学. 花键滚刀齿形代用圆弧的新优化计算方法——最大误差最小法 [J]. 工具技术，1986（11）：7-14.

[77] 卢贤占. 直沟圆弧滚刀齿形计算 [J]. 齿轮，1977（2）.

[78] 庄仲禹. 链轮滚刀齿形设计的计算法 [J]. 工具技术，1978（5）：33-39.

[79] 刘华明. 钟表齿轮滚刀滚动圆半径的确定 [J]. 钟表，1978（8）.

[80] 王魁业. 钟表齿轮滚刀齿形的计算法 [J]. 钟表，1978（6）.

[81] 陆严清，岑继平，刘殿亭. 摆线齿轮滚刀原理与设计 [M]. 北京：国防工业出版社，1978.

[82] 重庆大学. 矩形花键孔插齿刀的研究 [J]. 工具技术，1978（6）：25-31.

[83] 潘明海. 非渐开线插齿刀的研究 [D]. 哈尔滨：哈尔滨工业大学，1988.

[84] 谢明钦柯 ИИ.，等. 金属切削刀具设计 [M]. 陈章燕，等译. 北京：机械工业出版社，1965.

[85] 具非. 点接触 ZK 型蜗杆传动理论分析 [D].

哈尔滨：哈尔滨工业大学，1989.

[86] 沈谦，周长秀. ZK 型圆柱蜗杆螺旋面方程简析 [J]. 机械，1990（6）.

[87] 岂年晓南，赵淑洁. 锥面二次包络圆柱蜗杆传动蜗轮滚刀的研制 [J]. 机械传动，2005（4）.

[88] 王东鹏. 高寿命鼓形齿蜗轮滚刀的研究 [D]. 哈尔滨：哈尔滨工业大学，1987.

[89] 李秉为. 点接触鼓形蜗轮副在电梯曳引机中的应用 [J]. 建筑机械化，1985（6）.

[90] 朱景录. 齿轮传动手册 [M]. 北京：化学工业出版社，2005.

[91] 陈小杰，刘艳丽，等. 一种用于加工大模数齿轮的可转位铣刀 [J]. 金属切削，2007，09.

[92] 胡占齐，等. 大型内齿轮加工的技术现状与发展趋势 [J]. 工具技术，2009（6）：18-22.

[93] 王小雷. 新结构高效双切齿轮滚刀 [J]. 航空制造技术，2009（6）：36-38.

[94] 张国福. 大模数可转位齿轮铣刀及其应用 [J]. 工具技术，2011（9）：63-65.

[95] 袁哲俊. 齿轮刀具的技术发展 [J]. 工具技术，2013（9）：18-24.

[96] Родин П Р. Металлорежущие Инструменты [M]. Москв а：Машгиз，1979.

[97] Лашнев С П. Профилирование Инструментов для Обработки Винтовых Поверхностей [M]. Москва：Машгиз，1965.

[98] Радзевич С Н. Обработка Закаленных Зубчатых Колес Твердосплавными Черзячными Фрезами：Ве стник [J]. Машиностроения，1981（10）.

[99] Дихтярь Ф С. Профилированис не затылованных червячных фрез [J]. Станки и Инструмент，1971（5）.

[100] Цепков А В. Кочнев А М. Профилирование инст рументов для изготовления внецентроидного цилоидалъного зацепления [J]. Станки и Инструмент，1972（2）.

[101] Шеголев А В. Конструирование протяжек [M]. Москва：МАШГИЗ. 1960.

[102] Балюра П М. Протягивание пазов [M]. Москв а：Машиностроение，1964.

[103] Кацев пг. протягивание глвбокихотверсгнй [M]. Москва：Оборонгиз，1957.

[104] Ашихмин В Н. Протягивание [M]. Москва：Машиностроение，1981.

[105] Баклунов Е Д. Протяжки [M]. Москва：

МАШГИЗ. 1960.

[106] Драчук А В. Протягивание Винтовых шлидев [M]. Москва：Машиностроение，1972.

[107] Шамин В П. Шатин Ю В. Справочник Конструктор-инструменталъщика [M]. Москва：Машиноетроение，1975.

[108] Скнженок ВФ, игд. Высокопроизводнтельное протятивание [M]. Москва：Машиностроние，1990.

[109] Cyril Donaldson，Lecain George H，Goold VC. Tool Design [M]. New York：MeGraw-Hill Book Company，1973.

[110] Meriwerther L Baxter. Basic geometry and tooth contact of hypoid gears [J]. Industrial Mathematics，1961.

[111] Remsen J A Carlson D R. The application of tooth contact analysis to tractor bevel gearing [J]. SAE paper，1967.

[112] 田中义信，津和秀夫，井川直哉. 精密工作法 [M]. 东京：共立出版株式会社，1987.

[113] 何宁. 高速切削技术 [M]. 上海：上海科学技术出版社，2012.

[114] 李蓓智. 高速高质量磨削理论、工艺、装备与应用 [M]. 上海：上海科学技术出版社，2012.

[115] 陆剑中，孙家宁. 金属切削原理与刀具 [M]. 北京：机械工业出版社，2011.

[116] Herbert Schulz，Eberhard Abele，何宁. 高速加工理论与应用 [M]. 北京：科学出版社，2010.

[117] 姜彬. 高速面铣刀切削稳定性及其结构化设计方法研究 [D]. 哈尔滨：哈尔滨理工大学，2008.

[118] 张为，程晓亮，郑敏利，等. 切削加工表面完整性建模现状与发展趋势 [J]. 沈阳工业大学学报，2014（5）：519-525.

[119] 王贵成，王树林，裴宏杰，等. 高速加工 HSK 工具系统动态特性的研究 [J]. 中国机械工程，2006，17（5）：441-445.

[120] 房健. 高速加工中 KM 刀柄及其工具系统性能的研究 [D]. 镇江：江苏大学，2009.

[121] Bermingham M J，Palanisamy S，Dargusch M S. Understanding the tool wear mechanism during thermally assisted machining Ti-6Al-4V [J]. International Journal of Machine Tools and Manufacture，2012，62：76-87.

[122] Su Y，He N，Li L，et al. An experimental investigation of effects of cooling/lubrication con-

ditions on tool wear in high-speed end milling of Ti-6Al-4V [J]. Wear, 2006, 261 (7-8): 760-766.

[123] Ding H, Shin Y C, Laser-assisted machining of hardened steel parts with surface integrity analysin [J]. International Journal of Machine Tools and Manufacture, 2010, 50 (1): 106-114.

[124] List G, Sutter G, Bi X F, et al. Temperature rise and heat transfer in high speed machining: FEM modeling and experimental validation [J]. Advanced Materials Research, 2011 (189-193): 1502-1506.

[125] Rajesh Kumar Bhushan. Optimization of cutting parameters for minimizing power consumption and maximizing tool life during machining of Al alloy SiC particle composites [J]. Journal of Cleaner Production, 2013, 39: 242-254.

[126] Toh C K. Vibration analysis in high speed rough and finish milling hardened steel [J]. Journal of Sound and Vibration, 2004, 278 (1-2): 101-115.

[127] Outeiro J C, Pina J C, M Saoubi R, et al. Analysis of residual stresses induced by dry turining of difficult-to-machine materials [J]. CIRP Annals, 2008, 57 (1): 77-80.